新编
中外常用金属材料手册

XINBIAN ZHONGWAI CHANGYONG JINSHUCAILIAO SHOUCE

陕西省标准化研究院 编

陕 西 出 版 集 团
陕西科学技术出版社

图书在版编目(CIP)数据

新编中外常用金属材料手册/陕西省标准化研究院编. —西安：陕西科学技术出版社，2012. 6

ISBN 978-7-5369-5362-8

Ⅰ. ①新...　Ⅱ. ①陕...　Ⅲ. ①金属材料—世界—手册
Ⅳ. ①TG14-62

中国版本图书馆 CIP 数据核字(2012)第 065820 号

出版者　陕西出版集团　陕西科学技术出版社
西安北大街 131 号　　邮编 710003
电话(029)87211894　　传真(029)87218236
http://www.snstp.com

发行者　陕西出版集团　陕西科学技术出版社
电话(029)87212206　87260001
传真(029)87257895

印　刷　陕西长盛彩印包装有限公司

规　格　787mm×1092mm　16 开本

印　张　122

字　数　4128 千字

版　次　2012 年 6 月第 1 版
2012 年 6 月第 1 次印刷

定　价　538.00 元

编委会成员

前　言

材料是人类赖以生存的物质基础，是现代工业、农业、国防及科学技术发展的先决条件。金属材料对人类社会文明和进步起到了巨大的推动作用。进入21世纪，金属材料在现代化的生产、高科技、航空航天和国防各个领域的作用更加重要。由于其品种规格繁多，性能用途各异，在机械、建筑、工程建设等行业应用也非常普遍，常用金属材料手册已成为各类工程技术人员必备的工具书。

工程技术人员在产品设计时首先遇到的就是材料牌号问题，材料牌号对照在全世界范围内来说都是一个很棘手的难题，由于各国工业基础、质量体系不尽相同，表示方法也不相同，新的更加科学的表示方法的不断产生，因而出现了牌号对照、近似对照、相近对照等问题。材料牌号是某种用途材料的代表符号，根据牌号才能查到其标准、成分、性能等内容，从国外引进先进技术和产品，实现国产化，首要问题就是牌号对照。本手册收录了中国、美国、英国、德国、法国、日本、欧洲标准化组织（CEN）和国际标准化组织（ISO）等国家和组织的最新标准中的钢铁材料、有色金属材料及高温合金等，涉及标准3000多项；内容包括材料牌号表示方法、中外材料对照、化学成分、力学性能、物理性能、产品规格、热处理数据、单位换算等。本手册是一本标准新（收录了包括有9个国家和组织、涉及1200多件、截至2011颁布的最新标准），内容全（涉及中外金属材料牌号及对照、金属材料基础知识、铝、镁、铜、钛、锌、铅及合金，铸铁、铸钢、结构钢、工具钢、不锈钢和耐热钢、高温合金等13种常用金属材料的化学成分、力学物理性能、特性及用途等数据及指标），数据准（所有数据全部来自与相关国家和组织的3000多件现行有效标准，具有极高的可靠性），篇幅大（该书近2000页，400多万字），查找方便的大型工具书，可供相关技术人员及有关部门的业务人员参考使用。

本手册由陕西省标准化研究院编写，被列入陕西出版集团和陕西科学技术出版社2011年重大出版项目，必将以严谨、科学、可靠、实用等特点展现在广大读者面前，在我国转变经济发展方式中发挥其应有的作用。

本手册在编写过程中得到了西安交通大学、西北工业大学、西北有色金属研究院、陕西金属材料学会、陕西冶金研究院有限公司和陕西科学技术出版社等单位的大力支持，得到了中国工程院周廉院士、中国科学院魏炳波院士的关心与指导，在此一并表示致敬与感谢！

由于编写人员水平有限，编辑过程中难免有疏漏之处，欢迎广大读者批评指正。

陕西省标准化研究院

2012年4月

目 录

第1章 基本知识

第2章 中外金属材料牌号的表示方法

第 3 章 各国材料牌号对照

第 4 章 铝及铝合金

第5章 镁及镁合金

第6章 铜及铜合金

第7章 钛及钛合金

第8章 锌及锌合金

第9章 铅及铅合金

第10章 铸 铁

第11章 铸 钢

第 12 章 结构钢

第 13 章 工具钢

第 14 章 不锈钢和耐热钢

第 15 章 高温合金

第 1 章 基本知识

1.1 金属材料名词解释

1.1.1 黑色金属材料

(1)生铁

生铁是指碳含量大于 2%的铁碳合金。生铁具有坚硬、耐磨、铸造性好等性能。工业生铁一般含碳量不超过 4.5%,并含 C、Si、Mn、S、P 等元素,是用铁矿石经高炉冶炼的产品。按其成分、性能及用途不同,生铁分为三类。

①炼钢生铁——一般硅含量较低(不大于 1.75%),含硫量则较高(不大于 0.07%),它是平炉、转炉炼钢的主要原料,在生铁产量中占 80%~90%。炼钢生铁硬而脆,断口为白色,所以也称为白口铁。

②铸造生铁——一般含硅量较高(达 3.75%),含硫量稍低(不大于 0.06%),由于熔低、流动性好,用来铸造各种生铁铸件,也叫铸铁。它在生铁产量中约占 10%。铸造生铁中的碳以石墨形式存在,断口为灰色,所以也叫灰口铁。

③合金生铁——用含有共生金属如铜、钒、镍等的铁矿石炼成的生铁就是合金生铁,如含钒生铁。合金生铁不同于有意识地加入一些合金元素配制成的合金铸铁。加进合金铸铁中的镍、铬、锰、钒、钛等元素,是为了便于热处理时改善组织从而改进强度、耐磨性能等力学性能。

(2)可锻铸铁

可锻铸铁是由炼钢生铁在 900~1000℃的高温下经过 2~9 天的长时间退火而形成的一种铸铁。可锻铸铁又根据金相组织的不同,分为黑心可锻铸铁、珠光体可锻铸铁和白心可锻铸铁。

(3)工业纯铁

工业纯铁是指含碳量低于 0.04%的铁碳合金,含铁约 99.9%,而杂质总含量约为 0.1%。工业纯铁可在电炉、平炉或氧气转炉中冶炼。它主要用于磁性材料。

(4)铁合金

铁合金是铁与一定量其他金属元素的合金。铁合金是炼钢的原料之一。在炼钢时作钢的脱氧剂和合金元素添加剂,用以改善钢的性能。

由于生产铁合金比生产纯金属工艺过程简单、经济,如在金属铬中每吨铬的价格要比碳素铬铁中每吨铬的价格高五倍,而铁元素对炼钢无害;铁合金又往往比纯金属有熔点低和密度大(指密度小的金属如钛、硼等)、易于加入钢中等优点,因此钢中的合金元素多以铁合金状态加入。

按所含元素的不同,铁合金又分为以下几种,它们的用量最大。

硅铁:按含硅量不同分为工业硅,含硅 95%、75%、45%等的硅铁,还有含硅 12%的贫硅铁、硅铝合金、硅钙合金等硅质合金。

锰铁:按含碳量分为碳素锰铁(含 C 7%),中碳锰铁(含 C 1.5%~1.0%),低碳锰铁(含 C 0.5%),金属锰、硅锰合金。

铬铁:按含碳量分为碳素铬铁(含 C 8%~4%),中碳铬铁(含 4%~0.5%),低碳铬铁(含 C 0.5%~0.15%),微碳铬铁(含 C 0.06%),超微碳铬铁(C<0.03%),金属铬、硅铬合金。

(5)沸腾钢

它是脱氧不完全的钢,一般用锰铁和铝脱氧。脱氧后钢水中还剩有相当量的氧(FeO),FeO 和 C 起作用放出一氧化碳气体,因此钢水在钢锭模内呈沸腾现象,称为沸腾钢。这种钢表面质量好,加工性能良好,因此常用来轧制各种不同厚度的钢板。另外没有缩孔,用的脱氧剂少,所以成本低。它的缺点是化学成分不均匀,抗腐蚀性和力学强度较差。

(6)镇静钢

它是脱氧完全的钢,先用锰铁、后用硅铁、最后用铝进行脱氧。由于钢中的氧已很少,因此当钢水浇铸在钢锭模内时呈静止状态，即没有C和FeO作用而产生一氧化碳的沸腾现象，所以称为镇静钢。镇静钢的优点是化学成分均匀，因此，各部位的力学性能也均匀，具有较好的焊接性和塑性及较强的抗腐蚀性能。但缺点是表面质量较差，有缩孔，且成本高。

(7)半镇静钢

它的性能介于镇静钢和沸腾钢之间，中等程度脱氧。由于生产过程较难控制，它在钢的生产中占的比重不大。

(8)碳钢

碳钢也叫碳素钢，是含碳量小于2%的铁碳合金。碳钢除含碳外一般还含有少量的硅、锰、硫、磷。

按用途可以把碳钢分为碳素结构钢、碳素工具钢和易切结构钢三类。碳素结构钢又可以分为建筑结构钢和机器制造结构钢两种。

按含碳量可以把碳钢分为低碳钢（含C ≤0.25%），中碳钢（含C 0.25%～0.6%）和高碳钢（含C >0.6%）。

按磷、硫含量可以把碳素钢分为普通碳素钢(含磷、硫较高)，优质碳素钢(含磷、硫较低)和高级优质钢(含磷、硫更低)。

一般碳钢中含碳量越高则硬度越高，强度也越高，但塑性降低。

(9)碳素结构钢

碳素结构钢也叫优质碳素结构钢，含碳量小于0.8%。除几个含碳很低的钢号可以熔炼沸腾钢外，其余都是镇静钢。

碳素结构钢按含锰量的不同可以分为正常含锰量(0.25%～0.8%)和较高含锰量(0.70%～1.20%)两组，后者具有较好的力学性能和加工性能。

按碳含量可以把碳素结构钢分为三类：

低碳钢：主要用于冷加工和焊接结构，在制造受磨损零件时可以进行表面渗碳。

中碳钢：主要用于强度要求较高的构件，根据要求的强度不同进行淬火和回火处理。

高碳钢：主要用来制造弹簧和受磨损构件。

碳素结构钢广泛用于建造厂房、桥梁、锅炉、船舶等。

(10)碳素工具钢

碳素工具钢是基本上不含合金元素的高碳钢，含碳量在0.65%～1.35%范围内，碳素工具钢的生产成本低，原料来源易取得，加工性良好，热处理后，可以得到高硬度和高耐磨性，所以是被广泛采用的钢种，用来制造各种刃具、模具、量具。

但这类钢的红硬性差，即当工作温度大于250℃时，钢的硬度和耐磨性就会急剧下降而失去工作能力。另外，碳素工具钢如制成较大的零件则不易淬硬，而且容易产生变形和裂纹。

(11)合金钢

在钢中除含有铁、碳和少量不可避免的硅、锰、磷、硫元素以外，还含有一定量的合金元素，钢中的合金元素有硅、锰、钼、镍、铬、钒、钛、铌、硼、铝、稀土等其中的一种或几种，这种钢叫合金钢。

各国的合金钢系统，随各自的资源情况、生产和使用条件的不同而不同，国外以往曾发展镍、铬钢系统，我国则发展以硅、锰、矾、钛、铌、硼、稀土为主的合金钢系统。

合金钢在钢的总产量中约占百分之十几，一般是在电炉中冶炼的。

按用途可以把合金钢分为8大类，它们是：合金结构钢、弹簧钢、轴承钢、合金工具钢、高速工具钢、不锈耐酸钢、耐热不起皮钢、电工用硅钢。

(12)普通低合金钢

普通低合金钢是一种含有少量合金元素(多数情况下总量不超过3%)的普通合金钢。这种钢的强度比较高，综合性能比较好，并具有耐腐蚀、耐磨、耐低温以及较好的加工性能、焊接性能等。

在大量节约稀缺合金元素(如镍、铬)的条件下，通常1t普通低合金钢可顶1.2～1.3t碳素钢使用，使用寿命和使用范围更是远远超过碳素钢。普通低合金钢可以用一般冶炼方法在平炉、转炉中冶炼，成本也和碳素钢接近。

(13)合金结构钢

合金结构钢含碳量比碳素结构钢低一些，一般在0.15%～0.50%的范围内。除含碳外，还含有一种或几种合金元素，如硅、锰、矾、钛、硼及镍、铬、钼等。

合金结构钢易于淬硬和不易变形或开裂，便于通过热处理改善钢的性能。

合金结构钢广泛用于制造汽车、拖拉机、船舶、汽轮机、重型机床的各种传动件和紧固件。低碳合金结构钢一般进行渗碳处理，中碳合金结构钢一般进行调质处理。

(14)合金工具钢

合金工具钢是含有多种合金元素，如硅、铬、钨、钼、钒等的中、高碳钢。

合金工具钢容易淬硬，不易产生变形和裂纹，适于用来制造尺寸大、形状复杂的刃具、模具和量具。

用途不同，合金工具钢的含碳量也不同。大多数合金工具钢的含碳量为0.5%～1.5%。热变形模具用钢含碳量较低，在0.3%～0.6%范围内；切削刀具用钢一般含碳量为1%左右；冷加工模具用钢则含碳量较高，如石墨模具钢含碳量达1.5%，高碳高铬型冷加工模具用钢含碳量高达2%以上。

(15)高速工具钢

高速工具钢是高碳高合金工具钢，钢中含碳量为0.7%～1.4%，钢中含有能形成高硬度碳化物的合金元素，如钨、钼、铬、钒等。

高速工具钢具有高的红硬性，在高速切削的条件下，温度高达500～600℃硬度也不降低，从而保证良好的切削性能。

(16)弹簧钢

弹簧在冲击、振动或长期交变应力下使用，所以要求弹簧钢有高的拉抗强度、弹性极限、高的疲劳强度。在工艺上要求弹簧钢有一定的淬透性、不易脱碳、表面质量好等。

碳素弹簧钢即含碳量在0.6%～0.9%范围内的优质碳素结构钢(包括正常和较高含锰量的)。合金弹簧钢主要是硅锰系钢种，它们的含碳量稍低，主要靠增加硅含量(1.3%～2.8%)提高性能；另外还有铬、钨、钒的合金弹簧钢种。近年来，结合我国资源，并根据汽车、拖拉机设计新技术的要求，研制出在硅锰钢基础上加入硼、铌、钼等元素的新钢种，延长了弹簧的使用寿命，提高了弹簧质量。

(17)易切削钢

易切结构钢是在钢中加入一些使钢变脆的元素，使钢切削时切屑易脆断成碎屑，从而利于提高切削速度和延长刀具寿命。使钢变脆的元素主要是硫，在普通低合金易切结构钢中使用了铅、碲、铋等元素。

这种钢含硫量在0.08%～0.30%范围内，含锰量在0.60%～1.55%范围内。钢中的硫和锰以硫化锰形态存在，硫化锰很脆并有润滑效能，从而使切屑容易碎断，并有利于提高加工表面的质量。

(18)电工硅钢

电器工业用硅钢主要用来制造电器工业用硅钢片。硅钢片是电机和变压器制造中用量很大的钢材。

按化学成分硅钢可以分为低硅钢或高硅钢。低硅钢含硅量1.0%～2.5%，主要用来制造电机。高硅钢含硅量3.0%～4.5%，一般用来制造变压器。它们的含碳量≤0.06%～0.08%。

(19)轴承钢

轴承钢是用来制造滚珠、滚柱和轴承套圈的钢。轴承在工作时承受着极大的压力和摩擦力，所以要求轴承钢有高而均匀的硬度和耐磨性，以及高的弹性极限。

对轴承钢的化学成分的均匀性、非金属夹杂物的含量和分布、碳化物的分布等要求都十分严格。

轴承钢又称高碳铬钢，含碳为1%左右，含铬量为0.5%～1.65%。

轴承钢又分为高碳铬轴承钢、无铬轴承钢、渗碳轴承钢、不锈轴承钢、中高温轴承钢及防磁轴承钢6大类。

(20)钢轨钢

钢轨主要承受机车车辆的压力及冲击载荷，因此要求有足够的强度和硬度及一定的韧性。通常采用的钢轨钢是平炉和转炉冶炼的碳素镇静钢，这种钢含碳0.6%～0.8%，属于中碳钢和高碳钢，但钢中含锰量较高，在0.6%～1.1%的范围内。

近年来，已广泛采用普通低合金钢钢轨，如高硅轨、中锰轨、含铜轨、含钛轨等。普通低合金钢轨比碳素钢轨耐磨、耐腐蚀，使用寿命有很大的提高。

(21)桥梁钢

铁路或公路桥梁承受车辆的冲击载荷，桥梁钢要求有一定的强度、韧性和良好的抗疲劳性能，并且对钢材的表面质量要求较高。桥梁钢常采用碱性平炉镇静钢，已经成功地采用了普通低合金钢如16锰、15锰钒氮等。

(22)锅炉钢

锅炉用钢主要指用来制造过热器、主蒸汽管和锅炉火室受热面用的材料。锅炉钢的性能要求主要是有良好的焊接性能，一定的高温强度和耐碱性腐蚀、耐氧化等。常用的锅炉钢有平炉冶炼的低碳镇静钢或电炉冶炼的低碳钢，含碳量在 0.16%～0.26%范围内。制造高压锅炉时则应用珠光体耐热钢或奥氏体耐热钢。近年来也采用普通低合金钢建造锅炉，如 12 锰、15 锰钒、18 锰钼铌等。

(23)造船用钢

指用于制造海船和大型内河船体结构的钢。由于船体结构一般采用焊接方法制造，所以要求造船钢有较好的焊接性能，此外还要求有一定的程度、韧性和一定的耐低温及耐腐蚀性能。过去主要采用低碳钢作为造船用钢。近来，已大量采用普通低合金钢，已有的钢种如 12 锰船、16 锰船、15 锰钒船等。这些钢种有强度高、韧性好、容易加工和焊接、耐海水腐蚀等综合特性，可成功地用来制造万吨远洋巨轮。

(24)不锈钢

不锈耐酸钢(简称不锈钢)，它是由不锈钢和耐酸钢两大部分组成的。简言之，能抵抗大气腐蚀的钢叫不锈钢，而能抵抗化学介质(如酸类)腐蚀的钢叫做耐酸钢。一般来说含铬量大于 12%的钢，就具有了不锈钢的特点。

不锈钢按热处理后的显微组织又可分为 5 大类，即铁素体不锈钢、马氏体不锈钢、奥氏体不锈钢、奥氏体-铁素体不锈钢及沉淀硬化不锈钢。

(25)耐热钢

在高温条件下，具有抗氧化性和足够的高温强度以及良好的耐热性能的钢称作耐热钢。耐热钢包括抗氧化钢和热强钢两类。抗氧化钢又称不起皮钢。热强钢是指在高温下具有良好的抗氧化性能并具有较高的高温强度的钢，主要用于在高温下长期使用的零件。

(26)高温合金

高温合金是指在高温下具有足够的持久强度、蠕变强度、热疲劳强度、高温韧性及足够的化学稳定性的一种热强性材料，用于 1000℃左右高温条件下工作的热动力部件。

按其基本化学成分的不同，又可分为镍基高温合金、铁镍基高温合金及钴基高温合金。

(27)精密合金

精密合金是指具有特殊物理性能的合金。它是电气工业、电子工业、精密仪表工业和自动控制系统中不可缺少的材料。

精密合金按其不同的物理性能又分为 7 类，即：软磁合金、变形永磁合金、弹性合金、膨胀合金、热双金属、电阻合金、热电偶合金。

绝大多数精密合金是以黑色金属为基的，只有少数是以有色金属为基的。

(28)钢板

钢板按厚度分为薄板(4mm 以下，包括钢带)和厚板(4～60mm，包括 60mm 以上的特厚板)。

薄钢板——用热轧或冷轧方法生产的厚度在 0.2～4mm 之间的钢板。薄钢板的宽度在 500～1400mm 之间。根据不同的用途，薄钢板有不同材质：普通碳素钢，优质碳素结构钢，合金结构钢，碳素工具钢，不锈钢，弹簧钢，电工用硅钢等。它们主要用于汽车工业、航空工业、搪瓷工业、电气工业、机械工业等部门。薄钢板有轧后直接交货的，还有经过酸洗的(酸洗薄钢板)、镀锌或镀锡的。

钢带实际上是很长的薄板，成卷供应，也叫带钢。钢带可以在多机架连续式轧机上生产，切成定尺长度后就是钢板，因此生产率比单张轧制时高。

厚钢板——厚度在 4mm 以上的钢板统称厚钢板。根据厚板轧机所能轧制的最大厚度，厚板的界限常在 60mm 以内；60mm 以上的则需在专门的特厚板轧机上轧制，因此叫特厚板。厚钢板的宽度从 0.6m 到 3.0m。厚板按用途分造船钢板、桥梁钢板、锅炉钢板、高压容器钢板、花纹钢板、汽车钢板、装甲钢板、复合钢板等。

(29)钢管

钢管按断面有无接缝分成两大类，即焊接钢管(有缝的)和无缝钢管。

①无缝钢管——由整块金属制成的、断面上没有接缝的钢管。根据生产方法，无缝钢管分热轧管、冷轧管、冷拔管、挤压管、顶管等。按照断面形状，无缝管分圆形和异形两种，异形管有方形、椭圆形、三角形、六角形、瓜子形、星形、带翅管等多种复杂形状。最大直径达 650mm(扩径管)，最小直径为 0.3mm(毛细管)。根据用途不同，有厚壁(枪)管和薄壁(壁厚 0.05mm)管。无缝钢管主要用做石油地质钻探管、石油化工用裂化管、锅炉管及其他换热器管、轴承管以及汽车、拖拉机、航空用高精度结构钢管。

②焊接钢管——用带钢焊成的、断面有接缝的钢管。根据焊接方法不同，焊接钢管分电弧焊管、高频或低频电阻焊管、气焊管、炉焊管等。按焊缝分，有直缝焊管和螺旋缝焊管（大直径的）。焊接钢管常用作水、煤气、油等低压输送管道用管和一般结构钢管（如自行车钢管）。同无缝钢管相比较，焊接钢管生产率高、成本低；因此，焊接钢管在钢管总产量中的比重不断增加。近年来异形钢管用途更加广泛。

(30)型钢

型钢是钢材4大品种（板、管、型、丝）之一。根据断面形状，型钢分简单断面型钢和复杂断面型钢（异型钢）。前者指方钢、圆钢、扁钢、角钢、六角钢等，后者指工字钢、槽钢、钢轨、窗框钢、弯曲型钢等。

①方钢——方形断面的钢材，分热轧和冷拉两种；热轧方钢边长5～250mm；冷拉方钢边长3～100mm。

②圆钢——圆形断面的钢材，分热轧、锻制和冷拉3种。热轧圆钢的直径5～250mm，其中5～9mm的常用做拉拔钢丝的原料，叫做线材；由于成盘供应也叫热轧盘条。锻制圆钢直径较粗，用做轴坯。冷拉圆钢直径3～100mm，尺寸精度较高。

③扁钢——宽12～300mm、厚4～60mm、截面为长方形的钢材。扁钢可以是成品钢材，也可以做焊管的坯料和叠轧薄板用的薄板坯。

④角钢——分等边角钢和不等边角钢两种。角钢的规格用边长的尺寸表示。目前生产的角钢规格是2～25号，即边长的厘米数。如5号等边角钢即指边长为5cm的角钢。同一号角钢常有2～7种不同的边厚。

⑤工字钢——工字形断面的钢材，也叫钢梁。分普通工字钢、轻型工字钢和宽腿（也叫宽缘、宽边）工字钢。前两种工字钢目前生产的规格从10号到60号或70号，即相应的高度为10～70cm。在相同高度下，轻型的比普通的腿窄、腰薄、重量轻。宽腿工字钢的断面特点是两腿平行，腿的内侧没有斜度。它属于经济断面型钢，是在四辊万能型钢轧机上轧制的，所以也叫万能工字钢。

⑥钢轨——分铁路钢轨（也叫重轨）、轻轨、起重机钢轨和其他专用钢轨。重轨用于铁路运输，轻轨用于矿山运输和工业结构。

⑦槽钢——槽形断面的钢材。槽钢用于建筑结构的车辆制造，分热轧槽钢和弯曲槽钢。热轧槽钢又分普通型和轻型两种。目前生产的槽钢规格从5号到40号，即相应的高度为5～40cm。在相同的高度下，轻型槽钢比普通槽钢的腿窄、腰薄、重量轻。

⑧弯曲型钢——同热轧型钢的变形特点不同，弯曲型钢是让带钢从一组辊子之间通过，弯曲成各种复杂断面形状的钢材。弯曲型钢大多数用冷弯成形法生产，也有热弯的，因此叫冷弯型钢或热弯型钢。

(31)钢丝

钢丝通常指的是用热轧线材（盘条）为原料，经过冷态拉拔加工的产品。由于应用广泛，钢丝的分类比较复杂：

按断面形状分，有圆的、椭圆的、方的、三角形和各种异型的；

按尺寸分，有特细的（＜0.1mm）、较细的（0.1～＜0.5mm）、细的（0.5～＜1.5mm）、中等的（1.5～3.0mm）、粗的（＞3.0～6.0mm）、较粗的（＞6.0～8.0mm）和特粗的（＞8.0mm）；

按化学成分分，有低碳（0.25%C）、中碳（＞0.25%～0.60%）、高碳（＞0.60%）钢，低合金钢（除碳外的合金元素总含量＜3%，下同）、中合金钢（2.5%～10.0%）和高合金钢（＞10%）钢丝；

按交货时的热处理状态分，有不经热处理的，有回火的、退火的、铅淬火的；

按以抗拉强度为标志的力学性能分，有低的（＜40）、较低的（40～80）、普通的（＞80～125）、较高的（＞125～200）、高的（＞200～320）、特高的（＞320）；

按表面状态分，有抛光的、磨光的、光面的、酸洗的、氧化处理的、粗制的、有镀层的。

钢丝按用途分类如下：

普通质量钢丝——包括焊条钢丝、制钉钢丝、印刷业用钢丝、一般镀锌低碳钢丝（俗称铁丝）等；

冷顶锻用钢丝——指供机械加工（冷镦）成铆钉、螺钉等用的钢丝；

电工用钢丝——指架空通讯线、钢芯铝绞线等电工方面用的钢丝；

纺织工业用钢丝——包括粗梳子、针布、针用钢丝等；

钢丝绳用钢丝——指专供生产钢丝绳和辐条用的钢丝；

弹簧钢丝——包括弹簧、弹簧垫圈用的钢丝以及琴用钢丝和轮胎钢丝；

结构钢丝——指钟表工业用、滚珠用、自动切削加工用的钢丝；

不锈及电阻合金丝；

工具钢丝；钢筋钢丝；制鞋用钢丝。

表 1-1　非合金钢、低合金钢和合金钢合金元素规定含量界限值（GB/T 13304.1—2008）

合金元素	合金元素规定含量界限值 /%（质量分数）		
	非合金钢	低合金钢	合金钢
Al	＜0.10	—	≥0.10
B	＜0.000 5	—	≥0.000 5
Bi	＜0.10	—	≥0.10
Cr	＜0.30	0.30～＜0.50	≥0.50
Co	＜0.10	—	≥0.10
Cu	＜0.10	0.10～＜0.50	≥0.50
Mn	＜1.00	1.00～＜1.40	≥1.40
Mo	＜0.05	0.05～＜0.10	≥0.10
Ni	＜0.30	0.30～＜0.50	≥0.50
Nb	＜0.02	0.02～＜0.06	≥0.06
Pb	＜0.40	—	≥0.40
Se	＜0.10	—	≥0.10
Si	＜0.50	0.50～＜0.90	≥0.90
Te	＜0.10	—	≥0.10
Ti	＜0.05	0.05～＜0.13	≥0.13
W	＜0.10	—	≥0.10
V	＜0.04	0.04～＜0.12	≥0.12
Zr	＜0.05	0.05～＜0.12	≥0.12
La 系（每一种元素）	＜0.02	0.02～＜0.05	≥0.05
其他规定元素 （S，P，C，N 除外）	＜0.05	—	≥0.05

因为海关关税的目的而区分非合金钢、低合金钢和合金钢时，除非合同或订单中另有协议，表中 Bi、Pb、Se、Te、La 系和其他规定元素（S、P、C 和 N 除外）的规定界限值可不予考虑。

注：1. La 系元素含量，也可作为混合稀土含量总量；

2. 表中"—"表示不规定，不作为划分依据。

表 1-2　非合金钢的主要分类及举例（GB/T 13304.2—2008）

按主要特性分类	按主要质量等级分类		
	1	2	3
	普通质量非合金钢	优质非合金钢	特殊质量非合金钢
以规定最高强度为主要特性的非合金钢	普通质量低碳结构钢板和钢带 GB 912 中的 Q195 牌号	a）冲压薄板低碳钢 GB/T 5213 中的 DC01 b）供镀锡、镀锌、镀铅板带和原板用碳素钢 GB/T 2518、GB/T 2520、GB/T 5364 全部碳素钢牌号 c）不经热处理的冷顶锻和冷挤压用钢 GB/T 6478 中表 1 的牌号	

续表

按主要特性分类	按主要质量等级分类		
	1	2	3
	普通质量非合金钢	优质非合金钢	特殊质量非合金钢
以规定最低强度为主要特性的非合金钢	a) 碳素结构钢 GB/T 700 中的 Q215 中 A、B 级，Q235 的 A、B 级，Q275 的 A、B 级 b) 碳素钢筋钢 GB 1499.1 中的 HPB235、HPB300 c) 铁道用钢 GB/T 11264 中的 50Q、55Q GB/T 11265 中的 Q235-A d) 一般工程用不进行热处理的普通质量碳素钢 GB/T 14292 中的所有普通质量碳素钢 e) 锚链用钢 GB/T 18669 中的 CM 370	a) 碳素结构钢 GB/T 700 中除普通质量 A、B 级钢以外的所有牌号及 A、B 级规定冷成型性及模锻性特殊要求者 b) 优质碳素结构钢 GB/T 699 中除 65Mn、70Mn、70、75、80、85 以外的所有牌号 c) 锅炉和压力容器用钢 GB 713 中的 Q245R GB 3087 中的 10、20 GB 6479 中的 10、20 GB 6653 中的 HP235、HP265 d) 造船用钢 GB 712 中的 A、B、D、E GB/T 5312 中的所有牌号 GB/T 9945 中的 A、B、D、E e) 铁道用钢 GB 2585 中的 U74 GB 8601 中的 CL60B 级 GB 8602 中的 LG 60B 级、LG 65B 级 f) 桥梁用钢 GB/T 714 中的 Q235qC、Q235qD g) 汽车用钢 YB/T 4151 中的 330CL、380CL YB/T 5227 中的 12LW YB/T 5035 中的 45 YB/T 5209 中的 08Z、20Z h) 输送管线用钢 GB/T 3091 中的 Q195、Q215A、Q215B、Q235A、Q235B GB/T 8163 中的 10、20 i) 工程结构用铸造碳素钢 GB 11352 中的 ZG200-400、ZG230-450、ZG270-500，ZG310-570、ZG340-640 GB 7659 中的 ZG200-400H、ZG230-450H、ZG275-485H j) 预应力及混凝土钢筋用优质非合金钢	a) 优质碳素结构钢 GB/T 699 中的 65Mn、70Mn、70、75、80、85 钢 b) 保证淬透性钢 GB/T 5216 中的 45H c) 保证厚度方向性能钢 GB/T 5313 中的所有非合金钢 GB/T 19879 中的 Q235GJ d) 汽车用钢 GB/T 20564.1 中的 CR180BH、CR220BH、CR260BH GB/T 20564.2 中的 CR260/450DP e) 铁道用钢 GB 5068 中的所有牌号 GB 8601 中的 CL60A 级 GB 8602 中的 LG60A、LG65A 级 f) 航空用钢 包括所有航空专用非合金结构钢牌号 g) 兵器用钢 包括各种兵器用非合金结构钢牌号 h) 核压力容器用非合金刚 i) 输送管线用钢 GB/T 21237 中的 L245、L290、L320、L360 j) 锅炉和压力容器用钢 GB 5310 中的所有非合金钢
以碳含量为主要特性的非合金钢	a) 普通碳素钢盘条 GB/T 701 中的所有牌号（C 级钢除外） YB/T 170.2 中的所有牌号（C4D、C7D 除外） b) 一般用途低碳钢丝 YB/T 5294 中的所有的碳钢牌号 c) 热轧花纹钢板及钢带	a) 焊条用钢（不包括成品分析 S、P 不大于 0.025 的钢） GB/T 14957 中的 H08A、H08MnA、H15A、H15Mn GB/T 3429 中的 H08A、H08MnA、H15A、H15Mn b) 冷镦用钢 YB/T 4155 中的 BL1、BL2、BL3 GB/T 5953 中的 ML10～ML45	a) 焊条用钢（成品分析 S、P 不大于 0.025 的钢） GB/T 14957 中的 H08E、H08C GB/T 3429 中的 H04E、H08E、H08C b) 碳素弹簧钢 GB/T 1222 中的 65～85、65Mn GB/T 4357 中的所有非合金钢

续表

按主要特性分类	按主要质量等级分类		
	1	2	3
	普通质量非合金钢	优质非合金钢	特殊质量非合金钢
以碳含量为主要特性的非合金钢	YB/T 4159 中的普通质量碳素结构钢	YB/T 5144 中的 ML15、ML20 GB/T 6478 中的 ML08Mn、ML22Mn、ML25～ML45、ML15Mn～ML35Mn c)花纹钢板 YB/T 4159 优质非合金钢 d)盘条钢 GB/T 4354 中的 25～65、40Mn～60Mn e)非合金调质钢 (特殊质量钢除外) f)非合金表面硬化钢 (特殊质量钢除外) g)非合金弹簧钢 (特殊质量钢除外)	c)特殊盘条钢 YB/T 5100 中的 60、60Mn、65、65Mn、70、70Mn、75、80、T8MnA、T9A(所有牌号) YB/T 146 中所有非合金钢 d)非合金调质钢 (符合本部分中的 4.1.3.2 规定) e)非合金表面硬化钢 (符合本部分中的 4.1.3.2 规定) f)火焰及感应淬火硬化钢 (符合本部分中的 4.1.3.2 规定) g)冷顶锻和冷挤压钢 (符合本部分中的 4.1.3.2 规定)
非合金易切削钢		a) 易切削结构钢 GB/T 8731 中的牌号 Y08～Y45、Y08Pb、Y12Pb、Y15Pb、Y45Ca	a)特殊易切削钢 要求测定热处理后冲击韧性等 GB 1494 中的 Y75
非合金工具钢			a)碳素工具钢 GB/T 1298 中的全部牌号
规定磁性能和电性能的非合金钢		a)非合金电工钢板、带 GB/T 2521 电工钢板、带 b)具有规定导电性能(＜9S/m)的非合金电工钢	a)具有规定导电性能(≥9S/m)的非合金电工钢 b)具有规定磁性能的非合金软磁材料 GB/T 6983 规定的非合金钢
其他非合金钢	a) 栅栏用钢丝 YB/T 4026 中普通质量非合金钢牌号		a)原料纯铁 GB/T 9971 中的 YT1、YT2、YT3

表 1-3 低合金钢的主要分类及举例(GB/T 13304.2—2008)

按主要特性分类	按主要质量等级分类		
	1	2	3
	普通质量非合金钢	优质非合金钢	特殊质量非合金钢
可焊接合金高强度结构钢	a) 一般用途低合金结构钢 GB/T 1591 中的 Q295、Q345 牌号的 A 级钢	a) 一般用途低合金结构钢 GB/T 1591 中的 Q295B、Q345(A 级钢以外)和 Q390(E 级钢以外) b) 锅炉和压力容器用低合金钢 GB 713 除 Q245 以外的所有牌号 GB 5653 中除 HP235、HP265 以外的所	a) 一般用途低合金结构钢 GB/T 1591 中的 Q390E、Q345E、Q420 和 Q460 b) 压力容器用低合金钢 GB/T 19189 中的 12MnNiVR c) 保证百度方向性能低合

续表

按主要特性分类	按主要质量等级分类		
	1	2	3
	普通质量非合金钢	优质非合金钢	特殊质量非合金钢
可焊接合金高强度结构钢		有牌号 c) 造船用低合金钢 GB 712 中的 A32、D32、E32、A36、D36、E36、A40、D40、E40 GB/T 9945 中的高强度钢 d) 汽车用低合金钢 GB/T 3273 中所有牌号 YB/T 5209 中的 08Z、20Z YB/T 4151 中的 440CL、490CL、540CL e) 桥梁用低合金钢 GB/T 714 中除 Q235q 以外的钢 f) 输送管线用低合金钢 GB/T 3091 中的 Q295A、Q295B、Q345A、Q345B GB/T 8163 中的 Q295、Q345 g) 锚链用低合金钢 GB/T 18669 中的 CM490、CM690 h) 钢板桩 GB/T 20933 中的 Q295bz、Q390bz	金钢 d) 造船用低合金钢 GB 712 中的 F32、F36、F40 e) 汽车用低合金钢 GB/T 20564.2 中的 CR300/500DP YB/T 4151 中的 590CL f) 低焊接裂纹敏感性钢 YB/T 4137 中所有牌号 g) 输送管线用低合金钢 GB/T 21237 中的 L390、L415、L450、L485 h) 舰船兵器用低合金钢 i) 核能用低合金钢
低合金耐候钢		a) 低合金耐候性钢 GB/T 4171 中所有牌号	
低合金混凝土用钢	a) 一般低合金钢筋钢 GB 1499.2 中的所有牌号		a) 预应力混凝土用钢 YB/T 4160 中的 30MnSi
铁道用低合金钢	a) 低合金轻轨钢 GB/T 11264 中的 45SiMnP、40SiMnP	a) 低合金重轨钢 GB 2585 中的除 U74 以外的牌号 b) 起重机用低合金钢轨钢 YB/T 5055 中的 U71Mn c) 铁路用异型钢 YB/T 5181 中的 09CuPRE YB/T 5182 中的 09V	a) 铁路用低合金车轮钢 GB 8601 中的 CL 45 MnSiV
矿用低合金钢	a) 矿用低合金钢 GB/T 3414 中的 M510、M540、M565 热轧钢 GB/T 469 中的所有牌号	a) 矿用低合金结构钢 GB/T 3414 中的 M540、M565 热处理钢	a) 矿用低合金结构钢 GB/T 10560 中的 20Mn2A、20MnV、25MnV
其他低合金钢		a) 易切削结构钢 GB/T 8731 中的 Y08MnS、Y15Mn、Y40Mn、Y45Mn、Y45MnS、Y45MnSPb b) 焊条用钢 GB/T 3429 中的 H08MnSi、H10MnSi	

表 1-4 合金钢的分类(GB/T 13304.2—2008)

按主要质量分类	优质合金钢		特殊质量合金钢								
	1		2	3	4		5		6	7	8
按主要使用特性分类	工程结构用钢	其他	工程结构用钢	机械结构用钢[a]) (第4、6除外)	不锈、耐蚀和耐热钢[b])		工具钢		轴承钢	特殊物理性能钢	其他
按其他特性(除上述特性以外)对钢进一步分类举例	11 一般工程结构用合金钢GB/T 20933中的Q420bz 12 合金钢筋钢GB/T 20065中的合金钢 13 凿岩钎杆用钢GB/T 1301中的合金钢 14 耐磨钢GB/T 5680中的合金钢	16 电工用硅(铝)钢(无磁导率要求)GB/T 6983中的合金钢 17 铁道用合金钢GB/T 11264中的30CuCr 18 易切削钢GB/T 8731中的含锡钢 19 其他	21 锅炉和压力容器用合金钢(4类除外)GB/T 19189中的07MnCrMoVR、07MnNiMoVDR GB 713中的合金钢 GB 5310中的合金钢 22 热处理合金钢筋钢 23 汽车用钢 GB/T 20564.2中的CR 340/590DP CR 420/780DP CR 550/980DP 24 预应力用钢YB/T 4160中的合金钢 25 矿用合金钢GB/T 10560中的合金钢 26 输送管线用钢GB/T 21237中的L555、L690 27 高锰钢	31 V、MnV、Mn(x)系钢 32 SiMn(x)系钢 33 Cr(x)系钢 34 CrMo(x)系钢 35 CrNiMo(x)系钢 36 Ni(x)系钢 37 Ni(x) 38 其他	41 马氏体型 或 42 铁素体型 43 奥氏体型 或 44 奥氏体铁素体型 或 45 沉淀硬化型	411/421 Cr(x)系钢 412/422 CrNi(x)系钢 413/423 CrMo(x) CrCo(x)系钢 414/424 CrAl(x) CrSi(x)系钢 415/425 其他 431/441/451 CrNi(x)系钢 432/442/452 CrNiMo(x)系钢 433、443、453 CrNi+Ti或Nb钢 435/445/455 CrNiSi+V、W、Co钢 436/446 CrNiSi(x)系钢 437 CrMnSi(x)系钢 438 其他	51 合金工具钢 (BG/T 1299中所有牌号) 52 高速钢 (BG/T 9943中所有牌号)	511 Cr(x) 512 Ni(x)、CrNi(x) 513 Mo(x)、CrMo(x) 514 V(x)、CrV(x) 515 W(x)、CrW(x)系钢 516 其他 521 WMO系钢 522 W系钢 523 Co系钢	61 高碳铬轴承钢 GB/T 18254中所有牌号 62 渗碳轴承钢 GB/T 3203中所有牌号 63 不锈轴承钢 GB/T 3086中所有牌号 64 高温轴承钢 65 无磁轴承钢	71 软磁钢(除16外)GB/T 14986中所有牌号 72 永磁钢 GB/T 14991中所有牌号 73 无磁钢 74 高电阻钢和合金 GB/T 1234中所有牌号	焊接用钢GB/T 3429中的合金钢

注:1.(x)表示该合金系列中还包括有其他合金元素,如Cr(x)系,除Cr钢外,还包括CrMn钢等;

2. 表示GB/T 3007中所有牌号,GB/T 1222和GB/T 6478中的合金钢等;

3. 表示GB/T 1220、GB/T 1221、GB/T 2100、GB/T 6892和GB/T 12230中的所有牌号。

1.1.2 有色金属材料

(1)有色金属

金属种类繁多,通常把金属分为黑色金属和有色金属两大类。黑色金属包括铁、锰、铬及它们的合金。除铁、锰、铬以外的83种金属都叫做有色金属。

有色金属的分类,各个国家并不完全统一。大致上按其密度、价格、在地壳中的储量及分布情况,被人们发现和使用的早晚等分为5大类:①轻有色金属;②重有色金属;③稀有金属;④贵金属;⑤半金属。

(2)轻有色金属

轻有色金属一般指密度在4.5以下的有色金属,包括铝、镁、钠、钾、钙、锶、钡。这类金属的共同特点是:相对密度小(0.53~4.5),化学活性大,与氧、硫、碳和卤素的化合物都相当稳定。

轻金属铝在自然界中占地壳重量的8%(铁为5%)。随着近代炼铝技术的发展及铝在国民经济各部门的广泛应用,目前铝已成为有色金属中生产量最大的金属,其产量已超过有色金属总产量的1/3。

(3)重有色金属

重有色金属一般指密度在4.5以上的有色金属,其中有铜、镍、铅、锌、钴、锡、锑、汞、镉、铋。

每种重有色金属根据其特性,在国民经济各部门中都具有其特殊的应用范围和用途。例如铜是军工及电气设备的基本材料;铅在化工制耐酸管道、蓄电池等方面有着广泛应用;镀锌的钢材广泛应用于工业和生活方面;而镍、钴则是制造高温合金与不锈钢的重要战略物资。

(4)贵金属

这类金属包括金、银和铂族元素(铂、铱、锇、钌、钯、铑)。由于它们对氧和其他试剂的稳定性,而且在地壳中含量少,开采和提取比较困难,故价格比一般金属贵,因而得名贵金属。

这类金属除金、银、铂有单独矿物,从矿石中生产一部分外,大部分要从铜、铅、锌、镍等冶炼厂的副产品(阳极泥)中回收。

它们的特点是相对密度大(10.4~22.4),其中铂、铱、锇是金属元素中最重的几种金属;熔点高(916~3000℃);化学性质稳定,能抵抗酸、碱,难于腐蚀(除银和钯外)。另外,金和银具有高度的可锻性和可塑性,钯、铂也有良好的可塑性,其他均为脆性金属。金、银有良好的导电性和导热性,铂族元素却很低。

贵金属在工业上则广泛地应用于电气、电子工业、宇宙航空工业,以及高温仪表和接触剂等。

(5)半金属

半金属一般是指硅、硒、碲、砷、硼,其物理化学性质介于金属与非金属之间,如砷是非金属,但又能传热导电。

此类金属根据各自特性,具有不同用途。硅是半导体主要材料之一;高纯碲、硒、砷是制造化合物半导体的原料;硼是合金的添加元素等。

(6)稀有金属

稀有金属通常是指那些在自然界中含量很少、分布稀散或难从原料中提取的金属。下面一些金属一般被认为是稀有金属:锂、铷、铯、铍、钨、钼、钽、铌、钛、锆、铪、钒、铼、镓、铟、铊、锗、钪、钇、镧、铈、镨、钕、钷、钐、铕、钆、铽、镝、钬、铒、铥、镱、镥、钋、镭、锕、钍、镤和铀以及人造超铀元素等。为了便于研究起见,根据各种稀有金属的某些共同点(如金属的物理化学性质、原料的共生关系、生产流程等)划分为以下5类:①稀有轻金属;②稀有高熔点金属;③稀有分散金属;④稀土金属;⑤稀有放射性金属。稀有金属在冶金工业中常用来制造特种钢、超硬合金和耐高温合金等。稀有金属的名称也具有一定的相对性,稀有金属并不全都稀少,许多稀有金属在地壳中的含量比常用金属大得多,如锆、钒、锂、铍的含量比铅、锌、汞、锡的含量均大。随着科技技术的发展,它们与普通金属的界限正逐步消失。

(7)稀有轻金属

稀有轻金属包括下面5种金属:锂、铍、铷、铯、钛。它们的共同的特点是相对密度小(锂为0.53;铍为1.85;铷为1.55;铯为1.87;钛为4.5),化学活性很强。这类金属的氧化物和氯化物都具有很高的化学稳定性,很难还原。

(8)稀有高熔点金属

稀有高熔点金属包括以下8种金属:钨、钼、钽、铌、锆、铪、钒和铼。它们的共同特点是熔点高,自1830℃(锆)至3400℃(钨),硬度大,抗腐蚀性强以及可与一些非金属生成非常硬和非常难熔的稳定化合物,如碳化物、氮化物、硅化物和硼化物。这些化合物是生产硬质合金的重要材料。

(9)稀土金属

稀土金属包括镧系元素以及和镧系元素性质很相近的钪和钇，共 17 种：钪(Sc)，钇(Y)，镧(La)，铈(Ce)，镨(Pr)，钕(Nd)，钷(Pm)，钐(Sm)，铕(Eu)，钆(Gd)，铽(Tb)，镝(Dy)，钬(Ho)，铒(Er)，铥(Tm)，镱(Yb)和镥(Lu)。从镧到铕又称为轻稀土，从钆到镥包括钪和钇称为重稀土。18 世纪时，只能获得外观似碱土(如氧化钙)的稀土氧化物，故起名"稀土"，并沿用至今。这些金属的原子结构相同，因而其物理化学性质很近似。在矿石中它们总是伴生在一起的，在提取过程中，需经繁杂作业才能逐个分离出来。

(10)稀有放射性金属

属于这一类的是各种天然放射性元素：钋(Po)，镭(Ra)，锕(Ac)，钍(Th)，镤(Pa)和铀(U)及各种人造超铀元素：钫(Fr)，锝(Tc)，镎(Np)，钚(Pu)，镅(Am)，锔(Cm)，锫(Bk)，锎(Cf)，锿(Es)，镄(Fm)，钔(Md)，锘(No)和铹(Lw)。

天然放射性元素在矿石中往往是共同存在的，它们常常与稀土金属矿伴生。这类金属在原子能工业方面起着极其重要的作用。

(11)有色金属合金

由一种有色金属作为基体，加入另一种(或几种)金属或非金属组分所组成的既具有基体金属通性又具有某些特定性能的物质称为有色金属合金。

有色金属合金分类方法很多。按基体金属可分为铜合金、铝合金、钛合金、镍合金等；按其生产方法，又可分为铸造合金与变形合金；根据组成合金的元素数目，可分为二元合金、三元合金、四元合金和多元合金。一般，合金组分的总含量小于 2.5%者，为低合金；含量为 2.5%～10%者为中合金；含量大于 10%者为高合金。

合金有不少优于纯金属的性质。例如，纯铝的强度很低，不适于作结构材料，而硬铝(铝－铜－镁系的铝合金)经热处理后强度比纯铝大约高 6 倍，广泛地用于航空和机械工业。

(12)铝合金

以铝为基础，加入一种或几种其他元素(如铜、镁、硅、锰等)构成的合金，称为铝合金。由于纯铝强度低，它的用途受到了限制；在工业上多采用铝合金。根据生产工艺可分为变形铝合金和铸造铝合金。变形铝合金以各种压力加工半成品材料供应；铸造铝合金以合金锭供应。

铝合金密度小，有足够高的强度，塑性及耐腐蚀性也很好。大部分铝合金可以经过热处理得到强化。因此，在航空、航天、汽车、拖拉机制造业及其他工业部门均得到广泛应用。

(13)变形铝合金

以压力加工方法生产管、棒、线、型、板、带、条等半成品材料的铝合金，称为变形铝合金。根据性能和用途，又分为硬铝、防锈铝合金、超硬铝、锻铝和特殊铝 5 类。

(14)铸造铝合金(ZL)

用来直接浇铸各种形状的机械零件(简称铸件)的铝合金，都称为铸造铝合金。铸造铝合金中的合金元素含量一般比变形铝合金的高些。铸造铝合金的流动性好，但塑性差。可以通过变质处理(起细化晶粒的作用)和热处理提高其力学性能。铸造铝合金的表示方法以"ZL"加顺序号表示，如 ZL101，ZL105，ZL201 等。

(15)防锈铝合金(LF)

防锈铝合金是铝锰系或铝镁系组成的变形铝合金，特点是耐腐蚀性能好，抛光性好，能长时间保持光亮的表面，具有高的塑性和比纯铝高的强度。多用来制造与液体接触的零件、管道、日用品、铆钉和装饰品等。以"LF"加顺序号表示，如 LF2，……，LF11，LF21，LF43 等。

(16)硬铝(LY)

硬铝又称杜拉铝，是含有铜、镁、锰等元素的变形铝合金。其特点是具有高的强度和硬度(如 LY12 合金的强度为 460Pa)，可以热处理(淬火和时效)强化。该合金耐腐蚀性较差，因此在生产硬铝半成品时，常在外面包一层纯铝(包铝层)。此种合金以"LY"加顺序号表示，如 LY1，LY2，LY3 等。用于制造铆钉以及各种受力的结构零件。

(17)锻铝(LD)

锻铝是变形铝合金中的一种。用来制造各种锻件或冲压件(如内燃机活塞、增压器叶轮等)，一般在热状态下具有高的塑性，同时强度大。其表示方法以"LD"加顺序号表示，如 LD2，……，LD10，LD31 等。

(18)超硬铝(LC)

含有锌的硬铝，其硬度、强度均比硬铝高，如 LC4 超硬铝强度可达 588Pa，布氏硬度为 150，故称超硬铝。其包铝层采用含少量锌的 Al-Zn 合金。此种合金以"LC"加顺序号表示，如 LC4，LC9 等。该合金可制各种结构零件。制造高载荷零件时，LC4 比 LY12 的性能更佳，LC4 与 LY12 均为航空工业重要材料之一。

(19)特殊铝(LT)

特殊铝是供应在特定条件下使用的变形铝合金。由于制品种类不同和使用条件不同，合金的品种也很繁多。这类合金的表示方法以"LT"加顺序号，如 LT1，LT13，LT41，LT62 等。LT1 为 Al-Si 系合金，含 Si 4.5%～6.0%，其压力加工性能良好，耐腐蚀性能亦好，用以制造焊棒和焊条，在焊接铝合金时用它作填料。其他特殊铝均各有其用途。

(20)镁合金

以镁为基体的合金常称为超轻质合金。镁合金目前在工业(如航空、纺织、无线电、仪表及冶金等工业)上的应用越来越多。镁合金之所以获得广泛的应用，是因为它具有下列优点：①密度很小，比铝轻 1/3，其比强度(抗拉强度与密度之比值)较铝合金高；②疲劳极限高；③能比铝合金承受较大的冲击载荷；④在煤油、汽油、矿物油和碱类中的耐蚀性较高；⑤有良好的切削加工性。

镁合金的缺点在于：它耐蚀性差；铸造性能也较铝合金差；在熔化时需要加入特殊的防护熔剂；需要用特种的混合型砂来制作砂模；此外，尽管镁合金的冲击韧性和疲劳强度好，但其对应力集中却很敏感；屈服点低和弹性系数小，也降低了镁合金作为结构材料的使用价值。

镁合金与铝合金一样，根据加工方法可分为变形(压力加工)镁合金和铸造镁合金两大类。

(21)无氧铜

氧是纯铜中杂质元素之一。氧在铜中的溶解度很小，大部分形成化合物(Cu_2O)，因而铜中的氧降低塑性和韧性，变坏加工性能。另外，含氧的铜冷加工后在还原性气氛中加热时，常出现裂纹现象，称之为"氢"病。氢气病产生的原因是还原性气氛中的氢气渗入铜中，使氧化铜还原生成水汽(H_2O)，当水汽压力超过铜的强度时，使铜产生裂纹，以致铜的制件成为废品。

无氧铜制品主要用于电子工业。常制成无氧铜板、无氧铜带、无氧铜线等铜材。

(22)铜合金

以铜为基体的合金均称为铜合金。铜合金的品种很多(如各种黄铜、青铜及白铜)，用途很广。但是，由于铜的储藏量有限，使用方面受到一定的限制。在某些工业部门过去用铜合金制造的零件，现已改用其他材料(如铝合金、塑料或其他)制造。

(23)黄铜

黄铜是以锌为主要加入元素的铜合金。黄铜分普通黄铜(简单黄铜)和特殊黄铜(复杂黄铜)两种。黄铜用汉语拼音字母"H"表示。各种黄铜又在"H"后面加铜含量或除锌外的主要加入元素符号及含量表示。如 HPb59-1，表示含 59%铜，1%铅，其余为锌的铅黄铜。

铜锌二元合金称普通黄铜，如 H62，含 Cu 62%，含 Zn 38%；H68，含 Cu 68%，含 Zn 32%。这两种黄铜又可称为 62 黄铜和 68 黄铜。

在铜锌合金中加入其他元素(如锡、镍、锰、铅、硅、铝、铁等)称特殊黄铜，如铅黄铜 HPb59-1，锡黄铜 HSn70-1，铝黄铜 HAl77-2，锰黄铜 HMn58-2 等。

黄铜具有良好的力学性能和压力加工性能，现代工业各个部门都广泛采用。

黄铜也可以铸造成零件使用。

(24)青铜

铜合金的一种。最初仅把铜锡合金叫青铜，这是一种古老的合金。我国早在殷周时代就已应用。现在除以锌(黄铜)和镍(白铜)作主要加入元素的铜合金外，其他铜合金均称青铜。为了便于区别，在青铜前面附上加入元素的名称，例如锡青铜、铝青铜、铍青铜、锰青铜、硅青铜、镉青铜、铝锰青铜、硅锰青铜等。青铜广泛地用作各种压力加工制品和异形铸件。

(25)白铜

铜合金的一种。是以镍为主要加入元素的铜合金。在加工生产中，普通白铜(即二元白铜)的表示方法是用汉语拼音字母"B"加镍的含量表示。而三元以上的白铜(如锰白铜、铁白铜、锌白铜、铝白铜等)再加第二个主要加入元素符号及除铜含量以外的成分数字组表示，如 B19 白铜，即含 Ni 19%，其余为铜；BZn15-20 锌白铜，即含 Ni 15%，Zn 20%，其余为铜。白铜有良好的力学性能和耐腐蚀性能，广泛地应用在精密机械、化工机械、船舶制造及电工、医疗卫生工程等方面。

(26)轴承合金

轴承有滚动轴承和滑动轴承两种,滚动轴承是钢制的。轴承合金一般指滑动轴承所用之轴瓦合金。轴承合金按基体分类有锡基、铅基、镉基、锌基、铜基、铝基和银基轴承合金。

对轴承合金的要求是既能支承轴的正常运转,又不磨损轴。因此,轴承合金应具下列性质:适当的强度和硬度,良好的塑性(磨合性),低的摩擦系数,高的耐磨性和抗腐蚀性,以及良好的导热性、黏附性等。

(27)印刷合金

印刷合金是应用比较久的一种合金,即所谓铅字合金(Pb-Sb-Sn 合金),它能很好地满足印刷工作条件的某些特殊要求,如低熔点,高流动性,凝固时收缩小,具有一定的力学强度,能耐印刷油和清洗物的侵蚀等。

根据不同的印刷生产用途,印刷合金可分为三类:活字铸字合金、排字机合金及铅板印刷合金等。所有这些合金都属铅锑锡系合金,只是各个元素的含量有别罢了。这类合金,有时为了提高硬度和防止偏析,另加入少量铜(1%左右)。

(28)高纯金属

高纯金属指的是提纯度高于一般工业生产用金属纯度的金属。例如,一号工业高纯铝(L-01)的纯度为99.90%,再高于此纯度者称为高纯铝。高纯金属主要用于研究和其他特殊用途。不同金属的高纯度成分标准是不同的。

随着现代技术的迅速发展,对高纯金属的要求愈来愈高。因为杂质元素对金属的性质影响极大,如一般认为铬是脆性金属,实践证明,高纯铬是可以塑性变形的。因此,研究金属元素的物理化学性质需要高纯金属。对于制造半导体化合物的原材料如镓、锗、铟、砷、硅等要求的纯度特高,常在99.9999%以上,又称超高纯金属。少量杂质对锆的性质影响极大,因此用于原子反应堆的锆,其纯度要求很高。

(29)硬质合金

硬质合金是一种具有高硬度、良好的耐磨性、红硬性(即在较高的温度下能保持高硬度的性能,此时材料呈暗红色)以及一定的抗弯强度的硬质材料。它是用难熔硬质金属化合物(通常为碳化物,如碳化钨、碳化钛等)作基体,以钴、铁、镍等作粘结剂制成的。

我国生产的硬质合金大体上可分为三类:

①YG 合金:系碳化钨为基体、钴为黏结剂的合金。这类合金的牌号主要有 YG3,YG6,YG8,YG11,YG15 等,主要用于切削铸铁和作矿山用的钻头。

②YT 合金:这类合金是由碳化钨、碳化钛和钴组成。其主要牌号有 YT5,YT14,YT15,YT30 等,主要用于钢材的切削加工。

③YW 合金:系碳化钨、碳化钛、碳化铌和钴所组成的合金。这类合金具有较高的高温性能和耐磨性,因此用于加工合金钢、铬镍不锈钢等。

(30)复合材料

主要是指用压力加工方法或其他方法,将两种以上金属(或合金)压合在一起的复合金属材料,也称双金属。还有一种复合材料称复合强化材料,例如纤维强化金属复合材料和纤维强化陶瓷复合材料。

双金属的种类甚多,其用途也较广泛,例如铝-铜复合材料或铝-铜-铝复合材料作导体可节约铜,用于高频装置、无线电装置、导线、线圈及电缆等。铝-镍双金属用于电真空技术。铜-银用于电触头材料。铜-锡用于蓄电池等。

钢和有色金属复合的材料用于电工技术及高压热交换器以及其他工业技术方面。如钢-铜双金属用于电工技术及高压热交换器。钢-黄铜复合金属用于很多工业部门;复铝铁和复镍铁用于电子工业等。

钢与铂复合,镍与铂复合,硬铝与铝复合作耐蚀材料或耐磨材料,用于化工设备及仪表零件以及其他结构材料。

还有一种热双金属,是由高膨胀系数的主动层(如黄铜、铍青铜、镍铬钢、铁镍铬合金等)及低膨胀系数的被动层组成的,用于自动化装置及温度控制仪表等。

复合强化材料是纤维呈规则几何排列并与金属(合金)或陶瓷材料(作为基底)很好地结合,可达到很高的强度。如钨纤维强化钨基合金材料,用于制造火箭喷嘴;硅纤维强化硅复合材料,用于宇宙飞船的结构材料等。

1.2 金属材料常用性能名词术语

1.2.1 力学性能

表 1-5　　力学性能表

名　称	符　号	单　位	含　义
抗拉强度	σ_b R_m R	N/mm² MPa	金属试样拉伸时，在拉断前所承受的最大负荷与试样原横截面积之比称为抗拉强度 $\sigma_b=\frac{P_b}{F_0}$ 式中　P_b——试样拉断前的最大负荷； F_0——试样原横截面积
抗弯强度	σ_{bb} σ_ω	N/mm² MPa	试样在位于两支承中间的集中负荷作用下，使其折断时，折断截面所承受的最大正应力 对圆试样：$\sigma_{bb}=\frac{8PL}{\pi d^3}$；　对矩形试样：$\sigma_{bb}=\frac{3PL}{2bh^2}$ 式中　P——试样所受最大集中载荷； L——两支承点间的跨距； d——圆试样截面之外径； b——矩形截面试样之宽度； h——矩形截面试样之高度
抗压强度	σ_{bc} R_D	N/mm² MPa	材料在压力作用下不发生碎、裂所能承受的最大正应力 $\sigma_{bc}=\frac{P_{bc}}{F_0}$ 式中　P_{bc}——试样所受最大集中载荷； F_0——试样原横截面积
屈服点	σ_s	N/mm² MPa	金属试样在拉伸过程中，负荷不再增加，而试样仍继续发生变形的现象称为“屈服”。发生屈服现象时的应力，称为屈服点或屈服极限
屈服强度	$\sigma_{0.2}$ $R_{0.2}$ $R_{p0.2}$	N/mm² MPa	对某些屈服现象不明显的金属材料，测定屈服点比较困难，常把产生 0.2% 永久变形的应力定为屈服点，称为屈服强度或条件屈服极限
弹性极限	σ_e	N/mm² MPa	金属能保持弹性变形的最大应力
比例极限	σ_p	N/mm² MPa	在弹性变形阶段，金属材料所承受的和应变能保持正比的最大应力，称为比例极限 $\sigma_p=\frac{P_p}{F_0}$ 式中　P_p——规定比例极限负荷； F_0——试样原横截面积
断面收缩率	φ Z	%	金属试样拉断后，其缩颈处横截面积的最大缩减量与原横截面积的百分比
伸长率	δ δ_5 δ_{10} A_5	%	金属材料在拉伸时，试样拉断后，其标距部分所增加的长度与原标距长度的百分比。δ_5 是标距为 5 倍直径时的伸长率，δ_{10}是标距为 10 倍直径时的伸长率
泊松比	μ	无单位	对于各向同性的材料，泊松比表示：试样在单向拉伸时，横向相对收缩量与轴向相对伸长量之比 $\mu=\frac{E}{2G}-1$ 式中　E——弹性模量； G——切变模量

续表

名　称	符 号	单　位	含　　　义
冲击值 （冲击韧性） 夏氏冲击值U型 夏氏冲击值V型 德国夏氏冲击值 英国艾氏冲击值	a_k KCU或KU KCV或KV DVM I_{zod}	J J/cm²	金属材料对冲击负荷的抵抗能力称为韧性，通常用冲击值来度量。用一定尺寸和形状的试样，在规定类型的试验机上受一次冲击负荷折断时，试样刻槽处单位面积上所消耗的功 $a_k=\frac{A_k}{F}$ 式中　A_k——冲击试样所消耗的冲击功； F——试样缺口处的横截面积
抗剪强度	σ_τ	N/mm² MPa	试样剪断前，所承受的最大负荷下的受剪截面具有的平均剪应力 双剪：$\sigma_\tau=\frac{P}{2F_0}$；　单剪：$\sigma_\tau=\frac{P}{F_0}$ 式中　P——剪切时的最大负荷； F_0——受剪部位的原横截面积
持久强度	σ_t^T	N/mm² MPa	指金属材料在给定温度(T)下，经过规定时间(t,h)发生断裂时，所承受的应力值
蠕变极限	$\sigma_{\delta/t}^T$	N/mm² MPa	金属材料在给定温度(T)下和在规定的试验时间(t,h)内，使试样产生一定蠕变变形量(δ,%)的应力值
疲劳极限	σ_{-1}	N/mm² MPa	材料试样在对称弯曲应力作用下，经受一定的应力循环数N而仍不发生断裂时所能承受的最大应力。对钢来说，如应力循环数N达$10^6\sim10^7$次仍不发生疲劳断裂时，则可认为随循环次数的增加，将不再发生疲劳断裂。因此常采用$N=(0.5\sim1)\times10^7$为基数，确定钢的疲劳极限
松弛			由于蠕变，金属材料在总变形量不变的条件下，其所受的应力随时间的延长而逐渐降低的现象称为应力松弛，简称松弛
弹性模量	E	N/mm²	金属在外力作用下产生变形，当外力取消后又恢复到原来的形状和大小的一种特性叫弹性。在弹性范围内，金属拉伸试验时，外力和变形成比例增长，即应力与应变成正比例关系时，这个比例系数就称为弹性模量，也叫正弹性模数
剪切模量	G	N/mm²	金属在弹性范围内，当进行扭转试验时，外力和变形成比例地增长，即应力与应变成正比例关系时，这个比例系数就称为剪切弹性模量
平面断裂韧性	K_{IC}	MN/m^{3/2}	是材料韧性的一个新参量。通常定义为材料抗裂纹扩展的能力。例如，K_{IC}表示材料平面应变断裂韧性值，其意为当裂纹尖端处应力强度因子在静加载方式下等于K_{IC}时，即发生断裂。相应地，还有动态断裂韧性K_{Id}等
硬度			硬度是指材料抵抗外物压入其表面的能力。硬度不是一个单纯的物理量，而是反映弹性、强度、塑性等的一个综合性能指标
布氏硬度	HB	（一般不标注）	用钢球(淬硬的)压入试样表面，并在规定载荷作用下保持一定时间，以其压痕面积除以载荷所得的商表示材料的布氏硬度。它只适用于测量硬度小于HB450的退火、正火、调质状态下的钢、铸铁及有色金属的硬度 $\mathrm{HB}=\frac{2P}{\pi D(D-\sqrt{D^2-d^2})}$ 式中　P——所加的规定负荷； D——钢球直径； d——压痕直径

续表

名　称	符　号	单　位	含　义
洛氏硬度	HRA HRB HRC	无单位	利用金刚石圆锥或淬硬钢球，在一定压力下压入试件表面，然后根据压痕深度表示材料的硬度。分 HRA，HRB，HRC 三种： HRC 系用圆锥角为 120°的金刚石压头加 1470N(150kg)的载荷进行试验所得到的硬度值； HRB 系用直径为 1.59mm 的淬硬钢球加 980N(100kgf)的载荷进行试验所得的硬度值； HRA 系用顶角为 120°的金刚石圆锥加 588N(60kg)的载荷进行试验得到的硬度值。 HRA 适用于测量表面淬火层、渗碳层或硬质合金材料； HRB 适用于测量有色金属、退火和正火钢等较软的金属； HRC 适用于测量调质钢、淬火钢等较硬的金属 $$HR=\frac{K-(h_1-h)}{C}$$ 式中 K——常数(钢球：0.25；钢圆锥体：0.2)； h——预加载荷 98N(10kgf)时压头压入深度； h_1——试验后试样上留下的最后深度； C——硬度机刻度盘上每一小格所代表的压痕深度(洛氏硬度为 0.002，表洛为 0.001)
表面洛氏硬度	HRN HRT		试验原理同 HR 洛氏硬度。不同的是试验载荷较轻。HRN 的压头是顶角为 120°金刚石圆锥体。载荷分为 15kgf，30kgf，45kgf，标注为：HRN15，HRN30，HRN45。HRN 的压头是直径为 1.5875mm 的淬硬钢球，载荷分别为 15kgf，30kgf，45kgf。标注为：HRT15，HRT30，HRT45。表面洛氏硬度只适用于钢材表面渗碳、渗氮等处理的表面层硬度，以及较薄、较小试件的硬度的测定
维氏硬度	HV		用夹角 α 为 136°的金刚石四棱椎压头，压入试件，以单位压痕面积上所受载荷表示材料的硬度。 $$HV=\frac{2P}{d^2}\sin\frac{\alpha}{2}=1.8544\frac{P}{d^2}$$ 式中 P——载荷； d——压痕对角线的长度 维氏硬度的压痕线，广泛用来测定金属薄镀层或化学热处理后的表面层硬度，以及小型、薄型工件的硬度
显微硬度	HM	—	其原理与维氏硬度一样，只是用小的负荷[小于 9.8N(1kg)的力]，仪器上装有金相显微镜。用于测量金属和合金的显微组织和极薄表面层的硬度值
肖氏硬度	HS	—	利用压头(撞针)在一定高度落于被测试样的表面，以其撞针回跳的高度表示材料的硬度。适用于不易搬动的大型机件如大的钢结构、轧辊等

表 1-6　　常用有色金属的力学性能

符　号	名　称	抗拉强度 σ_b /MPa	屈服强度 $\sigma_{0.2}$ /MPa	断后伸长率 δ /%	硬　度 (HBS 或 HV)	弹性模量(拉伸)E /GPa	备　注
Ag	银	125	35	50	25	71	
Al	铝	40～50	15～20	50～70	20～35	62	
Au	金	103	30～40	30～50	18	78	
Be	铍	228～352	186～262	1～3.5	75～85	275～300	

续表

符号	名称	抗拉强度σ_b /MPa	屈服强度$\sigma_{0.2}$ /MPa	断后伸长率δ /%	硬度 (HBS或HV)	弹性模量(拉伸)E /GPa	备注
Bi	铋	20	—	—	7	32	
Ce	铈	117	28	22	22HV	30	γ相
Cd	镉	71	10	50	16～23	55	
Co	钴	255		5	125	211	
Cu	铜	209	33.3	60	37	128	
Mg	镁	165～205	69～105	5～8	35	44	
Mo	钼	600	450	60	300～400HV	320	
Nb	铌	275	207	30	80HV	103	退火状态
Ni	镍	317	59	30	60～80	207	
Pb	铅	15～18	5～10	50	4～6	15～18	
Pd	钯	185	32	40	32	114.8	
Pt	铂	143	37	31	30	150	
Rh	铑	951	70～100	30～35	55	293	
Sb	锑	11.4	—	—	30～58	77.759	
Sn	锡	15～27	12	40～70	5	44.3	
Ta	钽	392	362	46.5	120HV	186	粉末冶金法
Ti	钛	235	140	54	60～74	106	
W	钨	1000～1200	750	—	350～450HV	405～410	
Y	钇	186	27	17	40HV	63.6	
Zn	锌	110～150	90～100	40～60	30～42	130	
Zr	锆	300～500	200～300	15～30	120	99	

1.2.2 物理性能

金属材料物理性能的有关名词术语见表1-7。

表1-7 物理性能表

名称	符号	单位	含义
密度	ρ	g/cm³ kg/cm³	密度就是指某种物质单位体积的质量
熔点		K或℃	金属材料由固态转变为液态时的熔化温度
比热容	c	J/(kg·K)	单位质量的某种物质，在温度升高1℃时吸收的热量或温度降低1℃时所放出的热量
导热系数 热导率	λ或K	W/(m·K)	维持单位温度梯度($\frac{\Delta L}{\Delta T}$)时，在单位时间($t$)内流经物体单位横截面积($A$)的热量($Q$)称为该材料的导热系数 $\lambda=\frac{1}{A}\cdot\frac{Q}{t}\cdot\frac{\Delta L}{\Delta T}$

续表

名　称	符 号	单　位	含　　义
线膨胀系数	α_L	$10^{-6}K^{-1}$	金属温度每升高1℃所增加的长度与原来长度的比值。随温度增高，热膨胀系数值相应增大，钢的线膨胀系数值一般在$(10\sim20)\times10^{-6}$的范围内
电阻系数	ρ	$\Omega\cdot mm^2/m$	是表示物体导电性能的一个参数。它等于1m长，横截面积为$1mm^2$的导线两端间的电阻。也可以一个单位立方体的两平行端面间的电阻表示
电阻温度系数	α	1/℃	温度每升降1℃，材料电阻系数的改变量与原电阻系数之比
电导率	γ,δ,K	S/m	电阻系数的倒数，在数值上它等于导体维持单位电位梯度时，流过单位面积的电流
导磁率	μ	H/m	衡量磁性材料磁化难易程度，即导磁能力的性能指标等于磁性材料之磁感应强度(B)和磁场强度(H)的比值。磁性材料通常分为软磁材料(μ值甚高，可达数万)和硬磁材料(μ值在1左右)两大类
磁感应强度	B	T 特(斯拉)	在磁介质中的磁化过程，可以看作在原先的磁场强度(H)上再加上一个由磁化强度(J)所决定的，数量等于$4\pi J$的新磁场，因而在磁介质中的磁场$B=H+4\pi J$，叫作磁感应强度
磁场强度	H	A/m	导体中通过电流，其周围就产生了磁场。磁场对原磁矩或电流产生作用力的大小为磁场强度的表征
磁化强度	M或H	A/m	磁体内任一点，单位体积物质的磁矩
铁损的 各向异性			指沿轧制方向和垂直于轧制方向所测得的铁损值之差，用百分数表示
饱和磁化强度 (磁极化强度)	J或B	T 特(斯拉)	用足够大的磁场使所有磁畴的磁化强度都沿此磁场方向排列起来所观测到的磁化强度
饱和磁感 应强度	B_s	T 特(斯拉)	用足够大的磁场来磁化样品使样品达到饱和时，相应的磁感应强度
矫顽力	Hc	A/m	样品磁化到饱和后，由于有磁滞现象，欲要使B减为零，须施加一定的负磁场Hc，Hc就称为矫顽力
初始导磁率	μ_0	H/m	当$H\to0$时的导磁率
最大导磁率	μ_m	H/m	μ值随H而变化，其最大值称为最大导磁率，从原点作一与B-H曲线相切的直线，其斜度即为最大导磁率
弹性模量 温度系数	β_E	1/℃	金属的弹性模量随温度的升降而改变。当温度每升(降)1℃时，弹性模量的增(减)量与原弹性模量之比，称为弹性模量温度系数
磁致伸缩系数	λ		磁性材料在磁化过程中，材料的形状在该方向的相对变化率$\lambda=\Delta L/L$，称为该材料的磁致伸缩系数
饱和磁滞 伸缩系数	λ_s		在自发磁化的方向，磁畴有一个磁致伸缩应变λ_s，这个应变称为饱和磁滞伸缩系数
铁损	$P_{10}/400$	W/kg	铁磁材料在动态磁化条件下，由于磁滞和涡流效应所消耗的能量
比弯曲	K	1/℃	单位厚度的热双金属片，温度变化1℃时的曲率变化称比弯曲。它是表示热双金属敏感性能好坏的标志之一
居里点	Tc	℃	铁磁性物质当温度升高到一定温度时，磁畴被破坏，变为顺磁体，这个转变温度称为居里点。在居里点时，铁磁物质的自发磁化强度降至为零。居里点是二级相变的转变点，在膨胀曲线上表现为变曲点

续表

名　称	符　号	单　位	含　　义
最大磁能积	$(B\cdot H)_{max}$	kJ/m^3	它是衡量永磁材料的一个重要质量参数，以$(B\cdot H)_{max}$表示。它是材料在外磁场的磁化下，磁感应强度 B 和磁场强度 H 乘积的最大值。有时也称为永磁材料的能量，能量密度是永磁材料性能的常用评价标准
叠装系数			系指压紧无绝缘层钢带条，其实测质量与相同体积的材料计算质量比，以此评价有效的磁性体积
机械品质因数	Q		机械品质因数是内耗的倒数。固体由于内部发生的物理过程，把机械振动能变为热能的特性或过程，称为内耗（或内摩擦）
峰值导磁率	μ_p		试样在经受对称周期磁化条件下，测得磁通密度峰值 Bm 与测得磁场强度峰值 Hm 之比，即 $\mu_p=Bm/Hm$，称为峰值导磁率
方形系数（矩形比）	Br/Bm		剩余磁感应强度 Br 与规定磁场强度所对应的 Bm（磁通密度峰值）的比值
频率温度系数	β_f		金属和合金的固有振动频率，随温度的升降而改变。当温度每升降 1℃时，振动频率的增（减）量与原来固有振动频率之比，称为频率温度系数

表 1-8 常用有色金属的物理性能

符号	名称	原子量	室温密度 /g·cm^3	熔点 /℃	沸点 /℃	室温比热容 /J·(kg·K)$^{-1}$	线膨胀系数 /μm·(m·K)$^{-1}$	电阻率 /(nΩ·m)	电导率 /%IACS	热导率 /W·(m·K)$^{-1}$	晶体结构
Ag	银	107.868	10.49	961.9	2163	235	19.0	14.7	108.4	428	面心立方
Al	铝	2.98154	2.6989	660.4	2494	900	23.6	26.55	64.96	247	面心立方
Au	金	196.9665	19.302	1064.43	2857	128	14.2	23.5	73.4	317.9	面心立方
Be	铍	9.0122	1.848	1283	2770	1886	11.6	40	38～43	190	密排六方
Bi	铋	208.980	9.808	271.4	1564	122	13.2	1050	—	8.2	菱方
Ce	铈	140.12	8.160	798	3443	192	6.3	828	—	11.3	密排六方
Cd	镉	112.40	8.642	321.1	767	230	31.3	72.7	25	96.8	密排六方
Co	钴	58.9332	8.832	1495	2900	414	13.8	52.5	27.6	69.04	密排六方
Cu	铜	63.54	8.93	1084.88	2595	386	16.7	16.73	103.06	398	面心立方
Hg	汞	200.59	14.193	−38.87	356.58	139.6	—	958	—	9.6	简单菱方
Mg	镁	24.312	1.738	650	1107	102.5	25.2	44.5	38.6	155.5	密排六方
Mo	钼	95.94	10.22	2610	5560	276	4.0	52	34	142	体心立方
Nb	铌	92.9064	8.57	2468	4927	270	7.31	25	13.2	53	体心立方
Ni	镍	58.71	8.902	1453	2730	471	13.3	68.44	25.2	82.9	面心立方
Pb	铅	207.19	11.34	327.4	1750	128.7	29.3	206.43	—	34	面心立方
Pd	钯	106.4	12.02	1552	3980	245	11.76	108	16	70	面心立方
Pt	铂	195.09	21.45	1769	3800	132	9.1	106	16	71.1	面心立方
Rh	铑	102.905	21.41	1963	3700	247	8.3	45.1	—	150	面心立方
Sb	锑	121.75	6.697	630.7	1587	207	8～11	370	—	25.9	菱方
Sn	锡	118.69	5.765	231.9	2770	205	23.1	110	15.6	62	正方
Ta	钽	180.949	16.6	2996	5427	139.1	6.5	135	13	54.4	体心立方
Ti	钛	47.9	4.507	1668±10	3260	522.3	10.2	420	—	11.4	密排六方
W	钨	183.85	19.254	3410±20	～5700	160	127	53	—	190	体心立方
Y	钇	88.9059	4.469	1522	3338	298.4	10.6	596	—	17.2	密排六方
Zn	锌	65.36	7.133	420	906	382	15	58.9	28.27	113	密排六方
Zr	锆	91.22	6.505	1852±	4377	300	5.85	450	4.1	21.1	密排六方

1.2.3 化学性能

金属材料化学性能的有关名词术语见表 1-9。

表 1-9 化学性能表

名称	含义
化学性能	金属材料的化学性能,是指金属材料在室温或高温条件下,抵抗各种腐蚀性介质对它进行化学浸蚀的一种能力,主要在于耐腐蚀性和抗氧化性两个方面
化学腐蚀	是金属与周围介质直接起化学作用的结果。它包括气体腐蚀和金属在非电解质中的腐蚀两种形式。其特点是:腐蚀过程不产生电流;且腐蚀产物沉积在金属表面
电化学腐蚀	金属与酸、碱、盐等电解质溶液接触时发生作用而引起的腐蚀,称为电化学腐蚀。它的特点是腐蚀过程中有电流产生。其腐蚀产物(铁锈)不覆盖在作为阳极的金属表面上,而是在距离阳极金属的一定距离处
一般腐蚀	这种腐蚀是均匀地分布在整个金属内外表面上,使截面不断减小,最终使受力件破坏
晶间腐蚀	这种腐蚀在金属内部沿晶粒边缘进行,通常不引起金属外形的任何变化,往往使设备或机件突然破坏
点腐蚀	这种腐蚀集中在金属表面不大的区域内,并迅速向深处发展,最后穿透金属。是一种危害较大的腐蚀破坏
应力腐蚀	是指在静应力(金属的内外应力)作用下,金属在腐蚀介质中所引起的破坏。这种腐蚀一般穿过晶粒,即所谓穿晶腐蚀
腐蚀疲劳	指在交变应力作用下,金属在腐蚀介质中所引起的破坏。它也是一种穿晶腐蚀
抗氧化性	金属材料在室温或高温下,抵抗氧化作用的能力。金属的氧化过程实际上是属于化学腐蚀的一种形式。它可直接用一定时间内,金属表面经腐蚀之后重量损失的大小,即用金属减重的速度表示

1.3 合金元素及其在合金中的作用

1.3.1 合金元素在钢中的作用

为了改善和提高钢的某些性能和使之获得某些特殊性能而有意在冶炼过程中加入的元素称为合金元素。常用的合金元素有铬(Cr),镍(Ni),钼(Mo),钨(W),钒(V),钛(Ti),铌(Nb),锆(Zr),钴(Co),硅(Si),锰(Mn),铝(Al),铜(Cu),硼(B),稀土(Re)等。磷(P),硫(S),氮(N)等在某些情况下也起到合金元素的作用。

合金元素在钢中与铁和碳这两个基本组元的作用,以及它们彼此之间相互作用,影响钢中各组成相、组织和结构,促使其发生有利的变化,可提高和改善钢的综合力学性能;能显著提高和改善钢的工艺性能,如淬透性、回火稳定性、被切削性等;还可使钢获得一些特殊的物理化学性能,如耐热、不锈、耐腐蚀等。这些性能的改善和获得,一部分是加入合金元素的直接影响,而大部分则是因合金元素影响钢的相变过程所引起的。合金元素所起的作用,与其本身的原子结构、原子大小和晶体点阵等的差异有关。人们对合金元素在钢中所起作用的认识是经过长期实践、不断探索而发展起来的,因此,还需不断地研究、探索、发展。

总的说来,合金元素在退火状态下起着强化铁素体的作用,从而提高退火状态下钢的强度。它们对铁素体强化的程度由强到弱排列为 P,Si,Ti,Mn,Al,Cu,Ni,W,Mo,V,Co,Cr。除镍外,它们都使伸长率和冲击值下降,而镍一方面显著提高强度,另一方面却始终使塑性和韧性保持高水平。

合金元素在淬火回火状态下均能提高钢的淬透性,硬度、强度(σ_b,σ_s),塑性指标($\sigma\%$,$\psi\%$)高于碳钢,冲击韧性 a_k 也较高。一般是采用低温或高温回火。因中温回火虽可获得最高的强度指标,但由于回火脆性的产生,使 a_k 值降低,只有弹簧为得到高的弹性极限 σ_p 才采用。

合金元素的加入,能提高材料的强度、硬度和冷作加工硬化率,但降低了钢的延展性。其中 P,S,Si,C 等元素对提高材料冷作加工硬化率最显著,钢中的硫化物夹杂亦造成钢的延展性的降低,因此,凡需经冷作加工的钢,如冷冲压钢板、冷拔钢、冷镦钢、深冲钢等严格控制钢中的有害元素 P 和 S 到最低限含量,还要尽可能降低 Si 和 C 的含量。Ni,Cr,Cu,V 也会降低其延展性,会降低钢的深冲压性能,而加入少量 Al 则可提高深冲压钢板的表面质量,所以深冲压钢板的钢号采用 08Al 是适当的。

一般来说,加入 W,Mo,V,Cr,Ni 等元素的钢材会使压力加工变得困难。

各种元素在钢中的作用如下:

(1)铬(Cr)

铬能增加钢的淬透性并有二次硬化作用,可提高高碳钢的硬度和耐磨性而不使钢变脆。含量超过 12%时,使钢有良好的高温抗氧化性和耐氧化性介质腐蚀的作用,还增加钢的热强性。铬为不锈耐酸钢及耐热钢的主要合金元素。

铬能提高碳素钢轧制状态的强度和硬度,降低伸长率和断面收缩率。当铬含量超过 15%时,强度和硬度将下降,伸长率和断面收缩率则相应地有所提高。含铬钢的零件经研磨容易获得较高的表面加工质量。

铬在调质结构钢中的主要作用是提高淬透性,使钢经淬火回火后具有较好的综合力学性能,在渗碳钢中还可以形成含铬的碳化物,从而提高材料表面的耐磨性。

含铬的弹簧钢在热处理时不易脱碳。铬能提高工具钢的耐磨性、硬度和红硬性,有良好的回火稳定性。在电热合金中,铬能提高合金的抗氧化性、电阻和强度。

(2)镍(Ni)

镍在钢中强化铁素体并细化珠光体,总的效果是提高强度,对塑性的影响不显著。一般地讲,对不需调质处理而在轧制、正火或退火状态使用的低碳钢,一定的含镍量能提高钢的强度而不显著降低其韧性。据统计,每增加 1%的镍约可提高强度 29.4Pa。随着镍含量的增加,钢的屈服强度比抗拉强度提高得快,因此含镍钢的屈服比可较普通碳素钢高。镍在提高钢强度的同时,对钢的韧性、塑性以及其他工艺性能的损害较其他合金元素的影响小。对于中碳钢,由于镍降低珠光体转变温度,使珠光体变细;又由于镍降低共析点的含碳量,因而和相同碳含量的碳素钢比,其珠光体数量较多,使含镍的珠光体铁素体钢的强度较相同碳含量的碳素钢高。反之,若使钢的强度相同,含镍钢的碳含量可以适当降低,因而能使钢的韧性和塑性有所提高。镍可以提高钢对疲劳的抗力和减小钢对缺口的敏感性。镍降低钢的低温脆性转变温度,这对低温用钢有极重要的意义。含镍 3.5%的钢可在-100℃时使用,含镍 9%的钢则可在-196℃时工作。镍不增加钢对蠕变的抗力,因此一般不作为热强钢的强化元素。

镍含量高的铁镍合金,其线胀系数随镍含量增减有显著的变化,利用这一特性,可以设计和生产具有极低或一定线胀系数的精密合金、双金属材料等。

此外,镍加入钢中不仅能耐酸,而且也能抗碱,对大气及盐都有抗蚀能力,镍是不锈耐酸钢中的重要元素之一。

(3)钼(Mo)

钼在钢中能提高淬透性和热强性,防止回火脆性,增加剩磁和矫顽力以及在某些介质中的抗蚀性。

在调质钢中,钼能使较大断面的零件淬深、淬透,提高钢的抗回火性或回火稳定性,使零件可以在较高温度下回火,从而更有效地消除(或降低)残余应力,提高塑性。

在渗碳钢中钼除具有上述作用外,还能在渗碳层中降低碳化物在晶界上形成连续网状的倾向,减少渗碳层中残留奥氏体,相对地增加了表面层的耐磨性。

在锻模钢中,钼还能保持钢有比较稳定的硬度,增加对变形、开裂和磨损等的抗力。

在不锈耐酸钢中,钼能进一步提高对有机酸(如蚁酸、醋酸、草酸等)以及过氧化氢、硫酸、亚硫酸、硫酸盐、酸性染料、漂白粉液等的抗蚀性。特别是由于钼的加入,防止了氯离子存在所产生的点腐蚀倾向。

含 1%左右钼的 W12Cr4V4Mo 高速钢具有高的耐磨性、回火硬度和红硬性等。

(4)钨(W)

钨在钢中除形成碳化物外,部分地溶入铁中形成固溶体。其作用与钼相似,按重量百分数计算,一般效果不如钼显著。钨在钢中的主要用途是增加回火稳定性、红硬性、热强性以及由于形成碳化物而增加的耐磨性。因此它主要用于工具钢,如高速钢、热锻模具钢等。

钨在优质弹簧钢中形成难熔碳化物,在较高温度回火时,能延缓碳化物的聚集过程,保持较高的高温强度。钨还可以降低钢的过热敏感性、增加淬透性和提高硬度。65Si2MnWA 弹簧钢热轧后空冷就具有较高的硬度,50mm^2 截面的弹簧在油中即能淬透,可作承受大负荷、耐热(不大于 350℃)、受冲击的重要弹簧。30W4Cr2VA 高强度耐热优质弹簧钢,具有大的淬透性,1050~1100℃淬火,550~650℃回火后抗拉强度达 1470~1666Pa。它主要用于制造在高温(不大于 500℃)条件下使用的弹簧。

由于钨的加入,能显著提高钢的耐磨性和切削性,所以,钨是合金工具钢的主要元素。

(5)钒(V)

钒和碳、氨、氧有极强的亲合力,与之形成相应的稳定化合物。钒在钢中主要以碳化物的形态存在。其主要作用是细化钢的组织和晶粒,降低钢的过热敏感性,提高钢的强度和韧性。当在高温溶入固溶体时,增加淬透性;反之,如以碳化物形态存在时,降低淬透性。钒增加淬火钢的回火稳定性,并产生二次硬化效应。钢中的含钒量,除高速工具钢外,一般均不大于 0.5%。

钒在普通低合金钢中能细化晶粒,提高正火后的强度和屈服比及低温韧性,改善钢的焊接性能。

钒在合金结构钢中由于在一般热处理条件下会降低淬透性,故在结构钢中常和锰、铬、钼以及钨等元素联合使用。钒在调质钢中主要是提高钢的强度和屈服比,细化晶粒,降低过热敏感性。在渗碳钢中因钒能细化晶粒,可使钢在渗碳后直接淬火,不需二次淬火。

钒在弹簧钢和轴承钢中能提高强度和屈服比,特别是提高比例极限和弹性极限,降低热处理时脱碳敏感性,从而提高了表面质量。无铬含钒的轴承钢,碳化物弥散度高,使用性能良好。

钒在工具钢中细化晶粒,降低过热敏感性,增加回火稳定性和耐磨性,从而延长了工具的使用寿命。

(6)钛(Ti)

钛和氮、氧、碳都有极强的亲和力,与硫的亲和力比铁强。因此,它是一种良好的脱氧去气剂和固定氮和碳的有效元素。钛虽然是强碳化物形成元素,但不和其他金属元素联合形成复合化合物。碳化钛结合力强,稳定,不易分解,在钢中只有加热到 1000℃以上才缓慢地溶入固溶体中。在未溶入之前,碳化钛微粒有阻止晶粒长大的作用。由于钛和碳之间的亲和力远大于铬和碳之间的亲和力,在不锈钢中常用钛来固定其中的碳以消除铬在晶界处的贫化,从而消除或减轻钢的晶间腐蚀。

钛也是强铁素体形成元素之一,强烈地提高钢的 A_1 和 A_3 温度。钛在普通低合金钢中能提高塑性和韧性。由于钛固定了氮和硫并形成碳化钛,提高了钢的强度。经正火使晶粒细化,析出形成碳化物可使钢的塑性和冲击韧性得到显著改善。含钛的合金结构钢,有良好的力学性能和工艺性能,主要缺点是淬透性稍差。

在高铬不锈钢中通常须加入约五倍碳含量的钛,不但能提高钢的抗蚀性(主要抗晶间腐蚀)和韧性,还能阻止钢在高温时的晶粒长大倾向和改善钢的焊接性能。

(7)铌/钶(Nb/Cb)

铌与钶常和钽共生,它们在钢中的作用相近。铌和钽部分溶入固溶体,起固溶强化作用。溶入奥氏体时显著提高钢的淬透性。但以碳化物和氧化物微粒形态存在时,细化晶粒并降低钢的淬透性。它能增加钢的回火稳定性,有二次硬化作用。微量铌可以在不影响钢的塑性或韧性的情况下提高钢的强度。由于有细化晶粒作用,能提高钢的冲击韧性并降低其脆性转变温度。当含量大于碳含量的 8 倍时,几乎可以固定钢中所有的碳,使钢具有很好的抗氢性能。在奥氏体钢中可以防止氧化介质对钢的晶间腐蚀。由于固定碳和沉淀硬化作用,能提高热强钢的高温性能,如蠕变强度等。

铌在建筑用普通低合金钢中能提高屈服强度和冲击韧性,降低脆性转变温度,有益焊接性能。在渗碳及调质合金结构钢中在增加淬透性的同时,提高钢的韧性和低温性能。能降低低碳马氏体耐热不锈钢的空冷硬化性,避免回火脆性,提高蠕变强度。

(8)锆(Zr)

锆是强碳化物形成元素,它在钢中的作用与铌、钛、钒相似。加入少量的锆元素有脱气、净化和细化晶粒的作用,有利于钢的低温性能,改善冲压性能,它常用于制造燃气发动机和弹道式导弹结构使用的超高强度钢和镍基高温合金中。

(9)钴(Co)

钴多用于特殊的钢和合金中,含钴高速钢有高的高温硬度,与钼同时加入马氏体时效钢中可以获得超高强度和良好的综合力学性能。此外,钴在热强钢和磁性材料中也是重要的合金元素。

钴降低钢的淬透性,因此,单独加入碳素钢中会降低调质后的综合力学性能。钴能强化铁素体,加入碳素钢中,在退火或正火状态下能提高钢的硬度、屈服点和抗拉强度,对伸长率和断面收缩率有不利的影响,冲击韧性也随钴含量的增加而下降。由于钴具有抗氧化性能,在耐热钢和耐热合金中得到应用。在钴基合金燃气涡轮中更显示了它特有的作用。

(10)硅(Si)

硅能溶于铁素体和奥氏体中提高钢的硬度和强度,其作用仅次于磷,较锰、镍、铬、钨、钼和钒等元素强。

但含硅超过3%时，将显著降低钢的塑性和韧性。硅能提高钢的弹性极限、屈服强度和屈服比(σ_s/σ_b)，以及疲劳强度和疲劳比(σ_{-1}/σ_b)等。这是硅或硅锰钢可做为弹簧钢种的缘故。

硅能降低钢的密度、热导率和导电率。能促使铁素体晶粒粗化，降低矫顽力。有减小晶体的各向异性倾向，使磁化容易，磁阻减小，可用来生产电工用钢，所以硅钢片的磁滞损耗较低。硅能提高铁素体的磁导率，使硅钢片在较弱磁场下有较高的磁感强度。但在强磁场下硅降低钢的磁感强度。硅因有强的脱氧力，从而减小了铁的磁时效作用。

含硅的钢在氧化气氛中加热时，表面将形成一层SiO_2薄膜，从而提高钢在高温时的抗氧化性。

硅能促使铸钢中的柱状晶成长，降低塑性。硅钢若加热或冷却较快，由于导热率低，钢的内部和外部温差较大，因而易裂。

硅能降低钢的焊接性能。因为与氧的亲合力硅比铁强，在焊接时容易生成低熔点的硅酸盐，增加熔渣和熔化金属的流动性，引起喷溅现象，影响焊缝质量。硅是良好的脱氧剂。用铝脱氧时酌加一定量的硅，能显著提高铝的脱氧能力。硅在钢中本来就有一定的残存，这是由于炼铁炼钢作为原料带入的。在沸腾钢中，硅限制在<0.07%，有意加入时，则在炼钢时加入硅铁合金。

(11)锰(Mn)

锰是良好的脱氧剂和脱硫剂。钢中一般都含有一定量的锰，它能消除或减弱由于硫所引起的钢的热脆性，从而改善钢的热加工性能。

锰和铁形成固溶体，提高钢中铁素体和奥氏体的硬度和强度；同时又是碳化物形成元素，进入渗碳体中取代一部分铁原子。锰在钢中由于降低临界转变温度，起到细化珠光体的作用，也间接地起到提高珠光体钢强度的作用。锰稳定奥氏体组织的能力仅次于镍，也强烈增加钢的淬透性。已用含量不超过2%的锰与其他元素配合制成多种合金钢。

锰具有资源丰富、效能多样的特点，获得了广泛的应用，如含锰较高的碳素结构钢、弹簧钢。

在高碳高锰耐磨钢中，锰含量可达10%～14%，经固溶处理后有良好的韧性，当受到冲击而变形时，表面层将因变形而强化，具有高的耐磨性。

锰与硫形成熔点较高的MnS，可防止因FeS而导致的热脆现象。锰有增加钢晶粒粗化的倾向和回火脆性敏感性。若冶炼浇铸和锻轧后冷却不当，容易使钢产生白点。

(12)铝(Al)

铝主要用来脱氧和细化晶粒。在渗氮钢中促使形成坚硬耐蚀的渗氮层。铝能抑制低碳钢的时效，提高钢在低温下的韧性。含量高时能提高钢的抗氧化性及在氧化性酸和H_2S气体中的耐蚀性，能改善钢的电、磁性能。铝在钢中固溶强化作用大，提高渗碳钢的耐磨性、疲劳强度及芯部力学性能。

在耐热合金中，铝与镍形成化合物，从而提高热强性。含铝的铁铬铝合金在高温下具有接近恒电阻的特性和优良的抗氧化性，适于作电热合金材料，如铬铝电阻丝。

某些钢脱氧时，如果铝用量过多，则会使钢产生反常组织和有促进钢的石墨化倾向。在铁素体及珠光体钢中，铝含量较高时会降低其高温强度和韧性，并给冶炼、浇铸等方面带来若干困难。

(13)铜(Cu)

铜在钢中的突出作用是改善普通低合金钢的抗大气腐蚀性能，特别是和磷配合使用时，加入铜还能提高钢的强度和屈服比，而对焊接性能没有不利的影响。含铜0.20%～0.50%的钢轨钢(U-Cu)，除耐磨外，其耐蚀寿命为一般碳素钢钢轨的2～5倍。

铜含量超过0.75%时，经固溶处理和时效后可产生时效强化作用。含量低时，其作用与镍相似，但较弱。含量较高时，对热变形加工不利，在热变形加工时导致铜脆现象。2%～3%铜在奥氏体不锈钢中可提高对硫酸、磷酸及盐酸等的抗腐蚀性及对应力腐蚀的稳定性。

(14)硼(B)

硼在钢中的主要作用是增加钢的淬透性，从而节约其他较稀贵的金属，如镍、铬、钼等。为了这一目的，其含量一般规定在0.001%～0.005%范围内。它可以代替1.6%的镍，0.3%的铬或0.2%的钼，以硼代钼应注意，因钼能防止或降低回火脆性，而硼却略有促进回火脆性的倾向，所以不能用硼将钼完全代掉。

中碳碳素钢中加硼，由于提高了淬透性，可使厚20mm以上的钢材调质后性能大为改善，因此，可用40B和40MnB钢代替40Cr钢，可用20Mn2TiB钢代替20CrMnTi渗碳钢。但由于硼的作用随钢中碳含量的增加而减弱，甚至消失，在选用含硼渗碳钢时，必须考虑到零件渗碳后，渗碳层的淬透性将低于芯部的淬透性这一特点。

弹簧钢一般要求完全淬透，通常弹簧截面不大，采用含硼钢有利。对高硅弹簧钢硼的作用波动较大，不便采用。

硼和氮及氧有强的亲和力，沸腾钢中加入 0.007％的硼，可以消除钢的时效现象。

(15)稀土(Re)

一般所说的稀土元素，是指元素周期表中原子序数从 57 号至 71 号的镧系元素(15 个)，加上 21 号钪和 39 号钇，共 17 个元素。它们的性质接近，不易分离。未分离的叫混合稀土，比较便宜。

稀土元素能提高锻轧钢材的塑性和冲击韧性，特别是在铸钢中尤为显著。它还能提高耐热钢、电热合金和高温合金的抗蠕变性能。

稀土元素也可以提高钢的抗氧化性和耐蚀性。抗氧化性的效果超过硅、铝、钛等元素。它能改善钢的流动性，减少非金属夹杂，使钢组织致密、纯净。

普通低合金钢中加入适量的稀土元素，有良好的脱氧去硫作用，可以提高冲击韧性(特别是低温韧性)，改善各向异性性能。

稀土元素在铁铬铝合金中增加合金的抗氧能力，在高温下保持钢的细晶粒，提高高温强度，因而使电热合金的寿命得到显著提高。

(16)氮(N)

氮能部分溶于铁中，有固溶强化和提高淬透性的作用，但不显著。由于氮化物在晶界上析出，能提高晶界高温强度，增加钢的蠕变强度。与钢中其他元素化合，有沉淀硬化作用。对钢抗腐蚀性能影响不显著，但钢的表面渗氮后，不仅增加其硬度和耐磨性，也显著改善抗蚀性。在低碳钢中，残留氮会导致时效脆性。

(17)硫(S)

提高硫和锰的含量，可改善钢的被切削性能，在易切削钢中硫作为有益元素加入。硫在钢中偏析严重，恶化钢的质量，在高温下，降低钢的塑性，是一种有害元素，它以熔点较低的 FeS 的形式存在。单独存在的 FeS 的熔点只有 1190℃，而在钢中与铁形成共晶体的共晶温度更低，只有 988℃，当钢凝固时，硫化铁析集在原生晶界处。钢在 1100～1200℃进行轧制时，晶界上的 FeS 就将熔化，大大地削弱了晶粒之间的结合力，导致钢的热脆现象，因此对硫应严加控制，一般控制在 0.020％～0.050％。为了防止因硫导致的脆性，应加入足够的锰，使其形成熔点较高的 MnS。若钢中含硫量偏高，焊接时由于 SO_2 的产生，将在焊接金属内形成气孔和疏松。

(18)磷(P)

磷在钢中固溶强化和冷作硬化作用强。作为合金元素加入低合金结构钢中，能提高其强度和钢的耐大气腐蚀性能，但降低其冷冲压性能。磷与硫和锰联合使用，能增加钢的被切削性能，增加加工件的表面质量，用于易切钢，所以易切钢含磷也较高。磷溶于铁素体，虽然能提高钢的强度和硬度，最大的害处是偏析严重，增加回火脆性，显著降低钢的塑性和韧性，致使钢在冷加工时容易脆裂，也即所谓“冷脆”现象。磷对焊接性也有不良影响。磷是有害元素，应严加控制，一般含量不大于 0.030％～0.040％。

表 1-10　　主要合金元素对钢性能的影响

元素名称	强度	弹性	冲击韧性	屈服点	硬度	伸长率	断面收缩率	低温韧性	高温强度	耐磨性	被切削性	锻压性	渗碳性能	渗氧化性	抗氧化性	耐蚀性	冷却速度
Mn①	＋	＋	0	＋	＋	0	0	＋	0	－－	－	＋	0	0	0	·	－
Mn②	＋	·	·	－	－－－	＋＋＋	0	＋		·	－－－	－－－	·	·	－－	·	－－
Cr	＋＋	＋	－	＋＋	＋＋	－	－	·	＋	＋	·	－	＋＋	＋＋	－－－	＋＋＋	－－－
Ni①	＋	·	·	＋	＋	0	0	＋＋	＋	－－	－	－	·	·	－	·	－－
Ni②	＋	·	＋＋＋	－	－－	＋＋＋	＋＋	＋＋	＋＋＋	·	－－－	－－－	·	·	－－	＋＋	－－
Si	＋	＋＋＋	－	＋＋	＋	－	·	·		＋	－	－	－	－	－	＋	－
Cu	＋	·	0	＋＋	＋	0	0	·	＋	·	0	－－	·	·	0	＋	·
Mo	＋	·	－	＋	＋	－	－	·	＋＋	＋＋	－	－	＋＋＋	＋＋	＋＋	·	－－
Co	＋	·	－	＋	＋	－	－	·	＋＋	＋＋＋	0	－	·	·	－	·	＋＋

续表

元素名称	强度	弹性	冲击韧性	屈服点	硬度	伸长率	断面收缩率	低温韧性	高温强度	耐磨性	被切削性	锻压性	渗碳性能	渗氧化性	抗氧化性	耐蚀性	冷却速度
V	+	+	−	+	+	0	0	+	++	++	·	−	++ ++	+	−	+	−−
W	+	·	0	+	+	−	−		+++	+++	−−	−−	++	+	−−	·	−−
Al	+	·	−	+	+	·	−	+	·	·	·	−−	·	+++	−−	·	·
Ti	+		−					+	+		+	−	+	+	+	+	
S	·	·	−	·	·	−	−	·	·	·	+++	−−−	·	·	·	−	·
P	+	·	−−−	+	+	−	−	·	·	·	++	−	·	·	·	·	·

注：①表示在珠光体钢中，②表示在奥氏体钢中。

"+"表示提高，"−"表示降低，"·"表示影响情况尚不清楚，"0"表示没有影响，多个"+"或多个"−"表示提高或降低的强烈程度。

1.3.2 合金元素在铝合金中的作用

(1)在 Al-Cu-Mn 系硬铝中

①铜　铜的作用主要是提高合金强度，铜含量达到5%时，合金强度接近于最大值。铜可改善合金的焊接性，铜含量超过6.5%时，焊接裂纹系数迅速下降。

②锰　锰的作用是提高合金淬火和自然时效状态下的强度。当Mn含量超过0.4%时，锰还是提高合金耐热性能的主要元素。其含量以0.6%～0.8%为宜，并有降低焊接裂纹的倾向。

③镁　属微量添加元素，可提高合金室温强度，并能改善150～250℃以下的耐热强度，但加镁后会降低焊接性能，所以应控制镁的加入量，一般以不得大于0.05%为好。

④钛　属微量添加元素，主要作用是细化铸铝晶状，提高合金再结晶温度。当钛含量大于0.3%时，会降低耐热性，故一般加入量控制在0.1%～0.2%之间。

⑤锆　属微量添加元素，加入0.10%～0.25%时可细化晶粒，并能提高合金的再结晶温度和固溶体的稳定性、耐热性。亦可改善合金的焊接性和焊缝的塑性。

⑥铁与硅　均为微量添加元素，其含量一般分别控制在0.3%以下。

⑦锌　属微量添加元素，能加快铜在铝中的扩散速度，其含量限制在0.1%以下。

(2)在锻造铝合金中

①铜与镁　由于合金中铜镁含量比硬铝低，使合金位于两相区中，因此，合金具有较好的室温强度，良好的耐热性。

②镍　在铁含量很低的铝铜镁合金中加入镍时，随着含量增加，会降低合金硬度，减小合金的强化效果。

③铁　和镍生成的硬脆化合物，在铝中溶解度极小，经锻造和热处理后，当它们弥散分布于组织中时，能显著提高合金的耐热性。

④硅　在八号锻铝中加入0.5%～1.2%的硅可提高其室温强度，但使合金耐热性下降。

⑤钛　在七号锻铝中加入0.02%～0.1%的钛，能细化铸态合金晶粒，提高锻造工艺性能，对耐热性有利，且对室温性能影响不大。

(3)在防锈铝合金中

①锰　是合金中唯一的合金元素，随其含量的增加，合金的强度也随之提高。锰含量在1.0%～1.6%范围内时，合金具有较高的强度和良好的塑性及工艺性。当锰含量高于1.6%时，合金的强度虽有增加，但由于形成大量 $MnAl_6$ 脆性化合物，合金在变形时易开裂。

②镁　加入少量的镁(约0.30%)，能显著地细化 Al-Mn 合金退火后的晶粒，并能少量提高其抗拉强度。但对退火材料表面光泽不利。

③铜　在合金中的含量为0.05%～0.5%时，可显著提高其抗拉强度，但使合金耐蚀性下降，因此，铜含量应限制在0.2%以下。

④锌　含量低于0.5%时，对合金性能及耐蚀性无明显影响，考虑到合金的焊接性能，锌的含量应限制

在0.2%以下。

1.4 金属热处理工艺名词术语

热处理是金属材料的热工艺之一，它是各类机械制造业工艺中重要的一环。尽管选材适当，但没有相应的热处理工艺，就不可能满足各种使用要求，也没有发挥材料的潜在能力。

所谓热处理就是将金属成材或零件加热到一定温度，并在此温度下停留一段时间，然后以适当的冷却速度冷却至一定温度的工艺过程。热处理改变金属内的组织结构，从而改善金属的性能，使其满足各种使用要求。现将现代工业中使用的各类热处理工艺做如下介绍。

(1)退火

将金属成材或零件加热到较高温度，保持一定时间，然后缓慢冷却，以得到接近于平衡状态组织的工艺方法，称为退火。

退火的主要目的是：①降低硬度，改善加工性能；②增加塑性和韧性；③消除内应力；④改善内部组织，为最终热处理作好准备。

根据退火的目的和工艺特点，可分为完全退火、不完全退火、等温退火、球化退火、去应力退火、再结晶退火和扩散退火等七类。

按零件需退火部分的体积可分为整体退火及局部退火。按零件表面状态可分为黑皮退火及光亮退火等。

铸铁件的退火主要包括脱碳退火、各种石墨化退火及消除应力退火等。有色金属零件主要有再结晶退火、消除应力退火及铸态的扩散退火等。

(2)正火

将金属成材或零件加热到一定温度，保温后在空气中冷却，以得到较细的珠光体类组织的工艺方法，称为正火。

正火与退火基本上相似，正火的目的是：

①提高低碳钢的硬度，改善切削加工性；

②细化晶粒，使内部组织均匀，为最后热处理做准备；

③消除内应力，并防止淬火中的变形开裂。

正火主要用于低碳钢、中碳钢和低合金钢，而对于高碳钢和高合金钢则不常用。正火与退火比较，正火后钢的强度和硬度都比退火高，正火工艺简单、经济，应用很广，与退火相比成本也较低。

(3)淬火

淬火是把金属成材或零件加热到相变温度以上，保温后，以大于临界冷却速度的速度急剧冷却，以获得马氏体组织的热处理工艺。

淬火是为了得到马氏体组织，再经过回火后，使工件获得良好的使用性能，以充分发挥材料的潜力。其主要目的是：

①提高金属成材或零件的力学性能。例如：提高工具、轴承等的硬度和耐磨性，提高弹簧钢的弹性极限，提高轴类零件的综合力学性能等。

②改善某些特殊钢的力学性能或化学性能。如提高不锈钢的耐蚀性，增加磁钢的永磁性等。

淬火冷却时，除需合理选用淬火介质外，还要有正确的淬火方法。常用的淬火方法，主要有单液淬火、双液淬火、分级淬火、等温淬火、预冷淬火和局部淬火等。

钢材或金属材料零件热处理时选用不同的淬火工艺，其目的除了为使其得到所需要的组织和适当的性能外，淬火工艺还应保证被处理的零件尺寸和几何形状的变化尽可能地小，以保证零件的精度。

(4)回火

回火是指将淬火(或正火)后的钢材或零件加热到临界点(A_{c1})以下的某一温度，保温一定的时间后，以一定速度冷却至室温的热处理工艺的总称。回火是淬火后紧接着进行的一种操作，通常也是工件进行热处理的最后一道工序，因而把淬火和回火的联合工艺称为最终热处理。

淬火回火的主要目的是：

①减少内应力和降低脆性。淬火件存在着很大的应力和脆性，如不及时回火往往会产生变形甚至开裂。

②调整工件的力学性能。工件淬火后硬度高、脆性大，为了满足各种工件不同的性能要求，可以通过回火来调整硬度、强度、塑性和韧性。

③稳定工件尺寸。通过回火可使金相组织趋于稳定，以保证在以后的使用过程中不再发生变形。

④改善某些合金钢的切削性能。

在生产中，常根据对工件性能的要求，按加热温度的不同，把回火分为低温回火、中温回火和高温回火。

淬火和随后高温回火相结合的热处理工艺，称为调质。调质的目的是获得回火索氏体，使工件具有良好的综合力学性能，即在具有高强度的同时，又有好的塑性和韧性。主要用于处理承受较大载荷的机器结构零件，如机床主轴、汽车后桥半轴、强力齿轮等。

(5)冷处理

冷处理是指，将淬火后的金属成材或零件置于0℃以下的低温介质(通常在-30℃至-150℃)中继续冷却，使淬火时的残余奥氏体转变为马氏体组织的操作方法。

冷处理的主要目的是：

①进一步提高淬火件的硬度和耐磨性；

②稳定工件尺寸，防止和使用过程变形；

③提高钢的铁磁性。

冷处理主要用于高合金钢、高碳钢和渗碳钢制造的精密零件。

(6)时效

时效包括自然时效和人工时效。将工件长期(半年至一年或长时间)放置在室温或露天条件下，不需任何加热的工艺方法，即为自然时效。将工件加热至低温(钢加热到100～150℃、铸铁加热到500～600℃)，经较长时间(一般为8～15h)保温后，缓慢冷却到室温的工艺方法，叫做人工时效。

时效主要用于精密工具、量具、模具和滚动轴承，以及其他要求精度高的机械零件。时效的目的是：

①消除内应力，以减少工件加工或使用时的变形；

②稳定尺寸，使工件在长期使用过程中保持几何精度。

(7)表面淬火

在动力载荷及摩擦条件下工作的齿轮、曲轴等零件，要求表面具有高硬度和高耐磨性，而芯部又要求具有足够的塑性和韧性。这就需要采用表面热处理的方法来解决。表面淬火属于表面热处理工艺，是通过不同的热源对零件进行快速加热，使零件的表面层(一定厚度)很快地加热到淬火温度，然后迅速冷却，从而使表面层获得具有高硬度的马氏体，而芯部仍然保持塑性和韧性较好的原来组织。

根据加热方式的不同，表面淬火又可分为火焰表面淬火、感应加热表面淬火、电接触加热表面淬火、电解液加热表面淬火等。

表面淬火后常需进行低温回火以降低应力并部分地恢复表面层的塑性。

(8)化学热处理

化学热处理是将工件在含有活性元素的介质中加热和保温，使合金元素渗入表面层，以改变表层的化学成分和组织，提高工件的耐磨性、抗蚀性、疲劳抗力或接触疲劳抗力等性能的工艺方法。

化学热处理包含着分解、吸收、扩散三个基本过程。

分解系指化学介质在一定温度下，由于发生化学分解反应，便生成能够渗入工件表面的“活性原子”。

吸收系指分解析出的“活性原子”被吸附在工件表面，然后溶入金属晶格中。

扩散系指表面吸附“活性原子”后，使渗入元素的浓度大大提高，这样就形成了表面和内部显著的浓度差，从而获得一定厚度的扩散层。

根据渗入元素的不同，化学热处理可分为渗碳、渗氮(氮化)、碳氮共渗、渗金属等。通常，在进行化学渗(镀)的前后均需施以合适的热处理，以期最大限度地发挥渗(镀)层的潜力，并达到钢件芯部与表层在金相组织、应力分布等方面的最佳配合。

渗碳是化学热处理中最常用的一种，它是向工件表层渗入活性碳原子，提高表层碳浓度的一种操作工艺。渗碳的目的是获得高碳的表面层，提高工件表面的硬度和耐磨性，而芯部仍保持原有的高韧性和高塑性，主要用于处理承受交变载荷、冲击载荷、很大接触应力和严重磨损条件工作的机械结构零件，如汽车变速箱及后桥齿轮、发动机活塞销等。

此外，根据不同的用途及要求，还有渗氮及碳氮共渗等工艺。

1.5 怎样识别和使用现行标准

标准是成熟技术的总结，是生产活动的基本依据。随着技术的进步，标准也会不停地修订、补充、再版和废止，这也正是标准文献与其他文献的根本不同点之一。任何国家的标准也都具有这个特点，从工业先进国家来看，其标准一般是3～5年修订一次。相对来说，产品标准修订的时间要短一些，基础标准修订的时间要长一些。

使用现行标准已成为标准化工作者和使用标准的人们在标准化工作实践中自然形成的一条不成文的规定，或者说是标准化工作者必须具备的一项常识。什么是现行标准？现行标准就是贯彻标准时，所选用的最新出版年代(版次)的标准，即当时行之有效的标准。通常标准发布后，如有内容上的局部修改、调整，一般是以更改单的形式出现，作为标准内容的补充，但它也是标准本身有效的组成部分。当更改单较多时，应考虑将更改单的内容全部纳入标准条文中，此时，标准的代号不变而其出版年代或版次应有所改变。当一个标准其内容有了较大变动，主要技术参数改变时，原标准应废止，新的标准应该重新给于标准代号和年代(或版次)号。

世界两大标准化组织ISO和IEC以及CEN、美国、英国、法国、德国和日本等工业先进国家所制订的标准，它们各有自己的标准年代(版次)表示方法，形式不尽相同，但其作用是一致的。也可以讲，标准的年代、版次就是标准的生命。为了正确使用和贯彻标准，除了知道我国标准的有关规定外，熟悉国外标准的年代、版次表示方法，也是十分必要的，它为我们正确选用或引用标准、贯彻标准提供了可靠的依据。

1.5.1 ISO(国际标准化组织)

ISO所属的2400个技术委员，至今已颁布了6000多个国际标准，其标准号的组成全部是以标准代号＋序号＋年份号所组成。例如：

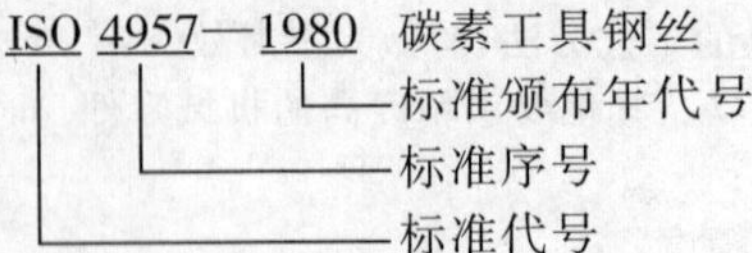

该标准是否为现行标准，是否作废或被替代，要注意查看ISO通报(ISO Bulletin)和作废标准清单(Withdrawals)。

检索ISO标准可以使用“ISO目录”及其补充件和ISO通报(ISO Bulletin)。

1.5.2 IEC(国际电工委员会)

IEC制订的标准，标准号是由标准代号、序号及后边括号内的标准颁布年代号组成。例如：

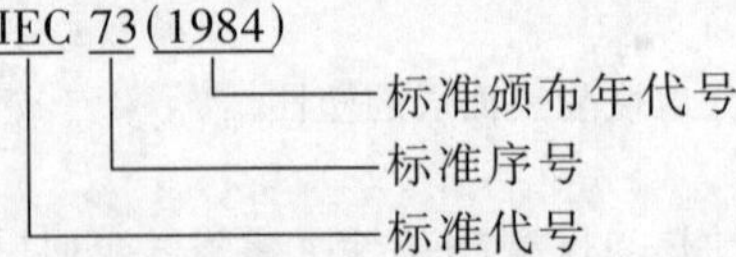

IEC标准制、修订动态反映在《IEC通报》中。标准出版后的补充件，按次序以A,B,C……表示。如IEC311A(1973)为IEC311(1973)的第一次补充。检索IEC标准可使用《IEC出版物目录》。

1.5.3 欧洲标准化委员会(CEN)标准

欧洲标准化委员会成立于1961年，目前成员国包括奥地利、比利时、塞浦路斯、捷克、丹麦、爱沙尼亚、芬壮、法国、德国、希腊、匈牙利、冰岛、爱尔兰、意大利、拉托维亚、立陶宛、卢森堡、马耳他、荷兰、挪威、波兰、葡萄牙、斯洛伐克、斯洛文尼亚、西班牙、瑞典、瑞士和英国。随着欧洲一体化的进程，欧洲标准将逐步替代原来各欧盟成员国的标准。

欧洲标准采用标准代号＋标准序号＋年代号的编号方式，例如：EN 10084：1998，如该标准为一系列子类标准，则在标准序号后加系列号的方式表示，如：EN 10025-2：2004。欧洲标准有三种官方语言版本：英语，法语，德语。可在标准代号前加语言版本代号来表示，各种语言对应代号：英语——BS，法语——NF，德语——DIN。如：BS EN 10132-4：2000，语言代号也可省略。

此外，欧洲标准在无修改地采用ISO标准作为欧洲标准时，在原ISO标准号前加标准代号EN，如ISO 4957在欧洲标准中为EN ISO 4957。

欧洲标准版次是以年代号来表示。

1.5.4 美国标准

美国国家标准采用：标准代号＋分类号(字母)＋标准序号＋年代号的编号方法，例如：ANSI C 78.1—

1978。若某一标准出版后有补充，则应在标准序号后边加上 a，b，c……如这个标准在 1980 年有一个补充，则应表示为 ANSI C 78.1a-1980，此时已变为 1980 年版标准。

若一个标准经过一定期限后，其内容上无什么变化和修改，经确认后可继续贯彻执行，则应在原标准编号的年份号后边加上确认的年代号及确认的代号 R(Reaffirmed)。如 ANSI C 57.17—1956(R1971)则表示该标准于 1956 年发布，1971 年确认继续使用。

美国各专业协会制订的标准则不尽相同，有的用年代号来表示版次，有的则用英文字母来表示该标准的版次。如美国宇航材料标准(AMS)，就是用英文字母来表示版次的，按字母排列顺序越后表示版次越新。如 AMS 7245E 表示该标准已经过五次修改，也表示它代替 AMS 7245D 版标准，E 版发布，D 版自动废止。

ASTM(美国材料与试验协会)标准则是用年代表示版次的。

1.5.5 DIN(德国标准)

DIN 标准编号为：标准代号＋标准序号＋年份号。每条标准的著录结构包括：标准的性质(E.V.Z)、标准代号、标准序号、部分号、版本日期，德/英文对照题目，价格等级、作废、代替等内容。标准代号前不同代号的意义如下：

E 表示标准草案； ▲表示上一年出版的标准

V 表示暂行标准； ▲Z 表示上一年作废或被代替的文献

在年份号后边有 zur 者表示作废标准，有 ers 者为被代替标准。

例如：▲Z DIN61621 07.68zur 在 1986 年的目录上出现，表示是 1985 年无代替的作废标准，是 1968 年 7 月制订的标准。

在使用 DIN 标准时，应注意查最新版目录，以便掌握现行标准，而查上一年度的译文目录则有可能导致使用标准的错误。

1.5.6 BS(英国标准)

英国标准学会(BSI)是世界上最早的全国性标准化机构。英国于 1901 年 3 月制订了世界上最早的一份国家标准。现行的英国标准称为 BS。

BS 标准包括一般系列标准和专业标准，一般系列标准编号由标准代号、大流水标准序号及标准发布年代号组成，年代号后边括号内的年代号表示该标准被重新确认的年代。如 BS 1309：1974(1980)表示为 1980 年确认的 BS 1309 标准。

BS 专业标准编号包括标准代号、标准分类号、标准序号，其版次则是以阿拉伯数字表示的。例如：

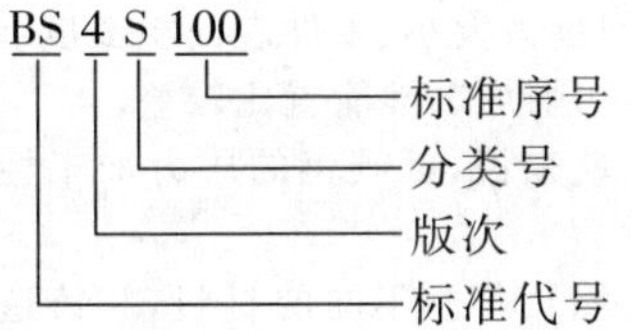

BS S100 是该标准的原版，BS 3S100 是被代替的版。版次数越大，标准越新。要及时掌握英国标准制修订动态，可查新版的“BS News”。

1.5.7 JIS(日本工业标准)

日本工业标准(JIS)标准编号较为细，它是由标准代号、字母分类号、大类字母分类号、小类标准序号及制、修订年代号所组成。例如：

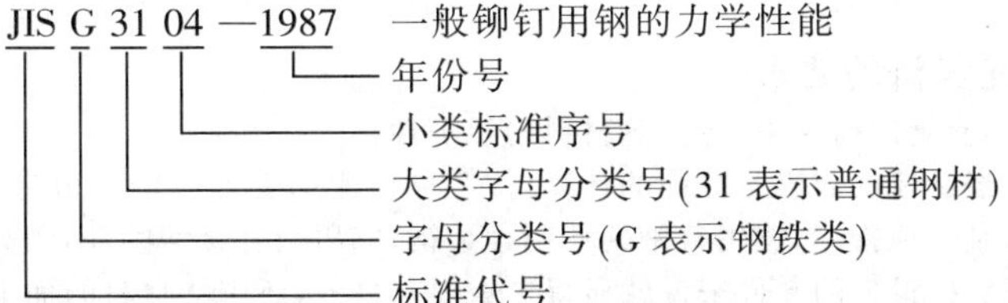

可利用 JIS 总目录或日本标准化杂志核对所使用的标准是否为现行标准。在分类目录中有一些不同

的符号和代号，表示不同的情况。

1.5.8 NF(法国标准)

法国标准采用混合分类法，即字母与阿拉伯数字相结合。用一个字母表示一个级，按字母顺序排列，如A表示冶金产品，E表示机械。在A级中又分为若干小类。

因此，法国标准的编号由标准代号、大类符号(字母)、小类号(数字)、标准序号及年份号组成。例如：

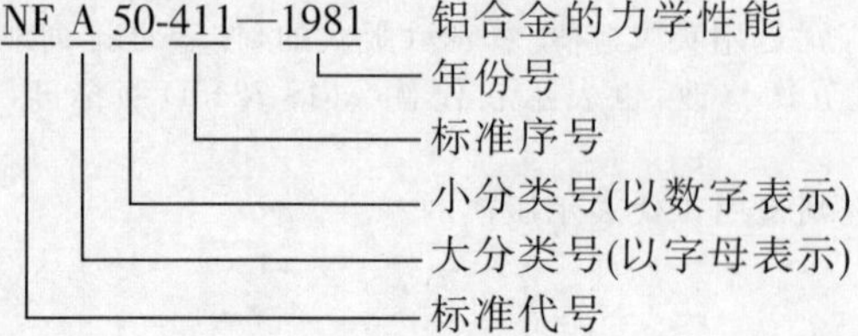

在标准名称后边有“Remplace”表示被代替关系。法国标准的检索可使用法国标准目录。

1.6 金属材料的选用原则

金属材料的选用同其他各类材料一样，是一个比较复杂的问题，它是各种机械产品设计中极为重要的一环。要生产出高质量的产品，必须从产品的结构设计、选材、冷热工艺、生产成本等方面进行综合考虑。但对于要赶超世界先进水平的产品来说，能否达到国际水平，关键还在于材料和工艺水平，当然管理水平也是重要的一环。

正确、合理选材是保证产品最佳性能、工作寿命、使用安全和经济性的基础。现就金属材料选用的一般原则做以下介绍：

(1)所选用材料必须满足产品零件工作条件的要求

各种机械产品，由于它们的用途、工作条件等的不同，对其组成的零部件也自然有着不同的要求，具体表现在受载大小、形式及性质的不同，受力状态、工作温度、环境介质、摩擦条件等的不同。

在选材时，应根据零件工作条件的不同，具体分析对材料使用性能的不同要求。一般来说，机械零件的失效形式有以下三种：①断裂失效，包括塑性断裂、疲劳断裂、蠕变断裂、低应力脆断、介质加速断裂等；②过量变形失效，主要包括过量的弹性变形和塑性变形失效；③表面损伤失效，如磨损、腐蚀、表面疲劳失效等。

(2)所选材料必须满足产品零件工艺性能的要求

材料工艺性能的好坏，对零件加工的难易程度、生产效率和生产成本等方面都起着十分重要的作用。

金属材料的基本加工方法：包括切削加工、压力加工、铸造、焊接和热处理等。

切削加工(包括车、铣、刨、磨、钻等)性能：一般通过切削抗力大小、零件表面粗糙度、切屑排除的难易及切削刀具磨损程度来衡量其好坏。例如1Cr18Ni9Ti材料，切削加工性能就比较差。

压力加工性能(包括锻造性能、冲压性和轧制性能)：一般来说，低碳钢的压力加工性能比高碳钢好，而碳钢则比合金钢好。

铸造性能：主要包括流动性、收缩率、偏析及产生裂纹、缩孔等。不同的材料，其铸造性能差异很大，在铁碳合金中铸铁的铸造性能要比铸钢好。

焊接性：一般以焊缝处出现裂纹、脆性、气孔或其他缺陷的倾向来衡量焊接性能好坏。

热处理工艺性：主要包括淬硬性、淬透性、淬火变形、开裂、过热敏感性、回火脆性、回火稳定性等。

材料工艺性能的好坏，对单件和小批量生产来说并不显得十分突出，而在批量生产条件下，就明显地反映出它的重要性。例如：批量极大的普通螺钉、螺母对力学性能要求不高，而却要求上自动机床加工时，为了提高生产率，就需要选用切削加工性能优良的钢种(易切结构钢)。又如对齿轮及轴的材料来说，往往要求材料有好的淬透性。

(3)所选材料应满足经济的要求

在满足零件使用性能和质量的前提下，应注意材料的经济性。

对设计选材来说，保证经济性的前提是准确的计算，按零件使用的受力、温度、耐腐蚀等条件来选用适合的材料，而不是单纯追求某一项指标，能用碳钢的不用合金钢；能用低合金钢的，不用高合金钢；能用普通钢的，不用不锈耐热钢。这对批量大的零件来说就显得更重要。另外，还应从材料的加工费用来考虑，尽量采用无切屑或少切屑新工艺(如精铸、精锻等新工艺)。

此外,在选材时还应尽量立足于国内条件和国家资源,同时应尽量减少材料的品种、规格等。这些都直接影响到选材的经济性。

在选用代用材料时,一般应考虑原用材料的要求及具体零件的使用条件和对寿命的要求。不可盲目选用更高一级的材料或简单地以优代劣,以保证选用材料的经济性。

1.7 切削工具材料的选择

切削加工中最常用的工具包括单点工具、钻头、铰刀、丝锥、拉丝模具、铣刀、立铣刀、拉刀、锯和滚刀。这些工具材料的合理选用直接关系到切削的效率,切削工具的寿命,被加工零件的质量及经济性等,因此,切削工具材料的选择是一个不可忽视的问题。现根据有关文献报导,对美国切削工具材料的选择做如下介绍,供读者参考。

最常用的切削工具中许多是切削刃可拆卸的,称为刀片部分,刀片与刀柄用不同的材料制造。在选择工具或刀片材料时,关健是对切削刃必须有三点要求:高抗高温性能(热硬性),使工具能抗变形并保持刃部锋利;高耐磨性,切削时发生的磨损和粘着不致使切削刃变钝,以延长工具使用寿命;高韧性,以防止切削刃碎裂。一般来说,高速钢具有良好的耐磨性和比其他类型工具钢更为优越的热硬性,以及在高硬度下的良好韧性。

(1)单点切削工具

单点切削工具是在整个切削周期中,只有一个切削刃或切削角与工件接触的工具。单点切削工具用于车削、镗孔、成形刨削和车螺纹。

在美国使用的所有单点工具,相当大的部分通常是安装在用碳素钢或合金钢制工具刀柄上的超硬工具材料刀头。据有关资料估计,有大于40%的单点工具是刀片类型的,其余包括整体高速钢和镶碳化物刀片的钢制工具。这两种类型工具的使用性能,不仅决定于具体工具材料,也与被切削的材料、工具形状、切削速度、切削角和冷却液的类型与量有关。所推荐的工具材料、切削速度和切削液,对于某种具体机械加工作业并不一定是最佳的,常常需要通过实验确定。

高速钢单点切削工具,多用整体工具刀头和镶装刀片两种形式。美国M2和M4钼高速钢一般适用于加工硬度低于HB250的金属整体工具刀头。如加工较硬的金属,更适宜使用具有更好热硬性的M42和T15高速钢。T4和T5型多用于加工铸铁和铜合金的单点工具,以取代常用的M2和M4型高速工具钢。

T15是美国用于镶嵌刀片的主要工具钢。镶嵌刀片型工具通常适用于相对硬的或粘着性的材料,或用于比较难加工的材料。

烧结碳化物主要用于镶嵌刀片。单点碳化物工具通常更适于大批量生产机械加工。使用单点碳化物工具时,确定最佳切削速度十分重要,因为它对工具寿命的影响最大,而对切削深度的影响最小,通常就是通过调整这个因素以达到所要求的金属切削速率。

(2)钻头

钻头材料必须具有良好的抗高温性能,以承受高生产率钻孔时所产生的热。这一点钻头与单点切削工具相似。由于形状特点,钻头必须具有较大的刃口强度和韧性,以抗断裂。高速钢M2、M7和M10具有最高的强度和韧性,美国用于制造大多数钻头。

对于高硬度金属零件上的钻孔,多数是在热处理之后进行。高合金耐热金属的钻孔比普通低合金钢难得多,使用M33、M42和T15含钴高速钢可得到满意的效果。

(3)铰刀

铰刀是用于要求达到一定表面粗糙度指标和尺寸公差的孔精加工切削工具。当前适用于特定用途和各种工件材料的铰刀种类很多,首先要考虑铰刀的设计,设计图样确定之后,即可考虑工具材料的选择。

在美国选择机用铰刀材料时,高硬度和高耐磨性是最重要的性能。高硬度级普通用途高速钢(M1,M2,M7,M10和T1)和高钒型(M3,M4和T15)的应用效果较好。高钒型具有更高的耐磨性。含钴高速钢,如M33,M42,M6和T5,具有高的抗高温软化性能,铰削加工比钻削加工中的要求较低,因为在铰削加工中比较容易控制热量。

整体烧结碳化物铰刀和碳化物镶片铰刀,已广泛且成功地用于铰削几乎所有的金属,普通和较硬级碳化物最常使用。以碳化物镶嵌刀片制成的大型铰刀,常用中碳合金钢刀体构成。

(4)丝锥

丝锥是用于切削或加工内螺纹的工具。丝维材料的选择通常由丝锥制造厂确定。通常采用以下三种材料:①碳素钢与合金工具钢;②高速钢;③烧结碳化物。

碳素工具钢与合金工具钢适用于手动丝锥或其他低速轻负荷的丝锥。选用这种材料主要是成本低。维修保养与修理工作用的丝锥通常使用这种材料。

高速钢用于必须在高速度下有效地进行切削的丝锥,因而必须能抵抗工具切削刃产生的高温软化。在美国大多数丝锥制造厂使用 M1,M2,M7 和 M10 制造一般用丝锥,这些材料具有良好的韧性和可磨削性,以及相当低的成本。

对于要求较高耐磨性的特殊设计丝锥,通常使用 M3 或 M4 型,在技术要求高耐磨性和高抗高温软化性的情况下,最常选用 T15 和 M42 型。T15 和 M42 用在高强度合金和高温合金上攻丝,以及要求极高攻丝速度的场合。

(5)端铣刀

端铣刀是一种切削刃在其周缘和端末表面的带柄铣削工具,刀柄可以是直的或圆锥形的。这类工具有直径 0.8～75mm 范围内的各种尺寸,可有一个或多个切削齿(大多数有 2,4,6 个齿),可根据用户要求制造较大尺寸的端铣刀。

多数铣刀最后均因磨损而报废,磨损的速度取决于工具材料、工件的机械加工性能、切屑的大小、刀具进给速度和润滑剂。决定端铣刀寿命的关键是悬臂切削刃的长度,这部分长度在切削过程中处于极端应力状态下,如果它不能承受住由于断续切削运动和切削力所造成的应力,就会遭到过早的损坏。

直径大于 16mm 的大多数端铣刀都是用高速钢圆钢制造。直径小于 16mm 的端铣刀,通常用硬化的高速钢圆钢坯料制造,在坯料上磨削出排屑槽。端铣刀也可以用粉末冶金方法生产的棒材制造。

(6)铣刀

小型和形状复杂的铣刀,通常用高速钢制造。切削刃呈螺旋形。

大多数铣刀都是由于逐渐磨损而失效,因而,高速钢在高温下抗磨性能十分重要。一些特殊用途和特定操作条件的铣刀,需用整体高速钢以外的材料制造。为了节约,大直径铣刀和用于高生产率、形状简单的铣刀,常用成本低的合金钢刀体,上面镶嵌高速钢刀片。

对于钢的一般铣削,广泛使用复合碳化物级各种型式铣削工具。其他工件材料,如铸铁、各种黄铜、铝合金和复合纤维材料等,用含 6%钴的单纯级碳化钨,可进行最有成效的切削。这种单纯级碳化钨在切削不锈钢时,也表现出良好的性能。

在一般情况下,碳化物铣刀可在相当于 3～6 倍高速钢刀具允许切削速度下使用。

镍与钴基高温合金是非常难加工的,使用含钴高速钢刀具,在低切削速度和比正常较大的进给速度下,可以达到良好的效果。一般不宜使用碳化物刀具,因为其切削刃易裂碎。

选择铣刀材料时,还应考虑机械设备的刚性、铣床的功率和切削刃刃磨设备。在使用碳化物铣刀时,更应特别注意设备的刚性,设备的振动可以导致工具的损坏。

(7)滚刀

滚刀是一种用于加工围绕一个中心的重复形状的铣削工具,如齿轮的齿、花键轴齿和齿轮轴齿的铣削。滚刀和工件都在旋转,并以特定的同步关系啮合。这样,滚刀的切削齿以螺旋或螺纹型式围绕工具的周缘运动,这是区分滚刀和铣刀的主要特征。

大多数滚刀用高速钢制造,尽管特殊用途滚刀已经使用烧结碳化钨、铸造钴-铬-钨合金,甚至用某些低合金工具钢制造。在各型号高速钢中,使用最广的是 M2 型,它又有两种含碳等级,高碳 M2 具有较高的淬透性和较好的耐磨性,使用更为普遍。

普通用 M2 高速钢具有优良的刃口强度及耐磨综合性能,M3 和 M4 高速钢含有较多的碳和钒,可用于滚削较硬的和磨损率较高的材料。对于要求抗高温氧化性能高的场合,含钴 M42 和 T15 型钢更为合适。

对硬度低于 HB300 的退火冷压延或淬火回火状态的结构钢,用普通高速钢如 M2 制造的滚刀可容易地进行切削。当硬度大于 HB300 以上时,使用高钒级 M3 或 M4 高速钢制滚刀;对 HB350～475 硬度的工件,可使用含钴的 M42 和 T15 钢。

硬度 HB440～475,实际是滚刀加工的上限。在这种硬度下,滚削费用高,且工具必须低速操作。黄铜和青铜及铸铁通常用普通高速钢制工具进行滚削。铝合金则可以用任何高速钢或碳化物制滚刀进行加工。

滚刀的成本主要受公差等级和材料成本、制造加工和刃磨成本的影响。碳化物滚刀不仅原始成本高,而且重新刃磨需要昂贵的金刚石砂轮。高钒高速钢比标准高速钢刃磨的费用高。

1.8 金属材料常用标准名词术语

(1)标准

标准是对重复性事物和概念所做的统一规定。它以科学、技术和实践经验的综合成果为基础,经有关方面协商一致,由主管机构批准,以特定形式发布,作为共同遵守的准则和依据。目前,我国钢铁产品执行的标准有国家标准(GB/T、GB),行业标准,地方标准和企业标准。

(2)技术条件

标准中规定产品应该达到的各项性能指标和质量要求称为技术条件,如化学成分、外形尺寸、表面质量、物理性能、力学性能、工艺性能、内部组织、交货状态等。

(3)交货状态

交货状态是指产品交货的最终塑性变形加工或最终热处理的状态。不经过热处理交货的有热轧(锻)及冷轧状态。经正火、退火、高温回火、调质及固溶等处理的统称为热处理状态交货,或根据热处理类别分别称正火、退火、高温回火、调质等状态交货。

(4)冷切削加工用钢

冷切削加工用钢或叫冷机械加工用钢,是指供切削机床(如车、铣、刨、磨……等)在常温下切削加工成零件用的钢。切削加工前钢不经加热。

(5)压力加工用钢

压力加工用钢是指供压力加工并经过塑性变型(如轧、锻、冷拉等)制成零件或产品用的钢。加工前钢是否先经加热,又分为热压力加工用钢和冷压力加工用钢。

(6)冷轧(拉)与热轧(锻)材

钢经加热(一般加热温度都超过 A_{C3} 以上)以后进行轧(锻)者,称为热轧(锻)材;而不经加热在常温下轧(拉)者,称为冷轧(拉)材。

(7)冷顶锻用钢

钢材在使用时,在常温下进行镦粗,做成零件或零件毛坯,如铆钉、螺栓及带凸缘的毛坯等,这种钢叫做冷墩钢或冷顶锻用钢。

(8)冷冲压用钢

钢材使用时,在常温下进行冲、压以制成零件或零件毛坯,叫做冷冲压用钢。

(9)条钢、棒钢、型钢和异型钢

按现行标准,凡呈条状的叫条钢,它包括棒钢(主要是圆、方、扁、六角、八角等棒状钢材等)、型钢(指简单断面型钢,如角钢、工槽钢、乙字钢等)和异型钢(指复杂断面型钢,如犁铧、汽车轮辋、拖拉机履带板等)。标准中的这种分类方法,常常与生产统计分类方法不同,因为标准上分类的目的和其他分类的目的不同。

(10)棒材与盘条

棒材与盘条在直径或厚度上无明显分界线,一般理解为成盘者为盘条,成直条者为棒材。在冷拉线材中也有直条交货的,也称为钢棒,而在标准中不称它为钢丝,以示区别。

(11)按理论重量或实际重量交货

钢材交货时,按称量重量交货者,称为按实际重量交货;按钢材公称尺寸计算(理论重量=由钢材公称尺寸计算出的横截面积×钢材长度×钢材密度)得出的重量,称为按理论重量交货。

(12)精度等级

按钢材尺寸允许偏差的大小不同,有些钢材分为若干等级。例如热轧薄板,分为普通精度、较高精度和高级精度三级;冷拉钢材分为 4,5,6,7 级等。

(13)批

标准中所指的批,是指一个检验的单位,而不是指交货的单位。通常一批钢材的组成有下列几种规定:

①由同一炉罐号、同一钢号、同一尺寸或同一规格以及同一热处理制度的钢材组成。

②由同一钢号、同一尺寸及同一热处理制度的钢组成。与第一种的区别在于可由数个炉罐号的钢组成。

③其他均与第一种或第二种相同,但尺寸规格可由几种不同尺寸组成。

检验批和交货批不是一回事,检验批是进行检验的单位,而交货批是指交货的单位。当订货数量大时,一个交货批可能包括几个检验批;当订货量少时,一个检验批可能分成几个交货批。

(14)纵向和横向

钢材标准中所称的纵向和横向，均指与轧制(锻制)及拔制方向的相对关系而言，与加工方向平行者称纵向；与加工方向垂直者称横向。沿加工方向取的试样叫纵向试样；与加工方向垂直取的试样称横向试样。而在纵向试样上打的断口，是与轧制方向垂直的，故叫横向断口；横向试样上打的断口，则与加工方向平行，故叫纵向断口。

(15)银亮钢(磨光钢)

银亮钢是表面经过磨光或抛光精制成的钢材，也有的精车光制成。一般在钢棒及钢丝(呈直条状)标准中常见，而在钢板及钢带标准中，不叫银亮钢，称之为表面抛(磨)光钢板或钢带。

(16)涂色和标志

为了区别炉罐号、钢号、批号、质量等级以及其他差别，标准中规定了标志方法：

用颜色标记者称为涂色标记；

用压标机压印、打钢印等印制永久性标记；

用挂上金属(或其他材质)牌者叫挂牌标志。

采用哪一种方法，在标准中应有详细规定。

(17)材料软硬程度

是指采用不同热处理或加工硬化程度，所得钢材的软硬程度不同。在有的带钢标准中，划分为特软钢带、软钢带、半软钢带、低硬钢带、硬钢带。

(18)公称尺寸和实际尺寸

公称尺寸是指标准中规定的名义尺寸，是生产过程中希望得到的理想尺寸。但在实际生产中，钢材实际尺寸往往大于或小于公称尺寸，实际所得到的尺寸，叫做实际尺寸。

(19)偏差和公差

由于实际生产中难于达到公称尺寸，所以标准中规定实际尺寸与公称尺寸之间有一允许差值，叫做偏差。差值为负值叫负偏差，正值叫正偏差。标准中规定的允许正负偏差绝对值之和叫做公差。偏差有方向性，即以“正”或“负”表示，公差没有方向性。

(20)交货长度

钢材交货长度，在现行标准中有 4 种规定：

①通常长度：又称不定尺长度。凡钢材长度在标准规定范围内而且无固定长度的，都称为通常长度。但为了包装运输和计量方便，各企业剪切钢材时，根据情况最好切成几种不同长度的尺寸，力求避免乱尺。

②定尺长度：按订货要求切成的固定长度(钢板的定尺是指宽度和长度)叫定尺长度，例如定尺为 5m，则一批交货钢材长度均为 5m。但实际上不可能都是 5m 长，因此还规定了允许正偏差值。

③倍尺长度：按订货要求的单倍尺长度切成等于订货单倍长度的整数倍数，称为倍尺长度，例如单倍尺长度为 950mm，则切成双倍尺时为 1900mm，三倍尺为 950×3＝2850mm 等。

④短尺：凡长度小于标准中通常长度下限，但不小于最小允许长度者，称为短尺长度。

(21)表面状态

表面状态主要分为光亮和不光亮两种，在钢丝和钢带标准中常见，主要区别在于是采取光亮退火还是一般退火。

(22)尺寸超差

尺寸超差即尺寸超出标准规定的允许偏差，包括比规定的极限尺寸大或小。

(23)厚薄不均

在钢板、钢带和钢管标准中常见这一名词，而在钢管标准中叫作壁厚不均。

厚薄不均是指钢材横截面及纵向厚度不等的现象。实际上是一根轧件的厚度不可能到处相等，为了控制这种不均匀性，有的标准中规定了同条差、同板差等，钢管标准中规定了壁厚不均等指标。

(24)圆度

圆形截面的轧材，如圆钢和圆形钢管的横截面上两相互垂直的直径不等的现象。但是在钢材上出现直径不等现象，其最大直径与最小直径并不一定互相垂直，因此，测量尺寸应以最大最小直径之差表示。

(25)弯曲、弯曲度

弯曲是轧件在长度或宽度方向不平直，呈曲线状的总称。把它的不平直程度用数字表示出来，就叫做弯曲度。

(26)扭转

条形轧件沿纵轴成螺旋状，称为扭转。在标准中一般以肉眼检查，所以规定为“不得有显著扭转”。

(27)边缘状态

边缘状态是指带钢是否切边而言，切边者为切边带钢，不切边者为不切边带钢。

(28)冶炼方法

指采用何种炼钢炉冶炼而言，例如用平炉、电弧炉、电渣炉、真空感应炉及混合炼钢等冶炼。“冶炼方法”一词在标准中的含义，不包括脱氧方法(如全脱氧的镇静钢、半脱氧的半镇静钢和沸腾钢)及浇注方法(如上注、下注、连铸)这些概念。

(29)钢的熔炼成分

钢的熔炼成分是指钢在熔炼(和罐内脱氧)完毕、浇注中期的化学成分。为了使其有一定的代表性，代表该炉或罐的平均成分，在标准方法中规定在样模内铸成小锭，刨取或钻取试屑，按规定的标准方法进行分析。

(30)成品成分

钢材的成品成分，又叫验证分析成分，是指从成品钢材上按规定方法钻取或刨取试屑，并按规定的标准方法分析得来的化学成分。生产厂一般并不全做成品分析，但应保证成品成分符合标准规定。有些主要产品或者有时由于某些原因(如工艺改动、质量不稳、熔炼成分接近上下限、熔炼分析样未取到等)，生产厂也做成品成分分析。

1.9 钢材缺陷术语

(1)残余缩孔

在横向低倍试片的中心部位呈现不规则的裂纹或空洞，附近往往出现严重的疏松、偏析及夹杂物的聚集。在纵向断口试片上呈现中心夹层。高倍组织能观察到严重的非金属夹杂物，呈带状分布。残余缩孔一般出现在钢锭头部，也有出现在钢锭中部和尾部的，即二次缩孔。

(2)疏松

疏松分一般疏松和中心疏松两类。

一般疏松：在横向低倍试片上表现的特征是组织致密，呈分散的小孔隙和小黑点，孔隙多呈不规则的多边形或圆形，分布在除了边沿部分以外的整个断面上。一般疏松有时也表现为在粗大发亮的树枝状晶主轴及各轴间的疏松，疏松区发暗而轴部发亮，亮区与暗区腐蚀程度差别不大，所以不产生凹坑。

中心疏松：在横向低倍试片上的中心部位呈集中的空隙和暗黑小点。纵向断口上呈轻微夹层。在显微镜下可以看到中心疏松处珠光体增多，这说明中心疏松处含碳量增多。中心疏松一般出现在钢锭头部和中部，和一般疏松的区别在于分布在钢材断面的中心部位而不是整个截面。通常含碳量愈高的钢种，中心疏松就愈严重。

(3)偏析

偏析分方形偏析、点状偏析和枝状偏析三类。

方形偏析：在横向低倍试片上呈腐蚀较深的、由密集的暗色小点组成的偏析带，多为方框形，亦有呈圆框形，因其形状与锭模形状有关，所以也叫锭型偏析。

点状偏析：在横向低倍试片上呈分散的、不同形状和大小的、稍微凹陷的暗色斑点，斑点一般比较大，有时呈十字形、方框形或同心圆点状。在纵向断口试验上呈木纹状即点状沿压延方向延伸的暗色条带。在显微镜下点状偏析处有硫化物和硅酸盐类非金属夹杂物。这类缺陷多出现在钢锭上中部。

树枝状偏析：在纵向低倍试片上，晶干呈灰白色，晶间呈暗灰色，晶干常与纤维方向平行或有一定角度。在横向低倍试片上呈树枝状组织，无一定规律。在与纵向低倍试片相同的部位做硫印试验表明，树枝状偏析处晶间含硫量较高。在显微镜下树枝状偏析处呈不均匀的组织，即非金属夹杂物和较多的分布不均匀的珠光体，这说明树枝状偏析不但有化学成分和杂质的偏析，而且含碳量也有较大的偏析。树枝状偏析是钢水结晶过程中不可避免的，只要钢水成分不均，就可能形成树枝状组织。

(4)气泡

气泡分皮下气泡和内部气泡两种。

皮下气泡：在横向低倍试片上看，皮下气泡仅在试片边沿存在，呈垂直于表面的或放射状的细裂纹，也有的呈圆形、椭圆形黑斑点。有的暴露在表面形成深度不大的裂纹，有的潜伏在皮下，在试片的表皮呈现成簇的、垂直于表皮的细长裂缝。纵向断口组织呈白色亮线和条状组织。在显微镜下观察，可看到皮下气泡处脱碳现象严重。这种缺陷分布在钢材（坯）表皮下。

内部气泡：在横向低倍试片上呈放射性的裂缝缺陷，裂缝的数量、长度和宽度都不固定，其形状有直的、弯的，无一定分布规律。在纵向断口上，沿纤维方向有非结晶构造的、颜色不同的细条纹夹层，在显微镜下观察，可看到内部气泡处有硫化物和硅酸盐类非金属夹杂物及裂纹。有些气泡在低倍试片上呈蜂窝状，称蜂窝气泡，有时分布在试片边缘处，但距钢材（坯）表面的距离均较大。内部气泡往往伴随点状出现在钢锭头部。

(5)翻皮

在横向低倍试片上呈亮白色或暗黑色的弯曲细长带，形状不规则，一般出现在试片的边缘处，也有的出现在内部，在翻皮附近有些分散的点状夹杂和孔隙。在纵向断口有气孔和夹层，在显微镜下观察，翻皮与正常组织交接处的组织细、含碳量低，翻皮处的片状珠光体增多，含有严重的非金属夹杂。

(6)夹杂

夹杂分金属夹杂和非金属夹杂两种。

金属夹杂：在横向低倍试片上可以看到带有金属光泽的，与基体金属组织不同的金属。纵向断口上呈条状组织。在显微镜下观察，金属夹杂与基体金属组织不同。

非金属夹杂：在横向低倍试片上呈个别的、颗粒较大或细小成群的夹杂物，由于夹杂物性质不同，表现的特征也不同，有的呈白色或其他颜色的夹杂物，有的则被腐蚀掉，在试片上出现许多空隙或孔洞。非金属夹杂物在断口上呈一种非结晶构造的颗粒，有时为颜色不同的细条纹及块状，其分布无一定规律，有时出现在整个断口上，有时出现在局部或皮下。分布在钢材（坯）表皮下的夹杂称为皮下夹杂。

(7)过烧

横向低倍试片的中心呈严重的夹杂偏析，并有不规则的裂纹，在钢坯的中间区沿着偏析带断裂，纵向断口呈石状断口。在显微镜下观察，有粗大晶粒，呈过热组织，在晶粒边界处有小裂纹。过烧一般产生在钢锭的中上部。

(8)白点

在横向低倍试片上为不同长度的细小发纹，亦称发裂，呈放射状或不规则状，但距表面均有一定距离。在纵向低倍试片上的白点呈锯齿形发纹，并与轧制方向成一定角度。在纵向断口上，随白点的形成条件和折断面的不同，其形状也不同，有的是圆形，有的是椭圆形银色斑点或裂口。

(9)裂纹

裂纹有内部裂纹、轴心裂纹和矫直裂纹三种。

内部裂纹：在横向低倍试片上呈弯曲状或直裂状，如"鸡爪形"或"人字形"。在横向断口上呈凹凸不平的"鸡爪形"或"人字形"裂纹，裂纹侧壁一般比较干净，有时也有氧化现象。在纵向断口上，由于热加工的影响，裂纹处呈光滑平面。在显微镜下观察，有的裂纹有脱碳现象。裂纹的形式很多，一般有锻裂和钢锭冷凝时由于热应力造成的裂纹。还有钢材（坯）加热、冷却不当造成的裂纹等。内部裂纹多出现在马氏体、莱氏体和具有双相组织的高速钢、高铬钢及高碳不锈耐热钢中。内裂的危害性极大，它破坏了金属的连续性，一旦发生内裂即应报废。这种缺陷通过再轧制一般不能焊合。

轴心晶裂纹：横向低倍试片的轴心集位置有沿晶粒间裂开的一种形如蜘蛛网状的断续裂缝，亦称蛛网状裂缝。严重时由于轴心向外呈放射状裂开。纵向断口呈宽窄不一的非结晶构造的较光滑的条带，有时有夹渣或杂颗粒。在显微镜下观察，晶间裂纹处的夹杂物一般不严重，个别情况下夹杂物的级别较高。

矫直裂纹：这种裂纹是钢材在矫直过程中产生的。当钢材在缓冷或热处理后进行矫直时，一般不会发生裂纹。但是，如果精整工艺流程不合理，钢材未经热处理就矫整，则容易产生矫直裂纹。

(10)脱碳

加热使钢材表面失去全部或部分碳量，造成钢材表面比内部的含碳量降低，称为脱碳。钢材表面的脱碳部分就叫脱碳层。钢材表面脱碳将大大降低表面硬度和耐磨性，并使轴承寿命和弹簧钢的疲劳极限降低。因此，在工具钢、轴承钢和弹簧钢等标准中对脱碳层作了具体规定。

(11)碳化物不均匀度

在高速钢及莱氏体型合金工具钢的钢锭冷凝过程中，由于实际冷却速度较快，温度继续下降时，剩余的钢水发生共晶反应，形成鱼骨状莱氏体，在钢中呈网状分布，这样形成的碳化物不均匀分布就是通常所说的碳化物不均匀度。碳化物不均匀分布严重时，会引起轧件热处理后产生裂纹，并因含碳不均匀使刀刃具的红硬性、耐磨性下降，以及造成崩刃、断齿等。

（12）带状碳化物

含铬滚轴钢钢锭在冷却时形成的结晶偏析，在热轧时变形延伸而成的碳化物富集带，叫带状碳化物。钢锭中碳化物偏析愈严重，其未经扩散退火的热轧材中带状碳化物的颗粒和密集程度也就愈大。严重的带状碳化物会造成轴承零件等在淬火、回火后硬度和组织不均匀等缺陷。在热轧前钢锭经过长时间的高温扩散退火可以改善带状碳化物，但不能完全消除。

（13）碳化物液析

某些高合金钢（如含铬滚轴钢）钢锭凝固时，钢水中的碳及合金元素富集，产生亚稳定共晶莱氏体，这种碳化物偏析称为碳化物液析，也就是一次碳化物。一次碳化物具有很高的硬度和脆性，热轧后破碎成小块，沿轧制方向分布，使轴承零件的耐磨性和疲劳强度显著降低，并容易产生淬火裂纹。钢锭（坯）经过充分地高温扩散退火，可以改善或消除碳化物液析，这样在钢材中就不易出现这种缺陷。

（14）网状碳化物

过共析碳素钢、合金工具钢和含铬轴承钢等钢材在轧制后的冷却过程中，过剩的碳化物沿奥氏体晶粒边界析出形成的网络，叫网状碳化物。钢的成分、终轧温度和冷却速度愈慢，网状碳化物的析出就愈严重。网状碳化物可使钢的脆性增加，降低冲击性能并缩短轧制件的使用寿命。这种缺陷可以用正火的办法消除。球化退火也能使网状碳化物得到改善。

（15）魏氏组织

亚共析钢因为过热而形成粗晶奥氏体，在一定的过冷条件下，除了在原来奥氏体晶粒边界上析出块状的铁素体外，还有从晶界向晶界内部生长的铁素体，称之为魏氏组织铁素体。严重的魏氏组织使钢的冲击韧性、断面收缩率下降，使钢变脆。这种缺陷可采用完全退火的方法使之消除。

（16）带状组织

在热轧低碳结构钢材的显微组织中，铁素体和珠光体沿轧制方向平行成层分布的条带组织，统称为带状组织。带状组织使钢的力学性能呈各向异性，并降低钢的冲击韧性和断面收缩率。如 18CrMnTi 等低碳结构钢，如带状组织严重，就会降低零件的塑性、韧性，热处理时易产生变形。

（17）奥氏体钢中的 α 相

0Cr18Ni9，1Cr18Ni9，1Cr18Ni9Ti 等铬镍奥氏体型不锈钢，在生产中的实际冷却速度下呈奥氏体组织。但如果钢中铁素体形成元素（铬、钛、硅等）的含量在上限，结晶偏析比较严重，钢中就可能出现 α 相。热加工时，铁素体相与奥氏体相的塑性是不同的，轧件内部产生较大的应力。当轧制钢板或穿管时，轧件就发生局部撕裂。所以必须对板坯和管坯中的 α 相含量加以控制。

1.10 金属材料的保管

表 1-11 钢材的保管

名　称	说　明
1. 选择适宜的场地和库房	1）保管钢材的场地或仓库，应选择在清洁干净、排水通畅的地方，远离产生有害气体或粉尘的厂矿。在场地上要清除杂草及一切杂物，保持钢材干净 2）在仓库里不得与酸、碱、盐、水泥等对钢材有侵蚀性的材料堆放在一起。不同品种的钢材应分别堆放，防止混淆，防止接触腐蚀 3）大型型钢、钢轨、厚钢板、大口径钢管、锻件等可以露天堆放 4）中小型型钢、盘条、钢筋、中口径钢管、钢丝及钢丝绳等，可在通风良好的料棚内存放，但必须上苫下垫 5）一些小型钢材、薄钢板、钢带、硅钢片、小口径或薄壁钢管，各种冷轧、冷拔钢材以及价格高、易腐蚀的金属制品，可存放入库 6）库房应根据地理条件选定，一般采用普通封闭式库房，即有房顶有围墙、门窗严密、设有通风装置的库房 7）库房要求晴天注意通风，雨天注意关闭防潮，经常保持适宜的储存环境

续表

名　称	说　明
2. 合理堆码，先进先放	1)堆码的原则要求是在码垛稳固、确保安全的条件下，做到按品种、规格码垛，不同品种的材料要分别码垛，防止混淆和相互腐蚀 2)禁止在垛位附近存放对钢材有腐蚀作用的物品 3)垛底应垫高、坚固、平整，防止材料受潮或变形 4)同种材料按入库先后分别堆码，便于执行先进先发的原则 5)露天堆放的型钢，下面必须有木垫或条石，垛面略有倾斜，以利排水，并注意材料安放平直，防止造成弯曲变形 6)堆垛高度，人工作业的不超过1.2m，机械作业的不超过1.5m，垛宽不超过2.5m 7)垛与垛之间应留有一定的通道，检查道一般为0.5m，出入通道视材料大小和运输机械而定，一般为1.5～2.0m 8)垛底垫高，若仓库为朝阳的水泥地面，垫高0.1m即可；若为泥地，须垫高0.2～0.5m。若为露天场地，水泥地面垫高0.3～0.5m，沙泥面垫高0.5～0.7m 9)露天堆放角钢和槽钢应俯放，即口朝下，工字钢应立放，钢材的槽面不能朝上，以免积水生锈
3. 保护材料的包装和保护层	钢厂出厂前涂的防腐剂或其他镀覆及包装，这是防止材料锈蚀的重要措施，在运输装卸过程中须注意保护，不能损坏，可延长材料的保管期限
4. 保持仓库清洁、加强材料养护	1)材料在入库前要注意防止雨淋或混入杂质，对已经淋雨或弄污的材料要按其性质采用不同的方法擦净，如硬度高的可用钢丝刷，硬度低的用布、棉等物 2)材料入库后要经常检查，如有锈蚀，应清除锈蚀层 3)一般钢材表面清除干净后，不必涂油，但对优质钢、合金薄钢板、薄壁管、合金钢管等，除锈后其内外表面均需涂防锈油后再存放 4)对锈蚀较严重的钢材，除锈后不宜长期保管，应尽快使用

表1-12　　常用有色金属材料的保管

序　号	名　称	保管注意事项
1	铜材	1)铜材应按成分、牌号分别存放在清洁、干燥的库房内，不得与酸、碱、盐等物资同库存放 2)铜材如在运输中受潮，应用布拭干或在阳光下晒干后再堆放 3)库房内要通风，调节库内的温、湿度，一般要求库内温度保持在15～30℃，相对湿度保持在40%～80%左右为宜 4)电解铜因带来未洗净的残留电解质，所以不能与橡胶和其他怕酸材料混放一起 5)由于铜质软，搬运堆垛时应避免拉、拖或摔、扔、磕、碰，以免损坏或弄伤表面 6)如发现有锈蚀时，可用麻布或铜丝刷擦除，切勿用钢丝刷，以防划伤表面。也不宜涂油 7)对于线材，无论锈蚀轻重，原则上一律不进行除锈或涂油。如属沾染锈，则在不影响线径要求时，可以去除，并用防潮纸包好 8)锈蚀严重时，除了进行除锈外，还要隔离存放，且不宜久储。若发现锈蚀裂纹，则应立即从库中清出
2	铝材	1)按GB/T3199的规定，经验收合格的产品应保管在清洁干燥的库房内，且不受雨、雪浸入，库房内不应同时储存活性化学物资(如酸、碱、盐等)和潮湿物品 2)未经雨水浸入的油封的产品可在防腐期内妥善储存，超过防腐期的或不涂油的产品，若需长期储存，则应重新涂油 3)对表面质量较高的铝材，如薄板、薄壁管、小型材等的表面要涂油，在保管条件较好或作短期存放时也可不涂油 4)铝材如暂时不用，以原包装保管。拆包后，要用防锈纸包裹 5)铝材保管要特别注意铝板，由于铝软，搬动时要防止擦伤。受潮铝板不宜揩，宜用日光晒，潮湿铝板不能堆放 6)铝材如发生锈蚀，可用浮石、棉纱头或洁净碎布擦除后，加涂工业凡士林，但不宜长期存放 7)无论是经水路、铁路或公路运输，均应防止雨淋、雪侵以及其他有腐蚀性介质的侵入或渗入。不准用运送过酸类、碱类或其他化学物资并留有气味的车辆运送铝材

续表

序号	名称	保管注意事项
3	镁	1)镁在空气中极易氧化,生成氧化膜。受潮及酸、碱、盐类侵染,即向深处腐蚀,蔓延甚快。高纯度镁在空气中能引起燃烧。镁锭需在密闭的铁、铝桶内保管,并远离火源 2)镁锭应定期检查,发现表面白斑粉化或有麻点时,应将镁锭浸入热碱水及重铬酸盐溶液中,将腐蚀氧化物清洗干净后涂上工业凡士林、石蜡或防腐油 3)不宜长期保管。应注意先进先出,码垛分清牌号、等级
4	镍	1)镍的化学性质比较稳定,保管时避免与酸、碱物资接触。也不得与铅锭或锡锭混杂 2)按品种、批号和牌号分别存放。有浮锈斑点不宜涂油,用麻布擦去即可
5	锌	1)锌易与酸、碱、盐化合而变质,与木材的有机酸接触后能破坏表面,因此,不宜与酸、碱和湿木材共存 2)锌质硬而脆,搬运时避免碰撞。发运时不作包装。存放库内时应按品种和牌号分别保管
6	铅材	1)铅板遇潮或接触二氧化碳生成氧化膜,用麻布擦去即可,不宜涂油 2)铅材虽耐硫酸侵蚀,但不耐碱和其他酸类侵染,应避免接触 3)铅管质软,承受压力过大容易压扁,因此,码垛时不宜过高。要求在收发操作时轻拿轻放,严格避免碰伤、压伤和刮伤 4)无包装的铅卷板,在装卸过程中应加衬垫物,防止卷边、碰撞、撕裂和划伤外皮
7	锡	1)每批锡锭应整齐堆放,不得与其他批锡锭互相混杂 2)库房内最低温度不得低于-15℃,因为锡在低温时,特别是-20℃以下,内部组织变化,表面起泡膨胀,质地逐渐变松,最后分裂为粒状或变成粉末,称为锡疫 3)保管时,如发现锡锭有腐蚀迹象时,应将好的锡锭与腐蚀的锡锭分开堆放,同时细心清除所有腐蚀的锡锭并重加熔炼。可用松香或氯化铵作覆盖剂重熔,缓慢冷却使之回复原状
8	锑	1)锑可在普通库房内保管,不要与酸、碱、盐类接触存放 2)如发现锈蚀,可用麻布擦去浮锈及除去垢尘,但不宜涂油 3)锑的性质特别硬脆,易碎成粉屑,装卸搬运时不可抛掷

第2章 中外金属材料牌号的表示方法

2.1 中国国家、行业以及企业、工厂标准代号

2.1.1 中国国家、行业标准代号

表 2-1 中国国家、行业标准代号

标准代号	名称	标准代号	名称
GB	国家标准 GB/T 推荐性标准	QB	中国轻工业总会(国家轻工业局)标准
GBn	国家内部标准	FZ	中国纺织工业总会(国家纺织工业局)标准
GJB	国家军工标准	SY	石油工业部标准
YB	冶金工业部(国家冶金工业局)标准	SH	中国石油化工总公司标准
YB(T)	冶金工业部(国家冶金工业局)推荐标准	YY	中国国家医药局标准
YB/Z	冶金工业部(国家冶金工业总局)指导性标准	NY	农业部标准
EJ	中国核工业总公司标准	YS	中国有色金属工业总公司标准
HB	中国航空工业总公司标准	YS/T	中国有色金属工业总公司推荐性标准
HB/Z	中国航空工业总公司指导性标准	SB	商业部标准
HG	化学工业部(国家石油和化学工业局)标准	WM	对外经贸部标准
JB	机械工业部(国家机械工业局)标准	JGJ	建设部标准
JB/Z	机械工业部(国家机械工业局)指导性标准	LD	劳动人事部标准
JB/T	机械工业部(国家机械工业局)推荐性标准	WS	卫生部标准
SJ	电子工业部标准	GY	广播电影电视部(国家广播电影电视总局)标准
WJ	中国兵器工业总公司标准	GY/T	广播电影电视部(国家广播电影电视总局)推荐性标准
CB	中国船舶工业总公司标准	GA	公安部标准
CB/T	中国船舶工业总公司推荐性标准	CW	国家新闻出版总署标准
QJ	中国航天工业总公司标准	TY	国家体育运动委员会(国家体育总局)标准
TB	铁道部标准	KY	中国科学院标准
JT	交通部标准	规(G)X	科学技术委员会计量局标准
YD	邮电部标准	CNS	台湾省标准
JY	国家教育委员会(教育部)标准	ZBQ	铸造专业标准
JC	建材工业部(国家建材工业局)标准	GR	工具专业标准刃具部分
SD	水利电力部标准	GL	工具专业标准量具部分

2.1.2 中国部分冶金企业、工厂标准代号

表 2-2 中国部分冶金企业、工厂标准代号

标准代号	名称	标准代号	名称
BQB	上海宝钢总厂企业标准	上三技	上钢三厂企标
5CB	上钢五厂标准	上三协	
5TH	上钢五厂钛合金标准		
5GH	上钢五厂高温合金标准	上三技暂	
FB	抚顺钢厂标准	HY	大冶钢厂标准
协上五新	上钢五厂协议标准	LX	大连钢厂标准
武标(热)	武汉钢铁公司企业标准	Q/LB	大连钢厂新材料技术协议
武标(冷)		QB	齐齐哈尔钢厂标准
武标(硅)		QG	抚顺钢厂标准
武协(冷)		Q/DHB	四川国营东河公司 503 厂标准
沪 Q/YB	上海冶金局标准	Q/6S	中国航空工业总公司 621 材料研究所标准
TG	重庆特种钢钢厂标准	Q/9D	国营五四 0 厂标准
QX	重庆钢厂协议	Q/85F	昆明贵金属研究所化学分析标准
太标	太原钢铁公司标准	Q/85W	昆明贵金属研究所材料标准
抚新	抚顺钢厂新材料试制协议	Q/LTB	洛阳铜合金加工厂标准
JCB	江西钢厂标准	Q/Q	东北轻合金加工厂标准
SGYX	上海钢研所协议	Q/KC	东北轻合金加工厂科研材料标准
Q/52B	陕西 52 钢厂标准	Q/EL	重庆西南铝合金加工厂标准
SX	陕西钢厂标准	GJXC	抚钢及长钢的军工新材料协议
北材	北满钢厂标准	C3B	长钢三分厂企标
Q/SNB	沈阳苏家屯有色合金加工厂标准	川 Q	重特钢标准代号
Q/BH	本溪合金厂标准	甘 Q/YBXL	西北铝加工厂标准
津 Q/YB	天津冶金材料研究所企标	辽大 Q	大连钢厂
YJZ	大冶钢厂企标	京 Q/SB	首钢企标

2.2 外国国家标准名称及代号

表 2-3　　外国国家标准名称及代号

国别	标准名称		标准代号	文种	标准发布机构	
	原文	中文译名			原文名称	中文译名
阿尔巴尼亚	Standarde Shtetnor NER. P. T. eShqiperise	阿尔巴尼亚人民共和国国家标准	STASH	阿尔巴尼亚文	Komisjoni Planit Shtetit. Bymiae Standardeve Shteterore(STASH)	国家计划委员会标准化局
保加利亚	Вългареки Държавен Стандарт	保加利亚国家标准	БдС	保加利亚文	B bpxeh k omntet no C TaMep Thzaun	最高标准化委员会
匈牙利	Magyar Nepkoztarsasagi Orszagos Szabvany	匈牙利人民共和国国家标准	MSZ	匈牙利文	Magyar Szabvanyugyi Hivatal(MSZH)	匈牙利标准局
越南	Tieu Chuan Nha Nuon	越南民主共和国国家标准	TCVN	越南文	Vien Do Luong Va Tieu chuan	计量与标准院
朝鲜		朝鲜民主主义人民共和国国家标准		朝鲜文	Commitee for Standardization	标准化委员会
古巴	Una Norma Cubana	古巴标准	UNC	西班牙文	Direccion de Normas Y Metrologia	标准与计量局 标准局
波兰	Polska Norma	波兰标准	PN	波兰文	Polski Komitet Normalizacyjny (PKN)	波兰标准化委员会
罗马尼亚	Standard de Stat	罗马尼亚国家标准	STAS	罗马尼亚文	Oficiul de Stat pentru Standarde(OSS)	国家标准
俄罗斯	Государственный Общесоюзный Стандарт	俄罗斯国家标准	ГОСТ	俄文	государственню коммгегстандертов, мер низмеритедb юхпрноорвсccp	俄罗斯国家标准、量具与计器委员会
原捷克斯洛伐克	Ceskoslovenska Statni Norma	原捷克斯洛伐克国家标准	CSN	捷克文	Utad pro Normalisaci a Meteni	标准化与计量局
阿根廷		阿根廷标准	IRAM	西班牙文	Instituto Argentino de Racionalizacion de Materiales(IRAM)	阿根廷材料合理化学会
澳大利亚	Australian Standard	澳大利亚标准	AS	英文	Standards Association of Australia(SAA)	澳大利亚标准协会
奥地利	Osterreichische Norm	奥地利标准	ONORM	德文	Osterreichischer Normenausschus(ONA)	奥地利标准委员会
比利时	Norme Belge	比利时标准	NBN	法文	Institut Belge de Normalisation (IBN)	比利时标准化学会
巴西	Normas Brasileiras	巴西标准	NB	葡萄牙文	Associacao Brasileira de Normas Tecnicas(ABNT)	巴西技术标准协会
缅甸			UBS		Union of Burma Applied Research Institute(UBARI)	缅甸联邦应用研究学会
加拿大	Canadian Standard	加拿大标准	CSA	英文	Canadian Standards Association (CSA)	加拿大标准协会
智利		智利标准	INDITECNOR	西班牙文	Instituto Nacional de Investigaciones Tecnologicas y Normalizacion(INDITECNOR)	全国工艺研究与标准化学会

续表

国别	标准名称		标准代号	文种	标准发布机构	
	原文	中文译名			原文名称	中文译名
哥伦比亚	Una Norma Colombiana	哥伦比亚标准	UNCO	西班牙文	Instituto Colombiano de Normastecnicas(ICONTEC)	哥伦比亚技术标准协会
丹麦	Dansk Standard	丹麦标准	DS	丹麦文	Dansk Standardiseringsrad (DS)	丹麦标准化委员会
西班牙	Una Norma Espanola	西班牙标准	UNE	西班牙文	Instituto National de Racionalizacion del Trabajo(IRATRA)	全国劳动合理化学会
芬兰		芬兰标准	SFS	芬兰文	Suomen Standardisoimisliitto r. y	芬兰标准委员会
法国	Norme Francaise	法国标准	NF	法文	Association Francaise de Normalisation(AFNOR)	法国标准化协会
英国	British Standard	英国标准	BS	英文	British Standards Institution (BSI)	英国标准学会
希腊	Ελληυτκα Προτυπα	希腊标准	ENO	希腊文	Greek Standards Committee (ENO)	希腊标准学会
印度	Indian Standard	印度标准	IS	英文	Indian Standards Institution (ISI)	印度标准学会
印度尼西亚		印度尼西亚标准	NI	印度尼西亚文	Dewan Normalisasi Indonesia (DNI)	印度尼西亚标准化委员会
伊朗		伊朗标准	SOI	波斯文	Institute of Standards and Industrial Research of Iran (ISIRI)	伊朗标准与工业研究学会
伊拉克					Iraqi Organization for Standardization(IOS)	伊拉克标准化组织
爱尔兰	Irish Standard	爱尔兰标准	IRS. I. S	英文	Institute for Industrial Research and Standards(IIRS)	工业研究与标准学会
意大利	Unificazione Italiana	意大利标准	UNI	意大利文	Ente Nazionale Italiano di Unificazione	意大利国家标准化协会
日本	日本工业规格(Japanese Industrial Stardard)	日本工业标准	JIS	日文	日本工业标准调查会(Japanese Industrial Standards Committee JISC)	日本工业标准调查会
黎巴嫩			LIBNOR		Lebanese Standards Institution	黎巴嫩标准协会
墨西哥		墨西哥标准	DGN	西班牙文	Direccion General de Normas (DGN)	标准总局
摩洛哥			SNIMA	法文	Service de Normalisation Industrielle Marocaine (SNIMA)	摩洛哥工业标准化局
荷兰	Nederlands Norm	荷兰标准	NEN	荷兰文	Nederlands Normalisatieinstitut(NNI)	荷兰标准化协会
新西兰	New Zealand Standard	新西兰标准	NZSS	英文	New Zealand Standards Institute(NZSI)	新西兰标准协会
挪威	Norsk Standard	挪威标准	NS	挪威文	Norges Standardiserings Forbund(NSF)	挪威标准化协会

续表

国别	标准名称 原文	标准名称 中文译名	标准代号	文种	标准发布机构 原文名称	标准发布机构 中文译名
巴基斯坦	Pakistan Standard	巴基斯坦标准	PS	英文	Pakistan Standards Institution (PSI)	巴基斯坦标准协会
秘鲁		秘鲁标准		西班牙文	Instituto National de Normas Tecnicas Industriales y Certificacion(INANTIC)	全国工业技术标准与证券协会
葡萄牙	Norma Portuguesa	葡萄牙标准	NP	葡萄牙文	Inspecteur General Reparticao de Normalizacal(IGPAI)	标准化检查总局
瑞士	Normen des Vereins Schweiaeriscber Maschinenindustrieller	瑞士机械工业协会标准	VSM	德文 法文	Verein Schweizerischer Maschinenindustrieller(VSM)	瑞士机械工业协会
		瑞士标准协会标准	SNV	德文 法文	Schweizerische Normen Vereinigung(SNV)	瑞士标准协会
瑞典	Svensk Standard	瑞典标准	SIS	瑞典文	Sveriges Standardleringskommission(SIS)	瑞典标准化委员会
土耳其	Türk Standardlari	土耳其标准	TS	土耳其文	Türk Standardlari Enstitüsü (TSE)	土耳其标准协会
阿联		阿联标准	EOS	阿拉伯文	Egyptian Organization for Standardization(EOS)	阿联标准化组织
美国	American Standard	美国标准	ASA	英文	American Standards Association (ASA)	美国标准协会
乌拉圭		乌拉圭标准	UNIT	西班牙文	Instituto Uruguayo de Normas Tscnicas(UNIT)	乌拉圭技术标准协会
委内瑞拉		委内瑞拉标准	NORVEN	西班牙文	Comision Venezolana de Normas Industriales(COVENIN)	委内瑞拉工业标准委员会
联邦德国	Deutsche Normen	联邦德国标准	DIN	德文	Deutsches Institut für Normung (DIN)	联邦德国标准化协会
南斯拉夫	Jugoslovenski Standard	南斯拉夫标准	SZS	塞尔维亚霍尔瓦特文	Jugoslovenski Zavod za Standardizaciju(JZS)	南斯拉夫标准化协会
津巴布韦			RNS	英文		
哥斯达黎加					Committee for Standards and Technical Assistance to Industry	工业标准与技术援助委员会
危地马拉					Central American Research Institute for Industry	中美洲工业研究学会

2.3 国外各国家、部(协会)标准代号及名称

表 2-4 国外各国家、部(协会)标准代号

标准代号	名称	标准代号	名称
A	原苏联航空(标准)零件和构件	ABNT	巴西技术标准协会
A 或 AA	美国军用联邦规格	AECMA	国际航天设备制造协会
AAMA	美国建筑结构铝制造者协会标准	ASTM	美国材料与试验协会标准
AB(ABS)	美国船舶局钢船结构与分级规范	AT	原苏联航空(标准)技术条件
ABC	美、英、加工程标准统一会议标准	АТУ	原苏联航空(标准)技术条件
ABCA	美、英、加、澳工程标准统一化会议	AWS	美国焊接协会标准
AC	原苏联航空(型材)品种	AACA	美国机动车空调协会
ACI	美国合金铸造学会标准	ADC	美国空气扩散委员会
ADCI	美国压力铸造协会标准	AMCA	美国通风与空调
AFBMA	美国减摩轴承制造协会标准	AMTBA	美国机床制造者协会
AFM	美国空军手册	ASTE	美国工具工程师学会
AFNOR	法国标准学会标准	BAC	美国波音航空公司标准
AFS	美国铸造工程师学会标准	ВАМИ	原苏联全苏铝镁科学研究院
AGMA	美国齿轮制造协会标准	BAS	日本轴承协会标准
AH	原苏联航空标准	BCSA	英国钢结构协会标准
AIA	美国飞机工业协会标准	BEAMA	英国电气制造商协会标准
AICMA	国际宇宙航行材料协会标准	BISFA	国际人造纤维标准化局标准
AICOA	美国铝公司标准	ВКС	原苏联全苏标准化委员会
AIEE	美国电气工程学会标准	BL	英国航空注册局民航检验规程
AIR	法国飞机制造管理处标准	BN	波兰专业标准
AISC	美国钢结构学会标准	BS. S(钢材)	英国航空材料和零件专业标准
AISE	美国钢铁工程师协会标准	BS. B(铜合金)	
AISI	美国钢铁学会标准	BS. HC(铸钢件)	
AMD	美国宇宙航空材料文件	BS. HR(耐热合金)	
AMS	美国宇宙航空材料规范	BS. L(铝及轻金属)	
АМТУ	原苏联航空材料技术条件	BS. SP(标准件)	
AN	美国空军与海军航空标准	BS. T(管材)	
AND	美国空军与海军航空设计标准	BS. TA(钛及钛合金)	
ANSI	美国标准(1969 年前为 ASA)	BS	英国标准
AO	原苏联航空组织机构标准	BOS	保加利亚部长会议国家标准委员会
AS	美国航空标准	BSI	英国工业标准
AS	澳大利亚标准	BSRA	英国船舶研究协会标准
ASA-USAS	美国标准(旧)	ВТУ	原苏联暂行技术条件
ASM	美国金属协会标准	ВИАМ	原苏联全苏航空材料研究院
ASME	美国机械工程师协会标准	BIPM	国际计量局标准

续表

标准代号	名　　称	标准代号	名　　称
BNMP	法国塑料标准化局标准	CP	原苏联品种与尺寸标准
B. P. F	英国塑料联合会标准	CPC	法国常设标准化委员会标准
BuAer BuAero	美国海军部航空局标准	CS	美国商业部标准
		CSN	加拿大标准
BRS	德国海军部航空局标准	CSN	原捷克斯洛伐克标准
B. S. AU	英国发动机制造商及贸易商协会	CSPNS	法国特殊钢产业联合会
BNA	法国汽车标准局	CTУ	原苏联飞机技术标准
BV	法国船级社标准	CTIF	法国铸造业技术中心标准
CA	加拿大陆军规格与标准	CTУ	原苏联飞机(标准)技术条件
CAMESA	加拿大军用电子器件标准局标准	CODATA	国际科技数据委员会
CBRA	美国黄铜研究协会标准	CTУ	原苏联专用技术条件
C	原苏联飞机(标准)零件和构件	CУ	原苏联包装与标志标准
C	原苏联飞机(型材)品种	CS	斯里兰卡标准局
CCI	国际商会标准	CMAA	美国起重机制造商协会
CCIR	国际无线电咨询委员会标准	CIS	日本超硬工具协会
CCITT	国际电报、电话咨询委员会标准	CDA	美国铜业发展协会
CEE	国际电气设备管制委员会标准	DCS	日本压铸协会标准
CEMP	法国塑料研究中心标准	DEF	英国国防部标准
CES	日本电子机械协会标准	DEMA	美国柴油机制造协会标准
CESM	日本通讯机械协会标准	DES	日本标准规格
CGA	美国空气压缩协会标准	DGN	墨西哥标准
CИ	原苏联规格标准	DIN	德国工业标准
CIE	国际照明委员会标准	DS	丹麦标准
CISPR	国际无线电干扰特别委员会标准出版物	DTD	英国飞机材料及加工方法标准
CMИ	原苏联航空材料验收规则与试验方法标准	DTD	英国技术发展管理局标准
CSS	英国商业供应规范	DKE	德国电工委员会标准
CEN	欧洲标准化委员会标准	DKI	德国铜研究所标准
CENEL	欧洲电气标准协调委员会标准	DOD	美国国防部标准
CENELEC	欧洲电工标准化委员会标准	DVM	德国工业材料试验协会
CES	日本电子机械协会标准	ECMA	欧洲计算机制造商协会标准
CESM	日本通讯机械协会标准	EIMS	日本电气绝缘材料工业协会标准
CIMAC	国际内燃机委员会标准	ERA	英国电气研究协会标准
CSK	朝鲜标准化委员会标准	ESRO	欧洲宇航研究组织标准
CO	原苏联飞机组织机构标准	EEI	美国爱迪生电气学会标准
CO	原苏联符号、科学术语及计量单位标准	EGSMA	美国发电机装置制造协会标准
COPANT	泛美技术标准委员会标准	EIA	美国电子工业协会标准
CP	原苏联飞机计算标准	ENO	希腊标准

续表

标准代号	名　　　称	标准代号	名　　　称
EOS	埃及标准	IEE	英国电气工程师学会
ESI	埃塞俄比亚标准学会	IME	美国炸药制造商学会标准
EMA	美国发动机制造商协会	IEC	国际电工委员会标准
EMAS	日本电子材料工业会	IEEE	美国电气电子工程师学会标准
EIAJ	日本电子机械工业会	IES	美国照明工程协会标准
EL	英国航空部电气设备和材料标准	IFI	美国紧固件学会标准
EN	德国宇航金属材料标准代号	IFRB	国际频率登记局技术标准
FAA	美国联邦航空局标准	IHA	西班牙国家标准
FH	瑞士钟表协会标准	IIR	国际制冷学会标准建议
FIJ	日本紧固件协会标准	IIW	国际焊接学会标准
FS(FED)	美国联邦标准	INDITECHOR	智利标准
FIPS	美国联邦信息处理标准	INTA	西班牙航空标准
FNIF	法国电子工业协会标准	IPC	美国印刷电路学会标准
FPM	德国粉末冶金协会标准	IRAM	阿根廷标准
FPS	德国喷气推进物理研究所标准	IPS	爱尔兰标准
FRC	美国联邦辐射委员会标准	IS	印度标准
FTZ	德国通讯工程总管理局标准	ISA	美国仪表学会标准
FE	英国焊接协会	ISA	国际标准化协会通报
FMSI	美国摩擦材料标准学会	ISO/R	国际标准化组织建议
GL	德国劳氏船级社标准	ISO	国际标准化组织标准
GEC	英国通用电气公司标准	ISO/DIS	国际标准化组织标准草案
GS	加纳国家标准局	IUPAC	国际理论与应用化学联合会标准
GIS	日本砂轮工业会	IOC	伊拉克标准组织
GSA	英国一般事务管理局	ITINTEC	秘鲁标准
ГОСТ	俄罗斯国家标准	ICONTEC	哥伦比亚技术标准协会
НАП	原苏联航空工业标准	INEN	厄瓜多尔标准化学会
НО	原苏联国防工业标准	ISIRI	伊朗标准与工业研究学会
HPIS	日本高压技术学会标准	IPCEA	美国动力电缆工程师协会
НИ	原苏联说明书标准	IMI	英国帝国金属工业公司
НИАТ	原苏联航空工艺科学研究院	IHS	美国国际情报处理服务公司
НИГРИС	原苏联铅锌工业科学研究院	JACC	日本防锈技术协助会标准
HOAL	英国内政部	JBS	日本小型机床协会标准
IATA	国际航空运输协会标准	JCIS	日本照相机协会标准
ICAITI	中美洲工业研究与技术学会标准	JCS	日本电线协会标准
ICRP	国际辐射防护委员会标准	JCNAAF	加拿大海陆军联合规格与标准
ICRU	国际射线单位和量值委员会标准	JCVA	日本高压气体容器阀协会标准
ICAO	国际民用航空组织标准	JEC	日本电气协会标准

续表

标准代号	名　　称	标准代号	名　　称
JEM	日本电机工业协会标准	MSZ	匈牙利标准
JES	日本工业产品标准统一调查会标准	MT	原苏联发动机技术标准
JGMA	日本齿轮学会标准	MTУ	原苏联发动机(标准)技术条件
JIC	美国工业联合会标准	MAS	北大西洋公约组织军事标准化机构标准
JIL	日本照相器材协会标准	Mat	德国国防军材料局标准
JIRES	日本放射性工业协会标准	(ABW)	
JIS	日本工业标准	MBL	德国国防军航空装备试验所标准
JMAS	日本精密测量仪器协会标准	MOS[A]	英国航空供应部标准
JOHS	日本油压工业协会标准	MOS[L]	英国陆军供应部标准
JSMA	日本弹簧协会标准	MPIF	美国金属粉末工业联合标准
JSSA/SC	日本不锈钢协会标准	MS	马来西亚标准学会
JEDEC	美国电子器件工程联合委员会标准	MTIRA	英国机床工业研究协会
JHS	日本金属热处理工业协会标准	MTIRA	美国机械动力传动协会
JAN	美国陆海军通用规格标准	MMPA	美国磁性材料制造商协会
JMS	日本电影机械工业会	MESJ	日本船用发动机协会
JEAC	日本电气协会标准	MNC	瑞士国家标准
JASO	日本汽车技术会	NACE	美国腐蚀工程师协会标准
JIVAS	日本工业车辆协会	NAS	美国国家宇宙航空标准
JEIDA	日本电子工业振兴协会	NASNRDC	美国国家科学研究工作委员会标准
JUS	南斯拉夫	NAVORD	美国军械局标准
KR	韩国船级社标准	NAVSHIPS	美国海军船舶局标准
KS	韩国标准局	NB	巴西标准
KSS	科威特商工部	NBN	比利时标准
KNSC	肯尼亚标准	NBS	美国标准局标准手册
LIS	日本轻金属协会标准	NC	古巴标准
LN	德国航空标准所标准	NDS	日本防卫厅标准
LS	黎巴嫩标准学会	NEMA	美国电气制造协会标准
LR	英国劳氏船级社标准	NEN	荷兰标准
M	原苏联发动机(标准)零件和组合件	NF	法国标准
MAS	日本机床协会标准	NFPA	美国流体动力协会标准
MBH	原苏联海运部标准	NSS	日本船舶专业标准
MH	原苏联机械制造通用标准	NZSS	新西兰标准
MIL	美国军用标准	NI	印度尼西亚标准
MPIF	美国金属粉末工业联合标准	NIHS	瑞士钟表工业标准
MPTП	原苏联无线电工业部	NIK	日本铸造协会标准
MS	美国宇航材料标准	NK	日本海军协会标准
MSS	美国阀门及配件工业制造标准化协会标准	NS	挪威标准化协会

续表

标准代号	名　　称	标准代号	名　　称
NIJFCM	美国全国卡具制造商学会	RRE	英国皇家雷达研究中心标准
NMTBA	美国全国机床制造商学会	RTCA	美国航空无线电技术委员会标准
NCH	智利全国技术研究与标准化学会	RTMA	美国无线电与电视制造者协会标准
NHS	希腊国家经济部工业司标准化处	RWMA	美国电阻焊接协会标准
NORVEN	委内瑞拉工业标准委员会	RINA	意大利船级社
NP	葡萄牙标准局	RP	美国仪表协会
NSO	尼日利亚标准组织	RS	美国电子工业协会
NV	挪威船级社标准	RECO	英国皇家雷达研究中心
NOP	秘鲁工业技术研究与技术标准协会	SANZ	新西兰标准协会
OCT	原苏联通用全苏标准	SAE	美国汽车工程师学会标准
OCT HKM	原苏联机器制造人民委员部	SAE-AMS	美国宇宙航空材料规格
OCT KHPП	原苏联橡胶工业人民委员部	SAMA	美国科学仪器制造协会标准
OCT HKTM	原苏联重型机械制造人民委员部	SEV	瑞士电工协会规程
OCT KHPП	原苏联重工业人民委员部	SFS	芬兰标准
OH	原苏联专业标准	SIS	瑞典标准
ON	原捷克专业标准	SMA	日本造船业协会标准
ONORM	奥地利标准委员会标准	SMMT	英国发动机制造及贸易协会标准
OTУ	原苏联一般技术条件	SNV	瑞士标准协会标准
OECD	经济合作与发展组织标准	SOI	伊朗标准
OIML	国际法制计量组织标准	SPR	美国简单化标准建议
PFI	美国制管学会标准	STAS	罗马尼亚标准
PI	美国包装学会标准	STASH	原阿尔巴尼亚人民共和国国家标准
PAL	德国交货条件与质量保证委员会标准	SAWE	美国航空重量工程师协会标准
PN	波兰标准	SBAC	英国宇宙航行公司协会标准
PS	巴基斯坦标准	SCRATA	英国铸钢研究和贸易协会
PTM	原苏联指导性技术资料	SNCT	法国锅炉、压力容器及管道工业协会
PERA	英国生产工程研究资料	SNT	美国无损试验协会
PTS	菲律宾标准局	SME	美国制造工程师学会
QQ	美国联邦政府标准	SMI	美国弹簧制造商学会
PCSC. RC	英国无线电器件标准化委员会标准	SABS	南非标准局
RES	日本电阻合金工业协会标准	SNIMA	摩洛哥工业标准化局
RETMA	美国无线电电子电视制造商协会标准	S. S.	新加坡标准与工业研究院
RILEM	国际材料与结构研究试验所联合会	SSS	叙利亚工业试验与工业研究院
RMA	美国无线电制造商协会标准	SIA	瑞士建筑工业协会标准
RPE	英国皇家雷达研究中心标准	SEW	德国钢铁工程师学会钢铁材料标准
RII. EM	国标材料与结构研究试验所联合会	SASO	沙特阿拉伯标准
RMA	美国无线电制造者协会标准	SASB	南非联邦标准

续表

标准代号	名　　称	标准代号	名　　称
SI	以色列标准	USC	美国国会
SM	日本船用装置工业会	UVV	德国精密机械与电气工程协会
SFA	英国防爆电气设备审定局	UNIT	乌拉圭技术标准学会
TCVH	越南民主共和国国家标准	UBS	缅甸联邦应用科学研究院标准处
TO	原苏联工艺说明书	UIC	国际铁路联合会
TS	土耳其标准	UNS	美国金属与合金数字代号推荐办法
TSES	泰国标准	VDEH	德国钢铁工程师协会标准
ТУ	原苏联技术条件	VG	德国防御装置标准
ТУВМ	原苏联爆炸材料技术条件	VDE	德国电工标准
ТУС	原苏联黑色冶金工业部技术条件	VDI	德国工程师学会标准
ТУКП	原苏联电缆工业技术条件	VDMA	德国机械制造联合会标准
TVV	德国技术管理协会	VSM	瑞士机械工业协会标准
ТУНКЧМ	原苏联黑色冶金人员委员会技术条件	VDA	德国汽车工业协会
ТУМ	原苏联有色冶金工业部炼铜工业管理局技术条件	VDS	德国冶炼联合协会
ТУМ	原苏联材料技术条件	WES	日本焊接协会标准
ТУМАП （ТУАП）	原苏联航空工业技术条件	WL	德国航空材料手册
		W-Nr	德国材料号
ТУСМП	原苏联造船工业部技术条件	YCT	蒙古人民共和国部长会议国家标准
ТУММП （ТУМП）	原苏联冶金工业技术条件	ZS	赞比亚标准
		국규	朝鲜民主主义人民共和国国家标准
ТУМОП （ТУОП）	原苏联国防工业部技术条件	ZSБЛС	保加利亚标准
		ГОСТ	原苏联国家标准
ТУМТП （ТУТП）	原苏联重工业部技术条件	ЦМТУ （МЧМТУ）	原苏联有色冶金工业技术条件
ТУМЭП （ТУЭП）	原苏联电力工业部技术条件	ЧМТУ （МЧМТУ）	原苏联黑色冶金工业技术条件
ТУПІМО	原苏联有色金属加工管理局技术条件		
ТУДМ	原苏联贵重金属技术条件		
TNA	西班牙冶金学会标准		
TRD	德国蒸气锅炉委员会		
TAS	日本工具工业会		
TES	日本工业用机器工业会		
UNE	西班牙标准		
UNI	意大利标准		
USFS	美国联邦标准		
UTE	法国电工联合会标准		
UNSCC	联合国协调委员会标准		

2.4 国际标准、区域性标准和制定机构的名称及代号

表 2-5 国际标准、区域性标准和制定机械的名称及代号

标准名称		标准或机构代号	文种	标准编制机构	
外文	中文			外文名称	中文名称
ISO Recommendation	国际标准化组织建议	ISO/R	英文 法文	International Organization for Standardization	国际标准化组织
IEC Publication	国际电工委员会标准出版物	IEC	英文 法文	International Electrotechnical Commission	国际电工委员会
CEE Specification	国际电气设备合格认证委员会标准	CEE	英文	International Commission for Conformity Certification of Electrical Equipment	国际电气设备合格认证委员会
CISPR Report	国际无线电干扰特别委员会标准出版物	CISPR	英文 法文	Comite International Spécial des Perturbations Radioélectriques	国际无线电干扰特别委员会
IFRB Technical Standard	国际频率登记局技术标准	IFRB	英文 法文	International Frequency Registration Board	国际频率登记局
International Standards and Recommended Practices ICAO	国际民用航空组织标准	ICAO	英文 法文 西班牙文	International Civil Aviation Organization	国际民用航空组织
International Standard FIF-IDF	国际乳品工业联合会标准	FIL-IDF	英文 法文	International Dairy Federation Federation International de Laiterie	国际乳品工业联合会
Recommandation RILEM	国际材料与结构研究试验所联合会标准建议		法文 英文	Réunion Internationale des Laboratoires d'Essais et de Recherches Sur les Matériaux et les Constructions	国际材料与结构研究试验所联合会
Рекомендация По Унификацин	社会主义国家统一标准建议	P,Py	俄文	Совещание Дредставцтелея Организация По Стандартизацин Социалицстических Стран	社会主义国家标准化机构代表会议
	欧洲煤钢联营标准	EURONORM CECA	法文 德文	Communauté Européenne du Charbon et de L'Acier	欧洲煤钢联营
	斯堪的纳维亚纸浆、纸张、纸板试验委员会标准	SCAN	英文	Scandinavian Pulp, Paper and Board Testing Committee	斯堪的纳维亚纸浆、纸板试验委员会
Publication IUPAC	国际理论与应用化学联合会标准	IUPAC	英文	International Union of Pure and Applied Chemistry	国际理论与应用化学联合会
Specification WHO/xx	世界卫生组织标准	WHO/xx	英文 法文 西班牙文	World Health Organization	世界卫生组织
Recommendations of the IIR	国际制冷学会标准建议	IIR	英文 法文	International Institute of Refrigeration	国际制冷学会
Specifications IWTO	国际毛纺组织标准	IWTO	英文	International Wool Textile Organization	国际毛纺组织
Specification FAO	联合国粮食与农业组织标准	FAO	英文 法文 西班牙文	Food & Agriculture Organization(UNO)	联合国粮食与农业组织
Recommendations of the ICRP	国际辐射防护委员会标准建议	ICRP	英文	International Commission on Radiological Protection	国际辐射防护委员会
	国际棉花咨询委员会标准	ICAC	英文 法文 西班牙文	International Cotton Advisory Committee	国际棉花咨询委员会

2.5 国外企业厂商代号及名称

表 2-6　　　　国外部分企业厂商代号及名称

标准代号	名　　称	标准代号	名　　称
Acos	巴西阿尔斯-斯勒瑞斯厂	Honsel	德国奥塞勒公司
Adams	美国麦卡达姆斯公司	Imperial	英国帝国金属工业有限公司
ADS	英国罗·罗公司设计标准	Indal	印度铝有限公司
AGMA	西班牙 AGMA·S·S 材料公司	INTA	西班牙国家宇航协会
Airlite	美国艾尔科特铝合金公司	ISA	意大利 ISA 威尼托铝材公司
AISI	巴西 S·A 铝合金工业公司	ISML	意大利轻金属实验协会
Alcan(CA)	加拿大阿尔坎有限公司	INL	美国内陆钢铁公司
Alcan(GB)	英国阿尔坎有限公司	Jobbins	美国 W·F 乔宾斯公司
Alcan(WG)	联邦德国阿尔坎有限公司所属铝厂	JL	美国琼斯-劳夫林钢铁公司
Alcan(ZA)	南非阿尔坎铝合金厂	Kaiser	美国克西塞铝、化学公司
Alcoa	美国铝合金公司	Kawecki	美国卡维科贝利尔科公司
Aluar	阿根廷铝材公司	Kaye	英国 KAYE 有限铝材公司
Aluminord	丹麦 A/S 铝厂	Krupp	德国克虏伯铸钢公司
Alunorf	联邦德国纳尔福铝公司	MCL	美国麦克劳斯钢铁公司
Alusuisse(CH)	瑞士 AS 铝厂	Munch	瑞士铝材轧制公司
Alusuisse(D)	德国阿鲁苏斯铝材公司	Pechiney	法国 Pechiney 铝业公司
Alusuisse(F)	法国 SA 铝材厂	POLDI	原捷克斯洛伐克波罗地钢厂
Amax	美国阿玛克斯特制铝公司	POMPEY	法国波姆伯钢厂
Anaconds	美国安斯坎兹铝合金分部	Ranshofen	奥地利联合金属材料公司
Apex	美国阿潘克斯国际合金公司	Refonda	瑞典瑞风达金属公司
Awco	美国铝丝和电缆有限公司	ROCHLING	德国洛许林钢厂
ARTHVR	英国鹰立球公司	Remanit	德意志优质钢厂
AWR	瑞士热尔沙赫铝公司	SAVA	意大利威尼托铝公司
BACO	英国培科铝材有限公司	Sidal	比利时塞达勃 NV 铝工业公司
Beyral	德国中海恩金属铸造厂	Siemens	德国西门子公司
Birmal	英国伯明翰铝铸件有限公司	SIG	瑞士工业公司
Bohn	美国博恩铝铜公司	SM	瑞典斯威斯加金属公司
Bruch	联邦德国布如赫冶金公司	Steel	美国贝思兰姆钢铁公司
Burcht	比利时铝制品厂	Superform	英国特种金属材料有限公司
Camea	阿根廷卡迈阿 S·A 铝材公司	Samuel Fox	英国费克斯公司
Colombia	哥伦比亚铜及铝材公司	SHA	美国沙伦钢铁公司
Comalco	澳大利亚科马尔克铝有限公司	STE	加拿大钢铁公司
Conalco	美国联合铝制品公司	SWB	联邦德国勃西曼工厂
Culvre	法国铜及铝合金公司	SFAC	法国克莱舍德公司
Durener	德国布什-亚格杜奈尔金属公司	Secem	西班牙 SECEM 铝材公司
EUMUCO	德国奥姆科厂	UK	英国 UK 铝材公司
Eco	英国轧钢有限公司	Usine	法国铝及铝合金制造厂
Endesa	西班牙 SA 国家铝材公司	VAW	德国 AG 联合制铝公司
Erbslon	德国爱尔波斯劳铝材公司	VDM	德国金属联合公司
Essen	德国 Essen 铝材公司	VLW	德国联合轻金属公司
EURAI	意大利 EURAI 铝制品公司	VOEST	奥地利钢铁联合企业
Federated	美国联邦金属公司	Weda	瑞典威达公司
Fiat	意大利菲亚特公司	Wieland	德国 AG 威拉恩德公司
Fuchs	德国铝制品厂	Wupper	德国乌帕金属公司
HDA	英国高功能合金公司	Wutosch	德国沃德舍格铝材公司
Hueck	德国 Hueck 材料公司	WP	美国惠林-匹兹堡钢铁公司
Hall	美国霍尔铝材公司	YST	美国扬斯敦钢材板管公司

2.6 黑色金属材料中外牌号的表示方法

2.6.1 中国国家标准(GB)钢铁产品牌号的表示方法

(1)钢铁产品牌号表示方法

根据国家标准(GB/T 221—2008)规定,我国钢铁产品牌号表示方法的基本原则是:

凡列入国家标准和行业标准的钢铁产品,均应按本标准规定的牌号表示方法编写牌号。

钢铁产品牌号的表示,通常采用大写汉语拼音字母、化学元素符号及阿拉伯数字相结合的方法表示。常用化学元素符号见表 2-7。

采用汉语拼音字母或英文字母来表示产品名称、用途、特性和工艺方法时,一般从产品名称中选取有代表性的汉字的汉语拼音的第一个字母或英文单词的首位字母。当和另一产品所取字母重复时,改取第二个字母或第三个字母,或同时选取两个(或多个)汉字(或英文单词)的第一个字母。

采用汉语拼音字母或英文字母原则上只取一个,一般不超过三个。

钢铁产品的名称、用途、特性和工艺方法的命名符号,见表 2-8。

表 2-7 常用化学元素符号表

元素名称	化学元素符号	元素名称	化学元素符号	元素名称	化学元素符号
铁	Fe	锂	Li	锕	Ac
锰	Mn	铍	Be	硼	B
铬	Cr	镁	Mg	碳	C
镍	Ni	钙	Ca	硅	Si
钴	Co	锆	Zr	硒	Se
铜	Cu	锡	Sn	碲	Te
钨	W	铅	Pb	砷	As
钼	Mo	铋	Bi	硫	S
钒	V	铯	Cs	磷	P
钛	Ti	钡	Ba	氮	N
铝	Al	镧	La	氧	O
铌	Nb	铈	Ce	氢	H
钽	Ta	钐	Sm	混合稀土	RE

表 2-8 产品名称、用途、特性和工艺方法表示符号表

名称	采用的汉字及汉语拼音		采用符号	字体	位置
	汉字	汉语拼音			
炼钢用生铁	炼	LIAN	L	大写	牌号头
铸造用生铁	铸	ZHU	Z	大写	牌号头
球墨铸铁用生铁	球	QIU	Q	大写	牌号头
脱碳低磷粒铁	脱粒	TUO LI	TL	大写	牌号头
含钒生铁	钒	FAN	F	大写	牌号头
耐磨生铁	耐磨	NAI MO	NM	大写	牌号头
碳素结构钢	屈	QU	Q	大写	牌号头
低合金高强度钢	屈	QU	Q	大写	牌号头
耐候钢	耐候	NAI HOU	NH	大写	牌号尾
保证淬透性钢	淬透性	—	H	大写	牌号尾
易切削非调质钢	易非	YIFEI	YF	大写	牌号头
热锻用非调质钢	非	FEI	F	大写	牌号头
易切削钢	易	YI	Y	大写	牌号头
电工用热轧硅钢	电热	DIAN RE	DR	大写	牌号头

续表

名　称	采用的汉字及汉语拼音		采用符号	字　体	位　置
	汉字	汉语拼音			
电工用冷轧无取向硅钢	无	WU	W	大写	牌号中
电工用冷轧取向硅钢	取	QU	Q	大写	牌号中
电工用冷轧取向高磁感硅钢	取高	QU GAO	QG	大写	牌号中
(电讯用)取向高磁感硅钢	电高	DIAN GAO	DG	大写	牌号头
电磁纯铁	电铁	DIAN TIE	DT	大写	牌号头
碳素工具钢	碳	TAN	T	大写	牌号头
塑料模具钢	塑模	SU MO	SM	大写	牌号头
(滚珠)轴承钢/高碳铬	滚	GUN	G	大写	牌号头
焊接用钢	焊	HAN	H	大写	牌号头
钢轨钢	轨	GUI	U	大写	牌号头
铆螺钢	铆螺	MAO LUO	ML	大写	牌号头
锚链钢	船锚	CHUAN MAO	CM	大写	牌号头
地质钻探钢管用钢	地质	DI ZHI	DZ	大写	牌号头
船用钢			采用国际符号		
汽车大梁用钢	梁	LIANG	L	大写	牌号尾
矿用钢	矿	KUANG	K	大写	牌号尾
压力容器用钢	容	RONG	R	大写	牌号尾
桥梁用钢	桥	QIAO	q	小写	牌号尾
锅炉用钢	容	RONG	R	大写	牌号尾
焊接气瓶用钢	焊瓶	HAN PING	HP	大写	牌号头
车辆车轴用钢	辆轴	LIANG ZHOU	LZ	大写	牌号头
机车车轴用钢	机轴	JI ZHOU	JZ	大写	牌号头
管线用钢			L	大写	牌号头
沸腾钢	沸	FEI	F	大写	牌号尾
半镇静钢	半	BAN	b	小写	牌号尾
镇静钢	镇	ZHEN	Z	大写	牌号尾
特殊镇静钢	特镇	TE ZHEN	TZ	大写	牌号尾
质量等级			A	大写	牌号尾
			B	大写	牌号尾
			C	大写	牌号尾
			D	大写	牌号尾
			E	大写	牌号尾

注:没有汉字及汉语拼音的,采用符号为英文字母。

①生铁。生铁采用表 2-8 中规定的符号和阿拉伯数字表示。

阿拉伯数字表示平均含硅量(以千分之几计)。例如:含硅量为 2.75%～3.25%的铸造用生铁,其牌号表示为“Z30”;含硅量为 0.85%～1.25%的炼钢用生铁,其牌号表示为“L10”。

含钒生铁和脱碳低磷粒铁,阿拉伯数字分别表示钒和碳的平均含量(均以千分之几计)。例如:含钒量不小于 0.40%的含钒生铁,其牌号表示为“F04”;含碳量为 1.20%～1.60%的炼钢用脱碳低磷粒铁,其牌号表示为“TL14”。

②碳素结构钢和低合金结构钢。这类钢分为通用钢和专用钢两类。

通用结构钢采用代表屈服点的拼音字母“Q”,屈服点数值(单位为 MPa)和表 2-8 中规定的质量等级,脱氧方法等符号表示,按顺序组成牌号。例如:碳素结构钢牌号表示为:Q235AF,Q235BZ;低合金高强度结构钢牌号表示为:Q345C,Q345D。

碳素结构钢的牌号组成中，表示镇静钢的符号“Z”和表示特殊镇静钢的符号“TZ”可以省略，例如：质量等级分别为C级和D级的Q235钢，其牌号表示为Q235CZ和Q235DTZ，可以省略为Q235C和Q235D。

低合金高强度结构钢分为镇静钢和特殊镇静钢，在牌号的组成中没有表示脱氧方法的符号。

专用结构钢一般采用代表钢屈服点的符号“Q”、屈服点数值和表2-8规定的代表产品用途的符号等表示，例如：压力容器用钢牌号表示为“Q345R”；焊接气瓶用钢牌号表示为“Q295HP”；锅炉用钢牌号表示为“Q390g”；桥梁用钢表示为“Q420q”。

耐候钢是抗大气腐蚀用的低合金高强度结构钢，其牌号表示为“Q340NH”。

根据需要，通用低合金高强度结构钢的牌号也可以采用两位阿拉伯数字（表示平均含碳量，以万分之几计）和表2-7规定的元素符号，按顺序表示；专用低合金高强度结构钢的牌号也可以采用两位阿拉伯数字（表示平均含碳量，以万分之几计）。

③优质碳素结构钢和优质碳素弹簧钢。优质碳素结构钢采用阿拉伯数字或阿拉伯数字和表2-7、表2-8规定的符号表示，以两位阿拉伯数字表示平均含碳量（以万分之几计）。

沸腾钢和半镇静钢，在牌号尾部分别加符号“F”和“b”。例如：平均含碳量为0.08%的沸腾钢，其牌号表示为“08F”；平均含碳量为0.10%的半镇静钢，其牌号表示为“10b”。

镇静钢一般不标符号。例如：平均含碳量为0.45%的镇静钢，其牌号表示为“45”。

较高含锰量的优质碳素结构钢，在表示平均含碳量的阿拉伯数字后加锰元素符号。例如：平均含碳量为0.50%，含锰量为0.70%～1.00%的钢，其牌号表示为“50Mn”。

高级优质碳素结构钢，在牌号后加符号“A”。例如：平均含碳量为0.20%的高级优质碳素结构钢，其牌号表示为“20A”。

特级优质碳素结构钢，在牌号后加符号“E”。例如：平均含碳量为0.45%的特级优质碳素结构钢，其牌号表示为“45E”。

优质碳素弹簧钢的牌号表示方法与优质碳素结构钢相同。

专用优质碳素结构钢，采用阿拉伯数字（平均含碳量）和表2规定的代表产品用途的符号表示。例如：平均含碳量为0.20%的锅炉用钢，其牌号表示为“20g”。

④易切削钢。易切削钢采用表2-7、表2-8规定的符号和阿拉伯数字表示。阿拉伯数字表示平均含碳量（以万分之几计）。

加硫易切削钢和加硫磷易切削钢，在符号“Y”和阿拉伯数字后不加易切削元素符号。例如：平均含碳量为0.15%的易切削钢，其牌号表示为“Y15”。

较高含锰量的加硫或加硫磷易切削钢，在符号Y和阿拉伯数字后加锰元素符号。例如：平均含碳量为0.40%，含锰量为1.20%～1.55%的易切削钢，其牌号表示为“Y40Mn”。

含钙、铅等易切削元素的易切削钢，在符号“Y”和阿拉伯数字后加易切削元素符号。例如：平均含碳量为0.15%，含铅量为0.15%～0.35%的易切削钢，其牌号表示为“Y15Pb”；平均含碳量为0.45%，含钙量为0.002%～0.006%的易切削钢，其牌号表示为“Y45Ca”。

⑤合金结构钢和合金弹簧钢。合金结构钢牌号采用阿拉伯数字和表2-7规定的合金元素符号表示。

用两位阿拉伯数字表示平均含碳量（以万分之几计），放在牌号头部。

合金元素含量表示方法为：平均含量小于1.50%时，牌号中仅标明元素，一般不标明含量；平均合金含量为1.50%～2.49%，2.50%～3.49%，3.50%～4.49%，4.50%～5.49%……时，在合金元素后相应写成2，3，4，5……

例如：碳、铬、锰、硅的平均含量分别为0.30%，0.95%，0.85%，1.05%的合金结构钢，其牌号表示为“30CrMnSi”；碳、铬、镍的平均含量分别为0.20%，0.75%，2.95%的合金结构钢，其牌号表示为“20CrNi3”。

高级优质合金结构钢，在牌号尾部加符号“A”表示。例如：“30CrMnSiA”。

特级优质合金结构钢，在牌号尾部加符号“E”表示。例如：“30CrMnSiE”。

专用合金结构钢，在牌号头部（或尾部）加表2-8规定的代表产品用途的符号表示。例如：碳、铬、锰、硅的平均含量分别为0.30%，0.95%，0.85%，1.05%的铆螺钢，其牌号表示为“ML30CrMnSi”。

合金弹簧钢的表示方法与合金结构钢相同。例如：碳、硅、锰的平均含量分别为0.60%，1.75%，0.75%的弹簧钢，其牌号表示为“60Si2Mn”。高级优质弹簧钢，在牌号尾部加符号“A”。其牌号表示为“60Si2MnA”。

⑥非调质机械结构钢。非调质机械结构钢，在牌号的头部分别加符号“YF”，“F”表示易切削非调质机

械结构钢和热锻用非调质机械结构钢，牌号表示方法与合金结构钢相同。例如：平均含碳量为0.35%，含钒量为0.06%～0.13%的易切削非调质机械结构钢，其牌号表示为"YF35V"；平均含碳量为0.45%，含钒量为0.06%～0.13%的热锻用非调质机械结构钢，其牌号表示为"F45V"。

⑦工具钢。工具钢分为碳素工具钢、合金工具钢、高速工具钢三类。

碳素工具钢采用表2-7、表2-8规定的符号和阿拉伯数字表示。阿拉伯数字表示平均含碳量(以千分之几计)。

普通含锰量碳素工具钢，在表示工具钢符号"T"后为阿拉伯数字。例如：平均含碳量为0.90%的碳素工具钢，其牌号表示为"T9"。

较高含锰量碳素工具钢，在表示工具钢符号"T"和阿拉伯数字后加锰元素符号。例如：平均含碳量为0.80%、含锰量为0.40%～0.60%的碳素工具钢，其牌号表示为"T8Mn"。

高级优质碳素工具钢，在牌号尾部加符号"A"。例如：平均含碳量为1.0%的高级优质碳素工具钢，其牌号表示为"T10A"。

合金工具钢和高速工具钢表示方法与合金结构钢相同。采用表2-7规定的合金元素符号和阿拉伯数字表示，但一般不标明含碳量数字，例如：平均含碳量为1.60%，含铬量为11.75%，含钼量为0.50%，含钒量为0.22%的合金工具钢，其牌号表示为"Cr12MoV"；平均含碳量为0.85%，含钨量为6.00%，含钼量为5.00%，含铬量为4.00%，含钒量为2.00%的高速工具钢，其牌号表示为"W6Mo5Cr4V2"。若平均含碳量小于1.00%时，可采用一位数字表示含碳量(以千分之几计)。例如：平均含碳量为0.80%，含硅量为0.45%，含锰量为0.95%的合金工具钢，其牌号表示为"8MnSi"。

低铬(平均含铬量小于1%)合金工具钢，在含铬量(以千分之几计)前加数字"0"。例如：平均含铬量为0.60%的合金工具钢，其牌号表示为"Cr06"。

塑料模具钢，在牌号头部加符号"SM"，牌号表示方法与优质碳素结构钢和合金工具钢相同。例如：平均含碳量为0.45%的碳素塑料模具钢，其牌号表示为SM45；平均含碳量为0.34%，含铬量为1.70%，含钼量为0.42%的合金塑料模具钢，其牌号表示为"SM3Cr2Mo"。

⑧轴承钢。轴承钢分为高碳铬轴承钢、渗碳轴承钢、高碳铬不锈轴承钢和高温轴承钢等四大类。

高碳铬轴承钢，在牌号头部加符号"G"，但不标明含碳量。铬含量以千分之几计，其他合金元素按合金结构钢的合金含量表示。例如：平均含铬量为1.50%的轴承钢，其牌号表示为"GCrl5"。

渗碳轴承钢，采用合金结构钢的牌号表示方法，仅在牌号头部加符号"G"。例如：平均含碳量为0.20%，含铬量为0.35%～0.65%，含镍量为0.40%～0.70%，含钼量为0.10%～0.35%的渗碳轴承钢，其牌号表示为"G20CrNiMo"。

高级优质渗碳轴承钢，在牌号尾部加"A"。例如："G20CrNiMoA"。

高碳铬不锈轴承钢和高温轴承钢，采用不锈钢和耐热钢的牌号表示方法，牌号头部不加符号"G"。例如，平均含碳量为0.90%，含铬量为18%的高碳铬不锈轴承钢，其牌号表示为9Cr18；平均含碳量为1.02%，含铬量为14%，含钼量为4%的高温轴承钢，其牌号表示为"10Cr14Mo4"。

⑨不锈钢和耐热钢。锈钢和耐热钢牌号采用表2-7规定的合金元素符号和阿拉伯数字表示，易切削不锈钢和耐热钢在牌号头部加"Y"。一般用一位阿拉伯数字表示平均含碳量(以千万之几计)；当平均含碳量不小于1.00%时；采用两位阿拉伯数字表示；当含碳量上限小于0.1%时，以"0"表示含碳量；当含碳量上限不大于0.03%，大于0.01%时(超低碳)，以"03"表示含碳量；当含碳量上限不大于0.01%时(极低碳)，以"01"表示含碳量。含碳量没有规定下限时，采用阿拉伯数字表示含碳量的上限数字。合金元素含量表示方法同合金结构钢。例如：平均含碳量为0.02%，含铬量为13%的不锈钢，其牌号表示为"2Cr13"；含碳量上限为0.08%，平均含铬量为18%，含镍量为9%的铬镍不锈钢，其牌号表示为"0Cr18Ni9"；含碳量上限为0.12%、平均含铬量为17%的加硫易切削铬不锈钢，其牌号表示为"Y1Cr17"；平均含碳量为1.10%，含铬量为17%的高碳铬不锈钢，其牌号表示为"11Cr17"；含碳量上限为0.03%，平均含铬量为19%，含镍量为10%的超低碳不锈钢，其牌号表示为"03Cr19Ni10"，含碳量上限为0.01%，平均含铬量为19%，含镍量为11%的极低碳不锈钢。其牌号表示为"01Cr19Ni11"。

⑩焊接用钢。焊接用钢包括焊接用碳素钢、焊接用合金钢和焊接用不锈钢等，其牌号表示方法是在各类焊接用钢牌号头部加符号"H"。例如："H08""H08Mn2Si""H1Cr19Ni9"。

高级优质焊接用钢，在牌号尾部加符号"A"。例如："H08A""H08Mn2SiA"。

⑪电工用硅钢。电工用硅钢分为热轧硅钢和冷轧硅钢；冷轧硅钢分为无取向硅钢和取向硅钢。

硅钢牌号采用表 2-8 规定的符号和阿拉伯数字表示。阿拉伯数字表示典型产品(某一厚度的产品)的厚度和最大允许铁损值(W/kg)。

电工用热轧硅钢,在牌号头部加"DR",之后为表示最大允许铁损值 100 倍的阿拉伯数字。如果是在高频率(400Hz)下检验的,在表示铁损值的阿拉伯数字后加符号"G"。不加"G"的,表示在频率 50Hz 下检验。在铁损值或在符号"G"后加一条横线,横线后为产品公称厚度(单位:mm)100 倍的数字。例如:频率为 50Hz 时,厚度为 0.50mm,最大允许铁损值为 4.40W/kg 的电工用热轧硅钢,其牌号表示为"DR440-50";频率为 400Hz 时,厚度为 0.35mm,最大允许铁损值为 17.50W/kg 的电工用热轧硅钢,其牌号表示为"DR175G-30"。

电工用冷轧无取向硅钢和取向硅钢,在牌号中间为分别表示无取向硅钢符号"W"和取向硅钢符号"Q",在符号之前为产品公称厚度(单位:mm)100 倍的数字,符号之后为铁损值 100 倍的数字。例如:"30Q130","35W300"。取向高磁感硅钢,其牌号应在符号"Q"和铁损值之间加符号"G"。例如:"27QG100"。

电讯用取向高磁感硅钢牌号采用表 2-8 规定的符号和阿拉伯数字表示。阿拉伯数字表示电磁性能级别,从 1 至 6 表示电磁性能从低到高。例如:"DG5"。

⑫电磁纯铁。电磁纯铁牌号采用表 2-8 规定符号和阿拉伯数字表示。例如:"DT3""DT4"。阿拉伯数字表示不同牌号的顺序号。电磁性能不同,可以在牌号尾部分别加质量等级符号"A""C""E"。例如:"DT4A""DT4C""DT4E"。

表 2-9 按钢铁产品种类的牌号表示方法

牌号名称	牌号举例	表示方法说明
生铁牌号表示方法(GB/T 221—2008)		
生铁 碱性平炉炼钢用生铁 顶吹氧气转炉炼钢用生铁 碱性空气转炉炼钢用生铁 铸造用生铁 冷铸车轮用生铁 球墨铸铁用生铁	 P08,P10 D08,D10 J08,J13 Z15,Z30 L08 Q10,Q18	采用上表中符号+阿拉伯数字表示 Z 15 15——平均含硅量(以千分之几计) Z——铸造生铁冠以"Z"
铁合金牌号表示方法(GB/T 7738—2008)		
钨铁 硅镁稀土铁合金 锰铁 钛铁 真空法冶炼硅锰铁合金	FeW75 FeSiMg8RE5 FeMn65C7.0 FeTi50-A ZKFeMnSi17	采用汉语拼音字母、化学元素符号及阿拉伯数字相结合的方法表示铁合金牌号 G Fe Mn 65 C 7.0 C 7.0——主要杂质元素符号及最高质量分数或组别(第四部分) Mn 65——主元素符号(或化合物)及其质量分数(第三部分) Fe——表示含铁元素的铁合金产品,以化学符号"Fe"表示(第二部分) G——表示铁合金产品名称、用途、工艺方法和特性,以汉语拼音字母表示(第一部分)
碳素结构钢牌号表示方法(GB/T 221—2008)		
碳素结构钢	Q195-F Q215-A·F Q235-B·b Q255-A Q275	Q 235-B b b——脱氧方法(F——沸腾钢,b——半镇静钢,Z——镇静钢,TZ——特殊镇静钢) B——表示质量等级(A,B,C,D……等) 235——表示最小屈服强度 Q——牌号一律冠以"Q"

续表

牌号名称	牌号举例	表示方法说明
优质碳素结构钢 普通含锰量优质碳素结构钢 较高含锰量优质碳素结构钢 锅炉用优质碳素结构钢	 08F,45,20A 40Mn,70Mn 20g	45 A A——质量等级(标A为高级优质；不标A为优质) 45——碳含量,以万分之几表示平均碳含量
碳素工具钢 普通含锰量碳素工具钢 较高含锰量碳素工具钢	 T7,T12A T8Mn	T 8 Mn Mn——含锰量(较高含量时才标出) 8——碳含量(以千分之几表示) T——钢号一律冠以"T" 注:高级优质碳工钢在牌号后加"A"
易切削钢牌号表示方法(GB/T 221—2008)		
易切削碳素结构钢	Y12,Y40Mn	Y 40 Mn Mn——易切削元素符号(含量1.2%～1.55%才标出) 40——含碳量(以千分之几表示) Y——易切削钢冠以"Y"
电工材料的牌号表示方法(GB/T 221—2000)(废止)		
电工用硅钢 电工用热轧硅钢 电工用冷轧无取向硅钢 电工用冷轧取向硅钢	 DR18G DW15 DQ11	DR 18 G G——检验频率(表示在高频下检验) 18——最大铁损值(以W/kg×10的阿拉伯数字表示) DR——钢的分类号(DR——热轧硅钢;DW——冷轧无取向硅钢;DQ——冷轧取向硅钢)
电工用纯铁	DT3,DT8A	DT 3 A A——电磁性能(A——高级,C——超级,E——特级) 3——顺序号(以区别不同牌号) DT——牌号一律冠以"DT"
合金钢牌号表示方法(GB/T 221—2008)		数字或符号 元素代号 数字…… A
低合金结构钢	10MnPNbRE 15MnV	数字为万分之几(如10MnPNbRE表示含碳量为0.1%)
合金结构钢	38CrMoAlA 20Mn2B	数字为万分之几
弹簧钢	60Si2Mn 50CrVA	数字为万分之几
不锈耐酸钢和耐热钢	1Cr13 0Cr13 00Cr18Ni10	数字为千万之几(一个"0"表示含碳量≤0.09%;两个"0"表示<0.03%)
高电阻合金	Cr20Ni80Ti 0Cr23A15	数字不予标出,但有"0"的含义同上
高速工具钢	W18Cr4V	数字不予标出
合金工具钢	Cr12 4CrW2Si	含碳量≥1.00%不予标出 <1.00%时,数字用千分之几
铬轴承钢	GCr9 GCr15	数字不标,只标用途名称符号"G"

合金钢牌号说明:

数字或符号——数字表示平均含碳量

元素代号——按化学元素符号

数字——表示平均合金含量,以百分之几表示:

1. 平均合金含量<1.5%,钢号中仅标明元素,如10MnPNbRE

2. 平均合金含量>1.5%,2.5%,3.5%,……23.5%……时相应地写成2,3,4……24,……,如20Mn2B表示平均含锰量为2%

3. 平均合金含量为1.50%～2.49%,2.50%～3.49%,……22.50%～23.49%,……时写成2,3,……,23等

4. 个别低铬合金工具钢的铬含量以千分之几表示,但在含量前加一"0",如Cr06

5. 铬轴承钢的铬含量用千分之几表示

A——钢材冶金质量:最后标有符号"高"或"A"的钢号,表示磷和硫含量较低的高级优质钢

续表

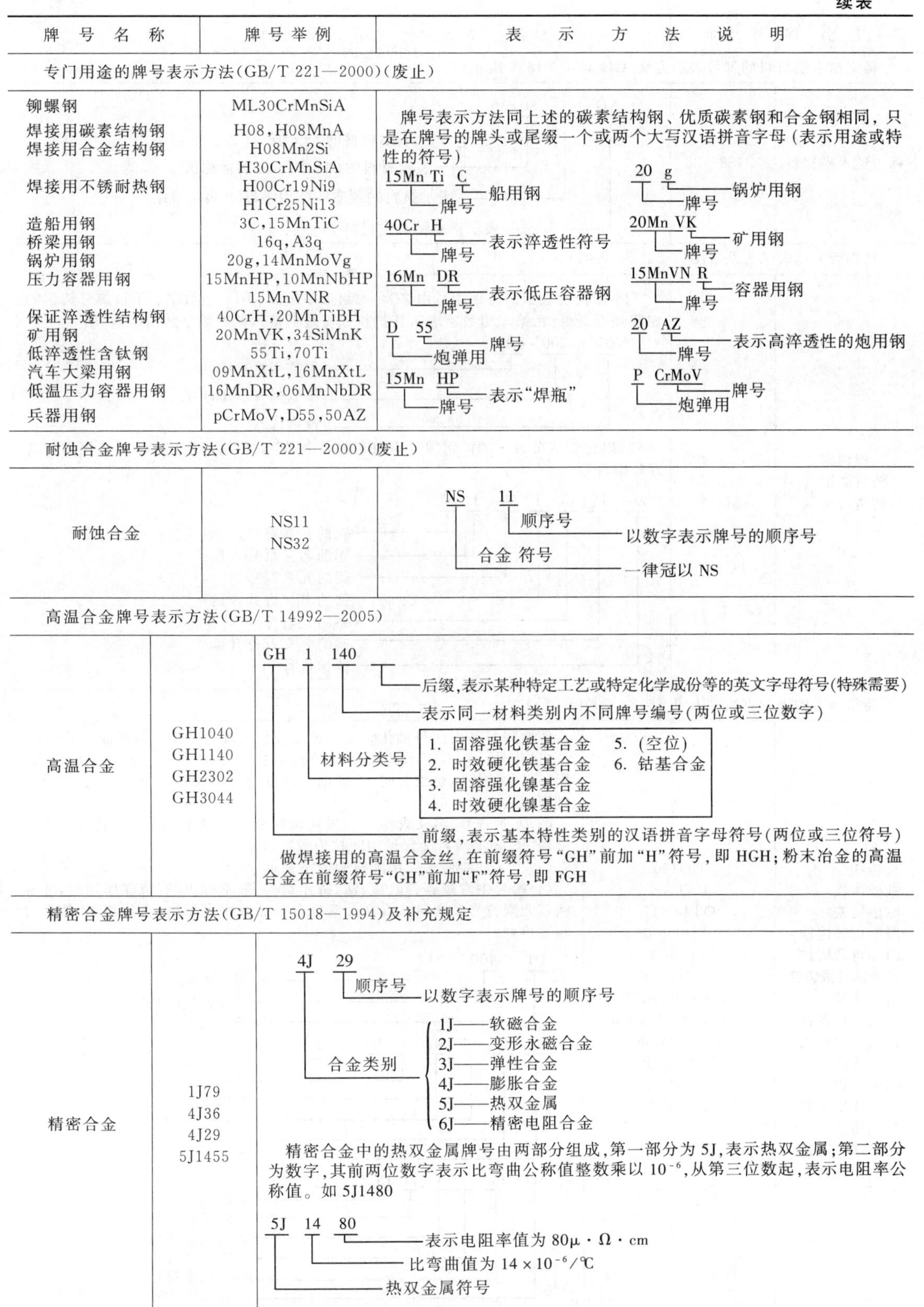

牌号名称	牌号举例	表示方法说明
专门用途的牌号表示方法(GB/T 221—2000)(废止)		
铆螺钢 焊接用碳素结构钢 焊接用合金结构钢 焊接用不锈耐热钢 造船用钢 桥梁用钢 锅炉用钢 压力容器用钢 保证淬透性结构钢 矿用钢 低淬透性含钛钢 汽车大梁用钢 低温压力容器用钢 兵器用钢	ML30CrMnSiA H08,H08MnA H08Mn2Si H30CrMnSiA H00Cr19Ni9 H1Cr25Ni13 3C,15MnTiC 16q,A3q 20g,14MnMoVg 15MnHP,10MnNbHP 15MnVNR 40CrH,20MnTiBH 20MnVK,34SiMnK 55Ti,70Ti 09MnXtL,16MnXtL 16MnDR,06MnNbDR pCrMoV,D55,50AZ	牌号表示方法同上述的碳素结构钢、优质碳素钢和合金钢相同，只是在牌号的牌头或尾缀一个或两个大写汉语拼音字母(表示用途或特性的符号) 15Mn Ti C：C—船用钢；15Mn Ti—牌号 20 g：g—锅炉用钢；20—牌号 40Cr H：H—表示淬透性符号；40Cr—牌号 20Mn VK：VK—矿用钢；20Mn—牌号 16Mn DR：DR—表示低压容器钢；16Mn—牌号 15MnVN R：R—容器用钢；15MnVN—牌号 D 55：55—牌号；D—炮弹用 20 AZ：AZ—表示高淬透性的炮用钢；20—牌号 15Mn HP：HP—表示“焊瓶”；15Mn—牌号 P CrMoV：CrMoV—牌号；P—炮弹用
耐蚀合金牌号表示方法(GB/T 221—2000)(废止)		
耐蚀合金	NS11 NS32	NS 11 11—顺序号—以数字表示牌号的顺序号 NS—合金 符号—一律冠以 NS
高温合金牌号表示方法(GB/T 14992—2005)		
高温合金	GH1040 GH1140 GH2302 GH3044	GH 1 140 —后缀，表示某种特定工艺或特定化学成份等的英文字母符号(特殊需要) 140—表示同一材料类别内不同牌号编号(两位或三位数字) 1—材料分类号：1. 固溶强化铁基合金；2. 时效硬化铁基合金；3. 固溶强化镍基合金；4. 时效硬化镍基合金；5. (空位)；6. 钴基合金 GH—前缀，表示基本特性类别的汉语拼音字母符号(两位或三位符号) 做焊接用的高温合金丝，在前缀符号“GH”前加“H”符号，即 HGH；粉末冶金的高温合金在前缀符号“GH”前加“F”符号，即 FGH
精密合金牌号表示方法(GB/T 15018—1994)及补充规定		
精密合金	1J79 4J36 4J29 5J1455	4J 29 29—顺序号—以数字表示牌号的顺序号 4J—合金类别：1J——软磁合金；2J——变形永磁合金；3J——弹性合金；4J——膨胀合金；5J——热双金属；6J——精密电阻合金 精密合金中的热双金属牌号由两部分组成，第一部分为 5J，表示热双金属；第二部分为数字，其前两位数字表示比弯曲公称值整数乘以 10^{-6}，从第三位数起，表示电阻率公称值。如 5J1480 5J 14 80 80—表示电阻率值为 80μ · Ω · cm 14—比弯曲值为 $14 \times 10^{-6}/℃$ 5J—热双金属符号

续表

牌号名称	牌号举例	表示方法说明
稀土钴永磁材料的牌号表示方法(GB 3180—1984 废止)		
稀土钴永磁材料	XGS80/36	XG　S　80/36 36——表示材料的$\frac{HCJ}{10}$值 80——表示材料的(B·H)max 的标称值 S——表示材料的制造特征用字母。S 表示烧结 XG——表示稀土钴永磁材料
铸钢牌号的表示方法(GB/T 5613—1995)		
工程铸钢 铸造碳钢 铸造合金钢	ZG200-400 ZG15Cr 1Mo1V	(1) 以强度表示的铸钢牌号由 ZG + 两组数字组成，第一组数字表示该牌号铸钢的屈服强度最低值，第二组数字表示其抗拉强度最低值。两组数字间用“-”隔开 ZG　200 - 400 400——抗拉强度(MPa) 200——屈服强度(MPa) ZG——铸钢代号 (2) 以化学成分表示的铸钢牌号为由在牌号中 ZG 后面的一组数字表示铸钢的名义万分碳含量 ZG　15　Cr　1　Mo　1　V V——钒的元素符号，其名义含量小于 0.9% 1——钼的名义百分含量 Mo——钼的元素符号 1——铬的名义百分含量 Cr——铬的元素符号 15——碳的名义万分含量 ZG——铸钢代号
铸铁牌号的表示方法(GB/T 5612—2008)		
灰铸铁 蠕墨铸铁 球墨铸铁 黑心可锻铸铁 白心可锻铸铁 珠光体可锻铸铁 耐磨铸铁 抗磨白口铸铁 抗磨球墨铸铁 冷硬铸铁 耐蚀铸铁 耐蚀球墨铸铁 耐热铸铁 耐热球墨铸铁 奥氏体铸铁	HG100 RuT400 QT400-17 KTH300-06 KTB350-04 KTZ450-06 MTCu1PTi-150 KmTBMn5Mo2Cu KmTQMn6 LTCrMoR STSi15R STQAl5Si5 RTCr2 RTQAl6 —	铸铁牌号是由代号加化学元素符号或代号加力学性能值组成。其中： (1)代号——由表示铸铁特征的汉语拼音字的第一个大写字母组成。同一名称铸铁需要细分时，取其细化特点的汉语拼音字第一个大写字母，排列在后 (2)元素符号、名义含量——采用国际化学元素符号表示，混合稀土符号用“R”表示。名义含量用阿拉伯数字表示 (3)力学性能值——用阿拉伯数字表示 (4)牌号中常规碳、硅、硫、锰、磷元素，一般不标出，有特殊作用时，才标注其元素符号及含量。合金元素按含量递减次序排列，含量相等，按字母顺序排列 QT　400 - 17 17——伸长率(%) 400——抗拉强度(MPa) QT——球墨铸铁代号 ST　Si　15　Mo　4　Cu Cu——铜的元素符号 4——钼的名义含量 Mo——钼的元素符号 15——硅的名义含量 Si——硅的元素符号 ST——耐蚀铸铁代号 MT　Cu　1　P　Ti　15 15——抗拉强度(MPa) Ti——钛的元素符号 P——磷的元素符号 1——铜的名义含量 Cu——铜的元素符号 MT——耐磨铸铁代号

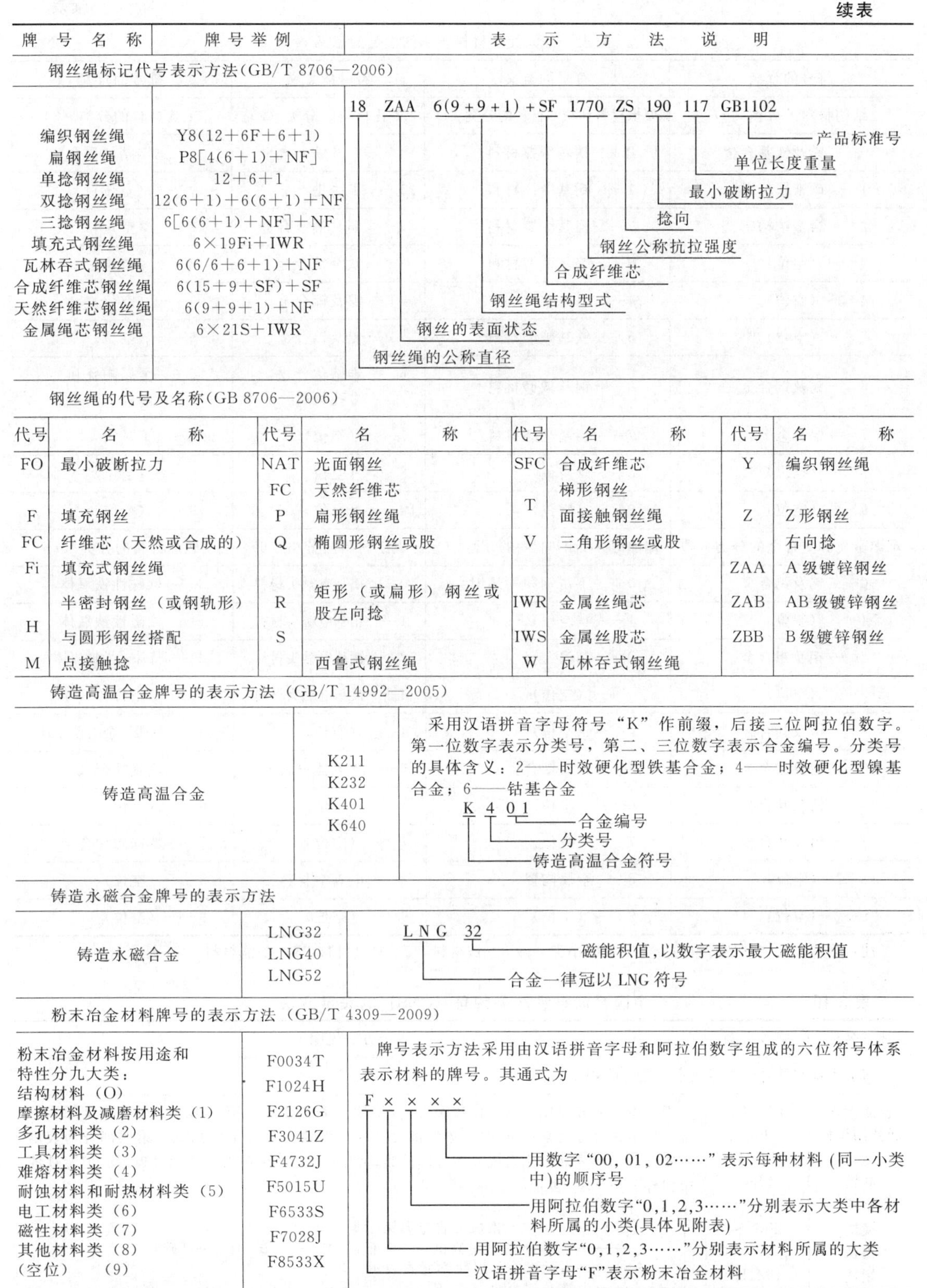

续表

牌号名称	牌号举例	表示方法说明
钢丝绳标记代号表示方法(GB/T 8706—2006)		
编织钢丝绳	Y8(12+6F+6+1)	18 ZAA 6(9+9+1)+SF 1770 ZS 190 117 GB1102 GB1102——产品标准号 117——单位长度重量 190——最小破断拉力 ZS——捻向 1770——钢丝公称抗拉强度 SF——合成纤维芯 6(9+9+1)——钢丝绳结构型式 ZAA——钢丝的表面状态 18——钢丝绳的公称直径
扁钢丝绳	P8[4(6+1)+NF]	
单捻钢丝绳	12+6+1	
双捻钢丝绳	12(6+1)+6(6+1)+NF	
三捻钢丝绳	6[6(6+1)+NF]+NF	
填充式钢丝绳	6×19Fi+IWR	
瓦林吞式钢丝绳	6(6/6+6+1)+NF	
合成纤维芯钢丝绳	6(15+9+SF)+SF	
天然纤维芯钢丝绳	6(9+9+1)+NF	
金属绳芯钢丝绳	6×21S+IWR	

钢丝绳的代号及名称(GB 8706—2006)

代号	名称	代号	名称	代号	名称	代号	名称
FO	最小破断拉力	NAT	光面钢丝	SFC	合成纤维芯	Y	编织钢丝绳
		FC	天然纤维芯	T	梯形钢丝		
F	填充钢丝	P	扁形钢丝绳		面接触钢丝绳	Z	Z形钢丝
FC	纤维芯（天然或合成的）	Q	椭圆形钢丝或股	V	三角形钢丝或股		右向捻
Fi	填充式钢丝绳					ZAA	A级镀锌钢丝
H	半密封钢丝（或钢轨形）	R	矩形（或扁形）钢丝或股左向捻	IWR	金属丝绳芯	ZAB	AB级镀锌钢丝
	与圆形钢丝搭配	S		IWS	金属丝股芯	ZBB	B级镀锌钢丝
M	点接触捻		西鲁式钢丝绳	W	瓦林吞式钢丝绳		

牌号名称	牌号举例	表示方法说明
铸造高温合金牌号的表示方法（GB/T 14992—2005）		
铸造高温合金	K211 K232 K401 K640	采用汉语拼音字母符号“K”作前缀，后接三位阿拉伯数字。第一位数字表示分类号，第二、三位数字表示合金编号。分类号的具体含义：2——时效硬化型铁基合金；4——时效硬化型镍基合金；6——钴基合金 K 4 01 01——合金编号 4——分类号 K——铸造高温合金符号
铸造永磁合金牌号的表示方法		
铸造永磁合金	LNG32 LNG40 LNG52	LNG 32 32——磁能积值，以数字表示最大磁能积值 LNG——合金一律冠以LNG符号
粉末冶金材料牌号的表示方法（GB/T 4309—2009）		
粉末冶金材料按用途和特性分九大类： 结构材料（O） 摩擦材料及减磨材料类（1） 多孔材料类（2） 工具材料类（3） 难熔材料类（4） 耐蚀材料和耐热材料类（5） 电工材料类（6） 磁性材料类（7） 其他材料类（8） （空位） （9）	F0034T F1024H F2126G F3041Z F4732J F5015U F6533S F7028J F8533X	牌号表示方法采用由汉语拼音字母和阿拉伯数字组成的六位符号体系表示材料的牌号。其通式为 F × × × × ××（末两位）——用数字“00，01，02……”表示每种材料（同一小类中）的顺序号 ×（第三位）——用阿拉伯数字“0，1，2，3……”分别表示大类中各材料所属的小类(具体见附表) ×（第二位）——用阿拉伯数字“0，1，2，3……”分别表示材料所属的大类 F——汉语拼音字母“F”表示粉末冶金材料

注：碳素结构钢：镇静钢（Z）、特殊镇静钢（TZ）符号可省略，Q195、Q275质量不分等级。

续表

附表 各大类中材料所属的小类的意义

符号的意义	符号的意义	符号的意义	符号的意义
结构材料的分类（0）	摩擦材料和减摩材料的分类（1）	多孔材料的分类（2）	工具材料的分类（3）
0——铁及铁基合金	0——铁基摩擦材料	0——铁及铁基合金	0——钢结硬质合金
1——碳素结构钢	1——铜基摩擦材料	1——不锈钢	1——（空位）
2——合金结构钢	2——镍基摩擦材料	2——铜及铜基合金	2——（空位）
3——（空位）	3——钨基摩擦材料	3——钛及钛合金	3——（空位）
4——（空位）	4——（空位）	4——镍及镍合金	4——（空位）
5——（空位）	5——铁基减磨材料	5——钨及钨合金	5——（空位）
6——铜及铜合金	6——铜基减磨材料	6——难熔化合物多孔材料	6——金属陶瓷和陶瓷
7——铝合金	7——铝基减磨材料	7——（空位）	7——工具钢
8——（空位）	8——（空位）	8——（空位）	8——（空位）
9——（空位）	9——（空位）	9——（空位）	9——（空位）
难熔金属和重合金的分类（4）	耐蚀材料和耐热材料的分类（5）	电工材料的分类（6）	磁性材料的分类（7）
0——钨及钨合金	0——不锈钢和耐热钢	0——钨基电触头材料	0——软磁性铁氧体
1——（空位）	1——（空位）	1——钼基电触头材料	1——硬磁性铁氧体
2——钼及钼合金	2——高温合金	2——铜基电触头材料	2——特殊磁性铁氧体
3——（空位）	3——（空位）	3——银基电触头材料	3——（空位）
4——钽及其合金	4——（空位）	4——（空位）	4——软磁性金属和合金
5——铌及其合金	5——钛及钛合金	5——集电器材料	5——硬磁性合金
6——锆及其合金	6——（空位）	6——（空位）	6——（空位）
7——铪及其合金	7——（空位）	7——（空位）	7——特殊磁性合金
8——（空位）	8——金属陶瓷	8——电真空材料	8——（空位）
9——（空位）	9——（空位）	9——（空位）	9——（空位）

注：第八大类“其他材料的分类”中的小类，除 0－铍材料，2－储氢材料，5—功能材料，7—复合材料。

表 2-10 中国台湾钢铁产品牌号（CNS）的表示方法

牌号名称	牌号举例	表示方法说明
铸造生铁与铁合金牌号表示方法（CNS G63）		
普通生铁 展性用生铁 锰铁 硅铁 铬铁 镜铁 钨铁 钼铁 钒铁	F1，F2 Fm FMnH3 FSi4 FCrH1 FMnS FW FM_0H FV1	牌号由四部分组成。第一位数字为“F”字，表示生铁。第二部分为所含合金元素符号（如不含合金元素可不注）。第三部分为合金生铁内含碳量的高低。第四部分为表示主要合金元素或其他化学成分多寡的种类，以 1，2，3 数字或其他记号表示。但镜铁的第四部分用“S”表示 F Mn H 1 1——主元素成分含量属第 1 类 H——表示含碳量高低（L——低碳，M——中碳，H——高碳） Mn——主元素符号以化学元素表示 F——生铁及铁合金冠以“F”

续表

结构钢的牌号表示方法（CNS G63）		
一般构造用轧延碳钢	S（50）C	牌号由五个部分组成。第一部分“S”表示钢。第二部分为平均含碳量的点数（1点=0.01%C）。如平均含碳量为0.06%者，用“6”表示，含碳量为0.22%～0.28%范围内用“25”表示，平均含碳量为1.00%时，用“100”表示。建筑用钢不规定含碳量而规定其最小抗拉强度或最小屈服强度时，则第二部分的数字加以括弧。第三部分为铁以外的主要元素符号。第四部分为主要合金元素含量多少的种类，以1，2，3等数字加以区别。无必要时，第四部分可不标出。第五部分用英文字母加以括号表示钢的种类，如果没有必要也不标出。（第五部分具体见附表1） S（50）C C——为除Fe以外的主元素 (50)——最小抗拉强度值（kgf/mm²） S——建筑用钢冠以“S” S 125 CrWV (TC) (TC)——表示钢的种类 CrWV——含的主元素铬、钨、钒 125——含碳量的点数（实际含碳1.25%） S——结构钢冠以“S” 有时牌号还要注明炼钢的方法及按冶炼方法划分的钢种（详见附表2），注明时放在牌号的前缀位置，如Es17Ni2
易切削碳钢	SIOC（FC）	
氮化用钢	SAlCr（N）	
铬钨钒切削用合金工具钢	S125CrWV（TC）	
钨钼高速钢	S85WM₀（HS）	

附表1 钢的种类及名称						附表2 钢的冶炼方法、名称	
字母	钢种名称	字母	钢种名称	字母	钢种名称	符号	冶炼钢种
B	锅炉用钢	R	铆钉钢	HR	耐热钢	Ba	酸性柏塞麦钢
C	铸钢	SH	热轧带钢	M	磁性钢		
D	竹节钢筋	TA	耐磨不变形工具钢	P	管材	Bb	碱性柏塞麦钢
EC	易切削钢	TC	切削用工具钢	PT	高温用钢管	Es	电炉钢
HS	高速钢	TH	热加工用工具钢	PB	锅炉用钢管		
N	氮化用钢	WR	线料（盘圆）	PC	冷轧薄钢板	Ea	酸性电炉钢
PP	高压用钢管	BB	球轴承用钢	S	弹簧钢		
PG	低压用钢管	CR	耐蚀钢（不锈钢）	T	工具钢	Eb	碱性电炉钢
PH	热轧薄钢板	R	锻造用钢	TD	中空钻杆钢	Cs	坩埚钢
				TS	耐冲击工具钢		

(2)铸造材料热处理名称及代号表示方法

1)铸钢件的热处理状态名称、定义及代号（GB 5615—1985 废止）

铸钢件热处理状态名称的代号，用拉丁字母汉语拼音文字名称的第一个大写正体字母表示。当两种以上名称的代号字母相同时，可在其后再取一个小写正体字母予以区分。其代号置于小括号“（ ）”内，标注在铸钢牌号后面。当某种铸钢件进行两种以上热处理时，可按工艺的顺序依次标注状态代号，每种状态代号之间，用小圆点“·”隔开。

①铸钢件常用热处理状态的代号：

Z——铸态

T——退火态

Q——去除应力退火态

J——均匀化退火态

W——稳定化处理态

Zh——正火态

C——淬火态

H——回火态

Ch——沉淀硬化态

G——固溶热处理态

②示例：

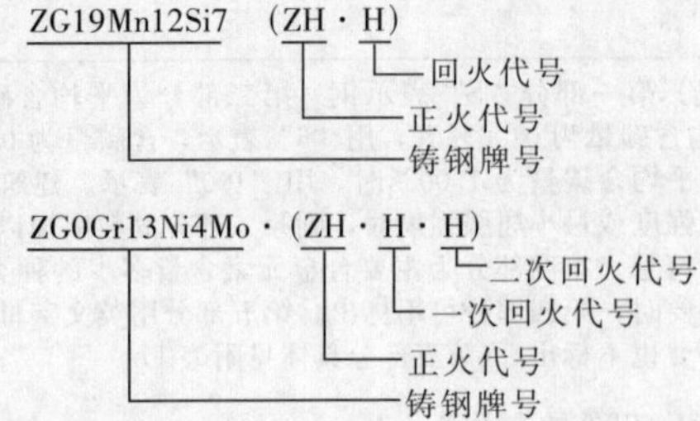

2）铸铁件热处理状态的名称、定义及代号（GB 5614—1985 废止）

铸铁件基本热处理状态名称的代号，用其状态名称的汉语拼音的第一个大写正体字母表示。当两种以上的名称的代号字母相同时，可在其后再取一个小写字母予以区分。其代号置于小括号“（ ）”内，标注在铸铁牌号后面。

当某种铸铁进行几种热处理时，可按照工艺顺序依次标注状态的名称的代号，并用圆点“.”隔开。

基本热处理状态需要细分时，可用跟在基本热处理名称的代号后面的阿拉伯数字表示细分状态。如果还需要细分，仍可用阿拉伯数字再进行细分，两数字之间必须用横线“–”隔开。

表 2-11　　基本状态及其细分状态的代号

分类	代号及名称	分类	代号及名称
基本状态的代号	Z——铸态	细分基本热处理状态的代号	细分等温淬火态的代号
	T——退火态		D_1——完全奥氏体化等温淬火态
	Zh——正火态		D_2——低碳奥氏体化等温淬火态
	C——淬火态		D_3——部分奥氏体化等温淬火态
	H——回火态		D_{1-1}——完全奥氏体化上贝氏体等温淬火态
	D——等温淬火态		D_{1-2}——完全奥氏体化下贝氏体等温淬火态
	S——时效态		D_{2-1}——低碳奥氏体化上贝氏体等温淬火态
	B——表面淬火态		D_{2-2}——低碳奥氏体化下贝氏体等温淬火态
	Hu——化学热处理态		D_{3-1}——部分奥氏体化上贝氏体等温淬火态
细分基本热处理状态的代号	细分退火态的代号		D_{3-2}——部分奥氏体化下贝氏体等温淬火态
	T_1——高温石墨化退火态		细分回火态的代号
	T_2——低温石墨化退火态		H_1——高温回火态
	细分正火态的符号		H_2——中温回火态
	Zh_1——完全奥氏体化正火态		H_3——低温回火态
	Zh_2——低碳奥氏体化正火态		细分时效态的代号
	Zh_3——部分奥氏体化正火态		S_1——人工时效态
	细分淬火态的代号		S_2——自然时效态
	C_1——完全奥氏体化淬火态		细分表面淬火态的代号
	C_2——低碳奥氏体化淬火态		B_1——火焰加热表面淬火态
	C_3——部分奥氏体化淬火态		B_2——感应加热表面淬火态
	细分化学热处理态的代号		B_{2-1}——高频感应加热表面淬火态
	Hu_1——氮化态		B_{2-2}——中频感应加热表面淬火态
	Hu_2——软氮化态		B_3——电接触加热表面淬火态
	Hu_3——渗硼态		

示例

HT200 (S1)
- (S1)——人工时效态代号
- HT200——灰铸铁牌号

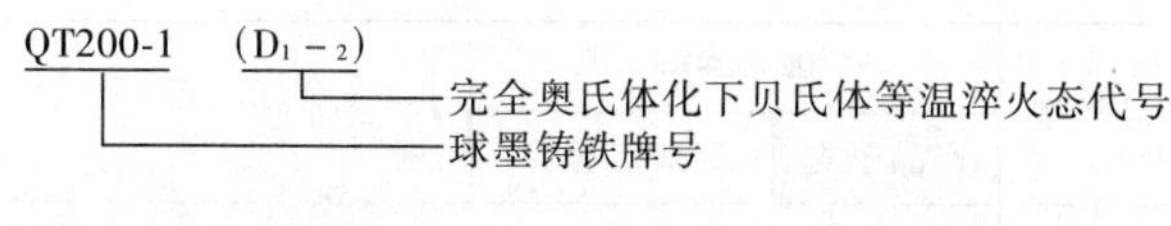

QT700-2 (Zh·H)
- (Zh·H)——正火回火态的代号
- QT700-2——球墨铸铁牌号

2.6.2 欧洲标准化委员会(CEN)钢铁产品牌号的表示方法

在欧洲标准中，钢铁产品牌号有两个体系，二者平行对照使用，一个是以化学元素符号标记字母和阿拉伯数字组成的牌号，另外一个是数字编号体系。

(1)钢铁产品的牌号表示方法

表 2-12 钢铁产品以化学元素符号、标记字母和阿拉伯数字组成的牌号表示方法

<table>
<tr><th rowspan="2">产品类型</th><th colspan="2">牌号举例</th><th rowspan="2">牌号表示方法</th></tr>
<tr><th>产品子类</th><th>牌 号</th></tr>
<tr><td>铸铁产品</td><td></td><td>EN-GJL-200
EN-GJMW-450-7
EN-GJS-350-22U-RT</td><td>
<table>
<tr><td>位置</td><td>1</td><td>2</td><td>3</td><td>4</td><td>5</td><td>6</td></tr>
<tr><td>代号</td><td>EN-</td><td>GJ</td><td>M</td><td>W-</td><td>360-12S</td><td>-W</td></tr>
</table>
位置 1：标准代号 EN-。
位置 2：铸铁产品代号 GJ。
位置 3：石墨组织类型代号，代号意义见下表：
<table>
<tr><th>代号</th><th>石墨组织类型</th></tr>
<tr><td>L</td><td>片状</td></tr>
<tr><td>S</td><td>球状</td></tr>
<tr><td>M</td><td>回火碳(Temper carbon，可锻，包括可锻白心铸铁)</td></tr>
<tr><td>V</td><td>蠕虫状</td></tr>
<tr><td>N</td><td>无石墨，组织为莱氏体</td></tr>
<tr><td>Y</td><td>特殊组织，由相关材料标准定义</td></tr>
</table>
位置 4：微观组织或宏观组织代号，代号意义见下表：
<table>
<tr><th>代号</th><th>组织类型</th></tr>
<tr><td>A</td><td>奥氏体</td></tr>
<tr><td>B</td><td>铁素体</td></tr>
<tr><td>P</td><td>珠光体</td></tr>
<tr><td>M</td><td>马氏体</td></tr>
<tr><td>L</td><td>莱氏体</td></tr>
<tr><td>Q</td><td>淬火态</td></tr>
<tr><td>T</td><td>淬火加回火态</td></tr>
<tr><td>B</td><td>黑心可锻铸铁</td></tr>
<tr><td>W</td><td>白心可锻铸铁</td></tr>
</table>
如不需要定义铸铁组织，则位置 4 代码可省略。
位置 5：力学性能代号或化学成分代号，与第 4 位置和第 6 位置代码均以“-”隔开。
1)力学性能代号
力学性能代号分为如下几种。
①抗拉强度　抗拉强度单位为 MPa，以最小值形式表示，如：EN-GJL-150
②伸长率　伸长率单位为%，以最小值形式表示，置于抗拉强度之后，以“-”隔开，如：EN-GJMW-400-5
如需定义抗拉强度及伸长率测试试样类型，则将试样类型代码置于抗拉强度或伸长率数据之后。不同代码意义如下：
S——单铸试样，U——连铸试样，C——切割自铸锭试样
如：EN-GJL-150C，EN-GJS-350-22C。
</td></tr>
</table>

续表

<table>
<tr><th rowspan="2">产品类型</th><th colspan="2">牌号举例</th><th rowspan="2">牌号表示方法</th></tr>
<tr><th>产品子类</th><th>牌　号</th></tr>
<tr><td></td><td></td><td></td><td>
③冲击抗性　冲击抗生测试温度代码应置于抗拉强度或伸长率之后，以“-”隔开，如：EN-GJS-400－18-LT，不同代码意义为：
RT——室温，LT——低温。
④硬度　硬度代码由硬度类型代码和置于其后的硬度值组成，硬度类型代码意义如下：HB——布氏硬度，HV——维氏硬度，HR——洛氏硬度。
如：EN-GJL-HB155。
2）化学成分代号
化学成分代号以大写字母X开始，各合金元素符号按照含量降序排列，其百分含量修约至整数后之间以“-”隔开并置于元素符号之后。如：EN-GJL-XNiMn13-7，其中13为Ni含量，7为Mn含量。
此外，如需要对C含量定义，则将碳非分含量乘以100后置于所有合金元素符号之前。如：EN-GJN-X300CrNiSi9-5-2，其中C含量为3%。
位置6：附加要求代号，如对铸铁产品有附加要求，则将要求代号置于牌号末尾，以“-”与位置5代码隔开。各代号意义如下：
<table>
<tr><th>代号</th><th>意义</th></tr>
<tr><td>D</td><td>铸态铸锭</td></tr>
<tr><td>H</td><td>热处理铸锭</td></tr>
<tr><td>W</td><td>接头焊接性能</td></tr>
<tr><td>Z</td><td>需方附加要求</td></tr>
</table>
</td></tr>
<tr><td>钢产品（按用途或性能划分）</td><td>结构钢</td><td>S235JR
S355N
S355ML
S355J2WP
S460Q</td><td>
<table>
<tr><td>位置</td><td>1</td><td>2</td><td>3</td><td>4</td></tr>
<tr><td>代号</td><td>S</td><td>355</td><td>J2</td><td>WP</td></tr>
</table>
位置1：结构钢代号S，如有需要则在其前加铸造代号G。
位置2：最小厚度产品的屈服强度最小值，单位为MPa。
位置3：冲击能量代号，代号意义如下表：
<table>
<tr><th colspan="3">冲击能量</th><th rowspan="2">试验温度/℃</th></tr>
<tr><th>27J</th><th>40J</th><th>60J</th></tr>
<tr><td>JR</td><td>KR</td><td>LR</td><td>20</td></tr>
<tr><td>J0</td><td>K0</td><td>L0</td><td>0</td></tr>
<tr><td>J2</td><td>K2</td><td>L2</td><td>－20</td></tr>
<tr><td>J3</td><td>K3</td><td>L3</td><td>－30</td></tr>
<tr><td>J4</td><td>K4</td><td>L4</td><td>－40</td></tr>
<tr><td>J5</td><td>K5</td><td>L5</td><td>－50</td></tr>
<tr><td>J6</td><td>K6</td><td>L6</td><td>－60</td></tr>
</table>
位置4：产品状态代号，代号意义见下表：
<table>
<tr><th>代号</th><th>意义</th></tr>
<tr><td>A</td><td>弥散强化</td></tr>
<tr><td>C</td><td>特殊冷加工</td></tr>
<tr><td>D</td><td>热浸镀</td></tr>
<tr><td>E</td><td>搪瓷</td></tr>
<tr><td>F</td><td>锻制品</td></tr>
<tr><td>G</td><td>其他规格参数，根据需要可附1～2位数字</td></tr>
<tr><td>H</td><td>空心型材</td></tr>
<tr><td>L</td><td>低温</td></tr>
<tr><td>M</td><td>机械热轧</td></tr>
<tr><td>N</td><td>正火或正火轧制</td></tr>
<tr><td>P</td><td>打板桩</td></tr>
<tr><td>Q</td><td>淬火加回火</td></tr>
<tr><td>S</td><td>船用</td></tr>
<tr><td>T</td><td>管材</td></tr>
<tr><td>W</td><td>耐大气腐蚀</td></tr>
<tr><td>化学符号</td><td>特殊添加元素</td></tr>
</table>
</td></tr>
</table>

续表

<table>
<tr><th rowspan="2">产品类型</th><th colspan="2">牌号举例</th><th rowspan="2">牌号表示方法</th></tr>
<tr><th>产品子类</th><th>牌　号</th></tr>
<tr><td rowspan="5">钢产品(按用途或性能划分)</td><td>耐压用途钢</td><td>P355NH
P355QL1</td><td>
<table>
<tr><td>位置</td><td>1</td><td>2</td><td>3</td><td>4</td></tr>
<tr><td>代号</td><td>P</td><td>355</td><td>Q</td><td>L1</td></tr>
</table>
位置1:耐压用途钢代号P,如有需要则在其前加铸造代号G。
位置2:最小厚度产品的屈服强度最小值,单位为MPa。
位置3:产品状态代号,各代号意义见下表:
<table>
<tr><th>代号</th><th>意义</th></tr>
<tr><td>B</td><td>气瓶</td></tr>
<tr><td>M</td><td>机械热轧</td></tr>
<tr><td>N</td><td>正火或正火轧制</td></tr>
<tr><td>Q</td><td>淬火加回火</td></tr>
<tr><td>S</td><td>单一压力容器</td></tr>
<tr><td>T</td><td>管材</td></tr>
<tr><td>G</td><td>其他规格参数,根据需要可附1～2位数字</td></tr>
</table>
位置4:适用温度代号,各代号意义见下表:
<table>
<tr><th>代号</th><th>意义</th></tr>
<tr><td>H</td><td>高温</td></tr>
<tr><td>L</td><td>低温</td></tr>
<tr><td>R</td><td>室温</td></tr>
<tr><td>X</td><td>高温及低温</td></tr>
</table>
为区分相似产品,可在位置4代号后附加1～2位数字
</td></tr>
<tr><td>管道用钢管</td><td>L360GA
L360MB</td><td>
<table>
<tr><td>位置</td><td>1</td><td>2</td><td>3</td><td>4</td></tr>
<tr><td>代号</td><td>L</td><td>360</td><td>M</td><td>B</td></tr>
</table>
位置1:耐压用途钢代号P,如有需要则在其前加铸造代号G。
位置2:最小壁厚产品的屈服强度最小值,单位为MPa。
位置3:产品状态代号,各代号意义见下表:
<table>
<tr><th>代号</th><th>意义</th></tr>
<tr><td>M</td><td>机械热轧</td></tr>
<tr><td>N</td><td>正火或正火轧制</td></tr>
<tr><td>Q</td><td>淬火加回火</td></tr>
<tr><td>G</td><td>其他规格参数,根据需要可附1～2位数字</td></tr>
</table>
位置4:等级要求
</td></tr>
<tr><td>工程用钢</td><td>E295
E295GC
GE240
E355K2</td><td>
<table>
<tr><td>位置</td><td>1</td><td>2</td><td>3</td><td>4</td></tr>
<tr><td>代号</td><td>E</td><td>295</td><td>G</td><td>C</td></tr>
</table>
位置1:工程用钢代号E,如有需要则在其前加铸造代号G。
位置2:最小厚度产品的屈服强度最小值,单位为MPa。
位置3:其他规格参数代号G,或冲击能量代号,冲击能量代号意义见本表内结构钢部分。
位置4:可冷拉代号C
</td></tr>
<tr><td>增强混凝土用钢</td><td>B500A</td><td>
<table>
<tr><td>位置</td><td>1</td><td>2</td><td>3</td></tr>
<tr><td>代号</td><td>B</td><td>500</td><td>A</td></tr>
</table>
位置1:增强混凝土用钢代号B。
位置2:最小直径产品的屈服强度最小值,单位为MPa。
位置3:延展性级别
</td></tr>
</table>

续表

<table>
<tr><th rowspan="2">产品类型</th><th colspan="2">牌号举例</th><th rowspan="2">牌号表示方法</th></tr>
<tr><th>产品子类</th><th>牌　号</th></tr>
<tr><td></td><td>预应力混凝土用钢</td><td>Y1770C
Y1770S7</td><td>
<table>
<tr><td>位置</td><td>1</td><td>2</td><td>3</td><td>4</td></tr>
<tr><td>代号</td><td>Y</td><td>1770</td><td>S</td><td>7</td></tr>
</table>
位置1:预应力混凝土用钢代号Y。
位置2:公称抗拉强度,单位为MPa。
位置3:产品状态代号,各代号意义见下表:
<table>
<tr><th>代号</th><th>意义</th></tr>
<tr><td>C</td><td>冷拉线材</td></tr>
<tr><td>H</td><td>热轧棒材或热轧加工棒材</td></tr>
<tr><td>Q</td><td>淬火加回火线材</td></tr>
<tr><td>S</td><td>钢绞线</td></tr>
<tr><td>G</td><td>其他规格参数,根据需要可附1～2位数字</td></tr>
</table>
位置4:级别要求,为1～2位数字,也可省略</td></tr>
<tr><td></td><td>钢轨用钢</td><td>R320Cr</td><td>
<table>
<tr><td>位置</td><td>1</td><td>2</td><td>3</td></tr>
<tr><td>代号</td><td>R</td><td>320</td><td>Cr</td></tr>
</table>
位置1:钢轨用钢代号R。
位置2:最低布氏硬度。
位置3:添加元素符号,或其他规格参数代号G。
此外可在牌号末尾附加热处理代号,各代号意义如下:
HT——经热处理;
LHT——低合金钢,经热处理;
Q——淬火加回火</td></tr>
<tr><td></td><td>冷加工用平板钢产品</td><td>DD14
DC04EK</td><td>
<table>
<tr><td>位置</td><td>1</td><td>2</td><td>3</td></tr>
<tr><td>代号</td><td>D</td><td>C04</td><td>EK</td></tr>
</table>
位置1:冷加工用平板钢产品代号D。
位置2:产品状态代号,由一位字母代码和两位随机数字组成,各代号意义见下表:
<table>
<tr><th>代号</th><th>意义</th></tr>
<tr><td>C××</td><td>冷轧</td></tr>
<tr><td>D××</td><td>热轧,直接冷加工</td></tr>
<tr><td>X××</td><td>未指定轧制状态</td></tr>
</table>
位置3:附加要求代号,各代号意义见下表:
<table>
<tr><th>代号</th><th>意义</th></tr>
<tr><td>D</td><td>热浸镀</td></tr>
<tr><td>ED</td><td>直接镀搪瓷</td></tr>
<tr><td>EK</td><td>常规方式镀搪瓷</td></tr>
<tr><td>H</td><td>空心型材</td></tr>
<tr><td>T</td><td>管材</td></tr>
<tr><td>G</td><td>其他规格参数,根据需要可附1～2位数字</td></tr>
<tr><td>元素符号</td><td>特殊添加元素</td></tr>
</table></td></tr>
<tr><td>钢产品(按用途或性能划分)</td><td>高强度冷加工用平板钢产品</td><td>HC400LA
HXT450X</td><td>
<table>
<tr><td>位置</td><td>1</td><td>2</td><td>3</td></tr>
<tr><td>代号</td><td>H</td><td>C400</td><td>LA</td></tr>
</table>
位置1:高强度冷加工用平板钢产品代号H。
位置2:状态及力学性能代号,各代号意义见下表:</td></tr>
</table>

续表

<table>
<tr><th rowspan="2">产品类型</th><th colspan="2">牌号举例</th><th rowspan="2">牌号表示方法</th></tr>
<tr><th>产品子类</th><th>牌　号</th></tr>
<tr><td></td><td></td><td></td><td>
<table>
<tr><th>代号</th><th>意义</th></tr>
<tr><td>C×××</td><td>冷轧产品,×××为最小屈服强度</td></tr>
<tr><td>D×××</td><td>热轧,直接冷加工产品,×××为最小屈服强度</td></tr>
<tr><td>X×××</td><td>未指定轧制状态产品,×××为最小屈服强度</td></tr>
<tr><td>CT×××(×)</td><td>冷轧产品,×××(×)为最小抗拉强度</td></tr>
<tr><td>DT×××(×)</td><td>热轧,直接冷加工产品,×××(×)为最小抗拉强度</td></tr>
<tr><td>XT×××(×)</td><td>未指定轧制状态产品,××××(×)为最小抗拉强度</td></tr>
</table>
位置3:产品状态代号,各代号意义见下表:
<table>
<tr><th>代号</th><th>意义</th></tr>
<tr><td>B</td><td>烘烤硬化</td></tr>
<tr><td>C</td><td>复相</td></tr>
<tr><td>LA</td><td>低合金钢</td></tr>
<tr><td>M</td><td>机械热轧</td></tr>
<tr><td>P</td><td>含磷钢</td></tr>
<tr><td>T</td><td>相变诱发塑性</td></tr>
<tr><td>X</td><td>两相</td></tr>
<tr><td>Y</td><td>无孔隙</td></tr>
<tr><td>G</td><td>其他规格参数,根据需要可附1~2位数字</td></tr>
</table>
</td></tr>
<tr><td></td><td>镀锡薄钢板(包装用)</td><td>TH550
TS550</td><td>
<table>
<tr><td>位置</td><td>1</td><td>2</td></tr>
<tr><td>代号</td><td>T</td><td>H550</td></tr>
</table>
位置1:镀锡薄钢板产品代号T。
位置2:状态及力学性能代号,各代号意义见下表:
<table>
<tr><th>代号</th><th>意义</th></tr>
<tr><td>H×××</td><td>连续退火产品,×××为公称屈服强度</td></tr>
<tr><td>S×××</td><td>分批退火产品,×××为公称屈服强度</td></tr>
</table>
</td></tr>
<tr><td></td><td>电气用钢</td><td>M400-50A
M140-30S</td><td>
<table>
<tr><td>位置</td><td>1</td><td>2</td><td>3</td><td>4</td></tr>
<tr><td>代号</td><td>M</td><td>400</td><td>500</td><td>A</td></tr>
</table>
位置1:电气用钢代号M。
位置2:最大规定失重,数值为W/kg×100。
位置3:公称厚度/mm×100。
位置4:产品状态代号,各代号意义见下表:
<table>
<tr><th>代号</th><th>意义</th></tr>
<tr><td>A</td><td>无定向</td></tr>
<tr><td>D</td><td>非合金钢半成品</td></tr>
<tr><td>E</td><td>合金钢半成品</td></tr>
<tr><td>P</td><td>高磁导率晶粒取向</td></tr>
<tr><td>S</td><td>常规晶粒取向</td></tr>
</table>
</td></tr>
<tr><td>钢产品(按化学成分划分)</td><td>锰含量小于1%的非合金钢(易切削钢除外)</td><td>C35
C20D
C35E
C20D2
C85S</td><td>
<table>
<tr><td>位置</td><td>1</td><td>2</td><td>3</td></tr>
<tr><td>代号</td><td>C</td><td>20</td><td>D</td></tr>
</table>
位置1:C元素代号C,如有需要则在其前加铸造代号G。
位置2:C百分含量×100。
位置3:产品用途代号,各代号意义见下表:
</td></tr>
</table>

续表

<table>
<tr><th rowspan="2">产品类型</th><th colspan="2">牌号举例</th><th rowspan="2">牌号表示方法</th></tr>
<tr><th>产品子类</th><th>牌 号</th></tr>
<tr><td></td><td></td><td></td><td>
<table>
<tr><th>代号</th><th>意义</th></tr>
<tr><td>C</td><td>冷加工用</td></tr>
<tr><td>D</td><td>拉制用</td></tr>
<tr><td>E</td><td>特定最高S含量</td></tr>
<tr><td>S</td><td>弹簧用</td></tr>
<tr><td>U</td><td>工具用</td></tr>
<tr><td>W</td><td>焊条用</td></tr>
<tr><td>G</td><td>其他规格参数，根据需要可附1～2位数字</td></tr>
</table>
注：E，R两种状态后可附加S百分含量×100后修约到的一位整数。
此外，如需注明特殊添加元素，可在牌号末尾附加添加元素符号，其含量×10后修约至整数附于其后
</td></tr>
<tr><td></td><td>锰含量不小于1%的非合金钢及非合金易切削钢（高速钢除外，各合金元素含量不超过5%）</td><td>13CrMo4-5
27MnCrB5-2</td><td>
<table>
<tr><td>位置</td><td>1</td><td>2</td><td>3</td></tr>
<tr><td>代号</td><td>27</td><td>MNCrB</td><td>5-2</td></tr>
</table>
位置1：C百分含量×100。
位置2：合金元素符号，按照百分含量降序排列，如含量相同，则按照字母顺序排列。
位置3：合金元素百分含量按照下表乘一系数后，附于位置2的元素符号之后，之间以“-”隔开。
<table>
<tr><th>元素</th><th>需乘系数</th></tr>
<tr><td>Cr，Co，Mn，Ni，Si，W</td><td>4</td></tr>
<tr><td>Al，Be，Cu，Mo，Nb，Pb，Ta，Ti，V，ZR</td><td>10</td></tr>
<tr><td>Ce，N，P，S</td><td>100</td></tr>
<tr><td>B</td><td>1000</td></tr>
</table>
</td></tr>
<tr><td></td><td>不锈钢及其他合金钢（高速钢除外，至少有一种合金元素含量大于5%）</td><td>X100CrMoV5
X10CrNi18-8
X30NiCrN15-1-N5</td><td>
<table>
<tr><td>位置</td><td>1</td><td>2</td><td>3</td><td>4</td></tr>
<tr><td>代号</td><td>X</td><td>10</td><td>CrNi</td><td>18-8</td></tr>
</table>
位置1：X代表至少有一种合金元素含量超过5%。如有需要可在其前加铸造代号G或粉末冶金产品代号PM。
位置2：C百分含量×100。
位置3：合金元素符号，按照百分含量降序排列，如含量相同，则按照字母顺序排列。
位置4：合金元素平均百分含量，之间以“-”隔开
此外，如需注明特殊添加元素，可在牌号末尾附加添加元素符号，其含量×10后修约至整数附于其后
</td></tr>
<tr><td></td><td>高速钢</td><td>HS2-9-1-8
HS6-5-2
HS6-5-2C</td><td>
<table>
<tr><td>位置</td><td>1</td><td>2</td></tr>
<tr><td>代号</td><td>HS</td><td>6-5-2</td></tr>
</table>
位置1：高速钢代号HS，如有需要可在其前加粉末冶金产品代号PM。
位置2：按顺序分别为下列元素的百分含量：W，Mo，V，Co。
如HS6-5-2表示W含量6%，Mo含量5%，V含量2%。
此外，为区分成分相似钢种，可在牌号末尾附加含量相比较高的合金元素的元素符号
</td></tr>
</table>

表 2-13 钢铁产品的数字编号表示方法

<table>
<tr><th>产品类型</th><th>牌号举例</th><th>牌号表示方法</th></tr>
<tr><td>铸铁</td><td>EN-JN3049
EN-JL1030
EN-JS1062</td><td>
<table>
<tr><td>位置</td><td>1</td><td>2</td><td>3</td><td>4</td><td>5</td><td>6</td></tr>
<tr><td>代号</td><td>EN-</td><td>J</td><td>N</td><td>3</td><td>04</td><td>9</td></tr>
</table>
位置 1:标准代号 EN。
位置 2:铸铁产品代号 J
位置 3:石墨组织类型代号,代号意义见下表:
<table>
<tr><th>代号</th><th>石墨组织类型</th></tr>
<tr><td>L</td><td>片状</td></tr>
<tr><td>S</td><td>球状</td></tr>
<tr><td>M</td><td>回火碳(Temper carbon,可锻,包括可锻白心铸铁)</td></tr>
<tr><td>V</td><td>蠕虫状</td></tr>
<tr><td>N</td><td>无石墨,组织为莱氏体</td></tr>
<tr><td>Y</td><td>特殊组织,由相关材料标准定义</td></tr>
</table>
位置 4:铸铁主要定义类型代号,各代号含义见下表:
<table>
<tr><th>代号</th><th>定义类型</th></tr>
<tr><td>1</td><td>抗拉强度</td></tr>
<tr><td>2</td><td>硬度</td></tr>
<tr><td>3</td><td>化学成分</td></tr>
</table>
位置 5:两位随机数字。
位置 6:特殊要求代号,各代号意义见下表:
<table>
<tr><th>代号</th><th>意义</th></tr>
<tr><td>0</td><td>无特殊要求</td></tr>
<tr><td>1</td><td>单铸试样</td></tr>
<tr><td>2</td><td>连铸试样</td></tr>
<tr><td>3</td><td>切割自铸锭试样</td></tr>
<tr><td>4</td><td>室温冲击性能</td></tr>
<tr><td>5</td><td>低温冲击性能</td></tr>
<tr><td>6</td><td>规定焊接性能</td></tr>
<tr><td>7</td><td>铸态铸锭</td></tr>
<tr><td>8</td><td>热处理铸锭</td></tr>
<tr><td>9</td><td>需方附加要求或多项要求</td></tr>
</table>
</td></tr>
<tr><td>钢产品</td><td>1.1221
1.7189
1.6510</td><td>
<table>
<tr><td>位置</td><td>1</td><td>2</td><td>3</td></tr>
<tr><td>代号</td><td>1.</td><td>12</td><td>21</td></tr>
</table>
位置 1:钢产品代号 1,2～9 代表其他材料。
位置 2:产品类型代码,不同代码代表意义如下:
<table>
<tr><th colspan="2">产品大类</th><th>代码</th><th>产品类型</th></tr>
<tr><td rowspan="10">非合金钢</td><td>基本钢种</td><td>00
90</td><td>基本钢种</td></tr>
<tr><td rowspan="9">优质钢种</td><td>01
91</td><td>普通结构钢,抗拉强度小于 500MPa</td></tr>
<tr><td>02
92</td><td>其他非热处理结构钢,抗拉强度小于 500MPa</td></tr>
<tr><td>03
93</td><td>C 含量小于 0.12%或抗拉强度小于 400MPa 的钢种</td></tr>
<tr><td>04
94</td><td>C 含量 0.12%～0.25%或抗拉强度 400～500MPa 的钢种</td></tr>
<tr><td>05
95</td><td>C 含量 0.25%～0.55%或抗拉强度 500～700MPa 的钢种</td></tr>
<tr><td>06
96</td><td>C 含量不小于 0.55%或抗拉强度不小于 700MPa 的钢种</td></tr>
<tr><td>07
97</td><td>高磷或硫含量的钢种</td></tr>
<tr><td>10</td><td>有特殊物理性能要求的钢种</td></tr>
<tr><td>11</td><td>C 含量小于 0.50%的结构钢、压力容器及工程用钢</td></tr>
</table>
</td></tr>
</table>

续表

产品类型	牌号举例	牌号表示方法			
钢产品		非合金钢	特殊钢种	12	C含量不小于0.50%的结构钢、压力容器及工程用钢
				13	有特殊要求的结构钢、压力容器及工程用钢
				15 16 17 18	工具钢
		合金钢	优质钢种	08 98	有特殊物理性能要求的钢种
				09 99	其他用途钢
			工具钢（产品类型中为主要合金元素）	20	Cr
				21	Cr-Si Cr-Mn Cr-Mn-Si
				22	Cr-V Cr-V-Si Cr-V-Mn Cr-V-Mn-Si
				23	Cr-Mo Cr-Mo-V Mo-V
				24	W Cr-W
				25	W-V Cr-W-V
				26	W（除代码24,25,27三种之外的钢种）
				27	Ni
				28	其他
			杂类钢	32	含Co的高速钢
				33	不含Co的高速钢
				35	轴承钢
				36	不含Co的特殊磁性钢
				37	含Co的特殊磁性钢
				38	不含Ni的特殊物理性能钢
				39	含Ni的特殊物理性能钢
			不锈钢和耐热钢	40	Ni含量小于2.5%且不含Mo、Nb和Ti的不锈钢
				41	Ni含量小于2.5%，含Mo且不含Nb和Ti的不锈钢
				43	Ni含量不小于2.5%且不含Mo、Nb和Ti的不锈钢
				44	Ni含量不小于2.5%，含Mo且不含Nb和Ti的不锈钢
				45	含特殊添加成分的不锈钢
				46	耐蚀和耐高温的Ni合金
				47	Ni含量小于2.5%的耐热钢
				48	Ni含量不小于2.5%的耐热钢
				49	规定高温性能的材料

续表

产品类型	牌号举例	牌号表示方法			
钢产品		合金钢	结构钢，压力容器及工程用钢（产品类型中为主要合金元素）	50	Mn-Si-Cu
				51	Mn-Si Mn-Cr
				52	Mn-Cu Mn-V Si-V Mn-Si-V
				53	Mn-Ti Si-Ti
				54	Mo Nb，Ti，V，W
				55	B Mn-B <1.65%Mn
				56	Ni
				57	Cr-Ni，Cr<1.0%
				58	Cr-Ni，1.0%≤Cr<1.5%
				59	Cr-Ni，1.5%≤Cr<2.0%
				60	Cr-Ni，2.0%≤Cr<3.0%
				62	Ni-Si Ni-Mn Ni-Cu
				63	Ni-Mo Ni-Mo-Mn Ni-Mo-Cu Ni-Mo-V Ni-Mn-V
				65	Cr-Ni-Mo，Mo<0.4%，Ni<0.2%
				66	Cr-Ni-Mo，Mo<0.4%，2.0%≤Ni<3.5%
				67	Cr-Ni-Mo，Mo<0.4%，3.5%≤Ni<5.0%，或 Mo≥0.4%
				68	Cr-Ni-V Cr-Ni-W Cr-Ni-V-W
				69	Cr-Ni（除代号 57～58 的钢种之外）
				70	Cr Cr-B
				71	Cr-Si Cr-Mn Cr-Mn-B Cr-Si-Mn
				72	Cr-Mo，Mo<0.35% Cr-Mo-B
				73	Cr-Mo，Mo≥0.35%
				75	Cr-V，Cr<2.0%
				76	Cr-V，Cr≥2.0%
				77	Cr-Mo-V
				79	Cr-Mn-Mo Cr-Mn-Mo-V

续表

<table>
<tr><th>产品类型</th><th>牌号举例</th><th colspan="4">牌号表示方法</th></tr>
<tr><td rowspan="9">钢产品</td><td rowspan="9"></td><td rowspan="8">合金钢</td><td rowspan="8">结构钢，压力容器及工程用钢（产品类型中为主要合金元素）</td><td>80</td><td>Cr-Si-Mo
Cr-Si-Mn-Mo
Cr-Si-Mo-V
Cr-Si-Mn-Mo-V</td></tr>
<tr><td>81</td><td>Cr-Si-V
Cr-Mn-V
CR-SI-Mn-V</td></tr>
<tr><td>82</td><td>Cr-Mo-W
Cr-Mo-W-V</td></tr>
<tr><td>84</td><td>Cr-Si-Ti
Cr-Mn-Ti
Cr-Si-Mn-Ti</td></tr>
<tr><td>85</td><td>氮化钢</td></tr>
<tr><td>87</td><td>非热处理钢</td></tr>
<tr><td>88
89</td><td>非热处理高强度可锻钢</td></tr>
<tr><td colspan="2"></td></tr>
<tr><td colspan="4">位置 3：两位随机数字，根据需要，将来可能增为 4 位数字</td></tr>
</table>

(2)钢产品的状态代号表示方法

表 2-14　钢产品特殊要求的代号

代　号	意　义
＋CH	心部淬透性
＋H	淬透性
＋Z15	厚度方向性能，最小断面收缩率＝15％
＋Z25	厚度方向性能，最小断面收缩率＝25％
＋Z35	厚度方向性能，最小断面收缩率＝35％

表 2-15　钢产品镀层要求的代号

代　号	意　义
＋A	热浸镀铝
＋AS	镀铝硅合金
＋AZ	镀铝锌合金（铝含量大于 50％）
＋CE	电解镀氧化铬
＋CU	镀铜
＋IC	镀无机材料
＋OC	镀有机材料
＋S	热浸镀锡
＋SE	电解镀锡
＋T	热浸镀铅锡合金
＋TE	电解镀铅锡合金
＋Z	热浸镀锌
＋ZA	热浸镀铝锌合金（锌含量大于 50％）
＋ZE	电解镀锌
＋ZF	热浸镀铁锌合金
＋ZN	电解镀镍锌合金

表 2-16　钢产品热处理状态代号

代　号	意　义
+A	软退火(Soft annealed)
+AC	球化退火
+AR	轧态(无特殊轧制和热处理
+AT	固溶退火
+C	冷作硬化
+C×××	冷作硬化并规定最小抗拉强度,×××为抗拉强度值,单位为 MPa
+CP×××	冷作硬化并规定最小屈服强度,×××为屈服强度值,单位为 MPa
+CR	冷轧
+DC	制造商供货状态
+FP	处理成铁素体-珠光体组织,并且硬度到某范围
+HC	热轧后冷作硬化
+I	等温处理
+LC	表面平整(表面光轧或冷拔)
+M	相变塑性成形
+N	正火或正火成形
+NT	正火加回火
+P	弥散强化
+Q	淬火
+QA	空冷淬火
+QO	油冷淬火
+QT	淬火加回火
+QW	水冷淬火
RA	再结晶退火
+S	冷剪切预处理
+SR	去应力
+T	回火
+TH	处理至某硬度范围
+U	未处理
+WW	热加工

2.6.3　美国(SAE)钢铁产品牌号的表示方法

在美国比较常用的是 SAE（美国汽车工程师学会标准代号）和 AISI（美国钢铁学会标准代号）钢号系统，现以结构钢为例，简介如下。

SAE 和 AISI 的结构钢钢号表示方法，一般采用四位数字来表示，前两位数字表示钢种类型及其主要合金元素含量，后两位数字表示钢的平均含碳量为万分之几的数值，详见表 2-17。

表 2-17　　美国（SAE）钢铁产品牌号的表示方法

钢类		牌号举例 钢号	代号	牌号表示方法说明
结构钢	碳素钢		1030 1045H 1132 1135	5 1 36 36——含碳量。一律以万分之几表示平均值 1——钢种或合金元素含量： 碳素钢 {0——一般碳素钢；1——易切削碳素钢；3——锰结构钢} 镍　钢。以百分之几表示平均含 Ni 量 镍铬钢。以百分之几表示平均含 Ni 量 钼钢 {0、4、5 含 Mo 不同的钼钢；1——铬钼钢；3、7 镍铬钼钢；6、8 镍钼钢} 铬　钢 {0、1 低铬钢，以百分之几表示平均含 Cr 量} 低镍铬钢 {6、7、8、1 Ni、Cr 含量一定，Mo 含量 {——0.15～0.25；——0.2～0.3；——0.3～0.4；——0.08～0.15}} 5——类别号 {1——碳素钢；2——镍钢；3——镍铬钢；4——钼钢；5——铬钢；61——铬钒钢；8——低镍铬钢；92——硅锰钢；93、94、97、98 铬镍钼钢}
	镍　钢		2517	
	镍铬钢		3310	
	钼　钢		4042 4419 4520 4140H 4340 4718H 4621 4815	
	铬　钢		5015 50B40 5135 5140H	
	铬钒钢		6150	
	低镍铬钢		8115 8617H 8720 8822H	
	其他钢类		9262 9440	

注：1. 有些钢号中间插入字母 B、L 和末尾标字母 H，其含意为 B——含硼钢，L——含铅钢，H——对淬透性有一定要求的钢种；

2. AISI、FS 体系与 SAE 的表示方法基本相同，不同之处：①AISI 标准的钢号有些带有前置或后置字母，对碳素钢和易切削钢前置字母 C——表示平炉，B——表示酸性转炉钢；对合金钢前置字母 E——表示电炉钢，TS——表示试验性钢。在钢号末尾标以“F”也是表示易切削钢。②FS 标准的钢号前一律冠以 FS，对电炉钢标字母 E，酸性转炉钢标字母 B。

铬轴承钢		50100 51100 52100	5 2 100 100——含碳量。以万分之几表示 2——含铬量 {0——低铬（平均含量 0.50%）；1——中铬（平均含量 1.00%）；2——高铬（平均含量 1.45%）} 5——钢符号。钢号一律冠以 5

续表

钢类	牌号举例		牌号表示方法说明
	钢号	代号	
工具钢		A2，A6，A10 D2，D4，D7 F1，F2 H10，H13，H19 H41，H43 L2，L7 M1，M41，M50 O1，O7 P2，P5，P20 S1，S5，S7 T1，T5，T15 W5， W110，W310	[A] [10] 10——材料类别 A——材料类别 A——空冷硬化中合金冷作工具钢 D——高碳高铬型冷作工具钢 F——碳钨工具钢 H1——中碳高铬型热作模具钢 H2——钨系热作模具钢 H4——钼系热作模具钢 L——低合金特种用途工具钢 M——钼系高速工具钢 O——油淬冷作工具钢 P——低碳型工具钢 S——耐冲击工具钢 T——钨系高速工具钢 W——水淬工具钢(含少量 Cr、V 的一般碳素工具钢)
不锈钢和耐热钢	201.202 302.30302 410.51410 501.51501 60316.316 70334.334	[3] [02] 02——材料序号 3——材料类别	SAE / AISI — / 2：Cr-Mn-Ni-N 奥氏体 303 / 3：Cr-Ni 奥氏体 514 / 4：高 Cr 马氏体和低 C 高 Cr 铁素体不锈耐热钢 515 / 5：低 Cr 马氏体钢 标注方法 60 + AISI 牌号：60：用于 650℃以下的耐热钢(铸钢) 标注方法 70 + AISI 牌号：70：用于 650℃以上的耐热钢(铸钢)
电工用硅钢	M-36 M-8		[M] [36] 36——最大铁损失。用数字表示 W/lb M——钢符号。一律冠以 M
铸铁	灰口铸铁	20A	20 A A——字母表示试样的尺寸。还有 B、C、S 20——数字表示另铸试样的抗拉强度最小值 注：S 的所有尺寸应由供需双方商定
	球墨铸铁	60-40-18 80-55-06	80-55-06 06——表示伸长率(%) 55——表示屈服强度值 80——表示抗拉强度值
	可锻铸铁	32510 35018	32 5 10 10——表示伸长率(%) 5——表示标距数 32——表示屈服强度值

美国对金属与合金制订了统一的数字代号标准，称其为“金属和合金统一数字编号系统”，用 UNS (Unified Numbering System for Metals and Alloys)，对各种钢铁材料用数字统一编号。是由一个字母打头与其后的五位数字组成，如表 2-18 所示（黑色金属及其合金）。

表 2-18　美国的 UNS 制度

UNS 体系	金属种类	备注
D00001～D99999	规定力学性能钢	
F00001～F99999	铸铁	
G00001～G99999	AISI 和 SAE 碳钢及合金钢	
H00001～H99999	AISI 可淬透性钢	前缀字母"H"为"Hardenability"（可淬透的）的第一个字母
J00001～J99999	铸钢（工具钢除外）	
K00001～K99999	杂类钢及黑色合金	
S00001～S99999	耐热及耐蚀（不锈）钢	前缀字母"S"为"Stainless"（不锈）的第一个字母
T00001～T99999	工具钢	前缀字母"T"为"Tool"（工具）的第一个字母

表 2-19　UNS、SAE、AISI 钢号的具体编号体系

UNS 体系	SAE 体系	AISI 体系	组别及特征	牌号对照举例		
				UNS	SAE	AISI
碳素钢						
G10××0	10××	10××	一般碳素钢、非硫易切削碳素钢，锰含量最大为 1.00%，左列牌号系列中的"××"表示平均碳含量的万分之几	G10450	1045	1045
G11××0	11××	11××	硫切削碳素钢，左列牌号系列中的"××"表示平均碳含量的万分之几	G11370	1137	1137
G12××0	12××	12××	磷硫复合易切削碳素钢，左列牌号系列中的"××"表示平均碳含量的万分之几	G12130	1213	1213
G15××0	15××	15××	高锰碳素钢，左列牌号系列中的"××"表示平均碳含量的万分之几	G15520	1552	1552
合金钢						
G13××0	13××	13××	锰钢，平均锰含量为 1.75%，左列牌号系列中的"××"表示平均碳含量的万分之几	G13350	1335	1335
G23××0	23××	23××	镍钢，平均镍含量为 3.50%，左列牌号系列中的"××"表示平均碳含量的万分之几			
G25××0	25××	25××	镍钢，平均镍含量为 5.00%，左列牌号系列中的"××"表示平均碳含量的万分之几			
G31××0	31××	31××	镍铬钢，平均镍含量为 1.25%，铬含量 0.65%、0.80%，左列牌号系列中的"××"表示平均碳含量的万分之几			
G32××0	32××	32××	镍铬钢，平均镍含量为 1.75%，铬含量 1.07%，左列牌号系列中的"××"表示平均碳含量的万分之几			
G33××0	33××	33××	镍铬钢，平均镍含量为 3.50%，铬含量 1.50%、1.57%，左列牌号系列中的"××"表示平均碳含量的万分之几			
G34××0	34××	34××	镍铬钢，平均镍含量为 3.00%，铬含量 0.77%，左列牌号系列中的"××"表示平均碳含量的万分之几			
G40××0	40××	40××	钼钢，平均钼含量为 0.20%、0.25%，左列牌号系列中的"××"表示平均碳含量的万分之几	G40280	4028	4028
G41××0	41××	41××	铬钼钢，平均铬含量为 0.50%、0.80%、0.95%，钼含量 0.12%、0.20%、0.25%、0.30%，左列牌号系列中的"××"表示平均碳含量的万分之几	G41300	4130	4130

续表

UNS体系	SAE体系	AISI体系	组别及特征	牌号对照举例		
				UNS	SAE	AISI
G43××0	43××	43××	镍铬钼钢，平均镍含量为1.82%，铬含量0.50%、0.80%，钼含量0.25%，左列牌号系列中的“××”表示平均碳含量的万分之几	G43400	4340	4340
G44××0	44××	44××	钼钢，平均钼含量为0.40%、0.52%，左列牌号系列中的“××”表示平均碳含量的万分之几	G44270	4427	
G46××0	46××	46××	镍钼钢，平均镍含量为0.85%、1.82%，钼含量为0.20%、0.25%，左列牌号系列中的“××”表示平均碳含量的万分之几	G46150	4615	4615
G47××0	47××	47××	镍铬钼钢，平均镍含量为1.05%，铬含量0.45%，钼含量0.20%、0.35%，左列牌号系列中“××”表示平均碳含量的万分之几	G47200	4720	4720
G48××0	48××	48××	镍钼钢，平均镍含量为3.50%，钼含量0.25%，左列牌号系列中的“××”表示平均碳含量的万分之几	G48200	4820	4820
G50××0	50××	50××	铬钢，平均铬含量为0.27%、0.40%、0.50%、0.65%，左列牌号系列中的“××”表示平均碳含量的万分之几	G50460	5046	
G51××0	51××	51××	铬钢，平均铬含量为0.80%、0.87%、0.92%、0.95%、1.00%、1.05%，左列牌号系列中的“××”表示平均碳含量的万分之几	G51320	5132	5132
G50××6	50×××	50×××	铬钢，平均铬含量为0.27%、0.50%，左列牌号系列中的“××”（或“×××”）表示平均碳含量的万分之几，此系列为高碳铬轴承钢	G50986	50100	E50100
G51××6	51×××	51×××	铬钢，平均铬含量为0.80%、1.02%，左列牌号系列中的“××”（或“×××”）表示平均碳含量的万分之几，此系列为高碳铬轴承钢	G51986	51100	E51100
G52××6	52×××	52×××	铬钢，平均铬含量为1.45%，左列牌号系列中的“××”（或“×××”）表示平均碳含量的万分之几，此系列为高碳铬轴承钢	G52986	52100	E52100
G61××0	61××	61××	铬钒钢，平均铬含量为0.60%、0.80%、0.95%，钒含量最小为0.10%、0.15%，左列牌号系列中的“××”表示平均碳含量的万分之几	G61180	6118	6118
G71××0	71××		钨铬钢，平均钨含量为13.50%、16.50%，铬含量3.50%			
G72××0	72××		钨铬钢，平均钨含量为1.75%，铬含量0.75%，左列牌号系列中的“××”表示平均碳含量的万分之几			
G81××0	81××	81××	镍铬钼钢，平均镍含量为0.30%，铬含量0.40%，钼含量0.12%，左列牌号系列中的“××”表示平均碳含量的万分之几	G81150	8115	8115
G86××0	86××	86××	镍铬钼钢，平均镍含量为0.55%，铬含量为0.50%，钼含量为0.20%，左列牌号系列中的“××”表示平均碳含量的万分之几	G86200	8620	8620

续表

UNS 体系	SAE 体系	AISI 体系	组别及特征	牌号对照举例		
				UNS	SAE	AISI
G87××0	87××	87××	镍铬钼钢，平均镍含量为 0.55%，铬含量为 0.50%，钼含量为 0.25%，左列牌号系列中的“××”表示平均碳含量的万分之几	G87400	8740	8740
G88××0	88××	88××	镍铬钼钢，平均镍含量为 0.55%，铬含量为 0.50%，钼含量为 0.35%，左列牌号系列中的“××”表示平均碳含量的万分之几	G88220	8822	8822
G92××0	92××	92××	硅锰铬钢，平均硅含量为 1.40%、2.00%，锰含量为 0.70%、0.75%、0.82%、0.85%，铬含量为 0.17%、0.32%、0.70%，左列牌号系列中的“××”表示平均碳含量的万分之几	G92600	9260	9260
G93××0 G93××6	93××		镍铬钼钢，平均镍含量为 3.25%，铬含量为 1.20%，钼含量为 0.12%，左列牌号系列中的“××”表示平均碳含量的万分之几“G93××6”中的“6”为轴承钢	G93106	9310	
G94××0	94××	94××	镍铬钼钢，平均镍含量为 0.45%，铬含量为 0.40%，钼含量为 0.12%，左列牌号系列中的“××”表示平均碳含量的万分之几			
G97××0	97××		镍铬钼钢，平均镍含量为 0.55%，铬含量为 0.17%，钼含量为 0.20%，左列牌号系列中的“××”表示平均碳含量的万分之几			
G98××0	98××		镍铬钼钢，平均镍含量为 1.00%，铬含量为 0.80%，钼含量为 0.25%，左列牌号系列中的“××”表示平均碳含量的万分之几			
含硼或含铅的碳素钢和合金钢						
G××××1	××B××	××B××	含硼钢，UNS 系牌号末位数字为“1”，SAE、AISI 系牌号第二、三位数字中间加“B”字，“B”为“Boron”（硼）的第一个字母，其他符号含义与碳素钢和合金钢的一般规定相同	G10461 G50601	10B46 50B60	10B46 50B60
G××××4	××L××	××L××	含铅钢，UNS 系牌号末位数字为“4”，SAE、AISI 系牌号第二、三位数字中间加“L”字（“L”为“Lead”（铅）的第一个字母），其他符号含义与碳素钢和合金钢的一般规定相同	G10454	10L45	10L45
保证淬透性的碳素钢和合金钢						
H××××0	××××H	××××H	不含硼的保证淬透性的碳素钢和合金钢，UNS 系前缀符号为“H”，SAE、AISI 系后缀符号为“H”（“H”为“Hardenability”的第一个字母），各牌号系列数字含义与碳素钢和合金钢的一般规定相同	H10450 H43400	1045H 4340H	1045H 4340H
H××××1	××B××H	××B××H	含硼的保证淬透性的碳素钢和合金钢，UNS 系前缀符号为“H”、末位数字为“1”，SAE、AISI 系第二、三位数字中间为“B”，后缀符号为“H”，各牌号系列数字含义与碳素钢和合金钢的一般规定相同	H15371 H50501	15B37H 50B50H	15B37H 50B50H

续表

UNS 体系	SAE 体系	AISI 体系	组别及特征	牌号对照举例		
				UNS	SAE	AISI
不锈钢和耐热钢（阀门钢除外）						
S1××××		63×	沉淀硬化不锈钢及其他特殊不锈钢，UNS系“××××”表示顺序号（大多采用企业团体的商业牌号特征数字），AISI系“63×”中“×”为顺序号，“63×”系为沉淀硬化不锈钢	S17400 S17700 S15700	17-4PH 17-7PH 15-7-Mo	630 631 632
S2××××	302××	2××	铬锰镍奥氏体不锈钢，UNS系第二、三位数字与SAE、AISI系的最后两位数字相同，但SAE、AISI牌号较少	S20200	30202	202
S3××××	303××	3××	铬镍奥氏体不锈钢，UNS系第二、三位数字与SAE、AISI系的最后两位数字相同，UNS系最后两位数字，一般为“00”，而“03”表示超低碳钢，其他数字用来区分主要化学成分相同而个别成分稍有差别或包含有特殊元素的一组牌号。SAE、AISI系牌号最后加“L”，表示超低碳钢，加“N”表示含氮钢，还有其他符号。UNS系包含少数沉淀硬化不锈钢牌号	S30400 S31603	30304 30316L	304 316L
S4××××4	514××	4××	高铬马氏体和低碳高铬铁素体钢，UNS系第二、三位数字与SAE、AISI系的最后两位数字相同。UNS系最后两位数字一般为“00”，其他数字用来区分主要化学成分相近而个别成分稍有差别或包含有特殊元素的同组牌号，SAE、AISI系牌号最后加有某些拉丁字母的牌号，表示与基本牌号化学成分相近的但个别成分稍有差别或包含有特殊元素的同组牌号	S40300 S43020	51403 51430F	403 430F
S5××××	515××	5××	低铬马氏体钢，平均铬含量为5%、7%、9%	S50100	51501	501
工具钢						
T113××	M×（×）	M×（×）	钼系高速工具钢，UNS系牌号最后两位（或一位）数字与SAE、AISI最后两位（或一位）数字相同。SAE、AISI系的前缀符号“M”为“Molybdenum”（钼）的第一个字母	T11342	M42	M42
T120××	T×	T×	钨系高速工具钢，UNS系牌号最后一位数字与SAE、AISI系最后一位数字相同。SAE、AISI系的前缀符号“T”为“Tungsten”（钨）的第一个字母	T12002	T2	T2
T208××	H××	H××	热作模具钢，UNS系牌号最后两位数字与SAE、AISI系最后两位数字相同。SAE、AISI系的前缀符号“H”为“Hot”（热）的第一个字母。其中，“H1×”为中碳中铬型热作模具钢，“H2×”为钨系热作模具钢，“H4×”为钼系热作模具钢	T20813 T20822 T20841	H13 H22 H41	H13 H22 H41
T301××	A×	A×	空冷硬化中合金冷作工具钢，UNS系牌号最后一位数字与SAE、AISI系最后一位数字相同。SAE、AISI系的前缀符号“A”为“Air”（空气）的第一个字母	T30104	A4	A4
T304××	D×	D×	高碳高铬型冷作工具钢，UNS系牌号最后一位数字与SAE、AISI系最后一位数字相同。SAE、AISI系的前缀符号“D”	T30403	D3	D3

续表

UNS体系	SAE体系	AISI体系	组别及特征	牌号对照举例		
				UNS	SAE	AISI
T315××	O×	O×	油淬冷作工具钢，UNS系牌号最后一位数字与SAE、AISI系最后一位数字相同。SAE、AISI系的前缀符号“O”为“Oil”(油)的第一个字母	T31502	O2	O2
T419××	S×	S×	耐冲击工具钢，UNS系牌号最后一位数字与SAE、AISI系最后一位数字相同。SAE、AISI系的前缀符号“S”为“Shock”(冲击)的第一个字母	T41906	S6	S6
T516××	P×(×)	P×(×)	低碳型工具钢，UNS系牌号最后一位(或两位)数字与SAE、AISI系最后一位(或两位)数字相同。SAE、AISI的前缀符号为“P”	T51606	P6	P6
T606××	F×	F×	碳钨工具钢，UNS系牌号最后一位数字与SAE、AISI系最后一位数字相同。SAE、AISI的前缀符号为“F”	T60602	F2	F2
T612××	L×	L×	低合金特种用途工具钢，UNS系牌号最后一位数字与SAE、AISI系的最后一位数字相同。SAE、AISI的前缀符号“L”为“Low”(低)的第一字母	T72305	W5	W5
T723××	W×	W×	水淬工具钢，UNS系牌号最后一位数字与SAE、AISI系的最后一位数字相同。SAE、AISI的前缀符号“W”为“Water”(水)的第一个字母	T72305	W5	W5
杂类钢及黑色合金						
K×××××			包括特殊的碳素钢、合金钢、阀门钢、超级合金、电热合金、膨胀合金等。SAE、AISI没有统一体系	K44315 K63008 K66286 K94600	(300M) (21-4N) (A286)	

2.6.4 英国国家标准(BS)钢铁产品牌号的表示方法

在英国，常用的标准是BS标准(British Standard)。这套标准没有完整统一的牌号表示方法。过去碳素钢、合金钢和不锈钢、耐热钢常用“En××”系列表示牌号。这种表示方法主要是根据用途来分的，不能表示出钢的主要成分，也没有一个合理的分类，新钢号插不进去。考虑到这种牌号表示方法的缺点以及计算机的不断发展，英国标准协会已决定用固定位数的数字体系作为新的钢号体系的基础，并为获得足够的适应性而选择六位数字体系，已分别于1967、1968、1969年以PD6290、PD6423、PD6431文件形式提出不锈钢(包括耐热钢)、碳素钢(包括易切削碳素钢)、合金钢(包括合金结构钢、弹簧钢等)新的牌号体系。这套牌号体系基本上参考了美国钢铁学会(AISI)的数字体系。BS970等新标准已采用。

英国的工具钢牌号表示方法，1971年的新标准也作了改变。分类和牌号表示方法也基本上与美国钢铁学会的一致，只是把各类工具钢牌号都冠以字母“B”(British的第一个字母)。

碳素钢、合金钢、不锈钢新的牌号体系共有六位符号(中间第四位为拉丁字母，其余为数字)。

新的BS 970标准的牌号基本结构如下：

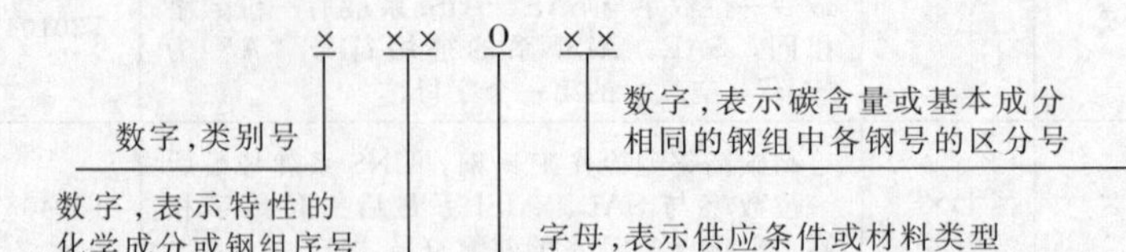

表 2-20 BS 970 标准的牌号基本结构

钢种	牌号举例 钢类	牌号举例 代号	牌号表示方法说明
优质碳素钢 易切削钢		040A10 075A40 120M36 216M28	0 40 A 10 10——含碳量。以万分之几表示平均值 A——供应条件：标 A——保证化学成分；标 M——保证力学性能；标 H——保证淬透性 40——合金元素含量：以万分之几表示平均含锰量——0,1 类；以万分之几表示平均含硫量——2 类 0——类别号：标 0——表示含锰量 1% 以下；标 1——表示含锰量 1% 以上；标 2——表示易切削碳素钢
合金结构钢 弹簧钢 轴承钢		527M20 655M13 708A37 820A16 905M39 527A60 735A50 534A99	5 23 A 14 14——含碳量。以万分之几表示 A——供应条件：标 A——保证化学成分；标 M——保证力学性能；标 H——保证淬透性 23——分组顺序号。与第一位数字共同表示合金系列组别 5——类别号。见表 2-19
不锈钢（包括耐热钢、阀门钢）		302S25 305S19 317S16 405S17 420S37 430S15	3 02 S 25 25——区别号：01—表示每种钢的基本成分，范围规定较宽；11～19—表示在基本成分的基础上，增加一种元素，调整含碳量，或对某元素含量范围要求较严及有特殊要求的特定钢 S——钢符号。一律冠以 S 02——分组顺序号。与第一位数字共同表示合金系列组别 3——类别号：3——奥氏体不锈钢；4——马氏体和铁素体不锈钢
工具钢		BA6 BD3 BF1 BH11，BH21 BL3 BM4，BM15 BO2 BS2 BT1，BT21 BW2	B A 6 6——顺序号 A——材料类别：高速工具钢、热作工具钢、冷作工具钢、耐冲击工具钢、水淬工具钢、特殊用途工具钢——表示方法与美国(AISI)工具钢相同 B——钢符号。钢号一律冠以 B(具体表示方法详见附表)
铸铁	灰口铸铁	150 180	180——用三位数字表示抗拉强度值
	球墨铸铁	370/17 420/12	420/ 12 12——表示最小伸长率的百分数 420——表示最小抗拉强度值

续表

钢种	牌号举例		牌号表示方法说明
	钢类	代号	
铸铁	可锻铸铁	P690/2 P570/3 W410/4 W340/3 B340/12 B310/10	P 690/2 2——表示最小伸长率的百分数 690——表示最小抗拉强度值 P——前缀一律冠以 { B——为黑心可锻铸铁；W——为白心可锻铸铁；P——为珠光体可锻铸铁 }
	耐蚀铸铁	Si10 SiCr144	SiCr 14 4 4——表示铬最低含量 } 以百分之几表示 14——表示硅最低含量 } 以百分之几表示 SiCr——以主要合金元素的化学符号来标志
奥氏体铸铁		L-NiCuCr 15 6 3 S-NiSiCr 20 5 2	S－NiSiCr 20 5 2 20 5 2——用三位数字逐次表示(Ni-Si-Cr)合金元素平均含量(以百分之几表示) NiSiCr——合金元素符号用化学元素符号表示 S——前缀一律冠以 { S——为球状石墨奥氏体铸铁；L——为片状石墨奥氏体铸铁 }
耐磨铸铁	1A 1B 2C 2D 3E 3A		1 A A——用字母表示铸铁品种 1——{ 1——数字"1"代表标准的第一部分：即非合金和低合金白口铸铁；2——数字"2"代表标准的第二部分：即镍铬类耐磨白口铸铁；3——数字"3"代表标准的第三部分。即高铬白口铸铁 }

表 2-21　　合金钢号第 1、2 位数字表示的钢组系列

第1、2位数	钢组系列	第1、2位数	钢组系列	第1、2位数	钢组系列	第1、2位数	钢组系列
50	Ni 钢	65	NiCr 钢 (Ni 2.5%～4.5%)	80	NiCrMo 钢 (Ni＜1%)	90	CrMoAl 钢
52	Cr 钢 (Cr＜1%)	66	NiMo 钢	81	NiCrMo 钢 (Ni1%～1.5%)	92	SiMnMo 钢
53	Cr 钢 (Cr≥1%)	70	CrMo (Cr＜1.1%)	82	NiCrMo 钢 (Ni1.5%～3%)	94	MnNiCrMo 钢
60	MnMo 钢	72	CrMo 钢 (Cr≥3%)	83	NiCrMo 钢 (Ni3%～4.5%)		
63	NiCr 钢 (Ni＜1.1%)	73	CrV 钢	87	CrNiMo 钢 (Cr＞1%)		
64	NiCr 钢 (Ni 1.1%～2.5%)	78	MnNiMo 钢	89	CrMoV 钢		

表 2-22 合金钢钢组系列

合金系列组别	类型	牌号举例	合金系列组别	类型	牌号举例
503	1%Ni 调质钢	503M40——表示含碳量为 0.36%～0.44%的保证力学性能的 1%Ni 调质钢	635	3/4% Ni-Cr 表面硬化钢	635A15——表示含碳量为 0.13%～0.18%的保证化学成分的 3/4%Ni-Cr 表面硬化钢
523	1/2%Cr 调质钢	523A14——表示含碳量为 0.12%～0.17%的保证化学成分的 1/2% Cr 调质钢	637	1% Ni-Cr 表面硬化钢	637M17——表示含碳量为 0.14%～0.20%的保证力学性能的 1% Ni -Cr 表面硬化钢
526	3/4%Cr 调质钢	526M60——表示含碳量为 0.55%～0.65%的保证力学性能的 3/4% Cr 调质钢	640	$1\frac{1}{4}$Ni-Cr 调质钢	640H35——表示含碳量为 0.32%～0.38%的保证力学性能的 $1\frac{1}{4}$%Ni-Cr 调质钢
527	3/4%Cr 表面硬化钢	527A19——表示含碳量为 0.17%～0.22%的保证化学成分的 3/4%Cr 表面硬化钢	653	3% Ni-Cr 调质钢	653M31——表示含碳量为 0.27%～0.35%的保证力学性能的 3% Ni-Cr 调质钢
527	3/4%Cr 弹簧钢	527A60——表示含碳量为 0.55%～0.65%的保证化学成分的 3/4% Cr 弹簧钢	655	$3\frac{1}{4}$% Ni-Cr 表面硬化钢	655A12——表示含碳量为 0.10%～0.15%的保证化学成分的 $3\frac{1}{4}$%Ni-Cr 表面硬化钢
530	1%Cr 调质钢	530H30——表示含碳量为 0.27%～0.65%的保证淬透性的 1%Cr 调质钢	659	4% Ni-Cr 表面硬化钢	659H15——表示含碳量为 0.12%～0.18%的保证淬透性的 4% Ni-Cr 表面硬化钢
534	$1\frac{1}{2}$Cr 调质钢	534M99——表示含碳量为 0.95%～1.10%的保证力学性能的 $1\frac{1}{2}$%Cr 调质钢（轴承钢）	665	$1\frac{3}{4}$% Ni-Mo 表面硬化钢	665M20——表示含碳量为 0.17%～0.23%的保证力学性能的 $1\frac{3}{4}$%Ni-Mo 表面硬化钢
535	$1\frac{1}{2}$% Cr 调质钢	535M99——表示含碳量为 0.95%～1.10%的保证力学性能的 $1\frac{1}{2}$%Cr 调质钢（轴承钢）	708	1%Cr-Mo 调质钢	708A42——表示含碳量为 0.40%～0.45%的保证化学成分的 1%Cr-Mo 调质钢
605	$1\frac{1}{2}$% Mn-Mo 调质钢	605H37——表示含碳量为 0.34%～0.41%的保证淬透性的 $1\frac{1}{2}$Mn-Mo 调质钢	709	1%Cr-Mo 调质钢	709M40——表示含碳量为 0.36%～0.44%的保证力学性能的 1%Cr -Mo 调质钢
606	$1\frac{1}{2}$% Mn-Mo 调质钢（易切削钢）	606M36——表示含碳量为 0.32%～0.40%的保证力学性能的 $1\frac{1}{2}$Mn-Mo 调质钢	722	3%Cr-Mo 调质钢	722M24——表示含碳量为 0.20%～0.28%的保证力学性能的 3%Cr -Mo 调质钢
608	$1\frac{1}{2}$% Mn-Mo（高 Mo）调质钢	608H37——表示含碳量为 0.31%～0.41%的保证淬透性的 $1\frac{1}{2}$Mn-Mo 调质钢	735	1% Cr-V 弹簧钢	735A50——表示含碳量为 0.46%～0.54%的保证化学成分的 1%Cr -V 弹簧钢

续表

合金系列组别	类型	牌号举例	合金系列组别	类型	牌号举例
785	$1\frac{1}{2}$% Mn-Ni-Mo调质钢	785M15——表示含碳量为0.15%～0.19%的保证力学性能的$1\frac{1}{2}$% Mn-Ni-Mo调质钢	830	3% Ni-Cr-Mo调质钢	830M31——表示含碳量为0.27%～0.35%的保证力学性能的3%Ni-Cr-Mo调质钢
805	$\frac{1}{2}$%Ni-Ci-Mo表面硬化钢	805H20——表示含碳量为0.17%～0.23%的保证淬透性的$\frac{1}{2}$%Ni-Cr-Mo表面硬化钢	832	$3\frac{1}{2}$% Ni-Cr-Mo表面硬化钢	832H13——表示含碳量为0.10%～0.16%的保证淬透性的$3\frac{1}{2}$% Ni-Cr-Mo表面硬化钢
805	$\frac{1}{2}$% Ni-Cr-Mo弹簧钢	805A60——表示含碳量为0.55%～0.65%的保证化学成分的$\frac{1}{2}$%Ni-Cr-Mo弹簧钢	835	4% Ni-Cr-Mo表面硬化钢	835A15——表示含碳量为0.13%～0.18%的保证化学成分的4%Ni-Cr-Mo表面硬化钢
815	$1\frac{1}{2}$%Ni-Cr-Mo表面硬化钢	815M17——表示含碳量为0.14%～0.20%的保证力学性能的$1\frac{1}{2}$%Ni-Cr-Mo表面硬化钢	835	4% Ni-Cr-Mo调质钢	835M30——表示含碳量为0.26%～0.34%的保证力学性能的4%Ni-Cr-Mo调质钢
816	$1\frac{1}{2}$%Ni-Cr-Mo调质钢	816M40——表示含碳量为0.36%～0.44%的保证力学性能的$1\frac{1}{2}$%Ni-Cr-Mo调质钢	875	$1\frac{3}{4}$% Cr-Ni-Mo调质钢	875M40——表示含碳量为0.36%～0.44%的保证力学性能的$1\frac{3}{4}$% Cr-Ni-Mo调质钢
817	$1\frac{1}{2}$%Ni-Cr-Mo调质钢	817M40——表示含碳量为0.36%～0.44%的保证力学性能的$1\frac{1}{2}$%Ni-Cr-Mo调质钢	897	$3\frac{1}{4}$% Cr-Mo-V调质钢	897M39——表示含碳量为0.35%～0.43%的保证力学性能的$3\frac{1}{4}$% Cr-Mo-V调质钢
820	$1\frac{3}{4}$%Ni-Cr-Mo表面硬化钢	820A16——表示含碳量为0.14%～0.19%的保证化学成分的$1\frac{3}{4}$%Ni-Cr-Mo表面硬化钢	905	$1\frac{1}{2}$% Cr-Al-Mo调质钢	905M31——表示含碳量为0.27%～0.35%的保证力学性能的$1\frac{1}{2}$ Cr-Al-Mo调质钢
822	2% Ni-Cr-Mo表面硬化钢	822H17——表示含碳量为0.14%～0.20%的保证淬透性的2% Ni-Cr-Mo表面硬化钢	925	Si-Mn-Cr-Mo弹簧钢	925A60——表示含碳量为0.55%～0.65%的保证化学成分的Si-Mn-Cr-Mo弹簧钢
826	$2\frac{1}{2}$% Ni-Cr-Mo调质钢	826M40——表示含碳量为0.36%～0.44%的保证力学性能的$2\frac{1}{2}$ Ni-Cr-Mo调质钢	945	$1\frac{1}{2}$% Mn-Ni-Cr-Mo调质剂	945M38——表示含碳量为0.34%～0.42%的保证力学性能的$1\frac{1}{2}$% Mn-Ni-Cr-Mo调质钢

表2-23 不锈钢及耐热钢系列

系列和组别	类型	牌号举例	系列和组别	类型	牌号举例
301	17%Cr-7%Ni	301S21——表示17% Cr-7% Ni奥氏体不锈钢	304	18%Cr-10% Ni-0.09%C (最大)	304S12——表示18% Cr-10%Ni含碳≤0.03%的奥氏体不锈钢
302	18% Cr-9% Ni-0.15% C（最大）	302S25——表示18% Cr-9% Ni含碳≤0.12%的奥氏体不锈钢	305	18%Cr-12% Ni-0.10%C (最大)	305S19——表示18% Cr-12%Ni含碳≤0.10%奥氏体不锈钢
303	18% Cr-9% Ni易切削钢	303S41——表示18% Cr-9% Ni含硒易切削奥氏体不锈钢	309	23%Cr-15% Ni	309S24——表示23% Cr-15%Ni奥氏体耐热钢

续表

系列和组别	类　型	牌号举例	系列和组别	类　型	牌号举例
310	23%Cr -20%Ni	310S24——表示 23% Cr -20%Ni奥氏体耐热钢	349	21% Cr -4% Ni-N	349S52——表示21%Cr-4%Ni含氮奥氏体耐热钢
312	24%Cr -18%Ni	312S24——表示 24% Cr -18%Ni奥氏体耐热钢	352	21%Cr-4%Ni-Nb-N	352S54——表示21%Cr-4%Ni-Nb含氮奥氏体耐热钢
315	17%Cr -10% Ni-1 $\frac{1}{2}$%Mn	315S16——表示17%Cr-10%Ni-1 $\frac{1}{2}$Mo奥氏体不锈钢	381	21%Cr-12% Ni-N	381S34——表示 21% Cr-12%Ni含氮奥氏体耐热钢
316	17%Cr -12% Ni-2 $\frac{1}{2}$%Mn	316S16——表示17%Cr-12%Ni-2 $\frac{1}{2}$%Mo含碳≤0.07%的奥氏体不锈钢	401	3%Si-8%Cr	401S45——表示 3% Si-8% Cr马氏体耐热钢
317	18%Cr-12% Ni-3 $\frac{1}{2}$%Mo	317S12——表示18%Cr-12%Ni-3 $\frac{1}{2}$%Mo含碳≤0.03%的奥氏体不锈钢	403	12%Cr-Al-0.10% C（最大）	403S17——表示 12% Cr 含碳≤0.08%的铁素体不锈钢
318	17%Cr-12，Ni-2 $\frac{1}{2}$%MnNb	318S17——表示 17% Cr012%Ni-2 $\frac{1}{2}$%Mo-Nb奥氏体不锈钢	405	12%Cr-Al 0.10%C（最小）	405S17——表示 12% Cr-Al含碳≤0.08%的铁素体不锈钢
320	17%Cr-12% Ni-2 $\frac{1}{2}$% Mo-Ti	320S17——表示17%Cr-12%Ni-2 $\frac{1}{2}$% Mo-Ti 含碳≤0.08%的奥氏体不锈钢	409	11%Cr-Ti-0.09% C（最大）	409S17——表示 11% Cr-Ti含碳≤0.09%C的铁素体不锈钢
321	18%Cr-9%Ni-Ti-0.12% C（最大）	321S20——表示 18% Cr-9%Ni-Ti含碳<0.12%的奥氏体不锈钢	410	12%C-0.15% C（最大）	410S21——表示 12% Cr 含碳0.09%～0.15%的马氏体不锈钢
325	18%Cr-9%Ni-Ti易切削钢	325S21——表示 18% Cr-9%Ni-Ti含硫易切削奥氏体不锈钢	416	12% Cr 易切削钢	416S37——表示 12% Cr 易切削马氏体不锈钢
326	17%Cr-11% Ni-2 $\frac{1}{2}$%Mo含硒易切削钢	326S36——表示17%Cr-11%Ni-2 $\frac{1}{2}$%Mo含硒易切削奥氏体不锈钢	420	12%Cr -0.12%～0.40%C	420S45——表示 12% Cr 含碳0.28%～0.36%的马氏体不锈钢
331	14%Cr-14% Ni-W	331S42——表示14%Cr-14%Ni-W奥氏体耐热钢	430	17%Cr	430S15——表示 17% Cr 铁素体不锈钢
347	18%Cr-9%Ni-Nb-0.09% C（最大）	347S17——表示 18% Cr-9%Ni-Nb含碳≤0.08%的奥氏体不锈钢	431	17%Cr -2%Ni	431S29——表示 17% Cr -2%Ni马氏体不锈钢

续表

系列和组别	类 型	牌号举例	系列和组别	类 型	牌号举例
434	17%Cr -Mo	434S19——表示 17%Cr -Mo 铁素体不锈钢	442	20%Cr-0.15%C（最大）	442S19——表示 20%Cr 铁素体不锈钢
441	17%Cr -2%Ni 易切削钢	441S29——表示 17%Cr -2%Ni 易切削马氏体不锈钢	443	20%Cr-2%Si-$1\frac{1}{2}$%Ni-0.70%～0.90%C	443S65——表示 20%Cr-2%Si-$1\frac{1}{2}$%Ni 的马氏体耐热钢

表 2-24 工具钢牌号表示方法举例

钢 类	组 别	牌 号	牌 号 举 例
高速工具钢	钼 系	BM××	BM42——表示钼系 9.5%Mo-8%Co-4%Cr-1.5%W-V 高速工具钢
	钨 系	BT××	BT20——表示钨系 22%W-4.5%Cr-1.5%V 高速工具钢
热作工具钢	铬 系	BH××	BH13——表示铬系 5%Cr-1.5%Mo-1%V 热作工具钢（BH1～BH19）
	钨 系		BH21——表示钨系 9%W-3%Cr 热作工具钢（BH20～BH39）
冷作工具钢	高碳高铬钢	BD×	BD2——表示 12%Cr-Mo-V 高碳高铬冷作工具钢
	中合金空淬钢	BA×	BA6——表示 2%Mn-1%Cr-1.4%Mo 中合金空淬型冷作工具钢
	油淬钢	BO×	BO2——表示 1.7%Mn-V 油淬型冷作工具钢
耐冲击工具钢		BS×	BS5——表示 1.8%Si-Mo-V 耐冲击工具钢
特殊用途工具钢	低合金钢	BL×	BL3——表示低合金特殊用途工具钢
	碳钨钢	BF×	BF1——表示 1.5%W-Cr-V 碳钨型特殊用途工具钢
水淬工具钢		BW×	BW2——表示水淬工具钢

注：1. “×”“××”为一位或两位数字，表示不同牌号的顺序号；

2. 热作工具钢、水淬工具钢等，对基本成分相近的一组牌号，为了加以区别，常在数字后面再加英文字母 A、B、C 等。

2.6.5 法国国家标准(NF)钢铁产品牌号的表示方法

NF 是法国标准（Normes Francaises）的代号，它是由法国标准化协会（AFNOR）制订的。常用的各类钢铁产品牌号表示方法说明及举例详见表 2-25。

表 2-25　　法国国家标准(NF)钢铁产品牌号的表示方法

<table>
<tr><th rowspan="2" colspan="3">钢　类</th><th colspan="2">牌号举例</th><th rowspan="2">牌号表示方法说明</th></tr>
<tr><th>钢　号</th><th>代　号</th></tr>
<tr><td rowspan="4">非合金钢和碳素钢</td><td rowspan="2">一般用钢</td><td>ADX</td><td></td><td></td><td>这是一种商业钢，要求有一定的延展性，抗拉强度为 324～496MPa</td></tr>
<tr><td>A类钢</td><td></td><td>A34-2
A37-2
A37-3</td><td>[A][37][T][2bis][b][r]
r 状态或可焊性 —— r——退火，s——可焊
b 杂质等级 ——
<table><tr><td>符号</td><td>a</td><td>b</td><td>c</td><td>d</td><td>e</td><td>f</td><td>g</td><td>h</td><td>k</td><td>m</td></tr><tr><td>P%</td><td>0.09</td><td>0.08</td><td>0.06</td><td>0.05</td><td>0.04</td><td>0.04</td><td>0.025</td><td>0.03</td><td>0.02</td><td>0.02</td></tr><tr><td>S%</td><td>0.065</td><td>0.06</td><td>0.05</td><td>0.05</td><td>0.04</td><td>0.035</td><td>0.035</td><td>0.025</td><td>0.025</td><td>0.015</td></tr><tr><td>(P+S)%</td><td>0.14</td><td>0.12</td><td>0.10</td><td>0.09</td><td>0.07</td><td>0.065</td><td>0.06</td><td>0.055</td><td>0.045</td><td>0.035</td></tr></table>2bis 质量等级(分七级) —— 1，2，2bis，3，3bis，4，4bis(bis——冷加工状态)
T 用途代号 —— T：结构用钢；N：船体用钢；C：锅炉或受压装置用钢；BA：混凝土用钢筋
37 强度值 kgf/mm^2 / MPa ——
<table><tr><td>33</td><td>37</td><td>42</td><td>48</td><td>56</td><td>65</td><td>75</td><td>85</td><td>95</td></tr><tr><td>324～393</td><td>365～434</td><td>413～496</td><td>475～551</td><td>551～641</td><td>641～737</td><td>737～834</td><td>834～937</td><td>937～1034</td></tr></table>A 类　别 —— 一律冠以 A</td></tr>
<tr><td rowspan="2">热处理用非合金钢</td><td>热处理用非合金钢</td><td>CC10，CC12
CC20，CC28
CC35，CC45
XC10，XC12
XC15，XC18
XC85，XC90</td><td>CC10S
C12，CC45
XC15，XC45
XC38TS</td><td rowspan="2">[XC][10][a][S]
S —— 可焊性
a 杂质等级 —— 与 A 类钢相同；工具钢 ——
<table><tr><td>等级分类</td><td>P%</td><td>S%</td><td>(P+S)%</td></tr><tr><td>Extra fins(最高级)</td><td><0.015</td><td><0.02</td><td><0.03</td></tr><tr><td>Fins(高级)</td><td><0.025</td><td><0.03</td><td><0.05</td></tr><tr><td>Qualite Courante(一般)</td><td><0.04</td><td><0.04</td><td><0.07</td></tr></table>10 含碳量 —— 以万分之几表示
XC 分类号 —— CC；XC(较 CC 类钢优质，碳范围小，P，S 含量少)</td></tr>
<tr><td>热处理用工具钢</td><td></td><td>XC110fins

XC150</td></tr>
</table>

注：1. 非合金钢系指除 C 和 Fe 以外，钢中残余元素的含量不得超过下表 a 中规定的数值，表 b 中未列出的其他残余元素的含量亦不得超过 0.1%；

2. 每一种质量符号都有其相应的质量指数 N，常用的质量等级为№1、№2、№3、№4，其相应的各钢种的质量指数 N 列入表 b 中。

续表

<table>
<tr><th rowspan="2">钢种</th><th colspan="2">钢号举例</th><th rowspan="2">钢号表示方法说明</th></tr>
<tr><th>钢类</th><th>代号</th></tr>
<tr><td rowspan="2">合金钢</td><td>一般合金钢</td><td>AS55M</td><td>A S 55 M
合金元素
元素 | Cr | Co | Mn | Ni | Si | Al | Be | Cu | Sn | Mg | Mo | P | W | V | Zn
代号 | C | K | M | N | S | A | Be | U | E | G | D | P | W | C | Z
指数 | 4 | 4 | 4 | 4 | 4 | 10 | 10 | 10 | 10 | 10 | 10 | 10 | 10 | 10 | 10
强度值——抗拉强度值(不低于)
可焊性——表示可焊接的钢
分类号——一律冠以 A</td></tr>
<tr><td>热处理用合金钢</td><td>42CD₄
42C₄
Z15CD5. 05
Z120M12
Z2NKD18-08</td><td>Z 8 CN 10-08 □
杂质等级——按非合金 A 类钢规定分 a, b, c, ……, m
合金元素含量——低合金钢{1. 采用元素实际平均含量 × 该元素指数；2. 合金元素低于右表中数值则钢号不必标}；高合金钢{1. 元素含量以百分之几表示；2. 当含量数 < 10 时，则在数字前加“0”}
主要合金元素代号——按 A 类合金钢元素代号
含碳量——以 C% ×100 倍表示，即相当于万分之几的数值
分类号——{低合金钢。无符号；高合金钢。标 Z}</td></tr>
</table>

表 a

%														
Mn	Si	Cr	Ni	Mo	V	W	Co	Al	Ti	Cu	P	S	P+S	其他元素
1. 2	1. 0	0. 25	0. 50	0. 10	0. 05	0. 30	0. 30	0. 30	0. 30	0. 30	0. 12	0. 10	0. 20	0. 10

表 b 各钢号的质量指数 N

钢号质量等级	№ 1	№ 2	№ 3	№ 4
A33	98	110	116	121
A37	96	109	114	119
A42	94	106	112	116
A48	94	106	112	116
A56	94	106	112	116
A65	98	108	114	118
A75		108	114	119
A85		110		
A95		110		

续表

钢种	钢号举例 钢类	钢号举例 代号	钢号表示方法说明
工具钢		数字牌号系统和相对的钢号（前缀） 1101 $Y_1$120 1201 $Y_2$120 1303 $Y_3$90 2121：140SMD4 3337：15CDV6 3541：Z_{40}WCV5 4151：Z_{80}WCDV 12-04-02 02 (12-2-2)	a. 数字牌号。表示方法：由四位数字组成；　b. 钢号。表示方法：由字母和数字组成 [22][21] Y 3 [99] [××] 添加元素——1,2,3 类工具钢添加元素按 C, Mn, Si, Ni, Cr, Mo, W, V, Co, Ti……顺序排列。一般 Mn,Si 为 0.3%；P,S ＜0.03%；高速钢 {无 Co 钢按 W,Mo,V；Co 钢按 W,Mo,V,Co} 顺序排列 含碳量——数字表示万分之几平均含碳量 1,2,3 表示不同质量等级 钢号前缀冠以“Y” 钢种编号 亚组号——冷作碳素工具钢 110～130；冷作合金工具钢 212～288；热作合金工具钢 333～368；高速工具钢 415～447 组号——冷作碳素工具钢 11～13；冷作合金工具钢 21～28；热作合金工具钢 33～36；高速工具钢 41～44 工具钢分类号
电工用硅钢		FeV110-35HA FeV90-35HB FeV20-50HC FeM89-27	[FeV] [110] - [35] [HA] 尾注——HA—冷轧；HB—热轧（连续炉中退火）；AC—热轧（成垛退火）（以上仅适用冷轧和热轧无取向硅钢） 厚度——硅钢片厚度(mm) 最大铁损值——冷轧和热轧无取向钢在 P10/50 时的最大铁损值；热轧取向钢在 P15/50 时的最大铁损值 钢符号——冷轧和热轧无取向硅钢冠以 FeV；热轧取向硅钢冠以 FeM

注：1. 硫系易切削钢在表示合金元素的字母后再加“F”。例如 $45M_F4$；

2. 当合金工具钢的成分与合金结构钢钢种相近时，为了便于区别，则将工具钢钢号开头冠以“Y”。例如 Y35NCD16，以区别于合金结构钢 35NCD16。其余合金工具钢钢号则和上述的高合金钢和低合金钢的钢号表示方法相同；

3. 高速工具钢钢号：基本上按上述高合金钢的钢号表示方法。钢号简写代号，由于大多数钢号不便表达、书写和记忆，所以通常采用三组（或四组）数字的代号，每组数字之间用短线隔开，对于不含 Mo 的钢，用数字“0”表示；对于含 Co 的钢，则增加第四组数字。

例如：钢号：Z85WDCV06-05-04-02（简明代号 6-5-2）　钢号：Z85EWDCV18-10-04-02（简明代号 18-10-2）

表 2-26　　铸铁和一般工程用铸钢牌号的表示方法

牌号名称	牌号举例	表示方法说明
铸铁牌号的表示方法		
非合金灰口铸铁	Ft10D Ft15 Ft25A Ft40	(1)非合金灰口铸铁牌号的表示方法：字母＋数字表示 Ft　25　A A——表示选用的试棒种类(种类分为 A, B, C, D, E, S) 25——最低抗拉强度值(MPa) Ft——非合金灰口铸铁冠以“Ft”
铁素体石墨可锻铸铁	MN35-10 MN32-8 MN38-18	(2)铁素体石墨可锻铸铁的牌号表示方法：字母＋数字表示 MN　38－18 18——最小伸长率值(%) 38——最低抗拉强度值(MPa) MN——可锻铸铁冠以“MN”
白口可锻铸铁	MB40-10 MB35-7	(3)白口可锻铸铁的牌号表示方法：字母＋数字表示 MB　35－7 7——最低伸长率值(%) 35——最低抗拉强度值(MPa) MB——白口可锻铸铁冠以“MB”
珠光体可锻铸铁	MP50-5 MP60-3 MP70-2	(4)珠光体可锻铸铁的牌号表示方法：字母＋数字表示 MP　60－3 3——最低伸长率值(%) 60——最低抗拉强度值(MPa) MP——珠光体可锻铸铁冠以“MP”
球墨铸铁	FGS800-2 FGS700-2 FGS500-7 FGS370-17	(5)球墨铸铁的牌号表示方法：字母＋数字表示 FGS　800－2 2——最低伸长率值(%) 800——最低抗拉强度值(MPa) FGS——球墨铸铁冠以“FGS”
铸钢牌号的表示方法		
一般工程用铸钢	200-400-M 280-480-M 320-560-M 370-650-M	200－400－M M——表示铸造产品 400——最低抗拉强度值(MPa) 200——最低屈服强度值(MPa)

表 2-27　　工具钢分类一览表

钢组号	共同特性 C≤1.5%	前置符号	亚组号	添加元素	牌号举例：牌号	牌号举例：化学成分（按百分比计）
第一类　冷作碳素工具钢数字牌号系统						
11	超高质量工具钢	Y_1	110 116	— V	$1101Y_1120$ $1161\sim1165Y_1xxV$	C 1.2，Mn 0.10/0.30，Si 0.10/0.25，P S ≤0.020
12	高质量工具钢	Y_2	120 123	— Cr	$1201Y_2120$ $1230\sim1234Y_2xxC$	C 1.20，Mn 0.10/0.40，Si 0.10/0.30，P X ≤0.025
13	一般用途工具钢	Y_3	130	—	$1303Y_390$	C 0.9，Mn 0.40/0.60，Si 0.15/0.04，P S ≤0.035

续表

钢组号	共同特性 C≤1.5%	前置符号	亚组号	添加元素	牌号举例 牌号	化学成分（按百分比计）
第二类　冷作合金工具钢数字牌号系统						
21	耐磨性 C≥0.9% （有石墨化组织钢）		212 213 214	Si Cr(0.75%～2%) W	2121：140SMD$_4$	C 1.4，Mn 1.0，Si 1.0，Mo0.3
22	不变形的{较好耐磨性 特好耐磨性		221 223	Mn Cr(5%或12%)	2221：90MV$_8$	C 0.9，Mn 2.0，Si 1.0，V0.2
23	（机械）冲击强度 0.3%＜C＜0.7%		232 233 234	Si Cr W	2321：Y$_{45}$S$_7$	C 0.45，Mn 0.6，Si 1.8
27	耐某些腐蚀性能 (C≥0.3%)		273	Cr(≥12%) 可能还有其他合金元素	2731Z$_{70}$C$_{15}$	C 0.70，Mn 0.3，Si 0.3，Ni＜0.5 Cr 15.0
28	在压力下有良好的冲压性(C＜0.20%)		283 288	Cr(≈5%) Ni，Cr	2831：Z$_8$CDV$_5$	C 0.08，Si 0.20，Mn 0.30 Cr 5.00，Mn 1.00，V 0.30
第三类　热作合金工具钢数字牌号系统						
钢组号	共同特性 C≤1.5%		亚组号	添加元素	牌号举例 牌号	化学成分(按百分比计)
33	机械冲击强度		333 338	Cr Ni	3331：45CDV$_6$	C 0.45，Mn 0.3，Si 0.3，Cr 1.5，Mo 0.8，V 0.25
34	热冲击强度		343 445	Cr(≈5%) Mo	3431：Z$_{38}$CDV$_5$	C 0.38，Mn 0.3，Si 1.0，Cr 5，Mo 1.25，V 0.5
35	耐高温腐蚀		354 355	W(≥5%) Mo	3541：Z$_{40}$WCV$_5$	Cr 0.4，Mn 0.3，Si 0.3，Cr 4.0，Mo 0.5，W5，V 0.5
36	（奥氏体钢） 耐高温性能		363 368	Cr，Ni Ni，Cr＋Ti	3632：Z$_{12}$CNS$_{25.20}$	C 0.12，Mn 1.5，Si 1.5，Ni 20，Cr 25
第四类　高速工具钢数字牌号系统						
41	W≈12%		415 416 417	Mo V＞3%（高碳） 不同含量 Co	4151：Z80WCDV12-04-02-02(简明符号 12-2-2)	C 0.8，W 12，Gr 4，Mo 2，V 2
42	W≈8%		420 427	不同含量的 Co 含 Co	4201：Z80WCV18-04-01（简明符号 10-0-1）	C 0.8，W 18，Mo 0.5，Cr 4，V 1
43	W≈6% Mo≈5%～6%		430 436 437	V＜3%（高碳） C＞3%（高碳） 不同含量的 Co	4301：Z85WDCV06-05-04-02(简明符号 6-5-2)	C 0.85，W 6，Mo 5，Cr 4，V 2
44	Mo≈8%		444 447	W≈22% 不同含量的 Co	4441：Z85WDCV08-04-02-02(简明符号 2-8-2)	C 0.85，Mo 6，Cr 4，W 2，V 1.5

2.6.6 德国工业标准(DIN)钢铁产品牌号的表示方法

DIN 是德国工业标准(Deutsche Industrie Normen)的代号。关于 DIN 标准的钢号表示方法有 DIN17006 系统和 DIN17007 数字系统(W-Nr)两种。

表 2-28　　DIN17006 系统的牌号表示方法

<table>
<tr><th rowspan="2">钢类</th><th colspan="2">牌号举例</th><th rowspan="2">牌号表示方法说明</th></tr>
<tr><th>钢号</th><th>代号</th></tr>
<tr><td>非合金钢</td><td></td><td>MASt45.6N
RSt34.2
USt34.2

C10
CK10
Cm35
CK45</td><td>[M] [A] [St] [45] [6] [N] [ ]

抗拉强度值(St 法无此项)

状态：
A 回火　　HI 表面高频淬火
B 经过处理获最好的可切削性　　K 经冷加工(冷轧)
N 正火
E 渗碳淬火　　NT 渗氮
G 软化退火　　S 消除应力退火
H 淬火　　U 未经热处理
HF 表面火焰淬火　　V 调质

保证范围：
1 屈服点　　7 屈服点和弯曲或顶锻及冲击韧性
2 弯曲或顶锻　　8 高温强度或蠕变强度
3 冲击韧性　　9 电气特性或磁性
4 屈服点和弯曲或顶锻　　无数字;弯曲或顶锻试验(每炉一个试样)
5 弯曲或顶锻及冲击韧性
6 屈服点及冲击韧性

主体数值：
St 法:表示抗拉强度下限值
C 法:以万分之几表示含碳量

主体符号：
St:　以材料强度表示(此法仅适用于非合金钢)
C:　以化学成分表示(此法适用非合金钢、低合金钢、高合金钢三种类型;当钢的其他性能较抗拉强度更重要或需进行热处理时,如渗碳、调质)按照不同质量及用途可在 C 号后冠以 K,m,f,g 等
Cm:控制 S 含量的优质钢,钢中 S(0.02～0.035);Cf:表面淬火用钢;Cg:冷镦用钢
CK:控制 P,S 含量的优质钢

原始特征：
A 耐时效　　L 耐碱脆
G 含较高的 P,S　　P 可压焊(可锻焊)　　S 可熔焊
H 半镇静钢　　Q 可冷镦(压挤、冷变形)　　U 沸腾
K 含较低的 P,S　　R 镇静　　Z 可拉伸

熔炼方法：
B 贝氏炉　　E 一般电炉　　I 感应电炉　　LE 电弧炉
M 平炉　　PP 熟铁　　SS 焊接用　　T 托马斯
Ti 坩埚　　W 转炉代用　　附加字母:B——碱性　　Y——酸性</td></tr>
<tr><td>低合金钢</td><td></td><td>14NiCr10
20CrMo5
25MoCrS4
25CrMo4V</td><td>[ ] [ ] [25] [CrMo] [4] [E]

状态——按上表规定

合金元素含量——以合金元素平均含量百分数×该元素指数
<table><tr><td>元素</td><td>Cr, Co, Mn, Ni, Si, W</td><td>Al, Cu, Mo, Nb, Ta, Ti, V</td><td>C, N, P, S</td></tr><tr><td>指数</td><td>4</td><td>10</td><td>100</td></tr></table>
主要合金元素——采用国际化学元素符号,按含量多少依次排列,当含量相同时按字母次序排列

含碳量——以万分之几表示

原始特征——按上表规定

熔炼方法——按上表规定</td></tr>
</table>

续表

钢类	牌号举例 钢号	代号	牌号表示方法说明
高合金钢		X10CrNi8.8 10CrNi Ti18.9.2	[X] [10] [CrNi] [18.8] 18.8——用合金元素含量的平均百分之几表示(按四舍六入化整数) CrNi——主要合金元素——用国际化学符号表示,按含量多少依次排列 10——含碳量——以万分之几表示 X——高合金钢符号——钢号冠以X,如果含碳量无关重要则X可省略
碳素工具钢		$C70W_1$ $C105W_1$ $C70W_2$ $C45W_0$	[C] [70] [W_1] W_1——类号——标W表示碳素工具钢: W_1 P,S≤0.020% W_2 P,S≤0.030% W_3 P,S≤0.035% W_5 特殊用途 70——含碳量——以万分之几表示 C——钢符号——钢号一律冠以C
高速工具钢		S12-4-5 S18-0-1 S7-4-2-5 S18-1-2-15	[S] [W-Mo-V-Co] [12-4-5] 12-4-5——合金元素含量——以百分之几表示(数字之间用"-"隔开): 不含Mo——用0表示 不含Co——不用0表示 不含Cr——规定4% W-Mo-V-Co——合金元素——按W-Mo-V-Co次序排列,Cr不表示 S——钢号——钢号一律冠以S
铸钢 非合金铸钢		GS-52 GS-L45 GS-C10 GS-C10MnSi GS-C35F60	[GS] [K] - [C10] C10——钢牌号——按钢牌号: 按St表示,有非合金铸钢 按C表示,有非合金、低合金、高合金铸钢 K——浇注方法: K——铸模浇注 Z——离心浇注 GS——铸造符号——在钢号前冠以GS或G
铸钢 低合金铸钢		GS-15Cr3E GS-25CrMo56V GS-E55Cr6G	
铸钢 高合金铸钢		G-X40CrNi2614 G-X15CrNi188	
铸铁 灰口铸铁		GG15 材料号(0.6015) GG20 材料号(0.6020)	GG 15 G G——试样代号: G——为另铸试样 A——为未规定附铸试样的型式 K——为K型附铸试样 H——为H型附铸试样 15——两位数字表示抗拉强度(R_m)最小值(MPa) GG——前缀冠以(GG)

续表

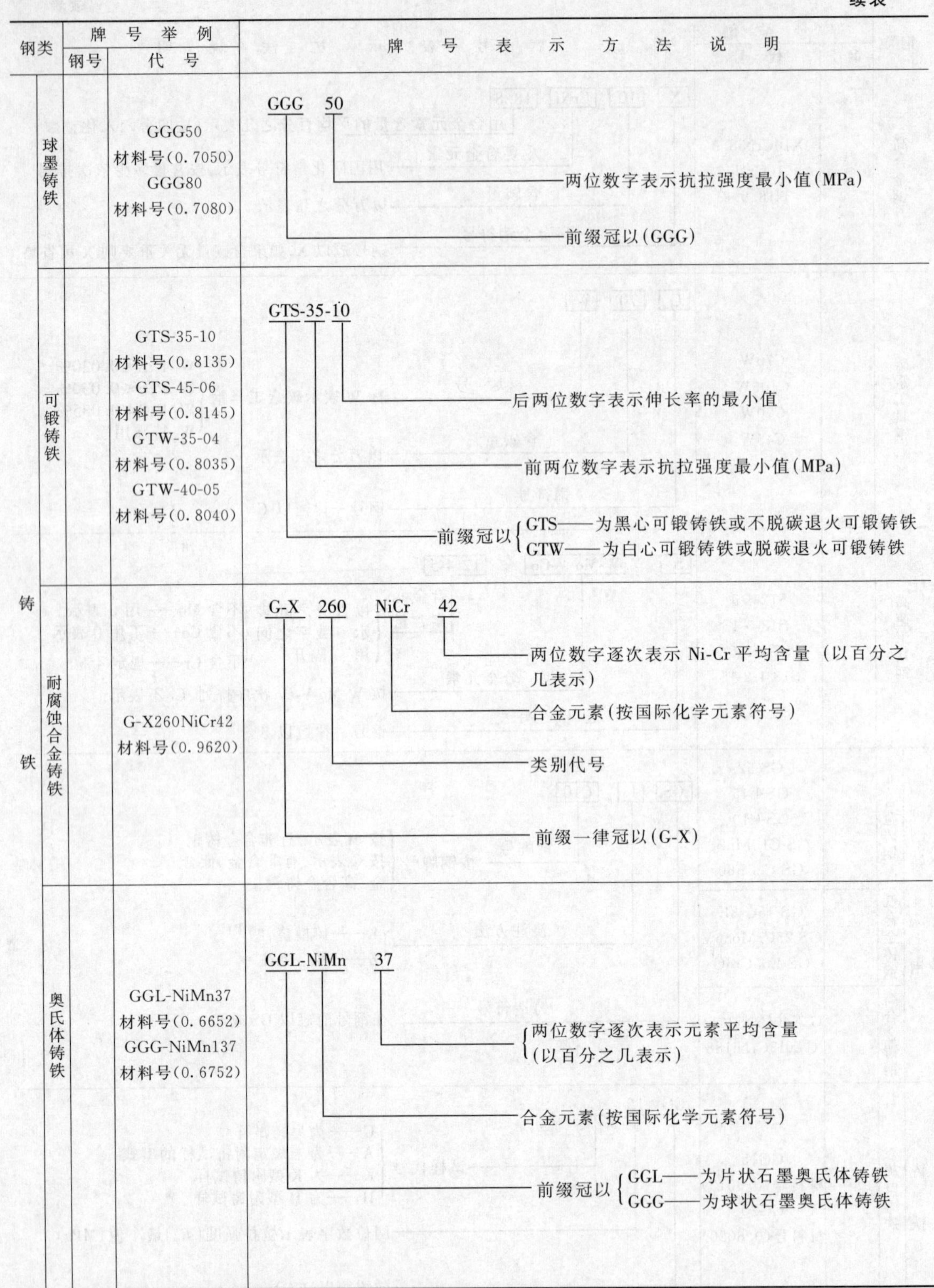

钢类		牌号举例		牌号表示方法说明
		钢号	代号	
铸铁	球墨铸铁		GGG50 材料号(0.7050) GGG80 材料号(0.7080)	GGG 50 50——两位数字表示抗拉强度最小值(MPa) GGG——前缀冠以(GGG)
	可锻铸铁		GTS-35-10 材料号(0.8135) GTS-45-06 材料号(0.8145) GTW-35-04 材料号(0.8035) GTW-40-05 材料号(0.8040)	GTS-35-10 10——后两位数字表示伸长率的最小值 35——前两位数字表示抗拉强度最小值(MPa) GTS——前缀冠以{GTS——为黑心可锻铸铁或不脱碳退火可锻铸铁；GTW——为白心可锻铸铁或脱碳退火可锻铸铁}
	耐腐蚀合金铸铁		G-X260NiCr42 材料号(0.9620)	G-X 260 NiCr 42 42——两位数字逐次表示 Ni-Cr 平均含量（以百分之几表示） NiCr——合金元素(按国际化学元素符号) 260——类别代号 G-X——前缀一律冠以(G-X)
	奥氏体铸铁		GGL-NiMn37 材料号(0.6652) GGG-NiMn137 材料号(0.6752)	GGL-NiMn 37 37——{两位数字逐次表示元素平均含量(以百分之几表示)} NiMn——合金元素(按国际化学元素符号) GGL——前缀冠以{GGL——为片状石墨奥氏体铸铁；GGG——为球状石墨奥氏体铸铁}

注：德国近年来对非合金钢牌号采用欧洲标准(EN)来表示。其牌号为 S×××，S 表示钢，×××表示屈服点最低值(MPa)，有时加后缀符号用来表示质量等级或供货状态。

表 2-29　　德国 DIN17007(W-Nr)系统的数字材料号表示方法(由七位数字组成)

材料类别	牌号举例		牌号表示方法说明
	牌号	代号	
		10301 11121 15860 16523 17015 17149 18504 10711 13501 10902 11520 13202 12056	[1] [71] [31] [ ] [ ] 状态(第七位数字)： 0——不规定处理(在变形加工后不要求或不保证某种热处理) 1——正火 2——软化退火 3——热处理后具有良好的可切削性能 4——韧性调质 5——调质 6——硬性调质 7——冷变形 8——弹性硬化冷变形 9——按特殊规定处理 冶炼和浇注工艺(第六位数字)： 0——不规定或不重要的 1——碱性转炉沸腾钢(托马斯钢) 2——碱性转炉镇静钢(托马斯钢) 3——特殊冶炼方法沸腾钢 4——特殊冶炼方法镇静钢 5——平炉沸腾钢 6——平炉镇静钢 7——氧气吹炼沸腾钢 8——氧气吹炼镇静钢 9——电炉钢 类型号(第四、五位数字)：无一定规律或按含碳量或按合金含量区分 组别号(第二、三位数字)： 00～07——普通碳素钢 08～09——普通合金质量钢 10——贵重特殊物理性能碳素钢 11～12——贵重碳素结构钢 15～18——碳素工具钢 20～28——合金工具钢 32～33——高速工具钢 34～35——耐磨和滚动轴承钢 36～39——具有特殊物理性能合金钢 40—45——不锈钢 47～49——耐热钢和高温合金 50~85——合金结构钢 88——硬质合金 90~99——特殊品种钢 类别号(第一位数字)： 0——表示生铁和铁合金 1——表示钢和铸钢 2——表示重金属(钢铁除外) 3——表示轻金属 4～8——表示非金属

表 2-30　生铁铁合金和铸铁分类

生铁			铁合金（包括脱氧剂、白金添加剂在内）					铸铁							
一般用		特殊用						片状石墨铸铁		球状石墨铸铁		可锻炼铁		特殊铸铁	
炼钢用	铸造用														
00	10	20	30	镜铁	40	FeCr，FeCrSi，Cr	50	60	非合金化	71	非合金化	80	非合金化	90	非合金化
01	11	21	31	FeMn，Mn，FeSiMn	41	备用	51	61		71		81		91	
02	12	22	32	备用	42	FeMo	52	62	合金化 Cr	72	合金化 Cr	82	合金化	92	合金化 Cr
03	13	23	33	FeSi，Si，FeSiZr	43	FeW	53	63	Cu	73	Cu	83	备用	93	Cu
04	14	24	34	备用	44	FeNi	54 备用	64	Mn	74	Mn	84		94	Mn
05	15	25	35	备用	45	FeTi	55	65	Mo	75	Mo	85		95	Mo
06	16	26	36	FeAlSi，FeAlSiMn，CaSi，CaSiAl	46	备用	56	66	Ni	76	Ni	86		96	Ni
07	17	27	37	FeSiM9 FeM9CaSiM9 NiSiM9，FeNiM9	47	FeNb，FeV，FeTa	57	67	Si	77	Si	87		97	Si
08	18	28	38	SiC，CaC2	48	FeB FeP	58	68	其他	78	其他	88		98	其他
09	19	29	39	备用	49	备用	59	69	备用	79	备用	89		99	备用

注：1. 特种生铁分类体系还未制定；

2. 生铁和铁合金的数字代号体系第一位数字为“0”，第二位数字表示类别（见上），第四、五位数字表示主要合金的化学成分，第六、七位数字表示进一步分类标志。

表 2-31　　材料号第一基本组的分类：钢的品种代号

普通钢和专用钢		合金钢							
一般品种	特殊品种	优质碳素钢	合金优质钢						
			工具钢	各类钢	化学安定性钢	结构钢			
00 一般质量钢和专用钢	90	10 特殊物理性能钢	20 铬	30	40 无 钼（无特殊附加物）（不锈钢）	50 锰、硅、铜	60 铬-镍 >2.0<3.0%铬	70 铬	80 铬-硅-钼 铬-硅-锰-钼 铬-硅-钼-钒 铬-硅-锰-钼-钒
01 普通碳素结构钢按DIN17100	91	11 <0.50%碳（结构钢）	21 铬-硅 铬-锰 铬-锰-硅	31	41 含 钼（无特殊附加物）（不锈钢）	51 锰-硅 锰-铬	61	71 铬-硅 铬-锰 铬-硅-锰	81 铬-硅-钒 铬-锰-钒
02（~0.3%碳）	92 其他	12 ≥0.05%碳（结构钢）	22 铬-钒 铬-钒-硅 铬-钒-锰 铬-钒-锰-硅	32 含钴的（高强钢）	42	52 锰-铜 锰-钒、硅-钒 锰-硅-铜	62 镍-硅 镍-锰 镍-铜	72 铬-钼 <0.35%钼	82 铬-锰-钨 铬-锰-钨-钒
03（碳素钢）	93 <0.10%碳	13	23 铬-钼 铬-钼-钒	33 无钴的（高强钢）	43 无 钼（无特殊附加物）（不锈钢）	53 锰-钛 硅-钛 锰-硅-钛 锰-硅-铬	63 镍-钼 镍-钼-锰 镍-钼-钒 镍-钒-锰 镍-铜-钼	73 铬-钼 ≥0.35%钼	83
04（碳素钢）	94 >0.10<0.30%碳	14	24 钨 铬-钨	34 耐 磨 钢	44 含 钼 无特殊附加物（不锈钢）	54 钼（包括锰、硅）铌、钛、钒、钨 铬-钨、铬-钒-钨	64	74	84 铬-硅-钛 铬-锰-钛 铬-硅-锰-钛
05（碳素钢）	95 ≥0.30 <0.60%碳	15 Ⅰ 级品质（工具钢）	25 钨-钒 铬-钨-钒	35 轴 承 钢	45 有特殊附加物（不锈钢）	55	65 铬-镍-钼 <0.4%钼+ <2.0%镍	75 铬-钒 <2.0%铬	85 渗 氮 钢
06（碳素钢）	96 ≥0.60%碳	16 Ⅱ 级品质（工具钢）	26 钨 品种类24、25和27除外	36 无 钴 镍铬合金除外（特殊物理性能的钢材料）	46	56 镍	66 铬-镍-钼 <0.4%钼+ ≥2.0<3.5%镍	76 铬-钒 ≥2.0%铬	86
07（碳素钢）	97 磷和（或）硫含量较高的	17 Ⅲ 级品质（工具钢）	27 含 镍 的	37 含钴和镍铬合金（特殊物理性能的钢材料）	47 含 镍 <2.0%（耐热钢）	57 铬-镍 <1.0%铬	67 铬-镍-钼 <0.4%钼+ ≥3.5<5.0%镍 或≥0.4%钼	77 铬-钼-钒	87
08（合金钢）	98 <0.30%碳	18 用于特殊目的（工具钢）	28 其他合金	38 无镍的（特殊物理性能的钢材料）	48 含镍 ≥2.0%（耐热钢）	58 铬-镍 >1.0<1.5%铬	68 铬-镍-钒 铬-镍-钨 铬-镍-钒-钨	78	88 硬质合金
09（合金钢）	99 ≥0.30%碳	19	29	39 含镍的（特殊物理性能的钢材料）	49 高温材料	59 铬-镍 >1.5<2.0%铬	69 铬-镍 品种类57~68除外	79 铬-锰-钼 铬-锰-钼-钒	89

注：在表中每一方框内，除表示“品种类别”的“数字”外，还表示其材料类别或主要合金组成。

2.6.7 日本工业标准(JIS)钢铁产品牌号的表示方法

JIS是现行的日本工业标准(Japanese Industrial Standards)的代号。JIS的钢号表示方法，大致如下：

普通钢的钢号形式为：

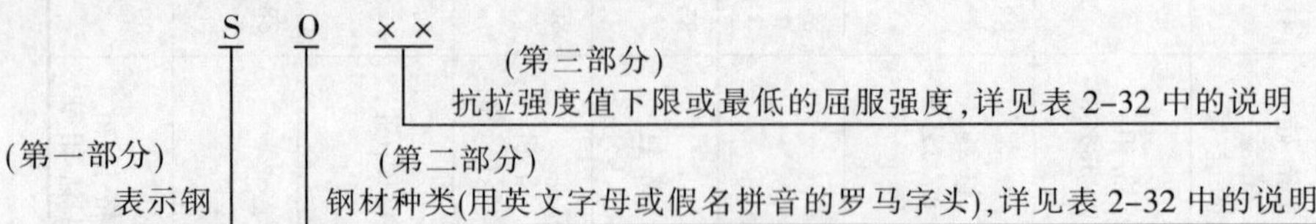

例如：SS41表示 σ_b>400MPa的普通结构用轧材；SM××表示焊接用轧材；SB××表示锅炉用轧材；SV×× 表示铆钉用轧材……等等。

表2-32 日本工业标准(JIS)牌号的表示方法说明

钢类	牌号举例		牌号表示方法说明
	钢号	代号	
碳素结构钢		S09C S09CK	[S] [09] [C] C：符号——表示碳 09：含碳量——含碳量中间值×100，无十位数则该位写0 S：钢符号——钢号一律冠以S
合金结构钢		SCM415H SCr440H SMn443H SNCM240	[S] [CM] [4] [15] [H] H：附加符号——第一组：对基本钢添加特殊元素时使用此符号，复合加入时，符号组合起来表示 {L——加Pb钢；S——加S钢；U——加Ca钢}；第二组：保证除化学成分以外的特殊性能时用 {H——保证淬透性；K——渗碳用钢} 15：碳含量代表值——含碳量中间值×100取整数，余数舍去(a)；100倍值<9，则十位数写0(b)；保证淬透性钢的含碳量与基本钢有差异时，则采用与基本钢相同的含碳量代表值(d)，见表2-34 4：合金元素含量标记——标记与合金元素含量的对应关系见表2-33，合金元素含量标记及含碳量代表值相同的两种钢，合金元素含量较高的钢，其含碳量代表值加1(c) CM：主要合金元素符号——见下列各表 S：钢号一律冠以S(详见钢铁牌号分类一览表)

主要合金元素符号：

单独时	Mn	Mo	Cr	Ni	Al
复合时	Mn	M	C	N	A

钢号分类	碳素钢	硼钢	锰钢	锰硼钢	锰铬钢	锰铬硼钢
符号	S××C	SB	SMn	SMnB	SMnC	SMnCB

钢号分类	铬钢	铬硼钢	铬钼钢	镍铬钢	镍铬钼钢	铝铬钼钢
符号	SCr	SCB	SCM	SNC	SNCM	SACM

续表

钢类	牌号举例		牌号表示方法说明
	钢号	代号	
工具钢		SK1 SK7 SKS2 SKS11 SKS4 SKS41 SKD4 SKD5 SKH2 SKH5 SKT2 SKT5 SKC3SKC11	S KD 4 顺序号——表示牌号顺序号 组号： 碳素工具钢——K 合金工具钢：用于切削工具——KS；用于耐冲击工具——KS；用于耐磨及不变形冷作模具——KS,KD；用于热作模具——KS,KT 高速工具钢：钨系——KH；钼系——KT 中空钢钢材——KC 钢符号——钢号一律冠以S
不锈钢		SUS301 SUS316	S US 301 顺序号——基本上参照美国AISI标准 组号——以US表示不锈耐酸钢、UH表示耐热钢 钢符号——钢号一律冠以S
弹簧钢		SUP3	SUP 3 顺序号——表示钢种序号 钢符号——钢号一律冠以SUP
铬轴承钢		SUJ1 SUJ2 SUJ3	SUJ 2 顺序号——表示钢种序号 钢符号——钢号一律冠以SUJ
电工用硅钢		S23F S23 G09 G10	S 23 F 尾注：无符号——冷轧；F——热轧（适用于冷轧和热轧无取向） 最大铁损值(序号)：冷轧和热轧无取向钢，表示在P10/50时的最大铁损值；表示冷轧取向钢种顺序号 钢符号：冷轧和热轧无取向钢冠以S；冷轧取向钢冠以G

续表

钢类	牌号举例		牌号表示方法说明
	钢号	代号	
铸铁	灰口铸铁件	FC15 FC20	FC 15 15——两位数字表示抗拉强度值(≥15kgf/mm² 或≥147MPa) FC——前缀一律冠以 FC
	球墨铸铁件	FCD40 FCD45	FCD 40 40——两位数字表示抗拉强度值(≥40kgf/mm² 或≥392MPa) FCD——前缀一律冠以 FCD
	可锻铸铁件	FCMB32 FCMW34 FCMP45	FCM B 32 32——两位数字表示抗拉强度值(≥32kgf/mm² 或≥314MPa) B——字母代号{B——表示黑心可锻铸铁件；W——表示白心可锻铸铁件；P——表示珠光体可锻铸铁件} FCM——前缀一律冠以 FCM

表 2-33 主要合金元素含量标记与元素含量的对比

主要合金元素含量 \ 类别 元素	锰钢	锰铬钢		铬钢	铬钼钢、铬钼铝钢		镍铬钢		镍铬钼钢		
	Mn	Mn	Cr	Cr	Cr	Mo	Ni	Cr	Ni	Cr	Mo
1					≥0.30 <0.80	<0.15					
2	≥1.00 <1.30	≥1.00 <1.30	≥0.30 <0.90	≥0.30 <0.80	≥0.30 <0.80	≥0.15 <0.30	≥1.00 <2.00	≥0.25 <1.25	≥0.20 <0.70	≥0.20 <1.00	≥0.15 <0.40
3					≥0.80 <1.40	<0.15					
4	≥1.30 <1.60	≥1.30 <1.60	≥0.30 <0.90	≥0.80 <1.40	≥0.80 <1.40	≥0.15 <0.30	≥2.00 <2.50	≥0.25 <1.25	≥0.70 <2.00	≥0.40 <1.50	≥0.15 <0.40
5		≥1.30 <1.60	≥0.90		≥1.40	<0.15					
6	≥1.60	≥1.60	≥0.30 <0.90	≥1.40 <2.00	≥1.40	≥0.15 <0.30	≥2.50 <3.00	≥0.25 <1.25	≥2.00 <3.50	≥1.00	≥0.15 <1.00
7	—	—	—	≥2.00	≥0.80 <1.40	≥0.30 <0.60	≥3.00	≥0.25 <1.25	≥3.50	≥0.7 <1.50	≥0.15 <0.40

表 2-34 碳含量代表值表示实例

项目		规定碳含量范围	中间值×100	表示值	备注
(a) 项实例	S12C	0.10～0.15	12.5	12	
(b) 项实例	S09CK	0.07～0.12	9.5	9→09	
(c) 项实例	SCM420	0.18～0.23	20.5	20→20	
	SCM421	0.17～0.23	20	20→21	Mn 高
(d) 项实例	SMn433H	0.29～0.36	32.5	32→33	与基本钢一致
	SMn433	0.30～0.36	33	33	基本钢

表示种类的符号：(第二部分)

P：Plate（板）

C：Casting（铸件）

T：Tube（管）

F：Forging（锻件）

K：Kogu（工具）

W：(线材、丝)

U：Use（用途）

表示材料种类的特征数字：(第二部分)

当机械结构用钢时，表示主要合金元素含量与碳含量的组合。

例：1——1种

2A——2种A组

A——A组或A号

24——抗拉强度或屈服强度值

当需要表示钢铁材料种类符号以外的形状和制造方法等符号时，在种类符号后面继续附加以下符号：

例：SM58Q 焊接结构用轧制钢材第5种进行淬火、回火处理的。

STB35-S-H 锅炉、热交换器用碳素钢热轧无缝钢管第3种。

表示形状的符号如下：

W 丝 Wire

CP 冷轧板 Cold Plate

HP 热轧板 Hot Plate

WR 线材 Wire Rods

CS 冷轧带 Cold Strip

HS 热轧带 Hot Strip

TB 热交换器用管 Boiler Heat Exchange Tube

TP 配管用管 Pipes

表示制造方法的符号如下：

—R 沸腾钢

—A 铝镇静钢

—K 镇静钢

—S-H 热加工无缝钢管 Seamless Hot

—S-C 冷加工无缝钢管 Seamless Cold

—E 电阻焊钢管 Electric Resistance Welding

—E-H 热加工电阻焊钢管 Electric Resistance Welding Hot

—E-C 冷加工电阻焊钢管 Electric Resistance Welding Cold

—E-G 热加工和冷加工以外的电阻焊钢管 Electric Resistance General

—B 锻接钢管 Butt Welding

—B-C 冷加工锻接钢管 Butt Welding Cold

—A 电弧焊钢管 Arc Welding

—A-C 冷加工电弧焊钢管 Arc Welding Cold

—D9 冷拉（9表示公差的等级为9级） Drawing

—T8 切削（8表示公差的等级为8级） Cutting

—G7 研磨（7表示公差的等级为7级） Grinding

—CSP 弹簧用冷轧钢带 Cold Strip Spring

—M 特殊热光钢带

表示热处理的符号如下：

A 退火

N 正火

Q 淬火加回火

TN 试样正火

TNT 试样正火加回火

SR 试样消除应力热处理

S 固溶处理

TH×××× } 沉淀硬化处理
RH×××

表示严格尺寸公差的符号如下：

ET 厚度公差（不锈钢、弹簧用冷轧钢带）

EW 宽度公差（不锈钢）

表 2-35 JIS 钢铁牌号分类一览表

分类	名称	符号	备注
铁合金	硼铁	FB	F：Ferro（铁）；B：Boron（硼）
	铬铁	FCr	F：Ferro（铁）；Cr：Chromium（铬）
	锰铁	FMn	F：Ferro（铁）；Mn：Manganese（锰）
	钼铁	FMo	F：Ferro（铁）；Mo：Molybdenum*（钼）
	铌铁	FNb	F：Ferro（铁）；Nb：Niobium（铌）
	镍铁	FNi	F：Ferro（铁）；Ni：Nickel（镍）
	磷铁	FP	F：Ferro（铁）；P：Phosphorus（磷）
	硅铁	FSi	F：Ferro（铁）；Si：Silicon（硅）
	钛铁	FTi	F：Ferro（铁）；Ti：Titanium（钛）
	钒铁	FV	F：Ferro（铁）V：Vanadium（钒）
	钨铁	FW	F：Ferro（铁）W：Wolftram（钨）
	硅钙合金	CaSi	Ca：Calcium（钙）；Si：Silicon（硅）
	金属铬	MCr	M：Metallic（金属）；Cr：Chromium（铬）
	金属锰	MMn	M：Metallic（金属）；Mn：Manganese（锰）
	金属硅	MSi	M：Metallic（金属）；Si：Silicon（硅）
	硅锰合金	SiMn	Si：Silicon（硅）；Mn：Manganese（锰）
	硅铬合金	SiCr	Si：Silicon（硅）；Cr：Chromium（铬）
结构钢	汽车结构用热轧钢及钢带	SAPH	S：Steel（钢）；A：Automobile（汽车的） P：Press（压）；H：Hot（热）
	链条用圆钢	SBC	S：Steel（钢）；B：Bar（棒）；C：Chain（链）
结构钢	预应力钢筋用钢棒	SBPR SBPD	S：Steel（钢）；B：Bar（棒）；P：Prestressed（预应力）； R：Round（圆）；D：Deformed（异形）
	瓦垄钢板	SDP	S：Steel（钢）；D：Deck（瓦垄）；P：Plate（板）
	银亮钢棒用一般钢材	SGD	S：Steel（钢）；G：General（一般）；D：Drawn（拉制）
	焊接结构用 70kg 级高屈服强度钢板	SHY SHY-N SHY-NS-S SHY-NS-F	S：Steel（钢）；H：High Yield（高屈服的）； Y：（焊接）；N：Niekel（镍）； S：Special（特殊的）； F：Fine（细晶粒）；
	焊接结构用轧制钢材	SM	S：Steel（钢）；M：Marine（船舶）
	焊接结构用耐大气腐蚀的轧制钢材	SMA	S：Steel（钢）；M：Marine（船舶）； A：Atmospheric（大气）

续表

分类	名　　称	符　号	备　　注
结构钢	高耐大气腐蚀的轧制钢材	SPA-H SPA-C	S：Steel（钢）；P：Plate（板）；A：Atmospheric（大气）； H：Hot（热）；C：Cold（热）
	钢筋混凝土用钢棒	SR SD	S：Steel（钢）；R：Round（圆）； D：Deformed（异形）
	钢筋混凝土用改轧钢棒	SRR SDR	S：Steel（钢）；R：Round（圆）；R：Reroll（改轧） D：Deformed（异形）；R：Reroll（改轧）
	改轧钢材	SRB	S：Steel（钢）；R：Rerolled（改轧）；B：Bar（棒）
	一般结构用轧制钢材	SS	S：Steel（钢）；S：Structure（结构）
	一般结构用轻量型钢	SSC	S：Steel（钢）；S：Structure（结构） C：Cold forming（冷成形）
	铆钉用圆钢	SV	S：Steel（钢）；V：Rivet（铆钉）
	一般结构用焊接轻量H型钢	SWH	S：Steel（钢）；W：Weld（焊接）；H：（H形）
压力容器用钢	锅炉用轧制钢板	SB SB-M	S：Steel（钢）；B：Boiler（锅炉） M：Molybdenum（钼）
	锅炉及压力容器用MnMo钢及MnMoNi钢钢板	SBV	S：Steel（钢）；B：Boiler（锅炉）；V：Vessel（容器）
	锅炉及压力容器用CrMo钢板	SCMV	S：Steel（钢）；C：Chromium（铬）； M：Molybdenum（钼）；V：Vessel（容器）
	高压瓦斯容器用钢板及钢板	SGC	S：Steel（钢）；G：Gas（煤气）；C：Cylinder（圆筒）
	中常温压力容器用碳素钢板	SGV	S：Steel（钢）；G：General（一般）；V：Vessel（容器）
	中常温压力容器用高强度钢板	SEV	S：Steel（钢）；E：Elevated Temperature（高温）； V：Vessel（容器）
	低温压力容器用碳素钢板	SLA	S：Steel（钢）；L：Low Temperature（低温） A：Al（含铝镇静钢）
	低温压力容器用Ni钢钢板 压力容器用钢板	SL-N	S：Steel（钢）；L：Low Temperature（低温）； N：Nickel（镍）
	压力容器用调质型	SPV	S：Steel（钢）；P：Pressure（压力）；V：Vessel（容器）
	MnMo钢MnMoNi钢钢板	SQV	S：Steel（钢）；Q：Quenched（淬火） V：Vessel（容器）
薄钢板	冷轧钢板及钢带	SPCC	S：Steel（钢）；P：Plate（板）；C：Cold（冷）
	冷轧钢板及钢带		C：Commercial（商业的）
		SPCCT	S：Steel（钢）；P：Plate（板）；C：Cold（冷）； C：Commercial（商业的）；T：Test（试验）
		SPCD	S：Steel（钢）；P：Plate（板）；C：Cold（冷）； D：Deep Drawn（深冲）
		SPCE SPCEN	S：Steel（钢）；P：Plate（板）；C：Cold（冷）； E：Deep Drawn Extra（极深冲） N：Nor-ageing（非时效）
	热轧软钢和钢带	SPHC	S：Steel（钢）；P：Plate（板）；H：Hot（热）； C：Commercial（商业的）
		SPHD	S：Steel（钢）；P：Plate（板）；H：Hot（热）； D：Drawn（冲压）
		SPHE	S：Steel（钢）；P：Plate（板）；H：Hot（热）； E：Deep Drawn Extra（极深冲）
	钢管用热轧碳素钢带	SPHT	S：Steel（钢）；P：Plate（板）；H：Hot（热）； T：Tube（管）
	珐琅用脱碳钢板及钢带	SPP	S：Steel（钢）；P：Procelain（珐琅）

续表

分类	名称	符号	备注
镀层钢板·涂层钢板	镀熔化铝钢板及钢带	SAC	S：Steel（钢）；A：Aluminium（铝）；C：Commercial（商业的）
		SAD	D：Deep Drawn（深冲）
	镀熔化铝钢板及钢带	SAE	E：Deep Drawn Extra（极深冲）
	电镀锌钢板及钢带	SECH	S：Steel（钢）；E：Electrolytic（电镀）；H：Hot（热）；C：Commercial（商业的）
		SECCT	S：Steel（钢）；E：Electrolytic（电镀）；C：Cold（冷）；C：Commercial（商业的）；T：Test（试验）
		SEHD	S：Steel（钢）；E：Electrolytic（电镀）H：Hot（热）；D：Deep Drawn（深冲）
		SECD	S：Steel（钢）；E：Electrolytic（电镀）；C：Cold 冷；D：Deep Drawn（深冲）
		SEHE	S：Steel（钢）；E：Electrolytic（电镀）；H：Hot（热）；E：Deep Drawn Extra（极深冲）；
		SECEN	S：Steel（钢）；E：Electrolytic（电镀）C：Cold（冷）；E：Deep Drawn Extra（极深冲）；N：Non-ageing（非时效）
	镀锡板及镀锡厚板	SPB	S：Steel（钢）；P：Plate（板）；B：Black（黑的）
		SPTE	S：Steel（钢）；P：Plate（板）；T：Tin（锡）；E：Electric（电的）
		SPTH	S：Steel（钢）；P：Plate（板）；T：Tin（锡）；H：Hot-Dip（热镀）
	镀锌钢板	SPGC	S：Steel（钢）；P：Plate（板）；G：Galvanized（电镀的）；C：Commercial（商业的）
镀层钢板·涂层钢板	镀锌钢板	SPGR	S：Steel（钢）；P：Plate（板）；G：Galvanized（电镀的）；R：Roof（屋顶）
		SPGA	S：Steel（钢）；P：Plate（板）；G：Galvanized（电镀的）；A：Architecture（建筑）
		SPGS	S：Steel（钢）；P：Plate（板）；G：Galvanized（电镀的）；S：Structure（结构）
		SPGH	S：Steel（钢）；P：Plate（板）；G：Galvanized（电镀的）；H：Full Hard（全硬的）
		SPGW	S：Steel（钢）；P：Plate（板）；G：Galvanized（电镀的）；W：Wave（玻）
		SPGD	S：Steel（钢）；P：Plate（板）；G：Galvanized（电镀的）；D：Drawn（冲压）
		SPGDD	S：Steel（钢）；P：Plate（板）；G：Galvanized（电镀的）；DD：Deep Drawn（深冲）
	涂色镀锌钢板	SCG	S：Steel（钢）；C：Color（颜色）；G：Galvanized（电镀的）
线材	硬钢盘条	SWRH	S：Steel（钢）；W：Wire（线）；R：Rod（棒）；H：Hard（硬）
	软钢盘条	SWRM	S：Steel（钢）；W：Wire（线）；R：Rod（棒）；M：Mild（软）
	琴用钢盘条	SWRS	S：Steel（钢）；W：Wire（线）；R：Rod（棒）；S：Spring（弹簧）
	涂药电焊条芯用盘条	SWRY	S：Steel（钢）；W：Wire（线）；R：Rod（棒）；Y：焊接

续表

分类	名　　称	符　号	备　　注
线材	冷镦用碳素钢盘条	SWRCH	S：Steel（钢）；W：Wire（线）；R：Rod（棒）；C：Cold（冷）；H：Heading（镦）
钢丝	硬钢丝	SW	S：Steel（钢）；W：Wire（丝）
	冷镦用碳素钢丝	SWCH	S：Steel（钢）；W：Wire（丝）；C：Cold（冷）；H：Heading（镦）
	铁丝	SWM	S：Steel（钢）；W：Wire（丝）；M：Mild（软）
	铠装用镀锌铁丝	SWMG	S：Steel（钢）；W：Wire（丝）；M：Mild（软）；G：铠装
	琴钢丝	SWP	S：Steel（钢）；W：Wire（丝）；P：Piano（琴）
	PC钢丝及PC钢绞线	SWPR	S：Steel（钢）；W：Wire（丝）；P：Prestressed（预应力）；R：Round（圆）
		SWPD	S：Steel（钢）；W：Wire（丝）；P：Prestressed（预应力）；D：Deformed（异形）
	PC硬钢丝	SWCR	S：Steel（钢）；W：Wire（丝）；C：Concrete（混凝土）；R：Round（圆）
		SWCD	S：Steed（钢）；W：Wire（丝）；C：Concrete（混凝土）；D：Deformed（异形）
	电机转子连接用镀锡琴钢丝	SWPE	S：Steel（钢）；W：Wire（丝）；P：Piano（琴）；E：Electrolytic（电镀的）
	弹簧用油回火碳素钢丝	SWO	S：Steel（钢）；W：Wire（丝）；O：Oil Temper（油回火）
	阀弹簧用油回火碳素钢丝	SWO-V	S：Steel（钢）；W：Wire（丝）；O：Oil Temper（油回火）；V：Valve（阀）
	阀弹簧用油回火铬钒钢丝	SWOCV-V	S：Steel（钢）；W：Wire（丝）；O：Oil Temper（油回火）；C：Chromiam（铬）；V：Vanadium（钒）；V：Valve（阀）
	阀弹簧用油回火硅铬钢丝	SWOSC-V	S：Steel（钢）；W：Wire（丝）；O：Oil Temper（油回火）；S：Silicon（硅）；C：Chromiam（铬）；V：Valve（阀）
	弹簧用油回火硅锰钢丝	SWOSM	S：Steel（钢）；W：Wire（丝）；O：Oil Temper（油回火）；S：Silicon（硅）；M：Manganese（锰）
	涂药电焊条芯用钢丝	SWY	S：Steel（钢）；W：Wire（丝）；Y：（焊接）
钢管	配管用碳素钢钢管	SGP	S：Steel（钢）；G：Gas（燃气）；P：Pipe（管）
	水道用镀锌钢管	SGWP	S：Steel（钢）；G：Galvanized（电镀）；P：Pipe（管）
	锅炉及交换器用碳素钢钢管	STB	S：Steel（钢）；T：Tube（管）；B：Boiler（锅炉）
	锅炉及热交换器用合金钢钢管	STBA	S：Steel（钢）；T：Tube（管）；B：Boiler（锅炉）；A：Alloy（合金）
	低温热交换器用钢管	STBL	S：Steel（钢）；T：Tube（管）；B：Boiler（锅炉）；L：Low Temperature（低温）
	加热炉用钢管	STF	S：Steel（钢）；T：Tube（管）；F：Fire Heater（火焰加热）
		STFA	S：Steel（钢）；T：Tube（管）；F：Fire Heater（火焰加热）；A：Alloy（合金）
		SUS-TF	S：Steel（钢）；U：Use（用途）；S：Stainless（不锈钢）T：Tube（管）；F：Fire Heater（火焰加热）
		NCF-TF	N：Nickel（镍）；C：Chromium（铬）；F：Ferrum（铁）；T：Tube（管）；F：Fired Heater（火焰加热）
	汽车制造用电阻焊碳素钢管	STAM××G	S：Steel（钢）；T：Tube（管）；

续表

分类	名称	符号	备注
			A：Automobile（汽车的）；M：Machine（机器）；××：（抗拉强度）；G：General Purposes（一般用途）
		STAM××H	S：Steel（钢）；T：Tube（管）；A：Automobile（汽车的）；M：Machine（机器）；××：（抗拉强度）；H：High Yield Strength（屈服强度）
	汽缸用碳素钢管	STC	S：Steel（钢）；T：Tube（管）；C：Cylinder（汽缸）
	高压瓦斯容器用无缝钢管	STH	S：Steel（钢）；T：Tube（管）；H：High Pressure（高压）
	一般结构用碳素钢钢管	STK	S：Steel（钢）；T：Tube（管）；K：（结构）
	机械结构用碳素钢钢管	STKM	S：Steel（钢）；T：Tube（管）；K：（结构）；M：Machine（机械）
	结构用合金钢钢管	STKS	S：Steel（钢）；T：Tube（管）；K：（结构）；S：Special（特殊）
	结构用不锈钢钢管	SUS-TK	S：Steel（钢）；U：Use（用途）；S：Stainless（不锈钢）；T：Tube（管）；K：（结构）
	不锈钢清洁管	SUS-TBS	S：Steel（钢）；U：Use（用途）；S：Stainless（不锈钢）；TB：Tube（管）；S：Sanitary（清洁）
钢	一般结构用矩形钢管	STKR	S：Steel（钢）；T：Tube（管）；T：（结构）；R：Rectangular（矩形）
	钻探用无缝钢管	STMC	S：Steel（钢）；T：Tube（管）；M：Mining（开采）
		STMR	C：Core 或 Casing（芯或套）；R：Boring Rod（钻杆）
	油井用无缝钢管	STO	S：Steel（钢）；T：Tube（管）；O：Oil（油）
	配管用合金钢钢管	STPA	S：Steel（钢）；T：Tube（管）；P：Pipe（管）；A：Alloy（合金）
	压力配管用碳素钢钢管	STPG	S：Steel（钢）；T：Tube（管）；P：Pipe（管）；G：GFeneral（一般）
	低温配管用钢管	STPL	S：Steel（钢）；T：Tube（管）；P：Pipe（管）；L：Low Temperature（低温）
	高温配管用碳素钢钢管	STPT	S：Steel（钢）；T：Tube（管）；P：Pipe（管）；T：Temperature（温度）
	配管用电弧焊碳素钢钢管	STPY	S:Steel(钢)；T:Tube(管)；P:Pipe(管)；Y:(焊接)
	高压配管用碳素钢钢管	STS	S：Steel（钢）；T：Tube（管）；S：Special Pressure（高压）
管	锅炉及热交换器用不锈钢钢管	SUS-TB	S：Steel（钢）；U：Use（用途）；S：Stainless（不锈钢）；T：Tube（管）；B：Boiler（锅炉）
	配管用电弧焊大口径不锈钢钢管	SUS-TPY	S：Steel（钢）；U：Use（用途）；S：Stainless（不锈钢）；T：Tube（管）；P：Pipe（管）；Y（焊接）
	配管用不锈钢钢管	SUS-TP	S：Steel（钢）；U：Use（用途）；S：Stainless（不锈钢）；T：Tube（管）；P：Ppe（管）
	一般配管用不锈钢钢管	SUS-TPD	S：Steel（钢）；U：Use（用途）；S：Stainless（不锈钢）；T：Tube（管）；P：Pipe（管）；D：Domestic（民用的）
	波形管及波形管钢	SCP-R	S：Seel（钢）；C：Corrugate（波纹）；P：Pipe（管）；R：Round（圆）
		SCP-RS	S：Steel（钢）；C：Corrugate（波纹）；P：Pipe（管）；

续表

分类	名称	符号	备注
钢管			R：Round（圆）；S：Spiral（螺旋形）
		SCP-E	S：Steel（钢）；C：Corrugate（波纹）；P：Pige（管）；E：Elongation（伸长）
		SCP-P	S：Steel（钢）；C：Corrugate（波纹）；P：Pipe（管）；P：Pipe Arch（半圆形）
		SCP-A	S：Steel（钢）；C：Corrugate（波纹）；P：Pipe（管）；A：Arch（半圆形）
机械结构用钢	机械结构用碳素钢钢材	S××C	S：Steel（钢）；××：（碳含量）；C：Carbon（碳）
	铬钼铝钢钢材	SACM	S：Steel（钢）；A：Aluminum（铝）；C：Chromium（铬）；M：Molybdenum（钼）
	铬钼钢钢材	SCM	S：Steel（钢）；C：Chromium（铬）；M：Molybdenum（钼）
	铬钢钢材	SCr	S：Steel（钢）；C：Chromium（铬）
	镍铬钢钢材	SNC	S：Seel（钢）；N：Nickel（镍）；C：Chromium（铬）
	镍铬钼钢钢材	SNCM	S：Steel（钢）；N：Nickel（镍）；C：Chromium（铬）；M：Molybdenum（钼）
	机械结构用锰钢及锰铬钢钢材	SMn	S：Steel（钢）；Mn：Manganese（锰）
		SMnC	S：Steel（钢）；Mn：Manganese（锰）；C：Chromium（铬）
	高温螺栓用合金钢材	SNB	S：Steel（钢）；N：Nickel（镍）；B：Bolt（螺栓）
	螺栓用特殊用途合金钢棒材	SNB	S：Steel（钢）；N：Nickel（镍）；B：Bolt（螺栓）

分类		名称	符号	备注
特殊用途钢	工具钢	碳素工具钢	SK	S：Steel（钢）：K：K（工具）
		中空钢钢材	SKC	S：Steel（钢）；K：K（工具）；C：Chisel（凿子）
		合金工具钢	SKS	S：Steel（钢）；K：（工具）；S：Special（特殊）
			SKD	S：Steel（钢）；K：（工具）；D：（模具）
			SKT	S：Steel（钢）；K：（工具）；T：（锻造）
		高速工具钢钢材	SKH	S：Steel（钢）；K：（工具）；H：High Speed（高速）
	易切钢	硫易切钢	SUM	S：Steel（钢）；U：Use（用途）；M：Machinability（切削性）
	轴承钢	高碳铬轴承钢	SUJ	S：Steel（钢）；U：Use（用途）；J：（轴承）
	弹簧钢	弹簧钢钢材	SUP	S：Steel（（钢）；U：Use（用途）；P：Spring（弹簧）
	不锈钢	不锈钢棒	SUS-B	S：Steel（钢）；U：Use（用途）；S：Stainless（不锈钢）；B：Bar（ 棒）
		冷加工不锈钢棒	SUS-CB	S：Steel（钢）；U：Use（用途）；S：Stainless（不锈钢）；B：Bar（棒）；C：Cold（冷）
		热轧不锈钢板	SUS-HP	S：Steel（钢）；U：Use（用途）；S：Stainless（不锈钢）；H：Hot（热）；P：Plate（板）
		冷轧不锈钢板	SUS-CP	S：Steel（钢）；U：Use（用途）；S：Stainless（不锈钢）；C：Cold（冷）；P：Plate（板）
		热轧不锈钢带	SUS-HS	S：Steel（钢）；U：Use（用途）；S：Stainless（不锈钢） H：Hot（热）；S：Strip（带）
		冷轧不锈钢带	SUS-CS	S：Steel（钢）；U：Use（用途）；S：Stainless（不锈钢）；C：Cole（冷）；S：Strip（带）
		弹簧用不锈钢带	SUS-CSP	S：Steel（钢）；U：Use（用途）；S：Stainless（不锈钢）；C：Cold（冷）；S：Strip（带）；P：Spring（弹簧）
		不锈钢线材	SUS-WR	S：Steel（钢）；U：Use（用途）；S：Stainless（不锈钢）；W：Wire（线）；R：Rod（棒）
		焊接用不锈钢线材	SUS-Y	S：Steel（钢）；U：Use（用途）；S：Stainless（不锈钢）；Y：（焊接）

续表

分类		名称	符号	备注
特殊用途钢	不锈钢	不锈钢钢丝	SUS-W	S：Steel（钢）；U：Use（用途）；S：Stainless（不锈钢）；W：Wire（丝）
		弹簧用不锈钢丝	SUS-WP	S：Steel（钢）；U：Use（用途）；S：Stainless（不锈钢）；W：Wire（丝）；P：Spring（弹簧）
		冷镦用不锈钢丝	SUS-WS	S：Steel（钢）；U：Use（用途）；S：Stainless（不锈钢）；W：Wire（丝）；S：Screw（螺钉）
		热轧不锈钢等边角钢	SUS-HA	S：Steel（钢）；U：Use（用途）；S：Stainless（不锈钢）；H：Hot（热）；A：Angle（角）
		冷成型不锈钢等边角钢	SUS-CA	S：Steel（钢）；U：Use（用途）；S：Stainless（不锈）；C：Cold Forming（冷成型）；A：Angle（角）
		不锈钢锻制品用坯	SUS-FB	S：Steel（钢）；U：Use（用途）；S：Stainless（不锈钢）；F：Forging（锻件）；B：Billet（坯）
		涂层不锈钢板	SUSC	S：Steel（钢）；U：Use（用途）；S：Stainless（不锈钢）；C：Coating（涂层）
			SUSCD	S：Steel（钢）；U：Use（用途）；S：Stainless（不锈钢）；C：Coating（涂层）；D：Double（双面）
	耐热钢	耐热钢棒	SUHB	S：Steel（钢）U：Use（用途）；H：Heat Resisting（耐热）；B：Bar（棒）
		耐热钢板	SUHP	S：Steel（钢）；U：Use（用途）；H：Heat Resisting（耐热）；P：Plate（板）
	超级合金	耐蚀耐热超级合金棒	NCF-B	N：Nickel（镍）；C：Chromium（铬）；F：Ferrum（铁）；B：Bar（棒）
		耐蚀耐热超级合金板	NCF-P	N：Nickel（镍）；C：Chromium（铬）；F：Ferrum（铁）；P：Plate（板）
		配管用镍铬铁合金无缝管	NCF-TP	N：Nickel（镍）；C：Chromium（铬）；F：Ferrum（铁）；T：Tube（管）；P：Pipe（管）
		热交换器用镍铬铁合金无缝管	NCF-TB	N：Nickel（镍）；C：Chromium（铬）；F：Ferrum（铁）；T：Tube（管）；B：Boiler（锅炉）
锻钢		碳素钢锻制品	SF	S：Steel（钢）；F：Forging（锻件）
		碳素钢锻制品用坯	SFB	S：Steel（钢）；F：Forging（锻件）；B：Bloom（钢坯）
		压力容器用碳素钢锻制品	SFVC	S：Steel（钢）；F：Forging（锻件）；V：Vessel（容器）；C：Carbon（碳）
		压力容器用调质型合金钢锻制品	SFVQ	S：Steel（钢）；F：Forging（锻件）；V：Vessel（容器）；Q：Quenched（调质）
		高温压力容器部件用合金钢锻制品	SFHA	S：Steel（钢）；F：Forging（锻制）；H：High-Temperature（高温）；A：Alloy（合金）
		高温压力容器部件用不锈钢锻制品	SUS-F	S：Steel（钢）；U：Use（用途）；S：Stainless（不锈钢）；F：Forging（锻件）
		低温压力容器用锻制品	SFL	S：Steel（钢）；F：Forging（锻件）；L：Low-Temperature（低温）
		铬钼钢锻制品	SFCM	S：Steel（钢）；F：Forging（锻件）；C：Chromium（铬）；M：Molybdenum（钼）
		镍铬钼钢锻制品	SFNCM	S：Steel（钢）；F：Forging（锻件）；N：Nickel（镍）；C：Chromium（铬）；M：Molybdenum（钼）
铸铁		灰口铸铁	FC	F：Ferrum（铁）；C：Casting（铸件）
		球墨铸铁	FCD	F：Ferrum（铁）；C：Casting（铸件）；D：Ductile（可延伸）
		黑口可锻铸铁	FCMB	F：Ferrum（铁）；C：Casting（铸件）；M：Malleable（可锻的）；B：Black（黑的）

续表

分类	名　　称	符　号	备　　注
铸铁	白心可锻铸铁	FCMW	F：Ferrum（铁）；C：Casting（锻件）；M：Malleable（可锻的）；W：White（白）
	珠光体可锻铸铁	FCMP	F：Ferrum（铁）；C：Casting（锻件）；M：Malleable（可锻的）；P：Pearlite（珠光体）
铸钢	碳素钢铸件	SC	S：Steel（钢）；C：Casting（铸件）
	焊接结构用铸件	SCW	S：Steel（钢）；C：Casting（铸件） W：Weld（焊接）
	焊接结构用离心铸钢管	SCW-CF	S：Steel（钢）；C：Casting（铸件）；W：Weld（焊接）；CF：Centrifugal（离心的）
		SCC	S：Steel（钢）；C：Casting（铸件）；C：Carbon（碳）
	结构用高强度碳素钢及低合金钢铸件	SCMn	S：Steel（钢）；C：Casting（铸件）；Mn：Manganess（锰）
		SCSiMn	S：Steel（钢）；C：Casting（铸件）；Si：Silicon（硅）；Mn：Manganese（锰）
		SCMnCr	S：Steel（钢）；C：Casting（铸件）；Mn：Manganese（锰）；Cr：Chromium（铬）
		SCMnM	S：Steel（钢）；C：Casing（铸件）；Mn：Manganese（锰）；M：Molybdenum（钼）
		SCCrM	S：Steel（钢）；C：Casting（铸件）；Cr：Chromium（铬）；M：Molybderum（钼）
		SCMnCrM	S：Steel（钢）；C：Casting（铸件）；Mn：Manganese（锰）；Cr：Chromium（铬）；M：Molybdenum（钼）
		SCNCrM	S：Steel（钢）；C：Casting（铸件）；N：Nickel（镍）；Cr：Chromium（铬）；M：Molybdenum（钼）
	不锈钢铸件	SCS	S：Steel（钢）；C：Casting（铸件）；S：Stainless（不锈钢）
	耐热钢铸件	SCH	S：Steel（钢）；C：Casting（铸件）；H：Heat Resisting（耐热）
	高锰钢铸件	SCMnH	S：Steel（钢）；C：Casting（铸件）；Mn：Manganese（锰）；H：High（高）
	高温高压用铸钢件	SCPH	S：Steel（钢）；C：Casting（铸件）；P：Pressure（压力）；H：High-temperature（高温）
	高温高压用离心铸钢管	SCPH-CF	S：Steel（钢）；C：Casting（铸件）；P：Pressure（压力）；H：High-temperature（高温）；CF：Centrifugal（离心的）
	低温高压用铸钢件	SCPL	S：Steel（钢）；C：Casting（锻件）；P：Pressure（压力）；L：Low-temperature（低温）
电磁材料	永磁材料	MC	M：Magent（磁性）；C：Casting（铸件）
		MP	M：Magent（磁性）；P：Powder（粉末）
	电磁软铁棒	SUYB	S：Steel（钢）；U：Use（用途）；Y：Yoke（磁轭）；B：Bar（棒）
	电磁软铁板	SUYP	S：Steel（钢）；U：Use（用途）；Y：Yole（磁地）；P：Plate（板）
	冷轧硅钢带	S××	S：Silicon（硅）；××：50C/S1.0T 厚度 0.35mm 的铁损值 W10/50 的前两位数
	取向硅钢带	G××	G：Grain（晶粒）；××：50C/S1.7T 厚度 0.35mm 的铁损值 W17/50 的前两位数
	小型电机用磁性钢带磁极用钢板	S××	S：Silicon（硅）；××：铁损 W10/50 换算值的前两位数
		P××	P：Pole（极）；××：抗拉强度最低值

2.6.8 国际标准化组织(ISO)钢铁产品牌号的表示方法

表 2-36 国际标准化组织（ISO）钢铁产品牌号的表示方法

钢类	牌号举例		牌号表示方法说明
	钢号	代号	
结构钢		Fe310	Fe 310 310——三位数字表示抗拉强度(R_m)最小值 Fe——前缀冠以 Fe 表示一般用途结构钢
碳素钢		HR2	HR 2 2——数字表示：1——商品级；2——冲压级；3——深冲级；4——特殊镇静深冲级 HR——前缀冠以 HR 表示商品级和冲压级热轧碳素钢薄板
		CR2	CR 2 2——数字表示：1——商品级；2——冲压级；3——深冲级；4——特殊镇静钢(非时效)深冲级 CR——前缀冠以 CR 表示商品级和冲压级冷轧碳素钢薄板
承压钢材		P420QH	P 420 QH QH——级别代号(QH——高温级别) 420——三位数字表示屈服强度(R_e)最小值 P——前缀冠以 P 表示承压钢材（以正火或调质状态交货的高屈服应力焊接细晶粒厚钢板）
结构钢热轧钢带、板		HR235	HR 235 235——三位数字表示屈服强度(R_e)最小值 HR——前缀冠以 HR 表示结构钢热轧钢带
		HS355	HS 355 355——三位数字表示屈服强度(R_e)最小值 HS——前缀冠以 HS 表示高屈服强度结构钢热轧薄钢板

续表

钢类	牌号举例		牌号表示方法说明
	钢号	代号	
工具钢		TC70	TC 70 70——两位数字表示平均含碳量(以千分之几表示) TC——前缀冠以 TC 表示碳素模具钢
		60SiMn2 (冷作合金模具钢) 35CrMo2 (热作合金模具钢)	60 SiMn 2 2——数字表示主添加合金元素平均含量(以百分之几表示) SiMn——合金元素(采用国际化学元素符号) 60——两位数字表示平均含碳量(以千分之几表示)
		HS6-5-2	HS 6-5-2 6-5-2——用三位或四位数字逐次表示 W-Mo-V-Co(钨)(钼)(钒)(钴)合金元素平均含量(以百分之几表示) HS——前缀冠以 HS 表示高速工具钢
不锈钢		D10 (马氏体钢)	20-40 40——后两位数字表示抗拉强度(R_m)最小值 20——前两位数字表示屈服强度(R_e)最小值
耐热钢和合金		H16 (奥氏体钢)	150 150——用三位数字表示抗拉强度值
铸钢		20-40 (一般工程用铸钢)	20-40 40——后两位数字表示抗拉强度(R_m)最小值 20——前两位数字表示屈服强度(R_e)最小值

续表

钢类	牌号举例		牌号表示方法说明
	钢号	代号	
铸铁	灰口铸铁	150 200	150 150——用三位数字表示抗拉强度值
	球墨铸铁	800-2 700-2	800 - 2 2——表示最小伸长率的百分数 800——表示最小抗拉强度值
	可锻铸铁	W35-04 B30-06 P70-02	W 35 - 04 04——表示最小伸长率的百分数 35——表示最小抗拉强度值 W——前缀冠以{W——为白心可锻铸铁；B——为黑心可锻铸铁；P——为珠光体可锻铸铁
	奥氏体铸铁	L-NiCuCr 15 6 3 S-NiSiCr 20 5 2	L - NiCuCr 15 6 3 15 6 3——用三组数字逐次表示（Ni-Cu-Cr）合金元素平均含量（以百分之几表示） NiCuCr——合金元素符号（按化学元素符号） L——前缀冠以{L——为片状石墨奥氏体铸铁；S——为球状石墨奥氏体铸铁

国际标准化组织（ISO）从 20 世纪 70 年代开始酝酿，试图把所有金属材料牌号的表示方法纳入“国际金属数字代号系统”，称之为“INSM 系统”。1982 年又编制了第三次国际标准建议草案（ISO/DP7003.3），比过去的草案有明显的改进。具体情况如下：金属数字代号总的结构为由六位字母和数字组成的代号，表示方法如图 2-1 所示：

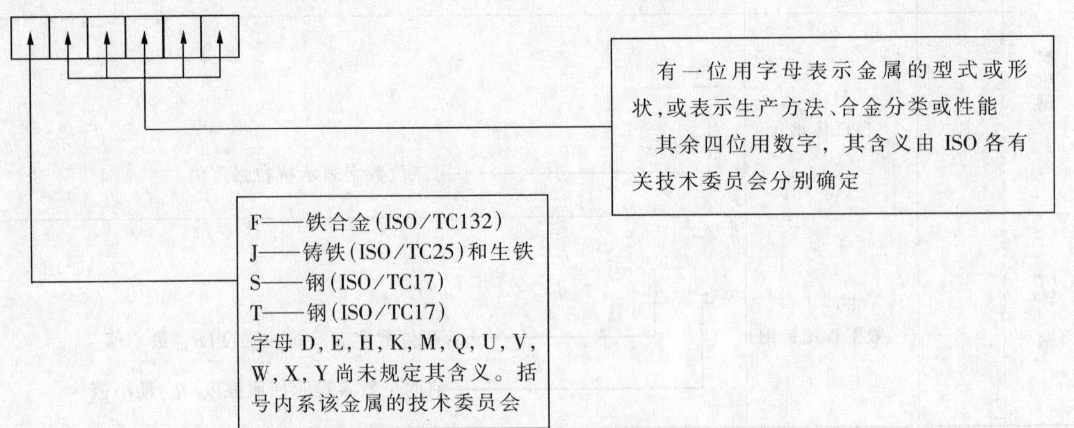

图 2-1 金属数字代号总的结构表示方法

2.7 有色金属材料中外牌号的表示方法

2.7.1 中国国家标准（GB）有色金属及其合金产品牌号的表示方法

(1) 原标准规定

根据国家标准（GB/T 17803—1997，GB/T 18035—2000）规定，有色金属及合金产品牌号的表示方法是：

1）有色金属及合金产品牌号的命名，以代号字头或元素符号后的成分数字或顺序号结合产品类别或级别名称表示。

2）产品代号，采用标准规定的汉语拼音字母、化学元素符号及阿拉伯数字相结合的方法表示。常用有色金属与合金名称及其汉语拼音字母的代号、专用有色金属与合金名称及其汉语拼音字母的代号，分别见表2-37和表2-38。

3）有色金属及合金产品的统称（如铝材、铜材等）、类别（如黄铜、青铜等）以及产品标记中的品种（如板、管、棒、线、带、箔）等，均用汉字表示。

4）有色金属及合金产品的状态、加工方法、特性的代号，采用标准规定的汉语拼音字母表示。

表2-37 常用有色金属、合金名称及其汉语拼音字母的代号

名称	铜	铝	镁	镍	黄铜	青铜	白铜	钛及钛合金
采用代号	T	L	M	N	H	Q	B	T，TA5，TA1

表2-38 专用金属、合金名称及其汉语拼音字母的代号

名称	采用的汉字及汉语拼音		采用代号	字体
	汉字	汉语拼音		
防锈铝	铝、防	lu fang	LF	大写
锻铝	铝、锻	lu duan	LD	大写
硬铝	铝、硬	lu ying	LY	大写
超硬铝	铝、超	lu chao	LC	大写
特殊铝	铝、特	lu te	LT	大写
硬钎焊铝	铝、钎	lu qian	LQ	大写
无氧铜	铜、无	tong wu	TW	大写
金属粉末	粉	fen	F	大写
喷铝粉	粉、铝、喷	fen lu pen	FLP	大写
涂料铝粉	粉、铝、涂	fen lu tu	FLT	大写
细铝粉	粉、铝、细	fen lu xi	FLX	大写
炼钢、化工用铝粉	粉、铝、钢	fen lu gang	FLG	大写
镁粉	粉、镁	fen mei	FM	大写
铝镁粉	粉、铝、镁	fen lu mei	FLM	大写
镁合金（变形加工用）	镁、变	mei bian	MB	大写
焊料合金	焊、料	han liao	Hl	H大写，l小写
阳极镍	镍、阳	nie yang	NY	大写
电池锌板	锌、电	xin dian	XD	大写

续表

名称	采用的汉字及汉语拼音		采用代号	字体
	汉字	汉语拼音		
印刷合金	印	yin	Y	大写
印刷锌板	锌、印	xin yin	XI	大写
稀土	稀土	xi tu	Xt①	X大写，t小写
钨钴硬质合金	硬、钴	ying gu	YG	大写
钨钛钴硬质合金	硬、钛	ying tai	YT	大写
铸造碳化钨	硬、铸	ying zhu	YZ	大写
碳化钛-（铁）镍钼硬质合金	硬、镍	ying nie	YN	大写
多用途（万能）硬质合金	硬、万	ying wan	YW	大写
钢结硬质合金	硬、结	ying jie	YE	大写

注：稀土代号Xt于1987年6月1日起正式改用RE表示（单一稀土金属仍用化学元素符号表示）。

(2) 新标准规定

1）变形铝及铝合金牌号表示方法（GB/T 16474—1996）

四位字符体系牌号命名方法：四位字符体系牌号的第一、三、四位为阿拉伯数字，第二位为英文大写字母（C，I，L，N，O，P，Q，Z字母除外）。牌号的第一位数字表示铝及铝合金的组别，如表2-39所示。除改型合金外，铝合金组别按主要合金元素（6×××系按 Mg_2Si）来确定。主要合金元素指极限含量算术平均值为最大的合金元素。当有一个以上的合金元素极限含量算术平均值同为最大时，应按Cu，Mn，Si，Mg，Mg_2SiZn，其他元素的顺序来确定合金组别。牌号的第二位字母表示原始纯铝或铝合金的改型情况，最后两位数字用以标识同一组中不同的铝合金或表示铝的纯度。

表2-39　变形铝及铝合金牌号系列

组别	牌号系列
纯铝（铝含量不小于99.00%）	1×××
以铜为主要合金元素的铝合金	2×××
以锰为主要合金元素的铝合金	3×××
以硅为主要合金元素的铝合金	4×××
以镁为主要合金元素的铝合金	5×××
以镁和硅为主要合金元素并以 Mg_2Si 相为强化相的铝合金	6×××
以锌为主要合金元素的铝合金	7×××
以其他合金元素为主要合金元素的铝合金	8×××
备用合金组	9×××

纯铝的牌号命名法：铝含量不低于99.00%时为纯铝，其牌号用1×××系列表示。牌号的最后两位数字表示最低铝百分含量。当最低铝百分含量精确到0.01%时，牌号的最后两位数字就是最低铝百分含量中小数点后面的两位。牌号第二位的字母表示原始纯铝的改型情况。如果第二位的字母为A，则表示为原始纯铝；如果是B～Y的其他字母（按国际规定用字母表的次序选用），则表示为原始纯铝的改型，与原始纯铝相比，其元素含量略有改变。

铝合金的牌号命名法：铝合金的牌号用2×××～8×××系列表示。牌号的最后两位数字没有特殊意义，仅用来区分同一组中不同的铝合金。牌号第二位的字母表示原始合金的改型情况。如果牌号第二位的字母是A，则表示为原始合金；如果是B～Y的其他字母（按国际规定用字母表的次序选用），则表示为原始合金的改型合金。改型合金与原始合金相比，化学成分的变化，仅限于下列任何一种或几种情况：

一个合金元素或一组组合元素形式的合金元素，极限含量算术平均值的变化量符合表2-40的规定。

表2-40　　极限含量算术平均值的变化量

原始合金中的极限含量算术平均值范围	极限含量算术平均值的变化量不大于
≤1.0%	0.15%
>1.0%～2.0%	0.20%
>2.0%～3.0%	0.25%
>3.0%～4.0%	0.30%
>4.0%～5.0%	0.35%
>5.0%～6.0%	0.40%
>6.0%	0.50%

注：改型合金中的组合元素极限含量的算术平均值，应与原始合金中相同组合元素的算术平均值或各相同元素（构成该组合元素的各单个元素）的算术平均值之和相比较。

四位字符体系牌号的变形铝及铝合金化学成分注册时应符合下列要求：

a）化学成分明显不同于其他已经注册的变形铝及铝合金。

b）各元素含量的极限值表示到如下位数：

<0.001%　　0.000×

0.001%～<0.01%　　0.00×

0.01%～<0.1%

用精炼法制得的纯铝　　0.0××

用非精炼法制得的纯铝和铝合金　　0.0×

0.1%～0.55%　　0.××（通常表示在0.30%～0.55%范围内的极限值为0.×0或0.×5）

>0.55%　　0.×，×.×，××.×

（但1×××牌号中，组合元素Fe+Si的含量必须表示为0.××或1.××）

c）规定各元素含量的极限值时按以下顺序排列：Si，Fe，Cu，Mn，Mg，Cr，Ni，Zn，Ti，Zr，其他元素的单个和总量，Al。当还要规定其他的有含量范围限制的元素时，应按化学符号字母表的顺序，将这些元素依次插到Zn和Ti之间，或在角注中注明。

d）纯铝的最低铝含量应有明确规定。对于用精炼法制取的纯铝，其铝含量为100.00%与全部其他金属元素及硅（每种元素含量须≥0.0010%）的总量之差值。在确定总量之前，每种元素要精确到小数点后面第三位，作减法运算前应先将其总量修约到小数点后面第二位。对于非精炼法制取的纯铝，其铝含量为100.00%与全部其他金属元素及硅（每种元素含量须≥0.010%）的总量之差值。在确定总量之前，每种元素要精确到小数点后面第二位。

e）铝合金的铝含量要规定为“余量”。

2）变形铝及铝合金状态代号（GB/T 16475—2008）

①基础状态代号：基础状态分为5种，如表2-41所示。

表 2-41　　基础状态代号、名称及说明与应用

代号	名称	说明与应用
F	自由加工状态	适用于在成型过程中，对于加工硬化和热处理条件无特殊要求的产品，该状态产品对力学性能不作规定
O	退火状态	适用于经完全退火后获得最低强度的产品状态
H	加工硬化状态	适用于通过加工硬化提高强度的产品，产品在加工硬化后可经过（也可不经过）使强度有所降低的附加热处理 H 代号后面必须跟有两位或三位阿拉伯数字
W	固溶热处理状态	仅适用于经固溶热处理后在室温下自然时效的一种不稳定状态，该状态代号仅表示产品处于自然时效阶段
T	热处理状态 （不同于 F、O、H 状态）	适用于固溶热处理后，经过（或不经过）加工硬化达到稳定的状态 T 代号后面必须跟有一位或多位阿拉伯数字

②细分状态代号：

H 的细分状态：在字母 H 后面添加两位阿拉伯数字（称作 H××状态），或三位阿拉伯数字（称作 H×××状态），表示 H 的细分状态。

H×状态：H 后面的第 1 位数字表示获得该状态的基本工艺，用数字 1～4 表示，如下所示：

H1×——单纯加工硬化状态。适用于未经附加热处理，只经加工硬化即获得所需强度的状态。

H2×——加工硬化及不完全退火的状态。适用于加工硬化程度超过成品规定要求，经不完全退火，使强度降低到规定指标的产品。对于室温下自然时效软化的合金，H2×与对应的 H3×具有相同的最小极限抗拉强度值；对于其他合金，H2×与对应的 H1×具有相同的最小极限抗拉强度值，但伸长率比 H1×稍高。

H3×——加工硬化后稳定化处理的状态。适用于加工硬化后经低温热处理或由于加工过程中的受热作用致使其力学性能达到稳定的产品。H3×状态仅适用于在室温下逐渐时效软化（除非经稳定化处理）的合金。

H4×——加工硬化后涂漆（层）处理的状态。适用于加工硬化后，经涂漆（层）处理导致了不完全退火的产品。

H 后面的第 2 位数字表示产品的最终加工硬化程度，用数字 1～9 来表示。数字 8 表示硬状态。通常采用 O 状态的最小抗拉强度与表 2-40 规定的强度差值之和，来规定 H×8 状态的最小抗拉强度值。对于 O（退火）和 H×8 状态之间的状态，应在 H×代号后分别添加从 1 到 7 的数字来表示，在 H×后添加数字 9 表示比 H×8 加工硬化程度更大的超硬状态。各种 H××细分状态代号及对应的加工硬化程度如表 2-42 所示。

表 2-42　　H×8 状态与 O 状态的最小抗拉强度差值

O 状态的最小抗拉强度/MPa	H×8 状态与 O 状态的最小抗拉强度差值/MPa
≤40	55
45～60	65
65～80	75
85～100	85
105～120	90
125～160	95
165～200	100
205～240	105
245～280	110
285～320	115
≥325	120

表 2-43　　H××细分状态代号与最终加工硬化程度

细分状态代号	最终加工硬化程度
H×1	最终抗拉强度极限为 O 与 H×2 状态的中间值
H×2	最终抗拉强度极限为 O 与 H×4 状态的中间值
H×3	最终抗拉强度极限为 H×2 与 H×4 状态的中间值
H×4	最终抗拉强度极限为 O 与 H×8 状态的中间值
H×5	最终抗拉强度极限为 H×4 与 H×6 状态的中间值
H×6	最终抗拉强度极限为 H×4 与 H×8 状态的中间值
H×7	最终抗拉强度极限为 H×6 与 H×8 状态的中间值
H×8	硬状态
H×9	超硬状态 最小抗拉强度极限值超过 H×8 状态至少 10MPa 及以上

注：当按上表确定的 H×1～H×9 状态的抗拉强度极限值，不是以 0 或 5 结尾时，应修约至以 0 或 5 结尾的相邻较大值。

H×××状态：H×××状态代号如下所示：

a）H111：适用于最终退火后又进行了适量的加工硬化，但加工硬化程度又不及 H11 状态的产品。

b）H112：适用于热加工成型的产品。该状态产品的力学性能有规定要求。

c）H116：适用于镁含量≥4.0%的 5×××系合金制成的产品。这些产品具有规定的力学性能和抗剥落腐蚀性能要求。

d）花纹板的状态代号：花纹板的状态代号和其对应的、压花前的板材状态代号如表 2-44 所示。

表 2-44　　花纹板和其压花前的板材状态代号对照表

花纹板的状态代号	压花前的板材状态代号
H114	O
H124	H11
H224	H21
H324	H31
H134	H12
H234	H22
H334	H32
H144	H13
H244	H23
H344	H33
H154	H14
H254	H24
H354	H34
H164	H15
H264	H25
H364	H35

续表

花纹板的状态代号	压花前的板材状态代号
H174 H274 H374	H16 H26 H36
H184 H284 H384	H17 H27 H37
H194 H294 H394	H18 H28 H38
H195 H295 H395	H19 H29 H39

T的细分状态：在字母T后面添加一位或多位阿拉伯数字表示T的细分状态。

T×状态：在T后面添加1～10的阿拉伯数字，表示基本处理状态（称作T×状态）如表2-45所示。T后面的数字表示对产品的基本处理程序。

表2-45 TX细分状态代号说明与应用

状态代号	说明与应用
T1	由高温成型过程冷却，然后自然时效至基本稳定的状态 适用于由高温成型过程冷却后，不再进行冷加工（可进行矫直、矫平，但不影响力学性能极限）的产品
T2	由高温成型过程冷却，经冷加工后自然时效至基本稳定的状态 适用于由高温成型过程冷却后，进行冷加工，或矫直、矫平以提高强度的产品
T3	固溶热处理后进行冷加工，再经自然时效至基本稳定的状态 适用于在固溶热处理后，进行冷加工、或矫直、矫平以提高强度的产品
T4	固溶热处理后自然时效至基本稳定的状态 适用于固溶热处理后不再进行冷加工（可进行矫直、矫平，但不影响力学性能极限）的产品
T5	由高温成型过程冷却，然后进行人工时效的状态 适用于由高温成型过程冷却后，不经过冷加工（可进行矫直、矫平，但不影响力学性能极限），予以人工时效的产品
T6	固溶热处理后进行人工时效的状态 适用于固溶热处理后，不再进行冷加工（可进行矫直、矫平，但不影响力学性能极限）的产品
T7	固溶热处理后进行过时效的状态 适用于固溶热处理后，为获取某些重要特性，在人工时效时，强度在时效曲线上越过了最高峰点的产品
T8	固溶热处理后经冷加工，然后进行人工时效的状态 适用于经冷加工，或矫直、矫平以提高强度的产品
T9	固溶热处理后人工时效，然后进行冷加工的状态 适用于经冷加工提高强度的产品
T10	由高温成型过程冷却后，进行冷加工，然后人工时效的状态 适用于经冷加工，或矫直、矫平以提高强度的产品

注：某些6×××系的合金，无论是炉内固溶热处理，还是从高温成型过程急冷以保留可溶性组分在固溶体中，均能达到相同的固溶热处理效果，这些合金的T3、T4、T6、T7、T8和T9状态可采用上述两种处理方法的任一种。

T××状态及T×××状态（消除应力状态除外）：在T×状态代号后面再添加一位阿拉伯数字（称作T××状态），或添加两位阿拉伯数字（称作T×××状态），表示经过了明显改变产品特性（如力学性能、抗腐蚀性能等）的特定工艺处理的状态，如表2-46所示。

表2-46 TXX及TXXX细分状态代号说明与应用

状态代号	说明与应用
T42	适用于自O或F状态固溶热处理后，自然时效到充分稳定状态的产品，也适用于需方对任何状态的加工产品热处理后，力学性能达到了T42状态的产品
T62	适用于自O或F状态固溶热处理后，进行人工时效的产品，也适用于需方对任何状态的加工产品热处理后，力学性能达到了T62状态的产品
T73	适用于固溶热处理后，经过时效以达到规定的力学性能和抗应力腐蚀性能指标的产品
T74	与T73状态定义相同。该状态的抗拉强度大于T73状态，但小于T76状态
T76	与T73状态定义相同。该状态的抗拉强度分别高于T73、T74状态，抗应力腐蚀断裂性能分别低于T73、T74状态，但其抗剥落腐蚀性能仍较好
T7X2	适用于自O或F状态固溶热处理后，进行人工过时效处理，力学性能及抗腐蚀性能达到了T7X状态的产品
T81	适用于固溶热处理后，经1%左右的冷加工变形提高强度，然后进行人工时效的产品
T87	适用于固溶热处理后，经7%左右的冷加工变形提高强度，然后进行人工时效的产品

消除应力状态：在上述T×或T××或T×××状态代号后面添加“51”或“510”或“511”或“52”或“54”，表示经过了消除应力处理的产品状态代号，如表2-47所示

表2-47 消除应力状态代号说明与应用

状态代号	说明与应用
T×51 T××51 T×××51	适用于固溶热处理或自高温成型过程冷却后，按规定量进行拉伸的厚板、轧制或冷精整的棒材以及模锻件、锻环或轧制环，这些产品拉伸后不再进行矫直 厚板的永久变形量为1.5%～3%，轧制或冷精整棒材的永久变形量为1%～3%；模锻件、锻环或轧制环的永久变形量为1%～5%
T×510 T××510 T×××510	适用于固溶热处理或自高温成型过程冷却后，按规定量进行拉伸的挤制棒、型和管材，以及拉制管材，这些产品拉伸后不再进行矫直 挤制棒、型和管材的永久变形量为1%～3%；拉制管材的永久变形量为1.5%～3%
T×511 T××511 T×××511	适用于固溶热处理或自高温成型过程冷却后，按规定量进行拉伸的挤制棒、型和管材，以及拉制管材，这些产品拉伸后可略微矫直以符合标准公差 挤制棒、型和管材的永久变形量为1%～3%；拉制管材的永久变形量为1.5%～3%
T×52 T××52 T×××52	适用于固溶热处理或自高温成型过程冷却后，通过压缩来消除应力，以产生1%～5%的永久变形量的产品
T×54 T××54 T×××54	适用于在终锻模内通过冷整形来消除应力的模锻件

W的消除应力状态：正如T的消除应力状态代号表示方法，可在W状态代号后面添加相同的数字（如51，52，54），以表示不稳定的固溶热处理及消除应力状态。

表 2-48　　原状态代号相应的新代号

旧代号	新代号	旧代号	新代号
M	O	CYS	T-51，T-52 等
R	H112 或 F/T1 或 F	CZY	T2
Y	H×8	CSY	T9
Y1	H×6	MCS	T62
Y2	H×4	MCZ	T42
Y4	H×2	CGS1	T73
T	H×9	CGS2	T76
CZ	T4	CGS3	T74
CS	T6	RCS	T5

注：原以 R 状态交货的，提供 CZ，CS 试样性能的产品，其状态可分别对应新代号 T4，T622。

3）贵金属及其合金牌号的表示方法（GB / T 18035—2000）

按照生产过程，并顾及某种产品的特定用途，贵金属及其合金牌号分为冶炼产品、加工产品、复合材料、粉末产品、钎焊料五类。

①冶炼产品牌号

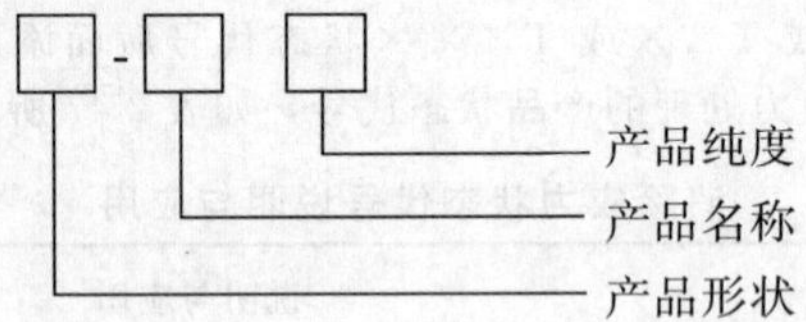

产品形状：分别用英文的第一个字母大写或其字母组合形式表示，其中 IC 表示铸锭状金属，SM 表示海绵状金属。

产品名称：用化学元素符号表示。

产品纯度：用百分含量的阿拉伯数字表示，不含百分号。

示例：IC-Au99.99 表示纯度为 99.99%的金锭

SM-Pt99.999 表示纯度为 99.999%的海绵铂

②加工产品牌号

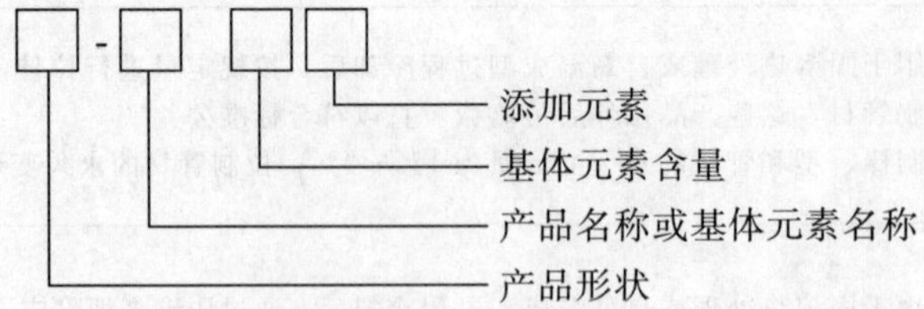

产品形状：分别用英文的第一个字母大写形式或英文第一个字母大写和第二个字母小写形式表示，其中

Pl 表示板材
Sh 表示片材
St 表示带材
F 表示箔材
T 表示管材
R 表示棒材

W 表示线材

Th 表示丝材

产品名称：若产品为纯金属，则用其化学元素符号表示名称；若为合金，则用该合金的基体的化学元素符号表示名称。

产品含量：若产品为纯金属，则用百分含量表示其含量；若为合金，则用该合金基体元素的百分含量表示其含量，均不含百分号。

添加元素：用化学元素符号表示添加元素。若产品为三元或三元以上的合金，则依据添加元素在合金中含量的多少，依次用化学元素符号表示。若产品为纯金属加工材，则无此项。

若产品的基体元素为贱金属，添加元素为贵金属，则仍将贵金属作为基体元素放在第二项，第三项表示该贵金属元素的含量，贱金属元素放在第四项。

示例：Pl-Au99.999 表示纯度为 99.999％的纯金板材；

W-Pt90Rh 表示含 90％铂，添加元素为铑的铂铑合金线材；

W-Au93NiFeZr 表示含 93％金，添加元素为镍、铁和锆的金镍铁锆合金线材；

St-Au75Pd 表示含 75％金，添加元素为钯的金钯合金带材；

St-Ag30Cu 表示含 30％银，添加元素为铜的银铜合金带材。

③复合材料牌号

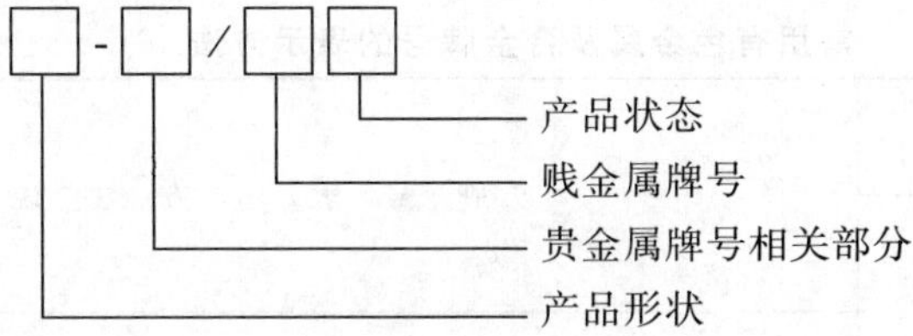

产品的形状、构成复合材料的贵金属牌号的相关部分，其表示方法同 b)“加工产品牌号”。

构成复合材料的贱金属牌号，其表示方法参见现行相关国标。

产品状态分为软态（M）、半硬态（Y_2）和硬态（Y）。此项可根据需要选定或省略。

三层及三层以上复合材料，在第三项后面依次插入表示后面层的相关牌号，并以“/”相隔开。示例：

St-Ag99.95/QSn6.5-0.1 表示由含银 99.95％银带材和含锡 6.5％、含磷 0.1％的锡磷青铜带复合成的复合带材；

St-Ag90Ni/H62Y_2 表示由含银 90％的银镍合金和含铜 62％的黄铜复合成的半硬态的复合带材；

St-Ag99.95/T2/A99.95 表示第一层为含银 99.95％银带、第二层为 2 号紫铜带、第三层为含银 99.95％银带复合成的三层复合带材。

④粉末产品牌号

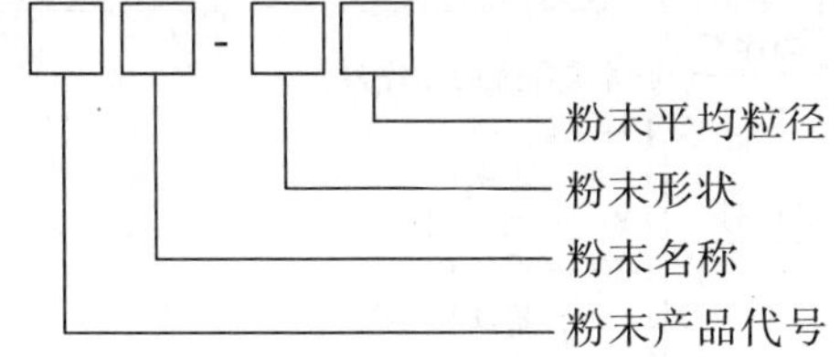

粉末产品代号用英文大写字母 P 表示。

粉末名称：若粉末是纯金属，由用其化学元素符号表示；若是金属氧化物，则用其分子式表示；若是合金，则用其基体元素符号、基体元素含量、添加元素符号依次表示。

粉末形状用英文大写字母表示，其中：S 表示片状粉末，G 表示球状粉末。

若不强调粉末的形状，其形状可不表示。

粉末平均粒径用阿拉伯数字表示，单位为 μm。若平均粒径是一个范围，则取其上限值。

示例：PAg-S6.0 表示平均粒径小于 6.0μm 的片状银粉；

PPd-G0.15 表示平均粒径小于 0.15μm 的球状钯粉。

⑤钎焊料牌号

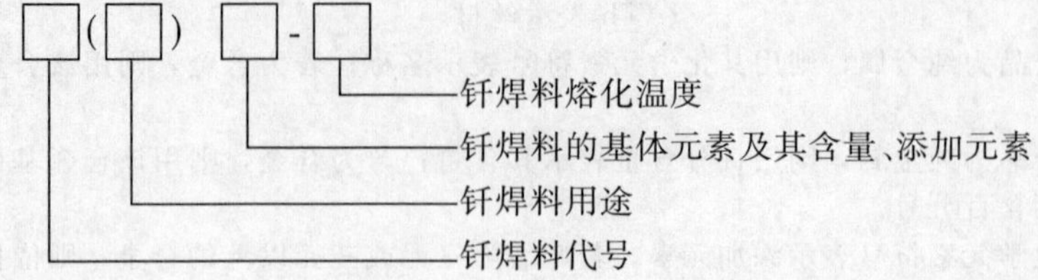

钎焊料代号用英文大写字母 B 表示。

钎焊料用途用英文大写字母表示，其中 V 表示电真空焊料。

若不强调钎焊料的用途，此项可不用字母表示。

钎焊料合金的基体元素及其含量以及添加元素，其表示方法同 b)。

钎焊料熔化温度：共晶合金为共晶点温度，其余合金为固相线温度/液相线温度。

示例：BVAg72Cu-780 表示含 72%的银，熔化温度为 780℃，用于电真空器件的银铜合金钎焊料。

BAg70CuZn-690/740 表示含 70%的银，固相线温度为 690℃，液相线温度为 740℃的银铜锌合金钎焊料。

表 2-49　　常用有色金属及合金牌号的表示方法

有色金属及其合金分类	牌号举例：名称	牌号举例：代号	牌号表示方法说明
铝及铝合金	工业高纯铝	L-05，L-04	LF 21 M M——状态（见下表） 21——顺序号：金属或合金的顺序号 LF——分类代号（详见附表）：L——纯铝；LF——防锈铝；LY——硬铝；LD——锻铝；LC——超硬铝；LT——特殊铝
	工业纯铝	L1，L3，L4	
	防锈铝	LF2，LF21	
	硬铝	LY1，LY11 LY12	
	锻铝	LD5，LD10	
	超硬铝	LC3，LC10	
	特殊铝	LT1，LT13	

代号	M	C	CY	CZ	CS	Y	Y1，Y2	Y3，Y4	T	R
含义	退火	淬火	淬火后冷轧冷作硬化	淬火自然时效	淬火人工时效	硬	$\frac{3}{4}$硬，$\frac{1}{2}$硬	$\frac{1}{3}$硬，$\frac{1}{4}$硬	特硬	热加工
代号	O	MO	J	B	BR	BM	BCY	BCO	BCYO	CZYO
含义	优质表面	优质表面退火	加厚包铝的	不包铝的	不包铝热轧	不包铝退火	不包铝冷作硬化	不包铝淬火优质表面	不包铝淬火、冷作硬化优质表面	淬火自然时效冷作硬化优质表面

续表

<table>
<tr><th rowspan="2">有色金属及其合金分类</th><th colspan="2">牌号举例</th><th rowspan="2">牌号表示方法说明</th></tr>
<tr><th>名称</th><th>代号</th></tr>
<tr><td>铝及铝合金</td><td>纯铝
铝合金</td><td>1A99
2A50，3A21</td><td>1 A - 99
1×××系列(纯铝)——表示最低铝百分含量
2×××～×××系列——用来区分同一组中不同的铝合金
A ——表示原始纯铝
B～Y 其他英文字母——表示铝合金的改型情况
<table>
<tr><th>组　列</th><th>牌号系列</th></tr>
<tr><td>纯铝(铝含量不小于 99.00%)</td><td>1×××</td></tr>
<tr><td>以铜为主要合金元素的铝合金</td><td>2×××</td></tr>
<tr><td>以锰为主要合金元素的铝合金</td><td>3×××</td></tr>
<tr><td>以硅为主要合金元素的铝合金</td><td>4×××</td></tr>
<tr><td>以镁为主要合金元素的铝合金</td><td>5×××</td></tr>
<tr><td>以镁产硅为主要合金元素并以 Mg_2Si 相为强化相的铝合金</td><td>6×××</td></tr>
<tr><td>以锌为主要合金元素的铝合金</td><td>7×××</td></tr>
<tr><td>以其他合金元素为主要合金元素的铝合金</td><td>8×××</td></tr>
<tr><td>备用合金组</td><td>9×××</td></tr>
</table>
注：摘自 GB/T 16474—1996 变形铝及铝合金牌号表示方法</td></tr>
<tr><td>镁合金</td><td></td><td>MB1
MB8-M</td><td>MB 8 - M
状态——符号含义同铝合金代号
顺序号——金属或合金的顺序号
分类代号：M——纯镁；MB——变形镁合金</td></tr>
<tr><td>铜及铜合金</td><td>纯铜

黄铜
青铜

白铜</td><td>T1，T2-M
TU1，TUMn
H62，HSn90-1
QSn4-3
QSn4-4-2.5
QAl10-3-1.5
B30
BMn3-12</td><td>Q Al 10 - 3 - 1.5 M
状态——符号含义同铝合金代号
添加元素量——以百分之几表示：纯铜、一般黄铜、白铜无此数字；三元以上黄铜、白铜为第二添加元素合金；青铜为第二主添加元素含量
主添加元素——以百分之几表示：纯铜中为金属顺序号；黄铜中为铜含量(Zn 为余数)；白铜为 Ni 或(Ni＋Co)含量；青铜为第一主添加元素含量
主添加元素符号：纯铜、一般黄铜、白铜不标；三元以上黄铜、白铜为第二主添加元素(第一主添加元素分别为 Zn，Ni)；青铜为第一主添加元素
分类代号：T——纯铜，TU——无氧铜，TK——真空铜；H——黄铜；Q—青铜；B——白铜</td></tr>
</table>

续表

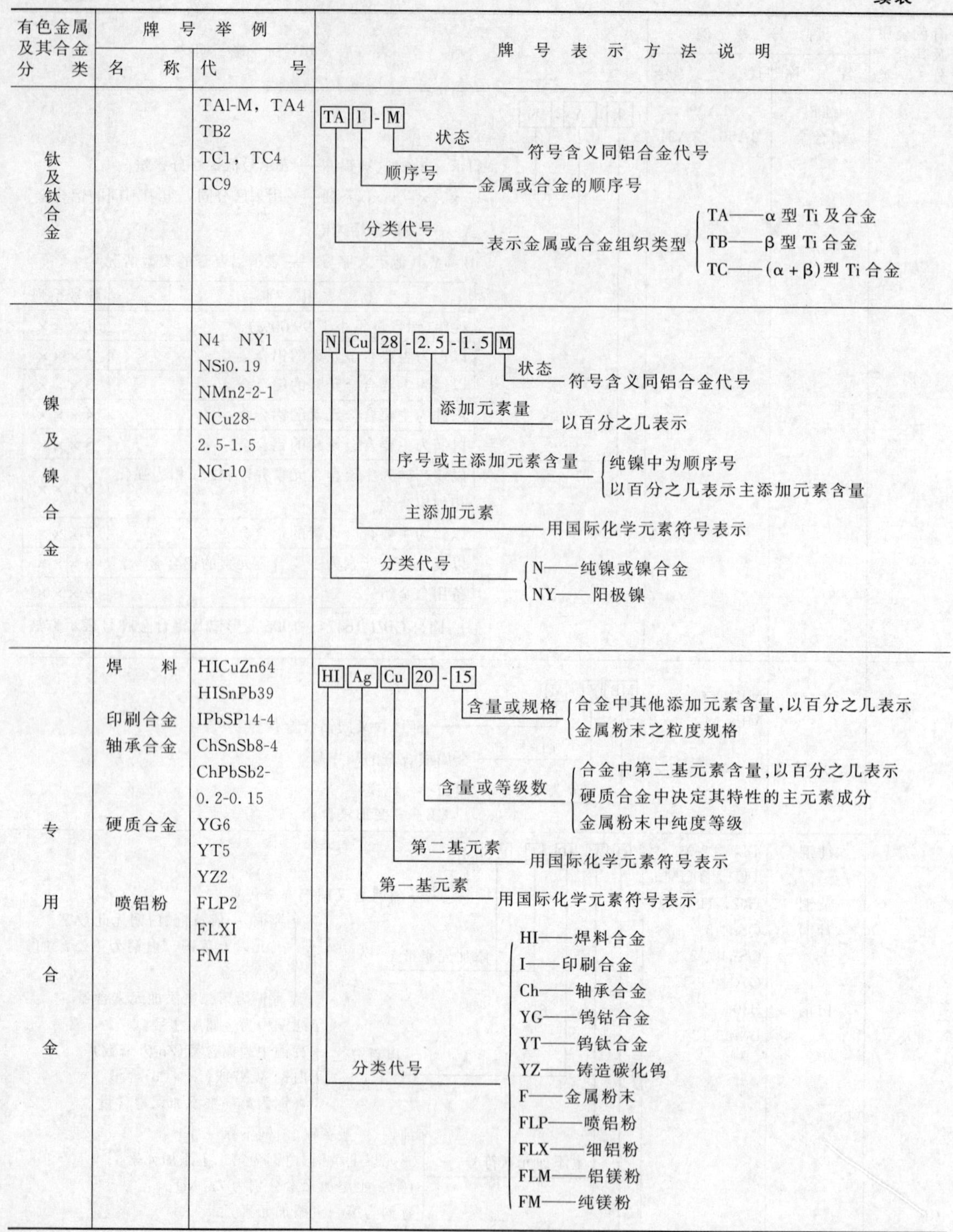

有色金属及其合金分类	牌号举例 名称	牌号举例 代号	牌号表示方法说明
钛及钛合金		TAl-M，TA4 TB2 TC1，TC4 TC9	TA 1 - M 状态——符号含义同铝合金代号 顺序号——金属或合金的顺序号 分类代号——表示金属或合金组织类型：TA——α型Ti及合金；TB——β型Ti合金；TC——(α+β)型Ti合金
镍及镍合金		N4 NY1 NSi0.19 NMn2-2-1 NCu28-2.5-1.5 NCr10	N Cu 28 - 2.5 - 1.5 M 状态——符号含义同铝合金代号 添加元素量——以百分之几表示 序号或主添加元素含量——纯镍中为顺序号；以百分之几表示主添加元素含量 主添加元素——用国际化学元素符号表示 分类代号——N——纯镍或镍合金；NY——阳极镍
专用合金	焊料 印刷合金 轴承合金 硬质合金 喷铝粉	HICuZn64 HISnPb39 IPbSP14-4 ChSnSb8-4 ChPbSb2-0.2-0.15 YG6 YT5 YZ2 FLP2 FLXI FMI	HI Ag Cu 20 - 15 含量或规格——合金中其他添加元素含量，以百分之几表示；金属粉末之粒度规格 含量或等级数——合金中第二基元素含量，以百分之几表示；硬质合金中决定其特性的主元素成分；金属粉末中纯度等级 第二基元素——用国际化学元素符号表示 第一基元素——用国际化学元素符号表示 分类代号——HI——焊料合金；I——印刷合金；Ch——轴承合金；YG——钨钴合金；YT——钨钛合金；YZ——铸造碳化钨；F——金属粉末；FLP——喷铝粉；FLX——细铝粉；FLM——铝镁粉；FM——纯镁粉

4）铸造有色金属及其合金牌号的表示方法（GB / T 8063—1994）

①铸造有色纯金属牌号的表示方法

铸造有色纯金属的牌号由“Z”和相应纯金属的化学元素符号及表明产品纯度百分含量的数字或用一短横加顺序号组成。

②铸造有色合金牌号的表示方法

a）铸造有色合金牌号由“Z”和基体金属的化学元素符号、主要合金化学元素符号（其中混合稀土元素符号统一用 RE 表示）以及表明合金化元素名义百分含量（质量分数，下同）的数字组成。

b）当合金化元素多于两个时，合金牌号中应列出足以表明合金主要特性的元素符号及其名义百分含量的数字。

c）合金化元素符号按其名义百分含量递减的次序排列。当名义百分含量相等时，则按元素符号字母顺序排列。当需要表明决定合金类别的合金化元素首先列出时，不论其含量多少，该元素符号均应紧置于基体元素符号之后。

d）除基体元素的名义百分含量不标注外，其他合金化元素的名义百分含量均标注于该元素符号之后。当合金化元素含量规定为大于或等于 1%的某个范围时，采用其平均含量的修约化整值。必要时也可用带一位小数的数字标注。合金化元素含量小于 1%时，一般不标注，只有对合金性能起重大影响的合金化元素，才允许用一位小数标注其平均含量。

e）对具有相同主成分，需要控制低间隙元素的合金，在牌号后的圆括弧内标注 ELI。

f）对杂质限量要求严、性能高的优质合金，在牌号后面标注大写字母“A”表示优质。

表 2-50　　铸造有色金属及合金牌号的表示方法示例

金　　属	牌号举例及说明
铸造纯铝	Z Al 99.5 99.5——铝的最低名义质量分数 Al——铝的化学元素符号 Z——铸造代号
铸造纯钛	Z Ti-1 1——纯钛产品级别 Ti——钛的化学元素符号 Z——铸造代号
铸造优质铝合金	Z Al Si 7 Mg A A——表示优质合金 Mg——镁的化学元素符号 7——硅的名义质量分数 Si——硅的化学元素符号 Al——基体铝的化学元素符号 Z——铸造代号
铸造镁合金	Z Mg Zn 4 RE 1 Zr Zr——锆的化学元素符号 1——混合稀土的名义百分含量 RE——混合稀土的化学元素符号 4——锌的名义质量分数 Zn——锌的化学元素符号 Mg——基体镁的化学元素符号 Z——铸造代号

续表

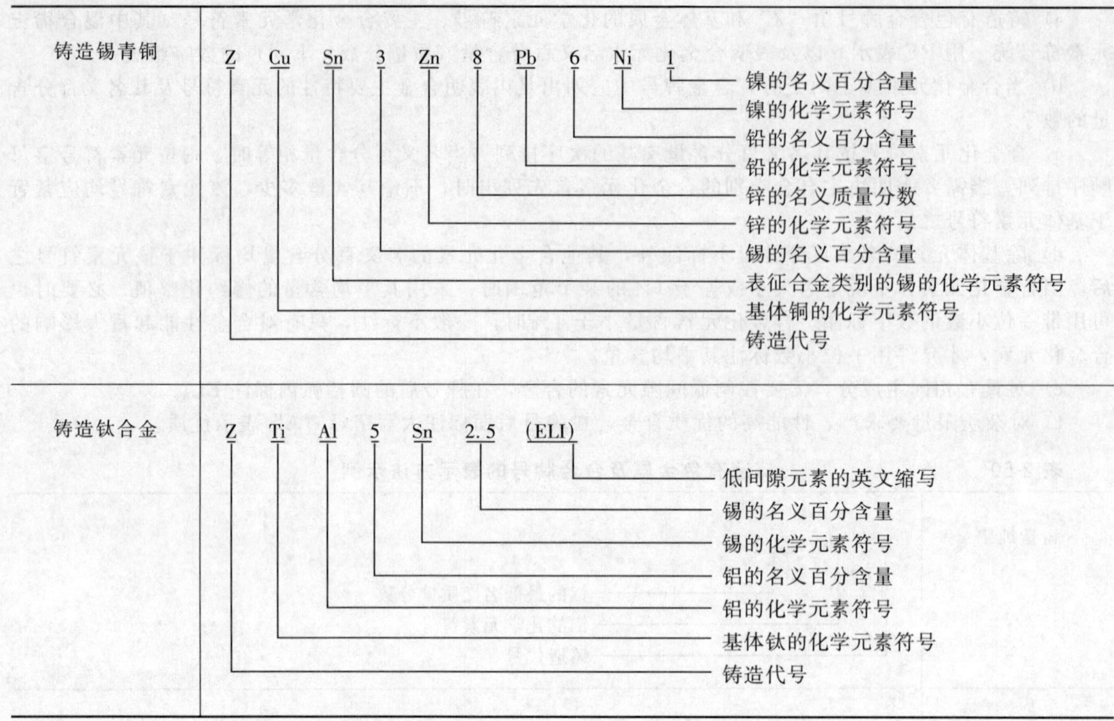

表 2-51　　有色金属及合金加工产品、铸造产品牌号表示方法举例

产品名称	组　别	金属或合金牌号举例		产品名称	组　别	金属或合金牌号举例	
铝　及	工业纯铝	四号工业纯铝	L4		锰黄铜	58-2 锰黄铜	HMn58-2
铝合金	防锈铝	二号防锈铝	LF2		铁黄铜	59-1-1 铁黄铜	HFe59-1-1
	硬铝	十二号硬铝	LY12		镍黄铜	65-5 镍黄铜	HNi65-5
	锻铝	二号锻铝	LD2		硅黄铜	80-3 硅黄铜	HSi80-3
	超硬铝	四号超硬铝	LC4	青铜	锡青铜	6.5-0.1 锡青铜	QSn6.5-0.1
	特殊铝	六十六号特殊铝	LT66		铝青铜	10-3-1.5 铝青铜	QAl10-3-1.5
	硬钎焊铝	一号硬钎焊铝	LQ1		铍青铜	1.9 铍青铜	QBe1.9
					硅青铜	3-1 硅青铜	QSi3-1
镁合金		八号镁合金	MB8		锰青铜	5 锰青铜	QMn5
钛　及	工业纯钛	一号 α 型钛	TA1		镉青铜	1 镉青铜	QCdl
钛合金	钛合金	五号 α 型钛合金	TA5		铬青铜	0.5 铬青铜	QCr0.5
		四号 α+β 型钛合金	TC4	白铜	普通白铜	30 白铜	B30
纯铜	纯铜	二号铜	T2		锰白铜	3-12 锰白铜	BMn3-12
	无氧铜	一号无氧铜	TU1		铁白铜	30-1-1 铁白铜	BFe30-1-1
		磷脱氧铜	TUP		锌白铜	15-20 锌白铜	BZn15-20
黄铜	普通黄铜	68 黄铜	H68		铝白铜	13-3 铝白铜	BAl13-3
	铅黄铜	59-1 铅黄铜	HPb59-1	镍　及	纯镍	四号镍	N4
	锡黄铜	90-1 锡黄铜	HSn90-1	镍合金	阳极镍	一号阳极镍	NY1
	铝黄铜	77-2 铝黄铜	HAl77-2		镍硅合金	0.19 镍硅合金	NSi0.19

续表

产品名称	组　别	金属或合金牌号举例	
	镍镁合金	0.1 镍镁合金	NMg0.1
	镍锰合金	2-2-1 镍锰合金	NMn2-2-1
	镍铜合金	28-2.5-1.5 镍铜合金	NCu28-2.5-1.5
	镍铬合金	10 镍铬合金	NCr10
	镍钴合金	17-2-2-1 镍铬合金	NCo17-2-2-1
	镍铝合金	3-1.5-1 镍铝合金	NAl3-1.5-1
	镍钨合金	4-0.2 镍钨合金	NW4-0.2
铅及铅合金	纯铅	三号铅	Pb3
	铅锑合金	2 铅锑合金	PbSb2
锌及锌合金	纯锌	二号锌	Zn2
	锌铜合金	1.5 锌铜合金	ZnCu1.5
锡及锡合金	纯锡	二号锡	Sn2
	锡锑合金	2.5 锡锑合金	SnSb2.5
	锡铅合金	13.5-2.5 锡铜合金	SnPb13.5-2.5
镉	纯镉	二号镉	Cd2
焊料	铜焊料	64 铜锌焊料	HlCuZn64
	锡焊料	39 锡铅焊料	HlSnPb39
	银焊料	28 银铜焊料	HlAgCu28
硬质合金	钨钴合金	钨钴 6 硬质合金	YG6
	钨钴钛合金	钨钛钴 5 硬质合金	YT5
	铸造碳化钨	2 号铸造碳化钨	YZ2
金及金合金	纯金	二号金	Au2
	金银合金	40 金银合金	AuAg40
	金铜合金	20-5 金铜合金	AuCu20-5
	金镍合金	7.5-1.5 金镍合金	AuNi7.5-1.5
	金铂合金	5 金铂合金	AuPt5
	金钯合金	30-10 金钯合金	AuPd30-10
	金镓合金	1 金镓合金	AuGa1
	金锗合金	12 金锗合金	AuGe12
银及银合金	纯银	二号银	Ag2
	银铜合金	10 银铜合金	AgCu10
	银镁合金	3 银镁合金	AgMg3
	银铂合金	12 银铂合金	AgPt12
	银钯合金	20 银钯合金	AgPd20
铂及铂合金	纯铂	二号铂	Pt2
	铂铱合金	5 铂铱合金	PtIr5
	铂铑合金	7 铂铑合金	PtRh7
	铂银合金	20 铂银合金	PtAg20
	铂钯合金	20 铂钯合金	PtPd20
	铂镍合金	4.5 铂镍合金	PtNi4.5
钯及钯合金	纯钯	二号钯	Pd2
	钯铱合金	10 钯铱合金	PdIr10
	钯银合金	40 钯银合金	PdAg40
	钯铜合金	40 钯铜合金	PdCu40
粉末	镁粉	一号镁粉	FM1
	喷铝粉	二号喷铝粉	FLP2
	涂料铝粉	二号涂料铝粉	FLU2
	细铝粉	一号细铝粉	FLX1
	炼钢、化工用铝粉	一号炼钢、化工用铝粉	FLG1
	特细铝粉	一号特细铝粉	FLT1
轴承合金	锡基轴承合金	8-3 锡锑轴承合金	ChSnSb8-3
		11-6 锡锑轴承合金	ChSnSb11-6
	铅基轴承合金	0.25 铅锑轴承合金	ChPbSb0.25
		2-0.2-0.15 铅锑轴承合金	ChPbSb2-0.2-0.15

2.7.2 欧洲标准化委员会(CEN)有色金属及其合金产品牌号的表示方法

在欧洲标准中，有色金属及其合金牌号有两个体系，二者平行对照使用，一个是以化学元素符号、标记字母和阿拉伯数字组成的牌号，另外一个是数字编号体系。

(1) 有色金属的牌号表示方法

表 2-52　有色金属以化学元素符号、标记字母和阿拉伯数字组成的牌号表示方法

<table>
<tr><th rowspan="2">合金类型</th><th colspan="2">牌号举例</th><th rowspan="2">牌号表示方法</th></tr>
<tr><th>产品类型</th><th>牌号</th></tr>
<tr><td rowspan="3">铝及铝合金</td><td>再熔、母合金和铸件的非合金和合金铝锭</td><td>EN AB-Al Si5Cu3
EN AC-Al Si12CuMgAl
EN AM-Al Sr10TilB0.2</td><td>
<table>
<tr><td>位置</td><td>1</td><td>2</td><td>3</td><td>4</td><td>5</td><td>6</td></tr>
<tr><td>代号</td><td>EN</td><td>A</td><td>B</td><td>Al</td><td>Si10Mg</td><td>(Fe)</td></tr>
</table>
位置 1：标准代号 EN。
位置 2：基体元素 Al 代号 A。
位置 3：产品类型代号，各代号意义见下表：
<table>
<tr><th>代　号</th><th>合金类型</th></tr>
<tr><td>B</td><td>重熔用铝锭</td></tr>
<tr><td>C</td><td>铸件</td></tr>
<tr><td>M</td><td>母合金</td></tr>
</table>
位置 4：基体元素 Al，其前面用“-”和合金代号隔开，后面则加一空格以和其余元素区分。
位置 5：合金中添加元素，按照名义百分含量排列其顺序，其名义百分含量置于元素符号之后，一般名义百分含量应取其含量范围的中间值最接近的整数，根据区分需要可取最接近的 1/2 值或 1/10 值。例如：EN AW-Al Mg2，EN AW-Al Mg2.5，EN AW-Al Mg0.7Si
如各无素含量相同，则按照其元素符号的字母顺序排列。牌号中标出元素聊 Al 外应不大于 4 个。
位置 6：合金中主要夹杂元素，以圆括号加元素符号的方式表示。
此外：为了区分成分相似合金，可在牌号末尾附加圆括号内小写字母 a，b，c，……来区分。
对于母合金而言，用牌号末尾附加圆括号内加大写字母 A、B 的方式区分其夹杂物含量，其含义如下：
A——低夹杂物含量；
B——高夹杂物含量
</td></tr>
<tr><td>铝锻制品</td><td>EN AW-Al 99.7
EN AW-Al 99.0Cu</td><td>
<table>
<tr><td>位置</td><td>1</td><td>2</td><td>3</td><td>4</td><td>5</td><td>6</td></tr>
<tr><td>代号</td><td>EN</td><td>A</td><td>B</td><td>Al</td><td>99.0</td><td>Cu</td></tr>
</table>
位置 1：标准代号 EN。
位置 2：基体元素 Al 代号 A。
位置 3：锻制品代号 W。
位置 4：基体元素 Al，其前面用“-”和合金代号隔开，后面则加一空格以和其余无素区分。
位置 5：Al 质量分数。
位置 6：合金中加入的低含量元素，以元素符号的方式表示。
</td></tr>
<tr><td>铝合金锻制品</td><td>EN AW-Al Mg2.5
EN AW-Cu4SiMg
EN AW-EAl 99.5</td><td>
<table>
<tr><td>位置</td><td>1</td><td>2</td><td>3</td><td>4</td><td>5</td><td>6</td></tr>
<tr><td>代号</td><td>EN</td><td>A</td><td>B</td><td>Al</td><td>Zn8MgCu</td><td>(A)</td></tr>
</table>
位置 1：标准代号 EN。
位置 2：基体元素 Al 代号 A。
位置 3：锻制品代号 W。
位置 4：基体元素 Al，其前面用“-”和合金代号隔开，后面则加一空格以和其余元素区分。
位置 5：合金中添加元素，按照名义面盆含量排列其顺序，其名义百分含量置于元素符号之后，一般名义面盆含量应取其含量范围的中间值最接近的整数，根据区分需要可取最接近的
</td></tr>
</table>

续表

<table>
<tr><th rowspan="2">合金类型</th><th colspan="2">牌号举例</th><th rowspan="2">牌号表示方法</th></tr>
<tr><th>产品类型</th><th>牌号</th></tr>
<tr><td>铝及铝合金</td><td></td><td></td><td>1/2 值或 1/10 值。例如：EN AW-Al Mg2，EN AW-Al Mg2.5，EN AW-Al Mg0.7Si。
如各元素含量相同，则按照其元素符号的字母顺序排列。牌号中标出元素除 Al 外应不大于 4 个。
位置 6：为区分成分相似合金，以在牌号末尾附加圆括号加大写字母 A，B，C，……的方式来区分。
此外，电气用铝及铝合金可在 Al 前添加电气用途代号 E 来区分其他合金，如 EN AW-EAl 99.5</td></tr>
<tr><td rowspan="2">铜及铜合金</td><td>纯铜</td><td>Cu-ETP
Cu-HCP
Cu-Ag（OF）</td><td><table><tr><td>位置</td><td>1</td><td>2</td></tr><tr><td>代号</td><td>Cu</td><td>ETP</td></tr></table>位置 1：基体元素符号 Cu。
位置 2：产品类型代号，各代号意义见下表：<table><tr><th>牌号</th><th>类型</th></tr><tr><td>Cu-CATH</td><td>阴极铜</td></tr><tr><td>Cu-ETP
Cu-FRHC
Cu-CRTP
Cu-FRTP</td><td>电解精炼韧铜
火法精炼高导铜
化学精炼韧铜
火法精炼韧铜</td></tr><tr><td>Cu-HCP
Cu-PHC
Cu-PHCE</td><td>高导电含磷铜
高导电含磷铜
主导电含磷铜（电子级）</td></tr><tr><td>Cu-DLP
Cu-DHP</td><td>磷脱氧铜——低残留磷
磷脱氧铜——高残留磷</td></tr><tr><td>Cu-OF
Cu-OFE</td><td>电解精炼无氧铜
电解精炼无氧铜（电子级）</td></tr></table></td></tr>
<tr><td>铜合金</td><td>CuNi2Si
CuAg0.04P
CuAg0.07（OF）</td><td><table><tr><td>位置</td><td>1</td><td>2</td></tr><tr><td>代号</td><td>Cu</td><td>Zn36Pb3</td></tr></table>位置 1：基体元素符号 Cu。
位置 2：合金中添加元素，按照名义非分含量排列其顺序，其名义非分含量置于元素符号之后，一般名义非分含量应取其含量范围的中间值最接近的整数，根据区分需要可取最接近的 1/2 值或 1/10 值。例如：CuZn30，CuZn39Pb0.5，CuAg0.10。
如各元素含量相同，则按照其元素符号的字母顺序排列。
此外无氧铜产品可在牌号末尾附加圆括号加 OF 的方式来表示，如：CuAg0.07（OF）。
对于铸造铜合金而言，可在牌号末尾附加“-”加产品代号的方式表示。各代号意义为：B——重熔用铜锭；C——铸造产品</td></tr>
<tr><td>镁及镁合金</td><td>纯镁</td><td>EN-MB99.5
EN-MB99.80-A
EN-MB99.80-B</td><td><table><tr><td>位置</td><td>1</td><td>2</td><td>3</td><td>4</td></tr><tr><td>代号</td><td>EN</td><td>M</td><td>B</td><td>99.5</td></tr></table>位置 1：标准代号 EN。
位置 2：基体元素 Mg 代号 M。
位置 3：产品类型代号，各代号意义如下：B——铸锭，C——铸件。
位置 4：Mg 名义非分含量，根据区分需要取不同精确度值。
此外为区分成分相似合金，以在牌号末尾附加“-”加大写字母 A，B，……的方式来区分</td></tr>
</table>

续表

<table>
<tr><td rowspan="2">合金类型</td><td colspan="2">牌号举例</td><td rowspan="2">牌号表示方法</td></tr>
<tr><td>产品类型</td><td>牌号</td></tr>
<tr><td>镁及镁合金</td><td>镁合金</td><td>EN-MBMgMn2
EN-MCMgAl9Zn1
EN-MCMgAl9Zn1（A）</td><td>
<table>
<tr><td>位置</td><td>1</td><td>2</td><td>3</td><td>4</td></tr>
<tr><td>代号</td><td>EN</td><td>M</td><td>B</td><td>MgMn2</td></tr>
</table>
位置 1：标准代号 EN。
位置 2：基体元素 Mg 代号 M。
位置 3：产品类型代号，各代号意义如下：B——铸锭，C——铸件。
位置 4：合金中添加元素，按照名义非分含量排列其顺序，其名义非分含量元素符号之后，一般名义非分含量应取其含量的中间值最接近的整数，根据区分需要可取接近的 1/2 值或 1/10 值。
如各元素含量相同，则按照其元素符号的字母顺序排列。牌号中标出元素除 Mg 外应不大于 4 个。
此外为区分成分相似合金，以在牌号末尾附加圆括号加大写字母 A，B，……的方式来区分</td></tr>
</table>

表 2-53　**有色金属的数字编号表示方法**

<table>
<tr><td rowspan="2">合金类型</td><td colspan="2">牌号举例</td><td rowspan="2">牌号表示方法</td></tr>
<tr><td>产品类型</td><td>牌号</td></tr>
<tr><td>铝及铝合金</td><td>铝及铝合金铸锭和铸件</td><td>EN AB-44000
EN AB-43100</td><td>
<table>
<tr><td>位置</td><td>1</td><td>2</td><td>3</td><td>4</td></tr>
<tr><td>代号</td><td>EN</td><td>A</td><td>B</td><td>44000</td></tr>
</table>
位置 1：标准代号 EN。
位置 2：基体元素 Al 代号 A。
位置 3：产品类型代号，各代号意义见下表：
<table>
<tr><td>符号</td><td>合金类型</td></tr>
<tr><td>B</td><td>重熔用铝锭</td></tr>
<tr><td>C</td><td>铸件</td></tr>
</table>
位置 4：5 位数字代号，其中第一位数字代表最主要合金元素，不同数字意义见下表：
<table>
<tr><td>数字代号</td><td>主要合金元素</td></tr>
<tr><td>2××××</td><td>Cu</td></tr>
<tr><td>4××××</td><td>Si</td></tr>
<tr><td>5××××</td><td>Mn</td></tr>
<tr><td>7××××</td><td>Zn</td></tr>
</table>
第二数字表示合金系列，不同数字意义见下表：
<table>
<tr><td>数字代号</td><td>合金系列</td></tr>
<tr><td>2 1×××</td><td>Al Cu</td></tr>
<tr><td>4 1×××</td><td>Al SiMgTi</td></tr>
<tr><td>4 2×××</td><td>Al Si7Mg</td></tr>
<tr><td>4 3×××</td><td>Al Si10Mg</td></tr>
<tr><td>4 4×××</td><td>Al Si</td></tr>
<tr><td>4 5×××</td><td>Al Si5Cu</td></tr>
<tr><td>4 6×××</td><td>Al Si9Cu</td></tr>
<tr><td>4 7×××</td><td>Al Si（Cu）</td></tr>
<tr><td>4 8×××</td><td>Al SiCuNiMg</td></tr>
<tr><td>5 1×××</td><td>Al Mg</td></tr>
<tr><td>7 1×××</td><td>Al ZnMg</td></tr>
</table>
</td></tr>
</table>

续表

<table>
<tr><th rowspan="2">合金类型</th><th colspan="2">牌 号 举 例</th><th rowspan="2">牌 号 表 示 方 法</th></tr>
<tr><th>产品类型</th><th>牌 号</th></tr>
<tr><td rowspan="3">铝及铝合金</td><td></td><td></td><td>第三位数字随机编号。
第四位数字通常为0。
第五位数字除航天用途合金外均为0。</td></tr>
<tr><td>铝母合金</td><td>EN AM-92256
EN AM-92300</td><td>
<table>
<tr><td>位置</td><td>1</td><td>2</td><td>3</td><td>4</td><td>5</td><td>6</td></tr>
<tr><td>代号</td><td>EN</td><td>A</td><td>M</td><td>9</td><td>22</td><td>56</td></tr>
</table>
位置1：标准代号EN。
位置2：基体元素Al代号A。
位置3：母合金产品代号M。
位置4：数字9。
位置5：最主要合金元素原子充数，例如：05——B；14——Si；29——Cu。
位置6：为一系列两位数字，最后一位数字含义：
奇数——高杂质含量；偶数——低杂质含量。</td></tr>
<tr><td>铝及铝合金锻制品</td><td>EN AW-5052
EN AW-5154A</td><td>
<table>
<tr><td>位置</td><td>1</td><td>2</td><td>3</td><td>4</td></tr>
<tr><td>代号</td><td>EN</td><td>A</td><td>W</td><td>5052</td></tr>
</table>
位置1：标准代号EN。
位置2：基体元素Al代号A。
位置3：锻制品代号W。
位置4：四位数字，其中第一位数字表示主要合金元素，不同数字意义见下表：
<table>
<tr><th>数字代号</th><th>主要合金元素</th></tr>
<tr><td>1×××</td><td>>99.00%纯铝</td></tr>
<tr><td>2×××</td><td>Cu</td></tr>
<tr><td>3×××</td><td>Mn</td></tr>
<tr><td>4×××</td><td>Si</td></tr>
<tr><td>5×××</td><td>Mg</td></tr>
<tr><td>6×××</td><td>Mg+Si</td></tr>
<tr><td>7×××</td><td>Zn</td></tr>
<tr><td>8×××</td><td>其他</td></tr>
<tr><td>9×××</td><td>备用</td></tr>
</table>
后三位数字的意义见下表：
<table>
<tr><th>合金系列</th><th>后三位数字代表意义</th></tr>
<tr><td>1×××系列合金</td><td>第二位数字表示合金中杂质或合金元素含量，0代表原始杂质含量，1～9表示对一种或几种杂质含量进行控制。
最后两位数字为铝质量分数小数点后两位数字，如
EN AW-A1999.98的数字编号为：EN AW-1098</td></tr>
<tr><td>2×××-8×××系列合金</td><td>第二位数字代表合金变质处理情况，0代表原始合金，1～9代表不同合金变质处理。
最后两位数字为随机编号，无特殊意义</td></tr>
</table>
此外，如有需要，可在牌号末尾附一字母代码以区分不同国家，此代码由铝合金协会按照国际注册程序提供</td></tr>
</table>

续表

<table>
<tr><th rowspan="2">合金类型</th><th colspan="2">牌号举例</th><th rowspan="2">牌号表示方法</th></tr>
<tr><th>产品类型</th><th>牌号</th></tr>
<tr><td>铜及铜合金</td><td></td><td>CW024A
CB752S
CM237E</td><td>
<table>
<tr><td>位置</td><td>1</td><td>2</td><td>3</td><td>4</td></tr>
<tr><td>代号</td><td>C</td><td>W</td><td>024</td><td>A</td></tr>
</table>
位置 1：用字母 C 表示铜合金。
位置 2：以下列符号表示合金的不同用途：
B——重熔用铜锭；
C——铸造产品；
F——焊接填充料；
M——母合金；
R——未加工精炼铜；
S——边角废料；
W——锻制品；
X——未定型产品。
位置 3：应为从 000～999 的三位数字，表示不同的合金代码。
位置 4：以不同符号表示合金类型，不同符号意义如下表所示：
<table>
<tr><td>合金类型</td><td>位置 6 所用符号</td></tr>
<tr><td>A 或 B</td><td>铜</td></tr>
<tr><td>C 或 D</td><td>低合金铜（合金元素含量小于 5%）</td></tr>
<tr><td>E 或 F</td><td>混杂铜合金（合金元素含量大于 5%）</td></tr>
<tr><td>G</td><td>铜-铝合金</td></tr>
<tr><td>H</td><td>铜-镍合金</td></tr>
<tr><td>J</td><td>铜-镍-锌合金</td></tr>
<tr><td>K</td><td>铜-锡合金</td></tr>
<tr><td>L 或 M</td><td>铜-锌二元合金</td></tr>
<tr><td>N 或 P</td><td>铜-锌-铅合金</td></tr>
<tr><td>R 或 S</td><td>铜-锌多元合金</td></tr>
</table>
</td></tr>
</table>

（2）有色金属状态代号的表示方法

1）铜及铜合金状态代号的表示方法

欧洲铜及铜合金的状态代号是基于力学性能要求的，通常由一位字母代号加三位或四位数字代号组成，如：R500，H140，R1100。

不同字母代号含义如表 2-54 所示。

表 2-54　铜及铜合金状态代号含义

代　号	含　义
A	伸长率
B	弹簧弯曲极限
D	拉伸态，无性能要求
G	晶粒尺寸
H	硬度（布氏/维氏）
M	制造态，无性能要求
R	抗拉强度
Y	屈服强度

除 D、G、M 三种状态外，状态代号后均应给出该项性能要求最小值，如 R280 即代表最低抗拉强度为 280MPa，两位数字在前面加 0。此外如产品经去应力处理，则在状态代号末尾加字母 S 以说明。

2）铝、镁及其合金状态代号的表示方法

铝、镁及其合金基础代号有以下几种：

F——制造原始状态；

O——退火状态，此状态强度最低；

H——冷作硬化状态，适用于变开硬化的产品，有时加热到适当温度进行稳定化处理；

T——经热处理硬化的状态，热处理包括固溶处理、淬火、时效、回火，有时也结合变形处理，不同的热处理工序在字母 T 后用不同数字表示。

F、O 两种状态不再细分，H、T 两种状态可以细分，在其后接不同数字代号表示不同状态。

2.7.3 美国有色金属及其合金产品牌号的表示方法

美国有色金属及合金产品的牌号大都采用各团体协会标准的牌号表示方法。为避免由于采用的标准系统很多而可能产生的混乱情况，从 1975 年起美国采用了铝业协会（AA）、铜业发展协会（CDA）的表示方法；从 1974 年以后经美国材料与试验协会和美国汽车工程师学会共同研究，制定了“金属和合金统一数字编号系统”“UNS 系统”。现将上述各团体、协会标准对有色金属及合金产品牌号的表示方法汇总于表 2-55 中。

表 2-55　各团体、协会标准对有色金属及合金产品牌号的表示方法

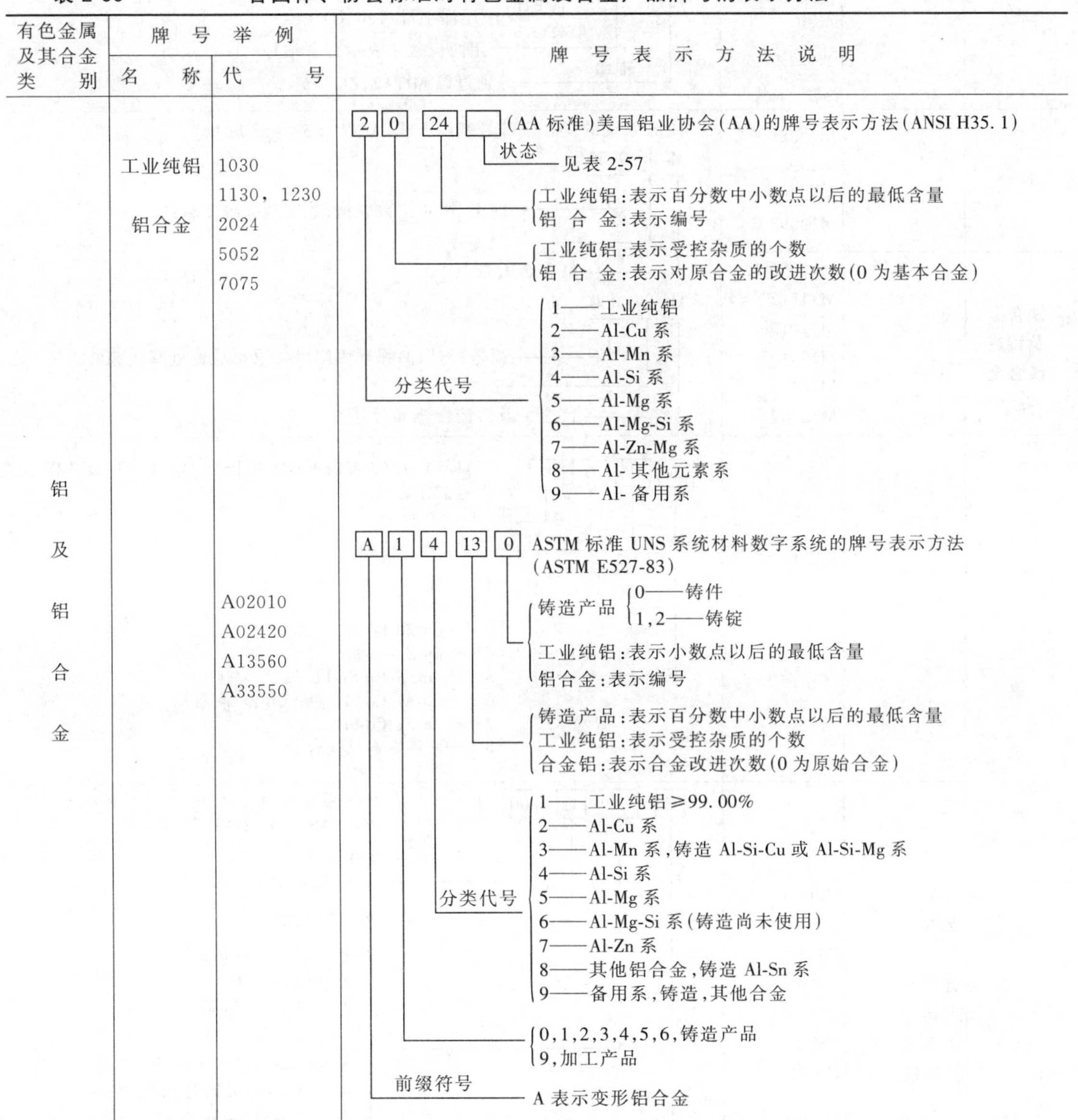

有色金属及其合金类别	牌号举例 名称	代号	牌号表示方法说明
铝及铝合金	工业纯铝 铝合金	1030 1130，1230 2024 5052 7075	2 0 24 □ (AA 标准)美国铝业协会(AA)的牌号表示方法(ANSI H35.1) 状态——见表 2-57 24：工业纯铝：表示百分数中小数点以后的最低含量；铝 合 金：表示编号 0：工业纯铝：表示受控杂质的个数；铝 合 金：表示对原合金的改进次数(0 为基本合金) 2：分类代号：1——工业纯铝；2——Al-Cu 系；3——Al-Mn 系；4——Al-Si 系；5——Al-Mg 系；6——Al-Mg-Si 系；7——Al-Zn-Mg 系；8——Al- 其他元素系；9——Al- 备用系
		A02010 A02420 A13560 A33550	A 1 4 13 0 ASTM 标准 UNS 系统材料数字系统的牌号表示方法(ASTM E527-83) 0：铸造产品：0——铸件；1，2——铸锭；工业纯铝：表示小数点以后的最低含量；铝合金：表示编号 13：铸造产品：表示百分数中小数点以后的最低含量；工业纯铝：表示受控杂质的个数；合金铝：表示合金改进次数(0 为原始合金) 4：分类代号：1——工业纯铝≥99.00%；2——Al-Cu 系；3——Al-Mn 系，铸造 Al-Si-Cu 或 Al-Si-Mg 系；4——Al-Si 系；5——Al-Mg 系；6——Al-Mg-Si 系(铸造尚未使用)；7——Al-Zn 系；8——其他铝合金，铸造 Al-Sn 系；9——备用系，铸造，其他合金 1：0，1，2，3，4，5，6，铸造产品；9，加工产品 A：前缀符号——A 表示变形铝合金

续表

<table>
<tr><th rowspan="2">有色金属及其合金类别</th><th colspan="2">牌号举例</th><th rowspan="2">牌号表示方法说明</th></tr>
<tr><th>名称</th><th>代号</th></tr>
<tr><td>纯镁</td><td></td><td>Grade9998A
Grade9995A</td><td>[Crade] [9998] [A] (ASTM 标准)
A：尾注——尾注字母 A
9998：纯度——用 4 位数字表示，数字越大纯度越高
Crade：前缀——纯镁一律冠以 Grade(也可省略)</td></tr>
<tr><td>镁合金</td><td></td><td>AZ31B
ZK40</td><td>[AZ] [31] [A] [ ]
[ ]：状态——详见表 2-57
A：尾注——尾注字母 A,B,C
31：编号——用两位数字表示合金编号
AZ：前缀——分别冠以 MI,AZ,ZK</td></tr>
<tr><td>纯镁</td><td></td><td>M19980
M19981
M19991
M19998</td><td>UNS 系统的镁合金牌号表示方法(ASTM E527-83 废止)
M 1 9980
9980：纯度，用 4 位数表示，数字越大纯度越高
1：分类号
M：镁合金冠以 M</td></tr>
<tr><td>镁合金及铸造镁合金</td><td></td><td>M10080
M11312
M11913
M12410
M14142
M15102</td><td>M 11 800
800：编号，与原旧牌号协调(如 AZ80A，此处写成 800)
11：分类号
M：镁合金及铸造合金都冠以 M</td></tr>
<tr><td rowspan="2">铜及铜合金</td><td></td><td>110
342
411
678</td><td>[2] [1] [0] [ ] (CDA 标准)美国铜业发展协会 (CDA) 的铜及铜合金牌号表示方法
[ ]：状态——见表 2-57
10：编号——表示合金编号
2：分类代号——
1——纯铜、高铜合金
2——Cu-Zn 系
3——Cu-Zn-Pb 系
4——Cu-Zn-Sn 系
5——Cu-Sn，Cu-Sn-Pb 系
6——Cu-Al，Cu-Si，特殊 Cu-Zn 系
7——Cu-Ni，Cu-Si-Zn 系
8，9——铸造铜及铜合金</td></tr>
<tr><td>纯铜
黄铜

青铜
白铜
铸造硅青铜
铸造锡青铜</td><td>C11000
C21000
C34200
C50500
C71000
C87200
C91700</td><td>[C] [3] [42] [00] [ ] UNS 系统的铜及铜合金牌号的表示方法(ASTM E527-1983 废止)
[ ]：状态——见表 2-57
00：第四五位数字为 00
42：编号——表示合金编号
3：分类代号——
1——纯铜、高铜合金
2——Cu-Zn 系
3——Cu-Zn-Pb 系
4——Cu-Zn-Sn 系
5——Cu-Sn,Cu-Sn-Pb 系
6——Cu-Al,Cu-Si,特殊 Cu-Zn 系
7——Cu-Ni,Cu-Si-Zn 系
8、9——铸造铜及铜合金
C：前缀——铜及铜合金一律冠以 C</td></tr>
</table>

美国UNS制度：美国对金属与合金制订了统一的数字代号标准，称为“金属和合金统一数字编号系统”，即UNS（Unified Numbering System for Metals and Alloys）。对各种有色金属及合金用数字统一编号，由一个字母打头与其后的5位数字组成，如表2-56所示。

表2-56 数字代号基本系列

数字代号基本序列	有色金属及合金	数字代号基本序列	有色金属及合金
A00001～A99999	铝及铝合金	C00001～C99999	铜及铜合金
E00001～E99999	稀土及稀土类金属与合金	L00001～L99999	低熔点金属及合金
M00001～M99999	其他有色金属及合金	N00001～N99999	镍及镍合金
P00001～P99999	贵金属及合金	R00001～R99999	活池与高熔点金属及合金
W00001～W99999	按焊接沉积成分分类的焊接填充金属	W00001～W09999	碳素钢（含有并非有意加入的合金元素）
W10000～W19999	锰-钼低合钢	W20000～W29999	低镍合金钢
W30000～W39999	奥氏体不锈钢	W40000～W49999	铁素体不锈钢
W50000～W59999	低铬合金钢	W60000～W69999	铜基合金
W70000～W79999	堆焊合金	W80000～W89999	镍基合金
Z00001～Z99999	锌和锌合金	F00001～F99999	铸　铁

表2-57 美国有色金属加工产品状态代号表示方法

美国材料与试验协会（ASTM）对铝、镁及其合金和铜及铜合金的状态代号表示方法制定了统一的标准。

铜及铜合金状态代号表示方法

基础状态代号

基础状态代号为：

O——退火状态，是为满足力学性能要求，经退火而获得的材料状态；

OS——退火状态，是为满足标准规定或特殊的晶粒度要求，经退火而获得的材料状态；

M——制造状态，是产品经铸造和热加工生产，并在生产过程中采用各种控制方法而获得的材料状态；

H——冷加工状态，是控制冷加工量而获得的材料状态；

HR——冷加工（拉制）并消除应力状态，是控制冷加工量，然后再消除应力所获得的材料状态；

HT——有序强化状态，是控制冷加工量，然后进行有序强化的热处理所获得的材料状态。

T——热处理状态，是热处理后快速冷却所获得的材料状态；

W——焊接管状态。焊接管由各种状态的带、条焊接而成，除热影响区外，焊接管基本上具有和带、条材同样的状态。

O状态的细分

O状态可细分为：

O10——铸造和退火（均匀化）；

O11——铸造和沉淀热处理；

O20——热锻和退火；

O25——热轧和退火；

O30——热挤压和退火；

O31——挤压和沉淀热处理；

O40——热穿孔和退火；

O50——轻度退火；

O60——软化退火；

O61——退火；

O65——拉制后退火；

O68——深拉后退火；

O70——完全软化退火；

O80——退火至1/8硬；

O81——退火至1/4硬；

O82——退火至1/2硬。

OS状态的细分

OS状态可细分为：

OS005——退火后平均晶粒度为0.005mm；

OS010——退火后平均晶粒度为0.010mm；

OS015——退火后平均晶粒度为0.015mm；

OS025——退火后平均晶粒度为0.025mm；

续表

OS035——退火后平均晶粒度为 0.035mm；
OS050——退火后平均晶粒度为 0.050mm；
OS060——退火后平均晶粒度为 0.060mm；
OS070——退火后平均晶粒度为 0.070mm；
OS100——退火后平均晶粒度为 0.100mm；
OS120——退火后平均晶粒度为 0.120mm；
OS150——退火后平均晶粒度为 0.150mm；
OS200——退火后平均晶粒度为 0.020mm。

M 状态的细分

M 状态可细分为：
M01——砂模铸造；
M02——离心铸造；
M03——石膏模铸造；
M04——压模铸造；
M05——金属模铸造；
M06——蜡模铸造；
M07——连续铸造；
M10——热锻-空冷；
M11——锻造-淬火；
M20——热轧；
M30——热挤压；
M40——热冲孔；
M45——热冲孔和重轧。

H 状态的细分

H 状态可细分为：
H00——1/8 硬；
H01——1/4 硬；
H02——1/2 硬；
H03——3/4 硬；
H04——硬；
H06——特硬；
H08——弹性；
H10——高弹性；
H12——特殊弹性；
H13——超高弹性；
H14——最高弹性；
H50——挤压和拉制；
H52——冲孔和拉制；
H55——轻度拉制、轻度冷轧；
H58——一般要求的拉制；
H60——冷镦粗、成型；
H63——铆接；
H64——螺钉；
H66——螺栓；
H70——弯曲；
H80——拉制硬态；
H85——拉制半硬态导线；
H86——拉制硬态导线。

HR 状态的细分

HR 状态可细分为：
HR01——1/4 硬、消除应力；
HR02——1/2 硬、消除应力；
HR04——硬态消除应力；
HR08——弹性消除应力；
HR10——高弹性、消除应力；
HR50——拉制、消除应力。

HT 状态的细分

HT 状态可细分为：
HT04——硬态和热处理；
HT08——弹性态和热处理。

T 状态的细分

TQ 状态

TQ 为淬火硬化状态，可细分为：
TQ00——淬火硬化；
TQ50——淬火硬化和调质退化；
TQ55——淬火硬化、调质退火、冷拉并消除应力；
TQ75——分级淬火。

TB 状态

TB 为固溶热处理状态：
TB00——固溶热处理。

TD 状态

TD 为固溶热处理并冷加工状态，可细分为：
TD00——固溶热处理并冷加工至 1/8 硬；
TD01——固溶热处理并冷加工至 1/4 硬；
TD02——固溶热处理并冷加工至 1/2 硬；
TD03——固溶热处理并冷加工至 3/4 硬；
TD04——固溶热处理并冷加工至硬态。

TF 状态

TF 为固溶热处理并沉淀热处理状态：
TF00——沉淀硬化（AT）。

TX 状态

TX 为固溶热处理并斯皮诺德尔（Spinodal）热处理状态，可细分为：
TX00——斯皮诺德尔硬化（AT）。

TH 状态

TH 为固溶热处理、冷加工沉淀热处理状态，可细分为：
TH01——1/4 硬并沉淀热处理（1/4HT）；
TH02——1/2 硬并沉淀热处理（1/2HT）；
TH03——3/4 硬并沉淀热处理（3/4HT）；
TH04——硬态并沉淀热处理（HT）。

TS 状态

TS 为满足标准要求的冷加工和斯皮诺德尔热处理状态，可细分为：
TS00——1/8 硬和斯皮诺德尔硬化（1/8TS）；
TS01——1/4 硬和斯皮诺德尔硬化（1/4TS）；
TS02——1/2 硬和斯皮诺德尔硬化（1/2TS）；
TS03——3/4 硬和斯皮诺德尔硬化（3/4TS）；
TS04——硬态和斯皮诺德尔硬化；
TS06——超硬和斯皮诺德尔硬化；
TS08——弹性和斯皮诺德尔硬化；
TS10——高弹性和斯皮诺德尔硬化；
TS12——特殊弹性和斯皮诺德尔硬化；
TS13——超高弹性和斯皮诺德尔硬化；
TS14——最高弹性和斯皮诺德尔硬化。

续表

TM 状态

TM 为冷加工和沉淀热处理或斯皮诺德尔热处理后经轧制交货的状态，可细分为：

TM00——热处理后轧制至1/8硬（1/8HM）；
TM01——热处理后轧制至1/4硬（1/4HM）；
TM02——热处理后轧制至1/2硬（1/2HM）；
TM04——热处理后轧制至硬态（HM）；
TM06——热处理后轧制至特硬态（XHM）；
TM08——热处理后轧制至弹性态（XHMS）。

TL 状态

TL 为沉淀热处理或斯皮诺德尔热处理并冷加工状态，可细分为：

TL00——沉淀热处理或斯皮诺德尔热处理并冷加工至1/8硬；
TL01——沉淀热处理或斯皮诺德尔热处理并冷加工至1/4硬；
TL02——沉淀热处理或斯皮诺德尔热处理并冷加工至1/2硬；
TL04——沉淀热处理或斯皮诺德尔热处理并冷加工至硬态；
TL08——沉淀热处理或斯皮诺德尔热处理并冷加工至弹性态；
TL10——沉淀热处理或斯皮诺德尔热处理并冷加工至高弹性态。

TR 状态

TR 为沉淀热处理或斯皮诺德尔热处理，冷加工和消除应力状态，可细分为：

TR01——沉淀热处理或斯皮诺德尔热处理，冷加工至1/4硬并消除应力；
TR02——沉淀热处理或斯皮诺德尔热处理，冷加工至1/2硬并消除应力；
TR04——沉淀热处理或斯皮诺德尔热处理，冷加工至硬态并消除应力。

W 状态的细分

WM 状态

WM 为焊接状态，可细分为：

WM50——用退火带材焊接；
WM00——用1/8硬带材焊接；
WM01——用1/4硬带材焊接；
WM02——用1/2硬带材焊接；
WM03——用3/4硬带材焊接；
WM04——用硬态带材焊接；
WM06——用超硬带材焊接；
WM08——用弹性带材焊接；
WM10——用高弹性带材焊接；
WM15——用热消除应力的退火带材焊接；
WM20——用热消除应力的1/8硬带材焊接；
WM21——用热消除应力的1/4硬带材焊接；
WM22——用热消除应力的1/2硬带材焊接。

WO 状态

WO 为焊接后退火状态。

WO50——焊接并光亮退火。

WH 状态

WH 为焊接后冷拉状态，可细分为：

WH00——焊接后拉制到1/8硬；
WH01——焊接后拉制到1/4硬。

WR 状态

WR 为焊接后冷拉并消除应力状态，可细分为：

WR00——焊接后冷拉并消除应力，1/8硬；
WR01——焊接后冷拉并消除应力，1/4硬。

铝、镁及其合金状态代号表示方法

基础状态代号

铝、镁及其合金的基础状态代号为：

F——自由加工状态，适用于在成型过程中对温度或材料的加工硬化程度无特殊控制的产品（对加工产品无力学性能要求）；
O——退火状态，适用于经退火获得最低强度的加工产品及经退火提高延展性和尺寸稳定性的铸造产品，O为可缀有除零以外的一位阿拉伯数字；
H——加工硬化状态，适用于通过加工硬化提高强度的产品（这种产品可通过热处理降低一些强度），H后总是缀有两位以上的阿拉伯数字；
W——固溶热处理状态（一种不稳定状态），仅适用于固溶热处理后在室温自然时效的合金，并只有具体指出自然时效的时间时才使用这种特殊代号，如W1/2小时；
T——热处理后产生的稳定状态（不同于F，O和H状态），适用于经热处理产生稳定状态的产品（这种产品也可进行加工硬化），T字母后总是缀有一位以上的阿拉伯数字；

H 状态的细分

H后接一位阿拉伯数字

H1——仅表示加工硬化状态，适用于经加工硬化后不进行热处理而获得规定强度的产品；
H2——加工硬化和不完全退火状态，适用于加工硬化程度超过规定要求，但经不完全退火又使强度降低到规定要求的产品，对于在室温软化时效的合金，H2状态的终了最小抗拉强度与H3状态相同。对于其他合金来说，H2状态的终了最小抗拉强度与H1状态相同，只是伸长率稍高。
H3——加工硬化和稳定化状态，适用于加工硬化后经低温热处理或由于热加工过程中的热效应使力学性能稳定的产品，稳定化通常能够改善延展性，此代号仅适用于在室温逐渐时效软化的合金。

HX[①]（X代表1、2、3）后接一位阿拉伯数字

H1、H2和H3状态代号后再接一位阿拉伯数字表示加工硬化的程度。数字8表示完全退火后，约75%的冷变形（加工温度不超过50℃）所获得的最终抗拉强度。O状态和数字8之间的状态分别用数字1～7表示。其中，最终抗拉强度为O状态和HX8状态的中间值时，用数字4表示（HX4）；最终抗拉强度为O状态和HX4状态的中间值时，用数字2（HX2）表示；最终

续表

抗拉强度为HX4状态和HX8状态的中间值时，用数字6（HX6）表示。当最小抗拉强度超过HX8状态至少10MPa时，用数字9（HX9）表示。HX代号后所接数字为奇数时，表示其强度是相邻两个偶数状态的算术平均值。

有些金属不能通过冷变形（完全退火并经75%冷变形）达到HX8状态的最小抗拉强度时，可用约55%的冷变形确定HX6状态或用约35%的冷变形确定HX4状态。

HXX代号后接阿拉伯数字

花纹板及波纹板的状态代号

花纹板及波纹板的状态代号	由以下相应状态加工而成
H114	0
H124，H224，H324	H11，H21，H31
H134，H234，H334	H12，H22，H32
H144，H244，H344	H13，H23，H33
H154，H254，H354	H14，H24，H34
H164，H264，H364	H15，H25，H35
H174，H274，H374	H16，H26，H36
H184，H284，H384	H17，H27，H37
H194，H294，H394	H18，H28，H38
H195，H295，H395	H19，H29，H39

当与HXX状态的控制程度或力学性能（或两者）有差异但比较接近时，或者其他特性确定有明显影响时，才使用第3位阿拉伯数字。

适用于所加工产品的代号如下：

HX11——适用于在最终退火没有达到退火状态所要求的情况下进行足够的加工硬化，但加工硬化程度并不完全与HX1状态相符的产品；

H112——适用于在热加工过程中获得某些特性的产品，此种产品有力学性能要求。

T状态的细分

T后接一位阿拉伯数字

T1——自热成型过程冷却并自然时效到充分稳定状态，适用于自热成型过程冷却后不进行冷加工的产品，或平整和矫直等冷加工对力学性能的影响可忽略不计的成品；

T2——自热成型过程冷却、冷加工并自然时效到充分稳定状态，适用于自热成型过程冷却后经冷加工提高强度的产品，或平整和矫直等冷加工对力学性能有影响的产品；

T3——固溶热处理、冷加工并自然时效到充分稳定状态，适用于固溶热处理后经冷加工提高强度的产品，或平整和矫直等冷加工对力学性能有影响的产品；

T4——固溶热处理并自然时效到充分稳定状态，适用于因固溶热处理之后不进行冷加工的产品，或平整和矫直等冷加工对力学性能的影响可忽略不计的产品；

T5——自热成型过程冷却并人工时效状态，适用于自热成型过程冷却后不进行冷加工的产品，或平整和矫直的冷加工对力学性能的影响可忽略不计的产品；

T6——固溶热处理并人工时效状态，适用于固溶热处理后不进行冷加工的产品，或平整和矫直等冷加工对力学性能的影响可忽略不计的产品；

T7——固溶热处理并稳定化处理状态，对加工产品而言，适用于固溶热处理后经稳定化处理，强度超过了强度曲线的最大值，获得某些需要控制的重要特性的产品；对铸造产品而言，适用于固溶热处理后经人工时效，使尺寸和强度稳定的产品；

T8——固溶热处理、冷加工并人工时效状态，适用于冷加工提高强度的产品，或平整和矫直等冷加工对力学性能有影响的产品；

T9——固溶热处理、人工时效并冷加工状态，适用于冷加工提高强度的产品；

T10——自热成型过程冷却、冷加工并人工时效状态，适用于冷加工提高强度的产品，或平整和矫直等冷加工对力学性能有影响的产品。

T后接两位阿拉伯数字

T11——自热成型过程冷却、自然时效，然后进行冷加工的产品；

T12——自热成型过程冷却、人工时效，然后进行冷加工的产品；

T42①——加工产品从O或F状态固溶热处理后，自然时效到充分稳定状态；

T62——加工产品从O或F状态固溶热处理后，进行人工时效的状态；

T61——对于加工产品，适用于在温水中淬火后进行人工时效的产品；

T72——固溶热处理、分级人工时效（第一级高温）状态；

T73——固溶热处理、分级人工时效（第二级高温）状态，主要是为了提高抗拉应力腐蚀性能；

T76——固溶热处理、分级人工时效（第二级温度略低于T73状态）状态，主要是为了提高抗剥落腐蚀性能；

T83——固溶热处理之后，为提高强度进行了3%的冷加工，然后人工时效的产品。

TX② 后接阿拉伯数字

表示加工产品用拉伸法消除应力的代号：

TX51——适用于固溶热处理或自热成型过程冷却后按规定量进行拉伸的厚板及轧制和冷加工的圆棒、异型棒，拉伸后不再进行矫直，厚板的永久变形量为1.5%～3%，轧制或冷加工圆棒、异型棒的永久变形量为1%～3%；

续表

TX510——适用于固溶热处理或自热成型过程冷却后按规定量进行拉伸的挤压圆棒、异型棒、型材、管材和拉制管，拉伸后不再进行矫直，挤压圆棒、异型棒、型材和管材的永久变形量为1%～3%，拉制管材的永久变形量为0.5%～3%；

TX511——适用于固溶热处理或自热成型过程冷却后按规定量进行拉伸的挤压圆棒、异型棒、型材、管材和拉制管，拉伸之后按照标准公差的要求进行轻微的矫直，挤压圆棒、异型棒、型材和管材的永久变形量为1%～3%，拉制管的永久变形量为0.5%～3%；

表示加工产品用压缩法消除应力的代号：

TX52——适用于固溶热处理或自热成型过程冷却后通过1%～3%的永久压缩变形消除应力的产品。

表示加工产品拉伸和压缩法联合消除应力的代号：

TX54——适用于在终锻模中通过冷挤压消除应力的模锻件。

其他代号：

T361——固溶热处理后为提高强度进行6%的冷加工，然后自然时效的产品。

O状态的细分

O1——以与固溶热处理大致相同的温度和时间进行退火并缓慢冷却到室温，适用于需方在固溶热处理之前进行机械加工的产品，此代号无力学性能要求。

注：①X——阿拉伯数字，下同；②T42和T62也适用于需方对任何状态的加工产品热处理后，力学性能达到了T42和T62状态的产品。

2.7.4 英国国家标准(BS)有色金属及其合金产品牌号的表示方法

英国对有色金属牌号没有制订统一的表示方法标准，从铝、镁、铜、锌等主要材料大类看，只存在很笼统的原则，即由表示金属或合金的名称、制造方法或产品形状、用途、性能等的英语词首字母和以数字表示的顺序号组成。铝、镁、铜、锌及其合金牌号表示方法如表2-58所示。

表2-58 铝、镁、铜、锌及其合金牌号的表示方法

有色金属及其合金类别	牌号举例		牌号表示方法说明
	名称	代号	
一般工程用途的铝及铝合金	纯铝	NS1A	a. 铝及铝合金牌号的表示方法 N S 1 A □ ① ② ③ ④ □——状态，见表2-60 ④ 纯度等级：A——含铝99.8%；B——含铝99.5%；C——含铝99.0% ③ 系列号：1——表示纯铝；从2开始，随数字的递增，代表各种成分 ② 产品形状或加工工艺代号：T 管材；G 线材；G 锻材；E 挤压材；LM 铸锭或铸件；P 板材；R 铆接用线材；W 焊接用线材；B 螺栓螺母用料；PC 色覆板；D 带轧制边的板带材；S 薄板带材(厚度≤6.4mm) ① 热处理类型：N——不可热处理强化合金；H——可热处理强化合金
	铝合金	NT4	
	纯铝棒	EIE	
	铝合金挤制产品	HEg	
	铸造	LM10	
	铝合金	LM16	

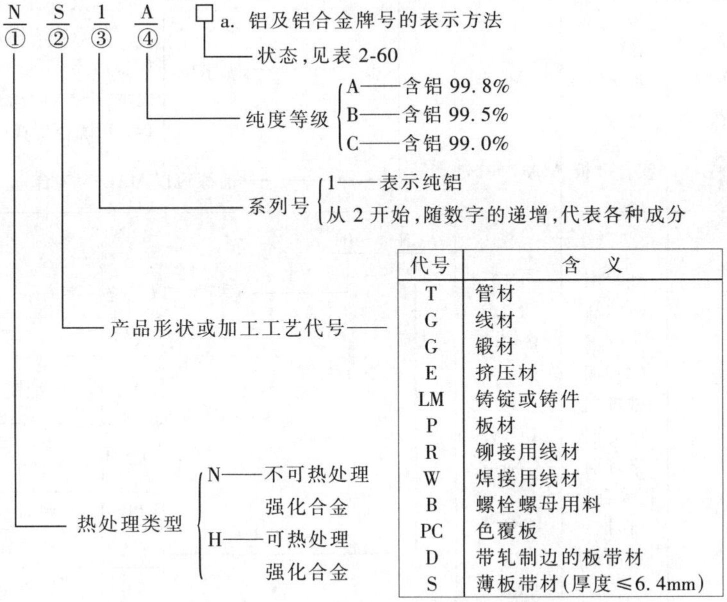

续表

<table>
<tr><th rowspan="2">有色金属及其合金类别</th><th colspan="2">牌号举例</th><th rowspan="2">牌号表示方法说明</th></tr>
<tr><th>名称</th><th>代号</th></tr>
<tr><td>铝及铝合金</td><td>纯铝
铝合金</td><td>1050A
5083
5251</td><td>b. 数字代号表示的铝及铝合金牌号
5 3 5 6 □
① ② ③ ④
□——状态，详见表 2-60
③④——顺序号：③④两位数字无特定意义，只用来区分某一系列中不同的铝合金
②——数字用来表示合金成分的调整变化。按需要赋予“0～9”的整数数字。当对杂质或合金元素不作专门控制时，用“0”表示；反之，则为“1～9”
①——系列代号：
1×××系——为含铝不低于 99.00% 的纯铝
2×××系——Al-Cu 合金
3×××系——Al-Mn 合金
4×××系——Al-Si 合金
5×××系——Al-Mg 合金
6×××系——Al-Mg-Si 合金
7×××系——Al-Zn 合金
8×××系——为以其他元素为主合金元素的铝合金
9×××系——为备用系列
注：根据现行有关标准的统计，旧 BS 牌号与国际注册代号的相应关系见表 2-59</td></tr>
<tr><td>铸造铝及铝合金</td><td>铸造铝合金</td><td>2.4.20
0.5.29</td><td>c. 铸造铝合金用 1 位或两位数字表示：2，4，6……为一般用途铸造铝合金；0，5，9……为特殊用途铸造铝合金</td></tr>
<tr><td>镁及镁合金</td><td>镁合金铸锭
加工镁合金
镁合金板</td><td>MAG1
MAG101
MAG-S-141</td><td>MAG 101
101——顺序号：以一位数字表示镁合金铸锭；以三位数字表示加工镁合金材；如果需要表示出加工产品的形状，则在中间加一指定的字母 S(与铝材相同)，如：MAG-S-141 表示第 141 号镁合金板材
MAG——前缀冠以 MAG 为镁合金</td></tr>
<tr><td>铜及铜合金</td><td>纯铜
电解高
黄铜
铝青铜
铍青铜
硅青铜
铬青铜
铜镍合金(白铜)
锌白铜

铸造铜合金</td><td>C10
CN101
CA102
CB101
CS101
CC101
CN102
NS105
PB1
CMA1
G3
(88/10/2)</td><td>CN 101
101——顺序号：以三位数字表示
CN——分类代号（见下表）</td></tr>
</table>

代号	含义	代号	含义
C	纯铜	CN	铜镍合金(白铜)
CN	黄铜代表(90 黄铜)	NS	锌白铜
PB	磷青铜	LPB1	含铅、磷的青铜
CA	铝青铜	SCB3	砂模铸造用黄铜
CB	铍青铜	CT	铜锡合金
CS	硅青铜	HRB1	高强度 β 黄铜
CC	铬青铜	G1	炮铜(铜锡合金或铜锡锌合金)

续表

有色金属及其合金类别	牌号举例		牌号表示方法说明
	名称	代号	
锌及锌合金	纯锌 锌合金	Zn1 Zn2 Zn3 Zn4 Zn-Ti Zn-Pb	Zn 1 1——顺序号,以一位数字表示 Zn——前缀冠以 Zn 为纯锌;随着顺序号越小,纯度越高 Zn-Ti 合金为“A”类,称抗蠕变的锌钛合金 Zn-Pb 合金为“B”类,称软态的锌铅合金 (以上)为建筑用锌合金板带材 注:加工锌合金没有统一的牌号表示规则,只是在各该专用材料标准中自行确定表示方式,如上所述
钛及钛合金		IMI-115 IMI-130 ICITi-115 ICITi-130 Hylite-10 Hylite-15	IMI-125 125——顺序号 数字越小,纯度越高 IMI——前缀 IMI——英国仅有的钛生产厂,为帝国金属有限公司的名称 ICI——为英国帝国化学公司的名称 Hylite——为英国威廉·杰塞普父子公司的名称

注：1. 英国铸造铜合金共 27 个牌号，分 A，B，C 三类。A 类为常用的，B 类为特殊用的，C 类为限制用的。牌号的表示方法有三种形式：①用英文大写字母表示，如：PB1（磷青铜 1 号）；②根据合金组成成分来表示，如：CMA1（C——铜，M——锰，A——铝），即铜锰铝 1 号合金；③根据名义化学成分表示，如：G3C8811012 炮铜，其中 88 是铜百分含量，10 是锡的名义百分含量，2 是锌的名义百分含量；

2. 英国铸造铜合金的铸造代号：S——砂型铸造；Ch——冷硬模铸造；Ce——离心铸造；Co——连续铸造。

表 2-59 **BS 旧牌号与数字代号对照表**

BS 铝合金国际注册代号	BS 铝合金旧牌号	按化学元素符号的牌号	BS 铝合金国际注册代号	BS 铝合金旧牌号	按化学元素符号的牌号
1080A	1A	Al99.8	1050A	1B	Al99.5
1200	1C	Al99.0	3103	N3	AlMn1
4043A	N21	AlSi5	4047	N2	AlSi12
5251	N4	AlMg2	5154A	N5	AlMg3.5
5056A	N6	AlMg5	5356	—	AlMg5
5554	N52	AlMg3Mn	5556A	N61	AlMg5.2MnCr
5083	N8	AlMg4.5Mn	5183	—	AlMg4.5Mn
6061	H20	AlMg1Si1Cu	6063	H9	AlMgSi
6082	H30	AlSiMgMn	1350	1E	Al99.5
6101A	91E	AlMgSi	3105	N31	AlMnMg
5005	N41	AlMg1	5454	N51	AlMg3Mn
7020	H17	AlZn4.5Mg1			

表 2-60 英国有色金属材料状态代号的表示方法

铝及铝合金状态代号的表示方法

代 号	含 义	代 号	含 义
M	制造状态，对材料性能无特定控制	TD	固溶热处理，冷加工和自然时效状态
O	退火状态	TE	从成形加工和沉淀处理的高温进行冷却后的状态
H1，H2，H3，H4，H5，H6，H7，H8	表示强度递增的加工硬化状态	TF	固溶热处理和沉淀处理
TB	固溶热处理和自然时效状态	TH	固溶热处理，冷加工后自然时效

铸造铝及铝合金状态代号的表示方法

代 号	含 义	代 号	含 义
M	制造状态，对力学性能无特定控制	TB7	固溶热处理与稳定化
TS	仅进行消除内应力的处理	TF	固溶热处理和沉淀处理
TE	沉淀热处理	TF7	完全热处理与稳定化
TB	固溶热处理		

铜及铜合金状态代号的表示方法

代 号	含 义	代 号	含 义
O	退火状态	Wm	固溶热处理只由生产厂进行，其后不需进一步的热处理
1/4H，1/2H，EH，H（超硬）	通过冷轧而获得的各种变形硬化等级	SH，ESH	对较薄的材料进行轧制所获得的高弹性硬化状态，其中 ESH 指超高弹性状态
M	制造状态		
W	固溶热处理		
W（1/4H），W（1/2H），W（H）	固溶热处理，随后进行冷加工以产生不同程度的变形硬化	CPR1 CPR2 CPR3 CPR4	屈服应力控制状态，须保证的应力值随最后一位数字的增大而递增
WP	固溶热处理并沉淀处理		
W（1/4H）P，W（1/2H）P，W（H）P	固溶热处理，进行相应硬化程度的冷加工，然后沉淀处理		

2.7.5 法国国家标准(NF)有色金属及其合金产品牌号的表示方法

法国有色金属及其合金牌号首字母冠以有色金属元素的代号，表示该金属及其合金。

添加主要合金元素，采用大写的合金元素代号来表示。

合金元素的含量，直接以实际的平均含量的百分数在合金元素后面以整数直接标出，详见表 2-61。

表 2-61 法国国家标准（NF）有色金属及其合金产品牌号的表示方法

有色金属及其合金类别	牌号举例 名称	牌号举例 代号	牌号表示方法说明
铝及铝合金牌号的表示方法			
铝及铝合金		A-M1G A-G3M A-U4G1 A-Z5G	a. 铝及铝合金牌号的表示方法（见下图）
		1080 1090 2011 3005 4032 5050 6060 7075	b. 数字代号表示的铝及铝合金牌号（见下图）

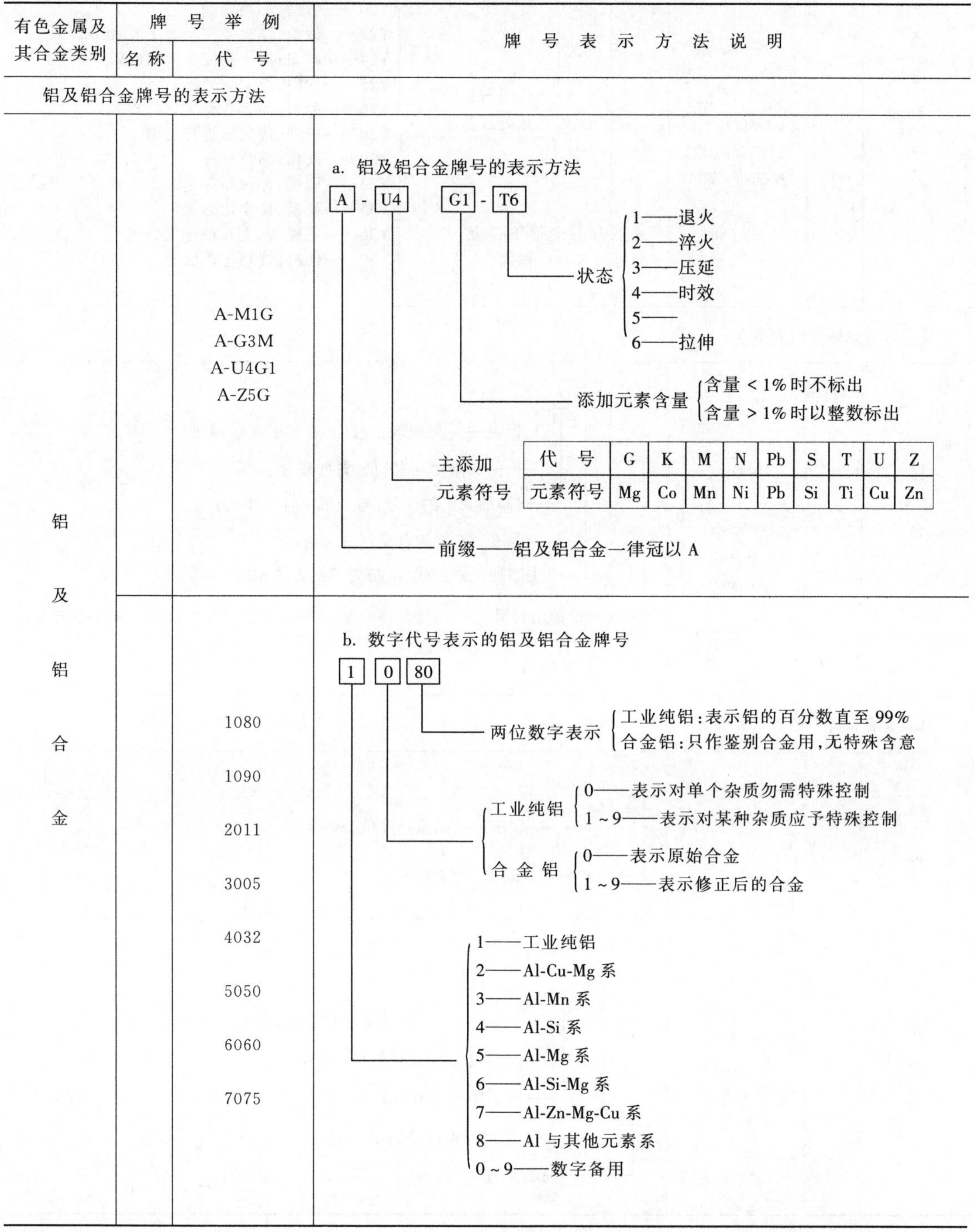

续表

有色金属及其合金类别	牌号举例		牌号表示方法说明
	名称	代号	
铸造铝合金		A-U8S-Y20 A-S5U3-Y30 A-U10G-Y24 A-U5GT-Y34 A-S7G03-Y23 A-S10G-Y35	A-U5GT-Y23 铸造种类及热处理状态： Y20——砂型，不热处理 Y23——砂型，淬火不完全人工时效 Y24——砂型，淬火并完全人工时效 Y25——砂型，稳定化处理 Y26——砂型，淬火并稳定化处理 Y29——砂型，按规定进行处理 Y30——硬模，不热处理 Y33——硬模，淬火不完全人工时效 Y35——硬模，稳定化处理 Y36——硬模，淬火并稳定化处理 Y39——硬模，按规定热处理 此部分与变形铝合金牌号表示方法相同
镁及镁合金牌号的表示方法			
镁合金		G-A3Z1 G-A6Z1 G-Z5Zr G-M2 G-A8Z	G-A 6 Z 1-H11 H11——热处理状态(与变形铝合金相同) 1——添加元素的名义百分含量 Z——添加元素的代号(与变形铝合金相同) 6——主添加元素的名义百分含量 A——主添加元素的代号(与变形铝合金相同) G——前缀符号(G——镁及镁合金，A——铝及铝合金；U——铜及铜合金，T——钛及钛合金)
钛及钛合金牌号的表示方法			
纯钛		T-35 T-40 T-50 T-60	T-35 35——表示最低屈服强度值(MPa) T——前缀符号(表示Ti)
钛合金		T-A6V T-A6ZD T-A4DE2 T-A6Z5W T-V13CA	T-A 8 D V V——添加元素代号(表示V) D——添加元素代号(表示 Mo) 8——主添加元素的名义百分含量 A——主添加元素代号(表示 Al) T——前缀符号(表示Ti)

续表

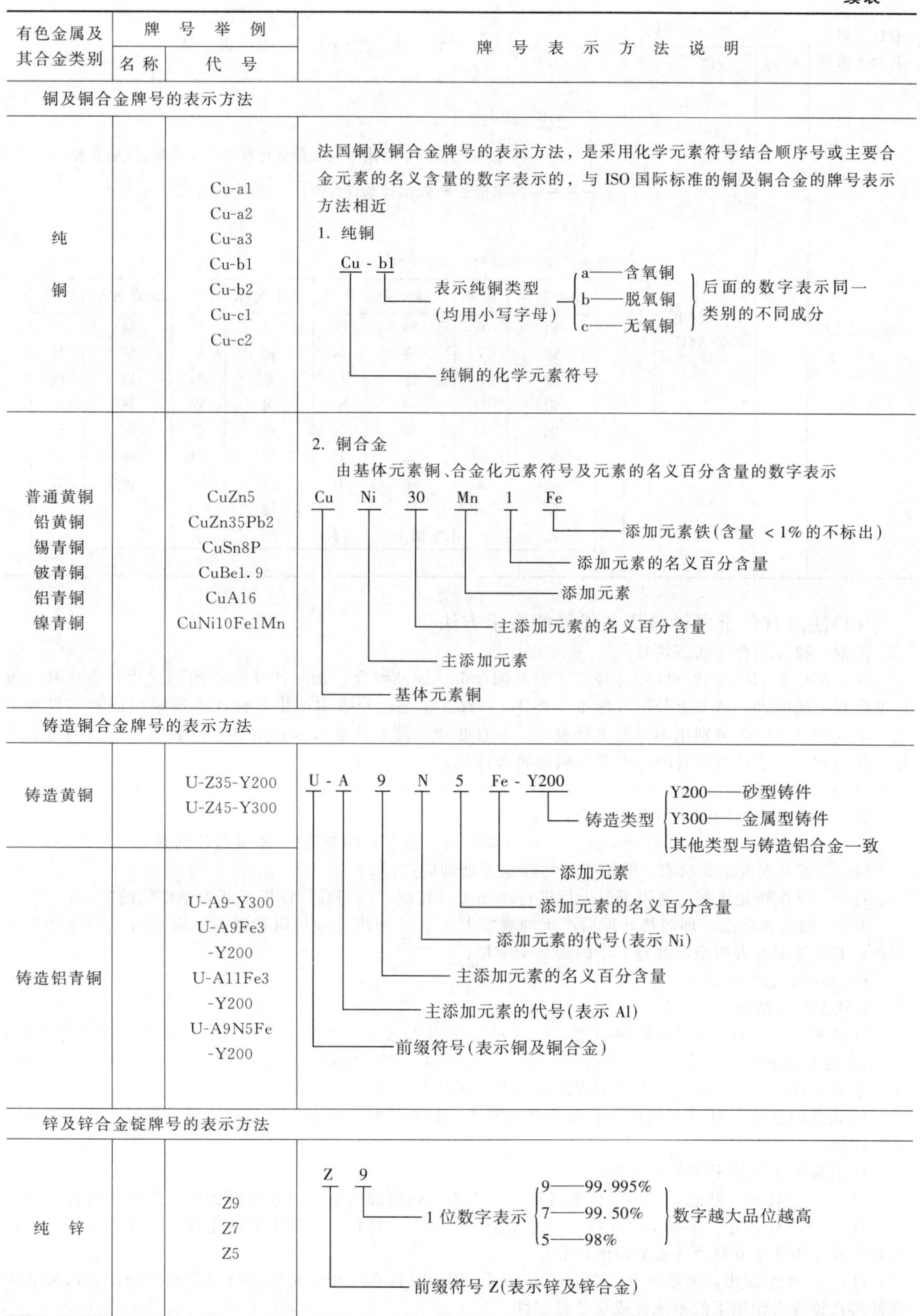

有色金属及其合金类别	牌号举例 名称	牌号举例 代号	牌号表示方法说明
铜及铜合金牌号的表示方法			
纯铜		Cu-a1 Cu-a2 Cu-a3 Cu-b1 Cu-b2 Cu-c1 Cu-c2	法国铜及铜合金牌号的表示方法，是采用化学元素符号结合顺序号或主要合金元素的名义含量的数字表示的，与ISO国际标准的铜及铜合金的牌号表示方法相近 1. 纯铜 Cu - b1 表示纯铜类型（均用小写字母）：a——含氧铜；b——脱氧铜；c——无氧铜；后面的数字表示同一类别的不同成分 纯铜的化学元素符号
普通黄铜 铅黄铜 锡青铜 铍青铜 铝青铜 镍青铜		CuZn5 CuZn35Pb2 CuSn8P CuBe1. 9 CuA16 CuNi10Fe1Mn	2. 铜合金 由基体元素铜、合金化元素符号及元素的名义百分含量的数字表示 Cu Ni 30 Mn 1 Fe Fe：添加元素铁（含量 <1%的不标出） 1：添加元素的名义百分含量 Mn：添加元素 30：主添加元素的名义百分含量 Ni：主添加元素 Cu：基体元素铜
铸造铜合金牌号的表示方法			
铸造黄铜		U-Z35-Y200 U-Z45-Y300	U - A 9 N 5 Fe - Y200 Y200：铸造类型：Y200——砂型铸件；Y300——金属型铸件；其他类型与铸造铝合金一致 Fe：添加元素 5：添加元素的名义百分含量 N：添加元素的代号（表示Ni） 9：主添加元素的名义百分含量 A：主添加元素的代号（表示Al） U：前缀符号（表示铜及铜合金）
铸造铝青铜		U-A9-Y300 U-A9Fe3 -Y200 U-A11Fe3 -Y200 U-A9N5Fe -Y200	
锌及锌合金锭牌号的表示方法			
纯锌		Z9 Z7 Z5	Z 9 9：1位数字表示：9——99.995%；7——99.50%；5——98%；数字越大品位越高 Z：前缀符号Z（表示锌及锌合金）

续表

<table>
<tr><th rowspan="2">有色金属及其合金类别</th><th colspan="2">牌号举例</th><th rowspan="2">牌号表示方法说明</th></tr>
<tr><th>名称</th><th>代号</th></tr>
<tr><td>锌合金锭</td><td></td><td>Z-A4G
Z-A4U1G</td><td>Z - A4G
A4G —— 合金元素的字母代号及该合金元素的名义含量,详见下表
Z —— 前缀符号 Z(表示锌及锌合金)

合金元素字母代号如下:
<table>
<tr><th>元素名称</th><th>代号</th><th>元素名称</th><th>代号</th><th>元素名称</th><th>代号</th><th>元素名称</th><th>代号</th></tr>
<tr><td>铝</td><td>A</td><td>钙</td><td>Ca</td><td>镁</td><td>G</td><td>锰</td><td>M</td></tr>
<tr><td>钛</td><td>T</td><td>锑</td><td>R</td><td>铬</td><td>C</td><td>钴</td><td>K</td></tr>
<tr><td>硅</td><td>S</td><td>钍</td><td>Th</td><td>氮</td><td>Az</td><td>铍</td><td>Be</td></tr>
<tr><td>钼</td><td>D</td><td>钠</td><td>Na</td><td>钨</td><td>W</td><td>钒</td><td>V</td></tr>
<tr><td>铜</td><td>U</td><td>镍</td><td>N</td><td>硫</td><td>F</td><td>锶</td><td>Sr</td></tr>
<tr><td>铋</td><td>Bi</td><td>锡</td><td>E</td><td>铌</td><td>Nb</td><td>磷</td><td>P</td></tr>
<tr><td>锌</td><td>Z</td><td>硼</td><td>B</td><td>铁</td><td>Fe</td><td>锂</td><td>L</td></tr>
<tr><td>钽</td><td>Ta</td><td>锆</td><td>Zr</td><td>镉</td><td>Cd</td><td></td><td></td></tr>
<tr><td>铅</td><td>Pb</td><td>稀土</td><td>TR</td><td>硒</td><td>Se</td><td></td><td></td></tr>
</table></td></tr>
</table>

(1)法国有色金属材料状态代号的表示方法

①铜、镍及其合金状态代号

在法国标准 NF A 02-008 中，规定了铜及铜合金、镍及镍合金加工产品最常用的交货状态代号。该标准所规定的原则，基本上与国际标准（ISO）一致。状态代号表明产生各种状态所采用的基本处理工艺。不同的基本状态分别用不同的字母表示。如有必要，基本状态可以再细分，以表明热处理的特定类型或所达到的力学性能，有的还表明材料的物理性能。

a）基本状态代号

铜、镍及其合金的基本状态代号为：

F——热加工状态，表示在热状态下制造（如轧制、挤制、锻制等），不进行任何热处理的产品；

O——退火或再结晶状态，适用于最终经退火处理的产品；

H——冷作硬化状态，适用于退火后进行冷加工（轧制、拉制等）以保证其力学性能的产品；

T——热处理状态，即经热处理后产生的稳定状态。这种热处理可以选择，有时也可以与冷加工相结合，T 后总缀有表明稳定处理工序的第 2 个字母。

b）基本状态的细分

F 状态不再细分。

O 状态可细分为 O 和 OS 两种状态。O 表示完全退火（完全再结晶）状态，没有任何特别的说明；OS 表示是在某种条件下完成的完全退火状态，以获得符合产品标准中规定的平均晶粒度界限值。OS 后用数字表示材料所具有的、符合规定界限值的名义平均晶粒度。

H 状态细分时，用 H 后接的 2 位数字来分别表示材料的状态以及通过某种处理后材料所具有的不同力学性能。

H 后接第 1 位数字的含义如下：

H1——冷作硬化状态，适用于仅通过冷加工而不依赖附加的热处理来获得所要求力学性能的产品；

H2——冷作硬化、不完全退火状态，适用于经冷加工使材料超出规定的硬化程度，而后经不完全退火处理使其强度恢复到所规定数值的产品；

H3——冷作硬化、消除应力状态，适用于铜、镍及其合金冷作硬化后进行消除应力处理，以显著提高材料在拉应力作用下的耐蚀性或尺寸稳定性。

H 后接的第 2 位数字（1，2，3，……）随力学性能数值的增大而依次递增排列，如 H11，H12，H13，……；H21，H22，H23，……。力学性能的数值在产品标准中规定。

T 表示经热处理而获得状态不同于 F、O、H 状态的产品，可细分为：

TA——高温成型后控制冷却状态，适用于高温成型（如热挤压）后控制冷却（通常是快速冷却）的产品，这种热处理除有时进要平整或矫直外，不进行任何冷加工；

TB——固溶处理、淬火状态，适用于经固溶处理后进行淬火的产品，这种热处理除有时要平整或矫直外，不进行任何冷加工；

TC——高温成型、控制冷却、冷加工状态，适用于高温成型后进行控制冷却并进行冷加工的产品；

TD——固溶处理、淬火、冷加工状态，适用于经固溶处理后淬火并控制冷加工的产品；

TE——高温成型、控制冷却、回火状态，适用于高温成型后控制冷却、最后进行回火的产品（TA 状态的产品回火后可以获得此状态）；

TF——固溶处理、淬火和回火状态，适用于固溶处理后淬火并进行回火处理的产品（TB 状态的产品经回火可获得此状态）；

TG——高温成型、控制冷却、冷加工、回火状态，适用于高温成型后控制冷却并经控制冷加工后回火的产品（TC 状态的产品经回火可获得此状态）；

TH——固溶处理、淬火、冷加工、回火状态，适用于经固溶处理后淬火并控制冷加工、再进行回火处理的产品（TD 状态产品经回火可获得此状态）；

TK——高温成型、控制冷却、回火、冷加工状态，适用于高温成型后控制冷却、再经回火处理后控制冷加工的产品（TE 状态的产品经冷加工可获得此状态）；

TL——固溶处理、淬火、回火冷加工状态，适用于固溶处理后淬火、回火，然后控制冷加工的产品（TF 状态的产品经冷加工可获得此状态）。

②变形铝及铝合金状态代号

法国变形铝及铝合金的状态代号在 NF A02-006—1985 中作了详细规定。变形铝及铝合金状态代号通常采用两种形式，一种是表示最终获得的强度指标代号，其简单形式是用字母 R 加 1 个或 2 个数字，在某些情况下还可以附加字母 A 或 L；另一种是表示热处理和（或）机加工的代号，这种状态代号称之为“方法代号”。强度指标代号对表示材料的状态特性有时是很充分的，但当它不能准确地表明材料状态时，则采用热处理方法代号。

a）强度指标代号

所谓强度指标是指给定产品的抗拉强度最小保证值，用最小抗拉强度值的十分之一表示，其单位为 MPa。当抗拉强度指标最后一个数字等于或大于 5 时，则进位修约成整数。

某些特殊的冶金状态同样可以用强度指标表示，但是当其最小保证值较高时，可用相应的 0.2%弹性极限值或用伸长率来表示同一水平的强度指标特性，只是须在强度指标代号后加字母 A 以示区别。但应当注意，字母 A 作为合金代号后缀时，其意义是不同的。例如：1050A 或 2017A，此处的 A 是表示其合金成分与基本合金（1050、2017）成分略有不同，其不同之处可能是一处或数处。

涂层产品的强度指标代号后要加字母 L（“L”表示涂漆或涂层)。强度指标代号书写在合金牌号之后。

例 2-1：直径为 25～100mm，经挤制、淬火后回火，并具有下列最小力学性能的 6060 合金拉制棒：抗拉强度 $R_m \geqslant 190$MPa、屈服强度 $R_{p0.2} \geqslant 150$MPa、伸长率 $A \geqslant 10\%$，其代号是 6060-R19。

例 2-2：厚度为 0.35～8mm，半硬状态，具有下列最小力学性能的 5052 合金板材：$R_m \geqslant 235$MPa，$R_{p0.2} \geqslant 180$MPa，$A \geqslant 5\%$。其代号是 5052-R24。

例 2-3：厚度为 0.35～6mm、半硬状态的 1100 合金板材，但有两个稍有差异的材料交货状态，其具有下列最小力学性能：

	抗拉强度 R_m / MPa	0.2%弹性极限 $R_{p0.2}$ / MPa	伸长率 A / %	状态
第一种情况	110	95	6	H14
第二种情况	110	90	9	H24

该板材的强度指标代号，第一种情况为 1100R11，第二种情况为 1100-R11A。

例 2-4：具有下列最小力学性能的 3003 合金涂漆带材 $R_m \geqslant 140MPa$、$R_{p0.2} \geqslant 110MPa$、$A \geqslant 6\%$，其代号是 3003-R14L。

制造原始状态（F）、退火状态（O）、平整的退火状态（H111 和 H112）不适用于用强度指标表示材料的状态。

b）冶金状态-加工方法代号

基本冶金状态用以下几个字母表示：

F——制造原始状态，适用于通过塑性变形获得对力学性能无特定要求的产品；

O——退火状态，适用于经热处理（退火）获得最低强度且尺寸稳定的变形产品；

H——冷作硬化状态，适用于经塑性变形、有时加热到适当温度进行稳定化处理或调质处理的冷作硬化的产品；

T——经热处理硬化的状态。热处理工序有固溶处理（分开或不分开）、淬火、时效、回火，这些工序可以部分或全部组合采用，有时也与塑性变形结合使用。T 状态不同于 F、O、H 状态。

F 和 O 状态不再细分，而 H 和 T 状态要细分。

H 状态的细分

H 后往往要接 2～3 位数字。

第 1 位数字为 1、2 或 3，表示获得产品的主要方式。其中：

H1——冷作硬化状态；

H2——冷作硬化后调质处理；

H3——冷作硬化后稳定化处理。

第 2 位数字表示材料的硬度级别：

数字 8——具有高的硬度级别，是用常规工艺、退火后经 75％的冷变形而获得的最终抗拉强度值（退火后经 75％冷变形的状态称为“硬状态”）。代号为 H18，相应于 H2、H3 的硬状态代号为 H28、H38；

数字 4——抗拉强度值相当于退火状态（O）和硬状态（H18）之间的中间值，称为“1/2 硬状态”，代号为 H14（或 H24、H34）；

数字 2——抗拉强度值相当于退火状态（O）和 1/2 硬状态之间的中间值，称为“1/4 硬状态”，代号为 H12、H22 或 H32；

数字 6——抗拉强度值相当于硬状态和 1/2 硬状态之间的中间值，称为“3/4 硬状态”，代号为 H16、H26 或 H36；

数字 9——抗拉强度值高于硬状态的抗拉强度值，称为“特硬状态”，代号为 H19、H29 或 H39。

其他的抗拉强度值若与两相邻状态的抗拉强度的中间值相当时，则采用奇数作第 2 位数字。例如，当抗拉强度值相当于 O 状态与 1/4 硬状态（H12）的中间值时，称为“1/8 硬状态”，代号为 H11、H21 或 H31。

某些合金不能承受 75％的冷变形量而达到 H18（H28、H38）硬状态。对这类合金可按 55％、35％的变形量确定 3/4 硬状态、1/2 硬状态。

在特殊情况下，如对涂漆产品，波纹板和花纹板，平整、矫直或有特殊要求的产品等，在状态代号中还要附加第 3 位数字。

第 3 位数字的使用情况分述如下：

数字 7——涂漆的板、带材交货时，其冶金状态后加数字 7 表示，如代号 3003H247 表示是经冷作硬化后经调质处理的 1/2 硬状态的 3003 合金涂漆板（或带）。

数字 4（或 5）——对经轧制或经滚轧机变形等操作而产生一定程度冷作硬化的产品（如花纹板、波纹板等），则在代表产品初始状态的第 2 位数字上加 1，再后接第 3 位数字“4”，如 H14 变为 H154；但当第 2 位数字为“9”时，则在“9”后接第 3 位数字“5”，如 H19 变为 H195。

经某种工序最终完成的半成品，为了比较其最终的某种特性，如平直度、薄板的耐蚀性能、应力腐蚀性能，也要用第 3 位数字表示，见表 2-62、表 2-63 和表 2-64。

c）T 状态的细分

T 后接 1 位或多位数字，用以表示各种类型的热处理状态。第 1 位数字为 1～10（“10”被看作 1 位数字），表示热处理或热加工的一般工序，具体含义为：

1——热变形后冷却、时效；

2——热变形后冷却、冷作硬化、时效；
3——固溶处理、淬火、冷作硬化、时效；
4——固溶处理、淬火、时效；
5——热变形后冷却、回火；
6——固溶处理、淬火、回火；
7——固溶处理、淬火、过高温回火；
8——固溶处理、淬火、冷作硬化、回火；
9——固溶处理、淬火、回火、冷作硬化；
10——热变形后冷却、冷作硬化、回火。
某些特殊处理还需加第2、3……位数字。

表2-62至表2-74列出了铝及铝合金主要冶金状态代号（加工方法状态代号），其他状态的代号按单个具体的材料标准或合同的规定执行。

表 2-62　H1×～H1××状态

代　号	含　义
H1×，H1××	经冷作硬化而获得的稳定状态
H11	经冷作硬化的1/8硬状态
H111	经平整或矫直的产品状态，其抗拉强度等于或大于0状态，而低于H11状态
H112	平整、矫直或原始制造状态的退火产品，其力学性能符合技术条件中规定的界限值
H116	此状态适用于镁含量大于4%的铝-镁合金，其力学性能和耐腐蚀性能应符合技术条件的规定
H12	经冷作硬化的1/4硬状态
H14	经冷作硬化或经35%截面减缩率冷作硬化的1/2硬状态
H16	经冷作硬化或经55%截面减缩率冷作硬化的3/4硬状态
H18 H19	经75%截面减缩率冷作硬化的4/4硬状态（H18）、特硬状态（H19）。H19的抗拉强度值高于H18状态

表 2-63　H2×～H2××状态

代　号	含　义
H2×，H2××	经冷作硬化、调质处理后稳定的状态
H22（1/4硬） H24（1/2硬） H26（3/4硬） H28（硬） 29（特硬）	经冷作硬化后在适当温度下精心控制进行调质（或软化处理）而获得各种所希望的稳定状态

表 2-64　H3×～H3××状态

代　号	含　义
H3×，H3××	经冷作硬化后进行稳定化处理获得的稳定状态
H31	经冷作硬化后稳定化处理的1/8硬状态
H32	经冷作硬化后稳定化处理的1/4硬状态
H311 H321	经比H31和H32更弱一些冷作硬化所获得的状态，主要涉及镁含量大于4%的铝-镁合金

续表

代号	含义
H34	经冷作硬化后稳定化处理的 1/2 硬状态
H36	经冷作硬化后稳定化处理的 3/4 硬状态
H38	经冷作硬化后稳定化处理的 4/4 硬状态
H39	特硬状态

表 2-65 T1 状态

代号	含义
T1	热变形后冷却、时效 用于热成型（挤压、轧制）后冷却并进行自然（室温）时效而获得稳定化的产品，或者经冷加工（如平整或矫直）不影响其力学性能的产品

表 2-66 T2 状态

代号	含义
T2	热变形后冷却，随后冷塑性变形并时效。用于冷却后冷作硬化以提高力学性能的产品，或者经冷变形（如平整或矫直）对力学性能有影响的产品

表 2-67 T3 状态

代号	含义
T3	固溶处理、淬火、冷作硬化、时效
T3×× T3×××	固溶处理后冷却、经塑性变形的产品，这种塑性变形对弥散硬化是十分重要的
T351	固溶处理、淬火、拉伸（根据产品的不同情况）以消除应力，然后时效
T3510	固溶处理、淬火、拉伸以消除应力，拉伸后不允许进行矫直，适用于线材和拉制产品
T3511	固溶处理、淬火、拉伸以消除应力，有时拉伸后进行较轻微的矫直，适用于线材和拉制产品
T352	固溶处理，淬火，经压缩变形（一般为1%～5%）以消除应力，然后时效

表 2-68 T4 状态

代号	含义
T4	固溶处理、淬火、时效或预回火
T4× T4×× T4×××	固溶处理后随即冷却，不进行塑性变形或进行标准中来考虑的相应较弱的弥散硬化的变形
T42	固溶处理、淬火，不一定要从此状态开始时效，这种处理事实上可由生产厂在交货产品的热处理试样上证实，也可由用户在使用中证实
T451	固溶处理、淬火、拉伸以消除应力，然后时效
T4510	固溶处理、淬火、拉伸以消除应力，拉伸后不经矫直，然后时效
T4511	固溶处理、淬火、拉伸以消除应力，有时在拉伸后经轻微的矫直，然后时效
T452	固溶处理、淬火、压缩变形以消除应力，然后时效

表 2-69 T5 状态

代号	含义
T5	热变形后冷却、回火
T5×	这类代号用于热变形（挤压、轧制）后冷却（夏季快速冷却），经回火能缓慢稳定化（硬化）的产品
T51	热变形后冷却（例如在挤压机出口处急冷）并轻拉回火（“温柔”回火）而产生比正常的 T5 状态更大的延展性

表 2-70 T6 状态

代号	含义
T6	固溶处理、淬火、回火
T6× T6××	固溶处理后淬火并回火的产品状态，在固溶处理和回火之间或在回火后不进行塑性变形，或者进行不影响标准中认可的弥散硬化的变形处理，此状态通常是由相应的 T4×× 状态经回火而获得
T61	固溶处理、淬火并轻拉回火（“温柔”回火）而产生比 T6 正常回火状态更大的延展性
T62	固溶处理、淬火和回火（不一定要从此状态开始）这种处理事实上可由生产厂在交货产品的热处理试样上得到证实，也可由用户在使用中证实
T66	固溶处理、淬火并回火，所产生的机械强度比 T6 正常回火状态（“硬”回火）更高
T651	固溶处理、淬火、拉伸以消除应力，然后回火
T6510	固溶处理、淬火、拉伸以消除应力，拉伸后不矫直，然后回火，此状态涉及线材和拉制产品
T6511	固溶处理、淬火、拉伸以消除应力，拉伸后有时作轻微矫直，然后回火，此状态涉及线材和拉制产品
T652	固溶处理、淬火、压缩变形以消除应力，然后回火

表 2-71 T7 状态

代号	含义
T7	固溶处理、淬火、过高温回火
T7× T7×× T7×××	经过高温回火以获得预定的某些特性（例如，在应力作用下具有高的耐蚀性）的产品状态
T73	固溶处理、淬火、过高温回火
T73× T73×× T73×××	在应力作用下的耐蚀性能是最突出的特性
T7351	固溶处理、淬火、拉伸以消除应力，然后过高温回火
T73510	固溶处理、淬火、拉伸以消除应力，拉伸后不经矫直，然后过高温回火
T73511	固溶处理、淬火、拉伸以消除应力，拉伸后有时经轻微矫直，然后过高温回火

续表

代号	含义
T7352	固溶处理、淬火、压缩变形以消除应力，然后过高温回火
T74 T7451 T7452	其定义与 T73 相同，但其抗拉强度高于 T73 状态，而仍低于 T76 状态
T76 或 T761 T7651 T76510 T76511 T7652	其定义与 T73 相同，但是经过高温回火所获得的抗拉强度更高，而在应力作用下的耐蚀性能更低，但层次（薄板）耐蚀性能良好

注：T73，T74，T76 之间的性能关系是：抗拉强度递增，而应力作用下的耐蚀性能递减。

表 2-72 T8 状态

代号	含义
T8	固溶处理、冷作硬化、回火
T8× T8×× T8×××	在固溶处理和回火之间进行冷作硬化（或者进行对标准中规定的弥散硬化，是很重要的变形处理），最终提高强度的产品状态。这些状态通常是由 T8……相应的状态经回火后获得的
T81	固溶处理、淬火、比 T8 更弱一些的冷作硬化，然后回火
T86	固溶处理、淬火、比 T8 更强一些的冷作硬化，然后回火
T851 T851×	固溶处理、淬火、拉伸以消除应力，然后回火
T8510	固溶处理、淬火、拉伸以消除应力，拉伸后不经矫直，然后回火
T8511	固溶处理、淬火、拉伸以消除应力，拉伸后有时经轻微矫直，然后回火
T852	固溶处理、淬火，然后压缩变形（一般为 1%～5%）以消除应力，然后回火

表 2-73 T9 状态

代号	含义
T9	固溶处理、淬火、回火、冷作硬化 适用于回火后冷作硬化最终提高拉伸性能的产品。此状态主要涉及 6000 合金线材，其性能在每个具体技术条件中规定

表 2-74 T10 状态

代号	含义
T10	热变形后冷却、冷作硬化并回火 适用于热成型（基本上是挤压）后冷却（夏天为快速冷却），像 T5 状态那样，经简单回火能缓慢稳定化（硬化）的产品；但与 T5 状态不同，此处是在回火之前冷作硬化，最终提高抗拉强度，在某些情况下，材料标准中允许此状态与 T8 状态相同，但是，所获得的力学性能在各个具体技术条件中规定

③镁及镁合金状态代号

法国镁及镁合金加工材交货状态代号的表示方法在 NF A 02-007 中作了详细规定。这些规定与 ISO 2107 相近，采用字母结合数字的方法表示，其一般原则是：不同的交货状态用不同的字母表示，基本状态后接 1 位或多位数字来表示材料一种热处理或机械加工周期中各种不同的处理工序。

基本状态代号

镁及镁合金的基本状态代号为：

F——未加工的制造状态，指产品经热加工后不经任何热处理或机械加工就可达到所需要的性能；

O——退火状态，这是一种最软的状态，产品通过适当的温度加热后不经硬化处理冷却，在此条件下，允许进行不引起力学性能发生变化的平整或矫直；

H——冷作硬化状态，偶尔也经软化处理，适用于经变形硬化的产品，这类产品随后可加热到或不加热到软化温度或稳定化温度；

T——经热处理硬化状态，热处理包括固溶处理、淬火、时效、回火，有时也结合变形处理，不同的热处理工序在字母 T 后用不同的数字表示。

F，O 两个基本状态不再细分，而 H，T 两个基本状态可以细分。

H 状态的细分

H 后至少要接 2 位数字，有时还要接 3 位数字。

H 后接的第 1 位数字是 1、2 或 3，其含义与铝及铝合金加工材的 H 状态一样，即：

H1——仅冷作硬化，用于通过变形硬化而不经任何使金属变软的软化热处理或稳定化热处理就能达到所需要的硬度的产品；

H2——冷作硬化、随后进行软化热处理状态，适用于轻变形硬化而达到高于所要求的硬化程度，继而通过软化（调质）热处理使金属软化，获得所需要的硬化程度的产品；

H3——冷作硬化、随后进行稳定化热处理状态，适用于通过变形硬化并达到稍高于所希望的硬化程度，然后经适当的低温加热使之稳定化的产品。

实际上，H3 只用于那些不稳定的合金或者在室温下缓慢变软的合金。这种软化最终会导致弹性极限和抗拉强度稍微降低而塑性增高。经稳定化处理便会引起迅速硬化并恢复到稳定状态。

H 后接的第 2 位数字是表示经冷作硬化，或经冷作硬化并软化处理（或稳定化处理）所达到的硬化程度。数字 1 表示最小硬化程度（1/8 硬），数字 8 为最高硬化程度（硬状态），中间用数字 2（1/4 硬）、4（1/2 硬）和 6（3/4 硬）表示。

H 有时还后接第 3 位数字，以表示与第 1、2 位数字所表示的主要特性一致，但在程度上有所不同。第 3 位数字的代号只有经法国标准化协会批准并公布后方可使用。

T 状态的细分

T 状态代号的字母 T 不能单独使用，其后至少要跟 1 位数字来表示所使用的热处理类型。第 1 位数字的含义如下：

T3——固溶处理、淬火、冷作硬化、时效，适用于经淬火后进行旨在改善力学性能的冷作硬化的产品，这种冷作硬化可由平整或矫直赋予；

T4——固溶处理、淬火、时效，适用于淬火后不经任何冷作硬化、或者经平整或矫直而不影响标准中规定的力学性能的产品；

T5——热变形后回火，适用于高温制造并快速冷却（淬火）后进行回火以确定其主要力学性能的产品；

T6——固溶处理、淬火、回火，适用于在淬火和回火之间不经冷作硬化，或经平整（或矫直）而不影响标准规定的力学性能的产品，T4 加回火可获此状态；

T8——固溶处理、淬火、冷作硬化、回火，适用于淬火和回火之间进行冷作硬化以改善力学性能的产品，这种冷作硬化可由平整或矫直赋予，T3 加回火可获此状态；

T10——热变形、冷作硬化、回火，适用于高温制造随后快速冷却（淬火），然后进行旨在改善其力学性能的冷作硬化后直接回火的产品，T5 加冷作硬化可获此状态。

有时在 T3～T10 后再接第 2 位数字，以表明 T3～T10 所表示的热处理类型的差别。这种差别可反映出产品的特性。

第 2 位数字只有经法国标准化协会批准并公布后方可使用。

④铸造有色金属及合金的交货状态代号

在 NF A 02-002 标准中，规定了有色金属及合金铸造产品的制造方法以及经热处理后的交货状态的代号。该代号用字母 Y 结合 2 位数字表示。其中，第 1 位数字表示制造方法，第 2 位数字表示热处理工艺。

表示制造方法的第 1 位数字的含义为：

0——未经商定者；

1——铸锭；
2——砂模铸造铸件；
3——金属模铸造铸件；
4——压模铸件；
5，6——粉末冶金铸件；
7——连续铸造铸件；
8——离心铸造铸件；
9——按有关规定的铸件。

第 2 位数字的含义为：
0——不经（或不规定）热处理；
1——退火；
2——淬火；
3——淬火＋回火；
4——淬火＋时效；
5——稳定化处理；
6～8——淬火＋稳定化处理；
9——按协议进行的热处理。

在标注具体产品的交货状态代号时，需写出合金的牌号，例含锌 40%、金属模铸造且不经热处理的黄铜铸件，其交货状态代号为 CuZn40Y30。

2.7.6 德国工业标准(DIN)有色金属及其合金产品牌号的表示方法

在德国工业标准（DIN）中，有色金属及其合金牌号的表示方法有两个体系，平行对照使用。一个是以化学元素符号、标记字母和阿拉伯数字组成的牌号，另一个是 7 位数字代号系统。

表 2-75　　以化学元素符号为基础的牌号

有色金属及其合金类别	牌号举例		牌号表示方法说明
	名称	代号	
铝及铝合金牌号的表示方法（DIN 1700）			
铝及铝合金	钝铝	Al99.99R Al99.5H Al99.7 Al99.5 Al99.0	Al 99.7 99.7——含铝量，表示纯度。此数字越大纯度越高 Al——铝的代号 注：对特殊用途的铝材，冠以如下大写字母：E—导线，S—焊接用材，L—焊料，Sd—电焊条
	铝合金	AlMnMg0.5 AlMg1.8 AlMg2Mn0.3 E-AlMgSi AlZn4.5Mg1 AlZnMgCu1.5 AlCuSiMn	Al Cu Mg 2 F 44 44——抗拉强度最低值(MPa) F——状态代号(详见表 2-78) 2——最后一个添加元素的名义百分含量（一般只注明最后一位元素的含量） Mg——添加元素用国际化学元素符号表示 Cu——主添加元素用国际化学元素符号表示 Al——基体元素符号 Al 注：如是包铝材，要在 F 的前面加大写字母 PI，如 AlCuMgPIF37。对于光亮的材料，用大写字母 EQ 表示，光亮度级用 EO～E6 表示，如 AlMg3F23EQ-E6

续表

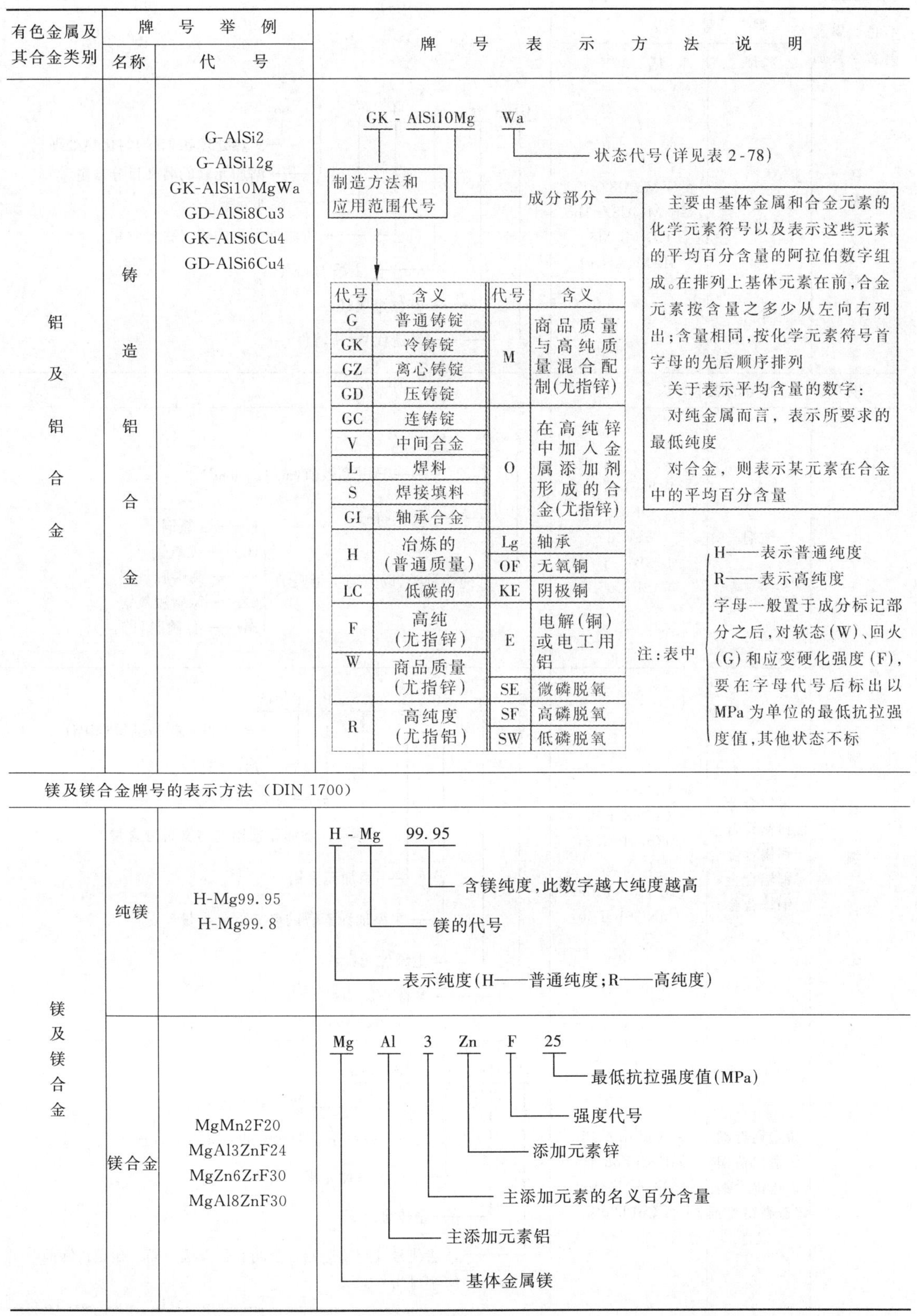

有色金属及其合金类别	牌号举例 名称	牌号举例 代号	牌号表示方法说明
铝及铝合金	铸造铝合金	G-AlSi2 G-AlSi12g GK-AlSi10MgWa GD-AlSi8Cu3 GK-AlSi6Cu4 GD-AlSi6Cu4	GK - AlSi10Mg Wa GK——制造方法和应用范围代号 AlSi10Mg——成分部分——主要由基体金属和合金元素的化学元素符号以及表示这些元素的平均百分含量的阿拉伯数字组成。在排列上基体元素在前，合金元素按含量之多少从左向右列出；含量相同，按化学元素符号首字母的先后顺序排列 关于表示平均含量的数字： 对纯金属而言，表示所要求的最低纯度 对合金，则表示某元素在合金中的平均百分含量 Wa——状态代号(详见表2-78) 注：表中 H——表示普通纯度 R——表示高纯度 字母一般置于成分标记部分之后，对软态(W)、回火(G)和应变硬化强度(F)，要在字母代号后标出以MPa为单位的最低抗拉强度值，其他状态不标
镁及镁合金牌号的表示方法（DIN 1700）			
镁及镁合金	纯镁	H-Mg99.95 H-Mg99.8	H - Mg 99.95 H——表示纯度(H——普通纯度；R——高纯度) Mg——镁的代号 99.95——含镁纯度，此数字越大纯度越高
	镁合金	MgMn2F20 MgAl3ZnF24 MgZn6ZrF30 MgAl8ZnF30	Mg Al 3 Zn F 25 Mg——基体金属镁 Al——主添加元素铝 3——主添加元素的名义百分含量 Zn——添加元素锌 F——强度代号 25——最低抗拉强度值(MPa)

制造方法和应用范围代号：

代号	含义	代号	含义
G	普通铸锭	M	商品质量与高纯质量混合配制(尤指锌)
GK	冷铸锭		
GZ	离心铸锭		
GD	压铸锭		
GC	连铸锭	O	在高纯锌中加入金属添加剂形成的合金(尤指锌)
V	中间合金		
L	焊料		
S	焊接填料		
GI	轴承合金		
H	冶炼的(普通质量)	Lg	轴承
		OF	无氧铜
LC	低碳的	KE	阴极铜
F	高纯(尤指锌)	E	电解(铜)或电工用铝
W	商品质量(尤指锌)		
		SE	微磷脱氧
R	高纯度(尤指铝)	SF	高磷脱氧
		SW	低磷脱氧

续表

有色金属及其合金类别	牌号举例 名称	牌号举例 代号	牌号表示方法说明
镁及镁合金	铸造镁合金	G-MgAl8Zn1 GK-MgAl8Zn1ho GD-MgAl6 GD-MgAl4Si1	GD - Mg Al 4 Si 1 bo bo——热处理状态(均匀化热处理) 1——添加元素的名义百分含量 Si——添加元素硅 4——主添加元素的名义百分含量 Al——主添加元素铝 Mg——基体金属镁 GD——铸造代号(压铸件)
铜及铜合金牌号的表示方法			
铜及铜合金	纯铜	E-Cu57 OF-Cu SE-Cu SW-Cu SF-Cu	E - Cu 58 58——导电率数值(m/Ω·mm^2) Cu——纯铜符号 E——纯铜种类,以大写字母表示:E——含氧铜;OF——无氧铜;SF——高磷脱氧铜;SE——微磷脱氧铜;SW——低磷脱氧铜
	铜锌合金 含铅铜锌合金 铜锡合金 铜铝合金 铜镍合金	CuZn20F27 CuZn36F45 CuZn36Pb1.5P CuSn6 CuAl10FePF50 CuNi30FeF50	Cu Zn 36 Pb 1.5 P F 45 45——最低抗拉强度值(MPa) F——强度代号 P——添加元素磷 1.5——添加元素铅的名义百分含量 Pb——添加元素铅 36——主添加元素锌的名义百分含量 Zn——主添加元素锌 Cu——基体金属铜
	铸造锡青铜 铸造锌黄铜 铸造铝青铜 铸造高铅青铜	G-CuSn7ZnPb GK-CuZn37Pb G-CuAl8Mn G-CuPb20Sn	G - Cu Sn 10 Zn Zn——添加元素锌 10——主添加元素的名义百分含量 Sn——主添加元素 Cu——基体金属铜 G——铸造代号(与铸造铝合金的表示方法一样,如是铸锭前缀字母为GB)

续表

有色金属及其合金类别	牌号举例 名称	牌号举例 代号	牌号表示方法说明
钛合金牌号的表示方法			
钛合金	钛合金	TiAl5Sn2 TiAl6V4	Ti Al5Sn2 Al5Sn2——添加元素及含量{添加元素用化学符号表示，其百分含量标在该元素后面，元素按含量多少依次排列 Ti——前缀——一律冠以 Ti
锌及锌合金		W-ZnPk D-Znbd	W - Zn Pk Pk——加工方法代号{Pk——表示叠板轧制；bd——表示常规轧制 Zn——合金元素的化学元素符号 W——前缀冠以{W——表示商品质量锌；F——表示高纯度锌；M——表示由 W 和 F 的锌配制而成；D——表示在 F 锌基体上添加金属合金元素制成的锌合金

表 2-76　数字系统牌号的表示方法（DIN 17007-4—1963）

合金名称	材料牌号	牌号表示方法说明
铝及铝合金	3.3309 3.3319 3.3308 3.3208 3.4337 3.0527 3.3206	德国的数字系统采用7位数字表示材料牌号。数字系统的牌号与用化学元素符号加阿拉伯数字相结合的牌号表示方法并列使用，在标准中同时出现 表示方法： ×·××××·×× ××（第六、七位）——状态代号(6～7位数字,一般情况下不注,详见表 2－79) ××××——类别号(2～5位数字,详见表 2－77) ×（第一位）——组别号(2——重有色金属,3——轻有色金属)(第一位数字,详见表 2－77)
铸造铝合金	3.2341.41 3.3541.02 3.3543.05 3.3591.43 3.1371.61	
铜及铜合金	2.0050 2.0070 2.0220 2.0360 2.0370 2.0401 2.0510 2.0978 2.1266	第二位到第五位数字表示具体合金，决定化学成分。第六～七位数主要表示材料状态。在二～五位数中：第二位数为0～4，表示主要合金元素。其中：1——Cu；2——Si；3——Mg；4——Zn；O——其他元素或无合金元素 第三位数字表示次要的合金元素，其中：3——Mg，5——Mn，Cr；6——Pb，Bi，Ca，Cd，Sb，Sn；7——Ni，Co；8——Ti，B，Be，Zr；9——Fe；O——其他元素。在铝合金数字牌号中，第三位数字的含义可见表 2-77 第四位数字表示主要合金元素含量的高低，其中：0～2表示含量偏低；3～6表示大致是平均含量；7～9表示含量接近上限 第五位数字表示合金类型：0～3——铸造铝合金；4——压铸铝合金；5～7——变形铝合金；8——用纯度为99.9%的原铝锭配制的变形铝合金
铸造铜合金	2.0340.02 2.0598.01 2.1086.01 2.1176.01 2.0815.01 2.0835.02	在铜合金牌号的表示方法中： 第一位数字用“2”表示。第二到五位数字是类别号，标志着材料的组成。第二～三位数字表示着合金的不同类别，见表 2-77 第六～七位数字是附加数字，用以表示熔炼、浇铸方式，热处理方式以及有无加工硬化等（详见表 2-79）

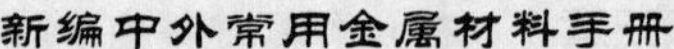

表 2-77 有色金属及合金数字代号

合金组别	数字代号	合金类别
铜及铜合金	2.0000～2.0199	纯铜
	2.0200～2.0449	黄铜
	2.0450～2.0599	特殊黄铜
	2.0600～2.0699	备用
	2.0700～2.0799	白铜
	2.0800～2.0899	铜-镍合金
	2.0900～2.0999	铜-铝合金
	2.1000～2.1159	铜-锡合金
	2.1160～2.1189	铜-铅合金
	2.1190～2.1199	备用
	2.1200～2.1229	铜-银合金
	2.1230～2.1239	备用
	2.1240～2.1259	铜-铍合金
	2.1260～2.1279	铜-镉合金
	2.1280～2.1289	铜-钴合金
	2.1290～2.1299	铜-铬合金
	2.1300～2.1309	备用
	2.1310～2.1319	铜-铁合金
	2.1320～2.1349	铜-镁合金
	2.1350～2.1389	铜-锰合金
	2.1390～2.1399	含氧铜
	2.1400～2.1459	备用
	2.1460～2.1479	铜-磷合金
	2.1470～2.1479	铜-钯合金
	2.1480～2.1489	铜-铂合金
	2.1490～2.1499	备用
	2.1500～2.1509	铜-硒合金
	2.1510～2.1539	铜-硅合金
	2.1540～2.1549	铜-碲合金
	2.1550～2.1559	备用
	2.1560～2.1579	铜-钛合金
	2.1580～2.1599	铜-锆合金
	2.1600～2.1799	备用
锌、镉及其合金	2.2000～2.2099	纯锌
	2.2100～2.2199	锌合金
	2.2200～2.2299	锌板及带
	2.2300～2.2399	锌基焊料
	2.2400～2.2499	镉、镉合金及以镉为基的焊料
铅及铅合金	2.3000～2.3099	纯铅
	2.3100～2.3199	包覆电缆用铅及铅合金
	2.3200～2.3299	硬铅
	2.3300～2.3399	多元合金
	2.3400～2.3499	铅基焊料
	2.3500～2.3599	备用
锡及锡合金	2.3500～2.3509	纯锡
	2.3510～2.3609	备用
	2.3610～2.3699	铅锡软焊料
	2.3700～2.3709	备用
	2.3710～2.3739	锡-铅-锑压铸合金
	2.3740～2.3769	锡-锑-铜压铸合金
	2.3770～2.3789	锡-锑-铜轴承合金
	2.3790～2.3809	备用
	2.3810～2.3899	其他锡合金
	3.3900～2.3999	备用
镍、钴及其合金	2.4000～2.4099	纯镍及纯钴
	2.4100～2.4299	镍及钴的低合金
	2.4300～2.4349	镍及钴的高合金
	2.4350～2.4449	镍-铜及钴-铜合金
	2.4450～2.4599	镍-铁及钴-铁合金
	2.4600～2.4699	含有钴、铬、钼的镍合金和含有铬、镍、钼的钴合金
铝及铝合金	3.0000～3.0099	有其他添加成分的铝合金
	3.0100～3.0499	纯铝
	3.0500～3.0599	含有锰、铬的铝合金
	3.0600～3.0699	含有铅、锑、锡、铋、镉、钙的铝合金
	3.0700～3.0799	含有镍、钴的铝合金
	3.0800～3.0999	含有钛的铝合金
	3.1000～3.1099	含有其他添加成分的铝-铜合金
	3.1100～3.1199	铝-铜二元合金
	3.1200～3.1299	含有硅的铝-铜合金
	3.1400～3.1499	含有锌的铝-铜合金
	3.1500～3.1599	含有锰、铬的铝-铜合金
	3.1600～3.1699	含有铅、锑、锡、镉、铋、钙的铝-铜合金
	3.1700～3.1799	含有镍、钴的铝-铜合金
	3.1800～3.1899	含有钛、硼、铍、锆的铝-铜合金
	3.1900～3.1999	含有铁的铝-铜合金
	3.2000～3.2099	含有其他添加成分的铝-硅合金
	3.2100～3.2199	含有铜的铝-硅合金
	3.2200～3.2299	铝-硅二元合金
	3.2300～3.2399	含有镁的铝-硅合金
	3.2400～3.2499	含有锌的铝-硅合金
	3.2500～3.2599	含有锰、铬的铝-硅合金
	3.2600～3.2699	含有铅、锑、锡、镉、铋、钙的铝-硅含金
	3.2700～3.2799	含有镍、钴的铝-硅合金

续表

合金组别	数字代号	合金类别	合金组别	数字代号	合金类别
铝及铝合金	3.2800～3.2899	含有钛、硼、铍、锆的铝-硅合金	铝及铝合金	3.4400～3.4499	铝-锌二元合金
	3.3000～3.3099	含有其他添加成分的铝-镁合金		3.4500～3.4599	含有锰、铬的铝-锌合金
	3.3100～3.3199	含有铜的铝-镁合金		3.4600～3.4699	含有铅、锑、锡、镉、铋、钙的铝-锌二元合金
	3.3200～3.3299	含有硅的铝-镁合金		3.4700～3.4799	含有镍、钴的铝-锌合金
	3.3300～3.3399	铝-镁二元合金		3.4800～3.4899	含有钛、硼、铍、锆的铝-锌合金
	3.3400～3.3499	含有锌的铝-镁合金		3.4900～3.4999	含有铁的铝-锌合金
	3.3500～3.3599	含有锰、铬的铝-镁合金	镁及镁合金	3.5000～3.5009	纯　镁
	3.3600～3.3699	含有铅、锑、锡、镉、铋、钙的铝-镁合金		3.5010～3.5099	镁中间合金
	3.3700～3.3799	含有镍、钴的铝-镁合金		3.5100～3.5199	含有稀土金属、钍、锆、和锌的镁合金
	3.3800～3.3899	含有钛、硼、铍、锆的铝-镁合金		3.5200～3.5209	镁-钛合金
	3.3900～3.3999	含有铁的铝-镁合金		3.5210～3.5299	备　用
	3.4000～3.4099	含有其他添加成分的铝-锌合金		3.5300～3.5999	镁-铝-锌合金及其他镁合金
	3.4100～3.4199	含有铜的铝-锌合金	钛及钛合金	3.7000～3.7099	纯　钛
	3.4200～3.4299	含有硅的铝-锌合金		3.7100～3.7199	钛合金
	3.4300～3.4399	含有镁的铝-锌合金			

表 2-78 德国有色金属材料状态代号的表示方法

代号	含义	代号	含义
P	挤制(主要是管、棒、型材),不规定力学性能	DKH	车制
Zh	拉制(主要是管、棒、型、线材),不规定力学性能	DKF	车成成品尺寸
W	软态,后接数字是以 MPa 为单位的最低抗拉强度值	ta	部分人工时效
wh	轧制(热、冷)	Wa	人工时效
g	淬火	K	应保证晶粒度,后接数字是平均晶粒直径(mm)的千倍
G	回火,后接数字是以 MPa 为单位的最低抗拉强度值	F	材料的强度符号,后接数字是以 MPa 为单位的最低抗拉强度值
ho	扩散退火	H	维氏硬度标记,后接数字是维氏硬度的最小值
SK	特殊边缘	L35,L45	导电性能最小值,以 $W\cdot m/(\Omega\cdot mm^2)$ 为单位
BKA	气割	NK	轧制自然边缘
BKP	等离子切割	BK	火焰切割边缘
GKV	多角(多边)切割	GK	切边
GKR	圆盘剪切		

表 2-79 数字代号系统中状态代号表示方法

系列号	含义	系列号	含义
0 系	不加处理的	.54	固溶处理冷作至 1/4 硬
.00	粗金属、粉末、海绵体等	.55	固溶处理冷作至 1/2 硬
.01	砂模铸件	.56	固溶处理冷作至硬
.02	金属模铸件	.57	备用
.03	离心铸件	.58	备用
.04	连续铸件	.59	特殊的
.05	压铸件	6 系	人工时效后不进行机械加工的
.06	烧结件	.60	固溶处理、人工时效的(仅适用于人工时效前室温下时效对力学性能没有影响的)
.07	热压或热拉	.61	固溶处理、人工时效的(事先经过或不经过人工时效)
.08	挤压或热锻(自由锻)	.62	固溶处理、人工时效的变种
.09	特殊的	.63	备用
1 系	软的	.64	备用
.10	软、无晶粒大小指标	.65	备用
.10～.18	软、有晶粒大小指标	.66	未经特殊固溶处理和人工时效的
.19	软、特殊要求的	.67	未经特殊固溶处理和人工时效的一种变种
2 系	冷加工硬化的	.68	在不完全固溶状态下(如浇铸)急速冷却人工时效的
.20	压延或拉伸,无预定的强度值	.69	特殊的
.21	压延,消除应力或拉伸,消除应力	7 系	人工时效硬化后冷作的
.22	1/8 硬	.70	固溶处理、冷作、人工时效的
.23	1/8 硬,消除应力的	.71	固溶处理、校直、人工时效的
.24	1/4 硬	.72	固溶处理、校直、人工时效的另一变种
.25	1/4 硬,消除应力的	.73	固溶处理、冷加工硬化、人工时效
.26	半硬	.74	固溶处理、冷加工硬化至 1/4 硬后人工时效的
.27	半硬,消除应力的	.75	固溶处理、冷加工硬化至 1/2 硬后人工时效的
.28	3/4 硬	.76	固溶处理、冷加工硬化至硬态后人工时效的
.29	特殊的	.77	固溶处理、冷加工硬化,人工时效、冷加工硬化的
3 系	冷加工硬化(硬及特硬)	.78	不完全固溶(如浇铸)、急速冷却、人工时效、冷加工硬化
.30	硬	.79	特殊的
.31	硬,消除应力的	8 系	消除应力的,事前未经过加工硬化的
.32	韧硬	.81	消除应力的砂模铸件
.33	韧硬,消除应力的	.82	消除应力的金属模铸件
.34	双倍韧硬	.83	消除应力的离心铸件
.35	双倍韧硬,消除应力的	.84	消除应力的连续铸件
.36	超双倍韧硬	.85	消除应力的压铸件
.37	超双倍韧硬,消除内应力的	.86	备用
.38	备用	.87	热压延、消除应力或热拉、消除应力的
.39	特殊的	.88	热挤压、消除应力或热锻、消除应力的
4 系	固溶处理后不进行机械加工	.89	特殊的
.40	固溶处理的	9 系	特殊处理的(例如稳定化处理)
.41	固溶处理及室温时效硬化	.91	砂模铸件、特殊处理的
.42	固溶处理及室温时效的变种	.92	金属模铸件、特殊处理的
.43	均匀化的	.93	离心铸件、特殊处理的
.44	加热和急速冷却的	.94	备用
.45	备用	.95	压铸件、特殊处理的
.46	备用	.96	烧结件、特殊处理的
.47	备用	.97	加工半制品、特殊处理的
.48	不完全固溶(如:浇铸后或热挤压后的状态)急速冷却的	.98	加工半制品、特殊处理的
.49	特殊的	.99	特殊的
5 系	固溶处理后冷作的		
.50	固溶处理后冷作的		
.51	固溶处理后室温时效,校直的		
.52	固溶处理后室温时效,校直的另一变种		
.53	固溶处理冷作硬化的		

2.7.7 日本工业标准(JIS)有色金属及其合金产品牌号的表示方法

日本没有制订统一的有色金属牌号表示方法标准。铜及铜合金、铝及铝合金分别参照采用了美国铜业发展协会(CDA)和美国铝业协会(AA)的牌号表示方法。

表 2-80 日本工业标准(JIS)有色金属及其合金产品牌号的表示方法

有色金属及其合金类别	牌号举例 名称	牌号举例 代号	牌号表示方法说明
铝及铝合金	纯铝 铝合金	Al080 Al100 A5052P-H14 A2024P-0	A 5 0 52 P - H14 H14——状态代号 P——产品形状代号（见下表“铝、铜加工产品形状类别和用途的英文字头或缩写字母”） 52——工业纯铝:表示铝纯度百分数中小数点后的两位数；铝合金:表示惯用称呼的合金数字,对合金无特殊意义,只用来区别在合金系上不同的合金 0——工业纯铝:表示限制的杂质(Si、Fe)；铝合金:0——表示基本合金，1~9——表示依次改良型 5——分类代号:1——工业纯铝；2——Al-Cu 系；3——Al-Mn 系；4——Al-Si 系；5——Al-Mg 系；6——Al-Si-Mg 系；7——Al-Zn 系；8——Al- 其他元素系；9——备用系 A——前缀,一律冠以 A(表示铝)

铝、铜加工产品形状类别和用途的英文字头或缩写字母

缩写字母	意 义	缩写字母	意 义
TW	焊接管	P	板、条、圆板
TWA	电弧焊接管	PC	复合板
S	挤压型材	BE	挤制板
BR	铆钉材料	BD	拉制棒
FD	模锻件	W	拉制线材
FH	自由锻件	TE	挤制无缝管
		TD	拉制无缝管

续表

有色金属及其合金类别	牌号举例 名称	牌号举例 代号	牌号表示方法说明
铸造铝合金		AC1A-F AC3B-F AC4C-T6 ADC1 ADC3	铸造铝合金牌号由英文缩写字母加种类数组成 A C 4B - T6 T6——热处理状态代号 4B——种类 C——铸造代号(C——砂型、金属型,D——压铸件) A——前缀,一律冠以 A(表示铝)
变形镁合金		MB1 MP1	M B 1 1——类型号——以数字表示合金种类 B——形状代号——形状代号同铝合金 M——前缀——一律冠以 M(表示镁)
铸造镁合金		MC1-F MC2-T4 MC5-T5 MC6-T5	M C 3 - T5 T5——热处理状态 3——种类号 C——铸造代号 M——前缀代号(表示镁)
铜合金		C1020 C2680 C3603 C5341 C6161 C7150	C 6 06 3 P P——形状代号——形状代号同铝合金 3——顺序号——表示化学成分与 CDA 不同的合金,则按标准制定的顺序采用 1～9 的编号 06——编号——表示习惯称呼的合金编号,在合金系列中用以区别不同的合金 6——分类代号: 1——纯铜、高铜合金 2——Cu-Zn 合金系 3——Cu-Zn-Pb 合金系 4——Cu-Zn-Sn 合金系 5——Cu-Sn、Cu-Zn-Pb 6——Cu-Al、Cu-Si、特殊 Cu-Zn 合金系 7——Cu-Ni、Cu-Ni-Zn 合金系 C——前缀——一律冠以 C(表示铜)

续表

有色金属及其合金类别	牌号举例 名称	牌号举例 代号	牌号表示方法说明
铸造铜合金		YBSC1 YBSC2 YBSC3 SZBC1 SZBC2 SZBC3	SZB C 3 3——种类 C——铸造代号 SZB——铸造铜合金的种类：YBSC——铸造黄铜；HBSC——高强度黄铜铸件；BC——青铜铸件；BZBC——硅青铜铸件；PBC——磷青铜铸件；AlBC——铝青铜铸件；LBC——铅青铜铸件；SZBC——硅黄铜铸件
海绵钛及工业纯钛		TS-105 TS-120 TS-140 TS-160 T28 T35 T45 KS-50 KS-70 TS-40 TS-50 TS-60 TS-70 TS-80	TS - 105 M M——加工方法代号：M——表示用镁热还原法生产的海绵钛；S——表示用钠还原法生产的海绵钛 105——海绵钛用三位数字表示布氏硬度最大值；工业纯钛：日本国生产的工业纯钛用两位数字表示；日本神户制钢公司生产的工业纯钛用两位数字代表拉伸屈服强度最低值，也间接反映出纯度的高低；日本住友轻金属工业公司生产的工业纯钛用两位数代表拉伸屈服强度最低值，也间接反映出纯度的高低 TS——前缀：TS—海绵钛；T—日本国生产的工业纯钛；KS—日本神户制钢公司生产的工业纯钛；TS—日本住友轻金属工业公司生产的工业纯钛
加工钛合金		TP28H TTP35W	T P 28 H ① ② ③ ④ ④用英文字头或缩写字母表示产品加工方法(详见表2-84) ③用阿拉伯数字表示产品的最小抗拉强度值 ②形状类别和用途代号(用铝、铜加工产品形状类别和用途) ①前缀冠以T表示产品材质

表 2-81　　日本有色金属及合金牌号(代号)分类一览表

分类	产品名称	牌号(代号)	含义及原文名称
金属及合金锭	镍锭	N	N:Nickel
	铸造用再生铝合金锭	C××S	C:Casting,××:种类,S:Secondary
	压铸用再生铝合金锭	D×S	D:Die Casting,×:种类,S:Secondary
	韧铜锭坯	C-TCu	C:Cake,T:Tough,Cu:Copper
		B-TCu	B:Billet,T:Tough,Cu:Copper
	磷脱氧铜锭坯	C-DPCu	C:Cake,DP:Phosphorus-Deoxidized,Cu:Copper
		B-DPCu	B:Billet,DP:Phosphorus-Deoxidized,Cu:Copper
	无氧铜锭坯	C-OFCu	C:Cake,OF:Oxygen-Free,Cu:Copper
		B-OFCu	B:Billet,OF:Oxygen-Free,Cu:Copper
	海绵钛	TS	T:Titanium,S:Sponge
	海绵钛压块	TC	T:Titanium,C:Compressed
	铸造黄铜锭	YBsCIn	Y:Yellow,Bs:Brass,C:Casting,In:Ingot
	铸造青铜锭	BCIn	B:Bronze,C:Casting, In:Ingot
	铸造磷青铜锭	PBCIn	PB:Phosphor Bronze,C:Casting,In:Ingot
	铸造高强度黄铜锭	HBsCIn	HBs:High Strength Brass,C:Casting,In:Ingot
	铸造铝青铜锭	AlBCIn	Al:Aluminium,B:Bronze,C:Casting,In:Ingot
	铸造铅青铜锭	LBCIn	LB:Leaded Bronze,C:Casting,In:Ingot
	铸造铝合金锭	C××V	C:Casting,××:种类,V:Virgin
	压铸铝合金锭	D×V	D:Die Casting,×:种类,V:Virgin
	铸造镁合金锭	MCIn	M:Magnesium,C:Casting,In:Ingot
	压铸镁合金锭	MDCIn	M:Magnesium,DC:Die Casting,In:Ingot
	印刷合金锭	K	K:活字
	磷铜锭	PCu×	P:Phosphor,Cu:Copper,×:等级
	镁镍合金锭	MgNi	Mg:Magnesium,Ni:Nickel
	镁铜合金锭	MgCu	Mg:Magnesium,Cu:Copper
铜及铜合金加工产品	铜及铜合金板与条	C××××P	C:Copper,P:Plate
		C××××PP	C:Copper,P:Plate,P:Printing
		C××××R	C:Copper,R:Ribbon
	磷青铜及锌白铜板与条	C××××P	C:Copper,P:Plate
		C××××R	C:Copper,R:Ribbon
	弹簧用铍青铜、磷青铜及锌白铜板与条	C××××P	C:Copper,P:Plate
		C××××R	C:Copper,R:Ribbon
	铜汇流排	C××××BB	C:Copper,B:Bus,B:Bar
	铜及铜合金棒	C××××BD	C:Copper,B:Bar,D:Draw
		C××××BDS	C:Copper,B:Bar,D:Draw,S:Special
		C××××BE	C:Copper,B:Bar,E:Extruded
		C××××BF	C:Copper,B:Bar,F:Forged
	铜及铜合金线	C××××W	C:Copper,W:Wire
	铍青铜、磷青铜及锌白铜棒与线	C××××B	C:Copper,B:Bar
		C××××W	C:Copper,W:Wire
	铜及铜合金无缝管	C××××T	C:Copper,T:Tube
		C××××TS	C:Copper,T:Tube,S:Special
	铜及铜合金管接头	T	T:Tecs
		XEA、B、C	X:种类,E:Elbow,A、B、C:接合部
	铜及铜合金焊接管	C××××TW	C:Copper,T:Tube,W:Welded
		C××××TWS	C:Copper,T:Tube,W:Welded,S:Special
	电子管用无氧铜板、条、棒、线及无缝管	C××××R	C:Copper,R:Ribbon
		C××××BD	C:Copper,B:Bar,D:Draw
		C××××BE	C:Copper,B:Bar,E:Extruded
		C××××W	C:Copper,W:Wire
		C××××T	C:Copper,T:Tube
		C××××TS	C:Copper,T:Tube,S:Special

续表

分类	产品名称	牌号(代号)	含义及原文名称
铝及铝合金加工产品	铝及铝合金板与条	A××××P	A:Aluminium,××××:种类,P:Plate
		A××××PC	A:Aluminium,××××:种类,PC:Plate Clad
		A××××PS	A:Aluminium,××××:种类,P:Plate,S:Special
	铝及铝合金棒与线	A××××BE	A:Aluminium,××××:种类,BE:Bar Extruded
		A××××BD	A:Aluminium,××××:种类,BD:Bar Draw
		A××××W	A:Aluminium,××××:种类,W:Wire
		A××××BES	A:Aluminium,××××:种类,BES:Bar Extruded Special
		A××××BDS	A:Aluminium,××××:种类,BDS:Bar Draw Special
		A××××WS	A:Aluminium,××××:种类,WS:Wire Special
	铝及铝合金无缝管	A××××TE	A:Aluminium,××××:种类,TE:Tube Extruded
		A××××TD	A:Aluminium,××××:种类,TD:Tube Draw
		A××××TES	A:Aluminium,××××:种类,TES:Tube Extruded Special
		A××××TDS	A:Aluminium,××××:种类,TDS:Tube Draw Special
	铝及铝合金焊接管	A××××TW	A:Aluminium,××××:种类,TW:Tube Welded
		A××××TWS	A:Aluminium,××××:种类,TWS:Tube Welded Special
		A××××TWA	A:Aluminium,××××:种类,TWA:Tube Welded Arc
	铝及铝合金挤压型材	A××××S	A:Aluminium,××××:种类,S:Shape
	铝及铝合金锻件	A××××FD	A:Aluminium,××××:种类,FD:Forging Die
		A××××FH	A:Aluminium,××××:种类,FH:Forging Hand
	铝及铝合金箔	A××××H	A:Aluminium,××××:种类,H:Haku
	铝及铝合金导体	A××××PB	A:Aluminium,××××:种类,PB:Plate Bus
		A××××SB	A:Aluminium,××××:种类,SB:Shape Bus
		A××××TB	A:Aluminium,××××:种类,TB:Tube Bus
镁合金加工产品	镁合金板	MP×	M:Magnesium,P:Plate,×:种类
	镁合金无缝管	MT×	M:Magnesium,T:Tube,×:种类
	镁合金棒	MB×	M:Magnesium,B:Bar,×:种类
	镁合金挤压型材	MS×	M:Magnesium,S:Shape,×:种类
铅材	铅板	PbP	Pb:Lead,P:Plate
	硬铅板	HPbP×	H:Hard,Pb:Lead,P:Plate,×:种类
	铅管	PbT×	Pb:Lead,T:Tube,×:种类
	水道用铅管	PbTW×	Pb:Lead,T:Tube,W:Water Works,×:种类
	硬铅管	HPbT×	H:Hard,Pb:Lead,T:Tube,×:种类
钨钼加工产品	照明及电子设备用钨丝	VWW	V:Vacuum Tube,W:Tungsten,W:Wire
	照明及电子设备用钨棒	VWB	V:Vacuum Tube,W:Tungsten,B:Bar
	照明及电子设备用含钍钨丝及棒	VTWW	V:Vacuum Tube,TW:Thoriated Tungsten,W:Wire
		VTWB	V:Vacuum Tube,TW:Thoriated Tungsten,B:Bar
	照明及电子设备用钨-钼合金丝	VWMW	V:Vacuum Tube,WM:Tungsten-Molybdenum Alloy,W:Wire
	照明及电子设备用钼丝	VMW	V:Vacuum Tube,M:Molybdenum,W:Wire
	照明及电子设备用钼棒	VMB	V:Vacuum Tube,M:Molybdenum,B:Bar
	照明及电子设备用钼板	VMP	V:Vacuum Tube,M:Molybdenum,P:Plate
镍及镍合金加工产品	电子管用镍板与条	VNiP	V:Vacuum,Ni:Nickel,P:Plate
		VNiR	V:Vacuum,Ni:Nickel,R:Ribbon
	电子管阴极用镍板与条	VCNiP	V:Vacuum,C:Cathode,Ni:Nickel,P:Plate
		VCNiR	V:Vacuum,C:Cathode,Ni:Nickel,R:Ribbon
	电子管用镍棒与线	VNiB	V:Vacuum,Ni:Nickel,B:Bar
		VNiW	V:Vacuum,Ni:Nickel,W:Wire
	电子管阴极用无缝镍管	VCNiT	V:Vacuum,C:Cathode,Ni:Nickel,T:Tube
	镍铜合金板	NCuP	N:Nickel,Cu:Copper,P:Plate

续表

分类	产品名称	牌号(代号)	含义及原文名称
镍及镍合金加工产品	镍铜合金无缝管	NCuT	N:Nickel,Cu:Copper,T:Tube
	镍铜合金棒	NCuB	N:Nickel,Cu:Copper,B:Bar
	镍铜合金线	NCuW	N:Nickel,Cu:Copper,W:Wire
	镍铜合金条	NCuR	N:Nickel,Cu:Copper,R:Ribbon
	镍及镍合金板	NNCP	N:Nickel,NC:Normal Carbon,P:Plate
		NLCP	N:Nickel,LC:Low Carbon,P:Plate
		NDP	N:Nickel,D:Dura,P:Plate
	镍及镍合金棒	NNCB	N:Nickel,NC:Normal Carbon,B:Bar
		NLCB	N:Nickel,LC:Low Carbon,B:Bar
		NDB	N:Nickel,D:Dura,B:Bar
钛加工产品	钛板、条	TP	T:Titanium,P:Plate
		TR	T:Titanium,R:Ribbon
	钛棒	TB	T:Titanium,B:Bar
	钛丝	TW	T:Titanium,W:Wire
	管道用钛管	TTP	T:Titanium,T:Tubing,P:Piping
	热交换器用钛管	TTH	T:Titanium,T:Tubing,H:Heat Exchanger
钽加工产品	板	TaP	Ta:Tantalum,P:Plate
	条	TaR	Ta:Tantalum,R:Ribbon
	箔	TaH	Ta:Tantalum,H:Haku
	棒	TaB	Ta:Tantalum,B:Bar
	线	TaW	Ta:Tantalum,W:Wire
铸件	铸造黄铜	YBsC×	Y:Yellow,Bs:Brass,C:Casting,×:种类
	高强度铸造黄铜	HBsC×	H:High Strength,Bs:Brass,C:Casting,×:种类
		HBsC×C	H:High Strength,Bs:Brass,C:Casting,×:种类,C:生产方法
	铸造青铜	BC×	B:Bronze,C:Casting,×:种类
	铸造青铜	BC×C	B:Bronze,C:Casting,×:种类,C:生产方法
	铸造硅青铜	SzBC×	SzB:Silzin Bronze,C:Casting,×:种类
	铸造磷青铜	PBC×	PB:Phosphor Bronze,C:Casting,×:种类
		PBC×B、C	PB:Phosphor Bronze,C:Casting,×:种类,B、C:生产方法
	铸造铝青铜	AlBC×	AlB: Aluminium Bronze, C: Casting, ×: 种类
		AlBC×C	AlB: Aluminium Bronze,C:Casting,×:种类,C:生产方法
	铸造铅青铜	LBC×	L: Leaded Bronze, C: Casting, ×: 种类
		LBC×C	LB: Leaded Bronze, C: Casting, ×: 种类, C: 生产方法
	铸造铝合金	AC××	A: Aluminium, C: Casting, ××: 种类
	铸造镁合金	MC	M: Magnesium, C: Casting
	压铸锌合金	ZDC×	Z: Zinc, DC: Die Casting, ×: 种类
	压铸铝合金	ADC	A: Aluminium, DC: Die Casting
	压铸镁合金	MDC	M: Magnesium, DC: Die Casting
	锡铅轴承合金	WJ	W: White, J: 轴承 (Journal)
	铸造铝基轴承合金	AJ	A: Aluminium, J: 轴承 (Journal)
	铸造铜铅轴承合金	KJ	K: クルメット, J: 轴承 (Journal)
	铸造硬船	HPbC	H: Hard, L: Lead, C: Casting
电阻材料、电工材料和磁性材料	镍铬电阻丝	NCHW	N: Nickel, C: Chromium, H: Heating, W: Wire
	镍铬电阻条	NCHR	N: Nickel, C: Chromium, H: Heating, R: Ribbon
	铁铬电阻丝	FCHW	F: Ferrous, C: Chromium, H: Heating, W: Wire
	铁铬电阻条	FCHR	F: Ferrous, C: Chromium, H: Heating, R: Ribbon
	铜镍电阻丝、条及板	CN	C: Copper, N: Nickel
	铜锰镍电阻合金丝、棒及板	CM	C: Copper, M: Manganese
	氧化铜镍电阻丝	OCNW	O: Oxide, C: Copper, N: Nickel, W: Wire

续表

分类	产品名称	牌号（代号）	含义及原文名称
电阻材料、电工材料和磁性材料	电工用双金属板	TM	T：Thermostat，M：Metal
	一般用途电阻丝、带、条及板	GFC×W、RW，R，P	G：General，F：Ferrous，C：Chromium，×：种类 W：Wire，RW：带，R：条，P：Plate
		GNC×W RW，R，P	G：General，N：Nickel，C：Chromium，×：种类 W：Wire，RW：带，R：条，P：Plate
		GCR×W，RW，R，P	G：General，CR：Chromel，×，种类，RW：带，R：条 P：Plate
		GSU×W	G：General，SU：Stainless，×：种类，W：Wire
		GCM×W，P	G：General，C：Copper，M：Manganese，×：种类，W：Wire，P：Plate
		GCN×W，RW，R，P	G：General，C：Copper，N：Nickel，×：种类 W：Wire，RW：带，R：条，P：Plate
		GNA×W，RW	G：General，N：Nickel，A：Aluminium，×：种类：W：Wire，RW：带
		GN×W，RW	G：General，N：Nickel，×：种类，W：Wire，RW：带
	铁镍磁性合金板与条	PB	P：Permalloy，B：种类
		PC	P：Permalloy，C：种类
		PCS	P：Permalloy，C：种类，S：Supper
		PD	P：Permalloy，D：种类
		PE	P：Permalloy，E：种类
	整流片	CMB	CM：Commutator，B：Bar
	通讯机用电触头材料	CP	C：Contact，P：Point
表面处理	镀银	MFZAg	M：めつき，F：Ferrous，H：Hard，Ag：Silver
	锌喷镀	ZS	Z：Zinc，S：Spray
		ZSp	Z：Zinc，S：Spray，P：Painting
	铝喷镀	AS	A：Aluminium，S：Spray
		ASp	A：Aluminium，S：Spray，P：Painting
		ASS	A：Aluminium，S：Spray，S：Sealing
		ASD	A：Aluminium，S：Spray，D：Diffusion
	喷焊（钢）	MCS	M：Metallizing，C：Carbon，S：Steel
		MLS	M：Metallizing，L：Low Alloy，S：Steel
		MSUS	M：Metallizing，SUS：Stainless Steel
		MNCr	M：Metallizing，N：Nickel，Cr：Chromium
	自熔合金喷镀	MSF	M：Metallizing，S：Self，F：Fluxing
		MSFNi	M：Metallizing，S：Self，F：Fluxing，N：Nickel
		MSFCo	M：Metallizing，S：Self，F：Fluxing，Co：Cobalt
		MSFWC	M：Metallizing，S：Self，F：Fluxing，W：Tungsten，C：Carbide
	陶瓷喷涂	CC-Al_2O_3-X	CC：Ceramic Coatings，Al_2O_3：氧化铝，×：种类
		CC-Cr_2O_3-X	CC：Ceramic Coatings，Cr_2O_3：氧化铬，×：种类
		CC-TiO_2-X	CC：Ceramic Coatings，TiO_2：氧化钛，×：种类
		CC-ZrO_2-X	CC：Ceramic Coatings，ZrO_2：氧化锆，×：种类
	锌铝合金喷镀	ZASX	Z：Zinc，A：Aluminium，S：Spray，×：种类
	铝及铝合金阳极氧化膜	O	O：Oxalic acid oxidation coatings
		S	S：Sulphuric acid oxidation coatings
		C	C：Chromic acid oxidation coatings
	铝及铝合金阳极氧化上色复合膜	O	O：Oxalic acid oxidation coatings
		S	S：Sulphuric acid oxidation coatings
	电镀锌	MFZn	M：めつき（Mekki），F：Ferrous，Zn：Zinc
	镀镉	MFCd	M：めつき（Mekki），F：Ferrous，Cd：Cadmium
	镀镍及镍-铬合金	MFNi	M：めつき（Mekki），F：Ferrous，Ni：Nickel
		MFCr	M：めつき（Mekki），F：Ferrous，Cr：Chromium

续表

分类	产品名称	牌号(代号)	含义及原文名称
表面处理		MBNi	M：めつき(Mekki)，B：Bronze，Ni：Nickel
		MBCr	M：めつき(Mekki)，B：Bronze，Cr：Chromium
		MZCr	M：めつき(Mekki)，Z：Zinc，Cr：Chromium
	工业用镀铬	MICr	M：めつき(Mekki)，I：Industrial，Cr：Chromium
	镀金	MFAu	M：めつき(Mekki)，F：Ferrous，Au：Gold
	热镀锌	HDZ×	HD：Hot-Dipped，Z：Zinc Coatings，×：种类
	热镀铝	HDA	HD：Hot-Dipped，A：Aluminium Coatings
	镁合金防蚀处理方法	M××	M×：镁防蚀，××：种类
焊接材料	铜及铜合金裸焊条	YCu××	Y：焊接，Cu：Copper，××：种类
	铜及铜合金用涂药焊条	DCu××	D：焊条，Cu：Copper，××：种类
	铝及铝合金焊条及电极线	A××××BY	A：Aluminium，××××：种类，B：Bar，Y：焊接
		A××××WY	A：Aluminium，××××：种类，W：Wire，Y：焊接
	镍合金涂药焊条	DNi××	D：焊条：Ni：Nickel，××：合金成分
	钨极惰性气体保护电弧焊用钨焊条	YWP	Y：焊接：W：Tungsten，P：Pure
		YWTh	Y：焊接，W：Tungsten，Th：Thorium
	银焊料	BAg	B：Brazing，Ag：Silver
	黄铜焊料	BCuZn	B：Brazing，Cu：Copper，Zn：Zinc
	铝合金焊料及硬钎焊薄板	BA	B：Brazing，A：Aluminium
	磷铜焊料	BCuP	B：Brazing，Cu：Copper，P：Phosphorus
	镍焊料	BNi	B：Brazing，Ni：Nickel
	金焊料	BAu	B：Brazing，Au：Gold
		BAu-V	B：Brazing，Au：Gold，V：Vacuum
	软焊料	H××S、A、B	H：はつただ(handa)，××：种类，S、A、B：级别
	松脂芯软焊料	RH××	R：Resin Flux，H：はつただ，××：种类
	铝软焊料	SAl	S：Solder，Al：Aluminium

表 2-82 常用的金属合金的英文字头或缩写字母

英文字头或缩写字母	意义
A	铝
B	青铜
C	铜
DCu	磷脱氧铜
HBs	高强度黄铜
MCr	金属铬
M	镁
PB	磷青铜

表 2-83 常用的产品形状类别和用途的英文字头或缩写字母

英文字头或缩写字母	意义
B	棒
C	铸造产品
DC	压铸产品
F	锻件
P	板
PP	印刷用板
R	带
T	管
TW	焊接管
TW	水道用管
W	线材
BR	铆钉用材料
H	箔材
S	型材

表 2-84 钛合金加工方法的英文字头或缩写字母

英文字头或缩写字母	意义
C	冷轧
H	热轧
E	挤制
D	冷拉
W	焊接
WD	焊接-拉制
H	热加工
C	冷拉

表 2-85 日本有色金属加工产品状态代号的表示方法

铝、镁及其合金状态代号的表示方法		铜及铜合金的状态代号的表示方法	
代号	含义	代号	含义
F	自由加工状态	O	退火状态。为满足力学性能要求，经退火而获得的材料状态
O	退火状态	OS	退火状态。为满足标准规定或特殊晶粒度要求，经退火而获得的材料状态
H	加工硬化状态（仅用于加工产品）	M	制造状态
		H	冷加工状态
W	固溶热处理状态	HR	冷加工（拉制）并消除应力状态
		HT	有序强化状态
T	经热处理后产生的稳定状态，这种状态不同于 F、O 和 H 状态	T	热处理状态
		W	焊接管状态
铜材、镍材、钽材用下列代号表示不同的状态			
代号	含义	代号	含义
O	软质	H	硬
OL	轻软质	EH	特硬
OT	退火后时效处理	SH	弹性
1/4H	1/4 硬	F	制造状态
1/2H	1/2 硬	SR	消除应力状态

2.7.8 国际标准化组织(ISO)有色金属及其合金产品牌号的表示方法

国际标准化组织（ISO）从事有色金属国际标准化的技术委员会（TC）有 ISO/TC79（轻金属及其合金）、ISO/TC26（铜及铜合金）、ISO/TC18（锌及锌合金）等。TC26 和 TC79 对各自负责的有色金属牌号表示方法制订了统一的国际标准。其他技术委员会只制订极少数产品标准，在各具体标准中对产品牌号给予命名，至今尚未制订统一的牌号表示方法标准。现将上述 TC79、TC26、TC18 分述如下，详见表 2-86。

表 2-86

有色金属及其合金类别	牌号举例 名称	牌号举例 代号	牌号表示方法说明
铝及铝合金	纯铝牌号的表示方法（ISO 2092—1981 废止）		
	纯铝	Al99.0 Al99.5 Al99.7 Al99.8	Al　99.5 99.5——纯金属的百分含量(含量越高,纯度越高),取一位小数 Al——纯金属的符号(由国际化学元素符号表示) 注：为了特殊使用，对杂质进行特殊的控制，例如导电体，就要在纯金属的纯度的百分含量后面标一个大写字母 E，例如 Al99.5E
	变形铝合金及铸造铝合金牌号的表示方法（ISO 2092—1981 废止）		
	在 ISO 国际标准中，变形铝合金和铸造铝合金的牌号表示方法是一致的。牌号是由基体金属（Al）和合金元素的化学符号组成。合金元素的名义含量大于 1%时，在合金元素化学符号的后面标出含量。当所添加的元素的含量小于 1%时，只标出元素符号，铸造铝合金无铸造代号		
	变形铝合金	AlMn1 AlMg1 AlMg4.5Mn AlCu4MgSi AlZn6MgCu	Al　Cu　4　Si　Mg Mg——添加元素(用国际化学元素符号表示) Si——添加元素(用国际化学元素符号表示) 4——主添加元素铜的名义百分含量 Cu——主添加元素铜(用国际化学元素符号表示) Al——基体金属铝(用国际化学元素符号表示)
	铸造铝合金	Al-Cu4MgTi Al-Si5Cu3 Al-Si10Mg Al-Zn5Mg Al-Mg5Si1	Al - Si　7　Mg　(Fe) (Fe)——铁杂质含量高,标注时必须加括号 Mg——添加元素(用国际化学元素符号表示) 7——主添加元素硅的名义百分含量 Si——主添加元素硅 Al——基体金属铝(用国际化学元素符号表示)
镁合金	变形镁合金及铸造镁合金牌号的表示方法（ISO 2092—1981 废止）		
	变形镁合金	Mg-Zn6Zr Mg-Al6Zn1Mn	Mg-Al　9　Zn　2 2——添加元素锌的名义百分含量 Zn——添加元素锌 9——主添加元素铝的名义百分含量 Al——主添加元素铝 Mg——基体金属镁
	铸造镁合金	Mg-Al8CuZn Mg-Al6Zn3	

(1)加工用铝及铝合金数字代号表示方法

加工用铝及铝合金的牌号可用多国使用的 4 位基本数字代号制度编制，即采用被称之为“加工铝及铝合金国际代号制度”的命名方法来表示。

需要注意的是，所有材料牌号前均应有“ISO”前缀，但是在国际标准或通讯文件中已明显知道是用 ISO 牌号时，为简便起见可以省略“ISO”。

4 位数字代号的表示方法如表 2-87 所示。

表 2-87　　铝及铝合金数字代号

铝及铝合金	使用的数字代号	铝含量及 7 个合金系
铝	1×××	铝不小于 99
铝合金系（按合金元素分）	2×××	铝-铜
	3×××	铝-锰
	4×××	铝-硅
	5×××	铝-镁
	6×××	铝-镁和硅
	7×××	铝-锌
	8×××	铝-其他元素
	9×××	备用

注：表中“×”用以代表阿拉伯数字。

表 2-88　　有色金属及其合金牌号的表示方法

有色金属及其合金类别	牌号举例 名称	牌号举例 代号	牌号表示方法说明
铜及铜合金	纯铜	Cu-ETP	纯铜牌号的表示方法(ISO 1190/1—1982) Cu - ETP 种类代号（ETP） 前缀冠以基体合金元素符号 Cu(按国际化学元素符号)（Cu） 加工铜合金及铸造铜合金牌号的表示方法(ISO 1190/1—1982)
	铜合金	CuZn36Pb3 CuAl10Fe5Ni5 CuNi18Zn27	Cu　Zn36Pb　3 3：①对合金化元素规定了范围，在牌号中应使用经修约的平均值 ②对合金化元素只规定最小的百分数含量，在牌号中应使用合金化元素的名义含量并按递减的顺序排列 ③如果元素百分含量相同时，则按化学元素符号的字母顺序排列 ④一种合金中的主要合金化元素则不论其含量多少，而应排在前面 Zn36Pb：添加合金元素（按国际化学元素符号） Cu：前缀冠以基体合金元素（按国际化学元素符号）
	铸造合金		对铸造合金，均应在该合金牌号前冠以前缀 G，以便于区别成分界限值相近的、采用同一种牌号的加工合金 按铸造工艺采用下述前缀： GS——表示砂型铸造 GM——表示硬模铸造 GZ——表示离心铸造 GC——表示连续铸造 GP——表示压力铸造 牌号中所采用的数字，当含量范围的平均值是两个整数之间的中间值时，则一般应修约成最靠近中间值的偶数 为能区别某些在主要合金化元素含量上差别小于 1%的合金，有必要在牌号中，在该合金化元素的化学元素符号后面使用两个数字，并用小数点隔开

续表

有色金属及其合金类别	牌号举例		牌号表示方法说明
	名称	代号	
锌及锌合金	纯锌	Zn99.995 Zn99.99 Zn99.5	Zn 99.995 99.995——表示锌的百分含量数值 Zn——前缀冠以基体合金元素(按国际化学元素符号)
	铸造锌合金锭	ZnAl ZnAl4Cu1	Zn Al4 Cu1 Cu1——添加合金元素百分含量 Al4——添加合金元素(按国际化学元素符号) Zn——前缀冠以基体合金元素(按国际化学元素符号)

表 2-89 未加工的铜的牌号及含义

牌号	名称
Cu-CATH	阴极铜
Cu-ETP Cu-FRHC Cu-CRTP Cu-FRTP	电解精炼韧铜 火法精炼高导铜 化学精炼韧铜 火法精炼韧铜
Cu-HCP Cu-PHC Cu-PHCE	高导电含磷铜 高导电含磷铜 主导电含磷铜（电子级）
Cu-DLP Cu-DHP	磷脱氧铜-低残留磷 磷脱氧铜-高残留磷
Cu-OF Cu-OFE	电解精炼无氧铜 电解精炼无氧铜（电子级）
Cu-Ag（OF） Cu-Ag CuAg（P）	含银无氧铜 含银韧铜 含银的磷脱氧铜

国际标准化组织从 20 世纪 70 年代开始酝酿，试图把所有金属材料牌号的表示方法纳入“国际金属数字代号系统”，即“INSM”。1982 年又编制了第三次国际标准建议草案（ISO/DP 7003.3），比过去的草案有了明显的改进。

由 6 位字母和数字组成的代号表示方法如图 2-2 所示。

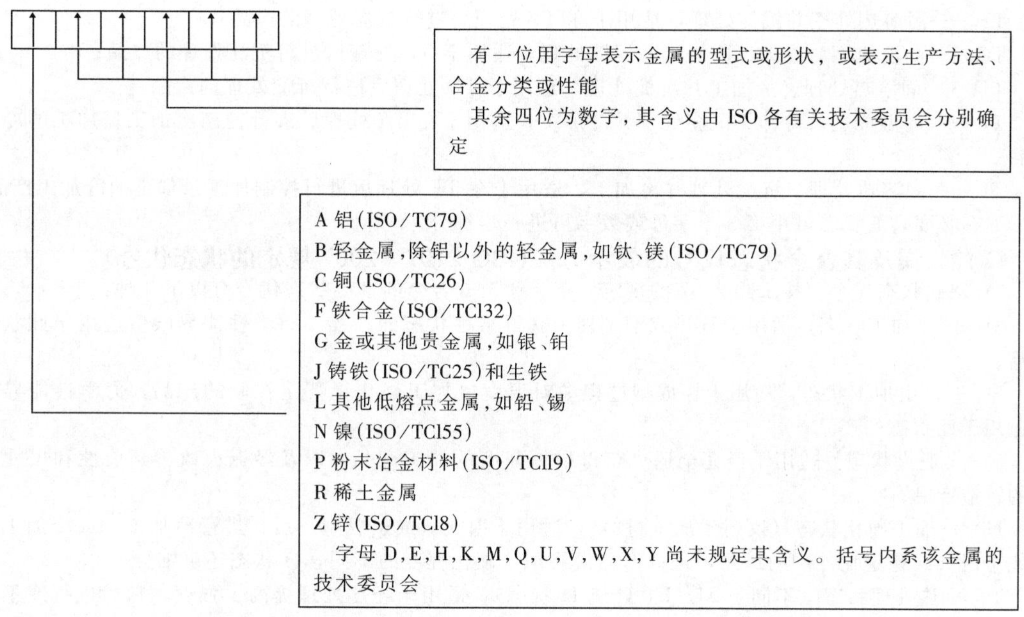

图 2-2　国际标准化组织（ISO）有色金属加工产品状态代号表示方法

国际标准化组织目前发布的状态代号表示方法标准只有铝、镁及其合金和铜及铜合金两个标准。这两个标准既适用于加工产品，也适用于铸造产品。

(2)铜及铜合金状态代号的表示方法

1）基础状态代号。铜及铜合金的基础状态代号有以下几种：

M——制造状态，适用于在成型过程中，对温度或材料的加工硬化无特殊控制的产品；

O——退火状态，适用于经完全退火的加工产品和退火改善延展性与尺寸稳定性的铸造产品；

H——加工硬化状态（仅用于加工产品），适用于在退火后冷加工的产品或冷加工与不完全退火（或稳定化工艺）相结合以保证达到规定力学性能的产品；加工硬化的程度的字母代号；

T——经热处理后产生了不同于 M，O 或 H 的状态，适用于通过热处理或通过热处理及加工硬化工艺提高抗拉强度的产品。

2）O 状态的细分。O 状态可细分为：

O——对晶粒度无任何要求的退火状态；

OS——适用于经特定的退火工艺获得在晶粒度规定范围的铜及铜合金产品。

3）H 状态的细分。加工硬化的程度按 H 后的字母（A，B，C，……）再细分。字母的顺序表示抗拉强度的递增。若铜及铜合金在加工硬化后需要消除应力腐蚀性能或改善机加工后尺寸的稳定性，可用第三个字母“R”表示，如 HAR，HCR 等。

如有必要，H 状态可用第三个字母或数字再进一步细分。

4）T 状态的细分。T 状态可细分为：

TA——高温成型后冷却并自然时效，适用于高温成型（如铸造或挤压）后控制冷却速度的产品，或自然时效的产品，某些合金在这种状态下性能不稳定；

TB——固溶热处理和自然时效，适用于固溶热处理后，除进行平整或矫直外，不再进行冷加工的产品，某些合金在这种状态下性能不稳定；

TC——高温成型后冷却、冷加工并自然时效，适用于高温成型（如锻造和挤压等）后控制冷却及冷加工量、以提高强度或减小内应力的产品，某些合金在这种状态下性能不稳定；

TD——固溶热处理、冷加工并自然时效，适用于固溶热处理后进行控制加工量的冷加工，以提高强度或减小内应力的产品，某些合金在这种状态下性能不稳定；

TE——高温成型后冷却并沉淀处理，适用于高温成型（如铸造和挤压等）后冷却并进行沉淀处理的产品，对 TA 状态的产品（或在某些情况下对 M 状态的产品）进行沉淀处理即可获得这种状态；

TF——固溶热处理并沉淀处理，适用于在 TB 处理后进行沉淀处理的产品；

TG——高温成型后冷却、冷加工并沉淀处理，适用于 TC 处理后进行沉淀处理的产品；

TH——固溶热处理、冷加工并沉淀处理，适用于 TD 处理后进行沉淀处理的产品；

TK——高温成型后冷却、沉淀处理并冷加工，适用于在 TE 处理后进行控制冷加工量加工的冷加工产品；

TL——固溶热处理、沉淀处理并冷加工，适用于在 TF 处理后进行控制加工量加工的冷加工产品。

如有必要，T 状态可用第 3 个字母或数字再进一步细分。

(3)铝、镁及其合金状态代号的表示方法(ISO 2107—2007 规定的状态代号)

1）基础状态代号。按 ISO 2107 的规定，铝、镁及其合金的基础状态代号有以下几种：

M——热加工状态，适用于从热成型过程中获得某种状态的产品，力学性能界限值适用于此状态的产品；

F——自由加工状态，适用于在成型过程中对温度或加工硬化无特定控制的产品，力学性能界限值不适用于此状态的产品；

O——退火状态。适用于经完全退火获得最低强度的加工产品，以及经退火改善延展性和尺寸稳定性的铸造产品；

H——加工硬化状态（仅用于加工材料），适用于退火（或热成型）后，进行冷加工，或冷加工并经不完全退火或稳定化处理的产品，根据产品最终加工硬化程度的不同，H 状态还可细分；

T——热处理状态（不同于 M，F，O 或 H 状态），适用于经热处理提高了强度、随后进行或不进行冷加工的产品，根据不同的热处理工序，T 状态还可细分。

2）H 状态的细分。表示主要工序组合的代号为：

H1——加工硬化；

H2——加工硬化和不完全退火；

H3——加工硬化和稳定化处理。

表示最终加工硬化程度的代号为：

HXH——硬；

HXD——抗拉强度接近于 O 与 HXH 状态之间的中间值；

HXB——抗拉强度接近于 O 与 HXD 状态之间的中间值；

HXF——抗拉强度接近于 HXD 与 HXH 状态之间的中间值；

HXJ——抗拉强度至少应超过 HXH 状态。

字母 X 代表 H1，H2，H3 中的 1、2、3。

HXH 状态的抗拉强度按表 2-90 规定，用退火状态的最小抗拉强度值加上某一数值来确定。

表 2-90 确定 HXH 状态抗拉强度的数值

退火状态的最小抗拉强度/MPa	确定 HXH 状态时应加上的数值/MPa
≤40	55
45～60	65
65～80	75
85～100	85
105～120	90
125～160	95
165～200	100
205～240	105
245～280	110
285～320	115
≥325	120

根据 HXH 和 O 状态的抗拉强度值确定 HXD，HXB 和 HXF 状态。当获得的抗拉强度值不是以 0 或 5 结尾时，应修约成以 0 或 5 结尾的相邻较大值。

3）T 状态的细分。T 状态还可细分为：

TA——高温成型后冷却和自然时效，适用于高温成型（如铸造或挤压）后控制冷却速度并自然时效的产品；

TB——固溶热处理和自然时效，适用于固溶热处理后，除需平整或矫直外，不再冷加工的产品，某些合金在该状态下性能不稳定；

TC——高温成型后冷却、冷加工和自然时效，适用于高温成型（如锻造或挤压）后控制冷却速度并按照预定的加工量冷加工以提高强度的产品，某些合金在该状态下性能不稳定；

TD——固溶热处理、冷加工和自然时效，适用于固溶热处理后按照预定的加工量冷加工，以便提高强度或减少内应力的产品，某些合金在该状态下性能不稳定；

TE——高温成型后冷却和人工时效，适用于高温成型（如铸造或挤压）后冷却并进行人工时效处理的产品；

TF——固溶热处理和人工时效状态，适用于固溶热处理后，除需平整或矫直外，不再冷加工的产品；

TG——高温成型后冷却、冷加工和人工时效，适用于冷加工提高强度的产品；

TH——固溶热处理、冷加工和人工时效，适用于冷加工提高强度的产品；

TL——固溶热处理、人工时效和冷加工，适用于冷加工提高强度的产品；

TM——固溶热处理和稳定化处理后，适用于固溶热处理后，经稳定化处理，强度超过了最大界限值，以便保证对某些特性进行控制的产品。

4）H，T 状态代号的再细分。在基础状态 H 和 T 上细分后，如有需要，可添加字母（或数字），再将其分为两种或多种不同的状态。这种补充标志将按需要分配给特定的合金。

(4)铝及铝合金产品的另一种状态代号(美国的状态代号)

除上述所规定的状态代号外，ISO 标准规定，铝及铝合金产品还可用美国的铝、镁及其合金状态代号表示方法。ISO 采用的这两种状态代号的对应关系如表 2-91 所示。

表 2-91 ISO 采用的两种状态代号对照

国际标准 ISO 2107 规定的状态代号	ISO 采用美国的状态代号	国际标准 ISO 2107 规定的状态代号	ISO 采用美国的状态代号
M	H112	TB	T4
F	F	TC	T2
O	O	TD	T3
H1B H2B H3B	H12 H22 H32	TE	T5
H1D H2D H3D	H14 H24 H34	TF	T6
H1F H2F H3F	H16 H26 H36	TG	T10
H1H H2H H3H	H18 H28 H38	TH	T8
H1J H2J H3J	H19 H29 H39	TL	T9
TA	T1	TM	T7

第3章 各国材料牌号对照

3.1 金属材料牌号对照及其代用的基本原则

如何进行中外金属材料牌号对照和选用代用材料是广大工程技术人员在不断探讨和研究的课题。熟悉和掌握国外各类金属材料牌号的表示方法、标准是首先的和十分必要的，在此基础上通过对比分析，找到与我国材料相对应的国外材料牌号，这是一个最基本的原则，在具体对照中则是比较复杂的。例如，对同样化学成分的材料来说，它的力学性能可能随着试验、取样的条件而不同，反之，对同样的力学性能来说，化学成分也可能不同。另一方面，即使化学成分和力学性能都一样，对照时也可因产品而异，或者因产品制造工艺不同，在选材上有所区别。下面我们对材料牌号对照及其代用原则，按不同情况作如下划分。

(1)根据化学成分对照

化学成分是表征材料最基本的数据，它是保证材料在后序制造和使用中满足所需的工艺性能、使用性能的内在条件。因此，按化学成分对照是一种基本的对照方法。我们认为这种方法对热处理钢、不锈钢和工具钢更为合适。因为这些钢在其化学成分确定之后，即可通过规定的热处理获得相应的各种力学性能。简言之，成分确定，材料确定。同时也应该注意到由于各国的矿产资源不同，对同一钢种在某些元素的配置上可能有所差别，如英国的18CrNiMo与我国的18CrNiWA相对应，虽然W、Mo元素不同，但它们在钢中的作用则是相同的，也有一定的比例关系，我们仍然可以根据化学成分来进行牌号对照。

(2)根据力学性能对照

几乎对于所有的产品来说，结构钢、锅炉和压力容器钢等的力学性能直接关系到产品的使用性能，而化学成分只是间接的，如上所述，一是保证产品达到使用性能要求，二是保证产品满足制造工艺要求，如可焊性、冲压和模锻等工艺性能。因而从某种程度上来说，按力学性能的对照应该是一种更直接、更偏重于实用的捷径，可以说力学性能能达到最终目的。但是，需要指出的是，当按力学性能对照时应注意各国试验方法和取样的不同。

①理化检验试样的选取。绝大多数欧洲标准规定的取样条件是相同的，美国标准尽管也在向欧洲标准靠拢，但仍有区别。例如，按ASTM标准，钢板产品的取样是在钢板的一个角的横截面和棱边，而法国标准是在轴心与棱边半距的地方。我国板材的力学性能取样（YB15）是在钢板端部并垂直于轧制方向，在板宽中央1/3范围内截取(包括拉伸、冲击、弯曲试样)，如图3-1所示。

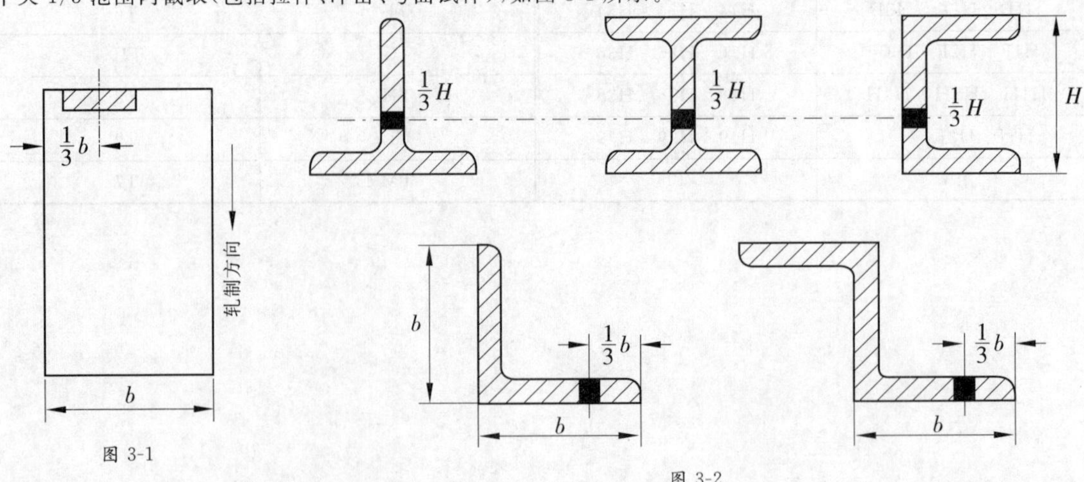

图 3-1

图 3-2

对于型材来说，美国 ASTM 标准规定取样是在轴心，而法国标准规定是在半翼外侧 1/3 处。我国型材（如 T 字、工字、槽钢等）力学性能（拉伸、冲击、弯曲）取样是沿轧制方向，从产品腰部高度 1/3 处切取，Z 型、L 型则是从一个腿上距外侧 1/3 处切取试样，如图 3-2 所示。

②尽管国际上已标准化的拉伸试样是标距为 $L_0=5.65\sqrt{S_0}$的比例试样，英国除 $L_0=5.65\sqrt{S_0}$的外，还有 $L_0=4\sqrt{S_0}$的试样；而美国则多用标距为 $L_0=50$mm 或 200mm 的非比例试样，另外在有些情况下还有$L_0=11.3\sqrt{S_0}$的长试样和 $L_0=2.8\sqrt{S_0}$的短试样。这些试验方法上的差异都应在牌号对照时予以充分考虑。

对于冲击性能而言，试样的形式对冲击数值的影响更大，而且它们之间又没有什么换算关系。我国同原苏联多通用 U 形缺口梅氏冲击，而美国、英国除此而外还有 V 形却贝试验、埃氏试验，即使却贝试样也还因缺口深度不同而分为几种形式。因此所得的冲击值也存在着差异，在性能对照时必须注意到这些因素，以便恰当选材。

(3)根据化学成分和力学性能对照

由于世界各国矿产资源和技术水平的不一，经济发达国家在各类材料方面都形成了自己的系列，总的来说是品种大大超过我国。因此，除了在产量方面应赶超先进国家外还应在发展品种方面狠下工夫，并注意形成我国自己的冶金材料品种体系。各国间完全相同的材料牌号是极少的，大多数也只能是相当材料或相近材料，就我国来说甚至完全没有相当或相近材料而只能采用仿制或代料的办法来解决。因此，完全按化学成分和力学性能来查找对应的国外材料牌号是困难的，也只能是近似对照。在许多手册中对照的材料牌号绝大多数是根据其化学成分基本相同，在同一状态下力学性能基本相同而进行的对照。实际上，两种力学性能相同的结构钢，可以有不同的含碳量，如在 ASTM 标准中常见的含碳量为 0.30%的结构钢和法国含碳量为 0.20%的结构钢，其差别只是冲压和焊接工艺上的不同，一个要求一次预热，另一个则不需进行预热。反之，在化学成分相同的情况下，保证的力学性能也可根据为确定钢号和加工条件而规定的标准热处理的不同而有所不同。例如，ASTM 标准中 Ni 含量为 3.25%的钢 A203，同样的化学成分，有两个性能级：

D 级：$R_e\geqslant255$MPa；$R=450\sim585$MPa

E 级：$R_e\geqslant275$MPa；$R=485\sim620$MPa

因此，对具体材料应做具体分析、对照。

(4)根据使用条件选择代用材料

在某些特殊情况下，尤其是对照热处理钢号时，可以根据零件使用条件来进行对照、等同使用，而不管其化学成分及力学性能的差异。

(5)根据工艺要求，考虑、选择适合的牌号

从使用的角度出发，往往满足使用性能的材料牌号远不止一个，但如何确切地找出合适的对应牌号，还应考虑到制造工艺上有无特殊要求。例如，焊接性或者有渗碳、氮化等特殊要求的，就必须选择能满足焊接、渗碳或氮化等特殊工艺要求的钢种。

(6)以优代劣

在生产中有时找不到相应的国产材料，但又没有仿制的价值时，可根据零件使用的具体条件，选用与之完全不同的材料来代替的情况也是常遇到的一个问题。当采用此种方法时，应与设计人员协商并按规定程序办理代料手续，以保证所使用的代用材料不影响到产品的使用性能。为使用可靠，也可采取以优代劣的代料原则，此时，仍需考虑材料的综合性能及经济性，而不可单纯追求材料的力学性能指标。当然对一些不受力而又无关紧要的零件，如产品铭牌名、标志等，则完全可以按我国的习惯处理，而不需要化验、分析和仿制。

3.2 各国材料牌号对照表

3.2.1 黑色金属材料牌号对照表

(1)各国黑色金属材料牌号对照

1)碳素结构钢

表 3-1 碳素结构钢

中国 GB/T 700—2006	(原)俄罗斯 ГОСТ 380—2005	美国 ASTM	英国 BS EN 10029:2010, BS 7668:2004, BS EN 10210-1:2006, BS EN 10025.1:2004, BS EN 10025.3～4:2004.	法国 NF A 35-501.1～6	日本 JIS	国际 ISO 630:1995 1052:1982
Q195	Ст1сп			A33	G3113-2006 SAPH32	Fe310-0
	Ст1кп			A33	G3113-2006 SAPH32	Fe310-0
Q215	Ст2сп	A 283GRB		A34-2	G3112-2010 SPHT2	
	Ст2кп	A 113GRB A 283GRB		A34-1	G3101-2010 SS34	
	БСт2сп	A 306GR50 A 283GRB		A34-2	G3112-2010 SPHT2	
	БСт2кп	A 113GRB A 283GRB		A34-2	G3101-2010 SS34	
Q235	Ст3сп	A 283GRC A 306GR55		E24-2 (A37-2)	G3113-2006 SAPH38	Fe360B
	Ст3кп	A 284GRB		E24-1 (A37-1)	G3113-2006 SAPH38	Fe360B
	БСт3сп	A 283GRC A 306GR55		E24-3 (A37-3)	G3113-2006 SAPH38	Fe360D
	БСт3кп	A 284GRB		E24-2 (A37-2)	G3113-2006 SAPH38	Fe360C
中国 GB/T 699—1999	(原)俄罗斯 ГОСТ	美国 AISI	英国 BS	法国 NF	日本 JIS	国际 ISO 683/1:1987
08F	08кл				SPH1	
10F	10кл				SPH2	
15F	15кл				SPH3	
08	08	1008	040A04 050A04		S9CK	
10	10	1010	040A10 045A10 060A10	C10 XC10	S10C	
15	15	1015	040A15 050A15 060A15	C15 XC15	S15C S15CK	
20	20	1020	040A20 050A20 060A20	C20 XC18	S20C S20C	
25	25	1025	060A25 070M26	C25 XC25	S25C	C25 C25E4 C25M2
30	30	1030	060A30	C30 XC32	S30C	(C30) (C30E4) (C30M2)
35	35	1035	060A35	C35 XC35	S35C	C35 C35E4 C35M2

续表

中　国 GB/T 699—1999	(原)俄罗斯 ГОСТ	美　国 AISI	英　国 BS	法　国 NF	日　本 JIS	国　际 ISO 683/1:1987
40	40	1040	060A40	C42 XC42	S40C	(C40) (C40E4) (C40M2)
45	45	1045	060A42 060A47	C45 XC45	S45C	C45 C45E4 C45M2
50	50	1049 1050	060A52	C50 XC48	S50C	(C50) (C50E4) (C50M2)
55	55	1055	060A57 070M35	C55 XC55	S55C	C55 C55E4 C55M2
60	60	1060	060A62	C60 XC60	S58C	C60 C60E4 C60M2
65	65	1064 1065	060A67	C65 XC65		
70	70	1069 1070	060A72 070A72	C70 XC70		
75	75	1074 1075	060A78 070A78	XC75		
80	80	1080	060A83	XC80		
85	85	1084 1085	050A86 060A86	XC85		
15Mn	15Г	1016	080A15 080A17	XC12		
20Mn	20Г	1019 1022	080A20 080A22	XC18		
25Mn	25Г	1025 1026	080A25 080A27			
30Mn	30Г	1033	080A30 080M30	XC32		
35Mn	35Г	1037	080A35 080M36			
40Mn	40Г	1039	080A40 080M40	40M5		
45Mn	45Г	1046	080A47 080M46			
50Mn	50Г	1053 1051	080A52 080M50	XC48		
60Mn	60Г	1062 1061	080A57 080A62			
65Mn	65Г	1566	080A67			
70Mn	70Г	1572	080A72			

2)合金结构钢

表 3-2 合金结构钢

中国 GB/T 1591—2008	(原)俄罗斯 ГОСТ	美国 ASTM	英国 BS	法国 NF	德国 DIN	日本 JIS	中国 GB/T 1591—2008
18Nb							Q345
09MnCuPTi							
10MnSiCu	10Г2С1Д						
12MnV							
14MnNb							
16Mn	14Г2	SA299Gr. 1,Cr. 2A SA455Ty. 1,Ty. 2 SA414Gr. G	1633Gr. L	A52C1 A52C2 A52CR1 A52CR2	17Mn4 19Mn5 19Mn6	SPV32	Q345
16MnRE							
10MnPNbRE							
15MnV	15ГФ	A255Gr. A A255Gr. B			15MnV5		
15MnTi							Q390
16MnNb							
14MnVTiRE							Q420
15MnVN							Q420

中国 GB/T 3077—1999	(原)俄罗斯 ГОСТ	美国 AISI	英国 BS	法国 NF	德国 DIN	日本 JIS	国际 ISO
20Mn2	20Г2	1320 1321	150M19	20M5	20Mn5	SMn21	
30Mn2	30Г2	1330	150M28	32M5	30Mn5	SMn24	
35Mn2	35Г2	1335	150M36	35M5	36Mn5	SMn1	
40Mn2	40Г2	1340 1341		40M5		SMn2	
45Mn2	45Г2	1345		45M5	46Mn7	SMn3	
50Mn2	50Г2	1052		55M5	50Mn7		
20MnV					20MnV6		
27SiMn	27СГ				27MnSi5		
35SiMn	35СГ			38MS5	37MnSi5		
42SiMn	43СГ			38MS5	38MnSi4 46MnSi4		
20SiMn2MoV							
25SiMn2MoV							
37SiMn2MoV							
40B		14B35			35B2		
45B		50B46H			45B2		
50B		14B50					
40MnB		15B41		38MB5	40MnB4		
45MnB		15B48 50B44					
20MnMoB		80B20					

续表

中国 GB/T 3077—1999	(原)俄罗斯 ГОСТ	美国 AISI	英国 BS	法国 NF	德国 DIN	日本 JIS	国际 ISO
15MnVB							
20MnVB							
40MnVB							
20MnTiB							
25MnTiBRE							
15Cr	15X	5015 5115	523A14 523M15	12C3	15Cr3	SCr21	
15CrA	15XA						
20Cr	20X	5120	527A19 527M20	18C3 18C4	20Cr4	SCr22	683/11:1987 20Cr4 20CrS4
30Cr	30X	5130	530A30 530A32	28C4 32C4	28Cr4	SCr2	
35Cr	35X	5135	530A36	38C4	34Cr4 37Cr4	SCr3	683/1:1987 3,3a,3b
40Cr	40X	5140	530A40 530M40	42C4	38Cr4 41Cr4	SCr4	683/1:1987 4,4a,4b
45Cr	45X	5145		45C4	42Cr4	SCr5	
50Cr	50X	5150 5152	En48	50C4			
38CrSi	37XC 38XC						
12CrMo	12XM	4119		12CD4	13CrMo4. 4		
15CrMo	15XM	ASTM A-387Gr. B	BS1653	15CD4. 05	15CrMo5 16CrMo4. 4	SCM21	
20CrMo	20XM	4118	CDS12 CDS110	18CD4 20CD4	20CrMo5 22CrMo4	SCM22	
30CrMo	30XM	4130	CDS13	30CD4	25CrMo4	SCM2	
30CrMoA					32CrMo12 31CrMo12		
35CrMo	35XM	4135 4137	708A37	35CD4	34CrMo4 35CrMo4	SCM3	683/1:1987 C35ea C35eb
42CrMo	38XM	4140 4142	708M40 708A42 709M40	40CD4 42CD4	41CrMo4 42CrMo4	SCM4	683/1:1987 3
12CrMoV	12XMФ						
35CrMoV	35XMФ 40XMФA				35CrMoV5		
12Cr1MoV	12X1MФ				13CrMoV4. 2		
25Cr2MoVA	25X2MФA				24CrMoV5. 5		
25Cr2Mo1VA	25X2M1Ф						
38CrMoAl	38XMЮA	6370(AMS)	905M39	40CAD6. 12	34CrAlMo5 41CrAlMo7	SACM645	683/10:1987 41CrAlMo74

续表

中国 GB/T 3077—1999	(原)俄罗斯 ГОСТ	美国 AISI	英国 BS	法国 NF	德国 DIN	日本 JIS	国际 ISO
40CrV	40ХФА	6140		42CrV4	42CrV		
50CrVA	50ХФА	6150	735A50	50CV4	50CrV4	SUP10	
15CrMn	15ХГ 18ХГ			16MC5	16MnCr5		
20CrMn	20ХГ	5120		20MC5	20MnCr5	SMC21	
40CrMn	40ХГ	5140				SMC3	
20CrMnSi	20ХГС						
25CrMnSi	25ХГС					SMK1 (大同制钢)	
30CrMnSi	30ХГС						
30CrMnSiA	30ХГСА						
35CrMnSiA	35ХГСА					SMK2 (大同制钢)	
20CrMnMo	18ХГМ	4119			20CrMo5	SCM23	
40CrMnMo	40ХГМ	4140					
20CrMnTi	18ХГТ					SMK22 (大同制钢)	
30CrMnTi	30ХГТ				30MnCrTi4		
20CrNi	20ХН	3120	637A16 637M17	20NC6	20NiCr6		
40CrNi	40ХН	3140	640A35 640M40	35NC6	46NiCr6	SNC1	
45CrNi	45ХН	3145			45NiCr6		
50CrNi	50ХН	3150					
12CrNi2	12ХН2	3115		10NC11 14NC11	14NiCr10	SNC21	
12CrNi3	12ХН3	3310 9310	655A12 655M13	10NC12 14NC12	13NiCr12	SNC22	
20CrNi3	20ХН3			20NC11	22NiCr14		
30CrNi3	30ХН3		653M31	30NC11 30NC12	28NiCr10 31NiCr14	SNC2	
37CrNi3	37ХН3			35NC15	35NiCr18	SNC3	
12Cr2Ni4	12Х2Н4	E3310		12NC15	14NiCr18		
20Cr2Ni4	20Х2Н4	E3316	659A15 659M15	20NC14	22NiCr14		
20CrNiMo	20ХН2М	8620 8720	805A20 805M20	20NCD2	20NiCrMo2 21NiCrMo2		
40CrNiMoA	40ХНМА	4340 9840	817M40 816M40	35NCD5 40NCD3	36NiCrMo4 40NiCrMo6	SNCM8	683/1 4,4a,4b
45CrNiMoVA	45ХНМФА	4347				SNCM9	
18Cr2Ni4WA	18Х2Н4МА						
25Cr2Ni4WA	25Х2Н4МА						

表 3-3 保证淬透性结构钢

中国 GB/T 5216—2004	德国 DIN	俄罗斯 ГОСТ	法国 NF	日本 JIS	英国 BS	美国		
						SAE	AISI	UNS
45H	C45,CK45	45	SC45	—	080H46	1045H	1045H	H10450
20CrH	20Cr4	20X	18C3 18C4	SCr420H	—	5120H	5120H	H51200
40CrH	38Cr4 41Cr4	40X	42C4	SCr440H	530H40	5140H	5140H	H51400
45CrH	42Cr4	45X	45C4	—	—	5145H	5145H	H51450
40MnBH	40MnB4	—	38MB5	—	—	15B41H	15B41H	H15411
45MnBH	—	—	—	—	—	15B48H	15B48H	H15481
20CrMnMoH	—	25ХГМ (18ХГМ)	—	—	—	—	—	—
20CrMnTiH	—	18ХГТ	—	—	—	—	—	—
20CrNi3H	22NiCr14	20XH3	20NC11	—	—	—	—	—
12Cr2Ni4H	14NiCr18	12X2H4	12NC15	—	659H15	3310H	3310H	—
20CrNiMoH	20NiCrMo2	20XHM	20NCD2	SNCM220H	805H20	8620H	8620H	H86200

3)弹簧钢

表 3-4 弹簧钢

中国 GB/T 1222—2007	(原)俄罗斯 ГОСТ 14959—1979	美国 AISI	英国 BS 970 part5	法国 NF A35-571—2003	德国 DIN 17221	日本 JIS G4801—2011	国际 ISO
65	65		080A67	XC65	CK65 1.1235		
70	70		080A72		1.1234		
85	85	1095	080A83			SUP4	
65Mn	65Г		080A67				
55SiCrA							
55SiMnVB							
60Si2Mn	60СГА	9260	250A58		60SiMn5 1.0908	SUP6	
60Si2MnA	60СГА					SUP7	
60Si2CrA	60С2ФА	9254		60SC7	60SiCr7 1.0961	SUP12	
60Si2CrVA	60С2ХФА						
55CrMnA					55Cr3 1.7176	SUP9	
60CrMnA			526M60			SUP9	
50CrVA	50ХФА	6150	735A50	50CV4	50CrV4 1.8159	SUP10	
60CrMnBA	55ХГР				52MnCrB3 1.7138	SUP11A	
30W4Cr2VA							

4)工具钢

表 3-5 碳素工具钢

中国 GB/T 1298—2008	(原)俄罗斯 ГОСТ 1435—1999	美国 ASTM A686—1992(2010)	英国 BS EN ISO 4957:2000	法国 NF A35-590	日本 JIS G4401—2009	国际 ISO 4951-1～3:2001
T7	У7		RWB0.7	Y1 70	SK7	TC70
T8	У8	W1-0.8C		Y1 80	SK6	TC80
T8Mn	У8Г	W1-8			SK5	
T9	У9	W1-8 $\frac{1}{2}$	BW1A	Y1 90	SK5	TC90
T10	У10	W1-9 $\frac{1}{2}$	BW1B	Y1 105	SK4	TC105
T11	У11	W1-10 $\frac{1}{2}$			SK3	
T12	У12	W1-11 $\frac{1}{2}$	BW1C	Y1 120	SK2	
T13	У13	W1-12 $\frac{1}{2}$			SK1	

表 3-6 合金工具钢

中国 GB/T 1299—2000	(原)俄罗斯 ГОСТ	美国 ASTM AISI	英国 BS	法国 NF	德国 DIN	日本 JIS	国际 ISO
9SiCr	9XC				90CrSi5 1.2108		
8MnSi					C75W3		
Cr06	13X X05	W5			140CrV1	SKS8	
Cr2	X	L3		Y100C6	105Cr5 1.2060		
9Cr2	9X	L7	BL3	Y100C6	100Cr6 1.2067		
W	B1	F1	BF1	100WC10	120W4 1.2414	SKS21	
4CrW2Si	4XB2C				35WCrV7	SKS41	
5CrW2Si	5XB2C	S1	BS1	55WC20	45WCrV7 1.2542		
6CrW2Si	6XB2C				60WCrV7		
Cr12	X12	D3	BD3	Z200C12	X210Cr12 1.2436	SKD1	

续表

中　国 GB/T 1299—2000	(原)俄罗斯 ГОСТ	美　国 ASTM AISI	英　国 BS	法　国 NF	德　国 DIN	日　本 JIS	国　际 ISO
Cr12Mo1V1		D2	BD2	Z160CDV12	X165CrMoV12 1.2601	SKD11	
Cr12MoV	X12M					SKD11	
Cr5Mo1V		A2	BA2	Z38CDV5	X100CrMoV51 1.2363	SKD12	
9Mn2V		O2	BO2	90MV8	90MnV8 1.2842		
CrMWn	ХВГ	O7			105WCr6 1.2419	SKS31	
9CrWMn	9ХВГ	O1	BO1	90MCW5	100MnCrW4 1.2510	SKS3	
Cr4W2MoV							
6Cr4W3Mo2VNb							
6W6Mo5Cr4V							
5CrMnMo	5ХГМ				40CrMnMo7 1.2311	SKT5	
5CrNiMo		L6		55NCDV7	55NiCrMoV6 1.2713	SKT4	
3Cr2W8V	3Х2В8Ф	H21	BH21	Z30WCV9	X30WCrV93 1.2581	SKD5	
5Cr4Mo3- SiMnVAl							
3Cr3Mo3W2V							
5Cr4W5Mo2V							
8Cr3	8Х3						
4CrMnSiMoV							
4Cr3Mo3SiV							
4Cr5MoSiV	4Х5МФС	H11	BH11	Z38CDV5	X38CrMoV51 1.2343	SKD6	
4Cr5MoSiV1	4Х5МФ1С	H13	BH13		X40CrMoV51 1.2344	SKD61	
4Cr5W2VSi							
7Mn15Cr2- Al3V2WMo							
3Cr2Mo		P20					

表 3-7　　高速工具钢

中国 GB/T 9943—2008	(原)俄罗斯 ГОСТ 19265—1973	美国 ANSI/ASTM A600—1992a(2010)	英国 BS EN SIO 4957:2000	法国 NF A35-590—2000	日本 JIS G4403—2006	国际 ISO
W18Cr4V	P18	T1	BT1	Z80WCV 18-04-01	SKH2	HS18-0-1
W12Cr4V5Co5	P10K5Ф5	T15	BT15	Z160WKCV 12-05-05-04	SKH10	HS12-1-5-5
W6Mo5Cr4V2	P6M3	M2 (一般含碳量)	BM2	Z85WDCV 06-05-04-02	SKH51	HS6-5-2
CW6Mo5Cr4V2		M2 (高含碳量)				
W6Mo5Cr4V3		M3-1	BM3		SKH52	HS6-5-3
CW6Mo5Cr4V3		M3-2			SKH53	
W2Mo9Cr4V2		M7	BM7	Z100DCWV 09-04-02-02	SKH58	HS2-9-2
W6Mo5Cr4-V2Co5					SKH55	H6-5-2-5
W7Mo4Cr4-V2Co5	P6M5K5	M41	—	Z110WKCDV 07-05-04-04-02	MH41	HS7-4-2-5
W2Mo9Cr4VCo8		M33,M34	BM34	Z110DKCWV 09-08-04-02-01	YXM34	HS2-9-1-8
W9Mo3Cr4V						
W6Mo5Cr4V2Al						

5)轴承钢

表 3-8　　轴承钢

中国 GB/T 342—1997 YB 1205—1980	(原)俄罗斯 ГОСТ 801—1978	美国 ASTM A295—2009	英国 BS	法国 NF A35-565—1999	日本 JIS G4805—2008	国际 ISO
GCr6	ШХ6	E50100		100C3		
GCr9	ШХ9	E51100	534A99 En31	100C5	SUJ1	
GCr9SiMn					SUJ3	
GCr15	ШХ15	E52100	534A99 En31	100C6	SUJ2	
GCr15SiMn	ШХ15СГ					
Cr4Mo4V		M50		80DCV40		
Cr14Mo4V						
G20CrMo						
G20CrNiMo		C-8620		20NCD2		
G20CrNi2Mo		C-4320		20NCD7		
G20Cr2Ni4				16NCD13		
G10CrNi3Mo		E9310		16NCD13		
G20Cr2Mn2Mo						
G8Cr15						
9Cr18Mo		440C		Z100CD17		

6)易切削钢

表 3-9　　　　易切削钢

中　国 GB　YB	(原)俄罗斯 ГОСТ	美　国 ASTM	英　国 BS	法　国 NF	德　国 DIN	日　本 JIS
Y12	A12	C1211		10F		SUM12
Y13			En18		9SMn36	
Y15		B1113	En1A		9SMn28	SUM22
Y20	A20	C1120	En7	20F2	22S20	
Y30	A30	C1126				SUM4
Y40Mn	A40Г	C1144	225M36	45MF4	40S20	
Y75	У7АВ					
YT10Pb						ASK-1100
YOCr18Ni10 (Y18-8)		303			X12CrNiS- 18-8	
		1212	220M07		9S20	SUM21
		1213	230M07	S250	9SMn28	SUM22
		12L13		S250Pb	9SMnPb28	SUM22L
		1108	210M15	10F1	10S20	
				10PbF2	10SPb20	
			210A15		15S20	SUM32
		1104	212M36	35MF4	35S20	
		1146	212M44	45MF4	45S20	
		1215	240M07	S300	9SMn36	
		12L14		S300Pb	9SMnPb36	

7)铸铁

表 3-10　　　　灰口铸铁

国别	标准编号	铸铁牌号							
国际标准	ISO 185 2005	Cr. 40	Cr. 35	Cr. 30		Cr. 25		Cr. 20	Cr. 15
美　国	ANSI/ASTM A 48 2003(2008)	Class 60B	Class 55B	Class 50B 45B	Class 40B	Class 35B	Class 30B	Class 25B	Class 20B
英　国	BS EN 1561 1997	Cr. 400	Cr. 350	Cr. 300	Cr. 260		Cr. 220	Cr. 180	Cr. 150
德　国	DIN EN 1561 1997	GG 40	GG 35	GG 30		GG 25		GG 20	GG 15
(原)俄罗斯	ГОСТ 1412 1985	СЧ40-60	СЧ36-56	СЧ32-52	СЧ28-48	СЧ24-44	СЧ21-40	СЧ18-36	СЧ15-32
日　本	JIS G 5501 1995		FC 35	FC 30		FC 25		FC 20	FC 15
奥地利	M 3191 1971		GG 35	GG 30		GG 25		GG 20	GG 15

续表

国别	标准编号	铸	铁		牌			号	
比利时	NBN 830-01 1970	FGG 40	FGG 35	FGG 30		FGG 25		FGG 20	FGG 15
保加利亚	ВДС 1799 1974		Vch 35	Vch 30		Vch 25		Vch 20	Vch 15
丹麦	DS 11301 1969	GG 40	GG 35	GG 30		GG 25		GG 20	GG 15
芬兰	SFSH 1152 1965	GRS 40	GRS 35	GRS 30		GRS 25		GRS 20	GRS 15
法国	NFA 32-101 1997	Ft. 40D	Ft. 35D	Ft. 30D		Ft. 25D		Ft. 20D	Ft. 15D
荷兰	NEN 6002A 1966		GG 35	GG 30		GG 25		GG 20	GG 15
匈牙利	MSZ 8280-66CS1 1968	δ V40	δ V35	δ V30		δ V25		δ V20	δ V15
意大利	UNI 5007 1969		G 35	G 30		G 25		G 20	G 15
卢森堡	NBN 830-01 1970	FGG 40	FGG 35	FGG 30		FGG 25		FGG 20	FGG 15
挪威	NS 722 1963	SjG 40	SjG 35	SjG 30		SjG 25		SjG 20	SjG 15
波兰	PNH-83101 1963	Z 140	Z 135	Z 130		Z 125		Z 120	Z 115
葡萄牙	R001	FC 40	FC 35	FC 30		FC 25		FC 20	FC 15
罗马尼亚	STAS 568 1975	FC 400	FC 350	FC 300		FC 250		FC 200	FC 150
西班牙	UNE 36-111 1973		FG 35	FC 30		FG 25		FG 20	FG 15
瑞典	MNC 705 1976	SISO 140	SISO 135	SISO 130		SISO 125		SISO 120	SISO 115
瑞士	VSM 10691 1961			GG Ft 30		GG Ft 25		GG Ft 20	GG Ft 15
南斯拉夫	Jusc J2020 11-1973	SL 40	SL 35	SL 30		SL 25		SL 20	SL 15
中国	GB		HT350	HT300		HT250		HT200	HT150

表 3-11　球墨铸铁

国别	标准编号	铸	铁		牌		号	
国际标准	ISO 1083 2004	Cr. 370-17	Cr. 420-12	Cr. 500-7	Cr. 600-3	Cr. 700-2	Cr. 800-2	
美国	ANSI/ASTMA536 1984(2009)	60-40-18	65-45-12	80-55-06		100-70-03	120-90-02	
(原)俄罗斯	ГОСТ 7293 1985	ВЧ 38-17	ВЧ 42-12	ВЧ 50-7 50-2	ВЧ 60-2	ВЧ 70-2	ВЧ 80-2	ВЧ 100-2
日本	JIS G 5502 2007	FCD 40		FCD 45 50	FCD 60	FCD 70		
奥地利	M 3193 1964	SG 38	SG 42	SG 50	SG 60	SG 70		

续表

国别	标准编号	铸铁牌号						
比利时	NBN 830-02 1970	FNG 38-17	FNG 42-12	FNG 50-7	FNG 60-2	FNG 70-2	FNG 80-2	
保加利亚	ВДС 6990 1968	380-17	400-12	450-5 500-2	600-2	700-2	800-2	900-2
丹麦	DS 11303 1971	0715 0716		0727	0707	0708		
芬兰	SFS 2113 1975	GRP 400		GRP 500	GRP 600	GRP 700	GRP 800	
法国	NFA 32-201 1997	FGS 370-17	FGS 400-12	FGS 500-7	FGS 600-3	FGS 700-2	FGS 800-2	
荷兰	NEN 6002D 1966	GN 38	GN 42	GN 50	GN 60	GN 70		
匈牙利	MSZ 8277 1968	Gǒv 38	Gǒv 40	Gǒv 45/50	Gǒv 60	Gǒv 70		
意大利	UNI 4544 1974	GS 370-17	GS 400-12	GS 500-7	GS 600-2	GS 700-2	GS 800-2	
卢森堡	NBN 830-02 1970	FNG 38-17	FNG 42-12	FNG 50-7	FNG 60-2	FNG 70-2	FNG 80-2	
挪威	NS 11301 1971	NS 11342		NS 11350	NS 11360	NS 11370		
波兰	PNH-83123 1969	Zs 3817	Zs 4012	Zs 4505/5002	Zs 6002	Zs 7002	Zs 8002	Zs 9002
罗马尼亚	STAS 6071 1975					FGN 70-3		
西班牙	UNE 36-118 1973	FGE 38-17	FGE 42-12	FGG 50-7	FGE 60-2	FGE 70-2	FGE 80-2	
瑞典	MNC 706E 1977	SISO 717-02		SISO 727-02	SISO 732-03	SISO 737-01		
瑞士	VSM 10693 1968	GGG/FGS 38	GGG/FGS 42	GGG/FGS 50	GGG/FGS 60	GGG/FGS 70		
南斯拉夫	Jusc J2022 1974	NL 38	NL 42	NL 50	NL 60	NL 70		
中国	GB	QT400-18	QT450-10	QT500-7	QT600-3	QT700-2	QT800-2	

注：本对照为抗拉强度近似对照。

8)各国奥氏体铸铁

表 3-12 奥氏体铸铁

石墨形状 \ 国别	日本 JIS G 5510—1999	国际 ISO 2892—2007 Corl:2009	美国 ASTM A 436—1984(2006) 439—1983(2009) 571—2001(2006)	英国 BS EN 13835:2002	德国 DIN EN 13835:2006	法国 NF A 32-301—2003	商业名称
片状石墨	FCA-NiMn 13-7	L-NiMn 13 7		L-NiMn 13 7	GGL-NiMn 13 7	L-NM 13 7	
	FCA-NiCuCr 15 6 2	L-NiCuCr 15 6 2	Type 1(A436)	L-NiCuCr 15 6 2	GGL-NiCuCr 15 6 2	L-NUC 15 6 2	Ni-Resist 1
	FCA-NiCuCr 15 6 3	L-NiCuCr 15 6 3	Type 1b(A436)	L-NiCuCr 15 6 3	GGL-NiCuCr 15 6 3	L-NUC 15 6 3	Ni-Resist 1b
	FCA-NiCr 20 2	L-NiCr 20 2	Type 2(A436)	L-NiCr 20 2	GGL-NiCr 20 2	L-NC 20 2	Ni-Resist 2
	FCA-NiCr 20 3	L-NiCr 20 3	Type 2b(A436)	L-NiCr 20 3	GGL-NiCr 20 3	L-NC 20 3	Ni-Resist 2b
	FCA-NiSiCr 20 5 3	L-NiSiCr 20 5 3		L-NiSiCr 20 5 3	GGL-NiSiCr 20 5 3	L-NSC 20 5 2	Nicrosilal
	FCA-NiCr 30 3	L-NiCr 30 3	Type 3(A436)	L-NiCr 30 3	GGL-NiCr 30 3	L-NC 30 3	Ni-Resist 3
	FCA-NiSiCr 30 5 5	L-NiSiCr 30 5 5	Type 4(A436)	L-Ni 30 5 5	GGL-NiSiCr 30 5 5	L-NSC 30 5 5	Ni-Resist 4
	FCA-Ni 35	L-Ni 35	Type 5(A436)	L-Ni 35		L-N 35	
			Type 6(A436)				
球状石墨	FCDA-NiMn13-7	S-NiMn 13 7		S-NiMn 13 7	GGG-NiMn 13 7	S-NM 13 7	
	FCDA-NiCr 20 2	S-NiCr 20 2	Type D-2(A439)	S-NiCr 20 2	GGG-NiCr 20 2	S-NC 20 2	Ni-Resist D-2
	FCDA-NiCrNb 20 2				GGG-NiCuNb 20 2		Ni-Resist D-2W
	FCDA-NiCr 20 3	S-NiCr 20 3	Type D-2B(A439)	S-NiCr 20 3	GGG-NiCr 20 3	S-NC 20 3	Ni-Resist D-2B
	FCDA-NiSiCr 20 5 2	S-NiSiCr 20 5 2		S-NiSiCr 20 5 2	GGG-NiSiCr 20 5 2	S-NSC 20 5 2	Nicrosilal(Spheronic)
	FCDA-Ni 22	S-Ni 22	Type D-2C(A439)	S-Ni 22	GGG-Ni 22	S-N 22	Ni-Resist D-2C
	FCDA-NiMn 23 4	S-NiMn 23 4	Type D-2M(A571)	S-NiMn 23 4	GGG-NiMn 23 4	S-NM 23 4	Ni-Resist D-2M
	FCDA-NiCr 30 1	S-NiCr 30 1	Type D-3A(A439)	S-NiCr 30 1	GGG-NiCr 30 1	S-NC 30 1	Ni-Resist D-3A
	FCDA-NiCr 30 3	S-NiCr 30 3	Type D-3(A439)	S-NiCr 30 3	GGG-NiCr 30 3	S-NC 30 3	Ni-Resist D-3
	FCDA-NiSiCr 30 5 2				GGG-NiSiCr 30 5 2		Ni-Resist D-4A
	FCDA-NiSiCr 30 5 5	S-NiCr 30 5 5	Type D-4(A439)	S-NiSiCr 30 5 5	GGG-NiSiCr 30 5 5	S-NSC 30 5 5	Ni-Resist D-4
	FCDA-Ni 35	S-Ni 35	Type D-5(A430)	S-Ni 35	GGG-Ni 35	S-N 35	Ni-Resist D-5
	FCDA-NiCr 35 3	S-NiCr 35 3	Type D-5B(A439)	S-NiCr 35 3	GGG-NiCr 35 3	S-NC 35 3	Ni-Resist D-5B
	FCDA-NiSiCr 35 5 2				GGG-NiSiCr 35 5 2		Ni-Resist D-5S

9)不锈耐热钢

表 3-13 耐热钢棒

中 国 GB/T 1221—2007	(原)俄罗斯 ГОСТ 5632 —1972	美 国 AISI,ASTM	法 国 NF A 35-572 NF A 35-576～582 NF A 35-584	德 国 DIN EN 10088-3	日 本 JIS	英 国 BS 970 BS 1449
53Cr21Mn9Ni4N					SUH35	349S52
22Cr21Ni12N						
16Cr23Ni13	20X23H12	309,S30900	Z15CN24. 13		SUH309	309S24
20Cr25Ni20	20X25H20C2	310,S31000	Z12CN25. 20	CrNi2520	SUH310	310S24
12Cr16Ni35		330	Z12NCS35. 16		SUH330	
06Cr15Ni25Ti2MoAlVB		660 K66286	Z6NCTDV25. 15B		SUH660	
06Cr19Ni10	08X18H10	304,S30400	N6CN18. 09	X5CrNi189	SUS304	304S15
06Cr23Ni13		309S,S30908			SUS309S	
06Cr25Ni20		310S,S31008			SUS310S	
06Cr17Ni12Mo2	08X17H13M2T	316,S31600	Z6CND17. 12	X5CrNiMo1810	SUS316	316S16
45Cr14Ni14W2Mo	45X14H13B2M					
26Cr18Mn12Si2N						
22Cr20Mn9Ni2Si2N						
06Cr19Ni13Mo3	08X17H15M3T	317,S31700	317S16		SUS317	317S16
06Cr18Ni10Ti	08X18H10T	321,S32100	Z6CNT18. 10	X10CrNiTi189	SUS321	321S12,321S20
06Cr18Ni11Nb	08X18H12E	347,S34700	Z6CNNb18. 10	X10CrNiNb189	SUS347	347S17
06Cr18Ni13Si4		XM15,S38100			SUSXM15J1	
16Cr20Ni14Si2						
16Cr25Ni20Si2						
16Cr25N		446,S44600			SUH446	
006Cr13Al		405,S40500	Z6CA13	X7CrA113	SUS405	405S17
022Cr12					SUS410L	
10Cr17	12X17	430,S43000	Z8C17	X8Cr17	SUS430	430S15
12Cr5Mo	15X5M	502				
42Cr9Si2	40X9C2		Z45CS9			
40Cr10Si2Mo	40X10C2M		Z40CSD10			
80Cr20Si2Ni		443S65	280CN20. 02		SUH4	
14Cr11MoV	15X11MΦ					
12Cr12Mo						
18Cr12MoVNbN			Z20CDNbV11		SUH600	
15Cr12WMoV						
22Cr12NiMoWV		616			SUH616	

续表

中　国 GB/T 1221—2007	(原)俄罗斯 ГОСТ 5632 —1972	美　国 AISI,ASTM	法　国 NF A 35-572 NF A 35-576～582 NF A 35-584	德　国 DIN EN 10088-3	日　本 JIS	英　国 BS 970 BS 1449
12Cr13	12X13	410	Z12C13	X10Cr13	SUS410	410S21
13Cr13Mo					SUS410J1	
12Cr13		420,S42000	Z20C13	X20Cr13	SUS420J1	420S37
14Cr17Ni2	14X17H2	431,S43100	Z15CN16-02	X22CrNi17	SUS431	431S29
13Cr11NiW2MoV	11X11H2B2MΦ					
05Cr17Ni4Cu4Nb		630　S17400	Z6CNU17. 04		SUS630	
07Cr17Ni7Al	09X17H710	631　S17700	N8CNA17. 7	X7CrNiAl177	SUS631	

表 3-14　　不锈钢棒

中　国 GB/T 1220—2007	(原)俄罗斯 ГОСТ 5632 —1972	美　国 AISI,ASTM	法　国 NF A 35-572. 1～3 NF A 35-576～582 NF A 35-584	德　国 DIN EN 10088-3:2005	日　本 JIS	英　国 BS 970 BS 1449
12Cr17Mn6Ni5N		201,S20100			SUS201	
12Cr18Mn8Ni5N	12X17Г9AH4	202,S20200			SUS202	284S16
12Cr17Ni7		301,S30100	Z12CN17. 07		SUS301	301S21
12Cr18Ni9	12X18H9	302,S30200	Z10CN18. 09	X12CrNi188	SUS302	302S25
Y12Cr18Ni9		303,S30300	Z10CNF18. 09	X12CrNiS188	SUS303	303S21
Y12Cr18Ni9Se	12X18H10E	303Se,S30323			SUS303Se	303S41
06Cr18Ni9	08X18H10	304,S30400	Z6CN18. 09	X5CrNi189	SUS304	304S15
022Cr19Ni10	03X18H11	304L,S30403	Z2CN18. 09	X2CrNi189	SUS304L	304S12
06Cr19Ni9N					SUS304N1	304N,S30451
06Cr19Ni10NbN		XM21,S30452			SUS304N2	
022Cr18Ni10N			Z2CN18. 10N	X2CrNiN1810	SUS304LN	
10Cr18Ni12	12X18H12T	305,A30500	Z8CN18. 12	X5CrNi1911	SUS305	305S19
06Cr23Ni13		309S,S30908			SUS309S	
06Cr25Ni20		310S,S31008			SUS310S	
06Cr17Ni12Mo2	08X17H13M2T	316,S31600	Z6CND17. 12	X5CrNiMo1810	SUS316	316S16
	10X17H13M2T		Z8CNDT17. 12	X10CrNiMoTi1810		320S17
	08X17H13M2T		Z6CNDT17. 12	X10CrNiMoTi1810		320S17
022Cr17Ni14Mo2	03X17H13H2	316L,S31603	Z2CND17. 12	X2CrNiMo1810	SUS316L	316S12
06Cr17Ni12Mo2N		316N,S31651			SUS316N	
022Cr17Ni13Mo2N			Z2CND17. 12N	X2CrNiMoN1812	SUS316LN	
06Cr18Ni12Mo2Cu2					SUS316J1	
022Cr18Ni14Mo2Cu2					SUS316JIL	
06Cr19Ni13Mo3	08X17H15M3T	317,S31700			SUS317	317S16
022Cr19Ni13Mo3	03X16H15M3	317L,S31703	Z2CND19. 15	X2CrNiMo1816	SUS317L	317S12

续表

中　国 GB/T 1220—2007	(原)俄罗斯 ГОСТ 5632 —1972	美　国 AISI,ASTM	法　国 NF A 35-572.1～3 NF A 35-576～582 NF A 35-584	德　国 DIN EN 10088-3:2005	日　本 JIS	英　国 BS 970 BS 1449
	10X17H15M3T					
06Cr17Ni12Mo2Ti	08X17H15M3T					
03Cr18Ni16Mo5					SUS317JI	
	12X18H10T			X10CrNiTi189		
06Cr18Ni11Ti	08X18H10T	321,S32100	Z6CNT18.10	X10CrNiTi189	SUS321	321S12,S21S20
06Cr18Ni11Nb	08X18H12Б	347,S34700	Z6CNNb18.10	X10CrNiNb189	SUS347	347S17
06Cr18Ni9Cu3		XM7	Z6CNU18.10		SUSXM7	
06Cr18Ni13Si4		XM15,S38100			SUSXM15JI	
14Cr18Ni11Si4A1Ti	15X18H12C4TЮ					
022Cr19Ni5Mo3Si2N						
06Cr13Al		405,S40500	Z6CA13	X7CrA113	SUS405	405S17
022Cr12					SUS410L	
10Cr17	12X17	430,S43000	Z8C17	X8Cr17	SUS430	430S15
Y10Cr17		430F,S43020	Z10CF17	X12CrMoS17	SUS430F	
10Cr17Mo		434,S43400	Z8CD17.01	X6CrMo17	SUS434	434S19
008Cr30Mo2					SUS44JI	
008Cr27Mo		XM27,S44625	Z01CD26.1		SUSXM27	
12Cr12		403,S40300			SUS403	403S17
12Cr13	12X13	410,S41000	Z12C13	X10Cr13	SUS410	410S21
06Cr13	08X13	410S	Z6C13	X7Cr13	SUS410S	403S17
Y12Cr13						
13Cr13Mo					SUS410J1	
20Cr13		420 S42000	Z20C13	X20Cr13	SUS420J1	420S37
30Cr13	30X13	420 S45			SUS420J2	
Y30Cr13		420F,S42020	Z30CF13		SUS420F	
32Cr13Mo						
40Cr13	40X13		Z40C13	X4DCr13	SUS420J2	
14Cr17Ni2	14X17H2	431,S43100	Z15CN16-02	X22CrNi17	SUS431	431S29
68Cr17		440A,S44002			SUS440A	
85Cr17		440B,S44003			SUSU440B	
95Cr18	95X18	440C	Z100CD17	X105CrMo17	SUSU440C	
108Cr17		440C,S44004	Z100CD17		SUS440C	
Y108Cr17		440F,S44020			SUS440F	
95Cr18Mo		440C,S44004			SUS440C	
90Cr18MoV		440B	Z6CND17.12	X90CrMoV18	SUS440B	
05Cr17Ni4Cu4Nb		630,S17400	Z6CNU17.04		SUS630	
07Cr17Ni7Al	09X17H7Ю	631,S17700	Z8CNA17.7	X7CrNiAl177	SUS631	
07Cr15Ni7Mo2Al		632,S15700	Z8CND15.7			

表 3-15 不锈钢和耐热钢冷轧钢带

牌号	中国 GB/T 1220—2007 GB/T 1221—2007	(原)俄罗斯 ГОСТ 5632—1972	美国 AISI, ASTM	法国 NF A 35-572. 1～3 NF A35-576～582 NF A35-584	德国 DIN EN 10088-3—2005	日本 JIS	英国 BS 970 part1 BS 1449 part2
12Cr17Mn6Ni5N		12X17Г9AH4	201, S20100			SUSU201	
12Cr18Mn9Ni5N	12Cr18Mn9Ni5N	12X17Г9AH4	202, S20200			SUS202	284S16
2Cr13Mn9Ni4	2Cr13Mn9Ni4	20X13H4Г9					
12Cr17Ni7			301, S30100	Z12CN17. 07		SUSU301	301S21
1Cr17Ni8					X12CrNi177	SUS301J1	
12Cr18Ni9	12Cr18Ni9	12X18H9	302, S30200	Z10CN18. 09	X12CrNi188	SUS302	302S25
1Cr18Ni9Si3			302B, S30215			SUS302B	
06Cr19Ni10	06Cr19Ni10	08X18H10	304, S30400	Z6CN18. 09	X5CrNi189	SUS304	304S15
022Cr19Ni10	022Cr18Ni10	03X18H11	304L, S30403	Z2CN18. 09	X2CrNi189	SUS304L	304S12
06Cr19Ni9N			304N, S30451			SUS304N1	
06Cr19Ni10NbN			XM21, S30452			SUS304N2	
022Cr18Ni10N				Z2CN18. 10N	X2CrNiN1810	SUS304LN	
10Cr18Ni12	1Cr18Ni12Ti	12X18H12T	305, S30500	Z8CN18. 12	X5CrNi1911	SUS305	305S19
06Cr23Ni13			309S, S30908			SUS309S	
06Cr25Ni20	1Cr25Ni20Si2		310S, S31008			SUS310S	
06Cr17Ni12Mo2		08X17H13M2T	316, S31600	Z6CND17. 12	X5CrNiMo1810	SUS316	316S16

续表

牌号	中国 GB/T 1220—2007 GB/T 1221—2007	(原)俄罗斯 ГОСТ 5632—1972	美国 AISI,ASTM	法国 NF A 35-572.1～3 NF A35-576～582 NF A35-584	德国 DIN EN 10088-3—2005	日本 JIS	英国 BS 970 part1 BS 1449 part2
022Cr17Ni12Mo2	022Cr17Ni12Mo2	03X17H13M2	316L,S31603	Z2CND17.12	X2CrNiMo1810	SUS316L	316S12
06Cr17Ni12Mo2N			316N,S31651			SUS316N	
022Cr17Ni12Mo2N				Z2CND17.12N	X2CrNiMoN1812	SUS316LN	
06Cr18Ni12Mo2Cu2						SUS316J1	
022Cr18Ni14Mo2Cu2	022Cr18Ni14Mo2Cu2					SUS316J1L	
06Cr19Ni13Mo3	06Cr17Ni12Mo2Ti	08X17H15M3T	317,S31700			SUS317	317S16
022Cr19Ni13Mo3	00Cr17Ni14Mo3	03X16H15M3	317L,S31703	Z2CND19.15	X2CrNiMo1816	SUS317L	317S12
03Cr18Ni16Mo5						SUS317J1	
06Cr18Ni11Ti	06Cr18Ni9Ti	08X18H10T	321,S32100	Z6CNT18.10	X10CrNiTi189	SUS321	321S12,321S20
06Cr18Ni11Nb	1Cr18Ni11Nb	08X18H12F	347,S34700	Z6CNNb18.10	X10CrNiNb189	SUS347	347S17
06Cr18Ni13Si4			XM15,S38100			SUSXM15J1	
0Cr26Ni5Mo2							
00Cr24Ni6Mo3N						SUS329J2L	
06Cr13Al			405,S40500	Z6CA13	X7CrA113	SUS405	405S17
022Cr12						SUS410L	
1Cr15			429,S42900			SUS429	

续表

牌　号	中　国 GB/T 1220—2007 GB/T 1221—2007	(原)俄罗斯 ГОСТ 5632—1972	美　国 AISI,ASTM	法　国 NF A 35-572.1～3 NF A35-576～582 NF A35-584	德　国 DIN EN 10088-3—2005	日　本 JIS	英　国 BS 970 part1 BS 1449 part2
10Cr17	10Cr17	12X17	430,S43000	Z8C17	X8Cr17	SUS430	430S15
00Cr17						SUS430LX	
10Cr17Mo			434,S43400	Z8CD17.01	X6CrMo17	SUS434	434S19
00Cr17Mo						SUS436L	
00Cr18Mo2			18Cr2Mo			SUS444	
00Cr30Mo2						SUS447J1	
00Cr27Mo			XM27,S44625	Z01CD26.1		SUSXM27	
1Cr12			403,S40300			SUS403	403S17
06Cr13	06Cr13	08X13	410S,S41000	Z6C13	X7Cr13	SUS410S	
12Cr13	12Cr13	12X13	410	Z12C13	X10Cr13	SUS410	410S21
20Cr13	20Cr13	20X13	420,S42000	Z20C13	X20Cr13	SUS420J1	420S37
30Cr13	30Cr13	30X13				SUS420J2	420S45
3Cr16						SUS429J1	
68Cr17			440A,S44002			SUS440A	
07Cr17Ni7Al	07CrNi7Al	09X17H7Ю	631,S17700	Z8CNA17.7	X7CrNiA1177	SUS631	

10）铸钢

表 3-16 铸钢

中国 GB	(原)俄罗斯 ГОСТ	美国 AISI, ASTM	英国 BS	法国 NF	德国 DIN	日本 JIS
ZG1Cr13	15X13Л	CA-15(AC1)	410C21	Z12C 13M	G-X8Cr14(1.4008) X15Cr13(1.4024)	SUS1
ZG2Cr13	20X13Л	CA-40(ACI)	420C24	Z20C 13M	G-X20Cr14(1.4027)	SUS2
ZGCr28					G-X70Cr29(1.4085)	
ZG00Cr18Ni10	X18H8Л(旧号)	CF-3(ACl)	304C12	Z2CN18.10M	G-X2CrNi189(1.4306)	SUS19
ZG0Cr18Ni9	07X18H9Л	CF-8(ACl)	304C15	Z6CN18.10M	G-X6CrNi189(1.4308)	SUS13
ZG1Cr18Ni9	10X18H9Л	CF-20(ACl)	302C25	Z10CN18.9M	G-X10CrNi188(1.4312)	SUS12
ZG0Cr18Ni9Ti		CF-8C(ACI)	347C17	Z6CNNb18.10M	G-X7CrNiNb189(1.4552)	SUS21
ZG0Cr18Ni12Mo2Ti			318C17	Z6CNDNb18.12M	G-X10CrNiMoNb1810(1.4580) G-X5CrNiMoNb1810(1.4581)	SUS22
ZG1Cr18Ni12Mo2Ti		CB7-Cu(ACl)			G-X10CrNiMoNb1810(1.4580)	
ZG0Cr17Ni4Cu4Nb						SUS24
ZG2Cr13Ni	20X13Л		420C29	Z20C 13M	G-X20Cr14(1.4027)	SUS2

表 3-17 耐热铸钢

中国 GB	(原)俄罗斯 ГОСТ	美国 AISI, ASTM	英国 BS	法国 NF	德国 DIN	日本 JIS
ZG5Cr25Ni2		HC(ACl)			G-X40CrSi29(1.4776)	SCH2
ZG3Cr18Ni25Si2	3X18H25C2	HN(ACl)				SCH19
ZG1Cr25Ni20Si2	1X25H20C2	HK30(ACl)			G-X15CrNi2520(1.4840)	SCH21
ZG4Cr25Ni20SDi2		HK40(ACl)	310C40		G-X40CrNiSi2520(1.4848)	SCH22
ZG0Cr13Ni4Mo				Z6CND13.04M		
ZG4Cr25Ni35Si2		HP(ACl)			G-X45NiCrSi3525(1.4857)	
ZG4Cr28Ni48W5Si2					G-X40NiCrW4828	

表 3-18 碳素铸钢和合金铸钢

中国 GB	日本 JIS	美国 ASTM	美国 UNS	(原)俄罗斯 ГОСТ	德国 DIN	德国 W-Nr	意大利 UNI	法国 NF	英国 BS	国际标准 ISO
ZG200-400	SC360		J01700	15Л	GS-38 GS-CK16	1.0416 1.1142	FeG42	E20-40M	AW1, CLA9	200-400
ZG230-450	SC410	LC8	J03003	25Л	GS-52 GS-CK25	1.0551 1.1155		E23-45M	CLAlGr. B	230-450
ZG270-500	SC480		J04000	35Л	GS-60 GS-62	1.0553 1.0555			A2	270-480
ZG310-570	SCC5	80-40	J05002	45Л	GS-70 GS-CK45	1.0554 1.1191			A3 AW2	340-550
ZG340-640			J05000	55Л						
ZG40Mn	SCMn3				GS-40Mn5	1.1168			AW3	
ZG40Cr				40ХЛ						
ZG20SiMn	SCW480	LCC	J02505	20ГСЛ	GS-20Mn5	1.1120	FeG42-2	FB-M		
ZG35SiMn	SCSiMn2			35СГЛ	GS-37MnSi5	1.5122				
ZG35CrMo	SCCrM3		J13048	35ХМЛ	GS-34CrMo4	1.7220				
ZG35CrMnSi	SCMnCr3			35ХГСЛ						
	SCMn2			30ГЛ	GS-30Mn5	1.1165				
	SCMn3			35ГЛ	GS-36Mn5	1.1167				
	SCPH11	LC1	J12522		GS-22Mo4	1.5419	G22Mo5	FC1-M	240 B1	
	SCPH21	WC11	J11872		CS-17CrMo55	1.7357				
	SCPH32-CF	WC9	J21890		GS-12CrMo9 10	1.7380	G14CrMo9 10		622 B3	
	SCPH61	C5,CP5	J42045		GS-12CrMo19 5	1.7363	XG15CrMo5		625,B5	
	SCPH23	9	J21610		GS-17CrMoV5 11	1.7706				
	SCPL21	B2N B2Q	J22501 J22500		GS-24Ni8	1.5633	G22Ni10	FC2-M		
	SCPL31	B3N	J31500		GS-10Ni14	1.5638	G12Ni14	FC3-M	BL2 CLA10	
		B4N B4Q	J41501		GS-10Ni19	1.5681				
ZGMn13-1 ZGMn13-2		B-4 B-3 B-2 A	J91149 J91139 J91129 J91109	Г13Л	G-X120Mn13 G-X120Mn12	1.3802 1.3401			BW10	
ZGMn13-3 ZGMn13-4	SCMnH1 SCMnH2 SCMnH3	B-1	J91119	100Г13Л						

表 3-19 不锈铸钢和耐热铸钢

中国 GB	日本 JIS	美国 ASTM	美国 UNS	(原)俄罗斯 ГОСТ	德国 DIN	德国 W-Nr	意大利 UNI	法国 NF	英国 BS
ZG1Cr13	SCS1	CA-15	J91150	15X13Л	G-X7Cr13 G-X10Cr13	1.4001 1.4006	GX12Cr13	Z12C13M	410C21
ZG2Cr13	SCS2	CA-40	J91153	20X13Л	G-X20Cr14	1.4027	GX30Cr13	Z20C13M	420C29
ZG1Cr17	~SCS24			12X17	~X8Cr18	1.4015			
ZGCr28					G-X70Cr29 G-X120Cr29	1.4085 1.4086		Z130C29M	452C11
ZG00Cr18Ni10	SCS19	CF-3	J92500	03X18H11	G-X2CrNi18 9	1.4306	GX2CrNi19 10	Z2CN18.10M	304C12
ZG0Cr18Ni9	SCS13	CF	J92600	07X18H9Л	G-X6CrNi18 9	1.4308		Z6CN18.10M Z6CN19.9M	304C15
ZG1Cr18Ni9	SCS12 SCS13A			10X18H9Л	G-X10CrNi18 8	1.4312		Z10CN18.9M	302C25
ZG0Cr18Ni9Ti	SCS21	CF-8C	J92710	08X18H9T	G-X5CrNiNb18 9	1.4552		Z4CNNb19.10M	347C17
ZG1Cr18Ni9Ti				12X18H9T					
ZG0Cr18Ni12Mo2Ti		CF-8M	J92900				GX6CrNiMo20 11		
ZG1Cr18Ni12Mo2Ti	SCS22				G-X5CrNiMoNb18 10	1.4581		Z4CNDNb18.12-M	318C18
	SCS14	CN-7M	J95150		G-X12Cr14	1.4008		Z12CN13-M	316C16
	SCS5 SCS6				G-X5CrNi13 4	1.4313		Z4CND13.4-M	425C11
		CF-3 CF-3M	J92700 J92800		G-X2CrNiMo18 10	1.4404	GX2CrNi19 10	Z2CND18.12-M Z3CND19.10-M	
		CA-15	J91150		G-X5NiCrMo13 4	1.4407	GX12Cr13	Z6CND13.04-M	405C29
			J92810		G-X6CrNiMo18 12	1.4437		Z4CND19.13-M	
		CG-8M	J93000		G-X6CrNiMo17 13	1.4448	GX6CrNiMo20 11 03		317C16
	SCS14A				G-X10CrNiMo18 8	1.4410		Z5CND20.10-M	
ZG5Cr25Ni2	SCH2	HC	J92605		G-X40CrNi24 5	1.4822 1.4823	GX35Cr28		452C11
ZG3Cr18Ni25Si2	SCH19	HN	J94213						3X18H25C2
ZG1Cr25Ni20Si2	SCH21	HK-30	J94203	15X23H18Л	G-X15CrNiSi25 20	1.4840	GX40CrNi26 20		
ZG4Cr25Ni20Si2	SCH22	HK HK-40	J94224 J94204		G-X40CrNiSi25 20	1.4848	GX40CrNi26 20		310C40 310C45
	SCH13A SCH17	HH	J93503	40X24H12CЛ	G-X40CrNiSi25 21	1.4837	GX35CrNi25 12		309C30
ZG4Cr25Ni35Si2	SCH24	HP	J95705		G-X45CrNiSi35 25	1.4857	GX50NiCr35 25		
	SCH16 SCH15	HT	J94605		G-X40CrNiSi38 18	1.4865	GX50NiCr39 19		
	SCH1 SCH3	CA-40	J91153		G-X40Cr13	1.4034	GX35Cr13	Z30C13-M Z2813-M	

表 3-20　　日本 JIS 标准不锈耐酸钢和耐

JIS 牌号	川崎制铁	新日本制铁	日新制钢	日本金属[①]工业	日本不锈钢	日本冶金工业	爱知制钢	神户制钢所
SUS201		SUS201 P,S	SUS201 P,S		NAR-201 P,S,T			SUS201 W
SUS202		SUS202 P,S	SUS202 P,S		NAR-202 P,S,T			
SUS301	SUS301 P,S	SUS301 P,S	SUS301 P,S	NTK301 P,S,W, T,F	NAR-301 B,P,S,W	NAS7 B,P,S, W,F	SUS301 B	
SUS302		SUS302 P,S	SUS302 P,S	NTK302 P,S,W, T,F	NAR302 B,P,S, W,T	NAS8 B,P,S, W,F	SUS-302 B	SUS302 W
SUS303		SUS303 W		NTK303 P,W	NAR-303 B,P		T303 B	SUS303 W
SUS303Se						NAS8F B,P,W		SUS304 W
SUS304	SUS304 P,S	SUS304 P,S,W,T	SUS304 P,S,T	NTK304 NTK304S P,S,W, T,F	NAR-304 B,P,S, W,T	NAS8S B,P,S, W,T,F	SUS304 B,W,Se	SUS304 钢 304 W T
SUS304H		SUS304H T						304H 钢 T
SUS304L	SUS304L P,S	SUS304L P,S,W,T	SUS304L P,S,T	NTK304L P,S,W, T,F	NAR-304L B,P,S, W,T	NAS8L B,P,S, W,T,F	SUS304L B,Sh	SUS304L 304L 钢 W,T
SUS305		SUS305 P,S,W	SUS305 P,S	NTK305 P,S,F	NAR305 B,P,W	NAS10 B,P,S, W,T,F	SUS305 B,W	SUS305 W
SUS305J1		SUS305J1 W		NTK305 W	NAR-305A W		SUS305J1 B,W	SUS305J1 W
SUS308							SUS308 B,W	SUS308 W
SUS309S		SUS309S P,S,T	SUS309S P,S,T	NTK309S P,S,W, T,F	NAR-309S B,P,T	NAS12S B,P,S, W,T,F		SUS309S W
SUS310S		SUS310S P,S,T	SUS310S P,S,T	NTK310S P,S,W, T,F	NAR-310S B,P,T	NAS20S B,P,S, W,T,F		SUS310S W
SUS316	SUS316 P,S	SUS316 P,S,W,T	SUS316 P,S,T	NTK316 NTK316S P,S,W, T,W	NAR-316 B,P,S, W,T	NAS84S B,P,S, W,T,F	SUS316 B,W,Sh	SUS316 钢 316 W,T
SUS316H		SUS316H T						316H 钢 T

热钢牌号与各会社钢号对照表

山 阳 特殊制钢	住 友 金属工业	大同制钢[②]	东 北 特殊钢	特殊制钢	日本钢管	日 本[③] 制钢所	日 本 特殊钢	日立金属	明道金属
SUS201 B,T		DSM01H B,W,F	K201 B	CRH201 B,S			SUS201 B,F	SUS201 B,P,S, W,F	
SUS202 B,T			K202 B	CRH202 B,S			SUS202 B,T	SUS202 B,P,S, W,F	MSS202 P
SUS301 B,T		SUS301 B,W,F	K301 B,F,C	CRH301 B,S		SUS301 F	SUS301 B,F	SUS301 B,P,S, W,F	MSS301 P
SUS302 B,T		SUS302 B,W,F	K302 B,F,C	CRH302 B,S		SUS302 F	SUS302 B,F	SUS302 B,P,S, W,F	MSS302 P,S
SUS303 B,T		SUS303 DSN03FA DSN03F B,W,F	K303 B	CRH303 B,S		SUS303 F	SUS303 B,F	SUS303 B,P,S W,F	
SUS303Se B,T			K303Se B	CRH303Se B,S			SUS303Se B,F	SUS303Se B,P,S, W,F	
SUS304 B,T	ST SUS 2 304 T F ST 3 T	SUS304 DSN04U DSN04S B,W,F	K304 B,F,C	CRH304 B,S	SUS304 TB(TP) T SUS304 HTB (TP)	SUS304 P,F	SUS304 B,F	SUS304 B,P,S WF	MSS304 P,S,C
SUS304L B,L	ST2L T	SUS304L B,W,F	K304L B,F,C	CRH304L B,S	SUS304L TB(TP) T	SUS304L P,F	SUS304L B,F	SUS304L B,P,S, W,F	MSS304L P
SUS305 B,T		DSN05U B,W,F	K305 B,F,C	CRH305 B,S		SUS305 P,F	SUS305 B,F	SUS305 B,P,S, W,F	MSS305 P
SUS305J1 B,T			K305J1 B,F,C	CRH305M B,S		SUS305J1 P,F	SUS305J1 B,F	SUS305J1 B,P,S, W,F	
SUS308 B,T			K308 B,F,C	CRH308 B,S			SUS308 B,F	SUS308 B,P,S, W,F	MSS308 P
SUS309S B,T		SUS309S B,W,F	K309S B,F,C	CRH309S B,S		SUS309S P,F	SUS309S B,F	SUS309S B,P,S, W,F	MSS309S P
SUS310S B,T		SUS310S B,W,F	K310S B,F,C	CRH310S B,S		SUS310S P,F	SUS310 B,F	SUS310S B,P,S, W,F	MSS310S P
SUS316 B,T	S TSUS 4316 TF ST3Mo T	SUS316 B,W,F	K316 B,F,C	CRH316 B,S	SUS316 TB(TP) T SUS316 HTB(TP) T	SUS316 P,F	SUS316 B,F	SUS316 B,P,S, W,F	MSS316 P

JIS 牌号	川崎制铁	新日本制铁	日新制钢	日本金属[①]工业	日本不锈钢	日本冶金工业	爱知制钢	神户制钢所
SUS316L	SUS316L P,S	SUS316L P,S,W,T	SUS316L P,S,T	NTK316L P,S,W,T,F	NAR-316L B,P,S,W,T	NAS84L B,P,S,W,T,F	SUS31L B,Sh	SUS316L 316L 钢 W,T
SUS316J1		SUS316J1 P,S,W,T	SUS316J1 P,S	NTKMCS6 P,S,W,T,F	NTR-316Cu B,P,W,T	NAS85S B,P,S,W,T,F		316Cu 钢 T
SUS316J1L		SUS316J1L P,S,W,T	SUS316J1L P,S	NTKMCS3 P,S,W,T,F	NAR-316LCu B,P,T	NAS85L B,P,S,W,T,F		316CuL 钢 T
SUS317		SUS317 P,S,W,T	SUS317 P,S	NTK317 P,S,W,T,F,C	NAR-317 B,P,T	NAS84M B,P,S,W,T,F		317 钢 T
SUS317L		SUS317L P,S,W,T	SUS317L P,S	NTJ317L P,S,W,T,F,C	NAR-317L B,P,T	NAS84ML B,P,S,W,T,F		317L 钢 T
SUS321	SUS321 P,S	SUS321 P,S,T	SUS321 P,S,T	NTK321 P,S,W,T,F	NAR-321 B,P,S,W,T	NAS8E B,P,S,W,T,F	SUS321 B,Sh	SUS321 钢 W,T
SUS321H		SUS321H T						321H 钢 T
SUS347		SUS347 P,S,W,T	SUS347 P,S,T	NTK347 P,S,W,T,F	NAR-347 B,P,S,W,T	NAS8X B,P,S,W,T,F		SUS347 钢 347 W,T
SUS347H		SUS347H T						347H 钢 T
SUS384		SUS385 W4						SUS384 W
SUS385		SUS385 W			NAR-12-15 B,P,W	NAS10M B,P,S,W		SUS385 W
SUS329J1		SUS329J1 P,S,T		NTAR-4 P,S,T,F	NAR-F B,P,T	NAS45M B,P,S,W,T,F		329 钢 T
SUS405	SUS405 P,S	SUS405 P,S,T	SUS405 P,S	NTK405 P	NAR-405 B,P,T		SUS405 B	405 钢 T
SUS429			SUS429 P,S				SUS429 B,W	
SUS430	SUS430 P,S	SUS430 P,S,W,T	SUS430 P,S,T	NTK430 P,S,W	NAR-430 NAR-430S B,P,S,T	NAS430 P,S,W,T	SUS430 B,W,Sh	SUS430 钢 430 W,T

续表

山阳特殊制钢	住友金属工业	大同制钢[2]	东北特殊钢	特殊制钢	日本钢管	日本[3]制钢所	日本特殊钢	日立金属	明道金属
SUS316L B,T	ST SUS 4L316L T,F	SUS316L B,W,F	K316L B,F,C	CRH316L B,S	SUS316L TB(TP) T	SUS316L P,F	SUS316L B,F	SUS316L B,P,S, W,F	MSS316L P
SUS316J1 B,T		SUS316J1 B,W,F	K316J1 B,F,C	CRH35 B,S			SUS316J1 B,F	SUS316J1 B,P,S, W,F	
SUS316J1L B,T		SUS316J1L B,W,T	K316J1L B,F,C	CRH36 B,S		SUS316J1L PF	SUS316J1L BF	SUS316J1L B,P,S, W,F	
SUS317 B,T	ST5 T		K317 B,F,C	CRH317 B,S		SUS317L P,F	SUS317 B,F	SUS317 B,P,S, W,F	
SUS317L B,T	ST5L T		K317L B,F,C	SUS317L B,S		SUS317L P,F	SUS317L B,F	SUS317L B,P,S, W,F	
SUS321 B,T	ST2Ti T ST3Ti T	SUS321H B,M,F	K321 B	CRH321 B,S	SUS321 TB(TP) T SUS321 HTB(TP) T	SUS321 P,F	SUS321 B,F	SUS321 B,P,S, W,F	MSS321 P
SUS347 B,T	ST2Cb T ST3Ti T	SUS347 B,W,F	K347 B	CRH347 B,S	SUS347 TB(TP) T SUS347 HTB(TP) T	SUS347 P,F	SUS347 B,F	SUS347 B,P,S, W,F	
SUS384 B,T			K384 B,F,C	CRH384 B,S			SUS384 B,F	SUS384 B,P,S, W,F	
SUS385 B,T	FAS T		K385 B,F,C	CRH385 B,S CRH329M B,S			SUS385 B,F SUS329J1 B,F	SUS385 B,P,S, W,F	
SUS405 B,T	FSO T	SUS405 B,W,F		CRH405 B,S	SUS405 T	SUS405 P,F	SUS405 B,F	SUS405 B,P,S, W,F	MSS405 P
SUS429 B,T				CRH429 B,S			SUS429 B,F	SUS429 B,P,S, W,F	MSS429 P
SUS430 B,T	FS2 T	SUS430 DSR30U DSR30S B,W,F		CRH430 B,S	SUS430 TB T	SUS430 P,F	SUS430 B,F	SUS430 B,P,S, W,F	MSS430 P,S

JIS 牌号	川崎制铁	新日本制铁	日新制钢	日本金属[1]工业	日本不锈钢	日本冶金工业	爱知制钢	神户制钢所
SUS430F						SUS430F B,W		
SUS434	SUS434 P,S	SUS434 P,S,T	SUS434 P,S				SUS434 B,W	
SUS403		SUS403 P,S	SUS403 P,S		NAR-403 B,P		SUS403 B,W,Sh	
SUS410	SUS410 P,S	SUS410 P,S,T	SUS410 P,S,T		NTR-410 NAR-410S S 或 C≤0.08 B,P,W,T		SUS410 410G B,W	SUS410 钢 410 W,T
SUS410J1					NAR-410A B,P		SUS410J1 B,W	
SUS416								SUS416 W
SUS420J1	SUS420J1 P,S	SUS420J1 P,S	SUS420J1 P,S		NAR-420 NAR-420A B,P		SUS420J1 B,W	SUS420J1 W
SUS420J2	SUS420J2 P,S	SUS420J2 P,S	SUS420J2 P,S		NAR-420A NAR-420B B,P		SUS420J2 B,W	SUS420J2 W
SUS420F								
SUS431					NAR-431 B,P		SUS431 B,W	
SUS440A					NAR-440A B,P		A440A SB	
SUS440B					NAR-440B B			
SUS440C					NAR-440C B			SUS440C W
SUS630				NTKP-1 F,C	NAR-4PH B	NAS46 B,F		

续表

山阳特殊制钢	住友金属工业	大同制钢[2]	东北特殊钢	特殊制钢	日本钢管	日本[3]制钢所	日本特殊钢	日立金属	明道金属
SUS430F B,T				CRH430F B,S			SUS430F B,F	SUS430 B,P,S, W,F	
SUS434 B,T				CRH434 B,S			SUS434 B,F	SUS434 B,P,S, W,F	
SUS403 B,T		SUS403 DSR03H B,S,W,F		CRH403 B,S		SUS403 P,F	ST1 B,F	SUS403 B,P,S, W,F	MSS403 P
SUS410 B,T	FS1 T	SUS410 DSR10S DSR10U DSR10UA B,S,W,F		CRH410 B,S	SUS410 TB T	SUS410 P,F	SUS410 B,F	SUS410 B,P,S, W,F	MSS410 P,S
SUS410J1 B,T		SUS410J1 B,S,W,F		CRH37 B,S		SUS410J1 P,F	STM,SUS 410J1 B,P	SUS410J1 B,P,S, W,F	
SUS416 B,T		SUS416 DSR16F B,W,F		CRH416 B,S		SUS416 F	SUS416 B,F	SUS416 B,P,S, W,F	
SUS420J1 B,T		SUS420J1 DSR20H DSR20HR B,S,W,F		CRH52 B,S		SUS420J1 F	SUS420J1 B,F	SUS420J1 B,P,S, W,F	MSS420 P
SUS420J2 B,T		SUS420J1 B,S,W,F		CRH53 B,S		SUS420J2 F	STO B,F	SUS420J2 B,P,S, W,F	MSS423 P
SUS420F B,T				CRH420F B,S			SUS420F B,F	SUS420F B,P,S, W,F	
SUS431 B,T		DSR31U DSR31H SUS44 B,S,F		CRH431 B,S		SUS431 P,F	SUS431 B,F	SUS431 B,P,S, W,F	
SUS440A B,T				CRH44A B,S			SUS440A B,F	SUS440A B,P,S, W,F	
SUS440B B,T				CRH440B B,S			SUS440B B,F	SUS440B B,P,S, W,F	
SUS440C B,W,F		SUS57 B,W,F		CRH440C B			STS B,F	SUS440C B,P,S, W,F	
SUS440F B,T				CRH440F B			SUS440F B,F	SUS440F B,P,S, W,F	
SUS630 B,T		SUS80 B,F	K-P41 B,F,C	CRH630 B,S		SUS620 P	ST174PH B,F	SUS630 B,P,S,W,F	

JIS 牌号	川崎制铁	新日本制铁	日新制钢	日本金属[①]工业	日本不锈钢	日本冶金工业	爱知制钢	神户制钢所
SUS631	SUS631 P,S		SUS631 P,S	NTKP-2 P,W,F	NAR-7PH B,P,T	NAS7A P,S,W		
SUS631J1								
SUH31								
SUH309 (SUS309)		SUH309 P,T		NTK309 P,S,W, T,F	NAR-309 B,P	NAS12 B,P,S, W,T,F		(309 钢) T
SUH310 (SUS310)		SUH310 P,T		NTK-310 P,S,W, T,F	NAR-310 B,P	NAS20 B,P,S, W,T,F		(310 钢) T
SUH330					NAR-330 B,P	NAS33 B,P,W, T,F		
SUS661H					NAR-20N P	NASH40-2 B,P,W, T,F		
SUH446			SUH446 P,S		NAR-446 B,P			446 钢 T
SUH1							SUH1 B,W	
SUH3							SUH3 B,W	
SUH4								
SUH600					NAR-H46 B,P			
SUH616								
NCF1		NCF1 P,S,T			NAR701N	NASHV 70-1S		
NCF2		NCF2 P,S,T			NAR-30-IL	NASHV30		

注：1. 各会社产品用下列符号：B——棒材，P——板材，S——带材，W——丝材，T——管材，F——锻钢，C——铸钢，Sh——异型材，SB——薄板；

2. 日本金属工业产品中牌号分为两行时，上行为 C≤0.08%，下行为 C≤0.06%；

3. 大同制钢产品中，当存在多种钢号时，有 SUS 的钢号为标准钢号，其他是特殊成分的钢；

4. 日本制钢所带“P”的钢号为包覆钢板。

续表

山阳特殊制钢	住友金属工业	大同制钢[②]	东北特殊钢	特殊制钢	日本钢管	日本[③]制钢所	日本特殊钢	日立金属	明道金属
SUS631 B,T			K-P31 B,F,C	CRH631 B,S			ST177PH B,F	SUS631 B,P,S, W,F	
				CRH631M B,S					
SUS31 B,T		SUH31 B,W,F	SUH31 B,C	CRT31 B,S			FWV B,F	SUH31 B,P,F	
SUH309 B,T	HR2 T	SUH309 B,W,F	SUH309 B,F,C	CRH309 B,S	SUS309 TB(TP) T		SUH309 B,F	SUS309 B,P,F	
SUH310 B,T	HR3 T	SUH310 B,W,F	SUH310 B,F,C	CRH310 B,S	SUS310 TB(TP) T		SUH310 B,F	SUH310 B,P,F	
SUH330 B,T		SUH330 B,W,F	SUH330 B,F,C	CRT330 B,S			SUH330 B,F	SUH330 B,P,F	
SUH661 B,T		SUH661 B,W,F	SUH661 B,C	CRT661 B,S				HRA155 B,P,F	
SUH446 B,T	FS3 T	SUH446 B,W,F		CPH446 B,S			SUH446 B,F	SUH446 B,P,F	MSS446 P
SUH1 B,W,T		SUH1 B,W,F	SUH1 B,S	CRK4 B			SUH1 B,F	SUH1 B,F	
SUH3 B,W,T		SUH3 B,W,F	SUH3 B,S	CRK2 B,S			SCM B,F	SUH3 B,F	
SUH4 B,T		SUH4 B,W,F	SUH4 B,C	CRH20 B			XBV B,F	SUH4 B,F	
SUH600 B,T		SUH600 B,W,F	SUH600 B,F,C	CRT600 B,S			UH46 B,F	SUH600 B,F	
SUH616 B,T		SUH616 B,W,F	SUH616 B,F.C	CRT616 B,S			SUH616 B,F	SUH616 B,F	
	HN75			SHT600 B,S			NCF600 B,F	HRN 600	
	HR7TA			CHT800 B,S				HRA800	

11)高温合金

表 3-21 变形高温合金

中国	(原)俄罗斯	美国			英国		法国	德国		日本
GH13	*ЭИ435	—	—	—	*N75	—	—	—	—	—
GH14	—	*Hastelloy X	—	—	—	—	—	—	—	—
GH15	*ЭИ868	—	—	—	—	—	—	—	—	—
GH16	*ЭИ868	—	—	—	—	—	—	—	—	—
GH17	—	—	—	—	—	—	—	—	—	—
GH18	—	—	—	—	*N263	—	—	—	—	—
GH19	ЭИ673	N-155	SAE HEV1 AISI661	AMS5531,5532 5585	—	—	ATG. X Z12CNKDW20	DIN1. 4971	LN1. 4974	SUH661
GH20	—	Incoloy800	ASTM B163,B 407,B408,B409	AMS5766,5871	Incoloy800	—	NICRAL,C 25NC35 20	—	LN1. 4876	NCF800B NCF2B
GH22	—	Hastelloy X	—	AMS5536,5754	BS HR6 BS HR204	PE13	ATG. E NC22FeD	DIN2. 4672 DIN2. 4613	LN2. 4603 LN2. 4665	
GH25	—	L605	—	AMS5537,5759	BS HS25	—	ATG. H KC20WN	DIN2. 4967 —	LN2. 4964 —	—
GH27	—	*A 286	—	—	—	—	—	DIN2. 4951	LN2. 4630	
GH30	ЭИ435	—	—	—	BSHR5,N75 203,403,504	BS,ANC8 DTD703B	ATG. R NC20T	—	—	—
GH33	ЭИ437Б	—	—	—	*N80A	—	—	—	—	—
GH33A	ЭИ437Б	—	—	—	*N80A	—	—	—	—	—
GH34	ЭИ415	—	—	—	—	—	—	—	—	—
GH35	ЭИ703	—	—	—	—	—	—	—	—	—
GH36	ЭИ481	—	—	—	—	—	—	—	—	—
GH37	ЭИ617	SAE. HEV6	— —	AMS5829	BSHR2,202 N90 402,501, 502,503	BSANC10 DTD747B DTD5027	ATGS4 NC20KTAt	DIN2. 4969	LN2. 4632	— —
GH38A	ЭИ696A	—	—	—	—	—	—	—	—	—
GH39	ЭИ602	—	—	—	—	—	—	—	—	—
GH40	ЭИ395	—	—	—	—	—	—	—	—	—
GH43	ЭИ598	—	—	—	—	—	—	—	—	—

续表

中　国	(原)俄罗斯	美　国			英　国		法　国	德　国		日　本
GH44	ЭИ868	—	—	—	—	—	—	—	—	—
GH49	ЭИ929	—	—	—	BS. HR. 4	N115	NCK15ATD	—	LN2. 4636	—
GH50	ЭИ929	—	—	—	—	* N115	—	—	—	—
GH78	ЭИ787	—	—	—	—	—	—	—	—	—
GH80A	ЭИ445	SAE. HEV5	—	—	BS. ANC. 9 N80A. DTD736B	BS. HR1 HR201, HR401,601	ATGS3 NC20TA	DIN2. 4952	LN2. 4631	NCF80A
GH93	—	—	—	AMS5829	—	—	—	—	—	—
GH95	ЭИ826	—	—	—	—	—	—	—	—	—
GH99	ЭИ894K(ЭП99)	—	—	—	—	—	—	—	—	—
GH118	—	—	—	—	—	N118	—	—	—	—
GH128	ЭИ868	—	—	—	—	—	—	—	—	—
GH130	* ЭИ617	—	—	—	—	—	—	—	—	—
GH131	ЭП126	—	—	—	—	—	—	—	—	—
GH132	ЭИ786	A286	SAE HEV7 AISI660	AMS5525,5731, 5732,5734, 5737,5895	DTD5026	(S/ABV)	ATVSMo Z6NCT265	DIN1. 4980	LN1. 4944	—
GH135	* ЭИ437Б	—	—	—	—	—	—	—	—	—
GH136	—	V57	—	—	—	—	ATVS2 Z3NCT25	DIN1. 4980	—	—
GH138	* ЭИ868	—	—	—	—	—	—	—	—	—
GH139	ЭИ835	—	—	—	—	—	—	—	—	—
GH140	* ЭИ602	—	—	—	—	—	—	—	—	—
GH141	—	Rene41	—	AMS5545,5712, 5513,5800	— —	—	ATGW2 NC20KDTA	DIN2. 4982 DIN2. 4973	—	—
GH143	—	—	—	—	N105(N108)	BSHR3 DTD5007A	NCKD20ATr	—	LN2. 4634	—
GH145	ЭИ974	Inconel X-750	SAEHEV3 AISI688	AMS5542,5582, 5747,5598, 5667～5671	— —	—	ATGF NC15FeTNbA	—	—	NCF750B

续表

中国	(原)俄罗斯	美国			英国		法国	德国		日本
GH146	—	Udimet500	—	AMS5751,5753	NPK25	—	ATGW2 NC20KDTA	DIN2. 4983	—	—
GH151	* ЭИ220	—	—	—	—	—	—	—	—	—
GH161	ЭИ813	—	—	—	—	—	—	—	—	—
GH163	—	—	—	—	N263. C263	BSHR10 BSHR206	ATGWO NCK20D	—	LN2. 4650	—
GH167	—	Hastellog R-235	—	AMS5872A	—	—	—	—	—	—
GH169	—	Inconel 718	SAEXEV-1	AMS5596,5597, 5662～5664	Lnco718 —	—	ATGC1 NC19FeNb	—	LN2. 4668	—
GH170	—	Haybes188	—	AMS5772A	—	—	KCN22W	—	LN2. 4682	—
GH182	—	Hastelloy C4	—	—	BSANC15	—	—	—	LN2. 4610	—
GH220	ЭП220	—	—	—	* N118	—	—	—	—	—
GH302	* ЭИ617	—	—	—	—	—	—	—	—	—
GH333	—	RA-333	—	AMS5716,5717	—	—	ATG33 Z6NCKDW45	—	—	—
GH600	—	Inconel 600	—	AMS5665	—	—	NICRALZ NC15Fe	DIN2. 4640	LN2. 4816	NCF600B
GH698	ЭИ698	—	—	—	—	—	—	—	—	—
GH710	—	Udimet710	—	—	—	—	ATGW4 NCK18TDA	—	—	—
GH738	—	Waspaloy	SAEXEV-H	AMS5704,5706, 5707,5709,5544	NPK50 —	—	ATGW1 NC20K14	DIN2. 4054	LN2. 4654	—
GH761	—	—	—	—	—	—	—	—	—	—
GH901	ЭИ725	Inconel 901	Udimet901 —	AMS5660,5661	BSHR53 BSHR404	N901	Z8NCD	DIN2. 4975	LN2. 4662	—
GH984	—	Inconel 625	—	AMS5666,5599	—	—	ATGE2 NC22FeDNb	DIN2. 4856	—	—
—	—	—	—	—	PE11	DTD5037	Z8NCD38	X8NiCrMo Ti38-18	—	—
—	—	—	—	—	PE16	BSHR11	NW11AC	X8NiCrMo	—	—

续表

中　国	(原)俄罗斯	美　国			英　国		法　国	德　国		日　本
—	—	—	—	—	PK33	BSHR207 DTD5057	NC19KDu/V	TiA143-16 NiCr18Co 14MoTiAl	—	—
—	—	Discaloy	AISI665	AMS5733	—	—	ATVS2 Z4NCDT26	—	LN1. 4943	—
—	—	Incoloy 825	ASTMB423	—	—	—	NC21FeDU	DIN2. 4858	—	—
—	—	Incone l700	—	—	—	—	ATGS8 NK27CADT	—	—	—

表 3-22　　铸造高温合金

中　国	(原)俄罗斯	美　国			英　国		法　国	德　国		日　本
K1	АНВ-300	—	—	—	—	—	—	—	—	—
K2	ЖС6	—	—	—	—	—	—	—	—	—
K3	ЖС6К	—	—	—	—	—	—	—	—	—
K4	＊ЖС6	—	—	—	—	—	—	—	—	—
K5	＊ЖС6КП	＊In100	—	—	—	—	—	—	—	—
K6	—	—	—	—	—	—	—	—	—	—
K7	—	—	—	—	—	—	—	—	—	—
K9	—	B-1900	—	—	—	—	—	—	—	—
K10	ЛК4	—	—	—	—	—	—	—	—	
K11	ВЛ7-45У	—	—	—	—	—	—	—	—	—
K12	ЖС3	—	—	—	—	—	—	—	—	—
K13	＊ЖС3	—	—	—	—	—	—	—	—	—
K14	＊АНВ-300	—	—	—	—	—	—	—	—	—
K16	—	＊In100	—	—	—	—	—	—	—	—
K17	—	In100	—	AMA5397	NPK24	BSHC204	ATGM2NK15CAT	—	LN2. 4674	—
K17G	—	Rene100	—	—	—	—	—	—	—	—
K18	—	Inco713C	—	AMS5391	Nimocast713	BSHC203	ATGS9NC13AD	DIN2. 4670	—	—
K18B	—	Inco713LC	—	—	—	—	—	—	—	—
K19	—	MN246	—	—	—	—	—	—	—	—
K19H	ЖС6Ф	Rene125	—	—	NimocastPD16	—	—	—	—	—

续表

中国	(原)俄罗斯	美国			英国		法国	德国		日本
K20	ЖС6У	TRW-V1A	—	—	NimocastPD18	—	—	—	—	—
K23	—	—	—	—	C1023	—	NC15K10DAT	—	—	—
K24	ВЖЛ-12У	—	—	—	—	—	—	—	—	—
K27	—	* FSX-414	—	—	—	—	—	—	—	—
K32	—	—	—	—	—	—	—	—	—	—
K38	—	In738	—	—	—	—	—	—	—	—
K40	—	X-40	—	AMS5382G	HS-31	BSANC13	KC25NW	DIN2. 4966	—	—
K44	—	FSX-414	—	—	—	—	—	—	—	—
K002	—	MAR-M002	—	—	MM002	—	NW12KCATHf	—	—	—
K136	—	—	—	—	—	—	—	—	—	—
DK22	ЖС6УНК	PWA1422	—	—	—	—	—	—	—	—
—	—	—	—	—	C242	BSANC11	NC21AK10	—	—	—
—	—	—	—	—	PE10	BSANC19	NC20NbDW	—	—	—
—	—	Hastelloy C	—	AMS5388D	BSANC16	—	ARC6015 NC17DWY	DIN2. 4602	LN2. 4537	—
—	—	HastelloyB	—	AMS5396A	BSANC15	—	ARC1628 ND27Fe	DIN2. 4800	LN2. 4482	—

12)精密合金及电工材料

表 3-23 软磁合金

中国 GB		(原)俄罗斯	美国	英国	法国	德国	日本	国际
新牌号	旧牌号	ГОСТ	ASTM	BS	NF	DIN	JIS	ISO
1J12	FeAl12	Ю12	12Alfenol	—	—	—	YFA-12	—
1J13	FeAl13	Ю13	—	—	—	—	Alfer	—
1J14	FeAl14	Ю14	—	—	—	—	—	—
1J16	FeAl16	Ю16	Alfernol16	—	—	—	YFA-16	—
1J17	FeAl16Mo	Ю17	—	—	—	—	—	—
1J20	Co50	K50	Permendur	—	—	—	—	—
1J21	Co50V1	49KФ	—	—	—	—	—	—
1J22	Co50V2	49KФ2	HiperCo50	—	AFK502	—	SME SMEV	—

续表

中国 GB		(原)俄罗斯	美国	英国	法国	德国	日本	国际
新牌号	旧牌号	ГОСТ	ASTM	BS	NF	DIN	JIS	ISO
1J30	Ni30	31НХГ	—	MutemP	—	Thermoperm	MS-1	—
1J31	Ni31	31НХ	—	—	—	—	MS-2	—
1J32	Ni32	32НХ	—	—	—	—		—
1J33	Ni33Al1	33НХН30Ю	—	—	—	—	—	—
1J34	Ni34Co29Mo3J	34НКМП	3-34-29Perminvar	—	—	—	—	Fe-Ni36-2. 5
1J38	Ni38Cr13	Н38Х14	坡莫合金 D	Hulo 36	—	高磁导 36,38	TMO-1	—
1J41	Ni41Si3	38НС	—	—	—	—	—	—
1J42	Ni42Si3	42НС	Sinimax	—	—	—	—	—
1J46	Ni46	45Н	No145Permallog	PermalloyB	—	Dla	PB-1/2PD	—
1J47	Ni47Mo3J	47НМП	49TGMonimax	—	—	—	—	E3la
1J50	Ni50	50Н	No2Hipernik	Radiometal	AnhysterD	Hyperm50	PB-2S	E32a
1J51	Ni50J	50НП		H. C. R	Rectimphy	F3		
1J52	Ni50Mo2	—	—	—	CatuMФu		PEN2	—
1J54	Ni50Cr4Si	50НХС	—	Rnometal	Cat3MФu	nepMeHopM3601-K2	YEN-45 PD-1	Fe-Ni36-2
1J64	Ni65	65Н	65-Permallog	—	—	—	—	—
1J65	Ni65J	65НП	坡莫合金 F	PermalloyF	—	—	PE-1/2	—
1J66	Ni65Mn	—	—	—	—	—		—
1J67	Ni65Mo2	65НМ	Dynamax	Nilomay641	—	—	—	—
1J68	Ni68Mo	68НМ	—	—	—	—	—	E11a
1J76	Ni76Cr5Cu4	76НХД	No3Mu-metal	缪胡齐合金	—	E3,E4	PC	E11b
1J77	Ni77Cu5Mo5	77НХД	坡莫合金 C	超磁导率缪合金	PermimPhy	E3,E4	PC	—
1J78	Ni79	78Н	78-Permalloy	PermalloyA	АНГUСТРМ	—	PC-1 PC-2	E11c
1J79	Ni79Mo4	79НМ	HY-Mu80	C-Permalloy	Anny-SterM	高磁导 767	PC	—
1J80	Ni80Cr3Si	80НХС		—	—	高磁导 900	PC-3 PC-4	—
1J81	Ni80Mo2	81НМА		—	—	—	—	—
1J82	Ni80Mo2 粉	—	—	—	—	—	—	—
1J83	N80M03 粉	Н83М3	—	—	—	—	—	—
1J84	N79Mo4 粉	—	—	—	—	—	—	—
1J85	Ni80Mo5	79НМА	—	—	—	HypermMax	PCS PCS	E11c E11c
1J86	Ni80Mo6	—	—	—	—	—	—	—
1J116	Cr16	16Х	—	—	—	1、2 号恒磁导合金	—	—
1J117	Cr17NiTi	—	430FR,430F	—	—	3 号恒磁导合金		

表 3-24　　变形永磁合金

中国		(原)俄罗斯	美国	英国	法国	德国	日本
现行牌号	旧牌号	ГОСТ	ASTM	BS	NF	DIN	JIS
2J4	Co45NiV4	—	P6	—	—	—	—
2J7	Co52V7	52KФ7	—	—	—	—	—
2J9	Co52V9	52KФ9	—	—	AFK528	—	—
2J10	Co52V10	—	ViCalloy Ⅰ	—	—	—	—
2J11	Co52V11	—	—	—	AFK584	—	—
2J12	Co52V12	52KФB	—	—	—	—	—
2J13	Co52V13	52KФA	ViCalloy Ⅱ	—	—	—	—
2J23	Co12Mo13	12KM12	—	—	—	—	—
2J25	Co12Mo15	12KM14	—	—	—	—	—
2J27	Co12Mo17	12KM19	—	—	—	—	—
2J31	2J11	32K10Ф 52K13Ф	ViCalloy Ⅰ	—	AFK524	FeCoVCr4/1	CKS-200 CS-5、7
2J32	2J12	52KФБ	—	—	AFK528	柯艾尔弗列克斯 309	CKS-500
2J33	2J13	52KФA	ViCalloy Ⅱ	—	AFK548	FeCoVCr11/2	—
2J51	Co12W14	12KMB14	—	—	—	—	—
2J52	Co16W10Mo5	12KB14	—	—	—	—	—
2J53	Mn12Ni3	12ГH	—	—	—	—	—
2J61	ECr	EX			—	—	—
2J63	ECr3	EX3	—	—	—	—	—
2J64	E7W6	E7B6	—	—	—	—	—
2J65	ECr5Co5	EX5K5	—	—	—	—	—
2J67	2J27	12KM16	—	—	—	—	—

表 3-25 弹性合金

中国		(原)俄罗斯 ГОСТ	美国 ASTM	英国 BS	法国 NF	德国 DIN	日本 JIS
现行牌号	旧牌号						
3J1	Ni36CrTiAl	ЭИ702	A286	—	Z6NTDV25-15B	—	—
3J2	Ni36CrTiAlMo5	Н36ХТЮ	—	—	—	—	—
3J3	Ni36CrTiAlMo8	ЭП51	—	—	—	—	—
3J6	Ni36Cr8	ЭП52	—	—	—	—	EL-1
3J21	Co40NiCrMo	К40НХМ	NAS604PH	—	Phynox	Nivaflex	—
3J22	Co40NiCrMoW	К40НХМВ	Diafex	Dynavar	—	—	—
3J24	Co40TiAl	К40ТЮ	—	—	—	—	—
3J40	NiCr40Al4	40ХНЮ	—	—	—	—	—
3J52	Ni36Cr12	—	Elinvar	—	Elinvax	—	—
3J53	Ni42CrTi	41НХТ	Ni-Spand	Ni-Spand	Elinvax	Ni-Spand	—
3J54	Ni42Cr6Ti	—	Ni-Spand	—	—	—	—
3J57	Ni42Ti2Al2	—	—	—	Durinval	—	—
3J58	Ni43CrTi	44ХНТЮ 43НХТ	Ni-Spand C-902	—	—	—	EL-4

表 3-26 膨胀合金

中国 GB 新牌号	中国 GB 旧牌号	(原)俄罗斯 ГОСТ	美国 ASTM	英国 BS	法国 NF	德国 DIN	日本 JIS	国际标准 ISO
4J5	Ni31Co5	ЭИ630	SUPeinvar	—	—	—	—	—
4J6	Ni42Cr6	Н42Х	Carpenter426	—	ASV426	VaCovit426	NRS-1	—
4J9	Co54Cr9	54К9Х		Darwin410	ADR (Ni39-Fe)	Nilo40	—	—
4J18	Cr18TiVMo	Х18ТФМ ЭИ636	18Cr	—	—	—	Fe-Ni-Mn	—
4J20	Ni20Mn6	—	—	—	—	—	Fe-Ni-Cr-Mn-N20	—
4J28	Cr28	28Х —	Carpenter27 Croloy27 Glass. seeling28	26Cr-Fe	吉里维尔 O	VaCovito25 — —	FR-28 FR-25 LTM 26Cr-Fe	— — —
4J29	Ni29Co17	29ИК18А	Kovar	—	Ni29Co17	Vacon10	KV-1	FeNi28Co18
—	—	29НКВИ	KovafrA	—	吉里维尔 Po	Vacon12	KV-2	FeNi28Co23
—	—	—	CarPenter29-17	—	—	Sivar48	KV-3	—
—	—	—	NiCoVar	—	—	FeniCo50	Kov	—
—	—	—	Rodar	—	—	FeniCo70	DK	—
—	—	—	Ther10	—	—	Nilok	KDA	—
—	—	—	SealvacA	—	—	—	VEF2917	—
—	—	—	UniSea129-17	—	—	—	Ni-Co-Fe 合金	—
—	—	—	Fernicol	—	—	—	SVR	—
4J30	Ni30Co31Cu	Н30КВД	—	—	—	—	—	—
4J31	Ni31Co15	33НК	Ceramvar (Ni27Co25)	—	—	VaCon20(Ni28Co21)	KV-4	—
4J32	Ni32Co4Cu	32НКД 32НК	—	米拉洛依	ASO A	—	超因瓦(SI)	FeNi32Co20
4J33	Ni33Co14	38НК	Co257	—	—	—	—	—
4J34	Ni29Co20	34НК	—	—	—	Vacon70(Ni28Co23)	—	—

续表

中国 GB		(原)俄罗斯	美国	英国	法国	德国	日本	国际标准
新牌号	旧牌号	ГОСТ	ASTM	BS	NF	DIN	JIS	ISO
4J35	Ni35CoTi	H35KT	—	—	—	—	—	—
4J36	Ni36	36H 36H-Bu ЭИ36	Invar36 Nicloy36 SimondslnVar136	Nilo36 HS-36 36Ni. InVarI	FeNi36 — —	Vacodil36 Nilo36 36NiCKel	36FN INGカウタスLF	— — —
4J38	—	39H	1011	InVarⅡ	—	—	KM-FN36	—
4J40	—	30НПД	—	—	—	—	—	—
4J42	Ni42	42H	Niromei42 Feroval42Ni	NS42	FeNi42 N42 N42Ti	瓦科吉尔 42 镍-阿依律 42	カウタスDF	FeNi42
4J43	Ni43	43H	尼罗麦特 42-6	No4	Ni42-6CrASV	Vacodi143	NRS VEF-426	—
4J44		34HK	—	—	—	—	—	FeNi44
4J45	Ni45	6HH45	CarPenterG	Ni1045	N48	Vacodi146	カウタス DDC	FeNi45
4J46	—	46H	FeNi 合金 46	—	N46	瓦科吉尔 46	—	—
4J47	Ni47Cr	H47X	格拉斯・谢林格 45-5	Nilo475	FeNi46Cr5 N501,N475	VaCoVit480	—	—
4J48	Ni48Cr3	H47X3	FeNi 合金 48	N48	N485,N48	—	—	FeNi48
4J49	Ni47CrB	H47XB	—	捷尔科西尔 6/3 NS49	—	—	NS-1	—
4J50	Ni50	H50	FeNi52	Nilo50	N50	VaCoVi50	—	—
4J52	Ni52	52H 52H-Bu	Carpenter. G. S. 52	Nilo51	N52	Feni50 Feni52	NS-2カウタスDT	—
4J54	Ni54	—	—	—	—	Feni54	—	—
4J58	Ni58	58H ЭИ792	—	—	N58	—	58FN	—
4J78	—	80HMB	—	—	—	—	—	—
4J80	—	70HB	—	—	—	—	—	—

表 3-27 热双金属

中国		(原)俄罗斯	国际标准	美国	德国	日本	法国	英国
新牌号	旧牌号	ГОСТ	ISO	ASTM	DIN	JIS	NF	BS
5J220110	5J11	ТВ2013	—	TM2	TB2110	TM1	108SP	200
5J14140	—	—	—	TM8	—	BR-2	R140	160
5J15120	5J14	ТБ1613	—	—	—	—	—	—
5J1480	RS-3,5J18	ТВ1423	—	TM1	TB1477	TM2	R80	E140
5J1478	5J19	—	—	—	TM2034	—	—	—
5J1578	5J16	ТБ1523	—	—	TB1577	TM2	—	140
5J1017	5J24	ТБ0953	—	—	—	TM3	—	188
5J1416	5J17	ТБ1353	—	—	—	—	—	—
5J1070	5J23	ТБ1132 ТБ1032	TB110/70	TM3,TM4,TM5	TB1170	BH-3 TM-4	IN540	E400
5J0756	5J25	ТБ0831	—	—	—	—	—	—
5J1306A	—	ТБ1353 ТБ0953	TB137/16	1050	—	TM5A,TR25	R40,R8	—
5J1306B	—	ТБ1254	TB97/16	1070、1090	—	TM5A	R11,R3	—
5J1411A	—	—	—	—	TB1411	TM6,TR35	20SP,30SP	—
5J1411B	—	—	—	—	TB1411	TM5A,TR40	R11	—
5J1417A	5J101	ТБ1253	—	TM9	TB1435	TM5A	—	—
5J1417B	5J101	ТБ1253	—	TM9	2036S25	TM6	—	—
5J1220A	—	—	—	TM10	—	TM6	—	R210
5J1220B	—	—	—	TM10	—	TM6	—	R210
5J1325A	—	—	—	TM11A	TB1425	TM6	—	—
5J1325B	—	—	—	TM11B	TB1425	TM6	R25	R250
5J1430A	—	—	—	—	—	TM6	—	R290
5J1430B	—	—	—	—	—	TM6	—	R290
5J1435A	—	—	—	TM13B	TB1435	TM6	—	R33B
5J1435B	—	—	—	TM13A	TB1435	TM6	—	R335
5J1440A	—	—	—	TM14B	—	TM6	R40	R415

续表

中国		(原)俄罗斯	国际标准	美国	德国	日本	法国	英国
新牌号	旧牌号	ГОСТ	ISO	ASTM	DIN	JIS	NF	BS
5J1440B	—	—	—	TM14A	—	TM6	R40	R415
5J1455A	—	—	—	TM16,TM6	TB1555	TR60,TR65	R60	R585
5J1455B	—	—	—	TM16	TB1555	—	R60	R585
5J1075	—	—	—	3700 4700	TB1075	—	80SP,60SP 400	—
5J20	RS-5	ТБ1254	—	—	—	—	—	—
5J21	RS-1	ТБ1323	—	—	—	—	—	—
5J1578	—	ТБ1523	TB135/78	—	TB1577	BL-2	AS	140
5J1478	—	ТБ1423	BT135/78	TM1,TM7	TB1477	TM2,BL-5	R80	—
5J22	RS-2	ТБ1132	—	—	—	BM-1	—	—
5J23	仿 ТБ-52	ТБ1032	—	—	—	—	—	—
5J24	RS-4	ТБ0953	—	—	—	—	—	—
5J26	仿 ТБ2-124	ТБ2-124	—	—	—	—	—	—
5J20110	—	ТБ2013	TB200/108	TM2,7500,6650	—	TM1	108SP	200
5J15120	—	ТБ1613	—	—	—	BR-1	—	—
—	—	—	—	—	—	—	—	—
—	—	—	—	—	—	—	—	—
—	—	—	—	—	—	—	—	—
6J10	NiCr9.5	—	—	—	—	GRN60	—	—
6J15	Ni60Cr15	X15H60	—	60Ni16Cr	NCr6015	GNR112	—	—
6J20	Ni80Cr20	X15H60-Bи X20H80-Bи	—	80Ni20Cr	NCr8020	GNR108	—	—
6J21	NiCr17Si4Mn4	—	—	—	—	—	—	—
6J22	NiCr20A13Fe2	—	—	—	伊佐姆	—	—	卡玛
6J23	NiCr20A13Cu2	H80XЮГ-Bи	—	—	—	—	—	伊文
6J24	—	—	—	埃瓦诺母	NCr201ASi	纽玛	—	—

表 3-28　　高电阻电热合金

中国 GB 新牌号	中国 GB 旧牌号	国际标准 ISO	美国 ASTM	德国 DIN	日本 JIS	法国 NF	英国 BS	(原)俄罗斯 ГОСТ
Cr15Ni60	—	—	60Ni16Cr	NiCr6015	NCHW-2 NCHR-2	—	勃来捷尔 阿洛依 B	Х15Н60-Н
Cr20Ni80	—	—	80Ni20Cr	NiCr8020	NCHW-1 NCHR-1	RNC 苏佩 尔安非	勃来捷尔 阿洛依 C. S.	Х20Н80-Н
Cr30Ni70	—	—	—	NiCr7030	—	—	—	ХН70Ю
1Cr12Al4	—	—	铁铬铝Ⅲ	CrAl144	FCHW-2 FCHR-2		—	Х23Ю
0Cr25Al5	—	—	铁铬铝ⅡB	CrAl255	FCHW-1 FCHR-1	FRCA33 RCA44	—	Х27Ю5
0Cr21Al6Nb	—	—	—	CrAl205	—	—	—	Х27Ю5
0Cr27AlMo2	—	—	—	—	PX-C	—	—	Х27Ю5

表 3-29　　无晶粒取向硅钢片

中国	(原)俄罗斯 ГОСТ	美国 BS	英国 BS	法国 NF	德国 DIN	日本 JIS	厚度 /mm
—	Э43	M15	G250	FeV110-35HA FeV110-35HB	—	—	
DW270-35	Э42	M19	G265	FeV110-35A	V110-35A	—	
DW310-35	Э41, Э310	M22	G315	—	V130-35A	S12	
DW360-35	Э32	M36	G335	FeV130-35HA FeV130-35HB	—	S14	0.35
DW435-35	Э31, Э130	M43	—	—	—	S18	
DW500-35	—	—	—	—	—	S20	
DW560-35	—	—	—	—	—	S23	
DW315-50	Э42	M19	—	FeV125-50HA FeV125-50HB	V135-50A	—	
DW360-50	Э41, Э310	M22	G355	FeV150-50HA FeV150-50HB	V150-50A	S12	
DW400-50	Э32	M36	G400	FeV170-50HA FeV170-50HB	V170-50A	S14	
DW465-50	Э31, Э130	M43	G450	FeV200-50HA FeV200-50HB	V200-50A	S18	0.50
DW540-50	Э32	—	G500	FeV230-50HA FeV230-50HB	V230-50A	A20	
DW620-50	Э21	M45	G630	FeV260-50HA FeV260-50HB	V260-50A	S23	
DW800-50	Э11	M47	G800	FeV360-50HA FeV360-50HB	V360-50A	S30	

表 3-30　　晶粒取向硅钢片

中国	(原)俄罗斯	美国	英国	法国	德国	日本	厚度/mm
DQ122G-30	—	—	—	—	—	—	
DQ133-30	—	—	—	—	—	G09	
DQ147-30	—	M5	30M5	FeM97-30	VM97-30	G10	
DQ162-30	—	M6	30M6	—	—	G11	0.30
DQ179-30	—	M7	—	—	—	G12	
DQ196-30	—	M8	—	—	—	G13	
DQ126G-30	—	—	—	—	—	—	
DQ137G-30	—	—	—	—	—	—	
DQ151-35	—	M5	—	—	—	G10	0.35
DQ166-35	Э330A	M6	35M6	FeM111-35	VM111-35	G11	
DQ183-35	—	M7	35M7	—	—	G12	
DQ200-35	Э330	M8	—	—	—	G13	

(2)德国与其他国家碳素钢、合金钢牌号对照

表 3-31　　德国与其他国家碳素钢、合金钢牌号对照表

德国		比利时	法国	英国	意大利	日本	瑞典	(原)俄罗斯	西班牙	美国
材料号	DIN 牌号	NBN	NF	BS	UNI	JIS	SIS	ГОСТ	UNE	AISI/SAE
1.0301	C10	—	CC10	045M10,040A10	C10	+	—	—	F. 151,F. 151. A	1010
1.0401	C15	—	CC12,CC20	080M15,040A15	C15,C16	—	1355	—	F. 111	1015
1.0402	C22	C25-1	CC20	050A20	C20,C21	—	1450	20	F. 112	1020
1.0406	C25	C25-1	CC28	—	C25	—	—	—	—	1025
1.0501	C35	C35-1	CC35	060A35	C35	—	1550	35	F. 112	1035
1.0503	C45	C45-1	CC45	080M46	C45	—	1650	45	F. 114	1045
1.0511	C40	C40-1	—	—	C40	—	—	—	F. 114A	—
1.0535	C55	C55-1	—	070M55	C55	—	1665	55	—	1055
1.0601	C60	C60-1	CC55	080A62	C60	—	—	60	—	1060
1.0605	C75	—	—	070A72	C75	—	—	75	—	—
1.0711	9S20	—	—	220M07	CFOS22	SUM21	—	—	—	1212
1.0715	9SMn28	—	S250	230M07	CF9SMn28	SUM22	1912	—	F. 211-11SMn28	1213
1.0718	9SMnPb28	—	S250Pb	—	CF9SMnPb28	SUM22L	1914	—	F. 2112-11SMnPb28	12L13
1.0721	10S20	—	10F1	(210M15)	CF10S20	—	—	—	F. 2112-10S20	1108
1.0722	10SPb20	—	10PbF2	—	CF10SPb20	—	—	—	F. 2122-10SPb20	—
1.0723	15S20	—	—	210A15	—	SUM32	1922	—	F. 210. F	—
1.0726	35S20	—	35MF4	212M36	—	—	1957	—	F. 210. G	1140
1.0727	45S20	—	45MF4	212M44	—	—	1973	—	—	1146
1.0736	9SMn36	—	S300	240M07	CF9SMn36	—	—	—	S. 2113-12Mn35	1215
1.0737	9SMnPb36	—	S300Pb	—	CF9SMnPb36	—	1926	—	F. 2114-12SMPb35	12L14
1.0902	46Si7	45Si7	46S7	—	—	—	—	—	F. 1451-46Si7	—
1.0904	51Si7	50Si7	51S7	250A53	50Si7	—	—	—	F. 1450-50Si7	9255
1.0904	55Si7	55Si7	55S7	250A53	55Si8	—	2085,2090	55C2	F. 1440-56Si7	9255
1.0909	60Si7	60Si7	60S7	250A58	—	—	—	60C2	F. 1441-60Si7	9260
1.0961	60SiCr7	60SiCr8	60SC7	—	60SiCr8	—	—	—	F. 1442-60SiCr8	9262
1.1121	CK10	C10-2	XC10	045M10	C10	S10C,S9CK	1265	08,10	F. 1510-C10K	1010
1.1133	20Mn5	—	—	120M19	C22Mn3	SMnC420	—	—	F. 1515-20Mn6	1022,1518
1.1141	CK15	C16-2	XC12,XC18	080M15	C16	S15C,S15CK	1370	15	F. 1511-C16K F. 1110-C15K	1015
1.1151	CK22	C25-2	XC25,XC18	050A20	C20	S20,S20CK	—	20	F. 1120-25K	1023,1020

续表

德国		比利时	法国	英国	意大利	日本	瑞典	(原)俄罗斯	西班牙	美国
材料号	DIN 牌号	NBN	NF	BS	UNI	JIS	SIS	ГОСТ	UNE	AISI/SAE
1.1157	40Mn4	—	35M5	150M36	—	—	—	40Г	—	1039
1.1158	Ck25	C25-2	—	—	—	S25C	—	35	—	1025
1.1165	30Mn5	28Mn6	—	120M36	—	SMn433H, SCMn2	—	30ГСЛ	F. 8211-30Mn5, F. 8311-AM30Mn5	1330
1.1166	34Mn5	—	—	—	—	SMn433 SMn438(H)	—	—	TO. B	1536
1.1167	36Mn5	—	40M5	—	—	SCMn3	2120	35Г2. 35ГЛ	F. 1203-36Mn5	1335
1.1170	28Mn6	28Mn6	20M5	150M28	C28Mn	SMn1	—	—	—	1330
1.1180	Cm35	C35-3	—	—	—	—	1572	—	F. 1135-C35K-1	1035
1.1181	Ck35	C35-2	XC32,XC38	060A35	C35	S35C	—	—	F. 1130-C35K	1035
1.1183	C135	C36	XC38TS	060A35	C35,C38	S35C	1572	35	—	1035
1.1186	Ck40	C40-2	—	080A40	—	S40C	—	40	—	1040
1.1191	Ck45	C45-2	XCR42,XC45	080A46	C45	S45C	1672	45	F. 1140-C45K	1045
1.1193	C145	C46	XC43TS	060A47,090M46	C43,C46	S45C	1672	45	—	1045
1.1201	Cm45	C45-3	—	—	—	S50C	1660	—	F. 1145-C45K-1	1045
1.1203	Ck55	C55-2	XC55	070M55	C50	S55C	—	—	F. 1150-C55K	1055
1.1209	Cm55	C55-3	—	—	—	—	—	—	F. 1155-C55K-1	1050
1.1213	C153	C53	XC48TS	060A52,070M55	C53	S50C	1674	—	—	1050
1.1221	Ck60	C60-2	XC60,XC65	080A62	C60	S58C	1678	60,60Г	—	1060
1.1231	Ck67	—	XC68	—	C70	—	1770	—	—	1070
1.1248	Ck75	—	XC75	—	—	—	1774	—	—	1080
1.1274	Ck101	—	—	060A96	—	SUP4	1778	—	—	1090
1.3401	X120Mn12	—	Z120M12	—	XG120Mn12	SCMnH11 SCPH11	1870	110Г13Л	F. 8251-AM -X120Mn12	—
1.3505	100Cr6	—	100C6	534A99	100Cr6	SUJ2	2258	ШХ15	F. 131	52100
1.5415	15Mo3	16Mo3	15D3	1501-240	16Mn3(KG,KW)	—	2512	—	F. 2601-16Mo3	ASTMA204GrA
1.5419	22Mo4	—	—	—	G22Mo5	SCPH11	—	—	—	4419
1.5423	16Mo5	16Mo5	—	1503-245-420	16Mo5	—	—	—	F. 2602-16Mo5	4520
1.5622	14Ni6	18Ni6	16N6	—	14Ni6	—	—	—	F. 2640-15Ni6	ASTMA350-LF5
1.5637	10Ni14	12Ni14	12N14	1501-503-690	14Ni14	—	—	—	F. 152	LF3

续表

德国		比利时	法国	英国	意大利	日本	瑞典	(原)俄罗斯	西班牙	美国
材料号	DIN 牌号	NBN	NF	BS	UNI	JIS	SIS	ГОСТ	UNE	AISI/SAE
1.5662	X8Ni9	10Ni36	—	1501-509,510	X10Ni9	—	—	—	F. 2645-X8Ni09	ASTM A353
1.5680	12Ni19	12Ni20	Z18N5	—	—	—	—	—	—	2515
1.5710	36NiCr6	—	35NC6	640A35	—	SNC236	—	—	—	3135
1.5711	40NiCr6	—	—	640M40	—	—	—	40ХН	—	3140
1.5713	13NiCr6	—	10NC6	—	16CrNi4	—	—	—	—	3115
1.5732	14NiCr10	—	14NC11		16NiCr11	SNC415(H)	—	—	F. 1540-15NiCr11	3415
1.5736	36NiFCr10	—	35NC11	—	35NiCr9	SNC631(H)	—	—	—	3451,3310
1.5752	14NiCr14	13NiCr12	12NC15	655M13,655A12	—	SNC815(H)	—	—	—	—
1.5755	31NiCr14	—	30NC12	653M31	—	SNC836	—	—	—	9840
1.6511	36CrNiMo4	—	40NCD3	816M40	38NiCrMo4(KB)	—	—	—	F. 123	8620
1.6523	21NiCrMo2	—	20NCD2	805A20	20NiCrMo2	SNCM220(H)	2506	—	F. 1280-35NiCrMo4	8720
1.6543	21NiCrMo22	—	—	805A20	—	—	—	—	F. 1522-20NiCrMo2 F. 1534-20NiCrMo31 F. 1524-20NiCrMo3	8740
1.6546	40NiCrMo22	40NiCrMo2	—	311-Type7	40NiCrMo2(KB)	SNCM240	—	30ХГНМ	F. 1204-40NiCrMo3	4340
1.6562	40NiCrMo73	—	—	817M40	40NiCrMo7(KB)	SNB24-1-5	—	—	—	—
1.6565	40NiCrMo6	—	—	311-Type6	—	SNCM439	—	49Х2Н2МА	F. 1272-40NiCrMo7	4340
1.6582	34CrNiMo6	35CrNiMo6	35NCD6	817M40	35NiCrMo6KB	—	2541	38Х2Н2МА	—	—
1.6587	17CrNiMo6	17CrNiMo7	18NCD6	820A16	—	—	—	—	F. 1560-14NiCrMo13	—
1.6657	14NiCrMo134	14NiCrMo13	—	820M13	15NiCrMo13	—	—	—	F. 1569-14NiCrMo131	—
1.6746	32NiCrMo145	—	35NCD14	830M31	—	—	—	—	F. 1262-32NiCrMo12	—
1.6747	30NiCrMo166	—	35NCD16	835M30	—	—	—	—	F. 1260-32NiCrMo16	—
1.7003	38Cr2	38Cr2	38C2	—	38Cr2	—	—	—	38Cr3	—
1.7006	46Cr2	46Cr2	45C2	—	—	—	—	—	—	5045
1.7015	15Cr3	15Cr2	12C3	523M15	—	SCr415(H)	—	15Х	—	5015
1.7030	28Cr4	—	—	530A30	—	—	—	30Х	—	5130
1.7033	34Cr4	34Cr4	32C4	530A32	34Cr4(KB)	SCr430(H)	—	35Х	F. 8221-35Cr4	5132
1.7034	37Cr4	37Cr4	38C4	530A36	36CrMn4, 38CrMn4KB	SCr435H	—	—	F. 1201-38Cr4	5135
1.7035	41Cr4	40Cr4	42C4	530M40	41Cr4	SCr440(H)	—	40Х	F. 1202-42Cr4	5140

续表

德国 材料号	德国 DIN 牌号	比利时 NBN	法国 NF	英国 BS	意大利 UNI	日本 JIS	瑞典 SIS	(原)俄罗斯 ГОСТ	西班牙 UNE	美国 AISI/SAE
1.7045	42Cr4	—	42C4TS	—	—	SCr440	2245	40Х	F.1202-42Cr4	5140
1.7231	16MnCr5	16MnCr5	16MC5	(527M20)	16MnCr5	—	2511	18ХГ	X.1516-16MnCr5	5115
1.7147	20MnCr5	—	20MC5	—	20MnCr5	—	—	18ХГ	F.150.D	5120
1.7176	55Cr3	55Cr3	55C3	527A60	—	SUP9(A)	—	—	F.1431-55Cr3	5115
1.7218	25CrMo4	25CrMo4	25CD4	1717CDS110	25CrMo4(KB)	SCM420, SCM430	2225	30ХММ	F.8372-AM26CrMo4, F.8330-AM25CrMo4	4130
1.7220	34CrMo4	34CrMo4	35CD4	708A37	35CrMo4	SCM432 SCCrM3	2234	АС38ХГМ 35ХМЛ	F.8331-AM34CrMo4 F.8231-34CrMo4	4137,4135
								35ХМ	F.1250-35CrMo4	
1.7223	40CrMo4	41CrMo4	42CDTS	708M40	41CrMo4	SCM440	2244	40ХФА	F.8332-AM42CrMo4 F.8283-42CrMo4, F.1252-40CrMo4	4140,4142
1.7225 1.7228	42CrMo4 50CrMo4	42CrMo4 —	42CD4 —	708M40 —	42CrMo4 —	SCM440(H) SCM445(H)	2244 —	— 50ХФА	F.8332-AM42CrMo4, F.82332-42CrMo4, F.1252-40CrMo4 —	4140 4150
1.7242	16CrMo4	18CrMo4	—	—	—	SCM418	—	—	F.1550-18CrMo4	—
1.7262	15CrMo5	—	12CD4	—	—	SCM415(H)	2216	—	F.1551-12CrMo4	—
1.7264	20CrMo5	—	18CD4	—	—	SCM421	—	—	F.1559-18CrMo4-1	—
1.7335	13CrMo44	14CrMo45	15CD3.5, 15CD4.5	1501-620- Cr27,31	14CrMo45	—	—	12ХМ, 15ХМ	F.2631-14CrMo45	182-F11, F22
1.7361	32CrMo12	32CrMo12	30CD12	722M24	32CrMo12	—	2240	—	F.124.A	—
1.7380	10CrMo910	—	12CD9.10	1501-622- Cr.31,45	12CrMo910 G14CrMo910	—	2218	—	TU.H	ASTM A 182F22
1.7715	14MoV63	13MoCrV6	—	1503-660-440	—	—	—	—	F.2621-13MoCrV6	—
1.8159	50CrV4	50CrV4	50CV4	735A50	50CrV4	SUP10	2230	50СХГФА	F.1430-51CrV4	6150
1.8507	34CrAlMo5	34CrAlMo5	30CAD6.12	905M31	34CrAlMo7	—	—	—	F.1741-34CrAlMo5	—
1.8509	41CrAlMo7	41CrAlMo7	40CAD6.12	905M39	41CrAlMo7	—	2940	38ХМЮА	F.1740-41CrAlMo	—
1.8515	31CrMo12	31CrMo12	30CD12	722M24	31CrMo12	—	2240	—	F.1712-31CrMo12	—
1.8523	39CrMoV139	39CrMoV13	—	897M39	36CrMoV12	—	—	—	—	—

(3)法国与其他国家牌号对照

表 3-32　　法国与其他国家碳素工具钢牌号对照表

法国 NF A 35-590		德国 Wb-150	美国 AISI	英国 BS EN ISO 4957:2000	日本 JIS	意大利 UN 12955
数字代号	牌号					
1102	$Y_1$05	C105W1	W1	BW1B	—	C100KU
1103	$Y_1$90	—	—	BW1A	—	C90KU
1104	$Y_1$80	C80W1	—	—	—	C80KU
1105	$Y_1$70	—	—	—	—	—
1162	$Y_1$105V	—	W2	BW2	SKS43 (JISG4404)	C98KU
1200	$Y_2$140	—	W1	—	SK1	—
1201	$Y_2$120	—		BW1C	SK2	C112KU
1230	$Y_2$140C	—	—	—	KSK8	—
1231	$Y_2$120C	—	W5	—	(JISG4404)	—
1305	$Y_3$65	C60W3	—	—	—	—
1306	$Y_3$55	C60W3	—	—	—	—
1307	$Y_3$48	C45W3	—	—	—	—
1308	$Y_3$42	C45W3	—	—	—	—
1309	$Y_3$38	—	—	—	—	—

表 3-33　　法国与其他国家合金工具钢牌号对照表

法国 NF A 35-590—2000		德国 Wb-200	西班牙 UNE36-072	美国 AISI	英国 BS EN ISO 4957:2000	日本 JIS G4404—2006	意大利 UN 12955
数字代号	牌号						
2130	Y100C2	—	—	—	—	—	—
2131	130C3	—	—	—	—	—	—
2133	Y100C6	100Cr6	F5230	—	BL3	—	—
2134	100CM6	—	—	—	—	—	—
2141	105WC13	105WCr6	F5233	07	—	SKS2	—
2211	90MV8	90MnV8	—	02	B02	—	88MnV8KU
2212	90MWCV5	—	F5220	01	B01	—	—
2231	Z100CDV5	—	F5227	A2	BA2	SKD12	—
2233	Z200C12	X210Cr12	F5212	D3	BD3	SKD1	X210Cr13KU
2234	Z200CD12	—	—	D4	—	—	—
2235	160CDV12	X165CrMoV12	F5211	D2	BD2	SKD11	X150CrMo12KU
2236	Z160CKDV12.03	—	—	D5	—	—	—
2321	Y46S7	—	—	—	—	—	—
2322	Y51S7	—	—	—	—	—	—
2324	Y45SCD6	—	—	S5	—	—	—
2331	Y42CD4	—	—	—	—	—	—
2333	35CMD7	—	—	—	—	—	—
2341	35WC20	60WCrV7	—	S1	—	—	58WCr9KU
2381	Y35NC15	—	—	—	—	—	—
2730	Z100CD17	—	—	—	—	—	—
2732	Z40C14	—	F5263	—	—	—	—
3331	45CDV6	—	—	—	—	—	—
3333	40CDV13	—	—	—	—	SKT3	—
3335	55CNDV4	55NiCrMoV6	F5307	ASM6F2	—	SKT4	—
3381	55NCDV7	56NiCrMoV7	F5305	ASM6F7	—	—	52NiCrMo6KU
3384	35NCFV8	—	—	—	—	—	—
3385	40NCD16	—	—	—	—	—	42NiCrMo157KU
3431	Z38CDV5	X38CrMoV5.1	F5317	H11	BH11	SKD76	—
3432	Z35CWDV5	—	—	H12	BH12	SKD62	X35CrMo05KU
3433	Z40CDV5	X40CrMoV5.1	F5318	H13	BH13	SKD61	X35CrMoV05KU
3451	32DCV28	X32CrMoV3.3	—	H10	BH10	—	—
3455	20DN34.13	—	—	ASM6F4	—	—	—
3541	Z32WCV5	X30WCrV5.3	—	—	—	SKD4	—
3543	Z30WCV9	—	F5323	H21	BH21	SKD5	X28W09KU
3551	Y80DCV42.16	—	—	—	—	—	—
3632	Z10CNS25.10	—	—	—	—	—	—
3636	Z10NCS37.18	—	—	—	—	—	—

表 3-34　　法国与其他国家锅炉、压力容器用钢牌号对照表

法国 NF	美国 ASTM	德国 DIN	日本 JIS	英国 BS	(原)俄罗斯 ГОСТ	意大利 UNI	瑞士 MNC	西班牙 UNE
A37CD 或 AP	A285grE	HI	—	gt360-161	12K,15K	Fe3601KW	133001 133031	A37RCIRAⅡ
A37FP	—	ASt35	—	—	—	—	—	A37RBⅡ
A42CP 或 AP	A414grE	HⅡ	SGV42.1 级	gr400-161	16K	Fe41012KW	143001	A42RC1RAⅡ
A42EP	A662grA	ASt41	SLA2B.1B 型	gr400-224	—	—	—	A42RBⅡ
A48CP 或 AP	A414grF A299	17Mn4	SB49.4 级 SB46.3 级	gr400-164	18K,14Г2	Fe46012KW	210100	A47RCⅠ
A48FP	A662grE	ASt45	SLA33A SLA33B	gr400-224	—	—	—	A47RBⅡ
A52CP 或 AP	A414grG A299	19Mn6	SPV36.3 级	—	—	Fe51012KW	210601	A52RCⅠRAⅡ
A52FP	A738	ASt52	SLA37.3 型	gr460-224	—	—	210701	A52RBⅡ
0.5Ni285	—	—	—	—	—	FeE285Ni2	—	—
0.5Ni355	—	—	—	—	—	FeE355Ni2	—	—
1.5Ni285	—	14Ni6	—	—	—	FeE285Ni6	—	15Ni6
1.5Ni355	—	—	—	—	—	FeE355Ni6	—	15NiMn6
3.5Ni285	A203grE	—	SL3N26.3A 级 SL3N28.3B 级	31/2%Ni 503	—	FeE285Ni14	—	12Ni14
3.5Ni355	A203grE	10Ni4	SL3N28.3B 级	—	—	FeE355Ni14	—	15Ni14
5Ni	A645	—	—	—	—	—	—	—
9Ni	—	—	—	—	—	—	—	X8Ni09
5Ni390	—	12Ni19	—	—	—	FeE390Ni30	—	—
9Ni480	A353	—	—	—	—	—	—	—
9Ni490	—	X8Ni9	—	9%Ni509	—	FeE49Ni36	—	—
9Ni585	A5531 型	—	SL9N60.9B 级	9%Ni510	—	FeE585Ni36	—	—
A460TR	A734B 型	—	—	—	—	—	—	—
A460TFP	A735C11	—	—	—	—	—	—	—
E500TFP	A735C13	—	—	—	—	—	—	—
A510AP 或 CP	A737grB.C	—	—	gr490-223	—	—	—	—
A510FD	—	—	—	gr490-225	—	—	—	—
E690FP	A517	—	—	—	—	—	—	—
10CD9.10	A387gr22	10CrMoS10	SCMV4	gr31-622	10X2M	12CrMo9.10	221804	12CrMo9.10
10CD12.10	A387gr21	—	—	—	—	—	—	—
Z20CD5.05	A387gr5	—	SCMV6	—	—	—	—	—
15D3	—	15Mo3	SB46M.5 级	CMo240	—	15Mo3	291201	16Mo3
15CD2.05	A387gr2	—	SCMV1	—	12MH	—	—	—
15CD4.05	A387gr12	13CrMo4.4	SCMV2	gr27-620	12XM	14CrMo4.5	221604	14CrMo4.5
12CD9.10	A542C14	—	—	—	—	—	—	—
15MDV4	—	—	—	—	15ГФД	—	—	—
15MDV4.05	—	—	—	—	—	—	—	14MnMo5.5
16MND5	A302grC	—	—	—	—	—	—	—
18MD4.05	A302grA	—	SBV1A	—	—	14MnMo5.5	—	—
20MND5	A533B 型	20MnMoNi5.5	—	—	—	—	—	—
Z2CND18.10	—	—	—	304S12	—	X2CrNi18.11	235228	X2VrNi19.10
Z5CN18.09	—	X5CrNi18.10	—	304S15	—	X5CrNi18.10	233328	X5CrNi18.11
Z6CNT18.10	—	X10CrNiTi18.10	—	321S12	—	S6CrNiTi18.11	233728	X6CrNiTi18.11
Z6CNNb18.10	—	X10CrNiNb18.10	—	347S17	—	X6CrNiNb18.11	233828	X6CrNiNb18.11
Z2CND17.12	—	—	—	—	—	X2CrNiMo17.12	234828	X2CrNiMo17.12.03
Z6CND17.11	—	—	—	—	—	X5CrNiMo17.12	—	X6CrNiMo17.12.03
Z6CNDT17.12	—	—	—	—	—	X6CrNiMoTi17.12	235028	—
Z6CND17.13	—	—	—	—	—	X2CrNiMo17.13	235328	—
Z2CND19.15	—	—	—	—	—	X2CrNiMo18.15	236728	—
Z2CN18.10A_z	—	—	—	304S52	—	X2CrNi-N18.11	237128	—
Z5CN18.10A_z	—	—	—	304S65	—	X5CrNiN18.10	—	—
ZCND17.12A_z	—	—	—	—	—	X2CrNiMoN17.12	—	—

表 3-35 法国与其他国家一般结构用钢牌号对照表

法国 NF	美国 ASTM	德国 DIN	日本 JIS	英国 BS	(原)俄罗斯 ГОСТ	意大利 UNI	瑞士 MNC	西班牙 UNE
A33	—	St33-1	—	—	СТ0	Fe330	130000	A310-0
A34-2	A283grB	—	SS34	—	СТ2КЛ	Fe330B	—	—
E24-2	A283grC,D	VSt37-2	—	En40B	СТ2ЛС,18ГЛС	Fe360B	131200	A360B
E28-2	A570gr30	St44-2	—	En43B	СТ4КЛ	Fe430B	J41200	A430B
E28-3	A573gr70	St44-3	—	En43C	СТ4ЛС	Fe430C	—	A430C
E28-4	—	St44-3	—	En43D	—	Fe430D	141400	A430D
E36-2	A57-gr50	—	SM50YA	En50B	—	Fe510B	—	A510B
E36-3	A70gr$^{50}_{100}$	St52-3	SM50YB	En50C	14Г2	Fe510C	213201	A510C
E36-4	—	St52-3	SM53C	En50D	—	Fe510D	213401	A510D
A50-2	—	St50-2	SS50	—	—	Fe480	155000	A490
A60-2	—	St60-2	—	—	—	Fe580	165000	A590
A70-2	—	St70-2	—	—	—	Fe650	165500	A690
E275D	—	—	—	—	—	—	263411	—
E355R	A441	StE36	—	—	15ГФ	FeE355	142135	AE355KG
E355FP	A633grC	StE36	—	—	—	—	142135	AE355KT
E420R	A572gr60	StE43	—	—	—	FeE420	—	AE420KG
E430D	—	—	—	—	—	—	265411	—
E460R	A572gr65	StE47	—	En55E	—	FeE460	—	AE460KG
E460TFP	—	StE47	—	—	—	—	—	AE460KT
E490D	—	—	—	—	—	—	266411	—
E500TR	A678grC	—	—	—	—	—	261403	—
E500TEP	A710grA	—	—	—	—	—	261503	—
E550FP	A710grA	—	—	—	—	—	—	—
E650TR	—	—	—	—	—	—	262403	—
E650TFP	—	—	—	—	—	—	262503	—
E690R	A514	—	—	—	—	—	—	—
FeE22	—	BSt22	—	—	—	FeB22	—	—
FeE24	—	—	SR24	—	A1	—	141110	—
FeE40	A$^{615}_{616}$gr60	BSt42	SD40	—	A3	FeB40	216400 216500	AE42
FeE50	—	BSt50	SD50	—	—	FeB50	—	AE50
0C	A569(1012)	—	SPHC	HR14,HR4	—	FeP10	—	AP10/AP30
1C	A621(1008)	StW22	SPHD	—	15КП	FeP11	—	AP11/AP31
2C	A621(1008)	StW23	SPHE	HR3	10КП	FeP12	—	AP12/AP32
3C	A622(1008)	StW24	SPHE	HR1	08КП	FeP13	—	AP13/AP33
TC	A366(1012)	St12	SPCC	CR4	БГ(08ПС)	FeP00	114200	AP00
E	A619(1008)	St13	SPCD	CR2～CR3	СБ(08Ю)	FeP02	114600	AP02
ES	A620(1006)	St14	SPCEN	CR1	ОСБ(08Ю)	FeP04	114700	AP04

3.2.2 有色金属材料牌号对照表

表 3-36 变形铝合金

类别	中国 GB	中国 YB	(原)俄罗斯 ГОСТ	美国 ANSI AA	美国 ASTM	美国 FS	美国 AMS	英国 BS	英国 BS/L	法国 NF	法国 AIR LA	德国 DIN	德国 数字系统	日本 JIS	ISO
铝锭	Al-00	—	A7(99.70) A7E(99.70)	—	—	—	—	—	—	A7(94.7)	—	Al99.7H	3.0275	1 种	Al99.7
	Al-0	—	A6(99.6)	—	—	—	—	—	—	—	—	—	—	—	—
	Al-1	—	A5(99.5) AE5(99.5)	— —	—	—	—	—	—	A5(99.5)	—	Al99.5H	3.0250	2 种	Al99.7
	Al-2	—	A0(99.0)	—	—	—	—	—	—	A4(99.0)	—	Al99H	3.0200	—	Al99.0
	Al-3	—	—	—	—	—	—	—	—	—	—	—	—	3 种	—
	—	—	—	—	(980A)	—	—	—	—	A8(99.8)	—	—	—	4 种	—
	—	—	—	—	(950V)	—	—	—	—	—	—	—	—	5 种	—
	—	—	—	—	(900A)	—	—	—	—	—	—	—	—	6 种	—
工业纯铝	L1	L1	A00	1070	—	—	—	1A	—	—	—	Al99.70	3.0275	Al070	—
	L2	L2	A0	1060	1060 (996A)	—	1060	—	—	A4 (1200)	A5	—	—	Al060	—
	L3	L3	AД0(1011)	EC1050	1050	—	—	SIB,EIB GIB,TIB	—	A5 (1050A)	A5	Al99.5	3.0255	Al050	—
	L4	L4	AД1(1013)	1230	1230	—	—	—	2L54	—	A5	—	—	—	—
	L5	L5	A2	1100 1200	1100 (990A)	1100	1100	SIC,EIC GIC,TIC	L16	A45 (1100)	—	Al99	3.0205	Al100	Al99.0Cu
	L5-1	—	—	1100	1100 (990A)	1100	1100	—	—	A45 (1100)	—			—	Al99.0Cu
	L6	L6	AД	1100	1100	1100	1100	—	4L36	A8 (1080A)	—	—	—	—	—
防锈铝	LF1	LF1	—	3004	3004 (MG11A)	—	—	—	—	A-MIG (3004)	—	AlMn1Mg1	3.0526	A3004	—
	LF2	LF2	AMГ	5052	5052 (GR20A)	—	—	NS4,NE4 NG4,NT4	L56	AG3 (5052)	—	AlMg3	3.3535	A5052	—

续表

类别	中国		(原)俄罗斯	美国				英国		法国		德国		日本	ISO
	GB	YB	ГОСТ	ANSI AA	ASTM	FS	AMS	BS	BS/L	NF	AIR LA	DIN	数字系统	JIS	
防锈铝	LF3	LF3	АМГ3 (1530)	5254 5154	5154 (GR40A)	—	—	NT5,NS5,NE5	L82	AG3M (5754)	AG3	—	—	A5154	—
	LF4	LF4	—	5083	5083 (GM41A)	5083	5083	NE8	—	—	—	AlMg4.5Mn	3.3547	—	—
	LF5	LF5	АМГ5 (1550)	5056 5456	5056 (GM50A)	5056	5056	NG6,NB6,NR6	L58	5083	AG5MC (AG5)	AlMg5	3.3555	A5056	—
	LF5-1	—	—	5056	5056	—	—	—	—	—	—	—	—	—	Al-Mg5
	LF6	LF6	АМГ6 (1560)	—	—	—	—	—	—	—	A-G5 A-G5S	—	—	—	—
	LF10	LF10	АМГД (1551)	5056	5056 (GM50A)	5056	5056	NG8,NB8,NR8	3L58	5083	—	AlMg5	3.3555	A5056	—
	LF11	LF11	АМТ5В	5056	5056 (GM50A)	5056	5056	—	3L69	—	—	—	—	—	Al-Mg5
	LF21	—	АМД (1400)	3003	3003 (MIA)	3003	3003	N3	L61,A/MNQ A/MNS	A-MI (3003)	—	AlMnCu AlMn	3.0515	A3003 A2003	Al-Mn1 CuAl-Mn1
硬铝	LY1	LY1	Д18 (1180)	2117	2117 (CG30A)	2117	2117 (7222C)	—	3L86	A-U2G (2117)	PAC2,5GS	AlCu2.5 Mg0.5	3.1305	A2117	Al-Cu2 Mg
	LY2	LY2	ВД17	—	—	—	—	NF4	—	—	—	—	—	—	—
	LY4	LY4	Д19Л	—	—	—	—	—	—	—	—	—	—	—	
	LY6	LY6	Д19	—	—	—	—	—	—	—	—	—	—	—	—
	LY8	LY8	Д1Л (1111)	2017	2017 (CM41A)	2017	2017	—	—	A-U4G (2017A)	—	AlCuMg1	3.1325	A2017	Al-Cu4 MgSi
	LY9	LY9	Д16Л (1161)	2024	2024 (CG42A)	2024	2024	—	L97	A-U4G1 (2024)	—	AlCuMg2	3.1355	A2024	Al-Cu4 Mg1
	LY10	LY10	В65 (1165)	—	2117	—	—	A/RS	6L37	—	A-U3G	—	—	—	—
	LY11	LY11	Д1 (1110)	2017	2017 (CM41A)	2017	2017	A/FG	2L64	A-U4G (2017A)	PAC4,4SMG	AlCuMg1	3.1325	A2017	—
	LY12	LY12	Д16 (1160)	2024	2024 (CG42A)	2024	2024	—	—	A-U4G (2024)	A-U4G1 PAC4.5GM	AlCuMg2	3.1355	A2024	—
	LY13	LY13	АМ4	—	—	—	—	—	—	—	—	—	—	—	—

续表

类别	中国		(原)俄罗斯	美国				英国		法国		德国		日本	ISO
	GB	YB	ГОСТ	ANSI AA	ASTM	FS	AMS	BS	BS/L	NF	AIR LA	DIN	数字系统	JIS	
硬铝	LY16	LY16	Д20	2219	2219	—	—	A/F99	—	—	—	—	—	—	—
	LY17	LY17	Д21	—	—	—	—	A/F99 (RR54)	—	—	—	—	—	—	—
锻铝	LD2	LD2	AB(1340)	6061	6061 (GS11A)	6061	6061	HE20 HG20,HT20	—	—	—	AlMgSi0.5	3.3206	A6061	
	LD2-2	—	—	6070	—	—	—	—	—	—	—	—	—	—	
	LD5	LD5	AK6 (1360)	6351	6351	6351	6351	—	L111	A-SGM03 (6081)	—	—	—	—	
	LD6	LD6	AK6-1	—	—	—	—	—	—	—	—	—	—	—	
	LD7	LD7	AK4-1 (1141)	2618	2618	2618	2618	HF16	L83A/F (RR56)	A-U2GN (2618A)	A-U2GN (A-U2GNZr)	—	—	A2N01FD A2N01FZ	
	LD8	LD8	AK4 (1140)	2618	2618	2618	2618	HF16	DTD731	A-U2N	—	—	—	A2N01FD A2N01FZ	
	LD9	LD9	AK2	2018	2018	2018	2018	—	—	A-U4N	—	—	—	A2018FD	
	LD10	LD10	AK8 (1380)	2014	2014 (CS41A)	2014	2014	HF15	L77L78	A-U4SG (2014)	AU4G (2017A)	AlCuSiMn	3.1255	A2014	
	LD11	—	AK9	—	—	—	—	—	—	—	—	—	—	—	
	LD30	—	—	6061	6061 (GS11A)	6061	6061	HF20	—	—	—	—	—	A6061	
	LD31	—	—	6063	6063 (GS10A)	6063	6063	HF9	—	—	—	—	—	A6030S	
超硬铝	LC3	LC3	B94	—	—	—	—	—	—	—	—	—	—	—	
	LC4	LC4	B95(1950)	7075	7075 (ZG62A)	7075	7075	—	DTD5124 L160～L162	A-Z5GU (7075)	A-Z5GU	—	—	—	
	LC9	LC9	—	—	—	—	—	—	L95,L96	A-Z6GU (7075)	—	AlZnMgCu1.5	3.4365	—	
特殊铝	LC1	LT1	AK	4043	—	4043	4043	N21	—	—	—	AlSi5	3.2345	—	

表 3-37　　铸造铝合金

类别	中国 GB	中国 YB	中国 HB	(原)俄罗斯 ГОСТ	美国 ASTM UNS	美国 ANSI AA	美国 SAE	英国 BS	英国 BS/L	法国 NF	法国 AIR LA	德国 DIN	日本 JIS	ISO
铝硅合金	ZL101	ZL11	HZL101	АЛ9，АЛ9В	A03560 A13560	356.0 A356.0	323	—	—	A-S7G	AS7G03	G-AlSi7Mg (3.2371.61)	AC4C	AlSi7Mg
	ZL102	ZL7	HZL102	АЛ2	Al4130	A413.0	305	LM20	4L33	A-S13	—	G-AlSi12 (3.2581.01)	AC3A	AlSi12
	ZL103	ZL14	—	АЛ3，АЛ4В	—	—	—	—	—	—	—	—	AC2B	—
	ZL104	ZL10	HZL104	АЛ4，АЛ4В	A03600 A13600	360.0 A360.0	309	LM9	L75	A-S9G A-S10G	AS10G	G-AlSi10Mg (3.2381.01)	AC4A	AlSi9Mg AlSi10Mg
	ZL105	ZL13	HZL105	АЛ5	A03550 C33550	355.0 C355.0	322	LM16	3L78	—	—	G-AlSi5Cu	AC4D	—
	ZL106	—	—	АЛ14В	A03280 A03281	328.0 328.1	331	LM-24	—	—	—	G-AlSi8Cu3 (3.2151.01)	AC4B	—
	ZL107	—	—	АЛ6，АЛ74	A03190 A03191	319.0	326	LM4 LM21	L79	A-S5UZ A-S903	—	G-AlSi6Cu4 (3.2151.01)	AC2B	—
	ZL108	Z18	—	—	—	SC122A(旧)		LM2	—	—	—	—	—	—
	ZL109	L19	—	АЛ30	A03360 A03361	336.0 336.1	—	LM13	—	A-S12UN	—	—	AC8A	AlSi12Cu
	ZL110	ZL3	—	АЛ10В	—		—	LM1	—	—	—	G-AlSi(Cu)	—	—
	ZL111	—	—	АЛ4М	A03541 A03540	354.0	—	—	—	—	—	—	—	—
铝铜合金	ZL201	—	HZL-201	АЛ19	—	—	—	—	—	A-U5GT	A-U5GT	G-AlCu4TiMg (3.1371.61)	—	AlCu4MgTi
	—	—	HZL-202	高纯 АЛ19	—	—	—	—	—	—	—	—	—	—
	ZL202	ZL1	—	АЛ12	A03600	A360.0	309	—	—	A-U8S	—	—	—	Al-Cu8Si
	ZL203	ZL2	HZL-203	АЛ17	A02950	295.0 B295.0	38	—	2L91 2L92	A-U5GT	—	G-AlCu4Ti (3.1841.61)	ACIA	Al-Cu4MgTi
	Z—	—	HZL-204	—	—	—	—	—	—	—	—	—	—	—
	—	—	HZL-205	—	—	—	—	—	—	—	—	—	—	—

续表

类别	中国 GB	中国 YB	中国 HB	(原)俄罗斯 ГОСТ	美国 ASTM UNS	美国 ANSI AA	美国 SAE	英国 BS	英国 BS/L	法国 NF	法国 AIR LA	德国 DIN	日本 JIS	ISO
铝镁合金	ZL301	ZL5	HZL-301	АЛ8	A05200 A05202	520.0 520.2	324 320	LM10 LM5	4L53	—	—	G-AlMg10 (3.3591.43)	AC7B	—
	ZL302	ZL6	—	АЛ22	A05140 A05141	514.0 514.1	—	—	L74	A-G6 A-G3T	—	G-AlMg5 (3.3561.01)	AC7A	Al-Mg6 Al-Mg3
	—	—	HZL-303	АЛ13	—	—	—	—	—	—	—	—	—	—
铝锌合金	ZL401	ZL15	HZL-401	АЛР1	—	—	—	—	—	—	—	—	—	—
	ZL402	—	—	АЛ24	A07120 A07122	712.2	—	—	—	A-Z5G	—	—	—	Al-Zn5Mg
	—	—	HZL-501	АЛ11	—	—	—	—	—	—	—	—	—	—

类别	中国 JB	(原)俄罗斯 ГОСТ	美国 SAE	美国 ASTM	英国 BS	法国 NF	德国 DIN 数字系统	日本 JIS	国际 ISO
压铸铝合金	YZAlSi12(Y102)	—	305	S12A	LM6-M	A-S13	GD-AlSi12 (3.2582.05)	ADC1	Al-Si12Fe
	YZAlSi10Mg(Y104)	—	309	SG100A	—	—	GD-AlSi10-Mg (3.2382.05)	ADC3	—
	YZAlSi12Cu2(T108)	—	—	—	—	—	—	—	—
	YZAlSi9Cu4(Y112)	—	—	—	—	—	—	—	—
	YZAlMg5Si1(Y302)	—	320	G4A	LM-5M	A-G3T	GD-AlMg5	ADC6	Al-Mg3Fe
	YZAlZn11Si7(Y401)	—	—	—	—	—	—	—	—
	—	—	324	G8A G10A	LM10-M LM5-M	A-G6 A-G11	GD-AlMg9 (3.3292.05) GD-AlMg10	ADC5	Al-Mg6Fe
	—	—	304	S5C	LM18-M	—	GD-AlSi5	ADC7	Al-Si5Fe
	—	—	308	SC84A	LM24-M	—	GD-AlSi6Cu3	ADC10	Al-Si8Cu3Fe
	—	—	303	SC114A	LM2-M	—	—	ADC12	—

表 3-38 国外铝合金牌号对照

ISO	美国	英国			法国	德国
	AA	HDA	BS或DTD	BS（一般工程）		
Al99.5	1050	HDA1B	BS1471,2,4	1B	A5	Al99.5 3.0255
Al99.5	EC	HDA1BE	BS2898	EIE	A5/L	E-Al99.5
Al99.0	1200	HDA1C	BS1471,4,BS4L34, BS3L54,BS3L67	1C	A4	Al99.0 3.0205
AlMgSi	—	HDA18	BS4300/4	BTRE6	—	—
AlMg2	5052 5252	HDA22	BS1471,2.4,BS4L44, BS3L56	N4	A-G2	AlMg2 3.3525
AlMg3.5	5154A	HDA33	BS1471,2,4	N5	A-G3	AlMg3 3.3535
AlMg3Mn	5454	HDA34	BS4300/10,BS4300/11, BS4300/12	N51	—	—
AlMg1SiCu	6061	HDA43	BS1471,4	H20	—	AlMgSiCu 3.3214
AlSiMgMn	6082	HDA44	BS1471,2,4,BSL111, BSL112,BS114	H30	A-SGM	AlMgSi1 3.2315
AlZn4.5Mg1	7020	HDA45	BS4300/15	H17	A-Z5G	AlZn4.5Mg1 3.4335
AlMgSi	6063	HDA46	BS1471,2,4	H9	A-GS	AlMgSi0.5 3.3206
AlMgSi	6463	HDA47E	BS2898	E91E	A-GS/L	E-AlMgSi0.5 3.3207
AlZn4.5Mg2.5	7039	HDA48	—	—	—	—
AlCu2MgSiFeNi	—	HDA55	—	—	—	—
AlCu2NiMgFeSi	—	HDA56	BS1472,BS2L83, DTD246C	H12	A-U2N	—
AlCu6	2219	HDA57	DTD5004A	—	A-U6MT	—
AlCu2Mg1.5Fe1Ni1	2618	HDA58	BS1472,DTD717A DTD731B,DTD745A DTD5014A,DTD5070B DTD5084A	H16	A-U2GN	—
AlCu4SiMg	2014	HDA66	BS1471,2,4,BS,3L63, BS,L168,BS,2L77, BS2L87,BSL102, BSL103,BSL105	H15	A-U4SG A-7U4SG	AlCuSiMn 3.1255
AlCu4Mg1	2024	HDA72	—	—	A-U4G1	AlCuMg2 3.1355
—	7009	DA74	—	—	—	—
AlZn5.5Mg3Cu	—	HDA77	DTD5044,DTD5094A, DTD5104A	—	—	AlZnMgCu0.5 3.4345
AlZn4Mg3Cu	7079	HSA79	—	—	—	AlZnMgCu0.5 3.4365
—	7010	HDA81	—	—	—	—
AlZn6Mg2.5Cu1.5	7075	HDA89	DTD5124,BSL160, BSL161,BSL162	—	A-Z5GU	AlZnMgCu1.5 3.4365 3.4364
AlCu4MgSi	2017	HDA01	DTD150A	—	A-U4G	AlCuMg1 3.1325
AlCu2Mg1Si1Mn	6066	HDA03	BS2L84,BS2L85	—	—	—
AlMg4.5Mn	5083 5056 5356	HDA05	BS1471,2,4	N8	A-G5	AlMg5 3.3555
AlSi11CuMgNi	4032	HDA08	DTD324B	—	A-S12UN	—

表 3-39 变形镁合金及铸造镁合金

类别	中国 GB	中国 YB	中国 HB	(原)俄罗斯 ГОСТ	美国 ASTM	美国 UNS	美国 SAE	美国 AMS	英国 BS	法国 NF	德国 DIN	德国 数字系统	日本 JIS	欧洲 AECMA (AICMA)
镁锭	—	Mg1(99.95)	—	MГ96(99.96) MГ95(99.95)	—	—	—	—	—	—	H-Mg99.95	3.5002	—	—
	—	Mg-2(99.92)	—	—	—	—	—	—	—	—	—	—	—	—
	—	Mg-3(99.85)	—	—	—	—	—	—	—	—	H-Mg99.8	3.5003	2 种 99.80	—
	—	—	—	MГ90(99.90)	—	—	—	—	—	—	—	—	1 种 99.90	—
变形镁合金	—	MB-1	—	MA1	M1A	M15100	—	—	—	—	MgMn2	3.5200	—	—
	—	MB-2	—	MA2	AZ31B	M11311	FS: AZ31C	—	MAG-T-111	G-A3Z1	MgAl3Zn	3.5312	MT1 MB1	ISO Mg-Al3Zn1
	—	MB-5	—	MA3	AZ61A	M11610	—	—	MAG-T-121	G-A6Z1	MgAl3Zn1	—	MB2	ISO Mg-Al6Zn1
	—	MB-6	—	MA4	AZ63A	M11630	—	—	—	—	—	MgA18Zn1 MgA19Zn1	—	—
	—	MB-7	—	MA5	AZ80A	M11800	—	—	—	G-A8Z	MgAl8Zn	—	MB3	ISO Mg-Al8Zn
	—	MB-8	—	MA8	AZ81A	M11810	—	—	—	—	AM537	—	—	—
	—	MB-15	—	BM65-1	ZK60A	M16600	—	—	—	G-Z5Zn	MgZn62Zr	3.5161	—	—
	—	—	—	—	—	—	—	—	MAG-E-141	—	—	—	MB4	ISO Mg-Zn1Zn
	—	—	—	—	—	—	—	—	MAG-E-161	—	—	—	MB5	ISO Mg-Zn3Zn
	—	—	—	—	ZK60A	—	—	—	MAG-E-161	—	—	—	MB6	ISO Mg-Zn6Zn
铸造镁合金	ZM1	—	ZM-1	MJI12	ZK51A	M16510	4443B	ZK51A	MAG4	—	—	—	MC6	MG-C42
	ZM2	—	ZM-2	MJI15	ZE41A	M16410	4439	ZE41A	MAG5	531G-Z4TV	G-MgZn4SE1Zr1	3.5101	—	MG-C43
	ZM3	—	ZM-3	MJI11	—	—	4440B	ZK41A	MAG6	—	—	—	—	—
	ZM5	—	ZM-5	MJI5	AZ81A AZ91C	M11810 M11914	4437A	AZ91C	—	521 G-9 522	G-MgAl8 Zn1	3.5812	MC2	MG-C61
	—	—	ZM-4	—	EZ33A	M12330	4442B	EZ33A	—	—	G-MgSE3Zn2Zr1	3.5103	MC8	MG-C91
	—	—	ZM-6	MJI10	—	—	—	—	—	—	—	—	—	—
压铸镁合金	YZMgAl9Zn			—	AZ91C		AZ91C	—	MAG1	—	GD-MgAl9Zn1		MC2	—

表 3-40 铜及铜合金

类别	中国		(原)俄罗斯	美国				英国	法国		德国		日本	ISO
	GB	YB	ГОСТ	ASTM	CDA	FS	SAE	BS	NF	AIR LA	DIN	数字系统	JIS	
铜锭	Cu-1 (99.90)	—	M0(99.95) M0Б(99.70)	—	—	—	—	—	—	—	—	—	—	—
	Cu-2 (99.90)	—	M1(99.90)	—	—	—	—	—	—	—	KE-Cu	2.0050	—	—
	Cu-3 (99.70)	—	M2(99.7) Cu+Mg	—	—	—	—	—	—	—	—	—	—	
	Cu-4 (99.50)	—	M3(99.50) Cu+Mg	—	—	—	—	—	—	—	—	—	—	—
纯铜	T2	T2	M1	C1100	110	—	CA110	C102	—	U6C Cu-61	ECu-58 ECu-57	2.0090	C1100	Cu-ETP
	T3	T3	M2	—	—	—	—	C104	—	—	—	—	—	—
	T4	T4	M3		—	—	—	—	—	Cu99.5	C-Cu	—	—	—
无氧铜	TV1	TV1	M0Б	C10200	102	—	CA102	C103	—	—	OF-Cu	2.0040	C1020	CuOF
	TV0	—	M00Б	C10100	101	—	—	C110	—	—	—	—	C1011	—
	—	TV2	M1Б	—	—	—	—	—	—	—	—	—	—	—
磷脱氧铜	TVP1	—	—	C12000 C12100	—	—	—	C106	—	—	SW-Cu SF-Cu	2.0076 2.0090	C1201 C1220	Cu-DLP
	TVP2	—	M1P	C12200	122	—	CA122	—	—	—	—	—	—	Cu-DHP
	TVP3	TVP	M3P	—	—	—	—	—	Cu-b2 Cu-b1	—	—	—	—	—
含银纯铜	TAg0.08	—	БPCP0.1	C13000 C12900	130	—	—	C101	—	—	CuAg0.1	—	C1271 PP	Cu-FRTP
	TAg0.3	—	—		—	—	—	—	—	—	—	—	—	—
普通黄铜	H96	H96	Л96	C21000	210	210	CA210	CZ125	—	—	CuZn5	2.0220	C2100	CuZn5
	H90	H90	Л90	C22000	220	220	CA220	CZ101	—	—	CuZn10	2.0230	C2200	CuZn10
	H85	H85	Л85	C23000 C23030	230	230	CA230	CZ102	—	—	CuZn15	2.0240	C2300	CuZn15

续表

类别	中国		(原)俄罗斯	美国				英国	法国		德国		日本	ISO
	GB	YB	ГОСТ	ASTM	CDA	FS	SAE	BS	NF	AIR LA	DIN	数字系统	JIS	
普通黄铜	H80	H80	Л80	C24000	240	240	CA240	CA103	—	—	CuZn20	2. 0250	C2400	CuZn20
	H70	H70	Л70	C26000 C26100	260	260	CA260	CZ106 CZ126	CuZn30	—	CuZn30	2. 0265	C2600	CuZn30
	HAS68-0. 05	H68A	ЛМП68-0. 05	—	—	—	—	—	—	—	—	—	—	—
	H68	H68	Л68	C26200	—	—	—	—	—	UZn33	CuZn33	2. 0280	C2680	CuZn33
	H65	H65	—	C26800 C27000	268 270	268 270	CA268 CA270	CZ107	—	—	CuZn36	2. 0335	C2700	—
	H63	H63	Л63	C27400 C27200	272	272 274	—	CZ108	—	—	CuZn37	2. 0321	C2720	—
	H62	H62	Л62	C28000	280	—	—	—	Cu-Zn40	—	CuZn40	2. 0360	C2800	—
	H60	H59	Л60	C28000	280	280	—	CA109	—	—	CuZn40	—	C2801	CuZn40
铅黄铜	HPb63-3	HPb63-3	ЛС63-3 ЛСЦ63-3	C34500 C34700	345 347	345 347	CA345 CA347	CZ119 CZ124	—	—	CuZn36Pb1. 5 CuZn36Pb3	2. 0331	C3560	CuZn35Pb2 CuZn36Pb3
	HPb63-0. 5	—	—	C34800	—	—	—	—	—	—	CuZn37Pb0. 5	2. 0332	—	—
	HPb63-0. 1	HPb63-0. 1	—	C34900	—	—	—	—	—	—	CuZn37Pb0. 5	2. 0332	—	—
	HPb62-0. 8	HPb62-F	—	C35000 C37000	371	—	CA371	—	—	—	—	—	C3501	CuZn36Pb1
	HPb61-1	HPb61-1	ЛС60-1	C36500 C36700 C37000	—	—	—	CZ123	—	—	CuZn39Pb0. 5	2. 0372	C3710	CuZn40Pb
	HPb60-2	HPb60-2 HPb60-3	ЛС60-2	C36000	—	—	—	CZ120	—	—	—		C3713 C3604	CuZn38Pb2
	HPb59-2	HPb59-1A	ЛС59-1В	C35300	—	—	—	—	—	—	—	—	C3771	—
	HPb59-1	HPb59-1 HPb59-1B	ЛС59-1	C37800	—	—	—	CZ122	Cu-Zn40Pb	—	Cu-Zn39Pb2	2. 0380	C3710	CuZn39Pb2
	HPb58-3	HPb59-3	ЛС59-3	C38000	—	—	—	CZ121	—	—	CuZn39Pb3	2. 0401	C3603	CuZn39Pb3

续表

类别	中国		(原)俄罗斯	美国				英国	法国		德国		日本	ISO
	GB	YB	ГОСТ	ASTM	CDA	FS	SAE	BS	NF	AIR LA	DIN	数字系统	JIS	
锡黄铜	HSn90-1	HPb90-1	ЛО90-1	C41300 C41100	—	—	—	—	—	—	—	—	—	—
	HSn70-1	HPb70-1 HPb70-1A	ЛО70-1 ЛОМ70-1-0. 05	C44300	443	—	—	CZ111	CuZn39Sn1	—	CuZn28Sn1	2. 0471	C4430	CuZn28Sn1
	HSn62-1	HPb62-1	ЛО62-1	C46200 C46420	462	462	CA462	CZ112	—	—	—	—	C4622 C4621	CuZn38Sn
	HSn61-0. 5	HSn61-0. 5 HSn61-0. 5A	—	C48200	—	—	—	CZ115	—	—	—	—	C6711	—
	HSn60-1	HSn60-1	Л060-1	C46500 C46400	465 464	464	CA464	CZ113	CuZn38Sn1	—	CuZn39Sn	2. 0530	C4640 C4641	—
铝黄铜	HAl77-2	HAl77-2 HAl77-2A	ЛА77-2 ЛАМЦ77-2-0. 05	C68700	687	—	—	CZ110	CuZn22Al2	—	CuZn22Al	2. 0460	C6870 C6872	CuZn20Al2
	HAl66-6-3-2	HAl66-6-3-2	—	C67000	670	—	—	—	—	—	—	—	—	—
	HAl67-2. 5	HAl67-2. 5	—	—	—	—	—	—	—	—	—	—	—	—
	HAl60-1-1	HAl60-1-1	ЛАЖ60-1-1	C67800	678	—	—	—	—	—	CuZn37Al	2. 0510	C6782	—
	HAl59-3-2	HAl59-3-2	ЛАН59-3-2	—	—	—	—	—	—	—	CuZn35Ni	2. 0540	—	—
硅黄铜	HSi80-3	HSi80-3	ЛК80-3	C69400	—		—	—	—	—	—	—	—	—
锰黄铜	HMn58-2	HMn58-2	ЛМЦ58-2	C67400		—	—	—	—	—	CuZn40Mn	2. 0572	—	—
	HMn57-3-1	HMn57-3-1	ЛМЦА57-3-1	—	—	—	—	—	—	—	CuZn35Ni	2. 0540	—	—
	HMn55-3-1	HMn55-3-1	—	—	—	—	—	—	—	—	—	—	—	—
铁黄铜	HFe59-1-1	HFe59-1-1	—	C67820	—	—	—	—	—	—	CuZn39Sn	2. 0530	C6782	CuZn39Al FeMn
	HFe58-1-1	HFe58-1-1	ЛЖС58-1-1	—	—	—	—	CZ114	—	—	CuZn40Ni CuZn40Mn	2. 0571 2. 0572	—	—
锡青铜	QSn4-3	QSn4-3	БРОЦ4-3	—	—	—	—	—	—	—	—	—	—	CuSnZn4
	QSn4-4-2. 5	QSn4-4-2. 5	БРОЦС4-4-2. 5	—	—	—	—	—	—	—	—	—	—	—
	QSn4-4-4	QSn4-4-4	БРОЦС4-4-4	C54400	544	—	—	—	—	—	—	—	C5441	—
	QSn6. 5-0. 1	QSn6-5-0. 1	БРОФ6. 5-0. 15	—	519	—	—	PB100	—	—	—	—	—	—

续表

类别	中国		(原)俄罗斯	美国				英国	法国		德国		日本	ISO
	GB	YB	ГОСТ	ASTM	CDA	FS	SAE	BS	NF	AIR LA	DIN	数字系统	JIS	
锡青铜	QSn6.5-0.4	QSn6.5-0.4	БРОФ6.5-0.4	C51900	519	—	—	PB103	CuSn6P	—	CuSn6	2.1020	C5191	CuSn6
	QSn7-0.2	QSn7-0.2	БРОФ7-0.2 БРОФ8-0.3	C52100	521	—	CA521	PB104	—	—	CuSn8	2.1030	C5212	CuSn8
	QSn4-0.3	QSn4-0.3	БРОФ4-0.25 БРОФ2-2.25	C51100	510 511	—	CA510	PB101	—	—	CuSn2	2.1010	C5101	CuSn4
铝青铜	QAl5	QAl5	БРА5	C60600 C60800	—	—	CA101	CuAl6	—	—	CuAl5	2.0916	—	CuAl5
	QAl7	QAl7	БРА7	C61000	—	—	—	CA102	—	—	CuAl8	2.0920	—	CuAl8
	QAl9-2	QAl9-2	БРАМЦ10-2 БРАМЦ9-2	—	—	—	—	—	—	UZ23A4	CuAl9Mn	2.0960	—	CuAl9Mn2
	QAl9-4	QAl9-4	БРАЖ9-4	C61900	—	—	—	CA103 CA106	—	—	CuAl18Fe CuAl10Fe	2.0930 2.0936	—	CuAl18Fe3 CuAl10Fe3
	QAl10-3-1.5	QAl10-3-1.5	БРАЖМЦ10-3-1.5	—	—	—	—	—	—	—	CuAl10Fe	2.0936	C6161 C6161	—
	QAl10-4-4	QAl10-4-4	БРАЖН10-4-4	C63000 C63200	630	—	—	CA104 CA105	CuAl9Ni5 -Fe3Mn	BOK4	CuAl10Ni	2.0966	C601	CuAl10 -Fe5Ni5
	QAl11-6-6	QAl11-6-6	—	—	—	—	—	—	—	—	CuAl11Ni	2.0978	C6280	—
铍青铜	QBe2	QBe2	БРБ2	C17200 C17300	—	—	—	—	CuBe2	UBe2	CuB2	2.1247	C1720	CuBe2
	QBe1.9	QBe1.9	БРБНТ1-9	C17200	172	—	CA172	—	CuBe1.9	—	—	—	—	—
	QBe1.7	QBe1.7	БРБНТ1-7	C17000	170	—	CA170	CB101	CuBe1.7	—	CuBe1.7	2.1245	C1700	CuBe1.7
硅青铜	QSi1-3	QSi1-3	БРБКН1-3	C64700	—	—	—	DTD498	—	—	CuNi2Si CuNi3Si	2.0855 2.0857	—	CuNi2Si
	QSi3-1	QSi3-1	БРБКМЦ3-1	C65500 C65800	—	—	—	CS101	—	—	CuSi3Mn	2.1525	—	CuSi3Mn1
锰青铜	QMn1.5	QMn1.5	—	—	—	—	—	—	—	—	CuMn2	2.1363	—	—
	QMn5	QMn5	БРМЦ5	—	—	—	—	—	—	—	CuMn5	2.1366	—	—
镉青铜	QCd1.0	QCd1.0	БСКД1	C16200 C16201 C16500	162	—	C108	—	—	—	CuCd1	2.1266	—	CuCd1

续表

类别	中国		(原)俄罗斯	美国				英国	法国		德国		日本	ISO
	GB	YB	ГОСТ	ASTM	CDA	FS	SAE	BS	NF	AIR LA	DIN	数字系统	JIS	
铬青铜	QCr0. 5	QCr0. 5 QCr0. 5-0. 2-0. 1	БРХ1	C18100 C18200	185	—	—	CC101	—	—	CuCr	2. 1291	—	CuCr1
	QCr0. 5-0. 1	—	—	C18400 C18500	185	—	—	—	—	—	CuCr	2. 1291	—	—
锆青铜	QZr0. 2	QZr0. 2	—	C15000	150	—	—	—	—	—	—	—		
	QZr0. 4		—	—	—	—	—	—	—	—	—	—		
普通白铜	B10	B10	—	C70600	—	—	—	CN102	Cu-Ni10Fe1M	—	—	—	—	
	B19	B19	МН19	C71000	710	—	—	CN104	CuNi20Mn1Fe	—	CuNi20Fe	2. 0878	C7100	CuNi20Mn1Fe
铁白铜	BFe10-1-1	—	МНЖМЦ10-1-1	C70600 C70610	—	—	—	CN102	—	—	CuNi10Fe	2. 0872	C7060	CuNi10Fe1Mn
	BFe30-1-1	BFe30-1-1	МНЖМЦ30-1-1	C71630 C71640	715	—	CA715	CN107 CN106	CuNi30Mn1Fe	—	CuNi30Fe	2. 0882	C7150	CuNi30Mn1Fe
锰白铜	BMn3-12	BMn3-12	МНМЦ13-12	—	—	—	—	—	—	—	CuMn12Ni	—	—	—
	BMn40-1-5	BMn40-1. 5	МНМЦ40-1. 5	—	—	—	—	—	—	—	—	—	—	
	BMn43-0. 5	BMn43-1. 5	МНМЦ43-1. 5	—	—	—	—	—	—	—	CuNi44	2. 0842	—	CuNi44Mn1
锌白铜	BZn15-20	BZn15-20	МНЦ15-20	C75400	754	—	—	NS105	CuNi15Zn22	—	CuNi12Zn24 CuNi18Zn20	2. 0730 2. 0740	C7521	CuNi15Zn21
铝白铜	BAl13-1	BAl13-3	МНА13-3	—	—	—	—	—	—	—	—	—	—	—

表 3-41 铸造铜合金

类别	中国	(原)俄罗斯	美国	英国	法国	德国	日本	国际标准
	GB	ГОСТ	ASTM	BS	NF	DIN	JIS	ISO
锡青铜	ZQSn3-12-5	БРОЦС3-12-5	—	—	—	—	BC1	—
锡青铜	ZQSn3-7-5-1	БРОЦС3-7-5-1	C84400	LG1	—	G-CuSn2ZnPb (2.1098.01)	—	
锡青铜	ZQSn5-5-5	БРОЦС5-5-5	C83600	LG2	CuPb5SnZn5	G-CuSn5ZnPb (2.1096.01)	BC6	CuPb5Sn5Zn
锡青铜	ZQSn6-6-3	БРОЦС6-6-3	C83800	LG3	CuSn7Pb6Zn4	G-CuSn7ZnPb (2.1090.01)	BC7	—
锡青铜	ZQSn7-0.2	—	—	PB3	—	—	PBC1	—
锡青铜	ZQSn10-1	БРОФ10-1	C90700	PB1	—	—	PBC2	—
锡青铜	ZQSn10-2-1	—	C92700	LPB1	—	—	—	—
锡青铜	ZQSn10-2	БРОЦ10-2	C90500	G1	CuSn12	G-CuSn10Zn (2.1086.01)	BC3	CuSn10Zn2
锡青铜	ZQSn10-5	—	—	LB2	—	G-CuPb5Sn (2.1170.01)	LBC2	—
铅青铜	ZQPb10-10	БРОС10-10	C93700	LB2	CuPb10Sn10	G-CuPb10Sn (2.1176.01)	LBC3	CuPb10Sn10
铅青铜	ZQPb12-8	БРОС8-12	C94400	LB1	—	G-CuPb15Sn (2.1182.01)	LBC4	—
铅青铜	ZQPb17-4-4	БРОЦС4-4-17	C94410	—	—	G-CuPb20Sn (2.1188.01)	—	—
铅青铜	ZQPb24-2	БРОС2-24	—	—	CuPb20Sn5	G-CuPb22Sn (2.1166.09)	—	—
铅青铜	ZQPb25-5	БРОС5-25	C94300	LB1	—	—	LBC5	—
铅青铜	ZQPb30	БРС30	—	—	—	—	—	—
铝青铜	ZQAl9-2	БРАМЦ9-2Л	—	—	—	—	—	—
铝青铜	ZQAl9-4	БРАЖ9-4Л	C95200	AB1	—	G-CuAl10Fe (2.0940.01)	AlBC1	CuAl9

续表

类别	中国	(原)俄罗斯	美国	英国	法国	德国	日本	国际标准
	GB	ГОСТ	ASTM	BS	NF	DIN	JIS	ISO
铝青铜	ZQAl10-3-1.5	БРАЖМЦ10-3-1.5	—	AB1	—	—	AlBC2	—
	ZQAl4-8-3-2	(Heba-70)	—	CMA2	—	—	—	—
	ZQAl12-8-3-2	(Heba-60)	C95700	CMAl	—	—	AlBC4	—
	ZQAl9-4-4-2	БРАЖНМЦ9-4-4-1	C95500	AB2	—	G-CuAl10Ni	AlBC3	—
						(2.0975.01)		
普通黄铜	ZH62	—	—	SCB4	—	G-CuZn38Al (2.0591.02)	YBSC1	—
硅黄铜	ZHSi80-3-3	ЛКС80-3-3	—	—	—	—	—	—
	ZHSi80-3	ЛКС80-3	C87400	—	—	G-CuZn15Si4 (2.0492.01)	SZBC1	—
铅黄铜	ZHPb48-3-2-1	—	—	—	—	—	—	—
	ZHPb59-1	ЛС59-1	C85700	PCB1	U-Z40-Y30	G-CuZn37Pb (2.0340.02)	YBSC3	CuZn40Pb
铝黄铜	ZHAl66-6-3-2	ЛАЖМЦ166-6-3-2	C86300	HTB2	—	—	—	CuZn25Al6Fe3Mn3
	ZHAl67-2.5	ЛА67-2.5	—	—	—	—	—	—
铁黄铜	ZHFe67-5-2-2	—	—	HTB3	—	G-CuZn25Al5 (2.0598.01)	HBSC3	CuZn25Al6Fe3Mn3
	ZHFe59-1-1	ЛАЖ60-1-1Л	C86400	—	—	—	—	—
锰黄铜	ZHMn55-3-1	ЛМЦЖ55-3-1	C86500	HTB1	—	G-CuZn35Al1 (2.0592.01)	HBSC2	CuZn35AlFeMn
	ZHMn58-2-2	ЛМЦС58-2-2	—	—	—	—	—	—
	ZHMn58-2	ЛМЦ58-2Л	—	—	—	—	—	—

表 3-42　钛合金

合金类型	合金名义成分	中国牌号	（原）俄罗斯	美国			英国		法国		德国		日本
				Timet	Crucible	AMS	IMI	BSTA	IAR Norms	PUG	LW或DIN	Krupp	
α	Ti-99.5	TA1	BT1-00	Ti-55A	A-40	4902C	125	2TA2	T-40	UT-40	3.7034	RT15	KS.50TP28
α	Ti-99.2	TA2	BT1-0	Ti-65A	A-55	4900F	130	DTD5023	T-50	UT-50	3.7055	RT18	KS.60TP35
α	Ti-99.0	TA3	BT1	Ti-75A	A-70	4901H	160	2TA7	T-60	UT-60	3.7064	RT20	KS.85TP49
α	Ti-3Al	TA4	48-T2	—	—	—	—	—	—	—	—	—	—
α	Ti-4Al-0.005B	TA5	48-OT3	—	—	—	—	—	—	—	—	—	—
α	Ti-5Al	TA6	BT5	—	—	—	—	—	—	—	—	—	—
α	Ti-5Al-2.5Sn	TA7	BT5-1	5Al-2.5Sn	A-110AT	4926F	317	TAl5	T-A5E	UT-A5E	3.7114	LT21	KS115AS
α	Ti-5Al-2.5Sn-3Cu	TA8	BT10	—	—	—	—	—	—	—	—	—	—
β	Ti-5Mo-5V-8Cr-3Al	TB2	—	—	—	—	—	—	—	—	—	—	—
α+β	Ti-2Al-2Mn	TC1	OT4-1	—	—	—	315	—	—	—	—	—	ST-A90
α+β	Ti-3.5Al-1.5Mn	TC2	OT4	—	—	—	—	—	—	—	—	—	—
α+β	Ti-6Al-4V	TC4	BT6	6Al-4V	C120AV	4928H	318	2TAl1	T-A6V	UT-A6V	3.7164	LT31	KS30AV
α+β	Ti-6Al-2Mo-2Cr-1Fe-0.25Si	TC6	BT3-1	—	—	—	—	—	—	—	—	—	—
α+β	Ti-6Al-1.5(Cr+Fe+Si+B)	TC7	AT6	—	—	—	—	—	—	—	—	—	—
α+β	Ti-7Al-4Mo(0.25Si)	TC8	BT8	7Al-4Mo	C135AMo	4970D	—	—	T-A7D	UT-A7D	—	LT32	—
α+β	Ti-6.5Al-3.5Mo-2Zn(Sn)-0.25Si	TC9	BT9	—	—	—	—	—	—	—	—	—	—
α+β	Ti-6Al-6V-2Sn	TC10	—	6Al-6V-2Sn	C125AVT	4979A	—	—	T-A6V6E2	UT-662	3.7174	LT33	—

续表

合金类型	合金名义成分	中国牌号	（原）俄罗斯	美国			英国		法国		德国		日本
				Timet	Crucible	AMS	IMI	BSTA	IAR Norms	PUG	LW或DIN	Krupp	
近α	Ti-2.25Al-11Sn-5Zr-1Mo-0.25Si	—	—	Ti-679	—	4974A	679	TA25	—	—	—	—	—
近α	Ti-5Al-6Sn-2Zr-1Mo-0.25Si	—	—	5621S	—	—	—	—	—	—	—	—	—
α	Ti-2Cu	—	—	Ti-2Cu	—	—	230	TA22	T-TU2；T-C	UT-C	3.7124	LT25	—
α	Ti-8Al-1Mo-1V	—	—	8Al-1Mo-1V	8Al-1Mo-1V	4972B	—	—	T-A8DV	UT-A8DV	3.7134	LT22	—
α+β	Ti-6Al-2Sn-4Zr-2Mo	—	—	6242	—	4975B	—	—	T-A6Zr4DE	UT-6242	3.7144	LT24	—
α+β	Ti-6Al-2Sn-4Zr-6Mo	—	—	6242	—	4981A	—	—	Ti-6246	—	—	—	—
β	Ti-3Al-13V-11Cr	—	—	3Al-13V-11Cr	B120VCA	4917C	—	—	T-V13CA	—	—	LT41	—
近α	Ti-6Al-11Zr-1Mo-0.15Si	—	BT18	—	—	—	—	—	—	—	—	—	—
α+β	Ti-2.25Al-4Mo-11Sn-0.25Si	—	—	—	—	—	680	DTD5213	T-E11D4E	—	—	—	—
α+β	Ti-6Al-5Zr-1W-0.2Si	—	—	—	—	—	684	—	T-A6Z5W	—	—	—	—
α+β	Ti-6Al-0.5Mo-5Zr-0.2Si	—	—	—	—	—	685	TA43	T-A6ZD	UT-685	3.7154	LT26	—
α+β	Ti-4Al-4Mo-2Sn-0.5Si	—	—	—	—	—	550	TA45	T-A4DE2	—	3.7184	LT34	—
α+β	Ti-4Al-4Mo-4Sn-0.5Si	—	—	—	—	—	551	TA38	—	—	—	—	—

表 3-43 镍及镍合金

类别	中国	(原)俄罗斯	美国		英国		法国	德国	日本
	GB	ГОСТ	ASTM	军标	BS	MSRR	NF	DIN	JIS
原料镍	Ni-01(99.99)	НО(99.99)	—	—	—	—	—	—	—
	Ni-1(99.9)	Н2(99.8) Н3(99.8)	NiCKe —	—	R99.9(99.9) R99.8(99.8)	—	—	H-Ni99.9	特1种 99.95
	Ni-2(99.5)	—	—	—	R99.5(99.5)	—	—	H-Ni99.5	—
	Ni-3(99.2)	—	—	—	—	—	—	—	—
纯镍	N4	НП1	—	—	NAl2	—	—	Ni99.8	NLCB(VCNiB)
	N6	НП2	—	—	NAl1	—	—	Ni99.6	NNCB(VCNiA)
	N8	НП4	NO2200 NO2201	—	—	—	—	LC-Ni99.0	VCNi1-2
阳极镍	NY1	НПАl	—	—	—	—	—	LC-Ni99.6	—
	NY2	НПАН	—	—	—	—	—	Ni99.4NiO	VNi
	NY3	НПА2	—	—	—	—	—	Ni99.2	—
镍镁合金	NMg0.1	—	—	—	—	—	Ni-01,Ni-02	Ni99.7Mg0.07	—
镍硅合金	NSi0.2	НК0.2	—	—	—	—	—	—	—
镍铬合金	NCr10	ПХ9.5	—	—	—	—	—	NiCr10	—
镍锰合金	NMn3	НМЦ2.5	—	—	—	—	—	NiMn2 NiMn3Al	—
	NMn5	НМЦ5	—	—	—	—	—	NiMn5	—
	NMn2-2-1	НМЦАК2-2-1	—	—	—	—	—	NiMn3Al	—
镍铜合金	NCu40-2-1	—	—	403	—	—	—	—	—
	NCu28-2.5-1.5	НМЖМЦ28-2.5-1.5	NO4400 NO4405	—	NAl3	MONL	NiCu32Fe1.5Mn	NiCu30Fe LC-NiCu30Fe	NCu
镍钨合金	NW4-0.2	—	—	—	—	—	—	—	VCNi4

表 3-44 锌及锌合金

类别	中国	(原)俄罗斯	美国			英国	法国	德国	日本
	GB	ГОСТ	FS	SAE	ASTM UNS	BS	NF	DIN	JIS
纯锌	Zn-01(99.995)	ЦВОО(99.997) ЦВО(99.995)	—	—	特别高级(99.990)	—	Z9(99.995)	Zn99.995	最纯锌锭(99.995)
	Zn-1(99.99)	ЦВ1(99.992) ЦВ(99.990)	—	—	高级(99.90)	Zn1(99.99)	—	Zn99.99	特种锌锭(99.99)
	Zn-2(99.96)	Ц1(99.95)	—	—	—	Zn2(99.95)	Z8(99.95)	Zn99.95	普通 99.97
	Zn-4(99.50)	—	—	—	中级(99.50)	Zn3(99.50)	Z7(99.50)	Zn99.50	蒸馏锌锭特种(99.60)
	—	—	—	—	低级(99.50)	—	Z5(98.00)	—	蒸馏 2 种(98.60)
	Zn-5(98.70)	Ц2(98.70)	—	—	—	Zn4(98.50)	Zn6(98.50)	Zn99.5	蒸馏 1 种(98.5)
	—	Ц3(97.50)	—	—	—	—	—	Zn97.5	—
铸造锌合金	ZZnAl10-5	ЦАМ10-5	—	—	—	—	—	—	—
	ZZnAl9-1.5	ЦАМ9-1.5	—	—	—	—	—	—	—
	ZZnAl4-1	ЦА4-1	AC41A	925	Z35530	B 种	Z-A4U1G	GD-ZnAl4Cu1	ZDC1
	ZZnAl4	ЦА4	AG40A	903	Z33520	A 种	Z-A4G	GD-ZnAl4	ZDC2

表 3-45 轴承合金

类别	中国	(原)俄罗斯	美国	英国	法国	德国	日本
	GB	ГОСТ	ASTM	BS	NF	DIN	JIS
锡基轴承合金	ZChSnSb12-4-10(ZChSn1)	—	锡系 No3	—	—	—	WJ4
	ZChSnSb11-6(ZChSn2)	Б83	—	BS3332/3	—	—	WJ3
	ZChSnSb8-4(ZChSn3)	Б89	锡系 No2,锡系 No11	BS3332/1	—	LgSn89	WJ2
	ZChSnSb4-4(ZChSn4)	Б91	锡系 No1	1 号	—	—	WJ1
	ZChSnSb12-3-10	—	—	BS3332/4	—	—	—
铅锑轴承合金	ZChPbSb16-16-2(ZChPb1)	Б16	—	—	—	—	—
	ZChPbSb15-5-3(ZChPb2)	Б6	—	—	—	—	—
	ZChPbSb15-10(ZChPb3)	Б7	铅系 No7,铅系 No15	7 号 3332/7	—	WM10LgPbSn10	WJ7
	ZChPbSb15-5(ZChPb4)	Б5	—	6 号 3332/7	—	WM5	—
	ZChPbSb10-6(ZChPb5)	—	铅锡 No13	13 号	—	—	W19

表 3-46 焊料

类别	中国	(原)俄罗斯	美国	英国	法国	德国	日本	国际标准
	GB	ГОСТ	ASTM	BS	NF	DIN	JIS	ISO
纯锡	Sn-01(99.95)	—	AA(99.95)	—	—	—	—	—
	Sn-1(99.90)	01	—	T1(99.90)	100E1	—	1 种 A(99.90) 1 种 B(99.90)	BSn100-232
	Sn-2(99.75)	—	A(99.8),B(99.8)	T2(99.75)	—	—	2 种(99.80)	—
	Sn-3(99.56)	02	C(99.65),D(99.50)	—	—	—	3 种(99.50)	—
	Sn-4(99.00)	—	E(99.00)	T3(99.00)	—	—	—	—
锡铅焊料	H1SnPb10	ПОС90	—	—	—	—	—	—
	H1SnPb39	ПОС61	60A,60B	K	60E1	L-Sn60Pb	H60A	BSn60Pb183-190
	H1SnPb50	ПОС50	50A,50B	F	50E1	L-Sn50Pb	H50A	BSn50Pb183-216
	H1SnPb58-2	ПОС40	40C	C	40E1	L-PbSn40	H40A	BPb60Sn183-240
	H1SnPb68-2	ПОС30	30C	D	30E1	L-PbSn30(Sb) L-PbSn30(Sb)	H30A	BPb70SnSb180-255

表 3-47 中国与俄罗斯焊料牌号对照表

类别	中国 GB	俄罗斯 ГОСТ
锡铅焊料	H1SnPb80-2	ПОС18
	H1SnPb90-6	ПОС4-6
	HISnPb73-2	ПОС25
	H1SnPb45	—
铝焊料	H1ACu28-6 料 401	34A —
银焊料	H1AgCu28	ПСР72
	H1AgCu50	ПСР50
	H1AgCu26-4	ПСР70
	H1AgCu20-15	ПСР65
	H1AgCu30-25	ПСР45
	H1AgCu53-37	ПСР10
	H1AgCu80. 2-4. 8	ПСР15
	H1AgCu97	ПСР3
	H1AgCu52-36	ПСР12M
	H1AgCu40-35	ПСР25
	H1AgCu80-5	ПСРФ15-80-5
	H1AgCd26-16. 7-17	ПСР40
	H1AgCd96-1	ПСР3кл
	J1AgCd5. 8-1. 2	K1
	H1AgCd97	K3
	H1AgPb92-5. 5	ПСР2. 5
	H1AgCu34-16	ПСР50
铜锌焊料	H1CuZn64	ПМЦ36
	H1CuZn58	ПМЦ42
	H1CuZn53	ПМЦ47
	H1CuZn52	ПМЦ48
	H1CuZn48	ПМЦ52
	H1CuZn46	ПМЦ54
锡锌焊料	H1SnZn10	ПОЦ90
	H1SnZn30	ПОЦ90
	H1SnZn40	ПОЦ60
	H1SnZn60	ПОЦ40

表 3-48 英国铜合金与 ISO 铜合金牌号对照表

BS 标准牌号	名义化学成分	英国标准								相近 ISO 牌号
		2870	2871			2872	2873	2874	2875	
			Pt1	Pt2	Pt3					
C101	99.90%min. Cu	√		√		√	√	√	√	Cu-ETP
C102	99.90%min. Cu	√		√		√	√	√	√	Cu-FRHC
C103	99.95%min. Cu	√		√			√	√	√	Cu-OF
C104	99.85%min. Cu	√							√	Cu-FRTP
C105	99.20%min. Cu,0.4%As								√	
C106	99.85%min. Cu,0.04%P	√	√	√	√	√	√	√	√	Cu-DHP
C107	99.20%min. Cu,0.4%As,0.04%P			√					√	
C108	Cu-0.8%Cd						√		√	
C109	Cu-0.5%Te							√		CuCd1
C111	Cu-0.4%S					√		√		CuTe
C112	Cu-2.4%Co,0.5%Be					√		√		CuS
C113	Cu-1.0%Ni,0.2%P					√		√		CuCo2Be
CA102	Cu-7%Al				√				√	CuAl7
CA104	Cu-10%Al,5%Fe,5%Ni	√				√		√		CuAl10Ni5Fe4
CA105	Cu-9.5%Al,5%Ni,2%Fe,1%Mn								√	CuAl10Fe3
CA106	Cu-7%Al,2%Fe								√	CuAl8Fe3
CA107	Cu-6%Al,2%Si,0.6%Fe					√		√		CuAl7Si2
CB101	Cu-1.8%Be	√					√			CuBe1.7
CC101	Cu-1%Cr	√				√		√		CuCr1
CC102	Cu-1%Cr,0.1%Zr	√				√		√		CuCr1Zr
CN101	Cu-5%Ni,1.1%Fe,0.5%Mn								√	
CN102	Cu-10%Ni,1.5%Fe,0.7%Mn	√		√	√	√		√	√	CuNi10Fe1Mn
CN104	Cu-20%Ni,0.3%Mn	√								
CN105	Cu-25%Ni,0.3%Mn	√								CuNi25
CN107	Cu-30%Ni,1%Mn,0.7%Fe	√		√	√	√		√	√	CuNi130Mn1Fe
CN108	Cu-30%Ni,2%Fe,2%Mn				√					CuNi30Fe2Mn2
CS101	Cu-3%Si,1%Mn						√	√	√	CuSi3Mn1
CZ101	90%Cu,	√					√			CuZn10
CZ102	85%Cu,	√					√			CuZn15
CZ103	80%Cu,	√					√			CuZn20
CZ104	80%Cu,0.5%Pb,							√		
CZ105	71%Cu,0.04%As, Zn 余量								√	CuZn30As
CZ106	70%Cu,	√					√		√	CuZn30
CZ107	66%Cu,	√					√			CuZn35
CZ108	63%Cu,	√		√			√			CuZn37
CZ109	60%Cu,					√		√		CuZn40

续表

BS 标准牌号	名义化学成分	英国标准 2870	2871 Pt1	2871 Pt2	2871 Pt3	2872	2873	2874	2875	相近 ISO 牌号
CZ110	77%Cu,2%Al,0.04%As,Zn 余量	✓		✓	✓				✓	CuZn20Al2
CZ111	71%Cu,1.2%Sn,0.04%As,Zn 余量				✓					CuZn28Sn1
CZ112	62%Cu,1.2%Sn,Zn 余量	✓				✓		✓	✓	CuZn38Sn1
CZ114	58%Cu,1%Pb,1%Mn,1%Al,0.7%Fe,0.5%Sn,Zn 余量					✓		✓		CuZn39AlFeMn
CZ115	58%Cu,1%Pb,1%Mn,0.7%Fe,0.5%Sn,Zn 余量									CuZn39AlFeMn
CZ116	65%Cu,4.5%Al,1%Mn,1%Fe,Zn 余量					✓		✓		
CZ118	64%Cu,1%Pb,	✓				✓		✓		CuZn35Pb1
CZ119	62%Cu,2%Pb,	✓		✓			✓			CuZn37Pb2
CZ120	59%Cu,2%Pb,	✓								CuZn38Pb2
CZ121Pb3	58%Cu,3%Pb,					✓		✓		CuZn39Pb3
CZ121Pb4	58%Cu,4%Pb, Zn 余量					✓		✓		CuZn38Pb4
CZ122	58%Cu,2%Pb,					✓		✓		CuZn40Pb2
CZ123	60%Cu,0.5%Pb,	✓				✓			✓	CuZn40Pb
CZ124	62%Cu,3%Pb,							✓		CuZn36Pb3
CZ125	96%Cu,Zn 余量	✓								CuZn5
CZ126	70%Cu,0.04%As,Zn 余量			✓	✓					CuZn30As
CZ127	83%Cu,1%Al,1%Ni,1%Si,Zn 余量			✓						
CZ128	60%Cu,2%Pb,Zn 余量					✓		✓		CuZn38Pb2
CZ129	60%Cu,1%Pb,Zn 余量					✓		✓		CuZn39Pb1
CZ130	56%Cu,3%Pb,0.3%Al,Zn 余量							✓		CuZn43Pb2
CZ131	62%Cu,2%Pb,Zn 余量							✓		CuZn37Pb2
CZ132	62%Cu,2%Pb,0.1%As,Zn 余量					✓		✓		
CZ133	60%Cu,0.7%Sn,Zn 余量							✓		
CZ134	60%Cu,2%Pb,0.7%Sn,Zn 余量							✓		
CZ135	58%Cu,2%Mn,1.5%Al,1%Si,Zn 余量					✓		✓		CuZn3Mn3Ai2Si
CZ136	57%Cu,2%Pb,1%Mn,Zn 余量					✓		✓		
CZ137	60%Cu,0.5%Pb,Zn 余量					✓		✓		
NS101	45%Cu,10%Ni,2%Pb,0.3%Mn,Zn 余量					✓		✓		CuZn40Pb
NS103	63%Cu,10%Ni,0.2%Mn,	✓					✓	✓		CuNi10Zn42Pb2
NS104	63%Cu,12%Ni,0.2%Mn,	✓					✓			CuNi10Zn27
NS105	63%Cu,15%Ni,0.2%Mn,	✓					✓			CuNi12Zn24
NS106	63%Cu,18%Ni,0.2%Mn, Zn 余量	✓					✓			CuNi15Zn21
NS107	55%Cu,18%Ni,0.2%Mn,	✓					✓			CuNi18Zn20
NS108	63%Cu,20%Ni,0.3%Mn,	✓					✓			CuNi18Zn27
NS109	57%Cu,25%Ni,0.5%Mn,						✓			
NS111	60%Cu,10%Ni,1.5%Pb,0.3%Mn,Zn 余量	✓								CuNi10Zn28Pb1
PB101	Cu-4%Sn,0.2%P	✓							✓	CuSn4
PB102	Cu-5%Sn,0.2%P	✓					✓	✓	✓	CuSn5
PB103	Cu-7%Sn,0.2%P	✓					✓			CuSn6
PB104	Cu-8%Sn,0.2%P							✓		CuSn8

第 4 章 铝及铝合金

铝及铝合金是应用最广泛的一种有色金属，其产量仅次于钢铁。纯铝因强度低，一般不作结构材料使用。铝合金由于比强度高，用它来代替某些钢铁材料，可以减轻机械产品的重量，因此，铝合金在化工、机械、电子、仪表、轻工、航空、航天等部门得到了广泛的应用。铝合金分为变形及铸造两大类。变形铝合金可加工成棒、板、带、线、型材、管材、箔材及锻件使用。铸造铝合金则因具有良好的工艺性，密度小，抗蚀性良好，从而其铸件在航空、仪表及一般机械中得到相当广泛的应用。

4.1 中国铝及铝合金

4.1.1 铝及铝合金牌号和化学成分

(1) 纯铝冶炼产品(铝锭)

表 4-1 重熔用铝锭的牌号和化学成分(GB/T 1196—2008)

牌 号	化 学 成 分/%(质量分数)									
	Al	杂质，不大于								
	不小于	Si	Fe	Cu	Ga	Mg	Zn[a]	Mn	其他每种	总和
A199.90[b]	99.90	0.05	0.07	0.005	0.020	0.01	0.025	—	0.010	0.10
A199.85[b]	99.85	0.08	0.12	0.005	0.030	0.02	0.030	—	0.015	0.15
A199.70[b]	99.70	0.10	0.20	0.01	0.03	0.02	0.03	—	0.03	0.30
A199.60[b]	99.60	0.16	0.25	0.01	0.03	0.03	0.03	—	0.03	0.40
A199.50[b]	99.50	0.22	0.30	0.02	0.03	0.05	0.05	—	0.03	0.50
A199.00[b]	99.00	0.42	0.50	0.02	0.05	0.05	0.05	—	0.05	1.00
A199.7E[b,c]	99.70	0.07	0.20	0.01	—	0.02	0.04	0.005	0.03	0.30
A199.6E[b,d]	99.60	0.10	0.30	0.01	—	0.02	0.04	0.007	0.03	0.40

注：1. 铝含量为 100%与表中所列有数值要求的杂质元素含量实测值及等于或大于 0.010%的其他杂质总和的差值，求和前数值修约至与表中所列极限数位一致，求和后将数值修约至 0.0X%再与 100%求差；

2. 对于表中未规定的其他杂质元素含量，如需方有特殊要求时，可由供需双方另行协议；

3. 分析数值的判定采用修约比较法，数值修约规定则按 GB/T 8170 的有关规定进行。修约数位与表中所列极限值数位一致；

4. 表中 a 表示若铝锭中杂质锌含量不小于 0.010%时，供方应将其作为常规分析元素，并纳入杂质总和；若铝锭中杂质锌含量小于 0.010%时，供方可不作常规分析，但应监控其含量；

5. 表中 b 表示 Cd、Hg、Pb、As 元素，供方可不用常规分析，但应监控其含量，要求 $w(Cd+Hg+Pb)\leqslant 0.0095\%$；$w(As)\leqslant 0.009\%$；

6. 表中 c 表示 $w(B)\leqslant 0.04\%$；$w(Cr)\leqslant 0.004\%$；$w(Mn+Ti+Cr+V)\leqslant 0.020\%$；

7. 表中 d 表示 $w(B)\leqslant 0.04\%$；$w(Cr)\leqslant 0.005\%$；$w(Mn+Ti+Cr+V)\leqslant 0.030\%$。

(2)变形铝及铝合金

变形铝及铝合金牌号和化学成分见表 4-2，表 4-3 列出了新旧牌号的对照。

表 4-2(1) 变形铝及铝合金、牌号和化学成分(GB/T 3190—2008)

序号	牌号	化学成分/%(质量分数)													
		Si	Fe	Cu	Mn	Mg	Cr	Ni	Zn		Ti	Zr	其他		Al
													单个	合计	
1	1035	0.35	0.6	0.10	0.05	0.05	—	—	0.10	0.05 V	0.03	—	0.03	—	99.35
2	1040	0.30	0.50	0.10	0.05	0.05	—	—	0.10	0.05 V	0.03	—	0.03	—	99.40
3	1045	0.30	0.45	0.10	0.05	0.05	—	—	0.05	0.05 V	0.03	—	0.03	—	99.45
4	1050	0.25	0.40	0.05	0.05	0.05	—	—	0.05	0.05 V	0.03	—	0.03	—	99.50
5	1050A	0.25	0.40	0.05	0.05	0.05	—	—	0.07	—	0.05	—	0.03	—	99.50
6	1060	0.25	0.35	0.05	0.03	0.03	—	—	0.05	0.05 V	0.03	—	0.03	—	99.60
7	1065	0.25	0.30	0.05	0.03	0.03	—	—	0.05	0.05 V	0.03	—	0.03	—	99.65
8	1070	0.20	0.25	0.04	0.03	0.03	—	—	0.04	0.05 V	0.03	—	0.03	—	99.70
9	1070A	0.20	0.25	0.03	0.03	0.03	—	—	0.07	—	0.03	—	0.03	—	99.70
10	1080	0.15	0.15	0.03	0.02	0.02	—	—	0.03	0.03 Ga,0.05 V	0.03	—	0.02	—	99.80
11	1080A	0.15	0.15	0.03	0.02	0.02	—	—	0.06	0.03 Ga①	0.02	—	0.02	—	99.80
12	1085	0.10	0.12	0.03	0.02	0.02	—	—	0.03	0.03 Ga,0.05 V	0.02	—	0.01	—	99.85
13	1100	0.95 Si+Fe		0.05～0.20	0.05	—	—	—	0.10	①	—	—	0.05	0.15	99.00
14	1200	1.00 Si+Fe		0.05	0.05	—	—	—	0.10	—	0.05	—	0.05	0.15	99.00
15	1200A	1.00 Si+Fe		0.10	0.30	0.30	0.10	—	0.10	—	—	—	99.00	—	—
16	1120	0.10	0.40	0.05～0.35	0.01	0.20	0.01	—	0.05	0.03 Ga,0.05 B, 0.02 V+Ti	—	—	0.03	0.10	99.20
17	1230[2]	0.70 Si+Fe		0.10	0.05	0.05	—	—	0.10	0.05 V	0.03	—	0.03	—	99.30
18	1235	0.65 Si+Fe		0.05	0.05	0.05	—	—	0.10	0.05 V	0.06	—	0.03	—	99.35
19	1435	0.15	0.30～0.50	0.02	0.05	0.05	—	—	0.10	0.05 V	0.03	—	0.03	—	99.35
20	1145	0.55 Si+Fe		0.05	0.05	0.05	—	—	0.10	0.05 V	0.03	—	0.03	—	99.45
21	1345	0.30	0.40	0.10	0.05	0.05	—	—	0.05	0.05 V	0.03	—	0.03	—	99.45
22	1350	0.10	0.40	0.05	0.01	—	0.01	—	0.05	0.03 Ga,0.05 B, 0.02 V+Ti	—	—	0.03	0.10	99.50
23	1450	0.25	0.40	0.05	0.05	0.05	—	—	0.07	①	0.10～0.20	—	0.03	—	99.50

续表

序号	牌号	化学成分/%(质量分数)											其他		Al
		Si	Fe	Cu	Mn	Mg	Cr	Ni	Zn		Ti	Zr	单个	合计	
24	1260	0.40 Si+Fe		0.04	0.01	0.03	—	—	0.05	0.05 V[①]	0.03	—	0.03	—	99.60
25	1370	0.10	0.25	0.02	0.01	0.02	0.01	—	0.04	0.03 Ga,0.02 B, 0.02 V+Ti	—	—	0.02	0.10	99.70
26	1275	0.08	0.12	0.05~0.10	0.02	0.02	—	—	0.03	0.03 Ga,0.03 V	0.02	—	0.01	—	99.75
27	1185	0.15 Si+Fe		0.01	0.02	0.02	—	—	0.03	0.03 Ga,0.05 V	0.02	—	0.01	—	99.85
28	1285	0.08[③]	0.08[③]	0.02	0.01	0.01	—	—	0.03	0.03 Ga,0.05 V	0.02	—	0.01	—	99.85
29	1385	0.05	0.12	0.02	0.01	0.02	0.01	—	0.03	0.03 Ga,0.05 V+Ti[④]	—	—	0.01	—	99.85
30	2004	0.20	0.20	5.5~6.5	0.10	0.50	—	—	0.10	—	0.05	0.30~0.50	0.05	0.15	余量
31	2011	0.40	0.7	5.0~6.0	—	—	—	—	0.30	⑤	—	—	0.05	0.15	余量
32	2014	0.50~1.2	0.7	3.9~5.0	0.40~1.2	0.20~0.8	0.10	—	0.25	⑥	0.15	—	0.05	0.15	余量
33	2014A	0.50~0.9	0.50	3.9~5.0	0.40~1.2	0.20~0.8	0.10	0.10	0.25	—	0.15	0.20 Zr+Ti	0.05	0.15	余量
34	2214	0.50~1.2	0.30	3.9~5.0	0.40~1.2	0.20~0.8	0.10	—	0.25	⑥	0.15	—	0.05	0.15	余量
35	2017	0.20~0.8	0.7	3.5~4.5	0.40~1.0	0.40~0.8	0.10	—	0.25	⑥	0.15	—	0.05	0.15	余量
36	2017A	0.20~0.8	0.7	3.5~4.5	0.40~1.0	0.40~1.0	0.10	—	0.25	—	—	0.25 Zr+Ti	0.05	0.15	余量
37	2117	0.8	0.7	2.2~3.0	0.20	0.20~0.5	0.10	—	0.25	—	—	—	0.05	0.15	余量
38	2218	0.9	1.0	3.5~4.5	0.20	1.2~1.8	0.10	1.7~2.3	0.25	—	—	—	0.05	0.15	余量
39	2618	0.10~0.25	0.9~1.3	1.9~2.7	—	1.3~1.8	—	0.9~1.2	0.10	—	0.04~0.10	—	0.05	0.15	余量
40	2618A	0.15~0.25	0.9~1.4	1.8~2.7	0.25	1.2~1.8	—	0.8~1.4	0.15	—	0.20	0.25 Zr+Ti	0.05	0.15	余量
41	2219	0.20	0.3	5.8~6.8	0.20~0.40	0.02	—	—	0.10	0.05~0.15 V	0.02~0.10	0.10~0.25	0.05	0.15	余量
42	2519	0.25[⑦]	0.3[⑦]	5.3~6.4	0.10~0.50	0.05~0.40	—	—	0.10	0.05~0.15 V	0.02~0.10	0.10~0.25	0.05	0.15	余量
43	2024	0.50	0.50	3.8~4.9	0.30~0.9	1.2~1.8	0.10	—	0.25	⑥	0.15	—	0.05	0.15	余量
44	2024A	0.15	0.20	3.7~4.5	0.15~0.8	1.2~1.5	0.10	—	0.25	—	0.15	—	0.05	0.15	余量
45	2124	0.20	0.30	3.8~4.9	0.30~0.9	1.2~1.8	0.10	—	0.25	⑥	0.15	—	0.05	0.15	余量
46	2324	0.10	0.12	3.8~4.4	0.30~0.9	1.2~1.8	0.10	—	0.25	—	0.15	—	0.05	0.15	余量
47	2524	0.06	0.12	4.0~4.5	0.45~0.7	1.2~1.6	0.05	—	0.15	—	0.10	—	0.05	0.15	余量

续表

序号	牌号	化学成分/%(质量分数)													
		Si	Fe	Cu	Mn	Mg	Cr	Ni	Zn		Ti	Zr	其他 单个	其他 合计	Al
48	3002	0.08	0.10	0.15	0.05～0.25	0.05～0.20	—	—	0.05	0.05 V	0.03	—	0.03	0.10	余量
49	3102	0.40	0.7	0.10	0.05～0.40	—	—	—	0.30	—	0.10	—	0.05	0.15	余量
50	3003	0.6	0.7	0.05～0.20	1.0～1.5	—	—	—	0.10	—	—	—	0.05	0.15	余量
51	3103	0.50	0.7	0.10	0.9～1.5	0.30	0.10	—	0.20	①	—	0.10 Zr+Ti	0.05	0.15	余量
52	3103A	0.50	0.7	0.10	0.7～1.4	0.30	0.10	—	0.20	—	0.10	0.10 Zr+Ti	0.05	0.15	余量
53	3203	0.6	0.7	0.05	1.0～1.5	—	—	—	0.10	①	—	—	0.05	0.15	余量
54	3004	0.30	0.7	0.25	1.0～1.5	0.8～1.3	—	—	0.25	—	—	—	0.05	0.15	余量
55	3004A	0.40	0.7	0.25	0.8～1.5	0.8～1.5	0.10	—	0.25	0.03 Pb	0.05	—	0.05	0.15	余量
56	3104	0.6	0.8	0.05～0.25	0.8～1.4	0.8～1.3	—	—	0.25	0.05 Ga,0.05 V	0.10	—	0.05	0.15	余量
57	3204	0.30	0.7	0.10～0.25	0.8～1.5	0.8～1.5	—	—	0.25	—	—	—	0.05	0.15	余量
58	3005	0.6	0.7	0.30	1.0～1.5	0.20～0.6	0.10	—	0.25	—	0.10	—	0.05	0.15	余量
59	3105	0.6	0.7	0.30	0.30～0.8	0.20～0.8	0.20	—	0.40	—	0.10	—	0.05	0.15	余量
60	3105A	0.6	0.7	0.30	0.30～0.8	0.20～0.8	0.20	—	0.25	—	0.10	—	0.05	0.15	余量
61	3006	0.50	0.7	0.10～0.30	0.50～0.8	0.30～0.6	0.20	—	0.15～0.40	—	0.10	—	0.05	0.15	余量
62	3007	0.50	0.7	0.05～0.30	0.30～0.8	0.6	0.20	—	0.40	—	0.10	—	0.05	0.15	余量
63	3107	0.6	0.7	0.05～0.15	0.40～0.9	—	—	—	0.20	—	0.10	—	0.05	0.15	余量
64	3207	0.30	0.45	0.10	0.40～0.8	0.10	—	—	0.10	—	—	—	0.05	0.15	余量
65	3207A	0.35	0.6	0.25	0.30～0.8	0.40	0.20	—	0.25	—	—	—	0.05	0.15	余量
66	3307	0.6	0.8	0.30	0.50～0.9	0.30	0.20	—	0.40	—	0.10	—	0.05	0.15	余量
67	4004②	9.0～10.5	0.8	0.25	0.10	1.0～2.0	—	—	0.20	—	—	—	0.05	0.15	余量
68	4032	11.0～13.5	1.0	0.50～1.3	—	0.8～1.3	0.10	0.50～1.3	0.25	—	—	—	0.05	0.15	余量
69	4043	4.5～6.0	0.8	0.30	0.05	0.05	—	—	0.10	①	0.20	—	0.05	0.15	余量
70	4043A	4.5～6.0	0.6	0.30	0.15	0.20	—	—	0.10	①	0.15	—	0.05	0.15	余量
71	4343	6.8～8.2	0.8	0.25	0.10	—	—	—	0.20	—	—	—	0.05	0.15	余量
72	4045	9.0～11.0	0.8	0.30	0.05	0.05	—	—	0.10	—	0.20	—	0.05	0.15	余量

续表

序号	牌号	化学成分/%(质量分数)											其他		
		Si	Fe	Cu	Mn	Mg	Cr	Ni	Zn		Ti	Zr	单个	合计	Al
73	4047	11.0~13.0	0.8	0.30	0.15	0.10	—	—	0.20	①	—	—	0.05	0.15	余量
74	4047A	11.0~13.0	0.6	0.30	0.15	0.10	—	—	0.20	①	0.15	—	0.05	0.15	余量
75	5005	0.30	0.7	0.20	0.20	0.50~1.1	0.10	—	0.25	—	—	—	0.05	0.15	余量
76	5005A	0.30	0.45	0.05	0.15	0.7~1.1	0.10	—	0.20	—	—	—	0.05	0.15	余量
77	5205	0.15	0.7	0.03~0.10	0.10	0.6~1.0	0.10	—	0.05	—	—	—	0.05	0.15	余量
78	5006	0.40	0.8	0.10	0.40~0.8	0.8~1.3	0.10	—	0.25	—	0.10	—	0.05	0.15	余量
79	5010	0.40	0.7	0.25	0.10~0.30	0.20~0.6	0.15	—	0.30	—	0.10	—	0.05	0.15	余量
80	5019	0.40	0.50	0.10	0.10~0.6	4.5~5.6	0.20	—	0.20	0.10~0.6 Mn+Cr	0.20	—	0.05	0.15	余量
81	5049	0.40	0.50	0.10	0.50~1.1	1.6~2.5	0.30	—	0.20	—	0.10	—	0.05	0.15	余量
82	5050	0.40	0.7	0.20	0.10	1.1~1.8	0.10	—	0.25	—	—	—	0.05	0.15	余量
83	5050A	0.40	0.7	0.20	0.30	1.1~1.8	0.10	—	0.25	—	—	—	0.05	0.15	余量
84	5150	0.08	0.10	0.10	0.03	1.3~1.7	—	—	0.10	—	0.06	—	0.03	0.10	余量
85	5250	0.08	0.10	0.10	0.04~0.15	1.3~1.8	—	—	0.05	0.03 Ga,0.05 V	—	—	0.03	0.10	余量
86	5051	0.40	0.7	0.25	0.20	1.7~2.2	0.10	—	0.25	—	0.10	—	0.05	0.15	余量
87	5251	0.40	0.50	0.15	0.10~0.50	1.7~2.4	0.15	—	0.15	—	0.15	—	0.05	0.15	余量
88	5052	0.25	0.40	0.10	0.10	2.2~2.8	0.15~0.35	—	0.10	—	—	—	0.05	0.15	余量
89	5154	0.25	0.40	0.10	0.10	3.1~3.9	0.15~0.35	—	0.20	①	0.20	—	0.05	0.15	余量
90	5154A	0.50	0.50	0.10	0.50	3.1~3.9	0.25	—	0.20	0.10~0.50 Mn+Cr①	0.20	—	0.05	0.15	余量
91	5454	0.25	0.40	0.10	0.50~1.0	2.4~3.0	0.05~0.20	—	0.25	—	0.20	—	0.05	0.15	余量
92	5554	0.25	0.40	0.10	0.50~1.0	2.4~3.0	0.05~0.20	—	0.25	①	0.05~0.20	—	0.05	0.15	余量
93	5754	0.40	0.40	0.10	0.50	2.6~3.6	0.30	—	0.20	0.10~0.6 Mn+Cr	0.15	—	0.05	0.15	余量
94	5056	0.30	0.40	0.10	0.05~0.20	4.5~5.6	0.05~0.20	—	0.10	—	—	—	0.05	0.15	余量
95	5356	0.25	0.40	0.10	0.05~0.20	4.5~5.5	0.05~0.20	—	0.10	①	0.06~0.20	—	0.05	0.15	余量
96	5456	0.25	0.40	0.10	0.50~1.0	4.7~5.5	0.05~0.20	—	0.25	—	0.20	—	0.05	0.15	余量
97	5059	0.45	0.50	0.25	0.6~1.2	5.0~6.0	0.25	—	0.40~0.9	—	0.20	0.05~0.25	0.05	0.15	余量

续表

序号	牌号	化学成分/%(质量分数)													
		Si	Fe	Cu	Mn	Mg	Cr	Ni	Zn		Ti	Zr	其他 单个	其他 合计	Al
98	5082	0.20	0.35	0.15	0.15	4.0～5.0	0.15	—	0.25	—	0.10	—	0.05	0.15	余量
99	5182	0.20	0.35	0.15	0.20～0.50	4.0～5.0	0.10	—	0.25	—	0.10	—	0.05	0.15	余量
100	5083	0.40	0.40	0.10	0.40～1.0	4.0～4.9	0.05～0.25	—	0.25	—	0.15	—	0.05	0.15	余量
101	5183	0.40	0.40	0.10	0.50～1.0	4.3～5.2	0.05～0.25	—	0.25	—	0.15	—	0.05	0.15	余量
102	5383	0.25	0.25	0.20	0.7～1.0	4.0～5.2	0.25	—	0.40	—	0.15	0.20	0.05	0.15	余量
103	5086	0.40	0.50	0.10	0.20～0.7	3.5～4.5	0.05～0.25	—	0.25	—	0.15	—	0.05	0.15	余量
104	6101	0.30～0.7	0.50	0.10	0.03	0.35～0.8	0.03	—	0.10	0.06 B	—	—	0.03	0.10	余量
105	6101A	0.30～0.7	0.40	0.05	—	0.40～0.9	—	—	—	—	—	—	0.03	0.10	余量
106	6101B	0.30～0.6	0.10～0.30	0.05	0.05	0.35～0.6	—	—	0.10	—	—	—	0.03	0.10	余量
107	6201	0.50～0.9	0.50	0.10	0.03	0.6～0.9	0.03	—	0.10	0.06 B	—	—	0.03	0.10	余量
108	6005	0.6～0.9	0.35	0.10	0.10	0.40～0.6	0.10	—	0.10	—	0.10	—	0.05	0.15	余量
109	6005A	0.5～0.9	0.35	0.30	0.50	0.40～0.7	0.30	—	0.20	0.2～0.50 Mn+Cr	0.10	—	0.05	0.15	余量
110	6105	0.6～1.0	0.35	0.10	0.15	0.45～0.8	0.10	—	0.10	—	0.10	—	0.05	0.15	余量
111	6106	0.30～0.6	0.35	0.25	0.05～0.20	0.40～0.8	0.20	—	0.10	—	—	—	0.05	0.15	余量
112	6009	0.6～1.0	0.50	0.15～0.6	0.20～0.8	0.40～0.8	0.10	—	0.25	—	0.10	—	0.05	0.15	余量
113	6010	0.8～1.2	0.50	0.15～0.6	0.20～0.8	0.6～1.0	0.10	—	0.25	—	0.10	—	0.05	0.15	余量
114	6111	0.6～1.1	0.40	0.50～0.9	0.10～0.45	0.50～1.0	0.10	—	0.15	—	0.10	—	0.05	0.15	余量
115	6016	1.0～1.5	0.50	0.20	0.20	0.25～0.6	0.10	—	0.20	—	0.15	—	0.05	0.15	余量
116	6043	0.40～0.9	0.50	0.30～0.9	0.35	0.6～1.2	0.15	—	0.20	0.40～0.7 Bi 0.20～0.40 Sn	0.15	—	0.05	0.15	余量
117	6351	0.7～1.3	0.50	0.10	0.40～0.8	0.40～0.8	—	—	0.20	—	0.20	—	0.05	0.15	余量
118	6060	0.30～0.6	0.10～0.30	0.10	0.10	0.35～0.6	0.05	—	0.15	—	0.10	—	0.05	0.15	余量
119	6061	0.40～0.8	0.7	0.15～0.40	0.15	0.8～1.2	0.04～0.35	—	0.25	—	0.15	—	0.05	0.15	余量
120	6061A	0.40～0.8	0.7	0.15～0.40	0.15	0.8～1.2	0.04～0.35	—	0.25	⑧	0.15	—	0.05	0.15	余量
121	6262	0.40～0.8	0.7	0.15～0.40	0.15	0.8～1.2	0.04～0.14	—	0.25	⑨	0.15	—	0.05	0.15	余量

续表

序号	牌号	化学成分/%(质量分数)													
		Si	Fe	Cu	Mn	Mg	Cr	Ni	Zn		Ti	Zr	其他		Al
													单个	合计	
122	6063	0.20～0.6	0.35	0.10	0.10	0.45～0.9	0.10	—	0.10	—	0.10	—	0.05	0.15	余量
123	6063A	0.30～0.6	0.15～0.35	0.10	0.15	0.6～0.9	0.05	—	0.15	—	0.10	—	0.05	0.15	余量
124	6463	0.20～0.6	0.15	0.20	0.05	0.45～0.9	—	—	0.05	—	—	—	0.05	0.15	余量
125	6463A	0.20～0.6	0.15	0.25	0.05	0.30～0.9	—	—	0.05	—	—	—	0.05	0.15	余量
126	6070	1.0～1.7	0.50	0.15～0.40	0.40～1.0	0.5～1.2	0.10	—	0.25	—	0.15	—	0.05	0.15	余量
127	6181	0.8～1.2	0.45	0.10	0.15	0.6～1.0	0.10	—	0.20	—	0.10	—	0.05	0.15	余量
128	6181A	0.7～1.1	0.15～0.50	0.25	0.40	0.6～1.0	0.15	—	0.30	0.10 V	0.25	—	0.05	0.15	余量
129	6082	0.7～1.3	0.50	0.10	0.40～1.0	0.6～1.2	0.25	—	0.20	—	0.10	—	0.05	0.15	余量
130	6082A	0.7～1.3	0.50	0.10	0.40～1.0	0.6～1.2	0.25	—	0.20	⑧	0.10	—	0.05	0.15	余量
131	7001	0.35	0.40	1.6～2.6	0.20	2.6～3.4	0.18～0.35	—	6.8～8.0	—	0.20	—	0.05	0.15	余量
132	7003	0.30	0.35	0.20	0.30	0.50～1.0	0.20	—	5.0～6.5	—	0.20	0.05～0.25	0.05	0.15	余量
133	7004	0.25	0.35	0.05	0.20～0.7	1.0～2.0	0.05	—	3.8～4.6	—	0.05	0.10～0.20	0.05	0.15	余量
134	7005	0.35	0.40	0.10	0.20～0.7	1.0～1.8	0.06～0.20	—	4.0～5.0	—	0.01～0.06	0.08～0.20	0.05	0.15	余量
135	7020	0.35	0.40	0.20	0.05～0.50	1.0～1.4	0.10～0.35	—	4.0～5.0	⑩	—	—	0.05	0.15	余量
136	7021	0.25	0.40	0.25	0.10	1.2～1.8	0.05	—	5.0～6.0	—	0.10	0.08～0.18	0.05	0.15	余量
137	7022	0.50	0.50	0.50～1.0	0.10～0.40	2.6～3.7	0.10～0.30	—	4.3～5.2	—	—	0.20 Ti+Zr	0.05	0.15	余量
138	7039	0.30	0.40	0.10	0.10～0.40	2.3～3.3	0.15～0.25	—	3.5～4.5	—	0.10	—	0.05	0.15	余量
139	7049	0.25	0.35	1.2～1.9	0.20	2.0～2.9	0.10～0.22	—	7.2～8.2	—	0.10	—	0.05	0.15	余量
140	7049A	0.40	0.50	1.2～1.9	0.50	2.1～3.1	0.05～0.25	—	7.2～8.4	—	—	0.25 Zr+Ti	0.05	0.15	余量
141	7050	0.12	0.15	2.0～2.6	0.10	1.9～2.6	0.04	—	5.7～6.7	—	0.06	0.08～0.15	0.05	0.15	余量
142	7150	0.12	0.15	1.9～2.5	0.10	2.0～2.7	0.04	—	5.9～6.9	—	0.06	0.08～0.15	0.05	0.15	余量
143	7055	0.10	0.15	2.0～2.6	0.05	1.8～2.3	0.04	—	7.6～8.4	—	0.06	0.08～0.25	0.05	0.15	余量
144	7072②	0.7 Si+Fe		0.10	0.10	0.10	—	—	0.8～1.3	—	—	—	0.05	0.15	余量
145	7075	0.40	0.50	1.2～2.0	0.30	2.1～2.9	0.18～0.28	—	5.1～6.1	⑪	0.20	—	0.05	0.15	余量
146	7175	0.15	0.20	1.2～2.0	0.10	2.1～2.9	0.18～0.28	—	5.1～6.1	—	0.10	—	0.05	0.15	余量

续表

序号	牌号	化学成分/%(质量分数)													
		Si	Fe	Cu	Mn	Mg	Cr	Ni	Zn		Ti	Zr	其他		Al
													单个	合计	
147	7475	0.10	0.12	1.2~1.9	0.06	1.9~2.6	0.18~0.25	—	5.2~6.2	—	0.06	—	0.05	0.15	余量
148	7085	0.06	0.08	1.3~2.0	0.04	1.2~1.8	0.04	—	7.0~8.0	—	0.06	0.08~0.15	0.05	0.15	余量
149	8001	0.17	0.45~0.7	0.15	—	—	—	0.9~1.3	0.05	⑫	—	—	0.05	0.15	余量
150	8006	0.40	1.2~2.0	0.30	0.30~1.0	0.10	—	—	0.10	—	—	—	0.05	0.15	余量
151	8011	0.50~0.9	0.6~1.0	0.10	0.20	0.05	0.05	—	0.10	—	0.08	—	0.05	0.15	余量
152	8011A	0.40~0.8	0.50~1.0	0.10	0.10	0.10	0.10	—	0.10	—	0.05	—	0.05	0.15	余量
153	8014	0.30	1.2~1.6	0.20	0.20~0.6	0.10	—	—	0.10	—	0.10	—	0.05	0.15	余量
154	8021	0.15	1.2~1.7	0.05	—	—	—	—	—	—	—	—	0.05	0.15	余量
155	8021B	0.40	1.1~1.7	0.05	0.03	0.01	0.03	—	0.05	—	0.05	—	0.03	0.10	余量
156	8050	0.15~0.30	1.1~1.2	0.05	0.45~0.55	0.05	0.05	—	0.10	—	—	—	0.05	0.15	余量
157	8150	0.30	0.9~1.3	—	0.20~0.7	—	—	—	—	—	0.05	—	0.05	0.15	余量
158	8079	0.05~0.30	0.7~1.3	0.05	—	—	—	—	0.10	—	—	—	0.05	0.15	余量
159	8090	0.20	0.30	1.0~1.6	0.10	0.6~1.3	0.10	—	0.25	⑬	0.10	0.04~0.16	0.05	0.15	余量

注:1. 表中①代表焊接电极及填料焊丝的 $w(Be) \leqslant 0.0003\%$;

2. 表中②代表主要用作包覆材料;

3. 表中③代表 $w(Si+Fe) \leqslant 0.14\%$;

4. 表中④代表 $w(B) \leqslant 0.02\%$;

5. 表中⑤代表 $w(Bi)$:0.20%~0.6%,$w(Pb)$:0.20%~0.6%;

6. 表中⑥代表经供需双方协商并同意,挤压产品与锻件的 $w(Zr+Ti)$ 最大可达0.20%;

7. 表中⑦代表 $w(Si+Fe) \leqslant 0.40\%$;

8. 表中⑧代表 $w(Pb) \leqslant 0.003\%$;

9. 表中⑨代表 $w(Bi)$:0.40%~0.7%,$w(Pb)$:0.40%~0.7%;

10. 表中⑩代表 $w(Zr)$:0.08%~0.20%,$w(Zr+Ti)$:0.08%~0.25%;

11. 表中⑪代表经供需双方协商并同意,挤压产品与锻件的 $w(Zr+Ti)$ 最大可达0.25%;

12. 表中⑫代表 $w(B) \leqslant 0.001\%$,$w(Cd) \leqslant 0.003\%$,$w(Co) \leqslant 0.001\%$,$w(Li) \leqslant 0.008\%$;

13. 表中⑬代表 $w(Li)$:2.2%~2.7%。

表 4-2(2)　变形铝及铝合金、牌号和化学成分(GB/T 3190—2008)

序号	牌号	化学成分/%(质量分数)														
		Si	Fe	Cu	Mn	Mg	Cr	Ni	Zn		Ti	Zr	其他		Al	备注
													单个	合计		
1	1A99	0.003	0.003	0.005	—	—	—	—	0.001	—	0.002	—	0.002	—	99.99	LG5
2	1B99	0.001 3	0.001 5	0.003 0	—	—	—	—	0.001	—	0.001	—	0.001	—	99.993	—
3	1C99	0.001 0	0.001 0	0.001 5	—	—	—	—	0.001	—	0.001	—	0.001	—	99.995	—
4	1A97	0.015	0.015	0.005	—	—	—	—	0.001	—	0.002	—	0.005	—	99.97	LG4
5	1B97	0.015	0.030	0.005	—	—	—	—	0.001	—	0.005	—	0.005	—	99.97	—
6	1A95	0.030	0.030	0.010	—	—	—	—	0.003	—	0.008	—	0.005	—	99.95	—
7	1B95	0.030	0.040	0.010	—	—	—	—	0.003	—	0.008	—	0.005	—	99.95	—
8	1A93	0.040	0.040	0.010	—	—	—	—	0.005	—	0.010	—	0.007	—	99.93	LG3
9	1B93	0.040	0.050	0.010	—	—	—	—	0.005	—	0.010	—	0.007	—	99.93	—
10	1A90	0.060	0.060	0.010	—	—	—	—	0.008	—	0.015	—	0.01	—	99.90	LG2
11	1B90	0.060	0.060	0.010	—	—	—	—	0.008	—	0.010	—	0.01	—	99.90	—
12	1A85	0.08	0.10	0.01	—	—	—	—	0.01	—	0.01	—	0.01	—	99.85	LG1
13	1A80	0.15	0.15	0.03	0.02	0.02	—	—	0.03	0.03 Ga,0.05 V	0.03	—	0.02	—	99.80	—
14	1A80A	0.15	0.15	0.03	0.02	0.02	—	—	0.06	0.03 Ga	0.02	—	0.02	—	99.80	—
15	1A60	0.11	0.25	0.01	—	—	—	—	—	—	0.02 V+Ti +Mn+Cr	—	0.03	—	99.60	—
16	1A50	0.30	0.30	0.01	0.05	0.05	—	—	0.03	0.45 Fe+Si	—	—	0.03	—	99.50	LB2
17	1R50	0.11	0.25	0.01	—	—	—	—	—	0.03～0.30 RE	0.02 V+Ti Mn+Cr	—	0.03	—	99.50	—
18	1R35	0.25	0.35	0.05	0.03	0.03	—	—	0.05	0.10～0.25 RE, 0.05 V	0.03	—	0.03	—	99.35	—
19	1A30	0.10～0.20	0.15～0.30	0.05	0.01	0.01	—	0.01	0.02	—	0.02	—	0.03	—	99.30	L4-1
20	1B30	0.05～0.15	0.20～0.30	0.03	0.12～0.18	0.03	—	—	0.03	—	0.02～0.05	—	0.03	—	99.30	—
21	2A01	0.50	0.50	2.2～3.0	0.20	0.20～0.50	—	—	0.10	—	0.15	—	0.05	0.10	余量	LY1
22	2A02	0.30	0.30	2.6～3.2	0.45～0.7	2.0～2.4	—	—	0.10	—	0.15	—	0.05	0.10	余量	LY2
23	2A04	0.30	0.30	3.2～3.7	0.50～0.8	2.1～2.6	—	—	0.10	0.001～0.01 Be①	0.05～0.40	—	0.05	0.10	余量	LY4

续表

序号	牌号	化学成分/%(质量分数)												Al	备注
		Si	Fe	Cu	Mn	Mg	Cr	Ni	Zn		Ti	Zr	其他 单个	其他 合计		
24	2A06	0.50	0.50	3.8~4.3	0.50~1.0	1.7~2.3	—	—	0.10	0.001~0.005 Be①	0.03~0.15	—	0.05	0.10	余量	LY6
25	2B06	0.20	0.30	3.8~4.3	0.40~0.9	1.7~2.3	—	—	0.10	0.000 2~0.005 Be	0.10	—	0.05	0.10	余量	—
26	2A10	0.25	0.20	3.9~4.5	0.30~0.50	0.15~0.30	—	—	0.10	—	0.15	—	0.05	0.10	余量	LY10
27	2A11	0.7	0.7	3.8~4.8	0.40~0.8	0.40~0.8	—	0.10	0.30	0.7 Fe+Ni	0.15	—	0.05	0.10	余量	LY11
28	2B11	0.50	0.50	3.8~4.5	0.40~0.8	0.40~0.8	—	—	0.10	—	0.15	—	0.05	0.10	余量	LY8
29	2A12	0.50	0.50	3.8~4.9	0.30~0.9	1.2~1.8	—	0.10	0.30	0.50 Fe+Ni	0.15	—	0.05	0.10	余量	LY12
30	2B12	0.50	0.50	3.8~4.5	0.30~0.7	1.2~1.6	—	—	0.10	—	0.15	—	0.05	0.10	余量	LY9
31	2D12	0.20	0.30	3.8~4.9	0.30~0.9	1.2~1.8	—	0.05	0.10	—	0.10	—	0.05	0.10	余量	—
32	2E12	0.06	0.12	4.0~4.6	0.40~0.7	1.2~1.8	—	—	0.15	0.000 2~0.005 Be	0.10	—	0.10	0.15	余量	—
33	2A13	0.7	0.6	4.0~5.0	—	0.30~0.50	—	—	0.6	—	0.15	—	0.05	0.10	余量	LY13
34	2A14	0.6~1.2	0.7	3.9~4.8	0.40~1.0	0.40~0.8	—	0.10	0.30	—	0.15	—	0.05	0.10	余量	LD10
35	2A16	0.30	0.30	6.0~7.0	0.40~0.8	0.05	—	—	0.10	—	0.10~0.20	0.20	0.05	0.10	余量	LY16
36	2B16	0.25	0.30	5.8~6.8	0.20~0.40	0.05	—	—	—	0.05~0.15 V	0.08~0.20	0.10~0.25	0.05	0.10	余量	LY16-1
37	2A17	0.30	0.30	6.0~7.0	0.40~0.8	0.25~0.45	—	—	0.10	—	0.10~0.20	—	0.05	0.10	余量	LY17
38	2A20	0.20	0.30	5.8~6.8	—	0.02	—	—	0.10	0.05~0.15 V 0.001~0.01 B	0.07~0.16	0.10~0.25	0.05	0.15	余量	LY20
39	2A21	0.20	0.20~0.6	3.0~4.0	0.05	0.8~1.2	—	1.8~2.3	0.20	—	0.05	—	0.05	0.15	余量	—
40	2A23	0.05	0.06	1.8~2.8	0.20~0.6	0.6~1.2	—	—	0.15	0.30~0.9 Li	0.15	0.06~0.16	0.10	0.15	余量	—
41	2A24	0.20	0.30	3.8~4.8	0.6~0.9	1.2~1.8	0.10	—	0.25	—	0.20 Ti+Zr	0.08~0.12	0.05	0.15	余量	—
42	2A25	0.06	0.06	3.6~4.2	0.50~0.7	1.0~1.5	—	0.06	—	—	—	—	0.05	0.10	余量	—
43	2B25	0.05	0.15	3.1~4.0	0.20~0.8	1.2~1.8	—	0.15	0.10	0.000 3~0.000 8 Be	0.03~0.07	0.08~0.25	0.05	0.10	余量	—
44	2A39	0.05	0.06	3.4~5.0	0.30~0.8	0.30~0.8	—	—	0.30	0.30~0.6 Ag	0.15	0.10~0.25	0.10	0.15	余量	—
45	2A40	0.25	0.35	4.5~5.2	0.40~0.6	0.50~1.0	0.10~0.20	—	—	—	0.04~0.12	0.10~0.25	0.05	0.15	余量	—
46	2A49	0.25	0.8~1.2	3.2~3.8	0.30~0.6	1.8~2.2	—	0.8~1.2	—	—	0.08~0.12	—	0.05	0.15	余量	—
47	2A50	0.7~1.2	0.7	1.8~2.6	0.40~0.8	0.40~0.8	—	0.10	0.30	0.7 Fe+Ni	0.15	—	0.05	0.10	余量	LD5

续表

序号	牌号	化学成分/%(质量分数)											其他		Al	备注
		Si	Fe	Cu	Mn	Mg	Cr	Ni	Zn		Ti	Zr	单个	合计		
48	2B50	0.7~1.2	0.7	1.8~2.6	0.40~0.8	0.40~0.8	0.01~0.20	0.10	0.30	0.7 Fe+Ni	0.02~0.10	—	0.05	0.10	余量	LD6
49	2A70	0.35	0.9~1.5	1.9~2.5	0.20	1.4~1.8	—	0.9~1.5	0.30	—	0.02~0.10	—	0.05	0.10	余量	LD7
50	2B70	0.25	0.9~1.4	1.8~2.7	0.20	1.2~1.8	—	0.8~1.4	0.15	0.05 Pb,0.05 Sn	0.10	0.20 Ti+Zr	0.05	0.15	余量	—
51	2D70	0.10~0.25	0.9~1.4	2.0~2.6	0.10	1.2~1.8	0.10	0.9~1.4	0.10	—	0.05~0.10	—	0.05	0.10	余量	—
52	2A80	0.50~1.2	1.0~1.6	1.9~2.5	0.20	1.4~1.8	—	0.9~1.5	0.30	—	0.15	—	0.05	0.10	余量	LD8
53	2A90	0.50~1.0	0.50~1.0	3.5~4.5	0.20	0.40~0.8	—	1.8~2.3	0.30	—	0.15	—	0.05	0.10	余量	LD9
54	2A97	0.15	0.15	2.0~3.2	0.20~0.6	0.25~0.50	—	—	0.17~1.0	0.001~0.10 Be 0.8~2.3 Li	0.001~0.10	0.08~0.20	0.05	0.15	余量	—
55	3A21	0.6	0.7	0.20	1.0~1.6	0.05	—	—	0.10②	—	0.15	—	0.05	0.10	余量	LF21
56	4A01	4.5~6.0	0.6	0.20	—	—	—	—	0.10 Zn+Sn	—	0.15	—	0.05	0.15	余量	LT1
57	4A11	11.5~13.5	1.0	0.50~1.3	0.20	0.8~1.3	0.10	0.50~1.3	0.25	—	0.15	—	0.05	0.15	余量	LD11
58	4A13	6.8~8.2	0.50	0.15 Cu+Zn	0.50	0.05	—	—	—	0.10 Ga	0.15	—	0.05	0.15	余量	LT13
59	4A17	11.0~12.5	0.50	0.15 Cu+Zn	0.50	0.05	—	—	—	0.10 Ga	0.15	—	0.05	0.15	余量	LT17
60	4A91	1.0~4.0	0.7	0.7	1.2	1.0	0.20	0.20	1.2	—	0.20	—	0.05	0.15	余量	—
61	5A01	0.4 Si+Fe		0.10	0.30~0.7	6.0~7.0	0.10~0.20	—	0.25	—	0.15	0.10~0.20	0.05	0.15	余量	LF15
62	5A02	0.4	0.40	0.10	或 Cr 0.15 ~0.40	2.0~2.8	—	—	—	0.6 Si+Fe	0.15	—	0.05	0.15	余量	LF2
63	5B02	0.40	0.40	0.10	0.20~0.6	1.8~2.6	0.05	—	0.20	—	0.10	—	0.05	0.10	余量	—
64	5A03	0.50~0.8	0.50	0.10	0.30~0.6	3.2~3.8	—	—	0.20	—	0.15	—	0.05	0.10	余量	LF3
65	5A05	0.50	0.50	0.10	0.30~0.6	4.8~5.5	—	—	0.20	—	—	—	0.05	0.10	余量	LF5
66	5B05	0.40	0.40	0.20	0.20~0.6	4.7~5.7	—	—	—	0.6 Si+Fe	0.15	—	0.05	0.10	余量	LF10
67	5A06	0.40	0.40	0.10	0.50~0.8	5.8~6.8	—	—	0.20	0.000 1~0.005 Be①	0.02~0.10	—	0.05	0.10	余量	LF6
68	5B06	0.40	0.40	0.10	0.50~0.8	5.8~6.8	—	—	0.20	0.000 1~0.005 Be①	0.10~0.30	—	0.05	0.10	余量	LF14
69	5A12	0.30	0.30	0.05	0.40~0.8	8.3~9.6	—	0.10	0.20	0.005 Be 0.004~0.05 Sb	0.05~0.15	—	0.05	0.10	余量	LF12
70	5A13	0.30	0.30	0.05	0.40~0.8	9.2~10.5	—	0.10	0.20	0.005 Be 0.004~0.05 Sb	0.05~0.15	—	0.05	0.10	余量	LF13

续表

序号	牌号	化学成分/%(质量分数)														
		Si	Fe	Cu	Mn	Mg	Cr	Ni	Zn		Ti	Zr	其他 单个	其他 合计	Al	备注
71	5A25	0.20	0.30	—	0.05~0.50	5.0~6.3	—	—	—	0.000 2~0.002 Be 0.10~0.40 Sc	0.10	0.06~0.20	0.10	0.15	余量	—
72	5A30	0.40 Si+Fe		0.10	0.50~1.0	4.7~5.5	—	—	0.25	0.05~0.20 Cr	0.03~0.15	—	0.05	0.10	余量	LF16
73	5A33	0.35	0.35	0.10	0.10	6.0~7.5	—	—	0.50~1.5	0.000 5~0.005 Be①	0.05~0.15	0.10~0.30	0.05	0.10	余量	LF13
74	5A41	0.40	0.40	0.10	0.30~0.6	6.0~7.0	—	—	0.20	—	0.02~0.10	—	0.05	0.10	余量	LT41
75	5A43	0.40	0.40	0.10	0.15~0.40	0.6~1.4	—	—	—	—	0.15	—	0.05	0.15	余量	LT43
76	5A56	0.15	0.20	0.10	0.30~0.40	5.5~6.5	0.10~0.20	—	0.50~1.0	—	0.10~0.18	—	0.05	0.15	余量	—
77	5A66	0.005	0.01	0.005	—	1.5~2.0	—	—	—	—	—	—	0.005	0.01	余量	LT66
78	5A70	0.15	0.25	0.05	0.30~0.7	5.5~6.3	—	—	0.05	0.15~0.30 Sc 0.000 5~0.005 Be	0.02~0.05	0.05~0.15	0.05	0.15	余量	—
79	5B70	0.10	0.20	0.05	0.15~0.40	5.5~6.5	—	—	0.05	0.20~0.40 Sc 0.000 5~0.005 Be	0.02~0.05	0.10~0.20	0.05	0.15	余量	—
80	5A71	0.20	0.30	0.05	0.30~0.7	5.8~6.8	0.10~0.20	—	0.05	0.20~0.35 Sc 0.000 5~0.005 Be	0.05~0.15	0.05~0.15	0.05	0.15	余量	—
81	5B71	0.20	0.30	0.10	0.30	5.8~6.8	0.30	—	0.30	0.30~0.50 Sc 0.000 5~0.005 Be 0.003 B	0.02~0.05	0.08~0.15	0.05	0.15	余量	—
82	5A90	0.15	0.20	0.05	—	4.5~6.0	—	—	—	0.005 Na 1.9~2.3 Li	0.10	0.08~0.15	0.05	0.15	余量	—
83	6A01	0.40~0.9	0.35	0.35	0.50	0.40~0.8	0.30	—	0.25	0.50 Mn+Cr	—	—	0.05	0.10	余量	6N01
84	6A02	0.50~1.2	0.50	0.20~0.6	或Cr0.15~0.35	0.45~0.9	—	—	0.20	—	0.15	—	0.05	0.10	余量	LD2
85	6B02	0.7~1.1	0.40	0.10~0.40	0.10~0.30	0.40~0.8	—	—	0.15	—	0.01~0.04	—	0.05	0.10	余量	LD2-1
86	6R05	0.40~0.9	0.30~0.50	0.15~0.25	0.10	0.20~0.6	0.10	—	—	0.10~0.20 RE	0.10	—	0.05	0.15	余量	—
87	6A10	0.7~1.1	0.50	0.30~0.8	0.30~0.9	0.7~1.1	0.05~0.25	—	0.20	—	0.02~0.10	0.04~0.20	0.05	0.15	余量	—
88	6A15	0.50~0.7	0.50	0.15~0.35	—	0.45~0.6	—	—	0.25	0.15~0.35 Sn	0.01~0.04	—	0.05	0.15	余量	—
89	6A60	0.7~1.1	0.30	0.6~0.8	0.50~0.7	0.7~1.0	—	—	0.20~0.40	0.30~0.50 Ag	0.04~0.12	0.10~0.20	0.05	0.15	余量	—
90	7A01	0.30	0.30	0.01	—	—	—	—	0.9~1.3	0.45 Si+Fe	—	—	0.03	—	余量	LB1

续表

序号	牌号	化学成分/%(质量分数)														
		Si	Fe	Cu	Mn	Mg	Cr	Ni	Zn		Ti	Zr	其他		Al	备注
													单个	合计		
91	7A03	0.20	0.20	1.8~2.4	0.10	1.2~1.6	0.05	—	6.0~6.7	—	0.02~0.08	—	0.05	0.10	余量	LC3
92	7A04	0.50	0.50	1.4~2.0	0.20~0.6	1.8~2.8	0.10~0.25	—	5.0~7.0	—	0.10	—	0.05	0.10	余量	LC4
93	7B04	0.10	0.05~0.25	1.4~2.0	0.20~0.6	1.8~2.8	0.10~0.25	0.10	5.0~6.5	—	0.05	—	0.05	0.10	余量	—
94	7C04	0.30	0.30	1.4~2.0	0.30~0.50	2.0~2.6	0.10~0.25	—	5.5~6.5	—	—	—	0.05	0.10	余量	—
95	7D04	0.10	0.15	1.4~2.2	0.10	2.0~2.6	0.05	—	5.5~6.7	0.02~0.07 Be	0.10	0.08~0.16	0.05	0.10	余量	—
96	7A05	0.25	0.25	0.20	0.15~0.40	1.1~1.7	0.05~0.15	—	4.4~5.0	—	0.02~0.06	0.10~0.25	0.05	0.15	余量	—
97	7B05	0.30	0.35	0.20	0.20~0.7	1.0~2.0	0.30	—	4.0~5.0	0.10 V	0.20	0.25	0.05	0.10	余量	7N01
98	7A09	0.50	0.50	1.2~2.0	0.15	2.0~3.0	0.16~0.30	—	5.1~6.1	—	0.10	—	0.05	0.10	余量	LC9
99	7A10	0.30	0.30	0.50~1.0	0.20~0.35	3.0~4.0	0.10~0.20	—	3.2~4.2	—	0.10	—	0.05	0.10	余量	LC10
100	7A12	0.10	0.06~0.15	0.8~1.2	0.10	1.6~2.2	0.05	—	6.3~7.2	0.0001~0.002 Be	0.03~0.06	0.10~0.18	0.05	0.10	余量	—
101	7A15	0.50	0.50	0.50~1.0	0.10~0.40	2.4~3.0	0.10~0.30	—	4.4~5.4	0.005~0.01 Be	0.05~0.15	—	0.05	0.15	余量	LC15
102	7A19	0.30	0.40	0.08~0.30	0.30~0.50	1.3~1.9	0.10~0.20	—	4.5~5.3	0.0001~0.004 Be①	—	0.08~0.20	0.05	0.15	余量	LC19
103	7A31	0.30	0.6	0.10~0.40	0.20~0.40	2.5~3.3	0.10~0.20	—	3.6~4.5	0.0001~0.001 Be①	0.02~0.10	0.08~0.25	0.05	0.15	余量	—
104	7A33	0.25	0.30	0.25~0.55	0.05	2.2~2.7	0.10~0.20	—	4.6~5.4	—	0.05	—	0.05	0.10	余量	—
105	7B50	0.12	0.15	1.8~2.6	0.10	2.0~2.8	0.04	—	6.0~7.0	0.0002~0.002 Be	0.10	0.08~0.16	0.10	0.15	余量	—
106	7A52	0.25	0.30	0.05~0.20	0.20~0.50	2.0~2.8	0.15~0.25	—	4.0~4.8	—	0.05~0.18	0.05~0.15	0.05	0.15	余量	LC52
107	7A55	0.10	0.10	1.8~2.5	0.05	1.8~2.8	0.04	—	7.5~8.5	—	0.01~0.05	0.08~0.20	0.10	0.15	余量	—
108	7A68	0.15	0.35	2.0~2.6	0.15~0.40	1.6~2.5	0.10~0.20	—	6.5~7.2	0.005 Be	0.05~0.20	0.05~0.20	0.05	0.15	余量	—
109	7B68	0.05	0.05	2.0~2.6	0.05	1.8~2.8	0.04	—	7.8~9.0	—	0.01~0.05	0.08~0.25	0.10	0.15	余量	—
110	7D68	0.12	0.25	2.0~2.6	0.10	2.3~3.0	0.05	—	8.0~9.0	0.0002~0.002 Be	0.03	0.10~0.20	0.05	0.10	余量	7A60
111	7A85	0.05	0.08	1.2~2.0	0.10	1.2~2.0	0.05	—	7.0~8.2	—	0.05	0.08~0.16	0.05	0.15	余量	—
112	7A88	0.50	0.75	1.0~2.0	0.20~0.6	1.5~2.8	0.05~0.20	0.20	4.5~6.0	—	0.10	—	0.10	0.20	余量	—
113	8A01	0.05~0.30	0.18~0.40	0.15~0.35	0.08~0.35	—	—	—	—	—	0.01~0.03	—	0.05	0.15	余量	—
114	8A06	0.55	0.50	0.10	0.10	0.10	—	—	0.10	1.0 Si+Fe	—	—	0.05	0.15	余量	L6

注:1. 表中①表示铍含量均按规定加入,可不作分析;

2. 表中②表示做铆钉线材的 3A21 合金,锌含量不大于 0.03%。

表 4-3　　变形铝及铝合金的新旧牌号对照表

表 4-2 所涉字符牌号	曾用牌号	表 4-2 所涉字符牌号	曾用牌号	表 4-2 所涉字符牌号	曾用牌号
1A99	LG5	2A21	214	5A66	LT66
1B99	—	2A23	—	5A70	—
1C99	—	2A24	—	5B70	—
1A97	LG4	2A25	225	5A71	—
1B97	—	2B25	—	5B71	—
1A95	—	2A39	—	5A90	—
1B95	—	2A40	—	6A01	6N01
1B93	LG3	2A49	149	6A02	LD2
1B93	—	2A50	LD5	6B02	LD2-1
1A90	LG2	2B50	LD6	6R05	—
1B90	—	2A70	LD7	6A10	—
1A85	LG1	2B70	LD7-1	6A51	651
1A80	—	2D70	—	6A60	—
1A80A	—	2A80	LD8	7A01	LB1
1A60	—	2A90	LD9	7A03	LC3
1A50	LB2	2A97	—	7A04	LC4
1R50	—	3A21	LF21	7B04	—
1R35	—	4A01	LT1	7C04	—
1A30	L4-1	4A11	LD11	7D04	—
1B30	—	4A13	LT13	7A05	705
2A01	LY1	4A17	LT17	7B05	7N01
2A02	LY2	4A91	491	7A09	LC9
2A04	LY4	5A01	2102、LF15	7A10	LC10
2A06	LY6	5A02	LF2	7A12	—
2B06	—	5B02	—	7A15	LC15、157
2A10	LY10	5A03	LF3	7A19	919、LC19
2A11	LY11	5A05	LF5	7A31	183-1
2B11	LY8	5B05	LF10	7A33	LB733
2A12	LY12	5A06	LF6	7B50	—
2B12	LY9	5B06	LF14	7A52	LC52、5210
2D12	—	5A12	LF12	7A55	—
2E12	—	5A13	LF13	7A68	—
2A13	LY13	5A25	—	7B68	—
2A14	LD10	5A30	2103、LF16	7D68	7A60
2A16	LY16	5A33	LF33	7A85	—
2B16	LY16-1	5A41	LF41	7A88	—
2A17	LY17	5A43	LF43	8A01	—
2A20	LY20	5A56	—	8A06	L6

(3)铸造铝及铝合金

1)铸造铝合金锭

供铸造铝合金铸件用的铸造铝合金锭，共 69 个牌号，化学成分如表 4-4 所示。

表 4-4 铸造铝合金锭的牌号和化学成分(GB/8733—2007)

序号	合金牌号	对应 ISO 3522:2006(E)的合金类型	化学成分/%(质量分数)														原合金代号
			Si	Fe	Cu	Mn	Mg	Ni	Zn	Sn	Ti	Zr	Pb	其他杂质[a] 单个	其他杂质[a] 合计	Al[b]	
1	201Z.1	Alcu	0.30	0.20	4.5~5.3	0.6~1.0	0.05	0.10	0.20	—	0.15~0.35	0.20	—	0.05	0.15	余量	ZLD201
2	201Z.2		0.05	0.10	4.8~5.3	0.6~1.0	0.05	0.05	0.10	—	0.15~0.35	0.15	—	0.05	0.15		ZLD201A
3	201Z.3		0.20	0.15	4.5~5.1	0.35~0.8	0.05	—	—	Cd 0.07~0.25	0.15~0.35	0.15	—	0.05	0.15		ZLD210A
4	201Z.4		0.05	0.13	4.6~5.3	0.6~0.9	0.05	—	0.10	Cd 0.15~0.25	0.15~0.35	0.15	—	0.05	0.15		ZLD204A
5	201Z.5		0.05	0.10	4.6~5.3	0.30~0.50	0.05	B 0.01~0.06	0.10	Cd 0.15~0.25	0.15~0.35	0.05~0.20	V 0.05~0.30	0.05	0.15		ZLD205A
6	210Z.1		4.0~6.0	0.50	5.0~8.0	0.50	0.30~0.50	0.30	0.50	0.01	—	—	0.05	0.05	0.20		ZLD110
7	295Z.1		1.2	0.6	4.0~5.0	0.10	0.03	—	0.20	0.01	0.20	0.10	0.05	0.05	0.15		ZLD203
8	304Z.1	AlSiMgTi	1.6~2.4	0.50	0.080	0.30~0.50	0.50~0.65	0.05	0.10	0.05	0.07~0.15	—	0.05	0.05	0.15		—
9	312Z.1	AlSi12Cu	11.0~13.0	0.40	1.0~2.0	0.30~0.9	0.50~1.0	0.30	0.20	0.01	0.20	—	0.05	0.05	0.20		ZLD108
10	315Z.1	(AlSi5ZnMg)	4.8~6.2	0.25	0.10	0.10	0.45~0.7	Sb 0.10~0.25	1.2~1.8	0.01	—	—	0.05	0.05	0.20		ZLD115
11	319Z.1	AlSi5Cu	4.0~6.0	0.7	3.0~4.5	0.55	0.25	0.30	0.55	0.05	0.20	Cr 0.15	0.15	0.05	0.20		—
12	319Z.2		5.0~7.0	0.8	2.0~4.0	0.50	0.50	0.35	1.0	0.10	0.20	Cr 0.20	0.20	0.10	0.30		—
13	319Z.3		6.5~7.5	0.40	3.5~4.5	0.30	0.10	—	0.20	0.01	—	—	0.05	0.05	0.20		ZLD107
14	328Z.1	AlSi9Cu	7.5~8.5	0.50	1.0~1.5	0.30~0.50	0.35~0.55	—	0.20	0.01	0.10~0.25	—	0.05	0.05	0.20		ZLD106
15	333Z.1	AlSi9Cu	7.0~10.0	0.8	2.0~4.0	0.50	0.35	0.35	1.0	0.10	0.20	Cr 0.20	0.20	0.10	0.30		—
16	336Z.1	AlSiCuNiMg	11.0~13.0	0.40	0.50~1.5	0.20	0.9~1.5	0.8~1.5	0.20	0.01	0.20	—	0.05	0.05	0.20		ZLD109
17	336Z.2	AlSiCuNiMg	11.0~13.0	0.7	0.8~1.3	0.15	0.8~1.3	0.8~1.5	0.15	0.05	0.20	Cr 0.10	0.05	0.05	0.20		—
18	354Z.1	AlSi9Cu	8.0~10.0	0.35	1.3~1.8	0.10~0.35	0.45~0.65	—	0.10	0.01	0.10~0.35	—	0.05	0.05	0.20		ZLD111
19	355Z.1	AlSi5Cu	4.5~5.5	0.45	1.0~1.5	0.50	0.45~0.65	Be 0.10	0.20	0.01	Ti+Zr 0.15	—	0.05	0.05	0.15		ZLD105
20	355Z.2		4.5~5.5	0.15	1.0~1.5	0.10	0.50~0.65	—	0.10	0.01	—	—	0.05	0.05	0.15		ZLD105A
21	356Z.1		6.5~7.5	0.45	0.20	0.35	0.30~0.50	Be 0.10	0.20	0.01	Ti+Zr 0.15	—	0.05	0.05	0.15		ZLD101
22	356Z.2	AlSi7Mg	6.5~7.5	0.12	0.10	0.05	0.30~0.50	0.05	0.05	0.01	0.08~0.20	—	0.05	0.05	0.15		ZLD101A
23	356Z.3		6.5~7.5	0.12	0.05	0.05	0.30~0.50	—	0.05	—	0.10~0.20	—	—	0.05	0.15		—
24	356Z.4		6.8~7.3	0.10	0.02	0.02	0.30~0.40	Sr 0.020~0.035	0.10	—	0.10~0.15	Ca 0.003	—	0.05	0.15		—
25	356Z.5		6.5~7.5	0.15	0.20	0.05	0.30~0.45	—	0.10	—	0.10~0.20	—	—	0.05	0.15		—

续表

序号	合金牌号	对应 ISO 3522:2006(E)的合金类型	化学成分/%(质量分数)											其他杂质[a]		Al[b]	原合金代号
			Si	Fe	Cu	Mn	Mg	Ni	Zn	Sn	Ti	Zr	Pb	单个	合计		
26	356Z.6	ALSi7Mg	6.5~7.5	0.40	0.20	0.6	0.25~0.40	0.05	0.30	0.05	0.20	—	0.05	0.05	0.15	余量	—
27	356Z.7		6.5~7.5	0.15	0.10	0.10	0.50~0.65	—	—	—	0.10~0.20	—	—	0.05	0.15		ZLD114A
28	356Z.8		6.5~8.5	0.50	0.30	0.10	0.40~0.6	Be 0.15~0.40	0.30	0.01	0.10~0.30	Zr 0.20,B 0.10	0.05	0.05	0.20		ZLD116
29	A356.2		6.5~7.5	0.12	0.10	0.05	0.30~0.45	—	0.05	—	0.20	—	—	0.05	0.15		—
30	360Z.1	AlSi10Mg	9.0~11.0	0.40	0.03	0.45	0.25~0.45	0.05	0.10	0.05	0.15	—	0.05	0.05	0.15		—
31	360Z.2		9.0~11.0	0.45	0.08	0.45	0.25~0.45	0.05	0.10	0.05	0.15	—	0.05	0.05	0.15		—
32	360Z.3		9.0~11.0	0.55	0.30	0.55	0.25~0.45	0.15	0.35	—	0.15	—	0.10	0.05	0.15		—
33	360Z.4		9.0~11.0	0.45~0.9	0.08	0.55	0.25~0.50	0.15	0.15	0.05	0.15	—	0.15	0.05	0.15		—
34	360Z.5		9.0~10.0	0.15	0.03	0.10	0.30~0.45	—	0.07	—	0.15	—	—	0.03	0.10		—
35	360Z.6		8.0~10.5	0.45	0.10	0.20~0.50	0.20~0.35	—	0.25	0.01	Ti+Zr 0.15	—	0.05	0.05	0.20		ZLD104
36	360Y.6		8.0~10.5	0.8	0.30	0.20~0.50	0.20~0.35	—	0.10	0.01	Ti+Zr 0.15	—	0.05	0.05	0.20		YLD104
37	A360.1		9.0~10.0	1.0	0.6	0.35	0.45~0.6	0.50	0.40	0.15	—	—	—	—	0.25		—
38	A380.1	AlSi9Cu	7.5~9.5	1.0	3.0~4.0	0.50	0.10	0.50	2.9	0.35	—	—	—	—	0.50		—
39	A380.2		7.5~9.5	0.6	3.0~4.0	0.10	0.10	0.10	0.10	—	—	—	—	0.05	0.15		—
40	380Y.1	AlSi9Cu	7.5~9.5	0.9	2.5~4.0	0.6	0.30	0.50	1.0	0.20	0.20	—	0.30	0.05	0.20		LYD112
41	380Y.2		7.5~9.5	0.9	2.0~4.0	0.50	0.30	0.50	1.0	0.20	—	—	—	—	0.20		—
42	383.1		9.5~11.5	0.6~1.0	2.0~3.0	0.50	0.10	0.30	2.9	0.15	—	—	—	—	0.50		—
43	383.2		9.5~11.5	0.6~1.0	2.0~3.0	0.10	0.10	0.10	0.10	0.10	—	—	—	—	0.20		—
44	383Y.1		9.6~12.0	0.9	1.5~3.5	0.50	0.30	0.50	3.0	0.20	—	—	—	—	0.20		—
45	383Y.2		9.6~12.0	0.9	2.0~3.5	0.50	0.30	0.50	0.8	0.20	—	—	—	0.05	0.30		LYD113
46	383Y.3		9.6~12.0	0.9	1.5~3.5	0.50	0.30	0.50	1.0	0.20	—	—	—	—	0.20		—
47	390Y.1	AlSi7Cu	16.0~18.0	0.9	4.0~5.0	0.50	0.50~0.65	0.30	1.5	0.30	—	—	—	0.05	0.20		YLD117
48	398Z.1	AlSi20Cu	19~22	0.50	1.0~2.0	0.30~0.50	0.50~0.8	RE 0.6~1.5	0.10	0.01	0.20	0.10	0.05	0.05	0.20		ZLD118
49	411Z.1	AlSi(11)	10.0~11.8	0.15	0.03	0.10	0.45	—	0.07	—	0.15	—	—	0.03	0.20		—
50	411Z.2		8.0~11.0	0.55	0.08	0.50	0.10	0.05	0.15	0.05	0.15	—	0.05	0.05	0.15		—

续表

序号	合金牌号	对应 ISO 3522:2006(E)的合金类型	化学成分/%(质量分数)														
			Si	Fe	Cu	Mn	Mg	Ni	Zn	Sn	Ti	Zr	Pb	其他杂质[a] 单个	其他杂质[a] 合计	Al[b]	原合金代号
51	413Z.1	AlSi(12)	10.0~13.0	0.6	0.30	0.50	0.10	—	0.10	—	0.20	—	—	0.05	0.20	余量	ZLD102
52	413Z.2		10.5~13.5	0.55	0.10	0.55	0.10	0.10	0.15	—	0.15	—	0.10	0.05	0.15		—
53	413Z.3		10.5~13.5	0.40	0.03	0.35	—	—	0.10	—	0.15	—	—	0.05	0.15		—
54	413Z.4		10.5~13.5	0.45~0.9	0.08	0.55	—	—	0.15	—	0.15	—	—	0.05	0.25		—
55	413Y.1		10.0~13.0	0.9	0.30	0.40	0.25	—	0.10	—	—	0.10	—	0.05	0.20		YLD102
56	413Y.2		11.0~13.0	0.9	1.0	0.30	0.30	0.50	0.50	0.10	—	—	—	0.05	0.30		—
57	A413.1		11.0~13.0	1.0	1.0	0.35	0.10	0.50	0.40	0.15	—	—	—	—	0.25		—
58	A413.2		11.0~13.0	0.6	0.10	0.05	0.05	0.05	0.05	0.05	—	—	—	—	0.10		—
59	443.1	AlSi(5)	4.5~6.0	0.6	0.6	0.50	0.05	Cr 0.25	0.50	—	0.25	—	—	—	0.35		—
60	443.2		4.5~6.0	0.6	0.10	0.10	0.05	—	0.10	—	0.20	—	—	0.05	0.15		—
61	502Z.1	AlMg(5Si)	0.8~1.3	0.45	0.10	0.10~0.40	4.6~5.6	—	0.20	—	0.20	—	—	0.05	0.15		ZLD303
62	502Y.1		0.8~1.3	0.9	0.10	0.10~0.40	4.6~5.5	—	0.20	—	—	0.15	—	0.05	0.25		YLD302
63	508Z.1	AlMg(8)	0.20	0.25	0.10	0.10	7.6~9.0	Be 0.03~0.10	1.0~1.5	—	0.10~0.20	—	—	0.05	0.15		ZLD305
64	515Y.1	AlMg(3)	1.0	0.6	0.10	0.40~0.6	2.6~4.0	0.10	0.40	0.10	—	—	—	0.05	0.25		YLD306
65	520Z.1	AlMg(10)	0.30	0.25	0.10	0.15	9.8~11.0	0.05	0.15	0.01	0.15	0.20	0.05	0.05	0.15		ZLD301
66	701Z.1	AlZnSiMg	6.0~8.0	0.6	0.6	0.50	0.15~0.35	—	9.2~13.0	—	—	—	—	0.05	0.20		ZLD401
67	712Z.1	AlZnMg	0.30	0.40	0.25	0.10	0.55~0.70	Cr 0.40~0.6	5.2~6.5	—	0.15~0.25	—	—	0.05	0.20		ZLD402
68	901Z.1	AlMn	0.20	0.30	—	1.50~1.70	—	RE 0.03	—	—	0.15	—	—	0.05	0.15		ZLD501
69	907Z.1	AlRECuSi	1.6~2.0	0.50	3.0~3.4	0.9~1.2	0.20~0.30	0.20~0.30	0.20	RE 4.4~5.0	—	0.15~0.25	—	0.05	0.20		ZLD207

注:1. 表中含量有上下限者为合金元素;含量为单个数值者为最高限;"—"为未规定具体数值;铝为余量;

2. 表中 a 表示"其他杂质"一栏系指表中未列出或未规定具体数值的金属元素;

3. 表中 b 表示铝的质量分数为 100%与质量分数等于或大于 0.010%的所有元素含量总和的差值。

2）铝中间合金锭

表 4-5 铝中间合金锭牌号和化学成分表（YS/T 282—2000）

序号	牌号	化学成分/%																								物理性能	
		合金元素												杂质 不大于												熔化温度/℃	特性
		Cu	Si	Mn	Ti	Ni	Cr	B	Zr	Sb	Fe	Be	Al	Cu	Si	Mn	Ti	Ni	Cr	Zr	Fe	Zn	Mg	Pb	Sn		
1	AlCu50	48.0～52.0	—	—	—	—	—	—	—	—	—	—	余量	—	0.40	0.35	0.10	0.20	0.10	—	0.45	0.30	0.20	0.10	0.10	570～600	脆
2	AlSi24	—	22.0～26.0	—	—	—	—	—	—	—	—	—	余量	0.20	—	0.35	0.1	0.20	0.10	—	0.45	0.2	0.40	0.10	0.10	700～800	脆
3	AlSi20	—	18.0～21.0	—	—	—	—	—	—	—	—	—	余量	0.20	—	0.35	0.1	0.20	0.10	—	0.45	0.2	0.40	0.10	0.10	640～700	脆
4	AlSi12	—	11.5～13.0	—	—	—	—	—	—	—	—	—	余量	0.03	—	0.10	0.10	—	—	—	0.35	0.08	—	—	Ca 0.10	560～620	脆
5	AlMn10	—	—	9.0～11.0	—	—	—	—	—	—	—	—	余量	0.20	0.40	—	0.1	0.20	0.10	—	0.45	0.2	0.50	0.10	0.10	770～830	韧
6	AlTi4	—	—	—	3.0～5.0	—	—	—	—	—	—	—	余量	—	0.2	—	—	—	—	—	0.3	0.1	—	—	—	1020～1070	易偏折
7	AlTi5	—	—	—	4.5～6.0	—	—	—	—	—	—	—	余量	0.15	0.50	0.35	—	0.10	0.10	V 0.25	0.45	0.15	0.50	0.10	0.10	1050～1100	易偏折
8	AlNi10	—	—	—	—	9.0～11.0	—	—	—	—	—	—	余量	—	0.2	0.1	—	—	—	—	0.5	—	—	0.1	—	680～730	韧
9	AlCr2	—	—	—	—	—	2.0～3.0	—	—	—	—	—	余量	—	0.2	—	—	—	—	—	0.5	0.1	—	—	—	900～1000	易偏折
10	AlB3	—	—	—	—	—	—	2.5～3.5	—	—	—	—	余量	0.1	0.2	—	—	—	—	—	0.4	0.1	—	—	—	800	韧
11	AlB1	—	—	—	—	—	—	0.5～1.5	—	—	—	—	余量	0.1	0.2	—	—	—	—	—	0.3	0.1	—	—	—	800	韧
12	AlZr4	—	—	—	—	—	—	—	3.0～5.0	—	—	—	余量	—	0.2	—	—	—	—	—	0.3	0.1	—	0.1	—	800 850	易偏折
13	AlSb4	—	—	—	—	—	—	—	—	3.0～5.0	—	—	余量	—	0.2	—	—	—	—	—	0.3	—	—	—	—	660	易偏折
14	AlFe20	—	—	—	—	—	—	—	—	—	18.0～22.0		余量	0.1	0.2	0.3	—	—	—	—	—	0.1	—	—	—	1020	脆
15	AlTi5B1	—	—	—	4.5～6.0	—	—	0.9～1.2	—	—	—	—	余量	0.02	0.20	0.02	—	0.04	0.02	0.02	0.30	0.03	0.02	—	—	800	易偏折
16	AlBe3	—	Sr	—	—	—	—	—	—	—	—	2.0～4.0	余量	—	0.2	—	—	—	—	—	0.25	0.1	—	—	Ca	820	韧
17	AlSr5	—	4.0～6.0	—	—	—	—	—	—	—	—	—	余量	0.01	—	—	—	—	—	—	0.2	0.05	0.05	—	0.05	680～750	韧
18	AlSr10	—	9.0～11.0	—	—	—	—	—	—	—	—	—	余量	0.1	—	—	—	—	—	—	0.2	0.1	0.1	—	0.1	780～850	韧

3）铸造铝合金

表 4-6 铸造铝合金的化学成分（GB/T 1173—1995）

序号	合金牌号	合金代号	主要元素/%							
			Si	Cu	Mg	Zn	Mn	Ti	其他	Al
1	ZAlSi7Mg	ZL101	6.5～7.5		0.25～0.45					余量
2	ZAlSi7MgA	ZL101A	6.5～7.5		0.25～0.45			0.08～0.20		余量
3	ZAlSi12	ZL102	10.0～13.0							余量
4	ZAlSi9Mg	ZL104	8.0～10.5		0.17～0.3		0.2～0.5			余量
5	ZAlSi5Cu1Mg	ZL105	4.5～5.5	1.0～1.5	0.4～0.6					余量
6	ZAlSi5Cu1MgA	ZL105A	4.5～5.5	1.0～1.5	0.4～0.55					余量
7	ZAlSi8Cu1Mg	ZL106	7.5～8.5	1.0～1.5	0.3～0.5		0.3～0.5	0.10～0.25		余量
8	ZAlSi7Cu4	ZL107	6.5～7.5	3.5～4.5						余量
9	ZAlSi2Cu2Mgl	ZL108	11.0～13.0	1.0～2.0	0.4～1.0		0.3～0.9			余量
10	ZAlSi12Cu1Mg1Ni1	ZL109	11.0～13.0	0.5～1.5	0.8～1.3				Ni 0.8～1.5	余量
11	ZAlSi5Cu6Mg	ZL110	4.0～6.0	5.0～8.0	0.2～0.5					余量
12	ZAlSi9Cu2Mg	ZL111	8.0～10.0	1.3～1.8	0.4～0.6		0.10～0.35	0.10～0.35		余量
13	ZAlSi7Mg1A	ZL114A	6.5～7.5		0.45～0.60			0.10～0.20	Be 0.04～0.07①	余量
14	ZAlSi5Zn1Mg	ZL115	4.8～6.2		0.4～0.65	1.2～1.8			Sb 0.1～0.25	余量
15	ZAlSi8MgBe	ZL116	6.5～8.5		0.35～0.55			0.10～0.30	Be 0.15～0.40	余量
16	ZAlCu5Mn	ZL201		4.5～5.3			0.6～1.0	0.15～0.35		余量
17	ZAlCu5MnA	ZL201A		4.8～5.3			0.6～1.0	0.15～0.35		余量
18	ZAlCu4	ZL203		4.0～5.0						余量
19	ZAlCu5MnCdA	ZL204A		4.6～5.3			0.6～0.9	0.15～0.35	Cd 0.15～0.25	余量
20	ZAlCu5MnCdVA	ZL205A		4.6～5.3			0.3～0.5	0.15～0.35	Cd 0.15～0.25 V 0.05～0.3 Zr 0.05～0.2 B 0.005～0.06	余量
21	ZAlRE5Cu3Si2	ZL207	1.6～2.0	3.0～3.4	0.15～0.25		0.9～1.2		Ni 0.2～0.3， Zr 0.15～0.25， R 4.4～5.0②	余量
22	ZAlMg10	ZL301			9.5～11.0					余量
23	ZAlMg5Si1	ZL303	0.8～1.3		4.5～5.5		0.1～0.4			余量
24	ZAlMg8Zn1	ZL305			7.5～9.0	1.0～1.5		0.1～0.2	Be 0.03～0.1	余量
25	ZAlZn11Si7	ZL401	6.0～8.0		0.1～0.3	9.0～13.0				余量
26	ZAlZn6Mg	ZL402			0.5～0.65	5.0～6.5		0.15～0.25	Cr 0.4～0.6	余量

注：1. 表中①表示在保证合金力学性能的前提下，可以不加铍（Be）；

2. 表中②表示混合稀土中含各种稀土总量不小于 98%，其中含铈（Ce）约 45%。

表 4-7 铸造铝合金杂质的允许含量(GB/T 1173—1995)

序号	合金牌号	合金代号	杂质含量/%,不大于															
			Fe		Si	Cu	Mg	Zn	Mn	Ti	Zr	Ti+Zr	Be	Ni	Sn	Pb	杂质总和	
			S	J													S	J
1	ZAlSi7Mg	ZL101	0.5	0.9		0.2		0.3	0.35			0.25	0.1		0.01	0.05	1.1	1.5
2	ZAlSi7MgA	ZL101A	0.2	0.2		0.1		0.1	0.1		0.20				0.01	0.03	0.7	0.7
3	ZAlSi12	ZL102	0.7	1.0		0.30	0.10	0.1	0.5	0.20							2.0	2.2
4	ZAlSi9Mg	ZL104	0.6	0.9		0.1		0.25				0.15			0.01	0.05	1.1	1.4
5	ZAlSi5Cu1Mg	ZL105	0.6	1.0				0.3	0.5			0.15	0.1		0.01	0.05	1.1	1.4
6	ZAlSi5Cu1MgA	ZL105A	0.2	0.2				0.1	0.1						0.01	0.05	0.5	0.5
7	ZAlSi8Cu1Mg	ZL106	0.6	0.8				0.2							0.01	0.05	0.9	1.0
8	ZAlSi7Cu4	ZL107	0.5	0.6			0.1	0.3	0.5						0.01	0.05	1.0	1.2
9	ZAlSi12Cu2Mg1	ZL108		0.7				0.2		0.20				0.3	0.01	0.05		1.2
10	ZAlSi12Cu1Mg1Ni1	ZL109		0.7				0.2	0.2	0.2					0.01	0.05		1.2
11	ZAlSi5Cu6Mg	ZL110		0.8				0.6	0.5						0.01	0.05		2.7
12	ZAlSi9Cu2Mg	ZL111	0.4	0.4				0.1							0.01	0.05	1.0	1.0
13	ZAlSi7Mg1A	ZL114A	0.2	0.2			0.1		0.1	0.1		0.2			0.01	0.03	0.75	0.75
14	ZAlSi5Zn1Mg	ZL115	0.3	0.3		0.1			0.1						0.01	0.05	0.8	1.0
15	ZAlSi8MgBe	ZL116	0.60	0.60		0.3		0.3	0.1		0.20	B0.10			0.01	0.05	1.0	1.0
16	ZAlCu5Mn	ZL201	0.25	0.3	0.3		0.05	0.2			0.2			0.1			1.0	1.0
17	ZAlCu5MnA	ZL201A	0.15		0.1		0.05	0.1			0.15			0.05			0.4	
18	ZAlCu4	ZL203	0.8	0.8	1.2		0.05	0.25	0.1	0.20	0.1				0.01	0.05	2.1	2.1
19	ZAlCu5MnCdA	ZL204A	0.15	0.15	0.06		0.05	0.1			0.15			0.05			0.4	
20	ZAlCu5MnCdVA	ZL205A	0.15	0.15	0.06		0.05								0.01		0.3	0.3
21	ZAlRE5Cu3Si2	ZL207	0.6	0.6				0.2									0.8	0.8
22	ZAlMg10	ZL301	0.3	0.3	0.30	0.10		0.15	0.15	0.15	0.20		0.07	0.05	0.01	0.05	1.0	1.0
23	ZAlMg5Si1	ZL303	0.5	0.5		0.1		0.2		0.2							0.7	0.7
24	ZAlMg8Zn1	ZL305	0.3		0.2	0.1			0.1								0.9	
25	ZAlZn11Si7	ZL401	0.7	1.2		0.6			0.5								1.8	2.0
26	ZAlZn6Mg	ZL402	0.5	0.8	0.3	0.25			0.1						0.01		1.35	1.65

注:熔模、壳型铸造的主要元素及杂质含量按标准上表1、表2中砂型指标检验。

4.1.2 铝及铝合金的力学性能

(1)铝及铝合金挤压棒

表 4-8 铝及铝合金挤压棒材的室温纵向力学性能(GB/T 3191—1998)

牌 号	供应状态	试样状态	棒材直径(方棒、六角棒内切圆直径)/mm	抗拉强度 σ_b/MPa	规定非比例伸长应力 $\sigma_{p0.2}$/MPa	伸长率 δ_5/%
				≥		
1060	O	O	≤150	60～95	15	22
	H112	H112		60	15	22
1070A	H112	H112		55	15	—
1050A				65	20	—
1200				75	20	—
1035,8A06	O,H112	O,H112		≤120	—	25
3003	O	O		95～130	35	22
	H112	H112		90	30	22
3A21	O	O		≤165	—	20
5A02				≤225	—	10
5A03				175	80	13
5A05	H112	H112		265	120	15
5A06				315	155	15
5A12				370	185	15
5052	H112	H112		175	70	—
	O	O		175～245	70	20
2A11	H112	T42	≤150	370	215	12
2A12			≤22	390	255	12
			＞22～150	420	275	10
2A13	T4	T4	≤22	315	—	4
			＞22～150	345	—	4
2A02	H112	T62	≤150	430	275	10
2A16				355	235	8
2A06			≤22	430	285	10
			＞22～100	440	295	9
			＞100～150	430	285	10
6A02	T6	T6	≤150	295	—	12
2A50				355	—	12
2A70,2A80,2A90				355	—	8
2A14			≤22	440	—	10
			＞22～150	450	—	10
6061	H112,T6	T62,T6	≤150	260	240	9
	T4	T4		180	110	14
6063	T6	T6	≤25	205	170	9
	T5	T5	≤12.5	150	110	7
			＞12.5～25.0	145	105	7
7A04,7A09	H112	T62	≤22	490	370	7
	T6	T6	＞22～150	530	400	6

注:1. 要求退火状态交货的非热处理强化铝合金棒材,若热挤压状态性能符合退火状态性能,可不退火;

2. 直径大于150mm棒材及表中未列合金棒材性能附实测结果。

表 4-9 高强度铝合金棒材的室温纵向力学性能(GB/T 3191—1998)

牌 号	供应状态	试样状态	棒材直径(方棒、六角棒内切圆直径)/mm	抗拉强度 σ_b/MPa	规定非比例伸长应力 $\sigma_{p0.2}$/MPa	伸长率 δ_5/%
				≥		
2A11	H112,T4	T42,T4	20～120	390	245	8
2A12			20～120	440	305	8
6A02	H112,T6	T62,T6	20～120	305	—	8
2A50			20～120	380	—	10
2A14			20～120	460	—	8
7A04,7A09			20～100	550	450	6
			>100～120	530	430	6

表 4-10 铝合金挤压棒材的高温持久纵向性能(GB/T 3191—1998)

牌 号	温 度/℃	应 力/MPa	保持时间/h
2A02	270±3	64	100
		78	50
2A16	300±3	69	100

注:1. 2A02、2A16 合金棒材,若在合同中注明作高温持久试验时,其高温持久纵向力学性能应符合表中的规定;

2. 2A02 合金棒材,应力在 78MPa、50h 不合格时,则以 64MPa、100h 试验结果为最终依据。

表 4-11 铝及铝合金挤压扁棒的室温纵向力学性能(YS/T 439—2001)

合 金	供应状态	试样状态	厚 度/mm	截面积/cm^2	抗拉强度 σ_b/MPa	规定非比例伸长应力 $\sigma_{p0.2}$/MPa	伸长率 δ_5/%
					≥		
1070A 1070	H112	H112	≤120	≤200	55	15	—
1060	H112	H112	≤120	≤200	60	15	22
1050A 1050	H112	H112	≤120	≤200	65	20	—
1035	H112	H112	≤120	≤200	70	20	—
1100 1200	H112	H112	≤120	≤200	75	20	—
2A11	H112,T4	T4	≤120	≤170	370	215	12
2A12	H112,T4	T4	≤120	≤170	390	255	12
2A50	H112,T6	T6	≤120	≤170	355	—	12
2A70 2A80 2A90	H112,T6	T6	≤120	≤170	355	—	8
2A14	H112,T6	T6	≤120	≤170	430	—	8
2017	T4	T4	≤120	≤200	345	215	12
2024	T4	T4	≤6	≤12	390	295	12
			>6～19	≤76	410	305	12
			>19～38	≤130	450	315	10
3A21	H112	H112	≤120	≤170	≤165	—	20
3003	H112	H112	≤120	≤170	90	30	22
5052	H112	H112	≤120	≤170	175	70	—
5A02	H112	H112	≤120	≤170	≤225	—	10
5A03	H112	H112	≤120	≤170	175	80	13
5A05	H112	H112	≤120	≤170	265	120	15
5A06	H112	H112	≤120	≤170	315	155	15
5A12	H112	H112	≤120	≤170	370	185	15
6A02	H112,T6	T6	≤120	≤170	295	—	12
6061	H112,T6	T6	≤120	≤170	260	240	9

续表

合金	供应状态	试样状态	厚度/mm	截面积/cm^2	抗拉强度 σ_b/MPa	规定非比例伸长应力 $\sigma_{p0.2}$/MPa	伸长率 σ_5/%
					≥		
6063	H112,T6	T6	≤25	≤100	205	170	9
6101	T6	T6	≤12.5	≤38	200	172	—
7A04 7A09	H112,T6	T6	≤22	≤100	490	370	7
			>22~120	≤200	530	400	6
7075	H112,T6	T6	≤6.3	≤12	540	485	6
			>6.3~12.5	≤30	560	505	6
			>12.5~50	≤130	560	495	6
8A06	H112	H112	≤150	≤200	70	—	10

注：尺寸超出表中规定的范围时，其力学性能附实测结果或双方协商。

(2)导电用铝线

表 4-12　导电用铝线的室温纵向力学性能(GB/T 3195—2008)

牌号	状态	直径/mm	力学性能 抗拉强度 R_m/MPa	力学性能 断后伸长率 A_{200mm}/%
1A50	O	0.8~1.0	≥75	≥10
		>1.0~1.5		≥12
		>1.5~2.0		
		>2.0~3.0		≥15
		>3.0~4.0		≥18
		>4.0~4.5		
		>4.5~5.0		
	H19	0.8~1.5	≥160	≥1.0
		>1.0~1.5	≥155	≥1.2
		>1.5~2.0		≥1.5
		>2.0~3.0		
		>3.0~4.0	≥135	
		>4.0~4.5		≥2.0
		>4.5~5.0		
1350[a]	O	9.5~12.7	60~100	—
	H12,H22	9.5~12.7	80~120	—
	H14,H24		100~140	
	H16,H26		115~155	
	H19	1.2~2.0	≥160	≥1.2
		>2.0~2.5	≥175	≥1.5
		>2.5~3.5	≥160	
		>3.5~5.3	≥160	≥1.8
		>5.3~6.5	≥155	≥2.2
1100	O	1.6~25.0	≤110	—
	H14		110~145	—
3003	O		≤130	—
	H14		140~180	—
5052	O	1.6~25.0	≤220	—
5056	O		≤320	—
6061	O		≤155	

注：表中 a 表示 1350 线材允许焊接，但 O 状态线材接头处力学性能不小于 60 MPa，其他状态线材接头处力学性能不小于 75 MPa。

表 4-13　　圆铝线的机械性能和电性能(GB/T 3955—2009)

型号	直径/mm	抗拉强度/MPa 最小	抗拉强度/MPa 最大	断裂伸长率(最小值)%	卷绕	电性能电阻率(最大值)/(Ω·mm²/m)
LR	0.30～1.00	—	98	15	—	0.027 94
	1.01～10.00	—	98	20	—	
LY4	0.30～6.00	95	125	—	第12章	
LY6	0.30～6.00	125	165	—	第12章	
	6.01～10.00	125	165	3	—	
LY8	0.30～5.00	160	205	—	第12章	
LY9	1.25及以下	200	—	—	第12章	0.028 264
	1.26～1.50	195				
	1.51～1.75	190				
	1.76～2.00	185				
	2.01～2.25	180				
	2.26～2.50	175				
	2.51～3.00	170				
	3.01～3.50	165				
	3.51～5.00	160				

注:计算时,20℃时物理数据应取下列数值:

密度 2.703 kg/dm³;

线膨胀系数 0.000 023℃⁻¹;

电阻温度系数　LR 型 0.004 13℃⁻¹;

其余型号 0.004 03℃⁻¹。

(3)铝及铝合金控制圆线线材

表 4-14　　铝合金线材的力学性能(GB/T 3195—2008)

牌号	状态	直径/mm	力学性能 抗拉强度 R_m/MPa	力学性能 断后伸长率 A_{200mm}/%
1A50	O	0.8～1.0	≥75	≥10
		>1.0～1.5		≥12
		>1.5～2.0		
		>2.0～3.0		≥15
		>3.0～4.0		≥18
		>4.0～4.5		
		>4.5～5.0		
	H19	0.8～1.0	≥160	≥1.0
		>1.0～1.5	≥155	≥1.2
		>1.5～2.0		≥1.5
		>2.0～3.0		
		>3.0～4.0	≥135	
		>4.0～4.5		≥2.0
		>4.5～5.0		
1350[a]	O	9.5～12.7	60～100	—
	H12,H22	9.5～12.7	80～120	—
	H14,H24		100～140	
	H16,H26		115～155	
	H19	1.2～2.0	≥160	≥1.2
		>2.0～2.5	≥175	≥1.5
		>2.5～3.5	≥160	
		>3.5～5.3	≥160	≥1.8
		>5.3～6.5	≥155	≥2.2

续表

牌 号	状 态	直 径/mm	力学性能	
			抗拉强度 R_m/MPa	断后伸长率 A_{200mm}/%
1100	O	1.6～25.0	≤110	—
	H14		110～145	—
3003	O		≤130	—
	H14		140～180	—
5052	O	1.6～25.0	≤220	—
5056	O		≤320	—
6061	O		≤155	

注：1. 1350 线材允许焊接，但 O 状态线材接头处力学性能不小于 60 MPa，其他状态线材接头处力学性能不小于 75 MPa；
2. 直径不大于 5.0 mm 的、导体用 1A50 合金线材的力学性能应符合表 3 的规定，其他线材力学性能参考表 3，或由供需双方具体协商。

(4)铝及铝合金铆钉线

表 4-15　　铝及铝合金铆钉线的抗剪强度(GB/T 3195—2008)

牌 号	状 态	直 径/mm	抗剪强度 r/MPa 不小于
1035	H14	所有	60
2A01	T4		185
2A04	T4	≤6.0	275
		>6.0	265
2A10		≤8.0	245
		>8.0	235
2B11[a]	T4	所有	235
2B12[a]			265
3A21	H14		80
5A02			115
5A06	H12		165
5A05	H18		
5B05	H12		155
6061	T6		170
7A03			285

注：因为 2B11、2B12 合金铆钉在变形时会破坏其时效过程，所以设计使用时，2B11 抗剪强度指标 215 MPa 计算；2B12 按 245 MPa 计算。

(5)半导体键合铝－1%硅细线丝

表 4-16　　半导体键合铝－1%硅细丝材的拉断力和伸长率(YS/T 543—2006)

公称直径/mm	拉断力 F/N(gf)			伸长率 δ/%		
	最小	最大	最大范围	最小	最大	最大范围
0.018	0.029(3.0)	0.118(12.0)	0.02(2)	0.5	3.0	2.0
0.020	0.029(3.0)	0.137(14.0)	0.02(2)	0.5	3.0	2.0
0.025	0.059(6.0)	0.216(22.0)	0.03(3)	0.5	4.0	2.5
0.030	0.078(8.0)	0.294(30.0)	0.03(3)	0.5	4.0	2.5
0.032	0.098(10.0)	0.373(32.0)	0.03(3)	0.5	4.0	3.0
0.035	0.098(10.0)	0.373(38.0)	0.03(3)	0.5	4.0	3.0
0.040	0.127(13.0)	0.490(50.0)	0.04(4)	1.0	4.0	3.0
0.045	0.137(14.0)	0.617(63.0)	0.04(4)	1.0	4.0	3.0
0.050	0.157(16.0)	0.764(78.0)	0.06(6)	1.0	4.0	3.0

续表

公称直径/mm	拉断力 F/N(gf)			伸长率 δ/%		
	最小	最大	最大范围	最小	最大	最大范围
0.060	0.225(23.0)	1.107(113.0)	0.10(10)	1.0	6.0	3.0
0.070	0.294(30.0)	1.509(154.0)	0.13(13)	1.0	8.0	3.0
0.080	0.392(40.0)	1.960(200.0)	0.18(18)	1.0	10.0	3.0
0.100	0.617(63.0)	3.077(314.0)	0.20(20)	1.0	12.0	4.0

注:1. 拉断力和伸长率应在表中规定的最小和最大值的区间内选择。举例:若丝的直径为0.040 mm,拉断力若要求0.22 N,伸长率要求2%,则按表3拉断力的范围为0.20~0.24 N(0.22±0.02 N),伸长率范围规定为1.0%~4.0%(2.0%+2.0%,2.0%~1.0%)。

2. 力学性能要求与表中所列数值不符时,可由供需双方取得一致意见的基础上作出规定。

(6)铝及铝合金热挤压无缝圆管

表4-17　铝及铝合金热挤压无缝圆管的力学性能(GB/T 4437.1—2000)

合金牌号	供应状态	试样状态	壁厚/mm	抗拉强度 σ_b/MPa	规定非比例伸长应力 $\sigma_{p0.2}$/MPa	伸长率/%	
						50mm	δ
				≥			
1070A,1060	O	O	所有	60~95	—	25	22
	H112	H112	所有	60	—	25	22
1050A,1035	O	O	所有	60~100	—	25	23
1100,1200	O	O	所有	75~105	—	25	22
	H112	H112	所有	75	—	25	22
2A11	O	O	所有	≤245	—	—	10
	H112	H112	所有	350	195	—	10
2017	O	O	所有	≤245	≤125	—	16
	H112,T4	T4	所有	345	215	—	12
2A12	O	O	所有	≤245	—	—	10
	H112,T4	T4	所有	390	255	—	10
2017	O	O	所有	≤245	≤130	12	10
	H112	T4	≤18	395	260	12	10
			>18	395	260	—	9
3A21	H112	H112	所有	≤165	—	—	—
3003	O	O	所有	95~130	—	25	22
	H112	H112	所有	95	—	25	22
5A02	H112	H112	所有	≤225	—	—	—
5052	O	O	所有	170~240	70	—	—
5A03	H112	H112	所有	175	70	—	15
5A05	H112	H112	所有	225	110	—	15
5A06	O,H112	O,H112	所有	315	145	—	15
5083	O	O	所有	270~350	110	14	12
	H112	H112	所有	270	110	12	20
5454	O	O	所有	215~285	85	14	12
	H112	H112	所有	215	85	12	10
5086	O	O	所有	240~315	95	14	12
	H112	H112	所有	240	95	12	10
6A02	O	O	所有	≤145	—	—	17
	T4	T4	所有	205	—	—	14
	H112,T6	T6	所有	295	—	—	8
6061	T4	T4	所有	180	110	16	14
	T6	T6	≤6.3	260	240	8	—
			>6.3	260	240	10	9

续表

合金牌号	供应状态	试样状态	壁厚/mm	抗拉强度 σ_b/MPa	规定非比例伸长应力 $\sigma_{p0.2}$/MPa	伸长率/% 50mm	伸长率/% δ
				≥			
6063	T4	T4	≤12.5	130	70	14	12
			>12.5~25	125	60	—	12
	T6	T6	所有	205	170	10	9
7A04,7A09	H112,T6	T6	所有	530	400	—	5
7075	H112,T6	T6	≤6.3	540	485	7	—
			>6.3 ≤12.5	560	505	7	6
			>12.5	560	495	—	6
7A15	H112,T6	T6	所有	470	420	—	6
8A06	H112	H112	所有	≤120	—	—	20

注:管材的室温纵向力学性能应符合表中的规定。但表中5A05合金规定非比例伸长应力仅供参考,不作为验收依据。外径185~300mm,其壁厚大于32.5的管材,室温纵向力学性能由供需双方另行协商或附试验结果。

(7)铝及铝合金拉(轧)制无缝管

表4-18　　铝及铝合金拉(轧)制无缝管的室温纵向力学性能(GB/T 6893—2000)

牌号	状态	壁厚/mm		抗拉强度 σ_b/MPa	规定非比例伸长应力 $\sigma_{p0.2}$/MPa	伸长率/% 全截面试样 标距50mm	伸长率/% 其他试样 50mm定标距	伸长率/% 其他试样 δ_5
				≥				
1035 1050A 1050	O	所有		60~95	—	—	—	
	H14	所有		95	—	—	—	
1060 1070A 1070	O	所有		60~95	—	—	—	
	H14	所有		85	—	—	—	
1100	O	所有		75~110	—	—	—	
1200	H14	所有		110	—	—	—	
2A11	O	所有		≤245	—		10	
	T4	外径≤22	≤1.5	375	195		13	
			>1.5~2.0				14	
			>2.0~5.0				—	
		外径>22~50	≤1.5	390	225		12	
			>1.5~5.0				13	
		>50	所有				11	
2017	O	所有		≤245	≤125	17	16	16
	T4	所有		375	215	13	12	12
2A12	O	所有		≤245	—		10	
	T4	外径≤22	≤2.0	410	255		13	
			>2.0~5.0				—	
		外径>22~50	所有	420	275		12	
		>50	所有	420	275		10	
2024	O	所有		≤220	≤100		—	
	T4	0.63~1.2		440	290	12	10	—
		>1.2~5.0		440	290	14	10	—

续表

牌号	状态	壁　厚/mm	抗拉强度 σ_b /MPa	规定非比例伸长应力 $\sigma_{p0.2}$/MPa	伸长率/% 全截面试样 标距 50mm	伸长率/% 其他试样 50mm 定标距	伸长率/% 其他试样 δ_5
			≥				
3003	O	0.63～1.2	95～130	—	30	20	—
		＞1.2～5.0	95～130	—	35	25	—
	H14	0.63～1.2	140	115	5	3	—
		＞1.2～5.0	140	115	8	4	—
3A21	O	所有	≤135	—	—		
	H14	所有	135	—	—		
5A02	O	所有	≤225	—	—		
	H14	外径≤55,壁厚≤2.5	225	—	—		
		其他所有	195	—	—		
5A03	O	所有	175	80	15		
	H34	所有	215	125	8		
5A05	O	所有	215	90	15		
	H32	所有	245	145	8		
5A06	O	所有	315	145	15		
5052	O	所有	170～240	70	—		
	H14	所有	235	180	—		
5056	O	所有	≤315	100	—		
	H32	所有	305	—	—		
5083	O	所有	270～355	110	14	12	12
	H32	所有	315	235	5	5	5
6A02	O	所有	≤155	—	14		
	T4	所有	205	—	14		
	T6	所有	305	—	8		
6061	O	所有	≤150	≤95	15	15	13
	T4	0.63～1.20	205	100	16	14	—
		＞1.20～5.0	205	110	18	16	—
	T6	0.63～1.20	290	240	10	8	—
		＞1.20～5.0	290	240	12	10	—
6063	O	所有	≤130	—	—		
	T6	0.63～1.20	230	195	12	8	—
		＞1.2～5.0	230	195	14	10	—
8A06	O	所有	≤120	—	20		
	H14	所有	100	—	5		

注:1. 表中未列入的合金、状态、规格、力学性能由供需双方协商或附抗拉强度、伸长率的试验结果,但该结果不能作为验收依据;

2. 管材力学性能应符合表中的规定。但表中5A03,5A05,5A06规定非比例伸长应力仅供参考,不作为验收依据。矩形管的Tx和Hx状态的伸长率低于上表2个百分点。

(8)铝及铝合板、带材

表 4-19 铝及铝合金板、带材的力学性能(GB/T 3880·2—2006)

牌号	包铝分类	供应状态	试样状态	厚度[a]/mm	抗拉强度[b] R_m/MPa	规定非比例延伸强度[b] $R_{p0.2}$/MPa	断后伸长率/% A_{50mm}	断后伸长率/% $A_{5.06}$[c]	弯曲半径[d]
					不小于				
1A97 1A93	—	H112	H112	>4.5～80.00	附实测值				—
		F	—	>4.5～150.00		—			—
1A90 1A85	—	H112	H112	>4.50～12.50	60	—	21	—	—
				>12.05～20.00			—	—	—
				>20.00～80.00	附实测值				—
		F	—	>4.50～150.00		—			—
1235	—	H12 H22	H12 H22	>0.20～0.30	95～130	—	2	—	—
				>0.30～0.50			3	—	—
				>0.50～1.50			6	—	—
				>1.50～3.00			8	—	—
				>3.00～4.50			9	—	—
		H14 H24	H14 H24	>0.20～0.30	115～150	—	1	—	—
				>0.30～0.50			2	—	—
				>0.50～1.50			3	—	—
				>1.50～3.00			4	—	—
		H16 H26	H16 H26	>0.20～0.50	130～165	—	1	—	—
				>0.50～1.50			2	—	—
				>1.50～4.00			3	—	—
		H18	H18	>0.20～0.50	145	—	1	—	—
				>0.50～1.50			2	—	—
				>1.50～3.00			3	—	—

续表

牌号	包铝分类	供应状态	试样状态	厚度[a]/mm	抗拉强度[b] R_m/MPa	规定非比例延伸强度[b] $R_{p0.2}$/MPa	断后伸长率/% A_{50mm}	$A_{5.06}$[c]	弯曲半径[d]
					不小于				
1070	—	O	O	>0.20～0.30	55～95	—	15	—	0*t*
				>0.30～0.50			20	—	0*t*
				>0.50～0.80			25	—	0*t*
				>0.80～1.50		15	30	—	0*t*
				>1.50～6.00			35	—	0*t*
				>6.00～12.50			35	—	—
				>12.50～50.00			—	30	—
		H12 H22	H12 H22	>0.20～0.30	70～100	—	2	—	0*t*
				>0.30～0.50			3	—	0*t*
				>0.50～0.80			4	—	0*t*
				>0.80～1.50		55	6	—	0*t*
				>1.50～3.00			8	—	0*t*
				>3.00～6.00			9	—	0*t*
		H14 H24	H14 H24	>0.20～0.30	85～120	—	1	—	0.5*t*
				>0.30～0.50			2	—	0.5*t*
				>0.50～0.80			3	—	0.5*t*
				>0.80～1.50		65	4	—	1.0*t*
				>1.50～3.00			5	—	1.0*t*
				>3.00～6.00			6	—	1.0*t*
		H16 H26	H16 H26	>0.20～0.50	100～135	—	1	—	1.0*t*
				>0.50～0.80			2	—	1.0*t*
				>0.80～1.50		75	3	—	1.5*t*
				>1.50～4.00			4	—	1.5*t*
		H18	H18	>0.20～0.50	120	—	1	—	—
				>0.50～0.80			2	—	—
				>0.80～1.50			3	—	—
				>1.50～3.00			4	—	—
		H112	H112	>4.50～6.00	75	35	13	—	—
				>6.00～12.50	70	35	15	—	—
				>12.50～25.00	60	25	—	20	—
				>25.00～75.00	55	15	—	25	—
		F	—	>2.50～150.00	—				—

续表

牌号	包铝分类	供应状态	试样状态	厚度[a]/mm	抗拉强度[b] R_m/MPa	规定非比例延伸强度[b] $R_{p0.2}$/MPa	断后伸长率/% A_{50mm}	断后伸长率/% $A_{5.06}$[c]	弯曲半径[d]
					不小于				
1060	—	O	O	>0.20～0.30	60～100	15	15	—	—
				>0.30～0.50			18	—	—
				>0.50～1.50			23	—	—
				>1.50～6.00			25	—	—
				>6.00～80.00			25	22	—
		H12 H22	H12 H22	>0.50～1.50	80～120	60	6	—	—
				>1.50～6.00			12	—	—
		H14 H24	H14 H24	>0.20～0.30	95～135	70	1	—	—
				>0.30～0.50			2	—	—
				>0.50～0.80			2	—	—
				>0.80～1.50			4	—	—
				>1.50～3.00			6	—	—
				>3.00～6.00			10	—	—
		H16 H26	H16 H26	>0.20～0.30	110～115	75	1	—	—
				>0.30～0.50			2	—	—
				>0.50～0.80			2	—	—
				>0.80～1.50			3	—	—
				>1.50～4.00			5	—	—
		H18	H18	>0.20～0.30	125	85	1	—	—
				>0.30～0.50			2	—	—
				>0.50～1.50			3	—	—
				>1.50～3.00			4	—	—
		H112	H112	>4.50～6.00	75	—	10	—	—
				>6.00～12.50	75		10	—	—
				>12.50～40.00	70		—	18	—
				>40.00～80.00	60		—	22	—
		F	—	>2.50～150.00		—			—

续表

牌号	包铝分类	供应状态	试样状态	厚度[a]/mm	抗拉强度[b] R_m/MPa	规定非比例延伸强度[b] $R_{p0.2}$/MPa	断后伸长率/%		弯曲半径[d]
							A_{50mm}	$A_{5.06}$[c]	
					不小于				
1050	—	O	O	>0.20～0.50	60～100	—	15	—	0*t*
				>0.50～0.80		20	20	—	0*t*
				>0.80～1.50			25	—	0*t*
				>1.50～6.00			30	—	0*t*
				>6.00～50.00			28	28	—
		H12 H22	H12 H22	>0.20～0.30	80～120	—	2	—	0*t*
				>0.30～0.50			3	—	0*t*
				>0.50～0.80			4	—	0*t*
				>0.80～1.50		65	6	—	0.5*t*
				>1.50～3.00			8	—	0.5*t*
				>3.00～6.00			9	—	0.5*t*
		H14 H24	H14 H24	>0.20～0.30	95～130	—	1	—	0.5*t*
				>0.30～0.50			2	—	0.5*t*
				>0.50～0.80			3	—	0.5*t*
				>0.80～1.50		75	4	—	1.0*t*
				>1.50～3.00			5	—	1.0*t*
				>3.00～6.00			6	—	1.0*t*
		H16 H26	H16 H26	>0.20～0.50	120～150	—	1	—	2.0*t*
				>0.50～0.80		85	2	—	2.0*t*
				>0.80～1.50			3	—	2.0*t*
				>1.50～4.00			4	—	2.0*t*
		H18	H18	>0.20～0.50	130	—	1	—	—
				>0.50～0.80			2	—	—
				>0.80～1.50			3	—	—
				>1.50～3.00			4	—	—
		H112	H112	>4.50～6.00	85	45	10	—	—
				>6.00～12.50	80	45	10	—	—
				>12.50～25.00	70	35	—	16	—
				>25.00～50.00	65	30	—	22	—
				>50.00～75.00	65	30	—	22	—
		F	—	>2.50～150.00		—			—

续表

牌号	包铝分类	供应状态	试样状态	厚度[a]/mm	抗拉强度[b] R_m/MPa	规定非比例延伸强度[b] $R_{p0.2}$/MPa	断后伸长率/% A_{50mm}	断后伸长率/% $A_{5.65}$[c]	弯曲半径[d]
					不小于				
1050A	—	O	O	>0.20~0.50	>65~95	20	20	—	0t
				>0.50~1.50			22	—	0t
				>1.50~3.00			26	—	0t
				>3.00~6.00			29	—	0.5t
				>6.00~12.50			35	—	—
				>6.00~50.00				32	
		H12	H12	>0.20~0.50	>85~125	65	2	—	0t
				>0.50~1.50			4	—	0t
				>1.50~3.00			5	—	0.5t
				>3.00~6.00			7	—	1.5t
		H22	H22	>0.20~0.50	>85~125	55	4	—	0t
				>0.50~1.50			5	—	0t
				>1.50~3.00			6	—	0.5t
				>3.00~6.00			11	—	1.0t
		H14	H14	>0.20~0.50	>105~145	85	2	—	0t
				>0.50~1.50			3	—	0.5t
				>1.50~3.00			4	—	1.0t
				>3.00~6.00			5	—	1.5t
		H24	H24	>0.20~0.50	>105~145	75	3	—	0t
				>0.50~1.50			4	—	0.5t
				>1.50~3.00			5	—	1.0t
				>3.00~6.00			8	—	1.5t
		H16	H16	>0.20~0.50	>120~160	100	1	—	0.5t
				>0.50~1.50			2	—	1.0t
				>1.50~4.00			3	—	1.5t
		H26	H26	>0.20~0.50	>120~160	90	2	—	0.5t
				>0.50~1.50			3	—	1.0t
				>1.50~4.00			4	—	1.5t
		H18	H18	>0.20~0.50	140	120	1	—	1.0t
				>0.50~1.50			2	—	2.0t
				>1.50~3.00			2	—	3.0t
		H112	H112	>4.50~12.50	75	30	20	—	—
				>12.50~75.00	70	25	—	20	—
		F	—	>2.50~150.00		—			—

续表

牌号	包铝分类	供应状态	试样状态	厚度[a]/mm	抗拉强度[b] R_m/MPa	规定非比例延伸强度[b] $R_{p0.2}$/MPa	断后伸长率/% A_{50mm}	断后伸长率/% $A_{5.06}$[c]	弯曲半径[d]
					不小于				
1145	—	O	O	>0.20~0.50	600~100	—	15	—	—
				>0.50~0.80			20	—	—
				>0.80~1.50		20	25	—	—
				>1.50~6.00			30	—	—
				>6.00~10.00			28	—	—
		H12 H22	H12 H22	>0.20~0.30	80~120	—	2	—	—
				>0.30~0.50			3	—	—
				>0.50~0.80		65	4	—	—
				>0.80~1.50			6	—	—
				>1.50~3.00			8	—	—
				>3.00~4.50			9	—	—
		H14 H24	H14 H24	>0.20~0.30	95~125	—	1	—	—
				>0.30~0.50			2	—	—
				>0.50~0.80			3	—	—
				>0.80~1.50		75	4	—	—
				>1.50~3.00			5	—	—
				>3.00~4.50			6	—	—
		H16 H26	H16 H26	>0.20~0.50	120~145	—	1	—	—
				>0.50~0.80			2	—	—
				>0.80~1.50		85	3	—	—
				>1.50~4.50			4	—	—
		H18	H18	>0.20~0.50	125	—	1	—	—
				>0.50~0.80			2	—	—
				>0.80~1.50			3	—	—
				>1.50~4.50			4	—	—
		H112	H112	>4.50~6.50	85	45	10	—	—
				>6.50~12.50	85	45	10	—	—
				>12.50~25.00	70	35	—	16	—
		F	—	>2.50~150.00	—				—

续表

牌号	包铝分类	供应状态	试样状态	厚度[a]/mm	抗拉强度[b] R_m/MPa	规定非比例延伸强度[b] $R_{p0.2}$/MPa	断后伸长率/% A_{50mm}	断后伸长率/% $A_{5.65}$[c]	弯曲半径[d]
					不小于				
1100	—	O	O	>0.20~0.30	75~105	25	15	—	0t
				>0.30~0.50			17	—	0t
				>0.50~1.50			22	—	0t
				>1.50~6.00			30	—	0t
				>6.00~80.00			28	25	0t
		H12 H22	H12 H22	>0.20~0.50	95~130	75	3	—	0t
				>0.50~1.50			5	—	0t
				>1.50~6.00			8	—	0t
		H14 H24	H14 H24	>0.20~0.30	110~145	95	1	—	0t
				>0.30~0.50			2	—	0t
				>0.50~1.50			3	—	0t
				>1.50~4.00			5	—	0t
		H16 H26	H16 H26	>0.20~0.30	130~165	115	1	—	2t
				>0.30~0.50			2	—	2t
				>0.50~1.50			3	—	2t
				>1.50~4.00			4	—	2t
		H18	H18	>0.20~0.50	150	—	1	—	—
				>0.50~1.50			2	—	—
				>1.50~3.00			4	—	—
		H112	H112	>6.00~12.50	90	50	9	—	—
				>12.50~40.00	85	40	—	12	—
				>40.00~80.00	80	30	—	18	—
		F	—	>2.50~150.00		—			—

续表

牌号	包铝分类	供应状态	试样状态	厚度[a]/mm	抗拉强度[b] R_m/MPa	规定非比例延伸强度[b] $R_{p0.2}$/MPa	断后伸长率/% A_{50mm}	断后伸长率/% $A_{5.65}$[c]	弯曲半径[d]
					不小于				
1200	—	O H111	O H111	>0.20~0.50	75~105	25	19	—	0t
				>0.50~1.50			21	—	0t
				>1.50~3.00			24	—	0t
				>3.00~6.00			28	—	0.5t
				>6.00~12.50			33	—	1.0t
				>12.50~50.00			—	30	—
		H12	H12	>0.20~0.50	95~135	75	2	—	0t
				>0.50~1.50			4	—	0t
				>1.50~3.00			5	—	0.5t
				>3.00~6.00			6	—	1.0t
		H14	H14	>0.20~0.50	115~155	95	2	—	0t
				>0.50~1.50			3	—	0.5t
				>1.50~3.00			4	—	1.0t
				>3.00~6.00			5	—	1.5t
		H16	H16	>0.20~0.50	130~170	115	1	—	0.5t
				>0.50~1.50			2	—	1.0t
				>1.50~4.00			3	—	1.5t
		H18	H18	>0.20~0.50	150	130	1	—	1.0t
				>0.50~1.50			2	—	2.0t
				>1.50~3.00			2	—	3.0t
		H22	H22	>0.20~0.50	95~135	65	4	—	0t
				>0.50~1.50			5	—	0t
				>1.50~3.00			6	—	0.5t
				>3.00~6.00			10	—	1.0t
		H24	H24	>0.20~0.50	115~155	90	3	—	0t
				>0.50~1.50			4	—	0.5t
				>1.50~3.00			5	—	1.0t
				>3.00~6.00			7	—	1.5t
		H26	H26	>0.20~0.50	130~170	105	2	—	0.5t
				>0.50~1.50			3	—	1.0t
				>1.50~4.00			4	—	1.5t
		H112	H112	6.00~12.50	85	35	16	—	—
				>12.50~80.00	80	30	—	16	—
		F	—	>2.50~150.00	—				—

续表

牌号	包铝分类	供应状态	试样状态	厚度[a]/mm	抗拉强度[b] R_m/MPa	规定非比例延伸强度[b] $R_{p0.2}$/MPa	断后伸长率/% A_{50mm}	断后伸长率/% $A_{5.06}$[c]	弯曲半径[d]
					不小于				
2017	正常包铝或工艺包铝	O	O	>0.50～1.50	≤215	≤110	12	—	0.5t
				>1.50～3.00					1.0t
				>3.00～6.00					1.5t
				>12.50～25.00			—	12	—
			T42[e]	>0.50～1.50	355	195	15	—	—
				>1.50～3.00			17	—	—
				>3.00～6.50			15	—	—
				>6.50～12.50	335	185	12	—	—
				>12.50～25.00		185	—	12	—
		T3	T3	>0.5～1.50	375	215	15	—	2.5t
				>1.50～3.00			17	—	3t
				>3.00～6.00			15	—	3.5t
		T4	T4	>0.5～1.50	355	195	15	—	2.5t
				>1.50～3.00			17	—	3t
				>3.00～6.00			15	—	3.5t
		H112	H112	>4.50～6.50	355	195	15	—	—
				>6.50～12.50		185	12	—	—
				>12.50～25.00		185	—	12	—
				>25.00～40.00	330	195	—	8	—
				>40.00～70.00	310	195	—	6	—
				>70.00～80.00	285	195	—	4	—
		F	—	>4.50～150.50	—	—	—	—	—
2A11	正常包铝或工艺包铝	O	O	>0.50～3.00	≤225	—	12	—	—
				>3.00～10.00	≤225	—	12	—	—
			T42[e]	>0.50～3.00	350	185	15	—	—
				>3.00～10.00	355	195	15	—	—
		T3	T3	>0.50～1.50	375	215	15	—	—
				>1.50～3.00			17	—	—
				>3.00～10.00			15	—	—
		T4	T4	>0.50～3.00	360	185	15	—	—
				>3.00～10.00	370	195	15	—	—
		H112	T42	>4.50～10.00	355	195	15	—	—
				>10.00～12.50	370	215	11	—	—
				>12.50～25.00	370	215	—	11	—
				>25.00～40.00	330	195	—	8	—
				>40.00～70.00	310	195	—	6	—
				>70.00～80.00	285	195	—	4	—
		F	—	>4.50～150.00		—			—

续表

牌号	包铝分类	供应状态	试样状态	厚度[a]/mm	抗拉强度[b] R_m/MPa	规定非比例延伸强度[b] $R_{p0.2}$/MPa	断后伸长率/% A_{50mm}	断后伸长率/% $A_{5.06}$[c]	弯曲半径[d]
					不小于				
2014	工艺包铝或不包铝	O	O	>0.50～12.50	≤220	≤110	16	—	—
				>12.50～25.00	≤220	—	—	9	—
			T62[e]	>0.50～1.00	440	395	6	—	—
				1.00～6.00	455	400	7	—	—
				6.00～12.50	460	405	7	5	—
				>12.50～25.00	460	405	—	—	—
			T42[e]	>0.50～12.50	400	235	14	12	—
				>12.50～25.00	400	235	—	—	—
		T6	T6	>0.50～1.00	440	395	6	—	—
				>1.00～6.00	455	400	7	—	—
				>6.00～12.50	460	405	7	—	—
		T4	T4	>0.50～6.00	405	240	14	—	—
				>6.00～12.50	400	250	14	—	—
		T3	T3	>0.50～1.00	405	240	14	—	—
				>1.00～6.00	405	250	14	—	—
		F	—	>4.50～150	—	—	—	—	—
	正常包铝	O	O	>0.50～12.50	≤205	≤95	16	—	—
				>12.50～25.00	≤220	—	—	9	—
			T62[e]	>0.50～1.00	425	370	7	—	—
				1.00～12.50	440	395	8	—	—
				>12.50～25.00	460	405	—	5	—
			T42[e]	>0.50～1.00	370	215	14	—	—
				>1.00～12.50	395	235	15	—	—
				>12.50～25.00	400	235	—	12	—
		T6	T6	>0.50～1.00	425	370	7	—	—
				>1.00～12.50	440	395	8	—	—
		T4	T4	>0.50～1.00	370	215	14	—	—
				>1.00～6.00	395	235	15	—	—
				>6.00～12.50	395	250	15	—	—
		T3	T3	>0.50～1.00	380	235	14	—	—
				>1.00～6.00	395	240	15	—	—
		F	—	>4.50～150.00	—				—

续表

牌号	包铝分类	供应状态	试样状态	厚度[a]/mm	抗拉强度[b] R_m/MPa	规定非比例延伸强度[b] $R_{p0.2}$/MPa	断后伸长率/% A_{50mm}	断后伸长率/% $A_{5.65}$[c]	弯曲半径[d]
					不小于				
2024	不包铝	O	O	>0.50~12.50	≤220	≤95	12	—	—
				>12.50~45.00	≤220	—	—	10	—
			T42[e]	>0.50~6.00	425	260	15	—	—
				>6.00~12.50	425	260	12	—	—
				>12.50~25.00	420	260	—	7	—
			T62[e]	>0.50~12.50	440	345	5	—	—
				>12.50~25.00	435	345	—	4	—
		T3	T3	>0.50~6.00	435	290	15	—	—
				>6.00~12.50	440	290	12	—	—
		T4	T4	>0.50~6.00	425	275	15	—	—
		F	—	>4.50~150.00		—			—
	正常包铝或工艺包铝	O	O	>0.50~1.50	≤205	≤95	12	—	—
				>1.50~12.50	≤220	≤95	12	—	—
				>12.50~45.00	220	—	—	10	—
			T42[e]	>0.50~1.50	395	235	15	—	—
				>1.50~6.00	415	250	15	—	—
				>6.00~12.50	415	250	12	—	—
				>12.50~25.00	420	260	—	7	—
				>25.00~40.00	415	260	—	6	—
			T62[e]	>0.50~1.50	415	325	5	—	—
				>1.50~12.50	425	335	5	—	—
		T3	T3	>0.50~1.50	405	270	15	—	—
				>1.50~6.00	420	275	15	—	—
				>6.00~12.50	425	275	12	—	—
		T4	T4	>0.50~1.50	400	245	15	—	—
				>1.50~6.00	420	275	15	—	—
		F	—	>4.50~150		—			—

续表

牌号	包铝分类	供应状态	试样状态	厚度[a]/mm	抗拉强度[b] R_m/MPa	规定非比例延伸强度[b] $R_{p0.2}$/MPa	断后伸长率/% A_{50mm}	断后伸长率/% $A_{5.65}$[c]	弯曲半径[d]
					不小于				
3003	—	O	O	>0.20～0.50	95～140	35	15	—	0t
				>0.50～1.50			17	—	0t
				>1.50～3.00			20	—	0t
				>3.00～6.00			23	—	1.0t
				>6.00～12.50			24	—	1.5t
				>12.50～50.00			—	23	—
		H12	H12	>0.20～0.50	120～160	90	3	—	0t
				>0.50～1.50			4	—	0.5t
				>1.50～3.00			5	—	1.0t
				>3.00～6.00			6	—	1.0t
		H14	H14	>0.20～0.50	145～195	125	2	—	0.5t
				>0.50～1.50			2	—	1.0t
				>1.50～3.00			3	—	1.0t
				>3.00～6.00			4	—	2.0t
		H16	H16	>0.20～0.50	170～210	150	1	—	1.0t
				>0.50～1.50			2	—	1.5t
				>1.50～4.00			2	—	2.0t
		H18	H18	>0.20～0.50	190	170	1	—	1.5t
				>0.50～1.50			2	—	2.5t
				>1.50～4.00			2	—	3.0t
		H22	H22	>0.20～0.50	120～160	80	6	—	0t
				>0.50～1.50			7	—	0.5t
				>1.50～3.00			8	—	1.0t
				>3.00～6.00			9	—	1.0t
		H24	H24	>0.20～0.50	145～195	115	4	—	0.5t
				>0.50～1.50			4	—	1.0t
				>1.50～3.00			5	—	1.0t
				>3.00～6.00			6	—	2.0t
		H26	H26	>0.20～0.50	170～210	140	2	—	1.0t
				>0.50～1.50			3	—	1.5t
				>1.50～4.00			3	—	2.0t
		H28	H28	>0.20～0.50	190	160	2	—	1.5t
				>0.50～1.50			2	—	2.5t
				>1.50～3.00			3	—	3.0t
		H112	H112	>6.00～12.50	115	70	10	—	—
				>12.50～80.00	100	40	—	18	—
		F	—	>2.50～150.00	—				—

续表

牌号	包铝分类	供应状态	试样状态	厚度[a]/mm	抗拉强度[b] R_m/MPa	规定非比例延伸强度[b] $R_{p0.2}$/MPa	断后伸长率/%		弯曲半径[d]
							A_{50mm}	$A_{5.06}$[c]	
					不小于				
3004 3104	—	O H111	O H111	>0.20～0.50	155～200	60	13	—	0t
				>0.50～1.50			14	—	0t
				>1.50～3.00			15	—	0t
				>3.00～6.00			16	—	1.0t
				>6.00～12.50			16	—	2.0t
				>12.50～50.00			—	14	—
		H12	H12	>0.20～0.50	190～240	155	2	—	0t
				>0.50～1.50			3	—	0.5t
				>1.50～3.00			4	—	1.0t
				>3.00～6.00			5	—	1.5t
		H14	H14	>0.20～0.50	220～265	180	1	—	0.5t
				>0.50～1.50			2	—	1.0t
				>1.50～3.00			2	—	1.5t
				>3.00～6.00			3	—	2.0t
		H16	H16	>0.20～0.50	240～285	200	1	—	1.0t
				>0.50～1.50			1	—	1.5t
				>1.50～3.00			2	—	2.5t
		H18	H18	>0.20～0.50	260	230	1	—	1.5t
				>0.50～1.50			1	—	2.5t
				>1.50～3.00			2	—	—
		H22 H32	H22 H32	>0.20～0.50	190～240	145	4	—	0t
				>0.50～1.50			5	—	0.5t
				>1.50～3.00			6	—	1.0t
				>3.00～6.00			7	—	1.5t
		H24 H34	H24 H34	>0.20～0.50	220～265	170	3	—	0.5t
				>0.50～1.50			4	—	1.0t
				>1.50～3.00			4	—	1.5t
		H26 H36	H26 H36	>0.20～0.50	240～285	190	3	—	1.0t
				>0.50～1.50			3	—	1.5t
				>1.50～3.00			3	—	2.5t
		H28 H38	H28 H38	>0.20～0.50	260	220	2	—	1.5t
				>0.50～1.50			3	—	2.5t
		H112	H112	>6.00～12.50	160	60	7	—	—
				>12.50～40.00			—	6	—
				>40.00～80.00			—	6	—
		F	—	>2.50～80.00	—				—

续表

牌号	包铝分类	供应状态	试样状态	厚度[a]/mm	抗拉强度[b] R_m/MPa	规定非比例延伸强度[b] $R_{p0.2}$/MPa	断后伸长率/%		弯曲半径[d]
							A_{50mm}	$A_{5.65}$[c]	
					不小于				
3005	—	O H111	O H111	>0.20～0.50	115～165	45	12	—	0t
				>0.50～1.50			14	—	0t
				>1.50～3.00			16	—	0.5t
				>3.00～6.00			19	—	1.0t
		H12	H12	>0.20～0.50	145～195	125	3	—	0t
				>0.50～1.50			4	—	0.5t
				>1.50～3.00			4	—	1.0t
				>3.00～6.00			5	—	1.5t
		H14	H14	>0.20～0.50	170～215	150	1	—	0.5t
				>0.50～1.50			2	—	1.0t
				>1.50～3.00			2	—	1.5t
				>3.00～6.00			3	—	2.0t
		H16	H16	>0.20～0.50	195～240	175	1	—	1.0t
				>0.50～1.50			2	—	1.5t
				>1.50～4.00			2	—	2.5t
		H18	H18	>0.20～0.50	220	200	1	—	1.5t
				>0.50～1.50			2	—	2.5t
				>1.50～3.00			2	—	—
		H22	H22	>0.20～0.50	145～190	110	5	—	0t
				>0.50～1.50			5	—	0.5t
				>1.50～3.00			6	—	1.0t
				>3.00～6.00			7	—	1.5t
		H24	H24	>0.20～0.50	170～215	130	4	—	0.5t
				>0.50～1.50			4	—	1.0t
				>1.50～3.00			4	—	1.5t
		H26	H26	>0.20～0.50	195～240	160	3	—	1.0t
				>0.50～1.50			3	—	1.5t
				>1.50～3.00			3	—	2.5t
		H28	H28	>0.20～0.50	220	190	2	—	1.5t
				>0.50～1.50			2	—	2.5t
				>1.50～3.00			3	—	—

续表

牌号	包铝分类	供应状态	试样状态	厚度[a]/mm	抗拉强度[b] R_m/MPa	规定非比例延伸强度[b] $R_{p0.2}$/MPa	断后伸长率/%		弯曲半径[d]
							A_{50mm}	$A_{5.65}$[c]	
					不小于				
3105	—	O H111	O H111	>0.20~0.50	100~155	40	14	—	0t
				>0.50~1.50			15	—	0t
				>1.50~3.00			17	—	0.5t
		H12	H12	>0.20~0.50	130~180	105	3	—	1.5t
				>0.50~1.50			4	—	1.5t
				>1.50~3.00			4	—	1.5t
		H14	H14	>0.20~0.50	150~200	130	2	—	2.5t
				>0.50~1.50			2	—	2.5t
				>1.50~3.00			2	—	2.5t
		H16	H16	>0.20~0.50	175~225	160	1	—	—
				>0.50~1.50			2	—	—
				>1.50~3.00			2	—	—
		H18	H18	>0.20~3.00	195	180	1	—	—
		H22	H22	>0.20~0.50	130~180	105	6	—	—
				>0.50~1.50			6	—	—
				>1.50~3.00			7	—	—
		H24	H24	>0.20~0.50	150~200	120	4	—	2.5t
				>0.50~1.50			4	—	2.5t
				>1.50~3.00			5	—	2.5t
		H26	H26	>0.20~0.50	175~225	150	3	—	—
				>0.50~1.50			3	—	—
				>1.50~3.00			3	—	—
		H28	H28	>0.2~1.50	195	170	2	—	—
3102	—	H18	H18	>0.20~0.50	160	—	3	—	—
				>0.50~3.00			2	—	—
5182	—	O H111	O H111	>0.20~0.50	255~315	110	11	—	1.0t
				>0.50~1.50			12	—	1.0t
				>1.50~3.00			13	—	1.0t
		H19	H19	>0.20~0.50	380	320	1	—	—
				>0.50~1.50			1	—	—

续表

<table>
<tr><th rowspan="3">牌号</th><th rowspan="3">包铝分类</th><th rowspan="3">供应状态</th><th rowspan="3">试样状态</th><th rowspan="3">厚度[a]/mm</th><th rowspan="2">抗拉强度[b] R_m/MPa</th><th rowspan="2">规定非比例延伸强度[b] $R_{p0.2}$/MPa</th><th colspan="2">断后伸长率/%</th><th rowspan="2">弯曲半径[d]</th></tr>
<tr><th>A_{50mm}</th><th>$A_{5.65}$[c]</th></tr>
<tr><th colspan="5">不小于</th></tr>
<tr><td rowspan="8">5A03</td><td rowspan="8">—</td><td>O</td><td>O</td><td>>0.50～4.50</td><td>195</td><td>100</td><td>16</td><td>—</td><td>—</td></tr>
<tr><td>H14、H24、H34</td><td>H14、H24、H34</td><td>>0.50～4.50</td><td>225</td><td>195</td><td>8</td><td>—</td><td>—</td></tr>
<tr><td rowspan="4">H112</td><td rowspan="4">H112</td><td>>4.50～10.00</td><td>185</td><td>80</td><td>16</td><td>—</td><td>—</td></tr>
<tr><td>>10.00～12.50</td><td>175</td><td>70</td><td>13</td><td>—</td><td>—</td></tr>
<tr><td>>12.50～25.00</td><td>175</td><td>70</td><td>—</td><td>13</td><td>—</td></tr>
<tr><td>>25.00～50.00</td><td>165</td><td>60</td><td>—</td><td>12</td><td>—</td></tr>
<tr><td>F</td><td>—</td><td>>4.50～150.00</td><td>—</td><td>—</td><td>—</td><td>—</td><td>—</td></tr>
<tr><td rowspan="6">5A05</td><td rowspan="6">—</td><td>O</td><td>O</td><td>0.50～4.50</td><td>275</td><td>145</td><td>16</td><td>—</td><td>—</td></tr>
<tr><td rowspan="4">H112</td><td rowspan="4">H112</td><td>>4.50～10.00</td><td>275</td><td>125</td><td>16</td><td>—</td><td>—</td></tr>
<tr><td>>10.00～12.50</td><td>265</td><td>115</td><td>14</td><td>—</td><td>—</td></tr>
<tr><td>>12.50～25.00</td><td>265</td><td>115</td><td>—</td><td>14</td><td>—</td></tr>
<tr><td>>25.00～50.00</td><td>255</td><td>105</td><td>—</td><td>13</td><td>—</td></tr>
<tr><td>F</td><td>—</td><td>>4.50～150.00</td><td>—</td><td>—</td><td>—</td><td>—</td><td>—</td></tr>
<tr><td rowspan="6">5A06</td><td rowspan="6">工艺包铝</td><td>O</td><td>O</td><td>0.50～4.50</td><td>315</td><td>155</td><td>16</td><td>—</td><td>—</td></tr>
<tr><td rowspan="4">H112</td><td rowspan="4">H112</td><td>>4.50～10.00</td><td>315</td><td>155</td><td>16</td><td>—</td><td>—</td></tr>
<tr><td>>10.00～12.50</td><td>305</td><td>145</td><td>12</td><td>—</td><td>—</td></tr>
<tr><td>>12.50～25.00</td><td>305</td><td>145</td><td>—</td><td>12</td><td>—</td></tr>
<tr><td>>25.00～50.00</td><td>295</td><td>135</td><td>—</td><td>6</td><td>—</td></tr>
<tr><td>F</td><td>—</td><td>>4.50～150.00</td><td>—</td><td>—</td><td>—</td><td>—</td><td>—</td></tr>
<tr><td rowspan="3">5082</td><td rowspan="3">—</td><td>H18
H38</td><td>H18
H38</td><td>>0.20～0.50</td><td>335</td><td>—</td><td>1</td><td>—</td><td>—</td></tr>
<tr><td>H19
H39</td><td>H19
H39</td><td>>0.20～0.50</td><td>355</td><td>—</td><td>1</td><td>—</td><td>—</td></tr>
<tr><td>F</td><td>—</td><td>>4.50～150.00</td><td>—</td><td>—</td><td>—</td><td>—</td><td>—</td></tr>
<tr><td rowspan="6">5005</td><td rowspan="6">—</td><td rowspan="6">O
H111</td><td rowspan="6">O
H111</td><td>>0.20～0.50</td><td rowspan="6">100～145</td><td rowspan="6">35</td><td>15</td><td>—</td><td>0t</td></tr>
<tr><td>>0.50～1.50</td><td>19</td><td>—</td><td>0t</td></tr>
<tr><td>>1.50～3.00</td><td>20</td><td>—</td><td>0t</td></tr>
<tr><td>>3.00～6.00</td><td>22</td><td>—</td><td>1.0t</td></tr>
<tr><td>>6.00～12.50</td><td>24</td><td>—</td><td>1.5t</td></tr>
<tr><td>>12.50～50.00</td><td>—</td><td>20</td><td>—</td></tr>
</table>

续表

牌 号	包铝分类	供应状态	试样状态	厚 度[a]/mm	抗拉强度[b] R_m/MPa	规定非比例延伸强度[b] $R_{p0.2}$/MPa	断后伸长率/% A_{50mm}	$A_{5.65}$[c]	弯曲半径[d]
					不小于				
5005	—	H12	H12	>0.20~0.50	125~165	95	2	—	0t
				>0.50~1.50			2	—	0.5t
				>1.50~3.00			4	—	1.0t
				>3.00~6.00			5	—	1.0t
		H14	H14	>0.20~0.50	145~185	120	2	—	0.5t
				>0.50~1.50			2	—	1.0t
				>1.50~3.00			3	—	1.0t
				>3.00~6.00			4	—	2.0t
		H16	H16	>0.20~0.50	165~205	145	1	—	1.0t
				>0.50~1.50			2	—	1.5t
				>1.50~3.00			3	—	2.0t
				>3.00~4.00			3	—	2.5t
		H18	H18	>0.20~0.50	185	165	1	—	1.5t
				>0.50~1.50			2	—	2.5t
				>1.50~3.00			2	—	3.0t
		H22 H32	H22 H32	>0.20~0.50	125~165	80	4	—	0t
				>0.50~1.50			5	—	0.5t
				>1.50~3.00			6	—	1.0t
				>3.00~6.00			8	—	1.0t
		H24 H34	H24 H34	>0.20~0.50	145~185	110	3	—	0.5t
				>0.50~1.50			4	—	1.0t
				>1.50~3.00			5	—	1.0t
				>3.00~6.00			6	—	2.0t
		H26 H36	H26 H36	>0.20~0.50	165~205	135	2	—	1.0t
				>0.50~1.50			3	—	1.5t
				>1.50~3.00			4	—	2.0t
				>3.00~4.00			4	—	2.5t
		H28 H38	H28 H38	>0.20~0.50	185	160	1	—	1.5t
				>0.50~1.50			2	—	2.5t
				>1.50~3.00			3	—	3.0t
		H112	H112	>6.00~12.50	115	—	8	—	—
				>12.50~40.00	105		—	10	—
				>40.00~80.00	100		—	16	—
		F	—	>2.50~150.00	—	—	—	—	—

续表

牌号	包铝分类	供应状态	试样状态	厚度[a]/mm	抗拉强度[b] R_m/MPa	规定非比例延伸强度[b] $R_{p0.2}$/MPa	断后伸长率/% A_{50mm}	断后伸长率/% $A_{5.65}$[c]	弯曲半径[d]
					不小于				
5052	—	O H111	O H111	>0.20～0.50	170～215	65	12	—	0*t*
				>0.50～1.50			14	—	0*t*
				>1.50～3.00			16	—	0.5*t*
				>3.00～6.00			18	—	1.0*t*
				>6.00～12.50			19	—	2.0*t*
				>12.50～50.00			—	18	—
		H12	H12	>0.20～0.50	210～260	160	4	—	—
				>0.50～1.50			5	—	—
				>1.50～3.00			6	—	—
				>3.00～6.00			8	—	—
		H14	H14	>0.20～0.50	230～280	180	3	—	—
				>0.50～1.50			3	—	—
				>1.50～3.00			4	—	—
				>3.00～6.00			4	—	—
		H16	H16	>0.20～0.50	250～300	210	2	—	—
				>0.50～1.50			3	—	—
				>1.50～3.00			3	—	—
				>3.00～4.00			3	—	—
		H18	H18	>0.20～0.50	270	240	1	—	—
				>0.50～1.50			2	—	—
				>1.50～3.00			2	—	—
		H22 H32	H22 H32	>0.20～0.50	210～260	130	5	—	0.5*t*
				>0.50～1.50			6	—	1.0*t*
				>1.50～3.00			7	—	1.5*t*
				>3.00～6.00			10	—	1.5*t*
		H24 H34	H24 H34	>0.20～0.50	230～280	150	4	—	0.5*t*
				>0.50～1.50			5	—	1.5*t*
				>1.50～3.00			6	—	2.0*t*
				>3.00～6.00			7	—	2.5*t*
		H26 H36	H26 H36	>0.20～0.50	250～300	180	3	—	1.5*t*
				>0.50～1.50			4	—	2.0*t*
				>1.50～3.00			5	—	3.0*t*
				>3.00～4.00			6	—	3.5*t*
		H38	H38	>0.20～0.50	270	210	3	—	—
				>0.50～1.50			3	—	—
				>1.50～3.00			4	—	—
		H112	H112	>6.00～12.50	190	80	7	—	—
				>12.50～40.00	170	70	—	10	—
				>40.00～80.00	170	70	—	14	—
		F	—	>2.50～150.00	—	—	—	—	—

续表

<table>
<tr><th rowspan="2">牌号</th><th rowspan="2">包铝分类</th><th rowspan="2">供应状态</th><th rowspan="2">试样状态</th><th rowspan="2">厚度[a]/mm</th><th rowspan="2">抗拉强度[b] R_m/MPa</th><th rowspan="2">规定非比例延伸强度[b] $R_{p0.2}$/MPa</th><th colspan="2">断后伸长率/%</th><th rowspan="2">弯曲半径[d]</th></tr>
<tr><th>A_{50mm}</th><th>$A_{5.65}$[c]</th></tr>
<tr><th colspan="5"></th><th colspan="5">不小于</th></tr>
<tr><td rowspan="43">5083</td><td rowspan="43">—</td><td rowspan="7">O
H111</td><td rowspan="7">O
H111</td><td>>0.20~0.50</td><td rowspan="6">275~350</td><td rowspan="6">125</td><td>11</td><td>—</td><td>0.5t</td></tr>
<tr><td>>0.50~1.50</td><td>12</td><td>—</td><td>1.0t</td></tr>
<tr><td>>1.50~3.00</td><td>13</td><td>—</td><td>1.0t</td></tr>
<tr><td>>3.00~6.00</td><td>15</td><td>—</td><td>1.5t</td></tr>
<tr><td>>6.00~12.50</td><td>16</td><td>—</td><td>2.5t</td></tr>
<tr><td>>12.50~50.00</td><td>—</td><td>15</td><td>—</td></tr>
<tr><td>>50.00~80.00</td><td>270~345</td><td>115</td><td>—</td><td>14</td><td>—</td></tr>
<tr><td rowspan="4">H12</td><td rowspan="4">H12</td><td>>0.20~0.50</td><td rowspan="4">317~375</td><td rowspan="4">250</td><td>3</td><td>—</td><td>—</td></tr>
<tr><td>>0.50~1.50</td><td>4</td><td>—</td><td>—</td></tr>
<tr><td>>1.50~3.00</td><td>5</td><td>—</td><td>—</td></tr>
<tr><td>>3.00~6.00</td><td>6</td><td>—</td><td>—</td></tr>
<tr><td rowspan="4">H14</td><td rowspan="4">H14</td><td>>0.20~0.50</td><td rowspan="4">340~400</td><td rowspan="4">280</td><td>2</td><td>—</td><td>—</td></tr>
<tr><td>>0.50~1.50</td><td>3</td><td>—</td><td>—</td></tr>
<tr><td>>1.50~3.00</td><td>3</td><td>—</td><td>—</td></tr>
<tr><td>>3.00~6.00</td><td>3</td><td>—</td><td>—</td></tr>
<tr><td rowspan="4">H16</td><td rowspan="4">H16</td><td>>0.20~0.50</td><td rowspan="4">360~420</td><td rowspan="4">300</td><td>1</td><td>—</td><td>—</td></tr>
<tr><td>>0.50~1.50</td><td>2</td><td>—</td><td>—</td></tr>
<tr><td>>1.50~3.00</td><td>2</td><td>—</td><td>—</td></tr>
<tr><td>>3.00~4.00</td><td>2</td><td>—</td><td>—</td></tr>
<tr><td rowspan="4">H22
H32</td><td rowspan="4">H22
H32</td><td>>0.20~0.50</td><td rowspan="4">305~380</td><td rowspan="4">215</td><td>5</td><td>—</td><td>0.5t</td></tr>
<tr><td>>0.50~1.50</td><td>6</td><td>—</td><td>1.5t</td></tr>
<tr><td>>1.50~3.00</td><td>7</td><td>—</td><td>2.0t</td></tr>
<tr><td>>3.00~6.00</td><td>8</td><td>—</td><td>2.5t</td></tr>
<tr><td rowspan="4">H24
H34</td><td rowspan="4">H24
H34</td><td>>0.20~0.50</td><td rowspan="4">340~400</td><td rowspan="4">250</td><td>4</td><td>—</td><td>1.0t</td></tr>
<tr><td>>0.50~1.50</td><td>5</td><td>—</td><td>2.0t</td></tr>
<tr><td>>1.50~3.00</td><td>6</td><td>—</td><td>2.5t</td></tr>
<tr><td>>3.00~6.00</td><td>7</td><td>—</td><td>3.5t</td></tr>
<tr><td rowspan="4">H26
H36</td><td rowspan="4">H26
H36</td><td>>0.20~0.50</td><td rowspan="4">360~420</td><td rowspan="4">280</td><td>2</td><td>—</td><td>—</td></tr>
<tr><td>>0.50~1.50</td><td>3</td><td>—</td><td>—</td></tr>
<tr><td>>1.50~3.00</td><td>3</td><td>—</td><td>—</td></tr>
<tr><td>>3.00~4.00</td><td>3</td><td>—</td><td>—</td></tr>
<tr><td rowspan="3">H112</td><td rowspan="3">H112</td><td>>6.00~12.50</td><td>275</td><td>125</td><td>12</td><td>—</td><td>—</td></tr>
<tr><td>>12.50~40.00</td><td>275</td><td>125</td><td>—</td><td>10</td><td>—</td></tr>
<tr><td>>40.00~50.00</td><td>270</td><td>115</td><td>—</td><td>10</td><td>—</td></tr>
<tr><td>F</td><td>—</td><td>>4.50~150.00</td><td>—</td><td>—</td><td>—</td><td>—</td><td>—</td></tr>
</table>

续表

牌 号	包铝分类	供应状态	试样状态	厚 度[a]/mm	抗拉强度[b] R_m/MPa	规定非比例延伸强度[b] $R_{p0.2}$/MPa	断后伸长率/%		弯曲半径[d]
							A_{50mm}	$A_{5.06}$[c]	
					不 小 于				
5086	—	O H111	O H111	＞0.20～0.50	240～310	100	11	—	0.5t
				＞0.50～1.50			12	—	1.0t
				＞1.50～3.00			13	—	1.0t
				＞3.00～6.00			15	—	1.5t
				＞6.00～12.50			17	—	2.5t
				＞12.50～80.00			—	16	—
		H12	H12	＞0.20～0.50	275～335	200	3	—	—
				＞0.50～1.50			4	—	—
				＞1.50～3.00			5	—	—
				＞3.00～6.00			6	—	—
		H14	H14	＞0.20～0.50	300～360	240	2	—	—
				＞0.50～1.50			3	—	—
				＞1.50～3.00			3	—	—
				＞3.00～6.00			3	—	—
		H16	H16	＞0.20～0.50	325～385	270	1	—	—
				＞0.50～1.50			2	—	—
				＞1.50～3.00			2	—	—
				＞3.00～4.00			2	—	—
		H18	H18	＞0.20～0.50	345	290	1	—	—
				＞0.50～1.50			1	—	—
				＞1.50～3.00			1	—	—
		H22 H32	H22 H32	＞0.20～0.50	275～335	185	5	—	0.5t
				＞0.50～1.50			6	—	1.5t
				＞1.50～3.00			7	—	2.0t
				＞3.00～6.00			8	—	2.5t
		H24 H34	H24 H34	＞0.20～0.50	300～360	220	4	—	1.0t
				＞0.50～1.50			5	—	2.0t
				＞1.50～3.00			6	—	2.5t
				＞3.00～6.00			7	—	3.5t
		H26 H36	H26 H36	＞0.20～0.50	325～385	250	2	—	—
				＞0.50～1.50			3	—	—
				＞1.50～3.00			3	—	—
				＞3.00～4.00			3	—	—
		H112	H112	＞6.00～12.50	250	105	8	—	—
				＞12.50～40.00	240	105	—	9	—
				＞40.00～50.00	240	100	—	12	—
		F	—	＞4.50～150.00	—	—	—	—	—

续表

牌号	包铝分类	供应状态	试样状态	厚度[a]/mm	抗拉强度[b] R_m/MPa	规定非比例延伸强度[b] $R_{p0.2}$/MPa	断后伸长率/%		弯曲半径[d]
							A_{50mm}	$A_{5.06}$[c]	
					不小于				
6061	—	O	O	0.40~1.50	≤150	≤85	14	—	0.5t
				>1.50~3.00			16	—	1.0t
				>3.00~6.00			19	—	1.0t
				>6.00~12.50			16	—	2.0t
				>12.50~25.00			—	16	—
			T42[e]	0.40~1.50	205	95	12	—	1.0t
				>1.50~3.00			14	—	1.5t
				>3.00~6.00			16	—	3.0t
				>6.00~12.50			18	—	4.0t
				>12.50~40.00			—	15	—
			T62[e]	0.40~1.50	290	240	6	—	2.5t
				>1.50~3.00			7	—	3.5t
				>3.00~6.00			10	—	4.0t
				>6.00~12.50			9	—	5.0t
				>12.50~40.00			—	8	—
		T4	T4	0.40~1.50	205	110	12	—	1.0t
				>1.50~3.00			14	—	1.5t
				>3.00~6.00			16	—	3.0t
				>6.00~12.50			18	—	4.0t
		T6	T6	0.40~1.50	290	240	6	—	2.5t
				>1.50~3.00			7	—	3.5t
				>3.00~6.00			10	—	4.0t
				>6.00~12.50			9	—	5.0t
		F	F	>2.50~150.00	—	—	—	—	—
6063	—	O	O	0.50~5.00	≤130	—	20	—	—
				>5.00~12.50			15	—	—
				>12.50~20.00			—	15	—
			T62[e]	0.50~5.00	230	180	—	8	—
				>5.00~12.50	220	170	—	6	—
				>12.50~20.00	220	170	6	—	—
		T4	T4	0.50~5.00	150	—	10	—	—
				5.00~10.00	130		10	—	—
		T6	T6	0.50~5.00	240	190	8	—	—
				>5.00~10.00	230	180	8	—	—
6A02	—	O	O	>0.50~4.50	≤145	—	21	—	—
				>4.50~10.00			16	—	—
			T62[e]	>0.50~4.50	295	—	11	—	—
				>4.50~10.00			8	—	—

续表

牌号	包铝分类	供应状态	试样状态	厚度[a]/mm	抗拉强度[b] R_m/MPa	规定非比例延伸强度[b] $R_{p0.2}$/MPa	断后伸长率/%		弯曲半径[d]
							A_{50mm}	$A_{5.06}$[c]	
					不小于				
6A02	—	T4	T4	>0.50～0.80	195	—	19	—	—
				>0.80～3.00			21	—	—
				>3.00～4.50			19	—	—
				>4.50～10.00	175		17	—	—
		T6	T6	>0.50～4.50	295	—	11	—	—
				>4.50～10.00			8	—	—
		H112	T62[e]	>4.50～12.50	295	—	8	—	—
				>12.50～25.00	295		—	7	—
				>25.00～40.00	285		—	6	—
				>40.00～80.00	275		—	6	—
			T42[e]	>4.50～12.50	175	—	17	—	—
				>12.50～25.00	175		—	14	—
				>25.00～40.00	165		—	12	—
				>40.00～80.00	165		—	10	—
		F	—	>4.50～150.00	—	—	—	—	—
6082	—	O	O	0.40～1.50	≤150	≤85	14	—	0.5t
				>1.50～3.00			16	—	1.0t
				>3.00～6.00			18	—	1.5t
				>6.00～12.50			17	—	2.5t
				>12.50～25.00	≤155	—	—	16	—
			T42[e]	0.40～1.50	205	95	12	—	1.5t
				>1.50～3.00			14	—	2.0t
				>3.00～6.00			15	—	3.0t
				>6.00～12.50			14	—	4.0t
				>12.50～25.00			—	13	—
			T62[e]	0.40～1.50	310	260	6	—	2.5t
				>1.50～3.00			7	—	3.5t
				>3.00～6.00			10	—	4.5t
				>6.00～12.50	300	255	9	—	6.0t
				>12.50～25.00	295	240	—	8	—
		T4	T4	0.40～1.50	205	110	12	—	1.5t
				>1.50～3.00			14	—	2.0t
				>3.00～6.00			15	—	3.0t
				>6.00～12.50			14	—	4.0t
		T6	T6	0.40～1.50	310	260	6	—	2.5t
				>1.50～3.00			7	—	3.5t
				>3.00～6.00			10	—	4.5t
				>6.00～12.50	300	255	9	—	6.0t
		F	F	>4.50～150.00	—	—	—	—	—

续表

牌号	包铝分类	供应状态	试样状态	厚度[a]/mm	抗拉强度[b] R_m/MPa	规定非比例延伸强度[b] $R_{p0.2}$/MPa	断后伸长率/% A_{50mm}	$A_{5.06}$[c]	弯曲半径[d]
					不小于				
7075	正常包铝或工艺包铝	O	O	>0.50~1.50	≤250	≤140	10	—	—
				>1.50~4.00	≤260	≤140	10	—	—
				>4.00~12.50	≤270	≤145	10	—	—
				>12.50~25.00	≤275	—	—	9	—
			T62[e]	>0.50~1.00	485	415	7	—	—
				>1.00~1.50	495	425	8	—	—
				>1.50~4.00	505	435	8	—	—
				>4.00~6.00	515	440	8	—	—
				>6.00~12.50	515	445	9	—	—
				>12.50~25.00	540	470	—	6	—
		T6	T6	>0.50~1.00	485	415	7	—	—
				>1.00~1.50	495	425	8	—	—
				>1.50~4.00	505	435	8	—	—
				>4.00~6.00	515	440	8	—	—
		F	—	>6.00~100.00	—	—	—	—	—
	不包铝或工艺包铝	O	O	>0.50~12.50	≤275	≤145	10	—	—
				>12.50~50.00	≤275	—	—	9	—
			T62[e]	>0.50~1.00	525	460	7	—	—
				>1.00~3.00	540	470	8	—	—
				>3.00~6.00	540	475	8	—	—
				>6.00~12.50	540	460	9	—	—
				>12.50~25.00	540	470	—	6	—
				>25.00~50.00	530	460	—	5	—
		T6	T6	>0.50~1.00	525	460	7	—	—
				>1.00~3.00	540	470	8	—	—
				>3.00~6.00	540	475	8	—	—
		F	—	>6.00~100.00	—	—	—	—	—

续表

牌号	包铝分类	供应状态	试样状态	厚度[a]/mm	抗拉强度[b] R_m/MPa	规定非比例延伸强度[b] $R_{p0.2}$/MPa	断后伸长率/%		弯曲半径[d]
							A_{50mm}	$A_{5.65}$[c]	
					不小于				
8A06	—	O	O	>0.20～0.30	≤110	—	16	—	—
				>0.30～0.50			21	—	—
				>0.50～0.80			26	—	—
				>0.80～10.00			30	—	—
		H14 H24	H14 H24	>0.20～0.30	100	—	1	—	—
				>0.30～0.50			3	—	—
				>0.50～0.80			4	—	—
				>0.80～1.00			5	—	—
				>1.00～4.50			6	—	—
		H18	H18	>0.20～0.30	135	—	1	—	—
				>0.30～0.80			2	—	—
				>0.80～4.50			3	—	—
		H112	H112	>4.50～10.00	70	—	19	—	—
				>10.00～12.50	80		19	—	—
				>12.50～25.00	80			19	—
				>25.00～80.00	65		—	16	—
		F	—	>2.50～150.00	—	—	—	—	—
8011A	—	O H111	O H111	>0.20～0.50	80～130	30	19	—	—
				>0.50～1.50			21	—	—
				>1.50～3.00			24	—	—
		H14	H14	>0.20～0.50	125～165	110	2	—	—
				>0.50～3.00			3	—	—
		H24	H24	>0.20～0.50	125～165	100	3	—	—
				>0.50～1.50			4	—	—
				>1.50～3.00			5	—	—
		H18	H18	>0.20～0.50	165	145	1	—	—
				>0.50～3.00			2	—	—

注：1. 表中 a 表示厚度大于 40mm 的板材，表中数值仅供参考。当需方要求时，供方提供中心层试样的实测结果；

2. 表中 b 表示 1050，1060，1070，1035，1235，1145，1100，8A06 合金的抗拉强度上限值及规定非比例伸长应力极限值对 H22，H24，H26 状态的材料不适用；

3. 表中 c 表示 $A_{5.65}$ 表示原始标距（L_0）为 5.65 $\sqrt{S_0}$ 的断后伸长率；

3. 表中 d 表示 3105，3102，5182 板、带材弯曲 180°，其他板、带材弯曲 90°。t 为板或带材的厚度；

4. 表中 e 表示 2×××，6×××，7×××系合金以 0 状态供货时，其 T42，T62 状态性能仅供参考。

(9)铝及铝合金花纹板

表 4-20　　铝及铝合金花纹板的力学性能(GB/T3618—2006)

花纹代号	牌　号	状　态	抗拉强度 R_m/MPa	规定非比例延伸强度 $R_{p0.2}$/MPa	断后伸长率 A_{50}/%	弯曲导数
			不小于			
1号,9号	2A12	T4	405	255	10	—
2号,4号,6号,9号	2A11	H234,H194	215	—	3	—
4号,8号,9号	3003	H114,H234	120	—	4	4
		H194	140	—	3	8
3号,4号,5号,8号,9号	1×××	H114	80	—	4	2
		H194	100	—	3	6
3号,7号	5A02、5052	O	≤150	—	14	3
2号,3号		H114	180	—	3	3
2号,4号,7号,8号,9号		H194	195	—	3	8
3号	5A43	O	≤100	—	15	2
		H114	120	—	4	4
7号	6061	O	≤150	—	12	—

注:计算截面积所用的厚度为底板厚度。

(10)表盘及装饰用纯铝板

表 4-21　　表盘及装饰用纯铝板的室温力学性能(YS/T242—2009)

牌　号	状　态	厚　度/mm	室温拉伸试验结果 抗拉强度 R_m/MPa	规定非比例延伸强度 $R_{p0.2}$/MPa	断后伸长率 A_{50mm}/%
			不小于		
1035	O	0.30～0.50	75～110	—	15
		＞0.50～0.80	75～110	—	20
		＞0.80～1.30	75～110	—	25
		＞1.3～4.0	75～110	—	30
	H14 H24	0.30～0.50	120～145	—	2
		＞0.50～0.80	120～145	—	3
		＞0.80～1.30	120～145	—	4
		＞1.30～4.00	120～145	—	5

续表

牌号	状态	厚度/mm	室温拉伸试验结果		
			抗拉强度 R_m/MPa	规定非比例延伸强度 $R_{p0.2}$/MPa	断后伸长率 A_{50mm}/%
			不小于		
1035	H18	0.30～0.50	155	—	1
		>0.50～0.80	155	—	2
		>0.80～1.30	155	—	3
		>1.30～2.00	155	—	4
1050A	O	0.30～0.50	65～95	20	20
		>0.50～1.50	65～95	20	22
		>1.50～3.00	65～95	20	26
		>3.00～4.00	65～95	20	29
	H14	0.30～0.50	105～145	85	2
		>0.50～1.50	105～145	85	3
		>1.50～3.00	105～145	85	4
		>3.00～4.00	105～145	85	5
	H24	0.30～0.50	105～145	75	3
		>0.50～1.50	105～145	75	4
		>1.50～3.00	105～145	75	5
		>3.00～4.00	105～145	75	8
	H18	0.30～0.50	140	120	1
		>0.50～1.50	140	120	2
		>1.50～2.00	140	120	2
1060	O	0.30～0.50	60～100	15	18
		>0.50～1.50	60～100	15	23
		>1.50～4.00	60～100	15	25
	H14 H24	0.30～0.50	95～135	70	2
		>0.50～0.80	95～135	70	2
		>0.80～1.50	95～135	70	4
		>1.50～4.00	95～135	70	6
	H18	0.30～0.50	125	85	2
		>0.50～1.50	125	85	3
		>1.50～2.00	125	85	4
1070A	O	0.30～0.50	60～90	15	23
		>0.50～1.50	60～90	15	25
		>1.50～3.00	60～90	15	29

续表

牌 号	状 态	厚 度/mm	室温拉伸试验结果		
			抗拉强度 R_m/MPa	规定非比例延伸强度 $R_{p0.2}$/MPa	断后伸长率 A_{50mm}/%
			不小于		
1070A	O	>3.00～4.00	60～90	15	32
	H14	0.30～0.50	100～140	70	4
		>0.50～1.50	100～140	70	4
		>1.50～3.00	100～140	70	5
		>3.00～4.00	100～140	70	6
	H24	0.30～0.50	100～140	60	5
		>0.50～1.50	100～140	60	6
		>1.50～3.00	100～140	60	7
		>3.00～4.00	100～140	60	9
	H18	0.30～0.50	125	105	2
		>0.50～1.50	125	105	2
		>1.50～2.00	125	105	2
1070	O	0.30～0.50	55～95	—	20
		>0.50～0.80	55～95	—	25
		>0.80～1.50	55～95	15	30
		>1.50～4.00	55～95	15	35
	H14 H24	0.30～0.50	85～120	—	2
		>0.50～0.80	85～120	—	3
		>0.80～1.500	85～120	65	4
		>1.50～3.00	85～120	65	5
		>3.00～4.00	85～120	65	6
	H18	0.30～0.50	120	—	1
		>0.50～0.80	120	—	2
		>0.80～1.50	120	—	3
		>1.50～2.00	120	—	4
1100	O	0.30～0.50	75～105	25	17
		>0.50～1.50	75～105	25	22
		>1.50～4.00	75～105	25	30
	H14 H24	0.30～0.50	110～145	95	2
		>0.50～1.50	110～145	95	3
		>1.50～4.00	110～145	95	5
	H18	0.30～0.50	150	—	1
		>0.50～1.50	150	—	2
		>1.50～2.00	150	—	4

续表

牌号	状态	厚度/mm	室温拉伸试验结果		
			抗拉强度 R_m/MPa	规定非比例延伸强度 $R_{p0.2}$/MPa	断后伸长率 A_{50mm}/%
			不小于		
1200	O	0.30～0.50	75～105	25	19
		>0.50～1.50	75～105	25	21
		>1.50～3.00	75～105	25	24
		>3.00～4.00	75～105	25	28
	H14	0.30～0.50	115～155	95	2
		>0.50～1.50	115～155	95	3
		>1.50～3.00	115～155	95	4
		>3.00～4.00	115～155	95	5
	H24	0.30～0.50	115～155	90	3
		>0.50～1.50	115～155	90	4
		>1.50～3.00	115～155	90	5
		>3.00～4.00	115～155	90	7
	H18	0.30～0.50	150	130	1
		>0.50～1.50	150	130	2
		>1.50～2.00	150	130	2
3003	O	0.60	118～121	—	33～36
	H14	0.15	165	—	2.0
	H16	0.28	165	—	2.5
		0.50	174	—	2.5
		0.80	164	—	3.0
	H18	0.30	245	—	2.0
5052	H22	0.20～1.00	215～265	130	6
	H32	0.20～1.00	215～265	130	6
	H24	0.50～1.00	230～280	150	5
8011	H14	0.35	143～150	—	3.2～4.0
	H18	0.35	171～184	—	2.8～3.5

(11)一般用途的铝及铝合金箔

表 4-22　一般用途的铝及铝合金箔的室温拉伸性能(GB/T 3198—2003)

牌号	状态	厚度/mm	拉伸性能	
			抗拉强度 R_m/MPa	伸长率 A/% 不小于
1100 1200	O	0.006～0.009	40～105	0.5
		0.010～0.024	40～105	1
		0.025～0.040	50～105	3
		0.041～0.089	55～105	6
		0.090～0.139	60～115	10
		0.140～0.200	60～115	14
	H22	0.006～0.009	—	—
		0.010～0.024	—	—
		0.025～0.040	90～135	2
		0.041～0.089	90～135	3
		0.090～0.139	90～135	4
		0.140～0.200	90～135	6
	H24	0.006～0.009	—	—
		0.010～0.024	—	—
		0.025～0.040	110～160	2
		0.041～0.089	110～160	3
		0.090～0.139	110～160	4
		0.140～0.200	110～160	5
	H26	0.006～0.009	—	—
		0.010～0.024	—	—
		0.025～0.040	125～180	1
		0.041～0.089	125～180	1
		0.090～0.139	125～180	2
		0.140～0.200	125～180	2
	H18	0.006～0.200	≥140	—
	H19	0.006～0.200	≥150	—
其他1×××系	O	0.006～0.009	35～100	0.5
		0.010～0.024	40～100	1
		0.025～0.040	45～100	2
		0.041～0.089	45～100	4
		0.090～0.139	50～100	6
		0.140～0.200	50～100	10
	H18	0.006～0.200	≥135	—
2A11	O	0.030～0.049	≤195	1.5
		0.050～0.200	≤195	3
	H18	0.030～0.049	≥205	—
		0.050～0.200	≥215	—
2024 2A12	O	0.030～0.049	≤195	1.5
		0.050～0.200	≤205	3.0
	H18	0.030～0.049	≥225	—
		0.050～0.200	≥245	—

续表

牌 号	状 态	厚 度 / mm	拉伸性能	
			抗拉强度 R_m /MPa	伸长率 A / % 不小于
3003	O	0.030～0.099	100～140	10
		0.100～0.200	100～140	15
	H14/24	0.050～0.200	140～170	1
	H16/26	0.100～0.200	≥180	—
	H18	0.020～0.200	≥185	—
5A02	O	0.030～0.049	≤195	—
		0.050～0.200	≤195	4
	H16/26	0.100～0.200	≥255	—
	H18	0.020～0.200	≥265	—
5052	O	0.030～0.200	175～225	4
	H14/24	0.050～0.200	250～300	—
	H16/26	0.100～0.200	≥270	—
	H18	0.050～0.200	≥275	—
8011,8011A,8079	O	0.006～0.009	45～100	0.5
		0.010～0.024	50～105	1
		0.025～0.040	55～110	4
		0.041～0.089	60～110	8
		0.090～0.139	60～110	13
		0.140～0.200	60～110	16
	H22	0.035～0.040	90～150	2
		0.041～0.089	90～150	4
		0.090～0.139	90～150	5
		0.140～0.200	90～150	6
	H24	0.035～0.040	120～170	2
		0.041～0.089	120～170	3
		0.090～0.139	120～170	4
		0.140～0.200	120～170	5
	H26	0.035～0.040	140～190	1
		0.041～0.089	140～190	1
		0.090～0.139	140～190	2
		0.140～0.200	140～190	2
	H18	0.035～0.200	≥160	—
	H19	0.035～0.200	≥170	—
8006	O	0.006～0.009	80～135	1
		0.010～0.024	85～140	2
		0.025～0.040	85～140	6
		0.041～0.089	90～140	10
		0.090～0.139	90～140	15
		0.140～0.200	90～140	15
	H18	0.006～0.200	≥170	—

注:1.4A13,5082,5083 力学性能由供需双方协商,并在合同中注明;

2.1×××,8×××的 H14,H16 的力学性能由供需双方协商。

表 4-23　　电缆用铝箔的纵向室温力学性能(GB/T 3198—2003)

牌　号	状　态	厚　度/mm	拉伸性能	
			抗拉强度 R_m/MPa	伸长率 A/%，不小于
1145,1235,1060, 1050A,1200,1100	O	0.100～0.150	60～95	15
		>0.150～0.200	70～110	20
8011	O	>0.150～0.200	80～110	23

(12)空调器散热片用素铝箔

表 4-24　　空调器散热片用素铝箔的力学和工艺性能(YS/T 95.1—2009)

牌　号	状　态	厚　度/mm	抗拉强度 R_m/MPa	规定非比例延伸强度 $R_{p0.2}$/MPa	断后伸长率 A_{50}/%	杯突值 I,E/mm
1050	O	0.08～0.10	70～100	≥40	≥10	≥5.0
		>0.10～0.20	70～100	≥40	≥15	≥5.5
	H18	0.08～0.20	≥135	—	≥1	—
1100 1200	O	0.08～0.10	80～110	≥50	≥18	≥6.0
		>0.10～0.20	80～110	≥50	≥20	≥6.5
	H22	0.08～0.10	100～130	≥60	≥18	≥5.5
		>0.10～0.20	100～130	≥60	≥20	≥6.0
	H24	0.08～0.10	115～145	≥70	≥15	≥5.0
		>0.10～0.20	115～145	≥70	≥18	≥5.5
	H26	0.08～0.10	130～160	≥90	≥8	≥4.0
		>0.10～0.20	130～160	≥90	≥10	≥4.5
	H18	0.08～0.20	≥160	—	≥1	—
3102	H24	0.08～0.10	120～145	≥90	≥10	≥4.5
		>0.10～0.20	120～145	≥100	≥12	≥5.0
	H26	0.08～0.10	125～160	≥100	≥8	≥4.0
		>0.10～0.20	125～160	≥100	≥10	≥4.5
8006	O	0.08～0.10	110～140	≥50	≥15	≥6.0
		>0.10～0.20	110～140	≥50	≥20	≥6.5
	H22	0.08～0.10	120～150	≥60	≥15	≥5.5
		>0.10～0.20	120～150	≥60	≥20	≥6.0
	H24	0.08～0.10	125～155	≥80	≥15	≥5.0
		>0.10～0.20	125～155	≥80	≥18	≥5.5
	H26	0.08～0.10	130～160	≥100	≥10	≥4.5
		>0.10～0.20	130～160	≥100	≥12	≥5.0

续表

牌号	状态	厚度/mm	抗拉强度 R_m/MPa	规定非比例延伸强度 $R_{p0.2}$/MPa	断后伸长率 A_{50}/%	杯突值 I,E/mm
8011	O	0.08～0.10	80～110	≥50	≥20	≥6.0
		>0.10～0.20	80～110	≥50	≥20	≥6.5
	H22	0.08～0.10	100～130	≥60	≥18	≥5.5
		>0.10～0.20	100～130	≥60	≥20	≥6.0
	H24	0.08～0.10	120～145	≥80	≥15	≥5.0
		>0.10～0.20	120～145	≥80	≥18	≥5.5
	H26	0.08～0.10	130～160	≥100	≥8	≥4.0
		>0.10～0.20	130～160	≥100	≥10	≥4.5
	H18	0.08～0.20	≥160	—	≥1	—

注：用户有特殊要求时，由供需双方协商，并在合同中注明。

(13)铝合金建筑型材——基材

表 4-25 铝合金建筑型材——基材的力学性能(GB/T 5237.1—2008)

合金牌号	供应状态		厚度/mm	拉伸性能				硬度		
				抗拉强度 R_m/MPa	规定非比例延伸强度 $R_{p0.2}$/MPa	断后伸长率/%		试样厚度/mm	维氏硬度HV	韦氏硬度HW
						A	A_{50mm}			
				不小于						
6005	T5		≤6.3	260	240	—	8	—	—	—
	T6	实心型材	≤5	270	225	—	6	—	—	—
			>5～10	260	215	—	6	—	—	—
			>10～25	250	200	8	6	—	—	—
		空心型材	≤5	255	215	—	6	—	—	—
			>5～15	250	200	8	6	—	—	—
6060	T5		≤5	160	120	—	6	—	—	—
			>5～25	140	100	8	6	—	—	—
	T6		≤3	190	150	—	6	—	—	—
			>3～25	170	140	8	6	—	—	—
6061	T4		所有	180	110	16	16	—	—	—
	T6		所有	265	245	8	8	—	—	—
6063	T5		所有	160	110	8	8	0.8	58	8
	T6		所有	205	180	8	8	—	—	—

续表

合金牌号	供应状态	厚度/mm	拉伸性能				硬度		
			抗拉强度 R_m/MPa	规定非比例延伸强度 $R_{p0.2}$/MPa	断后伸长率/%		试样厚度/mm	维氏硬度 HV	韦氏硬度 HW
					A	A_{50mm}			
			不小于						
6063A	T5	≤10	200	160	—	5	0.8	65	10
		>10	190	150	5	5	0.8	65	10
	T6	≤10	230	190	—	5	—	—	—
		>10	220	180	4	4	—	—	—
6463	T5	≤50	150	110	8	6	—	—	—
	T6	≤50	195	160	10	8	—	—	—
6463A	T5	≤12	150	110	—	6	—	—	—
	T6	≤3	205	170	—	6	—	—	—
		>3～12	205	170	—	8	—	—	—

注：表中 a 表示硬度，仅作参考。

(14)工业用铝及铝合金热挤压型材

表 4-26　工业用铝及铝合金热挤压型材的力学性能(GB/T 6892—2006)

牌号	状态	壁度/mm	抗拉强度 R_m/MPa	规定非比例延伸强度 $R_{p0.2}$/MPa	断后伸长率/%	
					$A_{5.65}$[a]	A_{50mm}[b]
			不小于			
1050A	H112	—	60	20	25	23
1060	O	—	60～95	15	22	20
	H112	—	60	15	22	20
1100	O	—	75～105	20	22	20
	H112	—	75	20	22	20
1200	H112	—	75	25	20	18
1350	H112	—	60	—	25	23
2A11	O	—	≤245	—	12	10
	T4	≤10	335	190	—	10
		>10～20	335	200	10	8
		>20	365	210	10	—

续表

牌　号	状　态	壁　度/mm	抗拉强度 R_m/MPa	规定非比例延伸强度 $R_{p0.2}$/MPa	断后伸长率/%	
					$A_{5.65}$[a]	$A_{50\,mm}$[b]
			不小于			
2A12	O	—	≤245	—	12	10
	T4	≤5	390	295	—	8
		>5～10	410	295	—	8
		>10～20	420	305	10	8
		>20	440	315	10	—
2017	O	≤3.2	≤220	≤140	—	11
		>3.2～12	≤225	≤145	—	11
	T4	—	390	245	15	13
2017A	T4 T4510 T4511	≤30	380	260	10	8
2014 2014A	O	—	≤250	≤135	12	10
	T4 T4510 T4511	≤25	370	230	11	10
		>25～75	410	270	10	—
	T6 T6510 T6511	≤25	415	370	7	5
		>25～75	460	415	7	—
2024	O	—	≤250	≤150	12	10
	T3 T3510 T3511	≤15	395	290	8	6
		>15～50	420	290	8	—
	T8 T8510 T8511	≤50	455	380	5	4
3A21	O,H112	—	≤185	—	16	14
3003 3103	H112	—	95	35	25	20
5A02	O,H112	—	≤245	—	12	10
5A03	O,H112	—	180	80	12	10
5A05	O,H112	—	255	130	15	13
5A06	O,H112	—	315	160	15	13
5005 5005A	H112	—	100	40	18	16
5051A	H112	—	150	60	16	14

续表

<table>
<tr><th rowspan="2">牌号</th><th rowspan="2" colspan="2">状态</th><th rowspan="2">壁度/mm</th><th rowspan="2">抗拉强度 R_m/MPa</th><th rowspan="2">规定非比例延伸强度 $R_{p0.2}$/MPa</th><th colspan="2">断后伸长率/%</th></tr>
<tr><th>$A_{5.65}$[a]</th><th>$A_{50\ mm}$[b]</th></tr>
<tr><th colspan="8">不小于</th></tr>
<tr><td>5251</td><td colspan="2">H112</td><td>—</td><td>160</td><td>60</td><td>16</td><td>14</td></tr>
<tr><td>5052</td><td colspan="2">H112</td><td>—</td><td>170</td><td>70</td><td>15</td><td>13</td></tr>
<tr><td>5154A
5454</td><td colspan="2">H112</td><td>≤25</td><td>200</td><td>85</td><td>16</td><td>14</td></tr>
<tr><td>5754</td><td colspan="2">H112</td><td>≤25</td><td>180</td><td>80</td><td>14</td><td>12</td></tr>
<tr><td>5019</td><td colspan="2">H112</td><td>≤30</td><td>250</td><td>110</td><td>14</td><td>12</td></tr>
<tr><td>5083</td><td colspan="2">H112</td><td>—</td><td>270</td><td>125</td><td>12</td><td>10</td></tr>
<tr><td>5086</td><td colspan="2">H112</td><td>—</td><td>240</td><td>95</td><td>12</td><td>10</td></tr>
<tr><td rowspan="2">6A02</td><td colspan="2">T4</td><td>—</td><td>180</td><td>—</td><td>12</td><td>10</td></tr>
<tr><td colspan="2">T6</td><td>—</td><td>295</td><td>230</td><td>10</td><td>8</td></tr>
<tr><td>6101A</td><td colspan="2">T6</td><td>≤50</td><td>200</td><td>170</td><td>10</td><td>8</td></tr>
<tr><td>6101B</td><td colspan="2">T6</td><td>≤15</td><td>215</td><td>160</td><td>8</td><td>6</td></tr>
<tr><td rowspan="7">6005
6005A</td><td colspan="2">T5</td><td>≤6.3</td><td>260</td><td>215</td><td>—</td><td>7</td></tr>
<tr><td colspan="2">T4</td><td>≤25</td><td>180</td><td>90</td><td>15</td><td>13</td></tr>
<tr><td rowspan="5">T6</td><td rowspan="3">实心型材</td><td>≤5</td><td>270</td><td>225</td><td>—</td><td>6</td></tr>
<tr><td>>5～10</td><td>260</td><td>215</td><td>—</td><td>6</td></tr>
<tr><td>>10～25</td><td>250</td><td>200</td><td>8</td><td>6</td></tr>
<tr><td rowspan="2">空心型材</td><td>≤5</td><td>255</td><td>215</td><td>—</td><td>6</td></tr>
<tr><td>>5～15</td><td>250</td><td>200</td><td>8</td><td>6</td></tr>
<tr><td>6106</td><td colspan="2">T6</td><td>≤10</td><td>250</td><td>200</td><td>—</td><td>6</td></tr>
<tr><td rowspan="5">6351</td><td colspan="2">O</td><td>—</td><td>≤160</td><td>≤110</td><td>14</td><td>12</td></tr>
<tr><td colspan="2">T4</td><td>≤25</td><td>205</td><td>110</td><td>14</td><td>12</td></tr>
<tr><td colspan="2">T5</td><td>≤5</td><td>270</td><td>230</td><td>—</td><td>6</td></tr>
<tr><td colspan="2" rowspan="2">T6</td><td>≤5</td><td>290</td><td>250</td><td>—</td><td>6</td></tr>
<tr><td>>5～25</td><td>300</td><td>255</td><td>10</td><td>8</td></tr>
<tr><td rowspan="5">6060</td><td colspan="2">T4</td><td>≤25</td><td>120</td><td>60</td><td>16</td><td>14</td></tr>
<tr><td colspan="2" rowspan="2">T5</td><td>≤5</td><td>160</td><td>120</td><td>—</td><td>6</td></tr>
<tr><td>>5～25</td><td>140</td><td>100</td><td>8</td><td>6</td></tr>
<tr><td colspan="2" rowspan="2">T6</td><td>≤3</td><td>190</td><td>150</td><td>—</td><td>6</td></tr>
<tr><td>>3～25</td><td>170</td><td>140</td><td>8</td><td>6</td></tr>
<tr><td rowspan="4">6061</td><td colspan="2">T4</td><td>≤25</td><td>180</td><td>110</td><td>15</td><td>13</td></tr>
<tr><td colspan="2">T5</td><td>≤16</td><td>240</td><td>205</td><td>9</td><td>7</td></tr>
<tr><td colspan="2" rowspan="2">T6</td><td>≤5</td><td>260</td><td>240</td><td>—</td><td>7</td></tr>
<tr><td>>5～25</td><td>260</td><td>240</td><td>10</td><td>8</td></tr>
</table>

续表

牌号	状态		壁厚/mm	抗拉强度 R_m/MPa	规定非比例延伸强度 $R_{p0.2}$/MPa	断后伸长率/%	
						$A_{5.65}$[a]	$A_{50\ mm}$[b]
				不小于			
6261	O		—	≤170	≤120	14	12
	T4		≤25	180	100	14	12
	T5		≤5	270	230	—	7
			>5～25	260	220	9	8
			>25	250	210	9	—
	T6	实心型材	≤5	290	245	—	7
			>5～10	280	235	—	7
		空心型材	≤5	290	245	—	7
			>5～10	270	230	—	8
6063	T4		≤25	130	65	14	12
	T5		≤3	175	130	—	6
			>3～25	160	110	7	5
	T6		≤10	215	170	—	6
			>10～25	195	160	8	6
6063A	T4		≤25	150	90	12	10
	T5		≤10	200	160	—	5
			>10～25	190	150	6	4
	T6		≤10	230	190	—	5
			>10～25	220	180	5	4
6463	T4		≤50	125	75	14	12
	T5		≤50	150	110	8	6
	T6		≤50	195	160	10	8
6463A	T1		≤12	115	60	—	10
	T5		≤12	150	110	—	6
	T6		≤3	205	170	—	6
			>3～12	205	170	—	8
6081	T6		≤25	275	240	8	6
6082	O		—	≤160	≤110	14	12
	T4		≤25	205	110	14	12
	T5		≤5	270	230	—	6
	T6		≤5	290	250	—	6
			>5～25	310	260	10	8

续表

牌号	状态	壁厚/mm	抗拉强度 R_m/MPa	规定非比例延伸强度 $R_{p0.2}$/MPa	断后伸长率/% $A_{5.65}$[a]	$A_{50\,mm}$[b]
			不小于			
7A04	O	—	≤245	—	10	8
	T6	≤10	500	430	—	4
		>10~20	530	440	6	4
		>20	560	460	6	—
7003	T5	—	310	260	10	8
	T6	≤10	350	290	—	8
		>10~25	340	280	10	8
7005	T5	≤25	345	305	10	8
	T6	≤40	350	290	10	8
7020	T6	≤40	350	290	10	8
7022	T6 T6510 T6511	≤30	490	420	7	5
7049A	T6	≤30	610	530	5	4
7075	T6 T6510 T6511	≤25	530	460	6	4
		>25~60	540	470	6	—
	T73 T73510 T73511	≤25	485	420	7	5
	T76 T76510 T76511	≤6	510	440	—	5
		>6~50	515	450	6	5
7178	T6 T6510 T6511	≤1.6	565	525	—	—
		>1.6~6	580	525	—	3
		>6~35	600	540	4	3
		>35~60	595	530	4	—
	T76 T76510 T76511	>3~6	525	445	—	5
		>6~25	530	460	6	5

注：1. 表中 a 表示 $A_{5.65}$ 表示原始标距(L_0)为 $5.65\sqrt{S_0}$ 的断后伸长率；

2. 表中 b 表示壁厚不大于 1.6mm 的型材不要求伸长率，如需方有要求，则供需双方商定，并在合同中注明。

(15)常用铝及铝合金加工产品的一般力学性能

表 4-27 常用铝及铝合金加工产品的一般力学性能(参考数据)

组别	合金代号	材料状态	弹性模量 E (GPa)	剪切弹性模量 G (GPa)	泊松系数 μ	抗拉强度 σ_b (MPa)	条件屈服强度 $\sigma_{0.2}$ (MPa)	循环数为 5×10^8 次的疲劳强度 (MPa)	抗剪强度 σ_r (MPa)	伸长率 δ_{10} (%)	断面收缩率 ψ (%)	冲击韧性 a_k / $J\cdot cm^{-2}$	布氏硬度 HB
工业纯铝	L4	退火的 M	71	27	0.31	80	30	40	55	30	80	—	25
	L6	冷作硬化的 Y	71	27	0.31	150	100	50	—	6	60	—	32
防锈铝	LF2	退火的 M	70	27	0.30	190	100	120	125	23	64	90	45
		半冷作硬化的 Y2	70	27	0.30	250	210	130	150	6		—	60
	LF3	退火的 M	70	27	0.30	200	100	110	155	22	—	—	50
		半冷作硬化的 Y2	70	27	0.30	250	130	120	160	3	—	—	70
	LF5	退火的 M	70	27	0.30	260	140	140	130	22	—	—	65
		半冷作硬化的 Y2	70	27	0.30	300	200	—	—	14	—	—	80
		冷作硬化的 Y	70	27	0.30	420	320	155	220	10	—	—	100
	LF6	退火的(横向性能)M	68	—	—	325	170	130	210	20	25	—	70
	LF12	退火的 M	72	—	—	430	220	—	—	25	—	31	—
		挤压的 R	—	—	—	580	500	—	—	10	—	—	—
	LF10	退火的 M	70	27	0.30	270	150	—	190	23	—	—	70
	LF21	退火的 M	71	27	0.33	130	50	55	80	23	70	—	30
		半冷作硬化的 Y2	71	27	0.33	160	130	65	100	10	55	—	40
		冷作硬化的 Y	71	27*	0.33	220	180	70	110	5	50	—	55
硬铝	LY1	退火的 M	71	27	0.31	160	60	—	—	24	—	—	38
		淬火并自然时效的 CZ	71	27	0.31	300	170	95	200	24	50	—	70
	LY2	淬火并人工时效的挤压产品 CS	71	27	0.31	490	330	—	—	20	—	—	115
		淬火并人工时效的冲压轮叶 CS	71	27	0.31	440	300	—	—	15	—	—	115

续表

组别	合金代号	材料状态	弹性模量 E	剪切弹性模量 G	泊松系数 μ	抗拉强度 σ_b	条件屈服强度 $\sigma_{0.2}$	循环数为 5×10^8 次的疲劳强度	抗剪强度 σ_r	伸长率 δ_{10}	断面收缩率 ψ	冲击韧性 a_k /J·cm^{-2}	布氏硬度 HB
			GPa			MPa				%			
硬铝	LY4	线材 CZ	70	—	—	460	280	—	290	23	42	—	115
	LY6	包铝板材 CZ	68	—	—	440	300	—	—	20	—	—	—
		包铝板材 Y2	68	—	—	540	440	—	—	10	—	—	—
	LY10	淬火并自然时效的 CZ	71	27	0.31	400	—	—	260	20	—	—	—
	LY8	退火的 M	71	27	0.31	210	110	75	—	18	58	30	45
	LY11	淬火并自然时效的 CZ	71	27	0.31	420	240	105	270	15	30	—	100
	LY9	淬火并自然时效的包铝板 CZ	71	27	0.31	420	280	—	—	18	30	—	105
	LY12	退火的包铝板 M	71	27	0.31	180	100	—	—	18	—	—	42
		淬火并自然时效的其他半成品 CZ	71	27	0.31	460	300	115	—	17	30	—	105
		退火的其他半成品 M	71	27	0.31	210	110	—	—	18	35	—	42
		淬火并自然时效的大型型材 CZ	72	27	0.33	520	380	140	300	13	15	—	131
		淬火并自然时效的棒材(Φ40mm)CZ	72	27	0.33	500	380	—	260	10	15	—	131
	LY16	挤压半成品 CS	71	27	0.31	400	250	130	—	13	35	—	110
		板材 CS	71	27	0.31	420	300	—	—	12	—	—	—
	LY17	5kg 以下锻件 CS	71	—	—	430	350	—	—	9	18	—	—

续表

组别	合金代号	材料状态	弹性模量 E	剪切弹性模量 G	泊松系数 μ	抗拉强度 σ_b	条件屈服强度 $\sigma_{0.2}$	循环数为 5×10^8 次的疲劳强度	抗剪强度 σ_τ	伸长率 δ_{10}	断面收缩率 ψ	冲击韧性 a_k / J·cm^{-2}	布氏硬度 HB
			GPa			MPa				%			
锻铝	LD2	退火的 M	71	27	0.31	180	—	45	80	30	65	—	30
		淬火并自然时效的 CZ	71	27	0.31	220	120	75	—	22	50	—	65
		淬火并人工时效的 CS	71	27	0.31	330	280	75	210	16	20	—	95
	LD5	淬火并人工时效的 CS	71	27	0.31	420	300	—	—	13	—	—	105
	LD6	模锻件 CS	72	27	0.33	410	320	—	260	—	40	—	—
	LD7	淬火及人工时效的 CS	71	27	0.31	440	330	—	—	12	—	—	120
	LD8	淬火及人工时效的 CS	71	27	0.31	440	270	—	—	10	—	—	120
	LD9	淬火及人工时效的 CS	71	27	0.31	440	280	100	—	13	—	—	115
	LD10	淬火及人工时效的 CS	72	27	0.33	490	380	115	290	12	25	10	135
超硬铝	LC3	线材 CS	71	—	—	520	440	—	320	15	45	—	150
	LC4	淬火及人工时效的 CS	74	27	0.33	600	550	160	—	12	—	11	150
		退火的 M	74	27	0.33	260	130	—	—	13	—	—	—
		淬火及人工时效的包铝板材 CS	74	27	0.33	540	470	—	—	10	23	—	—
		退火的包铝板材 M	74	27	0.33	220	110	—	—	18	50	—	—

注:1. * 循环数为 2×10^7 次;

2. 国家标准规定的铝及铝合金板、带、棒、管、线、箔加工产品的力学性能,可参见本手册的有关章节。

4.1.3 铝及铝合金的物理性能

表 4-28 铝及铝合金的物理性能(参考数据)

合金代号		材料状态	密度 ρ /g·cm^{-3}	临界温度 /℃		平均线胀系数 a /$10^{-6}K^{-1}$				比热容 c /J·(kg·K)$^{-1}$				热导率 λ /W·(m·K)$^{-1}$					导电率 k (相当于铜的%)	20℃时的电阻系数 /Ω·mm^2·m^{-1}
新	旧			上限	下限	20～100℃	20～200℃	20～300℃	20～400℃	100℃	200℃	300℃	400℃	25℃	100℃	200℃	300℃	400℃		
1035 8A06	L4 L6	退火的 冷作硬化的	2.71	657	643	24.0	24.7	25.6	—	946	962	999	994	226.1 217.7	—	—	—	—	59 57	0.0292 (0℃)
5A02	LF2	退火的 半冷作硬化的 冷作硬化的	2.68	652	627	23.8	24.5	25.4	—	963	1005	1047	1089	154.9	159.1	163.3	163.3	167.5	40	0.0476
5A03	LF3	退火的 半冷作硬化的	2.67	640	610	23.5	—	25.2	26.1	879	921	1005	1047	146.5	150.7	154.9	159.1	159.1	35	0.0496
5A05	LF5	退火的 半冷作硬化的	2.65	620	580	23.9	24.8	25.9	—	921	—	—	—	121.4	125.6	129.8	138.2	146.5	29 27	0.0640
5A06	LF6	退火的	2.64	—	—	23.7	24.7	25.5	26.5	921	1005	1047	1089	117.2	121.4	125.6	129.8	138.2	26	0.0710
5B05	LF10	退火的	2.65	638	568	23.9	24.8	25.9	—	921	963	1005	1047	117.2	125.6	134.0	142.3	146.5	29	
5A12	LF12		2.61	—	—	—	23.3	24.2	26.4	—	—	—	—	—	119.3	142.3	134.0	142.3	—	0.0770
2A21	LF21	退火的 半冷作硬化的 冷作硬化的	2.74	654	643	23.2	24.3	25.0	—	1089	1172	1298	1298	180.0 163.3 154.9	188.4 159.1 154.9	180.0 — —	184.2 — —	— — 188.4	50 41 40	— 0.034
2A01	LY1	退火的 淬火和自然时效	2.76	648	510	23.4	24.5	25.2	—	921	1005	1089	1172	163.3 154.9	171.7 —	180.0 —	184.2 —	192.6 —	40	0.039
2A02	LY2	淬火和人工时效	2.75	—	—	23.6	25.2	26	—	837	921	921	963	134.0	142.4	150.7	159.1	171.7	—	0.055
2A06	LY6	淬火和自然时效	2.76	—	—	—	—	—	—	879	963	1047	1089	—	138.2	150.7	171.7	—	—	0.061
2B11 2A11	LY8 及 LY11	淬火和自然时效 退火的	2.80	639	535	22.9	24	25	—	921	963	1005	1047	117.2 171.7	129.8 —	150.7 —	171.7 —	175.8 175.8	30 45	0.054

续表

合金代号		材料状态	密度 ρ /g·cm^{-3}	临界温度 /℃		平均线胀系数 a / 10^{-6}K^{-1}				比热容 c / J·(kg·K)$^{-1}$				热导率 λ / W·(m·K)$^{-1}$					导电率 k (相当于铜的%)	20℃时的电阻系数 / Ω·mm^2·m^{-1}
新	旧			上限	下限	20～100℃	20～200℃	20～300℃	20～400℃	100℃	200℃	300℃	400℃	25℃	100℃	200℃	300℃	400℃		
2A12	LY12	淬火和自然时效 退火的	2.78	638	502	22.7	23.8	24.7	—	921	1047	1130	1172	117.2 188.4	— —	— —	— —	— —	30 50	0.073 0.044
2A10	LY10	淬火和自然时效	2.80	—	—	—	—	—	—	963	1047	1130	1172	146.5	154.9	163.3	171.7	184.2	—	0.0504
2A16	LY16	淬火和人工时效	2.84	—	—	22.6	24.7①	27.3②	30.2③	—	—	—	—	138.2	142.4	146.5	154.9	159.1	—	0.0610
2A17	LY17		2.84	—	—	19	23.78①	26.79②	33.74③	795	879	963	1005	129.8	138.2	150.7	167.5	—	—	0.0540
6A02	LD2	淬火和人工时效 退火的	2.70	652	593	23.5	24.3	25.4	—	795	879	963	1089	154.9 175.8	— 180.0	— 184.2	— 188.4	— —	45 55	0.055 0.048
2A50	LD5	淬火和人工时效	2.75	—	—	21.4	—	—	—	837	879	963	1005	175.8	180.0	184.2	184.2	188.4	—	0.041
2B50	LD6	淬火和人工时效	2.75	—	—	21.4	23.7①	26.2②	30.5③	837	921	1005	1047	163.3	167.5	171.7	175.8	180.0	—	0.043
2A70	LD7	淬火和人工时效	2.80	—	—	22	23.1	24	24.8	795	837	921	963	142.4	146.5	150.7	159.1	163.3	—	0.055
2A80	LD8	退火的 淬火和人工时效	2.77	—	—	21.8	23.9	24.9	—	837	921	963	1047	180.0 146.5	184.2 150.7	192.6 159.1	201.0 167.5	— 171.7	50 40	0.050
2A90	LD9	退火的 淬火和人工时效	2.80	638	509	22.3	23.3	24.2	—	754	837	963	1005	188.4 154.9	— 159.1	— 163.3	— 171.7	— 180.0	50 40	0.047
2A14	LD10	退火的 淬火和人工时效	2.80	638	510	22.5	23.6	24.5	—	837	879	963	1047	196.8 159.1	— 167.5	— 175.8	— 180.0	— 180.0	50 40	—
7A03	LC3	淬火及人工时效	2.85	—	—	21.9	24.85①	28.87②	32.67③	712	921	1047	—	154.9	159.1	163.3	167.5	—	—	0.044
7A04	LC4	淬火及人工时效 退火的	2.85	638	477	23.1	24.1	26.2	—	—	—	—	—	125.6 154.9	— 159.1	— 163.3	— 163.3	— 159.1	30	0.042④ —
4A01	LT1	冷作硬化的	2.66	—	—	22	—	—	—	—	—	—	—	142.4	—	—	—	—	37	—

注：1. 表中①为 100～200℃的数据；
2. 表中②为 200～300℃的数据；
3. 表中③为 300～400℃的数据；
4. 表中④淬火及自然时效状态。

4.1.4 铝及铝合金的特性及用途

表 4-29　　　　铝及铝合金加工产品的特性及用途

牌号		产品种类	主要特性	应用举例
新牌号	旧牌号			
1060 1050A	L2 L3	板、箔、管、线	这是一组工业纯铝，它们的共同特性是：具有高的可塑性、耐蚀性、导电性和导热性，但强度低，热处理不能强化，可切削性不好；可气焊、原子氢焊和电阻焊，易承受各种压力加工和引伸、弯曲	用于不承受载荷，但要求具有某种特性——如高的可塑性、良好的焊接性、高的耐蚀性或高的导电、导热性的结构元件，如铝箔用于制作垫片及电容器，其他半成品用于制作电子管隔离罩、电线保护套管、电缆电线线芯、飞机通风系统零件等
1035 8A06	L4 L6	棒、板、箔、管、线、型		
3A21	LF21	板、箔、管、棒、型、线	为 Al-Mn 系合金，是应用最广泛的一种防锈铝，这种合金的强度不高（仅稍高于工业纯铝），不能热处理强化，故常采用冷加工方法来提高它的力学性能；在退火状态下有高的塑性，在半冷作硬化时塑性尚好，冷作硬化时塑性低，耐蚀性好，焊接性良好，可切削性能不良	用于要求高的可塑性和良好的焊接性、在液体或气体介质中工作的低载荷零件，如油箱、汽油或润滑油导管、各种液体容器和其他用深拉制作的小负荷零件；线材用作铆钉
5A02	LF2	板、箔、管、棒、型、线、锻件	为 Al-Mg 系防锈铝，与 3A21 相比，5A02 强度较高，特别是具有较高的疲劳强度；塑性与耐蚀性高，在这方面与 3A21 相似；热处理不能强化，用电阻焊和原子氢焊焊接性良好，氩弧焊时有形成结晶裂纹的倾向；合金在冷作硬化和半冷作硬化状态下可切削性较好，退火状态下可切削性不良，可抛光	用于焊接在液体中工作的容器和构件（如油箱、汽油和润滑油导管）以及其他中等载荷的零件、车辆船舶的内部装饰件等；线材用作焊条和制作铆钉
5A03	LF3	板、棒、型、管	为 Al-Mg 系防锈铝，合金的性能与 5A02 相似，但因含镁量比 5A02 稍高，且加入了少量的硅，故其焊接性比 5A02 好，合金用气焊、氩弧焊、点焊和滚焊的焊接性能都很好，其他性能两者无大差别	用作在液体下工作的中等强度的焊接件，冷冲压的零件和骨架等
5A05	LF5	板、棒、管	为铝镁系防锈铝（5B05 的含镁量稍高于 5A05），强度与 5A03 相当，热处理不能强化；退火态塑性高，半冷作硬化时塑性中等；用氢原子焊、点焊、气焊、氩弧焊时焊接性尚好；抗腐蚀性高，可切削性能在退火状态低劣，半冷作硬化时可切削性尚好，制造铆钉，需进行阳极化处理	5A05 用于制作在液体中工作的焊接零件、管道和容器，以及其他零件 5B05 用作铆接铝合金和镁合金结构铆钉，铆钉在退火状态下铆入结构
5B05	LF10	线材		
5A06	LF6	板、棒、管、型、锻件及模锻件	为铝镁系防锈铝，合金具有较高的强度和腐蚀稳定性，在退火和挤压状态下塑性尚好，用氩弧焊的焊缝气密性和焊缝塑性尚可，气焊点和点焊其焊接接头强度为基体强度的 90%～95%；可切削性能良好	用于焊接容器、受力零件、飞机蒙皮及骨架零件

续表

牌号		产品种类	主要特性	应用举例
新牌号	旧牌号			
2A01	LY1	线材	为低合金、低强度硬铝，这是铆接铝合金结构用的主要铆钉材料，这种合金的特点是 α-固体的过饱和程度较低，不溶性的第二相较少，故在淬火和自然时效后的强度较低，但具有很高的塑性和良好的工艺性能（热态下塑性高，冷态下塑性尚好），焊接性与2A11相同；可切削性尚可，耐蚀性不高；铆钉在淬火和时效后进行铆接，在铆接过程中不受热处理后的时间限制	这种合金广泛用作铆钉材料，用于中等强度和工作温度不超过100℃的结构用铆钉，因耐蚀性低，铆钉铆入结构时应在硫酸中经过阳极氧化处理，再用重铬酸钾填充氧化膜
2A02	LY2	棒、带、冲压叶片	这是硬铝中强度较高的一种合金，其特点是：常温时有高的强度，同时也有较高的热强性，属于耐热硬铝。合金在热变形时塑性高，在挤压半成品中，有形成粗晶环的倾向，可热处理强化，在淬火及人工时效状态下使用。与2A70，2A80耐热锻铝相比，腐蚀稳定性较好，但有应力腐蚀破裂倾向，焊接性比2A70略好，可切削性良好	用于工作温度为200～300℃的涡轮喷气发动机轴向压缩机叶片及其他在高温下工作、而合金性能又能满足结构要求的模锻件，一般用作主要承力结构材料
2A04	LY4	线材	铆钉用合金。具有较高的抗剪强度和耐热性能，压力加工性能和可切削性能以及耐蚀性均与2A12相同，在150～250℃内形成晶间腐蚀倾向较2A12小；可热处理强化，在退火和刚淬火状态下塑性尚好，铆钉应在刚淬火状态下进行铆接（2～6h内，按铆钉直径大小而定）	用于结构工作温度为125～250℃的铆钉
2B11	LY8	线材	铆钉用合金，具有中等抗剪强度，在退火、刚淬火和热态下塑性尚好，可以热处理强化，铆钉必须在淬火后2h内铆接	用于中等强度的铆钉
2B12	LY9	线材	铆钉用合金，抗剪强度和2A04相当，其他性能和2B11相似，但铆钉必须在淬火后20min内铆接，故工艺困难，因而应用范围受到限制	用于强度要求较高的铆钉
2A10	LY10	线材	铆钉用合金，具有较高的抗剪强度，在退火、刚淬火、时效和热态下均具有足够的铆接铆钉所需的可塑性；用经淬火和时效处理过的铆钉铆接，铆接过程不受热处理后的时间限制，这是它比2B12，2A11和2A12合金优越之处。焊接性与2A11相同，铆钉的腐蚀稳定性与2A01，2A11相同；由于耐蚀性不高，铆钉铆入结构时，须在硫酸中经过阳极氧化处理，再用重铬酸钾填充氧化膜	用于制造要求较高强度的铆钉，但加热超过100℃时产生晶间腐蚀倾向，故工作温度不宜超过100℃，可代替2A11，2A12，2B12和2A01等牌号的合金制造铆钉

续表

牌号		产品种类	主要特性	应用举例
新牌号	旧牌号			
2A11	LY11	板、棒、管、型、锻件	这是应用最早的一种硬铝，一般称为标准硬铝，它具有中等强度，在退火、刚淬火和热态下的可塑性尚好，可热处理强化，在淬火和自然时效状态下使用；点焊焊接性良好，用2A11作焊料进行气焊及氩弧焊时有裂纹倾向；包铝板材有良好的腐蚀稳定性，不包铝的则抗蚀性不高，在加热超过100℃有产生晶间腐蚀倾向。表面阳极化和涂漆能可靠地保护挤压与锻造零件免于腐蚀。可切削性在淬火时效状态下尚好，在退火状态时不良	用于各种中等强度的零件和构件，冲压的连接部件，空气螺旋桨叶片，局部镦粗的零件，如螺栓、铆钉等。铆钉应在淬火后2h内铆入结构
2A12	LY12	板、棒、管、型、箔、线材	这是一种高强度硬铝，可进行热处理强化，在退火和刚淬火状态下塑性中等，点焊焊接性良好，用气焊和氩弧焊时有形成晶间裂纹的倾向；合金在淬火和冷作硬化后其可切削性能尚好，退火后可切削性低；抗蚀性不高，常采用阳极氧化处理与涂漆方法或表面加包铝层以提高其抗腐蚀能力	用于制作各种高负荷的零件和构件(但不包括冲压件和锻件)，如飞机上的骨架零件、蒙皮、隔框、翼肋、翼梁、铆钉等150℃以下工作的零件。在制作特高负荷零件时有用7A04取代的趋势
2A06	LY6	板材	高强度硬铝，压力加工性能和可切削性能与2A12相同，在退火和刚淬火状态下塑性尚好。合金可以进行淬火与时效处理，一般腐蚀稳定性与2A12相同，加热至150～250℃时，形成晶间腐蚀的倾向较2A12为小，点焊焊接性与2A12，2A16相同，氩弧焊较2A12为好，但比2A16差	可作为150～250℃工作的结构板材之用，但对淬火自然时效后冷作硬化的板材，在200℃长期(>100h)加热的情况下，不宜采用
2A16	LY16	板、棒、型材及锻件	这是一种耐热硬铝，其特点是：在常温下强度并不太高，而在高温下却有较高的蠕变强度(与2A02相当)，合金在热态下有较高的塑性，无挤压效应，可热处理强化，点焊、滚焊和氩弧焊焊接性能良好，形成裂纹的倾向并不显著，焊缝气密性尚好。焊缝腐蚀稳定性较低，包铝板材的腐蚀稳定性尚好，挤压半成品的抗蚀性不高，为防止腐蚀，应采用阳极氧化处理或涂漆保护；可切削性能尚好	用于在250～350℃下工作的零件，如轴向压缩机叶片、圆盘，板材用作常温和高温下工作的焊接件，如容器、气密仓等
2A17	LY17	板、棒、锻件	成分与2A16相似，只是加入了少量的镁。两者性能大致相同，所不同的是：2A17在室温下的强度和高温(225℃)下的持久强度超过了2A16(只是在300℃下才低于2A16)。此外，2A17的可焊性不好，不能焊接	用于20～300℃下要求高强度的锻件和冲压件

续表

牌号		产品种类	主要特性	应用举例
新牌号	旧牌号			
6A02	LD2	板、棒、管、型、锻件	这是工业上应用较为广泛的一种锻铝，特点是具有中等强度（但低于其他锻铝）。在退火状态下可塑性高，在淬火和自然时效后可塑性尚好，在热态下可塑性很高，易于锻造、冲压。在淬火和自然时效状态下其抗蚀性能与3A21，5A02一样良好，人工时效状态的合金具有晶间腐蚀倾向，含铜量 $w<0.1\%$ 的合金在人工时效状态下的耐蚀性高。合金易于点焊和原子氢焊，气焊尚好。其可切削性在退火状态下不好，在淬火时效后尚可	用于制造要求有高塑性和高耐蚀性、且承受中等载荷的零件、形状复杂的锻件和模锻件，如气冷式发动机曲轴箱、直升飞机桨叶
2A50	LD5	棒、锻件	高强度锻铝。在热态下具有高的可塑性，易于锻造、冲压；可以热处理强化，在淬火及人工时效后的强度与硬铝相似；工艺性能较好，但有挤压效应，故纵向和横向性能有所差别；抗蚀性较好，但有晶间腐蚀倾向；可切削性能良好，电阻焊、点焊和缝焊性能良好，电弧焊和气焊性能不好	用于制造形状复杂和中等强度的锻件和冲压件
2B50	LD6	锻件	高强度锻铝。成分、性能与2A50接近，可互相通用，但在热态下的可塑性比2A50高	制作复杂形状的锻件和模锻件，如压气机叶轮和风扇叶轮等
2A70	LD7	棒、板、锻件和模锻件	耐热锻铝。成分和2A80基本相同，但还加入了微量的钛，故其组织比2A80细化；因含硅量较少，其热强性也比2A80较高；可热处理强化，工艺性能比2A80稍好，热态下具有高的可塑性；由于合金不含锰、铬，因而无挤压效应；电阻焊、点焊和缝焊性能良好，电弧焊和气焊性能差，合金的耐蚀性尚可，可切削性尚好	用于制造内燃机活塞和在高温下工作的复杂锻件，如压气机叶轮、鼓风机叶轮等，板材可用作高温下工作的结构材料，用途比2A80更为广泛
2A80	LD8	棒、锻件和模锻件	耐热锻铝。热态下可塑性稍低，可进行热处理强化，高温强度高，无挤压效应；焊接性能与2A70相同，耐蚀性尚好，但有应力腐蚀倾向，可切削性尚可	用于制作内燃机活塞，压气机叶片、叶轮、圆盘以及其他高温下工作的发动机零件
2A90	LD9	棒、锻件和模锻件	这是应用较早的一种耐热锻铝，有较好的热强性，在热态下可塑性尚可，可热处理强化，耐蚀性、焊接性和可切削性与2A70接近	用途和2A70，2A80相同，目前它已被热强性很高而且热态下塑性很好的2A70及2A80所取代
2A14	LD10	棒、锻件和模锻件	从2A14的成分和性能来看，它可属于硬铝合金，又可属于2A50锻铝合金；它与2A50不同之处，在于含铜量较高，故强度较高，热强性较好，但在热态下的塑性不如2A50好，合金具有良好的可切削性，电阻焊、点焊和缝焊性能良好，电弧焊和气焊性能差；可热处理强化，有挤压效应，因此，纵向和横向性能有所差别；耐蚀性不高，在人工时效状态时有晶间腐蚀倾向和应力腐蚀破裂倾向	用于承受高负荷和形状简单的锻件和模锻件。由于热压加工困难，限制了这种合金的应用

续表

牌号		产品种类	主要特性	应用举例
新牌号	旧牌号			
7A03	LC3	线材	超硬铝铆钉合金。在淬火和人工时效的塑性，足以使铆钉铆入；可以热处理强化，常温时抗剪强度较高，耐蚀性尚好，可切削性尚可。铆接铆钉不受热处理后时间的限制	用作受力结构的铆钉。当工作温度在125℃以下时，可作为2A10铆钉合金的代用品
7A04	LC4	板、棒、管、型、锻件	这是一种最常用的超硬铝，系高强度合金，在退火和刚淬火状态下可塑性中等，可热处理强化，通常在淬火人工时效状态下使用，这时得到的强度比一般硬铝高得多，但塑性较低；截面不太厚的挤压半成品和包铝板有良好的耐蚀性，合金具有应力集中的倾向，所有转接部分应圆滑过渡，减少偏心率等。点焊焊接性良好，气焊不良，热处理后的可切削性良好，退火状态下的可切削性较低	制作承力构件和高载荷零件，如飞机上的大梁、桁条、加强框、蒙皮、翼肋、接头、起落架零件等。通常多用以取代2A12
2A09	LC9	棒、板、管、型	高强度铝合金。在退火和刚淬火状态下的塑性稍低于同样状态的2A12，稍优于7A04。在淬火和人工时效后的塑性显著下降。合金板材的静疲劳、缺口敏感、应力腐蚀性能稍优于7A04，棒材与7A04相当	制造飞机蒙皮等结构件和主要受力零件
4A01	LT1	线材	这是一种含硅(w)5%的低合金化的二元铝硅合金，其机械强度不高，但抗蚀性很高；压力加工性良好	制作焊条和焊棒，用于焊接铝合金制件

表 4-30　铝及铝合金加工产品的耐蚀性能

合金系列	牌号		耐蚀性能
	新	旧	
纯铝	1070A 1060 1050A 1035 1200 8A06	L1 L2 L3 L4 L5 L6	铝的化学活泼性很高。20℃时其标准电位为-1.69V，易与空气中的氧作用形成一层牢固、致密的氧化膜，把标准电位提高到-0.5V，所以铝在大气中是耐蚀的。杂质增加，能破坏氧化膜的连续性或形成微电池，会降低其耐蚀性。 铝在纯水中的耐蚀性，主要取决于水温、水质和铝的纯度。水温低于50℃时，随水质和铝纯度的提高，铝的耐蚀性能提高，腐蚀类型以点腐蚀为主，若水中含有少量活性离子(Cl^-，Cu^+等)，铝的耐蚀性急剧降低。 铝在酸、碱中的耐蚀性比较，大致如下： 介质 / 耐蚀情况 / 介质 / 耐蚀情况 海水 / 弱 / 浓硝酸、浓醋酸 / 好 氨、硫气体 / 好 / 碱、氨水、石灰水 / 不好 氟、氯、溴、碘 / 不好 / 有机酸 / 略弱 盐酸、氢氟酸、稀醋酸 / 不好 / 稀硝酸 / 较好 硫酸、磷酸、亚硫酸 / 好 / 食盐 / 不好 铝在石油类、乙醇(酒精)、丙酮、乙醛、苯、甲苯、二甲苯、煤油等介质中耐蚀性良好
铝-锰系合金(防锈铝)	3A21	LF21	有优良的耐蚀性，在大气和海水中的耐蚀性与纯铝相当，在稀盐酸溶液(1∶5)中的耐蚀能力比纯铝高而比铝-镁合金低。这类合金在冷变形状态下有剥落腐蚀倾向，此倾向随冷变形程度的增加而增大

续表

合金系列	牌号		耐蚀性能
	新	旧	
铝-镁系合金（防锈铝）	5A02 5A03 5A05 5A06 5B05 5A12 5A13 5B06	LF2 LF3 LF5 LF6 LF10 LF12 LF13 LF14	耐蚀性良好，在工业区和海洋气氛中均有较高的耐蚀性，在中性或近于中性的淡水、海水、有机酸、乙醇、汽油以及浓硝酸中的耐蚀性也很好。合金的耐蚀性与β（Mg2Al3）相的析出和分布有关，因为β相的标准电位为－1.24V，相对于α（Al）固溶体是阴极区，在电解质中它首先被溶解。含镁量较低的5A02，5A03合金，基本上是单相固溶体或析出少量、分散的β相，故合金的耐蚀性很高；若含镁量超过5%，β相沿晶界析出形成网膜时，则合金的耐蚀性（如晶间腐蚀和应力腐蚀）严重恶化
铝-铜-镁系合金（硬铝）	2A01，2A02，2A04，2A06，2B11，2B12，2A10，2A11，2A12，2A13	LY1，LY2，LY4，LY6，LY8，LY9，LY10～13	这类合金的耐蚀性能比纯铝及防锈铝合金低，腐蚀类型以晶间腐蚀为主。一般情况下，硬铝在淬火自然时效状态下耐蚀性较好，在170℃左右进行人工时效时，材料的晶间腐蚀倾向增加。若在人工时效前给以预先变形，将能改善其耐蚀性能。 为了提高硬铝在海洋和潮湿大气中的耐蚀性，可用包上一层纯铝的方法，进行人工保护，包铝的纯度要大于99.5%。对薄板材其包铝层的厚度每边不应小于板厚的4%
铝-铜-锰系合金（硬铝）	2A16 2A17	LY16 LY17	这类合金中的铜含量较高，其耐蚀性低于铝-铜-镁系硬铝合金，为了提高其板材耐蚀性，可进行表面包铝；但由于基体铜含量较高，易于铜扩散，故其耐蚀性仍低于LY12合金的包铝板材。LY16合金挤压制品耐蚀性不高，在160～170℃进行10～16h人工时效时具有应力腐蚀倾向，且其焊缝和过渡区间腐蚀倾向较高，应采用阳极氧化和涂漆保护。LY17合金人工时效状态应力腐蚀稳定性合格，用阳极化保护，可提高耐蚀性
铝-镁-硅和铝-铜-镁-硅系合金（锻铝）	6A02 6B02 6070 2A50 2B50 2A14	LD2 LD2-1 LD2-2 LD5 LD6 LD10	铝镁硅系合金（LD2，LD2-1，LD2-2）耐蚀性能良好，无应力腐蚀破裂倾向，在淬火人工时效状态下合金有晶间腐蚀倾向；合金中含铜量愈多，这种倾向愈大。 铝铜镁硅系合金（LD5、LD6、LD10）由于铜含量增加，合金的耐蚀性低。LD10比LD5，LD6合金的晶间腐蚀倾向较大（因其含铜高），尤其经过350℃以上的高温退火后，其晶间腐蚀倾向加大。但在淬火人工时效状态下，合金的一般耐蚀性能较好，因此不妨碍合金的使用
铝铜镁铁镍系合金（锻铝）	2A70 2A80 2A90	LD7 LD8 LD9	这类合金有应力腐蚀倾向，制品用阳极氧化和重铬酸钾填充，是防止腐蚀的一种可靠方法
铝-锌-镁-铜系合金（超硬铝）	7A03 7A04 7A09 7A10	LC3 LC4 LC9 LC10	就一般化学耐蚀性而言，超硬铝合金比硬铝合金高，但比铝-锰、铝-镁、铝-镁-硅系合金低。带有包铝层的超硬铝板材，其耐蚀性能大为提高。 对于不进行包铝的挤压材料和锻件，可用阳极氧化或喷漆等方法进行表面保护。 超硬铝合金在淬火自然时效状态下的耐应力腐蚀性较差，但在淬火人工时效状态下，其耐蚀性反而增高，近年来研究证明，采用分级时效工艺能够减少其应力腐蚀敏感性

表4-31　　铝及铝合金加工产品的熔铸、轧制、挤压、锻造工艺参数

组别	牌号		熔炼温度/℃	铸造温度/℃	轧制温度/℃	挤压温度/℃	锻造温度/℃
	新	旧					
纯铝	1070A …… 8A06	L1～L6	720～760	700～760	290～500	250～450	—

续表

组别	牌号 新	牌号 旧	熔炼温度/℃	铸造温度/℃	轧制温度/℃	挤压温度/℃	锻造温度/℃
防锈铝	5A02	LF2	700~750	715~730	480~510	320~450	350~370
	5A03	LF3	700~750	710~720	470~500	320~450	350~470
	5A05	LF5	700~750	700~720	450~480	380~450	350~440
	5A06	LF6	700~750	700~720	430~470	380~450	360~440
	5A12	LF12	700~750	690~710	410~430	380~450	350~440
	3A21	LF21	720~760	710~730	440~520	320~450	—
硬铝	2A01	LY1	700~750	715~730	—	320~450	—
	2A02	LY2	700~750	715~730	—	440~460	380~470
	2A06	LY6	700~750	715~730	390~430	440~460	—
	2A10	LY10	700~750	715~730	—	320~450	—
	2A11	LY11	700~750	690~710	390~430	320~450	380~470
	2A12	LY12	700~750	690~710	390~430	400~450	380~470
	2A16	LY16	700~750	710~730	390~430	440~460	400~460
	2A17	LY17	700~750	715~730	—	440~460	—
超硬铝	7A03	LC3	700~750	715~730	—	300~450	—
	7A04	LC4	700~750	715~730	370~410	300~450	380~450
锻铝	6A02	LD2	700~750	715~730	410~500	370~450	400~500
	2A50	LD5	700~750	715~730	410~500	370~450	380~480
	2B50	LD6	700~750	715~730	—	370~450	380~480
	2A70	LD7	720~760	715~730	—	375~450	380~480
	2A80	LD8	720~760	715~730	—	375~450	380~480
	2A90	LD9	720~760	715~730	—	375~450	380~480
	2A14	LD10	700~750	715~730	390~430	400~450	380~480

表 4-32　铝及铝合金加工产品的退火热处理工艺规范

组别	合金代号	均匀化退火(扩散退火) 加热温度/℃	均匀化退火 保温时间/h	均匀化退火 冷却介质	完全退火 加热温度/℃	完全退火 保温时间/h	完全退火 冷却介质	快速退火 加热温度/℃	快速退火 保温时间/h	快速退火 冷却介质
纯铝	L2~L6	—	—	—	—	—	—	350~410	③	空气或水
防锈铝	LF2	440	12~14	空气	—	—	—	350~410	③	空气或水
	LF3	460~475								
	LF5							310~350		
	LF6									
	LF10	—	—	—				350~410		
	LF21	510~520	4~6	空气						

续表

<table>
<tr><th rowspan="2">组别</th><th rowspan="2">合金代号</th><th colspan="3">均匀化退火(扩散退火)</th><th colspan="3">完 全 退 火</th><th colspan="3">快 速 退 火</th></tr>
<tr><th>加热温度/℃</th><th>保温时间/h</th><th>冷却介质</th><th>加热温度/℃</th><th>保温时间/h</th><th>冷却介质</th><th>加热温度/℃</th><th>保温时间/h</th><th>冷却介质</th></tr>
<tr><td rowspan="10">硬铝</td><td>LY1</td><td rowspan="7">—</td><td rowspan="7">—</td><td rowspan="7">—</td><td>370～450</td><td>③</td><td>炉冷①</td><td rowspan="10">350～370</td><td rowspan="10">③</td><td rowspan="2">空气或水</td></tr>
<tr><td>LY2</td><td rowspan="2">—</td><td rowspan="2">—</td><td rowspan="2">—</td></tr>
<tr><td>LY4</td><td rowspan="2">空气或水</td></tr>
<tr><td>LY6</td><td rowspan="6">390～430</td><td rowspan="6">③</td><td rowspan="6">炉冷①</td></tr>
<tr><td>LY8</td><td rowspan="6">空气</td></tr>
<tr><td>LY9</td></tr>
<tr><td>LY10</td></tr>
<tr><td>LY11</td><td rowspan="2">480～495</td><td rowspan="2">12～14</td><td rowspan="2">炉冷</td></tr>
<tr><td>LY12</td></tr>
<tr><td>LY16</td><td>515～530</td><td>12～16</td><td>炉冷</td><td>380～450</td><td>③</td><td>炉冷①</td></tr>
<tr><td rowspan="7">锻铝</td><td>LD2</td><td>525～540</td><td rowspan="3">12～14</td><td rowspan="3">炉冷</td><td>—</td><td>—</td><td>—</td><td>350～370</td><td rowspan="7">③</td><td rowspan="7">空气</td></tr>
<tr><td>LD5</td><td rowspan="2">515～530</td><td>380～450</td><td>③</td><td>炉冷①</td><td rowspan="2">350～460</td></tr>
<tr><td>LD6</td><td>—</td><td>—</td><td>—</td></tr>
<tr><td>LD7</td><td rowspan="3">—</td><td rowspan="3">—</td><td rowspan="3">—</td><td>380～450</td><td>③</td><td>炉冷①</td><td>410～430</td></tr>
<tr><td>LD8</td><td>—</td><td>—</td><td>—</td><td rowspan="3">350～460</td></tr>
<tr><td>LD9</td><td>—</td><td>—</td><td>—</td></tr>
<tr><td>LD10</td><td>475～490</td><td>12～14</td><td>炉冷</td><td>350～400</td><td>③</td><td>炉冷①</td></tr>
<tr><td rowspan="2">超硬铝</td><td>LC3</td><td>—</td><td>—</td><td>—</td><td rowspan="2">390～430</td><td rowspan="2">③</td><td rowspan="2">炉冷②</td><td rowspan="2">—</td><td rowspan="2">—</td><td rowspan="2">—</td></tr>
<tr><td>LC4</td><td>450～465</td><td>12～14</td><td>炉冷</td></tr>
</table>

注：1. 表中①表示以30～50℃/h的速度，随炉冷却至300℃以下，再空气冷却；

2. 表中②表示以30～50℃/h的速度，随炉冷却至150℃以下，再空气冷却；

3. 表中③表示表中所列均匀化退火保温时间，系指在空气循环电炉中的保温时间，完全退火和快速退火的保温时间则应参照下表确定：

<table>
<tr><th rowspan="2">材料有效厚度/mm</th><th colspan="2">保温时间/min</th></tr>
<tr><th>空气循环电炉(适用于完全退火及快速退火)</th><th>硝盐槽(适用于快速退火)</th></tr>
<tr><td>0.3～3.0</td><td>30～40</td><td>10～15</td></tr>
<tr><td>3.1～6.0</td><td>50～60</td><td>20～25</td></tr>
<tr><td>6.1～10.0</td><td>70～80</td><td>30～40</td></tr>
<tr><td>10.1～20.0</td><td>80～100</td><td>40～50</td></tr>
<tr><td>20.1～50.0</td><td>100～120</td><td>50～60</td></tr>
</table>

续表

组别	合金代号	高温退火				低温退火			
		加热温度/℃	成品厚度/mm	保温时间/min	冷却介质	加热温度/℃	成品厚度/mm	保温时间/h	冷却介质
纯铝	L2～L6	350～500	<6 ≥6	热透为止 10～30	空气	150～250	所有尺寸	2～3	空气或水
防锈铝	LF2 LF3	350～420	<6 ≥6	2～10 10～30	空气	150～180 250～300	所有尺寸	1～2 1～2	空气
防锈铝	LF5 LF6	310～335	<6 ≥6	30～120 30～180	空气	250～300 150～180	所有尺寸	1～2 2～3	空气
防锈铝	LF21	350～500	<6 ≥6	热透为止 10～30	空气	250～300	所有尺寸	1～3	空气或水

表 4-33　　铝合金加工产品的淬火和时效规范

组别	合金代号	制品种类	淬火		人工时效			自然时效		备注
			淬火温度/℃	冷却介质	时效温度/℃	时效时间/h	冷却介质	时效温度/℃	时效时间/h	
硬铝	LY1	铆钉	495～505	水	—	—	—	室温	96	铆接时间不受热处理后的时间限制，但不能少于96h
硬铝	LY2	各种半制品	495～505	水	165～175	10～16	空气	—	—	
硬铝	LY4	铆钉	500～510	空气	—	—	—	室温	120	在刚淬火状态铆入，铆接时间在淬火后2～6h内（依直径大小而定）
硬铝	LY6	包铝板材	500～510	空气	95～105	3	空气	室温	120	
硬铝	LY8	铆钉	495～505	水	—	—	—	室温	96	在刚淬火状态铆入，铆接时间在淬火后2h内
硬铝	LY9	铆钉	490～500	水	—	—	—	室温	96	在刚淬火状态铆入，铆接时间在淬火后20min内
硬铝	LY10	铆钉	510～520	水	70～80	24	空气	室温	240	铆接过程，不受热处理后的时间限制
硬铝	LY11	各种半制品	495～510	水	155～165	6～10	空气	室温	96	铆钉应在淬火后2h内铆入结构
硬铝	LY12	各种半制品	195～505	水	185～195	6～12	空气	室温	96	
硬铝	LY16	锻件、薄板	530～540	水	160～170	10～16	空气	室温	不限	
硬铝	LY16	挤压半成品	530～540	水	200～220	8～12	空气	室温	不限	
硬铝	LY17	板、棒、锻件	520～530	水	180～190	16	空气	—	—	

续表

组别	合金代号	制品种类	淬火		人工时效			自然时效		备注
			淬火温度/℃	冷却介质	时效温度/℃	时效时间/h	冷却介质	时效温度/℃	时效时间/h	
锻铝	LD2	各种半成品	510～530	水	150～165	6～15	空气	室温	96	
	LD5	棒材、锻件	505～520	水	150～165	6～15	空气	室温	96	
	LD6	锻件	505～520	水	150～165	6～15	空气	室温	96	
	LD7	各种半成品	525～540	水	180～195	8～12	空气	—	—	
	LD8	棒材、锻件	515～525	水	165～180	8～14	空气	—	—	
	LD9	锻件	510～520	水	165～175	6～16	空气	—	—	
	LD10	锻件	495～505	水	150～165	6～15	空气	室温	96	
超硬铝	LC3	铆钉	460～470	水	分级时效 1级 115～125 2级 160～170	 3～4 3～5	 加热 空气	—	—	铆接过程，不受热处理后的时间限制
	LC4	包铝板材	465～480	水	115～125	24	空气	—	—	
		未包铝型材			135～145	16	空气			
		包铝或不包铝的半制品			分级时效 1级 115～125 2级 155～165	 3 3	 加热 空气			
	LC6	各种半制品	465～475	水	135～145 或分级时效 1级 95～105 2级 155～160	16 4～5 8～9	空气 加热 空气	—	—	

表 4-34　　铝合金加工产品淬火前的加热保温时间

加工产品	厚度/mm	保温时间/min		加工产品	厚度/mm	保温时间/min	
		硝盐炉	空气炉			硝盐炉	空气炉
退火不包铝板、冷变形管、热轧厚板、型材、棒材、条材及热挤套筒等	<1.2	5	10～20	退火包铝板	<1.2	5	10～12
	1.3～3.0	10	15～30		1.5～1.9	7	15～20
	3.1～5.0	15	20～45		2.0～4.0	10	20～25
	5.1～10	20	30～60		4.1～10	20	35～40
	11～20	25	35～75	锻件及冲压件	<2.5	10	15～30
	21～30	30	45～90		2.6～5.0	15	20～45
	31～50	40	60～120		5.1～15	25	30～50
	51～75	50	100～150		16～30	40	40～60
	76～100	70	120～180		31～50	50	60～150
	101～150	80	150～210		51～75	60	150～210
	—	—	—		76～100	90～180	180～240
	—	—	—		101～150	120～240	210～360

4.1.5 铸造铝合金的有关性能

(1)铸造铝合金的室温力学性能

表 4-35 铸造铝合金的室温力学性能(GB/T 1173—1995)

序号	合金牌号	合金代号	铸造方法	合金状态	力学性能，不低于		
					σ_b/ MPa	δ_5/ %	HB(5/250/30)
1	ZAlSi7Mg	ZL101	S,R,J,K	F	155	2	50
			S,R,J,K	T2	135	2	45
			JB	T4	185	4	50
			S,R,K	T4	175	4	50
			J,JB	T5	205	2	60
			S,R,K	T5	195	2	60
			SB,RB,KB	T5	195	2	60
			SB,RB,KB	T6	225	1	70
			SB,RB,KB	T7	195	2	60
			SB,RB,KB	T8	155	3	55
2	ZAlSi7MgA	ZL101A	S,R,K	T4	195	5	60
			J,JB	T4	225	5	60
			S,R,K	T5	235	4	70
			SB,RB,KB	T5	235	4	70
			JB,J	T5	265	4	70
			SB,RB,KB	T6	275	2	80
			JB,J	T6	295	3	80
3	ZAlSi12	ZL102	SB,JB,RB,KB	F	145	4	50
			J	F	155	2	50
			SB,JB,RB,KB	T2	135	4	50
			J	T2	145	3	50
4	ZAlSi9Mg	ZL104	S,J,R,K	F	145	2	50
			J	T1	195	1.5	65
			SB,RB,KB	T6	225	2	70
			J,JB	T6	235	2	70
5	ZAlSi5Cu1Mg	ZL105	S,J,R,K	T1	155	0.5	65
			S,R,K	T5	195	1	70
			J	T5	235	0.5	70
			S,R,K	T6	225	0.5	70
			S,J,R,K	T7	175	1	65
6	ZAlSi5Cu1MgA	ZL105A	SB,R,K	T5	275	1	80
			J,JB	T5	295	2	80
7	ZAlSi8Cu1Mg	ZL106	SB	F	175	1	70
			JB	T1	195	1.5	70
			SB	T5	235	2	60
			JB	T5	255	2	70
			SB	T6	245	1	80
			JB	T6	265	2	70
			SB	T7	225	2	60
			J	T7	245	2	60
8	ZAlSi7Cu4	ZL107	SB	F	165	2	65
			SB	T6	245	2	90
			J	F	195	2	70
			J	T6	275	2.5	100

续表

序号	合金牌号	合金代号	铸造方法	合金状态	力学性能，不低于		
					σ_b/ MPa	δ_5/ %	HB(5/250/30)
9	ZAlSi12Cu2Mg1	ZL108	J	T1	195	—	85
			J	T6	255	—	90
10	ZAlSi12Cu1Mg1Ni1	ZL109	J	T1	195	0.5	90
			J	T6	245	—	100
11	ZAlSi5Cu6Mg	ZL110	S	F	125	—	80
			J	F	155	—	80
			S	T1	145	—	80
			J	T1	165	—	90
12	ZAlSi9Cu2Mg	ZL111	J	F	205	1.5	80
			SB	T6	255	1.5	90
			J,JB	T6	315	2	100
13	ZAlSi7Mg1A	ZL114A	SB	T5	290	2	85
			J,JB	T5	310	3	100
14	ZAlSi5Zn1Mg	ZL115	S	T4	225	4	70
			J	T4	275	6	80
			S	T5	275	3.5	90
			J	T5	315	5	100
15	ZAlSi8MgBe	ZL116	S	T4	255	4	70
			J	T4	275	6	80
			S	T5	295	2	85
			J	T5	335	4	90
16	ZAlCu5Mn	ZL201	S,J,R,K	T4	295	8	70
			S,J,R,K	T5	335	4	90
			S	T7	315	2	80
17	ZAlCu5MnA	ZL201A	S,J,R,K	T5	390	8	100
18	ZAlCu4	ZL203	S,R,K	T4	195	6	60
			J	T4	205	6	60
			S,R,K	T5	215	3	70
			J	T5	225	3	70
19	ZAlCu5MnCdA	ZL204A	S	T5	440	4	100
20	ZAlCu5MnCdVA	ZL205A	S	T5	440	7	120
			S	T6	470	3	140
			S	T7	460	2	130
21	ZAlRE5Cu3Si2	ZL207	S	T1	165	—	75
			J	T1	175	—	75
22	ZAlMg10	ZL301	S,J,R	T4	280	9	60
23	ZAlMg5Si1	ZL303	S,J,R,K	F	145	1	55
24	ZAlMg8Zn1	ZL305	S	T4	290	8	90
25	ZAlZn11Si7	ZL401	S,R,K	T1	195	2	80
			J	T1	245	1.5	90
26	ZAlZn6Mg	ZL402	J	T1	235	4	70
			S	T1	215	4	65

注：1. 合金铸造方法、变质处理符号表示的意义：

S——砂型铸造；J——金属型铸造；R——熔模铸造；K——壳型铸造；B——变质处理；

2. 合金状态代号表示意义：

F——铸态；T1——人工时效；T2——退火；T4——固溶处理加自然时效；T5——固溶处理加不完全人工时效；T6——固溶处理加完全人工时效；T7——固溶处理加稳定化处理；T8——固溶处理加软化处理。

(2)铸造铝合金的高温力学性能

表 4-36　　铸造铝合金的高温力学性能(参考数据)

合金代号	铸造方法及热处理种类	高温短时强度 / MPa						持久强度 / MPa(100h)			蠕变强度 / MPa (300℃,100h)	
		100℃	150℃	175℃	200℃	250℃	300℃	200℃	250℃	300℃	总变形	残余变形
ZL101	S,T4	180	160	—	160	150	—	—	—	—	—	—
	S,T5	—	—	—	140	110	90	60	45	28	—	12
ZL102	S,T2	—	—	—	150	130	80	70	40	28	—	12
ZL104	S,T6	220	190	180	160	110	100	80	50	25	10	—
ZL105	S,T5	260	250	—	220	180	130	80	46	24	15	—
	S,T6	—	—	—	180	150	110	90	60	35	—	24
ZL201	S,T4	—	—	270	270	180	140	—	110	65	40	—
	S,T5	—	—	280	280	200	150	150	115	65	40	—
ZL203	S,T4	250	240	—	210	150	—	—	—	—	—	—
ZL301	S,T4	—	—	—	220	150	90	80	40	15	—	10

(3)铸造铝合金的低温力学性能

表 4-37　　铸造铝合金的低温力学性能(参考数据)

合金代号	状态	试验温度 / ℃	抗拉强度 / MPa	屈强强度 / MPa	伸长率 / %	冲击韧性 / J·cm^{-2}
ZL101	T5	−70	189	133	3.7	4.0
		−196	223	157	2.8	3.6
	T6	−70	231	215	1.3	2.4
		−196	257	231	0.9	2.3
ZL102	铸态	−40	190	—	9	6.0
		−70	200	—	8	5.0
ZL104	T6	−40	280	—	3.5	2.5
		−70	290	—	2.8	2.5
		−196	330	—	2.5	2.5
ZL201	T4	−40	280	—	6.5	—
		−70	280	—	6.5	—
	T5	−50	300	—	5	—
ZL301	T4	−70	298	212	7.7	7.0
		−196	247	233	1.2	2.3
ZL402	自然时效	−70	270	—	5	—

(4)铸造铝合金的物理性能

表 4-38　铸造铝合金的物理性能(参考数据)

合金代号	密度 /g·cm^{-3}	线胀系数 α / $10^{-6}K^{-1}$					热导数 λ / W·(m·K)$^{-1}$					比热容 c / J·(kg·K)$^{-1}$				20℃时电阻系数 ρ /Ω·mm^2·m^{-1}	电导率(相当于铜的%)
		20～100℃	100～200℃	20～200℃	20～300℃	200～300℃	25℃	100℃	200℃	300℃	400℃	100℃	200℃	300℃	400℃		
ZL101	2.66	23	—	24	24.5	—	150.7	154.9	163.3	167.5	167.5	879	921	1005	1047③	0.0457	36
ZL101A																	
ZL102	2.65	21.1	—	22.1	23.3	—	154.9	167.5	167.5	167.5	167.5	837	879	921	1005	0.0548	40
ZL104	2.65	21.7	—	22.5	23.5	—	146.5	154.9	159.1	159.1	154.9	754	795	837	921	0.0468	37
ZL105	2.68	23.7	—	—	23.9	—	159.1	163.3	167.5	175.8	—	837	963	1047	1130	0.0462	36
ZL105A																	
ZL106	2.73	21.4	—	—	—	—	100.5	—	—	—	—	963	—	—	—		
ZL107																	
ZL108	2.68						117.2	—	—	—	—	—	—	—	—		
ZL109	2.68	19	—	20	21	—	117.2	—	—	—	—	963	—	—	—	0.0594	29
ZL111	2.69	18.9	—	21.5	24.9	—											
ZL114A																	
ZL115																	
ZL116																	
ZL201	2.78	19.51	21.87①	—	—	25.62①	104.71	117.2①	134.0①	142.4①	—	837	963	1047	1130	0.0595	
			21.83③			26.50②	113.0②	121.4②	134.0②	146.5②	159.1						
ZL201A																	
ZL202	2.91	22	—	23	23.5	—	134.0	—	—	—	—	963	—	—	—	0.0522	34
ZL203	2.80	23	—	—	—	—	154.9	163.3	171.7	175.8	—	837	921	1005	1089	0.0433	35
ZL204A																	
ZL205A																	
ZL207																	
ZL301	2.55	24.5	—	25.6	27.3	—	92.1	96.3	100.5	108.9	113.0	1047	1047	1089	1130	0.0912	21
ZL303	2.63	20	—	24	27	—	125.6	129.8	134.0	138.2	138.2	963	1005	1047	1130	0.0643	29
ZL305																	
ZL401	2.95	24.5	—	—	—	—	—	—	—	—	—	879	—	—	—	—	—
ZL402	2.81	24.7	—	—	—	—	138.2	—	—	—	—	963	—	—	—	—	35

注：1. 表中①表示样品在淬火状态；

2. 表中②表示样品在淬火时效状态；

3. 表中③表示为 350℃时的数据。

(5)铸造铝合金的铸造工艺参数

表 4-39　　铸造铝合金的铸造工艺参数

合金代号	液相点 / ℃	固相点 / ℃	浇注温度 / ℃	流动性 / mm					收缩率 / %		气密性	
				圆棒试样		螺旋试样			线收缩率	体收缩率	试验压力 / atm	试验结果
				700℃	750℃	700℃	730℃	750℃				
ZL101	610	579	713	350	385	770	800	—	1.1～1.2	3.7～3.9	50	裂而不漏
ZL102	585	574① 564②	677	420	460	820	840	1250	0.9～1.0	3.0～3.5	163	裂而不漏
ZL104	600	574① 654②	698	360	395	800	825	—	1.0～1.1	3.2～3.4	103	裂而不漏
ZL105	627	579	723	344	375	750	780	950	1.15～1.2	4.5～4.9	123	裂而不漏
ZL106			730	360	400	—	530	560	1.2～1.3	6.2～6.5	60	漏　水
ZL108												
ZL109	591	538										
ZL111	600	555										
ZL201	645	549										
ZL202	627	541	720	240	260	—	520	540	1.25～1.35	6.3～6.9	85	裂而不漏
ZL203	645	549	746	163	190	280	350	420	1.35～1.45	6.5～6.8	100	漏　水
ZL301	621	499	755	325	—	600	—	—	1.30～1.35	4.8～5.0	70	漏　水
ZL303	630	560	720	300	—	500	600	—	1.25～1.30		100	裂而不漏
ZL401	575	545	680～750						1.2～1.4	4.0～4.5		
ZL402	612	572										

注：1. 表中①表示变质处理前固相点温度；

2. 表中②表示变质处理后固相点温度。

(6)铸造铝合金的热处理种类、代号和特点

表 4-40　　铸造铝合金的热处理种类、代号和特点

热处理名称	代号	目的	说明
未经淬火的人工时效	T1	①改善切削性能，以提高其表面粗糙度；②提高力学性能（如对于 ZL103、ZL105、ZL106 等）	在潮型和金属型铸造时，已获得某种程度淬火效果的铸件，采用这种热处理方法可以得到较好的效果
退火	T2	①消除铸造应力和机械加工过程中引起的加工硬化；②提高塑性	退火温度一般为 280～300℃，保温 2～4h
淬火	T3	使合金得到过饱和固溶体，以提高强度，改善耐蚀性	因铸件从淬火、机械加工到使用，实际已经过一段时间的时效，故 T3 与 T4 无大的区别
淬火＋自然时效	T4	①提高强度；②提高在 100℃以下工作的零件的耐腐蚀性	当零件（特别是由 ZL201、ZL203 所做的零件）要求获得最大强度时，零件从淬火后到机械加工前，至少需要保存 4 昼夜
淬火＋不完全人工时效	T5	为获得足够高的强度并保持高的塑性	人工时效是在较低的温度（150～180℃）和只经短时间（3～5h）保温后完成的
淬火＋完全人工时效	T6	为获得最大的强度和硬度，但塑性有所下降	人工时效是在较高的温度（175～190℃）和在较长时间的保温（5～15h）后完成的
淬火＋稳定化回火	T7	预防零件在高温下工作时其力学性能的下降和尺寸的变化，目的在于稳定零件的组织和尺寸，与 T5、T6 相比，处理后强度较低而塑性较高	用于高温下工作的零件。铸件在超过一般人工时效温度（接近或略高于零件工作温度）的情况下进行回火，回火温度大约为 200～250℃
淬火＋软化回火	T8	为获得高塑性（但强度降低）并稳定尺寸	回火在比 T7 更高的温度（250～330℃）下进行
循环处理	T9	为使零件获得高的尺寸稳定性	经机械加工后的零件承受循环热处理（冷却到－70℃，有时到－196℃，然后再加热到 350℃）。根据零件的用途可进行数次这样的处理，所选用的温度取决于零件的工作条件和所要求的合金性质

(7)铸造铝合金的热处理工艺规范

表 4-41 铸造铝合金的热处理工艺规范(参考数据)

合金代号	合金状态	淬火			退火、时效或回火			零件工作条件
		温度/℃	时间/h	冷却介质	温度/℃	时间/h	冷却介质	
ZL101	T1	—	—	—	230±5	7～9	空气	改善可切削加工性
	T2	—	—	—	300±10	2～4	空气	要求尺寸稳定和消除内应力的零件
	T4	535±5	2～6	水(60～100℃)	—	—	—	要求高塑性的零件
	T5	535±5	2～6	水(60～100℃)	155±5	2～4	空气	要求屈服强度及硬度较高的零件
	T6	535±5	2～6	水(60～100℃)	255±5	7～9	空气	要求高强度、高硬度的零件
	T7	535±5	2～6	水(60～100℃)	250±10	3～5	空气	要求较高强度和尺寸稳定的零件
	T8	535±5	2～6	水(60～100℃)	250±10	3～5	空气	要求高塑性和尺寸稳定的零件
ZL101A	T4	535±5	6～12	水[②]	—	—	—	要求高塑性的零件
	T5	535±5	6～12	水[②]	室温再 155±5	≥8 2～12	空气	要求屈服强度及硬度较高的零件
	T6	535±5	6～12	水[②]	室温再 155±5	≥8 3～8	空气	要求高强度、高硬度的零件
ZL102	T2	—	—	—	290±10	2～4	空气	小负荷和需要消除内应力的零件
ZL103	T1	—	—	—	180±5	3～5	空气	小负荷零件采用
	T2	—	—	—	290±10	2～4	空气或随炉冷却	要求尺寸稳定、消除残余内应力的零件
	T5	分级加热 515±5 525±5	 2～4 2～4	水(60～100℃)	175±5	3～5	空气	在175℃下工作，要求中等负荷的大型零件
	T7	515±5	3～6	水(60～100℃)	230±5	3～5	空气	在175～250℃高温下工作的零件
	T8	510±5	5～6	水(60～100℃)	330±5	3～5	空气	要求高塑性的零件
ZL104	T1	—	—	—	175±5	10～15	空气	承受中等负荷的大型零件
	T6	535±5	2～6	水(60～100℃)	175±5	10～15	空气	承受高负荷的大型零件
ZL105	T1	—	—	—	180±5	5～10	空气	受中等负荷的零件
	T5	525±5	3～5	水(60～100℃)	175±5	5～10	空气	承受高负荷的零件
	T6	525±5	3～5	水(60～100℃)	200±5	3～5	空气	在≤220℃高温下工作的零件
	T7	525±5	3～5	水(60～100℃)	230±10	3～5	空气	在≤230℃高温下要求高塑性和尺寸稳定的零件
ZL105A	T5	525±5	4～12	水[②]	160±5	3～5	空气	承受高负荷的零件

续表

合金代号	合金状态	淬火 温度/℃	淬火 时间/h	淬火 冷却介质	退火、时效或回火 温度/℃	退火、时效或回火 时间/h	退火、时效或回火 冷却介质	零件工作条件
ZL106	T1	—	—	—	230±5	8	空气	承受低负荷但需消除内应力的零件
	T5	515±5	5~12	水(80~100℃)	150±5	8	空气	承受高负荷的零件
	T7	515±5	5~12	水(80~100℃)	230±5	8	空气	要求尺寸稳定的零件
ZL107	T5	515±5	6~8	水(60~100℃)	175±5	6~8	空气	承受较高负荷的零件
ZL108	T1	—	—	—	190±5	8~12	空气	承受负荷较低的零件
	T6	515±5	6~8	水(60~80℃)	175±5	14~18	空气	高温下承受高负荷的零件，如大马力柴油机活塞
	T7	515±5	6~8	水(60~80℃)	240±10	6~10	空气	要求尺寸稳定和在高温下工作的零件
ZL109	T1	—	—	—	205±5	8~12	空气	强度要求不高的零件
	T6	515±5	6~8	水(60~80℃)	170±5	14~18	空气	强度要求较高的零件，如高温高速大马力活塞
ZL111	T6	分级加热						要求高强度的砂型铸件
		490±5	4					
		500±5	4					
		510±5	8	水(60~100℃)	175±5	6	空气	
	T6	分级加热						要求高强度的金属型铸件
		515±5	4					
		525±5	8	水(60~100℃)	175±5	6	空气	
ZL114A	T5	535±5	10	水②	室温 再160±5	≥8 4~8	空气	要求较高屈服强度和高塑性的零件
ZL115	T4	540±5	10~12	水②	—	—	—	要求提高强度、塑性的零件
	T5	540±5	10~12	水②	150	3~5	空气	要求较高屈服强度和高塑性的零件
ZL116	T4	535±5	10	水②	—	—	—	要求提高强度和塑性的零件
	T5	535±5	10	水②	175	6	空气	要求较高强度和高塑性的零件
ZL201	T4	分级加热						要求高塑性零件
		530±5	5~9					
		545±5	5~9	水(60~100℃)	—	—	—	
		545±5	10~12	水(60~100℃)	—		—	
	T5	分级加热						要求高屈服强度的零件
		530±5	5~9					
		545±5	5~9	水(60~100℃)	175±5	3~5	空气	
		545±5	10~12	水(60~100℃)	175±5	3~5	空气	
	T7	545±5	5~9	水(60~100℃)	250±10	3~10	空气	要求消除内应力的零件
ZL201A	T5	分级加热						要求高屈服强度的零件
		535±5	7~9					
		545±5	7~9	水②	160±5	6~9	空气	

续表

<table>
<tr><td rowspan="2">合金代号</td><td rowspan="2">合金状态</td><td colspan="3">淬火</td><td colspan="3">退火、时效或回火</td><td rowspan="2">零件工作条件</td></tr>
<tr><td>温度/℃</td><td>时间/h</td><td>冷却介质</td><td>温度/℃</td><td>时间/h</td><td>冷却介质</td></tr>
<tr><td rowspan="3">ZL202</td><td>T2</td><td>—</td><td>—</td><td>—</td><td>290±10</td><td>3</td><td>空气</td><td>要求尺寸稳定、消除内应力的零件</td></tr>
<tr><td>T6</td><td>510±5</td><td>12</td><td>水(80～100℃)</td><td>155±5(S)
175±5(J)</td><td>10～14
7～14</td><td>空气</td><td>要求高强度、高硬度的零件</td></tr>
<tr><td>T7</td><td>510±5</td><td>3～5</td><td>水(80～100℃)</td><td>200～250</td><td>3</td><td>空气</td><td>高温下工作的零件,如:活塞</td></tr>
<tr><td rowspan="2">ZL203</td><td>T4</td><td>515±5</td><td>10～15</td><td>水(80～100℃)</td><td>—</td><td>—</td><td>—</td><td>要求提高强度和塑性的零件</td></tr>
<tr><td>T5</td><td>515±5</td><td>10～15</td><td>水(80～100℃)</td><td>150±5</td><td>2～4</td><td>空气</td><td>要求提高屈服强度和硬度的零件</td></tr>
<tr><td>ZL204A</td><td>T5</td><td>分级加热
530±5
540±5</td><td>
9
9</td><td>水②</td><td>175±5</td><td>3～5</td><td>空气</td><td>要求较高屈服强度和高塑性的零件</td></tr>
<tr><td rowspan="3">ZL205A</td><td>T5</td><td>538±5</td><td>10～18</td><td>水②</td><td>155±5</td><td>8～10</td><td>空气</td><td>要求提高屈服强度和硬度的零件</td></tr>
<tr><td>T6</td><td>538±5</td><td>10～18</td><td>水②</td><td>175±5</td><td>4～5</td><td>空气</td><td>要求高强度、高硬度的零件</td></tr>
<tr><td>T7</td><td>538±5</td><td>10～18</td><td>水②</td><td>190±5</td><td>2～4</td><td>空气</td><td>要求尺寸稳定、在高温下工作的零件</td></tr>
<tr><td>ZL207</td><td>T1</td><td>—</td><td>—</td><td>—</td><td>200±5</td><td>5～10</td><td>空气</td><td>要求提高强度、消除内应力的零件</td></tr>
<tr><td>ZL301</td><td>T4</td><td>435±5</td><td>8～12</td><td>水(80～100℃)或60℃油</td><td>—</td><td>—</td><td>—</td><td>要求高强度和耐蚀性高的零件</td></tr>
<tr><td>ZL303</td><td>T1</td><td>—</td><td>—</td><td>—</td><td>170±5</td><td>4～6</td><td>空气</td><td>强度要求不高但需消除内应力的零件</td></tr>
<tr><td>ZL305</td><td>T4</td><td>分级加热
435±5
490±5</td><td>
8～10
6～8</td><td>水②</td><td>—</td><td>—</td><td>—</td><td>要求高强度和高耐蚀性的零件</td></tr>
<tr><td>ZL401①</td><td>T2</td><td>—</td><td>—</td><td>—</td><td>300±10</td><td>2～4</td><td>空气</td><td>要求消除应力、提高尺寸稳定性的零件</td></tr>
<tr><td>ZL402①</td><td>T1</td><td>—</td><td>—</td><td>—</td><td>180±5
或室温</td><td>10
21天</td><td>空气
空气</td><td>要求提高强度的零件</td></tr>
</table>

注:1.表中①表示一般在自然时效后使用,时效时间在21天以上;

2.表中②表示水温由生产厂根据合金及零件种类自定。

(8)铸造铝合金的性能比较

表 4-42　铸造铝合金的性能比较

性能＼合金代号	ZL101	ZL102	ZL104	ZL105	ZL106	ZL107	ZL108	ZL109
1.强度	中	低	中	中	中	中-高	中	中
2.耐热性,≤	200℃	200℃	200℃	230℃	230℃	250℃	250℃	250℃
3.耐蚀性	3	4	3	3	3	2	3	3
4.铸造流动性	5	5	5	4	5	4	5	4
5.抗形成缩口倾向	4	4	4	4	4	5	3	3
6.气密性	5	5	4	4	5	4	5	4
7.抗形成裂纹倾向	5	5	5	4	5	4	5	5
8.抗形成气孔倾向	4	3	3	4	4	4	3	4
9.可切削加工性	3	1	3	4	4	4	2	2
10.焊接性	4	4	3	4	4	4	—	—

续表

性能 \ 合金代号	ZL111	ZL201	ZL202	ZL203	ZL301	ZL303	ZL401	ZL402
1. 强度	高	高	低	中	高	低	中	中
2. 耐热性，≤	250℃	300℃	250℃	200℃	200℃	220℃	200℃	150℃
3. 耐蚀性	2	1	1	2	5*	4	3	4
4. 铸造流动性	4	3	3	2	3	3	5	4
5. 抗形成缩口倾向		2	3	2	1	2	4	3
6. 气密性	5	3	3	3	1	2	4	4
7. 抗形成裂纹倾向	5	2	2	1	3	3	4	3
8. 抗形成气孔倾向		3	3	3	3	3	3	
9. 可切削加工性	4	4	5	4	4	4	4	5
10. 焊接性	4	4	4	4	3	4	4	3

注：1. 表列工艺性按五级制标准评定的级数，其表示的含义为：5——优，4——良，3——中等，2——次，1——劣；
2. * 指在海水中的耐蚀等级。

(9)铸造铝合金的主要特性及用途

表 4-43　　铸造铝合金的主要特性和用途举例

组别	合金代号	铸造方法	主要特性	用途举例
(1) 铝硅合金	ZL101	砂型、金属型、壳型和熔模铸造	系铝硅镁系列三元合金，特性是：①铸造性能良好，其流动性高、无热裂倾向、线收缩小、气密性高，但稍有产生集中缩孔和气孔的倾向；②有相当高的耐蚀性，在这方面与ZL102相近；③可经热处理强化，同时合金淬火后有自然时效能力，因而具有较高的强度和塑性；④易于焊接，可切削加工性中等；⑤耐热性不高；⑥铸件可经变质处理或不经变质处理	适于铸造形状复杂、承受中等负荷的零件，也可用于要求高的气密性、耐蚀性和焊接性能良好的零件，但工作温度不得超过200℃；如水泵及传动装置壳体、水冷发动机汽缸体、抽水机壳体、仪表外壳、汽化器等
	ZL101A		成分、性能和ZL101基本相同，但其杂质含量低，且加入少量Ti以细化晶粒，故其力学性能比ZL101有较大程度的提高	同上，主要用于铸造高强度铝合金铸件
	ZL102	砂型、金属型、壳型和熔模铸造	系典型的铝硅二元合金，是应用最早的一种普通硅铝合金，其特性是：①铸造性能和ZL101一样好，但在铸件的断面厚大处容易产生集中缩孔，吸气倾向也较大；②耐蚀性高，能经受得住湿的大气、海水、二氧化碳、浓硝酸、氨、硫、过氧化氢的腐蚀作用；③不能热处理强化，力学性能不高，但随铸件壁厚增加，强度降低的程度小；④焊接性能良好，但可切削性差，耐热性不高；⑤需经变质处理	常在铸态或退火状态下使用，适用铸造形状复杂、承受较低载荷的薄壁铸件，以及要求耐腐蚀和气密性高、工作温度≤200℃的零件，如仪表壳体、机器罩、盖子、船舶零件等
	ZL104	砂型、金属型、壳型和熔模铸造	系铝硅镁锰系列四元合金，特性是：①铸造性能良好，其流动性高、无热裂倾向、气密性良好、线收缩小，但吸气倾向大，易于形成针孔；②可经热处理强化，室温力学性能良好，但高温性能较差（只能在≤200℃下使用）；③耐蚀性能好（类似于ZL102，但较ZL102低）；④可切削加工性和焊接性一般；⑤铸件需经变质处理	适于铸造形状复杂、薄壁、耐腐蚀和承受较高静载荷和冲击载荷的大型铸件，如水冷式发动机的曲轴箱、滑块和汽缸盖、汽缸体以及其他重要零件，但不宜用于工作温度超过200℃的场所

续表

组别	合金代号	铸造方法	主要特性	用途举例
(1)铝硅合金	ZL105	砂型、金属型、壳型和熔模铸造	系铝硅铜镁系列四元合金,特性是:①铸造性能良好,其流动性高、收缩率较低、吸气倾向小、气密性良好、热裂倾向小;②熔炼工艺简单,不需采用变质处理和在压力下结晶等工艺措施;③可热处理强化,室温强度较高,但塑性、韧性较低;④高温力学性能良好;⑤焊接性和可切削加工性良好;⑥耐蚀性尚可	适于铸造形状复杂、承受较高静载荷的零件,以及要求焊接性能良好、气密性高或工作温度在225℃以下的零件,如水冷发动机的汽缸体、汽缸头、汽缸盖、空冷发动机头和发动机曲轴箱等 ZL105合金在航空工业中应用相当广泛
	ZL105A		特性和ZL105合金基本相同,但其杂质Fe的含量较少,且加入少量Ti细化晶粒,属于优质合金,故其强度高于ZL105合金	同上,主要用于铸造高强度铝合金铸件
	ZL106	砂型、金属型铸造	系铝硅铜镁锰多元合金,特性是:①铸造性能良好,其流动性大、气密性高、无热裂倾向、线收缩小,产生缩孔及气孔的倾向也较小;	适于铸造形状复杂、承受高静载荷的零件,也可用于要求气密性高或工作温度在225℃以下的零件,如泵体、水冷发动机汽缸头等
	ZL106	砂型、金属型铸造	②可经热处理强化,室温下具有较高的力学性能,高温性能也较好;③焊接和可切削加工性能良好;④耐腐蚀性能接近于ZL101合金	
	ZL107	砂型、金属型铸造	系铝硅铜三元合金,铸造流动性和抗热裂倾向均较ZL101、102、104差,但比铝-铜、铝-镁合金要好得多;吸气倾向较ZL101及102小,可热处理强化,在20~250℃的温度范围内,力学性能较ZL104高;可切削加工性良好,耐蚀性不高;铸件需要进行变质处理(砂型)	用于铸造形状复杂、壁厚不均、承受较高负荷的零件,如机架、柴油发动机的附件、汽化器零件、电气设备外壳等
	ZL108	金属型铸造	系铝硅铜镁锰多元合金,是我国目前常用的一种活塞铝合金,其特性是:①密度小、热胀系数低、热导率高、耐热性能好,但可切削加工性较差;②铸造性能良好,其流动性高、无热裂倾向、气密性高、线收缩小,但易于形成集中缩孔,且有较大的吸气倾向;③可经热处理强化,室温和高温力学性能都较高;④在熔炼中需要进行变质处理,一般在硬模中(金属模)铸造,可以得到尺寸精确的零件,节省了加工时间,也是其一大优点	主要用于铸造汽车、拖拉机的发动机活塞和其他在250℃以下高温中工作的零件,当要求热胀系数小、强度高、耐磨性高时,也可以采用这种合金。
	ZL109	金属型铸造	系加有部分镍的铝硅铜镁多元合金,和ZL108一样,也是一种常用的活塞铝合金,其性能和ZL108相似。加镍的目的在于提高其高温性能,但实际上效果并不显著,故在这种合金中的含镍量有降低和取消的倾向	同ZL108合金

续表

组别	合金代号	铸造方法	主要特性	用途举例
(1)铝硅合金	ZL111	砂型、金属型铸造	系铝硅镁锰钛多元合金，其特性是：①铸造性能良好，其流动性好、充型能力优良，一般无热裂倾向、线收缩小、气密性高，可经受住高压气体和液体的作用；②在熔炼中需进行变质处理，可经热处理强化，在铸态或热处理后的力学性能是铝-硅系合金中最好的，可和高强铸铝合金 ZL201 相媲美，且高温性能也较好；③可切削加工性和焊接性良好；④耐蚀性较差	适于铸造形状复杂、承受高负荷、气密性要求高的大型铸件，以及在高压气体或液体下长期工作的大型铸件；如转子发动机的缸体、缸盖、水泵叶轮和军事工业中的大型壳体等重要机件
	ZL114A	砂型、金属型铸造	这是成分、性能和 ZL101A 优质合金相近似的铝硅镁系铝合金，由于其杂质含量少、含镁量较 ZL101A 高，且加入少量的铍以消除杂质 Fe 的有害作用，故在保持 ZL101A 优良的铸造性能和耐蚀性的同时，显著地提高了合金的强度	这种合金是铝-硅系合金中强度最高的品种之一，主要用于铸造形状复杂、高强度铝合金铸件，由于铍较稀贵，同时合金的热处理温度要求控制较严、热处理时间较长等原因，应用受到一定限制
	ZL115	砂型、金属型铸造	系加有少量锑的铝硅镁锌多元合金，在合金中添加少量的锑，目的是用其作为共晶硅的长效变质剂，以提高合金在热处理后的力学性能；成分中的锌也可起到辅助强化作用。因而，这种合金的特性是：在具有铝硅镁系合金优良的铸造性能和耐蚀性的同时，兼有高的强度和塑性，是铝-硅合金中高强度品种之一	主要用于铸造形状复杂、高强度铝合金铸件以及耐腐蚀的零件 这种合金在熔炼中不需再经变质处理
	ZL116	砂型、金属型铸造	系铝硅镁铍多元合金，这种合金的特点是：杂质中允许较多的 Fe 含量和含有少量的 Be；Be 的作用是与 Fe 形成化合物，使粗大针状的含 Fe 相变成团状，同时 Be 还有促进时效强化的作用；故加铍后显著提高了合金的力学性能，使其成为铝-硅合金中高强度品种之一。加 Be 还提高了耐蚀性。由于合金的含硅量较高，有利于获得致密的铸件	适用于制造承受高液压的油泵壳体等发动机附件，以及其他外形复杂、要求高强度、高耐蚀性的机件。 因 Be 的价格甚贵、且有毒，所以这种合金在使用上受到一定限制
(2)铝铜合金	ZL201	砂型、金属型、壳型和熔模铸造	系加有少量锰、钛元素的铝-铜合金，其特性是：①铸造性能不好，其流动性差、形成热裂和缩孔的倾向大、线收缩大、气密性低，但吸气倾向小；②可热处理强化，经热处理后，合金具有很高的强度和良好的塑性、韧性，同时耐热性高（在强度和耐热性两方面，ZL201 是铸造铝合金中最好的合金）；③焊接性能和可切削加工性能良好；④耐腐蚀性能差	适于铸造工作温度为 175～300℃或室温下承受高负荷、形状不太复杂的零件，也可用于低温下（－70℃）承受高负荷的零件，是用途较广的一种铝合金
	ZL201A		成分、性能和 ZL201 基本相同，但其杂质含量控制较严，属于优质合金，其力学性能高于 ZL201 合金	同上，主要用于要求高强度铝合金铸件的场所
	ZL202	砂型、金属型铸造	这是一种典型的铝-铜二元合金，特性是：①铸造性能不好，其流动性、收缩和气密性等均为一般，但较 ZL203 要好，热裂倾向大、吸气倾向小；②热处理强化效果差，合金的强度低、塑性及韧性差，并随铸件壁厚的增加而明显降低；③熔炼工艺简单，不需要进行变质处理；④有优良的可切削加工性和焊接性，耐腐蚀性差，密度大；⑤耐热性较好	用于铸造小型、低载荷的零件，亦可用来铸造在较高工作温度（≤250℃）下工作的零件，如小型内燃发动机的活塞和汽缸头等。此合金由于密度大、强度低、脆性高，已为其他合金所取代，现在用得很少了

续表

组别	合金代号	铸造方法	主要特性	用途举例
(2)铝铜合金	ZL203	砂型、金属型、壳型和熔模铸造	这也是一种典型的铝-铜二元合金(含铜量比ZL202低),其特性是:①铸造性能差;其流动性差、形成热裂和缩松倾向大、线收缩大,气密性一般,但吸气倾向小;②经淬火处理后,有较高的强度和好的塑性,铸件经淬火后有自然时效倾向;③熔炼工艺简单,不需要进行变质处理;④可切削加工性和焊接性良好;⑤耐蚀性差(特别是在人工时效状态下的铸件);⑥耐热性不高	适于铸造形状简单、承受中等静负荷或冲击载荷、工作温度不超过200℃并要求可切削加工性能良好的小型零件,如曲轴箱、支架、飞轮盖等
	ZL204A	砂型铸造	这是加入少量Cd、Ti元素的铝-铜合金,通过添加少量Cd以加速合金的人工时效,加少量Ti以细化晶粒,并降低合金中有害杂质的含量,选择合适的热处理工艺而获得σ_b达437MPa的高强度耐热铸铝合金。这种合金属于固溶体型合金,结晶间隔较宽,铸造工艺较差,一般用于砂型铸造,不适于金属型铸造	这类高强度、耐热铸铝合金的力学性能达到了常用锻铝合金的力学性能水平,它们的优质铸件可以代替一般的铝合金锻件,作为受力构件,在航空和航天工业中获得广泛的应用
	ZL205A		性能同上。这是在ZL201的基础上加入了Cd,V,Zr,B等微量元素而发展起来的,σ_b达437MPa以上的高强度耐热铸铝合金。微量V,B,Zr等元素能进一步提高合金的热强性,Cd能改善合金的人工时效效果,显著提高合金的力学性能。合金的耐热性高于ZL204A	
(3)铝-稀土金属合金	ZL207A	砂型及金属型铸造	系Al-RE(富铈混合稀土金属)为基的铸造铝合金。这种合金除含有较高的RE以外,还含有Cu,Si,Mn,Ni,Mg,Zr等元素,其特性是:①耐热性好,可在高温下长期使用,工作温度可达400℃;②铸造性能良好,其结晶温度范围只有30℃左右,充型能力良好,且形成针孔的倾向较小,铸件的气密性高,不易产生热裂和疏松;③缺点是室温力学性能较低,成分复杂	可用于铸造形状复杂、受力不大、在高温下长期工作的铸件
(4)铝镁合金	ZL301	砂型、金属型和熔模铸造	系典型的铝-镁二元合金,其特性是:①在海水大气等介质中有很高的耐蚀性,在这方面是铸造铝合金中最好的;②铸造性能差,其流动性和产生气孔、形成热裂的倾向一般,易于产生显微疏松,气密性低,收缩率和吸气倾向大;③可热处理强化,铸件在淬火状态下使用,具有高的强度和良好的塑性、韧性,但具有自然时效倾向,在长期使用过程中,塑性明显下降、变脆,并出现应力腐蚀倾向;④耐热性不高;⑤可切削加工性良好,可以达到很高的表面粗糙度;表面经抛光后,能长期保持原来的光泽;⑥焊接性较差;⑦熔炼中容易氧化,且熔铸工艺较复杂、废品率高	适于铸造承受高静载荷和冲击载荷,暴露在大气或海水等腐蚀介质中,工作温度不超过200℃,形状简单的大、中、小型零件,如雷达底座、水上飞机和船舶配件(发动机机匣、起落架零件、船用舷窗等)以及其他装饰用零部件等

续表

组别	合金代号	铸造方法	主要特性	用途举例
(4)铝镁合金	ZL303	砂型、金属型、壳型和熔模铸造	这是添加1%左右Si和少量Mn的含Mg量为5%左右的铝-镁-硅系合金，其特性是：①耐蚀性能高，并类似、接近ZL301合金；②铸造性能尚可，其流动性一般，有氧化、吸气、形成缩孔的倾向(但比ZL301好)，收缩率大，气密性一般，形成热裂的倾向比ZL301小；③在铸态下具有一定的力学强度，但不能经热处理明显强化；④高温性能较ZL301高；⑤可切削性和抛光性与ZL301一样好，而焊接性则较ZL301有明显改善；⑥生产工艺简单，但熔炼中容易氧化和吸气	适于铸造同腐蚀介质接触和在较高温度(≤220℃)下工作、承受中等负荷的船舶、航空及内燃机车零件，如海轮配件、各种壳件、气冷发动机汽缸头，以及其他装饰性零部件等
	ZL305	砂型铸造	这是加有少量Be、Ti元素的铝-镁-锌系合金，它是ZL301的改型合金，由于ZL301有自然时效倾向、力学性能稳定性差和有应力腐蚀倾向，故应用受到很大限制；针对ZL301合金的这一缺点，降低其Mg含量，并加入Zn及少量Ti，从而提高了合金的自然时效稳定性和抗应力腐蚀能力。合金中加入微量Be，可防止在熔炼和铸造过程中的氧化现象。合金的其他性能均与ZL301相近	用途和ZL301基本相同，但工作温度不宜超过100℃。因为这种合金在人工时效温度超过150℃时，大量强化相析出，抗拉强度虽有提高，但塑性大量下降，应力腐蚀现象也同时加剧之故
(5)铝锌合金	ZL401	砂型、金属型、壳型和熔模铸造	系铝锌硅镁四元合金，俗称锌硅铝明，其特性是：①铸造性能良好，其流动性好、产生缩孔和形成热裂的倾向小、线收缩小；但有较大的吸气倾向；②在熔炼中需进行变质处理；③它的主要优点在于铸态下具有自然时效能力，因而即可获得高的强度，不必进行热处理；④耐热性低，耐蚀性一般，密度大；⑤焊接和可切削加工性能良好；⑥价格便宜	适于铸造大型、复杂和承受高的静载荷而又不便进行热处理的零件，但工作温度不得超过200℃，如汽车零件、医疗器械、仪器零件、日用品等。因密度大，在某些场合下限制了它的应用
	ZL402	砂型和金属型铸造	这是含有少量Cr和Ti的铝-锌-镁系合金，其特性是：①铸造性能尚好，其流动性和气密性良好，缩松和热裂倾向都不大；②在铸态经时效后即可获得较高的力学性能，在-70℃的低温下仍能保持良好的力学性能，但高温性能低(工作温度≤150℃)；③有良好的耐蚀性和抗应力腐蚀性能，在这方面超过铝铜合金而接近于铝硅合金；④可切削加工性良好，焊接性一般；⑤铸件经人工时效后尺寸稳定；⑥密度较大	适于铸造承受高的静载荷和冲击载荷而又不便于进行热处理的零件，亦可用于要求同腐蚀介质接触和尺寸稳定性高的零件，如高速旋转的整铸叶轮、飞行起落架、空气压缩机活塞、精密仪表零件等。因密度小，也限制了它的应用

4.2 欧洲标准化委员会(CEN)铝及铝合金

4.2.1 铝及铝合金牌号和化学成分

表 4-44 重熔用非合金铝锭牌号和化学成分(EN 576—2003)

牌号	化学成分/%											
	Si	Fe	Cu	Mn	Mg	Zn	Ti	Ga	V	其他杂质单项	杂质总和	Al
Al99.995	0.002	0.002	0.002	0.001	0.003	0.001	0.001	0.002	0.001	0.001		99.995
Al99.990	0.003	0.003	0.004	0.001	0.003	0.001	0.001	0.002	0.001	0.001		99.990
Al99.99	0.004	0.003	0.002	0.001	0.001	0.002	0.002	0.003	0.001	0.001		99.99
Al99.98	0.006	0.006	0.002	0.002	0.002	0.002	0.002	0.003	0.001	0.001		99.98
Al99.97	0.008	0.008	0.004	0.003	0.002	0.002	0.002	0.004	0.001	0.001		99.98
Al99.94	0.030	0.03	0.05	0.01	0.01	0.005	0.005	0.02		0.01		99.94
Al99.70	0.10	0.20	0.01		0.02	0.02	0.02	0.03	0.03	0.03		99.70
Al99.7E	0.07	0.20	0.01	0.005	0.02					0.03①		99.70
Al99.6E	0.10	0.30	0.01	0.007	0.02					0.03②		99.60
P0404A	0.04	0.04				0.03		0.03	0.01	0.01③	0.03	余量
P0406A	0.04	0.06				0.03		0.03	0.02	0.02③	0.04	余量
P0610A	0.06	0.10				0.03		0.04	0.02	0.02③	0.05	余量
P1020A	0.10	0.20				0.03		0.04	0.03	0.03③	0.10	余量
P1020G	0.10	0.20				0.03		0.04	0.03	0.03③,④	0.10	余量
P1535A	0.15	0.35				0.03		0.04	0.03	0.03③	0.10	余量

注：1. 表中①B 0.04；Cr 0.004；Mn+Ti+Cr+V 0.02；

2. 表中②B 0.04；Cr 0.005；Mn+Ti+Cr+V 0.03；

3. 表中③Cd+Hg+Pb 0.0095；As 0.009；

4. 表中④Mg 0.003；Na 0.001；Li 0.0001。

表 4-45　铝及铝合金通过熔炼产出的母合金的化学成分(EN 575—1995)

合金牌号		化学成分/%										杂质		
数字序号	化学符号	Si	Fe	Cu	Mn	Mg	Cr	Ni	Zn	其他元素	Ti	单项	总和	Al
EN AM-90500	EN AM-Al B3(A)	0.30	0.30	—	—	—	—	—	—	B 2.5～3.5	—	0.04	0.10	余量
EN AM-90502	EN AM-Al B4(A)	0.30	0.30	—	—	—	—	—	—	B 3.5～4.5	—	0.04	0.10	余量
EN AM-90504	EN AM-Al B5(A)	0.30	0.30	—	—	—	—	—	—	B 4.5～5.5	—	0.04	0.10	余量
EN AM-90400	EN AM-Al Be5(A)	0.30	0.30	—	—	0.50	—	—	—	Be 4.5～6.0	—	0.04	0.10	余量
EN AM-98300	EN AM-Al Bi3(A)	0.30	0.30	—	—	—	—	—	—	Bi 2.7～3.3	—	0.04	0.10	余量
EN AM-92000	EN AM-Al Ca10(A)	0.30	0.30	—	—	—	—	—	—	Ca 9.0～11.0	—	0.04	0.10	余量
EN AM-92700	EN AM-Al Co10(A)	0.30	0.30	—	—	—	—	—	—	Co 9.0～11.0	—	0.04	0.10	余量
EN AM-92401	EN AM-Al Cr5(B)	0.50	0.70	0.20	0.40	0.50	4.5～5.5	0.20	0.20	—	0.10	0.05	0.15	余量
EN AM-92402	EN AM-Al Cr10(A)	0.30	0.30	—	—	—	9～11	—	—	—	—	0.04	0.10	余量
EN AM-92404	EN AM-Al Cr20(A)	0.30	0.30	—	—	—	18～22	—	—	—	—	0.04	0.10	余量
EN AM-92405	EN AM-Al Cr20(B)	0.50	0.70	0.20	0.40	0.50	18～22	0.20	0.20	—	0.10	0.05	0.15	余量
EN AM-92900	EN AM-Al Cu33(A)	0.30	0.30	31～35	—	—	—	—	0.05	—	—	0.04	0.10	余量
EN AM-92901	EN AM-Al Cu33(B)	0.50	0.70	31～35	0.40	0.50	0.10	0.20	0.20	—	0.10	0.05	0.15	余量
EN AM-92902	EN AM-Al Cu50(A)	0.30	0.30	47～53	—	—	—	—	0.05	—	—	0.04	0.10	余量
EN AM-92903	EN AM-Al Cu50(B)	0.30	0.70	47～53	0.40	0.50	0.10	0.20	0.20	—	0.10	0.05	0.15	余量
EN AM-92600	EN AM-Al Fe10(A)	0.30	9～11	—	—	—	—	—	—	—	—	0.04	0.10	余量
EN AM-92601	EN AM-Al Fe10(B)	0.50	9～11	0.2	0.40	0.50	0.10	0.20	0.20	—	0.10	0.05	0.15	余量
EN AM-92602	EN AM-Al Fe20(A)	0.30	18～22	—	0.20	—	—	—	—	—	—	0.04	0.10	余量
EN AM-92604	EN AM-Al Fe45(A)	0.30	43～47	—	0.30	—	—	—	—	C 0.10	—	0.04	0.10	余量
EN AM-91200	EN AM-Al Mg10(A)	0.30	0.30	—	—	9～11	—	—	—	—	—	0.04	0.10	余量
EN AM-91202	EN AM-Al Mg20(A)	0.30	0.30	—	—	18～22	—	—	—	—	—	0.04	0.10	余量
EN AM-91204	EN AM-Al Mg50(A)	0.30	0.30	—	—	47～53	—	—	—	—	—	0.04	0.10	余量
EN AM-92500	EN AM-Al Mn10(A)	0.30	0.30	—	9～11	—	—	—	—	—	—	0.04	0.10	余量
EN AM-92501	EN AM-Al Mn10(B)	0.50	0.70	0.20	9～11	0.50	0.10	0.20	0.20	—	0.10	0.05	0.15	余量
EN AM-92502	EN AM-Al Mn60(A)	0.30	0.30	—	58～64	—	—	—	—	—	—	0.04	0.10	余量

续表

合金牌号		化学成分/%										杂质		
数字序号	化学符号	Si	Fe	Cu	Mn	Mg	Cr	Ni	Zn	其他元素	Ti	单项	总和	Al
EN AM-92503	EN AM-Al Mn60(B)	0.30	1.50	—	58～64	—	—	—	—	—	—	0.05	0.10	余量
EN AM-92800	EN AM-Al Ni10(A)	0.30	0.30	—	—	—	—	9～11	—	—	—	0.04	0.10	余量
EN AM-92802	EN AM-Al Ni20(A)	0.30	0.30	—	—	—	—	18～22	—	—	—	0.04	0.10	余量
EN AM-95100	EN AM-Al Sb10(A)	0.30	0.30	—	—	—	—	—	—	Sb 9.0～11.0	—	0.04	0.10	余量
EN AM-91400	EN AM-Al Si20(A)	18～22	0.30	—	—	—	—	—	—	Ca 0.06	—	0.04	0.10	余量
EN AM-91401	EN AM-Al Si20(B)	18～22	0.70	0.20	0.40	0.50	0.10	0.20	0.20	Ca 0.06	0.10	0.05	0.15	余量
EN AM-91402	EN AM-Al Si50(A)	47～53	0.50	—	—	—	—	—	—	Ca 0.15	—	0.04	0.10	余量
EN AM-91403	EN AM-Al Si50(B)	47～53	0.70	0.20	0.40	0.50	0.10	0.20	0.20	Ca 0.15	0.10	0.05	0.15	余量
EN AM-93800	EN AM-Al Si3.5(A)	0.30	0.30	—	—	—	—	—	—	Sr 3.2～3.8 Ca 0.03 P 0.01	—	0.04	0.10	余量
EN AM-93802	EN AM-Al Sr5(A)	0.30	0.30	—	—	0.05	—	—	—	Sr 4.5～5.5 Ba 0.05 Ca 0.05 P 0.01	—	0.04	0.10	余量
EN AM-93804	EN AM-Al Sr10(A)	0.30	0.30	—	—	0.10	—	—	—	Sr 9.0～11.0 Ba 0.10 Ca 0.10 P 0.10	—	0.04	0.10	余量
EN AM-93850	EN AM-Al Sr10Ti1B0.2(A)	0.30	0.30	—	—	0.10	—	—	—	Sr 9.0～11.0 B 0.15～0.25 Ba 0.10 Ca 0.10 P 0.01	0.8～1.2	0.04	0.10	余量
EN AM-92201	EN AM-Al Ti5(B)	0.50	0.70	0.20	0.40	0.50	0.10	0.20	0.20	V 0.30	4.5～5.5	0.05	0.15	余量
EN AM-92202	EN AM-Al Ti6(A)	0.30	0.30	—	—	—	0.05	0.05	—	V 0.30	5.5～6.5	0.04	0.10	余量
EN AM-92204	EN AM-Al Ti10(A)	0.30	0.40	—	—	—	0.05	0.05	—	V 0.50	9.0～11.0	0.04	0.10	余量
EN AM-92205	EN AM-Al Ti10(B)	0.30	0.70	0.20	0.40	0.50	0.10	0.20	0.20	V 0.50	9.0～11.0	0.05	0.15	余量

续表

合金牌号		化学成分/%										杂质		
数字序号	化学符号	Si	Fe	Cu	Mn	Mg	Cr	Ni	Zn	其他元素	Ti	单项	总和	Al
EN AM-92250	EN AM-Al Ti3B1(A)	0.30	0.30	—	—	—	—	—	—	V 0.20 B 0.8～1.2	2.7～3.5	0.04	0.10	余量
EN AM-92252	EN AM-Al Ti5B0.2(A)	0.30	0.30	—	—	—	—	—	—	B 0.15～0.25 V 0.25	4.5～5.5	0.04	0.10	余量
EN AM-92254	EN AM-Al Ti5B0.6(A)	0.30	0.30	—	—	—	—	—	—	B 0.5～0.8 V 0.20	4.5～5.5	0.04	0.10	余量
EN AM-92256	EN AM-Al Ti5B1(A)	0.30	0.30	—	—	—	—	—	—	B 0.9～1.1 V 0.20	4.5～5.5	0.04	0.10	余量
EN AM-92300	EN AM-Al V10(A)	0.30	0.30	—	—	—	—	—	—	V 9.0～11.0	—	0.04	0.10	余量
EN AM-94000	EN AM-Al Zr5(A)	0.30	0.30	—	—	—	—	—	—	Zr 4.5～5.5 Ca 0.010 Na 0.005 Pb 0.010 Sn 0.010	—	0.04	0.10	余量
EN AM-94001	EN AM-Al Zr5(B)	0.30	0.45	0.10	—	—	—	0.10	—	Zr 4.5～5.5 Sn 0.10	0.10	0.05	0.15	余量
EN AM-94002	EN AM-Al Zr10(A)	0.30	0.30	—	—	—	—	—	—	Zr 9.0～11.0	—	0.04	0.10	余量
EN AM-94003	EN AM-Al Zr10(B)	0.30	0.45	0.20	—	—	—	0.20	—	Zr 9.0～11.0 Sn 0.20	0.20	0.05	0.15	余量
EN AM-94004	EN AM-Al Zr15(A)	0.40	0.30	—	—	—	—	—	—	Zr 13.5～16.0	—	0.04	0.10	余量

表 4-46 回炼用合金铝锭牌号及化学成分(EN 1676—2010)

合金类型	合金牌号		化学成分/%(不大于,注明范围者除外)													
	数字序号	化学符号	Si	Fe	Cu	Mn	Mg	Cr	Ni	Zn	Pb	Sn	Ti	其他杂质 单项	其他杂质 总和	Al
AlCu	EN AB-21000	EN AB-Al Cu4MgTi	0.15 (0.20)	0.30 (0.35)	4.2～5.0	0.10	0.20～0.35 (0.15～0.35)	—	0.05	0.10	0.05	0.05	0.15～0.25 (0.15～0.30)	0.03	0.10	余量
AlCu	EN AB-21100	EN AB-Al Cu4Ti	0.15 (0.18)	0.15 (0.19)	4.2～5.2	0.55	—	—	—	0.07	—	—	0.15～0.25 (0.15～0.30)	0.03	0.10	余量
AlCu	EN AB-21200	EN AB-Al Cu4MnMg	0.10	0.15 (0.20)	4.0～5.0	0.20～0.50	0.20～0.50 (0.15～0.50)	—	0.03 (0.05)	0.05 (0.10)	0.03	0.03	0.05 (0.10)	0.03	0.10	余量
AlSiMgTi	EN AB-41000	EN AB-Al Si2MgTi	1.6～2.4	0.50 (0.60)	0.08 (0.10)	0.30～0.50	0.50～0.65 (0.45～0.65)	—	0.05	0.10	0.05	0.05	0.07～0.15 (0.05～0.20)	0.05	0.15	余量
AlSi7Mg	EN AB-42000	EN AB-Al Si7Mg	6.5～7.5	0.45 (0.55)	0.15 (0.20)	0.35	0.25～0.65 (0.20～0.65)	—	0.15	0.15	0.15	0.05	0.20 (0.25)	0.05	0.15	余量
AlSi7Mg	EN AB-42100	EN AB-Al Si7Mg0.3	6.5～7.5	0.15 (0.19)	0.03 (0.05)	0.10	0.30～0.45 (0.25～0.45)	—	—	0.07	—	—	0.18 (0.25)	0.03	0.10	余量
AlSi7Mg	EN AB-42200	EN AB-Al Si7Mg0.6	6.5～7.5	0.15 (0.19)	0.03 (0.05)	0.10	0.50～0.70 (0.45～0.70)	—	—	0.07	—	—	0.18 (0.25)	0.03	0.10	余量
AlSi10Mg	EN AB-43000	EN AB-Al Si10Mg(a)	9.0～11.0	0.40 (0.55)	0.03 (0.05)	0.45	0.25～0.45 (0.20～0.45)	—	0.05	0.10	0.05	0.05	0.15	0.05	0.15	余量
AlSi10Mg	EN AB-43100	EN AB-Al Si10Mg(b)	9.0～11.0	0.40 (0.55)	0.08 (0.10)	0.45	0.25～0.45 (0.20～0.45)	—	0.05	0.10	0.05	0.05	0.15	0.05	0.15	余量
AlSi10Mg	EN AB-43200	EN AB-Al Si10Mg(Cu)	9.0～11.0	0.55 (0.65)	0.30 (0.35)	0.55	0.25～0.45 (0.20～0.45)	—	0.15	0.35	0.10	—	0.15 (0.20)	0.05	0.15	余量
AlSi10Mg	EN AB-43300	EN AB-Al Si9Mg	9.0～10.0	0.15 (0.19)	0.03 (0.05)	0.10	0.30～0.45 (0.25～0.45)	—	—	0.07	—	—	0.15	0.03	0.10	余量
AlSi10Mg	EN AB-43400	EN AB-Al Si10Mg(Fe)	9.0～11.0	0.45～0.09 (1.0)	0.08 (0.10)	0.55	0.25～0.50 (0.20～0.50)	—	0.15	0.15	0.15	0.05	0.15 (0.20)	0.05	0.15	余量
AlSi10Mg	EN AB-43500	EN AB-Al Si10MnMg	9.0～11.5	0.20 (0.25)	0.03 (0.05)	0.40～0.80	0.15～0.60 (0.10～0.60)	—	—	0.07	—	—	0.15 (0.20)	0.05	0.15	余量

续表

合金类型	合金牌号		化学成分/%(不大于,注明范围者除外)												
	数字序号	化学符号	Si	Fe	Cu	Mn	Mg	Cr	Ni	Zn	Pb	Sn	Ti	其他杂质		Al
														单项	总和	
AlSi	EN AB-44000	EN AB-Al Si11	10.0~11.8	0.15 (0.19)	0.03 (0.05)	0.10	0.45	—	—	0.07	—	—	0.15	0.03	0.10	余量
	EN AB-44100	EN AB-Al Si12(b)	10.5~13.5	0.55 (0.65)	0.10 (0.15)	0.55	0.10	—	0.10	0.15	0.10	—	0.15 (0.20)	0.05	0.15	余量
	EN AB-44200	EN AB-Al Si12(a)	10.5~13.5	0.40 (0.55)	0.03 (0.05)	0.35	—	—	—	0.10	—	—	0.15	0.05	0.15	余量
	EN AB-44300	EN AB-Al Si12(Fe)(a)	10.5~13.5	0.45~0.9 (1.0)	0.08 (0.10)	0.55	—	—	—	0.15	—	—	0.15	0.05	0.25	余量
	EN AB-44400	EN AB-Al Si9	8.0~11.0	0.55 (0.65)	0.08 (0.10)	0.50	0.10	—	0.05	0.15	0.05	0.05	0.15	0.05	0.15	余量
	EN AB-44500	EN AB-Al Si12(Fe)(b)	10.5~13.5	0.45~0.90 (1.0)	0.18 (0.20)	0.55	0.40	—	—	0.30	—	—	0.15	0.05	0.25	余量
AlSi5Cu	EN AB-45000	EN AB-Al Si6Cu4	5.0~7.0	0.9 (1.0)	3.0~5.0	0.20~ 0.65	0.55	0.15	0.45	2.0	0.30	0.15	0.20 (0.25)	0.05	0.35	余量
	EN AB-45100	EN AB-Al Si5Cu3Mg	4.5~6.0	0.50 (0.60)	2.6~3.6	0.55	0.20~0.45 (0.15~0.45)	—	0.10	0.20	0.10	0.05	0.20 (0.25)	0.05	0.15	余量
	EN AB-45300	EN AB-Al Si5Cu1Mg	4.5~5.5	0.55 (0.65)	1.0~1.5	0.55	0.40~0.65 (0.35~0.65)	—	0.25	0.15	0.15	0.05	0.20 (0.25)	0.05	0.15	余量
	EN AB-45400	EN AB-Al Si5Cu3	4.5~6.0	0.50 (0.60)	2.6~3.6	0.55	0.05	—	0.10	0.20	0.10	0.05	0.20 (0.25)	0.05	0.15	余量
	EN AB-45500	EN AB-Al Si7Cu0.5Mg	6.5~7.5	0.25	0.2~0.7	0.15	0.25~0.45 (0.20~0.45)	—	—	0.07	—	—	0.20	0.03	0.10	余量
AlSi9Cu	EN AB-46000	EN AB-Al Si9Cu3(Fe)	8.0~11.0	0.6~1.1 (1.3)	2.0~4.0	0.55	0.15~0.55 (0.05~0.55)	0.15	0.55	1.2	0.35	0.15	0.20 (0.25)	0.05	0.25	余量
	EN AB-46100	EN AB-Al Si11Cu2(Fe)	10.0~12.0	0.45~1.0 (1.1)	1.5~2.5	0.55	0.30	0.15	0.45	1.7	0.25	0.15	0.20 (0.25)	0.05	0.25	余量
AlSi9Cu	EN AB-46200	EN AB-Al Si8Cu3	7.5~9.5	0.7 (0.8)	2.0~ 3.5	0.15~ 0.65	0.15~0.55 (0.05~0.55)	—	0.35	1.2	0.25	0.15	0.20 (0.25)	0.05	0.25	余量
	EN AB-46300	EN AB-Al Si7Cu3Mg	6.5~8.0	0.7 (0.8)	3.0~ 4.0	0.20~ 0.65	0.35~0.60 (0.30~0.60)	—	0.30	0.65	0.15	0.10	0.20 (0.25)	0.05	0.25	余量
	EN AB-46400	EN AB-Al Si9Cu1Mg	8.3~9.7	0.7 (0.8)	0.8~ 1.3	0.15~ 0.55	0.30~0.65 (0.25~0.65)	—	0.20	0.8	0.10	0.10	0.18 (0.20)	0.05	0.25	余量

续表

合金类型	合金牌号		化学成分/%(不大于,注明范围者除外)													
	数字序号	化学符号	Si	Fe	Cu	Mn	Mg	Cr	Ni	Zn	Pb	Sn	Ti	其他杂质		Al
														单项	总和	
AlSi9Cu	EN AB-46500	EN AB-Al Si9Cu3(Fe)(Zn)	8.0～11.0	0.6～1.2 (1.3)	2.0～4.0	0.55	0.15～0.55 (0.05～0.55)	0.15	0.55	3.0	0.35	0.15	0.20 (0.25)	0.05	0.25	余量
	EN AB-46600	EN AB-Al Si7Cu2	6.0～8.0	0.7 (0.8)	1.5～2.5	0.15～0.65	0.35	—	0.35	1.0	0.25	0.15	0.20 (0.25)	0.05	0.15	余量
AlSi(Cu)	EN AB-47000	EN AB-Al Si12(Cu)	10.5～13.5	0.7 (0.8)	0.9 (1.0)	0.05～0.55	0.35	0.10	0.30	0.55	0.20	0.10	0.15 (0.20)	0.05	0.25	余量
	EN AB-47100	EN AB-Al Si12Cu1(Fe)	10.5～13.5	0.6～1.1 (1.3)	0.7～1.2	0.55	0.35	0.10	0.30	0.55	0.20	0.10	0.15 (0.20)	0.05	0.25	余量
AlSiCuNiMg	EN AB-48000	EN AB-Al Si12CuNiMg	10.5～13.5	0.6 (0.7)	0.8～1.5	0.35	0.09～1.5 (0.8～1.5)	—	0.7～1.3	0.35	—	—	0.20 (0.25)	0.05	0.15	余量
	EN AB-48100	EN AB-Al Si17Cu4Mg	16.0～18.0	1.0 (1.3)	4.0～5.0	0.50	0.45～0.65 (0.25～0.65)	—	0.3	1.5	—	0.15	0.20 (0.25)	0.05	0.25	余量
AlMg	EN AB-51100	EN AB-Al Mg3	0.45 (0.55)	0.40 (0.55)	0.03 (0.05)	0.45	2.7～3.5 (2.5～3.5)	—		0.10	—	—	0.15 (0.20)	0.05	0.15	余量
	EN AB-51200	EN AB-Al Mg9	2.5	0.45～0.9 (1.0)	0.08 (0.10)	0.55	8.5～10.5 (8.0～10.5)	—	0.10	0.25	0.10	0.10	0.15 (0.20)	0.05	0.15	余量
	EN AB-51300	EN AB-Al Mg5	0.35 (0.55)	0.45 (0.55)	0.05 (0.10)	0.45	4.8～6.5 (4.5～6.5)	—	—	0.10	—	—	0.15 (0.20)	0.05	0.15	余量
	EN AB-51400	EN AB-Al Mg5(Si)	1.3 (1.5)	0.45 (0.55)	0.03 (0.05)	0.45	4.8～6.5 (4.5～6.5)	—	—	0.10	—	—	0.15 (0.20)	0.05	0.15	余量
	EN AB-51500	EN AB-Al Mg5Si2Mn	1.8～2.6	0.20 (0.25)	0.03 (0.05)	0.4～0.8	5.0～6.0 (4.7～6.0)	—	—	0.07	—	—	0.20 (0.25)	0.05	0.15	余量
AlZnSiMg	EN AB-71100	EN AB-Al Zn10Si8Mg	7.5～9.5	0.27 (0.30)	0.08 (0.10)	0.15	0.25～0.5 (0.20～0.5)	—	—	9.0～10.5	—	—	0.15	0.05	0.15	余量

注:1. "其他杂质"不包括精炼、提纯元素,如钠、锶、锑和磷,包括没有列在此表或无特定值的所有元素;
2. 添加锶需双方协商;
3. Mg≥3%的合金中,包含的 Be 不大于 0.005%;
4. 括号内的数字为铸造成分,参阅 EN 1706。

表 4-47 铝和铝合金锻制品的牌号及化学成分(EN 573-3—2009)

合金牌号		化学成分/%														
数字序号	化学符号	Si	Fe	Cu	Mn	Mg	Cr	Ni	Zn	Ti	Ga	V	备注	其他杂质		Al(不小于)
														单项	总和	
EN AW-1050A	EN AW-Al 99.5	0.25	0.40	0.05	0.05	0.05	—	—	0.07	0.05	—	—	—	0.03	—	99.50
EN AW-1060	EN AW-Al 99.6	0.25	0.35	0.05	0.03	0.03	—	—	0.05	0.03	—	0.05	—	0.03	—	99.60
EN AW-1070A	EN AW-Al 99.7	0.20	0.25	0.03	0.03	0.03	—	—	0.07	0.03	—	—	—	0.03	—	99.70
EN AW-1080A	EN AW-Al 99.8(A)	0.15	0.15	0.03	0.02	0.02	—	—	0.06	0.02	0.03	—	—	0.02	—	99.80
EN AW-1085	EN AW-Al 99.85	0.10	0.12	0.03	0.02	0.02	—	—	0.03	0.02	0.03	0.05	—	0.01	—	99.85
EN AW-1090	EN AW-Al 99.90	0.07	0.07	0.02	0.01	0.01	—	—	0.03	0.01	0.03	0.05	—	0.01	—	99.90
EN AW-1098	EN AW-Al 99.98	0.010	0.006	0.003	—	—	—	—	0.015	0.003	—	—	—	0.003	—	99.80
EN AW-1100	EN AW-Al 99.0Cu	0.95 Si+Fe		0.05～0.20	0.05	—	—	—	0.10	—	—	—	—	0.05	0.15	99.00
EN AW-1110	EN AW-Al 99.1	0.30	0.8	0.04	0.01	0.25	0.01	—	—	—	—	—	B 0.02, V+Ti 0.03	0.03	0.15	99.10
EN AW-1198	EN AW-Al 99.98(A)	0.010	0.006	0.006	0.006	—	—	—	0.010	0.006	0.006	—	—	0.003	—	99.98
EN AW-1199	EN AW-Al 99.99	0.006	0.006	0.006	0.002	0.006	—	—	0.006	0.002	0.005	0.005	—	0.002	—	99.99
EN AW-1200	EN AW-Al 99.0	1.00 Si+Fe		0.05	0.05	—	—	—	0.10	0.05	—	—	—	0.05	0.15	99.00
EN AW-1200A	EN AW-Al 99.0(A)	1.00 Si+Fe		0.10	0.30	0.30	0.10	—	0.10	—	—	—	—	0.05	0.15	99.00
EN AW-1235	EN AW-Al 99.35	0.65 Si+Fe		0.05	0.05	0.05	—	—	0.10	0.06	—	0.05	—	0.03	—	99.35
EN AW-1350	EN AW-Al 99.5	0.10	0.40	0.05	0.01	—	0.01	—	0.05	—	0.03	—	B 0.05, V+Ti 0.02	0.03	0.10	99.50
EN AW-1350A	EN AW-Al 99.5(A)	0.25	0.40	0.02	—	0.05	—	—	0.05	—	—	—	Cr+Mn+Ti+V 0.03	0.03	—	99.50
EN AW-1370	EN AW-Al 99.7	0.10	0.25	0.02	0.01	0.02	0.01	—	0.04	—	0.03	—	B 0.02, V+Ti 0.02	0.02	0.10	99.70
EN AW-1450	EN AW-Al 99.5Ti	0.25	0.40	0.05	0.05	0.05	—	—	0.07	0.10～0.20	—	—	—	0.03	—	99.50
EN AW-2001	EN AW-Al Cu5.5MgMn	0.20	0.20	5.2～6.0	0.15～0.50	0.20～0.45	0.10	0.05	0.10	0.20	—	—	Zr 0.05, Pb ≤0.003	0.05	0.15	余量
EN AW-2007	EN AW-Al Cu4PbMgMn	0.8	0.8	3.3～4.6	0.50～1.0	0.40～1.8	0.10	0.20	0.8	0.20	—	—	Bi 0.20, Pb 0.8～1.5, Sn 0.20	0.10	0.30	余量
EN AW-2011	EN AW-Al Cu6BiPb	0.40	0.7	5.0～6.0	—	—	—	—	0.30	—	—	—	Bi 0.20～0.6, Pb 0.20～0.6	0.05	0.15	余量
EN AW-2011A	EN AW-Al Cu6BiPb(A)	0.40	0.50	4.5～6.0	—	—	—	—	0.30	—	—	—	Bi 0.20～0.6, Pb 0.20～0.6	0.05	0.15	余量

续表

合金牌号		化学成分/%													
数字序号	化学符号	Si	Fe	Cu	Mn	Mg	Cr	Ni	Zn	Ti	Ga	V	备注	其他杂质 单项	其他杂质 总和	Al(不小于)
EN AW-2014	EN AW-Al Cu4SiMg	0.50～1.2	0.7	3.9～5.0	0.40～1.2	0.20～0.8	0.10	—	0.25	0.15	—	—	Zr+Ti≤0.20	0.05	0.15	余量
EN AW-2014A	EN AW-Al Cu4SiMg(A)	0.50～0.9	0.50	3.9～5.0	0.40～1.2	0.20～0.8	0.10	0.10	0.25	0.15	—	—	Zr+Ti 0.20	0.05	0.15	余量
EN AW-2017A	EN AW-Al Cu4MgSi(A)	0.20～0.8	0.7	3.5～4.5	0.40～1.0	0.40～1.0	0.10	—	0.25	—	—	—	Zr+Ti 0.25	0.05	0.15	余量
EN AW-2024	EN AW-Al Cu4Mg1	0.50	0.50	3.8～4.9	0.30～0.9	1.2～1.8	0.10	—	0.25	0.15	—	—	Zr+Ti≤0.20	0.05	0.15	余量
EN AW-2030	EN AW-Al Cu4PbMg	0.8	0.7	3.3～4.5	0.20～1.0	0.50～1.3	0.10	—	0.50	0.20	—	—	Bi 0.20,Pb 0.8～1.5	0.10	0.30	余量
EN AW-2031	EN AW-Al Cu2.5NiMg	0.50～1.3	0.6～1.2	1.8～2.8	0.50	0.6～1.2	—	0.6～1.4	0.20	0.20	—	—	—	0.05	0.15	余量
EN AW-2091	EN AW-Al Cu2Li2Mg1.5	0.20	0.30	1.8～2.5	0.10	1.1～1.9	0.10	—	0.25	0.10	—	—	Zr 0.04～0.16,Li 1.7～2.3	0.05	0.15	余量
EN AW-2117	EN AW-Al Cu2.5Mg	0.8	0.7	2.2～3.0	0.20	0.20～0.50	0.10	—	0.25	—	—	—	—	0.05	0.15	余量
EN AW-2124	EN AW-Al Cu4Mg1(A)	0.20	0.30	3.8～4.9	0.30～0.9	1.2～1.8	0.10	—	0.25	0.15	—	—	Zr+Ti≤0.20	0.05	0.15	余量
EN AW-2214	EN AW-Al Cu4SiMg(B)	0.50～1.2	0.30	3.9～5.0	0.40～1.2	0.20～0.8	0.10	—	0.25	0.15	—	—	Zr+Ti≤0.20	0.05	0.15	余量
EN AW-2219	EN AW-Al Cu6Mn	0.20	0.30	5.8～6.8	0.20～0.40	0.02	—	—	0.10	0.02～0.10	—	0.05～0.15	Zr 0.10～0.25	0.05	0.15	余量
EN AW-2319	EN AW-Al Cu6Mn(A)	0.20	0.30	5.8～6.8	0.20～0.40	0.02	—	—	0.10	0.10～0.20	—	0.05～0.15	Zr 0.10～0.25	0.05	0.15	余量
EN AW-2618A	EN AW-Al Cu2Mg1.5Ni	0.15～0.25	0.9～1.4	1.8～2.7	0.25	1.2～1.8	—	0.8～1.4	0.15	0.20	—	—	Zr+Ti 0.25	0.05	0.15	余量
EN AW-3002	EN AW-Al Mn0.2Mg0.1	0.08	0.10	0.15	0.05～0.25	0.05～0.20	—	—	0.05	0.03	—	0.05	—	0.03	0.10	余量
EN AW-3003	EN AW-Al Mn1Cu	0.6	0.7	0.05～0.20	1.0～1.5	—	—	—	0.10	—	—	—	—	0.05	0.15	余量

续表

合金牌号		化学成分/%													
数字序号	化学符号	Si	Fe	Cu	Mn	Mg	Cr	Ni	Zn	Ti	Ga	V	备注	其他杂质 单项	其他杂质 总和	Al (不小于)
EN AW-3004	EN AW-Al Mn1Mg1	0.30	0.7	0.25	1.0～1.5	0.8～1.3	—	—	0.25	—	—	—	—	0.05	0.15	余量
EN AW-3005	EN AW-Al Mn1Mg0.5	0.6	0.7	0.30	1.0～1.5	0.20～0.6	0.10	—	0.25	0.10	—	—	—	0.05	0.15	余量
EN AW-3005A	EN AW-Al Mn1Mg0.5(A)	0.7	0.8	0.30	1.0～1.5	0.20～0.6	0.10	—	0.40	0.10	—	—	—	0.05	0.15	余量
EN AW-3017	EN AW-Al Mn1Cu0.3	0.25	0.25～0.45	0.25～0.40	0.8～1.2	0.10	0.15	—	0.10	0.05	—	—	—	0.05	0.15	余量
EN AW-3102	EN AW-Al Mn0.2	0.40	0.7	0.10	0.05～0.40	—	—	—	0.30	0.10	—	—	—	0.05	0.15	余量
EN AW-3103	EN AW-Al Mn1	0.50	0.7	0.10	0.9～1.5	0.30	0.10	—	0.20	—	—	—	Zr+Ti 0.10	0.05	0.15	余量
EN AW-3103A	EN AW-Al Mn1(A)	0.50	0.7	0.10	0.7～1.4	0.30	0.10	—	0.20	0.10	—	—	Zr+Ti 0.10	0.05	0.15	余量
EN AW-3104	EN AW-Al Mn1Mg1Cu	0.6	0.8	0.05～0.25	0.8～1.4	0.8～1.3	—	—	0.25	0.10	0.05	0.05	—	0.05	0.15	余量
EN AW-3105	EN AW-Al Mn0.5Mg0.5	0.6	0.7	0.30	0.30～0.8	0.20～0.8	0.20	—	0.40	0.10	—	—	—	0.05	0.15	余量
EN AW-3105A	EN AW-Al Mn0.5Mg0.5(A)	0.6	0.7	0.30	0.30～0.8	0.20～0.8	0.20	—	0.25	0.10	—	—	—	0.05	0.15	余量
EN AW-3105B	EN AW-Al Mn0.6Mg0.5	0.7	0.9	0.30	0.30～0.9	0.20～0.8	0.20	—	0.50	0.10	—	—	Pb 0.10	0.05	0.15	余量
EN AW-3207	EN AW-Al Mn0.6	0.30	0.45	0.10	0.40～0.8	0.10	—	—	0.10	—	—	—	—	0.05	0.10	余量
EN AW-3207A	EN AW-Al Mn0.6(A)	0.35	0.6	0.25	0.30～0.8	0.40	0.20	—	0.25	—	—	—	—	0.05	0.15	余量
EN AW-4004	EN AW-Al Si10Mg1.5	9.0～10.5	0.8	0.25	0.10	1.0～2.0	—	—	0.20	—	—	—	—	0.05	0.15	余量
EN AW-4006	EN AW-Al Si1Fe	0.8～1.2	0.50～0.8	0.10	0.05	0.01	0.20	—	0.05	—	—	—	—	0.05	0.15	余量

续表

合金牌号		化学成分/%														
数字序号	化学符号	Si	Fe	Cu	Mn	Mg	Cr	Ni	Zn	Ti	Ga	V	备注	其他杂质		Al
														单项	总和	(不小于)
EN AW-4007	EN AW-Al Si1.5Mn	1.0～1.7	0.40～1.0	0.20	0.8～1.5	0.20	0.05～0.25	0.15～0.7	0.10	0.10	—	—	Co 0.05	0.05	0.15	余量
EN AW-4015	EN AW-Al Si2Mn	1.4～2.2	0.7	0.20	0.6～1.2	0.10～0.50	—	—	0.20	—	—	—	—	0.05	0.15	余量
EN AW-4016	EN AW-Al Si2MnZn	1.4～2.2	0.7	0.20	0.6～1.2	0.10	—	—	0.50～1.3	—	—	—	—	0.05	0.15	余量
EN AW-4017	EN AW-Al SiMnMgCu	0.6～1.6	0.7	0.10～0.50	0.6～1.2	0.10～0.50	—	—	0.20	—	—	—	—	0.05	0.15	余量
EN AW-4018	EN AW-Al Si7Mg	6.5～7.5	0.20	0.05	0.10	0.50～0.8	—	—	0.10	0.20	—	—		0.05	0.15	余量
EN AW-4032	EN AW-Al Si12.5MgCuNi	11.0～13.5	1.0	0.50～1.3	—	0.8～1.3	0.10	0.50～1.3	0.25	—	—	—	—	0.05	0.15	余量
EN AW-4043A	EN AW-Al Si5(A)	4.5～6.0	0.6	0.30	0.15	0.20	—	—	0.10	0.15	—	—		0.05	0.15	余量
EN AW-4045	EN AW-Al Si10	9.0～11.0	0.8	0.30	0.05	0.05	—	—	0.10	0.20	—	—	—	0.05	0.15	余量
EN AW-4046	EN AW-Al Si10Mg	9.0～11.0	0.50	0.03	0.40	0.20～0.50	—	—	0.10	0.15	—	—		0.05	0.15	余量
EN AW-4047A	EN AW-Al Si12(A)	11.0～13.0	0.6	0.30	0.15	0.10	—	—	0.20	0.15	—	—		0.05	0.15	余量
EN AW-4104	EN AW-Al Si10MgBi	9.0～10.5	0.8	0.25	0.10	1.0～2.0	—	—	0.20	—	—	—	Bi 0.02～0.20	0.05	0.15	余量
EN AW-4343	EN AW-Al Si7.5	6.8～8.2	0.8	0.25	0.10	—	—	—	0.20	—	—	—	—	0.05	0.15	余量
EN AW-5005	EN AW-Al Mg1(B)	0.30	0.7	0.20	0.20	0.50～1.1	0.10	—	0.25	—	—	—	—	0.05	0.15	余量
EN AW-5005A	EN AW-Al Mg1(C)	0.30	0.45	0.05	0.15	0.7～1.1	0.10	—	0.20	—	—	—	—	0.05	0.15	余量
EN AW-5006	EN AW-Al Mg1Mn0.5	0.40	0.80	0.10	0.40～0.8	0.8～1.3	0.10	—	0.25	0.10	—	—	—	0.05	0.15	余量

续表

合金牌号		化学成分/%												其他杂质		Al
数字序号	化学符号	Si	Fe	Cu	Mn	Mg	Cr	Ni	Zn	Ti	Ga	V	备注	单项	总和	(不小于)
EN AW-5010	EN AW-Al Mg0.5Mn	0.40	0.7	0.25	0.10~0.30	0.20~0.6	0.15	—	0.30	0.10	—	—	—	0.05	0.15	余量
EN AW-5018	EN AW-Al Mg3Mn0.4	0.25	0.40	0.05	0.20~0.6	2.6~3.6	0.30	—	0.20	0.15	—	—	Mn+Cr 0.20~0.6	0.05	0.15	余量
EN AW-5019	EN AW-Al Mg5	0.40	0.50	0.10	0.10~0.6	4.5~5.6	0.20	—	0.20	0.20	—	—	Mn+Cr 0.10~0.6	0.05	0.15	余量
EN AW-5026	EN AW-Al Mg4.5MnSiFe	0.55~1.4	0.20~1.0	0.10~0.8	0.60~1.8	3.9~4.9	0.30	—	1.0	0.20	—	—	Zr 0.30	0.15	0.15	余量
EN AW-5040	EN AW-Al Mg1.5Mn	0.30	0.7	0.25	0.9~1.4	1.0~1.5	0.10~0.30	—	0.25	—	—	—	—	0.05	0.15	余量
EN AW-5042	EN AW-Al Mg3.5Mn	0.20	0.35	0.15	0.20~0.50	3.0~4.0	0.10	—	0.25	0.10	—	—	—	0.05	0.15	余量
EN AW-5049	EN AW-Al Mg2Mn0.8	0.40	0.50	0.10	0.50~1.1	1.6~2.5	0.30	—	0.20	0.10	—	—	—	0.05	0.15	余量
EN AW-5050	EN AW-Al Mg1.5(C)	0.40	0.7	0.20	0.10	1.1~1.8	0.10	—	0.25	—	—	—	—	0.05	0.15	余量
EN AW-5050A	EN AW-Al Mg1.5(D)	0.40	0.7	0.20	0.30	1.1~1.8	0.10	—	0.25	—	—	—	—	0.05	0.15	余量
EN AW-5051A	EN AW-Al Mg2(B)	0.30	0.45	0.05	0.25	1.4~2.1	0.30	—	0.20	0.10	—	—	—	0.05	0.15	余量
EN AW-5052	EN AW-Al Mg2.5	0.25	0.40	0.10	0.10	2.2~2.8	0.15~0.35	—	0.10	—	—	—	—	0.05	0.15	余量
EN AW-5058	EN AW-Al Mg5Pb1.5	0.40	0.50	0.10	0.20	4.5~5.6	0.10	—	0.20	0.20	—	—	Pb 1.2~1.8	0.05	0.15	余量
EN AW-5059	EN AW-Al Mg5.5MnZnZr	0.45	0.50	0.25	0.6~1.2	5.0~6.0	0.25	—	0.40~0.9	0.20	—	—	Zr 0.05~0.25	0.05	0.15	余量
EN AW-5070	EN AW-Al Mg4MnZn	0.25	0.40	0.25	0.40~0.8	3.5~4.5	0.30	—	0.40~0.8	0.15	—	—	—	0.05	0.15	余量
EN AW-5082	EN AW-Al Mg4.5	0.20	0.35	0.15	0.15	4.0~5.0	0.15	—	0.25	0.10	—	—	—	0.05	0.15	余量

续表

合金牌号		化学成分/%														
数字序号	化学符号	Si	Fe	Cu	Mn	Mg	Cr	Ni	Zn	Ti	Ga	V	备注	其他杂质		Al（不小于）
														单项	总和	
EN AW-5083	EN AW-Al Mg4.5Mn0.7	0.40	0.40	0.10	0.40～1.0	4.0～4.9	0.05～0.25	—	0.25	0.15	—	—	—	0.05	0.15	余量
EN AW-5086	EN AW-Al Mg4	0.40	0.50	0.10	0.20～0.7	3.5～4.5	0.05～0.25	—	0.25	0.15	—	—	—	0.05	0.15	余量
EN AW-5087	EN AW-Al Mg4.5MnZr	0.25	0.40	0.05	0.7～1.1	4.5～5.2	0.05～0.25	—	0.25	0.15	—	—	Zr 0.10～0.20	0.05	0.15	余量
EN AW-5088	EN AW-Al Mg5Mn0.4	0.20	0.10～0.35	0.25	0.20～0.50	4.7～5.5	0.15	—	0.20～0.40	—	—	—	Zr 0.15	0.05	0.15	余量
EN AW-5110	EN AW-Al 99.85Mg0.5	0.08	0.08	—	0.03	0.30～0.6	—	—	0.05	0.02	—	—	—	0.02	—	余量
EN AW-5119	EN AW-Al Mg5(A)	0.25	0.40	0.05	0.20～0.6	4.5～5.6	0.30	—	0.20	0.15	—	—	Mn+Cr 0.20～0.6	0.05	0.15	余量
EN AW-5119A	EN AW-Al Mg5(B)	0.25	0.40	0.05	0.20～0.6	4.5～5.6	0.30	—	0.20	0.15	—	—	Mn+Cr 0.20～0.6	0.05	0.15	余量
EN AW-5149	EN AW-Al Mg2Mn0.8(A)	0.25	0.40	0.05	0.50～1.1	1.6～2.5	0.30	—	0.20	0.15	—	—	—	0.05	0.15	余量
EN AW-5154A	EN AW-Al Mg3.5(A)	0.50	0.50	0.10	0.50	3.1～3.9	0.25	—	0.20	0.20	—	—	Mn+Cr 0.10～0.50	0.05	0.15	余量
EN AW-5154B	EN AW-Al Mg3.5Mn0.3	0.35	0.45	0.05	0.15～0.45	3.2～3.8	0.10	0.01	0.15	0.15	—	—	—	0.05	0.15	余量
EN AW-5182	EN AW-Al Mg4.5Mn0.4	0.20	0.35	0.15	0.20～0.50	4.0～5.0	0.10	—	0.25	0.10	—	—	—	0.05	0.15	余量
EN AW-5183	EN AW-Al Mg4.5Mn0.7(A)	0.40	0.40	0.10	0.50～1.0	4.3～5.2	0.05～0.25	—	0.25	0.15	—	—	—	0.05	0.15	余量
EN AW-5183A	EN AW-Al Mg4.5Mn0.7(C)	0.40	0.40	0.10	0.50～1.0	4.3～5.2	0.05～0.25	—	0.25	0.15	—	—	—	0.05	0.15	余量
EN AW-8186	EN AW-Al Mg4Mn0.4	0.40	0.45	0.25	0.20～0.50	3.8～4.8	0.15	—	0.40	0.15	—	—	Zr 0.05	0.05	0.15	余量
EN AW-8187	EN AW-Al Mg4.5MnZr	0.25	0.40	0.05	0.7～1.1	4.5～5.2	0.05～0.25	—	0.25	0.15	—	—	Zr 0.10～0.20	0.05	0.15	余量

续表

合金牌号		化学成分/%												其他杂质		Al
数字序号	化学符号	Si	Fe	Cu	Mn	Mg	Cr	Ni	Zn	Ti	Ga	V	备注	单项	总和	(不小于)
EN AW-5210	EN AW-Al 99.9Mg0.5	0.06	0.04	—	0.03	0.35~0.6	—	—	0.04	0.01	—	—	—	0.01	—	余量
EN AW-5249	EN AW-Al Mg2Mn0.8Zr	0.25	0.40	0.05	0.50~1.1	1.6~2.5	0.30	—	0.20	0.15	—	—	Zr 0.10~0.20	0.05	0.15	余量
EN AW-5251	EN AW-Al Mg2Mn0.3	0.40	0.50	0.15	0.10~0.50	1.7~2.4	0.15	—	0.15	0.15	—	—	—	0.05	0.15	余量
EN AW-5252	EN AW-Al Mg2.5(B)	0.08	0.10	0.10	0.10	2.2~2.8	—	—	0.05	—	—	0.05	—	0.03	0.10	余量
EN AW-5283A	EN AW-Al Mg4.5Mn0.7(B)	0.30	0.30	0.03	0.50~1.0	4.5~5.1	0.05	0.03	0.10	0.03	—	—	Zr 0.05,Pb≤0.003	0.05	0.15	余量
EN AW-5305	EN AW-Al 99.85Mg1	0.08	0.08	—	0.03	0.7~1.1	—	—	0.05	0.02	—	—	—	0.02	—	余量
EN AW-5310	EN AW-Al 99.98Mg0.5	0.01	0.008	—	—	0.35~0.6	—	—	0.01	0.008	—	—	Fe+Ti 0.008	0.003	—	余量
EN AW-5352	EN AW-Al Mg2.5(A)	0.45Si+Fe		0.10	0.10	2.2~2.8	0.10	—	0.10	0.10	—	—	—	0.05	0.15	余量
EN AW-5354	EN AW-Al Mg2.5MnZr	0.25	0.40	0.05	0.50~1.0	2.4~3.0	0.05~0.20	—	0.25	0.15	—	—	Zr 0.10~0.20	0.05	0.15	余量
EN AW-5356	EN AW-Al Mg5Cr(A)	0.25	0.40	0.10	0.05~0.20	4.5~5.5	0.05~0.20	—	0.10	0.06~0.20	—	—	—	0.05	0.15	余量
EN AW-5356A	EN AW-Al Mg5Cr(B)	0.25	0.40	0.10	0.05~0.20	4.5~5.5	0.05~0.20	—	0.10	0.06~0.20	—	—	—	0.05	0.15	余量
EN AW-5383	EN AW-Al Mg4.5Mn0.9	0.25	0.25	0.20	0.7~1.0	4.0~5.2	0.25	—	0.40	0.15	—	—	Zr 0.20	0.05	0.15	余量
EN AW-5449	EN AW-Al Mg2Mn0.8(B)	0.40	0.7	0.30	0.6~1.1	1.6~2.6	0.30	—	0.30	0.10	—	—	—	0.05	0.15	余量
EN AW-5454	EN AW-Al Mg3Mn	0.25	0.40	0.10	0.50~1.0	2.4~3.0	0.05~0.20	—	0.25	0.20	—	—	—	0.05	0.15	余量
EN AW-5456	EN AW-Al Mg5Mn1	0.25	0.40	0.10	0.50~1.0	4.7~5.5	0.05~0.20	—	0.25	0.20	—	—	—	0.05	0.15	余量

续表

合金牌号		化学成分/%													
数字序号	化学符号	Si	Fe	Cu	Mn	Mg	Cr	Ni	Zn	Ti	Ga	V	备注	其他杂质		Al（不小于）
														单项	总和	
EN AW-5456A	EN AW-Al Mg5Mn1(A)	0.25	0.40	0.05	0.7～1.1	4.5～5.2	0.05～0.25	—	0.25	0.15	—	—	—	0.05	0.15	余量
EN AW-5456B	EN AW-Al Mg5Mn1(B)	0.25	0.40	0.05	0.7～1.1	4.5～5.2	0.05～0.25	—	0.25	0.15	—	—	—	0.05	0.15	余量
EN AW-5505	EN AW-Al 99.9Mg1	0.06	0.04	—	0.03	0.8～1.1		—	0.04	0.01	—	—	—	0.01	—	余量
EN AW-5554	EN AW-Al Mg3Mn(A)	0.25	0.40	0.10	0.50～1.0	2.4～3.0	0.05～0.20	—	0.25	0.05～0.20	—	—	—	0.05	0.15	余量
EN AW-5556A	EN AW-Al Mg5Mn	0.25	0.40	0.10	0.6～1.0	5.0～5.5	0.05～0.20	—	0.20	0.05～0.20	—	—	—	0.05	0.15	余量
EN AW-5556B	EN AW-Al Mg5Mn(A)	0.25	0.40	0.10	0.6～1.0	5.0～5.5	0.05～0.20	—	0.20	0.05～0.20	—	—	—	0.05	0.15	余量
EN AW-5605	EN AW-Al 99.98Mg1	0.01	0.008	—	—	0.8～1.1	—	—	0.01	0.008	—	—	Fe+Ti 0.008	0.003	—	余量
EN AW-5654	EN AW-Al Mg3.5Cr	0.45Si+Fe		0.05	0.01	3.1～3.9	0.15～0.35	—	0.20	0.05～0.15	—	—	—	0.05	0.15	余量
EN AW-5654A	EN AW-Al Mg3.5Cr(A)	0.45Si+Fe		0.05	0.01	3.1～3.9	0.15～0.35	—	0.20	0.05～0.15	—	—	—	0.05	0.15	余量
EN AW-5657	EN AW-Al 99.85Mg1(A)	0.08	0.10	0.10	0.03	0.6～1.0	—	—	0.05	—	0.03	0.05	—	0.02	0.05	余量
EN AW-5754	EN AW-Al Mg3	0.40	0.40	0.10	0.50	2.6～3.6	0.30	—	0.20	0.15	—	—	Mn+Cr 0.10～0.6	0.05	0.15	余量
EN AW-6003	EN AW-Al Mg1Si0.8	0.35～1.0	0.6	0.10	0.8	0.8～1.5	0.35	—	0.20	0.10	—	—	—	0.05	0.15	余量
EN AW-6005	EN AW-Al SiMg	0.6～0.9	0.35	0.10	0.10	0.40～0.6	0.10	—	0.10	0.10	—	—	—	0.05	0.15	余量
EN AW-6005A	EN AW-Al SiMg(A)	0.50～0.9	0.35	0.30	0.50	0.40～0.7	0.30	—	0.20	0.10	—	—	Mn+Cr 0.12～0.50	0.05	0.15	余量
EN AW-6005B	EN AW-Al SiMg(B)	0.45～0.8	0.30	0.10	0.10	0.40～0.8	0.10	—	0.10	0.10	—	—	—	0.05	0.15	余量

续表

合金牌号		化学成分/%												其他杂质		Al
数字序号	化学符号	Si	Fe	Cu	Mn	Mg	Cr	Ni	Zn	Ti	Ga	V	备注	单项	总和	(不小于)
EN AW-6008	EN AW-Al SiMgV	0.50~0.9	0.35	0.30	0.30	0.40~0.7	0.30	—	0.20	0.10	—	0.05~0.20	—	0.05	0.15	余量
EN AW-6011	EN AW-Al Mg0.9Si0.9Cu	0.6~1.2	1.0	0.40~0.9	0.8	0.6~1.2	0.30	0.20	1.5	0.20	—	0.05	—	0.05	0.15	余量
EN AW-6012	EN AW-Al MgSiPb	0.6~1.4	0.50	0.10	0.40~1.0	0.6~1.2	0.30	—	0.30	0.20	—	—	Bi 0.7,Pb 0.40~2.0	0.05	0.15	余量
EN AW-6012A	EN AW-Al MgSiSn	0.6~1.4	0.50	0.40	0.20~1.0	0.6~1.2	0.30	—	0.30	0.20	—	—	Bi 0.7,Sn 0.40~2.0	0.05	0.15	余量
EN AW-6013	EN AW-Al Mg1Si0.8CuMn	0.6~1.0	0.50	0.6~1.1	0.20~0.8	0.8~1.2	0.10	—	0.25	0.10	—	—	—	0.05	0.15	余量
EN AW-6014	EN AW-Al Mg0.6Si0.6V	0.30~0.6	0.35	0.25	0.05~0.20	0.40~0.8	0.20	—	0.10	0.10	—	0.05~0.20	—	0.05	0.15	余量
EN AW-6015	EN AW-Al Mg1Si0.3Cu	0.20~0.40	0.10~0.30	0.10~0.25	0.10	0.8~1.1	0.10	—	0.10	0.10	—	—	—	0.05	0.15	余量
EN AW-6016	EN AW-Al Si1.2Mg0.4	1.0~1.5	0.50	0.20	0.20	0.25~0.6	0.10	—	0.20	0.15	—	—	—	0.05	0.15	余量
EN AW-6018	EN AW-Al Mg1SiPbMn	0.50~1.2	0.7	0.15~0.40	0.30~0.8	0.6~1.2	0.10	—	0.30	0.20	—	—	Bi 0.40~0.7,Pb 0.40~1.2	0.05	0.15	余量
EN AW-6023	EN AW-Al Si1Sn1MgBi	0.6~1.4	0.50	0.20~0.50	0.20~0.6	0.40~0.9	—	—	—	—	—	—	Bi 0.30~0.8,Sn 0.6~1.2	0.05	0.15	余量
EN AW-6025	EN AW-Al Mg2.5SiMnCu	0.8~1.5	0.7	0.20~0.7	0.6~1.4	2.1~3.0	0.20	—	0.50	0.20	—	—	—	0.05	0.15	余量
EN AW-6056	EN AW-Al Si1MgCuMn	0.7~1.3	0.50	0.50~1.1	0.40~1.0	0.6~1.2	0.25	—	0.10~0.7	Zr+Ti≤0.20	—	—	Zr+T≤0.20	0.05	0.15	余量
EN AW-6060	EN AW-Al MgSi	0.30~0.6	0.10~0.30	0.10	0.10	0.35~0.6	0.05	—	0.15	0.10	—	—	—	0.05	0.15	余量
EN AW-6061	EN AW-Al Mg1SiCu	0.40~0.8	0.7	0.15~0.40	0.15	0.8~1.2	0.04~0.35	—	0.25	0.15	—	—	—	0.05	0.15	余量
EN AW-6061A	EN AW-Al Mg1SiCu(A)	0.40~0.8	0.7	0.15~0.40	0.15	0.8~1.2	0.04~0.35	—	0.25	0.15	—	—	Pb≤0.003	0.05	0.15	余量

续表

合金牌号		化学成分/%												其他杂质		Al（不小于）
数字序号	化学符号	Si	Fe	Cu	Mn	Mg	Cr	Ni	Zn	Ti	Ga	V	备注	单项	总和	
EN AW-6063	EN AW-Al Mg0.7Si	0.20～0.6	0.35	0.10	0.10	0.45～0.9	0.10	—	0.10	0.10	—	—	—	0.05	0.15	余量
EN AW-6063A	EN AW-Al Mg0.7Si(A)	0.30～0.6	0.15～0.35	0.10	0.15	0.6～0.9	0.05	—	0.15	0.10	—	—	—	0.05	0.15	含量
EN AW-6065	EN AW-Al Mg1Bi1Si	0.40～0.8	0.7	0.15～0.40	0.15	0.8～1.2	0.15	—	0.25	0.10	—	—	Bi 0.50～1.5，Pb 0.05，Zr 0.15	0.05	0.15	余量
EN AW-6081	EN AW-Al Si0.9MgMn	0.7～1.1	0.50	0.10	0.10～0.45	0.6～1.0	0.10	—	0.20	0.15	—	—	—	0.05	0.15	余量
EN AW-6082	EN AW-Al Si1MgMn	0.7～1.3	0.50	0.10	0.40～1.0	0.6～1.2	0.25	—	0.20	0.10	—	—	—	0.05	0.15	余量
EN AW-6082A	EN AW-Al Si1MgMn(A)	0.7～1.3	0.50	0.10	0.40～1.0	0.6～1.2	0.25	—	0.20	0.10	—	—	Pb≤0.003	0.05	0.15	余量
EN AW-6101	EN AW-Al MgSi	0.30～0.7	0.50	0.10	0.03	0.35～0.8	0.03	—	0.10	—	—	—	B 0.06	0.03	0.10	余量
EN AW-6101A	EN AW-Al MgSi(A)	0.30～0.7	0.40	0.05	—	0.40～0.9	—	—	—	—	—	—	—	0.03	0.10	余量
EN AW-6101B	EN AW-Al MgSi(B)	0.30～0.60	0.10～0.30	0.05	0.05	0.35～0.6	—	—	0.10	—	—	—	—	0.03	0.10	余量
EN AW-6106	EN AW-Al MgSiMn	0.30～0.6	0.35	0.25	0.05～0.20	0.40～0.8	0.20	—	0.10	—	—	—	—	0.05	0.10	余量
EN AW-6110A	EN AW-Al Mg0.9Si0.9Mn Cu	0.7～1.1	0.50	0.30～0.8	0.30～0.9	0.7～1.1	0.05～0.25	—	0.20	—	—	—	Ti+Zr 0.20	0.05	0.15	余量
EN AW-6181	EN AW-Al SiMg0.8	0.8～1.2	0.45	0.10	0.15	0.6～1.0	0.10	—	0.20	0.10	—	—	—	0.05	0.15	余量
EN AW-6182	EN AW-Al Si1MgZr	0.9～1.3	0.50	0.10	0.50～1.0	0.7～1.2	0.25	—	0.20	0.10	—	—	Zr 0.05～0.20	0.05	0.15	余量
EN AW-6201	EN AW-Al Mg0.7Si	0.50～0.9	0.50	0.10	0.03	0.6～0.9	0.03	—	0.10	—	—	—	0.06B	0.03	0.10	余量
EN AW-6261	EN AW-Al Mg1SiCuMn	0.40～0.7	0.40	0.15～0.40	0.20～0.35	0.7～1.0	0.10	—	0.20	0.10	—	—	—	0.05	0.15	余量

续表

合金牌号		化学成分/%												其他杂质		Al
数字序号	化学符号	Si	Fe	Cu	Mn	Mg	Cr	Ni	Zn	Ti	Ga	V	备注	单项	总和	(不小于)
EN AW-6262	EN AW-Al Mg1SiPb	0.40～0.8	0.7	0.15～0.40	0.15	0.8～1.2	0.04～0.14	—	0.25	0.15	—	—	Bi 0.40～0.7, Pb 0.40～0.7	0.05	0.15	余量
EN AW-6262A	EN AW-Al Mg1SiSn	0.40～0.8	0.7	0.15～0.40	0.15	0.8～1.2	0.04～0.14	—	0.25	0.10	—	—	Bi 0.40～0.9, Sn 0.40～1.0	0.05	0.15	余量
EN AW-6351	EN AW-Al SiMg0.5Mn	0.7～1.3	0.50	0.10	0.40～0.8	0.40～0.8	—	—	0.20	0.20	—	—	—	0.05	0.15	余量
EN AW-6351A	EN AW-Al SiMg0.5Mn(A)	0.7～1.3	0.50	0.10	0.40～0.8	0.40～0.8	—	—	0.20	0.20	—	—	Pb≤0.003	0.05	0.15	余量
EN AW-6360	EN AW-Al SiMgMn	0.35～0.8	0.10～0.30	0.15	0.02～0.15	0.25～0.45	0.05	—	0.10	0.10	—	—	—	0.05	0.15	余量
EN AW-6401	EN AW-Al 99.9MgSi	0.35～0.7	0.04	0.05～0.20	0.03	0.35～0.7	—	—	0.04	0.01	—	—	—	0.01	—	余量
EN AW-6463	EN AW-Al Mg0.7Si(B)	0.20～0.6	0.15	0.20	0.05	0.45～0.9	—	—	0.05	—	—	—	—	0.05	0.15	余量
EN AW-6951	EN AW-Al MgSi0.3Cu	0.20～0.50	0.8	0.15～0.40	0.10	0.40～0.8	—	—	0.20	—	—	—	—	0.05	015	余量
EN AW-7003	EN AW-Al Zn6Mg0.8Zr	0.30	0.35	0.20	0.30	0.50～1.0	0.20	—	5.0～6.5	0.20	—	—	Zr 0.05～0.25	0.05	0.15	余量
EN AW-7005	EN AW-Al Zn4.5Mg1.5Mn	0.35	0.40	0.10	0.20～0.7	1.0～1.8	0.06～0.20	—	4.0～5.0	0.01～0.06	—	—	Zr 0.08～0.20	0.05	0.15	余量
EN AW-7009	EN AW-Al Zn5.5MgCuAg	0.20	0.20	0.6～1.3	0.10	2.1～2.9	0.10～0.25	—	5.5～6.5	0.20	—	—	Ag 0.25～0.40	0.05	0.15	余量
EN AW-7010	EN AW-Al Zn6MgCu	0.12	0.15	1.5～2.0	0.10	2.1～2.6	0.05	0.05	5.7～6.7	0.06	—	—	Zr 0.10～0.16	0.05	0.15	余量
EN AW-7012	EN AW-Al Zn6Mg2Cu	0.15	0.25	0.8～1.2	0.08～0.15	1.8～2.2	0.04	—	5.8～6.5	0.02～0.08	—	—	Zr 0.10～0.18	0.05	0.15	余量
EN AW-7015	EN AW-Al Zn5Mg1.5CuZr	0.20	0.30	0.06～0.15	0.10	1.3～2.1	0.15	—	4.6～5.2	0.10	—	—	Zr 0.10～0.20	0.05	0.15	余量
EN AW-7016	EN AW-Al Zn4.5Mg1Cu	0.10	0.12	0.45～1.0	0.03	0.8～1.4	—	—	4.0～5.0	0.03	—	0.05	—	0.03	0.10	余量

续表

合金牌号		化学成分/%												其他杂质		Al
数字序号	化学符号	Si	Fe	Cu	Mn	Mg	Cr	Ni	Zn	Ti	Ga	V	备注	单项	总和	(不小于)
EN AW-7019	EN AW-Al Zn4Mg2	0.35	0.45	0.20	0.15~0.50	1.5~2.5	0.20	0.10	3.5~4.5	0.15	—	—	Zr 0.10~0.25	0.05	0.15	余量
EN AW-7020	EN AW-Al Zn4.5Mg1	0.35	0.40	0.20	0.05~0.50	1.0~1.4	0.10~0.35	—	4.0~5.0	—	—	—	Zr 0.08~0.20，Zr+Ti 0.08~0.25	0.05	0.15	余量
EN AW-7021	EN AW-Al Zn5.5Mg1.5	0.25	0.40	0.25	0.10	1.2~1.8	0.05	—	5.0~6.0	0.10	—	—	Zr 0.08~0.18	0.05	0.15	余量
EN AW-7022	EN AW-Al Zn5Mg3Cu	0.50	0.50	0.50~1.0	0.10~0.40	2.6~3.7	0.10~0.30	—	4.3~5.2	—	—	—	Ti+Zr 0.20	0.05	0.15	余量
EN AW-7026	EN AW-Al Zn5Mg1.5Cu	0.08	0.12	0.6~0.9	0.05~0.20	1.5~1.9	—	—	4.6~5.2	0.05	—	—	Zr 0.09~0.14	0.03	0.10	余量
EN AW-7029	EN AW-Al Zn4.5Mg1.5Cu	0.10	0.12	0.50~0.9	0.03	1.3~2.0	—	—	4.2~5.2	0.05	—	0.05	—	0.03	0.10	余量
EN AW-7030	EN AW-Al Zn5.5Mg1Cu	0.20	0.30	0.20~0.40	0.05	1.0~1.5	0.04	—	4.8~5.9	0.03	0.03	—	Zr 0.03	0.05	0.15	余量
EN AW-7039	EN AW-Al Zn4Mg3	0.30	0.40	0.10	0.10~0.40	2.3~3.3	0.15~0.25	—	3.4~4.5	0.10	—	—	—	0.05	0.15	余量
EN AW-7049A	EN AW-Al Zn8MgCu	0.40	0.50	1.2~1.9	0.50	2.1~3.1	0.05~0.25	—	7.2~8.4	—	—	—	Zr+Ti 0.25	0.05	0.15	余量
EN AW-7050	EN AW-Al Zn6CuMgZr	0.12	0.15	2.0~2.6	0.10	1.9~2.6	0.04	—	5.7~6.7	0.06	—	—	Zr 0.08~0.15	0.05	0.15	余量
EN AW-7060	EN AW-Al Zn7CuMg	0.15	0.20	1.8~2.6	0.20	1.3~2.1	0.15~0.25	—	6.1~7.5	0.05	—	—	Zr 0.05，Pb≤0.003	0.05	0.15	余量
EN AW-7072	EN AW-Al Zn1	0.7Si+Fe		0.10	0.10	0.10	—	—	0.8~1.3	—	—	—	—	0.05	0.15	余量
EN AW-7075	EN AW-Al Zn5.5MgCu	0.40	0.50	1.2~2.0	0.30	2.1~2.9	0.18~0.28	—	5.1~6.1	0.20	—	—	Zr+Ti≤0.25	0.05	0.15	余量
EN AW-7108	EN AW-Al Zn5Mg1Zr	0.10	0.10	0.05	0.05	0.7~1.4	—	—	4.5~5.5	0.05	—	—	Zr 0.12~0.25	0.05	0.15	余量
EN AW-7108A	EN AW-Al Zn5Mg1Zr	0.20	0.30	0.05	0.05	0.7~1.5	0.04	—	4.8~5.8	0.03	0.03	—	Zr 0.15~0.25	0.05	0.15	余量

续表

合金牌号		化学成分/%												其他杂质		Al
数字序号	化学符号	Si	Fe	Cu	Mn	Mg	Cr	Ni	Zn	Ti	Ga	V	备注	单项	总和	(不小于)
EN AW-7116	EN AW-Al Zn4.5Mg1Cu0.8	0.15	0.30	0.50～1.1	0.05	0.8～1.4	—	—	4.2～5.2	0.05	0.03	0.05	—	0.05	0.15	余量
EN AW-7129	EN AW-Al Zn4.5Mg1.5Cu(A)	0.15	0.30	0.50～0.9	0.10	1.3～2.0	0.10	—	4.2～5.2	0.05	0.03	0.05	—	0.05	0.15	余量
EN AW-7149	EN AW-Al Zn8MgCu(A)	0.15	0.20	1.2～1.9	0.20	2.0～2.9	0.10～0.22	—	7.2～8.2	0.10	—	—	—	0.05	0.15	余量
EN AW-7150	EN AW-Al Zn6CuMgZr(A)	0.12	0.15	1.9～2.5	0.10	2.0～2.7	0.04	—	5.9～6.9	0.06	—	—	Zr 0.08～0.15	0.05	0.15	余量
EN AW-7175	EN AW-Al Zn5.5MgCu(B)	0.15	0.20	1.2～2.0	0.10	2.1～2.9	0.18～0.28	—	5.1～6.1	0.10	—	—	—	0.05	0.15	余量
EN AW-7178	EN AW-Al Zn7MgCu	0.40	0.50	1.6～2.4	0.30	2.4～3.1	0.18～0.28	—	6.3～7.3	0.20	—	—	—	0.05	0.15	余量
EN AW-7475	EN AW-Al Zn5.5MgCu(A)	0.10	0.12	1.2～1.9	0.06	1.9～2.6	0.18～0.25	—	5.2～6.2	0.06	—	—	—	0.05	0.15	余量
EN AW-8006	EN AW-Al Fe1.5Mn	0.40	1.2～2.0	0.30	0.30～1.0	0.10	—	—	0.10	—	—	—	—	0.05	0.15	余量
EN AW-8008	EN AW-Al Fe1Mn0.8	0.6	0.9～1.6	0.20	0.50～1.0	—	—	—	0.10	0.10	—	—	—	0.05	0.15	余量
EN AW-8011A	EN AW-Al FeSi(A)	0.40～0.8	0.50～1.0	0.10	0.10	0.10	0.10	—	0.10	0.05	—	—	—	0.05	0.15	余量
EN AW-8014	EN AW-Al Fe1.5Mn0.4	0.30	1.2～1.6	0.20	0.20～0.6	0.10	—	—	0.10	0.10	—	—	—	0.05	0.15	余量
EN AW-8015	EN AW-Al FeMn0.3	0.30	0.8～1.4	0.10	0.10～0.40	0.10	—	—	0.10	—	—	—	—	0.05	0.15	余量
EN AW-8016	EN AW-Al Fe1Mn	0.2	0.7～1.1	0.10	0.10～0.30	0.10	—	—	0.10	—	—	—	—	0.05	0.15	余量
EN AW-8018	EN AW-Al FeSiCu	0.50～0.9	0.6～1.0	0.30～0.6	0.30	—	—	—	—	0.006～0.06	—	—	—	0.05	0.15	余量
EN AW-8021B	EN AW-Al Fe1.5	0.40	1.1～1.7	0.05	0.03	0.01	0.03	—	0.05	0.05	—	—	—	0.03	0.10	余量

续表

合金牌号		化学成分/%													
数字序号	化学符号	Si	Fe	Cu	Mn	Mg	Cr	Ni	Zn	Ti	Ga	V	备注	其他杂质		Al（不小于）
														单项	总和	
EN AW-8030	EN AW-Al FeCu	0.10	0.30～0.8	0.15～0.30	—	0.05	—	—	0.05	—	—	—	B 0.001～0.04	0.03	0.10	余量
EN AW-8079	EN AW-Al Fe1Si	0.05～0.30	0.7～1.3	0.05	—	—	—	—	0.10	—	—	—	—	0.05	0.15	余量
EN AW-8090	EN AW-Al Li2.5Cu1.5Mg1	0.20	0.30	1.0～1.6	0.10	0.6～1.3	0.10	—	0.25	0.10	—	—	Zr 0.04～0.16，Li 2.2～2.7	0.05	0.15	余量
EN AW-8111	EN AW-Al FeSi(B)	0.30～1.1	0.40～1.0	0.10	0.10	0.05	0.05	—	0.10	0.08	—	—	—	0.05	0.15	余量
EN AW-8112	EN AW-Al 95	1.0	1.0	0.40	0.6	0.7	0.20	—	1.0	0.20	—	—	—	0.05	0.15	余量
EN AW-8176	EN AW-Al FeSi	0.03～0.15	0.40～1.0	—	—	—	—	—	0.10	—	0.03	—	—	0.05	0.15	余量
EN AW-8211	EN AW-Al FeSi(C)	0.40～0.8	0.50～1.0	0.10	0.05～0.20	0.10	0.15	—	0.10	0.05	—	—	—	0.06	0.15	余量

4.2.2 铝及铝合金的力学性能

(1)铝及铝合金片材、板材及带材

表 4-48 铝及铝合金片材、板材及带材的力学性能(EN 485-2—2008)

牌号	状态	厚度/mm	抗拉强度 R_m/MPa	屈服强度 $R_{p0.2}$/MPa	伸长率/%(不小于)		弯曲半径		硬度 HBW
					$A_{50\ mm}$	A	180°	90°	
EN AW-1050A (Al 99.5)	F	≥2.5~150.0	≥60						
	O	0.2~0.5	65~95	≥20	20		0*t*	0*t*	20
		0.5~1.5	65~95	≥20	22		0*t*	0*t*	20
		1.5~3.0	65~95	≥20	26		0*t*	0*t*	20
		3.0~6.0	65~95	≥20	29		0.5*t*	0.5*t*	20
		6.0~12.5	65~95	≥20	35		1.0*t*	1.0*t*	20
		12.5~80.0	65~95	≥20		32			20
	H111	0.2~0.5	65~95	≥20	20		0*t*	0*t*	20
		0.5~1.5	65~95	≥20	22		0*t*	0*t*	20
		1.5~3.0	65~95	≥20	26		0*t*	0*t*	20
		3.0~6.0	65~95	≥20	29		0.5*t*	0.5*t*	20
		6.0~12.5	65~95	≥20	35		1.0*t*	1.0*t*	20
		12.5~80.0	65~95	≥20		32			20
	H112	≥6.0~12.5	≥75	≥30	20				23
		12.5~80.0	≥70	≥25		20			22
	H12	0.2~0.5	85~125	≥65	2		0.5*t*	0*t*	28
		0.5~1.5	85~125	≥65	4		0.5*t*	0*t*	28
		1.5~3.0	85~125	≥65	5		0.5*t*	0.5*t*	28
		3.0~6.0	85~125	≥65	7		1.0*t*	1.0*t*	28
		6.0~12.5	85~125	≥65	9			2.0*t*	28
		12.5~40.0	85~125	≥65		9			28
	H14	0.2~0.5	105~145	≥85	2		1.0*t*	0*t*	34
		0.5~1.5	105~145	≥85	2		1.0*t*	0.5*t*	34
		1.5~3.0	105~145	≥85	4		1.0*t*	1.0*t*	34
		3.0~6.0	105~145	≥85	5			1.5*t*	34
		6.0~12.5	105~145	≥85	6			2.5*t*	34
		12.5~25.0	105~145	≥85		6			34
	H16	0.2~0.5	120~160	≥100	1			0.5*t*	39
		0.5~1.5	120~160	≥100	2			1.0*t*	39
		1.5~4.0	120~160	≥100	3			1.5*t*	39
	H18	0.2~0.5	≥135	≥120	1			1.0*t*	42
		0.5~1.5	≥140	≥120	2			2.0*t*	42
		1.5~3.0	≥140	≥120	2			3.0*t*	42
	H19	0.2~0.5	≥155	≥140	1				45
		0.5~1.5	≥150	≥130	1				45
		1.5~3.0	≥150	≥130	1				45

续表

牌号	状态	厚度/mm	抗拉强度 R_m/MPa	屈服强度 $R_{p0.2}$/MPa	伸长率/%(不小于)		弯曲半径		硬度 HBW
					$A_{50\ mm}$	A	180°	90°	
EN AW-1050A (Al 99.5)	H22	0.2～0.5	85～125	≥55	4		0.5t	0t	27
		0.5～1.5	85～125	≥55	5		0.5t	0t	27
		1.5～3.0	85～125	≥55	6		0.5t	0.5t	27
		3.0～6.0	85～125	≥55	11		1.0t	1.0t	27
		6.0～12.5	85～125	≥55	12			2.0t	27
	H24	0.2～0.5	105～145	≥75	3		1.0t	0t	33
		0.5～1.5	105～145	≥75	4		1.0t	0.5t	33
		1.5～3.0	105～145	≥75	5		1.0t	1.0t	33
		3.0～6.0	105～145	≥75	8		1.5t	1.5t	33
		6.0～12.5	105～145	≥75	8			2.5t	33
	H26	0.2～0.5	120～160	≥90	2			0.5t	38
		0.5～1.5	120～160	≥90	3			1.0t	38
		1.5～4.0	120～160	≥90	4			1.5t	38
	H28	0.2～0.5	≥140	≥110	2			1.0t	41
		0.5～1.5	≥140	≥110	2			2.0t	41
		1.5～3.0	≥140	≥110	3			3.0t	41
EN AW-1070A (Al 99.7)	F	≥2.5～25.0	≥60						
	O	0.2～0.5	60～90	≥15	23		0t	0t	18
		0.5～1.5	60～90	≥15	25		0t	0t	18
		1.5～3.0	60～90	≥15	29		0t	0t	18
		3.0～6.0	60～90	≥15	32		0.5t	0.5t	18
		6.0～12.5	60～90	≥15	35		0.5t	0.5t	18
		12.5～25.0	60～90	≥15		32			18
	H111	0.2～0.5	60～90	≥15	23		0t	0t	18
		0.5～1.5	60～90	≥15	25		0t	0t	18
		1.5～3.0	60～90	≥15	29		0t	0t	18
		3.0～6.0	60～90	≥15	32		0.5t	0.5t	18
		6.0～12.5	60～90	≥15	35		0.5t	0.5t	18
		12.5～25.0	60～90	≥15		32			18
	H112	≥6.0～12.5	≥70	≥20	20				
		12.5～25.0	≥70			20			
	H12	0.2～0.5	80～120	≥55	5		0.5t	0t	26
		0.5～1.5	80～120	≥55	6		0.5t	0t	26
		1.5～3.0	80～120	≥55	7		0.5t	0.5t	26
		3.0～6.0	80～120	≥55	9			1.0t	26
		6.0～12.5	80～120	≥55	12			2.0t	26
	H14	0.2～0.5	100～140	≥70	4		0.5t	0t	32
		0.5～1.5	100～140	≥70	4		0.5t	0.5t	32
		1.5～3.0	100～140	≥70	5		1.0t	1.0t	32

续表

牌号	状态	厚度/mm	抗拉强度 R_m/MPa	屈服强度 $R_{p0.2}$/MPa	伸长率/%(不小于)		弯曲半径		硬度 HBW
					$A_{50\ mm}$	A	180°	90°	
EN AW-1070A (Al 99.7)	H14	3.0～6.0	100～140	≥70	6			1.5t	32
		6.0～12.5	100～140	≥70	7			2.5t	32
	H16	0.2～0.5	110～150	≥90	2		1.0t	0.5t	36
		0.5～1.5	110～150	≥90	2		1.0t	1.0t	36
		1.5～4.0	110～150	≥90	3		1.0t	1.0t	36
	H18	0.2～0.5	≥125	≥105	2			1.0t	40
		0.5～1.5	≥125	≥105	2			2.0t	40
		1.5～3.0	≥125	≥105	2			2.5t	40
	H22	0.2～0.5	80～120	≥50	7		0.5t	0t	26
		0.5～1.5	80～120	≥50	8		0.5t	0t	26
		1.5～3.0	80～120	≥50	10		0.5t	0.5t	26
		3.0～6.0	80～120	≥50	12			1.0t	26
		6.0～12.5	80～120	≥50	15			2.0t	26
	H24	0.2～0.5	100～140	≥60	5		0.5t	0t	31
		0.5～1.5	100～140	≥60	6		0.5t	0.5t	31
		1.5～3.0	100～140	≥60	7		1.0t	1.0t	31
		3.0～6.0	100～140	≥60	9			1.5t	31
		6.0～12.5	100～140	≥60	11			2.5t	31
	H26	0.2～0.5	110～150	≥80	3			0.5t	35
		0.5～1.5	110～150	≥80	3			1.0t	35
		1.5～4.0	110～150	≥80	4			1.0t	35
EN AW-1080A [Al 99.8(A)]	F	≥2.5～25.0	≥60						
	O	0.2～0.5	60～90	≥15	26		0t	0t	18
		0.5～1.5	60～90	≥15	28		0t	0t	18
		1.5～3.0	60～90	≥15	31		0t	0t	18
		3.0～6.0	60～90	≥15	35		0.5t	0.5t	18
		6.0～12.5	60～90	≥15	35		0.5t	0.5t	18
	H111	0.2～0.5	60～90	≥15	26		0t	0t	18
		0.5～1.5	60～90	≥15	28		0t	0t	18
		1.5～3.0	60～90	≥15	31		0t	0t	18
		3.0～6.0	60～90	≥15	35		0.5t	0.5t	18
		6.0～12.5	60～90	≥15	35		0.5t	0.5t	18
	H112	≥6.0～12.5	≥70		20				
		12.5～25.0	≥70			20			
	H12	0.2～0.5	80～120	≥55	5		0.5t	0t	26
		0.5～1.5	80～120	≥55	6		0.5t	0t	26
		1.5～3.0	80～120	≥55	7		0.5t	0.5t	26
		3.0～6.0	80～120	≥55	9			1.0t	26
		6.0～12.5	80～120	≥55	12			2.0t	26

续表

牌　号	状　态	厚　度/mm	抗拉强度 R_m/MPa	屈服强度 $R_{p0.2}$/MPa	伸长率/%（不小于）		弯曲半径		硬　度 HBW
					$A_{50\ mm}$	A	180°	90°	
EN AW-1080A（Al 99.8）	H14	0.2～0.5	100～140	≥70	4		0.5t	0t	32
		0.5～1.5	100～140	≥70	4		0.5t	0.5t	32
		1.5～3.0	100～140	≥70	5		1.0t	1.0t	32
		3.0～6.0	100～140	≥70	6			1.5t	32
		6.0～12.5	100～140	≥70	7			2.5t	32
	H16	0.2～0.5	110～150	≥90	2		1.0t	0.5t	36
		0.5～1.5	110～150	≥90	2		1.0t	1.0t	36
		1.5～4.0	110～150	≥90	3		1.0t	1.0t	36
	H18	0.2～0.5	≥125	≥105	2			1.0t	40
		0.5～1.5	≥125	≥105	2			2.0t	40
		1.5～3.0	≥125	≥105	2			2.5t	40
	H22	0.2～0.5	80～120	≥50	8		0.5t	0t	26
		0.5～1.5	80～120	≥50	9		0.5t	0t	26
		1.5～3.0	80～120	≥50	11		0.5t	0.5t	26
		3.0～6.0	80～120	≥50	13			1.0t	26
		6.0～12.5	80～120	≥50	15			2.0t	26
	H24	0.2～0.5	100～140	≥60	5		0.5t	0t	31
		0.5～1.5	100～140	≥60	6		0.5t	0.5t	31
		1.5～3.0	100～140	≥60	7		1.0t	1.0t	31
		3.0～6.0	100～140	≥60	9			1.5t	31
		6.0～12.5	100～140	≥60	11			2.5t	31
	H26	0.2～0.5	110～150	≥80	3			0.5t	35
		0.5～1.5	110～150	≥80	3			1.0t	35
		1.5～4.0	110～150	≥80	4			1.0t	35
EN AW-1200（Al 99.0）	F	≥2.5～150.0	≥75						
	O	0.2～0.5	75～105	≥25	19		0t	0t	23
		0.5～1.5	75～105	≥25	21		0t	0t	23
		1.5～3.0	75～105	≥25	24		0t	0t	23
		3.0～6.0	75～105	≥25	28		0.5t	0.5t	23
		6.0～12.5	75～105	≥25	33		1.0t	1.0t	23
		12.5～80.0	75～105	≥25		30			23
	H111	0.2～0.5	75～105	≥25	19		0t	0t	23
		0.5～1.5	75～105	≥25	21		0t	0t	23
		1.5～3.0	75～105	≥25	24		0t	0t	23
		3.0～6.0	75～105	≥25	28		0.5t	0.5t	23
		6.0～12.5	75～105	≥25	33		1.0t	1.0t	23
		12.5～80.0	75～105	≥25		30			23
	H112	≥6.0～12.5	≥85	≥35	16				26
		12.5～80.0	≥80	≥30		16			24

续表

牌号	状态	厚度/mm	抗拉强度 R_m/MPa	屈服强度 $R_{p0.2}$/MPa	伸长率/%（不小于）		弯曲半径		硬度 HBW
					$A_{50\ mm}$	A	180°	90°	
EN AW-1200 (Al 99.0)	H12	0.2～0.5	95～135	≥75	2		0.5t	0t	31
		0.5～1.5	95～135	≥75	4		0.5t	0t	31
		1.5～3.0	95～135	≥75	5		0.5t	0.5t	31
		3.0～6.0	95～135	≥75	6		1.0t	1.0t	31
		6.0～12.5	95～135	≥75	8			2.0t	31
		12.5～40.0	95～135	≥75		8			31
	H14	0.2～0.5	105～155	≥95	1		1.0t	0t	37
		0.5～1.5	115～155	≥95	3		1.0t	0.5t	37
		1.5～3.0	115～155	≥95	4		1.0t	1.0t	37
		3.0～6.0	115～155	≥95	5		1.5t	1.5t	37
		6.0～12.5	115～155	≥90	6			2.5t	37
		12.5～25.0	115～155	≥90		6			37
	H16	0.2～0.5	120～170	≥110	1			0.5t	42
		0.5～1.5	130～170	≥115	2			1.0t	42
		1.5～4.0	130～170	≥115	3			1.5t	42
	H18	0.2～0.5	≥150	≥130	1			1.0t	45
		0.5～1.5	≥150	≥130	2			2.0t	45
		1.5～3.0	≥150	≥130	2			3.0t	45
	H19	0.2～0.5	≥160	≥140	1				48
		0.5～1.5	≥160	≥140	1				48
		1.5～3.0	≥160	≥140	1				48
	H22	0.2～0.5	95～135	≥65	4		0.5t	0t	30
		0.5～1.5	95～135	≥65	5		0.5t	0t	30
		1.5～3.0	95～135	≥65	6		0.5t	0.5t	30
		3.0～6.0	95～135	≥65	10		1.0t	1.0t	30
		6.0～12.5	95～135	≥65	10			2.0t	30
	H24	0.2～0.5	115～155	≥90	3		1.0t	0t	37
		0.5～1.5	115～155	≥90	4		1.0t	0.5t	37
		1.5～3.0	115～155	≥90	5		1.0t	1.0t	37
		3.0～6.0	115～155	≥90	7			1.5t	37
		6.0～12.5	115～155	≥85	9			2.5t	36
	H26	0.2～0.5	130～170	≥105	2			0.5t	41
		0.5～1.5	130～170	≥105	3			1.0t	41
		1.5～4.0	130～170	≥105	4			1.5t	41
EN AW-2014 (AlCu4SiMg)	O	≥0.4～1.5	≤220	≤140	12		0.5t	0t	55
		1.5～3.0	≤220	≤140	13		1.0t	1.0t	55
		3.0～6.0	≤220	≤140	16			1.5t	55
		6.0～9.0	≤220	≤140	16			2.5t	55
		9.0～12.5	≤220	≤140	16			4.0t	55

续表

牌号	状态	厚度/mm	抗拉强度 R_m/MPa	屈服强度 $R_{p0.2}$/MPa	伸长率/%(不小于)		弯曲半径		硬度 HBW
					$A_{50\ mm}$	A	180°	90°	
EN AW-2014 (AlCu4SiMg)	O	12.5～25.0	≤220			10			55
	T3	≥0.4～1.5	≥395	≥245	14				111
		1.5～6.0	≥400	≥245	14				112
	T4	≥0.4～1.5	≥395	≥240	14		3.0t	3.0t	110
		1.5～6.0	≥395	≥240	14		5.0t	5.0t	110
		6.0～12.5	≥400	≥250	14			8.0t	112
		12.5～40.0	≥400	≥250		10			112
		40.0～100.0	≥395	≥250		7			111
	T451	≥0.4～1.5	≥395	≥240	14		3.0t	3.0t	110
		1.5～6.0	≥395	≥240	14		5.0t	5.0t	110
		6.0～12.5	≥400	≥250	14			8.0t	112
		12.5～40.0	≥400	≥250		10			112
		40.0～100.0	≥395	≥250		7			111
	T42	≥0.4～6.0	≥395	≥230	14				110
		6.0～12.5	≥400	≥235	14				111
		12.5～25.0	≥400	≥235		12			111
	T6	≥0.4～1.5	≥440	≥390	6			5.0t	133
		1.5～6.0	≥440	≥390	7			7.0t	133
		6.0～12.5	≥450	≥395	7			10.0t	135
		12.5～40.0	≥460	≥400		6			138
		40.0～60.0	≥450	≥390		5			135
		60.0～80.0	≥435	≥380		4			131
		80.0～100.0	≥420	≥360		4			126
		100.0～125.0	≥410	≥350		4			123
		125.0～160.0	≥390	≥340		2			
	T651	≥0.4～1.5	≥440	≥390	6			5.0t	133
		1.5～6.0	≥440	≥390	7			7.0t	133
		6.0～12.5	≥450	≥395	7			10.0t	135
		12.5～40.0	≥460	≥400		6			138
		40.0～60.0	≥450	≥390		5			135
		60.0～80.0	≥435	≥380		4			131
		80.0～100.0	≥420	≥360		4			126
		100.0～125.0	≥410	≥350		4			123
		125.0～160.0	≥390	≥340		2			
	T62	≥0.4～12.5	≥440	≥390	7				133
		12.5～25.0	≥450	≥395		6			135
EN AW-2014A [AlCu4SiMg(A)]	O	≥0.2～0.5	≤235	≤110				1.0t	55
		0.5～1.5	≤235	≤110	14			2.0t	55
		1.5～3.0	≤235	≤110	16			2.0t	55

续表

牌号	状态	厚度/mm	抗拉强度 R_m/MPa	屈服强度 $R_{p0.2}$/MPa	伸长率/%（不小于） $A_{50\ mm}$	伸长率/%（不小于） A	弯曲半径 180°	弯曲半径 90°	硬度 HBW
EN AW-2014A [AlCu4SiMg(A)]	O	3.0～6.0	≤235	≤110	16			2.0t	55
	T4	≥0.2～0.5	≥400	≥225				3.0t	110
		0.5～1.5	≥400	≥225	13			3.0t	110
		1.5～6.0	≥400	≥225	14			5.0t	110
		6.0～12.5	≥400	≥250	14				
		12.5～25.0	≥400	≥250		12			
		25.0～40.0	≥400	≥250		10			
		40.0～80.0	≥395	≥250		7			
	T451	≥0.2～0.5	≥400	≥225				3.0t	110
		0.5～1.5	≥400	≥225	13			3.0t	110
		1.5～6.0	≥400	≥225	14			5.0t	110
		6.0～12.5	≥400	≥250	14				
		12.5～25.0	≥400	≥250		12			
		25.0～40.0	≥400	≥250		10			
		40.0～80.0	≥395	≥250		7			
	T6	≥0.2～0.5	≥440	≥380				5.0t	150
		0.5～1.5	≥440	≥380	6			5.0t	150
		1.5～3.0	≥440	≥380	7			6.0t	150
		3.0～6.0	≥440	≥380	8			6.0t	150
		6.0～12.5	≥460	≥410	8				
		12.5～25.0	≥460	≥410		6			
		25.0～40.0	≥450	≥400		5			
		40.0～60.0	≥430	≥390		5			
		60.0～90.0	≥430	≥390		4			
		90.0～115.0	≥420	≥370		4			
		115.0～140.0	≥410	≥350		4			
	T651	≥0.2～0.5	≥440	≥380				5.0t	150
		0.5～1.5	≥440	≥380	6			5.0t	150
		1.5～3.0	≥440	≥380	7			6.0t	150
		3.0～6.0	≥440	≥380	8			6.0t	150
		6.0～12.5	≥460	≥410	8				
		12.5～25.0	≥460	≥410		6			
		25.0～40.0	≥450	≥400		5			
		40.0～60.0	≥430	≥390		5			
		60.0～90.0	≥430	≥390		4			
		90.0～115.0	≥420	≥370		4			
		115.0～140.0	≥410	≥350		4			
EN AW-2017A [AlCu4MgSi(A)]	O	≥0.4～1.5	≤225	≤145	12		0.5t	0t	55
		1.5～3.0	≤225	≤145	14		1.0t	1.0t	55

续表

牌号	状态	厚度/mm	抗拉强度 R_m/MPa	屈服强度 $R_{p0.2}$/MPa	伸长率/%（不小于）		弯曲半径		硬度 HBW
					$A_{50\ mm}$	A	180°	90°	
EN AW-2017A [AlCu4MgSi(A)]	O	3.0～6.0	≤225	≤145	13			1.5t	55
		6.0～9.0	≤225	≤145	13			2.5t	55
		9.0～12.5	≤225	≤145	13			4.0t	55
		12.5～25.0	≤225	≤145		12			55
	T4	≥0.4～1.5	≥390	≥245	14		3.0t	3.0t	110
		1.5～6.0	≥390	≥245	15		5.0t	5.0t	110
		6.0～12.5	≥390	≥260	13			8.0t	111
		12.5～40.0	≥390	≥250		12			110
		40.0～60.0	≥385	≥245		12			108
		60.0～80.0	≥370	≥240		7			
		80.0～120.0	≥360	≥240		6			105
		120.0～150.0	≥350	≥240		4			101
		150.0～180.0	≥330	≥220		2			
		180.0～200.0	≥300	≥200		2			
	T451	≥0.4～1.5	≥390	≥245	14		3.0t	3.0t	110
		1.5～6.0	≥390	≥245	15		5.0t	5.0t	110
		6.0～12.5	≥390	≥260	13			8.0t	111
		12.5～40.0	≥390	≥250		12			110
		40.0～60.0	≥385	≥245		12			108
		60.0～80.0	≥370	≥240		7			
		80.0～120.0	≥360	≥240		6			105
		120.0～150.0	≥350	≥240		4			101
		150.0～180.0	≥330	≥220		2			
		180.0～200.0	≥300	≥200		2			
	T452	150.0～180.0	≥330	≥220		2			
		180.0～200.0	≥300	≥200		2			
	T42	≥0.4～3.0	≥390	≥235	14				109
		3.0～12.5	≥390	≥235	15				109
		12.5～25.0	≥390	≥235		12			109
EN AW-2024 (AlCu4Mg1)	O	≥0.4～1.5	≤220	≤140	12		0.5t	0t	55
		1.5～3.0	≤220	≤140	13		2.0t	1.0t	55
		3.0～6.0	≤220	≤140	13		3.0t	1.5t	55
		6.0～9.0	≤220	≤140	13			2.5t	55
		9.0～12.5	≤220	≤140	13			4.0t	55
		12.5～25.0	≤220			11			55
	T4	≥0.4～1.5	≥425	≥275	12			4.0t	120
		1.5～6.0	≥425	≥275	14			5.0t	120
	T3	≥0.4～1.5	≥435	≥290	12		4.0t	4.0t	123
		1.5～3.0	≥435	≥290	14		4.0t	4.0t	123

续表

牌号	状态	厚度/mm	抗拉强度 R_m/MPa	屈服强度 $R_{p0.2}$/MPa	伸长率/%（不小于）		弯曲半径		硬度 HBW
					$A_{50\ mm}$	A	180°	90°	
EN AW-2024（AlCu4Mg1）	T3	3.0～6.0	≥440	≥290	14		5.0t	5.0t	124
		6.0～12.5	≥440	≥290	13			8.0t	124
		12.5～40.0	≥430	≥290		11			122
		40.0～80.0	≥420	≥290		8			120
		80.0～100.0	≥400	≥285		7			115
		100.0～120.0	≥380	≥270		5			110
		120.0～150.0	≥360	≥250		5			104
	T351	≥0.4～1.5	≥435	≥290	12		4.0t	4.0t	123
		1.5～3.0	≥435	≥290	14		4.0t	4.0t	123
		3.0～6.0	≥440	≥290	14		5.0t	5.0t	124
		6.0～12.5	≥440	≥290	13			8.0t	124
		12.5～40.0	≥430	≥290		11			122
		40.0～80.0	≥420	≥290		8			120
		80.0～100.0	≥400	≥285		7			115
		100.0～120.0	≥380	≥270		5			110
		120.0～150.0	≥360	≥250		5			104
	T42	≥0.4～6.0	≥425	≥260	15				119
		6.0～12.5	≥425	≥260	12				119
		12.5～25.0	≥420	≥260		8			118
	T8	≥0.4～1.5	≥460	≥400	5				138
		1.5～6.0	≥460	≥400	6				138
		6.0～12.5	≥460	≥400	5				138
		12.5～25.0	≥455	≥400		4			137
		25.0～40.0	≥455	≥395		4			136
	T851	≥0.4～1.5	≥460	≥400	5				138
		1.5～6.0	≥460	≥400	6				138
		6.0～12.5	≥460	≥400	5				138
		12.5～25.0	≥455	≥400		4			137
		25.0～40.0	≥455	≥395		4			136
	T62	≥0.4～12.5	≥440	≥345	5				129
		12.5～25.0	≥435	≥345		4			128
EN AW-2618A（AlCu2Mg1.5Ni）	T851	≥6.0～12.5	≥420	≥375	5				
		12.5～40.0	≥420	≥375		5			
		40.0～80.0	≥410	≥370		5			
		80.0～100.0	≥405	≥365		4			
		100.0～140.0	≥395	≥360		4			
EN AW-3003（AlMn1Cu）	F	≥2.5～80.0	≥95						
	O	0.2～0.5	95～135	≥35	15		0t	0t	28
		0.5～1.5	95～135	≥35	17		0t	0t	28

续表

牌号	状态	厚度/mm	抗拉强度 R_m/MPa	屈服强度 $R_{p0.2}$/MPa	伸长率/%（不小于）		弯曲半径		硬度 HBW
					$A_{50\ mm}$	A	180°	90°	
EN AW-3003 (AlMn1Cu)	O	1.5～3.0	95～135	≥35	20		0t	0t	28
		3.0～6.0	95～135	≥35	23		1.0t	1.0t	28
		6.0～12.5	95～135	≥35	24			1.5t	28
		12.5～50.0	95～135	≥35		23			28
	H111	0.2～0.5	95～135	≥35	15		0t	0t	28
		0.5～1.5	95～135	≥35	17		0t	0t	28
		1.5～3.0	95～135	≥35	20		0t	0t	28
		3.0～6.0	95～135	≥35	23		1.0t	1.0t	28
		6.0～12.5	95～135	≥35	24			1.5t	28
		12.5～50.0	95～135	≥35		23			28
	H112	≥6.0～12.5	≥115	≥70	10				35
		12.5～80.0	≥100	≥40		18			29
	H12	0.2～0.5	120～160	≥90	3		1.5t	0t	38
		0.5～1.5	120～160	≥90	4		1.5t	0.5t	38
		1.5～3.0	120～160	≥90	5		1.5t	1.0t	38
		3.0～6.0	120～160	≥90	6			1.0t	38
		6.0～12.5	120～160	≥90	7			2.0t	38
		12.5～40.0	120～160	≥90		8			38
	H14	0.2～0.5	145～185	≥125	2		2.0t	0.5t	46
		0.5～1.5	145～185	≥125	2		2.0t	1.0t	46
		1.5～3.0	145～185	≥125	3		2.0t	1.0t	46
		3.0～6.0	145～185	≥125	4			2.0t	46
		6.0～12.5	145～185	≥125	5			2.5t	46
		12.5～25.0	145～185	≥125		5			46
	H16	0.2～0.5	170～210	≥150	1		2.5t	1.0t	54
		0.5～1.5	170～210	≥150	2		2.5t	1.5t	54
		1.5～4.0	170～210	≥150	2		2.5t	2.0t	54
	H18	0.2～0.5	≥190	≥170	1			1.5t	60
		0.5～1.5	≥190	≥170	2			2.5t	60
		1.5～3.0	≥190	≥170	2			3.0t	60
	H19	0.2～0.5	≥210	≥180	1				65
		0.5～1.5	≥210	≥180	2				65
		1.5～3.0	≥210	≥180	2				65
	H22	0.2～0.5	120～160	≥80	6		1.0t	0t	37
		0.5～1.5	120～160	≥80	7		1.0t	0.5t	37
		1.5～3.0	120～160	≥80	8		1.0t	1.0t	37
		3.0～6.0	120～160	≥80	9			1.0t	37
		6.0～12.5	120～160	≥80	11			2.0t	37
	H24	0.2～0.5	145～185	≥115	4		1.5t	0.5t	45

续表

牌号	状态	厚度/mm	抗拉强度 R_m/MPa	屈服强度 $R_{p0.2}$/MPa	伸长率/%（不小于）		弯曲半径		硬度 HBW
					$A_{50\,mm}$	A	180°	90°	
EN AW-3003 (AlMn1Cu)	H24	0.5～1.5	145～185	≥115	4		1.5t	1.0t	45
		1.5～3.0	145～185	≥115	5		1.5t	1.0t	45
		3.0～6.0	145～185	≥115	6			2.0t	45
		6.0～12.5	145～185	≥110	8			2.5t	45
	H26	0.2～0.5	170～210	≥140	2		2.0t	1.0t	53
		0.5～1.5	170～210	≥140	3		2.0t	1.5t	53
		1.5～4.0	170～210	≥140	3		2.0t	2.0t	53
	H28	0.2～0.5	≥190	≥160	2			1.5t	59
		0.5～1.5	≥190	≥160	2			2.5t	59
		1.5～3.0	≥190	≥160	3			3.0t	59
EN AW-3004 (AlMn1Mg1)	F	≥2.5～80.0	≥155						
	O	0.2～0.5	155～200	≥60	13		0t	0t	45
		0.5～1.5	155～200	≥60	14		0t	0t	45
		1.5～3.0	155～200	≥60	15		0.5t	0t	45
		3.0～6.0	155～200	≥60	16		1.0t	1.0t	45
		6.0～12.5	155～200	≥60	16			2.0t	45
		12.5～50.0	155～200	≥60		14			45
	H111	0.2～0.5	155～200	≥60	13		0t	0t	45
		0.5～1.5	155～200	≥60	14		0t	0t	45
		1.5～3.0	155～200	≥60	15		0.5t	0t	45
		3.0～6.0	155～200	≥60	16		1.0t	1.0t	45
		6.0～12.5	155～200	≥60	16			2.0t	45
		12.5～50.0	155～200	≥60		14			45
	H12	0.2～0.5	190～240	≥155	2		1.5t	0t	59
		0.5～1.5	190～240	≥155	3		1.5t	0.5t	59
		1.5～3.0	190～240	≥155	4		2.0t	1.0t	59
		3.0～6.0	190～240	≥155	5			1.5t	59
	H14	0.2～0.5	220～265	≥180	1		2.5t	0.5t	67
		0.5～1.5	220～265	≥180	2		2.5t	1.0t	67
		1.5～3.0	220～265	≥180	2		2.5t	1.5t	67
		3.0～6.0	220～265	≥180	3			2.0t	67
	H16	0.2～0.5	240～285	≥200	1		3.5t	1.0t	73
		0.5～1.5	240～285	≥200	1		3.5t	1.5t	73
		1.5～4.0	240～285	≥200	2			2.5t	73
	H18	0.2～0.5	≥260	≥230	1			1.5t	80
		0.5～1.5	≥260	≥230	1			2.5t	80
		1.5～3.0	≥260	≥230	2				80
	H19	0.2～0.5	≥270	≥240	1				83
		0.5～1.5	≥270	≥240	1				83

续表

牌号	状态	厚度/mm	抗拉强度 R_m/MPa	屈服强度 $R_{p0.2}$/MPa	伸长率/%（不小于）		弯曲半径		硬度 HBW
					$A_{50\ mm}$	A	180°	90°	
EN AW-3004 (AlMn1Mg1)	H22	0.2～0.5	190～240	≥145	4		1.0t	0t	58
		0.5～1.5	190～240	≥145	5		1.0t	0.5t	58
		1.5～3.0	190～240	≥145	6		1.5t	1.0t	58
		3.0～6.0	190～240	≥145	7			1.5t	58
	H32	0.2～0.5	190～240	≥145	4		1.0t	0t	58
		0.5～1.5	190～240	≥145	5		1.0t	0.5t	58
		1.5～3.0	190～240	≥145	6		1.5t	1.0t	58
		3.0～6.0	190～240	≥145	7			1.5t	58
	H24	0.2～0.5	220～265	≥170	3		2.0t	0.5t	66
		0.5～1.5	220～265	≥170	4		2.0t	1.0t	66
		1.5～3.0	220～265	≥170	4		2.0t	1.5t	66
	H34	0.2～0.5	220～265	≥170	3		2.0t	0.5t	66
		0.5～1.5	220～265	≥170	4		2.0t	1.0t	66
		1.5～3.0	220～265	≥170	4		2.0t	1.5t	66
	H26	0.2～0.5	240～285	≥190	3		3.0t	1.0t	72
		0.5～1.5	240～285	≥190	3		3.0t	1.5t	72
		1.5～3.0	240～285	≥190	3			2.5t	72
	H36	0.2～0.5	240～285	≥190	3		3.0t	1.0t	72
		0.5～1.5	240～285	≥190	3		3.0t	1.5t	72
		1.5～3.0	240～285	≥190	3			2.5t	72
	H28	0.2～0.5	≥260	≥220	2			1.5t	79
		0.5～1.5	≥260	≥220	3			2.5t	79
	H38	0.2～0.5	≥260	≥220	2			1.5t	79
		0.5～1.5	≥260	≥220	3			2.5t	79
EN AW-3005 (AlMn1Mg0.5)	F	≥2.5～80.0	≥115						
	O	0.2～0.5	115～165	≥45	12		0t	0t	33
		0.5～1.5	115～165	≥45	14		0t	0t	33
		1.5～3.0	115～165	≥45	16		1.0t	0.5t	33
		3.0～6.0	115～165	≥45	19			1.0t	33
	H111	0.2～0.5	115～165	≥45	12		0t	0t	33
		0.5～1.5	115～165	≥45	14		0t	0t	33
		1.5～3.0	115～165	≥45	16		1.0t	0.5t	33
		3.0～6.0	115～165	≥45	19			1.0t	33
	H12	0.2～0.5	145～195	≥125	3		1.5t	0t	46
		0.5～1.5	145～195	≥125	4		1.5t	0.5t	46
		1.5～3.0	145～195	≥125	4		2.0t	1.0t	46
		3.0～6.0	145～195	≥125	5			1.5t	46
	H14	0.2～0.5	170～215	≥150	1		2.5t	0.5t	54
		0.5～1.5	170～215	≥150	2		2.5t	1.0t	54

续表

牌号	状态	厚度/mm	抗拉强度 R_m/MPa	屈服强度 $R_{p0.2}$/MPa	伸长率/%（不小于）		弯曲半径		硬度 HBW
					$A_{50\ mm}$	A	180°	90°	
EN AW-3005 (AlMn1Mg0.5)	H14	1.5～3.0	170～215	≥150	2			1.5t	54
		3.0～6.0	170～215	≥150	3			2.0t	54
	H16	0.2～0.5	195～240	≥175	1			1.0t	61
		0.5～1.5	195～240	≥175	2			1.5t	61
		1.5～4.0	195～240	≥175	2			2.5t	61
	H18	0.2～0.5	≥220	≥200	1			1.5t	69
		0.5～1.5	≥220	≥200	2			2.5t	69
		1.5～3.0	≥220	≥200	2				69
	H19	0.2～0.5	≥235	≥210	1				73
		0.5～1.5	≥235	≥210	1				73
	H22	0.2～0.5	145～195	≥110	5		1.0t	0t	45
		0.5～1.5	145～195	≥110	5		1.0t	0.5t	45
		1.5～3.0	145～195	≥110	6		1.5t	1.0t	45
		3.0～6.0	145～195	≥110	7			1.5t	45
	H24	0.2～0.5	170～215	≥130	4		1.5t	0.5t	52
		0.5～1.5	170～215	≥130	4		1.5t	1.0t	52
		1.5～3.0	170～215	≥130	4			1.5t	52
	H26	0.2～0.5	195～240	≥160	3			1.0t	60
		0.5～1.5	195～240	≥160	3			1.5t	60
		1.5～3.0	195～240	≥160	3			2.5t	60
	H28	0.2～0.5	≥220	≥190	2			1.5t	68
		0.5～1.5	≥220	≥190	2			2.5t	68
		1.5～3.0	≥220	≥190	3				68
EN AW-3103 (AlMn1)	F	≥2.5～80.0	≥90						
	O	0.2～0.5	90～130	≥35	17		0t	0t	27
		0.5～1.5	90～130	≥35	19		0t	0t	27
		1.5～3.0	90～130	≥35	21		0t	0t	27
		3.0～6.0	90～130	≥35	24		1.0t	1.0t	27
		6.0～12.5	90～130	≥35	28			1.5t	27
		12.5～50.0	90～130	≥35		25			27
	H111	0.2～0.5	90～130	≥35	17		0t	0t	27
		0.5～1.5	90～130	≥35	19		0t	0t	27
		1.5～3.0	90～130	≥35	21		0t	0t	27
		3.0～6.0	90～130	≥35	24		1.0t	1.0t	27
		6.0～12.5	90～130	≥35	28			1.5t	27
		12.5～50.0	90～130	≥35		25			27
	H112	≥6.0～12.5	≥110	≥70	10				34
		12.5～80.0	≥95	≥40		18			28
	H12	0.2～0.5	115～155	≥85	3		1.5t	0t	36

续表

牌号	状态	厚度/mm	抗拉强度 R_m/MPa	屈服强度 $R_{p0.2}$/MPa	伸长率/%（不小于）		弯曲半径		硬度 HBW
					$A_{50\ mm}$	A	180°	90°	
EN AW-3103 (AlMn1)	H12	0.5～1.5	115～155	≥85	4		1.5t	0.5t	36
		1.5～3.0	115～155	≥85	5		1.5t	1.0t	36
		3.0～6.0	115～155	≥85	6			1.0t	36
		6.0～12.5	115～155	≥85	7			2.0t	36
		12.5～40.0	115～155	≥85		8			36
	H14	0.2～0.5	140～180	≥120	2		2.0t	0.5t	45
		0.5～1.5	140～180	≥120	2		2.0t	1.0t	45
		1.5～3.0	140～180	≥120	3		2.0t	1.0t	45
		3.0～6.0	140～180	≥120	4			2.0t	45
		6.0～12.5	140～180	≥120	5			2.5t	45
		12.5～25.0	140～180	≥120		5			45
	H16	0.2～0.5	160～200	≥145	1		2.5t	1.0t	51
		0.5～1.5	160～200	≥145	2		2.5t	1.5t	51
		1.5～4.0	160～200	≥145	2		2.5t	2.0t	51
		4.0～8.0	160～200	≥145	2		2.0t	1.5t	51
	H18	0.2～0.5	≥185	≥165	1			1.5t	58
		0.5～1.5	≥185	≥165	2			2.5t	58
		1.5～3.0	≥185	≥165	2			3.0t	58
	H19	0.2～0.5	≥200	≥175	1				62
		0.5～1.5	≥200	≥175	2				62
		1.5～3.0	≥200	≥175	2				62
	H22	0.2～0.5	115～155	≥75	6		1.0t	0t	36
		0.5～1.5	115～155	≥75	7		1.0t	0.5t	36
		1.5～3.0	115～155	≥75	8		1.0t	1.0t	36
		3.0～6.0	115～155	≥75	9			1.0t	36
		6.0～12.5	115～155	≥75	11			2.0t	36
	H24	0.2～0.5	140～180	≥110	4		1.5t	0.5t	44
		0.5～1.5	140～180	≥110	4		1.5t	1.0t	44
		1.5～3.0	140～180	≥110	5		1.5t	1.0t	44
		3.0～6.0	140～180	≥110	6			2.0t	44
		6.0～12.5	140～180	≥110	8			2.5t	44
	H26	0.2～0.5	160～200	≥135	2		2.0t	1.0t	50
		0.5～1.5	160～200	≥135	3		2.0t	1.5t	50
		1.5～4.0	160～200	≥135	3		2.0t	2.0t	50
	H28	0.2～0.5	≥185	≥155	2			1.5t	58
		0.5～1.5	≥185	≥155	2			2.5t	58
		1.5～3.0	≥185	≥155	3			3.0t	58
EN AW-3105 (AlMn0.5Mg0.5)	F	≥2.5～80.0	≥100						
	O	0.2～0.5	100～155	≥40	14		0t		29

续表

牌号	状态	厚度/mm	抗拉强度 R_m/MPa	屈服强度 $R_{p0.2}$/MPa	伸长率/%（不小于） $A_{50\ mm}$	伸长率/%（不小于） A	弯曲半径 180°	弯曲半径 90°	硬度 HBW
EN AW-3105 (AlMn0.5Mg0.5)	O	0.5～1.5	100～155	≥40	15		0t		29
		1.5～3.0	100～155	≥40	17		0.5t		29
	H111	0.2～0.5	100～155	≥40	14		0t		29
		0.5～1.5	100～155	≥40	15		0t		29
		1.5～3.0	100～155	≥40	17		0.5t		29
	H12	0.2～0.5	130～180	≥105	3		1.5t		41
		0.5～1.5	130～180	≥105	4		1.5t		41
		1.5～3.0	130～180	≥105	4		1.5t		41
	H14	0.2～0.5	150～200	≥130	2		2.5t		48
		0.5～1.5	150～200	≥130	2		2.5t		48
		1.5～3.0	150～200	≥130	2		2.5t		48
	H16	0.2～0.5	175～225	≥160	1				56
		0.5～1.5	175～225	≥160	2				56
		1.5～3.0	175～225	≥160	2				56
	H18	0.2～0.5	≥195	≥180	1				62
		0.5～1.5	≥195	≥180	1				62
		1.5～3.0	≥195	≥180	1				62
	H19	0.2～0.5	≥215	≥190	1				67
		0.5～1.5	≥215	≥190	1				67
	H22	0.2～0.5	130～180	≥105	6				41
		0.5～1.5	130～180	≥105	6				41
		1.5～3.0	130～180	≥105	7				41
	H24	0.2～0.5	150～200	≥120	4		2.5t		47
		0.5～1.5	150～200	≥120	4		2.5t		47
		1.5～3.0	150～200	≥120	5		2.5t		47
	H26	0.2～0.5	175～225	≥150	3				55
		0.5～1.5	175～225	≥150	3				55
		1.5～3.0	175～225	≥150	3				55
	H28	0.2～0.5	≥195	≥170	2				61
		0.5～1.5	≥195	≥170	2				61
EN AW-4006 (AlSi1Fe)	F	≥2.5～6.0	≥95						
	O	0.2～0.5	95～130	≥40	17		0t		28
		0.5～1.5	95～130	≥40	19		0t		28
		1.5～3.0	95～130	≥40	22		0t		28
		3.0～6.0	95～130	≥40	25		1.0t		28
	H12	0.2～0.5	120～160	≥90	4		1.5t		38
		0.5～1.5	120～160	≥90	4		1.5t		38
		1.5～3.0	120～160	≥90	5		1.5t		38
	H14	0.2～0.5	140～180	≥120	3		2.0t		45

续表

牌号	状态	厚度/mm	抗拉强度 R_m/MPa	屈服强度 $R_{p0.2}$/MPa	伸长率/%(不小于)		弯曲半径		硬度 HBW
					$A_{50\ mm}$	A	180°	90°	
EN AW-4006 (AlSi1Fe)	H14	0.5～1.5	140～180	≥120	3		2.0*t*		45
		1.5～3.0	140～180	≥120	3		2.0*t*		45
	T4	0.2～0.5	120～160	≥55	14				35
		0.5～1.5	120～160	≥55	16				35
		1.5～3.0	120～160	≥55	18				35
		3.0～6.0	120～160	≥55	21				35
EN AW-4007 (AlSi1.5Mn)	F	≥2.5～6.0	≥110						
	O	0.2～0.5	110～150	≥45	15				32
		0.5～1.5	110～150	≥45	16				32
		1.5～3.0	110～150	≥45	19				32
		3.0～6.0	110～150	≥45	21				32
		6.0～12.5	110～150	≥45	25				32
	H111	0.2～0.5	110～150	≥45	15				32
		0.5～1.5	110～150	≥45	16				32
		1.5～3.0	110～150	≥45	19				32
		3.0～6.0	110～150	≥45	21				32
		6.0～12.5	110～150	≥45	25				32
	H12	0.2～0.5	140～180	≥110	4				44
		0.5～1.5	140～180	≥110	4				44
		1.5～3.0	140～180	≥110	5				44
EN AW-4015 (AlSi2Mn)	O	0.2～3.0	≤150	≥45	20				35
	H111	0.2～3.0	≤150	≥45	20				35
	H12	0.2～0.5	120～175	≥90	4				45
		0.5～3.0	120～175	≥90	4				45
	H14	0.2～0.5	150～200	≥120	2				50
		0.5～3.0	150～200	≥120	3				50
	H16	0.2～0.5	170～220	≥150	1				60
		0.5～3.0	170～220	≥150	2				60
	H18	0.2～3.0	200～250	≥180	1				70
EN AW-5005 [AlMg1(B)] EN AW-5005A [AlMg1(C)]	F	≥2.5～80.0	≥100						
	O	0.2～0.5	100～145	≥35	15		0*t*	0*t*	29
		0.5～1.5	100～145	≥35	19		0*t*	0*t*	29
		1.5～3.0	100～145	≥35	20		0.5*t*	0*t*	29
		3.0～6.0	100～145	≥35	22		1.0*t*	1.0*t*	29
		6.0～12.5	100～145	≥35	24			1.5*t*	29
		12.5～50.0	100～145	≥35		20			29
	H111	0.2～0.5	100～145	≥35	15		0*t*	0*t*	29
		0.5～1.5	100～145	≥35	19		0*t*	0*t*	29
		1.5～3.0	100～145	≥35	20		0.5*t*	0*t*	29

续表

牌号	状态	厚度/mm	抗拉强度 R_m/MPa	屈服强度 $R_{p0.2}$/MPa	伸长率/%（不小于）		弯曲半径		硬度 HBW
					$A_{50\ mm}$	A	180°	90°	
EN AW-5005 [AlMg1(B)] EN AW-5005A [AlMg1(C)]	H111	3.0～6.0	100～145	≥35	22		1.0t	1.0t	29
		6.0～12.5	100～145	≥35	24			1.5t	29
		12.5～50.0	100～145	≥35		20			29
	H12	0.2～0.5	125～165	≥95	2		1.0t	0t	39
		0.5～1.5	125～165	≥95	2		1.0t	0.5t	39
		1.5～3.0	125～165	≥95	4		1.5t	1.0t	39
		3.0～6.0	125～165	≥95	5			1.0t	39
		6.0～12.5	125～165	≥95	7			2.0t	39
	H14	0.2～0.5	145～185	≥120	2		2.0t	0.5t	48
		0.5～1.5	145～185	≥120	2		2.0t	1.0t	48
		1.5～3.0	145～185	≥120	3		2.5t	1.0t	48
		3.0～6.0	145～185	≥120	4			2.0t	48
		6.0～12.5	145～185	≥120	5			2.5t	48
	H16	0.2～0.5	165～205	≥145	1			1.0t	52
		0.5～1.5	165～205	≥145	2			1.5t	52
		1.5～3.0	165～205	≥145	3			2.0t	52
		3.0～4.0	165～205	≥145	3			2.5t	52
	H18	0.2～0.5	≥185	≥165	1			1.5t	58
		0.5～1.5	≥185	≥165	2			2.5t	58
		1.5～3.0	≥185	≥165	2			3.0t	58
	H19	0.2～0.5	≥205	≥185	1				64
		0.5～1.5	≥205	≥185	2				64
		1.5～3.0	≥205	≥185	2				64
	H22	0.2～0.5	125～165	≥80	4		1.0t	0t	38
		0.5～1.5	125～165	≥80	5		1.0t	0.5t	38
		1.5～3.0	125～165	≥80	6		1.5t	1.0t	38
		3.0～6.0	125～165	≥80	8			1.0t	38
		6.0～12.5	125～165	≥80	10			2.0t	38
	H32	0.2～0.5	125～165	≥80	4		1.0t	0t	38
		0.5～1.5	125～165	≥80	5		1.0t	0.5t	38
		1.5～3.0	125～165	≥80	6		1.5t	1.0t	38
		3.0～6.0	125～165	≥80	8			1.0t	38
		6.0～12.5	125～165	≥80	10			2.0t	38
	H24	0.2～0.5	145～185	≥110	3		1.5t	0.5t	47
		0.5～1.5	145～185	≥110	4		1.5t	1.0t	47
		1.5～3.0	145～185	≥110	5		2.0t	1.0t	47
		3.0～6.0	145～185	≥110	6			2.0t	47
		6.0～12.5	145～185	≥110	8			2.5t	47
	H34	0.2～0.5	145～185	≥110	3		1.5t	0.5t	47

续表

牌　号	状　态	厚　度/mm	抗拉强度 R_m/MPa	屈服强度 $R_{p0.2}$/MPa	伸长率/%(不小于)		弯曲半径		硬　度 HBW
					$A_{50\ mm}$	A	180°	90°	
EN AW-5005 [AlMg1(B)] EN AW-5005A [AlMg1(C)]	H34	0.5～1.5	145～185	≥110	4		1.5t	1.0t	47
		1.5～3.0	145～185	≥110	5		2.0t	1.0t	47
		3.0～6.0	145～185	≥110	6			2.0t	47
		6.0～12.5	145～185	≥110	8			2.5t	47
	H26	0.2～0.5	165～205	≥135	2			1.0t	52
		0.5～1.5	165～205	≥135	3			1.5t	52
		1.5～3.0	165～205	≥135	4			2.0t	52
		3.0～4.0	165～205	≥135	4			2.5t	52
	H36	0.2～0.5	165～205	≥135	2			1.0t	52
		0.5～1.5	165～205	≥135	3			1.5t	52
		1.5～3.0	165～205	≥135	4			2.0t	52
		3.0～4.0	165～205	≥135	4			2.5t	52
	H28	0.2～0.5	≥185	≥160	1			1.5t	58
		0.5～1.5	≥185	≥160	2			2.5t	58
		1.5～3.0	≥185	≥160	3			3.0t	58
	H38	0.2～0.5	≥185	≥160	1			1.5t	58
		0.5～1.5	≥185	≥160	2			2.5t	58
		1.5～3.0	≥185	≥160	3			3.0t	58
EN AW-5010 (AlMg0.5Mn)	F	≥2.5～80.0	≥90						
	O	0.2～0.5	90～130	≥35	17		0t	0t	27
		0.5～1.5	90～130	≥35	19		0t	0t	27
		1.5～3.0	90～130	≥35	21		0t	0t	27
		3.0～6.0	90～130	≥35	24		1.0t	1.0t	27
	H111	0.2～0.5	90～130	≥35	17		0t	0t	27
		0.5～1.5	90～130	≥35	19		0t	0t	27
		1.5～3.0	90～130	≥35	21		0t	0t	27
		3.0～6.0	90～130	≥35	24		1.0t	1.0t	27
	H12	0.2～0.5	110～155	≥85	2		1.5t	0t	36
		0.5～1.5	110～155	≥85	3		1.5t	0.5t	36
		1.5～3.0	110～155	≥85	4		2.0t	1.0t	36
		3.0～6.0	110～155	≥85	5			1.5t	36
	H14	0.2～0.5	140～175	≥115	2		2.0t	0.5t	45
		0.5～1.5	140～175	≥115	2		2.0t	1.0t	45
		1.5～3.0	140～175	≥115	3		2.5t	1.5t	45
		3.0～6.0	140～175	≥115	4			2.0t	45
	H16	0.2～0.5	155～195	≥140	1		2.5t	1.0t	51
		0.5～1.5	155～195	≥140	2		2.5t	1.5t	51
		1.5～4.0	155～195	≥140	2		2.5t	2.0t	51
	H18	0.2～0.5	≥175	≥160	1			1.5t	58

续表

牌号	状态	厚度/mm	抗拉强度 R_m/MPa	屈服强度 $R_{p0.2}$/MPa	伸长率/%（不小于）		弯曲半径		硬度 HBW
					$A_{50\ mm}$	A	180°	90°	
EN AW-5010 (AlMg0.5Mn)	H18	0.5～1.5	≥175	≥160	2			2.5t	58
		1.5～3.0	≥175	≥160	2			3.0t	58
	H19	0.2～0.5	≥190	≥170	1				62
		0.5～1.5	≥190	≥170	1				62
		1.5～3.0	≥190	≥170	1				62
	H22	0.2～0.5	110～155	≥75	4		1.0t	0t	36
		0.5～1.5	110～155	≥75	5		1.0t	0.5t	36
		1.5～3.0	110～155	≥75	6		1.0t	1.0t	36
		3.0～6.0	110～155	≥75	7			1.5t	36
	H24	0.2～0.5	135～175	≥105	3		1.5t	0.5t	44
		0.5～1.5	135～175	≥105	4		1.5t	1.0t	44
		1.5～3.0	135～175	≥105	5		2.0t	1.5t	44
	H26	0.2～0.5	155～195	≥130	2		2.0t	1.0t	50
		0.5～1.5	155～195	≥130	3		2.0t	1.5t	50
		1.5～4.0	155～195	≥130	3		2.5t	2.0t	50
	H28	0.2～0.5	≥175	≥150	1			2.0t	58
		0.5～1.5	≥175	≥150	2			2.5t	58
		1.5～3.0	≥175	≥150	3			3.0t	58
EN AW-5026 (AlMg4.5MnSiFe)	O	≥4～10	245～300	≥120	12				
		10～50	245～300	≥120		11			
		50～100	245～300	≥120		10			
		100～200	230～285	≥120		9			
		200～350	210～270	≥90		6			
	H111	≥4～10	245～300	≥120	12				
		10～50	245～300	≥120		11			
		50～100	245～300	≥120		10			
		100～200	230～285	≥120		9			
		200～350	210～270	≥90		6			
	H14	≥5～12.5	250～300	≥200	10				
		12.5～15	250～300	≥200		10			
	H24	≥3～12.5	300～340	≥220	5				
		12.5～20	300～340	≥220		4			
	H34	≥5～12.5	250～300	≥200	10				
		12.5～15	250～300	≥200		10			
EN AW-5040 (AlMg1.5Mn)	H24	≥0.8～1.8	220～260	≥170	6				66
	H34	≥0.8～1.8	220～260	≥170	6				66
	H26	≥1.0～2.0	240～280	≥205	5				74
	H36	≥1.0～2.0	240～280	≥205	5				74
EN AW-5049 (AlMg2Mn0.8)	F	≥2.5～100.0	≥190						

续表

牌　号	状　态	厚　度/mm	抗拉强度 R_m/MPa	屈服强度 $R_{p0.2}$/MPa	伸长率/%（不小于）		弯曲半径		硬　度 HBW
					$A_{50\ mm}$	A	180°	90°	
EN AW-5049 (AlMg2Mn0.8)	O	0.2～0.5	190～240	≥80	12		0.5t	0t	52
		0.5～1.5	190～240	≥80	14		0.5t	0.5t	52
		1.5～3.0	190～240	≥80	16		1.0t	1.0t	52
		3.0～6.0	190～240	≥80	18		1.0t	1.0t	52
		6.0～12.5	190～240	≥80	18			2.0t	52
		12.5～100.0	190～240	≥80		17			52
	H111	0.2～0.5	190～240	≥80	12		0.5t	0t	52
		0.5～1.5	190～240	≥80	14		0.5t	0.5t	52
		1.5～3.0	190～240	≥80	16		1.0t	1.0t	52
		3.0～6.0	190～240	≥80	18		1.0t	1.0t	52
		6.0～12.5	190～240	≥80	18			2.0t	52
		12.5～100.0	190～240	≥80		17			52
	H112	≥6.0～12.5	≥210	≥100	12				62
		12.5～25.0	≥200	≥90		10			58
		25.0～40.0	≥190	≥80		12			52
		40.0～80.0	≥190	≥80		14			52
	H12	0.2～0.5	220～270	≥170	4				66
		0.5～1.5	220～270	≥170	5				66
		1.5～3.0	220～270	≥170	6				66
		3.0～6.0	220～270	≥170	7				66
		6.0～12.5	220～270	≥170	9				66
		12.5～40.0	220～270	≥170		9			66
	H14	0.2～0.5	240～280	≥190	3				72
		0.5～1.5	240～280	≥190	3				72
		1.5～3.0	240～280	≥190	4				72
		3.0～6.0	240～280	≥190	4				72
		6.0～12.5	240～280	≥190	5				72
		12.5～25.0	240～280	≥190		5			72
	H16	0.2～0.5	265～305	≥220	2				80
		0.5～1.5	265～305	≥220	3				80
		1.5～3.0	265～305	≥220	3				80
		3.0～6.0	265～305	≥220	3				80
	H18	0.2～0.5	≥290	≥250	1				88
		0.5～1.5	≥290	≥250	2				88
		1.5～3.0	≥290	≥250	2				88
	H22	0.2～0.5	220～270	≥130	7		1.5t	0.5t	63
		0.5～1.5	220～270	≥130	8		1.5t	1.0t	63
		1.5～3.0	220～270	≥130	10		2.0t	1.5t	63
		3.0～6.0	220～270	≥130	11			1.5t	63

续表

牌号	状态	厚度/mm	抗拉强度 R_m/MPa	屈服强度 $R_{p0.2}$/MPa	伸长率/%（不小于）		弯曲半径		硬度 HBW
					$A_{50\ mm}$	A	180°	90°	
EN AW-5049 (AlMg2Mn0.8)	H22	6.0～12.5	220～270	≥130	10			2.5*t*	63
		12.5～40.0	220～270	≥130		9			63
	H32	0.2～0.5	220～270	≥130	7		1.5*t*	0.5*t*	63
		0.5～1.5	220～270	≥130	8		1.5*t*	1.0*t*	63
		1.5～3.0	220～270	≥130	10		2.0*t*	1.5*t*	63
		3.0～6.0	220～270	≥130	11			1.5*t*	63
		6.0～12.5	220～270	≥130	10			2.5*t*	63
		12.5～40.0	220～270	≥130		9			63
	H24	0.2～0.5	240～280	≥160	6		2.5*t*	1.0*t*	70
		0.5～1.5	240～280	≥160	6		2.5*t*	1.5*t*	70
		1.5～3.0	240～280	≥160	7		2.5*t*	2.0*t*	70
		3.0～6.0	240～280	≥160	8			2.5*t*	70
		6.0～12.5	240～280	≥160	10			3.0*t*	70
		12.5～25.0	240～280	≥160		8			70
	H34	0.2～0.5	240～280	≥160	6		2.5*t*	1.0*t*	70
		0.5～1.5	240～280	≥160	6		2.5*t*	1.5*t*	70
		1.5～3.0	240～280	≥160	7		2.5*t*	2.0*t*	70
		3.0～6.0	240～280	≥160	8			2.5*t*	70
		6.0～12.5	240～280	≥160	10			3.0*t*	70
		12.5～25.0	240～280	≥160		8			70
	H26	0.2～0.5	265～305	≥190	4			1.5*t*	78
		0.5～1.5	265～305	≥190	4			2.0*t*	78
		1.5～3.0	265～305	≥190	5			3.0*t*	78
		3.0～6.0	265～305	≥190	6			3.5*t*	78
	H36	0.2～0.5	265～305	≥190	4			1.5*t*	78
		0.5～1.5	265～305	≥190	4			2.0*t*	78
		1.5～3.0	265～305	≥190	5			3.0*t*	78
		3.0～6.0	265～305	≥190	6			3.5*t*	78
	H28	0.2～0.5	≥290	≥230	3				87
		0.5～1.5	≥290	≥230	3				87
		1.5～3.0	≥290	≥230	4				87
	H38	0.2～0.5	≥290	≥230	3				87
		0.5～1.5	≥290	≥230	3				87
		1.5～3.0	≥290	≥230	4				87
EN AW-5050 [AlMg1.5(C)]	F	≥2.5～80.0	≥130						
	O	0.2～0.5	130～170	≥45	16		0*t*	0*t*	36
		0.5～1.5	130～170	≥45	17		0*t*	0*t*	36
		1.5～3.0	130～170	≥45	19		0.5*t*	0*t*	36
		3.0～6.0	130～170	≥45	21			1.0*t*	36

续表

牌号	状态	厚度/mm	抗拉强度 R_m/MPa	屈服强度 $R_{p0.2}$/MPa	伸长率/%（不小于）		弯曲半径		硬度 HBW
					$A_{50\ mm}$	A	180°	90°	
EN AW-5050 [AlMg1.5(C)]	O	6.0～12.5	130～170	≥45	20			2.0*t*	36
		12.5～50.0	130～170	≥45		20			36
	H111	0.2～0.5	130～170	≥45	16		0*t*	0*t*	36
		0.5～1.5	130～170	≥45	17		0*t*	0*t*	36
		1.5～3.0	130～170	≥45	19		0.5*t*	0*t*	36
		3.0～6.0	130～170	≥45	21			1.0*t*	36
		6.0～12.5	130～170	≥45	20			2.0*t*	36
		12.5～50.0	130～170	≥45		20			36
	H112	≥6.0～12.5	≥140	≥55	12				39
		12.5～40.0	≥140	≥55		10			39
		40.0～80.0	≥140	≥55		10			39
	H12	0.2～0.5	155～195	≥130	2			0*t*	49
		0.5～1.5	155～195	≥130	2			0.5*t*	49
		1.5～3.0	155～195	≥130	4			1.0*t*	49
	H14	0.2～0.5	175～215	≥150	2			0.5*t*	55
		0.5～1.5	175～215	≥150	2			1.0*t*	55
		1.5～3.0	175～215	≥150	3			1.5*t*	55
		3.0～6.0	175～215	≥150	4			2.0*t*	55
	H16	0.2～0.5	195～235	≥170	1			1.0*t*	61
		0.5～1.5	195～235	≥170	2			1.5*t*	61
		1.5～3.0	195～235	≥170	2			2.5*t*	61
		3.0～4.0	195～235	≥170	3			3.0*t*	61
	H18	0.2～0.5	≥220	≥190	1			1.5*t*	68
		0.5～1.5	≥220	≥190	2			2.5*t*	68
		1.5～3.0	≥220	≥190	2				68
	H22	0.2～0.5	155～195	≥110	4		1.0*t*	0*t*	47
		0.5～1.5	155～195	≥110	5		1.0*t*	0.5*t*	47
		1.5～3.0	155～195	≥110	7		1.5*t*	1.0*t*	47
		3.0～6.0	155～195	≥110	10			1.5*t*	47
	H32	0.2～0.5	155～195	≥110	4		1.0*t*	0*t*	47
		0.5～1.5	155～195	≥110	5		1.0*t*	0.5*t*	47
		1.5～3.0	155～195	≥110	7		1.5*t*	1.0*t*	47
		3.0～6.0	155～195	≥110	10			1.5*t*	47
	H24	0.2～0.5	175～215	≥135	3		1.5*t*	0.5*t*	54
		0.5～1.5	175～215	≥135	4		1.5*t*	1.0*t*	54
		1.5～3.0	175～215	≥135	5		2.0*t*	1.5*t*	54
		3.0～6.0	175～215	≥135	8			2.0*t*	54
	H34	0.2～0.5	175～215	≥135	3		1.5*t*	0.5*t*	54
		0.5～1.5	175～215	≥135	4		1.5*t*	1.0*t*	54

续表

牌号	状态	厚度/mm	抗拉强度 R_m/MPa	屈服强度 $R_{p0.2}$/MPa	伸长率/%（不小于）		弯曲半径		硬度 HBW
					$A_{50\ mm}$	A	180°	90°	
EN AW-5050 [AlMg1.5(C)]	H34	1.5～3.0	175～215	≥135	5		2.0t	1.5t	54
		3.0～6.0	175～215	≥135	8			2.0t	54
	H26	0.2～0.5	195～235	≥160	2			1.0t	60
		0.5～1.5	195～235	≥160	3			1.5t	60
		1.5～3.0	195～235	≥160	4			2.5t	60
		3.0～4.0	195～235	≥160	6			3.0t	60
	H36	0.2～0.5	195～235	≥160	2			1.0t	60
		0.5～1.5	195～235	≥160	3			1.5t	60
		1.5～3.0	195～235	≥160	4			2.5t	60
		3.0～4.0	195～235	≥160	6			3.0t	60
	H28	0.2～0.5	≥220	≥180	1			1.5t	67
		0.5～1.5	≥220	≥180	2			2.5t	67
		1.5～3.0	≥220	≥180	3				67
EN AW-5050 [AlMg1.5(C)]	H38	0.2～0.5	≥220	≥180	1			1.5t	67
		0.5～1.5	≥220	≥180	2			2.5t	67
		1.5～3.0	≥220	≥180	3				67
EN AW-5052 (AlMg2.5)	F	≥2.5～80.0	≥165						
	O	0.2～0.5	170～215	≥65	12		0t	0t	47
		0.5～1.5	170～215	≥65	14		0t	0t	47
		1.5～3.0	170～215	≥65	16		0.5t	0.5t	47
		3.0～6.0	170～215	≥65	18			1.0t	47
		6.0～12.5	165～215	≥65	19			2.0t	46
		12.5～80.0	165～215	≥65		18			46
	H111	0.2～0.5	170～215	≥65	12		0t	0t	47
		0.5～1.5	170～215	≥65	14		0t	0t	47
		1.5～3.0	170～215	≥65	16		0.5t	0.5t	47
		3.0～6.0	170～215	≥65	18			1.0t	47
		6.0～12.5	165～215	≥65	19			2.0t	46
		12.5～80.0	165～215	≥65		18			46
	H112	≥6.0～12.5	≥190	≥80	7				55
		12.5～40.0	≥170	≥70		10			47
		40.0～80.0	≥170	≥70		14			47
	H12	0.2～0.5	210～260	≥160	4				63
		0.5～1.5	210～260	≥160	5				63
		1.5～3.0	210～260	≥160	6				63
		3.0～6.0	210～260	≥160	8				63
		6.0～12.5	210～260	≥160	10				63
		12.5～40.0	210～260	≥160		9			63
	H14	0.2～0.5	230～280	≥180	3				69
		0.5～1.5	230～280	≥180	3				69
		1.5～3.0	230～280	≥180	4				69
		3.0～6.0	230～280	≥180	4				69

续表

牌 号	状 态	厚 度/mm	抗拉强度 R_m/MPa	屈服强度 $R_{p0.2}$/MPa	伸长率/%（不小于）		弯曲半径		硬 度 HBW
					$A_{50\ mm}$	A	180°	90°	
EN AW-5052 (AlMg2.5)	H14	6.0～12.5	230～280	≥180	5				69
		12.5～25.0	230～280	≥180		4			69
	H16	0.2～0.5	250～300	≥210	2				76
		0.5～1.5	250～300	≥210	3				76
		1.5～3.0	250～300	≥210	3				76
		3.0～6.0	250～300	≥210	3				76
	H18	0.2～0.5	≥270	≥240	1				83
		0.5～1.5	≥270	≥240	2				83
		1.5～3.0	≥270	≥240	2				83
	H22	0.2～0.5	210～260	≥130	5		1.5*t*	0.5*t*	61
		0.5～1.5	210～260	≥130	6		1.5*t*	1.0*t*	61
		1.5～3.0	210～260	≥130	7		1.5*t*	1.5*t*	61
		3.0～6.0	210～260	≥130	10			1.5*t*	61
		6.0～12.5	210～260	≥130	12			2.5*t*	61
		12.5～40.0	210～260	≥130		12			61
	H32	0.2～0.5	210～260	≥130	5		1.5*t*	0.5*t*	61
		0.5～1.5	210～260	≥130	6		1.5*t*	1.0*t*	61
		1.5～3.0	210～260	≥130	7		1.5*t*	1.5*t*	61
		3.0～6.0	210～260	≥130	10			1.5*t*	61
		6.0～12.5	210～260	≥130	12			2.5*t*	61
		12.5～40.0	210～260	≥130		12			61
	H24	0.2～0.5	230～280	≥150	4		2.0*t*	0.5*t*	67
		0.5～1.5	230～280	≥150	5		2.0*t*	1.5*t*	67
		1.5～3.0	230～280	≥150	6		2.0*t*	2.0*t*	67
		3.0～6.0	230～280	≥150	7			2.5*t*	67
		6.0～12.5	230～280	≥150	9			3.0*t*	67
		12.5～25.0	230～280	≥150		9			67
	H34	0.2～0.5	230～280	≥150	4		2.0*t*	0.5*t*	67
		0.5～1.5	230～280	≥150	5		2.0*t*	1.5*t*	67
		1.5～3.0	230～280	≥150	6		2.0*t*	2.0*t*	67
		3.0～6.0	230～280	≥150	7			2.5*t*	67
		6.0～12.5	230～280	≥150	9			3.0*t*	67
		12.5～25.0	230～280	≥150		9			67
	H26	0.2～0.5	250～300	≥180	3			1.5*t*	74
		0.5～1.5	250～300	≥180	4			2.0*t*	74
		1.5～3.0	250～300	≥180	5			3.0*t*	74
		3.0～6.0	250～300	≥180	6			3.5*t*	74
	H36	0.2～0.5	250～300	≥180	3			1.5*t*	74
		0.5～1.5	250～300	≥180	4			2.0*t*	74

续表

牌号	状态	厚度/mm	抗拉强度 R_m/MPa	屈服强度 $R_{p0.2}$/MPa	伸长率/%（不小于）		弯曲半径		硬度 HBW
					$A_{50\ mm}$	A	180°	90°	
EN AW-5052 (AlMg2.5)	H36	1.5~3.0	250~300	≥180	5			3.0t	74
		3.0~6.0	250~300	≥180	6			3.5t	74
	H28	0.2~0.5	≥270	≥210	3				81
		0.5~1.5	≥270	≥210	3				81
		1.5~3.0	≥270	≥210	4				81
	H38	0.2~0.5	≥270	≥210	3				81
		0.5~1.5	≥270	≥210	3				81
		1.5~3.0	≥270	≥210	4				81
EN AW-5059 (AlMg5.5MnZnZr)	O	≥3.0~6.0	330~380	≥160	24		1.5t		
		6.0~12.5	330~380	≥160	24		4.0t		
		12.5~40.0	330~380	≥160		24			
	H111	≥3.0~6.0	330~380	≥160	24		1.5t		
		6.0~12.5	330~380	≥160	24		4.0t		
		12.5~40.0	330~380	≥160		24			
	H112	≥3.0~6.0	330~380	≥160	20		2.0t		
		6.0~12.5	330~380	≥160	20		4.0t		
		12.5~40.0	330~380	≥160		20			
	H116	≥3.0~6.0	≥370	≥270	10		3.0t		
		6.0~12.5	≥370	≥270	10		6.0t		
		12.5~20.0	≥370	≥270		10			
		20.0~40.0	≥360	≥260		10			
	H321	≥3.0~6.0	≥370	≥270	10		3.0t		
		6.0~12.5	≥370	≥270	10		6.0t		
		12.5~20.0	≥370	≥270		10			
		20.0~40.0	≥360	≥260		10			
EN AW-5070 (AlMg4MnZn)	O	0.5~6.0	270~350	≥125	18		1.0t	1.0t	
	H111	0.5~6.0	270~350	≥125	18		1.0t	1.0t	
EN AW-5083 (AlMg4.5Mn0.7)	F	≥2.5~250.0	≥250						
		250.0~350	≥245						
	O	0.2~0.5	275~350	≥125	11		1.0t	0.5t	75
		0.5~1.5	275~350	≥125	12		1.0t	1.0t	75
		1.5~3.0	275~350	≥125	13		1.5t	1.0t	75
		3.0~6.3	275~350	≥125	15			1.5t	75
		6.3~12.5	270~345	≥115	16			2.5t	75
		12.5~50.0	270~345	≥115		15			75
		50.0~80.0	270~345	≥115		14			73
		80.0~120.0	≥260	≥110		12			70
		120.0~200.0	≥255	≥105		12			69
		200.0~250.0	≥250	≥95		10			69
		250.0~300.0	≥245	≥90		9			69
	H111	0.2~0.5	275~350	≥125	11		1.0t	0.5t	75

续表

牌号	状态	厚度/mm	抗拉强度 R_m/MPa	屈服强度 $R_{p0.2}$/MPa	伸长率/%（不小于）		弯曲半径		硬度 HBW
					$A_{50\,mm}$	A	180°	90°	
EN AW-5083 (AlMg4.5Mn0.7)	H111	0.5～1.5	275～350	≥125	12		1.0t	1.0t	75
		1.5～3.0	275～350	≥125	13		1.5t	1.0t	75
		3.0～6.3	275～350	≥125	15			1.5t	75
		6.3～12.5	270～345	≥115	16			2.5t	75
		12.5～50.0	270～345	≥115		15			75
		50.0～80.0	270～345	≥115		14			73
		80.0～120.0	≥260	≥110		12			70
		120.0～200.0	≥255	≥105		12			69
		200.0～250.0	≥250	≥95		10			69
		250.0～300.0	≥245	≥90		9			69
	H112	≥6.0～12.5	≥275	≥125	12				75
		12.5～40.0	≥275	≥125		10			75
		40.0～80.0	≥270	≥115		10			73
		80.0～120.0	≥260	≥110		10			73
	H116	≥1.5～3.0	≥305	≥215	8		3.0t	2.0t	89
		3.0～6.0	≥305	≥215	10			2.5t	89
		6.0～12.5	≥305	≥215	12			4.0t	89
		12.5～40.0	≥305	≥215		10			89
		40.0～80.0	≥285	≥200		10			83
	H321	≥1.5～3.0	≥305	≥215	8		3.0t	2.0t	89
		3.0～6.0	≥305	≥215	10			2.5t	89
		6.0～12.5	≥305	≥215	12			4.0t	89
		12.5～40.0	≥305	≥215		10			89
		40.0～80.0	≥285	≥200		10			83
	H12	0.2～0.5	315～375	≥250	3				94
		0.5～1.5	315～375	≥250	4				94
		1.5～3.0	315～375	≥250	5				94
		3.0～6.0	315～375	≥250	6				94
		6.0～12.5	315～375	≥250	7				94
		12.5～40.0	315～375	≥250		6			94
	H14	0.2～0.5	340～400	≥280	2				102
		0.5～1.5	340～400	≥280	3				102
		1.5～3.0	340～400	≥280	3				102
		3.0～6.0	340～400	≥280	3				102
		6.0～12.5	340～400	≥280	4				102
		12.5～25.0	340～400	≥280		3			102
	H16	0.2～0.5	360～420	≥300	1				108
		0.5～1.5	360～420	≥300	2				108
		1.5～3.0	360～420	≥300	2				108

续表

牌号	状态	厚度/mm	抗拉强度 R_m/MPa	屈服强度 $R_{p0.2}$/MPa	伸长率/%（不小于）		弯曲半径		硬度 HBW
					$A_{50\ mm}$	A	180°	90°	
EN AW-5083 (AlMg4.5Mn0.7)	H16	3.0～4.0	360～420	≥300	2				108
	H22	0.2～0.5	305～380	≥215	5		2.0t	0.5t	89
		0.5～1.5	305～380	≥215	6		2.0t	1.5t	89
		1.5～3.0	305～380	≥215	7		3.0t	2.0t	89
		3.0～6.0	305～380	≥215	8			2.5t	89
		6.0～12.5	305～380	≥215	10			3.5t	89
		12.5～40.0	305～380	≥215		9			89
	H32	0.2～0.5	305～380	≥215	5		2.0t	0.5t	89
		0.5～1.5	305～380	≥215	6		2.0t	1.5t	89
		1.5～3.0	305～380	≥215	7		3.0t	2.0t	89
		3.0～6.0	305～380	≥215	8			2.5t	89
		6.0～12.5	305～380	≥215	10			3.5t	89
		12.5～40.0	305～380	≥215		9			89
	H24	0.2～0.5	340～400	≥250	4			1.0t	99
		0.5～1.5	340～400	≥250	5			2.0t	99
		1.5～3.0	340～400	≥250	6			2.5t	99
		3.0～6.0	340～400	≥250	7			3.5t	99
		6.0～12.5	340～400	≥250	8			4.5t	99
		12.5～25.0	340～400	≥250		7			99
	H34	0.2～0.5	340～400	≥250	4			1.0t	99
		0.5～1.5	340～400	≥250	5			2.0t	99
		1.5～3.0	340～400	≥250	6			2.5t	99
		3.0～6.0	340～400	≥250	7			3.5t	99
		6.0～12.5	340～400	≥250	8			4.5t	99
		12.5～25.0	340～400	≥250		7			99
	H26	0.2～0.5	360～420	≥280	2				106
		0.5～1.5	360～420	≥280	3				106
		1.5～3.0	360～420	≥280	3				106
		3.0～4.0	360～420	≥280	3				106
	H36	0.2～0.5	360～420	≥280	2				106
		0.5～1.5	360～420	≥280	3				106
		1.5～3.0	360～420	≥280	3				106
		3.0～4.0	360～420	≥280	3				106
EN AW-5086 (AlMg4)	F	≥2.5～150.0	≥240						
	O	0.2～0.5	240～310	≥100	11		1.0t	0.5t	65
		0.5～1.5	240～310	≥100	12		1.0t	1.0t	65
		1.5～3.0	240～310	≥100	13		1.0t	1.0t	65
		3.0～6.0	240～310	≥100	15		1.5t	1.5t	65
		6.0～12.5	240～310	≥100	17			2.5t	65

续表

牌 号	状 态	厚 度/mm	抗拉强度 R_m/MPa	屈服强度 $R_{p0.2}$/MPa	伸长率/%（不小于）		弯曲半径		硬 度 HBW
					$A_{50\ mm}$	A	180°	90°	
EN AW-5086（AlMg4）	O	12.5～150.0	240～310	≥100		16			65
	H111	0.2～0.5	240～310	≥100	11		1.0*t*	0.5*t*	65
		0.5～1.5	240～310	≥100	12		1.0*t*	1.0*t*	65
		1.5～3.0	240～310	≥100	13		1.0*t*	1.0*t*	65
		3.0～6.0	240～310	≥100	15		1.5*t*	1.5*t*	65
		6.0～12.5	240～310	≥100	17			2.5*t*	65
		12.5～150.0	240～310	≥100		16			65
	H112	≥6.0～12.5	≥250	≥105	8				69
		12.5～40.0	≥250	≥105		9			65
		40.0～80.0	≥250	≥100		12			65
	H116	≥1.5～3.0	≥275	≥195	8		2.0*t*	2.0*t*	81
		3.0～6.0	≥275	≥195	9			2.5*t*	81
		6.0～12.5	≥275	≥195	10			3.5*t*	81
		12.5～50.0	≥275	≥195		9			81
	H321	≥1.5～3.0	≥275	≥195	8		2.0*t*	2.0*t*	81
		3.0～6.0	≥275	≥195	9			2.5*t*	81
		6.0～12.5	≥275	≥195	10			3.5*t*	81
		12.5～50.0	≥275	≥195		9			81
	H12	0.2～0.5	275～335	≥200	3				81
		0.5～1.5	275～335	≥200	4				81
		1.5～3.0	275～335	≥200	5				81
		3.0～6.0	275～335	≥200	6				81
		6.0～12.5	275～335	≥200	7				81
		12.5～40.0	275～335	≥200		6			81
	H14	0.2～0.5	300～360	≥240	2				90
		0.5～1.5	300～360	≥240	3				90
		1.5～3.0	300～360	≥240	3				90
		3.0～6.0	300～360	≥240	3				90
		6.0～12.0	300～360	≥240	4				90
		12.5～25.0	300～360	≥240		3			90
	H16	0.2～0.5	325～385	≥270	1				98
		0.5～1.5	325～385	≥270	2				98
		1.5～3.0	325～385	≥270	2				98
		3.0～4.0	325～385	≥270	1				98
	H18	0.2～0.5	≥345	≥290	1				104
		0.5～1.5	≥345	≥290	1				104
		1.5～3.0	≥345	≥290	1				104
	H22	0.2～0.5	275～335	≥185	5		2.0*t*	0.5*t*	80
		0.5～1.5	275～335	≥185	6		2.0*t*	1.5*t*	80

续表

牌号	状态	厚度/mm	抗拉强度 R_m/MPa	屈服强度 $R_{p0.2}$/MPa	伸长率/%（不小于） $A_{50\,mm}$	A	弯曲半径 180°	90°	硬度 HBW
EN AW-5086 (AlMg4)	H22	1.5～3.0	275～335	≥185	7		2.0t	2.0t	80
		3.0～6.0	275～335	≥185	8			2.5t	80
		6.0～12.5	275～335	≥185	10			3.5t	80
		12.5～40.0	275～335	≥185		9			80
	H32	0.2～0.5	275～335	≥185	5		2.0t	0.5t	80
		0.5～1.5	275～335	≥185	6		2.0t	1.5t	80
		1.5～3.0	275～335	≥185	7		2.0t	2.0t	80
		3.0～6.0	275～335	≥185	8			2.5t	80
		6.0～12.5	275～335	≥185	10			3.5t	80
		12.5～40.0	275～335	≥185		9			80
	H24	0.2～0.5	300～360	≥220	4		2.5t	1.0t	88
		0.5～1.5	300～360	≥220	5		2.5t	2.0t	88
		1.5～3.0	300～360	≥220	6		2.5t	2.5t	88
		3.0～6.0	300～360	≥220	7			3.5t	88
		6.0～12.5	300～360	≥220	8			4.5t	88
		12.5～25.0	300～360	≥220		7			88
	H34	0.2～0.5	300～360	≥220	4		2.5t	1.0t	88
		0.5～1.5	300～360	≥220	5		2.5t	2.0t	88
		1.5～3.0	300～360	≥220	6		2.5t	2.5t	88
		3.0～6.0	300～360	≥220	7			3.5t	88
		6.0～12.5	300～360	≥220	8			4.5t	88
		12.5～25.0	300～360	≥220		7			88
	H26	0.2～0.5	325～385	≥250	2				96
		0.5～1.5	325～385	≥250	3				96
		1.5～3.0	325～385	≥250	3				96
		3.0～4.0	325～385	≥250	3				96
	H36	0.2～0.5	325～385	≥250	2				96
		0.5～1.5	325～385	≥250	3				96
		1.5～3.0	325～385	≥250	3				96
		3.0～4.0	325～385	≥250	3				96
EN AW-5088 (AlMg5Mn0.4)	O	3.0～6.0	≥280	≥135		26	1.5t	1.0t	
		6.0～12.5	≥280	≥135		26	1.5t	1.0t	
	H111	3.0～6.0	≥280	≥135		26	1.5t	1.0t	
		6.0～12.5	≥280	≥135		26	1.5t	1.0t	
	F	≥2.5～80.0	≥215						
EN AW-5154A [AlMg3.5(A)]	O	0.2～0.5	215～275	≥85	12		0.5t	0.5t	58
		0.5～1.5	215～275	≥85	13		0.5t	0.5t	58
		1.5～3.0	215～275	≥85	15		1.0t	1.0t	58
		3.0～6.0	215～275	≥85	17			1.5t	58

续表

牌号	状态	厚度/mm	抗拉强度 R_m/MPa	屈服强度 $R_{p0.2}$/MPa	伸长率/%(不小于)		弯曲半径		硬度 HBW
					$A_{50\ mm}$	A	180°	90°	
EN AW-5154A [AlMg3.5(A)]	O	6.0～12.5	215～275	≥85	18			2.5t	58
		12.5～50.0	215～275	≥85		16			58
	H111	0.2～0.5	215～275	≥85	12		0.5t	0.5t	58
		0.5～1.5	215～275	≥85	13		0.5t	0.5t	58
		1.5～3.0	215～275	≥85	15		1.0t	1.0t	58
		3.0～6.0	215～275	≥85	17			1.5t	58
		6.0～12.5	215～275	≥85	18			2.5t	58
		12.5～50.0	215～275	≥85		16			58
	H112	≥6.0～12.5	≥220	≥125	8				63
		12.5～40.0	≥215	≥90		9			59
		40.0～80.0	≥215	≥90		13			59
	H12	0.2～0.5	250～305	≥190	3				75
		0.5～1.5	250～305	≥190	4				75
		1.5～3.0	250～305	≥190	5				75
		3.0～6.0	250～305	≥190	6				75
		6.0～12.5	250～305	≥190	7				75
		12.5～40.0	250～305	≥190		6			75
	H14	0.2～0.5	270～325	≥220	2				81
		0.5～1.5	270～325	≥220	3				81
		1.5～3.0	270～325	≥220	3				81
		3.0～6.0	270～325	≥220	4				81
		6.0～12.5	270～325	≥220	5				81
		12.5～25.0	270～325	≥220		4			81
	H18	0.2～0.5	≥310	≥270	1				94
		0.5～1.5	≥310	≥270	1				94
		1.5～3.0	≥310	≥270	1				94
	H19	0.2～0.5	≥330	≥285	1				100
		0.5～1.5	≥330	≥285	1				100
	H22	0.2～0.5	250～305	≥180	5		1.5t	0.5t	74
		0.5～1.5	250～305	≥180	6		1.5t	1.0t	74
		1.5～3.0	250～305	≥180	7		2.0t	2.0t	74
		3.0～6.0	250～305	≥180	8			2.5t	74
		6.0～12.5	250～305	≥180	10			4.0t	74
		12.5～40.0	250～305	≥180		9			74
	H32	0.2～0.5	250～305	≥180	5		1.5t	0.5t	74
		0.5～1.5	250～305	≥180	6		1.5t	1.0t	74
		1.5～3.0	250～305	≥180	7		2.0t	2.0t	74
		3.0～6.0	250～305	≥180	8			2.5t	74
		6.0～12.5	250～305	≥180	10			4.0t	74

续表

牌号	状态	厚度/mm	抗拉强度 R_m/MPa	屈服强度 $R_{p0.2}$/MPa	伸长率/%（不小于）		弯曲半径		硬度 HBW
					$A_{50\ mm}$	A	180°	90°	
EN AW-5154A [AlMg3.5(A)]	H32	12.5～40.0	250～305	≥180		9			74
	H24	0.2～0.5	270～325	≥200	4		2.5t	1.0t	80
		0.5～1.5	270～325	≥200	5		2.5t	2.0t	80
		1.5～3.0	270～325	≥200	6		3.0t	2.5t	80
		3.0～6.0	270～325	≥200	7			3.0t	80
		6.0～12.5	270～325	≥200	8			4.0t	80
		12.5～25.0	270～325	≥200		7			80
	H34	0.2～0.5	270～325	≥200	4		2.5t	1.0t	80
		0.5～1.5	270～325	≥200	5		2.5t	2.0t	80
		1.5～3.0	270～325	≥200	6		3.0t	2.5t	80
		3.0～6.0	270～325	≥200	7			3.0t	80
		6.0～12.5	270～325	≥200	8			4.0t	80
		12.5～25.0	270～325	≥200		7			80
	H26	0.2～0.5	290～345	≥230	3				87
		0.5～1.5	290～345	≥230	3				87
		1.5～3.0	290～345	≥230	4				87
		3.0～6.0	290～345	≥230	5				87
	H36	0.2～0.5	290～345	≥230	3				87
		0.5～1.5	290～345	≥230	3				87
		1.5～3.0	290～345	≥230	4				87
		3.0～6.0	290～345	≥230	5				87
	H28	0.2～0.5	≥310	≥250	3				93
		0.5～1.5	≥310	≥250	3				93
		1.5～3.0	≥310	≥250	3				93
	H38	0.2～0.5	≥310	≥250	3				93
		0.5～1.5	≥310	≥250	3				93
		1.5～3.0	≥310	≥250	3				93
EN AW-5182 (AlMg4.5Mn0.4)	F	≥2.5～80.0	≥255						
	O	0.2～0.5	255～315	≥110	11		1.0t		69
		0.5～1.5	255～315	≥110	12		1.0t		69
		1.5～3.0	255～315	≥110	13		1.0t		69
	H111	0.2～0.5	255～315	≥110	11		1.0t		69
		0.5～1.5	255～315	≥110	12		1.0t		69
		1.5～3.0	255～315	≥110	13		1.0t		69
	H19	0.2～0.5	≥380	≥320	1				114
		0.5～1.5	≥380	≥320	1				114
EN AW-5251 (AlMg2Mn0.3)	F	≥2.5～80.0	≥160						
	O	0.2～0.5	160～200	≥60	13		0t	0t	44
		0.5～1.5	160～200	≥60	14		0t	0t	44

续表

牌 号	状 态	厚 度/mm	抗拉强度 R_m/MPa	屈服强度 $R_{p0.2}$/MPa	伸长率/%（不小于）		弯曲半径		硬 度 HBW
					$A_{50\ mm}$	A	180°	90°	
EN AW-5251 (AlMg2Mn0.3)	O	1.5～3.0	160～200	≥60	16		0.5t	0.5t	44
		3.0～6.0	160～200	≥60	18			1.0t	44
		6.0～12.5	160～200	≥60	18			2.0t	44
		12.5～50.0	160～200	≥60		18			44
	H111	0.2～0.5	160～200	≥60	13		0t	0t	44
		0.5～1.5	160～200	≥60	14		0t	0t	44
		1.5～3.0	160～200	≥60	16		0.5t	0.5t	44
		3.0～6.0	160～200	≥60	18			1.0t	44
		6.0～12.5	160～200	≥60	18			2.0t	44
		12.5～50.0	160～200	≥60		18			44
	H12	0.2～0.5	190～230	≥150	3		2.0t	0t	58
		0.5～1.5	190～230	≥150	4		2.0t	1.0t	58
		1.5～3.0	190～230	≥150	5		2.0t	1.0t	58
		3.0～6.0	190～230	≥150	8			1.5t	58
		6.0～12.5	190～230	≥150	10			2.5t	58
		12.5～25.0	190～230	≥150		10			58
	H14	0.2～0.5	210～250	≥170	2		2.5t	0.5t	64
		0.5～1.5	210～250	≥170	2		2.5t	1.5t	64
		1.5～3.0	210～250	≥170	3		2.5t	1.5t	64
		3.0～6.0	210～250	≥170	4			2.5t	64
		6.0～12.5	210～250	≥170	5			3.0t	64
	H16	0.2～0.5	230～270	≥200	1		3.5t	1.0t	71
		0.5～1.5	230～270	≥200	2		3.5t	1.5t	71
		1.5～3.0	230～270	≥200	3		3.5t	2.0t	71
		3.0～4.0	230～270	≥200	3			3.0t	71
	H18	0.2～0.5	≥255	≥230	1				79
		0.5～1.5	≥255	≥230	2				79
		1.5～3.0	≥255	≥230	2				79
	H22	0.2～0.5	190～230	≥120	4		1.5t	0t	56
		0.5～1.5	190～230	≥120	6		1.5t	1.0t	56
		1.5～3.0	190～230	≥120	8		1.5t	1.0t	56
		3.0～6.0	190～230	≥120	10			1.5t	56
		6.0～12.5	190～230	≥120	12			2.5t	56
		12.5～25.0	190～230	≥120		12			56
	H32	0.2～0.5	190～230	≥120	4		1.5t	0t	56
		0.5～1.5	190～230	≥120	6		1.5t	1.0t	56
		1.5～3.0	190～230	≥120	8		1.5t	1.0t	56
		3.0～6.0	190～230	≥120	10			1.5t	56
		6.0～12.5	190～230	≥120	12			2.5t	56

续表

牌 号	状 态	厚 度/mm	抗拉强度 R_m/MPa	屈服强度 $R_{p0.2}$/MPa	伸长率/%(不小于)		弯曲半径		硬 度 HBW
					$A_{50\ mm}$	A	180°	90°	
EN AW-5251 (AlMg2Mn0.3)	H32	12.5～25.0	190～230	≥120		12			56
	H24	0.2～0.5	210～250	≥140	3		2.0t	0.5t	62
		0.5～1.5	210～250	≥140	5		2.0t	1.5t	62
		1.5～3.0	210～250	≥140	6		2.0t	1.5t	62
		3.0～6.0	210～250	≥140	8			2.5t	62
		6.0～12.5	210～250	≥140	10			3.0t	62
	H34	0.2～0.5	210～250	≥140	3		2.0t	0.5t	62
		0.5～1.5	210～250	≥140	5		2.0t	1.5t	62
		1.5～3.0	210～250	≥140	6		2.0t	1.5t	62
		3.0～6.0	210～250	≥140	8			2.5t	62
		6.0～12.5	210～250	≥140	10			3.0t	62
	H26	0.2～0.5	230～270	≥170	3		3.0t	1.0t	69
		0.5～1.5	230～270	≥170	4		3.0t	1.5t	69
		1.5～3.0	230～270	≥170	5		3.0t	2.0t	69
		3.0～4.0	230～270	≥170	7			3.0t	69
	H36	0.2～0.5	230～270	≥170	3		3.0t	1.0t	69
		0.5～1.5	230～270	≥170	4		3.0t	1.5t	69
		1.5～3.0	230～270	≥170	5		3.0t	2.0t	69
		3.0～4.0	230～270	≥170	7			3.0t	69
	H28	0.2～0.5	≥255	≥200	2				77
		0.5～1.5	≥255	≥200	3				77
		1.5～3.0	≥255	≥200	3				77
	H38	0.2～0.5	≥255	≥200	2				77
		0.5～1.5	≥255	≥200	3				77
		1.5～3.0	≥255	≥200	3				77
EN AW-5383 (AlMg4.5Mn0.9)	O	0.2～0.5	290～360	≥145	11		1.0t	0.5t	85
		0.5～1.5	290～360	≥145	12		1.0t	1.0t	85
		1.5～3.0	290～360	≥145	13		1.5t	1.0t	85
		3.0～6.0	290～360	≥145	15			1.5t	85
		6.0～12.5	290～360	≥145	16			2.5t	85
		12.5～50.0	290～360	≥145		15			85
		50.0～80.0	285～355	≥135		14			80
		80.0～120.0	≥275	≥130		12			76
		120.0～150.0	≥270	≥125		12			75
	H111	0.2～0.5	290～360	≥145	11		1.0t	0.5t	85
		0.5～1.5	290～360	≥145	12		1.0t	1.0t	85
		1.5～3.0	290～360	≥145	13		1.5t	1.0t	85
		3.0～6.0	290～360	≥145	15			1.5t	85
		6.0～12.5	290～360	≥145	16			2.5t	85

续表

牌　号	状　态	厚　度/mm	抗拉强度 R_m/MPa	屈服强度 $R_{p0.2}$/MPa	伸长率/%(不小于)		弯曲半径		硬　度 HBW
					$A_{50\ mm}$	A	180°	90°	
EN AW-5383 (AlMg4.5Mn0.9)	H111	12.5～50.0	290～360	≥145		15			85
		50.0～80.0	285～355	≥135		14			80
		80.0～120.0	≥275	≥130		12			76
		120.0～150.0	≥270	≥125		12			75
	H112	≥6.0～12.5	≥290	≥145	12				85
		12.5～40.0	≥290	≥145		10			85
		40.0～80.0	≥285	≥135		10			80
	H116	≥1.5～3.0	≥305	≥220	8		3.0t	2.0t	90
		3.0～6.0	≥305	≥220	10			2.5t	90
		6.0～12.5	≥305	≥220	12			4.0t	90
		12.5～40.0	≥305	≥220		10			90
		40.0～80.0	≥285	≥205		10			84
	H321	≥1.5～3.0	≥305	≥220	8		3.0t	2.0t	90
		3.0～6.0	≥305	≥220	10			2.5t	90
		6.0～12.5	≥305	≥220	12			4.0t	90
		12.5～40.0	≥305	≥220		10			90
		40.0～80.0	≥285	≥205		10			84
	H22	0.2～0.5	305～380	≥220	5		2.0t	0.5t	90
		0.5～1.5	305～380	≥220	6		2.0t	1.5t	90
		1.5～3.0	305～380	≥220	7		3.0t	2.0t	90
		3.0～6.0	305～380	≥220	8			2.5t	90
		6.0～12.5	305～380	≥220	10			3.5t	90
		12.5～40.0	305～380	≥220		9			90
	H32	0.2～0.5	305～380	≥220	5		2.0t	0.5t	90
		0.5～1.5	305～380	≥220	6		2.0t	1.5t	90
		1.5～3.0	305～380	≥220	7		3.0t	2.0t	90
		3.0～6.0	305～380	≥220	8			2.5t	90
		6.0～12.5	305～380	≥220	10			3.5t	90
		12.5～40.0	305～380	≥220		9			90
	H24	0.2～0.5	340～400	≥270	4			1.0t	105
		0.5～1.5	340～400	≥270	5			2.0t	105
		1.5～3.0	340～400	≥270	6			2.5t	105
		3.0～6.0	340～400	≥270	7			3.5t	105
		6.0～12.5	340～400	≥270	8			4.5t	105
		12.5～25.0	340～400	≥270		7			105
	H34	0.2～0.5	340～400	≥270	4			1.0t	105
		0.5～1.5	340～400	≥270	5			2.0t	105
		1.5～3.0	340～400	≥270	6			2.5t	105
		3.0～6.0	340～400	≥270	7			3.5t	105

续表

牌　号	状　态	厚　度/mm	抗拉强度 R_m/MPa	屈服强度 $R_{p0.2}$/MPa	伸长率/%（不小于） $A_{50\ mm}$	伸长率/%（不小于） A	弯曲半径 180°	弯曲半径 90°	硬　度 HBW
EN AW-5383 (AlMg4.5Mn0.9)	H34	6.0～12.5	340～400	≥270	8			4.5t	105
		12.5～25.0	340～400	≥270		7			105
EN AW-5449 [AlMg2Mn0.8(B)]	O	0.5～1.5	190～240	≥80	14				
		1.5～3.0	190～240	≥80	16				
	H111	0.5～1.5	190～240	≥80	14				
		1.5～3.0	190～240	≥80	16				
	H22	0.5～1.5	220～270	≥130	8				
		1.5～3.0	220～270	≥130	10				
	H24	0.5～1.5	240～280	≥160	6				
		1.5～3.0	240～280	≥160	7				
	H26	0.5～1.5	265～305	≥190	4				
		1.5～3.0	265～305	≥190	5				
	H28	0.5～1.5	≥290	≥230	3				
		1.5～3.0	≥290	≥230	4				
EN AW-5454 (AlMg3Mn)	F	≥2.5～120.0	≥215						
		120.0～150.0	≥205						
	O	0.2～0.5	215～275	≥85	12		0.5t	0.5t	58
		0.5～1.5	215～275	≥85	13		0.5t	0.5t	58
		1.5～3.0	215～275	≥85	15		1.0t	1.0t	58
		3.0～6.0	215～275	≥85	17			1.5t	58
		6.0～12.5	215～275	≥85	18			2.5t	58
		12.5～80.0	215～275	≥85		16			58
	H111	0.2～0.5	215～275	≥85	12		0.5t	0.5t	58
		0.5～1.5	215～275	≥85	13		0.5t	0.5t	58
		1.5～3.0	215～275	≥85	15		1.0t	1.0t	58
		3.0～6.0	215～275	≥85	17			1.5t	58
		6.0～12.5	215～275	≥85	18			2.5t	58
		12.5～80.0	215～275	≥85		16			58
	H112	≥6.0～12.5	≥220	≥125	8				63
		12.5～40.0	≥215	≥90		9			59
		40.0～120.0	≥215	≥90		13			59
	H12	0.2～0.5	250～305	≥190	3				75
		0.5～1.5	250～305	≥190	4				75
		1.5～3.0	250～305	≥190	5				75
		3.0～6.0	250～305	≥190	6				75
		6.0～12.5	250～305	≥190	7				75
		12.5～40.0	250～305	≥190		6			75
	H14	0.2～0.5	270～325	≥220	2				81
		0.5～1.5	270～325	≥220	3				81

续表

牌号	状态	厚度/mm	抗拉强度 R_m/MPa	屈服强度 $R_{p0.2}$/MPa	伸长率/%（不小于）		弯曲半径		硬度 HBW
					$A_{50\ mm}$	A	180°	90°	
EN AW-5454 (AlMg3Mn)	H14	1.5～3.0	270～325	≥220	3				81
		3.0～6.0	270～325	≥220	4				81
		6.0～12.5	270～325	≥220	5				81
		12.5～25.0	270～325	≥220		4			81
	H22	0.2～0.5	250～305	≥180	5		1.5t	0.5t	74
		0.5～1.5	250～305	≥180	6		1.5t	1.0t	74
		1.5～3.0	250～305	≥180	7		2.0t	2.0t	74
		3.0～6.0	250～305	≥180	8			2.5t	74
		6.0～12.5	250～305	≥180	10			4.0t	74
		12.5～40.0	250～305	≥180		9			74
	H32	0.2～0.5	250～305	≥180	5		1.5t	0.5t	74
		0.5～1.5	250～305	≥180	6		1.5t	1.0t	74
		1.5～3.0	250～305	≥180	7		2.0t	2.0t	74
		3.0～6.0	250～305	≥180	8			2.5t	74
		6.0～12.5	250～305	≥180	10			4.0t	74
		12.5～40.0	250～305	≥180		9			74
	H24	0.2～0.5	270～325	≥200	4		2.5t	1.0t	80
		0.5～1.5	270～325	≥200	5		2.5t	2.0t	80
		1.5～3.0	270～325	≥200	6		3.0t	2.5t	80
		3.0～6.0	270～325	≥200	7			3.0t	80
		6.0～12.5	270～325	≥200	8			4.0t	80
		12.5～25.0	270～325	≥200		7			80
	H34	0.2～0.5	270～325	≥200	4		2.5t	1.0t	80
		0.5～1.5	270～325	≥200	5		2.5t	2.0t	80
		1.5～3.0	270～325	≥200	6		3.0t	2.5t	80
		3.0～6.0	270～325	≥200	7			3.0t	80
		6.0～12.5	270～325	≥200	8			4.0t	80
		12.5～25.0	270～325	≥200		7			80
	H26	0.2～0.5	290～345	≥230	3				87
		0.5～1.5	290～345	≥230	3				87
		1.5～3.0	290～345	≥230	4				87
		3.0～6.0	290～345	≥230	5				87
	H36	0.2～0.5	290～345	≥230	3				87
		0.5～1.5	290～345	≥230	3				87
		1.5～3.0	290～345	≥230	4				87
		3.0～6.0	290～345	≥230	5				87
	H28	0.2～0.5	≥310	≥250	3				93
		0.5～1.5	≥310	≥250	3				93
		1.5～3.0	≥310	≥250	3				93

续表

牌　号	状　态	厚　度/mm	抗拉强度 R_m/MPa	屈服强度 $R_{p0.2}$/MPa	伸长率/%(不小于)		弯曲半径		硬　度 HBW
					$A_{50\ mm}$	A	180°	90°	
EN AW-5454 (AlMg3Mn)	H38	0.2～0.5	≥310	≥250	3				93
		0.5～1.5	≥310	≥250	3				93
		1.5～3.0	≥310	≥250	3				93
EN AW-5754 (AlMg3)	F	≥2.5～100.0	≥190						
		100.0～150.0	≥180						
	O	0.2～0.5	190～240	≥80	12		0.5*t*	0*t*	52
		0.5～1.5	190～240	≥80	14		0.5*t*	0.5*t*	52
		1.5～3.0	190～240	≥80	16		1.0*t*	1.0*t*	52
		3.0～6.0	190～240	≥80	18		1.0*t*	1.0*t*	52
		6.0～12.5	190～240	≥80	18			2.0*t*	52
		12.5～100.0	190～240	≥80		17			52
	H111	0.2～0.5	190～240	≥80	12		0.5*t*	0*t*	52
		0.5～1.5	190～240	≥80	14		0.5*t*	0.5*t*	52
		1.5～3.0	190～240	≥80	16		1.0*t*	1.0*t*	52
		3.0～6.0	190～240	≥80	18		1.0*t*	1.0*t*	52
		6.0～12.5	190～240	≥80	18			2.0*t*	52
		12.5～100.0	190～240	≥80		17			52
	H112	≥6.0～12.5	≥190	≥100	12				62
		12.5～25.0	≥190	≥90		10			58
		25.0～40.0	≥190	≥80		12			52
		40.0～80.0	≥190	≥80		14			52
	H12	0.2～0.5	220～270	≥170	4				66
		0.5～1.5	220～270	≥170	5				66
		1.5～3.0	220～270	≥170	6				66
		3.0～6.0	220～270	≥170	7				66
		6.0～12.5	220～270	≥170	9				66
		12.5～40.0	220～270	≥170		9			66
	H14	0.2～0.5	240～280	≥190	3				72
		0.5～1.5	240～280	≥190	3				72
		1.5～3.0	240～280	≥190	4				72
		3.0～6.0	240～280	≥190	4				72
		6.0～12.5	240～280	≥190	5				72
		12.5～25.0	240～280	≥190		5			72
	H16	0.2～0.5	265～305	≥220	2				80
		0.5～1.5	265～305	≥220	3				80
		1.5～3.0	265～305	≥220	3				80
		3.0～6.0	265～305	≥220	3				80
	H18	0.2～0.5	≥290	≥250	1				88
		0.5～1.5	≥290	≥250	2				88

续表

牌号	状态	厚度/mm	抗拉强度 R_m/MPa	屈服强度 $R_{p0.2}$/MPa	伸长率/%(不小于)		弯曲半径		硬度 HBW
					$A_{50\ mm}$	A	180°	90°	
EN AW-5754 (AlMg3)	H18	1.5～3.0	≥290	≥250	2				88
	H22	0.2～0.5	220～270	≥130	7		1.5t	0.5t	63
		0.5～1.5	220～270	≥130	8		1.5t	1.0t	63
		1.5～3.0	220～270	≥130	10		2.0t	1.5t	63
		3.0～6.0	220～270	≥130	11			1.5t	63
		6.0～12.5	220～270	≥130	10			2.5t	63
		12.5～40.0	220～270	≥130		9			63
	H32	0.2～0.5	220～270	≥130	7		1.5t	0.5t	63
		0.5～1.5	220～270	≥130	8		1.5t	1.0t	63
		1.5～3.0	220～270	≥130	10		2.0t	1.5t	63
		3.0～6.0	220～270	≥130	11			1.5t	63
		6.0～12.5	220～270	≥130	10			2.5t	63
		12.5～40.0	220～270	≥130		9			63
	H24	0.2～0.5	240～280	≥160	6		2.5t	1.0t	70
		0.5～1.5	240～280	≥160	6		2.5t	1.5t	70
		1.5～3.0	240～280	≥160	7		2.5t	2.0t	70
		3.0～6.0	240～280	≥160	8			2.5t	70
		6.0～12.5	240～280	≥160	10			3.0t	70
		12.5～25.0	240～280	≥160		8			70
	H34	0.2～0.5	240～280	≥160	6		2.5t	1.0t	70
		0.5～1.5	240～280	≥160	6		2.5t	1.5t	70
		1.5～3.0	240～280	≥160	7		2.5t	2.0t	70
		3.0～6.0	240～280	≥160	8			2.5t	70
		6.0～12.5	240～280	≥160	10			3.0t	70
		12.5～25.0	240～280	≥160		8			70
	H26	0.2～0.5	265～305	≥190	4			1.5t	78
		0.5～1.5	265～305	≥190	4			2.0t	78
		1.5～3.0	265～305	≥190	5			3.0t	78
		3.0～6.0	265～305	≥190	6			3.5t	78
	H36	0.2～0.5	265～305	≥190	4			1.5t	78
		0.5～1.5	265～305	≥190	4			2.0t	78
		1.5～3.0	265～305	≥190	5			3.0t	78
		3.0～6.0	265～305	≥190	6			3.5t	78
	H28	0.2～0.5	≥290	≥230	3				87
		0.5～1.5	≥290	≥230	3				87
		1.5～3.0	≥290	≥230	4				87
	H38	0.2～0.5	≥290	≥230	3				87
		0.5～1.5	≥290	≥230	3				87
		1.5～3.0	≥290	≥230	4				87

续表

牌　号	状　态	厚　度/mm	抗拉强度 R_m/MPa	屈服强度 $R_{p0.2}$/MPa	伸长率/%（不小于）		弯曲半径		硬　度 HBW
					$A_{50\ mm}$	A	180°	90°	
EN AW-6016 (AlSi1.2Mg0.4)	T4	≥0.4～3.0	170～250	80～140	24		0.5t	0.5t	55
	T6	≥0.4～3.0	260～300	180～260	10				80
EN AW-6025 (AlMg2.5Si MnCu)	O	≥0.2～1.0	160～220	≥60	8		0t		
		1.0～5.0	160～220	≥60	10		0t		
	H21	≥0.2～1.0	170～220	≥100	4		0.5t		
		1.0～5.0	170～220	≥100	5		1.0t		
	H32	≥0.2～0.8	180～230	≥135	2		0.5t		
		0.8～1.5	180～230	≥135	3		0.5t		
		1.5～5.0	180～230	≥135	4		1.0t		
	H34	≥0.2～0.5	210～250	≥165	2		2.0t		
		0.5～1.3	210～250	≥165	2		2.0t		
		1.3～5.0	210～250	≥165	3		2.0t		
	H36	≥0.2～0.5	220～260	≥185	2		3.0t		
		0.5～1.3	220～260	≥185	3		3.0t		
		1.3～5.0	220～260	≥185	4		3.0t		
EN AW-6061 (AlMg1SiCu)	O	≥0.4～1.5	≤150	≤85	14		1.0t	0.5t	40
		1.5～3.0	≤150	≤85	16		1.0t	1.0t	40
		3.0～6.0	≤150	≤85	19			1.0t	40
		6.0～12.5	≤150	≤85	16			2.0t	40
		12.5～25.0	≤150			16			40
	T4	≥0.4～1.5	≥205	≥110	12		1.5t	1.0t	58
		1.5～3.0	≥205	≥110	14		2.0t	1.5t	58
		3.0～6.0	≥205	≥110	16			3.0t	58
		6.0～12.5	≥205	≥110	18			4.0t	58
		12.5～40.0	≥205	≥110		15			58
		40.0～80.0	≥205	≥110		14			58
	T451	≥0.4～1.5	≥205	≥110	12		1.5t	1.0t	58
		1.5～3.0	≥205	≥110	14		2.0t	1.5t	58
		3.0～6.0	≥205	≥110	16			3.0t	58
		6.0～12.5	≥205	≥110	18			4.0t	58
		12.5～40.0	≥205	≥110		15			58
		40.0～80.0	≥205	≥110		14			58
	T42	≥0.4～1.5	≥205	≥95	12			1.0t	57
		1.5～3.0	≥205	≥95	14			1.5t	57
		3.0～6.0	≥205	≥95	16			3.0t	57
		6.0～12.5	≥205	≥95	18			4.0t	57
		12.5～40.0	≥205	≥95		15			57
		40.0～80.0	≥205	≥95		14			57
	T6	≥0.4～1.5	≥290	≥240	6			2.5t	88

续表

牌号	状态	厚度/mm	抗拉强度 R_m/MPa	屈服强度 $R_{p0.2}$/MPa	伸长率/%(不小于)		弯曲半径		硬度 HBW
					$A_{50\,mm}$	A	180°	90°	
EN AW-6061 (AlMg1SiCu)	T6	1.5～3.0	≥290	≥240	7			3.5t	88
		3.0～6.0	≥290	≥240	10			4.0t	88
		6.0～12.5	≥290	≥240	9			5.0t	88
		12.5～40.0	≥290	≥240		8			88
		40.0～80.0	≥290	≥240		6			88
		80.0～100.0	≥290	≥240		5			88
		100.0～150.0	≥275	≥240		5			84
		150.0～250.0	≥265	≥230		4			81
		250.0～350.0	≥260	≥220		4			80
		350.0～400.0	≥260	≥220		2			80
	T651	≥0.4～1.5	≥290	≥240	6			2.5t	88
		1.5～3.0	≥290	≥240	7			3.5t	88
		3.0～6.0	≥290	≥240	10			4.0t	88
		6.0～12.5	≥290	≥240	9			5.0t	88
		12.5～40.0	≥290	≥240		8			88
		40.0～80.0	≥290	≥240		6			88
		80.0～100.0	≥290	≥240		5			88
		100.0～150.0	≥275	≥240		5			84
		150.0～250.0	≥265	≥230		4			81
		250.0～350.0	≥260	≥220		4			80
		350.0～400.0	≥260	≥220		2			80
	T62	≥0.4～1.5	≥290	≥240	6			2.5t	88
		1.5～3.0	≥290	≥240	7			3.5t	88
		3.0～6.0	≥290	≥240	10			4.0t	88
		6.0～12.5	≥290	≥240	9			5.0t	88
		12.5～40.0	≥290	≥240		8			88
		40.0～80.0	≥290	≥240		6			88
		80.0～100.0	≥290	≥240		5			88
		100.0～150.0	≥275	≥240		5			84
		150.0～250.0	≥265	≥230		4			81
		250.0～350.0	≥260	≥220		4			80
		350.0～400.0	≥260	≥220		2			80
EN AW-6082 (AlSi1MgMn)	O	≥0.4～1.5	≤150	≤85	14		1.0t	0.5t	40
		1.5～3.0	≤150	≤85	16		1.0t	1.0t	40
		3.0～6.0	≤150	≤85	18			1.5t	40
		6.0～12.5	≤150	≤85	17			2.5t	40
		12.54025.0	≤155				16		
	T4	≥0.4～1.5	≥205	≥110	12		3.0t	1.5t	58
		1.5～3.0	≥205	≥110	14		3.0t	2.0t	58

续表

牌号	状态	厚度/mm	抗拉强度 R_m/MPa	屈服强度 $R_{p0.2}$/MPa	伸长率/%（不小于）		弯曲半径		硬度 HBW
					$A_{50\ mm}$	A	180°	90°	
EN AW-6082 (AlSi1MgMn)	T4	3.0～6.0	≥205	≥110	15			3.0t	58
		6.0～12.5	≥205	≥110	14			4.0t	58
		12.5～40.0	≥205	≥110		13			58
		40.0～80.0	≥205	≥110		12			58
	T451	≥0.4～1.5	≥205	≥110	12		3.0t	1.5t	58
		1.5～3.0	≥205	≥110	14		3.0t	2.0t	58
		3.0～6.0	≥205	≥110	15			3.0t	58
		6.0～12.5	≥205	≥110	14			4.0t	58
		12.5～40.0	≥205	≥110		13			58
		40.0～80.0	≥205	≥110		12			58
	T42	≥0.4～1.5	≥205	≥95	12			1.5t	57
		1.5～3.0	≥205	≥95	14			2.0t	57
		3.0～6.0	≥205	≥95	15			3.0t	57
		6.0～12.5	≥205	≥95	14			4.0t	57
		12.5～40.0	≥205	≥95		13			57
		40.0～80.0	≥205	≥95		12			57
	T6	≥0.4～1.5	≥310	≥260	6			2.5t	94
		1.5～3.0	≥310	≥260	7			3.5t	94
		3.0～6.0	≥310	≥260	10			4.5t	94
		6.0～12.5	≥300	≥255	9			6.0t	91
		12.5～60.0	≥295	≥240		8			89
		60.0～100.0	≥295	≥240		7			89
		100.0～150.0	≥275	≥240		6			84
		150.0～175.0	≥275	≥230		4			83
		175.0～350.0	≥260	≥220		2			
	T651	≥0.4～1.5	≥310	≥260	6			2.5t	94
		1.5～3.0	≥310	≥260	7			3.5t	94
		3.0～6.0	≥310	≥260	10			4.5t	94
		6.0～12.5	≥300	≥255	9			6.0t	91
		12.5～60.0	≥295	≥240		8			89
		60.0～100.0	≥295	≥240		7			89
		100.0～150.0	≥275	≥240		6			84
		150.0～175.0	≥275	≥230		4			83
		175.0～350.0	≥260	≥220		2			
	T62	≥0.4～1.5	≥310	≥260	6			2.5t	94
		1.5～3.0	≥310	≥260	7			3.5t	94
		3.0～6.0	≥310	≥260	10			4.5t	94
		6.0～12.5	≥300	≥255	9			6.0t	91
		12.5～60.0	≥295	≥240		8			89

续表

牌号	状态	厚度/mm	抗拉强度 R_m/MPa	屈服强度 $R_{p0.2}$/MPa	伸长率/%(不小于)		弯曲半径		硬度 HBW
					$A_{50\ mm}$	A	180°	90°	
EN AW-6082 (AlSi1MgMn)	T62	60.0～100.0	≥295	≥240		7			89
		100.0～150.0	≥275	≥240		6			84
		150.0～175.0	≥275	≥230		4			83
		175.0～350.0	≥260	≥220		2			82
	T61	≥0.4～1.5	≥280	≥205	10			2.0t	82
		1.5～3.0	≥280	≥205	11			2.5t	82
		3.0～6.0	≥280	≥205	11			4.0t	82
		6.0～12.5	≥280	≥205	12			5.0t	82
		12.5～60.0	≥275	≥200		12			81
		60.0～100.0	≥275	≥200		10			81
		100.0～150.0	≥275	≥200		9			81
		150.0～175.0	≥275	≥200		8			81
	T6151	≥0.4～1.5	≥280	≥205	10			2.0t	82
		1.5～3.0	≥280	≥205	11			2.5t	82
		3.0～6.0	≥280	≥205	11			4.0t	82
		6.0～12.5	≥280	≥205	12			5.0t	82
		12.5～60.0	≥275	≥200		12			81
		60.0～100.0	≥275	≥200		10			81
		100.0～150.0	≥275	≥200		9			81
		150.0～175.0	≥275	≥200		8			81
EN AW-7010 (AlZn6MgCu)	T6	6.0～12.5	≥570	≥520		6		12.0t	190
		12.5～25.0	≥570	≥520		6			190
		25.0～50.0	≥560	≥510		5			185
		50.0～76.0	≥560	≥510		5			185
		76.0～127.0	≥550	≥500		4			185
		127.0～152.4	≥540	≥490		2			180
		152.4～203.2	≥525	≥480		2			180
		203.2～254.0	≥505	≥460		1			175
		254.0～300.0	≥470	≥435		1			175
	T651	6.0～12.5	≥570	≥520		6		12.0t	190
		12.5～25.0	≥570	≥520		6			190
		25.0～50.0	≥560	≥510		5			185
		50.0～76.0	≥560	≥510		5			185
		76.0～127.0	≥550	≥500		4			185
		127.0～152.4	≥540	≥490		2			180
		152.4～203.2	≥525	≥480		2			180
		203.2～254.0	≥505	≥460		1			175
		254.0～300.0	≥470	≥435		1			175
	T652	6.0～12.5	≥570	≥520		6		12.0t	190

续表

牌号	状态	厚度/mm	抗拉强度 R_m/MPa	屈服强度 $R_{p0.2}$/MPa	伸长率/%(不小于) $A_{50\,mm}$	伸长率/%(不小于) A	弯曲半径 180°	弯曲半径 90°	硬度 HBW
EN AW-7010 (AlZn6MgCu)	T652	12.5～25.0	≥570	≥520		6			190
		25.0～50.0	≥560	≥510		5			185
		50.0～76.0	≥560	≥510		5			185
		76.0～127.0	≥550	≥500		4			185
		127.0～152.4	≥540	≥490		2			180
		152.4～203.2	≥525	≥480		2			180
		203.2～254.0	≥505	≥460		1			175
		254.0～300.0	≥470	≥435		1			175
	T62	6.0～12.5	≥570	≥520		6		12.0*t*	190
		12.5～25.0	≥570	≥520		6			190
		25.0～50.0	≥560	≥510		5			185
		50.0～76.0	≥560	≥510		5			185
		76.0～127.0	≥550	≥500		4			185
		127.0～152.4	≥540	≥490		2			180
		152.4～203.2	≥525	≥480		2			180
		203.2～254.0	≥505	≥460		1			175
		254.0～300.0	≥470	≥435		1			175
	T76	6.0～12.5	≥525	≥455		6		12.0*t*	
		12.5～51.0	≥525	≥455		6			
		51.0～63.5	≥515	≥450		6			
		63.5～76.0	≥510	≥440		5			
		76.0～102.0	≥505	≥435		5			
		102.0～127.0	≥495	≥425		5			
		127.0～140.0	≥495	≥420		4			
	T7651	6.0～12.5	≥525	≥455		6		12.0*t*	
		12.5～51.0	≥525	≥455		6			
		51.0～63.5	≥515	≥450		6			
		63.5～76.0	≥510	≥440		5			
		76.0～102.0	≥505	≥435		5			
		102.0～127.0	≥495	≥425		5			
		127.0～140.0	≥495	≥420		4			
	T74	6.0～12.5	≥495	≥425		6		12.0*t*	
		12.5～51.0	≥495	≥425		6			
		51.0～63.5	≥495	≥425		6			
		63.5～102.0	≥490	≥420		6			
		102.0～127.0	≥475	≥405		5			
		127.0～140.0	≥460	≥395		5			
	T7451	6.0～12.5	≥495	≥425		6		12.0*t*	
		12.5～51.0	≥495	≥425		6			

续表

牌号	状态	厚度/mm	抗拉强度 R_m/MPa	屈服强度 $R_{p0.2}$/MPa	伸长率/%（不小于）		弯曲半径		硬度 HBW
					$A_{50\ mm}$	A	180°	90°	
EN AW-7010 (AlZn6MgCu)	T7451	51.0～63.5	≥495	≥425		6			
		63.5～102.0	≥490	≥420		6			
		102.0～127.0	≥475	≥405		5			
		127.0～140.0	≥460	≥395		5			
	T73	6.0～12.5	≥470	≥380		7		12.0t	
		12.5～51.0	≥470	≥380		7			
		51.0～76.0	≥470	≥380		7			
		76.0～102.0	≥460	≥370		7			
		102.0～127.0	≥455	≥365		6			
		127.0～140.0	≥450	≥360		5			
	T7351	6.0～12.5	≥470	≥380		7		12.0t	
		12.5～51.0	≥470	≥380		7			
		51.0～76.0	≥470	≥380		7			
		76.0～102.0	≥460	≥370		7			
		102.0～127.0	≥455	≥365		6			
		127.0～140.0	≥450	≥360		5			
EN AW-7020 (AlZn4.5Mg1)	O	≥0.4～1.5	≤220	≤140	12				45
		1.5～3.0	≤220	≤140	13				45
		3.0～6.0	≤220	≤140	15				45
		6.0～12.5	≤220	≤140	12				45
	T4	≥0.4～1.5	≥320	≥210	11			2.0t	92
		1.5～3.0	≥320	≥210	12			2.5t	92
		3.0～6.0	≥320	≥210	13			3.5t	92
		6.0～12.5	≥320	≥210	14			5.0t	92
	T451	≥0.4～1.5	≥320	≥210	11			2.0t	92
		1.5～3.0	≥320	≥210	12			2.5t	92
		3.0～6.0	≥320	≥210	13			3.5t	92
		6.0～12.5	≥320	≥210	14			5.0t	92
	T6	≥0.4～1.5	≥350	≥280	7			3.5t	104
		1.5～3.0	≥350	≥280	8			4.0t	104
		3.0～6.0	≥350	≥280	10			5.5t	104
		6.0～12.5	≥350	≥280	10			8.0t	104
		12.5～40.0	≥350	≥280		9			104
		40.0～100.0	≥340	≥270		8			101
		100.0～150.0	≥330	≥260		7			98
		150.0～175.0	≥330	≥260		6			98
		175.0～250.0	≥330	≥260		5			

续表

牌号	状态	厚度/mm	抗拉强度 R_m/MPa	屈服强度 $R_{p0.2}$/MPa	伸长率/%（不小于）		弯曲半径		硬度 HBW
					$A_{50\ mm}$	A	180°	90°	
EN AW-7020 (AlZn4.5Mg1)	T62	≥0.4～1.5	≥350	≥280	7			3.5t	104
		1.5～3.0	≥350	≥280	8			4.0t	104
		3.0～6.0	≥350	≥280	10			5.5t	104
		6.0～12.5	≥350	≥280	10			8.0t	104
		12.5～40.0	≥350	≥280		9			104
		40.0～100.0	≥340	≥270		8			101
		100.0～150.0	≥330	≥260		7			98
		150.0～175.0	≥330	≥260		6			98
		175.0～250.0	≥330	≥260		5			
EN AW-7021 (AlZn5.5Mg1.5)	T6	≥1.5～3.0	≥400	≥350	7				121
		3.0～6.0	≥400	≥350	8				121
EN AW-7022 (AlZn5Mg3Cu)	T6	≥3.0～12.5	≥450	≥370	8				133
		12.5～25.0	≥450	≥370		8			133
		25.0～50.0	≥450	≥370		7			133
		50.0～100.0	≥430	≥350		5			127
		100.0～200.0	≥410	≥330		3			121
	T651	≥3.0～12.5	≥450	≥370	8				133
		12.5～25.0	≥450	≥370		8			133
		25.0～50.0	≥450	≥370		7			133
		50.0～100.0	≥430	≥350		5			127
		100.0～200.0	≥410	≥330		3			121
EN AW-7075 (AlZn5.5MgCu)	O	≥0.4～0.8	≤275	≤145	10		1.0t	0.5t	55
		0.8～1.5	≤275	≤145	10		2.0t	1.0t	55
		1.5～3.0	≤275	≤145	10		3.0t	1.0t	55
		3.0～6.0	≤275	≤145	10			2.5t	55
		6.0～12.5	≤275	≤145	10			4.0t	55
		12.5～75.0	≤275			9			55
	T6	≥0.4～0.8	≥525	≥460	6			4.5t	157
		0.8～1.5	≥540	≥460	6			5.5t	160
		1.5～3.0	≥540	≥470	7			6.5t	161
		3.0～6.0	≥545	≥475	8			8.0t	163
		6.0～12.5	≥540	≥460	8			12.0t	160
		12.5～25.0	≥540	≥470		6			161
		25.0～50.0	≥530	≥460		5			158
		50.0～60.0	≥525	≥440		4			155
		60.0～80.0	≥495	≥420		4			147

续表

牌号	状态	厚度/mm	抗拉强度 R_m/MPa	屈服强度 $R_{p0.2}$/MPa	伸长率/%(不小于)		弯曲半径		硬度 HBW
					$A_{50\ mm}$	A	180°	90°	
EN AW-7075 (AlZn5.5MgCu)	T6	80.0～90.0	≥490	≥390		4			144
		90.0～100.0	≥460	≥360		3			135
		100.0～120.0	≥410	≥300		2			119
		120.0～150.0	≥360	≥260		2			104
		150.0～200.0	≥360	≥240		2			
		200.0～300.0	≥360	≥220		1			
	T651	≥0.4～0.8	≥525	≥460	6			4.5t	157
		0.8～1.5	≥540	≥460	6			5.5t	160
		1.5～3.0	≥540	≥470	7			6.5t	161
		3.0～6.0	≥545	≥475	8			8.0t	163
		6.0～12.5	≥540	≥460	8			12.0t	160
		12.5～25.0	≥540	≥470		6			161
		25.0～50.0	≥530	≥460		5			158
		50.0～60.0	≥525	≥440		4			155
		60.0～80.0	≥495	≥420		4			147
		80.0～90.0	≥490	≥390		4			144
		90.0～100.0	≥460	≥360		3			135
		100.0～120.0	≥410	≥300		2			119
		120.0～150.0	≥360	≥260		2			104
		150.0～200.0	≥360	≥240		2			
		200.0～300.0	≥360	≥220		1			
	T62	≥0.4～0.8	≥525	≥460	6			4.5t	157
		0.8～1.5	≥540	≥460	6			5.5t	160
		1.5～3.0	≥540	≥470	7			6.5t	161
		3.0～6.0	≥545	≥475	8			8.0t	163
		6.0～12.5	≥540	≥460	8			12.0t	160
		12.5～25.0	≥540	≥470		6			161

续表

牌号	状态	厚度/mm	抗拉强度 R_m/MPa	屈服强度 $R_{p0.2}$/MPa	伸长率/%(不小于)		弯曲半径		硬度 HBW
					$A_{50\ mm}$	A	180°	90°	
EN AW-7075 (AlZn5.5MgCu)	T62	25.0～50.0	≥530	≥460		5			158
		50.0～60.0	≥525	≥440		4			155
		60.0～80.0	≥495	≥420		4			147
		80.0～90.0	≥490	≥390		4			144
		90.0～100.0	≥460	≥360		3			135
		100.0～120.0	≥410	≥300		2			119
		120.0～150.0	≥360	≥260		2			104
		150.0～200.0	≥360	≥240		2			
		200.0～300.0	≥360	≥220		1			
	T652	150.0～200.0	≥360	≥240		2			
		200.0～300.0	≥360	≥220		1			
	T76	≥1.5～3.0	≥500	≥425	7				149
		3.0～6.0	≥500	≥425	8				149
		6.0～12.5	≥490	≥415	7				146
	T7651	≥1.5～3.0	≥500	≥425	7				149
		3.0～6.0	≥500	≥425	8				149
		6.0～12.5	≥490	≥415	7				146
	T73	≥1.5～3.0	≥460	≥385	7				137
		3.0～6.0	≥460	≥385	8				137
		6.0～12.5	≥475	≥390	7				140
		12.5～25.0	≥475	≥390		6			140
		25.0～50.0	≥475	≥390		5			140
		50.0～60.0	≥455	≥360		5			133
		60.0～80.0	≥440	≥340		5			129
		80.0～100.0	≥430	≥340		5			126
	T7351	≥1.5～3.0	≥460	≥385	7				137
		3.0～6.0	≥460	≥385	8				137
		6.0～12.5	≥475	≥390	7				140
		12.5～25.0	≥475	≥390		6			140
		25.0～50.0	≥475	≥390		5			140
		50.0～60.0	≥455	≥360		5			133
		60.0～80.0	≥440	≥340		5			129
		80.0～100.0	≥430	≥340		5			126
EN AW-8011A [AlFeSi(A)]	F	≥2.5～80.0	≥85						
	O	0.2～0.5	85～130	≥30	19				25
		0.5～1.5	85～130	≥30	21				25
		1.5～3.0	85～130	≥30	24				25
		3.0～6.0	85～130	≥30	25				25
		6.0～12.5	85～130	≥30	30				25

续表

牌号	状态	厚度/mm	抗拉强度 R_m/MPa	屈服强度 $R_{p0.2}$/MPa	伸长率/%（不小于）		弯曲半径		硬度 HBW
					$A_{50\,mm}$	A	180°	90°	
EN AW-8011A [AlFeSi(A)]	H111	0.2～0.5	85～130	≥30	19				25
		0.5～1.5	85～130	≥30	21				25
		1.5～3.0	85～130	≥30	24				25
		3.0～6.0	85～130	≥30	25				25
		6.0～12.5	85～130	≥30	30				25
	H14	0.2～0.5	120～170	≥110	1				41
		0.5～1.5	125～165	≥110	3				41
		1.5～3.0	125～165	≥110	3				41
		3.0～6.0	125～165	≥110	4				41
		6.0～12.5	125～165	≥110	5				41
	H16	0.2～0.5	140～190	≥130	1				47
		0.5～1.5	145～185	≥130	2				47
		1.5～4.0	145～185	≥130	3				47
	H18	0.2～0.5	≥160	≥145	1				50
		0.5～1.5	≥165	≥145	2				50
		1.5～3.0	≥165	≥145	2				50
	H22	0.2～0.5	105～145	≥90	4				35
		0.5～1.5	105～145	≥90	5				35
		1.5～3.0	105～145	≥90	6				35
	H24	0.2～0.5	125～165	≥100	3				40
		0.5～1.5	125～165	≥100	4				40
		1.5～3.0	125～165	≥100	5				40
		3.0～6.0	125～165	≥100	6				40
		6.0～12.5	125～165	≥100	7				40
	H26	0.2～0.5	145～185	≥120	2				46
		0.5～1.5	145～185	≥120	3				46
		1.5～4.0	145～185	≥120	4				46

表 4-49　铝及铝合金螺纹板的力学性能(EN 1386—2007)

牌号	状态	厚度 t/mm	抗拉强度 R_m/MPa	屈服强度 $R_{p0.2}$/MPa	伸长率/%(不小于)		弯曲半径 90°
					A_{50mm}	A	
EN AW-1050A (Al 99.5)	F	≥1.2~20.0	—	—	—	—	—
	H244	≥1.2~1.5	105~145	≥75	2	—	1t
		1.5~3.0	105~145	≥75	3	—	1.5t
		3.0~6.0	105~145	≥75	4	—	2t
		6.0~20.0	105~145	≥75	5	8	—
EN AW-3003 (Al Mn1Cu)	F	≥1.2~20.0	—	—	—	—	—
	H224	≥1.2~1.5	120~180	≥80	3	—	1t
		1.5~3.0	120~180	≥80	4	—	1.25t
		3.0~6.0	120~180	≥80	5	—	2t
		6.0~20.0	120~180	≥80	6	10	—
	H244	≥1.2~1.5	140~200	≥115	2	—	1t
		1.5~3.0	140~200	≥115	3	—	1.25t
		3.0~6.0	140~200	≥115	4	—	2t
		6.0~20.0	140~200	≥110	5	7	—
EN AW-3103 (Al Mn1)	F	≥1.2~20.0	—	—	—	—	—
	H224	≥1.2~1.5	115~175	≥75	3	—	1.25t
		1.5~3.0	115~175	≥75	4	—	1.5t
		3.0~6.0	115~175	≥75	5	—	2.5t
		6.0~20.0	115~175	≥75	6	10	—
	H244	≥1.2~1.5	140~195	≥110	2	—	1.25t
		1.5~3.0	140~195	≥110	3	—	1.5t
		3.0~6.0	140~195	≥110	4	—	2.5t
		6.0~20.0	140~195	≥110	5	7	—
EN AW-5026 (Al Mg4.5 Mn SiFe)	O/H111	≥3~6	≥200	≥120	5	—	—
		6~20	≥200	≥120	—	6	—
EN AW-5052 (Al Mg2.5)	F	≥1.2~20.0	—	—	—	—	—
	H114	≥1.2~1.5	170~240	≥65	8	—	1t
		1.5~3.0	170~240	≥65	10	—	1t
		3.0~6.0	170~240	≥65	12	—	1.75t
		6.0~20.0	165~240	≥65	14	15	—
	H224	≥1.2~1.5	210~270	≥130	4	—	1.5t
		1.5~3.0	210~270	≥130	6	—	2t
		3.0~6.0	210~270	≥130	8	—	2t
		6.0~20.0	210~270	≥130	9	10	—
	H244	≥1.2~1.5	230~290	≥150	2	—	2t
		1.5~3.0	230~290	≥150	3	—	2.5t
		3.0~6.0	230~290	≥150	4	—	3t
		6.0~20.0	230~290	≥150	6	7	—
EN AW-5083 (Al Mg4.5Mn0.7)	H114	≥1.2~1.5	275~350	≥125	6	—	2t
		1.5~3.0	275~350	≥125	8	—	2t
		3.0~6.0	275~350	≥125	10	—	2.5t
		6.0~20.0	275~350	≥125	12	14	—
	H116	≥1.2~1.5	≥305	≥215	3	—	3.5t
		1.5~3.0	≥305	≥215	4	—	4t
		3.0~6.0	≥305	≥215	5	—	4.5t
		6.0~20.0	≥305	≥215	6	7	—

续表

牌　号	状　态	厚　度 t/mm	抗拉强度 R_m/MPa	屈服强度 $R_{p0.2}$/MPa	伸长率/% (不小于)		弯曲半径 90°
					A_{50mm}	A	
EN AW-5083 (Al Mg4.5Mn0.7)	H224	≥1.2～1.5	305～380	≥215	3	—	3.5t
		1.5～3.0	305～380	≥215	4	—	4t
		3.0～6.0	305～380	≥215	5	—	4.5t
		6.0～20.0	305～380	≥215	6	7	—
	H244	≥1.2～1.5	340～400	≥250	2	—	4t
		1.5～3.0	340～400	≥250	2	—	4.5t
		3.0～6.0	340～400	≥250	3	—	5.5t
		6.0～20.0	340～400	≥250	4	5	—
EN AW-5086 (Al Mg4)	H114	≥1.2～1.5	240～310	≥100	6	—	2t
		1.5～3.0	240～310	≥100	8	—	2t
		3.0～6.0	240～310	≥100	10	—	2.5t
		6.0～20.0	240～310	≥100	12	16	—
	H116	≥1.2～1.5	≥275	≥195	3	—	3.5t
		1.5～3.0	≥275	≥195	4	—	4t
		3.0～6.0	≥275	≥195	5	—	4.5t
		6.0～20.0	≥275	≥195	6	9	—
	H224	≥1.2～1.5	275～340	≥185	3	—	3.5t
		1.5～3.0	275～340	≥185	4	—	4t
		3.0～6.0	275～340	≥185	5	—	4.5t
		6.0～20.0	275～340	≥185	6	9	—
	H244	≥1.2～1.5	300～360	≥220	2	—	4t
		1.5～3.0	300～360	≥220	2	—	4.5t
		3.0～6.0	300～360	≥220	3	—	5.5t
		6.0～20.0	300～360	≥220	4	5	—
EN AW-5754 (Al Mg3)	F	≥1.2～20.0	—	—	—	—	—
	H114	≥1.2～1.5	190～260	≥80	8	—	1.5t
		1.5～3.0	190～260	≥80	10	—	2t
		3.0～6.0	190～260	≥80	12	—	2t
		6.0～20.0	190～260	≥80	14	15	—
	H224	≥1.2～1.5	220～275	≥130	4	—	2t
		1.5～3.0	220～275	≥130	6	—	2.5t
		3.0～6.0	220～275	≥130	8	—	2.5t
		6.0～20.0	220～275	≥130	9	10	—
	H244	≥1.2～1.5	240～295	≥160	2	—	2.5t
		1.5～3.0	240～295	≥160	3	—	3t
		3.0～6.0	240～295	≥160	4	—	3.5t
		6.0～20.0	240～295	≥160	6	7	—
EN AW-6061 (Al Mg1SiCu)	O	≥1.2～1.5	≤150	≤85	6	—	2t
		1.5～3.0	≤150	≤85	8	—	2t
		3.0～6.0	≤150	≤85	10	—	2t
		6.0～20.0	≤150	≤85	12	13	—
	T4	≥1.2～1.5	≥205	≥110	6	—	4t
		1.5～3.0	≥205	≥110	8	—	4t
		3.0～6.0	≥205	≥110	10	—	4t
		6.0～20.0	≥205	≥110	12	13	—
	T6	≥1.2～1.5	≥290	≥240	3	—	—
		1.5～3.0	≥290	≥240	4	—	—
		3.0～6.0	≥290	≥240	6	—	—
		6.0～20.0	≥290	≥240	8	8	—

续表

牌号	状态	厚度 t/mm	抗拉强度 R_m/MPa	屈服强度 $R_{p0.2}$/MPa	伸长率/%（不小于）		弯曲半径 90°
					A_{50mm}	A	
EN AW-6082 (Al Si1MgMn)	O	≥1.2～1.5	≤150	≤85	6	—	2t
		1.5～3.0	≤150	≤85	8	—	2t
		3.0～6.0	≤150	≤85	10	—	2t
		6.0～20.0	≤150	≤85	12	12	—
	T4	≥1.2～1.5	≥205	≥110	6	—	4t
		1.5～3.0	≥205	≥110	8	—	4t
		3.0～6.0	≥205	≥110	10	—	4t
		6.0～20.0	≥205	≥110	12	12	—
	T6	≥1.2～1.5	≥310	≥260	2	—	—
		1.5～3.0	≥310	≥260	3	—	—
		3.0～6.0	≥310	≥260	4	—	—
		6.0～20.0	≥310	≥260	6	6	—
	T61	≥1.2～1.5	≥280	≥205	3	—	7t
		1.5～3.0	≥280	≥205	3	—	7t
		3.0～6.0	≥280	≥205	6	—	7t
		6.0～20.0	≥280	≥205	9	9	—
EN AW-7020 (Al Zn4.5Mg1)	O	≥1.2～1.5	≤220	≤140	6	—	3t
		1.5～3.0	≤220	≤140	8	—	3t
		3.0～6.0	≤220	≤140	10	—	3t
		6.0～20.0	≤220	≤140	12	12	—
	T4	≥1.2～1.5	≥320	≥210	4	—	6t
		1.5～3.0	≥320	≥210	6	—	6t
		3.0～6.0	≥320	≥210	8	—	6t
		6.0～20.0	≥320	≥210	10	12	—
	T6	≥1.2～1.5	≥350	≥280	3	—	—
		1.5～3.0	≥350	≥280	4	—	—
		3.0～6.0	≥350	≥280	6	—	—
		6.0～20.0	≥350	≥280	8	8	—

(2)铝及铝合金挤压杆材/棒材、管材和型材

表 4-50 铝及铝合金挤压杆材/棒材、管材和型材的力学性能(EN 755-2—2008)

合金牌号	型态	状态	尺寸/mm		抗拉强度 R_m/MPa	屈服强度 $R_{p0.2}$/MPa	伸长率(不小于)		硬度 HBW
			宽度/壁厚	直径			A/%	A_{50mm}/%	
EN AW-1050A (Al 99.5)	杆/棒材	F,H112			≥60	≥20	25	23	20
		O,H111			60～95	≥20	25	23	20
	管材	F,H112			≥60	≥20	25	23	20
		O,H111			60～95	≥20	25	23	20
	型材	F,H112			≥60	≥20	25	23	20
EN AW-1070A (Al 99.7)	杆/棒材	F,H112			≥60	≥23	25	23	18
EN AW-1200 (Al 99.0)	杆/棒材	F,H112			≥75	≥25	20	18	23
	管材	F,H112			≥75	≥25	20	18	23
	型材	F,H112			≥75	≥25	20	18	23
EN AW-1350 (Al 99.5)	杆/棒材	F,H112			≥60		25	23	20
	管材	F,H112			≥60		25	23	20
	型材	F,H112			≥60		25	23	20
EN AW-2007 (AlCu4PbMgMn)	杆/棒材	T4,T4510 T4511	≤80	≤80	≥370	≥250	8	6	95
			80～200	80～200	≥340	≥220	8	—	
			200～250	200～250	≥330	≥210	7	—	
	管材	T4,T4510,T4511	≤25		≥370	≥250	8	6	95
	型材	T4,T4510,T4511	≤30		≥370	≥250	8	6	95

续表

合金牌号	型态	状态	尺寸/mm		抗拉强度	屈服强度	伸长率(不小于)		硬度
			宽度/壁厚	直径	R_m/MPa	$R_{p0.2}$/MPa	A/%	A_{50mm}/%	HBW
EN AW-2011 (AlCu6BiPb)	杆/棒材	T4	≤60	≤200	≥275	≥125	14	12	95
		T6	≤60	≤75	≥310	≥230	8	6	110
			—	75～200	≥295	≥195	6	—	110
	管材	T6	≤25		≥310	≥230	6	4	110
EN AW-2011A [AlCu6BiPb(A)]	杆/棒材	T4	≤60	≤200	≥275	≥125	14	12	95
		T6	≤60	≤75	≥310	≥230	8	6	110
			—	75～200	≥295	≥195	6	—	110
	管材	T6	≤25		≥310	≥230	6	4	110
EN AW-2014 (AlCu4SiMg)	杆/棒材	O,H111	≤200	≤200	≤250	≤135	12	10	45
		T4,T4510,T4511	≤25	≤25	≥370	≥230	13	11	110
			25～75	25～75	≥410	≥270	12	—	110
			75～150	75～150	≥390	≥250	10	—	110
			150～200	150～200	≥350	≥230	8	—	110
		T6,T6510,T6511	≤25	≤25	≥415	≥370	6	5	140
			25～75	25～75	≥460	≥415	7	—	140
			75～150	75～150	≥465	≥420	7	—	140
			150～200	150～200	≥430	≥350	6	—	140
			200～250	200～250	≥420	≥320	5	—	140
	管材	O,H111	≤20		≤250	≤135	12	10	45
		T4,T4510,T4511	≤20		≥370	≥230	11	10	110
		T6,T6510,T6511	≤10		≥415	≥370	7	5	140
			10～40		≥450	≥400	6	4	140
	型材	O,H111			≤250	≤135	12	10	45
		T4,T4510,T4511	≤25		≥370	≥230	11	10	110
			25～75		≥410	≥270	10	—	110
		T6,T6510,T6511	≤25		≥415	≥370	7	5	140
			25～75		≥460	≥415	7	—	
EN AW-2014A [AlCu4SiMg(A)]	杆/棒材	O,H111	≤200	≤200	≤250	≤135	12	10	45
		T4,T4510,T4511	≤25	≤25	≥370	≥230	13	11	110
			25～75	25～75	≥410	≥270	12	—	110
			75～150	75～150	≥390	≥250	10	—	110
			150～200	150～200	≥350	≥230	8	—	110
		T6,T6510,T6511	≤25	≤25	≥415	≥370	6	5	140
			25～75	25～75	≥460	≥415	7	—	140
			75～150	75～150	≥465	≥420	7	—	140
			150～200	150～200	≥430	≥350	6	—	140
			200～250	200～250	≥420	≥320	5	—	140
	管材	O,H111	≤20		≤250	≤135	12	10	45
		T4,T4510,T4511	≤20		≥370	≥230	11	10	110
		T6,T6510,T6511	≤10		≥415	≥370	7	5	140
			10～40		≥450	≥400	6	4	140
	型材	O,H111			≤250	≤135	12	10	45
		T4,T4510,T4511	≤25		≥370	≥230	11	10	110
			25～75		≥410	≥270	10	—	110
		T6,T6510,T6511	≤25		≥415	≥370	7	5	140
			25～75		≥460	≥415	7	—	
EN AW-2017A [AlCu4MgSi(A)]	杆/棒材	O,H111	≤200	≤200	≤250	≤135	12	10	45
		T4,T4510,T4511	≤25	≤25	≥380	≥260	12	10	105
			25～75	25～75	≥400	≥270	10	—	105
			75～150	75～150	≥390	≥260	9	—	105
			150～200	150～200	≥370	≥240	8	—	105
			200～250	200～250	≥360	≥220	7	—	105
	管材	O,H111	≤20		≤250	≤135	12	10	45
		T4,T4510,T4511	≤10		≥380	≥260	12	10	105
			10～75		≥400	≥270	10	8	105
	型材	T4,T4510,T4511	≤30		≥380	≥260	10	8	105

续表

合金牌号	型态	状态	尺寸/mm		抗拉强度 R_m/MPa	屈服强度 $R_{p0.2}$/MPa	伸长率(不小于)		硬度 HBW
			宽度/壁厚	直径			A/%	A_{50mm}/%	
EN AW-2024 (AlCu4Mgl)	杆/棒材	O,H111	≤200	≤200	≤250	≤150	12	10	47
		T3,T3510,T3511	≤50	≤50	≥450	≥310	8	6	120
			50～100	50～100	≥440	≥300	8	—	120
			100～200	100～200	≥420	≥280	8	—	120
			200～250	200～250	≥400	≥270	8	—	120
		T8,T8510,T8511	≤150	≤150	≥455	≥380	5	4	130
	管材	O,H111	≤30		≤250	≤150	12	10	47
		T3,T3510,T3511	≤30		≥420	≥290	8	6	120
		T8,T8510,T8511	≤30		≥455	≥380	5	4	130
	型材	O,H111			≤250	≤150	12	10	47
		T3,T3510,T3511	≤15		≥395	≥290	8	6	120
			15～50		≥420	≥290	8	—	120
		T8,T8510,T8511	≤50		≥455	≥380	5	4	130
EN AW-2030 (AlCu4PbMg)	杆/棒材	T4,T4510,T4511	≤80	≤80	≥370	≥250	8	6	115
			80～200	80～200	≥340	≥220	8	—	115
			200～250	200～250	≥330	≥210	7	—	115
	管材	T4,T4510,T4511	≤25		≥370	≥250	8	6	115
	型材	T4,T4510,T4511	≤30		≥370	≥250	8	6	115
EN AW-3102 (AlMn0.2)	杆/棒材	F,H112			≥80	≥30	25	23	23
	管材	F,H112			≥80	≥30	25	23	23
	型材	F,H112			≥80	≥30	25	23	23
EN AW-3003 (AlMnlCu)	杆/棒材	F,H112			≥95	≥35	25	20	30
		O,H111			95～135	≥35	25	20	30
	管材	F,H112			≥95	≥35	25	20	30
		O,H111			95～135	≥35	25	20	30
	型材	F,H112			≥95	≥35	25	20	30
EN AW-3103 (AlMnl)	杆/棒材	F,H112			≥95	≥35	25	20	28
		O,H111			95～135	≥35	25	20	28
	管材	F,H112			≥95	≥35	25	20	28
		O,H111			95～135	≥35	25	20	28
	型材	F,H112			≥95	≥35	25	20	28
EN AW-5005 [AlMgl(B)]	杆/棒材	F,H112	100		≥100	≥40	18	16	30
		O,H111	≤60	≤80	100～150	≥40	18	16	30
	管材	F,H112			≥100	≥40	18	16	30
		O,H111	≤20		100～150	≥40	20	18	30
	型材	F,H112			≥100	≥40	18	16	30
		O,H111	≤20		100～150	≥40	20	18	30
EN AW-5005A [AlMgl(C)]	杆/棒材	F,H112	100		≥100	≥40	18	16	30
		O,H111	≤60	≤80	100～150	≥40	18	16	30
	管材	F,H112			≥100	≥40	18	16	30
		O,H111	≤20		100～150	≥40	20	18	30
	型材	F,H112			≥100	≥40	18	16	30
		O,H111	≤20		100～150	≥40	20	18	30
EN AW-5051A (AlMg2)	杆/棒材	F,H112			≥150	≥50	16	14	40
		O,H111			150～200	≥50	18	16	40
	管材	F,H112			≥150	≥60	16	14	40
		O,H111			150～200	≥60	18	16	40
	型材	F,H112			≥150	≥60	16	14	40
EN AW-5049 (AlMg2Mn0.8)	杆/棒材	F,H112			≥180	≥80	15	13	50
	管材	F,H112			≥180	≥80	15	13	50
	型材	F,H112			≥180	≥80	15	13	50
EN AW-5251 (AlMg2Mn0.3)	杆/棒材	F,H112			≥160	≥60	16	14	45
		O,H111			160～220	≥60	17	15	45
	管材	F,H112			≥160	≥60	16	14	45
		O,H111			160～200	≥60	17	15	45
	型材	F,H112			≥160	≥60	16	14	45

续表

合金牌号	型态	状态	尺寸/mm 宽度/壁厚	尺寸/mm 直径	抗拉强度 R_m/MPa	屈服强度 $R_{p0.2}$/MPa	伸长率(不小于) A/%	伸长率(不小于) A_{50mm}/%	硬度 HBW
EN AW-5052 (AlMg2.5)	杆/棒材	F,H112			≥170	≥70	15	13	47
		O,H111			170～230	≥70	17	15	45
	管材	F,H112			≥170	≥70	15	13	47
		O,H111			170～230	≥70	17	15	45
	型材	F,H112			≥170	≥70	15	13	47
EN AW-5154A [AlMg3.5(A)]	杆/棒材	F,H112	≤200	≤200	≥200	≥85	16	14	55
		O,H111	≤200	≤200	200～275	≥85	18	16	55
	管材	F,H112	≤25		≥200	≥85	16	14	55
		O,H111	≤25		200～275	≥85	18	16	55
	型材	F,H112	≤25		≥200	≥85	16	14	55
EN AW-5454 (AlMg3Mn)	杆/棒材	F,H112	≤200	≤200	≥200	≥85	16	14	60
		O,H111	≤200	≤200	200～275	≥85	18	16	60
	管材	F,H112	≤25		≥200	≥85	16	14	60
		O,H111	≤25		200～275	≥85	18	16	60
	型材	F,H112	≤25		≥200	≥85	16	14	60
EN AW-5754 (AlMg3)	杆/棒材	F,H112	≤150	≤150	≥180	≥80	14	12	47
			200～250	150～250	≥180	≥70	13	—	47
		O,H111	≤150	≤150	180～250	≥80	17	15	45
	管材	F,H112	≤25		≥180	≥80	14	12	47
		O,H111	≤25		180～250	≥80	17	15	45
	型材	F,H112	≤25		≥180	≥80	14	12	47
EN AW-5019 (AlMg5)	杆/棒材	F,H112	≤200	≤200	≥250	≥110	14	12	65
		O,H111	≤200	≤200	250～320	≥110	15	13	65
	管材	F,H112	≤30		≥250	≥110	14	12	65
		O,H111	≤30		250～320	≥110	15	13	65
	型材	F,H112	≤30		≥250	≥110	14	12	65
EN AW-5083 (AlMg4.5Mn0.7)	杆/棒材	F	≤200	≤200	≥270	≥100	12	10	70
			200～250	200～250	≥260	≥100	12	—	70
		O,H111	≤200	≤200	≥270	≥110	12	10	70
		H112	≤200	≤200	≥270	≥125	12	10	70
	管材	F			≥270	≥110	12	10	70
		O,H111			≥270	≥110	12	10	70
		H112			≥270	≥125	12	10	70
	型材	F			≥270	≥110	12	10	70
		H112			≥270	≥125	12	10	70
EN AW-5086 (AlMg4)	杆/棒材	F,H112	≤250	≤250	≥240	≥95	12	10	65
		O,H111	≤200	≤200	240～320	≥95	18	15	65
	管材	F,H112			≥240	≥95	12	10	65
		O,H111			240～320	≥95	18	15	65
	型材	F,H112			≥240	≥95	12	10	65
EN AW-6101A [AlMgSi(A)]	杆/棒材	T6	≤150	≤150	≥200	≥170	10	8	70
	管材	T6	≤25		≥200	≥170	10	8	70
	型材	T6	≤50		≥200	≥170	10	8	70
EN AW-6101B [AlMgSi(B)]	杆/棒材	T6	≤15		≥215	≥160	8	6	70
		T7	≤15		≥170	≥120	12	10	60
	管材	T6	≤15		≥215	≥160	8	6	70
		T7	≤15		≥170	≥120	12	10	60
	型材	T6	≤15		≥215	≥160	8	6	70
		T7	≤15		≥170	≥120	12	10	60
EN AW-6005 (AlSiMg)	杆/棒材	T6	≤25	≤25	≥270	≥225	10	8	90
			25～50	25～50	≥270	≥225	8	—	90
			50～100	50～100	≥260	≥215	8	—	85
	管材	T6	≤5		≥270	≥225	8	6	90
			5～10		≥260	≥215	8	6	85

续表

合金牌号	型态	状态	尺寸/mm		抗拉强度 R_m/MPa	屈服强度 $R_{p0.2}$/MPa	伸长率(不小于)		硬度 HBW
			宽度/壁厚	直径			A/%	A_{50mm}/%	
EN AW-6005 (AlSiMg)	型材	T4(敞口型材)	≤25		≥180	≥90	15	13	50
		T6(敞口型材)	≤5		≥270	≥225	8	6	90
			5~10		≥260	≥215	8	6	85
			10~25		≥250	≥200	8	6	85
		T4(空心型材)	≤10		≥180	≥90	15	13	50
		T6(空心型材)	≤5		≥255	≥215	8	6	85
			5~15		≥250	≥200	8	6	85
EN AW-6005A [AlSiMg(A)]	杆/棒材	T6	≤25	≤25	≥270	≥225	10	8	90
			25~50	25~50	≥270	≥225	8	—	90
			50~100	50~100	≥260	≥215	8	—	85
	管材	T6	≤5		≥270	≥225	8	6	90
			5~10		≥260	≥215	8	6	85
	型材	T4(敞口型材)	≤25		≥180	≥90	15	13	50
		T6(敞口型材)	≤5		≥270	≥225	8	6	90
			5~10		≥260	≥215	8	6	85
			10~25		≥250	≥200	8	6	85
		T4(空心型材)	≤10		≥180	≥90	15	13	50
		T6(空心型材)	≤5		≥255	≥215	8	6	85
			5~15		≥250	≥200	8	6	85
EN AW-6106 (AlMgSiMn)	型材	T6	≤10		≥250	≥200	8	6	75
EN AW-6008 (AlSiMgV)	管材	T4	≤10		≥180	≥90	15	13	50
		T6	≤5		≥270	≥225	8	6	90
			5~10		≥260	≥215	8	6	85
	型材	T4(敞口型材)	≤10		≥180	≥90	15	13	50
		T6(敞口型材)	≤5		≥270	≥225	8	6	90
			5~10		≥260	≥215	8	6	85
		T4(空心型材)	≤10		≥180	≥90	15	13	50
		T6(空心型材)	≤5		≥255	≥215	8	6	85
			5~10		≥250	≥200	8	6	85
EN AW-6110A [AlMg0.9Si0.9 MnCu(A)]	杆/棒材	T5	≤120	≤120	≥380	≥360	10	8	115
		T6	≤150	≤120	≥410	≥380	10	8	120
	管材	T4	≤25		≥320	≥220	16	14	85
		T6	≤25		≥380	≥360	10	8	120
	型材	T4	≤25		≥320	≥220	16	14	85
		T6	≤25		≥380	≥360	10	8	120
EN AW-6012 (AlMgSiPb)	杆/棒材	T6,T6510,T6511	≤150	≤150	≥310	≥260	8	6	105
			150~200	150~200	≥260	≥200	8	—	105
	管材	T6,T6510,T6511	≤30		≥310	≥260	8	6	105
	型材	T6,T6510,T6511	≤30		≥310	≥260	8	6	105
EN AW-6014 (AlMg0.6SiV)	管材	T4	≤10		≥140	≥70	15	13	55
		T6	≤5		≥250	≥200	8	6	80
			5~10		≥225	≥180	8	6	80
	型材	T4(敞口型材)	≤10		≥140	≥70	15	13	55
		T6(敞口型材)	≤5		≥250	≥200	10	8	80
			5~10		≥225	≥180	8	6	80
		T4(空心型材)	≤10		≥140	≥70	15	13	55
		T6(空心型材)	≤5		≥250	≥200	8	6	80
			5~10		≥225	≥180	8	6	80
EN AW-6018 (AlMglSiPbMn)	杆/棒材	T6,T6510,T6511	≤150	≤150	310	260	8	6	—
			150~200	150~200	260	200	8	—	—
	管材	T6,T6510,T6511	≤30		310	260	8	6	—
	型材	T6,T6510,T6511	≤30		310	260	8	6	—
EN AW-6023 (AlSilSn1MnBi)	杆/棒材	T6,T6510,T6511	≤150	≤150	≥320	≥270	10	8	—

续表

合金牌号	型态	状态	尺寸/mm 宽度/壁厚	尺寸/mm 直径	抗拉强度 R_m/MPa	屈服强度 $R_{p0.2}$/MPa	伸长率(不小于) A/%	伸长率(不小于) A_{50mm}/%	硬度 HBW
EN AW-6351 (AlSilMg0.5Mn)	杆/棒材	O,H111	≤200	≤200	≤160	≤110	14	12	35
		T4	≤200	≤200	≥205	≥110	14	12	67
		T6	≤20	≤20	≥295	≥250	8	6	95
			20~75	20~75	≥300	≥255	8	—	95
			75~150	75~150	≥310	≥260	8	—	95
			150~200	150~200	≥280	≥240	6	—	95
			200~250	200~250	≥270	≥200	6	—	95
	管材	O,H111	≤25		≤160	≤110	14	12	35
		T4	≤25		≥205	≥110	14	12	67
		T6	≤5		≥290	≥250	8	6	95
			5~25		≥300	≥255	10	8	95
	型材	O,H111			≤160	≤110	14	12	35
		T4	≤25		≥205	≥110	14	12	67
		T5(敞口型材)	≤5		≥270	≥230	8	6	90
		T6(敞口型材)	≤5		≥290	≥250	8	6	95
			5~25		≥300	≥255	10	8	95
		T5(空心型材)	≤5		≥270	≥230	8	6	90
		T6(空心型材)	≤5		≥290	≥250	8	6	95
			5~25		≥300	≥255	10	8	95
EN AW-6060 (AlMgSi)	杆/棒材	T4	≤150	≤150	≥120	≥60	16	14	50
		T5	≤150	≤150	≥160	≥120	8	6	60
		T6	≤150	≤150	≥190	≥150	8	6	70
		T64	≤50	≤50	≥180	≥120	12	10	60
		T66	≤150	≤150	≥215	≥160	8	6	75
	管材	T4	≤15		≥120	≥60	16	14	50
		T5	≤15		≥160	≥120	8	6	60
		T6	≤15		≥190	≥150	8	6	70
		T64	≤15		≥180	≥120	12	10	60
		T66	≤15		≥215	≥160	8	6	75
	型材	T4	≤25		≥120	≥60	16	14	50
		T5	≤5		≥160	≥120	8	6	60
			5~25		≥140	≥100	8	6	60
		T6	≤3		≥190	≥150	8	6	70
			3~25		≥170	≥140	8	6	70
		T64	≤15		≥180	≥120	12	10	60
		T66	≤3		≥215	≥160	8	6	75
			3~25		≥195	≥150	8	6	75
EN AW-6360 (AlSiMgMn)	杆/棒材	T4	≤150	≤150	≥110	≥50	16	14	40
		T5	≤150	≤150	≥150	≥110	8	6	50
		T6	≤150	≤150	≥185	≥140	8	6	60
		T66	≤150	≤150	≥195	≥150	8	6	65
	管材	T4	≤15		≥110	≥50	16	14	40
		T5	≤15		≥150	≥120	8	6	50
		T6	≤15		≥185	≥140	8	6	60
		T66	≤15		≥195	≥150	8	6	65
	型材	T4	≤25		≥110	≥50	16	14	40
		T5	≤25		≥150	≥110	8	6	50
		T6	≤25		≥185	≥140	8	6	60
		T66	≤25		≥195	≥150	8	6	65
EN AW-6061 (AlMglSiCu)	杆/棒材	O,H111	≤200	≤200	≤150	≤110	16	14	30
		T4	≤200	≤200	≥180	≥110	15	13	65
		T6	≤200	≤200	≥260	≥240	8	6	95
	管材	O,H111	≤25		≤150	≤100	16	14	30
		T4	≤25		≥180	≥110	15	13	65
		T6	≤5		≥260	≥240	8	6	95
			5~25		≥260	≥240	10	8	95

续表

合金牌号	型态	状态	尺寸/mm		抗拉强度 R_m/MPa	屈服强度 $R_{p0.2}$/MPa	伸长率(不小于)		硬度 HBW
			宽度/壁厚	直径			A/%	A_{50mm}/%	
EN AW-6061 (AlMglSiCu)	型材	T4	≤25		≥180	≥110	15	13	65
		T6	≤5		≥260	≥240	9	7	95
			5~25		≥260	≥240	10	8	95
EN AW-6261 (AlMglSiCuMn)	杆/棒材	O,H111	≤100	≤100	≥170	≥120	14	12	—
		T4	≤100	≤100	≥180	≥100	14	12	—
		T6	≤20	≤20	≥290	≥245	8	7	100
			20~100	20~100	≥290	≥245	8	—	100
	管材	O,H111	≤10		≥170	≥120	14	12	—
		T4	≤10		≥180	≥100	14	12	—
		T5	≤5		≥270	≥230	8	7	—
			5~10		≥260	≥220	9	8	—
		T6	≤5		≥290	≥245	8	7	100
			5~10		≥290	≥245	9	8	100
	型材	O,H111			≥170	≥120	14	12	—
		T4	≤25		≥180	≥100	14	12	—
		T5(敞口型材)	≤5		≥270	≥230	8	7	—
			5~25		≥260	≥220	9	8	—
			>25		≥250	≥210	9	—	—
		T6(敞口型材)	≤5		≥290	≥245	8	7	100
			5~25		≥280	≥235	8	7	100
		T5(空心型材)	≤5		≥270	≥230	8	7	—
			5~10		≥260	≥220	9	8	
		T6(空心型材)	≤5		≥290	≥245	8	7	100
			5~10		≥270	≥230	9	8	100
EN AW-6262 (AlMglSiPb)	杆/棒材	T6	≤200	≤200	≥260	≥240	10	8	75
	管材	T6	≤25		≥260	≥240	10	8	75
	型材	T6	≤25		≥260	≥240	10	8	75
EN AW-6262A (AlMglSiSn)	杆/棒材	T6	≤155	≤220	≥260	≥240	10	8	—
	型材	T6	≤25	—	≥260	≥240	10	8	—
EN AW-6063 (AlMg0.7Si)	杆/棒材	O,H111	≤200	≤200	≥130		18	16	25
		T4	≤150	≤150	≥130	≥65	14	12	50
			150~200	150~200	≥120	≥65	12	—	50
		T5	≤200	≤200	≥175	≥130	8	6	65
		T6	≤150	≤150	≥215	≥170	10	8	75
			150~200	150~200	≥195	≥160	10	—	75
		T66	≤200	≤200	≥245	≥200	10	8	80
	管材	O,H111	≤25		≥130		18	16	25
		T4	≤10		≥130	≥65	14	12	50
			10~25		≥120	≥65	12	10	50
		T5	≤25		≥175	≥130	8	6	65
		T6	≤25		≥215	≥170	10	8	75
		T66	≤25		≥245	≥200	10	8	80
	型材	T4	≤25		≥130	≥65	14	12	50
		T5	≤3		≥175	≥130	8	6	65
			3~25		≥160	≥110	7	5	65
		T6	≤10		≥215	≥170	8	6	75
			10~25		≥195	≥160	8	6	75
		T64	≤15		≥180	≥120	12	10	65
		T66	≤10		≥245	≥200	8	6	80
			10~25		≥225	≥180	8	6	80
EN AW-6063A [AlMg0.7Si(A)]	杆/棒材	O,H111	≤200	≤200	≤150		16	14	28
		T4	≤150	≤150	≥150	≥90	12	10	50
			150~200	150~200	≥140	≥90	10	—	50
		T5	≤200	≤200	≥200	≥160	7	5	75
		T6	≤150	≤150	≥230	≥190	7	5	80
			150~200	150~200	≥220	≥160	7	—	80

续表

合金牌号	型态	状态	尺寸/mm 宽度/壁厚	尺寸/mm 直径	抗拉强度 R_m/MPa	屈服强度 $R_{p0.2}$/MPa	伸长率(不小于) A/%	伸长率(不小于) A_{50mm}/%	硬度 HBW
EN AW-6063A [AlMg0.7Si(A)]	管材	O,H111	≤25		≤150		16	14	28
		T4	≤10		≥150	≥90	12	10	50
			10～25		≥140	≥90	10	8	50
		T5	≤25		≥200	≥160	7	5	75
		T6	≤25		≥230	≥190	7	5	80
	管材	T4	≤25		≥150	≥90	12	10	50
		T5	≤10		≥200	≥160	7	5	75
			10～25		≥190	≥150	6	4	75
		T6	≤10		≥230	≥190	7	5	80
			10～25		≥220	≥180	5	4	80
EN AW-6463 [AlMg0.7Si(B)]	杆/棒材	T4	≤150	≤150	≥125	≥75	14	12	46
		T5	≤150	≤150	≥150	≥110	8	6	60
		T6	≤150	≤150	≥195	≥160	10	8	74
	管材	T6	≤25		≥195	≥160	10	8	74
	型材	T4	≤50		≥125	≥75	14	12	46
		T5	≤50		≥150	≥110	8	6	60
		T6	≤50		≥195	≥160	10	8	74
EN AW-6065 (AlMglSiBil)	杆/棒材	T6	≤155	≤220	≥260	≥240	10	8	—
	型材	T6	≤25	—	≥260	≥240	10	8	—
EN AW-6081 (AlSi0.9MgMn)	杆/棒材	T6	≤250	≤250	≥275	≥240	8	6	95
	管材	T6	≤25		≥275	≥240	8	6	95
	型材	T6(敞口型材)	≤25		≥275	≥240	8	6	95
		T6(空心型材)	≤15		≥275	≥240	8	6	95
EN AW-6082 (AlSilMgMn)	杆/棒材	O,H111	≤200	≤200	≤160	≤110	14	12	35
		T4	≤200	≤200	≥205	≥110	14	12	70
		T6	≤20	≤20	≥295	≥250	8	6	95
			20～150	20～150	≥310	≥260	8	—	95
			150～200	150～200	≥280	≥240	6	—	95
			200～250	200～250	≥270	≥200	6	—	95
	管材	O,H111	≤25		≤160	≤110	14	12	35
		T4	≤25		≥205	≥110	14	12	70
		T6	≤5		≥290	≥250	8	6	95
			5～25		≥310	≥260	10	8	95
	型材	O,H111			≤160	≤110	14	12	35
		T4	≤25		≥205	≥110	14	12	70
		T5(敞口型材)	≤5		≥270	≥230	8	6	90
		T6(敞口型材)	≤5		≥290	≥250	8	6	95
			5～25		≥310	≥260	10	8	95
		T5(空心型材)	≤5		≥270	≥230	8	6	90
		T6(空心型材)	≤5		≥290	≥250	8	6	95
			5～25		≥310	≥260	10	8	95
EN AW-6182 (AlSilMgZr)	杆/棒材	T4	≤155	≤220	≥205	≥110	12	10	—
		T6	9～100	9～100	≥360	≥330	9	7	—
			100～150	100～150	≥330	≥300	8	6	—
			150～220	150～220	≥280	≥240	6	4	—
EN AW-7003 (AlZn6Mg0.8Zr)	杆/棒材	T5			≥310	≥260	10	8	—
		T6	≤50	≤50	≥350	≥290	10	8	110
			50～150	50～150	≥340	≥280	10	8	110
	管材	T5			≥310	≥260	10	8	—
		T6	≤10		≥350	≥290	10	8	110
			10～25		≥340	≥280	10	8	110
	型材	T5			≥310	≥260	10	8	—
		T6	≤10		≥350	≥290	10	8	110
			10～25		≥340	≥280	10	8	110

续表

合金牌号	型态	状态	尺寸/mm		抗拉强度	屈服强度	伸长率(不小于)		硬度
			宽度/壁厚	直径	R_m/MPa	$R_{p0.2}$/MPa	A/%	A_{50mm}/%	HBW
EN AW-7005 (AlZn4.5Mg1.5Mn)	杆/棒材	T6	≤50	≤50	≥350	≥290	10	8	110
			50～200	50～200	≥340	≥270	10	—	110
	管材	T6	≤15		≥350	≥290	10	8	110
	型材	T6	≤40		≥350	≥290	10	8	110
EN AW-7018 (AlZn5MglZr)	杆/棒材	T6	≤100	≤100	≥310	≥260	10	8	90
	管材	T6	≤20		≥310	≥260	10	8	90
	型材	T6	≤30		≥310	≥260	10	8	90
EN AW-7018A [AlZn5MglZr(A)]	杆/棒材	T6	≤200	≤200	≥310	≥260	12	10	90
		T66	≤50	≤50	≥350	≥290	10	8	105
			50～200	50～200	≥340	≥275	10	—	105
	管材	T6	≤20		≥310	≥260	12	10	90
		T66	≤20		≥350	≥290	10	8	105
	型材	T6	≤40		≥310	≥260	12	10	90
		T66	≤40		≥350	≥290	10	8	105
EN AW-7020 (AlZn4.5Mgl)	杆/棒材	T6	≤50	≤50	≥350	≥290	10	8	110
			50～200	50～200	≥340	≥275	10	—	110
	管材	T6	≤15		≥350	≥290	10	8	110
	型材	T6	≤40		≥350	≥290	10	8	110
EN AW-7021 (AlZn5.5Mg1.5)	杆/棒材	T6	≤40	≤40	≥410	≥350	10	8	120
	管材	T6	≤10		≥410	≥350	10	8	120
	型材	T6	≤20		≥410	≥350	10	8	120
EN AW-7022 (AlZn5Mg3Cu)	杆/棒材	T6,T6510,T6511	≤80	≤80	≥490	≥420	7	5	133
			80～200	80～200	≥470	≥400	7	—	133
	管材	T6,T6510,T6511	≤30		≥490	≥420	7	5	133
	型材	T6,T6510,T6511	≤30		≥490	≥420	7	5	133
EN AW-7049A (AlZn8MgCu)	杆/棒材	T6,T6510,T6511	≤100	≤100	≥610	≥530	5	4	170
			100～125	100～125	≥560	≥500	5	—	170
			125～150	125～150	≥520	≥430	5	—	170
			150～180	150～180	≥450	≥400	3	—	170
	管材	T6,T6510,T6511	≤30		≥610	≥530	5	4	170
	型材	T6,T6510,T6511	≤30		≥610	≥530	5	4	170
EN AW-7075 (AlZn5.5MgCu)	杆/棒材	O,H111	≤200	≤200	≤275	≥165	10	8	60
		T6,T6510,T6511	≤25	≤25	≥540	≥480	7	5	150
			25～100	25～100	≥560	≥500	7	—	150
			100～150	100～150	≥530	≥470	6	—	150
			150～200	150～200	≥470	≥400	5	—	150
		T73,T73510,T73511	≤25	≤25	≥485	≥420	7	5	135
			25～75	25～75	≥475	≥405	7	—	135
			75～100	75～100	≥470	≥390	6	—	135
			100～150	100～150	≥440	≥360	6	—	135
	管材	O,H111	≤10		≤275	≥165	10	—	60
		T65,T6510,T6511	≤5		≥540	≥485	8	6	150
			5～10		≥560	≥505	7	5	150
			10～50		≥560	≥495	6	4	150
		T73,T73510,T73511	≤5		≥470	≥400	7	5	135
			5～25		≥485	≥420	8	6	135
			25～50		≥475	≥405	6	—	135
	型材	T6,T6510,T6511	≤25		≥540	≥460	6	4	150
			25～60		≥540	≥470	6	—	150
		T3,T73510,T73511	≤25		≥485	≥420	7	5	135

(3)铝及铝合金冷拔棒材和管材

表 4-51　铝及铝合金冷拔棒材和管材的力学性能(EN 754-2—2008)

合金牌号	型态	状态	尺寸/mm		抗拉强度	屈服强度	伸长率(不小于)		硬度
			直径	宽度/壁厚	R_m/MPa	$R_{p0.2}$/MPa	A/%	A_{50mm}/%	HBW
EN AW-1050A (Al99.5)	棒材	O,H111	≤80	≤60	60～95	—	25	22	20
		H14	≤40	≤10	100～135	≥70	6	5	30
		H16	≤15	≤5	120～160	≥105	4	3	35
		H18	≤10	≤3	≥145	≥125	3	3	43
	管材	O,H111		≤20	60～95	—	25	22	20
		H14		≤10	100～135	≥70	6	5	30
		H16		≤5	120～160	≥105	4	3	35
		H18		≤3	≥145	≥125	3	3	43
EN AW-1200 (Al99.0)	棒材	O,H111	≤80	≤60	70～105	—	20	16	23
		H14	≤40	≤10	110～145	≥80	5	4	37
		H16	≤15	≤5	135～170	≥115	3	3	45
		H18	≤10	≤3	≥150	≥130	3	3	50
	管材	O,H111		≤20	70～105	—	20	16	23
		H14		≤10	110～145	≥80	5	4	37
		H16		≤5	135～170	≥115	3	3	45
		H18		≤3	≥150	≥130	3	3	50
EN AW-2007 (AlCuPbMgMm)	棒材	T3	≤30	≤30	≥370	≥240	7	5	95
			30～80	30～80	≥340	≥220	6	—	95
		T351	≤80	≤80	≥370	≥240	5	3	95
	管材	T3		≤20	≥370	≥250	7	5	95
		T3510,T3511		≤20	≥370	≥240	5	3	95
EN AW-2011 (AlCu6BiPb)	棒材	T3	≤40	≤40	≥320	≥270	10	8	90
			40～50	40～50	≥300	≥250	10	—	90
			50～80	50～80	≥280	≥210	10	—	90
		T8	≤80	≤80	≥370	≥270	8	6	115
	管材	T3		≤5	≥310	≥260	10	8	90
				5～20	≥290	≥240	8	6	90
		T8		≤20	≥370	≥275	8	6	115
EN AW-2011A [AlCu6BiPb(A)]	棒材	T3	≤40	≤40	≥320	≥270	10	8	90
			40～50	40～50	≥300	≥250	10	—	90
			50～80	50～80	≥280	≥210	10	—	90
		T8	≤80	≤80	≥370	≥270	8	6	115
	管材	T3		≤5	≥310	≥260	10	8	90
				5～20	≥290	≥240	8	6	90
		T8		≤20	≥370	≥275	8	6	115
EN AW-2014 (AlCu4SiMg)	棒材	O,H111	≤80	≤80	≤240	≤125	12	10	45
		T3	≤80	≤80	≥380	≥290	8	6	110
		T351	≤80	≤80	≥380	≥290	6	4	110
		T4	≤80	≤80	≥380	≥220	12	10	110
		T451	≤80	≤80	≥380	≥220	10	8	110
		T6	≤80	≤80	≥450	≥380	8	6	140
		T651	≤80	≤80	≥450	≥380	6	4	140
	管材	O,H111		≤20	≤240	≤125	12	10	45
		T3		≤20	≥380	≥290	8	6	110
		T3510,T3511		≤20	≥380	≥290	6	4	110
		T4		≤20	≥380	≥240	12	10	110
		T4510,T4511		≤20	≥380	≥240	10	8	110
		T6		≤20	≥450	≥380	8	6	140
		T6510,T6511		≤20	≥450	≥380	6	4	140
EN AW-2014A [AlCu4SiMg(A)]	棒材	O,H111	≤80	≤80	≤240	≤125	12	10	45
		T3	≤80	≤80	≥380	≥290	8	6	110
		T351	≤80	≤80	≥380	≥290	6	4	110
		T4	≤80	≤80	≥380	≥220	12	10	110
		T451	≤80	≤80	≥380	≥220	10	8	110
		T6	≤80	≤80	≥450	≥380	8	6	140
		T651	≤80	≤80	≥450	≥380	6	4	140

续表

合金牌号	型态	状态	尺寸/mm		抗拉强度	屈服强度	伸长率(不小于)		硬度
			直径	宽度/壁厚	R_m/MPa	$R_{p0.2}$/MPa	A/%	A_{50mm}/%	HBW
EN AW-2014A [AlCu4SiMg(A)]	管材	O,H111		≤20	≤240	≤125	12	10	45
		T3		≤20	≥380	≥290	8	6	110
		T3510,T3511		≤20	≥380	≥290	6	4	110
		T4		≤20	≥380	≥240	12	10	110
		T4510,T4511		≤20	≥380	≥240	10	8	110
		T6		≤20	≥450	≥380	8	6	140
		T6510,T6511		≤20	≥450	≥380	6	4	140
EN AW-2017A [AlCu4MgSi(A)]	棒材	O,H111	≤80	≤80	≤240	≤125	12	10	45
		T3	≤80	≤80	≥400	≥250	10	8	105
		T351	≤80	≤80	≥400	≥250	8	6	105
	管材	O,H111		≤20	≤240	≤125	12	10	45
		T3		≤20	≥400	≥250	10	8	105
		T3510,T3511		≤20	≥400	≥250	8	6	105
EN AW-2024 (AlCu4Mgl)	棒材	O,H111	≤80	≤80	≤250	≤150	12	10	47
		T3	≤10	≤10	≥425	≥310	10	8	120
			10～80	10～80	≥425	≥290	9	7	120
		T351	≤80	≤80	≥425	≥310	8	6	120
		T6	≤80	≤80	≥425	≥315	5	4	125
		T651	≤80	≤80	≥425	≥315	4	3	125
		T8	≤80	≤80	≥455	≥400	4	3	130
		T851	≤80	≤80	≥455	≥400	3	2	130
	管材	O,H111		≤20	≤240	≤140	12	10	47
		T3		≤5	≥440	≥290	10	8	120
				5～20	≥420	≥270	10	8	120
		T3510,T3511		≤20	≥420	≥290	8	6	120
EN AW-2030 (AlCu4PbMg)	棒材	T3	≤30	≤30	≥370	≥240	7	5	115
			30～80	30～80	≥340	≥220	6	—	115
		T351	≤80	≤80	≥370	≥240	5	3	115
	管材	T3		≤20	≥370	≥240	7	5	115
		T3510,T3511		≤20	≥370	≥240	5	3	115
EN AW-3003 (AlMnlCu)	棒材	O,H111	≤80	≤60	95～130	≥35	25	20	29
		H14	≤40	≤10	130～165	≥110	6	4	40
		H16	≤15	≤5	160～195	≥130	4	3	47
		H18	≤10	≤3	≥180	≥145	3	2	55
	管材	O,H111		≤20	95～130	≥35	25	20	29
		H11		≤17	105～140	≥55	20	16	32
		H12		≤15	115～150	≥75	14	12	35
		H13		≤12	125～160	≥95	11	8	38
		H14		≤10	130～165	≥110	6	4	40
		H15		≤7	145～180	≥120	5	4	44
		H16		≤5	160～195	≥130	4	3	47
		H17		≤4	170～205	≥140	3	2	51
		H18		≤3	≥180	≥145	3	2	55
EN AW-3103 (AlMnl)	棒材	O,H111	≤80	≤60	95～130	≥35	25	20	29
		H14	≤40	≤10	130～165	≥110	6	4	40
		H16	≤15	≤5	160～195	≥130	4	3	47
		H18	≤10	≤3	≥180	≥145	3	2	55
	管材	O,H111		≤20	95～130	≥35	25	20	29
		H11		≤17	105～140	≥55	20	16	32
		H12		≤15	115～150	≥75	14	12	35
		H13		≤12	125～160	≥95	11	8	38
		H14		≤10	130～165	≥110	6	4	40
		H15		≤7	145～180	≥120	5	4	44
		H16		≤5	160～195	≥130	4	3	47
		H17		≤4	170～205	≥140	3	2	51
		H18		≤3	≥180	≥145	3	2	55

续表

合金牌号	型态	状态	尺寸/mm		抗拉强度 R_m/MPa	屈服强度 $R_{p0.2}$/MPa	伸长率(不小于)		硬度HBW
			直径	宽度/壁厚			A/%	A_{50mm}/%	
EN AW-5005 [AlMg1(B)]	棒材	O,H111	≤80	≤60	100～145	≥40	18	16	30
		H14	≤40	≤10	≥140	≥110	6	4	45
		H18	≤15	≤2	≥185	≥155	4	2	55
	管材	O,H111		≤20	100～145	≥40	18	16	30
		H14		≤5	≥140	≥110	6	4	45
		H18		≤3	≥185	≥155	4	2	55
EN AW-5005A [AlMg1(C)]	棒材	O,H111	≤80	≤60	100～145	≥40	18	16	30
		H14	≤40	≤10	≥140	≥110	6	4	45
		H18	≤15	≤2	≥185	≥155	4	2	55
	管材	O,H111		≤20	100～145	≥40	18	16	30
		H14		≤5	≥140	≥110	6	4	45
		H18		≤3	≥185	≥155	4	2	55
EN AW-5019 (AlMg5)	棒材	O,H111	≤80	≤60	250～320	≥110	16	14	65
		H12,H22,H32	≤40	≤25	270～350	≥180	8	7	85
		H14,H24,H34	≤25	≤10	≥300	≥210	4	3	95
	管材	O,H111		≤20	250～320	≥110	16	14	65
		H12,H22,H32		≤10	270～350	≥180	8	7	85
		H14,H24,H34		≤5	300～380	≥220	4	3	95
		H16,H26,H36		≤3	≥320	≥260	2	2	—
EN AW-5049 (AlMg2Mn0.8)	管材	O,H111		≤20	180～250	≥80	17	15	50
		H11		≤17	195～260	≥100	13	12	58
		H12		≤15	210～270	≥120	10	9	65
		H13		≤12	225～280	≥140	7	6	70
		H14		≤10	240～290	≥160	4	3	75
		H15		≤7	250～300	≥180	3	2	80
		H16		≤5	260～310	≥200	3	2	83
		H17		≤4	270～320	≥220	2	1	85
		H18		≤3	≥280	≥240	2	1	—
EN AW-5251 (AlMg2Mn0.3)	棒材	O,H111	≤80	≤60	150～200	≥60	17	15	45
		H14,H24,H34	≤30	≤5	200～240	≥160	5	4	65
		H18,H28,H38	≤20	≤3	≥240	≥200	2	2	80
	管材	O,H111		≤20	150～200	≥60	17	15	45
		H12,H22,H32		≤10	180～220	≥110	5	4	60
		H14,H24,H34		≤5	200～240	≥160	4	3	65
		H16,H26,H36		≤5	220～260	≥180	3	2	70
		H18,H28,H38		≤3	≥240	≥200	2	2	80
EN AW-5052 (AlMg2.5)	棒材	O,H111	≤80	≤60	170～230	≥65	20	17	47
		H12,H22,H32	≤40	—	210～250	≥160	7	5	60
		H14,H24,H34	≤25	—	230～270	≥180	5	4	68
		H16,H26,H36	≤15	—	250～290	≥200	3	3	73
		H18,H28,H38	≤10	—	≥270	≥220	2	2	77
	管材	O,H111		≤20	170～230	≥65	20	17	47
		H14,H24,H34		≤5	230～270	≥180	5	4	68
		H18,H28,H38		≤5	≥270	≥220	2	2	77
EN AW-5154A [AlMg3.5(A)]	棒材	O,H111	≤80	≤60	200～260	≥85	16	14	55
		H14,H24,H34	≤25		260～320	≥200	5	4	75
		H18,H28,H38	≤10		≥310	≥240	3	2	80
	管材	O,H111		≤20	200～260	≥85	16	14	55
		H14,H24,H34		≤10	260～320	≥200	5	4	75
		H18,H28,H38		≤5	≥310	≥240	3	2	80
EN AW-5754 (AlMg3)	棒材	O,H111	≤80	≤60	180～250	≥80	16	14	45
		H14,H24,H34	≤25	≤5	240～290	≥180	4	3	75
		H18,H28,H38	≤10	≤3	≥280	≥240	3	2	88
	管材	O,H111		≤20	180～250	≥80	16	14	45
		H14,H24,H34		≤10	240～290	≥180	4	3	75
		H18,H28,H38		≤3	≥280	≥240	3	2	88

续表

合金牌号	型态	状态	尺寸/mm 直径	尺寸/mm 宽度/壁厚	抗拉强度 R_m/MPa	屈服强度 $R_{p0.2}$/MPa	伸长率(不小于) A/%	伸长率(不小于) A_{50mm}/%	硬度 HBW
EN AW-5083 (AlMg4.5Mn0.7)	棒材	O,H111	≤80	≤60	270～350	≥110	16	14	70
		H12,H22,H32	≤30		≥280	≥200	6	4	90
	管材	O,H111		≤20	270～350	≥110	16	14	70
		H12,H22,H32		≤10	≥280	≥200	6	4	90
		H14,H24,H34		≤5	≥300	≥235	4	3	100
EN AW-5086 (AlMg4)	棒材	O,H111	≤80	≤60	240～320	≥95	16	14	65
		H12,H22,H32	≤30		≥270	≥190	5	4	85
	管材	O,H111		≤20	240～320	≥95	16	14	65
		H12,H22,H32		≤10	≥270	≥190	5	4	85
		H14,H24,H34		≤5	≥295	≥230	3	2	95
		H16,H26,H36		≤5	≥320	≥260	2	1	100
EN AW-6012 (AlMgSiPb)	棒材	T4	≤80	≤80	≥200	≥100	10	8	—
		T6	≤80	≤80	≥310	≥260	8	6	105
	管材	T4		≤20	≥200	≥100	10	8	—
		T6		≤20	≥310	≥260	8	6	105
EN AW-6060 (AlMgSi)	棒材	T4	≤80	≤80	≥130	≥65	15	13	50
		T6	≤80	≤80	≥215	≥160	12	10	75
	管材	T4		≤5	≥130	≥65	12	10	50
				5～20	≥130	≥65	15	13	50
		T6		≤20	≥215	≥160	12	10	75
EN AW-6061 (AlMg1SiCu)	棒材	O,H111	≤80	≤80	≤150	≤110	16	14	30
		T4	≤80	≤80	≥205	≥110	16	14	65
		T6	≤80	≤80	≥290	≥240	10	8	95
	管材	O,H111		≤20	≤150	≤110	16	14	30
		T4		≤20	≥205	≥110	16	14	65
		T6		≤20	≥290	≥240	10	8	95
EN AW-6262 (AlMglSiPb)	棒材	T6	≤80	≤80	≥290	≥240	10	8	85
		T8	≤50	≤50	≥345	≥315	4	3	—
		T9	≤50	≤50	≥360	≥330	4	3	—
	管材	T6		≤5	≥290	≥240	10	8	85
				5～20	≥290	≥240	10	8	85
		T8		≤10	≥345	≥315	4	3	—
		T9		≤10	≥360	≥330	4	3	—
EN AW-6262A (AlMglSiSn)	棒材	T6	≤120	≤85	≥290	≥240	10	8	—
		T8	≤120	≤85	≥345	≥315	4	3	—
		T9	≤120	≤85	≥360	≥330	4	3	—
EN AW-6063 (AlMg0.7Si)	棒材	T4	≤80	≤80	≥150	≥75	15	13	50
		T6	≤80	≤80	≥220	≥190	10	8	75
		T66	≤80	≤80	≥230	≥195	10	8	80
	棒材	O,H111		≤20	≤155		20	15	25
		T4		≤5	≥150	≥75	12	10	50
				5～20	≥150	≥75	15	13	50
		T6		≤20	≥220	≥190	10	8	75
		T66		≤20	≥230	≥195	10	8	80
		T832		≤5	≥275	≥240	5	5	85
EN AW-6063A [AlMg0.7Si(A)]	棒材	O,H111	≤80	≤80	≤140		15	13	25
		T4	≤80	≤80	≥150	≥90	16	14	50
		T6	≤80	≤80	≥230	≥190	9	7	75
	管材	O,H111		≤20	≤140		15	13	25
		T4		≤20	≥150	≥90	16	14	50
		T6		≤20	≥230	≥190	9	7	75
EN AW-6065 (AlMglBilSi)	棒材	T6	≤120	≤85	≥290	≥240	10	8	—
		T8	≤120	≤85	≥345	≥315	4	3	—
		T9	≤120	≤85	≥360	≥330	4	3	—

续表

合金牌号	型态	状态	尺寸/mm 直径	尺寸/mm 宽度/壁厚	抗拉强度 R_m/MPa	屈服强度 $R_{p0.2}$/MPa	伸长率(不小于) A/%	伸长率(不小于) A_{50mm}/%	硬度 HBW
EN AW-6082 (AlSilMgMn)	棒材	O,H111	≤80	≤80	≤160	≤110	15	13	35
		T4	≤80	≤80	≥205	≥110	14	12	70
		T6	≤80	≤80	≥310	≥255	10	9	95
	管材	O,H111		≤20	≤160	≤110	15	13	35
		T4		≤20	≥205	≥110	14	12	70
		T6		≤5	≥310	≥255	8	7	95
				5～20	≥310	≥240	10	9	95
EN AW-7020 (AlZn4.5Mgl)	棒材	T6	≤80	≤50	≥350	≥280	10	8	110
	管材	T6		≤20	≥350	≥280	10	8	110
EN AW-7022 (AlZn5Mg3Cu)	棒材	T6	≤80	≤80	≥460	≥380	8	6	133
	管材	T6		≤20	≥460	≥380	8	6	133
EN AW-7049A (AlZn8MgCu)	棒材	T6	≤80		≥590	≥500	7	5	170
	管材	T6,T6510,T6511		≤5	≥590	≥530	6	4	170
				5～20	≥590	≥530	7	5	170
EN AW-7075 (AlZn5.5MgCu)	棒材	O,H111	≤80	≤80	≤275	≤165	10	8	60
		T6	≤80	≤80	≥540	≥485	7	6	150
		T651	≤80	≤80	≥540	≥485	5	4	150
		T73	≤80	≤80	≥455	≥385	10	8	135
		T7351	≤80	≤80	≥455	≥385	8	6	135
	管材	O,H111		≤20	≤275	≤165	10	8	60
		T6		≤20	≥540	≥485	7	6	150
		T6510,T6511		≤20	≥540	≥485	5	4	150
		T73		≤20	≥455	≥385	10	8	135
		T73510,T73511		≤20	≥455	≥385	8	6	135

(4)铝及铝合金箔

表 4-52　　铝及铝合金箔的力学性能(EN 546-2—2006)

合金牌号	状态	尺寸/μm	抗拉强度 R_m/MPa	伸长率/%(A_{50mm}或A_{100mm})(不小于)
EN AW-1050A (Al99.5)	O	≥6～10	35～80	1
		10～25	40～85	1
		25～40	45～90	2
		40～90	50～95	4
		90～140	50～95	6
		140～200	50～95	10
	H18	≥6～10	≥135	
		10～25	≥135	
		25～40	≥135	
		40～90	≥135	
		90～140	≥135	
		140～200	≥135	
EN AW-1200 (Al99.0)	O	≥6～10	40～95	1
		10～25	45～100	1
		25～40	50～105	3
		40～90	55～105	6
		90～140	60～105	10
		140～200	60～105	14
	H18	≥6～10	≥140	
		10～25	≥140	
		25～40	≥140	
		40～90	≥140	
		90～140	≥140	
		140～200	≥140	

续表

合金牌号	状态	尺寸/μm	抗拉强度 R_m/MPa	伸长率/%(A_{50mm}或A_{100mm})(不小于)
EN AW-8006 (AlFe1.5Mn)	O	≥6~10	80~135	1
		10~25	85~140	2
		25~40	85~140	6
		40~90	90~140	10
		90~140	90~140	5
		140~200	90~140	5
	H18	≥6~10	≥190	
		10~25	≥190	
		25~40	≥190	
		40~90	≥190	
		90~140	≥190	
		140~200	≥190	
EN AW-8079 (AlFe1Si)	O	≥6~10	45~100	1
		10~25	50~105	1
		25~40	55~110	4
		40~90	60~110	8
		90~140	60~110	13
		140~200	60~110	16
	H18	≥6~10	≥150	
		10~25	≥150	
		25~40	≥150	
		40~90	≥150	
		90~140	≥150	
		140~200	≥150	
EN AW-8021B (AlFe1.5)	O	≥6~10	60~100	2
		10~25	65~105	3
		25~40	70~110	7
		40~90	75~110	12
		90~140	75~110	14
		140~200	75~110	16
	H18	≥6~10	≥160	
		10~25	≥160	
		25~40	≥160	
		40~90	≥160	
		90~140	≥160	
		140~200	≥160	
EN AW-8011A [AlFeSi(A)]	O	≥6~10	50~110	1
		10~25	55~115	1
		25~40	55~120	3
		40~90	65~130	7
		90~140	65~130	12
		140~200	65~130	16
	H18	≥6~10	≥160	
		10~25	≥160	
		25~40	≥160	
		40~90	≥160	
		90~140	≥160	
		140~200	≥160	
EN AW-8111 [AlFeSi(B)]	O	≥6~10	55~105	2
		10~25	60~110	3
		25~40	70~120	11
		40~90	70~130	12
		90~140	70~130	14
		140~200	70~130	16
	H18	≥6~10	≥160	
		10~25	≥160	
		25~40	≥160	
		40~90	≥160	
		90~140	≥160	
		140~200	≥160	

续表

合金牌号	状态	尺寸/μm	抗拉强度 R_m/MPa	伸长率/%(A_{50mm}或A_{100mm})(不小于)
EN AW-8014 (AlFe1.5Mn0.4)	O	≥6～10	70～130	1
		10～25	75～135	1
		25～40	75～135	6
		40～90	80～135	10
		90～140	80～135	14
		140～200	80～135	15
	H18	≥6～10	≥170	
		10～25	≥170	
		25～40	≥170	
		40～90	≥170	
		90～140	≥170	
		140～200	≥170	
EN AW-1200 (Al99.0)	O	≥35～40	50～105	3
		40～90	55～105	6
		90～140	60～105	10
		140～200	60～105	14
	H22	≥35～40	90～135	2
		40～90	90～135	4
		90～140	90～135	6
		140～200	90～135	7
	H24	≥35～40	110～155	2
		40～90	110～155	3
		90～140	110～155	4
		140～200	110～155	5
	H26	≥35～40	125～180	1
		40～90	125～180	1
		90～140	125～180	2
		140～200	125～180	2
	H18	≥35～40	140～200	1
		40～90	140～200	1
		90～140	140～200	1
		140～200	140～200	1
EN AW-3003 (AlMnlCu)	O	≥35～40	85～135	5
		40～90	85～135	6
		90～140	85～135	10
		140～200	85～135	13
	H22	≥35～40	120～160	5
		40～90	120～160	6
		90～140	120～160	8
		140～200	120～160	9
	H24	≥35～40	145～185	6
		40～90	145～185	7
		90～140	145～185	8
		140～200	145～185	9
	H26	≥35～40	150～190	2
		40～90	150～190	3
		90～140	150～190	4
		140～200	150～190	4
	H18	≥35～40	190～230	1
		40～90	190～230	1
		90～140	190～230	1
		190～200	190～230	1
EN AW-3005 (AlMnlMg0.5)	O	≥35～40	125～165	8
		40～90	125～165	9
		90～140	125～165	10
		140～200	125～165	10
	H24	≥35～40	180～225	3
		40～90	180～225	3
		90～140	180～225	3
		140～200	180～225	4

续表

合金牌号	状态	尺寸/μm	抗拉强度 R_m/MPa	伸长率/%(A_{50mm}或A_{100mm})(不小于)
EN AW-3103 (AlMnl)	O	≥35~40	80~130	7
		40~90	80~130	8
		90~140	80~130	12
		140~200	80~130	15
	H22	≥35~40	115~155	5
		40~90	115~155	6
		90~140	115~155	8
		140~200	115~155	9
	H24	≥35~40	140~180	6
		40~90	140~180	7
		90~140	140~180	8
		140~200	140~180	9
	H26	≥35~40	150~190	2
		40~90	150~190	3
		90~140	150~190	4
		140~200	150~190	4
	H18	≥35~40	185~230	1
		40~90	185~230	1
		90~140	185~230	1
		190~200	185~230	1
EN AW-8006 (AlFe1.5Mn)	O	≥35~40	85~140	6
		40~90	90~140	10
		90~140	90~140	14
		140~200	90~140	15
	H24	≥35~40	110~170	3
		40~90	110~170	4
		90~140	110~170	5
		140~200	110~170	7
EN AW-8008 (AlFe1Mn0.8)	O	≥35~40	80~140	8
		40~90	80~140	10
		90~140	80~140	14
		140~200	80~140	15
	H22	≥35~40	120~155	5
		40~90	120~155	8
		90~140	120~155	12
		140~200	120~155	13
	H24	≥35~40	140~175	3
		40~90	140~175	5
		90~140	140~175	8
		140~200	140~175	10
	H26	≥35~40	150~190	2
		40~90	150~190	4
		90~140	150~190	6
		140~200	150~190	8
	H18	≥35~40	180~250	1
		40~90	180~250	1
		90~140	180~250	1
		190~200	180~250	1
EN AW-8011A [AlFeSi(A)]	O	≥35~40	55~120	4
		40~90	65~130	7
		90~140	65~130	12
		140~200	65~130	16
	H22	≥35~40	90~150	2
		40~90	90~150	4
		90~140	90~150	5
		140~200	90~150	6

续表

合金牌号	状态	尺寸/μm	抗拉强度 R_m/MPa	伸长率/%(A_{50mm}或A_{100mm})(不小于)
EN AW-8011A [AlFeSi(A)]	H24	≥35～40	110～165	2
		40～90	110～165	3
		90～140	110～165	4
		140～200	110～165	5
	H26	≥35～40	140～185	1
		40～90	140～185	2
		90～140	140～185	2
		140～200	140～185	3
	H18	≥35～40	160～220	1
		40～90	160～220	1
		90～140	160～220	1
		140～200	160～220	1

(5)铝及铝合金锻坯

表 4-53 铝及铝合金锻坯的力学性能(EN 603-2—1996)

合金牌号	状态	截面尺寸/mm	抗拉强度 R_m/MPa	屈服强度 $R_{p0.2}$/MPa	伸长率 A/%
EN AW-2014	T42	≤180	370	210	11
	T62		440	380	6
EN AW-2024	T42	≤150	420	260	8
EN AW-5083	H112	≤150	270	110	12
EN AW-5754	H112	≤150	180	80	14
EN AW-6082	T62	≤200	310	260	7
EN AW-7075	T62	≤100	510	430	7
	T732	≤100	455	385	6

(6)电工用铝薄板材、带材和板材

表 4-54 电工用铝薄板材、带材和板材的力学性能(EN 14121—2009)

合金牌号	状态	厚度/mm	抗拉强度 R_m/MPa	屈服强度 $R_{p0.2}$/MPa	伸长率 A_{50mm}/%(不小于)	布氏硬度(HBW)	电导率(20℃)/(MS/m)(不小于)
EN AW-1350 EN AW-1350A	F	≥2.5～150	≥65				34.5
	O,H111	0.2～0.5	65～105	≥20	20	20	35.4
		0.5～1.5	65～105	≥20	22	20	
		1.5～3.0	65～105	≥20	26	20	
		3.0～6.0	65～105	≥20	29	20	
		6.0～12.5	65～105	≥20	35	20	
		12.5～20.0	65～105	≥20	32(A)	20	
	H19	0.2～3.0	≥150	≥130	1	45	34.0
	H24	0.2～0.5	105～150	≥75	3	33	34.5
		0.5～1.5	105～150	≥75	3	33	
		1.5～3.0	105～150	≥75	5	33	
		3.0～12.5	105～150	≥75	8	33	
	H26	0.2～0.5	120～165	≥90	2	38	34.5
		0.5～1.5	120～165	≥90	3	38	
		1.5～4.0	120～165	≥90	4	38	
	H28	0.2～1.5	≥140	≥110	2	41	34.0
		1.5～3.0	≥140	≥110	3	41	
EN AW-1370 EN AW-1370A	F	≥2.5～150	≥65				34.7
	O,H111	0.2～0.5	65～105	≥20	20	20	35.8
		0.5～1.5	65～105	≥20	22	20	
		1.5～3.0	65～105	≥20	26	20	
		3.0～6.0	65～105	≥20	29	20	
		6.0～12.5	65～105	≥20	35	20	
		12.5～20	65～105	≥20	32(A)	20	
	H19	0.2～3.0	≥150	≥130	1	45	34.7
	H24	0.2～0.5	105～150	≥75	3	33	34.7
		0.5～1.5	105～150	≥75	3	33	
		1.5～3.0	105～150	≥75	5	33	
		3.0～12.5	105～150	≥75	8	33	

续表

合金牌号	状态	厚度/mm	抗拉强度 R_m/MPa	屈服强度 $R_{p0.2}$/MPa	伸长率 A_{50mm}/% (不小于)	布氏硬度 (HBW)	电导率(20℃) /(MS/m)(不小于)
EN AW-1370 EN AW-1370A	H26	0.2～0.5	120～165	≥90	2	38	34.7
		0.5～1.5	120～165	≥90	3	38	
		1.5～4.0	120～165	≥90	4	38	
	H28	0.2～1.5	≥140	≥110	2	41	34.2
		1.5～3.0	≥140	≥110	3	41	
EN AW-6101B	T7	0.4～150	≥170	≥120	6	55	32.0

(7)铝及铝合金冷拔丝

表 4-55 铝及铝合金冷拔丝的力学性能(EN 1301-2—2008)

合金牌号	状态	直径/mm	抗拉强度 R_m /MPa	屈服强度 $R_{p0.2}$ /MPa	伸长率 A_{100mm}/%
EN AW-1098 (Al99.98)	O	≤20	≤70		25
	H14	≤18	≥85	80	3
	H18	≤10	≥115	110	2
EN AW-1080A [Al99.8(A)]	O	≤20	≤80		35
	H14	≤18	≥90	85	5
	H18	≤10	≥120	115	3
EN AW-1070A (Al99.7)	O	≤20	≤85		35
	H14	≤18	≥95	90	5
	H18	≤10	≥125	120	3
EN AW-1050A (Al99.5)	O	≤20	≤95		35
	H14	≤18	≥100	95	5
	H16	≤15	≥120	115	3
	H18	≤10	≥140	135	3
EN AW-2011 (AlCu6BiPb)	T3	≤18	≤310	295	6
	T8	≤18	≥370	310	4
	H13	≤18	155～225		
	H18	≤10	≥240		
EN AW-2014A [AlCu4SiMg(A)]	H13	≤18	210～300	190	5
	T4	≤18	≥380	255	18
	T6	≤18	≥440	415	9
	H18	≤10	≥295		
EN AW-2017A [AlCu4MgSi(A)]	H13	≤18	210～300	190	5
	T4	≤18	≥380	255	18
	H18	≤10	≥315		
EN AW-2117 (AlCu2.5Mg)	H13	≤18	170～240	110	5
	T4	≤18	≥260	160	20
	H18	≤10	≥260		
EN AW-2024 (AlCu4Mgl)	H13	≤18	230～300	200	5
	T4	≤18	≥420	315	18
	H18	≤10	≥320		
EN AW-3003 (AlMglCu)	O	≤20	≤130	60	35
	H14	≤18	135～180	120	5
	H18	≤10	≥180	175	3
EN AW-3103 (AlMnl)	O	≤20	≤130	60	35
	H14	≤18	135～180	120	5
	H18	≤10	≥170	165	3
EN AW-5051A [AlMg2(B)]	O	≤20	≤195	85	15
	H12	≤18	170～220	155	6
	H14	≤18	195～245	200	4
	H18	≤10	≥245	200	3
EN AW-5251 (AlMg2Mn0.3)	O	≤20	≤215	95	15
	H14	≤18	215～265	220	4
	H18	≤10	≥265	270	3

续表

合金牌号	状态	直径/mm	抗拉强度 R_m /MPa	屈服强度 $R_{p0.2}$ /MPa	伸长率 A_{100mm}/%
EN AW-5052 (AlMg2.5)	O	≤20	≤225	100	15
	H14	≤18	225～275	225	4
	H18	≤10	≥275	275	3
	H32	≤18	190～240	145	11
	H34	≤15	215～265	195	8
	H38	≤10	≥260	245	5
EN AW-5154A [AlMg3.5(A)]	O	≤20	≤275	125	16
	H14	≤18	280～330	270	3
	H18	≤10	≥330	320	2
	H32	≤18	235～285	170	11
	H34	≤15	265～315	230	8
	H36	≤10	290～340	250	6
	H38	≤10	≥310	280	4
EN AW-5754 (AlMg3)	O	≤20	≤250	110	16
	H12	≤18	230～280	200	6
	H14	≤18	255～305	250	3
	H18	≤10	≥305	300	2
	H32	≤18	220～270	160	11
	H34	≤15	245～295	210	8
	H38	≤10	≥290	260	4
EN AW-5019 (AlMg5)	O	≤20	≤330	150	17
	H12	≤18	295～355	255	6
	H14	≤18	325～385	315	3
	H18	≤18	≥370	360	2
	H32	≤18	280～340	205	11
	H34	≤15	310～370	265	8
	H38	≤10	≥360	320	4
EN AW-6056 (AlSilMgCuMn)	H13	≤18	160～240	140	4
	H18	≤10	≥240	210	2
	T39	<6	≥400		
	T39	≥6	≥360		
	T4	≤20	300～380		13
	T6	≤20	≥400	360	10
	T89	<6	≥420		
EN AW-6060 (AlMgSi)	T39	≥6	≥220		
	T39	<6	≥270		
	T4	≤20	140～210	90	13
	T6	≤20	≥210	160	10
	T89	<6	≥260		
EN AW-6061 (AlMglSiCu)	H13	≤18	15～210	120	4
	H18	≤10	≥210		
	T39	<6	≥310		
	T39	≥6	≥260		
	T4	≤20	205～285	135	13
	T6	≤20	≥290	260	10
	T89	<6	≥300		
EN AW-6063 (AlMg0.7Si)	T39	≥6	≥230		
	T39	<6	≥280		
	T4	≤20	≥150	100	13
	T6	≤20	≥220	190	10
	T89	<6	≥270		
EN AW-6082 (AlSiMgMn)	H13	≤18	165～225	130	4
	H18	≤10	≥220	200	2
	T39	≥6	≥310		
	T39	<6	≥360		
	T4	≤20	205～285	135	13
	T6	≤20	≥300	270	10
	T89	<6	≥340		

续表

合金牌号	状态	直径/mm	抗拉强度 R_m /MPa	屈服强度 $R_{p0.2}$ /MPa	伸长率 A_{100mm}/%
EN AW-7075 (AlZn5.5MgCu)	O	≤20	≤275	110	13
	H13	≤18	230～310	230	2.5
	H18	≤10	≥285	260	2
	T6	≤20	≥510	485	10

表 4-56 典型铝合金冷拔丝的导电性能及硬度

合金牌号	状态	电导率/(MS/m)	硬度(HB)
EN AW-2014	T4	17～21	100
	T6	21～25	125
EN AW-2024	T4	16～20	120
EN AW-5083	H112		65
EN AW-5754	H112		50
EN AW-6082	T6	25～30	90
EN AW-7075	T6	17～21	135
	T73		120
	T7352		120

(8)铝及铝合金锻件

表 4-57 铝及铝合金锻件的力学性能

合金牌号	状态	截面尺寸/mm	测力方向	抗拉强度 R_m /MPa	屈服强度 $R_{p0.2}$ /MPa	伸长率 A/%
EN AW-2014	T4	≤150	L	370	270	11
	T6	≤50	L	440	380	6
			T	430	370	3
		50～100	L	440	370	6
			T	430	360	3
	T652	≤75	L	440	380	8
			LT	430	370	4
			ST	420	360	3
		75～150	L	420	370	7
			LT	420	360	4
			ST	410	350	3
		150～200	L	410	360	6
			LT	410	350	3
			ST	100	340	2
EN AW-2024	T4	≤100	L	420	260	8
EN AW-5083	H112	≤150	L	270	120	12
			T	260	110	10
EN AW-5754	H112	≤150	L	180	80	15
EN AW-6082	T6	≤100	L	310	260	6
			T	290	250	5
EN AW-7075	T6	≤50	L	510	430	7
			T	480	410	4
		50～100	L	500	425	6
			T	470	400	4
	T73	≤50	L	455	385	6
			T	420	360	4
		50～100	L	445	375	6
			T	410	350	3
	T652	≤75	L	490	415	6
			LT	480	400	4
			ST	470	390	3
		75～150	L	470	385	6
			LT	460	375	4
			ST	445	370	3
	T7352	≤75	L	450	370	6
			LT	440	360	4
			ST	430	350	3
		75～150	L	420	350	6
			LT	410	340	4
			ST	495	330	3

4.3 美国铝及铝合金

4.3.1 铝及铝合金牌号和化学成分

(1)重熔用铝锭

表 4-58 重熔用铝锭牌号及化学成分

牌 号	化 学 成 分/%,不大于(注明不小于和范围值者除外)								
	Si	Fe	Fe/Si 不小于	Cu	Zn	Mn+Cr+Ti+V	其他元素		Al 不小于
							单个	总和	
100.1	0.15	0.6~0.8	—	0.10	0.05	0.025	0.03	0.10	99.00
130.1	—	—	2.5	0.10	0.05	0.025	0.03	0.10	99.30
150.1	—	—	2.0	0.05	0.05	0.025	0.03	0.10	99.50
160.1	0.10	0.25	2.0	—	0.05	0.025	0.03	0.10	99.60
170.1	—	—	1.5	—	0.05	0.025	0.03	0.10	99.70

注:表头中的%符号不适用于Fe/Si比值。除表中注明ASTM标准号者外,均采用美国铝业协会的变形铝及铝合金注册牌号和化学成分。

(2)炼钢用铝锭

表 4-59 炼钢用铝锭牌号及化学成分

牌 号	化 学 成 分/%,不大于(注明不小于者除外)					标准号
	Al,不小于	Cu	Zn	Mg	杂质总和	
990A	99.0	0.2	0.2	0.2	1.0	ASTM B 37—2008
980A	98.0	0.2	0.2	0.5	2.0	
950A	95.0	1.5	1.5	1.0	5.0	
920A	92.0	4.0	1.5	1.0	8.0	
900A	90.0	4.5	3.0	2.0	10.0	
850A	85.0	5.0	5.5	2.5	15.0	

(3)变形铝及铝合金

表 4-60　　美国铝业协会(AA)变形铝及变形铝合金的化学成分

合金代号			化学成分/%														
美国铝业协会	UNS	ISO R209	Si	Fe	Cu	Mn	Mg	Cr	Ni	Zn	Ga	V	指定的其他元素	Ti	未指定的其他元素 每种	未指定的其他元素 合计	Al 最小值
1035	—	—	0.35	0.6	0.10	0.05	0.05	—	—	0.01	—	0.05	—	0.03	0.03	—	99.35
1040	A91040	—	0.30	0.50	0.10	0.05	0.05	—	—	0.10	—	0.05	—	0.03	0.03	—	99.40
1045	A91045	—	0.30	0.45	0.10	0.05	0.05	—	—	0.05	—	0.05	—	0.03	0.03	—	99.45
1050	A91050	Al99.5	0.25	0.40	0.05	0.05	0.05	—	—	0.05	—	0.05	—	0.03	0.03	—	99.50
1060	A91060	Al99.6	0.25	0.35	0.05	0.03	0.03	—	—	0.05	—	0.05	—	0.03	0.03	—	99.60
1065	A91065	—	0.25	0.30	0.05	0.03	0.03	—	—	0.05	—	0.05	—	0.03	0.03	—	99.65
1070	A91070	Al99.7	0.20	0.25	0.04	0.03	0.03	—	—	0.04	—	0.05	—	0.03	0.03	—	99.70
1080	A91080	Al99.8	0.15	0.15	0.03	0.02	0.02	—	—	0.03	0.03	0.05	—	0.03	0.02	—	99.80
1085	A91085	—	0.01	0.12	0.03	0.02	0.02	—	—	0.03	0.03	0.05	—	0.02	0.01	—	99.85
1090	A91090	—	0.07	0.07	0.02	0.01	0.01	—	—	0.03	0.03	0.05	—	0.01	0.01	—	99.90
1098	—	—	0.010	0.006	0.003	—	—	—	—	0.015	—	—	—	0.003	0.003	—	99.98
1100	A91100	Al99.0Cu	0.95(Si+Fe)		0.05～0.20	0.05	—	—	—	0.10	—	—	①	—	0.05	0.15	99.00
1110	—	—	0.30	0.8	0.04	0.01	0.25	0.01	—	—	—	—	0.02B,0.03(V+Ti)	—	0.30	—	99.10
1200	A91200	Al99.0	1.00(Si+Fe)		0.05	0.05	—	—	—	0.10	—	—	—	0.05	0.05	0.15	99.00
1120	—	—	0.10	0.40	0.05～0.35	0.01	0.20	0.01	—	0.05	0.03	—	0.05B,0.02(V+Ti)	—	0.03	0.10	99.20
1230	A91230	Al99.3	0.70(Si+Fe)		0.10	0.05	0.05	—	—	0.10	—	0.05	—	0.03	0.03	—	99.30
1135	A91135	—	0.60(Si+Fe)		0.05～0.20	0.04	0.05	—	—	0.10	—	0.05	—	0.03	0.03	—	99.35
1235	A911235	—	0.65(Si+Fe)		0.05	0.05	0.05	—	—	0.10	—	0.05	—	0.06	0.03	—	99.35
1435	A91345	—	0.15	0.30～0.50	0.02	0.05	0.05	—	—	0.10	—	0.05	—	0.03	0.03	—	99.35
1145	A91145	—	0.55(Si+Fe)		0.05	0.05	0.05	—	—	0.05	—	0.05	—	0.03	0.03	—	99.45
1345	A91345	—	0.30	0.40	0.10	0.05	0.05	—	—	0.05	—	0.05	—	0.03	0.03	—	99.45
1445	—	—	0.50(Si+Fe)②		0.04②	—	—	—	—	—	—	—	—	—	0.05	99.45	
1150	—	—	0.45(Si+Fe)		0.05～0.20	0.05	0.05	—	—	0.05	—	—	—	0.03	0.03	—	99.50
1350	A91350	E-Al99.5	0.10	0.40	0.05	0.01	—	0.01	—	0.05	0.03	—	0.05B,0.02(V+Ti)	—	0.03	0.10	99.50
1260	A91260③	—	0.40(Si+Fe)		0.04	0.01	0.03	—	—	0.05	—	0.05	①	0.03	0.03	—	99.60
1170	A91170	—	0.30(Si+Fe)		0.03	0.03	0.02	0.03	—	0.04	—	0.05	—	0.03	0.03	—	99.70
1370	—	E-Al99.7	0.10	0.25	0.02	0.01	0.02	0.01	—	0.04	0.03	—	0.02B,0.02(V+Ti)	—	0.02	0.10	99.70
1175	A91175	—	0.15(Si+Fe)		0.10	0.02	0.02	—	—	0.04	0.03	0.05	—	0.02	0.02	—	99.75
1275	—	—	0.08	0.12	0.05～0.10	0.02	0.02	—	—	0.03	0.03	0.03	—	0.02	0.01	—	99.75
1180	A91180	—	0.09	0.09	0.01	0.02	0.02	—	—	0.03	0.03	0.05	—	0.02	0.02	—	99.80
1185	A91185	—	0.15(Si+Fe)		0.01	0.02	0.02	—	—	0.03	0.03	0.05	—	0.02	0.01	—	99.85
1285	A91285	—	0.08④	0.08④	0.02	0.01	0.01	—	—	0.03	0.03	0.05	—	0.02	0.01	—	99.85
1385	—	—	0.05	0.12	0.02	0.01	0.01	0.01	—	0.03	0.03	—	0.02	—	0.01	—	99.85

续表

合金代号			化学成分/%											未指定的其他元素		Al
美国铝业协会	UNS	ISO R209	Si	Fe	Cu	Mn	Mg	Cr	Ni	Zn	Ga	V	指定的其他元素	Ti	每种	合计	最小值
1188	A91188	—	0.06	0.06	0.005	0.01	0.01	—	—	0.03	0.03	0.05	(V+Ti)⑤ ①	0.01	0.01	—	99.88
1190	—	—	0.05	0.07	0.01	0.01	0.01	0.01	—	0.02	0.02	—	0.01 (V+Ti)⑥	—	0.01	—	99.90
1193	A91193③	—	0.04	0.04	0.006	0.01	0.01	—	—	0.03	0.03	0.05	—	0.01	0.01	—	99.93
1199	A91199	—	0.006	0.006	0.006	0.002	0.006	—	—	0.006	0.005	0.005	—	0.002	0.002	—	99.99
2001	—	—	0.20	0.20	5.2~6.0	0.15~0.50	0.20~0.45	0.10	0.05	0.10	—	—	0.05Zr⑦	0.20	0.05	0.15	余量
2002	—	—	0.35~0.8	0.30	1.5~2.5	0.20	0.50~1.0	0.20	—	0.20	—	—	—	0.20	0.05	0.15	余量
2003	—	—	0.30	0.30	4.0~5.0	0.30~0.8	0.02	—	—	0.10	—	0.05~0.02	0.10~0.25Zr⑧	0.15	0.05	0.15	余量
2004	—	—	0.20	0.20	5.5~6.5	0.10	0.50	—	—	0.10	—	—	0.30~0.50Zr	0.05	0.05	0.15	余量
2005	—	—	0.8	0.7	3.5~5.0	1.0	0.20~1.0	0.10	0.20	0.50	—	—	0.20B,1.0~2.0P	0.20	0.05	0.15	余量
2006	—	—	0.8~1.3	0.7	1.0~2.0	0.6~1.0	0.50~1.4	—	0.20	0.20	—	—	—	0.30	0.05	0.15	余量
2007	—	—	0.8	0.8	3.3~4.6	0.50~1.0	0.40~1.8	0.10	0.20	0.8	—	—	⑫	0.20	0.10	0.30	余量
2008	—	—	0.50~0.8	0.40	0.7~1.1	0.30	0.25~0.50	0.10	—	0.25	—	0.05	—	0.10	0.05	0.15	余量
2011	A92011	AlCu6BiPb	0.40	0.7	5.0~6.0	—	—	—	—	0.30	—	—	⑫	—	0.05	0.15	余量
2014	A192014	AlCu4SiMg	0.50~1.2	0.70	3.9~5.0	0.40~1.2	0.20~0.8	0.10	—	025	—	—	⑪	0.15	0.05	0.15	余量
2017	A92017	AlCu4MgSi	0.20~0.8	0.7	3.5~4.5	0.40~1.0	0.40~0.8	0.10	—	0.25	—	—	⑪	0.15	0.05	0.15	余量
2117	A92117	AlCu2.5Mg	0.20~0.8	0.7	3.5~4.5	0.40~1.0	0.40~1.0	0.10	—	0.25	—	—	0.25 Zr+Ti	—	0.05	0.15	余量
		AlCu2Mg	0.8	0.7	2.2~3.0	0.20	0.20~0.50	0.10	—	0.25	—	—	—	—	0.05	0.15	
2018	A92018	—	0.9	1.0	3.5~4.5	0.20	0.45~0.9	0.10	1.7~2.3	0.25	—	—	—	—	0.05	0.15	
2218	A92218	—	0.9	1.0	3.5~4.5	0.20	1.2~1.8	0.10	1.7~2.3	0.25	—	—	—	—	0.05	0.15	余量
2618	A92618	—	0.10~0.25	0.9~1.3	1.9~2.7	—	1.3~1.8	—	0.9~1.2	0.10	—	—	—	0.04~0.10	0.05	0.15	余量
2219	A92219	AlCu6Mn	0.20	0.30	5.8~6.8	0.20~0.40	0.02	—	—	0.10	—	0.05~0.15	0.10~0.25Zr	0.02~0.10	0.05	0.15	余量
2319	A92319	—	0.20	0.30	5.8~6.8	0.20~0.40	0.02	—	—	0.10	—	0.05~0.15	0.10~0.25Zr①	0.10~0.20	0.05	0.15	余量
2419	A92419	—	0.15	0.18	5.8~6.8	0.20~0.40	0.02	—	—	0.10	—	0.05~0.15	0.10~0.25Zr	0.02~0.10	0.05	0.15	余量
2519	A92519	—	0.25⑫	0.301⑫	5.3~6.4	0.10~0.50	0.05~0.40	—	—	0.10	—	0.05~0.15	0.10~0.25Zr	0.02~0.10	0.05	0.15	余量
2021	A92021③	—	0.20	0.30	5.8~6.8	0.20~0.40	0.02	—	—	0.10	—	0.05~0.15	0.10~0.25Zr⑬	0.02~0.10	0.05	0.15	余量
2024	A92024	AlCu4Mg1	0.50	0.50	3.8~4.9	0.3~0.9	1.2~1.8	0.10	—	0.25	—	—	⑪	0.15	0.05	0.15	余量
2124	A92124	—	0.20	0.30	3.8~4.9	0.30~0.9	1.2~1.8	0.10	—	0.25	—	—	⑪	0.15	0.05	0.15	余量
2224	A92224	—	0.12	0.15	3.8~4.4	0.30~0.9	1.2~1.8	0.10	—	0.25	—	—	—	0.15	0.05	0.15	余量
2324	A92324	—	0.10	0.12	3.8~4.4	0.30~0.9	1.2~1.8	0.10	—	0.25	—	—	—	0.15	0.05	0.15	余量
2025	A92025	—	0.50~1.2	1.0	3.9~5.0	0.40~1.2	0.05	0.10	—	0.25	—	—	—	0.15	0.05	0.15	余量
2030	—	AlCu4PbMg	0.8	0.7	3.3~4.5	0.20~1.0	0.50~1.3	0.10	—	0.50	—	—	0.20Bi, 0.8~1.5 Pb	0.20	0.10	0.30	余量
2031	—	—	0.50~1.3	0.6~1.2	1.8~2.8	0.50	0.6~1.2	—	0.6~1.4	0.20	—	—	—	0.20	0.05	0.15	余量
2034	—	—	0.10	0.12	4.2~4.8	0.8~1.3	1.3~1.9	0.05	—	0.20	—	—	0.08~0.15 Zr	0.15	0.05	0.15	余量
2036	A92036	—	0.50	0.50	2.3~3.0	0.10~0.40	0.30~0.6	0.10	—	0.25	—	—	—	0.15	0.05	0.15	余量

续表

合金代号			化学成分/%												未指定的其他元素		Al
美国铝业协会	UNS	ISO R209	Si	Fe	Cu	Mn	Mg	Cr	Ni	Zn	Ga	V	指定的其他元素	Ti	每种	合计	最小值
2037	A92037	—	0.50	0.50	1.4～2.2	0.10～0.40	0.30～0.8	0.10	—	0.25	—	0.05	—	0.15	0.05	0.15	余量
2038	A92038	—	0.50～1.3	0.6	0.8～1.8	0.10～0.40	0.40～1.0	0.20	—	0.50	0.05	0.05	—	0.15	0.06	0.15	余量
2048	A92048	—	0.15	0.20	2.8～3.8	0.20～0.6	1.2～1.8	—	—	0.25	—	—	—	0.10	0.05	0.15	余量
2090	A92090	—	0.10	0.12	2.4～3.0	0.05	0.25	0.05	—	0.10	—	—	0.08～0.15Zr⑮	0.15	0.05	0.15	余量
2091	—	—	0.20	0.30	1.8～2.5	0.10	1.1～1.9	0.10	—	0.25	—	—	0.04～0.16Zr⑮	0.10	0.05	0.15	余量
3002	A93002	—	0.08	0.10	0.15	0.05～0.25	0.05～0.02	—	—	0.05	—	0.05	—	0.03	0.03	0.10	余量
3102	A93102	—	0.40	0.7	0.10	0.05～0.40	—	—	—	0.30	—	—	—	0.10	0.05	0.15	余量
3003	A93003	AlMn1Cu	0.6	0.7	0.05～0.20	1.0～1.5	—	—	—	0.10	—	—	—	—	0.05	0.15	余量
3103	—	—	0.50	0.7	0.10	0.9～1.5	0.30	0.10	—	0.20	—	—	0.10 Zr+Ti	—	0.50	0.15	余量
3203	—	—	0.6	0.7	0.05	1.0～1.5	—	—	—	0.10	—	—	①	—	0.05	0.15	余量
3303	A93303	AlMn1	0.6	0.7	0.05～0.20	1.0～1.5	—	—	—	0.30	—	—	—	—	0.05	0.15	余量
3004	A93004	AlMn1Mg1	0.30	0.7	0.25	1.0～1.5	0.8～1.3	—	—	0.25	—	—	—	—	0.05	0.15	余量
3104	S93104	—	0.6	0.8	0.05～0.25	0.8～1.4	0.8～1.3	—	—	0.25	0.05	0.05	—	0.10	0.05	0.15	余量
3005	A93005	AlMn1Mg0.5	0.6	0.7	0.30	1.0～1.5	0.20～0.60	0.10	—	0.25	—	—	—	0.10	0.05	0.15	余量
3105	A93105	AlMn0.5Mg0.5	0.6	0.7	0.30	0.30～0.8	0.20	0.8	—	0.04	—	—	—	0.10	0.05	0.15	余量
3006	A93006	—	0.50	0.7	0.10～0.30	0.50～0.8	0.30～0.6	0.20	—	0.15～0.40	—	—	—	0.10	0.05	0.15	余量
3007	A93007	—	0.50	0.7	0.05～0.30	0.30～0.8	0.6	0.20	—	0.40	—	—	—	0.10	0.05	0.15	余量
3107	A93107	—	0.6	0.7	0.05～0.15	0.40～0.9	—	—	—	0.20	—	—	—	0.10	0.05	0.15	余量
3207	—	—	0.30	0.45	0.10	0.40～0.8	0.10	—	—	0.10	—	—	—	—	0.05	0.10	余量
3307	—	—	0.6	0.8	0.30	0.50～0.9	0.30	—	—	0.25	—	—	—	0.10	0.05	0.15	余量
3008	—	—	0.40	0.7	0.10	1.2～1.8	0.01	0.05	0.05	0.05	—	—	0.10～0.50 Zr	0.10	0.05	0.15	余量
3009	A93009	—	1.0～1.8	0.7	0.10	1.2～1.8	0.10	0.05	0.05	0.05	—	—	0.10 Zr	0.10	0.05	0.15	余量
3010	A9310	—	0.10	0.20	0.03	0.20～0.9	—	0.05～0.40	—	0.05	—	0.05	—	0.05	0.03	0.10	余量
3011	A93011	—	0.40	0.7	0.05～0.20	0.8～1.2	—	0.10～0.40	—	0.10	—	—	0.10～0.30 Zr	0.10	0.05	0.15	余量
3012	—	—	0.6	0.7	0.10	0.5～1.1	0.10	0.20	—	0.10	—	—	—	0.10	0.05	0.15	余量
3013	—	—	0.6	1.0	0.50	0.9～1.4	0.20～0.6	—	—	0.25～1.0	—	—	—	—	0.05	0.15	余量
3014	—	—	0.6	1.0	0.50	1.0～1.5	0.10	—	—	0.25	—	—	—	1.0	0.05	0.15	余量
3015	—	—	0.6	0.8	0.30	0.50～0.9	0.50～0.8	—	—	0.25	—	—	—	0.10	0.05	0.15	余量
3016	—	—	0.6	0.8	0.30	0.50～0.9	0.50～0.8	—	—	0.25	—	—	—	0.10	0.05	0.15	余量
4004	Z94004	—	9.0～10.5	0.8	0.25	0.10	1.0～2.0	—	—	0.20	—	—	—	—	0.05	0.15	余量
4104	A94104	—	9.0～10.5	0.8	0.25	0.10	1.0～2.0	—	—	0.20	—	—	0.02～0.20 Bi	—	0.05	0.15	余量
4006	—	—	0.8～1.2	0.50～0.8	0.05	0.03	0.01	0.20	—	0.05	—	—	—	—	0.05	0.15	余量
4007	—	—	1.0～1.7	0.40～1.0	0.20	0.8～1.5	0.20	0.05～0.25	0.15～0.7	0.10	—	—	0.05Co	0.10	0.05	0.15	余量
4008	A94008	—	6.5～7.5	0.09	0.05	0.05	0.30～0.45	—	—	0.05	—	—	①	0.04～0.15	0.05	0.15	余量
4009	—	—	4.5～5.5	0.20	1.0～1.5	0.10	0.45～0.6	—	—	0.10	—	—	①	0.20	0.05	0.15	余量

续表

合金代号			化学成分/%													
美国铝业协会	UNS	ISO R209	Si	Fe	Cu	Mn	Mg	Cr	Ni	Zn	Ga	V	指定的其他元素	Ti	未指定的其他元素 每种	未指定的其他元素 合计	Al 最小值
4010	—	—	6.5~7.5	0.20	0.20	0.10	0.30~0.45	—	—	0.10	—	—	①	0.20	0.05	0.15	余量
4011	—	—	6.5~7.5	0.20	0.20	0.10	0.45~0.7	—	—	0.10	—	—	0.04~0.07Be	0.04~0.20	0.05	0.15	余量
4013	—	—	3.5~4.5	0.35	0.05~0.20	0.03	0.05~0.20	—	—	0.05	—	—	⑰	0.02	0.05	0.15	余量
4032	A94032	—	11.0~13.5	1.0	0.50~1.3	—	0.8~1.3	0.10	0.50~1.3	0.25	—	—	—	—	0.05	0.15	余量
4043	A94043	AlSi5	4.5~6.0	0.8	0.30	0.05	0.05	—	—	0.10	—	—	①	0.20	0.05	0.15	余量
4343	A94343	—	6.8~8.2	0.8	0.25	0.10	—	—	—	0.20	—	—	—	—	0.05	0.15	余量
4543	A94543	—	5.0~7.0	0.50	0.10	0.05	0.10~0.40	0.05	—	0.10	—	—	—	0.10	0.05	0.15	余量
4643	A94643	—	3.6~4.6	0.8	0.10	0.05	0.10~0.30	—	—	0.10	—	—	①	0.15	0.05	0.15	余量
4044	A94044	—	7.8~9.2	0.8	0.25	0.10	—	—	—	0.20	—	—	—	—	0.05	0.15	余量
4045	A94045	—	9.0~11.0	0.8	0.30	0.05	0.05	—	—	0.10	—	—	—	0.20	0.05	0.15	余量
4145	A94145	—	9.3~10.7	0.8	3.3~4.7	0.15	0.15	0.15	—	0.20	—	—	①	—	0.05	0.15	余量
4047	A94047	AlSi2	11.0~13.0	0.8	0.30	0.15	0.10	—	—	0.20	—	—	①	—	0.05	0.15	余量
5005	A95005	AlMg1	0.30	0.7	0.20	0.20	0.50~1.1	0.10	—	0.25	—	—	—	—	0.05	0.15	余量
5205	—	AlMg1②	0.15	0.7	0.03~0.10	0.10	0.6~1.0	0.10	—	0.05	—	—	—	—	0.05	0.15	余量
5006	A95006	—	0.40	0.8	0.10	0.40~0.8	0.8~1.3	0.10	—	0.25	—	—	—	0.10	0.05	0.15	余量
5010	A95010	—	0.40	0.7	0.25	0.10~0.30	0.20~0.6	0.15	—	0.30	—	—	—	0.10	0.05	0.15	余量
5013	—	—	0.20	0.25	0.03	0.30~0.50	3.2~3.8	0.03	0.03	0.10	—	—	0.05 Zr⑦	0.10	0.05	0.15	余量
5014	—	—	0.40	0.40	0.20	0.20~0.9	4.0~5.5	0.20	—	0.7~1.5	—	—	—	0.20	0.05	0.15	余量
5016	A95016	—	0.25	0.6	0.20	0.40~0.7	1.4~1.9	0.10	—	0.15	—	—	—	0.05	0.05	0.15	余量
5017	—	—	0.40	0.7	0.18~0.28	0.6~0.8	1.9~2.2	—	—	—	—	—	—	0.09	0.05	0.15	余量
5040	A95040	—	0.30	0.7	0.25	0.9~1.4	1.0~1.5	0.10~0.30	—	0.25	—	—	—	—	0.05	0.15	余量
5042	A95042	—	0.20	0.35	0.15	0.20~0.50	3.0~4.0	0.10	—	0.25	—	—	—	0.10	0.05	0.15	余量
5043	A95043	—	0.40	0.7	0.05~0.35	0.7~1.2	0.7~1.3	0.05	—	0.25	0.05	0.05	—	0.10	0.05	0.15	余量
5049	—	—	0.40	0.50	0.10	0.50~1.1	1.6~2.5	0.30	—	0.20	—	—	—	0.10	0.05	0.15	余量
5050	A95050	AlMg1.5③ AlMg1.5	0.40	0.7	0.20	0.10	1.1~1.8	0.10	—	0.25	—	—	—	—	0.05	0.15	余量
5150	—	—	0.08	0.10	0.10	0.03	1.3~1.7	—	—	0.10	—	—	—	0.06	0.03	0.01	余量
5250	A95250	—	0.08	0.10	0.10	0.05~0.15	1.3~1.8	—	—	0.05	0.03	0.05	—	—	0.03	0.10	余量
5051	A95951	AlMg2	0.40	0.7	0.25	0.20	1.7~2.2	0.10	—	0.25	—	—	—	0.10	0.05	0.15	余量
5151	A95151	—	0.20	0.35	0.15	0.10	1.5~2.1	0.10	—	0.15	—	—	—	0.10	0.05	0.15	余量
5251	—	AlMg2	0.40	0.50	0.15	0.10~0.50	1.7~2.4	0.15	—	0.15	—	—	—	015	0.05	0.15	余量
5351	A95351	—	0.08	0.10	0.10	0.10	1.6~2.2	—	—	0.05	—	0.05	—	—	0.03	0.10	余量
5451	A95154	AlMg3.5	0.25	0.40	0.10	0.10	1.8~2.4	0.15~0.35	0.05	0.10	—	—	—	0.05	0.05	0.15	余量
5052	A95052	AlMg2.5	0.25	0.40	0.10	0.10	2.2~2.8	0.15~0.35	—	0.10	—	—	—	—	0.05	0.15	余量

续表

合金代号			化学成分/%														
美国铝业协会	UNS	ISO R209	Si	Fe	Cu	Mn	Mg	Cr	Ni	Zn	Ga	V	指定的其他元素	Ti	未指定的其他元素 每种	未指定的其他元素 合计	Al 最小值
5252	A95252	—	0.08	0.10	0.10	0.10	2.2~2.8	—	—	0.05	—	0.05	—	—	0.03	0.10	余量
5352	A95352	—	0.45(Si+Fe)		0.10	0.10	2.2~2.8	0.10	—	0.10	—	—	—	0.10	0.05	0.15	余量
5552	A95652	—	0.04	0.05	0.10	0.10	2.2~2.8	—	—	0.05	—	0.05	—	—	0.03	0.10	余量
5652	A95652	—	0.40(Si+Fe)			0.04	0.01	2.2~2.8	0.15~0.35	—	0.10	—	—	—	0.05	0.15	余量
5154	—	AlMg3.5	0.25	0.40	0.10	0.10	3.1~3.9	0.15~0.35	—	0.20	—	—	①	0.20	0.05	0.15	余量
5254	A95254	—	0.45(Si+Fe)		0.05	0.01	3.1~3.9	0.15~0.35	—	0.20	—	—	—	0.05	0.05	0.15	余量
5454	A95454	AlMg3Mn	0.25	0.40	0.10	0.50~1.0	2.4~3.0	0.05~0.20	—	0.25	—	—	—	0.20	0.05	0.15	余量
5554	A95554	AlMg3Mn(A)	0.25	0.40	0.10	0.50~1.0	2.4~3.0	0.05~0.20	—	0.25	—	—	①	0.05~0.20	0.05	0.15	余量
5654	A95654	—	0.45(Si+Fe)		0.05	0.01	3.1~3.9	0.15~0.35	—	0.20	—	—	①	0.05~0.15	0.05	0.15	余量
5754	A96754	AlMg3	0.40	0.40	0.10	0.50	2.6~3.6	0.30	—	0.20	—	—	0.10~0.6 (Mn+Cr)	0.15	0.05	0.15	余量
5854	—	—	0.45(Si+Fe)		0.10	0.10~0.50	3.1~3.9	0.15~0.35	—	0.20	—	—	—	0.20	0.05	0.15	余量
5056	A95056	AlMg5 AlMg5Cr	0.30	0.40	0.10	0.05~0.20	4.5~5.6	0.05~0.20	—	0.10	—	—	—	—	0.05	0.15	余量
5356	A95356	AlMg5Cr(A)	0.25	0.40	010	0.05~0.20	4.5~5.5	0.05~0.20	—	0.10	—	—	①	0.06~0.20	0.05	0.15	余量
5456	A95456	AlMg5Mn1	0.25	0.40	0.10	0.50~1.0	4.7~5.5	0.05~0.20	—	0.25	—	—	—	0.02	0.05	0.15	余量
5556	A95556	—	0.25	0.40	0.10	0.50~1.0	4.7~5.5	0.05~0.20	—	0.25	—	—	①	0.05~0.20	0.05	0.15	余量
5357	A95357	—	0.12	0.17	0.20	0.15~0.45	0.8~1.2	—	—	0.05	—	—	—	—	0.05	0.15	余量
5457	A95457	—	0.08	0.10	0.20	0.15~0.45	0.8~1.2	—	—	0.05	—	0.05	—	—	0.03	0.10	余量
5557	A9557	—	0.10	0.12	0.15	0.10~0.40	0.40~0.8	—	—	—	—	0.05	—	—	0.03	0.10	余量
5657	A95657	—	0.08	0.10	0.10	0.03	0.6~1.0	—	—	0.05	0.03	0.05	—	—	0.02	0.05	余量
5280	—	—	0.35(Si+Fe)		0.10	0.20~0.7	3.5~4.5	0.05~0.25	—	1.5~2.8	—	—	⑰	—	0.05	0.15	余量
5082	A95082	—	0.20	0.35	0.15	0.15	4.0~5.0	0.15	—	0.25	—	—	—	0.10	0.05	0.15	余量
5182	A95182	—	0.20	0.35	0.15	0.20~0.50	4.0~5.0	0.10	—	0.25	—	—	—	0.10	0.05	0.15	余量
5083	A95083	AlMg4.5Mn	0.40~0.7①	0.40	0.10	0.40~0.10	4.0~4.9	0.05~0.25	—	0.25	—	—	—	0.15	0.05	0.15	余量
5183	A95183	AlMg4.5Mn	0.40~0.7①	0.40	0.10	0.50~1.0	4.3~5.2	0.05~0.25	—	0.25	—	—	①	0.15	0.05	0.15	余量
5283	—	—	0.30	0.30	0.03	0.50~1.0	4.5~5.1	0.05	0.03	0.10	—	—	0.05Zr	0.05	0.05	0.15	余量
5086	A95086	AlMg4	0.40	0.50	0.10	0.20~0.7	3.5~4.5	0.05~0.25	—	0.25	—	—	—	0.15	0.05	0.15	余量
6101	A96101	E-AlMgSi	0.30~0.7	0.50	0.10	0.03	0.35~0.8	0.03	—	0.10	—	—	0.06B	—	0.03	0.10	余量
6201	A96201	—	0.50~0.9	0.50	0.10	0.03	0.6~0.9	0.03	—	0.10	—	—	0.06B	—	0.03	0.10	余量
6301	A96301	—	0.50~0.9	0.7	0.10	0.15	0.6~0.9	0.10	—	0.25	—	—	—	0.15	0.05	0.15	余量
6002	—	—	0.6~0.9	0.25	0.10~0.25	0.10~0.20	0.45~0.7	0.05	—	—	—	—	0.09~0.44Zr	0.08	0.05	0.15	余量
6003	A96803	AlMg1Si	0.35~1.0	0.6	0.10	0.8	0.8~1.5	0.35	—	0.20	—	—	—	0.10	0.05	0.15	余量
6103	—	—	0.35~1.0	0.6	0.20~0.30	0.8	0.8~1.5	0.35	—	0.20	—	—	—	0.10	0.05	0.15	余量
6004	A96004	—	0.30~0.6	0.10~0.30	0.10	0.20~0.6	0.40~0.7	—	—	0.05	—	—	—	—	0.05	0.15	余量
6005	A96005	AlSiMg	0.6~0.9	0.35	0.10	0.10	0.4~0.6	0.10	—	0.10	—	—	—	0.10	0.05	0.15	余量
6105	A96105	—	0.6~1.0	0.35	0.10	0.10	0.45~0.8	0.10	—	0.10	—	—	—	0.10	0.05	0.15	余量
6205	A96205	—	0.6~0.9	0.7	0.20	0.05~0.15	0.40~0.6	0.05~0.15	—	0.25	—	—	0.05~0.15Zr	0.15	0.05	0.15	余量

续表

合金代号			化学成分/%														
美国铝业协会	UNS	ISO R209	Si	Fe	Cu	Mn	Mg	Cr	Ni	Zn	Ga	V	指定的其他元素	Ti	未指定的其他元素 每种	未指定的其他元素 合计	Al 最小值
6006	A96006	—	0.20~0.6	0.35	0.15~0.30	0.15~0.20	0.45~0.9	0.10	—	0.10	—	—	—	0.10	0.05	0.15	余量
6106	—	—	0.30~0.6	0.35	0.25	0.05~0.20	0.40~0.8	0.20	—	0.10	—	—	—	—	0.05	0.10	余量
X6206	—	—	0.35~0.7	0.35	0.20~0.50	0.13~0.30	0.45~0.8	0.10	—	0.20	—	—	—	0.10	0.05	0.15	余量
6007	A96007	—	0.9~1.4	0.7	0.20	0.05~0.25	0.6~0.9	0.05~0.25	—	0.25	—	—	0.05~0.20Zr	0.15	0.05	0.15	余量
6008	—	—	0.50~0.9	0.35	0.30	0.30	0.40~0.7	0.30	—	0.20	—	0.05~0.20	—	0.10	0.05	0.15	余量
6009	A96009	—	0.6~1.0	0.50	0.15~06	0.20~0.8	0.40~0.8	0.10	—	0.25	—	—	—	0.10	0.05	0.15	余量
6010	A96010	—	0.8~1.2	0.50	0.15~0.6	0.20~0.8	0.6~1.0	0.10	—	0.25	—	—	—	0.10	0.05	0.15	余量
6110	A96110	—	0.7~1.5	0.8	0.20~0.7	0.20~0.7	0.50~1.1	0.04~0.25	—	0.30	—	—	—	0.15	0.05	0.15	余量
6011	A96011	—	0.6~1.2	1.0	0.40~0.9	0.8	0.6~1.2	0.30	0.20	1.5	—	—	—	0.20	0.05	0.15	余量
6111	A96111	—	0.7~1.1	0.40	0.50~0.9	0.15~0.45	0.50~1.0	0.10	—	0.15	—	—	—	0.10	0.05	0.15	余量
6012	—	—	0.6~1.4	0.50	0.10	0.40~1.0	0.6~1.2	0.30	—	0.30	—	—	0.7 Bi 0.4~20 Pb	0.20	0.05	0.15	余量
X6013	—	—	0.6~1.0	0.50	0.6~1.1	0.20~0.8	0.8~1.2	0.10	—	0.25	—	—	—	0.10	0.05	0.15	余量
6014	—	—	0.30~0.6	0.35	0.25	0.05~0.20	0.40~0.8	0.20	—	0.10	—	0.05~0.20	—	0.10	0.05	0.15	余量
6015	—	—	0.20~0.40	0.10~0.30	0.10~0.25	0.10	0.8~1.1	0.10	—	0.10	—	—	—	0.10	0.05	0.15	余量
6016	—	—	1.0~1.5	0.50	0.20	0.20	0.25~0.6	0.10	—	0.20	—	—	—	0.15	0.05	0.15	余量
6017	A96017	—	0.55~0.7	0.15~0.30	0.05~0.20	0.10	0.45~0.6	0.10	—	0.05	—	—	—	0.05	0.05	0.15	余量
6151	A96151	—	0.6~1.2	1.0	0.35	0.20	0.45~0.8	0.15~0.35	—	0.25	—	—	—	0.15	0.05	0.15	余量
6351	A96351	AlSiMg 0.5Mn	0.7~1.3	0.50	0.10	0.40~0.8	0.40~0.8	—	—	0.20	—	—	—	0.20	0.05	0.15	余量
6951	A96951	—	0.20~0.50	0.8	0.15~0.40	0.10	0.40~0.8	—	—	0.20	—	—	—	—	0.05	0.15	余量
6053	A96053	—	(r)	0.35	0.10	—	1.1~1.4	0.15~0.35	—	0.10	—	—	—	—	0.05	0.15	余量
6253	A96253	—	(r)	0.50	0.10	—	1.0~1.5	0.04~0.35	—	1.6~2.4	—	—	—	—	0.05	0.15	余量
6060	A96060	AlMgSi	0.30~0.6	0.10~0.30	0.10	0.10	0.35~0.6	0.05	—	0.15	—	—	—	0.10	0.05	0.15	余量
6061	A96061	AlMg1SiCu	0.40~0.8	0.7	0.15~0.40	0.15	0.8~1.2	0.04~0.35	—	0.25	—	—	—	0.15	0.05	0.15	余量
6261	A96261	—	0.40~0.7	0.40	0.15~0.40	0.20~0.35	0.7~1.0	0.10	—	0.20	—	—	—	0.10	0.05	0.15	余量
6162	A96162	—	0.40~0.8	0.50	0.20	0.10	0.7~1.1	0.10	—	0.25	—	—	—	0.10	0.05	0.15	余量
6262	A96262	AlMg1SiPb	0.40~0.8	0.7	0.15~0.40	0.15	0.8~1.2	0.04~0.14	—	0.25	—	—	⑤	0.15	0.15		余量
6063	A96063	AlMg0.5Si	0.20~0.6	0.35	0.10	0.10	0.45~0.9	0.10	—	0.10	—	—	—	0.10	0.05	0.15	余量
6463	A96463	AlMg0.7Si	0.20~0.6	0.15	0.20	0.05	0.45~0.9	—	—	0.05	—	—	—	—	0.05	0.15	余量
6763	A96763	—	0.20~0.6	0.08	0.04~0.16	0.03	0.45~0.9	—	—	0.03	—	0.05	—	—	0.03	0.10	余量
6863	—	—	0.40~0.6	0.15	0.05~0.20	0.05	0.50~0.8	0.05	—	0.10	—	—	—	0.10	0.05	0.15	余量
6066	A96066	—	0.9~1.8	0.50	0.7~1.2	0.6~1.1	0.8~1.4	0.40	—	0.25	—	—	—	0.20	0.05	0.15	余量
6070	A96070	—	1.0~0.7	0.50	0.15~0.40	0.40~1.0	0.50~1.2	0.10	—	0.25	—	—	—	0.15	0.05	0.15	余量
6081	—	—	0.7~1.1	0.50	0.10	0.10~0.45	0.6~1.0	0.10	—	0.20	—	—	—	0.15	0.05	0.15	余量
6181	—	AlSiMg0.8	0.8~1.2	0.45	0.10	0.15	0.6~10	0.10	—	0.20	—	—	—	0.10	0.05	0.15	余量
6082	—	AlSiMgMn	0.7~1.3	0.50	0.10	0.40~1.0	0.6~1.2	0.25	—	0.20	—	—	—	0.10	0.05	0.15	余量
7001	A97001	—	0.35	0.40	1.6~2.6	0.20	2.6~3.4	0.18~0.35	—	6.8~8.0	—	—	—	0.20	0.05	0.15	余量

续表

合金代号			化学成分/%													
美国铝业协会	UNS	ISO R209	Si	Fe	Cu	Mn	Mg	Cr	Ni	Zn	Ga	V	指定的其他元素	Ti	未指定的其他元素 每种	未指定的其他元素 合计	Al 最小值
7003	—	—	0.30	0.35	0.20	0.30	0.50～1.0	0.20	—	5.0～6.5	—	—	0.05～0.25Zr	0.20	0.05	0.10	余量
7004	A97004	—	0.25	0.35	0.05	0.20～0.7	1.0～2.0	0.05	—	3.8～4.6	—	—	0.10～0.20Zr	0.05	0.05	0.15	余量
7005	A97005	—	0.35	0.40	0.10	0.20～0.7	1.0～1.8	0.06～0.20	—	4.0～5.0	—	—	0.08～0.20Zr	0.01～0.06	0.05	0.15	余量
7008	A97008	—	0.10	0.10	0.05	0.05	0.7～1.4	0.12～0.25	—	4.5～5.5	—	—	—	0.05	0.05	0.15	余量
7108	A97108	—	0.10	0.10	0.05	0.05	0.7～1.4	—	—	4.5～5.5	—	—	0.12～0.25Zr	0.05	0.05	0.15	余量
7009	—	—	0.20	0.20	0.6～1.3	0.10	2.1～2.9	0.10～0.25	—	5.5～6.5	—	—	⑳	0.20	0.05	0.15	余量
7109	—	—	0.10	0.15	0.8～1.3	0.10	2.2～2.7	0.04～0.08	—	5.8～6.5	—	—	0.10～0.20 Zr㉔	0.10	0.05	0.15	余量
7010	—	AlZn6MgCu	0.12	0.15	1.5～2.0	0.10	2.1～2.6	0.05	0.05	5.7～6.7	—	—	0.10～0.16Zr	0.05	0.05	0.15	余量
7011	A97011③	—	0.15	0.20	0.05	0.10～0.30	1.0～1.6	0.05～0.20	—	4.0～5.5	—	—	—	0.05	0.05	0.15	余量
7012	—	—	0.15	0.25	0.8～1.2	0.08～0.15	1.8～2.2	0.04	—	5.8～6.5	—	—	0.10～0.18Zr	0.02～0.08	0.05	0.15	余量
7013	A97013	—	0.6	0.7	0.10	1.0～1.5	—	—	—	1.5～2.0	—	—	—	—	0.05	0.15	余量
7014	—	—	0.50	0.50	0.30～0.7	0.30～0.7	2.2～3.2	—	0.10	5.2～6.2	—	—	0.20 (Ti+Zr)	—	0.05	0.15	余量
7015	—	—	0.20	0.30	0.06～0.15	0.10	1.3～2.1	0.15	—	4.6～5.2	—	—	0.10～0.20Zr	0.10	0.05	0.15	余量
7016	A97016	—	0.10	0.12	0.45～1.0	0.03	0.8～1.4	—	—	4.0～5.0	—	0.05	—	0.03	0.03	0.15	余量
7116	—	—	0.15	0.30	0.50～1.1	0.05	0.8～1.4	—	—	4.2～5.2	0.03	0.05	—	0.05	0.05	0.15	余量
7017	—	—	0.35	0.45	0.20	0.05～0.50	2.0～3.0	0.35	0.10	4.0～5.2	—	—	0.10～0.25 Zr㉑	0.15	0.05	0.15	余量
7018	—	—	0.35	0.45	0.20	0.15～0.50	0.7～1.5	0.20	0.10	4.5～5.5	—	—	0.10～0.25Zr	0.15	0.05	0.15	余量
7019	—	—	0.35	0.45	0.20	0.15～0.50	1.5～2.5	0.20	0.10	3.5～4.5	—	—	0.10～0.25Zr	0.15	0.05	0.15	余量
7020	—	AlZn4.5Mg1	0.35	0.40	0.20	0.05～0.50	1.0～0.14	0.10～0.35	—	4.0～5.0	—	—	㉒	—	0.05	0.15	余量
7021	A97021	—	0.25	0.40	0.25	0.10	1.2～1.8	0.05	—	5.0～6.0	—	—	0.08～0.18Zr	0.10	0.05	0.15	余量
7022	—	—	0.50	0.50	0.50～1.0	0.10～0.40	2.6～3.7	0.10～0.30	—	4.8～5.2	—	—	0.20(Ti+Zr)	—	0.05	0.15	余量
7023	—	—	0.50	0.50	0.50～1.0	0.10～0.6	2.0～3.0	0.05～0.35	—	4.0～6.0	—	—	—	0.10	0.05	0.15	余量
7024	—	—	0.30	0.40	0.10	0.10～0.8	0.50～1.0	0.05～0.35	—	3.0～5.0	—	—	—	0.10	0.05	0.15	余量
7025	—	—	0.30	0.40	0.10	0.10～0.6	0.8～1.5	0.05～0.35	—	3.0～5.0	—	—	—	0.10	0.05	0.15	余量
7026	—	—	0.08	0.12	0.6～0.9	0.05～0.20	1.5～1.9	—	—	4.6～5.2	—	—	0.09～0.14Zr	0.05	0.03	0.10	余量
7027	—	—	0.25	0.40	0.10～0.30	0.10～0.40	0.7～1.1	—	—	3.5～4.5	—	—	0.05～0.30Z	0.10	0.05	0.15	余量
7028	—	—	0.35	0.50	0.10～0.30	0.15～0.6	1.5～2.3	0.20	—	4.5～5.2	—	—	0.08～0.25 (Zr+Ti)	0.05	0.05	0.15	余量
7029	A97029	—	0.10	0.12	0.50～0.9	0.03	1.3～2.0	—	—	4.2～5.2	—	0.05	—	0.05	0.03	0.10	余量
7129	A97129	—	0.15	0.30	0.50～0.9	0.10	1.3～2.0	0.10	—	4.2～5.2	0.03	0.05	—	0.05	0.05	0.15	余量
7229	—	—	0.06	0.08	0.50～0.9	0.03	1.3～2.0	—	—	4.2～5.2	—	0.05	—	—	0.03	0.10	余量
7030	—	—	0.20	0.30	0.20～0.40	0.05	1.0～1.5	0.04	—	4.8～5.9	0.03	—	0.03 Zr	0.03	0.05	0.15	余量
7039	A97039	—	0.30	0.40	0.10	0.10～0.40	2.3～3.3	0.15～0.25	—	3.5～4.5	—	—	—	0.10	0.05	0.15	余量
7046	A97046	—	0.20	0.40	0.25	0.30	1.0～1.6	0.20	—	6.6～7.6	—	—	0.10～0.18Zr	0.06	0.05	0.15	余量
7146	A97146	—	0.20	0.40	—	—	1.0～1.6	—	—	6.6～7.6	—	—	0.10～0.18Zr	0.06	0.05	0.15	余量
7049	A97049	—	0.25	0.35	1.2～1.9	0.20	2.0～2.9	0.10～0.22	—	7.2～8.2	—	—	—	0.10	0.05	0.15	余量

续表

合金代号			化学成分/%														
美国铝业协会	UNS	ISO R209	Si	Fe	Cu	Mn	Mg	Cr	Ni	Zn	Ga	V	指定的其他元素	Ti	未指定的其他元素 每种	未指定的其他元素 合计	Al 最小值
7149	A97149	—	0.15	0.20	1.2～1.9	0.20	2.0～2.9	0.10～0.22	—	7.2～8.2	—	—	—	0.10	0.05	0.15	余量
7050	A97050	AlZn6CuMgZr	0.12	0.15	20～2.6	0.10	1.9～2.6	0.04	—	5.7～6.7	—	—	0.08～0.15Zr	0.06	0.05	0.15	余量
7150	A97150	—	0.12	0.15	1.9～2.5	0.10	2.0～2.7	0.04	—	5.9～6.9	—	—	0.8～0.15 Zr	0.06	0.05	0.15	余量
7051	—	—	0.35	0.45	0.15	0.10～0.45	1.7～2.5	0.05～0.25	—	3.0～4.0	—	—	—	0.15	0.05	0.15	余量
7060	—	—	0.15	0.20	1.8～2.6	0.20	1.3～2.1	0.15～0.25	—	6.1～7.5	—	—	0.003 Pb[23]	0.10	0.05	0.15	余量
X7064	—	—	0.12	0.15	1.8～2.4	—	1.9～2.9	0.06～0.25	—	6.8～8.0	—	—	0.10～0.50 Zr[24]	—	0.05	0.15	余量
7072	A97072	AlZn1	0.7(Si+Fe)		0.10	0.10	0.10	—	—	0.8～1.3	—	—	—	—	0.05	0.15	余量
7472	A97472	—	0.25	0.6	0.05	0.05	0.9～1.5	—	—	1.3～1.9	—	—	—	—	0.05	0.15	余量
7075	A97075	AlZn5.5MgCu	0.40	0.50	1.2～2.0	0.30	2.1～2.9	0.18～0.28	—	5.1～6.1	—	—	㉕	0.20	0.05	0.15	余量
7175	A97175	—	0.15	0.20	1.2～2.0	0.10	2.1～2.9	0.18～0.28	—	5.1～6.1	—	—	—	0.10	0.05	0.15	余量
7475	A97475	AlZn5.5 MgCu(A)	0.10	0.12	1.2～1.9	0.06	1.9～2.6	0.18～0.25	—	5.2～6.2	—	—	—	0.06	0.05	0.15	余量
7076	A97076	—	0.40	0.6	0.30～1.0	0.30～0.8	1.2～2.0	—	—	7.0～8.0	—	—	—	0.20	0.05	0.15	余量
7277	A97277	—	0.50	0.7	0.8～1.7	—	1.7～2.3	0.18～0.35	—	3.7～4.3	—	—	—	0.10	0.05	0.15	余量
7178	A97178	—	0.40	0.50	1.6～2.4	0.30	2.4～3.1	0.18～0.28	—	6.3～7.3	—	—	—	0.20	0.05	0.15	余量
7278	—	—	0.15	0.20	1.6～2.2	0.02	2.5～3.2	0.17～0.25	—	6.6～7.4	0.03	0.05	—	0.03	0.03	0.10	余量
7079	A97079	—	0.30	0.40	0.40～0.8	0.10～0.30	2.9～3.7	0.10～0.25	—	3.8～4.8	—	—	—	0.10	0.05	0.15	余量
7179	A97179	—	0.15	0.20	0.40～0.8	0.10～0.30	2.9～3.7	0.10～0.25	—	3.8～4.8	—	—	—	0.10	0.05	0.15	余量
7090	A97090	—	0.12	0.15	0.6～1.3	—	2.0～3.0	—	—	7.3～8.7	—	—	1.01～1.9 Co[26]	—	0.05	0.15	余量
7091	A97091	—	0.12	0.15	1.1～1.8	—	2.0～3.0	—	—	5.8～7.1	—	—	0.20～0.6 Co[27]	—	0.05	0.15	余量
8001	A98001	—	0.17	0.45～0.7	0.15	—	—	—	0.9～1.3	0.05	—	—	㉗	—	0.05	0.15	余量
8004	—	—	0.15	0.15	0.03	0.02	0.02	—	—	0.03	—	—	—	0.30～0.7	0.02	0.15	余量
8005	—	—	0.20～0.50	0.40～0.8	0.05	—	0.05	—	—	0.05	—	—	—	—	0.05	0.15	余量
8006	A98006	—	0.40	1.2～2.0	0.30	0.30～1.0	0.10	—	—	0.10	—	—	—	—	0.05	0.15	余量
8007	A98007	—	0.40	1.2～2.0	0.10	0.30～1.0	0.10	—	—	0.8～1.8	—	—	—	—	0.05	0.15	余量
8008	—	—	0.6	0.9～1.6	0.20	0.50～1.0	—	—	—	0.10	—	—	—	0.10	0.05	0.15	余量
8010	—	—	0.40	0.35～0.7	0.10～0.30	0.10～0.8	0.10～0.50	0.20	—	0.40	—	—	—	0.10	0.05	0.15	余量

续表

合金代号			化学成分/%													
美国铝业协会	UNS	ISO R209	Si	Fe	Cu	Mn	Mg	Cr	Ni	Zn	Ga	V	指定的其他元素	Ti	未指定的其他元素 每种	未指定的其他元素 合计	Al 最小值
8011	A98011	—	0.5～0.9	0.6～1.0	0.10	0.20	0.05	0.05	—	0.10	—	—	—	0.08	0.05	0.15	余量
8111	A98111	—	0.30～1.1	0.40～1.0	0.10	0.10	0.05	0.05	—	0.10	—	—	—	0.08	0.05	0.15	余量
8112	A98112	—	1.0	1.0	0.40	0.6	0.7	0.20	—	1.0	—	—	—	0.20	0.05	0.15	余量
8014	A98014	—	0.30	1.2～1.6	0.20	0.20～0.6	0.10	—	—	0.10	—	—	—	0.10	0.05	0.15	余量
8017	A98017	—	0.10	0.55～0.8	0.10～0.20	—	0.01～0.05	—	—	0.05	—	—	0.04B0.003Li	—	0.03	0.10	余量
8020	A98020	—	0.10	0.10	0.005	0.005	—	—	—	0.005	—	0.05	㉘	—	0.03	0.10	余量
8030	A98030	—	0.10	0.30～0.8	0.15～0.30	—	0.05	—	—	0.05	—	—	0.001～0.04B	—	0.03	0.10	余量
8130	A98130	—	0.15(cc)	0.40～1.0[㉙]	0.05～0.15	—	—	—	—	0.10	—	—	—	—	0.03	0.10	余量
8040	A98040	—	1.0(Si+Fe)		0.20	0.05	—	—	—	0.20	—	—	0.10～0.30Zr	—	0.05	0.15	余量
8076	A98076	—	0.10	0.6～0.9	0.04	—	0.08～0.22	—	—	0.05	—	—	0.04B	—	0.03	0.10	余量
8176	A98176	—	0.03～0.15	0.40～1.0	—	—	—	—	—	0.10	0.03	—	—	—	0.05	0.15	余量
8276	—	—	0.25	0.50～0.8	0.035	0.01	0.02	0.01	—	0.05	0.03	—	0.03(V+Ti)[⑤]	—	0.03	0.10	余量
8077	A98077	—	0.10	0.10～0.40	0.05	—	0.10～0.30	—	—	0.05	—	—	0.05B[㉗]	—	0.03	0.10	余量
8177	A98177	—	0.10	0.25～0.45	0.04	—	0.04～0.12	—	—	0.05	—	—	0.04B	—	0.03	0.10	余量
8079	A98079	—	0.05～0.30	0.7～1.3	0.05	—	—	—	—	0.10	—	—	—	—	0.05	0.15	余量
8280	A98280	—	1.0～2.0	0.7	0.7～1.3	0.10	—	—	0.20～0.7	0.05	—	—	5.6～7.0Sn	0.10	0.05	0.15	余量
8081	A98081	—	0.7	0.7	0.7～1.3	0.10	—	—	—	0.05	—	—	18.0～22.0Sn	0.10	0.05	0.15	余量
8090	—	—	0.20	0.30	1.0～1.6	0.10	0.6～1.3	0.10	—	0.25	—	—	0.04～0.16Zr[㉛]	0.10	0.05	0.15	余量
8091	—	—	0.30	0.50	1.6～2.	0.10	0.5～1.2	0.10	—	0.25	—	—	0.08～0.16Zr[㉜]	0.10	0.05	0.15	
X8092	—	—	0.10	0.16	0.50～0.8	0.05	0.9～1.4	0.05	—	0.10	—	—	0.08～0.15Zr[㉝]	0.15	0.05	0.15	余量
X8192	—	—	0.10	0.15	0.40～0.7	0.05	0.9～1.4	0.05	—	0.10	—	—	0.08～0.15Zr[㉞]	0.15	0.05	0.15	余量

注：①仅电焊条和充填焊丝而言，Be不超过0.0008；②(Si+Fe+Cu)最大为0.50；③废止；④最大为0.14(Si+Fe)；⑤最大为0.02B；⑥最大为0.01B；⑦最大0.003Pb；⑧Cd0.05～0.20；⑨0.2Bi，0.8～1.5Pb，0.20Sn；⑩0.20～0.6Bi，0.20～0.60Pb；⑪当生产者、卖方、买方三方同意时，挤压件、锻件的(Zr+Ti)限量最大为0.2%；⑫(Si+Fe)最大为0.40；⑬0.05～0.20Ced，0.03～0.08Sn；⑭1.9～2.6Li；⑮1.7～2.3Li；⑯0.6～1.5Bi，Cd最大为0.05；⑰Be最大为0.0008，0.05～0.25Zr；⑱Mg的45%～65%；⑲0.40～0.70Bi，0.40～0.70Pb；⑳0.25～0.40Ag；㉑(Mn+Cr)最小为0.15；㉒0.08～0.20Zr，0.08～0.25，(Zr+Ti)；㉓(Ti+Zr)最大为0.20；㉔0.10～0.40Co，0.05～0.30O；㉕在生产者或供者与买方都同意下，挤压件和锻件(Zr+Ti)限量最大可定为0.25%；㉖0.20～0.50O；㉗B最大为0.001，Cd最大为0.003，Co0.001，Li最大为0.008；㉘0.10～0.50Bi，0.10～0.25Sn；㉙(Si+Fe)最大为1.0；㉚0.02～0.08Zr；㉛2.2～2.7Li；㉜2.4～2.8Li；㉝2.1～2.7Li；㉞2.3～2.9Li。

表 4-61 美国铝业协会国际合金代(牌)号与 ISO 的对照表

美国铝业协会国际代号	ISO 代号	美国铝业协会国际代号	ISO 代号
1050A	Al99.5	2023	AlCu4PbMg
1060	Al99.5	2117	AlCu2.5Mg
1070A	Al99.7	2219	AlCu6Mn
1080A	Al99.8	3003	AlMn1Cu
1100	Al99.0Cu	3004	AlMn1Mg1
1200	Al99.0	3005	AlMn1Mg0.5
1350	E-Al99.5	3103	AlMnl
—	Al99.3	3105	AlMn0.5Mg0.5
1370	E-Al99.7	4043	AlSi5
2011	AlCu6BiPb	4043A	AlSi5(A)
2014	AlCu4SiMg	4047	AlSi12
2014A	AlCu4SiMg(A)	4047A	AlSi12(A)
2017	AlCu4MgSi	5005	AlMg1(B)
2017A	AlCu4MgSi(A)	5050	AlMg1.5(C)
2024	AlCu4Mg1	5052	AlMg2.5
5056	AlMg5Cr	6063A	AlMg0.7Si(A)
5056A	AlMg5	6082	AlSiMgMn
5083	AlMg4.5Mn0.7	6101	E-AlMgSi
5086	AlMg4	6101A	AlSiMgSi(A)
5154	AlMg3.5	6181	AlSi1Mg0.8
5154A	AlMg3.5(A)	6262	AlMg1SiPb
5183	AlMg4.5Mn0.7(A)	6351	AlSi1Mg0.5Mn
5251	AlMg2	7005	AlZn4.5Mg1.5Mn
5356	AlMg5Cr(A)	7010	AlZn6MgCu
5454	AlMg3Mn	7020	AlZn4.5Mg1
5456	AlMg5Mn	7049A	AlZn8MgCu
5554	AlMg3Mn(A)	7050	AlZn6CuMgZr
5754	AlMg3	7075	AlZn5.5MgCu
6005	AlSiMg	7178	AlZn7MgCu
6005A	AlSiMg(A)	7475	AlZn5.5MgCu(A)
6060	AlMgSi	—	AlZn4Mg1.5Mn
6061	AlMg1SiCu	—	AlZn6MgCuMn
6063	AlMg0.7Si		

表 4-62　美国铝合金铆钉及冷镦用铝合金丝及条材(ASTM B 316/B316M—2010)

牌号	化学成分/%，不大于										
	Si	Fe	Cu	Mn	Mg	Cr	Zn	Ti	其他元素		Al
									单个	总和	
1100	0 95Si+Fe	—	0.05～0.20	0.05	—		0.10	—	0.05	0.15	99.00
2017	0.20～0.8	0.7	3.5～4.5	0.40～1.0	0.40～0.8	0.10	0.25	0.15	0.05	0.15	余量
2024	0.50	0.50	3.8～4.9	0.30～0.9	1.2～1.8	0.10	0.25	0.15	0.05	0.15	
2117	0.8	0.7	2.2～3.0	0.20	0.20～0.50	0.10	0.25	—	0.05	0.15	
2219	0.20	0.30	5.8～6.8	0.20～0.40	0.02	—	0.10	0.02～0.10	0.05	0.15	
3003	0.6	0.7	0.05～0.20	1.0～1.5	—	—	0.10	—	0.05	0.15	
5005	0.30	0.7	0.20	0.20	0.50～1.1	0.10	0.25	—	0.05	0.15	
5052	0.25	0.40	0.10	0.10	2.2～2.8	0.15～0.35	0.10	—	0.05	0.15	
5056	0.30	0.40	0.10	0.05～0.20	4.5～5.6	0.05～0.20	0.10	—	0.05	0.15	
6053		0.35	0.10	—	1.1～1.4	0.15～0.35	0.10	—	0.05	0.15	
6061	0.40～0.8	0.7	0.15～0.40	0.15	0.8～1.2	0.04～0.35	0.25	0.15	0.05	0.15	
7050	0.12	0.15	2.0～2.6	0.10	1.9～2.6	0.04	5.7～6.7	0.06	0.05	0.15	
7075	0.40	0.50	1.2～2.0	0.30	2.1～2.9	0.18～0.28	5.1～6.1	0.20	0.05	0.15	
7178	0.40	0.50	1.6～2.4	0.30	2.4～3.1	0.18～0.28	6.3～7.3	0.20	0.05	0.15	

(4)美国铝业协会(AA)铸造铝及铝合金

表 4-63　铝及铝合金的铸件(xxx.0)与锭(xxx.1 或 xxx.2)的化学成分

合金代号			产品③	化学成分/%												Al
美国铝业协会	UNS	ISO②		Si	Fe	Cu	Mn	Mg	Cr	Ni	Zn	Sn	Ti	未指定的其他元素 每种	未指定的其他元素 合计	最小值④
100.1	A01001	Al99.0	锭	0.15	0.6~0.8	0.10	⑤	—	⑤	—	0.05	—	⑤	0.03⑤	0.10	99.00
130.1	A01301	—	锭	⑥	⑥	0.10	⑤	—	⑤	—	0.05	—	⑤	0.03⑤	0.10	99.30
150.1	A01501	Al99.5	锭	⑦	⑦	0.05	⑤	—	⑤	—	0.05	—	⑤	0.03⑤	0.10	99.50
160.1	A01601	Al99.8	锭	0.10⑦	0.25⑦	—	⑤	—	⑤	—	0.05	—	⑤	0.03⑤	0.10	99.60
170.1	A01701	Al90.7	锭	⑧	⑧	—	⑤	—	⑤	—	0.05	—	⑤	0.03⑤	0.10	99.70
201.0	A02010	—	S	0.10	0.15	4.0~5.2	0.20~0.50	0.15~0.55	—	—	—	—	0.15~0.35	0.05⑨	0.10	余量
201.2	A02012	—	锭	0.10	0.10	4.0~5.2	0.20~0.50	0.20~0.55	—	—	—	—	0.15~0.35	0.05⑨	0.10	余量
A201.0	A12010	—	S	0.05	0.10	4.0~5.0	0.20~0.40	0.15~0.35	—	—	—	—	0.15~0.35	0.03⑨	0.10	余量
A201.1	A12011	—	锭	0.05	0.07	4.5~5.0	0.20~0.40	0.20~0.35	—	—	—	—	0.15~0.35	0.03⑨	0.10	余量
B201.0	A22010	—	S	0.05	0.05	4.5~5.0	0.20~0.50	0.25~0.35	—	—	—	—	0.15~0.35	0.05⑤	0.15	余量
203.0	A02030	—	S	0.30	0.50	4.5~5.5	0.20~0.30	0.10	—	1.3~1.7	0.10	—	0.15~0.25⑪	0.05⑩	0.20	余量
203.2	A02032	—	锭	0.20	0.35	4.8~5.2	0.20~0.30	0.10	—	1.3~1.7	0.10	—	0.15~0.25⑪	0.05⑨	0.20	余量
204.0	A02040	3522AlCu4MgTi R164AlCu4MgTi R2147AlCu4MgTi	S,P	0.20	0.35	4.2~5.0	0.10	0.15~0.35	—	0.05	0.10	0.05	0.15~0.30	0.05	0.15	余量
204.2	A02042	—	锭	0.15	0.10~0.20	4.2~4.9	0.05	0.20~0.35	—	0.03	0.05	—	0.15~0.25	0.05	0.15	余量
206.0	A02060	—	S,P	0.10	0.15	4.2~5.0	0.20~0.50	0.15~0.35	—	0.05	0.10	0.05	0.15~0.30	0.05	0.15	余量
206.2	A02062	—	锭	0.10	0.10	4.2~5.0	0.20~0.50	0.20~0.35	—	0.03	0.05	0.05	0.15~0.25	0.05	0.15	余量
A206.0	A12060	—	S,P	0.05	0.10	4.2~5.0	0.20~0.50	0.15~0.35	—	0.05	0.10	0.05	0.15~0.30	0.05	0.15	余量
A206.2	A12062	—	锭	0.05	0.07	4.2~5.0	0.20~0.50	0.20~0.35	—	0.03	0.05	0.05	0.15~0.25	0.05	0.15	余量
208.0	A02080	—	S,P	2.5~3.5	1.2	3.5~4.5	0.50	0.10	—	0.35	1.0	—	0.25	—	0.50	余量
208.1	A02081	—	锭	2.5~3.5	0.9	3.5~4.5	0.50	0.10	—	0.35	1.0	—	0.25	—	0.50	余量
A208.2	A02082	—	锭	2.5~3.5	0.8	3.5~4.5	0.30	0.03	—	—	0.20	—	0.20	—	0.30	余量
213.0	A02130	—	S,P	1.0~3.0	1.2	6.0~8.0	0.6	0.10	—	0.35	2.5	—	0.25	—	0.50	余量
213.1	A02131	—	锭	1.0~3.0	0.9	6.0~8.0	0.6	0.10	—	0.35	2.5	—	0.25	—	0.50	余量
222.0	A02220	—	锭	2.0	1.5	9.2~10.7	0.50	0.15~0.35	—	0.50	0.8	—	0.25	—	0.35	余量
222.1	A02221	—	锭	2.0	1.2	9.2~10.7	0.50	0.20~0.35	—	0.50	0.8	—	0.25	—	0.35	余量
224.0	A02240	—	S,P	0.06	0.10	4.5~5.5	0.20~0.50	—	—	—	—	—	0.35	0.03⑬	0.10	余量
240.0	A02400	—	S	0.50	0.50	7.0~9.0	0.30~0.7	5.5~6.5	—	0.30~0.7	0.10	—	0.20	0.05	0.15	余量
240.1	A02401	—	锭	0.50	0.40	7.0~9.0	0.30~0.7	5.6~6.5	—	0.30~0.7	0.10	—	0.20	0.05	0.15	余量
242.0	A02420	3522AlCu4NiMg2 R164AlCu4Ni2Mg2	S,P	0.7	1.0	3.5~4.5	0.35	1.2~1.8	0.25	1.7~2.3	0.35	—	0.25	0.05	0.15	余量

续表

合金代号			产品[3]	化学成分/%												Al 最小值[4]
美国铝业协会	UNS	ISO[2]		Si	Fe	Cu	Mn	Mg	Cr	Ni	Zn	Sn	Ti	未指定的其他元素 每种	未指定的其他元素 合计	
242.1	A02421	—	锭	0.7	0.8	3.5～4.5	0.35	1.3～1.8	0.25	1.7～2.3	0.35	—	0.25	0.05	0.15	余量
242.2	A02422	—	锭	0.6	0.6	3.5～4.5	0.10	1.3～1.8	—	1.7～2.3	0.10	—	0.20	0.05	0.15	余量
A242.0	A12420	—	S	0.6	0.8	3.7～4.5	0.10	1.2～1.7	0.15～0.25	1.8～2.3	0.10	—	0.07～0.20	0.05	0.15	余量
A242.1	A12421	—	锭	0.6	0.6	3.7～4.5	0.10	1.3～1.7	0.15～0.25	1.8～2.3	0.10	—	0.07～0.20	0.05	0.15	余量
A242.2	A12422	—	锭	0.35	0.6	3.7～4.5	0.10	1.3～1.7	0.15～0.25	1.8～2.3	0.10	—	0.07～0.20	0.05	0.15	余量
243.0[1]	A02430	—	S	0.35	0.40	3.5～4.5	0.15～0.45	1.8～2.3	0.20～0.40	1.9～2.3	0.05	—	0.06～0.2	0.05[13]	0.15	余量
243.1	A02431	—	锭	0.35	0.30	3.5～4.5	0.15～0.45	1.9～2.3	0.20～0.40	1.9～2.3	0.05	—	0.06～0.20	0.05[13]	0.15	余量
295.0	A02950	—	S	0.7～1.5	1.0	4.0～5.0	0.35	0.03	—	—	0.35	—	0.25	0.05	0.15	余量
295.1	A02951	—	锭	0.7～1.5	0.8	4.0～5.0	0.35	0.03	—	—	0.35	—	0.25	0.05	0.15	余量
295.2	A02952	—	锭	0.7～1.2	0.8	4.0～5.0	0.30	0.03	—	—	0.30	—	0.20	0.05	0.15	余量
296.0	A02960	—	P	2.0～3.0	1.2	4.0～5.0	0.35	0.05	—	0.35	0.50	—	0.25	—	0.35	余量
296.1	A02961	—	锭	2.0～3.0	0.9	4.0～5.0	0.35	0.05	—	0.35	0.50	—	0.25	—	0.35	余量
296.2	A02962	—	锭	2.0～3.0	0.8	4.0～5.0	0.30	0.35	—	—	0.30	—	0.20	0.05	0.15	余量
305.0	A03050	—	S,P	4.5～5.5	0.6	1.0～1.5	0.50	0.10	0.25	—	0.35	—	0.25	0.05	0.15	余量
305.2	A03052	—	锭	4.5～5.5	0.14～0.25	1.0～1.5	0.05	—	—	—	0.05	—	0.20	0.05	0.15	余量
A305.0	A13050	—	S,P	4.5～5.5	0.20	1.0～1.5	0.10	0.10	—	—	0.10	—	0.20	0.05	0.15	余量
A305.1	A13051	—	锭	4.5～5.5	0.15	1.0～1.5	0.10	0.10	—	—	0.10	—	0.20	0.05	0.15	余量
A305.2	A13052	—	锭	4.5～5.5	0.13	1.0～1.5	0.05	—	—	—	0.05	—	0.20	0.05	0.15	余量
308.0	A03080	—	锭	5.0～6.0	1.0	4.0～5.0	0.50	0.10	—	—	1.0	—	0.25	—	0.50	余量
308.1	A03081	—	锭	5.0～6.0	0.8	4.0～5.0	0.50	0.10	—	—	1.0	—	0.25	—	0.50	余量
319.0	A03190	3522AlSi5Cu3 3522AlSi5Cu3Mn 3522AlSiCu4 3522AlSiCu4Mn R164AlSi5Cu3 R164AlSi5Cu3Fe R164AlSi6Cu4	S,P	5.5～6.5	1.0	3.0～4.0	0.50	0.10	—	0.35	1.0	—	0.25	—	0.50	余量
319.1	A03191	—	锭	5.5～6.5	0.8	3.0～4.0	0.50	0.10	—	0.35	1.0	—	0.25	—	0.50	余量
A319.0	A13190	3522AlSi5Cu3 3522AlSi5Cu3Mn 3522AlSiCu4 3522AlSiCu4Mn R164AlSi5Cu3														

续表

合金代号			产品③	化学成分/%												Al
美国铝业协会	UNS	ISO②		Si	Fe	Cu	Mn	Mg	Cr	Ni	Zn	Sn	Ti	未指定的其他元素 每种	未指定的其他元素 合计	最小值④
		R164AlSi5Cu3Fe R164AlSi6Cu4	S,P	5.5～6.5	1.0	3.0～4.0	0.50	0.10	—	0.35	3.0	—	0.25	—	0.50	余量
319.1	A13191	—	锭	5.5～6.5	0.8	3.0～4.0	0.5	0.10	—	0.35	3.0	—	0.25	—	0.50	余量
B319.0	A23190	—	S,P	5.5～6.5	1.2	3.0～4.0	0.8	0.10～0.50	—	0.50	1.0	—	0.25	—	0.50	余量
B319.1	A23191	—	锭	5.5～6.5	0.9	3.0～4.0	0.8	0.15～0.50	—	0.50	1.0	—	0.25	—	0.50	余量
320.0	A03200	—	S,P	5.0～8.0	1.2	2.0～4.0	0.8	0.05～0.6	—	0.35	3.0	—	0.25	—	0.50	余量
320.1	A03201	—	锭	5.0～8.0	0.9	2.0～4.0	0.8	0.10～0.6	—	0.35	3.0	—	0.25	—	0.50	余量
324.0	A03240	—	P	7.0～8.0	1.2	0.40～0.6	0.5	0.40～0.7	—	0.30	1.0	—	0.20	0.15	0.20	余量
324.1	A03241	—	锭	7.0～8.0	0.9	0.40～0.6	0.50	0.45～0.7	—	0.30	1.0	—	0.20	0.15	0.20	余量
324.2	A03242	—	锭	7.0～8.0	0.6	0.40～0.6	0.10	0.45～0.7	—	0.10	0.10	—	0.20	0.05	0.15	余量
328.0	A03280	—	S	7.5～8.5	1.0	1.0～2.0	0.20～0.6	0.20～0.6	0.35	0.25	1.5	—	0.25	—	0.50	余量
328.1	A03281	—	锭	7.5～8.5	0.8	1.0～2.0	0.20～0.6	0.20～0.6	0.35	0.25	1.5	—	0.25	—	0.50	余量
332.0	A03320	—	P	8.5～10.5	1.2	2.0～4.0	0.50	0.50～1.5	—	0.50	1.0	—	0.25	—	0.50	余量
332.1	A03321	—	锭	8.5～10.5	0.9	2.0～4.0	0.50	0.6～1.5	—	0.50	1.0	—	025	—	0.50	余量
332.2	A03322	—	锭	8.5～10.0	0.6	2.0～4.0	0.10	0.9～1.3	—	0.10	0.10	—	0.20	—	0.30	余量
333.0	A03330	—	P	8.0～10.0	1.0	3.0～4.0	0.50	0.05～0.50	—	0.50	1.0	—	0.25	—	0.50	余量
333.1	A03331	—	锭	8.0～10.0	0.8	3.0～4.0	0.50	0.10～0.50	—	0.50	1.0	—	0.25	—	0.50	余量
A333.0	A13330	—	P	8.0～10.0	1.0	3.0～4.0	0.50	0.05～0.50	—	0.50	3.0	—	0.25	—	0.50	余量
A333.1	A13331	—	锭	8.0～10.0	0.8	3.0～4.0	0.50	0.10～0.50	—	0.50	3.0	—	0.25	—	0.50	余量
336.0	A03360	—	P	11.0～13.0	1.2	0.50～1.5	0.35	0.7～1.3	—	2.0～3.0	0.35	—	0.25	0.05	—	余量
336.1	A03361	—	锭	11.0～13.0	0.9	0.50～1.5	0.35	0.8～1.3	—	2.0～3.0	0.35	—	0.25	0.05	—	余量
336.2	A03362	—	锭	11.0～13.0	0.9	0.50～1.5	0.10	0.9～1.3	—	2.0～3.0	0.10	—	0.20	0.05	0.15	余量
339.0	A03390	—	P	11.0～13.0	1.2	1.5～3.0	0.50	0.50～1.5	—	0.50～1.5	1.0	—	0.25	—	0.50	余量
339.1	—	—	锭	11.0～13.0	0.9	1.5～3.0	0.50	0.6～1.5	—	0.50～1.5	1.0	—	0.25	—	0.50	余量
343.0	A03430	—	D	6.7～7.7	1.2	0.50～0.9	0.50	0.10	0.10	—	1.2～2.0	0.50	—	0.10	0.35	余量
343.1	A03431	—	锭	6.7～7.7	0.9	0.50～0.9	0.50	0.10	0.10	—	1.2～0.9	0.50	—	0.10	0.35	余量
354.0	A03540	—	P	8.6～9.4	0.20	1.6～2.0	0.10	0.45～0.6	—	—	0.10	—	0.20	0.05	0.15	余量
355.0	A03550	3522AlSi5Cu1Mg R164AlSi5Cu1	S,P	4.5～5.5	0.6⑮	1.0～1.5	0.50⑮	0.40～0.6	0.25	—	0.35	—	0.25	0.05	0.15	余量
355.2	A03552	—	锭	4.5～5.5	0.14～0.25	1.0～1.5	0.05	0.50～0.6	—	—	0.05	—	0.20	0.05	0.15	余量
A355.0	A13550	—	S,P	4.5～5.5	0.09	1.0～1.5	0.05	0.45～0.6	—	—	0.05	—	0.04～0.20	0.05	0.15	余量
A355.2	A13552	—	锭	4.5～5.5	0.06	1.0～1.5	0.03	0.50～0.6	—	—	0.03	—	0.04～0.20	0.03	0.10	余量
C355.2	A33352	—	锭	4.5～5.5	0.13	1.0～1.5	0.05	0.50～0.6	—	—	0.05	—	0.20	0.05	0.15	余量

续表

合金代号			产品[3]	化学成分/%												Al最小值[4]
美国铝业协会	UNS	ISO[2]		Si	Fe	Cu	Mn	Mg	Cr	Ni	Zn	Sn	Ti	未指定的其他元素 每种	未指定的其他元素 合计	
356.0	A03560	3522AlSi7Mg R2147AlSi7Mg	S,P	6.5～7.5	0.6[15]	0.25	0.35[15]	0.20～0.45	—	—	0.35	—	0.25	0.05	0.15	余量
356.1	A03561	—	锭	6.5～7.5	0.50[15]	0.25	0.35[15]	0.25～0.45	—	—	0.35	—	0.25	0.05	0.15	余量
356.2	A03562	—	锭	6.5～7.5	0.13～0.25	0.10	0.05	0.30～0.45	—	—	0.05	—	0.20	0.05	0.15	余量
A356.0	A13560	—	S,P	6.5～7.5	0.20	0.20	0.10	0.25～0.45	—	—	0.10	—	0.20	0.05	0.15	余量
A356.1	A13561	—	锭	6.5～7.5	0.15	0.20	0.10	0.30～0.45	—	—	0.10	—	0.20	0.05	0.15	余量
A356.2	A3562	—	锭	6.5～7.5	0.12	0.10	0.05	0.30～0.45	—	—	0.05	—	0.20	0.05	0.15	余量
B356.0	A23560	—	S,P	6.5～7.5	0.09	0.05	0.05	0.25～0.45	—	—	0.05	—	0.04～0.20	0.05	0.15	余量
B356.2	A23562	—	锭	6.5～7.5	0.06	0.03	0.03	0.30～0.45	—	—	0.03	—	0.04～0.20	0.03	0.10	余量
C356.0	A33560	—	S,P	6.5～7.5	0.07	0.05	0.05	0.25～0.45	—	—	0.05	—	0.04～0.20	0.05	0.15	余量
C356.2	A33562	—	锭	6.5～7.5	0.04	0.03	0.03	0.30～0.45	—	—	0.03	—	0.04～0.20	0.03	0.10	余量
F356.0	A63560	—	S,P	6.5～7.5	0.20	0.20	0.10	0.17～0.25	—	—	0.10	—	0.04～0.20	0.05	0.15	余量
F356.2	A63562	—	锭	6.5～7.5	0.12	0.10	0.05	0.17～0.25	—	—	0.05	—	0.04～0.20	0.05	0.15	余量
357.0	A03570	—	S,P	6.5～7.5	0.15	0.05	0.03	0.45～0.6	—	—	0.05	—	0.20	0.05	0.15	余量
357.1	A03571	—	锭	6.5～7.5	0.12	0.05	0.03	0.45～0.6	—	—	0.05	—	0.20	0.05	0.15	余量
A357.0	A13570	—	S,P	6.5～7.5	0.20	0.20	0.10	0.40～0.7	—	—	0.10	—	0.04～0.20	0.05[16]	0.15	余量
A357.2	A13572	—	锭	6.5～7.5	0.12	0.10	0.05	0.45～0.7	—	—	0.05	—	0.04～0.20	0.03[16]	0.10	余量
B357.0	—	—	S,P	6.5～7.5	0.09	0.05	0.05	0.40～0.6	—	—	0.05	—	0.04～0.20	0.05	0.15	余量
B357.2	A23572	—	锭	6.5～7.5	0.06	0.03	0.03	0.45～0.6	—	—	0.03	—	0.04～0.20	0.03	0.10	余量
C357.0	—	—	S,P	6.5～7.5	0.09	0.05	0.05	0.45～0.7	—	—	0.05	—	0.04～0.20	0.05[16]	0.15	余量
C357.2	—	—	锭	6.5～7.5	0.06	0.03	0.03	0.50～0.7	—	—	—	—	0.04～0.20	0.03[16]	0.15	余量
D357.0	—	—	S	6.5～7.5	0.20	—	0.10	0.55～0.6	—	—	—	—	0.10～0.20	0.05[16]	0.15	余量
358.0	A03580	—	S,P	7.6～8.6	0.30	0.20	0.20	0.40～0.6	0.20	—	0.20	—	0.10～0.20	0.05[17]	0.15	余量
358.2	A03582	—	锭	7.6～8.6	0.20	0.10	0.10	0.45～0.6	0.05	—	0.10	—	0.12～0.20	0.05[18]	0.15	余量
359.0	A03590	—	S,P	8.5～9.5	0.20	0.20	0.10	0.50～0.7	—	—	0.10	—	0.20	0.05	0.15	余量
359.2	A03592	—	锭	8.5～9.5	0.12	0.10	0.10	0.55～0.7	—	—	0.10	—	0.20	0.05	0.15	余量
360.0[19]	A03600[19]	3522AlSi10Mg[19] R164AlSi10Mg[19] R2147AlSi10Mg[19]	D	9.0～10.0	2.0	0.6	0.35	0.40～0.6	—	0.50	0.50	0.15	—	—	0.25	余量
360.2	A03602	—	锭	9.0～10.0	0.7～1.1	0.10	0.10	0.45～0.6	—	0.10	0.10	0.10	—	—	0.20	余量
A360.0[19]	A13600	—	D	9.0～10.0	1.3	0.6	0.35	0.40～0.6	—	0.50	0.50	0.15	—	—	0.25	余量
A360.1[19]	A13601[19]	—	锭	9.0～10.0	1.0	0.6	0.35	0.45～0.6	—	0.50	0.40	0.15	—	—	0.25	余量
A360.2	A13602[19]	—	锭	9.0～10.0	0.6	0.10	0.05	0.45～0.6	—	—	0.05	—	—	0.05	0.15	余量

续表

合金代号			产品[3]	化学成分/%												Al
美国铝业协会	UNS	ISO[2]		Si	Fe	Cu	Mn	Mg	Cr	Ni	Zn	Sn	Ti	未指定的其他元素 每种	未指定的其他元素 合计	最小值[4]
A361.0	A03610	—	D	9.5~10.5	1.1	0.50	0.25	0.40~0.6	0.20~0.30	0.20~0.30	0.05	0.10	0.20	0.05	0.15	余量
A361.1	A03610	—	锭	9.5~10.5	0.8	0.50	0.25	0.45~0.6	0.20~0.30	0.20~0.30	0.04	0.10	0.20	0.05	0.15	余量
A363.0	A03630	—	S,P	4.5~6.0	1.1	2.5~3.5	⑳	0.15~0.40	⑳	0.25	3.0~4.5	0.25	0.20	㉑	0.30	余量
A363.1	A03631	—	锭	4.5~6.0	0.8	2.5~3.5	⑳	0.20~0.40	⑳	0.25	3.0~4.5	0.25	0.20	㉑	0.30	余量
A364.0	A03640	—	D	7.5~9.5	1.5	0.20	0.10	0.20~0.40	0.25~0.50	0.15	0.15	0.15	—	0.05[22]	0.15	余量
364.2	A03642	—	锭	7.5~9.5	0.7~1.1	0.20	0.10	0.20~0.40	0.25~0.50	0.15	0.15	0.15	—	0.05[22]	0.15	余量
369.0	A03690	—	D	11.0~12.0	1.3	0.50	0.35	0.25~0.45	0.30~0.40	0.05	1.0	0.10	—	0.05	0.15	余量
369.1	A03691	—	锭	11.0~12.0	1.3	0.50	0.35	0.30~0.45	0.30~0.40	0.05	0.9	0.10	—	0.05	0.15	余量
380.0[19]	A03800[19]	—	D	7.5~9.5	2.0	3.0~4.0	0.50	0.10	—	0.50	3.0	0.35	—	—	0.50	余量
380.2[19]	A03802	—	锭	7.5~9.5	0.7~1.1	3.0~4.0	0.10	0.10	—	0.10	0.10	0.10	—	—	0.20	余量
A380.0	A13800[19]	3522AlSi8Cu3Fe R164AlSi8Cu3Fe	D	7.5~9.5	1.3	3.0~4.0	0.50	0.10	—	0.50	3.0	0.35	—	—	0.50	余量
A380.1[19]	A13801[19]	—	锭	7.5~9.5	1.0	3.0~4.0	0.50	0.10	—	0.50	2.9	0.35	—	—	0.50	余量
A380.2	A13802	—	锭	7.5~9.5	0.6	3.0~4.0	0.10	0.10	—	0.10	0.10	—	—	0.05	0.15	余量
B380.0	A23800	—	D	7.5~9.5	1.3	3.0~4.0	0.50	0.10	—	0.50	1.0	0.35	—	—	0.50	余量
B380.1	A28801	—	锭	7.5~9.5	1.0	3.0~4.0	0.50	0.10	—	0.50	0.9	0.35	—	—	0.50	余量
383.0	A03830	—	D	9.5~11.5	1.3	2.0~3.0	0.50	0.10	—	0.30	3.0	0.15	—	—	0.50	余量
383.1	A03831	—	锭	9.5~11.5	1.0	2.0~3.0	0.50	0.10	—	0.30	2.9	0.15	—	—	0.50	余量
383.2	A03832	—	锭	9.5~11.5	0.6~1.0	2.0~3.0	0.10	0.10	—	0.10	0.10	0.10	—	—	0.20	余量
384.0	A03840	—	D	10.5~12.0	1.3	3.0~4.5	0.50	0.10	—	0.50	3.0	0.35	—	—	0.50	余量
384.1	A03841	—	锭	10.5~12.0	1.0	3.0~4.5	0.50	0.10	—	0.50	2.9	0.35	—	—	0.50	余量
384.2	A03842	—	锭	10.5~12.0	0.6~1.0	3.0~4.5	0.10	0.10	—	0.10	0.10	0.10	—	—	0.20	余量
A384.0	A13840	—	D	10.5~12.0	1.3	3.0~4.5	0.50	0.10	—	0.50	1.0	0.35	—	—	0.50	余量
A384.1	A13841	—	锭	10.5~12.0	1.0	3.0~4.5	0.50	0.10	—	0.50	0.9	0.35	—	—	0.50	余量
385.0	A03850	—	D	11.0~13.0	2.0	2.0~4.0	0.50	0.30	—	0.50	3.0	0.30	—	—	0.50	余量
385.1	A03851	—	锭	11.0~13.0	1.1	2.0~4.0	0.50	0.30	—	0.50	2.9	0.30	—	—	0.50	余量
390.0	A03900	—	D	16.0~18.0	1.3	4.0~5.0	0.10	0.45~0.65	—	—	0.10	—	0.20	0.10	0.20	余量
390.2	A03902	—	锭	16.0~18.0	0.6~1.0	4.0~5.0	0.10	0.50~0.65	—	—	0.10	—	0.20	0.10	0.20	余量
A390.0	A13900	—	S,P	16.0~18.0	0.50	4.0~5.0	0.10	0.45~0.65	—	—	0.10	—	0.20	0.10	0.20	余量
A390.1	A13901	—	锭	16.0~18.0	0.40	4.0~5.0	0.10	0.50~0.65	—	—	0.10	—	0.20	0.10	0.20	余量
A390.1	A13901	—	锭	16.0~18.0	0.40	4.0~5.0	0.10	0.50~0.65	—	—	0.10	—	0.20	0.10	0.20	余量
B390.0	A23900	—	D	16.0~18.0	1.3	4.0~5.0	0.50	0.45~0.65	—	0.10	1.5	—	0.20	0.10	0.20	余量

续表

合金代号			产品[3]	化学成分/%												Al
美国铝业协会	UNS	ISO[2]		Si	Fe	Cu	Mn	Mg	Cr	Ni	Zn	Sn	Ti	未指定的其他元素 每种	未指定的其他元素 合计	最小值[4]
B390.1	A23901	—	锭	16.0～18.0	1.0	4.0～5.0	0.50	0.50～0.65	—	0.10	1.4	—	0.20	0.10	0.20	余量
392.0	A03920	—	D	18.0～20.0	1.5	0.40～0.8	0.20～0.6	0.8～1.2	—	0.50	0.50	0.30	0.20	0.15	0.50	余量
392.1	A03921	—	锭	18.0～20.0	1.1	0.40～0.8	0.20～0.6	0.9～1.2	—	0.50	0.40	0.30	0.20	0.15	0.50	余量
393.0	A03930	—	S,P,D	21.0～23.0	1.3	0.7～1.1	0.10	0.7～1.3	—	2.0～2.5	0.10	—	0.10～0.20	0.05[23]	0.15	余量
393.1	A03931	—	锭	21.0～23.0	1.0	07～1.1	0.10	0.8～1.3	—	2.0～2.5	0.10	—	0.10～0.20	0.05[23]	0.15	余量
393.2	A03932	—	锭	21.0～23.0	0.8	0.7～1.1	0.10	0.8～1.3	—	2.0～2.5	0.10	—	0.10～0.20	0.05[23]	0.15	余量
408.2[24]	A04082[24]	—	锭	8.5～9.5	0.6～1.3	0.10	0.10	—	—	—	0.10	—	—	0.10	0.20	余量
409.2[24]	A04902[24]	—	锭	9.0～10.0	0.6～1.3	0.10	0.10	—	—	—	0.10	—	—	0.10	0.20	余量
411.2[24]	A04112[24]	—	锭	10.0～12.0	0.6～1.3	0.20	0.10	—	—	—	0.10	—	—	0.10	0.20	余量
413.0[19]	A04130[19]	3522AlSi12CuFe[19] 3522AlSi12Fe[19] R164AlSi12[19] R164AlSi12Cu[19] R164AlSi12CuFe[19] R164AlSi12Fe[19] R2147AlSi12[19]	D	11.0～13.0	2.0	1.0	0.35	0.10	—	0.50	0.50	0.15	—	—	0.25	余量
413.2[19]	A04132[19]	—	锭	11.0～13.0	0.7～1.1	0.10	0.10	0.07	—	0.10	0.10	0.10	—	—	0.20	余量
A413.0[19]	A14130[19]	—	D	11.0～13.0	1.3	1.0	0.35	0.10	—	0.50	0.50	0.15	—	—	0.25	余量
A413.1[19]	A14131[19]	—	锭	11.0～13.0	1.0	1.0	0.35	0.10	—	0.50	0.40	0.15	—	—	0.25	余量
A413.2	A14132[19]	—	锭	11.0～13.0	0.6	0.10	0.05	0.05	—	0.05	0.05	0.05	—	—	0.10	余量
B413.0	A24130	—	S,P	11.0～13.0	0.50	0.10	0.35	0.05	—	0.05	0.10	—	0.25	0.05	0.20	余量
B413.1	B24131	—	锭	11.0～13.0	0.40	0.10	0.35	0.05	—	0.05	0.10	—	0.25	0.05	0.20	余量
435.2[26]	B04532[26]	—	锭	3.3～3.9	0.40	0.05	0.05	0.05	—	—	0.10	—	—	0.05	0.20	余量
433.0	A04430	—	S,P	4.5～6.0	0.8	0.6	0.50	0.05	0.25	—	0.50	—	0.25	—	0.35	余量
443.1	A04431	—	锭	4.5～6.0	0.6	0.6	0.50	0.05	0.25	—	0.50	—	0.25	—	0.35	余量
443.2	A04432	—	锭	4.5～6.0	0.6	0.10	0.10	0.05	—	—	0.10	—	0.20	0.05	0.15	余量
A443.0	A14460	—	S	4.5～6.0	0.8	0.30	0.50	0.05	0.25	—	0.50	—	0.25	—	0.35	余量
A443.1	A14431	—	锭	4.5～6.0	0.6	0.30	0.50	0.05	0.25	—	0.50	—	0.25	—	0.35	余量
B443.0	A24430	3522AlSi5 R164A1Si5	S,P	4.5～6.0	0.8	0.15	0.35	0.05	—	—	0.35	—	0.25	0.05	0.15	余量
B443.1	A24431	—	锭	4.5～6.0	0.6	0.15	0.35	0.05	—	—	0.35	—	0.25	0.05	0.15	余量
C433.0	A34430	R164AlSi5Fe	D	4.5～6.0	2.0	0.6	0.35	0.10	—	0.50	0.50	0.15	—	—	0.25	余量
C433.1	A34431	—	锭	4.5～6.0	1.1	0.6	0.35	0.10	—	0.50	0.40	0.15	—	—	0.25	余量
C443.2	A34432	—	锭	4.5～6.0	0.7～1.1	0.10	0.10	0.05	—	—	0.10	—	—	0.05	0.15	余量

续表

合金代号			产品[3]	化学成分/%												Al最小值[4]
美国铝业协会	UNS	ISO[2]		Si	Fe	Cu	Mn	Mg	Cr	Ni	Zn	Sn	Ti	未指定的其他元素 每种	未指定的其他元素 合计	
444.0	A04440	—	S,P	6.5～7.5	0.6	0.25	0.35	0.10	—	—	0.35	—	0.25	0.05	0.15	余量
444.2	A04442	—	锭	6.5～7.5	0.13～0.25	0.10	0.05	0.05	—	—	0.05	—	0.20	0.05	0.15	余量
A444.0	A14440	—	P	6.5～7.5	0.20	0.10	0.10	0.05	—	—	0.10	—	0.20	0.05	0.15	余量
A444.1	A14441	—	锭	6.5～7.5	0.15	0.10	0.10	0.05	—	—	0.10	—	0.20	0.05	0.15	余量
A444.2	A14442	—	锭	6.5～7.5	0.12	0.05	0.05	0.05	—	—	0.05	—	0.20	0.05	0.15	余量
445.2	A04452[24]	—	锭	6.5～7.5	0.6～1.3	0.10	0.10	—	—	—	0.10	—	—	0.10	0.20	余量
511.0	A05110	—	S	0.30～0.7	0.50	0.15	0.35	3.5～4.5	—	—	0.15	—	0.25	0.05	0.15	余量
511.1	A05111	—	锭	0.30～0.7	0.40	0.15	0.35	3.6～4.5	—	—	0.15	—	0.25	0.05	0.15	余量
511.2	A05112	—	锭	0.30～0.7	0.30	0.10	0.10	3.6～4.5	—	—	0.10	—	0.20	0.05	0.15	余量
512.0	A05120	—	S	1.4～2.2	0.6	0.35	0.8	3.5～4.5	0.25	—	0.35	—	0.25	0.05	0.15	余量
512.2	A05122	—	锭	1.4～2.2	0.30	0.10	0.10	3.6～4.5	—	—	0.10	—	0.20	0.05	0.15	余量
513.0	A05130	—	P	0.30	0.40	0.10	0.30	3.5～4.5	—	—	1.4～2.2	—	0.20	0.05	0.15	余量
513.2	A05132	—	锭	0.30	0.30	0.10	0.10	3.6～4.5	—	—	1.4～2.2	—	0.20	0.05	0.15	余量
514.0	A05140	3522AlMg3 R164AlMg3 R2147AlMg3	S	0.35	0.50	0.15	0.35	3.5～4.5	—	—	0.15	—	0.25	0.05	0.15	余量
514.1	A05141	—	锭	0.35	0.40	0.15	0.35	3.6～4.5	—	—	0.15	—	0.25	0.05	0.15	余量
514.2	A05142	—	锭	0.35	0.30	0.10	0.10	3.6～4.5	—	—	0.10	—	0.20	0.05	0.15	余量
515.0	A05150	—	D	0.50～1.0	1.3	0.20	0.40～0.6	2.5～4.0	—	—	0.10	—	—	0.05	0.15	余量
515.2	A05152	—	锭	0.50～1.0	0.6～1.0	0.10	0.40～0.6	2.7～4.0	—	—	0.05	—	—	0.05	0.15	余量
516.0	A05160	—	D	0.30～1.5	0.35～1.0	0.30	0.15～0.40	2.5～4.5	—	0.25～0.40	0.20	0.10	0.10～0.20	0.05[24]	—	余量
516.1	A05161	—	锭	0.30～1.5	0.35～0.7	0.30	0.15～0.40	2.6～4.5	—	0.25～0.40	0.20	0.10	0.10～0.20	0.05[24]	—	余量
518.0	A05180	—	D	0.35	1.8	0.25	0.35	7.5～8.5	—	0.15	0.15	0.15	—	—	0.25	余量
518.1	A05181	—	锭	0.35	1.1	0.25	0.35	7.6～8.5	—	0.15	0.15	0.15	—	—	0.25	余量
518.2	A05182	—	锭	0.25	0.7	0.10	0.10	7.6～8.5	—	0.05	—	0.05	—	—	0.10	余量
520.0	A05200	3522AlMg10 R164AlMg10 R2147AlMg10	S	0.25	0.30	0.25	0.15	9.5～10.6	—	—	0.15	—	0.25	0.05	0.15	余量
520.2	A05202	—	锭	0.15	0.20	0.20	0.10	9.6～10.6	—	—	0.10	—	0.20	0.05	0.15	余量
535.0	A05350	—	S	0.15	0.15	0.05	0.10～0.25	6.2～7.5	—	—	—	—	0.10～0.25	0.05[27]	0.15	余量
535.2	A05352	—	锭	0.10	0.10	0.05	0.10～0.25	6.6～7.5	—	—	—	—	0.10～0.25	0.05[28]	0.15	余量
A535.0	A15350	—	S	0.20	0.20	0.10	0.10～0.25	6.5～7.5	—	—	—	—	0.25	0.05	0.15	余量
A535.1	A15351	—	锭	0.20	0.15	0.10	0.10～0.25	6.6～7.5	—	—	—	—	0.25	0.05	0.15	余量

续表

合金代号			产品③	化学成分/%										未指定的其他元素		Al最小值④
美国铝业协会	UNS	ISO②		Si	Fe	Cu	Mn	Mg	Cr	Ni	Zn	Sn	Ti	每种	合计	
B535.0	A25350	—	S	0.15	0.15	0.10	0.05	6.5~7.5	—	—	—	—	0.10~0.25	0.05	0.15	余量
B535.2	A25352	—	锭	0.10	0.12	0.05	0.05	6.6~7.5	—	—	—	—	0.10~0.25	0.05	0.15	余量
705.0	A07050	—	S,P	0.20	0.8	0.20	0.40~0.6	1.4~1.8	0.20~0.40	—	2.7~3.3	—	0.25	0.05	0.15	余量
705.1	A07051	—	锭	0.20	0.6	0.20	0.40~0.6	1.5~1.8	0.20~0.40	—	2.7~3.3	—	0.25	0.05	0.15	余量
707.0	A07070	—	S,P	0.20	0.8	0.20	0.40~0.6	1.8~2.4	0.20~0.40	—	4.0~4.5	—	0.25	0.05	0.15	余量
707.1	A07071	—	锭	0.20	0.6	0.20	0.40~0.6	1.9~2.4	0.20~0.40	—	4.0~4.5	—	0.25	0.05	0.15	余量
710.0	A07100	—	S	0.15	0.50	0.35~0.65	0.05	0.6~0.8	—	—	6.0~7.0	—	0.25	0.05	0.15	余量
710.1	A07101	—	锭	0.15	0.40	0.35~0.65	0.05	0.65~0.8	—	—	6.0~7.0	—	0.25	0.05	0.15	余量
711.0	A07110	—	P	0.30	0.7~1.4	0.35~0.65	0.05	0.25~0.45	—	—	6.0~7.0	—	0.20	0.05	0.15	余量
711.1	A07111	—	锭	0.30	0.7~1.1	0.35~0.65	0.05	0.30~0.45	—	—	6.0~7.0	—	0.20	0.05	0.15	余量
712.0	A07120	—	S	0.30	0.50	0.25	0.10	0.50~0.65	0.40~0.6	—	5.0~6.5	—	0.15~0.25	0.05	0.20	余量
712.2	A07122	—	锭	0.15	0.40	0.25	0.10	0.50~0.65	0.40~0.6	—	5.0~6.5	—	0.15~0.25	0.05	0.20	余量
713.0	A07130	—	S,P	0.25	1.1	0.40~1.0	0.6	0.20~0.50	0.35	0.15	7.0~8.0	—	0.25	0.10	0.25	余量
713.1	A07131	—	锭	0.25	0.8	0.40~1.0	0.6	0.25~0.50	0.35	0.15	7.0~8.0	—	0.25	0.10	0.25	余量
771.0	A07710	—	S	0.15	0.15	0.10	0.10	0.8~1.0	0.06~0.20	—	6.5~7.5	—	0.10~0.20	0.05	0.15	余量
771.2	A07712	—	锭	0.10	0.10	0.10	0.10	0.85~1.0	0.06~0.20	—	6.5~7.5	—	0.10~0.20	0.05	0.15	余量
772.0	A07720	—	S	0.15	0.15	0.10	0.10	0.6~0.8	0.06~0.20	—	6.0~7.0	—	0.10~0.20	0.05	0.15	余量
850.0	A08500	—	S,P	0.7	0.7	0.7~1.3	0.10	0.10	—	0.7~1.3	—	5.5~7.0	0.20	—	0.30	余量
850.1	A08501	—	锭	0.7	0.50	0.7~1.3	0.10	0.10	—	0.7~1.3	—	5.5~7.0	0.20	—	0.30	余量
851.0	A08510	—	S,P	2.0~3.0	0.7	0.7~1.3	0.10	0.10	—	0.30~0.7	—	5.5~7.0	0.20	—	0.30	余量
851.1	A08511	—	锭	2.0~3.0	0.50	0.7~1.3	0.10	0.10	—	0.30~0.7	—	5.5~7.0	0.20	—	0.30	余量
852.0	A08520	—	S,P	0.40	0.7	1.7~2.3	0.10	0.6~0.9	—	0.9~1.5	—	5.5~7.0	0.20	—	0.30	余量
852.1	A08521	—	锭	0.40	0.50	1.7~2.3	0.10	0.7~0.9	—	0.9~1.5	—	5.5~7.0	0.20	—	0.30	余量
853.0	A08530	—	S,P	5.5~6.5	0.7	3.0~4.0	0.50	—	—	—	—	5.5~7.0	0.20	—	0.30	余量
853.2	A08532	—	锭	5.5~6.5	0.50	3.0~4.0	0.10	—	—	—	—	5.5~7.0	0.20	—	0.30	余量

注：①铝合金代号前加上的字母(A,B,C,D)表示其改良的或变型的铝合金；②一般指ISONo. R115标准，除非指定出其他的标准(R164,R2147或3522)；③D＝加压铸造，P＝永久(硬)型铸造，S＝砂型铸造；④重熔纯铝的Al含量%＝100.00%减去其他元素各占0.010%或以上的总和，并将Al含量精确到小数点后两位数字；⑤(Mn＋Cr＋Ti＋V)＝0.025%(max)(max＝最大值，min＝最小值，下同)，⑥Fe/Si为2.5min；⑦Fe/Si为2.0(min)；⑧Fe/Si为1.5(min)；⑨0.40%～1.0%Ag；⑩0.50%～1.0%Ag；⑪Ti＋Zr＝0.50(max)；⑫0.20%～0.30%Sb,0.20%～0.30%Co,0.10%～0.30%Zr；⑬0.05%～0.15%V；0.10%～0.25%Zr；⑭0.06%～0.20%V；⑮Fe＞0.45时，Mn含量不应少于1/2的铁含量；⑯0.04%～0.07%Be；⑰0.10%～0.30%Be；⑱0.15%～0.30%Be；⑲Axxx.1铸锭被用于生产xxx.0及Axxx.0铸件；⑳(Mn＋Cr)＝0.8%(max)；㉑0.25Pb(max)；㉒0.02%～0.04%Be；㉓0.08%～0.15%V；㉔用于钢的包镀；㉕与锌一起用于钢的包镀；㉖0.10%Pb(max)；㉗0.003%～0.007%Be；0.05%B(max)；㉘0.003%～0.007%Be,0.002%B(max)。

表 4-64 铝合金砂型铸件的化学成分(ASTM B 26/B 26M—2011)

合金代号		化学成分/%(不大于,注明范围者除外)											杂质	
ANSI	UNS	Al	Si	Fe	Cu	Mn	Mg	Cr	Ni	Zn	Sn	Ti	单个	总和
201.0	A02010	余量	0.10	0.15	4.0~5.2	0.20~0.50	0.15~0.55	—	—	—	—	0.15~0.35	0.05	0.10
204.0	A02040		0.20	0.35	4.2~5.0	0.10	0.15~0.35	—	0.05	0.10	0.05	0.15~0.30	0.05	0.15
242.0	A02420		0.7	1.0	3.7~4.5	0.35	1.2~1.8	0.25	1.7~2.3	0.35	—	0.25	0.05	0.15
A242.0	A12420		0.6	0.8	3.7~4.5	0.10	1.2~1.7	0.15~0.25	1.8~2.3	0.10	—	0.07~0.20	0.05	0.15
295.0	A02950		0.7~1.5	1.0	4.0~5.0	0.35	0.03	—	—	0.35	—	0.25	0.05	0.15
319.0	A03190		5.5~6.5	1.0	3.0~4.0	0.50	0.10	—	0.35	1.0	—	0.25	—	0.50
328.0	A03280		7.5~8.5	1.0	1.0~2.0	0.20~0.6	0.20~0.6	0.35	0.25	1.5	—	0.25	—	0.50
355.0	A03550		4.5~5.5	0.6	1.0~1.5	0.50	0.40~0.6	0.25	—	0.35	—	0.25	0.05	0.15
C355.0	A33550		4.5~5.5	0.20	1.0~1.5	0.10	0.40~0.6	—	—	0.10	—	0.20	0.05	0.15
356.0	A03560		6.5~7.5	0.6	0.25	0.35	0.20~0.45	—	—	0.35	—	0.25	0.05	0.15
A356.0	A13560		6.5~7.5	0.20	0.20	0.10	0.25~0.45	—	—	0.10	—	0.20	0.05	0.15
443.0	A04430		4.5~6.0	0.8	0.6	0.50	0.05	0.25	—	0.50	—	0.25	—	0.35
B443.0	A24430		4.5~6.0	0.8	0.15	0.35	0.05	—	—	0.35	—	0.25	0.05	0.15
512.0	A05120		1.4~2.2	0.6	0.35	0.8	3.5~4.5	0.25	—	0.35	—	0.25	0.05	0.15
514.0	A05140		0.35	0.50	0.15	0.35	3.5~4.5	—	—	0.15	—	0.25	0.05	0.15
520.0	A05200		0.25	0.30	0.25	0.15	9.5~10.6	—	—	0.15	—	0.25	0.05	0.15
535.0	A05350		0.15	0.15	0.05	0.10~0.25	6.2~7.5	—	—	—	—	0.10~0.25	0.05	0.15
705.0	A07050		0.20	0.8	0.20	0.40~0.6	1.4~1.8	0.20~0.40	—	2.7~3.3	—	0.25	0.05	0.15
707.0	A07070		0.20	0.8	0.20	0.40~0.6	1.8~2.4	0.20~0.40	—	4.0~4.5	—	0.25	0.05	0.15
710.0	A07100		0.15	0.50	0.35~0.65	0.05	0.6~0.8	—	—	6.0~7.0	—	0.25	0.05	0.15
712.0	A07120		0.30	0.50	0.25	0.10	0.50~0.65	0.40~0.6	—	5.0~6.5	—	0.15~0.25	0.05	0.20
713.0	A07130		0.25	1.1	0.40~1.0	0.6	0.20~0.50	0.35	0.15	7.0~8.0	—	0.25	0.10	0.25
771.0	A07710		0.15	0.15	0.10	0.10	0.8~1.0	0.06~0.20	—	6.5~7.5	—	0.10~0.20	0.05	0.15
850.0	A08500		0.7	0.7	0.7~1.3	0.10	0.10	—	0.7~1.3	—	5.5~7.0	0.20	—	0.30
851.0	A08510		2.0~3.0	0.7	0.7~1.3	0.10	0.10	—	0.30~0.7	—	5.5~7.0	0.20	—	0.30
852.0	A08520		0.40	0.7	1.7~2.3	0.10	0.6~0.9	—	0.9~1.5	—	5.5~7.0	0.20	—	0.30

表 4-65 铝合金硬(永久)模铸件化学成分(ASTM B108/B108M—2011)

合金代号		化学成分/%(不大于,注明范围者除外)												
ANSI	UNS	Al	Si	Fe	Cu	Mn	Mg	Cr	Ni	Zn	Ti	Sn	其他元素	
													单个	总量
204.0	A02040	余量	0.20	0.35	4.2～5.0	0.10	0.15～0.35	—	0.05	0.10	0.15～0.30	0.05	0.05	0.15
242.0	A02420		0.7	1.0	3.5～4.5	0.35	1.2～1.8	0.25	1.7～2.3	0.35	0.25	—	0.05	0.15
296.0			2.0～3.0	1.2	4.0～5.0	0.35	0.05	—	0.35	0.50	0.25	—	—	0.35
308.0			5.0～6.0	1.0	4.0～5.0	0.50	0.10	—	—	1.0	0.25	—	—	0.50
319.0	A03190		5.5～6.5	1.0	3.0～4.0	0.50	0.10	—	0.35	1.0	0.25	—	—	0.50
332.0	A03320		8.5～10.5	1.2	2.0～4.0	0.50	0.50～1.5	—	0.50	1.0	0.25	—	—	0.50
333.0	A03330		8.0～10.0	1.0	3.0～4.0	0.50	0.05～0.50	—	0.50	1.0	0.25	—	—	0.50
336.0	A03360		11.0～13.0	1.2	0.50～1.5	0.35	0.7～1.3	—	2.0～3.0	0.35	0.25	—	0.05	—
354.0	A03540		8.6～9.4	0.20	1.6～2.0	0.10	0.40～0.6	—	—	0.10	0.20	—	0.05	0.15
355.0	A03550		4.5～5.5	0.6	1.0～1.5	0.50	0.40～0.6	0.25	—	0.35	0.25	—	0.05	0.15
C355.0	A33550		4.5～5.5	0.20	1.0～1.5	0.10	0.40～0.6	—	—	0.10	0.20	—	0.05	0.15
356.0	A03560		6.5～7.5	0.6	0.25	0.35	0.20～0.45	—	—	0.35	0.25	—	0.05	0.15
A356.0	A13560		6.5～7.5	0.20	0.20	0.10	0.25～0.45	—	—	0.10	0.20	—	0.05	0.15
357.0			6.5～7.5	0.15	0.05	0.03	0.45～0.6	—	—	0.05	0.20	—	0.05	0.15
A357.0	A13570		6.5～7.5	0.20	0.20	0.10	0.40～0.7	—	—	0.10	0.04～0.20	—	0.05	0.15
E357.0			6.5～7.5	0.10		0.10	0.55～0.6	—	—	—	0.10～0.20	—	0.05	0.15
F357.0			6.5～7.5	0.10	0.20	0.10	0.40～0.7	—	—	0.10	0.04～0.20	—	0.05	0.15
359.0	A03590		8.5～9.5	0.20	0.20	0.10	0.50～0.7	—	—	0.10	0.20	—	0.05	0.15
443.0	A04430		4.5～6.0	0.8	0.6	0.50	0.05	0.25	—	0.50	0.25	—	—	0.35
B443.0	A24430		4.5～6.0	0.8	0.15	0.35	0.05	—	—	0.35	0.25	—	0.05	0.15
A444.0	A14440		6.5～7.5	0.20	0.10	0.10	0.05	—	—	0.10	0.20	—	0.05	0.15
513.0	A05130		0.30	0.40	0.10	0.30	3.5～4.5	—	—	1.4～2.2	0.20	—	0.05	0.15
535.0	A05350		0.15	0.15	0.05	0.10～0.25	6.2～7.5	—	—	—	0.10～0.25	—	0.05	0.15
705.0	A07050		0.20	0.8	0.20	0.40～0.6	1.4～1.8	0.20～0.40	—	2.7～3.3	0.25	—	0.05	0.15
707.0	A07070		0.20	0.8	0.20	0.40～0.6	1.8～2.4	0.20～0.40	—	4.0～4.5	0.25	—	0.05	0.15

续表

合金代号		化学成分/%（不大于，注明范围者除外）												
ANSI	UNS	Al	Si	Fe	Cu	Mn	Mg	Cr	Ni	Zn	Ti	Sn	其他元素	
													单个	总量
711.0	A07110	余量	0.30	0.7～1.4	0.35～0.65	0.05	0.25～0.45	—	—	6.0～7.0	0.20	—	0.05	0.15
713.0	A07130		0.25	1.1	0.40～1.0	0.6	0.20～0.50	0.35	0.15	7.0～8.0	0.25	—	0.10	0.25
850.0	A08500		0.7	0.7	0.7～1.3	0.10	0.10	—	0.7～1.3	—	0.20	5.5～7.0	—	0.30
851.0	A08510		2.0～3.0	0.7	0.7～1.3	0.10	0.10	—	0.3～0.7	—	0.20	5.5～7.0	—	0.30
852.0	A08520		0.40	0.7	1.7～2.3	0.10	0.6～0.9	—	0.9～1.5	—	0.20	5.5～7.0	—	0.30

表 4-66　铝合金压模铸件的化学成分（ASTM B85—2003）

合金代号			化学成分/%										
ANST	ASTM	UNS	Si	Fe	Cu	Mn	Mg	Ni	Zn	Sn	Ti	其他元素（总量）	Al
360.0	SG100B	A03600	9.0～10.0	2.0	0.6	0.35	0.40～0.6	0.50	0.50	0.15	—	0.25	余量
A360.0	SG100A	A13600	9.0～10.0	1.3	0.6	0.35	0.40～0.6	0.50	0.50	0.15		0.25	
380.0	SC84B	A03800	7.5～9.5	2.0	3.0～4.0	0.50	0.10	0.50	3.0	0.35	—	0.50	
A380.0	SC84A	A13800	7.5～9.5	1.3	3.0～4.0	0.50	0.10	0.50	3.0	0.35	—	0.50	
383.0	SC102A	A03830	9.5～11.5	1.3	2.0～3.0	0.50	0.10	0.30	3.0	0.15	—	0.50	
384.0	SC114A	A03840	10.5～12.0	1.3	3.0～4.5	0.50	0.10	0.50	3.0	0.35	—	0.50	
390.0	SC174A	A03900	16.0～18.0	1.3	4.5～5.0	0.10	0.45～0.65	—	0.10	—	0.20	0.20	
B390.0	SC174B	A23900	16.0～18.0	1.3	4.0～5.0	0.50	0.45～0.65	0.10	1.5	—	0.10	0.20	
392.0	S19	A03920	18.0～20.0	1.5	0.40～0.80	0.20～0.60	0.80～1.20	0.50	0.50	0.30	0.20	0.50	
413.0	S12B	A04130	11.0～13.0	2.0	1.0	0.35	0.10	0.50	0.50	0.15	—	0.25	
A413.0	S12A	A14130	11.0～13.0	1.3	1.0	0.35	0.10	0.50	0.50	0.15	—	0.25	
C433.0	S5C	A34430	4.5～6.0	2.0	0.6	0.35	0.10	0.50	0.50	0.15	—	0.25	
518.0	G8A	A05180	0.35	1.8	0.25	0.35	7.5～8.5	0.15	0.15	0.15	—	0.25	

4.3.2 铝及铝合金的力学性能

(1)美国铝业协会(AA)轧制或冷加工精制棒、线材的力学性能

表 4-67　　不可热处理合金的力学性能

合金和状态	规定的直径或厚度/mm		抗拉强度 / MPa			伸长率/%,最小	
			强度极限		屈服极限		
	以上	至	最小	最大	最小	50mm	$5D(5.65\sqrt{A})$
1100							
1100-O	全	部	75	105	20	25	22
1100-H112	全	部	75	—	20	—	—
1100-H12	—	10.00	95	—	—	—	—
1100-H14	—	10.00	110	—	—	—	—
1100-H16	—	10.00	130	—	—	—	—
1100-H18	—	10.00	150	—	—	—	—
1100-F	10.00	—	—	—	—	—	—
1345							
1345-O	—	10.00	—	100	—	25	22
1345-H12	—	10.00	90	—	—	—	—
1345-H14	—	8.00	100	—	—	—	—
1345-H16	—	8.00	115	—	—	—	—
1345-H18	—	8.00	130	—	—	—	—
1345-H19	—	5.00	145	—	—	—	—
3003							
3003-O	全	部	95	130	35	25	22
3003-H112	全	部	95	—	35	—	—
3003-H12	—	10.00	115	—	—	—	—
3003-H14	—	10.00	140	—	—	—	—
3003-H16	—	10.00	165	—	—	—	—
3003-H18	—	10.00	185	—	—	—	—
3003-F	10.00	—	—	—	—	—	—
5050							
5050-O	全	部	125	180	—	25	22
5050-H32	—	10.00	150	—	—	—	—
5050-H34	—	10.00	170	—	—	—	—
5050-G36	—	10.00	185	—	—	—	—
5050-H38	—	10.00	200	—	—	—	—
5050-F	10.00	—	—	—	—	—	—
5052							
5052-O	全	部	170	220	65	25	22
5052-H32	—	10.00	215	—	160	—	—
5052-H34	—	10.00	235	—	180	—	—
5052-H36	—	10.00	255	—	200	—	—
5052-H38	—	10.00	270	—	—	—	—
5052-F	10.00	—	—	—	—	—	—
5056							
5056-O	全	部	—	320	—	20	18
5056-H111	—	10.00	300	—	—	—	—
5056-H12	—	10.00	315	—	—	—	—
5056-H32	—	10.00	300	—	—	—	—
5056-H14	—	10.00	360	—	—	—	—
5056-H34	—	10.00	345	—	—	—	—
5056-H18	—	10.00	400	—	—	—	—
5056-H38	—	10.00	380	—	—	—	—

续表

合金和状态	规定的直径或厚度/mm		抗拉强度 / MPa			伸长率/%,最小	
			强度极限		屈服极限		
	以上	至	最小	最大	最小	50mm	$5D(5.65\sqrt{A})$
5056							
5056-H192	—	10.00	415	—	—	—	—
5056-H392	—	10.00	400	—	—	—	—
5056-F	10.00	—	—	—	—	—	—
包铝 5056							
包铝 5056-192	—	10.00	360	—	—	—	—
包铝 5056-H392	—	10.00	345	—	—	—	—
包铝 5056-H393	—	5.00	307	—	325	—	—
5154							
5154-O	全	部	205	285	75	25	22
5154-H112	全	部	205	285	75	—	—
5154-H32	—	10.00	250	—	—	—	—
5154-H34	—	10.00	270	—	—	—	—
5154-H36	—	10.00	290	—	—	—	—
5154-H38	—	10.00	310	—	—	—	—
5154-F	10.00	—	—	—	—	—	—

表 4-68 可热处理合金的力学性能

合金和状态	规定的直径或厚度/mm		抗拉强度 / MPa			伸长率 / %,最小	
			强度极限		屈服极限		
	以上	至	最小	最大	最小	50mm	$5D$
2011							
2011-T3	3.15	40.00	310	—	260	10	9
	40.00	50.00	295	—	235	—	10
	50.00	80.00	290	—	205	—	12
2011-T4,T451	9.00	200.00	275	—	125	16	14
2011-T8	3.15	80.00	370	—	275	10	9
2014							
2014-O	—	200.00	—	240	—	12	10
2014-T4,T42,T451	—	200.00	380	—	220	16	14
2014-T6,T62,T651	—	200.00	450	—	380	8	7
2017							
2017-O	—	200.00	—	240	—	16	14
2017-T4,T42,T451	—	200.00	380	—	220	12	10
2024							
2024-O	—	200.00	—	240	—	16	14
2024-T36	—	10.00	475	—	360	10	—
2024-T4	—	12.50	425	—	310	—	—
	12.5	120.00	425	—	290	—	9
	120.00	160.00	425	—	275	—	9
	160.00	200.00	400	—	260	10	9
2024-T42	—	160.00	425	—	275	—	9
2024-T351	12.50	160.00	425	—	310	5	9
2024-T6	—	160.00	425	—	345	5	4
2024-T62	—	160.00	415	—	315	—	4
2024-T851	12.50	160.00	455	—	400	—	4
2219							
2219-T851	12.50	50.00	400	—	275	—	3
	3	50.00	100.00	395	—	270	—

续表

合金和状态	规定的直径或厚度 /mm		抗拉强度 / MPa			伸长率/%,最小	
			强度极限		屈服极限		
	以上	至	最小	最大	最小	50mm	5D
6061							
6061-O	—	200.00	—	155	—	18	16
6061-T4,T451	—	200.00	205	—	100	18	16
6061-T42	—	200.00	205	—	95	18	16
6061-T6,T62,T651	—	200.00	290	—	240	10	9
6061-T89	—	10.00	370	—	325	—	—
6061-T93	—	10.00	380	—	345	8	—
6061-T913	—	10.00	435	—	—	—	—
6061-T94	—	10.00	370	—	325	—	—
6262							
6262-T6,T62,T651	—	200.00	290	—	240	10	9
6262-T9	3.15	50.00	360	—	330	5	4
	50.00	80.00	345	—	315	—	4
7075							
7075-O	—	200.00	—	275	—	10	9
7075-T6,T62,T651	—	100.00	530	—	455	7	6
7075-T73,T7351	—	80.00	470	—	385	10	9

(2)美国铝业协会(AA)铝合金挤压棒材、线材、型材的力学性能

表 4-69　美国铝业协会(AA)铝合金挤压棒材、线材、型材的力学性能

合金和状态	规定的直径或厚度 /mm		面　积 / mm^2		抗拉强度 / MPa				伸长率/%,最小	
					强度极限		屈服极限			
	以上	至	以上	至	最小	最大	最小	最大	50mm	$5D(5.65\sqrt{A})$
1100										
1100-O	全	部	全	部	75	105	20	—	25	22
1100-H112	全	部	全	部	75	—	20	—	—	—
2014										
2014-O	全	部	全	部	—	205	—	125	12	10
2014-T4,T4510 和 T4511	全	部	全	部	345	—	240	—	12	10
2014-T42	全	部	全	部	345	—	200	—	12	10
2014-T6,T6510 和 T6511	—	12.50	全	部	415	—	365	—	7	6
	12.50	18.00	全	部	440	—	400	—	—	6
	18.00	—	—	16000	470	—	415	—	—	6
	18.00	—	16000	20000	470	—	400	—	—	5
2014-T62	—	18.00	全	部	415	—	365	—	7	6
	18.00	—	—	16000	415	—	365	—	—	6
	18.00	—	16000	20000	415	—	365	—	—	5
2024										
2024-O	全	部	全	部	—	240	—	130	12	10
2024-T3,T3510 和 T3511	—	6.30	全	部	395	—	290	—	12	—
	6.30	18.00	全	部	415	—	305	—	12	10
	18.00	35.00	全	部	450	—	315	—	—	9
	35.00	—	—	16000	485	—	360	—	—	9
	35.00	—	16000	20000	470	—	330	—	—	7

续表

合金和状态	规定的直径或厚度/mm		面积/mm²		抗拉强度/MPa				伸长率/%，最小	
					强度极限		屈服极限			
	以上	至	以上	至	最小	最大	最小	最大	50mm	$5D(5.65\sqrt{A})$
2024										
2024-T42	—	18.00	全	部	395	—	260'	—	12	10
	18.00	35.00	全	部	395	—	260	—	—	9
	35.00	—	—	16000	395	—	260	—	—	9
	35.00	—	16000	20000	395	—	260	—	—	7
2024-T81，T8510和T8511	1.25	6.30	全	部	440	—	385	—	4	—
	6.30	35.00	全	部	455	—	400	—	5	4
	35.00	—	—	20000	455	—	400	—	—	4
2219										
2219-O	全	部	全	部	—	220	—	125	12	10
2219-T31，T3510和T3511	—	12.50	—	16000	290	—	180	—	14	12
	12.50	80.00	—	16000	310	—	185	—	—	12
2219-T62	—	25.00	—	16000	370	—	250	—	6	5
	25.00	—	—	20000	370	—	250	—	—	5
2219-T81，T8510和T-8511	—	80.00	—	16000	400	—	290	—	6	5
3003										
3003-O	全	部	全	部	95	130	35	—	25	22
3003-H112	全	部	全	部	95	—	35	—	—	—
5083										
5083-O	—	130.00	—	20000	270	350	110	—	14	12
5083-H111	—	130.00	—	20000	275	—	165	—	12	10
5083-H112	—	130.00	—	20000	270	—	110	—	12	10
5086										
5086-O	—	130.00	—	20000	240	315	95	—	14	12
5086-H111	—	130.00	—	20000	250	—	145	—	12	10
5086-H112	—	130.00	—	20000	240	—	95	—	12	10
5154										
5154-O	全	部	全	部	205	285	75	—	—	—
5154-H112	全	部	全	部	205	—	75	—	—	—
5454										
5454-O	—	130.00	—	20000	215	285	85	—	14	12
5454-H111	—	130.00	—	20000	230	—	130	—	12	10
5454-H112	—	130.00	—	20000	215	—	85	—	12	10
5456										
5456-O	—	130.0	—	20000	285	365	130	—	14	12
5456-H111	—	130.00	—	20000	290	—	180	—	12	10
5456-H112	—	130.00	—	20000	285	—	130	—	12	10
6005										
6005-T1	—	12.50	全	部	170	—	105	—	16	14
6005-T5	—	3.20	全	部	170	—	105	—	16	174
	3.20	25.00	全	部	260	—	240	—	10	9
6061										
6061-O	全	部	全	部	—	150	—	110	16	14

续表

合金和状态	规定的直径或厚度 /mm		面积 /mm²		抗拉强度 / MPa				伸长率/%,最小	
					强度极限		屈服极限			
	以上	至	以上	至	最小	最大	最小	最大	50mm	$5D(5.65\sqrt{A})$
6061										
6061-T1	—	12.50	全	部	180	—	95	—	16	14
6061-T4,T45 和 T4511	全	部	全	部	180	—	110	—	16	14
6061-T42	全	部	全	部	180	—	85	—	16	14
6061-T51	—	16.00	全	部	240	—	205	—	8	7
6061-T6,T62T6510 和 T6511	—	6.30	全	部	260	—	240	—	8	—
	6.30	—	全	部	260	—	240	—	10	9
6063										
6063-O	全	部	全	部	—	130	—	—	18	16
6063-O	—	12.50	全	部	115	—	60	—	12	10
	12.50	25.00	全	部	110	—	55	—	—	10
6063-T4 和 T42	—	12.50	全	部	130	—	70	—	14	12
	12.50	25.00	全	部	125	—	60	—	—	12
6063-T5	—	12.50	全	部	150	—	110	—	8	7
	12.50	25.00	全	部	145	—	105	—	—	7
6063-52	—	25.00	全	部	150	205	110	170	8	7
6063-T6 和 T52	—	3.20	全	部	205	—	170	—	8	
	3.2	25.00	全	部	205	—	170	—	10	9
6066										
6066-O	全	部	全	部	—	200	—	125	16	14
6066-T4,T4510 和 T4511	全	部	全	部	275	—	170	—	14	12
6066-T42	全	部	全	部	275	—	165	—	14	12
6066-T6,T6510 和 T6511	全	部	全	部	345	—	310	—	8	7
6066-T62	全	部	全	部	345	—	290	—	8	7
6070										
6070-T6 和 T62	—	80.00	—	2000	330	—	310	—	6	5
6162										
6162-T5,T5510 和 T5511	—	25.00	全	部	225	—	235	—	7	6
6162-T6,T6510 和 T6511	6.30	全	部	260	—	240	—	8	—	
	6.30	12.5	全	部	260	—	240	—	10	9
6262										
6262-T6,T62,T6510 和 T6511	全	部	全	部	260	—	240	—	10	9
6351										
6351-T54	—	12.50	—	13000	205	—	140	—	10	9
6463										
6463-T1	—	12.50	—	13000	115	—	60	—	12	10
6463-T5	—	12.50	—	13000	150	—	110	—	8	7
6463-T6 和 T62	—	3.20	—	13000	205	—	170	—	8	—
	3.20	12.50	—	13000	205	—	170	—	10	9

(3)美国铝合金铆钉及冷镦头用铝合金丝及条材

表 4-70 热处理后的力学性能(ASTM B316/B316M—2010)

合金代号	热处理状态	直　径/mm	抗拉强度 R_m/MPa(不小于)	屈服强度 $R_{p0.2}$/MPa(不小于)	伸长率 / %(不小于)	剪切强度 / MPa(不小于)
2017	T4	1.60～25.00	380	220	10	225
2024	T42	1.60～3.20	425	—	—	255
		3.20～25.00	425	275	9	255
2117	T4	1.60～25.00	260	125	16	180
2219	T6	1.60～25.00	380	240	5	205
6053	T61	1.60～25.00	205	135	12	135
6061	T6	1.60～25.00	290	240	9	170
7050	T7	1.60～25.00	485	400	9	270
7075	T6	1.60～25.00	530	455	6	290
7075	T73	1.60～25.00	470	385	9	280
7178	T6	1.60～25.00	580	500	4	315

注:表中所有的法定计量单位数据均为原标准给出数据。

表 4-71 冷作硬化状态下的力学性能(ASTM B316/B316M—2010)

合金代号	材料状态	直　径/mm(不大于)	抗拉强度 / MPa	
			最小	最大
1100	O	25.00	—	110
	H14	25.00	110	145
2017	O	25.00	—	240
	H13	25.00	205	275
2024	O	25.00	—	240
	H13	25.00	220	290
2117	O	25.00	—	175
	H15	25.00	190	240
	H13	25.00	170	220
2219	O	25.00	—	220
	H13	25.00	190	260
3003	O	25.00	—	130
	H14	25.00	135	180
5005	O	25.00	—	140
	H32	25.00	115	160
5052	O	25.00	—	220
	H32	25.00	215	255
5056	O	25.00	—	320
	H32	25.00	300	360
6053	O	25.00	—	130
	H13	25.00	130	180
6061	O	25.00	—	155
	H13	25.00	150	210
7050	O	25.00	—	275
	H13	25.00	235	305
7075	O	25.00	—	275
	H13	25.00	245	320
7178	O	25.00	—	275
	H13	25.00	245	320

注:表中所有的法定计量单位数据均为原标准给出数据。

表 4-72 变形铝合金的力学性能

合金及状态	最终拉伸强度		拉伸屈服强度		伸长率(基于标距 50mm,2in) / %		硬度	最终剪切强度		疲劳极限②		弹性模量③	
	MPa	ksi	MPa	ksi	1.6mm(1/16in) 厚试样	1.3mm(1/2in) 直径试样	HB①	MPa	ksi	MPa	ksi	GPa	10^6 psi
1060-O	70	10	30	4	43	—	19	50	7	20	3	69	10.0
1060-H12	85	12	75	11	16	—	23	55	8	30	4	69	10.0
1060-H14	95	14	90	13	12	—	26	60	9	35	5	69	10.0
1060-H16	110	16	105	16	8	—	30	70	10	45	6.5	69	10.0
1060-H18	130	19	125	18	6	—	35	75	11	45	6.5	69	10.0
1100-O	90	13	35	5	35	45	23	60	9	35	5	69	10.0
1100-H12	110	16	105	15	12	25	28	70	10	40	6	69	10.0
1100-H14	125	18	115	17	9	20	32	75	11	50	7	69	10.0
1100-H16	145	21	140	20	6	17	38	85	12	60	9	69	10.0
1100-H18	165	24	150	22	5	15	44	90	13	60	9	69	10.0
1350-O	85	12	30	4	—	④	—	55	8	—	—	69	10.0
1350-H12	95	14	85	12	—	—	—	60	9	—	—	69	10.0
1350-H14	110	16	95	14	—	—	—	70	10	—	—	69	10.0
1350-H16	125	18	110	16	—	—	—	75	11	—	—	69	10.0
1350-H19	185	27	165	24	—	⑤	—	105	15	50	7	69	10.0
2011-T3	380	55	295	43	—	15	95	220	32	125	18	70	10.2
2011-T8	405	59	310	45	—	12	100	240	35	125	18	70	10.2
2014-O	185	27	95	14	—	18	45	125	18	90	13	73	10.6
2014-T4,T451	425	62	290	42	—	20	105	260	38	140	20	73	10.6
2014-T6,T651	485	70	415	60	—	13	135	290	42	125	18	73	10.6
Alclad2014-O	175	25	70	10	21	—	—	125	18	—	—	72	10.5
Alclad2014-T3	435	63	275	40	20	—	—	255	37	—	—	72	10.5
Alclad2014-T4,T451	420	61	255	37	22	—	—	255	37	—	—	72	10.5
Alclad2014-T6,T651	470	68	415	60	10	—	—	285	41	—	—	72	10.5
2017-O	180	26	70	10	—	22	45	125	18	90	13	72	10.5
2017-T4,T451	425	62	275	40	—	22	105	260	38	125	18	72	10.5
2018-T61	420	61	315	46	—	12	120	270	39	115	17	74	10.8
2024-O	185	27	75	11	20	22	47	125	18	90	13	73	10.6
2024-T3	485	70	345	50	18	—	120	285	41	140	20	73	10.6
2024-T4,T351	470	68	325	47	20	19	120	285	41	140	20	73	10.6
2024-T361⑥	495	72	395	57	13	—	130	290	42	125	18	73	10.6
Alclad2024-O	180	26	75	11	20	—	—	125	18	—	—	73	10.6
Alclad2024-T3	450	65	310	45	18	—	—	275	40	—	—	73	10.6
Alclad2024-T4,T351	440	64	290	42	19	—	—	275	40	—	—	73	10.6

续表

合金及状态	最终拉伸强度		拉伸屈服强度		伸长率(基于标距 50mm,2in) / %		硬 度	最终剪切强度		疲劳极限②		弹性模量③	
	MPa	ksi	MPa	ksi	1.6mm(1/16in)厚试样	1.3mm(1/2in)直径试样	HB①	MPa	ksi	MPa	ksi	GPa	10^6psi
Alclad2024-T361⑥	460	67	365	53	11	—	—	285	41	—	—	73	10.6
Alclad-2024-T81,T851	450	65	415	60	6	—	—	275	40	—	—	73	10.6
Alclad2024-T861⑥	485	70	455	66	6	—	—	290	42	—	—	73	10.6
2025-T6	400	58	255	37	—	19	110	240	35	125	18	71	10.4
2036-T4	340	49	195	28	24	—	—	—	—	125⑦	18⑦	71	10.3
2117-T4	295	43	165	24	—	27	70	195	28	95	14	71	10.3
2124-T851	485	70	440	64	—	8	—	—	—	—	—	73	10.6
2218-T72	330	48	255	37	—	11	95	205	30	—	—	74	10.8
2219-O	175	25	75	11	18	—	—	—	—	—	—	73	10.6
2219-T42	360	52	185	27	20	—	—	—	—	—	—	73	10.6
2219-T31,T351	360	52	250	36	17	—	—	—	—	—	73	10.6	
2219-T37	395	57	315	46	11	—	—	—	—	—	—	73	10.6
2219-T62	415	60	290	42	10	—	—	—	—	105	15	73	10.6
2219-T81,T851	455	66	350	51	10	—	—	—	—	105	15	73	10.6
2219-T87	475	69	395	57	10	—	—	—	—	105	15	73	10.6
2618-T61	440	64	370	54	—	10	115	260	38	125	18	74	10.8
3003-O	110	16	40	6	30	40	28	75	11	50	7	69	10.0
3003-H12	130	19	125	18	10	20	35	85	12	55	8	69	10.0
3003-H14	150	22	145	21	8	16	40	95	14	60	9	69	10.0
3003-H16	180	26	170	25	5	14	47	105	15	70	10	69	10.0
3003-H18	200	29	185	27	4	10	55	110	16	70	10	69	10.0
Alclad3003-O	110	16	40	6	30	40	—	75	11	—	—		
Alclad3003-H12	130	19	125	18	10	20	—	85	12	—	—	69	10.0
Alclad3003-H14	150	22	145	21	8	16	—	95	14	—	—	69	10.0
Alclad3003-H16	180	26	170	25	5	14	—	105	15	—	—	69	10.0
Alclad3003-H18	200	29	185	27	4	10	—	110	16	—	—	69	10.0
3004-O	180	26	70	10	20	25	45	110	16	95	14	69	10.0
3004-H32	215	31	170	25	10	17	52	115	17	105	15	69	10.0
3004-H34	240	35	200	29	9	12	63	125	18	105	15	69	10.0
3004-H36	260	38	230	33	5	9	70	140	20	110	16	69	10.0
3004-H38	285	41	250	36	5	6	77	145	21	110	16	69	10.0
Alclad3004-O	180	26	70	10	20	25	—	110	16	—	—	69	10.0
Alclad3004-H32	215	31	170	25	10	17	—	115	17	—	—	69	10.0
Alclad3004-H34	240	35	200	29	9	12	—	125	18	—	—	69	10.0
Alclad3004-H36	260	38	230	33	5	9	—	140	20	—	—	69	10.0

续表

合金及状态	最终拉伸强度		拉伸屈服强度		伸长率(基于标距 50mm,2in) / %		硬度	最终剪切强度		疲劳极限②		弹性模量③	
	MPa	ksi	MPa	ksi	1.6mm(1/16in) 厚试样	1.3mm(1/2in) 直径试样	HB①	MPa	ksi	MPa	ksi	GPa	10^6 psi
Alclad3004-H38	285	41	250	36	5	6	—	145	21	—	—	69	10.0
3105-O	115	17	55	8	24	—	—	85	12	—	—	69	10.0
3105-H12	150	22	130	19	7	—	—	95	14	—	—	69	10.0
3105-H14	170	25	150	22	5	—	—	105	15	—	—	69	10.0
3105-H16	195	28	170	25	4	—	—	110	16	—	—	69	10.0
3105-H18	215	31	195	28	3	—	—	115	17	—	—	69	10.0
3105-H25	180	26	160	23	8	—	—	105	15	—	—	69	10.0
4032-T6	380	55	315	46	—	9	120	260	38	110	16	79	11.4
5005-O	125	18	40	5	25	—	28	75	11	—	—	69	10.0
5005-H12	140	20	130	19	10	—	—	95	14	—	—	69	10.0
5005-H14	160	23	150	22	6	—	—	95	14	—	—	69	10.0
5005-H16	180	26	170	25	5	—	—	105	15	—	—	69	10.0
5005-H18	200	29	195	28	4	—	—	110	16	—	—	69	10.0
5005-H32	140	20	115	17	11	—	36	95	14	—	—	69	10.0
5005-H34	160	23	140	20	8	—	41	95	14	—	—	69	10.0
5005-H36	180	26	165	24	6	—	46	105	15	—	—	69	10.0
5005-H38	200	29	185	27	5	—	51	110	16	—	—	69	10.0
5050-O	145	21	55	8	24	—	36	105	15	85	12	69	10.0
5050-H32	170	25	145	21	9	—	46	115	17	90	13	69	10.0
5050-H34	195	28	165	24	8	—	53	125	18	90	13	69	10.0
5050-H36	205	30	180	26	7	—	58	130	19	95	14	69	10.0
5050-H38	220	32	200	29	6	—	63	140	20	95	14	69	10.0
5052-O	195	28	90	13	25	30	47	125	18	110	16	70	10.2
5052-H32	230	33	195	28	12	18	60	140	20	115	17	70	10.2
5052-H34	260	38	215	31	10	14	68	145	21	125	18	70	10.2
5052-H36	275	40	240	35	8	10	73	160	23	130	19	70	10.2
5052-H38	290	42	255	37	7	8	77	165	24	140	20	70	10.2
5056-O	290	42	150	22	—	35	65	180	26	140	20	71	10.3
5056-H18	435	63	405	59	—	10	105	235	34	150	22	71	10.3
5056-H38	415	60	345	50	—	15	100	220	32	150	22	71	10.3

续表

合金及状态	最终拉伸强度		拉伸屈服强度		伸长率(基于标距 50mm,2in) / %		硬 度	最终剪切强度		疲劳极限②		弹性模量③	
	MPa	ksi	MPa	ksi	1.6mm(1/16in)厚试样	1.3mm(1/2in)直径试样	HB①	MPa	ksi	MPa	ksi	GPa	10^6 psi
5083-O	290	42	145	21	—	22	—	170	25	—	—	71	10.3
5083-H321,H116	315	46	230	33	—	16	—	—	—	160	23	71	10.3
5086-O	260	38	115	17	22	—	—	160	23	—	—	71	10.3
5086-H32,H116	290	42	205	30	12	—	—	—	—	—	—	71	10.3
5086-H34	325	47	255	37	10	—	—	185	27	—	—	71	10.3
5086-H112	270	39	130	19	14	—	—	—	—	—	—	71	10.2
5154-0	240	35	115	17	27	—	58	150	22	115	17	70	10.2
5154-H32	270	39	205	30	15	—	67	150	22	125	18	70	10.3
5154-H34	290	42	230	33	13	—	73	165	24	130	19	70	10.2
5154-H36	310	45	250	36	12	—	78	180	26	140	20	70	10.2
5154-H38	330	48	270	39	10	—	80	195	28	145	21	70	10.2
5154-H112	240	35	115	17	25	—	63	—	—	115	17	70	10.2
5252-H25	235	34	170	25	41	—	68	145	21	—	—	69	10.0
5252-H38,H28	285		240	35	5	—	75	160	23	—	—	69	10.0
5254-O	240	35	115	17	27	—	58	150	22	115	17	70	10.2
5254-H32	270	39	205	30	15	—	67	150	22	125	18	70	10.2
5254-H34	290	42	230	33	13	—	73	165	24	130	19	70	10.2
5254-H36	310	45	250	36	12	—	78	180	26	140	20	70	10.2
5254-H38	330	48	270	39	10	—	80	195	28	145	21	70	10.2
5254-H112	240	35	115	17	25	—	63	—	—	115	17	70	10.2
5454-O	250	36	115	17	22	—	62	160	23	—	—	70	10.2
5452-H32	275	40	205	30	10	—	73	165	24	—	—	70	10.2
5454-H34	305	44	240	35	10	—	81	180	26	—	—	70	10.2
5454-H111	260	38	180	26	14	—	70	160	23	—	—	70	10.2
5454-H112	250	36	125	18	18	—	62	160	23	—	—	70	10.2
5456-O	310	45	160	23	—	24	—	—	—	—	—	71	10.3
5456-H112	310	45	165	24	—	22	—	—	—	—	—	71	10.3
5456-H321,H116	350	51	255	37	—	16	90	205	30	—	—	71	10.3
5457-O	130	19	50	7	22	—	32	85	12	—	—	69	10.0
5457-H25	180	26	160	23	12	—	48	110	16	—	—	69	10.0

续表

合金及状态	最终拉伸强度		拉伸屈服强度		伸长率(基于标距 50mm,2in) / %		硬 度	最终剪切强度		疲劳极限[2]		弹性模量[3]	
	MPa	ksi	MPa	ksi	1.6mm(1/16in) 厚试样	1.3mm(1/2in) 直径试样	HB[1]	MPa	ksi	MPa	ksi	GPa	10^6 psi
5457-H38,H28	205	30	185	27	6	—	55	125	18	—	—	69	10.0
5652-O	195	28	90	13	25	30	47	125	18	110	16	70	10.2
5652-H32	230	33	195	28	12	18	60	140	20	115	17	70	10.2
5652-H34	260	38	215	31	10	14	68	145	21	125	18	70	10.2
5652-H36	275	40	240	25	8	10	73	160	23	130	19	70	10.2
5652-H38	290	42	255	37	7	8	77	165	24	140	20	70	10.2
5657-H25	160	23	140	20	12	—	40	95	14	—	—	69	10.2
5657-H38,H28	195	28	165	24	7	—	50	105	15	—	—	69	10.0
6061-T4,T451	240	35	145	21	22	25	65	165	24	95	14	69	10.0
6061-T6,T651	310	45	275	40	12	17	95	205	30	95	14	69	10.0
Alclad6061-O	115	17	50	7	25	—	—	75	11	—	—	69	10.0
Alclad6061-T4,T451	230	33	130	19	22	—	—	150	22	—	—	69	10.0
Alclad6061-T6,T651	290	42	255	37	12	—	—	185	27	—	—	69	10.0
6063-O	90	13	50	7	—	—	25	70	10	55	8	69	10.0
6063-T1	150	22	90	13	20	—	42	95	14	60	9	69	10.0
6063-T4	170	25	90	13	22	—	—	—	—	—	—	69	10.0
6063-T5	185	27	145	21	12	—	60	115	17	70	10	69	10.0
6063-T6	240	35	215	31	12	—	73	150	22	70	10	69	10.0
6063-T83	255	37	240	35	9	—	82	150	22	—	—	69	10.0
6063-T831	205	30	185	27	10	—	70	125	18	—	—	69	10.0
6063-T832	290	42	270	39	12	—	95	185	27	—	—	69	10.0
6066-O	150	22	85	12	—	18	43	95	14	—	—	69	10.0
6066-T4,T451	360	52	205	30	—	18	90	200	29	—	—	69	10.0
6066-T6,T651	395	57	360	52	—	12	120	235	34	110	16	69	10.0
6070-T6	380	55	350	51	10	—	—	235	34	95	14	69	10.0
6101-H111	95	14	75	11	—	—	—	—	—	—	—	69	10.0
6101-T6	220	32	195	28	15	—	71	140	20	—	—	69	10.0
6351-T4	250	36	150	22	20	—	—	—	—	—	—	69	10.0
6351-T6	310	45	285	41	14	—	95	200	29	90	13	69	10.0
6463-T1	150	22	90	13	20	—	42	95	14	70	10	69	10.0

续表

合金及状态	最终拉伸强度		拉伸屈服强度		伸长率(基于标距 50mm,2in) / %		硬　度	最终剪切强度		疲劳极限②		弹性模量③	
	MPa	ksi	MPa	ksi	1.6mm(1/16in)厚试样	1.3mm(1/2in)直径试样	HB①	MPa	ksi	MPa	ksi	GPa	10^6psi
6463-T5	185	27	145	21	12	—	60	115	17	70	10	69	10.0
6463-T6	240	35	215	31	12	—	74	150	22	70	10	69	10.0
7049-T73	515	75	450	65	—	12	135	305	44	—	—	72	10.4
7049-T7352	515	75	435	63	—	11	135	295	43	—	—	72	10.4
7050-T73510,T73511	495	72	435	63	—	12	—	—	—	—	—	72	10.4
7050-T7451⑧	525	76	470	68	—	11	—	305	44	—	—	72	10.4
7050-T7651	550	80	490	71	—	11	—	325	47	—	—	72	10.4
7075-O	230	33	105	15	17	16	60	150	22	—	—	72	10.4
7075-T6,T651	570	83	505	73	11	11	150	330	48	160	23	72	10.4
Alclad7075-O	220	32	95	14	17	—	—	150	22	—	—	72	10.4
Alclad7075-T6,T651	525	76	460	67	11	—	—	315	46	—	—	72	10.4

注:①载荷 4900N,10mm 球;②基于完全反向应力的 5×10^8 次循环,采用 R. R. Moore 型设备和试样;③拉伸和压缩模量的平均值,压缩模量约大于拉伸量之 2%;④1350-O 线材的伸长率均为 23%(标距为 250mm,10in);⑤1350H19 线材的伸长率均为 $1\frac{1}{2}$%(标距 250mm,10in);⑥T301 与 T861 状态代号以前的代号分别为 T36 与 T86;⑦基于 10^7 次循环,采用薄板试样的挠曲试验;⑧T7451 在以前未登记注册,但见诸于文献以及在某些规格上同 T73651。

(4)铝合金在不同温度下的典型抗拉性能

表 4-73　　　　铝合金在不同温度下的典型抗拉性能

合金和状态	温　度 ℃	抗拉强度 / MPa 强度极限	抗拉强度 / MPa 屈服极限	伸长率/% (50mm)
1100-O	－195	170	41	50
	－80	105	38	43
	－30	95	34	40
	25	90	34	40
	100	70	32	45
	150	55	29	55
	205	41	24	65
	260	28	18	75
	315	20	14	80
	370	14	11	85
1100-H14	-195	205	140	45
	-80	140	125	24
	-30	130	115	20
	25	125	115	20
	100	110	105	20
	150	95	85	23
	205	70	50	26
	260	28	18	75
	315	20	14	80
	370	14	11	85
1100-H18	-195	235	180	30
	-80	180	160	16
	-30	170	160	15
	25	165	150	15
	100	145	130	15
	150	125	95	20
	205	41	24	65
	260	28	18	75
	315	20	14	80
	370	14	11	85
2011-T3	25	380	295	15
	100	325	235	16
	150	195	130	25
	205	110	75	35
	260	45	26	45
	315	21	12	90
	370	16	10	125
2014-T6,T651	-195	580	495	14
	-80	510	450	13
	-30	495	425	13
	25	485	415	13
	100	435	395	15
	150	275	240	20
	205	110	90	38
	260	65	50	52
	315	45	34	65
	370	30	24	72
2017-T4,T451	-195	550	365	28
	-80	450	290	24
	-300	400	285	23
	25	425	275	22
	100	395	270	18
	150	275	205	15
	205	110	90	35
	260	60	50	45
	315	41	34	65
	370	30	24	70
2024-T3（薄板）	-195	585	425	18
	-80	505	360	17
	-30	495	350	17
	25	485	345	17
	100	455	330	16
	150	380	310	11
	205	185	140	23
	260	75	60	55
	315	50	41	75
	370	34	28	100
2024-T4,T351（厚板）	-195	580	420	19
	-30	475	325	19
	25	470	325	19
	100	435	310	19
	150	310	250	17
	205	180	130	27
	260	75	60	55
2014-T6,T651	315	50	41	75
	370	34	28	100
2024-T6,T651	-195	580	471	10
	-80	495	405	10
	-30	485	400	10
	25	475	395	10
	100	450	370	17
	150	310	250	27
	205	180	130	55
	260	75	60	75
	315	50	41	100
	370	34	28	
2024-T81,T851	-195	585	540	8
	-80	510	475	7
	-30	505	470	7
	25	485	450	7
	100	455	425	8
	150	380	340	11
	205	185	140	33
	260	75	60	55
	315	50	41	75
	370	34	28	100

续表

合金和状态	温度	抗拉强度/MPa		伸长率/%
	℃	强度极限	屈服极限	(50mm)
2024-T861	-195	635	585	5
	-80	560	530	5
	-30	540	510	5
	25	515	490	5
	100	485	460	6
	150	370	330	11
	205	145	115	28
	260	75	60	55
	315	50	41	75
	370	34	28	100
2117-T4	-195	382	230	30
	-80	310	170	29
	-30	305	165	28
	25	295	165	27
	100	250	145	16
	150	205	115	20
	205	110	85	35
	260	50	38	55
	315	32	23	80
	370	20	14	110
2219-T62	-195	505	340	16
	-80	435	305	13
	-30	415	290	12
	25	400	275	12
	100	370	255	14
	150	310	230	17
	205	235	170	20
	260	185	140	21
	315	70	55	40
	370	30	26	75
2219-T81，T851	-195	570	420	15
	-80	490	370	13
	-30	475	360	12
	25	455	345	12
	100	415	325	15
	150	340	275	17
	205	250	200	20
	260	200	160	21
	315	48	41	55
	370	30	26	75
2618-T61	-195	540	420	12
	-80	460	380	11
	-30	440	370	10
	25	440	370	10
	100	425	370	10
	150	345	305	14
	205	220	180	24
	260	90	60	50
	315	50	31	80
	370	34	24	120
3003-O	-195	230	60	46
	-80	140	50	42
	-30	115	45	41
	25	110	41	40
	100	90	38	43
	150	75	34	37
	205	60	30	60
	260	41	23	65
	315	28	17	70
	370	19	12	70
3003-H14	-195	240	170	30
	-80	165	150	18
	-30	150	145	16
	25	150	145	16
	100	145	130	16
	150	125	110	16
	205	95	60	20
	260	50	28	60
	315	28	17	70
	370	19	12	70
3003-H18	-195	285	230	23
	-80	220	200	11
	-30	205	195	10
	25	200	185	10
	100	180	145	10
	150	160	110	11
	205	95	60	18
	260	50	28	60
	315	28	17	70
	370	19	12	70
3004-O	-195	290	90	38
	-80	195	72	30
	-30	180	70	26
	25	180	70	25
	100	180	70	25
	150	150	70	35
	205	95	65	55
	260	70	50	70
	315	50	34	80
	370	34	21	90
3004-H34	-195	360	235	26
	-80	260	205	16
	-30	250	200	13
	25	240	200	12
	100	235	200	13
	150	195	170	22
	205	145	105	35
	260	95	50	55
	315	50	34	80
	370	34	21	90
3004-H38	-195	400	295	20
	-80	305	260	10
	-30	290	250	7
	25	285	250	6

续表

合金和状态	温度	抗拉强度/MPa		伸长率/% (50mm)
	℃	强度极限	屈服极限	
	100	275	250	7
	150	215	185	15
	205	150	105	30
	260	85	50	50
3004-H38	315	50	34	80
	370	34	21	90
4032T6	-195	455	330	11
	-80	400	315	10
	-30	385	315	9
	25	380	315	9
	100	345	305	9
	150	255	230	9
	205	90	60	30
	260	55	38	50
	315	34	22	70
	370	23	14	90
5050-O	-195	255	70	—
	-80	150	60	—
	-30	145	55	—
	25	145	55	—
	100	145	55	—
	150	130	55	—
	205	95	50	—
	260	60	41	—
	315	41	29	—
	370	27	18	—
5050-H34	-195	305	205	—
	-80	205	170	—
	-30	195	165	—
	25	195	165	—
	100	195	16	—
	150	170	150	—
	205	95	50	—
	260	60	41	—
	315	41	29	—
	370	27	18	—
5050-H38	-195	315	250	—
	-80	235	205	—
	-30	220	200	—
	25	220	200	—
	100	215	200	—
	150	185	170	—
	205	95	50	—
	260	60	41	—
	315	41	29	—
	370	27	18	—
5052-O	-195	305	110	46
	-80	200	90	35
	-30	195	90	32
	25	195	90	30
	100	195	90	36
	150	160	90	50
	205	115	75	60
	260	85	50	80
	315	50	38	110
	370	34	21	130
5052-H34	-195	380	250	28
	-80	275	220	21
	-30	260	215	18
	25	260	215	16
	100	260	215	18
	150	205	185	27
	205	165	105	45
	260	85	50	80
	315	50	38	110
	370	34	21	130
5052-H38	-195	415	305	25
	-80	305	260	18
	-30	290	255	15
	25	290	255	14
	100	275	250	16
	150	235	195	24
	205	170	105	45
	260	85	50	80
	315	50	38	110
	370	34	21	130
5083-O	-195	405	165	36
	-80	295	145	30
	-30	290	145	27
	25	290	145	25
	100	275	145	36
	150	215	130	50
	205	150	115	60
	260	115	75	80
	315	75	50	110
	370	41	29	130
5086-O	-195	380	130	46
	-80	270	115	35
	-30	260	115	32
	25	260	115	30
	100	260	115	36
	150	200	110	50
	205	150	105	60
	315	75	50	110
	370	41	29	130
5154-O	-195	360	130	46

续表

合金和状态	温度	抗拉强度/MPa		伸长率/% (50mm)
	℃	强度极限	屈服极限	
	-80	250	115	35
	-30	240	115	32
	25	240	115	30
	100	240	115	36
	150	200	110	50
	205	150	105	60
	260	115	75	80
	315	75	50	110
	370	41	29	130
5254-O	-195	360	130	46
	-80	250	115	35
	-30	240	115	32
	25	240	115	30
	100	240	115	36
	150	200	110	50
	205	150	105	60
	260	115	75	80
	315	75	50	110
	370	41	29	130
5454-O	-195	370	130	39
	-80	255	115	30
	-30	250	115	27
	25	250	115	25
	100	250	115	31
	150	200	110	50
	205	150	105	60
	260	115	75	80
	315	75	50	110
	370	41	29	130
5454-H32	-195	405	250	32
	-80	290	215	23
	-30	285	205	20
	25	275	205	18
	100	270	200	20
	150	220	180	37
	205	170	130	45
	260	115	75	80
	315	75	50	110
	370	41	29	130
5454-H34	-195	435	285	30
	-80	315	250	21
	-30	305	240	18
	25	305	240	16
	100	295	235	18
	150	235	195	32
	205	180	130	45
	260	115	75	80
	315	75	50	110
	370	41	29	130
5456-O	-195	425	180	32
	-80	315	160	25
	-30	310	160	22
	25	310	160	20
	100	290	150	31
	150	215	140	50
	205	150	115	60
	260	115	75	80
	315	75	50	110
	370	41	29	130
5652-O	-195	305	110	46
	-80	200	90	35
	-30	195	90	32
	25	195	90	30
	100	195	90	30
	150	160	90	50
	205	115	75	60
	260	85	50	80
	315	50	38	110
	370	34	21	130
5652-H34	-195	380	250	28
	-80	275	220	21
	-30	260	215	18
	25	260	215	16
	100	260	215	18
	150	205	185	27
	205	165	105	45
	260	85	50	80
	315	50	38	110
	370	34	21	130
5652-H38	-195	415	305	25
	-80	305	260	18
	-30	290	255	15
	25	290	255	14
	100	275	250	16
	150	235	195	24
	205	170	105	45
	260	85	50	80
	315	50	38	110
	370	34	21	130
6053-T6,T651	25	255	220	13
	100	220	195	13
	150	170	165	13
	205	90	85	25
	260	38	28	70
	315	28	19	80
	370	20	14	90
6061-T6,T651	-195	415	325	22
	-80	340	290	18
	-30	325	285	17
	25	310	275	17
	100	290	260	18
	150	235	215	20
	205	130	105	28
	260	50	34	60
	315	32	19	85

续表

合金和状态	温度 ℃	抗拉强度/MPa 强度极限	抗拉强度/MPa 屈服极限	伸长率/% (50mm)
	370	21	12	95
6063-T1	-195	235	110	44
	-80	180	105	36
	-30	165	95	34
	25	150	90	33
	100	150	95	20
	150	145	105	20
	205	60	45	40
	260	31	24	75
	315	22	17	80
	370	16	14	105
6063-T5	-195	255	165	28
	-80	200	150	24
	-30	195	150	23
	25	185	145	22
	100	165	140	18
	150	140	125	20
	205	60	45	40
	260	31	24	75
	315	22	17	80
	370	16	14	105
6063-T6	-195	325	250	24
	-80	260	230	20
	-30	250	220	19
	25	240	215	18
	100	215	195	15
	150	145	140	20
	205	60	45	40
	260	31	24	75
	315	23	17	80
	370	16	14	105
6101-T6	-195	295	230	24
	-80	250	205	20
	-30	235	200	19
	25	220	195	19
	100	195	170	20
	150	145	130	20
	205	70	48	40
	260	33	23	80
	315	21	16	100
	370	17	12	105
6151-T6	-195	395	345	20
	-80	345	315	17
	-30	340	310	17
	25	330	295	17
	100	295	275	17
	150	195	185	20
	205	95	85	30
	260	45	34	50
	315	34	27	43
	370	28	22	35
6262-T651	-195	415	325	22
	-80	340	290	18
	-30	325	285	17
	25	310	275	17
	100	290	260	18
	150	235	215	20
6262-T9	-195	510	460	14
	-80	425	400	10
	-30	415	385	10
	25	400	380	10
	100	365	360	10
	150	260	255	14
	205	105	90	34
	260	60	41	48
	315	32	19	85
	370	21	12	95
7075-T6，T651	-195	705	635	9
	-80	620	545	11
	-30	595	515	11
	25	570	505	11
	100	485	450	14
	150	215	185	30
	205	110	90	55
	260	75	60	65
	315	55	45	70
	370	41	32	70
7075-T73，T7351	-195	635	495	14
	-80	545	460	14
	-30	525	450	13
	25	505	435	13
	100	435	400	15
	150	215	185	30
	205	110	90	55
	260	75	60	65
	315	55	45	70
	370	41	32	70
7178-T6，T651	-195	730	650	5
	-80	650	580	8
	-30	625	560	9
	25	605	540	11
	100	505	470	14
	205	105	85	70
	260	75	60	76
	315	60	48	80
	370	45	38	80
7178-T76，T7651	-195	730	615	10
	-80	625	540	10
	-30	605	525	10
	25	570	505	11
	100	475	440	17
	150	215	185	40
	205	105	85	70
	260	75	60	76
	315	60	48	80
	370	45	38	80

4.3.3 铝及铝合金的物理性能

表 4-74 铝及铝合金的物理性能

合金代号	平均线胀系数①	熔化范围②③近似值	状态	热导率(25℃)	电导率(20℃)国际退火铜标准的百分数		电阻系数
	(20～100℃) $10^{-6}K^{-1}$	℃		W/(m·K)	等体积	等重量	Ω·mm²/m
1060	23.6	645～655	O	234	62	204	0.028
			H18	230	61	201	0.028
1100	23.6	640～655	O	222	59	194	0.029
			H18	218	57	187	0.030
1350	23.8	645～655	全部	234	62	204	0.028
2011	22.9	540～645⑤	T3	151	39	123	0.044
			T8	172	45	142	0.038
2014	23.0	505～635④	O	193	50	159	0.034
			T4	134	34	108	0.051
			T6	155	40	127	0.043
2017	23.6	510～640④	O	193	50	159	0.034
			T4	134	34	108	0.051
2018	22.3	505～640⑤	T61	155	40	127	0.043
2024	23.2	500～635④	O	193	50	160	0.034
			T3,4,T361	121	30	96	0.057
			T6,T81,T861	151	38	122	0.045
2025	22.7	520～640④	T6	155	40	125	0.043
2036	23.4	555～650⑤	T4	159	41	135	0.042
2117	23.8	550～650⑤	T4	155	40	130	0.043
2218	22.3	505～635④	T72	155	40	126	0.043
2219	22.3	545～645④	O	172	44	138	0.039
			T31T37	113	28	88	0.062
			T62,T81,T87	121	30	94	0.057
2618	22.3	550～640	T6	146	37	120	0.047
3003	23.2	640～655	O	193	50	163	0.034
			H12	163	42	137	0.041
			H14	159	41	134	0.042
			H18	155	40	130	0.043
3004	23.9	630～655	全部	163	42	137	0.041
3105	23.6	635～655	全部	172	45	148	0.038
4032	19.4	530～570④	O	155	40	132	0.043
			T6	138	35	116	0.049
4043	22.0	575～630	O	163	42	140	0.041
4045	21.1	575～600	全部	171	45	151	0.038
4343	21.6	575～615	全部	180	47	158	0.037
5005	23.8	630～655	全部	201	52	172	0.033
5050	23.8	625～650	全部	193	50	165	0.034
5052	23.8	605～650	全部	138	35	116	0.049
5056	24.1	565～640	O	117	29	98	0.059
			H38	109	27	91	0.064
5083	23.8	580～640	O	117	29	98	0.059
5086	23.8	585～640	全部	126	31	104	0.056
5154	23.9	590～645	全部	126	32	107	0.054
5252	23.8	605～650	全部	138	35	116	0.049
5254	23.9	590～645	全部	126	32	107	0.064
5356	24.1	575～635	O	117	29	98	0.059

续表

合金代号	平均线胀系数[①] (20～100℃) $10^{-6}K^{-1}$	熔化范围[②③]近似值 ℃	状态	热导率(25℃) W/(m·K)	电导率(20℃)国际退火铜标准的百分数 等体积	等重量	电阻系数 Ω·mm²/m
5454	23.6	600～645	O	134	34	113	0.061
			H38	134	34	113	0.051
5456	23.9	570～640	O	117	29	98	0.059
5457	23.8	630～655	全部	176	46	153	0.037
5652	23.8	605～650	全部	138	35	116	0.049
5657	23.8	635～655	全部	205	54	180	0.032
6005	23.6	605～655[⑤]	T5	188	49	161	0.034
			T1	180	47	155	0.036
6053	23.0	575～650[⑤]	O	172	45	148	0.038
			T4	155	40	132	0.043
			T6	167	42	139	0.041
6061	23.6	580～650[⑤]	O	180	47	155	0.037
			T4	155	40	132	0.043
			T6	167	43	142	0.040
6063	23.4	615～655	O	218	58	191	0.030
			T1	193	50	165	0.034
			T5	209	55	181	0.031
			T6,T83	201	53	175	0.033
6066	23.2	560～645[④]	O	155	40	132	0.043
			T6	146	37	122	0.047
6070	—		T6	172	44	145	0.039
6101	23.4	565～650[④]	T6	218	57	188	0.030
		620～655	T61	222	59	194	0.029
			T63	218	58	191	0.030
			T64	226	60	198	0.029
			T65	218	58	191	0.030
6105	23.9	620～655	T1	176	46	151	0.038
6151	23.2	590～650[⑤]	O	205	54	178	0.032
			T4	163	42	138	0.041
			T6	172	45	148	0.038
6201	23.4	610～655[⑤]	T81	205	54	180	0.032
6253	—	580～650	—	—	—	—	—
6262	23.4	580～650[⑤]	T9	172	44	145	0.039
6305	23.4	555～650	T6	176	46	151	0.038
6463	23.4	615～655[⑤]	T1	193	50	165	0.034
			T5	209	55	181	0.031
			T6	201	53	175	0.033
6951	23.4	615～655	O	213	56	186	0.031
			T6	197	52	172	0.033
7049	23.4	475～635	T73	154	40	132	0.043
7050	24.1	490～630	T74	157	41	135	0.0415
7001	23.4	475～625[④]	T6	126	31	98	0.056
7072	23.6	640～655	O	122	59	193	0.029
7075	23.6	475～635[⑥]	T6	130	33	105	0.052
7178	23.4	475～630[⑥]	T6	125	31	98	0.056
8017	23.6	645～655	H12,H22		59	193	0.030
			H212		61	200	0.028
8030	23.6	645～655	H221	230	61	201	0.028
8176	23.6	645～655	H24	230	61	201	0.028

注：①线胀系数是用 10^{-6} 相乘，例如：$23.4\times10^{-6}=0.0000236$；②所列的熔化范围适用于 6mm 厚或硬厚的变形产品；③根据所列合金的典型成分确定；④通过均匀化处理不会消除共晶熔化；⑤通过均匀化处理完全消除共晶熔化；⑥均匀化处理可将共晶熔化温度提高 10～20℃，但通常不消除共晶熔化。

表 4-75 铝合金的典型热处理规范

合金代号	产品	固溶热处理②		沉淀热处理		
		金属温度③/℃	状态名称	金属温度③/℃	大致的加热时间④/h	状态名称
2011	轧制或冷加工精制圆棒，异形棒	505～530	T3⑤	155～165	14	T8⑤
			T4	—	—	—
			T451⑥	—	—	
	平薄板	456～505	T3③	155～165	18	T6
			T42	155～165	18	T62
	卷板	495～505	T4	155～165	18	T6
			T42	155～16	18	T62
	厚板	495～505	T42	155～165	18	T62
			T421⑥	155～165	18	T651⑥
2014⑦	轧制或冷加工精制线材，圆棒，异形棒	495～505	T4	155～165⑧	18	T6
			T42	155～165⑧	18	T62
			T451⑥	155～165⑧	18	T651⑥
	挤压圆棒，异形棒，型材，管材	459～505	T4	155～165⑧	18	T6
			T42	155～165⑧	18	T62
			T4510⑥	155～165⑧	18	T6510⑥
			T4511⑥	155～165⑧	18	T6511⑥
	拉伸管	495～505	T4	155～165	18	T6
			T42	155	165	18
	模锻件	495～505⑨	T4	165～175	10	T6
	自由锻件和轧制环	495～505⑨	T4	165～175	10	T6
			T452⑩	165～175	10	T65⑩
2017	轧制或冷加工精制线材，圆棒，异形棒	495～510	T4	—	—	—
			T42	—	—	—
			T451⑥	—	—	—
2018	模锻件	505～520⑪	T4	165～175	10	T61
2024⑦	平薄板	485～498	T3⑤	185～195	12	T81⑤
			T361⑤	185～195	8	T861⑤
		485～498	T42	185～195	9	T62
			—	185～195	16	T72
	卷板	485～498	T4	—	—	—
			T42	185～195	9	T62
			—	185～195	16	T72
	厚板	485～498	T361⑥	185～195	12	T851⑥
			T361⑥	185～195	8	T861
			T42	185～195	8	T62
	轧制或冷加工精制线材圆棒，异形棒	485～498	T4	185～195	12	T6
			T351⑥	185～195	12	T851⑦
			T36⑤	185～195	8	T86⑤
			T42	185～195	16	T62
	挤压圆棒，异形棒，型材，管材	485～198	T3	185～195	12	T81
			T3510⑥	185～195	12	T8510⑥
			T3511⑥	185～195	12	T8511⑥
			T42	185～195	16	T62
2024	拉伸管	485～498	T3⑤	—	—	—
			T42	—	—	—
2025	模锻件	515～520	T4	165～175	10	T6
2036	薄板	495～505	T4	—	—	—

续表

合金代号	产品	固溶热处理[2]		沉淀热处理		
		金属温度[3] /℃	状态名称	金属温度[3] /℃	大致的加热时间[4] / h	状态名称
2117	轧制或冷加工精制线材,圆棒	495～510	T4	—	—	—
			T42	—	—	—
2218	模锻件	505～515[11]	T4	165～175	10	T61
		505～515[12]	T41	230～240	6	T72
2219[7]	平薄板	530～540	T31[5]	170～180	18	T81[5]
			T37[5]	160～170	24	T87[5]
			T42	185～195	36	T62
	厚板	530～540	T21[5]	170～180	18	T81[5]
			T37[5]	170～180	18	T87[5]
			T351[6]	170～180	18	T851[6]
			T42	185～195	36	T62
	轧制或冷加工精制线才,圆棒,异形棒	530～540	T351[6]	185～195	18	T851[6]
	挤压圆棒,异形棒,型材,管材	530～540	T31[5]	185～195	18	T81[5]
			T3510[6]	185～195	18	T8510[6]
			T3511[6]	185～195	18	T8511[6]
			T42	185～195	36	T62
	模锻件和轧制环	530～540	T4	185～195	26	T6
	自由锻件	530～540	T4	185～195	26	T6
			T352[10]	170～180	18	T852[10]
2618	锻件和轧制环	520～535[11]	T4	195～205	20	T61
4032	模铸件	505～520[9]	T4	165～175	10	T6
6005	挤压圆棒,异形棒,型材,管材	525～535[15]	T1	170～180	8	T5
6053	模锻件	525～535	T4	165～175	10	T6
6061[7]	薄板	515～550	T4	155～165	18	T6
			T42	155～165	18	T62
	厚板	515～550	T4[21]	155～165	18	T6[21]
			T42	155～165	18	T62
			T451[6]	155～165	18	T651[6]
	轧制或冷加工精制线材,圆棒,异形棒	515～550	T4	155～165[13]	18	T6
				155～165[13]	18	T89[5]
				155～165[13]	18	T93[14]
				155～165[13]	18	T913[14]
				155～165[13]	18	T94[14]
			T42	155～165[13]	18	T62
	挤压圆棒,异形棒,型材,管材		T4[6]	139～180[13]	18	T651[6]
		515～550[15]	T4510[6]	170～180	8	T6510[6]
			T4511[6]	170～180	8	T6511[6]
		515～550	T42	170～180	8	T62
	拉伸管	515～550	T4	155～165[13]	18	T6
			T42	155～165[13]	18	T62
	模锻件和自由锻件	515～550	T4	170～180	8	T6
	轧制环	515～550	t4	170～180	8	T6
			T452[10]	170～180	8	T652[10]

续表

合金代号	产品	固溶热处理②		沉淀热处理		
		金属温度③/℃	状态名称	金属温度③/℃	大致的加热时间④/h	状态名称
6063	挤压圆棒,异形棒,型材,管材	⑩	T1	170～185⑯	3	T5
		515～525⑮	T4	170～180⑰	8	T6
		515～525	T42	170～180⑱	8	T62
	拉伸管	515～525	T4	170～180	8	T6
				170～180	8	T835⑤⑮
				170～180	8	T8315⑤⑮
				170～180	8	T8325⑤⑮
			T42	170～180	8	T62
6066	挤压圆棒,异形棒,型材,管材	515～540	T4	170～180	8	T6
			T42	170～180	8	T62
			T4510⑥	170～180	8	T6510⑥
			T4511	170～180	8	T6511⑥
	拉伸管	515～540	T4	170～180	8	T6
			T42	170～180	8	T62
6066	模锻件	515～540	T4	170～180	8	T6
6070	挤压圆棒,异形棒,型材,管材	540～550⑤	T4	155～165	18	T6
			T42	155～165	18	T62
	模锻件	510～525	T4	165～175	10	T6
6051	轧制环	510～525	T4	165～175	10	T6
			T452⑩	165～175	10	T652⑩
6252	轧制或冷加工精制线材,圆棒,异形棒	520～565	T4	165·175	8	T6
			—	165～175	12	T9⑭
			T451⑥	165～175	8	T651⑥
			T42	165～175	8	T62
	挤压圆棒,异形棒,型材,管材	520～540⑮	T4	170～180	12	T6
			T4510⑥	170～180	12	T6510⑥
			T4511⑥	170～180	12	T6511⑥
		520～540	T42	170～180	12	T62
	拉伸管	525～565	T4	165·175	8	T6
			—	165～175	8	T9⑭
			T42	165～175	8	T62
6463	挤压圆棒,异形棒,型材,管材	⑮	T1	175～185⑯	3	T5
		515～525⑮	T4	170～180⑰	8	T6
		515～525	T42	170～180⑰	8	T62
6951	薄板	520～535	T4	155～165	18	T6
			T42	155～165	18	T62
7001	挤压圆棒,异形棒,型材,管材	460～470	W	115～125	24	T6
			—	115～125	24	T62
			W510⑥	115～125	24	T6510⑥
			W511⑥	115～125	24	T6511⑥
7005	挤压圆棒,异型棒,型材	—	—	—	—	T53㉒
7075⑦	薄板					T6
		460～475㉓	W	115～128⑱	24	T62
				㉘	㉘	T76⑰
				⑳㉔	⑳㉔	T73⑰
	厚板		W	115～125⑱	24	T62
		460～472㉓	W51⑥	⑳㉔	⑳㉔	T7351⑥㉗
				115～125⑱	24	T651⑥
				㉖	㉘	T7651㉑

续表

合金代号	产品	固溶热处理[2]		沉淀热处理		
		金属温度[3] / ℃	状态名称	金属温度[3] / ℃	大致的加热时间[4] / h	状态名称
7075[7]	轧制或冷加工精制线材，圆棒，异形棒	460～475[23]	W	115～125	24	T6
						T62
				⑳㉔	⑳㉔	T73[27]
			W51[6]	115～125	24	T651[6]
				20㉔	20㉔	T7651[7,27]
	挤压圆棒，异形棒，型材，管材	460～470	W	115～125[19]	24	T6
						T62
				⑳㉔	⑳㉔	T73[27]
				㉓	㉓	T76[27]
			W510[6]	115～125[19]	24	T6510[6]
				⑳㉔	⑳㉔	T73510 ⑥㉗
				㉓	㉓	T76510[27]
			W511[6]	115～125[19]	24	T6511[6]
				⑳㉔	⑳㉔	T73511
				㉓	㉓	⑥㉗
						T76511㉑
	拉伸管	460～470	W	115～125	24	T6
						T62
				⑳㉔	⑳㉔	T7352[10,27]
	模锻件	460～475[9]	W	115～125	24	T6
				⑳	⑳	T73[17]
			W52[10]	⑳	⑳	T7352[10,27]
	自由锻件	460～475[9]	W	115～125	24	T6
				⑳	⑳	T73[17]
			W52[10]	115～125	24	T652[10]
				⑳	⑳	T7352[10,27]
	轧制环	460～475	W	115～125	24	T6
7178[6,7]	薄板	460～495	W	115～125	24	T6
						T62
					㉕	㉕
	厚板	460～485	W	115～125	24	T6
					25	T62
				115～125	24	T651[6]
			W51[6]	W51[6]	㉕	T7651[6,27]
	挤压圆棒，异形棒，型材，管材	460～470	W	115～125	24	T6
				115～125	24	T62
				㉖	㉖	T76[27]
			W51[6]	115～125	24	T6510[6]
			W511[6]	115～125	24	T6510[6]
			W510[6]	㉖	㉖	T76510[27]
			W511[6]	㉖	㉖	T76511[27]

注：①所列时间和温度是各种类型、各种规格和用各种制造方法生产出的产品的典型时间和温度，不完全是指一种具体产品的最佳处理制度；

②从炉内取出材料之后，应尽量缩短停留时间，尽快在固溶热处理温度下进行淬火。除非另有说明，否则在将材料完全浸入水中淬火时，水温应是室温。在淬火过程中，应使水适当冷却，保持在35℃以下。对某些材料采用几股高速、高容量冷水也很有效；

③应尽快达到金属温度。凡是所列温度超过了10℃的地方，在加热时间的持续过程中，在所列温度范围内，应选

择和保持10℃温度范围；

④加热时间由炉料达到加热温度时所需的时间决定。所列的加热时间是根据用均热时间迅速而确定的，均热时间是从炉料达到所选或所列的10℃温度范围时的时间中测出来的；

⑤为获得这种状态的规定性能，在固熔热处理后和任何沉淀热处理之前，必须进行冷加工；

⑥在固熔热处理后和任何沉淀热处理之前，通过拉伸消除应力，产生一定量永久变形；

⑦这些热处理也适用于这些合金的包铝薄板和厚板；

⑧也可用在170～180℃下加热8h的处理代替；

⑨固熔热处理后在60～80℃水中淬火；

⑩固熔热处理后和沉淀热处理前，用1%～5%冷压缩量消除应力；

⑪固溶处理后，在100℃水中淬火；

⑫固溶处理后，在室温下鼓风淬火；

⑬也可用在165～175℃加热8h的处理来代替；

⑭为获得这种状态的规定性能，沉淀热处理后，必须进行冷加工；

⑮适当控制挤压温度，产品可在挤压机上直接淬火，以获得这种状态的规定性能。某些产品可在室温下鼓风适当淬火；

⑯也可用在200～210℃加热1～2h的处理来代替；

⑰也可用在175～185℃加热6h的处理来代替；

⑱也可用在90～105℃加热4h，随后在155～165℃加热8h的两级处理来代替；

⑲也可用在90～100℃加热5h，随后在115～125℃加热4h，接着在145～155℃加热4h的三级处理来代替；

⑳采用两级处理，即先在100～110℃加热6～8h，然后进行下述第二级处理：

a)薄板和厚板：在160～170℃加热24～30h；

b)轧制或冷加工精制圆棒和异形棒：在170～180℃加热8～10h；

c)挤压件和管材：在170～180℃加热6～8h；

d)锻件(T73状态)：在170～180℃加热8～10h；锻件(T7352状态)：在170～180℃加热6～8h；

㉑只适用于花纹板；

㉒不进行固溶处理，在室温下搁置72h，随后进行加压淬火，接着进行两级沉淀处理，即在100～110℃加热8h和在145～155℃加热16h；

㉓为了获得最佳均匀性，有时可采用高达498℃的热处理温度；

㉔对于薄板、厚板、管材和挤压件，也可用两级处理来代替，即：先在100～110℃加热6～8h，随后以15℃/h加热速度，在165～175℃加热14～18h进行第二级处理。对于轧制或冷加工精制的圆棒和异形棒，可用在170～180℃加热10h的处理代替；

㉕采用两级处理：先在115～125℃加热3～5h，随后在160～170℃加热15～18h；

㉖采用两级处理：先在115～125℃加热3～5h，随后在155～165℃加热18～21h；

㉗铝合金7075和7178由任何状态时效到T73状态(只适用于7075合金)或T76状态系列时，对给定的任何产品的时效处理变量(如时间、温度、加热速度等)的要求都比一般要求严格一些。除此之外，将T6状态系统的材料时且其具体条件会影响再次时效材料符合对T73和T76状态系列所规定的要求的能力；

㉘时效方法随产品、规格、生能、装料方法、炉子控制能力的变化而异。只有在具体条件下，对产品进行实际的试处理，才能确定一种具体产品的最佳处理方法。挤压件的典型处理方法是两级处理法，即：先在115～125℃加热3～30h，随后在160～170℃加热15～18h。也可用两级处理来代替，即：先在95～105℃加热8h，随后在160～170℃加热24～28h。

表 4-76　　美国铝合金加工产品的典型退火处理规范

合　金	金属温度/ ℃	大致的加热时间/ h	状态名称
1060	345	①	O
1100	345	①	O
1350	345	①	O
2014	415②	2～3	O
2017	415②	2～3	O
2024	415②	2～3	O
2036	385②	2～3	O
2117	415②	2～3	O
2219	415②	2～3	O
3003	415	①	O
3004	345	①	O
3105	345	①	O
5005	345	①	O
5050	345	①	O
5052	345	①	O
5056	345	①	O
5083	345	①	O
5086	345	①	O
5154	345	①	O
5254	345	①	O
5456	345	①	O
5457	345	①	O
5652	345	①	O
6005	345	①	O
6053	415②	2～3	O
6061	415②	2～3	O
6063	415②	2～3	O
6066	415②	2～3	O
7001	415②	2～3	O
7075	415③	2～3	O
7178	415③	2～3	O
钎焊板：	415③	2～3	O
N_Q11 和 12	345	①	O
N_Q21 和 22	345	①	O
N_Q23 和 24	345	①	O

注：①炉内时间不必长于使各部分炉料达到退火温度时所需的时间。冷却速度无关紧要；

②用这些处理来消除固溶热处理的影响，它们包括以每小时 30℃左右的冷却速度从退火温度冷却到 260℃。此后的冷却速度无关紧要。在 345℃进行处理后，不控制冷却速度，这样可消除冷加工的影响或部分消除热处理的影响；

③用这种处理来消除固溶热处理的影响，它包括以不控制的速度冷却到 205℃或 205℃以下，随后再加热 4h 达到 230℃或在 345℃进行处理后，不控制冷却速度，这样可消除加工的影响或部分消除热处理的影响。

4.3.4 铝及铝合金的特性及用途

表 4-77 铝及铝合金的特性及用途

合金代号	主要特性及作用
1060	耐蚀性、可焊性能良好，机械切削加工性能差。冲压性能好。适合于制造化学设备、铁道油罐车
1050 1070 1078	强度低，但导电率、导热率、光反射率高，耐蚀性优良。适用于制造反射板、装饰板、装饰品标牌、照明器具，化学工业用的油压罐和部件
1100 1200	强度较低，但延展性、成型性、焊接性、耐蚀性优良。适于做一般器具、建筑材料、各种容器、印刷版、标牌等
1350	耐蚀性、焊接性能良好。机械加工性能差。适于做电导体
2011	耐蚀性稍差，中等强度，焊接性差，切削性能非常好。适于制造光学机械部件、机械螺栓制品、电位器等
2014	耐蚀性不好，但强度高，热加工性较好，电阻点焊接性良好。适用于制造飞机结构件和卡车车架等零件
2017	耐蚀性差，气焊性差，机械加工性较好。适合加工切丝机产品、配件
2018	机械加工性能较好。适合于加工飞机发动机气缸、盖、活塞
2117	耐蚀性较差，电弧焊、点焊性能较好。适合做铆钉
2218	该合金耐蚀性差，机加工性较好，气焊性差。适合加工喷气发动机叶轮和环
2024	耐蚀性和可钎焊性差。机加工性能较好。适合加工卡车车轮、切丝机产品、飞机结构件
2025	锻造性能良好、强度高。可制造飞机螺旋桨
2N01	强度高，适用制造飞机发动机零件
2036	耐蚀性较差，可塑性好。适用于加工汽车车身壁板
2219	耐蚀性差，机械加工性能好。钎焊性差，易于电弧焊和点焊。适用于在高温 315℃下工作的结构件高强度焊接件
2618	耐蚀性、钎焊性、气焊性能较差，机械加工性好，适合于制造飞机发动机部件
3003 3203	强度比 1100 合金高，成型性、焊接性良好，耐蚀性能好。制造一般器具、建筑材料、车辆材料、船舶材料以及各种容器
3004	耐蚀性、电弧焊接性能优良。可塑性好，适合制造金属板配件和贮罐
3105	耐腐蚀性能良好，可塑性加工性能较好，气焊、电弧焊性能尚好。适合于制造住宅壁板、简易房屋、金属板配件
4032	热线胀系数大，高温强度高，高温耐蚀性良好。加工锻造活塞
5005	具有和 3003 挖相等的强度，其他与 1100 相似，阳极化处理后表面很美观，可代 3003。做建筑材料、车辆用材、炊具、一般器具等
5050	耐蚀性、焊接性均优良，机械加工性能一般。可用以加工建筑物的小五金、制冷器的装潢、盘管
5052	具有中等强度。成型性、焊接性都好，耐蚀性良好，特别是耐海水腐蚀性良好。适用于船舶零件、建筑零件、光学机械部件以及各种容器
5154	强度介于 5052 与 5063 之间。耐蚀性、焊接性、加工性能均良好。是加工船舶零件、压力容器、车辆等部件的好材料
5056	在不可热处理合金中强度良好，耐蚀性、切削性良好。阳极化处理后表面美观。可加工成光学机械部件、船舶部件及导线线夹等
5083 5086	在不可热处理合金中强度较好，耐蚀性、切削性能良好。阳极化后表面美观。电弧焊性能良好。可制造焊接的防火压力容器、船舶、汽车、飞机。低温试验站用的材料、电视塔、钻井设备、运输设备、导弹零件

续表

合金代号	主要特性及作用
5N01	可经化学抛光和电解抛光。经阳极化处理后表面光亮,比得上镀 Cr 和不锈钢。制作高级器具、装饰品、标牌、汽车装饰部件、光反射板等
5N02	耐蚀性良好,冷加工性良好,适合做铆钉
5252	耐蚀性良好,冷加工性良好,焊接性质好,可制造汽车及其他器件的装饰板
5254	耐蚀性、电弧焊接性均良好。用于制造过氧化氢和化学贮存容器
5454	耐蚀性、电弧焊接性均良好。机械加工性差,适于加工焊接构件、压力容器、船舶设施
5456	耐蚀性、电弧焊接性均良好。适用于高强度焊接构件。贮箱、压力容器、船舶上适用
5457	耐蚀性、可塑性,气焊、电弧焊性能均好
5652	耐蚀性、焊接性优等,制造化学贮存容器
5657	耐蚀性、焊接性优良,制造阳极化处理的汽车和器具的装饰板
6053	耐蚀性、焊接性优等。制造铆钉用
6063	耐蚀性、焊接性能均优等。冷加工性较好。适用于建筑用挤压件
6066	耐蚀性较差,焊接性能较好。适用于焊接构件用锻件和挤压件
6070	耐蚀性较好,焊接性良好。可用以制造大型焊接构件、导管
6151	耐蚀性、锻造性能良好。强度比 6061 稍高。适于制造机器和汽车零件用的中等强度复杂锻件、增压机叶轮
6061	耐蚀性好,可作中等强度的一般结构材料。T6 状态材料的屈服强度比软钢或一般钢高。作为热处理合金冷加工性良好。适合于车辆、建筑、船舶、机械部件、光学机械部件等使用
6101	耐蚀性、焊接性均良好,用于加工高强度母线导体
6201	耐蚀性、焊接性均优良,适用制造高强度电导线
6262	耐蚀性较好,机加性能较好,焊接性优良,可制造切丝机产品
6463	耐蚀性、焊接性良好,可制造建筑和装潢用挤压型材
7001	耐蚀性较差,焊接性亦差,可加工高强度构件
7050	强度、韧性、抗力腐蚀裂纹性能均优良的新合金适用于飞机部件及调整旋转体
7050	强度比 6061 高。耐蚀性好。挤压加工性良好,复杂断面挤压型材容易。阳极化处理后表面美观,属超硬铝。具有比 2024 合金还高的强度,在现有铝合金中强度最高。适用于飞机和其他构件
7N01	是所谓 Al-Zn-Mg 系三元合金。焊接性、耐蚀性、成型性较好。可利用高温时效性,使焊接后软化的部分自然地回复到原基体材料强度。是加工车辆部件、结构部件,特别是焊接结构件的好材料
7175	强度、韧性、抗应力腐蚀裂纹性能均优良的新合金,适用于加工飞机部件

表 4-78 铝合金砂型铸件的力学性能(ASTM B26/B26M—2011)

合金代号①		热处理状态	抗拉强度/MPa(不小于)	屈服强度 $R_{p0.2}$/MPa(不小于)	伸长率/%(不小于)	布氏硬度(500kgf,10mm)
ANSI	UNS					
201.0	A02010	T7	415	345	3.0	—
204.0	A02040	T4	310	195	6.0	—
242.0	A02420	O	160			70
		T61	220	140		105
A242.0	A12420	T75	200		1.0	75
295.0	A02950	T4	200	90	6.0	60
		T6	220	140	3.0	75
		T62	250	195		95
		T7	200	110	3.0	70
319.0	A03190	F	160	90	1.5	70
		T5	170			80
		T6	215	140	1.5	80
328.0	A03280	F	170	95	1.0	60
		T6	235	145	1.0	80
355.0	A03550	T6	220	140	2.0	80
		T51	170	125		65
		T71	205	150		75
C355.0	A33550	T6	250	170	2.5	—
356.0	A03560	F	130	65	2.0	55
		T6	205	140	3.0	70
		T7	215			75
		T51	160	110		60
		T71	170	125	3.0	60
A356.0	A13560	T6	235	165	3.5	80
		T61	245	180	1.0	—
443.0	A04430	F	115	50	3.0	40
B443.0	A24430	F	115	40	3.0	40
512.0	A05120	F	115	70	—	50
514.0	A05140	F	150	60	6.0	50
520.0	A05200	T4	290	150	12.0	75
535.0	A05350	F	240	125	9.0	70
705.0	A07050	T5	205	115	5.0	65

续表

合金代号①		热处理状态	抗拉强度/MPa(不小于)	屈服强度 $R_{p0.2}$/MPa(不小于)	伸长率/%(不小于)	布氏硬度(500kgf,10mm)
ANSI	UNS					
707.0	A07070	T7	255	205	1.0	80
710.0	A07100	T5	220	140	2.0	75
712.0	A07120	T5	235	170	4.0	75
713.0	A07130	T5	220	150	3.0	75
771.0	A07710	T5	290	260	1.5	100
		T51	220	185	3.0	85
		T52	250	205	1.5	85
		T6	290	240	5.0	90
		T71	330	310	3.0	120
850.0	A08500	T5	110		5.0	45
851.0	A08510	T5	115		3.0	45
852.0	A08520	T5	165	105		60

注:1. 为了鉴别抗拉强度和屈服点是否符合本标准要求,其每个数据都要四舍五入到 0.1ksi(MPa),每一个拉伸数据都四舍五入到 0.5%,这两种数据都符合推荐范例 E29 中的四舍五入方法。

①美国 ASTM 合金标号在推荐范例 B275 中标明,H710.0 原为 A712.0;712.0 原为 D712.0;851.0 原为 A850.0;852.0 原为 B850.0。

回火标号:F——原始供货状态,O——退火,T1——加温成形冷却后自然时效至稳定状态,T4——固溶处理和自然时效至基本稳定状态,T5——由高温成形过程冷却下来,然后进行人工时效,T6——固溶处理和人工时效,T7——固溶处理后和消除应力。

2. 表中所有的法定计量单位数据均为原标准给出数据。

表 4-79　　铝合金硬(永久)模铸件的力学性能(ASTM B108/B108M—2011)

合金代号①		热处理状态	抗拉强度/MPa(不小于)	屈服强度 $R_{p0.2}$/MPa(不小于)	伸长率/%(不小于)	布氏硬度(500kgf,10mm)
ANSI	UNS					
204.0	A02040	T4 单个铸造试样	330	200	7.0	—
242.0	A02420	T571	235	—		105
		T61	275	—		110
296.0	A02960	T4	230	105	4.5	75
		T6	240	—	2.0	90
		T7	230	110	3.0	—
308.0	A03080	F	165	—	—	70
319.0	A03190	F	185	95	2.5	95
332.0	A03320	T5	215	—		105
333.0	A03330	F	195	—		90
		T5	205	—		100
		T6	240	—		105
		T7	215	—		90

续表

合金代号[①] ANSI	UNS	热处理状态	抗拉强度/MPa(不小于)	屈服强度 $R_{p0.2}$/MPa(不小于)	伸长率/%(不小于)	布氏硬度(500kgf,10mm)
336.0	A03360	T551	215	—		105
		T65	275	—		125
354.0	A03540	T61				
		单个铸造试样	330	255	3.0	
		指定截面铸件	325	250	3.0	
		无指定位置铸件	295	230	2.0	
		T62				
		单个铸造试样	360	290	2.0	
		指定截面铸件	345	290	2.0	
		无指定位置铸件	295	230	2.0	
355.0	A03550	T51	185	—		75
		T62	290	—		105
		T7	250	—		90
		T71	235	185		80
C355.0	A33550	T61				
		单个铸造试样	275	205	3.0	85～90
		指定截面铸件	275	205	3.0	
		无指定位置铸件	255	205	1.0	85
356.0	A03560	F	145	70	3.0	
		T6	230	150	3.0	85
		T71	170	—	3.0	70
A356.0	A13560	T61				
		单个铸造试样	260	180	4.0	80～90
		指定截面铸件	230	180	4.0	
		无指定位置铸件	195	180	3.0	
357.0		T6	310	—	3.0	
A357.0	A13570	T61				
		单个铸造试样	310	250	3.0	100
		指定截面铸件	315	250	3.0	—
		无指定位置铸件	285	215	3.0	—
E357.0		T61				
		单个铸造试样	310	250	3.0	100
		指定截面铸件	315	250	3.0	
		无指定位置铸件	285	215	3.0	

续表

合金代号①		热处理状态	抗拉强度/MPa(不小于)	屈服强度 $R_{p0.2}$/MPa(不小于)	伸长率/%(不小于)	布氏硬度(500kgf,10mm)
ANSI	UNS					
E357.0		T6	310		3.0	
359.0	A03590	T61				
		单个铸造试样	310	235	4.0	90
		指定截面铸件	310	235	4.0	
		无指定位置铸件	275	205	3.0	
		T62				
		单个铸造试样	325	260	3.0	100
		指定截面铸件	325	260	3.0	
		无指定位置铸件	275	205	3.0	
443.0	A04430	F	145	50	2.0	45
B443.0	A24430	F	145	40	2.5	45
A444.0	A14440	T4				
		单个铸造试样	140	—	18.0	—
		指定截面铸件	140	—	18.0	—
513.0	A05130	F	150	80	2.5	60
535.0	A05350	F	240	125	7.0	—
705.0	A07050	T1 或 T5	255	115	9.0	
707.0	A07070	T1	290	170	4.0	
		T7	310	240	3.0	
711.0	A07110	T1	195	125	6.0	70
713.0	A07130	T1 或 T5	220	150	4.0	
850.0	A08500	T5	125	—	7.0	
851.0	A08510	T5	115	—	3.0	
		T6	125	—	7.0	
852.0	A08520	T5	185	—	3.0	

注：表中所有的法定计量单位数据均为原标准给出数据。

表 4-80 铝合金压模铸件的力学性能(ASTM B 85—2003)

合金牌号			抗拉强度/MPa(ksi)不小于	屈服强度 $\sigma_{0.2}$/MPa(ksi)不小于	伸长率/%不小于	疲劳强度 5×10^{8} 周期/MPa(ksi)	
ANSI	ASTM	UNS				最大	最小
360.0	SG100B	A03600	300(44)	170(24)	2.5	190(28)	140(20)
A360.0	SG100A	A13600	320(46)	170(24)	3.5	180(26)	120(18)
380.0	SC84B	A03800	320(46)	160(23)	2.5	190(28)	140(20)
A380.0	SC84A	A13800	320(47)	160(23)	3.5	190(27)	140(20)
383.0	SC102A	A03830	310(45)	150(22)	3.5	—	—
384.0	SC114A	A03840	330(48)	170(24)	2.5	200(29)	140(20)
390.0	SC174A	A03900	280(40.5)	240(35.0)	<1	—	—
B390.0	SC174B	A23900	320(46.5)	250(36.0)	<1	—	—
392.0	S19	A03920	290(42.0)	270(39.0)	<1	—	—
413.0	S12B	A04130	300(43)	140(21)	2.5	170(25)	130(19)
A413.0	S12A	A14130	290(42)	130(19)	3.5	170(25)	130(19)
C443.0	S5C	A34430	230(33)	100(14)	9.0	130(19)	120(17)
518.0	G8A	A05180	310(45)	190(28)	5	200(29)	140(20)

注:表中所有的法定计量单位数据均为原标准给出数据。

表 4-81 优质铝合金铸件和高温铝铸造合金的典型的力学性能

合金及状态	硬度 HB①	拉伸强度极限 MPa	拉伸强度极限 ksi	拉伸屈服强度 MPa	拉伸屈服强度 ksi	伸长率 / % 标距 50mm(2in)	压缩屈服强度 MPa	压缩屈服强度 ksi	剪切强度 MPa	剪切强度 ksi	疲劳强度② MPa	疲劳强度② ksi
优质铸件③												
A201.0-T7	—	495	72	448	65	6	—	—	—	—	97	14
A206.0-T7	—	445	65	405	59	6	—	—	—	—	90	13
224.0-T7	—	420	61	330	48	4	—	—	—	—	86	12.5
249.0-T7	—	470	68	407	59	6	—	—	—	—	75	11
354.0-T6	—	380	55	283	41	6	—	—	—	—	135④	19.5④
C355.0-T6	—	317	46	235	34	6	—	—	—	—	97	14
A356.0-T6	—	283	41	207	30	10	—	—	—	—	90	13
A357.0-T6	—	360	52	290	42	8	—	—	—	—	90	13
活塞和高温砂模铸造合金												
222.0-T2	80	185	27	138	20	1	—	—	—	—	—	—
222.0-T6	115	283	41	275	40	<0.5	—	—	—	—	—	—
242.0-T21	70	185	27	125	18	1	—	—	145	21	55	8
242.0-T571	85	220	32	207	30	0.5	—	—	180	26	75	11
242.0-T77	75	207	30	160	23	2	165	24	165	24	72	10.5
A2420-T75	—	215	31	—	—	—	—	—	—	—	—	—
243.0	95	207	30	160	23	2	200	29	70	10	70	10
328.0-F	—	220	32	130	19	2.5	—	—	—	—	—	—
328.0-T6	85	290	42	185	27	4.0	180	26	193	28	—	—
活塞和高温合金(硬模铸件)												
222.0-T55	115	255	37	240	35	—	295	43	207	30	59	8.5
222.0-T65	—	—	—	—	—	—	—	—	—	—	—	—
242.0-T571	105	275	40	235	34	1	—	—	207	30	72	10.5
242.0-T61	110	325	47	290	42	0.5	—	—	240	35	65	9.5
332.0-T551	105	248	36	193	28	0.5	193	28	19.3	28	90	13
332.0-T5	105	248	36	193	28	1	200	29	193	28	90	13
336.0-T65	125	325	47	295	43	0.5	193	28	248	36	—	—
336.0-T551	105	248	36	193	28	0.5	193	28	193	28	—	—

注:1. 表中①用 10mm(0.4in)钢球 4900N(500kgf)负荷;

2. 表中②旋转梁试验 5×10^8 周;

3. 表中③优质铸件典型值相同与截取试样的部位和类别无关;

4. 表中④疲劳强度系指 10^6 周。

表 4-82　铸造铝合金典型的物理性能

合金代号	状态和产品形状①	比重②	密度②		近似的熔化范围		电导率 / %IACS	25℃(77℉)时的热导率 /W·(m·K)$^{-1}$	线胀系数	
			kg/m³	lb/in³	℃	℉			$10^{-6}K^{-1}$ 20～100℃ (68～212℉)	10^{-6}/℉ 20～300℃ (68～570℉)
铝合金转子(纯铝)										
纯铝 99.996%Al	0℉	2.71	2713	0.098	660.2～660.2	1220.4～1220.4	64.94	0.57	23.86(13.25)	25.45(14.14)
EC 合金 99.45%Al, 类似 150.0 合金	0℉	2.70	2713	0.098	657～643	1215～1190	57	0.53	23.5(13)	25.6(14.2)
商品杜拉合金(Al-Cu)										
222.0	F(P)	2.95	2962	0.107	520～625	970～1160	34	0.32	22.1(12.3)	23.6(13.1)
	O(S)	2.95	2962	0.107	520～625	970～1160	41	0.38	—	—
	T61(S)	2.95	2962	0.107	520～625	970～1160	33	0.31	22.1(12.3)	23.6(13.1)
224.0	T62(S)	2.81	2824	0.102	550～645	1020～1190	30	0.28	—	—
238.0	F(P)	2.95	1938	0.107	510～600	950～1110	25	0.25	21.4(11.9)	22.9(12.7)
240.0	F(S)	2.78	2768	0.100	515～605	960～1120	23	0.23	22.1(12.3)	24.3(13.5)
242.0	O(S)	2.81	2823	0.102	530～635	990～1180	44	0.40	—	—
	T77(S)	2.81	2823	0.102	525～635	980～1180	38	0.36	22.1(12.3)	23.6(13.1)
	T571(P)	2.81	2823	0.102	525～635	980～1180	34	0.32	22.5(12.5)	24.5(13.6)
	T61(P)	2.81	2823	0.102	525～635	980～1180	33	0.32	22.5(12.5)	24.5(13.6)
优质铸造合金(高强度及韧性合金)										
201.0	T6(S)	2.80	2796	0.101	570～650	1000～1200	27～32	0.29	19.3(10.7)	24.7(13.7)
	T7(P)	2.80	2796	0.101	570～650	1000～1200	32～34	0.29	19.3(10.7)	24.7(13.7)
206.0	T4(S)	2.8	2796	0.101	570～650	1000～1200	30	0.29	19.3(10.7)	24.7(13.7)
204.0	T4(S)	2.8	2800	0.101	570～650	1060～1200	29	0.29	19.3(10.7)	—
204.0	T6(S)(P)	2.8	2800	0.101	570～650	1060～1200	34	0.29	19.3(10.7)	—
224.0	T62(S)	2.81	2824	0.102	550～645	1020～1190	30	0.28	—	—
295.0	T4(S)	2.81	2823	0.102	520～645	970～1190	35	0.33	22.9(12.7)	24.8(13.8)
	T62(S)	2.81	2823	0.102	520～645	970～1190	35	0.34	22.9(12.7)	24.8(13.8)
296.0	T4(P)	2.80	2796	0.101	520～630	970～1170	33	0.32	22.0(12.2)	23.9(13.3)
	T6(P)	2.80	2796	0.101	520～630	970～1170	33	0.32	22.0(12.2)	23.9(13.3)

续表

合金代号	状态和产品形状①	比重②	密度③		近似的熔化范围		电导率 / %IACS	25℃(77℉)时的热导率 /W·(m·K)$^{-1}$	线胀系数	
			kg/m^3	lb/in^3	℃	℉			$10^{-6}K^{-1}$ 20～100℃ (68～212℉)	10^{-6}/℉ 20～300℃ (68～570℉)
	T62(S)	2.80	2796	0.101	520～630	970～1170	33	0.32	—	—
C355.0	T61(S)	2.71	2713	0.098	550～620	1020～1150	39	0.35	22.3(12.4)	24.7(13.7)
A356.0	T6(S)	2.69	2713	0.098	560～610	1040～1130	40	0.36	21.4(11.9)	23.4(13.0)
A357.0	T6(S)	2.69	2713	0.098	555～610	1030～1130	40	0.38	21.4(11.9)	23.6(13.1)
活塞合金和高温合金										
332.0	T5(P)	2.76	2768	0.100	520～580	970～1080	26	0.25	20.7(11.5)	22.3(12.4)
360.0	F(D)	2.68	2685	0.097	570～590	1060～1090	37	0.35	20.9(11.6)	22.9(12.7)
A360.0	F(D)	2.68	2685	0.097	570～590	1060～1090	37	0.35	21.1(11.7)	22.9(12.7)
364.0	F(D)	2.63	2630	0.095	560～600	1040～1110	30	0.29	20.9(11.6)	22.9(12.7)
380.0	F(D)	2.76	2740	0.099	520～590	970～1090	27	0.26	21.2(11.8)	22.5(12.5)
A380.0	F(D)	2.76	2740	0.099	520～590	970～1090	27	0.26	21.1(11.7)	22.7(12.6)
384.0	F(D)	2.70	2713	0.098	480～580	900～1080	23	0.23	20.3(11.3)	22.1(12.3)
390	F(D)	2.73	2740	0.099	510～650	950～1200	25	0.32	18.5(10.3)	—
	T5(D)	2.73	2740	0.099	510～650	950～1200	24	0.32	18.0(10.0)	—
标准的一般用途合金										
208.0	F(S)	2.79	2796	0.101	520～630	970～1170	31	0.29	22.0(12.2)	23.9(13.3)
308.0	F(P)	2.79	2796	0.101	520～615	970～1140	37	0.34	21.4(11.9)	22.9(12.7)
319.0	F(S)	2.79	2796	0.101	520～605	970～1120	27	0.27	21.6(12.0)	24.1(13.4)
	F(P)	2.79	2796	0.101	520～605	970～1120	28	0.28	21.6(12.0)	24.1(13.4)
324.0	F(P)	2.67	2658	0.096	545～605	1010～1120	34	0.37	21.4(11.9()	23.2(12.9)
238.0	F(P)	2.95	2962	0.107	510～600	950～1110	25	0.25	21.4(11.9)	22.9(12.7)
240.0	F(S)	2.78	2768	0.100	515～605	960～1120	23	0.23	22.1(12.3)	24.3(13.5)
242.0	O(S)	2.81	2823	0.102	530～635	990～1180	44	0.40	—	—
	T77(S)	2.81	2823	0.102	525～635	980～1180	38	0.36	22.1(12.3)	23.6(13.1)
	T571(P)	2.81	2823	0.102	525～635	980～1180	34	0.32	22.5(12.5)	24.5(13.6)
	T61(P)	2.81	2823	0.102	525～635	980～1180	33	0.32	22.5(12.5)	24.5(13.6)

续表

合金代号	状态和产品形状[①]	比重[②]	密度[②]		近似的熔化范围		电导率 /%IACS	25℃(77℉)时的热导率 /W·(m·K)$^{-1}$	线胀系数	
			kg/m^3	lb/in^3	℃	℉			10^{-6}K^{-1} 20～100℃ (68～212℉)	10^{-6}/℉ 20～300℃ (68～570℉)
295.0	T4(S)	2.81	2823	0.102	520～645	970～1190	35	0.33	22.9(12.7)	24.8(13.8)
	T62(S)	2.81	2823	0.102	520～645	970～1190	35	0.34	22.9(12.7)	24.8(13.8)
296.0	T4(P)	2.80	2796	0.101	520～630	970～1170	33	0.32	22.0(12.2)	23.9(13.3)
	T6(P)	2.80	2796	0.101	520～630	970～1170	33	0.32	22.0(12.2)	23.9(13.3)
	T62(S)	2.80	2796	0.101	520～630	970～1170	33	0.32	—	—
308.0	F(P)	2.79	2796	0.101	520～615	970～1140	37	0.34	21.4(11.9)	22.9(12.7)
319.0	F(S)	2.79	2796	0.101	520～605	970～1120	27	0.27	21.6(12.0)	24.1(13.4)
	F(P)	2.79	2796	0.101	520～605	970～1120	28	0.28	21.6(12.0)	24.1(13.4)
324.0	F(P)	2.67	2658	0.096	545～605	1010～1120	34	0.37	21.4(11.9)	23.2(12.9)
333.0	F(P)	2.77	2768	0.100	520～585	970～1090	26	0.25	20.7(11.5)	22.7(12.6)
	T5(P)	2.77	2768	0.100	520～585	970～1090	29	0.29	20.7(11.5)	22.7(12.6)
	T6(P)	2.77	2768	0.100	520～585	970～1090	29	0.28	20.7(11.5)	22.7(12.6)
	T7(P)	2.77	2768	0.100	520～585	970～1090	35	0.34	20.7(11.5)	22.7(12.6)
336.0	T551(P)	2.72	2713	0.098	540～570	1000～1060	29	0.28	18.9(10.5)	20.9(11.6)
354.0	F(P)	2.71	2713	0.098	540～600	1000～1110	32	0.30	20.9(11.6)	22.9(12.7)
355.0	T51(S)	2.71	2713	0.098	550～620	1020～1150	43	0.40	22.3(12.4)	24.7(13.7)
	T6(S)	2.71	2713	0.098	550～620	1020～1150	36	0.34	22.3(12.4)	24.7(13.7)
	T61(S)	2.71	2713	0.098	550～620	1020～1150	37	0.35	22.3(12.4)	24.7(13.7)
	T7(S)	2.71	2713	0.098	550～620	1020～1150	42	0.39	22.3(12.4)	24.7(13.7)
	T6(S)	2.71	2713	0.098	550～620	1020～1150	39	0.36	22.3(12.4)	24.7(13.7)
356.0	T51(S)	2.68	2685	0.097	560～615	1040～1140	43	0.40	21.4(11.9)	23.4(13.0)
	T6(S)	2.68	2685	0.097	560～615	1040～1140	39	0.36	21.4(11.9)	23.4(13.0)
	T7(S)	2.68	2685	0.097	560～615	1040～1140	40	0.37	21.4(11.9)	23.4(13.0)
	T6(P)	2.68	2685	0.097	560～615	1040～1140	41	0.37	21.4(11.9)	23.4(13.0)
A356.0	T6(S)	2.69	2713	0.098	560～610	1040～1130	40	0.36	21.4(11.9)	23.4(13.0)
357.0	T6(S)	2.68	2713	0.098	560～615	1040～1140	39	0.36	21.4(11.9)	23.4(13.0)
A357.0	T6(S)	2.69	2713	0.098	555～610	1030～1130	40	0.38	21.4(11.9)	23.6(13.1)

续表

合金代号	状态和产品形状[①]	比重[②]	密度[②]		近似的熔化范围		电导率 /%IACS	25℃(77℉)时的热导率 /W·(m·K)$^{-1}$	线胀系数	
			kg/m^3	lb/in^3	℃	℉			10^{-6}K^{-1} 20～100℃ (68～212℉)	10^{-6}/℉ 20～300℃ (68～570℉)
358.0	T6(S)	2.68	2658	0.096	560～600	1040～1110	39	0.36	21.4(11.9)	23.4(13.0)
359.0	T6(S)	2.67	2685	0.097	565～600	1050～1110	35	0.33	20.9(11.6)	22.9(12.7)
392.0	F(P)	2.64	2630	0.095	550～670	1020～1240	22	0.22	18.5(10.3)	20.2(11.2)
443.0	F(S)	2.69	2685	0.097	575～630	1070～1170	37	0.35	22.1(12.3)	24.1(13.4)
	O(S)	2.69	2685	0.097	575～630	1070～1170	42	0.39	—	—
	F(D)	2.69	2685	0.097	575～630	1070～1170	37	0.34	—	—
	F(P)	2.68	2685	0.097	575～630	1070～1170	41	0.38	21.8(12.1)	23.8(13.2)
压铸合金										
360.0	F(D)	2.68	2685	0.097	570～590	1060～1090	37	0.35	20.9(11.6)	22.9(12.7)
A360.0	F(D)	2.68	2685	0.097	570～590	1060～1090	37	0.35	21.1(11.7)	22.9(12.7)
364.0	F(D)	2.63	2630	0.095	560～600	1040～1110	30	0.29	20.9(11.6)	22.9(12.7)
380.0	F(D)	2.76	2740	0.099	520～590	970～1090	27	0.26	21.2(11.8)	22.5(12.5)
A380.0	F(D)	2.76	2740	0.099	520～590	970～1090	27	0.26	21.1(11.7)	22.7(12.6)
384.0	F(D)	2.70	2713	0.098	480～580	900～1080	23	0.23	20.3(11.3)	22.1(12.3)
390.0	F(D)	2.73	2740	0.099	510～650	950～1200	25	0.32	18.5(10.3)	—
	T5(D)	2.73	2740	0.099	510～650	950～1200	24	0.32	18.0(10.0)	—
413.0	F(D)	2.66	2657	0.096	575～585	1070～1090	39	0.37	20.5(11.4)	22.5(12.5)
A413.0	F(D)	2.66	2657	0.096	575～585	1070～1090	39	0.37	—	—
443.0	F(S)	2.69	2685	0.097	575～630	1070～1170	37	0.35	22.1(12.3)	24.1(13.4)
	O(S)	2.69	2685	0.097	575～630	1070～1170	42	0.39	—	—
	F(D)	2.69	2685	0.097	575～630	1070～1170	37	0.34	—	—
518.0	F(D)	2.53	2519	0.091	540～620	1000～1150	24	0.24	24.1(13.4)	26.1(14.5)
A535.0	F(D)	2.54	2547	0.092	550～620	1020～1150	23	0.24	24.1(13.4)	26.1(14.5)
铝镁合金										
511.0	F(S)	2.66	2657	0.096	590～640	1090～1180	36	0.34	23.6(13.1)	25.7(14.3)
512.0	F(S)	2.65	2657	0.096	590～630	1090～1170	38	0.35	22.9(12.7)	24.8(13.8)

续表

合金代号	状态和产品形状①	比重②	密度②		近似的熔化范围		电导率 / %IACS	25℃(77℉)时的热导率 /W·(m·K)$^{-1}$	线胀系数	
			kg/m^3	lb/in^3	℃	℉			10^{-6}K^{-1} 20～100℃ (68～212℉)	10^{-6}/℉ 20～300℃ (68～570℉)
513.0	F(P)	2.68	2685	0.097	580～640	1080～1180	34	0.32	23.9(13.3)	25.9(14.4)
514.0	F(S)	2.65	2657	0.096	600～640	1110～1180	35	0.33	23.9(13.3)	25.9(14.4)
518.0	F(D)	2.53	2519	0.091	540～620	1000～1150	24	0.24	24.1(13.4)	26.1(14.5)
520.0	T4(S)	2.57	2574	0.093	450～600	840～1110	21	0.21	25.2(14.0)	27.0(15.0)
535.0	F(S)	2.62	2519	0.091	550～630	1020～1170	23	0.24	23.6(13.1)	26.5(14.7)
A535.0	F(D)	2.54	2547	0.092	550～620	1020～1150	23	0.24	24.1(13.4)	26.1(14.5)
B535.0	F(S)	2.62	2630	0.095	550～630	1020～1170	24	0.23	24.5(13.6)	26.5(14.7)
铝锌合金(Al-Zn-Mg 和 Al-Zn)										
705.0	F(S)	2.76	2768	0.100	600～640	1110～1180	25	0.25	23.6(13.1)	25.7(14.3)
707.0	F(S)	2.77	2768	0.100	585～630	1090～1170	25	0.25	23.8(13.2)	25.9(14.4)
710.0	F(S)	2.81	2823	0.102	600～650	1110～1200	35	0.33	24.1(13.4)	26.3(14.6)
711.0	F(P)	2.84	2851	0.103	600～645	1110～1190	40	0.38	23.6(13.1)	25.6(14.2)
712.0	F(S)	2.82	2823	0.102	600～640	1110～1180	40	0.38	23.6(13.1)	25.6(14.2)
轴承合金(铝-锡)										
713.0	F(S)	2.84	2879	0.104	595～630	1100～1170	37	0.37	23.9(13.3)	25.9(14.4)
850.0	F5(S)	2.87	2851	0.103	225～650	440～1200	47	0.44	—	—
851.0	F5(S)	2.83	2823	0.102	230～630	450～1170	43	0.40	22.7(12.6)	—
852.0	T5(S)	2.88	2879	0.104	210～635	410～1180	45	0.42	23.2(12.9)	—

注:1. 表中①S——砂模铸造,P——硬模,D——压铸;

2. 表中②表中比重和重量认为是固体(无孔隙)金属的,因为商品铸件中不可避免地有某些疏松,故其比重和重量稍低于理论值。

表 4-83　　铸造铝合金典型的(和最低的)拉伸性能

合金代号	状态	拉伸强度极限[①]		0.2%残余(永久)变形的屈服强度[①]		伸长率[①]/% 标距 50mm(2in)
		MPa	ksi	MPa	ksi	
转子合金(纯铝)						
100.1 锭	—	70	10	40	6	20
150.1 锭	—	70	10	40	6	20
170.1 锭	—	70	10	40	6	20
砂模铸造合金						
201.1	T43	414	60	255	37	17.0
	T6	448	65	379	55	8.0
	T7	467	68	414	60	5.5
204.0	T4	372	54	255	37	14
		(295)	(43)	(185)	(27)	(5)
206.0	T4	345	50	193	28	10
		(275)	(40)	(165)	(24)	(6)
	T6	380	55	240	35	10
		(345)	(50)	(205)	(30)	(6)
A206.0	T4	380	55	250	36	5～7
		(345)	(50)	(205)	(30)	(—)
	T71	400	58	330	48	5
		(372)	(54)	(310)	(45)	(3)
208.0	F	145	21	97	14	2.5
		(130)	(19)	(—)	(—)	(1.5)
	T55	(145,min)	(21,min)	—	—	—
A206.0	T4	354	51	250	36	7.0
208.0	F	145	21	97	14	2.5
213.0	F	165	24	103	15	1.5
222.0	O	186	27	138	20	1.0
	T61	283	41	276	40	<0.5
	T62	421	61	331	48	4.0
224.0	T72	380	55	276	40	10.0
240.0	F	235	34	200	28	1.0
242.0	F	214	31	217	30	0.5
	O	186	27	124	18	1.0
	T571	221	32	207	30	0.5
	T77	207	30	159	23	2.0
A242.0	T75	214	31	—	—	2.0
295.0	T4	221	32	110	16	8.5
		(200)	(29)	(—)	(—)	(6)
	T6	250	36	165	24	5.0
		(220)	(32)	(138)	(20)	(3)
	T62	283	41	220	32	2.0
		(248)	(36)	(—)	(—)	(—)
	T7	(200,min)	(29,min)	—	—	(3,min)
319.0	F	186	27	124	18	2.0
	T5	207	30	179	26	1.5
	T6	250	36	164	24	2.0
		(215)	(31)	(—)	(—)	(1.5)
355.0	F	159	23	83	12	3.0
	T51	193	28	159	23	1.5
	T6	241	35	172	25	3.0

续表

合金代号	状态	拉伸强度极限①		0.2%残余(永久)变形的屈服强度①		伸长率①/%标距50mm(2in)
		MPa	ksi	MPa	ksi	
		(220)	(32)	(138)	(20)	(2)
	T61	269	39	241	35	1.0
	T7	264	38	250	26	0.5
	T71	240	35	200	29	1.5
	T77	240	35	193	28	3.5
C355.0	T6	270	39	200	29	5.0
		(248)	(36)	(172)	(25)	(2)
356.0	F	164	24	124	18	6.0
	T51	172	25	138	20	2.0
	T6	228	33	164	24	3.5
		(207)	(30)	(138)	(20)	(3)
	T7	235	34	207	30	2.0
		(214)	(31)	(200)	(29)	(—)
	T71	193	28	145	21	3.5
A356.0	F	159	23	83	12	6.0
	T51	179	26	124	18	3.0
	T6	278	40	207	30	6.0
	T71	207	30	138	20	3.0
357.0	F	172	25	90	13	5.0
	T51	179	26	117	17	3.0
	T6	345	50	296	43	2.0
	T7	278	40	234	34	3.0
A357.0	T6	317	46	248	36	3.0
A390.0	F	179	26	179	26	<1.0
	T5	179	26	179	26	<1.0
	T6	278	40	278	40	<1.0
	T7	250	36	250	36	<1.0
443.0	F	131	19	55	8	8.0
		(117)	(17)	(—)	(—)	(3)
A444.0	F	145	21	62	9	9.0
	T4	159	23	62	9	12.0
511.0	F	145	21	83	12	3.0
512.0	F	138	20	90	13	2.0
		(117)	(17)	(70)	(10)	(—)
514.0	F	172	25	83	12	9.0
		(150)	(22)	(—)	(—)	(6)
520.0	T4	331	48	179	26	16.0
		(290)	(42)	(150)	(22)	(12)
535	F	275	40	145	21	13
		(240)	(35)	(125)	(18)	(9)
A535.0	F	250	36	124	18	9.0
B535.0	F	262	38	130	19	10
705.0	F/T5	(205)	(30,min)	(117)	(17,min)	(5,min)
707.0	F/T5	(227)	(33,min)	(152)	(22,min)	(2,min)
	F/T7	(255)	(37,min)	(207)	(30,min)	(1,min)
710.0	F	241	35	172	25	5.0
		(220)	(32)	(138)	(20)	(2)
712.0	F	240	35	172	25	5.0

续表

合金代号	状态	拉伸强度极限①		0.2%残余(永久)变形的屈服强度①		伸长率①/% 标距50mm(2in)
		MPa	ksi	MPa	ksi	
		(235)	(34)	(172)	(25)	(4)
713.0	F	240	35	172	25	5.0
		(220)	(32)	(152)	(22)	(3)
771.0	F	303	44	248	36	3
		(270)	(39)	(228)	(33)	(2)
	T2	(248)	(36,min)	(185)	(27,min)	(2,min)
	T5	(290)	(42,min)	(262)	(38,min)	(2,min)
	T6	330	48	262	38	9
		(275)	(40)	(240)	(35)	(5)
772.0	F	275	40	220	32	7
		(255)	(37)	(193)	(28)	(5)
	T6	310	45	240	35	10
		(303)	(44)	(220)	(32)	(6)
850.0	T5	138	20	76	11	8.0
		(110)	(16)	(—)	(—)	(5)
851.0	T5	138	20	76	11	5.0
		(117)	(17)	(—)	(—)	(3)
852.0	T5	186	27	152	22	2.0
		(165)	(24)	(124)	(18)	(—)
硬模铸造合金						
201.0	T43	414	60	255	37	17.0
	T6	448	65	379	55	8.0
	T7	469	68	414	60	5.0
204.0	T4	325	47	200	29	7
		(248)	(36)	(193)	(28)	(5)
206.0	T4	345	50	207	30	10
		(275)	(40)	(165)	(24)	(6)
	T6	385	56	262	38	12
		(345)	(50)	(207)	(30)	(6)
A206.0	T4	430	62	265	38	17
	T71	415	60	345	50	5
		(372)	(54)	(310)	(45)	(3)
	T7	436	63	347	50	11.7
213.0	F	207	30	165	24	1.5
222.0	T52	241	35	214	31	1.0
	T551	255	37	241	35	<0.5
	T65	331	48	248	36	<0.5
238.0	F	207	30	165	24	1.5
242.0	T571	276	40	234	34	1.0
	T61	324	47	290	42	0.5
249.0	T63	476	69	414	60	6.0
	T7	427	62	359	52	9.0
296.0	T4	255	37	131	19	9.0
	T6	276	40	179	26	5.0
		(240)	(35)	(152)	(22)	(2)
	T7	270	39	138	20	4.5
308.0	F	193	28	110	16	2.0

续表

合金代号	状态	拉伸强度极限①		0.2%残余(永久)变形的屈服强度①		伸长率①/% 标距 50mm(2in)
		MPa	ksi	MPa	ksi	
319.0	F	185	27	125	18	2
	T5	207	30	180	26	2
	T6	248	36	165	24	2
		(214)	(31)	(—)	(—)	(1.5)
324.0	F	207	30	110	16	4.0
	T5	248	36	179	26	3.0
	T62	310	45	269	39	3.0
332.0	T5	248	36	193	28	1.0
333.0	F	234	34	131	19	2.0
	T5	234	34	172	25	1.0
	T6	290	42	207	30	1.5
	T7	255	37	193	28	2.0
		(215)	(31)	(—)	(—)	(—)
336.0	T551	248	36	193	28	0.5
	T65	324	47	296	43	0.5
354.0	T6	380	55	283	41	6
	T62	393	57	317	46	3
355.0	T51	(185,min)	(27,min)	—	—	—
	T6	290	42	185	27	4
		(255)	(37)	(—)	(—)	(1.5)
	T62	310	45	275	40	1.5
		(290)	(42)	(—)	(—)	(—)
	T71	(235,min)	(34,min)	—	—	—
356.0	F	179	26	124	18	5.0
	T51	186	27	138	20	2.0
	T6	262	38	186	27	5.0
		(207)	(30)	(138)	(20)	(3)
	T7	221	32	165	24	6.0
A356.0	T61	283	41	207	30	10.0
		(255)	(37)	(—)	(—)	(5)
357.0	F	193	28	103	15	6.0
	T51	200	29	145	21	4.0
	T6	360	52	295	43	5.0
		(310)	(45)	(—)	(—)	(3)
A357.0	T61	359	52	290	42	5.0
358.0	T6	345	50	290	42	6
	T62	365	53	317	46	3.5
359.0	T61	325	47	255	37	7
	T62	345	50	290	42	5
A390.0	F	200	29	200	29	<1.0
	T5	200	29	200	29	<1.0
	T6	310	45	310	45	<1.0

续表

合金代号	状态	拉伸强度极限①		0.2%残余(永久)变形的屈服强度①		伸长率①/% 标距 50mm(2in)
		MPa	ksi	MPa	ksi	
	T7	262	38	262	38	<1.0
443.0	F	160	23	62	9	10.0
B443.0	F	160	23	62	9	10
444.0	T4	193	28	83	12	25
A444.0	F	165	24	76	11	13.0
	T4	160	23	70	10	21
513.0	F	186	27	110	16	7.0
		(150)	(22)	(—)	(—)	(2.5)
705.0	T5	240	35	103	15	22
707.0	T5	(290,min)	(42,min)			(4,min)
711.0	F	248	36	130	19	8
713.0	T5	275	40	185	27	6
850.0	T5	160	23	76	11	12.0
		(124)	(18)	(—)	(—)	(8)
	T101	160	23	76	11	12
851.0	T5	138	20	76	11	5.0
852.0	T5	221	32	159	23	5.0
		(185)	(27)	(—)	(—)	(3)
压铸合金						
360.0	F	324	47	172	25	3.0
A360.0	F	317	46	165	24	5.0
364.0	F	296	43	159	23	7.5
380.0	F	330	48	165	24	3.0
A380.0	F	324	47	160	23	4.0
383.0	F	310	45	150	22	3.5
384.0	F	325	47	172	25	1.0
A384.0	F	330	48	165	24	2.5
390.0	F	279	40.5	241	35	1.0
	T5	296	43	265	38.5	1.0
A390.0	F	283	41	240	35	1.0
B390.0	F	317	46	248	36	—
392.0	F	290	42	262	38	<0.5
413.0	F	296	43	145	21	2.5
A413.0	F	241	35	110	16	3.5
443.0	F	228	33	110	16	9.0
C443.0	F	228	33	95	14	9
513.0	F	276	40	152	22	10.0
515.0	F	283	41	—	—	10.0
518.0	F	310	45	186	27	8.0

注:1. 表中①最小值以括弧表示,列在其典型值下面。

表 4-84 铝合金砂模铸件和硬模铸件典型的热处理规范

合金	状态	铸造类型[①]	固溶热处理[②]			时效处理		
			温度[③]		时间	温度[③]		时间
			℃	℉	h	℃	℉	h
201.0[④]	T4	S或P	490～500[⑤]	910～930[⑤]	2	—	—	—
			+525～530	+980～990	14～20	室温下最少5天		
	T6	S	510～515[⑤]	950～960[⑤]	2	—	—	—
			+525～530	+980～990	14～20	155	310	20
	T7	S	510～515[⑤]	950～960[⑤]	2	—	—	—
			+525～530	+980～990	14～20	190	370	5
	T43[⑥]	—	525	980	20	室温下24h加在160℃的½～1h		
	T71	—	490～500[⑤]	910～930[⑤]	2	—	—	—
			+525～530	+980～990	14～20	200	390	4
204.0[④]	T4	S或P	530	985	12	室温下至少5天		
	T4	S或P	520	970	10	—	—	—
	T6[⑦]	S或P	530	985	12	⑦	⑦	—
206.0[④]	T4	S或P	490～500[⑤]	+980～930[⑤]	2	—	—	—
			+520～530	+980～990	14～20	室温下至少5天		
	T6	S或P	490～500[⑤]	910～930[⑤]	2	—	—	—
			+525～530	+980～990	14～20	155	310	12～24
	T7	S或P	490～500[⑤]	910～930[⑤]	2	—	—	—
			+525～530	+980～990	14～20	200	390	4
	T72	S或P	490～500[⑤]	910～930[⑤]	2	—	—	—
			+525～530	+980～990	14～20	243～248	470～480	—
208.0	T55	S	—	—	—	155	310	16
222.0	O[⑧]	S	—	—	—	315	600	3
	T61	S	510	950	12	155	310	11
	T551	P	—	—	—	170	340	16～22
	T65	—	510	950	4～12	170	340	7～9
242.0	O[⑨]	S	—	—	—	345	650	3
	T571	S	—	—	—	205	400	8
		P	—	—	—	165～170	330～340	22～26
	T77	S	515	960	5[⑩]	330～355	625～675	2(至少)
	T61	S或P	515	960	4～12[⑩]	205～230	400～450	3～5
295.0	T4	S	515	960	12	—	—	—
	T6	S	515	960	12	155	310	3～6
	T62	S	515	960	12	155	310	12～24
	T7	S	515	960	12	260	500	4～6
296.0	T4	P	510	950	8	—	—	—
	T6	P	510	950	8	155	310	1～8
	T7	P	510	950	8	260	500	4～6
319.0	T5	S	—	—	—	205	400	8
	T6	S	505	940	12	155	310	2～5

续表

合　金	状　态	铸造类型①	固溶热处理②			时效处理		
			温　度③		时　间	温　度③		时　间
			℃	℉	h	℃	℉	h
		P	505	940	4～12	155	310	2～5
328.0	T6	S	515	960	12	155	310	2～5
332.0	T5	P	—	—	—	205	400	7～9
333.0	T5	P	—	—	—	205	400	7～9
	T6	P	505	950	6～12	155	310	2～5
	T7	P	505	940	6～12	260	500	4～6
336.0	T551	P	—	—	—	205	400	7～9
	T65	P	515	960	8	205	400	7～9
354.0		⑪	525～535	980～995	10～12	⑧	⑧	⑫
355.0	T51	S或P	—	—	—	225	440	7～9
	T6	S	525	980	12	155	310	3～5
		P	525	980	4～12	155	310	2～5
	T62	P	525	980	4～12	170	340	14～18
	T7	S	525	980	12	225	440	3～5
		P	525	980	4～12	225	440	3～9
	T71	S	525	980	12	245	475	4～6
		P	525	980	4～12	245	475	3～6
C355.0	T6	S	525	980	12	155	310	3～5
	T61	P	525	980	6～12	室温		8(至少)
						155	310	10～12
356.0	T51	S或P	—	—	—	225	440	7～9
	T6	S	540	1000	12	155	310	3～5
		P	540	1000	4～12	155	310	2～5
	T7	S	540	1000	12	205	400	3～5
		P	540	1000	4～12	225	440	7～9
	T71	S	540	1000	10～12	245	475	3
		P	540	1000	4～12	245	475	3～6
A356.0	T6	S	540	1000	12	155	310	3～5
	T61	P	540	1000	6～12	室温		8(至少)
						155	310	6～12
357.0	T6	P	540	1000	8	175	350	6
	T61	S	540	1000	10～12	155	310	10～12
A357.0	—	⑪	540	1000	8～12	⑧	⑧	⑧
359.0	—	⑪	540	1000	10～14	⑧	⑧	⑧
A444.0	T4	P	540	1000	8～12	—	—	—

续表

合金	状态	铸造类型①	固溶热处理②			时效处理		
			温度③		时间	温度③		时间
			℃	℉	h	℃	℉	h
520.0	T4	S	430	810	18⑬	—	—	—
535.0	T5⑧	S	400	750	5	—	—	—
705.0	T5	S	—	—	—	室温		21天
						100	210	8
		P	—	—	—	室温	21天	
						100	210	10
707.0	T5	S	—	—	—	155	310	3～5
		P	—	—	—	室温,或		21天
						100	210	8
	T7	S	530	990	8～16	175	350	4～10
		P	530	990	4～8	175	350	4～10
710.0	T5	S	—	—	—	室温		21天
711.0	T1	P	—	—	—	室温		21天
712.0	T5	S	—	—	—	室温,或		21天
						155	315	6～8
713.0	T5	S或P	—	—	—	室温,或		21天
						120	250	16
771.0	T53⑧	S	415⑭	775⑭	5⑭	180⑭	360⑭	4⑭
	T5	S	—	—	—	180⑭	355⑭	3～5⑭
	T51	S	—	—	—	205	405	6
	T52	S	—	—	—	⑧	⑧	⑧
	T6	S	590⑭	1090⑭	6⑭	130	265	3
	T71	S	590⑩	1090⑩	6⑩	140	285	15
850.0	T5	S或P	—	—	—	220	430	7～9
851.0	T5	S或P	—	—	—	220	430	7～9
	T6	P	480	900	6	220	430	4
852.0	T5	S或P	—	—	—	220	430	7～9

注:①S——砂模,P——硬模;②除另有说明外,固溶处理继之在65～100℃(150～212℉)水中淬火;③给出范围者除外,表中列出的温度为±6℃或±10℉;④铸件壁厚、凝固速率和晶粒细化影响合金201.0,204.0和206.0的固溶热处理周期,必须小心操作达到最终的固溶温度,太快会导致初熔的出现;⑤对具有厚的或其他缓慢凝固截面的铸件,可能需要预固溶热处理范围大约490～515℃(910～960℉)以避免升温太快达到固溶温度以及$CuAl_2$的熔化;⑥对201.0提出用T43状态以改善抗冲击性伴之有在其他力学性能上的某些降低,典型的夏比值为20J(15ft·lbf);⑦对204.0合金的热处理,法国的沉淀处理工艺需要在温度条件下12h,选择时效温度140,160或180℃(285,320或355℉)以满足所需要的性能结合的要求;⑧为使尺寸稳定消除应力的工艺如下:在413±14℃(775±25℉)保温5h,炉冷到345℃(650℉)持续约2h以上或更长时间,炉冷到230℃(450℉)持续一段时间不超过1/2h,炉冷到120℃(250℉)持续大约2h,炉外在静止空气中冷却到室温;⑨不需淬火,炉外静置冷却;⑩从固溶处理温度鼓风淬火;⑪铸造工艺的改变(砂模、硬模或拼合模)取决于所需要的力学性能;⑫如所叙的固溶热处理,然后在一定温度下均匀加热进行人工时效,保温必需的时间以获得所需要的力学性能;⑬在65～100℃(150～212℉)水中淬火仅10～20s;⑭炉外静置冷却至室温。

表 4-85　不同铸造铝合金的硬度、剪切强度、疲劳强度、压缩屈服强度的典型值

合金代号	状态	剪切强度		疲劳强度[1]		硬度	压缩屈服强度	
		MPa	ksi	MPa	ksi	HB[2]	MPa	ksi
砂模铸件								
204.0	T4	110	16	77	11	90	—	—
206.0	T4	—	—	—	—	95	—	—
A206.0	T4	255	37	—	—	100	—	—
A206.0	T71	—	—	160	23	110	—	—
206.0	T6	—	—	—	—	100	—	—
208.0	F	117	17	76	11	55	103	15
295.0	T4	179	26	48	7	60	—	—
	T6	207	30	50	7.5	75	172	25
	T62	227	33	55	8	90	—	—
	T7	—	—	—	—	—	—	—
208.0	F	117	17	76	11	55	103	15
	T55	—	—	—	—	—	—	—
319.0	F	152	22	70	10	70	131	19
	T5	165	24	76	11	80	—	—
	T6	200	29	76	11	80	172	25
355.0	F	—	—	—	—	70	—	—
	T51	152	22	55	8	65	165	24
	T6	193	28	62	9	80	179	26
	T61	248	36	70	10	100	255	37
	T7	193	28	70	10	85	248	38
	T71	241	35	70	10	75	248	36
	T77	179	26	70	10	80	200	29
C355.0	T6	193	28	70	10	90	—	—
356.0	F	—	—	—	—	—	—	—
	T51	138	20	55	8	60	145	21
	T6	179	26	59	8.5	70	172	25
	T7	165	24	62	9	75	214	31
	T71	138	20	59	8.5	60	—	—
357.0	F	—	—	—	—	—	—	—
	T51	—	—	—	—	—	—	—
	T6	164	24	62	9	90	214	31
	T7	—	—	—	—	60	—	—
A357.0	T6	—	—	—	—	85	—	—
A390.0	F,Fs	—	—	70	10	100	—	—
	T6	—	—	90	13	140	—	—
	T7	—	—	—	—	115	—	—
443.0	F	96	14	55	8	40	62	9
511.0	F	117	17	55	8	50	90	13
512.0	F	—	—	—	—	50	96	14
514.0	F	138	20	48	7	50	83	12
535.0	F	193	28	70	10	70	165	24
B535.0	F	207	30	62	9	65	—	—
520.0	T4	234	34	55	8	75	186	27
705.0	F,T5	—	—	—	—	—	—	—
707.0	F,T5	—	—	—	—	—	—	—
	F,T7	—	—	—	—	—	—	—

续表

合金代号	状态	剪切强度		疲劳强度①		硬度	压缩屈服强度	
		MPa	ksi	MPa	ksi	HB②	MPa	ksi
710.0	F,T5	179	26	55	8	75	172	25
712.0	F,T5	179	26	63	9	74	—	—
713.0	F,T5	179	26	179	26	9	518	75
771.0	F	—	—	—	—	—	—	—
	T2	—	—	—	—	—	—	—
	T5	—	—	—	—	—	—	—
	T6	—	—	—	—	—	—	—
772.0	F	—	—	—	—	—	—	—
	T6	—	—	—	—	—	—	—
850.0	T5	96	14	55	8	45	76	11
851.0	T5	96	14	—	—	45	—	—
852.0	T5	124	18	70	10	65	—	—
硬模铸件								
204.0	T4	—	—	—	—	90	—	—
206.0	T4	—	—	—	—	—	—	—
206.0	T6	255	37	—	—	110	—	—
A206.0	T71	255	37	207	30	110	—	—
296.0	T4	—	—	—	—	—	—	—
296.0	T6	220	32	70	10	90	179	26
296.0	T62	—	—	—	—	—	—	—
296.0	T7	—	—	—	—	—	—	—
213.0	F	—	—	—	—	85	—	—
308.0	F	152	22	89	13	70	117	17
319.0	F	186	27	83	12	85	138	20
	T6	220	32	83	12	95	193	28
333.0	F	186	27	96	14	90	131	19
	T5	186	27	83	12	100	172	25
	T6	228	33	103	15	105	207	30
	T7	193	28	83	12	90	193	28
354.0	T6	262	38	117	17	100	289	42
	T62	276	40	117	17	110	324	47
355.0	T51	—	—	—	—	90	—	—
	T6	234	34	70	10	90	186	27
	T62	248	36	70	10	105	276	40
	T71	—	—	—	—	—	—	—
356.0	F	—	—	—	—	—	—	—
	T51	—	—	—	—	—	—	—
	T6	207	30	90	13	80	186	27
	T7	172	25	76	11	70	165	24
A356.0	T61	193	28	90	13	90	220	32
357.0	T6	241	35	90	13	100	303	44
A357.0	T61	241	35	103	15	100	296	43
358.0	T6	296	43	—	—	105	289	42
	T62	317	46	—	—	—	317	46
359.0	T61	220	32	103	15	90	262	38
	T62	234	34	103	15	100	303	44
A390.0	F,T5	—	—	—	—	110	—	—
	T6	—	—	117	17	145	413	60
	T7	—	—	103	15	120	352	51
393.0	F	—	—	—	—	—	—	—
B443.0	F	110	16	55	8	45	62	9
444.0	T4	—	—	—	—	50	77	11
513	F	152	22	70	10	50	96	14
705.0	T5	152	22	—	—	55	124	18
707.0	T5	—	—	—	—	—	—	—

续表

合金代号	状态	剪切强度		疲劳强度①		硬度	压缩屈服强度	
		MPa	ksi	MPa	ksi	HB②	MPa	ksi
707.0	T	—	—	—	—	—	—	—
711.0	F	193	28	76	11	70	138	20
713.0	T5	179	26	62	9	75	172	25
850.0	T5	103	15	62	9	45	76	11
851.0	T5	96	14	62	9	45	76	11
852.0	T5	145	21	76	11	70	158	23
850.0	T101	103	15	62	9	45	145	21
压模铸造合金								
360.0	F	207	30	131	19	—	—	—
A360.0	F	200	29	124	18	—	—	—
364.0	F	200	29	124	18	—	—	—
380.0	F	214	31	145	21	—	—	—
A380.0	F	207	30	138	20	—	—	—
383.0	F	—	—	—	—	—	—	—
A384.0	F	200	29	138	20	—	—	—
390.0	F	—	—	76	11	—	—	—
A390.0	F	—	—	—	—	—	—	—
B390.0	F	—	—	—	—	—	—	—
3920	F	—	—	—	—	—	—	—
A413.0	F	172	25	130	19	—	—	—
A413.0	F	159	23	130	19	—	—	—
C443.0	F	130	19	110	16	—	—	—
513.0	F	179	26	124	18	—	—	—
515.0	F	186	27	130	19	—	—	—
518.0	F	200	29	138	20	—	—	—

注：1. 表中①用 R. R. Moore 旋转梁试验 5×10^8 周的强度；

2. 表中②用 10mm(6.4in)钢球、4900N(500kgf)负荷。

表 4-86 铝铸造合金铸造性、抗蚀性、机加工性和焊接性的评价

（1，最好；5，最差。个别合金对其他铸造工艺可能有不同的评价排序）

合金代号	抗热裂性①	压力不渗透性	流动性②	收缩倾向③	抗蚀性④	机加工性⑤	焊接性⑥
砂模铸造合金							
201.0	4	3	3	4	4	1	2
208.0	2	2	2	2	4	3	3
213.0	3	3	2	3	4	2	2
222.0	4	4	3	4	4	1	3
240.0	4	4	3	4	4	3	4
242.0	4	3	4	4	4	2	3
A242.0	4	4	3	4	4	2	3
295.0	4	4	4	3	3	2	2
319.0	2	2	2	2	3	3	2
354.0	1	1	1	1	3	3	2
355.0	1	1	1	1	3	3	2
A356.0	1	1	1	1	2	3	2
357.0	1	1	1	1	2	3	2
359.0	1	1	1	1	2	3	1
A390.0	3	3	3	3	2	4	2
A443.0	1	1	1	1	2	4	4
444.0	1	1	1	1	2	4	1
511.0	4	5	4	5	1	1	4
512.0	3	4	4	4	1	2	4
514.0	4	5	4	5	1	1	4
520.0	2	5	4	5	1	1	5
535.0	4	5	4	5	1	1	3

续表

合金代号	抗热裂性①	压力不渗透性	流动性②	收缩倾向③	抗蚀性④	机加工性⑤	焊接性⑥
A535.0	4	5	4	4	1	1	4
B535.0	4	5	4	4	1	1	4
705.0	5	4	4	4	2	1	4
707.0	5	4	4	4	2	1	4
710.0	5	3	4	4	2	1	4
711.0	5	4	5	4	3	1	3
712.0	4	4	3	3	3	1	4
713.0	4	4	3	4	2	1	3
771.0	4	4	3	3	2	1	—
772.0	4	4	3	3	2	1	—
850.0	4	4	4	4	3	1	4
851.0	4	4	4	4	3	1	4
852.0	4	4	4	4	3	1	4
硬模铸造合金							
201.0	4	3	3	4	4	1	2
213.0	3	3	2	3	4	2	2
222.0	4	4	3	4	4	1	3
238.0	2	3	2	2	4	2	3
240.0	4	4	3	4	4	3	4
296.0	4	3	4	3	4	3	4
308.0	2	2	2	2	4	3	3
319.0	2	2	2	2	3	3	2
332.0	1	2	1	2	3	4	2
333.0	1	1	2	2	3	3	3
336.0	1	2	2	3	3	4	2
354.0	1	1	1	1	3	3	2
335.0	1	1	1	2	3	3	2
C355.0	1	1	1	2	3	3	2
356.0	1	1	1	1	2	3	2
A356.0	1	1	1	1	2	3	2
357.0	1	1	1	1	2	3	2
A357.0	1	1	1	1	2	3	2
359.0	1	1	1	1	2	3	1
A300.0	2	2	2	3	2	4	2
443.0	1	1	2	1	2	5	1
A444.0	1	1	1	1	2	3	1
512.0	3	4	4	4	1	2	4
513.0	4	5	4	4	1	1	5
711.0	5	4	5	4	3	1	3
771.0	4	4	3	3	2	1	—
772.0	4	4	3	3	2	1	—
850.0	4	4	4	4	3	1	4
851.0	4	4	4	4	3	1	4
852.0	4	4	4	4	3	1	4
压铸合金							
360.0	1	1	2	2	3	4	
A360.0	1	1	2	2	3	4	
364.0	2	2	1	3	4	3	
380.0	2	1	2	5	3	4	
A380.0	2	2	2	4	3	4	
384.0	2	2	1	3	3	4	
390.0	2	2	2	2	4	2	
413.0	1	2	1	2	4	4	
C443.0	2	3	3	2	5	4	
515.0	4	5	5	1	2	4	
518.0	5	5	5	1	1	4	

注:①从热脆温度范围冷却合金承受收缩应力的能力;②合金在铸模中易于流动并填充薄壁部分的能力;③伴随合金凝固的体积减小以及形成冒口所需补充供给金属量来衡量;④以合金的标准盐雾试验抗力为依据;⑤基于易切削、切屑特征、加工质量和工具寿命的综合评价;⑥以材料与相同合金填料焊条熔合的能力为依据。

表 4-87　常用的铝合金砂模铸件和硬(永久)模(PM)铸件规范对照表

合金代号		联邦标准		美国材料与试验协会(ASTM)①		美国汽车工程师学会(SAE)②	美国宇航材料规范(AMS)或军用规范(MIL-21180C)
美国铝业协会(AANo.)	以前的代号	QQ-A-601E(砂模)	QQ-A-596d(硬模)	B26(砂模)	B108(硬模)		
208.0	108	108	—	CS43A	CS43A	—	—
213.0	C113	—	113	CS74A	CS74A	33	—
222.0	122	122	122	CG100A	CG100A	34	—
242.0	142	142	142	CN42A	CN42A	39	4222
295.0	195	195	—	C4A	—	38	4231
296.0	B295.0	—	B195	—	—	380	—
308.0	A108	—	A108	—	—	—	—
319.0	319 全铸造的	319	319	SC64D	SC64D	326	—
328.0	Red X-8	Red X-8	—	SC82A	—	327	—
332.0	F332.0	—	F132	—	SC103A	332	—
333.0	333	—	333	—	—	—	—
336.0	A332.0	—	A132	—	SN122A	321	—
354.0	354	—	—	—	—	—	C354③
355.0	355	355	355	SC51A	SC51A	322	4210
C355.0	C355	—	355	—	SC51B	355	C355③
356.0	356	356	356	SG70A	SG70A	323	④
A356.0	A356	—	A356	—	SG70B	336	A356③
357.0	357	—	357	—	—	—	4241
A357.0	A357	—	—	—	—	—	A357③
359.0	359	—	—	—	—	—	359③
B443.0	43	43	43	S5A	S5A	—	—
512.0⑤	B514.0	B214	—	GS42A	GS42A	—	—
513.0	A514.0	—	A214	—	GZ42A	—	—
514.0	214	214	—	G4A	—	320	—
520.0	220	220	—	G10A	—	324	4240
535.0	Almag35	Almag35	—	GM70B	GM70B	—	4238
705.0	603,Ternalloy5	Ternalloy5	Ternalloy5	ZG32A	ZG32A	311	—
707.0	607,Ternalloy7	Ternalloy7	Temalloy7	ZG42A	ZG42A	312	—
710.0	A712.0	A612	—	ZG61B	—	313	—
712.0	D712.0	40E	—	ZG61A	—	310	—
713.0	613,Tenzaloy	Tenzaloy	—	ZC81A	—	315	—
771.0	Precedent71A	Precedent71A	—	—	—	—	—
850.0	750	750	750	—	—	—	—
851.0	A850.0	A750	A750	—	—	—	—
852.0	B850.0	B750	B750	—	—	—	—

注:①以前的代号,ASTM1974 年采用的铝业协会代号体系;②以前在 SAE 规范 J452 和(或)J453 使用的代号,1990 年 SAE J 452 采用了 ANSI/铝业协会合金数字编号制度,SAE J 453—1986 也取代 SAE J 452;③MIL-21180C 中的代号;④在 AMS4217,4260,4261,4284,4285 和 4286 中规定了合金 356.0;⑤合金 512.0 不再是现行有效的,列出仅供参考。

4.4 英国铝及铝合金

4.4.1 铝及铝合金牌号和化学成分

表 4-88 变形铝及铝合金牌号和化学成分(BS 1470:1972 BS 1472:1972 废止)

牌号	化学成分/%,不大于(注明不小于、余量和范围值者除外)										
	Cu	Mg	Si	Fe	Mn	Zn	Cr	Ni	Ti和(或)其他细化晶粒的元素		Al 不小于
SI①										Cu+Si+Fe 0.01	99.99
SIA①	0.02	—	0.15	0.15	0.03	0.06	—	—	—	Cu+Si+Fe+Mn+Zn 0.2	99.8
SIB① FIB③	0.05	—	0.3	0.4	0.05	0.10	—	—	—	Cu+Si+Fe+Mn+Zn 0.5	99.5
SIC①	0.10	—	0.5	0.7	0.1	0.1	—	—	—	Cu+Si+Fe+Mn+Zn 1.0	99.0
NS8① NF8③	0.10	4.0~4.9	0.40	0.40	0.5~1.0	0.2	0.25	—	0.2		余量
HF9③	0.10	0.4~0.9	0.3~0.7	0.40	0.1	0.2	0.10	—	0.2		余量
HF12③	1.8~2.8	0.6~1.2	0.5~1.3	0.6~1.2	0.5	0.2	—	0.6~1.4	0.2		余量
NS3①	0.1	0.1	0.6	0.7	0.8~1.5	0.2	—	—	—	Cr+Ti和(或)其他细化晶粒的元素 0.2	余量
NS4① NF4③ NT4④	0.10	1.7~2.4	0.5	0.5	0.5	0.2	0.25	—	0.2	Mn+Cr 0.5	余量
NS5① NF5③	0.1	3.1~3.9	0.5	0.5	0.5	0.2	0.25	—	0.2	Mn+Cr 0.5	余量
HS15① HC15① HF15③	3.9~5.0	0.2~0.8	0.5~0.9	0.7	0.4~1.2	0.2	0.10	—	0.2		余量
HF16③	1.8~2.7	1.2~1.8	0.25	0.9~1.4	0.2	0.2	—	0.8~1.4	0.2		余量
HS30① HF30③	0.10	0.5~1.2	0.7~1.3	0.5	0.4~1.0	0.2	0.25	—	0.2		余量

注:1. ①板带材产品牌号;
2. ②挤制棒、圆管、型材牌号;
3. ③锻坯及锻件牌号;
4. ④拉制管牌号。

表 4-89 电工用变形铝及铝合金牌号和化学成分

牌号	化学成分/%,不大于(注明范围值者除外)					标准号
	Cu	Si	Fe	Mg	Al	
E1E	Cu 0.05, Cu+Si+Fe 0.5			余量		BS 2898:1970
E91E	0.05	0.3~0.7	0.40	0.4~0.9	余量	

表 4-90 一般工程用可锻铝和铝合金棒材、挤压圆管和型材规范(一)(BS 1474:1987 废止)

合金代号	化学成分/%												
	Si	Fe	Cu	Mn	Mg	Cr	Ni	Zi	其他元素含量	Ti	其他杂质② 单个	其他杂质② 总量	Al
1050A	0.25	0.40	0.05	0.05	0.05	—	—	0.07	—	0.05	0.03	—	99.50④
1200	1.0Si+Fe		0.05	0.05	—	—	—	0.10	—	0.05	0.05	0.15	99.00④
5083	0.40	0.40	0.10	0.40～1.0	4.0～4.9	0.05～0.25	—	0.25	—	0.15	0.05	0.15	余量
5154A	0.50	0.50	0.10	0.50	3.1～3.9	0.25	—	0.20	0.10～0.50 Mn+Cr	0.20	0.05	0.15	余量
5251	0.40	0.50	0.15	0.10～0.50	1.7～2.4	0.15	—	0.15	—	0.15	0.05	0.15	余量

表 4-91 一般工程用可锻铝和铝合金棒材、挤压圆管和型材规范(二)(BS 1474:1987 废止)

合金代号	化学成分/%												
	Si	Fe	Cu	Mn	Mg	Cr	Ni	Zi	其他元素含量	Ti	其他杂质② 单个	其他杂质② 总量	Al
2014A	0.50～0.9	0.50	3.9～5.0	0.40～1.2	0.20～0.8	0.10	0.10	0.25	0.20 Zr+Ti	0.15	0.05	0.15	余量
6060	0.30～0.6	0.10～0.30	0.10	0.10	0.35～0.6	0.05	—	0.15	—	0.10	0.05	0.15	余量
6061	0.40～0.8	0.7	0.15～0.40	0.15	0.8～1.2	0.04～0.35	—	0.25	—	0.15	0.05	0.15	余量
6063	0.20～0.6	0.35	0.10	0.10	0.45～0.9	0.10	—	0.10	—	0.10	0.05	0.15	余量
6063A	0.30～0.6	0.15～0.35	0.10	0.15	0.6～0.9	0.05	—	0.15	—	0.10	0.05	0.15	余量
6082	0.7～1.3	0.50	0.10	0.40～1.0	06～1.2	0.25	—	0.20	—	0.10	0.05	0.15	余量
6463	0.20～0.6	0.15	0.20	0.05	0.45～0.9	—	—	0.05	—	—	0.05	0.15	余量

注:1.未注明范围或最小值的成分值均为百分数最大值;

2.仅对那些专门的极限值需要说明的元素进行常规分析,如果怀疑或在定期化验中发现,则需进一步化验确定;

3.纯铝的铝含量是合金元素含量(在0.01%左右)总和与100%的差值。

表 4-92 铝及铝合金棒材、挤压管材和型材牌号和化学成分(BS 1474—1972 废止)

材料牌号		化学成分/%,杂质不大于								Ti 或其他细晶化元素 / %	备注
英国	ISO	Al	Cu	Mg	Si	Fe	Mn	Zn	Cr		
EIB	Al99.5	99.5	0.05	—	0.3	0.4	0.05	0.10	—	—	Cu+Si+Fe+Mn+Zn=0.5%
EIC	Al99.0	99.0	0.10	—	0.5	0.7	0.10	0.10	—	—	Cu+Si+Fe+Mn+Zn=1.0%
NE4	AlMg2	余量	0.10	1.7/2.4	0.5	0.5	0.5	0.20	0.25	0.2	Mn+Cr=0.5%
NE5	AlMg3.5	余量	0.10	3.1～3.9	0.5	0.5	0.5	0.2	0.25	0.2	Mn+Cr=0.5%
NE8	AlMg4.5Mn	余量	0.10	4.0～4.9	0.40	0.40	0.5～1.0	0.2	0.25	0.2	—
HE9	AlMgSi	余量	0.10	0.4～0.9	0.3～0.7	0.40	0.1	0.2	0.10	0.2	—
HE15	AlCu4SiMg	余量	3.9～5.0	0.2～0.8	0.5～0.9	0.7	0.4～1.2	0.2	0.10	0.2	—
HE20	AlMg1SiCu	余量	0.15～0.40	0.18～1.2	0.4～0.8	0.7	0.2～0.8	0.2	0.040～0.35	0.2	—
HE30	AlSiMgMn	余量	0.10	0.5～1.2	0.7～1.3	0.5	0.040	0.2	0.25	0.2	—

表 4-93 一般工程用可锻铝和铝合金拉制管规范(BS 1471—1972 废止)

材料牌号		化学成分/%,杂质不大于								Ti 或其他元素 / %	备注
英国	ISO	Al	Cu	Mg	Si	Fe	Mn	Zn	Cr		
T1B	Al99.5	99.5	0.05	—	0.3	0.4	0.05	0.10	—	—	Cu+Si+Fe+Mn+Zn=0.5%
TIC	Al99.0	99.0	0.10	—	0.5	0.7	0.1	0.1	—	—	Cu+Si+Fe+Mn+Zn=1%
NT4	AlMg2	余量	0.10	1.7/2.4	0.5	0.5	0.5	0.2	0.25	0.2	Mn+Cr=0.5%
NT5	AlMg3.5	余量	0.10	3.1/3.9	0.5	0.5	0.5	0.2	0.25	0.2	Mn+Cr=0.5%
NT8	AlMg4.5Mn	余量	0.10	4.0/4.9	0.40	0.40	0.5/1.0	0.2	0.25	0.2	—
HT9	AlMgSi	余量	0.10	0.4/0.9	0.3/0.7	0.40	0.1	0.2	0.10	0.2	—
HT15	AlCu4SiMg	余量	3.9/5.0	0.2/0.8	0.5/0.9	0.7	0.4/1.2	0.2	0.10	0.2	—
HT20	AlMg1SiCu	余量	0.15/0.40	0.8/1.2	0.4/0.8	0.7	0.2/0.8	0.2	0.04/0.35	0.2	*只保留 Mn 或 Cr 一种
HT30	AlSiMgMn	余量	0.10	0.5/1.2	0.7/1.3	0.5	0.40/1.0	0.2	0.25	0.2	—

表 4-94 一般工程用可锻铝和铝合金铆钉、螺栓和螺钉坯料规范(BS 1473—1972)

材料名称		化学成分/%,杂质不大于									
英国	ISO	Al	Cu	Mg	Si	Fe	Mn	Zn	Cr	Ti或其他元素	备注
铆钉材料											
R1B	Al99.5	99.5	0.05	—	0.3	0.4	0.05	0.10	—	—	Cu+Si+Fe+Mn+Zn=0.5%
NR5	AlMg3.5	余量	0.10	3.1/3.9	0.5	0.5	0.5	0.2	0.25	0.2	Mn+Cr=0.5%
NR6	AlMg5	余量	0.10	4.5/5.5	0.3	0.5	0.5	0.2	0.25	0.2	Mn+Cr=0.1/0.5%
HR15	AlCu4SiMg	余量	3.9/5.0	0.2/0.8	0.5/0.9	0.7	0.4/1.2	0.2	0.10	0.2	—
HR30	AlSiMgMn	余量	0.10	0.5/1.2	0.7/1.3	0.5	0.4/1.0	0.2	0.25	0.2	—
螺栓和螺钉用料											
NB6	AlMg5	余量	0.10	4.5/5.5	0.3	0.5	0.5	0.2	0.25	0.2	Mn+Cr=0.1/0.5%
HB15	AlCu4SiMg	余量	3.9/5.0	0.2/0.8	0.5/0.9	0.7	0.4/1.2	0.2	0.10	0.2	—
HB20	AlMgSiCu	余量	0.15/0.40	0.8/1.2	0.4/0.8	0.7	0.2/0.8	0.2	0.04/0.35	0.2	只保留 Mn 或 Cr 一种
HB30	AlSiMgMn	余量	0.10	0.5/1.2	0.7/1.3	0.5	0.4/1.0	0.2	0.25	0.2	—

表 4-95 铝及铝合金锭、铝及铝合金铸件牌号化学成分(BS 1490—1970 废止)

材料牌号 LM	化学成分/%,杂质不大于											
	Cu	Mg	Si	Fe	Mn	Ni	Zn	Pb	Sn	Ti	Cr	Co	Al 不小于
通用合金													
2	0.7/2.5	0.30	9.0/11.5	1.0	0.5	0.5	2.0	0.3	0.2	0.2	—	—	余量
4	2.0/4.0	0.15	4.0/6.0	0.8	0.2/0.6	0.3	0.5	0.1	0.1	0.2	—	—	余量
6	0.1	0.10	10.0/13.0	0.6	0.5	0.1	0.1	0.1	0.05	0.2	—	—	余量

续表

材料牌号 LM	化 学 成 分/%,杂质不大于											
	Cu	Mg	Si	Fe	Mn	Ni	Zn	Pb	Sn	Ti	Cr	Co	Al 不小于
20	0.4	0.2	10.0/13.0	1.0	0.5	0.1	0.2	0.1	0.1	0.2	—	—	余量
24	3.0/4.0	0.3	7.5/9.5	1.3	0.5	0.5	3.0	0.3	0.2	0.2	—	—	余量
25	0.1	0.20/0.45	6.5/7.5	0.5	0.3	0.1	0.1	0.1	0.05	0.2+	—	—	余量
27	1.5/2.5	0.3	6.0/8.0	0.8	0.2/0.6	0.3	1.0	0.2	0.1	0.2	—	—	余量
专用合金													
0	0.03	0.03	0.30	0.40	0.03	0.03	0.07	0.03	0.03	—	—	—	99.50
5	0.1	3.0/6.0	0.3	0.6	0.3/0.7	0.1	0.1	0.05	0.05	0.2	—	—	余量
9	0.1	0.2/0.6	10.0/13.0	0.6	0.3/0.7	0.1	0.1	0.1	0.05	0.2	—	—	余量
10	0.1	9.5/11.0	0.25	0.35	0.10	0.10	0.10	0.05	0.05	0.2+	—	—	余量
12	9.0/11.0	0.2/0.4	2.5	1.0	0.6	0.5	0.8	0.1	0.1	0.2	—	—	余量
13	0.7/1.5	0.8/1.5	10.0/12.0	1.0	0.5	1.5	0.5	0.1	0.1	0.2	—	—	余量
16	1.0/1.5	0.4/0.6	4.5/5.5	0.6	0.5	0.25	0.1	0.1	0.05	0.2+	—	—	余量
18	0.1	0.10	4.5/6.0	0.6	0.5	0.1	0.1	0.1	0.05	0.2	—	—	余量
21	3.0/5.0	0.1/0.3	5.0/7.0	1.0	0.2/0.6	0.3	2.0	0.2	0.1	0.2	—	—	余量
22	2.8/3.8	0.05	4.0/6.0	0.6	0.2/0.6	0.15	0.15	0.1	0.05	0.2	—	—	余量
26	2.0/4.0	0.5/1.5	8.5/10.5	1.2	0.50	1.0	1.0	0.2	0.1	0.2	—	—	余量
28	1.3/1.8	0.8/1.5	17/20	0.7	0.60	0.8/1.5	0.2	0.1	0.1	0.2	0.6	0.5	余量
29	0.8/1.3	0.8/1.3	22/25	0.7	0.60	0.8/1.3	0.2	0.1	0.1	0.2	0.6	0.5	余量
30	4.0/5.0	0.4/0.7	16/18	1.1	0.30	0.1	0.2	0.1	0.1	0.2	—	—	余量

注:+如果只用 Ti 来细化晶粒,则含量应不小于 0.05%。

4.4.2 铝及铝合金的力学性能

表 4-96 铝及铝合金板、带的力学性能(BS 1470:1972 废止)

牌号	状态	厚度 / mm	抗拉强度 σ_b /MPa 不小于	屈服强度 $\sigma_{0.2}$ / MPa 不小于	伸长率 / %,不小于	
					标距 50mm	标距 $5.65\sqrt{A}$
S1	O	>0.2~0.5	≤65	—	—	—
		>0.5~0.8			30	—
		>0.8~1.3			35	—
		>1.3~2.6			40	—
		>2.6~3.0			45	—
		>3.0~6.0			45	—
	H4	>0.2~0.5	80~95	—	—	—
		>0.5~0.8			7	—
		>0.8~1.3			8	—
		>1.3~2.6			10	—
		>2.6~3.0			12	—
		>3.0~6.0			12	—
	H8	>0.2~0.5	100	—	—	—
		>0.5~0.8			3	—
		>0.8~1.3			4	—
		>1.3~2.6			5	—
		>2.6~3.0			6	—
		>3.0~6.0			6	—
S1A	M	>3.0~25.0	—	—	—	—
	O	>0.2~0.5	≤90	—	—	—
		>0.5~0.8			29	—
		>0.8~1.3			29	—
		>1.3~2.6			29	—
		>2.6~3.0			35	
		>3.0~6.0			35	
	H4	>0.2~0.5	95~120	—	—	—
		>0.5~0.8			5	—
		>0.8~1.3			6	—
		>1.3~2.6			7	—
		>2.6~3.0			8	—
		>3.0~12.5			8	—
	H8	>0.2~0.5	125	—	—	—
		>0.5~0.8			3	—
		>0.8~1.3			4	—
		>1.3~2.6			4	—
		>2.6~3.0			5	—
S1B	O	>0.2~0.5	55~95	—	—	—
		>0.5~0.8			22	—
		>0.8~1.3			25	—
		>1.3~2.6			30	—
		>2.6~3.0			32	—
		>3.0~6.0			32	—

续表

牌号	状态	厚度 / mm	抗拉强度 σ_b /MPa 不小于	屈服强度 $\sigma_{0.2}$ / MPa 不小于	伸长率 / %,不小于	
					标距 50mm	标距 $5.65\sqrt{A}$
S1B	H4	>0.2～0.5 >0.5～0.8 >0.8～1.3 >1.3～2.6 >2.6～3.0 >3.0～12.5	100～135	—	— 4 5 6 6 8	— — — — — —
	H8	>0.2～0.5 >0.5～0.8 >0.8～1.3 >1.3～2.6 >2.6～3.0	135	—	— 3 3 4 4	— — — — —
S1C	M	>3.0～25.0	—	—	—	—
S1C	O	>0.2～0.5 >0.5～0.8 >0.8～1.3 >1.3～2.6 >2.6～3.0 >3.0～6.0	70～105	—	— 20 25 30 30 30	— — — — — —
	H2	>0.2～0.5 >0.5～0.8 >0.8～1.3 >1.3～2.6 >2.6～3.0 >3.0～6.0	95～120	—	— 4 6 8 9 9	— — — — — —
	H4	>0.2～0.5 >0.5～0.8 >0.8～1.3 >1.3～2.6 >2.6～3.0 >3.0～12.5	110～140	—	— 3 4 5 5 6	— — — — — —
	H6	>0.2～0.5 >0.5～0.8 >0.8～1.3 >1.3～2.6 >2.6～3.0 >3.0～6.0	125～150	—	— 2 3 4 4 4	— — — — — —
	H8	>0.2～0.5 >0.5～0.8 >0.8～1.3 >1.3～2.6 >2.6～3.0	140	—	— 2 3 4 4	— — — — —
NS3	O	>0.2～0.5 >0.5～0.8 >0.8～1.3 >1.3～2.6 >2.6～3.0 >3.0～6.0	90～130	—	— 20 23 24 24 25	— — — — — —

续表

牌号	状态	厚度 / mm	抗拉强度 σ_b /MPa 不小于	屈服强度 $\sigma_{0.2}$ / MPa 不小于	伸长率 / %,不小于	
					标距 50mm	标距 $5.65\sqrt{A}$
NS3	H2	＞0.2～0.5 ＞0.5～0.8 ＞0.8～1.3 ＞1.3～2.6 ＞2.6～3.0 ＞3.0～6.0	120～145	—	 5 6 7 9 9	—
	H4	＞0.2～0.5 ＞0.5～0.8 ＞0.8～1.3 ＞1.3～2.6 ＞2.6～3.0 ＞3.0～12.5	140～175	—	— 3 4 5 6 7	—
	H6	＞0.2～0.5 ＞0.5～0.8 ＞0.8～1.3 ＞1.3～2.6 ＞2.6～3.0 ＞3.0～6.0	160～195	—	— 2 3 4 4 4	—
	H8	＞0.2～0.5 ＞0.5～0.8 ＞0.8～1.3 ＞1.3～2.6 ＞2.6～3.0	175	—	— 2 3 4 4	—
NS4	M	＞3.0～12.5 ＞12.5～25.0	—	—	—	—
	O	＞0.2～0.5 ＞0.5～0.8 ＞0.8～1.3 ＞1.3～2.6 ＞2.6～3.0 ＞3.0～6.0	160～200	60	— 18 18 18 20 20	—
	H3	＞0.2～0.5 ＞0.5～0.8 ＞0.8～1.3 ＞1.3～2.6 ＞2.6～3.0 ＞3.0～6.0	200～240	130	— 4 5 6 8 8	—
	H6	＞0.2～0.5 ＞0.5～0.8 ＞0.8～1.3 ＞1.3～2.6 ＞2.6～3.0 ＞3.0～12.5	225～275	175	— 3 4 5 5 5	—
NS5	O	＞0.2～0.5 ＞0.5～0.8 ＞0.8～1.3 ＞1.3～2.6 ＞2.6～3.0 ＞3.0～6.0	215～275	85	— 12 14 16 18 18	—

续表

牌号	状态	厚度 / mm	抗拉强度 σ_b /MPa 不小于	屈服强度 $\sigma_{0.2}$ / MPa 不小于	伸长率 / %,不小于	
					标距 50mm	标距 $5.65\sqrt{A}$
NS5	H_2	＞0.2～0.5 ＞0.5～0.8 ＞0.8～1.3 ＞1.3～2.6 ＞2.6～3.0 ＞3.0～6.0	245～295	165	— 5 6 7 8 8	—
	H4	＞0.2～0.5 ＞0.5～0.8 ＞0.8～1.3 ＞1.3～2.6 ＞2.6—3.0 ＞3.0～6.0	275～325	225	— 4 4 6 6 6	—
NS8	M	＞3.0～12.5 ＞12.5～25.0		—	—	—
	O	＞0.2～0.5 ＞0.5～0.8 ＞0.8～1.3 ＞1.3～2.6 ＞2.6～3.0 ＞3.0～12.5 ＞12.5～25.0	275～350	125	— 12 14 16 16 16 —	14
	H2	＞0.2～0.5 ＞0.5～0.8 ＞0.8～1.3 ＞1.3～2.6 ＞2.6～3.0 ＞3.0～6.0	310～375	235	— 5 6 8 10 8	—
	H4	＞0.2～0.5 ＞0.5～0.8 ＞0.8～1.3 ＞1.3～2.6 ＞2.6～3.0 ＞3.0～6.0	345～405	270	— 4 5 6 8 6	—
HS15	TB	＞0.2～0.5 ＞0.5～0.8 ＞0.8～1.3 ＞1.3～2.6 ＞2.6～3.0 ＞3.0～12.5 ＞12.5～25.0	385	245	— 13 14 14 14 14 —	— — — — — — 10
	TF	＞0.2～0.5 ＞0.5～0.8 ＞0.8～1.3 ＞1.3～2.6 ＞2.6～3.0	430	375	— 6 6 7 7	—

续表

牌　号	状　态	厚　度 / mm	抗拉强度 σ_b /MPa 不小于	屈服强度 $\sigma_{0.2}$ / MPa 不小于	伸长率 / %,不小于	
					标距 50mm	标距 5.65$\sqrt{A}$
HS15	TF	＞3.0～12.50 ＞12.50～25.0	440	380	9 —	— 6
		＞25.0～40.0	430	360	—	6
		＞40.0～63.0	420	345	—	6
HC15	TB	＞0.2～0.5 ＞0.5～0.8 ＞0.8～1.3 ＞1.3～2.6 ＞2.6～3.0 ＞3.0～12.5	375	230	— 13 14 14 14 14	—
		＞12.5～25.0	385	245	—	10
	TF	＞0.2～0.5 ＞0.5～0.8 ＞0.8～1.3 ＞1.3～2.6 ＞2.6～3.0	400	325	— 7 7 8 8	—
		＞3.0～12.5	425	365	8	—
		＞12.5～25.0	440	380	—	6
HS30	O	＞0.2～0.5 ＞0.5～0.8 ＞0.8～1.3 ＞1.3～2.6 ＞2.6～3.0	≤155	—	— 16 16 16 18	—
	TB	＞0.2～0.5 ＞0.5～0.8 ＞0.8～1.3 ＞1.3～2.6 ＞2.6～3.0	200	120	— 15 15 15 15	—
		＞3.0～12.5 ＞12.5～25.0	200	115	15 —	— 15
	TF	＞0.2～0.5 ＞0.5～0.8 ＞0.8～1.3 ＞1.3～2.6 ＞2.6～3.0	295	255	— 8 8 8 8	—
	TF	＞3.0～12.5 ＞12.5～25.0	295	240	8 —	— 8

表 4-97 热处理不可强化的铝及铝合金棒、挤压圆管和型材的力学性能(BS 1474:1987 废止)

合金代号	状态	直径(棒)或壁厚(管/型材)/mm		屈服强度 $\sigma_{0.2}$ / MPa 不小于	抗拉强度 σ_b /MPa		伸长率 / %	
		>	<		最小	最大	标距 $5.65\sqrt{S}$	标距 50mm
							不小于	
1050A	F	—	—	—	(60)	—	(25)	(23)
1200	F	—	—	—	(65)	—	(20)	(18)
5083	O	—	150	125	275	—	14	13
	F		150	(130)	(280)	—	(12)	(11)
5154A	O	—	150	85	215	275	18	16
	F		150	(100)	(215)	—	(16)	(14)
5251	F	—	150	(60)	(170)	—	(16)	(14)

表 4-98 热处理可强化的铝合金棒、挤压圆管和型材的力学性能(BS 1474:1987 废止)

合金代号	状态	直径(棒)或壁厚(管/型材)/mm		屈服强度 $\sigma_{0.2}$ / MPa 不小于	抗拉强度 σ_b /MPa		伸长率 / %	
		>	<		最小	最大	标距 $5.65\sqrt{S}$	标距 50mm
							不小于	
2014A	T4	—	20	230	370	—	11	10
		20	75	250	390	—	11	—
		75	150	250	390	—	8	—
		150	200	230	370	—	8	—
	T6 T6510	—	20	370	435	—	7	6
		20	75	435	480	—	7	—
		75	150	420	465	—	7	—
		150	200	390	435	—	7	—
6060	T4	—	150	60	120	—	16	—
	T5	—	150	100	145	—	8	—
	T6	—	150	150	190	—	8	—
6061	T4	—	150	115	190	—	16	14
	T6 T6510	—	150	240	280	—	8	7
6063	O		200	—	—	140	15	13
	F	—	200	—	(100)	—	(13)	(12)
	T4	—	150	70	130	—	16	14
		150	200	70	120	—	13	—
	T5	—	25	110	150	—	8	7
	T6	—	150	160	195	—	8	7
		150	200	130	150	—	6	—
6063A	T4	—	25	90	150	—	14	12
	T5	—	25	160	200	—	8	7
	T6	—	25	190	230	—	8	7
6082	O	—	200	—	—	170	16	14
	F	—	200	—	(110)	—	(13)	(12)
	T4	—	150	120	190	—	16	14
		150	200	100	170	—	13	—
	T5	—	6	230	270	—		8
	T6 T6510	—	20	255	295	—	8	7
		20	150	270	310	—	8	—
		150	200	240	280	—	5	—
6463	T4	—	50	75	125	—	16	14
	T6	—	50	160	185	—	10	9

注:1. 无特殊要求力学性能的材料用“F”表示,括号内的屈服强度、抗拉强度和伸长率的值仅供参考;

2. 壁厚大于 75mm 的管和空心型材的力学性能没有特殊说明;

3. 状态 T6510 仅用于棒材。

表 4-99 铝及铝合金挤制棒、管、型材的力学性能(BS 1474:1972 废止)

材料牌号	材料状态	直径/mm		屈服强度 $\sigma_{0.2}$ /MPa	抗拉强度		伸长率/%	
		大于	小于等于	不小于	MPa 最小	MPa 最大	$5.65\sqrt{S}$ 最大	50mm 最小
E1B	M	—	—	—	60	—	25	23
EIC	M	—	—	—	65	—	20	18
NE4	M	—	150	60	170	—	16	14
NE5	O	—	150	85	215	275	18	16
	M	—	150	100	215	—	16	14
NE8	O	—	150	125	175	—	14	13
	M	—	150	130	280	—	12	11
HE9	O	—	200	—	—	140	15	13
	M	—	200	—	100	—	13	12
	TB	—	150	70	130	—	16	14
	TE	150	200	70	120	—	13	—
		—	25	110	150	—	8	7
	TF	—	150	160	185	—	8	7
		150	200	130	150	—	6	—
HE15	TB	—	20	230	370	—	11	10
		20	75	250	390	—	11	—
		75	150	250	390	—	8	—
		150	200	230	370	—	8	—
	TE	—	20	370	435	—	7	6
		20	75	435	480	—	7	—
		75	150	420	465	—	7	—
		150	200	390	435	—	7	—
HE20	TB	—	150	115	190	—	16	14
	TF	—	150	240	280	—	8	7
HE30	O	—	200	—	—	170	16	14
	M	—	200	—	110	—	13	12
	TB	—	150	120	190	—	16	14
		150	200	100	170	—	13	—
	TE	20	150	270	310	—	8	—
		150	200	240	280	—	5	—

注:对于挤压管材和空心型材,提供的性能指最大厚度是 75mm 的。

表 4-100 铝及铝合金铆钉、螺栓用材料的力学性能(BS 1473—1972)

<table>
<tr><th colspan="2">材料牌号</th><th rowspan="2">供应状态</th><th rowspan="2">试验状态</th><th colspan="2">直 径</th><th>屈服强度</th><th colspan="2">抗拉强度</th></tr>
<tr><th>英国牌号</th><th>ISO</th><th>mm 大于</th><th>mm 小于等于</th><th>$\sigma_{0.2}$ / MPa 不小于</th><th>MPa 最小</th><th>MPa 最大</th></tr>
<tr><td colspan="9">铆钉用料</td></tr>
<tr><td>RIB</td><td>Al99.5</td><td>H5</td><td>H5</td><td>—</td><td>12</td><td>—</td><td>110</td><td>—</td></tr>
<tr><td rowspan="2">NR5</td><td rowspan="2">AlMg3.5</td><td rowspan="2">O或M
H_2 退火拉伸 10%～20%面积缩减</td><td rowspan="2">O或M
H_2 退火和拉伸 10%～20%面积缩减</td><td>—</td><td>25</td><td>—</td><td>215</td><td>—</td></tr>
<tr><td>—</td><td>25</td><td>—</td><td>245</td><td>—</td></tr>
<tr><td rowspan="2">NR6</td><td rowspan="2">AlMg5</td><td rowspan="2">O或M
H_2 退火、拉伸 10%～20%面积缩减</td><td rowspan="2">O或M
H2 退火和拉伸 10%～20%面积缩减</td><td>—</td><td>25</td><td>—</td><td>255</td><td>—</td></tr>
<tr><td>—</td><td>25</td><td>—</td><td>280</td><td>—</td></tr>
<tr><td>HR15</td><td>AlCuSiMg</td><td>H2 退火和拉伸 20%～40%面积缩减</td><td>TB</td><td>—</td><td>12</td><td>—</td><td>385</td><td>—</td></tr>
<tr><td>HR30</td><td>AlSiMgMn</td><td>H2 退火和拉伸 20%～40%面积缩减</td><td>TB</td><td>—</td><td>25</td><td>—</td><td>200</td><td>—</td></tr>
<tr><td colspan="9">螺栓和螺钉用料</td></tr>
<tr><td>NB6</td><td>AlMg5</td><td>H4</td><td>H4</td><td>—</td><td>12</td><td>240</td><td>310</td><td>360</td></tr>
<tr><td>HB15</td><td>AlCu4SiMg</td><td>H2 退火和拉伸 20%～40%面积缩减</td><td>TF</td><td>—</td><td>12</td><td>390</td><td>430</td><td>—</td></tr>
<tr><td>HB20</td><td>AlMgSiCu</td><td>TH</td><td>TH</td><td>—</td><td>12</td><td>245</td><td>310</td><td>—</td></tr>
<tr><td rowspan="2">HB30</td><td rowspan="2">AlSiMgMn</td><td rowspan="2">H2 退火和拉伸 20%～40%面积缩减</td><td rowspan="2">TF</td><td>—</td><td>6</td><td>255</td><td>295</td><td>—</td></tr>
<tr><td>6</td><td>12</td><td>270</td><td>310</td><td>—</td></tr>
</table>

英国有色金属状态代号如下：

M——制造状态；

O——退火；

E,H2,H3——应变硬化状态,材料在退火(或热成型)后进行冷加工；

H4,H5,H6——局部退火(或局部稳定化)与冷加工相结合；

TB——固溶处理＋自然时效；

TD——固溶处理冷加工和自然时效；

TE——从高温成型工艺下进行迅速冷却和沉淀处理；

TF——固溶处理和沉淀处理；

TH——固溶处理,冷加工后进行沉淀处理；

EH——特硬状态；

SH——弹硬状态；

ESH——超弹硬状态。

表 4-101　　铝及铝合金拉伸管的力学性能(BS 1471—1972 废止)

材料牌号		状态	壁厚		屈服强度 $\sigma_{0.2}$ / MPa 不小于	抗拉强度		伸长率 (50mm, $5.65\sqrt{S_0}$) / %,不小于
英国	ISO		mm 大于	mm 小于和等于		MPa 不小于	MPa 不小于	
TIB	Al99.5	O	—	12.0	—	—	95	—
		H4	—	12.0	—	100	135	—
		H8	—	12.0	—	135	—	—
TIC	Al99.0	O	—	12.0	—	—	105	—
		H4	—	12.0	—	110	140	—
		H8	—	12.0	—	140	—	—
NT4	AlM2	O	—	10.0	60	160	200	18
		H4	—	10.0	225	225	—	5
NT5	AlM3.5	O	—	10.0	85	215	260	16
		H4	—	10.0	200	245	—	4
NT8	AlMg4.5Mn	O	—	10.0	125	275	350	12
		H2	—	10.0	235	310	—	5
HT9	AlMgSi	O	—	10.0	—	—	155	—
		TB	—	10.0	100	155	—	15
		TF	—	10.0	180	200	—	8
HT15	AlCu4SiMg	TB	—	10.0	290	400	—	8
		TF	—	10.0	370	450	—	6
HT20	AlMg1SiCu	H4	—	6.0	160	185	—	5
		TB	—	6.0	115	215	—	12
			6.0	10.0	115	215	—	14
		TF	—	6.0	240	295	—	7
			6.0	10.0	225	295	—	9
HT30	AlSiMgMn	TB	—	6.0	115	215	—	12
			6.0	10.0	115	215	—	14
		TF	—	6.0	255	310	—	7
			6.0	10.0	240	310	—	9

表 4-102 铝及铝合金铸件的力学性能(BS 1490—1970 废止)

合金种类	合金牌号 LM	状态代号	抗拉强度,不小于		伸长率,不小于	
			砂型铸造	硬模铸造	砂型铸造	硬模铸造
			MPa	MPa	%	%
通用合金	2	M	—	150	—	—
	4	M	140	160	2	2
		TF	230	280	—	—
	6	M	160	190	5	7
	20	M	—	190	—	5
	24	M	—	180	—	1.5
	25	M	130	160	2	3
		TE	150	190	1	2
		TB7	160	230	2.5	5
		TF	230	280	—	2
	27	M	140	160	1	2
专用合金	0	M	—	—	—	—
	5	M	140	170	3	5
	9	M	—	190	—	3
		TE	170	230	1.5	2
		TF	240	295	—	—
专用合金	10	TB	280	310	8	12
	12	M	—	170	—	—
	13	TE	—	210	—	—
		TF	170	280	—	—
		TF7	140	200	—	—
	16	TB	170	230	2	3
		TF	230	280	—	—
	18	M	120	140	3	4
	21	M	150	170	1	1
	22	TB	—	245	—	8
	26	TE	—	210	—	—
	28	TE	—	170	—	—
		TF	120	190	—	—
	29	TE	120	190	—	—
		TF	120	190	—	—
	30	M	—	150	—	—
		TS	—	160	—	—

注:固溶处理时,LM10,LM13 铸件在油中淬火而不在水中淬火。

表 4-103　电工用铝及铝合金棒材、挤制圆管和型材性能(BS 2898:1970)

材料名称	牌号	状态	抗拉强度 σ_b /MPa	屈服强度 $\sigma_{0.2}$ / MPa	伸长率 / %,不小于		电阻率(20℃) / $\mu\Omega \cdot cm$ 不大于
			不小于		$5.65\sqrt{A}$	50mm	
所有棒,挤制管和型材	E1E	M	60.0		25	23	2.8264
圆棒,方棒,矩形棒	E1E	H2	85.0		15	13	2.8264
圆棒,方棒,矩形棒	E91E	TF	200	170	10	8	3.133

表 4-104　铝及铝合金锻坯和锻件的力学性能(BS 1472:1972 废止)

牌号	材料状态[①]	试样棒材状态	棒材规格[②] / mm	抗拉强度 σ_b /MPa 不小于	屈服强度 $\sigma_{0.2}$ / MPa 不小于	伸长率 / % 标距 $5.65\sqrt{A}$ 不小于
F1B	M	锻造或挤压	≤150	60	—	22
NF4	M	锻造或挤压	≤150	170	60	16
NF5	M	锻造或挤压	≤150	215	100	16
NF8	M	锻造或挤压	≤150	280	130	12
NF9	TB	锻造或挤压	≤150	140	85	16
			>150～200	125	85	13
	TF	锻造或挤压	≤150	185	160	10
			>150～200	150	130	6
HF12	TB	锻造	≤150	310	160	13
		挤压	≤200	310	145	13
	TF	锻造	≤150	385	300	6
		挤压	≤200	385	285	6
HF15	TB	锻造	≤150	370	215	13
		挤压	≤20	370	230	11
			>20～75	390	250	11
			>75～150	390	250	8
			>150～200	370	230	8
	TF	锻造	≤150	450	395	6
		挤压	≤20	435	370	7
			>20～75	480	435	7
			>75～150	465	420	7
			>150～200	435	390	7
HF16	TF	锻造或挤压	≤200	430	340	5
HF30	TB	锻造	≤150	185	120	16
		挤压	≤150	190	120	16
			>150～200	170	100	13
	TF	锻造	≤150	295	255	8
		挤压	≤20	295	255	8
			>20～150	310	270	8
			>150～200	280	240	5

注:①"M"状态的力学性能仅供参考;②原文为"Size of bar"。

4.5 法国铝及铝合金

4.5.1 铝及铝合金牌号和化学成分

(1)变形铝及铝合金牌号和化学成分

表 4-105 变形铝及铝合金牌号和化学成分 (NF A50-411—1981 NF A50-451—1986 NF A50-901—1982)

合金代号	化学成分/%,不大于(注明不小于、余量和范围值者除外)											其他元素		Al
	Si	Fe	Cu	Mn	Mg	Cr	Ni	Zn	Ti	Zr		每种	总和	不小于
1050	0.25	0.40	0.05	0.05	0.05			0.05	0.05			0.03		99.50
1050A	0.25	0.40	0.05	0.05	0.05			0.07	0.05			0.03		99.50
1070A	0.20	0.25	0.03	0.03	0.03			0.07	0.03			0.03		99.70
1080	0.15	0.15	0.03	0.02	0.02			0.03	0.03		Ga 0.03 V 0.05	0.02		99.80
1080A	0.15	0.15	0.03	0.02	0.02			0.06	0.02		Ga 0.03	0.02		99.80
1100	Si+Fe≤0.95		0.20	0.05				0.10				0.05	0.15	99.00
1200	Si+Fe≤1		0.05	0.05				0.10	0.05			0.05	0.15	99.0
2011	0.40	0.7	5.0~6.0					0.30			Pb 0.20~0.6 Bi 0.20~0.6	0.05	0.15	余量
2014	0.50~1.2	0.7	3.9~5.0	0.40~1.2	0.20~0.8	0.10		0.25	0.15		Ti+Zr 0.20	0.05	0.15	余量
2017A	0.20~0.8	0.7	3.5~4.5	0.40~1.0	0.40~1.0	0.10		0.25			Ti+Zr 0.25	0.05	0.15	余量
2024	0.50	0.50	3.8~4.9	0.30~0.90	1.2~1.8	0.10		0.25	0.15		Ti+Zr 0.20	0.05	0.15	余量
2030	0.8	0.7	3.5~4.5	1.0	0.50~1.3	0.10	0.20	0.50	0.20		Bi 0.2 Pb 0.8~1.5	0.05	0.15	余量
2117	0.8	0.7	2.2~3.0	0.20	0.20~0.50	0.10		0.25				0.05	0.15	余量
2214	0.50~1.2	0.30	3.9~5.0	0.40~1.2	0.20~0.8	0.10		0.25	0.15		Ti+Zr ≤0.20	0.05	0.15	余量
2618A	0.15~0.25	0.9~1.4	1.8~2.5	0.25	1.2~1.8		0.8~1.4	0.15	0.20		Ti+Zr 0.25	0.05	0.15	余量
3003	0.6	0.7	0.05~0.20	1.0~1.5				0.10				0.05	0.15	余量
3004	0.30	0.7	0.25	1.0~1.5	0.8~1.3			0.25				0.05	0.15	余量
3005	0.6	0.7	0.30	1.0~1.5	0.20~0.6	0.10		0.25	0.10			0.05	0.15	余量
3105	0.6	0.7	0.30	0.30~0.8	0.20~0.8	0.20		0.40	0.10			0.05	0.15	余量
4006	0.8~1.2	0.5~0.8	0.05	0.03	0.01	0.20		0.05				0.05	0.15	余量
4032	11.0~13.5	1.0	0.50~1.3		0.8~1.3	0.10	0.50~1.3	0.25				0.05	0.15	余量

续表

合金代号	化学成分/%,不大于(注明不小于、余量和范围值者除外)													
	Si	Fe	Cu	Mn	Mg	Cr	Ni	Zn	Ti	Zr		其他元素 每种	其他元素 总和	Al 不小于
5005	0.30	0.7	0.20	0.20	0.5～1.1	0.10		0.25				0.05	0.15	余量
5049	0.40	0.50	0.10	0.50～1.1	1.6～2.5	0.30		0.20	0.10			0.05	0.15	
5050	0.40	0.7	0.20	0.10	1.1～1.8	0.10		0.25				0.05	0.15	
5052	0.25	0.40	0.10	0.10	2.2～2.8	0.15～0.35		0.10				0.05	0.15	
5082	0.20	0.35	0.15	0.15	4.0～5.0	0.15		0.25	0.10			0.05	0.15	
5083	0.40	0.40	0.10	0.4～1.0	4.0～4.9	0.05～0.25		0.25	0.15			0.05	0.15	
5086	0.40	0.50	0.10	0.20～0.7	3.5～4.5	0.05～0.25		0.25	0.15			0.05	0.15	
5150	0.08	0.10	0.10	0.03	1.3～1.7			0.10	0.06			0.03	0.10	
5182	0.20	0.35	0.15	0.20～0.50	4.0～5.0	0.10		0.25	0.10			0.05	0.15	
5251	0.40	0.50	0.15	0.10～0.50	1.7～2.4	0.15		0.15	0.15			0.05	0.15	
5454	0.25	0.40	0.10	0.50～1.0	2.4～3.0	0.05～0.20		0.25	0.20			0.05	0.15	
5754	0.40	0.40	0.10	0.50	2.6～3.6	0.30		0.20	0.15		Mn+Cr 0.10～0.6	0.05	0.15	
6005A	0.50～0.9	0.35	0.30	0.50	0.40～0.7	0.30		0.20	0.10		Mn+Cr 0.12～0.50	0.05	0.15	
6060	0.30～0.6	0.10～0.30	0.10	0.10	0.35～0.6	0.05		0.15	0.10			0.05	0.15	
6061	0.8	0.7	0.15～0.40	0.15	0.8～1.2	0.04～0.35		0.25	0.15			0.05	0.15	
6081	0.7～1.1	0.50	0.10	0.10～0.45	0.6～1.0	0.10		0.20	0.15			0.05	0.15	
6082	0.7～1.3	0.50	0.10	0.4～1.0	0.6～1.2	0.25		0.20	0.10			0.05	0.15	
6181	0.8～1.2	0.45	0.10	0.15	0.6～1.0	0.10		0.20	0.10			0.05	0.15	
6262	0.40～0.8	0.7	0.15～0.40	0.15	0.8～1.2	0.04～0.14		0.25	0.15		Bi 0.40～0.7 Pb 0.40～0.7	0.05	0.15	
7020	0.35	0.40	0.20	0.05～0.50	1.0～1.4	0.10～0.35		4.0～5.0		0.08～0.2	Ti+Zr 0.08～0.25	0.05	0.15	
7049A	0.40	0.50	1.2～1.9	0.50	2.1～3.1	0.05～0.25		7.2～8.4			Ti+Zr≤ 0.25	0.05	0.15	
7075	0.40	0.50	1.2～2.0	0.30	2.9	0.18～0.28		5.1～6.1	0.20		0.25	0.05	0.15	
7175	0.15	0.20	1.2～2.0	0.10	2.1～2.9	0.18～0.28		5.1～6.1	0.10			0.05	0.15	
8011	0.5～0.9	0.6～1.0	0.10	0.10	0.05			0.10	0.08			0.05		

(2)铝及铝合金常用拉制管材及制品的化学成分

表 4-106　铝及铝合金常用拉制管材及制品的化学成分(NF A50-411—1981)

合金代号		化学成分/%												
		Si	Fe	Cu	Mn	Mg	Cr	Ni	Zn	Ti	Zr	Ti+Zr	其他	
													单个	总和
1050A (A5)	最小	—	—	—	—	—	—	—	—	—	—	—	—	—
	最大	0.25	0.40	0.05	0.05	0.05	—	—	0.07	0.05	—	—	0.03	—
	Al≥99.5%													
1080A (A8)	最小	—	—	—	—	—	—	—	—	—	—	—	—	—
	最大	0.15	0.15	0.03	0.02	0.02	—	—	0.06	0.02	0.03	—	0.02	—
	Al>99.8%													
1100 (A45)	最小	Si+Fe≤		0.05	—	—	—	—	—	—	—	—	—	—
	最大	0.95		0.20	0.05	—	—	—	0.10	—	—	—	0.05	0.15
	Al≥99.0%													
1200 (A4)	最小	Si+Fe≤		—	—	—	—	—	—	—	—	—	—	—
	最大	1.0		0.05	0.05	—	—	—	0.10	0.05	—	—	0.05	0.15
	Al≥99%													
2011	最小	—	—	5.0	—	—	—	—	—	—	Pb0.20	Bi0.20	—	—
	最大	0.40	0.7	6.0	—	—	—	—	0.30	—	Pb0.6	Bi0.6	0.05	0.15
	Al=余量													
2014 (A-U4SG)	最小	0.50	—	3.9	0.40	0.20	—	—	—	—	—	—	—	—
	最大	1.2	0.7	5.0	1.2	0.8	0.10	—	0.25	0.15	—	0.20	0.05	0.15
	Al=余量													
2017A (A-U4G)	最小	0.20	—	3.5	0.40	0.40	—	—	—	—	—	—	—	—
	最大	0.8	0.7	4.5	1.0	1.0	0.10	—	0.25	—	—	0.25	0.05	0.15
	Al=余量													
2024 (A-U4G1)	最小	—	—	3.8	0.30	1.2	—	—	—	—	—	—	—	—
	最大	0.50	0.50	4.9	0.9	1.8	0.10	—	0.25	0.15	—	0.20	0.05	0.15
	Al=余量													
2030	最小	—	—	3.5	—	0.50	—	—	—	—	—	Pb0.8	—	—
	最大	0.8	0.7	4.5	1.0	1.3	0.10	0.20	0.50	0.20	Bi0.2	Pb1.5	0.05	0.15
	Al=余量													
3003 (A-M1)	最小	—	—	0.05	1.0	—	—	—	—	—	—	—	—	—
	最大	0.6	0.7	0.20	1.5	—	—	—	0.10	—	—	—	0.05	0.15
	Al=余量													
5005 (A-G0.6)	最小	—	—	—	—	0.50	—	—	—	—	—	—	—	—
	最大	0.30	0.7	0.20	0.20	1.1	0.10	—	0.25	—	—	—	0.05	0.15
	Al=余量													

续表

合金代号		化学成分/%											其他	
		Si	Fe	Cu	Mn	Mg	Cr	Ni	Zn	Ti	Zr	Ti+Zr	单个	总和
5052	最小	—	—	—	—	2.2	0.15	—	—	—	—	—	—	—
	最大	0.25	0.40	0.10	0.10	2.8	0.35	—	0.10	—	—	—	0.05	0.15
														Al=余量
5083	最小	—	—	—	0.40	4.0	0.05	—	—	—	—	—	—	—
	最大	0.40	0.40	0.10	1.0	4.9	0.25	—	0.25	0.15	—	—	0.05	0.15
														Al=余量
5086 (A-G4MC)	最小	—	—	—	0.20	3.5	0.05	—	—	—	—	—	—	—
	最大	0.40	0.50	0.10	0.7	4.5	0.25	—	0.25	0.15	—	—	0.05	0.15
														Al=余量
5251	最小	—	—	—	0.10	1.7	—	—	—	—	—	—	—	—
	最大	0.40	0.50	0.15	0.50	2.4	0.15	—	0.15	0.15	—	—	0.05	0.15
														Al=余量
5454	最小	—	—	—	0.50	2.4	0.05	—	—	—	—	—	—	—
	最大	0.25	0.40	0.10	1.0	3.0	0.20	—	0.25	0.20	—	—	0.05	0.15
														Al=余量
5754 (A-G3M)	最小	—	—	—	—	2.6	—	—	—	—	—	—	—	—
	最大	0.40	0.40	0.10	0.50(1)	3.6	0.30(1)	—	0.20	0.15	—	—	0.05	0.10
	(1)Mn+Cr=0.10～0.6													Al=余量
6005A	最小	0.50	—	—	(1)	0.40	(1)	—	—	—	—	—	—	—
	最大	0.9	0.35	0.30	0.50	0.7	0.30	—	0.20	0.10	—	—	0.05	0.15
	(1)Mn+Cr=0.12～0.50													Al=余量
6060	最小	0.30	0.10	—	—	0.35	—	—	—	—	—	—	—	—
	最大	0.6	0.30	0.10	0.10	0.6	0.05	—	0.15	0.10	—	—	0.05	0.15
														Al=余量
6061	最小	0.40	—	0.15	—	0.8	0.04	—	—	—	—	—	—	—
	最大	0.8	0.7	0.40	0.15	1.2	0.35	—	0.25	0.15	—	—	0.05	0.15
														Al=余量
6082	最小	0.7	—	—	0.40	0.6	—	—	—	—	—	—	—	—
	最大	1.3	0.50	0.10	1.0	1.2	0.25	—	0.20	0.10	—	—	0.05	0.15
														Al=余量
6181 (A-SG)	最小	0.8	—	—	—	0.6	—	—	—	—	—	—	—	—
	最大	1.2	0.45	0.10	0.15	1.0	0.10	—	0.20	0.10	—	—	0.05	0.15
														Al=余量

续表

合金代号		化学成分/%											
		Si	Fe	Cu	Mn	Mg	Cr	Ni	Zn	Ti	Zr	Ti+Zr	其他 单个	其他 总和
7020 (A-Z5G)	最小	—	—	—	0.05	1.0	0.10	—	4.0	—	0.08	0.08	—	—
	最大	0.35	0.40	0.20	0.50	1.4	0.35	—	5.0	—	0.20	0.25	0.05	0.15
		Al=余量												
7049	最小	—	—	1.2	—	2.1	0.05	—	7.2	—	—	—	—	—
	最大	0.40	0.50	1.9	0.50	3.1	0.25	—	8.4	—	—	0.25	0.05	0.15
		Al=余量												
7075 (A-Z5GU)	最小	—	—	1.2	—	2.1	0.18	—	5.1	—	—	—	—	—
	最大	0.40	0.50	2.0	0.30	2.9	0.28	—	6.1	—	—	0.25	0.05	0.15
		Al=余量												

(3)铝合金带、箔材的化学成分

表 4-107 铝合金带、箔材的化学成分(NF A 50-471—1981)

合金代号	化学成分/%,不大于								
	Si	Fe	Cu	Mn	Mg	Zn	Ti	其他(每种)	Al 不小于
1050	0.25	0.40	0.05	0.05	0.05	0.05①	0.05	0.03	99.50
1200	Si+Fe=1		0.05	0.05	—	0.10	0.05	0.05	99.00
8011	0.5~0.9	0.6~1	0.10	0.10	0.05	0.10	0.08	0.05	—
3003	0.60	0.70	0.05~0.20	1~1.5	—	0.10	—	0.05	—

注:①在 1050A 中锌含量可达 0.07%。

(4)铝及铝合金及其铸件的化学成分

表 4-108 纯铝的化学成分(NF A 57-702—1981)

合金代号	化学成分/%								
	主元素	杂质不大于							
	Al,不小于	Fe+Si+Cu	Cu	Mn	Mg	Ni	Zn	Pb	Sn	Ti
A5	99.5	0.05	0.05	0.05	0.05	0.05	0.10	0.05	0.05	0.10
A4	99.0	1.0	0.10	0.10	0.10	0.05	0.10	0.05	0.5	0.15

表 4-109 一般用途铝合金的化学成分(NF A 57-702—1981)

合金代号		化学成分/%											
		Al	Si	Fe	Cu	Mn	Mg	Ni	Zn	Pb	Sn	Ti	其他 单个	其他 总和
A-U8S	最小	余量	2.0	—	6.0	—	—	—	—	—	—	—		
	最大		4.5	0.85	8.5	0.40	0.15	0.20	0.50	0.10	0.10	0.30	—	—
A-U8SZ	最小		2.0		5.0	—	—	—	—	—	—	—		
	最大		5.0	0.90	8.5	0.50	0.30	0.40	2.00	0.25	0.20	0.30	—	—
A-S5U3	最小①		4.5	—	2.8	0.20	0.05	—	—	—	—	—		
	最大		6.0	0.80	3.8	0.60	0.25	0.30	0.50	0.10	0.05	0.25	—	—

续表

合金代号		化学成分/%											其他	
		Al	Si	Fe	Cu	Mn	Mg	Ni	Zn	Pb	Sn	Ti	单个	总和
A-S5UZ	最小	余量	5.0	—	3.0	0.20	—	—	—	—	—	—	—	—
	最大		7.0	1.00	5.0	0.60	0.30	0.30	2.00	0.25	0.20	0.25		
A-S7G②	最小		6.5	—	—	—	0.20	—	—	—	—	0.05	—	—
	最大		7.5	0.55	0.15	0.50	0.40	0.05	0.10	0.05	0.05	0.25	0.05	0.15
A-S7U3G	最小		6.5	—	2.8	0.20	0.25	—	—	—	—	—	—	—
	最大		8.0	0.80	3.8	0.60	0.60	0.30	0.50	0.10	0.10	0.25		
A-S9G	最小		9.0	—	—	0.25	0.15	—	—	—	—	—	—	—
	最大		11.0	0.70	0.25	0.50	0.50	0.10	0.20	0.10	0.10	0.20		
A-S9GU	最小		8.0	—	0.40	0.25	0.15	—	—	—	—	—	—	—
	最大		11.0	0.90	1.00	0.60	0.50	0.20	0.50	0.10	0.10	0.20		
A-S10G②	最小		9.0	—	—	—	0.17	—	—	—	—	—		
	最大		11.0	0.60	0.10	0.50	0.40	0.05	0.10	0.05	0.05	0.20	0.05	0.15
A-S12U	最小		11.0	—	—	—	—	—	—	—	—	—	—	—
	最大		13.5	0.90	1.0	0.60	0.30	0.30	0.50	0.20	0.10	0.15		
A-S13②	最小		11.0	—	—	—	—	—	—	—	—	—		
	最大		13.5	0.70	0.10	0.50	0.10	0.05	0.15	0.05	0.05	0.15	0.05	0.15

注:①用于 A-S5U3 合金:Pb+Sn<0.10;②这些合金中含锑、锶,以改善易溶质,即使低于或等于 0.20%,仍不算做杂质。

表 4-110 特殊用途铝合金的化学成分(NF A 57-702—1981)

合金代号		化学成分/%												其他	
		Al	Si	Fe	Cu	Mn	Mg	Ni	Zn	Pb	Sn	Ti	Cr	单个	总和
A-U4NT①	最小	余量	—	—	3.50	—	1.20	1.70	—	—	—	0.05			
	最大		0.45	0.65	4.50	0.30	1.80	2.30	0.10	0.05	0.05	0.20	—	0.05	0.15
A-U5NKZr②	最小		—	—	4.50	0.20	—	1.30	—	—	—	0.15			
	最大		0.30	0.50	5.50	0.30	0.05	1.80	0.05	0.05	0.05	0.25	—	0.05	0.15
A-SIGT	最小		1.6	—	—	0.30	0.45	—	—	—	—	0.05			
	最大		2.4	0.60	0.10	0.50	0.65	0.05	0.10	0.05	0.05	0.20	—	0.05	0.15
A-S10UG	最小		9.2	0.60	1.80	0.30	0.70	—	—	—	—	—			—
	最大		10.8	1.00	2.60	0.70	1.50	0.25	0.20	0.10	0.05	0.20	—	0.05	0.15
A-S11UNG	最小		10.0	—	0.80	—	0.80	0.60	—	—	—				
	最大		12.0	0.75	1.50	0.20	1.50	1.30	0.20	0.10	0.05	0.20	—	0.05	0.15
A-S12UNG	最小		11.5	—	0.80	—	0.80	0.60	—	—	—				
	最大		13.5	0.75	1.50	0.20	1.50	1.30	0.20	0.10	0.05	0.20	—	0.05	0.15
A-S18UNG	最小		16.5	—	0.80	—	0.80	0.80	—	—	—				
	最大		19.5	0.75	1.50	0.20	1.50	1.30	0.20	0.10	0.05	0.20	—	0.05	0.15
A-S25UNG	最小		23.5	—	0.80	—	0.80	0.80	—	—	—				
	最大		27.0	0.75	1.50	0.20	1.50	1.30	0.20	0.10	0.05	0.20	—	0.05	0.15
A-G3T	最小		—	—	—	—	2.50	—	—	—	—	0.05			
	最大		0.50	0.50	0.10	0.50	3.50	0.05	0.20	0.05	0.05	0.25	—	0.05	0.15
A-G6③	最小		—	—	—	—	5.00	—	—	—	—				
	最大		0.40	0.50	0.10	0.50	7.00	0.05	0.20	0.05	0.05	0.20	—	0.05	0.15
A-Z5G	最小		—	—	0.15	—	0.40	—	4.50	—	—	0.10	0.15		
	最大		0.30	0.80	0.35	0.40	0.70	0.05	6.00	0.05	0.05	0.25	0.60	0.05	0.15

注:①合金 A-U4NT 含有 Cr 低于或等于 0.20%,不算杂质;②合金 A-U5NKZr=Zr0.10-0.30Ti+Zr≤0.50,Sb0.10~0.40,Co0.10~0.40,Sb+Co≥0.60;③合金 A-G6 含有铍低于 0.04%,不算杂质。

表 4-111 高强度铝合金的化学成分(NF A 57-702—1981)

合金代号		化学成分/%											其他	
		Al	Si	Fe	Cu	Mn	Mg	Ni	Zn	Pb	Sn	Ti	单个	总和
A-U5GT	最小	余	—	—	4.2	—	0.15	—	—	—	—	0.05		
	最大		0.20	0.35	5.0	0.10	0.35	0.05	0.10	0.05	0.05	0.30	0.03	0.10
A-S5U3G	最小		4.5	—	2.6	—	0.15	—	—	—	—	—		
	最大		6.0	0.60	3.6	0.45	0.40	0.10	0.20	0.10	0.05	0.20	0.03	0.10
A-S7G03①	最小		6.5	—	—	—	0.25	—	—	—	—	0.08		
	最大		7.5	0.20	0.10	0.10	0.40	0.05	0.10	0.05	0.05	0.25	0.03	0.10
A-S7G06①	最小		6.5	—	—	—	0.45		—	—	—	0.08		
	最大	量	7.5	0.20	0.10	0.10	0.70	0.05	0.10	0.05	0.05	0.25	0.03	0.10

注:①这些合金中含有锑、锶,以改善易溶质,即使低于或等于0.20%,但不算做杂质。

(5)铸造纯铝牌号和化学成分

表 4-122 铸造纯铝牌号和化学成分

合金代号	化学成分/%,不大于(注明余量者除外)										标准号	备注
	Al	Fe+Si+Cu	Cu	Mn	Mg	Ni	Zn	Pb	Sn	Ti		
A4	余	1.0	0.10	0.10	0.10	0.05	0.10	0.05	0.05	0.15	NF A 57-105—1982	不适用于压模铸件
A5		0.5	0.05	0.05	0.05	0.05	0.10	0.05	0.05	0.10		
A5Y4	量	0.55	0.05	0.05	0.05	0.05	0.1	—	0.05	0.1		

(6)铸造铝合金牌号和化学成分

表 4-113 铸造铝合金牌号及化学成分(NF A 57-105—1982)

合金代号	化学成分/%,不大于(注明余量及范围值者除外)											其他元素	
	Al	Si	Fe	Cu	Mn	Mg	Ni	Zn	Pb	Sn	Ti	单个	合计
A-S2GT	余	1.6~2.4	0.60	0.10	0.30~0.50	0.45~0.65	0.05	0.10	0.05	0.05	0.05~0.20	0.05	0.15
A-S7G		6.5~7.5	0.55	0.15	0.50	0.20~0.40	0.05	0.10	0.05	0.05	0.05~0.25	0.05	0.15
A-S7G-03①		6.5~7.5	0.20	0.10	0.10	0.25~0.40	0.05	0.10	0.05	0.05	0.08~0.25	0.03	0.10
A-S7G-06①		6.5~7.5	0.20	0.10	0.10	0.45~0.70	0.05	0.10	0.05	0.05	0.08~0.25	0.03	0.10
A-S9G		9.0~11.0	0.70	0.25	0.25~0.50	0.15~0.50	0.10	0.20	0.10	0.10	0.20		
A-S10G①		9.0~11.0	0.60	0.10	0.50	0.17~0.40	0.05	0.10	0.05	0.05	0.20	0.05	0.15
A-S13①		11.0~13.5	0.70	0.10	0.50	0.10	0.05	0.15	0.05	0.05	0.15	0.05	0.15
A-G3T		0.50	0.50	0.10	0.50	2.50~3.50	0.05	0.20	0.05	0.05	0.05~0.25	0.05	0.15
A-G6②	量	0.40	0.50	0.10	0.50	5.00~7.00	0.05	0.20	0.05	0.05	0.20	0.05	0.15
A-G6Y4②		1.0	1.3	0.2	0.6	5.0~8.5	0.1	0.25		0.1	0.2	0.05	0.15
A-G10Y4②		1.0	1.3	0.2	0.6	8.5~11	0.1	0.25		0.1	0.2	0.05	0.15

注:①这些合金当改变共晶点时要加入0.20%的锶,并将锶作为杂质看待;②镁含量大于5%的合金适用于压模铸件;③铸造纯铝和铝合金,系烹饪和保存食物的设备和器具制造用金属的化学特性。

(7)铝及铝合金牌号的对照

表 4-114　　铝及铝合金牌号对照表(NF A 01-101—1972)

牌号名称　NF A02-004	标准编号　NF A02-104	国际标准牌号　ISO R 209
A4	1200	Al-99.0
A45	1100	Al-99.0Cu
A5	1050	Al-99.5
A7	1070-A	Al-99.7
A8	1080	—
—	8011	—
A-MI	3003	Al-Mn1Cu
A-MG0.5	3005	—
A-MIG	3004	—
A-G0.6	5005	Al-Mg1
—	5051	—
A-G2	5951	—
—	5052	—
—	5454	—
A-G3M	5754-X	Al-Mg3Mn
A-G4MC	5086	Al-Mg4.5Mn
—	5083	—
A-GS	6063	Al-MgSi
A-SG0.5	6005-A	—
—	6061	—
A-SG	6080	—
A-SGM0.7	6082	Al-SilMg
A-U4Gl	2024	Al-Cu4Mg1
—	2024-A	—
A-U4SG	2014	Al-Cu4SiMg
—	2014-A	—
A-U4Pb	2030	—
A-U5PbBi	2011	—
A-Z3G2	7051	—
A-Z5G	7005-A	—
A-Z5GU	7075	—
A-Z8GU	7049-A	—

注:上述与ISO标准对应的合金牌号的化学成分,误差不一定相等,但作为相似牌号来考虑是可以的。

(8)法国铝合金及其铸件的牌号与国际标准的牌号对照

表 4-115 法国铝合金及其铸件的牌号与国际标准的牌号对照表(NF A 57-702—1981)

种类	合金牌号（按 NF A 02-004）	ISO 规定的牌号	使用的控制级别（见 NF A57-701）
纯铝	A5	99.5	3
	A4	99.0	3
常用合金	A-U8S	Al-Cu8Si	3
	A-U8SZ	Al-Cu8SiZn	3
	A-S5U3	Al-Si5Cu3	2 或 3
	A-S5UZ	Al-Si6Cu4	3
	A-S7G	Al-Si7Mg	2 或 3
	A-S7U3G	Al-Si7Cu3Mg	2 或 3
	A-S9G	Al-Si9Mg	3
	A-S9GU	Al-Si9MgCu	3
	A-S10G	Al-Si10Mg	2 或 3
	A-S12U	Al-Si12Cu	2 或 3
	A-S13	Al-Si12	3
特殊用合金	A-U4NT	Al-Cu4Ni2Mg2	2
	A-U5NKZr	Al-Cu5NiCo	1 或 2
	A-S2GT	Al-Si2MgTi	2 或 3
	A-S10UG	Al-Si10CuMg	2
	A-S11UNG	Al-Si11CuNiMg	2
	A-S12UNG	Al-Si12CuNiMg	2
	A-S18UNG	Al-Si18CuNiMg	2
	A-S25UNG	Al-Si25CuNiMg	2
	A-G3T	Al-Mg3	1 或 2
	A-G6	Al-Mg6	1 或 2
	A-Z5G	Al-Zn5Mg	2
高强度合金	A-U5GT	Al-Cu4MgTi	1 或 2
	A-S5U3G	Al-Si5Cu3Mg	1 或 2
	A-S7G03	Al-Si7Mg0.3	1 或 2
	A-S7G06	Al-Si7Mg0.6	1 或 2

4.5.2 铝及铝合金的力学性能

(1)铝及铝合金板、带

表 4-116 一般用途的铝及铝合金板、带的力学性能(NF A 50-451—1986)

合金代号	状态	强度指数	厚度/mm	抗拉强度 R_m/MPa	屈服强度 $R_{p0.2}$/MPa	伸长率 A/%
				不小于		
1050A	F		3.2~150	65		20
	O-H111		0.35~3.2	65~95	20	35
			>3.2~6	65~95	20	35
			>6~12	65~95	20	35
			>12~80	65~95	20	32
	H12	R9	0.35~3.2	85~125	65	9
			>3.2~6	85~125	65	9
			>6~40	85~125	65	9
	H22	R9A	0.35~3.2	85~125	55	13
			>3.2~6	85~125	55	13
			>6~12	85~125	55	12
	H14	R10	0.35~3.2	100~140	80	6
			>3.2~40	100~140	80	6
	H24	R10A	0.35~3.2	100~140	75	10
			>3.2~6	100~140	75	10
			>6~12	100~140	75	8
	H16	R12	0.35~3.2	120~160	100	5
			>3.2~12	120~160	100	5
	H26	R12A	0.35~3.2	120~160	90	7
	H18	R14	0.35~3.2	140	125	4
1070A	F		3.2~150	60		21
	O-H111		0.35~3.2	60~90		38
			>3.2~12	60~90		35
			>12~80	60~90		33
	H12	R8	0.35~3.2	80~120	55	12
			>3.2~12	80~120	55	12
	H22	R8A	0.35~3.2	80~120	50	15
			>3.2~12	80~120	50	15
	H14	R10	0.35~1.6	100~140	70	7
			>1.6~3.2	100~140	70	7
			>3.2~12	100~140	70	7

续表

合金代号	状态	强度指数	厚度 / mm	抗拉强度 R_m/ MPa	屈服强度 $R_{p0.2}$/ MPa	伸长率 A/ %
					不小于	
1070A	H24	R10A	0.35～1.6	100～140	60	11
			>1.6～3.2	100～140	60	11
			>3.2～12	100～140	60	11
	H16	R11	0.35～6	110～165	90	6
			>6～12	110～165	90	6
	H26	R11A	0.35～12	110～165	80	7
	H18	R13	0.35～12	125	105	4
1080	F		3.2～150	60		21
	O-H111		0.35～3.2	60～90		38
			>3.2～12	60～90		35
			>12～80	60～90		33
	H12	R8	0.35～3.2	80～120	55	12
			>3.2～12	80～120	55	12
	H22	R8A	0.35～3.2	80～120	50	15
			>3.2～12	80～120	50	15
	H14	R10	0.35～1.6	100～140	70	7
			>1.6～3.2	100～140	70	7
			>3.2～12	100～140	70	7
	H24	R10A	0.35～1.6	100～140	60	11
			>1.6～3.2	100～140	60	11
			>3.2～12	100～140	60	11
	H16	R11	0.35～6	110～165	90	6
			>6～12	110～165	90	6
	H26	R11A	0.35～12	110～165	80	7
1080A	F		3.2～150	60		21
	O-H111		0.35～3.2	60～90		38
			>3.2～12	60～90		35
			>12～80	60～90		33
	H12	R8	0.35～3.2	80～120	55	12
			>3.2～12	80～120	55	12
	H22	R8A	0.35～3.2	80～120	50	15
			>3.2～12	80～120	50	15
	H14	R10	0.35～1.6	100～140	70	7
			>1.6～3.2	100～140	70	7
			>3.2～12	100～140	70	7

续表

合金代号	状态	强度指数	厚度/mm	抗拉强度 R_m/MPa	屈服强度 $R_{p0.2}$/MPa	伸长率 A/%
				不	小	于
1080A	H24	R10A	0.35～1.6	100～140	60	11
			>1.6～3.2	100～140	60	11
			>3.2～12	100～140	60	11
	H16	R11	0.35～6	110～165	90	6
			>6～12	110～165	90	6
	H26	R11A	0.35～12	110～165	80	7
	H18	R13	0.35～12	125	105	4
1100	F		3.2～150	75		18
	O-H111		0.35～3.2	75～105	25	35
			>3.2～6	75～105	25	35
			>6～12	75～105	25	35
			>12～80	75～105	25	30
	H12	R10	0.35～3.2	95～130	75	8
			>3.2～6	95～130	75	8
			>6～12	95～130	75	8
	H22	R10A	0.35～3.2	95～130	65	12
			>3.2～6	95～130	65	12
			>6～12	95～130	65	10
	H14	R11	0.35～3.2	110～150	95	6
			>3.2～6	110～150	95	6
			>6～12	110～150	90	6
	H24	R11A	0.35～3.2	110～150	90	9
			>3.2～6	110～150	90	9
			>6～12	110～150	85	9
	H16	R13	0.35～3.2	130～170	110	4
	H26	R13A	0.35～3.2	130～170	110	6
	H18	R15	0.35～3.2	150	130	3
1200	F		3.2～150	75		18
	O-H111		0.35～3.2	75～105	25	35
			>3.2～6	75～105	25	35
			>6～12	75～105	25	35
			>12～80	75～105	25	30
	H12	R10	0.35～3.2	95～130	75	8
			>3.2～6	95～130	75	8
			>6～12	95～130	75	8

续表

合金代号	状态	强度指数	厚度/mm	抗拉强度 R_m/MPa	屈服强度 $R_{p0.2}$/MPa	伸长率 A/%
				不小于		
1200	H22	R10A	0.35～3.2	95～130	65	12
			>3.2～6	95～130	65	12
			>6～12	95～130	65	10
	H14	R11	0.35～3.2	110～150	95	6
			>3.2～6	110～150	95	6
			>6～12	110～150	90	6
	H24	R11A	0.35～3.2	110～150	90	9
			>3.2～6	110～150	90	9
			>6～12	110～150	85	9
	H16	R13	0.35～3.2	130～170	110	4
	H26	R13A	0.35～3.2	130～170	110	6
	H18	R15	0.35～3.2	150	130	3
2014	O		0.35～1.6	≤220	≤140	13
			>1.6～3.2	≤220	≤140	13
			>3.2～12	≤220	≤140	12
	T4	R40	0.35～1.6	395	245	15
			>1.6～6	395	245	15
	T4 或 T451	R40	6～12	395	245	13
	T451	R40	12～25	400	250	12
			>25～40	400	250	11
		R39	>40～60	400	250	8
			>60～80	390	240	7
	T6	R44	0.35～0.8	440	390	8
			>0.8～6	440	390	7
	T6 或 T651	R45	6～12	450	395	7
	T651	R46	12～25	460	410	6
			>25～40	460	400	6
		R45	>40～60	450	390	5
		R44	>60～80	435	380	4
		R41	>80～120	410	350	4
2017A	O		0.35～1.6	≤220	≤140	13
			>1.6～3.2	≤220	≤140	13
			>3.2～12	≤225	≤145	13
	T4	R39	0.35～1.6	390	245	15
			>1.6～6	390	245	15

续表

合金代号	状态	强度指数	厚度 / mm	抗拉强度 R_m/ MPa	屈服强度 $R_{p0.2}$/ MPa	伸长率 A/ %
				不	小	于
2017A	T4 或 T451	R39	6～12	390	250	13
	T451	R39	12～25	390	250	12
			＞25～40	390	250	11
		R38	＞40～60	380	240	8
		R37	＞60～80	370	240	7
		R36	＞80～120	360	240	6
		R35	＞120～150	350	240	4
2024	O		0.35～1.6	≤220	≤140	13
			＞1.6～3.2	≤220	≤140	13
			＞3.2～6	≤220	≤140	12
			＞6～12	≤220	≤140	12
	T4	R43	0.35～1.6	425	275	14
			＞1.6～6	425	275	14
	T3	R44	0.8～1.6	435	290	14
			＞1.6～3.2	435	290	14
			＞3.2～6	435	290	16
	T351	R44	6～12	440	290	12
			＞12～25	435	290	11
		R43	＞25～40	430	300	11
			＞40～50	425	290	9
		R42	＞50～60	420	300	8
		R40	＞60～80	415	300	7
			＞80～100	395	285	6
		R38	＞100～120	395	285	5
			＞120～150	380	260	5
2117	T4	R25	0.35～3.2	250	150	22
2618A	T8	R40	0.8～2.5	400	335	7
			＞2.5～6	400	335	7
	T851	R42	6～40	420	375	5
		R41	＞40～80	410	370	5
			＞80～100	405	365	4
		R40	＞100～140	395	360	4
3003	F		3.2～150	95		12
	O-H111		0.35～3.2	95～130	35	28
			＞3.2～6	95～130	35	28
			＞6～12	95～130	35	24
			＞12～80	95～130	35	23

续表

合金代号	状态	强度指数	厚度/mm	抗拉强度 R_m/MPa	屈服强度 $R_{p0.2}$/MPa	伸长率 A/%
				不	小	于
3003	H12	R12	0.35～3.2	120～160	90	7
			>3.2～12	120～160	90	7
	H22	R12A	0.35～3.2	120～160	80	11
			>3.2～12	120～160	80	11
	H14	R14	0.35～3.2	140～180	120	5
			>3.2～8	140～180	120	5
			>8～12	140～180	120	4
	H24	R14A	0.35～3.2	140～180	115	8
			>3.2～8	140～180	115	8
			>8～12	140～180	110	8
	H16	R17	0.35～3.2	170～210	150	3
	H26	R17A	0.35～3.2	170～210	140	5
	H18	R18	0.35～1.6	180	165	3
3004	F		3.2～150	155		10
	O-H111		0.35～3.2	155～200	60	18
			>3.2～6	155～200	60	16
			>6～80	155～200	60	14
	H12	R19	0.35～1.6	190～240	155	6
			>1.6～3.2	190～240	155	6
			>3.2～6	190～240	155	6
	H22 和 H32	R19A	0.35～1.6	190～240	145	8
			>1.6～3.2	190～240	145	8
			>3.2～6	190～240	145	8
	H14	R22	0.35～3.2	220～260	180	4
			>3.2～6	220～260	180	4
	H24 和 H34	R22A	0.35～3.2	220～260	170	6
			>3.2～6	220～260	170	6
	H16	R24	0.35～1.6	240～280	200	3
	H26 和 H36	R24A	0.35～1.6	240～280	190	5
	H18	R26	0.35～1.6	260	230	3
3005	F		3.2～150	115		
	O-H111		0.35～1.6	115～165	45	22
			>1.6～3.2	115～165	45	22
			>3.2～6	115～165	45	21

续表

合金代号	状态	强度指数	厚度 / mm	抗拉强度 R_m/ MPa	屈服强度 $R_{p0.2}$/ MPa	伸长率 A/ %
				不	小	于
3005	H12	R14	0.35～1.6	140～185	115	6
			>1.6～3.2	140～185	115	6
	H22	R14A	0.35～1.6	140～185	90	10
			>1.6～3.2	140～185	90	10
	H14	R17	0.35～1.6	165～215	145	4
			>1.6～3.2	165～215	145	4
	H24	R17A	0.35～1.6	165～215	130	6
			>1.6～3.2	165～215	130	6
	H16	R20	0.35～1.6	195～240	175	3
	H26	R20A	0.35～1.6	195～240	155	5
	H18	R23	0.35～1.6	225	200	3
	H38	R23A	0.35～1.6	225	190	3
3105	O-H111		0.35～0.8	110～150	40	20
			>0.8～1.6	110～150	40	21
			>1.6～3.2	110～150	40	22
	H12	R13	0.35～3.2	130～180	105	6
	H14	R15	0.35～3.2	150～200	125	4
	H16	R17	0.35～3.2	170～220	145	3
	H18	R19	0.35～3.2	190	165	2
	H25	R16A	0.35～3.2	160	130	5
4006	O	R10	0.35～3.2	95～130	40	30
			>3.2～6	95～130	40	30
	H12	R12	0.35～3.2	120～160	90	7
	H14	R14	0.35～3.2	140～180	120	5
	T4①	R12	0.35～6	120～160	55	25
5005	F		3.2～150	100		12
	O-H111		0.35～1.6	105～140	35	24
			>1.6～3.2	105～140	35	24
			>3.2～8	105～140	35	24
			>8～12	105～140	35	24
			>12～80	105～140	35	20
	H12	R12	0.35～3.2	120～160	90	6
			>3.2～12	120～160	90	6
	H22	R12A	0.35～3.2	120～160	80	10
			>3.2～8	120～160	80	10
			>8～12	120～160	80	8

续表

合金代号	状态	强度指数	厚度 /mm	抗拉强度 R_m/MPa	屈服强度 $R_{p0.2}$/MPa	伸长率 A/%
				不小于		
5005	H14	R14	0.35～3.2 >3.2～12	140～180 140～180	115 115	4 4
	H24	R14A	0.35～3.2 >3.2～8 >8～12	140～180 140～180 140～180	105 105 105	8 8 6
	H16	R16	0.35～12	160～200	135	3
	H26	R16A	0.35～12	160～200	125	5
	H18	R18	0.35～12	180	165	3
	H38	R18A	0.35～12	180	165	5
5049	O-H111		0.35～1.6 >1.6～3.2 >3.2～7	190～230 190～230 190～230	80 80 80	20 20 20
	H12	R22	0.35～1.6 >1.6～3.2	220～260 220～260	165 165	9 9
	H22 H32	R22A	0.35～1.6 >1.6～3.2 >3.2～7	220～260 220～260 220～260	130 130 130	14 14 14
	H14	R24	0.35～1.6 >1.6～3.2	240～280 240～280	190 190	5 5
	H24 H34	R24A	0.35～1.6 >1.6～3.2 >3.2～7	240～280 240～280 240～280	160 160 160	10 10 10
	H16	R27	0.35～1.6 >1.6～3.2	265～305 265～305	215 215	4 4
	H26	R27A	0.35～1.6 >1.6～3.2	265～305 265～305	190 190	7 7
	H18	R29	0.35～3.2	290	250	3
	H38	R29A	0.35～3.2	290	220	6
5050	F		3.2～150	130		13
	O-H111		0.35～1.6 >1.6～3.2 >3.2～80	130～170 130～170 130～170	45 45 45	23 23 20
	H12	R16	0.35～3.2	155～195	130	8
	H22	R16A	0.35～1.6 >1.6～3.2	155～195 155～195	110 110	12 12

续表

合金代号	状态	强度指数	厚度 / mm	抗拉强度 R_m/ MPa	屈服强度 $R_{p0.2}$/ MPa	伸长率 A/ %
				不	小	于
5050	H14	R18	0.35～3.2	175～215	155	5
	H24	R18A	0.35～1.6	175～215	135	10
			>1.6～3.2	175～215	135	10
	H16	R20	0.35～3.2	195～235	170	4
	H26	R20A	0.35～3.2	195～235	160	8
	H18	R23	0.35～3.2	225	200	3
	H28	R23A	0.35～3.2	225	180	6
	H19	R25	0.35～2	250	225	3
5052	F		3.2～150	170	60	10
	O-H111		0.35～1.6	170～215	65	20
			>1.6～3.2	170～215	65	20
			>3.2～6	170～215	65	20
			>6～8	170～215	65	19
			>8～150	150～215	65	18
	H22 H32		0.35～3.2	210～260	160	11
			>3.2～8	210～260	160	11
		R21A	>8～40	210～260	150	12
	H24	R24A	0.35～3.2	235～275	180	5
			>3.2～8	235～275	180	5
	H34	R23A	>8～30	230～275	180	9
	H26 H36	R25A	0.35～8	250～305	200	5
	H38	R27A	0.35～3.2	270	220	3
5083	F		3.2～12.5	275	125	12
			>12.5～150	275	125	10
	O-H111		0.35～1.6	275～350	125	17
			>1.6～3.2	275～350	125	17
			>3.2～6	275～350	125	17
			>6～150	275～345	115	16
	H22	R30A	0.35～1.6	300～385	210	12
			>1.6～3.2	300～385	210	12
			>3.2～40	300～385	210	11
	H33	R32A	1.2～6	320～370	235	10
	H34	R35A	1.2～6	345～405	270	6

续表

合金代号	状态	强度指数	厚度 / mm	抗拉强度 R_m/ MPa	屈服强度 $R_{p0.2}$/ MPa	伸长率 A/ %
				不小于		
5083	H116	R31	0.8～3.2 >3.2～12	305 305	215 215	11 11
			>12～40	305	215	10
		R29	>40～80	285	200	10
5086	F		3.2～150	240	100	10
	O-H111		0.35～3.2 >3.2～6 >6～12 >12～150	240～300 240～300 240～300 240～300	100 100 100 100	18 18 17 16
	H22 H32	R28A	0.35～3.2 >3.2～25	275～330 275～330	190 190	10 10
	H24 H34	R30A	0.35～3.2 >3.2～8 >8～20	300～350 300～355 300～355	230 230 230	8 8 7
	H116	R28	1.6～3.2 >3.2～12 >12～50	275 275 275	195 195 195	12 11 9
5150	F		0.35～3.2	130		
	O-H111		0.35～1.6 >1.6～3.2	130～170 130～170		25 25
	H12	R15	0.35～1.6 >1.6～3.2	150～190 150～190	130 130	8 8
	H22	R15A	0.35～1.6 >1.6～3.2	150～190 150～190	110 110	15 15
	H14	R17	0.35～3.2	170～210	150	6
	H24	R17A	0.35～3.2	170～210	130	12
	H16	R19	0.35～3.2	190～230	170	3
	H26	R19A	0.35～3.2	190～230	160	8
	H18 和 H19	R21	0.35～3.2	210	190	2
5251	F		3.2～150	155	60	10
	O-H111		0.35～1.6 >1.6～3.2 >3.2～6 >6～80	155～200 155～200 155～200 155～200	60 60 60 60	20 20 20 18
	H12	R19	0.35～3.2	185～225	140	10

续表

合金代号	状态	强度指数	厚度/mm	抗拉强度 R_m/MPa	屈服强度 $R_{p0.2}$/MPa	伸长率 A/%
					不小于	
5251	H22	R19A	0.35～3.2	185～225	140	12
	H14	R21	0.35～3.2	205～245	170	5
	H24	R21A	0.35～3.2	205～245	150	10
	H16	R23	0.35～3.2	230～270	200	4
	H26	R23A	0.35～3.2	230～270	175	8
	H18	R26	0.35～3.2	255	230	3
	H38	R26A	0.35～3.2	255	205	5
5454	F		3.2～40	210	100	8
			>40～150	210	100	13
	O-H111		0.35～1.6	215～285	85	19
			>1.6～3.2	215～285	85	18
			>3.2～80	215～285	85	18
	H22 H32	R25A	0.35～1.6	250～305	180	9
			>1.6～3.2	250～305	180	9
			>3.2～25	250～305	180	9
	H24 H34	R27A	0.35～1.6	270～330	200	8
			>1.6～3.2	270～330	200	8
			>3.2～25	270～330	200	8
5754	F		3.2～6	190	80	8
			>6～12	190	70	15
			>12～60	190	70	13
			>60～150	190	70	11
	O-H111		0.35～1.6	190～240	80	20
			>1.6～6	190～240	80	20
			>6～12	190～240	70	18
			>12～80	190～240	70	17
	H22 H32	R22A	0.35～1.6	220～260	130	12
			>1.6～3.2	220～260	130	11
			>3.2～25	220～260	130	10
			>25～40	220～260	130	9
	H24	R24A	0.35～3.2	240～280	165	10
			>3.2～8	240～280	165	10
			>8～12	240～280	165	8
			>12～40	240～280	165	7
	H34	R24	0.35～3.2	240～280	190	5
			>3.2～8	240～280	190	5
	H26	R26A	0.35～8	260～310	190	7
			>8～12	260～310	190	6

续表

合金代号	状态	强度指数	厚度 / mm	抗拉强度 R_m / MPa	屈服强度 $R_{p0.2}$ / MPa	伸长率 A / %
				不	小	于
5754	H36	R26	0.35～6	260～310	215	4
	H38	R29	0.35～3.2	290	230	3
6061	O		0.35～3.2	≤150	≤85	20
			>3.2～6	≤150	≤85	19
			>6～12	≤150	≤85	18
	T4	R21	0.35～1.6	210	110	18
			>1.6～3.2	210	110	18
			>3.2～6	210	110	18
	T451	R21	6～12	205	110	16
			>12～25	205	110	15
			>25～80	205	110	14
	T6	R29	0.35～6	290	240	10
	T651	R29	6～12	290	240	9
			>12～25	290	240	8
			>25～50	290	240	7
			>50～100	290	240	5
		R28	>100～150	280	240	5
6081	O		0.35～3.2	≤140	≤85	28
			>3.2～6	≤140	≤85	28
			>6～12	≤140	≤85	28
	T4	R21	0.35～1.6	210	110	18
			>1.6～3.2	210	110	18
			>3.2～6	210	110	18
	T451	R21	6～12	210	110	
	T6	R28	0.35～6	280	240	10
	T651	R28	6～12	280	240	9
	T61	R25	0.35～3.2	250	150	18
			>3.2～6	250	150	18
6082	O		0.35～3.2	≤150	≤85	18
			>3.2～6	≤150	≤85	18
			>6～12	≤150	≤85	17
	T4	R21	0.35～3.2	205	110	16
			>3.2～6	205	110	14
	R451	R21	6～10	205	110	14
	T6	R31	0.35～6	310	260	10

续表

合金代号	状态	强度指数	厚度 / mm	抗拉强度 R_m/ MPa	屈服强度 $R_{p0.2}$/ MPa	伸长率 A/ %
				不	小	于
6082	T651	R31	6～10	310	260	10
		R30	＞10～20	295	245	8
			＞20～150	295	240	6
	T61	R28	0.35～3.2	280	205	14
			＞3.2～12	280	205	12
7020	T4	R32	0.35～12	320[②]	210[②]	14[②]
	T6	R35	0.35～40	350	280	10
7075	O		0.35～0.8	≤275	≤145	10
			＞0.8～1.6	≤275	≤145	10
			＞1.6～3.2	≤275	≤145	10
			＞3.2～12	≤275	≤145	10
	T6	R53	0.35～0.8	525	460	7
			＞0.8～3.2	540	470	8
		R54	＞3.2～6	540	475	8
	T651	R54	6～12	540	460	8
			＞12～25	540	470	6
		R53	＞25～50	530	460	5
			＞50～60	525	440	4
		R50	＞60～80	495	420	4
		R49	＞80～90	490	400	4
		R46	＞90～100	460	370	3
		R45	＞100～120	440	330	2
	T73[③]	R46	3.2～6	460	385	8
	T7351[③]	R48	6～25	475	390	7
			＞25～50	475	390	5
		R46	＞50～60	455	360	5
		R44	＞60～80	440	340	5
		R43	＞80～100	430	340	5
	T76	R50	3.2～6	500	425	8
	T7651	R50	6～10	490	415	8
		R49	＞10～25	490	410	6

注：①板带半成品一般不以 T4 状态交货，因 T4 状态是在加热至 500℃以上的温度后淬火获得的，而该合金在适宜条件下轧制成成品时，上述这一热处理过程会自然完成；②室温下时效 3 个月后所获得的性能；③T73 和 T351 状态的 7075 合金允许按 NF A 05-301 的方法做腐蚀试验，其试验数值应等于 $R_{p0.2}$ 规定数值的 75%。

(2)刚性容器用铝合金板、带

表 4-117 刚性容器用铝合金板、带的力学性能

合金代号	状态	强度指数	抗拉强度 R_m/MPa	屈服强度 $R_{p0.2}$/MPa	伸长率/% 标距 $5.65\sqrt{A}$	标准号
			不	小	于	
3003	H14	R14	140～180	120	5	NF A50-481—1982
3004	H39	R27	270	250	2	
5052	H24	R23	235～275	180	5	
	H26	R25	250～305	200	5	
5082	H28	R33	330～395	265	2	
	H19	R36	355	310	2	
5182	H28	R34	340～400	270	2	
	H19	R38	380	320	2	
8011	H14	R13	125～160	—	5	

(3)铝及铝合金薄带和箔材

按 NF A50-471—1981 的定义，厚度 0.041～0.2mm 者称为薄带，厚度等于或小于 0.04mm 者称为薄材，其力学性能如表 4-118 所示。其中 R 表示抗拉强度(MPa)；A_{50} 表示标距为 50mm 时的伸长率(%)。

表 4-118 铝及铝合金薄带和箔材力学性能(NF A 50-471—1981)

合金代号	厚度 /μm	状态	R	A_{50}	状态	R	A_{50}	状态	R	A_{50}	状态	R	A_{50}
			不小于			不小于			不小于			不小于	
1050	>4.5～9	O	40	0.5	H12			H22			H14		
	>9～25		45	1									
	>25～40		45	3									
	>40～60		55	5		80	2		80	3		115	1
	>60～80		55	7		80	2		80	4		115	1
	>80～100		60	10		85	2		85	5		115	1
	>100～120		65	12		90	3		90	6		115	1
	>120～150		65	15		90	3		90	6		115	1
	>150～200		65	18		90	3		90	6		115	1
1200	>4.5～9	O	45	0.5	H12			H22			H14		
	>9～25		50	1									
	>25～40		50	3									
	>40～60		60	5		90	2		90	3		120	1
	>60～80		65	7		90	2		90	4		120	1
	>80～100		70	10		95	2		95	5		120	1
	>100～120		75	12		95	3		95	6		120	1
	>120～150		75	15		95	3		95	6		120	1
	>150～200		75	18		95	3		95	6		120	1
8011	>9～12	O	60	1	H12			H22			H14		
	>12～25		70	1									
	>25～40		75	3									
	>40～60		75	5		100	2		100	6		130	1
	>60～80		80	6		100	2		100	8		130	1
	>80～100		80	8		105	2		105	10		130	1
	>100～120		85	12		105	3		105	10		130	1
	>120～150		85	15		105	3		105	12		130	2
	>150～200		85	15		105	3		105	12		130	2

续表

合金代号	厚度 /μm	状态	R	A_{50}	状态	R	A_{50}	状态	R	A_{50}	状态	R	A_{50}
			不小于			不小于			不小于			不小于	
	>40～60		90	5		120	2		120	6		140	1
	>60～80		90	6		120	2		120	8		140	1
	>80～100		90	8		120	2		120	10		140	1
3003	>100～120	O	100	12	H12	120	2	H22	120	10	H14	140	1
	>120～150		100	15		120	2		120	12		140	2
	>150～200		100	15		120	2		120	12		140	2

合金代号	厚度 /μm	状态	R	A_{50}	状态	R	A_{50}	状态	R	A_{50}	状态	R	A_{50}	状态	R	A_{50}
			不小于			不小于			不小于			不小于			不小于	
	>4.5～9															
	>9～25															
	>25～40															
	>40～60		115	3								140	2		160	3
1050	>60～80	H24	115	3	H16			H26			H18	140	2	H19	160	3
	>80～100		115	4								140	3		160	4
	>100～120		115	4		125	1		125	3		140	3		160	4
	>120～150		115	4		125	2		125	4		140	3		160	4
	>150～200		115	5								140	3		160	4
	>4.5～9															
	>9～25											120	1			
	>25～40											150	2			
	>40～60		120	3								150	2		170	3
1200	>60～80	H24	120	3	H16			H26			H18	150	2	H19	170	3
	>80～100		120	4								150	3		170	4
	>100～120		120	4								150	3		170	4
	>120～150		120	4		135	1		135	3		150	3		170	4
	>150～200		120	5		135	2		135	4		150	3		170	4
	>9～12															
	>12～25															
	>25～40															
	>40～60		130	6		150	1		150	4		165	1		180	2
8011	>60～80	H24	130	8	H16	150	1	H26	150	5	H18	165	1	H19	180	2
	>80～100		130	8		150	1		150	5		165	2		180	2
	>100～120		130	8		150	2		150	5		165	2		180	3
	>120～150		130	10		150	2		150	6		165	2		180	3
	>150～200		130	10		150	2		150	6		165	2		180	3
	>40～60		140	6		160	1		160	4		180	1		220	2
	>60～80		140	8		160	1		160	4		180	1		220	2
	>80～100		140	8		160	1		160	5		180	2		220	3
3003	>100～120	H24	140	8	H16	160	1	H26	160	5	H18	180	2	H19	220	3
	>120～150		140	10		160	2		160	6		180	2		220	3
	>150～200		140	10		160	2		160	6		180	2		220	3

(4)铝及铝合金管材及制品

表 4-119 铝及铝合金常用拉制管材及制品的力学性能(NF A 50-411—1981)

合金代号	材料品种	材料状态	强度系数	截面 $S(mm^2)$或直径 $D(mm)$或厚度 $e(mm)$	力学性能 抗拉强度 R/MPa 最小	抗拉强度 R/MPa 最大	屈服强度 $R_{p0.2}$/MPa 最小	伸长率 $A_{5.65}$/% 最小
1050A	型 材	F①	—	$S \leqslant 8000$	65	—	20	25
				$8000 < S \leqslant 16000$	65	—	20	20
	棒 材	F①	—	$S \leqslant 6400$	65	—	20	20
		O(H111)	—	$S \leqslant 8000$ $e \leqslant 30$	20	—	20	25
	冷拉棒材	O(H111)	—	$S \leqslant 8000$-D 或 $e \leqslant 30$	65	—	20	25
		H14	R10	$D \leqslant 50$ $e \leqslant 10$	100	—	70	7
		H24	R10A	$D \leqslant 25$ $e \leqslant 8$	100	—	65	9
		H16	R13	$D \leqslant 15$	125	—	105	4
		H18	R15	$D \leqslant 10$	145	—	125	3
	管 材	F①	—	$D \leqslant 150$ $e \leqslant 6$	65	—	20	25
				$150 < D \leqslant 300$ $6 < e \leqslant 15$	65	—	20	20
		O(H111)	—	$D \leqslant 150$ $e \leqslant 5$	65	—	20	27
	冷拉(拔)管 材	O(H111)	—	$D \leqslant 150$ $e \leqslant 10$	65	—	20	27
		H12	R8.5	$D \leqslant 50$ $e \leqslant 3$	85	—	60	8
		H14	R10	$D \leqslant 25$ $e \leqslant 3$	100	—	70	6
		H16	R13	$D \leqslant 25$ $e \leqslant 2$	125	—	105	4
	丝 材	F①	—	$10 \leqslant D \leqslant 25$	75	—		18
		O(H111)	—	$D \leqslant 10$	65	—	20	32
				$10 < D \leqslant 25$	65	—	20	28
		H14	R10	$D \leqslant 12$	100	—	70	5
		H24	R10A	$D \leqslant 12$	100	—	65	9
		H16	R13	$D \leqslant 8$	125	—	110	4
		H18	R15	$D \leqslant 6$	145	—	125	3
1080A	型 材	F①	—	$S \leqslant 8000$	55	—	20	22
				$8000 < S \leqslant 16000$	55	—	20	20
	棒 材	F①	—	$S \leqslant 16000$	60	—	20	25
		O(H111)	—	$S \leqslant 8000$ 或 $e < 30$	55	—	20	35
	冷拉(拔)棒 材	O(H111)	—	$S \leqslant 8000$ 或 $e < 30$	55	—	20	35
		H14	R9	$D \leqslant 50$	90	—	60	8
		H24	R9A	$D \leqslant 25$	90	—	55	10
		H16	R11.5	$D \leqslant 16$	115	—	90	5
		H18	R13.5	$D \leqslant 10$	135	—	110	3

续表

合金代号	材料品种	材料状态	强度系数	截面 $S(mm^2)$ 或直径 $D(mm)$ 或厚度 $e(mm)$	力学性能 抗拉强度 R/ MPa		屈服强度 $R_{p0.2}$/ MPa	伸长率 $A_{5.65}$/ %
					最小	最大	最小	最小
1080A	管材	F①	—	$D \leqslant 150$　$e \leqslant 6$	60	—	20	25
				$150 < D \leqslant 300$	55	—	20	20
				$6 < e \leqslant 15$				
		O(H111)	—	$D \leqslant 150$　$e \leqslant 5$	55	—	20	35
	冷拉(拨)管材	O(H111)	—	$D \leqslant 150$　$e \leqslant 10$	55	—	20	35
		H12	R7.5	$D \leqslant 50$　$e \leqslant 3$	75	—	45	9
		H14	R9	$D \leqslant 25$　$e \leqslant 3$	90	—	60	7
		H16	R11.5	$D \leqslant 25$　$e \leqslant 1.5$	115	—	90	3
	丝材	F①	—	$10 \leqslant D \leqslant 25$	60	—	20	25
		O	—	$D \leqslant 10$	55	—	20	35
				$10 < D \leqslant 25$	55	—	20	32
		H14	R9	$D \leqslant 12$	90	—	60	7
		H24	R9A	$D \leqslant 12$	90	—	55	10
		H16	R11.5	$D \leqslant 8$	115	—	90	5
		H18	R13.5	$D \leqslant 6$	135	—	110	3
1100	型材	F①	—	$S \leqslant 8000$	75	—	—	20
				$8000 < S \leqslant 16000$	75	—	—	18
	棒材	F①	—	$S \leqslant 32000$	75	—	25	18
				$D > 35$　$e \leqslant 30$				
		O(H1111)	—	$S \leqslant 8000$	75	—	25	20
				$D \leqslant 30$　$e \leqslant 30$				
	冷拉(拨)棒材	O(H111)	—	$S \leqslant 2000$	75	—	25	—
		H14	R11	$D \leqslant 50$　$e \leqslant 8$	110	—	80	5
		H16	R13	$D \leqslant 10$	135	—	115	3
		H18	R15	$D \leqslant 10$	150	—	130	3
	管材	F①	—	$D \leqslant 150$　$e \leqslant 5$	75	—	—	18
				$150 < D \leqslant 250$	75	—	—	17
				$5 < e < 15$				
		O(H111)	—	$D \leqslant 150$　$e \leqslant 5$	75	—	25	28
	冷拉(拨)棒材	O(H111)	—	$D \leqslant 150$　$e < 10$	75	—	25	28
		H12	R9.5	$D \leqslant 50$　$e \leqslant 3$	95	—	65	5
		H14	R11	$D \leqslant 25$　$e \leqslant 2$	110	—	80	5
		H16	R13	$D \leqslant 16$　$e \leqslant 2$	135	—	115	3

续表

合金代号	材料品种	材料状态	强度系数	截面 S(mm²)或直径 D(mm)或厚度 e(mm)	力学性能			
					抗拉强度 R/ MPa		屈服强度 $R_{p0.2}$/ MPa	伸长率 $A_{5.65}$/ %
					最小	最大	最小	最小
1100	丝 材	F①	—	10≤D≤25	75	—	—	18
		O	—	D≤10	75	105	25	28
				10≤D≤25	75	105	25	25
		H12	R9.5	D≤15	95	—	65	8
		H14	R11	D≤12	110	—	80	5
		H24	R11A	D≤12	110	—	75	8
		H16	R13	D≤8	135	—	115	4
		H18	R15	D≤6	150	—	130	2
1200	型 材	F①	—	S≤8000	75	—	—	20
				8000<S≤16000	75	—	—	18
	棒 材	F①	—	S≤32000	75	—	25	18
		O(H111)	—	D≤35 e≤30 S≤8000 D≤30 e≤30	75	—	25	20
	冷拉(拔)棒 材	O(H111)	—	S<2000	75	—	25	—
		H14	R11	D≤50 e≤8	110	—	80	5
		H16	R13	D≤10	135	—	115	3
		H18	R15	D≤10	150	—	130	3
	管 材	F①	—	D≤150 e≤5	75	—	—	18
				150<D≤250	75	—	—	17
				5<e≤12				
		O(H111)	—	D≤150 e≤5	75	—	25	28
	冷拉(拔)棒 材	O(H111)	—	D≤150 e<10	75	—	25	28
		H12	R9.5	D≤50 e≤3	95	—	65	5
		H14	R11	D≤25 e≤2	110	—	80	5
		H16	R13	D≤16 e≤2	135	—	115	3
	丝 材	F①	—	10≤D≤25	75	—	—	18
		O	—	D≤10	75	105	25	28
				10≤D≤25	75	105	25	25
		H12	R9.5	D≤15	95	—	65	8
		H14	R11	D≤12	110	—	80	5
		H24	R11A	D≤12	110	—	75	8
		H16	R13	D≤12	135	—	115	4
		H18	R15	D≤8	150	—	130	2

续表

合金代号	材料品种	材料状态	强度系数	截面 $S(mm^2)$或直径 $D(mm)$或厚度 $e(mm)$	力学性能			
					抗拉强度 $R/$ MPa		屈服强度 $R_{p0.2}/$ MPa	伸长率 $A_{5.65}/$ %
					最小	最大	最小	最小
2011	冷拉(拔)棒材	T4 T451	R28	$S \leqslant 2500$	275	—	125	14
		T3	R31	$3<D \leqslant 40$	310	—	260	10
			R30	$40<D \leqslant 50$	295	—	235	10
			R29	$50<D \leqslant 80$	290	—	205	10
		T8	R37	$3<D \leqslant 75$	370	—	275	10
	管材	T3	R30	$D \leqslant 150$　$2 \leqslant e \leqslant 12$	295	—	235	11
		T8	R37	$D \leqslant 150$　$e \leqslant 12$	370	—	270	8
2014	凹形型材	T6	R41	$S \leqslant 2000$　$e \leqslant 2$	415	—	370	7
			R44	$S \leqslant 8000$	435	—	385	7
			R46	$2<e \leqslant 10$ $2000<S \leqslant 8000$ $10<e \leqslant 25$	460	—	400	7
	棒材	O(H111)	—	$S \leqslant 8000$	—	250	135	10
		T4	R39	$S \leqslant 16000$	390	—	255	10
		T6	R46	$S \leqslant 16000$	460	—	400	7
			R44	$16000<S \leqslant 49000$	440	—	370	6
	冷拉(拔)棒材	O(H111)		$S \leqslant 2000$		240	135	10
		T4	R39	$S \leqslant 2000$	390	—	235	12
		T6	R44	$S \leqslant 2000$	440	—	380	7
		T651	R45	$6 \leqslant D \leqslant 100$	450	—	380	8
	管材	T6	R44	$D \leqslant 150$　$e \leqslant 5$	440	—	390	8
	冷拉(拔)管材	T6	R45	$D \leqslant 150$　$e \leqslant 5$	450	—	370	7
2017A	凹形型材	T4	R39	$S \leqslant 2000$　$e \leqslant 2$	39	—	26	13
			R39	$S \leqslant 2000$　$2<e \leqslant 4$	39	—	26	12
				$2000<S \leqslant 8000$				
	棒材	O(H111)	—	$S \leqslant 8000$	—	250	$\leqslant 150$	10
		T4	R39	$S \leqslant 16000$	390	—	265	10
			R38	$16000<S \leqslant 21000$	380	—	235	7
			R37	$21000<S \leqslant 49000$	370	—	210	7
	冷拉(拔)棒材	O(H111)	—	$S \leqslant 2000$	—	250	$\leqslant 150$	10
		T4	R39	$S \leqslant 2000$	390	—	235	12
		T451	R38	$6 \leqslant D \leqslant 75$	380	—	220	10

续表

合金代号	材料品种	材料状态	强度系数	截面 $S(mm^2)$或直径 $D(mm)$或厚度 $e(mm)$	力学性能			
					抗拉强度 R/ MPa		屈服强度 $R_{p0.2}$/ MPa	伸长率 $A_{5.65}$/ %
					最小	最大	最小	最小
2017A	管 材	O(H111)	—	$D\leqslant150$ $e\leqslant5$	—	240	≤150	10
		T4	R39	$D\leqslant150$ $e\leqslant5$	390	—	255	14
			R37	$D\leqslant100$ $5<e<20$	370	—	230	10
	冷拉(拔)棒 材	O(H111)	—	$D\leqslant150$ $e\leqslant5$	—	240	≤150	10
		T4	—	$D\leqslant150$ $e\leqslant5$	390	—	240	14
	丝 材	O	—	$D\leqslant25$	—	240	≤150	10
		H13	R21	$D\leqslant12$	210	—	160	4
		T4	R39	$2\leqslant D\leqslant12$	390	—	240	14
2024	凹形型材	T4	R44	$S\leqslant2000$ $e\leqslant25$	440	—	320	10
			R45	$S\leqslant8000$ $25<e\leqslant35$	450	—	320	9
	棒 材	O(H111)	—	$S\leqslant8000$	—	250	≤150	10
		T4	R44	$S\leqslant2000$ $e\leqslant25$	440	—	310	10
			R45	$S\leqslant2000$ $25<e\leqslant35$	450	—	310	9
				$2000<S\leqslant16000$	450	—	310	10
			R44	$16000<S\leqslant21000$	440	—	300	9
			R42	$21000<S\leqslant49000$	420	—	260	8
	冷拉(拔)棒 材	O(H111)	—	$S\leqslant2000$	—	250	≤150	10
		T4	R44	$D\leqslant25$	440	—	290	10
			R46	$25<D\leqslant75$	460	—	310	10
		T351	R44	$6\leqslant D\leqslant75$	435	—	310	12
	管 材	O(H111)	—	$D\leqslant150$ $e\leqslant5$	—	240	≤150	10
		T4	R43	$D<150$ $e<5$	430	—	270	10
	冷拉(拔)管 材	O(H111)	R24	$D\leqslant150$ $e\leqslant5$	—	240	≤150	10
		T4	R44	$D\leqslant150$ $e\leqslant5$	440	—	280	10
	丝 材	O	—	$D\leqslant25$	—	240	≤150	10
		H13	R24	$D\leqslant12$	240	—	190	4
		T4	R43	$2\leqslant D\leqslant6$	430	—	280	15
				$6\leqslant D\leqslant12$	430	—	300	15
2030	棒 材	T4	R37	$2000<S<8000$	370	—	235	7
			R34	$8000<S<21000$	340		210	6
			R31	$21000<S$	310		170	8
	冷拉(拔)棒材	T3	R39	$S<2000$	390	—	235	8
	管 材	T3	R37	$D\leqslant150$ $2\leqslant e\leqslant12$	370	—	235	7

续表

合金代号	材料品种	材料状态	强度系数	截面 $S(mm^2)$或直径 $D(mm)$或厚度 $e(mm)$	力学性能			
					抗拉强度 R/ MPa		屈服强度 $R_{p0.2}$/ MPa	伸长率 $A_{5.65}$/ %
					最小	最大	最小	最小
3003	凹形型材 半凹形型材	F[①]	—	$S \leqslant 8000$	95	—	35	17
				$8000 < S \leqslant 16000$	95	—	35	12
	拉制棒材	F[①]	—	$S \leqslant 16000$	95	—	—	12
		O(H111)	—	$S \leqslant 8000$	95	130	35	18
	冷拉(拔)棒材	O(H111)	—	$S \leqslant 2000$	95	130	—	18
		H14	R14	$D \leqslant 50$	140	—	110	3
		H16	R16	$D \leqslant 10$	165	—	130	3
		H18	R18	$D \leqslant 10$	185	—	145	2
	管材	F[①]	—	$D \leqslant 150$ $e \leqslant 5$	95	—	—	17
		O(H111)	—	$D \leqslant 150$ $e \leqslant 5$	95	130	35	22
	冷拉(拔)棒材	O(H111)	—	$0.5 \leqslant e \leqslant 10$ $D < 150$	95	130	35	22
		H14	R14	$0.5 \leqslant e \leqslant 5$ $D < 50$	140	—	115	5
		H16	R16	$0.5 \leqslant e \leqslant 1.5$ $D < 25$	160	—	130	4
		H18	R18	$0.5 \leqslant e \leqslant 1.5$ $D < 25$	185	—	165	3
	丝材	F	—	$10 \leqslant D \leqslant 25$	95	—	35	12
		O	—	$D \leqslant 25$	95	130	35	18
		H14	R14	$D \leqslant 12$	140	—	110	3
		H24～H34	R14A	$D \leqslant 12$	140	—	100	5
		H16	R16	$D \leqslant 6$	165	—	130	3
		H18～H38	R18	$D \leqslant 6$	185	—	145	2
5005	凹形型材 半凹形型材	F[①]	—	$S \leqslant 8000$	100	—	40	15
		F[①]	—	$8000 < S \leqslant 16000$	100	—	40	12
	拉制棒材	F[①]	—	$S \leqslant 16000$	100	145	40	12
		O(H111)	—	$S \leqslant 8000$	100	145	40	18
	冷拉(拔)棒材	O(H111)	—	$S \leqslant 2000$	100	—	40	18
		H14	R14	$D \leqslant 50$	145	—	115	3
		H18	R18	$D \leqslant 10$	185	—	145	2
	管材	F[①]	—	$D \leqslant 150$ $e \leqslant 15$	100	—	40	15
		O(H111)	—	$D \leqslant 150$ $e \leqslant 5$	100	145	40	20
		H14～H34	R14	$D \leqslant 50$ $e \leqslant 3$	145	—	105	5
	冷拉(拔)管材	O(H111)	—	$0.5 \leqslant e \leqslant 10$ $D < 150$	100	—	40	20
		H14	R14	$D \leqslant 50$ $e \leqslant 5$	145	—	105	5
		H16	R16	$D \leqslant 25$ $e \leqslant 1.5$	160	—	130	3

续表

合金代号	材料品种	材料状态	强度系数	截面 $S(mm^2)$或直径 D(mm)或厚度 e(mm)	力学性能			
					抗拉强度 R/ MPa		屈服强度 $R_{p0.2}$/ MPa	伸长率 $A_{5.65}$/ %
					最小	最大	最小	最小
5005	冷拉(拔)管材	H18	R18	$D \leqslant 25$ $e \leqslant 1.5$	185	—	155	3
	丝材	F[①]	—	$10 \leqslant D \leqslant 25$	100	—	40	12
		O	—	$D \leqslant 25$	100	—	40	18
		H14	R14	$D \leqslant 12$	145	—	115	3
		H24～H34	R14A	$D \leqslant 12$	145	—	105	5
		H18～H38	R18	$D \leqslant 6$	185	—	145	2
5052	凹形型材	F	—	$S \leqslant 16000$	170	—	65	17
	拉制棒材	F	—	$S \leqslant 16000$	170	—	65	12
		O(H111)	—	$S \leqslant 8000$	170	220	65	17
	冷拉(拔)棒材	O(H111)	—	$S \leqslant 2000$	170	220	65	25
		H32	R21	$D \leqslant 50$	215	—	160	8
		H14	R23	$D \leqslant 50$	235	—	180	4
		H24/H34	R23	$D \leqslant 25$	235	—	180	6
		H36	R25	$D \leqslant 15$	255	—	200	3
		H38	R27	$D \leqslant 10$	270	—	—	2
	管材	F	—	$D \leqslant 150$ $e \leqslant 5$	170	—	65	15
		O(H111)	—	$D \leqslant 150$ $e \leqslant 5$	170	240	65	17
	冷拉(拔)棒材	O(H111)	—	$D \leqslant 150$ $e \leqslant 5$	170	220	65	25
		H32	R21	$D \leqslant 100$ $e \leqslant 4$	215	—	160	6
		H34	R23	$D \leqslant 50$ $e \leqslant 3$	235	—	180	4
		H36	R25	$D \leqslant 50$ $e \leqslant 2$	255	—	200	3
		H38	R27	$D \leqslant 50$ $e \leqslant 2$	270	—	210	2
	丝材	O	—	$D \leqslant 25$	170	220	65	22
		H32	R21	$D \leqslant 12$	210	—	160	7
		H14	R23	$D \leqslant 12$	235	—	180	4
		H34	R23	$D \leqslant 12$	235	—	180	6
		H36	R25	$D \leqslant 8$	255	—	200	3
		H18/H38	R27	$D \leqslant 6$	270	—	210	2
5083	凹形型材	F[①]	—	$S \leqslant 16000$	270	—	140	12
		O(H111)	R27	$S \leqslant 16000$	270	350	110	18
	棒材	F	—	$S \leqslant 16000$	270	—	140	12
		O(H111)	R27	$S \leqslant 8000$	270	350	110	17
	冷拉(拔)棒材	O(H111)	R27	$S \leqslant 2000$	270	350	110	18

续表

合金代号	材料品种	材料状态	强度系数	截面 $S(mm^2)$ 或直径 $D(mm)$ 或厚度 $e(mm)$	力学性能 抗拉强度 R/ MPa 最小	抗拉强度 R/ MPa 最大	屈服强度 $R_{p0.2}$/ MPa 最小	伸长率 $A_{5.65}$/ % 最小
5083	冷拉(拔)棒材	H12/H22 H32	R30	$D\leqslant25$	300	—	200	4
	管材	F	—	$D\leqslant300$ $e\leqslant15$	270		140	12
		O(H111)	R27	$D\leqslant150$ $e\leqslant5$	270	350	110	17
5251	凹形型材	F	—	$S\leqslant16000$	160	—	60	12
	拉制棒材	F	—	$S\leqslant16000$	160	—	60	12
		O(H111)	—	$S\leqslant8000$	160	220	60	16
	冷拉(拔)棒材	O(H111)	—	$S\leqslant2000$	160	220	60	17
		H14	R21	$D\leqslant50$	210	—	165	4
		H24/H34	R21A	$D\leqslant25$	210	—	155	6
		H18/H38	R24	$D\leqslant10$	240	—	200	2
	管材	F	—	$D\leqslant150$ $e\leqslant5$	160	—	60	12
		O(H111)	—	$D\leqslant150$ $e\leqslant5$	160	220	60	17
		H14/H34	R21	$D\leqslant150$ $e\leqslant3$	210	—	155	4
	冷拉(拔)管材	O(H111)	—	$D\leqslant150$ $e\leqslant5$	170	240	60	17
		H14/H34	R21	$D\leqslant50$ $e\leqslant3$	210	—	155	5
		H18/H38	R24	$D\leqslant25$ $e\leqslant2$	240	—	200	2
	丝材	F	—	$10\leqslant D\leqslant25$	160	—	60	12
		O	—	$D\leqslant25$	160	220	60	18
		H12	R19	$D\leqslant15$	190	—	145	7
		H14	R21	$D\leqslant12$	210	—	165	4
		H24/H34	R21A	$D\leqslant12$	210	—	155	6
		H16	R23	$D\leqslant8$	225	—	180	3
		H18	R24	$D\leqslant6$	240	—	200	2
		H19	R29	$D\leqslant4$	290	—	—	1.5
5086	凹形型材	F①	—	$S\leqslant16000$	240	—	95	12
		O(H111)	—	$S\leqslant16000$	240	315	95	18
	棒材	F①	—	$S\leqslant49000$	240	—	95	12
		O(H111)	—	$S\leqslant8000$	240	320	95	17
	冷拉(拔)棒材	O(H111)	—	$S\leqslant2000$	240	315	95	18
		H12/H22 H32	R27	$D\leqslant25$	270	—	190	4
	管材	F①	—	$D\leqslant150$ $e\leqslant5$	240	—	95	12
		O(H111)	—	$D\leqslant150$ $e\leqslant5$	240	320	95	18

续表

合金代号	材料品种	材料状态	强度系数	截面 S(mm²)或直径 D(mm)或厚度 e(mm)	力学性能			
					抗拉强度 R/ MPa		屈服强度 $R_{p0.2}$/ MPa	伸长率 $A_{5.65}$/ %
					最小	最大	最小	最小
5086	冷拉(拔)管材	O(H111)	—	D≤150 e≤5	240	315	95	17
		H12/H32	R27	D≤50 e≤3	270	—	190	5
		H14/H34	R30	D≤25 e≤2	300	—	230	3
	丝材	F[①]	—	10≤D≤25	240	—	95	12
		O	—	D≤25	240	315	95	18
		H24/H34	R30	D≤12	300	—	230	6
		H38	R34	D≤6	340	—	280	3
5454	凹形型材	F	—	S≤16000	215	—	100	16
	冷拉(拔)棒材	F	—	S≤16000	215	—	100	16
		O(H111)	—	S≤8000	215	285	85	16
	拉制棒材	O	—	S≤2000	215	285	85	12
		H111	—	S≤2000	215	—	85	10
	管材	F	—	D≤150 e≤5	215	—	100	16
		O(H111)	—	D≤150 e≤5	215	—	85	17
	冷拉(拔)管材	O(H111)	—	D≤150 e≤5	215	—	85	17
		H12/H32	R25	D≤50 e≤3	245	—	190	4
		H14/H34	R27	D≤50 e≤1.5	265	—	215	3
	丝材	F	—	10≤D≤25	215	—	—	12
		O	—	D≤25	215	285	85	16
5754	凹形型材	F	—	S≤16000	190	—	80	12
		F	—	S≤49000	190	—	80	12
		O(H111)	—	S≤8000	190	—	80	17
	冷拉(拔)棒材	O(H111)	—	S≤2000	190	260	80	18
		H14	R25	D≤50	250	—	190	4
		H24/H34	R25	D≤25	250	—	180	6
		H18/H38	R28	D≤10	280	—	240	2
	管材	F	—	D≤300 e≤10	180	—	80	14
		O(H111)	—	D≤150 e≤10	180	260	80	17
	冷拉(拔)管材	O(H111)	—	D≤150 e≤10	180	260	80	17
		H14/H34	R25	D≤50 e≤3	250	—	180	4
	丝材	F	—	10≤D≤25	190	—	80	12
		O	—	D≤25	190	260	80	18
		H12/H32	R22	D≤12	220	—	170	7

续表

合金代号	材料品种	材料状态	强度系数	截面 $S(mm^2)$ 或直径 $D(mm)$ 或厚度 $e(mm)$	力学性能 抗拉强度 $R/$ MPa 最小	最大	屈服强度 $R_{p0.2}/$ MPa 最小	伸长率 $A_{5.65}/$ % 最小
5754	丝材	H14	R25	$D \leqslant 12$	250	—	195	4
		H24/H34	R25A	$D \leqslant 12$	250	—	185	6
		H36	R27	$D \leqslant 8$	265	—	215	3
		H18/H38	R29	$D \leqslant 6$	285	—	240	2
6005A	开口型材	T6[①]	R27	$e \leqslant 6$	270	—	225	8
			R26	$6 < e \leqslant 10$	260	—	215	8
			R25	$10 < e \leqslant 25$	250	—	200	8
	空心型材	T6[①]	R26	$e \leqslant 6$	255	—	215	8
			R25	$6 < e \leqslant 10$	250	—	200	8
	无缝管	T6[①]	R27	$e \leqslant 6$　$D \leqslant 150$	270	—	225	8
			R26	$e < 6$　$D \leqslant 150$	260	—	215	8
	螺纹管	T6[①]	R27	$D \leqslant 150$　$e \leqslant 5$	270	—	225	8
	条材	T6	R27	$2 \leqslant D \leqslant 25$	270	—	225	8
	棒材	R6[①]	R27	$S \leqslant 2000$　$D \leqslant 50$	270	—	225	8
			R26	$50 < D \leqslant 100$	260	—	215	8
6060	凹形型材	T1	R13	$e \leqslant 15$	130	—	65	15
	半凹形型材	T5	R15	$S \leqslant 2000$　$e \leqslant 6$	150	—	110	12
			R19	$S \leqslant 2000$　$e \leqslant 6$	190	—	150	10
			R18	$S \leqslant 8000$　$e > 6$	180	—	130	10
	冷拉(拔)棒材	T1	R13	$D \leqslant 100$	130	—	65	15
		T5	R15	$D \leqslant 25$	150	—	110	14
			R19	$D \leqslant 100$	190	—	150	10
			R22	$S \leqslant 2000$	215	—	165	10
		T8[①]	R27	$S \leqslant 2000$	270	—	240	7
	管材	T1	R13	$e \leqslant 15$　$D \leqslant 150$	130	—	65	14
		T5	R19	$D \leqslant 150$　$e \leqslant 15$	190	—	150	10
	丝材	O	—	$D \leqslant 25$	—	140	≤70	16
		T4	R14	$2 \leqslant D \leqslant 12$	140	—	65	15
		T6	R19	$2 \leqslant D \leqslant 12$	190	—	150	10
			R22	$2 \leqslant D \leqslant 12$	215	—	165	10
		T8[①]	R27	$D \leqslant 6$	270	—	240	6
6061	凹形型材	T4[①]	R18	$S \leqslant 12000$　$e \leqslant 25$	180	—	110	14
		R6[①]	R26	$S \leqslant 8000$　$e \leqslant 6$	260	—	240	7

续表

合金代号	材料品种	材料状态	强度系数	截面 $S(mm^2)$或直径 D(mm)或厚度 e(mm)	力学性能 抗拉强度 R/MPa		屈服强度 $R_{p0.2}$/MPa	伸长率 $A_{5.65}$/%
					最小	最大	最小	最小
6061	半凹形型材		R26	$S\leqslant12000$　$6<e\leqslant25$	260	—	240	9
	棒材	O(H111)	—	$S\leqslant12000$	—	150	≤110	16
		T4①	R18	$S\leqslant12000$	180	—	110	14
		T6①	R26	$S\leqslant49000$	260	—	240	8
	冷拉(拔)棒材	O(H111)	—	$S\leqslant2000$	—	150	≤110	16
		T4①	R20	$S\leqslant2000$	205	—	110	17
			R18	$S\leqslant2000$　$e\leqslant100$	180	—	110	14
		R6①	R26	$S\leqslant2000$　$e\leqslant6$	260	—	240	7
				$S\leqslant2000$　$6<e\leqslant25$	260	—	240	9
			R29	$S\leqslant2000$	290	—	240	8
	管材	O(H111)	—	$D\leqslant150$　$e\leqslant5$	—	150	≤110	14
		R4①	R18	$D\leqslant150$　$e\leqslant5$	180	—	110	14
		T6①	R26	$D\leqslant150$　$e\leqslant5$	260	—	240	9
	冷拉(拔)管材	O(H111)	—	$D\leqslant150$　$e\leqslant5$	—	150	≤105	14
		T4①	R18	$e\leqslant25$　$D\leqslant150$	180	—	110	16
			R20	$0.6\leqslant e<1.2$　$D\leqslant100$	205	—	110	13
				$1.2\leqslant e<6$　$D\leqslant120$	205	—	110	15
				$6\leqslant e\leqslant12$　$D\leqslant150$	205	—	110	16
		T6①(2)	R29	$0.6<e<1.2$　$D\leqslant100$	290	—	240	7
				$1.2\leqslant e<6$　$D\leqslant120$	290	—	240	9
				$6\leqslant e\leqslant12$　$D\leqslant150$	290	—	240	10
	丝材	O	—	$2<D\leqslant25$	—	150	≤110	16
		T4	R20	$2<D\leqslant25$	205	—	110	17
		T6	R29	$2<D\leqslant25$	290	—	240	8
6082	凹形型材 半凹形型材	T4①	R21	$e\leqslant15$	205	—	110	14
		T6①	R29	$e\leqslant15$	290	—	250	8
			R31	$e\leqslant15$	310	—	260	8
	棒材	O(H111)	—	$S\leqslant8000$	—	160	≤110	15
		T4①	R21	$S\leqslant8000$	205	—	110	14
		T6①	R31	$S\leqslant8000$	310	—	260	8
			R29	$8000<S\leqslant49000$	290	—	250	8
	冷拉(拔)棒材	O(H111)	—	$S\leqslant2000$	—	160	≤110	15
		T4①	R21	$S\leqslant2000$	205	—	110	14

续表

合金代号	材料品种	材料状态	强度系数	截面 $S(mm^2)$或直径 D(mm)或厚度 e(mm)	力学性能 抗拉强度 R/MPa 最小	最大	屈服强度 $R_{p0.2}$/MPa 最小	伸长率 $A_{5.65}$/% 最小
6082	冷拉(拔)棒材	T6①	R29	$S\leqslant2000$	290	—	—	—
			R31	$20<D\leqslant60$	310	—	260	8
			R30	$60<D\leqslant150$	300	—	240	8
	管材	O(H111)	—	$D\leqslant150$　$e\leqslant5$	—	160	≤110	14
		T4①	R21	$D<150$　$e<5$	205	—	110	15
		T6①	R29	$D\leqslant250$　$e\leqslant10$	290	—	250	8
			R31	$D\leqslant150$　$e\leqslant5$	310	—	260	8
	冷拉(拔)管材	O(H111)	—	$D\leqslant150$　$e\leqslant5$	—	160	≤110	14
		T4①	R21	$D\leqslant150$　$e\leqslant5$	205	—	110	15
		T6①	R29	$D\leqslant150$　$e\leqslant5$	290	—	250	8
	丝材	O	—	$e<D\leqslant16$	—	160	≤110	14
		T4	R20	$2<D\leqslant16$	205		110	11
		T6	R25	$2<D\leqslant16$	250	—	180	9
			R28	$2<D\leqslant12$	280	—	200	8
			R31	$2<D\leqslant10$	310	—	260	7
6181	凹形型材	T4	R20	$S\leqslant8000$	200	—	100	15
	半凹形型材	T6	R28	$S\leqslant8000$	275	—	200	8
	冷拉(拔)棒材	T4	R20	$S\leqslant2000$	200	—	100	15
		T6	R28	$S\leqslant500$	280	—	240	8
7020	凹形型材	T6(2)	R35	$e\leqslant2000$　$2\leqslant e\leqslant30$	350	—	290	10
			R34	$2000<S\leqslant8000$	340	—	275	10
	棒材	T6①	R35	$D\leqslant50$　$e\leqslant30$	350	—	280	10
				$D\leqslant100$　$30<e\leqslant60$	350	—	290	10
				$D>100$　$e>60$	350	—	275	7
				$S\leqslant49000$				
	冷拉(拔)棒材	T6①	R35	$S\leqslant2000$	350	—	290	10
	管材	T6①	R35	$D\leqslant150$　$e\leqslant5$	350	—	290	10
			R34	$D\leqslant250$　$e\leqslant15$	340	—	275	10
7049A	棒材	T6	R61	$S\leqslant2000$	610	—	530	5
	冷拉(拔)棒材	T6	R59	$20<D<75$	590	—	500	7
7075	凹形型材	T6	R53	$S\leqslant2000$　$1.2<e\leqslant2$	530	—	460	8
				$2000<S\leqslant8000$　$e>2$	530		460	7

续表

合金代号	材料品种	材料状态	强度系数	截面 $S(mm^2)$ 或直径 D(mm)或厚度 e(mm)	力学性能 抗拉强度 R/ MPa 最小	抗拉强度 R/ MPa 最大	屈服强度 $R_{p0.2}$/ MPa 最小	伸长率 $A_{5.65}$/ % 最小
			R54	$2000<S\leqslant8000$　$e>2$	540	—	490	6
7075	拉制棒	O(H111)		$2000<S\leqslant8000$	—	275	≤165	9
		T6	R54	$S\leqslant8000$	540	—	470	7
			R53	$8000<S<16000$	530	—	470	6
				$16000<S<20000$	530	—	440	6
		T73[①]	R47	$6\leqslant D\leqslant10$	470	—	400	8
			R49	$10\leqslant e$ 或 $D\leqslant25$	485	—	420	8
			R49	$25\leqslant e$ 或 $D\leqslant50$	485	—	415	8
			R48	$50\leqslant e$ 或 $D\leqslant75$	475	—	410	8
			R47	$75\leqslant e$ 或 $D\leqslant100$	470	—	390	7
		T73(2)	R47	$6\leqslant D\leqslant10$	470	—	400	8
			R49	$10\leqslant e$ 或 $D\leqslant25$	485	—	420	8
			R49	$25\leqslant e$ 或 $D\leqslant50$	485	—	415	8
			R48	$50\leqslant e$ 或 $D\leqslant75$	475	—	410	8
			R47	$75\leqslant e$ 或 $D\leqslant100$	470	—	390	7
	冷拉(拔)棒	O(H111)	—	$S\leqslant2000$	—	275	≤165	9
		T6	R52	$S\leqslant2000$	520	—	460	7
		T73[①]	—	$6\leqslant D\leqslant75$	470	—	385	11
	管材	O(H111)	—	$D\leqslant150$　$e\leqslant6$	—	275	≤165	9
		T6	R54	$D\leqslant150$　$e\leqslant6$	540	—	485	8
	冷拉(拔)管	T6	R53	$D\leqslant150$　$e\leqslant6$	540	—	485	8
	丝材	T6	R53	$2<D\leqslant10$	530	—	460	7

注:1. 标①者表示该种材料在高负载工作条件下,有一定的耐腐蚀性,耐腐蚀试验按 NF A05-301 进行;
2. 金属耐腐蚀性能可按法国航空标准 AIR9004 规定的方法来估算。

(5)铸造铝合金

表 4-120　一般用途铸造铝合金的最低力学性能(NF A 57-702—1981)

材料牌号	铸件热处理状态	抗拉强度 R_m / MPa,不小于	屈服强度 $R_{p0.2}$ / MPa,不小于	伸长率 A / %,不小于	布氏硬度 HB,不小于
A-U8S	Y20	150	110	a	75
	Y30	180	120	a	80
A-U8SZ	Y20	140	—	a	75
	Y30	170		a	80
A-S5U3	Y20	140	—	a	60
	Y30	170		a	70
A-S5UZ	Y20	140	—	a	60

续表

材料牌号	铸件热处理状态	抗拉强度 R_m / MPa,不小于	屈服强度 $R_{p0.2}$ / MPa,不小于	伸长率 A / %,不小于	布氏硬度 HB,不小于
	Y30	170	—	a	70
A-S7G	Y20	140	80	2.0	50
	Y23	230	180	1.5	75
	Y30	170	80	4.0	55
	Y33	250	180	3.0	80
A-S7U3G	Y30	180	—	a	80
A-S9G	Y20	140		1.0	50
	Y30	160	—	2.0	55
A-S9GU	Y20	160	—	a	55
	Y30	180		1.0	60
A-S10G	Y20	150	90	3.0	50
	Y23	230	180	1.0	75
	Y30	170	90	4.0	55
	Y33	250	180	1.5	80
A12U	Y20	150		1.0	50
	Y30	160	—	2.0	55
A-S13	Y20	160	70	4.0	50
	Y30	170	75	5.0	55

注:表中标有“a”字母者,则表示未规定伸长率的最低值。

表 4-121 特殊用途铸造铝合金的最低力学性能(NF A 57-702—1981)

合金牌号	热处理状态	抗拉强度 R_m / MPa,不小于	屈服强度 $R_{p0.2}$ / MPa,不小于	伸长率 A / %,不小于	布氏硬度 HB 不小于
A-U4NT	Y20	160	120	a	70
	Y24	230	160	a	85
	Y30	180	140	a	80
	Y34	270	190	a	95
A-U5NKZr	Y23	200	160	a	70
	Y33	220	180	1.0	80
A-S2GT	Y20	140	70	3.0	50
	Y23	240	180	4.0	85
	Y30	170	70	5.0	50
	Y33	260	180	6.0	85
A-S10UG	Y35	190	150	a	80
A-S11UNG	Y35	190	150	a	80
A-S12UNG	Y35	190	150	a	80
A-S18UNG	Y35	170	130	a	85
A-S25UNG	Y35	170	130	a	85
A-G3T	Y20	160	60	7.0	50
	Y30	170	70	7.0	60
A-G6	Y20	160	90	4.0	60
	Y30	180	100	4.0	65
A-Z5G	Y29	190	120	4.0	60

注:表中标有“a”字母者,则表示未规定伸长率的最低值。

表 4-122　　高强度铸造铝合金的最低力学性能(NF A 57-702—1981)

合金牌号	热处理状态	抗拉强度 R_m / MPa,不小于	屈服强度 $R_{p0.2}$ / MPa,不小于	伸长率 A / %,不小于	布氏硬度 HB 不小于
A-U5GT	Y24	320～340	200～220	5.0～6.0	90
	Y34	340～360	200～220	8.0～11.0	95
A-S5U3G	Y33	320	280	a	110
	Y34	270	180	2.5	85
A-S7G03	Y23	240～260	180～200	2.0～4.0	75～85
	Y33	250～290	180～210	4.0～8.0	80～90
A-S7G06	Y23	250	210	1.0	90
	Y33	290～320	210～240	4.0～6.0	90～100

注:标有字母"a"者,表示没有规定伸长率的最低值。

表 4-123　　布氏硬度试验(NF A 57-702—1981)

压头直径 / mm	试验负荷 / N	持续时间 / s
10	9807	30
10	4903	30
5	2452	30
(2.5)	(613)	(30)

注:1. 将结果乘以负载值(千克力,9.80665),并取有效值为4位数;

2. 按标准 NF A03-252 规定,球径为 1.2mm、2.5mm 的不用于铸件,但球径为 2.5mm 的,如果供需双方同意,则可以使用。

表 4-124　　法国铸造铝合金的热处理状态代号(NF A 57-702—1981)

Y20——砂型铸造,非热处理状态
Y23——砂型铸造,淬火不完全人工时效①
Y24——砂型铸造,淬火并完全人工时效②
Y25——砂型铸造,稳定化处理③
Y26——砂型铸造,淬火并稳定化处理④
Y29——砂型铸造,按规定的技术条件处理
Y30——硬模铸造,不热处理
Y33——硬模铸造,淬火不完全人工时效①
Y34——硬模铸造,淬火并完全人工时效②
Y35——硬模铸造,稳定化处理③
Y36——硬模铸造,淬火并稳定处理④
Y39——硬模铸造,按规定热处理

注:①Y23(Y33)这种热处理的目的是为了改善某些力学性能,即在一定的温度的溶剂中保持一定的时间,然后在冷却介质中淬火,而后按一定的温度回火;②Y24(Y34)这种热处理与上述一样,只是铸造方式不同;③这种处理主要是为了保证尺寸的稳定;④这种处理主要是为了保证尺寸的稳定,同时改善某些力学性能。

(6)铝及铝合金锻件

表 4-125　　铝及铝合金锻件的力学性能(NF A 50-901—1982)

合金代号	状态	厚度 /mm	抗拉强度 R/ MPa	屈服强度 $R_{p0.2}$/ MPa	伸长率 / % 标距 $5.65\sqrt{A}$	布氏硬度 HB	电导率 / $MS \cdot m^{-1}$
			不	小	于	不小于	
1050A	F		75	30	20		
2011	T4	≤100	275	125	12	90	
	T6	≤80	450	390	8		
2014 2214	 T651 T652	80～120 >120～170 >170～200	440 430 410	370 360 360	8 7 6	140	≥21.5
2017A	T4 T351 T652	≤120	390	230	14	110	≥18.5 ≤21.5
2117	T4	≤100	250	150	18	70	
2618A	T6 T651 T652	≤100	410	340	6	120	≥21
	T851 T852	≤125	430	380	6	130	≥21
2024	T4 T351 T452	≤100	410	260	12	120	≤20
3003	F		95	35	15		
4032	T6	≤100	350	270	4	105	
5754	F		200	80	15		
5083	F		270	115	15		
	O		260	110	16		
5086	F		250	100	15		
	O		240	95	16		
6061	T6 T652	≤200	265	240	8	95	≥25
6262	T6	≤50	250	200	8	90	
6082	T6 T652	≤100	280	240	8	95	≥24
7020	T6 T651 T652	≤100 >100～200	350 340	280 275	10 10	95	
7049A	T6	≤75	580	500	6	170	≥22
	T73	≤75	495	425	7	160	≥22
7075 7175	T6 T652	≤25 >25～75 >75～100	530 510 500	450 430 425	8 8 8	155	≥17.5 ≤20.5
	T73	≤25 >25～100	480 470	395 385	8 8	140	≥23.2①

注:①电导率为 22～23.2$MS \cdot m^{-1}$时,其屈服强度应在表中规定值的基础上再加 85MPa。

4.6 德国铝及铝合金

4.6.1 铝及铝合金牌号和化学成分

(1)重熔用铝锭

表 4-126 重熔用铝锭牌号和化学成分(DIN 1712 T1—1976)

合金牌号	化学成分/%,不大于(注明余量者除外)									
	Al	Si	Fe	Cu	Zn	Ti	Ga	Cr+Mn+Ti+V	其他每种	杂质总和
Al99.99R	余	0.006	0.005	0.003	0.005	0.002			0.001	0.010
Al99.9H		0.050	0.040	0.005	0.030	0.005	0.030		0.010	0.10
Al99.8H	量	0.15	0.15	0.01	0.04	0.02	0.03		0.02	0.20
Al99.7H	余	0.20	0.25	0.01	0.04	0.02			0.03	0.30
Al99.5H		0.25	0.35	0.02	0.05	0.02			0.03	0.50
E-AlH	量	0.20	0.35	0.02	0.04			0.03	0.03	0.50

(2)变形铝及铝合金

表 4-127 变形铝(半成品)牌号和化学成分(DIN 1712 T3—1976)

合金牌号	化学成分/%,不大于(注明余量者除外)											备注
	Al	Si	Fe	Cu	Mn	Mg	Zn	Ti	Ga	其他杂质单项	杂质总和	
Al99.98R①	余量	0.010	0.006	0.003	—	—	0.01	0.003	—	0.003	0.020	线
Al99.9		0.06	0.050	0.01	0.01	0.01	0.04	0.006	0.030	0.01	0.10	线
Al99.8		0.15	0.15	0.03	0.02	0.02	0.06	0.02	0.03	0.20	0.02	板、带、棒、型、线
Al99.7		0.20	0.25	0.03	0.03	0.03	0.07	0.03	—	0.03	0.30	板、带
Al99.5		0.25	0.40	0.05	0.05	0.05	0.07	0.05	—	0.03	0.50	板、带、棒、型、线和锻件
E-Al②		0.25	0.40	0.02	③	0.05	0.05	③	—	0.03	0.50	板、带、棒、型、线和管
Al99		Si+Fe=1.0		0.05	0.05	0.05	0.10	0.05	—	0.05④	1.00	板、带、棒、型、线

注:1. 表中①R表示高纯铝;2. 表中②E-Al为保证电导率的电工铝;3. 表中③Cr+Mn+Ti+V最高为0.03%;4. 表中④表列以外的其他杂质,总量最高为0.15%。5. 变形铝合金(锻压合金)牌号、数字系统号和化学成分见表4-128。

表 4-128 变形铝合金(锻压合金)牌号和化学成分(DIN 1725 T1—1983)

合金牌号	数字系统号	化学成分/%,杂质不大于									其他杂质/%不大于		允许的杂质总和/%,不大于	Al含量/%
		Si	Fe	Cu	Mn	Mg	Cr	Zn	Ti		单个	总和		
AlRMg0.5	3.3309	0.01	0.008	—	—	0.35~0.6	—	0.01	0.008	Fe+Ti 0.008	0.003	—	0.020	余量
AlRMg1	3.3319	0.01	0.008	—	—	0.8~1.1	—	0.01	0.008	Fe+Ti 0.008	0.003	—	0.020	余量
Al99.9Mg0.5	3.3308	0.06	0.04	—	0.03	0.35~0.6	—	0.04	0.010	—	0.01	—	0.10	余量
Al99.9Mg1	3.3318	0.06	0.04	—	0.03	0.8~1.1	—	0.04	0.010	—	0.01	—	0.10	余量
Al99.85Mg0.5	3.3307	0.08	0.08	—	0.03	0.30~0.6	—	0.05	0.020	—	0.02	—	0.15	余量
Al99.85Mg1	3.3317	0.08	0.08	—	0.03	0.7~1.1	—	0.05	0.020	—	0.02	—	0.15	余量
Al99.9MgSi	3.3208	0.35~0.7	0.04	0.05~0.20	0.03	0.35~0.7	—	0.04	0.010	—	0.01	—	0.10	余量
Al99.85MgSi	3.2307	0.35~0.7	0.08	0.05~0.20	0.03	0.35~0.7	—	0.05	0.020	—	0.02	—	0.15	余量
Al99.8ZnMg	3.4337	0.10	0.10	0.20	0.05	0.7~1.2	0.10	3.8~4.6	0.020	Zr 0.15 Fe+Si+Ti+Mn 0.20	0.02	—	—	余量
AlFeSi	3.0915	0.40~0.8	0.50~1.0	0.10	0.10	—	—	0.10	0.05	—	0.06	0.25	—	余量
AlMn0.6	—	0.30	0.45	0.10	0.40~0.8	0.10	—	0.10	—	—	0.05	0.15	—	余量
AlMn1	3.0515	0.50	0.7	0.10	0.9~1.5	0.30	0.10	0.20	0.10	—	0.05	0.15	—	余量
AlMnCu	3.0517	0.6	0.7	0.05~0.20	1.0~1.5	—	—	0.10	—	—	0.05	0.15	—	余量
AlMn0.5Mg0.5	3.0505	0.6	0.7	0.30	0.30~0.8	0.20~0.8	0.20	0.40	0.10	—	0.05	0.15	—	余量

续表

合金牌号	数字系统号	化学成分/%,杂质不大于									其他杂质/%,不大于		Al含量/%
		Si	Fe	Cu	Mn	Mg	Cr	Zn	Ti		单个	总和	
AlMn1Mg0.5	3.0525	0.6	0.7	0.30	1.0～1.5	0.20～0.6	0.10	0.25	0.10	—	0.05	0.15	余量
AlMn1Mg1	3.0526	0.30	0.7	0.25	1.0～1.5	0.8～1.3	—	0.25	—	—	0.05	0.15	余量
AlMg1	3.3315	0.30	0.45	0.05	0.15	0.7～1.1	0.10	0.20	—	—	0.05	0.15	余量
AlMg1.5	3.3316	0.40	0.45	0.05	0.15	1.1～1.7	0.10	0.20	—	—	0.05	0.15	余量
AlMg1.8	3.3326	0.30	0.45	0.05	0.25	1.4～2.1	0.30	0.20	0.10	—	0.05	0.15	余量
AlMg2.5	3.3523	0.25	0.40	0.10	0.10	2.2～2.8	0.15～0.35	0.10	—	—	0.05	0.15	余量
AlMg3	3.3535	0.40	0.40	0.10	0.50	2.6～3.6	0.30	0.20	0.15	Mn+Cr 0.10～0.6	0.05	0.15	余量
AlMg4.5	3.3345	0.20	0.35	0.15	0.15	4.0～5.0	0.15	0.25	0.10	—	0.05	0.15	余量
AlMg5	3.3555	0.40	0.50	0.10	0.10～0.6	4.5～5.6	0.20	0.20	0.20	Mn+Cr 0.10～0.6	0.05	0.15	余量
AlMg2Mn0.3	3.3525	0.40	0.50	0.15	0.10～0.50	1.7～2.4	0.15	0.15	0.15	—	0.05	0.15	余量
AlMg2Mn0.8	3.3527	0.40	0.55	0.10	0.50～1.1	1.6～2.5	0.30	0.20	0.10	—	0.05	0.15	余量
AlMg2.7Mn	3.3537	0.25	0.40	0.10	0.50～1.0	2.4～3.0	0.05～0.20	0.25	0.20	—	0.05	0.15	余量
AlMg4Mn	3.3545	0.40	0.50	0.10	0.20～0.7	3.4～4.5	0.05～0.25	0.25	0.15	—	0.05	0.15	余量
AlMg4.5Mn	3.3547	0.40	0.40	0.10	0.40～1.0	4.0～4.9	0.05～0.25	0.25	0.15	—	0.05	0.15	余量
AlMg5Mn	—	0.20	0.35	0.15	0.20～0.50	4.0～5.0	0.10	0.25	0.10	—	0.05	0.15	余量
E-AlMgSi	3.2305	0.50～0.6	0.10～0.30	0.02	—	0.35～0.6	—	0.15	—	Cr+Mn+Ti+V 0.03	0.03	0.10	余量
E-AlMgSi0.5	3.3207	0.30～0.6	0.10～0.30	0.05	0.05	0.35～0.6	—	0.10	—	—	0.03	0.10	余量
AlMgSi0.5	3.3206	0.30～0.6	0.10～0.30	0.10	0.10	0.35～0.6	0.05	0.15	0.10	—	0.05	0.15	余量
AlMgSi0.7	3.2316	0.5～0.9	0.35	0.30	0.50	0.4～0.7	0.30	0.20	0.10	Mn+Cr 0.12～0.50	0.05	0.15	余量
AlMgSi1	3.2315	0.7～1.3	0.50	0.10	0.40～1.0	0.6～1.2	0.25	0.20	0.10	—	0.05	0.15	余量

续表

合金牌号	数字系统号	化学成分/%,杂质不大于									其他杂质/%,不大于		Al含量/%
		Si	Fe	Cu	Mn	Mg	Cr	Zn	Ti		单个	总和	
AlMgSiPb	3.0615	0.60～1.4	0.50	0.10	0.40～1.0	0.6～1.2	0.30	0.30	0.20	Bi+0.7Pb 0.4～2.0	0.05	0.15	余量
AlMgSiCu	—	0.40～0.80	0.7	0.15～0.40	0.15	0.8～1.2	0.04～0.35	0.25	0.15		0.05	0.15	余量
AlCuBiPb	3.1655	0.40	0.7	5.0～6.0	—	—	—	0.30	—	Bi 0.20～0.6 Pb 0.20～0.6	0.05	0.15	余量
AlCuMgPb	3.1645	0.8	0.8	3.3～4.6	0.50～1.0	0.40～1.8	—	0.8	0.20	Bi+0.20Pb 0.8～1.5 Ni 0.20 Sn 0.20	0.10	0.30	余量
AlCu2.5Mg0.5	3.1305	0.8	0.7	2.2～3.0	0.20	0.20～0.50	0.10	0.25	—	—	0.05	0.15	余量
AlCuMg1	3.1325	0.20～0.8	0.7	3.5～4.5	0.40～1.0	0.40～1.0	0.10	0.25	—	Ti+Zr 0.25	0.05	0.15	余量
AlCuMg2	3.1355	0.50	0.50	3.8～4.9	0.30～0.9	1.2～1.8	0.10	0.25	0.15	Ti+Zr 0.20	0.05	0.15	余量
AlCuSiMn	3.1255	0.50～1.2	0.7	3.9～5.0	0.40～1.2	0.20～0.8	0.10	0.25	0.15	Ti+Zr 0.20	0.05	0.15	余量
AlZn1	3.4415	Si+Fe	0.7	0.10	0.10	0.10	—	0.8～1.3	—		0.05	0.15	余量
AlZn4.5Mg1	3.4335	0.35	0.40	0.20	0.05～0.50	1.0～1.4	0.10～0.35	4.0～5.0	—	Zr 0.08～0.20 Ti+Zr 0.08～0.25	0.05	0.15	余量
AlZnMgCu0.5	3.4345	0.50	0.50	0.50～1.0	0.10～0.40	2.6～3.7	0.10～0.30	4.3～5.2	—	Ti+Zr 0.20	0.05	0.15	余量
AlZnMgCu1.5	3.4365	0.40	0.50	1.2～2.0	0.30	2.1～2.9	0.18～0.28	5.1～6.1	0.20	Ti+Zr 0.25	0.05	0.15	余量

注:1. 在合金 AlMg3 中,允许含锰量为 0.2%或者 Cr 0.1%;

2. AlZn1 仅作铝板包敷层用。

(3)各类铝合金(铸造合金、金属锭、液态金属)

表 4-129　　一般用途合金的化学成分(DIN 1725 T5—1986)

材料		化学成分/%			生产厂合金号
合金牌号	编码	主要成分	杂质含量,max		
GB-AlSi12	3.2521	Si 10.5～13.5 Mn 0.001～0.4 Al 含量	Cu 0.03 Fe 0.3 Mg 0.05 Ti 0.15 Zn 0.10	230A 其他 单个 0.05 合计 0.15	
GB-ALSi12(Cu)	3.2523	Si 10.5～13.5 Mn 0.1～0.5 Al 余量	Cu 1.0 Fe 0.80 Mg 0.3 Ni 0.2 Pb 0.2 Sn 0.1 Ti 0.15 Zn 0.5	其他 单个 0.05 合计 0.15	231A
GB-AlSi10Mg	3.2331	Si 9.0～11.0 Mg 0.20～0.50 Mn 0.001～0.4 Al 余量	Cu 0.03 Fe 0.3 Ti 0.15 Zn 0.10	其他 单个 0.05 合计 0.15	239A
GB-AlSi10Mg(Cu)	3.2332	Si 9.0～11.0 Mg 0.20～0.50 Mn 0.1～0.4 Al 余量	Cu 0.3 Fe 0.60 Ni 0.1 Ti 0.5 Zn 0.3	其他 单个 0.05 合计 0.15	233
GB-AlSi9Cu3	3.2165	Si 8.0～11.0 Cu 2.0～3.5 Mn 0.1～0.5 Mg 0.1～0.5 Al 余量	Fe 0.80 Ni 0.3 Pb 0.2 Sn 0.1 Ti 0.15 Zn 1.2	其他 单个 0.05 合计 0.15	226A
GB-AlSi6Cu4	3.2155	Si 5.0～7.5 Cu 3.0～5.0 Mn 0.1～0.6 Mg 0.1～0.5 Al 余量	Fe 1.0 Ni 0.3 Pb 0.3 Sn 0.1 Ti 0.15 Zn 2.0	其他 单个 0.05 合计 0.15	225

表 4-130　　特殊力学性能合金的化学成分(DIN 1725 T5—1986)

材料		化学成分/%			生产厂合金号
合金牌号	编码	主要成分	杂质含量,max		
GB-AlSi11	3.2212	Si 10.0～11.8 Mg 0.001～0.45 Al 余量	Cu 0.01 Fe 0.15 Mn 0.03 Ti 0.15 Zn 0.07	其他 单个 0.03 合计 0.10	—
GB-AlSi9Mg	3.2333	Si 9.0～10.0 Mg 0.30～0.45 Al 余量	Cu 0.03 Fe 0.15 Mn 0.10 Ti 0.15 Zn 0.07	其他 单个 0.03 合计 0.10	—

续表

材料		化学成分/%			生产厂合金号
合金牌号	编码	主要成分	杂质含量，max		
GB-AlSi7Mg	3.2335	Si 6.5～7.5 Mg 0.30～0.45 Ti 0.001～0.20 Al 余量	Cu 0.03 Fe 0.15 Mn 0.10 Zn 0.07	其他 单个 0.03 合计 0.10	—
GB-AlCu4Ti	3.1842	Cu 4.5～5.2 Ti 0.15～0.30 Mn 0.001～0.5 Al 余量	Fe 0.15 Si 0.15 Zn 0.7	其他 单个 0.03 合计 0.10	—
GB-AlCu4TiMg	3.1372	Cu 4.2～4.9 Mg 0.15～0.30 Ti 0.15～0.30 Mn 0.001～0.5 Al 余量	Fe 0.15 Si 0.15 Zn 0.07	其他 单个 0.03 合计 0.10	—

表 4-131 特殊用途合金的化学成分(DIN 1725 T5—1986)

材料		化学成分/%			生产厂合金号
合金牌号	编码	主要成分	杂质含量，max		
GB-AlMg3	3.3542	Mg 2.7～3.5 Mn 0.001～0.4 Ti 0.001～0.20 Al 余量 Be 按协议	Cu 0.003 Fe 0.4 Si 0.50 Zn 0.10	其他 单个 0.05 合计 0.15	242
GB-AlMg3Si	3.3242	Mg 2.7～3.5 Si 0.9～1.3 Mn 0.001～0.4 Ti 0.001～0.20 Al 余量 Be 按协议	Cu 0.03 Fe 0.4 Zn 0.10	其他 单个 0.05 合计 0.15	243
GB-AlMg5	3.3562	Mg 4.8～5.5 Mn 0.001～0.4 Ti 0.001～0.20 Al 余量 Be 按协议	Cu 0.03 Fe 0.4 Si 0.50 Zn 0.10	其他 单个 0.05 合计 0.15	244
GB-AlMg5Si	3.3262	Mg 4.8～5.5 Si 0.9～1.5 Mn 0.001～0.4 Ti 0.001～0.20 Al 余量 Be 按协议	Cu 0.03 Fe 0.4 Zn 0.10	其他 单个 0.05 合计 0.15	245
GB-AlSi5Mg	3.2342	Si 5.0～6.0 Mg 0.4～0.8 Mn 0.001～0.4 Ti 0.001～0.20 Al 余量	Cu 0.03 Fe 0.3 Zn 0.10	其他 单个 0.05 合计 0.15	235

表 4-132　压力铸造合金的化学成分(DIN 1725 T5--1986)

材料		化学成分/%			生产厂合金号
合金牌号	编码	主要成分	杂质含量，max		
GBD-AlSi9Cu3	3.2166	Si 8.0～11.0 Cu 2.0～3.5 Mn 0.1～0.4 Mg 0.1～0.5 Al 余量	Fe 1.0 Ni 0.3 Pb 0.2 Sn 0.1 Ti 0.15 Zn 1.2	其他 单个 0.05 合计 0.15	226
GBD-AlSi12	3.2586	Si 10.5～13.5 Mn 0.001～0.4 Al 余量	Cu 0.08 Fe 0.8 Mg 0.05 Ti 0.15 Zn 0.10	其他 单个 0.05 合计 0.15	230
GBD-AlSi12(Cu)	3.2985	Si 10.5～13.5 Mn 0.1～0.4 Al 余量	Cu 1.0 Fe 1.0 Mg 0.4 Ni 0.2 Pb 0.2 Sn 0.1 Ti 0.15 Zn 0.5	其他 单个 0.05 合计 0.15	231
GBD-AlSi10Mg	3.2336	Si 9.0～11.0 Mn 0.00～0.4 Mg 0.20～0.50 余量	Cu 0.08 Fe 0.8 Ti 0.15 Zn 0.10	其他 单个 0.05 合计 0.15	239
GBD-AlMg9	3.3293	Mg 7.5～10.0 Si 0.01～2.5 Mn 0.2～0.5 Al 余量	Cu 0.03 Fe 0.8 Ti 0.15 Zn 0.1		349

(4)铝中间合金锭

表 4-133　铝中间合金锭牌号和化学成分(DIN 1725T3—1973)

合金牌号	化学成分/%,不大于(注明余量和范围值者除外)														
	Cr	Cu	Fe	Mg	Mn	Ni	Si	B、Be	Ti	V	Zn	Zr、Pb	Sn	其他元素 单个	其他元素 合计	Al
V-AlB3	0.02	0.02	0.30	0.02	0.02	0.02	0.20	B 2.5~3.4	0.02	0.02	0.03	Zr 0.02	—	0.05	0.10	余量
V-AlB4	0.02	0.02	0.30	0.02	0.02	0.02	0.20	B 3.5~4.5	0.02	0.02	0.03	Zr 0.02	—	0.05	0.10	余量
V-AlBe5	0.03	0.05	0.40	0.05	0.03	—	0.20	Be 4.5~6.0	0.02	—	0.10	—	—	0.05	0.2	余量
V-AlCr5	4.0~6.0	0.15	0.45	0.50	0.35	0.10	0.40	—	0.10	—	0.15	Pb 0.10	0.10	0.05	0.15	余量
V-AlCu50	0.10	48.0~52.0	0.45	0.50	0.35	0.20	0.40	—	0.10	—	0.30	Pb 0.20	0.10	0.05	0.15	余量
V-AlFe5	0.10	0.15	4.0~6.0	0.40	0.35	0.10	0.40	—	0.1	—	0.2	Pb 0.15	0.10	0.05	0.15	余量
V-AlMn10	0.10	0.2	0.45	0.50	9.0~11.0	0.20	0.40	—	0.1	—	0.2	Pb 0.10	0.10	0.05	0.15	余量
V-AlSi12	—	0.03	0.3	0.05	0~0.4	—	11.0~13.5	—	0.15	—	0.10	—	—	0.05	0.15	余量
V-AlSi20	0.10	0.20	0.45	0.40	0.35	0.20	18.0~21.0	—	0.1	—	0.2	Pb 0.10	0.10	0.05	0.15	余量
VR-AlSi20	0.05	0.05	0.3	0.05	0.10	0.05	18.0~21.0	—	0.05	—	0.10	—	—	0.05	0.15	余量
V-AlTi5	0.10	0.15	0.45	0.50	0.35	0.10	0.50	—	4.5~6.0	0.25	0.15	Pb 0.10	0.10	0.05	0.15	余量
V-AlTi10	0.02	0.02	0.30	0.02	0.02	0.04	0.20	—	9.0~11.0	0.30	—	—	—	0.05	0.15	余量
V-AlTi5B1	0.02	0.02	0.30	0.02	0.02	0.04	0.20	B 0.9~1.4	5.0~6.2	0.30	0.03	Zr 0.02	—	0.05	0.10	余量
V-AlZr6	0.02	0.02	0.30	0.02	0.02	0.04	0.20	—	0.02	0.02	0.03	Zr 5.0~6.5	—	0.05	0.10	余量

(5)铸造铝合金(砂型、冷硬、精密及压铸件)

表 4-134　　一般用途合金的化学成分(DIN EN573-4—1994)

材料		化学成分/%			附加说明
合金牌号	编码	主要成分	允许杂质,max		
G-AlSi12 G-AlSi12g GK-AlSi12 GK-AlSi12g	3.2581.01 3.2581.44 3.2581.02 3.2581.45	Si 10.5～13.5 Mn 0.001～0.4 Al 余量	Cu 0.05 Fe 0.5 Mg 0.05 Ti 0.15 Zn 0.1	其他: 单个 0.05 合计 0.15	GB-AlSi12 3.2521 230A
G-AlSi12(Cu) GK-AlSi12(Cu)	3.2583.01 3.2583.02	Si 10.5～13.5 Mn 0.1～0.5 Al 余量	Cu 1.0 Fe 0.8 Mg 0.3 Ni 0.2 Pb 0.2 Sn 0.1 Ti 0.15 Zn 0.5	其他: 单个 0.05 合计 0.15	GB-AlSu12(Cu) 3.2523 231A
G-AlSi10Mg G-AlSi10 Mgwa Gk-AlSi10Mg Gk-AlSi10 Mgwa	3.2381.01 3.2381.61 3.2381.02 3.2381.62	Si 9.0～11.0 Mg 0.20～0.50 Mn 0.001～0.4 Al 余量	Cu 0.05 Fe 0.5 Ti 0.15 Zn 0.1	其他: 单个 0.05 合计 0.15	GB-AlSi10Mg 3.2331 239A
G-AlSi10Mg(Cu) G-AlSi10Mg(Cu)wa GK-AlSi10Mg(Cu) GK-AlSi10Mg (Cu)wa	3.2383.01 3.2383.61 3.2383.02 3.2383.62	Si 9.0～11.0 Mg 0.20～0.50 Mn 0.1～0.4 Al 余量	Cu 0.3 Fe 0.6 Ni 0.1 Ti 0.15 Zn 0.3	其他: 单个 0.05 合计 0.15	GB-AlSi10Mg (Cu) 3.2332 233
G-AlSi9Cu3 GK-AlSi9Cu3	3.2163.01 3.2163.02	Si 8.0～11.0 Cu 2.0～3.5 Mn 0.1～0.5 Mg 0.1～0.5 Al 余量	Fe 0.8 Ni 0.3 Pb 0.2 Sn 0.1 Ti 0.15 Zn 1.2	其他: 单个 0.05 合计 0.15	GB-AlSi9Cu3 3.2165 226A
G-AlSi6Cu4 GK-AlSi6Cu4	3.2151.01 3.2151.02	Si 5.0～7.5 Cu 3.0～5.0 Mn 0.1～0.6 Mg 0.1～0.5 Al 余量	Fe 1.0 Ni 0.3 Pb 0.3 Sn 0.1 Ti 0.15 Zn 2.0	其他: 单个 0.05 合计 0.15	GB-AlSi6Cu4 3.2155 225

表 4-135 特殊性能合金的化学成分(DIN EN573-4—1994)

材料		化学成分/%			附加说明
合金牌号	编码	主要成分	允许杂质，max		
G-AlSi11	3. 2211. 01	Si 10. 0～11. 8 Mn 0. 001～0. 4 Al 余量	Cu 0. 03 Fe 0. 18 Mn 0. 03 Ti 0. 15 Zn 0. 07	其他： 单个 0. 03 合计 0. 10	GB-AlSi11 3. 2212
G-AlSi11g	3. 2211. 81				
GK-AlSi11	3. 2211. 02				
GK-AlSi11g	3. 2211. 82				
G-AlSi9MgWa	3. 2373. 61	Si 9. 0～10. 0 Mg 0. 25～0. 45 Al 余量	Cu 0. 05 Fe 0. 18 Mn 0. 10 Ti 0. 15 Zn 0. 07	其他： 单个 0. 03 合计 0. 10	GB-AlSi9Mg 3. 2333
GK-AlSi9MgWa	3. 2373. 62				
G-AlSi7MgWa	3. 2371. 61	Si 6. 5～7. 5 Mg 0. 25～0. 45 Ti 0. 001～0. 20 A1 余量	Cu 0. 05 Fe 0. 18 Mn 0. 10 Zn 0. 07	其他： 单个 0. 03 合计 0. 10	GB-AlSi7Mg 2. 2335
GK-AlSi7MgWa	3. 2371. 62				
G-AlSi7MgWa	3. 2371. 63				
G-AlCu4Tita	3. 1841. 63	Cu 4. 5～5. 2 Ti 0. 15～0. 30 Mn 0. 001～0. 5 A1 余量	Fe 0. 18 Si 0. 18 Zn 0. 07	其他： 单个 0. 03 合计 0. 10	GB-AlCu4Ti 3. 1842
G-AlCu4TiWa	3. 1841. 61				
GK-AlCu4Tita	3. 1841. 64				
GK-AlCu4TiWa	3. 1841. 62				
G-AlCu4TiMgka	3. 1371. 41	Cu 4. 2～4. 9 Mg 0. 15～0. 30 Ti 0. 15～0. 30 Mn 0. 001～0. 5 Al 余量	Fe 0. 18 Si 0. 18 Zn 0. 07	其他： 单个 0. 03 合计 0. 10	GB-AlCu4 TiMg 3. 1372
GK-AlCu4TiMgka	3. 1371. 42				
G-AlCu4TiMgka	3. 1371. 45				

表 4-136 特殊用途合金的化学成分(DIN EN573-4—1994)

材料		化学成分/%			附加说明
合金牌号	编码	主要成分	允许杂质，max		
G-AlMg3	3. 3541. 01	Mg 2. 5～3. 5 Mn 0. 001～0. 4 Ti 0. 001～0. 20 Al 余量 Benach Vereinbarung	Cu 0. 05 Fe 0. 5 Si 0. 5 Zn 0. 10	其他： 单个 0. 05 合计 0. 15	GB-AlMg3 3. 3542 242
Gk-AlMg3	3. 3541. 02				
GF-AlMg3	3. 3541. 09				

续表

材料		化学成分/%			附加说明
合金牌号	编码	主要成分	允许杂质，max		
G-AlMg3Si G-AlMg3Siwa GK-AlMg3Si GK-AlMg3Siwa GF-AlMg3Siwa	3.3241.01 3.3241.61 3.3241.02 3.3241.62 3.3241.63	Mg 2.5～3.5 Si 0.9～1.3 Mn 0.001～0.4 Ti 0.001～0.20 Al 余量 Benach Vereinbarung	Cu 0.05 Fe 0.5 Zn 0.10	其他： 单个 0.05 合计 0.15	GB-AlMg3Si 3.3242 243
G-AlMg5 Gk-AlMg5	3.3561.01 3.3561.02	Mg 4.5～5.5 Mn 0.001～0.4 Ti 0.001～0.20 Al 余量 Benach Vereinbarung	Cu 0.05 Fe 0.5 Si 0.5 Zn 0.10	其他： 单个 0.05 合 0.15	GB-AlMg5 3.3562 244
G-AlMg5Si Gk-AlMg5Si	3.3261.01 3.3261.02	Mg 4.5～5.5 Si 0.9～1.5 Mn 0.001～0.4 Ti 0.001～0.20 Al 余量 Benach Vereinbarung	Cu 0.05 Fe 0.5 Zn 0.10	其他： 单个 0.05 合计 0.15	GB-AlMg5Si 3.3262 245
G-AlSi5Mg Gk-AlSi5Mg Gk-AlSi5Mg wa	3.2341.01 3.2341.02 3.2341.62	Si 5.0～6.0 Mg 0.4～0.8 Mn 0.001～0.4 Ti 0.001～0.20 Al 余量	Cu 0.05 Fe 0.5 Zn 0.10	其他： 单个 0.05 合计 0.15	GB-AlSi5Mg 3.2342 235

表 4-137　压铸合金的化学成分(DIN EN573-4—1994)

材料		化学成分/%			附加说明
合金牌号	编码	主要成分	允许杂质，max		
GD-AlSi9Cu3	3.2163.05	Si 8.0～11.0 Cu 2.0～3.5 Mn 0.1～0.5 Mg 0.1～0.5 Al 余量	Fe 1.2 Ni 0.3 Pb 0.2 Sn 0.1 Zn 1.2	其他： 单个 0.05 合计 0.15	GBD-A1Si9Cu3 3.2166 226
GD-AlSi12	3.2582.05	Si 10.5～13.5 Mn 0.001～0.4 Al 余量	Cu 0.10 Fe 1.0 Mg 0.05 Ti 0.15 Zn 0.1	其他： 单个 0.05 合计 0.15	GBD-AlSi12 3.2586 230
GD-AlSi12(Cu)	3.2982.05	Si 10.5～13.5 Mn 0.1～0.5 Al 余量	Cu 1.2 Fe 1.2 Mg 0.4 Ni 0.2 Pb 0.2 Ti 0.15 Zn 0.5	其他： 单个 0.05 合计 0.15	GBD-AlSi12(Cu) 3.2985 231

续表

材料		化学成分/%			附加说明
合金牌号	编码	主要成分	允许杂质，max		
GD-AlSi10Mg	3.2382.05	Si 9.0～11.0 Mg 0.20～0.50 Mn 0.001～0.4 Al 余量	Cu 0.10 Fe 1.0 Ti 0.15 Zn 0.1	其他： 单个 0.05 合计 0.15	GBD-AlSi10Mg 3.2336 239
GD-AlMg9	3.3292.05	Mg 7.0～10.0 Si 0.01～2.5 Mn 0.2～0.5 Al 余量	Cu 0.05 Fe 1.0 Ti 0.15 Zn 0.1	其他： 单个 0.05 合计 0.15	GBD-AlMg9 3.3293 349

4.6.2 铝及铝合金的力学性能

(1)一般用途板、带材

表 4-138 一般用途铝及铝合金板、带材(厚度 0.021～0.350mm)的力学性能(DIN 1788—1983)

合金牌号		状态说明	厚度/mm	抗拉强度 σ_b /MPa	屈服强度 $\sigma_{0.2}$ /MPa	伸长率/%	
						A_1=100mm	A_{10}
					不小于		
Al99.5	W6	软态	0.021～0.039	55～90	—	5	—
			0.040～0.069	55～90	—	8	—
			0.070～0.109	60～95	—	10	—
	W7	软态	0.110～0.179	65～95	—	15	—
			0.180～0.350	65～95	≤55	—	30
	F11	冷轧	0.180～0.350	110～150	90	—	2
	G11	不完全退火	0.180～0.350	110～150	90	—	9
	G13	不完全退火	0.180～0.350	130～170	110	—	6
	F15	冷轧	0.040～0.179	150～190	—	1	—
			0.180～0.350	150～190	130	—	2
	F18	冷轧	0.040～0.179	180	—	1	—
			0.180～0.350	180	160	—	2
Al99	W6	软态	0.021～0.039	60～100	—	5	—
			0.040～0.069	60～100	—	8	—
	W7	软态	0.070～0.109	65～105	—	12	—
			0.110～0.179	70～105	—	17	—
	W8	软态	0.180～0.350	75～105	≤60	—	30
	F12	冷轧	0.040～0.179	120～160	—	1	—
	G12	不完全退火	0.180～0.350	120～160	100	—	6
	F16	冷轧	0.040～0.179	160～200	—	1	—
			0.180～0.350	160～200	140	—	2
	F19	冷轧	0.040～0.179	190	—	1	—
			0.180～0.350	190	170	—	2

续表

合金牌号		状态说明	厚度/mm	抗拉强度 σ_b/MPa	屈服强度 $\sigma_{0.2}$/MPa	伸长率/% $A_1=100mm$	A_{10}
				不小于			
AlFeSi	W8	软态	0.021～0.039	75～110	—	5	—
			0.040～0.069	80～115	—	10	—
			0.070～0.109	80～115	—	15	—
			0.110～0.179	80～115	—	20	—
			0.180～0.350	80～115	30	—	30
	G11	不完全退火	0.180～0.350	110～150	80	—	5
	F13	冷轧	0.180～0.350	130～170	110	—	3
	F15	冷轧	0.040～0.179	150～190	—	1	—
			0.180～0.350	150～190	130	—	2
	G15	不完全退火	0.040～0.179	150～190	—	2	—
			0.180～0.350	150～190	130	—	3
	F20	冷轧	0.040～0.179	200	—	1	—
			0.180～0.350	200	180	—	2
AlMnCu	W10	软态	0.040～0.069	100～140	—	10	—
			0.070～0.109	100～140	—	15	—
			0.110～0.179	100～140	—	18	—
			0.180～0.350	100～140	35	—	25
	G13	不完全退火	0.040～0.069	125～165	—	8	—
			0.070～0.109	125～165	—	12	—
			0.110～0.179	125～165	—	15	—
	G15	不完全退火	0.040～0.069	145～185	—	6	—
	G17	不完全退火	0.180～0.350	170～210	150	—	6
AlMn0.5 Mg0.5	W11	软 态	0.040～0.069	110～150	—	6	—
			0.070～0.109	110～150	—	10	—
			0.110～0.179	110～150	—	13	—
			0.180～0.350	110～150	40	—	22
	G17	不完全退火	0.040～0.179	170～210	—	4	—
			0.180～0.350	170～210	140	—	6
	F20	冷轧	0.180～0.350	195～235	175	—	3
	G20	不完全退火	0.070～0.179	195～235	—	4	—
	F22	冷轧	0.070～0.179	215～255	—	1	—
			0.180～0.350	215～255	185	—	3
	F24	冷轧	0.070～0.179	240	—	1	—
			0.180～0.350	240	220	—	2
AlMn1 Mg0.5	W13	软态	0.070～0.109	125～165	—	13	—
			0.110～0.179	125～165	—	15	—
			0.180～0.350	125～165	50	—	22
	G17	不完全退火	0.070～0.109	165～205	—	5	—
	G19	不完全退火	0.070～0.109	185～225	—	5	—
	G21	不完全退火	0.070～0.109	205～245	—	5	—
	F25	冷轧	0.070～0.179	245	—	1	—
			0.180～0.350	245	230	—	1

续表

合金牌号		状态说明	厚度/mm	抗拉强度 σ_b /MPa	屈服强度 $\sigma_{0.2}$ /MPa	伸长率/% $A_1=$100mm	伸长率/% A_{10}
				不小于			
AlMn1Mg1	W16	软态	0.040～0.069 0.070～0.109 0.110～0.179 0.180～0.350	155～200 155～200 155～200 155～200	— — — 60	7 10 13 —	— — — 15
AlMg1	W11	软态	0.110～0.179 0.180～0.350	105～135 105～135	— 35	13 —	— 20
	F15	冷轧	0.110～0.179 0.180～0.350	145～185 145～186	— 125	2 —	— 4
	F17	冷轧	0.180～0.350	165～205	145	—	3
	F19	冷轧	0.070～0.179 0.180～0.350	190～230 190～230	— 170	1 —	— 2
	F22	冷轧	0.070～0.179 0.180～0.350	220 220	— 200	1 —	— 2
AlMg2.5	W18	软态	0.180～0.350	175～220	70	—	20
	F32	冷轧	0.180～0.350	320	280	—	2
AlMg3	W19	软态	0.070～0.179 0.180～0.350	190～230 190～230	— 80	15 —	— 20
	F24	冷轧	0.180～0.350	240～280	190	—	4
	G24	不完全退火	0.070～0.179 0.180～0.350	240～280 240～280	— 160	5 —	— 8
	F27	冷轧	0.180～0.350	265～305	215	—	3
	G27	不完全退火	0.180～0.350	265～305	190	—	6
	F29	冷轧	0.180～0.350	290～330	250	—	2
	G29	不完全退火	0.180～0.350	290～330	220	—	5
	F32	冷轧	0.070～0.179 0.180～0.350	320 320	— 280	2 —	— 2
AlMg4.5	G34	不完全退火	0.180～0.350	340～380	250	—	5
	F37	冷轧	0.180～0.350	370	330	—	2

表 4-139　铝及铝合金板、带材(厚度大于 0.35mm)的力学性能(DIN 1745-1—1983)

合金牌号		状态说明	厚度/mm 带	厚度/mm 板	抗拉强度 σ_b /MPa 不小于	屈服强度 $\sigma_{0.2}$ /MPa 不小于	伸长率/% 不小于 A_5	伸长率/% 不小于 A_{10}	布氏硬度 HB 2.5/62.5 (约)
Al99.8	W6	软态	>0.35～3.0	>0.35～10	60～90	≤50	40	35	18
	G8	不完全退火	>0.35～3.0	>0.35～5.0	80～120	50	15	12	28
	F10	冷轧	>0.35～3.0	>0.35～10	100～140	80	6	4	32
	F12	冷轧	>0.35～3.0	>0.35～10	120～160	100	4	3	36

续表

合金牌号		状态说明	厚度 / mm		抗拉强度 σ_b /MPa 不小于	屈服强度 $\sigma_{0.2}$ / MPa 不小于	伸长率 / % 不小于		布氏硬度 HB 2.5/62.5 (约)
			带	板			A_5	A_{10}	
Al99.7	W6	软态	>0.35～3.0	>0.35～10	60～90	≤50	40	35	18
	F10	冷轧	>0.35～3.0	>0.35～10	100～140	80	6	4	32
	F12		>0.35～3.0	>0.35～10	120～160	100	4	3	36
Al99.5	W7	软态	>0.35～3.0	>0.35～6.0	65～95	≤55	40	35	20
	W7		—	>6.0～25	65～95	20	35	—	20
	F8	人工时效	—	>5.0～50	75～110	20	20	—	22
	F9	冷轧	>0.35～3.0	>0.35～6.0	90～130	60	9	6	30
	G9	不完全退火	>0.35～3.0	>0.35～5.0	90～130	60	13	10	30
	F11	冷轧	>0.35～3.0	>0.35～10	110～150	90	6	4	35
	G11	不完全退火	>0.35～3.0	>0.35～10	110～150	90	9	6	35
	F13	冷轧	>0.35～3.0	>0.35～10	130～170	110	4	3	40
	G13	不完全退火	>0.35～3.0	>0.35～10	130～170	110	6	4	40
	F15	冷轧	>0.35～3.0	>0.35～6.0	150	130	3	2	45
Al99	W8	软态	>0.35～3.0	>0.35～10	75～105	≤60	40	35	22
	W8		—	>10～25	75～105	25	30	—	22
	F10	冷轧	>0.35～3.0	>0.35～10	100～140	70	9	6	32
	G10	不完全退火	>0.35～3.0	>0.35～10	100～140	70	13	10	32
	F12	冷轧	>0.35～3.0	>0.35～10	120～160	100	6	4	37
	F14		>0.35～3.0	>0.35～10	140～180	120	4	3	42
	F16	冷轧	>0.35～3.0	>0.35～10	160	140	3	2	47
AlRMg0.5		软态							
Al99.9Mg0.5									
Al99.85Mg0.5	W8		>0.35～3.0	>0.35～6.0	80～120	25～60	23	20	23
	G10	不完全退火	>0.35～3.0	>0.35～3.0	100～140	70	15	12	33
	G12		>0.35～2.5	>0.35～2.5	120～160	90	10	8	38
	G14		>0.35～2.0	>0.35～2.0	140～180	110	8	6	43
AlRMg1		软态							
Al99.9Mg1									
Al99.85Mg1	W10		>0.35～3.0	>0.35～6.0	100～140	35～60	23	20	30

续表

合金牌号		状态说明	厚度 / mm		抗拉强度 σ_b /MPa 不小于	屈服强度 $\sigma_{0.2}$ / MPa 不小于	伸长率 / % 不小于		布氏硬度 HB 2.5/62.5 (约)
			带	板			A_5	A_{10}	
	G12	不完全退火	>0.35～3.0	>0.35～3.0	120～160	70	15	12	40
	G14		>0.35～2.5	>0.35～2.5	140～180	100	10	8	45
	G16		>0.35～2.0	>0.35～2.0	160～200	130	8	6	50
	F18	冷 轧	>0.35～2.0	>0.35～2.0	180	160	4	3	55
AlFeSi	W8	软 态	>0.35～3.0	>0.35～3.0	80～115	30	35	30	25
	F13	冷 轧	>0.35～2.5	>0.35～2.5	130～170	110	5	4	40
	G13	不完全退火	>0.35～2.5	>0.35～2.5	130～170	110	7	5	40
	F17	冷 轧	>0.35～2.0	>0.35～2.0	170～210	150	3	2	50
	F19		>0.35～1.5	>0.35～1.5	190	180	3	2	55
AlMn1	W9	软 态	>0.35～3.0	>0.35～10	90～140	35	24	21	28
	F12	冷 轧	>0.35～3.0	>0.35～10	120～160	90	7	5	40
	F14		>0.35～3.0	>0.35～10	140～180	120	5	4	45
	F17		>0.35～3.0	>0.35～3.0	165～205	145	4	3	50
	F19		>0.35～2.0	>0.35～2.5	185	165	3	2	55
AlMnCu	W10	软 态	>0.35～3.0	>0.35～10	100～145	35	28	25	30
	F13	冷 轧	>0.35～2.0	>0.35～10	125～165	90	7	5	40
	F15		>0.35～3.0	>0.35～10	145～185	125	5	4	45
	F17		>0.35～3.0	>0.35～3.0	170～210	155	4	3	50
	F19		>0.35～2.5	>0.35～2.5	190	170	3	2	55
AlMn1Mg0.5	W12	软 态	>0.35～3.0	>0.35～4.0	120～165	50	23	17	35
	F16	冷 轧	>0.35～3.0	>0.35～4.0	155～195	140	6	5	50
	G16	不完全退火	>0.35～3.0	>0.35～4.0	155～195	130	7	6	50
	F18	冷 轧	>0.35～3.0	>0.35～4.0	175～215	155	4	3	55
	G18	不完全退火	>0.35～3.0	>0.35～4.0	175～215	145	6	5	65
	F20	冷 轧	>0.35～3.0	>0.35～4.0	195～235	175	3	2	65
	G20	不完全退火	>0.35～3.0	>0.35～4.0	195～235	165	5	4	65
	F22	冷 轧	>0.35～3.0	>0.35～4.0	215～255	195	3	2	75
	F24	不完全退火	>0.35～3.0	>0.35～4.0	235	220	2	1	80

续表

合金牌号		状态说明	厚度 / mm		抗拉强度 σ_b /MPa 不小于	屈服强度 $\sigma_{0.2}$ / MPa 不小于	伸长率 / % 不小于		布氏硬度 HB 2.5/62.5 (约)
			带	板			A_5	A_{10}	
AlMn1Mg1	W16	软　态	>0.35～2.0	>0.35～2.0	155～200	60	18	15	45
	F19	冷　轧	>0.35～2.0	>0.35～2.0	190～230	155	6	4	55
	G19	不完全退火	>0.35～2.0	>0.35～2.0	190～230	145	8	6	55
	F22	冷　轧	>0.35～2.0	>0.35～2.0	220～260	180	4	3	65
	G22	不完全退火	>0.35～2.0	>0.35～2.0	220～260	170	6	5	65
	F24	冷　轧	>0.35～2.0	>0.35～2.0	240～280	200	3	2	70
	G24	不完全退火	>0.35～2.0	>0.35～2.0	240～280	190	5	4	70
	F26	冷　轧	>0.35～2.0	>0.35～2.0	260	230	3	2	75
	G26	不完全退火	>0.35～2.0	>0.35～2.0	260	210	4	3	75
AlMg1	W11	软　态	>0.35～3.0	>0.35～10	105～140	35	24	21	32
	F13	冷　轧	>0.35～3.0	>0.35～10	125～165	15	8	6	42
	G13	不完全退火	>0.35～3.0	>0.35～10	125～165	80	10	8	42
	F15	冷　轧	>0.35～3.0	>0.35～10	145～185	120	5	4	47
	G15	不完全退火	>0.35～3.0	>0.35～6.0	145～185	110	8	6	47
	F17	冷　轧	>0.35～3.0	>0.35～4.0	165～205	145	4	3	52
	G17	不完全退火	>0.35～3.0	>0.35～4.0	165～205	130	6	5	52
	F19	冷　轧	>0.35～3.0	>0.35～3.0	190	170	3	2	57
	G19	不完全退火	>0.35～3.0	>0.35～2.0	190	160	5	4	57
	F21	冷　轧	>0.35～2.0	>0.35～2.0	210	190	3	2	60
AlMg1.5	W13	软　态	>0.35～3.0	>0.35～6.0	130～170	45	23	20	37
	G18	不完全退火	>0.35～3.0	0.35～3.0	175～215	130	10	8	55
	F20	冷　轧	>0.35～3.0	>0.35～3.0	200～240	175	4	3	60
	F23	冷　轧	>0.35～3.0	>0.35～3.0	225	200	3	2	65
	G23	不完全退火	>0.35～2.0	>0.35～2.0	225	180	6	5	65
AlMg2.5	W17	软　态	>0.35～3.0	>0.35～10	170～215	60	20	17	50
	F21	冷　轧	>0.35～3.0	>0.35～10	210～250	160	10	8	65
	G21	不完全退火	>0.35～3.0	>0.35～10	210～250	130	12	10	65
	F23	冷　轧	>0.35～3.0	>0.35～10	230～270	180	5	4	73
	G23	不完全退火	>0.35～3.0	>0.35～10	230～270	150	10	8	73
	F25	冷　轧	>0.35～3.0	>0.35～4.0	250～290	210	4	3	80
	G25	不完全退火	>0.35～3.0	>0.35～4.0	250～290	180	7	6	80
	F27	冷　轧	>0.35～3.0	>0.35～3.0	270	240	3	2	85
	G27	不完全退火	>0.35～3.0	>0.35～3.0	270	210	6	5	85

续表

合金牌号		状态说明	厚度 / mm		抗拉强度 σ_b /MPa 不小于	屈服强度 $\sigma_{0.2}$ / MPa 不小于	伸长率 / % 不小于		布氏硬度 HB 2.5/62.5 (约)
			带	板			A_5	A_{10}	
AlMg3	W19	软态	>0.35～3.0	>0.35～6.0	190～230	80	20	17	50
	W19		—	>6.0～50	190～230	80	18	—	50
	F19	热轧	—	>25～50	190	80	12	—	50
	F20		—	>10～25	200	120	10	—	60
	F21	热轧	>8～10	>5.0～10	210	140	12	—	60
	F22	冷轧	>0.35～3.0	>0.35～10	220～260	165	9	7	65
	G22	不完全退火	>0.35～3.0	>0.35～10	220～260	130	14	12	65
	F24	冷轧	>0.35～3.0	>0.35～10	240～280	190	5	4	73
	G24	不完全退火	>0.35～3.0	>0.35～10	240～280	160	10	8	73
	F27	冷轧	>0.35～3.0	>0.35～4.0	265～305	215	4	3	80
AlMg3	G27	不完全退火	>0.35～3.0	>0.35～4.0	265～305	190	7	6	80
	F29	冷轧	>0.35～3.0	>0.35～3.0	290	250	3	2	85
AlMg2Mn0.8	W16	软态	>0.35～3.0	>0.35～6.0	155～200	60	20	17	45
	F19	冷轧	>0.35～3.0	>0.35～3.0	185～225	140	10	8	60
	F21		>0.35～3.0	>0.35～3.0	205～245	170	5	4	65
	G21	不完全退火	>0.35～3.0	>0.35～3.0	205～245	140	10	8	65
	F23	冷轧	>0.35～3.0	>0.35～3.0	230～270	200	4	3	72
	G23	不完全退火	>0.35～3.0	>0.35～3.0	230～270	170	9	7	72
	F26	冷轧	>0.35～3.0	>0.35～3.0	255	230	3	2	80
AlMg2Mn0.8	W19	软态	>0.35～3.0	>0.35～6.0	190～230	80	20	17	50
	W19		—	>6.0～50	190～230	80	18	—	50
	F19	热轧	—	>25～50	190～230	80	12	—	50
	F20		—	>10～25	200～240	120	10	—	60
	F21		—	>6.0～10	210～250	140	12	—	60
	F22	冷轧	>0.35～3.0	>0.35～10	220～260	165	9	7	65
	G22	不完全退火	>0.35～3.0	>0.35～10	220～260	130	14	12	65
	F24	冷轧	>0.35～3.0	>0.35～10	240～280	190	5	4	73
	G24	不完全退火	>0.35～3.0	>0.35～10	240～280	160	10	8	73
	F27	冷轧	>0.35～3.0	>0.35～4.0	265～305	215	4	3	80
	G27	不完全退火	>0.35～3.0	>0.35～4.0	265～305	190	7	6	80
	F29	冷轧	>0.35～3.0	>0.35～3.0	290	250	3	2	85

续表

合金牌号		状态说明	厚度 / mm		抗拉强度 σ_b /MPa 不小于	屈服强度 $\sigma_{0.2}$ / MPa 不小于	伸长率 / % 不小于		布氏硬度 HB 2.5/62.5 (约)
			带	板			A_5	A_{10}	
AlMg2.7Mn	F22	热轧	—	>4.0~25	215~280	100	17	—	55
	F22	热轧	—	>25~50	215	100	12	—	55
	G25	不完全退火	—	>4.0~6.0	245~305	180	10	—	75
	G25	不完全退火	—	>6.0~12	245~305	180	8	—	75
	G27	不完全退火	—	>4.0~6.0	270~325	200	9	—	85
	G27	不完全退火	—	>6.0~12	270~325	200	7	—	85
AlMg4Mn	W24	软态	—	>1.0~6.0	240~310	100	18	—	65
	W24	软态	—	>6.0~50	240~310	95	17	—	60
	F28	软态	—	>1.0~6.0	275~330	200	7	—	80
	G28	不完全退火	—	>1.0~6.0	275~330	190	12	—	80
	G30	不完全退火	—	>1.0~6.0	300~360	230	8	—	90
AlMg4.5Mn	W28	软态	0.35~3.0	>0.35~50	275~350	125	17	15	70
	F28	热轧	—	>4.0~50	275	125	12	—	70
	G31	不完全退火	—	>2.0~40	310~380	205	10	—	85
	G35	不完全退火	>1.0~3.0	>1.0~6.0	345~405	270	6	5	100
AlMgSi1	W	软态	>0.35~3.0	>0.35~10	≤150	≤85	18	15	35
	F21	自然时效	>0.35~3.0	>0.35~3.0	205	110	16	14	65
	F21	自然时效	—	>3.0~20	205	110	14	12	65
	F28	人工时效	>0.35~3.0	>0.35~3.0	275	200	14	12	85
	F28	人工时效	—	>3.0~60	275	200	12	—	85
	F32	人工时效	>0.35~3.0	>0.35~60	315	255	10	8	95
	F30	人工时效	—	>0.35~20	295	245	9	—	95
	F30	人工时效	—	>20~100	295	240	8	—	90
AlMg1SiCu	W	软态	>0.35~3.0	>0.35~6.0	≤150	≤80	18	15	40
	W	软态	—	>6.0~12	≤150	≤80	17	14	40
	F21	自然时效	>0.35~3.0	>0.35~3.0	205	110	14	12	60
	F21	自然时效	—	>3.0~12	205	110	12	10	60
	F29	人工时效	>0.35~3.0	>0.35~3.0	290	240	10	8	90
	F29	人工时效	—	>3.0~12	290	240	9	—	90
	F29	人工时效	—	>12~60	290	240	8	—	90

续表

合金牌号		状态说明	厚度/mm		抗拉强度 σ_b /MPa 不小于	屈服强度 $\sigma_{0.2}$ / MPa 不小于	伸长率 / % 不小于		布氏硬度 HB 2.5/62.5 (约)
			带	板			A_5	A_{10}	
AlCuMg1	W	软态	>0.35～3.0	>0.35～12	≤215	≤140	13	11	50
	F40	自然时效	>0.35～3.0	>0.35～3.0	395	265	13	11	100
	F39	自然时效	—	>3.0～12	390	265	13	—	100
	F39		—	>12～60	385	245	12	—	95
AlCuMg2	W	软态	>0.35～3.0	>0.35～12	≤220	≤140	13	11	55
	F44	自然时效	>0.35～3.0	>0.35～12	440	290	13	11	110
AlCuSiMn	W	软态	—	>6.0～12	≤220	≤140	13	—	55
	F40	自然时效	—	>1.5～25	400	250	12	—	105
	F40		—	>25～50	400	250	11	—	100
	F39	人工时效	—	>50～100	390	250	8	—	100
	F46		—	>1.5～25	460	400	7	—	125
AlZn4.5Mg1	W	软态	—	>1.5～6.0	≤220	≤140	15	13	45
	F35	人工时效	>0.35～3.0	>0.35～15	350	275	10	8	105
	F34		—	>15～60	340	270	9	—	105
AlZnMgCu0.5	F45	人工时效	—	>6.0～25	450	370	8	—	125
	F45		—	>25～50	450	370	7	—	125
	F43		—	>50～100	430	350	5	—	110
	F41		—	>100～200	410	330	3	—	100
AlZnMgCu1.5	F53	人工时效	—	>6.0～12	530	450	8	—	140
	F53		—	>12～25	530	450	5	—	140
	F53		—	>25～50	530	450	3	—	140
	F50		—	>50～63	500	430	2	—	130
	F48		—	>63～75	480	410	2	—	130
	F48		—	>75～100	480	390	2	—	130

(2)电工用铝板、带

表 4-140 电工用铝板、带的性能(DIN 40501-1—1985)

合金牌号	厚度 / mm		抗拉强度 σ_b /MPa	屈服强度 $\sigma_{0.2}$ / MPa	伸长率 / %		布氏硬度 HB	弹性模量 E/GPa 标准值	20℃时的电阻率/$\Omega \cdot mm^2 \cdot m^{-1}$	20℃时的电导率 / $m \cdot (\Omega \cdot mm^2)^{-1}$
					δ_5	δ_{10}				
	板	带	不小于						不大于	不小于
E-AlW7	0.18～6	0.18～3	65～95	≤55	40	35	18～26	65	0.02825	35.4
E-AlF9	0.18～6	0.18～3	90～130	60	9	6	25～35		0.02874	34.8
E-AlF13	0.18～3	0.18～3	130～170	110	4	3	32～48		0.02898	34.5
E-AlF16	0.18～2	0.18～2	160	140	3	2	40		0.02898	34.5

注:如在温度有偏差的情况下进行测定,应考虑电阻率的变量为 0.00011 $\frac{\Omega \cdot mm^2}{m}$/K。

(3)花纹板

表 4-141 铝合金花纹板的力学性能

合金牌号	基体板厚度 / mm	抗拉强度 σ_b /MPa 不小于	屈服强度 $\sigma_{0.2}$ / MPa 不小于	伸长率 δ_5 / % 不小于	布氏硬度 HB(约)	标准号
AlMg3W20	1.5～5	195～240	80	12	60	DIN 59605—1979
AlMg3F26	1.5～3.5	260	220	4	80	
AlMgSi1F20	1.5～10	200～220	100	12	65	
AlMgSi1F30	1.5～3.5	300	250	4	95	
AlMgSi1F30	5～10	300	250	6	95	
AlZn4.5Mg1F35	2～10	350	260	8	110	

注:AlMg3——耐海水腐蚀,可焊接的焊后强度 σ_b≈180MPa;AlMgSi1——耐海水腐蚀,可焊接而没有进行焊后处理的强度 σ_b≈160MPa;AlZn4.5Mg1——可焊接而没有进行焊后处理的强度 σ_b≈220MPa,室温时效后,在 90 天内强度 σ_b 约可提高到 300MPa。

(4)管材

表 4-142　　铝及铝合金管材的力学性能(DIN 1746-1—1987)

合金牌号	状态说明				壁厚 / mm	抗拉强度 σ_b /MPa	屈服强度 $\sigma_{0.2}$ / MPa	伸长率 / %		布氏硬度 HB (约)
	状态	制造方法						A_5	A_{10}	
						不小于		不小于		
Al99.8	F6	挤制	P	—	≥2.5	60	20	25	22	18
	W6	软态	P	Z	所有	55	≤50	27	23	18
	F9	拉制	—	Z	≤4	90	60	7	6	25
	F11		—	Z	≤1.5	110	90	4	3	30
Al99.5	F7	挤制	P	—	≥2.5	65	20	25	22	20
	W7	软态	P	Z	所有	65	≤60	27	23	20
	F10	拉制	—	Z	≤6	100	70	6	5	28
	F13		—	Z	≤1.5	130	110	3	2	35
Al99	F8	挤制	P	—	≥2.5	75	30	18	16	22
	W8	软态	P	Z	所有	75	≤70	20	18	22
	F11	拉制	—	Z	≤6	110	80	5	4	30
	F14		—	Z	≤1.5	140	120	3	2	38
Al99.85Mg0.5	F7	挤制	P	—	≥2.5	70	25	20	18	23
Al99.85Mg1	F10	挤制	P	—	≤2.5	100	35	20	18	30
AlMn1	F10	挤制	P	—	≥2.5	95	40	17	15	30
	W10	软态	P	Z	≤10	95	40	22	20	30
	F13	拉制	—	Z	≤10	130	90	6	5	35
	F19		—	Z	≤3;(≤Φ50)	160	130	4	3	40
AlMg1	F10	挤制	P	—	≥2.5	100	40	15	13	30
	W10	软态	P	Z	≤10	100	40	20	18	30
	F14	拉制	—	Z	≤5	140	90	6	5	40
	F19		—	Z	≤1.5;(≤Φ25)	185	155	4	3	55
AlMg1.8	F15	挤制	P	—	≥2.5	145	50	15	13	38
	W15	软态	P	Z	≤20	145	50	20	18	35
	F18	拉制	—	Z	≤5	175	130	6	5	45
	F22		—	Z	≤1.5;(≤Φ25)	220	190	3	2	60
AlMg3	F18	挤制	P	—	≥3	180	80	14	12	45
	W18	软态	P	Z	≤10	180	80	17	15	40
	F25	拉制	—	Z	≤5;(≤Φ80)	250	180	4	3	75
AlMg5	F25	挤制	P	—	≥3.5	250	110	13	11	65
	W25	软态	P	Z	≤10	250	110	16	14	65
	F28	拉制	—	Z	≤5;(≤Φ50)	280	200	6	5	80

续表

合金牌号		状态说明			壁厚 /mm	抗拉强度 σ_b /MPa	屈服强度 $\sigma_{0.2}$ /MPa	伸长率/%		布氏硬度HB（约）
		状态	制造方法					A_5	A_{10}	
						不小于		不小于		
AlMg2Mn0.3	F15	挤制	P	—	≥2.5	150	60	14	12	40
	W15	软态	P	Z	≤10	150	60	17	15	40
	F20	拉制	—	Z	≤5	200	160	5	4	50
	F24		—	Z	≤1.5,(≤Φ25)	235	205	2	2	65
AlMg2Mn0.8	F20	挤制	P	—	≥3	200	100	13	11	50
	W18	软态	P	Z	≤10	180	80	17	15	45
	F25	拉制	—	Z	≤5,(≤Φ80)	250	180	4	3	75
AlMg4.5Mn	F27	挤制	P	—	≥3.5	270	140	12	10	65
	W27	软态	P	Z	≤10	270	110	14	12	60
AlMgSi0.5	F13	自然时效	P	Z	所有	130	65	15	13	45
	F22	人工时效	P	Z		215	160	12	10	70
	F25		P	Z	≤10	245	195	10	8	75
AlMgSi0.7	F26	人工时效	P	Z	≤10	260	215	8	6	85
AlMgSi1	F21	自然时效	P	Z	所有	205	110	14	12	65
	F28	人工时效	P	Z		275	200	12	10	80
	F31		P	Z	≤20	310	260	10	8	95
AlMgSiPb	F20	自然时效	P	Z	所有	200	100	12	10	60
	F28	人工时效	P	Z		275	200	8	6	80
AlCuBiPb	F31	自然时效	P	Z	≤6	310	260	10	8	90
	F29		P	Z	>6～20	290	240	10	8	90
	F37	人工时效	P	Z	≤20	370	270	8	6	110
AlCuMgPb	F37	自然时效	P	Z	≤6	370	250	12	10	100
	F36		P	Z	>6～20	360	230	10	8	100
AlCuMg1	F38	自然时效	—	Z	≤1	380	250	12	10	105
	F39		P	Z	>1～6	390	260	14	12	105
	F37		P	Z	>6～20	370	250	12	10	95
AlCuMg2	F41	自然时效	—	Z	≤1	410	270	10	8	120
	F43		P	Z	>1～6	430	290	11	9	120
	F42		P	Z	>6～20	420	270	10	8	120
AlCuSiMn	F45	人工时效	P	Z	≤20	450	380	7	6	130
AlZn4.5Mg1	F35		P	Z		350	290	10	8	105
AlZnMgCu0.5	F47		P	Z		470	390	8	7	130
AlZnMgCu1.5	F51		P	Z		510	430	7	6	140

注：1. 表中P为用挤压法制造，Z为通过挤压并随后拉制；

2. 表中(　)内数值为管材直径。

表 4-143　　电工用铝管的力学性能(DIN 40501-2—1985)

合金牌号		外径	壁厚	抗拉强度① σ_b /MPa	屈服强度① $\sigma_{0.2}$ / MPa	伸长率 / % 不小于		布氏硬度② HB	弹性模量② E / GPa 标准值	20℃时的电阻率③ / $\Omega\cdot mm^2\cdot m^{-1}$不大于	20℃时的电导率 / $m\cdot(\Omega\cdot mm^2)^{-1}$ 不小于
		mm		不小于		δ_5	δ_{10}				
E-Al	F7	≤250	≤12	65(～100)	20(～80)	25	22	20～30	65	2.825 ×10^{-3}	35.4
		≤250	>12	60(～100)							
		>250	>4								
	F10	≤120	≤6	100 (～140)	70(～120)	6	5	28～38		2.874 ×10^{-3}	34.8
E-AlMgSi0.5	F22	≤250	≤12	215 (～280)	160 (～240)	12	10	65～90	70	3.333 ×10^{-8}	30.0
		≤250	>12			8	—				
		>250	>3								

注:①括号内的数值只有经过商定才能作为验收的依据;②不作验收依据;③如在温度有偏差的情况下进行测量,应考虑电阻率的变量,其中 E-Al 为 $1.1\times10^{-10}\Omega\cdot m/K$,E-AlMgSi0.5 为 $1.25\times10^{-10}\Omega\cdot m/K$。

(5)棒、线、型材

表 4-144　　铝及铝合金棒的力学性能(DINT 1747-1—1983)

合金牌号		状态说明			尺寸 圆棒 直径 / mm 最大	尺寸 正方形 六角形 平行面距离 / mm 最大	尺寸 方棒 厚度 / mm 最大	抗拉强度 σ_b /MPa 不小于	屈服强度 $\sigma_{0.2}$ / MPa 不小于	伸长率 / % 不小于 A_5	伸长率 / % 不小于 A_{10}	布氏硬度 HB (约)
		状态	制造方法①									
Al99.8	F6	挤制	P	—	所有	所有	所有	60	20	25	22	18
	W6	软态	P	Z	33	30	6	55	≤50	27	23	18
	F9	拉制	—	Z	18	18	5	90	60	8	7	25
	F11	拉制	—	Z	10	10	3	110	90	5	4	30
Al99.5	F7	挤制	P	—	所有	所有	所有	65	20	25	22	20
	W7	软态	P	Z	30	30	6	65	≤60	27	23	20
	F10	拉制	—	Z	18	18	5	100	70	7	6	30
	F13	拉制	—	Z	10	10	3	130	110	4	3	33
Al99	F8	挤制	P	—	所有	所有	所有	75	30	18	16	22
	W8	软态	P	Z	30	30	6	75	≤70	20	18	22
	F11	拉制	—	Z	18	18	5	110	80	5	4	32
	F14	拉制	—	Z	10	10	3	140	120	3	2	40
AlMn1	F10	挤制	P	—	所有	所有	所有	95	40	17	15	25
	W10	软态	P	Z	所有	所有	所有	95	40	22	19	25
	F13	拉制	—	Z	30	20	8	130	90	6	5	40
	F16	拉制	—	Z	10	10	3	160	130	4	3	45

续表

合金牌号	状态	状态说明	制造方法①		圆棒 直径/mm 最大	正方形 六角形 平行面距离/mm 最大	方棒 厚度/mm 最大	抗拉强度 σ_b /MPa 不小于	屈服强度 $\sigma_{0.2}$ /MPa 不小于	伸长率/% 不小于 A_5	伸长率/% 不小于 A_{10}	布氏硬度 HB (约)
AlMg1	F10	挤制	P	—	所有	所有	所有	100	40	15	13	30
	W10	软态	P	Z	所有	所有	所有	100	40	18	16	30
	F14	拉制	—	Z	35	20	8	140	90	6	5	40
	F19		—	Z	20	10	3	185	155	4	3	55
AlMg3	F18	挤制	P	—	所有	所有	所有	180	80	14	12	45
	W18	软态	P	Z	所有	所有	所有	180	80	16	14	45
	F25	拉制	—	Z	20	10	5	250	180	4	3	75
AlMg5	F25	挤制	P	—	所有	所有	所有	250	110	13	11	60
	W25	软态	P	Z	所有	所有	所有	250	110	14	12	60
	F26	拉制	—	Z	60	60	15	255	145	10	8	70
	F28		—	Z	35	25	10	280	200	6	5	80
AlMg2Mn0.3	F15	挤制	P	-	所有	所有	所有	150	60	14	12	40
	W15	软态	P	Z	所有	所有	所有	150	60	17	15	40
	F20	拉制	—	Z	30	20	15	200	160	5	4	50
	F24		—	Z	15	10	3	235	205	3	2	65
AlMg2Mn0.8	F20	挤制	P	—	所有	所有	所有	200	100	13	11	50
	W18	软态	P	Z	所有	所有	所有	180	80	16	14	45
	F25	拉制	—	Z	20	10	5	250	180	4	3	75
AlMg4.5Mn	F27	挤制	P	—	所有	所有	所有	270	140	12	10	65
	W27	软态	P	Z	所有	所有	所有	270	110	12	10	60
AlMgSi0.5	F13	自然时效	P	Z	所有	所有	所有	130	65	15	13	45
	F22	人工时效	P	Z	≤50	≤50	≤50	215	160	12	10	70
	F25		P	Z	≤50	≤50	≤50	245	195	10	8	75
AlMgSi1	F21	自然时效	P	Z	≤80	≤80	≤50	205	110	14	12	65
	F28	人工时效	P	Z	≤60	≤60	≤50	275	200	12	10	80
	F31		P	Z	≤60	≤60	≤50	310	260	10	8	95
	F30		P	—	>60~200	>60~200	>50~100	300	240	8	—	95
	F27		P	—	>200~250	200~250	>100~200	270	200	6	—	95
AlMgSiPb	F20	自然时效	P	Z	≤80	≤80	—	200	100	10	8	60
	F28	人工时效	P	Z	≤80	≤80	—	275	200	8	6	80

续表

合金牌号		状态说明			尺寸			抗拉强度 σ_b /MPa 不小于	屈服强度 $\sigma_{0.2}$ / MPa 不小于	伸长率 / % 不小于		布氏硬度 HB (约)
					圆棒	正方形 六角形	方棒					
		状态	制造方法①		直径 / mm 最大	平行面距离 / mm 最大	厚度 / mm 最大			A_5	A_{10}	
AlCuBiPb	F32		P	Z	≤40	≤40	—	320	270	10	8	90
	F30	自然时效	P	Z	>40～50	>40～50	—	300	250	10	—	90
	F28		P	Z	>50～80	>50～80	—	280	210	10	—	90
	F37	人工时效	P	Z	≤50	≤50	—	370	270	8	6	110
AlCuMgPb	F37		P	Z	≤50	≤50	—	370	250	7	5	100
	F34		P	Z	>50～80	>50～80	—	340	220	7	—	90
AlCuMg1	F38		—	Z	≤50	≤50	≤20	380	260	10	8	110
	F40		P	—	≤80	≤80	≤30	400	270	10	8	110
	F36	自然时效	P	—	>80 ～200	>870 ～200	>30～70	360	220	7	—	110
	F33		P	—	>200 ～250	>200 ～250	>70 ～200	330	200	6	—	110
AlCuMg2	F44		—	Z	≤50	≤50	≤30	440	310	10	8	115
	F47		P	—	≤100	≤100	≤60	470	330	8	6	120
	F40		P	—	>100 ～200	>100 ～200	>60 ～150	400	200	6	—	105
AlCuSiMn	F44		—	Z	≤50	≤50	≤50	440	360	8	7	120
	F46		P	—	≤100	≤100	≤60	460	400	7	6	125
	F43		P	—	>100 ～200	>100 ～200	>60 ～150	430	350	6	—	120
AlZn4.5Mg1	F35		—	Z	≤50	≤50	≤30	350	280	10	8	100
	F35		P	—	≤100	≤100	≤60	350	290	10	8	105
	F35		P	—	>100 ～250	>100 ～250	>60 ～200	350	270	7	—	100
AlZnMgCu0.5	F46	人工时效	—	Z	≤50	≤50	≤30	460	380	7	6	125
	F49		P	—	≤80	≤80	≤50	490	420	7	6	130
	F47		P	—	>80 ～200	>80 ～200	>50 ～150	470	400	7	—	130
AlZnMgCu1.5	F51		—	Z	≤50	≤50	≤30	510	440	7	6	140
	F52		P	—	≤80	≤80	≤50	520	460	7	6	140
	F51		P	—	>80 ～120	>80 ～120	>50 ～80	510	450	7	5	140
	F50		P	—	>120 ～200	>120 ～200	>80 ～150	500	440	5	—	140

注：表中①P 为用挤压法制造，Z 为通过挤压并随后拉制。

表 4-145　　电工用铝及铝合金棒材、型材的性能(DIN 40501-3—1985)

合金牌号		圆、方、六角形直径/mm	扁材		型材厚度/mm	抗拉强度① σ_b/MPa	屈服强度① $\sigma_{0.2}$/MPa	伸长率②/% 不小于		布氏硬度③ HB	弹性模量③/GPa 标准值	电阻率④/Ω·mm²·m⁻¹(20℃) 不大于	电导率④/m·(Ω·mm²)⁻¹(20℃) 不小于
			厚度/mm	宽度/mm				δ_5	δ_{10}				
E-Al	F7	≤63	≤50	≤200	≤15⑤	65(～100)	25(～80)	25	22	20～30	65	2.825×10^{-8}	35.4
	F8	—	>5 上面的极限要协商	>120	>5⑥	≥80	50(～100)	15	12	22～32		2.841×10^{-8}	35.2
	F10	≤20	≤10	≤80	—	100(～140)	70(～120)	7	6	28～38		2.874×10^{-8}	34.8
	F13	≤10	≤3	≤12	—	≥130	110(～160)	5	4	≥32		2.898×10^{-8}	34.5
E-AlMgSi0.5	F17	—	≤12	≤180	≤15	170～220	120(～180)	12	10	45～65	70	3.125×10^{-8}	32
	F22	—	≤12	≤180	≤12	215(～280)	160(～240)	12	10	65～90	70	3.333×10^{-8}	30

注:①如果这些数值要进行协商的话,括号内的数值与验收有关,表中加了括号的数值为 $\sigma_{0.2}$ 的最大值;②该标准的伸长值只适用于直径大于或等于 6mm 或具有相适应的其他横截面的材料,小尺寸材料的伸长率要另行协商;③与验收无关;④如测温有误差,应考虑比电阻率的变化,电工技术用铝合金(E-AlMgSi0.5)应为 $1.25\times10^{-10}\Omega\cdot m/K$;⑤外接圆直径最高为 260mm;⑥横断面最小为 $800mm^2$。

(6)铝及铝合金型材

表 4-146　　铝及铝合金挤压型材的力学性能(DIN 1748-1—1983)

合金牌号		状态说明	壁厚/mm	抗拉强度 σ_b/MPa 不小于	屈服强度 $\sigma_{0.2}$/MPa 不小于	伸长率/%,不小于		布氏硬度 HB 2.5/62.5 (约)
						A_5	A_{10}	
Al99.8	F6	挤压	所有	55	20	25	22	18
Al99.5	F7			65	20	25	22	20
Al99	F8			75	30	18	16	22
Al99.9Mg0.5	F7			70	—	20	18	23
Al99.85Mg0.5	F7			70	—	20	18	23
Al99.9Mg1	F10			100	—	15	13	30
Al99.85Mg1	F10			100	—	15	13	30
Al99.9MgSi	F13	自然时效		130	65	17	15	45
	F21	人工时效		210	120	16	14	60
	F24			240	195	14	12	75
Al99.85MgSi	F13	自然时效		130	65	17	15	45
	F21	人工时效		210	120	16	14	60
	F24			240	195	14	12	75
Al99.8ZnMg	F25			250	180	14	12	80
AlMn1	F10	挤压		95	40	17	15	30
AlMg1	F10			100	40	15	13	30
AlMg1.8	F15			145	50	15	13	40
AlMg3	F18			180	80	14	42	45

续表

合金牌号		状态说明	壁厚 / mm	抗拉强度 σ_b /MPa 不小于	屈服强度 $\sigma_{0.2}$ /MPa 不小于	伸长率 / %,不小于		布氏硬度 HB (2.5/62.5) (约)
						A_5	A_{10}	
AlMg5	F25	挤	≤10	250	110	13	11	55
AlMg2Mn0.3	F15		所	150	60	14	12	40
AlMg2Mn0.8	F20			200	100	13	11	50
AlMg4.5Mn	F27	压		270	140	12	10	65
AlMgSi0.5	F13	自然时效	有	130	65	15	13	45
	F22	人工时效		215	160	12①	10①	70
AlMgSi0.7	F25		≤10	245	195	10①	8①	75
	F26		②	260	215	8	6	85
	F27		③	270	225	8	6	90
AlMgSi1	F21	自然时效	所有	205	110	14	12	65
	F28	人工时效	≤10	275	200	12	10	80
	F31	人工时效	≤20	310	260	10	8	95
AlCuMg1	F38	自然时效	2~30	380	230	10	8	95
AlCuMg2	F44			440	315	10	8	120
AlCuSiMn	F45	人工时效		450	400	7	6	135
AlZn4.5Mg1	F35			350	290	10	8	105
AlZnMgCu0.5	F49			490	420	7	6	140
AlZnMgCu1.5	F53			530	460	7	6	150

注:①外接圆直径小于 250mm 的型材,伸长率 A_5 最小为 8%,A_{10} 最小为 6%;②壁厚为 6~10mm 的实心型材和壁厚≤10mm 的空心型材;③壁厚小于等于 6mm 的实心型材。

(7)铝及铝合金线材

表 4-147　铝及铝合金线材的力学性能(DIN 1790-1—1983)

合金牌号		状态说明	直径 / mm 不大于	抗拉强度 σ_b /MPa 不小于	屈服强度 $\sigma_{0.2}$ /MPa 不小于	伸长率 / %,不小于		布氏硬度 HB 2.5/62.5 (约)
						δ_{10}	标距 100mm	
Al99.98R	W4	软态	18	40	—	25	20	15
	W7	拉拔	15	70	—	8	6	20
	F11	拉拔	10	110	—	4	3	25
Al99.9	W4	软态	18	40	—	25	20	15
	F7	拉拔	15	70	—	8	6	20
	F11	拉拔	10	110	—	4	3	25
Al99.8	W6	软态	18	55	≤55	23	16	18
	F9	拉拔	15	90	60	7	5	25
	F12	拉拔	10	120	95	4	2	30
Al99.5	W6	软态	18	60	≤55	22	18	20
	F10	拉拔	15	100	70	6	4	30

续表

合金牌号		状态说明	直径/mm 不大于	抗拉强度σ_b/MPa 不小于	屈服强度$\sigma_{0.2}$/MPa 不小于	伸长率/%,不小于		布氏硬度HB 2.5/62.5(约)
						δ_{10}	标距100mm	
Al99.5	F14	拉拔	10	140	115	3	2	38
Al99	W8	软态	18	75	≤70	18	14	22
	F11	拉拔	15	110	80	4	2	32
	F15	拉拔	10	150	125	2	1	40
Al99.9Mg0.5	W7	软态	10	70	—	20	16	23
	F10	拉拔	6	100	—	5	3	30
	F13	拉拔	3	130	—	3	1	38
Al99.9Mg1	W10	软态	10	100	—	20	15	30
	F13	拉拔	6	130	—	5	3	40
	F16	拉拔	4	160	—	2	1	50
Al99.85Mg0.5	W7	软态	10	70	—	20	14	23
	F10	拉拔	6	100	—	5	3	30
	F13	拉拔	3	130	—	3	1	38
Al99.85Mg1	W10	软态	10	100	—	20	14	30
	F13	拉拔	6	130	—	5	3	40
	F16	拉拔	4	160	—	2	1	50
AlMn1	W10	软态	18	95	40	20	16	25
	F13	拉拔	18	130	90	5	3	35
	F16	拉拔	12	160	130	3	1	45
AlMg1	W10	软态	18	100	40	16	14	30
	F14	拉拔	18	140	90	7	4	40
	F19	拉拔	12	185	155	3	1	50
AlMg2.5	W17	软态	15	170	70	13	8	43
	F21	拉拔	15	210	155	6	3	55
	F25	拉拔	12	250	210	3	1	70
	G24	不完全退火	12	240	190	9	5	65
AlMg3	W18	软态	15	180	80	12	7	45
	F23	拉拔	15	230	170	6	3	65
	F27	拉拔	10	270	230	3	1	80
	G26	不完全退火	10	260	200	9	5	75
AlMg5	W27	软态	15	270	140	10	5	55
	F31	拉拔	15	310	205	5	2	80
	F35	拉拔	10	350	250	2	1	95
	G34	不完全退火	10	340	220	7	3	90

续表

合金牌号		状态说明	直径/mm 不大于	抗拉强度σ_b/MPa 不小于	屈服强度$\sigma_{0.2}$/MPa 不小于	伸长率/%,不小于 δ_{10}	伸长率/%,不小于 标距100mm	布氏硬度HB 2.5/62.5 (约)
AlMg2Mn0.3	W15	软态	15	150	60	14	9	40
	F19	拉拔	15	190	145	7	4	50
	F23	拉拔	12	230	200	3	1	65
	G22	不完全退火	12	220	170	10	6	60
AlMgSi0.5	W9	软态	15	90	—	16	10	30
	F12	拉拔	15	120	80	7	3	40
	F15	自然时效	15	150	70	13	9	45
	F20	自然时效 拉　拔	12	200	130	10	6	60
	F22	人工时效	10	215	160	9	5	65
	F27	自然时效 拉　拔	7	270	240	6	3	80
	F30	人工时效 拉　拔	8	300	250	5	2	85
AlMgSi1	W11	软态	14	110	—	14	9	35
	F15	拉拔	14	150	100	6	3	45
	F20	自然时效	12	200	100	11	7	60
	F25	自然时效 拉　拔	10	250	180	9	5	73
	F28	人工时效	8	275	200	8	4	80
	F32	人工时效 拉拔	6	320	250	7	3	95
AlCu2.5Mg0.5	F18	拉拔	14	180～260	100	12	7	50
	F27	自然时效	12	270	150	10	5	75
	F31	自然时效 拉　拔	10	310	200	7	3	90
AlCuMg1	F22	拉　拔	12	220～300	120	10	5	65
	F38	自然时效	12	380	250	8	4	100
	F42	自然时效 拉拔	10	420	290	6	2	105
AlCuMg2	F26	拉拔	10	260～340	150	8	4	75
	F42	自然时效	10	420	280	7	3	110
	F48	自然时效 拉拔	8	480	340	6	2	125
AlZn4.5Mg1	F35	人工时效	8	350	290	8	4	100
AlZnMgCu0.5	F20	拉拔	8	200	150	8	4	60
	F46	人工时效	8	460	380	6	2	125
AlZnMgCu1.5	F25	拉拔	8	250	200	8	4	70
	F51	人工时效	8	510	440	6	2	140
	F55	人工时效 拉拔	8	550	500	4	1	145

注:1.由所列线材直径得出的截面同时适用于方形、六角形和扁形线材以及简单几何形状的异型线材;

2.直径小于1.0mm的线材,其伸长率(标距为100mm)应协商确定。

表 4-148 电工用铝线的性能(DIN 40501-4—1973)

合金牌号	尺寸标准规定的尺寸 圆形直径 mm	扁形 mm	扇形 mm^2	抗拉强度 σ_b /MPa 不小于	屈服强度 $\sigma_{0.2}$ / MPa 不小于	伸长率/%,不小于 标距 100mm	伸长率/%,不小于 标距 200mm	维氏硬度 HV5	弹性模量 E / GPa	20℃时的电阻率/$\Omega \cdot mm^2 \cdot m^{-1}$ 不大于	20℃时的电导率 $m \cdot (\Omega \cdot mm^2)^{-1}$ 不小于
E-AlF7	—	所有	所有	60～90	≤60	25	23	20～30	65	0.0280	35.7
E-AlF7	0.2～1			70～120	—	18	16	—	65	0.02817	35.5
E-AlF7	>1～3.5			70～100	—	22	20	—	65	0.0280	35.7
E-AlF7	>3.5～14			60～90	≤60	25	23	20～30	65	0.0280	35.7
E-AlF9	1.5～6	≤10	—	90～130	70	3	2	—	65	0.02825	35.4
E-AlF13	1.5～6	≤5	—	130～180	90	2	1	—	65	0.02825	35.4
R-AlF17	0.2～1.5	—	—	180	—	—	—	—	65	0.02825	35.4
E-AlF17	>1.5～3	—	—	170	130	—	—	—	65	0.02825	35.4
E-AlF17	>3～6	—	—	160	130	—	—	—	65	0.02825	35.4

注:如在温度有偏差的情况下进行测量,应考虑电阻率的变量为 $0.0001\ \frac{\Omega \cdot mm^2}{m}/K$。

表 4-149 电工用连铸连轧铝线的性能

合金牌号	抗拉强度 / MPa 不小于	伸长率[3] / % 标距 100mm 不小于	电阻率[1] / $\Omega \cdot mm^2 \cdot m^{-1}$ 不大于	电导率 $m \cdot (\Omega \cdot mm^2)^{-1}$ 不小于	标准号
E-AlF6②	60～80	30	0.02755	36.3	DIN 40501.5—1980
E-AlF8	80～95	15	0.02785	35.9	
E-A-F10	95～110	12	0.02801	35.7	
E-AlF11	105～120	10	0.02801	35.7	
E-AlF12	115～130	8	0.02801	35.7	

注:①如在温度有偏差的情况下进行测量,则应考虑电阻率的变量为 $0.00011\ \frac{\Omega \cdot mm^2}{m}/K$;②轧制后退火;③不作验收依据。

(8)锻件

表 4-150 铝合金自由锻件的力学性能(DIN 17606-1—1976)

合金牌号		状态说明	厚度 / mm 最大	抗拉强度 σ_b /MPa 不小于 纵向	短横向	高向	屈服强度 $\sigma_{0.2}$ / MPa 不小于 纵向	短横向	高向	伸长率 A_5 / % 不小于 纵向	短横向	高向	布氏硬度 HB 不小于
AlMg3	F18	锻造	100	180	—	—	80	—	—	14	—	—	45
AlMg4.5Mn	F27	锻造	100	270	260	—	120	110	—	12	10	—	65
AlMgSi1	F20	自然时效	100	200	—	—	100	—	—	12	—	—	65
	F28	人工时效	100	275	—	—	220	—	—	6	—	—	75
	F31	人工时效	100	310	—	—	260	—	—	6	—	—	90
AlCuMg1	F38	自然时效	100	380	—	—	230	—	—	10	—	—	95
AlCuMg2	F42	自然时效	100	420	—	—	260	—	—	8	—	—	105

续表

合金牌号		状态说明	厚度/mm 最大	抗拉强度 σ_b/MPa 不小于			屈服强度 $\sigma_{0.2}$/MPa 不小于			伸长率 A_5/% 不小于			布氏硬度 HB 不小于
				纵向	短横向	高向	纵向	短横向	高向	纵向	短横向	高向	
AlCuSiMn	F44	人工时效	75	440	430	420	380	370	370	8	4	3	120
	F42		＞75～150	420	420	410	370	360	360	7	4	3	120
	F41		＞150～200	410	410	400	360	350	350	6	3	2	120
AlZn4.5Mg1	F35		100	350	—	—	270	—	—	10	—	—	90
AlZnMgCu0.5	F48		75	480	470	460	410	400	380	6	4	3	135
	F47		＞75～150	470	460	450	400	390	370	6	4	3	130
	F46		＞150～200	460	450	440	390	360	360	6	3	2	130
AlZnMgCu1.5	F49		75	490	480	470	420	410	390	6	4	3	135
	F46		＞75～150	460	450	440	380	370	370	6	4	3	135
	F45		75	450	440	420	380	370	360	6	4	3	120
	F42		＞75～150	420	410	400	350	350	340	6	4	3	115

表 4-151　铝及铝合金模锻件的力学性能(DIN 1749-1—1976)

合金牌号		状态说明	厚度/mm 最大	抗拉强度 σ_b/MPa 不小于		屈服强度 $\sigma_{0.2}$/MPa 不小于		伸长率 δ_5/% 不小于		布氏硬度 HB 不小于
				L①	T②	L①	T②	L①	T②	
Al99.5	F7	锻造	100	70	—	—	—	23	—	18
Al99.9MgSi	F24	人工时效	100	235	—	185	—	14	—	70
Al99.85MgSi	F24		100	235	—	185	—	14	—	70
AlMg3	F18	锻造	100	180	—	80	—	14	—	45
AlMg5	F24		100	240	—	100	—	12	—	55
AlMg4.5Mn	F27		100	270	260	120	110	12	10	65
AlMgSi0.5	F22	人工时效	100	215	—	160	—	12	—	65
AlMgSi0.8	F28		100	275	—	200	—	8	—	75
AlMgSi1	F20	自然时效	100	200	—	100	—	12	—	60
	F28	人工时效	100	275	260	220	200	6	5	75
	F31		100	310	290	260	250	6	5	90
AlCuMg1	F38	自然时效	100	380	—	230	—	10	—	95
AlCuMg2	F42		100	420	—	260	—	8	—	105
AlCuSiMn	F44	人工时效	50	440	430	380	370	6	3	120
	F44		＞50～100	440	430	370	360	6	3	120
AlZn4.5Mg1	F35		100	350	—	280	—	10	—	95
AlZnMgCu0.5	F48		75	480	470	410	400	6	3	135
	F47		＞75～100	470	460	400	390	6	3	130
AlZnMgCu1.5	F50		50	500	480	420	410	6	4	135
	F49		＞50～100	490	470	410	400	6	4	130
	F45③		50	450	420	380	360	6	4	120
	F44③		＞50～100	440	410	370	350	6	3	115

注:①平行于塑流方向,垂直于锻造方向;②不平行于塑流方向;③为获得更好的应力裂纹腐蚀稳定性。

(9)铸造铝合金(砂型、冷硬、精密及压铸件)

表 4-152 一般用途合金的力学性能(DIN 1725T2—1986)

材料		铸造方法和供应状态	材料性能				
合金牌号	编码		屈服强度 / MPa	抗拉强度 / MPa	伸长率 / %	布氏硬度 HB5/250	密度/kg·dm^{-3}
G-AlSi12	3.2581.01	砂型,铸态	70～100 (70)	150～200 (140)	5～10 (3)	45～60 (45)	2.65
G-AlSi12g	3.2581.44	砂型,退火和淬火	70～100 (70)	150～200 (140)	6～12(5)	45～60 (45)	
GK-AlSi12	3.2581.02	金属型,铸态	80～110 (80)	170～230 (150)	6～12 (3)	50～65 (50)	
GK-AlSi12g	3.2581.45	金属型,退火和淬火	80～110 (80)	170～230 (160)	6～12 (4)	50～65 (50)	
G-AlSi12(Cu)	3.2583.01	砂型,铸态	80～100 (80)	150～210 (140)	1～4 (1)	50～65 (50)	2.65
GK-AlSi12(Cu)	3.2583.02	金属型,铸态	90～120 (90)	180～240 (160)	2～4 (1)	55～75 (55)	
G-AlSAi10Mg	3.2381.01	砂型,铸态	80～110 (70)	160～210 (150)	2～6 (2)	50～60 (50)	2.65
G-AlSi10Mgwa	3.2381.61	砂型,人工时效	180～260 (170)	220～320 (200)	1～4 (1)	80～110 (75)	
GK-AlSi10Mg	3.2381.02	金属型,铸态	90～120 (90)	180～240 (180)	2～6 (2)	60～80 (60)	
GK-AlSi10Mgwa	3.2381.62	金属型,人工时效	210～280 (190)	240～320 (220)	1～4 (1)	85～115 (80)	
G-AlSi10Mg(Cu)	3.2383.01	砂型,铸态	90～110 (80)	170～230 (150)	1～4 (1)	55～65 (55)	2.65
G-AlSi10Mg(Cu)wa	3.2383.61	砂型,人工时效	180～260 (180)	220～320 (200)	1～3 (0.5)	80～110 (75)	
GK-AlSi10Mg(Cu)	3.2383.02	金属型,铸态	100～140 (100)	200～260 (180)	1～3 (0.5)	65～85 (60)	
GK-AlSi10Mg (Cu)wa	3.2383.62	金属型,人工时效	210～280 (190)	240～320 (220)	1～3 (0.5)	85～115 (80)	
G-AlSi9Cu3	3.2163.01	砂型,铸态	100～150 (100)	160～200 (140)	1～3 (0.5)	65～90 (60)	2.75
GK-AlSi9Cu3	3.2163.02	金属型,铸态	110～160 (100)	180～240 (160)	1～3 (0.5)	70～110 (65)	
G-AlSi6Cu4	3.2151.01	砂型,铸态	100～150 (100)	160～200 (140)	1～3 (0.5)	65～90 (60)	2.75
GK-AlSi6Cu4	3.2151.02	金属型,铸态	120～180 (110)	180～240 (160)	1～3 (0.5)	75～110 (65)	

表 4-153　　特殊性能合金的力学性能(DIN EN573-4—1994)

材料		铸造方法和供应状态	材料性能				
合金牌号	编码		屈服强度 / MPa	抗拉强度 / MPa	伸长率 / %	布氏硬度 HB5/250	密度 /kg·dm^{-3}
G-AlSi11	3.2211.01	砂型,铸态	70~100 (70)	150~200 (140)	6~12 (5)	45~65 (45)	2.65
G-AlSi11g	3.2211.81	退火	70~100 (70)	150~200 (140)	8~13 (7)	45~65 (40)	
GK-AlSi11	3.2211.02	金属型,铸态	80~110 (80)	170~230 (150)	7~13 (6)	45~65 (45)	
GK-AlSi11g	3.2211.82	退火	80~110 (80)	170~230 (150)	9~17 (8)	45~65 (40)	
G-AlSi9Mgwa	3.2373.61	砂型,人工时效	190~240 (180)	230~300 (220)	2~5 (2)	75~110 (75)	2.65
GK-AlSi9Mgwa	3.2373.62	金属型,人工时效	200~280 (190)	250~340 (240)	4~7 (3)	80~115 (80)	
G-AlSi7Mgwa	3.2371.61	砂型,人工时效	190~240 (190)	230~310 (230)	2~5 (2)	75~110 (75)	2.65
GK-AlSi7Mgwa	3.2371.62	金属型,人工时效	200~280 (200)	250~340 (250)	5~9 (3)	80~115 (80)	
G-AlSi7Mgwa	3.2371.63	精铸,人工时效	200~260 (190)	260~320 (230)	3~6 (3)	80~110 (70)	
G-AlCuTita	3.1841.63	砂型,部分时效硬化	180~230 (160)	280~380 (240)	5~10 (3)	85~105 (80)	2.75
G-AlCu4Tiwa	3.1841.61	砂型,人工时效	200~260 (180)	300~380 (250)	3~8 (2)	95~110 (90)	
GK-AlCu4Tita	3.1841.64	金属型部分时效硬化	180~230 (170)	320~400 (260)	8~18 (4)	90~105 (85)	
GK-AlCu4Tiwa	3.1841.62	金属型,人工时效	220~270 (200)	330~400 (280)	7~12 (3)	95~110 (90)	
G-AlCu4TiMgka	3.1371.41	砂型,时效硬化	220~280 (180)	300~400 (240)	5~15 (3)	90~115 (85)	2.75
GK-AlCu4TiMgka	3.1371.42	金属型,时效硬化	220~300 (200)	320~420 (280)	8~18 (5)	95~115 (90)	
G-AlCu4TiMgka	3.1371.45	精铸	220~280 (180)	300~400 (270)	5~10 (3)	90~120 (85)	

表 4-154　　特殊用途合金的力学性能(DIN EN573-4—1994)

材料		铸造方法和供应状态	材料性能				
合金牌号	编码		屈服强度 / MPa	抗拉强度 / MPa	伸长率 / %	布氏硬度 HB5/250	密度 /kg·dm^{-3}
G-AlMg3	3.3541.01	砂型,铸态	70~100 (60)	140~190 (130)	3~8 (3)	50~60 (45)	2.7
GK-AlMg3	3.3541.02	金属型,铸态	70~100 (70)	150~200 (150)	5~12 (4)	50~60 (50)	
GF-AlMg3	3.3541.09	精铸,铸态	90~120 (80)	150~200 (140)	3~8 (3)	60~80 (55)	
G-AlMg3Si	3.3241.01	砂型,铸态	80~100 (70)	140~190 (130)	3~8 (3)	50~60 (45)	2.7
G-AlMg3Siwa	3.3241.61	砂型,人工时效	120~160 (120)	200~280 (180)	2~8 (2)	65~90 (60)	

续表

材料		铸造方法和供应状态	材料性能				
合金牌号	编码		屈服强度/MPa	抗拉强度/MPa	伸长率/%	布氏硬度HB5/250	密度/kg·dm⁻³
GK-AlMg3Si	3.3241.02	金属型,铸态	80～100 (80)	150～200 (140)	4～10 (4)	50～65 (50)	
GK-AlMg3Siwa	3.3241.62	金属型,人工时效	120～180 (120)	220～300 (220)	3～10 (3)	65～90 (65)	
GF-AlMg3Siwa	3.3241.63	精铸,人工时效	120～160 (120)	200～280 (180)	2～8 (2)	60～80 (55)	
G-AlMg5	3.3561.01	砂型,铸态	100～120 (90)	160～220 (140)	3～8 (2)	55～70 (50)	2.6
GK-AlMg5	3.3561.02	砂型,铸态	100～140 (100)	180～240 (150)	4～10 (2)	60～75 (55)	
G-AlMg5Si	3.3261.01	砂型,铸态	110～130 (100)	160～200 (140)	2～4 (1)	60～75 (55)	2.6
GK-AlMg5Si	3.3261.02	金属型,铸态	110～150 (100)	180～240 (150)	2～5 (1)	65～85 (60)	
G-AlSi5Mg	3.2341.01	砂型,铸态	100～130 (90)	140～180 (130)	1～3 (0.5)	55～70 (55)	2.7
GK-AlSi5Mg	3.2341.02	金属型,铸态	120～160 (100)	160～200 (140)	1.5～4 (1)	60～75 (60)	
GK-AlSi5Mgwa	3.2341.62	金属型,人工时效	240～290 (180)	260～320 (190)	1～3 (0.5)	90～100 (90)	2.7

表 4-155　压铸合金的力学性能(DIN EN573-4—1994)

材料		铸造方法和供应状态	材料性能				
合金牌号	编码		屈服强度/MPa	抗拉强度/MPa	伸长率/%	布氏硬度HB5/250	密度/kg·dm⁻³
GD-AlSi9Cu3	3.2163.05	压力铸造铸态	140～240	240～310	0.5～3	80～120	2.75
GD-AlSi12	3.2582.05	压力铸造铸态	140～180	220～280	1～3	60～100	2.65
GD-AlSi12(Cu)	3.2982.05	压力铸造铸态	140～200	220～300	1～3	60～100	2.65
GD-AlSi10Mg	3.2382.05	压力铸造铸态	140～200	220～300	1～3	70～100	2.65
GD-AlMg9	3.3292.05	压力铸造铸造	140～220	200～300	1～5	70～100	2.6

4.6.3 铝及铝合金的特性及用途

表 4-156 铝及铝合金的特性及用途

合金牌号	特性及用途
Al99.9，A99，AlMn，AlMg1，AlMg3，AlMg5，AlMgMn、AlMg4.5Mn	均属于不可热处理强化合金。AlMg 系合金中有一些密度低于 2.7g/cm³，如 AlMg5 为 2.63g/cm³。软态下可塑性良好。通过改变合金的成分和冷作硬化，可有限地提高强度值。AlMn 系合金抗腐蚀性好，易于成形加工，易于焊接。适用于制造油管、油箱、生活器皿、装饰品、冲压件等
AlMgSi1，AlCuMg2、AlCuMg1	"人工时效"状态下具有高的强度值，"自然时效"状态下具有较高的断裂伸长值。AlMgSi 被广泛用于飞机制造业与通用机械制造业中，尤其用于对耐腐蚀性有一定要求的结构件中。AlCuMg1，AlCuMg2 在飞机制造业与机器制造业中，用来制造承受高载荷、尤其有高抗振强度要求的构件
AlCuMgNi	室温强度介于 AlCuMg2 与 AlCuSiMn 之间。工作温度达 250℃时强度和疲劳性能都较高。主要用来制造飞机的高载荷的结构件
AlCuSiMn	"人工时效"状态下，有较高的抗拉强度。在静载荷和动载荷下具有突出的强度特性，在车辆制造及机器制造中常被用来制造承受高载荷的结构件
AlZn4.5Mgl	淬火敏感性小，固溶退火所允许的范围宽。使焊接时被软化了的材料部分，焊后又可恢复原来的强度范围。主要用来制造承受高载荷的焊接结构件
AlZnMgCu0.5	高强度的可人工时效合金。同 AlZnMgCu 系其他合金相比，淬火敏感性小。用于制造高载荷结构件
AlZnMgCu1.5 AlZnMgCuAg	强度值最高。静力、动力和断裂力学等性能显示出最佳综合。AlZnMgCuAg 的静力强度值比 AlZnMgCu1.5 高一些。主要用于制造高载荷结构件
AlMgSiPb	可自然时效和人工时效的中等强度易切削合金
AlCuBiPb	可自然时效和人工时效的高强度易切削合金，可冷加工成形
AlCuMgPb	可自然时效的高强度易切削合金
AlCuMg0.5	用于时效硬化的可冷镦铆钉
AlZnMg1	焊接结构用的可自然时效和人工时效的高温强度合金

表 4-157 铸造铝合金性能对比及用途说明

合金牌号	可铸性	表面处理		耐腐蚀性		加工性能	焊接性	用途说明
		可抛光性	阳极化	潮湿	海水			
普通用途合金								
G/GK-AlSi12	极佳	可	不用	优	良	良	极佳	用于要求耐腐蚀性好、复杂、薄型、密封抗振动的铸件
G/GK-AlSi12(Cu)	极佳	可	不用	可	不用	良	极佳	同上，但耐腐蚀性和韧性稍差
G/GK-AlSi10Mg(wa)	极佳	良	不用	优	良	优	极佳	类似于 G/GK-AlSI12，热处理后有很高的强度
G/GK-AlSi10Mg(Cu)wa	极佳	良	不用	可	不用	优	极佳	同上，但耐腐蚀性和韧性稍差
G/GK-AlSi9Cu3	极佳	良	不用	附加条件	不用	优	优	多用途合金，也可用于耐高温复杂、薄型的铸件
G/GK-AlSi6Cu4	优	良	不用	附加条件	不用	优	良	多用途合金，耐高温
特种力学性能的合金								
G/GK-AlSi11	极佳	可	不用	优	良	良	极佳	用作复杂、薄型、密封、抗振、耐冲击的铸件，如汽车轮
G/GK-AlSi9Mgwa	极佳	良	不用	优	良	优	极佳	用作复杂、薄型、具有较高强度较好韧性及较好耐蚀性的铸件，如飞机部件
G/GK-/GfAlSi7Mgwa	优	良	不用	优	良	优	极佳	用于较高强度和较好韧性、耐腐蚀的铸件，如飞机部件，用作精密铸件、薄型铸件
G/GK-AlCu4TiTa/wa	可	优	不用	附加条件	不用	极佳	可	用作简单铸件，可满足极高强度和韧性的部件，如飞机部件
G/GK-/GfAlCu4TiMgTa/wa	可	优	不用	附加条件	不用	极佳	可	用于具有较高强度和韧性的铸件及精密铸件、复杂铸件

续表

合金牌号	可铸性	表面处理		耐腐蚀性		加工性能	焊接性	用途说明
		可抛光性	阳极化	潮湿	海水			
特种用途合金								
G/GK-G-AlMg3	可	极佳	极佳	极佳	极佳	极佳	可	具有特强的耐腐蚀性和抗海水性能，诸如弱碱介质的浸蚀，用作镀面的铸件
G/GK-GF-AlMg3Si	良	极佳	优	极佳	优	极佳	可	如上所述，但有较高的强度（时效硬化的），耐蚀，有较好的可铸性和耐高温
G/GK-AlMg5	可	极佳	极佳	极佳	极佳	极佳	良	具有非常好耐海水和弱碱溶液浸蚀的铸件，用于室内外建筑、食品加工、化工及消防机构
G/GK-AlMg5-Si	良	极佳	优	极佳	优	极佳	良	如上所述，但主要用作复杂铸件，耐蚀性稍差
G/GK-AlSi5Mg	良	优	可	优	良	优	优	用作耐腐蚀的铸件（食品工业和消防机构）
压铸合金								
GD-AlSi9Cu3	极佳	良	不用	附加条件	不用	优	附加条件	多用途合金，也用作复杂铸件
GD-AlSi12(Cu)	极佳	良	不用	可	不用	良	附加条件	用于复杂的薄型铸件
GD-AlSi12	优	良	不用	良	可	良	附加条件	同上，但用作耐腐蚀和抗振动的铸件
GD-AlSi10Mg	极佳	良	不用	良	可	优	附加条件	同上，但有较好的可铸性和可加工性
GD-AlMg9	可	极佳	可	极佳	优	极佳	不用	部分用作高度耐腐蚀和表面光度要求高的铸件，例如光学工业、办公机器、家用电器等

4.7 日本铝及铝合金

4.7.1 铝及铝合金牌号和化学成分

表 4-158 铝及铝合金板材、带材、卷材的化学成分(JIS H 4000—1988)

合金代号	包覆材	化学成分/%,不大于									其他成分①		Al
		Si	Fe	Cu	Mn	Mg	Cr	Zn	Zr,Zr+Ti,Ga,V	Ti	单个	合计	
1085	—	0.10	0.12	0.03	0.02	0.02	—	0.03	—	0.02	0.01 以下	—	99.85 以上
1080	—	0.15	0.15	0.03	0.02	0.02	—	0.03	—	0.03	0.02 以下	—	99.80 以上
1070	—	0.20	0.25	0.04	0.03	0.03	—	0.04	—	0.03	0.03 以下	—	99.70 以上
1050	—	0.25	0.40	0.05	0.05	0.05	—	0.05	—	0.03	0.03 以下	—	99.50 以上
1100	—	Si+Fe 1.0		0.05～0.20	0.05	—	—	0.10	—	—	0.05 以下	0.15	99.00 以上
1200	—	Si+Fe 1.0		0.05	0.05	—	—	0.10	—	0.05	0.05 以下	0.15	99.00 以上
1N00	—	Si+Fe 1.0		0.05～0.20	0.05	0.10	—	0.10	—	0.10	0.05 以下	0.15	99.00 以上
1N30	—	Si+Fe 0.7		0.10	0.05	0.05	—	0.05	—	—	0.03 以下	—	99.30 以上
2014	—	0.50～1.2	0.7	3.9～5.0	0.40～1.2	0.20～0.8	0.10	0.25	Zr+Ti 0.20	0.15	0.05 以下	0.15	余量
2014 包覆板	芯材	0.50～1.2	0.7	3.9～5.0	0.40～1.2	0.20～0.8	0.10	0.25	Zr+Ti 0.20	0.15	0.05 以下	0.15	余量
	皮材[6003]	0.35～1.0	0.6	0.10	0.8	0.8～1.5	0.35	0.20	—	0.10	0.05 以下	0.15	余量
2017	—	0.20～0.8	0.7	3.5～4.5	0.40～1.0	0.40～0.8	0.10	0.25	Zr+Ti 0.2	0.15	0.05 以下	0.15	余量
2219	—	0.20	0.30	5.8～6.8	0.20～0.40	0.02	—	0.10	V 0.05～0.15, Zr 0.10～0.25	0.02～0.10	0.05 以下	0.15	余量
2024	—	0.50	0.50	3.8～4.9	0.30～0.9	1.2～1.8	0.10	0.25	Zr+Ti 0.20	0.15	0.05 以下	0.15	余量
2024 包覆板	芯材	0.50	0.50	3.8～4.9	0.30～0.9	1.2～1.8	0.10	0.25	Zr+Ti 0.20	0.15	0.05 以下	0.15	余量
	皮材[1230]	Si+Fe 0.7		0.10	0.05	0.05	—	0.10	—	0.03	0.03 以下	—	99.30 以上
3003	—	0.6	0.7	0.05～0.20	1.0～1.5	—	—	0.10	—	—	0.05 以下	0.15	余量

续表

合金代号	包覆材	化学成分/%,不大于									其他成分①		Al
		Si	Fe	Cu	Mn	Mg	Cr	Zn	Zr,Zr+Ti,Ga,V	Ti	单个	合计	
3203	—	0.6	0.7	0.05	1.0~1.5	—	—	0.10	—	—	0.05以下	0.15	余量
3004	—	0.30	0.7	0.25	1.0~1.5	0.8~1.3	—	0.25	—	—	0.05以下	0.15	余量
3104	—	0.6	0.8	0.05~0.25	0.8~1.4	0.8~1.3	—	0.25	Ga 0.05,V 0.05	0.10	0.05以下	0.15	余量
3005	—	0.6	0.7	0.30	1.0~1.5	0.20~0.6	0.10	0.25	—	0.10	0.05以下	0.15	余量
3105	—	0.6	0.7	0.30	0.30~0.8	0.20~0.8	0.20	0.40	—	0.10	0.05以下	0.15	余量
5005	—	0.30	0.7	0.20	0.20	0.50~1.1	0.10	0.25	—	—	0.05以下	0.15	余量
5052	—	0.25	0.40	0.10	0.10	2.2~2.8	0.15~0.35	0.10	—	—	0.05以下	0.15	余量
5652	—	Si+Fe0.40		0.04	0.01	2.2~2.8	0.15~0.35	0.10	—	—	0.05以下	0.15	余量
5154	—	Si+Fe0.45		0.10	0.10	3.1~3.9	0.15~0.35	0.20	—	0.20	0.05以下	0.15	余量
5254	—	Si+Fe0.45		0.05	0.01	3.1~3.9	0.15~0.35	0.20	—	0.05	0.05以下	0.15	余量
5454	—	0.25	0.40	0.10	0.50~1.0	24~3.0	0.05~0.20	0.25	—	0.20	0.05以下	0.15	余量
5082	—	0.20	0.35	0.15	0.15	4.0~5.0	0.15	0.25	—	0.10	0.05以下	0.15	余量
5182	—	0.20	0.35	0.15	0.20~0.50	4.0~5.0	0.10	0.25	—	0.10	0.05以下	0.15	余量
5083	—	0.40	0.40	0.10	0.40~1.0	40~4.9	0.05~0.25	0.25	—	0.15	0.05以下	0.15	余量
5086	—	0.40	0.50	0.10	0.20~0.7	3.5~4.5	0.05~0.25	0.25	—	0.15	0.05以下	0.15	余量
5N01	—	0.15	0.25	0.20	0.20	0.20~0.6	—	0.03	—	—	0.05以下	0.10	余量
6061	—	0.40~0.8	0.7	0.15~0.40	0.15	0.8~1.2	0.04~0.35	0.25	—	0.15	0.05以下	0.15	余量
7075	—	0.40	0.50	1.2~2.0	0.30	2.1~2.9	0.15~0.28	5.1~6.1	Zr+Ti 0.25	0.20	0.05以下	0.15	余量
7075 包覆板	芯材	0.40	0.50	1.2~2.0	0.30	2.1~2.9	0.18~0.28	5.1~6.1	Zr+Ti 0.25	0.20	0.05以下	0.15	余量
	皮材[7072]	Si+Fe 0.7		0.10	0.10	0.10	—	0.8~1.3	—	—	0.05以下	0.15	余量
7N01	—	0.30	0.35	0.20	0.20~0.7	1.0~2.0	0.30	4.0~5.0	V 0.10,Zr 0.25	0.20	0.05以下	0.15	余量

注:①其他元素只在预知其存在或在正常分析过程中发现有迹象超出规定范围的情况下才进行分析。

表 4-159 棒材及线材的化学成分(JIS H 4040—1988)

合金牌号	化学成分/%											
	Si	Fe	Cu	Mn	Mg	Cr	Zn	Bi,Pb,Zr,Zr+Ti,V	Ti	其他		Al
										单项	合计	
1070	≤0.20	≤0.25	≤0.04	≤0.03	≤0.03	—	≤0.04	—	≤0.03	≤0.03	—	≥99.70
1050	≤0.25	≤0.40	≤0.05	≤0.05	≤0.05	—	≤0.05	—	≤0.03	≤0.03	—	≥99.50
1100	Si+Fe≤1.0		0.05～0.20	≤0.05	—	—	≤0.10	—	—	≤0.15	≤0.05	≥99.00
1200	Si+Fe≤1.0		≤0.05	≤0.05	—	—	≤0.10	—	≤0.05	≤0.05	≤0.15	≥99.00
2011	≤0.40	≤0.7	5.0～6.0	—	—	—	≤0.30	Bi 0.20～0.6 Pb 0.20～0.6	—	≤0.05	≤0.15	余量
2014	0.50～1.2	≤0.7	3.9～5.0	0.40～1.2	0.20～0.8	≤0.10	≤0.25	Zr+Ti≤0.20	≤0.15	≤0.05	≤0.15	余量
2017	0.20～0.8	≤0.7	3.5～4.5	0.40～1.0	0.40～0.8	≤0.10	≤0.25	Zr+Ti≤0.20	≤0.15	≤0.05	≤0.05	余量
2117	≤0.8	≤0.7	2.2～3.0	≤0.20	0.20～0.50	≤0.10	≤0.25	—	—	≤0.05	≤0.15	余量
2024	≤0.50	≤0.50	3.8～4.9	0.30～0.9	1.2～1.8	≤0.10	≤0.25	Zr+Ti≤0.20	≤0.15	0.05	≤0.15	余量
3003	≤0.6	≤0.7	0.05～0.20	1.0～1.5	—	—	≤0.10	—	—	≤0.05	≤0.15	余量
5052	≤0.25	≤0.40	≤0.10	≤0.10	2.2～2.8	0.15～0.35	≤0.10	—	—	≤0.05	≤0.15	余量
5N02	≤0.40	≤0.40	≤0.10	0.30～1.0	3.0～4.0	≤0.50	≤0.10	—	≤0.20	≤0.05	≤0.15	余量
5056	≤0.30	≤0.40	≤0.10	0.05～0.20	4.5～5.6	0.05～0.20	≤0.10	—	—	≤0.05	≤0.15	余量
5083	≤0.40	≤0.40	≤0.10	0.40～1.0	4.0～4.9	0.05～0.25	≤0.25	—	≤0.15	≤0.05	≤0.15	余量
6061	0.40～0.8	≤0.7	0.15～0.40	≤0.15	0.8～1.2	0.04～0.35	≤0.25	—	≤0.15	≤0.05	≤0.15	余量
6063	0.20～0.6	≤0.35	≤0.10	≤0.10	0.45～0.9	≤0.10	≤0.10	—	≤0.10	≤0.05	≤0.15	余量
7003	≤0.30	≤0.35	≤0.20	≤0.30	0.50～1.0	≤0.20	5.0～6.5	Zr 0.05～0.25	≤0.20	≤0.05	≤0.15	余量
7N01	≤0.30	≤0.35	≤0.20	0.20～0.7	1.0～2.0	≤0.30	4.0～5.0	V≤0.10 Zr≤0.25	≤0.20	≤0.05	≤0.15	余量
7075	≤0.40	≤0.50	1.2～2.0	≤0.30	2.1～2.9	0.18～0.28	5.1～6.1	Zr+Ti≤0.25	≤0.20	≤0.05	≤0.15	余量

表 4-160 铸造铝合金的化学成分(JIS H 5202—1992)

牌号	化学成分/%，不大于											
	Cu	Si	Mg	Zn	Fe	Mn	Ni	Ti	Pb	Sn	Cr	Al
AC1A	4.0～5.0	1.2	0.15	0.30	0.50	0.30	0.05	0.25	0.05	0.05	0.05	余量
AC1B	4.0～5.0	0.20	0.15～0.35	0.10	0.35	0.10	0.05	0.05～0.30	0.05	0.05	0.05	余量
AC2A	3.0～4.5	4.0～6.0	0.25	0.55	0.8	0.55	0.30	0.20	0.15	0.05	0.15	余量
AC2B	2.0～4.0	5.0～7.0	0.50	1.0	1.0	0.50	0.35	0.20	0.20	0.10	0.20	余量
AC3A	0.25	10.0～13.0	0.15	0.30	0.8	0.35	0.10	0.20	0.10	0.10	0.15	余量
AC4A	0.25	8.0～10.0	0.30～0.6	0.25	0.55	0.30～0.6	0.10	0.20	0.10	0.05	0.15	余量
AC4B	2.0～4.0	7.0～10.0	0.5	1.0	1.0	0.50	0.35	0.20	0.20	0.10	0.20	余量
AC4C	0.25	6.5～7.5	0.25～0.45	0.35	0.55	0.35	0.10	0.20	0.10	0.05	0.10	余量
AC4CH	0.20	6.5～7.5	0.20～0.40	0.10	0.20	0.10	0.05	0.20	0.05	0.05	0.05	余量
AC4D	1.0～1.5	4.5～5.5	0.40～0.6	0.30	0.6	0.50	0.20	0.20	0.10	0.05	0.15	余量
AC5A	3.5～4.5	0.6	1.2～1.8	0.15	0.8	0.35	1.7～2.3	0.20	0.05	0.05	0.15	余量
AC7A	0.10	0.20	3.5～5.5	0.15	0.30	0.6	0.05	0.20	0.05	0.05	0.15	余量
AC8A	0.8～1.3	11.0～13.0	0.7～1.3	0.15	0.8	0.15	0.8～1.0	0.20	0.05	0.05	0.10	余量
AC8B	2.0～4.0	8.5～10.5	0.50～1.5	0.50	1.0	0.50	0.10～1.0	0.20	0.10	0.10	0.10	余量
AC8C	2.0～4.0	8.5～10.5	0.50～1.5	0.50	1.0	0.50	0.50	0.20	0.10	0.10	0.10	余量
AC9A	0.50～1.5	22～24	0.50～1.5	0.20	0.8	0.50	0.50～1.5	0.20	0.10	0.10	0.10	余量
AC9B	0.50～1.5	18～20	0.50～1.5	0.20	0.8	0.50	0.50～1.5	0.20	0.10	0.10	0.10	余量

注：钒和铋的含量在0.05%以下，它们和表中未列出的元素只有在订货者提出要求时才进行分析。

表 4-161 压铸铝合金的化学成分(JIS H 5302—1990)

种类	记号	化学成分/%，不大于								
		Cu	Si	Mg	Zn	Fe	Mn	Ni	Sn	Al
1种	ADC1	≤1.0	11.0～13.0	0.3	≤0.5	≤1.3	≤0.3	≤0.5	≤0.1	余量
3种	ADC3	≤0.6	9.0～10.0	0.4～0.6	≤0.5	≤1.3	≤0.3	≤0.5	≤0.1	余量
5种	ADC5	≤0.2	≤0.3	4.0～8.5	≤0.1	≤1.8	≤0.3	≤0.1	≤0.1	余量
6种	ADC6	≤0.1	≤1.0	2.5～4.0	≤0.4	≤0.8	0.4～0.6	≤0.1	≤0.1	余量
10种	ADC10	2.0～4.0	7.5～9.5	≤0.3	≤1.0	≤1.3	≤0.5	≤0.5	≤0.3	余量
10种Z	ADC10Z	2.0～4.0	7.5～9.5	≤0.3	≤3.0	≤1.3	≤0.5	≤0.5	≤0.3	余量
12种	ADC12	1.5～3.5	9.6～12.0	≤0.3	≤1.0	≤1.3	≤0.5	≤0.5	≤0.3	余量
12种Z	ADC12Z	1.5～3.5	9.6～12.0	≤0.3	≤3.0	≤1.3	≤0.5	≤0.5	≤0.3	余量
14种	ADC14	4.0～5.0	16.0～18.0	0.45～0.65	≤1.5	≤1.3	≤0.5	≤0.3	≤0.3	余量

4.7.2 铝及铝合金的力学性能

表 4-162 铝及铝合金挤制棒材的力学性能(JIS H 4040—1988)

合金代号	状态①	拉伸试验				
		直径或最小对边距离 / mm	横截面积 / cm^2	抗拉强度 / MPa(kgf/mm^2) 不小于	屈服强度 / MPa(kgf/mm^2) 不小于	伸长率 / % 不小于
A1070BE	H112	—	—	54(5.5)	15(1.5)	—
A1050BE	H112	—	—	64(6.5)	20(2.0)	—
A1100BE A1200BE	H112	—	—	74(7.5)	20(2.0)	—
A2014BE	O②	—	—	245(25)	127(13)	12
	T4 T4511	—	—	343(35)	245(25)	12
	T42③	—	—	343(35)	206(21)	12
	T6	≤12	—	412(42)	363(37)	7
		>12 ≤19	—	441(45)	402(41)	7
		>19	≤160	471(48)	412(42)	7
			>160 ≤200	471(48)	402(41)	6
			>200 ≤250	451(46)	382(39)	6
			>250 ≤300	431(44)	363(37)	6
	T62④	≤19	—	412(42)	363(37)	7
		>19	≤160	412(42)	363(37)	7
			>160 ≤200	412(42)	363(37)	6
	T6511	≤12	—	412(42)	363(37)	7
		>12 ≤19	—	441(45)	402(41)	7
		>19	≤160	471(48)	412(42)	7
			>160 ≤200	471(48)	402(41)	6
A2017BE	O②	—	—	245(25)	127(13)	16
	T4 T42③	—	≤700	343(35)	216(22)	12
			>700 ≤1000	333(34)	196(20)	12

续表

合金代号	状　态①	拉伸试验 直径或最小对边距离/mm	横截面积/cm²	抗拉强度/MPa(kgf/mm²) 不小于	屈服强度/MPa(kgf/mm²) 不小于	伸长率/% 不小于
A2024BE	O②	—	—	245(25)	127(13)	12
	T3511	≤6	—	392(40)	294(30)	12
		>6 ≤19	—	412(42)	304(31)	12
		>19 ≤38	—	451(46)	314(32)	10
		>38	≤160	481(49)	363(37)	10
			>160 ≤200	471(48)	333(34)	8
	T4	≤6	—	392(40)	294(30)	12
		>6 ≤19	—	412(42)	304(31)	12
		>19 ≤38	—	451(46)	314(32)	10
		>38	≤160	481(49)	363(37)	10
			>160 ≤200	471(48)	333(34)	8
			>200 ≤300	461(47)	314(32)	8
	T42③	≤19	—	392(40)	265(27)	12
		>19 ≤38	—	392(40)	265(27)	10
		>38	≤160	392(40)	265(27)	10
			>160 ≤200	392(40)	265(27)	8
A3003BE	H112	—	—	94(9.5)	34(3.5)	—
A5052BE	H112	—	—	177(18)	69(7.0)	—
	O	—	—	177(18) 245(25)	69(7.0)	20
A5056BE	H112	—	≤300	245(25)	98(10)	—
			>300 ≤700	225(23)	78(8)	—
			>700 ≤1000	216(22)	69(7)	—
A5083BE	H112	≤130	≤200	275(28)	108(11)	12
	O	≤130	≤200	275(28) 353(36)	108(11)	14

续表

合金代号	状态①	拉伸试验				
		直径或最小对边距离 / mm	横截面积 / cm^2	抗拉强度 / MPa(kgf/mm^2) 不小于	屈服强度 / MPa(kgf/mm^2) 不小于	伸长率 / % 不小于
A6061BE	O②	—	—	147(15)	108(11)	16
	T4 T4511	—	—	177(18)	108(11)	16
	T42③	—	—	177(18)	84(8.5)	16
	T6 T62④ T6511	≤6	—	265(27)	245(25)	8
		>6 もの	—	265(27)	245(25)	10
A6063BE	T1	≤12	—	118(12)	59(6.0)	12
		>12 ≤25	—	108(11)	54(5.5)	12
	T5	≤12	—	157(16)	108(11)	8
		>12 ≤25	—	147(15)	108(11)	8
	T6	≤3	—	206(21)	177(18)	8
		>3 ≤25	—	206(21)	177(18)	10
A7003BE	T5	≤12	—	284(29)	245(25)	10
		>12 ≤25	—	275(28)	235(24)	10
A7N01BE	O	—	—	245(25)	147(15)	12
	T4⑤	—	—	314(32)	196(20)	11
	T6	—	—	333(34)	275(28)	10
A7075BE	O②	—	≤200	275(28)	167(17)	10
	T6 T62④ T6511	≤6	—	539(55)	481(49)	7
		>6 ≤75	—	559(57)	500(51)	7
		>75 ≤110	≤130	559(57)	490(50)	7
			>130 ≤200	539(55)	481(49)	7
		>110 ≤130	≤200	539(55)	471(48)	6

注：1. 表中①状态，请参考 JIS H 0001(铝及铝合金状态，合金代号)；

2. 表中②状态 O 的材料，必须能保证状态 T42 或 T62 的性能；

3. 表中③状态为 T42 的力学性能是订货者将状态为 O 的材料作固溶处理后进行自然时效硬化处理所获得的。但订货者在固溶处理前作过某种冷加工或热加工时，其值可能会低于标准值；
此力学性能也适用于制造厂为确认性能而对试样作规定的固溶处理后再作自然时效硬化处理的场合；

4. 表中④T62 状态的力学性能是订货者将状态为 O 的材料作固溶处理后进行人工时效硬化处理所获得的。但订货者在固溶处理前作过某种冷加工或热加工时，其值可能会低于标准值。
此力学性能也适用于制造厂为确认性能而对试样作规定的固溶处理后再作人工时效硬化的场合；

5. 表中⑤状态 T4 的力学性能是经 1 个月自然时效(约 20℃)后的参考值。
另外，在 1 个月的自然时效之前作拉伸试验的情况下，固溶处理后作人工时效硬化处理应能保证达到 T6 的性能，以此作为 T4 的合格标准。
备注：厚度尺寸超过规定范围的，其力学性能按供需双方的协议。

表 4-163　铝及铝合金拉制棒材及线材的力学性能(JIS H 4040—1988)

合金代号	状　态①	拉伸试验 直径或最小对边距离 / mm	横截面积 / cm²	抗拉强度 / MPa(kgf/mm²) 不小于	屈服强度 / MPa(kgf/mm²) 不小于	伸长率 / % 不小于
A1070BD A1070W	O	≤3	—	54(5.5) 94(9.5)	—	—
		>3 ≤100	—	54(5.5) 94(9.5)	15(1.5)	25
	H14	≤10	—	84(8.5)	—	—
	H18	≤10	—	118(12)	—	—
	F	≤100	—	—	—	—
A1050BD A1050W	O	≤3	—	59(6.0) 98(10)	—	—
		>3 ≤100	—	59(6.0) 98(10)	20(2.0)	25
	H14	≤10	—	94(9.5)	—	—
	H18	≤10	—	127(13)	—	—
	F	≤100	—	—	—	—
A1100BD A1100W A1200BD A1200W	O	≤3	—	74(7.5) 108(11)	—	—
		>3 ≤100	—	74(7.5) 108(11)	20(2.0)	25
	H14	≤10	—	108(11)	—	—
	H18	≤10	—	157(16)	—	—
	F	≤100	—	—	—	—
A2011BD A2011W	T3	≥3 ≤38	—	314(32)	265(27)	10
		>38 ≤50	—	294(30)	235(24)	12
		>50 ≤80	—	294(30)	206(21)	14
	T8	≥3 ≤80	—	373(38)	275(28)	10
A2014BD	O②	≥3 ≤100	—	245(25)	—	12
	T4 T42③	≥3 ≤100	≤230	382(39)	226(23)	16
	T6 T62④	≥3 ≤100	≤230	451(46)	382(39)	8

续表

合金代号	状态①	拉伸试验				
		直径或最小对边距离 / mm	横截面积 / cm^2	抗拉强度 / MPa(kgf/mm^2) 不小于	屈服强度 / MPa(kgf/mm^2) 不小于	伸长率 / % 不小于
A2017BD A2017W	O②	≤3	—	245(25)	—	—
		>3 ≤100	—	245(25)	—	16
	H13	3 10	—	206(21) 275(28)	—	—
	T4 T42③	3	—	382(39)	—	—
		3 100	≤300	382(39)	226(23)	12
A2117W	H15	3 10	—	196(20) 245(25)	—	—
	T4	3 10	—	265(27)	127(13)	18
A2024BD A2024W	O②	3	—	245(25)	—	—
		3 100	—	245(25)	—	16
	T4	3	—	431(44)	—	—
		3 12	—	431(44)	314(32)	10
		12 100	—	431(44)	294(30)	10
	T42③	3	—	431(44)	—	—
		3 100	≤230	431(44)	275(28)	10
	T62④	3	—	412(42)	—	—
		3 100	≤230	412(42)	314(32)	5
A3003BD A3003W	O	3	—	94(9.5) 127(13)	—	—
		3 100	—	94(9.5) 127(13)	34(3.5)	25
	H14	10	—	137(14)	—	—
	H18	10	—	186(19)	—	—
	F	100	—	—	—	—

续表

合金代号	状态①	拉伸试验				
		直径或最小对边距离 / mm	横截面积 / cm^2	抗拉强度 / MPa(kgf/mm^2) 不小于	屈服强度 / MPa(kgf/mm^2) 不小于	伸长率 / % 不小于
A5052BD A5052W	O	3	—	177(18) 216(22)	—	—
		3 100	—	177(18) 216(22)	64(6.5)	25
	H32	3 10	—	216(22) 255(26)	—	—
	H14 H34	3	—	235(24)	—	—
		3 10	—	235(24)	177(18)	—
	H18 H38	≤10	—	275(28)	—	—
	F	≤100	—	—	—	—
A5N02BD A5N02W	O	≤25	—	226(23)	—	20
A5056BD A5056W	O	≤3	—	314(32)	—	—
		>3 ≤100	—	314(32)	98(10)	20
	H12 H32	≤10	—	304(31)	—	—
	F	≤100	—	—	—	—
A5083BD A5083W	O	≤3		275(28) 353(36)	—	—
		>3 ≤100	—	275(28) 353(36)	108(11)	14
A6061BD A6061W	O②	≤3	—	147(15)	—	—
		>3 ≤100	—	147(15)	—	18
	H13	≥3 ≤10	—	157(16) 206(21)	—	—
	T4	≤3	—	206(21)	—	—
		>3 ≤100	≤300	206(21)	108(11)	18
	T42③	≤3	—	206(21)	—	—
		>3 ≤100	≤300	206(21)	94(9.5)	18
	T6 T62④	≤3	—	294(30)	—	—
		>3 ≤100	≤300	294(30)	245(25)	10
A7075BD	O②	≤3 ≤100	—	275(28)	—	10
	T6 T62④	≥3 ≤100	—	530(54)	461(47)	7

注：1. 厚度尺寸超过规定范围的，其力学性能按供需双方的协议；
2. 上角标①、②……④同表 4-162 注。

表 4-164　**铝合金棒材热处理规范参考表**

材料牌号	热处理状态代号	退　火	淬　火	冷　却	时效处理①
1070 1050 1100 1200	O	340～410℃　空冷或炉冷	—	—	—
2011	T3 T8	— —	505～530℃ 505～530℃	水冷 水冷	— 155～165℃约 14h
2014	O T4,T42 T6,T62	340～410℃　空冷或炉冷 — —	— 495～505℃ 495～505℃	— 水冷 水冷	— 室温　96h 以上 170～180℃约 10h
2017	O T4,T42	340～410℃　空冷或炉冷 —	— 495～510℃	— 水冷	— 室温　96h 以上
2117	T4	—	495～510℃	水冷	室温　96h 以上
2024	O T4,T42 T62	340～410℃　空冷或炉冷 	— 490～500℃ 490～500℃	— 水冷 水冷	— 室温　96h 以上 185～195℃约 16h
3003	O	约 410℃　空冷或炉冷	—	—	—
5052 5N02 5056 5083	O	340～410℃　空冷或炉冷	—	—	—
6061	O T4,T42 T6,T62	340～410℃　空冷或炉冷 — —	— 515～550℃ 515～550℃	— 水冷 水冷	— 室温　96h 以上 170～180℃约 8h④
6063	T5 T6	— —	— 515～525℃	— 水冷	约 205 约 1h 约 175℃约 8h
7003	T5	—	—	—	约 90℃约 5～8h 150～160℃　8～16h
7N01	O T4 T6	约 410℃　炉冷 — —	— 约 450℃ 约 450℃	— 空冷或水冷 空冷或水冷	— 室温　1 个月以上 约 120℃约 24h
7075	O T6,T62	340～410℃　空冷或炉冷 —	— 460～470℃③	— 水冷	— 115～125℃24h 以上

注:①时效硬化处理时间:对于直径、宽度或对边距离在 12mm 以下的材料,记录仪表示出所需温度的保持时间。直径、宽度或者对边距离,在其每增加 12mm 时,加 30min;②退火状态:加温约 410℃,最好保持 1h 以上。要求以每小时 28℃的速度进行冷却,一直冷却到 260℃。260℃以下的冷却速度,没有具体要求;③对于拉拔棒及线材,按 460～500℃进行;④对于拉拔棒及线材,按 155～160℃约 18h 进行。

表 4-165　　铝合金板、带及圆板的力学性能(JIS H 4000—1988)

合金代号	状态①	拉伸试验					弯曲试验		
		厚度 / mm		抗拉强度 / MPa (kgf/mm²)	屈服强度 / MPa (kgf/mm²) 不小于	伸长率 / % 不小于	厚度 / mm		内侧半径
A1085P A1080P A1070P	H112	≥4	≤6.5	≥74(7.5)	≥34(3.5)	13	—		—
		>6.5	≤13	≥69(7.0)	≥34(3.5)	15			
		>13	≤25	≥59(6.0)	≥25(2.5)	20			
		>25	≤50	≥54(5.5)	≥20(2.0)	25			
		>50	≤75	≥54(5.5)	≥15(1.5)	25			
	O	≥0.2	≤0.3		—	15	≥0.2	≤6	紧密贴合
		>0.3	≤0.5		—	20			
		>0.5	≤0.8	≥54(5.5)	—	25			
		>0.8	≤1.3	≤94(9.5)	≥15(1.5)	30			
		>1.3	≤13		≥15(1.5)	35			
		>13	≤50		≥15(1.5)	30			
	H12 H22②	≥0.2	≤0.3		—	2	≥0.2	≤6	紧密贴合
		>0.3	≤0.5		—	3			
		>0.5	≤0.8	≥69(7.0)		4			
		>0.8	≤1.3	≤108(11)	≥54(5.5)	6			
		>1.3	≤2.9		≥54(5.5)	8			
		>2.9	≤12		≥54(5.5)	9			
	H14 H24②	≥0.2	≤0.3		—	1			
		>0.3	≤0.5		—	2			
		>0.5	≤0.8	≥84(8.5)	—	3	≥0.2	≤0.8	厚度的0.5倍
		>0.8	≤1.3	≤118(12)	≥64(6.5)	4	>0.8	≤6	厚度的1倍
		>1.3	≤2.9		≥64(6.5)	5			
		>2.9	≤12		≥64(6.5)	6			
	H16 H26②	≥0.2	≤0.5		—	1			
		>0.5	≤0.8	≥98(10)	—	2	≥0.2	≤0.8	厚度的1倍
		>0.8	≤1.3	≤137(14)	≥74(7.5)	3	>0.8	≤4	厚度的1.5倍
		>1.3	≤4		≥74(7.5)	4			
	H18	≥0.2	≤0.5			1			
		>0.5	≤0.8			2			
		>0.8	≤1.3	≥118(12)	—	3			
		>1.3	≤13			4			
A1050P	H112	≥4	≤6.5	≥84(8.5)	≤44(4.5)	10	—		—
		>6.5	≤13	≥78(8.0)	≥44(4.5)	10			
		>13	≤25	≥69(7.0)	≥34(3.5)	16			
		>25	≤50	≥64(6.5)	≥29(3.0)	22			
		>50	≤75	≥64(6.5)	≥20(2.0)	22			
	O	≥0.2以上	≤0.5		—	15	≥0.2	≤6	紧密贴合
		>0.5	≤0.8	≥59(6.0)	—	20			
		>0.8	≤1.3	≤98(10)	≥20(2.0)	25			
		>1.3	≤6.5		≥20(2.0)	30			
		>6.5	≤50		≥20(2.0)	28			

续表

合金代号	状态①	拉伸试验					弯曲试验		
		厚度 / mm		抗拉强度 / MPa (kgf/mm²)	屈服强度 / MPa (kgf/mm²) 不小于	伸长率 / % 不小于	厚度 / mm		内侧半径
		≥0.2 以上	≤0.3		—	2			
		>0.3	≤0.5		—	3			
	H12	>0.5	≤0.8	≥78(8.0)	—	4	≥0.2	≤0.8	紧密贴合
	H22②	>0.8	≤1.3	≤118(12)	≥64(6.5)	6	>0.8	≤6	厚度的 0.5 倍
		>1.3	≤2.9		≥64(6.5)	8			
		>2.9	≤12		≥64(6.5)	9			
	H14	≥0.2 以上	≤0.3		—	1			
		>0.3	≤0.5		—	2			
		>0.5	≤0.8	≥94(9.5)	—	3	≥0.2	≤0.8	厚度的 0.5 倍
A1050P	H24②	>0.8	≤1.3	≤127(13)	≥74(7.5)	4	>0.8	≤6	厚度的 1 倍
		>1.3	≤2.9		≥74(7.5)	5			
		>2.9	≤12		≥74(7.5)	6			
	H16	≥0.2 以上	≤0.5			1			
		>0.5	≤0.8	≤118(12)	—	2			
	H26②	>0.8	≤1.3	≥147(15)	≥84(8.5)	3	≥0.2	≤4	厚度的 2 倍
		>1.3	≤4		≥84(8.5)	4			
		≥0.2 以上	≤0.5			1			
		>0.5	≤0.8			2			
	H18	>0.8	≤1.3	≥127(13)	—	3	—		—
		>1.3	≤3			4			
		≥4 以上	≤6.5	≥94(9.5)	≥49(5.0)	9			
	H112	>6.5	≤13	≥88(9.0)	≤49(5.0)	9	—		—
		>13	≤50	≥84(8.5)	≥34(3.5)	14			
		>50	≤75	≥78(8.0)	≥25(2.5)	20			
		0.2 以上	≤0.5		—	15			
		>0.5	≤0.8	≥74(7.5)	—	20			
	O	>0.8	≤1.3	≤108(11)	≥25(2.5)	25	≥0.2	≤6	紧密贴合
		>1.3	≤6.5		≥25(2.5)	30			
		>6.5	≤75		≥25(2.5)	28			
		≥0.2 以上	≤0.3		—	2			
		>0.3	≤0.5		—	3			
A1100P A1200P A1N00P A1N30P	H12	>0.5	≤0.8	≥94(9.5)	—	4			
	H22②	>0.8	≤1.3	≤127(13)	≥74(7.5)	6	≥0.2	≤6	厚度的 0.5 倍
		>1.3	≤2.9		≥74(7.5)	8			
		>2.9	≤12		≥74(7.5)	9			
		≥0.2 以上	≤0.3		—	1			
		>0.3	≤0.5		—	2			
	H14	>0.5	≤0.8	≥118(12)	—	3			
	H24②	>0.8	≤1.3	≤147(15)	≥94(9.5)	4	≥0.2	≤6	厚度的 1 倍
		>1.3	≤2.9		≤94(9.5)	5			
		>2.9	≤12		≥94(9.5)	6			
		≥0.2	≤0.5		—	≥1			
	H16	>0.5	≤0.8	≥137(14)	—	≥2			
	H26②	>0.8	≤1.3	≤167(17)	≥118(12)	≥3	≥0.2	≤4	厚度的 2 倍
		>1.3	≤4		≥118(12)	≥4			

续表

合金代号	状态①	拉伸试验					弯曲试验		
		厚度/mm		抗拉强度/MPa(kgf/mm²)	屈服强度/MPa(kgf/mm²)不小于	伸长率/%不小于	厚度/mm		内侧半径
A1100P	H18	≥0.2	≤0.5	≥157(16)	—	≥1	—		—
A1200P		>0.5	≤0.8			≥2			
A1N00P		>0.8	≤1.3			≥3			
A1N30P		>1.3	≤3			≥4			
A2014P	O③	≥0.4	≤0.5	≤216(22)	—	≥16	≥0.4	≤1.6	厚度的0.5倍
		>0.5	≤13		≤108(11)	≥16	>1.6	≤2.9	厚度的1倍
		>13	≤25		—	≥10	>2.9	≤6	厚度的1.5倍
	T3	≥0.4	≤0.5	≥412(42)	—	≥14	≥0.4	≤0.5	厚度的1.5倍
		>0.5	≤6		≥245(25)		>0.5	≤1.6	厚度的2.5倍
							>1.6	>2.9	厚度的3倍
							>2.9	≤6	厚度的3.5倍
	T4	≥0.4	>0.5	≥412(42)	—	≥14	≥0.4	≤0.5	厚度的1.5倍
		>0.5	≤6		≥245(25)		>0.5	≤1.6	厚度的2.5倍
							>1.6	≤2.9	厚度的3倍
							>2.9	≤6	厚度的3.5倍
	T451④	≥6	≤13	≥402(41)	≥250(25.5)	≥14	—		—
		>13	≤25	≥402(41)		≥14			
		>25	≤50	≥402(41)		≥12			
		>50	≤80	≥397(40.5)		≥8			
	T42⑤	0.4	0.5	≥402(41)	—	≥14	—		—
		0.5	25		≥235(24)				
	T6	≥0.4	≤0.5	≥441(45)	—	≥6	≥0.4	≤0.5	厚度的3倍
		>0.5	≤1	≥441(45)	≥392(40)	≥6	>0.5	≤1.6	厚度的3.5倍
		>1	≤6	≥461(47)	≥402(41)	≥7	>1.6	≤2.9	厚度的4.5倍
							>2.9	≤6	厚度的5倍
	T62⑥	≥0.4	≤0.5	≥441(45)	—	≥6	—		—
		>0.5	≤1	≥441(45)	≥392(40)	≥6			
		>1	≤6.5	≥461(47)	≥402(41)	≥7			
		>6.5	≤13	≥461(47)	≥412(42)	≥7			
		>13	≤25	≥461(47)	≥412(42)	≥6			
	T651	≥6	≤13	≥461(47)	≥407(41.5)	≥6	—		—
		>13	≤25	≥461(47)	≥407(41.5)	≥6			
		>25	≤50	≥461(47)	≥407(41.5)	≥4			
		>50	≤60	≥451(46)	≥402(41)	≥2			
		>60	≤80	≥436(44.5)	≥395(40)	≥2			
		>80	≤100	≥407(41.5)	≥380(39)	—			
A2017P	O③	≥0.4	≤0.5	≤216(22)	—	≥12	≥0.4	≤1.6	厚度的0.5倍
		>0.5	≤25		≤108(11)		>1.6	≤2.9	厚度的1倍
							>2.9	≤6	厚度的1.5倍
	T3	≥0.4	≤0.5	≥373(38)	—	≥22	≥0.4	≤0.5	厚度的1.5倍
		>0.5	≤1.6		≥216(22)	≥15	>0.5	≤1.6	厚度的2.5倍
		>1.6	≤2.9		≥216(22)	≥17	>1.6	≤2.9	厚度的3倍
		>2.9	≤6		≥216(22)	≥15	>2.9	≤6	厚度的3.5倍

续表

合金代号	状态①	拉伸试验 厚度/mm		抗拉强度/MPa (kgf/mm²)	屈服强度/MPa (kgf/mm²) 不小于	伸长率/% 不小于	弯曲试验 厚度/mm		内侧半径
A2017P	T351	≥6	≤25	≥373(38)	≥216(22)	≥12	—		—
		>25	≤50	≥373(38)	≥216(22)	≥12			
		>50	≤80	≥353(36)	≥196(20)	≥11			
		>80	≤100	≥353(36)	≥196(20)	≥10			
	T4	≥0.4	≤0.5	≥353(36)	—	≥12	≥0.4	≤0.5	厚度的1.5倍
		>0.5	≤1.6		≥196(20)	≥15	>0.5	≤1.6	厚度的2.5倍
		>1.6	≤2.9		≥196(20)	≥17	>1.6	≤2.9	厚度的3倍
		>2.9	≤6		≥196(20)	≥15	>2.9	≤6	厚度的3.5倍
	T451	≥6	≤25	≥353(36)	≥196(20)	≥12	—		—
		>25	≤50			≥12			
		>50	≤80			≥11			
		>60	≤100			≥10			
	T42⑤	≥0.4	≤0.5	≥353(36)	—	≥12	—		—
		>0.5	≤1.6	≥353(36)	≥196(20)	≥15			
		>1.6	≤2.9	≥353(36)	≥196(20)	≥17			
		>2.9	≤6.5	≥353(36)	≥196(20)	≥15			
		>6.5	>25	≥353(36)	≥186(19)	≥12			
A2219P	O③	≥0.5	≤13	≤221(22.5)	≤108(11)	≥12	≥0.5	≤0.5	厚度的2倍
		>13	≤50			≥11	>6.5	≤13	厚度的3倍
							>13	≤25	厚度的4倍
	T31⑧	≥0.5	≤1	≥314(32)	≥201(20.5)	≥8	—		—
		>1	≤6.5		≥196(20)	≥10			
	T351⑦	≥6.5	≤12.5	≥314(32)	≥196(20)	≥10	—		—
		≤12.5	≤50	≥314(32)	≥196(20)	≥10			
		>50	≤80	≥304(31)	≥196(20)	≥10			
		>80	≤100	≥289(29.5)	≥186(19)	≥9			
	T37⑨	≥0.5	≤1	≥338(34.5)	≥260(26.5)	≥6	—		—
		>1	≤12.5	≥338(34.5)	≥255(26)	≥6			
		>12.5	≤60	≥338(34.5)	≥255(26)	≥5			
		>60	≤80	≥324(33)	≥250(25.5)	≥5			
		>80	≤100	≥309(31.5)	≥240(24.5)	≥3			
	T62⑥	≥0.5	≤1	≥368(37.5)	≥250(25.5)	≥6	—		—
		>1	≤6.5			≥7			
		>6.5	≤13			≥8			
		>13	≤25			≥8			
		>25	≤50			≥7			
	T81	≥0.5	≤1	≥427(43.5)	≥314(32)	≥6	—		—
		>1	≤6.5			≥7			

续表

合金代号	状态①	拉伸试验 厚度 / mm		抗拉强度 / MPa (kgf/mm²)	屈服强度 / MPa (kgf/mm²) 不小于	伸长率 / % 不小于	弯曲试验 厚度 / mm		内侧半径
A2219P	T851	≥6.5	≤13	≥427(43.5)	≥314(32)	8	—		—
		>13	≤25	≥427(43.5)	≥314(32)	8			
		>25	≤50	≥427(43.5)	≥314(32)	7			
		>50	≤80	≥427(43.5)	≥309(31.4)	6			
		>80	≤100	≥417(42.5)	≥304(31)	5			
	T87	≥0.5	≤1	≥441(45)	≥358(36.5)	5	—		—
		>1	≤12.5	≥441(45)	≥348(35.5)	6			
		>12.5	≤60	≥441(45)	≥348(35.5)	7	—		—
		>60	≤80	≥441(45)	≥348(35.5)	6			
		>80	≤100	≥427(43.5)	≥343(35)	5			
A2024P	O③	≥0.4	≤0.5		—		≥0.4	≤0.5	紧密贴合
		>0.5	≤13	≤216(22)	≤98(10)	12	>0.5	≤1.6	厚度的0.5倍
		>13	≤25		—		>1.6	≤2.9	厚度的2倍
							>2.9	≤6	厚度的3倍
	T3						≥0.4	≤0.5	厚度的2倍
		≥0.4	≤0.5		—	12	>0.5	≤2.9	厚度的3倍
		>0.5	≤6.5	≥441(45)	≥294(30)	15	>2.9	≤6.5	厚度的4倍
	T351⑦	≥6.5	≤13	≥441(45)	≥289(29.5)	12	—		—
		>13	≤25	≥436(44.5)	≥289(29.5)	8			
		>25	≤40	≥427(43.5)	≥289(29.5)	7			
		>40	≤50	≥427(43.5)	≥289(29.5)	6			
		>50	≤80	≥417(42.5)	≥289(29.5)	4			
		>80	≤100	≥397(40.5)	≥284(29)	4			
	T361⑩	≥0.4	≤0.5	≥461(47)	—	8			
		>0.5	≤1.6	≥461(47)	≥353(35)	8	≥0.4	≤1.6	厚度的3倍
		>1.6	≤6.5	≥471(48)	≥343(36)	9	>1.6	≤2.9	厚度的4倍
		>6.5	≤12	≥461(47)	≥343(35)	9	>2.9	≤6	厚度的5倍
	T4	≥0.4	≤0.5		—	12	≤0.4	≤0.5	厚度的2倍
		>0.5	≤6	≥431(44)	≥275(28)	15	>0.5	≤2.9	厚度的3倍
							>2.9	≤6	厚度的4倍
	T42⑤	≥0.4	≤0.5	≥431(44)	—	12	—		—
		>0.5	≤6.5	≥431(44)	≥265(27)	15			
		>6.5	≤13	≥431(44)	≥265(27)	12			
		>13	≤25	≥422(43)	≥265(27)	8			
	T62⑥	≥0.4	≤0.5	≥441(45)	—				
		>0.5	≤13	≥441(45)	≥343(35)	5	—		—
		≥13	≤25	≥431(44)	≥343(35)				
	T81	≥0.25	≤6.5	≥461(47)	≥402(41)	5	—		—
	T851	≥6.5	≤13	≥461(47)	≥402(41)				
		>13	≤25	≥456(46.5)	≥402(41)	5	—		—
		>25	≤40	≥456(46.5)	≥397(40.5)				

续表

合金代号	状态①	拉伸试验					弯曲试验	
		厚度 / mm		抗拉强度 / MPa (kgf/mm²)	屈服强度 / MPa (kgf/mm²) 不小于	伸长率 / % 不小于	厚度 / mm	内侧半径
A2024P	T861	≥0.4	≤0.5	≥481(49)	—	≥3	—	—
		>0.5	≤1.6	≥481(49)	≥431(44)	≥3		
		>1.6	≤6.5	≥490(50)	≥461(47)	≥4		
		>6.5	≤12	≥481(49)	≥441(45)	≥4		
A3003P A3203P	H112	≥4	≤13	≥118(12)	≥69(7.0)	≥8	—	—
		>13	≤50	≥108(11)	≥39(4.0)	≥12		
		>50	≤75	≥98(10)	≥39(4.0)	≥18		
	O	≥0.2	≤0.3	≥94(9.5) ≤127(13)	—	≥18	≥0.2 ≤6	紧密贴合
		>0.3	≤0.8		—	≥20		
		>0.8	≤1.3		≥34(3.5)	≥23		
		>1.3	≤6.5		≥34(3.5)	≥25		
		>6.5	≤75		≥34(3.5)	≥23		
	H12 H22②	≥0.2	≤0.3	≥118(12) ≤157(16)	—	≥2	≥0.2 ≤6	厚度的0.5倍
		>0.3	≤0.5		—	≥3		
		>0.5	≤0.8		—	≥4		
		>0.8	≤1.3		≥84(8.5)	≥5		
		>1.3	≤2.9		≥84(8.5)	≥6		
		>2.9	≤4		≥84(8.5)	≥7		
		>4	≤6.5		≥84(8.5)	≥8		
		>6.5	≤12		≥84(8.5)	≥9		
	H14 H24②	≥0.2	≤0.3	≥137(14) ≤177(18)	—	≥1	≥0.2 ≤2.9	厚度为1倍
		>0.3	≤0.5		—	≥2	>2.9 ≤6	厚度的1.5倍
		>0.5	≤0.8		—	≥3		
		>0.8	≤1.3		≥118(12)	≥4		
		>1.3	≤2.9		≥118(12)	≥5		
		>2.9	≤4		≥118(12)	≥6		
		>4	≤6.5		≥118(12)	≥7		
		>6.5	≤12		≥118(12)	≥8		
	H16 H26②	≥0.2	≤0.5	≥167(17) ≤206(21)	—	≥1	≥0.2 ≤1.3	厚度的2倍
		>0.5	≤0.8		—	≥2	>1.3 ≤2.9	厚度的2.5倍
		>0.8	≤1.3		≥147(15)	≥3	>2.9 ≤4	厚度的3倍
		>1.3	≤4		≥147(15)	≥4		
	H18	≥0.2	≤0.5	≥186(19)	—	≥1	—	—
		>0.5	≤0.8		—	≥2		
		>0.8	≤1.3		≥167(17)	≥3		
		>1.3	≤3		≥167(17)	≥4		
A3004P A3104P	O	≥0.2	≤0.5	≥157(16) ≤196(20)	—	≥10	≥0.2 ≤0.8	紧密贴合
		>0.5	≤0.8		—	≥14	>0.8 ≤3	厚度的0.5倍
		>0.8	≤1.3		≥59(6.0)	≥16		
		>1.3	≤3		≥59(6.0)	≥18		
	H12 H22② H32	≥0.5	≤0.8	≥196(20) ≤245(25)	—	≥3	≥0.5 ≤0.8	厚度的0.5倍
		>0.8	≤1.3		≥147(15)	≥4	>0.8 ≤3	厚度为1倍
		>1.3	≤3		≥147(15)	≥5		

续表

合金代号	状态①	拉伸试验					弯曲试验		
		厚度 / mm		抗拉强度 / MPa (kgf/mm²)	屈服强度 / MPa (kgf/mm²) 不小于	伸长率 / % 不小于	厚度 / mm		内侧半径
A3004P A3104P	H14 H24② H34	≥0.2	≤0.5		—	≥1			
		>0.5	≤0.8	≥226(23)	—	≥3	≥0.2	≤0.8	厚度的1倍
		>0.8	≤1.3	≤265(27)	≥177(18)	≥3	>0.8	≤3	厚度的1.5倍
		>1.3	≤3		≥177(18)	≥4			
	H16 H26② H36	≥0.2	≤0.5		—	≥1			
		>0.5	≤0.8	≥245(25)	—	≥2	≥0.2	≤0.8	厚度的2倍
		>0.8	≤1.3	≤284(29)	≥196(20)	≥3	>0.8	≤3	厚度的2.5倍
		>1.3	≤3		≥196(20)	≥4			
	H18 H28② H38	≥0.2	≤0.5	≥265(27)	≥216(22)	≥1	—		—
	H19 H29② H39	≥0.2	≤0.5	≥275(28)	—	≥1	—		—
A3005P	O	≥0.3	≤0.5		—	≥14			
		>0.5	≤0.8	≥118(12)	—	≥16	≥0.3	≤1.6	紧密贴合
		>0.8	≤1.6	≤167(17)	≥44(4.5)	≥18			
	H12 H22②	≥0.3	≤0.5		—	≥1			
		>0.5	≤0.8	≥137(14)	—	≥2	≥0.3	≤1.6	厚度的1倍
		>0.8	≤1.6	≤186(19)	≥118(12)	≥2			
	H14 H24②	≥0.3	≤0.8	≥167(17)	—	≥1	≥0.3	≤0.8	厚度的1.5倍
		>0.8	≤1.6	≤216(22)	≥147(15)	≥2	>0.8	≤1.6	厚度的2倍
	H16 H26②	≥0.3	≤0.8	≥196(20)	—	≥1	≥0.3	≤0.5	厚度的2倍
		>0.8	≤1.6	≤245(25)	≥167(17)	≥2	>0.5	≤1.6	厚度的3倍
	H18	≥0.3	≤0.8	≥226(23)	—	≥1	—		—
		>0.8	≤1.6		≥206(21)	≥2			
A3105P	H12 H22②	≥0.3	≤0.8	≥127(13)	—	≥1	≥0.3	≤1.6	厚度的1倍
		>0.8	≤1.6	≤177(18)	≥108(11)	≥2			
	H14 H24②	≥0.3	≤0.8	≥157(16)	—	≥1	≥0.3	≤0.8	厚度的1.5倍
		>0.8	≤1.6	≤196(20)	≥127(13)	≥2	>0.8	≤1.6	厚度的2倍
	H16 H26②	≥0.3	≤0.8	≥177(18)	—	≥1	≥0.3	≤0.5	厚度的2倍
		>0.8	≤1.6	≤226(23)	≥147(15)	≥2	>0.5	≤1.6	厚度的3倍
A5005P	H112	≥4	≤13	≥118(12)		≥8			
		>13	≤50	≥108(11)	—	≥12	—		—
		>50	≤75	≥98(10)		18			
	O	≥0.5	≤0.8		—	18			
		>0.8	≤1.3	≥108(11)	≥34(3.5)	20			
		>1.3	≤2.9	≤147(15)	≥34(3.5)	21	≥0.5	≤6	紧密贴合
		>2.9	≤75		≥34(3.5)	22			

续表

合金代号	状态①	拉伸试验					弯曲试验		
		厚度 / mm		抗拉强度 / MPa (kgf/mm²)	屈服强度 / MPa (kgf/mm²) 不小于	伸长率 / % 不小于	厚度 / mm		内侧半径
A5005P	H12 H22② H32	≥0.5	≤0.8	≥118(12) ≤157(16)	—	3	≥0.5	≤6	厚度的0.5倍
		>0.8	≤1.3		84(8.5)	4			
		>1.3	≤2.9		84(8.5)	6			
		>2.9	≤4		84(8.5)	7			
		>4	≤6.5		84(8.5)	8			
		>6.5	≤12		84(8.5)	9			
	H14 H24② H34	≥0.5	≤0.8	≥137(14) ≤177(18)	—	1	≥0.5 >2.9	≤2.9 ≤6	厚度的1倍 厚度的1.5倍
		>0.8	≤1.3		108(11)	2			
		>1.3	≤2.9		108(11)	3			
		>2.9	≤4		108(11)	5			
		>4	≤6.5		108(11)	6			
		>6.5	≤12		108(11)	8			
	H16 H26② H34	≥0.5	≤0.8	≥157(16) ≤196(20)	—	1	≥0.5 >1.3 >2.9	≤1.3 ≤2.9 ≤4	厚度的2倍 厚度的2.5倍 厚度的3倍
		>0.8	≤1.3		127(13)	2			
		>1.3	≤4		127(13)	3			
	H18 H38	≥0.5	≤0.8	≥177(18)	—	1	—		—
		>0.8	≤1.3		—	2			
		>1.3	≤3			3			
A5052P A5652P	H112	≥4	≤6.5	≥196(20)	108(11)	9	—		—
		>6.5	≤13	≥196(20)	108(11)	7			
		>13	≤50	≥177(18)	64(6.5)	12			
		>50	≤75	≥177(18)	64(6.5)	16			
	O	≥0.2	≤0.3	≥177(18) ≤216(22)	—	14	≥0.2 >0.8 >2.9	≤0.8 ≤2.9 ≤6	紧密贴合 厚度的0.5倍 厚度的1倍
		>0.3	≤0.5		—	15			
		>0.5	≤0.8		—	16			
		>0.8	≤1.3		64(6.5)	18			
		>1.3	≤2.9		64(6.5)	19			
		>2.9	≤6.5		64(6.5)	20			
		>6.5	≤75		64(6.5)	18			
	H12 H22② H32	≥0.2	≤0.3	≥216(22) ≤265(27)	—	3	≥0.2 >0.8 >2.9	≤0.8 ≤2.9 ≤6	厚度的0.5倍 厚度为1倍 厚度的1.5倍
		>0.3	≤0.5		—	4			
		>0.5	≤0.8		—	5			
		>0.8	≤1.3		157(16)	5			
		>1.3	≤2.9		157(16)	7			
		>2.9	≤6.5		157(16)	9			
		>6.5	≤12		157(16)	11			
	H14 H24② H34	≥0.2	≤0.5	≥235(24) ≤284(29)	—	3	≥0.2 >0.8 >2.9	≤0.8 ≤2.9 ≤6	厚度的1倍 厚度为1.5倍 厚度的2倍
		>0.5	≤0.8		—	4			
		>0.8	≤1.3		177(18)	4			
		>1.3	≤2.9		177(18)	6			
		>2.9	≤6.5		177(18)	7			
		>6.5	≤12			10			

续表

合金代号	状态①	拉伸试验					弯曲试验		
		厚度 / mm		抗拉强度 / MPa (kgf/mm²)	屈服强度 / MPa (kgf/mm²) 不小于	伸长率 / % 不小于	厚度 / mm		内侧半径
A5052P A5652P	H16 H26② H36	≥0.2 >0.8	≤0.8 ≤0.4	≥255(26) ≥255(26)	— ≥206(21)	3 4	≥0.2 >0.8 >1.3	≤0.8 ≤1.3 ≤4	厚度的2倍 厚度的2.5倍 厚度的3倍
	H18 H38	≥0.2 >0.8	≤0.8 ≤3	≥275(28) 以上	— 226(23)	3 4	—		—
A5052P	H19 H39	≥0.15	≤0.5	≥284(29) 以上	—	1	—		—
A5154P A5254P	H112	≥4 >6.5 >13 >50	≤6.5 ≤13 ≤50 ≤75	≥235(24) ≥226(23) ≥206(21) ≥206(21)	127(13) 127(13) 74(7.5) 74(7.5)	8 8 11 15	—		—
	O	≥0.5 >0.8 >1.3 >2.9	≤0.8 ≤1.3 ≤2.9 ≤75	≥206(21) ≤284(29)	— 74(7.5) 74(7.5) 74(7.5)	12 14 16 18	≥0.5 >0.8 >2.9	≤0.8 ≤2.9 ≤6	厚度的1倍 厚度的1.5倍 厚度的2倍
	H12 H22② H32	≥0.5 >0.8 >1.3 >6.5	≤0.8 ≥1.3 ≤6.5 ≥12	≥255(26) ≤294(30)	— 177(18) 177(18) 177(18)	5 5 8 12	≥0.5 >0.8 >2.9	≤0.8 ≤2.9 ≤6	厚度的1倍 厚度的2倍 厚度的2.5倍
	H14 H24② H34	≥0.5 >0.8 >1.3 >4 >6.5	≤0.8 ≤1.3 ≤4 ≤6.5 ≤12	≥276(28) ≤314(32)	— 206(21) 206(21) 206(21) 206(21)	4 4 6 7 10	≥0.5 >0.8 >2.9	≤0.8 ≤2.9 ≤6	厚度的1倍 厚度的2.5倍 厚度的3倍
	H16 H26② H36	≥0.5 >0.8 >1.3 >2.9	≤0.8 ≤1.3 ≤2.9 ≤4	≥294(30) ≤333(34)	— 226(23) 226(23) 226(23)	3 3 4 5	≥0.5 >0.8 >1.3	≤0.8 ≤1.3 ≤4	厚度的3倍 厚度的3.5倍 厚度的4倍
	H18 H38	≥0.5 >0.8 >1.3	≤0.8 ≤1.3 ≤3	≥314(32)	— 245(25) 245(25)	3 3 4	—		—
A5454P	O	≥0.5 >0.8 >1.3 >2.9	≤0.8 ≤1.3 ≤2.9 ≤50	≤216(22) ≤284(29)	84(8.5)	12 14 16 18	—		—
A5082P	H18 H38	≥0.2	≤0.5	≥333(34)	—	1	—		—
	H19 H39	≥0.2	≤0.5	≥353(36)	—	1	—		—
A5182P	H18 H38	≥0.2	≤0.5	≥343(35)	—	1	—		—

续表

合金代号	状 态①	拉伸试验					弯曲试验		
		厚 度 / mm		抗拉强度 / MPa (kgf/mm²)	屈服强度 / MPa (kgf/mm²) 不小于	伸长率 / % 不小于	厚 度 / mm		内侧半径
A5182P	H19 H39	≥0.2	≤0.5	≥363(37)	—	1	—		—
A5083P	H112	≥4	≤6.5	≥284(29)	127(13)	11	—		—
		>6.5	≤40	≥275(28)	127(13)	12			
		>40	≤75	≥275(28)	118(12)	12			
	O	≥0.5	≤0.8	≥275(28) ≤353(36)	—	16	≥0.5	≤12	厚度的 2 倍
		>0.8	≤40	≥275(28) ≤353(36)	127(13) 196(20)				
		>40	≤80	≥275(28) ≤343(35)	118(12) 196(20)				
		>80	≤100	≥265(27)	108(11)				
	H22② H32	≥0.5	≤0.8	≥314(32) ≤373(38)	—	8	≥0.5	≤1.3	厚度的 2.5 倍
		≥0.8	≤2.9	≥314(32) ≤373(38)	235(24) 304(31)	8	>1.3	≤2.9	厚度的 3 倍
							>2.9	≤6.5	厚度的 4 倍
		≥2.9	≤12	≥304(31) ≤382(39)	216(22) 294(30)	12	>6.5	≤12	厚度的 5 倍
	H321 12	≥4	≤13	≥304(31) ≤387(39.5)	216(22) 294(30)	12	—		—
		>13	≤40	≥304(31) ≤387(39.5)	216(22) 294(30)	11			
		>40	≤80	≥284(29) ≤384(39.5)	201(20.5) 294(30)	11			
A5083 PS	O	≥6.5	≤40	≥275(28) ≤353(36)	137(14) 196(20)	16	>6.5	≤12	厚度的 2 倍
		>40	≤80	≥275(28) ≤343(35)	127(13) 196(20)				
		>80	≤100	≥275(28)	118(12)				
A5086P	H112	≥4	≤6.5	≥255(26)	127(13)	7	—		—
		>6.5	≤13	≥245(25)	127(13)	8			
		>13	≤25	≥245(25)	108(11)	10			
		>25	≤50	≥245(25)	98(10)	14			
		>50	≤75	≥235(24)	98(10)	14			
	O	≥0.5	≤1.3	≥245(25) ≤304(31)	98(10)	15	≥0.5	≤0.8	厚度的 1.5 倍
		>1.3	≤6.5			18	>0.8	≤2.9	厚度的 2 倍
		>6.5	≤50			16	>2.9	≤12	厚度的 2.5 倍
	H22② H32	≥0.5	≤1.3	≥275(28) ≤324(33)	196(20)	6	≥0.5	≤0.8	厚度的 2 倍
		>1.3	≤6.5			8	>0.8	≤2.9	厚度的 2.5 倍
		>6.5	≤12			12	>2.9	≤12	厚度的 3 倍
	H24② H34	≥0.5	≤0.8	≥304(31) ≤353(36)	235(24)	4	≥0.5	≤1.3	厚度的 2.5 倍
		>0.8	≤1.3			5	>1.3	≤2.9	厚度的 3 倍
		>1.3	≤6.5			6	>2.9	≤6	厚度的 4 倍
		>6.5	≤12			10			

续表

合金代号	状态①	拉伸试验					弯曲试验		
		厚度 / mm		抗拉强度 / MPa (kgf/mm²)	屈服强度 / MPa (kgf/mm²) 不小于	伸长率 / % 不小于	厚度 / mm		内侧半径
A5086P	H26② H36	≥0.5	≤0.8			3	≥0.5	≤1.3	厚度的3倍
		>0.8	≤1.3	≥324(33)	265(27)	4	>1.3	≤2.9	厚度的4倍
		>1.3	≤4	≤373(38)		6	>2.9	≤4	厚度的5倍
	H18 H38	≥0.15以上	≤1.3	≥343(35)	284(29)	3	—		—
A5N01P	O	≥0.2	≤0.3			10			
		>0.3	≤0.5	≥84(8.5)	—	15	≥0.2	≤6	紧密贴合
		>0.5	≤1.3	≤127(13)		20			
		>1.3	≤6			25			
	H12 H22②	≥0.2	≤0.3			2			
		>0.3	≤0.5			3			
		>0.5	≤0.8	≥108(11)	—	4	≥0.2	≤6	厚度的0.5倍
		>0.8	≤1.3	≤147(15)		6			
		>1.3	≤2.9			8			
		>2.9	≤6			9			
	H14 H24②	≥0.2	≤0.3			1			
		>0.3	≤0.5			2			
		>0.5	≤0.8	≥127(13)	—	3	≥0.2	≤6	厚度的1倍
		>0.8	≤1.3	≤167(17)		4			
		>1.3	≤2.9			5			
		>2.9	≤6			6			
	H16 H26②	≥0.2	≤0.5			1			
		>0.5	≤0.8	≥147(15)	—	2	≥0.2	≤4	厚度的2倍
		>0.8	≤1.3	≤186(19)		3			
		>1.3	≤4			4			
	H18	≥0.2	≤0.5			1			
		>0.5	≤0.8	≥167(17)	—	2	—		—
		>0.8	≤1.3			3			
		>1.3	≤3			4			
A6061P	O③	≥0.4	≤0.5		—	14	≥0.4	≤0.5	紧密贴合
		>0.5	≤2.9		≤84(8.5)	16	>0.5	≤2.9	厚度的0.5倍
		>2.9	≤13	≤147(15)	≤84(8.5)	18	>2.9	≤6.5	厚度的1倍
		>13	≤25		—	18	>6.5	≤12	厚度的1.5倍
		>25	≤75		—	16			
	T4	≥0.4	≤0.5	≥206(21)	—	14	≥0.4	≤0.5	厚度的1倍
		>0.5	≤6.5		108(11)	16	>0.5	≤6	厚度的1.5倍
	T451④	≥6.5	≤13			18			
		>13	≤25	≥205(21)	108(11)	17	—		—
		>25	≤75			15			
	T42⑤	≥0.4	≤0.5		—	14			
		>0.5	≤6.5		94(9.5)	16	—		—
		>6.5	≤25	≥206(21)	94(9.5)	18			
		>25	≤75		94(9.5)	16			

续表

合金代号	状态①	拉伸试验					弯曲试验	
		厚度 / mm		抗拉强度 / MPa (kgf/mm²)	屈服强度 / MPa (kgf/mm²) 不小于	伸长率 / % 不小于	厚度 / mm	内侧半径
A6061P	T6	≥0.4 >0.5	≤0.5 ≤6.5	≥294(30)	— 245(25)	8 10	≥0.4 ≤0.5 >0.5 ≤1.6 >1.6 ≤2.9 >2.9 ≤6	厚度的1.5倍 厚度的2倍 厚度的2.5倍 厚度的3倍
	T651	≥6.5 >13 >25 >50	≤13 ≤25 ≤50 ≤100	≥294(30)	245(25)	10 9 8 6	—	—
	T62⑥	≥0.4 >0.5 >13 >25 >50	≤0.5 ≤13 ≤25 ≤50 ≤75	≥294(30)	— 245(25) 245(25) 240(24.5) 240(24.5)	8 10 9 8 6	—	—
A7075P	O③	≥0.4 >0.5 >13 >25	≤0.5 ≤13 ≤25 ≤50	≤275(28)	— ≤147(15) — —	10	≥0.4 ≤0.5 >0.5 ≤1.6 >1.6 ≤2.9 >2.9 ≤6	厚度的0.5倍 厚度的1倍 厚度的2倍 厚度的2.5倍
	T6	≥0.4 >0.5 >1 >2.9	≤0.5 ≤1 ≤2.9 ≤6.5	≥530(54) ≥530(54) ≥539(55) ≥539(55)	— 461(47) 471(48) 481(49)	7 7 8 8	≥0.4 ≤0.5 >0.5 ≤1.6 >1.6 ≤2.9 >2.9 ≤6	厚度的3.5倍 厚度的4倍 厚度的5倍 厚度的5.5倍
	T651	≥6.5 >13 >25 >50 >60 >80 >90	≤13 ≤25 ≤50 ≤60 ≤80 ≤90 ≤100	≥539(55) ≥539(55) ≥530(54) ≥525(53.5) ≥495(50.5) ≥490(50) ≥461(47)	461(47) 471(48) 461(47) 441(45) 422(43) 402(41) 368(37.5)	9 7 6 5 5 5 3	—	—
	T62⑥	≥0.4 >0.5 >1 >2.9 >6.5 >13 >25	≤0.5 ≤1 ≤2.9 ≤6.5 ≤13 ≤25 ≤50	≥530(54) ≥530(54) ≥539(55) ≥539(55) ≥539(55) ≥539(55) ≥530(54)	— 461(47) 471(48) 481(49) 461(47) 471(48) 461(47)	7 7 8 8 9 7 6	—	—

续表

合金代号	状态①	拉伸试验					弯曲试验		
		厚度 / mm		抗拉强度 / MPa (kgf/mm²)	屈服强度 / MPa (kgf/mm²) 不小于	伸长率 / % 不小于	厚度 / mm		内侧半径
A7N01P	O	≥1.5	≤75	≤245(25)	≤147(15)	12	≥15	≤2.9	厚度的 2 倍
							>2.9	≤6.5	厚度的 2.5 倍
							>6.5	≤12	厚度的 3 倍
	T4⑪	≥1.5	≤75	≥314(32)	196(20)	11	≥1.5	≤2.9	厚度的 2.5 倍
							>2.9	≤6.5	厚度的 3 倍
							>6.5	≤12	厚度的 4.5 倍
A7N01P	T6	≥1.5 以上	≤75	≥333(34)	≥275(28)	≥10	≥1.5	≤2.9	厚度的 3 倍
							>2.9	≤6.5	厚度的 4 倍
							>6.5	≤12	厚度的 5 倍

注：1. 表中①同 JIS H 4040—1988；
2. 表中②抗拉强度的上限及屈服强度不适用于状态为 H22，H24，H26，H28 以及 H29 的材料；
3. 表中③同 JIS H4040—1988 注③；
4. 表中④固溶处理后，给予 1.5%～3.0%永久变形的抗拉强度，需除去残余应力，再自然时效。状态 T451 的材料，必须保证状态 T651 的特性；
5. 表中⑤JIS H4040—1988 注④；
6. 表中⑥同 JIS H4040—1988 注⑤；
7. 表中⑦状态 T351 的材料，必须保证状态 T851 的特性；
8. 表中⑧状态 T31 的材料，必须保证状态 T81 的特性；
9. 表中⑨状态 T37 的材料，必须保证状态 T87 的特性；
10. 表中⑩状态 T361 的材料，必须保证状态 T861 的特性；
11. 表中⑪同 JIS H4040-1988 注⑥；
12. 表中⑫状态 H321，是进行过 H32 所必需的加工硬化量以下的加工硬化处理。
13. 表中厚度超出规定尺寸范围内的，其力学性能按供需双方的协议。

板、复合板、带及圆板的热处理最好按参考表（表 4-166）执行。

表 4-166 标准热处理温度及时间（参考表）

合金牌号	状态	退火	固溶处理	淬火	时效硬化处理①
1080 1070 1050 1100 1200 1N00	O	340～410℃ 空冷或炉冷	—	—	—
2014 2014 复合板	O	340～410℃空冷或炉冷②	—	—	—
	T4，T42，T3	—	495～505℃	水冷	常温 96h 以上
	T6，T62	—	495～505℃	水冷	170～180℃10h 150～165℃18h⑤
2017	O	340～410℃空冷或炉冷②	—	—	—
	T4，T42，T3	—	495～510℃	水冷	常温 96h 以上
2024	O	340～410℃空冷或炉冷②	—	—	—
	T4，T42，T3，T361	—	490～500℃	水冷	常温 96h 以上
2024 复合板	T62	—	490～500℃	水冷	185～195℃约 9h
	T861	—	490～500℃	水冷	185～195℃8h

续表

合金牌号	状态	退火	固溶处理	淬火	时效硬化处理[①]
3003 3203	O	约410℃空冷或炉冷	—	—	—
3004 3005 1305	O	340～410℃空冷或炉冷	—	—	—
5005 5454 5052 5083 5652 5086 5154 5N01 5254	O	340～410℃空冷或炉冷	—	—	—
6061	O	340～410℃空冷或炉冷[②]	—	—	—
	T4,42	—	515～550℃	水冷	常温96h以上
	T6,T62	—	515～550℃	水冷	155～165℃18h 170℃8h[⑤]
7N01	O	约410℃炉冷	—	—	—
	T4	—	约450℃空冷或水冷		常温1个月以上
	T6	—	约450℃空冷或水冷		约120℃约24h
7075 7075 复合板	O	340～410℃空冷或炉冷[③]	—	—	—
	T6,T62	—	460～500℃[④]	水冷	115～125℃24h以上

注:①时效硬化处理时间指厚度≤12mm时,记录仪显示所需温度之后的保温时间。厚度每增加12mm,处理时间相应延长30min;②经热处理的材料退火时,加热至大约410℃,并保温1h以上为好。冷却时,在260℃以前,最好以低于每小时28℃的速度进行冷却;260℃以后,冷却速度不限;③经热处理的材料退火时,加热至410～455℃(材料的冷加工量越小,所需温度越高),并保温约2h,在空气中冷却,再加热至约230℃,在此温度下保温约6h,然后冷却至常温;④厚度>1.3mm的,以490～500℃为宜;厚度≥6.5mm的,以460～490℃为宜;⑤作为取代方法使用。

表4-167　铸造铝合金(金属型)的力学性能(JIS H 5202—1992)

种类	热处理类别	合金代号与状态	拉伸试验		参考							
					布氏硬度HB(10/500)	热处理						
						退火		固溶处理		时效硬化处理		
			抗拉强度/MPa不小于	伸长率/%不小于		温度/℃	时间/h	温度/℃	时间/h	温度/℃	时间/h
铸件1种A	铸造状态	AC1A-F	150	5	约55	—	—	—	—	—	—
	固溶处理	AC1A-T4	230	5	约70	—	—	约515	约10	—	—
	固溶处理后时效硬化处理	AC1A-T6	250	2	约85	—	—	约515	约10	约160	约6
铸件1种B	铸造状态	AC1B-F	170	2	约60	—	—	—	—	—	—
	固溶处理	AC1B-T4	290	5	约80	—	—	约515	约10	—	—
	固溶处理后时效硬化处理	AC1B-T6	300	3	约90	—	—	约515	约10	约160	约4
铸件2种A	铸造状态	AC2A-F	180	2	约75	—	—	—	—	—	—
	固溶处理后时效硬化处理	AC2A-T6	270	1	约90	—	—	约510	约8	约160	约9

续表

种类	热处理类别	合金代号与状态	拉伸试验		布氏硬度/HB (10/500)	参考					
						热处理					
						退火		固溶处理		时效硬化处理	
			抗拉强度/MPa 不小于	伸长率/% 不小于		温度/℃	时间/h	温度/℃	时间/h	温度/℃	时间/h
铸件2种B	铸造状态	AC2B-F	150	1	约70	—	—	—	—	—	—
	固溶处理后时效硬化处理	AC2B-T6	240	1	约90	—	—	约500	约10	约160	约5
铸件3种A	铸造状态	AC3A-F	170	5	约50	—	—	—	—	—	—
铸件4种A	铸造状态	AC4A-F	170	3	约60	—	—	—	—	—	—
	固溶处理后时效硬化处理	AC4A-T6	240	2	约90	—	—	约525	约10	约160	约9
铸件4种B	铸造状态	AC4B-F	170	—	约80	—	—	—	—	—	—
	固溶处理后时效硬化处理	AC4B-T6	240	—	约100	—	—	约500	约10	约160	约7
铸件4种C	铸造状态	AC4C-F	150	3	约55	—	—	—	—	—	—
	时效硬化处理	AC4C-T5	170	3	约65	—	—	—	—	约225	约5
	固溶处理后时效硬化处理	AC4C-T6	220	3	约85	—	—	约525	约8	约160	约6
	固溶处理后时效硬化处理	AC4C-T61	240	1	约90	—	—	约525	约8	约170	约7
铸件4种CH	铸造状态	AC4CH-F	160	3	约55	—	—	—	—	—	—
	时效硬化处理	AC4CH-T5	180	3	约65	—	—	—	—	约225	约5
	固溶处理后时效硬化处理	AC4CH-T6	240	5	约85	—	—	约535	约8	约155	约6
	固溶处理后时效硬化处理	AC4CH-T61	260	3	约90	—	—	约535	约8	约170	约7
铸件4种D	铸造状态	AC4D-F	170	2	约70	—	—	—	—	—	—
	时效硬化处理	AC4D-T5	190	1	约75	—	—	—	—	约225	约5
	固溶处理后时效硬化处理	AC4D-T6	270	1	约90	—	—	约525	约10	约160	约10
铸件5种A	退火	AC5A-0	180	—	约65	约350	约2	—	—	—	—
	固溶处理后时效硬化处理	AC5A-T6	290	—	约110	—	—	约520	约7	约200	约5
铸件7种A	铸造状态	AC7A-F	210	12以上	约60	—	—	—	—	—	—
铸件8种A	铸造状态	AC8A-F	170	—	约85	—	—	—	—	—	—
	时效硬化处理	AC8A-T5	190	—	约90	—	—	—	—	约200	约4
	固溶处理后时效硬化处理	AC8A-T6	270	—	约110	—	—	约510	约4	约170	约10
铸件8种B	铸造状态	AC8B-F	170	—	约85	—	—	—	—	—	—
	时效硬化处理	AC8B-T5	180	—	约90	—	—	—	—	约200	约4
	固溶处理后时效硬化处理	AC8B-T6	270	—	约110	—	—	约510	约4	约170	约10
铸件8种C	铸造状态	AC8C-F	170	—	约85	—	—	—	—	—	—
	时效硬化处理	AC8C-T5	180	—	约90	—	—	—	—	约200	约4
	固溶处理后时效硬化处理	AC8C-T6	270	—	约110	—	—	约510	约4	约170	约10

续表

种类	热处理类别	合金代号与状态	拉伸试验		参考							
			抗拉强度/MPa不小于	伸长率/%不小于	布氏硬度HB(10/500)	热处理					
						退火		固溶处理		时效硬化处理	
						温度/℃	时间/h	温度/℃	时间/h	温度/℃	时间/h
铸件9种A	时效硬化处理	AC9A-T5	150	—	约90	—	—	—	—	约250	约4
	固溶处理后时效硬化处理	AC9A-T6	190	—	约125	—	—	约500	约4	约200	约4
	固溶处理后时效硬化处理	AC9A-T7	170	—	约95	—	—	约500	约4	约250	约4
铸件9种B	时效硬化处理	AC9B-T5	170	—	约85	—	—	—	—	约250	约4
	固溶机理后时效硬化处理	AC9B-T6	270	—	约120	—	—	约500	约4	约200	约4
	固溶处理后时效硬化处理	AC9B-T7	200	—	约90	—	—	约500	约4	约250	约4

表4-168　铸造铝合金(砂型)的力学性能(JIS H 5202—1992)

种类	热处理类别	合金代号与状态	拉伸试验		参考							
			抗拉强度/MPa不小于	伸长率/%不小于	布氏硬度HB(10/500)	热处理					
						退火		固溶处理		时效硬化处理	
						温度/℃	时间/h	温度/℃	时间/h	温度/℃	时间/h
铸件1种A	铸造状态	AC1A-F	130以上	—	约50	—	—	—	—	—	—
	固溶处理	AC1A-T4	180以上	3以上	约70	—	—	约515	约10	—	—
	固溶处理后时效硬化处理	AC1A-T6	210以上	2以上	约80	—	—	约515	约10	约160	约6
铸件1种B	铸造状态	AC1B-F	150以上	1以上	约75	—	—	—	—	—	—
	固溶处理	AC1B-T4	250以上	4以上	约85	—	—	约515	约10	—	—
	固溶处理后时效硬化处理	AC1B-T6	270以上	3以上	约90	—	—	约515	约10	约160	约4
铸件2种A	铸造状态	AC2A-F	150以上	—	约70	—	—	—	—	—	—
	固溶处理后时效硬化处理	AC2A-T6	230以上	—	约90	—	—	约510	约8	约160	约10
铸件2种B	铸造状态	AC2B-F	130以上	—	约60	—	—	—	—	—	—
	固溶处理后时效硬化处理	AC2B-T6	190以上	—	约80	—	—	约500	约10	约160	约5
铸件3种A	铸造状态	AC3A-F	140以上	2以上	约45	—	—	—	—	—	—
铸件4种A	铸造状态	AC4A-F	130以上	—	约45	—	—	—	—	—	—
	固溶处理后时效硬化机理	AC4A-T6	220以上	—	约80	—	—	约525	约10	约160	约9
铸件4种B	铸造状态	AC4B-F	140以上	—	约80	—	—	—	—	—	—
	固溶处理后时效硬化处理	AC4B-T6	210以上	—	约100	—	—	约500	约10	约160	约7
铸件4种C	铸造状态	AC4C-F	130以上	—	约50	—	—	—	—	—	—
	时效硬化处理	AC4C-T5	140以上	—	约60	—	—	—	—	约225	约5
	固溶处理后时效硬化处理	AC4C-T6	200以上	2以上	约75	—	—	约525	约8	约160	约6
	固溶处理后时效硬化处理	AC4C-T61	220以上	1以上	约80	—	—	约525	约8	约170	约7

续表

种类	热处理类别	合金代号与状态	拉伸试验 抗拉强度/MPa 不小于	拉伸试验 伸长率/% 不小于	参考 布氏硬度 HB (10/500)	热处理 退火 温度/℃	退火 时间/h	固溶处理 温度/℃	固溶处理 时间/h	时效硬化处理 温度/℃	时效硬化处理 时间/h
铸件4种CH	铸造状态	AC4CH-F	140以上	2以上	约50	—	—	—	—	—	—
	时效硬化处理	AC4CH-T5	150以上	2以上	约60	—	—	—	—	约225	约5
	固溶处理后时效硬化处理	AC4CH-T6	220以上	3以上	约75	—	—	约535	约8	约155	约6
	固溶处理后时效硬化处理	AC4CH-T61	240以上	1以上	约80	—	—	约535	约8	约170	约7
铸件4种D	铸造状态	AC4D-F	130以上	—	约60	—	—	—	—	—	—
	时效硬化处理	AC4D-T5	170以上	—	约65	—	—	—	—	约225	约5
	固溶处理后时效硬化处理	AC4D-T6	230以上	1以上	约80	—	—	约525	约10	约160	约10
铸件5种A	退火	AC5A-0	130以上	—	约65	约350	约2	—	—	—	—
	固溶处理后时效硬化处理	AC5A-T6	210以上	—	约90	—	—	约520	约7	约200	约5
铸件7种A	铸造状态	AC7A-F	140以上	6以上	约50	—	—	—	—	—	—

表 4-169　　压铸铝合金铸件的力学性能（JIS H 5302—1990）

种类	合金代号	拉伸试验 抗拉强度/MPa(kgf/mm²) 平均值	抗拉强度 标准偏差	伸长率/% 平均值	伸长率 标准偏差
10种	ADC10	245(25)	20(2)	2.0	0.6
12种	ADC12	225(23)	39(4)	1.5	0.6

表 4-170　　日本 JIS H 5302 类似的各个国家规格序号以及类似合金的代号对照表

JIS H 5302 (1990)	AA (1984)	FS QQ-A-591F (1981)	ASTM B 85 (1984)	SAE J 452 (1983)	ISO 3522-1984	NF A57-702 (1981)	BS 1490 (1988)	DIN 1725 (1986)
ADC1	A413.0	A413.0	A413.0	A14130 (305)	Al-Si12 CuFe	A-S13	LM20	GD-AlSi12 (Cu)
ADC3	A360.0	A360.0	A360.0	A13500 (309)	—	A-S9G	—	GD-AlSi 10Mg
ADC5	518.0	518.0	518.0	—	—	A-G6	—	GD-AlMg 9
ADC6	515.0	—	—	—	—	A-G3T	—	—
ADC10	B380.0	A380.0	A380.0	A13800 (306)	Al-Si8 Cu3Fe	—	—	GD-AlSi 9Cu3
ADC10Z	A380.0	A380.0	A380.0	A13800 (306)	Al-Si8 Cu3Fe	—	LM24	GD-AlSi 9Cu3
ADC12	383.0	383.0	383.0	A03830 (383.0)	—	—	LM2	—
ADC12Z	383.0	383.0	383.0	A03830 (383.0)	—	—	LM2	—
ADC14	B390.0	—	B390.0	A23900	—	—	LM30	—

4.7.3 铝合金铸件的特性及用途

表 4-171 铝合金铸件的特性及用途(JIS H 5202—1992)

种类	牌号	合金系列及相应合金	铸造类型	特性及用途(供参考)
1种A	AC1A	Al-Cu系 AA295.0	金属型、砂型、壳型	力学性能优良,切削性能也好,但铸造性能不佳。用于架线零件、自行车零件、飞机用油压零件及电器安装用品
1种B	AC1B	Al-Cu系 NF AU5GT		力学性能优良且切削性能也好,但由于铸造性能不佳,所以要根据铸件的形状熔化,且应注意选择铸造工艺。用于架线零件、自行车零件、飞机零件
2种A	AC2A	Al-Cu-Si系		铸造性能好,拉伸强度高,伸长率低,用途较广泛。用于管道接头,差动传动装置,泵体、汽缸盖、汽车部件等
2种B	AC2B	Al-Cu-Si系 AA319.0		铸造性能好,用途较广泛,如阀体、曲柄(曲轴)联轴器(离合器)等
3种A	AC3A	Al-Si系		铸造性能好,耐腐蚀性能强,弹性极限应力低,用于机身外壳、薄壁、屏障壁和外形复杂的铸件等
4种A	AC4A	Al-Si-Mg系		铸造性能好,韧性好,适于要求一定强度的大型铸件,如制动器转筒、变速箱、曲柄(曲轴)齿轮箱,船舶、车辆用发动机零件
4种B	AC4B	Al-Si-Cu系 AA33.0		铸造性能好,拉伸强度高,伸长率低,用途较广。用于曲柄(曲轴)汽缸盖、管道接头、飞机电器安装用品等
4种C	AC4C	Al-Si-Mg系 AA356.0		铸造性能好,耐压、耐蚀性好,用于油压零件,变速机壳、飞机壳体、飞机配件、屏障壁、小型船舶用发动机零件、飞机机体零件及电器安装用品
4种CH	AC4CH	Al-Si-Mg系 AA356.0	金属型、砂型、壳型	铸造性能及力学性能均优,适用于高级铸件,如汽车车轮、架线配件、飞机发动机零件及油压零件
4种D	AC4D	Al-Si-Cu -Mg系 AA355.0		铸造性能好,力学性能好,适用于对耐压性能有一定要求的铸件,如燃料泵壳体、鼓风机壳体、飞机用油压零件及电器安装用品
5种A	AC5A	Al-Cu-Ni -Mg系 AA242.0		高温下拉伸强度高,铸造性能差,用于空冷液压缸盖、柴油机用活塞、飞机发动机零件等
7种A	AC7A	Al-Mg系 AA514.0		耐腐蚀、韧性、阳极化性能好,铸造性能差,用于架线、配件船舶零件、把手、雕刻坯料、办公器具及飞机电器安装用品等
7种B	AC7B	Al-Mg系 AA520.0		耐蚀性、力学性能好,铸造性能差,由时效引起的伸长率下降显著,用于光学机械构件、机身等

续表

种类	牌号	合金系列及相应合金	铸造类型	特性及用途(供参考)
8种A	AC8A	Al-Si-Cu-Ni-Mg系 AAF332.0	金属型	耐热性、耐磨性好,热线胀系数小,抗拉强度高,用于汽车活塞,船舶活塞、滑轮、轴承等
8种B	AC8B	Al-Si-Cu-Mg系		同上,用于汽车活塞、滑轮、轴承等
8种C	AC8C	Al-Si-Cu-Mg系 AA.A332.0		同上,用于汽车活塞、滑轮、轴承等
9种A	AC9A	Al-Si-Cu-Ni-Mg系		耐热性能优良,热线胀系数小,耐磨性能好,但铸造和切削性较差,用于空冷两冲程活塞等
9种B	AC9B	Al-Si-Cu-Ni-Mg系		同上,用于空冷液压缸等

4.8 国际标准化组织(ISO)铝及铝合金

4.8.1 铝及铝合金牌号和化学成分

(1)重熔用铝锭

表 4-172　　重熔用铝锭牌号和化学成分

牌号	化学成分/%,不大于(注明不小于者除外)							标准号
	在每批中分析的元素			控制的元素		分析和控制元素总含量	Al 不小于	
	Fe	Si	Cu	Zn	单个①			
Al99.0	0.80	0.50	0.03	0.08	0.03	1.00	99.00	ISO 115—2003
Al99.5	0.40	0.30	0.03	0.07	0.03	0.50	99.50	
Al99.7	0.25	0.20	0.02	0.06	0.03	0.30	99.70	
Al99.8	0.15	0.15	0.02	0.06	0.03	0.20	99.80	

注:表中①除 Fe,Si,Cu,Zn 外的金属元素。

(2)变形铝

表 4-173　　变形铝牌号和化学成分

牌号	杂质最大含量/%						标准号
	Cu	Si	Fe	Mn	Zn	Cu+Si+Fe+Mn+Zn	
Al99.0	0.10	0.5	0.8	0.1	0.1	0.1	ISO 209—1989(废止)
Al99.5	0.05	0.3	0.4	0.05	0.10	0.5	
Al99.7	0.03	0.20	0.25	0.03	0.07	0.3	
Al99.8	0.03	0.15	0.15	0.03	0.06	0.2	

(3)变形铝合金

表 4-174 变形铝合金牌号和化学成分(ISO/R 209—1989 废止)

合金牌号	化学成分/%,不大于(注明余量及范围值者除外)									
	Cu	Mg	Si	Fe	Mn	Zn	Cr	Ti+Zr	其他	Al
Al99.0Cu	0.05～0.20	—	0.5	0.8	0.1	0.1	—	—	Cu+Si+Fe+Mn+Zn 1.0	余量
Al-Mn1	0.1	0.3	0.6	0.7	0.8～1.5	0.2	—	—	Ti+Zr+Cr 0.2	
Al-Mn1Cu	0.05～0.20	—	0.6	0.7	1.0～1.5	0.2	—	—	Tr+Zr+Cr 0.2	
Al-Mg1	0.20	0.5～1.1	0.4	0.7	0.2	0.2	0.1	0.2		
Al-Mg1.5	0.20	1.1～1.8	0.4	0.7	0.3	0.2	0.1	0.2		
Al-Mg2	0.10	1.7～2.4	0.5	0.5	0.5	0.2	0.35	0.2		
Al-Mg2.5	0.10	2.2～2.8	0.5	0.5	0.5	0.2	0.35	0.2	Mn+Cr 0.5	
Al-Mg3	0.10	2.4～3.1	0.5	0.5	0.4	0.2	0.35	0.2		
Al-Mg3Mn	0.10	2.4～3.4	0.5	0.5	0.3～1.0	0.2	0.25	0.2		
Al-Mg3.5	0.10	3.1～3.9	0.5	0.5	0.6	0.2	0.35	0.2		
Al-Mg4	0.10	3.5～4.6	0.5	0.5	0.6	0.2	0.35	0.2	Mn+Cr 0.15～0.9	
Al-Mg4.5-Mn	0.10	4.0～4.9	0.5	0.5	0.3～1.0	0.2	0.25	0.2		
Al-Mg5	0.10	4.5～5.6	0.5	0.5	0.5	0.2	0.35	0.2	Mn+Cr 0.1～0.5	
Al-Si1Mg	0.10	0.4～1.4	0.6～1.6	0.5	0.4～1.0①	0.2	0.35	0.2		
Al-MgSi	0.10	0.4～0.9	0.3～0.7	0.5	0.30	0.1	0.10	0.2		
Al-Mg1-SiCu	0.15～0.40	0.8～1.2	0.4～0.8	0.7	0.15	0.25	0.04～0.35②	0.2		
Al-Cu2Mg	2.0～3.0	0.2～0.5	0.8	0.7	0.2	0.2	0.1	0.2		
Al-Cu4-MgSi	3.5～4.7	0.3～1.2	0.2～0.8	0.7	0.3～1.0		—	—	Ni 0.2 Ti+Zr+Cr 0.3	
Al-Cu4Mg1	3.8～4.9	1.0～1.8	0.5	0.5	0.3～1.2	0.2	—	—	Ni 0.2 Ti+Zr+Cr 0.3	
Al-Cu4-SiMg	3.8～5.0	0.2～0.8	0.5～1.2	0.7	0.3～1.2	0.2	—	—	Ni 02 Ti+Zr+Cr 0.3	
Al-Zn6-MgCu	1.2～2.0	2.1～2.9	0.40	0.50	0.30	5.1～6.4	0.10～0.35	0.30	Ni 0.10 Mn+Cr 0.50	

注:1.在规定锰含量时,合金可含铬0.15%～0.35%;
2.在规定合金中铬的含量时,可含锰0.2%～0.8%;
3.参考美国变形铝及铝合金。

(4)铝及铝合金铸件与锭

表 4-175 铝及铝合金铸件与锭的化学成分

标准与合金代号 ISO①②	产品③	化学成分/%												Al 最小值④
		Si	Fe	Cu	Mn	Mg	Cr	Ni	Zn	Sn	Ti	未指定的其他元素 每种	未指定的其他元素 合计	
Al99.0	锭	0.15	0.6～0.8	0.10	⑤	—	⑤	—	0.05	—	⑤	0.03⑤	0.10	99.00
—	锭	⑥	⑥	0.10	⑤	—	⑤	—	0.05	—	⑤	0.03⑤	0.10	99.30
Al99.5	锭	⑦	⑦	0.05	⑤	—	⑤	—	0.05	—	⑤	0.03⑤	0.10	99.50
Al99.8	锭	0.10⑦	0.25⑦	—	⑤	—	⑤	—	0.05	—	⑤	0.03⑤	0.10	99.60
Al99.7	锭	⑧	⑧	—	⑤	—	⑤	—	0.05	—	⑤	0.03⑤	0.10	99.70
3522AlCu4MgTi R164AlCu4MgTi R2147AlCu4MgTi 3522AlCu4NiMg2	S,P	0.20	0.35	4.2～5.0	0.10	0.15～0.35	—	0.05	0.10	0.05	0.15～0.30	0.05	0.15	余量
R164AlCu4Ni2Mg2	S,P	0.7	1.0	3.5～4.5	0.35	1.2～1.8	0.25	1.7～2.3	0.35	—	0.25	0.05	0.15	余量
3522AlSi5Cu3 3522AlSi5Cu3Mn 3522AlSiCu4 3522AlSiCu4Mn R164AlSi5Cu3 R164AlSi5Cu3Fe														
R164AlSi6Cu4	S,P	5.5～6.5	1.0	3.0～4.0	0.50	0.10	—	0.35	1.0	—	0.25	—	0.50	余量
3522AlSi5Cu3 3522AlSi5Cu3Mn 3522AlSi5Cu4 3522AlSiCu4Mn R164AlSi5Cu3 R164AlSi5Cu3Fe														
R164AlSi6Cu4 3522AlSi5Cu1Mg	S,P	5.5～6.5	1.0	3.0～4.0	0.50	0.10	—	0.35	3.0	—	0.25	—	0.50	余量

续表

标准与合金代号 ISO①②	产品③	化学成分/%												Al 最小值④
		Si	Fe	Cu	Mn	Mg	Cr	Ni	Zn	Sn	Ti	未指定的其他元素		
												每种	合计	
R164AlSi5Cu1 3522AlSi7Mg	S,P	4.5～5.5	0.6⑨	1.0～1.5	0.50⑨	0.40～0.6	0.25	—	0.35	—	0.25	0.05	0.15	余量
R2147AlSi7Mg 3522AlSi10Mg⑩ R164AlSi10Mg⑩	S,P	6.5～7.5	0.6⑨	0.25	0.35⑨	0.20～0.45	—	—	0.35	—	0.25	0.05	0.15	余量
R2147AlSi10Mg⑩ 3522AlSi8Cu3Fe	D	9.0～10.0	2.0	0.6	0.35	0.40～0.6	—	0.50	0.50	0.15	—	—	0.25	余量
R164AlSi8Cu3Fe 3522AlSi12CuFe⑩ 3522AlSi12Fe⑩ R164AlSi12⑩ R164AlSi12Cu⑩ R164AlSi12CuFe⑩ R164AlSi12Fe⑩	D	7.5～9.5	1.3	3.0～4.0	0.50	0.10	—	0.50	3.0	0.35	—	—	0.50	余量
R2147AlSi12⑩ 3522AlSi5	D	11.0～13.0	2.0	1.0	0.35	0.10	—	0.50	0.50	0.15	—	—	0.25	余量
R164AlSi5	S,P	4.5～6.0	0.8	0.15	0.35	0.05	—	—	0.35	—	0.25	0.05	0.15	余量
—	锭	4.5～6.0	0.6	0.15	0.35	0.05	—	—	0.35	—	0.25	0.05	0.15	余量
R164AlSi5Fe	D	4.5～6.0	2.0	0.6	0.35	0.10	—	0.50	0.50	0.15	—	—	0.25	余量
3522AlMg3 R164AlMg3 R2147AlMg3	S	0.35	0.50	0.15	0.35	3.5～4.5	—	—	0.15	—	0.25	0.05	0.15	余量
3522AlMg10 R164AlMg10 R2147AlMg10	S	0.25	0.30	0.25	0.15	9.5～10.6	—	—	0.15	—	0.25	0.05	0.15	余量

注：①铝合金代号前加上的字母(A,B,C,D)表示其改良的或变型的铝合金；②一般指 ISO No. R115 标准，除非指定出其他的标准(R164,R2147 或 3522)；③D＝加压铸造，P＝永久(硬)型铸造，S＝砂型铸造；④重熔纯铝的 Al 含量%＝100.00%减去其他元素各占 0.010%或以上的总和，并将 Al 含量精确到小数点后两位数字；⑤(Mn＋Cr＋Ti＋V)＝0.025%(max)；⑥Fe/Si 为 2.5(min)；⑦Fe/Si 为 2.0(min)；⑧Fe/Si 为 1.5(min)；⑨Fe＞0.45 时，Mn 含量不应少于 1/2 的铁含量；⑩Axxx.1 铸锭被用于生产 xxx.0 及 Axxx.0 铸件。

4.8.2 铝及铝合金的力学性能

(1)铝及铝合金轧制产品

表 4-176 铝及铝合金轧制产品的力学性能(ISO/TR 2136—1977 废止)

牌号	状态代号	厚度 e	屈服强度 $R_{p0.2}$ 不小于	抗拉强度 R_m		伸长率 A / 不小于	
				最小	最大	$5.65\sqrt{S_0}$	50mm(2in)
		mm	MPa	MPa	MPa	%	%
Al99.8	O	0.5≤e≤0.8	—	—	90	34	25
		0.8<e≤6.3	—	—	90	34	29
Al99.7	O	0.5≤e≤0.8	—	—	95	34	25
		0.8<e≤6.3	—	—	95	34	29
Al99.5	O	0.5≤e≤0.8	—	60	95	30	20
		0.8<e≤1.3	—	60	95	30	25
		1.3<e≤6.3	—	60	95	30	28
		6.3<e≤25	—	60	95	30	30
	HB	0.5≤e≤1.3	—	75	115	10	6
		1.3<e≤6.3	—	75	115	10	10
	HD	0.5≤e≤0.8	—	95	140	6	4
		0.8<e≤1.3	—	95	140	6	5
		1.3<e≤6.3	—	95	140	6	5
	HF	0.5≤e≤1.3	—	115	160	5	4
	HH	0.6≤e≤1.3	—	130	—	3	3
Al99.0	O	0.5≤e≤0.8	—	70	110	30	20
		0.8<e≤1.3	—	70	110	30	25
		1.3<e≤6.3	—	70	110	30	30
		6.3<e≤25	—	70	110	28	28
	HB	0.5≤e≤0.8	—	90	130	8	4
		0.8<e≤1.3	—	90	130	8	6
		1.3<e≤6.3	—	90	130	8	8
	HD	0.5≤e≤0.8	—	105	140	5	3
		0.8<e≤1.3	—	105	140	5	4
		1.3<e≤6.3	—	105	140	5	5
	HF	0.5≤e≤0.8	—	125	185	4	2
		0.8<e≤1.3	—	125	185	4	3
	HH	0.5≤e≤0.8	—	140	—	3	2
		0.8<e≤1.3	—	140	—	3	3
Al99.0Cu	O	0.5≤e≤0.8	—	75	115	30	20
		0.8<e≤1.3	—	75	115	30	25
		1.3<e≤6.3	—	75	115	30	30
		6.3<e≤25	—	75	115	28	28

续表

牌号	状态代号	厚度 e	屈服强度 $R_{p0.2}$ 不小于	抗拉强度 R_m		伸长率 A / 不小于	
				最小	最大	$5.65\sqrt{S_0}$	50mm(2in)
		mm	MPa	MPa	MPa	%	%
Al99.0Cu	HB	0.5≤e≤0.8	—	95	130	8	4
		0.8<e≤1.3	—	95	130	8	6
		1.3<e≤6.3	—	95	130	8	8
	HD	0.5≤e≤0.8	—	110	145	5	3
		0.8<e≤1.3	—	110	145	5	4
		1.3<e≤6.3	—	110	145	5	5
	HF	0.5≤e≤0.8	—	130	170	4	2
		0.8<e≤1.3	—	130	170	4	3
	HH	0.5≤e≤0.8	—	150	—	3	2
		0.8<e≤1.3	—	150	—	3	3
Al·Mn1	O	0.5≤e≤0.8	—	90	130	24	20
		0.8<e≤1.3	—	90	130	24	23
		1.3<e≤6.3	—	90	130	24	24
		6.3<e≤25	—	90	130	22	22
	HB	0.5≤e≤0.8	—	115	150	8	5
		0.8<e≤1.3	—	115	150	8	6
		1.3<e≤2.6	—	115	150	8	7
		2.6<e≤6.8	—	115	150	8	8
	HD	0.5≤e≤0.8	—	130	180	5	3
		0.8<e≤1.3	—	130	180	5	4
		1.3<e≤6.3	—	130	180	5	5
	HF	0.5<e≤0.8	—	150	195	4	2
		0.8<e≤1.3	—	150	195	4	3
	H	0.5≤e≤0.8	—	170	—	3	2
		0.8<e≤1.3	—	170	—	2	3
Al·Mn1Cu	O	0.5≤e≤0.8	—	95	140	25	20
		0.8<e≤1.3	—	95	140	25	23
		1.3<e≤6.3	—	95	140	25	25
		6.3<e≤25	—	95	140	23	23
	HB	0.5≤e≤0.8	—	115	160	7	4
		0.8<e≤1.3	—	115	160	7	5
		1.3<e≤2.6	—	115	160	7	6
		2.6<e≤6.3	—	115	160	7	7
	HD	0.5≤e≤0.8	—	140	180	5	3
		0.8<e≤1.3	—	140	180	5	4
		1.3<e≤6.3	—	140	180	5	5

续表

牌　号	状态代号	厚　度 e	屈服强度 $R_{p0.2}$ 不小于	抗拉强度 R_m		伸长率 A / 不小于	
				最小	最大	$5.65\sqrt{S_0}$	50mm(2in)
		mm	MPa	MPa	MPa	%	%
Al・Mn1Cu	HF	0.5≤e≤0.8	—	165	205	4	2
		0.8<e≤1.3	—	165	205	4	3
	HH	0.5≤e≤0.8	—	185	—	3	2
		0.8<e≤1.3	—	185	—	3	3
Al・Mg1	O	0.5≤e≤1.3	—	95	145	22	18
		1.3<e≤2.6	—	95	145	22	18
		2.6<e≤25	—	95	145	22	22
	HB	0.5≤e≤0.8	—	115	165	6	3
		0.8<e≤1.3	—	115	165	6	4
		1.3<e≤2.6	—	115	165	6	5
		2.6<e≤6.3	—	115	165	6	6
	HD	0.5≤e≤1.3	195	140	185	4	2
		1.3<e≤2.6	195	140	185	4	3
		2.6<e≤12.5	195	140	185	4	4
	HF	0.5≤e≤0.8	—	165	205	2	1
		0.8<e≤1.3	—	165	205	2	2
	HH	0.5≤e≤0.8	—	185	—	2	1
		0.8<e≤1.3	—	185	—	2	2
Al・Mg1.5	O	0.5≤e≤2.6	—	125	165	19	18
		2.6<e≤25	—	125	165	19	19
	HB	0.5≤e≤0.8	110	145	195	6	3
		0.8<e≤1.3	110	145	195	6	4
		1.3<e≤2.6	110	145	195	6	5
		2.6<e≤6.3	110	145	195	6	6
	HD	0.5≤e≤0.8	140	165	215	4	2
		0.8<e≤1.3	140	165	215	4	3
		1.3<e≤6.3	140	165	215	4	4
	HF	0.5≤e≤0.8	150	185	230	2	1
		0.8<e≤1.3	150	185	230	2	2
	HH	0.5≤e≤0.8	165	205	—	2	1
		0.8<e≤1.3	165	205	—	2	2
Al・Mg2	O	0.5≤e≤2.6	60	150	200	18	16
		2.6<e≤25	60	150	200	18	18
	HB	0.5≤e≤0.8	110	180	230	6	3
		0.8<e≤1.3	110	180	230	6	4
		1.3<e≤2.6	110	180	230	6	5
		2.6<e≤6.3	110	180	230	6	6

续表

牌号	状态代号	厚度 e	屈服强度 $R_{p0.2}$ 不小于	抗拉强度 R_m		伸长率 A / 不小于	
				最小	最大	$5.65\sqrt{S_0}$	50mm(2in)
		mm	MPa	MPa	MPa	%	%
Al·Mg2	HD	0.5≤e≤1.3	160	200	255	4	2
		1.3<e≤2.6	160	200	255	4	3
		2.6<e≤6.3	160	200	255	4	4
	HF	0.5≤e≤0.8	180	220	275	3	2
		0.8<e≤1.3	180	220	275	3	3
	HH	0.5≤e≤0.8	205	245	—	2	1
		0.8<e≤1.3	205	245	—	2	2
Al·Mg2.5	O	0.5≤e≤2.6	65	170	215	18	16
		2.6<e≤25	65	170	215	18	18
	HB	0.5≤e≤0.8	145	205	260	6	3
		0.8<e≤1.3	145	205	260	6	4
		1.3<e≤2.6	145	205	260	6	5
		2.6<e≤6.3	145	205	260	6	6
	HD	0.5≤e≤1.3	180	235	285	4	2
		1.3<e≤6.3	180	235	285	4	4
	HF	0.5≤e≤0.8	195	250	305	3	2
		0.8<e≤1.3	195	250	305	3	2
		1.3<e≤2.6	195	250	305	3	3
	HH	0.5≤e≤0.8	220	270	—	2	1
		0.8<e≤1.3	220	270	—	2	2
Al·Mg3	O	0.5≤e≤0.8	75	180	230	17	17
	HB	0.5≤e≤0.8	140	215	275	6	3
		0.8<e≤1.3	140	215	275	6	4
		1.3<e≤2.6	140	215	275	6	5
		2.6<e≤6.3	140	215	275	6	6
	HD	0.5≤e≤1.3	180	245	305	4	2
		1.3<e≤2.6	180	245	305	4	3
		2.6<e≤6.3	180	245	305	4	4
	HF	0.5≤e≤2.6	205	260	—	3	—
Al·Mg3Mn	O	0.5≤e≤0.8	75	200	285	16	12
		0.8<e≤1.3	75	200	285	16	14
		1.3<e≤6.3	75	200	285	16	16
		6.3<e≤25	75	200	285	16	17
	HB	0.5≤e≤0.8	165	235	305	6	4
		0.8<e≤1.3	165	235	305	6	5
		1.3<e≤6.3	165	235	305	6	6

续表

牌号	状态代号	厚度 e	屈服强度 $R_{p0.2}$ 不小于	抗拉强度 R_m		伸长率 A / 不小于	
				最小	最大	$5.65\sqrt{S_0}$	50mm(2in)
		mm	MPa	MPa	MPa	%	%
Al・Mg3Mn	HD	0.5≤e≤1.3	195	260	325	4	2
		1.3<e≤2.6	195	260	325	4	4
	HF	0.5<e≤6.3	220	285	—	3	2
Al・Mg3.5	O	0.5≤e≤0.8	75	210	285	16	12
		0.8<e≤1.3	75	210	285	16	14
		1.3<e≤2.6	75	210	285	16	16
		2.6<e≤25	75	210	285	16	18
	HB	0.5≤e≤1.3	165	235	305	7	5
		1.3<e≤6.3	165	235	305	7	7
		6.3<e≤25	165	235	305	7	8
	HD	0.5≤e≤1.3	195	260	325	5	4
		1.3<e≤2.6	195	260	325	5	5
	HF	0.5≤e≤1.3	220	285	345	3	2
	HH	0.5≤e≤1.3	240	310	—	3	2
Al・Mg4	O	0.5≤e≤0.8	95	240	305	16	12
		0.8<e≤1.3	95	240	305	16	14
		1.3<e≤25	95	240	305	16	16
	HB	0.5≤e≤0.8	185	270	325	7	5
		0.8<e≤1.3	185	270	325	7	6
		1.3<e≤6.3	185	270	325	7	7
		6.3<e≤25	185	270	325	7	8
	HD	0.5≤e≤1.3	230	305	350	5	4
		1.3<e≤3.6	230	305	350	5	5
	HF	0.5≤e≤1.3	255	325	—	3	2
Al・Mg4.5Mn	O	0.5≤e≤0.8	125	275	350	16	12
		0.8<e≤1.3	125	275	350	16	14
		1.3<e≤25	125	275	350	16	16
	HB	0.5≤e≤0.8	215	305	385	7	5
		0.8<e≤1.3	215	305	385	7	6
		1.3≤e≤6.3	215	305	385	7	7
		6.3≤e≤25	195	305	385	8	10
	HD	0.5≤e≤1.3	270	345	—	5	4
		1.3≤e≤6.3	270	345	—	5	5

续表

牌号	状态代号	厚度 e	屈服强度 $R_{p0.2}$ 不小于	抗拉强度 R_m		伸长率 A / 不小于	
				最小	最大	$5.65\sqrt{S_0}$	50mm(2in)
		mm	MPa	MPa	MPa	%	%
Al·Si1Mg	O	0.5≤e≤6.3	—	—	160	16	16
		6.3<e≤25	—	—	160	16	17
	TB	0.5≤e≤25	110	200	—	15	15
	TF	0.5≤e≤25	235	285	—	8	8
Al·Mg1SiCu	O	0.5≤e≤6.3	≤90	—	160	16	16
		6.3<e≤25		—	160	16	17
	TB	0.5≤e≤25	110	200	—	15	15
	TH	0.5≤e≤25	235	285	—	8	8
Al·Cu4MgSi	TB	0.5≤e≤6.3	240	385	—	14	14
		6.3<e≤12.5	240	385	—	12	12
		12.5<e≤25	240	385	—	8	8
Al·Cu1Mg1	TB	0.5≤e≤6.3	260	425	—	14	14
		6.3<e≤12.5	260	425	—	12	12
		12.5<e≤25	260	425	—	8	8
Al·Cu4SiMg	TB	0.5≤e≤6.3	240	385	—	12	14
		6.3<e≤25	240	385	—	12	12
	TF	0.5≤e≤2.6	380	430	—	7	6
		2.6<e≤12.5	380	440	—	7	7
		12.5<e≤25	380	440	—	6	6
Al·Zn6MgCu	TF	0.5≤e≤12.5	450	525	—	7	7
		12.5<e≤25	450	530	—	6	6
		25<e≤40	450	530	—	5	4
		40<e≤63	430	500	—	5	3
		63<e≤80	430	500	—	4	3

(2)铝及铝合金冷拔棒材和管材

表 4-177 铝及铝合金棒材力学性能(ISO 6363—1993)

牌号	状态代号[①]	尺寸/mm[②]	抗拉强度 R_m/MPa (不小于)	屈服强度 $R_{p0.2}$/MPa (不小于)	伸长率(不小于) A %	伸长率(不小于) A_{50} %
Al 99.5 (1050A)	O	e 或 D≤30	60	20	25	
	H1D(H14)	e 或 D≤30	100	70	6	5
	H1H(H18)	e 或 D≤10	130	110	3	
Al 99.0 (1200)	O	e 或 D≤30	70	30	20	
	H1D(H14)	e 或 D≤30	110	80	5	
	H1H(H18)	e 或 D≤10	140	120	3	
Al 99.0Cu (1100)	O	e 或 D≤30	75	25	22	19
	H1D(H14)	e 或 D≤30	110	80[③]	5	
	H1H(H18)	e 或 D≤10	150	130[③]	3	
Al Mn1 (3103)	O	e 或 D≤50	95	35	22	19
	H1D(H14)	e 或 D≤30	130	90	6	4
	H1F(H16)	e 或 D≤10	160	130	4	3
Al Mn1Cu (3003)	O	e 或 D≤50	95	35	22	19
	H1B(H12)	e 或 D≤10	115	80[③]	7[③]	
	H1D(H14)	e 或 D≤10	135	110[③]	6[③]	
	H1F(H16)	e 或 D≤10	160	130[③]	3[③]	
	H1H(H18)	e 或 D≤10	180	145[③]	2[③]	
Al Mn1.5 (5050)	O	D≤10	120～160 max.		25	22
	H3B(H32)	D≤10	150			
	H3D(H32)	D≤10	170			
	H3F(H36)	D≤10	185			
	H3H(H38)	D≤10	200			
Al Mn2.5 (5052)	O	e 或 D≤50	170～220 max.	65	22	19
	H1D(H14)	e 或 D≤30	235	180	5	
	H1H(H18)	e 或 D≤10	270	220	2	
	H3D(H34)	e 或 D≤30	235	180	6[③]	
	H3H(H38)	e 或 D≤10	270	220[③]	2[③]	
Al Mg3 (5754)	O	e 或 D≤50	180	80	16	
	H1D(H14)	e 或 D≤30	250	180	4	
	H3D(H34)	e 或 D≤30	250	180	5	
	H1H(H18)	e 或 D≤10	280	240	2	
	H3H(H38)	e 或 D≤10	280	240	3	
Al Mg3.5 (5154)	O	e 或 D≤10	205～285 max.	75	20	16
	H3B(H32)	e 或 D≤10	250			
	H3D(H34)	e 或 D≤10	270			
	H3F(H36)	e 或 D≤10	290			
	H3H(H38)	e 或 D≤10	310			

续表

牌　号	状态代号①	尺　寸/mm②	抗拉强度 R_m/MPa (不小于)	屈服强度 $R_{p0.2}$/MPa (不小于)	伸长率(不小于) A %	伸长率(不小于) A_{50} %
Al Mg4 (5086)	O H1B(H12) H3H(H32)	e或D≤50 e或D≤25 e或D≤25	240 270 270	95 190 190	16 4 5	
Al Mg4.5Mn0.7 (5083)	O —(H111) H1B(H12)	e或D≤50 e或D≤50 e或D≤30	270 270 300	110 140 200	14 12 4	
Al Mg5Cr (5056)	O H3B(H32) H3D(H34) H3H(H38)	e或D≤50 e或D≤10 e或D≤10 e或D≤10	250～320 max.③ 300 345 380	110③	16	14
Al Cu4SiMg (2014) et AlCu4SiMgA (2014A)	TB(T4)或 TB51(T451)④ TF(T6)或 TF51(T651)④	e或D≤100 e或D≤50 e或D≤100	380 440 450	220 360 380	10 7 7	10 8 8
Al Cu4MgSi (2017A)	TB(T4) TB51(T451)④	e或D≤50 50<e或D≤100	380 390	220 235	10 10	
Al Cu4Mg1 (2024)	TB(T4) TB51(T451)④ TD51(T351)③	e或D≤12.5 12.5<e或D≤100 12.5<e或D≤100	425 425 425	310 290 310	10 9 9	8
Al Cu4PbMg (2030)	TD(T3)	e或D≤50 50<e或D≤100	370 340	250 210	7 7	
Al Cu6BiPb (2011)	TD(T3) TH(T8)	e或D≤40 40<e或D≤50 50<e或D≤80 e或D≤80	310 295 280 370	260 235 205 270	9 10 10 8	 12 8
Al Cu6Mn (2219)	TH51(T851)④	10<e或D≤50 50<e或D≤100	400 395	275 270	3 3	
Al Mg1SiCu (6061)	TB(T4) TF(T6)	e或D≤80 e或D≤80	205 290	110 240	16 9	18 10
Al SiMgMn (6082)	O TB(T4) TF(T6) TH(T8)	e或D≤80 e或D≤80 e≤80,D≤60 e或D≤80	160max. 205 310 310	110max. 110 255 260	15 14 10 8	
Al SiMg0.8 (6181)	TB(T4) TF(T6)	e或D≤50 e或D≤50	200 280	100 240	15 8	

续表

牌　号	状态代号①	尺　寸/mm②	抗拉强度 R_m/MPa (不小于)	屈服强度 $R_{p0.2}$/MPa (不小于)	伸长率(不小于) A %	伸长率(不小于) A_{50} %
Al Mg1SiPb (6262)	TF(T6)	e或$D\leqslant100$	290	240	8	7
	TL(T9)	e或$D\leqslant50$	360	330	4	5
		$50<e$或$D\leqslant80$	345	315	4	
Al Zn4.5Mg1 (7020)	TE(T5) 或 TF(T6)	e或$D\leqslant50$	350	280	10	
Al Zn8MgCu (7049A)	TF(T6)	e或$D\leqslant80$	590	500	7	
Al Zn5.5MgCu (7075)	TF(T6)或 TF51(T651)	e或$D\leqslant100$	520	460	6	5
	TM3(T73)	e或$D\leqslant100$	470	385	9	7

注：1. 表中①括号中的状态对应 ISO2107—1983 的替代状态；
　　2. 表中②e=厚度或宽度，D=直径.；
　　3. 表中③值通过双方协商确定；
　　4. 表中④特殊状态通过控制伸缩限定应力消除。

表 4-178　　铝及铝合金管材力学性能(ISO 6363-2—1993)

牌　号	状态代号①	壁　厚 a/mm②	抗拉强度 R_m/MPa (不小于)	屈服强度 $R_{p0.2}$/MPa (不小于)	伸长率(不小于) A %	伸长率(不小于) A_{50} %
Al 99.5 (1050A)	O	$0.5\leqslant a\leqslant10$	60～95 max.	20③	25	22
	H1D(H14)	$0.5\leqslant a\leqslant6$	100	70③	6	3
	H1H(H18)	$0.5\leqslant a\leqslant3$	130	110③	3	2
Al 99.0 (1200)	O	$0.5\leqslant a\leqslant10$	70～105 max.	25③	20	
	H1D(H14)	$0.5\leqslant a\leqslant6$	110	80③	5	
	H1H(H18)	$0.5\leqslant a\leqslant3$	140	120③	3	
Al 99.0Cu (1100)	O	$0.5\leqslant a\leqslant10$	75～105 max.	25③	20	18
	H1D(H14)	$0.5\leqslant a\leqslant6$	110	80③	5	3
	H1H(H18)	$0.5\leqslant a\leqslant3$	145	130③	3	2
Al Mn1 (3103)	O	$0.4\leqslant a\leqslant10$	95	35	22	19
	H1D(H14)	$0.4\leqslant a\leqslant5$	130	90	6	4
	H1F(H16)	$0.4\leqslant a\leqslant1.5$	150	130③	4	3
	H1H(H18)	$0.4\leqslant a\leqslant1.5$	170		3	2
Al Mn1Cu (3003)	O	$0.4\leqslant a\leqslant6$	95～140 max.	35③	22	19
		$6\leqslant a\leqslant10$	95～140 max.	35③	22	22
	H1D(H14)	$0.4\leqslant a\leqslant5$	135	115③	5	3
	H1F(H16)	$0.4\leqslant a\leqslant1.5$	160	130③	4	3
	H1H(H18)	$0.4\leqslant a\leqslant1.5$	180	165③	3	2

续表

牌号	状态代号①	壁厚 a/mm②	抗拉强度 R_m/MPa (不小于)	屈服强度 $R_{p0.2}$/MPa (不小于)	伸长率(不小于) A %	伸长率(不小于) A_{50} %
Al Mg1 (5005)	O	0.5≤a≤10	100	40③	20	18
	H1B(H12)	0.5≤a≤5	115	80③	7	4
	H1D(H14)	0.5≤a≤5	140	90③	6	3
	H1H(H18)	0.5≤a≤1.5	185	155③	4	2
Al Mg1.5 (5005)	O	0.5≤a≤10	125～165 max.	40③	19	17
	H3B(H32)	0.5≤a≤10	150	110③		
	H3D(H34)	0.5≤a≤5	170	140③	5	3
	H3F(H36)	0.5≤a≤5	185	150③		
	H3H(H38)	0.5≤a≤1.5	200	165③	3	2
Al Mg2 (5251)	O	0.5≤a≤10	150～200 max.	60	17	15
	H1B(H12)	0.5≤a≤5	180	110	5	4
	H1D(H14)	0.5≤a≤5	200	160	4	3
	H1F(H16)	0.5≤a≤1.5	220	180	3	2
	H1H(H18)	0.5≤a≤1.5	235	200	2	2
Al Mg2.5 (5052)	O	0.5≤a≤10	170～220 max.	65	17	15
	H1D(H14)	0.5≤a≤5	235	180	4	3
	H1F(H16)	0.5≤a≤1.5	250	200	3	2
	H1H(H18)	0.5≤a≤1.5	270	215	2	2
	H3D(H34)	0.5≤a≤5	235	180	5	4
	H3H(H38)	0.5≤a≤1.5	270	215	3	3
Al Mg3 (5754)	O	0.5≤a≤10	180	80	17	15
	H1B(H12)	0.5≤a≤5	215	140	5	4
	H1D(H14)	0.5≤a≤5	250	180	4	3
	H3D(H34)	0.5≤a≤5	250	180	5	4
Al Mg3.5 (5154)	O	0.5≤a≤10	205～285 max.	75	9	8
	H3D(H34)	0.5≤a≤6	270	200	4	3
	H3H(H38)	0.5≤a≤3	310	235		
Al Mg4 (5086)	O	0.5≤a≤10	240	95	16	14
	H1B(H12)	0.5≤a≤5	270	190	4	3
	H1D(H14)	0.5≤a≤3	305	230	3	2
	H3B(H32)	0.5≤a≤5	270	190	5	4
	H3D(H33)	0.5≤a≤3	300	230	3	2
Al Mg4.5Mn0.7 (5083)	O	1≤a≤6	270～350 max.	110	12	10
	H1B(H12)	1≤a≤10	300	235	5	4

续表

牌号	状态代号①	壁厚 a/mm②	抗拉强度 R_m/MPa (不小于)	屈服强度 $R_{p0.2}$/MPa (不小于)	伸长率(不小于) A %	伸长率(不小于) A_{50} %
Al Mg5Cr (5056)	O	$1 \leqslant a \leqslant 6$	250	110	16	
	H1B(H12)	$1 \leqslant a \leqslant 10$	280	200	6	
	H1D(H14)	$1 \leqslant a \leqslant 6$	355	320		
Al Cu4SiMg (2014)	TD(T3)	$0.5 \leqslant a \leqslant 10$	380	250	8	10
AlCu4SiMgA (2014A)	TB(T4)	$0.5 \leqslant a \leqslant 6$	370	205	10	9
	TF(T6)	$6 \leqslant a \leqslant 10$	370	205	10	10
		$0.5 \leqslant a \leqslant 6$	450	370	6	5
		$6 \leqslant a \leqslant 10$	450	370	7	7
Al Cu4Mg1 (2024)	TD(T3)	$0.5 \leqslant a \leqslant 6$	440	290	10	8
	TB(T4)	$6 \leqslant a \leqslant 10$	420	270	10	10
Al Cu4PbMg (2030)	TD(T3)	$1 \leqslant a \leqslant 6$	370	250	10	
		$6 \leqslant a \leqslant 20$	360	230	8	
Al Cu6BiPb (2011)	TD(T3)	$0.5 \leqslant a \leqslant 6$	310	260	10	8
		$6 \leqslant a \leqslant 20$	290	240	8	9
	TH(T8)	$0.5 \leqslant a \leqslant 20$	370	275	8	8
Al MgSi (6060)	TB(T4)	$0.5 \leqslant a \leqslant 10$	130	65	15	
	TF(T6)	$0.5 \leqslant a \leqslant 10$	215	160	12	
	TE(T5)					
	TH(T8)	$0.5 \leqslant a \leqslant 10$	215	160	10	
Al Mg0.7Si (6063)	TB(T4)	$0.5 \leqslant a \leqslant 10$	150	70	15	
	TF(T5)	$0.5 \leqslant a \leqslant 10$	220	190	10	
	TH(T8)	$0.5 \leqslant a \leqslant 10$	245	195	8	
Al Mg1SiCu (6061)	TB(T4)	$0.5 \leqslant a \leqslant 6$	205	110	14	14
		$6 \leqslant a \leqslant 10$	205	110	16	16
	TF(T6)	$0.5 \leqslant a \leqslant 6$	290	240	8	8
		$6 \leqslant a \leqslant 10$	290	240	10	10
Al SiMgMn (6082)	O	$0.5 \leqslant a \leqslant 10$	160max.	110max.		
	TB(T4)	$0.5 \leqslant a \leqslant 10$	205	110	14	12
	TF(T6)	$0.5 \leqslant a \leqslant 5$	310	255	8	7
	TH(T8)	$0.5 \leqslant a \leqslant 5$	310	240	9	8
		$5 \leqslant a \leqslant 10$	310	260	8	8
Al Mg1SiPb (6262)	TF(T6)	$1 \leqslant a \leqslant 6$	290	240	8	7
		$6 \leqslant a \leqslant 10$	290	240	8	8
	TL(T9)	$1 \leqslant a \leqslant 10$	330	305	3	3
Al Zn5.5MgCu (7075)	TF(T6)	$1 \leqslant a \leqslant 6$	520	440	7	6
		$6 \leqslant a \leqslant 10$	520	440	7	7
	TM3(T73)④	$1 \leqslant a \leqslant 6$	455	385	7	7
		$6 \leqslant a \leqslant 10$	455	385	8	8

注:1. 表中①括号中的状态对应 ISO2107—1983 的替代状态；

2. 表中② a=壁厚；

3. 表中③值通过双方协商确定；

4. 表中④特殊状态通过控制伸缩限定应力消除。

(3)铝和铝合金挤压棒/条、管与型材

表 4-179 铝和铝合金挤压棒/条、管与型材力学性能(ISO 6362—1990)

牌号	产品	状态		壁厚(a)或直径(D)/mm	抗拉强度 R_m/MPa(不小于)	屈服强度 $R_{p0.2}$/MPa(不小于)	伸长率(不小于)	
		ISO	指定替代				A/%	A_{50m}/%
A199.5(1050A)	棒材	M		$D<35(30)$①	65	20	25	23
	管材	M		$a<2.5$	65	20	25	23
Al 99.0(1200)	棒材	M		$D<35(30)$①	75	25	18	18
	管材	M		$a<2.5$	75	25	18	18
Al 99.0Cu(1100)	棒材	M		$D<35(30)$①	75	25	18	18
Al Cu4PbMg①(2030)	棒材	TB		$3\leqslant D\leqslant 75$	370	245	8	10
Al Cu4SiMg(A)(2014A)	棒材	O	O	$10<a,D\leqslant 200$	≤250	≤135	10	12
		TB TB51	T4 T4510 T4511	$10<a,D\leqslant 200$	345	240	10	12
		TF	T6	$12.5<a,\ D\leqslant 100$ $100<a,\ D\leqslant 120$	440 430	400 350	6 6	
		TF51	T6510 T6511	$120<a,D\leqslant 200$	430	350	6	
	管材	TF	T6	$a\leqslant 15,D\leqslant 150$	415	365	6	
	型材	TF	T6	$a\leqslant 15$ $15<a\leqslant 30$ $30<a\leqslant 60$	415 435 470	365 370 400	6 6 6	
Al Cu4MgSi(A)(2017A)	棒材	O	O	$10<a,D\leqslant 100$	≤250	≤150	10	
		TB	T4 T4510 T4511	$10<a,D\leqslant 80$ $80<a,D\leqslant 200$	390 360	265 220	10 7	
	管材	O	O	$a\leqslant 5,D\leqslant 150$	≤240	≤150	10	
		TB	T4	$a\leqslant 5,D\leqslant 150$ $5<a\leqslant 20,D\leqslant 100$	390 370	255 230	14 10	
	型材	TB	T4	$a\leqslant 15$ $15<a\leqslant 30$	380 380	230 230	10 10	

续表

牌　号	产　品	状　态		壁厚(a)或直径(D)/mm	抗拉强度 R_m/MPa (不小于)	屈服强度 $R_{p0.2}$/MPa (不小于)	伸长率(不小于)	
		ISO	指定替代				A/%	A_{50m}/%
Al Cu4Mg1 (2024)	棒材	O	O	$10<a,D\leqslant200$	≤250	≤150	10	
		TB	T4	$10<a,D\leqslant18$	410	300	10	
		TD	T3	$18<a,D\leqslant35$	450	310	8	
				$35<a,D\leqslant100$	440	300	8	
				$100<a,D\leqslant200$	400	266	6	
		TD51	T3510	$10<a,D\leqslant18$	410	300	10	12
				$18>a,D\leqslant35$	450	310	8	
			T3511	$35>a,D\leqslant150$	460	320	7	
		TH51 TH1	T8510 T8511 T81	$10<a,D\leqslant150$	455	400	4	
	管材	O	O	$a\leqslant5,D\leqslant150$	≤240	≤150		10
		TB TD	T4 T3	$a\leqslant15,D\leqslant150$	395	290		10
		TH1	T81	$a\leqslant5,D\leqslant150$	440	385		4
	型材	TD	T3	$a\leqslant5$	395	290		12
				$5<a\leqslant150$	395	290		12
				$15<a\leqslant30$	415	305	9	
		TH1	T81	$a\leqslant5$	440	385		4
				$5<a\leqslant15$	440	385		4
				$15<a\leqslant30$	450	400	4	
Al Cu6BiPb (2011)	棒材	TB		$3\leqslant D\leqslant200$	275	125	14	16
		TD		$3\leqslant D\leqslant40$	310	260	10	10
				$40<D\leqslant50$	295	235	10	12
				$50<D\leqslant75$	290	205	10	14
		TH		$3\leqslant D\leqslant75$	370	275	10	10
		TF		$3\leqslant D\leqslant75$	310	230	8	10
				$75\leqslant D\leqslant160$	295	195	6	8
Al Mn1 (3103)	管材	M		$a\geqslant25$	95	35	17	
AlMn1Cu (3003)	管材	M		所有	95	35	17	22
	型材	M		所有	95	35	17	22
Al Mg3 (5754)	管材	M		$a\geqslant3$	180	80	14	
Al Mg3Mn (5454)	棒材	M		所有	215	100	10	14
	管材	M		$a\geqslant3$	215	100	10	14
Al Mg4.5Mn 0.7 (5083)	棒材	M		所有	270	140	12	
	管材	M		$a\geqslant3.5$	270	140	12	
	型材	M		所有	270	140	12	

续表

牌号	产品	状态		壁厚(a)或直径(D)/mm	抗拉强度 R_m/MPa(不小于)	屈服强度 $R_{p0.2}$/MPa(不小于)	伸长率(不小于)	
		ISO	指定替代				A/%	A_{50m}/%
Al MgSi(6060)	棒材	TF		$D\leqslant100$	190	150	10	8
	管材	TF		$a\leqslant15$	190	150	10	8
	型材	TF		$a\leqslant25$	190	150	10	8
Al Mg0.7Si(6063)	棒材	TE		$D\leqslant12.5$	150	110	7	8
		TE		$12.5<D\leqslant25$	145	105	7	
		TF		$D\leqslant3.2$	205	170		8
		TF		$3.2<D\leqslant25$	205	170	9	10
	管材	TE		$a\leqslant12.5$	150	110	7	8
		TE		$12.5<a\leqslant25$	145	105	7	
		TF		$a\leqslant3.2$	205	170		8
		TF		$3.2<a\leqslant25$	205	170	9	10
	型材	TE		$a\leqslant12.5$	150	110	7	8
		TE		$12.5<a\leqslant25$	145	105	7	
		TF		$a\leqslant3.2$	205	170		8
		TF		$3.2<a\leqslant25$	205	170	9	10
Al SiMg(A)(6005A)	棒材	TF		$D\leqslant50$	270	225	8	
		TF		$50<D\leqslant100$	260	215	8	
	管材	TF		$a\leqslant6$	270	225	8	
		TF		$a>6$	260	215	8	
	型材	TF		$a\leqslant6$	270	225	8	
		TF		$6<a\leqslant10$	260	215	8	
				$a\leqslant8$	250	200	8	
Al Mg1SiCu(6061)	棒材	TB		$D\leqslant100$	180	110	14	16
		TF		$D\leqslant6.3$	260	240	7	8
		TF		$6.3<D\leqslant100$	260	240	9	10
	管材	TB		$a\leqslant25$	180	110	14	16
		TF		$a\leqslant6.3$	260	240	7	8
		TF		$6.3<a\leqslant25$	260	240	9	10
	型材	TB		$a\leqslant25$	180	110	14	16
		TF		$a\leqslant6.3$	260	240	7	8
		TF		$6.3<a\leqslant100$	260	240	9	10
Al Si1MgMn(6082)	棒材	TB		$10\leqslant D\leqslant80$	205	110	14	14
		TF		$10\leqslant D\leqslant60(50)$	310	260	8	7
		TF		$(50)60\leqslant D\leqslant150$	300	240	8	
	管材	TF		$a\leqslant10$	310	260	8	7
	型材	TB		$a\leqslant15$	205	110	14	14
		TF		$a\leqslant15$	310	260	8	7
		TF		$a\leqslant15$	290	250	8	8
Al Zn4.5Mg1(7020)	棒材	TF	T6	$D\leqslant100$	350	290	10	
				$100<D\leqslant250$	350	270	7	
	管材	TF	T6	$a\leqslant5,D\leqslant150$	350	290	10	
				$a\leqslant15,D\geqslant150$	340	275	10	
	型材	TF,TE		$3.0\leqslant a\leqslant30$	350	290	10	8

续表

牌　号	产　品	状　态		壁厚(a)或直径(D)/mm	抗拉强度 R_m/MPa（不小于）	屈服强度 $R_{p0.2}$/MPa（不小于）	伸长率（不小于）	
		ISO	指定替代				A/%	A_{50m}/%
Al Zn5.5MgCu（7075）	棒材	O	O	10<a,D≤100	≤275	≤165	9	10
		TF	T6	10<a,D≤120	520	460	6	
		TF51	T6510	80<a,D≤120	510	450	5	
			T6511	120<a,D≤150	500	440	5	
		TM3	T73	10<a,D≤25	485	420	7	
				25<a,D≤50	475	405	7	
				50<a,D≤70	475	405	7	
				70<a,D≤100	470	390	6	
	管材	O	O	a≤5,D≤150	≤275	≤165		9
		TF	T6	a≤15,D≤150	530	460		7
	型材	TF	T6	a≤30	530	460	6	
				30<a≤60	540	470	6	
		TM3	T73	a≤30	470	400	7	
Al Zn4Mg1.5Mn	型材	TA	T1	a<15	315	200	10	
		TB	T4	a<30	345	215	10	
		TF	T6	a<60	375	245	8	
	棒材	TA	T1	5<D<15	345	200	10	
		TB	T4	5<D<100	345	215	10	
		TF	T6	5<D<100	380	245	8	
Al Zn4.5Mg1.5Mn（7005）	型材	TE3	T53	3<a≤25 s≤16000	345	305	9	10
Al Zn6CuMgZr（7050）	管材	TM6510	T76510	a,D≤127	545	475		7
	棒材	TM3511	T73511	a,D≤125 s≤20 000	485	415	7	8
	型材	TM4511	T74511	a≤76	505	435		7
Al Zn6MgCuMn	棒材	TF	T6	D≤25	520	450	6	
		TF51	T6510 T6511	25<D<100	530	450	6	
	型材	O	O	a<30	≤275	≤165	10	
		TF51	T6510	a<30	530	470	7	
			T6511	30<a<60	540	480	7	
		TM651	T76510 T76511	a<30	510	450	7	
		TM351	T73510 T73511	a<30	470	400	7	

第5章 镁及镁合金

5.1 中国镁及镁合金

5.1.1 镁及镁合金牌号和化学成分

(1)重熔用镁锭

表 5-1 重熔用镁锭牌号和化学成分(GB/T 3499—2003)

牌 号	化学成分/%(质量分数)											
	Mg	杂质元素 不大于										
	不小于	Fe	Si	Ni	Cu	Al	Mn	Cl	Ti	Pb	Zn	其他单个杂质
Mg9998	99.98	0.002	0.003	0.0005	0.0005	0.004	0.002	0.002	0.001	0.001	—	0.005
Mg9995	99.95	0.003	0.01	0.001	0.002	0.01	0.01	0.003	—	—	0.01	0.005
Mg9990	99.90	0.04	0.02	0.001	0.004	0.02	0.03	0.005	—	—	—	0.01
Mg9980	99.80	0.05	0.03	0.002	0.02	0.05	0.05	0.005	—	—	—	0.05

注:1. 镁含量(质量分数)为100%减去表中所列杂质总和的差值;
2. 其他元素是指在本表表头中列出了元素符号,但在本表中却未规定极限数值含量的元素;
3. 数值修约按 GB/T 8170 的规定进行。极限数值的表示和判断按 GB/T 1250 的规定进行。

(2)铸造镁合金

表 5-2 铸造镁合金化学成分(GB/T 1177—1991)

合金牌号	合金代号	化学成分/%(质量分数)①										
		Zn	Al	Zr	RE	Mn	Ag	Si	Cu	Fe	Ni	杂质总量
ZMgZn5Zr	ZM1	3.5~5.5	—	0.5~1.0	—	—	—	—	0.10	—	0.01	0.30
ZMgZn4RE1Zr	ZM2	3.5~5.0	—	0.5~1.0	0.75②~1.75	—	—	—	0.10	—	0.01	0.30
ZMgRE3ZnZr	ZM3	0.2~0.7	—	0.4~1.0	2.5②~4.0	—	—	—	0.10	—	0.01	0.30
ZMgRE3Zn2Zr	ZM4	2.0~3.0	—	0.5~1.0	2.5②~4.0	—	—	—	0.10	—	0.01	0.30
ZMgAl8Zn	ZM5	0.2~0.8	7.5~9.0	—	—	0.15~0.5	—	0.30	0.20	0.05	0.01	0.50
ZMgRE2ZnZr	ZM6	0.2~0.7	—	0.4~1.0	2.0③~2.8	—	—	—	0.10	—	0.01	0.30
ZMgZn8AgZr	ZM7	7.5~9.0	—	0.5~1.0	—	—	0.6~1.2	—	0.10	—	0.01	0.30

续表

合金牌号	合金代号	化学成分/%(质量分数)①										
		Zn	Al	Zr	RE	Mn	Ag	Si	Cu	Fe	Ni	杂质总量
ZMgAl10Zn	ZM10	0.6～1.2	9.0～10.2	—	—	0.1～0.5	—	0.30	0.20	0.05	0.01	0.50

注:1. 表中①合金可加入铍,其含量不大于 0.002%;

2. 表中②含铈量不小于 45%的铈混合稀土金属,其中稀土金属总量不小于 98%;

3. 表中③含钕量不小于 85%的钕混合稀土金属,其中 Nd+Pr 不小于 95%。

(3)压铸镁合金

表 5-3 压铸镁合金化学成分和力学性能(JB3070—1982)

合金牌号	合金代号	化学成分/%									力学性能(不低于)		
		主要成分				杂质含量,不大于					σ_b /MPa	δ/% (L_0=50mm)	HB 5/250/30
		Al	Zn	Mn	Mg	Fe	Cu	Si	Ni	总和			
YZMgAl9Zn	YM5	7.5～9.0	0.2～0.8	0.15～0.5	其余	0.08	0.10	0.25	0.01	0.50	200	1	65

压铸镁合金的特性和用途:YM5 压铸镁合金的性能和 ZM5 铸造镁合金基本相同(流动性好,热裂倾向小,耐蚀性尚好,可焊接,线收缩为 1.1%～1.2%),主要用于压铸要求高载荷的航空、仪器、仪表的结构零件,如框架、电机机壳等。

(4)变形镁及镁合金

表 5-4　　变形镁及镁合金牌号和化学成分(GB/T 5153—2003)

合金组别	牌　号	对应 ISO 3116 的数字牌号	化学成分/%(质量分数)													其他元素	
			Mg	Al	Zn	Mn	Ce	Zr	Si	Fe	Ca	Cu	Ni	Ti	Be	单个	总计
Mg	Mg99.95	—	≥99.95	≤0.01	—	≤0.004	—	—	≤0.005	≤0.003	—	—	≤0.001	≤0.01	—	≤0.005	≤0.05
	Mg99.90	—	≥99.50	—	—	—	—	—	—	—	—	—	—	—	—	—	≤0.50
	Mg99.00	—	≥99.00	—	—	—	—	—	—	—	—	—	—	—	—	—	≤1.0
MgAlZn	AZ31B	—	余量	2.5～3.5	0.60～1.4	0.20～1.0	—	—	≤0.08	≤0.003	≤0.04	≤0.01	≤0.001	—	—	≤0.05	≤0.30
	AZ31S	ISO-WD21150	余量	2.4～3.6	0.50～1.5	0.15～0.40	—	—	≤0.10	≤0.005	—	≤0.05	≤0.005	—	—	≤0.05	≤0.30
	AZ31T	ISO-WD21151	余量	2.4～3.6	0.50～1.5	0.15～0.40	—	—	≤0.10	≤0.05	—	≤0.05	≤0.005	—	—	≤0.05	≤0.30
	AZ40M	—	余量	3.0～4.0	0.20～0.80	0.15～0.50	—	—	≤0.10	≤0.05	—	≤0.05	≤0.005	—	≤0.01	≤0.01	≤0.30
	AZ41M	—	余量	3.7～4.7	0.80～1.4	0.30～0.60	—	—	≤0.10	≤0.05	—	≤0.05	≤0.005	—	≤0.01	≤0.01	≤0.30
	AZ61M	—	余量	5.8～7.2	0.40～1.5	0.15～0.50	—	—	≤0.10	≤0.005	—	≤0.05	≤0.005	—	—	—	≤0.30
	AZ61M	—	余量	5.5～7.0	0.50～1.5	0.15～0.50	—	—	≤0.10	≤0.05	—	≤0.05	≤0.005	—	≤0.01	≤0.01	≤0.30
	AZ61S	ISO-WD21160	余量	5.5～6.5	0.50～1.5	0.15～0.40	—	—	≤0.10	≤0.005	—	≤0.05	≤0.005	—	—	≤0.05	≤0.30
	AZ62M	—	余量	5.0～7.0	2.0～3.0	0.20～0.50	—	—	≤0.10	≤0.05	—	≤0.05	≤0.005	—	≤0.01	≤0.01	≤0.30
	AZ63B	—	余量	5.3～6.7	2.5～3.5	0.15～0.60	—	—	≤0.08	≤0.003	—	≤0.01	≤0.001	—	—	—	≤0.30
	AZ80A	—	余量	7.8～9.2	0.20～0.80	0.12～0.50	—	—	≤0.10	≤0.005	—	≤0.05	≤0.005	—	—	—	≤0.30
	AZ80M	—	余量	7.8～9.2	0.20～0.80	0.15～0.50	—	—	≤0.10	≤0.05	—	≤0.05	≤0.005	—	≤0.01	≤0.01	≤0.30
	AZ80S	ISO-WD21170	余量	7.8～9.2	0.20～0.80	0.12～0.40	—	—	≤0.10	≤0.005	—	≤0.05	≤0.005	—	—	≤0.05	≤0.30
	AZ91D	—	余量	8.5～9.5	0.45～0.90	0.17～0.40	—	—	≤0.08	≤0.004	—	≤0.025	≤0.001	—	≤0.0005～0.003	≤0.01	—

续表

合金组别	牌号	对应 ISO 3116 的数字牌号	化学成分/%(质量分数)														
			Mg	Al	Zn	Mn	Ce	Zr	Si	Fe	Ca	Cu	Ni	Ti	Be	其他元素 单个	其他元素 总计
MgMn	M1C	—	余量	≤0.01	—	0.50～1.3	—	—	≤0.05	≤0.01	—	≤0.01	≤0.001	—	—	≤0.05	≤0.30
	M2M	—	余量	≤0.20	≤0.30	1.3～2.5	—	—	≤0.10	≤0.05	—	≤0.05	≤0.007	—	≤0.01	≤0.01	≤0.20
	M2S	ISO-WD43150	余量	—	—	1.2～2.0	—	—	≤0.10	—	—	≤0.05	≤0.01	—	—	≤0.05	≤0.30
MgZnZr	ZK61M	—	余量	≤0.05	5.0～6.0	≤0.10	—	0.30～0.90	≤0.05	≤0.05	—	≤0.05	≤0.005	—	≤0.01	≤0.01	≤0.30
	ZK61S	ISO-WD32260	余量	—	4.8～6.2	—	—	0.45～0.80	—	—	—	—	—	—	—	≤0.05	≤0.30
MgMnRE	ME20M	—	余量	≤0.20	≤0.30	1.3～2.2	0.15～0.35	—	≤0.10	≤0.05	—	≤0.05	≤0.007	—	≤0.01	≤0.01	≤0.30

注：1. ISO 3166 中采用的牌号的表示方法见附录 B；

2. Mg99.50、Mg99.00 的镁含量(质量分数)＝100%－(Fe＋Si)含量(质量分数)－附 Fe、Si 之外的所有含量(质量分数)≥0.01%的杂质元素的含量(质量分数)之和；

3. 其他元素指在本表表头中列出了元素符号，但在本表中却未规定极限数值含量的元素。

5.1.2 镁及镁合金的力学性能

(1)铸造镁合金

表 5-5 铸造镁合金的力学性能(GB/T 1177—1991)

合金牌号	合金代号	热处理状态	抗拉强度 σ_b/MPa	0.2%屈服强度 $\sigma_{0.2}$/MPa	伸长率 δ_5/%
			不小于		
ZMgZn5Zr	ZM1	T1	235	140	5
ZMgZn4RE1Zr	ZM2	T1	200	135	2
ZMgRE3ZnZr	ZM3	F	120	85	1.5
		T2	120	85	1.5
ZMgRE3Zn2Zr	ZM4	T1	140	95	2
ZMgAl8Zn	ZM5	F	145	75	2
		T4	230	75	6
		T6	230	100	2
ZMgRE2ZnZr	ZM6	T6	230	135	3
ZMgZn8AgZr	ZM7	T4	265	—	6
		T6	275	—	4
ZMgAl10Zn	ZM10	F	145	85	1
		T4	230	85	4
		T6	230	130	1

表 5-6 铸造镁合金的高温力学性能(GB/T 1177—1991)

合金牌号	合金代号	热处理状态	抗拉强度 σ_b/MPa 不小于		蠕变强度 $\sigma_{0.2/100}$/MPa 不小于	
			200℃	250℃	200℃	250℃
ZMgZn4RE1Zr	ZM2	T1	110	—	—	—
ZMgRE3ZnZr	ZM3	F	—	110	50	25
ZMgRE3Zn2Zr	ZM4	T1	—	100	50	25
ZMgRE2ZnZr	ZM6	T6	—	145	—	30

(2)压铸镁合金

表 5-7 压铸镁合金的力学性能(JB/T 3070—1982)

合金牌号	合金代号	抗拉强度 σ_b/MPa 不小于	伸长率 $\delta(L_0=50\text{mm})$/% 不小于	布氏硬度(5/250/30) 不小于
YZMgAl9Zn	YM5	200	1	65

注:压铸镁合金的力学性能是在规定的工艺参数下,采用单铸拉力试样所测得的铸态性能。

(3)加工镁及镁合金

表 5-8　　AZ40M 板材、棒材及锻件的室温力学性能

品种	状态	规格/mm	σ_b									
			A①	B②	平均值	min	max	标准差	C_V①	材料常数 n	δ/%	来源
			MPa									
退火板材	M	8.0	—	—	251	230	260	6.66	0.026	19	13.8	④⑤⑥
热轧板材	R	12～30	230	240	249	230	265	7.13	0.029	153	10.1	
棒材	R	20～80	230	245	262	235	283	11.47	0.044	108	14.4	
		150	—	—	245	235	262	7.16	0.029	12	14.3	
锻件	R	发动机半环	230	245	264	232	301	12.45	0.047	110	14.0	

品种	状态	规格/mm	$\sigma_{p0.2}$								
			A①	B②	平均值	min	max	标准差	C_V①	材料常数 n	来源
			MPa								
退火板材	M	8.0	—	—	154	127	177	10.98	0.071	19	④⑤⑥
热轧板材	R	12～30	130	145	156	132	181	9.02	0.058	155	

注：1. 表中 A 表示置信度 95%，存活率 99%的数值；
2. 表中 B 表示置信度 95%，存活率 90%的数值；
3. 表中 C_V 为变异系数；
4. 表中④峨嵋机械厂，AZ40M(MB2)合金生产检验记录：变镁 04－86，1986；
5. 表中⑤上海新江机械厂，AZ40M(MB2)合金生产检验记录：变镁 04－86，1986；
6. 表中⑥成都市新都机械厂，AZ40M(MB2)棒材、锻件生产检验记录：变镁 06－86，1986。

表 5-9　　AZ40M 棒材与型材的室温力学性能

品种	状态	d/mm	σ_b						δ				来源
			均值	min	max	标准差	C_V①	n②	均值	min	max	n②	
			MPa						%				
棒材	R	20～100	253	242	266	4.97	0.020	30	11.2	6.7	17.0	30	③
棒材	R	—	273	257	288	12.08	0.044	9	9.1	6.3	14.5	9	
棒材	R	30，35	258	255	260	2.89	0.011	4	17.8	17	20	4	④

品种	状态	d/mm	$\sigma_{p0.2}$						来源
			均值	min	max	标准差	C_V①	n②	
			MPa						
棒材	R	20～100	178	155	197	12.28	0.069	10	③

注：1. 表中①表示变导系数；
2. 表中②表示材料常数；
3. 表中③表示东北轻合金有限责任公司，工业生产检验数据：铝镁合金 06－99，1999；
4. 表中④表示西安航空发动机有限公司，工业生产检验数据：铝镁合金 04－99，1999。

表 5-10　　AZ41M 板材的室温力学性能

品种	状态	δ /mm	取样方向	σ_b A	B	均值	min	max	标准差	C_V	n	δ /%	来源
				MPa									
热轧板材	R	27.0	横向	250	255	264	230	282	5.88	0.022	715	14.8	①②
			纵向	245	255	261	233	277	5.48	0.021	804	14.2	
		20.0	横向	—	—	263	245	270	5.38	0.020	48	15.2	
			纵向	—	—	262	245	261	4.93	0.018	48	15.5	
退火板材	M	2.0	纵向	250	255	265	245	271	5.85	0.022	139	—	

品种	状态	δ /mm	取样方向	$\sigma_{p0.2}$ A	B	均值	min	max	标准差	C_V	n	来源
				MPa								
热轧板材	R	27.0	横向	140	150	167	132	194	10.49	0.062	791	①②
			纵向	140	150	161	125	193	8.45	0.052	806	
		20.0	横向	—	—	163	142	181	8.62	0.052	48	
			纵向	—	—	161	142	171	7.29	0.045	48	
退火板材	M	2.0	纵向	135	150	173	142	211	14.19	0.082	139	

注：1. 表中 A、B、C_V、n 的涵义见表 5-8；

2. 表中①上海新江机器厂，AZ41M(MB3)镁合金生产检验记录：变镁 03－86，1986；

3. 表中②洛阳铜合金加工厂，AZ41M(MB3)镁合金生产检验记录：变镁 04－86，1986。

表 5-11　　ME20M 板材、棒材与型材的室温力学性能

品种	状态	规格 /mm	取样方向	σ_b A	B	均值	min	max	标准差	C_V	n	δ /%	来源
				MPa									
热轧板材	R	25～29	横向	220	230	247	199	267	9.77	0.0395	106	17.4	①②③
			纵向	225	235	249	228	266	8.45	0.0340	108	18.2	
冷轧退火板材	M	0.8～2.5	纵向	240	250	261	228	303	9.09	0.0340	928	18.6	
半冷全硬化板材	Y2	1.0～1.5	纵向	245	255	269	233	295	8.70	0.032	242	18.3	
棒材	R	16～120	纵向	—	—	238	184	323	—	—	24	13.9	
型材	R	—	纵向	—	—	257	226	274	12.55	0.048	38	16.2	

品种	状态	规格 /mm	取样方向	$\sigma_{p0.2}$ A	B	均值	min	max	标准差	C_V	n	来源
				MPa								
热轧板材	R	25～29	横向	105	125	151	112	203	16.32	0.108	115	①②③
			纵向	105	125	155	113	197	18.58	0.119	108	
冷轧退火板材	M	0.8～2.5	纵向	120	140	159	102	199	15.42	0.097	797	
半冷作硬化板材	Y2	1.0～1.5	纵向	145	165	167	126	256	19.70	0.102	237	
棒材	R	16～120	纵向	—	—	—	—	—	—	—	—	
型材	R	—	纵向	—	—	—	—	—	—	—	—	

注：1. 表中 A、B、C_V、n 的涵义见表 5-8；

2. 表中①峨嵋机械厂，ME20M(MB8)型材生产检验记录：变镁 01－86，1986；

3. 表中②南昌飞机制造公司，ME20M(MB8)合金型材、棒材生产检验记录：变镁 02－86，1986；

4. 表中③上海新江机器厂，ME20M(MB8)合金板材生产检验记录：变镁 03－86，1986。

表 5-12　　ME20M 棒材与型材的室温力学性能

状态	δ或 d/mm	σ_b A	σ_b B	σ_b 均值	σ_b min	σ_b max	σ_b 标准差	C_V	n	δ 均值	δ min	δ max	n	来源
		MPa								%				
R	100	—	—	270	216	310	38.2	0.14	10	3.4	2.0	4.5	10	①
R	—	—	—	266	243	277	7.58	0.028	40	14.3	9.0	21.0	40	①
		175	214	266	225	375	34.56	0.13	128	15.5	10.0	23.0	112	②
		—	—	258	233	282	13.83	0.054	17	15.9	11.3	22.1	17	③

注：1. 表中 A、B、C_V、n 的涵义见表 5-8；

2. 表中①东北轻合金有限责任公司，工业生产检验数据：铝镁合金 06－99，1999；

3. 表中②陕西飞机制造公司，工业生产检验数据：铝镁合金 09－99，1999；

4. 表中③西安飞机工业公司，工业生产检验数据：铝镁合金 02－99，1999。

表 5-13　　ZK61M 棒材、型材与模锻件的室温力学性能

品　种	状　态	d 或 m	σ_b A	σ_b B	σ_b 均值	σ_b min	σ_b max	σ_b 标准差	C_V	n	δ/%	来源
			MPa									
棒　材	S	18～125mm	310	325	340	315	367	10.82	0.031	302	14.1	①②
型　材	S	—	290	310	333	289	373	17.30	0.052	314	14.1	
模锻件	S	m≤30kg	190	305	326	294	353	12.87	0.039	150	13.9	

品　种	状态	d 或 m	σ_b A	σ_b B	σ_b 均值	σ_b min	σ_b max	σ_b 标准差	C_V	n	来源
			MPa								
棒　材	S	18～125	255	275	300	257	343	17.25	0.057	200	①②
型　材	S	—	225	250	287	245	343	21.96	0.076	184	
模锻件	S	m≤30kg	—	—	—	—	—	—	—	—	

注：1. 表中 A、B、C_V、n 的涵义见表 5-8；

2. 表中①成都飞机工业公司，ZK61M(MB15)合金生产检验记录：变镁 01－86，1986；

3. 表中②南昌飞机制造公司，ZK61M(MB15)合金生产检验记录：变镁 02－86，1986。

表 5-14　　ZK61M 棒材与模锻件的室温力学性能

品　种	状态	d/mm	σ_b 均值	σ_b min	σ_b max	n①	$\sigma_{p0.2}$ 均值	$\sigma_{p0.2}$ min	$\sigma_{p0.2}$ max	n①	δ 均值	δ min	δ max	n①	来源
			MPa				MPa				MPa				
棒　材	S	32～80	339	326	352	28	—	—	—	—	13.4	9.3	17.5	28	②
棒　材	S	20～100	335	316	349	14	298	284	316	14	12.2	10.0	15.0	14	③
模锻件		—	324	319	330	10	253	242	264	10	16.4	15.2	18.8	10	

注：1. 表中① n 表示材料常数；

2. 表中②洪都航空工业集团有限责任公司，工业生产检验数据：铝镁合金 01－99，1999；

3. 表中③东北轻合金有限责任公司，工业生产检验数据：铝镁合金 06－99，1999。

表 5-15 M2M、AZ61M、AZ62M、AZ80M 镁合金的室温力学性能(参考数据)

合金代号	材料品种及状态	抗拉强度 σ_b /MPa	屈服强度 $\sigma_{0.2}$ /MPa	伸长率 δ_{10} /%	断面收缩率 ψ /%	弯曲疲劳强度 σ_{-1} /MPa ($N=5\times10^7$)		弹性模量 E /MPa	泊松系数 μ	抗剪强度 σ_r /MPa	剪切模量 G /MPa	扭转强度 τ_b /MPa	扭转屈服强度 $\tau_{0.3}$ /MPa	扭转角 φ /(°)	抗压强度 σ_y /MPa	抗压屈服强度 $\sigma_{-0.2}$ /MPa	冲击韧性 a_k /J·cm^{-2}	布氏硬度 HBS
						光滑试样	带缺口试样											
M2M (MB1)	挤压棒材	260	180	4.5	6	—	75	40000	0.34	130	16000	190	—	—	330	120	6	40
	退火板材(300℃退火)	210	120	8	—	—	75	—	—	—	—	—	—	—	—	—	5	45
	模锻件、锻件	245	150	6	—	—	—	—	—	—	—	—	—	—	—	—	—	45
	带　材	255	185	9	—	—	6	—	—	—	—	—	—	—	—	—	—	40
	管　材	235	150	7	—	—	—	—	—	—	—	—	—	—	—	—	—	40
	型　材	180	165	10	—	—	—	—	—	—	—	—	—	—	—	—	—	45
AZ61M (MB5)	棒材(R)	290	200	16	23	115	95	43400	0.34	140	16000	190	70	309	420	150	7	64
	锻件(M)	280	180	10	13	105	—	43000	—	140	—	—	—	—	—	—	7	55
	带材(R)	300	210	13	18	115	—	43000	—	145	—	—	—	—	—	—	10	55
AZ62M (MB6)	棒材(R)	325	210	14.5	23	120	—	44600	0.39	150	16000	240	105	305	465	—	9.2	76
	锻件(R)	310	215	8	—	129	—	—	—	—	—	—	—	—	—	—	—	70
	(M)	330	220	6	—	110	—	—	—	—	—	—	—	—	—	—	—	70
	(C)	350	240	6	—		—	—	—	—	—	—	—	—	—	—	—	80
	带材(R)	330	225	12	—	120	—	45000	—	—	—	—	—	—	—	—	—	65
	(M)	340	240	7	—	130	—	—	—	—	—	—	—	—	—	—	—	80
	(C)	350	260	7	—	—	—	—	—	—	—	—	—	—	—	—	—	80
AZ80M (MB7)	棒材(C)	340	240	15	20	140	110	43000	0.34	180	16000	210	65	370	470	140	—	64
	锻件(C)	310	220	22	—	—	—	—	—	—	—	212	—	—	—	—	—	—

(4)镁合金板、带

表 5-16　　镁合金板材室温力学性能(GB/T 5154—2003)

牌　号	供应状态	板材厚度/mm	抗拉强度 R_m/MPa	规定非比例强度/MPa		断后伸长率 A/%	
				延伸 $R_{p0.2}$	压缩 $R_{p-0.2}$	5D	50mm
			≥				
M2M	O	0.80~3.00	190	110	—	—	6.0
		>3.00~5.00	180	100	—	—	5.0
		>5.00~10.00	170	90	—	—	5.0
	H112	10.00~12.50	200	90	—	—	4.0
		>12.50~20.00	190	100	—	4.0	—
		>20.00~32.00	180	110	—	4.0	—
AZ40M	O	0.80~3.00	240	130	—	—	12.0
		>3.00~10.00	230	120	—	—	12.0
	H112	10.00~12.50	230	140	—	—	10.0
		>12.50~20.00	230	140	—	8.0	—
		>20.00~32.00	230	140	70	8.0	—
AZ41M	H18	0.05~0.80	290	—	—	—	2.0
	O	0.50~3.00	250	150	—	—	12.0
		>3.00~5.00	240	140	—	—	12.0
		>5.00~10.00	240	140	—	—	10.0
	H112	10.00~12.50	240	140	—	—	10.0
		>12.50~20.00	250	150	—	6.0	—
		>20.00~32.00	250	140	80	10.0	—
ME20M	H18	0.50~0.80	260	—	—	—	2.0
	H24	0.80~3.00	250	160	—	—	8.0
		>3.00~5.00	240	140	—	—	7.0
		>5.00~10.00	240	140	—	—	6.0
	O	0.50~3.00	230	120	—	—	12.0
		>3.0~5.0	220	110	—	—	10.0
		>5.0~10.0	220	110	—	—	10.0
	H112	10.0~12.5	220	110	—	—	10.0
		>12.5~20.0	210	110	—	10.0	—
		>20.0~32.0	210	110	70	7.0	—
		>32.0~70.0	200	90	50	6.0	—

注:1.板材厚度>12.5~14.0mm时,规定非比例延伸强度圆形试样平行部分的直径取10.0mm;

2.板材厚度>14.5~70.0mm时,规定非比例延伸强度圆形试样平行部分的直径取12.5mm;

3.F状态为自由加工状态,无力学性能指标要求;

4.带材室温力学性能由供需双方商定。

(5)镁合金挤压棒材

表 5-17 镁合金热挤压棒的力学性能(GB/T 5155—2003)

牌号	状态	棒材直径/mm	抗拉强度 R_m/MPa	规定非比例延伸强度 $R_{p0.2}$/MPa	断后伸长率 A_5/%
			≥		
AZ40M	H112	≤100.00	245	—	6.0
		>100.00~130.00	245	—	5.0
ME20M	H112	≤50.00	215	—	4.0
		>50.00~100.00	205	—	3.0
		>100.00~130.00	195	—	2.0
ZK61M	T5	≤100.00	315	245	6.0
		>100.00~130.00	305	235	6.0

注:直径等于或大于130.00mm的棒材,力学性能附试验结果或由双方商定。

(6)镁合金挤压型材

表 5-18 镁合金挤压型材(GB/T 5156—2003)

牌号	化学成分	供应状态	室温纵向力学性能,≥				规格/mm		用途
			R_m/MPa	$R_{P0.2}$/MPa	A_5/%	硬度HBS	名义尺寸	长度	
AZ40M①	按GB/T 5153的规定	H112	240	—	5.0	—	≤300	1000~6000	适用于镁合金热挤压型材
ME20M①		H112	225	—	10.0	40			
ZK61M		T5	310	245	7.0	60			

注:表中①表示AZ40M,ME20M供应状态还有F。

5.1.3 镁合金的一般物理性能

表 5-19 铸造镁合金的物理性能(参考数据)

代号	密度 ρ/g·cm^{-3}	线胀系数 α/10^{-6}·K^{-1} 20~100℃	20~200℃	20~300℃	热导率 λ/W·(m·K)$^{-1}$		比热容① c/J·(kg·K)$^{-1}$
ZM1	1.82	25.8	26.2	26.46	50℃	113.04	962.96
	—	—	—	—	100℃	117.23	—
	—	—	—	—	200℃	121.42	—
ZM2	1.85	25.8	26.2	27.2	50℃	117.23	962.96
	—	—	—	—	100℃	121.42	—
	—	—	—	—	150℃	125.60	—
	—	—	—	—	200℃	125.60	—
ZM3	1.80	23.6	25.1	25.9	—		1046.70
ZM5	1.81	26.8	28.1	28.7②	77.46		1046.70

注:表中①表示温度为20~100℃;②温度为200~300℃。

表 5-20 镁在各种介质中的耐蚀性能

介质种类	腐蚀情况	介质种类	腐蚀情况
淡水、海水、潮湿大气	腐蚀破坏	甲醚、乙醛、丙酮	不腐蚀
有机酸及其盐	强烈腐蚀破坏	石油、汽油、煤油	不腐蚀
无机酸及其盐(不包括氟盐)	强烈腐蚀破坏	芳香族化合物(苯、甲苯、二甲苯、酚、甲酚、萘、蒽)	不腐蚀
氨溶液、氢氧化铵	强烈腐蚀破坏		
甲醛、乙醛、三氯乙醛	腐蚀破坏	氢氧化钠溶液	不腐蚀
无水乙醇	不腐蚀	干燥空气	不腐蚀

注:镁的标准电位为-2.363V,是负电性很强的金属,其耐蚀性很差。为了防止镁的腐蚀,在储存使用之前需采取适当的防腐措施,如进行表面氧化、涂油和涂漆保护。

表 5-21 加工镁合金的物理性能(参考数据)

性能	代号	M2M (MB1)	AZ40M (MB2)	AZ41M (MB3)	AZ61M (MB5)	AZ62M (MB6)	AZ80M (MB7)	ME20M (MB8)	ZK61M (MB15)
密度 ρ_{Mg}(20℃)/g·cm^{-3}		1.76	1.78	1.79	1.80	1.84	1.82	1.78	1.80
电阻率 ρ(20℃)/Ω·mm^2·m^{-1}		0.0513	0.093	0.120	0.153	0.196	0.162	0.0612	0.0565
比热容 c /J·(kg·K)$^{-1}$	100℃	1.01×10^3	1.13×10^3	1.09×10^3	1.13×10^3	—	1.13×10^3	—	—
	200℃	1.05×10^3	1.17×10^3	1.13×10^3	1.21×10^3	—	1.21×10^3	—	—
	300℃	1.13×10^3	1.21×10^3	1.21×10^3	1.26×10^3	—	1.26×10^3	—	—
	350℃	1.17×10^{3}②	1.26×10^3	1.26×10^3	1.30×10^3	—	1.30×10^3	—	—
	20～100℃	1.05×10^3	1.05×10^3	1.05×10^3	1.05×10^3	1.05×10^3	1.05×10^3	1.05×10^3	1.03×10^3
线胀系数 α /10^{-6}K^{-1}	20～100℃	22.29	26.0	26.1	24.4	23.4	26.3	23.61	20.9
	20～200℃	24.19	27.0	—	26.5	25.43	27.1	25.64	22.6
	20～300℃	32.01	27.9	—	31.2	30.18	27.6	30.58	—
热导率 λ /W·(m·K)$^{-1}$	30℃	125.60	96.3①	96.3	69.08	—	58.62	133.98	117.23①
	100℃	125.60	100.48	—	73.27	—	—	133.98	121.42
	200℃	138.68	104.67	—	79.55	—	—	133.98	125.60
	300℃	133.98	108.86	—	79.55	67.41	75.36	—	125.60

注:表中①温度为 25℃;
表中②温度为 400℃。

5.1.4 镁及镁合金的特性及用途

表 5-22　　　　铸造镁合金的性能特点与用途

合金代号	性能特点	用途举例
ZM1	铸造流动性好，抗拉强度和屈服强度较高，力学性能壁厚效应较小，抗蚀性良好，但热裂倾向大，故不宜焊接	适于形状简单的受力零件，如飞机轮毂
ZM2	耐腐蚀性与高温力学性能良好，但常温时力学性能比 ZM1 低，铸造性能良好，缩松和热裂倾向小，可焊接	可用于 200℃ 以下工作而要求强度高的零件，如发动机各类机匣、整流舱、电机壳体等
ZM3	属耐热镁合金，在 200～250℃ 下高温持久和抗蠕变性能良好，有较好的抗蚀性和焊接性，铸造性能一般，对形状复杂零件有热裂倾向	航空工业中应用历史较久，可用于 250℃ 下工作且气密性要求高的零件，如压气机机匣、离心机匣、附件机匣、燃烧室罩等
ZM4	铸件致密性高，热裂倾向小，无显微疏松倾向，可焊性好，但室温强度低于其他各系合金	适于制造室温下要求气密或在 150～250℃ 下工作的发动机附件和仪表过壳体、机匣等
ZM5	属于高强铸镁合金，强度高、塑性好，易于铸造，可焊接，也能抗蚀，但有显微缩松和壁厚效应倾向	广泛用于飞机上的翼肋、发动机和附件上各种机匣等零件，导弹上作副油箱挂架、支臂、支座等
ZM6	具有良好铸造性能，显微疏松和热裂倾向低，气密性好，在 250℃ 以下综合性能优于 ZM3、ZM4，铸件不同壁厚力学性能均匀	可用于飞机受力构件，发动机各种机匣与壳体，已在直升机上用于减速机匣、机翼翼肋等处
ZM7	室温下拉伸强度、屈服极限和疲劳极限均很高，塑性好，铸造充型性良好，但有较大疏松倾向，不宜作耐压零件。此外，焊接性能也差	可用于飞机轮毂及形状简单的各种受力构件
ZM10	铝量高，耐蚀性好，对显微疏松敏感，宜压铸	一般要求的铸件

表 5-23　　　　加工镁及镁合金的特性及用途

<table>
<tr><th>牌号</th><th>旧号</th><th>产品种类</th><th>主要特性</th><th>用途举例</th></tr>
<tr><td>M2M</td><td>MB1</td><td>板材、棒材、型材、管材、带材、锻件及模锻件</td><td rowspan="2">这类合金属镁-锰系镁合金，其主要特性是：①强度较低，但有良好的耐蚀性；在镁合金中，它的耐蚀性能最好，在中性介质中无应力腐蚀破裂倾向。②室温塑性较低，高温塑性高，可进行轧制、挤压和锻造。③不能热处理强化。④焊接性能良好，易于用气焊、氩弧焊、点焊等方法焊接。⑤同纯镁一样，镁-锰系合金有良好的可切削加工性能。
与 MB1 合金比较，MB8 合金的强度较高，且有较好的高温性能</td><td>用于制作承受外力不大，但要求焊接性和耐蚀性好的零件，如汽油和滑油系统的附件等</td></tr>
<tr><td>ME20M</td><td>MB8</td><td>板材、棒材、带材、型材、管材、锻件及模锻件</td><td>强度较 MB1 高，常用来代替 MB1 合金使用，其板材可制作飞机蒙皮、壁板及内部零件，型材和管材可制造汽油和滑油系统的耐蚀零件，模锻件可制外形复杂的零件。</td></tr>
<tr><td>AZ40M</td><td>MB2</td><td>板材、棒材、型材、锻件及模锻件</td><td rowspan="5">这类合金属镁-铝-锌系镁合金，其主要特性是：①强度高，可热处理强化。②铸造性能良好。③耐蚀性较差。MB2 和 MB3 合金的应力腐蚀破裂倾向较小，MB5、MB6、MB7 合金的应力腐蚀破裂倾向较大。④可切削加工性能良好。⑤热塑性以 MB2、MB3 合金为佳，可加工成板材、棒材、锻件等各种镁材；MB6、MB7 合金热塑性较低，主要用做挤压件和锻材。⑥MB2、MB3 合金焊接性较好，可气焊和氩弧焊；MB5 合金的可焊性差；MB7 合金可焊性尚好，但需进行消除应力退火</td><td>用于制作形状复杂的锻件、模锻件及中等载荷的机械零件</td></tr>
<tr><td>AZ41M</td><td>MB3</td><td>板材</td><td>用作飞机内部组件、壁板</td></tr>
<tr><td>AZ61M</td><td>MB5</td><td>板材、带材、锻件及模锻件</td><td>主要用于制作承受较大载荷的零件</td></tr>
<tr><td>AZ62M</td><td>MB6</td><td>棒材、型材及锻件</td><td>主要用于制作承受较大载荷的零件</td></tr>
<tr><td>AZ80M</td><td>MB7</td><td>棒材、锻件及模锻件</td><td>可代替 MB6 使用，用作承受高载荷的各种结构零件</td></tr>
<tr><td>ZK61M</td><td>MB15</td><td>棒材、型材、带材、锻件及模锻件</td><td>为镁-锌-锆系镁合金，具有较高的强度和良好的塑性及耐蚀性，是目前应用最多的变形镁合金之一。无应力腐蚀破裂倾向，热处理工艺简单，可切削加工性能良好，能制造形状复杂的大型锻件，但焊接性能不合格</td><td>用作室温下承受高载荷和高屈服强度的零件，如机翼长桁、翼肋等，零件的使用温度不能超过 150℃</td></tr>
</table>

5.2 欧洲标准化委员会(CEN)镁及镁合金

5.2.1 镁及镁合金牌号和化学成分

(1)非合金镁

表 5-24 非合金镁的牌号及化学成分(NE 12421—1998)

合金牌号		合金成分/%(最大值)												
化学符号	数字序号	Al	Mn	Si	Fe	Cu	Ni	Pb	Sn	Na	Ca	Zn	杂质单项	Mg
EN-MB99.5	EN-MB10010	0.1	0.1	0.1	0.1	0.1	0.01	—	—	0.01	0.01	—	0.05	99.50
EN-MB99.80-A	EN-MB10020	0.05	0.05	0.05	0.05	0.001	0.001	0.01	0.01	0.003	0.003	0.05	0.05	99.80
EN-MB99.80-B	EN-MB10021	0.05	0.05	0.05	0.05	0.002	0.002	0.01	0.01	—	—	0.05	0.05	99.80
EN-MB99.95-A	EN-MB10030	0.05	0.006	0.003	0.003	0.001	0.001	0.005	0.005	0.003	0.003	0.005	0.005	99.95
EN-MB99.95-B	EN-MB10031	0.01	0.01	0.005	0.005	0.001	0.001	0.001	0.005	—	—	0.01	0.005	99.95

(2)镁及镁合金铸造产品

表 5-25 镁及镁合金铸锭的牌号及化学成分(EN 1753—1997)

合金类型	类型	合金牌号		合金成分/%(最大值)													
		化学符号	数字序号	Al	Zn	Mn	稀土(RE)	Zr	Ag	Y	Li	Si	Fe	Cu	Ni	杂质单项	Mg
MgAlZn	铸锭	EN-MBMgAl8Zn1	EN-MB21110	7.2～8.5	0.45～0.9	0.17	—	—	—	—	—	0.05	0.004	0.025	0.001	0.01	余量
		EN-MBMgAl9Zn1(A)	EN-MB21120	8.5～9.5	0.45～0.9	0.17	—	—	—	—	—	0.3	0.004	0.025	0.001	0.01	余量
		EN-MBMgAl9Zn1(B)	EN-MB21121	8.0～10	0.3～1.0	—	—	—	—	—	—	0.05	0.03	0.20	0.01	0.05	余量
MgAlMn		EN-MBMgAl2Mn	EN-MB21210	1.7～2.5	0.20	0.35	—	—	—	—	—	0.05	0.004	0.008	0.001	0.01	余量
		EN-MBMgAl5Mn	EN-MB21220	4.5～5.3	0.20	0.27	—	—	—	—	—	0.05	0.004	0.008	0.001	0.01	余量
		EN-MBMgAl6Mn	EN-MB21230	5.6～6.4	0.20	0.23	—	—	—	—	—	0.7～1.2	0.004	0.008	0.001	0.01	余量

续表

合金类型	类型	合金牌号		合金成分/%(最大值)													
		化学符号	数字序号	Al	Zn	Mn	稀土(RE)	Zr	Ag	Y	Li	Si	Fe	Cu	Ni	杂质单项	Mg
MgAlSi	铸锭	EN-MBMgAl2Si	EN-MB21310	1.9～2.5	0.20	0.20	—	—	—	—	—	0.7～1.2	0.004	0.008	0.001	0.01	余量
MgAlSi	铸锭	EN-MBMgAl4Si	EN-MB21320	3.7～4.8	0.20	0.20	—	—	—	—	—	0.20	0.004	0.008	0.001	0.01	余量
MgZnCu	铸锭	EN-MBMgZn6Cu3Mn	EN-MB32110	—	5.5～6.5	0.25～0.75	—	—	—	—	—	0.01	0.05	2.4～3.0	0.01	0.01	余量
MgZnREZr	铸锭	EN-MBMgZn4RE1Zr	EN-MB35110	—	3.5～5.0	0.15	1.0～1.75	0.1～1.0	—	—	—	0.01	0.01	0.03	0.005	0.01	余量
MgZnREZr	铸锭	EN-MBMgRE3Zn2Zr	EN-MB65120	—	2.0～3.0	0.15	2.4～4.0	0.1～1.0	—	—	—	0.01	0.01	0.03	0.005	0.01	余量
MgREAgZr	铸锭	EN-MBMgRE2Ag2Zr	EN-MB65210	—	0.20	0.15	2.0～3.0	0.1～1.0	2.0～3.0	—	—	0.01	0.01	0.03	0.005	0.01	余量
MgREAgZr	铸锭	EN-MBMgRE2Ag1Zr	EN-MB65220	—	0.20	0.15	1.5～3.0	0.1～1.0	1.3～1.7	—	—	0.01	0.01	0.05～0.10	0.005	0.01	余量
MgYREZr	铸锭	EN-MBMgY5RE4Zr	EN-MB95310	—	0.20	0.15	1.5～3.0	0.1～1.0	—	4.75～5.5	0.2	0.01	0.01	0.03～0.10	0.005	0.01	余量
MgYREZr	铸锭	EN-MBMgY4RE3Zr	EN-MB95320	—	0.20	0.15	2.4～4.4	0.1～1.0	—	3.7～4.3	0.2	0.01	0.01	0.03	0.005	0.01	余量
MgAlZn	铸件	EN-MCMgAl8Zn1	EN-MC21110	7.0～8.7	0.35～1.0	0.1	—	—	—	—	—	0.10	0.005	0.030	0.002	0.01	余量
MgAlZn	铸件	EN-MCMgAl8Zn1	EN-MC21110	7.0～8.7	0.40～1.0	0.1	—	—	—	—	—	0.20	0.005	0.030	0.001	0.01	余量
MgAlZn	铸件	EN-MCMgAl9Zn1(A)	EN-MC21120	8.3～9.7	0.35～1.0	0.1	—	—	—	—	—	0.10	0.005	0.030	0.002	0.01	余量
MgAlZn	铸件	EN-MCMgAl9Zn1(A)	EN-MC21120	8.0～10	0.40～1.0	0.1	—	—	—	—	—	0.20	0.005	0.030	0.001	0.01	余量
MgAlZn	铸件	EN-MCMgAl9Zn1(B)	EN-MC21121	1.6～2.6	0.3～1.0	—	—	—	—	—	—	0.3	0.03	0.20	0.01	0.05	余量
MgSlMn	铸件	EN-MCMgAl2Mn	EN-MC21210	4.4～5.5	0.2	0.1	—	—	—	—	—	0.10	0.005	0.010	0.002	0.01	余量
MgSlMn	铸件	EN-MCMgAl5Mn	EN-MC21220	5.5～6.5	0.2	0.1	—	—	—	—	—	0.10	0.005	0.010	0.002	0.01	余量
MgSlMn	铸件	EN-MCMgAl6Mn	EN-MC21230	1.8～2.6	0.2	0.1	—	—	—	—	—	0.10	0.005	0.010	0.002	0.01	余量
MgAlSi	铸件	EN-MCMgAl2Si	EN-MC21310	3.5～5.0	0.2	0.1	—	—	—	—	—	0.7～1.2	0.005	0.010	0.002	0.01	余量
MgAlSi	铸件	EN-MCMgAl4Si	EN-MC21320	—	0.2	0.1	—	—	—	—	—	0.5～1.5	0.005	0.010	0.002	0.01	余量

续表

合金类型	类型	合金牌号		合金成分/%(最大值)													
		化学符号	数字序号	Al	Zn	Mn	稀土(RE)	Zr	Ag	Y	Li	Si	Fe	Cu	Ni	杂质单项	Mg
MgZnCu	铸件	EN-MCMgZn6Cu3Mn	EN-MC32110	—	5.5～6.5	0.25～0.75	—	—	—	—	—	0.20	0.05	2.4～3.0	0.01	0.01	余量
MgZnREZr		EN-MCMgZn4RE1Zr	EN-MC35110	—	3.5～5.0	0.15	0.75～1.75	0.4～1.0	—	—	—	0.01	0.01	0.03	0.005	0.01	余量
		EN-MCMgRE3Zn2Zr	EN-MC65120	—	2.0～3.0	0.15	2.5～4.0	0.4～1.0	—	—	—	0.01	0.01	0.03	0.005	0.01	余量
MgREAgZr		EN-MCMgRE2Ag2Zr	EN-MC65210	—	0.2	0.15	2.0～3.0	0.4～1.0	2.0～3.0	—	—	0.01	0.01	0.03	0.005	0.01	余量
		EN-MCMgRE2Ag1Zr	EN-MC65220	—	0.2	0.15	1.5～3.0	0.4～1.0	1.3～1.7	—	—	0.01	0.01	0.05～0.10	0.005	0.01	余量
MgYREZr		EN-MCMgY5RE4Zr	EN-MC95310	—	0.2	0.15	1.5～4.0	0.4～1.0	—	4.75～5.5	0.2	0.01	0.01	0.03	0.005	0.01	余量
		EN-MCMgY4RE3Zr	EN-MC95320	—	0.2	0.15	2.4～4.4	0.4～1.0	—	3.7～4.3	0.2	0.01	0.01	—	0.005	0.01	余量

(3)阳极用镁合金

表 5-26 阳极用镁合金铸锭的牌号及化学成分(EN 12438—1999)

合金类型	合金牌号		合金成分/%(非范围值或特殊注明者均为最大值)								
	牌号	材料号	Al	Zn	Mn	Si	Fe	Cu	Ni	杂质单项	Mg
MgAlZn	EN-MBMgA13Zn1	EN-MB21130	2.6～3.5	0.7～1.4	0.20～1.0	0.30	0.01	0.05	0.001	0.05	余量
	EN-MBMgA16Zn1	EN-MB21140	5.6～6.5	0.7～1.4	0.20～1.0	0.30	0.01	0.05	0.001	0.05	余量
	EN-MBMgA16Zn3	EN-MB21150	5.1～7.0	2.1～4.0	0.20～1.0	0.30	0.01	0.05	0.001	0.05	余量
MgMn	EN-MBMgMn1	EN-MB40010	0.01	0.05	0.50～1.3	0.05	0.02	0.02	0.001	0.05	余量
	EN-MBMgMn2	EN-MB40020	0.01	0.05	1.20～2.5	0.05	0.02	0.02	0.001	0.05	余量

5.2.2 镁及镁合金铸件的力学性能

表 5-27 镁及镁合金铸件的力学性能(EN 1753—1997)

铸件类型	合金类型	合金牌号 化学符号	合金牌号 数字序号	状态	抗拉强度 R_m/MPa	屈服强度 $R_{p0.2}$/MPa	伸长率 A/%	硬度(HB)
砂模铸件	MgAlZn	EN-MCMgA18Zn1	EN-MC21110	F	160	90	2	50～65
				T4	240	90	8	50～65
		EN-MCMgA19Zn1(A)	EN-MC21120	F	160	90	2	50～65
				T4	240	110	6	55～70
				T6	240	150	2	60～90
	MgZnCu	EN-MCMgZn6Cu3Mn	EN-MC32110	T6	195	125	2	55～65
	MgZnREZr	EN-MCMgZn4RE1Zr	EN-MC35110	T5	200	135	2.5	55～70
		EN-MCMgRE3Zn2Zr	EN-MC65120	T6	140	95	2.5	55～60
	MgREAgZr	EN-MCMgRE2Ag2Zr	EN-MC65210	T6	240	175	2	70～90
		EN-MCMgRE2Ag1Zr	EN-MC65220	T6	240	175	2	70～90
	MgYREZr	EN-MCMgY5RE4Zr	EN-MC95310	T6	250	170	2	80～90
		EN-MCMgY4RE3Zr	EN-MC95320	T6	220	170	2	75～90
金属模铸件	MgAlZn	EN-MCMgAl8Zn1	EN-MC21110	F	160	90	2	50～65
				T4	240	90	8	50～65
		EN-MCMgAl9Zn1(A)	EN-MC21120	F	160	11	2	55～70
				T4	240	120	6	55～70
				T6	240	150	2	60～90
	MgZnCu	EN-MCMgZn6Cu3Mn	EN-MC32110	T6	195	125	2	55～65
	MgZnREZr	EN-MCMgZn4RE1Zr	EN-MC35110	T5	210	135	3	55～70
		EN-MCMgRE3Zn2Zr	EN-MC65120	T6	145	100	3	55～60
	MgREAgZr	EN-MCMgRE2Ag2Zr	EN-MC65210	T6	240	175	3	70～90
		EN-MCMgRE2Ag1Zr	EN-MC65220	T6	240	175	2	70～90
	MgYREZr	EN-MCMgY5RE4Zr	EN-MC95310	T6	250	170	2	80～90
		EN-MCMgY4RE3Zr	EN-MC95320	T6	220	170	2	75～90
金属模铸件	MgAlZn	EN-MCMgAl8Zn1	EN-MC21110	F	200～250	140～160	1～7	60～85
		EN-MCMgAl9Zn1(A)	EN-MC21120	F	200～260	140～170	1～6	65～85
	MgAlMn	EN-MCMgAl2Mn	EN-MC21210	F	150～220	80～100	8～18	40～55
		EN-MCMgAl5Mn	EN-MC21220	F	180～230	110～130	5～15	50～65
		EN-MCMgAl6Mn	EN-MC21230	F	190～250	120～150	4～14	55～70
		EN-MCMgAl7Mn	EN-MC21240	F	200～260	130～160	3～10	60～75
	MgAlSi	EN-MCMgAl2Si	EN-MC21310	F	170～230	110～130	4～14	50～70
		EN-MCMgAl4Si	EN-MC21320	F	200～250	120～150	3～12	55～80

5.3 美国镁及镁合金

5.3.1 镁及镁合金牌号和化学成分

表 5-28 美国镁合金挤压棒材、型材及管材牌号和化学成分(ASTM B 107/B 107M—2007)

合金牌号		化学成分/%,不大于(注明不小于、余量及范围者除外)														
UNS	ASTM	Mg	Al	Ca	Cu	Fe	Li	Mn	Nd	Ni	Re	Si	Y	Zr	Zn	其他杂质
M11311	AZ31B	余量	2.50～3.50	0.04	0.05	0.005	—	0.20～1.00	—	0.005	—	0.1	—	—	0.60～1.40	0.30
M11312	AZ31C	余量	2.40～3.60	—	0.10	—	—	0.15～1.00	—	0.03	—	0.1	—	—	0.50～1.50	0.30
M11610	AZ61A	余量	5.80～7.20	—	0.05	0.005	—	0.15～0.50	—	0.005	—	0.1	—	—	0.40～1.50	0.30
M11800	AZ80A	余量	7.80～9.20	—	0.05	0.005	—	0.12～0.50	—	0.005	—	0.1	—	—	0.20～0.80	0.30
M15100	M1A	余量	—	0.30	0.05	—	—	1.20～2.00	—	0.01	—	0.1	—	—	—	0.30
M18432	WE43B	余量	—	—	0.02	0.01	0.20	0.03	2.00～2.50	0.005	1.90	—	3.70～4.30	0.40～1.00	0.20	0.01
M18410	WE54A	余量	—	—	0.03	—	0.20	0.03	1.50～2.00	0.004	2.00	0.0	4.75～5.50	0.40～1.00	0.20	0.20
M16400	ZK40A	余量	—	—	—	—	—	—	—	—	—	—	—	0.45	3.50～4.50	0.30
M16600	ZK60A	余量	—	—	—	—	—	—	—	—	—	—	—	0.45	4.80～6.20	0.30

表 5-29 美国镁合金永久性铸件牌号和化学成分(ASTM B 199—2007)

合金牌号		化学成分/%,不大于(注明不小于、余量及范围者除外)											
ASTM	UNS	Fe	Mg	Al	Mn	Zn	Re	Zr	Si	Cu	Ni	其他杂质	其他
AM100A	M1010	—	余量	9.30～10.70	0.10～0.35	0.30	—	—	0.30	0.10	0.01	0.30	
AZ81A	M1181	—	余量	7.00～8.10	0.13～0.35	0.40～1.00	—	—	0.30	0.10	0.01	0.30	
AZ91C	M1191	—	余量	8.10～9.30	0.13～0.35	0.40～1.00	—	—	0.30	0.10	0.01	0.30	
AZ91E	M1191	0.005	余量	8.10～9.30	0.17～0.35	0.40～1.00	—	—	0.20	0.015	0.001	0.30	0.01
AZ92A	M1192	—	余量	8.30～9.70	0.10～0.35	1.60～2.40	—	—	0.30	0.25	0.01	0.30	
EQ21A	M1833	—	余量	—	—	—	1.50～3.00	0.40～1.00	—	0.05～0.10	0.01	0.30	
EZ23A	M1233	—	余量	—	—	2.00～3.10	2.50～4.00	0.50～1.00	—	0.10	0.01	0.01	
QF22A	M1822	—	余量	—	—	—	1.80～2.50	0.40～1.00	—	0.10	0.01	0.30	

表 5-30 美国再熔炼镁锭和镁棒牌号和化学成分(ASTM B 91/B 92M—2007)

牌号	UNS	化学成分/%,不大于(注明不小于、余量及范围者除外)											
		Al	Ca	Fe	Pb	Mn	Ni	Si	Na	Sn	Ti	其他杂质	Mg(不小于)
9980A	19980	—	0.02	—	0.01	0.10	0.001	—	0.006	0.01	—	0.05	99.80
9980B	M1999	—	0.02	—	0.01	0.10	0.005	—	—	0.01	—	0.05	99.80
9990A	19990	0.003	—	0.04	—	0.004	0.001	0.005	—	—	—	0.01	99.90
9995A	19995	0.01	—	0.003	—	0.004	0.001	0.005	—	—	0.01	0.005	99.95
9998A	19998	0.001	0.0005	0.002	0.001	0.002	0.0005	0.003	—	—	0.001	0.005	99.98

表 5-31 美国镁合金压铸件牌号和化学成分(ASTM B 94—2007)

牌号	UNS	化学成分/%,不大于(注明不小于、余量及范围者除外)									
		Al	Mg	Re	Sr	Zn	Cu	Fe	Si	Ni	其他杂质	Mg
AS41A	M10410	3.50～5.00	0.20～0.50	—	—	0.12	0.06	—	0.50～1.50	0.03	—	余量
AS41B	M10412	3.50～5.00	0.35～0.70	—	—	0.12	0.02	0.0035	0.50～1.50	0.002	0.02	余量
AM50A	M10500	4.40～5.40	0.26～0.60	—	—	0.22	0.01	0.004	0.10	0.002	0.02	余量
AM60A	M10600	5.50～6.50	0.13～0.60	—	—	0.22	0.35	—	0.50	0.03	—	余量
AM60B	M10602	5.50～6.50	0.24～0.60	—	—	0.22	0.01	0.005	0.10	0.002	0.02	余量
AZ91A	M11910	8.30～9.70	0.13～0.50	—	—	0.35～1.00	0.10	—	0.50	0.03	—	余量
AZ91B	M11912	8.30～9.70	0.13～0.50	—	—	0.35～1.00	0.35	—	0.50	0.03	—	余量
AZ91D	M11916	8.30～9.70	0.15～0.50	—	—	0.35～1.00	0.03	0.005	0.10	0.002	0.02	余量
AJ52A	M17520	4.50～5.50	0.24～0.60	—	1.70～2.30	0.22	0.01	0.004	0.10	0.001	0.01	余量
AJ62A	M17620	5.50～6.60	0.24～0.60	—	2.00～2.80	0.22	0.01	0.004	0.10	0.001	0.01	余量
AS21A	M10210	1.80～2.50	0.18～0.70	—	—	0.20	0.01	0.005	0.70～1.20	0.001	0.01	余量
AS21B	M10212	1.80～2.50	0.05～0.15	0.06～0.25	—	0.25	0.008	0.0035	0.70～1.20	0.001	0.01	余量

表 5-32 铸造镁合金牌号和化学成分(ASTM B93M—2009)

材料名称	合金牌号		化学成分/%,不大于(注明不小于、余量及范围者除外)																
	ASTM	UNS	Mg	Al	Cu	Cd	Fe	Li	Mn	Nd	Ni	Re	Si	Ag	Yt	Zn	Zr	其他	其他总计
砂模、永久模具和精密铸件用铸造镁合金锭	AM100A	M10101	余量	9.4~10.6	0.08	—	—	—	0.13~0.35	—	0.010	—	0.20	—	—	0.2	—	—	0.30
	AZ63A	M11631	余量	5.5~6.5	0.20	—	—	—	0.15~0.35	—	0.010	—	0.20	—	—	2.7~3.3	—	—	0.30
	AZ81A	M11811	余量	7.2~8.0	0.08	—	—	—	0.15~0.35	—	0.010	—	0.20	—	—	0.5~0.9	—	—	0.30
	AZ91C	M11915	余量	8.3~9.2	0.08	—	—	—	0.15~0.35	—	0.010	—	0.20	—	—	0.45~0.9	—	—	0.30
	AZ91E	M11918	余量	8.3~9.2	0.015	—	0.005	—	0.17~0.50	—	0.0010	—	0.20	—	—	0.45~0.9	—	0.01	0.30
	AZ92A	M11921	余量	8.5~9.5	0.20	—	—	—	0.13~0.35	—	0.010	—	0.20	—	—	1.7~2.3	—	—	0.30
	EQ21A	M18330	余量	—	0.05~0.10	—	—	—	—	—	0.01	1.5~3.0	0.01	1.3~1.7	—	—	0.3~1.0	—	0.30
	EV31AD	M12311	余量	—	0.01	1.0~1.7	0.01	—	—	2.6~3.1	0.0020	0.4	—	0.05	—	0.20~0.50	0.3~1.0	0.01	
	EZ33A	M12331	余量	—	0.03	—	—	—	—	—	0.010	2.6~3.9	0.01	—	—	2.0~3.0	0.3~1.0	—	0.30
	K1A	M18011	余量	—	0.03	—	—	—	—	—	0.010	—	0.01	—	—	—	0.3~1.0	—	0.30
	QE22A	M18221	余量	—	0.03	—	—	—	0.15	—	0.010	1.9~2.4	0.01	2.0~3.0	—	0.2	0.3~1.0	—	0.30
	WE43A	M18431	余量	—	0.03	—	—	0.18	0.15	2.0~2.5	0.005	1.9†	0.01	—	3.7~4.3	0.20	0.3~1.0	—	0.30
	WE43B	M18433	余量	—	0.01	—	—	0.18	0.03	2.0~2.5	0.004	1.9†	—	—	3.7~4.3	—	0.3~1.0	0.01	
	WE54A	M18410	余量	—	0.03	—	—	0.20	0.15	1.5~2.0	0.005	2.0†	0.01	—	4.75~5.5	0.20	0.3~1.0	—	0.30
	ZC63A	M16331	余量	—	2.4~3.00	—	—	—	0.25~0.75	—	0.001	—	0.20	—	—	5.5~6.5	—	—	0.30
	ZE41A	M16411	余量	—	0.03	—	—	—	0.15	—	0.010	1.0~1.75	0.01	—	—	3.7~4.8	0.3~1.0	—	0.30
	ZK51A	M16511	余量	—	0.03	—	—	—	—	—	0.010	—	0.01	—	—	3.8~5.3	0.3~1.0	—	0.30
	ZK61A	M16611	余量	—	0.03	—	—	—	—	—	0.010	—	0.01	—	—	5.7~6.3	0.3~1.0	—	0.30

续表

材料名称	合金牌号		化学成分/%,不大于(注明不小于、余量及范围者除外)																
	ASTM	UNS	Mg	Al	Cu	Cd	Fe	Li	Mn	Nd	Ni	Re	Si	Ag	Yt	Zn	Zr	其他	其他总计
压铸件用铸造镁合金锭	AS41A	M10411	余量	3.7～4.8	0.005～0.0015	0.04	—	0.22～0.48	0.01	—	0.60～1.4	—	0.10	—	0.30				
	AS41B	M10413	余量	3.7～4.8	0.005～0.0015	0.015	0.0035	0.35～0.6	0.001	—	0.6～1.4	—	0.10	0.01					
	AM50A	M10501	余量	4.5～5.3	0.005～0.0015	0.008	0.004	0.28～0.50	0.001	—	0.08	—	0.20	0.01					
	AM60A	M10601	余量	5.6～6.4	—	0.25	—	0.15～0.50	0.01	—	0.20	—	0.20	—	0.30				
	AM60B	M10603	余量	5.6～6.4	0.005～0.0015	0.008	0.004	0.26～0.50	0.001	—	0.08	—	0.20	0.01					
	AZ91A	M11911	余量	8.5～9.5	—	0.08	—	0.15～0.40	0.01	—	0.20	—	0.45～0.9	—	0.30				
	AZ91B	M11913	余量	8.5～9.5	—	0.25	—	0.15～0.40	0.01	—	0.20	—	0.45～0.9	—	0.30				
	AZ91D	M11917	余量	8.5～9.5	0.005～0.0015	0.025	0.004	0.17～0.40	0.001	—	0.08	—	0.45～0.9	0.01					
	AJ52A	M17521	余量	4.6～5.5	0.005～0.0015	0.008	0.004	0.26～0.5	0.001	—	0.08	1.8～2.3	0.20	0.01					
	AJ62A	M17621	余量	5.6～6.6	0.005～0.0015	0.008	0.004	0.26～0.5	0.001	—	0.08	2.1～2.8	0.20	0.01					
	AJ21A	M10211	余量	1.9～2.5	0.005～0.0015	0.008	0.004	0.2～0.6	0.001	—	0.7～1.2	—	0.20	0.01					
	AJ21B	M10213	余量	1.9～2.5	0.005～0.0015	0.008	0.0035	0.05～0.15	0.001	0.06～0.25	0.7～1.2	—	0.25	0.01					

表 5-33 变形镁合金牌号和化学成分(ASTM B 90—2007)

牌号	化学成分/%,不大于(注明不小于、余量及范围者除外)										
	Al	Mg	Re	Zn	Zr	Ca	Cu	Fe	Ni	Si	其他杂质	Mg
AZ31B	2.50～3.50	0.20～1.00	—	0.60～1.40	—	0.04	0.05	0.005	0.005	0.1	0.3	余量

5.3.2 镁及镁合金的力学性能

(1)镁合金挤压棒材、型材及管材的力学性能

表 5-34 镁合金挤压棒材、型材及管材的力学性能(ASTM B107—2007)

合金牌号		热处理状态	品种	试样直径或厚度		试样横截面积或管材外径 in(mm)	抗拉强度(不小于)	屈服强度(不小于)	伸长率/%不小于
UNS	ASTM			in	mm		MPa(ksi)	MPa(ksi)	
M11311	AZ31B	F	条、棒、型材和丝	≤0.249	≤6.30	所有	240(35.0)	145(21.0)	7
				0.250～1.499	6.30～40.00	所有	240(35.0)	150(22.0)	7
				1.500～2.499	40.00～60.00	所有	235(34.0)	150(22.0)	7
				2.500～4.999	60.00～130.00	所有	220(32.0)	140(20.0)	7
			空心型材管材	所有	—	所有	220(32.0)	110(16.0)	8
				0.028～0.250	0.70～6.30	≤6.000(150.00)	220(32.0)	140(20.0)	8
				0.250～0.750	6.30～20.00	所有	220(32.0)	110(16.0)	4
M11610	AZ61A	F	条、棒、型材和丝	≤0.249	≤6.30	所有	260(38.0)	145(21.0)	8
				0.250～2.499	6.30～60.00	所有	275(40.0)	165(24.0)	9
				2.500～4.999	60.00～130.00	所有	275(40.0)	150(22.0)	7
			空心型材管材	所有	—	所有	250(36.0)	110(16.0)	7
				0.028～0.750	0.70～20.00	≤6.000(150.00)	250(36.0)	110(16.0)	7
M11800	AZ80A	F	条、棒、实心型材和丝	≤0.249	≤6.30	所有	295(43.0)	195(28.0)	—
				0.250～1.499	6.30～40.00	所有	295(43.0)	195(28.0)	—
				1.500～2.499	40.00～60.00	所有	295(43.0)	195(28.0)	—
				2.500～4.999	60.00～130.00	所有	290(42.0)	185(27.0)	—
M11800	AZ80A	T5	条、棒、实心型材和丝	≤0.249	≤6.30	所有	325(47.0)	205(30.0)	—
				0.250～2.499	6.30～60.00	所有	330(48.0)	230(33.0)	—
				2.500～4.999	60.00～130.00	所有	310(45.0)	205(30.0)	—
M15100	M1A	F	条、棒、型材和丝	≤0.249	≤6.30	所有	205(30.0)	—	2
				0.250～1.499	6.30～40.00	所有	220(32.0)	—	3
				1.500～2.499	40.00～60.00	所有	220(32.0)	—	2
				2.500～4.999	60.00～130.00	所有	200(29.0)	—	2
			空心型材管材	所有	—	所有	195(28.0)	—	2
				0.028～0.750	0.70～20.00	≤6.000(150.00)	195(28.0)	—	2
M18430	WE43B	T5	条、棒、实心型材和丝	0.250～1.999	6.30～50.00	所有	250(36.0)	160(23.0)	4
M18430	WE43B	T5	条、棒、实心型材和丝	2.00～5.00	50.00～130.00	所有	240(35.0)	150(22.0)	—

续表

合金牌号		热处理状态	品种	试样直径或厚度		试样横截面积或管材外径	抗拉强度（不小于）	屈服强度（不小于）	伸长率/%不小于
UNS	ASTM			in	mm	in(mm)	MPa(ksi)	MPa(ksi)	
M18430	WE43B	T6	条、棒、实心型材和丝	0.250～1.999	6.30～50.00	所有	250(36.0)	150(22.0)	4
M18430	WE43B	T6	条、棒、实心型材和丝	2.00～5.00	50.00～130.00	所有	240(35.0)	140(20.0)	4
M18410	WE54A	T5	条、棒、实心型材和丝	0.250～1.999	6.30～50.00	所有	250(36.0)	180(26.0)	4
M18410	WE54A	T5	条、棒、实心型材和丝	2.00～5.00	50.00～130.00	所有	250(36.0)	170(25.0)	4
M18410	WE54A	T6	条、棒、实心型材和丝	0.250～1.999	6.30～50.00	所有	260(38.0)	180(26.0)	4
M18410	WE54A	T6	条、棒、实心型材和丝	2.00～5.00	50.00～130.00	所有	250(36.0)	175(25.0)	4
M16400	ZK40A	T5	条、棒、型材和丝空心型材管材	所有	—	≤3.000(1900)	255(37.0)	235(34.0)	4
				所有	—	所有	275(40.0)	255(37.0)	4
				0.062～0.500	1.60～12.50	≤3.000(80.00)	275(40.0)	255(36.0)	4
M16600	ZK60A	F	条、棒、型材和丝	所有	—	≤4.999(3200)	295(43.0)	215(31.0)	5
				—	—	5.000～39.999(3201～26000)	295(43.0)	215(31.0)	6
			空心型材管材	所有	—	所有	275(40.0)	195(28.0)	5
				0.028～0.750	0.70～20.00	≤3.000(80.00)	275(40.0)	195(28.0)	5
M16600	ZK60A	T5	条、棒、型材和丝空心型材管材	所有	—	≤4.999(3200)	310(45.0)	250(36.0)	4
				—	—	5.000～24.999(3201～16000)	310(45.0)	235(34.0)	6
				—	—	25.000～39.000(16001～26000)	295(43.0)	215(31.0)	6
				所有	—	所有	315(46.0)	260(38.0)	4
				0.028～0.250	0.70～6.30	≤3.000(80.00)	315(46.0)	260(38.0)	4
				0.094～1.188	2.50～30.00	3.001(80.00)～8.500(215)	305(44.0)	230(33.0)	4

注：表中所有的法定计量单位数据均为原标准给出数据。

(2)镁合金板材和锻件的力学性能

表 5-35　从铸件上切取试样的拉力试验最低值(ASTM B80—2009)

合金牌号		热处理	实验温度	抗拉强度/ksi(MPa)		屈服强度/ksi(MPa)	
ASTM	UNS			平均	最小	平均	最小
AZ63A	M11310	T4	室温	25.5(173)	17.0(117)	10.0(69)	9.0(62)
		T6		25.5(173)	17.0(117)	14.5(99)	12.0(83)
AZ31A	11310	T4		25.5(173)	17.0(117)	10.0(69)	9.0(62)
AZ91C	11914	T4		25.5(173)	17.0(117)	10.0(69)	9.0(62)
		T6		25.5(173)	17.0(117)	14.5(99)	12.0(83)
AZ91E	11919	T6		25.5(173)	17.0(117)	14.5(99)	12.0(83)
AZ92A	11920	T4		25.5(173)	17.0(117)	10.0(69)	9.0(62)
		T6		25.5(173)	17.0(117)	16.0(110)	13.5(92)
EQ21A	18330	T6		32.0(221)	28.0(193)	23.0(158)	20.0(138)
		T6	400°F	—	23.0(158)	—	18.0(124)
EV31A	12310	T6	室温	41.1(283)	36.0(248)	24.5(169)	21.0(145)
		T6	400°F	35.5(242)	—	21.8(150)	—
EZ33A	12330	T5	室温	15.0(103)	13.0(90)	12.5(86)	11.0(76)
		T5	500°F	—	10.0(69)	—	6.0(41)
QE22A	18220	T6	室温	32.0(221)	28.0(113)	23.0(158)	20.0(138)
		T6	400°F	—	24.0(165)	—	18.0(124)
WE43A	18430	T6	室温	36.5(252)	31.5(215)	25.5(176)	22.0(152)
		T6	482°F	30.5(210)	25.5(176)	22.5(155)	18.5(128)
WE43B	18432	T6	室温	36.5(252)	31.5(215)	25.5(176)	22.0(152)
		T6	482°F	30.5(210)	25.5(176)	22.5(155)	18.5(128)
WE54A	18410	T6	室温	35.0(240)	30.5(210)	24.0(165)	23.0(160)
		T6	482°F	—	27.0(185)	—	22.0(150)
ZC63A	16331	T6	室温	—	27.0(185)	—	18.0(124)
ZE41A	16410	T5	室温	28.0(193)	26.0(179)	19.5(135)	17.5(120)
ZK51A	16510	T5	室温	29.0(209)	24.0(165)	17.0(117)	14.0(96)
ZK61A	16610	T6	室温	34.0(234)	30.0(207)	—	21.0(145)

注:表中所有的法定计量单位数据均为原标准给出数据。

表 5-36　　加载条件的拉伸试验和布氏硬度值(ASTM B80—2009)

合金牌号		热处理状态	屈服强度/ksi(MPa),不小于	单位变形量/mm·mm^{-1}	布氏硬度(HB)
ASTM	UNS				
AM100A	M10100	T6	17.0(117)	0.0046	69
AZ63A	M11630	F	11.0(76)	0.0037	50
		T4	11.0(76)	0.0037	55
		T5	12.0(83)	0.0038	55
		T6	16.0(110)	0.0045	73
AZ81A	M11810	T4	11.0(76)	0.0037	55
AZ91C	M11914	F	11.0(76)	0.0037	60
		T4	11.0(76)	0.0037	55
		T5	12.0(83)	0.0038	62
AZ91E	M11919	T6	16.0(110)	0.0045	70
		T6	16.0(110)	0.0045	70
AZ92A	M11920	F	11.0(76)	0.0037	65
		T4	11.0(76)	0.0037	63
		T5	12.0(83)	0.0038	69
		T6	18.0(129)	0.0048	81
EQ21A	M18330	T6	25.0(172)	0.0058	78
EV31A	M12310	T6	21.0(145)	0.0052	78
EZ33A	M12330	T5	14.0(96)	0.0042	50
K1A	M18010	F	6.0(41)	0.0029	
QE22A	M18220	T6	25.0(172)	0.0058	78
WE43A	M18430	T6	25.0(172)	0.0058	85
WE43B	M18432	T6	25.0(172)	0.0058	85
WE54A	M18410	T6	26.0(179)	0.0060	85
ZC63A	M16331	T6	18.0(125)	0.0050	60
ZE41A	M16410	T5	19.5(135)	0.0050	62
ZK51A	M16510	T5	20.0(138)	0.0051	65
ZK61A	M16610	T6	26.0(174)	0.0060	70

注:表中所有的法定计量单位数据均为原标准给出数据。

(3)镁合金压铸件的力学性能

表 5-37　镁合金压铸件及其特性(ASTM B94—2007)

合金牌号		熔化温度近似	铸造性、流动性	气密性	抗热裂性	机械加工性能	电镀性能	表面处理(阳极化)	高温强度
ASTM	UNS								
AM50A	M10500	1025～1145(551～618)	3	1	2	1	2	1	3
AM60A	M10600	1005～1140(540～615)	3	1	2	1	2	1	3
AS41A	M10410	1050～1150(565～620)	4	1	1	1	2	1	2
AS41B	M10412	1050～1150(565～620)	4	1	1	1	2	1	2
AZ91A	M11910	875～1105(470～595)	2	2	2	1	2	2	4
AZ91B	M11912	875～1105(470～595)	2	2	2	1	2	2	4
AZ91D	M11916	875～1105(470～595)	2	2	2	1	2	2	4
AM60B	M10602	1005～1140(540～615)	3	1	2	1	2	1	3
AJ52A	M10502	975～1144(514～618)	4	1	3	1	—	—	1
AJ62A	M10604	975～1135(514～613)	3	1	2	1	—	—	1
AS21A	M10200	815～1170(435～632)	2	1	1	1	2	1	2
AS21B	M10202	815～1170(435～632)	2	1	1	1	2	1	2

(4)镁合金永久型铸件的力学性能

表 5-38　镁合金永久型铸件的力学性能(ASTM B199—2007)

合金牌号		热处理状态	屈服强度/ksi(MPa),不小于	单位变形量/mm・mm^{-1}	布氏硬度(HB)
ASTM	UNS				
AM100A	M10100	F	10.0(69)	0.0035	53
		T4	10.0(69)	0.0035	52
		T6	15.0(103)	0.0043	67
		T61	17.0(117)	0.0046	69
AZ81A	M11810	T4	11.0(76)	0.0037	55
AZ91C	M11914	F	11.0(76)	0.0037	60
		T4	11.0(76)	0.0037	55
		T5	12.0(83)	0.0038	62
		T6	16.0(110)	0.0045	70
AZ91E	M11919	T6	16.0(110)	0.0045	70
AZ92A	M11920	F	11.0(76)	0.0037	65
		T4	11.0(76)	0.0037	63
		T5	12.0(83)	0.0038	69
		T6	18.0(124)	0.0048	81
EQ21A	M18330	T6	25.0(172)	0.0058	78
EZ33A	M12330	T5	14.0(96)	0.0042	50
QE22A	M18220	T6	25.0(172)	0.0058	78

注:表中所有的法定计量单位数据均为原标准给出数据。

(5)镁合金板材和锻件的力学性能

表 5-39 镁合金板材的力学性能

合金牌号	状态	厚度 /mm	抗拉强度 /MPa 不小于	屈服强度 $\sigma_{0.2}$ /MPa 不小于	伸长率[①]/%,不小于		标准号
					标距 50mm	标距 5D (5.65 $\sqrt{A}$)	
AZ31B	O	>0.40～12.50	221～275	—	12	—	ASTM B 90/B 90M—2007
		>12.50～50.00	221～275	—	—	9	
		>50.00～80.00	221～275	—	—	8	
	H24	>0.40～6.30	269	200	6	—	
		>6.30～10.00	262	179	8	—	
		>10.00～12.50	255	165	8	—	
		>12.50～25.00	248	152	—	7	
		>25.00～50.00	234	138	—	7	
		>50.00～80.00	234	124	—	7	
	H26	>6.30～10.00	269	186	6	—	
		>10.00～12.50	262	179	6	—	
		>12.50～20.00	255	172	—	5	
		>20.00～25.00	255	159	—	5	
		>25.00～40.00	241	152	—	5	
		>40.00～50.00	241	148	—	5	

注:1. 标距 50mm 适用于厚度小于或等于 12.50mm 的板材,标距 5D(5.65 $\sqrt{A}$)适用于厚度大于 12.50mm 的板材;

2. 表中所有的法定计量单位数据均为原标准给出数据。

表 5-40 镁合金锻件的力学性能

合金牌号	状态	抗拉强度 /MPa 不小于	屈服强度 $\sigma_{0.2}$ /MPa 不小于	伸长率/% 标距 50mm (4D) 不小于	标准号
AZ31B	F	234	131	6	ASTM B 91—2007
AZ61A	F	262	152	6	
AZ80A	F	290	179	5	
	T5	290	193	2	
ZK60A 模锻件[②]	T5	290	179	7	
ZK60A 模锻件	T6[②]	296	221	4	

注:1. 表中①表示仅适用于厚度大于 102mm 的锻件;

2. 表中②表示仅适用于厚度不大于 76mm 的模锻件,自由锻件的抗拉强度要低于此值,并由供需双方协议;

3. 表中所有的法定计量单位数据均为原标准给出数据。

5.4 英国镁及镁合金

5.4.1 镁及镁合金牌号和化学成分

表 5-41 变形镁合金牌号和化学成分(BS 3370—1970)

牌号	代号	化学成分/%,不大于(注明余量和范围值者除外)									
		Al	Zn	Mn	Zr	Cu	Si	Fe	Ni	Ca	Mg
MAG-S-101① MAG-E-101② MAG-F-101③	Mg-Mn1.5	0.05	0.03	1.0～2.0	—	0.02	0.02	0.03	0.005	0.02	余量
MAG-S-111① MAG-E-111②	Mg-Al3Zn1Mn	2.5～3.5	0.6～1.4	0.15～0.40	—	0.1	0.1	0.03	0.005	0.04	余量
MAG-E-121② MAG-F-121③	Mg-Al6Zn1Mn	5.5～6.5	0.5～1.5	0.15～0.40	—	0.1	0.1	0.03	0.005	—	余量
MAG-S-131① MAG-E-131② MAG-F-131③	Mg-Zn2Mn1	0.20	1.5～2.3	0.6～1.3	—	0.1	0.10	0.06	0.005	—	余量
MAG-S-141① MAG-E-141② MAG-F-141③	Mg-Zn1Zr	0.02	0.75～1.5	0.15	0.4～0.8	0.03	0.01	0.01	0.005	—	余量
MAG-S-151① MAG-E-151② MAG-F-151③	Mg-Zn3Zr	0.02	2.5～4.0	0.15	0.4～0.8	0.03	0.01	0.01	0.005	—	余量
MAG-E-161② MAG-F-161③	Mg-Zn6Zr	0.02	4.8～6.2	0.15	0.45～0.8	0.03	0.01	0.01	0.005	—	余量

注:1.表中①表示板、带材牌号;
2.表中②表示挤制棒、型、管(包括挤制毛坯)牌号;
3.表中③表示锻件、锻造用铸坯牌号。

表 5-42 英国镁合金锭的化学成分(BS 2970—1972)

材料牌号		化学成分/%，杂质不大于											
BS	成分名称	Al	Zn	Mn	Zr	稀有金属	Th	Cu	Si	Fe	Ni	Mg	备注
通用合金													
MAG1	Mg-Al8ZnMn	7.5～8.5	0.3～1.0	0.2～0.4	—	—	—	0.15	0.2	0.03	0.01	余量	Cu+Si+Fe+Ni0.35%(不大于)
MAG3	Mg-Al10ZnMn	9.0～10.5	0.3～1.0	0.2～0.4	—	—	—	0.15	0.2	0.03	0.01	余量	Cu+Si+Fe+Ni0.35%(不大于)
MAG4	Mg-Zn4.5Zr	—	3.5～5.5	—	1.0	—	—	0.03	—	—	0.05	余量	—
MAG7	Mg-Al8.5Zn1Mn	7.5～9.2	0.3～1.5	0.15～0.8	—	—	—	0.3	0.3	0.005	0.02	余量	Cu+Si+Fe+Ni0.65%(不大于)
专用合金													
MAG2	Mg-Al8ZnMn	7.5～8.5	0.3～1.0	0.2～0.7	—	—	—	0.005	0.01	0.002	0.001	余量	—
MAG5	Mg-Zn4REZr	—	3.5～5.0	—	1.0	1.0～1.75	—	0.03	—	—	0.005	余量	—
MAG6	Mg-RE3ZnZr	—	0.8～3.0	—	1.0	2.5～4.0	—	0.03	—	—	0.005	余量	—
MAG8	Mg-Th3Zn2Zr	—	1.7～2.5	0.15	1.0	0.10	2.5～4.0	0.03	0.01	0.01	0.005	余量	—
MAG9	Mg-Zn5.5Th2Zr	—	5.3～6.0	0.15	1.0	0.20	1.5～2.3	0.03	0.01	0.01	0.005	余量	—

表 5-43 英国镁合金铸件的化学成分(BS 2970—1972)

材料牌号		化学成分/%，杂质不大于											
BS	成分名称	Al	Zn	Mn	Zr	稀有金属	Th	Cu	Si	Fe	Ni	Mg	备注
通用合金													
MAG1	Mg-Al8ZnMn	7.5～9.0	0.3～1.0	0.15～0.4	—	—	—	0.15	0.3	0.5	0.01	余量	Cu+Si+Fe+Ni0.40%(不大于)
MAG4	Mg-Al10ZnMn	9.0～10.5	0.3～1.0	0.15～0.4	—	—	—	0.15	0.3	0.5	0.01	余量	Cu+Si+Fe+Ni0.40%(不大于)
MAG4	Mg-Zn4.5Zr	—	3.5～5.5	—	0.4～1.0	—	—	0.03	—	—	0.005	余量	—
MZG7	Mg-A8.5Zn1Mn	7.5～9.5	0.3～1.5	0.15～0.8	—	—	—	0.35	0.4	0.5	0.02	余量	Cu+Si+Fe+Ni0.75%(不大于)
专用合金													
MAG2	Mg-Al8ZnMn	7.5～9.0	0.3～1.0	0.15～0.7	—	—	—	0.005	0.03	0.003	0.001	余量	—
MAG5	Mg-Zn4REZr	—	3.5～5.0	—	0.4～1.0	0.75～1.75	—	0.03	—	—	0.005	余量	—
MAG6	Mg-RE3ZnZr	—	0.8～3.0	—	0.4～1.0	2.5～4.0	—	0.03	—	—	0.005	余量	
MAG8	Mg-Th3Zn2Zr	—	1.7～2.5	0.15	0.4～1.0	0.10	2.5～4.0	0.03	0.01	0.01	0.005	余量	—
MAG9	Mg-Zn5.5Th2Zr	—	5.0～6.0	0.15	0.4～1.0	0.20	1.5～2.3	0.03	0.01	0.01	0.005	余量	—

表 5-44 英国镁合金板材、带材、条材的化学成分(BS 3370—1970)

材料名称			化学成分/%，杂质不大于									
材料牌号	成分名称	ISO建议号	Al	Zn	Mn	Zr	Cu	Si	Fe	Ni	Ca	Mg
MAG-S-101	Mg-Mn1.5	—	0.05	0.03	1.0～2.0	—	0.02	0.02	0.03	0.005	0.02	余量
MAG-S-111	Mg-Al3Zn1Mn	R503	2.5～3.5	0.6～1.4	0.15～0.40	—	0.1	0.1	0.03	0.005	0.04	余量
MAG-S-131	Mg-Zn2Mn1	—	0.20	1.5～2.3	0.6～1.3	—	0.1	0.10	0.06	0.005	—	余量
MAG-S-141	Mg-Zn1Zr	—	0.02	0.75～1.5	0.15	0.4～0.8	0.03	0.01	0.01	0.005	—	余量
MAG-S-151	Mg-Zn3Zr	—	0.02	2.5～4.0	0.15	0.4～0.8	0.03	0.01	0.01	0.005	—	余量

表 5-45 英国镁合金锻件的化学成分(BS 3372—1970)

材料名称			化学成分/%，杂质不大于									
材料牌号	成分名称	ISO建议号	Al	Zn	Mn	Zr	Cu	Si	Fe	Ni	Ca	Mg
MAG-F-101	Mg-Mn1.5	—	0.05	0.03	1.0～2.0	—	0.02	0.02	0.03	0.005	0.02	余量
MAG-F-121	Mg-Al6Zn1Mn	R503	5.5～6.5	0.5～1.5	0.15～0.40	—	0.1	0.1	0.03	0005	—	
MAG-F-131	Mg-Zn2Mn1	—	0.20	1.5～2.3	0.6～1.3	—	0.1	0.10	0.06	0.005	—	
MAG-F-141	Mg-Zn1Zr	—	0.20	0.75～1.5	0.15	0.4～0.8	0.03	0.01	0.01	0.005	—	
MAG-F-151	Mg-Zn3Zr	—	0.20	2.5～4.0	0.15	0.4～0.8	0.03	0.01	0.01	0.005	—	
MAG-F-161	Mg-Zn6Zr	—	0.20	4.8～6.2	0.15	0.45～0.8	0.03	0.01	0.01	0.005	—	

表 5-46　英国镁合金挤压棒材、型材、管材的化学成分(BS 3373—1970)

材料名称			化学成分/%,杂质不大于									
材料牌号	成分名称	ISO建议号	Al	Zn	Mn	Zr	Cu	Si	Fe	Ni	Ca	Mg
MAG-E-101	Mg-Mn1.5	—	0.05	0.03	0.1～2.0	—	0.02	0.02	0.03	0.005	0.02	余量
MAG-E-111	Mg-Al3Zn1Mn	R503	2.5～3.5	0.6～1.4	0.15～0.40	—	0.1	0.1	0.03	0.005	0.04	余量
MAG-E-121	Mg-Al6Zn1Mn	R503	5.5～6.5	0.5～1.5	0.15～0.40	—	0.1	0.1	0.03	0.005	—	余量
MAG-E-131	Mg-Zn2Mn1	—	0.20	1.5～2.3	0.6～1.3	—	0.1	0.10	0.06	0.005	—	余量
MAG-E-141	Mg-Zn1Zr	—	0.20	0.75～1.5	0.15	0.4～0.8	0.03	0.01	0.01	0.005	—	余量
MAG-E-151	Mg-Zn3Zr	—	0.20	2.5～4.0	0.15	0.4～0.8	0.03	0.01	0.01	0.005	—	余量
MAG-E-161	Mg-Zn6Zr	—	0.20	4.8～6.2	0.15	0.45～0.8	0.03	0.01	0.01	0.005	—	余量

5.4.2 镁及镁合金的力学性能

表 5-47　英国镁合金挤压棒材、型材和管材的力学性能(BS 3373—1970)

材料名称			状态	厚度		屈服强度 $\sigma_{0.2}$	抗拉强度 σ_b	伸长率	
材料牌号	成分名称	ISO建议号		大于	小于等于	不小于		$5.65\sqrt{S_0}$ 不小于	50mm(小于等于12.5mm)
				mm	mm	MPa	MPa	%	%
MAG-E-101	Mg-Mn1.5	—	M	—	10	120	230	4	4
				10	50	120	230	4	4
				50	100	120	200	3	—
MAG-E-111	Mg-Al3Zn1Mn	R503	M	—	10	150	230	8	8
				10	75	160	240	10	10
MAG-E-121	Mg-Al6Zn1Mn	R503	M	—	10	150	260	7	7
				10	75	180	270	8	8
				75	150	160	250	6	—
MAG-E-131	Mg-Zn2Mn1	—	M	—	10	150	230	8	8
				10	75	160	245	10	10
MAG-E-141	Mg-Zn1Zr	—	M	—	10	170	250	8	6
				10	75	185	260	8	8
MAG-E-151	Mg-Zn3Zr	—	M	—	10	190	270	8	8
				10	100	225	305	8	8
MAG-E-161	Mg-Zn6Zr	—	M	—	10	230	315	8	8
				10	50	230	315	8	8

表 5-48 英国镁合金铸件的力学性能(BS 2970—1972)

合金牌号	材料状态	屈服强度 $\sigma_{0.2}$ 不小于		抗拉强度 不小于		伸长率 不小于	
		砂型铸造 /MPa	硬模铸造 /MPa	砂型铸造 /MPa	硬模铸造 /MPa	砂型铸造 /%	硬模铸造 /%
通用合金							
MAG1	M	85	85	140	185	2	4
	TB	80	80	200	230	6	10
MAG3	M	95	100	125	170	—	2
	TB	85	85	200	215	4	5
	TF	130	130	200	215	—	2
MAG4	TE	145	145	230	245	5	7
MAG7	M	85	85	125	170	—	2
	TB	80	80	185	215	4	5
	TF	110	110	185	215	—	2
专用合金							
MAG2	M	85	85	140	185	2	4
	TB	80	80	200	230	6	10
MAG5	TE	135	135	200	215	3	4
MAG6	TE	95	110	140	155	3	3
MAG8	TE	85	85	185	185	5	5
MAG9	TE	155	155	255	255	5	5

表 5-49 英国镁合金板、带、条材的力学性能(BS 3370—1970)

材料名称			状态	厚度		屈服强度 $\sigma_{0.2}$ 不小于	抗拉强度		伸长率					
材料牌号	成分名称	ISO建议号		大于	小于等于		最小	最大	50mm 厚度为 0.5 mm 不小于	0.8 mm	1.2 mm	3.0 mm	6.0 mm	$5.65\sqrt{S_0}$ 12.5mm 不小于
				mm	mm	MPa	MPa	MPa	%	%	%	%	%	%
MAG-S-101	MgMn1.5	—	M	—	0.5	—	200	—	—	—	—	—	—	—
				0.5	6	70	200	—	3	3	4	5	—	—
				6	25	70	190	—	—	—	—	—	5	5
MAG-S-111	Mg-Al3Zn1Mn	R503	M	—	0.5	—	250	—	—	—	—	—	—	—
				0.5	6	160	250	—	5	6	6	7	—	—
				6	25	120	220	—	—	—	—	—	10	8
			O	—	0.5	—	220	265	—	—	—	—	—	—
				0.5	6	120	220	265	10	10	10	12	—	—
MAG-S-131	Mg-Zn2Mn1	—	M	—	0.5	—	250	—	—	—	—	—	—	—
				0.5	6	160	250	—	5	6	6	7	—	—
				6	25	120	220	—	—	—	—	—	10	8
			O	—	0.5	—	220	265	—	—	—	—	—	—
				0.5	6	120	220	265	10	10	10	12	—	—
MAG-S-141	Mg-Zn1Zr	—	M	—	0.5	—	240	—	—	—	—	—	—	—
				0.5	1.2	160	240	—	5	5	—	—	—	—
				1.2	6	170	250	—	—	—	6	6	—	—
				6	25	130	230	—	—	—	—	—	8	8
				25	50	120	220	—	—	—	—	—	—	8
MAG-S-151	Mg-Zn3Zr	—	M	—	0.5	—	250	—	—	—	—	—	—	—
				0.5	1.2	160	250	—	5	6	—	—	—	—
				1.2	6	180	265	—	—	—	7	7	—	—
				6	50	150	250	—	—	—	—	—	8	8

表 5-50　　英国镁合金锻件的力学性能(BS 3372—1970)

材料牌号	材料名称：成分名称	材料名称：ISO 建议号	状态	屈服强度 $\sigma_{0.2}$ /MPa 不小于	抗拉强度 /MPa 不小于	伸长率 ($5.65\sqrt{S_0}$) /% 不小于
MAG-F-101	Mg-Mn1.5	—	M	105	200	4
MAG-F-121	Mg-Al6Zn1Mn	R503	M	160	270	7
MAG-F-131	Mg-Zn2Mn1	—	M	125	200	9
MAG-F-141	Mg-Zn1Zr	—	M	125	200	7
MAG-F-151	Mg-Zn3Zr	—	M	180	270	7
MAG-F-161	Mg-Zn6Zr	—	TE	180	280	7

5.5　法国镁及镁合金

5.5.1　镁及镁合金牌号和化学成分

表 5-51　　法国镁合金常用拉制和轧制品的牌号和化学成分(NF A 65-717—1981)

牌号	化学成分/%,不大于(注明不小于、余量及范围值者除外)										备注
	Al	Zn	Mn	Zr①	Si	Cu	Fe	Ni	Ca	Mg	
G-A3Z1	2.5～3.5	0.5～1.5	0.2,不小于	—	0.1	0.1	0.03	0.005	0.04	余量	板、棒、线、型管
G-A6Z1	5.5～6.5	0.5～1.5	0.15～0.4	—	0.1	0.1	0.03	0.005	—		棒、线、型、管
G-A8Z	7.5～9.2	0.2～1.0	0.1～0.4	—	0.1	0.05	0.005	0.005	—		线、棒、型
G-M2	0.05	0.03	1.2～2.0	—	0.1	0.05	0.03	0.005	—		线、棒、型
G-Z5Zr	0.02	4.8～6.2	0.15	0.45～0.8	0.01	0.03	0.01	0.005	—		棒、线、型、管

注:表中①为可溶性锆。

表 5-52　　压铸用镁合金锭牌号和化学成分(NF A 57-102—1984)

牌号	化学成分/%,不大于(注明余量及范围值者除外)									备注
	Al	Zn	Mn	Si	Cu	Ni	Fe	其他总计	Mg	
G-A4S1	3.5～5	0.10	0.2～0.5	0.50～1.5	0.05	0.01	0.02	0.15	余量	可另加少量铍，其含量允许为 0.0005%～0.0015%
G-A6	5.5～6.5	0.10	0.1～0.4	0.10	0.05	0.01	0.02	0.15		
G-A6Z1	5.5～6.5	0.2～1.0	0.1～0.4	0.1	0.05	0.01	0.02	0.15		
G-A8Z1	7.0～8.5	0.2～1.0	0.15～0.3	0.1	0.05	0.01	0.02	0.15		
G-A9Z1	8.0～9.5	0.2～1.0	0.15～0.3	0.1	0.05	0.01	0.02	0.15		

5.5.2　镁合金的力学性能

表 5-53　　法国常用镁合金轧制品的力学性能(NF A 65-717—1981)

合金牌号	状态	厚度 e/mm 不小于	抗拉强度 R/MPa 不小于	屈服强度 $R_{p0.2}$/MPa 不小于	伸长率 A/% ($5.65\sqrt{S}$) 不小于
G-A3Z1	O	$0.5\leqslant e\leqslant 6$	230	130	12
10	O	$e>6$	230	130	
G-A3Z1	H24	$e\leqslant 6$	270	200	6
8	H24	$6<e\leqslant 12$	260	170	

表 5-54 法国常用镁合金拉制品(实心棒材和型材)的力学性能(NF A 65-171—1981)

合金牌号	状态	截面积/mm²	抗拉强度 R/MPa 不小于	屈服强度 $R_{p0.2}$/MPa 不小于	伸长率 A ($5.65\sqrt{S_0}$) /%,不小于
G-A3Z1	F和H11	$S<2000$	240	160	10
	F	$2000\leqslant S<4000$	240	160	8
G-A6Z1	F和H11	$S<2000$	280	200	10
	F	$2000\leqslant S<4000$	280	180	8
	F或O	$4000\leqslant S<8000$	270	180	6
	F或O	$8000\leqslant S<18000$	260	170	4
G-A8Z	F	$S<2000$	300	220	8
	F	$2000\leqslant S<4000$	300	220	7
	F或O	$4000\leqslant S<8000$	280	200	6
	F或O	$8000\leqslant S<18000$	280	200	4
G-M2	F	$S<2000$	200	140	1.5
G-Z5Zr	F	$S<8000$	300	210	6
	TS	$S<8000$	320	250	5
	F或O	$8000\leqslant S<18000$	300	210	4
	T5	$8000\leqslant S<18000$	320	250	4

表 5-55 法国常用镁合金凹型面或非凹型面型材和管材(长试样)的力学性能(NF A 65-171—1981)

合金牌号	状态	厚度 e/mm	抗拉强度 R/MPa 不小于	屈服强度 $R_{p0.2}$/MPa 不小于	伸长率 A ($5.65\sqrt{S_0}$) /%,不小于
G-A3Z1	F和H11	$1\leqslant e\leqslant 10$	240	160	10
G-A6Z1	F和H11	$1\leqslant e\leqslant 10$	280	180	10
G-Z5Zr	T5	$1\leqslant e\leqslant 10$	300	250	5

5.6 德国镁及镁合金

5.6.1 镁及镁合金牌号和化学成分

表 5-56 德国镁锭的化学成分(DIN 17800.1—1961)(1993 确认)

牌号	材料号	Mg/% 不小于	化学成分/%,杂质不大于						
			总和	Cu	Mn	Ni	Fe	Si	其他杂质
H-Mg99.95	3.5002	99.95	0.05	0.002	0.01	0.001	0.003	0.01	0.01
H-Mg99.8	3.5003	99.80	0.20	0.02	0.10	0.002	0.05	0.10	0.05

表 5-57 德国变形镁合金的化学成分(DIN 1729.1—1982)(1993 确认)

牌号	材料号	主要成分/%				允许杂质/%,不大于								
		Al	Mn	Zn	Mg	Al	Cu	Ni	Zn	Si	Be	Fe	其他杂质	杂质总量
MgMn2	3.5200	—	1.2～2.0	—	余量	0.05	0.05	0.001	0.03	0.10	Ca 0.03	0.005	0.10	—
MgAl3Zn	3.5312	2.5～3.5	0.05～0.4	0.5～1.5	余量	—	0.10	0.005	—	0.10	Ca 0.04	0.03	0.10	—
MgAl6Zn	3.5612	5.5～7.0	0.15～0.4	0.5～1.5	余量	—	0.10	0.005	—	0.1	—	0.03	0.10	—
MgAl8Zn	3.5812	7.8～9.2	0.12～0.3	0.2～0.8	余量	—	0.05	—	—	0.1	—	0.005	0.30	—

表 5-58 德国铸造镁合金的化学成分(DIN 1729—1973 第 2 部分)

牌号	材料号	主要成分/%				杂质/%					
		Al	Zn	Mn	Mg	Si	Cu	Fe	Zn	其他杂质	
										单个的	总和
G-MgAl8Zn1	3.5812.01	7.0~8.5	0.3~1.0	0.1~0.3	余量	0.30	0.20	—	—	0.05	0.15
G-MgAl8Zn1ho	3.5812.43	7.0~8.5	0.3~1.0	0.1~0.3	余量	0.30	0.20	—	—	0.05	0.15
GK-MgAl8Zn1	3.5812.02	7.0~8.5	0.3~1.0	0.1~0.3	余量	0.30	0.20	—	—	0.05	0.15
GK-MgAl8Zn1ho	3.5812.92	7.0~8.5	0.3~1.0	0.1~0.3	余量	0.30	0.20	—	—	0.05	0.15
GK-MgAl8Zn1	3.5812.05	7.0~8.5	0.3~1.0	0.1~0.3	余量	0.50	0.20	—	—	0.05	0.15
G-MgAl9Zn1	3.5912.01	8.0~9.5	0.3~1.0	0.1~0.3	余量	0.30	0.20	—	—	0.05	0.15
G-MgAl9Zn1ho	3.5912.43	8.0~9.5	0.3~1.0	0.1~0.3	余量	0.30	0.20	—	—	0.05	0.15
G-MgAl9Zn1wa	3.5912.61	8.0~9.5	0.3~1.0	0.1~0.3	余量	0.30	0.20	—	—	0.05	0.15
GK-MgAl9Zn1	3.5912.02	8.0~9.5	0.3~1.0	0.1~0.3	余量	0.30	0.20	—	—	0.05	0.15
GK-MgAl9Zn1ho	3.5912.92	8.0~9.5	0.3~1.0	0.1~0.3	余量	0.30	0.20	—	—	0.05	0.15
GK-MgAl9Zn1wa	3.5912.62	8.0~9.5	0.3~1.0	0.1~0.3	余量	0.30	0.20	—	—	0.05	0.15
GD-MgAl9Zn1	3.5912.05	8.0~9.5	0.3~1.0	0.1~0.3	余量	0.50	0.20	—	—	0.05	0.15
G-MgAl6	3.5662.01	—	—	—	—	—	—	—	—	—	—
G-MgAl6ho	3.5662.43	5.5~6.5	—	0.1~0.4	余量	0.20	0.20	—	0.20(0.1)	0.05	0.15
GD-MgAl6	3.5662.05	—	—	—	—	—	—	—	—	—	—
GD-MgAl6Zn1	3.5612.05	5.5~6.5	0.2~1.0	0.1~0.4	余量	0.30	0.20	—	—	0.05	0.15
GD-MgAl4Si1	3.5470.05	4.0~5.0	Si 0.4~1.0	0.2~0.5	余量	—	0.20	—	0.10	0.05	0.15

牌号	材料号	主要成分/%				杂质/%						其他杂质	
		Zn	Zr	Se	Mg	Si	Cu	Ni	Fe	Mn	Zr	单个的	总和
G-MgZn4SE1Zr1	3.5101.91	3.5~5.0	0.4~1.0	0.8~1.7	余量	0.01	0.03	0.05	0.01	0.15	0.2	—	—
G-MgZn5Th2Zr1	3.5102.91	4.8~6.2	0.4~1.0	Th 1.5~2.0	余量	0.01	0.03	0.05	0.01	0.15	0.2	—	—
G-MgSE3Zn2Zr1	3.5103.91	0.8~3.0	0.4~1.0	2.5~4.0	余量	0.01	0.03	0.05	0.01	0.15	0.2	—	—
G-MgTh3Zn2Zr1	3.5105.91	1.7~2.7	0.4~1.0	Th 2.7~3.3	余量	0.01	0.03	0.05	0.01	0.15	0.2	—	—
G-MgAg3SE2Zr1	3.5106.61	Ag:2.0~3.0	0.4~1.0	1.8~2.5	余量	0.01	0.03	0.05	0.01	0.15	0.2	—	—

5.6.2 镁及镁合金的力学性能

(1)德国镁合金半成品的力学性能

表 5-59 德国镁合金半成品的力学性能(DIN 9715—1982)

半成品种类	材料牌号	材料号	尺寸范围 厚度 /mm		抗拉强度 R_m/MPa 不小于	屈服强度 $R_{p0.2}$/MPa 不小于	伸长率 A_{10}/% 最小值	布氏硬度 HB (近似值)
板材			大于	小于				
	MgMn2F20	3.5200.08	2	—	200	145	1.5	40
	MgMn2F22	3.5200.08	—	2	220	165	2	40
	MgAl3ZnF24	3.5312.08	—	10	240	155	10	45
	MgAl3ZnF27	3.5312.08	—	10	270	175	10	55
棒材			横截面积/mm^2					
	MgMn2F20	3.5200.08	<5000		200	145	1.5	40
	MgAl3ZnF24	3.5312.08	<5000		240	155	10	45
		—	<5000		270	195	10	55
	MgAl6ZnF27	3.5612.08	>5000		270	175	8	55
		—	<11300					
	MgAl6ZnF25	3.5612.08	>11300		250	175	6	55
	MgAl8ZnF29	3.5812.08	<5000		290	205	10	60
	MgAl8Zn27	3.5812.08	>5000		270	195	8	60
	MgZn6ZrF31	3.5812.66	<5000		310	215	6	60
挤压型材			厚度/mm					
	MMgMn2F22	3.5200.08	<2		220	165	2	40
	MgMn2F20	3.5200.08	>2		200	145	1.5	40
	MgAl3ZnF24	3.5312.08	<10		240	155	10	45
	MgAl6ZnF27	3.5612.08	<10		270	175	10	55
	MgAl8ZnF29	3.5812.08	<10		290	205	10	60
	MgAl8ZrF31	3.5812.66	<10		310	215	6	60
模锻材	MgAl3ZnF24	3.5312.08	—		240	155	8	40
	MgAl6ZnF27	3.5612.08	—		270	175	6	55
	MgAl8ZnF29	3.5812.08	—		290	205	6	60
	MgZn8ZrF31	3.5812.66	—		310	215	6	65

注:1.镁合金只有要求较严的尺寸公差时才用拉拔工艺;

2.各值只适用于顺纤维方向,其他方向的值较低,应与制造厂协商。

(2)德国铸造镁合金的力学性能

表 5-60　通用合金的力学性能[DIN 1729(第 2 篇)—1973]

材料牌号	材料号	铸造方法和供货状态	材料性能					商用标号
			屈服极限 $\sigma_{0.2}$ /MPa	抗拉强度 σ_b /MPa	伸长率 /%	布氏硬度 HB 5～250	弯曲疲劳极限（循环负荷 50×10^6） /MPa	
G-MgAl8Zn1	3.5812.01	砂型，铸态	90～110	160～220	2～6	50～65	70～90	AZ81
G-MgAl8Zn1ho	3.5812.43	砂型，扩散退火	90～120	240～280	8～12	50～65	80～100	
GK-MgAl8Zn1	3.5812.02	金属型，铸态	90～110	160～220	2～6	50～65	70～90	
GK-MgAl8Zn1ho	3.5812.92	金属型，扩散退化	90～120	240～280	8～12	50～65	80～100	
GD-MgAl8Zn1	3.5812.05	压力铸造，铸态	140～160	200～240	1～3	60～85	50～70	
G-MgAl9Zn1	3.5912.01	砂型铸造，铸态	90～120	160～220	2～5	50～65	70～90	AZ91
G-MgAl9Zn1ho	3.5912.43	砂型，扩散退火	110～140	240～280	6～12	55～70	80～100	
G-MgAl9Zn1wa	3.5912.61	砂型，人工时效	150～190	240～300	2～7	60～90	80～100	
GK-MgAl9Zn1	3.5912.02	金属型，铸态	110～130	160～220	2～5	55～70	70～90	
GK-MgAl9Zn1ho	3.5912.92	金属型，扩散退火	120～160	240～280	6～10	55～70	80～100	
GK-MgAl9Zn1wa	3.5912.62	金属型，人工时效	150～190	240～300	2～7	60～90	80～100	
GD-MgAl9Zn1	3.5912.05	压力铸造，铸态	150～170	200～250	0.5～3.0	65～85	50～70	

注：通用合金在 100℃以下既有高的强度又有良好的可铸性。

表 5-61　专用合金的力学性能[DIN 1729(第 2 篇)—1973]

材料牌号	材料号	铸造方法和供货状态	材料性能					商用标号
			屈服极限 $\sigma_{0.2}$ /MPa	抗拉强度 σ_b /MPa	伸长率 δ /%	布氏硬度 HB 5～250	弯曲疲劳极限（负载循环 50×10^6）/MPa	
G-MgAl6	3.5662.01	砂型，铸态	80～110	180～240	8～12	50～65	70～90	6
G-MgAl6ho	3.5662.43	砂型，扩散退火	90～110	190～250	8～15	50～65	70～90	
GD-MgAl6	3.5662.05	压力铸造，铸态	120～150	190～230	4～8	55～70	50～70	
GD-MgAl6Zn1	3.5612.05	压力铸造，铸态	130～160	200～160	3～6	55～70	50～70	AZ61
GD-MgAl4Si1	3.5470.05	压力铸造，铸态	120～150	200～250	3～6	60～90	50～70	AS41

注：这类合金伸长率较高，可以大批量制造优质铸件。其中有的合金在 100～150℃范围内仍具有良好的性能。因此，该类合金被广泛地用于电机、机床、仪器制造业中。

表 5-62　特殊合金的力学性能[DIN 1729(第 2 篇)—1973]

材料编号	材料号	铸造方法和供货状态	屈服极限 $\sigma_{0.2}$ /MPa	抗拉强度 σ_b /MPa	伸长率 δ /%	布氏硬度 HB 5～250	弯曲疲劳极限（负载循环 50×10^6）/MPa	商用标号
G-MgZn4SE1Zr1	3.5101.91	砂型热处理	140～180	200～240	3～8	60～80	80～95	RZ5
G-MgZn5Th2Zr1	3.5102.91	砂型热处理	150～180	250～290	3～8	60～80	70～85	TZ6
G-MgSE3Zn2Zr1	3.5103.91	砂型热处理	100～120	150～180	3～6	50～70	65～75	ZRE1
G-MgTh3Zn2Zr1	3.5105.91	砂型热处理	90～120	190～240	5～12	50～60	65～75	ZT1
G-MgAg3SE2Zr1	3.5106.61	砂型人工时效	180～220	240～280	2～6	65～85	100～120	MSR

注：这组合金可用于性能要求较高的铸件。它们在冶炼和铸造方面比一般合金和专用合金要求更严，制造铸件时需要的费用也高。

5.6.3 变形镁合金和铸造镁合金的特性及用途

表 5-63　　德国变形镁合金的特性及用途

合金牌号	特性及用途
MgMn2	耐腐蚀性好，焊接性能及可塑性能好。可加工成板材构件、挡板、燃油箱
MgAl3Zn	中等强度，焊接性能好，塑性高。用于中等机械强度且要求化学稳定性高的构件，如腐蚀板
MgAl6Zn	中、高等强度，焊接性能稍差。用以加工中等强度构件
MgAl8Zn	强度极高
MgZn6Zr	强度极高。用于加工高强度零部件

表 5-64　　德国铸造镁合金的特性及用途

合金牌号	特性及用途
G-MgAl8Zn1	伸长率高，焊接性能好。铸造状态的合金适用铸造耐冲击的零件。扩散退火状态的合金，用以铸造耐冲击、耐振动的零件
G-MgAl9Zn1	抗拉强度和屈服强度最高。适用于铸造高结构强度和高抗压强度的铸件。焊接性能良好。一般常采用压力铸造，且适用于铸造形状复杂、壁薄、强度高、又不经热处理的压铸件
G-MgAl6	延展性和冲击韧性好。用于铸造汽车的附件
GD-MgAl6Zn1	延展性小于 G-MgAl6 用于需要有较小冷变形的压铸件
GD-MgAl4si1	150℃以内蠕变性能好。用于燃气发动机中长期承受热负荷的铸件
G-MgZn4SE1Zr1	无显微缩孔，使用温度可达 150℃。用于铸造形状复杂而笨重的气密性铸件
G-MgZn5Th2Zr1	无显微缩孔，使用温度可达 150℃。用于形状复杂而又必须气密性好的铸件
G-MgSE3Zr1	无显微缩孔，250℃以内蠕变性能好。用于形状复杂的气密性铸件
G-MgTh3Zn2Zr1	耐热合金，350℃以内蠕变性能好。主要使用温度在 200～300℃。用于铸造形状复杂的高强度铸件
G-MgAg3SE2Zr1	静态与动态强度最高。适用温度 200℃左右，短时可达 250℃左右

5.7 日本镁及镁合金

5.7.1 镁及镁合金牌号和化学成分

表 5-65　　重熔用镁锭牌号和化学成分

牌号	化学成分/%，不大于(注明不小于者除外)								标准号
	Al	Si	Mn	Fe	Zn	Cu	Ni	Mg，不小于	
1级	0.01	0.01	0.01	0.01	0.05	0.005	0.001	99.90	JIS H 2150—1961
2级	0.05	0.05	0.10	0.05	0.05	0.02	0.001	99.8	

表 5-66 **变形镁合金牌号和化学成分**

牌号	化　学　成　分/%,不大于(注明不小于、余量及范围值者除外)											标　准　号
	Al	Zn	Zr	Mn	Fe	Si	Cu	Ni	Ca	其他元素总和	Mg	
M1	2.5～3.5	0.5～1.5	*	不小于 0.15	0.010	0.10	0.10	0.005	0.04	0.30	余量	JIS H 4201—1976 JIS H 4202—1982 JIS H 4203—1990 JIS H 4204—1982
M2	5.5～7.2	0.5～1.5	*	0.15～0.40	0.010	0.10	0.10	0.005	*	0.30	余量	
M3	7.5～9.2	0.2～1.0	*	0.10～0.40	0.010	0.10	0.05	0.005	*	0.30	余量	
M4	*	0.8～1.5	0.40～0.8	*	*	*	0.03	0.005	*	0.30	余量	
M5	*	2.5～4.0	0.40～0.8	*	*	*	0.03	0.005	*	0.30	余量	
M6	*	4.8～6.2	0.45～0.8	*	*	*	0.03	0.005	*	0.30	余量	

注:带 * 标记的元素及其他元素的含量,仅估计存在时才进行分析。

表 5-67 **铸造镁合金锭牌号和化学成分**

材料名称	牌　号	化学成分/%,不大于(注明不小于、余量及范围值者除外)							标　准　号
		Al	Zn	Mn,不小于	Si	Cu	Ni	Mg	
铸造镁合金锭	MCIn1	5.3～6.7	2.5～3.5	0.15～0.6	0.20	0.08	0.08	余量	JIS H 2221—1976
	MCIn2	8.1～9.3	0.40～1.0	0.13～0.5	0.20	0.08	0.08	余量	
	MCIn3	8.3～9.7	1.6～2.4	0.10～0.5	0.20	0.08	0.08	余量	
	MCIn5	9.3～10.7	0.10	0.10～0.5	0.20	0.08	0.08	余量	
压模铸件用铸造镁合金锭	MDCIn1A	8.5～9.5	0.45～0.9	0.15	0.20	0.08	0.01	余量	JIS H 2222—1976
	MDCIn1B	8.5～9.5	0.45～0.9	0.15	0.30	0.25	0.01	余量	

注:1. 对表中规定含量有其他要求及要求规定其他杂质元素的含量时,由供需双方商定;
2. 建议压模铸件用铸造镁合金锭的铍含量为 0.0005%～0.003%,以避免氧化。

表 5-68 **日本变形镁合金棒材牌号和化学成分(JIS H 4203—1990)**

材料牌号	化　学　成　分/%										
	Al	Zn	Zr	Mn	Fe	Si	Cu,≤	Ni,≤	Ca	杂质总和	Mg
1 种 MB1	2.5～3.5	0.5～1.5	*	0.15 以上	0.010 以下	0.10 以下	0.10	0.005	0.04 以下	0.30 以下	余量
2 种 MB2	5.5～7.2	0.5～1.5	*	0.15～0.40	0.100 以下	0.10 以下	0.10	0.005	*	0.30 以下	余量
3 种 MB3	7.5～9.2	0.2～1.0	*	0.10～0.40	0.010 以下	0.10 以下	0.05	0.005	*	0.30 以下	余量
4 种 MB4	*	0.8～1.5	0.40～0.8	*	*	*	0.03	0.005	*	0.30 以下	余量
5 种 MB5	*	2.5～4.0	0.40～0.8	*	*	*	0.03	0.005	*	0.30 以下	余量
6 种 MB6	*	4.8～6.2	0.45～0.8	*	*	*	0.03	0.005	*	0.30 以下	余量

注:1. 其他杂质元素,在给定的条件下进行分析;
2. 表中 Al、Zr、Mn、Fe、Si 及 Ca 的成分带“ * ”号部分的含量,包括在杂质总和内计算。

表 5-69　　日本铸造镁合金牌号和化学成分(JIS H 5203—1975)

种类	牌号	化学成分%,不大于								
		Al	Zn	Mn	RE*	Zr	Si	Cu	Ni	Mg
1种	MC1	5.3～6.7	2.5～3.5	0.15～0.6	—	—	0.30	0.10	0.01	余量
2种	MC2	8.1～9.3	0.4～1.0	0.13～0.5	—	—	0.30	0.10	0.01	余量
3种	MC3	8.3～9.7	1.6～2.4	0.10～0.5	—	—	0.30	0.10	0.01	余量
5种	MC5	9.3～10.7	0.3	0.10～0.5	—	—	0.30	0.10	0.01	余量
6种	MC6	—	3.6～5.5	—	—	0.50～1.0	—	0.10	0.01	余量
7种	MC7	—	5.5～6.5	—	—	0.60～1.0	—	0.10	0.01	余量
8种	MC8	—	2.0～3.1	—	2.5～4.0	0.50～1.0	—	0.10	0.01	余量

注:RE为稀土元素。

5.7.2　镁及镁合金的力学性能

表 5-70　　镁合金板材的力学性能

合金牌号	状态	厚度/mm	抗拉强度/MPa(kgf/mm²)	屈服强度/MPa(kgf/mm²)不大于	伸长率/%不小于	标准号
MP1	O	0.5～6	216～275(22～28)	—	12	JIS H 4201—1982
	1/2H		≥245(25)	137(14)	4	

表 5-71　　镁合金管材的力学性能

合金牌号	状态	厚度/mm	抗拉强度/MPa(kgf/mm²)不小于	屈服强度/MPa(kgf/mm²)不小于	伸长率/%不小于	标准号
MT1	H112	>1～10	230(23.5)	140(14.3)	6	JIS H 4202—1982
	F	—	—	—	—	
MT2	H112	>1～10	260(26.5)	150(15.3)	6	
	F	—	—	—	—	
MT4	H112	>1～10	250(25.5)	170(17.3)	8	
	F	—	—	—	—	

表 5-72　日本镁合金棒材的力学性能(JIS H 4203—2005)

材料牌号		直径或最小平行面距离/mm	抗拉试验		
牌号	材料状态		抗拉强度/MPa(kgf/mm²)不小于	屈服强度/MPa(kgf/mm²)不小于	伸长率/%不小于
MB1	H112 F	>1～≤65 >1～≤65	230(23.5) —	140(14.3) —	6 —
MB2	H112 F	>1～≤65 >1～≤65	260(26.5) —	150(15.3) —	6 —
MB3	H112 F	>10～≤85 >10～≤85	280(28.6) —	190(19.4) —	5 —
MB4	H112 F	≤100 ≤100	250(25.5) —	170(17.3) —	8 —
MB5	H112 F	≤50 ≤50	270(27.6) —	190(19.4) —	8 —
MB6	H112 F T5	≤50 ≤50 ≤50	300(30.6) — 310(31.6)	210(21.4) — 230(23.5)	5 — 5

表 5-73　镁合金型材的力学性能

合金牌号	状态	试验部位厚度/mm	抗拉强度/MPa(kgf/mm²)不小于	屈服强度/MPa(kgf/mm²)不小于	伸长率/%不小于	标准号
MS1	H112	1～65	230(23.5)	140(14.3)	6	JIS H 4204—1982
	F	1～65	—	—	—	
MS2	H112	1～65	260(26.5)	150(15.3)	6	
	F	1～65	—	—	—	
MS3	H112	10～85	280(28.6)	190(19.4)	5	
	F	10～85	—	—	—	
MS1	H112	≤100	250(25.5)	170(17.3)	8	
	F	≤100	—	—	—	
MS5	H112	≤50	270(27.6)	190(19.4)	8	
	F	≤50	—	—	—	
MS6	H112	≤50	300(30.6)	210(21.4)	5	
	F	≤50	—	—	—	
	T5	≤50	310(31.6)	230(23.5)	5	

表 5-74　　　日本铸造镁合金的力学性能(JIS H 5203—1975)

种类	牌号	抗拉强度,不小于 σ_b/MPa	抗拉强度,不小于 σ_s/MPa	伸长率 δ/%	参考 固溶处理 温度/℃	参考 固溶处理 时间/h	参考 人工时效(约为) 温度/℃	参考 人工时效(约为) 时间/h
1种	MC1-F	176	68	4	—	—	—	—
	MC1-T4	235	68	7	380～390	10～14	—	—
	MC1-T5	176	78	2	—	—	260	4
							230	5
	MC1-T6	235	107	3	380～390	10～14	220	5
							230	5
2种	MC2-F	156	68	—	—	—	—	—
	MC2-T4	235	68	7	410～420	16～24	—	—
	MC2-T5	156	78	2	—	—	170	16
							215	4
	MC2-T6	235	107	3	410～420	16～24	170	16
							215	4
3种	MC3-F	156	68	—	—	—	—	—
	MC3-T4	235	68	6	405～410	16～24	—	—
	MC3-T5	156	78	—	—	—	230	5
	MC3-T6	235	127	—	405～410	16～24	260	4
							220	5
5种	MC5-F	137	68	—	—	—	—	—
	MC5-T4	235	68	6	420～425	16～24	—	—
	MC5-T6	235	107	2	420～425	16～24	230	5
							205	24
6种	MC6-T5	235	137	5	—	—	220	8
							175	12
7种	MC7-T5	264	176	5	—	—	150	48
	MC7-T6	264	176	5	495～500	2	130	48
					480～485	10		
8种	MC8-T5	137	98	2	—	—	215	5

5.8 国际标准化组织(ISO)镁及镁合金

5.8.1 镁及镁合金牌号和化学成分

重熔用镁锭牌号和化学成分、变形镁合金牌号和化学成分如表 5-75 和表 5-76 所示。

表 5-75 重熔用镁锭牌号和化学成分

材料名称	牌号	允许的最大杂质含量/%						
		Al	Mn	Zn	Si	Cu	Fe	Ni
一般用途的重熔用镁锭	Mg-99.8	0.05	0.1	—	0.05	0.02	0.05	0.002
	Mg-99.95	0.01	0.01	0.01	0.01	0.005	0.003	0.001
特殊用途的重熔用镁锭	Mg-99.98	0.004	0.002	0.005	0.003	0.0005	0.002	0.0005

材料名称	牌号	允许的最大杂质含量/%					标准号
		Pb	Sn	规定元素总含量	Fe+Ni+Cu的总量	任何其他元素含量	
一般用途的重熔用镁锭	Mg-99.8	—	—	0.20	—	0.05	ISO 8287—2000
	Mg-99.95	0.005	0.005	0.05	0.005	0.01	
特殊用途的重熔用镁锭	Mg-99.98	0.005	0.005	0.02	—		

表 5-76 变形镁合金牌号和化学成分

材料名称	牌号	化学成分/%(不大于,注明范围值者除外)				
		Al	Zn	Mn	Si	Cu
变形镁铝锌合金	Mg-Al3Zn1Mn	2.5～3.5	0.5～1.5	0.2	0.1	0.1
	Mg-Al6Zn1Mn	5.5～7.2	0.5～1.5	0.15～0.4	0.1	0.1
	Mg-Al8Zn1Mn	7.5～9.2	0.2～1.0	0.1～0.4	0.1	0.05
变形镁锌锆合金	Mg-Zn6Zr	—	4.8～6.2	—	—	0.03
	Mg-Zn3Zr	—	2.5～4.0	—	—	0.03
	Mg-Zn1Zr	—	0.75～1.5	—	—	0.03

材料名称	牌号	化学成分/%(不大于,注明范围值者除外)					标准号
		Fe	Ni	Ca	Zr	其他杂质总和	
变形镁铝锌合金	Mg-Al3Zn1Mn	0.03	0.005	0.04	—	0.03	ISO 3116—2007
	Mg-Al6Zn1Mn	0.03	0.005	—	—	0.03	
	Mg-Al8Zn1Mn	0.005	0.005	—	—	0.03	
变形镁锌锆合金	Mg-Zn6Zr	—	0.005	—	0.45～0.8	0.30	
	Mg-Zn3Zr	—	0.005	—	0.4～0.8	0.30	
	Mg-Zn1Zr	—	0.005	—	0.4～0.8	0.30	

5.8.2 镁及镁合金的力学性能

表 5-77 镁合金加工产品的力学性能

材料名称	合金牌号	状态	厚度或直径 D /mm	抗拉强度 R_m/MPa	屈服强度 $R_{p0.2}$ /MPa	伸长率 A ($5.65\sqrt{S_0}$) /%	标准号
条和实心型材	Mg-Zn6Zr	M	$D\leqslant50$	300	210	5	ISO 3116—2007
		TE	$D\leqslant50$	310	230	5	
	Mg-Zn3Zr	M	$D\leqslant10$	270	190	8	
			$10<D\leqslant100$	300	225	8	
	Mg-Zn1Zr	M	$D\leqslant10$	250	170	8	
			$10<D\leqslant100$	260	185	8	
管和空心型材	Mg-Zn1Zr	M	全部型材规格	250	170	5	
锻件	Mg-Zn6Zr	TE	全部型材规格	280	180	7	
	Mg-Zn3Zr	M		270	180	6	
轧制扁平产品	Mg-Zn3Zr	M	$D\leqslant0.5$	250	—	—	
			$0.5<D\leqslant1.6$	250	160	6	
			$1.6<D\leqslant6$	265	180	7	
			$6<D\leqslant50$	250	150	8	
	Mg-Zn1Zr	M	$D\leqslant5.5$	240	—	—	
			$0.5<D\leqslant1.6$	240	160	5	
			$1.6<D\leqslant6$	250	170	6	
			$6<D\leqslant25$	230	130	8	
			$25<D\leqslant50$	220	120	8	
条和实心型材①	Mg-Al3Zn1Mn	M	$10\leqslant D\leqslant40$	240	150	6	
			$40<D\leqslant65$	230	140	6	
	Mg-Al6Zn1Mn	M	$10<D\leqslant40$	270	180	6	
			$40<D\leqslant65$	260	160	6	
	Mg-Al8ZnMn	M	$10\leqslant D\leqslant40$	290	190	5	
			$40<D\leqslant100$	280	190	5	
管和空心型材①	Mg-Al3Zn1Mn	M	$1\leqslant D\leqslant10$	230	150	6	
	Mg-Al6Zn1Mn	M	$1\leqslant D\leqslant10$	260	150	6	
轧制扁平产品②	Mg-Al3Zn1Mn	O	$0.5\leqslant D\leqslant6$	220	105	11	
			$6<D\leqslant25$	210	105	9	
轧制扁平产品②	Mg-Al3Zn1Mn	HB	$0.5\leqslant D\leqslant6$	250	160	5	
			$6<D\leqslant25$	220	120	8	
	Mg-Al3Zn1Mn	HD	$0.5\leqslant D\leqslant6$	260	200	4	
			$6<D\leqslant25$	250	160	6	
单独锻制的试样③	Mg-Al6Zn1Mn	M	$10\leqslant D\leqslant40$	240	130	6	
		M	$10\leqslant D\leqslant40$	270	150	5	
	Mg-Al8Zn1Mn	M	$10\leqslant D\leqslant40$	290	190	2	
		TE	$10\leqslant D\leqslant40$	290	200	4	

注：1. 抗拉强度、屈服强度和伸长率的值均为最小值；

2. 试样沿纵向切取；厚度大于 6.0mm 的轧制扁平产品，试样沿长横向切取；

3. ①为平行于挤压方向的试样；②为垂直于轧制方向的试样；③为单独锻造或与金属流线方向平行的试样。

第 6 章 铜及铜合金

6.1 中国铜及铜合金

6.1.1 铜及铜合金牌号和化学成分

表 6-1 加工铜牌号和化学成分(GB/T 5231—2001)

组别	牌号	代号	化学成分[①]/%（质量分数）												
			Cu+Ag	P	Ag	Bi[②]	Sb[②]	As[②]	Fe	Ni	Pb	Sn	S	Zn	O
纯铜	一号铜	T1	99.95	0.001	—	0.001	0.002	0.002	0.005	0.002	0.003	0.002	0.005	0.005	0.02
纯铜	二号铜	T2[③]	99.90	—	—	0.001	0.002	0.002	0.005	—	0.005	—	0.005	—	—
纯铜	三号铜	T3	99.70	—	—	0.002	—	—	—	—	0.01	—	—	—	—
无氧铜	0号无氧铜	TU0[④]	Cu99.99	0.0003	0.0025	0.001	0.0004	0.0005	0.0010	0.0010	0.0005	0.0002	0.0015	0.0001	0.0005
无氧铜	0号无氧铜	TU0[④]	Se 0.0003　Te 0.0002　Mn 0.00005　Cd 0.0001												
无氧铜	一号无氧铜	TU1	99.97	0.002	—	0.001	0.002	0.002	0.004	0.002	0.003	0.002	0.004	0.003	0.002
无氧铜	二号无氧铜	TU2	99.95	0.002	—	0.001	0.002	0.002	0.004	0.002	0.004	0.002	0.004	0.003	0.003
磷脱氧铜	一号脱氧铜	TP1	99.90	0.004～0.012	—	—	—	—	—	—	—	—	—	—	—
磷脱氧铜	二号脱氧铜	TP2	99.9	0.015～0.040	—	—	—	—	—	—	—	—	—	—	—
银铜	0.1银铜	TAg0.1	Cu99.5	—	0.06～0.12	0.002	0.005	0.01	0.05	0.2	0.01	0.05	0.01	—	0.1

注：1. 表中①经双方协商，可限制表 1 中未规定的元素或要求加严限制表中规定的元素；

2. 表中②砷、铋、锑可不分析，但供方必须保证不大于界限值；

3. 表中③经双方协商，可供应 P 小于或等于 0.001%的导电用 T2 铜；

4. 表中④TUO[C10100]铜量为差减法所得。

表 6-2 加工黄铜牌号和化学成分(GB/T 5231—2001)

组别	合金牌号	合金代号	化学成分/%(质量分数)									
			Cu	Sn	Ni①	Al	Fe②	Pb	Mn	Zn	杂质	其他
普通黄铜	96 黄铜	H96	95.0～97.0	—	0.5	—	0.10	0.03	—	余量	0.2	—
	90 黄铜	H90	88.0～91.0	—	0.5	—	0.10	0.03	—	余量	0.2	—
	85 黄铜	H85	84.0～86.0	—	0.5	—	0.10	0.03	—	余量	0.3	—
	80 黄铜	H80③	79.0～81.0	—	0.5	—	0.10	0.03	—	余量	0.3	—
	70 黄铜	H70③	68.5～71.5	—	0.5	—	0.10	0.03	—	余量	0.3	—
	68 黄铜	H68	67.0～70.0	—	0.5	—	0.10	0.03	—	余量	0.3	—
	65 黄铜	H65	63.5～68.0	—	0.5	—	0.10	0.03	—	余量	0.3	—
	63 黄铜	H63	62.0～65.0	—	0.5	—	0.15	0.08	—	余量	0.5	—
	62 黄铜	H62	60.5～63.5	—	0.5	—	0.15	0.08	—	余量	0.5	—
	59 黄铜	H59	57.0～60.0	—	0.5	—	0.3	0.5	—	余量	1.0	—
镍黄铜	65-5 镍黄铜	HNi65-5	64.0～67.0	—	5.0～6.5	—	0.15	0.03	—	余量	0.3	—
	56-3 镍黄铜	HNi56-3	54.0～58.0	—	2.0～3.0	0.3～0.5	0.15～0.5	0.2	—	余量	0.6	—
铅黄铜	89-2 铅黄铜	HPb89-2	87.5～90.5④	—	0.7	—	0.10	1.3～2.5	—	余量	—	—
	66-0.5 铅黄铜	HPb66-0.5	65.0～68.0④	—	—	—	0.07	0.25～0.7	—	余量	—	—
	63-3 铅黄铜	HPb63-3	62.0～65.0	—	0.5	—	0.10	2.4～3.0	—	余量	0.75	—
	63-0.1 铅黄铜	HPb63-0.1	61.5～63.5	—	0.5	—	0.15	0.05～0.3	—	余量	0.5	—
	62-0.8 铅黄铜	HPb62-0.8	60.0～63.0	—	0.5	—	0.2	0.5～1.2	—	余量	0.75	—
	62-3 铅黄铜	HPb62-3	60.0～63.0⑤	—	—	—	0.35	2.5～3.7	—	余量	—	—

续表

组别	合金牌号	合金代号	化学成分/%（质量分数）									
			Cu	Sn	Ni[①]	Al	Fe[②]	Pb	Mn	Zn	杂质	其他
铅黄铜	62-2铅黄铜	HPb62-2	60.0～63.0[⑤]	—	—	—	0.15	1.5～2.5	—	余量	—	—
	61-1铅黄铜	HPb61-1	58.0～62.0[④]	—	—	—	0.15	0.6～1.0	—	余量	—	—
	60-2铅黄铜	HPb60-2	58.0～61.0[⑤]	—	—	—	0.30	1.5～2.5	—	余量	—	—
	59-3铅黄铜	HPb59-3	57.5～59.5	—	0.5	—	0.50	2.0～3.0	—	余量	1.2	—
	59-1铅黄铜	HPb59-1	57.0～60.0	—	1.0	—	0.5	0.8～1.9	—	余量	1.0	—
加砷黄铜	85A加砷黄铜	H85A	84.0～86.0	—	0.5	—	0.10	0.03	—	余量	0.3	As 0.02～0.08
	70A加砷黄铜	H70A	68.5～71.5[⑥]	—	—	—	0.05	0.05	—	余量	—	As 0.02～0.08
	68A加砷黄铜	H68A	67.0～70.0	—	0.5	—	0.10	0.03	—	余量	0.3	As0.03～0.06
锡黄铜	70-1锡黄铜	HSn70-1	69.0～71.0	0.8～1.3	0.5	—	0.10	0.05	—	余量	0.3	As 0.03～0.06
	90-1锡黄铜	HSn90-1	88.0～91.0	0.25～0.75	0.5	—	0.10	0.03	—	余量	0.2	—
	62-1锡黄铜	HSn62-1	61.0～63.0	0.7～1.1	0.5	—	0.10	0.10	—	余量	0.3	—
	60-1锡黄铜	HSn60-1	59.0～61.0	1.0～1.5	0.5	—	0.10	0.30	—	余量	1.0	—
铝黄铜	77-2铝黄铜	HA177-2	76.0～79.0[⑤]	—	—	1.8～2.5	0.06	0.07	—	余量	—	As 0.02～0.06
	67-2.5铝黄铜	HAl67-2.5	66.0～68.0	—	0.5	2.0～3.0	0.6	0.5	—	余量	1.5	—
	60-4-3-1铝黄铜	HAl61-4-3-1	59.0～62.0	—	2.5～4.0	3.5～4.5	0.3～1.3	—	—	余量	0.7	Si 0.5～1.5；Co 0.5～1.0

续表

组别	合金牌号	合金代号	化学成分/%（质量分数）									
			Cu	Sn	Ni①	Al	Fe②	Pb	Mn	Zn	杂质	其他
铝黄铜	60-1-1 铝黄铜	HAl60-1-1	58.0～61.0	—	0.5	0.70～1.50	0.70～1.50	0.40	0.1～0.6	余量	0.7	—
	59-3-2 铝黄铜	HAl59-3-2	57.0～60.0	—	2.0～3.0	2.5～3.5	0.50	0.10	—	余量	0.9	—
	66-6-3-2 铝黄铜	HAl66-6-3-2	64.0～68.0	—	0.5	6.0～7.0	2.0～4.0	0.5	1.5～2.5	余量	1.5	—
锰黄铜	62-3-3-0.7 锰黄铜	HMn62-3-3-7	60.0～63.0	0.1	0.5	2.4～3.4	0.1	0.05	—	余量	1.2	Si 0.5～1.5
	58—2 锰黄铜	HMn58-2⑦	57.0～60.0	—	0.5	—	1.0	0.1	1.0～2.0	余量	1.2	—
	57-3-1 锰黄铜	HMn57-3-1⑦	55.0～58.5	—	0.5	0.5～1.5	1.0	0.2	2.5～3.5	余量	1.3	—
	55-3-1 锰黄铜	HMn55-3-1⑦	53.0～58.0	—	0.5	—	0.5～1.5	0.5	3.0～4.0	余量	1.5	—
铁黄铜	59-1-1 铁黄铜	HFe59-1-1	57.0～60.0	0.3～0.7	0.5	0.1～0.5	0.6～1.2	0.2	0.5～0.8	余量	0.3	—
	58-1-1 铁黄铜	HFe58-1-1	56.0～58.0	—	0.5	—	0.7～1.3	0.7～1.3	—	余量	0.5	—
硅黄铜	80-3 硅黄铜	HSi80-3	79.0～81.0	—	0.5	—	0.6	0.1	—	余量	1.5	Si 2.5～4.0

注：①无对应外国牌号的黄铜（镍为主成分者除外）的镍含量计入铜中；

②抗磁用黄铜的铁的质量分数不大于0.030%；

③特殊用途的H70，H80的杂质最大值为：Fe 0.07%，Sb 0.002%，P 0.005%，As 0.005%，S 0.002%，杂质总和为0.20%；

④铜＋所列元素总和≥99.6%；

⑤铜＋所列元素总和≥99.5%；

⑥铜＋所列元素总和≥99.7%；

⑦供异型铸造和热锻用的HMn57-3-1和HMn58-2的磷的质量分数不大于0.03%，供特殊使用的HMn55-3-1的铝的质量分数不大于0.1%。

表 6-3 加工青铜牌号和化学成分(GB/T 5231—2001)

组别	合金牌号	合金代号	化学成分/%(质量分数)												
			Sn	Al	Zn	Mn	Fe	Pb	Be	Ni	Si	P	Cu	杂质	其他
锡青铜⑥,⑦	1.5-0.2 锡青铜	QSn1.5-0.2	1.0～1.7	—	0.3	—	0.10	0.05	—	0.2	—	0.03～0.35	余量①	—	—
	4-0.3 锡青铜	QSn4-0.3	3.5～4.9	—	0.3	—	0.10	0.05	—	0.2	—	0.03～0.35	余量①	—	—
	4-3 锡青铜	QSn4-3	3.5～4.5	0.002	2.7～3.3	—	0.05	0.02	—	0.2	—	0.03	余量①	0.2	—
	4-4-2.5 锡青铜	QSn4-4-2.5	3.0～5.0	0.002	3.0～5.0	—	0.05	1.5～3.5	—	0.2	—	0.03	余量	0.2	—
	4-4-4 锡青铜	QSn4-4-4	3.0～5.0	0.002	3.0～5.0	—	0.05	3.5～4.5	—	0.2	—	0.03	余量	0.2	—
	6.5-0.1 锡青铜	QSn6.5-0.1	6.0～7.0	0.002	0.3	—	0.05	0.02	—	0.2	—	0.10～0.25	余量	0.1	—
	6.5-0.4 锡青铜	QSn6.5-0.4	6.0～7.0	0.002	0.3	—	0.02	0.02	—	0.2	—	0.26～0.40	余量	0.1	—
	7-0.2 锡青铜	QSn7-0.2	6.0～8.0	0.01	0.3	—	0.05	0.02	—	0.2	—	0.10～0.25	余量	0.15	—
	8-0.3 锡青铜	QSn8-0.3	7.0～9.0	—	0.20	—	0.10	0.05	—	0.2	—	0.03～0.35	余量①	—	—
铝青铜⑦	5 铝青铜	QAl5	0.1	4.0～6.0	0.5	0.5	0.5	0.03	—	0.5	0.1	0.01	余量	1.6	—
	7 铝青铜	QAl7	—	6.0～8.5	0.2	—	0.5	0.02	—	0.5	0.1	—	余量①	—	—
	9-2⑦ 铝青铜	QAl9-2	0.1	8.0～10.0	1.0	1.5～2.5	0.5	0.03	—	0.5	0.1	0.01	余量	1.7	—
	9-4 铝青铜	QAl9-4	0.1	8.0～10.0	1.0	0.5	2.0～4.0	0.01	—	0.5	0.1	0.01	余量	1.7	—

续表

组别	合金牌号	合金代号	化学成分/%（质量分数）												
			Sn	Al	Zn	Mn	Fe	Pb	Be	Ni	Si	P	Cu	杂质	其他
铝青铜	10-3-1.5 铝青铜	QAl10-3-1.5[②]	0.1	8.5～10.0	0.5	1.0～2.0	2.0～4.0	0.03	—	0.5	0.1	0.01	余量	0.75	—
	10-4-4 铝青铜	QAl10-4-4[③]	0.1	9.5～11.0	0.5	0.3	3.5～5.5	0.02	—	3.5～5.5	0.1	0.01	余量	1.0	—
	11-6-6 铝青铜	QAl11-6-6	0.2	10.0～11.5	0.6	0.5	5.0～6.5	0.05	—	5.0～6.5	0.2	0.1	余量	1.5	—
	9-5-1-1 铝青铜	QAl9-5-1-1	0.1	8.0～10.0	0.3	0.5～1.5	0.5～1.5	0.01	—	4.0～6.0	0.1	0.01	余量	0.6	As[⑧] 0.01
	10-5-5 铝青铜	QAl10-5-5	0.20	8.0～11.0	0.50	0.5～2.5	4.0～6.0	0.05	—	4.0～6.0	0.25	—	余量	1.2	Mg 0.10
铍青铜	2 铍青铜	QBe2	—	0.15	—	—	0.15	0.005	1.8～2.1	0.2～0.5	0.15	—	余量	0.5	—
	1.9 铍青铜	QBe1.9	—	0.15	—	—	0.15	0.005	1.85～2.1	0.2～0.4	0.15	—	余量	0.5	Ti 0.10～0.25
	1.9-0.1 铍青铜	QBe1.9-0.1	—	0.15	—	—	0.15	0.005	1.85～2.1	0.2～0.4	0.15	—	余量	0.5	Ti 0.10～0.25；Mg 0.07～0.13
	1.7 铍青铜	QBe1.7	—	0.15	—	—	0.15	0.005	1.6～1.85	0.2～0.4	0.15	—	余量	0.5	Ti 0.10～0.25
	0.6-2.5 铍青铜	QBe0.6-2.5	—	0.02	—	—	0.10	—	0.40～0.7	—	0.20	—	余量[①]	—	Co 2.4～2.7
	0.4-1.8 铍青铜	QBe0.4-1.8	—	0.02	—	—	0.10	—	0.20～0.6	1.4～2.2	0.20	—	余量[①]	—	Co 0.30
	0.3-1.5 铍青铜	QBe0.3-1.5	—	0.02	—	—	0.10	—	0.25～0.50	—	0.20	—	余量	—	Co 1.40～1.70；Ag 0.90～1.10
硅青铜	3-1 硅青铜	QSi3-1[④]	0.25	—	0.5	1.0～1.5	0.3	0.03	—	0.2	2.7～3.5	—	余量	1.1	—
	1-3 硅青铜	QSi1-3	0.1	0.02	0.2	0.1～0.4	0.1	0.15	—	2.4～3.4	0.6～1.1	—	余量	0.5	—
	3.5-3-1.5 硅青铜	QSi3.5-3-1.5	0.25	—	2.5～3.5	0.5～0.9	1.2～1.8	0.03	—	0.2	3.0～4.0	0.03	余量	1.1	As[⑧] 0.002；Sb[⑧] 0.002

续表

组别	合金牌号	合金代号	化学成分/%（质量分数）												
			Sn	Al	Zn	Mn	Fe	Pb	Be	Ni	Si	P	Cu	杂质	其他
锰青铜	1.5 锰青铜	QMn1.5	0.05	0.07	—	1.2～1.8	0.1	0.01	—	0.1	0.1		余量	0.3	Cr 0.1；Sb[8] 0.005；Bi[8] 0.002；S 0.01
	2 锰青铜	QMn2	0.05	0.07	—	1.5～2.5	0.1	0.01	—	—	0.1	—	余量	0.5	Sb[8] 0.05；Bi[8] 0.002；As[8] 0.01
	5 锰青铜	QMn5	0.1	—	0.4	4.5～5.5	0.35	0.03	—	—	0.1	0.01	余量	0.9	Sb[8] 0.002
锆青铜	0.2 锆青铜	QZr0.2	0.05	—	—	—	0.05	0.01	—	0.2	—	—	余量	0.5	Zr 0.15～0.30；Sb[8] 0.005；Bi[8] 0.002；S 0.01
	0.4 锆青铜	QZr0.4	0.05	—	—	—	0.05	0.01	—	0.2	—	—	余量	0.5	Zr 0.30～0.50；Sb[8] 0.005；Bi[8] 0.002；S 0.01
铬青铜	1 铬青铜	QCr1	—	—	—	—	0.10	0.05	—	—	0.10	—	余量[1]	—	Cr 0.6～1.2
	0.5 铬青铜	QCr0.5	—	—	—	—	0.1	—	—	0.05	—	—	余量	0.5	Cr 0.4～1.1
	0.5-0.2-0.1 铬青铜	QCr0.5-0.2-0.1	—	0.1～0.25	—	—	—	—	—	—	—	—	余量	0.5	Cr 0.4～1.0；Mg 0.1～0.25
	0.6-0.4-0.05 铬青铜	QCr0.6-0.4-0.05	—	—	—	—	0.05	—	—	—	0.05	0.01	余量	0.5	Zr 0.3～0.6；Cr 0.4～0.8；Mg 0.04～0.08
镉青铜	1 镉青铜	QCd1	—	—	—	—	0.02	—	—	—	—	—	余量[1]	—	Cd 0.7～1.2
镁青铜	0.8 镁青铜	QMg0.8	0.002	—	0.005	—	0.005	0.005	—	0.006	—	—	余量	0.3	Mg 0.70～0.85；Sb[8] 0.005；Bi[8] 0.002；S 0.005
铁青铜	2.5 铁青铜	QFe2.5	—	—	0.05～0.20	—	2.1～2.6	0.03	—	—	—	0.015～0.15	97.0	—	—
碲青铜	2.5 碲青铜	QTe0.5	—	—	—	—	—	—	—	—	—	0.004～0.012	99.90[5]	—	Te 0.40～0.70

注：①Cu＋所列出元素总和≥99.5%；
②非耐磨材料用 QAl10-3-1.5，其锌的质量分类可达 1%，但杂质总和应不大于 1.25%；
③经双方协商，焊接或特殊要求的 QAl10-4-4，其锌的质量分数不大于 0.2%；
④QSi3-1 的铁的质量分数不大于 0.030%；
⑤包括 Te＋Sn；
⑥抗磁用锡青铜的铁的质量分数不大于 0.02%；
⑦铝青铜和锡青铜的杂质镍计入铜含量中；
⑧砷、铋和锑可不分析，但供方必须保证不大于界限值。

表 6-4 加工白铜牌号和化学成分(GB/T 5231—2001)

组别	牌号	代号	化学成分/%(重量)												
			Ni+Co	Fe	Mn	Zn	Al	Si	Mg	Pb	S	C	P	Cu	杂质	其他
普通白铜	0.6 白铜	B0.6	0.57～0.63	0.005	—	—	—	0.002	—	0.005	0.005	0.002	0.002	余量	0.1	—
	5 白铜	B5	4.4～5.0	0.20	—	—	—	—	—	0.01	0.01	0.03	0.01	余量	0.5	—
	19 白铜	B19①	18.0～20.0	0.5	0.5	0.3	—	0.15	0.05	0.005	0.01	0.05	0.01	余量	1.8	—
	25 白铜	B25	24.0～26.0	0.5	0.5	0.3	—	0.15	0.05	0.005	0.01	0.05	0.01	余量	1.8	Sn0.03
	30 白铜	B30	29.0～33.0	0.9	1.2	—	—	0.15	—	0.05	0.01	0.05	0.006	余量	—	—
铁白铜	5-1.5-0.5 铁白铜	BFe5-1.5-0.5	4.8～6.2	1.3～1.7	0.3～0.8	1.0	—	—	—	0.05	—	—	—	余量②	—	—
	10-1-1 铁白铜	BFe10-1-1	9.0～11.0	1.0～1.5	0.5～1.0	0.3	—	0.15	—	0.02	0.01	0.05	0.006	余量	0.7	Sn 0.03
	30-1-1 铁白铜	BFe30-1-1	29.0～32.0	0.5～1.0	0.5～1.2	0.3	—	0.15	—	0.02	0.01	0.05	0.006	余量	0.7	Sn 0.03
锰白铜	3-12 锰白铜	BMn3-12③	2.0～3.5	0.20～0.50	11.5～13.5	—	0.2	0.1～0.3	0.03	0.020	0.020	0.05	0.005	余量	0.5	—
	40-1.5 锰白铜	BMn40-1.5③	39.0～41.0	0.50	1.0～2.0	—	—	0.10	0.05	0.005	0.02	0.10	0.005	余量	0.9	—
	43-0.5 锰白铜	BMn43-0.5③	42.0～44.0	0.15	0.10～1.0	—	—	0.10	0.05	0.002	0.01	0.10	0.002	余量	0.6	—
锌白铜	18-18 锌白铜	BZn18-18	16.5～19.5	0.25	0.50	余量	—	—	—	0.05	—	—	—	63.5～66.5②	—	—
	18-26 锌白铜	BZn18-26	16.5～19.5	0.25	0.50	余量	—	—	—	0.05	—	—	—	53.5～56.5②	—	—
	15-20 锌白铜	BZn15-20	13.5～16.5	0.5	0.3	余量	—	0.15	0.05	0.02	0.01	0.03	0.005	62.0～65.0	0.9	Bi 0.002;As 0.010;Sb 0.002
	15-21-1.8 加铅锌白铜	BZn15-21-1.8	14.0～16.0	0.3	0.5	余量	—	0.15	—	1.5～2.0	—	—	—	60.0～63.0	0.9	—
	15-24-1.5 加铅锌白铜	BZn15-24-1.5	12.5～15.5	0.25	0.05～0.5	余量	—	—	—	1.4～1.7	0.005	—	0.02	58.0～60.0	0.75	—
铝白铜	13-3 铝白铜	BAl13-3	12.0～15.0	1.0	0.50	—	2.3～3.0	—	—	0.003	—	—	0.01	余量	1.9	—
	6-1.5 铝白铜	BAl6-1.5	5.5～6.5	0.50	0.20	—	1.2～1.8	—	—	0.003	—	—	—	余量	1.1	—

注:①特殊用途的 B19 白铜带,可供应硅的质量分数不大于 0.05%的材料;

②Cu+所列出元素总和≥99.5%;

③BMn3-12 合金、作热电偶用的 BMn40-1.5 和 BMn43-0.5 合金,为保证电气性能,对规定有最大值和最小值的成分,允许略微超出表列的规定。

表 6-5 黄铜锭牌号及其化学成分(YS/T544—2009)

序号	牌号	化学成分/%(质量分数)																	主要用途
		主要成分								杂质含量,不大于									
		Cu	Al	Fe	Mn	Si	Pb	As	Bi	Zn	Fe	Pb	Sb	Mn	Sn	Al	P	Si	
1	ZH68	67.0～70.0	—	—	—	—	—	—	—	余量	0.10	0.03	0.01	—	1.0	0.1	0.01	—	制造冷冲、深拉制件和各种板、棒、管材等
2	ZH62	60.0～63.0	—	—	—	—	—	—	—	余量	0.2	0.08	0.01	—	1.0	0.3	0.01	—	冷态下有较高的塑性,广泛用于所有的工业部门
3	ZHAl67-5-2-2	67.0～70.0	5.0～6.0	2.0～3.0	2.0～3.0	—	—	—	—	余量	—	0.5	0.01	—	0.5	—	0.01	—	重载荷耐蚀零件
4	ZHAl63-6-3-3	60.0～66.0	4.5～7.0	2.0～4.0	1.5～4.0	—	—	—	—	余量	—	0.20	—	—	0.2	—	—	0.10	高强度耐磨零件
5	ZHAl62-4-3-3	60.0～66.0	2.5～5.0	1.5～4.0	1.5～4.0	—	—	—	—	余量	—	0.20	—	—	0.2	—	—	0.10	高强度耐蚀零件
6	ZHAl67-2.5	66.0～68.0	2.0～3.0	—	—	—	—	—	—	余量	0.6	0.5	0.05	0.5	0.5	—	—	—	管配件和要求不高的耐磨件
7	ZHAl61-2-2-1	57.0～65.0	0.5～2.0	0.5～2.0	0.1～3.0	—	—	—	—	余量	—	0.5	(Sb+P+As)≤0.4	—	1.0	—	—	0.10	轴瓦、衬筒及其他减摩零件
8	ZHMn58-2-2	57.0～60.0	—	—	1.5～2.5	—	1.5～2.5	—	—	余量	0.6	—	0.05	—	0.5	1.0	0.01	—	轴瓦、衬筒及其他减摩零件
9	ZHMn58-2	57.0～60.0	—	—	1.0～2.0	—	—	—	—	余量	0.6	0.1	0.05	—	0.5	0.5	0.01	—	在空气、淡水、海水、蒸汽和各种液体燃料中工作的零件
10	ZHMn57-3-1	53.0～58.0	—	0.5～1.5	3.0～4.0	—	—	—	—	余量	—	0.3	0.05	—	0.5	0.5	0.01	—	大型铸件、耐海水腐蚀的零件及300℃以下工作的管配件

续表

序号	牌号	化学成分/%（质量分数）																	主要用途
		主要成分								杂质含量，不大于									
		Cu	Al	Fe	Mn	Si	Pb	As	Bi	Zn	Fe	Pb	Sb	Mn	Sn	Al	P	Si	
11	ZHPb65-2	63.0～66.0	—	—	—	—	1.0～2.8	—	—	余量	0.7	—	—	0.2	1.5	0.1	0.02	0.03	煤气给水设备的壳体及机制电子等行业的部分构件和配件
12	ZHPb59-1	57.0～61.0	—	—	—	—	0.8～1.9	—	—	余量	0.6	—	0.05	—	—	0.2	0.01	—	滚珠轴承及一般用途的耐磨耐蚀零件
13	ZHPb60-2	58.0～62.0	0.2～0.8	—	—	—	0.5～2.5	—	—	余量	0.7	—	—	0.05	1.0	—	—	0.05	耐磨耐蚀零件。如轴套、双金属件等
14	ZHPb60-1A	59.0～61.0	0.5～0.7	—	—	—	1.0～2.0	—	—	余量	0.1	—	—	—	0.1		0.005	—	大型水暖铸件，镜面抛光面积大的产品，如大型卫浴龙头本体等
15	ZHPb60-1B	59.0～61.0	0.5～0.7	—	—	—	1.0～2.0	—	—	余量	0.2	—	—	—	0.2		0.01	—	中型水暖铸件，镜面抛光面积大的产品，如中型卫浴龙头本体等
16	ZHPb59-2C	58.0～60.0	0.4～0.8	—	—	—	2.0～3.0	—	—	余量	0.8	—	—	—	0.8	—	—	—	小型水暖铸件，镜面抛光面积较小的产品，如卫浴龙头配件/连接阀等
17	ZHPb62-2-0.1	61.0～63.0	0.5～0.7	—	—	—	1.5～3.0	0.08～0.15	—	余量	0.1	—	—	0.1	0.1	—	0.005	—	大型水暖铸件，同时耐海水腐蚀强，镜面抛光面积大的产品，如卫浴龙头本体等

续表

序号	牌号	化学成分/%(质量分数)																	主要用途
		主要成分								杂质含量,不大于									
		Cu	Al	Fe	Mn	Si	Pb	As	Bi	Zn	Fe	Pb	Sb	Mn	Sn	Al	P	Si	
18	ZHPb60-0.8	59.0~61.0	—	—	—	—	—	—	0.5~1.0	余量	0.5	0.1	—	—	0.5	—	—	—	环保型大型水暖铸件,镜面抛光面积大的产品,对铅渗出有特殊要求,如卫浴龙头本体等
19	ZHSi80-3	79.0~81.0	—	—	—	2.5~4.5	—	—	—	余量	0.4	0.1	0.05	0.5	0.2	0.1	0.02	—	摩擦条件下工作的零件
20	ZHSi80-3-3	79.0~81.0	—	—	—	2.5~4.5	2.0~4.0	—	—	余量	0.4	—	0.05	0.5	0.2	0.2	0.02	—	铸造轴承、衬套

注:1.抗磁用的黄铜锭,铁含量不超过0.05%;

2.需方对化学成分有特殊要求时,可由供需双方协商确定。

表6-6 黄铜锭牌号及其化学成分(YS/T 544—2009)

序号	牌号	化学成分/%(质量分数)																				主要用途
		主要成分									杂质含量,不大于											
		Sn	Zn	Pb	P	Ni	Al	Fe	Mn	Cu	Sn	Zn	Pb	P	Ni	Al	Fe	Mn	Sb	Si	S	
1	ZQSn3-8-6-1	2.0~4.0	6.3~9.3	4.0~6.7	—	0.5~1.5	—	—	—	余量	—	—	—	0.05	—	0.02	0.3	—	0.3	0.02	—	海水工作条件下的配件,压力不大于2.5MPa的阀门
2	ZQSn3-11-4	2.0~4.0	9.5~13.5	3.0~5.8	—	—	—	—	—	余量	—	—	—	0.05	—	0.02	0.4	—	0.3	0.02	—	海水、淡水、蒸汽中,压力不大于2.5MPa的管配件

续表

序号	牌号	化学成分/%(质量分数)																				主要用途
		主要成分									杂质含量,不大于											
		Sn	Zn	Pb	P	Ni	Al	Fe	Mn	Cu	Sn	Zn	Pb	P	Ni	Al	Fe	Mn	Sb	Si	S	
3	ZQSn5-5-5	4.0～6.0	4.5～6.0	4.0～5.7	—	—	—	—	—	余量	—	—	—	0.03	—	0.01	0.25	—	0.25	0.01	0.10	在较高负荷和中等滑动速度下工作的耐磨、耐蚀零件
4	ZQSn6-6-3	5.0～7.0	5.3～7.3	2.0～3.8	—	—	—	—	—	余量	—	—	—	—	—	0.05	0.3	—	0.2	0.05	—	摩擦条件下工作的零件，如衬套、轴瓦等
5	ZQSn10-1	9.2～11.5	—	—	0.60～1.0	—	—	—	—	余量	—	0.05	0.25	—	0.10	0.01	0.08	0.05	0.05	0.02	0.05	高负荷和高滑动速度下工作的耐磨零件
6	ZQSn10-2	9.2～11.2	1.0～3.0	—	—	—	—	—	—	余量	—	—	1.3	0.03	—	0.01	0.20	0.2	0.3	0.01	0.10	复杂成型铸件、管配件及阀、泵体、齿轮、蜗轮等
7	ZQSn10-5	9.2～11.0	—	4.0～5.8	—	—	—	—	—	余量	—	1.0	—	0.05	—	0.01	0.2	—	0.2	0.01	—	结构材料,耐蚀、耐酸的配件及破碎机衬套、轴瓦
8	ZQPb10-10	9.2～11.0	—	8.5～10.5	—	—	—	—	—	余量	—	2.0	—	0.05	—	0.01	0.15	0.2	0.50	0.01	0.10	汽车及其他重载荷的零件,表面压力高又存在侧压力的滑动轴承
9	ZQPb15-8	7.2～9.0	—	13.5～16.5	—	—	—	—	—	余量	—	2.0	—	0.05	—	0.01	0.15	0.2	0.5	0.01	0.1	耐酸配件,高压工作的零件

续表

序号	牌号	化学成分/%（质量分数）																			主要用途
		主要成分									杂质含量，不大于										
		Sn	Zn	Pb	P	Ni	Al	Fe	Mn	Cu	Sn	Zn	Pb	P	Ni	Al	Fe	Mn	Sb	Si	S	
10	ZQPb17-4-4	3.5～5.0	2.0～6.0	14.5～19.5	—	—	—	—	—	余量	—	—	—	0.05	—	0.02	0.3	—	0.3	0.02	0.05	高滑动速度的轴承和一般耐磨件等
11	ZQPb20-5	4.0～6.0	—	19.0～23.0	—	—	—	—	—	余量	—	2.0	—	0.05	—	0.01	0.15	0.2	0.75	0.01	0.1	高滑动速度的轴承，抗蚀零件，负荷达40MPa的零件，负荷达70MPa的活塞销套
12	ZQPb30	—	—	28.0～33.0	—	—	—	—	—	余量	—	0.1	—	0.08	—	0.01	0.2	—	0.2	0.01	0.05	高滑动速度的双金属轴瓦及减摩件
13	ZQPb85-5-5	4.0～6.0	4.0～6.0	4.0～6.0	—	—	—	—	—	84.0～86.0	—	—	—	—	—	—	0.3	—	—	—	—	耐海水腐蚀的水暖铸件，如卫浴龙头本体/连接阀等
14	ZQPb80-7-3	2.3～3.5	7.0～10.0	6.0～8.0		—	—	—	—	78.0～82.0	—	—	—	—	—	—	0.4	—	—	—	—	耐海水腐蚀的水暖铸件，如卫浴龙头本体/连接阀等
15	ZQAl9-2	—	—	—	—	—	8.2～10.0	—	1.5～2.5	余量	0.2	0.5	0.1	0.10	—	—	0.5	—	0.05	0.20	—	耐蚀、耐磨零件。形状简单的大型铸件及在250℃以下工作的管配件和要求气密性高的铸件的零件

续表

序号	牌号	化学成分/%(质量分数)																				主要用途
		主要成分									杂质含量,不大于											
		Sn	Zn	Pb	P	Ni	Al	Fe	Mn	Cu	Sn	Zn	Pb	P	Ni	Al	Fe	Mn	Sb	Si	S	
16	ZQAl9-4-4-2	—	—	—	—	4.0～5.0	8.7～10.0	4.0～5.0	0.8～2.5	余量	—	—	0.02	—	—	—	—	—	—	0.15	—	耐蚀、高强度铸件,耐磨和400℃以下工作的零件
17	ZQAl10-2	—	—	—	—	—	9.2～11.0	—	1.5～2.5	余量	0.2	1.0	0.1	0.1	—	—	0.5	—	—	0.2	—	轮缘、轴套、齿轮、阀座、压下螺母等
18	ZQAl9-4	—	—	—	—	—	8.7～10.7	2.0～4.0	—	余量	0.20	0.40	0.10	—	—	—	—	1.0	—	0.10	—	高强度、耐磨、耐蚀零件及250℃以下工作管配件
19	ZQAl10-3-2	—	—	—	—	—	9.2～11.0	2.0～4.0	1.0～2.0	余量	0.1	0.5	0.1	0.01	0.5	—	—	—	0.05	0.10	—	高强度、耐磨、耐蚀的零件及耐热管配件等
20	ZQMn12-8-3	—	—	—	—	—	7.2～9.0	2.0～4.0	12.0～14.5	余量	—	0.3	0.02	—	—	—	—	—	—	0.15	—	重型机械用的轴套及高强度的耐磨、耐压零件
21	ZQMn12-8-3-2	—	—	—	—	1.8～2.5	7.2～8.5	2.5～4.0	11.5～14.0	余量	0.1	0.1	0.02	0.01	—	—	—	—	—	0.15	—	高强度耐蚀铸件及耐压、耐磨零件

注:1.抗磁用的黄铜锭,铁含量不超过0.05%;

2.需方对化学成分有特殊要求时,可由供需双方协商确定。

表 6-7 铜中间合金锭牌号和化学成分(YS/T 283—1994)

合金牌号	化学成分/%,不大于(注明范围值和余量值除外)												物理特性	
	Si	Mn	Ni	Fe	Sb	Be	P	Mg	Cu	Pb	Zn	Al	熔化温度/℃	特性
CuSi16	13.5～16.5	—	—	0.50	—	—	—	—	余量	—	0.10	0.25	800	脆
CuMn28	—	25.0～30.0	—	1.0	0.1	—	0.1	—	余量	—	—	—	870	韧
CuMn22	—	20.0～25.0	—	1.0	0.1	—	0.1	—	余量	—	—	—	850～900	韧
CuNi15	—	—	14.0～18.0	0.5	—	—	—	—	余量	—	0.3	—	1050～1200	韧
CuFe10	—	0.10	0.10	9.0～11.0	—	—	—	—	余量	—	—	—	1300～1400	韧
CuFe5	—	0.10	0.10	4.0～6.0	—	—	—	—	余量	—	—	—	1200～1300	韧
CuSb50	—	—	—	0.2	49.0～51.0	—	0.1	—	余量	0.1	—	—	680	脆
CuBe4	0.18	—	—	0.15	—	3.8～4.3	—	—	余量	—	—	0.13	1100～1200	韧
CuP14	—	—	—	0.15	—	—	13.0～15.0	—	余量	—	—	—	900～1020	脆
CuP12	—	—	—	0.15	—	—	11.0～13.0	—	余量	—	—	—	900～1020	脆
CuP10	—	—	—	0.15	—	—	9.0～11.0	—	余量	—	—	—	900～1020	脆
CuP8	—	—	—	0.15	—	—	8.0～9.0	—	余量	—	—	—	900～1020	脆
CuMg20	—	—	—	0.15	—	—	—	17.0～23.0	余量	—	—	—	1000～1100	脆
CuMg10	—	—	—	0.15	—	—	—	9.0～11.0	余量	—	—	—	750～800	脆

注:CuP14,CuP12,CuP10,CuP8 作脱氧剂用时,其杂质铁的允许含量不大于 0.3%。

表 6-8　铸造铜合金的化学成分(GB/T 1176—1987)

序号	合金牌号	合金名称	主要化学成分/%(质量分数)									
			锡	锌	铅	磷	镍	铝	铁	锰	硅	铜
1	ZCuSn3Zn8Pb6Ni1	3-8-6-1 锡青铜	2.0～4.0	6.0～9.0	4.0～7.0	—	0.5～1.5	—	—	—	—	其余
2	ZCuSn3Zn11Pb4	3-11-4 锡青铜	2.0～4.0	9.0～13.0	3.0～6.0	—	—	—	—	—	—	其余
3	ZCuSn5Pb5Zn5	5-5-5 锡青铜	4.0～6.0	4.0～6.0	4.0～6.0	—	—	—	—	—	—	其余
4	ZCuSn10Pb1	10-1 锡青铜	9.0～11.5	—	—	0.5～1.0	—	—	—	—	—	其余
5	ZCuSn10Pb5	10-5 锡青铜	9.0～11.0	—	4.0～6.0	—	—	—	—	—	—	其余
6	ZCuSn10Zn2	10-2 锡青铜	9.0～11.0	1.0～3.0	—	—	—	—	—	—	—	其余
7	ZCuPb10Sn10	10-10 铅青铜	9.0～11.0	—	8.0～11.0	—	—	—	—	—	—	其余
8	ZCuPb15Sn8	15-8 铅青铜	7.0～9.0	—	13.0～17.0	—	—	—	—	—	—	其余
9	ZCuPb17Sn4Zn4	17-4-4 铅青铜	3.5～5.0	2.0～6.0	14.0～20.0	—	—	—	—	—	—	其余
10	ZCuPb20Sn5	20-5 铅青铜	4.0～6.0	—	18.0～23.0	—	—	—	—	—	—	其余
11	ZCuPb30	30 铅青铜	—	—	27.0～33.0	—	—	—	—	—	—	其余
12	ZCuAl8Mn13Fe3	8-13-3 铝青铜	—	—	—	—	—	7.0～9.0	2.0～4.0	12.0～14.5	—	其余
13	ZCuAl8Mn13Fe3Ni2	8-13-3-2 铝青铜	—	—	—	—	18～2.5	7.0～8.5	2.5～4.0	11.5～14.0	—	其余
14	ZCuAl9Mn2	9-2 铝青铜	—	—	—	—	—	8.0～10.0	—	1.5～2.5	—	其余

续表

序号	合金牌号	合金名称	主要化学成分/%(质量分数)									
			锡	锌	铅	磷	镍	铝	铁	锰	硅	铜
15	ZCuAl9Fe4Ni4Mn2	9-4-4-2 铝青铜	—	—	—	—	4.0～5.0	8.5～10.0	4.0～5.0	0.8～2.5	—	其余
16	ZCuAl11Fe3	10-3 铝青铜	—	—	—	—	—	8.5～11.0	2.0～4.0	—	—	其余
17	ZCuAl10Fe3Mn2	10-3-2 铝青铜	—	—	—	—	—	9.0～11.0	2.0～4.0	1.0～2.0	—	其余
18	ZCuZn38	38 黄铜	—	其余	—	—	—	—	—	—	—	60.0～63.0
19	ZCuZn25Al6Fe3Mn3	25-6-3-3 铝黄铜	—	其余	—	—	—	4.5～7.0	2.0～4.0	1.5～4.0	—	60.0～66.0
20	ZCuZn26Al4Fe3Mn3	26-4-3-3 铝黄铜	—	其余	—	—	—	2.5～5.0	1.5～5.0	1.5～4.0	—	60.0～66.0
21	ZCuZn31Al2	31-2 铝黄铜	—	其余	—	—	—	2.0～3.0	—	—	—	66.0～68.0
22	ZCuZn35Al2Mn2Fel	35-2-2-1 铝黄铜	—	其余	—	—	—	0.5～2.5	0.5～2.0	0.1～3.0	—	57.0～65.0
23	ZCuZn38Mn2Pb2	38-2-2 锰黄铜	—	其余	1.5～2.5	—	—	—	—	1.5～2.5	—	57.0～60.0
24	ZCuZn40Mn2	40-2 锰黄铜	—	其余	—	—	—	—	—	1.0～2.0	—	57.0～60.0
25	ZCuZn40Mn3Fel	40-3-1 锰黄铜	—	其余	—	—	—	—	0.5～1.5	3.0～4.0	—	53.0～58.0
26	ZCuZn33Pb2	33-2 铅黄铜	—	其余	1.0～3.0	—	—	—	—	—	—	63.0～67.0
27	ZCuZn40Pb2	40-2 铅黄铜	—	其余	0.5～2.5	—	—	0.2～0.8	—	—	—	58.0～63.0
28	ZCuZn16Si4	16-4 硅黄铜	—	其余	—	—	—	—	—	—	2.5～4.5	79.0～81.0

表 6-9 铸造铜合金化学成分的杂质限量(GB/T 1176—1987)

序号	合金牌号	杂质限量/%(质量分数)，不大于														
		铁	铝	锑	硅	磷	硫	砷	碳	铋	镍	锡	锌	铅	锰	总和
1	ZCuSn3Zn8Pb6Ni1	0.4	0.02	0.3	0.02	0.05	—	—	—	—	—	—	—	—	—	1.0
2	ZCuSn3Zn11Pb4	0.5	0.02	0.3	0.02	0.05	—	—	—	—	—	—	—	—	—	1.0
3	ZCuSn5Pb5Zn5	0.3	0.01	0.25	0.01	0.05	0.10	—	—	—	2.5*	—	—	—	—	1.0
4	ZCuSn10Pb1	0.1	0.01	0.05	0.02	—	0.05	—	—	—	0.10	—	0.05	0.25	0.05	0.75
5	ZCuSn10Pb5	0.3	0.02	0.3	—	0.05	—	—	—	—	—	—	1.0*	—	—	1.0
6	ZCuSn10Zn2	0.25	0.01	0.3	0.01	0.05	0.10	—	—	—	2.0*	—	—	1.5*	0.2	1.5
7	ZCuPb10Sn10	0.25	0.01	0.5	0.01	0.05	0.10	—	—	—	2.0*	—	2.0*	—	0.2	1.0
8	ZCuPb15Sn8	0.25	0.01	0.5	0.01	0.10	0.10	—	—	—	2.0*	—	2.0*	—	0.2	1.0
9	ZCuPb17Sn4Zn4	0.4	0.05	0.3	0.02	0.05	—	—	—	—	—	—	—	—	—	0.75
10	ZCuPb20Sn5	0.25	0.01	0.75	0.01	0.10	0.10	—	—	—	2.5*	—	2.0*	—	0.2	1.0
11	ZCuPb30	0.5	0.01	0.2	0.02	0.08	—	0.10	—	0.005	—	1.0*	—	—	0.3	1.0
12	ZCuAl8Mn13Fe3	—	—	—	0.15	—	—	—	0.10	—	—	—	0.3*	0.02	—	1.0
13	ZCuAl8Mn13Fe3Ni2	—	—	—	0.15	—	—	—	0.10	—	—	—	0.3*	0.02	—	1.0
14	ZCuAl9Mn2	—	—	0.05	0.20	0.10	—	0.05	—	—	—	0.2	1.5*	0.1	—	1.0
15	ZCuAl9FeNi4Mn2	—	—	—	0.15	—	—	—	0.10	—	—	—	—	0.02	—	1.0

续表

序号	合金牌号	杂质限量/%(质量分数)，不大于														
		铁	铝	锑	硅	磷	硫	砷	碳	铋	镍	锡	锌	铅	锰	总和
16	ZCuAl10Fe3	—	—	—	0.20	—	—	—	—	—	3.0*	0.3	0.4	0.2	1.0*	1.0
17	ZCuAl10Fe3Mn2	—	—	0.05	0.10	0.01	—	0.01	—	—	—	0.1	0.5*	0.3	—	0.75
18	ZCuZn38	0.8	0.5	0.1	—	0.01	—	—	—	0.002	—	1.0*	—	—	—	1.5
19	ZCuZn25Al6Fe3Mn3	—	—	—	0.10	—	—	—	—	—	3.0*	0.2	—	0.2	—	2.0
20	ZCuZn26Al4Fe3Mn3	—	—	—	0.10	—	—	—	—	—	3.0*	0.2	—	0.2	—	2.0
21	ZCuZn31Al2	0.8	—	—	—	—	—	—	—	—	—	1.0*	—	1.0*	0.5	1.5
22	ZCuZn35Al2Mn2Fe1	—	—	—	0.10	—	—	—	—	—	3.0*	1.0*	Sb+P+As 0.40	0.5	—	2.0
23	ZCuZn38Mn2Pb2	0.8	1.0*	0.1	—	—	—	—	—	—	—	2.0*	—	—	—	2.0
24	ZCuZn40Mn2	0.8	1.0*	0.1	—	—	—	—	—	—	—	1.0	—	—	—	2.0
25	ZCuZn40Mn3Fe1	—	1.0*	0.1	—	—	—	—	—	—	—	0.5	—	0.5	—	1.5
26	ZCuZn33Pb2	0.8	0.1	—	0.05	0.05	—	—	—	—	1.0*	1.5*	—	—	0.2	1.5
27	ZCuZn40Pb2	0.8	—	—	0.05	—	—	—	—	—	1.0*	1.0*	—	—	0.5	1.5
28	ZCuZn16Si4	0.6	0.1	0.1	—	—	—	—	—	—	—	0.3	—	0.5	0.5	2.0

注：1. 有"*"符号的元素不计入杂质总和；
2. 未列出的杂质元素计入杂质总和；
3. ZCuAl10Fe3 合金用于金属型铸造，铁含量允许为 1.0%～4.0%。该合金用于焊接件，铅含量不得超过 0.02%；
4. ZCuZn40Mn3Fe1 合金用于船舶螺旋桨，铜含量为 55.0%～59.0%。ZCuAl8Mn13Fe3Ni2 合金用于金属型和离心铸造，铝含量为 6.8%～8.5%；
5. 经需方认可，ZCuSn5PbZn5，ZCuSn10Zn2，ZCuPb10Sn10，ZCuPb15Sn8 和 ZCuPb20Sn5 合金用于离心铸造和连续铸造，磷含量允许增加到 1.5%，并不计入杂质总和。

6.1.2 铜及铜合金的力学性能

(1)棒材

棒材的化学成分应符合 GB/T 5231 中相应牌号的规定。

1)铜及铜合金拉制棒

表 6-10 圆形棒、方形棒和六角形棒材的尺寸及其允许偏差(GB/T 4423—2007) 单位:mm

直径(或对边框)	圆形棒				方形棒或六角形棒			
	紫黄铜类		青白铜类		紫黄铜类		青白铜类	
	高精级	普通级	高精级	普通级	高精级	普通级	高精级	普通级
≥3~≤6	±0.02	±0.04	±0.03	±0.06	±0.04	±0.07	±0.06	±0.10
>6~≤10	±0.03	±0.05	±0.04	±0.06	±0.04	±0.08	±0.08	±0.11
>10~≤18	±0.03	±0.06	±0.05	±0.08	±0.05	±0.10	±0.10	±0.13
>18~≤30	±0.04	±0.07	±0.06	±0.10	±0.06	±0.10	±0.10	±0.15
>30~≤50	±0.08	±0.10	±0.09	±0.10	±0.12	±0.13	±0.13	±0.16
>50~≤80	±0.10	±0.12	±0.12	±0.15	±0.15	±0.24	±0.24	±0.30

注:1.单向偏差为表中数值的 2 倍;

2.棒材直径或对边距允许偏差等级应在合同中注明,否则按普通级精度供货。

表 6-11 矩形棒材的尺寸及其允许偏差(GB/T 4423—2007) 单位:mm

宽度或高度	紫黄铜类		青白铜类	
	高精级	普通级	高精级	普通级
3	±0.08	±0.10	±0.12	±0.15
>3~≤6	±0.08	±0.10	±0.12	±0.15
>6~≤10	±0.08	±0.10	±0.12	±0.15
>10~≤18	±0.11	±0.14	±0.15	±0.18
>18~≤30	±0.18	±0.21	±0.20	±0.24
>30~≤50	±0.25	±0.30	±0.30	±0.38
>50~≤80	±0.30	±0.35	±0.40	±0.50

注:1.单向偏差为表中数值的 2 倍;

2.矩形棒的宽度或高度允许偏差等级应在合同中注明,否则按普通级精度供货。

多边形棒材的横截面的棱角处允许有圆角,其最大圆角半径 R 不应超过表 6-12 的规定。

表 6-12 方形、矩形棒和六角形棒材的圆角半径 R(GB/T 4423—2007) 单位:mm

截面的名义宽度(对边距离)	3~6	>6~10	>10~18	>18~30	>30~50	>50~80
圆角半径	0.5	0.8	1.2	1.8	2.8	4.0

注:此项供方可不检验,但必须保证。

方形棒、矩形棒和六角形的扭拧度,按每 300 mm 不应超过 1°控制(精确到度)。当按 GB/T4423—2007 附录 A 所列试验方法进行测量时,供货最大长度 5000 mm 总扭拧度不应超过 15°。

表 6-13 棒材的直度(GB/T 4423—2007) 单位:mm

长度	圆形棒				方形棒、六角形棒、矩形棒	
	3~≤20		>20~80			
	全长直度	每米直度	全长直度	每米直度	全长直度	每米直度
<1000	≤2	—	≤1.5	—	≤5	—
≥1000~<2000	≤3	—	≤2	—	≤8	—
≥2000~<3000	≤6	≤3	≤4	≤3	≤12	≤5
≥3000	≤12	≤3	≤8	≤3	≤15	≤5

表 6-14 圆形棒、方形棒和六角形棒材的力学性能(GB/T 4423—2007)

牌号	状态	直径、对边距/mm	抗拉强度 R_m/MPa	断后伸长率 A/%	布氏硬度 HBW
			不小于		
T2 T3	Y	3~40	275	10	—
		40~60	245	12	—
		60~80	210	16	—
	M	3~80	200	40	—
TU1 TU2 TP2	Y	3~80	—	—	—
H96	Y	3~40	275	8	—
		40~60	245	10	—
		60~80	205	14	—
	M	3~80	200	40	—
H90	Y	3~40	330	—	—
H80	Y	3~40	390	—	—
	M	3~40	275	50	—
H68	Y2	3~12	370	18	—
		12~40	315	30	—
		40~80	295	34	—
	M	13~35	295	50	—
H65	Y	3~40	390	—	—
	M	3~40	295	44	—
H62	Y2	3~40	370	18	—
		40~80	335	24	—
HPb61-1	Y2	3~20	390	11	—
HPb59-1	Y2	3~20	420	12	—
		20~40	390	14	—
		40~80	370	19	—
HPb63-0.1 H63	Y2	3~20	370	18	—
		20~40	340	21	—
HPb63-3	Y	3~15	490	4	—
		15~20	450	9	—
		20~30	410	12	—
	Y2	3~20	390	12	—
		20~60	360	16	—
HSn62-1	Y	4~40	390	17	—
		40~60	360	23	—
HMn58-2	Y	4~12	440	24	—
		12~40	410	24	—
		40~60	390	29	—
Fe58-1-1	Y	4~40	440	11	—
		40~60	390	13	—
HFe59-1-1	Y	4~12	490	17	—
		12~40	440	19	—
		40~60	410	22	—
QAl9-2	Y	4~40	540	16	—
QAl9-4	Y	4~40	580	13	—
QAl10-3-1.5	Y	4~40	630	8	—
QSi3-1	Y	4~12	490	13	—
		12~40	470	19	—
QSi1.8	Y	3~15	500	15	—

续表

牌号	状态	直径、对边距/mm	抗拉强度 R_m/MPa	断后伸长率 A/%	布氏硬度 HBW
			不小于		
QSn6.5-0.1 QSn6.5-0.4	Y	3～12	470	13	—
		12～25	440	15	—
		25～40	410	18	—
QSn7-0.2	Y	4～40	440	19	130～200
	T	4～40	—	—	≥180
QSn4-0.3	Y	4～12	410	10	—
		12～25	390	13	—
		25～40	355	15	—
QSn4-3	Y	4～12	430	14	—
		12～25	370	21	—
		25～35	335	23	—
		35～40	315	23	—
QCd1	Y	4～60	370	5	≥100
	M	4～60	215	36	≤75
QCr0.5	Y	4～40	390	6	—
	M	4～60	230	40	—
QZr0.2 QZr0.4	Y	3～40	294	6	130[a]
BZn15-20	Y	4～12	440	6	—
		12～25	390	8	—
	Y	25～40	345	13	—
	M	3～40	295	33	—
BZn15-24-1.5	T	3～18	590	3	—
	Y	3～18	440	5	—
	M	3～18	295	30	—
BFe30-1-1	Y	16～50	490	—	—
	M	16～50	345	25	—
BMn40-1.5	Y	7～20	540	6	—
		20～30	490	8	—
		30～40	440	11	—

注：1. 直径或对边距离小于 10 mm 的棒材不做硬度试验；

2. 此硬度值为经淬火处理及冷加工时效后的性能参考值。

表 6-15　矩形棒材的力学性能(GB/T 4423—2007)

牌号	状态	高度/mm	抗拉强度 R_m/MPa	断后伸长率 A/%
			不小于	
T2	M	3～80	196	36
	Y	3～80	245	9
H62	Y2	3～20	335	17
		20～80	335	23
HPb59-1	Y2	5～20	390	12
		20～80	375	18
HPb63-3	Y2	3～20	380	14
		20～80	365	19

2)铜及铜合金挤制棒

表 6-16 棒材的牌号、状态、规格(YS/T 649—2007)

牌 号	状 态	直径或长边对边距/mm		
		圆形棒	矩形棒	方形、六角形棒
T2,T3	挤制	30～300	20～120	20～120
TU1,TU2,TP2		16～300	—	16～120
H96,HFe58-1-1,HAl60-1-1		10～160	—	10～120
HSn62-1,HMn58-2,HFe59-1-1		10～220	—	10～120
H80,H68,H59		16～120	—	16～120
H62,HPb59-1		10～220	5～50	10～120
HSn70-1,HAl77-2		10～160	—	10～120
HMn55-3-1,HMn57-3-1,HAl66-6-3-2,HAl67-2.5		10～160	—	10～120
QAl9-2		10～200	—	30～60
QAl9-4,QAl10-3-1.5,QAl10-4-4,QAl10-5-5		10～200	—	—
QAl11-6-6,HSi80-3,HNi56-3		10～160	—	—
QSi1-3		20～100	—	—
QSi3-1		20～160	—	—
QSi3.5-3-1.5,BFe10-1-1,BFe30-1-1,BAl13-3,BMn40-1.5		40～120	—	—
QCd1		20～120	—	—
QSn4-0.3		60～180	—	—
QSn4-3,QSn7-0.2		40～180	—	40～120
QSn6.5-0.1,QSn6.5-0.4		40～180	—	30～120
QCr0.5		18～160	—	—
BZn15-20		25～120	—	—

注:1.直径(或对边框)为10～50mm的棒材,供应长度为1000～5000mm;直径(或对边距)大于50～75mm的棒材,供应长度为500～5000mm;直径(或对边距)大于75～120mm的棒材,供应长度为500～4000mm;直径(或对边距)大于120mm的棒材,供应长度为300～4000mm。

2.矩形棒的对边距指两短边的距离。

表 6-17 棒材的直径、对边距允许偏差(YS/T 649—2007)

牌 号(种类)[a]	直径、对边距的允许偏差	
	普通级	高精级
纯铜、无氧铜、磷脱氧铜	±2.0%直径或对边距	±1.8%直径或对边距
普通黄铜、铅黄铜	±1.2%直径或对边距	±1.0%直径或对边距
复杂黄铜(除铅黄铜外)、青铜	±1.5%直径或对边距	±1.2%直径或对边距
白铜	±2.2%直径或对边距	±2.0%直径或对边距

注:1.允许偏差的最小值应不小于±0.3mm;

2.精度等级应在合同中注明,否则按普通级供应;

3.如要求正偏差或负偏差,其值应为表中数值的2倍;

4.铜及铜合金牌号和种类的定义见GB/T 5231及GB/T 11086。

直条棒材的直度应符合表6-18的规定。全长直度不应超过每米直度与总长度(m)的乘积。

表 6-18 棒材的直度(YS/T 649—2007)

类 型	直径、对边距/mm			
	<20	20～40	>40～120	>120
	每米直度,不大于			
圆形棒	7	5	8	15
方形棒、矩形棒、六角棒	8	6	10	—

方棒、矩形棒和六角棒不应有明显的扭拧。如有具体要求,可由供需双方协商确定。

棒材的室温纵向力学性能应符合表6-19的规定。需方有要求并在合同中注明时,可选择布氏硬度试验。当选择硬度试验时,则不进行拉伸试验。

表 6-19　　棒材的力学性能(YS/T 649—2007)

牌　号	直径(对边距)/mm	抗拉强度 R_m/MPa	断后伸长率 A/%	布氏硬度 HBW
T2,T3,TU1,TU2,TP2	≤120	≥186	≥40	—
H96	≤80	≥196	≥35	—
H80	≤120	≥275	≥45	—
H68	≤80	≥295	≥45	—
H62	≤160	≥295	≥35	—
H59	≤120	≥295	≥30	—
HPb59-1	≤160	≥340	≥17	—
HSn62-1	≤120	≥365	≥22	—
HSn70-1	≤75	≥245	≥45	—
HMn58-2	≤120	≥395	≥29	—
HMn55-3-1	≤75	≥490	≥17	—
HMn57-3-1	≤70	≥490	≥16	—
HFe58-1-1	≤120	≥295	≥22	—
HFe59-1-1	≤120	≥430	≥31	—
HAl60-1-1	≤120	≥440	≥20	—
HAl66-6-3-2	≤75	≥735	≥8	—
HAl67-2.5	≤75	≥395	≥17	—
HAl77-2	≤75	≥245	≥45	—
HNi56-3	≤75	≥440	≥28	—
HSi80-3	≤75	≥295	≥28	—
QAl9-2	≤45	≥490	≥18	110～190
	>45～160	≥470	≥24	
QAl9-4	≤120	≥540	≥17	110～190
	>120	≥450	≥13	
QAl10-3-1.5	≤16	≥610	≥9	130～190
	>16	≥590	≥13	
QAl10-4-4,QAl10-5-5	≤29	≥690	≥5	170～260
	>29～120	≥635	≥6	
	>120	≥590	≥6	
QAl11-6-6	≤28	≥690	≥4	—
	>28～50	≥635	≥5	
QSi1-3	≤80	≥490	≥11	—
QSi3-1	≤100	≥345	≥23	—
QSi3.5-3-1.5	40～120	≥380	≥35	—
QSn4-0.3	60～120	≥280	≥30	—
QSn4-3	40～120	≥275	≥30	—
QSn6.5-0.1,QSn6.5-0.4	≤40	≥355	≥55	—
	>40～100	≥345	≥60	
	>100	≥315	≥64	
QSn7-0.2	40～120	≥355	≥64	≥70
QCd1	20～120	≥196	≥38	≤75
QCr0.5	20～160	≥230	≥35	—
BZn15-20	≤80	≥295	≥33	—
BFe10-1-1	≤80	≥280	≥30	—
BFe30-1-1	≤80	≥345	≥28	—
BAl13-3	≤80	≥685	≥7	—
BMn40-1.5	≤80	≥345	≥28	—

注:直径大于 50 mm 的 QAl10-3-1.5 棒材,当断后伸长率 A 不小于 16%时,其抗拉强度可不小于 540MPa。

3)HPb59-1 铅黄铜针座棒

表 6-20 HPb59-1 铅黄铜针座棒的室温纵向力学性能(YS/T 77—1994)

牌号	状态	抗拉强度 σ_b /MPa	伸长率 δ_{10} %
HPb59-1	半硬(Y2)	≥410	12～28

(2)板材

铜及铜合金板材的化学成分符合 GB/T 5231 的规定。板材的外形尺寸及允许偏差应符合 GB/T 17793 中相应规定。未做特别说明时,按普通级供货。

1)铜及铜合金板材

纯铜板、黄铜板广泛应用于工业各部门,复杂黄铜板用于工业制造热加工零件,铝青铜板用于机器和仪表等工业制造弹簧零件,锡青铜板适用于机器制造和仪表等工业制造弹性元件及其他制品。

板材的横向室温力学性能应符合表 6-21 的规定。除铅黄铜板(HPb60-2)和铬青铜板(QCr0.5、QCr0.5-0.2-0.1)外,其他牌号板材在拉伸试验、硬度试验之间任选其一,未作特别说明时,仅提供拉伸试验。

表 6-21 板材的力学性能(GB/T 2040—2008)

牌号	状态	拉伸试验			硬度试验		
		厚度/mm	抗拉强度 R_m/MPa	断后伸长率 $A_{11.3}$/%	厚度/mm	维氏硬度 HV	洛氏硬度 HRB
T2,T3 TP1,TP2 TU1,TU2	R	4～14	≥195	≥30	—	—	—
	M Y1 Y2 Y T	0.3～10	≥205 215～275 245～345 295～380 ≥350	≥30 ≥25 ≥8 — —	≥0.3	≤70 60～90 80～110 90～120 ≥110	— — — — —
H96	M Y	0.3～10	≥215 ≥320	≥30 ≥3	—	—	—
H90	M Y2 Y	0.3～10	≥245 330～440 ≥390	≥35 ≥5 ≥3	—	—	—
H85	M Y2 Y	0.3～10	≥260 305～380 ≥350	≥35 ≥15 ≥3	≥0.3	≤85 80～115 ≥105	—
H80	M Y	0.3～10	≥265 ≥390	≥50 ≥3	—	—	—
H70,H68	R	4～14	≥290	≥40	—	—	—
H70 H68 H65	M Y1 Y2 Y T TY	0.3～10	≥290 325～410 355～440 410～540 520～620 ≥570	≥40 ≥35 ≥25 ≥10 ≥3 —	≥0.3	≤90 85～115 100～130 120～160 150～190 ≥180	— — — — —
H63 H62	R	4～14	≥290	≥30	—	—	—
	M Y2 Y T	0.3～10	≥290 350～470 410～630 ≥585	≥35 ≥20 ≥10 ≥2.5	≥0.3	≤95 90～130 125～165 ≥155	— — — —

续表

牌　号	状　态	拉伸试验			硬度试验		
		厚度/mm	抗拉强度 R_m/MPa	断后伸长率 $A_{11.3}$/%	厚度/mm	维氏硬度 HV	洛氏硬度 HRB
H59	R	4～14	≥290	≥25	—	—	—
	M	0.3～10	≥290	≥10	≥0.3	—	—
	Y		≥410	≥5		≥130	—
HPb59-1	R	4～14	≥370	≥18	—	—	—
	M	0.3～10	≥340	≥25			
	Y2		390～490	≥12			
	Y		≥440	≥5			
HPb60-2	Y	—	—	—	0.5～2.5	165～190	
					2.6～10	—	75～92
	T				0.5～1.0	≥180	
HMn58-2	M	0.3～10	≥380	≥30	—	—	—
	Y2		440～610	≥25			
	Y		≥580	≥3			
HSn62-1	R	4～14	≥340	≥20	—	—	—
	M	0.3～10	≥295	≥35	—	—	—
	Y2		350～400	≥15			
	Y		≥390	≥5			
HMn57-3-1	R	4～8	≥440	≥10	—	—	—
HMn55-3-1	R	4～15	≥490	≥15	—	—	—
HAl60-1-1	R	4～15	≥440	≥15	—	—	—
HAl67-2.5	R	4～15	≥390	≥15	—	—	—
HAl66-6-3-2	R	4～8	≥685	≥3	—	—	—
HNi65-5	R	4～15	≥290	≥35	—	—	—
QAl5	M	0.4～12	≥275	≥33	—	—	—
	Y		≥585	≥2.5			
QAl7	Y2	0.4～12	585～740	≥10	—	—	—
	Y		≥635	≥5			
QAl9-2	M	0.4～12	≥440	≥18	—	—	—
	Y		≥585	≥5			
QAl9-4	Y	0.4～12	≥585	—	—	—	—
QSn6.5-0.1	R	9～14	≥290	≥38	—	—	—
	M	0.2～12	≥315	≥40	≥0.2	≤120	—
	Y4	0.2～12	390～510	≥35		110～155	—
	Y2	0.2～12	490～610	≥8		150～190	—
	Y	0.2～3	590～690	≥5		180～230	—
		>3～12	540～690	≥5		180～230	
	T	0.2～5	635～720	≥1		200～240	—
	TY		≥690	—		≥210	
QSn6.5-0.4，QSn7-0.2	M	0.2～12	≥290	≥40	—	—	—
	Y		540～690	≥8			
	T		≥665	≥2			
QSn4-3，QSn4-0.3	M	0.2～12	≥290	≥40	—	—	—
	Y		540～690	≥3			
	T		≥635	≥2			
QSn8-0.3	M	0.2～5	≥345	≥40	≥0.2	≤120	—
	Y4		390～510	≥35		100～160	—
	T2		490～610	≥20		150～205	—
	Y		590～705	≥5		180～235	—
	T		≥685	—		≥210	—

续表

牌　号	状　态	拉伸试验			硬度试验		
		厚度/mm	抗拉强度 R_m/MPa	断后伸长率 $A_{11.3}$/%	厚度/mm	维氏硬度 HV	洛氏硬度 HRB
QCd1	Y	0.5～10	≥390	—	—	—	—
QCr0.5，QCr0.5-0.2-0.1	Y	—	—	—	0.5～15	≥110	—
QMn1.5	M	0.5～5	≥205	30	—	—	—
QMn5	M	0.5～5	≥290	≥30	—	—	—
	Y		≥440	≥3			
QSi3-1	M	0.5～10	≥340	≥40	—	—	—
	Y		585～735	≥3			
	T		≥685	≥1			
QSn4-4-2.5，QSn4-4-4	M	0.8～5	≥290	≥35	≥0.8	—	—
	Y3		390～490	≥10			65～85
	Y2		420～510	≥9			70～90
	Y		≥510	≥5			—
BZn15-20	M	0.5～10	≥340	≥35	—	—	—
	Y2		440～570	≥5			
	Y		540～690	≥1.5			
	T		≥640	≥1			
BZn18-17	M	0.5～5	≥375	≥20	≥0.5	—	—
	Y2		440～570	≥5		120～180	
	Y		≥540	≥3		≥150	
B5	R	7～14	≥215	≥20	—	—	—
	M	0.5～10	≥215	≥30	—	—	—
	Y		≥370	≥10			
B19	R	7～14	≥295	≥20	—	—	—
	M	0.5～10	≥290	≥25	—	—	—
	Y		≥390	≥3			
BFe10-1-1	R	7～14	≥275	≥20	—	—	—
	M	0.5～10	≥275	≥28	—	—	—
	Y		≥370	≥3			
BFe30-1-1	R	7～14	≥345	≥15	—	—	—
	M	0.5～10	≥370	≥20	—	—	—
	Y		≥530	≥3			
BAl6-1.5	Y	0.5～12	≥535	≥3	—	—	—
BAl13-3	CYS		≥635	≥5	—	—	—
BMn40-1.5	M	0.5～10	390～590	实测	—	—	—
	Y		≥590	实测			
BMn3-12	M	0.5～10	≥350	≥25	—	—	—

注：厚度超出规定范围的板材，其性能由供需双方商定。

需方如有要求，并在合同中注明时，表 6-22 所列牌号的板材可进行弯曲试验。弯曲处表面不能有肉眼可见的裂纹。弯曲试验条件按表 6-22 的规定。

表 6-22　　板材的弯曲试验(GB/T 2040—2008)

牌　号	状　态	厚　度/mm	弯曲角度	内侧半径
T_2，T3，TP1 TP2，TU1，TU2	M	≤2.0	180°	紧密贴合
		>2.0	180°	0.5 倍板厚
H96，H90，H80，H70 H68，H65，H62，H63	M	1.0～10	180°	1 倍板厚
	Y2		90°	1 倍板厚
QSn6.5-0.4，QSn6.5-0.1 QSn4-3，QSn4-0.3，QSn8-0.3	Y	≥1.0	90°	1 倍板厚
	T		90°	2 倍板厚
QSi3-1	Y	≥1.0	90°	1 倍板厚
	T		90°	2 倍板厚
BMn40-1.5	M	≥1.0	180°	1 倍板厚
	Y		90°	2 倍板厚

2)导电用铜板和条

厚度不大于 10 mm 的产品,应进行室温拉伸试验,厚度大于 10 mm 的产品,应进行维氏或洛氏硬度试验,试验结果应符合表 6-23 的规定。

表 6-23　板、条材的力学性能(GB/T 2529—2005)

牌　号	供应状态	拉伸试验结果		硬度试验结果	
		抗拉强度 R_m/MPa	伸长率 $A_{11.3}$/%	维氏硬度 HV	洛氏硬度 HRB
T2	热轧(R)	≥195	≥30	—	—
	软(M)	≥195	≥35	—	—
	1/8 硬(Y8)	215～275	≥25	—	≥50
	1/2 硬(Y2)	245～335	≥10	75～120	≥80
	硬(Y)	≥295	≥3	≥80	≥65

注:厚度超出规定范围的板、条材、其主要性能由供需双方商定。

表 6-24　板、条材的电性能(GB/T 2529—2005)

牌　号	状　态	20℃时的导电率 IACS/%,不小于
T2	热轧(R)软(M)	100
	1/8 硬(Y8)	99
	1/2 硬(Y2)	97
	硬(Y)	96

(3)带材

带材的尺寸允许偏差应符合 GB/T 17793 的相应规定。未作特别说明时,按普通级供货。

1)铜及铜合金带材

铜及铜合金带材的化学成分应符合 GB/T 5231 的规定。

带材的室温力学性能应符合表 6-25 的规定。拉伸试验、硬度试验任选其一,未作特别说明时,提供拉伸试验。

表 6-25　带材的力学性能(GB/T 2059—2008)

牌　号	状　态	拉伸试验			硬度试验	
		厚度/mm	抗拉强度 R_m/MPa	断后伸长率 $A_{11.3}$/%	维氏硬度 HV	洛氏硬度 HRB
T2,T3 TU1,TU2 TP1,TP2	M	≥0.2	≥195	≥30	≤70	—
	Y4		215～275	≥25	60～90	
	Y2		245～345	≥8	80～110	
	Y		295～380	≥3	90～120	
	T		≥350	—	≥110	
H96	M	≥0.2	≥215	≥30	—	—
	Y		≥320	≥3		
H90	M	≥0.2	≥245	≥35	—	—
	Y2		≥330～440	≥5		
	Y		≥390	≥3		
H85	M	≥0.2	≥260	≥40	≤85	—
	Y2		305～380	≥15	80～115	
	Y		≥350	—	≥105	
H80	M	≥0.2	≥265	≥50	—	—
	Y		≥390	≥3		

续表

牌号	状态	拉伸试验			硬度试验	
		厚度/mm	抗拉强度 R_m/MPa	断后伸长率 $A_{11.3}$/%	维氏硬度 HV	洛氏硬度 HRB
H70 H68 H65	M	≥0.2	≥290	≥40	≤90	—
	Y4		325～410	≥35	85～115	
	Y2		355～460	≥25	100～130	
	Y		410～540	≥13	120～160	
	T		520～620	≥4	150～190	
	TY		≥570	—	≥180	
H63,H62	M	≥0.2	≥290	≥35	≤95	—
	Y2		350～470	≥20	90～130	
	Y		410～630	≥10	125～165	
	T		≥585	≥2.5	≥155	
H59	M	≥0.2	≥290	≥10	—	—
	Y		≥410	≥5	≥130	
HPb59-1	M	≥0.2	≥340	≥25	—	—
	Y2		390～490	≥12		
	Y		≥440	≥5		
	T	0.32	≥590	≥3		
HMn58-2	M	≥0.2	≥380	≥30	—	—
	Y2		440～610	≥25		
	Y		≥585	≥3		
HSn62-1	Y	≥0.2	390	≥5	—	—
QAl5	M	≥0.2	≥275	≥33	—	—
	Y		≥585	≥2.5		
QAl7	Y2	≥0.2	585～740	≥10	—	—
	Y		≥635	≥5		
QA19-2	M	≥0.2	≥440	≥18	—	—
	Y		≥585	≥5		
	T		≥880	—		
QA19-4	Y	≥0.2	≥635	—	—	—
QSn4-3, QSn4-0.3	M	≥0.15	≥290	≥40	—	—
	Y		540～690	≥3		
	T		≥635	≥2		
QSn6.5-0.1	M	≥0.15	≥315	≥40	≤120	—
	Y4		390～510	≥35	110～155	
	Y2		490～610	≥10	150～190	
	Y		590～690	≥8	180～230	
	T		635～720	≥5	200～240	
	TY		≥690	—	≥210	
QSn7-0.2, QSn6.5-0.4	M	>0.15	≥295	≥40	—	—
	Y		540～690	≥8		
	T		≥665	≥2		
QSn8-0.3	M	≥0.2	≥345	≥45	≤120	—
	Y4		390～510	≥40	100～160	
	Y2		490～610	≥30	150～205	
	Y		590～705	≥12	180～235	
	T		≥685	≥5	≥210	
QSn4-4-4, QSn4-4-2.5	M	≥0.8	≥290	≥35	—	—
	Y3		390～490	≥10	—	65～85
	Y2		420～510	≥9	—	70～90
	Y		≥490	≥5	—	—
QCd1	Y	≥0.2	≥390	—	—	—
QMn1.5	M	≥0.2	≥205	≥30	—	—
QMn5	M	≥0.2	≥290	≥30	—	—
	Y	≥0.2	≥440	≥3	—	—

续表

<table>
<tr><th rowspan="2">牌　号</th><th rowspan="2">状　态</th><th colspan="3">拉伸试验</th><th colspan="2">硬度试验</th></tr>
<tr><th>厚度/mm</th><th>抗拉强度 R_m/MPa</th><th>断后伸长率 $A_{11.3}$/%</th><th>维氏硬度 HV</th><th>洛氏硬度 HRB</th></tr>
<tr><td rowspan="3">QSi3-1</td><td>M</td><td>≥0.15</td><td>≥370</td><td>≥45</td><td rowspan="3">—</td><td rowspan="3">—</td></tr>
<tr><td>Y</td><td>≥0.15</td><td>635～785</td><td>≥5</td></tr>
<tr><td>T</td><td>≥0.15</td><td>735</td><td>≥2</td></tr>
<tr><td rowspan="4">BZn15-20</td><td>M</td><td rowspan="4">≥0.2</td><td>≥340</td><td>≥35</td><td rowspan="4">—</td><td rowspan="4">—</td></tr>
<tr><td>Y2</td><td>440～570</td><td>≥5</td></tr>
<tr><td>Y</td><td>540～690</td><td>≥1.5</td></tr>
<tr><td>T</td><td>≥640</td><td>≥1</td></tr>
<tr><td rowspan="3">BZn18-17</td><td>M</td><td rowspan="3">≥0.2</td><td>≥375</td><td>≥20</td><td>—</td><td rowspan="3">—</td></tr>
<tr><td>Y2</td><td>440～570</td><td>≥5</td><td>120～180</td></tr>
<tr><td>Y</td><td>≥540</td><td>≥3</td><td>≥150</td></tr>
<tr><td rowspan="2">B5</td><td>M</td><td rowspan="2">≥0.2</td><td>≥215</td><td>≥32</td><td rowspan="2">—</td><td rowspan="2">—</td></tr>
<tr><td>Y</td><td>≥370</td><td>≥10</td></tr>
<tr><td rowspan="2">B19</td><td>M</td><td rowspan="2">≥0.2</td><td>≥290</td><td>≥25</td><td rowspan="2">—</td><td rowspan="2">—</td></tr>
<tr><td>Y</td><td>≥390</td><td>≥3</td></tr>
<tr><td rowspan="2">BFe10-1-1</td><td>M</td><td rowspan="2">≥0.2</td><td>≥275</td><td>≥28</td><td rowspan="2">—</td><td rowspan="2">—</td></tr>
<tr><td>Y</td><td>≥370</td><td>≥3</td></tr>
<tr><td rowspan="2">BFe30-1-1</td><td>M</td><td rowspan="2">≥0.2</td><td>≥370</td><td>≥23</td><td rowspan="2">—</td><td rowspan="2">—</td></tr>
<tr><td>Y</td><td>≥540</td><td>≥3</td></tr>
<tr><td>BMn3-12</td><td>M</td><td>≥0.2</td><td>≥350</td><td>≥25</td><td>—</td><td>—</td></tr>
<tr><td rowspan="2">BMn40-1.5</td><td>M</td><td rowspan="2">≥0.2</td><td>390～590</td><td rowspan="2">实测数据</td><td rowspan="2">—</td><td rowspan="2">—</td></tr>
<tr><td>Y</td><td>≥635</td></tr>
<tr><td>BAl13-3</td><td>CYS</td><td rowspan="2">≥0.2</td><td colspan="2">供实测值</td><td>—</td><td>—</td></tr>
<tr><td>BAl6-1.5</td><td>Y</td><td>≥600</td><td>≥5</td><td>—</td><td>—</td></tr>
</table>

注:厚度超出规定范围的带材,其性能由供需双方商定。

2)雷管用铜和铜合金带

雷管用铜和铜合金带材的化学成分应符合 GB/T 5231 的规定。

表 6-26　带材的外形尺寸及允许偏差应符合的规定(GB 11090—1989)

<table>
<tr><th rowspan="3">厚　度/mm</th><th rowspan="3">厚度允许偏差/mm</th><th colspan="2">宽　度/mm</th><th rowspan="3">长度/mm 不小于</th></tr>
<tr><th>20～150</th><th>>150～300</th></tr>
<tr><th colspan="2">宽度允许偏差/mm</th></tr>
<tr><td>0.05～0.09</td><td>-0.01</td><td rowspan="7">±0.3</td><td rowspan="7">±0.6</td><td rowspan="4">15000</td></tr>
<tr><td>>0.09～0.18</td><td>±0.01</td></tr>
<tr><td>>0.18～0.30</td><td>+0.01
-0.02</td></tr>
<tr><td>>0.30～0.50</td><td>±0.02</td></tr>
<tr><td>>0.50～0.70</td><td>+0.02
-0.03</td><td rowspan="3">10000</td></tr>
<tr><td>>0.70～0.90</td><td>±0.03</td></tr>
<tr><td>>0.90～1.35</td><td>±0.04</td></tr>
<tr><td></td><td></td><td>±0.5</td><td>±0.8</td><td>7000</td></tr>
</table>

注:经供需双方协议,可供应其他规格和允许偏差的带材。

表 6-27　带材的拉伸试验结果应符合的规定(GB 11090—1989)

<table>
<tr><th rowspan="2">类　型</th><th>带材厚度 /mm</th><th>抗体强度 σ_b /MPa</th><th>伸长率 /%</th></tr>
<tr><th></th><th colspan="2">不小于</th></tr>
<tr><td>T2,T3</td><td>0.35</td><td>196</td><td>30</td></tr>
<tr><td>H90</td><td>0.40</td><td>265</td><td>35</td></tr>
<tr><td>H68</td><td>0.45</td><td>294</td><td>40</td></tr>
<tr><td>B19</td><td>0.28</td><td>294</td><td>32</td></tr>
</table>

注:规定厚度范围以外的性能由供需双方协商。

(4)线材

1)铜及铜合金线材

表 6-28 线材的室温纵向力学(GB/T 21652—2008)

牌号	状态	直径(对边距)/mm	抗拉强度 R_m /MPa	伸长率 A_{100mm} /%
TU1 TU2	M	0.05~8.0	≤255	≥25
	Y	0.05~4.0	≤345	—
		>4.0~8.0	≥310	≥10
T1 T2	M	0.05~0.3	≥195	≥15
		>0.3~1.0	≥195	≥20
		>1.0~2.5	≥205	≥25
		>2.5~8.0	≥205	≥30
	Y2	0.05~8.0	255~365	—
	Y	0.05~2.5	≥380	—
		>2.5~8.0	≥365	—
H62 H63	M	0.05~0.25	≥345	≥18
		>0.25~1.0	≥335	≥22
		>1.0~2.0	≥325	≥26
		>2.0~4.0	≥315	≥30
		4.0~6.0	≥315	≥34
		6.0~13.0	≥305	≥36
	Y8	0.05~0.25	≥360	≥8
		>0.25~1.0	≥350	≥12
		>1.0~2.0	≥340	≥18
		>2.0~4.0	≥330	≥22
		>4.0~6.0	≥320	≥26
		>6.0~13.0	≥310	≥30
	Y4	0.05~0.25	≥380	≥5
		>0.25~1.0	≥370	≥8
		>1.0~2.0	≥360	≥10
		>2.0~4.0	≥350	≥15
		>4.0~6.0	≥340	≥20
		>6.0~13.0	≥330	≥25
	Y2	0.05~0.25	≥430	—
		>0.25~1.0	≥410	≥4
		>1.0~2.0	≥390	≥7
		>2.0~4.0	≥375	≥10
		>4.0~6.0	≥355	≥12
		>6.0~13.0	≥350	≥14
	Y1	0.05~0.25	590~785	—
		>0.25~1.0	540~735	—
		>1.0~2.0	490~685	—
		>2.0~4.0	440~635	—
		>4.0~6.0	390~590	—
		>6.0~13.0	360~560	—
	Y	0.05~0.25	785~980	—
		>0.25~1.0	685~885	—
		>1.0~2.0	635~835	—
		>2.0~4.0	590~785	—
		>4.0~6.0	540~735	—
		>6.0~13.0	490~685	—
	T	0.05~0.25	≥850	—
		>0.25~1.0	≥830	—
		>1.0~2.0	≥800	—
		>2.0~4.0	≥770	—

续表

牌号	状态	直径(对边距)/mm	抗拉强度 R_m/MPa	伸长率 A_{100mm}/%
H65	M	0.05～0.25	≥335	≥18
		>0.25～1.0	≥325	≥24
		>1.0～2.0	≥315	≥28
		>2.0～4.0	≥305	≥32
		>4.0～6.0	≥295	≥35
		>6.0～13.0	≥285	≥40
	Y8	0.05～0.25	≥350	≥10
		>0.25～1.0	≥340	≥15
		>1.0～2.0	≥330	≥20
		>2.0～4.0	≥320	≥25
		>4.0～6.0	≥310	≥28
		>6.0～13.0	≥300	≥32
	Y4	0.05～0.25	≥370	≥6
		>0.25～1.0	≥360	≥10
		>1.0～2.0	≥350	≥12
		>2.0～4.0	≥340	≥18
		>4.0～6.0	≥330	≥22
		>6.0～13.0	≥320	≥28
	Y2	0.05～0.25	≥410	—
		>0.25～1.0	≥400	≥4
		>1.0～2.0	≥390	≥7
		>2.0～4.0	≥380	≥10
		>4.0～6.0	≥375	≥13
		>6.0～13.0	≥360	≥15
	Y1	>0.05～0.25	540～735	—
		>0.25～1.0	490～685	—
		>1.0～2.0	440～635	—
		>2.0～4.0	390～590	—
		>4.0～6.0	375～570	—
		>6.0～13.0	370～550	—
	Y	0.05～0.25	685～885	—
		>0.25～1.0	635～835	—
		>1.0～2.0	590～785	—
		>2.0～4.0	540～735	—
		>4.0～6.0	490～685	—
		>6.0～13.0	440～635	—
	T	0.05～0.25	≥830	—
		>0.25～1.0	≥810	—
		>1.0～2.0	≥800	—
		>2.0～4.0	≥780	—

续表

牌　号	状　态	直径(对边距)/mm	抗拉强度 R_m /MPa	伸长率 A_{100mm} /%
H68 H70	M	0.05～0.25	≥375	≥18
		>0.25～1.0	≥355	≥25
		>1.0～2.0	≥335	≥30
		>2.0～4.0	≥315	≥35
		>4.0～6.0	≥295	≥40
		>6.0～8.5	≥275	≥45
	Y8	0.05～0.25	≥385	≥18
		>0.25～1.0	≥365	≥20
		>1.0～2.0	≥350	≥24
		>2.0～4.0	≥340	≥28
		>4.0～6.0	≥330	≥33
		>6.0～8.5	≥320	≥35
	Y4	0.05～0.25	≥400	≥10
		>0.25～1.0	≥380	≥15
		>1.0～2.0	≥370	≥20
		>2.0～4.0	≥350	≥25
		>4.0～6.0	≥340	≥30
		>6.0～8.5	≥330	≥32
	Y2	0.05～0.25	≥410	—
		>0.25～1.0	≥390	≥5
		>1.0～2.0	≥375	≥10
		>2.0～4.0	≥355	≥12
		>4.0～6.0	≥345	≥14
		>6.0～8.5	≥340	≥16
	Y1	0.05～0.25	540～735	—
		>0.25～1.0	490～685	—
		>1.0～2.0	440～635	—
		>2.0～4.0	390～590	—
		>4.0～6.0	345～540	—
		>6.0～8.5	340～520	—
	Y	0.05～0.25	735～930	—
		>0.25～1.0	685～885	—
		>1.0～2.0	635～835	—
		>2.0～4.0	590～785	—
		>4.0～6.0	540～735	—
		>6.0～8.5	490～685	—
	T	0.1～0.25	≥800	—
		>0.25～1.0	≥780	—
		>1.0～2.0	≥750	—
		>2.0～4.0	≥720	—
		>4.0～6.0	≥690	—
H80	M	0.05～12.0	≥320	≥20
	Y2	0.05～12.0	≥540	—
	Y	0.05～12.0	≥690	—
H85	M	0.05～12.0	≥280	≥20
	Y2	0.05～12.0	≥455	—
	Y	0.05～12.0	≥570	—
H90	M	0.05～12.0	≥240	≥20
	Y2	0.05～12.0	≥385	—
	Y	0.05～12.0	≥485	—

续表

牌号	状态	直径(对边距)/mm	抗拉强度 R_m/MPa	伸长率 A_{100mm}/%
H96	M	0.05～12.0	≥220	≥20
	Y2	0.05～12.0	≥340	—
	Y	0.05～12.0	≥420	—
HPb59-1	M	0.5～2.0	≥345	≥25
		>2.0～4.0	≥335	≥28
		>4.0～6.0	≥325	≥30
	Y2	0.5～2.0	390～590	—
		>2.0～4.0	390～590	—
		>4.0～6.0	375～570	—
	Y	0.5～2.0	490～735	—
		>2.0～4.0	490～685	—
		>4.0～6.0	440～635	—
HPb59-3	Y2	1.0～2.0	≥385	—
		>2.0～4.0	≥380	—
		>4.0～6.0	≥370	—
		6.0～8.5	≥360	—
	Y	>1.0～2.0	≥480	—
		>2.0～4.0	≥460	—
		>4.0～6.0	≥435	—
		>6.0～8.5	≥430	—
HPb61-1	Y2	0.5～2.0	≥390	≥10
		>2.0～4.0	≥380	≥10
		>4.0～6.0	≥375	≥15
		>6.0～8.5	≥365	≥15
	Y	0.5～2.0	≥520	—
		>2.0～4.0	≥490	—
		>4.0～6.0	≥465	—
		>6.0～8.5	≥440	—
HPb62-0.8	Y2	0.5～6.0	410～540	≥12
	Y	0.5～6.0	450～560	—
HPb63-3	M	0.5～2.0	≥305	≥32
		>2.0～4.0	≥295	≥35
		>4.0～6.0	≥285	≥35
	Y2	0.5～2.0	390～610	≥3
		>2.0～4.0	390～600	≥4
		>4.0～6.0	390～590	≥4
	Y	0.5～6.0	570～735	—
HSn60-1，HSn62-1	M	0.5～2.0	≥315	≥15
		>2.0～4.0	≥305	≥20
		>4.0～6.0	≥295	≥25
	Y	0.5～2.0	590～835	—
		>2.0～4.0	540～785	—
		>4.0～6.0	490～735	—
HPb60-0.9	Y2	0.8～12.0	≥330	≥10
	Y	0.8～12.0	≥380	≥5
HPb61-0.8-0.5	Y2	0.8～12.0	≥380	≥8
	Y	0.8～12.0	≥400	≥5
HBi60-1.3	Y2	0.8～12.0	≥350	≥8
	Y	0.8～12.0	≥400	≥5

续表

牌　号	状　态	直径(对边距) /mm	抗拉强度 R_m /MPa	伸长率 A_{100mm} /%
HMn62-13	M	0.5～6.0	400～550	≥25
	Y4	0.5～6.0	450～500	≥18
	Y2	0.5～6.0	500～650	≥12
	Y1	0.5～6.0	550～700	—
	Y	0.5～6.0	≥650	—
QSn6.5-0.1，QSn6.5-0.4，QSn7-0.2，QSn5-0.2，QSi3-1	M	0.1～1.0	≥350	≥35
		>1.0～8.5		≥45
	Y4	0.1～1.0	480～680	—
		>1.0～2.0	450～650	≥10
		>2.0～4.0	420～620	≥15
		>4.0～6.0	400～600	≥20
		>6.0～8.5	380～580	≥22
	Y2	0.1～1.0	540～740	—
		>1.0～2.0	520～720	—
		>2.0～4.0	500～700	≥4
		>4.0～6.0	480～680	≥8
		>6.0～8.5	460～660	≥10
	Y1	0.1～1.0	750～950	—
		>1.0～2.0	730～920	—
		>2.0～4.0	710～900	—
		>4.0～6.0	690～880	—
		>6.0～8.5	640～860	—
	Y	0.1～1.0	880～1 130	—
		>1.0～2.0	860～1 060	—
		>2.0～4.0	830～1 030	—
		>4.0～6.0	780～980	—
		>6.0～8.5	690～950	—
QSn4-3	M	0.1～1.0	≥350	≥35
		>1.0～8.5		≥45
	Y4	0.1～1.0	460～580	≥5
		>1.0～2.0	420～540	≥10
		>2.0～4.0	400～520	≥20
		>4.0～6.0	380～480	≥25
		>6.0～8.5	360～450	—
	Y2	0.1～1.0	500～700	—
		>1.0～2.0	480～680	≥4
		>2.0～4.0	450～650	≥8
		>4.0～6.0	430～630	≥10
		>6.0～8.5	410～610	—
	Y1	0.1～1.0	620～820	—
		>1.0～2.0	600～800	—
		>2.0～4.0	560～760	—
		>4.0～6.0	540～740	—
		>6.0～8.5	520～720	—
	Y	0.1～1.0	880～1 130	—
		>1.0～2.0	860～1 060	—
		>2.0～4.0	830～1 030	—
		>4.0～6.0	780～980	—

续表

牌 号	状 态	直径(对边距)/mm	抗拉强度 R_m/MPa	伸长率 A_{100mm}/%
QSn4-4-4	Y2	0.1～8.5	≥360	≥12
	Y	0.1～8.5	≥420	≥10
QSn15-1-1	M	0.5～1.0	≥365	≥28
		>1.0～2.0	≥360	≥32
		>2.0～4.0	≥350	≥35
		>4.0～6.0	≥345	≥36
	Y4	0.5～1.0	630～780	≥25
		>1.0～2.0	600～750	≥30
		>2.0～4.0	580～730	≥32
		>4.0～6.0	550～700	≥35
	Y2	0.5～1.0	770～910	≥3
		>1.0～2.0	740～880	≥6
		>2.0～4.0	720～850	≥8
		>4.0～6.0	680～810	≥10
	Y1	0.5～1.0	800～930	≥1
		>1.0～2.0	780～910	≥2
		>2.0～4.0	750～880	≥2
		>4.0～6.0	720～850	≥3
	T	0.5～1.0	850～1 080	—
		>1.0～2.0	840～980	—
		>2.0～4.0	830～960	—
		>4.0～6.0	820～950	—
QAl7	Y2	1.0～6.0	≥550	≥8
	Y	1.0～6.0	≥600	≥4
QAl9-2	Y	0.6～1.0	≥580	—
		>1.0～2.0		≥1
		>2.0～5.0		≥2
		>5.0～6.0	≥530	≥3
QCr1,QCr1-0.18	CYS CSY	1.0～6.0	≥420	≥9
		>6.0～12.0	≥400	≥10
QCr4.5-2.5-0.6	M	0.5～6.0	400～600	≥25
	CYS,CSY	0.5～6.0	550～850	—
QCd1	M	0.1～6.0	≥275	≥20
	Y	0.1～0.5	590～880	—
		>0.5～4.0	490～735	—
		>4.0～6.0	470～685	—
B19	M	0.1～0.5	≥295	≥20
		>0.5～6.0		≥25
	Y	0.1～0.5	590～880	—
		>0.5～6.0	490～785	—
BFe10-1-1	M	0.1～1.0	≥450	≥15
		>1.0～6.0	≥400	≥18
	Y	0.1～1.0	≥780	—
		>1.0～6.0	≥650	—

续表

牌　号	状　态	直径(对边距)/mm	抗拉强度 R_m /MPa	伸长率 A_{100mm} /%
BFe30-1-1	M	0.1～0.5	≥345	≥20
BFe30-1-1	M	>0.5～6.0	≥345	≥25
BFe30-1-1	Y	0.1～0.5	685～980	—
BFe30-1-1	Y	>0.5～6.0	590～880	—
BMn3-12	M	0.05～1.0	≥440	≥12
BMn3-12	M	>1.0～6.0	≥390	≥20
BMn3-12	Y	0.5～1.0	≥785	—
BMn3-12	Y	>1.0～6.0	≥685	—
BMn40-1.5	M	0.05～0.2	≥390	≥15
BMn40-1.5	M	>0.2～0.5	≥390	≥20
BMn40-1.5	M	>0.5～6.0	≥390	≥25
BMn40-1.5	Y	0.05～0.2	685～980	—
BMn40-1.5	Y	>0.2～0.5	685～880	—
BMn40-1.5	Y	>0.5～6.0	635～835	—
BZn9-29，BZn12-26	M	0.1～0.2	≥320	≥15
BZn9-29，BZn12-26	M	>0.2～0.5	≥320	≥20
BZn9-29，BZn12-26	M	>0.5～2.0	≥320	≥25
BZn9-29，BZn12-26	M	2.0～8.0	≥320	≥30
BZn9-29，BZn12-26	Y8	>0.1～0.2	400～570	≥12
BZn9-29，BZn12-26	Y8	>0.2～0.5	380～550	≥16
BZn9-29，BZn12-26	Y8	>0.5～2.0	360～540	≥22
BZn9-29，BZn12-26	Y8	>2.0～8.0	340～520	≥25
BZn9-29，BZn12-26	Y4	0.1～0.2	420～620	≥6
BZn9-29，BZn12-26	Y4	>0.2～0.5	400～600	≥8
BZn9-29，BZn12-26	Y4	>0.5～2.0	380～590	≥12
BZn9-29，BZn12-26	Y4	>2.0～8.0	360～570	≥18
BZn9-29，BZn12-26	Y2	>0.1～0.2	480～680	—
BZn9-29，BZn12-26	Y2	>0.2～0.5	460～640	≥6
BZn9-29，BZn12-26	Y2	>0.5～2.0	440～630	≥9
BZn9-29，BZn12-26	Y2	>2.0～8.0	420～600	≥12
BZn9-29，BZn12-26	Y1	>0.1～0.2	550～800	—
BZn9-29，BZn12-26	Y1	>0.2～0.5	530～750	—
BZn9-29，BZn12-26	Y1	>0.5～2.0	510～730	—
BZn9-29，BZn12-26	Y1	>2.0～8.0	490～630	—
BZn9-29，BZn12-26	Y	>0.1～0.2	680～880	—
BZn9-29，BZn12-26	Y	>0.2～0.5	630～820	—
BZn9-29，BZn12-26	Y	>0.5～2.0	600～800	—
BZn9-29，BZn12-26	Y	>2.0～8.0	580～700	—
BZn9-29，BZn12-26	T	>0.5～4.0	≥720	—

续表

牌号	状态	直径(对边距)/mm	抗拉强度 R_m /MPa	伸长率 A_{100mm} /%
BZn15-20,BZn18-20	M	0.1~0.2	≥345	≥15
		>0.2~0.5		≥20
		>0.5~2.0		≥25
		2.0~8.0		≥30
	Y8	0.1~0.2	450~600	≥12
		>0.2~0.5	435~570	≥15
		>0.5~2.0	420~550	≥20
		>2.0~8.0	410~520	≥24
	Y4	0.1~0.2	470~660	≥10
		>0.2~0.5	460~620	≥12
		>0.5~2.0	440~600	≥14
		>2.0~8.0	420~570	≥16
	Y2	0.1~0.2	510~780	—
		>0.2~0.5	490~735	—
		>0.5~2.0	440~685	—
		>2.0~8.0	440~635	—
	Y1	0.1~0.2	620~860	—
		>0.2~0.5	610~810	—
		>0.5~2.0	595~760	—
		>2.0~8.0	580~700	—
	Y	0.1~0.2	735~980	—
		0.2~0.5	735~930	—
		>0.5~2.0	635~880	—
		>2.0~8.0	540~785	—
	T	0.5~1.0	≥750	—
		>1.0~2.0	≥740	—
		>2.0~4.0	≥730	—
BZn22-16,BZn25-18	M	0.1~0.2	≥440	≥12
		0.2~0.5		≥16
		>0.5~2.0		≥23
		>2.0~8.0		≥28
	Y8	0.1~0.2	500~680	≥10
		>0.2~0.5	490~650	≥12
		>0.5~2.0	470~630	≥15
		>2.0~8.0	460~600	≥18
	Y4	0.1~0.2	540~720	—
		>0.2~0.5	520~690	≥6
		>0.5~2.0	500~670	≥8
		>2.0~8.0	480~650	≥10
	Y2	0.1~0.2	640~830	—
		>0.2~0.5	620~800	—
		>0.5~2.0	600~780	—
		>2.0~8.0	580~760	—
	Y1	0.1~0.2	660~880	—
		>0.2~0.5	640~850	—
		>0.5~2.0	620~830	—
		>2.0~8.0	600~810	—
	Y	0.1~0.2	750~990	—
		>0.2~0.5	740~950	—
		>0.5~2.0	650~900	—
		>2.0~8.0	630~860	—
	T	0.1~1.0	≥820	—
		>1.0~2.0	≥810	—
		>2.0~4.0	≥800	—
BZn40-20	M	1.0~6.0	500~650	≥20
	Y4	1.0~6.0	550~700	≥8
	Y2	1.0~6.0	600~850	—
	Y1	1.0~6.0	750~900	—
	Y	1.0~6.0	800~1 000	—

注:1.伸长率指标均指拉伸试样在标距内的断裂值;

2.经供需双方协商可供应其余规格、状态和性能的线材,具体要求应在合同中注明。

2)铜及铜合金扁线

表 6-29 铜及铜合金扁线的力学性能(GB/T 3114—1994)

牌号	状态	规格 (对边距离)	抗拉强度 σ_b /MPa	伸长率 δ /%($L=100$ mm)
			不小于	
T2	M	0.5~15.0	175	25
	Y	0.5~15.0	325	—
H62	M	0.5~12.0	295	25
	Y2	0.5~12.0	345	10
	Y	0.5~12.0	460	—
H65 H68	M	0.5~12.0	245	28
	Y2	0.5~12.0	295	12
	Y	0.5~12.0	440	—
QSn 6.5-0.1 QSn 6.5-0.1	M	0.5~12.0	370	30
	Y2	0.5~12.0	390	10
	Y	0.5~12.0	540	—
QSn 4-3 QSi 3-1	Y	0.5~12.0	735	—

注:经双方协商可供应其他力学性能的扁线。

(5)管材

1)铜及铜合金拉制管

管材的各牌号化学成分应符合 GB/T 5231 中相应牌号的规定。管材的尺寸及其允许偏差应符合 GB/T 16866的规定。

表 6-30 铜及铜合金拉制管的牌号、状态和规格(GB/T 1527—2006)

牌号	状态	规格/mm			
		圆形		矩(方)形	
		外径	壁厚	对边距	壁厚
T2,T3,TU1,TU2,TP1,TP2	软(M),轻软(M2) 硬(Y),特硬(T)	3~360	0.5~15	3~100	1~10
	半硬(Y2)	3~100			
H96,H90	软(M),轻软(M2) 半硬(Y2),硬(Y)	3~200	0.2~10		0.2~7
H85,H80,H85A					
H70,H68,H59,HPb59-1 HSn62-1,HSn70-1,H70A,H68A		3~100			
H65,H63,H62,HPb66-0.5,H65A		3~200			
HPb63-0.1	半硬(Y2)	18~31	6.5~13	—	—
	1/3 硬(Y3)	8~31	3.0~13		
BZn15-20	硬(Y),半硬(Y2),软(M)	4~40	0.5~8	—	—
BFe10-1-1	硬(Y),半硬(Y2),软(M)	8~160			
BFe30-1-1	半硬(Y2),软(M)	8~80			

注:1. 外径≤100mm 的圆形直管,供应长度为 1000~7000mm,其他规格的圆形直管供应长度为 500~6000mm;
2. 矩(方)形直管的供应长度为 1000~5000mm;
3. 外径≤30mm、壁厚<3mm 的圆形管材和圆周长≤100mm 或圆周长与壁厚之比≤15 的矩(方)形管材,可供应长度≥6000mm 的盘管。

纯铜圆形管材的纵向室温力学性能应符合表 6-31 的规定,矩(方)形管材的室温力学性能由供需双方协商确定。黄铜、白铜管材的纵向室温力学性能应符合表 6-32 的规定。需方有要求并在合同中注明时,可选择维氏硬度或布氏硬度试验。当选择硬度试验时,拉伸试验结果仅供参考。

表 6-31 纯铜管的力学性能(GB/T 1527—2006)

牌号	状态	壁厚/mm	拉伸试验		硬度试验	
			抗拉强度 R_m/MPa,不小于	伸长率 A/%不小于	维氏硬度/HV	布氏硬度/HB
T2,T3 TU1,TU2 TP1,TP2	软(M)	所有	200	40	40～65	35～60
	轻软(M2)	所有	220	40	45～75	40～70
	半硬(Y2)	所有	250	20	70～100	65～95
	硬(Y)	≤6	290	—	95～120	90～115
		>6～10	265	—	75～110	70～105
		>10～15	250	—	70～100	65～95
	特硬[a](T)	所有	360	—	≥110	≥150

注:1. 特硬(T)状态的抗拉强度仅适用于壁厚≤3 mm的管材;壁厚>3 mm的管材,其性能由供需双方协商确定;
2. 维氏硬度试验负荷由供需双方协商确定。软(M)状态的维氏硬度试验仅适用于壁厚≥1 mm的管材;
3. 布氏硬度试验仅适用于壁厚≥3 mm的管材。

表 6-32 黄铜、白铜管的力学性能(GB/T 1527—2006)

牌号	状态	拉伸试验		硬度试验	
		抗拉强度 R_m/MPa 不小于	伸长率 A/% 不小于	维氏硬度/HV	布氏硬度/HB
H96	M	205	42	45～70	40～65
	M2	220	35	50～75	45～70
	Y2	260	18	75～105	70～100
	Y	320	—	≥95	≥90
H90	M	220	42	45～75	40～70
	M2	240	35	50～80	45～75
	Y2	300	18	75～105	70～100
	Y	360	—	≥100	≥95
H85,H85A	M	240	43	45～75	40～70
	M2	260	35	50～80	45～75
	Y2	310	18	80～110	75～105
	Y	370	—	≥105	≥100
H80	M	240	43	45～75	40～70
	M2	260	40	55～85	50～80
	Y2	320	25	85～120	80～115
	Y	390	—	≥115	≥110
H70,H68, H70A,H68A	M	280	43	55～85	50～80
	M2	350	25	85～120	80～115
	Y2	370	18	95～125	90～120
	Y	420	—	≥115	≥110
H65,HPb66-0.5, H65A	M	290	43	55～85	50～80
	M2	360	25	85～115	75～110
	Y2	370	18	95～120	85～115
	Y	430	—	≥110	≥105
H63,H62	M	300	43	60～90	55～85
	M2	360	25	75～110	70～105
	Y2	370	18	85～120	80～115
	Y	440	—	≥115	≥110
H59,HPb59-1	M	340	35	75～105	70～100
	M2	370	20	85～115	80～110
	Y2	410	15	100～130	95～125
	Y	470	—	≥125	≥120

续表

牌号	状态	拉伸试验		硬度试验	
		抗拉强度 R_m/MPa 不小于	伸长率 A/% 不小于	维氏硬度/HV	布氏硬度 HB
HSn70-1	M	295	40	60～90	55～85
	M2	320	35	70～100	65～95
	Y2	370	20	85～110	80～105
	Y	455	—	≥110	≥105
HSn62-1	M	295	35	60～90	55～85
	M2	335	30	75～105	70～100
	Y2	370	20	85～110	80～105
	Y	455	—	≥110	≥105
HSb63-0.1	半硬(Y2)	353	20	—	110～165
	1/3 硬(Y3)	—	—	—	70～125
BZn15-20	软(M)	295	35	—	—
	半硬(Y2)	390	20	—	—
	硬(Y)	490	8	—	—
BFe10-1-1	软(M)	290	30	78～110	70～105
	半硬(Y2)	310	12	105	100
	硬(Y)	480	8	150	145
BFe30-1-1	软(M)	370	35	135	130
	半硬(Y2)	480	12	85～120	80～115

注:1. 维氏硬度试验负荷由供需双方协商确定。软(M)状态的维氏硬度试验仅适用于壁厚≥0.5 mm 的管材;
2. 布氏硬度试验仅适用于壁厚≥3 mm 的管材。

2)铜及铜合金挤制管

表 6-33 铜及铜合金挤制管的牌号、状态及规格(YS/T 662—2007)

牌号	状态	规格/mm		
		外径	壁厚	长度
TU1,TU2,T2,T3,TP1,TP2	挤制(R)	30～300	6～65	300～6 000
H96,H62,HPb59-1,HFe59-1-1		20～300	1.5～42.5	
H80,H65,H68,HSn62-1,HSi80-3,HMn58-2,HMn57-3-1		60～220	7.5～30	
QAl9-2,QAl9-4,QAl10-3-1.5 QAl10-4-4		20～250	3～50	500～6 000
QSi3.5-3-1.5		80～200	10～30	
QCr0.5		100～220	17.5～37.5	500～3 000
BFe10-1-1		70～250	10～25	300～3 000
BFe30-1-1		80～120	10～25	

管材的纵向室温力学性能应符合表 6-34 的规定。需方有要求并在合同中注明时,可选择进行拉伸试验或布氏硬度试验。外径大于 200 mm 的管材,可不做拉抻试验,但必须保证符合规定。

表 6-34 管材的纵向室温力学性能(YS/T 662—2007)

牌号	壁厚/mm	抗拉强度 R_m/MPa	断后伸长率 A/%	布氏硬度 HBW
T2,T3,TU1,TU2,TP1,TP2	≤65	≥185	≥42	—
H96	≤42.5	≥185	≥42	—
H80	≤30	≥275	≥40	—
H68	≤30	≥955	≥45	—
H65,H62	≤42.5	≥295	≥43	—
HPb59-1	≤42.5	≥390	≥24	—
HFe59-1-1	≤42.5	≥430	≥31	—
HSn62-1	≤30	≥320	≥25	—
HSi80-3	≤30	≥295	≥28	—

续表

牌　号	壁　厚/mm	抗拉强度 R_m/MPa	断后伸长率 A/%	布氏硬度 HBW
HMn58-2	≤30	≥395	≥29	—
HMn57-3-1	≤30	≥490	≥16	—
QAl9-2	≤50	≥470	≥16	—
QAl9-4	≤50	≥450	≥17	—
QAl10-3-1.5	<16	≥500	≥14	140～200
	≥16	≥540	≥15	135～200
QAl10-4-4	≤50	≥635	≥6	170～200
QSi3.5-3-1.5	≤30	≥360	≥35	—
QCr0.5	≤37.5	≥220	≥35	—
BFe10-1-1	≤25	≥280	≥28	—
BFe30-1-1	≤25	≥345	≥25	—

3)铜及铜合金毛细管

铜及铜合金毛细管：

高级——适用于家用电冰箱、电水柜、高精度仪器等工业；

较高级——适用于较高精度的仪表、仪器和电子工业；

普通级——适用于一般精度的仪器、仪表和电子工业。

管材的纵向室温力学性能应符合表 6-35 的规定。需方有要求并在合同中注明时，可选择维氏硬度试验。当选择维氏硬度试验时，拉伸试验结果仅供参考。

表 6-35　　管材的室温力学性能(GB/T 1531—2009)

牌　号	状　态	拉伸试验		硬度试验
		抗拉强度 R_m /MPa	断后伸长率 A/%	维氏硬度 HV
TP2,T2,TP1	M	≥205	≥40	—
	Y2	245～370	—	—
	Y	≥345	—	—
H96	M	≥205	≥42	45～70
	Y	≥320	—	≥90
H90	M	≥220	≥42	40～70
	Y	≥360	—	≥95
H85	M	≥240	≥43	40～70
	Y2	≥310	≥18	75～105
	Y	≥370	—	≥100
H80	M	≥240	≥43	40～70
	Y2	≥320	≥25	80～115
	Y	≥390	—	≥110
H70,H68	M	≥280	≥43	50～80
	Y2	≥370	≥18	90～120
	Y	≥420	—	≥110
H65	M	≥290	≥43	50～80
	Y2	≥370	≥18	85～115
	Y	≥430	—	≥105
H63,H62	M	≥300	≥43	88～85
	Y2	≥370	≥18	70～105
	Y	≥440	—	≥110
QSn4-0.3, QSn6.5-0.1	M	≥325	≥30	≥90
	Y	≥490	—	≥120

注：外径与内径之差小于 0.3 mm 的毛细管不作拉伸试验。有特殊要求者，由供需双方协商解决。

4)无缝铜水管和铜气管

无缝铜水管和铜气管适用于输送饮用水、卫生用水和民用天然气、煤气、氧气及对铜无腐蚀作用的其他介质。其化学成分应符合 GB/T 5231 的规定。

表 6-36　　管材的牌号、状态和规格(GB/T 18033—2007)

牌　号	状　态	种　类	规格/mm		
			外径	壁厚	长度
TP2 TU2	硬(Y)	直管	6～325	0.6～8	≤6000
	半硬(Y2)		6～159		
	软(M)		6～108		
	软(M)	盘管	≤28		≥15000

表 6-37　　管材的力学性能(GB/T 18033—2007)

牌　号	状　态	公称外径/mm	抗拉强度 R_m/MPa	伸长率 A/%	维氏硬度
			不小于	不小于	HV
TP2 TU2	Y	≤100	315	—	>100
		>100	295		
	Y2	≤67	250	30	75～100
		>67～159	250	20	
	M	≤108	205	40	40～75

注:维氏硬度仅供选择性试验。

5)热交换器用铜合金无缝管

热交换器用铜合金无缝管适用于船舶、电力等工业制造热交换器及冷凝器。其化学成分应符合 GB/T 5231 规定。

表 6-38　　热交换器用铜合金无缝管的牌号、状态和规格(GB/T 8890—2007)

牌　号	种类	供应状态	规　格/mm		
			外　径	壁　厚	长　度
BFe10-1-1	盘管	软(M),半硬(Y2),硬(Y)	3～20	0.3～1.5	—
	直管	软(M)	4～160	0.5～4.5	<6 000
		半硬(Y2),硬(Y)	6～76	0.5～4.5	<18 000
BFe30-1-1	直管	软(M),半硬(Y2)	6～76	0.5～4.5	<18 000
HAl77-2,HSn70-1,HSn70-1B, HSn70-1ABH68A,H70、H85A	直管	软(M), 半硬(Y2)	6～76	0.5～4.5	<18 000

表 6-39　　管材的室温力学性能(GB/T 8890—2007)

牌　号	状　态	抗拉强度 R_m/MPa	伸长率 A/%
		不小于	
BFe30-1-1	M	370	30
	Y2	490	10
BFe10-1-1	M	290	30
	Y2	345	10
	Y	480	—
HAI77-2	M	345	50
	Y2	370	45
HSn70-1,HSn70-1B HSn70-1-AB	M	295	42
	Y2	320	38
H68A,H70A	M	295	42
	Y2	320	38
H85A	M	245	28
	Y2	295	22

经退火的、壁厚不大于 2.5 mm 的 M、Y2 状态的管材,应进行扩口试验或压扁试验。试验后的管材不应有肉眼可见的裂纹和裂口。

外径不大于 100 mm 的管材进行扩口试验,管材的扩口试验应符合表 6-40 的规定。

表 6-40 管材的扩口试验(GB/T 8890—2007)

牌号	状态	扩口量/%	顶心锥度
BFe30-1-1,BFe10-1-1,HAl77-2,HSn70-1	M	30	45°
HSn70-1B,HSn70-1AB H70A、H68A、H85A	Y2	20	

外径大于 100 mm 的管材,进行压扁试验,M 状态的管材压扁后,内壁间距应等于壁厚;Y2 状态的管材压扁后,内壁间距应等于 3 倍壁厚。

黄铜管应进行消除内应力处理。消除内应力后的管材应进行残余应力试验。试验后,管材不应有肉眼可见的裂纹。

需方有要求并在合同中注明时,管材可进行水压试验,试验压力由供需双方协商确定。水压试验时管材不应渗漏或破裂。需方未要求时,供方也应予以保证。

6)铜及铜合金散热扁管

铜及铜合金散热扁管用于坦克、汽车、机车、拖拉机的散热器。

表 6-41 铜及铜合金散热扁管的牌号和规格(GB/T 8891—2000)

牌号	供应状态	宽度×高度×壁厚/mm	长度/mm
T2,H96	硬(Y)	(16～25)×(1.9～6.0)×(0.2～0.7)	250～1500
H85	半硬(Y2)		
HSn70-1	软(M)		

注:1. 经双方协商,可以供应其他牌号、规格的管材;

2. 管材的化学成分应符合 GB/T 5231 中相应牌号的规定。

表 6-42 铜及铜合金散热扁管的力学性能(GB/T 8891—2000)

牌号	状态	抗拉强度 σ_b/MPa,不小于	伸长率 δ_{10}/%,不小于
T2,H96	Y	295	—
H85	Y2		—
HSn70-1	M		35

注:1. 管材进行气压试验时,其空气压力的 0.4MPa,管材完全浸入水中 60s,管材应无气泡出现;

2. 硬态的黄铜管材应进行消除残余应力退火。如需方有特殊要求并在合同中注明,可进行残余应力检验。

7)压力表用锡青铜管

表 6-43 压力表用锡青铜管的牌号和规格(GB/T 8892—2005)

牌号	状态	形状	规格/mm
QSn4-0.3 QSn6.5-0.1	M(软) Y2(半硬) Y(硬)	圆管($D\times t$) 见 GB/T 8892－2005 中的图 1(a)	(ϕ2～ϕ25)×(0.11～1.80)
		椭圆管($A\times B\times t$) 见 GB/T 8892－2005 中的图 1(b)	(5～15)×(2.5～6)×(0.15～1.0)
H68	Y2(半硬) Y(硬)	扁管($A\times B\times t$) 见 GB/T 8892－2005 中的图 1(c)	(7.5～20)×(5～7)×(0.15～1.0)

注:经双方协商可供应其他牌号、形状、状态和规格的产品。

表 6-44 管材的室温纵向力学性能(GB/T 8892—2005)

牌号	材料状态	抗拉强度 R_m/MPa	伸长率 $A_{11.3}$/%,不小于
QSn4-0.3 QSn6.5-0.1	软(M)	325～480	35
	半硬(Y2)	450～550	8
	硬(Y)	490～635	2
H68	半硬(Y2)	345～405	30
	硬(Y)	≥390	—

8)铜及铜合金波导管

表 6-45 波导管的牌号、状态和规格(GB/T 8894—2007)

牌号	供应状态	规格/mm				
		圆形(内径 d)	矩形(方)形			
			矩形 $a/b\approx 2$	中等扁矩形 $a/b\approx 4$	扁矩形 $a/b\approx 8$	方形 $a/b=1$
T2 TU1 H62 H96	硬(Y)	3.584～149	4.775×2.338～165.1×82.55	22.85×5～165.1×41.3	22.86×5～109.2×13.1	15×15～48×48

注:经双方协商,可供其他规格的管材,具体要求应在合同中注明。

表 6-46 矩(方)形波导管直度和扭拧度(GB/T 8894—2007)

管材内孔宽度 a/mm	每米直度/(mm/m) 不大于		在规定长度上管材扭拧度 不大于	
	Ⅰ级	Ⅱ级	Ⅰ级	Ⅱ级
4.775	4.0	5.0	2°/285 mm	3°/285 mm
5.69	3.5	5.0	2°/285 mm	3°/285 mm
7.112	2.8	5.0	2°/335 mm	3°/335 mm
8.636	2.3	4.0	2°/431 mm	3°/431 mm
10.67	2.0	3.0	2°/533 mm	3°/533 mm
12.95	2.0	3.0	0.5°/129 mm	1°/129 mm
15.8	2.0	3.0	0.5°/158 mm	1°/158 mm
19.05	2.0	3.0	0.5°/190 mm	1°/190 mm
22.86	2.0	3.0	0.5°/228 mm	1°/228 mm
28.55	2.0	3.0	0.5°/285 mm	1°/285 mm
34.85	2.0	3.0	0.5°/348 mm	1°/348 mm
40.39	2.0	3.0	0.5°/403 mm	1°/403 mm
47.55	2.0	3.0	0.5°/475 mm	1°/475 mm
58.17	2.0	3.4	0.5°/581 mm	1°/581 mm
72.14	2.0	3.4	0.5°/721 mm	1°/721 mm
86.36	2.0	3.4	0.5°/863 mm	1°/863 mm
109.22	2.0	3.6	0.5°/1 000 mm	1°/1 000 mm
129.54	2.0	5.0	0.5°/1 000 mm	1°/1 000 mm
165.1	2.0	5.0	0.5°/1 000 mm	1°/1 000 mm
15	2.0	3.0	0.5°/150 mm	1°/150 mm
17	2.0	3.0	0.5°/170 mm	1°/170 mm
19.5	2.0	3.0	0.5°/195 mm	1°/195 mm
23	2.0	3.0	0.5°/230 mm	1°/230 mm
26	2.0	3.0	0.5°/260 mm	1°/260 mm
28	2.0	3.0	0.5°/280 mm	1°/280 mm
30	2.0	3.0	0.5°/300 mm	1°/300 mm
32	2.0	3.0	0.5°/320 mm	1°/320 mm
36	2.0	3.0	0.5°/360 mm	1°/360 mm
40	2.0	3.0	0.5°/400 mm	1°/400 mm
48	2.0	3.0	0.5°/480 mm	1°/480 mm
50	2.0	3.0	0.5°/500 mm	1°/500 mm

9)航空散热管

航空散热管用于航空工业制造散热器。

表 6-47 航空散热管的牌号和状态(YS/T 266—1994)

牌号	化学成分	制造方法	状态
H96	应符合 GB/T 5231 的规定	拉制	硬(Y)

注:经供需双方协商,可供应其他牌号的管材。

表 6-48　　航空散热管的室温纵向力学性能(YS/T 266—1994)

厚度/mm	状态	抗拉强度 σ_b /MPa	伸长度 δ_{10} /%	厚度/mm	状态	抗拉强度 σ_b /MPa	伸长度 δ_{10} /%
		≥				≥	
0.11,0.15	硬(Y)	441	—	0.2	硬(Y)	382	—

表 6-49　　航空散热管的气密性试验(YS/T 266—1994)

管材壁厚/mm	气体压力/MPa	持续时间/s
0.11　0.15	1.47	30～60
0.20	1.96	

注:按上列规定通气后管材不应漏气、破裂。供方可不进行此项试验,但必须保证。

10)拉杆天线套管

表 6-50　　拉杆天线套管的牌号和规格(YS/T 267—1994)

牌号	化学成分	制造方法	状态	规格/mm	
				外径	壁厚
H62	应符合 GB/T 5231 的规定	拉制	硬(Y)	2.8,3,3.2,3.6,4,4.4,5, 5.2,6,6.2,7,8,9,10,11,12,13	0.25 0.20

表 6-51　　拉杆天线套管的力学性能(YS/T 267—1994)

牌号	状态	抗拉强度 σ_b/MPa	伸长率 δ_{10}(%)
		≥	
H62	硬(Y)	392	10

11)制冷用无缝铜管

表 6-52　　制冷用无缝铜管的牌号、状态和规格(GB/T 17791—2007)

牌号	状态	种类	规格/mm		
			外径	壁厚	长度
TU1 TU2 T2 TP1 TP2	软(M) 轻软(M2) 半硬(Y2) 硬(Y)	直管	3～30	0.25～2.0	400～10 000
		盘管		0.25～2.0	—

表 6-53　　管材的室温力学性能(GB/T 17791—2007)

牌号	状态	抗拉强度 R_m /MPa	规定非比例延伸强度 $R_{p0.2}$/MPa	断后伸长率 A/%
TU1 TU2 T2 TUP1 TP2	软(M)	≥205	35～80	≥40
	轻软(M2)	≥205	40～90	≥40
	半硬(Y2)	≥250	≥120	≥15
	硬(Y)	≥315	≥250	—

12)铜及铜合金铸造产品

表 6-54 铸造铜合金的力学性能(GB 1176—1987)

序号	合金牌号	铸造方法	力学性能,不小于			
			抗拉强度 σ_b /MPa(kgf/mm²)	屈服强度 $\sigma_{0.2}$ /MPa(kgf/mm²)	伸长率 δ_5 /%	布氏硬度 HBS
1	ZCuSn3Zn8Pb6Ni1	S	175(17.8)		8	590
		J	215(21.9)		10	685
2	ZCuSn3Zn11Pb4	S	175(17.8)		8	590
		J	215(21.9)		10	590
3	ZCuSn5Pb5Zn5	S,J	200(20.4)	90(9.2)	13	590*
		Li,La	250(25.5)	100(10.2)*	13	635*
4	ZCuSn10Pb1	S	220(22.4)	130(13.3)	3	785*
		J	310(31.6)	170(17.3)	2	885*
		Li	330(33.6)	170(17.3)*	4	885*
		La	360(36.7)	170(17.3)*	6	885*
5	ZCuSn10Pb5	S	195(19.9)		10	685
		J	245(25.0)		10	685
6	ZCuSn10Zn2	S	240(24.5)	120(12.2)	12	685*
		J	245(25.0)	140(14.3)*	6	785*
		Li,La	270(27.5)	140(14.3)*	7	785*
7	ZCuPb10Sn10	S	180(18.4)	80(8.2)	7	635*
		J	220(22.4)	140(14.3)	5	685*
		Li,La	220(22.4)	110(11.2)*	6	685*
8	ZCuPb15Sn8	S	170(17.3)	80(8.2)	5	590*
		J	200(20.4)	100(10.2)	6	635*
		Li,La	220(22.4)	100(10.2)*	8	635*
9	ZCuPb17Sn4Zn4	S	150(15.3)		5	540
		J	175(17.8)		7	590
10	ZCuPb20Sn5	S	150(15.3)	60(6.1)	5	440*
		J	150(15.3)	70(7.1)	6	540*
		La	180(18.4)	80(8.1)	7	540*
11	ZCuPb30	J	—	—	—	245
12	ZCuAl8Mn13Fe3	S	600(61.2)	270(27.5)*	15	1570
		J	650(66.3)	280(28.6)*	10	1665
13	ZCuAl8Mn13Fe3Ni2	S	645(65.8)	280(28.6)	20	1570
		J	670(68.3)	310(31.6)*	18	1665

续表

序　号	合金牌号	铸造方法	力学性能，不小于 抗拉强度 σ_b /MPa(kgf/mm²)	屈服强度 $\sigma_{0.2}$ /MPa(kgf/mm²)	伸长率 δ_5 /%	布氏硬度 HBS
14	ZCuAl9Mn2	S	390(39.8)		20	835
15	ZCuAl9Mn12	J	440(44.9)		20	930
16	ZCuAl9Fe4Ni4Mn2	S	630(64.2)	250(25.5)	16	1570
17	ZCuAl10Fe3	S	490(50.0)	180(18.4)	13	980*
		J	540(55.1)	200(20.4)	15	1080*
		Li,La	540(55.1)	200(20.4)	15	1080*
18	ZCuAl10Fe3Mn2	S	490(50.0)		15	1080
		J	540(55.1)		20	1175
19	ZCuZn38	S	295(30.0)		30	590
		J	295(30.0)		30	685
20	ZCuZn25Al6Fe3Mn3	S	725(73.9)	380(38.7)	10	1570*
		J	740(75.5)	400(40.8)*	7	1665*
		Li,La	740(75.5)	400(40.8)	7	1665*
21	ZCuZn26Al4Fe3Mn3	S	600(1.2)	300(30.6)	18	1175*
		J	600(61.2)	300(30.6)	18	1275*
		Li,La	600(61.2)	300(30.6)	18	1275*
22	ZCuZn31Al2	S	295(30.0)		12	785
		J	390(39.8)		15	885
23	ZCuZn35Al2Mn2Fe2	S	450(45.9)	170(17.3)	20	980*
		J	475(48.4)	200(20.4)	18	1080*
		Li,La	475(48.4)	200(20.4)	18	1080*
24	ZCuZn38Mn2Pb2	S	245(25.0)		10	685
		J	345(35.2)		18	785
25	ZCuZn40Mn2	S	345(35.2)		20	785
		J	390(39.8)		25	885
26	ZCuZn40Mn3Fe1	S	440(44.9)		18	980
		J	490(50.0)		15	1080
27	ZCuZn33Pb2	S	180(18.4)	70(7.1)*	12	490*
28	ZCuZn40Pb2	S	220(22.4)		15	785*
		J	280(28.6)	120(12.2)*	20	885*
29	ZCuZn16Si4	S	345(35.2)		15	885
		J	390(39.8)		20	980

注：1.有“*”符号的数据为参考值；

2.布氏硬度试验力的单位为牛顿；

3.S——砂型，J——金属型，La——连续铸造，Li——离心铸造。

表 6-55 铜合金铸件的力学性能(YB/T 036.5—1992)

合金牌号	铸造方法	抗拉强度 σ_b/MPa	屈服强度 $\sigma_{r0.2}$/MPa	伸长率 δ_5/%	硬度 HBS
ZCuSn0.4	S	196*	—	40*	40*
	J	196*	—	45*	45*
ZCuSn2	S	—	—	—	—
	J	—	—	—	—
ZCuSn5Pb5Zn5	S,J	200	90	13	60*
	Li,La	250	100*	13	65*
ZCuSn10P1	S	196	—	3	80
	J	245	—	5	90
ZCuPb10Sn10	S	180	80	7	65*
	J	220	140	5	70*
ZCuAl10Fe3	S	490	180	13	90*
	J	540	200	15	110*
	Li,La	540	200	15	110*
ZCuAl10Fe3Mn2	S	490	—	15	110
	J	540	—	20	120
ZCuAl8Mn13Fe3Ni2	S	645	280	20	160
	J	670	310	18	170
ZCuZn38	S	295	—	30	60
	J	295	—	30	70
ZCuZn25Al6Fe3Mn3	S	725	380	10	160*
	J	740	400*	7	170*
	Li,La	740	400	7	170*
ZCuZn38Mn2Pb2	S	245	—	10	70
	J	345	—	18	80

注:1. 带“*”符号的数据为参考值;

2. S——砂型;J——金属型;Li——离心铸造;La——连续铸造。

表 6-56 铜及铜合金的低温力学性能

牌号	试样状态	试验温度/℃	抗拉强度 σ_b /MPa (kgf/mm²)	屈服点 σ_s /MPa (kgf/mm²)	伸长率 δ /%	收缩率 ψ /%	冲击韧性 a_k /J·mm⁻² (kgf·m/mm²)
T2		+15	273(27.9)	—	13.3	71.5	77.13(7.87)
		−80	360(36.7)		22.9	65.3	85.16(8.69)
		−180	405(41.3)		30.7	67.9	89.18(9.1)
T3	600℃退火	+20	215(22)	58(6.0)	48	76	
		−10	220(22.5)	60(6.2)	40	78	
		−40	232(23.7)	63(6.5)	47	77	
		−80	267(27.3)	68(7.0)	47	74	
		−120	284(29)	73(7.5)	45	70	
		−180	400(41)	78(8.0)	38	77	

续表

牌　号	试样状态	试验温度 /℃	抗拉强度 σ_b /MPa (kgf/mm²)	屈服点 σ_s /MPa (kgf/mm²)	伸长率 δ /%	收缩率 ψ /%	冲击韧性 a_k /J·mm⁻² (kgf·m/mm²)
T4	软　的	+20	225(23)	87(8.9)	30	70	175.4(17.9)
		−183	245(25)	186(19)	31		
		−196	372(38)		41	72	207.8(21.2)
		−253	392(40)		48	74	211.7(21.6)
T62		+20	397(40.5)	137(14)	51.3	75.5	
		−78	421(43)	154(15.8)	53	74.6	
		−183	522(53.3)	196(20)	55.3	71	
H68	550℃ 退火 2h	+20	392(40)	269(27.5)	50.4	72	
		−78	420(42.9)	300(30.6)	49.8	76.6	
		−183	523(53.5)	397(40)	50.8	70.7	
HPb59-1	500℃ 退火 2h	+20	361(36.9)	141(14.4)	50.2	62.5	
		−78	374(38.2)	168(17.2)	49.8	64	
		−183	475(48.5)	198(20.2)	50.8	62	
HFe59-1-1	软　的	+20	431(44)	170(17.4)	34.2	42.3	118.6(12.1)
		−78	476(48.6)	199(20.3)	33.2	42	118.6(12.1)
		−183	561(57.2)	245(25)	36	40.3	103.9(10.6)
		−196	575(58.7)	252(25.7)	34.7	38	101.9(10.4)
	拉　制	温室	605(61.7)	557(56.8)	12	36	
		−40	649(66.2)	560(57.1)	14	38	
QAl9-4	锻　制	温室	612(62.4)	329(33.6)	45	47	
		−183	774(78.9)	583(59.5)	38	42	
QSn6.5-0.4		+17	618(63)		12	61	
		−196	824(84)		29	54	
		−253	931(95)		29	51	
QAl5		+17	412(42)		61	74	
		−196	568(58)		84	76	
		−253	637(65)		83	72	
QAl7	退　火	+20	529(54)	182(18.6)	26	29	
		−10	529(54)	184(18.8)	33	30	
		−40	539(55)	185(18.9)	35	36	
		−80	567(57.8)	186(19)	31	30	

6.1.3 铜及铜合金的物理性能

表 6-57 黄铜加工产品的物理、工艺性能(参考数据)

组别	合金牌号	上临界点 /—℃	下临界点 /℃	密度 γ /g·mm^{-3}	线胀系数 (25～300℃) a /20×10^{-6}	热导率 λ /W·(cm·K)$^{-1}$	电阻率 ρ /Ω·mm^2·m^{-1} 固态的 (20℃)	电阻率 ρ /Ω·mm^2·m^{-1} 液态的 (在1100℃时)	电阻温度系数 a (20～100℃)	热加工温度 /℃	退火温度 /℃	消除内应力的低温退火温度 /℃	切削加工性 /%
普通黄铜	H96	1070	1050	8.85	18.1	242.8	0.031	0.24	0.0027	775～850	540～600	—	20
	H90	1045	1020	8.8	18.2	167.5	0.039	0.27	0.0018	850～950	650～720	20	20
	H85	1025	990	8.75	18.7	150.7	0.047	0.29	0.0016	830～900	650～720	160～200	30
	H80	1000	965	8.65	19.1	142.4	0.054	0.33	0.0015	820～870	600～700	260	30
	H75	980	—	8.63	19.6	—	—	—	—	—	—	—	—
	H70	955	915	8.53	19.9	121.4	0.062	0.39	0.0014	750～830	520～650	260～270	30
	H68	938	909	8.5	19.9	117.2	0.068	—	0.0015	750～830	520～650	260～270	30
	H65	935	905	8.47	20.1	117.9	0.069	—	—	—	—	—	—
	H62	905	898	8.43	20.6	108.9	0.071	—	0.0017	650～850	600～700	270～300	40
	H59	895	885	8.4	21	75.4	0.063	—	0.0025	730～820	600～670	—	45
铅黄铜	HPb74-3	965	—	8.7	19.8	121.4	0.078	—	—	不加工	600～650	—	80
	HPb64-2	910	885	8.5	20.3	117.2	0.066	—	—	不加工	620～670	—	90
	HPb63-3	905	885	8.5	20.5	117.2	0.066	—	—	不加工	620～650	—	100
	HPb60-1	900	885	8.5	20.8	117.2	0.064	—	—	780～820	600～650	—	75
	HPb59-1	900	885	8.5	20.6	104.7	0.065	—	—	640—780	600～650	285	80
锡黄铜	HSn90-1	1015	995	8.8	18.4	125.6	0.054	—	—	850～900	650～720	—	—
	HSn70-1	935	900	8.54	20.2	108.9	0.072	—	—	650～750	560～580	300～350	30
	HSn62-1	906	885	8.45	21.4	108.9	0.072	—	—	700～750	550～650	350～370	40
	HSn60-1	900	885	8.45	21	117.2	0.070	—	—	760～800	550～650	—	40
铝黄铜	HAl85-0.5	1020	—	8.6	18.6	108.9	—	—	—	800～850	650～700	—	—
	HAl77-2	975	935	8.5	18.5	100.5	0.077	—	—	720～770	600～650	300～350	30
	HAl60-1-1	904	—	8.2	21.6	—	—	—	—	—	—	—	—
	HAl59-3-2	956	892	8.4	19.1	83.7	0.078	—	—	700～750	600～650	350～400	20
锰黄铜	HMn58-2	880	865	8.5	21.2	70.3	0.108	—	—	680～730	600～650	—	22
	HMn57-3-1	—	—	—	—	—	—	—	—	—	—	—	—
铁黄铜	HFe59-1-1	900	885	8.5	22	100.5	0.093	—	—	680～730	600～650	—	25
	HFe58-1-1	—	—	—	—	—	—	—	—	—	—	—	—
镍黄铜	HNi65-5	960	—	8.65	18.2	58.6	0.140	—	—	750～870	600～650	300～400	30
硅黄铜	HSi80-3	890	—	8.6	17.1	41.9	0.20	—	—	750～850	—	—	—
	HSi65-1.5-3	870	—	8.5	—	—		—	—	750～780	—	—	—

表 6-58 青铜加工产品的物理、工艺性能(参考数据)

组别	合金牌号	上临界点温度 /℃	密度 γ /g·cm^{-3}	线胀系数 (20℃) a/10^{-6}	热导率 λ /W·(m·K)$^{-1}$	比热容 c /J·(kg·℃)$^{-1}$	(20℃) 电阻率 ρ /Ω·mm^2·m^{-1}	导电率 /m·(Ω·mm^2)$^{-1}$	电阻温度系数 a (20~100℃)	热加工温度 /℃	退火温度 /℃	淬火温度 /℃	回火温度 /℃	切削加工性[①] /%
锡青铜	QSn4-3	1045	8.8	18.0	83.7	—	0.087	—	—	750	600	—	—	—
	QSn4-4-2.5	1018	9.0	18.2	83.7	—	0.087	—	—	不进行热加工	600	—	—	90
	QSn4-4-4	1018	9.0	18.2	83.7	—	0.087	—	—	不进行热加工	600	—	—	90
	QSn6.5-0.4	995	8.8	19.1	50.2	—	0.176	—	—	750~770	600~650	—	—	20
	QSn6.5-0.1	995	8.8	17.2	58.6	—	0.128	—	—	750~770	600~650	—	—	20
	QSn7-0.2		8.8	17.5	75.4	—	0.123	—	—	—	—	—	—	—
	QSn4-0.3	1060	8.9	17.6	83.7	—	0.091	—	—	750~780	600~650	—	—	20
铝青铜	QAl5	1060	8.2	18.0	104.7	—	0.10	—	0.0016	830~880	600~700	—	—	20
	QAl7	1040	7.8	17.8	79.5	—	0.11	—	0.001	830~880	650~750	—	—	20
	QAl9-2	1060	7.6	17.0	71.2	436.7	0.11	—	—	800~850	650~750	800 水	400 HB150~187	20
	QAl9-4	1040	7.5	16.2	58.6	—	0.12	6.58	—	750~850	700~750	850 水	500~550 HB110~178	20
	QAl10-3-1.5	1045	7.5	16.1	58.6	435.4	0.189	6.4	—	775~825	650~750	900 水	300~350 HB207~285	20
	QAl10-4-4	1034	7.46	17.1	75.4	—	0.193	5.15	—	850~900	700~750	920 水	650 HB200~240	20
铍青铜	QBe2	955	8.23	16.6	83.7~104.7	—	0.1~0.068	—	—	760~800	650~750	780 水	300~350 HV≥320	20
	QBe2.15	955	8.23	16.6		—		—	—	760~800	650~750	—	—	20
硅青铜	QSi1-3	1084	8.85	18.0	—	—	0.046	—	—	890~910	650~750	850 水	450~475 HB130~180	—
	QSi3-1	1025	8.4	15.8	46.1	376.8	0.15	—	—	800~850	700~750	800 水	410~475 HB130~180	30
锰青铜	QMn5	1047	8.6	20.4	108.9	—	0.197	—	0.0003	800~850	700~750	—	—	20
	QMn1.5						≤0.087		≤0.9 ×10^{-3}					
镉青铜	QCd1	1076	8.9	17.6	343.3	—	0.0270	—	0.0031	780~800	—	—	—	20
铬青铜	QCr0.5	1080	8.9	17.6	343.9	—	0.019	—	0.0033	900~950	—	590~1000 水	400~450 HB110	20

注:表中①以黄铜 HPb63-6 切削加工性为 100%。

表 6-59 铸造青铜的物理、工艺性能(参考数据)

序号	合金代号	密度 γ /g·mm^{-3}	线胀系数 a /$10^{-6}K^{-1}$	热导率 λ /W·(m·K)$^{-1}$	电阻率 ρ /Ω·mm^2·m^{-1}	比热容 c /J·(kg·K)$^{-1}$	摩擦因数 有润滑剂	摩擦因数 无润滑剂	耐蚀性(重量损失,g/m^2·昼夜) 在10%硫酸中	耐蚀性(重量损失,g/m^2·昼夜) 在海水中	熔点 /℃	铸造温度/℃ 加热温度	铸造温度/℃ 浇注温度	流动性 /mm	线收缩率 /%	焊接性 气焊	焊接性 电焊	焊接性 钎焊	被切削加工性(以HPb63-3为100%)
1	ZQSn3-12-5	8.6	17.1	56.5	0.075	360.1	0.01	0.158			998	1200～1250	1150～1180	50～65	1.60	差	满意	良好	80
2	ZQSn3-7-5-1	8.8	20.7	62.8	0.0923	365.1	0.013	0.16			1022	1200～1250	1150～1180	40～50	1.45	差	差	满意	80
3	ZQSn5-5-5	8.7	19.1	93.84	0.080	376.8	0.185～0.190	0.16	4.9	0.67	975	1180～1220	1150～1200	40	1.60	差	差	满意	90
4	ZQSn6-6-3	8.8	17.1	93.8	0.090	376.4	0.009	0.16	4.9	0.67	967	1188～1220	1050～1200	40	1.4～1.6	差	差	满意	80
5	ZQSn7-0.2	8.8	17.5	75.4	0.123														
6	ZQSn10-1	8.76	18.5	36.4～49.0	0.213	396.1	0.008	0.10			934	1100～1150	980～1050	50	1.44	满意	满意	良好	40
7	ZQSn10-2-1																		
8	ZQSn10-2	8.6	18.2	49.4	0.160	373.5	0.006～0.008	0.16～0.20	0.14	0.92	1015	1200～1250	1150～1200	21	1.45～1.51	满意	满意	良好	55
9	ZQSn10-5																		
10	ZQPb10-10	8.9					0.0045	0.1			925		1000～1100		1.57				
11	ZQPb12-8	8.1	17.1	41.9			0.005	0.1			940	1200～1250	1150～1200	45	1.40	差	满意	良好	80
12	ZQPb17-4-4	9.2		60.7			0.01	0.16			960	1180～1220	1150～1200	25		差	差	良好	90
13	ZQPb24-2																		
14	ZQPb25-5	9.4	18.0	58.6			0.004	0.14			940	1200～1250	1150～1200	40	1.50	差	满意	良好	95
15	ZQPb30	9.4	18.4	58.6	0.1		0.008	0.18			990	1200～1250	1150～1200	35	1.60				80
16	ZQPb19-2	7.6	17.0～20.1	71.2	0.11	435.4	0.006	0.18		0.25	1060	1200～1250	1100～1180	48		良好	良好	良好	25
17	ZQAl9-4	7.5	18.1	58.6	0.124～0.152	418.7	0.004	0.16	0.4	0.25	1040	1200～1250	1100～1180	85	2.25	良好	良好	良好	20
18	ZQAl10-3-1.5	7.5	16	41.9	0.125	418.7	0.012	0.21	0.7	0.20～0.25	1045	1200～1250	1100～1180	70					25

注:ZQSn6-6-3 的体积收缩率 3.85%。

表 6-60 铸造黄铜的物理性能(参考数据)

序号	合金代号	密度 /g·cm^{-3}	线胀系数 a /10^{-6}K^{-1}	热导率 λ /W·(m·K)$^{-1}$	电阻率 ρ /Ω·mm^2·m^{-1}	比热容 c /J·(kg·℃)$^{-1}$	摩擦因数		耐蚀性(重量损失,g/m^2·昼夜)	
							有润滑剂	无润滑剂	10%硫酸中	海水中
1	ZH62	8.43	20.6	108.9	0.071	387.3	0.012	0.39	1.46	0.61
2	ZHSi80-3-3	8.5	17.0	83.7	0.20		0.006	0.173	0.009	0.15
3	ZHSi80-3	8.2	18.8～20.8	83.7	0.28	404.4	0.01	0.19	0.01	0.19
4	ZHPb48-3-2-1	8.2								
5	ZHPb59-1	8.5	20.1	108.9	0.068	502.4	0.013	0.17	1.42	0.35
6	ZHAl66-6-3-2	8.5	19.8	49.8						
7	ZHAl67-2.5	8.5		71.2						
8	ZHFe59-1-1	8.5	22.0	100.9	0.093		0.012	0.39	1.77	0.22
9	ZHMn55-3-1	8.5	19.1	51.1		372.6	0.036	0.36	0.32	0.047(g/m^2·h)
10	ZHMn58-2-2	8.5	20.6	71.2	0.118	418.7	0.016	0.24		0.05(g/m^2·h)
11	ZHMn58-2	8.5	21.2	70.3	0.108	376.8	0.012	0.32	1.59	0.40

表 6-61 铸造黄铜的工艺性能(参考数据)

序号	合金代号	熔点 /℃	铸造温度/℃		流动性 /cm	线收缩率 /%	焊接性			切削加工性 /% (以 HPb63-3 为 100%)
			加热温度	浇注温度			气焊	电焊	钎焊	
1	ZH62	905		1060～1100	65	1.77				40
2	ZHSi80-3-3	900	1100～1180	980～1060	40	1.6～1.7				30
3	ZHSi80-3	890	1100～1180	980～1060	60	1.6～1.7	良好	良好	良好	30
4	ZHPb48-3-2-1	835				体收缩率 4.3%～4.5%				
5	ZHPb59-1	900	1050～1100	1000～1050	60	2.23				80
6	ZHAl66-6-3-2	900	1080～1120	1000～1050	47	1.8				25
7	ZHAl67-2.5	995	1080～1120	1000～1050	57	1.25		良好		30
8	ZHFe59-1-1	890	1050～1100	950～1000	83	2.23				25
9	ZHMn55-3-1	930	1060～1100	980～1050	70	1.5	良好	良好	良好	25
10	ZHMn58-2-2	900	1050～1100	980～1000	83	2.1				35
11	ZHMn58-2	880	1040～1080	980～1000	83	1.45				22

6.1.4 铸造铜合金的特性及用途

表 6-62 铸造铜合金的特性及用途(GB 1176—1987)

序号	合金牌号	主要特性	应用举例
1	ZCuSn3Zn8Pb6Ni1	耐磨性较好,易加工,铸造性能好,气密性较好,耐腐蚀,可在流动海水下工作	在各种液体燃料以及海水、淡水和蒸汽(225℃)中工作的零件,压力不大于2.5MPa的阀门和管配件
2	ZCuSn3Zn11Pb4	铸造性能好,易加工,耐腐蚀	海水、淡水、蒸汽中,压力不大于2.5MPa的管配件
3	ZCuSn5Pb5Zn5	耐磨性和耐蚀性好,易加工,铸造性能和气密性较好	在较高负荷,中等滑动速度下工作的耐磨、耐腐蚀零件,如轴瓦、衬套、缸套活塞、离合器、泵件压盖以及蜗轮等
4	ZCuSn10Pb1	硬度高,耐磨性极好,不易产生咬死现象,有较好的铸造性能和切削加工性能,在大气和淡水中有良好的耐蚀性	可用于高负荷(20MPa 以下)和高滑动速度(8m/s)下工作的耐磨零件,如连杆、衬套、轴瓦、齿轮、蜗轮等
5	ZCuSn10Pb5	耐腐蚀,特别是对稀硫酸、盐酸和脂肪酸	结构材料,耐蚀、耐酸的配件以及破碎机衬套、轴瓦
6	ZCuSn10Zn2	耐蚀性、耐磨性和切削加工性能好,铸造性能好,铸件致密性较高,气密性较好	在中等及较高负荷和小滑动速度下工作的重要管配件,以及阀、旋塞、泵体、齿轮、叶轮和蜗轮等
7	ZCuPb10Sn10	润滑性能、耐磨性能和耐蚀性能好,适合用作双金属铸造材料	表面压力高,又存在侧压力的滑动轴承,如轧辊、车辆用轴承、负荷峰值60MPa 的受冲击的零件,以及最高峰值100MPa 的内燃机双金属轴瓦,以及活塞销套、摩擦片等
8	ZCuPb15Sn8	在缺乏润滑剂和用水质润滑剂的条件下,滑动性和自润滑性能好,易切削,铸造性能差,对稀硫酸耐蚀性能好	表面压力高,又有侧压力的轴承,可用来制造冷轧机的铜冷却管,耐冲击负荷达 50MPa 的零件,内燃机的双金属轴瓦,不要用于最大负荷达 70MPa 的活塞销套、耐酸配件
9	ZCuPb17Sn4Zn4	耐磨性和自润滑性能好,易切削,铸造性能差	一般耐磨件,高滑动速度的轴承等
10	ZCuPb20Sn5	有较高的滑动性能,在缺乏润滑介质和以水为介质时有特别好的自润滑性能,适用于双金属铸造材料,耐硫酸腐蚀,易切削,铸造性能差	高滑动速度的轴承,及破碎机、水泵、冷轧机轴承,负荷达 40MPa 的零件,抗腐蚀零件,双金属轴承,负荷达 70MPa 的活塞销套
11	ZCuPb30	有良好的自润滑性,易切削,铸造性能差,易产生比重偏析	要求高滑动速度的双金属轴瓦、减摩零件等
12	ZCuAl8Mn13Fe3	具有很高的强度和硬度,良好的耐磨性能和铸造性能,合金致密性高,耐蚀性好,作为耐磨件工作温度不大于400℃,可以焊接,不易钎焊	适用于制造重型机械用轴套,以及要求强度高、耐磨、耐压零件,如衬套、法兰、阀体、泵体等
13	ZCuAl8Mn13Fe3Ni2	有很高的力学性能,在大气、淡水和海水中均有良好的耐蚀性,腐蚀疲劳强度高,铸造性能好,合金组织致密,气密性好,可以焊接,不易钎焊	要求强度高、耐腐蚀的重要铸件,如船舶螺旋桨、高压阀体、泵体,以及耐压、耐磨零件,如蜗轮、齿轮、法兰、衬套等

续表

序号	合金牌号	主要特性	应用举例
14	ZCuAl9Mn2	有高的力学性能，在大气、淡水和海水中耐蚀性好，铸造性能好，组织致密，气密性高，耐磨性好，可以焊接，不易钎焊	耐蚀、耐磨零件，形状简单的大型铸件，如衬套、齿轮、蜗轮，以及在250℃以下工作的管配件和要求气密性高的铸件，如增压器内气封
15	ZCuAl9Fe4Ni4Mn2	有很高的力学性能，在大气、淡水、海水中均有优良的耐蚀性，腐蚀疲劳强度高，耐磨性良好，在400℃以下具有耐热性，可以热处理，焊接性能好，不易钎焊，铸造性能尚好	要求强度高、耐蚀性好的重要铸件，是制造船舶螺旋浆的主要材料之一，也可用作耐磨和400℃以下工作的零件，如轴承、齿轮、蜗轮、螺母、法兰、阀体、导向套管
16	ZCuAl10Fe3	具有高的力学性能，耐磨性和耐蚀性能好，可以焊接，不易钎焊，大型铸件自700℃空冷可以防止变脆	要求强度高、耐磨、耐蚀的重型铸件，如轴套、螺母、蜗轮以及250℃以下工作的管配件
17	ZCuAl10Fe3Mn2	具有高的力学性能和耐磨性，可热处理，高温下耐蚀性和抗氧化性能好，在大气、淡水和海水中耐蚀性好，可以焊接，不易钎焊，大型铸件自700℃空冷可以防止变脆	要求强度高、耐磨、耐蚀的零件，如齿轮、轴承、衬套、管嘴，以及耐热管配件等
18	ZCuZn38	具有优良的铸造性能和较高的力学性能，切削加工性能好，可以焊接，耐蚀性较好，有应力腐蚀开裂倾向	一般结构件和耐蚀零件，如法兰、阀座、支架、手柄和螺母等
19	ZCuZn25Al6Fe3Mn3	有很高的力学性能，铸造性能良好，耐蚀性较好，有应力腐蚀开裂倾向，可以焊接	适用高强、耐磨零件，如桥梁支承板、螺母、螺杆、耐磨板、滑块和蜗轮等
20	ZCuZn26Al4Fe3Mn3	有很高的力学性能，铸造性能良好，在空气、淡水和海水中耐蚀性较好，可以焊接	要求强度高、耐蚀的零件
21	ZCuZn31Al2	铸造性能良好，在空气、淡水、海水中耐蚀性较好，易切削，可以焊接	适用于压力铸造，如电机、仪表等压铸件，以及造船和机械制造业中的耐蚀零件
22	ZCuZn35Al2Mn2Fe1	具有高的力学性能和良好的铸造性能，在大气、淡水、海水中有较好的耐蚀性，切削性能好，可以焊接	管路配件和要求不高的耐磨件
23	ZCuZn38Mn2Pb2	有较高的力学性能和耐蚀性，耐磨性较好，切削性能良好	一般用途的结构件，船舶、仪表等使用的外型简单的铸件，如套筒、衬套、轴瓦、滑块等
24	ZCuZn40Mn2	有较高的力学性能和耐蚀性，铸造性能好，受热时组织稳定	在空气、淡水、海水、蒸汽（小于300℃）和各种液体燃料中工作的零件和阀体、阀杆、泵、管接头，以及需要浇注巴氏合金的镀锡零件等
25	ZCuZn40Mn3Fe1	有高的力学性能，良好的铸造性能和切削加工性能，在空气、淡水、海水中耐蚀性较好，有应力腐蚀开裂倾向	耐海水腐蚀的零件，以及300℃以下工作的管配件，制造船舶螺旋桨等大型铸件
26	ZCuZn33Pb2	结构材料，给水温度为90℃时抗氧化性能好，电导率约为10～14MS/m	煤气和给水设备的壳体，机器制造业、电子技术、精密仪器和光学仪器的部分构件和配件
27	ZCuZn40Pb2	有好的铸造性能和耐磨性，切削加工性能好，耐蚀性能好，在海水中有应力腐蚀倾向	一般用途的耐磨、耐蚀零件，如轴套、齿轮等
28	ZCuZn16Si4	具有较高的力学性能和良好的耐蚀性，铸造性能好，流动性高，铸件组织致密，气密性好	接触海水工作的管配件以及水泵、叶轮、旋塞和在空气、淡水、油、燃料，以及工作压力在4.5MPa和250℃以下蒸汽中工作的铸件

6.2 欧洲标准化委员会(CEN)铜及铜合金

6.2.1 铜及铜合金牌号和化学成分

(1)纯铜冶炼产品

表 6-63 铜的牌号及化学成分(EN 1652:1997)

牌号	材料号	化学成分/%(质量分数)							密度/(g/cm³)
		Cu①	Bi	O	P	Pb	其他元素③		
							总和	排除	
Cu-ETP	CW004A	≥99.90	≤0.0005	≤0.040②		≤0.005	≤0.03	Ag,O	8.9
Cu-FRTP	CW006A	≥99.90		≤0.100			≤0.05	Ag,Ni,O	8.9
Cu-OF	CW008A	≥99.95	≤0.0005			≤0.005	≤0.03	Ag	8.9
Cu-HCP	CW021A	≥99.95	≤0.0005		0.002～0.007	≤0.005	≤0.03	Ag,P	
Cu-DLP	CW023A	≥99.90	≤0.0005		0.005～0.013	≤0.005	≤0.03	Ag,Ni,P	8.9
Cu-DHP	CW024A	≥99.90			0.015～0.040				8.9

注:1. 表中①质量分数中包含 Ag,但不超过 0.015%;

2. 表中②经供需双方协商,O 含量可允许至 0.060%;

3. 表中③定义为 Ag,As,Bi,Cd,Co,Cr,Fe,Mn,Ni,O,P,Pb,S,Sb,Se,Si,Sn,Te,Zn 等元素之和,不包括排除栏中注明元素。

表 6-64 铜及铜合金母合金的牌号及化学成分(EN 1981:2003)

牌号	材料号	化学成分/%(质量分数,非范围值或特殊注明者均为最大值)																	
		主要合金元素	Al	As	Bi	C	Fe	Mn	Ni	P	Pb	Sb	Se	Si	Sn	Te	Zn	其他	杂质元素	
																			单项	总和
CuAl50(A)	CM344G	Cu 余量 Al 48.5～51.5	注 1				0.25	0.1	0.1	0.05	0.05			0.15	0.05		0.1	Ti 0.01	0.05	0.3
CuAl50(B)	CM345G	Cu 余量 Al 48～52	注 1				0.5	0.2	0.1	0.05	0.1			0.25	0.1		0.2		0.1	0.5
CuAs30	CM200E	Cu 余量 As 28.5～31.5	0.05	①	0.05		0.2	0.2	0.2	0.05	0.10	0.20	0.03	0.10	0.1	0.03	0.3	Cr 0.10	0.1	0.5
CuB2	CM121C	Cu 余量 B 1.6～2.0	0.10				0.10				0.02			0.15	0.02				0.05	0.3
CuBe4	CM122C	Cu 余量 Be 3.5～4.5	0.17				0.17		0.1		0.02			0.17	0.03			Co 0.1 Cr 0.05	0.05	0.3
CuCo10	CM237E	Cu 余量 Co 9.0～11.0					0.10		0.20	0.05	0.05				0.05				0.05	0.3

续表

牌 号	材料号	化 学 成 分/%(质量分数,非范围值或特殊注明者均为最大值)																		
		主要合金元素	Al	As	Bi	C	Fe	Mn	Ni	P	Pb	Sb	Se	Si	Sn	Te	Zn	其 他	杂质元素	
																			单项	总和
CuCo15	CM201E	Cu 余量 Co 14.0～16.0		0.01	0.005		0.10		0.20	0.10	0.05	0.01	0.005	0.05	0.05	0.005	0.20		0.05	0.3
CuCr10	CM202E	Cu 余量 Cr 9.0～11.0	0.02	0.01	0.005		0.08	0.03	0.02	0.005	0.02	0.01	0.005	0.02	0.02	0.005	0.10		0.05	0.3
CuFe10(A)	CM203E	Cu 余量 Fe 9.0～11.0	0.02	0.01	0.005	0.05	①	0.1	0.15	0.05	0.03	0.01	0.005	0.05	0.10	0.005	0.1		0.05	0.3
CuFe10(B)	CM204E	Cu 余量 Fe 9.0～11.0					①	0.2	0.2		0.1			0.1	0.1		0.1		0.1	0.5
CuFe15	CM213E	Cu 余量 Fe 14.0～16.0					①	0.15	0.15		0.05			0.10	0.10		0.1		0.05	0.3
CuFe20(A)	CM205E	Cu 余量 Fe 19.0～21.0	0.02	0.01	0.01	0.05	①	0.1	0.15	0.05	0.05	0.01	0.005	0.05	0.10	0.005	0.1		0.05	0.3
CuFe20(B)	CM206E	Cu 余量 Fe 19.0～21.0					①	0.2	0.2		0.1			0.1	0.1		0.1		0.1	0.5
CuLi2	CM123C	Cu 余量 Li 1.6～2.2												0.10					0.03	0.2
CuMg10	CM238E	Cu 余量 Mg 9.0～11.0	0.05	0.01	0.005	0.05	0.10		0.20	0.02	0.03	0.01	0.005	0.05	0.05	0.005	0.10		0.05	0.3
CuMg20	CM207E	Cu 余量 Mg 18.0～22.0	0.05	0.01	0.005	0.05	0.10		0.20	0.02	0.05	0.01	0.005	0.10	0.05	0.005	0.10		0.05	0.3
CuMg30(A)	CM209E	Cu 余量 Mg 29.0～31.0	0.05	0.02	0.005	0.05	0.20	①	0.20	0.02	0.05	0.02	0.005	0.05	0.05	0.005	0.20	Mg 0.05	0.05	0.3
CuMg30(B)	CM210E	Cu 余量 Mg 29.0～31.0					0.5	①	0.2	0.05	0.2			0.2	0.2		0.2		0.1	0.5
CuMn50	CM211E	Cu 余量 Mn 48.0～52.0					0.5	①	0.2	0.05	0.2			0.2	0.2		0.2		0.1	0.5
CuNi30	CM390H	Cu 余量 Ni 29.0～31.0	0.05			0.03	0.8	0.2	①	0.02	0.05			0.05	0.05		0.1		0.05	0.3
CuNi50	CM239E	Cu 余量 Ni 48.5～51.5	0.05			0.05	0.3	0.2	①	0.03	0.05			0.05	0.05		0.1		0.05	0.3
CuP10(A)	CM215E	Cu 余量 P 9.5～11.0	0.02	0.01	0.005		0.10	0.10	0.10	①	0.03	0.01	0.005	0.05	0.05	0.005	0.05		0.05	0.3

续表

牌号	材料号	化学成分/%(质量分数,非范围值或特殊注明者均为最大值)																		
		主要合金元素	Al	As	Bi	C	Fe	Mn	Ni	P	Pb	Sb	Se	Si	Sn	Te	Zn	其他	杂质元素	
																			单项	总和
CuP19(B)	CM216E	Cu 余量 P 9.5～11.0					0.20		0.20	①	0.20				0.05		0.2		0.1	0.5
CuP15(A)	CM217E	Cu 余量 P 13.5～15.0	0.02	0.01	0.005		0.10	0.10	0.10	①	0.03	0.01	0.005	0.05	0.05	0.005	0.05		0.05	0.3
CuP15(B)	CM218E	Cu 余量 P 13.5～15.0					0.10		0.10	①	0.10				0.1		0.1		0.10	0.4
CuP15(C)	CM219E	Cu 余量 P 13.5～15.0					0.20		0.20	①	0.20				0.2		0.2		0.1	0.5
CuS20	CM230E	Cu 余量 S 18～22					0.02				0.02				0.20		0.02		0.05	0.3
CuSi10(A)	CM231E	Cu 余量 Si 9.0～11.0	0.03	0.01	0.005		0.20	0.10	0.1	0.05	0.05	0.01	0.005	①	0.05	0.005	0.10		0.05	0.3
CuSi10(B)	CM232E	Cu 余量 Si 9.0～11.0	0.05				0.5	0.2	0.2		0.20			①	0.2		0.1		0.1	0.5
CuSi20(A)	CM233E	Cu 余量 Si 19.0～21.0	0.05	0.02	0.01		0.4	0.2	0.2	0.05	0.1	0.02	0.01	①	0.1	0.01	0.1		0.05	0.3
CuSi20(B)	CM234E	Cu 余量 Si 19～21	0.05				0.6	0.2	0.2		0.2			①	0.2		0.1		0.1	0.5
CuSi30(A)	CM240E	Cu 余量 Si 28.5～31.5	0.05	0.03	0.015		0.60	0.2	0.2	0.05	0.1	0.02	0.01	①	0.1	0.01	0.1		0.05	0.3
CuSi30(B)	CM241E	Cu 余量 Si 28.0～32.0	0.10				0.7	0.2	0.2		0.2			①	0.2		0.2		0.1	0.5
CuTi30	CM244E	Cu 余量 Ti 28.5～31.5	0.10		0.005		0.1				0.05			0.05	0.05	0.005	0.05	Hf 2.5	0.05	0.3
CuZr50(A)	CM236E	Cu 余量 Zr 49.0～53.0	0.05		0.005		0.1				0.05			0.05	0.20	0.005		Nb 2.0	0.1	0.5
CuZr50(B)	CM242E	Cu 余量 Zr 49.0～53.0	0.05		0.005		0.1				0.05			0.05	0.20	0.005			0.1	0.5
CuZr50(C)	CM243E	Cu 余量 Zr 49.0～53.0	0.05		0.005		0.20				0.05			0.05	0.8	0.005			0.1	0.5

注:表中①见主要合金元素栏。

表 6-65　电气用铜的牌号及化学成分

(EN 1977:1998,EN 13599:2002,EN 13600:2002,EN 13601:2002,EN 13602:2002,EN 13604:2002,EN 13605:2002)

牌号	材料号	主要成分/%(质量分数,非范围值或特殊注明者均为最大值)	其他元素总和①	不包括元素
Cu-ETP1	CW003A	0.0025Ag,0.005As,0.0020Bi,0.0010Fe,0.040O,0.0005Pb,0.0015S,0.0004Sb,0.00020Se,0.00020Te,(As+Cd+Cr+Mn+P+Sb)0.0015%,(Co+Fe+Ni+Si+Sn+Zn)0.0020%,(Bi+Se+Fe)0.003%,其中(Se+Te)≤0.00030%	0.0065	O
Cu-ETP	CW004A	0.005Bi,0.040O,0.005Pb,Cu≥99.90	0.03	Ag,O
Cu-FRHC	CW005A	0.040O,Cu≥99.90	0.04	Ag,O
Cu-OF1	CW007A	0.0025Ag, 0.005As, 0.0020Bi, 0.0010Fe, 0.0005Pb, 0.0015S, 0.0004Sb, 0.00020Se,0.00020Te,(As+Cd+Cr+Mn+P+Sb)0.0015%,(Co+Fe+Ni+Si+Sn+Zn)0.0020%,(Bi+Se+Te)0.003%,其中(Se+Te)≤0.00030%	0.0065	O
Cu-OF	CW008A	0.005Bi,0.005Pb,Cu≥99.95	0.03	Ag
Cu-OFE	CW009A	0.0025Ag,0.005As,0.0020Bi,0.0001Cd,0.0010Fe,0.0005Mn,0.0010Ni,0.0003P,0.0005Pb,0.0015S,0.0004Sb,0.00020Se,0.0002Sn,0.00020Te,0.0001Zn,Cu≥99.99		
CuAg0.04	CW011A	0.03～0.05Ag,0.0005Bi,0.040O,余量 Cu	0.03	Ag,O
CuAg0.07	CW012A	0.06～0.08Ag,0.0005Bi,0.040O,余量 Cu	0.03	Ag,O
CuAg0.10	CW013A	0.08～0.12Ag,0.0005Bi,0.040O,余量 Cu	0.03	Ag,O
CuAg0.04P	CW014A	0.03～0.05Ag,0.0005Bi,0.001～0.007P,余量 Cu	0.03	Ag,P
CuAg0.07P	CW015A	0.06～0.08Ag,0.0005Bi,0.001～0.007P,余量 Cu	0.03	Ag,P
CuAg0.10P	CW016A	0.08～0.12Ag,0.0005Bi,0.001～0.007P,余量 Cu	0.03	Ag,P
CuAg0.04(OF)	CW017A	0.03～0.05Ag,0.0005Bi,余量 Cu	0.0065	Ag,O
CuAg0.07(OF)	CW018A	0.06～0.08Ag,0.0005Bi,余量 Cu	0.0065	Ag,O
CuAg0.10(OF)	CW019A	0.08～0.12Ag,0.0005Bi,余量 Cu	0.0065	Ag,O
Cu-PHC	CW020A	0.0005Bi,0.001～0.006P,0.005Pb,Cu≥99.95	0.03	Ag,P
Cu-HCP	CW021A	0.0005Bi,0.002～0.007P,0.005Pb,Cu≥99.95	0.03	Ag,P
Cu-PHCE	CW020A	0.0025Ag, 0.005As, 0.0020Bi, 0.0001Cd, 0.0010Fe, 0.0005Mn, 0.0010Ni, 0.0003P,0.0005Pb,0.0015S,0.0015S,0.0004Sb,0.00020Se,0.0002Sn,0.0002Te,0.0001Zn,Cu≥99.99		

注:1. 表中①其他元素定义为 Ag,As,Bi,Cd,Co,Cr,Fe,Mn,Ni,O,P,Pb,S,Sb,Se,Si,Sn,Te,Zn 除去不包括元素栏中注明元素的总和;

2. 凡注明其他元素中不包括 Ag 的合金,其 Cu 含量中允许含有最大不超过 0.015%的 Ag。

(2)铜及铜合金加工产品

表 6-66 铜合金的牌号及化学成分

(EN 1652:1997,EN 1653:1997,EN 1654:1998,EN1172:1996,EN 1758:1997,EN 12163:2011,EN 12164:2011,EN 12165:2011,EN 12166:2011,EN 12167:2011,EN 12169:1998,EN 12420:1999,EN 12449:1999,EN 12451:1999,EN 12452:1999)

牌号	材料号	化学成分/%(质量分数,非范围值或特殊注明者均为最大值)															
		Cu	Al	As	Be	C	Co	Fe	Mn	Ni	P	Pb	S	Si	Sn	Zn	其他元素总和
CuBe1.7	CW100C																
CuBe2	CW101C	余量			1.8~2.1		0.3	0.2		0.3							0.5
CuBe2Pb	CW102C	余量			1.8~2.0		0.3	0.2		0.3		0.2~0.6					0.5
CuCo1Ni1Be	CW103C	余量			0.4~0.7		0.8~0.3	0.2		0.8~1.3							0.5
CuCo2Be	CW104C	余量			0.2~0.6		2.0~2.8	0.2		0.3							0.5
CuCr1	CW105C	0.5~1.2Cr,0.08Fe,0.1Si,余量 Cu															0.2
CuCr1Zr	CW106C	0.5~1.2Cr,0.08Fe,0.1Si,0.03~0.3Zr,余量 Cu															0.2
CuFe2P	CW107C	余量						2.1~2.6			0.015~0.15	0.03				0.05~0.20	0.2
CuNi1P	CW108C	余量								0.8~1.2	0.15~0.25						0.1
CuNi1Si	CW109C	余量						0.2	0.1	1.0~1.6		0.02		0.4~0.7			0.3
CuNi2Be	CW110C	余量					0.3	0.2		1.4~2.2							0.5
CuNi2Si	CW111C	余量						0.2	0.1	1.6~2.5		0.02		0.4~0.8			0.3
CuNi3Si1	CW112C	余量						0.2	0.1	2.6~4.5		0.02		0.8~1.3			0.5
CuBe2Pb	CW113C	余量									0.003~0.012	0.7~1.5					0.1
CuSP	CW114C	余量									0.003~0.012		0.2~0.7				0.1
CuSi1	CW115C	余量	0.02					0.8	0.7		0.02	0.05		0.8~2.0		1.5	0.5
CuSi3Mn	CW116C	余量	0.05					0.2	0.7~1.3		0.05	0.05		2.7~3.2		0.4	0.5
CuSn0.15	CW117C	余量						0.02		0.02	0.015				0.1~0.15	0.10	0.10
CuTeP[3]	CW118C	0.4~0.7Te 余量 Cu									0.003~0.012						

续表

牌号	材料号	化学成分/%(质量分数,非范围值或特殊注明者均为最大值)															
		Cu	Al	As	Be	C	Co	Fe	Mn	Ni	P	Pb	S	Si	Sn	Zn	其他元素总和
CuZn0.5	CW119C	余量									0.02					0.1～1.0	0.1
CuZr	CW120C	0.1～0.2 Zr 余量 Cu															0.1
CuAl5As	CW300G	余量	4.0～6.5	0.1～0.4				0.2	0.2	0.2		0.02			0.05	0.3	0.3
CuAl6Si2Fe	CW301G	余量	6.0～6.4					0.5～0.7	0.1	0.1		0.05		2.0～2.4	0.1	0.4	0.2
CuAl7Si2	CW302G	余量	6.3～7.6					0.3	0.2	0.2		0.05		1.5～2.2	0.2	0.5	0.2
CuAl8Fe3	CW303G	余量	6.5～8.5					1.5～3.5	1.0	1.0		0.05		0.2	0.1	0.5	0.2
CuAl9Ni3Fe2	CW304G	余量	8.0～9.5					1.0～3.0	2.5	2.0～4.0		0.05		0.1	0.1	0.2	0.3
CuAl10Fe1	CW305G	余量	9.0～10.0					0.5～1.5	0.5	1.0		0.02		0.2	0.1	0.5	0.2
CuAl10Fe3 Mn2	CW306G	余量	9.0～11.0					2.0～4.0	1.5～3.5	1.0		0.05		0.2	0.1	0.5	0.2
CuAl10Ni5 Fe4	CW307G	余量	8.5～11.0					3.0～5.0	1.0	4.0～6.0		0.05		0.2	0.1	0.4	0.2
CuAl11Fe6 Ni6	CW308G	余量	10.5～12.5					5.0～7.0	1.5	5.0～7.0		0.05		0.2	0.1	0.5	0.2
CuNi25	CW350H	余量				0.05	0.1	0.3	0.5	24.0～26.0		0.02	0.05		0.03	0.5	0.1
CuNi9Sn2	CW351H	余量						0.3	0.3	8.5～10.5		0.03			1.8～2.8	0.1	0.1
CuNi10 Fe1Mn	CW352H	余量				0.05	0.1①	1.0～2.0	0.5～1.0	9.0～11.0	0.02	0.02	0.05②		0.03	0.5②	0.2
CuNi30 Fe2Mn2	CW353H	余量				0.05	0.1①	1.5～2.5	1.5～2.5	29.0～32.0	0.02	0.02	0.05②		0.05	0.5②	0.2
CuNi30 Mn1Fe	CW354H	余量				0.05	0.1①	0.4～1.0	0.5～1.5	30.0～32.0	0.02	0.02	0.05②		0.05	0.5②	0.2
CuNi7Zn39 Pb3Mn2	CW400J	47.0～50.0						0.3	1.5～3.0	6.0～8.0		2.3～3.3			0.2	余量	0.2

续表

牌号	材料号	化学成分/%(质量分数,非范围值或特殊注明者均为最大值)														
		Cu	Al	As	Be	C	Co	Fe	Mn	Ni	P	Pb	S	Si	Sn	Zn
CuNi10Zn27	CW401J	61.0～64.0						0.3	0.5	9.0～11.0		0.05				余量
CuZi10Zn42Pb2	CW402J	45.0～48.0						0.3	0.5	9.0～11.0		1.0～2.5			0.2	余量
CuNi12Zn24	CW403J	63.0～66.0						0.3	0.5	11.0～13.0		0.03			0.03	余量
CuNi12Zn25Pb1	CW404J	60.0～63.0						0.3	0.5	11.0～13.0		0.5～1.5			0.2	余量
CuNi12Zn30Pb1	CW406J	56.0～58.0						0.3	0.5	11.0～13.0		0.5～1.5			0.2	余量
CuNi12Zn38Mn5Pb2	CW407J	42.0～45.0						0.3	4.5～6.0	11.0～13.0		1.0～2.5			0.2	余量
CuNi18Zn19Pb1	CW408J	59.5～62.5						0.3	0.7	17.0～19.0		0.5～1.5			0.2	余量
CuZi18Zn20	CW409J	60.0～63.0						0.3	0.5	17.0～19.0		0.03			0.03	余量
CuNi18Zn27	CW410J	53.0～56.0						0.3	0.5	17.0～19.0		0.03			0.03	余量
CuSn4	CW450K	余量						0.1		0.2	0.01～0.4	0.02			3.5～4.5	0.2
CuSn5	CW451K	余量						0.1		0.2	0.01～0.4	0.02			4.5～5.5	0.2
CuSn6	CW452K	余量						0.1		0.2	0.01～0.4	0.02			5.5～7.0	0.2
CuSn8	CW453K	余量						0.1		0.2	0.01～0.4	0.02			7.5～8.5	0.2
CuSn3Zn9	CW454K	余量						0.1		0.2	0.2	0.1			1.5～3.5	7.5～10.0
CuSn4Pb2P	CW455K	余量						0.1		0.2	0.2～0.4	1.5～2.5			3.5～4.5	0.3
CuSn8P	CW459K	余量						0.1		0.2	0.2～0.4	0.05			7.5～8.5	0.3
CuSn8PbP	CW460K	余量						0.1		0.3	0.2～0.4	0.1～0.5			7.5～9.0	0.3
CuZn5	CW500L	94.～96.0	0.02					0.05		0.3		0.05			0.1	余量
CuZn10	CW501L	89.0～91.0	0.02					0.05		0.3		0.05			0.1	余量
CuZn15	CW502L	84.0～86.0	0.02					0.05		0.3		0.05			0.1	余量

续表

牌号	材料号	化学成分/%(质量分数,非范围值或特殊注明者均为最大值)															
		Cu	Al	As	Be	C	Co	Fe	Mn	Ni	P	Pb	S	Si	Sn	Zn	其他元素总和
CuZn20	CW503L	79.0～81.0	0.02					0.05		0.3		0.05			0.1	余量	0.1
CuZn30	CW505L	69.0～71.0	0.02					0.05		0.3		0.05			0.1	余量	0.1
CuZn33	CW506L	66.0～68.0	0.02					0.05		0.3		0.05			0.1	余量	0.1
CuZn36	CW507L	63.5～65.5	0.02					0.05		0.3		0.05			0.1	余量	0.1
CuZn37	CW508L	62.0～64.0	0.05					0.1		0.3		0.1			0.1	余量	0.1
CuZn40	CW509L	59.5～61.5	0.05					0.2		0.3		0.3			0.2	余量	0.2
CuZn35Pb1	CW600N	62.5～64.0	0.05					0.1		0.3		0.8～1.6			0.1	余量	0.1
CuZn35Pb2	CW601N	62.0～63.5	0.05					0.1		0.3		0.8～1.6			0.1	余量	0.1
CuZn36Pb2As	CW602N	61.0～63.0	0.05	0.02～0.15				0.1	0.1	0.3		1.7～2.8			0.1	余量	0.2
CuZn36Pb3	CW603N	60.0～62.0	0.05					0.3		0.3		2.5～3.5			0.2	余量	0.2
CuZn37Pb0.5	CW604N	62.0～64.0	0.05					0.1		0.3		0.1～0.8			0.2	余量	0.2
CuZn37Pb1	CW605N	61.0～62.0	0.05					0.2		0.3		0.8～1.6			0.2	余量	0.2
CuZn37Pb2	CW606N	61.0～62.0	0.05					0.2		0.3		1.6～2.5			0.2	余量	0.2
CuZn38Pb1	CW607N	60.0～61.0	0.05					0.2		0.3		0.8～1.6			0.2	余量	0.2
CuZn38Pb2	CW608N	60.0～61.0	0.05					0.2		0.3		1.6～2.5			0.2	余量	0.2
CuZn38Pb4	CW609N	57.0～59.0	0.05					0.3		0.3		3.5～4.2			0.3	余量	0.2

续表

牌　号	材料号	化学成分/%(质量分数,非范围值或特殊注明者均为最大值)															
		Cu	Al	As	Be	C	Co	Fe	Mn	Ni	P	Pb	S	Si	Sn	Zn	其他元素总和
CuZn39Pb0.5	CW610N	59.0～60.5	0.05					0.2		0.3		0.2～0.8			0.2	余量	0.2
CuZn39Pb1	CW611N	59.0～60.0	0.05					0.2		0.3		0.8～1.6			0.2	余量	0.2
CuZn39Pb2	CW612N	59.0～60.0	0.05					0.3		0.3		1.6～2.5			0.3	余量	0.2
CuZn39Pb2Sn	CW613N	59.0～60.0	0.1					0.4		0.3		1.6～2.5			0.2～0.5	余量	0.2
CuZn39Pb3	CW614N	57.0～59.0	0.05					0.3		0.3		2.5～3.5			0.3	余量	0.2
CuZn39Pb3Sn	CW615N	57.0～59.0	0.1					0.4		0.3		2.5～3.5			0.2～0.5	余量	0.2
CuZn40Pb1Al	CW616N	57.0～59.0	0.05～0.30					0.2		0.2		1.0～2.0			0.2	余量	0.2
CuZn40Pb2	CW617N	57.0～59.0	0.05					0.3		0.3		1.6～2.5			0.3	余量	0.2
CuZn40Pb2Al	CW618N	57.0～59.0	0.05～0.5					0.3		0.3		1.6～3.0			0.3	余量	0.2
CuZn40Pb2Sn	CW619N	57.0 59.0	0.1					0.4		0.3		1.6～2.5			0.2～0.5	余量	0.2
CuZn41Pb1Al	CW620N	57.0～59.0	0.05～0.5					0.3		0.3		0.8～1.6			0.3	余量	0.2
CuZn42PbAl	CW621N	57.0～59.0	0.05～0.5					0.3		0.3		0.2～0.8			0.3	余量	0.2
CuZn43Pb1Al	CW622N	55.0～57.0	0.05～0.5					0.3		0.3		0.8～1.6			0.3	余量	0.2
CuZn43Pb2	CW623N	55.0～57.0	0.05					0.3		0.3		1.6～3.0			0.3	余量	0.2
CuZn43Pb2Al	CW624N	55.0～57.0	0.05～0.5					0.3		0.3		1.6～3.0			0.3	余量	0.2
CuZn13Al1Ni1Si1	CW700R	81.0～84.0	0.7～1.2					0.25	0.1	0.8～1.4		0.05			0.1	余量	0.5

续表

牌号	材料号	化学成分/%（质量分数，非范围值或特殊注明者均为最大值）															
		Cu	Al	As	Be	C	Co	Fe	Mn	Ni	P	Pb	S	Si	Sn	Zn	其他元素总和
CuZn19Sn	CW701R	80.0~82.0						0.05		0.3		0.05			0.2~0.5	余量	0.2
CuZn20A12As	CW702N	76.0~79.0	1.8~2.3	0.02~0.06				0.07	0.1	0.1	0.01	0.05				余量	0.3
CuZn23A13Co	CW703R	72.0~75.0	3.0~3.8				0.25~0.55	0.05		0.3		0.05			0.1	余量	0.1
CuZn23A16Mn4Fe3Pb	CW704R	63.0~65.0	5.0~6.0					2.0~3.5	3.5~5.0	0.5		0.2~0.8		0.2	0.2	余量	0.2
CuZn25Al5Fe2Mn2Pb	CW705R	65.0~68.0	4.0~5.0					0.5~3.0	0.5~3.0	1.0		0.2~0.8			0.2	余量	0.3
CuZn28Sn1As	CW706R	70.0~72.5		0.02~0.06				0.07	0.1	0.1	0.01	0.05			0.9~1.3	余量	0.3
CuZn30As	CW707R	69.0~71.0	0.02	0.02~0.06				0.05	0.1			0.07			0.05	余量	0.3
CuZn31Sil	CW708R	66.0~70.0						0.4		0.5		0.8		0.7~1.3		余量	0.5
CuZn32Pb2AsFeSi	CW709R	64.0~66.5	0.05	0.03~0.08				0.1~0.2		0.3		1.5~2.2		0.45~0.8	0.3	余量	0.2
CuZn35Ni3Mn2AlPb	CW710R	58.0~60.0	0.3~1.3					0.5	1.5~2.5	2.0~3.0		0.2~0.8		0.1	0.5	余量	0.3
CuZn36Pb2Sn1	CW711R	59.5~61.5						0.1		0.3					0.5~1.0	余量	0.2
CuZn36Sn1Pb	CW712R	61.0~63.0						0.1		0.2		0.2~0.6			1.0~1.5	余量	0.2
CuZn37Pb1Sn1	CW713R	57.0~59.0	1.3~2.3					1.0	1.5~3.0	1.0				0.3~1.3	0.4	余量	0.3
CuZn37Pb1Sn1	CW714R	59.0~61.0						0.1		0.3					0.5~1.0	余量	0.2
CuZn38AlFeNiPbSn	CW715R	59.0~60.7	0.1~0.5	0.05				0.1~1.4		0.2~0.5		0.3~0.7			0.3~0.6	余量	0.2
CuZn38Mn1A1	CW716R	59.0~64.5	0.3~1.3					1.0	0.6~1.8	0.6		1.0		0.5	0.3	余量	0.3

续表

牌号	材料号	化学成分/%(质量分数,非范围值或特殊注明者均为最大值)															
		Cu	Al	As	Be	C	Co	Fe	Mn	Ni	P	Pb	S	Si	Sn	Zn	其他元素总和
CuZn38Sn1As	CW717R	59.0~62.0		0.02~0.06				0.1		0.2		0.2			0.5~1.0	余量	0.2
CuZn39Mn1Al1PbSi	CW718R	57.0~59.0	0.3~1.3					0.5	0.8~1.8	0.5		0.2~0.8		0.2~0.8	0.5	余量	0.3
CuZn39Sn1	CW719R	59.0~61.0						0.1		0.2		0.2			0.5~1.0	余量	0.2
CuZn40Mn1Pb1	CW720R	57.0~59.0	0.2					0.3	0.5~1.5	0.6		1.0~2.0		0.1	0.3	余量	0.3
CuZn40Mn1Pb1AlFeSn	CW721R	57.0~59.0	0.3~1.3					0.2~1.2	0.8~1.8	0.3		0.8~1.6			0.2~1.0	余量	0.3
CuZn40Mn1Pb1FeSn	CW722R	56.5~58.5	0.1					0.2~1.2	0.8~1.8	0.3		0.8~1.6			0.2~1.0	余量	0.3
CuZn40Mn2Fe1	CW723R	56.5~58.5	0.1					0.5~1.5	1.0~2.0	0.6		0.5		0.1	0.3	余量	0.4

注:1. 该Co质量分数值连Ni也计算在内;

2. 如产品后续工序中需焊接,Zn含量应不超过0.2%,S不超过0.02%;

3. Te含量0.4%~0.7%。

(3)铜及铜合金铸造产品

表 6-67　　铜及铜合金铸造物、铸锭的牌号及化学成分(EN 1982:2008)

牌　号	材料号	化　学　成　分/%(质量分数,非范围值或特别注明者均为最大值)	
		铸造物	铸锭
铜及铜-铬合金			
Cu-C	CC040A	Cu	
Cu-Cr1-C	CC140C	0.4～1.2Cr,余量 Cu	
铜-锌合金			
CuZn33Pb2-B CuZn33Pb2-C	CB750S CC750S	63.0～67.0Cu,1.0Ni,1.0～3.0Pb,1.5Sn,0.1Al,0.8Fe,0.2Mn,0.05P,0.05Si,余量 Zn	63.0～66.0Cu,1.0Ni,1.0～2.8Pb,1.5Sn,0.1Al,0.7Fe,0.2Mn,0.02P,0.04Si,余量 Zn
CuZn33Pb2Si-B CuZn33Pb2Si-C	CB751S CC751S	63.5～66.0Cu,0.25～0.5Fe,0.8Ni,0.8～2.2Pb,0.65～1.1Si,0.10Al,0.15Mn,0.05Sb,0.8Sn,余量 Zn	63.5～65.5Cu,0.25～0.50Fe,0.80Ni,0.8～2.0Pb,0.70～1.0Si,0.10Al,0.1Mn,0.05Sb,0.80Sn,余量 Zn
CuZn35Pb2A1-B CuZn35Pb2A1-C	CB752S CC752S	0.3～0.7Al,0.04～0.14As,61.5～64.5Cu,1.5～2.5Pb,0.14Sb,0.30Fe,0.10Mn,0.20Ni,0.02Si,0.3Sn,余量 Zn	0.3～0.7Al,0.04～0.12As,61.5～65.0Cu,1.5～2.1Pb,0.04～0.12Sb,0.3Fe,0.1Mn,0.2Ni,0.02Si,0.3Sn,余量 Zn
CuZn37Pb2Ni1A1Fe-B CuZn37Pb2Ni1AlFe-C	CB753S CC753C	0.4～0.8Al,58.0～61.0Cu,0.5～0.8Fe,0.5～1.2Ni,1.8～2.5Pb,0.8Sn,0.20Mn,0.02P,0.05Sb,0.05Si,余量 Zn	0.4～0.8Al,58.0～60.0Cu,0.5～0.8Fe,0.5～1.2Ni,1.8～2.5Pb,0.8Sn,0.20Mn,0.02P,0.05Sb,0.05Si,余量 Zn
CuZn39Pb1Al-B CuZn39Pb1Al-C	CB754S CC754S	0.8Al,58.0～63.0Cu,1.0Ni,0.5～2.5Pb,1.0Sn,0.7Fe,0.5Mn,0.02P,0.05Si,余量 Zn	0.10～0.8Al,58.0～62.0Cu,1.0Ni,0.5～2.4Pb,1.0Sn,0.7Fe,0.5Mn,0.02P,0.05Si,余量 Zn
CuZn39Pb1AlB-B CuZn39Pb1AlB-C	CB755S CC755S	0.4～0.7Al,59.5～61.0Cu,0.05～0.2Fe,1.2～1.7Pb,0.05Mn,0.2Ni,0.05Si,0.30Sn,余量 Zn	0.4～0.65Al,59.0～60.5Cu,0.05～0.2Fe,1.2～1.7Pb,0.05Mn,0.2Ni,0.03Si,0.3Sn,余量 Zn
CuZn15As-B CuZn15As-C	CB760S CC760S	0.05～0.15As,83.0～88.0Cu,0.01Al,0.15Fe,0.1Mn,0.1Ni,0.5Pb,0.02Si,0.3Sn,余量 Zn	0.06～0.15As,83.0～87.5Cu,0.01Al,0.15Fe,0.1Mn,0.1Ni,0.5Pb,0.02Si,0.3Sn,余量 Zn
CuZn16Si4-B CuZn16Si4-C	CB761S CC761S	0.1Al,78.0～83.0Cu,1.0Ni,0.8Pb,3.0～5.0Si,0.6Fe,0.2Mn,0.03P,0.05Sb,0.3Sn,余量 Zn	0.10Al,78.5～82.0Cu,1.0Ni,0.6Pb,3.0～5.0Si,0.5Fe,0.2Mn,0.02P,0.05Sb,0.25Sn,余量 Zn
CuZn25A15Mn4Fe3-B CuZn25A15Mn4Fe3-C	CB762S CC762S	3.0～7.0Al,60.0～67.0Cu,1.5～4.0Fe,2.5～5.0Mn,3.0Ni,0.03P,0.2Pb,0.03Sb,0.1Si,0.2Sn,余量 Zn	4.0～7.0Al,60.0～66.0Cu,1.5～3.5Fe,3.0～5.0Mn,2.7Ni,0.02P,0.20Pb,0.03Sb,0.08Si,0.20Sn,余量 Zn
CuZn32A12Mn2Fe1-B CuZn32Al2Mn2Fe1-C	CB763S CC763S	1.0～2.5Al,59.0～67.0Cu,0.5～2.0Fe,1.0～3.5Mn,2.5Ni,1.5Pb,1.0Si,1.0Sn,0.08Sb,余量 Zn	1.0～2.5Al,59.0～67.0Cu,0.5～2.0Fe,1.0～3.5Mn,2.5Ni,1.5Pb,1.0Si,1.0Sn,0.08Sb,余量 Zn

续表

牌 号	材料号	化学成分/%(质量分数,非范围值或特别注明者均为最大值)	
		铸造物	铸锭
CuZn34Mn3A12Fe1-B CuZn34Mn3Al2Fe1-C	CB764S CC764S	1.0～3.0Al,55.0～66.0Cu,0.5～2.5Fe,1.0～4.0Mn,3.0Ni,0.03P,0.3Pb,0.05Sb,1Si,0.3Sn,余量 Zn	1.5～3.0Al,55.0～65.0Cu,0.8～2.0Fe,1.0～3.5Mn,2.7Ni,0.02P,0.2Pb,0.05Sb,0.08Si,0.3Sn,余量 Zn
CuZn35Mn2Al1Fe1-B CuZn35Mn2Al1Fe1-C	CB765S CC765S	0.5～2.5Al,57.0～65.0Cu,0.5～2.0Fe,0.5～3.0Mn,6.0Ni,1.0Sn,0.03P,0.5Pb,0.08Sb,0.1Si,余量 Zn	0.7～2.2Al,56.0～64.0Cu,0.5～1.8Fe,0.5～2.5Mn,6.0Ni,0.8Sn,0.02P,0.5Pb,0.08Sb,0.10Si,余量 Zn
CuZn37Al1-B CuZn37Al1-C	CB766S CC766S	0.3～1.8Al,60.0～64.0Cu,2.0Ni,0.5Fe,0.5Mn,0.50Pb,0.1Sb,0.6Si,0.50Sn,余量 Zn	0.6～1.8Al,60.0～63.0Cu,1.8Ni,0.4Fe,0.4Mn,0.02P,0.4Pb,0.05Sb,0.5Si,0.4Sn,余量 Zn
CuZn38Al-B CuZn38Al-C	CB767S CC767S	0.1～0.8Al,59.0～64.0Cu,1.0Ni,0.5Fe,0.5Mn,0.1Pb,0.2Si,0.1Sn,余量 Zn	0.1～0.8Al,59.0～64.0Cu,0.8Ni,0.4Fe,0.4Mn,0.05P,0.1Pb,0.05Si,0.1Sn,余量 Zn
铜-锡合金			
CuSn10-B CuSn10-C	CB480K CC480K	88.0～90.0Cu,2.0Ni,0.2P,1.0Pb,9.0～11.0Sn,0.01Al,0.2Fe,0.10Mn,0.05S,0.2Sb,0.02Si,0.5Zn	88.5～90.5Cu,1.8Ni,0.05P,0.8Pb,9.3～11.0Sn,0.01Al,0.15Fe,0.10Mn,0.04Sn,0.15Sb,0.01Si,0.5Zn
CuSn11P-B CuSn11P-C	CB481K CC481K	87.0～89.5Cu,0.5～1.0P,10.0～11.5Sn,0.01Al,0.10Fe,0.05Mn,0.10Ni,0.25Pb,0.05S,0.05Sb,0.01Si,0.05Zn	87.0～89.3Cu,0.6～1.0P,10.2～11.5Sn,0.01Al,0.10Fe,0.05Mn,0.10Ni,0.25Pb,0.05S,0.05Sb,0.01Si,0.05Zn
CuSn11Pb2-B CuSn11Pb2-C	CB482K CC482K	83.5～87.0Cu,2.0Ni,0.40P,0.7～2.5Pb,10.5～12.5Sn,2.0Zn,0.01Al,0.20Fe,0.2Mn,0.08S,0.2Sb,0.01Si	83.5～86.5Cu,2.0Ni,0.05P,0.7～2.5Pb,10.7～12.5Sn,2.0Zn,0.01Al,0.15Fe,0.2Mn,0.08S,0.20Sb,0.01Si
CuSn12-B CuSn12-C	CB483K CC483K	85.0～88.5Cu,2.0Ni,0.60P,0.7Pb,11.0～13.0Sn,0.01Al,0.2Fe,0.2Mn,0.05S,0.15Sb,0.01Si,0.5Zn	85.5～88.5Cu,2.0Ni,0.20P,0.6Pb,11.2～13.0Sn,0.01Al,0.15Fe,0.2Mn,0.05S,0.15Sb,0.01Si,0.4Zn
CuSn12Ni2-B CuSn12Ni2-C	CB484K CC484K	84.5～87.5Cu,1.5～2.5Ni,0.05～0.40P,11.0～13.0Sn,0.01Al,0.20Fe,0.2Mn,0.3Pb,0.05S,0.1Sb,0.01Si,0.4Zn	84.0～87.0Cu,1.5～2.4Ni,0.05P,11.3～13.0Sn,0.01Al,0.15Fe,0.10Mn,0.2Pb,0.04S,0.05Sb,0.01Si,0.3Zn
铜-锡-铝合金			
CuSn3Zn8Pb5-B CuSn3Zn8Pb5-C	CB490K CC490K	81.0～86.0Cu,2.0Ni,0.05P,3.0～6.0Pb,2.0～3.5Sn,7.0～9.5Zn,0.01Al,0.5Fe,0.10S,0.30Sb,0.01Si	81.0～85.5Cu,2.0Ni,0.03P,3.5～5.8Pb,2.2～3.5Sn,7.5～10.0Zn,0.01Al,0.50Fe,0.08S,0.25Sb,0.01Si

续表

牌　号	材料号	化学成分/%(质量分数,非范围值或特别注明者均为最大值)	
		铸造物	铸锭
CuSn5Zn5Pb2-B CuSn5Zn5Pb2-C	CB499K CC499K	84.0～88.0Cu,0.60Ni,0.04P,3.0Pb,4.0～6.0Sn,4.0～6.0Zn,0.01Al,0.03As,0.02Bi,0.02Cd,0.02Cr,0.30Fe,0.04S,0.10Sb,0.01Si	84.0～87.5Cu,0.60Ni,0.03P,3.0Pb,4.2～6.0Sn,4.5～6.5Zn,0.01Al,0.03As,0.02Bi,0.02Cd,0.02Cr,0.30Fe,0.04S,0.10Sb,0.01Si
CuSn5Zn5Pb5-B CuSn5Zn5Pb5-C	CB491K CC491K	83.0～87.0Cu,2.0Ni,0.10P,4.0～6.0Pb,4.0～6.0Sn,4.0～6.0Zn,0.01Al,0.3Fe,0.10S,0.25Sb,0.01Si	83.0～86.5Cu,2.0Ni,0.03P,4.2～5.8Pb,4.2～6.0Sn,4.5～6.5Zn,0.01Al,0.25Fe,0.08S,0.25Sb,0.01Si
CuSn7Zn2Pb3-B CuSn7Zn2Pb3-C	CB492K CC492K	85.0～89.0Cu,2.0Ni,0.10P,2.5～3.5Pb,6.0～8.0Sn,1.5～3.0Zn,0.01Al,0.2Fe,0.10S,0.25Sb,0.01Si	85.0～88.5Cu,2.0Ni,0.03P,2.7～3.5Pb,6.2～8.0Sn,1.7～3.2Zn,0.01Al,0.20Fe,0.08S,0.25Sb,0.01Si
CuSn7Zn4Pb7-B CuSn7Zn4Pb7-C	CB493K CC493K	81.0～85.0Cu,2.0Ni,0.10P,5.0～8.0Pb,6.0～8.0Sn,2.0～5.0Zn,0.01Al,0.2Fe,0.10S,0.3Sb,0.01Si	81.0～84.5Cu,2.0Ni,0.03P,5.2～8.0Pb,6.2～8.0Sn,2.3～5.0Zn,0.01Al,0.20Fe,0.08S,0.30Sb,0.01Si
CuSn6Zn4Pb2-B CuSn6Zn4Pb2-C	CB498K CC499K	86.0～90.0Cu,1.0Ni,0.05P,1.0～2.0Pb,5.5～6.5Sn,3.0～5.0Zn,0.01Al,0.25Fe,0.10S,0.25Sb,0.01Si	86.0～89.5Cu,1.0Ni,0.03P,1.2～2.0Pb,5.7～6.5Sn,3.2～5.0Zn,0.01Al,0.25Fe,0.08S,0.25Sb,0.01Si
CuSn5Pb9-B CuSn5Pb9-C	CB494K CC494K	80.0～87.0Cu,2.0Ni,0.01P,8.0～10.0Pb,4.0～6.0Sn,2.0Zn,0.01Al,0.25Fe,0.2Mn,0.10S,0.5Sb,0.01Si	80.0～86.5Cu,2.0Ni,0.10P,8.2～10.0Pb,4.2～6.0Sn,2.0Zn,0.01Al,0.20Fe,0.2Mn,0.08S,0.5Sb,0.01Si
CuSn10Pb10-B CuSn10Pb10-C	CB495K CC495K	78.0～82.0Cu,2.0Ni,0.10P,8.0～11.0Pb,9.0～11.0Sn,2.0Zn,0.01Al,0.25Fe,0.2Mn,0.10S,0.5Sb,0.01Si	78～81.5Cu,2.0Ni,0.10P,8.2～10.5Pb,9.2～11.0Sn,2.0Zn,0.01Al,0.20Fe,0.2Mn,0.08S,0.5Sb,0.01Si
CuSn7Pb15-B CuSn7Pb15-C	CB496K CC496K	74.0～80.0Cu,0.5～2.0Ni,0.10P,13.0～17.0Pb,6.0～8.0Sn,2.0Zn,0.01Al,0.25Fe,0.20Mn,0.10S,0.5Sb,0.01Si	74～79.5Cu,0.5～2.0Ni,0.10P,13.2～17.0Pb,6.2～8.0Sn,2.0Zn,0.01Al,0.20Fe,0.20Mn,0.08S,0.5Sb,0.01Si
CuSn5Pb20-B CuSn5Pb20-C	CB497K CC497K	70.0～78.0Cu,0.5～2.5Ni,0.01P,18.0～23.0Pb,4.0～6.0Sn,2.0Zn,0.01Al,0.25Fe,0.20Mn,0.10S,0.75Sb,0.01Si	70～77.5Cu,0.5～2.5Ni,0.10P,19.0～23.0Pb,4.2～6.0Sn,12.0Zn,0.01Al,0.20Fe,0.20Mn,0.08S,0.75Sb,0.01Si
铜-铝合金			
CuA19-B CuA19-C	CB330G CC330G	8.0～10.5Al,88.0～92.0Cu,1.2Fe,0.50Mn,1.0Ni,0.30Pb,0.20Si,0.30Sn,0.50Zn	8.2～10.5Al,88.0～91.5Cu,1.0Fe,0.50Mn,1.0Ni,0.25Pb,0.15Si,0.25Sn,0.40Zn

续表

牌 号	材料号	化学成分/%(质量分数,非范围值或特别注明者均为最大值)	
		铸造物	铸锭
CuAl10Fe2-B CuAl10Fe2-C	CB331G CC331G	8.5～10.5Al,83.0～89.5Cu,1.5～3.5Fe,1.0Mn,1.5Ni,0.05Mg,0.10Pb,0.2Si,0.20Sn,0.50Zn	8.7～10.5Al,83.0～89.0Cu,1.5～3.3Fe,1.0Mn,1.5Ni,0.05Mg,0.03Pb,0.15Si,0.20Sn,0.50Zn
CuAl10Ni3Fe2-B CuAl10Ni3Fe2-C	CB332G CC332G	8.5～10.5Al,80.0～86.0Cu,1.0～3.0Fe,2.0Mn,1.5～4.0Ni,0.05Mg,0.10Pb,0.2Si,0.20Sn,0.50Zn	8.7～10.5Al,80.0～85.5Cu,1.0～2.8Fe,2.0Mn,1.5～4.0Ni,0.05Mg,0.03Pb,0.15Si,0.20Sn,0.50Zn
CuAl10Fe5Ni5-B CuAl10Fe5Ni5-C	CB333G CC333G	8.5～10.5Al,76.0～83.0Cu,4.0～5.5Fe,3.0Mn,4.0～6.0Ni,0.01Bi,0.05Cr,0.05Mg,0.03Pb,0.1Si,0.1Sn,0.50Zn	8.8～10.0Al,76.0～82.5Cu,4.0～5.3Fe,2.5Mn,4.0～5.5Ni,0.01Bi,0.05Cr,0.05Mg,0.03Pb,0.10Si,0.1Sn,0.40Zn
CuAl11Fe6Ni6-B CuAl11Fe6Ni6-C	CB334G CC334G	10.0～12.0Al,72.0～78.0Cu,4.0～7.0Fe,2.5Mn,4.0～7.5Ni,0.05Mg,0.05Pb,0.1Si,0.2Sn,0.50Zn	10.3～12.0Al,72.0～81.5Cu,4.2～7.0Fe,2.5Mn,4.3～7.5Ni,0.05Mg,0.04Pb,0.10Si,0.20Sn,0.40Zn
		铜-锰-铝合金	
CuMn11Al8Fe3Ni3-C	CC212E	7.0～9.0Al,68.0～77.0Cu,2.0～4.0Fe,8.0～15.0Mn,1.5～4.5Ni,0.05Mg,0.05Pb,0.1Si,0.5Sn,1.0Zn	
		铜-镍合金	
CuNi10Fe1Mn1-B CuNi10Fe1Mn1-C	CB380H CC380H	≥84.5Cu,1.0～1.8Fe,1.0～1.5Mn,9.0～11.0Ni,0.10Si,0.01Al,0.10C,1.0Nb,0.03Pb,0.5Zn	≥84.5Cu,1.2～1.8Fe,1.2～1.5Mn,9.2～11.0Ni,0.10Si,0.01Al,0.10C,1.0Nb,0.03Pb,0.50Zn
CuNi30Fe1Mn1-B CuNi30Fe1Mn1-C	CB381H CC381H	≥64.5Cu,0.5～1.5Fe,0.6～1.2Mn,29.0～31.0Ni,0.1Si,0.01Al,0.03C,0.01P,0.03Pb,0.01S,0.5Zn	≥64.5Cu,0.5～1.5Fe,0.7～1.2Mn,29.2～31.0Ni,0.10Si,0.01Al,0.02C,0.01P,0.03Pb,0.01S,0.50Zn
CuNi30Cr2FeMnSi-C	CC382H	1.5～2.0Cr,0.5～1.0Fe,0.5～1.0Mn,29.0～32.0Ni,0.15～0.50Si,0.25Ti,0.15Zr,0.01Al,0.01B,0.002Bi,0.03C,0.01Mg,0.01P,0.005Pb,0.01S,0.005Se,0.005Te,0.2Zn,余量 Cu	
CuNi30Fe1Mn1NbSi-C	CC383H	0.5～1.5Fe,0.6～1.2Mn,0.5～1.0Nb,29.0～31.0Ni,0.3～0.7Si,0.01Al,0.01B,0.01Bi,0.03C,0.02Cd,0.01Mg,0.01P,0.01Pb,0.01S,0.01Se,0.01Te,0.50Zn,余量 Cu	

表 6-68 未定型铜铸产品及铜阴极的牌号及化学成分(EN 1976:1998,EN 1978:1998)

牌号	材料号	主要成分/%(质量分数:非范围值或特殊注明者均为最大值)	其他元素总和①	不包括元素
Cu-CATH-1	CR001A	0.0025Ag,0.005As,0.0020Bi,0.0010Fe,0.0005Pb,0.0015S,0.0004Sb,0.00020Se,0.00020Te,(As+Cd+Cr+Mn+P+Sb)0.0015%,(Co+Fe+Ni+Si+Sn+Zn)0.0020%,(Bi+Se+Te)0.003%,其中(Se+Te)≤0.00030%	0.0065	
Cu-CATH-2	CR002A	0.0005Bi,0.005Pb	0.03	Ag
Cu-ETP1	CR003A	0.0025Ag,0.005As,0.0020Bi,0.0010Fe,0.040O,0.0005Pb,0.0015S,0.0004Sb,0.00020Se,0.00020Te,(As+Cd+Cr+Mn+P+Sb)0.0015%,(Co+Fe+Ni+Si+Sn+Zn)0.0020%,(Bi+Se+Te)0.003%,其中(Se+Te)≤0.00030%	0.0065	O
Cu-ETP	CR004A	0.005Bi,0.040O,0.005Pb,Cu≥99.90	0.03	Ag,O
Cu-FRHC	CR005A	0.040O,Cu≥99.90	0.04	Ag,O
Cu-FRTP	CR006A	0.100O,Cu≥99.90	0.05	Ag,Ni,O
Cu-OF1	CR007A	0.0025Ag,0.005As,0.0020Bi,0.0010Fe,0.0005Pb,0.0015S,0.0004Sb,0.00020Se,0.00020Te,(As+Cd+Cr+Mn+P+Sb)0.0015%,(Co+Fe+Ni+Si+Sn+Zn)0.0020%,(Bi+Se+Te)0.003%,其中(Se+Te)≤0.00030%	0.0065	O
Cu-OF	CR008A	0.005Bi,0.005Pb,Cu≥99.95	0.03	Ag
Cu-OFE	CR009A	0.0025Ag,0.005As,0.0020Bi,0.0001Cd,0.0010Fe,0.0005Mn,0.0010Ni,0.0003P,0.0005Pb,0.0015S,0.0004Sb,0.00020Se,0.0002Sn,0.00020Te,0.0001Zn,Cu≥99.99		
CuAg0.04	CR011A	0.03~0.05Ag,0.0005Bi,0.040O,余量 Cu	0.03	Ag,O
CuAg0.07	CR012A	0.06~0.08Ag,0.0005Bi,0.040O,余量 Cu	0.03	Ag,O
CuAg0.10	CR013A	0.08~0.12Ag,0.0005Bi,0.040O,余量 Cu	0.03	Ag,O
CuAg0.04P	CR014A	0.03~0.05Ag,0.0005Bi,0.001~0.007P,余量 Cu	0.03	Ag,P
CuAg0.07P	CR015A	0.06~0.08Ag,0.0005Bi,0.001~0.007P,余量 Cu	0.03	Ag,P
CuAg0.10P	CR016A	0.08~0.12Ag,0.0005Bi,0.001~0.007P,余量 Cu	0.03	Ag,P
CuAg0.04(OF)	CR017A	0.03~0.05Ag,0.0005Bi,余量 Cu	0.0065	Ag,O
CuAg0.07(OF)	CR018A	0.06~0.08Ag,0.0005Bi,余量 Cu	0.0065	Ag,O
CuAg0.10(OF)	CR019A	0.08~0.12Ag,0.0005Bi,余量 Cu	0.0065	Ag,O
Cu-PHC	CR020A	0.0005Bi,0.001~0.006P,0.005Pb,Cu≥99.95	0.03	Ag,P
Cu-HCP	CR021A	0.0005Bi,0.002~0.007P,0.005Pb,Cu≥99.95	0.03	Ag,P
Cu-PHCE	CR022A	0.0025Ag,0.005As,0.0020Bi,0.0001Cd,0.0010Fe,0.0005Mn,0.0010Ni,0.0003P,0.0005Pb,0.0015S,0.0004Sb,0.00020Se,0.0002Sn,0.00020Te,0.0001Zn,Cu≥99.99		
Cu-DLP	CR023A	0.0005Bi,0.005~0.013P,0.005Pb,Cu≥99.90	0.03	Ag,Ni,P
Cu-DHP	CR024A	0.015~0.040P,Cu≥99.90		
Cu-DXP	CR025A	0.0005Bi,0.04~0.06P,0.005Pb,Cu≥99.90	0.03	Ag,Ni,P

注:1. 表中①其他元素定义为 Ag,As,Bi,Cd,Co,Cr,Fe,Mn,Ni,O,P,Pb,S,Sb,Se,Si,Sn,Te,Zn 除去不包括元素栏中注明元素的总和;

2. 凡注明其他元素中不包括 Ag 的合金,其 Cu 含量中允许含有最大不超过 0.015%的 Ag。

(4)焊接用铜及铜合金

表 6-69 焊接和钎焊用铜的牌号及化学成分(EN 13347:2002)

牌号	材料号	化学成分/%(质量分数,非范围值或特殊注明者均为最大值)						
		Cu[①]	Bi	O	P	Pb	其他元素总和[③]	排除
Cu-ETP	CF004A	≥99.90	0.0005	0.040[②]		0.005	0.03	Ag,O
Cu-OF	CF008A	≥99.95	0.0005			0.005	0.03	Ag
Cu-DHP	CF024A	≥99.90			0.015～0.040			

注:1. 表中①质量分数中包含 Ag,但不超过 0.015%;

2. 表中②经供需双方协商,O 含量可允许至 0.060%;

3. 表中③定义为 Ag,As,Bi,Cd,Co,Cr,Fe,Mn,Ni,O,P,Pb,S,Sb,Se,Si,Sn,Te,Zn 等元素之和,不包括排除栏中注明元素。

表 6-70 焊接和钎焊用铜合金的牌号及化学成分(EN 13347:2002)

牌号	材料号	化学成分/%(质量分数,非范围值或特殊注明者均为最大值)											
		Cu	Al	Bi	Cd	Fe	Mn	Ni	P	Pb	Si	Sn	Zn	其他元素总和
CuZn40Si	CF724R[①]	58.5～61.5	0.01			0.25				0.02	0.2～0.4	0.2	余量	0.2
CuZn40SiSn	CF725R[①]	58.5～61.5	0.01			0.25				0.02	0.2～0.4	0.2～0.5	余量	0.2
CuZn40MnSi	CF726R[①]	58.5～61.5	0.01			0.25	0.05～0.25			0.02	0.15～0.4	0.2	余量	0.2
CuZn40MnSiSn	CF727R[①]	58.5～61.5	0.01			0.25	0.05～0.25			0.02	0.15～0.4	0.2～0.5	余量	0.2
CuZn39Mn1SiSn	CF728R	59.0～61.0	0.05			0.25	0.5～1.0			0.02	0.15～0.40	0.20～0.50	余量	0.2
CuZn37Si	CF729R	62.5～63.5	0.02			0.05	0.02	0.3		0.05	0.1～0.2	0.05	余量	0.2
CuZn40Sn1	CF730R	57.0～61.0	0.02			0.05	0.01			0.05	0.2	0.25～1.0	余量	0.2
CuZn40Sn1MnNiSi	CF731R[①]	56.0～62.0	0.01			0.2	0.2～1.0	0.5～1.5[②]		0.02	0.1～0.5	0.5～1.5	余量	0.2
CuZn40Fe1Sn1MnSi	CF732R	56.0～60.0	0.01			0.25～1.5	0.01～0.5			0.05	0.04～0.15	0.8～1.1	余量	0.2
CuZn39Fe1Sn1MnNiSi	CF733R	56.0～60.0	0.01			0.25～1.5	0.01～0.5	0.2～0.8		0.05	0.04～0.15	0.8～1.1	余量	0.2
CuZn40FeSiSn	CF734R	58.5～61.5	0.02			0.1～0.5	0.05～0.25			0.03	0.15～0.3	0.2～0.5	余量	0.2
CuSn5	CF451K	余量				0.1		0.2	0.01～0.4	0.02		4.5～5.5	0.2	0.2
CuSn6	CF452K	余量				0.1		0.2	0.01～0.4	0.02		5.5～7.0	0.2	0.2
CuSn8	CF453K	余量				0.1		0.2	0.01～0.4	0.02		7.5～8.5	0.2	0.2
CuSn12	CF461K[③]	余量	0.005		0.025				0.01～0.4	0.02		11.0～13.0	0.02	0.4
CuA16Si2Fe	CF301G	余量	6.0～6.4			0.5～0.7	0.1	0.1		0.05	2.0～2.4	0.1	0.4	0.2
CuAl10Fe1	CF305G	余量	9.0～10.0			0.5～1.5	0.5	1.0		0.02	0.2		0.5	0.2
CuAl8	CF309G	余量	7.0～9.0			0.5	0.5	0.5		0.02	0.2	0.1	0.2	0.2
CuA19Ni4Fe3Mn2	CF310G	余量	8.5～9.5			2.5～4.0	1.0～2.0	3.5～5.5		0.02	0.1		0.2	0.2
CuNi10Zn42	CF411J[②]	46.0～50.0	0.01			0.25	0.2	8.0～11.0		0.02	0.15～0.4	0.2	余量	0.2

注:1. 表中①当作填充料时,其成分要求为:0.01%As,0.01%Bi,0.025%Cd,0.01%Sb,其余杂质除 Fe 外共 0.2%;

2. 表中②当作填充料时,Ni 含量应不低于 0.2%;

3. 表中③当作填充料时,其余元素含量最高不超过 0.1%。

6.2.2 铜及铜合金的力学性能

(1)一般用途的板材、薄板、带材和圆形材

表 6-71 一般用途的板材、薄板、带材和圆形材的力学性能(EN 1652:1997)

牌号	材料号	供货状态	公称厚度/mm	抗拉强度 R_m/MPa(最小值)	屈服强度 $R_{p0.2}$/MPa	伸长率/% A_{50mm}(厚度≤2.5mm)	伸长率/% A(厚度>2.5mm)	硬度(HV)(最小值)
Cu-ETP	CW004A	R200	≥5	200~250	≤100		42	
Cu-FRTP	CW006A	H040	≥5					40~65
Cu-OF	CW008A	R220	0.2~5	220~260	≤140	33	42	
Cu-DLP	CW023A	H040	0.2~5					40~65
Cu-DHP	CW024A	R240	0.2~15	240~300	≥180	8	15	
		H065	0.2~15					65~95
		R290	0.2~15	290~360	≥250	4	6	
		H090	0.2~15					90~110
		R360	0.2~2	360	≥320	2		
		H110	0.2~2					≥110
CuBe2	CW101C	R410①	1~15	410	≤250	20	20	
		H090①	1~15					
		R1130②	1~15	1130	≥890	3	3	
		H340②	1~15					
		R580①	1~15	580	≥510	8	8	
		H180①	1~15					
		R1200②	1~15	1200	≥980	2	2	
		H360②	1~15					
CuCo1Ni1Be	CW103C	R240①	1~15	240	≤220	20	20	
CuCo2Be	CW104C	H060①	1~15					
CuNi2Be	CW110C	R480①	1~15	488	≥370	2	3	
		H140①	1~15					
		R650②	1~15	650	≥500	8	8	
		H200②	1~15					
		R750②	1~15	750	≥650	5	5	
		H210②	1~15					
CuNi2Si	CW111C	R260③	1~10	260	≥260	28		
		H070③	1~10					70~100
		R490④	1~10	490	≥340	11		
		H140④	1~10					140~190
		R450①	0.6~3	450	≥360	2		
		H130①	0.6~3					130~180
		R640②	0.6~3	640	≥590	8		
		H170②	0.6~3					170~220
CuZn0.5	CW119C	R220	0.2~5	220~260	≤140	33	42	
		H040	0.2~5					40~65
		R240	0.2~5	240~300	≥180	8	14	
		H065	0.2~5					65~95
		R290	0.2~5	290~360	≥250		6	
		H085	0.2~5					85~115
		R360	0.2~1.5	360	≥320			
		H110	0.2~1.5					110
CuAl8Fe3	CW303G	R480	3~15	480	≥210		30	
		H110	3~15					110

续表

牌　号	材料号	供货状态	公称厚度/mm	抗拉强度 R_m/MPa（最小值）	屈服强度 $R_{p0.2}$/MPa	伸长率/%		硬度(HV)（最小值）
						A_{50mm}(厚度≤2.5mm)	A(厚度>2.5mm)	
CuNi25	CW350H	R290	0.3～15	290	≥100			
		H070	0.3～15					70～110
CuNi9Sn2	CW351H	R340	0.2～5	340～410	≤250	30	40	
		H075	0.2～5					75～110
		R380	0.2～5	380～470	≥200	8	10	
		H110	0.2～5					110～150
		R450	0.2～2	450～530	≥370	4		
		H140	0.2～2					140～170
		R500	0.2～2	500～580	≥450	2		
		H160	0.2～2					160～190
		R560	0.2～2	560～650	≥520			
		H180	0.2～2					180～210
CuNi10Fe1Mn	CW352H	R300	0.3～15	300	≥100	20	30	
		H070	0.3～15					70～120
		R320	0.3～15	320	≥200		15	
		H100	0.3～15					100
CuNi30Mn1Fe	CW354H	R350	0.3～15	350～420	≥120		35	
		H080	0.3～15					80～120
		R410	0.3～15	410	≥300		14	
		H110	0.3～15					110
CuNi10Zn27 CuNi12Zn24	CW401J CW403J	R360	0.1～5	360～430	≤230	35	45	
		H080	0.1～5					80～110
		G020	0.2～2					≤110
		G035	0.2～2					≤100
		R430	0.1～5	430～510	≥230	8	15	
		H110	0.1～5					110～150
		R490	0.1～5	490～580	≥400		8	
		H150	0.1～5					150～180
		R550	0.1～2	550～640	≥480			
		H170	0.1～2					170～200
		R620	0.1～2	620	≥580			
		H190	0.1～2					190
CuNi12Zn25Pb1	CW404J	R380	0.5～4	380～470	≥260	15		
		H110	0.5～4				110～140	
		R460	0.5～4	460～540	≥320	6		
		H130	0.5～4				130～160	
		R530	0.5～4	530～610	≥420	3		
		H155	0.5～4				150～185	
		R620	0.5～4	620～700	≥530			
		H180	0.5～4				180～210	
		R700	0.5～4	700	≥630			
		H200	0.5～4				200	
CuNi18Zn20	CW409J	R380	0.1～5	380～450	≤250	27	37	
		H085	0.1～5					85～115
		G020	0.1～2					≤120
		G035	0.1～2					≤110
		R450	0.1～5	450～520	≥250	9	18	
		H115	0.1～5					115～160
		R500	0.1～2	500～590	≥410	3		

续表

牌号	材料号	供货状态	公称厚度/mm	抗拉强度 R_m/MPa (最小值)	屈服强度 $R_{p0.2}$/MPa	伸长率/% A_{50mm}(厚度≤2.5mm)	A(厚度>2.5mm)	硬度(HV)(最小值)
CuNi18Zn20	CW409J	H160	0.1～2					160～190
		R580	0.1～2	580～670	≥510			
		H180	0.1～2					180～210
		R640	0.1～2	640～730	≥600			
		H200	0.1～2					200～230
CuNi18Zn27	CW410J	R390	0.1～5	390～470	≤280	30	40	
		H090	0.1～5					90～120
		R470	0.1～5	470～540	≥280	11	20	
		H120	0.1～5					120～170
		R540	0.1～2	540～630	≥450	3		
		H170	0.1～2					170～200
		R600	0.1～2	600～700	≥550			
		H190	0.1～2					190～220
		R700	0.1～2	700～800	≥660			
		H220	0.1～2					220～250
CuSn4	CW450K	R290	0.1～5	290～390	≤190	40	50	
		H070	0.1～5					70～110
		R390	0.1～5	390～490	≥210	11	13	
		H115	0.1～5					115～155
		R480	0.1～5	480～570	≥420	4	5	
		H150	0.1～5					150～180
		R540	0.1～2	540～630	≥490	3		
		H170	0.1～2					170～200
		R610	0.1～2	610	≥540			
		H190	0.1～2					190
CuSn5	CW451K	R310	0.1～5	310～390	≤250	45	55	
		H075	0.1～5					75～105
		R400	0.1～5	400～500	≥240	14	17	
		H120	0.1～5					120～160
		R490	0.1～5	490～580	≥430	8	10	
		H160	0.1～5					160～190
		R550	0.1～2	550～640	≥510	4		
		H180	0.1～2					180～210
		R630	0.1～2	630～720	≥600	2		
		H200	0.1～2					200～230
		R690	0.1～2	690	≥670			
		H220	0.1～2					220
CuSn6	CW452K	R350	0.1～5	350～420	≤300	45	55	
		H080	0.1～5					80～110
		R420	0.1～5	420～520	≥260	17	20	
		H125	0.1～5					125～165
		R500	0.1～5	500～590	≥450	8	10	
		H160	0.1～5					160～190
		R560	0.1～2	560～650	≥500	5		
		H180	0.1～2					180～210
		R640	0.1～2	640～730	≥600	3		
		H200	0.1～2					200～230
		R720	0.1～2	720	≥690			
		H220	0.1～2					220

续表

牌　号	材料号	供货状态	公称厚度/mm	抗拉强度 R_m/MPa（最小值）	屈服强度 $R_{p0.2}$/MPa	伸长率/%		硬度(HV)（最小值）
						A_{50mm}(厚度≤2.5mm)	A(厚度>2.5mm)	
CuSn8	CW453K	R370	0.1～5	370～450	≤300	50	60	
		H090	0.1～5					90～120
		R450	0.1～5	450～550	≥280	20	23	
		H135	0.1～5					135～175
		R540	0.1～5	540～630	≥460	13	15	
		H170	0.1～5					170～200
		R600	0.1～5	600～690	≥530	5	7	
		H190	0.1～5					190～220
		R660	0.1～2	660～750	≥620	3		
		H210	0.1～2					210～240
		R740	0.1～2	740	≥700	2		
		H230	0.1～2					230
CuSn3Zn9	CW454K	R320	0.1～5	320～380	≤230	25	30	
		H080	0.1～5					80～110
		R380	0.1～5	380～430	≥200	16	22	
		H110	0.1～5					110～140
		R430	0.1～5	430～520	≥330	6	8	
		H140	0.1～5					140～170
		R510	0.1～2	510～600	≥430	3		
		H160	0.1～2					160～190
		R580	0.1～2	580～690	≥520			
		H180	0.1～2					180～210
		H660	0.1～2	660	≥610			
		H200	0.1～2					200
CuZn5	CW500L	R230	0.1～5	230～280	≤130	36	45	
		H045	0.1～5					45～75
		R270	0.1～5	270～350	≥200	12	19	
		H075	0.1～5					75～110
		R340	0.1～5	340	≥280	4	8	
		H110	0.1～5					110
CuZn10	CW501L	R240	0.1～5	240～290	≤140	36	45	
		H050	0.1～5					50～80
		R280	0.1～5	280～360	≥200	13	20	
		H080	0.1～5					80～110
		R350	0.1～5	350	≥290	4	8	
		H110	0.1～5					110
CuZn15	CW502L	R260	0.2～5	260～310	≤170	36	45	
		H055	0.2～5					55～85
		G010	0.2～1	340	190	50		≤105
		G020	0.2～2	300	125	50		≤85
		G035	0.2～2	290	110	50		≤75
		R300	0.2～5	300～370	≥150	16	25	
		H085	0.2～5					85～115
		R350	0.2～5	350～420	≥250	4	12	
		H105	0.2～5					105～135
		R410	0.2～5	410	≥360			
		H125	0.2～5					125

续表

牌　号	材料号	供货状态	公称厚度/mm	抗拉强度 R_m/MPa（最小值）	屈服强度 $R_{p0.2}$/MPa	伸长率/% A_{50mm}（厚度≤2.5mm）	伸长率/% A（厚度>2.5mm）	硬度(HV)（最小值）
CuZn20	CW503L	R270	0.2～5	270～320	≤150	38	48	
		H055	0.2～5					55～85
		G010	0.2～1	340	190	50		≤105
		G020	0.2～2	300	125	50		≤85
		G035	0.2～2	290	110	50		≤75
		R320	0.2～5	320～400	≥200	20	28	
		H085	0.2～5					85～120
		R400	0.2～5	400～480	≥320	5	12	
		H120	0.2～5					120～155
		R480	0.2～2	480	≥440			
		H155	0.2～2					155
CuZn30	CW505L	R270	0.2～5	270～350	≤160	40	50	
		H055	0.2～5					55～90
		G010	0.2～1	410	210	40		≤120
		G020	0.2～2	360	150	40		≤95
		G030	0.2～2	340	130	40		≤90
		G050	0.2～2	330	110	40		≤80
		G075	0.2～2	310	90	50		≤70
		R350	0.2～5	350～430	≥170	21	33	
		H095	0.2～5					95～125
		R410	0.2～5	410～490	≥260	9	15	
		H120	0.2～5					120～155
		R480	0.2～2	480	≥430			
		H150	0.2～2					150
CuZn33	CW506L	R380	0.2～5	280～380	≤170	40	50	
		H055	0.2～5					55～90
		G010	0.2～1	410	210	40		≤120
		G020	0.2～2	360	150	40		≤95
		G030	0.2～2	340	130	40		≤90
		G050	0.2～2	330	110	40		≤80
		R390	0.2～5	350～430	≥170	23	31	
		H095	0.2～5					95～125
		R420	0.2～5	420～500	≥300	6	13	
		H125	0.2～5					125～155
		R500	0.2～2	500	≥450			
		H155	0.2～2					155
CuZn36 CuZn37	CW507L CW508L	R300	0.2～5	300～370	≤180	38	48	
		H055	0.2～5					55～95
		G010	0.2～1	410	210	30		≤120
		G020	0.2～2	360	150	40		≤95
		G030	0.2～2	340	130	40		≤90
		G050	0.2～2	330	110	40		≤80
		R350	0.2～5	350～440	≥170	19	28	
		H095	0.2～5					95～125
		R410	0.2～5	410～490	≥300	8	12	
		H120	0.2～5					120～155
		R480	0.2～2	480～560	≥430	3		
		H150	0.2～2					150～180
		R550	0.2～2	550	≥500			
		H170	0.2～2					170

续表

牌　号	材料号	供货状态	公称厚度/mm	抗拉强度 R_m/MPa (最小值)	屈服强度 $R_{p0.2}$/MPa	伸长率/%		硬度(HV)(最小值)
						A_{50mm}(厚度≤2.5mm)	A(厚度>2.5mm)	
CuZn40	CW509L	R340	0.3～10	340～420	≤240	33	43	
		H085	0.3～10					85～115
		R400	0.3～10	400～480	≥200	15	23	
		H110	0.3～10					110～140
		R470	0.3～5	470	≥390	6	12	
		H140	0.3～5					140
CuZn35Pb1	CW600N	R290	0.3～5	290～370	≤200	40	50	
CuZn37Pb0.5	CW604N	H060	0.3～5					60～110
CuZn37Pb2	CW606N	R370	0.3～5	370～440	≥200	19	28	
		H110	0.3～5					110～140
		R440	0.3～5	440～540	≥370	5	12	
		H140	0.3～5					140～170
		R540	0.3～2	540	≥490			
		H170	0.3～2					170
CuZn38Pb2	CW608N	R340	0.3～10	340～420	≤240	33	43	
CuZn39Pb0.5	CW610N	H075	0.3～10					75～110
		R400	0.3～10	400～480	≥200	14	23	
		H110	0.3～10					110～140
		R470	0.3～5	470～550	≥390	5	12	
		H140	0.3～5					140～170
		R540	0.3～2	540	≥480			
		H165	0.3～2					165
CuZn39Pb2	CW612N	R360	0.3～5	360～440	≤270	30	40	
		H090	0.3～5					90～120
		R420	0.3～5	420～500	≥270	12	20	
		H120	0.3～5					120～150
		R490	0.3～5	490～570	≥420		9	
		H150	0.3～5					150～180
		R560	0.3～2	560	≥510			
		H175	0.3～2					175
CuZn20A12As	CW702N	R330	3～15	330	≤90		30	
		H070	3～15					70～105
		R390	3～15	390	≥240		25	
		H100	3～15					100

注：1. 表中①固溶处理并冷轧；

2. 表中②固溶处理并冷轧后，再进行弥散强化处理；

3. 表中③固溶处理；

4. 表中④固溶处理后，进行弥散强化处理。

(2)锅炉、压力容器及蓄水器用平板、薄板和圆形材

表 6-72　锅炉、压力容器及蓄水器用平板、薄板材和圆形材(EN 1653:1997)

牌　号	材料号	供货状态	公称厚度 /mm	抗拉强度 R_m/MPa (最小值)	屈服强度 $R_{p0.2}$/MPa (最小值)	伸长率/% A/%(最小值)	硬度(HV) (近似值)
Cu-DLP	CW023A	R200	2.5～50	200	40	33	55
Cu-DHP	CW024A						
CuA18Fe3	CW303G	R450	≥50	450	200	30	130
		R480	2.5～50	480	210	30	140
CuA19Ni3Fe2	CW304G	R490	10～100	490	180	20	125
CuAl10Ni5Fe4	CW307G	R590	≥50	590	230	14	160
		R620	23.5～50	620	250	14	180
CuNi10Fe1Mn	CW352G	R270	2.5～125	270	100	30	85
		R280	≥10	280	110	20	85
		R300	2.5～10	300	120	25	90
		R320	2.5～60	320	200	15	110
		R350	10～40	350	250	14	120
CuNi30Mn1Fe	CW354H	R320	2.5～125	320	120	30	100
		R410	10～40	410	300	14	140
CuZn39Pb0.5	CW610N	R310	≥2.5	310	100	30	80
		R340	2.5～40	340	120	30	90
		R400	10～40	400	200	20	110
CuZn20A12As	CW702R	R300	2.5～120	300	90	35	70
		R390	10～40	390	240	25	110
CuZn38A1FeNiPbSn	CW702R	R390	2.5～120	390	140	25	110
		R430	2.5～40	430	200	2	120
CuZn38Sn1As	CW702R	R320	≥15	320	100	30	80
CuZn39Sn1	CW719R	R340	2.5～75	340	120	30	85
		R400	2.5～40	400	200	18	110

注:当产品用于焊接时,计算时应取较低的力学性能值。

(3)棒材

表 6-73 铜及铜合金棒材的力学性能(EN 12163:2011)

牌 号	材料号	供货状态	直径/mm	对边宽度/mm	抗拉强度 R_m/MPa (最小值)	屈服强度 $R_{p0.2}$/MPa (最小值)	伸长率(最小值) $A_{100\ mm}$/%	伸长率(最小值) $A_{11.3}$/%	伸长率(最小值) A/%	布氏硬度(HB)
CuBe2	CW101C	M	不限	不限	符合生产要求					
		R1150	25～80	25～80	1150	1000			2	
		H310	25～80	25～80						340～410
		R1300	2～25	2～25	1300	1100	—	—	2	
		H350	2～25	2～25						350～430
CuCo1Ni1Be CuCo2Be	CW103C CW104C	M	不限	不限	符合生产要求					
		R680	2～100	2～100	680	550	6	8	10	
		H220	2～100	2～100						220～270
		R730	2～60	2～60	730	610	4	6	8	
		H230	2～60	2～60						230～310
CuCr1Zr	CW106C	M	不限	不限	符合生产要求					
		R370	50～100	25～100	370	250			16	
		H120	50～100	25～100						120～160
		R430	30～50	10～25	430	350			10	
		H135	30～50	10～25						135～175
		R470	4～30		470	420	—	6	8	
		H150	4～30							150～180
CuNi1Si	CW109C	M	不限	不限	符合生产要求					
		R440	50～80	50～80	440	300			16	
		H120	50～80	50～80						120～180
		R540	30～50	30～50	540	470			10	
		H140	30～50	30～50						140～190
		R590	2～30	2～30	590	540	8	10	12	
		H160	2～30	2～30						160～210
CuNi2Be	CW110C	M	不限	不限	符合生产要求					
		R620	2～100	2～100	620	460	6	8	10	—
		H190	2～100	2～100	—	—	—	—	—	190～250
		R680	2～60	2～60	680	540	4	6	8	
		H210	2～60	2～60	—	—	—	—	—	210～260

续表

牌　号	材料号	供货状态	直径/mm	对边宽度/mm	抗拉强度 R_m/MPa（最小值）	屈服强度 $R_{p0.2}$/MPa（最小值）	伸长率（最小值）			布氏硬度（HB）
							$A_{100\ mm}$/%	$A_{11.3}$/%	A/%	
CuNi2Si	CW111C	M	不限	不限	符合生产要求					
		R550	20～80	20～80	550	430	—	—	15	—
		H150	20～80	20～80	—	—	—	—	—	150～190
		R600	20～50	20～50	600	520	—	—	10	—
		H165	20～50	20～50	—	—	—	—	—	165～210
		R640	2～30	2～30	640	590	6	8	10	—
		H180	2～30	2～30	—	—	—	—	—	180～230
CuZr	CW120C	M	不限	不限	符合生产要求					
		R250	50～80	50～80	250	170	—	—	20	—
		H075	50～80	50～80	—	—	—	—	—	75～115
		R280	25～50	25～50	280	210	—	—	15	—
		H090	25～40	25～40	—	—	—	—	—	90～130
		R350	4～25	2～25	350	260	—	10	12	—
		H120	4～25	2～25	—	—	—	—	—	120～160
CuAl10Fe1	CW305G	M	不限	不限	符合生产要求					
		R530	10～80	10～80	530	290	—	—	10	—
		H130	10～80	10～80	—	—	—	—	—	130～170
		R630	10～30	10～30	630	490	—	—	5	—
		H155	10～30	10～30	—	—	—	—	—	≥155
CuAl10Ni5Fe4	CW307G	M	不限	不限	符合生产要求					
		R680	10～120	10～120	680	320	—	—	10	—
		H170	10～120	10～120	—	—	—	—	—	170～210
		R740	10～80	10～80	740	400	—	—	8	—
		H200	10～80	10～80	—	—	—	—	—	≥200
CuAl11Fe6Ni6	CW308G	M	不限	不限	符合生产要求					
		R740	10～120	10～120	740	420	—	—	5	—
		H220	10～120	10～120	—	—	—	—	—	220～260
		R830	10～80	10～80	830	550	—	—	—	—
		H240	10～80	10～80	—	—	—	—	—	≥240

续表

牌　号	材料号	供货状态	直径/mm	对边宽度/mm	抗拉强度 R_m/MPa（最小值）	屈服强度 $R_{p0.2}$/MPa（最小值）	伸长率（最小值）			布氏硬度（HB）
							$A_{100\ mm}$/%	$A_{11.3}$/%	A/%	
CuNi10Fe1Mn	CW352H	M	不限	不限	符合生产要求					
		R280	10～80	10～80	280	90	—	—	30	—
		H070	10～80	10～80	—	—	—	—	—	70～100
		R350	2～20	2～20	350	150	6	8	10	—
		H100	2～20	2～20	—	—	—	—	—	≥100
CuNi30Mn1Fe	CW354H	M	不限	不限	符合生产要求					
		R340	10～80	10～80	340	120	—	—	30	—
		H080	10～80	10～80	—	—	—	—	—	80～110
		R420	2～20	2～20	420	180	10	12	14	—
		H110	2～20	2～20	—	—	—	—	—	≥110
CuNi12Zn24	CW403J	M	不限	不限	符合生产要求					
		R380	2～50	2～50	380	≤290	28	33	38	—
		H085	2～50	2～50	—	—	—	—	—	85～125
		R450	2～40	2～40	450	200	8	10	12	—
		H125	2～40	2～40	—	—	—	—	—	125～150
		R540	2～10	2～10	540	400	2	3	5	—
		H160	2～10	2～10	—	—	—	—	—	160～190
		R640	2～4	2～4	640	500	—	—	—	—
		H190	2～4	2～4	—	—	—	—	—	≥190
CuNi18Zn20	CW409J	M	不限	不限	符合生产要求					
		R400	2～50	2～50	400	≤290	25	30	35	—
		H095	2～50	2～50	—	—	—	—	—	95～135
		R480	2～40	2～40	480	250	7	9	11	—
		H140	2～40	2～40	—	—	—	—	—	140～175
		R580	2～10	2～10	580	400	—	—	—	—
		H170	2～10	2～10	—	—	—	—	—	170～210
		R660	2～4	2～4	660	550	—	—	—	—
		H200	2～4	2～4	—	—	—	—	—	≥200

续表

牌　号	材料号	供货状态	直径/mm	对边宽度/mm	抗拉强度 R_m/MPa （最小值）	屈服强度 $R_{p0.2}$/MPa （最小值）	伸长率（最小值）			布氏硬度(HB)
							$A_{100\ mm}$/%	$A_{11.3}$/%	A/%	
CuSn6	CW452K	M	不限	不限	符合生产要求					
		R340	2～60	2～60	340	≤270	35	40	45	—
		H080	2～60	2～60	—	—	—	—	—	80～110
		R420	2～40	2～40	420	220	—	25	30	—
		H120	2～40	2～40	—	—	—	—	—	120～155
		R520	2～8	—	520	400	4	5	—	—
		H150	2～8	—	—	—	—	—	—	150～180
		R700	2～4	—	700	600	—	—	—	—
		H180	2～4	—	—	—	—	—	—	180～215
CuSn8 CuSn8P	CW453K CW459K	M	不限	不限	符合生产要求					
		R390	2～60	2～60	390	≤280	35	40	45	—
		H085	2～60	2～60	—	—	—	—	—	85～125
		R450	2～50	2～50	450	280	18	22	26	—
		H135	2～50	2～50	—	—	—	—	—	135～165
		R550	2～12	2～12	550	400	10	12	15	—
		H160	2～12	2～12	—	—	—	—	—	160～190
		R620	2～8	—	620	500	5	8	—	—
		H180	2～8	—	—	—	—	—	—	≥180
		R750	2～4	—	750	680	—	—	—	—
		H210	2～4	—	—	—	—	—	—	≥210
CuZn10	CW501L	M	不限	不限	符合生产要求					
		R240	4～80	4～80	240	≤150	—	40	45	—
		H050	4～80	4～80	—	—	—	—	—	50～95
		R320	4～40	4～40	320	220	—	23	25	—
		H090	4～40	4～40	—	—	—	—	—	90～120
		R380	4～10	4～10	380	280	—	11	12	—
		H110	4～10	4～10	—	—	—	—	—	110～150

续表

牌号	材料号	供货状态	直径/mm	对边宽度/mm	抗拉强度 R_m/MPa（最小值）	屈服强度 $R_{p0.2}$/MPa（最小值）	伸长率（最小值）			布氏硬度（HB）
							$A_{100\,mm}$/%	$A_{11.3}$/%	A/%	
CuZn15	CW502L	M	不限	不限	符合生产要求					
		R260	4～80	4～80	260	≤170	—	40	45	—
		H060	4～80	4～80	—	—	—	—	—	60～115
		R340	4～40	4～40	340	200	—	20	22	—
		H100	4～40	4～40	—	—	—	—	—	100～130
		R430	4～10	4～10	430	350	—	8	10	—
		H130	4～10	4～10	—	—	—	—	—	130～170
CuZn20	CW503L	M	不限	不限	符合生产要求					
		R260	4～80	4～80	260	≤170	—	40	45	—
		H065	4～80	4～80	—	—	—	—	—	65～110
		R360	4～40	4～40	360	210	—	18	20	—
		H100	4～40	4～40	—	—	—	—	—	100～130
		R450	4～10	4～8	450	300	—	6	7	—
		H130	4～10	4～8	—	—	—	—	—	130～190
CuZn30	CW505L	M	不限	不限	符合生产要求					
		R280	4～80	4～80	280	≤250	—	40	45	—
		H070	4～80	4～80	—	—	—	—	—	70～115
		R370	4～40	4～35	370	230	—	14	16	—
		H105	4～40	4～35	—	—	—	—	—	105～135
		R460	4～10	4～8	460	310	—	7	9	—
		H135	4～10	4～8	—	—	—	—	—	≥135
CuZn36 CuZn37	CW507L CW508L	M	不限	不限	符合生产要求					
		R290	4～80	4～80	290	≤230	—	40	45	—
		H070	4～80	4～80	—	—	—	—	—	70～110
		R370	4～40	4～35	370	240	—	12	14	—
		H105	4～40	4～35	—	—	—	—	—	105～145
		R460	4～8	4～6	460	330	—	6	8	—
		H140	4～8	4～6	—	—	—	—	—	≥140

续表

牌号	材料号	供货状态	直径/mm	对边宽度/mm	抗拉强度 R_m/MPa（最小值）	屈服强度 $R_{p0.2}$/MPa（最小值）	伸长率（最小值）			布氏硬度(HB)
							$A_{100\ mm}$/%	$A_{11.3}$/%	A/%	
CuZn40	CW509L	M	不限	不限	符合生产要求					
		R360	6～80	5～60	360	≤300	—	15	20	—
		H070	6～80	5～60	—	—	—	—	—	70～100
		R410	2～40	2～35	410	230	8	10	12	—
		H100	2～40	2～35	—	—	—	—	—	100～145
		R500	2～14	2～10	500	350	3	5	8	—
		H120	2～14	2～10	—	—	—	—	—	≥120
CuZn42	CW510L	M	不限	不限	符合生产要求					
		R360	6～80	5～60	360	≤320	—	15	20	—
		H090	6～80	5～60	—	—	—	—	—	90～125
		R430	2～40	2～35	430	220	6	8	10	—
		H110	2～40	2～35	—	—	—	—	—	110～160
		R500	2～14	2～10	500	350	—	3	5	—
		H135	2～14	2～10	—	—	—	—	—	≥135
CuZn38As	CW511L	M	不限	不限	符合生产要求					
		R280	6～80	5～60	280	≤200	—	25	30	—
		H070	6～80	5～60	—	—	—	—	—	70～110
		R320	6～60	5～50	320	200	—	15	20	—
		H090	6～60	5～50	—	—	—	—	—	90～135
		R400	4～15	4～13	400	250	—	5	8	—
		H105	4～15	4～13	—	—	—	—	—	≥105
CuZn23Al6Mn4Fe3Pb	CW704R	M	不限	不限	符合生产要求					
		R780	10～80	10～60	780	540	—	—	8	—
		H190	10～80	10～60	—	—	—	—	—	≥190
CuZn31Si1	CW708R	M	不限	不限	符合生产要求					
		R460	5～40	5～40	460	240	—	18	22	
		H120	5～40	5～40	—	—	—	—	—	120～160
		R530	5～14	5～14	530	350	—	10	12	
		H140	5～14	5～14	—	—	—	—	—	≥140

续表

牌号	材料号	供货状态	直径/mm	对边宽度/mm	抗拉强度 R_m/MPa（最小值）	屈服强度 $R_{p0.2}$/MPa（最小值）	伸长率（最小值） $A_{100\ mm}$/%	$A_{11.3}$/%	A/%	布氏硬度(HB)
CuZn35Ni3Mn2AlPb	CW710R	M	不限	不限	符合生产要求					
		R490	5～40	5～40	490	290	—	15	18	—
		H120	5～40	5～40	—	—	—	—	—	120～160
CuZn36Sn1Pb	CW712R	M	不限	不限	符合生产要求					
		R340	5～60	5～60	340	160	—	20	25	—
		H080	5～60	5～60	—	—	—	—	—	80～120
		R400	5～50	5～40	400	200	—	16	20	—
		H105	5～50	5～40	—	—	—	—	—	105～135
CuZn39Sn1	CW179R	M	不限	不限	符合生产要求					
		R340	5～80	5～60	340	140	—	15	20	—
		H080	5～80	5～60	—	—	—	—	—	80～120
		R400	5～50	5～40	400	180	—	10	15	—
		H105	5～50	5～40	—	—	—	—	—	105～145
		R450	5～25	5～20	450	250	—	5	10	—
		H120	5～25	5～20	—	—	—	—	—	120～160
CuZn21Si3P	CW724R	M	不限	不限	符合生产要求					
		R500	2～80	2～80	500	≤450	12	13	15	—
		H110	2～80	2～80	—	—	—	—	—	110～170
		R600	2～40	2～40	600	300	10	11	12	—
		H130	2～40	2～40	—	—	—	—	—	130～190
		R670	2～15	2～15	670	400	8	9	10	—
		H160	2～15	2～15	—	—	—	—	—	160～220

(4)铜及铜合金切削加工用杆材及空心棒

表 6-74 铜及铜合金切削加工用杆材的力学性能(EN 12164:2011)

牌号	材料号	供货状态	直径/mm	对边宽度/mm	抗拉强度 R_m/MPa (最小值)	屈服强度 $R_{p0.2}$/MPa (最小值)	伸长率(最小值)			布氏硬度(HB)
							$A_{100\ mm}$/%	$A_{11.3}$/%	A/%	
CuBe2Pb	CW102C	M	不限	不限	符合生产要求					
		R1150	25~80	25~80	1150	1000	—	—	2	—
		H340	25~80	25~80	—	—	—	—	—	340~410
		R1300	2~25	2~25	1300	1100	—	—	2	—
		H350	2~25	2~25	—	—	—	—	—	350~430
CuPb1P CuSP CuTeP	CW113C CW114C CW118C	M	不限	不限	符合生产要求					
		R250	2~80	2~80	250	180	3	5	7	—
		H080	2~80	2~80	—	—	—	—	—	80~110
		R300	2~20	2~20	300	240	2	3	5	—
		H095	2~20	2~20	—	—	—	—	—	95~130
		R360	2~10	2~10	360	300	—	—	—	—
		H120	2~10	2~10	—	—	—	—	—	≥120
CuNi7Zn39Pb3Mn2	CW400J	M	不限	不限	符合生产要求					
		R500	2~40	2~40	500	350	8	10	12	—
		H125	2~40	2~40	—	—	—	—	—	125~165
		R600	2~20	2~20	600	400	2	3	5	—
		H155	2~20	2~20	—	—	—	—	—	155~190
		R700	2~5	2~4	700	500	—	—	—	—
		H180	2~5	2~4	—	—	—	—	—	≥180
CuNi12Zn30Pb1 CuNi18Zn19Pb1	CW406J CW408J	M	不限	不限	符合生产要求					
		R420	2~50	2~50	420	260	12	16	20	—
		H110	2~50	2~50	—	—	—	—	—	110~145
		R520	2~10	2~10	520	420	3	5	6	—
		H130	2~10	2~10	—	—	—	—	—	130~155
		R650	2~8	2~8	650	580	—	—	—	—
		H150	2~8	2~8	—	—	—	—	—	150~180

续表

牌号	材料号	供货状态	直径/mm	对边宽度/mm	抗拉强度 R_m/MPa（最小值）	屈服强度 $R_{p0.2}$/MPa（最小值）	伸长率（最小值） $A_{100\,mm}$/%	$A_{11.3}$/%	A/%	布氏硬度（HB）
CuSn4Pb4Zn4 CuSn5Pb1	CW456K CW458K	M	不限	不限	符合生产要求					
		R450	2～12	—	450	350	6	8	10	—
		H115	2～12	—	—	—	—	—	—	115～150
		R550	2～6	—	550	480	3	5	—	—
		H140	2～6	—	—	—	—	—	—	140～170
		R640	2～4	—	640	580	—	—	—	—
		H160	2～4	—	—	—	—	—	—	160～180
		R720	2～4	—	720	620	—	—	—	—
		H180	2～4	—	—	—	—	—	—	180～210
CuZn40	CW509L	M	不限	不限	符合生产要求					
		R360	6～80	5～60	360	≤300	—	15	20	—
		H070	6～80	5～60	—	—	—	—	—	70～100
		R410	2～40	2～35	410	230	8	10	12	—
		H100	2～40	2～35	—	—	—	—	—	100～145
		R500	2～14	2～10	500	350	3	5	8	—
		H120	2～14	2～10	—	—	—	—	—	≥120
CuZn42	CW510L	M	不限	不限	符合生产要求					
		R360	6～80	5～60	360	≤320	—	15	20	—
		H090	6～80	5～60	—	—	—	—	—	90～125
		R430	2～40	2～35	430	220	6	8	10	—
		H110	2～40	2～35	—	—	—	—	—	110～160
		R500	2～14	2～10	500	350	—	3	5	—
		H135	2～14	2～10	—	—	—	—	—	≥135
CuZn38As	CW511L	M	不限	不限	符合生产要求					
		R280	6～80	5～60	280	≤200	—	25	30	—
		H070	6～80	5～60	—	—	—	—	—	70～110
		R320	6～60	5～50	320	200	—	15	20	—
		H090	6～60	5～50	—	—	—	—	—	90～135
		R400	4～15	4～13	400	250	—	5	8	—
		H105	4～15	4～13	—	—	—	—	—	≥105

续表

牌号	材料号	供货状态	直径/mm	对边宽度/mm	抗拉强度 R_m/MPa（最小值）	屈服强度 $R_{p0.2}$/MPa（最小值）	伸长率（最小值） $A_{100\,mm}$/%	$A_{11.3}$/%	A/%	布氏硬度(HB)
CuZn36Pb2As	CW602N	M	不限	不限	符合生产要求					
		R280	6～80	5～60	280	≤200	—	25	30	—
		H070	6～80	5～60	—	—	—	—	—	70～110
		R320	6～60	5～50	320	200	—	15	20	—
		H090	6～60	5～50	—	—	—	—	—	90～135
		R400	4～15	4～13	400	250	—	5	8	—
		H105	4～15	4～13	—	—	—	—	—	≥105
CuZn35Pb1 CuZn35Pb2 CuZn36Pb3 CuZn37Pb2	CW600N CW601N CW603N CW606N	M	不限	不限	符合生产要求					
		R340	10～80	10～60	340	≤280	—	—	20	—
		H070	10～80	10～60	—	—	—	—	—	70～120
		R400	2～25	2～20	400	200	4	8	12	—
		H100	2～25	2～20	—	—	—	—	—	100～140
		R480	2～14	2～10	480	350	3	5	8	—
		H125	2～14	2～10	—	—	—	—	—	≥125
CuZn38Pb1 CuZn38Pb2 CuZn39Pb0.5 CuZn39Pb1 CuZn39Pb2	CW607N CW608N CW610N CW611N CW612N	M	不限	不限	符合生产要示					
		R360	6～80	5～60	360	≤300	—	15	20	—
		H070	6～80	5～60	—	—	—	—	—	70～100
		R410	2～40	2～35	410	230	8	10	12	—
		H100	2～40	2～35	—	—	—	—	—	100～145
		R500	2～14	2～10	500	≥350	3	5	8	—
		H120	2～14	2～10	—	—	—	—	—	≥120
CuZn39Pb3 CuZn40Pb2	CW614N CW617N	M	不限	不限	符合生产要示					
		R360	6～80	5～60	360	≤320	—	15	20	—
		H090	6～80	5～60	—	—	—	—	—	90～125
		R430	2～40	2～35	220	6	8	10	—	—
		H110	2～40	2～35	—	—	—	—	—	110～160
		R500	2～14	2～10	500	350	—	3	5	—
		H135	2～14	2～10	—	—	—	—	—	≥135

续表

牌号	材料号	供货状态	直径/mm	对边宽度/mm	抗拉强度 R_m/MPa（最小值）	屈服强度 $R_{p0.2}$/MPa（最小值）	伸长率（最小值） $A_{100\ mm}$/%	$A_{11.3}$/%	A/%	布氏硬度(HB)
CuZn32PB2AsFeSi	CW709R	M	不限	不限	符合生产要示					
		R380	5～40	5～40	380	220	—	15	20	110～160
		R430	5～40	5～40	430	280	—	12	15	120～170
CuZn37Mn3Al2PbSi	CW713R	M	不限	不限	符合生产要示					
		R540	5～80	5～60	540	280	—	12	15	—
		H130	5～80	5～60	—	—	—	—	—	130～170
		R590	5～50	5～40	590	370	—	8	10	—
		H150	5～50	5～40	—	—	—	—	—	150～220
CuZn40Mn1Pb1 CuZn40Mn1Pb1AlFeSn CuZn40Mn1Pb1FeSn	CW720R CW721R CW722R	M	不限	不限	符合生产要示					
		R440	40～80	40～60	440	180	—	—	20	—
		H110	40～80	40～60	—	—	—	—	—	100～140
		R500	5～40	5～40	500	270	—	10	12	—
		H130	5～40	5～40	—	—	—	—	—	≥130
CuZn21Si3P	CW724R	M	不限	不限	符合生产要示					
		R500	35～80	35～80	500	≤450	—	—	15	—
		H110	35～80	35～80	—	—	—	—	—	110～170
		R600	20～40	15～40	600	300	—	—	12	—
		H130	20～40	15～40	—	—	—	—	—	130～190
		R670	2～15	2～15	670	400	8	9	10	—
		H160	2～15	2～15	—	—	—	—	—	160～220

表 6-75 切削加工用铜及铜合金空心棒的力学性能(EN 12168:2011)

牌　号	材料号	供货状态	公称壁厚/mm	抗拉强度 R_m/MPa (最小值)	屈服强度 $R_{p0.2}$/MPa (最小值)	伸长率(最小值)			布氏硬度(HB)
						$A_{100\ mm}$/%	$A_{11.3}$/%	A/%	
CuSP	CW114C	M	不限	符合生产要求					
CuTeP	CW118C	H080	不限	—	—	—	—	—	80～130
CuZn40	CW509L	M	不限	符合生产要求					
		R360	2～20	360	≤300	—	15	20	—
		H070	2～20	—	—	—	—	—	70～100
		R410	2～10	410	250	8	10	12	—
		H100	2～10	—	—	—	—	—	100～145
		R500	2～7	500	350	—	5	8	—
		H120	2～7	—	—	—	—	—	≥120
CuZn42	CW510L	M	不限	符合生产要求					
		R360	2～40	360	≤320	—	15	20	—
		H090	2～20	—	—	—	—	—	90～125
		R430	2～15	430	220	6	8	10	—
		H110	2～15	—	—	—	—	—	110～160
		R500	2～7	500	350	—	5	8	—
		H135	2～7	—	—	—	—	—	≥135
CuZn38As	CW511L	M	不限	符合生产要求					
		R280	>2	280	≤200	—	25	30	—
		H070	>2	—	—	—	—	—	70～110
		R320	2～20	320	200	—	15	20	—
		H090	2～20	—	—	—	—	—	90～135
		R400	2～8	400	250	—	5	8	—
		H105	2～8	—	—	—	—	—	≥105
CuZn36Pb2As	CW602N	M	不限	符合生产要求					
		R280	>2	280	≤200	—	25	30	—
		H070	>2	—	—	—	—	—	70～110
		R320	2～20	320	200	—	15	20	—
		H090	2～20	—	—	—	—	—	90～135
		R400	2～8	400	250	—	5	8	—
		H105	2～8	—	—	—	—	—	≥105

续表

牌号	材料号	供货状态	公称壁厚/mm	抗拉强度 R_m/MPa（最小值）	屈服强度 $R_{p0.2}$/MPa（最小值）	伸长率（最小值）			布氏硬度（HB）
						$A_{100\ mm}$/%	$A_{11.3}$/%	A/%	
CuZn35Pb2 CuZn36Pb3 CuZn37Pb2	CW601N CW603N CW606N	M	不限	符合生产要求					
		R340	2～20	340	≤280	—	15	20	—
		H070	2～20	—	—	—	—	—	70～120
		R400	2～10	400	200	4	8	12	—
		H100	2～10	—	—	—	—	—	100～140
		R480	2～7	480	350	—	5	8	—
		H125	2～7	—	—	—	—	—	≥125
CuZn38Pb1 CuZn38Pb2 CuZn39Pb1 CuZn39Pb2	CW607N CW608N CW611N CW612N	M	不限	符合生产要求					
		R360	2～20	360	≤300	—	15	20	—
		H070	2～20	—	—	—	—	—	70～100
		R410	2～10	410	250	8	10	12	—
		H100	2～10	—	—	—	—	—	100～145
		R500	2～7	500	350	—	5	8	—
		H120	2～7	—	—	—	—	—	≥120
CuZn39Pb3 CuZn40Pb2	CW614N CW617N	M	不限	符合生产要求					
		R360	2～40	360	≤320	—	15	20	—
		H090	2～40	—	—	—	—	—	90～125
		R430	2～15	430	220	6	8	10	—
		H110	2～15	—	—	—	—	—	110～160
		R500	2～7	500	350	—	5	8	—
		H135	2～7	—	—	—	—	—	≥135
CuZn32Pb2AsFeSi	CW709R	M	不限	符合生产要求					
		R380	3～15	380	220	—	15	20	—
		H110	3～15	—	—	—	—	—	110～150
		R430	3～10	430	260	—	12	15	—
		H120	3～10	—	—	—	—	—	120～170
CuZn37Mn3Al2Pb2Si	CW713R	M	不限	符合生产要求					
		R540	10～30	540	280	—	12	15	—
		H130	10～30	—	—	—	—	—	130～170
		R590	5～10	590	320	—	8	10	—
		H150	5～10	—	—	—	—	—	150～190

续表

牌号	材料号	供货状态	公称壁厚/mm	抗拉强度 R_m/MPa（最小值）	屈服强度 $R_{p0.2}$/MPa（最小值）	伸长率（最小值） $A_{100\ mm}$/%	伸长率（最小值） $A_{11.3}$/%	伸长率（最小值） A/%	布氏硬度(HB)
CuZn40Mn1Pb1	CW720R	M	不限	符合生产要求					
		R390	10～30	390	180	—	16	20	—
		H090	10～30	—	—	—	—	—	90～125
		R440	5～10	440	250	—	15	18	—
		H100	5～10	—	—	—	—	—	100～145
CuZn40Mn1Pb1AlFeSn CuZn40Mn1Pb1FeSn	CW721R CW722R	M	不限	符合生产要求					
		R440	10～30	440	180	—	16	20	—
		H100	10～30	—	—	—	—	—	100～140
		R500	5～10	500	270	—	10	12	—
		H130	5～10	—	—	—	—	—	≥130
CuZn21Si3P	CW724R	M	不限	符合生产要求					
		R500	2～20	500	≤450	12	13	15	—
		H110	2～20	—	—	—	—	—	110～170
		R600	2～20	600	350	10	11	12	—
		H130	2～20	—	—	—	—	—	130～190
		R650	2～7	650	400	8	9	10	—
		H150	2～7	—	—	—	—	—	150～210

(5)铜及铜合金锻坯锻件

表 6-76 铜及铜合金锻坯的力学性能(EN 12165:2011)

牌号	材料号	供货状态	公称直径/mm	布氏硬度(HB)
Cu-ETP Cu-OF Cu-HCP Cu-DHP	CW004A CW008A CW021A CW024A	M	不限	符合生产要求
		H040	6～160	≥40
CuBe2	CW101C	M	不限	符合生产要求
		H080	8～80	80～420
CuCo1Ni1Be CuCo2Be	CW103C CW104C	M	不限	符合生产要求
		H090	8～80	90～320
CuCr1Zr	CW106C	M	不限	符合生产要求
		H070	8～80	70～150
CuNi1Si	CW109C	M	不限	符合生产要求
		H050	8～80	50～180
CuNi2Si	CW111C	M	不限	符合生产要求
		H060	8～80	60～220
CuZr	CW120C	M	不限	符合生产要求
		H050	8～80	50～120
CuAl8Fe3	CW303G	M	不限	符合生产要求
		H090	8～80	90～150
CuAl10Fe1	CW305G	M	不限	符合生产要求
		H100	8～80	100～200
CuAl10Fe3Mn2	CW306G	M	不限	符合生产要求
		H120	8～80	120～220
CuAl10Ni5Fe4	CW307G	M	不限	符合生产要求
		H170	8～80	170～250
CuAl11Fe6Ni6	CW308G	M	不限	符合生产要求
		H180	8～80	180～280
CuNi10Fe1Mn	CW352H	M	不限	符合生产要求
		H070	8～80	70～100
CuNi30Mn1Fe	CW354H	M	不限	符合生产要求
		H080	8～80	80～110
CuNi7Zn39Pb3Mn2	CW400J	M	不限	符合生产要求
		H110	8～80	≥110
CuZn37 CuZn40	CW508L CW509L	M	不限	符合生产要求
		H070	8～120	70～170

续表

牌　号	材料号	供货状态	公称直径/mm	布氏硬度(HB)
CuZn42	CW510L	M	不限	符合生产要求
		H090	8～120	90～190
CuZn38As	CW511L	M	不限	符合生产要求
		H070	8～120	70～150
CuZn36Pb2As	CW602N	M	不限	符合生产要求
		H070	8～120	70～150
CuZn38Pb1 CuZn38Pb2 CuZn39Pb0.5 CuZn39Pb1 CuZn39Pb2 CuZn39Pb2Sn	CW607N CW608N CW610N CW611N CW612N CW613N	M	不限	符合生产要求
		H070	8～120	70～170
CuZn39Pb3 CuZn40Pb1Al CuZn40Pb2	CW614N CW616N CW617N	M	不限	符合生产要求
		H080	8～120	80～170
CuZn23Al6Mn4Fe3Pb	CW704R	M	不限	符合生产要求
		H190	8～80	≥190
CuZn32Pb2AsFeSi	CW709R	M	不限	符合生产要求
		H090	8～80	90～170
CuZn35Ni3Mn2AlPb	CW710R	M	不限	符合生产要求
		H120	8～80	120～200
CuZn36Sn1Pb	CW712R	M	不限	符合生产要求
		H080	8～80	80～140
CuZn37Mn3Al2PbSi	CW713R	M	不限	符合生产要求
		H130	8～80	130～220
CuZn39Sn1	CW719R	M	不限	符合生产要求
		H080	8～80	80～150
CuZn40Mn1Pb1	CW720R	M	不限	符合生产要求
		H090	8～80	90～150
CuZn40Mn1Pb1AlFeSn	CW721R	M	不限	符合生产要求
		H120	8～80	120～180
CuZn40Mn1Pb1FeSn	CW722R	M	不限	符合生产要求
		H100	8～80	100～160
CuZn21Si3P	CW724R	M	不限	符合生产要求
		H110	8～80	110～220

表 6-77　　铜及铜合金锻件的力学性能(EN 12420:1999)

牌　号	材料号	供货状态	锻制方向厚度/mm	
			模锻及手工锻≤80mm	手工锻>80mm
CuZn40	CW509L	M	X	X
		H075	X	X
CuZn36Pb2As	CW602N	M	X	X
		H070	X	X
CuZn38Pb2	CW608N	M	X	X
CuZn39Pb2	CW612N	H075	—	X
CuZn39Pb2Sn	CW613N	H080	—	—
CuZn39Pb3	CW614N			
CuZn39Pb3Sn	CW615N			
CuZn40Pb1Al	CW616N			
CuZn40Pb2	CW617N			
CuZn40Pb2Sn	CW619N			
CuZn37Mn3Al2PbSi	CW713R	M	X	X
		H125	—	X
		H140	X	—
CuZn39Mn1AlPbSi	CW718R	M	X	X
		H080	—	X
		H110	X	—
CuZn40Mn1Pb1AlFeSn	CW721R	M	X	X
		H100	X	X
CuZn40Mn1Pb1FeSn	CW722R	M	X	X
		H085	X	X
Cu-ETP	CW004A	M	X	X
Cu-OF	CW008A	H045	X	X
CuAl9Fe3	CW303G	M	X	X
		H110	X	X
CuAl10Fe3Mn2	CW306G	M	X	X
		H120	—	X
		H125	X	—
CuAl10Ni5Fe4	CW307G	M	X	X
		H170	—	X
		H175	X	—
CuAl11Fe6Ni6	CW308G	M	X	X

续表

牌　号	材料号	供货状态	锻制方向厚度/mm	
			模锻及手工锻≤80mm	手工锻>80mm
CuAl11Fe6Ni6	CW308G	H200	X	X
CuCo1Ni1Be	CW103C	M	X	X
CuCo2Be	CW104C	H210①	X	X
CuCr1Zr	CW106C	M	X	X
		H110①	X	X
CuNi2Si	CW111C	M	X	X
		H140①	—	X
		H150①	X	—
CuNi10Fe1Mn	CW352H	M	X	X
		H070	X	X
CuNi30Mn1Fe	CW354H	M	X	X
		H090	X	X

注：1. 表中①固溶处理后弥散强化；

2. 材料状态符号意义如下：M——制造态，H——硬度(HB)，符号后数字即为该性能最小值，如 H120 即代表其硬度最小为 120HB。

(6)线材

表 6-78　一般用途的铜及铜合金线材的力学性能(EN 12166:2011)

牌　号	材料号	供货状态	公称直径①/mm	抗拉强度 R_m/MPa (最小值)	屈服强度 $R_{p0.2}$/MPa (最小值)	伸长率(最小值)			硬度(HV)
						A_{100mm}/%	$A_{11.3}$/%	A/%	
CuBe2 CuBe2P	CW101C CW102C	M	不限	符合生产要求					
		R1150	0.2～10	1150	1000	—	—	2	—
		H350	1.5～10	—	—	—	—	—	350～420
		R1300	0.2～10	1300	1100	—	—	2	—
		H370	1.5～10	—	—	—	—	—	370～440
CuCo1Ni1Be CuCo2Be	CW103C CW104C	M	不限	符合生产要求					
		R680	1～10	680	550	3	6	10	—
		H230	1.5～10	—	—	—	—	—	230～290
		R730	1～10	730	610	2	5	8	—
		H240	1.5～10	—	—	—	—	—	240～330
CuCr1Zr	CW106C	M	不限	符合生产要求					
		R370	2～10	370	250	8	12	16	—
		H125	2～10	—	—	—	—	—	125～170
		R430	2～10	430	350	5	8	10	—
		H145	2～10	—	—	—	—	—	145～185
		R470	2～10	470	420	3	6	8	—
		H160	2～10	—	—	—	—	—	160～190

续表

牌　号	材料号	供货状态	公称直径①/mm	抗拉强度 R_m/MPa（最小值）	屈服强度 $R_{p0.2}$/MPa（最小值）	伸长率（最小值）			硬度（HV）
						A_{100mm}/%	$A_{11.3}$/%	A/%	
CuFe2P	CW107C	M	不限	符合生产要求					
		R300	1.5～12	300	110	17	20	23	—
		H050	1.5～12	—	—	—	—	—	50～100
		R400	0.3～8	400	350	6	7	—	—
		H110	1.5～8	—	—	—	—	—	110～140
		R500	0.1～3	500	450	2	—	3	—
		H150	1.5～3	—	—	—	—	—	150～180
CuNi1Si	CW109C	M	不限	符合生产要求					
		R440	1.5～15	440	300	6	8	16	—
		H130	1.5～15	—	—	—	—	—	130～190
		R540	1.5～15	540	470	4	6	12	—
		H150	1.5～15	—	—	—	—	—	150～200
		R590	1.5～12	590	540	3	5	10	—
		H170	1.5～12	—	—	—	—	—	170～220
CuNi2Si	CW111C	M	不限	符合生产要求					
		R550	1.5～15	550	430	5	8	15	—
		H160	1.5～15	—	—	—	—	—	160～210
		R600	1.5～15	600	520	4	6	10	—
		H175	1.5～15	—	—	—	—	—	175～220
		R640	1.5～12	640	590	3	5	8	—
		H190	1.5～12	—	—	—	—	—	190～250
CuSP CuTeP	CW114C CW118C	M	不限	符合生产要求					
		R250	1.5～12	250	180	2	4	7	—
		H090	1.5～12	—	—	—	—	—	90～130
		R300	1.5～12	300	240	—	3	5	—
		H110	1.5～12	—	—	—	—	—	110～140
		R360	1.5～10	360	300	—	—	—	—
		H120	1.5～10	—	—	—	—	—	≥120
CuZr	CW120C	M	不限	符合生产要求					
		R250	0.1～12	250	170	8	15	20	—
		H080	1.5～12	—	—	—	—	—	80～120
		R280	0.1～12	280	210	6	12	15	—
		H095	1.5～12	—	—	—	—	—	95～135
		R350	0.1～10	350	260	5	10	12	—
		H125	1.5～10	—	—	—	—	—	125～165

续表

牌　号	材料号	供货状态	公称直径[①] /mm	抗拉强度 R_m/MPa （最小值）	屈服强度 $R_{p0.2}$/MPa （最小值）	伸长率（最小值）			硬度 （HV）
						A_{100mm}/%	$A_{11.3}$/%	A/%	
CuNi7Zn39Pb3Mn2	CW400J	M	不限	符合生产要求					
		H115	1.5～12	—	—	—	—	—	≥115
		R500	1.5～12	500	350	8	10	12	—
		H130	1.5～12	—	—	—	—	—	130～170
		R600	1.5～12	600	400	2	3	5	—
		H165	1.5～12	—	—	—	—	—	165～200
		R700	1.5～5	700	500	—	—	—	—
		H190	1.5～5	—	—	—	—	—	≥190
CuNi12Zn24	CW403J	M	不限	符合生产要求					
		R380	1.5～20	380	≤290	28	33	38	—
		H090	1.5～20	—	—	—	—	—	90～130
		R450	1.5～12	450	200	8	10	12	—
		H130	1.5～12	—	—	—	—	—	130～160
		R540	0.1～10	540	400	2	3	5	—
		H170	1.5～10	—	—	—	—	—	170～200
		R640	0.1～4	640	500	—	—	—	—
		H200	1.5～4	—	—	—	—	—	≥200
		H800	0.1～1.5	800	700	—	—	—	—
		H220	≤1.5	—	—	—	—	—	≥220
CuNi12Zn30Pb1 CuNi18Zn19Pb1	CW406J CW408J	M	不限	符合生产要求					
		R420	1.5～12	420	260	12	16	20	—
		H115	1.5～12	—	—	—	—	—	115～155
		R520	1.5～10	520	420	3	5	6	—
		H135	1.5～10	—	—	—	—	—	135～165
		R650	1.5～8	650	580	—	—	—	—
		H160	1.5～8	—	—	—	—	—	160～190
CuNi18Zn20	CW409J	M	不限	符合生产要求					
		R400	1.5～20	400	≤290	25	30	35	—
		H105	1.5～20	—	—	—	—	—	105～145
		R480	0.1～12	480	250	7	9	11	—
		H145	1.5～12	—	—	—	—	—	145～185
		R580	0.1～10	580	400	2	3	5	—
		H180	1.5～10	—	—	—	—	—	180～220
		R660	0.1～4	660	550	—	—	—	—
		H210	1.5～4	—	—	—	—	—	≥210
		R800	0.1～1.5	800	750	—	—	—	—
		H230	≤1.5	—	—	—	—	—	≥230

续表

牌 号	材料号	供货状态	公称直径[①] /mm	抗拉强度 R_m/MPa (最小值)	屈服强度 $R_{p0.2}$/MPa (最小值)	伸长率(最小值)			硬度 (HV)
						A_{100mm}/%	$A_{11.3}$/%	A/%	
CuSn4	CW450K	M	不限	符合生产要求					
		R330	1.5～20	330	≤220	35	40	45	—
		H085	1.5～20	—	—	—	—	—	85～115
		R420	0.1～12	420	220	20	25	30	—
		H125	1.5～12	—	—	—	—	—	125～155
		R520	0.1～8	520	380	5	6	—	—
		H150	1.5～8	—	—	—	—	—	150～185
		R650	0.1～4	650	500	—	—	—	—
		H210	1.5～4	—	—	—	—	—	≥210
		R850	0.1～1.5	850	750	—	—	—	—
		H230	≤1.5	—	—	—	—	—	≥230
CuSn6	CW452K	M	不限	符合生产要求					
		R340	1.5～20	340	≤270	35	40	45	—
		H085	1.5～20	—	—	—	—	—	85～115
		R420	0.1～12	420	220	20	25	30	—
		H125	1.5～12	—	—	—	—	—	125～165
		R520	0.1～8	520	400	3	5	—	
		H155	1.5～8	—	—	—	—	—	155～190
		R700	0.1～4	700	600	—	—	—	
		H190	1.5～4	—	—	—	—	—	190～225
		R900	0.1～1.5	900	800	—	—	—	—
		H245	—	—	—	—	—	—	≥245
CuSn8	CW453K	M	不限	符合生产要求					
		R390	0.1～12	390	≤280	35	40	45	—
		H090	1.5～12	—	—	—	—	—	90～130
		R450	0.1～12	450	280	18	22	26	—
		H140	1.5～12	—	—	—	—	—	140～170
		R550	0.1～12	550	400	10	12	15	—
		H170	1.5～12	—	—	—	—	—	170～200
		R620	0.1～8	620	500	4	6	—	—
		H185	1.5～8	—	—	—	—	—	≥185
		R750	0.1～4	750	680	—	—	—	—
		H220	1.5～4	—	—	—	—	—	≥220
		R920	0.1～1.5	920	800—	—	—	—	
		H265	≤1.5	—	—	—	—	—	≥265

续表

牌 号	材料号	供货状态	公称直径[①] /mm	抗拉强度 R_m/MPa (最小值)	屈服强度 $R_{p0.2}$/MPa (最小值)	伸长率(最小值)			硬度 (HV)
						A_{100mm}/%	$A_{11.3}$/%	A/%	
CuZn10	CW501L	M	不限	符合生产要求					
		R240	4～20	240	≤150	43	45	47	—
		H050	4～20	—	—	—	—	—	50～100
		R320	1.5～20	320	220	20	23	25	—
		H095	1.5～20	—	—	—	—	—	95～125
		R380	0.5～10	380	280	10	11	12	—
		H115	1.5～10	—	—	—	—	—	115～155
		R440	0.5～6	440	330	4	5	—	—
		H135	1.5～6	—	—	—	—	—	135～180
		R530	0.5～4	530	450	—	—	—	—
		H160	1.5～4	—	—	—	—	—	≥160
CuZn15	CW520L	M	不限	符合生产要求					
		R260	4～20	260	≤170	33	35	38	—
		H060	4～20	—	—	—	—	—	60～120
		R340	1.5～20	340	200	18	20	22	—
		H105	1.5～20	—	—	—	—	—	105～135
		R430	0.5～5	430	350	6	8	—	—
		H135	1.5～5	—	—	—	—	—	135～175
		R530	0.5～3	530	450	3	—	—	—
		H155	1.5～3	—	—	—	—	—	≥155
CuZn20	CW503L	M	不限	符合生产要求					
		R260	4～20	260	≤170	40	42	45	—
		H065	4～20	—	—	—	—	—	65～105
		R360	1.5～20	360	210	16	18	20	—
		H105	1.5～20	—	—	—	—	—	105～140
		R450	0.5～5	450	300	5	6	—	—
		H140	1.5～5	—	—	—	—	—	140～200
		R540	0.1～3	540	450	2	—	—	—
		H165	1.5～3	—	—	—	—	—	≥165
CuZn30	CW505L	M	不限	符合生产要求					
		R280	4～20	280	≤250	37	40	43	—
		H070	4～20	—	—	—	—	—	70～120
		R370	1.5～20	370	230	12	14	16	—
		H110	1.5～20	—	—	—	—	—	110～140
		R460	0.5～5	460	310	4	7	—	—
		H140	1.5～5	—	—	—	—	—	≥140
		R550	0.1～3	550	450	3	—	—	—
		H165	1.5～3	—	—	—	—	—	≥165

续表

牌 号	材料号	供货状态	公称直径[①] /mm	抗拉强度 R_m/MPa（最小值）	屈服强度 $R_{p0.2}$/MPa（最小值）	伸长率（最小值）			硬度（HV）
						A_{100mm}/%	$A_{11.3}$/%	A/%	
CuZn36 CuZn37	CW507L CW508L	M	不限	符合生产要求					
		R290	0.5～20	290	≤230	30	40	45	—
		H055	1.5～20	—	—	—	—	—	55～110
		R370	0.5～20	370	240	10	12	14	—
		H095	1.5～20	—	—	—	—	—	95～140
		R460	0.5～5	460	330	4	6	—	—
		H115	1.5～5	—	—	—	—	—	115～155
		R550	0.5～4	550	450	2	5	—	—
		H130	1.5～4	—	—	—	—	—	130～170
		R700	0.5～4	700	550	—	—	—	—
		H160	1.5～4	—	—	—	—	—	≥160
CuZn40	CW509L	M	不限	符合生产要求					
		R360	0.5～20	360	≤300	10	15	20	—
		H080	1.5～20	—	—	—	—	—	80～110
		R410	0.5～14	410	220	8	10	12	—
		H100	1.5～14	—	—	—	—	—	100～160
		R500	0.5～8	500	350	2	5	—	—
		H130	1.5～8	—	—	—	—	—	≥130
CuZn42	CW510L	M	不限	符合生产要求					
		R360	6～20	360	≤320	—	15	20	—
		H095	6～20	—	—	—	—	—	95～130
		R430	0.5～14	430	220	6	8	10	—
		H115	1.5～14	—	—	—	—	—	115～170
		R500	0.5～8	500	350	2	5	—	—
		H145	1.5～8	—	—	—	—	—	≥145
CuZn35Pb1 CuZn35Pb2 CuZn35Pb3 CuZn35Pb2	CW600N CW601N CW603N CW606N	M	不限	符合生产要求					
		R340	0.5～20	340	≤280	10	15	20	—
		H080	1.5～20	—	—	—	—	—	80～130
		R400	0.5～14	400	200	4	8	12	—
		H100	1.5～14	—	—	—	—	—	100～150
		R480	0.5～8	480	350	2	5	—	—
		H135	1.5～8	—	—	—	—	—	≥135
CuZn38Pb2 CuZn39Pb0.5 CuZn39Pb2	CW608N CW610N CW612N	M	不限	符合生产要求					
		R360	0.5～20	360	≤300	10	15	20	—
		H080	1.5～20	—	—	—	—	—	80～110
		R410	0.5～14	410	220	8	10	12	—
		H100	1.5～14	—	—	—	—	—	100～160
		R500	0.5～8	500	350	2	5	—	—
		H130	1.5～8	—	—	—	—	—	≥130

续表

牌 号	材料号	供货状态	公称直径①/mm	抗拉强度 R_m/MPa（最小值）	屈服强度 $R_{p0.2}$/MPa（最小值）	伸长率（最小值）			硬度（HV）
						A_{100mm}/%	$A_{11.3}$/%	A/%	
CuZn39Pb3 CuZn40Pb2	CW614N CW617N	M	不限	符合生产要求					
		R360	6～20	360	≤320	—	15	20	—
		H095	6～20	—	—	—	—	—	95～130
		R430	0.5～14	430	220	6	8	10	—
		H115	1.5～14	—	—	—	—	—	115～170
		R500	0.5～8	500	350	2	5	—	—
		H145	1.5～8	—	—	—	—	—	≥145
CuZn36Sn1Pb	CW712R	M	不限	符合生产要求					
		R340	0.5～20	340	160	15	20	25	—
		H085	1.5～20	—	—	—	—	—	85～125
		R400	0.1～8	400	200	10	16	—	—
		H110	1.5～8	—	—	—	—	—	110～140
CuZn40Mn1Pb1	CW720R	M	不限	符合生产要求					
		R390	0.5～20	390	180	10	16	20	—
		H100	1.5～20	—	—	—	—	—	100～135
		R440	0.1～8	440	250	8	15	—	—
		H110	1.5～8	—	—	—	—	—	110～155
CuZn21Si3P	CW724R	M	不限	符合生产要求					
		R500	0.5～20	500	≤450	12	13	15	—
		H110	1.5～20	—	—	—	—	—	110～170
		R600	0.5～8	600	300	10	11	12	—
		H130	1.5～8	—	—	—	—	—	130～190
		R670	0.5～8	670	400	8	9	10	—
		H160	1.5～8	—	—	—	—	—	160～220
		R750	0.5～8	750	450	2	3	—	—
		H200	1.5～8	—	—	—	—	—	≥200

注：表中①对截面为多边形线材而言，用等效横截面面积代替。

(7)一般用途的型材和扁棒材

表 6-79　一般用途的铜及铜合金型材和扁棒材的力学性能(EN 12167:2011)

牌号	材料号	供货状态	公称横截面尺寸/mm		抗拉强度 R_m/MPa(最小值)	屈服强度 $R_{p0.2}$/MPa	伸长率(最小值)			布氏强度(HB)
			型材	矩形棒材			A_{100mm}/%	$A_{11.3}$/%	A/%	
CuBe2	CW101C	M	不限	不限	符合生产要求					
		R1150	—	3～30	1150	≥1000	—	—	2	—
		H340	—	3～30	—	—	—	—	—	340～410
		R1300	—	3～30	1300	≥1100	—	—	2	—
		H350	—	3～30	—	—	—	—	—	350～430
CuCo1Ni1Be CuCo2Be	CW103C CW104C	M	不限	不限	符合生产要求					
		R680	—	30～100	680	≥550	—	—	10	—
		H220	—	30～100	—	—	—	—	—	220～270
		R730	—	3～30	730	≥610	2	4	8	—
		H230	—	3～30	—	—	—	—	—	230～310
CuCr1Zr	CW106C	M	不限	不限	符合生产要求					
		R370	—	30～100	370	≥250	—	—	16	—
		H120	—	30～100	—	—	—	—	—	120～160
		R430	—	3～50	430	≥350	3	6	10	—
		H135	—	3～50	—	—	—	—	—	135～175
		R470	—	3～30	470	≥420	2	5	8	—
		H150	—	3～30	—	—	—	—	—	150～180
CuNi1Si	CW109C	M	不限	不限	符合生产要求					
		R440	—	10～40	440	≥300	—	—	16	—
		H120	—	10～40	—	—	—	—	—	120～180
		R540	—	3～30	540	≥470	4	6	12	—
		H140	—	3～30	—	—	—	—	—	140～190
		R590	—	3～10	590	≥540	3	5	10	—
		H160	—	3～10	—	—	—	—	—	160～210
CuNi2Be	CW110C	M	不限	不限	符合生产要求					
		R620	—	2～100	620	≥460	6	8	10	—
		H190	—	2～100	—	—	—	—	—	190～250
		R680	—	2～60	680	≥540	4	6	8	—
		H210	—	2～60	—	—	—	—	—	210～260
CuNi2Si	CW111C	M	不限	不限	符合生产要求					
		R550	—	10～40	550	≥430	—	—	15	—
		H150	—	10～40	—	—	—	—	—	150～190
		R600	—	3～30	600	≥520	4	6	10	—
		H165	—	3～30	—	—	—	—	—	165～210
		R640	—	3～10	640	≥590	3	5	8	—
		H180	—	3～10	—	—	—	—	—	180～230

续表

牌　号	材料号	供货状态	公称横截面尺寸/mm		抗拉强度 R_m/MPa（最小值）	屈服强度 $R_{p0.2}$/MPa	伸长率（最小值）			布氏强度（HB）
			型材	矩形棒材			A_{100mm}/%	$A_{11.3}$/%	A/%	
CuZr	CW120C	M	不限	不限	符合生产要求					
		R250	—	3～60	250	≥170	12	15	20	—
		H075	—	3～60	—	—	—	—	—	75～115
		R280	—	3～30	280	≥210	10	12	15	—
		H090	—	3～30	—	—	—	—	—	90～130
		R350	—	3～10	350	≥260	8	10	12	—
		H120	—	3～10	—	—	—	—	—	120～160
CuAl10Fe1	CW305G	M	不限	不限	符合生产要求					
		R530	—	6～30	530	≥290	—	8	10	—
		H130	—	6～30	—	—	—	—	—	130～170
		R630	—	3～6	630	≥490	—	4	5	—
		H155	—	3～6	—	—	—	—	—	≥155
CuAl10Ni5Fe4	CW307G	M	不限	不限	符合生产要求					
		R680			680	≥320	—	8	10	—
		H170			—	—	—	—	—	170～210
		R740			740	≥400	—	6	8	—
		H200			—	—	—	—	—	≥200
CuAl11Fe6Ni6	CW308G	M	不限	不限	符合生产要求					
		R740			740	≥420	3	4	5	—
		H220			—	—	—	—	—	220～260
		R830			830	≥550	—	2	3	—
		H240			—	—	—	—	—	≥240
CuNi7Zn39Pb3Mn2	CW400J	M	不限	不限	符合生产要求					
		R600	—	6～20	600	≥400	—	5	8	—
		H155	—	6～20	—	—	—	—	—	155～190
		R700	—	3～6	700	≥500	—	—	—	—
		H180	—	3～6	—	—	—	—	—	≥180
CuNi12Zn24	CW403J	M	不限	不限	符合生产要求					
		R450	—	6～40	450	≥200	—	10	12	—
		H125	—	6～40	—	—	—	—	—	125～150
		R540	—	3～6	540	≥400	—	2	—	—
		H160	—	3～6	—	—	—	—	—	160～190

续表

牌号	材料号	供货状态	公称横截面尺寸/mm		抗拉强度 R_m/MPa（最小值）	屈服强度 $R_{p0.2}$/MPa	伸长率（最小值）			布氏强度（HB）
			型材	矩形棒材			A_{100mm}/%	$A_{11.3}$/%	A/%	
CuNi18Zn19Pb1	CW408J	M	不限	不限	符合生产要求					
		R420	—	6～50	420	≥260	—	16	20	—
		H110	—	6～50	—	—	—	—	—	110～145
		R520	—	3～6	520	≥420	—	3	—	—
		H130	—	3～6	—	—	—	—	—	130～155
CuNi18Zn20	CW409J	M	不限	不限	符合生产要求					
		R480	—	6～40	480	≥250	—	9	11	—
		H140	—	6～40	—	—	—	—	—	140～175
		R580	—	3～6	580	≥400	—	—	—	—
		H170	—	3～6	—	—	—	—	—	170～210
CuSn6	CW452K	M	不限	不限	符合生产要求					
		R420	—	3～40	420	≥220	20	25	30	—
		H120	—	3～40	—	—	—	—	—	120～155
		R520	—	3～6	520	≥400	3	5	—	—
		H150	—	3～6	—	—	—	—	—	150～180
CuSn8	CW453K	M	不限	不限	符合生产要求					
		R390	—	3～50	390	≤280	35	40	45	—
		H085	—	3～50	—	—	—	—	—	85～125
		R450	—	3～6	450	≥280	18	22	—	—
		H135	—	3～6	—	—	—	—	—	135～165
		R550	—	3～6	550	≥400	10	12	—	—
		H160	—	3～6	—	—	—	—	—	160～190
CuZn36 CuZn37	CW507L CW508L	M	不限	不限	符合生产要求					
		R290	—	3～20	290	≤230	30	40	45	—
		H050	—	3～20	—	—	—	—	—	50～100
		R370	—	3～10	370	≥240	10	12	14	—
		H085	—	3～10	—	—	—	—	—	85～130
		R460	—	3～4	460	≥330	4	6	—	—
		H105	—	3～4	—	—	—	—	—	105～145
CuZn40	CW509L	M	不限	不限	符合生产要求					
		R360	—	3～20	360	≤300	10	15	20	—
		H070	—	3～20	—	—	—	—	—	70～100
		R410	—	3～10	410	≥220	8	10	12	—
		H100	—	3～10	—	—	—	—	—	100～145
		R500	—	3～10	500	≥350	2	5	8	—
		H120	—	3～10	—	—	—	—	—	≥120

续表

牌　号	材料号	供货状态	公称横截面尺寸/mm		抗拉强度 R_m/MPa（最小值）	屈服强度 $R_{p0.2}$/MPa	伸长率（最小值）			布氏强度（HB）
			型材	矩形棒材			A_{100mm}/%	$A_{11.3}$/%	A/%	
CuZn42	CW510L	M	不限	不限	符合生产要求					
		R360	—	6～40	360	≤320	—	15	20	—
		H090	—	6～40	—	—	—	—	—	90～125
		R430	—	3～20	430	≥220	6	8	10	—
		H110	—	3～20	—	—	—	—	—	110～160
		R500	—	3～10	500	≥350	2	5	8	—
		H135	—	3～10	—	—	—	—	—	≥135
CuZn38As	CW511L	M	不限	不限	符合生产要求					
CuZn36Pb2As	CW602N	M	不限	不限	符合生产要求					
		R280	—	3～20	280	≤200	20	25	30	—
		H070	—	3～20	—	—	—	—	—	70～110
		R320	—	3～20	320	≥200	10	15	20	—
		H090	—	3～20	—	—	—	—	—	90～135
		R400	—	3～10	400	≥250	2	5	8	—
		H105	—	3～10	—	—	—	—	—	≥105
CuZn35Pb1 CuZn35Pb2 CuZn36Pb3 CuZn37Pb2	CW600N CW601N CW603N CW606N	M	不限	不限	符合生产要求					
		R340	—	3～20	340	≤280	10	15	20	—
		H070	—	3～20	—	—	—	—	—	70～120
		R400	—	3～10	400	≥200	4	8	12	—
		H100	—	3～10	—	—	—	—	—	100～140
		R480	—	3～10	480	≥350	2	5	8	—
		H125	—	3～10	—	—	—	—	—	≥125
CuZn38Pb1 CuZn38Pb2 CuZn39Pb0.5 CuZn39Pb1 CuZn39Pb2 CuZn39Pb2Sn	CW607N CW608N CW610N CW611N CW612N CW613N	M	不限	不限	符合生产要求					
		R360	—	3～20	360	≤300	10	15	20	—
		H070	—	3～20	—	—	—	—	—	70～100
		R410	—	3～10	410	≥220	8	10	12	—
		H100	—	3～10	—	—	—	—	—	100～145
		R500	—	3～10	500	≥350	2	5	8	—
		H120	—	3～10	—	—	—	—	—	≥120
CuZn39Pb3 CuZn40Pb2	CW614N CW617N	M	不限	不限	符合生产要求					
		R360	—	6～40	360	≤320	—	15	20	—
		H090	—	6～40	—	—	—	—	—	90～125
		R430	—	3～20	430	≥220	6	8	10	—
		H110	—	3～20	—	—	—	—	—	110～160
		R500	—	3～10	500	≥350	2	5	8	—
		H135	—	3～10	—	—	—	—	—	≥135
CuZn41Pb1Al CuZn43Pb2Al	CW620N CW624N	M	不限	不限	符合生产要求					

续表

牌　号	材料号	供货状态	公称横截面尺寸/mm		抗拉强度 R_m/MPa（最小值）	屈服强度 $R_{p0.2}$/MPa	伸长率（最小值）			布氏强度（HB）
			型材	矩形棒材			A_{100mm}/%	$A_{11.3}$/%	A/%	
CuZn35Ni3 Mn2AlPb	CW710R	M	不限	不限	符合生产要求					
		R490	—	3～6	490	≥290	10	15	18	—
		H120	—	3～6	—	—	—	—	—	120～160
CuZn36Sn1Pb	CW712R	M	不限	不限	符合生产要求					
		R340	—	3～20	340	≥160	12	20	25	—
		H080	—	3～20	—	—	—	—	—	80～120
		R400	—	3～20	400	≥200	10	16	20	—
		H105	—	3～20	—	—	—	—	—	105～135
CuZn37Mn3 Al2PbSi	CW713R	M	不限	不限	符合生产要求					
		R540	—	10～20	540	≥280	—	—	15	—
		H130	—	10～20	—	—	—	—	—	130～170
		R590	—	3～10	590	≥370	5	8	10	—
		H150	—	3～10	—	—	—	—	—	150～220
CuZn39Sn1	CW719R	M	不限	不限	符合生产要求					
		R340	—	3～20	340	≥140	10	15	20	—
		H080	—	3～20	—	—	—	—	—	80～120
		R400	—	3～20	400	≥180	8	10	15	—
		H105	—	3～20	—	—	—	—	—	105～145
		R450	—	3～10	450	≥250	4	5	10	—
		H120	—	3～10	—	—	—	—	—	120～160
CuZn40Mn1Pb1	CW720R	M	不限	不限	符合生产要求					
		R390	—	10～60	390	≥180	—	—	20	—
		H090	—	10～60	—	—	—	—	—	90～125
		R440	—	3～10	440	≥250	10	15	18	—
		H100	—	3～10	—	—	—	—	—	100～145
CuZn40Mn1 Pb1AlFeSn CuZn40Mn1 Pb1FeSn	CW721R CW722R	M	不限	不限	符合生产要求					
		R440	—	10～30	440	≥180	—	160	20	—
		H100	—	10～30	—	—	—	—	—	100～140
		R500	—	3～10	500	≥270	5	10	12	—
		H130	—	3～10	—	—	—	—	—	≥130
CuZn21Si3P	CW724R	M	不限	不限	符合生产要求					
		R500	—	2～20	500	≤450	12	13	15	—
		H110	—	2～20	—	—	—	—	—	110～170
		R600	—	2～20	600	≥300	—	11	12	—
		H130	—	2～20	—	—	—	—	—	130～190
		R670	—	2～7	670	≥400	8	9	10	—
		H160	—	2～7	—	—	—	—	—	160～220

(8)管材

表 6-80　　一般用途的铜及铜合金无缝圆管的力学性能(EN 12449:1999)

牌　号	材料号	供货状态	壁厚/mm(最大值)
Cu-DHP	CW024A	M,R200①,H040①	20
		R250,H070	10
		R290,H095	5
		R360,H110	3
CuFe2P	CW107C	M	20
		R300①,H085①	10
		R370,H110,R420,H135	5
CuNi2Si	CW111C	M	20
		R260②,H065②,R460③,H150③,R380④,H130④,R600⑤,H190⑤	10
CuNi10Fe1Mn	CW352H	M,290①,H075①	20
		R310,H105	6
		R480,H150	4
CuNi30Mn1Fe	CW354H	M	20
		R370①,H085①	10
		R480,H135	5
CuNi12Zn24	CW403J	M	20
		R340①,H075①	10
		R420,H110	5
		R490,H135	3
CuNi18Zn20	CW409J	M	20
		R370①,H080①	10
		R440,H115	5
		R540,H145	3
CuSn6	CW452K	M	20
		R340①,H070①	10
		R400,H105	5
		R490,H140	3
		R580,H170	2
CuSn8	CW453K	M	20
		R380①,H080①	10
		R450,H115	5
		R520,H155	3
		R590,H180	2
CuSn4Pb2P	CW455K	M	20
		R430,H125	10
		R520,H155	5
CuSn8P CuSn8PbP	CW459K CW460K	M	20
		R460,H130	10
		R550,H165	5
		R620,H180	3

续表

牌　号	材料号	供货状态	壁厚/mm(最大值)
CuZn5	CW500L	M,R220[①],H050[①]	20
		R260,H075	10
		R320,H095	5
		R440,H120	3
CuZn10	CW501L	M,R240[①],H050[①]	20
		R300,H075	10
		R360,H100	5
CuZn15	CW502L	M,H260,H050	20
		R310,H080	10
		R370,H105	5
CuZn20	CW503L	M,R260,H055	20
		R320,H085	10
		R390,H115	5
CuZn30	CW505L	M,R280[①],H055[①]	20
		R350,H085	10
		R420,H115	5
CuZn36	CW507L	M,R290[①],H055[①]	20
		R360,H080	10
		R430,H110	5
CuZn37	CW508L	M,H300[①],H060[①]	20
		R370,H085	10
		R440,H115	5
CuZn40	CW509L	M,R340[①],H075[①]	20
		R410,H100	10
		R470,H125	5
CuZn35Pb1	CW600N	M	20
CuZn35Pb2	CW601N	R290[①],H060[①],R370,H085	10
		R440,H115	5
CuZn36Pb2As	CW602N	M	20
		R290[①],H080[①],R370,H105	10
		R440,H135	5
CuZn36Pb3	CW603N	M	20
		R300[①],H080[①],R400,H105	10
		R460,H135	5
CuZn37Pb0.5	CW604N	M,R300[①],H060[①]	20
CuZn37Pb1	CW605N	R370,H085	10
		R440,H115	5
CuZn38Pb1	CW607N	M	20
CuZn38Pb2	CW608N	R340[①],H080[①],R410,H105	10
		R470,H135	5

续表

牌 号	材料号	供货状态	壁厚/mm(最大值)
CuZn39Pb3	CW614N	M	20
CuZn40Pb2	CW617N	R360①,H085①,R430,H115	10
		R500,H140	5
CuZn13Al1Ni1Si1	CW700R	M	20
		R380①,H065①,R430,H120	10
		R550,H170	5
CuZn20Al2As	CW702R	M	20
		R340①,H070①	10
		R390,H096	5
CuZn31Si1	CW708R	M	20
		R440,H115,R490,H145	8
CuZn35Ni3Mn2AlPb	CW710R	M	20
		R490,H125,R540,H145	8
CuZn37Mn3Al2PbSi	CW713R	M	20
		R540,H145	8
		R590,H155	5
		R640,H165	3
CuZn38Mn1Al	CW716R	M	20
		R440,H115,R510,H140	8
CuZn39Mn1AlPbSi	CW718R	M	20
		R440,H120,R510,H145	8
CuZn40Mn2Fe1	CW723R	M	20
		R440,H115,R490,H135	8

注:1. 表中①退火态;
2. 表中②固溶处理;
3. 表中③固溶处理并弥散强化处理;
4. 表中④固溶处理并冷加工;
5. 表中⑤固溶处理并冷加工后弥散强化处理;
6. 材料状态符号意义如下:M——制造态,R——抗拉强度(MPa),H——硬度(HV),符号后数字即为该性能最小值,如R700即代表其抗拉强度最小值为700MPa。

表 6-81 铜制无缝毛细管的力学性能(EN 12450:1999)

牌 号	材料号	供货状态	抗拉强度 R_m/MPa	伸长率 A/%	硬度(HV)
Cu-DHP	CW204A	R240	240	15	
		H050			50～90
		R320	320	5	
		H095			95～125
		R395	395～515		
		H110			110

表 6-82　　铜制热交换器用无缝圆管的力学性能(EN 12451:1999)

牌　号	材料号	供货状态	抗拉强度 R_m/MPa (最小值)	屈服强度 $R_{p0.2}$/MPa	伸长率 A/% (最小值)	硬度(HV) (最小值)
Cu-DHP	CW024A	R250	250	150	20	
		H075				75～100
		R290	290	250	5	
		H100				100
CuAl5As	CW300G	R350①	350	110	50	
		H075①				75～110
CuNi10Fe1Mn	CW352H	R290①	290	90	30	
		H075①				75～105
		R310	310	220	12	
		H105				105～150
		R480	480	400	8	
		H150				150
CuNi30Fe2Mn2	CW353H	R420①	420	150	30	
		H090①				90～125
CuNi30Mn1Fe	CW354H	R370①	370	120	35	
		H090①				90～120
		R480	480	300	12	
		H120				120
CuZn20Al2As	CW702R	R340①	340	120	55	
		H070①				70～110
		H390①	390	150	45	
		H085①				85～110
CuZn28Sn1As	CW706R	R320①	320	100	55	
		H060①				60～90
		R360①	360	140	45	
		H080①				80～110
CuZn30As	CW707R	R340①	340	130	45	
		H075①				75～105

注:①退火态。

表 6-83　　铜制热交换器用轧制翅片无缝管的力学性能(EN 12452:1999)

牌　号	材料号	供货状态	抗拉强度 R_m/MPa (最小值)	屈服强度 $R_{p0.2}$/MPa	伸长率 A/% (最小值)	硬度(HV) (最小值)
Cu-DHP	CW024A	R220	220	40	40	
		H040				40
CuNi10Fe1Mn	CW352H	R290	290	90	30	
		H070				70
CuNi30Mn1Fe	CW354H	R370	370	120	35	
		H085				85
CuZn20Al2As	CW702R	R340①	340	120	55	
		H060①				60
CuZn28Sn1As	CW706R	R320①	320	100	55	
		R060①				60

注:①退火态。

表 6-84　　空气调节和制冷用无缝圆形铜管的力学性能(EN 12735-1,2:2010)

牌　号	材料号	产品类型	供货状态	抗拉强度 R_m/MPa (最小值)	屈服强度 $R_{p0.2}$/MPa	伸长率 A/% (最小值)	维氏硬度(HV5) (最小值)
Cu-DHP	CW024A	管道系统用管	R220	220		40	40～70
			R250	250		30	75～100
			R290	290		3	≥100
		设备用管	Y080①	220	80～140	40	
			Y040②	220	40～90	40	
			Y035③	210	35～80	40	

注:①表面硬化;②光亮退火;③软退火。公称壁厚≥0.6mm。

表 6-85　　医用气体或真空用的无缝圆形铜管的力学性能(EN 13348:2008)

牌　号	材料号	供货状态	热处理条件	抗拉强度 R_m/MPa (最小值)	伸长率 A/% (最小值)	维氏硬度(HV5) (最小值)
Cu-DHP	CW024A	R220①	退火	220	40	40～70
		R250	半淬硬	50	30	75～100
		R290	淬硬	290	3	≥100

注:①表中列出性能数据仅适用于管壁厚度≥1.0mm 条件。

(9)铜及铜合金铸件

表 6-86　　铜及铜合金铸件的力学性能(EN 1982:2008)

牌　号	材料号	铸造工艺	抗拉强度 R_m/MPa (最小值)	屈服强度 $R_{p0.2}$/MPa	伸长率 A/% (最小值)	布氏硬度(HB) (最小值)
铜及铜-铬合金						
Cu-C	CC040A	永久铸型	150	40	25	40
		砂模:A 级	150	40	25	40
		B 级	150	40	25	40
		C 级	150	40	25	40
CuCr1-C	CC140C	砂模	300	200	10	95
		永久铸型	300	200	10	95
铜-锌合金						
CuZn33Pb2-B	CB750S	砂模	180	70	12	45
CuZn33Pb2-C	CC750S	离心铸造	180	70	12	50
CuZn33Pb2Si-B	CB751S	压铸	400	280	5	110
CuZn33PB2Si-C	CC751S					
CuZn35Pb2Al-B	CB752S	永久铸型	280	120	10	70
CuZn35PB2Al-C	CC752S	压铸	340	215	5	110
CuZn37PB2Ni1AlFe-B	CB753S	永久铸型	300	150	15	90
CuZn37Pb2Ni1AlFe-C	CC753S					
CuZn39Pb1Al-B	CB754S	砂模	220	80	15	65
CuZn39Pb1Al-C	CC754S	永久铸型	280	120	10	70
		压铸	350	250	4	110
		离心铸造	280	120	10	70

续表

牌　号	材料号	铸造工艺	抗拉强度 R_m/MPa（最小值）	屈服强度 $R_{p0.2}$/MPa	伸长率 A/%（最小值）	布氏硬度(HB)（最小值）
CuZn39Pb1AlB-B	CB755S	永久铸型	350	180	13	90
CuZn39Pb1AlB-C	CC755S	压铸	350	250	4	110
CuZn15As-B	CB760S	砂模	160	70	20	45
CuZn15As-C	CC760S					
CuZn16Si4-B	CB761S	砂模	400	230	10	100
CuZn15Si4-C	CC761S	永久铸型	500	300	8	130
		压铸	530	370	5	150
		离心铸造	500	300	8	130
CuZn25Al5Mn4Fe3-B	CB762S	砂模	750	450	8	180
CuZn25Al5Mn4Fe3-C	CC762S	永久铸型	750	480	8	180
		离心铸造	750	480	5	190
		连铸	750	480	5	190
CuZn32Al2Mn2Fe1-B	CB763S	砂模	430	150	10	100
CuZn32Al2Mn2Fe1-B	CC763S	压铸	440	330	3	130
CuZn34Mn3Al2Fe1-B	CB764S	砂模	600	250	15	140
CuZn34Mn3Al2Fe1-C	CC764S	永久铸型	600	260	10	140
		离心铸造	620	260	14	150
CuZn35Mn2Al1Fe1-B	CB765S	砂模	450	170	20	110
CuZn35Mn2Al1Fe1-C	CC765S	永久铸造	475	200	18	110
		离心铸造	500	200	18	120
		连铸	500	200	18	120
CuZn37Al1-B	CB766S	永久铸型	450	170	25	105
CuZn37Al1-C	CC766S					
CuZn38Al-B	CB767S	永久铸型	380	130	30	75
CuZn38Al-C	CC767S					
铜-锡合金						
CuSn10-B	CB480K	砂模	250	130	18	70
CuSn10-C	CC480K	永久铸型	270	160	10	80
		连铸	280	170	10	80
		离心铸造	280	160	10	80
CuSn11P-B	CB481K	砂模	250	130	5	60
CuSn11P-C	CC481K	永久铸型	310	170	2	85
		连铸	350	170	5	85
		离心铸造	330	170	4	85
CuSn11Pb2-B	CB482K	砂模	240	130	5	80
CuSn11Pb2-C	CC482K	离心铸造	280	150	5	90
		连铸	280	150	5	90
CuSn12-B	CB483K	砂模	260	140	7	80
CuSn12-C	CC483K	永久铸型	270	150	5	80
		连铸	300	150	6	90
		离心铸造	280	150	5	90

续表

牌　号	材料号	铸造工艺	抗拉强度 R_m/MPa（最小值）	屈服强度 $R_{p0.2}$/MPa	伸长率 A/%（最小值）	布氏硬度（HB）（最小值）
CuSn12Ni2-B	CB484K	砂模	280	160	12	85
CuSn12Ni2-C	CC484K	离心铸造	300	180	8	95
		连铸	300	180	10	95
铜-锡-铅合金						
CuSn3Zn8Pb5-B	CB490K	砂模	180	85	15	60
CuSn3Zn8Pb5-C	CC490K	离心铸造	220	100	12	70
		连铸	220	100	12	70
CuSnZn5Pb2-B	CB499K	砂模	200	90	13	60
CuSnZn5PB2-C	CC499K	永久铸型	220	110	6	65
		离心铸造	250	110	13	65
		连铸	250	110	13	65
CuSn5Zn5Pb5-B	CB491K	砂模	200	90	13	60
CuSn5Zn5Pb5-C	CC491K	永久铸型	220	110	6	65
		离心铸造	250	110	13	65
		连铸	250	110	13	65
CuSn7Zn2Pb3-B	CB492K	砂模	230	130	14	65
CuSn7Zn2Pb3-C	CC492K	永久铸型	230	130	12	70
		离心铸造	260	130	12	70
		连铸	270	130	12	70
CuSn7Zn4Pb7-B	CB493K	砂模	230	120	15	60
CuSn7Zn4Pb7-C	CC493K	永久模型	230	120	12	60
		连铸	260	120	12	70
		离心铸造	260	120	12	70
CuSn5Pb9-B	CB494K	砂模	160	60	7	55
CuSn5PB9-C	CC494K	永久铸型	200	80	5	60
		离心铸造	200	90	6	60
		连铸	200	100	9	60
CuSn10Pb10-B	CB495K	砂模	180	80	8	60
CuSn10Pb10-C	CC495K	永久铸型	220	110	3	65
		离心铸造	220	110	6	70
		连铸	220	110	8	70
CuSn7Pb15-B	CB496K	砂模	170	80	8	60
CuSn7PB15-C	CC496K	连铸	200	90	8	65
		离心铸造	200	90	7	65
CuSn5Pb20-B	CB497K	砂模	150	70	5	45
CuSn5PB20-C	CC497K	连铸	180	90	7	50
		离心铸造	170	80	6	50
CuSn6Zn4Pb2-B	CB498K	砂模	220	110	15	65
CuSn6Zn4Pb2-C	CC498K	永久铸型	220	110	12	70
		离心铸造	240	110	12	70
		连铸	240	110	12	70

续表

牌　号	材料号	铸造工艺	抗拉强度 R_m/MPa（最小值）	屈服强度 $R_{p0.2}$/MPa	伸长率 A/%（最小值）	布氏硬度(HB)（最小值）
铜-铝合金						
CuAl9-B	CB330G	永久铸型	500	180	20	100
CuAl9-C	CC330G	离心铸造	450	160	15	100
CuAl10Fe2-B	CB331G	砂模	500	180	18	100
CuAl10Fe2-C	CC331G	永久铸型	600	250	20	130
		离心铸造	550	200	18	130
		连铸	550	200	15	130
CuAl10Ni3Fe2-B	CB332G	砂模	500	180	18	100
CuAl10Ni3Fe2-C	CC332G	永久铸型	600	250	20	130
		离心铸造	550	220	20	120
		连铸	550	220	20	120
CuAl10Fe5Ni5-B	CB333G	砂模	600	250	13	140
CuAl10Fe5Ni5-C	CC333G	永久铸型	650	280	13	150
		离心铸造	650	280	13	150
		连铸	650	280	13	150
CuAl11Fe6Ni6-B	CB334G	砂模	680	320	5	170
CuAl11Fe6Ni6-C	CC334G	永久铸型	750	380	5	185
		离心铸造	750	380	5	185
铜-锰-铝合金						
CuMn11Al8Fe3Ni3-C	CC212E	砂模	630	275	18	150
铜-镍合金						
CuNi10Fe1Mn1-B	CB380H	砂模	280	120	20	70
CuNi10Fe1Mn1-C	CC380H	离心铸造	280	100	25	70
		连铸	280	100	25	70
CuNi30Fe1Mn1-B	CB381H	砂模	340	120	18	80
CuNi30FE1Mn1-C	CC381H	离心铸造	340	120	18	80
CuNi30Cr2FeMnSi-C	CC382H	砂模	440	250	18	115
CuNi30Fe1Mn1NbSi-C	CC383H	砂模	440	230	18	115

(10)弹簧及连接器用带材

表 6-87　弹簧及连接器用铜和铜合金带材的力学性能(EN 1654:1998)

牌　号	材料号	供货状态	热处理条件
CuBe1.7	CW100C	R410,H090,Y190	固溶处理后冷轧
		R1030,H330,Y890,B700	固溶处理,冷轧后弥散强化
		R510,H120,Y410	固溶处理后冷轧
		R1100,H340,Y930,B740	固溶处理,冷轧后弥散强化
		R580,H180,Y510	固溶处理后冷轧
		R1170,H360,Y1030,B800	固溶处理后,冷轧后弥散强化
CuBe1.7	CW100C	R680,H320,Y620	固溶处理后冷轧
		R1240,H370,Y1060,B890	固溶处理,冷轧后弥散强化

续表

牌 号	材料号	供货状态	热处理条件
CuBe2	CW101C	R410,H090,Y190	固溶处理后冷轧
		R1130,H350,Y960,B770	固溶处理,冷轧后弥散强化
		R510,H120,Y410	固溶处理后冷轧
		R1190,H360,Y1020,B820	固溶处理,冷轧后弥散强化
		R580,H170,Y510	固溶处理后冷轧
		R1270,H370,Y1100,B880	固溶处理,冷轧后弥散强化
		R680,H220,Y620	固溶处理后冷轧
		R1310,H380,Y1130,B920	固溶处理,冷轧后弥散强化
		R690,H210,Y480,B400	固溶处理,冷轧后弥散强化成形,可进行进一步热处理
		R750,H230,Y550,B500	固溶处理,冷轧后弥散强化成形,可进行进一步热处理
		R850,H250,Y650,B530	固溶处理,冷轧后弥散强化成形,可进行进一步热处理
		R930,H280,Y750,B600	固溶处理,冷轧后弥散强化成形,可进行进一步热处理
		R1060,H310,Y930,B760	固溶处理,冷轧后弥散强化成形,可进行进一步热处理
		R1200,H360,Y1030,B780	固溶处理,冷轧后弥散强化成形,可进行进一步热处理
CuCo2Be	CW104C	R240,H060,Y130	固溶处理后冷轧
CuNi2Be	CW110C	R680,H190,Y550,B370	固溶处理,冷轧后弥散强化成形
		R480,H140,Y370	固溶处理后冷轧
		R750,H200,Y650,B500	固溶处理,冷轧后弥散强化成形
		R820,H210,Y750,B590	固溶处理,冷轧后弥散强化成形
CuFe2P	CW107C	R340,H100	
		R370,H120	
		R420,H130	
		R470,H140	
CuNi2Si	CW111C	R430,H125	固溶处理,冷轧后热处理以改善电导率
		R450,H130	固溶处理后冷轧
		R510,H180	固溶处理,冷轧后热处理以改善电导率
		R600,H180	固溶处理,冷轧后热处理以改善电导率
CuNi9Sn2	CW351H	R380,H110	
		R450,H140	
		R500,H160,B370	
		R560,H180,B460	
		R610,H190	
CuNi12Zn24	CW403J	R490,H150	
		R550,H170	
		R620,H190	
CuNi12Zn29	CW405J	R520,H170	
		R600,H190	
		R670,H210	
		R750,H230	
CuNi18Zn20	CW409J	R500,H160,B370	
		R580,H180,B460	
		R640,H200	
CuNi18Zn27	CW410J	R540,H170	
		R600,H190	
		R700,H220	

续表

牌　号	材料号	供货状态	热处理条件
CuSn4	CW450K	R390,H115,Y320 R480,H150,Y440 R540,H170,Y510 R610,H190,Y580	
CuSn5	CW451K	R400,H120,Y340 R490,H160,Y450 R550,H180,Y520 R630,H200,Y600 R690,H220,Y670	
CuSn5	CW452K	R420,H125,Y360 R500,H160,Y460,B350 R560,H180,Y530,B370 R640,H200,Y610 R720,H220,Y690	
CuSn8	CW453K	R450,H135,Y370 R540,H170,Y470 R600,H190,Y540,B410 R660,H210,Y620 R740,H230,Y700	
CuSn3Zn9	CW454K	R430,H140 R510,H160 R580,H180 R660,H200	
CuZn15	CW502L	R300,H085 R350,H105,Y270 R410,H135,Y380 R480,H150,Y450 R550,H170,Y530	
CuZn30	CW505L	R350,H095 R410,H120,Y350 R480,H150,Y460 R550,H170,Y530 R630,H190,H610	
CuZn36	CW507L	R350,H095 R410,H120 R480,H150 R550,H170 R630,H190	
CuZn23Al3Co	CW703R	R660,H190 R740,H210 R820,H235	

注：材料状态符号意义如下：R——抗拉强度（MPa），H——硬度（HV），Y——屈服强度（MPa），B——弹簧弯曲极限（MPa），符号后数字即为该性能最小值，如R410即代表其抗拉强度最小为410MPa。

(11)建筑用薄板和带材

表 6-88　　建筑用铜合金薄板及带材的力学性能(EN 1172:2011)

牌　号	材料号	供货状态	抗拉强度 R_m/MPa	屈服强度 $R_{p0.2}$/MPa	伸长率(最小值)	维氏强度(HV)
Cu-DHP CuZn0.5	CW024A CW119C	R220	220～260	≤140	33	—
		H040	—	—	—	40～65
		R240	240～300	≥140	8	—
		H065	—	—	—	65～95
		R290	290	≥250	—	—
		H090	—	—	—	≥90
CuSn0.15	CW117C	R250	250～320	≥200	9	—
		H060	—	—	—	60～90
		R300	300～370	≥250	4	—
		H085	—	—	—	85～110
CuAl5Zn5Sn1	CW309G	R400	≥400	≥170	45	—
		H080	—	—	—	≥80
CuSn4	CW450K	R290	290～390	≤190	40	—
		H070	—	—	—	70～100
CuZn15	CW502L	R310	310～370	200～290	10	—
		H090	—	—	—	90～115

(12)结构支架用带材

表 6-89　　结构支架用铜合金带材的力学性能(EN 1758:1997)

牌　号	材料号	供货状态	公称厚度/mm	抗拉强度 R_m/MPa	伸长率 A_{50mm}/%	硬度(HB)
Cu-DLP	CW023A	R240	0.10～2.0	240～300	8	
		H065	0.10～2.0			65～95
		R290	0.10～2.0	290～360	4	
		H090	0.10～2.0			90～110
		R360	0.10～1.0	360	2	
		H110	0.10～1.0			110
CuFe2P	CW107C	R370	0.10～2.0	370～430	6	
		H120	0.10～2.0			120～140
		R420	0.10～2.0	420～480	3	
		H130	0.10～2.0			130～150
		R470	0.10～1.0	470～530		
		H140	0.10～1.0			140～160
		R520	0.10～1.0	520～580		
		H150	0.10～1.0			150～170
CuSn0.15	CW117C	R250	0.10～2.0	250～320	9	

续表

牌号	材料号	供货状态	公称厚度/mm	抗拉强度 R_m/MPa	伸长率 A_{50mm}/%	硬度(HB)
CuSn0.15	CW117C	H060	0.10～2.0			60～90
		R300	0.10～2.0	300～370	4	
		H085	0.10～2.0			85～110
		R360	0.10～2.0	360～430	3	
		H105	0.10～2.0			105～130
		R420	0.10～1.0	420～490	2	
		H120	0.10～1.0			120～140

(13)电气产品用铜合金

表 6-90　电气目的用铜厚板材、薄板材和带材的力学性能(EN 13599:2002)

牌号	材料号	供货状态	公称厚度/mm	硬度(HV)	抗拉强度 R_m/MPa	屈服强度 $R_{p0.2}$/MPa	伸长率 A_{50mm}/%	
							A_{60mm}(厚度0.1～2.5mm)	A(厚度>2.5mm)
Cu-ETP[2]	CW004A[2]	M	10～25					
Cu-FRHC[2]	CW005A[2]	H040	0.10～5	40～65				
Cu-OF	CW008A	R220[2]	0.10～5		220～260	140	33	42
CuAg0.10[2]	CW013A[2]	H040	0.20～10	40～65				
CuAg0.10P	CW016A	R200	0.20～10		220～250	100		42
CuAg0.10(OF)	CW019A	H065	0.10～10	65～95				
Cu-PHC	CW020A	R240	0.10～10		240～300	180	8	15
Cu-HCP	CW021A	H090	0.10～10	90～110				
		R290	0.10～10		290～360	250	4	6
		H110	0.10～2	110				
		R360	0.10～2		360	320	2	

注:1. 当产品厚度小于 0.10mm 时,其力学性能应由供需双方协商决定;

2. 当产品厚度为 0.10～0.20mm 时,其性能值如下:R_m=200MPa,A_{50mm}=28%。

表 6-91　电气目的用铜厚板材、薄板材和带材的电气特性(EN 13599:2002)

牌号	材料号	供货状态	体积电阻率 /(Ω·mm²/m) (最大值)	质量电阻率① /(Ω·g/m²) (最大值)	电导率	
					MS/m	%IACS
Cu-ETP	CW004A	M	0.01754	0.1559	57.0	98.3
Cu-FRHC	CW005A	H040,R220,H040,R200	0.01724	0.1533	58.0	100.0
Cu-OF	CW008A	H065,R240,R290	0.01754	0.1559	57.0	98.3
CuAg0.10	CW013A	H110,R360	0.01786	0.1588	56.0	96.6
CuAg0.10(OF)	CW019A					
Cu-PHC	CW020A					
CuAg0.10P	CW016A	M	0.01786	0.1588	56.0	96.6
Cu-HCP	CW021A	H040,R220,H040,R200	0.01754	0.1559	57.0	98.3
		H065,R240,H090,R290	0.01786	0.1588	56.0	96.6
		H110,R360	0.01818	0.1616	55.0	94.8

注:①质量电阻率按密度为 8.89g/cm³ 计算。

表 6-92　　电气目的用无缝铜圆管的力学性能(EN 13600:2002)

牌　号	材料号	供货状态	公称厚度/mm	硬度(HV)	抗拉强度 R_m/MPa	屈服强度 $R_{p0.2}$/MPa	伸长率 A_{50mm}/%
Cu-ETP	CW004A	D					
Cu-FRHC	CW005A	H035	20	35～65			
Cu-OF	CW008A	R200	20		200～250	≤120	40
CuAg0.10	CW013A	H065	10	65～95			
CuAg0.10P	CW016A	R250	10		250～300	150	15
CuAg0.10(OF)	CW019A	H090	5	90～110			
Cu-PHC	CW020A	R290	5		290～360	250	6
Cu-HCP	CW021A	H100	3				
		R360	3	100	360	320	3

表 6-93　　电气目的用无缝铜圆管的电气特性(EN 13600:2002)

牌　号	材料号	供货状态	体积电阻率/(Ω·mm²/m)(最大值)	质量电阻率①/(Ω·g/m²)(最大值)	电导率	
					MS/m	%IACS
Cu-ETP	CW004A	D	0.01786	0.1588	56.0	96.6
Cu-FRHC	CW005A	H035,R200	0.01724	0.1533	58.0	100.0
Cu-OF	CW008A	H065,R250	0.01754	0.1559	57.0	98.3
CuAg0.10	CW013A	H090,R290,H100,R360	0.01786	0.1588	56.0	96.6
CuAg0.10(OF)	CW019A					
Cu-PHC	CW020A					
CuAg0.10P	CW016A	D	0.1818	0.1616	55.0	94.8
Cu-HCP	CW021A	H035,R200	0.1754	0.1559	57.0	98.3
		H065,R250	0.01786	0.1588	56.0	96.6
		H090,R290,H100,R360	0.01818	0.1616	55.0	94.8

注:①质量电阻率按密度为 8.89g/cm³ 计算。

表 6-94　　电气目的用铜杆、铜棒和铜丝的力学性能(EN 13601:2002)

牌　号	材料号	供货状态	尺寸/mm 圆形、正方形、六边形截面	矩形截面 厚度	矩形截面 宽度	硬度(HB)	抗拉强度 R_m/MPa	屈服强度 $R_{p0.2}$/MPa	伸长率/% A_{100mm}	伸长率/% A
Cu-ETP	CW004A	D	2～80	0.5～40	1～200					
Cu-FRHC	CW005A	H035①	2～80	0.5～40	1～200	35～65				
Cu-OF	CW008A	R200①	2～80	1～40	5～200		200	≤120	25	35
CuAg0.04	CW011A	H065	2～80	0.5～40	1～200	65～90				
CuAg0.07	CW012A	R250	2～10	1～10	5～200		250	200	8	12

续表

牌　号	材料号	供货状态	尺　寸/mm			硬度 (HB)	抗拉强度 R_m/MPa	屈服强度 $R_{p0.2}$/MPa	伸长率/%	
			圆形、正方形、六边形截面	矩形截面					A_{100mm}	A
				厚度	宽度					
CuAg0.10	CW013A	R250	10～30				250	180		15
CuAg0.04P	CW014A	R240	30～80	10～40	10～200		230	160		18
CuAg0.07P	CW015A	H085	2～40	0.5～20	1～120	85～110				
CuAg0.10P	CW016A	H075	40～80	20～40	20～160	75～100				
CuAg0.04(OF)	CW017A	R300	2～20	1～10	5～120		300	260	5	8
CuAg0.07(OF)	CW018A	R280	20～40	10～20	10～120		280	240		10
CuAg0.10(OF)	CW019A	R260	40～80	20～40	20～160		260	220		12
Cu-PHC	CW020A	H100	2～10	0.5～5	1～120	100				
Cu-HCP	CW021A	R350	2～10	1～5	5～120		350	320	3	5

注:①退火态。

表 6-95　　电气目的用铜杆、铜棒和铜丝的电气特性(EN 13601:2002)

牌　号	材料号	供货状态	体积电阻率 /(Ω·mm²/m) (最大值)	质量电阻率[①] /(Ω·g/m²) (最大值)	电导率	
					MS/m	%IACS
Cu-ETP	CW004A	D	0.01786	0.1588	56.0	96.6
Cu-FRHC	CW005A	H035,R200	0.01724	0.1533	58.0	100.0
Cu-OF	CW008A	H065,R250,R240,H085,H075,R300,R280,R260	0.01754	0.1559	57.0	98.3
CuAg0.04	CW011A					
CuAg0.07	CW012A					
CuAg0.10	CW013A					
CuAg0.04(OF)	CW017A					
CuAg0.07(OF)	CW018A					
CuAg0.10(OF)	CW019A					
Cu-PHC	CW020A					
CuAg0.04P	CW014A	D	0.01818	0.1616	55.0	94.8
CuAg0.07P	CW015A	H035,R200	0.1754	0.1559	57.0	98.3
CuAg0.10P	CW016A	H065,R250,R240,H085,H075,R300,R280,R260	0.01786	0.1588	56.0	96.6
Cu-HCP	CW017A	H100,R350	0.01818	0.1616	55.0	94.8

注:①质量电阻率按密度为 8.89g/cm³ 计算。

表 6-96　　导电体生产用拉拔铜圆导线的力学性能(EN 13602:2002)

牌　号	材料号	供货状态①		公称直径/mm	抗拉强度 R_m/MPa	伸长率 A 或 A_{200mm}/%	
		单股线	多股线			单股线	多股线
Cu-ETP1	CW003	A010	A008	0.04～0.08	200	10	8
Cu-ETP	CW004A	A015	A013	0.08～0.16	200	15	13
Cu-FRHC	CW005A	A021	A019	0.16～0.32	200	21	19
Cu-OF1	CW007A	A022	A020	0.32～0.50	200	22	20
Cu-OF	CW008A	A024	A022	0.50～1.00	200	24	22
		A026	A024	1.00～1.50	200	26	24
		A028	A026	1.50～3.00	200	28	26
		A033		3.00～5.00	200	33	
		R460		0.16～1.12	460		
		R440		1.12～1.50	440		
		R430		1.50～2.00	430		
		R420		2.00～2.40	420		
		R400		2.40～3.00	400		
		R390		3.00～3.55	390		
		R380		3.55～4.00	380		
		R370		4.00～4.00	370		
		R360		4.50～5.00	360		

注:①状态符号:A 代表退火态,R 代表冷拉。

表 6-97　　电子管、半导体器件和真空设备用高电导率铜的电气特性(20℃)(EN 13604:2002)

牌　号	材料号	供货状态	体积电阻率 /(Ω·mm²/m) (最大值)	质量电阻率① /(Ω·g/m²) (最大值)	电导率	
					MS/m	%IACS
Cu-OFE	CW009A	退火态	0.01707	0.1517	58.6	101.0
Cu-PHCE	CW022A		0.01724	0.1533	58.0	100.0
Cu-OFE	CW009A	非退火态	由供需双方协商决定			
Cu-PHCE	CW022A					

注:①质量电阻率按密度为 8.89g/cm³ 计算。

表 6-98　　电气设备用铜制型材和异型金属丝的力学性能(EN 13605:2002)

牌　号	材料号	供货状态	尺寸/mm		硬度 (HB)	抗拉强度 R_m/MPa	屈服强度 $R_{p0.2}$/MPa	伸长率/%	
			厚度	宽度				A_{100mm}	A
Cu-ETP	CW004A	D	50	180					
Cu-FRHC	CW005A	H035①	50	180	35～65				
Cu-OF	CW008A	R200①	50	180		200	≤120	25	35

续表

牌　号	材料号	供货状态	尺寸/mm		硬度（HB）	抗拉强度 R_m/MPa	屈服强度 $R_{p0.2}$/MPa	伸长率/%	
			厚度	宽度				A_{100mm}	A
CuAg0.04	CW011A	H065	10	150	65～95				
CuAg0.07	CW012A	R240	10	150		240	≤160		15
CuAg0.10	CW013A	H080	5	100	80～115				
CuAg0.04P	CW014A	R280	5	100		280	≥240		8
CuAg0.07P	CW015A								
CuAg0.10P	CW016A								
CuAg0.04(OF)	CW017A								
CuAg0.07(OF)	CW018A								
CuAg0.10(OF)	CW019A								
Cu-PHC	CW020A								
Cu-HCP	CW021A								

注：①退火态

表 6-99　电气设备用铜制型材和异型金属丝的电气特性(EN 13605:2002)

牌　号	材料号	供货状态	体积电阻率 /(Ω·mm^2/m)（最大值）	质量电阻率① /(Ω·g/m^2)（最大值）	电导率	
					MS/m	%IACS
Cu-ETP	CW004A	D	0.01786	0.1588	56.0	96.6
Cu-FRHC	CW005A	H035,R200	0.01724	0.1533	58.0	100.0
Cu-OF	CW008A	H065,R240	0.01754	0.1559	57.0	98.3
CuAg0.04	CW011A	H080,R280	0.01786	0.1588	56.0	96.6
CuAg0.07	CW012A					
CuAg0.10	CW013A					
CuAg0.04(OF)	CW017A					
CuAg0.07(OF)	CW018A					
CuAg0.10(OF)	CW019A					
Cu-PHC	CW020A					
CuAg0.04P	CW014A	D	0.01818	0.1616	55.0	94.8
CuAg0.07P	CW015A	H035,R200	0.01754	0.1559	57.0	98.3
CuAg0.10P	CW016A	H065,R240	0.01786	0.1588	56.0	96.6
Cu-HCP	CW021A	H080,R280	0.01818	0.1616	55.0	94.8

注：①质量电阻率按密度为 8.89g/cm^3 计算。

6.3 美国铜及铜合金

6.3.1 铜及铜合金牌号和化学成分

表 6-100 纯铜加工材牌号和化学成分

合金代号	名称	化学成分/%,杂质不大于												ASTM标准
		Cu 不小于	Cu (包含银) 不小于	Ca	P	S	Zn	Hg	Pb	Se	Te	Bi	O	
C10100	电子器件用无氧铜	99.99	—	0.0001	0.0003	0.0018	0.0001	0.0001	0.001	0.001	0.001	0.001	0.001	B68—2011,B170—1999(2010)el B111M—2011
C10200	无氧铜	—	99.95	—	—	—	—	—	—	—	—	—	—	B68—2011,B152M—2009,B170—1999,B111M—2011
C10300	超低磷无氧铜	—	99.95	—	0.001～0.005	—	—	—	—	—	—	—	—	B68—2011,B152M—2009,B111M—2011
C10400	含银无氧铜	Ag 不小于 0.027	99.95	—	—	—	—	—	—	—	—	—	—	B152M—2009,B187M—2011,B188—2010
C10500	含银无氧铜	Ag 不小于 0.034	99.95	—	—	—	—	—	—	—	—	—	—	B152M—2009,B187M—2011,B188—2010
C10700	含银无氧铜	Ag 不小于 0.085	99.95	—	—	—	—	—	—	—	—	—	—	
C10800	低磷无氧铜	—	99.95	—	0.005～0.012	—	—	—	—	—	—	—	—	B68—2011,B152M—2009,B111M—2011
C11000	电解韧铜	—	99.90	—	—	—	—	—	—	—	—	—	—	
C11020	火法精炼交导铜(FRHC)	—	99.90	—	—	—	—	—	—	—	—	—	—	
C11030	化学精炼韧铜(CRTP)	—	99.90	—	—	—	—	—	—	—	—	—	—	
C11100	耐锻烧的电解韧铜	—	99.90	—	—	—	—	—	—	—	—	—	—	
C11300	含银韧铜	Ag 不小于 0.027	99.90	—	—	—	—	—	—	—	—	—	—	B152M—2009,B187M—2011,B188—2010
C11400	含银韧铜	Ag 不小于 0.034	99.90	—	—	—	—	—	—	—	—	—	—	
C11500	含银韧铜	Ag 不小于 0.054	99.90	—	—	—	—	—	—	—	—	—	—	
C11600	含银韧铜	Ag 不小于 0.085	99.90	—	—	—	—	—	—	—	—	—	—	
C11700	磷脱氧铜	—	99.90	—	0.04	—	—	—	—	—	—	—	B0.004～0.02	

续表

合金代号	名称	化学成分/%,杂质不小于												ASTM标准
		Cu不小于	Cu(包含银)不小于	Ca	P	S	Zn	Hg	Pb	Se	Te	Bi	O	
C12000	低磷脱氧铜	—	99.90	—	0.004～0.012	—	—	—	—	—	—	—	—	B68—2011,B152M—2009,B187M—2011
C12100	含银的低磷脱氧铜	Ag不小于0.014	99.90	—	0.005～0.012	—	—	—	—	—	—	—	—	
C12200	高磷脱氧铜	—	99.90	—	0.015～0.040	—	—	—	—	—	—	—	—	B68—2011,B152M—2009
C12300	含磷的高磷脱氧铜	Ag不小于0.014	99.90	—	0.015～0.040	—	—	—	—	—	—	—	—	B152M—2009
C12500	火法精炼韧铜		99.88	—				As 0.012	0.004	Ni 0.05	0.025	0.003	Sb 0.003	B152M—2009,B113—1992(废止)

合金代号	名称	化学成分/%,杂质不小于														ASTM标准
		Cu不小于	Cu(包含银)不小于	Ca	P	S	Zn	Hg	Pb	Se	Te	Bi	O	Ni	其他	
C12700	含银的火法精炼韧铜	Ag不小于0.027	99.88	As 0.012	—	—	—	—	—	—	0.025	0.003	Sb 0.003	0.05		B133—1992(废止)
C14200	含砷的磷脱氧铜	—	99.40	As 0.15～0.50	0.015～0.040	—	—	—	—	—	—	—	—	—	—	B152M—2009,B75—2011,B111M—2011
C14500	含碲的磷脱氧铜	—	99.90	—	0.004～0.012	—	—	—	—	—	0.40～0.60	—	—	—	—	B283—2011,B301M—2008
C14700	含硫铜	—	99.90	—	—	0.20～0.50	—	—	—	—	—	—	—	—	—	B301M—2008
C14510	含碲的磷脱氧铜	—	余量	—	0.010～0.030	—	—	—	0.05	—	0.4～0.60	—	—	—	—	
C14710	含硫铜	—	余量	—	0.010～0.030	0.05～0.15	—	—	0.05	—	—	—	—	—	—	
C14720	含硫铜	—	余量	—	0.010～0.030	0.20～0.50	—	—	0.10	—	—	—	—	—	—	

表 6-101 高铜合金加工材牌号和化学成分

合金代号	名称	化学成分/%,杂质不大于													ASTM 标准
		铜+规定元素(不小于)	Fe	Sn	Ni	Co	Cr	Si	Be	Pb	Zn	Al	P	其他元素	
C17000	铍铜	99.50	Ni+Co+Fe 0.6	—	Ni+Co≥0.20		—	—	1.60~1.79	—	—	—	—	—	B194—2008,B196M—2007
C17200	铍铜	99.50	Ni+Co+Fe 0.6	—	Ni+Co≥0.20		—	—	1.8~2.0	—	—	—	—	—	B194—2008,B196M—2007,B197M—2007
C17300	铍铜	99.50	Ni+Co+Fe 0.6	—	Ni+Co≥0.20		—	—	1.8~2.0	0.20~0.60	—	—	—	—	B196M—2007
C17500	铍钴铜	余量	0.10	—	—	2.4~2.7	—	0.20	0.4~0.7	—	—	0.20	—	—	B441—2010,B534—2007
C17510	铍镍铜	余量	0.10	—	1.4~2.2	0.3	—	0.20	0.2~0.6	—	—	0.20	—	—	
C18700	含铅铜	99.90	—	—	—	—	—	—	—	0.8~1.5	—	—	—	—	B301M—2008
C19200	含铁铜合金	98.70	0.8~1.2	—	—	—	—	—	—	—	—	—	0.01~0.04	—	B111M—2011
C19400	铜铁合金	97.0	2.1~2.6	—	—	—	—	—	—	0.03	0.05~0.20	—	0.015~0.15	—	B465—2011,B543—2007
C19600	铜铁合金	97.6	0.9~1.2	—	—	—	—	—	—	—	0.35	—	0.25~0.35	—	

表 6-102 黄铜和牌号及化学成分(普通黄铜)

合金代号	名称	化学成分/%,杂质不大于						ASTM 标准
		Cu	Pb	Fe	Zn	P	其他	
C21000	黄铜 95%Cu	94.0~96.0	0.05	0.05	余量	—	—	B36M—2008a,B134M—2008,B587—1997
C22000	商业黄铜 90%Cu	89.0~91.0	0.05	0.05	余量	—	—	B36M—2008a,B134M—2008,B135—2010
C23000	红色黄铜 85%Cu	84.0~86.0	0.05	0.05	余量	—	—	B36M—2008a,B134M—2008,B135—2010,B111M—2011
C24000	低锌黄铜 80%Cu	78.5~81.5	0.05	0.05	余量	—	—	B36M—2008a,B134M—2008
C26000	弹壳用黄铜 70%Cu	68.5~71.5	0.07	0.05	余量	—	—	B36M—2008a,B134M—2008,B135—2010
C26800	黄铜 66%Cu	64.0~68.0	0.15	0.05	余量	—	—	B36M—2008a,B587—1997
C27000	黄铜 65%Cu	63.0~68.5	0.10	0.07	余量	—	—	B134—1988,B135—2010
C27200	黄铜	62.0~65.0	0.07	0.07	余量	—	—	B36M—2008a,B135—2010
C27400	黄铜 63%Cu	61.0~64.0	0.10	0.05	余量	—	—	B134M—2008
C28000	蒙茨黄铜 60%Cu	59.0~63.0	0.30	0.07	余量	—	—	B135—2010,B111M—2011

表 6-103　　铜锌铅合金(铅黄铜)牌号及化学成分

合金代号	名称	化学成分/%,杂质不大于						ASTM 标准
		Cu	Pb	Fe	Sn	Zn	其他元素	
C31400	加铅商业黄铜	87.5～90.5	1.3～2.5	0.10	—	余量	Ni 0.7	B140M—2007
C31600	加铅商业黄铜(含 Ni)	87.5～90.5	1.3～2.5	0.10	—	余量	Ni 0.7～1.2,P 0.04～0.10	
C32000	加铅红色黄铜	83.5～86.5	1.5～2.2	0.10	—	余量	Ni 0.25	
C33000	低铅黄铜(管材)	65.0～68.0	0.20～0.8①	0.07	—	余量	—	B135—2010
C33200	高铅黄铜(管材)	65.0～68.0	1.3～2.0	0.07	—	余量	—	
C33500	低铅黄铜	62.0～65.0	0.25～0.7	0.10	—	余量	—	B121M—2011,B453M—2011
C34000	中铅黄铜 64.0%Cu	62.0～65.0	0.8～1.5	0.10	—	余量	—	B453M—2011
C34200	高铅黄铜 64%Cu	62.0～65.0	1.5～2.5	0.10	—	余量	—	
C34500	黄铜	62.0～65.0	1.5～2.5	0.15	—	余量	—	B453M—2011
C35000	中铅黄铜	60.0～63.0②	0.8～2.0	0.15	—	余量	—	
C35300	高铅高铜	60.0～63.0②	1.5～2.5	0.15	—	余量	—	
C35600	特高铅黄铜	60.0～63.0③	2.0～3.0	0.15	—	余量	—	B453M—2011,B121M—2011
C36000	易切削黄铜	60.0～63.0	2.5～3.7	0.35	—	余量	—	B16M—2010
C36500	含铅蒙茨黄铜	58.0～61.0	0.25～0.7	0.15	0.25	余量	—	B171—2011el
C36600	含铅蒙茨加砷的黄铜	58.0～61.0	0.40～0.90	0.15	0.25	余量	—	B432—2009a
C36700	含铅蒙茨加锑的黄铜	58.0～61.0	0.40～0.90	0.15	0.25	余量	—	B432—2009a
C36800	含铅蒙茨加磷的黄铜	58.0～61.0	0.40～0.90	0.15	0.25	余量	—	B432—2009a
C37000	易切削黄铜	59.0～62.0	0.9～1.4	0.15	—	余量	—	B135—2010
C37700	可锻黄铜	58.0～61.0	1.5～2.5	0.30	—	余量	—	B124M—2011b
C38000	挤压成型铅黄铜	55.0～60.0	1.5～2.5	0.35	0.30	余量	Ni 0.25	B455—2010
C38500	挤压成型铅黄铜	55.0～60.0	2.0～3.8	0.35	—	余量	—	

注:1. 对于外径大于 127mm(5in)的管材,Pb 含量可小于 0.20%;
2. 对于棒料,铜含量应不小于 61.0%;
3. 对于棒材,铜含量应不小于 60.0%。

表 6-104 铜锌锡合金(锡黄铜)牌号和化学成分

合金代号	名称	化学成分/%,杂质不大于									ASTM 标准
		Cu	Pb	Fe	Sn	Zn	P	As	Sb	其他元素	
C40500	锡黄铜	94.0~96.0	0.05	0.05	0.7~1.3	余量	—	—	—	—	B591—2009
C40800		94.0~96.0	0.05	0.05	1.8~2.2	余量	—	—	—	—	
C41100		89.0~92.0	0.10	0.05	0.30~0.7	余量	—	—	—	—	
C41300		89.0~93.0	0.10	0.05	0.7~1.3	余量	—	—	—	—	
C41500		89.0~93.0	0.10	0.05	1.5~2.2	余量	—	—	—	—	
C42200		86.0~89.0	0.05	0.05	0.8~1.4	余量	0.35	—	—	—	
C42250		87.0~90.0	0.05	0.05	1.5~3.0	余量	0.35	—	—	—	
C43000		84.0~87.0	0.10	0.05	0.7~2.7	余量	—	—	—	—	
C43400		84.0~87.0	0.05	0.05	0.4~1.0	余量	—	—	—	—	
C44300	加砷海军黄铜	70.0~73.0	0.07	0.06	0.9~1.2[1]	余量	—	0.02~0.10	—	—	B111M—2011,B171M—2011el
C44400	加锑海军黄铜	70.0~73.0	0.07	0.06	0.9~1.2[1]	余量	—	—	0.02~0.10	—	
C44500	加磷海军黄铜	70.0~73.0	0.07	0.06	0.9~1.2[1]	余量	0.02~0.10	—	—	—	
C46200	船用黄铜	62.0~65.0	0.20	0.10	0.50~1.0	余量	—	—	—	—	B21M—2006
C46400	船用黄铜	59.0~62.0	0.20	0.10	0.50~1.0	余量	—	—	—	—	B21M—2006,B171M—2011el
C46500	加砷的船用黄铜	59.0~62.0	0.20	0.10	0.50~1.0	余量	—	0.02~0.10	—	—	B432—2009a
C46600	加锑的船用黄铜	59.0~62.0	0.20	0.10	0.50~1.0	余量	—	—	0.02~0.10	—	
C46700	加磷的船用黄铜	59.0~62.0	0.20	0.10	0.50~1.0	余量	0.02~0.10	—	—	—	
C48200	含中铅量的船用黄铜	59.0~62.0	0.40~1.0	0.10	0.50~1.0	余量	—	—	—	—	B21M—2006
C48500	含高铅量的船用黄铜	59.0~62.0	1.3~2.2	0.10	0.50~1.0	前量	—	—	—	—	

注:对于板、带材锡含量应不小于0.8%。

表 6-105 铜锡合金(磷青铜)牌号和化学成分

代号	名称	化学成分/%,杂质不大于							ASTM 标准合订本
		Cu+Sn+P(不小于)	Pb	Fe	Sn	Zn	P	Al	
C50500	磷青铜 含1.25%Sn	99.5	0.05	0.10	1.0~1.7	0.30	0.035	—	B508—1997
C51000	磷青铜 含5%Sn	99.5	0.05	0.10	4.2~5.8	0.30	0.03~0.35	—	B103—2010,B139M—2006,B159M—2011
C51100	磷青铜 含4%Sn	99.5	0.05	0.10	3.5~4.9	0.30	0.03~0.35	—	B103—2010
C52100	磷青铜 含8%Sn	99.5	0.05	0.10	7.0~9.0	0.20	0.03~0.35	—	B103—2010,B139M—2007,B159M—2011
C52400	磷青铜 含10%Sn	99.5	0.05	0.10	9.0~11.0	0.20	0.03~0.35	—	

表 6-106 铜锡铅合金(加铅磷青铜)加工材牌号和化学成分

合金代号	名称	化学成分/%,杂质不大于						ASTM 标准
		Cu+Sn+P+Pb(不小于)	Pb	Fe	Sn	Zn	P	
C53200	磷青铜	99.5	2.5～4.0	0.10	4.0～5.5	0.20	0.03～0.35	B103—2010
C53400	磷青铜	99.5	0.8～1.2	0.10	3.5～5.8	0.30	0.03～0.35	B103—2010,B139M—2007
C54400	磷青铜	99.5①	3.4～4.5	0.10	3.5～4.5	1.5～4.5	0.01～0.50	

表 6-107 铜铝合金(铝青铜)牌号和化学成分

材料代号	名称	化学成分/%,杂质不大于										ASTM 标准
		Cu+合金元素(不小于)	Pb	Fe	Sn	Zn	Al	Sn	Mn	Si	Ni	其他元素	
C60600	铝青铜	Cu+Ag 92.0～96.0	—	0.50	—	—	4.0～7.0	—	—	—	—	—	B169M—2010
C60800	铝青铜	Cu+Ag ≥93.0	0.10	0.10	—	—	5.0～6.5	0.02～0.35	—	0.10	—	—	B111M—2011
C61000	铝青铜	Cu+Ag 90.0～93.0	0.02	0.50	—	0.20	6.0～8.5	—	—	0.10	—	—	B169M—2010
C61300	铝青铜	Cu+Ag 88.5～91.5	0.01	2.0～3.0	0.20～0.50	0.05	6.0～7.5	—	0.10	0.10	Ni(含 Co) 0.15	P 0.015	
C61400	铝青铜	Cu+Ag 88.0～92.5	0.01	1.5～3.5	—	0.20	6.0～8.0	—	1.0	—	—	P 0.015	B150M—2008，B169M—2010,B608—2002
C61900	铝青铜	Cu+Ag 83.6～88.5	0.02	3.0～4.5	0.6	0.8	8.5～10.0	—	—	—	—	—	B150M—2008
C62300	铝青铜	Cu+Ag 82.2～89.5	—	2.0～4.0	0.6	—	8.5～11.0	—	0.50	0.25	Ni(含 Co) 1.0	—	
C62400	铝青铜	Cu+Ag 82.8～88.0	—	2.0～4.5	0.20	—	10.0～11.5	—	0.30	0.25		—	
C63000	铝镍青铜	Cu+Ag 78.0～85.0	—	2.0～4.0	0.20	0.30	9.0～11.0	—	1.5	0.25	Ni(含 Co) 4.0～5.5	—	B150M—2008，B171M—2004
C63200	铝青铜	Cu+Ag 88.2～92.2	0.02	3.0～5.0	—	—	8.5～9.5	—	3.5	0.10	Ni(含 Co) 4.0～5.5	—	B150M—2008
C64200	铝硅青铜	Cu+Ag 88.2～92.2	0.05	0.30	0.20	0.50	6.3～9.5	0.15	0.10	1.5～2.2	Ni(含 Co) 0.25	—	
C64210	铝硅青铜(6.7%Al)	Cu+Ag 75.9～84.5	0.05	0.30	0.20	0.50	6.3～7.0	0.15	0.10	1.5～2.0	Ni(含 Co) 0.25	—	

表 6-108 铜硅合金(硅青铜)牌号和化学成分

合金代号	名称	化学成分/%,杂质不大于										ASTM 标准
		Cu+合金元素(不小于)	Pb	Fe	Sn	Zn	Al	Mn	Si	Ni	其他元素	
C64700	镍硅青铜	99.5	0.10	0.10	—	0.05	—	—	0.40~0.8	(含Co) 1.6~2.2	—	B411—2008,B422—2010
C65100	低硅青铜	99.5	0.05	0.8	—	1.5	—	0.7	0.8~2.0	—	—	B98M—2008,B99M—2011,B315—2006
C65500	高硅青铜	99.5	0.05	0.8	—	1.5		0.5~1.3	2.8~3.8	0.6	—	
C65800	高硅青铜	99.5	0.05	0.25	—	—	0.01	0.5~1.3	2.8~3.8	0.6	—	B96M—2011,B98M—2008,
C66100	高硅青铜	99.5	0.20~0.8	0.25	—	1.5	—	1.5	2.5~3.5	—	—	B315—2006,B98M—2008
C66400	含铁青铜	余量(含 Ag)	0.015	1.3~1.7	0.05	11.0~12.0	—	—	—	—	Co 0.3~0.7	

表 6-109 其他铜锌合金(复杂黄铜)牌号和化学成分

代号	名称	化学成分/%,杂质不大于										ASTM 标准
		Cu	Pb	Fe	Sn	Zn	Ni	Al	Mn	Si	其他元素	
C66700	锰黄铜	68.5~71.5	0.07	0.10	—	余量	—	—	0.8~1.5	—	Cu+合金元素 ≥99.5	B291—1990(废止)
C67000	锰青铜	63.0~68.0	0.20	2.0~4.0	0.50	余量	—	3.0~6.0	2.5~5.0	—	—	B138M—2011
C67500	锰青铜	57.0~60.0	0.20	0.8~2.0	0.50~1.5	余量	—	0.25	0.05~0.50	—	—	
C68700	铝黄铜(加砷的)	76.0~79.0	0.70	0.06		余量	—	1.8~2.5	—	—	As 0.02~0.10	B111M—2011
C68800	铜-锌-铝-钴(或镍)黄铜	余量(含 Ag)	0.05	0.01	Co 0.25~0.55	21.3~24.1	—	3.0~3.8	—	—	Zn+Al 25.1~27.1	B592—2011
C69400	硅黄铜	80.0~83.0	0.30	0.20	—	余量	—	—	—	3.5~4.5	—	B371—2008
C69000	铝-锌-镍黄铜	余量(含 Ag)	0.025	0.05	—	21.3~24.1	0.50~0.75	3.3~3.5	—	—	—	B592—2011

表 6-110 其他铜锌合金(复杂黄铜)牌号和化学成分

合金代号	名称	化学成分/%,杂质不大于										ASTM 标准
		Cu	Pb	Fe	Sn	Zn	Ni	Al	Mn	Si	其他元素	
C69430	含砷硅黄铜	80.0～83.0	0.30	0.20	—	余量	—	—	—	3.5～4.5	As 0.03～0.06	B371M—2008
C69440	含锑硅黄铜	80.0～83.0	0.30	0.20	—	余量	—	—	—	3.5～4.5	Sb 0.03～0.06	
C69700	硅黄铜	75.0～80.0	0.50～1.5	0.20	—	余量	—	—	0.40	2.5～3.5	—	
C69710	硅黄铜	75.0～80.0	0.50～1.5	0.20	—	余量	—	—	0.40	2.5～3.5	As 0.03～0.06	
C69720	硅黄铜	75.0～80.0	0.50～1.5	0.20	—	余量	—	—	0.40	2.5～3.5	Sb 0.03～0.05	
C69730	硅黄铜	75.0～80.0	0.50～1.5	0.20	—	余量	—	—	0.40	2.5～3.5	P 0.03～0.06	
C69450	含磷硅黄铜	80.0～83.0	0.30	0.20	—	余量	—	—	—	3.5～4.5	P 0.03～0.06	
C69400	硅黄铜	80.0～83.0	0.30	0.20	—	余量	—	—	—	3.5～4.5	—	

表 6-111 铜镍合金(白铜)牌号和化学成分

代号	名称	化学成分/%,杂质不大于								STM 标准
		Cu+合金元素(不小于)	铜(包括 Ag)不大于	Pb	Fe	Zn	Ni	Mn	其他元素	
C70400	95-5 铜-镍合金	—	余量	0.05	1.3～1.7	1.0	4.8～6.2	0.30～0.8	—	B111M—2011,B466M—2009
C70600	90-10 铜-镍合金	—	余量	0.05①	1.0～1.8	1.0①	9.0～11.0	1.0	①	B111M—2011,B122—2008,B151M—2011,B171M—2011el
C71000	82-20 铜-镍合金	—	余量	0.05	0.5～1.0	1.0	19.0～23.0	1.0	—	B111M—2011,B122—2008,B206M—2008
C71500	70-30 铜-镍合金	99.5	65.5	0.05①	0.40～1.0	1.0①	29.0～33.0	1.0	①	B111M—2011,B122—2008,B151M—2011,B466M—2009
C71640	铜-镍-铁-锰合金	—	余量	0.05	1.7～2.3	1.0	29.0～32.0	1.5～2.5	—	B111M—2011
C72200	40 白铜	—	79.3	0.05	0.50～1.0	1.0	15.0～18.0	1.0	Cr 0.30～0.70	

注:当产品用于焊接和订货方提出要求时,Zn 含量应不大于 0.50%,Pb 不大于 0.02%,P≤0.02%,S≤0.02%,C≤0.05%。

表 6-112　　铜镍锌合金(锌白铜)牌号和化学成分

合金代号	名　称	化学成分/%,杂质不大于 Cu+合金元素(不小于)	Cu(包括 Ag)(不小于)	Pb	Fe	Zn	Ni	Mn	其他元素	ASTM 标准
C72200	镍白铜	99.5	79.3	0.05	0.50~1.0	1.0	含 Co 15.0~18.0	1.0	Cr 0.30~0.70	B122—2008
C72500	镍白铜	—	99.8	0.05	0.6	0.5	含 Co 8.5~10.5	0.2	Sn 1.8~2.8	
C73200	锌白铜	99.5	70.0	0.05	0.6	3.0~6.0	含 Co 19.0~23.0	1.0	—	
C73500	锌白铜	—	70.5~73.5	0.10	0.25	余量	含 Co 16.5~19.5	0.50	—	
C74000	锌白铜	—	69.0~73.5	0.10	0.25	余量	9.0~11.0(含 Co)	0.50	—	
C74500	锌白铜	—	63.5~66.5	0.10	0.25	余量	9.0~11.0(含 Co)	0.50	—	B122—2008,B151M—2005(2011),B206M—2007
C75200	锌白铜	—	63.0~66.5	0.10	0.25	余量	含 Co 16.5~19.5	0.50	—	
C76200	锌白铜	—	57.0~61.0	0.10	0.25	余量	11.0~13.5(含 Co)	0.50	—	B122—2008
C77000	锌白铜	—	53.5~56.5	0.10	0.25	余量	16.5~19.5(含 Co)	0.50	—	B122—2008,B151,B206M—2007
C75700	锌白铜	—	63.5~66.5	0.05	0.25	余量	11.0~13.0(含 Co)	0.50	—	
C76400	锌白铜	—	58.5~61.5	0.05	0.25	余量	16.5~19.5(含 Co)	0.50	—	B151M—2005(2011),B206M—2007
C77400	镍银 45-10 合金	99.5	43.0~47.0	0.20	—	—	9.0~11.0(含 Co)	—	—	B124M—2006
C79200	铜镍锌合金	—	59.0~66.5	0.8~1.4	0.25	余量	11.0~13.0(含 Co)	0.50	—	B151M—2005(2011),B206M—2007

表 6-113　　铸造铜合金的化学成分(铸锭)

类　别	UNS 合金牌号	曾用过的旧牌号	化学成分/%,除主成分外,其余不大于 Cu	Sn	Pb	Zn	Fe	Sb	Ni+Co	S	P	Al	Mn	Si	As	Mg
铅黄铜	C83600	4A	84.0~86.0	4.3~6.0	4.0~5.7	4.3~6.0	0.25	0.25	0.8	0.08	0.03	0.005	—	0.005	—	—
	C83800	4B	82.0~83.5	3.5~4.2	5.8~6.8	5.5~8.0	0.25	0.25	0.8	0.08	0.02	0.005	—	0.005	—	—
铅黄铜	C84200	—	78.0~82.0	4.3~6.0	2.0~2.8	10.0~16.0	0.35	0.25	0.8	0.08	0.02	0.005	—	0.005	—	—
	C84400	5A	79.0~82.0	2.9~3.5	6.3~7.7	7.0~10.0	0.35	0.25	0.8	0.08	0.02	0.005	—	0.005	—	—
	C84800	5B	75.0~76.7	2.3~3.0	5.5~6.7	13.0~16.0	0.35	0.25	0.8	0.08	0.02	0.005	—	0.005	—	—
铅黄铜	C85200	6A	70.0~73.0	0.8~1.7	1.5~3.5	21.0~27.0	0.50	0.20	0.8	0.05	0.01	0.005	—	0.050	—	—
	C85400	6B	66.0~69.0	0.50~1.5	1.5~3.5	25.0~31.0	0.50	—	0.8	—	—	0.005	—	0.05	—	—
	C83450		87.0~89.0	2.2~3.0	1.5~2.5	5.8~7.5	0.25	0.25	0.8~1.5	0.08	0.03	0.005	—	0.005	—	—

续表

类别	UNS合金牌号	曾用过的旧牌号	化学成分/%,除主成分外,其余不大于													
			Cu	Sn	Pb	Zn	Fe	Sb	Ni+Co	S	P	Al	Mn	Si	As	Mg
铅黄铜	C85700	6C	58.0～63.0	0.50～1.5	0.8～1.5	33.0～40.0	0.50	—	0.8	—	—	0.50	—	0.05	—	—
	C85800	Z30A	≥57.0	1.5	1.5	31.0～41.0	0.50	0.05	0.50	0.05	0.01	0.50	0.25	0.25	0.05	—
高强度铅黄铜	C86200	8B	60.0～66.0	0.10	0.10	22.0～28.0	2.0～4.0	—	0.8	—	—	3.0～4.9	2.5～5.0	—	—	—
	C86300	8C	60.0～66.0	0.10	0.10	22.0～28.0	2.0～4.0	—	0.8	—	—	5.0～7.5	2.5～5.0	—	—	—
	C86400	7A	56.0～62.0	0.5～1.0	0.50～1.3	34.0～42.0	0.40～2.0	—	0.8	—	—	0.50～1.5	0.10～1.0	—	—	—
	C86500	8A	55.0～60.0	1.0	0.30	36.0～42.0	0.40～2.0	—	0.8	—	—	0.50～1.5	0.10～1.0	—	—	—
	C86700	—	55.0～60.0	1.5	0.50～1.0	30.0～38.0	1.0～3.0	—	0.8	—	—	1.0～3.0	1.0～3.5	—	—	—
硅青铜	C87300	12A	≥94.0	—	0.20	0.25	0.20	—	—	—	—	—	0.8～1.5	3.5～4.5	—	—
硅黄铜	C87400	13A	≥79.0	—	1.0	12.0～16.0	—	—	—	—	—	0.5	—	2.5～4.0	—	—
硅青铜	C87500	13B	≥79.0	—	0.50	12.0～16.0	—	—	—	—	—	0.5	—	3.0～5.0	—	—
	C87800	ZS144A	≥80.0	0.25	0.15	12.0～16.0	0.15	0.05	0.20	0.05	0.01	0.15	0.15	3.8～4.2	0.05	0.01
	C87900	ZS331A	≥63.0	0.25	0.25	30.0～36.0	0.40	0.05	0.50	0.05	0.01	0.15	0.15	0.8～1.2	0.05	—
锡青铜及铅锡青铜	C90300	1B	86.0～89.0	7.8～9.0	0.25	3.5～5.0	0.15	0.20	0.8	0.05	0.03	0.005	—	0.005	—	—
	C90500	1A	86.0～89.0	9.5～10.5	0.25	1.5～3.0	0.15	0.20	0.8	0.05	0.03	0.005	—	0.005	—	—
	C90700	—	88.0～90.0	10.3～12.0	0.50	0.50	0.15	0.10	0.50	0.05	0.03	0.005	—	0.005	—	—
	C90800	—	85.0～89.0	11.3～13.0	0.25	0.25	0.15	0.10	0.8	0.05	0.03	0.005	—	0.005	—	—
	C91000	—	84.0～86.0	14.3～16.0	0.20	1.5	0.10	0.10	0.8	0.05	0.03	0.005	—	0.005	—	—
	C91100	—	82.0～85.0	15.3～17.0	0.25	0.25	0.15	0.20	0.50	0.05	1.0	0.005	—	0.005	—	—
	C91300	—	79.0～82.0	18.3～20.0	0.25	0.25	0.15	0.20	0.50	0.05	1.0	0.005	—	0.005	—	—
	C91600	—	86.0～89.0	10.0～10.8	0.25	0.25	0.15	0.10	1.2～2.0	0.05	0.25	0.005	—	0.005	—	—
	C91700	—	84.0～87.0	11.5～12.5	0.25	0.25	0.15	0.10	1.2～2.0	0.05	0.30	0.005	—	0.005	—	—
	C9220	2A	86.0～89.0	5.8～6.5	1.0～1.8	3.5～5.0	0.20	0.20	0.8	0.05	0.30	0.005	—	0.005	—	—
	C92300	2B	85.0～89.0	7.8～9.0	0.30～0.9	3.5～5.0	0.20	0.20	0.8	0.05	0.30	0.005	—	0.005	—	—
	C92500	—	85.0～88.0	10.3～12.0	1.0～1.5	0.50	0.20	0.20	0.8～1.5	0.05	0.30	0.005	—	0.005	—	—
	C92700	—	86.0～89.0	9.3～11.0	1.0～2.3	0.8	0.15	0.20	0.8	0.05	0.30	0.005	—	0.005	—	—
	C92800	—	78.0～82.0	15.3～17.0	4.0～5.7	0.8	0.15	0.20	0.8	0.05	0.30	0.005	—	0.005	—	—
	C92900	—	82.0～86.0	9.3～11.0	2.0～3.0	0.25	0.15	0.10	2.8～4.0	0.05	0.50	0.005	—	0.005	—	—

续表

类别	UNS合金牌号	曾用过的旧牌号	化学成分 /%,除主成分外,其余不大于													
			Cu	Sn	Pb	Zn	Fe	Sb	Ni+Co	S	P	Al	Mn	Si	As	Mg
高铅锡青铜	C93200	3B	82.0~84.0	6.5~7.5	6.5~7.7	2.5~4.0	0.20	0.30	0.8	0.08	0.03	0.005	—	0.005	—	—
	C93400	—	82.0~85.0	7.3~9.0	7.0~8.7	0.8	0.20	0.30	0.8	0.08	0.03	0.005	—	0.005	—	—
	C93500	3C	83.0~85.0	4.5~5.5	8.5~9.7	0.50~1.5	0.10	0.30	0.8	0.05	0.04	0.005	—	0.005	—	—
	C93700	3A	78.0~81.0	9.3~10.7	8.3~10.7	0.8	0.10	0.50	0.8	0.08	0.05	0.005	—	0.005	—	—
	C93800	3D	76.0~79.0	6.5~7.5	14.0~16.0	0.8	0.10	0.5	0.8	0.08	0.05	0.005	—	0.005	—	
	C93900	—	76.5~79.0	5.3~7.0	14.0~17.7	1.5	0.35	0.50	0.8	0.08	0.05	0.005	—	0.005	—	—
	C94000	—	69.0~72.0	12.3~14.0	14.0~15.7	0.50	0.25	0.50	0.50~1.0	0.08	0.05	0.005	—	0.005	—	—
	C94100	—	65.0~75.0	4.7~6.5	15.0~217	3.0	0.10	0.7	0.8	0.08	0.05	0.005	—	0.005	—	—
高铅锡青铜	C94300	—	69.0~73.0	4.7~5.8	22.0~24.5	0.8	0.10	0.7	0.8	0.08	0.05	0.005	—	0.005	—	—
	C94400	—	78.0~82.0	7.3~9.0	9.0~11.7	0.8	0.10	0.7	0.8	0.08	0.05	0.005	—	0.005	—	—
	C94500	—	70.0~75.0	6.3~8.0	16.0~21.5	1.0	0.10	0.7	0.8	0.08	0.05	0.005	—	0.005	—	—
镍锡青铜及含铅镍锡青铜	C94700	—	86.0~89.0	4.7~6.0	0.08	1.3~2.5	0.20	0.10	4.5~6.0	0.05	0.05	0.005	—	0.005	—	—
	C94800	—	85.0~89.0	4.7~6.0	0.30~0.9	1.3~2.5	0.20	0.10	4.5~6.5	0.05	0.05	0.005	—	0.005	—	—
	C94900	—	79.0~81.0	4.3~6.0	4.0~5.7	4.3~6.0	0.25	0.25	4.5~6.0	0.08	0.05	0.005	—	0.005	—	—
铝青铜	C95200	9A	≥86.0	—	—	—	2.5~4.0	—	—	—		8.5~9.5	—	—	—	—
	C95300	9B	≥86.0	—	—	—	0.8~1.5	—	—	—	—	9.0~11.0	—	—	—	—
	C95400	9C	≥83.0	—	—	—	3.0~5.0	—	1.5	—	—	10.0~11.5	0.5	—	—	—
	C95410	—	≥83.0	—	—	—	3.0~5.0		1.5~2.5	—	—	10.0~11.5	0.5	—	—	①
	C95500	9D	≥78.0	—	—	—	3.0~5.0	—	3.0~5.5	—	—	10.0~11.5	3.5	—	—	—
铝硅青铜	C95600	9E	≥88.0	—	—	—	—	—	0.25	—	—	6.0~8.0	—	1.8~3.3	—	—
铝锰青铜	V95700	9F	≥71.0	—	0.03	—	2.0~4.0	—	1.5~3.0	—	—	7.0~8.5	11.0~14.0	0.10	—	—
铝镍青铜	C95800	—	≥78.0	—	0.02	—	3.5~4.5	—	4.0~5.0	—	—	8.5~9.5	0.8~1.5	0.05	—	—
铜镍合金	C96200	—	84.5~87.0	0.05C	0.005	1.0Cb	1.0~1.8	—	9.0~11.0	0.02	0.02	0.005	0.8~1.5	0.25	—	—
	C96400	—	65.0~67.0	0.05C	0.005	0.7~1.5Cb	.25~1.0	—	29.5~31.5	0.02	0.02	0.005	0.8~1.5	0.30~0.50	—	—
Spinodal合金	C96800	—	余量	7.5~8.5	—	0.1~0.3Cb	—	—	9.5~10.5				0.05~0.30			
铝镍青铜	C97300	10A	53.0~58.0	1.5~3.0	8.0~11.0	17.0~25.0	1.0	0.35	11.0~14.0	0.08	0.05	0.005	0.5	0.05	—	—
	C97600	11A	63.0~66.0	3.5~4.5	3.5~5.0	3.0~9.0	1.0	0.25	19.5~21.0	0.08	0.05	0.005	1.0	0.05	—	—
	C97800	11B	64.0~67.0	4.5~5.5	1.0~2.0	1.0~4.0	1.0	0.20	24.0~26.0	0.08	0.05	0.005	1.0	0.05	—	—

注:表中①含 Mg 为 0.005%~0.15%。

表 6-114　　铸造铜合金的化学成分

合金代号	Cu	Sn	Pb	Zn	Fe	Sb	Ni (含 Co)	S	P	Al	Si	Mn
美国活动桥和转车台用青铜铸件的化学成分(ASTM B22—2002) /%,不大于												
C86300	60.0～66.0	0.20	0.20	22.0～28.0	2.0～4.0	—	1.0	—	—	5.0～7.5	—	2.5～5.0
C90500	86.0～89.0	9.0～11.0	0.30	1.0～3.0	0.20	0.20	1.0	0.05	0.05	0.005	0.005	—
C91100	82.0～85.0	15.0～17.0	0.25	0.25	0.25	0.20	0.50	0.05	1.0	0.005	0.005	—
C91300	79.0～82.0	18.0～20.0	0.25	0.25	0.25	0.20	0.50	0.05	1.0	0.005	0.005	—
C93700	78.0～82.0	9.0～11.0	8.0～11.0	0.8	0.15	0.55	1.0	0.08	0.15	0.005	0.005	—
美国蒸汽设备或阀用青铜铸件(ASTM B61—2002) /%,不大于												
C92200	86.0～90.0	5.5～6.5	1.0～2.0	3.0～5.0	0.25	0.25	1.0	0.05	0.05	0.005	0.005	—
美国金属型青铜铸件(ASTM B62—2002) /%,不大于												
C83600	84.0～86.0	4.0～6.0	4.0～6.0	4.0～6.0	0.30	0.25	1.0	0.08	0.05	0.005	0.005	—
美国机车易损零件用粗糙青铜铸件(ASTM B66—2006el) /%,不大于												
C94400	78.0～82.0	7.0～9.0	9.0～12.0	0.8	0.15	0.8	1.0	0.08	0.20～0.50	0.005	0.005	—
C93800	75.0～79.0	6.3～7.5	13.0～16.0	0.8	0.15	0.8	1.0	0.08	0.05	0.005	0.005	—
C94500	69.0～75.0	6.0～8.0	16.0～22.0	1.2	0.15	0.3	1.0	0.08	0.05	0.005	0.005	—
C94300	68.5～73.5	4.5～6.0	22.0～25.0	0.8	0.15	0.8	1.0	0.08	0.05	0.005	0.005	—
美国铜合金压铸件(ASTM B176—2004) /%,不大于												
								Mg	Mn			元素总量
C85800	≥57.0	1.5	1.5	31.0～41.0	0.55	—	0.50	—	0.25	0.50	0.25	99.5
C86500	55.0～60.0	1.5	0.30	36.0～42.0	2.5	—	0.8	—	1.5	1.50	—	99.5
C86800	54.0～57.0	1.5	0.20	31.0～39.0	2.5	—	0.8	—	2.5～4.0	2.0	—	99.5
C87800	80.0～83.0	0.25	0.15	12.0～16.0	0.25	—	0.20	0.01	0.15	0.15	3.8～4.2	99.8
C87900	63.0～67.0	0.25	0.25	30.0～36.0	0.50	—	0.50	—	0.15	0.15	0.75～1.2	99.5
C99750	55.0～61.0	0.35	2.5	17.0～23.0	1.5	—	5.0	—	17.0～23.0	3.0	—	99.5
美国齿轮用青铜合金铸件(ASTM B427—2002) /%,不大于												
C90800	85.0～89.0	11.0～13.0	0.25	0.25	0.15	0.20	0.50	0.05	0.30	0.005	0.005	—
C91700	84.0～87.0	11.3～12.5	0.25	0.25	0.20	0.20	1.2～2.0	0.05	0.30	0.005	0.005	—
C90700	88.0～90.0	10.0～12.0	0.50	0.50	0.15	0.20	0.50	0.05	0.30	0.005	0.005	—
C91600	86.0～89.0	9.7～10.8	0.25	0.25	0.20	0.20	1.2～2.0	0.05	0.30	0.005	0.005	—
C92900	82.0～86.0	9.0～11.0	2.0～3.2	0.25	0.20	0.25	2.8～4.0	0.05	0.50	0.005	0.005	—

表 6-115　美国常用的铸造铜合金牌号和化学成分

UNS系列合金代号	合金类型	ASTM曾用名称（旧牌号）	标称化学成分/%						
			Cu	Sn	Pb	Zn	Fe	Al	其他
ASTM B22—2002									
C86300	锰青铜	B22-E	62	—	—	24	3	6	3Mn
C90500	锡青铜	B22-D	88	10	2	—	—	—	—
C91100	锡青铜	B22-B	84	16	—	—	—	—	—
C91300	锡青铜	B22-AK	81	19	—	—	—	—	—
ASTM B61—2002									
C92200	锡青铜	—	88	6	1.5	4	—	—	1Ni max
ASTM B62—2002									
C83600	含铅红色黄铜	—	85	5	5	5	—	—	—
ASTM B66—2006el									
C93800	高铅锡青铜	—	78	7	15	—	—	—	—
C94300	高铅锡青铜	—	70	5	25	—	—	—	—
C94400	含铅磷青铜	—	81	8	11	—	—	—	0.35P
C94500	高铅锡青铜	—	73	7	19	1	—	—	—
ASTM B67									
C94100	高铅锡青铜	—	bal	5.5	20	—	—	—	—
ASTM B148—1997									
C95200	铝青铜	B148-9A	88	—	—	—	3	9	—
C95300	铝青铜	B148-9B	89	—	—	—	1	10	—
C95400	铝青铜	B148-9C	85.5	—	—	—	4	10.5	—
C95410	铝青铜	—	84	—	—	—	4	10	2Ni
C95500	镍-铝青铜	B148-9D	81	—	—	—	4	11	4Ni
C95600	硅-铝青铜	B148-9E	91	—	—	—	—	7	2Si
C95700	铝青铜	—	75	—	—	—	3	8	2Ni12Mn
C95800	镍铝青铜	—	81.5	—	—	—	4	9	4Ni1.5Mn
ASTM B176—2004									
C85700	黄铜	—	61	1	1	37	—	—	—
C85800	黄铜	Z30A	58	1	1	40	—	—	—
C86500	锰黄铜	—	58	—	—	39	1	1	0.5Mn
C87800	硅黄铜	ZS144A	82	—	—	14	—	—	4Si
C87900	高锌硅黄铜	ZS331A	65	—	—	33	—	—	1Si
C99700	白锰青铜	—	58	—	2	22	—	1	5Ni,12Mn
C99750	白锰青铜	—	58	—	1	20	—	1	20Mn
ASTM B584—2006									
C83450	含铅红色黄铜	—	88	2.5	2	6.5	—	—	1Ni
C83600	含铅红色黄铜	B145-4A	85	5	5	5	—	—	—

续表

UNS系列合金代号	合金类型	ASTM曾用名称（旧牌号）	标称化学成分/%						
			Cu	Sn	Pb	Zn	Fe	Al	其他
C83800	含铅红色黄铜	B145-4B	83	4	6	7	—	—	—
C84400	含铅半红色黄铜	B145-5A	81	3	7	9	—	—	—
C84800	含铅半红色黄铜	B145-5B	76	3	6	15	—	—	—
C85200	含铅黄铜	B146-6A	72	1	3	24	—	—	—
C85400	含铅黄铜	B146-6B	67	1	3	29	—	—	—
C85700	含铅海军黄铜	B146-6C	61	1	1	37	—	—	—
C86200	高强度锰青铜	B147-8B	63	—	—	27	3	4	3Mn
C86300	高强度锰青铜	B147-8C	62	—	—	26	3	6	3Mn
C86400	含铅锰青铜	B147-7AK	58	1	1	38	1	0.5	0.5Mn
C96500	锰青铜	B147-8A	58	—	—	39	1	1	1Mn
C86700	含铅锰青铜	B132-B	58	1	1	34	2	2	2Mn
C87300	硅青铜	C198-12AK	95	—	—	—	—	—	1Mn,4Si
C87400	含铅硅青铜	C198-13A	82	—	0.5	14	—	—	3.5Si
C87500	硅黄铜	B198-13B	82	—	—	14	—	—	4Si
C87600	硅青铜	B198-13C	91	—	—	5	—	—	4Si
C87610	硅青铜	B198-12AK	92	—	—	4	—	—	4Si
C90300	变性G青铜	B143-1B	88	8	—	4	—	—	—
C90500	G青铜	B143-1A	88	10	—	2	—	—	—
C92200	海军M	B143-2A	88	6	1.5	3.5	—	—	—
C92300	含铅锡青铜	B143-2B	87	8	1	4	—	—	—
C92500	含铅锡青铜	—	87	10	1	2	—	—	—
C93200	高铅锡青铜	B144-3B	83	7	7	3	—	—	—
C93500	高铅锡青铜	B144-3C	85	5	9	1—	—	—	
C93700	高铅锡青铜	B144-3A	80	10	10	—	—	—	—
C93800	高铅锡青铜	B144-3D	78	7	15	—	—	—	—
C94300	高铅锡青铜	B144-3E	70	5	25	—	—	—	—
C94700	镍锡青铜	B292-A	88	5	—	2	—	—	
C94800	含铅镍锡青铜	B292-B	87	5	1	2	—	—	5Ni
C94900	含铅镍锡青铜	—	80	5	5	5	—	—	5Ni
C96800	旋节合金	—	82	8	—	—	—	—	10Ni,0.2Nb
C97300	含铜白铜	B149-10A	56	2	10	20	—	—	12Ni
C97600	含铅白铜	B149-11A	64	4	4	8	—	—	20Ni
C97800	含铅白铜	B149-11B	66	5	2	2	—	—	25Ni

6.3.2 铜及铜合金的力学性能

(1)铅黄铜板材、带材、棒材的力学性能

表 6-116 铅黄铜板材、棒材的力学性能(ASTM B36/B36M—2008a)

合金代号	材料状态	抗拉强度/MPa		洛氏硬度							
				B标尺				轻洛氏硬度			
				0.508～0.914mm		>0.914mm		0.305～0.711mm		>0.711mm	
		最小	最大	最小	最大	最小	最大	最小	最大	最小	最大
C21000	M20	32	42	—	—	—	—	—	—	—	—
	H01	37	47	20	48	24	52	34	51	37	54
	H02	42	52	20	56	44	60	46	57	48	59
	H03	46	56	50	61	53	64	52	60	54	62
	H04	50	59	57	74	60	67	57	62	59	64
	H06	56	64	64	70	66	72	62	66	63	67
	H08	60	68	68	73	70	75	64	68	65	69
	H10	61	69	69	74	71	76	65	69	66	70
C22000	M20	33	43	—	—	—	—	—	—	—	—
	H01	40	50	27	52	31	55	34	51	37	54
	H02	47	57	50	63	53	66	50	59	52	61
	H03	52	62	59	68	62	71	55	62	58	64
	H04	57	66	65	72	68	75	60	65	62	67
	H06	64	72	72	77	74	79	64	88	66	69
	H08	69	77	76	79	78	81	67	69	68	70
	H10	72	80	78	81	80	83	60	70	69	71
C22600	H01	42	52	29	58	29	58	39	58	39	58
	H02	48	58	52	68	52	68	54	64	41	64
	H03	53	63	61	73	61	73	59	68	59	68
	H04	58	67	67	77	67	77	64	70	64	70
	H06	65	73	74	81	74	81	68	73	68	73
	H08	70	78	78	83	78	83	71	74	71	74
	H10	74	82	81	86	81	86	73	76	73	76
C2300	M20	37	47	—	—	—	—	—	—	—	—
	H01	44	54	33	58	37	62	42	57	45	60
	H02	51	61	56	68	59	71	56	64	58	66
	H03	57	67	66	73	69	76	63	68	65	70
	H04	63	72	72	78	74	80	67	71	68	72
	H06	72	80	78	83	80	85	70	74	71	75
	H08	78	86	80	85	84	87	74	76	75	77
	H10	82	90	84	87	86	89	75	77	76	78
C24000	H20	41	51	—	—	—	—	—	—	—	—
	H01	48	58	38	61	42	65	42	57	45	60
	H02	55	65	59	70	62	73	56	64	58	66
	H03	61	71	69	76	72	79	63	68	65	70
	H04	68	77	76	82	78	84	68	72	69	73
	H06	78	87	83	87	85	80	72	75	78	76
	H08	85	93	87	90	89	92	75	77	76	78
	H10	89	97	88	91	90	93	76	78	77	79

续表

合金代号	材料状态	抗拉强度/MPa		洛氏硬度							
				B标尺				轻洛氏硬度			
		最小	最大	0.508～0.914 mm		>0.914mm		0.305～0.711 mm		>0.711mm	
				最小	最大	最小	最大	最小	最大	最小	最大
C26000	M20	41	51	—	—	—	—	—	—	—	—
	H01	49	59	40	61	44	65	43	57	46	60
	H02	57	67	60	74	63	77	56	66	58	68
	H03	64	74	72	79	75	82	65	70	67	72
	H04	71	81	79	84	91	86	70	73	71	74
	H06	83	92	85	89	87	81	74	76	75	77
	H08	91	100	89	92	90	93	76	78	76	78
	H10	95	104	91	94	92	95	77	79	77	79
C26800	M20	40	50	—	—	—	—	—	—	—	
	H01	49	59	40	61	44	65	43	57	46	60
	H02	55	65	57	71	60	74	54	64	56	6671
	H03	62	72	70	77	73	80	65	69	67	73
	H04	68	78	76	82	78	84	68	72	69	76
	H06	79	89	83	87	85	89	73	75	74	78
	H08	86	95	87	90	89	92	75	77	76	79
	H10	90	99	88	91	90	93	76	78	77	
C27200	M20	41	51	—	—	—	—	—	—	—	—
	H01	49	59	40	61	44	65	43	57	46	60
	H02	56	66	57	74	60	76	54	67	56	68
	H03	63	73	71	78	74	81	64	70	66	71
	H04	70	80	76	82	78	84	67	72	68	73
	H06	81	91	82	87	85	89	71	71	72	76
C28000	M20	40	55	—	—	—	—	—	—	—	—
	H01	50	62	40	65	45	70	45	65	45	70
	H02	58	70	50	75	52	80	50	70	50	75
	H03	60	75	55	80	55	82	52	78	55	80
	H04	70	85	60	85	60	87	55	80	55	82
	H06	82	95	65	82	65	90	60	85	60	85

注:表中所有的法定计量单位数据均为原标准给出数据。

(2)铜及铜合金棒材的力学性能

表 6-117　　　　铜及铜合金棒材的力学性能

合金代号及标准	热处理状态	直径或S尺寸/mm		抗拉强度/MPa(ksi)不小于	屈服强度/MPa(ksi)不小于	伸长率/%不小于	直径或S尺寸/mm		洛氏硬度值HRB	
C36000 ASTM B16M—1985	棒材:圆、六角、八角形						棒:圆、六角、八角形			
	O60(软化退火)	≤25		330(48)	140(20)	15	O60,HO2状态		圆形	六方、八角形
		>25≤50		305(44)	135(18)	20				
		>50		275(40)	105(15)	25	≥12		10~45	10~45
	H02(半硬)	≤12		395(57)	170(25)	7	>12~≤25		60~80	55~80
		>12~≤25		380(55)	170(25)	10				
		>25~≤50		345(50)	140(20)	15	>25~≤50		55~75	45~80
		>50~≤102		310(45)	105(15)	20				
		>102		275(40)	105(15)	20	>50~≤75		45~70	40~65
	条材:矩形						条材:矩形			
		厚度、宽度/mm					厚度、宽度/mm			
	O60(软化退火)	≤25	≤15	305(44)	125(18)	20	O6、HO2状态		10~35	
		>25	≤15	275(40)	105(15)	25	≥1 2	≥1 2		
	H02(半硬)	≤1 2	≤25	345(50)	170(25)	10	≤1 2	≤25	45~85	
		≤1 2	>25~<150	310(45)	115(17)	15	≤1 2	>25~<150	35~70	
		>12~<50	≤50	310(45)	115(17)	15	>12~≤50	≤50	40~80	
		>12~<50	>50~<150	275(40)	105(15)	20		>50~<150	35~70	
		>50	>50~<100	275(40)	105(15)	20	>50	>50~>100	35~70	

注:1. 伸长率试样的长度为4倍的直径或4倍的厚度值;
2. 表中所有的法定计量单位数据均为原标准给出数据。

(3)纯铜条、棒材的力学性能

表 6-118　　　　纯铜条、棒材的力学性能(ASTM B133M—1992 废止)

合金代号(UNS)	材料状态	状态名称	直径或两平行面间距离/mm	抗拉强度/MPa 最小	抗拉强度/MPa 最大	伸长率/% 不大于	弯曲试验角度
C10100	O60	软态	棒或条材所有尺寸	-	255	25	180
C10200	H04	硬态	棒材:				
C10300			≤6	345	—	—	120
C10400			>6~≤9	310	—	10	120
C10500			>9~≤25	275	—	12	120
C10700			>25~≤50	240	—	15	120
C11000			>50~≤76	230	—	15	120
			条材:				
C12000			>4~≤9	290	—	12	120
			>9~≤19	275	—	12	120
			>12~≤50	225	—	15	120
			>50~≤102	220	—	15	120
			型材:				
			所有尺寸	—	—	—	—

(4)海军用黄铜条棒和型材的力学性能

表 6-119 海军用黄铜、棒和型材的力学性能(ASTM B21M—2006)

合金代号	材料状态	直径或两平行面间距离/mm	抗拉强度/MPa(不小于)	屈服强度 $R_{p0.5}$/MPa(不小于)	伸长率/%(不小于)
C46200	M30	所有品种及尺寸	345	140	30
	O60	棒或条材	330	110	30
	O50		400	185	22
		≤12	385	185	25
		>12~≤25	370	180	25
		>25~≤50	360	170	27
		>50~≤75	345	150	30
		>75~≤100	345	140	30
		>100	330	125	22
	H60	棒材,所有尺寸			
	H02	棒材或条材	400	185	22
		≤12	385	185	25
		>12~≤25	370	180	25
		>25~≤50	360	170	27
		>50~≤75	345	150	30
		>75~≤100	345	140	30
		>100			
	H04	棒材或条材			
		≤12	440	275	13
		>12~≤25	425	260	13
		>25~≤50	400	235	18
C46400	M30	所有品种及尺寸	360	140	30
	O60	棒材或条材			
		≤25	370	140	30
		>25~≤50	360	140	30
		>50	345	140	30
	O50	型材,所有尺寸	360	140	30
		棒材或条材			
		≤12	415	185	22
		>12~≤25	415	185	25
		>25~≤50	400	180	25
		>50~≤75	370	170	25
		>75~≤100	370	150	27
		>100	370	150	30
	H50	型材,所有尺寸	400	170	20
	H02	棒材或条材			
		≤12	415	185	22
		>12~≤25	415	185	25
		>25~≤50	400	180	25
		>50~≤75	370	170	25
		>75~≤100	370	150	27
		>100	370	150	30
	H04	棒材或条材			
		≤25	460	310	13
		>25~≤50	425	255	18

续表

合金代号	材料状态	直径或两平行面间距离/mm	抗拉强度/MPa（不小于）	屈服强度 $R_{p0.5}$/MPa（不小于）	伸长率/%（不小于）
	M30	所有品种及尺寸			
			345	140	30
	O60	棒或条材			
			330	140	30
	O50				
		≤12			
			400	210	18
		>12～≤25			
			390	210	20
		>25～≤50			
			375	175	22
		>50			
			345	175	25
	H50	型材,所有尺寸			
			390	175	20
C47940	H02	棒材或条材			
		≤12			
			400	210	18
		>12～≤25			
			390	210	20
		>25～≤50			
			375	175	22
		>50			
			345	175	25
	H04	棒材或条材			
			485	380	10
		≤12			
			450	360	13
		>12～≤25			
			430	310	15
		>25～≤50			
	M30	所有品种及尺寸	360	140	25
	O60	棒材或条材			
	O50	≤25	370	140	25
		>25～≤50	360	140	25
		>50	345	140	25
		型材,所有尺寸	360	140	25
		棒材或条材			
		≤25	415	185	18
	H50	>12～≤25	400	180	20
	H02	>25～≤50	370	170	20
		>50～≤75	370	150	20
C48200		>75～≤100	370	150	25
		>100	400	170	15
	H04	型材,所有尺寸			
		棒材或条材	415	185	18
		≤25	400	180	20
		>25～≤50	370	170	20
		>50～≤75	370	150	20
		>75～≤100	370	150	25
		>100			
		棒材或条材			
		≤25	460	310	11
		>25～≤50	425	255	15

续表

合金代号	材料状态	直径或两平行面间距离/mm	抗拉强度/MPa（不小于）	屈服强度 $R_{p0.5}$/MPa（不小于）	伸长率/%（不小于）
C48500	M30	所有品种及尺寸	360	140	20
	O60 O50	棒材或条材			
		≤25	370	140	20
		>25～≤50	360	140	20
		>50	345	140	20
		型材，所有尺寸	360	140	20
	H60 H02	棒材或条材			
		≤25	415	185	12
		>25～≤50	400	180	20
		>50～≤75	370	170	20
		>75～≤100	370	150	20
		>100	370	150	20
		型材，所有尺寸	400	170	15
		棒材或条材			
		≤25	415	185	12
		>25～≤50	400	180	20
		>50～≤75	370	170	20
		>75～≤100	370	150	20
		>100	370	150	20
	H04	棒材或条材			
		≤25	460	310	10
		>25～≤50	425	255	13

注：表中所有的法定计量单位数据均为原标准给出数据。

(5)磷青铜棒材、条材及型材的力学性能

表 6-120　磷青铜棒材、条材及型材的力学性能(ASTM B 139M—2007)

合金代号	材料状态	直径或两平行面间距离/in(mm)	抗拉强度/ksi(MPa)		伸长率/%(不小于)
			最小	最大	
C51000	O60	棒：圆形	40(276)	58(400)	—
	H04	≤0.25(6.3)	80(551)	128(882)	—
		圆形或六方形			
		0.25(6.3)～0.5(12.7)	70(482)	—	13
		0.5(12.7)～1.0(25.4)	60(413)	—	15
		>1.0(25.4)	55(379)	—	18
		条材：方形或长方形			
		0.25(6.3)～0.375(9.5)	60(413)	—	10
		>0.375(9.5)	55(379)	—	15
	H08	棒：圆形			
		0.026(0.6)～0.063(1.6)	115(792)	—	—
		0.063(1.6)～0.125(3.1)	110(758)	—	—
		0.125(3.1)～0.25(6.3)	105(723)	—	3.5
		0.25(6.3)～0.375(9.5)	100(689)	—	5.0
		0.375(9.5)～0.5(12.7)	90(620)	—	9.0

续表

合金代号	材料状态	直径或两平行面间距离/in(mm)	抗拉强度/ksi(MPa)		伸长率/%(不小于)
			最小	最大	
C52100	O60	棒:圆形	53(365)	68(469)	—
	H04	≤0.25(6.3)	105(723)	128(882)	—
		圆形或六方形			
		0.25(6.3)～0.5(12.7)	85(586)	—	12
		0.5(12.7)～1.0(25.4)	75(517)	—	15
		＞1.0(25.4)	60(413)	—	20
		棒:方形或长方形			
		0.2(5.1)～0.375(9.5)	68(469)	—	10
		＞0.375(9.5)	60(413)	—	15
C52400	O60	棒:圆形	60(413)	75(517)	—
	H04	≤0.25(6.3)	105(723)	160(1102)	—
		圆形或六方形			
		0.25(6.3)～0.5(12.7)	95(655)	—	10
		0.5(12.7)～1.0(25.4)	85(586)	—	12
		＞1.0(25.4)	70(482)	—	15
		棒:方形或长方形			
		0.25(6.3)～0.375(9.5)	76(524)	—	10
		＞0.375(9.5)	70(482)	—	15
C53400 C54400	H04	圆形或六方形			
		0.063(1.6)～0.25(6.3)	65(448)	—	8
		0.25(6.3)～0.5(12.7)	60(413)	—	10
		0.5(12.7)～1.0(25.4)	55(379)	—	12
		＞1.0(25.4)	50(345)	—	15
		棒:方形或长方形			
		0.25(6.3)～0.375(9.5)	55(379)	—	10
		＞0.375(9.5)	50(345)	—	15

注:表中所有的法定计量单位数据均为原标准给出数据。

(6)硅青铜合金条材、棒材及型材的力学性能

表 6-121　硅青铜合金条材、棒材及型材的力学性能(ASTM B 98—2008)

合金代号	材料状态	直径或两平行面间距离/in(mm)	抗拉强度/ksi(MPa)(不小于)	屈服强度 $R_{P0.5}$/ksi(MPa)(不小于)	伸长率/% 不小于
C65100 (棒材、条材型材)	O60	所有品种及尺寸	40(276)	12(83)	30
	H02	棒材:			
		≤0.5(12.7)	55(379)	20(138)	11
		0.5(12.7)～2(50.8)	55(379)	20(138)	12
		条材和型材			
	H04	棒材:			
		≤0.5(12.7)	65(448)	35(241)	8
		0.5(12.7)～2(50.8)	65(448)	35(241)	10
		棒材和型材			
	H06	棒材:			
		≤0.5(12.7)	85(586)	55(379)	6
		0.5(12.7)～1(25.4)	75(517)	45(310)	8
		1(25.4)～1.5(38.1)	75(517)	40(276)	8

续表

合金代号	材料状态	直径或两平行面间距离 /in(mm)	抗拉强度 /ksi(MPa) (不小于)	屈服强度 $R_{P0.5}$ /ksi(MPa) (不小于)	伸长率 /% 不小于
C65500 C66100 长方形条材	O60	所有尺寸	52(358)	15(103)	35
	H04	≤1(25.4)	65(448)	38(262)	20
		1(25.4)～1.5(38.1)	60(413)	30(207)	25
		1.5(38.1)～3(76.2)	55(379)	24(165)	27
C65500 C66100 (棒材、方形条材、型材)	O60	所有品种及尺寸	52(358)	15(103)	35
	H01		55(379)	24(165)	25
	H02	棒材及方形条材			
		≤2(50.8)	70(482)	38(262)	20
		型材:			
	H04	棒材及方形条材			
		≤0.25(6.3)	90(620)	55(379)	8
		0.25(6.3)～1(25.4)	90(620)	52(358)	13
		1(25.4)～1.5(38.1)	80(551)	43(296)	15
		1.5(38.1)～3(76.2)	70(482)	38(262)	17
		>3(76.2)			
		型材:			
	H06	棒材≤0.5(12.7)	100(689)	55(379)	7

注:表中所有的法定计量单位数据均为原标准给出数据。

(7)铝青铜条、棒和型材的力学性能

表 6-122 铝青铜条、棒和型材的力学性能(ASTM B 150—2008)

合金代号	材料状态	直径或两平行面间距离 /in(mm)	抗拉强度 /ksi(MPa) (不小于)	屈服强度 $R_{p0.5}$ /ksi(MPa) (不小于)	伸长率 /% (不小于)
C61300	HR50	棒材(全部圆形)			
		≤0.5(12)	80(550)	50(345)	30
		>0.5(12)～1≤1(25)	75(515)	45(310)	30
		>1(25)～≤2.0(50)	72(495)	35(240)	30
		>2.0(50)～≤3.0(80)	70(485)	35(240)	30
	HR50	棒材(六方形或八方形)或条材			
		≤0.5(12)	80(550)	40(275)	30
		>0.5(12)～≤1.0(25)	75(515)	35(240)	30
		>1.0(25)～≤2(50)	70(485)	32(220)	30
C61400	HR50	棒材(全部圆形)			
		≤0.5(12)	80(550)	40(275)	30
		>0.5(12)～≤1.0(25)	75(515)	35(240)	30
		>1.0(25)～≤2.0(50)	70(485)	32(220)	30
		>2.0(50)～≤3.0(80)	70(485)	30(205)	30

续表

合金代号	材料状态	直径或两平行面间距离 /in(mm)	抗拉强度 /ksi(MPa) (不小于)	屈服强度 $R_{p0.5}$ /ksi(MPa) (不小于)	伸长率 /% (不小于)
C61900	HR50	棒材(全部圆形)			
		≤0.5(12)	90(620)	50(345)	15
		>0.5(12)~≤1.0(25)	88(605)	44(305)	15
		>1.0(25)~≤2.0(50)	85(585)	40(275)	20
		>2.0(50)~≤3.0(80)	78(540)	37(255)	25
	M20	>3(80)	75(515)	30(205)	20
	M20 M30 O20 O25 O30 HR50	所有型材及尺寸	75(515)	30(205)	20
C62300	HR50	棒材(全部圆形)			
		≤0.5(12)	90(620)	50(345)	12
		>0.5(12)~≤1.0(25)	88(605)	44(305)	15
		>1.0(25)~≤2.0(50)	84(580)	40(275)	15
		>2.0(50)~≤3.0(80)	76(525)	37(255)	20
	M20 M30 O20 O25 O20 O30 HR50	≥3.0(80)	75(515)	30(205)	20
	HR50	棒材(六方形或八方形)或条材	80(550)	35(240)	15
		≤1.0(25)	80(550)	35(240)	15
		>1.0(25)~≤2.0(50)	78(540)	32(220)	15
	M20	>2.0(50)	75(515)	30(205)	20
	M20 M30 O20 O25 O30 HR50	所有型材及尺寸	75(515)	30(205)	20
C62400	HR50	棒材(全部圆形)			
		≤0.5(12)	95(655)	45(310)	10
		>0.5(12)~≤1.0(25)	95(655)	45(310)	10
		>1.0(25)~≤2.0(50)	90(620)	43(295)	12
		>2.0(50)~≤3.0(80)	90(620)	40(275)	12
	M20	>3.0(80)~≤5.0(125)	90(620)	35(240)	12
	O20	棒材(六方形或八方形)或条材			
	O25	>0.5(12)~≤5.0(125)	90(620)	35(240)	12
	O30	型材及所有尺寸	90(620)	35(240)	12
	TQ50	棒材全部圆形			
		>3.0(80)~≤5.0(125)	95(655)	45(310)	10

续表

合金代号	材料状态	直径或两平行面间距离 /in(mm)	抗拉强度 /ksi(MPa) (不小于)	屈服强度 $R_{p0.5}$ /ksi(MPa) (不小于)	伸长率 /% (不小于)
C63000	HR50	1—标准强度			
		棒材			
		>0.5(12)~≤1.0(25)	100(690)	50(345)	5
		>1.0(25)~≤2.0(50)	90(620)	45(310)	6
		>2.0(50)~≤3.0(80)	85(585)	42.5(295)	10
	M20 M30 O20 O25 O30 HR50	>3.0(80)~≤4.0(100)	85(585)	42.5(295)	10
		>4.0(100)	80(550)	40(275)	12
	HR50	棒材			
		>0.5(12)~≤1.0(25)	100(690)	50(345)	5
		>1.0(25)~≤2.0(50)	90(620)	45(310)	6
	M20 M30 O20 O25 O30 HR50	>2.0(50)~≤4.0(100)	85(585)	42.5(295)	10
		>4.0(100)	80(550)	40(275)	12
	M20 M30 O20 O25 O30 HR50	型材及所有尺寸	85(585)	42.5(295)	10
	HR50	2—高强度			
		棒材			
		≤1.0(25)	110(760)	68(470)	10
		>1.0(25)~≤2.0(50)	110(760)	60(415)	10
		>2.0(50)~≤3.0(80)	105(725)	55(380)	10
	TQ50 O32	>3.0(80)~≤5.0(125)	100(690)	50(345)	10
C63020	TQ30	棒材或条材			
		≤1.0(25)	135(930)	100(690)	6
		>1.0(25)~≤2.0(50)	130(890)	95(650)	6
		>2.0(50)~≤4.0(100)	130(890)	90(620)	6

续表

合金代号	材料状态	直径或两平行面间距离 /in(mm)	抗拉强度 /ksi(MPa) (不小于)	屈服强度 $R_{p0.5}$ /ksi(MPa) (不小于)	伸长率 /% (不小于)
C63200	TQ50	棒材或条材			
		≤3.0(80)	90(620)	50(345)	15
	TQ55	>3.0(80)~≤5.0(125)	90(620)	45(310)	15
		>5.0(125)~≤12.0(300)	90(620)	40(275)	15
		型材及所有尺寸	90(620)	40(275)	15
	O20	棒材或条材			
	O25	所有尺寸	90(620)	40(275)	15
C64200 C64210	HR50	棒材或条材			
		≤0.5(12)	90(620)	45(310)	9
		>0.5(12)~≤1.0(25)	85(585)	45(310)	12
		>1.0(25)~≤2.0(50)	80(550)	42(290)	12
		>2.0(50)~≤3.0(80)	75(515)	35(240)	15
	M10				
	M20	>3.0(80)~≤4.0(100)	70(485)	30(205)	15
	M30	>4.0(100)	70(485)	25(170)	15
	M30	型材及所有尺寸	70(485)	30(205)	15

注:表中所有的法定计量单位数据均为原标准给出数据

(8)铍青铜棒、条材的力学性能

表 6-123　经沉淀热处理后的铍青铜抗拉强度和硬度要求(ASTM B 196M—2007)

合金代号	材料状态	直径或两平行面间距离		抗拉强度		屈服强度 $R_{P0.2}$ (不小于)		洛氏硬度		伸长率/% (不小于)
		in	mm	ksi	MPa	ksi	MPa	B标尺	C标尺	
C17000 C17200 C17300	TB00	所有尺寸	所有尺寸	60~85	410~590	20	140	45~85		20
	TD04	≤0.375	≤10	90~130	620~900	75	520	88~103		8
		>0.385~≤1	>10~≤25	90~125	620~860	75	520	88~102		8
		>1~≤3	>25~≤75	85~120	590~830	75	520	88~101		8
C17000	TF00	≤3	≤76.2	150~190	1030~1310	125	860		32~39	
		>3	>76.2	150~190	1030~1310	125	860		32~39	
	TH04	≤0.375	≤1	170~210	1210~1450	145	1000		35~41	
		>0.375~≤1	>1~≤25.4	170~210	1170~1450	145	1000		35~41	
		>1~≤3	>25.4~≤76.2	165~200	1140~1380	135	930		34~39	
C17200 C17300	TF00	≤3	≤76.2	165~200	1140~1380	145	1000		36~42	4
		>3	>76.2	165~200	1140~1380	130	900		36~42	3
	TH04	≤0.375	≤1	185~225	1280~1550	160	1100		39~45	2
		>0.375~≤1	>1~≤25.4	180~220	1240~1520	155	1070		38~44	2
		>1~≤3	>25.4~≤76.2	175~215	1210~1480	145	1000		37~44	4

注:表中所有的法定计量单位数据均为原标准给出数据。

(9)纯铜棒、条材的力学性能

表 6-124　　纯铜棒、条材的力学性能(ASTM B 301—2008)

合金代号	材料状态	直径或两平行面间距离	抗拉强度(不小于)		屈服强度 $R_{P0.5}$(不小于)		伸长率/%(不小于)
		in(mm)	ksi	MPa	ksi	MPa	
C14500 C14510 C14700 C14520 C18700	H02	棒材					
		0.0625～0.25(1.5～6.5)	38	260	30	205	8
		>0.25～2.625(6.5～67)	38	260	30	205	12
		线材					
		0.0625～0.5(1.5～12)	38	260			6
	H04	棒(圆形)					
		0.0625～0.25(1.5～6.5)	48	330	40	275	4
		>0.25～1.25(6.5～32)	44	305	38	260	8
		>1.25～3(32～76)	40	275	35	240	8
		条材					
		0.188～0.375(5～10)	42	290	35	240	10
		0.375～0.5(10～12)	40	275	32	220	10
		0.5～2(12～50)	33	225	18	125	12
		2～4(50～100)	32	220	15	105	12
		线材					
		0.0625～0.5(1.5～12)	48	330			4

注:表中所有的法定计量单位数据均为原标准给出数据。

(10)铜锌硅合金棒的力学性能

表 6-125　　铜锌硅合金棒的力学性能(ASTM B 371—2008)

合金代号	材料状态	直径或两平行面间距离		抗拉强度(不小于)		屈服强度 $R_{P0.5}$(不小于)		伸长率/%(不小于)
		in	mm	ksi	MPa	ksi	MPa	
C69300	H02	≤0.5	≤12	85	585	45	310	5
		>0.5～≤1	>12～≤25	75	515	35	240	10
		>1～≤2	>25～≤50	70	480	30	205	10
C69400 C69430	H04	≤1	≤25	80	550	40	250	15
		>1～≤2	>25～≤50	75	515	35	240	15
		>2	>50	65	450	35	240	15
C69700 C69710		≤1	≤25	65	450	32	220	20
		>1	>25	55	380	28	195	25

注:表中所有的法定计量单位数据均为原标准给出数据。

(11)硅青铜棒、条材的化学要求及力学性能

表 6-126　经沉淀热处理状态下材料的力学性能(ASTM B 411—2008)

合金代号	材料状态	直径或两平行面间距离		抗拉强度(不小于)		屈服强度 $R_{P0.5}$(不小于)		伸长率/%(不小于)
		in	mm	ksi	MPa	ksi	MPa	
C64700	棒材							
	圆形	3/32～1 1/2	2.4～38	90	620	75	515	8
		>1 1/2～2	>38～50	80	550	70	485	8
	六方形	1/8～1 1/2	3～38	90	620	75	515	8
	或八方形	>1 1/2～2	>38～50	80	550	70	485	8
	条材							
	方形	>0.188～1	5～25	90	620	75	515	8
		>1～1 1/2	>25～38	80	550	70	485	8
		>0.188～1 1/2	>5～38	80	550	70	485	8
	长方形	≤2 1/2	≤65					

注:表中所有的法定计量单位数据均为原标准给出数据。

表 6-127　沉淀硬化热处理(ASTM　B 411—2008)

品种种类	规格尺寸/mm(in)	温度 °F	温度 ℃	加温时间/min
所有	≤1.3(0.050)	800	427	90
	1.3～≤25(>0.050～≤1.000)	850	454	90
	>25(1.0)	850	454	120

注:1. 为长方形条材的厚度;
　　2. 表中所有的法定计量单位数据均为原标准给出数据。

(12)白铜合金棒材的力学性能

表 6-128　铜镍锌合金的力学性能(ASTM B 151M—2005(2011))

材料状态	直径或两平行面间距离/mm	抗拉强度/MPa UNS系统牌号 C75200,C79200 最小	最大	UNS系统牌号 C74500,C75700 C76400,C77000 最小	最大
H01	棒材:				
	圆形 0.5～10	415	550	515	655
H04	圆形、六方形或八方形				
	0.5～≤6.5	550	690	620	760
	>6.5～≤10	485	620	550	690
	>10～≤25	450	590	515	655
	>25	415	550	485	620
	条材:				
	正方形或矩形				
	所有尺寸	470	605	515	650

注:表中所有的法定计量单位数据均为原标准给出数据。

表 6-129　　铜镍合金的力学性能(ASTM B 151M—2005(2011))

合金代号	材料	状态名称	直径或两平行面间距离 /mm	抗拉强度 /MPa 不小于	屈服强度 /MPa 不小于	伸长率 /% 不小于
C70600			棒材：			
			圆形、六方形或八方形			
			条材：			
			正方形			
	O60	软退火	所有尺寸	260	105	30
	H04	硬　态	≤10	415	260	10
	M30	热挤压	>10～≤25	345	205	15
			>25～75	275	105	30
			棒材：			
			矩形			
			型材			
	O60	软退火	所有尺寸	260	105	30
			条材：			
			矩形			
	H04	硬　态	≤10	380	205	10
			>10～≤12	345	195	12
			>12～75	275	115	20
			型材：			
	H04	硬　态	所有尺寸	(按供需双方协议)		
C71500			棒材：			
			圆形、六方形或八方形			
			条材：			
			正方形			
	O60	软退火	≤10	360	125	30
	M30	热挤压	>10～≤25	330	125	30
			>25	310	125	30
			棒材：			
			圆形、六方形或八方形			
			条材：			
			正方形			
	H01	1/4 硬	≤10	450	345	10
			>10～≤25	415	310	15
			>25～≤75	380	240	20
	H04	硬　态	≤10	550	415	8
			>10～≤25	515	400	10
			>25～≤50	485	380	10
			棒材：			
			矩形			
			正方形			
	O60	软退火	所有尺寸	310	105	30
			条材：			
			矩形			
	H04	硬　态	≤10	515	380	7
			>10～25	485	345	10
			型材：			
	H04	硬　态	所有尺寸	(按供需双方协议)		

注：表中所有的法定计量单位数据均为原标准给出数据。

(13)镍白铜及锌白铜板材、薄板、带材圆棒材的力学性能

表 6-130　镍白铜及锌白铜板材、薄板、带材加圆棒材的力学性能(ASTM B 122—2011)

合金代号	材料状态	抗拉强度/MPa(ksi)		近似洛氏硬度值		
		最小	最大	G标尺	B标尺	表面洛氏30-T
	M20	275 (40)	425 (62)	—	—	—
	H01	350 (51)	460 (67)	—	51～78	52～70
	H02	400 (58)	495 (72)	—	66～81	61～72
C70600	H04	490 (71)	570 (83)	—	76～86	67～74
C70620	H06	505 (73)	585 (85)	—	80～88	71～77
	H08	540 (78)	605 (88)	—	83～91	72～78
	M20	260 (38)	385 (56)	—	—	—
C7100	H01	325 (47)	435 (63)	—	45～72	46～65
	H02	385 (56)	485 (70)	—	64～78	59～69
	H04	460 (67)	545 (79)	—	76～84	67～73
	H06	495 (72)	580 (84)	—	79～87	69～75
	H08	525 (76)	600 (87)	—	82～88	71～75
	M20	310 (45)	450 (65)	—	—	—
	H01	400 (58)	495 (72)	—	67～81	61～71
	H02	455 (66)	550 (80)	—	76～85	67～74
C71500	H04	515 (75)	605 (88)	—	83～89	72～76
C71520	H06	550 (80)	635 (92)	—	85～91	73～77
	H08	580 (84)	650 (94)	—	87～91	74～77
	M20	290 (42)	425 (62)	—	—	—
	H01	380 (55)	460 (67)	—	63～78	58～70
	H02	400 (58)	495 (72)	—	66～85	61～73
C72200	H04	490 (71)	585 (85)	—	76～88	67～78
	H06	505 (73)	620 (90)	—	79～90	69～78
	H08	540 (78)	625 (92)	—	81～91	71～79
	M20	345 (50)	485 (70)	—	—	—
	H01	380 (55)	515 (75)		≤85	≤72
	M20	345 (50)	485 (70)	—	—	—
	H02	450 (65)	550 (80)	—	70～90	62～75
C72500	H04	515 (75)	620 (90)	—	75～90	66～75
	H06	550 (80)	655 (95)	—	80～95	70～80
	H08	585 (85)	690 (100)	—	85～95	72～80
	H10	620 (90)	725 (105)	—	87～95	76～80
	H14	690 (100)	860 (125)		92(不小于)	78(不小于)
	M20	330 (48)	435 (63)			
	H01	385 (56)	475 (69)	20～47	66～80	60～70
C73500	H02	435 (63)	515 (75)	38～53	75～84	67～73
	H04	505 (73)	580 (84)	51～61	83～88	72～75
	H06	545 (79)	620 (90)	57～65	86～90	74～76
	M20	330 (48)	435 (63)	—	—	—
	H01	380 (55)	485 (70)	—	60～80	—
C74000	H02	435 (63)	530 (77)	—	70～85	—
	H04	505 (73)	600 (87)	—	79～91	—
	H06	545 (79)	625 (91)	—	83～93	—

续表

合金代号	材料状态	抗拉强度/MPa(ksi)		近似洛氏硬度值		
		最小	最大	G标尺	B标尺	表面洛氏30-T
C74500	M20	330 (48)	450 (65)	—	—	—
	H01	385 (56)	505 (73)	—	51~80	50~70
	H02	460 (67)	565 (82)	—	72~87	65~75
	H04	550 (80)	650 (940	—	85~92	73~78
	H06	615 (89)	700 (102)	—	90~94	76~79
	H08	655 (95)	740 (108)	—	92~96	77~80
C75200	M20	355 (52)	450 (65)	—	—	—
	H01	400 (58)	495 (72)	—	50~75	49~67
	H02	455 (66)	550 (80)	—	68~82	62~72
	H04	540 (78)	625 (91)	—	80~90	70~76
	H06	595 (86)	675 (98)	—	87~94	74~79
	H08	620 (90)	700 (101)	—	89~96	75~80
C76200	M20	380 (55)	515 (75)	—	—	—
	H01	450 (65)	560 (81)	—	61~85	57~74
	H02	515 (75)	625 (91)	—	78~91	69~77
	H04	620 (90)	720 (105)	—	90~95	76~79
	H06	685 (99)	790 (114)	—	94~98	79~81
	H08	740 (107)	840 (122)	—	97~100	≥80
C77000	M20	415 (60)	550 (80)	—	—	—
	H01	475 (69)	600 (87)	23~62	70~88	63~75
	H02	540 (78)	655 (95)	51~69	81~92	71~78
	H04	635 (92)	750 (109)	67~76	90~96	76~80
	H06	700 (102)	810 (117)	73~80	95~99	79~82
	H08	740 (108)	850 (123)	77~83	97~100	≥80

注：表中所有的法定计量单位数据均为原标准给出数据。

表 6-131　退火材料的近似洛氏硬度值

合金代号	材料状态	晶粒度/mm	近似洛氏硬度值			材料牌号	材料状态	晶粒度/mm	近似洛氏硬度值①		
			B标尺	F标尺	表洛30-T				B标尺	F标尺	表格30-T
C70600	OS035	0.035	10~27	55~72	15~34	C74000	OS070	0.070	5~20	—	—
	OS015	0.015	16~48	65~83	25~45		OS035	0.035	20~40		
							OS015	0.015	35~55		
C71000	OS035	0.035	18~35	67~76	28~40	C74500	OS070	0.070	15~30	63~73	26~36
	OS015	0.015	35~58	76~90	40~55		OS035	0.035	23~41	70~80	31~44
C71500	OS035	0.035	23~45	70~85	31~46		OS015	0.015	41~59	80~90	44~56
	OS015	0.015	37~63	74~93	40~58						
C72200	OS035	0.035	14~31	—	24~36	C75200	OS070	0.070	25~40	70~80	32~43
	OS015	0.015	18~42	—	26~41		OS035	0.035	35~55	75~88	40~53
							OS015	0.015	45~70	83~93	46~64
C72500	OS035	0.035	24~39	70~81	32~42	C76200	OS035	0.035	20~35	70~80	—
	OS015	0.015	37~61	78~92	41~58		OS015	0.015	28~55	76~90	
C73500	OS035	0.035	20~35	70~80	29~40	C77000	OS070	0.070	29~45	72~83	35~46
	OS015	0.015	28~55	76~90	34~53		OS035	0.035	37~60	76~91	41~57
							OS015	0.015	47~73	84~98	47~65

注：1. ①洛氏硬度值应用如下：B和F硬度划分值适用于材料厚度≥0.508mm(0.020in)的金属材料。30-T硬度划分值适用于材料厚度≥0.381mm(0.015in)的金属材料；

2. OS015-退火，保证晶粒度平均为0.015mm；OS035-退火，保证晶粒度平均为0.035mm。

(14)加铅黄铜板、薄板、带及轧制棒的力学性能

表 6-132　　加铅黄铜板、薄板、带及轧制棒的力学性能(ASTM B 121—2011)

状态③		抗拉强度,/MPa(ksi①)		硬度近似值②		
材料状态	原表示法	最小	最大	B标度	F标度	30-T表面硬度
铜合金 UNS 号 C33500,C34000,C34200,C35000,C35300 和 C35600						
H01	1/4 硬	340(49)	405(59)	40～65	—	43～60
H02	1/2 硬	380(55)	450(65)	57～74	—	54～66
H04	硬	470(68)	540(78)	76～84	—	68～73
H06	特硬	545(79)	615(89)	83～89	—	73～76
H08	弹性	595(86)	655(95)	87～92	—	75～78
H10	高弹性	620(90)	685(99)	88～93	—	76～79

注:1. ①ksi＝1000psi;②洛氏硬度值的适用范围如下:30-T 标度的硬度值适用厚度≥0.012in(0.305mm)的金属;③一般仅 353 号合金以弹性、高弹性状态供货;

2. 各标准代号见标准 B601。B 和 F 标度的硬度值适用于厚度≥0.508mm(0.02in)的金属;

3. 表中所有的法定计量单位数据均为原标准给出数据。

(15)锰青铜条、棒及型材的力学性能

表 6-133　　锰青铜条、棒及型材的力学性能(ASTM B 138—2011)

合金代号	品种种类	材料状态代号	状态名称	直径或两平行面间距离/mm(in)	抗拉强度不小于		屈服强度不小于		伸长率/%不小于
					ksi	MPa	ksi	MPa	
C67000	棒或条	O60	软	所有尺寸	85	585	45	310	10
		H02	半硬	所有尺寸	105	720	60	415	7
		H04	硬	所有尺寸	115	790	68	470	5
C67500 C67600	棒材	O60	软态	所有尺寸	55	380	22	150	20
		H02	半硬	≤25(1)	72	495	36	250	13
				>25(1)～≤65(2.5)	70	485	35	240	15
				>65(2.5)	65	450	32	220	17
		H04	硬	≤25(1)	80	550	56	360	8
				>25～≤65(2.5)	76	525	52	360	10
				>38(1.5)～≤65(2.5)	73	510	48	330	12
				>65(2.5)	68	470	45	310	16
	条材	O60	软态	所有尺寸	55	380	22	150	20
		H02	半硬	≤25(1)	72	445	36	250	13
				>25(1)～≤65(2.5)	70	485	36	240	15
		H04	硬态	>65(2.5)	65	450	32	220	17
				≤25(1)	76	525	52	360	8
				>25(1)～≤65(2.5)	72	495	47	325	12
				65(>2.5)	68	470	45	310	16
	型材	O60	软态	所有尺寸	55	380	22	150	20

注:表中所有的法定计量单位数据均为原标准给出数据。

(16)铜铍钴合金条、棒材的力学性能

表 6-134　　铜铍钴合金条、棒材的力学性能(ASTM B 441—2004(2010))

合金代号	材料状态代号	状态名称	抗拉强度 /MPa(ksi)	洛氏硬度值 B标尺	导电性 /% IACS,不小于
			供应状态		
C17500 C17510	TB00 TD04	固溶热处理(A) 硬态	240(35)～380(55) 450(65)～550(80)	≤50 60～80	20 20
			经沉淀热处理后		
	TF00 TH04	固溶热处理(AT) 硬态(HT)	690(100)～895(130) 760(110)～965(140)	92～100 95～102	45 48

注:表中所有的法定计量单位数据均为原标准给出数据。

表 6-135　　验收试验的沉淀热处理时间(ASTM B 441—2004(2010))

合金代号	状态代号	状态名称	温　度	时　间 /h
C17500	TB00 TD04	固溶热处理 固溶处理和冷作硬化	482℃(900°F)	3 2
C17510	TB00 TD04	固溶热处理 固溶处理和冷作硬化	454℃(850°F) 或 482℃(900°F)	3 2

(17)铜-锌-铅合金棒材的力学性能

表 6-136　　铜-锌-铅合金棒材的力学性能(ASTM B 453M—2011)

合金代号	材料状态代号	状态名称	直径或两平行面间距离 /mm(in)	抗拉强度 不小于		屈服强度 不小于		伸长率 /% 不小于	洛氏硬度 HRB
				ksi	MPa	ksi	MPa		
	O60	软态	≤12.7(0.5)	46	315	16	110	20	
			12.7～≤25.4(>0.5～≤1)	44	305	15	105	25	≤45
C33500									
			>25.4(1)	40	275	15	105	30	
	H01	1/4 硬	≤12.7(0.5)	52	360	25	170	10	
C34000			12.7～≤25.4(>0.5～≤1)	50	345	20	140	15	50～75
C34500			>25.4(1)	42	290	15	105	20	
			25.4～≤50.8(>1～≤2)						40～70
C35000			>50.8(2)						35～65
	H02	半硬	≤12.7(0.5)	57	395	25	170	7	
C35300			12.7～25.4(>0.5～≤1)	55	380	25	170	10	60～80
C35330			>25.4(1)	50	345	20	140	15	
C35350			25.4～50.8(>1～≤2)						
C35600									50～75
			>50.8(2)						
									40～70

注:表中所有的法定计量单位数据均为原标准给出数据。

(18)铜合金冷凝器管及热交换器用中厚板、薄板的力学性能

表 6-137 铜合金冷凝器管及热交换器用中厚板、薄板的力学性能(ASTM B 171M—2011e1)

铜合金 UNS系列 合金代号	厚度 /mm	抗拉强度 /MPa	屈服强度[①]/MPa,最小	50.0mm 的伸长率 /%,最小
C36500	≤50 及以下	345	140	35
	>50.0～100.0	310	105	35
	>100.0～≤140.0	275	85	35
C44300	≥100	310	105	35
C44400 和				
C44500				
C46400,C46500	≤80	345	140	35
	>80～≤140.0	345	125	35
C61300	≤50.0	520	255	30
	>50.0～80.0	485	205	35
	>80.0～≤140.0	450	195	35
C61400	≤50.0	485	205	35
	>50.0～140.0	450	195	35
C63000	≤50.0	620	250	10
和 C63200	>50.0～100.0	585	230	10
	>100.0～≤140.0	550	205	10
C70600	≤60.0	275	105	30
和 C70620	>60.0～≤140.0	275	105	30
C71500	≤60.0	345	140	30
和 C71520	>60.0～≤140	310	125	30
C72200	≤60.0	290	110	35

注:1. 屈服强度在负荷下按伸长 0.5%,即 50.0mm 标距伸长 0.254mm 进行测定;
2. 表中所有的法定计量单位数据均为原标准给出数据。

(19)铜铁合金板、薄板、带和轧制棒的力学性能

表 6-138 铜铁合金板、薄板、带和轧制棒的力学性能(ASTM B 465—2011)

状态(B601)		抗拉强度 /MPa(ksi)	洛氏硬度,近似值			
			B 标度		表面 30-T	
状态代号	前表示法		0.508mm(0.020in)～≤0.914mm(0.036in)	>0.914mm (0.036in)	0.305mm(0.012in)～≤0.711mm(0.028in)	>0.711mm (0.028in)
铜合金 UNS 牌号 C19200						
O61	退火	276～345(40～50)	—	—	—	—
H01	1/4 硬	310～380(45～55)	—	—	—	—
H02	1/2 硬	360～425(52～62)	53～69	—	53～66	—
H04	硬	415～483(60～70)	68～74	—	66～71	—
H06	特硬	460～510(67～74)	71～75	—	69～73	—
H08	弹性	485～540(70～78)	73～76	—	69～74	—
H10	高弹性	510～550(74～80)	73～76	—	69～74	—
O61	退火	27～42	—	—	—	—
H01	$\frac{1}{4}$硬	43～53	—	—	—	≤50

续表

状态(B601)		抗拉强度/MPa(ksi)	洛氏硬度，近似值			
			B标度		表面 30-T	
状态代号	前表示法		0.508mm(0.020in)～≤0.914mm(0.036in)	>0.914mm(0.036in)	0.305mm(0.012in)～≤0.711mm(0.028in)	>0.711mm(0.028in)
H02	$\frac{1}{2}$硬	47～60	—	—	—	35～60
H03	$\frac{3}{4}$硬	52～62	—	—	—	52～67
H04	硬	35～60	—	—	—	54～69
H06	特硬	54～69	—	—	—	56～71
H08	弹性	56～71	—	—	—	58～73
H10	高弹性	66 min	—	—	—	60～75
铜合金 UNS 牌号 C19400						
O60	软退火	40～50	—	—	—	—
O50	光亮退火	45～55	—	—	—	—
O82	退火到1/2硬	53～63	—	—	—	—
H02	1/2 硬	53～63	49～69	57～70	52～63	51～66
H04	硬	60～70	67～73	68～76	61～68	64～69
H06	特硬	67～73	72～75	75～77	67～69	68～69
H08	弹性	70～76	73～78	76～79	68～69	69～72
H10	高弹性	73～80	75～79	77～80	69～70	69～72
H14	特高弹性	80 min	—	—	≥70	—
铜合金 UNS 牌号 C19500						
O60	软退火	50～60	—	—	—	
H01	$\frac{1}{4}$硬	60～72	63－79	—	61～71	—
H02	$\frac{1}{2}$硬	68～78	76～81	—	69～73	—
H03	$\frac{3}{4}$硬	75～85	80～83	—	72～74	—
H04	硬	82～90	82～85	—	73～75	—
H08	弹性	88～97	84～87	—	74～77	—
铜合金 UNS 牌号 C19700						
O60	软退火	43～53	—	—	—	—
H02	$\frac{1}{2}$硬	53～63	62～71	—	62～68	—
H04	硬	60～70	66～73	—	65～70	—
H06	特硬	67～73	70～75	—	68～71	—
H08	弹性	70～76	71～73	—	69～72	—
H10	特高弹性	73～80	72～78	—	70～74	—
铜合金 UNS 牌号 C19720						
HR02	1/2 硬	53～63	65～71	—	62～68	—
HR04	硬	60～70	66～73	—	65～70	—
HR06	特硬	67～73	70～78	—	65～75	—

注：表中所有的法定计量单位数据均为原标准给出数据。

(20)磷青铜板、薄板带及轧制棒的力学性能

表 6-139 磷青铜板、薄板带及轧制棒的力学性能(ASTM B 103/B 103M—2010)

状态		厚度 /mm(in)	抗拉强度 /MPa(ksi)		洛氏硬度,近似值	
状态代号	原表示法		最小	最大	B标度	30-T 表面硬度
铜合金 UNS 牌号 C51000						
M20 O60	热扎 软退火	＞4.775(0.188)	275(40)	415(60)	—	—
		＞0.991(0.039)	295(43)	400(58)	16～64	—
		＞0.737(0.029)			—	32～59
		＞0.508(0.020)～≤0.991(0.039)			12～60	—
		＞0.254(0.010)～≤0.737(0.029)			—	24～53
		0.254(0.010)～≤0.076(0.003)				
H02	半硬	＞0.991(0.039)	400(58)	505(73)	64～85	—
		＞0.737(0.029)			—	59～73
		＞0.508(0.020)～≤0.991(0.039)			60～82	—
		＞0.254(0.010)～≤0.737(0.029)			—	53～69
		0.076(0.003)～≤0.254(0.010)				
H04	硬	＞0.991(0.039)	525(76)	625(91)	86～93	—
		＞0.737(0.029)			—	73～78
		＞0.508(0.020)～≤0.991(0.039)			84～91	—
		＞0.254(0.039)～≤0.737(0.029)			—	71～75
		0.076(0.003)～≤0.254(0.010)				
H06	特硬	＞0.991(0.039)	605(88)	710(103)	92～96	—
		＞0.737(0.029)			—	77～81
		＞0.508(0.020)～≤0.991(0.039)			89～95	—
		＞0.254(0.010)～≤0.737(0.029)			—	74～78
		0.076(0.003)～≤0.254(0.010)				
H08	弹性	＞0.991(0.039)	655(95)	760(110)	94～98	—
		＞0.737(0.029)			—	79～82
		＞0.508(0.020)～≤0.991(0.039)			92～97	—
		＞0.254(0.010)～≤0.737(0.029)			—	76～80
		0.076(0.003)～≤0.254(0.010)				

续表

状态		厚度/mm(in)	抗拉强度/MPa(ksi)		洛氏硬度,近似值	
状态代号	原表示法		最小	最大	B标度	30-T表面硬度
H10	高弹性	>0.991(0.039)	690(100)	790(114)	95～99	—
		>0.737(0.029)			—	80～83
		>0.508(0.020)～≤0.991(0.039)			94～98	—
		>0.254(0.010)～≤0.737(0.029)			—	77～81
		>0.076(0.003)～≤0.254(0.010)				
铜合金UNS牌号C51100　C53400和C54400						
M20 O60	热扎 软退火	>4.775(0.188)	40(275)	58(400)	—	—
		>0.991(0.039)	40(275)	55(380)	7～50	—
		>0.737(0.029)			—	24～50
		>0.508(0.020)～≤0.991(0.039)			0～45	—
		>0.254(0.010)～≤0.737(0.029)			—	16～46
H02	半硬	>0.991(0.039)	380(55)	485(70)	60～81	—
		>0.737(0.029)			—	57～73
		>0.508(0.020)～≤0.991(0.039)			53～78	—
		>0.254(0.010)～≤0.737(0.029)			—	52～71
H04	硬	>0.991(0.039)	495(72)	600(87)	82～90	—
		>0.737(0.029)			—	71～77
		>0.508(0.020)～≤0.991(0.039)			80～88	—
		>0.254(0.010)～≤0.737(0.029)			—	59～75
H06	特硬	>0.991(0.039)	580(84)	685(99)	88～94	—
		>0.737(0.029)			—	75～80
		>0.508(0.020)～≤0.991(0.039)			86～92	—
		>0.254(0.010)～≤0.737(0.029)			—	73～78
H08	弹性	>0.991(0.039)	625(91)	720(105)	90～96	—
		>0.737(0.029)			—	77～81
		>0.508(0.020)～≤0.991(0.039)			88～94	—
		>0.254(0.010)～≤0.737(0.029)			—	75～79

续表

状态		厚度/mm(in)	抗拉强度/MPa(ksi)		洛氏硬度,近似值	
状态代号	原表示法		最小	最大	B标度	30-T表面硬度
H10	高弹性	>0.991(0.039)	660(96)	750(109)	92~97	—
		>0.737(0.029)			—	78~82
		>0.508(0.020)~≤0.991(0.039)			89~94	—
		>0.254(0.010)~≤0.737(0.029)			—	76~80
铜合金 UNS 牌号 C52100						
M20 O60	热扎 软退火	>4.775(0.188)	50(345)	78(540)	—	—
		>0.991(0.039)	53(365)	460(67)	29~70	—
		>0.737(0.029)			—	39~68
		>0.508(0.020)~≤0.991(0.039)			20~66	—
		>0.254(0.010)~≤0.737(0.029)			—	27~62
H02	半硬	>0.991(0.039)	475(69)	580(84)	76~91	—
		>0.737(0.029)			—	67~78
		>0.508(0.020)~≤0.991(0.039)			69~88	—
		>0.254(0.010)~≤0.737(0.029)			—	63~75
H04	硬	>0.991(0.039)	585(85)	690(100)	91~97	—
		>0.737(0.029)			—	76~81
		>0.508(0.020)~≤0.991(0.039)			89~95	—
		>0.254(0.010)~≤0.737(0.029)			—	73~80
H06	特硬	>0.991(0.039)	670(97)	770(112)	95~100	—
		>0.737(0.029)			—	78~83
		>0.508(0.020)~≤0.991(0.039)			93~98	—
		>0.254(0.010)~≤0.737(0.029)			—	77~82
H08	弹性	>0.991(0.039)	720(105)	820(119)	97~102	—
		>0.737(0.029)			—	79~84
		>0.508(0.020)~≤0.991(0.039)			95~100	—
		>0.254(0.010)~≤0.737(0.029)			—	78~83
H10	高弹性	>0.991(0.039)	760(110)	830(122)	98~103	—
		>0.737(0.029)			—	80~84
		>0.508(0.020)~≤0.991(0.039)			96~101	—
		>0.254(0.010)~≤0.737(0.029)			—	79~83

续表

状态		厚度 /mm(in)	抗拉强度 /MPa(ksi)		洛氏硬度，近似值	
状态代号	原表示法		最小	最大	B标度	30-T 表面硬度
铜合金 UNS 牌号 C52400						
M20 O60	热扎 软退火	>4.775(0.188)	380(55)	515(75)	—	—
		>0.991(0.039)	400(58)	505(73)	35～75	—
		>0.737(0.029)			—	40～78
		>0.508(0.020)～≤0.991(0.039)			25～71	—
		>0.254(0.010)～≤0.737(0.029)			—	29～84
H02	半硬	>0.991(0.039)	525(76)	625(91)	78～95	—
		>0.737(0.029)			—	67～80
		>0.508(0.020)～≤0.991(0.039)			74～93	—
		>0.254(0.010)～≤0.737(0.029)			—	63～77
H04	硬	>0.991(0.039)	650(94)	750(109)	94～101	—
		>0.737(0.029)			—	78～82
		>0.508(0.020)～≤0.991(0.039)			92～100	—
		>0.254(0.010)～≤0.737(0.029)			—	75～81
H06	特硬	>0.991(0.039)	740(107)	830(122)	98～103	—
		>0.737(0.029)			—	80～84
		>0.508(0.020)～≤0.991(0.039)			97～102	—
		>0.254(0.010)～≤0.737(0.029)			—	79～83
H08	弹性	>0.991(0.039)	790(115)	890(129)	99～104	—
		>0.737(0.029)			—	81～85
		>0.508(0.020)～≤0.991(0.039)			98～103	—
		>0.254(0.010)～≤0.737(0.029)			—	80～84
H10	高弹性	>0.991(0.039)	830(120)	920(133)	100～105	—
		>0.737(0.029)			—	82～86
		>0.508(0.020)～≤0.991(0.039)			99～104	—
		>0.254(0.010)～≤0.737(0.029)			—	81～85

注：表中所有的法定计量单位数据均为原标准给出数据。

(21)美国铜合金管材的力学性能

表 6-140 铜合金管材[①]的典型力学性能

UNS合金代号与状态	抗拉强度		屈服强度[②]		伸长率[③]
	MPa	ksi	MPa	ksi	%
C10200					
OS050	220	32	69	10	45
OS025	235	34	76	11	45
H55	275	40	220	32	25
H80	380	55	345	50	8
C12200					
OS050	220	32	69	10	45
OS025	235	34	76	11	45
H55	275	40	220	32	25
H80	380	55	345	50	8
C19200					
H55[④]	290	42	205[⑤]	30[⑤]	35
C23000					
OS050	275	40	83	12	55
OS015	305	44	125	18	45
H55	345	50	275	40	30
H80	485	70	400	58	8
C26000					
OS050	325	47	105	15	65
OS025	360	52	140	20	55
H80	540	78	440	64	8
C33000					
OS050	325	47	105	15	60
OS025	360	52	140	20	50
H80	515	75	415	60	7
C43500					
OS035	315	46	110	16	46
H80	515	75	415	60	7
C44300,C44400,C44500					
OS025	365	53	150	22	65
C46400,C46500,C46600 C46700[⑥]					
H80	605	88	455	66	18
C60800					
OS025	415	60	185	27	55
OS015	310	45	140	20	55
H80	450	65	275	40	20
C65500					
OS050	395	57	—	—	70
H80	640	93	—	—	22
C68700					
OS025	415	60	185	27	55
C70600					
OS025	305	44	110	16	42
H55	415	60	395	57	10
C71500					
OS025	415	60	170	25	45

注:①管子尺寸:外径 25mm(1in),壁厚 1.65mm(0.065in);②在载荷下伸长 0.5%;③试样标距 50.8mm(2in);④管子尺寸:外径 4.8mm(0.1875in),壁厚 0.76mm(0.030in);⑤伸长 0.2%;⑥管子尺寸:外径 9.5mm(0.375in),壁厚 2.5mm(0.097in)。

(22)美国各类铍铜合金加工产品的力学性能

表 6-141 铍铜合金带材在不同条件下的状态名称和性能

状态名称 ASTM B601	商业	初始条件①	时效处理②	抗拉强度 MPa	抗拉强度 ksi	0.2%屈服强度 MPa	0.2%屈服强度 ksi	伸长率 %	洛氏硬度	电导率 %IACS
C17000(97.9Cu-1.7Be)										
TB00	A	退火	—	410～530	59～77	190～250	28～36	35～65	45～78HRB	15～19
TB00	A平整	退火	—	410～540	59～78	200～380	29～55	35～60	45～78HRB	15～19
TD01	1/4H	1/4硬	—	510～610	74～88	410～560	59～81	20～45	68～90HRB	15～19
TD02	1/2H	1/2硬	—	580～690	84～100	510～660	74～96	12～30	88～96HRB	15～19
TD04	H	硬	—	680～830	90～120	620～800	90～116	2～10	96～102HRB	15～19
TF00(C)	AT	退火	3h,315℃	1030～1250	149～181	890～1140	129～165	3～20	33～38HRB	22～28
			3h,345℃	1105～1275	160～185	860～1140	125～165	4～10	34～40HRC	22～28
TH01(c)	1/4HT	1/4硬	2h,315℃	1100～1320	160～191	930～1210	135～175	3～15	35～40HRC	22～28
			3h,330℃	1170～1345	170～195	895～1170	130～170	3～6	36～41HRC	22～28
TH02(C)	1/2HT	1/2硬	2h,315℃	1170～1380	170～200	1030～1250	149～181	1～10	37～42HRC	22～28
			2h,330℃	1240～1380	180～200	965～1240	140～180	2～5	38～42HRC	22～28
TH04(C)	HT	硬	2h,315℃	1240～1380	180～200	1060～1250	154～181	1～6	38～44HRC	22～28
			2h,330℃	1275～1415	185～205	1070～1345	155～195	2～5	39～43HRC	22～28
TM00	AM	退火	M	680～760	99～110	480～660	70～96	18～30	98HRB ～23HRC	18～33
TM01	1/4HM	1/4硬	M	750～830	109～120	550～760	80～110	15～25	20～26HRC	18～33
TM02	1/2HM	1/2硬	M	820～940	119～136	650～870	94～126	12～22	24～30HRC	18～33
TM04	HM	硬	M	930～1040	135～151	750～940	109～136	9～20	28～35HRC	18～33
TM05	SHM	硬	M	1030～1110	149～161	860～970	125～141	9～18	31～37HRC	18～33
TM06	XHM	硬	M	1060～1210	154～175	930～1140	135～165	3～10	32～38HRC	18～33
C17200(98.1Cu-1.9Be)										
TB00	A	退火	—	410～530	59～77	190～250	28～36	35～65	45～78HRB	15～19
TB00	A平整	退火	—	410～540	59～78	200～380	29～55	35～60	45～78HRB	15～19
TD01	1/4H	1/4硬	—	510～610	74～83	410～560	59～81	20～45	68～90HRB	15～19
TD02	1/2H	1/2硬	—	580～690	84～100	510～660	74～95	12～30	88～96HRB	15～19
TD04	H	硬	—	680～830	99～120	620～800	90～116	2～18	96～102HRB	15～19
TF00(C)	AT	退火	3h,315℃	1130～1350	164～195	960～1205	139～175	3～15	36～42HRC	22～28
			1/2h,370℃	1105～1310	160～190	895～1205	130～175	3～10	34～40HRC	22～28
TH01(C)	1/4HT	1/4硬	2h,315℃	1200～1420	174～206	1030～1275	149～185	3～10	36～43HRC	22～28
			1/4h,370℃	1170～1380	170～200	965～1275	140～185	2～6	36～42HRC	22～28
TH02(C)	1/2HT	1/2硬	2h,315℃	1270～1490	184～216	1100～1350	159～196	1～8	38～44HRC	22～28
			1/4h,370℃	1240～1450	180～210	1035～1345	150～195	2～5	38～44HRC	22～28
TH04(C)	HT	硬	2h,315℃	1310～1520	190～220	1130～1420	164～206	1～6	38～45HRC	22～28
			1/4h,370℃	1275～1480	185～215	1105～1415	160～205	1～4	39～45HRC	22～28

续表

状态名称 ASTM B601	商业	初始条件①	时效处理②	抗拉强度 MPa	ksi	0.2%屈服强度 MPa	ksi	伸长率 %	洛氏硬度	电导率 %IACS
TM00	AM	退火	M	680～760	99～110	480～660	70～96	16～30	95HRB～23HRC	17～28
TM01	1/4HM	1/4硬	M	750～830	109～120	550～760	80～110	15～25	20～26HRC	17～28
TM02	1/2HM	1/2硬	M	820～910	119～136	650～870	94～126	12～22	23～30HRC	17～28
TM04	HM	硬	M	930～1040	135～150	750～940	109～136	9～20	28～35HRC	17～28
TM05	SHM	硬	M	1030～1110	149～160	860～970	125～140	9～18	31～37HRC	17～28
TM06	XHM	硬	M	1060～1210	154～175	930～1180	135～171	4～15	32～38HRC	17～28
TM08	XHMS	硬	M	1200～1320	174～191	1030～1250	149～181	3～12	33～42HRC	17～28
C17400(99.5Cu(min)-030Be-0.25Co)和C17410(99.5Cu(min)-03Be-05Co)										
—	HT	硬	MK	750～900	109～130	650～870	94～126	7～17	95HRB～27HRC	45～55
C17500(96.9Cu-0.55Be-2.55Co)和C17510(97.8Cu-0.1Be-1.8Ni)										
TB00	A	退火	—	240～380	35～55	130～210	19～30	20～40	20～45HRB	20～30
TB00	A平整	退火	—	240～380	35～55	170～320	25～46	20～40	20～45HRB	20～30
TD04	H	硬	—	480～590	70～85	370～560	54～81	2～10	78～88HRB	20～30
TF00(c)	AT	退火	3h,455℃	725～825	105～120	550～725	80～105	8～12	93～100HRB	45～60
			3h,180℃	680～900	99～130	550～690	80～100	10～25	92～100HRB	45～60
TM00	AM	退火	M	680～900	99～130	550～690	80～100	10～25	92～100HRB	45～60
TH04(e)	HT	硬	2h,455℃	792～950	115～138	725～860	105～125	5～8	97～104HRB	45～52
			2h,180℃	750～940	109～135	650～830	94～120	8～20	95～102HRB	48～60
TM01	HM	硬	M	750～940	109～135	650～830	91～120	8～20	95～102HRB	48～60
—	HTR	硬	M	820～1040	119～150	750～970	109～140	1～5	98～103HRB	48～60
—	HTC	硬	M	510～590	74～85	340～520	49～75	8～20	79～88HRB	60min

注：①全部退火均为固溶处理，轧制硬化和(或)热处理前全部合金进行退火；②M表示用特殊轧制工艺进行轧制硬化并经沉淀处理。

表 6-142 铍铜合金线材的力学性能和电性能

状态名称 ASTM	商业	时效处理	线材直径 mm	in	抗拉强度 MPa	ksi	屈服强度 MPa	ksi	伸长率 %	电导率 %IACS
C17200和C17300										
TB00	A	—	1.3～12.7	0.05～0.5	410～540	59～78	130～210	19～30	30～60	15～19
TD01	1/4H	—	1.3～12.7	0.05～0.5	620～800	90～116	510～730	74～106	3～25	15～19
TD02	1/2H	—	1.3～12.7	0.05～0.5	750～940	110～136	620～870	90～126	2～15	15～19
TD03	3/4H	—	1.3～2.0	0.05～0.08	890～1070	130～155	790～1040	115～151	2～8	15～19
TD04	H	—	1.3～2.0	0.05～0.08	960～1140	140～165	890～1110	129～161	1～6	15～19
TF00	AT	3h,315～330℃	1.3～12.7	0.05～0.5	1100～1380	160～200	990～1250	144～181	3min	22～28
TH01	1/4HT	2h,315～330℃	1.3～12.7	0.05～0.5	1200～1450	175～210	1130～1380	164～200	2min	22～28
TH02	1/2HT	1.5h,315～330℃	1.3～12.7	0.05～0.5	1270～1490	184～216	1170～1450	170～210	2min	22～28
TH03	3/4HT	1h,315～330℃	1.3～2.0	0.05～0.08	1310～1590	190～230	1200～1520	174～220	2min	22～28
TH04	HT	1h,315～330℃	1.3～2.0	0.05～0.08	1340～1590	194～230	1240～1520	180～220	1min	22～28
C17510和C17500										
TB00	A	—	1.3～12.7	0.05～0.5	240～380	35～55	60～210	8.7～30	20～60	20～30
TD04	H	—	1.3～12.7	0.05～0.5	440～560	64～81	370～520	54～75	2～20	20～30
TF00	AT	3h,480～495℃	1.3～12.7	0.05～0.5	680～900	99～130	550～760	80～110	10min	45～60
TH04	HT	2h,480～495℃	1.3～12.7	0.05～0.5	750～970	109～140	650～870	94～126	10min	48～60

表 6-143　铍铜合金棒材、型材、管材和板材的力学性能和电性能

状态名称		时效处理	外径或宽度		抗拉强度		屈服强度		伸长率	硬度	电导率
ASTM	商业		mm	in	MPa	ksi	MPa	ksi	%		%IACS
C17200											
TB00	A	—	全部尺寸		410~590	59~86	130~250	19~36	20~60	45~85HRB	15~19
TD04	H	—	≤9.5	≤3/8	620~900	90~130	510~730	74~106	8~30	92~103HRB	15~19
			9.5~25	3/8~1	620~870	90~126	510~730	74~106	8~30	88~102HRB	15~19
			25~50	1~2	580~830	84~120	510~730	74~106	8~20	88~101HRB	15~19
			50~75	2~3	580~830	84~120	510~730	74~106	8~20	88~101HRB	15~19
TF00	AT	3h,315~330℃	全部尺寸		1130~1380	164~200	890~1210	129~175	3~10	36~41HRC	22~28
TH04	HT	2~3h,315~330℃	≤9.5	≤3/8	1270~1560	184~226	1100~1380	160~200	2~9	39~45HRC	22~28
			9.5~25	3/8~1	1240~1520	180~220	1060~1350	154~196	2~9	38~44HRC	22~28
			25~50	1~2	1200~1490	174~216	1030~1320	149~191	4~9	37~44HRC	22~28
			50~75	2~3	1200~1490	174~216	990~1280	144~186	4~9	37~44HRC	22~28
C17000											
TB00	A	—	全部尺寸		410~590	60~86	130~250	19~36	20~60	45~85HRB	15~19
TD00	H	—	≤9.5	≤3/8	620~900	90~130	510~730	74~106	8~30	92~103HRB	15~19
			9.5~25	3/8~1	620~870	90~126	510~730	74~106	8~30	92~102HRB	15~19
			25~50	1~2	580~830	84~120	510~730	74~106	8~20	88~101HRB	15~19
			50~75	2~3	580~830	84~120	510~730	74~106	8~20	88~101HRB	15~19
TF00	AT	3h,315~330℃	全部尺寸		1030~1320	150~191	860~1070	125~155	3~10	32~39HRC	22~28
TH04	HT	2~3h,315~330℃	≤9.5	≤3/8	1170~1450	170~210	990~1280	144~186	2~5	35~41HRC	22~28
			9.5~25	3/8~1	1170~1450	170~210	990~1280	144~186	2~5	35~41HRC	22~28
			25~50	1~2	1130~1380	164~200	960~1250	139~181	2~5	34~39HRC	22~28
			50~75	2~3	1130~1380	164~200	930~1210	135~175	2~6	34~39HRC	22~28
C17500 和 C17510											
TB00	A	—	全部尺寸		240~380	35~55	60~210	8.7~30	20~35	20~50HRB	20~30
TD04	H	—	≤5	≤3	440~560	61~81	340~520	19~75	10~45	60~80HRB	20~30
TF00	AT	3h,480℃	全部尺寸		680~900	99~130	550~690	80~100	10~25	92~100HRB	45~60
TH04	HT	2h,480℃	≤75	≤3	750~970	109~140	650~870	94~126	5~25	95~102HRB	48~60

加工材可以热处理状态交货，也可以轧制硬化条件（状态）交货，热处理状态包括固溶退火状态（商业名称为 A，ASTM 的名称为 TB00）和退火及冷加工状态的整个范围（1/4H 到 H，或 TD01 到 TD04），用户在成型后必须进行时效硬化。

铍铜铸造合金的典型力学性能如表 6-206 所示，此产品有 4 种状态：

1）铸造状态（C 状态，或 ASTM M01 到 M07 状态；ASTM 的状态名称视铸造方法，如砂型、永久铸模、蜡模铸造、连续铸造等而定）。

2）铸造加时效硬化状态（CT 状态，ASTM 中无状态名称）。

3）铸造加固溶退火状态（A 状态，或 ASTM TB00 状态）。

4）铸造加固溶退火和时效硬化状态（AT 状态，或 ASTM TF00 状态）。

表 6-144　　铍铜铸造合金的力学性能

UNS 代号与状态	屈服强度 $\sigma_{0.2}$ MPa	屈服强度 $\sigma_{0.2}$ ksi	抗拉强度 σ_b MPa	抗拉强度 σ_b ksi	标距 50mm 伸长率 %	硬度
C82000 铸造	105～170	15～25	310～380	45～55	15～25	50～60HRB
铸造和时效	170～310	25～45	380～480	55～70	10～15	65～75HRB
固溶退火和时效	480～550	70～80	620～760	90～110	3～15	92～100HRB
C82200 铸造	170～240	25～35	380～410	55～60	15～25	55～65HRB
铸造和时效	280～380	40～55	410～520	60～75	10～20	75～90HRB
固溶退火和时效	480～550	70～80	620～690	90～100	5～10	92～100HRB
C82400 铸造	240～280	35～40	450～520	65～75	20～25	74～82HRB
铸造和时效	450～520	65～75	655～720	95～105	10～20	20～24HRC
固溶退火和时效	930～1000	135～145	1000～1070	145～155	2～4	34～39HRC
C82500 C82510 铸造	280～345	40～50	520～590	75～85	15～30	80～85HRB
铸造和时效	480～520	70～75	690～720	100～105	10～20	20～24HRC
固溶退火和时效	830～1030	120～150	1030～1210	150～175	1～3	38～43HRC
C82600 铸造	310～345	45～50	550～590	80～85	15～25	81～86HRB
铸造和时效	410～450	60～65	650～720	95～105	10～15	20～25HRC
固溶退火和时效	1070～1170	155～170	1140～1240	165～180	1～2	40～45HRC
C82800 铸造	345～410	50～60	590～620	85～90	5～25	80～90HRB
铸造和时效	410～480	60～70	655～720	95～105	10～15	20～25HRC
固溶退火和时效	1140～1240	165～180	1240～1340	180～195	0.5～3	43～47HRC

(23)铍铜合金锻材和挤压材的力学性能和物理性能

表 6-145　　铍铜合金锻材和挤压材的力学性能和电性能

合金代号①	热处理	抗拉强度 MPa	抗拉强度 ksi	屈服强度 MPa	屈服强度 ksi	伸长率 %	硬度	电导率 %IACS
C17200(TB00)	—	410～590	59～85	130～280	19～41	35～60	45～85HRB	15～19
	3h,330℃	1130～1320	164～194	890～1210	129～175	3～10	36～42HRC	22～28
C17000(TB00)	—	410～590	59～85	130～280	19～41	35～60	45～85HRB	15～19
	3h,330℃	1030～1250	149～181	860～1070	125～155	4～10	32～39HRC	22～28
C17500(TB00)和 C17510(TB00)	—	240～380	35～53	130～280	19～41	20～35	20～50HRB	20～35
	3h,480℃	680～830	99～120	550～690	80～100	10～25	92～100HRB	45～60

注:①括弧内为 ASTM 的状态名称;全部合金在热处理前均为退火状态。

表 6-146 铍铜合金在不同热加工温度下的力学性能

合金	温度		拉伸屈服强度		伸长率	变形抗力	
	℃	℉	MPa	ksi	%	MPa	ksi
高强度铍铜合金							
C17000-C172000①	705	1300	48	7	60	70～193	10～28
	760	1400	14	2	105	55～138	8～20
	815	1500	7	1	130	48～117	7～17
高导铍铜合金							
C17500-C17510	705	1300	76	11	35	110～228	16～33
	760	1400	55	8	45	83～186	12～27
	815	1500	34	5	55	69～159	10～23
	870	1600	20	3	70	41～138	6～20
	925	1700	14	2	85	34～110	5～16

注：①C17300 合金不能锻造；②C17300 合金的挤压需要特殊的条件和方法。

铍铜合金的挤压温度范围为：

1)C17000 和 C17200：705～775℃(1300～1425℉)；

2)C17500 和 C17510：815～900℃(1500～1650℉)。

表 6-147 铍铜合金的物理性能(表中性能适于时效硬化产品)

合金代号	密度		弹性模量		线胀系数 20～200℃(70～390℉)		热导率		熔化范围	
	g/cm³	lb/in³	GPa	10^6 psi	$10^{-6}K^{-1}$	10^{-6}/℉	W/(m·K)	Btu(n·h·℉)	℃	℉
加工合金										
C17200①	8.36	0.302	131	19	17	9.4	105	60	870～980	1600～1800
C17300①	8.36	0.302	131	19	17	9.4	105	60	870～980	1600～1800
C17000①	8.41	0.304	131	19	17	9.4	105	60	890～1000	1635～1830
C17510②	8.83	0.319	138	20	18	10	240	140	1000～1070	1830～1960
C17500②	8.83	0.319	138	20	18	10	200	115	1000～1070	1830～1960
C17410	8.80	0.318	138	20	18	10	230	133	1020～1070	1870～1960
铸造合金										
C82000	8.83	0.319	140	20.3	18	10	195	113	—	—
C82200	8.83	0.319	140	20.3	18	10	250	145	—	—
C82400	8.41	0.304	130	18.9	18	10	100	58	—	—
C82500	8.30	0.300	130	18.9	18	10	97	56	—	—
C82510	8.30	0.300	130	18.9	18	10	97	56	—	—
C82600	8.22	0.297	130	18.9	18	10	93	54	—	—
C82800	8.14	0.294	130	18.9	18	10	90	52	—	—

注：①时效硬化前的密度为 8.25g/cm³(0.298lb/in³)；②时效硬化前的密度为 8.75g/cm³(0.316lb/in³)。

(24)连续铸造铜合金的力学性能

表 6-148　连续铸造铜合金的力学性能(ASTM B 505—2011)

合金代号	抗拉强度 不小于		屈服强度 不小于		伸长率 /%	布氏硬度 不小于	备　注
	ksi	MPa	ksi	MPa	不小于		
C83600	36	248	19.0	131	15	—	
C83800	30	207	15.0	103	16	—	
C84200	32	221	16.0	110	13	—	
C84400	30	207	15.0	103	16	—	
C84800	30	207	15.0	103	16	—	
C85610	74	510	50	343	15	—	
C86200	90	621	45.0	310	18	—	
C86300	110	758	62	427	14	—	
C96500	70	483	25	172	25	—	
C90300	44	303	22	152	18	—	
C90500	44	303	25	172	10	—	
C90700	40	276	25	172	10	—	
C91000	30	207	—	—	—	—	
C91300	—	—	—	—	—	160(3000kg)	
C92200	38	252	19	131	18	—	
C92300	40	276	19	131	16	—	
C92500	40	276	24	165	10	—	
C92700	38	252	20	138	8	—	
C92800	—	—	—	—	—	—	洛氏硬度 B72～82
C92900	45	310	25	172	8	—	
C93200	35	241	20	138	10	—	
C93400	34	234	20	138	8	—	
C93500	30	207	16	110	12	—	
C93700	35	241	20	138	6	—	
C93800	25	172	16	110	5	—	
C93900	25	172	16	110	5	—	
C94000	—	—	—	—	—	80(500kg)	
C94100	25	172	17	117	7	—	
C94300	21	145	15	103	7	—	
C94700	45	310	20	138	25	—	
C94700　HT	75	517	50	345	5	—	热处理
C94800	40	276	20	138	20	—	
C95200	68	469	26	179	20	—	
C95300	70	483	26	179	25	—	
C95300　HT	80	552	40	276	12	—	热处理
C95400	85	586	32	221	12	—	
C95400　HT	95	655	45	310	10	—	热处理
C95410	85	585	32	221	12	—	
C95500	95	655	42	290	10	—	
C95500　HT	110	758	62	427	8	—	热处理
C95800	85	586	35	241	18	—	
C96400	65	448	35	241	25	—	
C97300	30	207	15	103	8	—	
C97600	40	276	20	138	10	—	
C97800	45	310	22	152	8	—	

注：表中所有的法定计量单位数据均为原标准给出数据。

(25)美国常用的铸造铜合金的力学性能

表6-149 铸造铜合金的典型性能

UNS系列	抗拉强度		屈服强度		压缩屈服强度[②]		伸长率	硬度	电导率
合金代号	MPa	ksi	MPa	ksi	MPa	ksi	%	HB[③]	%IACS
ASTM B22									
C86300	820	119	468	68	490	71	18	225[④]	8.0
C90500	317	46	152	22	—	—	30	75	10.9
C91100	241	35	172	25	≥125	≥18	2	135[④]	8.5
C91300	241	35	207	30	≥165	≥24	0.5	170[④]	7.0
ASTM B61									
C92200	280	41	110	16	105	15	45	64	14.3
ASTM B62									
C83600	240	35	105	15	100	14	32	62	15.0
ASTM B66									
C93800	221	32	110	16	83	12	20	58	11.6
C94300	186	27	90	13	76	11	15	48	9.0
C94400	221	32	110	16	—	—	18	55	10.0
C94500	172	25	83	12	—	—	12	50	10.0
ASTM B67									
C94100	138	20	97	14	—	—	15	44	—
ASTM B148									
C95200	552	80	200	29	207	30	38	120[④]	12.2
C95300	517	75	186	27	138	20	25	140[④]	15.3
C95400	620	90	255	37	—	—	17	170	13.0
C95400(HT)[⑤]	758	110	317	46	—	—	15	195[④]	12.4
C95410	620	90	255	37	—	—	17	170[④]	13.0
C95410(HT)[⑤]	793	116	400	58	—	—	12	225[④]	10.2
C95500	703	102	303	44	—	—	12	200[④]	8.8
C95500(HT)[⑤]	848	123	545	79	—	—	5	248[④]	8.4
C95600	517	75	234	34	—	—	18	140[④]	8.5
C95700	655	95	310	45	—	—	26	180[④]	3.1
C95800	662	96	255	37	241	35	25	160[④]	7.0
ASTM B176									
C85700	—	—	—	—	—	—	—	—	—
C85800	380	55	205[⑥]	30[⑥]	—	—	15	—	22.0
C86500	—	—	—	—	—	—	—	—	—
C87800	620	90	205[⑥]	30[⑥]	—	—	25	—	6.5
C87900	400	58	205[⑥]	30[⑥]	—	—	15	—	—
C99700	415	60	180	26	—	—	15	120[④]	3.0
C99750	—	—	—	—	—	—	—	—	—
ASTM B584									
C83450	255	37	103	15	69	10	34	62	20.0

续表

UNS系列合金代号	抗拉强度		屈服强度		压缩屈服强度②		伸长率	硬度	电导率
	MPa	ksi	MPa	ksi	MPa	ksi	%	HB③	%IACS
C83600	241	35	103	15	97	14	32	62	15.1
C83800	241	35	110	16	83	12	28	60	15.3
C84400	234	34	97	14	—	—	28	55	16.8
C84800	262	38	103	15	90	13	37	59	16.4
C85200	262	38	90	13	62	9	40	46	18.6
C85400	234	34	83	12	62	9	37	53	19.6
C85700	352	51	124	18	—	—	43	76	21.8
C86200	662	96	331	48	352	51	20	180④	7.4
C86300	820	119	469	68	489	71	18	225④	8.0
C86400	448	65	166	24	159	23	20	108④	19.3
C86500	489	71	179	26	166	24	40	130④	20.5
C86700	586	85	290	42	—	—	20	155④	16.7
C87300	400	58	172	25	131	19	35	85	6.1
C87400	379	55	165	24	—	—	30	70	6.7
C87500	469	68	207	30	179	26	17	115	6.1
C87600	456	66	221	32	—	—	20	135④	8.0
C87610	400	58	172	25	131	19	35	85	6.1
C90300	310	45	138	20	90	13	30	70	12.4
C90500	317	46	152	22	103	15	30	75	10.9
C92200	283	41	110	16	103	15	45	64	14.3
C92300	290	42	138	20	69	10	32	70	12.3
C92600	303	44	138	20	83	12	30	72	10.0
C93200	262	38	117	17	—	—	30	67	12.4
C93500	221	32	110	16	—	—	20	60	15.0
C93700	269	39	124	18	124	18	30	67	10.1
C93800	221	32	110	16	83	12	20	58	11.6
C94300	186	27	90	13	76	11	15	48	9.0
C94700	345	50	159	23	—	—	35	85	11.5
C94700(HT)⑦	620	90	483	70	—	—	10	210④	14.8
C94800	310	45	159	23	—	—	35	80	12.0
C94900	≥262	≥38	≥97	≥14	—	—	≥15	—	—
C96800	≥862	≥125	≥689⑥	≥100⑥	—	—	≥3	—	—
C97300	248	36	117	17	—	—	25	60	5.9
C97600	324	47	179	26	159	23	22	85	4.8
C97800	379	55	214	31	—	—	16	130④	4.5

注：HT表示合金为热处理状态。①在负荷下伸长0.5%时；②永久变形为0.025mm(0.001in)时；③负荷为4900N(1100lbf)；④负荷为29400N(6600lbf)；⑤900℃(1650℉)水淬，590℃(1100℉)回火、水淬；⑥偏差0.2%；⑦760℃(1400℉)固溶退火4h，水淬，然后315℃(600℉)时效5h，空冷。

(26)铝青铜砂型铸件的力学性能

表 6-150　　铝青铜砂型铸件的力学性能(ASTM B 148—1997(2009))

合金代号	材料状态	抗拉强度 /MPa(ksi) 不小于	屈服强度 /MPa(ksi) 不小于	伸长率 /% 不小于	布氏硬度 HB
C95200	铸造状态	450(65)	170(25)	20	110
C95300	铸造状态 热处理	450(65) 550(80)	170(25) 275(40)	20 12	110 160
C95400 C95410	铸造状态 热处理	515(75) 620(90)	205(30) 310(45)	12 6	150 190
C95500	铸造状态 热处理	620(90) 760(110)	275(40) 415(60)	6 5	190 200
C95600	铸造状态	415(60)	195(28)	10	-
C95700	铸造状态	620(90)	275(40)	20	-
C95800	铸造状态	585(85)	240(35)	15	-
C95820	铸造状态	650(94)	270(39)	13	-

注:表中所有的法定计量单位数据均为原标准给出数据。

(27)美国金属型青铜铸件的力学性能

表 6-151　　美国金属型青铜铸件的力学性能(ASTM B 62—2009)

合金牌号	材料状态	抗拉强度 /MPa(ksi) 不小于	屈服强度 /MPa(ksi) 不小于	伸长率 /% 50.8mm(2in)以内 不小于	硬度 HRB
C83600	铸态	205(30)	95(14)	20	-
美国黄铜合金压铸件的力学性能(ASTM B176—2008)					
C85800	铸态	379(55)	207(30)	15	55～60
C87800	铸态	586(85)	345(50)	25	85～90
C87900	铸态	483(70)	241(35)	25	68-72
美国齿轮用青铜合金铸件的力学性能(ASTM B427—2009)					
C90700 C90800 C91700	离心铸造 硬模铸造	345(50)	193(28)	12	95
C91600	铸态硬模铸造	310(45)	172(25)	10	85
C90700 C90800 C91700 C91600	砂型铸造	241(35)	117(17)	10	65
C92900	砂型或硬模铸造	310(45)	172(25)	8	75

注:表中所有的法定计量单位数据均为原标准给出数据。

(28)美国几种主要铜合金砂型铸造时的铸造性能

表 6-152　几种主要铜合金砂型铸造时的铸造性能

UNS 系列合金代号	合金类型	允许收缩率/%	液相线温度		铸造性能等级①	流动性等级①
			℃	℉		
C83600	含铅红色黄铜	5.7	1010	1850	2	6
C84400	含铅半黄铜	2.0	980	1795	2	6
C84800	含铅半黄铜	1.4	955	1750	2	6
C85400	含铅黄铜	1.5～1.8	940	1725	4	3
C85800	黄铜	2.0	925	1700	4	3
C86300	锰青铜	2.3	920	1690	5	2
C86500	锰青铜	1.9	880	1615	4	2
C87200	硅青铜	1.8～2.0	—	—	5	3
C87500	硅黄铜	1.9	915	1680	4	1
C90300	锡青铜	1.5～1.8	980	1795	3	6
C92200	含铅锡青铜	1.5	990	1810	3	6
C93700	富铅锡青铜	2.0	930	1705	2	6
C94300	富铅锡青铜	1.5	925	1700	6	7
C95300	铝青铜	1.6	1045	1910	8	3
C95800	铝青铜	1.6	1060	1940	8	3
C97600	白铜	2.0	1145	2090	8	7
C97800	白铜	1.6	1180	2160	8	7

注:①表示砂型铸造的相对等级。铸造性能和流动性均从 1～8 分成 8 个等级,1 是可能达到的最高速率。

6.3.3　铜及铜合金的特性及用途

表 6-153　美国铜及铜合金的特性及用途

合金代号	特性及用途
C10100	冷、热加工性能均极好。可锻性良好。可用作汇流排、波导管、电子管的引入线和阳极、真空封接件、晶体管部件、调速管、微波管、整流器中
C10200	冷、热加工性均极好。主要用作汇流排、波导管等
C10300	冷、热加工性均极好。主要用于汇流排、导线、要求高导电性和良好焊接性的零件
C10400,C10500,C10700	冷、热加工性均极好。主要用作自动调整垫圈、散热器、无线电零件、印刷线路板
C10800	冷、热加工性能均极好。主要用作致冷器、空调器、煤气加热器管路、热交换器用管、液压油管等
C11000	冷、热加工性能均极好。主要用作建筑材料、汽车散热器、垫圈、无线电零件
C11100	冷、热加工性能均极好。主要用来制造要求耐热强度高的输电器件
C11300,C11400 C11500,C11600	冷、热加工性能均极好。主要用作垫圈、散热器、汇流排、电气开关、印刷线路板
C12000,C12100	冷、热加工性能均极好。主要用用汇流排、导线、需要焊接的零件
C12200	冷、热加工性能均极好。主要用作煤气加热器管路、油管、压力管、冷凝管、热交换器管

续表

合金代号	特性及用途
C12500,C12700,C12800 C12900,C13000	冷、热加工性能均极好。用途同C11000
C14200	冷、热加工性能均极好。主要用作机车锅炉炉膛板、锚栓、热交换器和冷凝器管
C14300	冷、热加工性能均极好。主要用作要求耐热强度高的电器元件。如电接触器、接线柱、电热元件等
C14500	冷、热加工性能均极好。主要用作要求高导电性和耐蚀性的锻件和螺纹件、电气插接元件
C14700	冷、热加工性能均良好。主要用作高导电性和轻负荷的弹簧电气触点、灯具、插接电器元件
C15500	冷、热加工性能均极好。用途同上
C16200	冷加工性极好,热加工性能良好。主要用作电气、电热元件、高强度输电线、电气开关元件、波导管等
C16500	冷加工性极好。热加工性能良好。主要用作电气产品弹簧件、线夹、电阻焊电极
C17000	冷加工性极好。热加工性良好。主要用作膜片、膜盒、波纹管、弹簧
C17200	性能和用途均同于C17000铍青铜,并具有不产生火花的特点
C17300	性能和用途同C17200,并且有较好的切削加工性能
C17500	冷加工性能极好,热加工性能良好。主要用作保险丝夹、紧固件、弹簧开关、继电器零件
C18200,C18400,C18500	冷加工性极好,热加工性良好。主要用作电阻焊电极、电气开关、断电器零件、高强度的电热零件
C18700	冷加工性能良好,热加工性不好。主要用作插接件、电动机和开关零件,以及要求高导电性能的螺纹切削零件
C18900	冷、热加工性均极好。主要用作焊条。在惰性气体保护焊和氧乙炔焊时的焊接用铜部件
C19000	冷、热加工性均极好。主要用作弹簧、插接元件、功率管、电子管元件,以及要求高强度、高导电性和耐疲劳性好的电气零件
C19100	冷、热加工性能均良好。有极好的切削加工和耐蚀性能,有高的淬硬性。主要用作锻件、螺纹切削件、齿轮、船用小五金、焊枪喷嘴等
C19200	冷、热加工性能均极好。主要用作液压制动管路、空调管、热交换器,以及要求耐应力腐蚀的零件
C19400	冷、热加工性均极好。主要用作断电器零件、接触弹簧、垫圈、冷凝器管
C19500	冷、热加工性均极好。主要用作电器弹簧、插座、接线柱,以及有一定强度要求的电气零件
C22000	冷加工性极好,热加工性良好。主要用作铜网、挡风板、化装品盒、船用小五金、螺钉、铆钉
C22600	冷加工性极好,热加工性良好。主要用作建筑用的角形件、槽形件、服装上的装饰品
C23000	冷加工性极好,热加工性良好。主要用作挡风条、导管、插座、灭火器、散热器、冷凝器等
C24000	冷加工性极好,主要用作波纹管、乐器、钟表面板等
C26000	冷加工性能极好。主要用作散热器片、冰箱、弹壳、灯头、销钉、铆钉等
C26800,C27000	冷加工性极好。主要用途同C26000,但不作弹壳
C28000	热加工性极好。主要用作大螺母和螺钉、螺栓、冷凝管、热锻件等
C31400	切削加工性极好。主要用作螺钉、机械零件等
C31600	切削性极好,冷加工性良好,热加工性不好。主要用作电气插接元件、紧固件、小五金件、螺钉、螺母和切削用机械零件
C33000	切削性良好,冷加工性极好。主要用作汽缸体和衬板
C33200	切削性极好,主要用作普通的切削加工零件
C33500	切削性良好,冷加工性极好。主要用作铰链、活动联接件、手表后盖

续表

合金代号	特性与用途
C34000	切削性和冷加工性均良好。主要用作铰链、齿轮、螺钉、螺母、铆钉、仪表盘
C34200	切削性能极好,冷加工性能良好。主要用作钟表的盖板、齿轮等
C34900	冷加工性良好,热加工性尚可。主要用作建筑小五金、铆钉、螺母、医用零件
C35000	切削性良好,冷加工性尚可,热加工性不好。主要用作轴承保持架、钟表夹板、雕刻用板、齿轮、软管接头
C35300	切削性极好,冷加工性良好。主要用作钟表的夹板、螺母、后盖、齿轮
C35600	切削性极好。用途同 C34200、C35300
C36000	切削性极好。主要用作齿轮和高速的自动切削零件
C36500,C36800	切削性良好,热加工性极好。主要用作冷凝器、管板
C37000	切削性良好,热加工性极好。主要用作自动切削零件
C37700	热加工性极好。主要用作锻件和各种模压件
C38500	切削性和热加工性均极好。主要用作建筑型材、门窗框架、活页、锁头和锻造零件等
C40500	冷加工性极好。主要用作测量仪器夹、接线柱、断电器弹簧、热圈
C40800	冷加工性极好。主要用作电气插接件
C41100	冷加工性极好,热加工性良好。主要用作衬套、轴承套、止推环、接线柱、插接件、导电零件等
C41300	冷加工性极好,热加工性良好。主要用作装饰品和电气开关的扁弹簧
C41500	冷加工性极好。主要用作电气开关的弹簧
C42200	冷加工性极好,热加工性良好。主要用作窗框、接线柱、弹性热圈、接触器弹簧和电气插接件
C42500	冷加工性极好。主要用作电气开关、弹簧、接线柱、挡风板等
C43000	冷加工性极好,热加工性良好。用途同 C42500
C43400	冷加工性极好。主要用作电气开关零件、叶片、断电器弹簧、接触器等
C43500	冷加工性极好。主要用作压力计管和乐器
C44300,C44400,C44500	冷加工性极好。主要用作冷凝器、蒸发器和热交换器管
C46400,C46700	热加工性极好。主要用作飞机上的接头零件、舰船上的小五金、螺栓、螺母、阀杆、冷凝器管和焊条等
C48200	热加工性良好。主要用作舰船上的小五金、阀杆、螺纹切削零件
C48500	热加工性和切削性均极好。主要用作船舶上的小五金器件
C50500	冷加工性极好,热加工性良好。主要用作电接触器
C51000	冷加工性极好。主要用作波纹管、压力计管、膜片、离合器盘、紧固件、锁紧垫圈以及纺织机械零件
C51100	冷加工性极好。主要用作架接承重板、探测器杆、轴承、弹簧、铜丝刷、化工及纺织机械零件等
C52100	冷加工性良好。主要用于比 C51000 的使用条件更差的地方
C52400	冷加工性良好。主要用于承受重压的搭接板,以及用作要求高弹性和耐磨性的零件
C54400	切削性极好,冷加工性良好。主要用作轴承、衬套、齿轮、轴、止推环等零件
C60800	冷加工性良好,热加工性尚可。主要用作冷凝器、蒸发器、热交换器的管、蒸馏器的管件等
C61000	冷加工性良好。主要用作螺栓、泵的零件、轴、连杆和双金属板的耐磨表面

续表

合金代号	特 性 与 用 途
C61300	冷热加工性均良好。主要用作螺栓、螺母、丝杠、耐蚀容器、冷凝器管、船用复合板、紧固件
C61400	冷热加工性均良好。主要用作耐蚀容器、冷凝器管、机械零件和船用复合板等
C61800	冷、热加工性良好。主要用衬套、轴承、耐蚀零件和焊条等
C61900	热加工性良好。主要用作弹簧、接触器和电气开关零件
C62300	冷、热加工性均良好。主要用作轴承、衬套、阀杆、阀座、齿轮、螺栓、螺母、活塞杆、蜗轮、凸轮等
C62400	热加工性极好。主要用作衬套、齿轮、凸轮、耐磨零件、销钉等
C62500	热加工性极好。主要用作导向衬套、耐磨零件、凸轮等
C63000	热加工性良好。主要用作螺栓、螺母、阀座、柱塞、水泵轴、船用结构零件等
C63200	热加工性良好。主要用作螺栓、螺母、水泵零件、耐蚀零件
C63600	冷加工性极好,热加工性尚可。主要用作接触器上的螺钉和螺母等
C63800	冷、热加工性均极好。主要用作弹簧、开关零件、接触器、继电器弹簧、搪瓷制品
C64200	热加工性极好。主要用作阀座、阀杆、螺栓、螺母、齿轮、船用小五金
C65100	冷、热加工性均极好。主要用作液压管路、螺栓、电缆接头、铆钉、热交换器管
C65500	冷、热加工性均极好。用途同 C65100,并用作螺旋桨轴等
C66700	冷加工性极好。主要用来制作需要焊接的黄铜制品
C67400	热加工性极好。主要用作衬套、齿轮、连杆、轴、耐磨板等
C67500	热加工性极好。主要用作离合器盘、活塞杆、阀杆、阀座、轴承等
C68700	冷加工性极好。主要用作冷凝器、蒸发器和热交换器的管件
C68800	冷、热加工性均极好。主要用作弹簧、电气开关、接触器、继电器和深冲压零件等
C69400	热加工性极好。主要用作要求高强度和耐蚀性的阀杆
C70400	冷加工性极好,热加工性良好。主要用作冷凝器、蒸发器和热交换器的套管、船用冷凝器进水系统零件等
C70600	冷、热加工性均良好。主要用作冷凝器管、蒸馏器管、热交换器套管
C71000	冷、热加工性均良好。主要用作通信继电器、电阻器弹簧、冷凝器套管、热交换器套管
C71500	性能用途同 C70600
C71700	冷、热加工性均良好。主要用作耐海水腐蚀的高强度结构件、水中探测器壳体,以及海底电话电缆用的长环、螺栓、螺钉等
C72200	冷、热加工性均良好。主要用作冷凝器和热交换器的套管等
C72500	冷、热加工性均极好。主要用作继电器和开关弹簧、插接件、探测架、膜盒和焊料等
C74500	冷加工性极好。主要用作铆钉、螺钉、拉链、光学仪器零件、医用器皿、铭牌等
C75200	冷加工性极好。主要用作铆钉、螺钉、餐具、拉链、照相机零件、服装装饰、仪表刻度盘和铭牌
C75400	冷加工性极好。主要用作照相机零件、光学仪器零件、装饰品
C75700	冷加工性极好。主要用作接链、照相机零件、光学仪器零件和铭牌等
C77000	冷加工性良好。主要用作光学仪器零件、弹簧、电阻丝等
C78200	冷加工性和切削性良好。主要用作手表零件和钥匙坯等

表 6-154　铸造铜合金的典型用途

合金代号	铸造方法	典型用途
C82200	C,T,I,M,P,S	离合器涨圈、闸轮、电焊机电极、点焊机夹钳、衬套、冷水器
C82400,C82500	C,T,M,P,S	安全设备,塑料机模具、凸轮、衬套、轴承、阀门、泵零件
C82600,C82700	C,I,M,P,S	轴承和塑料模具
C82800	C,I,M,P,S	塑料件模具、凸轮、衬套、轴承、阀门、泵零件、套管
C83300	S	电缆接线端头
C83400	C,S	中等强度、中等导电率的铸件、旋转手柄
C83600	C,T,S	阀门、法兰盘、管接头、管路件、泵零件
C83800	C,T,I,S	装饰零件、小齿轮、低压阀门、管接头以及在一些气体和液中工作的零件
C84200	C,T,S	管接头、联接器、衬套、固定螺母、轴销等
C84400	C,T,S	一般耐磨零件、装饰铸件、管路零件、低压阀门件
C84500	C,T,S	管路固定件、旋塞、止动器,用于污水与燃气的管接头
C84800	C,S	管路固定夹具、旋塞、止动器、低压阀门件
C80100,C80300 C80500,C80700 C80900,C81100	C,T,I,M,P,S	电热导体、抗腐蚀和氧化的零件
C81300,C81400	C,T,I,M,P,S	较高硬度的电热导体
C81500,C81700	C,T,I,M,P,S	需要结构件的强度和硬度大于 C80100、C81100 的情况下,采用的电热导体,作结构件
C81800	C,T,I,M,P,S	电阻焊条和夹钳
C82000	C,T,I,M,P,S	导电零件、接触点、闸刀开关零件、衬套、电烙铁和电阻焊嘴
C82100	C,T,I,M,P,S	用来制造强度和硬度大于 C80100、C81100 的电、热结构件
C85200	C,T	管路接头和固定夹具、环圈、阀门、吊灯架
C85300	C,M,P,S	装饰铸件
C85400	C,T,M,P,S	一般用途的铸造铜合金件(不能承受内部高压)。装饰铸件、无线电零件、船舶上的装饰件、阀门、接头
C85500	C,S	装饰铸件
C85700	C,M,P,S	衬套、装饰铸件
C85800	D	一般用途的模铸零件。其强度中等
C86100	C,I,P,S	船舶铸件、齿轮、炮架、衬套和轴承,船上的空转螺旋桨
C86200	C,T,D,I,P,S	船舶铸件、齿轮、炮架、衬套和轴承,船上的空转螺旋桨
C86300	C,I,P,S	特重型、高强度合金。可制造大型阀门杆、齿轮、凸轮、低转速大负荷轴承、压紧螺母、液压作动筒零件
C86400	C,D,M,P,S	高速切削的锰青铜、活门杆、船舶配件、杠杆摇臂、刹车盘、轻型齿轮
C86500	C,I,P,S	要求有强度和韧性的机器零件。如杠杆摇臂、阀门杆、齿轮
C86700	C,S	高强度、快速切削锰青铜、阀门杆
C86800	S	船舶配件和螺旋桨

续表

合金代号	铸造方法	典　型　用　途
C87200	C,I,M,P,S	轴承、钟形体、叶轮、泵和阀门元件,船舶配件、抗腐蚀铸件
C87400	C,D,I,M,P,S	轴承、齿轮、叶轮、摇臂、阀门杆、夹头等
C87500	C,D,I,M,P,S	轴承、齿轮、摇壁、阀门杆、小船螺旋桨
C87600	S	活门座
C87800	D	高强度、薄壁压铸件,电刷架,杠杆摇臂,刹车盘,六角螺母
C87900	D	一般用途的中等强度压铸件
C90200	C,S	轴承之衬套
C90300	C,T,I,P,S	轴承、衬套、活塞环、阀门零件、封严圈、齿轮
C90500	C,T,I,S	同上
C90700	C,T,I,M,S	齿轮、轴承、衬套
C90900	C,S	轴承、衬套
C91000	C,T,I,S	活塞环和轴承
C91100	S	活塞环、轴承、衬套、电极极板
C91300	C,T,M,S	活塞环、轴承、衬套、电极极板、钟表元件
C91600	C,T,M,S	齿轮
C91700	C,T,I,M,S	齿轮
C92200	C,T,I,M,P,S	在高压下用的压力容器零件
C92300	C,T,S	阀门零件、管接头,在高气压和蒸汽条件下使用的铸件。其机械加工性能优于C90300
C92500	C,T,M,S	齿轮、套环
C92600,C92700	C,T,S	轴承、衬套、泵叶片、蒸汽管接头、齿轮。其机械加工性能优于C90500
C92800	C,S	活塞环
C93200	C,T,M,S	通用轴承和衬套
C93400	C,T,S	轴承、衬套
C93500	C,T,S	小型轴承和衬套、轴承合金衬管、自动轴承的青铜保持架

续表

合金代号	铸造方法	典　型　用　途
C93700	C,T,M,S	大型高速转旋用轴承件、泵叶片、耐腐蚀铸件、压力密封铸件。
C93800	C,T,M,S	中等压力的通用轴承。在酸性溶液中使用的泵叶片和泵壳体
C93900	T	仅适合连续铸造。用途同上
C94300	C,S	小负载用的高速轴承
C94400	C,T,S	一般用途的轴承和衬套
C94500	C,T,I,M,S	耐磨损零件、高速低负荷轴承
C94700	C,T,I,M,S	阀门杆、壳体、轴承、耳座、齿轮、活塞缸、喷嘴
C94800	M,S	齿轮、轴承等
C95200	C,T,M,P,S	耐酸蚀的泵零件、轴承、齿轮、阀门座、导向件、柱塞、衬套
C95300	C,T,M,P,S	酸性溶液罐、螺帽、齿轮、轧钢厂轧机的滑动部件、船舶设备零部件
C95400	C,T,M,P,S	轴承、齿轮、蜗轮、衬套、阀门座、导向件
C95500	C,T,M,P,S	飞机发动机中的阀门座。抗腐蚀零件、蜗轮、衬套、搅拌器零件
C95600	C,T,M,P,S	阀门杆、齿轮、蜗轮、电缆连接器
C95700	C,T,M,P,S	螺旋桨、叶片、固定电机定子的零件
C95800	C,T,M,P,S	螺旋桨桨毂、叶片
C96200	C,S	抗海水腐蚀的各类零件
C96300	C,S	离心铸造的尾杆套
C96400	C,T,S	阀门座、泵壳体,抗海水腐蚀用的零件
C96600	C,T,M,P,S	抗海水腐蚀用的高强度结构件
C97300	I,M,S	阀门及阀门配偶件
C97400	C,I,S	耐磨零件、阀门
C97600	C,I,S	船舶用铸件、保护装置配件、泵壳体
C97800	I,M,S	装饰及保护装置铸件、阀门座、乐器零件
C99300	T,S	制玻璃器皿用模具、船舶零件
C99600	C,T,M,S	减少噪音和振动用的减振零件

注:C——离心铸造,T——连续铸造,D——压铸,S——砂型铸造,I——熔模铸造,M——永久模铸造,P——塑料模铸造。

美国管材用铜合金、ASTM 标准和各种合金的典型用途如表 6-155 所示。

表 6-155 管材用铜合金及其典型用途

UNS 系列合金批号	合金类型	ASTM 标准	典型用途
C10200	无氧铜	B68,B75,B88,B111,B188,B280,B359,B372,B395,B447	母线用管、导体、波导管
C12200	磷脱氧铜	B68,B75,B88,B111,B280,B306,B359,B360,B395,B447,B543	水管、冷凝器、蒸发器和热交换器用管,空调、制冷、燃气加热器和燃油烧嘴用管,卫生工程管道和蒸汽管,啤酒及蒸馏装置管道,汽油、液压及石油管线,驱动带用管
C19200	铜	B111,B359,B395,B469	汽车油压制动管线、挠性软管
C23000	红色黄铜,85%	B111,B135,B359,B395,B543	冷凝器和热交换器管、挠性软管、卫生工程管道、泵用管线
C26000	弹壳黄铜	B135	卫生工程黄铜制品
C33000	低铅黄铜(管)	B135	泵缸、动力缸及衬管、卫生工程黄铜制品
C36000	易切削黄铜		螺纹切削零件、卫生工程制品
C43500	锡黄铜		管式压力计、乐器
C44300,C44400 和 C44500	防锈海军炮铜	B111,B359,B395	冷凝器、蒸发器和热交换器管、蒸馏装置用管
C46400,C46500,C46600 和 C46700	海军黄铜		船舰用构件、螺母
C60800	铝青铜,5%	B111,B359,B395	冷凝器、蒸发器和热交换器管、蒸馏装置用管
C65100	硅青铜 B	B315	热交换器管、导线管
C65500	硅青铜 A	B315	化工设备和热交换器管、活塞环
C68700	含砷铝黄铜	B111,B359,B395	冷凝器、蒸发器和热交换器管、蒸馏装置用管
C70600	铜镍合金,10%	B111,B359,B395,B466,B467,B543,B552	冷凝器、蒸发器和热交换器管、盐水管道、蒸馏装置用管
C71500	铜镍合金,30%	B111,B359,B395,B466,B467,B543,B552	冷凝器、蒸发器和热交换器管,蒸馏装置用管,盐水管道

6.4 英国铜及铜合金

6.4.1 铜及铜合金牌号和化学成分

(1)铜及铜合金加工材牌号和化学成分

表 6-156 铜及铜合金加工材牌号和化学成分

合金代号	合金名称	制品种类	化学成分/%,杂质不大于																			杂质总和/%
			Cu≥	Sn	Pb	Fe	Ni	Zn	As	Sb	Al	Si	Cd	Mn	Mg	S	P	Se	Te	Bi	氧/碳	
C101	电解精炼高导铜	S,T,W,R和S,P	99.90	—	0.005	—	—	—	—	—	—	—	—	—	—	—	—	—	—	0.0010	—	0.03
C102	火法精炼高导铜	S,T,W,R和S,P	99.90	—	0.005	—	—	—	—	—	—	—	—	—	—	—	—	—	—	0.0025	—	0.04
C103	无氧高导铜	S,T,W,R和S,P	99.95	—	0.005	—	—	—	—	—	—	—	—	—	—	—	—	—	—	0.0010	—	0.03
C104	无砷韧铜	S,P	99.85	0.01	0.010	0.01	0.05	—	0.02	0.005	—	—	—	—	—	—	—	0.020	0.010	0.0030	0.10	0.05
C105	含砷韧铜	S,T和W,P	99.20	0.03	0.02	0.02	0.15	—	0.30~0.50	0.01	—	—	—	—	—	—	—	Se+Te 0.030	0.0050	0.10	—	
C106	磷脱氧无砷铜	S,T,W,R和S,P	99.85	0.01	0.10	0.03	0.10	—	0.05	0.005	—	—	—	—	—	—	0.013~0.050	Se+Te 0.020~0.010	0.0030	—	0.06	
C107	磷脱氧含砷铜	S,P,R和S,P	99.20	0.01	0.10	0.03	0.15	—	0.30~0.50	0.01	—	—	—	—	—	—	0.013~0.050	Se+Te 0.020~0.010	0.0030	—	0.07	
C108	镉铜	W,P	余量	—	—	—	—	—	—	—	—	—	0.5~1.2	—	—	—	—	—	—	—	—	0.05
C109	碲铜	R和S	余量	—	—	—	—	—	—	—	—	—	—	—	—	—	—	—	0.30~0.70	—	—	0.20
C110	电子工业用高导无氧铜	T,R	99.99	—	0.0010	—	—	—	—	—	—	—	—	—	—	0.0020	0.0003	—	—	—	—	0.0050
C111	硫铜	T,R	余量	—	—	—	—	—	—	—	—	—	—	—	—	0.3~0.6	—	—	—	—	—	0.20
CZ101	90/10黄铜	S,W	89.0~91.0	—	0.10	0.10	—	余量	—	—	—	—	—	—	—	—	—	—	—	—	—	0.40
CZ102	85/15黄铜	S,W	84.0~86.0	—	0.10	0.10	—	余量	—	—	—	—	—	—	—	—	—	—	—	—	—	0.40

续表

合金代号	合金名称	制品种类	化学成分/%,杂质不大于																			杂质总和/%
			Cu ≥	Sn	Pb	Fe	Ni	Zn	As	Sb	Al	Si	Cd	Mn	Mg	S	P	Se	Te	Bi	氧/碳	
CZ103	80/20 黄铜	S,W,R 和 S	79.0~81.0	—	0.10	0.10	—	余量	—	—	—	—	—	—	—	—	—	—	—	—	—	0.40
CZ104	80/20 铅黄铜	R 和 S	79.0~81.0	—	0.10 1.0	—	—	余量	—	—	—	—	—	—	—	—	—	—	—	—	—	0.60
CZ105	70/30 砷黄铜	T,P	70.0~73.0	—	0.075	—	—	余量	0.02~0.06	—	—	—	—	—	—	—	—	—	—	—	—	0.30
CZ106	70/30 黄铜	S,W,R 和 S,P	68.5~71.5	—	0.05	0.05	—	余量	—	—	—	—	—	—	—	—	—	—	—	—	—	0.30
CZ107	2/1 黄铜	S,W	64.0~67.0	—	0.10	0.10	—	余量	—	—	—	—	—	—	—	—	—	—	—	—	—	0.40
CZ108	普通黄铜	S,W,P	62.0~65.0	—	0.30	—	—	余量	—	—	—	—	—	—	—	—	—	—	—	—	—	0.60
CZ109	60 无铅黄铜	R 和 S,FS	59.0~62.0	—	0.10	—	—	余量	—	0.02	—	—	—	—	—	—	—	—	—	—	—	0.30
CZ110	铝黄铜	T,P	76.0~78.0	—	0.07	0.06	—	余量	0.02~0.06	—	1.8~2.3	—	—	—	—	—	—	—	—	—	—	0.30
CZ111	海军黄铜	T	70.0~73.0	1.0~1.5	0.075	0.06	—	余量	0.02~0.06	—	—	—	—	—	—	—	—	—	—	—	—	0.30
CZ112	船用黄铜	R 和 S,P	61.0~63.5	1.0~1.4	—	—	—	余量	—	—	—	—	—	—	—	—	—	—	—	—	—	0.75
CZ113	舰船用黄铜(特殊混合)	R 和 S	57.5~60.5	0.6~1.25	—	—	—	余量	—	—	—	—	—	—	—	—	—	—	—	—	—	0.75
CZ114	高强度黄铜	R 和 S,FS	56.0~60.0	0.2~1.0	0.5~1.5	0.25~1.2	—	余量	—	0.02	1.5	—	—	0.30~2.0	—	—	—	—	—	—	—	0.50
CZ115	高强度黄铜(可钎焊)	R 和 S,FS	56.0~60.0	0.6~1.1	0.5~1.5	0.25~1.2	—	余量	—	—	0.2	—	—	0.30~2.0	—	—	—	—	—	—	—	0.50
CZ116	高强度黄铜	R 和 S,FS	64.0~68.0	—	—	0.25~1.2	—	余量	—	—	4.0~5.0	—	—	0.30~2.0	—	—	—	—	—	—	—	0.50
CZ118	64/1 含铅黄铜	S	63.0~66.0	—	0.75~1.5	—	—	余量	—	—	—	—	—	—	—	—	—	—	—	—	—	0.30

续表

合金代号	合金名称	制品种类	化学成分/%,杂质不大于																			杂质总和/%
			Cu ≥	Sn	Pb	Fe	Ni	Zn	As	Sb	Al	Si	Cd	Mn	Mg	S	P	Se	Te	Bi	氧/碳	
CZ119	62-2 铅黄铜	S,T,W,RS	61.0~64.0	—	1.0~2.5	—	—	余量	—	—	—	—	—	—	—	—	—	—	—	—	—	0.30
CZ120	59-2 铅黄铜	S	58.0~60.0	—	1.5~2.5	—	—	余量	—	—	—	—	—	—	—	—	—	—	—	—	—	0.30
CZ121	57-3 铅黄铜	RS	56.0~59.0	—	2.0~3.5	—	—	余量	—	0.02*	—	—	—	—	—	—	—	—	—	—	—	0.7
CZ122	58-2 铅黄铜	R 和 S,FS	56.5~60.0	—	1.0~2.5	0.30	—	余量	—	0.02	—	—	—	—	—	—	—	—	—	—	—	0.75
CZ123	60 低铅黄铜	R 和 S,SP	59.0~62.0	—	0.3~0.8	—	—	余量	—	—	—	—	—	—	—	—	—	—	—	—	—	0.30
CZ124	62-3 铅黄铜	RS	60.0~63.0	—	2.5~3.7	0.35	—	余量	—	—	—	—	—	—	—	—	—	—	—	—	—	0.50(不包括 Fe)
CZ125	雷管用铜	S	95.0~98.0	—	0.02	0.05	—	余量	—	—	—	—	—	—	—	—	—	—	—	—	—	0.25
CZ126	专用 70 加砷黄铜	T	69.0~71.0	—	0.07	0.06	—	余量	0.02~0.06	—	—	—	—	—	—	—	—	—	—	—	—	0.30
CN101	95-5 铁白铜	S,T,P	余量	0.01	0.01	1.05~1.35	5.0~6.0	—	—	—	—	—	—	0.30~0.80	—	0.05	—	—	—	—	C 0.05	0.30
CN102	90-10 铁白铜	S,T,P	余量	—	0.01	1.00~2.00	10.0~11.0	—	—	—	—	—	—	050~1.00	—	0.05	—	—	—	—	C 0.05	0.30
CN103	85/15 镍白铜	S	84.0~86.0	—	0.01	0.25	14.0~16.0	—	—	—	—	—	—	0.05~0.50	—	0.02	—	—	—	—	C 0.05	0.30
CN104	80/20 镍白铜	S,P	79.0~81.0	—	0.01	0.30	19.0~21.0	—	—	—	—	—	—	0.05~0.50	—	0.02	—	—	—	—	C 0.05	0.1
CN105	75/25 镍白铜	S	余量	—	—	0.30	24.0~26.0	0.20	—	—	—	—	—	0.05~0.40	—	0.02	—	—	—	—	C 0.05	0.35
CN106	70/30 镍白铜	S,P	69.0~71.0	—	0.01	0.30	29.0~31.0	—	—	—	—	—	—	0.05~0.50	—	0.03	—	—	—	—	C 0.06	0.1
CN107	70-30 镍白铜	S,T,P	余量	—	0.01	0.40~1.00	30.0~32.0	—	—	—	—	—	—	0.50~1.50	—	0.08	—	—	—	—	C 0.06	0.30
CN108	66-30-2-2 铁锰白铜	T	余量	—	—	1.7~2.3	29.0~32.0	—	—	—	—	—	—	1.5~2.5	—	—	—	—	—	—	—	0.30
PB101	3%锡磷青铜	S,P	余量	3.0~4.5	0.02	—	—	—	—	—	—	—	—	—	—	—	0.02~0.40	—	—	—	—	0.20

续表

合金代号	合金名称	制品种类	化学成分/%,杂质不大于																		杂质总和/%
			Cu	Sn	Pb	Fe	Ni	Zn	As	Sb	Al	Si	Cd	Mn	Mg	S	P	Se	Te	Bi	氧/碳	
PN102	5%锡磷青铜	S,T,W,R 和 S,P	余量	4.5～6.0	0.02	—	—	—	—	—	—	—	—	—	—	—	0.02～0.40	—	—	—	—	0.20
PB103	7%锡磷青铜	S,W	余量	6.0～7.5	0.02	—	—	—	—	—	—	—	—	—	—	—	0.02～0.40	—	—	—	—	0.20
PB104	9%锡磷青铜	T	余量	7.5～9.0	0.02	—	—	—	—	—	—	—	—	—	—	—	0.02～0.40	—	—	—	—	0.20
CA101	5%铝青铜	S,T	余量	—	0.02	—	—	—	—	—	4.5～5.5	—	—	—	—	—	—	—	—	—	—	0.50
CA102	7%铝青铜	T,P	余量	—	—	Fe+Mn+Ni 1.0～2.5	—	—	—	6.0～7.5	—	—	Fe+Ni	—	—	—	—	—	—	—	0.50	
CA103	9%铝青铜	R 和 S	余量	0.10	0.05	Fe+Ni0.40	0.40	—	—	8.8～10.0	0.10	—	0.50	0.50	—	—	—	—	—	—	0.50	
CA104	10%铝青铜	R 和 S,P,S	余量	0.10	0.05	4.0～6.0	4.0～6.0	0.40	—	—	8.5～11.0	0.10	—	0.50	0.50	—	—	—	—	—	—	0.50
CA105	10%铝青铜(Cu-Al-Ni-Fe-Mn)	P	78.0～85.0	0.10	0.05	1.5～3.5	4.0～7.0	0.40	—	—	8.0～10.5	0.15	—	0.5～2.0	0.05	—	—	—	—	—	—	0.50
CA106	7%铝青铜(Cu-Al-Fe)	P,R 和 S	余量	0.10	0.05	2.0～3.5	0.50	0.40	—	—	6.5～8.0	0.15	—	0.50	0.05	—	—	—	—	—	—	0.50
NS101	10%含铅镍黄铜	R 和 S,FS	44.0～47.0	—	1.0～2.5	0.4	9.0～11.0	余量	—	—	—	—	—	0.2～0.5	—	—	—	—	—	—	—	0.30
NS102	14%含铅镍黄铜	R 和 S	39.0～42.0	—	1.0～2.5	0.3	13.0～15.0	余量	—	—	—	—	—	1.5～3.0	—	—	—	—	—	—	—	0.30(不包括 Fe)
NS103	10%含铅镍白铜	S,W	60.0～65.0	—	0.04	0.25	9.0～11.0	余量	—	—	—	—	—	0.05～0.30	—	—	—	—	—	—	—	0.50
NS104	12%含镍锌白铜	S,W	60.0～65.0	—	0.04	0.25	11.0～13.0	余量	—	—	—	—	—	0.05～0.30	—	—	—	—	—	—	—	0.50

续表

合金代号	合金名称	制品种类	化学成分/%，杂质不大于																			杂质总和/%
			Cu ≥	Sn	Pb	Fe	Ni	Zn	As	Sb	Al	Si	Cd	Mn	Mg	S	P	Se	Te	Bi	氧/碳	
NS105	15%锌白铜	S,W	60.0~65.0	—	0.04	0.30	14.0~16.0	余量	—	—	—	—	—	0.05~0.50	—	—	—	—	—	—	—	0.50
NS106	18%锌白铜	S,W	60.0~65.0	—	0.03	0.03	17.0~19.0	余量	—	—	—	—	—	0.05~0.50	—	—	—	—	—	—	—	0.50
NS107	18%镍锌白铜	S,W	54.0~56.0	—	0.03	0.30	17.0~19.0	余量	—	—	—	—	—	0.05~0.35	—	—	—	—	—	—	—	0.50
NS108	20%锌白铜	S,W	60.0~65.0	—	0.025	0.30	19.0~21.0	余量	—	—	—	—	—	0.05~0.50	—	—	—	—	—	—	—	0.50
NS109	25%镍锌白铜	S,W	55.0~60.0	—	0.025	0.30	24.0~26.0	余量	—	—	—	—	—	0.05~0.75	—	—	—	—	—	—	—	0.50
NS111	10%含铅锌白铜	R和S	58.0~63.0	—	1.0~2.0	—	9.0~11.0	余量	—	—	—	—	—	0.1~0.5	—	—	—	—	—	—	—	0.50
NS112	15%含铅锌白铜	R和S	60.0~63.0	—	0.5~1.0	—	14.0~16.0	余量	—	—	—	—	—	0.1~0.5	—	—	—	—	—	—	—	0.50
NS113	18%含铅锌白铜	R和S	60.0~63.0	—	0.4~0.8	0.30	17.0~19.0	余量	—	—	—	—	—	0.1~0.5	—	—	—	—	—	—	—	0.50(不含Fe)
							Ni+Co	—	Be													
CB101	铍青铜	S,W	余量	—	—	—	0.05~0.40	—	1.7~1.9	—	—	—	—	—	—	—	—	—	—	—	—	0.50
CS103	硅青铜	P,W,R和S	余量	—	—	0.25	—	—	—	—	—	2.75~3.25	—	0.75~1.25	—	—	—	—	—	—	—	0.50
CC101	铬青铜	P,S	余量	Cr0.3~1.2	—	—	—	—	—	—	—	—	—	—	—	—	—	—	—	—	—	0.30
CC102	铬锆青铜	P,S	余量	Cr0.5~1.4	—	—	Zr0.02~0.2	—	—	—	—	—	—	—	—	—	—	—	—	—	—	0.20
NA13	铜镍合金	P,S	28.0~34.0	Co0.3	—	2.5	—	—	—	—	—	0.5	—	2.0	—	0.02	—	—	—	—	—	—

注：1. 薄板、带代号，S；锻坯和锻件，FS；管料，T；丝材，W；厚板材，P，R 和 S(棒材和截面)；
2. 在材料 C101～C107 中铜含量包括 Ag；
3. 在 C101，C102，C103，C104，C106，C107 中杂质总和不包括 O 和 Ag；
4. * 根据需要而定。

(2)纯铜的化学成分

表 6-157 纯铜的化学成分(BS 2874—1986 废止)

材料		化学成分/%												
合金代号	合金名称	Cu	Sn	Pb	Fe	Ni	As	Sb	S	P	Se	Te	Bi	杂质总量
C101	电解精炼高导铜	99.90	—	0.005	—	—	—	—	—	—	—	—	0.0010	0.03 O和Ag除外
C102	火法精炼高导铜	99.90	—	0.005	—	—	—	—	—	—	—	—	0.0025	0.04 O和Ag除外
C103	无氧高导铜	99.95	—	0.005	—	—	—	—	—	—	—	—	0.0010	0.03 O和Ag除外
C106	磷脱氧无砷铜	99.85	0.01	0.010	0.030	0.10	0.05	0.01	—	0.013~0.050	Se+Te0.020	0.010	0.0030	0.06 Ag,As,Ni,P除外

(3)铜合金的化学成分

表 6-158 铜合金的化学成分(BS 2874—1986 废止)

合金代号	合金名称	化学成分/%														
		Cu	Ni	P	Te	Cr	Co	Be	Zr	Bi	Fe	Sb	Si	S	Sn	杂质总量
C109	碲铜	余量	—	—	0.30~0.70	—	—	—	—	—	—	—	—	—	—	0.2
C111	硫铜	余量	—	—	—	—	—	—	—	—	—	—	—	0.3~0.6	—	0.2
C112	铍钴铜	余量	Ni+Fe 0.5	—	—	—	2.0~2.8	0.4~0.7	—	—	0.10	—	0.2	—	—	0.05(除Fe,Ni和Si外)
C113	磷镍铜	余量	0.8~1.2	0.16~0.25	—	—	—	—	—	—	—	—	—	0.2	—	0.03(除S外)
CC101	铬铜	余量	0.02	0.01	—	0.3~1.4	—	—	—	0.001	0.08	0.002	0.2	0.08	0.008	0.05(除Fe Si和S外)
CC102	锆铬铜	余量	0.02	0.01	—	0.5~1.4	—	—	0.02~0.2	0.001	0.08	0.002	0.2	—	0.008	0.05(Fe和Si除外)

(4)黄铜的化学成分

表 6-159 黄铜的化学成分(BS 2874—1986 废止)

合金代号	合金名称	化学成分/%										
		Cu	Sn	Pb	Fe	Al	Mn	As	Ni	Si	Zn	杂质总量
CZ104	80/20 铅黄铜	79.0~81.0	—	0.1~1.0	—	—	—	—	—	—	余量	0.6
CZ109	60/40 无铅黄铜	59.0~62.0	—	0.1	—	—	—	—	—	—	余量	0.3 Pb除外
CZ112	船用黄铜	61.0~63.5	1.0~1.4	—	—	—	—	—	—	—	余量	0.7
CZ114	高强度黄铜	56.5~58.5	0.2~0.8	0.5~1.5	0.3~1.0	1.5	0.5~2.0	—	—	—	余量	0.5 Al除外
CZ115	高强度黄铜(限制铝含量)	56.5~58.5	0.2~0.8	0.5~1.5	0.3~1.0	0.1	0.5~2.0	—	—	—	余量	0.5

续表

合金代号	合金名称	化学成分/% Cu	Sn	Pb	Fe	Al	Mn	As	Ni	Si	Zn	杂质总量
CZ116	高强度黄铜	64.0~68.0	—	—	0.25~1.2	4.0~5.0	0.3~2.0	—	—	—	余量	0.5
CZ121Pb3	58%Cu 3%Pb 铅黄铜	56.5~58.5	—	2.5~3.5	0.3	—	—	—	—	—	余量	0.7
CZ121Pb4	58%Cu 4%Pb 铅黄铜	56.5~58.5	—	3.5~4.5	0.3	—	—	—	—	—	余量	0.7
CZ122	58%Cu 2%Pb 铅黄铜	56.5~58.5	—	1.5~2.5	0.3	—	—	—	—	—	余量	0.7

合金代号	材料名称	化学成分/% Cu	Pb	Fe	Zn	杂质总量
CZ124	62%Cu 3%Pb 铅黄铜	60.0~63.0	2.5~3.7	0.3	余量	0.5 Fe除外

合金代号	合金名称	化学成分/% Cu	Sn	Pb	Fe	Al	Mn	As	Ni	Si	Zn	杂质总量
CZ128	60%Cu 2%Pb 铅黄铜	58.5~61.0	—	1.5~2.5	0.2	—	—	—	—	—	余量	0.5
CZ129	60%Cu 1%Pb 铅黄铜	58.5~61.0	—	0.8~1.5	0.2	—	—	—	—	—	余量	0.5
CZ130	型材用铅黄铜	55.5~57.5	—	2.5~3.5	—	0.5	—	—	—	—	余量	0.7 Al除外
CZ131	62%Cu 2%Pb 铜黄铜	61.0~63.0	—	1.5~2.5	0.2	—	—	—	—	—	余量	0.5
CZ132	抗失锌黄铜	余量	0.2	1.7~2.8	0.2	—	—	0.08~0.15	—	—	35.0~37.0	0.5
CZ133	船用黄铜	59.0~62.0	0.50~1.0	0.20	0.10	—	—	—	—	—	余量	0.4
CZ134	船用黄铜	59.0~62.0	0.50~1.0	1.3~2.2	0.10	—	—	—	—	—	余量	0.2
CZ135	含硅高强度黄铜	57.0~60.0	0.30	0.8	0.5	1.0~2.0	1.5~3.5	—	0.2	0.3~1.3	余量	0.5 除Sn,Pb,Fe和Ni外
CZ136	锰黄铜	56.0~59.0	—	3.0	—	—	0.5~1.5	—	—	—	余量	0.7 Pb除外
CZ137	60%Cu、0.5%Pb 铅黄铜	58.5~61.0	—	0.3~0.8	0.2	—	—	—	—	—	余量	0.5
NS101	10%Ni 铅黄铜	44.0~47.0	—	1.0~2.5	0.4	—	0.2~0.5	—	9.0~11.0	—	余量	0.3 Fe除外

(5)青铜及镍铜合金的化学成分

表 6-160 青铜及镍铜合金的化学成分

合金代号	合金名称	化学成分/%												
		Cu	Sn	Pb	Fe	Al	Mn	P	Ni	Si	Zn	S	C	杂质总量
CA104	10%Al铝青铜	余量	0.10	0.05	4.0~5.5	8.5~11.0	0.50	—	4.0~5.5	0.2	0.40	—	—	0.5 Mn除外
CA107	硅铝铜		0.10	0.05	0.5~0.7	6.0~6.4	0.10	—	0.10	2.0~2.4	0.40	—	—	0.5
CN102	90/10铁白铜		—	0.01	1.00~2.00	—	0.50~1.00	—	10.0~11.0	—	—	0.05	0.05	0.30
CN107	70/30镍白铜		—	0.01	0.40~1.00	—	0.50~1.50	—	30.0~32.0	—	—	0.08	0.06	0.30
CN101	硅铜		—	—	0.25	—	0.75~1.25	—	—	2.75~3.25	—	—	—	0.5 Fe除外
CN102	5%锡磷青铜		4.0~5.5	0.02	0.1	—	—	0.02~0.40	0.3	—	0.30	—	—	0.5
CN104	8%锡磷青铜		7.5~9.0	0.05	0.1	—	—	0.02~0.40	0.3	—	0.30	—	—	0.3

(6)精炼铜锭的化学成分

表 6-161 精炼铜锭的化学成分(BS 6017—1981 废止)

名称	牌号	化学成分/%,不大于(注明不小于和范围值者除外)					
		Cu+Ag	Ag	Bi	Pb	其他元素	杂质总和
		不小于					
阴极铜(标准极)	Cu-CATH-2	99.90	—	0.0010	0.005	—	0.03(除 O_2,Ag外)
电解精炼韧铜(标准级)	Cu-ETP-2	99.90	—	0.0010	0.005	—	0.03(除 O_2,Ag外)
火法精炼高导铜	Cu-FRHC	99.90	—	0.0025	0.005	—	0.04(除 O_2,Ag外)
火法精炼韧铜	Cu-FRTP	99.85	—	0.0030	0.010	As 0.02,Sb 0.005,Fe 0.01,Ni 0.05,O_2 0.10,Sn 0.01,Se+Te 0.020	0.05(除 O_2,Ni,Ag外)
高残磷脱氧铜	Cu-DHP	99.85	—	0.0030	0.010	P 0.013~0.050,As 0.05,Sb 0.01,Fe 0.030,Ni 0.10,Te 0.010,Sn 0.01	0.060(除Ag,As,Ni,P外)
电解精炼无氧铜	Cu-OF	99.95	—	0.0010	0.005	—	0.03(除Ag外)
无氧铜(电工级)	Cu-OFE	99.99①	—	0.0010	0.0010	P 0.0003,Cd 0.0001,Hg 0.0001,O_2 0.001,Se 0.001,Te 0.001,S 0.0018,Zn 0.0001	②
无氧银铜	Cu-Ag-OF-2	99.95	0.03③	0.0010	0.005	—	0.03
	Cu-Ag-OF-4	99.95	0.09③	0.0010	0.005	—	0.03
银铜	Cu-Ag-1	99.90	0.01	0.0010	0.005	—	0.03(除 O_2 外)
	Cu-Ag-2	99.90	0.03	0.0010	0.005	—	0.03(除 O_2 外)
	Cu-Ag-3	99.90	0.06	0.0010	0.005	—	0.03(除 O_2 外)
	Cu-Ag-4	99.90	0.09	0.0010	0.005	—	0.03(除 O_2 外)
	Cu-Ag-5	99.90	0.14	0.0010	0.005	—	0.03(除 O_2 外)

注:1. 表中①电工级无氧铜中的铜不包括银;
2. 表中②电工级无氧铜中的一些杂质(As+Sb+Bi+Mn+Se+Te+Sn)不应超过0.004%,而对杂质铁和镍要求分析,但不规定界限值;
3. 表中③Cu-Ag-OF-2和Cu-Ag-OF-4中银含量的上限值由供需双方商定。

(7)铸造铜合金的化学成分

表 6-162　　A 组铸件的化学成分(BS 1400—1985 废止)

材料	PB4		LPB1		LB2		LB4		LG1		LG2		SCB1		SCB3		SCB6		DCB1		DCB3		PCB1	
	磷青铜		铅磷青铜		铅青铜		铜青铜		铅炮铜		铅炮铜		砂铸件用黄铜				黄铜铸件		硬模黄铜铸件				硬模压铸黄铜铸件	
元素	min	max	min	max	min	max	min	max	min	max	min	max	min	max	min	max	min	max	min	max	min	max	min	min
Cu	余	量	余	量	余	量	余	量	余	量	余	量	70.0	80.0	63.0	67.0	83.0	88.0	59.0	63.0	58.0	63.0	57.0	60.0
Sn	9.5	11.0	6.5	8.5	9.0	11.0	4.0	6.0	2.0	3.5	4.0	6.0	1.0	3.0	—	1.5	—	—	—	—	—	1.0	—	0.5
Zn	—	0.5	—	2.0	—	1.0	—	2.0	7.0	9.5	4.0	6.0	余	量	余	量	余	量	余	量	余	量	余	量
Pb	—	0.75	2.0	5.0	8.5	11.0	8.0	10.0	4.0	6.0	4.0	6.0	2.0	5.0	1.0	3.0	—	0.5	—	0.25+	0.5	2.5	0.5	2.5
P	0.4	1.0	0.3	—	—	0.10*	—	0.10*	—	—	—	—	—	—	—	0.05	—	—	—	—	—	—	—	—
Ni	—	0.5	—	1.0	—	2.0	—	2.0	—	2.0	—	2.0	—	1.0	—	1.0	—	—	—	—	—	1.0	—	—
Fe	—	—	—	—	—	0.15	—	0.25	—	—	—	—	—	0.75	—	0.75	—	—	—	—	—	0.8	—	0.3
Al	—	—	—	—	—	0.01	—	0.01	—	0.01	—	0.01	—	0.01	—	0.1+	—	—	—	0.5	0.2	0.8	—	0.5
Mn	—	—	—	—	—	0.2	—	0.2	—	—	—	—	—	—	—	—	0.2	—	—	—	—	—	0.5	—
Sb	—	—	—	0.25	—	0.5	—	0.5	—	—	—	—	—	—	—	—	—	—	—	—	—	—	—	—
As	—	—	—	—	—	—	—	—	—	—	—	—	—	—	—	—	0.05	0.20	—	—	—	—	—	—
Fe+As+Sb	—	—	—	—	—	—	—	—	—	0.75	—	0.50	—	—	—	—	—	—	—	—	—	—	—	—
Si	—	—	—	—	—	0.02	—	0.02	—	0.02	—	0.02	—	—	—	0.05	—	—	—	—	—	0.05	—	—
Bi	—	—	—	—	—	—	—	—	—	0.10	—	0.05	—	—	—	—	—	—	—	—	—	—	—	—
S	—	0.1	—	0.1	—	0.1	—	0.1	—	0.1	—	—	—	—	—	—	—	—	—	—	—	—	—	—
杂质总量	—	0.50	—	0.50	—	0.50	—	0.50	—	1.0	—	0.80	—	1.0	—	1.0	—	1.0 包括 Pb	—	0.75	—	2.0 不含 Ni+Pb+Al	—	0.5

注:表中化学成分均为%。

表 6-163　　B 组铸件的化学成分（BS 1400—1985 废止）

材料 元素	CC1-TF		PB1		PB2		CT1		LG4		AB1		AB2		CMA1		HTB1		HTB3	
	铜铬合金		磷青铜		磷青铜		铜锡合金		铅炮铜		铝青铜		铝青铜		铜、锰、铝合金		高强度黄铜		高强度β黄铜	
	min	max	min	max	min	max	min	max	min	max	min	max	min	max	min	max	min	max		
Cu	余	量	余	量	余	量	余	量	余	量	余	量	余	量	余	量	57.0	—	55.0	—
Sn	—	—	10.0	11.5	11.0	13.0	9.0	11.0	6.0	8.0^{+}	—	0.1	—	0.1	—	0.50	—	1.0	—	0.20
Zn	—	—	—	0.05	—	0.30	—	0.03	1.5	3.0	—	0.50	—	0.50	—	1.0	余	量	余	量
Pb	—	—	—	0.25	—	0.50	—	0.25	2.5	3.5	—	0.03	—	0.03	—	0.05	—	0.50	—	0.20
P	—	—	0.50	1.0	0.15	0.6	—	0.15^{+}	—	—	—	—	—	—	—	0.05	—	—	—	—
Ni	—	—	—	0.10	—	0.50	—	0.25	—	2.0^{+}	—	1.0	4.0	5.5	1.5	4.5	—	1.0	—	1.0
Fe	—	—	—	0.10	—	0.10	—	0.20	—	0.20	1.5	3.5	4.0	5.5	2.0	4.0	0.7	2.0	1.5	3.25
Al	—	—	—	0.01	—	0.01	—	0.01	—	0.01	8.5	10.5	8.8	10.0	7.0	8.5	0.5	2.5	3.0	6.0
Mn	—	—	—	0.05	—	—	—	0.2	—	—	—	1.0	—	3.0	11.0	15.0	0.1	3.0	—	4.0
Sb	—	—	—	0.05	—	—	—	0.2	—	0.25	—	—	—	—	—	—	—	—	—	—
As	—	—	—	—	—	—	—	—	—	0.15	—	—	—	—	—	—	—	—	—	—
Fe+As+Sb	—	—	—	—	—	—	—	—	—	0.40	—	—	—	—	—	—	—	—	—	—
Si	—	—	—	0.02	—	0.02	—	0.01	—	0.01	—	0.2	—	0.1	—	0.15	—	0.10	—	0.10
Bi	—	—	—	—	—	—	—	—	—	0.05	—	—	—	—	—	—	—	—	—	—
Mg	—	—	—	—	—	—	—	—	—	—	—	0.05	—	0.05	—	—	—	—	—	—
S	—	—	—	0.05	—	0.1	—	0.05	—	—	—	—	—	—	—	—	—	—	—	—
Cr	0.50	1.25	—	—	—	—	—	—	—	—	—	—	—	—	—	—	—	—	—	—
杂质总量	—	—	—	0.60	—	0.20	—	0.80	—	0.70	—	0.30	—	0.30	—	0.30	—	0.2	—	0.2

注：表中化学成分均为%。

表 6-164　　C 组铸件的化学成分（BS 1400—1985 废止）

材料	LB1		LB5		G1		G3		G3-TF		SCB4		CT2		AB3		CN1		CN2	
	铅青铜		铅青铜		炮铜		镍炮铜		镍炮铜完全热处理		砂铸用海军黄铜		锡铜		铝硅青铜		镍铬铜		镍铌铜	
元素	min	max	min	max	min	max	min	max	min	max	min	max	min	max	min	max	min	max	min	max
Cu	余	量	余	量	余	量	余	量	余	量	60.0	63.0	85.0	87.5	余	量	余	量	余	量
Sn	8.0	10.0	4.0	6.0	9.5	10.5	6.5	7.5	6.5	7.5	1.0	1.5	11.0	13.0	—	0.10	—	—	—	—
Zn	—	1.0	—	1.0	1.75	2.75	1.5	3.0	1.5	3.0	余	量	—	0.4	—	0.40	—	—	—	—
Pb	13.0	17.0	18.0	23.0	—	1.5	0.10	0.50	0.10	0.50	—	0.5	—	0.3	—	0.03	—	0.005	—	0.005
P	—	0.1	—	0.10	—	—	—	0.02	—	0.02	—	—	0.05	0.40	—	—	—	0.005	—	0.005
Ni	—	2.0	—	2.0	—	1.0	5.25	5.75	5.25	5.75	—	—	1.5	2.5	—	0.10	29.0	33.0	28.0	32.0
Fe	—	—	—	—	—	0.15	—	—	—	—	—	—	—	0.20	0.5	0.7	0.4	1.0	1.0	1.4
Al	—	—	—	—	—	0.01	—	0.01	—	0.01	—	0.01	—	0.01	6.0	6.4	—	—	—	—
Mn	—	—	—	—	—	—	—	0.20	—	0.20	—	—	—	0.2	—	0.50	0.4	1.0	1.0	1.4
Sb	—	0.5	—	0.5	—	—	—	—	—	—	—	—	—	—	—	—	—			
As	—	—	—	—	—	—	—	—	—	—	—	—	—	—	—	—	—			
Si	—	0.02	—	0.01	—	0.02	—	0.02	—	0.02	—	—	—	0.01	2.0	2.4	0.20	0.40	0.20	0.40
Bi	—	—	—	—	—	0.03	—	0.02	—	0.02	—	—	—	—	—	—	—	0.002	—	0.002
S	—	0.1	—	—	—	0.1	—	0.1	—	0.1	—	—	—	0.05	—	—	—	0.01	—	0.01
Mg	—	—	—	—	—	—	—	—	—	—	—	—	—	—	—	0.05	—	—	—	—
Nb+Ti	—	—	—	—	—	—	—	—	—	—	—	—	—	—	—	—	—	—	1.20	1.40
C	—	—	—	—	—	—	—	—	—	—	—	—	—	—	—	—	—	0.02	—	0.02
Cr	—	—	—	—	—	—	—	—	—	—	—	—	—	—	—	—	1.5	2.0	—	—
Zr	—	—	—	—	—	—	—	—	—	—	—	—	—	—	—	—	0.05	0.15	—	—
Co	—	—	—	—	—	—	—	—	—	—	—	—	—	—	—	—	—	0.05	—	0.05
杂质总量	—	0.30	—	0.30	—	0.50	—	0.50	—	0.50	—	0.75	—	0.80	—	0.80	—	0.20	—	0.30

注：表中化学成分均为%。

6.4.2 铜及铜合金的力学性能

(1)纯铜的力学性能

表 6-165 纯铜的力学性能(BS 2874—1986 废止)

合金代号	合金名称	状态	尺寸		力学性能						伸长率			相近ISO牌号
					圆棒		方棒六角棒		矩形棒		圆棒	方棒六角棒	矩形棒	
			>	≤	min	max	min	max	min	max	min	min	min	
			mm	mm	MPa	MPa	MPa	MPa	MPa	MPa	%	%	%	
C101	电解精炼高导铜	O	4	6.3	—	260	—	—	—	—	32	—	—	Cu-ETP
			6.3	10	—	250	—	—	—	—	32	—	—	
			10	12	—	240	—	240	—	240	40	40	40	
			12	50	—	230	—	230	—	230	45	45	45	
			50	80	—	230	—	230	—	—	45	45	—	
C102	火法精炼高导铜	$\frac{1}{2}$H	4	6.3	290	—	—	—	—	—	4	—	—	Cu-FRHC
			6.3	10	280	—	—	—	—	—	8	—	—	
			10	12	260	—	260	—	250	—	12	12	12	
			12	25	250	—	250	—	230	—	18	18	18	
			25	50	230	—	230	—	230	—	22	22	18	
			50	80	230	—	230	—	—	—	22	22	—	
C103	无氧高导铜	H	4	6.3	350	—	—	—	—	—	—	—	—	Cu-OF
			6.3	10	350	—	—	—	—	—	—	—	—	
			10	12	320	—	310	—	270	—	6	6	6	
			12	25	290	—	280	—	260	—	8	8	8	
			25	50	260	—	250	—	250	—	12	12	10	
C108	磷脱氧	O	6	—	210min						33			Cu-DHP
	无砷铜	M	6	—	230min						13			

(2)铜合金的力学性能

表 6-166 铜合金的力学性能(BS 2874—1986 废止)

合金代号	合金名称	状态	尺寸		σ_b	$\sigma_{0.2}$	$\delta_{5.65\sqrt{S_0}}$	相近ISO牌号
			>	≤	min	min	min	
			mm	mm	MPa	MPa	%	
C109	碲铜	O	6	—	210	—	28	CuTe
		M	6	50	260	—	8	
			50	—	240	—	8	
C111	硫铜	O	6	—	210	—	28	CuS
		M	6	50	260	—	8	
			50	—	240	—	8	
C112	铍钴铜	TH	—	—	690	—	9	CuCo2Be
C113	磷镍铜	TH	—	25	410	—	18	
			25	—	390	—	20	
CC101	铬铜	TH	—	25	410	—	15	CuCr1
			25	—	370	—	15	
CC102	锆铬铜	TH	—	25	410	—	15	CuCr1Zr
			25	—	370	—	15	

(3)黄铜的力学性能

表 6-167　　黄铜的力学性能(BS 2874—1986 废止)

合金代号	合金名称	状态	力学性能					相近ISO牌号
			尺寸		σ_b	$\sigma_{0.2}$	$\delta_{5.65\sqrt{S_0}}$	
			>	≤	min	min	min	
			mm	mm	MPa	MPa	%	
CZ104	80/20 铅黄铜	M	6	40	310	—	22	
CZ109	60/40 无铅黄铜	M	6	40	340	—	25	CuZn40
CZ112	船用黄铜	M	6	18	400	—	15	CuZn38Sn1
			18	40	350	—	20	
CZ114	高强度黄铜	M	6	18	460	270	12	CuZn39 AlFeMn
			18	40	440	250	15	
			40	80	440	210	18	
		H	6	40	520	290	12	
CZ115	高强度黄铜(限制铝含量)	M	6	18	460	250	12	CuZn39 AlFeMn
			18	80	440	210	15	
		HS	6	40	520	290	12	
			40	60	500	240	14	
			60	80	450	210	18	
CZ116	高强度黄铜	M	6	18	650	370	10	
			18	40	620	340	12	
			40	—	580	300	15	
CZ121 Pb3	58%Cu 3%Pb 铅黄铜	M	6	18	425	—	15	CuZn39 Pb3
			18	40	400	—	20	
			40	80	380	—	20	
			80	—	350	—	25	
CZ121 Pb4	58%Cu 4%Pb 铅黄铜	M	6	18	425	—	15	CuZn38 Pb4
			18	40	400	—	18	
			40	80	380	—	20	
			80	—	350	—	25	
CZ122	58%Cu 2%Pb 铅黄铜	M	6	18	425	—	18	CuZn40 Pb2
			18	40	400	—	22	
			40	80	380	—	25	
			80	—	350	—	25	

续表

合金代号	合金名称	状态	形 状	尺寸 厚度 > mm	尺寸 厚度 ≤ mm	尺寸 宽度或直径 < mm	尺寸 宽度或直径 ≥ mm	力学性能 σ_b min MPa	力学性能 $\sigma_{0.2}$ min MPa	力学性能 $\delta_{5.65\sqrt{S_0}}$ min %	相近ISO牌号
CZ124	62%Cu	M	圆棒	—	—	6.0	25	330	130	12	CuZn36
	3%Pb	M	和六	—	—	25	50	300	115	18	Pb3
	铅黄铜	M	角棒	—	—	50	—	280	95	22	
		1/2H		—	—	6.0	12	400	160	6	
		1/2H		—	—	12	25	380	160	9	
		1/4H		—	—	25	50	340	130	2	
		1/2H		—	—	50	—	310	95	18	
		H		—	—	3.0	5.0	550	290	—	
		H		—	—	5.0	8.0	480	220	3	
		M		6.0	25	—	150	300	115	18	
		M		25	—	—	150	280	95	22	
		1/2H	矩形	6.0	12	—	25	340	160	9	
		1/2H	或正	6.0	12	25	150	310	105	12	
		1/2H	方形	12	50	—	50	310	105	18	
		1/2H		12	50	50	150	280	95	18	
		1/2H		50	—	50	100	280	95	18	

(4)青铜及镍铜的力学性能

表 6-168　　青铜及镍铜的力学性能

合金代号	合金名称	状 态	尺寸 > mm	尺寸 ≤ mm	力学性能 σ_b min MPa	力学性能 $\sigma_{0.2}$ min MPa	力学性能 $\delta_{5.65\sqrt{S_0}}$ min %	相近ISO牌号
CA104	10%Al	M	6	18	700	400	10	CuAl10Ni5
	铝青铜		18	80	700	370	12	Fe4
			80	—	650	320	12	
CA107	硅铝铜	M	6	40	520	270	20	CuAl7Si2
			40	—	520	230	20	
		1/2H	6	18	630	350	10	
			18	40	600	310	12	
			40	—	550	250	15	
CN102	90/10 铁白铜	M	6	—	280	—	27	CuNi10 Fe1Mn
CN107	70/30 镍白铜	M	6	—	310	—	27	CuNi30 Mn1Fe
CS101	硅铜	M	6	18	470	—	15	
			18	40	400	—	20	
			40	80	380	—	25	
PB102	5%	M	6	18	500	410	12	CuSn5
	锡磷青铜		18	40	460	380	12	
			40	60	380	320	16	
			60	80	350	250	16	
			80	100	320	200	20	
			100	120	280	120	22	
			120	—	260	80	25	
PB104	8%锡磷青铜	M	6	18	550	400	15	CuSn8

续表

合金代号	合金名称	状态	尺寸 > mm	尺寸 ≤ mm	σ_b min MPa	$\sigma_{0.2}$ min MPa	$\delta_{5.65\sqrt{S_0}}$ min %	相近ISO牌号
	锡磷青铜		18	40	500	360	18	
			40	80	450	300	20	
CZ128	60%Cu	M	6	18	380	—	22	CuZn38
	2%Pb		18	40	380	—	22	Pb2
	铅黄铜		40	80	350	—	25	
			80	—	350	—	25	
CZ129	60%Cu	M	6	18	380	—	25	CuZn39
	1%Pb		18	40	380	—	25	Pb1
	铅黄铜		40	80	350	—	28	
			80	—	350	—	28	
CZ130	型材用	M	6	—	350	—	20	CuZn43
	铅黄铜							Pb2
CZ131	62%Cu	M	6	18	350	—	22	CuZn37
	2%Pb		18	40	350	—	25	Pb2
	铅黄铜		40	80	350	—	28	
			80	—	330	—	28	
CZ132	抗失锌黄铜	O	6	—	280	—	30	
		M	6	18	380	—	20	
			18	40	350	—	22	
			40	80	350	—	25	
CZ133	船用黄铜	M	6	18	400	170	20	
			18	40	350	150	25	
CZ134	船用黄铜	M	6	18	400	170	15	
			18	40	350	150	20	
CZ135	含硅高强度黄铜	M	6	40	550	270	12	CuZn37Mn3 Al2Si
CZ136	锰黄铜	M	6	18	380	—	20	
			18	40	350	—	25	
CZ137	60%Cu	M	6	40	380	—	25	CuZn40Pb
	0.5%Pb		40	—	350	—	28	
	铅黄铜							
NS101	10%Ni	M	6	80	460	—	8	CuNi10
	铅黄铜							Zn42Pb2

(5)铜及铜合金薄板、带和箔材的力学性能

表 6-169 铜板带箔材的力学性能(BS 2870—1980 废止)

材料		状态	厚度/mm		抗拉强度/MPa		伸长率/%	维氏硬度HV	弯曲试验①			
									侧弯		纵弯	
名称	牌号		>	≤	宽≤450 mm	宽>450 mm	$L_0=50$ mm		角度/(°)	半径	角度/(°)	半径
					不小于							
电解高导韧铜	C101											
火法精炼高导韧铜	C102	O	0.5	10.0	210	210	35	≤55	180	接触	180	接触
高导无氧铜	C103											
无砷韧铜	C104	M	3.0	10.0	210	210	35	≤65	180	接触	180	接触
无砷磷脱氧铜	C106	1/2H	0.5	2.0	240	240	10	70~95	180	t	180	t
			2.0	10.0	240	240	15					
		H	0.5	2.0	310	280	—	90	90	t	90	t
			2.0	10.0	290	280	—					

注:①t 为名义厚度。

表 6-170　　黄铜板、带、箔材力学性能（BS 2870—1980 废止）

材料 名称	材料 牌号	状态	厚度/mm >	厚度/mm ≤	抗拉强度/MPa 宽≤450 mm 不小于	抗拉强度/MPa 宽>450 mm 不小于	伸长率/% L_0=50 mm 不小于	维氏硬度HV 宽≤450 mm 最小	维氏硬度HV 宽≤450 mm 最大	维氏硬度HV 宽>450 mm 最小	维氏硬度HV 宽>450 mm 最大	弯曲试验① 侧弯 角度/(°)	弯曲试验① 侧弯 半径	弯曲试验① 纵弯 角度/(°)	弯曲试验① 纵弯 半径
雷管用黄铜	CZ125	O	—	10.0	—	—	—	—	75	—	75	180	接触	180	接触
90/10 黄铜	CZ101	O	—	10.0	245	245	35	—	75	—	75	180	接触	180	接触
		1/2H	—	3.5	310	280	7	95	—	85	—	180	接触	180	接触
		1/2H	3.5	10.0								180	t	180	t
		H		10.0	350	325	3	110	—	100	—	90	$2t$	90	t
85/15 黄铜	CZ102	O	—	10.0	245	245	35	—	75	—	75	180	接触	180	接触
		1/2H	—	3.5	325	295	7	95	—	85	—	180	接触	180	接触
		1/2H	3.5	10.0								180	t	180	t
		H	—	10.0	370	340	3	110	—	100	—	90	$2t$	90	t
80/20 黄铜	CZ103	O	—	10.0	265	265	40	—	80	—	80	180	接触	180	接触
		1/2H	—	3.5	340	310	10	95	—	85	—	180	接触	180	接触
		1/2H	3.5	10.0								180	t	180	t
		H	—	10.0	400	370	5	120	—	100	—	90	$2t$	90	t
70/30 黄铜	CZ106	O	—	10.0	280	280	50	—	80	—	80	180	接触	180	接触
		1/4H	—	10.0	325	325	35	75	—	75	—	180	接触	180	接触
		1/2H	—	3.5	350	340	20	100	—	95		180	接触	180	接触
		1/2H	3.5	10.0								180	t	180	t
		H	—	10.0	415	385	5	125	—	120	—	90	$2t$	90	t
2/1 黄铜	CZ107	O	—	10.0	280	280	45	—	80	—	80	180	接触	180	接触
		1/4H	—	10.0	340	325	35	75	—	75	—	180	接触	180	接触
		1/2H	—	3.5	385	350	20	110	—	100	—	180	接触	180	接触
		1/2H	3.5	10.0								180	t	180	t
		H	—	10.0	460	415	5	135	—	125	—	90	$2t$	90	t
		EH	—	10.0	525	—	—	165	—	—	—	—	—	90	$2t$
普通黄铜	CZ108	O	—	10.0	280	280	40	—	80	—	80	180	接触	180	接触
		1/4H	—	10.0	340	325	30	75	—	—	—	180	接触	180	接触
		1/2H	—	3.5	385	350	15	110	—	100	—	180	接触	180	接触
		1/2H	3.5	10.0								180	t	180	t
		H	—	10.0	460	415	5	135	—	125	—	90	$2t$	90	t
		EH		10.0	525	—	—	165	—	—	—	—	—	90	$2t$

注：①t 为名义厚度。

表 6-171 特殊黄铜和铅黄铜板、带、箔材力学性能(BS 2870—1980 废止)

材料		状态	厚度/mm不大于	抗拉强度/MPa	伸长率/%(L_0=50mm)	维氏硬度HV		弯曲试验②			
								侧弯		纵弯	
名称	牌号			不小于		最小	最大	角度(°)	半径	角度(°)	半径
铅黄铜	CZ110	M	10.0	340	45	—	—	—	—	—	—
		O	10.0	310	50	—	80	180	接触	180	接触
海军黄铜	CZ112	M O①	10.0	340	25	—	—	180	t	180	t
		H	10.0	400	20	—	—	—	—	90	t
铅黄铜 64%铅,1%铅	CZ118	1/2H	6.0	370	10	110	140	—	—	—	—
		H	6.0	430	5	140	165	—	—	—	—
		EH	6.0	510	3	165	190	—	—	—	—
铅黄铜 62%铅,1%铅	CZ119	1/2H	6.0	370	10	110	140	—	—	—	—
		H	6.0	430	5	140	165	—	—	—	—
		EH	6.0	510	3	165	190	—	—	—	—
铅黄铜 59%铜,2%铅	CZ120	1/2H	6.0	—	10	110	140	—	—	—	—
		H	6.0	510	5	140	165	—	—	—	—
		EH	6.0	575	3	165	190	—	—	—	—
60/40 黄铜(低铅)	CZ123	M	10.0	370	20	—	—	—	—	—	—

注:表中①经供需双方协商,以热轧为最后工序的材料可按硬态(H)供货;②t 为试样厚度的 1 倍。

表 6-172 铜镍合金板、带、箔材的力学性能(BS 2870—1980 废止)

材料		状态	厚度/mm		抗拉强度/MPa	伸长率/%(L_0=50mm)	弯曲试验 纵弯和侧弯		维氏硬度HV
名称	牌号		>	≤	不小于		角度(°)	半径	
90/10 铜镍铁合金	CN102	M	—	10.0	310	30	—	—	≤90
		O	—	10.0	280	40	—	—	
80/20 铜镍合金	CN104	O	0.6	2.0	310	35	180	接触	—
		O	2.0	10.0	310	38	180	接触	—
75/25 铜镍合金	CN105	O	0.6	2.0	340	30	180	接触	—
		O	2.0	10.0	340	35	180	接触	—
		H	0.6	10.0	—	—	—	—	≥155
70/30 铜镍铁合金	CN107	O	0.6	2.0	370	30	180	接触	—
		O	2.0	10.0	370	35	180	接触	—

表 6-173 磷青铜板、带、箔材的力学性能(BS 2870—1980 废止)

材料名称	牌号	状态	厚度/mm 不大于	抗拉强度/MPa 宽度≤450mm	抗拉强度/MPa 宽度>450mm	0.2%屈服强度①/MPa 宽度≤450mm	0.2%屈服强度①/MPa 宽度>450mm	伸长率/% (L_0=50mm)
				不小于				
4%磷青铜(铜-锡-磷)	PB101	O	10.0	295	295	—	—	40
		1/4H	10.0	340	340	125	125	30
		1/2H	10.0	430	400	390	340	8
		H	6.0	510	495	480	435	4
		EH	6.0	620	—	580	—	—
5%磷青铜(铜-锡-磷)	PB102	O	10.0	310	310	—	—	45
		1/4H	10.0	350	350	140	140	35
		1/2H	10.0	495	460	420	385	10
		H	6.0	570	525	525	480	4
		EH	6.0	645	—	615	—	—
		SH	0.9	—	—	—	—	—
7%磷青铜(铜-锡-磷)	PB103	O	10.0	340	340	—	—	50
		1/4H	10.0	385	385	200	200	40
		1/2H	10.0	525	460	440	380	12
		H	6.0	620	540	550	480	6
		EH	6.0	695	—	650	—	—
		SH	0.9	—	—	—	—	—
		ESH	0.6	—	—	—	—	—

材料名称	牌号	维氏硬度HV 宽度≤450mm 最小	维氏硬度HV 宽度≤450mm 最大	维氏硬度HV 宽度>450mm 最小	维氏硬度HV 宽度>450mm 最大	弯曲试验 侧弯 角度/(°)	弯曲试验 侧弯 半径	弯曲试验 纵弯 角度/(°)	弯曲试验 纵弯 半径
4%磷青铜(铜-锡-磷)	PB101	—	80	—	80	180	接触	180	接触
		100	—	100	—	180	接触	180	接触
		150	—	130	—	90	*t*	180	*t*
		180	—	150	—	—	—	90	*t*
		180	—	—	—	—	—	90	*t*
5%磷青铜(铜-锡-磷)	PB102	—	85	—	85	180	接触	180	接触
		110	—	110	—	180	接触	180	接触
		160	—	140	—	90	*t*	180	*t*
		180	—	160	—	—	—	90	*t*
		200	—	—	—	—	—	90	*t*
		215	230	—	—	—	—	90	*t*
7%磷青铜(铜-锡-磷)	PB103	—	90	—	90	180	接触	180	接触
		115	—	115	—	180	接触	180	接触
		170	—	150	—	90	*t*	180	*t*
		200	—	165	—	—	—	90	*t*
		215	—	—	—	—	—	90	*t*
		220③	240③	—	—	—	—	90	*t*
		240③	—	—	—	—	—	—	—

注:1. 表中①0.2%屈服强度值仅供参考;

2. 表中②*t* 为名义厚度;

3. 表中③仅适用于宽度不大于150mm的产品。

表 6-174 铝青铜板、带、箔材的力学性能(BS 2870—1980 废止)

材料名称	牌号	状态	厚度/mm	抗拉强度/MPa 不小于	0.2%屈服强度/MPa 不小于	伸长率/% ($L_0=50$mm) 不小于
10%铝青铜(铜-铝-镍-铁)	CA104	M	≤10	700	380	10

表 6-175 镍银板、带、箔材的力学性能(BS 2870—1980 废止)

材料名称	牌号	状态	厚度/mm 不大于	侧弯 角度/(°)	侧弯 半径	纵弯 角度/(°)	纵弯 半径	维氏硬度 HV 最小	维氏硬度 HV 最大
10%镍银(铜-镍-锌)	NS103	O	10.0	180	t	180	t		100
		1/2H	10.0	180	t	180	t	125	—
		H	10.0	90	t	90	t	160	—
		EH	10.0	—	—	90	t	185	—
12%镍银(铜-镍-锌)	NS104	O	10.0	180	t	180	t	—	100
		1/2H	10.0	180	t	180	t	130	—
		H	10.0	90	t	90	t	160	—
		EH	10.0	—	—	90	t	190	—
15%镍银(铜-镍-锌)	NS105	O	10.0	180	t	180	t	—	105
		1/2H	10.0	180	t	180	t	135	—
		H	10.0	90	t	90	t	165	—
		EH	10.0	—	—	90	t	195	—
18%镍银(铜-镍-锌)	NS106	O	10.0	180	t	180	t	—	110
		1/2H	10.0	180	t	180	t	135	—
		H	10.0	90	t	90	t	170	—
		EH	10.0	—	—	90	t	200	—
18%镍银(铜-镍-锌)		—	—	—	—	—	—	—	—
铅 10%镍银(铜-镍-锌-铅)	NS111	O	—	—	—	—	—	—	100
		1/2H	—	—	—	—	—	150	180
		1H	—	—	—	—	—	180	—

注:表中①t 为试样厚度的一倍。

表 6-176 铜铬合金板、带、箔材的力学性能(BS 2870—1980 废止)

材料名称	牌号	状态	厚度/mm 不小于	抗拉强度/MPa 宽度≤450mm	抗拉强度/MPa 宽度450mm	伸长率/% ($L_0=50$mm)	维氏硬度,HV 宽度≤450mm	维氏硬度,HV 宽度>450mm	弯曲试验 纵弯和侧弯 角度/(°)	弯曲试验 纵弯和侧弯 半径
				不小于						
铜铬合金	CC101	M	10.0	360	360	20	110	110	90	t
铜铬锆合金	CC102	H	10.0	390	390	15	130	130	90	$2t$
		W	10.0	230	230	25	90	90	180	接触
		W(1/2H)P	10.0	400	—	15	130	—	90	t
		W(H)P	10.0	450	—	15	150	—	90	$2t$

表 6-177 铜铍合金带、箔材的力学性能(BS 2870—1980 废止)

材料牌号	状态	厚度① /mm		抗拉强度 /MPa	伸长率② /%	弯曲试验				维氏硬度③ HV	
						侧弯		纵弯			
		最小	最大	不小于		角度/(°)	半径	角度/(°)	半径		
CB101	W	0.10	3.0	415	35	180	接触	180	接触	85	140
	W(1/4H)	0.10	3.0	490	15	90	t	180	t	140	190
	W(1/2H)	0.10	3.0	590	6	90	3t	90	t	190	225
	W(H)	0.10	3.0	695	2	—	—	90	2t	225	270
	W(P)④	0.10	3.0	1050	3	—	—	—	—	350	410
	W(1/4H)P④	0.10	3.0	1100	2	—	—	—	—	360	420
	W(1/ZH)P④	0.10	3.0	1160	1	—	—	—	—	370	430
	W(H)P④	0.10	3.0	1230	—	—	—	—	—	385	450
	Wm⑤	0.10	1.0	700	18	90	t	90	t	210	250
	W(1/4H)m⑤	0.10	1.0	760	14	90	2t	90	2t	240	280
	W(1/3H)m⑤	0.10	1.0	830	10	90	2t	90	2t	260	310
	W(H)m⑤	0.10	1.0	930	8	90	3t	90	3t	295	345
	W(EH)m⑤	0.10	1.0	1040	4	90	6t	90	3t	330	380
	W(ESH)m⑤	0.10	1.0	1170	2	—	—	90	6t	360	415

注:1. 表中①厚度范围以外的带材的性能由供需双方议定;

2. 表中②表中伸长率不适用厚度小于 0.25mm 的带材;

3. 表中③当硬态(特别是轧制硬态)铜合金进行硬度试验时要特别小心,建议由供需双方商定试验程序;

4. 表中④材料在 335±5℃下保温 2h 后所得的力学性能如表中所示,这种热处理仅适用于性能试验,对于各种用途的所有状态并非为最佳处理;

5. 表中⑤轧制硬态材由生产厂进行热处理,不必做进一步热处理,轧制硬化材料的代号不必在加工方法中列出。

表 6-178 钟表及其他仪器用铅黄铜带的力学性能(BS 2870—1980 废止)

材料牌号	状态	厚度 /mm 不小于	抗拉强度 /MPa 不大于	伸长率 /% (L_0=50mm) 不大于
C118	1/2H	6.0	430	
	H	3.0	540	
C119	H	>3.0~6.0	540	
	1/2H	6.0	510	—
C120	H	3.0	575	15
	H	>3.0~6.0	575	20
	EH	6.0	—	9

表 6-179 无线电通信用镍银合金带、箔的硬度(BS 2870—1980 废止)

材料牌号	状态级别	维氏硬度 HV	
		最小	最大
NS104 NS107	1	220	—
	2	195	220
	3	170	190
	4	140	170
	5	85	115

注:NS104 仅供应 2 级和 5 级状态。

表 6-180　　无线电通信用黄铜带、箔材的力学性能(BS 2870—1980 废止)

材料		状态	宽度/mm	维氏硬度 HV		抗拉强度/MPa	伸长率/% ($L_0=50$mm)
名称	牌号		不大于	最小	最大	不小于	
90/10 黄铜	CZ101	3 硬	600	110	—	—	
		4 半硬	600	95	—	—	—
		5 退火	600	—	75	—	—
85/15 黄铜	CZ102	5 退火	600	—	75	—	—
70/30 黄铜	CZ106	1 弹性	300	180	—	560	—
		5 退火	600	—	80	280	50
2/1 黄铜	CZ107	1 弹性	300	185	220	575	—
		2 特硬	300	160	185	525	—
普通黄铜	CZ108	3 硬	600	130	160	460	5
		4 半硬	600	95	130	370	15
		5 退火	600	—	80	280	40

(6)铜线

表 6-181　　镀锡或镀锡铅的铜线的性能(BS 4393—1969 废止)

材料		未上镀层线的名义外径		伸长率/% ($L_0=50$mm)不小于	破断应力 不小于	
名称	牌号	in	mm		N	lbf
韧铜	C101	0.0148	0.376	5	23.1	5.2
		0.0164	0.417	6	28.5	6.4
		0.0180	0.457	7	32.0	7.2
	C102	0.0200	0.508	9	42.3	9.5
		0.0220	0.559	9	51.2	11.5
		0.0240	0.610	10	60.9	13.7
	C102	0.0280	0.711	15	82.7	18.6
		0.0320	0.813	15	108.5	24.4
		0.0360	0.914	15	137.0	30.8
		0.0400	1.016	20	169.0	38.0

表 6-182　　弹簧用黄铜线的力学性能(BS 2876—1963 废止)

材料		状态	直径/mm	抗拉强度/MPa(kgf/mm²)
名称	牌号			
黄铜	CZ107	EH	>0.020~0.104	741.4~818.9 (75.6~83.5)
			>0.104~0.252	695.3~771.8 (70.9~78.7)

(7)铸件

表 6-183　　铸件的力学性能(BS 1400—1985 废止)

合金代号	拉伸强度 σ_b/MPa,不小于				屈服强度 $\sigma_{0.2}$/MPa,不小于				伸长率 $\delta_{5.65\sqrt{S_0}}$/%,不小于			
	砂型	冷模	连续	离心	砂型	冷模	连续	离心	砂型	冷模	连续	离心
A组												
PB4	190	270	330	280	100*	140*	160*	140*	3	2	7	4
LPB1	190	220	270	230	80*	130*	130*	130*	3	2	5	4
LB2	190	220	280	230	80*	40*	160*	140*	5	3	6	5
LB4	160	200	230	220	60*	80*	130*	80*	7	5	9	6
LG1	180	180	—	—	80*	80*	—	—	11	2	—	—
LG2	200	200	270	220	100*	110*	100*	110*	13	6	13	8
B组												
HCC1 CC1-TF+	—	—	—	—	—	—	—	—	—	—	—	—
PB1	220	310	360	330	130*	170*	170*	170*	3	2	6	4
PB2	220	270	310	280	130*	170*	170*	170*	5	3	5	3
CT1	240	—	—	—	130*	—	—	—	—	—	—	—
LG4	250	250	300	250	130*	130*	130*	130*	16	5	13	6
AB1	500	540	—	560	170*	200*	—	200*	18	18	—	20
AB2	640	650	640	670	250	250	250	250	13	13	13	13
CMA1	650	670	—	—	280	310	—	—	18	27	—	—
HTB1	470	500	—	500	170	210	—	210	18	18	—	20
HTB3	740	—	—	740	400	—	—	400	11	—	—	13
C组												
LB1	170	200	230	220	80*	130*	130*	130*	4	3	9	4
LB5	160	170	190	190	60*	80*	100*	80*	5	5	8	7
G1	270	230	300	250	130*	130*	140*	130*	13	3	9	5
G3	280	—	340	—	140*	—	170*	—	16	—	18	—
G3-TF+	430	—	430	—	280*	—	280*	—	3	—	3	—
CT2	280	—	300	300	160*	—	180*	180*	12	—	8	10
AB3	460	—	—	—	180	—	—	—	20	—	—	—
CN1	480	—	—	—	300	—	—	—	18	—	—	—
CN2	480	—	—	—	300	—	—	—	18	—	—	—

注:1. * 仅供参考;

2. +CC1-TF 最小硬度 HB 为 100;

3. +G3-TF 最小硬度 HB 为 160。

表 6-184 典型拉伸性能和硬度值(BS 1400—1985 废止)

合金代号	凝固时间类型	拉伸强度 σ_b/MPa				屈服强度 $\sigma_{0.2}$/MPa				伸长率 $\delta_{5.65\sqrt{S_0}}$/%				硬度,HB			
		砂型	冷模	连续	离心	砂型	冷模	连续	离心	砂型	冷模	连续	离心	砂型	冷模	连续	离心
A级																	
PB4	L	190~270	270~370	330~450	280~400	100~160	140~230	160~270	140~230	3~12	2~10	7~30	4~20	70~95	95~140	95~140	95~140
LPB1	L	190~250	220~270	270~360	230~310	80~130	130~160	130~200	130~160	3~12	2~12	5~18	4~22	60~90	85~110	85~110	85~110
LB2	L	190~270	220~280	280~390	230~310	80~130	140~200	160~220	140~190	5~15	3~7	6~15	5~10	65~85	80~90	80~90	80~90
LB4	L	160~190	200~270	230~310	220~300	60~100	80~110	130~170	80~110	7~12	5~10	9~20	6~13	55~75	60~80	60~80	60~80
LG1	L	180~220	180~270	-	-	80~130	80~130	-	-	11~15	2~8	-	-	55~65	65~80	-	-
LG2	L	200~270	200~280	270~340	220~310	100~130	110~140	100~140	110~140	13~25	6~15	13~35	8~30	65~75	80~95	75~90	80~95
SCB1	S	170~200	—	—	—	80~110	—	—	—	18~40	—	—	—	45~60	—	—	—
SCB3	S	190~220	—	—	—	70~110	—	—	—	11~30	—	—	—	45~65	—	—	—
SCB6	S	170~190	—	—	—	80~110	—	—	—	18~40	—	—	—	45~60	—	—	—
DCB1	S	—	280~370	—	—	—	90~120	—	—	—	23~50	—	—	—	60~70	—	—
DCB3	S	—	300~340	—	—	—	90~120	—	—	—	13~40	—	—	—	60~70	—	—
PCB1	S	—	280~370	—	—	—	90~120	—	—	—	25~40	—	—	—	60~70	—	—
B组																	
HCC1	S	160~190	—	—	—	—	—	—	—	23~40	—	—	—	40~45	—	—	—
CC1-TF	S	270~340	—	—	—	170~250	—	—	—	18~30	—	—	—	100~120	—	—	—
PB1	L	220~280	310~390	360~500	330~420	130~160	170~230	170~280	170~230	3~8	2~8	6~25	4~22	70~100	95~150	100~150	25~150
PB2	L	220~310	270~340	310~430	280~370	130~170	170~200	170~250	170~200	5~15	3~7	5~15	3~14	75~110	100~150	100~150	100~150
CT1	L	230~310	270~340	310~390	280~370	130~160	140~190	160~220	180~190	6~20	5~15	9~25	6~25	70~90	90~130	90~130	90~130
LG4	L	250~320	250~340	300~370	250~370	130~140	130~160	130~160	130~160	16~25	5~15	13~30	6~30	70~85	80~95	80~95	80—95
AB1	S	500~590	540~620	—	560~650	170~200	200~270	—	200~270	18~40	18~40	—	20~30	90~140	130~160	—	120~160
AB2	S	640~700	650~740	—	670~730	250~300	250~310	—	250~310	13—20	13~20	—	13~20	140~180	160~190	—	140~180
CMA1	S	650~730	670~740	—	—	280~340	310~370	—	—	18~35	27~40	—	—	160~210	—	—	—
HTB1	S	470~570	500~570	—	500~600	170~280	210~280	—	210~280	18~35	18~35	—	20~38	100~150	—	—	100~150
HTB3	S	740~810	—	—	740~930	400~470	—	—	400~500	11~18	—	—	13~21	150~230	—	—	150~230

续表

合金代号	凝固时间类型	拉伸强度 σ_b/MPa				屈服强度 $\sigma_{0.2}$/MPa				伸长率 $\delta_{5.65\sqrt{S_0}}$/%				硬度,HB			
		砂型	冷模	连续	离心	砂型	冷模	连续	离心	砂型	冷模	连续	离心	砂型	冷模	连续	离心
C组																	
LB1	L	170～230	200～270	230～310	220～300	80～110	130～160	130～190	130～160	4～10	3～7	9～10	4～10	50～70	70～90	70～90	70～90
LB5	L	160～190	170～230	190～270	190～270	60～100	80～110	100～160	80～110	5～10	5～12	8～16	7～15	45～65	50～70	50～70	50～70
G1	L	270～340	230～310	300～370	250～340	130～160	130～170	140～190	130～170	13～25	3～8	9～25	5～16	70～95	85～130	90～130	70～95
G3	L	280～340	—	340～370	—	140～160	—	170～190	—	16～25	—	18～25	—	70～95	—	90～130	—
G3—TF	L	430～480	—	430～500	—	280～310	—	280～310	—	3～5	—	3～7	—	160～180	—	160～180	—
SCB4	S	250～310	—	—	—	70～110	—	—	—	18～40	—	—	—	50～75	—	—	—
CT2	L	280～330	—	300～350	300～350	160～180	—	180～210	180～210	12～20	—	8～15	10～15	75～110	—	100～150	100～150
AB3	S	460～500	—	—	—	180～190	—	—	—	20～30	—	—	—	—	—	—	—
CN1	S	480～540	—	—	—	300～320	—	—	—	18～25	—	—	—	170～200	—	—	—
SN2	S	480～540	—	—	-	300～320	—	—	—	18～25	—	—	—	170～200	—	—	—

注:1. 表中离心铸件的性能数值是由金属型离心铸件上所切取的试样测得的;

2. 表中给出的典型力学性能数值范围,是作为用户的设计依据提供的。这些数值能直接表示连续铸件、离心铸件或冷硬铸件的性能,因为试样是由铸件上切取的。砂型铸件的数值是单独浇注试棒的试验结果,因此不能直接表示铸件的性能。连续铸件、冷硬铸件和离心铸件的性能数值范围大,主要是由于厚度变化的影响。作为一般原则,厚断面材料的抗拉强度、屈服强度、硬度范围偏于下限,而伸长率则偏于范围的上限。

铸件强度偏差系数

铸造方法	短凝固时间 s	长凝固时间 L
连续	-	1.1
离心	1.2	1.2
冷模	-	1.4
硬模	1.3	-
砂型	1.4	1.6

注:用 $\sigma_{0.2}$ 作为设计应力的计算依据,表中系数用于求由于铸造方法和合金凝固时间的变化所引起的铸件强度的允许变化,其值可由表中系数除以 $\sigma_{0.2}$ 值获得。

室温典型冲击性能

合金牌号	CN2	LB4	LG2	HCC1	LG4	AB1	AB2	CMA1	HTB1	HTB2	B2	AB3	CN1
冲击值	11	11	26	61	26	41	24	41	21	20	38	45	54

注:数值为平均值。

表 6-185　各种温度下的冲击性能(平均值)

合金牌号	温度 /℃	冲击值 /J
A 组		
LG2	−180	15
	−74	18
	20	26
	200	20
	300	18
B 组		
LG4	−196	18
	−78	19
	20	26
	100	19
	200	18
	300	16
AB1	−196	34
	20	41
	100	45
AB2	−188	16
	−130	22
	−60	24
	20	24
	200	38
	300	35
CMA1	−180	14
	−100	22
	−50	31
	20	41
	100	49
HTB1	−188	16
	−74	26
	20	26
	100	24

表 6-186　高温下的典型蠕变性能

合金牌号	温　度 /℃	10000h 内产生 0.1%塑性变形的应力 /MPa
A 级		
LB2	176	70
	232	31
	288	11
LG1	232	46
	288	27
LG2	232	70
	288	31
SCB1	176	77
	232	55
	288	11
B 组		
LG4	232	54
	288	23
AB1(硬模)	204	132
	315	38
AB2(砂型)	204	190
	315	65
AB2(硬模)	204	200
	315	38
HTB1	176	38
	204	23
	232	15
HTB3	176	124
	204	62
	232	4
C 级		
G1	232	54
	288	19

6.4.3 铜及铜合金的物理性能

表 6-187 铜及铜合金的物理性能(BS 1400—1985 废止)

合金牌号	导电性/%IACS		电阻率/Ω·m		铜的含量/%	导热系数/W·(m·K)$^{-1}$	
	15℃	200℃	15℃	200℃		15℃	200℃
A组							
PB4	10	9	0.17	0.19	12	47	59
LPB1	11	10	0.16	0.17	12	47	59
LB2	10	9	0.17	0.19	12	47	59
LB4	17	15	0.11	0.13	18	71	90
LG1	16	14	0.11	0.12	21	81	100
LG2	15	13	0.11	0.13	18	71	90
SCB1	18	15	0.09	0.11	21	81	100
SCB3	20	16	0.08	0.11	23	90	109
SCB6	25	22	0.07	0.08	29	111	128
DCB1	18	15	0.09	0.11	21	81	100
DCB3	18	15	0.09	0.11	21	81	100
PCB1	18	15	0.09	0.11	21	81	100
B组							
HCC1	90	54	0.019	0.032	97	372	372
CC1-TF	80	51	0.022	0.034	82	312	317
PB1	9	8	0.17	0.19	12	47	59
PB2	9	8	0.19	0.25	10	45	55
CT1	11	10	0.16	0.17	13	50	62
LB5	14	12	0.11	0.13	18	71	90
LG4	13	11	0.13	0.16	16	61	78
AB1	13	11	0.13	0.16	16	61	78
AB2	8	7	0.22	0.25	10	42	55
CMA1	3	2	0.58	0.65	4	14	21
HTB1	22	16	0.08	0.10	22	87	107
HTB3	8	7	0.22	0.25	10	42	55
C组							
LB1	11	10	0.16	0.17	12	47	59
G1	11	10	0.16	0.17	12	47	59
G3	12	11	0.15	0.16	12	47	59
G3-TF	12	11	0.15	0.16	12	47	59
SCB4	18	15	0.09	0.11	21	81	100
CT2	9	8	0.19	0.25	10	45	55
AB3	8	7	0.22	0.25	11	45	58
SN1	5	4	0.35	0.39	6	23	33
CN2	5	4	0.35	0.39	6	23	33

合金牌号	导磁率	合金牌号	导磁率	合金牌号	导磁率/H·m^{-1}
A组		B组		C组	
LG2	1.01	CC1-TF	1.001	SCB4	1.004
SCB1	1.02	PB1	1.001	AB3	1.035
SVB3	1.02	LG4	1.01	CN1	1.01
		AB1	1.2	CN2	1.01
		AB2	1.6		
		HTB1	1.27		

续表

合金牌号	密度 /g·cm⁻³	线胀系数 (0～250℃) /10⁻⁶K⁻¹	合金牌号	密度 /g·cm⁻³	线胀系数 (0～250℃) /10⁻⁶K⁻¹	合金牌号	密度 /g·cm⁻³	线胀系数 (0～250℃) /10⁻⁶K⁻¹
A组			B组			C组		
PB4	8.8	18	HCC1	8.9	17	LB1	9.1	19
LPB1	8.8	18	CC1-TF	8.9	17	G1	8.8	18
LB2	9.0	19	PB1	8.8	18	G3	8.8	18
LB4	9.0	18	PB2	8.8	19	G3-TF	8.8	18
LG1	8.8	18	CT1	8.8	18	SCB4	8.3	21
LG2	8.8	18	LB5	9.2	19	CT2	8.8	19
SCB1	8.5	19	LG4	8.8	18	AB3	7.7	18
SCB3	8.4	20	AB1	7.6	17	CN1	8.8	18
SCB6	8.6	19	AB2	7.6	17	CN2	8.8	18
DCB1	8.3	21	CMA1	7.5	19			
DCB3	8.3	21	HTB1	8.3	21			
PCB1	8.3	21	HTB3	7.9	21			

6.5 法国铜及铜合金

6.5.1 铜及铜合金牌号和化学成分

(1)纯铜

表 6-188 纯铜牌号和化学成分

材料名称	牌号	化学成分/%		标准号	备注
		Cu+Ag,不小于	P		
电解精炼韧铜	Cu-a1	99.90		NF A 51-050 100 120—1983 124	板,带,管,棒,线
火法精炼高导韧铜	Cu-a2	99.90			
火法精炼韧铜	Cu-a3	99.85			
高磷脱氧铜	Cu-b1	99.90	0.013～0.050		
低磷脱氧铜	Cu-b2	99.90	0.004～0.012		
无氧铜	Cu-c1	99.95			
电工用无氧铜	Cu-c2	99.99			

(2)黄铜棒

表 6-189 黄铜棒牌号和化学成分(NF A 51-106—1977)

合金牌号	化学成分/%								
CuZn	Cu	Al	Fe	Mn	Ni	Pb	Sn	其他	Zn
1种 2种	52～70	0～5	0～3	0～4	0～5	0～3	0～2	0～1	余量

(3)加工黄铜

表 6-190　　加工黄铜牌号和化学成分

材料名称	牌号	化学成分/%,不大于(注明余量和范围值者除外)										标准号	备注
		Cu	Zn	Pb	Fe	As	Al	Ni	Sn	Mn	杂质总和		
普通黄铜	CuZn5	94.0～96.0	余量	0.050	0.10	—	—	—	—	—	0.30	NF A51-101～105,115—1983 和 NF L14-707,708,710,711	
	CuZn10	89.0～91.0	余量	0.050	0.10	—	—	—	—	—	0.40		
		89.0～91.0	余量	0.05	0.05	—	—	—	—	—	0.40		一般用途管材
		89.0～91.0	余量	0.05	0.1	—	—	—	—	—	0.4		棒、线、型材
	CuZn15	84.0～86.0	余量	0.050	0.10	—	—	—	—	—	0.40		
		84.0～86.0	余量	0.05	0.1	—	—	—	—	—	0.4		棒、线、型材
	CuZn20	78.5～81.5	余量	0.050	0.10	—	—	—	—	—	0.40		
		78.5～81.5	余量	0.05	0.1	—	—	—	—	—	0.4		棒、线、型材
	CuZn30	68.5～71.5	余量	0.050	0.10	—	—	—	—	—	0.40		
		68.5～71.5	余量	0.05	0.05	—	—	—	—	—	0.40		一般用途管材
		68.5～71.5	余量	0.05	0.1	—	—	—	—	—	0.4		棒、线、型材
特殊黄铜	CuZn30	68.5～71.5	余量	0.07	0.06	0.02～0.06	—	—	—	—	(包括 Fe+Pb)0.3		热交换器用管
普通黄铜	CuZn33	65.5～68.5	余量	0.020	0.10	—	—	—	—	—	0.40		
		65.5～68.5	余量	0.1	0.1	—	—	—	—	—	0.5		棒、线、型材
	CuZn36	62.0～65.5	余量	0.020	0.20	—	—	—	—	—	0.4		
		62.0～65.5	余量	0.07	0.07	—	—	—	—	—	0.5+Pb		一般用途管材
	CuZn37	62.5～65.5	余量	0.3	0.2	—	—	—	—	—	0.5(除 Pb 外)		
	CuZn40	59.0～62.0	余量	0.050	0.20	—	—	—	—	—	0.40		
		59.0～62.0	余量	0.3	0.2	—	—	—	—	—	0.5(除 Pb 外)		棒、线、型材
		59.0～62.0	余量	0.30	0.20	—	—	—	—	—	0.5+Pb		一般用途管材

续表

材料名称	牌号	化学成分/%,不大于(注明余量和范围值者除外)										标准号	备注
		Cu	Zn	Pb	Fe	As	Al	Ni	Sn	Mn	杂质总和		
铅黄铜	CuZn35Pb2	61.0～63.0	余量	1.5～2.25	0.20	—	—	—	—	—	0.30	NF A 51-101～105,115 和 NF L 14-707,708,710,711	
	CuZn36Pb3	60.0～62.0	余量	2.5～3.5	0.35	—	—	—	—	—	0.50		
	CuZn38Pb2	59.0～61.0	余量	1.5～2.5	0.20	—	—	—	—	—	0.50		
	CuZn39Pb2	58.0～60.0	余量	1.5～2.5	0.35	—	—	—	—	—	0.70＋Fe		
		58.0～60.0	余量	1.5～2.5	0.35	—	—	—	—	—	0.50		棒、线、型材
	CuZn39Pb1.7	余量	37.50～40.50	1.00～2.50	0.35	—	0.50	—	0.80	—	其他:0.50		航空用棒材
	CuZn40Pb	58.0～61.0	余量	0.4～0.9	0.15	—	—	—	0.25	—	(Fe、Sn 除外)0.50		热交换器用板
	CuZn40Pb3	57.0～59.0	余量	2.5～3.5	0.35	—	—	—	—	—	0.7		
特殊黄铜	CuZn29Sn1	70.0～73.0	余量	0.07	0.06	0.02～0.06	—	—	0.9～1.2	—	(包括 Fe＋Pb)0.3		热交换器用管
	CuZn38Sn1	59.0～62.0	余量	0.20	0.10	—	—	—	0.5～1.2	—	(Fe、Pb 除外)0.50		热交换器用板
	CuZn19Al6	余量	16.50～21.00	—	2.00～4.00	—	5.50～7.50	—	—	4.00～7.00	0.50		航空用棒材
	CuZn23Al4	余量	20.0～25.0	1.0	1.5～3.5	—	3.5～5.0	—	2.5	1.5～3.5	0.50		航空用棒材
	CuZn22Al2	76.0～79.0	余量	0.07	0.06	0.02～0.06	1.8～2.3	—	—	—	(包括 Fe、Pb)0.3		热交换器用管
	CuZn36Ni2	余量	34.0～38.0	0.50	1.80～2.20	—	0.40～1.00	1.80～2.30	—	—	0.50		航空用棒材
高强度黄铜	CuZn1 类 CuZn2 类	52～70	余量	0～3	0～3	—	0～5	0～5	0～2	0～4	0～1	NF A 51-106	棒、线、型材

(4)加工青铜

表 6-191 加工青铜牌号和化学成分

代号	化学成分/%,不大于(注明余量和范围值者除外)								标准号	备注
	Sn	P	Zn	Cu	Fe	Ni	Pb	其他杂质总和		
CuSn4P	3.0~5.5	0.1~0.4	0.3	余量	0.1	0.3	0.05	0.3	NF A51-102,108,109,111和L 14-703	线材
	3~5	0.35	0.5	余量	0.1	—	0.1	0.3		
CuSn6P	5.5~7.5	0.1~0.4	0.3	余量	0.1	0.3	0.05	0.3		线材
	5~7.5	0.35	0.5	余量	0.1	—	0.1	0.3		
CuSn8P	7.5~9.0	0.1~0.4	0.3	余量	0.1	0.3	0.05	0.3		线材
CuSn8.5P	7.25~9.75	0.05~0.35	0.50	余量			0.1	0.50		航空用棒材
CuSn9P	7.25~10.0	0.35	0.5	余量	0.1	—	0.1	0.3		
CuSn3Zn9	2~4	0.2	7.5~10	余量	0.1	—	0.1	0.3		
CuSn5Zn4	3~5	0.2	3~5	余量	0.1	—	0.1	0.3		
CuSn4Zn4Pb4	3~4.5	0.2	3~4.5	余量	0.1	—	3~4.5	0.3		

(5)铜铍合金

表 6-192 加工铜铍合金牌号和化学成分

牌号	化学成分/%,不大于(注明范围值、不小于和余量者除外)							标准号	备注
	Be	Ni+Co 不小于	Ni+Co+Fe	Pb 不小于	Cu	其他杂质	Cu+Be+Ni+Co+Fe 不小于		
CuBe1.7	1.60~1.79	0.20	0.60	—	—	—	99.5	NF L 14-709 NF A 51-109,114—1976	板,带,棒,线
CuBe1.9	1.80~2.00	0.20	0.60	—	—	—	99.5		板,带,棒,线
	1.8~2.0	(Ni或Co)0.20	0.6	—	余量	0.5	—		航空用板,带,棒
CuBe1.9Pb	1.80~2.00	0.20	0.60	0.20	—	—	99.25		棒,线

(6)铜铝合金

铜铝合金是指可加入一种或数种其他元素,且铝的名义含量不超过10%的以铜为基的合金(见 NF A 51-102—1977 的定义)。

表 6-193 加工铜铝合金牌号和化学成分(NF A 51-102,113 NF L 14-705,706)

牌号	化学成分/%,不大于(注明余量和范围值者除外)											备注
	Al	Mn	Ni	Fe	Pb	Zn	Sn	Si	P	其他杂质	Cu	
CuAl6	5.4~6.6	—	—	0.5	0.02	—	0.5	—	—	0.5	余量	板,带
	5.0~6.5	—	—	0.1	0.1	0.3	—	—	—	0.5	余量	热交换器用管
CuAl8	6.0~8.5	—	—	0.5	0.02	0.2	0.5	—	—	0.5	余量	板,带
CuAl6Ni2	5.5~6.5	—	1.7~2.3	—	0.02	—	0.5	—	—	0.5	余量	板,带
CuAl7Fe2	6.0~8.0	1.0	—	1.5~3.5	0.010	0.20	0.5	—	0.015	0.50	余量	板,带
CuAl9Ni3Fe2①	8.2~10.2	1.5	2.0~4.0	1.0~3.0	0.050	0.30	0.20	0.15	—	0.50	余量	板,带
CuAl9Ni15Fe3	8.5~10.5	1.5	4.0~5.3	2.0~4.0	0.020	0.30	0.20	0.15	—	0.50	余量	板,带
CuAl10Ni5Fe4	8.5~11.0	1.0	4.0~6.0	3.5~4.5	0.05	0.5	—	—	—	0.50	余量	航空结构件用棒材
CuAl11Ni5Fe5	10.0~12.0	1.0	4.0~8.0	4.0~6.0	0.05	0.5	—	—	—	0.50	余量	航空结构件用棒材
CuAl9Fe2Ni2Mn1	8.0~9.5	0.7~2.0	1.2~2.5	1.0~2.0	0.1	0.30	—	—	—	0.5	余量	热交换器用管

注:表中①该合金的供货条件:Al≤8.5+Ni/2.5,Fe≤Ni+0.5。

(7)铜镍合金

法国对铜镍合金的定义是：以铜为基的铜和镍的合金，可加入一种或数种其他元素，镍的名义含量(不超过35%，见NF A51-102)，但实际上并不严格按此规定划分。铜镍合金的化学成分如表6-194所示。

表6-194　　加工铜镍合金牌号和化学成分

材料名称	牌号	化学成分/%，不大于(注明不小于、余量和范围值者除外)											标准号	备注
		Cu 不小于	Ni	Mn	Fe	C	Si	Zn	Pb	S	P	其他杂质		
锌白铜	CuNi12Zn24	62～66	11～13	0.05	—	—	—	余量	0.05	—	—	0.3	NF A51-117	棒、线、型材
	CuNi18Zn20	60～64	17～19	0.05	—	—	—	余量	0.05	—	—	0.3		棒、线、型材
	CuNi10Zn25Pb1	61.5～65.5	9～11	0.05	—	—	—	余量	1～2	—	—	0.3		棒、线、型材
	CuNi13Zn23Pb1	61～65	12～14	0.05	—	—	—	余量	0.5～1.5	—	—	0.3		棒、线、型材
	CuNi18Zn19Pb1	60～64	17～19	0.05	—	—	—	余量	0.5～1.5	—	—	0.3		棒、线、型材
	CuNi10Zn42Pb2	44～48	9～11	0.05	—	—	—	余量	1～2.5	—	—	0.3		棒、线、型材
铜镍合金	CuNi5	93	4～6	0.50	0.25	0.05	0.05	0.20	0.02	0.02	—	0.10	NF A51-102,112-115—1983,NF L14-701,702	
	CuNi5Fe	92	5～6	0.30～0.80	1～1.50	0.05	0.05	0.20	0.02	0.02	—	0.10		
	CuNi10Fe	余量①	9～11	0.30～1.0	1.35～1.80	0.05	—	0.50	+Sn 0.05	0.02	—	0.10		
	CuNi20	78	19～21	0.10～0.50	0.25	0.05	0.10	0.20	0.02	0.02	—	0.10		
	CuNi25	74	24～26	0.15～0.50	0.25	0.05	0.10	0.20②	0.02	0.02	—	0.10		
	CuNi30	69	29～31	0.15～0.50	0.25	0.05	0.10	0.20②	0.02	0.02	—	0.10		
	CuNi20Mn1Fe	余量①	19.0～22.0	0.50～1.5	0.5～1.0	0.05	—	0.50	+Sn 0.05	0.02	—	0.10		热交换器用管
	CuNi30Mn1Fe	余量①	29～32	0.50～1.5	0.40～1.0	0.06	—	0.05	+Sn 0.05	0.02	—	0.10		热交换器用管
	CuNi10Fe1Mn	余量	9～11	0.5～1	1～1.8	0.050	—	0.50	0.020	0.020	0.020	0.50		热交换器用板、管
		余量①	9.0～11.0	0.3～1.0	1.0～2.0	0.05	—	0.5	+Sn 0.05	0.02	—	0.1		
	CuNi30FeMn	余量	29～32	0.5～1	0.4～1	0.050	—	0.50	0.020	0.020	0.020	0.50		热交换器用板
	CuNi30Fe2Mn2	余量①	29.0～32.0	1.5～2.0	1.5～2.0	0.06	—	0.5	+Sn 0.05	0.02	—	0.1		热交换器用管
	CuNi3Si	余量	1.5～3.0	—	—	—	0.3～1.0	—	—	—	—	0.5		
	CuNi14Al2	余量	13.0～15.0	0.5	Al1.8～3.5	—	—	—	—	—	—	0.5		航空结构件用棒
康铜	CuNi44Mn	53	43.4～45.4	0.4～1.0	0.5	0.05	0.10	0.20②	0.02	0.02	—	0.10		

注：1. 表中①Cu+Ni+Fe+Mn≥99.5%，其他元素为杂质，但银计入铜中，钴计入镍中；

2. 表中②当用于电器时，锌的最大含量为0.01%。

(8)铸造铜合金

表 6-195 铸造铜合金牌号和化学成分

材料名称	牌号	化学成分/%,不大于(注明余量和范围值者除外)												标准号
		Cu	Zn	Al	Pb	Sn	Fe	Ni	Mn	Si	P	S	杂质总和	
铸造黄铜	CuZn19Al6 Y20	60.0~66.0	18.0~25.0	5.0~7.5	0.10	0.10	2.0~3.0	1.0	2.5~4.0	—	—	—	—	NF A 53-703—1982
	CuZn23Al4 Y20	60.0~66.0	20.0~27.0	3.0~5.0	0.20	0.20	1.5~3.0	2.5	2.5~4.0	—	—	—	—	
	CuZn30AlFeMn Y40	59.0~67.0	余量	1.0~2.5	1.5	0.30	0.5~2.0	2.5	1.0~3.5	1.0	—	—	—	
	CuZn33Pb Y20	65.0~70.0	余量	0.10	1.8	0.80	0.50	0.50	0.20	0.05	0.05	—	—	
	CuZn40③ Y30	59.0~63.0	余量	0.2~0.8	0.5~2.0	0.70	0.50	0.8	0.50	0.05	—	—	—	
	CuZn40 Y40	59.0~63.0	余量	0.20	0.5~2.0	0.70	0.50	0.8	0.50	0.20	—	—	—	
铸造青铜	CuPb5Sn5Zn5 Y20 或 Y30,Y70,Y80	余量	4.0~6.0	0.01	4.0~6.0	4.0~6.0	0.30	1.5		0.01	—	0.10	1.0	NF A 53-707—1977
	CuSn7Pb6Zn4 Y20 或 Y30,Y70,Y80	余量	2.0~5.0	0.01	5.0~7.0	6.0~8.0②	0.20	1.5		0.01	—	0.10	1.0	
	CuSn8 Y20 或 Y30,Y70,Y80	余量	3.0	0.01	0.5~3.0	7.0~9.0	0.20	1.5		0.01	—	0.10	1.0	
	CuSn12 Y20 或 Y30,Y70,Y80	余量	2.0	0.01	2.5	10.5~13.0	0.25	2.0		0.01	0.30	0.05	0.5	
	CuPb10Sn10 Y20 或 Y70,Y80	余量	2.0	0.01	8.0~11.0	9.0~11.0	0.25	2.0		0.01	0.30	—	1.0	
	CuPb20Sn5 Y20 或 Y80	余量	2.0	0.01	18.0~23.0	4.0~6.0	0.25	2.5		0.01	—	—	1.0	
铸造铜铝合金	CuA19 Y30 或 Y80	余量	—	8.5~10.5	—	—	1.2	1	0.5	—	—	—	0.5	NF A 53-709—1983
	CuAl10Fe3 Y30	余量	—	8.5~11.0	—	—	2~4	1	0.5	—	—	—	0.5	
	CuAl9Ni3Fe2 Y30①	余量	—	8.5~10.0	—	—	2~3	2~4	0.5	—	—	—	0.5	
	CuAl10Fe3 Y20 或 Y80①	余量	0.5	8.5~11.0	0.05	0.2	2~4	1.5	3	0.2	—	—	0.8	
	CuAl9Ni3Fe2 Y20 或 Y80①	余量	0.5	8.5~10.5	0.05	0.2	1.5~3	1.5~4	1.5	0.2	—	—	0.8	
	CuAl10Fe5Ni5 Y20 或 Y80①	余量	0.5	8.5~11.0	0.05	0.2	3~6	4~6	1.5	0.2	—	—	0.8	
	CuAl12Fe5Ni5 Y20 或 Y80①	余量	0.5	11.0~12.0	0.05	0.2	3~6	4~6	1.5	0.2	—	—	0.8	

注:①当用于抗腐蚀场合时,其必要条件是:Al≤8.2+Ni/2;②交货条件是:(Sn+Zn/2)×100/(Cu+Sn+Zn)≥8.5;③CuZn40 用于抗腐蚀场合时,铜应为 62.0%~70.0%,而砷或锑应小于 0.2%。

6.5.2 铜及铜合金的力学性能

(1)铜及铜合金板、带材

表 6-196 一般用途的铜板、带的力学性能

牌号	状态	维氏硬度 HV	抗拉强度 R_m/MPa	伸长率 A/%	标准号
			不小于		
Cu-a	退火(O)	≤65	200	30	NF A 51-100—1983
Cu-b	冷作硬化 H11	55~80	230~280	20	
Cu-c	H12	75~105	260~320	10	
	H14	≥100	300	—	

表 6-197　　　　一般用途的轧制黄铜板、带的性能

牌　号	H11		H12		H13		H14	
	R_m/MPa	HV	R_m/MPa	HV	R_m/MPa	HV	R_m/MPa	HV
CuZn5	250～320	67～95	280～350	79～105	310～380	91～115	340～400	102～125
CuZn10	270～340	68～102	320～390	90～120	350～420	102～126	390～450	118～135
CuZn15	300～370	75～108	350～420	95～120	390～460	117～142	430～500	138～158
CuZn20	330～400	80～112	380～450	103～134	420～490	122～148	460～530	138～158
CuZn30	330～400	85～120	390～460	110～140	440～510	132～158	490～560	148～168
CuZn33	330～400	85～122	380～450	108～140	430～500	130～155	470～540	140～160
CuZn36	330～400	85～125	370～440	105～140	420～490	128～153	460～530	140～160
CuZn40	360～430	105～135	400～470	120～150	450～520	140～165	510～590	150～175
CuZn39Pb2			400～500	135～160	450～550	145～170	500～600	150～180

牌　号	H15		H16		H17		标准号
	R_m/MPa	HV	R_m/MPa	HV	R_m/MPa	HV	
CuZn5	380～440	112～135	410～460	125～145	420～470	130～150	NF A 51-101—1983
CuZn10	440～490	130～150	470～530	140～160	490～550	150～170	
CuZn15	500～560	152～172	540～600	165～180	570～630	170～185	
CuZn20	530～600	158～178	580～640	170～185	620～670	179～192	
CuZn30	560～630	165～182	620～690	178～196	660～750	190～205	
CuZn33	540～610	160～178	600～670	174～192	630～690	180～196	
CuZn36	530～600	158～178	590～660	172～190	620～680	179～192	
CuZn39Pb2	550～650	170～195					
CuZn40	570～640	170～195	600～660	180～200	630～680	190～205	

注：R_m 为抗拉强度。

(2)青铜轧制板、带

表 6-198　　　　青铜板、带的力学性能

材料名称	牌　号	状　态	抗拉强度 R/MPa	弹性极限 $R_{p0.2}$/MPa	伸长率 A_5/%	维氏硬度 HV	标　准　号
			不	小	于		
锡青铜	CuSn3Zn9	O	310～400	150	40	75～105	NF A 51-108—1976
		H12	460～560	400	15	140～170	
		H14	610～680	580	4	190～210	
		H15	680	650	—	≥205	
	CuSn5Zn4	O	310～400	150	50	80～110	
		H12	420～500	350	15	140～170	
		H14	570～650	550	5	180～210	
		H15	640	650	—	≥205	
	CuSn4P	O	300～390	150	50	80～110	
		H12	420～500	350	30	140～170	
		H14	560～640	500	15	175～205	
		H15	700	650	—	≥200	
锡青铜	CuSn6P	O	330～420	160	50	90～120	NF A 51-108—1976
		H12	460～540	350	20	150～180	
		H14	620～700	560	5	190～220	
		H15	730	680	—	≥220	
	CuSn9P	O	360～450	180	50	95～125	
		H12	530～610	450	20	165～195	
		H14	700～800	680	5	210～240	
		H15	780	750	—	≥235	
锡锌铅青铜	CuSn4Zn4Pb4	O	320～370	—	—	80～100	
		H12	400～460		25	125～155	
		H14	500～600		3	160～185	

(3)铜铝合金板、带

表 6-199 铜铝合金板、带材的力学性能

牌号	状态	厚度 /mm 不大于	抗拉强度 R_m/MPa	弹性极限 $R_{p0.2}$/MPa	伸长率 A /% 不小于	标准号
			不小于			
CuAl6	退火(O 或 F)	30	310	115	40	NF A 51-113—1983
	冷作硬化	15	415	165	20	
CuAl8	退火(O 或 F)	30	345	140	30	
	冷作硬化	15	450	170	20	
CuAl6Ni2	退火(O 或 F)	30	345	140	30	
	冷作硬化	15	450	170	20	
CuAl7Fe2	退火(O 或 F)	30	485	200	35	
	退火(O 或 F)	31～100	450	180	30	
	冷作硬化	15	530	290	20	
CuAl9Ni3Fe2	退火(O 或 F)	100	500	180	25	
CuAl9Ni5Fe3	退火(O 或 F)	40	620	250	10	
		41～100	600	240	10	

(4)铜铍合金板、条、带材

表 6-200 铜铍合金板、条、带材的力学性能

牌号	状态名称和代号	抗拉强度 /MPa	伸长率 /% (L_0=50mm) 不小于	维氏硬度 HV	标准号
CuBe1.9 CuBe1.7	不回火:Mou 淬火 TB	410～540	35	90～130	NF A 51-109—1976
	Glacé 淬火($\frac{1}{8}$硬) TD1	460～580	20	110～160	
	$\frac{1}{4}$硬 TD2	510～610	15	140～190	
	$\frac{1}{2}$硬 TD3	580～690	6	180～220	
	硬 TD4	690～830	2	215～255	
	工厂回火:T.F	680～760	18	220～250	
	TH1	750～830	15	240～280	
	TH2	820～940	12	260～300	
	TH3	930～1010	9	300～345	
	TH4	1100～1210	4	335～380	
	TH5①	1200～1320	3	360～405	

注:表中①TH5 状态仅对 CuBe1.9 合金而言。

相应于不回火的铜铍合金各种状态,经控制回火后的力学性能如表 6-201 所示。

表 6-201 铜铍合金板、条、带经控制回火后的力学性能

回火前的状态	CuBe1.9		CuBe1.7		标准号
	抗拉强度 /MPa	维氏硬度 HV	抗拉强度 /MPa	维氏硬度 HV	
Mou 淬火(TB)	1150～1310	350～400	1030～1240	325～375	NF A 51-109—1976
$\frac{1}{8}$硬(TD1)	1180～1350	355～405	1060～1260	335～380	
$\frac{1}{4}$硬(TD2)	1200～1380	365～415	1110～1280	340～385	
$\frac{1}{2}$硬(TD3)	1260～1440	375～420	1170～1340	360～400	
硬(TD4)	1300～1480	385～430	1240～1380	380～410	

(5)一般用途的铜镍合金板、带

表 6-202 铜镍合金板、带材(退火状态)的力学性能

牌号	HV,小于	抗拉强度/MPa,不大于	伸长率 A_5/%不小于	标准号
CuNi5	80	240	35	NF A 51-112—1978
CuNi5Fe	90	250	35	
CuNi10Fe	95	280	30	
CuNi20	100	300	30	
CiNi25	105	300	30	
CuNi30	105	320	30	
CuNi30Mn1Fe	115	320	30	
CuNi44Mn	120	400	35	

(6)铜镍锌合金板、带

表 6-203 铜镍锌合金板、带材(退火状态)的性能

牌号	OS70 状态		OS35 状态		OS15 状态		标准号
	晶粒尺寸/μm	HV	晶粒尺寸/μm	HV	晶粒尺寸/μm	HV	
CuNi10Zn27	50～100	73±5	25～50	85±5	<25	95±5	NF A 51-107—1976
CuNi12Zn24	50～100	76±5	25～50	87±5	<25	97±5	
CuNi15Zn22	50～100	80±5	25～50	90±5	<25	100±5	
CuNi18Zn20	50～100	85±5	25～50	95±5	<25	105±5	
CuNi18Zn27①							
CuNi25Zn20	50～100	90±5	25～50	100±5	<25	110±5	

注:表中①CuNi18Zn27 合金通常只在退火状态下使用。

表 6-204 铜镍锌合金板、带(冷作硬化)的力学性能

合金牌号	状态	抗拉强度 R_m/MPa	伸长率 A_5/%,不小于	维氏硬度 HV	标准号
CuNi10Zn27	H11	420～470	27	105～135	NF A 51-107—1976
	H12	470～520	12	140～160	
	H13	550～610	7	170～190	
	H14	640～700	—	195～210	
	H15	>720	—	>215	
CuNi12Zn24	H11	420～470	20	105～135	
	H12	470～520	8	140～160	
	H13	550～610	5	170～190	
	H14	640～700	—	195～210	
	H15	>700	—	>210	
CuNi15Zn22	H11	440～490	22	115～145	
	H12	490～540	9	145～170	
	H13	560～620	5	175～195	
	H14	620～690	—	190～215	
	H15	>690	—	>215	
CuNi18Zn20	H11	450～510	20	120～150	
	H12	510～560	7	150～170	
	H13	570～630	5	175～195	
	H14	630～690	—	195～215	
	H15	>630	—	>215	
CuNi18Zn27	H11	480～540	22	130～160	
	H12	540～590	11	160～185	
	H13	620～680	6	190～210	
	H14	710～770	—	215～235	
	H15	>770	—	>235	
CuNi25Zn20	H11	—	—	—	
	H12	500～560	20	145～170	
	H13	560～640	10	170～190	
	H14	640～720	—	190～210	
	H15	>720	—	>210	

(7)热交换器用铜合金板

表 6-205　　热交换器用铜合金板材的力学性能

材料名称	合金牌号	厚度/mm	状态	抗拉强度 R_m/MPa	弹性极限 $R_{p0.2}$/MPa	伸长率 A/%	标准号
				不小于			
铅黄铜	CuZn40Pb	≤40	退火	340	125	28	NF A 51-115—1983
		41～100		300	100	28	
锡黄铜	CuZn38Sn1	≤40		340	125	28	
		41～100		340	100	28	
铜铝合金	CuAl7Fe2	≤30		485	200	35	
		31～100		450	180	30	
	CuAl9Ni3Fe2	≤100		500	180	25	
	CuAl9Ni5Fe3	≤40		620	250	10	
		41～100		600	240	10	
铜镍合金	CuNi10Fe1Mn	≤100		280	110	30	
	CuNi30FeMn	≤40		345	140	30	
		41～100		310	120	30	

注:厚度超过本表规定范围的板材,其力学性能由双方商定。

(8)航空用铜及铜合金板、带

表 6-206　　航空用铜及铜合金板、带材的力学性能

材料名称	牌号	状态	热处理条件	弹性极限 $R_{p0.2}$/MPa	抗拉强度 R_m/MPa	伸长率 A_5/%	维氏硬度 HV	标准号
				不小于				
一号脱氧铜	Cu-b1	O			200	30	≤58	NF L 14-720—1983
		H11			230～280	20	56～80	
		H12			260～320	10	76～105	
		H14			300	—	100	
铜铍合金	CuBe1.9	TB			410～540	35	90～130	NF L 14-721—1983
		TF	TB+回火(320±5℃回火 3h)	840	1050	2	350	
		TD2			510	15	140	
		TH2	TD2+回火(320±5℃回火 2.5h)	950	1150	2	360	
		TD3			580	5	180	
		TH3	TD3+回火(320±5℃回火 2h)	1000	1250	1	375	

(9)铜及铜合金管材

表 6-207　　铜管的性能

材料名称	牌号	状态	抗拉强度 R_m/MPa	伸长率 A_5/%	维氏硬度 HV_5	电阻率 ρ_{20} /Ω·m	标准号
			不小于			不大于	
铜	Cu-a1	O	200	35	40～55	1.724×10^{-8}	NF A 51-124—1978
	Cu-a2	H11	230	20	70～90		
脱氧铜	Cu-b						
无氧铜	Cu-c1	H12	270	10	90～105		
	Cu-c2	H14	310	5	≥110	1.793×10^{-8}	

一般用途的黄铜圆管外径为 4～80mm,壁厚为 0.5～6mm,性能如表 6-208 所示。

表 6-208　　一般用途黄铜圆管的性能

牌号	状态及代号	维氏硬度 HV	抗拉强度 R/MPa	伸长率 A/% 不小于	晶粒度 /μm	标准号
CuZn10	退火 OS15	55～90	—	—	≤30	NF A 51-103—1977
	OS35	45～70			25～50	
	冷作硬化 H11	75～105	250～330	35	—	
	H12	85～115	280～360	25		
	H13	95～125	300～400	18		
	H14	110～140	350～450	7		
CuZn30	退火 OS15	70～100	—	—	≤30	
	OS35	60～85			25～50	
	冷作硬化 H11	85～115	340～420	45	—	
	H12	100～135	370～450	40		
	H13	125～160	410～510	30		
	H14	145～185	480～600	14		
CuZn36	退火 OS15	70～100	—	—	≤30	
	OS35	60～85			25～50	
	OS60	50～70			45～90	
	冷作硬化 H11	90～120	360～440	42	—	
	H12	105～140	380～460	35		
	H13	125～160	400～500	25		
	H14	145～185	480～600	12		
CuZn40	退火 OS15	70～100	—	—	≤30	
	冷作硬化 H11	95～130	380～460	40	—	
	H12	110～150	430～510	33		
	H13	130～170	470～570	23		
	H14	150～190	520～640	10		

(10)钎焊铜管

用磷脱氧铜(Cu-b1)经冷作硬化(H1)和退火生产的焊接铜管,其外径为 8～54mm,壁厚为 0.8mm 和

1.0mm(NF A51-120—1983 称此管为钎焊铜毛细圆管)，力学性能如表 6-209 所示。

表 6-209　焊接铜管的力学性能

材料名称	牌号	壁厚/mm	状态代号	交货状态	抗拉强度 R/MPa	伸长率 A_5/%	标准号
					不小于		
磷脱氧铜	Cu-b1	1.0	O	退火	200	35	NF A 51-120—1983
			H14	冷作硬化，硬	310	5	
		0.8	O	退火	200	35	
			H14	冷作硬化，硬	310	5	
			H11	中间冷作硬化	230	20	
			H21	(仅对直径	230	20	
			H12	8～22mm 管)	270	10	
			H22		270	10	
			H13		290	7	
			H23		290	7	

(11)制冷和空调用圆铜管

制冷和空调用圆铜管外径为 6～25.4mm，壁厚为 0.40～1.0mm，性能如表 6-210 所示。

表 6-210　制冷和空调用圆铜管的力学性能

材料名称	牌号	状态	抗拉强度/MPa	伸长率 A_5/%	维氏硬度 HV	弹性极限/MPa	标准号
磷脱氧铜	Cu-b	退火(O)	>200	>40	40～50	80	NF A 51-122—1977
		冷作硬化：1/8 硬(H10)	>220	>40	50～60	80～160	

(12)热交换器用铜合金管

冷凝器和热交换器用铜合金管材外径为 8～50mm，壁厚为 1～4mm，其性能如表 6-211 所示。

表 6-211　热交换器用铜合金管的硬度值

材料名称	牌号	状态	维氏硬度 HV (负荷 50N)	标准号
特殊黄铜	Cu-Zn30	OS25	80～105	NF A 51-102—1977
	Cu-Zn29Sn1		80～120	
	Cu-Zn22Al2		80～130	
铜镍合金	Cu-Ni10Fe1Mn		70～100	
	Cu-Ni20Mn1Fe		80～110	
	Cu-Ni30Mn1Fe		90～130	
	Cu-Ni30Fe2Mn2		90～130	
铜铝合金	Cu-Al6		80～120	
	Cu-Al9Fe2Ni2Mn1		120～160	

(13)铜及铜合金棒、线、型材

黄铜棒包括拉制圆棒、方棒、矩形棒、六角棒和八角棒。直径(或内切圆直径)在 50mm 以下，且经 10%冷加工的棒材的性能如表 6-212 所示。

表 6-212　　黄铜拉制棒的力学性能

牌号	抗拉强度 R_m/MPa	伸长率 A_5/%	标准号
	不小于		
CuZn10	320	20	NF A 51-104—1983
CuZn15	330	25	
CuZn20	330	25	
CuZn30	340	30	
CuZn33	350	32	
CuZn37	370	30	
CuZn40	390	20	

黄铜线包括拉制圆形、方形、矩形、六角形和八角形线，其力学性能如表 6-213 所示。

表 6-213　　黄铜线的力学性能(NF A 51-104—1983)

牌号	退火状态 O		冷作硬化状态									
			H11		H12		H13		H14		H15	
	R_m /MPa	A/% 不小于	R_m /MPa	A/% 不小于	R_m /MPa	A/% 不小于	R_m /MPa	A/% 不小于	R_m /MPa	A/% 不小于	R_m /MPa	A/% 不小于
CuZn10	250～320	35	300～360	10	350～420	4	400～460	4	450～520	2	≥500	1
CuZn15	270～350	35	350～400	12	370～430	5	420～500	4	500～600	2	≥600	1
CuZn20	280～370	35	360～420	20	400～480	10	470～550	5	540～620	3	≥600	1
CuZn30	320～400	35	390～460	20	450～520	15	500～570	5	570～670	3	≥670	1
CuZn33	330～440	30	390～460	20	450～530	15	520～600	5	600～700	3	≥700	1
CuZn37	350～430	30	390～460	20	450～550	10	540～620	5	600～700	3	≥700	1
CuZn40	390～460	25	460～520	15	500～580	10	570～660	5	650～750	3	≥750	1

注：1. R_m 为抗拉强度；

2. A 为伸长率，对 $L_0 \geqslant 25$mm 者，按 NF A03-251 要求，用 $L_0 = 5.65\sqrt{S_0}$；当 $L_0 < 25$mm 时，则用不按比例的试样，使用 $L_0 = 50$mm 测定伸长率值；

3. 退火状态的晶粒尺寸一般不大于 50μm。

(14)铅黄铜棒、线和型材

铅黄铜棒材包括拉制圆形、方形、矩形、六角形或八角形的棒材。铅黄铜棒、线、型材的力学性能如表 6-214 所示。

表 6-214 铅黄铜棒、线、型材的力学性能

牌号	状态	直径或厚度/mm	抗拉强度 R_m/MPa	弹性极限 $R_{p0.2}$/MPa	伸长率 A/%	标准号
			不小于			
CuZn35Pb2	冷作硬化H	3～7	450	320	7	NF A 51-105—1984
		>7～15	410	300	10	
		>15～30	370	250	18	
		30～50	—	—	—	
		>50～80	—	—	—	
CuZn36Pb3		3～7	450	320	7	
		>7～15	410	300	10	
		>15～30	370	250	18	
		>30～50	340	200	22	
		>50～80	320	180	28	
CuZn39Pb0.8		3～7	—	—	—	
		>7～15	440	350	12	
		>15～30	390	300	20	
		>30～50	390	300	20	
		>50～80	370	250	20	
CuZn39Pb2		3～7	480	350	5	
		>7～15	430	300	8	
		>15～30	380	250	15	
		>30～50	360	200	20	
		>50～80	350	180	25	
CuZn40Pb3		3～7	500	370	4	
		>7～15	450	350	6	
		>15～30	400	300	12	
		>30～50	380	250	18	
		>50～80	370	220	22	

(15)高强度黄铜棒、线和型材

高强度黄铜棒材包括拉制圆棒、方棒、矩形棒、六角棒和八角形棒。高强度黄铜棒、线、型材的力学性能如表 6-215 所示。

表 6-215　　高强度黄铜棒、线、型材的力学性能

牌号	直径或厚度/mm	抗拉强度 R_m/MPa	弹性极限 $R_{p0.2}$/MPa	伸长率 A/%	标准号
		不	小	于	
CuZn1	≤12	500	260	5	NF A 51-106—1977
	>12～25	470	250	10	
	>25～50	440	230	15	
	>50～80	400	220	17	
	>80	390	200	20	
CuZn2	≤12	600	300	7	
	>12～25	570	280	8	
	>25～50	550	260	9	
	>50～80	530	250	10	
	>80	520	240	11	

(16)铜铍合金棒、线

铜铍合金棒包括拉制圆棒、方棒、矩形棒、六角棒和八角形棒。棒材和线材的力学性能按不回火(固溶处理、淬火、冷作硬化)和工厂回火状态列于表 6-216 和表 6-217 中。

表 6-216　　不回火状态的铜铍合金棒、线的力学性能

牌号	状态名称及代号	品种	抗拉强度 R_m/MPa	伸长率 A/%,不小于 (L_0=50mm)	维氏硬度[③] HV	标准号
CuBe1.7	Mou 淬火 TB	棒	410～590	35	90～160	NF A 51-114—1983
CuBe1.9	$\frac{1}{4}$硬 TD2[①]		500～700	10	140～220	
CuBe1.9Pb	半硬 TD3[②]		570～820	5	175～260	
	Mou 淬火 TB	线	390～550	35		
	$\frac{1}{4}$硬 TD2		510～650	12		
	半硬 TD3		560～780	6		
	硬　TD4		750～1140	2		

注:①直径≥30mm;②直径<30mm;③当可使用布氏硬度时,则布氏硬度值约低于表中给定维氏硬度值的 5%。

表 6-217　　回火状态的铜铍合金棒、线的力学性能

回火前的状态	棒				线	标准号
	CuBe1.9 和 CuBe1.9Pb		CuBe1.7		CuBe1.9	
	抗拉强度 R_m/MPa	维氏硬度 HV	抗拉强度 R_m/MPa	维氏硬度 HV	抗拉强度 R_m/MPa	
TB	1120～1340	350～400	1020～1250	330～380	1120～1340	NF A 51-114—1983
TD2	1150～1400	360～420	1060～1320	340～400	1160～1400	
TD3	1180～1450	365～430	1100～1400	350～410	1200～1450	
TD4	—	—	—	—	1250～1550	

注:试样在 315～325℃的均匀温度下进行回火处理,TB 状态处理 3h,TD2 状态处理 2.5h,TD3 和 TD4 状态处理 2h。

(17)一般用途的磷青铜线

一般用途的磷青铜线直径为0.050～3.0mm，力学性能如表6-218所示。

表6-218 一般用途的磷青铜线的力学性能

牌号	状态	抗拉强度 R /MPa	伸长率 A /%，不小于	标准号
CuSn4P	退火	295～390	45	NF A 51-111—1977
CuSn6P		335～430	50	
CuSn8P		360～460	55	

(18)锌白铜棒、线

锌白铜棒包括拉制圆棒、方棒、矩形棒、六角形棒和八角形棒等。锌白铜棒、线材的力学性能如表6-219所示。

表6-219 锌白铜棒、线的力学性能

牌号	状态	晶粒度 /μm	维氏硬度 HV	抗拉强度 R_m /MPa	伸长率 A_{10} /%	标准号
				不小于		
CuNi12Zn24	退火	25～50	85～105	350	30	NF A 51-117—1983
	H11		130～160	450	15	
	H12		150～180	500	13	
	H14		195～235	630	约5	
CuNi13Zn20	退火	25～50	85～105	350	30	
	H11		135～165	470	10	
	H12		155～185	480	5	
	H14		195～235	630	约2	
CuNi10Zn25Pb1	H12		145～175	450	10	
	H14		180～220	570	4	
CuNi13Zn23Pb1	H12		145～175	470	5	
	H14		185～225	580	3	
CuNi18Zn19Pb1	H12		155～185	480	5	
	H14		180～220	590	3	
CuNi10Zn42Pb2	H12		140～170	500	5	
	H14		190～230	600	3	

注：当棒、线材直径或棒材平行面间距大于或等于8mm时，采用维氏硬度(HV)；小于8mm时，应采用抗拉强度(R_m)和伸长率(A)。

(19)航空结构件用铜合金棒

法国制订了一套航空结构件用铜合金棒材标准，在标准分类中属L14组。按照该标准，航空结构件用铜合金棒材的力学性能如表6-220所示。

表 6-220　　航空结构件用铜合金棒材的力学性能

材料名称	牌　　号	生产方法	状　　态	热处理条件	尺　　寸①
铜镍合金	CuNi3Si	拉　制	TF	在 800℃ 固溶处理 1h，油或水中淬火，在 500℃ 下回火 4h	$a,D\leqslant50$mm $S\leqslant2000$mm²
					$a,D>50$mm $S>2000$mm²
	CuNi14Al2	拉　制	TF	在 900℃ 固溶处理，水中淬火，在 500℃ 下回火 4h	$a,D\leqslant50$mm $S\leqslant2000$mm²
					$a,D>50$mm $S>2000$mm²
磷青铜	CuSn8.5P		O 或 F H12 H14		$a,D\leqslant80$mm $S\leqslant5000$mm²
铝青铜	CuAl10Ni5Fe4		F		所有尺寸
	CuAl11Ni5Fe5		F		所有尺寸
铝黄铜	CuZn19Al6		F		$a,D\leqslant50$mm $S\leqslant2000$mm²
					$a,D>50$mm $S>2000$mm²
	CuZn23A14		F		
铜铍合金	CuBe1.9		TB		
			TF	TB＋回火，在 320℃±5℃，回火 3h	
			TD2		
			TH2	TD2＋回火，320℃±5℃，回火 2.5h	
			TD3		
			TH3	TD3＋回火，320℃±5℃，回火 2h	
铅黄铜	CuZn39Pb1.7		F		
			H12		$a,D\leqslant50$mm $S\leqslant2000$mm²
					$a,D>50$mm $S>2000$mm²
镍黄铜	CuZn36Ni2		F		
			H12		

续表

材料名称	牌号	抗拉强度 R_m/MPa	弹性极限 $R_{p0.2}$/MPa	伸长率 A_5/%	HB或(HV)	标准号
		不小于				
铜镍合金	CuNi3Si	590	490	8	170	NF L 14-701—1982
		540	440	6	160	
	CuNi14Al2	780	590	10	215	NF L 14-702—1982
		740	540	7	205	
磷青铜	CuSn8.5P	400	175	55	<100	NF L 14-703—1982
		440	290	25	100	
		490	390	10	150	
铝青铜	CuAl10Ni5Fe4	690	320	13	180	NF L 14-705—1982
	CuAl11Ni5Fe5	740	390	8	190	NF L 14-706—1982
铝黄铜	CuZn19Al6	830	590	10	225	NF L 14-707—1982
		780	540	7	225	
	CuZn23Al4	590	270	15	170	NF L 14-708—1982
铜铍合金	CuBe1.9	≤540		35	(90～130)	NF L 14-709—1982
		1050	850	2	(320～380)	
		510		15	(130)	
		1100	900	1	(340)	
		570		5	(180)	
		1150	950	1	(360)	
铅黄铜	CuZn39Pb1.7	380	120	20	90	NF L 14-710—1983
		400	200	10	115	
		380	170	10	105	
镍黄铜	CuZn36Ni2	470	200	22	115	NF L 14-711—1983
		540	240	15	150	

注：表中①a为平行面间距，D为棒材直径，S为横截面积。

(20)铸造铜合金

表 6-221　　铸造铝青铜铸件的力学性能(NF A 53-709—1983)

合金牌号	注	屈服强度 $R_{p0.2}$ /MPa	抗拉强度 R_m /MPa	伸长率 A /%	布氏硬度 HBS
CuAl9	Y30	—	500	20	130
	Y80	200	550	26	—
CuAl10Fe3	Y20	180	500	13	160
	Y30	250	650	20	
	Y70～Y80	200	650	20	—
CuAl9Ni3Fe2	Y20	180	500	18	160
	Y30	250	650	20	
	Y70～Y80	220	550	20	
CuAl10Fe5Ni5	Y20	250		12	—
	Y30	300	600	7	150
	Y70～Y80	300	680	15	
CuAl12Fe5Ni5	Y20	—	—	—	—
	Y70～Y80	400	700	7	—

表 6-222　　铸造黄铜铸件的力学性能(NF A 53-703—1982)

材料牌号	力学性能			
	抗拉强度 R_m /MPa	屈服强度 $R_{p0.2}$ /MPa	伸长率/A /%	布氏硬度 HBS
CuZn19Al6 Y20	750	500	8	220
CuZn23Al4 Y20	500	250	8	160
CuZn40 Y30	340	—	8	—

表 6-223　　铸造锡青铜铸件的力学性能(NF A 53-707—1977)

材料牌号	铸造方法	力学性能,不小于		
		抗拉强度 R_m /MPa	屈服强度 $R_{p0.2}$ /MPa	伸长率 A/%
CuPb5Zn5Sn5	S,C	200	90	12
	CT,CC	250	100	12
CuSn7Pb6Zn4	S,C	220	100	12
	CT,CC	260	120	12
CuSn12	S	240	130	5
	C	270	150	3
	CT,CC	270	150	5
CuPb10Sn10	S	180	80	7
	CT,CC	220	140	6
CuPb20Sn	S	150	60	5
	CC	180	80	7

注:符号含义:S——砂型铸造,C——金属型铸造,CT——离心铸造,CC——连续铸造。

6.6 德国铜及铜合金

6.6.1 铜及铜合金牌号和化学成分

(1)铜冶炼产品

表 6-224 铜冶炼产品牌号和化学成分

材料名称	牌号	材料代号	化学成分/%			标准号	备注
			Cu,不小于	O_2	P		
阴极铜	KE-Cu	2.0050	99.90	—	—	DIN 1708—1973	KE-Cu、E1-Cu58、E2-Cu58 为软状态时,其电导率≥58.0m/Ω·mm²,E-Cu57、SE-Cu 的电导率≥57.0m/Ω·mm²,则其纯度符合要求
含氧铜	E1-Cu58	2.0061	99.90	0.005～0.040	—		
	E2-Cu58	2.0062	99.90	0.005～0.040	—		
	E-Cu57	2.0060	99.90	0.005～0.040	—		
	F-Cu	2.0080	99.90	0.015～0.040	—		
无氧铜	OF-Cu	2.0040	99.95	—	—		
脱氧铜	SE-Cu	2.0070	99.90	—	约 0.003		
	SW-Cu	2.0076	99.90	—	0.005～0.014		
	SF-Cu	2.0090	99.90	—	0.015～0.040		

(2)加工铜及铜合金

表 6-225 加工纯铜牌号和化学成分

材料名称	牌号	代号	化学成分/%			标准号
			Cu,不小于	O_2	P	
含氧铜	E-Cu58	2.0065	99.90	0.005～0.040	—	DIN 1787—1973
	E-Cu57	2.0060	99.90	0.005～0.040	—	
无氧铜	OF-Cu	2.0040	99.95	—	—	
脱氧铜	SE-Cu	2.0070	99.90	—	约 0.003	
	SW-Cu	2.0076	99.90	—	0.005～0.014	
	SF-Cu	2.0090	99.90	—	0.015～0.040	

表 6-226 低合金化铜牌号和化学成分(DIN 17666—1983)

材料名称	牌号	代号	化学成分/%,不大于(注明余量和范围值者除外)										
			Cu	Ag	Fe	Mg	P	Pb	S	Te	Zn	O_2	总和
银铜	CuAg0.1	2.1203	余量	0.08～0.12	—	—	—	—	—	—	—	0.04	0.05
	CuAg0.1P	2.1191	余量	0.08～0.12	—	—	0.001～0.007	—	—	—	—	—	0.05
铁铜	CuFe2P	2.1310	余量	—	2.1～2.6	—	0.015～0.15	0.03	—	—	0.05～0.20	—	0.5
镁铜	CuMg0.4	2.1322	余量	—	—	0.3～0.5	—	—	—	—	—	—	0.3
	CuMg0.7	2.1323	余量	—	—	0.5～0.8	—	—	—	—	—	—	0.3
含铅铜	CuPb1P	2.1160	余量	—	—	—	0.003～0.012	0.7～1.5	—	—	—	—	0.1
硫铜	CuSP	2.1498	余量	—	—	—	0.003～0.012	—	0.3～0.5	—	—	—	0.1
碲铜	CuTeP	2.1546	余量	—	—	—	0.003～0.012	—	—	0.4～0.7	—	—	0.1
含锌铜	CuZn0.5	2.0205	余量	—	—	—	0.02	—	—	—	0.1～1.0	—	0.2

表 6-227　　低合金化铜牌号和化学成分(DIN 17666—1983)

材料名称	牌　号	代　号	化　学　成　分 / %,不大于(注明余量和范围值者除外)										
			Cu	Be	Co	Cr	Fe	Mn	Ni	Pb	Si	Zr	总和
铍铜	CuBe1.7	2.1245	余量	1.6～1.8	①	—	①	—	①	—	—	—	0.5
	CuBe2	2.1247	余量	1.8～2.1	①	—	①	—	①	—	—	—	0.5
	CuBe2Pb	2.1248	余量	1.8～2.1	①	—	①	—	①	0.2～0.6	—	—	0.5
	CuCo2Be	2.1285	余量	0.4～0.7	2.0～2.8	—	②	—	②	—	—	—	0.5
含铍镍铜	CuNi2Be	2.0850	余量	0.2～0.6	—	—	—	—	1.4～2.0	—	—	—	0.5
含硅镍铜	CuNi1.5Si	2.0853	余量	—	—	—	—	—	1.0～1.6	—	0.4～0.7	—	0.5
	CuNi2Si	2.0855	余量	—	—	—	—	0.8	1.6～2.5	—	0.5～0.8	—	0.5
	CuNi3Si	2.0857	余量	—	—	—	—	—	2.6～4.5	—	0.8～1.3	—	0.6
铬铜	CuCrZr	2.1293	余量	—	—	0.3～1.2	—	—	—	—	—	0.03～0.3	0.2
锆铜	CuZr	2.1580	余量	—	—	—	—	—	—	—	—	0.1～0.3	0.2

注:①Ni+Co≥0.2%,Ni+Fe+Co≤0.6%;②Ni+Fe≤0.5%。

(3)加工黄铜

加工黄铜共有 30 个牌号,其化学成分如表 6-228 所示。

表 6-228　　加工黄铜(铜-锌合金)牌号和化学成分(DIN 17660—1974)

材料名称	牌　号	代　号	化　学　成　分%,不大于(注明余量和范围值者除外)				
			Cu	Zn	Pb	其　他	杂质总和
铜锌合金(黄铜)	CuZn5	2.0220	94.0～96.0	余量	0.05	Al 0.02 Fe 0.05 Mn 0.05 Ni 0.2	0.3(除 Ni 外)
	CuZn10	2.0230	89.0～91.0	余量	0.05		
	CuZn15	2.0240	84.0～86.0	余量	0.05		
	CuZn20	2.0250	79.0～81.0	余量	0.05		
	CuZn28	2.0261	71.0～73.0	余量	0.05		
铜锌合金(黄铜)	CuZn30	2.0265	69.0～71.0	余量	0.05	Sb 0.01 Sn 0.05	0.3(除 Ni 外)
	CuZn33	2.0280	66.0～68.5	余量	0.05		
	CuZn36	2.0335	63.5～65.0	余量	0.05		
	CuZn37	2.0321	62.0～64.0	余量	0.1	Al 0.03,Fe 0.1,Mn 0.1,Ni 0.3,Sb 0.01,Sn 0.1	0.5(除 Ni,Pb 外)
	CuZn40	2.0360	59.5～61.0	余量	0.3	Al 0.05,Fe 0.3,Mn 0.1,Ni 0.3,Sb 0.01,Sn 0.2	0.5(除 Ni,Pb 外)
铅黄铜	CuZn36Pb1.5	2.0331	62.0～64.0	余量	0.7～2.5	Al 0.05,Fe 0.2,Mn 0.1,Ni 0.3,Sb 0.01,Sn 0.1	0.5(除 Ni 外)
	CuZn37Pb0.5	2.0332	62.0～64.0	余量	0.1～0.7		
	CuZn36Pb3	2.0375	60.0～62.0	余量	2.5～3.5	Al 0.05,Fe 0.3,Mn 0.1,Ni 0.3,Sb 0.02,Sn 0.2	0.8(除 Ni 外)
	CuZn38Pb1.5	2.0371	59.5～61.5	余量	1.0～2.0	Al 0.05,Fe 0.3,Mn 0.1,Ni 0.3,Sb 0.01,Sn 0.2	0.7(除 Ni 外)
	CuZn39Pb0.5	2.0372	59.5～61.5	余量	0.3～1.0		
	CuZn39Pb2	2.0380	58.5～59.8	余量	1.5～2.5	Al 0.1,Fe 0.4,Mn 0.1,Ni 0.3,Sb 0.01,Sn 0.2	1.0(除 Ni 外)
	CuZn39Pb3	2.0401	57.0～59.0	余量	2.5～3.5	Al 0.1,Fe 0.5,Mn 0.3,Ni 0.5,Sb 0.02,Sn 0.4	1.0(除 Ni,Fe 外)
	CuZn40Pb2	2.0402	57.0～59.0	余量	1.5～2.5	Al 0.1,Fe 0.4,Mn 0.2,Ni 0.4,Sb 0.02,Sn 0.3	1.0(除 Ni,Fe 外)
	CuZn44Pb2	2.0410	53.3～56.0	余量	1.0～2.5	Al 0.5,Fe 0.5,Mn 0.5,Ni 0.5,Sb 0.03,Sn 0.4	1.0(除 Ni,Al,Fe 外)

续表

材料名称	牌号	代号	化学成分/%,不大于(注明余量和范围值者除外)				
			Cu	Zn	Pb	其他	杂质总和
铝黄铜	CuZn20Al	2.0460	76.0~79.0	余量	0.07	Al1.8~2.3,As0.020~0.035,Fe0.07,Mn0.1,Ni0.1,P0.01,As+P0.035	0.1(其他)
锡黄铜	CuZn28Sn	2.0470	70.0~72.5	余量	0.07	Sn0.9~1.3,As0.020~0.035,Fe0.07,Mn0.1,Ni0.1,P0.01,As+P0.035	0.1(其他)
硅黄铜	CuZn31Si	2.0490	66.0~70.0	余量	0~0.8	Si0.7~1.3,Ni0~0.5,Fe0.4	0.5(其他)
镍黄铜	CuZn35Ni	2.0540	58.0~61.0	余量	0~0.8	Ni2.0~3.0,Mn1.5~2.5,Al0.3~1.5,Fe0~0.5,Sn0~0.5,Si0.1	0.5(其他)
锡黄铜	CuZn39Sn	2.0530	59.0~62.0	余量	0.2	Sn0.5~1.0,Ni0~0.2,Fe0.1	0.5(其他)
铝黄铜	CuZn37Al	2.0510	59.0~62.5	余量	0~1.5	Al0.2~1.3,Mn0.4~1.8,Fe0~1.0,Ni0~2.0,Si0~0.5,Sn0~0.5	0.5(其他)
	CuZn40Al1	2.0560	56.5~59.5	余量	0~1.0	Al0.4~1.6,Mn0.4~1.8,Fe0~1.0,Ni0~1.5,Si0~0.6,Sn0~0.5	0.5(其他)
	CuZn40Al2	2.0550	55.5~59.0	余量	0~0.8	Al1.3~2.3,Mn1.0~2.4,Fe0~1.0,Ni0~2.0,Si0~0.8,Sn0~0.5	0.5(其他)
镍黄铜	CuZn40Ni	2.0571	56.0~58.0	余量	0.5	Ni1.0~2.0,Mn0.5~1.0,Fe0~1.0,Sn0~0.5,A10.1,Si0.1	0.5(其他)
锰黄铜	CuZn40Mn	2.0572	57.0~59.0	余量	0.8	Mn1.0~2.5,Fe0~1.5,Ni0~1.0,Al0.1,Si0.1,Sn0.5	0.5(其他)
	CuZn40MnPb	2.0580	57.0~59.0	余量	1.0~2.0	Mn0.4~1.8,Al0~0.6,Fe0~0.5,Ni0~1.0,Si0~0.4,Sn0~0.5	0.5(其他)

注:DIN 17660 已于 1983 年修订过,编号为 DIN 17660—1983,因尚未搜集到,故仍按 DIN 17660—1974 给出加工黄铜的化学成分。

加工铜锡合金(锡青铜)的牌号和化学成分如表 6-229 所示。

表 6-229　加工铜锡合金牌号和化学成分(DIN 17662—1983)

牌号	代号	化学成分/%,不大于(注明余量和范围值者除外)							
		Cu	Sn	P	Fe	Ni	Pb	Zn	其他总和
CuSn4	2.1016	余量	3.5~4.5	0.01~0.35	0.1	0.3	0.05	0.3	0.2
CuSn6	2.1020	余量	5.5~7.0	0.01~0.35	0.1	0.3	0.05	0.3	0.2
CuSn8	2.1030	余量	7.5~8.5	0.01~0.35	0.1	0.3	0.05	0.3	0.2
CuSn6Zn6(CuSn6Zn)	2.1080	余量	5.0~7.0	0.01~0.1	0.1	0.3	0.05	5.0~7.0	0.2

加工铜铝合金(铝青铜)的牌号和化学成分如表 6-230 所示。

表 6-230　加工铜铝合金牌号和化学成分(DIN 17665—1983)

牌号	代号	化学成分/%,不大于(注明余量和范围值者除外)									
		Cu	Al	Fe	Mn	Ni	Pb	Si	Zn	As	其他总和
CuAl5As	2 0918	余量	4.0~6.5	0.2	0.2	0.2	0.02	—	0.3	0.1~0.4	0.3
CuAl8	2.0920	余量	7.0~9.0	0.5	0.8	0.8	0.02	0.2	0.5	—	0.3
CuAl8Fe3	2.0932	余量	6.5~8.5	1.5~3.5	1.0	1.0	0.05		0.5	—	0.3
CuAl10Fe3Mn2	2.0966	余量	8.5~11.0	2.0~4.0	1.5~3.5	1.0	0.05		0.5	—	0.3
CuAl9Mn2	2.0960	余量	8.0~10.0	1.5	1.5~3.0	0.8	0.05		0.5	—	0.3
CuAl10Ni5Fe4	2.0960	余量	8.5~11.0	2.0~5.0	1.5	4.0~6.0	0.05		0.5	—	0.3
CuAl11Ni6Fe5	2.0978	余量	10.5~12.5	4.8~7.3	1.5	5.0~7.5	0.05		0.5	—	0.3
CuAl9Ni3Fe2	2.0971	余量	8.0~9.5	1.0~3.0	2.5	1.5~4.0	0.05	0.10	0.20	Sn0.20	0.3

(4)加工铜镍锌合金

表 6-231　加工铜镍锌合金(锌白铜)牌号和化学成分(DIN 17663—1983)

牌号	代号	化学成分/%,不大于(注明余量和范围值者除外)							
		Cu	Ni	Zn	Pb	Fe	Mn	Sn	其他总和
CuNi12Zn24	2.0730	63.0～66.0	11.0～13.0	余量	0.03	0.3	0.5	0.03	0.2
CuNi18Zn20	2.0740	60.0～63.0	17.0～19.0	余量	0.03	0.3	0.5	0.03	0.2
CuNi18Zn27	2.0742	53.5～56.5	17.0～19.0	余量	0.03	0.3	0.5	0.03	0.2
CuNi18Zn30Pb1	2.0780	56.0～58.0	11.0～13.0	余量	0.3～1.5	0.3	0.7	—	0.4
CuNi18Zn19Pb1	2.0790	59.0～63.0	17.0～19.0	余量	0.3～1.5	0.3	0.7	—	0.4
CuNi7Zn39Mn5Pb3	2.0771	44.0～48.0	6.0～8.0	余量	2.0～4.0	0.3	4.0～6.0	—	0.4

(5)加工铜镍合金

表 6-232　加工铜镍合金(白铜)牌号和化学成分(DIN 17664—1983)

牌号	代号	化学成分/%,不大于(注明余量和范围值者除外)									
		Cu	Ni①	Fe	Mn	C	Pb	S	Sn	Zn	其他总和
CuNi9Sn2	2.0875	余量	8.5～10.5	0.3	0.3	—	0.03	—	1.8～2.8	0.1	0.1
CuNi10Fe1Mn(CuNi10Fe)	2.0872	余量	9.0～11.0	1.0～2.0	0.5～1.0	0.05	0.03	0.05	—	0.5	0.3
CuNi25	2.0830	余量	24.0～26.0	0.3	0.5	0.05	0.03	0.02	—	0.5	0.1
CuNi30Mn1Fe(CuNi30Fe)	2.0882	余量	30.0～32.0	0.4～1.0	0.5～1.5	0.05	0.030	0.05	—	0.5	0.3
CuNi30Fe2Mn2	2.0883	余量	29.0～32.0	1.5～2.5	1.5～2.5	0.05	0.02	0.06	—	0.5	0.3
CuNi44Mn1(CuNi44)	2.0842	余量	43.0～45.0	0.5	0.5～2.0	0.05	0.01	0.02	—	0.2	0.1

注:表中①包括0.5%以下的钴。

(6)电阻材料用铜合金

表 6-233　电阻材料用铜合金牌号和化学成分(名义成分)

牌号	代号	名义成分/%				标准号
		Al	Cu	Mn	Ni	
CuNi2	2.0802	—	余量	—	2	DIN 17471—1983
CuNi6	2.0807	—	余量	—	6	
CuMn3	2.1356	—	余量	3	—	
CuNi10	2.0811	—	余量	—	10	
CuNi23Mn	2.0881	—	余量	1.5	23	
CuNi30Mn	2.0890	—	余量	3	30	
CuMn12Ni	2.1362	—	余量	12	2	
CuNi44	2.0842	—	余量	1	44	
CuMn12NiAl	2.1365	1.2	余量	12	5	

(7)铸造铜及铜合金

表 6-234　铸造铜和低合金化铜牌号和化学成分

材料名称	牌号	代号	化学成分/%,不大于(注明不小于、余量和范围值者除外)					标准号
			Cu,不小于	Cr	Cd	Zn	其他杂质,单个	
铸造铜	G-CuL35	2.0109.01	98	—	—	—	—	DIN 17655—1981
	GK-CuL35	2.0109.92	98	—	—	—	—	
	G-CuL45	2.0082.01	99.6	—	—	—	—	
	GK-CuL45	2.0082.02	99.6	—	—	—	—	
	G-CuL50	2.0085.01	99.7	—	—	—	—	
	G-SCuL50	2.0075.01	99.7	—	—	—	—	
	GK-CuL50	2.0085.02	99.7	—	—	—	—	
	GK-SCuL50	2.0075.02	99.7	—	—	—	—	
铸造铬铜	G-CuCrF35	2.1292.91	余量	0.4～1.2	0.50	0.20	0.10	
	GK-CuCrF35	2.1292.92	余量	0.4～1.2	0.50	0.20	0.10	

表 6-235 铸造铜合金锭牌号和化学成分(DIN 17656—1983)

类别	材料牌号	材料编码	化学成分/%,杂质不大于												铸造方法
			Cu	Sn	Ni	Pb	Zn	P	Sb	Fe	Mn	S	Si	其他杂质	
铜锡合金	GB-CuSn12	2.1053	86.0~88.0	11.3~13.0	1.8	0.8	0.50	0.05	0.15	0.15	0.10	0.04	0.01	0.8	砂型,离心
	GB-CuSn12Ni	2.1063	84.0~87.0	11.3~13.0	1.5~2.4	0.15	0.30	0.05	0.05	0.15	0.10	0.04	0.01	0.5	砂型,离心
	GB-CuSn12Pb	2.1065	84.3~87.3	11.3~13.0	1.8	1.2~2.0	0.50	0.05	0.15	0.15	0.10	0.04	0.01	0.8As:0.1	砂型,离心
	GB-CuSn10	2.1051	88.5~90.5	9.3~11.0	1.8	0.8	0.50	0.05	0.15	0.15	0.10	0.04	0.01	0.8	砂型
铜锡锌合金	GBCuSn10Zn	2.1087	86.0~88.5	9.2~11.0	1.8	1.3	1.0~3.0	0.03	0.25	0.20	0.10	0.06	0.01	0.8As:0.1	砂,离,连
	GBCuSn7ZnPb	2.1091	81.0~84.5	6.3~8.0	1.8	5.3~7.0	3.3~5.0	0.03	0.25	0.20	0.10	0.06	0.01	0.4	砂,离,连
	GBCuSn6ZnNi	2.1095	83.5~87.0	5.8~7.0	1.5~2.3	2.8~4.0	1.8~3.0	0.03	0.20	0.20	0.10	0.06	0.01	0.4	砂
	GBCuSn5ZnPb	2.1097	83.5~85.5	4.3~6.0	2.3	4.0~6.0	4.5~6.5	0.03	0.25	0.20	0.10	0.06	0.01	0.4	砂
	GBCuSn2ZnPb	2.1099	80.5~84.5	1.7~3.0	1.5~2.3	4.3~6.0	7.5~9.0	0.03	0.20	0.20	0.10	0.06	0.01	0.4	砂
铜锌合金	GBCuZn33Pb	2.0291	62.5~66.0	1.4	0.8	1.3~2.8	余量	0.02	0.05	0.70	0.10	—	0.03	1.3	砂
	GBCuZn39Pb	2.0383	58.0~63.0	0.9	0.8	1.3~2.5	余量	0.02	0.05	—	0.10	Al 0.3~0.7	0.05	1.8	压力,金属模
	GBCuZn37Pb	2.0342	59.0~62.0	0.60	0.8	0.7~2.2	余量	0.02	0.05	—	0.10	Al 0.4~0.8	0.03	1.0	
	GBCuZn38Al	2.0601	59.0~62.0	0.08	0.8	0.04	余量	0.02	0.03	—	—	Al 0.4~0.8	0.10	1.0	金属模
	GBCuZn40Fe	2.0600	56.0~61.0	0.8	1.8	0.8	余量	0.02	0.05	0.2~1.0	0.3	As 0.08	0.03	1.0	砂,离
	GBCuZn37Al1	2.0605	60.0~63.0	0.40	1.8	0.40	余量	0.02	0.05	—	—	Al 0.6~1.8	0.50	1.3	金属模
有添加元素铜锌合金	GB-CuZn35Al1	2.0602	56.0~64.0	0.60	2.7	0.70	余量	—	0.05	0.5~1.5	0.5~2.5	Al 0.7~1.7	0.05	1.3	砂,离
	GB-CuZn34Al2	2.0606	55.0~65.0	0.20	2.7	0.20	余量	—	0.05	0.8~2.0	1.0~3.5	Al 1.5~2.5	0.05	0.4	砂,离
	GB-CuZn25Al5	2.0608	60.0~66.0	0.05	2.7	0.10	余量	—	0.03	3.5~4.5	3.0~5.0	Al 4.0~6.5	0.05	0.4	砂,压金
	GB-CuZn15Si4	2.0493	78.5~82.0	0.20	0.8	0.60	余量	0.02	0.05	0.5	0.10	—	4.0~4.8	1.0	砂,压、金
铜铝合金	GB-CuAl10Fe	2.0941	83.0~89.0	0.20	2.7	0.10	0.40	—	—	2.0~3.8	0.8	Al 8.7~10.7	0.10	0.7	砂,金
	GB-CuAl9Ni	2.0972	82.0~86.5	0.20	1.5~3.8	0.10	0.20	—	—	1.0~2.8	2.3	Al 8.7~9.8	0.07	0.3	砂,金
	GB-CuAl10Ni	2.0976	76.0~80.5	0.10	4.5~6.3	0.03	0.20	—	—	3.5~5.3	2.3	Al 9.0~10.6	0.07	0.3	砂,金,离
	GB-CuAl11Ni	2.0981	72.0~77.0	0.10	5.3~6.8	0.03	0.20	—	—	4.3~5.8	2.3	Al 9.3~11.3	0.07	0.3	砂,金,离
	GB-CuAl8Mn	2.0963	82.0~84.5	0.10	1.2~1.8	0.05	0.15	—	—	0.60	5.3~6.5	Al 7.3~8.8	0.05	0.4	砂,金
铜锡铅合金	GB-CuPb5Sn	2.1171	84.0~86.5	9.5~11.0	1.3	4.3~5.8	0.8	0.03	0.25	0.15	0.10	0.08	0.01	0.41As 0.10	砂
	GB-CuPb10Sn	2.1177	78.0~81.0	9.3~11.0	1.3	8.5~10.5	0.8	0.03	0.30	0.15	0.10	0.08	0.01	0.41As 0.10	砂,离,连
	GB-CuPb15Sn	2.1183	75.0~78.5	7.3~9.0	1.8	13.5~16.5	2.0	0.03	0.4	0.15	0.10	0.08	0.01	0.41As 0.10	砂,离,连
	GB-CuPb20Sn	2.1189	70.0~75.0	3.7~5.5	2.3	18.5~23.0	2.0	0.03	0.4	0.15	0.10	0.08	0.01	0.41As 0.10	砂

表 6-236　铸造铜合金的化学成分　(DIN 1705—1981)(DIN 1714—1981)(DIN 1709—1981)(DIN 1716—1981)

类别	合金符号		主要化学成分/%						
	材料牌号	材料编码	Cu	Zn	Al	Pb	Si	Fe	Mn
铸造黄铜	G-CuZn37Pb	2.0340.02	59.0~63.0	余量	0.2~0.8	0.5~2.5	Ni≤1.0	—	—
	G-CuZn15Si4	2.0492.01	78.0~83.0	余量	—	—	3.8~5.0	≤0.6	Ni≤1.0
	G-CuZn38Al	2.0591.02	59.0~64.0	余量	0.1~0.8	—	Ni≤1.0	—	—
	G-CuZn35Al1	2.0592.01	56.0~65.0	余量	0.5~2.0	—	Ni≤3.0	0.5~2.0	0.3~3.0
	G-CuZn25Al5	2.0598.01	60.0~67.0	余量	3.0~7.0	—	Ni≤3.0	1.5~4.0	2.5~4.0
铸造青铜	材料牌号	材料编码	Cu	Zn	Sn	Pb	Ni	Sb	Mn
	G-CuSn10Zn	2.1086.01	86.0~89.0	1.0~3.0	9.0~11.0	≤1.5	≤2.0	≤0.3	—
	G-CuSn7ZnPb	2.1090.01	81.0~85.0	3.0~5.0	6.0~8.0	5.0~7.0	≤2.0	≤0.3	—
	G-CuSn5ZnPb	2.1096.01	84.0~86.0	4.0~6.0	4.0~6.0	4.0~6.0	≤2.5	≤0.3	—
	G-CuSn2ZnPb	2.1098.01	80.0~85.0	7.0~9.0	1.5~3.0	4.0~6.0	1.5~2.5	≤0.25	—
	G-CuPb5Sn	2.1170.01	84.0~87.0	≤2.0	9.0~11.0	4.0~6.0	≤1.5	≤0.35	—
	G-CuPb10Sn	2.1176.01	78.0~82.0	≤2.0	9.0~11.0	8.0~11.0	≤1.5	≤0.50	—
	G-CuPb15Sn	2.1182.01	75.0~79.0	≤3.0	7.0~9.0	13.0~17.0	≤2.0	≤0.5	—
	G-CuPb20Sn	2.1188.01	69.0~76.0	≤3.0	4.0~6.0	18.0~23.0	≤2.5	≤0.5	—
	G-CuPb22Sn	2.1166.09	70.0~80.0	—	0.5~3.0	18.0~26.0	≤2.5	—	—
	材料牌号	材料编码	Cu	Al	Ni	Mn	Fe	Sb	Mn
	G-CuAl10Fe	2.0940.01	≥83.0	8.0~11.0	≤3.0	≤1.0	2.0~4.0	—	—
	G-CuAl10Ni	2.0975.01	≥76.0	8.5~10.0	4.0~6.5	≤3.0	3.5~5.5	—	—
	G-CuAl18Mn	2.0962.01	≥82.0	7.0~9.0	1.0~2.0	5.0~6.5	≤1.5	—	—
铸造镍铜	C-CuNi10	2.0815.01	余量	—	9.0~11.0	1.0~1.5	1.0~1.8	Nb 0.15~0.35	Si 0.15~0.25
	G-CuNi30	2.0835.01	余量	—	29.0~31.0	0.6~1.2	0.5~1.5	Nb 0.5~1.0	Si 0.3~0.7

(8)铜中间合金

表 6-237 铜中间合金牌号和化学成分(DIN 17657—1973)

牌号	化学成分/%,不大于(注明不小于和范围值者除外)																		
	Cu 不小于	Al	As	Cd	Cr	Fe	Mn	Ni	P	Si	Zr	Pb	Sn	Zn	Bi	Sb	Se	Te	总和
V-CuAl50	48.5	48.5~51.5	—	—	—	0.30	0.10	0.10	0.05	0.15	—	0.05	0.05	0.10	—	—	—	—	0.75
V-CuAs30	69.0	—	29.0~31.0	—	—	0.20	0.30	0.20	0.05	0.10	—	0.10	0.10	0.30	0.02	0.10	0.03	0.03	0.5(除 Fe, Mn, Ni,Zn 外)
V-CuCd50	49.0	0.05	0.05	49.0~51.0	—	0.20	—	0.10	0.05	0.05	—	0.05	0.10	0.10	0.02	0.05	—	0.005	0.75(除 Ni 外)
V-CuCr10	89.0	0.02	0.01	S0.005	9.5~11.0	0.05	0.03	—	0.007	0.02	—	0.02	—	—	0.005	0.01	0.005	0.005	0.13(除 $Cr_2O_3 \leqslant 0.5$ 外)
V-CuFe10	89.0	—	0.01	C0.03	—	9.0~11.0	0.10	0.15	0.04	0.05	—	0.03	0.10	0.10	0.005	0.01	0.005	0.005	0.50
V-CuFe20	79.0	—	—	C0.03	—	19.0~21.0	0.10	0.15	—	0.08	—	0.05	0.10	0.10	—	—	—	—	0.5
V-CuMn26Fe	69.0	—	—	C0.20	—	2.0~4.0	24.5~27.5	0.20	0.10	0.20	—	0.07	0.10	—	—	—	—	—	0.5
V-CuMn30	69.0	—	0.01	C0.05	—	0.20	29.0~31.0	0.20	0.02	0.03	—	0.05	0.05	0.10	0.005	0.01	0.005	0.005	0.5
V-CuNi30	69.0	0.05	—	C0.02	S0.01	0.80	—	29.0~31.0	0.02	0.03	—	0.03	0.05	0.10	—	—	—	—	0.25(除 Fe,Mn 外)
V-CuNi50	48.5	0.10	—	—	—	1.80	1.20	48.5~51.5	0.05	0.10	—	0.10	0.10	0.20	—	—	—	—	0.5(除 Fe,Mn 外)
V-CuP10	89.0	—	—	—	—	0.15	—	0.2	9.5~11.0	—	—	0.20	0.2	0.20	—	—	—	—	0.6
VR-CuP10	89.0	—	0.01	—	—	0.05	—	0.10	9.0~11.0	—	—	0.03	0.05	0.05	0.005	0.01	0.007	0.005	0.20
V-CuSi10	89.0	0.03	0.01	—	—	0.15	0.10	0.10		9.0~11.0	—	0.05	0.05	0.10	0.005	0.01	0.005	0.005	0.40(除 Ni 外)
V-CuSi20	79.0	0.10	—	—	—	0.40	0.15	0.20		19.0~21.0	—	0.15	0.20	0.20	—	—	—	—	0.8(除 Ni 外)
V-CuZr50	49.0	0.02	0.01	—	—	0.05	0.03	—	0.02	0.02	49.0~51.0	0.05	0.10	—	0.005	0.01	0.005	0.005	0.25

6.6.2 铜及铜合金的力学性能

(1)铜及铜合金板、带材

表 6-238 铜、板、带材的力学性能

材料 牌号		材料 代号		厚度 /mm	抗拉强度 R_m /MPa 不小于	屈服强度 $R_{p0.2}$ /MPa 不小于	伸长率 A_5 /% 不小于	伸长率 A_{10} /% 不小于	维氏硬度 HV 最小	维氏硬度 HV 最大	布氏硬度 HB 最小	布氏硬度 HB 最大	标准号
SW-Cu SF-Cu		2.0076 2.0090											DIN 17670—1983
	F20		0.10	5～15	200～250	≤100	42	36	—	—	—	—	
	H40				—	—	—	—	—	—	40	60	
	F22		0.10	0.2～5	220～260	≤140	42	36	—	—	—	—	
	H40				—	—	—	—	40	70	40	65	
SW-Cu SF-Cu		2.0076 2.0090											
	F24		0.26	0.2～15	240～300	180	15	12	—	—	—	—	
	H70				—	—	—	—	70	95	65	90	
	F29		0.30	0.2～10	290～360	250	6	—	—	—	—	—	
	H90				—	—	—	—	90	110	85	105	
	F36		0.32	0.2～2	360	320	—	—	—	—	—	—	
	H110				—	—	—	—	110	—	105	—	

(2)铜锌合金板、带材

表 6-239 铜锌合金(二元合金)板、带材的力学性能(DIN 17670—1983)

材料 牌号		材料 代号		厚度 /mm	抗拉强度 R_m /MPa 不小于	屈服强度 $R_{p0.2}$ /MPa 不小于	伸长率 A_5 /% 不小于	伸长率 A_{10} /% 不小于	维氏硬度 HV 最小	维氏硬度 HV 最大	布氏硬度 HB 最小	布氏硬度 HB 最大	晶粒度
CuZn5		2.0220											—
	F23		0.10	0.2～5	230～280	≤130	45	40	—	—	—	—	
	H45				—	—	—	—	45	75	45	70	
	F28		0.26	0.2～5	280～340	200	19	16	—	—	—	—	
	H75				—	—	—	—	75	110	75	105	
	F34		0.30	0.2～5	340	≤280	8	5	—	—	—	—	
	H110				—	—	—	—	110	—	105	—	
CuZn10		2.0230											
	F24		0.10	0.2～5	240～290	≤140	45	40	—	—	—	—	
	H50				—	—	—	—	50	80	50	75	
	F29		0.26	0.2～5	290～350	200	20	17	—	—	—	—	
	H80				—	—	—	—	80	110	75	105	
	F35		0.30	0.2～5	350	290	8	5	—	—	—	—	
	H110				—	—	—	—	110	—	105	—	
CuZn15		2.0240											
	F26		0.10	0.2～5	260～310	≤140	45	40	—	—	—	—	
	H55				—	—	—	—	55	85	55	80	

续表

材料				厚度 /mm	抗拉强度 R_m /MPa 不小于	屈服强度 $R_{p0.2}$ /MPa 不小于	伸长率/%		维氏硬度 HV		布氏硬度 HB		晶粒度
牌号		代号					A_5	A_{10}	最小	最大	最小	最大	
							不小于						
CuZn15		2.0240											
	F31		0.26	0.2～5	310～370	200	25	22	—	—	—	—	
	H85				—	—	—	—	85	115	80	110	
	F37		0.30	0.2～5	370～460	300	12	8	—	—	—	—	
	H115				—	—	—	—	115	145	110	140	
	F46		0.32	0.2～2	460	410	—	—	—	—	—	—	
	H145				—	—	—	—	145	—	140	—	
CuZn20		2.0250											
	F27		0.10	0.2～5	270～320	≤150	48	42	—	—	—	—	
	H55				—	—	—	—	55	85	55	80	
	F32		0.26	0.2～5	320～390	200	28	25	—	—	—	—	
	H85				—	—	—	—	85	120	80	115	
	F39		0.30	0.2～5	390～490	320	12	9	—	—	—	—	
	H120				—	—	—	—	120	155	115	145	
	F49		0.32	0.2～2	490	440	—	—	—	—	—	—	—
	H155				—	—	—	—	155	—	145	—	
CuZn28		2.0261											
	F27		0.10	0.2～5	270～350	≤160	50	45	—	—	—	—	
	H55				—	—	—	—	55	90	55	85	
	F35		0.26	0.2～5	350～420	200	33	30	—	—	—	—	
	H90				—	—	—	—	90	125	85	115	
	F42		0.30	0.2～5	420～520	340	15	12	—	—	—	—	
	H125				—	—	—	—	125	160	115	150	
	F52		0.32	0.2～2	520	470	8	5	—	—	—	—	
	H160				—	—	—	—	160	—	150	—	
CuZn30		2.0265											
	F27		0.10	>0.2～5	270～350	≤160	50	45	—	—	—	—	
	H55				—	—	—	—	55	90	55	85	
	K10		0.11	>0.2～1	(400)	(≈200)	45	40	—	110	—	100	≤0.015
CuZn30		2.0265											
	K20		0.12	>0.2～2	(360)	(≈150)	50	45	—	90	—	85	0.015～0.030
	K30		0.13	>0.2～2	(340)	(≈130)	52	48	—	85	—	80	0.020～0.045
	K50		0.14	>0.2～2	(330)	(≈110)	55	50	—	75	—	75	0.035～0.070
	F35		0.26	>0.2～5	350～420	200	33	30	—	—	—	—	—
	H90				—	—	—	—	90	125	85	115	—
	F42		0.30	>0.2～5	420～520	340	15	12	—	—	—	—	—
	H125				—	—	—	—	125	160	115	150	—
	F52		0.32	>0.2～2	520	470	8	5	—	—	—	—	—
	H160				—	—	—	—	160	—	150	—	—

续表

材料				厚度 /mm	抗拉强度 R_m /MPa 不小于	屈服强度 $R_{p0.2}$ /MPa 不小于	伸长率/%		维氏硬度 HV		布氏硬度 HB		晶粒度
牌号		代号					A_5 不小于	A_{10}	最小	最大	最小	最大	
CuZn33		2.0280											
	F28		0.10	>0.2~5	280~360	≤170	50	45	—	—	—	—	—
	H55				—	—	—	—	55	90	55	85	—
	F36		0.26	>0.2~5	360~430	220	31	28	—	—	—	—	—
	H90				—	—	—	—	90	130	85	120	—
	F43		0.30	>0.2~5	430~530	360	13	10	—	—	—	—	—
	H130				—	—	—	—	130	165	120	155	—
	F53		0.32	>0.2~2	530	480	—	—	—	—	—	—	—
	H165				—	—	—	—	165	—	150	—	—
CuZn36 CuZn37		2.0335 2.0321											
	F30		0.10	>0.2~5	300~370	≤180	48	43	—	—	—	—	—
	H55				—	—	—	—	55	95	55	90	—
	K10		0.11	>0.2~1	(400)	(200)	42	38	—	110	—	100	≤0.015
	K20		0.12	>0.2~2	(360)	(150)	48	43	—	90	—	85	0.015~0.030
	K30		0.13	>0.2~2	(340)	(130)	50	45	—	85	—	80	0.020~0.045
	K50		0.14	>0.2~2	(330)	(110)	52	48	—	75	—	75	0.035~0.070
	F37		0.26	>0.2~5	370~440	200	28	24	—	—	—	—	—
	H95				—	—	—	—	95	140	90	130	—
CuZn36 CuZn37		2.0335 2.0321											
	F44		0.30	>0.2~5	440~540	370	12	8	—	—	—	—	—
	H140				—	—	—	—	140	170	130	160	—
	F54		0.32	>0.2~2	540~610	490	—	—	—	—	—	—	—
	H170				—	—	—	—	170	200	160	190	—
	F61		0.34	>0.2~2	610	580	—	—	—	—	—	—	—
	H200				—	—	—	—	200	—	190	—	—
CuZn40		2.0360											
	F34		0.10	>0.3~15	340	≤240	43	38	—	—	—	—	—
	H80				—	—	—	—	80	110	75	100	—
	F41		0.26	>0.3~5	410	240	23	20	—	—	—	—	—
	H110				—	—	—	—	110	140	100	130	—
	H47		0.30	>0.3~5	470	390	12	9	—	—	—	—	—
	H140				—	—	—	—	140	—	130	—	—

注：括号中的数值为近似值。

表 6-240 铜锌合金(多元合金)板、带材的力学性能(DIN 17670—1983)

材料 名称	牌号		料 代号		厚度 /mm	抗拉强度 R_m /MPa 不小于	屈服强度 $R_{p0.2}$ /MPa 不小于	伸长率/% A_5 不小于	A_{10}	维氏硬度 HV 最小	最大	布氏硬度 HB 最小	最大
铜锌铅合金	CuZn36Pb1.5 CuZn37Pb0.5		2.0331 2.0332										
		F34		0.10	>0.3～5	290～370	≤200	50	44	—	—	—	—
		H75						—	—	60	110	60	100
		F41		0.26	>0.3～5	370～440	200	28	24	—	—	—	—
		H110						—	—	110	140	100	130
		F47		0.30	>0.3～5	440～540	370	12	8	—	—	—	—
		H140						—	—	140	170	130	160
		F54		0.32	>0.3～2	540	490	—	—	—	—	—	—
		H165				—	—	—	—	170	—	160	—
	CuZn39Pb2		2.0380										
		F36		0.10	>0.3～5	360	≤270	40	35	—	—	—	—
		H85				—	—	—	—	85	120	85	110
		F43		0.26	>0.3～5	430	270	20	17	—	—	—	—
		H120				—	—	—	—	120	150	110	140
		F49		0.30	>0.3～5	490	420	9	6	—	—	—	—
		H150				—	—	—	—	150	175	140	160
		F59		0.32	>0.3～2	590	540	—	—	—	—	—	—
		H175				—	—	—	—	175	—	160	—
	CuZn40Pb2		2.0402										
		F38		0.10	>0.3～5	380	≤300	35	30	—	—	—	—
		H90				—	—	—	—	90	125	90	115
		F44		0.26	>0.3～5	440	300	18	15	—	—	—	—
		H125				—	—	—	—	125	155	115	145
		F52		0.30	>0.3～5	520	460	8	5	—	—	—	—
		H155				—	—	—	—	155	180	145	165
		F61		0.32	>0.3～2	610	570	—	—	—	—	—	—
		H180				—	—	—	—	180	—	165	—
铜锌铝合金	CuZn20Al2 (CuZn20Al)		2.0460										
		F33		0.10	>3～15	330	90	30	—	—	—	—	—
		H70				—	—	—	—	70	105	65	100
		F39		0.26	>3～15	390	240	25	—	—	—	—	—
		H100				—	—	—	—	100	—	90	—
铜锌锡合金	CuZn28Sn1 (CuZn28Sn)		2.0470										
		F32		0.10	>3～15	320	100	40	—	—	—	—	—
		H70				—	—	—	—	70	110	65	100
	CuZn38SnAl		2.0525										
		F39		0.10	>3～15	390	140	25	—	—	—	—	—
		H85				—	—	—	—	85	125	80	120
		F45		0.26	>3～15	450	260	18	—	—	—	—	—
		H120				—	—	—	—	120	—	115	—

续表

名称	牌号		代号		厚度/mm	抗拉强度 R_m/MPa 不小于	屈服强度 $R_{p0.2}$/MPa 不小于	伸长率/% A_5 不小于	A_{10} 不小于	维氏硬度HV 最小	最大	布氏硬度HB 最小	最大
铜锌锡合金	CuZn38Sn1 (CuZn39Sn)		2.0530										
		F34		0.10	>3~15	340	140	30	—	—	—	—	—
		H35				—	—	—	—	85	125	80	120

(3)铜锡合金板、带材

表 6-241　　铜锡合金板、带材的力学性能(DIN 17670—1983)

名称	牌号		代号		厚度/mm	抗拉强度 R_m/MPa 不小于	屈服强度 $R_{p0.2}$/MPa 不小于	伸长率/% A_5 不小于	A_{10} 不小于	维氏硬度HV 最小	最大	布氏硬度HB 最小	最大
铜锡合金	CuSn4		2.1016										
		F33		0.10	>0.1~5	330~380	≤190	50	45	—	—	—	—
		H70				—	—	—	—	70	100	65	95
		F38		0.26	>0.1~5	380~470	190	20	16	—	—	—	—
		H100				—	—	—	—	100	150	95	140
		F47		0.30	>0.1~5	470~570	440	12	9	—	—	—	—
		H150				—	—	—	—	150	180	140	170
铜锡合金	CuSn4		2.1016										
		F54		0.32	>0.1~2	540~630	520	7	5	—	—	—	—
		H170				—	—	—	—	170	200	160	190
		F59		0.34	>0.1~2	590	570	—	—	—	—	—	—
		H190				—	—	—	—	190	—	180	—
	CuSn6		2.1020										
		F35		0.10	>0.1~5	350~410	≤300	55	50	—	—	—	—
		H80				—	—	—	—	80	110	75	105
		F41		0.26	>0.1~5	410~500	300	30	25	—	—	—	—
		H110				—	—	—	—	110	160	105	150
		F48		0.30	>0.1~5	480~580	450	20	15	—	—	—	—
		H160				—	—	—	—	160	190	150	180
		F55		0.32	>0.1~2	550~650	510	10	8	—	—	—	—
		H180				—	—	—	—	180	210	170	200
		F63		0.34	>0.1~2	630	600	6	—	—	—	—	—
		H200				—	—	—	—	200	—	190	—
	CuSn8		2.1030										
		F37		0.10	>0.1~5	370~450	≤300	60	55	—	—	—	—
		H90				—	—	—	—	90	120	85	115
		F45		0.26	>0.1~5	450~540	300	33	28	—	—	—	—
		H120				—	—	—	—	120	170	115	160
		F54		0.30	>0.1~5	540~630	470	25	20	—	—	—	—
		H170				—	—	—	—	170	200	160	190
		F59		0.32	>0.1~5	590~690	520	10	7	—	—	—	—
		H190				—	—	—	—	190	220	180	210
		F66		0.34	>0.1~2	660	600	6	—	—	—	—	—
		H210				—	—	—	—	210	—	200	—
铜锡锌合金	CuSn6Zn6 (CuSn6Zn)		2.1080										
		F61		0.30 0.34	>0.1~2	610~690	570	15	12	—	—	—	—
		H190				—	—	—	—	190	220	175	200
		F76			>0.1~2	760	690	—	—	—	—	—	—
		H230				—	—	—	—	230	—	210	—

(4)铜镍锌合金板、带材

表 6-242　　铜镍锌合金板、带材的力学性能(DIN 17670—1983)

材料 牌号		代号		厚度 /mm	抗拉强度 R_m /MPa 不小于	屈服强度 $R_{p0.2}$ /MPa 不小于	伸长率/% A_5 不小于	A_{10}	维氏硬度HV 最小	最大	布氏硬度HB 最小	最大
CuNi12Zn24		2.0730										
	F36		0.10	>0.1~5	360~430	≤230	45	40	—	—	—	—
	H80					—	—	—	80	110	75	105
	F43		0.26	>0.1~5	430~510	230	16	13	—	—	—	—
	H110					—	—	—	110	150	105	140
	F51		0.30	>0.1~5	510~590	420	8	5	—	—	—	—
	H150					—	—	—	150	180	140	170
	F56		0.32	>0.1~2	560~650	480	—	—	—	—	—	—
	H170				—	—	—	—	170	200	160	190
	F65		0.34	>0.1~2	650	600	—	—	—	—	—	—
	H200				—	—	—	—	200	—	190	—
CuNi18Zn20		2.0740										
	F38		0.10	>0.1~5	380~450	≤250	37	32	—	—	—	—
	H85					—	—	—	85	115	80	110
	F45		0.26	>0.1~5	450~520	250	18	15	—	—	—	—
	H115					—	—	—	115	160	110	150
	F52		0.30	>0.1~2	520~610	430	6	—	—	—	—	—
	H160					—	—	—	160	190	150	180
	F58		0.32	>0.1~2	580~680	490	—	—	—	—	—	—
	H180				—	—	—	—	180	210	170	200
	F68		0.34	>0.1~2	680	630	—	—	—	—	—	—
	H210				—	—	—	—	210	—	200	—
CuNi18Zn27		2.0742										
	F39		0.10	>0.1~5	390~470	≤280	40	35	—	—	—	—
	H90					—	—	—	90	120	85	115
	F47		0.26	>0.1~5	470~540	280	20	15	—	—	—	—
	H120					—	—	—	120	170	115	160
	F54		0.30	>0.1~2	540~620	440	7	—	—	—	—	—
	H170					—	—	—	170	200	160	190
CuNi8Zn27		2.0742										
	F60		0.32	>0.1~2	600~700	500	—	—	—	—	—	—
	H190				—	—	—	—	190	220	180	210
	F70		0.34	>0.1~2	700	650	—	—	—	—	—	—
	H220				—	—	—	—	220	—	210	—

(5)铜镍合金、铜铝合金板、带材

表 6-243　铜镍合金板、带和铜铝合金板、带材的力学性能(DIN 17670—1983)

名称	牌号		代号		厚度/mm	抗拉强度 R_m/MPa 不小于	屈服强度 $R_{p0.2}$/MPa 不小于	伸长率/% A_5 不小于	伸长率/% A_{10} 不小于	维氏硬度 HV 最小	维氏硬度 HV 最大	布氏硬度 HB 最小	布氏硬度 HB 最大
铜镍铁合金	CuNi10Fe1 (CuNi10Fe)		2.0872										
		F30		0.10	>0.3~15	300	100	30	25	—	—	—	—
		H70				—	—	—	—	70	120	65	115
铜镍合金	CuNi25		2.0830										
		F29		0.10	>0.3~15	290	100	—	—	—	—	—	—
		H70				—	—	—	—	70	100	70	100
铜镍锰铁合金	CuNi30Mn1Fe (CuNi30Fe)		2.0882										
		F35		0.10	>0.3~15	350	120	35	30	—	—	—	—
		H80				—	—	—	—	30	120	80	120
铜镍锰合金	CuNi44Mn1 (CuNi44)		2.0842										
		F42		0.10	>0.3~15	420	150	35	30	—	—	—	—
		H35				—	—	—	—	85	115	85	115
铜镍锡合金	CuNi9Sn2		2.0875										
		F34		0.10	>0.2~5	340~410	≤250	40	35	—	—	—	—
		H75				—	—	—	—	75	110	75	105
		F41		0.26	>0.2~5	410~500	320	14	10	—	—	—	—
		H110				—	—	—	—	110	160	105	150
		F50		0.30	>0.2~2	500~570	450	—	—	—	—	—	—
		H160				—	—	—	—	160	190	150	180
铜镍锡合金	CuNi0Sn2		2.0975										
		F56		0.32	>0.2~2	560	500	—	—	—	—	—	—
		H180				—	—	—	—	180	—	170	—
铜铝合金	CuAl8		2.0920										
		F37		0.10	>3~15	370	130	30	—	—	—	—	—
		H80				—	—	—	—	80	130	75	120
		F45		0.26	>3~15	450	170	25	—	—	—	—	—
		H125				—	—	—	—	125	—	120	—
铜铝铁合金	CuAl8Fe3 (CuAl8Fe)		2.0932										
		F48		0.10	>3~15	480	210	30	—	—	—	—	—
		H110				—	—	—	—	110	—	100	—

续表

材料					厚度 /mm	抗拉强度 R_m /MPa 不小于	屈服强度 $R_{p0.2}$ /MPa 不小于	伸长率/%		维氏硬度 HV		布氏硬度 HB	
名称	牌号		代号					A_5 不小于	A_{10} 不小于	最小	最大	最小	最大
铜铝镍铁合金	CuAl9Ni3Fe2 (CuAl9Ni2)		2.0971										
		F49		0.10	>3~15	490	180	25	—	—	—	—	—
		H105				—	—	—	—	105	150	100	140
		F62		0.26	>3~15	620	290	15	—	—	—	—	—
		H150				—	—	—	—	150	—	140	—
	CuAl10Ni5Fe4 (CuAl10Ni)		2.0966										
		F63		0.10	>3~15	630	270	8	—	—	—	—	—
		H160				—	—	—	—	160	—	150	—

(6)低合金化铜板、带材

表 6-244　　低合金化铜板、带材的力学性能(DIN 17670—1983)

材料					厚度 /mm	抗拉强度 R_m /MPa 不小于	屈服强度 $R_{p0.2}$ /MPa 不小于	伸长率/%		维氏硬度 HV		布氏硬度 HB	
名称	牌号		代号					A_5 不小于	A_{10} 不小于	最小	最大	最小	最大
铜铁磷合金	CuFe2P		2.1310										
		F30		0.10	>0.2~5	300~340	≤240	25	20	—	—	—	—
		H80				—	—	—	—	80	100	75	95
		F34		0.26	>0.2~5	340~390	240	12	10	—	—	—	—
		H100				—	—	—	—	100	120	95	115
铜铁磷合金	CuFe2P		2.1310										
		F39		0.30	>0.2~3	390~470	360	6	—	—	—	—	—
		H120				—	—	—	—	120	140	115	135
		F42		0.32	>0.2~1	420~520	390	—	—	—	—	—	—
		H130				—	—	—	—	130	150	125	145
		F49		0.34	>0.2~1	490	450	—	—	—	—	—	—
		H145				—	—	—	—	145	—	140	—
铜锌合金	CuZn0.5		2.0205										
		F22		0.10	>0.2~5	220~260	≤140	42	36	—	—	—	—
		H45				—	—	—	—	45	70	40	65
		F24		0.26	>0.2~5	240~300	180	15	12	—	—	—	—
		H70				—	—	—	—	70	95	65	90
		F29		0.30	>0.2~5	290~360	250	6	—	—	—	—	—
		H90				—	—	—	—	90	110	85	105
		F36		0.32	>0.2~1.5	360	320	—	—	—	—	—	—
		H110				—	—	—	—	110	—	15	—

表 6-245 低合金化铜板、带材的性能(DIN 17670—1983)

材料 名称	牌号			代号		厚度 /mm	抗拉强度 R_m /MPa 不小于	屈服强度 $R_{p0.2}$ /MPa 不小于	伸长率/% A_5 不小于	A_{10} 不小于	A_{L50} 不小于	维氏硬度 HV 最小	HV 最大	布氏硬度 HB 最小	HB 最大	电导率 /m·(Ω·mm²)$^{-1}$ 不小于
铜铍合金	CuBe1.7			2.1245												
		F39			0.40	>0.2~3	390~520	180~250	—	—	35	—	—	—	—	
		H80					—	—	—	—	—	80	135	—	—	
			F103		0.60	>0.2~3	1030~1240	880~1120	—	—	—	—	—	—	—	13
			H330				—	—	—	—	—	330	380	—	—	
		F51			0.54	>0.2~3	510~610	350~550	—	—	10	—	—	—	—	
		H135					—	—	—	—	—	135	190	—	—	
			F110		0.74	>0.2~3	1100~1270	900~1150	—	—	—	—	—	—	—	13
			H340				—	—	—	—	—	340	390	—	—	
		F58			0.55	>0.2~3	580~680	450~620	—	—	5	—	—	—	—	
		H175					—	—	—	—	—	175	220	—	—	
			F117		0.75	>0.2~3	1170~1340	1000~1200	—	—	—	—	—	—	—	12
			H350				—	—	—	—	—	350	400	—	—	
		F68			0.56	>0.2~3	680~830	620~800	—	—	—	—	—	—	—	
		H210					—	—	—	—	—	210	250	—	—	
			F124		0.76	>0.2~3	1240~1380	1050~1300	—	—	—	—	—	—	—	12
			H360				—	—	—	—	—	360	420	—	—	
	CuBe2			2.1247												
		F41			0.40	>0.2~3	410~540	190~270	—	—	35	—	—	—	—	
		H90					—	—	—	—	—	90	140	—	—	
			F114		0.60	>0.2~3	1140~1310	980~1200	—	—	—	—	—	—	—	13
			H350				—	—	—	—	—	350	400	—	—	
		F52			0.54	>0.2~3	520~600	410~550	—	—	10	—	—	—	—	
		H140					—	—	—	—	—	140	195	—	—	
			F121		0.74	>0.2~3	1210~1370	1050~1250	—	—	—	—	—	—	—	13
			H360				—	—	—	—	—	360	410	—	—	
		F59			0.65	>0.2~3	590~690	530~630	—	—	5	—	—	—	—	
		H180					—	—	—	—	—	180	225	—	—	
			F127		0.75	>0.2~3	1270~1450	1080~1300	—	—	—	—	—	—	—	12
			H370				—	—	—	—	—	370	430	—	—	
		F69			0.56	>0.2~3	690~820	650~790	—	—	—	—	—	—	—	
		H215					—	—	—	—	—	215	260	—	—	
			F131		0.76	>0.2~3	1310~1480	1100~1350	—	—	—	—	—	—	—	12
			H380				—	—	—	—	—	380	450	—	—	

续表

材	料					厚度 /mm	抗拉强度 R_m /MPa 不小于	屈服强度 $R_{p0.2}$ /MPa 不小于	伸长率/%			维氏硬度 HV		布氏硬度 HB		电导率 /m·(Ω·mm²)⁻¹ 不小于
名称	牌号			代号					A_5	A_{10}	A_{L50}	最小	最大	最小	最大	
									不小于							
铜钴铍合金	CuCo2Be			2.1285												
	CuNi2Be			2.0850												
		F25			0.40	>0.2~3	250~380	140~280	—	—	20	—	—	—	—	25
		H60					—	—	—	—	—	60	95	—	—	
			F65		0.60	>0.2~3	650~820	500~690	—	—	8	—	—	—	—	
			H195				—	—	—	—	—	195	245	—	—	
		F48			0.56	>0.2~3	480~590	400~550	—	—	—	—	—	—	—	
		H145					—	—	—	—	—	145	185	—	—	
			F75		0.76	>0.2~3	750~920	690~850	—	—	5	—	—	—	—	25
			H220				—	—	—	—	—	220	270	—	—	
		F55			0.59	>0.2~3	550~700	450~650	—	—	—	—	—	—	—	
		H160					—	—	—	—	—	160	200	—	—	
			F85		0.79	>0.2~3	850~1000	750~980	—	—	—	—	—	—	—	25
			H240				—	—	—	—	—	240	290	—	—	
铜铬锆合金	CuCrZr			2.1293												
			F37		0.60	>0.3~15	370	270	12	—	—	—	—	—	—	44
			H125				—	—	—	—	—	125	155	120	150	
		F33			0.53	>0.3~10	330	310	10	—	—	—	—	—	—	
		H95					—	—	—	—	—	95	120	90	115	
			F44		0.73	>0.3~10	440	390	10	—	—	—	—	—	—	43
			H140				—	—	—	—	—	140	180	135	170	
			F49		0.79	>0.3~6	490	450	8	—	—	—	—	—	—	
			H155				—	—	—	—	—	155	200	150	190	
铜锆合金	CuZr			2.1580												
			F35		0.70	>0.3~5	350	300	13	10	—	—	—	—	—	50
			H100				—	—	—	—	—	100	140	95	135	

(7)弹簧用铜及铜合金条材和带材和电工用铜板、带材

弹簧用铜及铜合金条材和带材的性能分别见表 6-246、表 6-247、表 6-248 和表 6-249，电工用铜板、带材的性能见表 6-250。

表 6-246　　弹簧用铜合金(冷加工硬化、不回火)带材的性能

材料				维氏硬度 HV		屈服强度 $R_{p0.2}$ /MPa 不小于	标准号
名称	牌号		代号	最小	最大		
铜锌合金	CuZn30	HV150	2.0265.32	150	180	430	DIN 1777—1986
	CuZn37	HV150	2.0321.30	150	180	430	
铜锡合金	CuSn4	HV150	2.1016.30	150	180	440	
	CuSn6	HV160	2.1020.30	160	190	450	
		HV180	0.32	180	210	510	
	CuSn8	HV170	2.1030.30	170	200	470	
		HV190	0.32	190	220	520	
铜镍锌合金	CuNi12Zn24	HV150	2.0730.30	150	180	420	
		HV170	0.32	170	200	480	
	CuNi18Zn20	HV160	2.0740.30	160	190	430	
		HV180	0.32	180	210	490	
	CuNi18Zn27	HV170	2.0742.30	170	200	440	
		HV190	0.32	190	220	500	
铜镍锡合金	CuNi9Sn2	HV160	2.0875.30	160	190	450	
		HV180	0.32	180	210	550	

表 6-247　　弹簧用铜合金(冷加工硬化、回火)带材的性能

材料				弹性极限 σ_{FB} /MPa 不小于	维氏硬度 HV	标准号
名称	牌号		代号			
铜锌合金	CuSn6	FB350	2.1020.31	350	160～190	DIN 1777—1986
		FB370	.33	370	180～210	
	CuSn8	FB410	2.1030.33	410	190～220	
铜镍锌合金	CuNi18Zn20	FB370	2.0740.31	370	160～190	
		FB460	.33	460	180～210	
铜镍锡合金	CuNi9Sn2	FB370	2.0875.31	370	160～190	
		FB460	.33	460	180～210	

表 6-248　　弹簧用铜合金带材和条材的电性能

材料		电导率 /m·(Ω·mm²)⁻¹	标准号
名称	牌号		
铜锌合金	CuZn30	17	DIN 1777—1986
	CuZn37	15	
铜锡合金	CuSn4	11	
	CuSn6	9	
	CuSn8	7	
铜镍锌合金	CuNi12Zn24	4	
	CuNi18Zn20	3	
	CuNi18Zn27	3	
铜镍锡合金	CuNi9Sn2	6	

表 6-249　　弹簧用低合金化带材的性能

材料						弹性极限/MPa 不小于		维氏硬度	电导率	标准号
						厚度/mm				
名称	牌号			代号		≥0.10～0.25	>0.25～1.0	HV	/m·(Ω·mm²)⁻¹	
铜铍合金	CuBe1.7			2.1245						DIN 1777—1986
		HV140			0.54	—	—	135～190	—	
			FB740		0.74	740	820	340～390	13	
		HV175			0.55	—	—	175～220	—	
			FB800		0.75	800	890	350～400	12	
		HV210			0.56	—	—	210～250	—	
			FB890		0.76	890	980	360～420	12	
	CuBe2			2.1247						
		HV140			0.54	—	—	140～195	—	
			FB820		0.74	820	910	360～410	13	
		HV180			0.55	—	—	180～225	—	
			FB880		0.75	880	980	370～430	12	
		HV215			0.56	—	—	215～260	—	
			FB920		0.76	920	1020	380～450	12	
		FB530			0.69	530	580	260～310	11	
		FB760			0.79	760	840	350～400	11	
铜钴铍合金 铜镍铍合金	CuCo2Be CuNi2Be			2.1285 2.0850						
		HV145			0.56	—		145～185	—	
			FB500		0.76	500		220～270	25	
		HV160			0.59	—		160～200	—	
			FB590		0.79	590		240～290	25	

表 6-250 电工用铜板、带材的性能

材料 牌号	材料 代号	状态 代号	状态 材料代号尾数	名义厚度 /mm	抗拉强度 R_m /MPa 不小于	屈服强度 $R_{p0.2}$ /MPa 不小于	伸长率,% A_5 不小于	伸长率,% A_{10} 不小于	布氏硬度 HB (2.5/62.5)	20℃时的电阻率 /Ω·mm²·m⁻¹ 不大于	20℃时的电导率 /m·(Ω·mm²)⁻¹ 不小于	标准号
E-Cu57 E-Cu58 SE-Cu	2.0060 2.0065 2.0070	F20	0.10	0.1～1	200～250	≤120	38	32	45～70	0.01754 0.01724 0.01754	57 58 57	DIN 40500—1980
				>1～5			45	38				
E-Cu57 SE-Cu CuAg0.1 CuAg0.1P	2.0060 2.0070 2.1203 2.1191	F25	0.26	0.1～1	250～300	200 (≤290)	17	14	70～90	0.01786	56	
				>1～5			20	16				
		F30	0.30	0.1～1	300～360	250 (≤350)	7	4	85～105	0.01818	55	
				>1～5			8	5		0.01786	56	
		F37	0.32	0.1～1	360	320	3	2	95～120	0.01818	55	
				>1～3			5	3				
E-Cu58	2.0065	F25	0.26	0.1～1	250～300	200 (≤290)	17	14	70～90	0.01737	57.5	
				>1～5			20	16				
		F30	0.30	0.1～1	300～360	250 (≤350)	7	4	85～105	0.01786	56	
				>1～5			8	5		0.01770	56.5	
		F37	0.32	0.1～1	360	320	3	2	95～120	0.01786	56	
				>1～3			5	3				

注：1. 材料代号尾数可附加于规定的每种铜的牌号或材料代号之后，例如 E-CuF37.32 或 2.0060.32；

2. 括号内的数值只有经订货时商定方能作为验收标准，必要时也可商定较低的数值；

3. 如对成形性有特殊要求，可根据尺寸情况商定较低的最大值；

4. 如在温度有偏差的情况下进行测量，应考虑电阻率的变量为 0.000068 $\frac{\Omega \cdot mm^2}{m}$/℃，横截面积由导体(假设密度为 8.9kg/dm³)质量和一段长度计算得出。

(8)热交换器用铜及铜合金管板

表 6-251　　热交换器用铜及铜合金管板的性能(DIN 17675—1980)

材料					厚度 /mm	屈服强度 $R_{p0.2}$ /MPa 不小于	抗拉强度 R_m /MPa 不小于	伸长率 A_5 /% 不小于	布氏硬度 HB (2.5/62.5) 近似平均值	20℃时的电导率 /m·(Ω·mm²)⁻¹
名称	牌号		代号							
铜	SF-Cu	F20	2.0090	0.07	15～120	≤100①	200	40	55	45
		F25		0.26	15～40	180	240	15	80	
铜锌合金	CuZn40	F34	2.0360	0.07	15～40	120	340	35	85	16
					>40～80	100	310	35	80	
					>80～120	90	280	35	80	
		F40		0.26	15～40	200	400	20	100	
					>40～80	180	370	20	90	
					>80～120	160	340	25	80	
铜梓铅合金	CuZn39Pb0.5	F34	2.0372	0.07	15～40	120	340	35	85	16
					>40～80	100	310	35	80	
					>80～120	90	280	35	80	
		F40		0.26	15～40	200	400	20	100	
					>40～80	180	370	20	90	
					>80～120	160	340	25	80	
铜锌锡合金	CuZn39Sn	F34	2.0530	0.07	15～40	140	340	30	85	15
					>40～80	130	340	30	80	
					>80～120	120	340	30	80	
		F40		0.26	15～40	200	400	20	100	
					>40～80	180	370	20	90	
					>80～120	160	340	25	80	
铜锌锡铝合金	CuZn38SnAl	F39	2.0525	0.07	15～120	140	390	25	100	14
		F43		0.26	15～40	200	430	20	115	
					>40～80	190	410	20	110	
					>80～120	180	390	20	105	
铜锌铝合金	CuZn20Al	F30	2.0460	0.07	15～80	90	300	30	70	12.5
		F39		0.26	15～40	240	390	25	110	
铜镍铝合金	CuNi10Fe	F30	2.0872	0.07	15～60	120	300	30	80	5.3
					>60～120	100	280	30	80	
		F29		0.08	>60～120	120	290	30	70	
		F32		0.26	15～60	200	320	15	100	
		F35		0.30	15～60	250	350	14	110	
	CuNi30Fe	F35	2.0882	0.07	15～60	120	350	30	90	2.7
					>60～120	120	310	30	90	
		F34		0.08	>60～120	150	340	30	90	
		F41		0.26	15～60	300	410	14	130	

续表

材料					厚度 /mm	屈服强度 $R_{p0.2}$ /MPa 不小于	抗拉强度 R_m /MPa 不小于	伸长率 $/A_5$ % 不小于	布氏硬度 HB (2.5/62.5) 近似平均值	20℃时的电导率 $/m\cdot(\Omega\cdot mm^2)^{-1}$
名称	牌号		代号							
铜铝铁合金	CuAl8Fe	F48	2.0932	0.07	15～40	210	480	30	120	
					>40～80	200	460	30	110	6
		F46		0.08	>80～120	200	460	25	110	
铝铝镍合金	CuAl9Ni2	F49	2.0971	0.07	15～80	180	490	25	120	
		F62		0.08	15～80	290	620	22	150	6
					>80～120	270	600	20	140	
	CuAl10Ni	F63	2.0966	0.07	15～80	270	630	14	150	
		F72		0.08	15～80	360	720	12	175	5
					>80～120	340	700	12	170	

注：1. 通过协议，状态.10(软)可以代替状态.07(热轧)，二者的力学性能相同；

2. 通过协议，状态.27(中等硬度及消除应力)可以代替.26(半硬)，二者的力学性能相同；

3. 通过协议，状态.08(热锻)可以代替状态.07(热轧)，二者的力学性能相同；

4. 具有 F63 状态力学性能的 CuAl10Ni 板可以按 DIN1714 生产为 GK-CuAl10Ni 铸件；

5. 表中屈服强度 $R_{p1.0}$ 为 180MPa(最小值)。

(9)铜及铜合金管材

表 6-252 一般用途铜及铜合金管材的力学性能(DIN 17671—1983)

材料					壁厚 /mm 不大于	抗拉强度 R_m /MPa	屈服强度 $R_{p0.2}$ /MPa	伸长率 A_5 /%	布氏硬度 HB (约)
名称	牌号		代号			不	小	于	
铜	SF-Cu		2.0090						
		P		0.08	协商确定		无规定强度值		
		zh		0.20					
		F20		0.10	3	200～260	≤110	40	55
		F22		0.10	3	220～270	≤140	40	55
		F25		0.26	0.5～10	250～300	150	20	80
		F29		0.30	5	290	250	6	95
		F36		0.32	3	360	320	—	110
铜锌合金	CuZn5		2.0220						
		P		.08	协商确定		无规定度度值		
		F22		.10	10	220～260	≤130	40	60
		F26		.26	10	260～320	190	19	85
		F32		.30	5	320	260	8	110

续表

材料					壁厚/mm不大于	抗拉强度 R_m/MPa	屈服强度 $R_{p0.2}$/MPa	伸长率 A_5/%	布氏硬度HB(约)
名称	牌号		代号			不小于			
铜锌合金	CuZn15		2.0240						
		P		0.08	协商确定	无规定强度值			
		F26		0.10	10	260～310	≤150	45	65
		F31		0.26	10	310～370	200	23	95
		F37		0.30	5	370	290	11	120
	CuZn20		2.0250						
		P		0.08	协商确定	无规定强度值			
		F27		0.10	10	270～320	≤160	47	65
		F32		0.26	10	320～390	200	25	100
		F39		0.30	5	390	300	13	125
	CuZn30		2.0265						
		P		0.08	协商确定	无规定强度值			
		F28		0.10	10	280～350	≤180	50	70
		F35		0.26	10	350～420	200	28	110
		F42		0.30	5	420	320	13	130
	CuZn36 CuZn37		2.0335 2.0321						
		P							
		zh		0.08	协商确定	无规定强度值			
		F29		0.20					
		F37		0.10	10	290～370	≤180	50	70
		F44		0.26	10	370～440	200	27	110
		F54		0.30	5	440～540	340	12	135
				0.32	2	540	470	6	160
	CuZn40	P	2.0360						
		F34		0.08	协商确定	无规定强度值			
		F41		0.10	10	340	≤220	35	80
		F47		0.26	10	410	220	20	115
				0.30	5	470	350	11	140

续表

材料				壁厚/mm不大于	抗拉强度 R_m /MPa	屈服强度 $R_{p0.2}$ /MPa	伸长率 A_5 /%	布氏硬度HB（约）
名称	牌号		代号		不小于			
铜锌铅合金			2.0331 2.0332					
	CuZn36Pb1.5 CuZn37Pb0.5	P	0.08	协商确定	无规定强度值			
		F29	0.10	10	290～370	≤180	50	70
		F37	0.26	10	370～440	200	27	110
		F44	0.30	5	440～540	340	12	135
		F54	0.32	2	>540	470	6	160
	CuZn36Pb3		2.0375					
		P	0.08	协商确定	无规定强度值			
		F34	0.10	10	340	≤210	40	80
		F40	0.26	10	400	210	18	110
		F46	0.30	5	460	330	10	135
	CuZn38Pb1.5 CuZn39Pb0.5		2.0371 2.0372					
		P	0.08	协商确定	无规定强度值			
		F34	0.10	10	340	≤220	35	80
		F41	0.26	10	410	220	15	115
		F47	0.30	5	470	350	10	140
	CuZn39Pb3 CuZn40Pb2		2.0401 2.0402					
		P	0.08	协商确定	无规定强度值			
		zh	0.20					
		F36	0.10	10	360	≤250	30	95
		F43	0.26	10	430	250	15	125
		F50	0.30	5	500	370	10	145
铜锌铝合金	CuZn20Al2 (CuZn20Al)		2.0460					
		P	0.08	协商确定	无规定强度值			
		F33	0.10	≤10	330	120	35	85
	CuZn 23Al6Mn4Fe3F78		2.0500	0.88	5～20	780	540	8	190

续表

材料					壁厚 /mm 不大于	抗拉强度 R_m /MPa	屈服强度 $R_{p0.2}$ /MPa	伸长率 A_5 /%	布氏硬度 HB (约)
名称	牌号		代号			不小于			
铜锌硅合金	CuZn31Si1 (CuZn31Si)		2.0490						
		P		0.08	协商确定	无规定强度值			
		F44		0.27	1～8	440	200	30	120
		F49		0.31	1～6	490	290	15	160
铜梓镍合金	CuZn35Ni2 (CuZn35Ni)		2.0540						
		P							
		F49		0.08	协商确定	无规定强度值			
		F54		0.27	3～12	490	290	18	130
				0.31	3～8	540	390	14	150
铜锌铝合金	CuZn40Al1	P	2.0561						
		F39		0.08	协商确定	无规定强度值			
		F44		0.09	3～12	390	150	25	110
		F49		0.27	3～8	440	200	20	120
				0.31	3～8	490	260	15	140
	CuZn40Al2	P	2.0550						
		F54		0.08	协商确定	无规定强度值			
		F59		0.27	4～12	540	230	15	150
				0.31	4～10	590	250	10	160
铜锌锰合金	CuZn40Mn2 (CuZn40Mn)	P	2.0572						
		F44							
		F49		0.08	协商确定	无规定强度值			
				0.27	3～12	440	180	20	125
				0.31	3～8	490	270	18	140
铜锌锰铅合金	CuZn40Mn1Pb (CuZn40MnPb)	P	2.0580						
		F39							
		F44		0.08	协商确定	无规定强度值			
		F49		0.09	3～12	390	150	22	110
				0.27	3～8	440	180	18	125
				0.31	2～5	490	290	15	140

续表

材料 名称	牌号		代号		壁厚 /mm 不大于	抗拉强度 R_m /MPa	屈服强度 $R_{p0.2}$ /MPa	伸长率 A_5 /%	布氏硬度 HB (约)
						不	小	于	
铜锡合金	CuSn6		2.1020						
		P		0.08	协商确定	无规定强度值			
		F34		0.10	5	340～400	≤260	55	85
		F40		0.26	5	400～490	220	30	135
		F49		0.30	2	490～610	390	12	155
		F61		0.32	2	610	510	7	185
	CuSn8		2.1030						
		P		0.08	协商确定	无规定强度值			
		F39		0.10	5	390～450	≤290	60	90
		F45		0.26	5	450～540	250	28	145
		F54		0.30	2	540	460	10	170
铜镍锌合金	CuNi2Zn24		2.0730						
		P		0.08	协商确定	无规定强度值			
		F34		0.10	3	340～420	≤290	45	85
		F42		0.26	3	420～490	240	28	125
		F49		0.30	2	490	390	12	150
	CuNi18Zn20		2.0740						
		P		0.08	协商确定	无规定强度值			
		F37		0.10	3	370～440	≤290	40	95
		F44		0.26	3	440～540	290	20	135
		F54		0.30	2	540	470	6	160
铜镍铁锰合金	CuNi10Fe1Mn (CuNi10Fe)		2.0872						
				0.08					
		P		0.10	协商确定	无规定强度值			
		F29			5	290	90	30	80
铜镍锰铁合金	CuNi30Mn1Fe (CuNi30Fe)		2.0882						
		P		0.08	协商确定	无规定强度值			
		F36		0.10	5	360～490	120	30	100
铜铝合金	CuAl8		2.0920						
		P		0.08	协商确定	无规定强度值			
		F37		0.10	2～10	370～450	130	35	90
		F49		0.30	2～6	490	270	15	130

续表

材料					壁厚/mm不大于	抗拉强度 R_m /MPa	屈服强度 $R_{p0.2}$ /MPa	伸长率 A_5 /%	布氏硬度HB（约）
名称	牌号		代号			不小于			
铜铝铁合金	CuAl8Fe (CuAl8Fe)		2.0932						
		P		0.08	协商确定	无规定强度值			
		F39		0.10	4～12	390～490	150	30	110
		F54		0.30	4～8	540	270	12	145
铜铝铁锰合金	CuAl10Fe3Mn2 (CuAl10Fe)		2.0936						
		P		0.08	协商确定	无规定强度值			
		F64		0.98	4～8	640	290	10	165
铜铝锰合金	CuAl9Mn2 (CuAl9Mn)		2.0960						
		P		0.08	协商确定	无规定强度值			
		F44		0.97	4～12	440	180	25	120
		F57		0.98	4～8	570	230	15	140
铜铝镍铁合金	CuAl10Ni5Fe4 (CuAl10Ni)		2.0966						
		P		0.08	协商确定	无规定强度值			
		F64		0.97	4～12	640	340	10	180
	CuAl11Ni6Fe5 (CuAl11Ni)		2.0978						
		P		0.08	协商确定	无规定强度值			
		F69		0.97	4～12	690	370	5	210
铜铅合金 铜硫合金 铜碲合金	CuPb1P CuSP CuTeP		2.1160 2.1498 2.1546						
		P		0.08	协商确定	无规定强度值			
		F26		0.26	4～12	260	200	8	85
铜铬锆合金	CuCrZr		2.1293						
		F37		0.60	1～10	370	270	18	125
		F44		0.73	1～10	440	350	10	145

表 6-253　　低合金化铜管的电学性能

材料					电导率/m·(Ω·mm²)⁻¹	标准号
名称	牌号		代号		不小于	
铜硫合金	CuSP	F26L	2.1498	0.26	50	DIN 17671—1983
铜碲合金	CuTeP	F26L	2.1546	0.26	50	
铜铅合金	CuPb1P	F26L	2.1160	0.26	50	
铜铬锆合金	CuCrZr		2.1293			
		F37		0.60	44	
		F44		0.73	43	

(10)电工用铜管

表 6-254　　电工用铜及低合金化铜管的性能(DIN 40500—1980)

材料		状态		尺寸/mm		抗拉强度 R_m/MPa	屈服强度 $R_{p0.2}$/MPa	伸长率/%		布氏硬度 HB (2.5/62.5)	电学性能	
牌号	代号	代号	材料号的尾数	外径	壁厚	不小于		A_5 (δ_5)	A_{10} (δ_{10})		20℃时电阻率/(Ω·mm²)·m⁻¹ 不大于	20℃时电导率/m·(Ω·mm²)⁻¹ 不小于
E-Cu57 SE-Cu	2.0060 2.0070	F20	10	—	—	200～250	≤120	38	32	45～70	0.01754	57
E-Cu57 SE-Cu CuAg0.1 CuAg0.1P	2.0060 2.0070 2.1203 2.1191	F25	26	—	≤10	250～300	190 (≤290)	17	14	70～90	0.01786	56
		F30	30	≤160	≤5	300～360	250 (≤350)	7	4	85～105	0.01818	55
		F37	32	≤50	≤3	360	320 (≤390)	3	2	95～120	0.01818	55

注：1. 代号或材料号的尾数可附加于规定的每种铜的牌号或材料代号之后，如 E-Cu57F37 或 2.0060.32；

2. 括号内数值只有订货时商定才能作为依据，必要时也可商定较低的数值，但在用于配电设备时括号内数值可用作 $R_{p0.2}$ 上限值的校准值；

3. 如对成形性有特殊要求，可根据尺寸情况商定较低的最大值；

4. 如在温度有偏差的情况下进行测量，应考虑电阻的变量为 0.000068Ω·mm²/(m·℃)，横截面积由导体(假设密度为 8.9kg/dm³)的质量和一段长度计算得出。

(11)热交换器用铜及铜合金管

表 6-255　　热交换器用铜及铜合金管的性能(DIN 1785—1983)

材料			屈服强度 $R_{p0.2}$/MPa	抗拉强度 R_m/MPa	伸长率 A_5/%	20℃时电导率/m·(Ω·mm²)⁻¹	20℃时热导率/W·(m·K)⁻¹(约)	200～300℃时平均线胀系数/10⁻⁶K⁻¹(约)
名称	牌号	代号	不小于					
铜	SF-CuF25	2.0090.26	150～240	250	30	45	310	17.60
铜锌锡合金	CuZn28Sn1 F32	2.0470.19	100～170	320	55	14	110	20.0
	CuZn28Sn1F36	2.0460.29	140～220	360	45	14	110	20.0
	CuZn20Al2 F34	2.0460.19	120～180	340	55	12.5	100	19.0
	CuZn20Al2 F39	2.0460.29	150～230	390	45	12.5	100	19.0
铜镍铁锰合金	CuNi10Fe1Mn F29	2.0872.19	90～180	290	30	5.3	45	17.0
	CuNi30Mn1Fe F37	2.0882.19	120～220	370	35	2.7	30	16.0
	CuNi30Fe2Mn2 F42	2.0883.19	150～260	420	30	2.0	25	15.0
铜铝砷合金	CuAl5As F35	2.0918.19	110～220	350	45	10.2	85	18.0

表 6-256 热交换器用带翅片铜及铜合金管的性能(DIN 17679—1983)

材料			屈服强度 $R_{p0.2}$ /MPa	抗拉强度 R_m 8MPa 不小于	伸长率 A_5 /%	20℃时电导率 /m·$(\Omega \cdot mm^2)^{-1}$ (约)	20℃时热导率 /W·$(m \cdot K)^{-1}$ (约)	200～300℃平均线胀系数 /$10^{-6}K^{-1}$ (约)
名称	牌号	代号						
铜	SF-Cu F22	2.0090.19	45～120	220	40	45	310	17.6
铜锌锡合金	CuZn28Sn1 F32	2.0470.19	100～170	320	55	14	110	20.0
铜锌铝合金	CuZn20Al2 F34	2.0460.19	120～180	340	55	12.5	100	19.0
铜镍铁锰合金	CuNi10Fe1Mn F29	2.0872.19	90～180	290	30	5.3	45	17.0
铜镍锰铁合金	CuNi30Mn1Fe F37	2.0882.19	120～220	370	35	2.7	30	16.0

(12)泵用铜管

表 6-257 泵用无缝管的力学性能

材料				外径 /mm	抗拉强度 R_m /MPa	伸长率/%		标准号
名称	牌号	代号	交货形式			A_5	A_{10}	
					不小于			
铜	SF-Cu F22	2.0090.10	环形管	6～22	220～270	40	35	DIN 1786—1980
	SF-Cu F37	2.0090.32	直管	6～54	360	3	2	
	SF-Cu F30	2.0090.30		64～267	290	4	3	

(13)铜及铜合金棒、线和型材

铜及铜合金棒、线和型材的力学性能和电导率分别见表 6-258、表 6-259 和表 6-260。

表 6-258 铜及铜合金棒的力学性能(DIN 17672—1983)

材料 名称	材料 牌号		代号		尺寸/mm 圆棒 直径	尺寸/mm 四角、六角、多角棒 平行面距离	尺寸/mm 扁棒 厚度	抗拉强度 R_m /MPa 不小于	屈服强度 $R_{p0.2}$ /MPa 不小于	伸长率 A_5 /% 不小于	布氏 硬度 HB (约)
铜	SF-Cu	zh	2.0076	0.20	按协议			无规定强度值			
		F20		0.10	>6	>5	>5	220～250	≤100	36	55
		F22		0.10	≤6	≤5	≤5	220～250	≤140	36	55
		F24		0.26	≤40	≤35	≤5	240～300	160	14	80
		F29		0.30	≤20	≤17	2～10	290～360	250	8	95
		F36		0.32	≤6	≤5	≤5	360	320	5	110
铜锌合金	CuZn15	F26	2.0240	0.10	≥10	≥8	≥6	260	≤160	43	65
		F31		0.26	≤40	≤35	≤6	310	220	22	95
	CuZn30	F28	2.0265	0.10	≥10	≥8	≥6	280	≤180	50	70
		F35		0.26	≤40	≤35	≤6	350	230	30	110
	CuZn37	P	2.0321	0.08	按协议			无规定强度值			
		zh		0.20							
		F29		0.10	≥10	≥8	≥6	290	≤250	45	75
		F37		0.26	≤40	≤35	≤6	370	250	27	110
	CuZn40	P	2.0360	0.08	按协议			无规定强度值			
		zh		0.20							
		F34		0.10	≥10	≥8	≥6	340	≤250	35	90
		F41		0.26	≤40	≤35	≤6	410	250	20	120
铜锌铅合金	CuZn36Pb1.5	P	2.0331	0.08	按协议			无规定强度值			
		zh		0.20							
		F29		0.10	≥10	≥8	≥6	290	≤250	45	75
		F37		0.26	≤40	≤350	≤6	370	250	27	110
		F44		0.30	≤12	≤10	≤4	440	340	14	135
	CuZn36Pb3	P	2.0375	0.08	按协议			无规定强度值			
		zh		0.20							
		F34		0.10	≥10	≥8	≥6	340	≤250	35	85
		F40		0.26	≤40	≤35	≤6	400	250	18	115
		F46		0.30	≤12	≤10	≤4	460	350	12	140

续表

材料					尺寸/mm			抗拉强度 R_m /MPa 不小于	屈服强度 $R_{p0.2}$ /MPa 不小于	伸长率 A_5 /% 不小于	布氏硬度 HB (约)
名称	牌号		代号		圆棒 直径	四角、六角、多角棒 平行面距离	扁棒 厚度				
铜锌铅合金	CuZn38Pb1.5	P	2.0371	0.08	按协议			无规定强度值			
		zh		0.20							
		F34		0.10	≥10	≥8	≥6	340	≤250	35	90
		F41		0.26	≤40	≤35	≤6	410	250	18	120
		F47		0.30	≤12	≤10	≤4	470	350	12	140
	CuZn39Pb2	P	2.0380	0.08	按协议			无规定强度值			
		zh		0.20							
		F36		0.10	≥10	≥8	≥6	360	≤250	32	90
		F43		0.26	≤40	≤35	≤6	430	250	18	120
		F49		0.30	≤12	≤10	≤4	490	390	10	145
	CuZn39Pb3		2.0401								
	CuZn40Pb2	P	2.0402	0.08	按协议			无规定强度值			
		zh		0.20							
		F36		0.10	≥10	≥8	≥6	360	≤250	32	95
		F43		0.26	≤40	≤35	≤6	430	250	15	125
		F60		0.30	≤14	≤10	≤4	500	340	11	145
铜锌铝合金	CuZn20Al2 (CuZn20Al)	P	20460	0.08	按协议			无规定强度值			
铜锌铝锰铁合金	CuZn 23Al6Mn4Fe3	F78	20500	0.88	10～80	9～70	5～40	780	540	8	190
铜锌硅合金	CuZn31Si1 (CuZn31Si)	P	200490	0.08	按协议			无规定强度值			
		F45		0.27	6～50	5～46	5～20	440	200	22	120
		F50		0.31	6～25	5～22	5～12	490	290	15	150
铜锌镍合金	CuZn35Ni2 (Cuzn35Ni)	P	2.0540	0.08	按协议			无规定强度值			
		F44		0.09	30～90	27～80	20～50	440	190	20	120
		F49		0.27	15～50	14～46	12～30	490	290	18	130
		F54		0.31	6～15	5～14	5～12	540	390	12	150
铜锌铝合金	CuZn37Al1 (CuZn37Al)	F44	2.0510	0.27	10～80	9～70	—	440	200	20	125
		F51		0.31	6～50	5～46	—	510	280	15	145

续表

材料				尺寸/mm			抗拉强度 R_m /MPa 不小于	屈服强度 $R_{p0.2}$ /MPa 不小于	伸长率 A_5 /% 不小于	布氏硬度 HB (约)
名称	牌号		代号	圆棒 直径	四角、六角、多角棒平行面距离	扁棒 厚度				
铜锌铝合金	CuZn40Al1	P	2.0550	0.08	按协议		无规定强度值			
		F45		0.27	10～80	9～70	—	440	200	20	125
		F51		0.31	6～50	5～46	—	510	270	15	145
	CuZn40Al2	P	2.0550	0.08	按协议		无规定强度值			
		F54		0.27	10～80	9～70	—	540	240	18	150
		F59		0.31	8～50	7～46	—	590	270	14	160
		F64		0.33	6～15	—	—	640	310	10	170
铜锌锰合金	CuZn40Mn2 (CuZn40Mn)	P	2.0572	0.08	按协议		无规定强度值			
		F44		0.27	10～80	9～70	5～30	440	170	20	120
		F49		0.31	6～30	5～27	5～12	490	270	18	135
铜锌锰铅合金	CuZn40Mn1Pb (CuZn40MnPb)	P	2.0580	0.08	按协议		无规定强度值			
		F39		0.09	10～80	9～70	5～30	390	150	22	116
		F44		0.27	6～50	5～46	5～20	440	180	18	120
		F49		0.31	4～20	4～17	4～10	490	290	15	140
铜锡合金	CuSn6	F34	2.1020	0.10	≥10	≥8	无商业通用产品	340～400	≤250	55	85
		F40		0.26	≤40	≤40		400～470	200	33	130
		F47		0.30	≤12	≤12		470～550	340	22	155
		F55		0.32	≤6	≤6		550～640	490	10	175
		F65		0.34	≤4	≤4		640	590	5	195
	CuSn8	F39	2.1030	0.10	≥10	≥8		390～450	≤290	60	90
		F45		0.26	≤40	≤40		450～520	250	35	135
		F52		0.30	≤12	≤12		520～590	420	23	160
		F59		0.32	≤6	≤6		590～690	540	10	190
		F68		0.34	≤4	≤4		690	640	8	220
铜镍锌合金	CuNi12Zn24	F34	2.0730	0.10	≥10	≥8	按协议	340～440	≤290	40	85
		F44		0.26	3～40	3～30		440～540	290	18	135
		F54		0.30	2～10	2～8		540～640	440	8	165
		F64		0.32	1～4	—		640	540	—	195

续表

材料					尺寸/mm			抗拉强度 R_m /MPa 不小于	屈服强度 $R_{p0.2}$ /MPa 不小于	伸长率 A_5 /% 不小于	布氏硬度 HB (约)
名称	牌号		代号		圆棒 直径	四角、六角、多角棒 平行面距离	扁棒 厚度				
铜镍锌合金	CuNi18Zn20	F34	2.0740	0.10	≥10	≥8	按协议	390～470	≤290	40	95
		F47		0.26	3～4	3～30		470～540	340	22	135
		F54		0.30	2～10	2～8		540～640	440	5	165
		F64		0.32	1～4	—		640	570	—	190
铜镍锌锰铅合金	CuNi7Zn39Mn5Pb3		20771								
		F51		0.26	10～45	—		510	370	12	150
		F59		0.30	8～12	—		590	440	5	170
铜镍锌铅合金	CuNi12Zn30Pb1		20780								
		F41		0.26	2～12	2～10		410～490	240	25	120
		F49		0.30	2～10	2～8		490	370	8	150
	CuNi18Zn19Pb1	F43	2.0790	0.26	2～12	2～10		430～530	290	25	135
		F53		0.30	2～10	2～8		530	420	6	160
铜镍铁锰合金	CuNi10Fe1Mn (CuNi10Fe)		2.0872	0.08	按协议		无商业通用产品	无规定强度值			
		F28		0.10	≥10	≥8		270～350	100	30	75
		F35		0.26	≤20	≤11		350	250	10	110
铜镍锰铁合金	CuNi30Mn1Fe (CuNi30Fe)	F34	2.0882	0.10	≥10	≥3		340～420	120	35	90
		F42		0.26	≤20	≤17		420	300	14	110
铜铝合金	CuAl8	P	2.0920	0.08	按协议			无规定强度值			
		F37		0.10	6～120	5～100		370	120	25	90
		F49		0.30	6～50	5～46		490	270	15	130
铜铝铁合金	CuAl8Fe3 (CuAl8Fe)	P	2.0932	0.08	按协议		无商业通用产品	无规定强度值			
		F47		0.97	10～80	8～70		470	200	25	110
		F59		0.30	8～50	8～46		590	270	10	150
	CuAl10Fe3Mn2 (CuAl10Fe)	P	2.0960	0.08	按协议			无规定强度值			
		F59		0.97	12～80	10～60		590	250	12	150
		F69		0.98	12～50	10～46		690	340	7	180
铜铝锰合金	CuAl9Mn2 (CuAl9Mn)	P	2.0960	0.08	按协议			无规定强度值			
		F49		0.97	10～80	8～70		490	200	25	110
		F59		0.98	10～50	8～46		590	250	15	150

续表

材料 名称	牌号		代号		尺寸/mm 圆棒 直径	四角、六角、多角棒 平行面距离	扁棒 厚度	抗拉强度 R_m /MPa 不小于	屈服强度 $R_{p0.2}$ /MPa 不小于	伸长率 A_5 /% 不小于	布氏硬度 HB (约)
铜铝镍铁合金	CuAl10Ni5Fe4 (CuAl10Ni)	P	2.0966	0.08	按协议		无商业通用产品	无规定强度值			
		F64		0.97	12～80	10～60		640	270	15	180
		F74		0.98	12～50	10～46		740	390	10	195
	CuAl11Ni6Fe5 (CuAl11Ni)	P	2.0978	0.08	按协议			无规定强度值			
		F73		0.97	12～80	10～60		730	440	5	210
		F83		0.98	12～50	10～46		830	590	—	240
铜铅合金 铜硫合金 铜碲合金	CuPb1P CuSP CuTeP		2.1160 2.1498 2.1546								
		F22		0.10	≤50	≤35	>5	220～260	50	35	60
		F26		0.26	≤50	≤35	>5	260	200	7	85
铜锆合金	CuZr		2.1580								
		F35		0.70	6～25	6～25	≤10	350	310	13	115
		F30		0.70	>25	>25	>10	300	250	20	95

表 6-259　　可时效铜及铜合金棒的力学性能(DIN 17672—1983)

材料 名称	牌号		代号		尺寸/mm 圆棒直径	四角、六角、多角棒 平行面距离	扁棒 厚度	抗拉强度 R_m /MPa 不小于	0.2% 屈服强度 $R_{p0.2}$ /MPa 不小于	伸长率/% A_5 不小于	伸长率/% $A(L_0=100\text{mm})$ 不小于	布氏硬度 HB (约)	维氏硬度 HV
铜铍合金	CuBe2 CuBe2Pb		2.1247 2.1248										
铜铍铅合金	F43			0.40	2～60	≤55		420～600	140～210	—	35	—	90～125
		F115		0.60			≤50	1150～1350	1000～1250	—	—	—	360～390
	F65			0.55	2～25	≤20	≤15	650～800	500～750	—	—	—	200～250
					25～35	20～30	15～25	600～800	500～750	—	—	—	180～240
		F130		0.75	2～25	≤15	≤15	1300～1500	1150～1400	—	—	—	390～430
					25～35	20～30	15～25	1200～1500	1050～1400	—	—	—	380～420

续表

材料						尺寸/mm			抗拉强度 R_m /MPa	0.2%屈服强度 $R_{p0.2}$ /MPa	伸长率/%		布氏硬度HB（约）	维氏硬度HV
名称	牌号			代号		圆棒直径	四角、六角、多角棒平行面距离	扁棒厚度			A_5	$A(L_0=100mm)$		
									不小于					
铜钴铍合金	CuCo2Be			2.1285										
	CuNi2Be			2.0850										
铜镍铍合金		F25			0.40	2～60	≤55	≤50	250～370	140～210	—	20	—	70～100
			F65		0.60				650～800	500～650	—	8	—	195～235
		F50			0.56	2～25	≤20	≤15	500～600	430～530	—	—	—	140～180
						25～35	20～30	15～25	450～550	380～480	—	—	—	130～180
			F80		0.76	2～25	≤20	≤20	800～950	730～880	—	—	—	220～260
						25～35	20～30	15～25	750～900	680～830	—	—	—	210～260
铜铬锆合金	CuCrZr			2.1293										
		P			0.08	按协议			无规定强度值					
			F37		0.60	≤120	≤100	≤100	370	270	18	—	125	—
			F44		0.73	≤50	≤45	≤10	440	350	10	—	145	—
			F47		0.77	≤25	≤20	≤6	470	440	8	—	155	—
铜镍硅合金	CuNi1.5Si			2.0853										
			F44		0.60	≤90	≤75	≤40	440	290	17	—	140	—
		F41			0.53	≤30	≤27	—	410	290	9	—	125	—
			F59		0.73				590	540	12	—	180	—
	CuNi2Si			2.0855										
		P			0.08	按协议			无规定强度值					
		F26			0.40	≤90	≤75	≤40	260	60	35	—	70	—
			F49		0.60				490	340	15	—	160	—
		F41			0.53	≤30	≤27	—	410	340	8	—	140	—
			F64		0.73				640	590	10	—	190	—
	CuNi3Si			2.0857										
		P			0.08	按协议			无规定强度值					
			F69		0.60	≤90	≤75	≤40	690	540	8	—	200	—
		F61			0.53	≤20	≤17	—	610	550	8	—	180	—
			F83		0.73				830	780	10	—	220	—

表 6-260　　铜及铜合金棒材的电导率

材料 名称	材料 牌号	材料 代号	状态	密度	电导率 /m·(Ω·mm²)⁻¹ 不小于	标准号
铜硫合金	CuSP	2.1498				DIN 17672—1983
			F22L	0.10	50	
			F26L	0.26	50	
铜碲磷合金	CuTeP	2.1546				
			F22L	0.10	50	
			F26L	0.26	50	
铜铅磷合金	CuPb1P	2.1160				
			F22L	0.10	50	
			F26L	0.26	50	
铜钴铍合金	CuCo2Be	2.1285				
			F65	0.60	25	
			F80	0.76	25	
铜镍铍合金	CuNi2Be	2.0850				
			F65	0.60	25	
			F80	0.76	25	
铜铬锆合金	CuCrZr	2.1293				
			F37	0.60	44	
			F44	0.73	43	
			F47	0.77	43	
铜镍硅合金	CuNi1.5Si	2.0853				
			F44	0.60	18	
			F59	0.73	18	
	CuNi2Si	2.0855				
			F49	0.60	17	
			F64	0.73	17	
	CuNi3Si	2.0857				
			F69	0.60	15	
			F83	0.73	15	
铜锆合金	CuZr	2.1580				
			F35	0.70	50	
			F30	0.70	50	

(14)电工用铜棒和型材

表 6-261 电工用铜棒、型材的性能

材料 牌号	材料 代号	强度状态① 代号	强度状态① 材料号的尾数	尺寸/mm 圆形、方形、六角形、直或内圆直径	尺寸/mm 扁平 厚度	尺寸/mm 扁平 宽度	尺寸/mm 型材 腰厚	抗拉强度④ R_m /MPa 不小于	屈服强度 $R_{p0.2}$ /MPa 不小于	伸长率/% A_5 不小于	伸长率/% A_{10} 不小于	布氏硬度⑦ HB (2.5/62.5)	20℃时的电阻率⑧ /Ω·mm²·m⁻¹ 不大于	20℃时的电导率 /m·(Ω·mm²)⁻¹ 不小于	标准号
E-Cu57	2.0060	P	0.08	全部			—	无规定强度值（按 DIN 17673 部分 1 规定为模锻工件的原材料）					0.01818	55	DIN 40500—1980
E-Cu57 SE-Cu	2.0060 2.0070	F20	10	10～100	2～40	10～100	2～20	200～250	≤120⑤	38	32	45～70	0.01754	57	
					5～30	>100 ≤200②									
CuAg0.1 CuAg0.1P	2.1203 2.1191	W	0.19	全部			—	无规定强度值					0.01754	57	
ECu57 SE-Cu	2.0060 2.0070	zh	0.20	全部			—	无规定强度值					0.01818	55	
E-Cu57 SE-Cu CuAg0.1 CuAg0.1P	2.000 2.0070 2.1203 2.1191	F25	0.26	6～70	2～30	10～100	2～14	200～300	200 (≤280)⑥	14	10	70～95	0.01786	56	
					5～20	>100 ≤200②									
		F30	0.30	4～40	2～12	10～100	2～6	300～360	250 (≤350)⑥	10	7	80～105	0.01786	56	
					5～10	>100 ≤200③									
		F37	0.32	2～10	2～3	10～100	—	360	320 (≤390)⑥	7	5	95～115	0.01818	55	
					>3 ≤6	10～50									

注：1. SE-Cu 和 CuAg0.1P 可焊接，CuAg0.03，CuAg0.1 和 CuAg0.1P 提高了抗软化性，应注意温度和时间的影响，CuAg0.1 和 CuAg0.1P 提高了持久强度，应注意持久强度、温度和时间的影响。

2. ①这些代号或尾数可附加于规定的每种铜的铜牌号或材料代号之后，例如 E-CuF37 或 2.0060.32。②厚度：宽度≥1：20(≥0.05)和横截面积最大为 5000mm²。③厚度：宽度≥1：20(≥0.05)。④与最大为 9.8MPa(1kg/mm²)的相邻强度级交叠时，不得提退赔要求。⑤只有对表面状况降低要求，才能保持这一数值或根据协议对一定的尺寸也保持较低的数值。⑥括号内的数值只有经订货时商定才能作为验收的依据，必要时也可商定较低的数值。⑦不作验收依据。⑧如在温度有偏差的情况下测量，应考虑电阻率的偏差为 0.000068Ω·mm²/(m·℃)，横截面积由导体(假设密度为 8.9kg/dm³)的质量和一段长度计算得出。

(15)挤压型材

表 6-262 铜及铜合金挤压型材的力学性能

材料					抗拉强度 R_m /MPa	屈服强度 $R_{p0.2}$ /MPa	伸长率 A_5 /%	布氏硬度 HB (2.5/62.5) (约)	标准号
名称	牌号		代号		不小于				
铜锌铅合金	CuZn38Pb1.5		2.0371						DIN 17674—1983
		P		0.08	无规定强度值				
		zh		0.20					
		F33		0.10	330	250	35	90	
		F40		0.26	400	250	20	120	
	CuZn39Pb3 CuZn40Pb2		2.0401 2.0402						
		P		0.08	无规定强度值				
		zh		0.20					
		F36		0.10	360	≤250	30	110	
		F43		0.26	430	250	15	130	
	CuZn44Pb2	P	2.0410	0.08	无规定强度值				
铜锌铝合金	CuZn37Al1 CuZn40Al1		2.0510 2.0561						
		F39		0.08	390	150	20	110	
		F44		0.27	440	180	15	125	
	CuZn40Al2	F54	2.0550	0.08	540	230	12	150	
铜锌锰合金 铜锌锰铅合金	CuZn40Mn2 (CuZn40Mn) CuZn40Mn1Pb (CuZn40MnPb)		2.0572 2.0580						
		F39		0.08	390	150	20	100	
		F44		0.27	440	180	18	110	
铜铬锆合金	CuCrZr		2.1293						
		F37		0.60	370	270	15	125	
		F44		0.73	440	370	10	140	

表 6-263 铜及铜合金挤压型材的电导率

材料					电导率 /m·(Ω·mm²)⁻¹ 不小于	标准号
名称	牌号		代号			
铜铬锆合金	CuCrZr		2.1293			DIN 17674—1983
		F37		0.60	44	
		F44		0.73	43	

(16)铜线杆

表 6-264 用于拉制铜线的铜线杆的性能

材料		抗拉强度 R_m /MPa 不大于	屈服强度 $R_{p0.2}$ /MPa 不大于	伸长率 A_{10} /% 不小于	电导率 /m·(Ω·mm²)⁻¹ 不小于	电阻率 /Ω·mm²·m⁻¹ 不大于	标准号
名称	牌号						
电解铜	E-Cu58	270	160	35	58.0	0.01724	DIN 17652—1982

(17)铜及铜合金线

表 6-265 铜及铜合金线的力学性能

材料					直径[①]/mm											标准号
名称	牌号[③]		代号		>3.0～8.0			>1.5～3.0		>0.8～1.5		>0.3～0.8		≥0.1～0.3		
					抗拉强度 R_m /MPa	伸长率 A_{10} /%	伸长率 $A(L_0=100mm)$ /%	抗拉强度 R_m /MPa	伸长率 A $(L_0=100mm)$ /%	抗拉强度 R_m /MPa	伸长率 A $(L_0=100mm)$ /%	抗拉强度 R_m /MPa	伸长率 A $(L_0=100mm)$ /%	抗拉强度 R_m /MPa	伸长率 A $(L_0=100mm)$ /%	
					不小于											
铜	SF-Cu		2.0090													DIN 17677—1983
		F20		0.10	200～250		35	200～250	33	200～260	30	200～260	25	200～270	20	
		F24		0.26	240～300		8	250～310	8	260～320	6	260～330	5	270～340	5	
		F29		0.30	290～360		—	310～390	—	320～410	—	330～420	—	340～420	—	
		F36		0.32	360		—	390	—	410	—	420	—	420	—	
铜锌合金	CuZn15		2.0240													
		F26		0.10	260～310	38	38	260～310	35	280～340	33	300～360	32	320～380	30	
		F31		0.26	310～370	18	15	310～370	15	340～410	14	360～450	13	380～470	12	
		F37		0.30	370～460	11	11	370～460	10	410～510	9	440～550	8	470～590	—	
		F46		0.32	460[②]	5	5	460	—	510	—	550	—	590	—	
	CuZn20		2.0250													
		F27		0.10	270～320	41	40	270～320	40	290～340	40	310～360	39	330～390	38	
		F59		0.34	590[②]	—	—	590	—	640	—	690	—	740	—	
	CuZn30		2.0265													
		F28		0.10	280～370	45	35	—	—	—	—	—	—	—	—	
		F37		0.26	370～440	30	20	—	—	—	—	—	—	—	—	

续表

材料					直径①/mm											标准号
					>3.0~8.0			>1.5~3.0		>0.8~1.5		>0.3~0.8		≥0.1~0.3		
名称	牌号③		代号		抗拉强度 R_m /MPa	伸长率 A_{10} /%	伸长率 $A(L_0=100mm)$ /%	抗拉强度 R_m /MPa	伸长率 A $(L_0=100mm)$ /%	抗拉强度 R_m /MPa	伸长率 A $(L_0=100mm)$ /%	抗拉强度 R_m /MPa	伸长率 A $(L_0=100mm)$ /%	抗拉强度 R_m /MPa	伸长率 A $(L_0=100mm)$ /%	
					不小于											
铜锌合金	CuZn36 CuZn37		2.0335 2.0321													DIN 17677—1983
		zh		0.20	无强度规定值											
		F29		0.10	290~370	40	40	290~370	37	320~390	35	340~410	33	360~440	30	
		F35		0.24	350~410	29	25	350~410	22	380~440	20	—	—	—	—	
		F37		0.26	370~440	24	20	370~440	18	400~490	15	—	—	—	—	
		F44		0.30	440~540	11	8	440~540	5	490~580	—	—	—	—	—	
		F54		0.32	540②	5	—	540	—	580	—	—	—	—	—	
	CuZn40		2.0360													
		zh		0.20	无强度规定值											
		F34		0.10	340	30	28	340	28	—	—	—	—	—	—	
		F41		0.26	410	17	14	410	14	—	—	—	—	—	—	
		F47		0.30	—	—	—	470	7	470	5	470	—	—	—	

续表

名称	牌号[3]		代号		>8～12 抗拉强度 R_m /MPa	>8～12 伸长率 A 10 /%	>3.0～8.0 抗拉强度 R_m /MPa	>3.0～8.0 伸长率 A_{10} /%	>1.5～3.0 抗拉强度 R_m /MPa	>1.5～3.0 伸长率 A (L_0=100mm) /%	>0.5～1.5 抗拉强度 R_m /MPa	>0.5～1.5 伸长率 A (L_0=100mm) /%	标准号
					直径[1]/mm 不小于								
铜锌铅合金	CuZn36Pb1.5		2.0331										DIN 17677—1983
		zh		0.20	无强度规定值								
		F37		0.26	370～440	24	370～440	24	370～440	18	400～490	15	
		F44		0.30	440～540	11	440～540	11	440～540	5	490～600	—	
	CuZn36Pb3		2.0375										
		zh		0.20	无规定强度值								
		F40		0.26	400	15	400	15	400	12	—	—	
		F46		0.30	460	7	460	7	460	5	—	—	
	CuZn38Pb1.5		2.0371										
		zh		0.20	无规定强度值								
		F41		0.26	410	17	410	17	—	—	—	—	
		F47		0.30	470	9	470	9	470	5	470	—	
	CuZn39Pb2		2.0380										
		zh		0.20	无规定强度值								
		F43		0.26	430	17	430	17	—	—	—	—	
		F49		0.30	—	—	490	7	490	5	490	—	
	CuZn39Pb3		2.0401										
		zh		0.20	无规定强度值								
		F43		0.26	430	17	430	16	—	—	—	—	
		F50		0.30	—	—	500	8	500	5	500	—	

续表

材料					直径①/mm										标准号
					>3.0~8.0		>1.5~3.0		>0.8~1.5		>0.3~0.8		≥0.1~0.3		
名称	牌号③		代号		抗拉强度 R_m /MPa	伸长率 A (L_0=100mm) /%	抗拉强度 R_m /MPa	伸长率 A (L_0=100mm) /%	抗拉强度 R_m /MPa	伸长率 A (L_0=100mm) /%	抗拉强度 R_m /MPa	伸长率 A (L_0=100mm) /%	抗拉强度 R_m /MPa	伸长率 A (L_0=100mm) /%	
					不小于										
铜锡合金	CuSn6		2.1020												DIN 17677—1983
		F35		0.10	350~420	55	370~440	52	380~460	50	400~480	48	420~500	40	
		F42		0.26	420~520	25	440~540	20	460~570	16	480~600	13	500~620	10	
		F52		0.30	520~650	10	540~680	6	570~720	5	600~760	—	620~800	—	
		F65		0.32	650~800②	—	680~850	—	720~900	—	760~950	—	800~1000	—	
		F80		0.34	800②③	—	850③	—	900③	—	950③	—	1000③	—	
	CuSn8		2.1030												
		F40		0.10	400~470	60	410~490	57	420~510	55	430~520	53	440~530	45	
		F47		0.26	470~570	26	490~600	24	510~620	18	520~640	15	530~670	10	
		F57		0.30	570~710	12	600~740	8	620~770	6	640~810	—	670~850	—	
		F71		0.32	710~850②	—	740~900	—	770~950	—	810~1000	—	850~1050	—	
		F85		0.34	850③	—	900③	—	950③	—	1000③	—	1050③	—	

续表

材料					直径①/mm										标准号
					>3.0~8.0		>1.5~3.0		>0.8~1.5		>0.3~0.8		≥0.1~0.3		
名称	牌号③		代号		抗拉强度 R_m /MPa	伸长率 A (L_0=100mm) /%	抗拉强度 R_m /MPa	伸长率 A (L_0=100mm) /%	抗拉强度 R_m /MPa	伸长率 A (L_0=100mm) /%	抗拉强度 R_m /MPa	伸长率 A (L_0=100mm) /%	抗拉强度 R_m /MPa	伸长率 A (L_0=100mm) /%	
					不小于										
铜镍锌合金	CuNi12Zn24		2.0730												DIN 17677—1983
		F35		0.10	360~450	35	370~460	35	390~480	30	410~500	25	430~520	20	
		F45		0.26	450~540	15	460~560	12	480~580	8	500~600	5	—	—	
		F54		0.30	540~630	5	560~660	5	580~680	—	600~700	—	—	—	
		F63		0.32	630~750②	—	660~780	—	680~800	—	700~820	—	—	—	
		F75		0.34	750②③	—	780③	—	800③	—	820③	—	850③	—	
	CuNi18Zn20		2.0740												
		F41		0.10	410~500	32	420~510	32	430~520	26	440~530	23	450~540	18	
		F50		0.26	500~580	12	510~600	10	520~610	6	530~620	—	—	—	
		F58		0.30	580~660	—	600~690	—	610~710	—	620~730	—	—	—	
		F66		0.32	660~770②	—	690~800	—	710~830	—	730~860	—	—	—	
		F77		0.34	770②③	—	800③	—	830③	—	860③	—	880③	—	

注：本表为冷加工不退火的铜及铜合金线的力学性能。①规定的直径范围同时适用于方形、六角形及相同截面积的扁线和具有简单几何形状的异形线材；②仅适用于直径大于3.0~5.0mm的圆线；③牌号中F后的数值是表示直径3.0~8.0mm线材的抗拉强度值的1/10。

(18)电工用铜线

表 6-266　　电工用铜线的电学性能和物理性能

材料 牌号	材料 代号	状态 代号	状态 材料号的尾数	尺寸 圆形直径/mm	尺寸 扁形厚度/mm	20℃时的电阻率 /Ω·mm²·m⁻¹ 不大于	20℃时的电导率 /m·(Ω·mm²)⁻¹ 不小于	线胀系数 /10⁻⁶K⁻¹	标准号
E-Cu58 OF-Cu	2.0065 2.0040	F20	.19	所有	所有	0.01724	58.0	0.17	DIN 40500—1973
		F21	.1	所有	所有	0.01724	58.0		
		F26	.29	>1	>1	0.01737	57.5		
		F27	.24	>1	>1	0.01737	57.5		
		F31	.26	>1	>1	0.01770	56.5		
		F35	.39	所有	所有	0.17786	56.0		
		F37	.30	所有	所有	0.01786	56.0		
E-Cu57 SE-Cu	2.0060 2.0070	F20	.19	所有	所有	0.01754	57.0	0.17	
		F21	.10	所有	所有	0.01754	57.0		
		wh	.07	不规定尺寸		0.01754	57.0		
		P	.08	只是原材料		0.01754	57.0		
CuAg0.03 CuAg0.1 CuAg0.1P	2.1201 2.1203 2.1191	F27	.24	>1	>1	0.01770	56.5	0.17	
		F31	.26	>1	>1	0.01786	56.0		
		F37	.30	所有	所有	0.01818	55.0		

表 6-267　　导线、裸线、架空线用铜线的力学性能

材料 牌号	材料 代号	强度状态 代号	强度状态 材料号的尾数	尺寸 圆形直径 /mm	尺寸 扁形 厚度 /mm	尺寸 扁形 宽度 /mm	抗拉强度 R_m /MPa	0.2%屈服强度 $R_{p0.2}$ /MPa	伸长率 /%	维氏硬度 HV
E-Cu58 E-Cu57 CuAg0.1	2.0065 2.0060 2.1203	wh P	.07 .08	原材料,只用于继续加工,无尺寸限制			≤260	无规定		40~65

表 6-268　　电缆、导线和其他用途线材的力学性能[DIN 40500(4)—1973]

材料 牌号	材料 代号	强度状态 代号	强度状态 材料号尾数	尺寸 圆形直径 /mm	尺寸 扁形 厚度 /mm	尺寸 扁形 宽度 /mm	抗拉强度 R_m /MPa	0.2%屈服强度 $R_{p0.2}$ /MPa	伸长率/% $\delta(L_0=200\ mm)$ 不小于	伸长率/% $\delta(L_0=100\ mm)$ 不小于	伸长率/% δ_{10} 不小于	伸长率/% δ_5 不小于	维氏硬度 HV_5 不小于
		F21	.10	0.05~0.08	—	—	210~290	—	10	11	—	—	—
		F21	.10	>0.08~0.16	—	—	210~280	—	15	16	—	—	—
		F21	.10	>0.16~0.315	—	—	210~280	7)	21	22	—	—	—
		F21	.10	>0.315~0.4	—	—	210~270	≤150	24	25	—	—	—
		F21	.10	>0.4~0.9	—	—	210~270	≤150	26	27	—	—	—
E-Cu58	2.0065	F21	.10	>0.9~1.5	0.5~1.5	所有	210~270	≤150	28	30	32	—	—
E-Cu57	2.0060			>1.5~3	>1.5~3	所有							

续表

材料		强度状态		尺寸			抗拉强度 R_m /MPa	0.2%屈服强度 $R_{p0.2}$ /MPa	伸长率/%				维氏硬度 HV_5 不小于
牌号	代号	代号	材料号尾数	圆形直径	扁形 厚度	扁形 宽度			$\delta(L_0=200mm)$	$\delta(L_0=100mm)$	δ_{10}	δ_5	
				mm					不小于				
OF-Cu	2.0040	F21	.10				210~270	≤150	30	33	35	—	40~65
SE-Cu	2.0070												
CuAg0.03	2.1201	F21	.10	>3~8	>3	所有	210~260	≤100	—	35	36	38	40~65
CuAg0.1	2.1203	F27	.24	—	>1	—	270~330	≥150	—	6	—	—	75
CuAg0.1P	2.1191	F27	.24	>1	—	所有	270~330	≥120	—	6	8	—	75
		F31	.26	>1	—	—	310~370	≥250	1	1	2	—	85
		F31	.26	—	>1	所有	310~370	≥250	1	2	3	—	85
		F37	.30	≤1.5	≤1.5	≤30	≥360	≥320	1	1	2	—	—
		F37	.30	>1.5~3	>1.5~3	≤30	≥360	≥320	1	2	3	—	95
		F37	.30	>3~6	>3~6	≤12	≥360	≥320	—	3	5	7	95

表 6-269　　绕线用铜线的力学性能[DIN 40500(4)—1973]

材料		强度状态		尺寸			抗拉强度 R_m MPa	0.2%屈服强度 $R_{p0.2}$ MPa	伸长率,%				维氏硬度 HV_5 不小于
牌号	代号	代号	材料号尾数	圆形直径	扁形 厚度	扁形 宽度			$\delta(L_0=200mm)$	$\delta(L_0=100mm)$	δ_{10}	δ_5	
				mm					不小于				
		F20	.19	0.03~0.05	—	—	200~290	≤180	11	—	—	—	—
		F20	.19	>0.05~0.08	—	—	200~290	≤180	15	—	—	—	—
		F20	.19	>0.08~0.1	—	—	200~280	≤180	17	—	—	—	—
		F20	.19	>0.1~0.16	—	—	200~280	≤180	20	—	—	—	—
		F20	.19	>0.16~0.2	—	—	200~280	≤150	22	—	—	—	—
		F20	.19	>0.2~0.315	—	—	200~280	≤150	24	—	—	—	—
		F20	.19	>0.315~0.5	—	—	200~270	≤150	26	—	—	—	—
E-Cu58	2.0065	F20	.19	>0.5~0.9	—	—	200~270	≤150	30	—	—	—	—
OF-Cu	2.0040	F20	.19	>0.9~1.5	>0.9~1.5	所有	200~270	≤150	33	34	36	—	—
		F20	.19	>1.5~3	>1.5~3	所有	200~270	≤100	35	36	37	—	40~65
		F20	.19	>3~8	>3	所有	200~260	≤100	37	38	38	40	40~65
		F26	.29	>1	—	—	260~330	≥150	—	6	—	—	75
		F26	.29	—	>1	所有	260~330	≥120	—	6	8	—	75
		F35	.39	≤1.5	≤1.5	≤30	≥350	≥320	1	1	2	—	—
		F35	.39	>1.5~3	>1.5~3	≤30	≥350	≥320	1	2	3	—	95
		F35	.39	>3~6	>3~6	≤12	≥350	≥320	—	3	5	7	95

注:可以协商确定直径或厚度小于和等于 1.5mm,强度状态 F35 的线材在 280±2℃的盐溶中退火 1min 后必须达到强度状态 F20 的数值,对大于 1.5mm 的线材,其退火条件可另行商定。

表 6-270　　电工用镀锡铜线的性能[DIN 40500(5)—1983]

材料		圆线	扁线		抗拉强度 R_m /MPa	伸长率 $A(L_0=100)$ /%	20℃时的电阻率 /Ω·mm²·m⁻¹			20℃时的电导率 /m·(Ω·mm²)⁻¹		
牌号	代号	直径	厚度	宽度			1级	2～3级	4～5级	1级	2～3级	4～5级
		mm	mm			不小于	不小于			不小于		
		0.05～0.09	—	—		7	0.01852	—	—	54.0	—	—
		>0.09～0.14	—	—	210～290	12						
		>0.14～0.19	—	—		15	0.01802	0.01818	0.01835	55.5	55.0	54.5
		>0.19～0.29	—	—		20						
		>0.29～0.39	—	—		22						
E-Cu58F21 OF-CuF21 SE-CuF21	2.0065.10 2.0040.10 2.0070.10	>0.39～0.49	—	—		24						
		>0.49～0.59	—	—		25						
		>0.59～0.79	—	—	210～270	27	0.01770	0.01786	0.01802	56.5	56.0	55.5
		>0.79～0.99	—	—		28						
		>0.99～1.49	0.5～1.5	所有		30						
		>1.49～2.99	>1.5～3	所有		32						
		>2.99	>3	所有		34						

(19)弹簧用铜及铜合金线

表 6-271　　弹簧用铜合金(退火状态)线的性能

材料			状态	直径 /mm		抗拉强度 $R_m(\sigma_b)$ /MPa	电导率 /m·(Ω·mm²)⁻¹ (约)	标准号
名称	牌号①	代号		>	≤			
铜锌合金	CuZn36F70 (Ms63F70)	2.0335.39	退火	≥0.3	0.8	750～930	15	DIN 17682—1979
				0.8	1.5	700～850		
				1.5	3.0	650～770		
				3.0	—	按协议		
铜锡合金	CuSn6F95 (SnBz6F95) CuSn8F95 (SnBz8F95)	2.1020.39 2.1030.39	退火	0.1	0.3	1050～1230	9	
				0.3	0.8	1000～1180		
				0.8	1.5	950～1100		
				1.5	3.0	900～1020		
				3.0	—	按协议		
铜镍锌合金	CuNi 18Zn20F38 (Ns6218F80)	2.0740.39	退火	≥0.3	0.8	860～1040	3	
				0.8	1.5	830～980		
				1.5	3.0	800～920		
				3.0	—	按协议		

注:①F 及后接数字表示的是直径为 0.8～1.5mm 线材的最小抗拉强度值的 1/10。

表 6-272　　弹簧用低合金化可时效硬化合金铜线的性能

材料 名称	牌号	代号	状态及代号 交货状态 可时效①	最终状态 已时效②	交货状态 已时效③	抗拉强度 $R_m(\sigma_b)$ /MPa	电导率 $/m\cdot(\Omega\cdot mm^2)^{-1}$ 不小于	标准号
铜铍合金	CuBe2	2.1247.40	F42			420～550	9	DIN 17682—1979
		.60		F120		1200～1300	13	
		.55	F65			650～800	9	
		.75		F125		1250～1400	13	
		.56	F80			800～950	8	
		.76		F135		1350～1450	12	
		.57	F95			950～1150	8	
		.97		F140		1400～1550	12	
铜钴铍合金	CuCoBe	2.1285.40	F25			250～370	11	
		.60		F65	F65	650～800	25	
		.56	F50			500～650	12	
		.76		F75	F65	750～900	25	
		.57	F60			600～750	12	
		.97		F80	F65	800～1000	25	

注：①为弹簧成形前线材的交货状态；②参照制造厂说明，由加工者在弹簧成形后进行硬化处理而达到的状态(为成形弹簧的最终状态)；③既是线材的交货状态又是成形弹簧的最终状态。

(20)电阻材料用铜合金

表 6-273　　电阻材料用铜合金的力学性能

材料 名称	牌号	抗拉强度 /MPa 不小于	伸长率 /%(L_0=100mm) 名义直径 /mm >0.02～0.063 (约)	>0.063～0.125 (约)	>0.125～0.5 (约)	>0.5～1 不小于	>1 不小于	标准号
铜镍合金	CuNi2	220	—	15	18	18	25	DIN 17471—1983
	CuNi6	250	—	15	18	18	25	
	CuMn3	290	—	15	20	20	25	
	CuNi10	290	—	15	20	20	25	
铜镍锰合金	CuNi23Mn	350	12	18	20	20	25	
	CuNi30Mn	400	12	18	20	20	25	
铜锰镍合金	CuMn12Ni	390	12	18	20	20	25	
铜镍合金	CuNi44	420	12	18	20	20	25	
铜锰镍铝合金	CuMn12NiAl	400	—	—	18	18	25	
镍铬合金	NiCr8020	650	8	14	18	18	25	
	NiCr6015	600	8	14	18	18	25	
	NiCr20AlSi	1000	8	15	20	20	25	

表 6-274　　电阻用材料的物理性能和电学性能

材料 名称	材料 牌号	电阻温度系数 (20～105℃) /$10^{-6}K^{-1}$	电阻率 /$\Omega \cdot mm^2 \cdot m^{-1}$ 20℃ 名义值	20℃ 偏差/%	100℃ 近似值	200℃ 近似值	300℃ 近似值	400℃ 近似值	500℃ 近似值	标准号
铜镍合金	CuNi2	+1000～+1600	0.05	±10	0.057	0.064	—	—	—	DIN 17471—1983
	CuNi6	+500～+900	0.10	±10	0.107	0.114	0.123	—	—	
铜锰合金	CuMn3	+280～+380	0.125	±10	0.129	0.133	—	—	—	
铜镍合金	CuNi10	+350～+450	0.15	±10	0.156	0.162	0.169	0.175	—	
铜镍锰合金	CuNi23Mn	+220～+280	0.30	±5	0.308	0.315	0.323	0.331	0.339	
	CuNi30Mn	+80～+130	0.40	±5	0.404	0.410	0.417	0.424	0.432	
铜锰镍合金	CuMn12Ni	-10～+10	0.43	±5	0.43	—	—	—	—	
铜镍合金	CuNi44	-80～+130	0.49	±5	0.49	0.49	0.49	0.49	0.49	
铜锰镍铝合金	CuMn 12NiAl	-50～+50	0.50	±5	0.50	0.50	0.50	0.50	0.50	
镍铬合金	NiCr8020	+50～+150	1.08	±5	1.09	1.10	1.12	1.14	1.16	
	NiCr6015	+100～+200	1.11	±5	1.12	1.14	1.16	1.18	1.22	
镍铬铝硅合金	NiCr20AlSi	-50～+50	1.32	±5	1.32	1.32	—	—	—	

(21)铸造铜合金

表 6-275　　铸造铜合金的力学性能　(DIN 1705—1981)(DIN 1714—1981)(DIN 1709—1981)(DIN 1716—1981)

类别	材料牌号	材料编码	屈服强度 $R_{p0.2}$ /MPa	抗拉强度 R_m /MPa	伸长率 A_5 /%	布氏硬度 HB10	密度 /g·cm^{-3}
铸造黄铜	G-CuZn37Pb	2.0340.02	90	280	20	70	8.5
	G-CuZn5Si4	2.0492.01	230	400	10	100	8.6
	G-CuZn38Al	2.0591.02	130	380	20	75	8.5
	G-CuZn35Al1	2.0591.01	170	450	20	110	8.6
	G-CuZn25Al5	2.0598.01	450	750	8	180	8.2
铸造青铜	G-CuSn10Zn	2.1086.01	130	260	15	75	8.7
	G-CuSn7ZnPb	2.1090.01	120	240	15	65	8.8
	G-CuSn5ZnPb	2.1096.01	90	220	16	60	8.7
	G-CuSn2ZnPb	2.1098.01	90	210	18	60	8.7
	G-CuPb5Sn	2.1170.01	130	240	15	70	8.7
	G-CuPb10Sn	2.1176.01	80	180	8	65	9.0
	G-CuPb15Sn	2.1182.01	90	180	8	60	9.1
	G-CuPb20Sn	2.1188.01	90	160	6	50	9.3
	G-CuPb22Sn	2.1166.09				30	9.5
	G-CuAl10Fe	2.0940.01	180	500	15	115	7.5
	G-CuAl10Ni	2.0975.01	270	600	12	140	7.6
	G-CuAl8Mn	2.0962.01	180	440	18	105	7.5
铸造镍铜	G-CuNi10	2.0815.01	150	310	18	100	—
	G-CuNi30	2.0835.01	230	440	18	115	—

注：1. 铸造合金 F-CuZn37Pb 的力学性能值为金属型铸件值；

2. 对于离心铸造和连续铸锭 G-CuSn7ZnPb 的 Sn 含量最低为 5.6%，布氏硬度值系用 2.5mm 直径的钢球测量 G-CuZn35Al1用于承受严重腐蚀作用(如船舶螺旋桨、海水中的装置等)时，Ni 含量最高允许达 6%。

(22)铸造铝青铜合金

表 6-276 铸造铝青铜合金的力学性能及物理性能(DIN 1714—1981)

性能	温度/℃	铸造合金				
		C-CuAl10Fe	G-CuAl9Ni	G-CuAl10Ni	G-CuAl11Ni	G-CuAl8Mn
屈服强度 $\sigma_{0.2}$ $R_{p0.2}$ /MPa	20	180	220	270	320	180
	150	177	219	265	315	—
	200	175	218	260	313	—
	250	173	218	258	312	—
	300	172	217	254	310	—
抗拉强度 R_m /MPa	20	500	500	600	680	440
	150	440	458	485	600	—
	200	415	440	430	570	—
	250	395	425	395	545	—
	300	370	410	350	520	—
伸长率 A_5 /%	20	15	20	12	5	18
	150	14	19	7	2	—
	200	14	18	5	1	—
	250	14	17	—	—	—
	300	13	17	—	—	—
抗剪强度 /MPa	20	265	265	310	330	235
应力变化 10^8 时的交变弯曲强度 R_{bw}/MPa	20	±210	±150	±185	±205	—
0.1%10000h 蠕变极限 /MPa	20	—	—	—	—	—
	150	—	—	—	—	—
	200	130	—	186	198	—
	250	—	—	—	—	—
	300	37	—	64	74	—
弹性模量 /GPa	20	110～116	110～125	110～128	110～128	110～112
20～200℃的平均线胀率 /$10^{-6}K^{-1}$		16～17	17～19	17～19	17～19	18
导热率 /W·(m·K)$^{-1}$		55	60	60	60	50
导电率 /m·(Ω·mm^2)$^{-1}$		5～8	6～8	4～6	2～5	2～4
导磁率 100 (H=80A/cm)		1.3	1.01～1.5	1.4～2.0	1.2～1.5	1.001～1.05
收缩率 /%		1.5～2	1.5～2	1.75～2	1.75～2	1.5～2
		根据铸件的类别偏上或偏下				
熔化范围 /℃		1040～1060	980～1000	1020～1040	1030～1040	1030～1050

6.6.3 铜合金的物理性能

表 6-277　　铜镍合金软化退火状态的电阻性能

材料牌号	电阻温度系数（20～105℃）/10^{-6}·$℃^{-1}$	电阻率/Ω·mm^2·m^{-1}						
		20℃		100℃	200℃	300℃	400℃	500℃
		名义值	允许偏差/%	近似值				
CuNi2	+1000～+1600	0.05	±10	0.057	0.064	—	—	—
CuNi6	+500～+900	0.10	10	0.107	0.114	0.123	—	—
CuMn3	+280～+380	0.125	±10	0.129	0.133	—	—	—
CuNi10	+350～+450	0.15	±10	0.156	0.162	0.169	0.175	—
CuNi23Mn	+220～+280	0.30	±5	0.308	0.315	0.323	0.331	0.339
CuNi30Mn	+80～+130	0.40	±5	0.404	0.410	0.417	0.424	0.432
CuMn12Ni	−10～+10①	0.43	±5	0.43	—	—	—	—
CuNi44	−80～+40	0.49	±5	0.49	0.49	0.49	0.49	0.49
CuMn12NiAl	−50～+50	0.50	±5	0.50	0.50	0.50	0.50	0.50
NiCr8020②	+50～+150	1.08	±5	1.09	1.10	1.12	1.14	1.16
NiCr6015②	+100～+200	1.11	±5	1.12	1.14	1.16	1.18	1.22
NiCr20AlSi	−50～+50②	1.32	±5	1.32	1.32	—	—	—

注：①CuMn12Ni 的电阻温度系数只适用于 20～50℃。电阻温度曲线为抛物线形，最大值在+20～+40℃温度范围内；②这些值适用于快速冷却后的状态；③用作精密电阻时，根据协议温度系数应调到±10×10^{-6}/℃。

表 6-278　　铜镍合金的物理性能(近似值)

材料牌号	密度/g·cm^{-3}（20℃时）	熔点/℃	比热容/J·(kg·K)$^{-1}$（20℃时）	热导率/W·(m·K)$^{-1}$（20℃时）	平均线胀系数/$10^{-6}K^{-1}$		对铜的热电动势/μV·$℃^{-1}$（20℃时）
					20～100℃	20～400℃	
CuNi2	8.9	1090	380	130	16.5	17.5	−15
CuNi6	8.9	1095	380	92	16	17.5	−20
CuMn3	8.8	1050	390	84	15.5	18	+1
CuNi10	8.9	1100	380	59	16	17.5	−25
CuNi23Mn	8.9	1150	370	33	16	17.5	−30
CuNi30Mn	8.8	1180	400	25	14.5	16	−25
CuMn12Ni	8.4	960	410	22	18	19.5	−0.6
CuNi14	8.9	1280	410	23	13.5	15	−40
CuMn12NiAl	8.2	1000	410	22	17.5	19	−2
NiCr8020	8.3	1400	420	15	13	15	+4
NiCr6015	8.2	1390	460	13	13.5	15	+1
NiCr20AlSi	8.0	1400	460	14	14	15	+1

表 6-279 常用铜合金的物理性能

材料牌号	材料编码	密 度 /g·cm^{-3}	比热容 /J·(kg·K)$^{-1}$	热导率 /W·(m·K)$^{-1}$	电阻率 /Ω·mm^2·m^{-1}	20～100℃线胀系数 /10^{-6}K^{-1}	20℃时的弹性模量 /GPa
SE-Cu	2.0070	8.9	380	394	0.045	18.0	123
SF-Cu	2.0090	8.9	380	310	0.022	17.7	123
SB-Cu (CuAsp)	2.1491	8.9	380	170	0.017	17.7	123
CuZn10	2.0230	8.8					
CuZn28Sn	2.0470	8.55	390	109	0.07	20	103
CuZn20Al	2.0460	8.3	400	100	0.08	19	103
CuAl5As	2.0918	8.2	—	110	100	18	125
CuMn2	2.1363	8.8	500	126	0.05	17.5	125
CuSn2	2.1010	8.9	—	169	0.055	17	120
CuNi5Fe	2.0862	8.9	370	63	0.12	17	135
CuNi10Fe	2.0872	8.9	370	50	0.17	17	138
CuNi30Fe	2.0882	8.9	370	30	0.37	16	155
SW-Cu	2.0076	8.9	380	356	0.019	17.7	123
CuZn39Pb0.5	2.0372	8.4	400	120	0.067	21	98
CuZn39Sn	2.0530	8.4	400	115	0.067	22	103
CuAl8Fe	2.0932	7.7	430	65	0.144	17.1	120
CuAl10Ni	2.0966	7.5	430	38	0.222	16.8	127
CuNi30Fe2Mn2	—	8.86	—	25	0.50	—	156

6.6.4 铜及铜合金的特性及用途

表 6-280 铜及铜合金的特性及用途

合金牌号	特 性 及 用 途
KE-Cu	导电性良好，在需要高导电性能的情况下，做良导体来使用
E1-Cu58	电解精炼含氧铜，软态导电率应不小于 58.0m/(Ω·mm^2)。用于半成品和铸件加工
E2-Cu58	火精炼含氧铜，软态导电率应不小于 58.0m/(Ω·mm^2)。用于线材及铸件加工
E-Cu57	含氧铜，其导电率应不小于 57.0m/(Ω·mm^2)。无可焊性与铜焊性能要求。用于半成品及铸件加工
SE-Cu	磷含量低，并具有高导电性的脱氧铜。用于加工有高导电性、良好的可焊性、铜焊性、抗氢性，并对变形有严格要求的半成品
CuNi2 CuNi6	电阻率低，可软焊。适用于做接线柱、低阻值电阻器、电热丝、电阻丝等
CuMn3	温度系数较小时，电阻率甚低，可软焊。适用于小负载的低阻值电阻器
CuNi10	电阻率较低，耐腐蚀性、耐氧化性能好，可软焊。用途同 CuNi2、CuNi6
CuNi23Mn	耐腐蚀性、耐氧化性能好，可软焊。宜用于电阻器、电热丝
CuNi30Mn	耐腐蚀性、耐氧化性能好，可软焊。用于制造电阻器、起动器、报警器等元件

续表

合金牌号	特性与用途
CuMn12Ni	温度系数特别小，对铜的热电动势小，电阻值稳定，可软焊。可用来制造精密电阻器、测量电阻器、标准电阻器
CuNi44	温度系数小，耐氧化，对铜的热电动势高，可软焊。可用于制造各种电阻器、电位器、热电偶
CuMn12NiAl	温度系数小，可软焊。用于制造电阻器
NiCr8020 NiCr6015	电阻率高，耐腐蚀性能，耐氧化性能好。无铁磁性，温度系数高。可用来制造高阻值电阻器、热敏电阻器
NiCr20AlSi	电阻率高，温度系数较小，对铜的热电动势较小。强度高，无铁磁性。特别适用于制造高阻值的精密测量电阻器
G-CuZn37Pb	适用于铸造一般机械、电工、光学仪器的压铸零件
G-CuZn15Si4	强度高。适用于铸造一般机械、造船、电工等承受高负荷的薄壁复杂铸件
G-CuZn38Al	适用于承受静态负荷的构件、调节阀、支座等铸造零件
G-CuZn35Al1	铸件强度高。适用于铸造轧机、螺旋压力机的压紧螺母，以及套筒、填料箱、船舶螺旋桨等构件
G-CuZn25Al5	适用于受静态负荷构件。如高负荷低转速轴承、高负荷低转速蜗轮齿条等
G-CuSn7ZnPb	中等强度，耐磨性好。适用于做滑动轮轴瓦、轴承、衬套、摩擦块、滑动轴承轴瓦
G-CuSn5ZnPb	强度中等，工作温度可达 225℃左右。适合一般负荷的泵外壳和薄壁形状复杂的铸件
G-CuSn2ZnPb	使用温度达 225℃左右。主要用于薄壁铸件(壁厚 12mm 以下)
G-CuPb5Sn	主要耐腐蚀性好。适于铸造耐腐蚀、腐酸的零部件
G-CuPb10Sn	强度高，耐磨性好。主要用于表面受压力高的滑动轴承、热轧机轴承、内燃机复合轴承、活塞销套等
G-CuPb15Sn	强度高，耐磨性好。主要用于表面受压力高的滑动轴承、热轧机轴承、内燃机复合轴承、活塞销套等
G-CuPb20Sn	强度高，耐磨性好。主要用于高速滑动轴承、内燃机复合轴承
G-CuPb22Sn	主要用于制造内燃机的高负荷复合轴承
G-CuAl10Fe	强度高，能承受高负荷。适用于制造受机械应力的部件。如套筒、手柄、纺织和汽车工业中的圆锥齿轮、行星齿轮等
G-CuAl10Ni	耐腐蚀性好，主要用来制造耐腐蚀的水轮机转子，可调螺距螺旋桨、尾轴套、法兰盘
G-CuAl8Mn	耐腐蚀性好，有低的磁性。可用以制造船舶螺旋桨、轴套、冷却器、热交换器、转子等
G-CuNi10 G-CuNi30	有良好的耐腐蚀性能(如对井水、海水、废水等)。对应力裂纹腐蚀不敏感。Si、Nb 比例合适时，有良好的可焊性。加工性良好，适合厚焊和软焊。用于铸造船舶、造纸机械、饮食业、发电设备、化工等方面所需的零件。如电枢、泵、测量仪表等

6.7 日本铜及铜合金

6.7.1 铜及铜合金牌号和化学成分

表 6-281 铜及铜合金板材和带材的化学成分(JIS H 3100—1992)

合金代号	化学成分/%									
	Cu	Pb	Fe	Sn	Zn	Al	Mn	Ni	P	其他
C1020	≥99.96	—	—	—	—	—	—	—	—	—
C1100	≥99.90	—	—	—	—	—	—	—	—	—
C1201	≥99.90	—	—	—	—	—	—	—	≥0.004 <0.015	—
C1220	≥99.90	—	—	—	—	—	—	—	0.015～0.040	—
C1221	≥99.75	—	—	—	—	—	—	—	0.004～0.040	—
C2100	94.0～96.0	≤0.05	≤0.05	—	余量	—	—	—	—	—
C2200	89.0～91.0	≤0.05	≤0.05	—	余量	—	—	—	—	—
C2300	84.0～86.0	≤0.05	≤0.05	—	余量	—	—	—	—	—
C2400	78.5～81.5	≤0.05	≤0.05	—	余量	—	—	—	—	—
C2600	68.5～71.5	≤0.05	≤0.05	—	余量	—	—	—	—	—
C2680	64.0～68.0	≤0.05	≤0.05	—	余量	—	—	—	—	—
C2720	62.0～64.0	≤0.07	≤0.07	—	余量	—	—	—	—	—
C2801	59.0～62.0	≤0.10	≤0.07	—	余量	—	—	—	—	—
C3560	61.0～64.0	2.0～3.0	≤0.10	—	余量	—	—	—	—	—
C3561	57.0～61.0	2.0～3.0	≤0.10	—	余量	—	—	—	—	—
C3710	58.0～62.0	0.6～1.2	≤0.10	—	余量	—	—	—	—	—
C3713	58.0～62.0	1.0～1.2	≤0.10	—	余量	—	—	—	—	—
C4250	87.0～90.0	≤0.05	≤0.05	1.5～3.0	余量	—	—	—	≤0.35	—
C4430	70.0～73.0	≤0.05	≤0.05	0.9～1.2	余量	—	—	—	—	As 0.02～0.06
C4621	61.0～64.0	≤0.20	≤0.10	0.7～1.5	余量	—	—	—	—	—

续表

合金代号	化学成分/%								
	Cu	Pb	Fe	Sn	Zn	Al	Mn	Ni	P	其他
C4640	59.0~62.0	≤0.20	≤0.10	0.50~1.0	余量	—		—	—	—
C6140	88.0~92.5	≤0.01	1.5~3.5	—	≤0.20	6.0~8.0	≤1.0	—	≤0.015	Cu+Pb+Fe+Zn+Mn+Al+P≥99.5
C6161	83.0~90.0	—	2.0~4.0	—	—	7.0~10.0	0.50~2.0	0.5~2.0	—	Cu+Al+Fe+Ni+Mn≥99.5
C6280	78.0~85.0	—	1.5~3.5	—	—	8.0~11.0	0.50~2.0	4.0~7.0	—	Cu+Al+Fe+Ni+Mn≥99.5
C6301	77.0~84.0	—	3.5~6.0	—	—	8.5~10.5	0.50~2.0	4.0~6.0	—	Cu+Al+Fe+Ni+Mn≥99.5
C7060		≤0.05	1.0~1.8	—	≤0.50	—	0.20~1.0	9.0~11.0	—	Cu+Ni+Fe+Nn≥99.5
C7150		≤0.05	0.40~1.0	—	≤0.50	—	0.20~1.0	29.0~33.0	—	Cu+Ni+Fe+Mn≥99.5
C1401	≥99.30	—	—	—	—	—	—	0.10~0.20	—	—
C2051	98.0~99.0	≤0.05	≤0.05	—	余量	—	—	—	—	—
C6711	61.0~65.0	0.10~1.0	—	0.7~1.5	余量	—	0.05~1.0	—	—	Fe+Al+Si≤1.0
C6712	58.0~62.0	0.10~1.0	—	—	余量	—	0.05~1.0	—	—	Fe+Al+Si≤1.0

表 6-282　　磷青铜及锌白铜板材的化学成分(JIS H 3110—1992)

合金代号	化学成分/%								
	Cu	Pb①	Fe	Sn	Zn	Mn	Ni②	P	Cu+Sn+P
C5111	—	—	—	3.5~4.5	—	—	—	0.03~0.35	≥99.5
C5102	—	—	—	4.5~5.5	—	—	—	0.03~0.35	≥99.5
C5191	—	—	—	5.5~7.0	—	—	—	0.03~0.35	≥99.5
C5212	—	—	—	7.0~9.0	—	—	—	0.03~0.35	≥99.5
C7351	70.0~75.0	≤0.10	≤0.25	—	余量	0~0.50	16.5~19.5	—	—
C7451	63.0~67.0	≤0.10	≤0.25	—	余量	0~0.50	8.5~11.0	—	—
C7521	62.0~66.0	≤0.10	≤0.25	—	余量	0~0.50	16.5~19.5	—	—
C7541	60.0~64.0	≤0.10	≤0.25	—	余量	0~0.50	12.5~15.5	—	—

注:①Pb的分析试验只限于需方有要求时进行;②合金中的Co作为Ni对待。

表 6-283 弹簧用铍青铜、磷青铜及锌白铜板和带的化学成分(JIS H 3130—1992)

合金代号	化学成分/%												
	Cu	Pb	Fe	Sn	Zn	Be	Mn	Ni①	Ni+Co	Ni+Co+Fe	P	Cu+Sn+P	Cu+Be+Ni+Co+Fe
C1700	—	—	—	—	—	1.60～1.79	—	—	≥0.20	≤0.6	—	—	≥99.5
C1720	—	—	—	—	—	1.80～2.00	—	—	≥0.20	≤0.6	—	—	≥99.5
C5210	—	≤0.05	≤0.10	7.0～9.0	≤0.20	—	—	—	—	—	0.03～0.35	≥99.7	—
C7701	54.0～58.0	≤0.10	≤0.25	—	余量	—	0～0.50	16.5～19.5	—	—	—	—	—

注:①C7701 中的 Co 作为 Ni 对待。

表 6-284 板、带的化学成分(JIS H 3510—1992)

合金代号	化学成分/%										
	Cu	Pb	Zn	Bi	Cd	Hg	O	P	S	Se	Te
C1011	≥99.99	≤0.001	≤0.0001	≤0.001	≤0.0001	≤0.0001	≤0.001	≤0.0003	≤0.0018	≤0.001	≤0.001

表 6-285 铜及铜合金无缝管的化学成分(JIS H 3300—1992)

合金代号	化学成分/%											
	Cu	Pb	Fe	Sn	Zn	Al	AS	Mn	Ni	P	Si	Cu+Ni+Fe+Mn
C1020	≥99.96	—	—	—	—	—	—	—	—	—	—	—
C1100	≥99.90	—	—	—	—	—	—	—	—	—	—	—
C1201	≥99.90	—	—	—	—	—	—	—	—	≥0.004 <0.015	—	—
C1220	≥99.90	—	—	—	—	—	—	—	—	0.015～0.040	—	—
C2200	89.0～91.0	≤0.05	≤0.05	—	余量	—	—	—	—	—	—	—
C2300	84.0～86.0	≤0.05	≤0.05	—	余量	—	—	—	—	—	—	—
C2600	68.5～71.5	≤0.05	≤0.05	—	余量	—	—	—	—	—	—	—
C2700	63.0～67.0	≤0.05	≤0.05	—	余量	—	—	—	—	—	—	—
C7060	—	≤0.05	1.0～1.8	—	≤0.50	—	—	0.20～1.0	9.0～11.0	—	—	≥99.5
C7100	—	≤0.05	0.5～1.0	—	≤0.50	—	—	0.2～1.0	19.0～23.0	—	—	≥99.5
C7150	—	≤0.05	0.4～1.0	—	≤0.50	—	—	0.2～1.0	29.0～33.0	—	—	≥99.5
C2800	59.0～63.0	≤0.10	≤0.07	—	余量	—	—	—	—	—	—	—
C4430	70.0～73.0	≤0.05	≤0.05	0.9～1.2	余量	—	0.02～0.06	—	—	—	—	—
C6870	76.0～79.0	≤0.05	≤0.05	—	余量	1.8～2.5	0.02～0.06	—	—	—	—	—
C6871	76.0～79.0	≤0.05	≤0.05	—	余量	1.8～2.5	0.02～0.06	—	—	—	0.20～0.50	—
C6872	76.0～79.0	≤0.05	≤0.05	—	余量	1.8～2.5	0.02～0.06	—	0.20～1.0	—	—	—
C7164	—	≤0.05	1.7～2.3	—	≤0.50	—	—	1.5～2.5	29.0～32.0	—	—	≥99.5

表 6-286　　铜及铜合金焊接管的化学成分(JIS H 3320—1992)

合金代号	化学成分/%								
	Cu	Pb	Fe	Sn	Zn	Mn	Ni	P	其他
C1220	≥99.00	—	—	—	—	—	—	0.015~0.040	—
C2600	68.5~71.5	≤0.05	≤0.05	—	余量	—	—	—	—
C2680	64.0~68.0	≤0.07	≤0.05	—	余量	—	—	—	—
C4430	70.0~73.0	≤0.05	≤0.05	0.9~1.2	余量	—	—	—	As 0.02~0.06
C7060	—	≤0.05	1.0~1.8	—	≤0.50	0.20~1.0	9.0~11.0	—	Cu+Ni+Fe+Mn≥99.5
C7150	—	≤0.05	0.40~1.0	—	≤0.50	0.20~1.0	29.0~33.0	—	Cu+Ni+Fe+Mn≥99.5

表 6-287　　铜及铜合金棒材的化学成分(JIS H 3250—1992)

合金代号	化学成分/%									
	Cu	Pb	Fe	Sn	Zn	Al	Mn	Ni	P	Cu+Al+Fe+Mn+Ni
C1020	≥99.96	—	—	—	—	—	—	—	—	—
C1100	≥99.90	—	—	—	—	—	—	—	—	—
C1201	≥99.90	—	—	—	—	—	—	—	≥0.004<0.015	—
C1220	≥99.90	—	—	—	—	—	—	—	0.015~0.040	—
C2600	68.5~71.5	≤0.05	≤0.05	—	余量	—	—	—	—	—
C2700	63.0~67.0	≤0.05	≤0.05	—	余量	—	—	—	—	—
C2800	59.0~63.0	≤0.10	≤0.07	—	余量	—	—	—	—	—
C3601	59.0~63.0	1.8~3.7	≤0.30	Fe+Sn≤0.50	余量	—	—	—	—	—
C3602	59.0~63.0	1.8~3.7	≤0.50	Fe+Sn≤1.2	余量	—	—	—	—	—
C3603	57.0~61.0	1.8~3.7	≤0.35	Fe+Sn≤0.6	余量	—	—	—	—	—
C3604	57.0~61.0	1.8~3.7	≤0.50	Fe+Sn≤1.2	余量	—	—	—	—	—
C3605	56.0~60.0	3.5~4.5	≤0.50	Fe+Sn≤1.2	余量	—	—	—	—	—
C3712	58.0~62.0	0.25~1.2	Fe+Sn≤0.8		余量	—	—	—	—	—
C3771	57.0~61.0	1.0~2.5	Fe+Sn≤1.0		余量	—	—	—	—	—
C4622	61.0~64.0	≤0.30	≤0.20	0.7~1.5	余量	—	—	—	—	—
C4641	59.0~62.0	≤0.50	≤0.20	0.50~1.0	余量	—	—	—	—	—
C6161	83.0~90.0	—	2.0~4.0	—	—	7.0~10.0	0.50~2.0	0.50~2.0	—	≥96.5
C6191	81.0~88.0	—	3.0~5.0	—	—	8.5~11.0	0.50~2.0	0.50~2.0	—	≥99.5
C6241	80.0~87.0	—	3.0~5.0	—	—	9.0~12.0	0.50~2.0	0.50~2.0	—	≥99.5
C6782	56.0~60.5	≤0.50	0.10~1.0	—	余量	0.20~2.0	0.50~2.5	—	—	—
C6783	55.0~59.0	≤0.50	0.20~1.5	—	余量	0.20~2.0	1.0~3.0	—	—	—

表 6-288 铜及铜合金线材的化学成分(JIS H 3260—1992)

合金代号	化学成分/%					
	Cu	Pb	Fe	Zn	P	Fe+Sn
C1100	≥99.90	—	—	—	—	—
C1201	≥99.90	—	—	—	≥0.004 <0.015	—
C1220	≥99.90	—	—	—	0.015～0.040	—
C2100	94.0～96.0	≤0.05	≤0.05	余量	—	—
C2200	89.0～91.0	≤0.05	≤0.05	余量	—	—
C2300	84.0～86.0	≤0.05	≤0.05	余量	—	—
C2400	78.5～81.5	≤0.05	≤0.05	余量	—	—
C2600	68.6～71.5	≤0.05	≤0.05	余量	—	—
C2700	63.0～67.0	≤0.05	≤0.05	余量	—	—
C2720	62.0～64.0	≤0.07	≤0.07	余量	—	—
C2800	59.0～63.0	≤0.10	≤0.07	余量	—	—
C3501	60.0～64.0	0.7～1.7	≤0.20	余量	—	≤0.40
C3601	59.0～63.0	1.8～3.7	≤0.30	余量	—	≤0.50
C3602	59.0～63.0	1.8～3.7	≤0.50	余量	—	≤1.2
C3603	57.0～61.0	1.8～3.7	≤0.35	余量	—	≤0.6
C3604	57.0～61.0	1.8～3.7	≤0.50	余量	—	≤1.2

表 6-289 铍青铜、磷青铜及锌白铜棒和线材的化学成分(JIS H 3270—1992)

合金代号	化学成分/%											
	Cu	Pb	Fe	Sn	Zn	Be	Mn	Ni①	Ni+Co	Ni+Co+Fe	P	Cu+Sn+P	Cu+Be+Ni+Co+Fe
C1720	—	—	—	—	—	1.80～2.00	—	—	≥0.20	≤0.6	—	—	≥99.5
C5111	—	—	—	3.5～4.5	—	—	—	—	—	—	0.03～0.35	≥99.5	—
C5102	—	—	—	4.5～5.5	—	—	—	—	—	—	0.03～0.35	≥99.5	—
C5191	—	—	—	5.5～7.0	—	—	—	—	—	—	0.03～0.35	≥99.5	—
C5212	—	—	—	7.0～9.0	—	—	—	—	—	—	0.03～0.35	≥99.5	—
C5341	—	0.8～1.5	—	3.5～5.8	—	—	—	—	—	—	0.03～0.35	≥99.5②	—
C5441	—	3.5～4.5	—	3.0～4.5	1.5～4.5	—	—	—	—	—	0.01～0.50	≥99.5②	—
C7451	63.0～67.0	≤0.10④	≤0.25	—	余量	—	0～0.50	8.5～11.0	—	—	—	—	—
C7521	62.0～66.0	≤0.10④	≤0.25	—	余量	—	0～0.50	16.5～19.5	—	—	—	—	—
C7541	60.0～64.0	≤0.10④	≤0.25	—	余量	—	0～0.50	12.5～15.5	—	—	—	—	—
C7701	54.0～58.0	≤0.10④	≤0.25	—	余量	—	0～0.50	16.5～19.5	—	—	—	—	—
C7941	60.0～64.0	0.8～1.8	≤0.25	—	余量	—	0～0.50	16.5～19.5	—	—	—	—	—

注:①合金中的Co作为Ni处理;②是Cu+Sn+Pb+P的总量;③是Cu+Sn+Pb+Zn+P的总量;④Pb的分析试验仅限于需方有要求时才做。

表 6-290　　黄铜铸件的化学成分(JIS H 5101—1988)

种类	合金牌号	化学成分/%						
		Cu	Zn	Pb	Sn	Al	Fe	Ni
1种	YBSC1	83.0～88.0	11.0～17.0	<0.5	<0.1	<0.2	<0.2	<0.2
2种	YBSC2	65.0～70.0	24.0～34.0	0.5～3.0	<1.0	<0.5	<0.8	<1.0
3种	YBSC3	58.0～64.0	30.0～41.0	0.5～3.0	<1.0	<0.5	<0.8	<1.0

表 6-291　　高强度黄铜铸件的化学成分(JIS H 5102—1988)

种类	化学成分/%								
	Cu	Zn	Mn	Fe	Al	Sn	Ni	Pb	Si
1种 1种C	55.0～60.0	33.0～42.0	0.1～1.5	0.5～1.5	0.5～1.5	<1.0	<1.0	<0.4	<0.1
2种 2种C	55.0～60.0	30.0～42.0	0.1～3.5	0.5～2.0	0.5～2.0	<1.0	<1.0	<0.4	<0.1
3种 3种C	60.0～65.0	22.0～28.0	2.5～5.0	2.0～4.0	3.0～5.0	<0.5	<0.5	<0.2	<0.1
4种 4种C	60.0～65.0	22.0～28.0	2.5～5.0	2.0～4.0	5.0～7.5	<0.2	<0.5	<0.2	<0.1

表 6-292　　青铜铸件的化学成分(JIS H 5111—1988)

种类	化学成分/%									
	Cu	Sn	Zn	Pb	Ni	Fe	P	Sb	Al	Si
1种 1种C	79.0～83.0	2.0～4.0	8.0～12.0	3.0～7.0	<1.0	<0.35	<0.05 <0.5	<0.2	<0.01	<0.01
2种 2种C	86.0～90.0	7.0～9.0	3.0～5.0	小于1.0	<1.0	<0.2	<0.05 <0.5	<0.2	<0.01	<0.01
3种 3种C	86.5～89.5	9.0～11.0	1.0～3.0	小于1.0	<1.0	<0.2	<0.05 <0.5	<0.2	<0.01	<0.01
6种 6种C	82.0～87.0	4.0～6.0	4.0～6.0	4.0～6.0	<1.0	<0.3	<0.05 <0.5	<0.2	<0.01	<0.01
7种 7种C	86.0～90.0	5.0～7.0	3.0～5.0	1.0～3.0	<1.0	<0.2	<0.05 <0.5	<0.2	<0.01	<0.01

表 6-293　　青铜铸件的化学成分(JIS H 5112—1988)

种类	牌号	化学成分/%						
		Cu	Si	Zn	Mn	Fe	Pb	Al
1种	SzBC1	84.0～88.0	3.5～4.5	9.0～11.0	—	—		＜0.5
2种	SzBC2	78.5～82.5	4.0～5.0	14.0～16.0	—	—		＜0.3
3种	SzBC3	80.0～84.0	3.2～4.2	13.0～15.0	＜0.2	＜0.3	＜0.2	＜0.3

表 6-294　　磷青铜铸件的化学成分(JIS H 5113—1988)

种类	化学成分/%									
	Cu	Sn	P	Ni	Zn	Pb	Fe	Sb	Al	Si
2种			0.05～0.20							
2种B	87.0～91.0	9.0～12.0	0.15～0.50	＜1.0	＜0.3	＜0.3	＜0.2	＜0.05	＜0.01	＜0.01
2种C			0.50～0.50							
3种B 3种C	84.0～88.0	12.0～15.0	0.15～0.50 0.05～0.50	＜1.0	＜0.3	＜0.3	＜0.2	＜0.05	＜0.01	＜0.01

表 6-295　　铝青铜铸件的化学成分(JIS H 5114—1988)

种类	化学成分/%							
	Cu	Al	Fe	Ni	Mn	Sn	Zn	Pb
1种	大于85	8.0～10.0	1.0～4.0	0.1～1.0	0.1～1.0	＜0.1	＜0.5	＜0.1
2种 2种C	大于78	8.0～10.5	2.5～5.0	1.0～3.0	0.1～1.5	＜0.1	＜0.5	＜0.1
3种	大于78	8.5～10.5	3.0～6.0	3.0～6.0	0.1～1.5	＜0.1	＜0.5	＜0.1
4种	大于71	6.0～9.0	2.0～5.0	1.0～4.0	7.0～15.0	＜0.1	＜0.5	＜0.1

表 6-296　　铅青铜铸件的化学成分(JIS H 5115—1988)

种类	化学成分/%									
	Cu	Sn	Pb	Ni	Zn	Fe	Sb	P	Al	Si
2种	82.0～86.0	9.0～11.0	4.0～6.0	＜1.0	＜1.0	＜0.3	＜0.3	＜0.01	＜0.01	＜0.01
3种 3种C	77.0～81.0	9.0～11.0	9.0～11.0	＜1.0	＜1.0	＜0.3	＜0.5	＜0.1 ＜0.5	＜0.01	＜0.01
4种 4种C	74.0～78.0	7.0～9.0	14.0～16.0	＜1.0	＜1.0	＜0.3	＜0.5	＜0.1 ＜0.5	＜0.01	＜0.01
5种 5种C	70.0～76.0	6.0～8.0	16.0～22.0	＜1.0	＜1.0	＜0.3	＜0.5	＜0.1 ＜0.5	＜0.01	＜0.01

6.7.2 铜及铜合金的力学性能

表 6-297 铜及铜合金板和带的力学性能(JIS H 3100—1992)

合金代号	材料状态	合金标记	拉力试验			弯曲试验			硬度试验	
			厚度/mm	抗拉强度/MPa	伸长率/%	厚度/mm	弯曲角度	内侧半径	厚度/mm	维氏HV(≥0.5)
C1020	O	C1020P-O	≥0.3～≤30	≥195	≥35	≤2	180°	紧密贴合	—	—
		C1020R-O	≥0.3～≤3							
	1/4H	C1020P-1/4H	≥0.3～≤30	215～275	≥25	≤2	180°	厚度的0.5倍	≥0.3	55～100①②
		C1020R-1/4H	≥0.3～≤3							
	1/2H	C1020P-1/2H	≥0.3～≤20	245～315	≥15	≤2	180°	厚度的1倍	≥0.3	75～120①
		C1020R-1/2H	≥0.3～≤3							
	H	C1020P-H	≥0.3～≤10	≥275	—	≤2	180°	厚度的1.5倍	≥0.3	≥80①
		C1020R-H	≥0.3～≤3							
C1100	O	C1100P-O	≥0.5～≤30	≥195	≥35	≤2	180°	紧密贴合	—	—
		C1100R-O	≥0.5～≤3							
	1/4H	C1100P-1/4H	≥0.5～≤30	215～275	≥25	≤2	180°	厚度的0.5倍	≥0.3	55～100①②
		C1100R-1/4H	≥0.5～≤3							
	1/2H	C1100P-1/2H	≥0.5～≤20	245～315	≥15	≤2	180°	厚度的1倍	≥0.3	75～120①
		C1100R-1/2H	≥0.5～≤3							
	H	C1100P-H	≥0.5～≤10	≥275	—	≤2	180°	厚度的1.5倍	≥0.3	≥80①
		C1100R-H	≥0.5～≤3							
C1201 C1220 C1221	O	C1201P-O C1220P-O C1221P-O	≥0.3～≤30	≥195	≥35	≤2	180°	紧密贴合		—
		C1201R-O C1220R-O C1221R-O	≥0.3～≤3							
	1/4H	C1201P-1/4H C1220P-1/4H C1221P-1/4H	≥0.3～≤30	215～275	≥25	≤2	180°	厚度的0.5倍	≥0.3	55～100①②
		C1201P-1/4H C1220P-1/4H C1221P-1/4H	≥0.3～≤3							

续表

合金代号	材料状态	合金标记	拉力试验			弯曲试验			硬度试验	
			厚度/mm	抗拉强度/MPa	伸长率/%	厚度/mm	弯曲角度	内侧半径	厚度/mm	维氏HV(≥0.5)
C1201 C1220 C1221	1/2H	C1201P-1/2H C1220P-1/2H C1221P-1/2H	≥0.3～≤20	245～315	≥15	≤2	180°	厚度的1倍	≥0.3	75～120①
		C1201R-1/2H C1220R-1/2H C1221R-1/2H	≥0.3～≤3							
	H	C1201P-H C1220P-H C1221P-H	≥0.3～≤10	≥275	—	≤2	180°	厚度的1.5倍	≥0.3	≥80①
		C1201R-H C1220R-H C1221R-H	≥0.3～≤3							
C2100	O	C2100P-O	≥0.3～≤30	≥205	≥33	≤2	180°	紧密贴合	—	—
		C2100R-O	≥0.3～≤3							
	1/4H	C2100P-1/4H	≥0.3～≤30	225～305	≥23	≤2	180°	厚度的0.5倍	—	—
		C2100R-1/4H	≥0.3～≤3							
	1/2H	C2100P-1/2H	≥0.3～≤20	265～345	≥18	≤2	180°	厚度的1倍	—	—
		C2100R-1/2H	≥0.3～≤3							
	H	C2100P-H	≥0.3～≤10	≥305	—	≤2	180°	厚度的1.5倍	—	—
		C2100R-H	≥0.3～≤3							
C2200	O	C2200P-O	≥0.3～≤30	≥225	≥35	≤2	180°	紧密贴合	—	—
		C2200R-O	≥0.3～≤3							
	1/4H	C2200P-1/4H	≥0.3～≤30	255～335	≥25	≤2	180°	厚度的0.5倍	—	—
		C2200R-1/4H	≥0.3～≤3							
	1/2H	C2200P-1/2H	≥0.3～≤20	285～365	≥20	≤2	180°	厚度的1倍	—	—
		C2200R-1/2H	≥0.3～≤3							
	H	C2200P-H	≥0.3～≤10	≥335	—	≤2	180°	厚度的1.5倍	—	—
		C2200R-H	≥0.3～≤3							

续表

合金代号	材料状态	合金标记	拉力试验			弯曲试验			硬度试验	
			厚度/mm	抗拉强度/MPa	伸长率/%	厚度/mm	弯曲角度	内侧半径	厚度/mm	维氏HV(≥0.5)
C2300	O	C2300P-O	≥0.3～≤30	≥215	≥10	≤2	180°	紧密贴合	—	—
		C2300R-O	≥0.3～≤3							
	1/4H	C2300P-1/4H	≥0.3～≤30	275～355	≥28	≤2	180°	厚度的0.5倍	—	—
		C2300R-1/4H	≥0.3～≤3							
	1/2H	C2300P-1/2H	≥0.3～≤20	305～385	≥23	≤2	180°	厚度的1倍	—	—
		C2300R-1/2H	≥0.3～≤3							
	H	C2300P-H	≥0.3～≤10	≥355	—	≤2	180°	厚度的1.5倍	—	—
		C2300R-H	≥0.3～≤3							
C2400	O	C2400P-O	≥0.3～≤30	≥255	≥44	≤2	180°	紧密贴合	—	—
		C2400R-O	≥0.3～≤3							
	1/4H	C2400P-1/4H	≥0.3～≤30	295～375	≥30	≤2	180°	厚度的0.5倍	—	—
		C2400R-1/4H	≥0.3～≤3							
	1/2H	C2400P-1/2H	≥0.3～≤20	325～405	≥25	≤2	180°	厚度的1倍	—	—
		C2400P-1/2H	≥0.3～≤3							
	H	C2400P-H	≥0.3～≤10	≥375	—	≤2	180°	厚度的1.5倍	—	—
		C2400R-H	≥0.3～≤3							
C2600	O	C2600P-O	≥0.3～≤1	≥275	≥40	≤2	180°	紧密贴合	—	—
			>1～≤30	≥275	≥50					
		C2600R-O	≥0.3～≤1	≥275	≥40	≤2	180°	紧密贴合	—	—
			>1～≤3	≥275	≥50					
	1/4H	C2600P-1/4H	≥0.3～≤30	325～410	≥35	≤2	180°	厚度的0.5倍	≥0.3	75～125①
		C2600R-1/4H	≥0.3～≤3							
	1/2H	C2600P-1/2H	≥0.3～≤20	355～440	≥28	≤2	180°	厚度的1倍	≥0.3	85～145①
		C2600R-1/2H	≥0.3～≤3							
	H	C2600P-H	≥0.3～≤10	410～510	—	≤2	180°	厚度的1.5倍	≥0.3	105～175①
		C2600P-H	≥0.3～≤3							
	EH	C2600P-EH	≥0.3～≤10	≥520	—	—	—	—	≥0.3	≥145①
		C2600R-EH	≥0.3～≤3							

续表

合金代号	材料状态	合金标记	拉力试验			弯曲试验			硬度试验	
			厚度/mm	抗拉强度/MPa	伸长率/%	厚度/mm	弯曲角度	内侧半径	厚度/mm	维氏HV(≥0.5)
C2680	O	C2680P-O	≥0.3~≤1	≥275	≥40	≤2	180°	紧密贴合	—	—
			>1~≤3	≥275	≥50					
		C2680R-O	≥0.3~≤1	≥275	≥40	≤2	180°	紧密贴合	—	—
			>1~≤3	≥275	≥50					
	1/4H	C2680P-1/4H	≥0.3~≤30	325~410	≥35	≤2	180°	厚度的0.5倍	≥0.3	75~125①
		C2680R-1/4H	≥0.3~≤3							
	1/2H	C2680P-1/2H	≥0.3~≤20	355~440	≥28	≤2	180°	厚度的1倍	≥0.3	85~145①
		C2680R-1/2H	≥0.3~≤3							
	H	C2680P-H	≥0.3~≤10	410~540	—	≤2	180°	厚度的1.5倍	≥0.3	105~175①
		C2680R-H	≥0.3~≤3							
	EH	C2680P-EH	≥0.3~≥10	≥520	—	—	—	—	≥0.3	≥145①
		C2680R-EH	≥0.3~≤3							
C2720	O	C2720P-O	≥0.3~≤1	≥275	≥40	≤2	180°	紧密贴合	—	—
			>1~≤30	≥275	≥50					
		C2720R-O	≥0.3~≤1	≥275	≥40	≤2	180°	紧密贴合	—	—
			>1~≤30	≥275	≥50					
	1/4H	C2720P-1/4H	≥0.3~≤30	325~410	≥35	≤2	180°	厚度的0.5倍	≥0.3	75~125①
		C2720R-1/4H	≥0.3~≤3							
	1/2H	C2720P-1/2H	≥0.3~≤20	355~440	≥28	≤2	180°	厚度的1倍	≥0.3	85~145①
		C2720R-1/2H	≥0.3~≤3							
	H	C2720P-H	≥0.3~≤10	≥410	—	≤2	180°	厚度的1.5倍	≥0.3	≥105①
		C2720R-H	≥0.3~≤3							
C2801	O	C2801P-O	≥0.3~≤1	≥325	≥35	≤2	180°	厚度的1倍	—	—
			>1~≤30	≥325	≥40					
		C2801R-O	≥0.3~≤1	≥325	≥35	≤2	180°	厚度的1倍	—	—
			>1~≤3	≥325	≥40					
	1/4H	C2801P-1/4H	≥0.3~≤30	355~440	≥25	≤2	180°	厚度的1.5倍	≥0.3	85~145①
		C2801R-1/4H	≥0.3~≤3							
	1/2H	C2801P-1/2H	≥0.3~≤20	410~490	≥15	≤2	180°	厚度的1.5倍	≥0.3	105~160①
		C2801R-1/2H	≥0.3~≤3							
	H	C2801P-H	≥0.3~≤10	≥470	—	≤2	180°	厚度的1倍	≥0.3	130①
		C2801R-H	≥0.3~≤3							

续表

合金代号	材料状态	合金标记	拉力试验			弯曲试验			硬度试验	
			厚度/mm	抗拉强度/MPa	伸长率/%	厚度/mm	弯曲角度	内侧半径	厚度/mm	维氏HV(≥0.5)
C3560	1/4H	C3560P-1/4H	≥0.3～≤10	345～430	≥18	—	—	—	—	—
		C3560R1/4H	≥0.3～≤2							
	1/2H	C3560P-1/2H	≥0.3～≤10	375～460	≥10	—	—	—	—	—
		C3560R-1/2H	≥0.3～≤2							
	H	C3560P-H	≥0.3～≤10	≥420	—	—	—	—	—	—
		C3560R-H	≥0.3～≤2							
C3561	1/4H	C3561P-1/4H	≥0.3～≤10	375～460	≥15	—	—	—	—	—
		C3561R1/4H	≥0.3～≤2							
	1/2H	C3561P-1/2H	≥0.3～≤10	420～510	≥8	—	—	—	—	—
		C3561R-1/2H	≥0.3～≤2							
	H	C3561P-H	≥0.3～≤10	≥470	—	—	—	—	—	—
		C3561R-H	≥0.3～≤2							
C3710	1/4H	C3710P-1/4H	≥0.3～≤10	375～460	≥20	—	—	—	—	—
		C3710R-1/4H	≥0.3～≤2							
	1/2H	C3710P-1/2H	≥0.3～≤10	420～510	≥18	—	—	—	—	—
		C3710R-1/2H	≥0.3～≤2							
	H	C3710P-H	≥0.3～≤10	≥470	—	—	—	—	—	—
		C3710R-H	≥0.3～≤2							
C3713	1/4H	C3713P-1/4H	≥0.3～≤10	375～460	≥18	—	—	—	—	—
		C3713R-1/4H	≥0.3～≤2							
	1/2H	C3713P-1/2H	≥0.3～≤10	420～510	≥10	—	—	—	—	—
		C3713R-1/2H	≥0.3～≤2							
	H	C3713P-H	≥0.3～≤10	≥470	—	—	—	—	—	—
		C3713R-H	≥0.3～≤2							
C4250	O	4250P-O	≥0.3～≤30	≥295	≥35	≤1.6	180°	厚度的1倍	—	—
		C4250R-O	≥0.3～≤3							
	1/4H	C4250P-1/4H	≥0.3～≤30	335～420	≥25	≥1.6	180°	厚度的1.5倍	≥0.3	80～140①
		C4250R-1/4H	≥0.3～≤3							
	1/2H	C4250P-1/2H	≥0.3～≤20	390～480	≥15	≤1.6	180°	厚度的2倍	≥0.3	110～170①
		C4250R-1/2H	≥0.3～≤3							
	3/4H	C4250P-3/4H	≥0.3～≤20	420～510	≥5	≤1.6	180°	厚度的2.5倍	≥0.3	120～180①
		C4250R-3/4H	≥0.3～≤3							
	H	C4250P-H	≥0.3～≤10	480～570	—	≤1.6	180°	厚度的3倍	≥0.3	140～200①
		C4250R-H	≥0.3～≤3							
	EH	C4250P-EH	≥0.3～≤10	≥520	—	—	—	—	≥0.3	≥150①
		C4250R-EH	≥0.3～≤3							

续表

合金代号	材料状态	合金标记	拉力试验			弯曲试验			硬度试验	
			厚度/mm	抗拉强度/MPa	伸长率/%	厚度/mm	弯曲角度	内侧半径	厚度/mm	维氏HV(≥0.5)
C4430	F	C4430P-E	≤30	≥315	≥35	—	—	—	—	—
	O	C4430R-O	≥0.3～≤3							
C4621	F	C4621P-F	≥0.8～≤20	≥375	≥20	—	—	—	—	—
			>20～≤40	≥345	≥20	—	—	—	—	—
			>40～≤125	≥315	≥20	—	—	—	—	—
C4640	F	C4640P-F	≥0.8～≤25	≥375	≥25	—	—	—	—	—
			>20～≤40	≥345	≥25	—	—	—	—	—
			>40～≤125	≥315	≥25	—	—	—	—	—
C6140	F	C6140P-F	≤50	≥480	≥35	—	—	—	—	—
			>50～≤125	≥450	≥35	—	—	—	—	—
	O	C6140P-O	≥4～≤50	≥480	≥35	—	—	—	—	—
			>50～≤125	≥450	≥35	—	—	—	—	—
	H	C6140P-H	≥4～≤12	≥550	≥25	—	—	—	—	—
			>12～≤25	≥480	≥30	—	—	—	—	—
C6161	O	C6161P-O	≥0.8～≤50	≥490	≥35	≤2	180°	厚度的1倍	—	—
			>50～≤125	≥450	≥35	—	—	—		
	1/2H	C6161P-1/2H	≥0.8～≤50	≥635	≥25	≤2	180°	厚度的2倍	—	—
			>50～≤125	≥590	≥20	—	—	—	—	—
	H	C6161P-H	≥0.8～≤50	≥685	≥10	≤2	180°	厚度的3倍	—	—
C6280	F	C6280P-F	≥0.8～≤50	≥620	≥10	—	—	—	—	—
			>50～≤90	≥590	≥10					
			>90～≤125	≥550	≥10					
C6301	F	C6301P-F	≥0.8～≤50	≥635	≥15	—	—	—	—	
			>50～≤125	≥590	≥12					
C7060	F	C7060P-F	≥0.5～≤50	≥275	≥30	—	—	—	—	—
C7150	F	C7150P-F	≥0.5～≤50	≥345	≥35	—	—	—	—	—
C1100	H	C1100PP-H	—	—	—	—	—	—	≥0.5	≥90
C1221	H	C1221PP-H	—	—	—	—	—	—	≥0.5	≥90
C1401	H	C1401PP-H	—	—	—	—	—	—	≥0.5	≥90
C2051	O	C2051R-O	≥0.2～≤0.35	215～255	≥38	—	—	—	深冲试验的峰高≤0.7mm	
			≥0.35～≤0.6	215～255	≥43					
C6711	H	C6711P-H	—	—	—	—	—	—	≥0.25～≤1.5	≥190
C6712	H	C6712P-H	—	—	—	—	—	—	≥0.25～≤1.5	≥160

注：①表示参考值；②为 HV(≥0.2)。

表 6-298　磷青铜及锌白铜板和带的力学性能(JIS H 3110—1992)

合金代号	材料状态	合金标记	拉力试验			弯曲试验		硬度试验	
			厚度/mm	抗拉强度/MPa	伸长率/%	厚度/mm	内侧半径	厚度/mm	维氏 HV (≥0.5)
C5111	O	C5111P-O C5111R-O	≥0.2～≤5	≥295	≥38	≤1.6	紧贴	—	
	1/4H	C5111P-1/4H C5111R-1/4H	≥0.2～≤5	345～440	≥25	≤1.6	厚度的0.5倍	≥0.15	80～150
	1/2H	C5111P-1/2H 5111R-1/2H	≥0.2～≤5	410～510	≥12	≤1.6	厚度的1倍	≥0.15	120～180
	H	C5111P-H C5111R-H	≥0.2～≤5	490～590	≥7	≤1.6	厚度的2倍	≥0.15	150～200
	EH	C5111P-EH C5111R-EH	≥0.2～≤5	≥570	≥3	—	—	≥0.15	≥170
C5102	O	C5102P-O C5102R-O	≥0.2～≤5	≥305	≥40	≤1.6	紧贴	—	—
	1/4H	C5102P-1/4H C5102R-1/4H	≥0.2～≤5	375～470	≥28	≤1.6	厚度的0.5倍	≥0.15	90～160
	1/2H	C5102P-1/2H C5102R-1/2H	≥0.2～≤5	470～570	≥15	≤1.6	厚度的1倍	≥0.15	130～190
	H	C5102P-H C5102R-H	≥0.2～≤5	570～665	≥7	≤1.6	厚度的2倍	≥0.15	170～220
	EH	C5102P-EH C5102R-EH	≥0.2～≤5	≥620	≥4	—	—	≥0.15	≥190
C5102	O	C5191P-O C5191R-O	≥0.2～≤5	≥315	≥42	≤1.6	厚度的0.5倍	—	—
	1/4H	C5191P-1/4H C5191R-1/4H	≥0.2～≤5	390～510	≥35	≤1.6	厚度的1倍	≥0.15	100～160
	1/2H	C5191P-1/2H C5191R-1/2H	≥0.2～≤5	490～610	≥20	≤1.6	厚度的1.5倍	≥0.15	150～205
	H	C5191P-H C5191R-H	≥0.2～≤5	590～685	≥8	≤1.6	厚度的2倍	≥0.15	180～230
	EH	C5191P-EH C5191R-EH	≥0.2～≤5	≥635	≥5	—	—	≥0.15	≥200

续表

合金代号	材料状态	合金标记	拉力试验			弯曲试验		硬度试验	
			厚度/mm	抗拉强度/MPa	伸长率/%	厚度/mm	内侧半径	厚度/mm	维氏HV(≥0.5)
C5212	O	C5212P-O C5212R-O	≥0.2～≤5	≥345	≥45	≤1.6	厚度的0.5倍	—	—
	1/4H	C5212P-1/4H C5212R-1/4H	≥0.2～≤5	390～510	≥40	≤1.6	厚度的1倍	≥0.15	100～160
	1/2H	C5212P-1/2H C5212R-1/2H	≥0.2～≤5	490～610	≥30	≤1.6	厚度的1.5倍	≥0.15	150～205
	H	C5212P-H C5212R-H	≥0.2～≤5	590～705	≥12	≤1.6	厚度的3倍	≥0.15	180～235
	EH	C5212P-EH C5212R-EH	≥0.2～≤5	≥685	≥5	—	—	≥0.15	≥210
C7351	O	C7351P-O C7351R-O	≥0.2～≤5	≥325	≥20	≤1.6	紧贴	—	—
	1/2H	C7351P-1/2H C7351R-1/2H	≥0.2～≤5	390～510	≥5	≤1.6	厚度的1倍	≥0.15	105～155
C7451	O	C7451P-O C7451R-O	≥0.2～≤5	≥325	≥20	≤1.6	紧贴	—	—
	1/2H	C7451P-1/2H C7451R-1/2H	≥0.2～≤5	390～510	≥5	≤1.6	厚度的1倍	≥0.15	105～155
C7521	O	C7521P-O C7521R-O	≥0.2～≤5	≥375	≥20	≤1.6	紧贴	—	—
	1/2H	C7521P-1/2H C7521R-1/2H	≥0.2～≤5	440～570	≥5	≤1.6	厚度的1倍	≥0.15	120～180
	H	C7521P-H C7521R-H	≥0.2～≤5	≥540	≥3	≤1.6	厚度的2倍	≥0.15	≥150
C7541	O	C7541P-O C7541R-O	≥0.2～≤5	≥355	≥20	≤1.6	紧贴	—	—
	1/2H	C7541P-1/2H C7541R-1/2H	≥0.2～≤5	410～540	≥5	≤1.6	厚度的1倍	≥0.15	110～170
	H	C7541P-H C7541R-H	≥0.2～≤5	≥490	≥3	≤1.6	厚度的2倍	≥0.15	≥135

注：1.尺寸超出规定范围的，其力学性能按供需双方协议执行；
2.弯曲试验：弯曲角度为180°或W。

表 6-299　弹簧用铍青铜、磷青铜及锌白铜板和带材的力学性能（软质材料及加工硬化材料）(JIS H 3130—1992)

合金代号	材料状态	合金标记	抗拉试验			弯曲试验			弹性极限值试验		硬度试验	
			厚度/mm	抗拉强度/MPa	伸长率/%	厚度/mm	弯曲角度	内侧半径	厚度/mm	弹性极限值 $Kb_{0.075}$/MPa	厚度/mm	维氏HV(≥0.5)
C1700	O	C1700P-O[2] C1700R-O	≥0.16	410～540	≥35	≤1.6	180°	贴紧	—	—	≥0.16 ≤1.6	90～160
	1/4H	C1700P-1/4H C1700R-1/4H	≥0.16	510～620	≥10	≤1.6	180°或W	厚度的1倍	—	—	≥0.16 ≤1.6	145～220
	1/2H	C1700P-1/2H C1700R-1/2H	≥0.16	590～695	≥5	≤1.6	180°或W	厚度的3倍	—	—	≥0.16 ≤1.6	180～240
	H	C1700P-H C1700R-H	≥0.16	685～835	≥2	—	—	—	—	—	≥0.15 ≤1.6	210～270
C1720	O	C1720P-O C1720R-O	≥0.16	410～540	≥35	≤1.6	180°	贴紧	—	—	≥0.16 ≤1.6	90～160
	1/4H	C1720P-1/4H C1720R-1/4H	≥0.16	510～620	≥10	≤1.6	180°或W	厚度的1倍	—	—	≥0.16 ≤1.6	145～220
	1/2H	C1720P-1/2H C1720R-1/2H	≥0.16	590～695	≥5	≤1.6	180°或W	厚度的3倍	—	—	≥0.16 ≤1.6	180～240
	H	C1720P-H C1720R-H	≥0.16	685～835	≥2	—	—	—	—	—	≥0.16 ≤1.6	210～270
C5210	1/2H	C5210P-1/2H C5210R-1/2H	≥0.2	470～610	≥27	≤1.6	180°或W	厚度的1倍	≥0.2 ≤1.6	≥245	≥0.15	140～205
	H	C5210P-H C5210R-H	≥0.2	590～705	≥20	≤1.6	180°或W	厚度的1.5倍	≥0.2 ≤1.6	≥390	≥0.15	185～235
	EH	C5210P-EH C5210R-EH	≥0.2	685～785	≥11	≤1.6	180°或W	厚度的3倍	≥0.2 ≤1.6	≥460	≥0.15	210～260
	SH	C5210P-SH C5210R-SH	≥0.2	735～835	≥9	—	—	—	≥0.2 ≤1.6	≥510	≥0.15	230～270
C7701	1/2H	C7701P-1/2H C7701R-1/2H	≥0.2 ≤0.7	540～655	≥8	≥1.6	180°或W	厚度的1.5倍	≥0.2 ≤1.6	≥390	≥0.15	150～210
			>0.7	540～655	≥11							
	H	C7701P-H C7701R-H	≥0.2 ≤0.7	630～735	≥4	≥1.6	180°或W	厚度的2倍	≥0.2 ≤1.6	≥480	≥0.15	180～240
			>0.7	630～735	≥6							
	EH	C7701P-EH C7701R-EH	≥0.2	705～805	—	≥1.6	90°	厚度的3倍	≥0.2 ≤1.6	≥560	≥0.15	210～260
	SH	C7701P-SH C7701R-SH	≥0.2	765～865	—	—	—	—	≥0.2 ≤1.6	≥620	≥0.15	230～270

注：1. 尺寸超出规定范围的，其力学性能需按双方协议执行；

2. 弯曲试验中，采用180°弯曲还是W型弯曲，由供需双方按协议执行。

表 6-300 弹簧用铍青铜、磷青铜及锌白铜板和带材的力学性能(轧制硬化材)(JIS H 3130—1992)

合金代号	材料状态	合金标记	抗拉试验			弯曲试验			弹性极限值试验		硬度试验	
			厚度 /mm	抗拉强度 /MPa	伸长率 /%	厚度 /mm	弯曲角度	内侧半径	厚度 /mm	弹性极限值 $Kb_{0.075}$ /MPa	厚度 /mm	维氏 HV (≥0.5)
C1720	OM	C1720P-OM C1720R-OM	≥0.16	685~885	≥18	≤0.6	90°	厚度的1倍	≥0.16 ≤0.6	≥390	≥0.16 ≤0.6	≥200
	1/4HM	C1720P-1/4HM C1720R-1/4HM	≥0.16	735~930	≥10	≤0.6	90°	厚度的1.5倍	≥0.16 ≤0.6	≥440	≥0.16 ≤0.6	≥210
	1/2HM	C1720P-1/2HM C1720R-1/2HM	≥0.16	815~1010	≥8	≤0.6	90°	厚度的2倍	≥0.16 ≤0.6	≥540	≥0.16 ≤0.6	≥240
	HM	C1720P-HM C1720R-HM	≥0.16	910~1110	≥6	≤0.6	90°	厚度的3倍	≥0.16 ≤0.6	≥635	≥0.16 ≤0.6	≥270

注:尺寸超出规定范围的,其力学性能按供需双方协议执行。

表 6-301 电子管用无氧铜板、带,无缝管、棒和线材板、带的力学性能和导电率(JIS H 3510—1992)

合金代号	材料状态	合金标记	拉伸试验			弯曲试验 180°		晶粒度试验 /mm	导电率试验	
			厚度 /mm	抗拉强度 /MPa (kgf/mm²)	伸长率 /%	厚度 /mm	内侧半径		厚度 /mm	导电率 /% (20℃)
C1011	O	C1011P-O C1011R-O	≥0.3 ≤12	≥195 (≥20)	≥40	≤2	紧密贴合	α② ~0.05	≥0.3 ≤0.5	≥100
									>0.5	≥100
	1/2H①	C1011P-1/2H C1011R-1/2H	≥0.3 ≤12	245~314 (25~32)	≥15	≤2	厚度的1倍	—	≤2	≥98
									>2	≥99
	H①	C1011P-H C1011R-H	≥0.3 ≤10	≥275 ≥(28)	—	≤2	厚度的1.5倍	—	≤2	≥97
									>2	≥98

注:1. ①对于 1/2H 及 H 的材料,根据供需双方的协议,可以在 500±25℃温度下对试样进行 30min 至 1h 的无氧化退火后再作试验。此时的力学性能及导电率、按材料状态为 O 的采用;②指再结晶晶粒中最小的;
2. 厚度尺寸超过规定范围的,其力学性能以供需双方的协议为准。

表 6-302 管材的力学性能及导电率(JIS H 3510—1992)

合金代号	材料状态	合金标记	拉伸试验				硬度试验 洛氏硬度		导电率试验	
			外径 /mm	壁厚 /mm	抗拉强度 /MPa (kgf/mm²)	伸长率 /%	HR30T	HRF	厚度 /mm	导电率 /% (20℃)
C1011	O	C1011T-O C1011TS-O	≥5 ≤100	≥0.5 ≤30	≥205 (21)≥	≥40	—	—	≤2	≥100
									>2	≥101
	1/2H	C1011T-1/2H C1011TS-1/2H	≥5 ≤100	≥0.5 ≤25	245~325 (25~33)	—	30~60	—	≤2	≥98
									>2	≥99
	H	C1011T-H C1011TS-H	≥5 ≤100	≥0.5 ≤6	≥275 (28)≥	—	—	≥80	≤2	≥97
				≥6 ≤10	≥265 (27)≥	—	—	≥75	>2	≥98

注:外径尺寸超出规定范围的,其力学性能以供需双方的协议为准。

表 6-303　　棒材的力学性能及导电率(JIS H 3510—1992)

合金代号	材料状态	合金标记	拉伸试验 直径 /mm	拉伸试验 抗拉强度 /MPa (kgf/mm²)	拉伸试验 伸长率 /%	电导率 /% (20℃)
C1011	F①	C1011BE-E	≥6～≤75	≥195 (≥20)	≥40	≥101
	O	C1011BD-0	≥6～≤75	≥195 (≥20)	≥40	≥101
	H①	C1011BD-H	≥6～≤25	≥275 (≥28)	—	≥98
			>25～≤75	≥245 (≥25)	—	≥98

注：1. ①材料状态为 F 的力学性能及导电率是指试样经 500±25℃，30min 至 1h 的无氧化退火后再作试验的数值；

2. 直径尺寸超出规定范围的，其力学性能以供需双方的协议为准。

表 6-304　　线材的力学性能及导电率(JIS H 3510—1992)

合金代号	材料状态	合金标记	拉伸试验 直径 /mm	拉伸试验 抗拉强度 /MPa (kgf/mm²)	拉伸试验 伸长率 /%	导电率 /% (20℃)
C1011	O	C1011W-O	≥0.5～≤1	≥20 ≥(195)	≥25	≥101
			>1	≥20 ≥(195)	≥30	≥98
	H①	C1011W-H	≥0.5	≥35 ≥(345)		

注：直径尺寸超出规定范围的，其力学性能以供需双方的协议为准。

表 6-305　　铜及铜合金无缝铜管的力学性能(JIS H 3300—1992)

合金代号	材料状态	合金标记	拉伸试验 外径 /mm	拉伸试验 壁厚 /mm	拉伸试验 抗拉强度 /MPa	拉伸试验 伸长率 /%	硬度试验 壁厚 /mm	硬度试验 洛氏 HR30T	硬度试验 洛氏 HR15T	硬度试验 洛氏 HRF
C1020	O	C1020T-O C1020TS-O	≥4 ≤100	≥0.25 ≤30	≥205	≥40	≥0.6	—	≤60	≤50
	OL	C1020T-OL C1020TS-OL	≥4 ≤100	≥0.25 ≤30	≥205	≥40	≥0.6	—	≤65	≤55
	1/2H	C1020T-1/2H C1020TS-1/2H	≥4 ≤100	≥0.25 ≤25	245～325	—	—	30～60	—	—
	H	C1020T-H C1020TS-H	≤25	≥0.25 ≤3	≥315	—	—	≥55	—	—
			>26 ≤50	≥0.9 ≤4				—	—	—
			>50 ≤100	≥1.5 ≤6				—	—	—

续表

合金代号	材料状态	合金标记	拉伸试验				硬度试验			
			外径/mm	壁厚/mm	抗拉强度/MPa	伸长率/%	壁厚/mm	洛氏		
								HR30T	HR15T	HRF
C1100	O	C1100T-O C1100TS-O	≥5 ≤250	≥0.5 ≤30	≥205	≥40	—	—	—	—
	1/2H	C1100T-1/2H C1100TS-1/2H	≥5 ≤250	≥0.5 ≤25	245～325	—	—	30～60	—	—
	H	C1100T-H C1100TS-H	≥5 ≤100	≥0.5 ≤6	≥275	—	—	—	—	≥80
				>6 ≤10	≥265	—	—	—	—	≥754
C1201 C1220	O	C1201T-O C1201TS-O C1220T-O C1220TS-O	≥4 ≤250	≥0.25 ≤30	≥205	≥40	≥0.6	—	≤60	≤50
	OL	C1201T-OL C1201TS-OL C1220T-OL C1220TS-OL	≥4 ≤250	≥0.25 ≤30	≥205	≥40	≥0.6	—	≤65	≤55
	1/2H	C1201T-1/2H C1201TS-1/2H C1220T-1/2H C1220TS-1/2H	≥4 ≤250	≥0.25 ≤25	245～325	—	—	30～60	—	—
C1201 C1220	H	C1201T-H C1201TS-H C1220T-H C1220TS-H	≤25	≥0.25 ≤3	≥315	—	—	≥55	—	—
			>25 ≤50	≥0.9 ≤4			—	—	—	—
			>50 ≤100	≥1.5 ≤6			—	—	—	—
			>100 ≤200	≥2 ≤6	≥275	—	—			
			>200 ≤350	≥3 ≤8	≥255	—	—			
C2200	O	C2200T-O C2200TS-O	≥10 ≤150	≥0.5 ≤15	≥225	≥35	≤1.1	≤30	—	—
							>1.1	—	—	≤70
	OL	C2200T-OL C2200TS-OL	≥10 ≤150	≥0.5 ≤15	≥225	≥35	≤1.1	≤37	—	—
							>1.1	—	—	78
	1/2H	C2200T-1/2H C2200TS-1/2H	≥10 150	≥0.5 ≤6	≥275	≥15	—	≥38	—	—
	H	C2200T-H C2200TS-H	≥10 ≤100	≥0.5 ≤6	≥365	—	>0.5 ≤6	≥55	—	—

续表

合金代号	材料状态	合金标记	拉伸试验				硬度试验			
			外　径 /mm	壁　厚 /mm	抗拉强度 /MPa	伸长率 /%	壁　厚 /mm	洛　氏		
								HR30T	HR15T	HRF
C2300	O	C2300T-O C2300TS-O	≥10 ≤150	≥0.5 ≤15	≥275	≥35	≤1.1	≤36	—	—
							>1.1	—	—	≤75
	OL	C2300T-OL C2300TS-OL	≥10 ≤150	≥0.5 ≤15	≥275	≥35	≤1.1	≤39	—	—
							>1.1	—	—	≤85
	1/2H	C2300T-1/2H C2300TS-1/2H	≥10 ≤150	≥0.5 ≤6	≥305	≥20	—	≥43	—	—
	H	C2300T-H C2300TS-H	≥10 ≤100	≥0.5 ≤6	≥390	—	>0.5 ≤6	≥65	—	—
C2600	O	C2600T-O C2600TS-O	≥4 ≤250	≥0.3 ≤15	≥275	≥45	≤0.8	≤40	—	—
							>0.8	—	—	≤80
	OL	C2600T-OL C2600TS-OL	≥4 ≤250	≥0.3 ≤15	≥275	≥45	≤0.8	≤60	—	—
							>0.8	—	—	≤90
	1/2H	C2600T-1/2H C2600TS-1/2H	≥4 ≤100	≥0.3 ≤6	≥375	≥20	—	≥53	—	—
			>100 ≤250	≥2.0 ≤10	≥355					
C2600	H	C2600T-H C2600TS-H	≥4 ≤100	≥0.3 ≤6	≥450	—	>0.5 ≤6	≥70	—	—
			>100 ≤250	≥2.0 ≤10	≥390					
C2700	O	C2700T-O C2700TS-O	≥4 ≤250	≥0.3 ≤15	≥295	≥40	≤0.8	≤40	—	—
							>0.8	—	—	≤80
	OL	2700T-OL C2700TS-OL	≥4 ≤250	≥0.3 ≤15	≥295	≥40	≤0.8	≤60	—	—
							>0.8	—	—	≤90
	1/2H	C2700T-1/2H C2700TS-1/2H	≥4 ≤100	≥0.3 ≤6	≥375	≥20	—	≥53	—	—
			>100 ≤250	≥2.0 ≤10	≥355					
	H	C2700T-H C2700TS-H	≥4 ≤100	≥0.3 ≤6	≥450	—	>0.5 ≤6	≥70	—	—
			>100 ≤250	≥2.0 ≤10	≥390					
C2800	O	C2800T-O C2800TS-O	≥10 ≤250	≥1 ≤15	≥315	≥35	—	—	—	—
	OL	C2800T-OL C2800TS-OL	≥10 ≤250	≥1 ≤15	≥315	≥35	≤0.8	≤60	—	—
							>0.8	—	—	≤90
	1/2H	C2800T-1/2H C2800TS-1/2H	≥10 ≤250	≥1 ≤6	≥375	≥15	—	≥55	—	—
	H	C2800T-H C2800TS-H	≥10 ≤100	≥1 ≤6	≥450	—	—	—	—	—
C4430	O	C4430T-O C4430TS-O	≥5 ≤250	≥0.8 ≤10	≥315	≥30	—	—	—	—
C6870 C6871 C6872	O	C6870T-O C6870TS-O C6871T-O C6871TS-O C6872T-O C6872TS-O	≥5 ≤50	≥0.8 ≤10	≥375		—	—	—	—
			≥50 ≤250	≥0.8 ≤10	≥355					

续表

合金代号	材料状态	合金标记	拉伸试验				硬度试验			
			外径/mm	壁厚/mm	抗拉强度/MPa	伸长率/%	壁厚/mm	洛氏		
								HR30T	HR15T	HRF
C7060	O	C7060T-O C7060TS-O	≥5 ≤250	≥0.8 ≤5	≥275	≥30	—	—	—	—
C7100	O	C7100T-O C7100TS-O	≥5 ≤50	≥0.8 ≤5	≥315	≥30	—	—	—	—
C7150	O	C7150T-O C7150TS-O	≥5 ≤50	≥0.8 ≤5	≥365	≥30	—	—	—	—
C7164	O	C7164T-O C7164TS-O	≥5 ≤50	≥0.8 ≤5	≥430	≥30	—	—	—	—

表 6-306　铜及铜合金焊接管的力学性能(JIS H 3320—1992)

合金代号	材料状态	合金标记	拉伸试验				硬度试验维氏 HV
			外径/mm	壁厚/mm	抗拉强度/MPa(kgf/mm²)	伸长率/%	
C1220	O	C1220TW-O C1220TWS-O	≥4 ≤76.2	≥0.3 ≤3.0	≥205(≥21)	≥40	≤55
	OL	C1220TW-OL C1220TWS-OL			≥205(≥21)	≥40	≤65
	1/2H	C1220TW-1/2H C1220TWS-1/2H			245～325(25～33)	—	70～110
	H	C1220TW-H C1220TWS-H			≥315(≥33)	—	≥100
C2600	O	C2600TW-O C2600TWS-O	≥4 ≤76.2	≥0.3 ≤3.0	≥275(≥28)	≥45	≤80
	OL	C2600TW-OL C2600TWS-OL			≥275(≥28)	≥45	≤110
	1/2H	C2600TW-1/2H C2600TWS-1/2H			≥375(≥38)	≥20	≥110
	H	C2600TW-H C2600TWS-H			≥450(≥46)	—	≥150
C2680	O	C2680TW-O C2680TWS-O	≥4 ≤76.2	≥0.3 ≤3.0	≥295(≥30)	≥40	≤80
	OL	C2680TW-OL C2680TWS-OL			≥295(≥30)	≥40	≤110
	1/2H	C2680TW-1/2H C2680TWS-1/2H			≥375(≥38)	≥20	≥110
	H	2680TW-H C2680TWS-H			≥450(≥46)	—	≥150
C4430	O	C4430TW-O C4430TWS-O	≥4 ≤76.2	≥0.3 ≤3.0	≥315(≥32)	≥30	—
C7060	O	C7060TW-O C7060TWS-O	≥4 ≤76.2	≥0.3 ≤3.0	≥275(≥28)	≥30	—
C7150	O	C7150TW-O C7150TWS-O	≥4 ≤50	≥0.3 ≤3.0	≥365(≥37)	≥30	—

注：尺寸超出规定范围的，其力学性能按供需双方的协议执行。

表 6-307　铜及铜合金棒材的力学性能(JIS H 3250—1992)

合金代号	材料状态	合金标记	直径、边长或对边距离/mm	拉伸试验		硬度试验	
				抗拉强度/MPa	伸长率/%	维氏 HV (≥0.5)	布氏 HB (10/3000)
C1020 C1100 C1201 C1220	F	C1020BE-F C1100BE-F C1201BE-F C1220BE-F	≥6	≥195	≥25	—	—
	O	C1020BD-O C1100BD-O C1201BD-O C1220BD-O	≥6～≤75	≥195	≥30	—	—
	1/2H	C1020BD-1/2H C1100BD-1/2H C1201BD-1/2H C1220BD-1/2H	≥6～≤25	≥245	≥15	—	—
			＞25～≤50	≥225	≥20	—	—
			＞50～≤75	≥215	≥25	—	—
	H	C1020BD-H C1100BD-H C1201BD-H C1220BD-H	≥6～≤25	≥275	—	—	—
			＞25～≥50	≥245	—	—	—
C2600	F	C2600BE-F	≥6	≥275	≥35	—	—
	O	C2600BD-O	≥6～≤75	≥275	≥45	—	—
	1/2H	C2600BD-1/2H	≥6～≤50	≥355	≥20	—	—
	H	C2600BD-H	≥6～≤20	≥410	—	—	—
C2700	F	C2700BE-F	≥6	≥295	≥30	—	—
	O	C2700BD-O	≥6～≤75	≥295	≥40	—	—
	1/2H	C2700BD-1/2H	≥6～≤50	≥355	≥20	—	—
	H	C2700BD-H	≥6～≤20	≥410	—	—	—
C2800	F	C2800BE-F	≥6	≥315	≥25	—	—
	O	C2800BD-O	≥6～≤75	≥315	≥35	—	—
	1/2H	C2800BD-1/2H	≥6～≤50	≥375	≥15	—	—
	H	C2800BD-H	≥6～≤20	≥450	—	—	—
C3601	O	C3601BD-O	≥6～≤75	≥295	≥25	—	—
	1/2H	C3601BD-1/2H	≥6～≤50	≥345	—	≥95	—
	H	C3601BD-H	≥6～≤20	≥450	—	≥130	—
C3602	F	C3602BE-F C3602BD-F	≥6～≤75	≥315	—	≥75	—

续表

合金代号	材料状态	合金标记	直径、边长或对边距离/mm	拉伸试验		硬度试验	
				抗拉强度/MPa	伸长率/%	维氏 HV (≥0.5)	布氏 HB (10/3000)
C3603	O	C3603BD-O	≥6～≤75	≥315	≥20	—	—
	1/2H	C3603BD-1/2H	≥6～≤50	≥365	—	≥100	—
	H	C3603BD-H	≥6～≤20	≥450	—	≥130	—
C3604	F	C3604BE-F C3604BD-F	≥6～≤75	≥335	—	≥80	—
C3605	F	C3605BE-F C3605BD-F	≥6～≤75	≥335	—	≥80	—
C3712 C3771	F	C3712BE-F C3712BD-F C3771BE-F C3771BD-F	≥6	≥315	≥15	—	—
C4622	F	C4622BE-F	≥6～≤50	≥345	≥20	—	—
		C4622BD-F	≥6～≤50	≥365	≥20	—	—
C4641	F	C4641BE-F	≥6～≤50	≥345	≥20	—	—
		C4641BD-F	≥6～≤50	≥375	≥20	—	—
C6161	F	C6161BE-F C6161BD-F C6161BF-F	≥6～≤50	≥590	≥25	—	≥130
C6191	F	C6191BE-F C6191BD-F C6191BF-F	≥6～≤50	≥685	≥15	—	≥170
C6241	F	C6241BE-F C6241BD-F C6241BF-F	≥6～≤50	≥685	≥10	—	≥210
C6782	F	C6782BE-F	≥6～≤50	≥460	≥20	—	—
		C6782BD-F	≥6～≤50	≥490	≥15	—	—
C6783	F	C6783BE-F	≥6～≤50	≥510	≥15	—	—
		C6783BD-F	≥6～≤50	≥540	≥12	—	—

注：尺寸超出规定范围的，其力学性能按供需双方的协议执行。

表 6-308　铜及铜合金线材的力学性能(JISH 3260—1992)

合金代号	材料状态	合金标记	拉力试验		
			直径、边长或对边距离/mm	抗拉强度/MPa	伸长率/%
C1100 C1201 C1220	O	C1100W-O C1201W-O C1220W-O	≥0.5～≤2	≥195	≥15
			>2	≥195	≥25
	1/2H	C1100W-1/2H C1201W-1/2H C1220W-1/2H	≥0.5～≤12	255～365	—
	H	C1100W-H C1201W-H C1220W-H	≥0.5～≤10	≥345	—
C2100	O	C2100W-O	≥0.5	≥205	≥20
	1/2H	C2100W-1/2H	≥0.5～≤12	325～430	—
	H	C2100W-H	≥0.5～≤10	≥410	—
C2200	O	C2200W-O	≥0.5	≥225	≥20
	1/2H	C2200W-1/2H	≥0.5～≤12	345～490	—
	H	C2200W-H	≥0.5～≤10	≥470	—
C2300	O	C2300W-O	≥0.5	≥245	≥20
	1/2H	C2300W-1/2H	≥0.5～≤12	375～540	—
	H	C2300W-H	≥0.5～≤10	≥520	—
C2400	O	C2400W-O	≥0.5	≥255	≥20
	1/2H	C2400W-1/2H	≥0.5～≤12	375～610	—
	H	C2400W-H	≥0.5～≤10	≥590	—
C2600	O	C2600W-O	≥0.5	≤275	≥20
	1/8H	C2600W-1/8H	≥0.5～≤12	345～440	≥10
	1/4H	C2600W-1/4H	≥0.5～≤12	390～510	≥5
	1/2H	C2600W-1/2H	≥0.5～≤12	490～610	—
	3/4H	C2600W-3/4H	≥0.5～≤10	590～705	—
	H	C2600W-H	≥0.5～≤10	685～805	—
	EH	C2600W-EH	≥0.5～≤10	≥785	—
C2700	O	C2700W-O	≥0.5	≥295	≥20
	1/8H	C2700W-1/8H	≥0.5～≤12	345～440	≥10

续表

合金代号	材料状态	合金标记	拉力试验		
			直径、边长或对边距离/mm	抗拉强度/MPa	伸长率/%
C2700	1/4H	C2700W-1/4H	≥0.5～≤12	390～510	≥5
	1/2H	C2700W-1/2H	≥0.5～≤12	490～610	—
	3/4H	C2700W-3/4H	≥0.5～≤10	590～705	—
	H	C2700W-H	≥0.5～≤10	685～805	—
	EH	C2700W-EH	≥0.5～≤10	≥785	—
C2720	O	C2720W-O	≥0.5	≥295	≥20
	1/8H	C2720W-1/8H	≥0.5～≤12	345～440	≥10
	1/4H	C2720W-1/4H	≥0.5～≤12	390～510	≥5
	1/2H	C2720W-1/2H	≥0.5～≤12	490～610	—
	3/4H	C2720W-3/4H	≥0.5～≤10	590～705	—
	H	C2720W-H	≥0.5～≤10	685～805	—
	EH	C2720W-EH	≥0.5～≤10	≥785	—
C2800	O	C2800W-O	≥0.5	≥315	≥20
	1/4H	C2800W-1/4H	≥0.5～≤12	345～460	≥5
	1/2H	C2800W-1/2H	≥0.5～≤12	440～590	—
	3/4H	C2800W-3/4H	≥0.5～≤10	540～705	—
	H	C2800W-H	≥0.5～≤10	≥685	—
C3501	O	C3501W-O	≥0.5	≤295	≥20
	1/2H	C3501W-1/2H	≥0.5～≤12	345～440	≥10
	H	C3501W-H	≥0.5～≤10	≥420	—
C3601	O	C3601W-O	≥1	≤295	≥15
	1/2H	C3601W-1/2H	≥1～≤10	≥345	—
	H	C3601W-H	≥1～≤10	≥450	—
C3602	F	C3602W-F	≥1	≥315	—
C3603	O	C3603W-O	≥1	≤315	≥15
	1/2H	C3603W-1/2H	≥1～≤10	≥365	—
	H	C3603W-H	≥1～≤10	≥450	—
C3604	F	C3604W-F	≥1	≥335	—

注：尺寸超过规定范围的，其力学性能按供需双方的协议执行。

表 6-309 铍青铜、磷青铜及锌白铜棒材的力学性能(JIS H 3270—1992)

合金代号	材料状态	合金标记	直径或对边距离/mm	拉伸试验		硬度试验		
				抗拉强度/MPa	伸长率/%	维氏 HV	洛氏	
							HRB	HRC
C1720	O	C1720B-O	≥3～≤6	410～590	—	90～190	—	—
			>6～≤25	410～590	—	90～190	45～85	—
	H	C1720B-H	>3～≤6	645～900	—	180～300	—	—
			>6～≤25	590～900	—	175～330	88～103	—
C5111	H	C5111B-H	≥3～≤6	≥490	—	(≥140)	—	—
			>6～≤13	≥450	≥10	(≥125)	—	—
			>13～≤25	≥410	≥13	(≥115)	—	—
			>25～≤50	≥380	≥15	(≥105)	—	—
			>50～≤100	≥345	≥15	—	60～80	—
C5102	H	C5102B-H	≥3～≤6	≥540	—	(≥150)	—	—
			>6～≤13	≥500	≥10	(≥135)	—	—
			>13～≤25	≥460	≥13	(≥125)	—	—
			>25～≤50	≥430	≥15	≥115	—	—
			>50～≤100	≥390	≥15	—	65～85	—
C5191	1/2H	C5191B-1/2H	≥3～≤6	≥510	—	(≥150)	—	—
			>6～≤13	≥460	≥13	(≥135)	—	—
			>13～≤25	≥430	≥15	(≥125)	—	—
			>25～≤50	≥410	≥18	(≥120)	—	—
			>50～≤100	≥390	≥18	—	70～85	—
	H	C5191B-H	≥3～≤6	≥635	—	(≥180)	—	—
			>6～≤13	≥590	≥10	(≥165)	—	—
			>13～≤25	≥540	≥13	(≥150)	—	—
			>25～≤50	≥490	≥15	≥140	—	—
			>50～≤100	≥440	≥15	—	75～90	—
C5212	1/2H	C5212B-1/2H	≥3～≤6	≥540	—	(≥155)	—	—
			>6～≤13	≥490	≥13	(≥140)	—	—
			>13～≤25	≥440	≥15	(≥130)	—	—
			>25～≤50	≥420	≥18	≥125	—	—
			>50～≤100	≥410	≥18	—	72～87	—
	H	C5212B-H	≥3～≤6	≥735	—	(≥195)	—	—
			>6～≤13	≥685	≥10	(≥180)	—	—
			>13～≤25	≥635	≥13	(≥170)	—	—
			>25～≤50	≥560	≥15	≥150	—	—
			>50～≤100	≥490	≥15	—	80～95	—
C5341 C5441	H	C5341B-HC5441B-H	≥3～≤6	≥440	—	(≥125)	—	—
			>6～≤13	≥410	≥10	(≥115)	—	—
			>13～≤25	≥375	≥12	(≥110)	—	—
			>25～≤50	≥345	≥15	(≥100)	—	—
			>50～≤100	≥320	≥15		60～90	

续表

合金代号	材料状态	合金标记	直径或对边距离/mm	拉伸试验		硬度试验		
				抗拉强度/MPa	伸长率/%	维氏HV	洛氏	
							HRB	HRC
C7521	1/2H	C7521B-1/2H	≥3～≤6	490～635	—	(≥145)	—	—
			>6～≤13	440～590	—	(≥130)	—	—
	H	C7521B-H	≥3～≤6	550～685	—	(≥145)	—	—
			>6～≤13	480～620	—	(≥125)	—	—
			>13～≤25	440～580	—	(≥115)	—	—
			>25～≤50	410～550	—	≥110	—	—
C7541	1/2H	C7541B-1/2H	≥3～≤6	440～590	—	(≥135)	—	—
			>6～≤13	390～540	—	(≥120)	—	—
	H	C7541B-H	≥3～≤6	570～705	—	(≥150)	—	—
			>6～≤13	520～645	—	(≥135)	—	—
			>13～≤25	450～590	—	(≥115)	—	—
			>25～≤50	390～540	—	(≥100)	—	—
C7701	1/2H	C7701B-1/2H	≥3～≤6	520～665	—	(≥150)	—	—
			>6～≤13	470～620	—	(≥130)	—	—
	H	C7701B-H	≥3～≤6	620～755	—	(≥160)	—	—
			>6～≤13	550～685	—	(≥140)	—	—
			>13～≤25	510～645	—	(≥140)	—	—
			>25～≤50	480～620	—	(≥130)	—	—
C7941	H	C7941B-H	≥3～≤6	550～685	—	(≥150)	—	—
			>6～≤13	480～620	—	(≥130)	—	—
			>13～≤25	440～580	—	(≥120)	—	—
			>25～≤50	410～350	—	(≥110)	—	—

注：1. 尺寸超出规定范围的，其力学性能按供需双方的协议执行；

2. (　)内的硬度值为参考值。

表 6-310 线材的力学性能

合金代号	材料状态	合金标记	拉伸试验	
			直径/mm	抗拉强度/MPa
C1720	O	C1720W-O	≥0.5	390～540
	1/4H	C1720W-1/4H	≥0.5～≤5	620～805
	3/4H	C1720W-3/4H	≥0.5～≤5	1300～1590
C5111	O	C5111W-O	≥0.5	295～410
	H	C5111W-H	≥0.5～≤5	≥490
C5102	O	C5102W-O	≥0.5	305～420
	H	C5102W-H	≥0.5～≤5	≥635
C5191	O	C5191W-O	≥0.5	315～460
	1/2H	C5191W-1/2H	≥0.5～≤5	635～785
	H	C5191W-H	≥0.5～≤5	≥835
C5212	O	C5212W-O	≥0.5	345～490
	1/2H	C5212W-1/2H	≥0.5～≤5	685～835
	H	C5212W-H	≥0.5～≤5	≥930
C7451	O	C7451W-O	≥0.5	345～490
	1/2H	C7451W-1/2H	≥0.5～≤5	490～635
	H	C7451W-H	≥0.5～≤5	≥635
C7521	O	C7521W-O	≥0.5	375～520
	1/2H	C7521W-1/2H	≥0.5～≤5	520～685
	H	C7521W-H	≥0.5～≤5	≥665
C7541	O	C7541W-O	≥0.5	365～510
	1/2H	C7541W-1/2H	≥0.5～≤5	510～665
	H	C7541W-H	≥0.5～≤5	≥635
C7701	O	C7701W-O	≥0.5	440～635
	1/2H	C7701W-1/2H	≥0.5～≤5	535～785
	H	C7701W-H	≥0.5～≤5	≥765

注：尺寸超出规定范围的，其力学性能按供需双方的协议执行。

表 6-311　　铸造铜合金的力学性能

组别	标准号	类别	合金牌号	抗拉试验,不小于 σ_b /MPa (kgf/mm²)	抗拉试验,不小于 δ /%	硬度试验 HB(10/1000) HB(10/3000) 不小于
黄铜	JIS H 5101—1988	1 种	YBsC1	>147(15)	>25	—
		2 种	YBsC2	>196(20)	>20	—
		3 种	YBsC3	>245(25)	>20	—
	JIS H 5102—1988	1 种	HBsC1	≥431(44)	≥20	≥(90)
		1 种 C	HBsC1C	≥470(48)	≥25	≥(90)
		2 种	HBsC2	≥490(50)	≥18	≥(100)
		2 种 C	MBSc2C	≥529(54)	≥20	≥(100)
		3 种	HBsC3	≥637(65)	≥15	≥(165)
		3 种 C	HBsC3C	≥656(67)	≥18	≥(165)
		4 种	HBsC4	≥755(77)	≥12	≥(200)
		4 种 C	HBsC4C	≥764(78)	≥14	≥(200)
青铜	JIS H 5111—1988	1 种	BC1	≥167(17)	≥15	—
		1 种 C	BC1C	≥196(20)	≥15	—
		2 种	BC2	≥245(25)	≥20	—
		2 种 C	BC2C	≥274(28)	≥15	—
		3 种	BC3	≥245(25)	≥15	—
		3 种 C	BC3C	≥274(28)	≥13	—
		6 种	BC6	≥196(20)	≥15	—
		6 种 C	BC6C	≥245(25)	≥15	—
		7 种	BC7	≥216(22)	≥18	—
		7 种 C	BC7C	≥255(26)	≥15	—
	JIS H 5112—1988	1 种	SzBC1	≥343(35)	≥25	—
		2 种	SzBC2	≥441(45)	≥12	—
		3 种	SzBC3	≥392(40)	≥20	—
	JIS H 5113—1988	2 种	PBC2	≥196(20)	≥5	(60)
		2 种 B	PBC2B	≥294(30)	≥5	(80)
		2 种 C	PBC2C	≥294(30)	≥10	(80)
		3 种 B	PBC3B	≥265(27)	≥3	(90)
		3 种 C	PBC3C	≥294(30)	≥5	(90)
	JIS G 5114—1988	1 种	ALBC1	≥441(45)	≥20	(90)
		1 种 C	ALBC1C	≥490(50)	≥20	(90)
		2 种	ALBC2	≥490(50)	≥20	(120)
		2 种 C	ALBC2C	≥539(55)	≥15	(120)
		3 种	ALBC3	≥588(60)	≥15	(160)
		3 种 C	ALBC3C	≥608(62)	≥12	(160)
		4 种	ALBC4	≥588(60)	≥15	(160)
	JIS H 5115—1988			≥196(20)	≥10	HB(10/500)
		2 种	LBC2	≥177(18)	≥7	≥(65)
		3 种	LBC3	—	—	≥60
		3 种 C	LBC3C	≥225(23)	≥10	≥(65)
		4 种	LBC4	≥167(17)	≥5	≥(55)
		4 种 C	LBC4C	≥218(22)	≥8	≥(60)
		5 种	LBC5	≥147(15)	≥5	≥(45)
		5 种 C	LBC5C	≥177(18)	≥7	≥(50)

注:1.高强度黄铜铸件 1 种用于船用螺旋桨,其抗拉强度在 461MPa(47kgf/mm²)以上;

2.( )内表示的单位数值是工程单位制。

6.7.3 铜及铜合金的特性及用途

表 6-312 铜及铜合金的特性及用途(JIS H 3100—1992)

品种		合金标记	参考	
合金代号	形状		特性及用途示例	
C1020	板	C1020P①	无氧铜	导电导热性能、延展性、深冲性能优异,可焊性、耐腐蚀性能、耐大气腐蚀性能好。在还原性气氛中,即使加热至高温也不会发生氢脆。用于电气、化工等
	带	C1020R①		
C1100	板	C1100P①	韧铜	导电导热性能优异,延展性、深冲性能、耐腐蚀性能、耐大气腐蚀性能均好。用于电气、蒸馏釜、建筑、化工、密封垫圈、器具等
	带	C1100R①		
C1201	板	C1201P	磷脱氧铜	延展性、深冲性能、可焊性、耐腐蚀性能、耐大气腐蚀性能及导热性能均好。 C1220 在还原气氛中,即使加热至高温也不会发生氢脆
	带	C1201R		
C1220	板	C1220P		
	带	C1220R		
C1221	板	C1221P		C1201 比 C1220、C1221 导电性好。用于洗澡间热水器、热水器、密封垫圈、建筑、化工等
	带	C121R		
C2100	板	C2100P	低锌黄铜	色泽美、延展性、深冲性能、耐腐蚀性能好
	带	C2100R		
C2200	板	C2200P		
	带	C2200R		
C2300	板	C2300P		用于建筑、日用装饰品、化妆品盒等
	带	C2300R		
C2400	板	C2400P		
	带	C2400R		
C2600	板	C2600P①	黄铜	延展性及深冲性能优异,可镀性好。用于汽车散热片、弹壳等的深冲深拉加工
	带	C2600R①		
C2680	板	C2680P①		延展性、深冲性能及可镀性均好。用于衣服摁扣、照相机、保温瓶等深冲深拉加工件以及汽车散热片和配线器具等
	带	C2680R①		
C2720	板	C2720P		延展性及深冲性能好。用于浅冲加工等
	带	C2720R		
C2801	板	C2801P①		强度高,有延展性。用作冲切或弯曲后直接使用的配线器具零件、铭牌及仪表板等
	带	C2801R①		

续表

品种		合金标记	参考	
合金代号	形状			特性及用途示例
C3560	板	C3560P	易切削黄铜	切削性能特好，冲切加工性能亦好。用于钟表零件、齿轮、造纸用滤网等
	带	C3560R		
C3561	板	C3561P		
	带	C3561R		
C3710	板	C3710P		冲切加工性能极好，切削性能亦好 用于钟表零件和齿轮等
	带	C3710R		
C3713	板	C3713P		
	带	C3713R		
C4250	板	C4250P	锡黄铜	抗应力腐蚀断裂性能、耐磨性能、弹性均好。用于开关、继电器、连接器和各种弹性零件等
	带	C4250R		
C4430	板	C4430P	海军黄铜	耐腐蚀性能特别是耐海水腐蚀性能好。厚材用于热交换器管板，薄材用于热交换器、煤气管的焊接管等
	带	C4430R		
C4621	板	C4621P	船用黄铜	耐腐蚀性能特别是耐海水腐蚀性能好。厚材用于热交换器管板，薄材用于船舶海水取水口等（C4621 用于劳埃德船级和 NK 船级，C4640 用于 AB 船级）
C4640	板	C4640P		
C6140	板	C6140P	铝青铜	强度高，耐腐蚀性能特别是耐海水腐蚀性能、耐磨性能均好。用于机械零件、化工、船舶等
C6161	板	C6161P		
C6280	板	C6280P		
C6301	板	C6301P		
C7060	板	C7060P	白铜	耐腐蚀性能特别是耐海水腐蚀性能好。适合在较高温度条件下使用。用于热交换器管板、焊接管等
C7150	板	C7150P		
C1100	印刷板	C1100PP	印刷用铜	表面特别光滑 用于照相凹版
C1221	印刷板	C1221PP		
C1401	印刷板	C1401PP		表面特别光滑，且有耐热性。用于照机凸版
C2051	带	C2051R	雷管用铜	深冲加工性能特优。用于雷管
C6711	板	C6711P	乐器簧片用黄铜	冲切加工性能、耐疲劳性能好。用于口琴、风琴、手风琴簧片等
C6712	板	C6712P		

注：1. ①用于导电的，在上述代号后面标上 C；

2. 表示材料状态的代号标在上述代号之后。

表 6-313 弹簧用铍青铜、磷青铜及锌白铜板材和带材的特性及用途(JIS H 3130—1992)

品种		合金标记	参考	
合金代号	形状			特性及用途示例
C1700	板	C1700P	弹簧用铍青铜	抗腐蚀性能好,时效硬化处理前延伸性能好,时效硬化处理后抗疲劳性能、导电性得到提高。除轧制硬化材料外,在成型加工后进行时效处理。 高性能弹簧、继电器用弹簧、电气设备用弹簧、微动开关、振动片、膜盒、熔丝接线柱、连接器、插接器、插座等
	带	C1700R		
C1720	板	C1720P		
	带	C1720R		
C5210	板	C5210P	弹簧用磷青铜	延展性、抗疲劳性能、抗腐蚀性能良好,特别是经低温退火后适用于高性能弹簧。SH材料用于几乎不弯曲加工的板簧。 电子、通信、情报、电气、计量仪器用开关、连接器、继电器
	带	C5210R		
C7701	板	C7701P	弹簧用锌白铜	色泽美观,延伸性能、抗疲劳性能、抗腐蚀性能良好,特别是经低温退火。适用于高性能弹簧材料。SH材料用于几乎不弯曲加工的板簧。 电子、通信、情报、电气、计量仪器用开关、连接器、继电器等
	带	C7701R		

注:表示材料状态的代号,标在上述代号的后面。

表 6-314 磷青铜及锌白铜板材和带材的特性及用途(JIS H 3110—1992)

品种		合金标记	参考	
合金标记	形状			特性及用途示例
C5111	板	C511P	磷青铜	延伸性能、抗疲劳性能、抗腐蚀性能良好。C5191,C5212适用于弹簧材料。但是,要求弹性特别高时,可以选用弹簧用磷青铜。 电子、电气设备用弹簧、开关、引线框架、连接器、振动片、膜盒、熔丝接线柱、滑动片、轴瓦等
	带	C511R		
C5102	板	C5102P		
	带	C5102R		
C5191	板	C5191P		
	带	C5191R		
C5212	板	C5212P		
	带	C5212R		
C7351	板	C7351P	锌白铜	色泽美观,延伸性能、抗疲劳性能、抗腐蚀性能良好,C7351,C7521富有深冲性能。 液晶体振荡元件外壳、晶体管壳、电位器用滑动片、装饰品、西餐器具、医疗器械、建筑、管乐器等
	带	C7351R		
C7451	板	C7451P		
	带	C7451R		
C7521	板	C7521P		
	带	C7521R		
C7541	板	C7541P		

注:表示材料状态的代号,标在上述代号的后面。

表 6-315 铜及铜合金无缝管的特性及用途(JIS H 3300—1992)

品种			合金标记	参考	
合金代号	形状	等级		特性及用途示例	
C1020	管	普通级 特殊级	C1020T① C1020TS①	无氧铜	导电导热性、延性、深拉性能优良，焊接性、耐蚀性、耐大气腐蚀性能好。即使在还原性气氛中用高温加热，也不会引起氢脆。用于热交换器、电气、化学工业、供水、供热水等
C1100	管	普通级 特殊级	C1100T① C1100TS①	韧铜	导电导热性能优良，深拉性能、耐腐蚀性、耐大气腐蚀性能良好。用于电气部件等
C1201	管	普通级 特殊级	C1201T C1201TS	磷脱氧铜	延性、弯曲性能、深拉性能、焊接性能、耐蚀性、传热性能好。C1220 即使在还原性气氛中，用高温加热，也决不会引起氢脆。C1201 比 C1220 导电性能好。用于热交换器、化学工业、供水、供热水、煤气管等
C1220	管	普通级 特殊级	C1220T C1220TS		
C2200	管	普通级 特殊级	C2200T C2200TS	低锌黄铜	色泽美，延性、弯曲性能、深拉性能、耐蚀性好。用于化妆盒、供排水管、接头等
C2300	管	普通级 特殊级	C2300T C2300TS		
C2600	管	普通级 特殊级	C2600T C2600TS	黄铜	延性、弯曲性能、深拉性能、电镀性能好。用于热交换器、幕(窗帘)轨、卫生管、各种机器部件、天线杆等。C2800 强度高。 用于制糖、船舶、各种机械部件等
C2700	管	普通级	C2700T C2700TS		
C2800	管	普通级 特殊级	C2800T C2800TS		
C4430	管	普通级 特殊级	C4430T C4430TS	冷凝器用黄铜	耐蚀性好，特别是 C6870，C6871，C6872 耐海水性能好，用于水力、原子能发电用冷凝器、船舶用冷凝器、供水加热器、蒸馏器、油冷却器、蒸馏水装置等的热交换器
C6870	管	普通级 特殊级	C6870T C6870TS		
C6871	管	普通级 特殊级	C6871T C6871TS		
C6872	管	普通级 特殊级	C6872T C6872TS		

续表

品种			合金标记	参考	
合金代号	形状	等级		特性及用途示例	
C7060	管	普通级 特殊级	C7060T C7060TS	冷凝器用白铜	耐蚀性特别是耐海水性能好，适合于较高温度下使用。用于船舶冷凝器、供水加热器、化学工业、蒸馏水装置等
C7100	管	普通级 特殊级	C7100T C7100TS		
C7150	管	普通级 特殊级	C7150T C7150TS		
C7164	管	普通级 特殊级	C7164T C7164TS		

注：1. ①导电用的代号，加在上面所列代号的后面；

2. 表示材料状态的代号，加在上面所列代号的后面。

表 6-316　铜及铜合金焊接管的特性及用途(JIS H 3320—1992)

品种			合金标记	参考	
合金代号	形状	等级		特性及用途示例	
C1220	焊管	普通级	C1220TW	磷脱氧铜	管扩口性能、弯曲性能、深拉性能、可焊性、耐腐蚀性及导热性均良好，即使在还原性气氛中高温加热，也不会发生氢脆；适用于热交换器、化学工业、供热水煤气管
		特殊级	C1220TWS		
C2600	焊管	普通级	C2600TW	黄铜	扩口性能、弯曲性能、深拉性能及可镀性均良好，适用于热交换器、幕(窗帘)轨、卫生管、各种机械零件、天线套管等
		特殊级	C2600TWS		
C2680	焊管	普通级	C2680TW		
		特殊级	C2680TWS		
C4430	焊管	普通级	C4430TW	海军黄铜	耐腐蚀性良好，适用于煤气管、热交换器等
		特殊级	C4430TWS		
C7060	焊管	普通级	C7060TW	白铜	耐腐蚀性，特别是耐海水腐蚀性良好，适合在比较高温的条件下使用，适用于乐器、建筑材料、装璜用材、热交换器等
		特殊级	C7060TWS		
C7150	焊管	普通级	C7150TW		
		特殊级	C7150TWS		

注：表示材质的代号，加在上述代号之后。

表 6-317　　铜及铜合金棒材的特性及用途(JIS H 3250—1992)

品种		合金标记	参考	
合金代号	形状		特性及用途示例	
C1020	挤制棒	C1020BE①	无氧铜	导电、导热性能和延展性优异,可焊性、耐腐蚀性能及耐大气腐蚀性能均好。在还原性气氛中,即使在高温下加热也不会发生氢脆。用于电气、化学工业等
	拉制棒	C1020BD①		
C110	挤制棒	C1100BE①	韧铜	导电性、导热性能优异,延展性、耐腐蚀性能及耐大气腐蚀性能好。可用于电气部件、化学工业等
	拉制棒	C1100BD①		
C1201	挤制棒	C1201BE	磷脱氧铜	延展性、可焊性、耐腐蚀性能、耐大气腐蚀性能及导热性能均好。C1220在还原性气氛中,即使在高温下加热也不会发生氢脆。C1201的导电性能比C1220好。用于焊接、化学工业等
	拉制棒	C1201BD		
C1220	挤制棒	C1220BE		
	拉制棒	C1220BD		
C2600	挤制棒	C2600BE①	黄铜	冷锻性能、滚轧性能好。用于机械部件、电气部件等
	拉制棒	C2600BD①		
C2700	挤制棒	C2700BE①		
	拉制棒	C2700BD①		
C2800	挤制棒	C2800BE①		热加工性能好。用于机械部件、电气部件等
	拉制棒	C2800BD①		
C3601	拉制棒	C3601BD①	易切削黄铜	切削性能优异,C3601、C3602延展性也好。用于螺栓、螺母、小螺丝、轴、齿轮、阀以及点火器、钟表和照相机的零部件等
C3602	挤制棒	C3602BE		
	拉制棒	C3602BD②		
C3603	拉制棒	C3603BD②		
C3604	挤制棒	C3604BE		
	拉制棒	C3604BD②		
C3605	挤制棒	C3605BE		
	拉制棒	C3605BD		
C3712	挤制棒	C3712BE	锻造用黄铜	热锻性能和切削性能好。用于阀及机械部件等
	拉制棒	C3712BD		
3771	挤制棒	C3771BE		热锻性能好,适于精密锻造。可用作机械部件等
	拉制棒	C3771BD		
C4622	挤制棒	C4622BE	海军黄铜	耐腐蚀性能好,特别是耐海水性好。用于船舶部件、轴类零件等
	拉制棒	C4622BD		
C4641	挤制棒	C4641BE		
	拉制棒	C4641BD		

续表

品种		合金代号	参考	
合金代号	形状		特性及用途示例	
C6161	挤制棒	C6161BE	铝青铜	强度高，耐磨性、耐磨蚀性能好，用于车辆机械、化学工业、船舶用小齿轮轴、衬套等
	拉制棒	C6161BD		
	锻制棒	C6161BF		
C6191	挤制棒	C6191BE		
	拉制棒	C6191BD		
	锻制棒	C6191BF		
C6241	挤制棒	C6241BE		
	拉制棒	C6241BD		
	锻制棒	C6241BF		

注：①导电用的代号，加在上面所列代号的后面。

表 6-318　　铜及铜合金线材的特性及用途（JIS H 3260—1992）

品种		合金标记	参考	
合金代号	形状		特性及用途示例	
C1100	线	C1100W	韧铜	导电、导热性优异，延展性、耐腐蚀性、耐大气腐蚀性好。用于电气、化工、小螺丝、钉子和金属网等
C1201	线	C1201W	磷脱氧铜	延展性、焊接性、耐腐蚀性、耐大气腐蚀性好。C1200 在还原性气氛中，即使在高温下加热也不会发生氢脆。C1201 的导电性能比 C1220 好。用于小螺丝、钉子、金属网
1220	线	C1220W		
C2100 C2200 C2300 C2400	线	C2100W C2200W C2300W C2400W	低锌黄铜	色泽美观，延展性、耐腐蚀性好。用于装璜品、装饰品、拉锁、金属网等
C2600 C2700 C2720	线	C2600W C2700W C2720W	黄铜	延展性、冷锻性、滚轧成形性好。用于铆钉、小螺丝、针销、钩针、弹簧金属网等
C2800	线	C2800W		强度要比 C2600，C2700，C2720 高，也有一定的延展性
C3501	线	C3501W	螺纹接头用黄铜	切削性、冷锻性好。用于自行车螺纹接头等
C3601	线	C3601W	易切削黄铜	切削性优异。C3601，C3602 也有一定的延展性。用于螺栓、螺钉、小螺丝、电子元件、照相机零件等
C3602	线	C3602W		
C3603	线	C3603W		
C3604	线	C3604W		

表 6-319　　铍青铜、磷青铜及锌白铜棒和线材的特性及用途（JIS H 3270—1992）

品种		合金标记	参考	
合金代号	形状		特性及用途示例	
C1720	棒	C1720B	铍青铜	耐腐蚀性能好，时效硬化处理前富于延展性，时效硬化处理后能提高耐疲劳性能和导电性能。时效硬化处理在成形加工后进行。 棒材可用作飞机发动机部件、螺旋桨、螺栓、凸轮、齿轮、轴承、点焊用电极等。 线材可用作盘簧、游丝、刷子等
	线	C1720W		

续表

品种		合金标记	参考	
合金代号	形状		特性及用途示例	
C5111	棒	C5111B	磷青铜	耐疲劳性能、耐腐蚀性能及耐磨性能均好。C5341,C5441 的切削性能好。 棒材可用作齿轮、凸轮、接头、轴、轴承、小螺钉、螺栓、螺母、滑动部件、连接插头、滑接导线用滑轮等
	线	C5111W		
C5102	棒	C5102B		
	线	C5102W		
C5191	棒	C5191B		
	线	C5191W		
C5212	棒	C5212B	磷青铜	线材可用作盘簧、游丝、按钮、电动机扎线、铜线、铜网、冷镦锻坯料、垫圈等
	线	C5212W		
C5341	棒	C5341B		
C5441	棒	C5441B	易切削磷青铜	
C7451	线	C7451W	锌白铜	色泽美观,耐疲劳性能、耐腐蚀性能好,C7914 的切削性能好。棒材用作小螺钉、螺栓、螺母、电气设备部件、乐器、医疗器械、钟表部件等。 线材适合作特殊弹簧材料;可制作继电器用直簧和盘簧、计量仪器、医疗器械、装饰品、眼镜部件,软质材料可用作冷镦锻材料
C7521	棒	C7521B		
	线	C7521W		
C7541	棒	C7541B		
	线	C7541W		
C7701	棒	C7701B		
	线	C7701W		
C7941	棒	C7941B	易切削锌白铜	

表 6-320　日本铸造铜合金的特性及用途

标准号	种类	合金牌号	铸造方法	特性及用途
JIS H 5101—1988	1 种 2 种 3 种	YBsC1 YBsC2 YBsC3	砂型 砂型	容易钎焊。用于凸缘法兰盘、电气零件、装饰用品等容易钎焊的铸件。 用于供(水)、排水金属件,电气零件,仪表零件,一般机械零件等。 用于机电零件、轴瓦(套筒)、密封压盖、建筑小五金、一般机械零件等
JIS H 5102—1988	1 种 1 种 C 2 种 2 种 C	HBsC1 HBsC1C HBsC2	砂型铸造等 连续铸造 砂型铸造	适合于需要高强度、耐蚀性的零件,用于船用螺旋桨(1 种以商船用为主,2 种用于舰艇)、螺旋桨罩、螺母、齿轮、轴承、保持器、阀座、阀杆、船舶用安装工具及其他一般机械零件等
	3 种 3 种 C 4 种 4 种 C	HBsC3 HBsC4	砂型铸造等 砂型铸造等	特别适合于需要高强度和高硬度、耐磨损的零件,用于桥梁用支板、轴承、螺母、螺栓、齿轮、耐磨板、滑块、涡轮等
JIS H 5111—1988	1 种 1 种 C	BC1 BC1C	砂型铸造等 连续铸造	流动性、切削性良好。如用于给水排水用配件、阀门、泵体、加水器、轴承、铭牌及其他一般机械零件等
	2 种 2 种 C 3 种 3 种 C	BC2 BC2C BC3 BC3C	砂型铸造等 连续铸造 砂型铸造等 连续铸造	耐压性、耐磨性、耐蚀性良好,而且机械强度也高,例如用于轴承、套筒、轴衬、泵体叶轮阀、齿轮、船泊安装工具、电机零件及其他一般机械零件等
	6 种 6 种 C 7 种 7 种 C	BC6 BC6C BC7 BC7C	砂型铸造等 连续铸造 砂型铸造 连续铸造	耐压性、耐磨性、切削性、铸造性良好,例如用于阀芯、轴承、套、轴衬及其他一般机械零件等。 力学性能比 BC6 稍高些,例如用于轴承、小型泵零件、套、燃料泵及其他一般机械零件等

续表

标准号	种类	合金牌号	铸造方法	特性及用途
JIS G 5112 (1988)	1种 2种	SzBe1 SzBC2	砂型	流动性好,适宜于要求强度和耐腐蚀性的材料。用于船用零件等
	3种	SzBC3	砂型	流动性好,退火后脆性小。适宜于要求强度和耐腐蚀性的材料。用于船用零件等
JIS H 5113 (1988)	2种 2种B 2种C	PBC2 PBC2B PBC2C	砂型铸造等 金属型铸造 连续铸造	耐蚀性和耐磨性良好,例如用于齿轮、涡轮、轴承、套、轴衬、叶轮,及其他一般机械零件
	3种B 3种C	PBC3B PBC3C	金属型铸造 连续铸造	硬度高,耐磨性良好,例如用于滑动零件、套、齿轮、造纸用的各种滚子等
JIS H 5114 (1988)	1种 1种C	ALBC1	砂型铸造等	适合于要求强度和耐蚀性的零件,例如用于耐酸零件、齿轮、造纸用滚子等
	2种 2种C	ALBC2 CLBC2C	砂型铸造等 连续铸造	适合于对强度、耐腐蚀性、耐磨性有要求的零件,例如用于船用小型螺旋桨、齿轮、轴承、轴衬、阀座、叶轮螺栓、螺帽、安全工具等
	3种 3种C 4种	ALBC3 ALBC4	砂型铸造等 砂型铸造等	适合于要求特别高的强度和耐蚀性、耐腐蚀性、耐磨损的大型铸件,例如用于船用螺旋桨、套、叶轮、齿轮、化学工业用机器零件等
JIS H 5115 (1988)	2种	BC2	砂型等	耐压性、耐磨性良好。用于中、高速重负荷用的轴承、缸体(气缸、油缸)阀等
	3种 3种C	LBC3 LBC3C	砂型等 连续铸造	磨合性能良好。用于中、高速重负荷用的轴承、活塞等
	4种 4种C	LBC4 LBC4C	砂型等 连续铸造	磨合性能良好。用于高速中等负荷用的轴承、车辆用的轴承、轴衬等
	5种	LBC5	砂型铸造	磨合性能良好。用于高速轻负荷用的轴承、发动机附件等
	5种C	LBC5C	连续铸造	

6.8 国际标准化组织(ISO)铜及铜合金

6.8.1 铜及铜合金牌号和化学成分

(1)铜冶炼产品

表 6-321　　铜(Cu≥99.85%)牌号和化学成分[ISO 431—1981(E)]

材料名称	牌号	化学成分/%		备注
		Cu+Ag,不小于	P	
阴极铜	Cu-CATH	99.90		
电解精炼韧铜	Cu-ETP	99.90		
火法精炼高导铜	Cu-FRHC	99.90		
化学精炼韧铜	Cu-CRTP	99.90		
火法精炼韧铜	Cu-FRTP	99.85		
含磷高导铜	Cu-HCP	99.95	0.001～0.005	当用无氧铜制造时,其氧含量应低于 0.001%
含磷高导铜	Cu-PHC	99.95	0.003	
含磷高导铜(电工级)	Cu-PHCE	99.99(不含Ag)		杂质含量见表 6-322
低残磷脱氧铜	Cu-DLP	99.90	0.005～0.012	
高残磷脱氧铜	Cu-DHP	99.95	0.013～0.04	
电解精炼无氧铜	Cu-OF	99.95		
电解精炼无氧铜(电工级)	Cu-OFE	99.99(不含Ag)		杂质含量见表 6-322
含银无氧铜	Cu-Ag(OF)	99.95		
含银韧铜	Cu-Ag	99.0		经供需双方商定,银含量可规定在 0.01%～0.25%之间
含银磷脱氧铜	Cu-Ag(P)	99.0		

Cu-OFE 和 Cu-PHCE 电工级牌号铜对其他元素最大含量的要求如表 6-322 所示。

表 6-322　　Cu-OFE 和 Cu-PHCE 杂质最大界限值

铜牌号	杂质元素/%,不大于								
	As	Sb	Bi	Cd	Fe	Pb	Mn	Hg	Ni
Cu-OFE	①	①	0.001①	0.0001	②	0.001	①②	0.0001	②
Cu-PHCE	①	①	0.001①	0.0001①	②	0.001	①②	0.0001	②

铜牌号	杂质元素/%,不大于							
	O_2	P	Se	Ag	S	Te	Sn	Zn
Cu-OFE	0.001	0.0003	0.001①	②	0.0018	0.001①	①	0.0001
Cu-PHCE	0.003③	0.003③	0.001①	②	0.0018	0.001①	①	0.0001

注:1. 表中①这几个元素的总和不超过 0.004%;
2. 表中②要求分析,不规定界限值;
3. 表中③近似值。

(2)加工铜及铜合金

加工铜分铜含量为99.85%以上和97.5%以上两类。后者在1983年以前被称为"低合金化铜"。加工铜的化学成分如表6-323和表6-324所示。

表6-323 加工铜(Cu≥99.85%)牌号和化学成分[ISO 1337—1980(E)废止]

材料名称	牌号	化学成分/%		产品
		Cu+Ag 不小于	其他元素	
电解精炼韧铜	Cu-ETP	99.90		板,带,管,棒,线(挤压型材,锻件)
火法精炼高导铜	Cu-FRHC	99.90		板,带,管,棒,线(挤压型材,锻件)
火法精炼韧铜	Cu-FRTP	99.85		板,带,棒(挤压型材)
无氧铜	Cu-OF	99.95		板,带,棒(挤压型材,管,线,锻件)
含磷高导铜	Cu-HCP	99.95	P 0.001～0.005	板,带,棒(挤压型材,管,线,锻件)
低磷脱氧铜	Cu-DLP	99.90	P 0.005～0.012	棒(板,带,管,挤压型材)
高磷脱氧铜	Cu-DHP	99.85	P 0.013～0.050	板,带,棒,管(挤压型材)

当需方要求表中未规定的其他元素时,其界限值由供需双方商定。HCP用无氧铜制造时,其氧含量应不大于0.001%。

表6-324 加工铜(Cu≥97.5%)牌号和化学成分[ISO 1336—1980(E)废止]

材料名称	牌号	化学成分/%,不大于(注明余量及范围值者除外)				备注
		Cu	合金元素	其他元素	杂质总和	
含银铜	CuAg0.05	余量	Ag 0.02～0.08	O_2 0.06	0.1	带,棒,线
	CuAg0.1	余量	Ag 0.08～0.12	O_2 0.06	0.1	
	CuAg0.05(OF)	余量	Ag 0.02～0.08	—	0.1	
	CuAg0.1(OF)	余量	Ag 0.08～0.12	—	0.1	
	CuAg0.05(P)	余量	Ag 0.02～0.08	P 0.001～0.005	0.1	
	CuAg0.1(P)	余量	Ag 0.08～0.12	P 0.001～0.005	0.1	
含镉铜	CuCd1	余量	Cd 0.7～1.3	—	0.3	棒,线
含铬铜	CuCr1	余量	Cr 0.3～1.2	—	0.3	棒,锻件(板,带,管,线,型材)
	CuCr1Zr	余量	Cr 0.5～1.4 Zr 0.02～0.2	—	0.2	
含硫铜	CuS(P0.01)	余量	S 0.20～0.70	P 0.004～0.012	0.1	棒
	CuS(P0.03)	余量	S 0.20～0.70	P 0.013～0.050	0.1	
含碲铜	CuTe	余量	Te 0.3～0.8	无氧	0.2	
	CuTe(P)	余量	Te 0.3～0.8	P 0.004～0.012	0.2	

表6-324备注栏括号内的产品产量较少,只有某些国家生产(或系专用产品)。

按照ISO 197/1—1983(E)的规定,在铜含量为97.5%以上的加工铜中,其他加入元素的最大百分含量不应超过下列极限值:Ag为0.25,As为0.5,Cd为1.3,Cr为1.4,Mg为0.8,Pb为1.5,S为0.7,Sn为0.8,Te为0.8,Zn为1.0,Zr为0.3,Al为0.3,Bi为0.3,Co为0.3,Fe为0.3,Mn为0.3,Ni为0.3,Si为0.3。

(3)加工铜锌合金

加工铜锌合金的牌号和化学成分如表6-325和表6-326所示。

表 6-325 加工铜锌合金牌号和化学成分(ISO 426/1—1983 废止)

材料名称	牌号	化学成分/%,不大于(注明范围和余量者除外)					标准号	备注
		Cu	Zn	Fe	Pb	Al		
无氧铜锌合金	CuZn5	94.0～96.0	余量	0.1	0.05	—	ISO 426/1—1983	板,带,管,线
	CuZn10	89.0～91.0	余量	0.1	0.05	—		板,带,管,棒,线
	CuZn15	84.0～86.0	余量	0.1	0.05	—		
	CuZn20	78.5～81.5	余量	0.1	0.05	—		
	CuZn30	68.5～71.5	余量	0.1	0.05	—		
	CuZn35	64.0～67.0	余量	0.1	0.1	—		
	CuZn37	62.0～65.0	余量	0.2	0.3	—		板,带,管,棒,线,型
	CuZn40	59.0～62.0	余量	0.2	0.3	—		管,棒,线,型
含铅铜锌合金	CuZn32Pb1	65.0～68.0	余量	0.2	0.75～1.5	—	ISO 426/2—1983	板,带,管
	CuZn36Pb	62.5～65.0	余量	0.2	0.25～0.75	—		板,带,管,棒,线
	CuZn35Pb1	62.5～65.0	余量	0.2	0.75～1.5	—		
	CuZn34Pb2	62.5～65.0	余量	0.2	1.5～2.5	—		
	CuZn37Pb1	60.0～63.0	余量	0.2	0.75～1.5	—		
	CuZn37Pb2	60.0～63.0	余量	0.2	1.5～2.5	—		
	CuZn36Pb3	60.0～63.0	余量	0.35	2.5～3.7	—		
	CuZn40Pb	58.0～61.0	余量	0.2	0.25～0.75	—		
	CuZn39Pb1	58.0～61.0	余量	0.2	0.75～1.5	—		
	CuZn38Pb2	58.0～61.0	余量	0.2	1.5～2.5	—		
	CuZn40Pb2	56.0～59.0	余量	0.35	1.5～2.5	—		管,棒,线,型,锻件
	CuZn39Pb3	56.0～59.0	余量	0.35	2.5～3.5	—		管,棒,线,型
	CuZn38Pb4	56.0～59.0	余量	0.35	3.5～4.5	—		棒,线,型
	CuZn43Pb2	54.0～57.5	余量	0.5	1.0～3.0	0.5		型材

注:无铅铜锌合金中的镍含量不大于 0.3%,并计入铜中。

表 6-326 特种铜锌合金牌号和化学成分(ISO 426/1—1983 废止)

牌号	化学成分/%,不大于(注明余量和范围值者除外)											
	Cu	Zn	Fe	Pb	Al	As	Mn	P	Ni	Sb	Si	Sn
CuZn20Al2	76.0～79.0	余量	0.07	0.05	1.8～2.3	0.02～0.06①	—	0.010	—	0.02～0.06①	—	—
CuZn28Sn1	70.0～73.0	余量	0.07	0.05	—	0.02～0.06②	—	0.02～0.06②	—	0.02～0.06②	—	0.9～1.3
CuZn30As	68.5～71.5	余量	0.07	0.05	—	0.02～0.06	—	0.02	—	—	—	—
CuZn31Si1③	66.0～70.0	余量	0.4	0.8	—	—	—	—	0.5	—	0.7～1.3	—
CuZn37Sn1Pb1	59.0～62.0	余量	0.1	0.4～1.0	—	—	—	—	—	—	—	0.5～1.0
CuZn38Sn1	59.0～62.0	余量	0.1	0.2	—	—	—	—	—	—	—	0.5～1.2
CuZn37Mn3Al2Si③	57.0～60.0	余量	0.6	0.8	1.0～2.5	—	1.5～3.5	—	0.25④	—	0.3～1.3	0.5
CuZn39AlFeMn	56.0～61.0	余量	0.2～1.5	1.5	0.2～1.5⑤	—	0.2～2.0	—	2.0	—	—	1.2

注:表中①Sb 或者 As;②Sb 或 As 或 P;③该合金主要用于耐磨零件,如普通滑动轴承;④经双方协议,镍可达 2.0%;⑤用于优质铜焊时,铝含量应小于 0.2%。

(4)加工铜锡合金

表 6-327 加工铜锡合金牌号和化学成分(ISO 428—1983 废止)

材料名称	牌号	化学成分/%,不大于(注明余量和范围值者除外)							备注
		Cu	Fe	Ni	P	Pb	Sn	Zn	
铜锡合金	CuSn2	余量	0.1	0.3	0.01～0.3	0.05	1.0～2.5	0.3	带,管,棒,线
	CuSn4	余量	0.1	0.3	0.01～0.4	0.05	3.5～4.5	0.3	板,带,管,棒,线
	CuSn5	余量	0.1	0.3	0.01～0.4	0.05	4.5～5.5	0.3	
	CuSn6	余量	0.1	0.3	0.01～0.4	0.05	5.5～7.5	0.3	
	CuSn8	余量	0.1	0.3	0.01～0.4	0.05	7.5～9.0	0.3	
	CuSnP①	余量	0.1	0.3	0.01～0.4	0.05	7.5～9.0	0.3	带,管,棒
特殊铜锡合金	CuSn4Zn2	余量	0.1	0.3	—	0.05	3.0～5.0	1.0～3.0	板,带
	CuSn4Pb4Zn3	余量	0.10	—	0.01～0.50	3.5～4.5	3.5～4.5	1.5～4.5	板,带,管,棒

注:①主要适用于做耐磨零件,如按 ISO 4382/2 的普通(滑动)轴承。

(5)加工铜铝合金

表 6-328 加工铜铝合金牌号和化学成分(ISO 428—1983 废止)

材料名称	牌号	化学成分/%,不大于(注明余量和范围值者除外)										备注
		Cu	Al	Fe	Mn	Ni	Pb	Si	Sn	Zn①	其他元素	
铜铝合金	CuAl5	余量	4.0～6.5	0.5	0.5	0.8	0.1	—	—	0.5	As 0.4	板,带,管,棒,线
	CuAl7	余量	6.5～7.5	0.5	0.5	0.8	0.1	—	—	0.5	—	板,管,棒,线,锻件
	CuAl8	余量	7.5～9.0	0.5	0.5	0.8	0.1	—	—	0.5	—	板,管,线,锻件
特殊铜铝合金	CuAl7Fe3Sn	余量	6.0～8.0	1.5～3.5	1.0	1.0	0.05	—	0.15～0.50	0.5	—	板,管,棒,线
	CuAl7Si2	余量	6.0～7.6	0.80	0.10	0.25	0.05	1.5～2.4	0.20	0.50	—	板,棒
	CuAl8Fe3	余量	6.5～8.5	1.5～3.5	1.0	1.0	0.05	—	—	0.5	—	板,棒
	CuAl9Fe4Ni4③	余量	8.0～11.0	2.5～4.5	3.0	2.5～5.0	0.1	0.1	0.20	0.5	—	带,棒
	CuAl9Mn2	余量	8.0～10.0	1.5	1.5～3.0	0.8	0.05	—	—	0.5	—	棒,锻件
	CuAl9Ni3Fe2	余量	8.0～9.5	1.0～3.0	2.5	1.5～4.0	0.05	0.1	0.20	0.20	Mg 0.05	板,棒
	CuAl10Fe3	余量	8.5～11.0	2.0～4.0	3.5	1.0	0.05	—	—	0.5	—	棒,型,锻件
	CuAl10Ni5Fe4	余量	8.5～11.0②	2.0～5.0	1.5	4.0～6.0	0.05	—	—	0.5	—	板,管,棒,型,锻件

注:表中①当产品用于焊接和需方有规定时,锌含量最大为 0.2%;②铝含量小于 8.5+Ni/2;③该合金主要用作耐磨零件,如普通滑动轴承。

(6)加工铜镍合金

加工铜镍合金的化学成分如表 6-329 所示。

表 6-329　加工铜镍合金牌号和化学成分(ISO 429—1983 废止)

牌号	化学成分/%,不大于(注明余量和范围值者除外)									备注
	Cu	C	Fe	Mn	Ni②	Pb	S	Sn	Zn	
CuNi9Sn2	余量	—	0.3	0.3	8.5～10.5	0.05	—	1.8～2.8	0.5	带,线
CuNi25	余量	0.05	0.3	0.3	24.0～26.0	0.02	0.02	0.03	0.5	板,带,线
CuNi10Fe1Mn①	余量	0.05	1.0～2.0	0.5～1.0	9.0～11.0	0.02	0.05	0.03	0.5	板,带,管,棒,锻件
CuNi30Mn1Fe①	余量	0.06	0.4～1.0	0.5～1.5	29.0～32.0	0.02	0.06	0.03	0.5	板,带,管,棒
CuNi30Fe2Mn2①	余量	0.06	1.5～2.5	1.5～2.5	29.0～32.0	0.02	0.06	0.03	0.5	管
CuNi44Mn1	余量	0.05	0.5	0.5～2.5	43.0～45.0	0.01	0.05	0.01	0.2	带,线

注:1. 用于焊接和需方有规定时,下列元素最大含量为:P0.02%,S0.02%,C0.05%;
2. Co≤0.5%,并计入镍中。

(7)加工铜镍锌合金

表 6-330　加工铜镍锌合金牌号和化学成分(ISO 430—1983 废止)

材料名称	牌号	化学成分/%,不大于(注明余量及范围值者除外)						备注
		Cu	Ni	Pb	Zn	Fe	Mn	
铜镍锌合金	CuNi18Zn20	60.0～64.0	17.0～19.0	0.05	余量	0.3	0.5	板,带,管,棒,线
	CuNi18Zn27	53.0～56.0	17.0～19.0	0.05	余量	0.3	0.5	板,带,棒,线
	CuNi15Zn21	62.0～66.0	14.0～16.0	0.05	余量	0.3	0.5	板,带,管,棒,线
	CuNi12Zn24	62.0～66.0	11.0～13.0	0.05	余量	0.3	0.5	板,带,管,棒,线
	CuNi12Zn29	57.0～61.0	11.0～13.5	0.05	余量	0.3	0.5	板,带
	CuNi10Zn27	61.0～65.0	9.0～11.0	0.05	余量	0.3	0.5	板,带
含铅铜镍锌合金	CuNi18Zn19Pb1	59.0～63.0	17.0～19.0	0.5～1.5	余量	0.3	0.7	带,棒,线
	CuNi10Zn28Pb1	59.0～63.0	9.0～11.0	1.0～2.0	余量	0.3	0.7	带,棒
	CuNi10Zn42Pb2	44.0～48.0	9.0～11.0	1.0～2.5	余量	0.3	0.5	型,材,锻件

(8)特殊铜合金

特殊铜合金是指上述合金中未包括的铜合金,如铜铍合金、铜硅合金等。在国际标准中列有 10 个牌号的特殊铜合金,其化学成分如表 6-331 所示。

表 6-331　加工特殊铜合金牌号和化学成分[ISO 1187—1983(E)废止]

牌号	化学成分/%,不大于(注明余量及范围值者除外)									备注
	Cu	Be	Co	Fe	Mn	Ni	Pb	Si	Zn	
CuBe1.7	余量	1.6～1.80①	②	②	—	②	—	—	—	板,带,管,棒线
CuBe2	余量	1.80～2.1	②	②	—	②	—	—	—	板,带,管,棒,线,锻件
CuBe2Pb	余量	1.8～2.0	③	③	—	③	0.2～0.6	—	—	棒
CuCo2Be	余量	0.4～0.7	2.0～2.8	④	—	④	—	—	—	带,棒,线,型材
CuNi2Be	余量	0.20～0.6	—	—	—	1.4～2.0	—	—	—	带,棒,线,型材
CuNi1Si	余量	—	—	—	—	1.0～1.6	—	0.4～0.7	—	带,棒,线
CuNi2Si	余量	—	—	—	—	1.6～2.5	—	0.5～0.8	—	带,棒,线
CuPb1	余量	—	—	—	—	—	0.8～1.5	—	—	棒
CuSi1	余量	—	—	0.8	0.7	—	0.05	0.8～2.0	1.5	板,管,棒,线
CuSi3Mn1	余量	—	—	0.3	0.7～1.5	0.3	0.03⑤	2.7～3.5	0.5⑤	板,带,管,棒,线,锻件

注:表中①实际分析小于 1.80%;②Co+Ni0.20%～0.60%,Co+Ni+Fe0.20%～0.60%;③Co+Ni≤0.40%,Co+Ni+Fe≤0.6%;④Fe+Ni≤0.5%;⑤当产品用于焊接或需方有规定或用作焊料时,锌最大含量为 0.2%,铅最大含量为 0.02%。

(9)铸造铜合金

铸造铜合金锭牌号和化学成分见表 6-332。

表 6-332 铸造铜合金锭牌号和化学成分(ISO 1338—1977 废止)

材料名称	牌号	化学成分/%,不大于(注明范围值者和余量者除外)											
		Cu	Sn	Pb	Sn	Fe	Ni	P	Al	Mn	Si	Sb	S
铸造铜锌合金	GCuZn33Pb2	63.0～66.0	1.5	1.0～2.8	余量	0.7	1.0①	0.02	0.1	0.2	0.03	—	—
	GCuZn40Pb②	58.0～62.0	1.0	0.5～2.5	余量	0.7	1.0①	—	0.2～0.8	0.5	0.05	—	—
	GCuZn35AlFeMn③	57.0～65.0	1.0	0.5	余量	0.5～2.0	3.0	—	0.5～2.5	0.1～3.0	0.10	—	—
	GCuZn36Al4Fe3Mn3	60.0～66.0	0.20	0.20	余量	1.5～4.0	3.0	—	2.5～5.0	1.5～4.0	0.10	—	—
	GCuZn25Al6Fe3Mn3	60.0～66.0	0.20	0.20	余量	2.0～4.0	3.0	—	4.5～7.0	1.5～4.0	0.10	—	—
铸造铜铝合金	GCuAl9④	88.0～91.5	0.20	0.20	0.40	1.0	1.0①	—	8.2～10.2	0.5	0.10	—	—
	GCuAl10Fe3⑤	83.0～89.3	0.20	0.10	0.40	2.0～4.5	3.0	—	8.7～10.7	1.0	0.10	—	—
	GCuAl10Fe5Ni5⑥	76.0(大于)	0.10	0.10	0.50	3.5～5.2	3.5～6.3	—	8.2～10.7	3.0	0.08	—	—
铸造铜锡合金	GCuSn12⑦	85.5～88.3	10.7～13.0	0.8	2.0	0.15	1.8①	0.05	0.01	0.2	0.01	0.2	0.05
	GCuSn12Ni2⑧	84.5～87.3	11.2～13.0	0.20	0.40	0.15	1.5～2.0	0.05	0.01	0.2	0.01	0.1	0.05
	GCuSn12Pb2⑧	84.0～87.3	11.2～13.0	1.0～2.0	2.0	0.15	2.0①	0.05	0.01	0.2	0.01	0.2	0.05
	GCuSn10⑨	88.0～90.8	9.2～11.0	1.0	0.5	0.15	2.0①	0.05	0.01	0.2	0.01	0.2	0.05
	GCuSn10P	87.0～89.3	10.2～11.5	0.25	0.05	0.10	0.10	0.6～1.0	0.01	0.05	0.02	0.05	0.05
	GCuSn11P⑩	86.0～89.5	10.2～12.0	0.5	0.5	0.10	0.2	0.25～1.5	0.01	—	0.02	—	—
	GCuPb9Sn5	80.0～87.0	4.2～6.0	8.5～10.0	2.0	0.15	2.0①	0.05	0.01	0.2	0.01	0.5	0.10
	GCuPb10Sn10	78.0～81.0	9.2～11.0	8.5～10.5	2.0	0.15	2.0①	0.05	0.01	0.2	0.01	0.5	0.10
	GCuPb15Sn8	75.0～78.5	7.2～9.0	13.5～16.5	2.0	0.15	2.0①	0.05	0.01	0.2	0.01	0.5	0.10
	GCuPb20Sn5	70.0～77.5	4.0～6.0	19.0～23.0	2.0	0.15	2.5①	0.05	0.01	0.2	0.01	0.75	0.10
	GCuSn8Pb2	82.0～90.0	6.2～9.0	0.5～3.8	3.0	0.2	2.5①	0.02	0.01	—	0.01	0.25	0.10
	GCuSn10Zn2	86.0～88.5	9.2～10.0	1.3	1.0～3.0	0.20	2.0①	0.03	0.01	0.2	0.01	0.3	0.10
	GCuPb5Sn5Zn5	83.5～85.5	4.2～6.0	4.0～5.7	4.5～6.0	0.25	2.5①	0.03	0.01	—	0.01	0.25	0.10
	GCuSn7Pb7Zn3	82.0～84.0	6.2～8.0	5.0～7.5	2.3～5.0	0.20	2.0①	0.03	0.01	—	0.01	0.30	0.10

注:表中①镍计入铜中;②该合金用于砂模铸件时,经供需双方商定,Al≤0.05%;③该合金中,Sb+P+As≤0.40%;④该合金要求 Cu+Al>98%;⑤该合金用于焊接时,Pb≤0.02%,用于金属模铸件时,经供需双方商定,铁含量可降低至 1.0%;⑥该合金 Cu+Fe+Ni+Al+Mn>99.2%,当用于焊接时,Pb≤0.02%;⑦合金用于抗磁时,Fe≤0.05%;经双方商定,磷含量可达 0.40%;⑧合金用于薄壁连续铸件时,经双方商定,锡可降低至 10.5%,用于抗磁时,Fe≤0.05%,经双方商定,磷含量可达 0.40%;⑨合金用于抗磁时,Fe≤0.05%;经双方商定,磷可达 0.40%;⑩合金用于抗磁时,Fe≤0.05%。

表 6-333 铜合金铸件牌号和化学成分(ISO 1338—1977 废止)

材料名称	牌号	化学成分/%,不大于(注明范围值和余量者除外)											
		Cu	Sn	Pb	Zn	Fe	Ni	P	Al	Mn	Si	Sb	S
铸造铜锌合金	GCuZn33Pb2	63.0~67.0	1.5	1.0~3.0	余量	0.8	1.0①	0.05	0.1	0.2	0.05	—	—
	GCuZn40Pb	58.0~63.0	1.0	0.5~2.5	余量	0.8	1.0①	—	0.2~0.8	0.5	0.05	—	—
	GCuZn35AlFeMn	57.0~65.0	1.0	0.5	余量	0.5~2.0	3.0	—	0.5~2.5	0.1~3.0	0.10	—	—
	GCuZn26Al4Fe3Mn3	60.0~66.0	0.20	0.20	余量	1.5~4.0	3.0	—	2.5~5.0	1.5~4.0	0.10	—	—
	GCuZn25Al6Fe3Mn3	60.0~66.0	0.20	0.20	余量	2.0~4.0	3.0	—	4.5~7.0	1.5~4.0	0.10	—	—
铸造铜铝合金	GCuAl9	88.0~92.0	0.30	0.30	0.50	1.2	1.0①	—	8.0~10.5	0.50	0.20	—	—
	GCuAl10Fe3	83.0~89.5	0.30	0.20	0.40	2.0~5.0	3.0	—	8.5~11.0	1.0	0.20	—	—
	GCuAl10Fe5Ni5	大于76.0	0.20	0.10	0.50	3.5~5.5	3.5~6.5	—	8.0~11.0	3.0	0.10		
铸造铜锡合金	GCuSn12	85.0~88.5	10.5~13.0	1.0	2.0	0.25	2.0	0.05~0.40	0.01	0.2	0.01	0.2	0.05
	GCuSn12Ni2	84.0~87.5	11.0~13.0	0.3	0.4	0.20	1.5~2.5	0.05~0.40	0.01	0.2	0.01	0.1	0.05
	GCuSn12Pb2	84.0~87.5	11.0~13.0	1.0~2.5	2.0	0.20	2.0①	0.05~0.40	0.01	0.2	0.01	0.2	0.05
	GCuSn10	88.0~91.0	9.0~11.0	1.0	0.5	0.20	2.0①	0.20	0.01	0.2	0.01	0.2	0.05
	GCuSn10P	87.0~89.5	10.0~11.5	0.25	0.05	0.10	0.10	0.50~1.0	0.01	0.05	0.02	0.05	0.05
	GCuSn11P	86.0~89.5	10.0~12.0	0.5	0.5	0.10	0.20①	0.15~1.5	0.01		0.02	—	—
	GCuPb9Sn5	80.0~87.0	4.0~6.0	8.0~10.0	2.0	0.25	2.0①	0.1	0.01	0.2	0.01	0.5	0.10
	GCuPb10Sn10	78.0~82.0	9.0~11.0	8.0~11.0	2.0	0.25	2.0①	0.05	0.01	0.2	0.01	0.5	0.10
	GCuPb15Sn8	75.0~79.0	7.0~9.0	13.0~17.0	2.0	0.25	2.0①	0.10	0.01	0.2	0.01	0.5	0.10
	GCuPb20Sn5	70.0~78.0	4.0~6.0	18.0~23.0	2.0	0.25	2.5①	0.10	0.01	0.2	0.01	0.75	0.10
	GCuSn8Pb2	82.0~91.0	6.0~9.0	0.5~4.0	3.0	0.2	2.5①	0.05	0.01	—	0.01	0.25	0.10
	GCuSn10Zn2	86.0~89.0	9.0~11.0	1.5	1.0~3.0	0.25	2.0①	0.05	0.01	0.2	0.01	0.3	0.10
	GCuPb5Sn5Zn5	84.0~86.0	4.0~6.0	4.0~6.0	4.0~6.0	0.30	2.5①	0.05	0.01	—	0.01	0.25	0.10
	GCuSn7Pb7Zn3	81.0~85.0	6.0~8.0	5.0~8.0	2.0~5.0	0.20	2.0①	0.10	0.01	—	0.01	0.35	0.10

注:①镍计入铜中。

6.8.2 铜及铜合金的力学性能

(1)板材和带材

铜及铜合金板材和带材的力学性能见表 6-334。

表 6-334　　板材和带材的力学性能

合金名称	代号		厚度/mm	宽度/mm	0.2%屈服强度 $R_{p0.2}$/MPa	抗拉强度 R_m/MPa	伸长率 A②/%	维氏硬度 HV	平均晶粒度/mm
	合金	状态①							
加工铜	Cu-ETP	O	—	—	—	—	≥30	≤60	
	Cu-FRHC	M	—	—	—	约 220	约 35	≤75	
	Cu-FRTP	HA	0.2~10	—	—	250~290	约 16	约 80	
	Cu-OF	HB	0.2~6	—	—	280~330	约 8	约 100	
	Cu-DHP	HC	0.2~1.5	—	—	340~390	约 4	约 110	
加工铜	CuAg0.05	O	—	—	—	—	≥30	≤60	
	CuAg0.1	HA	0.2~10	—	—	250~290	约 16	约 80	
	CuAg0.05(P)	HB	0.2~6	—	—	280~330	约 8	约 100	
	CuAg0.1(P)	HC	0.2~1.5	—	—	340~390	约 4	约 110	
	CuS(P)	O	—	—	—	—	≥30	≤60	
		M	—	—	—	约 220	约 35	≤75	
		HA	0.2~10	—	—	250~290	约 16	约 80	
		HB	0.2~6	—	—	280~330	约 8	约 100	
		HC	0.2~1.5	—	—	340~390	约 4	约 110	
铜锌合金（黄铜）	CuZn5	O	0.2~10	—	—	—	≥33	≤75	
		HA	0.2~5	—	—	260~320	约 19	约 80	
		HB	0.2~5	≤700	—	310~370	约 8	约 110	
	CuZn10	O	0.2~10	—	—	—	≥35	≤75	0.025~0.045
		OS35	0.2~5	≤700	—	—	≥35	≤75	
		HA	0.2~10	—	—	290~350	约 20	约 90	
		HB	5~10 0.2~5	≤450 ≤700	—	340~400	约 10	约 115	
	CuZn15	O	0.2~10	—	—	—	≥35	≤80	0.025~0.050
		OS35	0.2~5	≤700	—	—	≥35	≤80	
		HA	0.2~10	—	—	310~370	约 30	约 95	
		HB	5~10 0.2~5	≤450 ≤700	—	360~420	约 12	约 120	
	CuZn20	O	0.2~10		—	—	≥40	≤80	0.025~0.050
		OS35	0.2~5	≤700	—	—	≥40	≤85	
		HA	0.2~10		—	320~390	约 30	约 100	
		HB	5~10 0.2~5	≤450 ≤700	—	380~450	约 12	约 125	
	CuZn30	O	0.2~30		—	—	≥45	≤80	0.015~0.035
		OS25	0.2~2	≤350	—	—	≥35	≤100	0.015~0.035
		OS35	0.2~5	≤700	—	—	≥45	≤85	0.025~0.050
		HA	0.2~30		—	340~420	约 40	约 105	
		HB	5~10 0.2~5	≤450 ≤700	—	410~480	约 15	约 135	
	CuZn33	O	0.2~10		—	—	≥45	≤80	0.025~0.050
		OS35	0.2~5	≤700	—	—	≥45	≤85	
		HA	0.2~10		—	360~430	约 35	约 110	
		HB	5~10 0.2~5	≤450 ≤700	—	420~490	约 15	约 140	
	CuZn37	O	0.2~30		—	—	≥40	≤80	
		OS25	0.2~2	≤350	—	—	≥30	≤100	0.015~0.035
		OS35	0.2~5	≤700	—	—	≥40	≤85	0.025~0.050
		HA	0.2~30		—	360~440	约 35	约 110	
		HB	5~10 0.2~5	≤450 ≤700	—	430~510	约 15	约 140	
		HC	0.2~2	≤350	—	520~610	约 8	约 170	
	CuZn40	O	0.2~5	—		—	≥35	≤100	
		HA	0.2~5	—		390~470	约 20	≤125	

续表

合金名称	代号		厚度/mm	宽度/mm	0.2%屈服强度 $R_{p0.2}$ /MPa	抗拉强度 R_m /MPa	伸长率 A[②] /%	维氏硬度 HV	平均晶粒度/mm
	合金	状态[①]							
铜锌铅合金（含铅黄铜）	CuZn35Pb2	O	0.3～10	—	—	—	≥35	≤90	
		HB	0.3～5	≤700	—	430～530	约10	约150	
	CuZn38Pb1	O	0.3～10	—	—	—	≥35	≤90	
		HB	0.3～5	≤700	—	430～530	约10	约150	
	CuZn38Pb2	O	0.3～10	—	—	—	≥35	≤90	
		HB	0.3～5	≤700	—	430～530	约10	约150	
	CuZn40Pb	M	—	—	—	约370	约40	≤110	
		HA	0.2～5	—	—	390～470	约20	约125	
	CuZn39Pb2	HB	0.3～5	≤700	—	500～600	约8	约160	
特殊铜锌合金（特殊黄铜）	CuZn20Al2	M	—	—	—	约330	约42	≤100	
		HA	18～30	—	—	390～490	约30	约110	
	CuZn28Sn1	M	—	—	—	约330	约40	≤100	
		HA	18～30	—	—	390～490	约30	约120	
	CuZn38Sn1	M	—	—	—	约370	约30	≤120	
		HA	5～30	—	—	390～470	约25	约125	
铜锡合金（磷青铜）特殊铜锡合金（特殊青铜）	CuSn2	O	0.2～5	≤350	—	—	≥40	≤75	
	CuSn4	O	0.2～5	≤700	—	—	≥45	≤90	
		HD	0.1～2	≤350	≥570	约640	≥1	—	
	CuSn6	O	0.2～5	≤700	—	—	≥50	≤95	
		HD	0.1～2	≤350	≥620	约690	≥1	—	
	CuSn8	O	0.2～5	≤350	—	—	≥50	≤110	
		HD	0.2～2	≤350	≥650	约720	≥1	—	
	CuSn10	HB	5～25	≤350	≥440	约540	≥15	—	
		HD	0.1～2	≤350	≥670	约740	≥1	—	
	CuSn4Zn4	O	0.2～5	≤700	—	—	≥40	≤100	
		HD	0.1～2	≤350	≥520	约640	≥3	—	
铜铝合金（铝青铜）特殊铜铝合金（特殊铝青铜）	CuAl5	M	—	—	—	约410	约45	≤110	
		O	—	—	—	—	≥45	≤110	
	CuAl8	M	—	—	—	约470	约35	≤125	
		O	—	—	—	—	≥35	≤125	
	CuAl8Fe3	M	—	—	≥195	约510	≥28	—	
铜镍合金	CuNi20	M	—	—	≥95	约330	≥35	—	
	CuNi25	O	0.2～10	—	—	—	≥35	≤95	
	CuNi5Fe1Mn	O	0.3～5	≤600	—	—	≥30	≤85	
	CuNi10Fe1Mn	M	—	—	≥95	约330	≥30	—	
	CuNi20Mn1Fe	M	—	—	≥115	约350	≥35	—	
	CuNi30Mn1Fe	O	0.2～2	≤600	—	—	≥30	≤105	
	CuNi44Mn1	O	0.2～5	—	—	—	≥35	≤100	

续表

合金名称	代号		厚度/mm	宽度/mm	0.2%屈服强度 $R_{p0.2}$/MPa	抗拉强度 R_m/MPa	伸长率 A②/%	维氏硬度 HV	平均晶粒度/mm
	合金	状态①							
铜镍锌合金	CuNi18Zn20	OS25	0.2～2	≤350	—	—	≥30	≤120	0.015～0.035
		OS35	0.2～5	≤700	—	—	≥35	≤110	0.025～0.050
		HA	0.2～5	≤450	—	460～560	约 8	约 160	
		HB	0.1～2	≤350	—	560～690	约 3	约 190	
	CuNi18Zn27	HD	0.1～2	≤350	—	690～830	约 2	约 210	
	CuNi15Zn21	O	0.2～5	≤350	—	—	≥36	≤120	
		HB	0.2～5	≤350	—	440～540	约 18	约 140	
	CuNi12Zn24	OS25	0.2～2	≤350	—	—	≥35	≤110	0.015～0.035
		OS35	0.2～5	≤700	—	—	≥4	≤100	0.025～0.050
		HA	0.2～5	≤450	—	410～510	约 20	约 140	
	CuNi10Zn27	OS35	0.2～5	≤700	—	—	≥38	≤100	
		HA	0.2～5	≤450	—	410～510	约 15	约 140	
		HB	0.2～5	≤350	—	540～640	约 5	约 180	
	CuNi10Zn28Pb1	O	0.2～5	≤350	—	—	≥35	≤100	
		HA	0.2～5	≤450	—	410～510	约 10	约 150	
		HB	0.2～5	≤850	—	550～650	约 4	≤180	
特殊铜合金	CuSi3Mn1	M		—	≥120	约 410	≥40	—	
	CuBe1.7	TB	≤5	≤200	≥200	约 440	≥35	≥85	
		TD			≥590	约 740	≥2	≥210	
		TF			≥980	约 1180	≥2	≥340	
		TH			≥1080	约 1280	—	≥360	
	CuBe2	TB	≤5	≤200	≥250	约 490	≥35	≥95	
		TD			≥640	约 780	—	≥220	
		TF			≥1080	约 1280	—	≥360	
		TH			≥1180	约 1370	—	≥380	
	CuCo2Be	TB	≤3	≤200	≥150	约 340	≥25	≥70	
		TD			≥390	约 540	≥3	≥140	
		TF			≥490	约 690	≥8	≥195	
		TH			≥640	约 780	≥5	≥215	
	CuNi1Si	TD	≤3	≤200	≥340	约 450	≥8	≥120	
		TH			≥540	约 640	≥10	≥180	
	CuNi2Si	TD	≤3	≤200	≥360	约 460	≥6	≥135	
		TH			≥590	约 680	≥8	≥190	

注：①O 状态的晶粒度或不出现裙边的要求由供需双方协商。OS 状态（深冲）不产生花边的要求由供需双方协商；

②对厚度＞2.5mm 者，标距为 $5.64\sqrt{S_0}$；对厚度 0.2～2.5mm 者，采用定标距 50mm。

(2)管材

对一般用途的圆管，ISO/TC 26 制订了统一的力学性能标准(ISO 1635—1974)。除退火状态的管材(O状态)可成盘供应外，圆管通常均以直条管供应。

ISO/T 26 于 1983 年 8 月提出了新的一般用途管材力学性能国际标准草案(ISO/DIS 1635—1983)。该国际标准草案较原标准有以下变化(原标准 ISO 1635—1974)：

1)新标准规定 24 种合金，新增加了 9 个合金，删去了 4 个合金。

2)增加 M1(热加工的)、M2(拉伸)及 HC 状态。

3)0.2%屈服应力值已全部补充并规定了数值。

4)抗拉强度值有变化，原标准的"大约数"改成规定的界限值。

5)对伸长率规定了三种指标，即 A_5，A_{10}，A_{50}。

6)增加了洛氏硬度指标。

一般用途圆管材国际标准草案(ISO/DIS 1635—1983)的具体规定见表 6-335。

表 6-335 国际标准草案规定的一般用途圆管的力学性能(ISO/DIS 1635—1983 废止)

合金	状态	壁厚 /mm	抗拉强度 R_m /MPa	0.2%屈服强度 $R_{p0.2}$ /MPa	伸长率/%，不小于			维氏硬度 HV	洛氏硬度 HR 标尺
					A_5	A_{10}	A_{50}		
Cu≥99.85% Cu-ETP 等	M1	全部	不规定性能						
	M2	全部	不规定性能						
	O	全部	(≤260)	(≤110)	35	30		≤65	F≤65
	HA	≤10	250～300	(≤160)	20	16		70～100	F55～75
	HB	≤6	280～360	(≤250)	6	4		85～115	30T55～75
	HC	≤3	≥350	(≤320)	—	—		≥100	30T≥60
CuZn10	O	≤10	(≤290)	(≤140)	40	35	40	≤70	F≤65
	HB	≤5	≥350	(≥270)	9	6	9	≥95	B≥65
CuZn15	O	≤10	(≤310)	(≤150)	45	40		≤75	F≤70
	HA	≤10	≥310	(≥200)	25	20		85～115	B42～65
	HB	≤5	≥360	(≥280)	10	8		≥100	B≥60
CuZn30 CuZn30As	O	≤10	(≤350)	(≤180)	50	45		≤80	F≤75
	HA	≤10	≥320	(≥150)	30	25		80～105	B42～70
	HB	≤5	≥410	(≥300)	15	10		≥120	B≥70
CuZn37	O	≤10	(≤370)	(≤180)	50	45		≤90	F≤80
	HA	≤10	≥350	(≥190)	25	20		85～120	B42～70
	HB	≤5	≥430	(≥320)	12	8		120～170	B70～85
	HC	≤2	≥510	(≥440)	—	—		≥160	B≥83
CuZn40	O	≤10	(≤380)	(≤230)	40	35	40	≤80	30T≤40
	HB	≤5	≥370	(≥160)	15	10	15	≥100	30T≥60
CuZn33.5Pb0.5 CuZn32.5Pb1.5	O	≤10	(≤310)	(≤105)	45	40	45	≤80	F≤75
	HB	≤5	≥370	≥325	20	15	20	95～115	B50～65
	HC	≤2	≥455	≥380	5	3	5	≥120	B≥70
CuZn34Pb2	M2	全部	不规定性能						
CuZn38Pb2	M2	≤10	不规定性能						
	HB	≤10	≥410	(≥220)	17	14		105～150	B55～80
	HC	≤5	≥470	(≥350)	9	6		≥130	B≥75
CuZn39Pb3 CuZn40Pb2	M2	≤10	不规定性能						
	HB	≤10	≥430	≥240	16	13		110～155	B60～80
	HC	≤5	≥500	≥360	9	6		≥140	B75

续表

合金	状态	壁厚/mm	抗拉强度 R_m/MPa	0.2%屈服强度 $R_{p0.2}$/MPa	伸长率/%,不小于 A_5	A_{10}	A_{50}	维氏硬度HV	洛氏硬度HR 标尺
CuZn20Al2	O	≤10	(≤390)	(≤160)	50	45		≤85	B≤42
	HA	≤5	≥370	(≥160)	40	35		85～110	B45～65
CuZn39AlFeMn	HB	≤10	(≥440)	(≥200)	20	18		≥110	B≥60
CuSn5	O	≤10	(≤310)	(≤325)	40	35	40	≤90	F≤80
	HB	≤5	≥540	(≥400)	15	12	15	≥130	B≥72
CuSn8,CuSn8P	O	≤5	(≤450)	(≤290)	50	45		≤120	B≤70
	HB	≤5	≥540	(≥460)	15	10		≥140	B≥75
CuAl5	M1	≤10	不规定性能						
	O	≤10	(≤425)	(≤250)	45	40		≤110	B≤60
CuNi10Fe1Mn	O	≤10	(≤380)	(≤230)	30	25		≤110	B≤60
CuNi30Mn1Fe	O	≤10	(≤500)	(≤250)	30	25		≤120	B≤70

注:表中括号内的数值仅供参考。

(3)以直条供应的实心产品

ISO 1637 规定了以直条供应的实心产品的力学性能,见表 6-336。

表 6-336 直条供应的实心产品的力学性能(ISO 1637—1974 废止)

名称	代号 合金	状态	尺寸/mm 直径或对边宽度	矩形 厚度	矩形 宽度	0.2%屈服强度 $R_{p0.2}$/MPa	抗拉强度 R_m/MPa	伸长率[①] A/%	维氏硬度HV
加工铜	Cu-ETP Cu-FRHC	O	≥5	2～25	≤150	—	—	≥35	≤60
	Cu-FRTP Cu-OF	HA	5～40	2～25	≤150	—	250～300	约 15	约 90
	Cu-DLP Cu-DHP	HB	5～20	2～10	≤150	—	280～360	约 5	约 105
合金化铜	CuAg0.05	O	≥5	2～25	≤150	—	—	≥35	≤60
	CuAg0.1 CuAg0.05(P)	HA	5～40	2～25	≤150	—	250～300	约 15	约 90
	CuAg0.1(P)	HB	5～20	2～10	≤150	—	280～360	约 5	约 105

续表

名称	代号		尺寸/mm			0.2%屈服强度 $R_{p0.2}$ /MPa	抗拉强度 R_m /MPa	伸长率[①] A /%	维氏硬度 HV
	合金	状态	直径或对边宽度	矩形 厚度	矩形 宽度				
合金化铜	CuAs(P)	O	≥5	2～25	≤150	—	—	≥35	≤60
		HA	5～40	2～25	≤150	—	250～300	约15	约90
		HB	5～20	2～10	≤150	—	280～360	约5	约105
	CuCd1	HA	18～30	×	×	—	350～430	约10	约110
		HB	5～18	×	×	—	410～490	约8	约125
	CuCr1	TF	5～80	×	×	≥270	约370	≥18	≥100
		TH	5～25	×	×	≥350	约470	≥10	≥125
		TL	5～25	×	×	≥440	约500	≥5	≥130
	CuS(P0.01) CuS(P0.03) CuTe CuTe(P)	O	≥5	2～25	≤150	—	—	≥28	≤70
		HA	5～40	2～25	≤150	—	250～340	约10	约90
铜锌合金(黄铜)	CuZn15	O	≥5	2～25	≤60	—	—	≥40	≤85
		HA	5～40	2～25	≤60	—	310～370	约25	约100
	CuZn37	O	≥5	2～25	≤60	—	—	≥40	≤85
		HA	5～40	2～40	≤60	—	360～440	约35	约110
		HB	5～12	2～10	≤60	—	430～510	约15	约140
	CuZn40	O	≥5	2～25	≤60	—	—	≥30	≤95
		M	≥5	2～25	≤60	—	约370	约40	≤120
铜锌铅合金(铅黄铜)	CuZn35Pb2	M	≥5	—	—	—	约360	约30	≤100
		HA	5～10	×	×	—	350～450	约20	约120
	CuZn36Pb1	M	≥5	—	—	—	约360	约30	≤100
		HA	5～10	×	×	—	350～450	约20	约120
	CuZn36Pb3	M	≥5	5～50	≤150	—	约360	约30	≤100
		HA	5～75	5～25	≤100	—	310～420	约20	约105
		HB	5～15	×	×	—	410～490	约15	约125
	CuZn38Pb2	M	≥5	—	—	—	约360	约35	≤100
		HA	5～15	2～10	≤100	—	350～450	约20	约120
	CuZn40Pb	M	≥5	—	—	—	约370	约35	≤120
		HA	5～50	×	×	—	350～450	约25	约120
		HB	5～15	×	×	—	440～510	约15	约140
	CuZn39Pb2	M	≥5	5～50	≤150	—	约370	约25	≤120
		HA	—	5～25	≤100	—	390～510	约15	约130
	CuZn39Pb3	M	≥5	×	×	—	约380	约24	≤130
		HA	5～75	×	×	—	360～470	约18	约120
		HB	5～15	×	×	—	440～540	约12	约145
特殊铜锌合金(特殊黄铜)	CuZn38Sn1	M	≥5	—	—	—	约390	约35	≤120
高强度铜锌合金(高强度黄铜)	CuZn 39AlFeMn	M	≥5	—	—	≥180	约470	≥18	—

续表

名称	代号		尺寸/mm			0.2%屈服强度 $R_{p0.2}$ /MPa	抗拉强度 R_m /MPa	伸长率① A /%	维氏硬度 HV
	合金	状态	直径或对边宽度	矩形					
				厚度	宽度				
高强度铜锌合金（高强度黄铜）	CuZn39AlFeMn	HA	75～150	×	×	≥200	约 500	≥18	—
		HB	5～75	×	×	≥250	约 540	≥18	—
		HC	5～38	×	×	≥270	约 570	≥12	—
铜锡合金、特殊铜锡合金（磷青铜、特殊锡青铜）	CuSn4	HA	5～100	2～25	≤60	≥250	约 380	≥20	—
		HB	5～50	×	×	≥360	约 490	≥12	—
		HC	5～15	×	×	≥390	约 510	≥10	—
	CuSn6	HA	5～50	×	×	≥290	约 450	≥20	—
		HB	5～15	×	×	≥410	约 520	≥10	—
	CuSn8	HA	5～50	×	×	≥340	约 490	≥20	—
		HB	5～15	×	×	≥470	约 550	≥10	—
	CuSn10	HA	15～50	×	×	≥360	约 540	≥15	—
		HB	5～15	×	×	≥490	约 590	≥10	—
	CuSn4Zn4	M	≥5	—	—	—	约 360	约 50	≤110
铜铝合金、特殊铜铝合金（铝青铜、特殊铝青铜）	CuAl8	M	≥5	—	—	≥150	约 440	≥40	—
		HB	5～50	×	×	≥390	约 570	约 20	—
		HC	5～15	×	×	≥440	约 610	≥18	—
	CuAl8Fe3	M	≥5	—	—	≥200	约 510	≥25	—
		HA	5～50	×	×	约 220	约 540	≥20	—
		HB	5～15	×	×	约 250	约 590	≥20	—
	CuAl10Fe3	M	≥10	—	—	约 200	约 540	≥20	—
		HA	5～50	×	×	约 250	约 590	≥15	—
	CuAl10Fe5Ni5	M	≥10	—	—	约 290	约 690	≥12	—
		HA	5～50	×	×	约 340	约 740	≥10	—
	CuAl9Mn2	M	≥5	—	—	约 180	约 490	≥20	—
		HA	5～50	×	×	约 200	约 510	≥20	—
		HB	15～50	×	×	约 250	约 610	≥15	—
铜镍合金	CuNi30Mn1Fe	O	≥5	—	—	—	—	≥40	≤110
		HB	5～15	×	×	—	420～520	约 20	约 120
铜镍锌合金	CuNi18Zn20	HA	5～50	×	×	—	470～570	约 22	约 150
		HB	5～15	×	×	—	540～640	约 8	约 175
	CuNi15Zn21	O	≥5	×	×	—	—	≥36	≤120
		HB	5～15	×	×	—	440～540	约 18	约 140
	CuNi12Zn24	HA	5～50	×	×	—	440～540	约 22	约 150
		HB	5～15	×	×	—	540～640	约 5	约 185
	CuNi18Zn19Pb	HA	5～50	×	×	—	430～510	约 30	约 140
		HB	5～15	×	×	—	490～590	约 10	约 170

续表

名称	代号		尺寸/mm			0.2%屈服强度 $R_{p0.2}$ /MPa	抗拉强度 R_m /MPa	伸长率[①] A /%	维氏硬度 HV
	合金	状态	直径或对边宽度	矩形 厚度	矩形 宽度				
铜镍锌合金	CuNi10Zn28Pb1	HA	5～50	×	×	—	410～550	约15	约150
		HB	5～15	×	×	—	480～690	约8	约170
		HB	—	≤100	≤300	—	470～610	约8	约170
	CuNi10Zn42Pb2	HA	5～50	×	×	—	460～560	约15	约150
		HB	5～15	×	×	—	540～640	约8	约170
特殊铜合金	CuSi3Mn1	M	≥5	—	—	≥120	约410	≥30	—
	CuCo2Be	TF	≤60	—	—	≥150	约700	≥8	≥195
	CuNi1Si	TD	≤30	×	×	≥290	约450	≥9	≥110
		TH	≤30	×	×	≥540	约630	≥12	≥160
	CuNi2Si	TD	≤30	×	×	≥340	约450	≥8	≥130
		TH	≤30	×	×	≥590	约670	≥10	≥180

注：表中①对尺寸大于2.5mm(0.1in)者，L_0 为 $5.65\sqrt{S_0}$（见ISO/R400）；对厚度为2～2.5mm的矩形截面产品，经供需双方同意，取定标距 $L_0=50$mm（见ISO/R 1555）。

(4)成卷供应的拉制实心产品

表 6-337 成卷或成轴的拉制实心产品的力学性能

名称	代号		尺寸 /mm	抗拉强度 R_m /MPa	伸长率[①] A /%
	合金	状态			
铜	Cu-ETP	O	1～1.5 1.5～5	≥210 ≥210	≥25 ≥30
	Cu-FRHC	HC HD	1～5 1～3	≥390 ≥420	— —
合金化铜	CuAg0.05 CuAg1	O	1～1.5 1.5～5	≥210 ≥210	≥25 ≥30
	CuAg0.05(P) CuAg0.1(P)	HC HD	1～5 1～3	≥390 ≥420	— —
	CuCd1	HC HD	1～5 1～3	≥490 ≥590	— —
铜锌合金(黄铜)	CuZn5	O HC	1～5 1～5	≥220 ≥320	≥30 ≥5
	CuZn10	O HC	1～5 1～5	≥240 ≥350	≥30 ≥5
	CuZn15	O HC	1～5 1～5	≥260 ≥370	≥30 ≥5
	CuZn20	O HC	1～5 1～5	≥260 ≥390	≥35 ≥5
	CuZn30	O HC	1～5 1～5	≥280 ≥420	≥35 ≥7
	CuZn33	O HC	1～5 1～5	≥280 ≥430	≥35 ≥7
	CuZn37	O	1～5	≥290	≥30

续表

<table>
<tr><th rowspan="2">名　称</th><th colspan="2">代　号</th><th rowspan="2">尺寸
/mm</th><th rowspan="2">抗拉强度
R_m
/MPa</th><th rowspan="2">伸长率①
A
/%</th></tr>
<tr><th>合　金</th><th>状　态</th></tr>
<tr><td rowspan="3">铜锌合金(黄铜)</td><td rowspan="3">CuZn37</td><td>HB</td><td>1～3
3～5</td><td>≥440</td><td>≥4
≥7</td></tr>
<tr><td>HC</td><td>1～3
3～5</td><td>≥540</td><td>≥2
≥3</td></tr>
<tr><td>HD</td><td>1～3</td><td>≥690</td><td>—</td></tr>
<tr><td rowspan="6">铜锌铅合金</td><td>CuZn35Pb2</td><td>O</td><td>1～5</td><td>≥340</td><td>≥25</td></tr>
<tr><td>CuZn36Pb1</td><td>HB</td><td>1～3
3～5</td><td>≥390</td><td>≥10
≥15</td></tr>
<tr><td rowspan="2">CuZn38Pb2</td><td>O</td><td>1～5</td><td>≥340</td><td>≥25</td></tr>
<tr><td>HB</td><td>1～3
3～5</td><td>≥390</td><td>≥7
≥10</td></tr>
<tr><td rowspan="2">CuZn40Pb</td><td>O</td><td>1～5</td><td>≥340</td><td>≥25</td></tr>
<tr><td>HC</td><td>1～5</td><td>≥450</td><td>≥5</td></tr>
<tr><td rowspan="11">铜锡合金
(磷青铜)</td><td rowspan="2">CuSn2</td><td>O</td><td>1～5</td><td>≥260</td><td>≥35</td></tr>
<tr><td>HC</td><td>1～3</td><td>≥360</td><td>≥10</td></tr>
<tr><td rowspan="3">CuSn4</td><td>O</td><td>1～5</td><td>≥310</td><td>≥40</td></tr>
<tr><td>HC</td><td>1～3
3～5</td><td>≥490</td><td>≥3
≥5</td></tr>
<tr><td>HE</td><td>1～3</td><td>≥690</td><td>—</td></tr>
<tr><td rowspan="2">CuSn6</td><td>O</td><td>1～5</td><td>≥370</td><td>≥40</td></tr>
<tr><td>HE</td><td>1～3</td><td>≥740</td><td>—</td></tr>
<tr><td rowspan="2">CuSn8</td><td>O</td><td>1～5</td><td>≥390</td><td>≥40</td></tr>
<tr><td>HC</td><td>1～3</td><td>≥590</td><td>≥5</td></tr>
<tr><td rowspan="2">CuSn10</td><td>O</td><td>1～5</td><td>≥410</td><td>≥50</td></tr>
<tr><td>HC</td><td>1～3</td><td>≥640</td><td>≥2</td></tr>
<tr><td>铜镍合金</td><td>CuNi44Mn1</td><td>O</td><td>1～5</td><td>≥410</td><td>≥30</td></tr>
<tr><td rowspan="6">铜镍锌合金</td><td rowspan="2">CuNi18Zn20</td><td>O</td><td>1～5</td><td>≥390</td><td>≥35</td></tr>
<tr><td>HD</td><td>1～3</td><td>≥640</td><td>—</td></tr>
<tr><td rowspan="2">CuNi15Zn21</td><td>O</td><td>1～5</td><td>≥360</td><td>≥35</td></tr>
<tr><td>HD</td><td>1～3</td><td>≥590</td><td>≥5</td></tr>
<tr><td rowspan="2">CuNi12Zn24</td><td>O</td><td>1～5</td><td>≥340</td><td>≥38</td></tr>
<tr><td>HB</td><td>1～3</td><td>≥490</td><td>≥5</td></tr>
<tr><td rowspan="7">特殊铜合金</td><td rowspan="3">CuBe17</td><td>TB</td><td>1～5</td><td>≥390</td><td>≥30</td></tr>
<tr><td>TD</td><td>1～3</td><td>≥780</td><td>—</td></tr>
<tr><td>TH</td><td>1～3</td><td>≥1230</td><td>—</td></tr>
<tr><td rowspan="4">CuCo2Be</td><td>TB</td><td>1～3</td><td>≥290</td><td>≥25</td></tr>
<tr><td>TD</td><td>1～3</td><td>≥490</td><td>≥3</td></tr>
<tr><td>TF</td><td>1～3</td><td>≥640</td><td>≥8</td></tr>
<tr><td>TH</td><td>1～3</td><td>≥740</td><td>≥5</td></tr>
</table>

注：①对直径≥1mm 的线材，铜及合金化铜，L_0＝200mm(8in)；铜锌合金(黄铜)，L_0＝100mm(4in)。

(5)挤制产品

ISO 1639—1974 规定挤制产品的力学性能如表 6-338 所示。

表 6-338 挤制产品的力学性能(ISO 1639—1974 废止)

名称	代号		屈服强度 $R_{p0.2}$ /MPa	抗拉强度 R_m /MPa	伸长率[①] A /%	维氏硬度 HV
	合金	状态				
铜锌合金(黄铜)	CuZn40	M	—	约 370	约 35	≤130
铜锌铅合金(铅黄铜)	CuZn39Pb2	M HA	— —	约 370 390～510	约 24 约 12	≤140 约 150
	CuZn39Pb3	M	—	约 380	约 20	≤145
	CuZn43Pb2	M	—	约 440	约 15	≤150
高强度铜锌合金	CuZn39AlFeMn	M	≥180	约 490	≥15	—
特殊铜铝合金(特殊铝青铜)	CuAl10Fe3	M	≥200	约 570	≥15	—
铜镍锌合金	CuNi18Zn19Pb1	M	—	约 450	约 20	≤160
	CuNi10Zn42Pb2	M	—	约 290	约 15	≤170

注:①按 ISO/R 400 规定,$L_0=5.65\sqrt{S_0}$。

(6)锻件

ISO 1640—1974 规定了 8 种铜合金锻件的力学性能。其中,CuAs(P),CuCr1,CuZn39Pb2 和 CuNi10Zn42Pb2 等 4 种合金的锻件供一般用途使用;CuZn39AlFeMn,CuAl10Fe3,CuAl10Fe5Ni5 和 CuAl9Mn2 等 4 种合金的锻件主要供作结构件使用,其材料承受负荷的性能殊为重要。

锻件的力学性能如表 6-339 所示。CuCr1 合金的性能指标(抗拉强度、伸长率、硬度)系对直径或厚度不大于 80mm 的锻件而言。

表 6-339 锻件的力学性能(ISO 1640—1974 废止)

名称	代号		屈服强度 $R_{p0.2}$ /MPa	抗拉强度 R_m /MPa	伸长率[①] A /%	维氏硬度 HV
	合金	状态				
合金化铜	CuAs(P)	M	—	约 220	约 40	≤80
	CuCr1	TF	—	≥340	约 14	≥100
铜锌铅合金(铅黄铜)	CuZn39Pb2	M	—	约 390	约 25	≤140
高强度铜锌合金	CuZn39AlFeMn	M	≥200	约 500	≥15	—
特殊铜铝合金(特殊铝青铜)	CuAl10Fe3	M	≥250	约 590	≥15	—
	CuAl10Fe5Ni5	M	≥290	约 740	≥10	—
	CuAl9Mn2	M	≥200	约 540	≥25	—
铜镍锌合金	CuNi10Zn42Pb2	M	—	约 490	约 15	≤170

注:①按 ISO/R400 规定,$L_0=5.65\sqrt{S_0}$。

第7章 钛及钛合金

随着科学技术的发展，特别是航空、航天技术的发展，钛合金的应用变得更为广泛。钛合金的强度与铝合金相比具有更大的优越性。

7.1 中国钛及钛合金

7.1.1 钛及钛合金牌号和化学成分

(1)海绵钛

表 7-1 海绵钛牌号和化学成分(GB/T 2524—2002)

产品等级	产品牌号	化学成分/%(质量分数)										布氏硬度 HBW/10/14700/30(不大于)
		Ti 不小于	杂质，不大于									
			Fe	Si	Cl	C	N	O	Mn	Mg	H	
0 级	MHT-100	99.7	0.06	0.02	0.06	0.02	0.02	0.06	0.01	0.06	0.005	100
1 级	MHT-110	99.6	0.10	0.03	0.08	0.03	0.02	0.08	0.01	0.07	0.005	110
2 级	MHT-125	99.5	0.15	0.03	0.10	0.03	0.03	0.10	0.02	0.07	0.005	125
3 级	MHT-140	99.3	0.20	0.03	0.15	0.03	0.04	0.15	0.02	0.08	0.010	140
4 级	MHT-160	99.1	0.30	0.04	0.15	0.04	0.05	0.20	0.03	0.09	0.012	160
5 级	MHT-200	98.5	0.40	0.06	0.30	0.05	0.10	0.30	0.08	0.15	0.030	200

注：1. 钛的质量分数为100%减去表中杂质实测值总和后的余量；

2. 按 GB/T 8170 数值修约规则进行数值修约；

3. 对于产品中 Mn，Mg，H 三种成分的分析数据，需方不要求时，供方可不提供。

(2)冶金用二氧化钛

表 7-2 冶金用二氧化钛牌号和化学成分(YB 523—1982)

级别	牌号	化学成分/%(不大于，注明不小于者除外)								
		TiO_2 不小于	Cu	Pb	Sn	As	Sb	Bi	SO_3	P_2O_5
一级	$YTiO_2$-1	99.5	0.02	0.001	0.001	0.001	0.001	0.001	0.05	0.05
二级	$YTiO_2$-2	99	0.02	0.0015	0.0015	0.001	0.001	0.001	0.05	0.05

级别	牌号	化学成分/%(不大于，注明不小于者除外)			备注
		Fe_2O_3	SiO_2	C	
一级	$YTiO_2$-1	0.1	0.25	0.05	烧减量不大于 0.5%，粒度超过 0.09mm 的部分不大于 0.5%
二级	$YTiO_2$-2	0.1	0.35	0.1	

(3)铸造钛及钛合金

表 7-3　　铸造钛及钛合金牌号和化学成分(GB/T 15073—1994)

铸造钛及钛合金		化学成分/%(质量分数)													
		主要成分						杂质,不大于							
牌号	代号	Ti	Al	Sn	Mo	V	Nb	Fe	Si	C	N	H	O	其他元素	
														单个	总和
ZTi1	ZTA1	基	—	—	—	—	—	0.25	0.10	0.10	0.03	0.015	0.25	0.10	0.40
ZTi2	ZTA2	基	—	—	—	—	—	0.30	0.15	0.10	0.05	0.015	0.35	0.10	0.40
ZTi3	ZTA3	基	—	—	—	—	—	0.40	0.15	0.10	0.05	0.015	0.040	0.10	0.40
ZTiAl4	ZTA5	基	3.3～4.7	—	—	—	—	0.30	0.15	0.10	0.04	0.015	0.20	0.10	0.40
ZTiAl5Sn2.5	ZTA7	基	4.0～6.0	2.0～3.0	—	—	—	0.50	0.15	0.10	0.05	0.015	0.20	0.10	0.40
ZTiMo32	ZTB32	基	—	—	30.0～34.0	—	—	0.30	0.15	0.10	0.05	0.015	0.15	0.10	0.40
ZTiAl6V4	ZTC4	基	5.5～6.8	—	—	3.5～4.5	—	0.40	0.15	0.10	0.05	0.015	0.25	0.10	0.40
ZTiAl6Sn4.5Nb2Mo1.5	ZTC21	基	5.5～6.5	4.0～5.0	1.0～2.0	—	1.5～2.0	0.30	0.15	0.10	0.05	0.015	0.20	0.10	0.40

注:1.杂质其他元素单个含量和总量只有在有异议时才考虑分析;

2.对杂质含量有特殊要求时,应经供需双方协商后在有关文件中注明;

3.铸造钛及钛合金代号由ZT加A、B或C(分别表示α型、β型和α+β型合金)及顺序号组成,顺序号与同类型变形钛合金的表示方法相同。

表 7-4　　铸造钛及钛合金的成分允许偏差(GB/T 15073—1994)

元素	规定化学成分/%(质量分数)	允许偏差/%
Al	3.3～6.8	±0.40
Sn	2.0～3.0	±0.15
	4.0～5.0	±0.25
Mo	1.0～2.0	±0.30
	30.0～34.0	±0.40
V	3.5～4.5	±0.15
Nb	1.5～2.0	±0.15
Fe	>0.20～0.25	+0.05
	>0.25～0.40	+0.08

元素		规定化学成分/%(质量分数)	允许偏差/%
Fe		>0.40～0.50	+0.15
Si		≤0.15	±0.02
C		≤0.10	+0.02
N		≤0.05	+0.02
H		≤0.015	+0.003
O		≤0.20	+0.04
		>0.20～0.25	+0.05
		>0.25～0.40	+0.08
杂质其他元素	单个	≤0.10	+0.02
	总和	≤0.40	0.05

(4)加工钛及钛合金

加工钛及钛合金的牌号和化学成分见表7-5,钛及钛合金加工产品的化学成分及成分允许偏差见表7-6。

表 7-5　加工钛及钛合金牌号和化学成分(GB/T 3620.1—2007)

合金牌号	名义化学成分组	化学成分/%(质量分数)														
		主要成分								杂质(不大于)						
		Ti	Al	Sn	Mo	Pd	Ni	Si	B	Fe	C	N	H	O	其他元素 单一	其他元素 总和
TA1ELI	工业纯钛	余量	—	—	—	—	—	—	—	0.10	0.03	0.012	0.008	0.10	0.05	0.20
TA1	工业纯钛	余量	—	—	—	—	—	—	—	0.20	0.08	0.03	0.015	0.18	0.10	0.40
TA1-1	工业纯钛	余量	—	—	—	—	—	≤0.08	—	0.15	0.05	0.03	0.003	0.12	—	0.10
TA2ELI	工业纯钛	余量	—	—	—	—	—	—	—	0.20	0.05	0.03	0.008	0.010	0.05	0.20
TA2	工业纯钛	余量	—	—	—	—	—	—	—	0.30	0.08	0.03	0.015	0.25	0.10	0.40
TA3ELI	工业纯钛	余量	—	—	—	—	—	—	—	0.25	0.05	0.04	0.008	0.18	0.05	0.20
TA3	工业纯钛	余量	—	—	—	—	—	—	—	0.30	0.08	0.05	0.015	0.35	0.10	0.40
TA4ELI	工业纯钛	余量	—	—	—	—	—	—	—	0.30	0.05	0.05	0.008	0.25	0.05	0.20
TA4	工业纯钛	余量	—	—	—	—	—	—	—	0.50	0.08	0.05	0.015	0.40	0.10	0.40
TA5	Ti-4Al-0.005B	余量	3.3～4.7	—	—	—	—	—	0.005	0.30	0.08	0.04	0.015	0.15	0.10	0.40
TA6	Ti-5Al	余量	4.0～5.5	—	—	—	—	—	—	0.30	0.08	0.05	0.015	0.15	0.10	0.40
TA7	Ti-5Al-2.5Sn	余量	4.0～6.0	2.0～3.0	—	—	—	—	—	0.50	0.08	0.05	0.015	0.20	0.10	0.40
TA7ELI	Ti-5Al-2.5SnELI	余量	4.50～5.75	2.0～3.0	—	—	—	—	—	0.25	0.05	0.035	0.0125	0.12	0.05	0.30
TA8	Ti-0.05Pd	余量	—	—	—	0.04～0.08	—	—	—	0.30	0.08	0.03	0.015	0.25	0.10	0.40
TA8-1	Ti-0.05Pd	余量	—	—	—	0.04～0.08	—	—	—	0.20	0.08	0.03	0.015	0.18	0.10	0.40
TA9	Ti-0.2Pd	余量	—	—	—	0.12～0.25	—	—	—	0.30	0.08	0.03	0.015	0.25	0.10	0.40
TA9-1	Ti-0.2Pd	余量	—	—	—	0.12～0.25	—	—	—	0.20	0.08	0.03	0.015	0.18	0.10	0.40
TA10	Ti-0.3Mo-0.8Ni	余量	—	—	0.2～0.4	—	0.6～0.9	—	—	0.30	0.08	0.03	0.015	0.25	0.10	0.40
TA11	Ti-8AL-1Mo-1V	余量	7.35～8.35	—	0.75～1.25	0.75～1.25	—	—	—	0.30	0.08	0.05	0.015	0.12	0.10	0.30
TA12	Ti-5.5Al-4Sn-2Zr-1Mo-1Nd-0.25Si	余量	4.8～6.0	3.7～4.7	0.75～1.25	—	1.5～2.5	0.2～0.35	0.6～1.2	0.25	0.08	0.05	0.0125	0.15	0.10	0.40
TA12-1	Ti-5.5Al-4Sn-2Zr-1Mo-1Nd-0.25Si	余量	4.5～5.5	3.7～4.7	1.0～2.0	—	1.5～2.5	0.2～0.35	0.6～1.2	0.25	0.08	0.04	0.0125	0.15	0.10	0.30
TA13	Ti-2.5Cu	余量	Cu2.0～3.0		—	—	—	—	—	0.20	0.08	0.05	0.010	0.20	0.10	0.30
TA14	Ti-2.3Al-11Sn-5Zr-1Mo-0.2Si	余量	2.0～2.5	10.52～11.5	0.8～1.2	—	4.0～6.0	0.10～0.50	—	0.20	0.08	0.05	0.0125	0.20	0.10	0.30
TA15	Ti-6.5Al-1Mo-1V-1.5Zr	余量	5.5～7.1	—	0.5～2.0	0.8～2.5	1.5～2.5	≤0.15	—	0.25	0.08	0.05	0.015	0.15	0.10	0.30

续表

合金牌号	名义化学成分组	化学成分/%(质量分数)														
		主要成分								杂质(不大于)						
		Ti	Al	Sn	Mo	Pd	Ni	Si	B	Fe	C	N	H	O	其他元素	
															单一	总和
TA15-1	Ti-2.5Al-1Mo-1V-1.5Zr	余量	2.0～3.0	—	0.5～1.5	0.5～1.5	1.0～2.0	≤0.10	—	0.15	0.08	0.04	0.003	0.12	0.10	0.30
TA16	Ti-2Al-2.5Zr	余量	1.8～2.5	—	—	—	2.0～3.0	≤0.12	—	0.25	0.05	0.04	0.006	0.15	0.10	0.30
TA17	Ti-4Al-2V	余量	3.5～4.5	—	—	1.5～3.0	—	≤0.15	0.005	0.25	0.08	0.05	0.015	0.15	0.10	0.30
TA18	Ti-3Al-2.5V	余量	2.0～3.5	—	—	1.5～3.0	—	—	—	0.25	0.08	0.05	0.015	0.12	0.10	0.30
TA19	Ti-6Al-2Sn-4Zr-2Mo-0.1Si	余量	5.5～6.5	1.8～2.2	1.8～2.2	—	3.6～4.4	≤0.13	—	0.25	0.05	0.05	0.0125	0.15	0.10	0.30
TA20	Ti-4Al-3V-1.5Zr	余量	3.5～4.5	—	2.5～3.5	—	1.0～2.0	≤0.10	—	0.15	0.05	0.04	0.003	0.12	0.10	0.30
TA21	Ti-Al-1Mn	余量	0.4～1.5	—	—	0.5～1.3	≤0.30	≤0.12	—	0.30	0.10	0.05	0.012	0.15	0.10	0.30
TA22	Ti-3Al-1Mo-1Ni-1Zr	余量	2.5～3.5	0.5～1.5	Ni0.3～1.0		0.8～2.0	≤0.15	—	0.20	1.10	0.05	0.015	0.15	0.10	0.30
TA22-1	Ti-3Al-1Mo-1Ni-1Zr	余量	2.5～3.5	0.2～0.8	Ni0.3～0.8		0.5～1.0	≤0.04	—	0.02	0.10	0.04	0.008	0.10	0.10	0.30
TA23	Ti-2.5Al-2Zr-1Fe	余量	2.2～3.0	—	Fe0.8～1.2		1.7～2.3	≤0.15	—	—	0.10	0.04	0.010	0.15	0.10	0.30
TA23-1	Ti-2.5Al-2Zr-1Fe	余量	2.2～3.0	—	Fe0.8～1.1		1.7～2.3	≤0.10	—	—	0.10	0.04	0.008	0.10	0.10	0.30
TA24	Ti-3Al-2Mo-2Zr	余量	2.5～3.5	1.0～2.5	—		1.0～3.0	≤0.15	—	0.30	0.10	0.05	0.015	0.15	0.10	0.30
TA24-1	Ti-3Al-2Mo-2Zr	余量	1.5～2.5	1.0～2.0	—		1.0～3.0	≤0.04	—	0.15	0.10	0.04	0.010	0.10	0.10	0.30
TA25	Ti-3Al-2.5V-0.05Pd	余量	2.5～3.5	—	2.0～3.0	—	—	Pd0.04～0.08		0.25	0.08	0.03	0.015	0.15	0.10	0.40
TA26	Ti-3Al-2.5V-0.1Ru	余量	2.5～3.5	—	2.0～3.0	—	—	Ru0.08～0.14		0.25	0.08	0.03	0.015	0.15	0.10	0.40
TA27	Ti-0.10Ru	余量	—	—	Ru0.08～0.14		—	—	—	0.30	0.08	0.03	0.015	0.25	0.10	0.40
TA27-1	Ti-0.10Ru	余量	—	—	Ru0.08～0.14		—	—	—	0.20	0.08	0.03	0.015	0.25	0.10	0.40
TA28	Ti-3Al	余量	2.0～3.0	2.0～3.0	—		—	—	—	0.30	0.08	0.05	0.015	0.15	0.10	0.40

续表

合金牌号	名义化学成分组	化学成分/%(质量分数)																	
		主要成分										杂质(不大于)							
		Ti	Al	Sn	Mo	V	Cr	Fe	Zr	Pd	Ni	Si	Fe	C	N	H	O	其他元素	
																		单一	总和
TB2	Ti-5Mo-5V-8Cr-3Al	余量	2.5~3.5	—	4.7~5.7	4.7~5.7	7.5~8.5	—	—	—	—	—	0.30	0.05	0.04	0.015	0.15	0.10	0.40
TB3	Ti-3.5Al-10Mo-8V-1Fe	余量	2.7~3.7	—	9.5~11.0	7.5~8.5	—	0.8~1.2	—	—	—	—	—	0.05	0.04	0.015	0.15	0.10	0.40
TB4	Ti-4Al-7Mo-10V-2Fe-1Zr	余量	3.0~4.5	—	6.0~7.8	9.0~10.5	—	1.5~2.5	0.5~1.5	—	—	—	—	0.05	0.04	0.015	0.20	0.10	0.40
TB5	Ti-15V-3Al-3Cr-3Sn	余量	2.5~3.5	2.5~3.5	—	14.0~16.0	2.5~3.5	—	—	—	—	—	0.25	0.05	0.05	0.015	0.15	0.10	0.30
TB6	Ti-10V-2Fe-3Al	余量	2.6~3.4	—	—	9.0~11.0	—	1.6~2.5	—	—	—	—	—	0.05	0.05	0.0125	0.13	0.10	0.30
TB7	Ti-32Mo	余量	—	—	30.0~34.0	—	—	—	—	—	—	—	0.30	0.08	0.05	0.015	0.20	0.10	0.40
TB8	Ti-15Mo-3Al-2.7Nb-0.25Si	余量	2.5~3.5	—	14.0~16.0	—	—	—	—	—	2.4~3.2	0.15~0.25	0.40	0.05	0.05	0.015	0.17	0.10	0.40
TB9	Ti-3Al-8V-6Cr-4Mo-4Zr	余量	3.0~4.0	—	3.5~4.5	7.5~8.5	5.5~6.5	—	3.5~4.5	≤0.10	—	—	0.30	0.05	0.03	0.030	0.14	0.10	0.40
TB10	Ti-5Mo-5V-2Cr-3Al	余量	2.5~3.5	—	4.5~5.5	4.5~5.5	1.5~2.5	—	—	—	—	—	0.30	0.05	0.04	0.015	0.15	0.10	0.40
TB11	Ti-15Mo	余量	—	—	14.0~16.0	—	—	—	—	—	—	—	0.10	0.10	0.05	0.015	0.20	0.10	0.40
TC1	Ti-2Al-1.5Mn	余量	1.0~2.5	—	—	—	—	—	0.7~2.0	—	—	0.30	0.08	0.05	0.012	0.15	0.10	0.40	
TC2	Ti-4Al-1.5Mn	余量	3.5~5.0	—	—	—	—	—	0.8~2.0	—	—	0.30	0.08	0.05	0.012	0.15	0.10	0.40	
TC3	Ti-5Al-4V	余量	4.5~6.0	—	—	3.5~4.5	—	—	—	—	—	0.30	0.08	0.05	0.015	0.15	0.10	0.40	
TC4	Ti-6Al-4V	余量	5.5~6.75	—	—	3.5~4.5	—	—	—	—	—	0.30	0.08	0.05	0.015	0.20	0.10	0.40	

续表

合金牌号	名义化学成分组	化学成分/%(质量分数)																	
		主要成分											杂质(不大于)						
		Ti	Al	Sn	Mo	V	Cr	Fe	Zr	Pd	Ni	Si	Fe	C	N	H	O	其他元素	
																		单一	总和
TC4 ELI	Ti-6Al-4VELI	余量	5.5～6.5	—	—	3.5～4.5	—	—	—	—	—	0.25	0.08	0.03	0.012	0.13	0.10	0.30	
TC6	Ti-6Al-1.5Cr-2.5Mo-0.5Fe-0.3Si	余量	5.5～7.0	—	2.0～3.0	—	0.8～2.3	0.2～0.7	—	—	0.15～0.40	—	0.08	0.05	0.015	0.18	0.10	0.40	
TC8	Ti-6.5Al-3.5Mo-0.25Si	余量	5.8～6.8	—	2.8～3.8	—	—	—	—	—	0.20～0.35	0.40	0.08	0.05	0.015	0.15	0.10	0.40	
TC9	Ti-6.5Al-3.5Mo-2.5Sn-0.3Si	余量	5.8～6.8	1.8～2.8	2.8～3.8	—	—	—	—	—	0.2～0.4	0.40	0.08	0.05	0.015	0.15	0.10	0.40	
TC10	Ti-6Al-2Sn-0.5Cu-0.5Fe	余量	5.5～6.5	1.5～2.5	—	5.5～6.5	—	0.35～1.0	—	0.35～1.0	—	—	0.08	0.04	0.015	0.20	0.10	0.40	
TC11	Ti-6.5Al-3.5Mo-1.5Zr-0.3Si	余量	5.8～7.0	—	2.8～3.8	—	—	—	0.8～2.0	—	0.2～0.35	0.25	0.08	0.05	0.012	0.15	0.10	0.40	
TC12	Ti-5Al-4Mo-4Cr-2Zr-2Sn-1Nb	余量	4.5～5.5	1.5～2.5	3.5～4.5	—	3.5～4.5	—	1.5～3.0	0.5～1.5	—	0.30	0.08	0.05	0.015	0.20	0.10	0.40	
TC15	Ti-5Al-2.5Fe	余量	4.5～5.5	1.5～2.5	3.5～4.5	—	3.5～4.5	—	1.5～3.0	0.5～1.5	—	0.30	0.08	0.05	0.015	0.20	0.10	0.40	
TC16	Ti-3Al-5Mo-4.5V	余量	2.2～3.8	—	4.5～5.5	4.0～5.0	—	—	—	—	≤0.15	0.25	0.08	0.05	0.012	0.15	0.10	0.30	
TC17	Ti-5Al-2Sn-2Zr-4Mo-4Cr	余量	4.5～5.5	1.5～2.5	3.5～4.5	—	—	—	1.5～2.5	—	—	0.25	0.05	0.05	0.0125	0.08～0.13	0.10	0.30	
TC18	Ti-5Al-4.75Mo-4.75V-1Cr-1Fe	余量	4.4～5.7	—	4.0～5.5	4.0～5.5	0.5～1.5	0.5～1.5	≤0.30	—	≤0.15	—	0.08	0.05	0.015	0.18	0.10	0.30	
TC19	Ti-6Al-2Sn-4Zr-6Mo	余量	5.5～6.5	1.75～2.25	5.5～6.5	—	—	—	3.5～4.5	—	—	0.15	0.04	0.04	0.0125	0.15	0.10	0.40	
TC20	Ti-6Al-7Nb	余量	5.5～6.5	—	—	—	—	—	—	6.5～7.5	Ta≤0.5	0.25	0.08	0.05	0.009	0.20	0.10	0.40	

续表

合金牌号	名义化学成分组	化学成分/%(质量分数)																	
		主要成分										杂质(不大于)							
		Ti	Al	Sn	Mo	V	Cr	Fe	Zr	Pd	Ni	Si	Fe	C	N	H	O	其他元素	
																		单一	总和
TC21	Ti-6Al-2Mo-1.5Cr-2Zr-2Sn-2Nb	余量	5.2~6.8	1.6~2.5	2.2~3.3	—	0.9~2.0	—	1.6~2.5	1.7~2.3	—	0.15	0.08	0.05	0.015	0.15	0.10	0.40	
TC22	Ti-6Al-4V-0.05Pd	余量	5.5~6.75	—	—	3.5~4.5	—	—	—	Pd0.04~0.08		0.40	0.08	0.05	0.015	0.20	0.10	0.40	
TC23	Ti-6Al-4V-0.1Ru	余量	5.5~6.75	—	—	3.5~4.5	—	—	—	Pu0.08~0.14		0.25	0.08	0.05	0.015	0.13	0.10	0.40	
TC24	Ti-4.5Al-3V-2Mo-2Fe	余量	4.0~5.0	—	1.8~2.2	2.5~3.5	—	1.7~2.3	—	—	—	—	0.05	0.05	0.010	0.15	0.10	0.40	
TC25	Ti-6.5Al-2Mo-1Zr-1Sn-1W-0.2Si	余量	6.2~7.2	0.8~2.5	1.5~2.5	—	W0.5~1.5		0.8~2.5	—	0.10~0.25	0.15	0.10	0.04	0.012	0.15	0.10	0.30	
TC26	Ti-13Nb-13Zr	余量	—	—	—	—	—	—	12.5~14.0	12.5~14.0	—	0.25	0.08	0.05	0.012	0.15	0.10	0.40	

注：TA7 ELI 牌号的杂质“Fe+O”的总和应不大于 0.32%。

表 7-6 钛及钛合金加工产品的化学成分及成分允许偏差(GB/T 3620-2—2007)

元　素	化学成分范围/%(质量分数)	允许偏差/%
C	≤0.20	+0.02
	>0.20～0.50	+0.04
	>0.50	+0.06
N	≤0.10	+0.02
H	≤0.030	+0.002
O	≤0.30	+0.03
	>0.30	+0.04
Fe	≤0.25	±0.10
	>0.25～0.50	±0.15
	>0.50～5.00	±0.20
	>5.00	±0.25
Si	≤0.10	±0.02
	>0.10～0.50	±0.05
	>0.50～0.70	±0.07
Al	≤1.00	±0.15
	>1.00～10.00	±0.40
	>10.00～35.00	±0.50
Cr	≤1.00	±0.08
	>1.00～4.00	±0.20
	>4.00	±0.25
Mo	≤1.00	±0.08
	>1.00～10.00	±0.30
	>10.00～35.00	±0.40
Sn	≤3.00	±0.15
	>3.00～6.00	±0.25
	>6.00～12.00	±0.40
Mn	≤0.30	±0.10
	>0.30～6.00	±0.30
	>6.00～9.00	±0.40
	>9.00～20.00	±0.50
Cu	≤1.00	±0.08
	>1.00～3.00	±0.12
	>3.00～5.00	±0.20
V	≤0.50	±0.05
	>0.50～5.00	±0.15
	>5.00～6.00	±0.20
	>6.00～10.00	±0.30
	>10.00～20.00	±0.40
B	≤0.005	±0.001

续表

元　素	化学成分范围/%（质量分数）	允许偏差/%
Zr	≤4.00	±0.15
	>4.00～6.00	±0.20
	>6.00～10.00	±0.30
	>10.00～20.00	±0.40
Ni	≤1.00	±0.03
Pd	≤0.10	±0.005
	>0.10～≤0.25	±0.02
Nb	≤1.00	±0.10
	>1.00～5.00	±0.15
	>5.00～7.00	±0.20
	>7.00～10.00	±0.25
	>10.00～15.00	±0.30
	>15.00～20.00	±0.35
	>20.00～30.00	±0.40
Nd	≤1.00	±0.10
	>1.00～2.00	±0.20
Ta	≤0.50	±0.05
Ru	≤0.07	±0.005
	>0.07	±0.01
Y	≤0.005	±0.001
其他元素(单一)	≤0.10	±0.02

注：当铁元素为杂质时，其偏差只取正偏差。

(5)外科植入物用钛及钛合金加工

产品的化学成分应符合 GB/T 3620.1 见表 7-5 中相应牌号的规定，纯钛、TC4 及 TC4EL1 中的氢含量不大小于 0.010%。需方复验时，化学允许偏差应符合 GB/T 3620.2 即表 7-6 的规定。

7.1.2　钛及钛合金的力学性能

(1)钛及钛合金铸件

表 7-7　　钛及钛合金铸件的力学性能(GB/T 6614—1994)

牌　号	代　号	抗拉强度 σ_b/MPa 不小于	规定残余伸长应力 $\sigma_{r0.2}$/MPa 不小于	伸长率 δ_5/% 不小于	硬度 HBS 不小于
ZTi1	ZTA1	345	275	20	210
ZTi2	ZTA2	440	370	13	235
ZTi3	ZTA3	540	470	12	245
ZTiAl4	ZTA5	590	490	10	270
ZTiAl5Sn2.5	ZTA7	795	725	8	335
ZTiAl6V4	ZTC4	895	825	6	365
ZTiMo32	ZTB32	795	—	2	260
ZTiAl6Sn4.5Nb2Mo1.5	ZTC21	980	850	5	350

注：1. 铸件几何形状和尺寸应符合铸件图样或订货协议的规定；

2. 铸件尺寸公差应符合 GB/T 6414 的规定，一般应不低于 CT11 级。如有特殊要求，由双方协商确定，并在合同中注明。

(2)加工钛及钛合金

表 7-8　　　　工业纯钛的力学性能

牌号	品种	状态	规格/mm	取样方向	σ_b/MPa						
					标准值	均值	min	max	标准差	变异系数 C_V	材料常数 n
TA0-1	焊丝	除氢退火	1.6～3.0	L	295	403	—	—	—	—	4
TA1	板材	退火	1.0～2.0	T	370	426	—	—	20.9	0.049	30
	棒材		≤90	L	370	443	—	—	—	—	6
TA2	板材		1.0～3.0	T	440	486	—	—	25.6	0.053	31
	丝材		1.6～6.0	L	—	502	—	—	23.3	0.046	53
	管材		(12～30)×(0.6～3.0)	L	440	510	—	—	31.1	0.061	81
	棒材		≤90	L	440	552	470	550	—	—	22
TA3	板材		0.5	T	540	598	539	706	—	—	24
	棒材		45～55	L	540	578	—	—	—	—	4

牌号	品种	$\sigma_{p0.2}$/MPa							δ_5	ψ
		标准值	均值	min	max	标准差	变异系数 C_V	材料常数 n	%	
TA0-1	焊丝	—	—	—	—	—	—	—	46.0	—
TA1	板材	250	360	—	—	29.7	0.082	30	49.3	—
	棒材	250	320	—	—	—	—	6	36.0	64.2
TA2	板材	320	405	—	—	25.2	0.062	31	41.7	—
	丝材	—	—	—	—	—	—	—	18.1	—
	管材	320	—	—	—	—	—	—	35.3	—
	棒材	320	386	340	427	—	—	22	30.1	51.3
TA3	板材	410	—	—	—	—	—	—	39.8	—
	棒材	410	431	—	—	—	—	4	28.5	47.5
ZTA2	铸件	370	427	—	—	45.0	0.105	37	15.9	—

(3)板材

表 7-9　　　　钛及钛合金板材的横向室温力学性能(GB/T 3621—2007)

牌　号	状　态	板材厚度/mm	抗拉强度 R_m/MPa	规定非比例延伸强度 $R_{p0.2}$/MPa	断后伸长率 A/%,不小于
TA1	M	0.3～25.0	≥240	140～310	30
TA2	M	0.3～25.0	≥400	275～450	25
TA3	M	0.3～25.0	≥500	380～550	20
TA4	M	0.3～25.0	≥580	485～655	20
TA5	M	0.5～1.0 >1.0～2.0 >2.0～5.0 >5.0～10.0	≥685	≥585	20 15 12 12
TA6	M	0.8～1.5 >1.5～2.0 >2.0～5.0 >5.0～10.0	≥685	—	20 15 12 12

续表

牌　号	状　态	板材厚度/mm	抗拉强度 R_m/MPa	规定非比例延伸强度 $R_{p0.2}$/MPa	断后伸长率 A/%,不小于
TA7	M	0.8～1.5 >1.6～2.0 >2.0～5.0 >5.0～10.0	735～930	≥685	20 15 12 12
TA8	M	0.8～10	≥400	275～450	20
TA8-1	M	0.8～10	≥240	140～310	24
TA9	M	0.8～10	≥400	275～450	20
TA9-1	M	0.8～10	≥240	140～310	24
TA10 A类	M	0.8～10.0	≥485	≥345	18
TA10 B类	M	0.8～10.0	≥345	≥275	25
TA11	M	5.0～12.0	≥895	≥825	10
TA13	M	0.5～2.0	540～770	460～570	18
TA15	M	0.8～1.8 >1.8～4.0 >4.0～10.0	930～1130	≥855	12 10 8
TA17	M	0.5～1.0 >1.1～2.0 >2.1～4.0 >4.1～10.0	685～835	—	25 15 12 10
TA18	M	0.5～2.0 >2.0～4.0 >4.0～10.0	590～735	—	25 20 15
TB2	ST STA	1.0～3.5	≤980 1320	—	20 8
TB5	ST	0.8～1.75 >1.75～3.18	705～945	690～835	12 10
TB6	ST	1.0～5.0	≥1000	—	6
TB8	ST	0.3～0.6 >0.6～2.5	825～1000	795～965	6 8
TC1	M	0.5～1.0 >1.0～2.0 >2.0～5.0 >5.0～10.0	590～735	—	25 25 20 20
TC2	M	0.5～1.0 >1.0～2.0 >2.0～5.0 >5.0～10.0	≥685	—	25 15 12 12
TC3	M	0.8～2.0 >2.0～5.0 >5.0～10.0	≥880	—	12 10 10
TC4	M	0.8～2.0 >2.0～5.0 >5.0～10.0 10.0～25.0	≥895	≥830	12 10 10 8
TC4ELI	M	0.8～25.0	≥860	≥795	10

注:1. 厚度不大于0.64mm的板材,伸长率报实测值;

2. TA10正常供货按A类,B类适应于复合板复材,当需方要求并在合同中注明时,按B类供货。

表 7-10　　钛及钛合金板材的高温力学性能(GB/T 3621—2007)

合金牌号	板材厚度/mm	试验温度/℃	抗拉强度 σ_b/MPa,不小于	持久强度 σ_{100h}/MPa,不小于
TA6	0.8～10	350 500	420 340	390 195
TA7	0.8～10	350 500	490 440	440 195
TA11	5.0～12	425	620	—
TA15	0.8～10	500 550	635 570	440 440
TA17	0.5～10	350 400	420 390	390 360
TA18	0.5～10	350 400	340 310	320 280
TC1	0.5～10	350 400	340 310	320 295
TC2	0.5～10	350 400	420 390	390 360
TC3、TC4	0.8～10	400 500	590 440	540 195

注:1. 需方要求并在合同中注明时,板材的高温力学性能应符合本表的规定。试验温度应在合同中注明;

2. 前表中未列入的其他规格的板材,以及 R、Y 状态交货的板材,需方要求并在合同中注明时,其室温、高温力学性能报实测数据。

表 7-11　　重要用途的 TA7 钛合金板材的室温力学性能(GB/T 6612—1986 废止)

板材名义厚度/mm	室温性能,不小于			
	抗拉强度 σ_b/MPa	屈服强度 $\sigma_{0.2}$/MPa	伸长率 δ_5/%	弯曲角 α/度
0.8～1.5	765	685	20	50
1.6～2.0			15	
2.1～10.0			12	40

注:采用 15mm 宽的试样,弯心直径为板材厚度的 3 倍,弯曲至表中规定的角度后,试样弯曲处的外表面和侧面应完好。

表 7-12　　重要用途的 TA7 钛合金板材的高温力学性能(GB/T 6612—1986 废止)

试验温度	高温力学性能,不小于	
	抗拉强度 σ_b/MPa	持久强度 σ_{100}/MPa
350℃	490	440
500℃	440	195

注:1. 用户要求高温力学性能并在合同中注明时方予以测定;

2. R、Y 状态交货的板材,用户需要并在合同中注明时,提供试样热处理后的室温、高温实测数据,不做考虑依据;试样的热处理制度:在空气中加热到 815±15℃,保温 20±2min,空冷并除鳞。

表 7-13　　重要用途的 TC4 钛合金板材的退火状态力学性能(GB/T 6613—1986 废止)

板材名义厚度/mm	高温性能,不小于			
	抗拉强度 σ_b/MPa	屈服强度 $\sigma_{0.2}$/MPa	伸长率 δ_5/%	弯曲角 α/(°)
0.8～4.0	925	870	12	35
≥4.0～10.0	900	825	10	30
≥10.0～25.0	880	815	9	—

注:采用 15mm 宽的试样,弯心直径为板材厚度的 3 倍,弯曲至表中规定的角度后,试样弯曲处的外表面和侧面应完好。

表 7-14　重要用途的 TC4 钛合金板材的高温力学性能(GB/T 6613—1986 废止)

试验温度/℃	高温力学性能,不小于	
	抗拉强度 σ_b/MPa	持久强度 σ_{100}/MPa
400	590	540
500	440	195

注:1. 用户要求高温力学性能并在合同中注明时,方予以测定;

2. R、Y 状态交货的板材,用户需要并在合同中注明时,提供试样热处理后的室温、高温实测数据,不做考核依据。试样的热处理制度:在空气中加热到 720±15℃,保温 20±2min,空冷或稍慢冷却并除鳞。

(4)带、箔材

表 7-15　钛及钛合金带材的纵向室温力学和工艺性能(GB/T 3622—1999)

牌号	状态	产品厚度/mm	室温性能,不小于				
			抗拉强度 σ_b/MPa	规定残余伸长应力 $\sigma_{r0.2}$/MPa	伸长率/%		弯曲角 α/(°)
					δ_5	δ_{50}	
TA0	M	0.3～<0.5	280～420	170	—	40	150
		0.5～2.0			45	—	
TA1	M	0.3～<0.5	370～530	250	—	35	150
		0.5～2.0			40	—	
TA2	M	0.3～<0.5	440～620	320	—	30	140
		0.5～1.0			35	—	
		1.1～2.0			30	—	
TA9	M	0.3～<0.5	370～530	250	—	25	140
		0.5～2.0			30	—	
TA10	M	0.3～<0.5	485	—	—	15	90
		0.5～2.0			18	—	

注:冷轧状态的产品以及厚度小于 0.3mm 的产品,需方要求并在合同中注明时,其室温力学性能和工艺性能报实测数据,如需考核,其指标应经供需双方协商,并在合同中注明。

表 7-16　磁头用工业纯钛箔的室温力学性能(YS/T 410—1998 废止)

牌号	产品厚度/mm	抗拉强度 σ_b/MPa,不小于	伸长率 δ_{50}/%,不小于
TA1	0.0010	370	0.6
	0.0013		0.7
	0.0015		0.8
	0.0017		1.0
	0.0020		1.2
	0.0030		1.5

(5)棒材

表 7-17　钛及钛合金棒材的室温及高温力学性能(GB/T 2965—2007)

牌号	室温力学性能,不小于				备注
	抗拉强度 R_m/MPa	规定非比例延伸强度 $R_{p0.2}$/MPa	断后伸长率 A/%	断面收缩率 Z/%	
TA1	240	140	24	30	
TA2	400	275	20	30	
TA3	500	380	18	30	
TA4	580	485	15	25	
TA5	685	585	15	40	

续表

牌 号	室温力学性能,不小于				
	抗拉强度 R_m/MPa	规定非比例延伸强度 $R_{p0.2}$/MPa	断后伸长率 A/%	断面收缩率 Z/%	备 注
TA6	685	585	10	27	
TA7	785	680	10	25	
TA9	370	250	20	25	
TA10	485	345	18	25	
TA13	540	400	16	35	
TA15	885	825	8	20	
TA19	895	825	10	25	
TB2	≤980	820	18	40	淬火性能
	1370	1100	7	10	时效性能
TC1	585	460	15	30	
TC2	685	560	12	30	
TC3	800	700	10	25	
TC4	895	825	10	25	
TC4ELI	830	760	10	15	
TC6[a]	980	840	10	25	
TC9	1060	910	9	25	
TC10	1030	900	12	25	
TC11	1030	900	10	30	
TC12	1150	1000	10	25	

牌 号	试验温度 /℃	高温力学性能,不小于			
		抗拉强度 R_m/MPa	持久强度/MPa		
			σ_{100h}	σ_{50h}	σ_{35h}
TA6	350	420	390	—	—
TA7	350	490	440	—	—
TA15	500	570	—	470	—
TA19	480	620	—	—	480
TC1	350	345	325	—	—
TC2	350	420	390	—	—
TC4	400	620	570	—	—
TC6	400	735	665	—	—
TC9	500	785	590	—	—
TC10	400	835	785	—	—
TC11[b]	500	685	—	—	640[b]
TC12	500	700	590	—	—

注:1. 棒材测定普通退火状态的性能。当需方要求并在合同中注明时,方测定等温退火状态的性能;

2. TC11 钛合金棒材持久强度不合格时,允许再按 500℃的 100h 持久强度 σ_{100h}≥590MPa 进行检验,检验合格则该批棒材的持久强度合格。

(6)管材

表 7-18　　钛及钛合金管的力学性能(GB/T 3624—1995)

牌号	状态	抗拉强度 σ_b /MPa	规定残余伸长应力 $\sigma_{r0.2}$ /MPa	伸长率 δ/% (L_0=50mm)/%
TA0	退火(M)	280～420	≥170	≥24
TA1		370～530	≥250	≥20
TA2		440～620	≥320	≥18
TA9		370～530	≥250	≥20
TA10		≥440	—	≥18

注:规定残余伸长应力 $\sigma_{r0.2}$ 在需方要求并在合同中注明时方预测试。

表 7-19　　换热器及冷凝器用钛及钛合金管的力学性能(GB/T 3625—2007)

合金牌号	状态	室温学性能		
		抗拉强度 R_m/MPa	规定非比例延伸强度 $R_{p0.2}$/MPa	断后伸长率 A_{50mm}/%
TA1	退火(M)	≥240	140～310	≥24
TA2		≥400	275～450	≥20
TA3		≥500	380～550	≥18
TA9		≥400	275～450	≥20
TA9-1		≥240	140～310	≥24
TA10		≥460	≥300	≥18

(7)饼和环

表 7-20　　钛及钛合金饼和环的力学性能(GB/T 16598—1996)

<table>
<tr><th rowspan="2">牌号</th><th rowspan="2">推荐热处理制度</th><th rowspan="2">截面积 /cm²</th><th colspan="4">室温力学性能,不小于</th></tr>
<tr><th>抗拉强度 σb /MPa</th><th>规定残余伸长应力 σr0.2 /MPa</th><th>伸长率 δ5 /%</th><th>收缩率 ψ /%</th></tr>
<tr><td>TA0</td><td rowspan="6">650～700℃,保温不少于1 h,空冷</td><td rowspan="7">≤100</td><td>280</td><td>170</td><td>30</td><td rowspan="3">35</td></tr>
<tr><td>TA1</td><td>370</td><td>250</td><td>20</td></tr>
<tr><td>TA2</td><td>440</td><td>320</td><td>18</td></tr>
<tr><td>TA3</td><td>540</td><td>410</td><td>15</td><td rowspan="2">20</td></tr>
<tr><td>TA9</td><td>370</td><td>250</td><td>20</td></tr>
<tr><td>TA10</td><td>485</td><td>345</td><td>18</td><td rowspan="2">25</td></tr>
<tr><td>TC4</td><td>700～800℃,保温不少于1 h,空冷</td><td>895</td><td>825</td><td>10</td></tr>
</table>

注:1. 力学性能在经热处理后的试样坯上测试。需要时,供方还可以适当选择和调整热处理制度,但必须在质量证明书中注明;

2. 表列规格以外的产品,需方要求测定室温力学性能时,指标应经双方协商并在合同中注明;

3. 需方要求测定 TC4 产品的高温力学性能时,其试验温度及性能指标应经双方协商并在合同中注明。

(8)外科植入物用钛及钛合金加工材

表 7-21 外科植入物用钛及钛合金板材的室温力学和工艺性能(GB/T 13810—2007)

牌号	状态	厚度/mm	抗拉强度 R_m/MPa	规定非比例延伸强度 $R_{p0.2}$/MPa	断后伸长率 A/%
TA1ELI	M	0.3~25.0	≥200	≥140	≥30
TA1	M	0.3~25.0	≥240	≥170	≥25
TA2	M	0.3~25.0	≥400	≥275	≥25
TA3	M	0.3~25.0	≥500	≥380	≥20
TA4	M	0.3~25.0	≥580	≥485	≥20
TC4	M	0.8~4.75	≥925	≥870	≥10
		>4.75~25.0	≥895	≥830	≥10
TC4ELI	M	0.8~25.0	≥860	≥795	≥10

注:厚度小于0.64mm的纯钛和厚度不大于1.60mm的板材,断后伸长率报实测值。

表 7-22 外科植入物用钛及钛合金棒材的室温力学性能(GB/T 13810—2007)

牌号	状态	直径或边长/mm	抗拉强度 R_m/MPa	规定非比例延伸强度 $R_{p0.2}$/MPa	断后伸长率① A/%	断面收缩率 Z/%
TA1ELI	M	>7~90	≥200	≥140	≥30	≥30
TA1	M		≥240	≥170	≥24	≥30
TA2	M		≥400	≥275	≥20	≥30
TA3	M		≥500	≥380	≥18	≥30
TA4	M		≥580	≥485	≥15	≥25
TC4	M	>7~50	≥930	≥860	≥10	≥25
	M	>50~90	≥895	≥830	≥10	≥25
TC4ELI	M	>7~45	≥860	≥795	≥10	≥25
	M	>45~65	≥825	≥760	≥8	≥20
	M	>65~90	≥825	≥760	≥8	≥15
TC20	M	>7~100	≥900	≥800	≥10	≥25

注:①直径大于75mm的棒材取棒向试样。

7.1.3 工业纯钛在各种介质中的耐蚀性能

表 7-23 工业纯钛在各种介质中的耐蚀性能

介质		浓度/%	温度/℃	腐蚀速度/mm·a^{-1}(年)	耐蚀等级
无机酸	盐酸	1	室温/沸腾	0.000/0.345	优良/良好
		5	室温/沸腾	0.000/6.530	优良/差
		10	室温/沸腾	0.175/40.87	良好/差
		20	室温/—	1.340/—	差/—
		35	室温/—	6.660/—	差/—
	硫酸	5	室温/沸腾	0.000/13.01	优良/良好
		10	室温/—	0.230/—	优良/—
		60	室温/—	0.277/—	良好/—
		80	室温/—	32.660/—	差/—
		95	室温/—	1.400/—	差/—
	硝酸	37	室温/沸腾	0.000/<0.127	优良/优良
		64	室温/沸腾	0.000/<0.127	优良/优良
		95	室温/—	0.0025/—	优良/—
	磷酸	10	室温/沸腾	0.000/6.400	优良/差
		30	室温/沸腾	0.000/17.600	优良/差
		50	室温/—	0.097/—	优良/—
	铬酸	20	室温/沸腾	<0.127/<0.127	优良/优良
	硝酸+盐酸	1:3	室温/沸腾	0.0040/<0.127	优良/优良
		3:1	室温/—	<0.127/	优良/—
	硝酸+硫酸	7:3	室温/—	<0.127/—	优良/—
		4:6	室温/—	<0.127/—	优良/—
有机酸	醋酸	100	室温/沸腾	0.000/0.000	优良/优良
	蚁酸	50	室温/—	0.000/—	优良/—
	草酸	5	室温/沸腾	0.127/29.390	良好/差
		10	室温/—	0.008/—	优良/—
	乳酸	10	室温/沸腾	0.000/0.033	优良/优良
		25	—/沸腾	—/0.028	—/优良
	甲酸	10	—/沸腾	—/1.270	—/良好
		25	—/100	—/2.440	—/差
		50	—/100	—/7.620	—/差
	丹柠酸	25	室温/沸腾	<0.127/<0.127	优良/优良
	柠檬酸	50	室温/沸腾	<0.127/<0.127	优良/优良
	硬脂酸	100	室温/沸腾	<0.127/<0.127	优良/优良
碱溶液	氢氧化钠	10	—/沸腾	—/0.020	—/优良
		20	室温/沸腾	<0.127/<0.127	优良/优良
		50	室温/沸腾	<0.0025/0.0508	优良/优良
		73	—/沸腾	—/0.127	—/良好
	氢氧化钾	10	—/沸腾	—/<0.127	—/优良
		25	—/沸腾	—/0.305	—/良好
		50	30/沸腾	0.000/2.743	优良/差
	氢氧化铵	28	室温/—	0.0025/—	优良/—
	碳酸钠	20	室温/沸腾	<0.127/<0.127	优良/优良
	阿摩尼亚	20	室温/—	0.0708/—	优良/—

续表

介质		浓度/%	温度/℃	腐蚀速度/$mm \cdot a^{-1}$(年)	耐蚀等级
无机盐溶液	氯化铁	40	室温/95	0.000/0.002	优良/优良
	氯化亚铁	30	室温/沸腾	0.000/<0.127	
	氯化亚铅	10		<0.127/<0.127	
	氯化亚铜	50		<0.127/<0.127	
	氯化铵	10		<0.127/0.000	
	氯化钙	10		<0.127/0.000	
	氯化铝	25		<0.127<0.127	
	氯化镁	10		<0.127/<0.127	
	氯化镍	5～10		<0.127/<0.127	
	氯化钡	20		<0.127<0.127	
	硫酸铜	20		<0.127/<0.127	
	硫酸铵	20℃饱和		<0.127/<0.127	
	硫酸钠	50		<0.127/<0.127	
	硫酸亚铅	20℃饱和		<0.127/<0.127	
	硫酸亚铜	10		<0.127/<0.127	
		30		<0.127/<0.127	
	硝酸银	11	室温/—	<0.127/—	优良/—
有机化合物	苯(含微量 HCl、NaCl)	蒸汽与液体	80	0.005	优良
	四氯化碳	同上	沸腾	0.005	
	四氯乙烯(稳定)	100%蒸汽和液体		0.0005	
	四氯乙烯(H_2O)	100%蒸汽和液体		0.0005	
	三氯甲烷	100%蒸汽和液体		0.0005	
	三氯甲烷(H_2O)			0.127	良好
	三氯乙烯	99%蒸汽和液体		0.00254	优良
	三氯乙烯(稳定)	99		0.00254	
	甲醛	37		0.127	良好
	甲醛(含2.5% H_2SO_4)	50		0.305	良好

注：1. 耐蚀等级分为三级：

优良——耐蚀，腐蚀速度在0.127mm/a以下；

良好——中等耐蚀，腐蚀速度在0.127～1.27mm/a之间；

差——不耐蚀，腐蚀速度在1.27mm/a以上。

2. 纯钛在大多数介质中，特别是在中性、氧化性介质和海水中有高的耐蚀性。钛在海水中的耐蚀性比铝合金、不锈钢和镍合金还高，在工业、农业和海洋环境的大气中，虽经数年，表面也不变色。氢氟酸、硫酸、盐酸、正磷酸以及某些热的浓有机酸对钛的腐蚀较大(见上表)，其中氢氟酸不论浓度、温度高低，对钛都有很大的腐蚀作用。钛对各种浓度的硝酸和铬酸的稳定性高，在碱溶液和大多数有机酸、无机盐溶液中的耐蚀性也很高；

3. 钛不发生局部腐蚀和晶间腐蚀，腐蚀是均匀进行的；

4. 钛合金的耐蚀性与工业纯钛相近，这一点是钛合金能在化工和造船工业获得广泛应用的原因。

7.1.4 加工钛及钛合金的一般物理性能

表 7-24 加工钛及钛合金的一般物理性能（参考数据）

性能		合金牌号														
		TA1,TA2TA3	TA4	TA5	TA6	TA7	TA8	TB2	TC1	TC2	TC3	TC4	TC6	TC7	TC9	TC10
20℃密度 ρ/g·cm^{-3}		4.5	—	4.43	4.40	4.46	4.56	4.81	4.55	4.55	4.43	4.45	4.5	4.40	4.52	4.53
熔点/℃		1668	—	—	—	1538～1649	—	—	—	1570～1640	—	1538～1649	1620～1650	—	—	—
比热容 c /J·(kg·K)$^{-1}$	20℃	0.544	—	—	—	540	—	540	—	—	—	—	—	—	—	—
	100℃	0.544	—	—	586	540	502	540	574	—	—	678	502	—	544	540
	200℃	0.628	—	—	670	569	586	553	—	565	586	691	586	—	—	548
	300℃	0.670	—	—	712	590	628	569	641	628	628	703	670	—	—	565
	400℃	0.712	—	—	796	620	628	636	699	670	670	741	712	—	—	557
	500℃	0.754	—	—	879	653	670	599	729①	754	712	754	796	—	—	528
	600℃	0.837	—	—	921	691	—	862	—	—	—	879	—	—	—	—
20℃电阻率 ρ/Ω·mm^2·m^{-1}		0.47	—	1.26	1.08	1.38	1.694	1.55	—	—	1.42	1.60	1.36	1.60	1.62	1.87
热导率 λ /W·(m·K)$^{-1}$	20℃	16.33	10.47	—	7.54	8.79	7.54	—	9.63	9.63	8.37	5.44	7.95	7.12	7.54	—
	100℃	16.33	12.14	—	8.79	9.63	8.37	12.14②	10.47	—	8.79	6.70	8.79	—	12.98	—
	200℃	16.33	—	—	10.05	10.89	9.63	12.56	11.72	11.30	10.05	8.79	10.05	—	11.30	—
	300℃	16.75	—	—	11.72	12.14	10.89	12.98	12.14	12.14	10.89	10.47	11.30	—	12.14	10.47
	400℃	17.17	—	—	13.40	13.40	12.14	16.33	13.40	13.40	12.56	12.56	12.59	—	12.98	12.14
	500℃	18.00	—	—	15.07	14.65	—	17.58	14.65	14.65	14.24	14.24	—	—	13.40⑧	13.40
	600℃	—	—	—	16.75	15.91	—	18.84	16.33	—	15.49	15.91	—	—	14.65⑨	—
线胀系数 a /10^{-6}K^{-1}	20～100℃	8.0	8.2	9.28	8.33	9.36	9.02	8.53	8.0	8.0	—	7.89	8.60	—	7.70	9.45
	20～200℃	8.6	—	9.53	8.94	9.4	9.41	9.34	8.6	8.6	—	9.01	—	—	8.90	9.73
	20～300℃	9.1	—	9.87	9.55	9.5	9.72	9.52	9.1	9.1	—	9.30	—	—	9.27	9.97
	20～400℃	9.25	—	10.08	10.4⑥	9.54	9.98	9.79	9.6	9.6	—	9.24	0	—	9.64	10.15
	20～500℃	9.4	—	10.09	10.6⑦	9.68	10.20	9.83	9.6	9.4	—	9.39	11.60⑥	—	9.785	10.19
	20～600℃	9.8	—	10.28	10.8	9.86	10.42	9.99	—	—	—	9.40	—	—	—	10.21

注①450℃；②80℃；③100～200℃；④200～300℃；⑤300～400℃；⑥400～500℃；⑦500～600℃；⑧490℃；⑨575℃。

7.1.5 加工钛及钛合金的特性及用途

表 7-25 加工钛及钛合金的特性及用途举例

组别	牌号	主要特性	用途举例
碘法钛	TAD	这是以碘化物法所获得的高纯度钛，故称碘法钛，或称化学纯钛。但是，其中仍含有氧、氮、碳这类间隙杂质元素，它们对纯钛的力学性能影响很大。随着钛的纯度提高，钛的强度、硬度明显下降，故其特点是：化学稳定性好，但强度很低	由于高纯度钛的强度较低，作为结构材料应用意义不大，故在工业中很少使用。目前在工业中广泛使用的是工业纯钛和钛合金
工业纯钛	TA1 TA2 TA3	工业纯钛与化学纯钛的不同之处是，它含有较多量的氧、氮、碳及多种其他杂质元素（如铁、硅等），它实质上是一种低合金含量的钛合金。与化学纯钛相比，由于含有较多的杂质元素后其强度大大提高，它的力学性能和化学性能与不锈钢相似（但和钛合金比，强度仍然较低）。 工业纯钛的特点是：强度不高，但塑性好，易于加工成形，冲压、焊接、可切削加工性能良好；在大气、海水、湿氯气及氧化性、中性、弱还原性介质中具有良好的耐蚀性，抗氧化性优于大多数奥氏体不锈钢；但耐热性较差，使用温度不宜太高。 工业纯钛按其杂质含量的不同，分为 TA1、TA2 和 TA3 三个牌号。这三种工业纯钛的间隙杂质元素是逐渐增加的，故其力学强度和硬度也随之逐级增加，但塑性、韧性相应下降。 工业上常用的工业纯钛是 TA2，因其耐蚀性能和综合力学性能适中。对耐磨和强度要求较高时可采用 TA3。对要求较好的成形性能时可采用 TA1	1）主要用作工作温度 350℃以下、受力不大但要求高塑性的冲压件和耐蚀结构零件，例如：飞机的骨架、蒙皮、发动机附件；船舶用耐海水腐蚀的管道、阀门、泵及水翼、海水淡化系统零部件，化工上的热交换器、泵体、蒸馏塔、冷却器、搅拌器、三通、叶轮、紧固件、离子泵、压缩机气阀以及柴油发动机活塞、连杆、叶簧等。 2）TA1、TA2 在铁含量为 0.095%、氧含量为 0.08%、氢含量为 0.0009%、氮含量为 0.0062%时，具有很好的低温韧性和高的低温强度，可用作-253℃以下的低温结构材料
α型钛合金	TA4	这类合金在室温和使用温度下呈 α 型单相状态，不能热处理强化（退火是唯一的热处理形式），主要依靠固溶强化。室温强度一般低于 β 型和 α+β 型钛合金（但高于工业纯钛），而在高温（500～600℃）下的强度和蠕变强度却是三类钛合金中最高的；且组织稳定，抗氧化性和焊接性能好，耐蚀性和可切削加工性能也较好，但塑性低（热塑性仍然良好），室温冲压性能差。其中使用最广的是 TA7，它在退火状态下具有中等强度和足够的塑性，焊接性良好，可在 500℃以下使用；当其间隙杂质元素（氧、氢、氮等）含量极低时，在超低温时还具有良好的韧性和综合力学性能，是优良的超低温合金之一	抗拉强度比工业纯钛稍高，可做中等强度范围的结构材料。国内主要用作焊丝
	TA5 TA6		用于 400℃以下在腐蚀介质中工作的零件及焊接件，如飞机蒙皮、骨架零件、压气机壳体、叶片、船舶零件等
	TA7		500℃以下长期工作的结构件和各种模锻件，短时使用可达 900℃。亦可用作超低温（-253℃）部件（如超低温用的容器）
	TA8		500℃以下长期工作的零件，可用于制造发动机压气机盘和叶片；但合金的组织稳定性较差，在使用上受到一定限制
β型钛合金	TB2	这类合金的主要合金元素是钼、铬、钒等 β 稳定化元素，在正火或淬火时很容易将高温 β 相保留到室温，获得介稳定的 β 单相组织，故称 β 型钛合金。 β型钛合金可热处理强化，有较高的强度，焊接性能和压力加工性能良好；但性能不够稳定，熔炼工艺复杂，故应用不如 α 型、α+β 型钛合金广泛	在 350℃以下工作的零件，主要用于制造各种整体热处理（固溶、时效）的板材冲压件和焊接件；如压气机叶片、轮盘、轴类等重载荷旋转件，以及飞机的构件等。 TB2 合金一般在固溶处理状态下交货，在固溶、时效后使用
α+β型钛合金	TC1 TC2	这类合金室温呈 α+β 型两相组织，因而得名为 α+β 型钛合金。它具有良好的综合力学性能，大都可热处理强化（但 TC1、TC2、TC7 不能热处理强化），锻造、冲压及焊接性能均较好，可切削加工；室温强度高，150～500℃以下且有较好的耐热性，有的（如 TC1、TC2、TC3、TC4）并有良好的低温韧性和良好的抗海水应力腐蚀及抗热盐应力腐蚀能力；缺点是组织不够稳定	400℃以下工作的冲压件、焊接件以及模锻件和弯曲加工的各种零件。这两种合金还可用作低温结构材料。
	TC3 TC4		400℃以下长期工作的零件，结构用的锻件，各种容器、泵、低温部件、船舰耐压壳体、坦克履带等。强度比 TC1、TC2 高

续表

<table>
<tr><th>组别</th><th>牌号</th><th>主要特性</th><th>用途举例</th></tr>
<tr><td rowspan="3">α+β型钛合金</td><td>TC6</td><td rowspan="3">这类合金以 TC4 应用最为广泛，用量约占现有钛合金生产量的一半。该合金不仅具有良好的室温、高温和低温力学性能，且在多种介质中具有优异的耐蚀性，同时可焊接、冷热成形，并可通过热处理强化；因而在宇航、船舰、兵器以及化工等工业部门均获得广泛应用</td><td>可在 450℃以下使用，主要用作飞机发动机结构材料</td></tr>
<tr><td>TC7
TC9</td><td>500℃以下长期工作的零件，主要用在飞机喷气发动机的压气机盘和叶片上</td></tr>
<tr><td>TC10</td><td>450℃以下长期工作的零件，如飞机结构零件、起落支架、蜂窝联接件、导弹发动机外壳、武器结构件等</td></tr>
</table>

表 7-26　　钛及钛合金的应用情况

<table>
<tr><th colspan="2">应用领域</th><th>材料的使用特性</th><th>应用部位</th></tr>
<tr><td rowspan="2">航空工业</td><td>喷气发动机</td><td>在 500℃以下具有高的屈服强度/密度比和疲劳强度/密度比，良好的热稳定性，优异的抗大气腐蚀性能，可减轻重量</td><td>在 500℃以下的部位使用：压气盘、静叶片、动叶片、机壳、燃烧室外壳、排气机构外壳、中心体、喷气管等</td></tr>
<tr><td>机　身</td><td>在 300℃以下，比强度高</td><td>防火壁、蒙皮、大梁、起落架、翼肋、隔框、紧固件、导管、舱门、拉杆等</td></tr>
<tr><td colspan="2">火箭、导弹及宇宙飞船工业</td><td>在常温及超低温下，比强度高，并具有足够的韧性及塑性</td><td>高压容器、燃料贮箱、火箭发动机及导弹壳体、飞船船舱蒙皮及结构骨架、主起落架登月舱等</td></tr>
<tr><td colspan="2">船舶、舰艇制造工业</td><td>比强度高，在海水及海洋气氛下具有优异的耐蚀性能</td><td>耐压艇体、结构件、浮力系统球体，水上船舶的泵体、管道和甲板配件，快艇推进器、推进轴，水翼艇水翼、鞭状天线等</td></tr>
<tr><td colspan="2">化学工业、石油工业</td><td>在氧化性和中性介质中具有良好的耐蚀性，在还原性介质中也可通过合金化改善其耐蚀性</td><td>在石油化工、化肥、酸碱、钠、氯气及海水淡化等工业中，作热交换器、反应塔、蒸馏器、洗涤塔、合成器、高压釜、阀门、导管、泵、管道等</td></tr>
<tr><td rowspan="11">其他工业</td><td>常规武器制造</td><td>耐蚀性好，密度小</td><td>火炮尾架、迫击炮底板、火箭炮炮管及药室、喷管、火炮套箍、坦克车轮及履带、扭力棒、战车驱动轴、装甲板等</td></tr>
<tr><td>冶金工业</td><td>有高的化学活性和良好的耐蚀性</td><td>在镍、钴、钛等有色金属冶炼中做耐蚀材料，在钢铁冶炼中是良好的脱氧剂和合金元素</td></tr>
<tr><td>医疗卫生</td><td>对人体体液有极好的耐蚀性，没有毒性，与肌肉组织亲合性能良好</td><td>做医疗器械及外科矫形材料，钛制牙、心脏内瓣、隔膜、骨关节及固定螺钉、钛骨头等</td></tr>
<tr><td>超高真空</td><td>有高的化学活性，能吸附氧、氮、氢、CO、CO_2、甲烷等气体</td><td>钛离子泵</td></tr>
<tr><td>电镀工业</td><td>耐腐蚀、寿命长，传热快、加热效果好，对产品无污染，可提高劳动生产率和减少维修费用</td><td>镀镍、镀铬（除氟化物镀铬外）、酸性和氰化物镀铜、三氯化铁铜板腐蚀中作加热器、电镀槽子、网拦、挂具、薄膜蒸发器等</td></tr>
<tr><td>电　站</td><td rowspan="6">高的耐蚀性，密度小，重量轻，良好的综合力学性能和工艺性能，较高的热稳定性，线胀系数小</td><td>全钛凝汽器、冷凝器、管板、冷油管、蒸汽涡轮叶片等</td></tr>
<tr><td>机械仪表</td><td>精密天平秤杆、表壳、光学仪器等</td></tr>
<tr><td>纺织工业</td><td>亚漂机、亚漂罐中耐蚀零、部件</td></tr>
<tr><td>造纸工业</td><td>泵、阀、管道、风机、搅拌器等</td></tr>
<tr><td>医药工业</td><td>加料机、加热器、分离器、反应罐、搅拌器、压滤罐、出料管道等</td></tr>
<tr><td>体育用品</td><td>航模、羽毛球拍、登山器械、钓鱼杆、宝剑、全钛赛车等</td></tr>
<tr><td>工艺美术</td><td></td><td>钛板画、笔筒、砚台、拐杖、胸针等</td></tr>
</table>

7.2 美国钛及钛合金

7.2.1 钛及钛合金牌号和化学成分

(1)海绵钛

表 7-27 海绵钛及钛合金牌号和化学成分(ASTM B299—2008)

化学成分/% (质量分数,不大于)	牌号				
	GP	EL	SL	ML	MD
N	0.02	0.008	0.015	0.015	0.015
C	0.03	0.02	0.02	0.02	0.02
Na	—	0.10	0.19	—	—
Mg	—	0.08	—	0.50	0.08
Al	0.05	0.03	0.05	0.05	—
Cl	0.20	0.10	0.20	0.20	0.12
Fe	0.15	0.05	0.05	0.15	0.12
Si	0.04	0.04	0.04	0.04	0.04
H	0.03	0.02	0.05	0.03	0.010
H_2O	0.02	0.02	0.02	0.02	0.02
O	0.15	0.08	0.10	0.10	0.10
Cr	—	—	—	—	0.06
Ni	—	—	—	—	0.05
其他杂质总和	0.05	0.05	0.05	0.05	0.05
Ti 少量	余量	余量	余量	余量	余量
HB	140	110	120	140	140

(2)加工钛及钛合金

ASTM、MIL、AMS三个标准体系均没有单独的钛及钛合金牌号、化学成分标准,由各产品标准分别规定。3个标准体系对牌号、化学成分的处理方法也不一样。同一种合金的牌号和成分在3个标准体系中有区别,即使同一个标准体系中也因产品的形式不同而有差异。

ASTM标准中,从纯钛到钛合金统一编号,1～4号为纯钛,从5号起为钛合金,其牌号、化学成分按其顺序号排列,如表7-28所示。合金牌号中“ELI”为英文超低间隙元素的缩写,表示该合金的间隙元素的含量比一般的级别低。MIL、AMS标准中也以同样的方式表示。

表 7-28 ASTM标准中规定的钛及钛合金牌号和化学成分

化学成分/%	牌号(UNS) Grade 1 UNS R50250	Grade 2 UNS R50250	Grade 3 UNS R50250	Grade 4 UNS R50250	标准号	备注
N	≤0.03	≤0.03	≤0.05	≤0.05	ASTM F67—2006	外科植入用板材、锻材
C	≤0.08	≤0.08	≤0.08	≤0.08		
H	≤0.015	≤0.015	≤0.015	≤0.015		
Fe	≤0.20	≤0.30	≤0.30	≤0.50		
O	≤0.18	≤0.25	≤0.35	≤0.40		
Ti	余量	余量	余量	余量		

牌号	化学成分/%(不大于,注明范围者或最小值者除外) C	O	N	H	Fe	Al	V	Pd	Ru	Ni	M_D	Cr	Co	Zr	Nb	Sn	Si	其他元素 单个	其他元素 总合	标准号	备注
1	0.08	0.18	0.03	0.015	0.20	—	—	—	—	—	—	—	—	—	—	—	—	0.1	0.4	ASTM B338—2010	冷凝管
2	0.08	0.25	0.03	0.015	0.30	—	—	—	—	—	—	—	—	—	—	—	—	0.1	0.4		
2H	0.08	0.25	0.03	0.015	0.30	—	—	—	—	—	—	—	—	—	—	—	—	0.1	0.4		
3	0.08	0.35	0.05	0.015	0.30	—	—	—	—	—	—	—	—	—	—	—	—	0.1	0.4		
7	0.08	0.25	0.03	0.015	0.30	—	—	0.12~0.25	—	—	—	—	—	—	—	—	—	0.1	0.4		
7H	0.08	0.25	0.03	0.015	0.30	—	—	0.12~0.25	—	—	—	—	—	—	—	—	—	0.1	0.4		
9	0.08	0.15	0.03	0.015	0.25	2.5~3.5	2.0~3.0	—	—	—	—	—	—	—	—	—	—	0.1	0.4		
11	0.08	0.18	0.03	0.015	0.20	—	—	0.12~0.25	—	—	—	—	—	—	—	—	—	0.1	0.4		
12	0.08	0.25	0.03	0.015	0.30	—	—	—	—	0.6~0.9	0.2~0.4	—	—	—	—	—	—	0.1	0.4		
13	0.08	0.10	0.03	0.015	0.20	—	—	—	0.04~0.06	0.4~0.6	—	—	—	—	—	—	—	0.1	0.4		

续表

牌号	化学成分/%(不大于,注明范围者或最小值者除外)																其他元素		标准号	备注
	C	O	N	H	Fe	Al	V	Pd	Ru	Ni	M_D	Cr	Co	Zr	Nb	Sn	Si	单个	总合		
14	0.08	0.15	0.03	0.015	0.30	—	—	—	0.04～0.06	0.4～0.6	—	—	—	—	—	—	—	0.1	0.4	ASTM B338—2010	冷凝管
15	0.08	0.25	0.05	0.015	0.30	—	—	—	0.04～0.06	0.4～0.6	—	—	—	—	—	—	—	0.1	0.4		
16	0.08	0.25	0.03	0.015	0.30	—	—	0.04～0.08	—	—	—	—	—	—	—	—	—	0.1	0.4		
16H	0.08	0.25	0.03	0.015	0.30	—	—	0.04～0.08	—	—	—	—	—	—	—	—	—	0.1	0.4		
17	0.08	0.18	0.03	0.015	0.20	—	—	0.04～0.08	—	—	—	—	—	—	—	—	—	0.1	0.4		
18	0.08	0.15	0.03	0.015	0.25	2.5～3.5	2.0～3.0	0.04～0.08	—	—	—	—	—	—	—	—	—	0.1	0.4		
26	0.08	0.25	0.03	0.015	0.30	—	—	—	0.08～0.14	—	—	—	—	—	—	—	—	0.1	0.4		
26H	0.08	0.25	0.03	0.015	0.30	—	—	—	0.08～0.14	—	—	—	—	—	—	—	—	0.1	0.4		
27	0.08	0.18	0.03	0.015	0.20	—	—	—	0.08～0.14	—	—	—	—	—	—	—	—	0.1	0.4		
28	0.08	0.15	0.03	0.015	0.25	2.5～3.5	2.0～3.0	—	0.08～0.14	—	—	—	—	—	—	—	—	0.1	0.4		
31	0.08	0.35	0.05	0.015	0.30	—	—	0.04～0.08	—	—	—	—	0.20～0.80	—	—	—	—	0.1	0.4		
33	0.08	0.25	0.03	0.015	0.30	—	—	0.01～0.02	0.02～0.04	0.35～0.55	—	0.1～0.2	—	—	—	—	—	0.1	0.4		
34	0.08	0.35	0.05	0.015	0.30	—	—	0.01～0.02	0.02～0.04	0.35～0.55	—	0.1～0.2	—	—	—	—	—	0.1	0.4		

续表

牌号	化学成分/%(不大于,注明范围或最小值者除外)																其他元素		标准号	备注
	C	O	N	H	Fe	Al	V	Pd	Ru	Ni	M_D	Cr	Co	Zr	Nb	Sn	Si	单个	总合		
35	0.08	0.25	0.05	0.015	0.20~0.80	4.0~5.0	1.1~2.1	—	—	—	1.5~2.5	—	—	—	—	—	0.20~0.40	0.1	0.4	ASTM B338—2010	冷凝管
36	0.04	0.16	0.03	0.015	0.03	—	—	—	—	—	—	—	—	—	42.0~47.0	—	—	0.1	0.4		
37	0.08	0.25	0.03	0.015	0.30	1.0~2.0	—	—	—	—	—	—	—	—	—	—	—	0.1	0.4		
38	0.08	0.20~0.30	0.03	0.015	1.2~1.8	3.5~4.5	2.0~3.0	—	—	—	—	—	—	—	—	—	—	0.1	0.4		
F-1	0.08	0.18	0.03	0.015	0.20	—	—	—	—	—	—	—	—	—	—	—	—	0.1	0.4	ASTM B381—2010	锻件
F-2	0.08	0.25	0.03	0.015	0.30	—	—	—	—	—	—	—	—	—	—	—	—	0.1	0.4		
F-2H	0.08	0.25	0.03	0.015	0.30	—	—	—	—	—	—	—	—	—	—	—	—	0.1	0.4		
F-3	0.08	0.35	0.05	0.015	0.30	—	—	—	—	—	—	—	—	—	—	—	—	0.1	0.4		
F-4	0.08	0.40	0.05	0.015	0.50	—	—	—	—	—	—	—	—	—	—	—	—	0.1	0.4		
F-5	0.08	0.20	0.05	0.015	0.40	5.5~6.75	3.5~4.5	—	—	—	—	—	—	—	—	—	—	0.1	0.4		
F-6	0.08	0.20	0.03	0.015	0.50	4.0~6.0	—	—	—	—	—	—	—	—	—	2.0~3.0	—	0.1	0.4		
F-7	0.08	0.25	0.03	0.015	0.30	—	—	0.12~0.25	—	—	—	—	—	—	—	—	—	0.1	0.4		
F-7H	0.08	0.25	0.03	0.015	0.30	—	—	0.12~0.25	—	—	—	—	—	—	—	—	—	0.1	0.4		
F-9	0.08	0.15	0.03	0.015	0.25	2.5~3.5	2.0~3.0	—	—	—	—	—	—	—	—	—	—	0.1	0.4		
F-11	0.08	0.18	0.03	0.015	0.20	—	—	0.12~0.25	—	—	—	—	—	—	—	—	—	0.1	0.4		
F-12	0.08	0.25	0.03	0.015	0.30	—	—	—	—	0.6~0.9	0.2~0.4	—	—	—	—	—	—	0.1	0.4		

续表

牌号	化学成分/%(不大于,注明范围或最小值者除外)																	其他元素		标准号	备注
	C	O	N	H	Fe	Al	V	Pd	Ru	Ni	M_D	Cr	Co	Zr	Nb	Sn	Si	单个	总合		
F-13	0.08	0.10	0.03	0.015	0.20	—	—	—	0.04～0.06	0.4～0.6	—	—	—	—	—	—	—	0.1	0.4		
F-14	0.08	0.15	0.03	0.015	0.30	—	—	—	0.04～0.06	0.4～0.6	—	—	—	—	—	—	—	0.1	0.4		
F-15	0.08	0.25	0.05	0.015	0.30	—	—	—	0.04～0.06	0.4～0.6	—	—	—	—	—	—	—	0.1	0.4		
F-16	0.08	0.25	0.03	0.015	0.30	—	—	0.04～0.08	—	—	—	—	—	—	—	—	—	0.1	0.4		
F-16H	0.08	0.25	0.03	0.015	0.30	—	—	0.04～0.08	—	—	—	—	—	—	—	—	—	0.1	0.4		
F-17	0.08	0.18	0.03	0.015	0.20	—	—	0.04～0.08	—	—	—	—	—	—	—	—	—	0.1	0.4		
F-18	0.08	0.15	0.03	0.015	0.25	2.5～3.5	2.0～3.0	0.04～0.08	—	—	—	—	—	—	—	—	—	0.1	0.4	ASTM B381—2010	锻件
F-19	0.05	0.12	0.03	0.02	0.30	3.0～4.0	7.5～8.5	—	—	—	3.5～4.5	5.5～6.5	—	3.5～4.5	—	—	—	0.15	0.4		
F-20	0.05	0.12	0.03	0.02	0.30	3.0～4.0	7.5～8.5	0.04～0.08	—	—	3.5～4.5	5.5～6.5	—	3.5～4.5	—	—	—	0.15	0.4		
F-21	0.05	0.17	0.03	0.015	0.40	2.5～3.5	—	—	—	—	14.0～16.0	—	—	—	2.2～3.2	—	0.15～0.25	0.1	0.4		
F-23	0.08	0.13	0.03	0.0125	0.25	5.5～6.5	3.5～4.5	—	—	—	—	—	—	—	—	—	—	0.1	0.4		
F-24	0.08	0.20	0.05	0.015	0.40	5.5～6.75	3.5～4.5	0.04～0.08	—	—	—	—	—	—	—	—	—	0.1	0.4		
F-25	0.08	0.20	0.05	0.015	0.40	5.5～6.75	3.5～4.5	0.04～0.08	—	0.3～0.8	—	—	—	—	—	—	—	0.1	0.4		

续表

牌号	化学成分/%(不大于,注明范围或最小值者除外)																	其他元素		标准号	备注
	C	O	N	H	Fe	Al	V	Pd	Ru	Ni	M_D	Cr	Co	Zr	Nb	Sn	Si	单个	总合		
F-26	0.08	0.25	0.03	0.015	0.30	—	—	—	0.08～0.14	—	—	—	—	—	—	—	—	0.1	0.4		
F-26H	0.08	0.25	0.03	0.015	0.30	—	—	—	0.08～0.14	—	—	—	—	—	—	—	—	0.1	0.4		
F-27	0.08	0.18	0.03	0.015	0.20	—	—	—	0.08～0.14	—	—	—	—	—	—	—	—	0.1	0.4		
F-28	0.08	0.15	0.03	0.015	0.25	2.5～3.5	2.0～3.0	—	0.08～0.14	—	—	—	—	—	—	—	—	0.1	0.4		
F-29	0.08	0.13	0.03	0.0125	0.25	5.5～6.5	3.5～4.5	—	0.08～0.14	—	—	—	—	—	—	—	—	0.1	0.4		
F-30	0.08	0.25	0.03	0.015	0.30	—	—	0.04～0.08	—	—	—	—	0.20～0.80	—	—	—	—	0.1	0.4		
F-31	0.08	0.35	0.05	0.015	0.30	—	—	0.04～0.08	—	—	—	—	0.20～0.80	—	—	—	—	0.1	0.4	ASTM B381—2010	锻件
F-32	0.08	0.11	0.03	0.015	0.25	4.5～5.5	0.6～1.4	—	—	—	0.6～1.2	—	—	0.6～1.4	—	0.6～1.4	0.06～0.14	0.1	0.4		
F-33	0.08	0.25	0.03	0.015	0.30	—	—	0.01～0.02	0.02～0.04	0.35～0.55	—	0.1～0.2	—	—	—	—	—	0.1	0.4		
F-34	0.08	0.35	0.05	0.015	0.30	—	—	0.01～0.02	0.02～0.04	0.35～0.55	—	0.1～0.2	—	—	—	—	—	0.1	0.4		
F-35	0.08	0.25	0.05	0.015	0.20～0.80	4.0～5.0	1.1～2.1	—	—	—	1.5～2.5	—	—	—	—	—	0.20～0.40	0.1	0.4		
F-36	0.04	0.16	0.03	0.015	0.03	—	—	—	—	—	—	—	—	—	42.0～47.0	—	—	0.1	0.4		
F-37	0.08	0.25	0.03	0.015	0.30	1.0～2.0	—	—	—	—	—	—	—	—	—	—	—	0.1	0.4		

续表

牌号	化学成分/%(不大于,注明范围或最小值者除外)																其他元素		标准号	备注
	C	O	N	H	Fe	Al	V	Pd	Ru	Ni	M_D	Cr	Co	Zr	Nb	Sn	Si	单个	总合		
F-38	0.08	0.20～0.30	0.03	0.015	1.2～1.8	3.5～4.5	2.0～3.0	—	—	—	—	—	—	—	—	—	—	0.1	0.4	ASTM B381—2010	锻件
1	0.08	0.18	0.03	0.015	0.20	—	—	—	—	—	—	—	—	—	—	—	—	0.1	0.4	ASTM B265—2010	板,带材
2	0.08	0.25	0.03	0.015	0.30	—	—	—	—	—	—	—	—	—	—	—	—	0.1	0.4		
2H	0.08	0.25	0.03	0.015	0.30	—	—	—	—	—	—	—	—	—	—	—	—	0.1	0.4		
3	0.08	0.35	0.05	0.015	0.30	—	—	—	—	—	—	—	—	—	—	—	—	0.1	0.4		
4	0.08	0.40	0.05	0.015	0.50	—	—	—	—	—	—	—	—	—	—	—	—	0.1	0.4		
5	0.08	0.20	0.05	0.015	0.40	5.5～6.75	3.5～4.5	—	—	—	—	—	—	—	—	—	—	0.1	0.4		
6	0.08	0.20	0.03	0.015	0.50	4.0～6.0	—	—	—	—	—	—	—	—	—	2.0～3.0	—	0.1	0.4		
7	0.08	0.25	0.03	0.015	0.30	—	—	0.12～0.25	—	—	—	—	—	—	—	—	—	0.1	0.4		
7H	0.08	0.25	0.03	0.015	0.30	—	—	0.12～0.25	—	—	—	—	—	—	—	—	—	0.1	0.4		
9	0.08	0.15	0.03	0.015	0.25	2.5～3.5	2.0～3.0	—	—	—	—	—	—	—	—	—	—	0.1	0.4		
11	0.08	0.18	0.03	0.015	0.20	—	—	0.12～0.25	—	—	—	—	—	—	—	—	—	0.1	0.4		
12	0.08	0.25	0.03	0.015	0.30	—	—	—	—	0.6～0.9	0.2～0.4	—	—	—	—	—	—	0.1	0.4		
13	0.08	0.10	0.03	0.015	0.20	—	—	—	0.04～0.06	0.4～0.6	—	—	—	—	—	—	—	0.1	0.4		
14	0.08	0.15	0.03	0.015	0.30	—	—	—	0.04～0.06	0.4～0.6	—	—	—	—	—	—	—	0.1	0.4		
15	0.08	0.25	0.05	0.015	0.30	—	—	—	0.04～0.06	0.4～0.6	—	—	—	—	—	—	—	0.1	0.4		

续表

牌号	化学成分/%(不大于,注明范围或最小值者除外)																		标准号	备注
	C	O	N	H	Fe	Al	V	Pd	Ru	Ni	M_D	Cr	Co	Zr	Nb	Sn	Si	其他元素 单个	其他元素 总合		
16	0.08	0.25	0.03	0.015	0.30	—	—	0.04～0.08	—	—	—	—	—	—	—	—	—	0.1	0.4	ASTM B265—2010	板，带材
16H	0.08	0.25	0.03	0.015	0.30	—	—	0.04～0.08	—	—	—	—	—	—	—	—	—	0.1	0.4		
17	0.08	0.18	0.03	0.015	0.20	—	—	0.04～0.08	—	—	—	—	—	—	—	—	—	0.1	0.4		
18	0.08	0.15	0.03	0.015	0.25	2.5～3.5	2.0～3.0	0.04～0.08	—	—	—	—	—	—	—	—	—	0.1	0.4		
19	0.05	0.12	0.03	0.02	0.30	3.0～4.0	7.5～8.5	—	—	—	3.5～4.5	5.5～6.5	—	3.5～4.5	—	—	—	0.15	0.4		
20	0.05	0.12	0.03	0.02	0.30	3.0～4.0	7.5～8.5	0.04～0.08	—	—	3.5～4.5	5.5～6.5	—	3.5～4.5	—	—	—	0.15	0.4		
21	0.05	0.17	0.03	0.015	0.40	2.5～3.5	—	—	—	—	14.0～16.0	—	—	—	2.2～3.2	—	0.15～0.25	0.1	0.4		
23	0.08	0.13	0.03	0.0125	0.25	5.5～6.5	3.5～4.5	—	—	—	—	—	—	—	—	—	—	0.1	0.4		
24	0.08	0.20	0.05	0.015	0.40	5.5～6.75	3.5～4.5	0.04～0.08	—	—	—	—	—	—	—	—	—	0.1	0.4		
25	0.08	0.20	0.05	0.015	0.40	5.5～6.75	3.5～4.5	0.04～0.08	—	0.3～0.8	—	—	—	—	—	—	—	0.1	0.4		
26	0.08	0.25	0.03	0.015	0.30	—	—	—	0.08～0.14	—	—	—	—	—	—	—	—	0.1	0.4		
26H	0.08	0.25	0.03	0.015	0.30	—	—	—	0.08～0.14	—	—	—	—	—	—	—	—	0.1	0.4		
27	0.08	0.18	0.03	0.015	0.20	—	—	—	0.08～0.14	—	—	—	—	—	—	—	—	0.1	0.4		

续表

牌号	化学成分/%(不大于,注明范围或最小值者除外)																	其他元素		标准号	备注
	C	O	N	H	Fe	Al	V	Pd	Ru	Ni	M_D	Cr	Co	Zr	Nb	Sn	Si	单个	总合		
28	0.08	0.15	0.03	0.015	0.25	2.5～3.5	2.0～3.0	—	0.08～0.14	—	—	—	—	—	—	—	—	0.1	0.4	ASTM B265—2010	板,带材
29	0.08	0.13	0.03	0.0125	0.25	5.5～6.5	3.5～4.5	—	0.08～0.14	—	—	—	—	—	—	—	—	0.1	0.4		
30	0.08	0.25	0.03	0.015	0.30	—	—	0.04～0.08	—	—	—	—	0.20～0.80	—	—	—	—	0.1	0.4		
31	0.08	0.35	0.05	0.015	0.30	—	—	0.04～0.08	—	—	—	—	0.20～0.80	—	—	—	—	0.1	0.4		
32	0.08	0.11	0.03	0.015	0.25	4.5～5.5	0.6～1.4	—	—	—	0.6～1.2	—	—	0.6～1.4	—	0.6～1.4	0.06～0.14	0.1	0.4		
33	0.08	0.25	0.03	0.015	0.30	—	—	0.01～0.02	0.02～0.04	0.35～0.55	—	0.1～0.2	—	—	—	—	—	0.1	0.4		
34	0.08	0.35	0.05	0.015	0.30	—	—	0.01～0.02	0.02～0.04	0.35～0.55	—	0.1～0.2	—	—	—	—	—	0.1	0.4		
35	0.08	0.25	0.05	0.015	0.20～0.80	4.0～5.0	1.1～2.1	—	—	—	1.5～2.5	—	—	—	—	—	0.20～0.40	0.1	0.4		
36	0.04	0.16	0.03	0.015	0.03	—	—	—	—	—	—	—	—	—	42.0～47.0	—	—	0.1	0.4		
37	0.08	0.25	0.03	0.015	0.30	1.0～2.0	—	—	—	—	—	—	—	—	—	—	—	0.1	0.4		
38	0.08	0.20～0.30	0.03	0.015	1.2～1.8	3.5～4.5	2.0～3.0	—	—	—	—	—	—	—	—	—	—	0.1	0.4		

在 MIL 标准中，合金牌号的表示方法很不统一，如工业纯钛，在 MIL-T-9047G 中仅列入牌号 CP-70；而在 MIL-T-9046H 中列入 3 个牌号，牌号 CP-70 却表示为 B(70KSI-YS)，即该材料的屈服强度(YS)为 483MPa [70ksi(千磅/英寸^2)]，但成分规定不同。有的标准不规定合金的牌号和成分，而是直接引用另一标准的规定，如 MIL-F-83142A 引用 MIL-T-9047G 的成分。因此，如按合金系列将所有合金统一列在一个表中，反而不能确切表达各个标准的牌号、化学成分和特点，故将 4 个主要标准的合金牌号和成分分别列出，同时还列入了 MIL-T-9046 两个不同时期的版本，如表 7-29、7-30、7-31、7-32、7-33 所示。美国军标修订后，原标准不废除。

表 7-29　MIL-T-9046H 标准规定的钛及钛合金牌号和化学成分

材料名称	牌号	化学成分/%(不大于，注明范围值和余量者除外)							
		Ti	Al	Sn	Zr	Nb	Ta	Mo	V
工业纯钛	A(40KSI-YS)	余量	—	—	—	—	—	—	—
	B(70KSI-YS)	余量	—	—	—	—	—	—	—
	C(55KSI-YS)	余量	—	—	—	—	—	—	—
α 钛合金	A(5Al-2.5Sn)	余量	4.5～5.75	2.0～3.0	—	—	—	—	—
	B(5Al-2.5SnELI)	余量	4.5～5.75	2.0～3.0	—	—	—	—	—
	F(8Al-1Mo-1V)	余量	7.3～8.3	—	—	—	—	0.75～1.25	0.75～1.25
	G(6Al-2Nb-1Ta-0.8Mo)	余量	5.5～6.5	—	—	1.5～2.5	0.5～1.5	0.50～	—
α-β 钛合金	C(6Al-4V)	余量	5.5～6.5	—	—	—	—	—	3.5～4.5
	D(6Al-4VELI)	余量	5.5～6.75	—	—	—	—	—	3.5～4.5
	E(6Al-6V-2Sn)	余量	5.0～6.0	1.5～2.5	—	—	—	—	5.0～6.0
	G(6Al-2Sn-4Zr-2Mo)	余量	5.5～6.5	1.5～2.5	3.6～4.4	—	—	1.5～2.5	—
	H(6Al-4VSPL)	余量	5.5～6.75	—	—	—	—	—	3.5～4.5
β 钛合金	A(13V-11Cr-3Al)	余量	2.5～3.5	—	—	—	—	—	12.5～14.5
	B(11.5Mo-6Zr-4Sn)	余量	—	3.75～5.25	4.5～7.5	—	—	10.0～13.0	—
	C(3Al-8V-6Cr-4Mo-4Zr)	余量	3.0～4.0	—	3.5～4.5	—	—	3.5～4.5	7.5～8.5
	D(8Mo-8V-2Fe-3Al)	余量	2.6～3.4	—	—	—	—	7.5～8.5	7.5～8.5

材料名称	牌号	化学成分/%(不大于，注明范围值和余量者除外)								备注
		Cr	Fe	C	N	H	O	Cu	其他元素总和	
工业纯钛	A(40KSI-YS)	—	0.50	0.08	0.05	0.015	0.20	—	0.60	①氢应在产品上取样测定 ②其他元素一般不作分析，当发现其他元素存在时，则应作分析，且每种不大于 0.10% ③适用于钛及钛合金板材和带材
	B(70KSI-YS)	—	0.50	0.08	0.05	0.015	0.40	—	0.80	
	C(55KSI-YS)	—	0.50	0.08	0.05	0.015	0.30	—	0.60	
α 钛合金	A(5Al-2.5Sn)	—	0.50	0.08	0.05	0.020	0.20	—	0.40	
	B(5Al-2.5SnELI)	—	0.25	0.05	0.035	0.0125	0.12	—	0.30	
	F(8Al-1Mo-1V)	—	0.30	0.08	0.05	0.015	0.15	—	0.40	
	G(6Al-2Nb-1Ta-0.8Mo)	—	0.25	0.05	0.03	0.0125	0.10	—	0.40	

续表

材料名称	牌号	化学成分/%(不大于,注明范围值和余量者除外)								备注
		Cr	Fe	C	N	H	O	Cu	其他元素总和	
α-β钛合金	C(6Al-4V)	—	0.30	0.08	0.05	0.015	0.20	—	0.40	①氢应在产品上取样测定 ②其他元素一般不做分析,当发现其他元素存在时,则应做分析,且每种不大于0.10% ③适用于钛及钛合金板材和带材
	D(6Al-4VELI)	—	0.25	0.08	0.05	0.0125	0.13	—	0.30	
	E(6Al-6V-2Sn)	—	0.35～1.00	0.05	0.05	0.015	0.20	0.35～1.00	0.30	
	G(6Al-2Sn-4Zr-2Mo)	—	0.35	0.08	0.05	0.015	0.12	—	0.30	
	H(6Al-4VSPL	—	0.25	0.08	0.05	0.005	0.13	—	0.30	
β钛合金	A(13V-11Cr-3Al)	10.0～12.0	0.15～0.30	0.05	0.05	0.025	0.20	—	0.40	
	B(11.5Mo-6Zr-4Sn)	—	0.35	0.10	0.05	0.015	0.18	—	0.40	
	C(3Al-8V-6Cr-4Mo-4Zr)	5.5～6.5	0.30	0.05	0.03	0.020	0.12	—	0.40	
	D(8Mo-8V-2Fe-3Al)	—	1.6～2.4	0.05	0.05	0.015	0.016	—	0.40	

表 7-30 MIL-T-9046J 标准规定的钛及钛合金牌号和化学成分

分类代号	化学成分组或屈服强度,最小值	化学成分/%(不大于,注明范围值和余量者除外)							
		Ti	Al	Sn	Zr	Nb	Ta	Mo	V
CP-4	25	余量	—	—	—	—	—	—	—
CP-3	40	余量	—	—	—	—	—	—	—
CP-2	55	余量	—	—	—	—	—	—	—
CP-1	70	余量	—	—	—	—	—	—	—
A-1	5Al-2.5Sn	余量	4.50～5.75	2.00～3.00	—	—	—	—	—
A-2	5Al-2.5Sn(ELI)	余量	4.50～5.75	2.00～3.00	—	—	—	—	—
A-3	6Al-2Nb-1Ta-0.8Mo	余量	5.50～6.50	—	—	1.50～2.50	0.50～1.50	0.50～1.00	—
A-4	8Al-1Mo-1V	余量	7.35～8.35	—	—	—	—	0.75～1.25	0.75～1.25
AB-1	6Al-4V	余量	5.50～7.75	—	—	—	—	—	3.50～4.50
AB-2	6Al-4V(ELI)	余量	5.50～6.50	—	—	—	—	—	3.50～4.50
AB-3	6Al-6V-2Sn	余量	5.00～6.00	1.50～2.50	—	—	—	—	5.00～6.00
AB-4	6Al-2Sn-4Zr-2Mo	余量	5.50～6.50	1.80～2.20	3.60～4.40	—	—	1.80～2.20	—
AB-5	3Al-2.5V	余量	2.50～3.50	—	—	—	—	—	2.00～3.00
AB-6	8Mn	余量	—	—	—	—	—	—	—
B-1	13V-11Cr-3Al	余量	2.50～3.50	—	—	—	—	—	12.50～14.50
B-2	11.5Mo-6Zr-4.5Sn	余量	—	3.75～5.25	4.50～7.50	—	—	10.00～13.00	—
B-3	3Al-8V-6Cr-4Mo-4Zr	余量	3.00～4.00	—	3.50～4.50	—	—	3.50～4.50	7.50～8.50
B-4	8Mo-8V-2Fe-3Al	余量	2.60～3.40	—	—	—	—	7.50～8.50	7.50～8.50

续表

分类代号	化学成分组或屈服强度,最小值	化学成分/%(不大于,注明范围值和余量者除外)									备注
		Mn	Cr	Fe	C	N	H	O	Cu或Si	其他元素总和	
CP-4	25	—	—	0.20	0.08	0.05	0.015	0.15	—	0.30	
CP-3	40	—	—	0.30	0.08	0.05	0.015	0.20	—	0.30	①氢在产品上取样测定 ②其他元素一般不作分析,但分析时应符合本要求,除另有说明外,其他元素每种不大于0.10% ③所有合金的钇含量不大于0.005% ④A-2和AB-2合金,其他元素每种不大于0.05% ⑤A-2合金的Fe+O≤0.32% ⑥本表适用于钛及钛合金板、带材
CP-2	55	—	—	0.30	0.08	0.05	0.015	0.30	—	0.30	
CP-1	70	—	—	0.50	0.08	0.05	0.015	0.40	—	0.30	
A-1	5Al-2.5Sn	—	—	0.50	0.08	0.05	0.020	0.20	—	0.40	
A-2	5Al-2.5Sn(ELI)	—	—	0.25	0.05	0.035	0.0125	0.12	—	0.30	
A-3	6Al-2Nb-1Ta-0.8Mo	—	—	0.25	0.05	0.03	0.0125	0.10	—	0.40	
A-4	8Al-1Mo-1V	—	—	0.30	0.08	0.05	0.015	0.15	—	0.40	
AB-1	6Al-4V	—	—	0.30	0.08	0.05	0.015	0.20	—	0.40	
AB-2	6Al-4V(EL1)	—	—	0.25	0.08	0.05	0.0125	0.13	—	0.30	
AB-3	6Al-6V-2Sn	—	—	0.35～1.00	0.05	0.04	0.015	0.20	0.35～1.00Cu	0.30	
AB-4	6Al-2Sn-4Zr-2Mo	—	—	0.25	0.05	0.04	0.015	0.15	0.13Si	0.30	
AB-5	3Al-2.5V	—	—	0.30	0.05	0.020	0.015	0.12	—	0.40	
AB-6	8Mn	6.50～9.00	—	0.50	0.08	0.05	0.015	0.20	—	0.40	
B-1	13V-11Cr-3Al	—	10.00～12.00	0.15～0.35	0.05	0.05	0.025	0.17	—	0.40	
B-2	11.5Mo-6Zr-4.5Sn	—	—	0.35	0.10	0.05	0.020	0.18	—	0.40	
B-3	3Al-8V-6Cr-4Mo-4Zr	—	5.50～6.50	0.30	0.05	0.03	0.020	0.12	—	0.40	
B-4	8Mo-8V-2Fe-3Al	—	—	1.60～2.40	0.05	0.05	0.015	0.16	—	0.40	

表 7-31 MIL-T-9047G 标准规定的钛及钛合金牌号和化学成分

材料名称	牌号	化学成分/%(不大于,注明范围值和余量者除外)								
		Ti	Al	Sn	Zr	Nb	Ta	Mo	V	Cr
工业纯钛	CP-70	余量	—	—	—	—	—	—	—	—
α钛合金	5Al-2.5Sn	余量	4.50～5.75	2.00～3.00	—	—	—	—	—	—
	5Al-2.5Sn(ELI)	余量	4.50～5.75	2.00～3.00	—	—	—	—	—	—
	6Al-2Nb-1Ta-0.8Mo	余量	5.50～6.50	—	—	1.50～2.50	0.50～1.50	0.50～1.00	—	—
	8Al-1Mo-1V	余量	7.35～8.35	—	—	—	—	0.75～1.25	0.75～1.25	—
α-β钛合金	3Al-2.5V	余量	2.50～3.50	—	—	—	—	—	2.00～3.00	—
	6Al-4V	余量	5.50～6.75	—	—	—	—	—	3.50～4.50	—
	6Al-4V(ELI)	余量	5.50～6.75	—	—	—	—	—	3.50～4.50	—
	6Al-6V-2Sn	余量	5.00～6.00	1.50～2.50	—	—	—	—	5.00～6.00	—

续表

材料名称	牌号	化学成分/%(不大于,注明范围值和余量者除外)								
		Ti	Al	Sn	Zr	Nb	Ta	Mo	V	Cr
α-β钛合金	6Al-2Sn-4Zr-2Mo	余量	5.50~6.50	1.80~2.20	3.60~4.40	—	—	1.80~2.20	—	—
	6Al-2Sn-4Zr-6Mo	余量	5.50~6.50	1.75~2.25	3.60~4.40	—	—	5.50~6.50	—	—
	7Al-4Mo	余量	6.50~7.30	—	—	—	—	3.50~4.50	—	—
β钛合金	8Mo-8V-2Fe-3Al	余量	2.60~3.40	—	—	—	—	7.50~8.50	7.50~8.50	—
	11.5Mo-6Zr-4.5Sn	余量	—	3.75~5.25	4.50~7.50	—	—	10.00~13.00	—	—
	3Al-8V-6Cr-4Mo-4Zr	余量	3.00~4.00	—	3.50~4.50	—	—	3.50~4.50	7.50~8.50	5.50~6.50
	13V-11Cr-3Al	余量	2.50~3.50	—	—	—	—	—	12.50~14.50	10.00~12.00

材料名称	牌号	化学成分/%(不大于,注明范围值和余量者除外)							备注
		Fe	C	N	H	O	Cu或Si	其他元素总和	
工业纯钛	CP-70	0.50	0.08	0.05	0.0125	0.40	—	0.30	①钇不大于50ppm ②氢应在产品上取样测定 ③其他元素一般不需测定,但应符号规定。除另有规定外,每种不大于0.10% ④5Al-2.5Sn(ELI)合金(Fe+O)≤0.32%,其他元素每种不大于0.05% ⑤本表适用于航空用的钛及钛合金棒材和锻造用坯料
α钛合金	5Al-2.5Sn	0.50	0.08	0.05	0.020	0.20	—	0.40	
	5Al-2.5Sn(ELI)	0.25	0.05	0.035	0.0125	0.12	—	0.30	
	6Al-2Nb-1Ta-0.8Mo	0.25	0.05	0.03	0.0125	0.10		0.40	
	8Al-1Mo-1V	0.30	0.08	0.05	0.015	0.15	—	0.40	
α-β钛合金	3Al-2.5V	0.30	0.05	0.02	0.015	0.12	—	0.40	
	6Al-4V	0.30	0.08	0.05	0.015	0.20	—	0.40	
	6Al-4V(ELI)	0.25	0.08	0.05	0.0125	0.13	—	0.30	
	6Al-6V-2Sn	0.35~1.00	0.05	0.04	0.015	0.20	0.35~1.00Cu	0.30	
	6Al-2Sn-4Zr-2Mo	0.25	0.05	0.04	0.015	0.15	0.13Si	0.30	
	6Al-2Sn-4Zr-6Mo	0.15	0.04	0.04	0.125	0.15	—	0.40	
	7Al-4Mo	0.30	0.10	0.05	0.013	0.20	—	0.40	
β钛合金	8Mo-8V-2Fe-3Al	1.60~2.40	0.05	0.05	0.015	0.16	—	0.40	
	11.5Mo-6Zr-4.5Sn	0.35	0.10	0.05	0.020	0.18	—	0.40	
	3Al-8V-6Cr-4Mo-4Zr	0.30	0.05	0.03	0.020	0.12	—	0.40	
	13V-11Cr-3Al	0.35	0.05	0.05	0.025	0.17	—	0.40	

表 7-32　　MIL-T-81556A 标准规定的钛及钛合金牌号和化学成分

材料名称	牌号	化学成分/%(不大于,注明范围值和余量者除外) Ti	Al	Sn	Zr	Nb	Ta	Mo	V	Cr
工业纯钛	A	余量	—	—	—	—	—	—	—	—
工业纯钛	B	余量	—	—	—	—	—	—	—	—
工业纯钛	C	余量	—	—	—	—	—	—	—	—
工业纯钛	D	余量	—	—	—	—	—	—	—	—
α 钛合金	A(5Al-2.5Sn)	余量	4.50～5.75	2.0～3.0	—	—	—	—	—	—
α 钛合金	B(5Al-2.5SnELI)	余量	4.50～5.75	2.0～3.0	—	—	—	—	—	—
α 钛合金	C(8Al-1Mo-1V)	余量	7.3～8.3		—	—	—	0.75～1.25	0.75～1.25	—
α-β 钛合金	A(6Al-4V)	余量	5.5～6.75	—	—	—	—	—	3.5～4.5	—
α-β 钛合金	B(6Al-4VELI)	余量	5.5～6.75	—	—	—	—	—	3.5～4.5	—
α-β 钛合金	C(6Al-6V-2Sn)	余量	5.0～6.0	1.5～2.5	—	—	—	—	5.0～6.0	—
α-β 钛合金	D(7Al-4Mo)	余量	6.5～7.5	—	—	—	—	3.5～4.5	—	—

材料名称	牌号	化学成分/%(不大于,注明范围值和余量者除外) Fe	C	N	H	O	Cu 或 Si	其他元素总和	备注
工业纯钛	A	0.20	0.08	0.05	0.015	0.20	—	0.60	本表适用于挤压棒材、型材,氢含量在成品上取样测定,其他元素一般不分析
工业纯钛	B	0.20	0.08	0.05	0.015	0.25	—	0.60	
工业纯钛	C	0.30	0.08	0.05	0.015	0.30	—	0.60	
工业纯钛	D	0.50	0.08	0.05	0.015	0.40	—	0.80	
α 钛合金	A(5Al-2.5Sn)	0.05	0.08	0.05	0.020	0.20	—	0.40	
α 钛合金	B(5Al-2.5SnELI)	0.25	0.05	0.035	0.0125	0.12	—	0.30	
α 钛合金	C(8Al-1Mo-1V)	0.30	0.08	0.05	0.015	0.15	—	0.40	
α-β 钛合金	A(6Al-4V)	0.30	0.08	0.05	0.015	0.20	—	0.40	
α-β 钛合金	B(6Al-4VELI)	0.25	0.08	0.05	0.0125	0.13	—	0.30	
α-β 钛合金	C(6Al-6C-2Sn)	0.35～1.00	0.05	0.05	0.015	0.20	0.35～1.00	0.30	
α-β 钛合金	D(7Al-4Mo)	0.25	0.08	0.05	0.015	0.20	—	0.40	

AMS 标准中,钛合金的牌号用合金元素的名义含量和元素符号表示。工业纯钛没有牌号,而是按屈服强度分级(焊丝除外)。AMS 标准中的钛及钛合金牌号和化学成分参照 MIL 标准按组织分类列出,如表 7-34 所示,并将代表级别的最低屈服强度加括号列于牌号一栏。

ASTM、MIL 和 AMS 三个标准体系,对钛及钛合金加工产品的化学成分允许超差的极限都作了规定,且规定基本相同,如表 7-35 所示。表中对镍、钯及其他元素的规定取自 ASTM 标准,其余均按 AMS 2249A 给出。该表的规定也适用于铸造钛及钛合金。

表 7-33 MIL-R-81588B 标准规定的钛及钛合金牌号和化学成分

材料名称	牌号	化学成分组	化学成分/%（不大于，注明范围值和余量者除外）																备注
			Ti	Al	Sn	Zr	Nb	Ta	Mo	V	Cr	Fe	C	N	H	O	其他元素 单个	其他元素 总和	
工业纯钛	CP-6	Ti-高纯 WG	余量	—	—	—	—	—	—	—	—	0.10	0.03	0.015	0.005	0.10	0.10	0.20	①本表适用于焊条和焊丝用的钛及钛合金 ②钛合金的钇含量不大于0.005% ③ 5Al-2.5Sn(ELI)(Fe+O)≤0.32% ④氢在成品上取样测定 ⑤其他元素一般不分析
工业纯钛	CP-5	Ti-WG	余量	—	—	—	—	—	—	—	—	0.20	0.05	0.020	0.008	0.10～0.15	0.10	0.30	
α钛合金	A-6	5Al-2.5Sn(ELI)WG	余量	4.50～5.75	2.00～3.00	—	—	—	—	—	—	0.25	0.04	0.025	0.005	0.12	0.05	0.30	
α钛合金	A-3	6Al-2Nb-1Ta-0.8Mo	余量	5.50～6.50	—	—	1.50～2.50	0.50～1.50	0.50～1.00	—	—	0.25	0.05	0.030	0.0125	0.10	0.10	0.40	
α钛合金	A-5	8Al-1Mo-1V(ELI)WG	余量	7.35～8.35	—	—	—	—	0.75～1.25	0.75～1.25	—	0.20	0.035	0.015	0.005	0.12	0.05	0.30	
α-β钛合金	AB-7	6Al-4V (ELI) WG	余量	5.50～6.50	—	—	—	—	—	3.50～4.50	—	0.15	0.03	0.020	0.005	0.12	0.05	0.20	
α-β钛合金	AB-4	6Al-2Sn-4Zr-2Mo	余量	5.50～6.50	1.8～2.20	3.60～4.40	—	—	1.80～2.20	—	0.25	0.25	0.05	0.04	0.015	0.15	0.10	0.30	
β钛合金	B-1	13V-11Cr-3Al	余量	2.50～3.50	—	—	—	—	—	12.509～14.50	10.00～12.00	0.15～0.35	0.05	0.050	0.025	0.17	0.10	0.40	

注：WG 表示焊接级。

表 7-34 AMS 标准中规定的钛及钛合金牌号和化学成分

材料名称	牌号	化学成分/%(不大于,注明范围值和余量者除外)																		标准号	备注
		Ti	Al	Sn	Zr	Nb	Mo	V	Cr	Mn	Cu	Fe	C	N	H	O	Y	其他元素			
																		单个	总和		
工业纯钛	(55KSI-YS)	余量	—	—	—	—	—	—	—	—	—	0.30	0.08	0.05	0.015	0.30	—	0.10	0.30	AMS 4900J	板、带材
工业纯钛	(70KSI-YS)	余量	—	—	—	—	—	—	—	—	—	0.50	0.08	0.05	0.015	0.40	—	0.10	0.30	AMS 4901L	带材板
工业纯钛	(40KSI-YS)	余量	—	—	—	—	—	—	—	—	—	0.30	0.08	0.05	0.0150	0.20	—	0.10	0.30	AMS 4902E	板、带材
工业纯钛	(70KSI-YS)	余量	—	—	—	—	—	—	—	—	—	0.50	0.08	0.05	0.0125	0.40	—	0.10	0.30	AMS 4921F	棒材、锻件、环件
工业纯钛	(40KSI-YS)	余量	—	—	—	—	—	—	—	—	—	0.20	0.10	0.05	0.015	0.25	—	0.05	0.15	AMS 4941C	焊接管
工业纯钛	(40KSI-YS)	余量	—	—	—	—	—	—	—	—	—	0.30	0.10	0.03	0.015	0.25	—	0.10	0.30	AMS 4942C	无缝管
工业纯钛	—	余量	—	—	—	—	—	—	—	—	—	0.20	0.08	0.05	0.005	0.18	—	0.10	0.60	AMS 4951E	焊丝
α钛合金	5Al-2.5Sn	余量	4.00~6.00	2.00~3.00	—	—	—	—	—	—	—	0.50	0.08	0.05	0.020	0.20	0.005	0.10	0.40	AMS 4926G	棒材、环件
α钛合金	5Al-2.5Sn	余量	4.00~6.00	2.00~3.00	—	—	—	—	—	—	—	0.50	0.08	0.05	0.020	0.20	0.005	0.10	0.40	MAS 4966G	锻件
α钛合金	5Al-2.5Sn	余量	4.50~6.75	2.00~3.00	—	—	—	—	—	—	—	0.50	0.08	0.05	0.015	0.175	0.005	0.10	0.40	AMS 4953B	焊丝
α钛合金	5Al-2.5Sn (ELI)	余量	4.50~5.75	2.00~3.00	—	—	—	—	—	—	—	0.25	0.05	0.035	0.0125	0.12	0.005	0.05	0.30	AMS 4909D	板、带材 Fe+O≤0.32%
α钛合金	5Al-2.5Sn (ELI)	余量	4.50~5.75	2.00~3.00	—	—	—	—	—	—	—	0.50	0.08	0.05	0.020	0.20	0.005	0.10	0.40	AMS 4910H	板、带材
α钛合金	5Al-2.5Sn (ELI)	余量	4.50~5.60	2.00~3.00	—	—	—	—	—	—	—	0.25	0.05	0.035	0.0125	0.12	0.005	0.05	0.40	AMS 4924D	棒、锻件、环件 Fe+O≤0.32%
α钛合金	8Al-1Mo-1V	余量	7.35~8.35	—	—	—	0.75~1.25	0.75~1.25	—	—	—	0.30	0.08	0.05	0.015	0.12	0.005	0.10	0.40	AMS 4915F	板、带材
α钛合金	8Al-1Mo-1V	余量	7.35~8.35	—	—	—	0.75~1.25	0.75~1.25	—	—	—	0.30	0.08	0.05	0.015	0.12	0.005	0.10	0.40	AMS 4916E	板、带材
α钛合金	8Al-1Mo-1V	余量	7.35~8.35	—	—	—	0.75~1.25	0.75~1.25	—	—	—	0.30	0.08	0.05	0.0150	0.12	0.005	0.10	0.40	AMS 4972C	棒材、环件
α钛合金	8Al-1Mo-1V	余量	7.35~8.35	—	—	—	0.75~1.25	0.75~1.25	—	—	—	0.30	0.08	0.05	0.0150	0.12	0.005	0.10	0.40	AMS 4973C	锻件
α钛合金	8Al-1Mo-1V	余量	7.35~8.35	—	—	—	0.75~1.25	0.75~1.25	—	—	—	0.30	0.08	0.05	0.0150	0.12	0.005	0.10	0.40	AMS 4933A	挤压件、焊环
α钛合金	8Al-1Mo-1V	余量	7.35~8.35	—	—	—	0.75~1.25	0.75~1.25	—	—	—	0.30	0.08	0.05	0.01	0.12	0.005	0.10	0.40	AMS 4955B	焊丝
α钛合金	11Sn-5.0Zr-2.3Al-1.0Mo-0.21Si	余量	2.00~2.50	10.50~11.50	4.00~6.00	Si 0.15~0.27	0.80~1.20	—	—	—	—	0.12	0.04	0.04	0.0125	0.15	0.005	0.10	0.30	AMS 4974A	棒材、锻件

续表

材料名称	牌号	化学成分/%(不大于,注明范围值和余量者除外)																		标准号	备注
		Ti	Al	Sn	Zr	Nb	Mo	V	Cr	Mn	Cu	Fe	C	N	H	O	Y	其他元素			
																		单个	总和		
α钛合金	5Zr-5Al-5Sn	余量	4.50~5.50	4.30~5.30	4.70~5.70	—	—	—	—	—	—	0.15	0.04	0.030	0.013	0.12	—	0.10	0.40	AMS 4968A	棒材、锻件
α-β钛合金	6Al-4V	余量	5.60~6.30	—	—	—	—	3.60~4.40	—	—	—	0.25	0.05	0.03	0.0125	0.12	0.005	0.10	0.40	AMS 4905	板、带材
		余量	5.50~6.75	—	—	—	—	3.50~4.50	—	—	—	0.30	0.08	0.05	0.0125	0.20	—	—	0.40	AMS 4906	板、带材
		余量	5.50~6.75	—	—	—	—	3.50~4.50	—	—	—	0.30	0.08	0.05	0.015	0.20	0.005	0.10	0.40	AMS 4911E	板、带材
		余量	5.50~6.75	—	—	—	—	3.50~4.50	—	—	—	0.30	0.10	0.05	0.0125	0.20	0.005	0.10	0.40	AMS 4928K	棒材、锻件,锻件的H≤0.0150%
		余量	50~6.75	—	—	—	—	3.50~4.50	—	—	—	0.30	0.08	0.05	0.0125	0.20	0.005	0.10	0.40	MAS 4965E	棒材、锻件、环件
		余量	5.50~6.75	—	—	—	—	3.50~4.50	—	—	—	0.30	0.08	0.05	0.0125	0.20	0.005	0.10	0.40	AMS 4967F	棒材、锻件、环件,锻件的H≤0.0150%
		余量	5.50~6.75	—	—	—	—	3.50~4.50	—	—	—	0.30	0.10	0.05	0.0125	0.20	—	0.10	0.40	AMS 4920	锻件
		余量	5.50~6.75	—	—	—	—	3.50~4.50	—	—	—	0.30	0.10	0.05	0.0125	0.20	0.005	0.10	0.40	AMS 4934A	挤压件、焊环
		余量	5.50~6.75	—	—	—	—	3.50~4.50	—	—	—	0.30	0.10	0.05	0.0125	0.20	0.005	0.10	0.40	AMS 4935E	挤压件、焊环
		余量	5.50~6.75	—	—	—	—	3.50~4.50	—	—	—	0.30	0.05	0.03	0.015	0.18	0.005	0.10	0.40	AMS 4954D	焊丝
	6Al-4V (ELI)	余量	5.50~6.50	—	—	—	—	3.50~4.50	—	—	—	0.25	0.08	0.05	0.0125	0.13	0.005	0.10	0.30	AMS 4907D	板、带材
		余量	5.50~6.50	—	—	—	—	3.50~4.50	—	—	—	0.25	0.08	0.05	0.0125	0.13	0.005	0.10	0.40	AMS 4930C	棒材、锻件、环件
		余量	5.50~6.75	—	—	—	—	3.50~4.50	—	—	—	0.15	0.03	0.012	0.005	0.08	0.005	0.03	0.10	AMS 4956B	焊丝
	6Al-6V-2Sn	余量	5.00~6.00	1.50~2.50	—	—	—	5.00~6.00	—	—	0.35~1.00	0.35~1.00	0.05	0.04	0.015	0.20	0.005	0.10	0.40	AMS 4918F	板、带材
		余量	5.00~6.00	1.50~2.50	—	—	—	5.00~6.00	—	—	0.35~1.00	0.35~1.00	0.05	0.04	0.015	0.20	0.005	—	0.40	AMS 4971C	棒材、锻件、环件
		余量	5.00~6.00	1.50~2.50	—	—	—	5.00~6.00	—	—	0.35~1.00	0.35~1.00	0.05	0.04	0.015	0.20	0.005	0.10	0.40	AMS 4978B	棒材、锻件、环件
		余量	5.00~6.00	1.50~2.50	—	—	—	5.00~6.00	—	—	0.35~1.00	0.35~1.00	0.05	0.04	0.015	0.20	0.005	0.10	0.40	AMS 4979B	棒材、锻件、环件
		余量	5.00~6.00	1.50~2.50	—	—	—	5.00~6.00	—	—	0.35~1.00	0.35~1.00	0.05	0.04	0.015	0.20	0.005	0.10	0.40	AMS 4936B	挤压件

续表

材料名称	牌号	化学成分/%(不大于,注明范围值和余量者除外)																		标准号	备注
		Ti	Al	Sn	Zr	Nb	Mo	V	Cr	Mn	Cu	Fe	C	N	H	O	Y	其他元素 单个	其他元素 总和		
α-β钛合金	3Al-2.5V	余量	2.5~3.50	—	—	—	—	2.00~3.00	—	—	—	0.30	0.050	0.020	0.015	0.12	0.005	0.10	0.40	AMS 4943D	无缝管
		余量	2.50~3.50	—	—	—	—	2.00~3.00	—	—	—	0.30	0.05	0.020	0.015	0.12	0.005	0.10	0.40	AMS 4944D	无缝管
	6Al-2Sn-4Zr-2Mo	余量	5.50~6.50	1.80~2.20	3.60~4.40	Si 0.10	1.80~2.20	—	—	—	—	0.25	0.05	0.05	0.015	0.12	0.005	0.10	0.30	AMS 4919B	板、带材,Si≤0.10%
		余量	5.50~6.50	1.80~2.20	3.60~4.40	Si 0.10	1.80~2.20	—	—	—	—	0.25	0.05	0.05	0.0125	0.15	0.005	0.10	0.30	AMS 4975E	棒材、环件,环件的H≤0.0150%
		余量	5.50~6.50	1.80~2.20	3.60~4.40	Si 0.10	1.80~2.20	—	—	—	—	0.25	0.05	0.05	0.0125	0.15	0.005	0.10	0.30	AMS 4976B	锻件的H≤0.0150%
	6Al-2Sn-4Zr-6Mo	余量	5.50~6.50	1.75~2.25	3.50~4.50	—	5.50~6.50	—	—	—	—	0.15	0.04	0.04	0.0125	0.15	0.005	0.10	0.40	AMS 4981B	棒材、锻件
	7Al-4Mo	余量	6.50~7.30	—	—	—	3.50~4.50	—	—	—	—	0.30	0.10	0.05	0.013	0.20	0.005	0.10	0.40	AMS 4970E	棒材、锻件
	4Al-3Mo-1V	余量	3.75~4.75	—	—	—	2.50~3.50	0.75~1.25	—	—	—	0.35	0.08	0.05	0.015	0.20	—	0.10	0.40	AMS 4912A	板、带材
		余量	3.75~4.75	—	—	—	2.50~3.50	0.75~1.25	—	—	—	0.35	0.08	0.05	0.015	0.20	—	0.10	0.40	AMS 4913A	板、带材
	8Mn	余量	—	—	—	—	—	—	—	6.5~9.0	—	0.50	0.08	0.05	0.015	0.20	0.005	0.10	0.40	AMS 4908D	板、带材
	4Al-4Mn	余量	3.0~5.0	—	—	—	—	—	—	3.0~5.0	—	0.50	0.15	0.07	0.0125	0.20	—	—	0.40	AMS 4925B	棒材、锻件
	2Cr-2Fe-2Mo	余量	—	—	—	—	1.5~3.0	—	1.5~3.0	—	—	1.5~3.0	0.10	0.10	0.0125	0.20	—	0.10	0.40	AMS 4923A	棒材、锻件
	5Cr-3Al	余量	2.5~3.5	—	—	—	—	—	4.5~5.5	—	—	—	0.10	0.05	0.0125	0.20	—	—	0.40	AMS 4927	棒材、锻件、坯料

续表

材料名称	牌号	Ti	Al	Sn	Zr	Nb	Mo	V	Cr	Mn	Cu	Fe	C	N	H	O	Y	其他元素 单个	其他元素 总和	标准号	备注
α-β钛合金	5.4Al-1.4Cr-1.3Fe-1.25Mo	余量	4.75~6.00	—	—	—	0.80~1.70	—	0.80~2.00	—	—	0.90~1.70	0.10	0.07	0.0125	0.20	—	—	0.40	AMS 4969	Fe+Cr+Mo为3.30%~4.70%
		余量	4.75~6.00	—	—	—	0.80~1.70	—	0.80~2.00	—	—	0.90~1.70	0.10	0.07	0.0125	0.20	—	—	0.40	AMS 4929	Fe+Cr+Mo为3.30%~4.70%
β钛合金	13.5V-11Cr-3Al	余量	2.5~3.5	—	—	—	—	12.5~14.5	10.0~12.0	—	—	0.35	0.05	0.05	0.025	0.17	—	0.10	0.40	AMS 4917D	板、带材
		余量	2.50~3.50	—	—	—	—	12.50~14.50	10.00~12.00	—	—	0.35	0.05	0.050	0.030	0.17	0.005	0.10	0.40	AMS 4959B	线材
	11.5Mo-6.0Zr-4.5Sn	余量	—	3.75~5.25	4.50~7.50	—	10.00~13.00	—	—	—	—	0.35	0.10	0.05	0.015	0.18	—	0.10	0.40	AMS 4977B	棒材、线材
		余量	—	3.75~5.25	4.50~7.50	—	10.00~13.00	—	—	—	—	0.35	0.10	0.05	0.015	0.18	0.005	0.10	0.40	AMS 4980B	棒材、线材
	10V-2Fe-3Al	余量	2.6~3.4	—	—	—	—	9.0~11.0	—	—	—	1.6~2.2	0.05	0.05	0.015	0.13	0.005	0.10	0.30	AMS 4983A	锻件
		余量	2.6~3.4	—	—	—	—	9.0~11.0	—	—	—	1.6~2.2	0.05	0.05	0.015	0.13	0.005	0.10	0.30	AMS 4984	锻件
		余量	2.6~3.4	—	—	—	—	9.0~11.0	—	—	—	1.6~2.2	0.05	0.05	0.015	0.13	0.005	0.10	0.30	AMS 4986	锻件
		余量	2.6~3.4	—	—	—	—	9.0~11.0	—	—	—	1.6~2.2	0.05	0.05	0.015	0.13	0.005	0.10	0.30	AMS 4987	锻件
	15V-3.0Cr-3.0Sn-3.0Al	余量	2.5~3.5	2.5~3.5	—	—	—	14.0~16.0	2.5~3.5	—	—	0.25	0.05	0.05	0.015	0.13	—	0.10	0.40	AMS 4914	板、带材
	44.5Nb	余量	—	—	—	42.00~47.00	—	—	0.02	0.01	—	0.03	0.04	0.03	0.0035	0.16	—	—	0.40	AMS 4982A	线材，Si≤0.03%，Mg≤0.01%

化学成分/%（不大于，注明范围值和余量者除外）

表 7-35　成品取样分析时合金成分的允许偏差

元素名称	规定的范围值或最大值/%	允许偏差(小于最小值或大于最大值)/%	元素名称	规定的范围值或最大值/%	允许偏差(小于最小值或大于最大值)/%
C	0.20	0.02	Fe	>0.50～5.00	0.20
	>0.20～0.50	0.04		>5.00	0.25
	>0.50	0.06	V	0.50	0.05
Mn	0.20	0.10		>0.50～5.00	0.15
	>0.20～6.00	0.20		>5.00～10.00	0.20
	>6.00～9.00	0.25		>10.00	0.25
Cr	1.00	0.05	Sn	3.00	0.15
	>1.00～4.00	0.15		>3.00～6.00	0.20
	>4.00	0.25		>6.00～12.00	0.25
Mo	1.00	0.04	Cu	1.00	0.05
	>1.00～5.00	0.20	Zr	4.00	0.10
	>5.00	0.25		>4.00～6.00	0.20
Al	1.00	0.12		>6.00～10.00	0.30
	>1.00～10.00	0.40		>10.00	0.40
H	0.020	0.002	Nb	1.00	0.10
	>0.020～0.050	0.005		>1.00～3.00	0.15
	>0.050	0.010	Ta	0.50	0.10
N	<0.10	0.02		>1.00～3.00	0.15
O	0.20	0.02	Si	0.50	0.05
	>0.20	0.03	Ni	0.6～0.9	0.05
Fe	0.25	0.10	Pb	0.12～0.25	0.02
	>0.25～0.50	0.15	其他元素	0.1	0.02

(3)铸造钛及钛合金

只有 ASTM 和 AMS 标准规定了铸造钛及钛合金的牌号和化学成分，如表 7-36 所示。

表 7-36 铸造钛及钛合金牌号和化学成分(ASTM B367—2009)

牌号	化学成分/%(注明范围者除外)																其他元素	
	C	O	N	H	Fe	Al	V	Pd	Ru	Nl	Mo	Cr	Co	Zr	Nb	Sn	单个	总和
C-2	0.10	0.40	0.05	0.015	0.20	—	—	—	—	—	—	—	—	—	—	—	0.1	0.4
C-3	0.10	0.40	0.05	0.015	0.25	—	—	—	—	—	—	—	—	—	—	—	0.1	0.4
C-5	0.10	0.25	0.05	0.015	0.40	5.5~6.75	3.5~4.5	—	—	—	—	—	—	—	—	—	0.1	0.4
C-6	0.10	0.20	0.05	0.015	0.50	4.0~6.0	—	—	—	—	—	—	—	—	2.0~3.0	—	0.1	0.4
C-7	0.10	0.40	0.05	0.015	0.20	—	—	0.12~0.25	—	—	—	—	—	—	—	—	0.1	0.4
C-8	0.10	0.40	0.05	0.015	0.25	—	—	0.12~0.25	—	—	—	—	—	—	—	—	0.1	0.4
C-9	0.10	0.20	0.05	0.015	0.25	2.5~3.5	2.0~3.0	—	—	—	—	—	—	—	—	—	—	—
C-12	0.10	0.25	0.05	0.015	0.30	—	—	—	—	0.6~0.9	0.2~0.4	—	—	—	—	—	0.1	0.4
C-16	0.10	0.18	0.03	0.015	0.30	—	—	0.04~0.08	—	—	—	—	—	—	—	—	0.1	0.4
C-17	0.10	0.20	0.03	0.015	0.25	—	—	0.04~0.08	—	—	—	—	—	—	—	—	0.1	0.4
C-18	0.18	0.20	0.03	0.015	0.25	2.5~3.5	2.0~3.0	0.04~0.08	—	—	—	—	—	—	—	—	0.1	0.4
C-38	0.08	0.20~0.30	0.03	0.015	1.2~1.8	3.5~4.5	2.0~3.0	—	—	—	—	—	—	—	—	—	0.1	0.4

7.2.2 钛及钛合金的力学性能

(1)板、带材

表 7-37　　钛及钛合金板、带材的性能

牌号	抗拉强度 不小于		屈服强度				伸长率 不小于	弯曲试验的弯心直径 厚度 T/mm(in)		标准号	备注
	ksi	MPa	不小于		不大于			<0.070 (1.8)	0.070～0.187 (1.8～4.75)		
			ksi	MPa	ksi	MPa					
1	35	240	25	170	45	310	24	3T	4T	ASTM F67—2006	
	35	240	20	138	45	310	24	1.5T	2T	ASTM B265—2010	
2	50	345	40	275	65	450	20	4T	5T	ASTM F67—2006	
	50	345	40	275	65	450	20	2T	2.5T	ASTM B265—2010	
2H	58	400	40	275	65	450	20	2T	2T	ASTM B265—2010	
3	65	450	55	380	80	550	18	4T	5T	ASTM F67—2006	
	65	450	55	380	80	550	18	2T	2.5T	ASTM B265—2010	
4	80	550	70	483	95	655	15	5T	6T	ASTM F67—2006	
	80	550	70	483	95	655	15	2.5T	3T	ASTM B265—2010	
5	130	895	120	828	—	—	10	4.5T	5T	ASTM B265—2010	下列情况的性能由供需双方协商：a：表中规定以外的状态；b. 厚度大于25mm(1in)的厚板；c. Grade 5、6、10含金厚度小于0.635mm(0.25in)时的伸长率
6	120	828	115	793	—	—	10	4T	4.5T		
7	50	345	40	275	65	450	20	2T	2.5T		
7H	58	400	40	275	65	450	20	2T	2T		
9	90	620	70	483	—	—	15	2.5T	3T		
11	35	240	20	138	45	310	24	1.5T	2T		
12	70	483	50	345	—	—	18	2T	2.5T		
13	40	275	25	170	—	—	24	1.5T	2T		
14	60	410	40	275	—	—	20	2T	2.5T		
15	70	483	55	380	—	—	18	2T	2.5T		
16	50	345	40	275	65	450	20	2T	2.5T		
16H	58	400	40	275	65	450	20	2T	2T		
17	35	240	20	138	45	310	24	1.5T	2T		
18	90	620	70	483	—	—	15	2.5T	3T		
19	115	793	110	759	—	—	15	3T	3T		
20	115	793	110	759	—	—	15	3T	3T		
21	115	793	110	759	—	—	15	3T	3T		
23	120	828	110	759	—	—	10	4.5T	5T		
24	130	895	120	828	—	—	10	4.5T	5T		
25	130	895	120	828	—	—	10	4.5T	5T		
26	50	345	40	275	65	450	20	2T	2.5T		
26H	58	400	40	275	65	450	20	2T	4T		
27	35	240	20	138	45	310	24	1.5T	2T		
28	90	620	70	483	—	—	15	2.5T	3T		
29	120	828	110	759	—	—	10	4.5T	5T		
30	50	345	40	275	65	450	20	2T	2.5T		
31	65	450	55	380	80	550	18	2T	2.5T		
32	100	689	85	586	—	—	10^{E}	3.5T	4.5T		
33	50	345	40	275	65	450	20	2T	2.5T		
34	65	450	55	380	80	550	18	2T	2.5T		
35	130	895	120	828	—	—	5	8T	8T		
36	65	450	60	410	95	655	10	4.5T	5T		
37	50	345	31	215	65	450	20	2T	2.5T		
38	130	895	115	794	—	—	10	4T	4.5T		

注：1. L_0 为 2in 或 50mm；

2. T 为试样厚度，在规定的弯心直径上变曲 105°，外表面无裂纹；

3. 厚度小于 4.75mm(0.187in)的薄板、带板；

4. 表中所有的法定计量单位数据均为原标准给出数据。

MIL-T-9046H 对带材和薄板的定义与 ASTM B 265 相同。厚板是指厚度不小于 4.75mm(0.1875in)，宽度大于 305mm(12in)，且宽度至少为厚度 5 倍的产品。

MIL-T-9046H 规定的钛及钛合金薄板和带材的性能如表 7-38 所示，厚板的性能如表 7-39 所示，厚板的厚度与性能的关系如表 7-40 所示，薄板、带材的弯曲性能如表 7-41 所示。

新版的 MIL-T-9046J 与 MIL-T-9046H 相比，有很大的变化。该标准规定的钛及钛合金板、带材的性能均按合金类别分别列出，工业纯钛及 α 钛合金板、带材的性能如表 7-42 所示，α-β 钛合金板、带材性能如表 7-43 所示，β 钛合金的性能如表 7-44 所示，薄板、带材的弯曲性能如表 7-45 所示。

表 7-38　钛及钛合金薄板和带材的性能(MIL-T-9046H)

牌号	状态	抗拉强度 σ_b		屈服强度 $\sigma_{0.2}$		伸长率① δ /%
		ksi	MPa	ksi	MPa	
		不		小		于
A(40KSI-YS)	退火	50	345	40～65	276～448	20.0
B(70KSI-YS)	退火	80	552	70～95	483～655	15.0
C(55KSI-YS)	退火	65	448	55～80	379～552	18.0
A(5Al-2.5Sn)	退火	120	827	113	779	10.0
B(5Al-2.5Sn ELI)	退火	100	689	95	655	10.0
F(8Al-1Mo-1V)	退火	145	1000	135	931	10.0
C(6Al-4V)	退火	134	924	126	869	8.0
	固溶处理	②	—	150	1034	6.0
	固溶＋时效	160	1103	145	1000	5.0
D(6Al-4V ELI)	退火	130	896	120	827	10.0
E(6Al-6V-2Sn)	退火	155	1069	145	1000	10.0
	固溶处理	②	—	160	1103	10.0
	固溶＋时效	170	1172	160	1103	8.0
G(6Al-2Sn-4Zr-2Mo)	退火	135	931	125	862	8.0
H(6Al-4V SPL)	退火	130	896	120	827	10.0
A(13V-11Cr-3Al)	固溶处理	125	862	120	827	10.0
	固溶＋时效	170	1172	160	1103	4.0
B(11.5Mo-6Zr-4.5Sn)	固溶处理	100	689	90	621	12.0
	固溶＋时效	180	1241	170	1172	6.0
C(3Al-8V-6Cr-4Mo-4Zr)	固溶处理	125	862	120	827	8.0
	固溶＋时效	180	1241	170	1172	6.0
D(8Mo-8V-2Fe-3Al)	固溶处理	125	862	120	827	8.0
	固溶＋时效	175	1207	155	1069	10.0

注：1. 原标准中对某些合金在不同厚度或不同状态时的性能有许多补充说明；

2. ①L_0＝2in(50.8mm)，退火及固溶状态的伸长率适用于厚度不小于 0.635mm(0.0025in)的产品；②抗拉强度与屈服强度的最小差值应为 15ksi(103MPa)。

表 7-39 钛及钛合金厚板的性能(MIL-T-9046H)

牌号	状态	厚度 /mm (in)	抗拉强度 σ_b		屈服强度 $\sigma_{0.2}$		伸长率[1] δ /%
			ksi	MPa	ksi	MPa	
			不		小		于
A(40KSI-YS)	退火	<25.4 (1.000)	50	345	40～65	276～448	20.0
B(70KSI-YS)		<25.4 (1.000)	80	552	70～95	483～655	15.0
C(55KSI-YS)		<25.4 (1.000)	65	448	55～80	379～552	18.0
A(5Al-2.5Sn)		—	120	827	113	779	10.0
		38.1～101.6 (1.500～4.000)	115	793	110	758	—
B(5Al-2.5Sn)(ELI)		<25.4 (1.000)	100	68	95	655	10.0
G(6Al-2Nb-1Ta-0.8Mo)		<69.9 (2.750)	103	710	95	655	10.0
C(6Al-4V)		<101.6 (4.000)	130	896	120	827	10.0
D(6Al-4V)(ELI)		—	130	896	120	827	10.0
		25.4～76.2 (1.000～3.000)		862	115	793	—
E(6Al-6V-2Sn)		4.76～50.8 (0.1875～1.000)	150	1034	140	955	10.0
		50.83～101.6 (2.001～4.000)	145	1000	135	931	8[2]
H(6Al-4V)(SPL)		—	130	896	120	827	10.0
		25.4～76.2 (1.000～3.000)	125	862	115	793	—
A(13V-11C_1-3Al)		101.6 (<4.000)	125	862	120	827	10.0
B(11.5Mo-6Zr-4.5Sn)		<101.6 (4.000)	100	689	90	621	10.0
C(3Al-8V-6Cr-4Mo-4Zr)		4.76～50.8 (0.1875～2.000)	125	862	120	827	10.4
		50.83～101.6 (2.001～4.000)	120	827	115	793	8[3]
D(8Mo-8V-2Fe-3Al)		4.76～50.8 (0.1875～2.000)	125	862	120	827	10.0
		50.83～101.6 (2.001～4.000)	120	827	115	793	8[3]

注:1. L_0 为 50.8mm(2in)或 $4D$,$D \geqslant 12.7$mm(0.500in);

2. 横向伸长率不小于 6%;

3. 长横向伸长率不小于 6%,短横向伸长率不小于 3%。

表 7-40 钛及钛合金厚板的厚度与性能的关系(MIL-T-9046 H)

厚度 /mm(in)	牌号	状态	抗拉强度 σ_b ksi	抗拉强度 σ_b MPa	屈服强度 $\sigma_{0.2}$ ksi	屈服强度 $\sigma_{0.2}$ MPa	伸长率① δ /%
			不小于				
4.76~6.35($\frac{3}{16}$~$\frac{1}{4}$)	F(8Al-1Mo-1V)	一次退火	145	1000	135	931	10
>6.35~12.7($\frac{1}{4}$~$\frac{1}{2}$)			145	1000	135	931	10
>12.7~19.1($\frac{1}{2}$~$\frac{3}{4}$)			140	965	130	896	10
>19.1~25.4($\frac{3}{4}$~1)			140	965	130	896	10
>25.4~38.1(1~1$\frac{1}{2}$)			130	896	120	827	10
>38.1~50.8(1$\frac{1}{2}$~2)			130	896	120	827	10
>50.8~63.5(2~2$\frac{1}{2}$)			130	896	120	827	10
>63.5~101.6(2$\frac{1}{2}$~4)	F(8Al-1Mo-1V)	一次退火	120	827	110	758	8
4.76~6.35($\frac{3}{16}$~$\frac{1}{4}$)	F(8Al-1Mo-1V)	双重退火	130	896	120	827	10
>6.35~12.7($\frac{1}{4}$~$\frac{1}{2}$)			130	896	120	827	10
>12.7~19.1($\frac{1}{2}$~$\frac{3}{4}$)			130	896	120	827	10
>19.1~25.4($\frac{3}{4}$~1)			130	896	120	827	10
>25.4~38.1(1~1$\frac{1}{2}$)			125	862	115	793	10
38.1~50.8(1$\frac{1}{2}$~2)			125	862	115	793	10
>50.8~63.5(2~2$\frac{1}{2}$)			120	827	110	758	8
>63.5~101.6(2$\frac{1}{2}$~4)			120	827	110	758	8
4.76~6.35($\frac{3}{16}$~$\frac{1}{4}$)	C(6Al-4V)	固溶+时效	160	1103	145	1000	8
>6.35~12.7($\frac{1}{4}$~$\frac{1}{2}$)			160	1103	145	1000	8
>12.7~19.1($\frac{1}{2}$~$\frac{3}{4}$)			160	1103	145	1000	8
>19.1~25.4($\frac{3}{4}$~1)			150	1034	140	965	6
>25.4~38.1(1~1$\frac{1}{2}$)			145	1000	135	931	6
>38.1~50.8(1$\frac{1}{2}$~2)			145	1000	135	931	6
>50.8~63.5(2~2$\frac{1}{2}$)			130	896	120	827	6
>63.5~101.6(2$\frac{1}{2}$~4)			130	896	120	827	6
4.76~6.35($\frac{3}{16}$~$\frac{1}{4}$)	E(6Al-6V-2Sn)	固溶+时效	170	1172	160	1103	8
>6.35~12.7($\frac{1}{4}$~$\frac{1}{2}$)			170	1172	160	1103	8
>12.7~19.1($\frac{1}{2}$~$\frac{3}{4}$)			170	1172	160	1103	8

续表

厚度 /mm(in)	牌号	状态	抗拉强度 σ_b ksi	抗拉强度 σ_b MPa	屈服强度 $\sigma_{0.2}$ ksi	屈服强度 $\sigma_{0.2}$ MPa	伸长率[①] δ /%
			不小于				
>19.1~25.4($\frac{3}{4}$~1)	E(6Al-6V-2Sn)	固溶+时效	170	1172	160	1103	8
>25.4.8~38.1(1~1$\frac{1}{2}$)			170	1172	160	1103	8
>38.1~50.8(1$\frac{1}{2}$~2)			160	1103	150	1034	6
>50.8~63.5(2~2$\frac{1}{2}$)			160	1103	150	1034	6
>63.5~101.6(2$\frac{1}{2}$~4)			150	1034	140	965	6
4.75~101.6($\frac{3}{16}$~4)	A(13V-11Cr-3Al)	固溶+时效	170	1172	160	1103	4
4.75~101.6($\frac{3}{16}$~4)	B(11.5Mo-6Zr-4.5Sn)	固溶+时效	180	1241	170	1172	6
4.76~50.8($\frac{3}{16}$~2)	C(3Al-8V-6Cr-4Mo-4Zr)	固溶+时效	180	1241	170	1172	8
>50.8~101.6(2~4)			180	1241	170	1172	6
$\frac{3}{16}$~2(4.76~50.8)	D(8Mo-8V-2Fe-3Al)	固溶+时效	170	1172	160	1103	8
>2~4(50.8~101.6)			170	1172	160	1103	6[②]

注:①L_0 为 50.8mm(2in)或 $4D$,$D \geqslant 12.7$mm(0.500in);②横向伸长率不小于 4%。

表 7-41　　钛及钛合金薄板、带材的弯曲性能(MIL-T-9046 H)

牌号	状态	弯曲角 /(°)	最小弯心半径[①] 厚度/mm(in) ≤1.78 (0.070)	最小弯心半径[①] 厚度/mm(in) >1.78~4.76 (0.070~0.1875)
A(40KSI-YS)	退火或固溶处理	105	2.0T	2.5T
B(70KSI-YS)			2.5T	3.0T
C(55KSI-YS)			2.0T	2.5T
A(5Al-2.5Sn)			4.0T	4.5T
B(5Al-2.5SnELI)			4.0T	4.5T
F(8Al-1Mo-1V)	退火		4.5T	5.0T
	双重退火		4.0T	4.5T
C(6Al-4V)	退火或固溶处理		4.5T	5.0T
D(6Al-4VELI)			4.5T	5.0T
E(6Al-6V-2Sn)			4.5T	4.5T
G(6Al-2Sn-4Zr-2Mo)			4.5T	5.0T
H(6Al-4VSPL)			4.5T	5.0T
A(13V-11Cr-3Al)			3.0T	3.5T
B(11.5Mo-6Zr-4.5Sn)			3.0T	3.0T
C(3Al-8V-6Cr-4Mo-4Zr)			3.5T	4.0T
D(8Mo-8V-2Fe-3Al)			3.5T	3.5T

注:①T 为材料厚度。

表 7-42　　工业纯钛及 α 钛合金板、带材的性能(MIL-T-9046J)

牌　　号	状　态	厚　度 /mm(in)	抗拉强度 σ_b		屈服强度 $\sigma_{0.2}$		伸长率① δ /%
			ksi	MPa	ksi	MPa	
			不		小	于	
CP-4	退火	≤25.40 (1.000)	35	241	25～45	172～310	24
CP-3	退火	≤25.40 (1.000)	50	345	40～65	276～448	20
CP-2	退火	≤25.40 (1.000)	65	448	55～80	379～552	18
CP-1	退火	≤25.40 (1.000)	80	552	70～95	483～655	15
A-1(5Al-2.5Sn)	退火	≤38.1 (1.500)	120	827	113	779	10
		>38.10～101.60 (>1.500～4.000)	115	793	110	758	10
A-2(5Al-2.5Sn) (ELI)	退火	>0.20～0.36 (>0.008～0.014)	100	689	95	655	6
		>0.36～0.61 (>0.014～0.024)	100	689	95	655	8
		>0.61～25.40 (>0.024～1.000)	100	689	95	655	10
A-3(6Al-2Nb -1Ta-0.8Mo)	退火	>4.76～101.60 (>0.1875～4.000)	103	710	95	955	10
A-4(8Al-1Mn-1V)②	退火	>0.20～0.36 (>0.008～0.014)	145(135)	1000(931)	135(120)	931(827)	6
		>0.36～0.61 (>0.014～0.024)	145(135)	1000(931)	135(120)	931(827)	8
		>0.61～4.76 (>0.024～0.1875)	145(135)	1000(931)	135(120)	931(827)	10(10)
		>476～12.70 (>0.1875～0.500)	145(130)	1000(896)	135(120)	931(827)	10(10)
		>12.70～25.40 (>0.500～1.000)	140(130)	965(896)	130(120)	896(827)	10(10)
		>25.40～50.80 (>1.000～2.000)	130(125)	896(862)	120(115)	827(793)	10(10)
		>50.80～63.50 (>2.000～2.500)	130(120)	896(827)	120(110)	827(758)	10(8)
		>63.50～101.60 (>2.500～4.000)	120(120)	827(827)	110(110)	758(758)	8(8)

注：1. 表中 L_0 为 50.8mm(2in)或 $4D$；

2. 表中圆括号中的数值是双重退火状态的性能。

表 7-43 α-β钛合金板、带材的性能(MIL-T-9046J)

牌号	状态	厚度/mm(in)	抗拉强度 σ_b(不小于)		屈服强度 $\sigma_{0.2}$(不小于)		伸长率[①]
			ksi	MPa	ksi	MPa	δ/%
AB-1(6Al-4V)	退火	≤1.57(0.062)	134	924	126	868	8
		>1.57~4.76 (>0.062~0.1875)	134	924	126	868	10
		>4.76~101.60 (>0.1875~4.000)	130	896	120	827	10
	固溶处理	≤0.81(0.032)	③	③	≤150	≤1034	6
		>0.81~4.76 (>0.032~0.1875)			≤150	≤1034	8
	固溶处理+时效	≤0.81(0.032)	160	1103	145	1000	3
		>0.81~1.24 (>0.032~0.049)	160	1103	145	1000	4
		>1.24~4.76 (>0.049~0.1875)	160	1103	145	1000	5
		>4.76~19.05 (>0.1875~0.750)	160	1103	145	1000	8
		>19.05~25.40 (>0.750~1.000)	150	1034	140	965	6
		>25.40~50.80 (>1.000~2.000)	145	1000	135	931	6
AB-2(6Al4V)(ELI)	退火	>0.20~0.36 (>0.008~0.014)	130	896	120	827	6
		>0.36~0.61 (>0.014~0.024)	130	896	120	827	8
		>0.61~25.40 (>0.024~1.000)	130	896	120	327	10
		>25.40~76.20 (>1.000~3.000)	125	862	115	792	10
AB-3(6Al-6V-2Sn)[②]	退火	≤0.61(0.024)	155	1069	145~170	1000~1171	8(6)
		>0.61~4.76 (>0.024~0.1875)	155	1069	145~170	1000~1171	10(8)
		>4.76~50.80 (>0.1875~2.000)	150	1034	140	965	10(8)
		>50.80~101.60 (>2.000~4.000)	145	1000	135	931	8(6)
	固溶处理	≤4.76(0.1875)	③	③	≤160	≤1103	10
	固溶处理+时效	≤4.76(0.1875)	170	1172	160	1103	8(6)
		>4.76~38.10 (>0.1875~1.500)	170	1172	160	1103	8
		>38.10~63.50 (>1.500~2.500)	160	1103	150	1034	6
		>63.60~101.60 (>2.500~4.000)	150	1034	140	965	6
AB-4(6Al-2Sn-4Zr-2Mo)	双重退火	≤1.57(0.062)	135	931	125	862	8
		>1.57~25.40 (>0.062~1.000)	135	931	125	862	10
		>25.40~76.20 (>1.000~3.000)	130	896	120	827	10
	固溶处理+时效	≤1.57(0.062)	145	1000	135	931	8
		>1.57~4.76 (>0.062~0.1875)	145	1000	135	931	10
AB-5(3Al-2.5V)	退火	≤25.40(1.000)	90	621	75	517	15
AB-6(8Mn)	退火	≤4.76(0.1875)	125	862	110~140	758~965	10

注：1. 表中 L_0 为 50.8mm(2in)或 $4D$；

2. 表中圆括号中的伸长率值仅适用于横向；

3. 表中抗拉强度与屈服强度的最小差值为 103MPa(15ksi)。

表 7-44 β钛合金板、带材的性能(MIL-T-9046 J)

牌号	状态	厚度 /mm(in)	抗拉强度 σ_b ksi	抗拉强度 σ_b MPa	屈服强度 $\sigma_{0.2}$ ksi	屈服强度 $\sigma_{0.2}$ MPa	伸长率① δ /%
			不		小	于	
B-1(13V-11Cr-3Al)	固溶处理	≤1.24(0.049)	132	910	126	869	8
		>1.24~101.60 (>0.049~4.000)	125	862	120	827	10
	固溶处理+时效	≤0.61(0.024)	170	1172	160	1103	3
		>0.61~101.60 (>0.024~4.000)	170	1172	160	1103	4
B-2(11.5Mo-6Zr-4.5Sn)	固溶处理	≤0.61(0.024)	100	689	90	621	10
		>0.61~4.76 (>0.024~0.1875)	100	689	90	621	12
	固溶时效(1000℃)	≤4.76(0.1875)	165	1138	155	1069	8
	固溶时效(925℃)	≤0.61(0.024)	180	1240	170	1172	3
		>0.61~4.76 (>0.024~0.1875)	180	1240	170	1172	4
		>4.76(0.1875)	180	1240	170	1172	2
B-3(3Al-8V-6Cr-4Mo-4Zr)	固溶处理	≤0.74(0.029)	125	862	120	827	6
		>0.74~4.76 (>0.029~0.1875)	125	862	120	827	8
		>4.76~50.78 (>0.1875~1.999)	125	862	120	827	10(8)
		>50.78~101.60 (>1.999~4.000)	120	827	115	792	8(6)
	固溶时效	≤4.76(0.1875)	180	1241	170	1172	6
		>4.76~25.40 (>0.1875~1.000)	180	1241	170	1172	8
		>25.40~101.60 (>1.000~4.000)	170	1172	160	1102	6(4)
B-4(8Mo-8V-2Fe-3Al)	固溶处理	≤4.76(0.1875)	125	862	120	827	18
		>4.76~50.80 (>0.1875~2.000)	125	862	120	827	10
		>50.80~101.60 (>2.000~4.000)	120	827	115	793	8(6)
	固溶时效(1100℃)	≤4.76(0.1875)	150	1034	140	965	15
	固溶时效(1100℃)	≤4.76(0.1875)	175	1207	155	1069	10
		>4.76~25.40 (>0.1875~2.000)	180	1241	170	1172	8
		>25.40~101.60 (>2.000~4.000)	180	1241	170	1172	6(4)

注:①L_0=50.8mm(2in),圆括号中的伸长率值仅适用于横向。

表 7-45 钛及钛合金薄板、带材的弯曲性能(MIL-T-9046 J)

牌号	状态	弯曲角 /(°)	最小弯心半径① 厚度 /mm(in) ≤1.75 (0.069)	最小弯心半径① 厚度 /mm(in) >1.75～4.76 (0.069～0.1875)
CP-4	退火或固溶处理	105	1.5T	2.0T
CP-3			2.0T	2.5T
CP-2			2.0T	2.5T
CP-1			2.5T	3.0T
A-1(5Al-2.5Sn)			4.0T	4.5T
A-2(5Al-2.5Sn)(ELI)			4.0T	4.5T
A-4(8Al-1Mo-1V)	退火		4.5T	5.0T
	双重退火		4.0T	4.5T
AB-1(6Al-4V)	退火或固溶处理		4.5T	5.0T
AB-2(6Al-4V)(ELI)			4.0T	5.0T
AB-3(6Al-6V-2Sn)			4.0T	4.5T
AB-4(6Al-2Sn-4Zr-2Mo)			4.5T	5.0T
AB-5(3Al-2.5V)			2.5T	3.0T
AB-6(8Mn)			6.0T	7.0T
B-1(13V-11Cr-3Al)			3.0T	3.5T
B-2(11.5Mo-6Zr-4.5Sn)			3.0T	3.0T
B-3(3Al-8V-6Cr-4Mo-4Zr)			3.5T	4.0T
B-4(8Mo-8V-2Fe-3Al)			3.5T	3.5T

注:①T 为材料厚度。

AMS 标准规定的钛及钛合金板、带材的性能如表 7-46、表 7-47、表 7-48 和表 7-49 所示。其中,纯钛、α 和 β 钛合金板、带材的性能如表 7-46 所示;α-β 钛合金板、带材的性能如表 7-47 所示;超低温用低间隙钛合金板、带材的性能如表 7-48 所示;钛合金板、带材的性能如表 7-49 所示。

表 7-46　　纯钛、α 和 β 钛合金板、带材的性能

材料名称或牌号	状态	拉伸性能 厚度/mm	拉伸性能 抗拉强度 σ_b/MPa 不小于	拉伸性能 屈服强度 $\sigma_{0.2}$/MPa 不小于	拉伸性能 伸长率[1] δ/% 不小于	弯曲性能 厚度/mm	弯曲性能 弯曲角/(°)	弯曲性能 弯心直径[2]	标准号	备注
工业纯钛(55KSI-YS)	退火	—	450	380～550	18	<1.75 1.75～<4.75	105	4T 5T	AMS 4900 K—1986	伸长率只适用于厚度不小于0.62mm的板材，厚度大于25.00mm的板材性能由双方协商而定
工业纯钛(70KSI-YS)	退火	—	550	485～655	15	<1.75 1.75～<4.75	105	5T 6T	AMS 4901 L—1986	
工业纯钛(40KIS-YS)	退火	—	345	275～450	20	<1.75 1.75～4.75	105	4T 5T	AMS 4902 E—1986	
5Al-2.5Sn	退火	<0.62	825	780	—	<1.75	105	8T	AMS 4910 H—1983	
		0.62～37.50	825	780	10					
		37.50～100.00	795	760	10	1.75～<4.75		9T		
8Al-1Mo-1V	退火	0.20～0.35	1000	930	6				AMS 4915 F—1984	
		>0.35～0.60	1000	930	8	≤1.75	105	9T		
		>0.60～12.50	1000	930	10					
		>12.50～25.00	965	895	10	>1.75～<4.75	105	10T		
		>25.00～62.50	895	825	10					
		>62.50～100.900	825	760	8					
	双重退火	0.20～0.35	930	825	6					
		>0.35～0.60	930	825	8					
		>0.60～4.75	930	825	10					
		>4.75～25.00	895	825	10					
		>25.00～50.00	860	795	10					
		>50.00～100.00	825	760	8					
	双重退火	0.20～0.35	930	825	6				AMS 4916 E—1984	
		>0.35～0.60	930	825	8	≤1.75	105	8T		
		>0.60～4.75	930	825	10					
		>4.75～25.00	895	825	10					
		>25.00～50.00	860	795	10	>1.75～<4.75	105	9T		
		>50.00～100.00	825	760	8					
13.5V-11Cr-3Al	固溶处理	≤0.62 >0.62	895 895	825 825	8 10	≤1.75	105	6T	AMS 4917 D—1984	硬度 HRC 不小于 36
	固溶时效	—	1170	1105	4	>1.75～<4.75	105	7T		
15V-3.0Cr-3.0Sn-3.0Al	固溶处理	—	705～945	690～835	12	≤1.75	105	4T	AMS 4914 D—1984	
	固溶时效	—	1000	965～1170	7	>1.75～3.00	105	5T		

注：1. 表中 L_0＝50.8mm 或 4D；

2. 表中 T 为试样厚度。

表 7-47　　α-β钛合金板、带材的性能

材料名称或牌号	状态	拉伸性能 厚度/mm	抗拉强度 σ_b MPa 不小于	屈服强度 $\sigma_{0.2}$ MPa 不小于	伸长率① δ /% 不小于	弯曲性能 厚度/mm	弯曲角/(°)	弯心直径②	标准号	备注
6Al-4V	退火	<0.20	925	870	—	≤1.75	105	9T	AMS 4911 E—1984	
		0.20～<0.62	925	870	6					
		0.62～<1.60	925	870	8	>1.75～<4.688	105	10T		
		1.60～<4.688	925	870	10					
		4.688～100.00	895	825	10					
6Al-4V	β退火	4.75～12.50	896	793	10.0	—	—	—	AMS 4905—1981	断裂韧性 K_{IC} 不小于 $93MPa\sqrt{m}$
		>12.50～25.00	876	772	10.0					
		>25.00～50.00	862	745	8.0					
		>50.00～100.00	841	745	8.0					
8Mn	退火	—	860	760	10	≤1.75	105	6T	AMS 4908 D—1981	
						>1.75～<4.75	105	7T		
6Al-6V-2Sn	退火	<0.62	1070	1000～1170	8(6)	<1.75	105	8T	AMS 4918 F—1984	括号中的伸长率值为横向
		0.62～<4.75	1035	1000～1170	10(8)	1.75～<4.75	105	9T		
		4.75～50.00	1035	965～1140	10(8)					
		>50.00～100.00	1000	930～1105	8(6)					
6Al-2Sn-4Zr-2Mo	退火	0.62～1.55	930	860	8	<1.75	105	9T	AMS 4919 B—1987	
		>1.55～25.00	930	860	10	1.75～<4.70	105	10T		
		>25.00～75.00	895	825	10					
		0.62～1.55	655	515	7	—	—	—		480℃的性能
		>1.55～50.00	655	515	10					
		>50.00～75.00	620	485	10					

注：1. 表中 L_0 为 50mm 或 $4D$，测定 6Al-2Sn-4Zr-2Mo 合金板材高温性能时 L_0 为 25mm 或 $4D$；

2. 表中 T 为试样厚度。

表 7-48　　超低温用低间隙钛合金板、带材的性能

牌号	状态	拉伸性能 厚度/mm	抗拉强度 σ_b MPa	屈服强度 $\sigma_{0.2}$ MPa	伸长率[①] δ /%	缺口强度与光滑强度之比(约-253℃)	弯曲性能 厚度/mm	弯曲角/(°)	弯心直径[②]	标准号	备注
			不小于								
6Al-4V (ELI)	退火	0.20~<0.38	895	825	6	0.75	≤1.75	105	9T	AMS 4909 D—1982	
		0.38~<0.64	895	825	8						
		0.64~<25.00	895	825	10		>1.75~<4.75	105	10T		
		25.00~75.00	860	795	10						
5Al-2.5Sn (ELI)	退火	0.20~<0.38	690	655	6	0.90	≤1.75	105	8T	AMS 4909 D—1984	厚度大于25mm 板材的性能由供需双方协商
		0.38~<0.62	690	655	8		>1.75~<4.75	105	9T		
		0.62~25.00	690	655	10						

注：①L_0＝50.8mm(2in)或 4D；②T 为试样厚度。

表 7-49　　钛合金板、带材的性能

牌号	状态	拉伸性能 厚度/mm(in)	抗拉强度 σ_b MPa(ksi)	屈服强度 $\sigma_{0.2}$ MPa(ksi)	伸长率[①] δ /%	弯曲性能 厚度/mm(in)	弯曲角/(°)	弯心直径[②] 纵向	弯心直径[②] 横向	标准号	备注
			不小于								
6Al-4V	退火	≤0.20(0.008)	965 (140)	869 (126)	—	≤0.64(0.025)	105	9T	11T	AMS 4906	
		>0.20~0.64 (>0.008~0.025)	965 (140)	869 (126)	8	>0.64~1.78 (>0.025~0.070)	105	10T	12T		
		>0.64~1.52 (>0.025~0.060)	965 (140)	869 (126)	10	>1.78~4.76 (>0.070~0.1875)	105	协商	协商		
4Al-3Mo-1V	固溶处理	<0.79(>0.031)	1034 (150)	931 (135)	8	≤1.78(≤0.070)	105	7T		AMS 4912 A	1982年修订时指出，该标准不适用于新设计
		0.79~<1.75 (0.031~<0.069)			10						
		>1.75(0.069)			12	>1.78~4.76 (>0.070~0.1875)	105	8T			
	固溶＋时效	<0.84(0.033)	1172 (170)	1069 (155)	3						
		0.84~<1.27 (0.033~<0.050)	1241 (180)	1069 (155)	4						
		1.27~<4.76 (0.050~<0.1875)	1241 (180)	1069 (155)	5						
	固溶＋时效	<0.84(0.033)	1172 (170)	1069 (155)	3	—	—	—		AMS 4913 A	1982年修订时指出，该标准不适用于新设计
		0.84~<1.27 (0.033~<0.050)	1241 (180)	1069 (155)	4						
		1.27~<4.76 (0.050~<0.1875)	1241 (180)	1069 (155)	5						

注：1. 标准原文均为英制；

2. 表中①L_0 为 50.8mm(2in)或 4D；②T 为试样厚度。

(2)棒材、坯料和线材

表 7-50　　钛及钛合金棒材和坯料的性能

牌号	拉伸强度,不小于		0.2%屈服强度,不小于		伸长率 不小于	断面收缩率 不小于	标准号	备注
	ksi	MPa	ksi	MPa				
1	35	240	25	170	24	30	ASTM F67—2006	
	35	240	20	138	24	30	ASTM B348—2010	
2	50	345	40	275	20	30	ASTM F67—2006	
	50	345	40	275	20	30	ASTM B348—2010	
2H	58	400	40	275	20	30	ASTM B348—2010	
3	65	450	55	380	18	30	ASTM F67—2006	
	65	450	55	380	18	30	ASTM B348—2010	
4	80	550	70	483	15	25	ASTM F67—2006	
	80	550	70	483	15	25	ASTM B348—2010	
5	130	895	120	828	10	25	ASTM B348—2010	本表所列数值只适于厚度最大为76mm(3in)、截面积64.5cm²(10in²)的产品,其他规格的产品性能由供需双方协商
6	120	828	115	795	10	25		
7	50	345	40	275	20	30		
7H	58	400	40	275	20	30		
9	90	620	70	483	15	25		
	90	620	70	483	12	25		
11	35	240	20	138	24	30		
12	70	483	50	345	18	25		
13	40	275	25	170	24	30		
14	60	410	40	275	20	30		
15	70	483	55	380	18	25		
16	50	345	40	275	20	30		
16H	58	400	40	275	20	30		
17	35	240	20	138	24	30		
18	90	620	70	483	15	25		
	90	620	70	483	12	20		
19	115	793	110	759	15	25		
	135	930	130～159	897～1096	10	20		
	165	1138	160～185	1104～1276	5	20		
20	115	793	110	759	15	25		
	135	930	130～159	897～1096	10	20		

续表

牌号	拉伸强度,不小于		强度,不小于		伸长率,不小于	断面收缩率,不小于	标准号	备注
	ksi	MPa	ksi	MPa				
20	165	1138	160～185	1104～1276	5	20	ASTM B348—2010	本表所列数值只适于厚度最大为76mm(3in)、截面积64.5cm²(10in²)的产品,其他规格的产品性能由供需双方协商
21	115	793	110	759	15	35		
	140	966	130～159	897～1096	10	30		
	170	1172	160～185	1104～1276	8	20		
23	120	828	110	759	10	15		
	120	828	110	759	7.5,6.0	25		
24	130	895	120	828	10	25		
25	130	895	120	828	10	25		
26	50	345	40	275	20	30		
26H	58	400	40	275	20	30		
27	35	240	20	138	24	30		
28	90	620	70	483	15	25		
	90	620	70	483	12	20		
29	120	828	110	759	10	25		
	120	828	110	759	7.5,6.0	15		
30	50	345	40	275	20	30		
31	65	450	55	380	18	30		
32	100	689	85	586	10	25		
33	50	345	40	275	20	30		
34	65	450	55	380	18	30		
35	130	895	120	828	5	20		
36	65	450	60～95	410～655	10	—.		
37	50	345	31	215	20	30		
38	130	895	115	794	10	25		

注:表中所有的法定计量单位数据均为原标准给出数据。

MIL-T-9047G 规定的航空钛及钛合金棒材和锻造用坯料性能如表 7-51、表 7-52 和表 7-53 所示。MIL-T-81556A 规定的钛及钛合金挤压棒材、型材性能如表 7-54 所示。

表 5-51　　工业纯钛及 α 钛合金棒、锻造用坯料的性能(MIL-9047G)①

牌号	状态	厚度、直径或平行边间距 /mm (in)	抗拉强度 σ_b /MPa(ksi)	屈服强度 $\sigma_{0.2}$ /MPa(ksi)	伸长率②③ δ /%	断面收缩率③ ψ /%
			不小于			
CP-70	退火	≤101.60(≤4.00)	551(80)	482(70)	15	30
5Al-2.5Sn		≤101.60(≤4.00)	792(115)	758(110)	10[8]	25[20]
5Al-2.5Sn(ELI)		≤76.20(≤3.00)	689(100)	620(90)	10[8]	25[20]
		>76.20～101.60 (>3.00～4.00)	689(100)	620(90)	10[8]	20[15]
6Al-2Nb-1Ta-0.8Mo	双重退火	≤101.60(≤4.00)	710(103)	655(95)	10[8]	20[15]
8Al-1Mo-1V		≤63.50(≤2.50)	896(130)	827(120)	10	20
		>63.50～101.60 (>2.50～4.00)	827(120)	758(110)	10[8]	20[15]

注:表中①本表所列值适用于横截面积不大于 165000mm²(16in²)的产品,大于 165000mm²(16in²)的产品性能在合同中规定;② $L_0=4D$;③方括号中数值为短横向尺寸不小于 76.20mm(3in)的产品在短横向的性能。

表 7-52　α-β钛合金棒、锻造用坯料的性能(MIL-T-9047 G)

牌　号	状　态	厚度、直径或平行边间距/mm(in)	宽度/mm(in)或横截面积/cm²(in²)	抗拉强度 σ_b /MPa (ksi)	屈服强度 $\sigma_{0.2}$ /MPa (ksi)	伸长率[①②] δ/%	断面收缩率[②] ψ /%
				不	小		于
6Al-4V	退火	≤101.60(4.00)	≤309.70(48)	896 (130)	827 (120)	10	25
		>101.60～152.40 (>4.00～6.00)		896 (130)	827 (120)	10[8]	20[15]
	固溶时效(圆棒、方棒、六角棒)	≤12.70(0.500)	—	1137 (165)	1068 (155)	10	20
		>12.70～25.40 (>0.500～1.00)		1103 (160)	1034 (150)	10	20
		>25.40～38.10 (>1.00～1.50)		1068 (155)	999 (145)	10	20
		>38.10～50.80 (>1.50～2.00)		1034 (150)	965 (140)	10	20
		>50.80～76.20 (>2.00～3.00)		965 (140)	896 (130)	10	20
	固溶时效(矩形棒)	≤12.70(0.500)	>3.23～51.62 (>0.50～8.00)	1103 (150)	1034 (160)	10	25
		>12.70～25.40 (>0.500～1.000)	>6.45～25.81 (>1.00～4.00)	1068 (155)	999 (145)	10	20
			>25.81～51.62 (>4.00～8.00)	1034 (150)	965 (140)	10	20
		>25.40～38.10 (>1.00～1.50)	>9.68～25.81 (>1.50～4.00)	1034 (150)	965 (140)	10	20
			>25.81～51.62 (>4.00～8.00)	999 (145)	930 (135)	10	20
		>38.10～50.80 (>1.500～2.000)	>12.90～25.81 (>2.00～4.00)	999 (145)	930 (135)	10	20
			>25.81～51.62 (4.00～8.00)	965 (140)	896 (130)	10	20
		>50.80～76.20 (>2.000～3.000)	>19.36～51.62 (>3.00～8.00)	930 (135)	861 (125)	10	20
		>76.20～101.60 (>3.000～4.000)	25.81～51.62 (>4.00～8.00)	896 (130)	827 (120)	8[6]	15[10]
6Al-4V(ELI)	退火	≤38.10(1.50)	≤103.23(16)	596 (130)	827 (120)	10	25
		>38.10～76.20 (>1.50～3.00)		861 (125)	793 (115)	10	20
3Al-2.5V	退火	≤25.40(1.00)	—	620 (90)	517 (75)	15	30
6Al-6V-2Sn	退火[③]	≤38.10(1.50)	≤204.46(32)	1020 (148)	944 (137)	10	20
		>38.10～76.20 (>1.50～3.00)		986 (143)	903 (131)	10	20
		>76.20～101.60 (>3.00～4.00)		944 (137)	889 (129)	10[8]	20[15]

续表

牌　　号	状　态	厚度、直径或平行边间距 /mm(in)	宽度/mm(in)或横截面积 $cm^2(in^2)$	抗拉强度 σ_b /MPa (ksi)	屈服强度 $\sigma_{0.2}$ /MPa (ksi)	伸长率①② δ /%	断面收缩率② ψ /%
				不	小	于	
6Al-6V-2Sn	固溶时效	≤25.40(1.00)	≤206.46(32)	1206 (175)	1103 (160)	8	20
		>25.40～50.80 (>1.00～2.00)		1172 (170)	1068 (155)	8	20
		>50.80～76.20 (>2.00～3.00)		1068 (155)	999 (145)	8	20
		>76.20～101.60 (>3.00～4.00)		1034 (150)	965 (140)	8[6]	20[15]
6Al-2Sn-4Zr -2Mo	双重退火	≤76.20 (3.00)	≤64.52(10)	896 (130)	827 (120)	10	25
6Al-2Sn-4Zr -6Mo	双重退火	≤50.80(2.00)	≤206.46(32)	1103 (160)	1034 (150)	10	25
		>50.80～101.60 (>2.00～4.00)		1034 (150)	965 (140)	8[6]	20[15]
	固溶时效	≤63.50 (2.50)	≤206.46 (32)	1172 (170)	1103 (160)	10	20
		>63.50～76.20 (>2.50～3.00)		1138 (165)	1068 (155)	8[6]	15[12]
		76.20～101.60 (>3.00～4.00)		1103 (160)	1034 (150)	8[6]	15[12]
7Al-4Mo	退火	≤25.40(1.00)	≤309.70(48)	999 (145)	930 (135)	10	20
		>25.40～50.80 (>1.00～2.00)		965 (140)	896 (130)	10	20
		>76.20～152.40 (>3.00～6.00)		965 (140)	896 (130)	10[8]	20[15]
	固溶时效	≤25.40(1.00)	≤309.70(48)	1172 (170)	1103 (160)	8	15
		>25.40～50.80 (>1.00～2.00)		1103 (160)	1034 (150)	8	15
		>50.80～101.60 (>2.00～4.00)		1034 (150)	965 (140)	8[6]	15[12]

注：1. 本表规定的性能适用于横截面积不大于 $0.165m^2(16in^2)$ 的产品，大于 $0.165m^2(16in^2)$ 的产品性能在合同中规定；

2. 表中① $L_0=4D$。②表中方括号中的数值适用于短横向尺寸大于或等于 76.20mm(3in)的产品在短横向的性能。③屈服强度的最大值不应超过最小值的 25ksi(172MPa)。

表 7-53　　β钛合金棒、锻造用坯料的性能(MIL-T-9047 G)

牌　　号	状　态	厚度、直径或平行边间距 /mm (in)	抗拉强度 σ_b /MPa(ksi)	屈服强度 $\sigma_{0.2}$ /MPa(ksi)	伸长率①② δ /%	断面收缩率② ψ /%
			不	小	于	
8Mo-8V-2Fe-3Al	固溶处理	≤50.80(≤2.00)	896(130)	827(120)	10	24
		>50.80～101.60 (>2.00～4.00)	861(125)	827(120)	8[6]	16[12]
	固溶时效	≤50.80(≤2.00)	1241(180)	1172(170)	8	16
		>50.80～101.60 (>2.00～4.00)	1241(180)	1172(170)	6[4]	12[10]

续表

牌号	状态	厚度、直径或平行边间距 /mm(in)	抗拉强度 σ_b /MPa(ksi)	屈服强度 $\sigma_{0.2}$ /MPa(ksi)	伸长率①② δ /%	断面收缩率② ψ /%
			不小于			
11.5Mo-6Zr-4.5Sn	固溶处理	≤41.27(≤1.625)	756(110)	620(90)	15	50
		>41.27~76.20 (>1.625~3.00)	689(100)	620(90)	15	50
		>76.20~101.60 (>3.00~4.00)	689(100)	620(90)	10	35
	固溶时效 (579℃, 1075℉)	≤76.20(≤3.00)	930(135)	896(130)	12	40
	固溶时效 (496℃, 495℉)	≤41.27(≤1.625)	1241(180)	1206(175)	8	22
		>41.27~76.20 (>1.625~3.00)	1241(180)	1206(175)	6	10
3Al-8V-6Cr-4Mo-4Zr	固溶处理	≤38.10(≤1.50)	861(125)	827(120)	10	30
		>38.10~101.60 (>1.50~4.00)	827(120)	793(115)	10[8]	25[20]
	固溶时效	≤38.10(≤1.50)	1310(190)	1241(180)	8	15
		>38.10~76.20 (>1.50~3.00)	1241(180)	1172(170)	8[6]	15[5]
		>76.20~101.60 (>3.00~4.00)	1172(170)	1103(160)	8[3]	15[5]
13V-11Cr-3Al	固溶处理	≤177.80(≤7.00)	861(125)	827(120)	10	25
	固溶时效	≤101.60(≤4.00)	1172(170)	1103(160)	6[2]	10[5]

注：1. 表中横截面大于 $0.165m^2(16in^2)$ 的产品性能在合同中规定；

2. 表中① $L_0=4D$；②方括号中的数值适用于短横向尺寸大于或等于 76.20mm(3in)的产品在短横向的性能。

表 7-54 钛及钛合金挤压棒材、型材的性能(MIL-T-81556 A)

牌号	状态	厚度、直径或平行边间距 /mm(in)	抗拉强度 σ_b ksi	抗拉强度 σ_b MPa	屈服强度 $\sigma_{0.2}$ ksi	屈服强度 $\sigma_{0.2}$ MPa	伸长率① δ /%
			不小于				
工业纯钛 A	退火	≤25.40(1.00)	40	276	30	207	25.0
		25.65~50.80 (1.01~2.00)	40	276	30	207	20.0
		51.05~76.20 (2.01~3.00)	40	276	30	207	18.0
工业纯钛 B	退火	≤25.40(1.00)	50	345	40	276	20.0
		25.65~50.80 (1.01~2.00)	50	345	40	276	18.0
		51.05~76.20 (2.01~3.00)	50	345	40	276	15.0
工业纯钛 C	退火	≤25.40(1.00)	65	448	55	379	18.0
		25.65~50.80 (1.01~2.00)	65	448	55	379	15.0
		51.05~76.20 (2.01~3.00)	65	448	55	379	12.0

续表

牌号	状态	厚度、直径或平行边间距/mm(in)	抗拉强度 σ_b ksi	抗拉强度 σ_b MPa	屈服强度 $\sigma_{0.2}$ ksi	屈服强度 $\sigma_{0.2}$ MPa	伸长率[①] δ/%
			不		小	于	
工业纯钛D	退火	≤25.40(1.00)	80	551	70	482	15.0
		25.56～50.80(1.01～2.00)	80	551	70	482	12.0
		51.05～76.20(2.01～3.00)	80	551	70	482	10.0
A(5Al-2.5Sn)	退火	≤25.40(1.00)	120	827	115	792	10.0
		25.65～50.80(1.01～2.00)	115	792	110	758	10.0
		51.05～76.20(2.01～3.00)	115	792	110	758	8.0
		76.45～101.60(3.01～4.00)	115	792	110	758	6.0
B(5Al-2.5Sn)(ELI)	退火	≤25.40(1.00)	100	689	95	655	10.0
C(8Al-1Mo-1V)	简单退火	≤12.70(0.50)	145	999	135	930	10.0
		12.95～25.40(0.51～1.00)	140	965	130	896	10.0
		25.65～63.50(1.01～2.50)	130	896	120	827	10.0
		63.75～101.60(2.51～4.00)	120	827	110	758	8.0
	双重退火	≤25.40(1.00)	130	896	120	827	10.0
		25.65～50.80(1.01～2.00)	125	861	115	792	10.0
		51.05～101.60(2.01～4.00)	120	827	110	758	8.0
A(6Al-4V)	退火	≤101.60(4.00)	130	896	120	827	10.0
	固溶时效	≤12.70(0.50)	160	1102	150	1033	6.0
		12.95～19.05(0.51～0.75)	155	1068	145	999	6.0
		19.30～25.40(0.76～1.00)	150	1033	140	965	6.0
		25.65～50.80(1.01～2.00)	140	965	130	896	6.0
		51.05～101.60(2.01～4.00)	130	896	120	827	6.0
B(6Al-4V)(ELI)	退火	≤25.40(1.00)	130	896	120	827	10.0
		25.65～50.80(1.01～2.00)	125	861	115	792	10.0
		51.05～76.20(2.01～3.00)	120	827	110	758	10.0
C(6Al-6V-2Sn)	退火	≤50.80(2.00)	145	999	135	930	10.0
		51.05～101.60(2.01～4.00)	145	999	135	930	8.0
C(6Al-6V-2Sn)	固溶时效	≤12.70(0.50)	170	1171	160	1102	6.0

续表

牌号	状态	厚度、直径或平行边间距 /mm(in)	抗拉强度 σ_b ksi	抗拉强度 σ_b MPa	屈服强度 $\sigma_{0.2}$ ksi	屈服强度 $\sigma_{0.2}$ MPa	伸长率① δ /%
			不		小	于	
C(6Al-6V-2Sn)	固溶时效	12.95～38.10 (0.51～1.50)	165	1137	155	1068	6.0
		38.35～63.50 (1.51～2.50)	160	1102	150	1033	6.0
		63.75～101.60 (2.51～4.00)	150	1033	140	965	6.0
D(7Al-4Mo)	退火	≤50.80(2.00)	145	999	135	930	10.0
		51.05～101.60 (2.01～4.00)	140	965	130	896	10.0
	固溶时效	≤12.70(0.50)	170	1171	160	1102	6.0
		12.95～25.40 (0.51～1.00)	160	1137	150	1033	6.0
		25.65～50.80 (1.01～2.00)	150	1033	140	965	6.0
		51.05～63.50 (2.01～2.50)	145	999	135	930	6.0
		63.50～101.60 (2.50～4.00)	140	965	130	896	6.0

注：表中①$L_0=50.80$mm(2in)；当挤压件的厚度不小于12.70mm(0.500in)时，$L_0=4D$。

AMS没有单独的钛及钛合金棒材标准，而往往是与锻件、环件或线材等统一为一个标准。AMS标准规定的钛合金棒材、锻件、环件等性能如表7-55所示。

表7-55　钛合金棒材、锻件的性能①

牌号	状态	直径或平行边间距 /mm(in)	抗拉强度 σ_b MPa(ksi)	屈服强度 $\sigma_{0.2}$ MPa(ksi)	伸长率② δ %	断面收缩率 ψ %	硬度 HRC	室温缺口持久强度 /MPa(ksi)	标准号
			不		小		于		
2Cr-2Fe-2Mo	退火	—	896 (130)	827 (120)	15	25	36	1103 (160)	AMS 4923 A
5Zr-5Al-5Sn	退火	≤50.80(≤2.00)	827 (120)	758 (110)	10	25	39 (HB352)	1034 (150)	AMS 4968 A
		>50.80～101.60 (>2.00～4.00)	758 (110)	689 (100)	10	20			
5.4Al-1.4Cr-1.3Fe-1.25Mo	退火	—	1000 (145)	931 (135)	10	25	39	—	AMS 4929
		—	1000 (145)	931 (135)	10	25	39	—	AMS 4969
4Al-4Mn	退火	—	965 (140)	896 (130)	10	25(棒材) 20(锻件)	40	1103 (160)	AMS 4925 B
5Cr-3Al	退火	—	1000 (145)	931 (135)	10	25	—	—	AMS 4927

注：表中①原标准为英制单位；②$L_0=50.8$mm(2in)或$4D$。

表 7-56 超低温用低间隙合金棒材、锻件和环件的性能

牌号	状态	直径或平行边间距 /mm	抗拉强度 σ_b	屈服强度 $\sigma_{0.2}$	伸长率[①] δ/%			断面收缩率 ψ/%			低温缺口强度与光滑强度之比	标准号	备注
			MPa		纵向	长横向	短横向	纵向	长横向	短横向			
			不			小			于				
5Al-2.5Sn (ELI)	退火	≤50.00	690	620	10	10	—	20	15	—	≥1.00 (-255 ±5℃)	AMS 4924 D	如测试横向性能，则可不测纵向性能
		>50.00~100.00	690	620	10	10	6	15	15	10			
6Al-4V (ELI)	退火	≤37.50	860	795	10	10	—	25	20	—	≥1.00 (-195.6 ±5.6℃)	AMS 4930 C	
		>37.50~50.00	825	760	10	10	—	20	15	—			
		>50.00~62.50	825	760	8	8	—	15	15	—			
		>62.50~100.00	825	760	8	8	8	15	15	15			

注：表中①$L_0=4D$。

表 7-57 常用 6Al-4V 钛合金棒材、锻件及焊接环件的性能

材料名称	状态	直径或平行边间距 /mm		抗拉强度 σ_b	屈服强度 $\sigma_{0.2}$	伸长率[①] δ/%			断面收缩率 ψ/%			室温缺口持久强度 /MPa	标准号	备注
				MPa		纵向	长横向	短横向	纵向	长横向	短横向			
		厚度	宽度	不			小			于				
棒材、锻件、环件	退火	≤50.00		930	860	10	10	—	25	20	—	1170	AMS 4928 K	
		>50.00~100.00		895	825	10	10	10	25	20	15			
		>100.00~150.00		895	825	10	10	8	20	20	15			
圆棒、方棒、六角棒、锻件及焊接环件	固溶处理+时效	≤12.50		1140	1070	10	—			20		1276	AMS 4965 E	标准包括线材
		>12.50~25.00		1105	1035	10	—			20				
		>25.00~37.50		1070	1000	10	—			20				
		>37.50~50.00		1035	965	10	—			20				
		>50.00~75.00		965	895	10	8			20				
		>75.00~100.00		895	825	8	6			20				
矩形棒	固溶处理+时效	≤12.5	>12.50~200.00	1105	1035	10	10			25				
		>12.50~25.00	>25.00~100.00	1070	1000	10	10			20				
			>100.00~200.00	1035	965	10	10			20				
		>25.00~37.50	>37.50~100.00	1035	965	10	10			20				
			>100.00~200.00	1000	930	10	10			20				
		>37.50~50.00	>50.00~100.00	1000	930	10	10			20				
			>100.00~200.00	965	895	10	10			20				

续表

材料名称	状态	直径或平行边间距/mm		抗拉强度 σ_b	屈服强度 $\sigma_{0.2}$	伸长率① δ/%			断面收缩率 ψ/%			室温缺口持久强度/MPa	标准号	备注
				MPa		纵向	长横向	短横向	纵向	长横向	短横向			
		厚度	宽度	不小于										
矩形棒	固溶处理+时效	>50.00~75.00	>75.00~200.00	930	860	10	8			20			AMS 4965 E	
		>750~100.00	>100.00~200.00	895	825	8	6			20				
圆棒、方棒、六角棒、锻件及焊接环件	固溶处理+时效	≤12.50		1140	1070	10	—			20				
		>12.50~25.00		1105	1035	10	—			20				
		>25.00~37.50		1070	1000	10	—			20				
		>37.50~50.00		1035	965	10	—			20				
		>50.00~75.00		930	860	10	8			20				
		>75.00~100.00		895	825	10	6			20				
短形棒	固溶处理+时效	≤12.50	>12.50~200.00	1105	1035	10	10			25			AMS 4967 F	
		>12.50~25.00	>25.00~100.00	1070	1000	10	10			20		1276		
			>100.00~200.00	1035	965	10	10			20				
		>25.00~37.50	>37.50~100.00	1035	965	10	10			20				
			100.00~200.00	1000	930	10	10			20				
		>37.50~50.00	>50.00~100.00	1000	930	10	10			20				
			>100.0~200.00	965	895	10	10			20				
		>50.00~75.00	>75.00~200.00	930	860	10	8			20				
		>75.00~100.00	>100.00~200.00	895	825	10	6			20				

注：1. 屈服强度和断面收缩率不适用于直径小于 3.0mm 的线材；

2. 横向试验只在能取 62.5mm 长的试样上进行，若已测试横向性能，则可不测纵向性能；

3. ①L_0=50.8mm 或 4D。

表 7-58 工业纯钛及α钛合金棒材、锻件及环件的性能

牌号	状态	试验温度	直径或平行边间距/mm	抗拉强度 σ_b	屈服强度 $\sigma_{0.2}$	伸长率① δ/%			断面收缩率 ψ/%			室温缺口持久强度/MPa	标准号	备注
				MPa		纵向	长横向	短横向	纵向	长横向	短横向			
				不小于										
70KSI-YS	退火	室温	≤75.00	550	485	15	12	10	30	25	—	—	AMS 4921 F	棒材，锻件，环件
5Al-2.5Sn	退火	室温	≤50.00	795	760	10	10	—	25	20	—	1035	AMS 4926 G	棒材，环件
			>50.00~100.00	795	760	10	8	8	20	15	10			

续表

牌号	状态		试验温度	直径或平行边间距/mm	抗拉强度 σ_b	屈服强度 $\sigma_{0.2}$	伸长率① δ/%			断面收缩率 ψ/%			室温缺口持久强度/MPa	标准号	备注
					MPa		纵向	长横向	短横向	纵向	长横向	短横向			
					不小于										
8Al-1Mo-1V	固溶和稳定化处理		室温	<62.50	895	825	10			20			—	AMS 4972 C	棒材，环件
				62.50~100.00	825	760	10			20					
			425℃	<62.50	620	485	10			25					
				62.50~100.00	550	415	10			25					
	固溶温度	910℃	室温	≤37.50	—	—	—			—			1035		
		910℃		>37.50~100.00									895		
		995℃		≤100.00									1035		
		995℃		>100.00									895		
11Sn-5.0Zr-2.3Al-1.0Mo-0.21Si			室温	≤25.0	1000	930	10			20			1140	AMS 4974 A	棒材，锻件
			427℃②	≤25.0	725	550	15			30					

注：①L_0=50.80mm 或 $4D$；②在此温度下连续施加一个 485MPa 的轴向应力，100h 后蠕变伸长率不大于 0.2%。

表 7-59 α-β 钛合金棒材、锻件等的性能

牌号	状态	试验温度	直径或平行边间距/mm	热处理断面尺寸/mm	抗拉强度 σ_b	屈服强度① $\sigma_{0.2}$	伸长率② δ/%		断面收缩率① ψ/%		标准号	备注
					MPa		纵向	横向	纵向	横向		
					不小于							
6Al-6V-2Sn	固溶+时效	室温	≤25.00	≤25.00	1205	1105	8	6	20	15	AMS 4971 C	棒材、锻件、线材、焊接环件等
			>25.00~50.00	≤25.00	1205	1105	8	6	20	15		
				>25.00~50.00	1170	1070	8	6	20	15		
			>50.00~75.00	≤25.00	1170	1105	8	6	20	15		
				>25.00~50.00	1140	1070	8	6	20	15		
				>50.00~75.00	1070	1000	8	6	20	15		
			>75.00~100.00	≤25.00	1140	1070	8	6	20	15		
				>25.00~50.00	1105	1035	8	6	20	15		
				>50.00~75.00	1070	1000	8	6	20	15		
				>75.00~100.00	1035	965	8	6	20	15		
	退火	室温	≤50.00	—	1034	965~1138	10	8	20	15	AMS 4978 B	
			>50.00~100.00		1000	931~1103	10	8	15	15		
	固溶+时效	室温	≤25.00	—	1205	1105	8	6	20	15	AMS 4979 B	棒材，锻件，环件

续表

牌号	状态	试验温度	直径或平行边间距/mm	热处理断面尺寸/mm	抗拉强度 σ_b	屈服强度① $\sigma_{0.2}$	伸长率② δ/%		断面收缩率① ψ/%		标准号	备注
					MPa		纵向	横向	纵向	横向		
					不		小		于			
6Al-6V-2Sn	固溶+时效	室温	>25.00~50.00	—	1170	1070	8	6	20	15	AMS4979 B—1985	棒材，锻件，环件
			>50.00~75.00		1070	1000	8	6	20	15		
			>75.00~100.00		1035	975	8	6	20	15		
7Al-4Mo	固溶+时效	室温	≤25.00	—	1170	1105	8	—	20		AMS 4970 E—1984③	棒材、锻件、锻环等
			>25.00~50.00		1105	1035	8	6	15	12		
			>50.00~100.00		1035	965	8	4	15	12		
6Al-2Sn-4Zr-2Mo	固溶+时效	室温	—	—	895	825	10		25		AMS 4975 E—1985④	棒材、环件等
		480℃	—	—	620	485	15		35			
6Al-2Sn-4Zr-6Mo	固溶+时效	室温	≤75.00	—	1170	1105	10	8	20	15	AMS 4981 B—1987⑤	锻件
			≤62.50	—	1170	1105	10	8	20	15		棒材，线材
			>62.50~75.00	—	1140	1070	8	6	15	12		棒材
			>75.00~100.00	—	1105	1035	8	6	15	12		棒材，锻件
		425℃	≤100.00	—	930	725	10		30			所有产品

注：表中①室温的屈服强度和断面收缩率不适用于直径小于 3.00mm 的线材；② L_0 = 50.8mm 或 4D；③本标准规定，带缺口试样在 425℃和 100h 条件下的持久强度不小于 690MPa；在应力为 240MPa、温度为 425℃、时间为 150h 条件下的蠕变伸长率不大于 0.2%；④本标准规定，室温缺口持久强度不小于 1170MPa，在应力为 240MPa、温度为 510℃、时间为 35h 内的条件下的蠕变伸长率不大于 0.1%；⑤本标准规定，室温缺口持久强度不小于 1310MPa，在应力为 655MPa、温度为 425℃、时间为 35h 条件下的蠕变伸长率不大于 0.2%，硬度值 HRC 为 33～45。

表 7-60　β钛合金棒材和线材的性能

牌号	状态	直径或平行边间距/mm	抗拉强度 σ_b	屈服强度① $\sigma_{0.2}$	伸长率② δ/%	断面收缩率① ψ/%	标准号
			MPa				
			不		小	于	
11.5Mo-6.0Zr-4.5Sn	固溶处理	≤41.28	758	621	15	50	AMS 4977 B—1980③
		>41.28～76.20	690	621	15	50	
	固溶+时效	≤41.28	931	896	12	40	
11.5Mo-6.0Zr-4.5Sn	固溶处理	≤41.28	758	621	15	50	AMS 4980 B—1980③
		>41.28～76.20	690	621	15	50	
	固溶+时效	≤41.28	1241	1207	8	22	
		>41.28～76.20	1241	1207	4	10	

注：表中①不适用于直径小于 3.18mm 的线材；② L_0 = 4D；③1987 年修订时指出，本标准不适用于新的设计。

表 7-61　　钛合金挤压件、焊接环件的性能

牌号	状态	直径、平行边间距（或横截面积）/mm(cm²)	抗拉强度 σ_b	屈服强度 $\sigma_{0.2}$	伸长率[①] δ/%	
			MPa		纵向	长横向
			不	大	小	
8Al-1Mo-1V	固溶处理	(<16.00)	895	825	10	
		(16.00～26.00)	860	790	10	
		(<16.00)	620	485	10	
		(16.00～26.00)	550	415	10	
6Al-4V	固溶处理+时效	≤12.70	1103	1034	6	
		>12.70～19.05	1069	1000	6	
		>19.05～25.40	1034	965	6	
		>25.40～50.80	965	896	6	
		>50.80～76.20	896	827	6	
	退火	≤75.00	895	825	10	8
6Al-6V-2Sn	退火	≤37.50	1030	965～1140	10	8
		>37.50～75.00	1000	930～1105	10	8
		>75.00～100.00	965	895～1170	10	8
	固溶处理+时效	≤50.00	1035	965～1140	10	8
		>50.00～100.00	1000	930～1105	10	8

牌号	断面收缩率 ψ/%		室温缺口持久强度/MPa	标准号	备注
	纵向	长横向			
	不小于				
8Al-1Mo-1V	20		≥1035	AMS 4933 A—1984	>26.00cm²，室温缺口持久强度≥895MPa
	20				
	25		—		425℃的性能
	25				
6Al-4V	12		≥1276	AMS 4934 A—1977	
	12				
	12				
	12				
	12				
	20	15	—	AMS 4935 A—1985	
6Al-6V-2Sn	20	15	—	AMS 4936 B—1984	
	20	15			
	20	15			
	20	15	—		
	15	15			

注：① $L_0=4D$。

AMS 标准规定的钛合金线材性能除表 7-60 所列外，还有如表 7-62 所示的性能。

表 7-62 钛合金线材的性能

牌号	状态	直径/mm	抗拉强度 σ_b	屈服强度 $\sigma_{0.2}$	伸长率① δ	断面收缩率 ψ	标准号	备注
			MPa		%			
			不小于					
44.5Nb	退火	—	450②	415	10	50②	AMS 4982 A—1986	
13.5V-11Cr-3Al	时效	≤1.62	1725～2070	—	4	17	AMS 4959 B—1987	冷拉线材,在直径等于线材直径的心杆上缠绕一圈,不出现裂纹
		>1.62～2.50	1655～2000		5	17		
		>2.50～4.00	1585～1930		5	18		
		>4.00～5.62	1515～1860		6	18		
		>5.62～9.40	1450～1795		6	20		
		>9.40～12.50	1380～1655		6	20		
		>12.50～14.00	1240～1515		6	20		

注：①L_0＝50.8mm 或 $4D$；②不适用于直径小于 3.12mm 的线材。

(3)管材

ASTM 标准规定的钛及钛合金管材的性能如表 7-63 所示。

表 7-63 钛及钛合金管材的性能(ASTM 338—2010)

牌号	抗拉强度,不小于		屈服强度				伸长率/% 不小于
			不小于		不大于		
	ksi	MPa	ksi	MPa	ksi	MPa	
1^A	35	240	20	138	45	310	24
2^A	50	345	40	275	65	450	20
$2H^{A,B,C}$	58	400	40	275	65	450	20
3^A	65	450	55	380	80	550	18
7^A	50	345	40	275	65	450	20
$7H^{A,B,C}$	58	400	40	275	65	450	20
9^D	125	860	105	725	—	—	10
9^A	90	620	70	483	—	—	15
11^A	35	240	20	138	45	310	24
12^A	70	483	50	345	—	—	18
13^A	40	275	25	170	—	—	24
14^A	60	410	40	275	—	—	20
15^A	70	483	55	380	—	—	18
16^A	50	345	40	275	65	450	20
$16H^{A,B,C}$	58	400	40	275	65	450	20
17^A	35	240	20	138	45	310	24
18^D	125	860	105	725	—	—	10
18^A	90	620	70	483	—	—	15
26	50	345	40	275	65	450	20
$26H^{A,B,C}$	58	400	40	275	65	450	20
27	35	240	20	138	45	310	24
28	90	620	70	483	—	—	15
30	50	345	40	275	65	450	20
31	65	450	55	380	80	550	18
33	50	345	40	275	65	450	20
34	65	450	55	380	80	550	18
35	130	895	120	828	—	—	5
36	65	450	60	410	95	655	10
37	50	345	31	215	65	450	20
38	130	895	115	794	—	—	10

注：1. 表中 A 为在退火条件下的状态；
2. 表中 B 为 2H、7H、16H、26H,主要用于压力容器,除档次较高的最低保证 UTS 外,与对应牌号的材料相同(如:2H=2)；
3. 表中 C 为在冷加工和压力条件下的状态；
4. 表中所有的法定计量单位数据均为原标准给出数据。

AMS标准规定的钛及钛合金管材的性能如表7-64所示。

表7-64 钛及钛合金管材的性能

材料名称或牌号	状态	壁厚/mm	抗拉强度 σ_b /MPa	屈服强度 $\sigma_{0.2}$ /MPa	伸长率① δ /%	标准号	备注
			不小于				
工业纯钛(40KSI-YS)	退火	—	345	275～450	20	AMS 4941 C—1984	还进行水压、压扁、扩口试验
		—	345	275～450	20	AMS 4942 C—1984	还进行水压、压扁、扩口试验
3Al-2.5V	退火	—	620	515	15	AMS 4943 D—1986	还进行水压、压扁、扩口和弯曲试验
	消除应力	≤0.40 >0.40	860	725	8 10	AMS 4944 D—1986	还进行水压、压扁、扩口和弯角试验

注：①L_0＝50mm。

(4)锻件

ASTM标准规定的钛及钛合金锻件的性能如表7-65所示。

MIL标准规定的优质钛及钛合金锻件的性能如表7-66和表7-67所示。

AMS标准规定的钛及钛合金锻件的性能大部分与棒材归在一起(详见前述棒材部分),其余的如表7-68所示。

表7-65 钛及钛合金锻件的性能(ASTM B 381—2010)

牌号	抗拉强度,不小于		屈服强度		伸长率/% 不小于	断面收缩率/% 不小于
	ksi	MPa	ksi	MPa		
F-1	35	240	20	138	24	30
F-2	50	345	40	275	20	30
F-2H	58	400	40	275	20	30
F-3	65	450	55	380	18	25
F-4	80	550	70	483	15	25
F-5	130	895	120	828	10	25
F-6	120	828	115	795	10	25
F-7	50	345	40	275	20	30
F-7H	58	400	40	275	20	30
F-9	120	828	110	759	10	25
F-9	90	620	70	483	15	25
F-11	35	240	20	138	24	30
F-12	70	483	50	345	18	25
F-13	40	275	25	170	24	30
F-14	60	410	40	275	20	30
F-15	70	483	55	380	18	25

续表

牌 号	抗拉强度,不小于		屈服强度		伸长率/%	断面收缩率/%
	ksi	MPa	ksi	MPa	不小于	不小于
F-16	50	345	40	275	20	30
F-16H	58	400	40	275	20	30
F-17	35	240	20	138	24	30
F-18	90	620	70	483	15	25
F-18	90	620	70	483	12	20
F-19	115	793	110	759	15	25
F-19	135	930	130～159	897～1096	10	20
F-19	165	1138	160～185	1104～1276	5	20
F-20	115	793	110	759	15	25
F-20	135	930	130～159	897～1096	10	20
F-20	165	1138	160～185	1104～1276	5	20
F-21	115	793	110	759	15	35
F-21	140	966	130～159	897～1096	10	30
F-21	170	1172	160～185	1104～1276	8	20
F-23	120	828	110	759	10	25
F-23	120	828	110	759	7.5,6.0	25
F-24	130	895	120	828	10	25
F-25	130	895	120	828	10	25
F-26	50	345	40	275	20	30
F-26H	58	400	40	275	20	30
F-27	35	240	20	138	24	30
F-28	90	620	70	483	15	25
F-28	90	620	70	483	12	20
F-29	120	828	110	759	10	25
F-29	120	828	110	759	7.5,6.0	15
F-30	50	345	40	275	20	30
F-31	65	450	55	380	18	30
F-32	100	689	85	586	10	25
F-33	50	345	40	275	20	30
F-34	65	450	55	380	18	30
F-35	130	895	120	828	5	20
F-36	65	450	60～95	410～655	10	—
F-37	50	345	31	215	20	30
F-38	130	895	115	794	10	25

注:表中所有的法定计量单位数据均为标准给出数据。

表 7-66　　优质钛及钛合金锻件热处理后的性能[①]（横向）(MIL-F-83142 A)

牌号[②]		热处理截面 /mm(in) 厚度	热处理截面 /mm(in) 宽度	抗拉强度 σ_b ksi	抗拉强度 σ_b MPa	屈服强度 $\sigma_{0.2}$ ksi	屈服强度 $\sigma_{0.2}$ MPa	伸长率 δ /%	断面收缩率 ψ/% 平均	断面收缩率 ψ/% 单个
				不		小			于	
Comp 2 (5Al-2.5Sn)	纵向	所有	所有	120	827	115	793	10	—	25
	长横向			120	827	115	793	7	—	18
	短横向			120	827	115	793	5	—	15
Comp 4 (5Al-5Zr-5Sn)		≤50.80(2)	—	150	1034	140	965	10	20	20
		>50.80～101.60(2～4)	—	145	1000	135	931	10	20	20
Comp 6 (6Al-4V)		≤12.70($\frac{1}{2}$)	<203.20(8)	160	1103	150	1034	10	15	12
		>12.70～25.40($\frac{1}{2}$～1)	≤101.60(4)	155	1069	145	1000	10	15	12
		>12.70～25.40($\frac{1}{2}$～1)	>203.20～101.60(4～8)	150	1034	140	965	10	15	12
		>25.40～38.10(1～1$\frac{1}{2}$)	≤101.60(4)	150	1034	140	965	10	15	12
		>25.40～38.10(1～1$\frac{1}{2}$)	>101.60～203.20(4～8)	145	1000	135	931	10	15	12
		>38.10～50.80(1$\frac{1}{2}$～2)	≤101.60(4)	145	1000	135	931	10	15	12
		>38.10～50.80(1$\frac{1}{2}$～2)	>101.60～203.20(4～8)	140	965	130	896	10	15	12
		>50.80～76.20(2～3)	≤203.20(8)	135	931	125	862	8	15	10
		>76.20～101.60(3～4)	≤203.20(8)	130	896	120	827	6	15	8
Comp 7 (6Al-4VELI)		≤12.70($\frac{1}{2}$)	<203.20(8)	150	1034	140	965	12	—	20
		>12.70～25.40($\frac{1}{2}$～1)	≤101.60(4)	145	1000	135	931	12	—	20
		>12.70～25.40($\frac{1}{2}$～1)	>101.60～203.20(4～8)	140	965	130	896	12	—	20
		>25.40～38.10(1～1$\frac{1}{2}$)	≤101.60(4)	140	965	130	896	12	—	20
		>25.40～38.10(1～1$\frac{1}{2}$)	>101.60～203.20(4～8)	135	931	125	862	12	—	20
		>38.10～50.80(1$\frac{1}{2}$～2)	≤101.60(4)	135	931	125	862	12	—	20
		>38.10～50.80(1$\frac{1}{2}$～2)	>101.60～203.20(4～8)	130	896	120	827	12	—	20
		>50.80～76.20(2～3)	≤203.20(8)	125	862	115	793	10	—	18
		>76.20～101.60(3～4)	≤203.20(8)	120	827	110	758	8	—	16
Comp 8 (6Al-6V-2Sn)		≤25.40(1)	—	180	1241	170	1172	6	15	12
		>25.40～50.80(1～2)	—	170	1172	160	1103	6	15	12
		>50.80～76.20(2～3)	—	155	1069	145	1000	6	15	12
		>76.20～101.60(3～4)	—	150	1034	140	965	6	15	12
Comp 9 (7Al-4Mo)		≤25.40(1)	—	170	1172	160	1103	8	20	16
		>25.40～50.80(1～2)	—	160	1103	150	1034	8	20	16
		>50.80～101.60(2～4)	—	150	1034	140	965	8	20	16

续表

牌　号②	热处理截面/mm(in) 厚度	宽度	抗拉强度 σ_b ksi	MPa	屈服强度 $\sigma_{0.2}$ ksi	MPa	伸长率 δ/%	断面收缩率 ψ/% 平均	单个
			不		小		于		
Comp10(11Sn-5Zr-2Al-1Mo)	≤25.40(1)	—	160	1103	135	931	12	25	25
	>25.40～50.80(1～2)	—	155	1069	130	896	12	25	25
	>50.80～76.20(2～3)	—	145	1000	120	827	12	3	25
Comp11(6Al-2Sn-4Zr-2Mo)	≤1(25.40)	—	150	1034	138	951	10	—	—
Comp12(13V-11Cr-3Al)	≤50.80(2)	—	170	1172	160	1103	4	10	8
	>50.80～177.80(2～7)	—	170	1172	160	1103	2	10	6
Comp13(11.5Mo-6Zr-4.5Sn)	≤41.28(1 $\frac{5}{8}$)	—	180	1241	175	1207	8	22	22
	>41.28～76.20(1 $\frac{5}{8}$～3.0)	—	180	1241	170	1172	4	10	10

注：表中①原标准没有明确热处理的类型；②钛及钛合金的化学成分引自 MIL-T-9047 G。

表 7-67　优质钛合金锻件退火状态的性能① (MIL-F-83142 A)

牌　号②	抗拉强度 σ_b ksi	MPa	屈服强度 $\sigma_{0.2}$ ksi	MPa	伸长率③ δ/%	断面收缩率 ψ/%
	不		小		于	
Comp 1(纯钛)	80	552	70	483	15	30
Comp 2(5Al-2.5Sn)	115	793	110	758	12	30
Comp 3(5Al-2.5SnELI)	100	689	90	621	10	25
Comp 4(5Al-5Zr-5Sn)						
≤50.80mm(2in)	120	827	110	758	10	25
>50.80～101.60mm(2.0～4.0in)	110	758	100	689	10	20
Comp 5(8Al-1Mo-1V)	130	896	120	827	10	25
Comp 6(6Al-4V)	130	896	120	827	10	25
Comp 7(6Al-4VELI)						
≤44.45mm(1.75in)	125	862	115	793	10	25
>44.45～101.60mm(1.75～4.0in)	120	827	110	758	10	27
Comp 8(6Al-6V-2Sn)	140	965	130	896	8	20
Comp 9(7Al-4Mo)	145	1000	135	931	10	20
Comp 10(11Sn-5Zr-2Al-1Mo)	135	931	125	862	11	25
Comp 11(6Al-2Sn-4Zr-2Mo)	130	896	120	827	10	25
Comp 12(13V-11Cr-3Al)	130	896	120	827	10	25
Comp 13(11.5Mo-6Zr-4.5Sn)	130	896	120	827	10	25

注：表中①锻件在 650℃(1200°F)以内加热 30min 左右空冷后应能符合本表规定；②同表 7-66 注②；③$L_0=4D$。

表 7-68 钛合金锻件的性能(AMS)

牌号	状态	试验温度	直径或平行边间距/mm	抗拉强度 σ_b	屈服强度 $\sigma_{0.2}$	伸长率[①] δ	断面收缩率 ψ	断裂韧性 k_{IC} /$MPa\sqrt{m}$	标准号	备注
				MPa		%				
				不小于						
5Al-2.5Sn	退火	室温	—	793	758	10	25	—	AMS 4966 G—1979[②]	室温缺口持久强度为1034MPa
6Al-4V	退火	室温	—	895	825	8	15	—	AMS 4920—1984	—
6Al-2Sn-4Zr-2Mo	固溶处理+时效	室温	≤75cm横截面积在60cm²以下	895	825	10	25	—	AMS 4976 B—1985[③]	室温缺口持久强度为1170MPa
		480℃		620	485	15	30	—		
10V-2Fe-3Al	固溶处理	室温	—	1240	1105	4	报数据	44	AMS 4983 A—1987	—
	固溶处理+时效	室温	—	1195	1105	4	报数据	44	AMS 4984—1987	
	固溶处理+时效	室温	—	1105	1035	6	10	60	AMS 4986—1987	
	固溶处理+时效	室温	—	965	895	8	20	88	AMS 4987—1987	
8Al-1Mo-1V	固溶和稳定化处理	室温	<62.50 62.50～100.00	895 825	825 760	10 10	20 20	—	AMS 4973 C—1984	—
		425℃	<62.50 62.50～100.00	620 550	485 415	10 10	25 25			

注:表中①$L_0=4D$;②本标准已经有 AMS 4966 H-83,但未收集到,此处所提供的数据仅供参考;③510℃蠕变性能,在 510℃下,施加 210MPa 的轴向应力,在 35h 内塑性变形不应超过 0.1%。

7.2.3 钛及钛合金的技术规范

表 7-69 钛和钛合金的AMS规范

AMS编号	轧材形式	状态	合金	相近的MIL规范
4900	中、厚板,薄板,带材	退火	非合金;55-ksiYS	MIL-T-9046
4901	中、厚板,薄板,带材	退火	非合金;70-ksiYS	MIL-T-9046
4902	中、厚板,薄板,带材	退火	非合金;40-ksiYS	MIL-T-9046
4906	薄板,带材;连轧制	退火	Ti-6Al-4V	—
4907	中、厚板,薄板,带材	退火	Ti-6Al-4V-ELI	MIL-T-9046
4908	薄板,带材	退火	Ti-8Mn;110-ksiYS	MIL-T-9046
4909	中、厚板、薄板,带材	退火	Ti-5Al-2.5Sn-ELI	MIL-T-9046
4910	中、厚板,薄板,带材	退火	Ti-5Al-2.5Sn	MIL-T-9046
4911	中、厚板,薄板,带材	退火	Ti-6Al-4V	MIL-T-9046
4915	中、厚板,薄板,带材	一次退火	Ti-8Al-1Mo-1V	MIL-T-9046
4916	中、厚板,薄板,带材	二次退火	Ti-8Al-1Mo-1V	MIL-T-9046
4917	中、厚板,薄板,带材	固溶处理	Ti-13V-11Cr-3Al	MIL-T-9046
4918	中、厚板,薄板,带材	退火	Ti-6Al-6V-2Sn	MIL-T-9046
4921	棒材,锻件,环	退火	非合金;70ksiYS	MIL-T-9047
4924	棒材,锻件,环	退火	Ti-5Al-2.5Sn-ELI;90-ksiYS	MIL-T-9047
4926	棒材,环	退火	Ti-5Al-2.5Sn;110-ksiYS	MIL-T-9047
4928	棒材,锻件	退火	Ti-6Al-4V;120-ksiYS	MIL-T-9047
4930	棒材,锻件,环	退火	Ti-6Al-4V-ELI	MIL-T-9047
4935	挤压件	退火	Ti-6Al-4V	—
4936	挤压件	—	Ti-6Al-6V-2Sn	—
4941	管件,焊接的	退火	非合金的;40-ksiYS	—
4942	管件,无缝的	退火	非合金的;40-ksiYS	—
4943	管件,无缝的	退火	Ti-3Al-2.5V	—
4944	液压的	冷作和应力消除	Ti-3Al-2.5V	—
4951	线材,焊接的	—	—	—
4953	线材,焊接的	退火	Ti-5Al-2.5Sn	—
4954	线材,焊接的	—	Ti-6Al-4V	—
4955	线材,焊接的	—	Ti-8Al-1Mo-1V	—
4956	线材,焊接的	—	Ti-6Al-4V-ELI	—
4965	棒材,锻件,环	沉淀热处理	Ti-6Al-4V	—
4966	锻材	退火	Ti-5Al-2.5Sn;110-ksiYS	MIL-F-83142
4967	棒材,锻件	退火	Ti-6Al-4V	MIL-T-9047
4970	棒材,锻件	沉淀热处理	Ti-7Al-4Mo	MIL-T-9047
4971	棒材,锻件,环	退火	Ti-6Al-6V-2Sn	MILT-9047, MIL-F-83142
4972	棒材,环	固溶处理和稳定化	Ti-8Al-1Mo-1V	—
4973	锻件	固溶处理和稳定化	Ti-8Al-1Mo-1V	—
4974	棒材,锻件	沉淀热处理	Ti-11Sn-5Zr-2.3Al-1Mo-0.21Si	—
4975	棒材,环	沉淀热处理	Ti-6Al-2Sn-4Zr-2Mo	MIL-T-9047
4976	锻件	沉淀热处理	Ti-6Al-2Sn-4Zr-2Mo	—
4977	棒材,线材	固溶处理	Ti-11.5Mo-6Zr-4.5Sn	MIL-T-9047
4978	棒材,锻件,环	退火	Ti-6Al-6V-2Sn;140-ksiYS	MIL-T-9047 MIL-F-83142
4979	棒材,锻件,环	沉淀热处理	Ti-6Al-6V-2Sn	MIL-T-9047 MIL-F-83142
4980	棒材,线材	在745℃(1375℉)固溶处理	Ti-11.5Mo-6Zr-4.5Sn	—
4981	棒材,锻件	固溶热处理	Ti-6Al-2Sn-4Zr-6Mo	MIL-T-9047

表 7-70 钛和钛合金的 ASTM 技术规范

技术规范	级别	合金	Min0.2%屈服强度[①] /MPa	/ksi	相似的 AMS 规范[②]
中、厚薄板和带材					
B265	1	非合金的	170	25	—
	2	非合金的	280	40	4902
	3	非合金的	380	55	4900
	4	非合金的	480	70	4901
	5	Ti-6Al-4V	830	120	4911
	6	Ti-5Al-2.5Sn	790	115	4910
	7	Ti-0.2Pd	280	40	—
	10	Ti-4.5Sn-11.5Mo-6Zr	620	90	4977
	11	Ti-0.2Pd	170	25	—
无缝和焊接管					
B337	1	非合金的	170	25	—
	2	非合金的	280	40	4941[③],4942[④]
	3	非合金的	380	55	—
	7	Ti-0.2Pd	280	40	—
	9	Ti-3Al-2.5V	480	70	4943
	9	Ti-3Al-2.5V	720[⑤]	105[⑤]	4943
	10	Ti-11.5Mo-6Zr-4.5Sn	620[⑥]	90[⑥]	4977,4980
	11	Ti-0.2Pd	170	25	—
用于冷凝器和热交换器的无缝和焊接管					
B338	1	非合金的	170	25	—
	2	非合金的	280	40	—
	3	非合金的	380	55	—
	7	Ti-0.2Pd	280	40	—
	9	Ti-3Al-2.5V	720	105	4943,4944
	10	Ti-11.5Mo-6Zr-4.5Sn	620	90	4977,4980
	11	Ti-0.2Pd	170	25	—
棒材和方坯					
B348	1	非合金的	170	25	—
	2	非合金的	280	40	—
	3	非合金的	380	55	—
	4	非合金的	480	70	4921[⑦]
	5	Ti-6Al-4V	830	120	4928[⑦]
	6	Ti-5Al-2.5Sn	790	115	4926[⑦]
	7	Ti-0.2Pd	280	40	—
	10	Ti-4.5Sn-11.5Mo-6Zr	620	90	4977,4980
	11	Ti-0.2Pd	170	25	—
铸件					
B367	C-1	非合金的	170	25	—
	C-2	非合金的	280	40	—
	C-3	非合金的	380	55	—
	C-4	非合金的	480	70	—
	C-5	Ti-6Al-4V	830	120	—
	C-6	Ti-5Al-2.5Sn	720	105	—
	C-7A	Ti-0.2Pd	170	25	—
铸件					
B367	C-7B	Ti-0.2Pd	280	40	—
	C-8A	Ti-0.2Pd	380	55	—
	C-8B	Ti-0.2Pd	480	70	—
锻件					
B381	F-1	非合金的	170	25	—
	F-2	非合金的	280	40	—
	F-3	非合金的	380	55	—
	F-4	非合金的	480	70	4921
	F-5	Ti-6Al-4V	830	120	4928
	F-6	Ti-5Al-2.5Sn	790	115	4966
	F-7	Ti-0.2Pd	280	40	—
	F-11	Ti-0.2Pd	170	25	—

注：表中①退火的；②间隙元素和杂质含量和力学性能要求，和 ASTM 技术规范相比显示微小差别；③焊接管材；④无缝管；⑤冷作和应力消除的；⑥固溶处理的；⑦AMS 规范包括棒材和锻材，但不包括坯料。

7.3 英国钛及钛合金

7.3.1 钛及钛合金牌号和化学成分

表 7-71　　工业纯钛的化学成分

材料名称	化学成分/%,不大于				标准号	备注
	Ti	Fe	H	C		
工业纯钛	余量	0.20	0.0125	0.08	BS 2TA 1:1974	板、带材
	余量	0.20	0.0125	0.08	BS 2TA 2:1973	板、带材
	余量	0.20	0.0125	0.08	BS 2TA 3:1973	机加工用棒材
	余量	0.20	0.010	0.08	BS 2TA 4:1973	锻造用坯料

材料名称	化学成分/%,不大于				标准号	备注
	Ti	Fe	H	C		
工业纯钛	余量	0.20	0.015	—	BS 2TA 5:1973	锻件
	余量	0.20	0.0125	0.08	BS 2TA 6 L:1973	板、带材
	余量	0.20	0.0125	0.08	BS 2TA 7:1973	机加工用棒材
	余量	0.20	0.010	0.08	BS 2TA 8:1973	锻造用坯料
	余量	0.20	0.015	—	BS 2TA 9:1973	锻件

表 7-72　　钛铝钒合金的化学成分

化学成分组	化学成分/%(不大于,注明范围值和余量者除外)									标准号	备注
	Ti	Al	V	Fe	C	H	N	O	O+N		
Ti-6Al-4V	余量	5.5～6.75	3.5～4.5	0.30	0.08	0.0125	—	—	0.25	BS 2TA 10:1974	板、带材
	余量	5.5～6.75	3.5～4.5	0.30	0.08	0.0125	0.05	0.20	—	BS 2TA 11:1974	机加工用棒材
	余量	5.5～6.75	3.5～4.5	0.30	0.08	0.010	0.05	0.20	—	BS 2TA 12:1974	锻造用坯料
	余量	5.5～6.75	3.5～4.5	0.30	—	0.015	0.05	0.20	—	BS 2TA 13:1974	锻件
	余量	5.5～6.75	3.5～4.5	0.30	0.08	0.0125	0.05	0.20	—	BS 2TA 28:1974	锻造用坯料、线材
	余量	5.5～6.75	3.5～4.5	0.30	0.08	0.0125	—	—	0.25	BS TA 56:1974	厚板
	余量	5.5～6.75	3.5～4.5	0.30	0.08	0.0125	—	—	0.25	BS TA 59:1980	板、带材

表 7-73　　钛铜合金的化学成分

化学成分组	化学成分/%(不大于,注明范围值和余量者除外)					标准号	备注
	Ti	Cu	Fe	C	H		
Ti-2.5Cu	余量	2.0～3.0	0.20	0.08	0.010	BS 2TA 21:1973	板、带材
	余量	2.0～3.0	0.20	0.08	0.010	BS 2TA 22:1973	机加工用棒材
	余量	2.0～3.0	0.20	0.08	0.010	BS 2TA 23:1973	锻造用坯料
	余量	2.0～3.0	0.20	—	0.015	BS 2TA 24:1973	锻件
	余量	2.0～3.0	0.20	0.08	0.010	BS TA 52:1973	板、带材
	余量	2.0～3.0	0.20	0.08	0.010	BS TA 53:1973	机加工用棒材
	余量	2.0～3.0	0.20	0.08	0.010	BS TA 54:1973	锻造用坯料
	余量	2.0～3.0	0.20	—	0.015	BS TA 55:1973	锻件
	余量	2.0～3.0	0.20	0.08	0.010	BS TA 58:1974	板材

表 7-74 钛铝钼锡硅合金和钛铝钼锡硅碳合金的化学成分

材料名称	化学成分组	化学成分/%(不大于,注明范围值和余量者除外)						
		Ti	Al	Mo	Sn	Si	Fe	C
钛铝钼锡硅合金	Ti-4Al-4Mo-2Sn-0.5Si	余量	3.0～5.0	3.0～5.0	1.5～2.5	0.3～0.7	0.20	0.08
		余量	3.0～5.0	3.0～5.0	1.5～2.5	0.3～0.7	0.20	0.08
		余量	3.0～5.0	3.0～5.0	1.5～2.5	0.3～0.7	0.20	0.08
钛铝钼锡硅碳合金	Ti-4Al-4Mo-4Sn-0.5Si-0.125C	余量	3.0～5.0	3.0～5.0	3.0～5.0	0.3～0.7	0.20	0.05～0.02
		余量	3.0～5.0	3.0～5.0	3.0～5.0	0.3～0.7	0.20	0.05～0.20
		余量	3.0～5.0	3.0～5.0	3.0～5.0	0.3～0.7	0.20	0.05～0.20
		余量	3.0～5.0	3.0～5.0	3.0～5.0	0.3～0.7	0.20	0.05～0.20
		余量	3.0～5.0	3.0～5.0	3.0～5.0	0.3～0.7	0.20	0.05～0.20

材料名称	化学成分组	化学成分/%,不大于(注明范围值和余量者除外)				标准号	备注
		H	N	O	O+2N		
钛铝钼锡硅合金	Ti-4Al-4Mo-2Sn-0.5Si	0.0125	0.03	0.25	0.27	BS TA 45:1973	机加工用棒材
		0.0125	0.03	0.25	0.27	BS TA 49:1973	机加工用棒材
		0.0125	0.05	0.25	—	BS TA 57:1974	厚板
钛铝钼锡硅碳合金	Ti-4Al-4Mo-4Sn-0.5Si-0.125C	0.0125	0.05	0.25	—	BS TA 38:1971	机加工用棒材
		0.0125	0.05	0.25	—	BS TA 39:1971	锻造用坯料
		0.0125	0.05	0.25	—	BS TA 40:1971	机加工用棒材
		0.0125	0.05	0.25	—	BS TA 41:1971	锻造用坯料
		0.015	0.05	0.25	—	BS TA 42 L1971	锻件

表 7-75 钛铝锆钼硅合金的化学成分

化学成分组	化学成分/%(不大于,注明范围值和余量者除外)										标准号	备注
	Ti	Al	Zr	Mo	Si	Fe	C	H	N	O		
Ti-6Al-5.25Zr-0.5Mo-0.25Si	余量	5.7～6.3	4.5～6.0	0.25～0.75	0.10～0.40	0.20	0.08	0.006	0.05	0.19	BS TA 43:1972	锻造用坯料
	余量	5.7～6.3	4.5～6.0	0.25～0.75	0.10～0.40	0.20	—	0.010	0.05	0.19	BS TA 44:1972	锻件

表 7-76 英国帝国金属公司的钛及钛合金牌号和化学成分

成分 牌号	化学成分/%											
	Ti	Al	V	Mo	Zr	Mn	Si	其他元素	Fe	O	H	N	C
IMI-125	余	—	—	—	—	—	—	—	0.20	—	0.0125	—	—
IMI-130	余	—	—	—	—	—	—	—	0.20	0.20	0.013	0.03	0.10
IMI-160	余	—	—	—	—	—	—	—	0.20	—	0.0125	—	—
IMI-317	余	5.0	—	—	—	Sn2.5	—	—	—	—	—	—	—
IMI-315	余	2.0	—	—	—	2.0	—	—	—	—	—	—	—
IMI-318	余	5.5～6.75	3.5～4.5	—	—	—	—	—	0.30	0.25	0.0125	—	—
IMI-679	余	2.0～2.5	—	0.8～1.2	4.0～6.0	Sn10.5～11.5	0.1～0.5	—	0.20	—	0.0125	—	—
IMI-685	余	5.7～6.3	—	0.25～0.75	4.0～6.0	—	0.1～0.4	—	0.20	0.25	0.01	0.05	—
IMI-230	余	—	—	—	—	Cu2.0～3.0	—	—	0.20	—	0.015	—	—
IMI-550	余	3.0～5.0	—	3.0～5.0	—	Sn1.5～2.5	0.3～0.7	—	0.20	0.25	0.015	0.05	—
IMI-551	余	3.0～5.0	—	3.0～5.0	—	Sn3.0～5.0	0.3～0.7	—	0.20	0.25	0.015	0.05	0.05～0.20
IMI-680	余	2.25	—	4	—	Sn11	0.25	—					
IMI-684	余	6.0	—	—	5.0	—	0.3	1.0	—	—	—	—	—

7.3.2 钛及钛合金的力学性能

(1)板、带材

表 7-77　　钛及钛合金板、带材的性能

化学成分组	状态	拉伸性能，不小于					弯曲性能			标准号	备注
		厚度 /mm	抗拉强度 σ_b /MPa	屈服强度 $\sigma_{0.2}$ /MPa	伸长率 δ /%	断面收缩率 ψ /%	厚度 /mm	弯曲角 /(°) 不小于	弯心半径[①]		
工业纯钛	退火	—	290～420	200	25	—	≤2	180	$1t$	BS 2TA 1:1974	
							>2～3	180	$2t$		
	退火	—	390～540	290	22	—	≤2	180	$1.5t$	BS 2TA 2:1973	
							>2～3	180	$2t$		
	退火	—	570～730	460	15	—	≤2	180	$2.5t$	BS 2TA 6:1973	
							>2～3	180	$3t$		
Ti-6Al-4V	退火	—	960～1270	900	8	—	—	180	5t	BS 2TA 10:1974	横向性能
	退火	>5～10	895～1150	825	10	—	—	—	—	BS TA 56:1974（只有板材，最大厚度 100mm）	纵向、长横向性能
		>10～25	895～1150	825	8	25	—	—	—		纵向、长横向性能
		>25～100	895～1150	825	8	20	—	—	—		纵向、长横向性能。短横向性能双方协商
	退火	—	920～1180	870	8	—	—	180	$5t$	BS TA 59:1980	
Ti-2.5Cu	退火	—	540～700	460～570	18	—	—	180	$2t$	BS 2TA 21:1973	宽度大于 200mm 板材的纵向性能可能低于此指标
	固溶处理	—	690～920	550	10	—	—	180	$2t$	BS TA 52:1973	拉伸性能为固溶时效状态
	退火	—	520～640	420	20	—	—	—	—	BS TA 58:1974	本标准只有板材，最大厚度为 10mm
Ti-4Al-4Mo-2Sn-0.5Si	阶段处理	>5～10	1030～1220	900	9	—	—	—	—	BS TA 57:1974（只有板材，最大厚度 65mm）	纵向性能
	阶段处理	>5～10	1050～1220	920	9	—	—	—	—		长横向性能
	阶段处理	>10～25	1030～1220	900	9	20	—	—	—		纵向性能
	阶段处理	>10～25	1050～1220	920	9	20	—	—	—		长横向性能
	阶段处理	>25～65	1030～1220	900	9	20	—	—	—		纵向性能
	阶段处理	>25～65	1050～1220	920	9	20	—	—	—		长横向性能
	阶段处理	>25～65	1030～1220	900	7	20	—	—	—		短横向性能

注：表中①t 为试样厚度。

(2)棒材、线材

表 7-78 机加工用钛及钛合金棒材的性能

化学成分组	状态	室温拉伸性能,不小于				蠕变性能① /%	标准号	备注
		抗拉强度 σ_b /MPa	屈服强度 $\sigma_{0.2}$ /MPa	伸长率 δ /%	断面收缩率 ψ /%			
工业纯钛	退火	390～540	290	20	—	—	BS 2 TA 3:1973	
	退火	540～740	430	16	—	—	BS 2 TA 7:1973	
Ti-6Al-4V	退火	900～1160	830	8	25	—	BS 2 TA 11:1974	产品的最大规格为 150mm
Ti-2.5Cu	退火	540～770	400	16	35	—	BS 2 TA 22:1973	
	固溶+时效	650～880	525	10	25	—	BS TA 53:1973	产品的最大规格为 75mm
Ti-4Al-4Mo-4Sn-0.5Si-0.125C	阶段处理	1250～1420	1095	8	20	—	BS TA 38:1971	产品最大规格为 75mm
	阶段处理	1205～1375	1065	8	20	—	BS TA 40:1971	产品的规格为 >25～75mm
Ti-4Al-4Mo-2Sn-0.5Si	阶段处理	1100～1280	960	9	25	0.10	BS TA 45:1973	产品的最大规格为 25mm
	阶段处理	1000～1200	870	9	20	0.10	BS TA 49:1973	产品的规格为 >100～150mm

注:表中①在负荷为 465MPa、温度为 400℃、时间为 100h 条件下的塑性应变。

表 7-79 钛及钛合金锻造用坯料的性能

化学成分组	状态	室温拉伸性能,不小于				蠕变性能① /%	标准号	备注
		抗拉强度 σ_b /MPa	屈服强度 $\sigma_{0.2}$ /MPa	伸长率 δ /%	断面收缩率 ψ /%			
工业纯钛	退火	390～540	290	20	—	—	BS 2 TA 4:1973	
	退火	540～740	430	16	—	—	BS 2 TA 8:1973	
Ti-6Al-4V	退火	900～1160	830	8	25	—	BS 2 TA 12:1974	产品的最大规格为 150mm
	固溶+时效	1100～1300	970	8	20	—	BS 2 TA 28:1974	本标准还包括线材,产品的最大规格为 20mm

续表

化学成分组	状态	室温拉伸性能,不小于					标准号	备注
		抗拉强度 σ_b /MPa	屈服强度 $\sigma_{0.2}$ /MPa	伸长率 δ /%	断面收缩率 ψ /%	蠕变性能① /%		
Ti-2.5Cu	退火	540～770	400	16	35	—	BS 2 TA 23:1973	
	固溶+时效	650～880	525	10	25	—	BS TA 54:1973	产品的最大规格为75mm
Ti-4Al-4Mo-4Sn-0.5Si-0.125C	阶段处理	1250～1420	1095	8	20	—	BS TA 39:1971	产品的最大规格为25mm
	阶段处理	1205～1375	1065	8	20	—	BS TA 41:1971	产品的规格为＞25～75mm
Ti-6Al-5.25Zr-0.5Mo-0.25Si	固溶+时效	990～1140	850	6	15	0.10	BS TA 43:1972	产品的最大规格为65mm
	固溶+时效	620～780	480	9	20	—		520℃的拉伸性能

注：表中①在负荷为300MPa、温度为520℃、时间为100h条件下的塑性应变。

(3)锻件

钛及钛合金锻件的性能如表7-80所示。锻件一般经热处理并清理氧化皮以后交货。

表7-80 钛及钛合金锻件的性能

化学成分组	状态	试验温度/℃	拉伸性能,不小于				标准号	备注
			抗拉强度 σ_b /MPa	屈服强度 $\sigma_{0.2}$ /MPa	伸长率 δ /%	断面收缩率 ψ /%		
工业纯钛	退火	室温	390～540	290	20	—	BS 2 TA 5:1973	
	退火	室温	540～740	430	16	—	BS 2 TA (:1973	
Ti-6Al-4V	退火	室温	900～1160	830	8	25	BS 2 TA 13:1974	产品的最大规格为150mm
Ti-2.5Cu	退火	室温	540～770	400	16	35	BS 2 TA 24:1973	
	固溶+时效	室温	650～880	525	10	25	BS TA 55:1973	产品的最大规格为75mm
Ti-4Al-4Mo-4Sn-0.5Si-0.125C	阶段处理	室温	1205～1375	1065	8	20	BS TA 42:1971	产品的规格为＞25～75mm
Ti-6Al-5.25Zr-0.5Mo-0.25Si	固溶+时效	室温	990～1140	850	6	15	BS TA 44:1972	产品的最大规格为65mm
	固溶+时效	520	620～780	480	9	20		

表 7-81 英国帝国金属公司的钛及钛合金的力学性能(IMI)

英国标准 BS TA	相当的 IMI 标准	半成品状态	σ_b /MPa	$\sigma_{0.2}$ /MPa(min)	δ/%		ψ /%
					50mm	5D	
2TA2	125	退火板材和带材	390～540	290	22	20	—
2TA3	125	机械加工棒材(退火)	390～540	290	—	20	—
2TA5	125	锻件(退火)	390～540	290	—	20	—
DTD5023C	130	板材、带材	463～681	340	20	—	—
2TA7		机加棒(退火)	540～740	430	—	16	—
2TA8	160	锻坯	—	—	—	—	—
2TA9		锻件(退火)	540～740	430	—	16	—
2TA14		板材(退火)	820～1080	760	10	—	—
2TA15	317	机加棒(退火)	790～1080	760	—	9	—
DTD5043B	315	棒材、坯料	650～804	463		20	—
2TA10		板、带(退火)	960～1260	900	8		
2TA11	318	机加棒(退火)	900～1160	830		8	25
2TA12		锻坯					
2TA13		锻件(退火)					
TA18		机加棒(退火)	1110～1340	970	—	8	25
TA19	679	锻坯					
TA20		锻件(热处理)					
TA43	685	锻坯	990～1140	850	—	6	15
TA44		锻件(热处理)					
2TA21		板、带(退火)	540～700	460～570	18		
2TA22	230	机加棒(退火)	540～770	400		16	35
2TA23		锻坯					
2TA24		锻件(退火)					
TA45		机加棒≤25mm	1100～1280	960		9	25
TA46		≤100mm	1050～1220	920		9	20
AT47		锻坯 25～100mm	1050～1220	920		9	20
TA48	550	锻件≤100mm	1050～1220	920		9	20
TA49		机加棒≤150mm	1000～1200	870		9	20
TA50		锻坯 100～150mm	1000～1200	870		9	20
TA51		锻件≤150mm	1000～1200	870		9	20
TA29-TA37		作废					
TA38		机加棒(热处理)≤25mm	1250～1420	1095		8	20
TA39	551	锻坯					
TA40		机加棒(热处理)≤75mm	1205～1375	1065		8	20
TA41		锻坯					
DTD5213	680	热处理棒材≤25mm(1in)	1236	1097		8	
		≤75mm(3in)	1236	1066		8	
		≤150mm(6in)	1205	1066		$4\frac{1}{2}$	
		锻坯≤150mm(6in)	1236	1097		8	
		>150mm(6in)	1236	1097		6	
	684*	热处理	室温 σ_b=105	室温 σ_b=92.4		17	—
			585℃	538℃		19	—
			σ_b=68.4	σ_s=51.1℃			

注：* 强度单位为 MPa。

7.3.3 钛及钛合金的物理性能

表 7-82 弹性模量 E(IMI)

牌　号	弹　性　模　量　E/MPa						
	20℃	100℃	200℃	300℃	400℃	500℃	700℃
IMI125	14.9	—	—	—	—	—	—
IMI130	16.12	15.23	14.10	13.00	12.10	10.98	—
IM1160	16.12	15.23	14.10	13.00	12.10	10.98	—
IMI317	—	—	—	—	—	—	—
IMI315	—	—	—	—	—	—	—
IMI318	16.45	16.0	15.3	14.5	13.7	450℃ 13.3	—
IMI679	15.4	14.7	13.9	13.0	12.2	11.4	—
IMI685	17.6	—	—	—	—	—	—
IMI230	10.8,105～130	10.1	9.4	8.6	7.8	7.2	—
IMI550	11.6,105～120	11.2	10.7	10.1	9.6	9.0	—
IMI551	17.0	—	—	—	—	—	—
IMI680	10.8,110～130	—	—	—	—	—	—
IMI684	18.1	17.3	16.36	15.46	14.65	13.89	600℃ 13.11

表 7-83 线胀系数 α

牌　号	线　胀　系　数　$\alpha/10^{-6}K^{-1}$						
IMI125	—	7.6	8.5	9.5	9.6	9.7	—
IMI130	—	9.0	9.1	9.2	9.4	9.6	—
IMI160	—	9.0	9.1	9.2	9.4	9.6	—
IMI317	—	—	—	—	—	—	—
IMI315	—	—	—	—	—	—	—
IMI318	—	7.68	8.56	8.90	9.14	9.38	600℃,9.60
IMI679	—	7.93	9.04	9.53	9.65	9.80	—
IMI685	—	—	—	—	—	—	—
IMI230	—	9.02	8.73	9.10	9.29	9.47	9.62
IMI550	—	8.8	9.0	9.2	9.3	9.7	—
IMI551	—	8.4	9.0	9.3	9.5	9.6	—
IMI680	—	—	—	—	—	—	—
IMI684	—	11.06	9.66	9.48	9.56	9.88	—

表 7-84 导热系数 λ

牌　号	导　热　系　数　λ						
	20℃	100℃	200℃	300℃	400℃	450℃	(350℃)
IMI318	—	0.90	1.29	1.51	1.68	1.79	1.51
IMI679	0.90	1.04	1.23	1.37	1.54	1.60	1.46
IMI230	13.0(0.031)	13.4(0.032)	13.8(0.033)	14.7(0.035)	15.7(0.0375)	16.3(0.039)	—
IMI550	7.5(0.018)	8.4(0.020)	9.4(0.0225)	≈10.5(0.025)	11.5(0.0275)	—	—

注：1. IMI318、IMI679 单位为 10^{-4}CHU/(in · s · ℃)；

2. IMI230、IMI550 单位为 W/(m · K)，括号内单位为 cal/(cm · s · ℃)。

表 7-85 其他物理性能（IMI）

牌号	密度/kg·m^{-3}	比热容/J·(kg·K)$^{-1}$	β相变点/℃±14℃
IMI160	4.50	527.5	954
IMI230	4.56	—	—
IMI679	4.84	—	943
IMI130	4.50	527.5	—
IMI684	4.48	—	—
IMI318	4.42	602.9	—
IMI680	4.84	—	—
IMI550	4.6	—	975
IMI551	—	—	—
IMI685	4.45	—	1030

7.3.4 钛及钛合金的特性及用途

表 7-86 钛及钛合金的特性及用途

牌号	特性及用途
IMI125 IMI130 IMI160	均属于工业纯钛，它们在许多天然和人工环境中具有良好的耐腐蚀性及较高的比强度。有较好的疲劳极限，通常在退火状态下使用，锻造性能类似低碳钢或18-8型不锈钢。可采用加工不锈钢的一些普通方法进行锻造、成型和焊接。可生产锻坯、板材、棒材、丝材等。可用于航空、医疗、化工等方面，如航空工业中用于排气管、防火墙、热空气管及受热蒙皮以及其他要求延展性、模锻及抗腐蚀的零件
IMI317	是一种α型钛合金，与我国TA7相当，可焊，在316～593℃下具有良好的抗氧化性、强度及高温稳定性，用于锻件及板材零件，如航空发动机压气机叶片、壳体及支架等
IMI315	是一种α+β型钛合金，相当于我国的TC1合金，是英国第一个工业用钛合金，可热处理，疲劳极限为拉伸强度的60%～65%。用于航空发动机压气机盘和叶片及导弹部件等
IMI318	是一种α+β型钛合金，相当于我国的TC4合金，该合金具有良好的锻造性能及综合性能，该合金用量较大、用途广，是世界各国普遍使用的一种钛合金，使用经验比较成熟，用于航空发动机压气机盘及叶片等。详见美国Ti-6Al-4V合金
IMI679	是英国IMI公司发展的一种复杂的α型合金，合金经热处理后在450～500℃下具有好的抗拉强度或高的蠕变强度，在温度及应力作用下有很好的长时稳定性，另外IMI679合金具有良好的缺口疲劳强度及高的抗氧化性能。20世纪60年代已用于英国斯贝发动机中，主要用于航空发动机压气机叶片、盘、飞机骨架及450℃下长时间受应力的其他一些零件
IMI685	是一种α+β型钛合金，它在室温和中温有较高的比强度，在520℃下具有良好的抗蠕变性能。合金可焊，在高温及压力下稳定性较好。此外，合金容易加工，锻造温度可超过β转变温度。该合金也可认为是α型钛合金，它的使用温度高于其他钛合金，在RB211及RB199等发动机中均有应用
IMI230	是一种α型钛合金，具有中等强度、延展性好、可以焊接、能时效强化、易成型等特点，合金在退火状态下使用，具有较高的力学性能。时效的IMI230与IMI317相比，IMI317的室温拉伸强度较高，而在200～450℃范围内IMI230合金的强度明显高于IMI317，而成型性和焊接性能均优于IMI317。锻造温度为850℃，用于350℃下工作的发动机导管、中间机匣、防火墙及飞机构件等
IMI550	是一种α+β型钛合金，易于锻造，具有好的室温强度，在400℃以下具有较好的蠕变性能，在450℃以上有好的持久性能。其性能介于IMI679抗蠕变合金与IMI680高强度合金之间。一般不作为可焊合金使用。合金可生产棒材、锻坯。合金最初用于压气机盘及叶片，现已被广泛用于飞马发动机和奥林巴斯593发动机以及机翼滑轨、动力控制装置外壳等
IMI551	是一种α+β工业用高强度钛合金，在400℃以下有较好的蠕变性能，该合金与IMI550属同类型合金，但合金元素含量较高，室温强度高，并保持了良好的锻造性能。IMI551合金的β转变点较高，因而可采用相当高的锻造温度，锻造比IMI318困难。用于航空工业的飞机构件，如起落架、安装座及燃气涡轮部件，还可用于一般工程及化学工业、汽轮机叶片、压气机零件及其他高速旋转或往复部件
MI680	—
IMI684	是一种α+β型钛合金，该合金可焊性及抗蠕变性能较好，在535℃以上仍具有好的稳定性，该合金与IMI685性能相近、用途相同，可用于高压压气机盘及叶片等

7.4 法国钛及钛合金

7.4.1 钛及钛合金牌号和化学成分

表 7-87 加工钛及钛合金牌号和化学成分

牌号	化学成分/%(不大于,注明范围值和余量者除外)										
	Ti	Al	V	Zr	Mo	Si	Sn,Mo,Cu,Mn,Zr		Fe	Y	C
							单个	总和			
T40	余量	—	—	—	—	0.04	—	—	0.25	—	0.08
TA6V	余量	5.50~6.75	3.50~4.50	—	—	—	0.10	0.20	0.30	0.0050	0.08
TA6Zr5D	余量	5.70~6.30	—	4.50~6.00	0.25~0.75	0.10~0.40	—	—	0.05	0.0010	0.08

牌号	化学成分/%(不大于,注明范围值余量者除外)					标准号	备注
	N	H	O	其他元素			
				单个	总和		
T40	0.07	0.015	—	—	—	NF L21-110(1975)	锻造用棒坯
TA6V	0.05	0.0100	0.12~0.20	0.10	0.20	NF L 14-601(1984)	锻造用棒坯
		0.0125				NF L 14-602(1984)	锻件
		0.0100				NF L 14-603(1984)	锻造用棒坯
		0.0125				NF L 14-604(1984)	锻件
		0.015				NF L 21-270(1981)	铆钉用杆材
TA6Zr5D	0.03	0.006	0.09~0.19	—	—	NF L 14-611(1984)	锻造用棒坯
		0.010				NF L 14-612(1984)	锻件

表 7-88 钛及钛合金牌号和化学成分

牌号	化学成分/%												
	Ti	Al	V	Mo	Zr	Mn	Si	Fe	其他元素	O	H	N	C
T40	余							0.20					
T50	余												
T60	余							0.20					
TA5E	余	5.0			Sn2.5								
TA6V	余	6.0	4.0										
UTA7D	余	6.5~7.3	—	3.5~4.5				0.25		0.20	0.0125	0.05	0.08
UT662 (TA6V6E2)	余	5.0~6.0	5.0~6.0	—	—	Sn 1.5~2.5	Cu 0.35~1.00	0.35~1.00	—	0.20	0.015	0.04	—
TA6ZD	余	6.0	—	0.5	5.0		0.2						
TU2	余					Cu2.5							
TA8DV	余	8.0	1.0	1.0									
TA4DE2	余	4.0	—	4.0	Sn2.0								
TA6Zr4DE	余	6.0	—	2.0	4.0	Sn2.0							
TA6Z5W													
TV13CA	余	3.0	13.0			Cu 11.0							

7.4.2 钛及钛合金的力学性能

表 7-89 钛及钛合金加工材的室温性能

<table>
<tr><td rowspan="3">材料名称</td><td rowspan="3">牌　号</td><td rowspan="3">状　态</td><td rowspan="3">尺　寸
/mm</td><td>抗拉强度
σb</td><td>屈服强度
σ0.2</td><td>伸长率
δ
/%</td><td>断面收缩率
ψ
/%</td><td>断裂韧性
K_{IC}
/MPa √m</td><td rowspan="3">标　准　号</td></tr>
<tr><td colspan="2">MPa</td><td></td><td></td><td></td></tr>
<tr><td colspan="5">不　　小　　于</td></tr>
<tr><td rowspan="2">铆钉用线材</td><td rowspan="2">T40</td><td rowspan="2">退火</td><td>直径≤4</td><td>350～410①</td><td>—</td><td>—</td><td>—</td><td>—</td><td rowspan="2">NF L 21-110
(1975)</td></tr>
<tr><td>直径>4</td><td>330～390①</td><td>—</td><td>—</td><td>—</td><td>—</td></tr>
<tr><td>铆钉用杆材</td><td>TA6V</td><td>退火</td><td>—</td><td>880～1130</td><td>—</td><td>—</td><td>—</td><td>—</td><td>NF L 21-270
(1981)</td></tr>
<tr><td>锻造用棒坯</td><td>TA6V</td><td>不热处理</td><td>直径≤350</td><td>900</td><td>830</td><td>10</td><td>25</td><td>50</td><td>NF L 14-601
(1984)</td></tr>
<tr><td>锻　件</td><td>TA6V</td><td>固溶＋退火</td><td>—</td><td>900</td><td>830</td><td>10</td><td>25</td><td>50</td><td>NF L 14-602
(1984)</td></tr>
<tr><td>锻造用棒坯</td><td>TA6V</td><td>不热处理</td><td>直径≤350</td><td>900</td><td>830</td><td>10</td><td>25</td><td>45</td><td>NF L 14-603
(1984)</td></tr>
<tr><td>锻　件</td><td>TA6V</td><td>退火</td><td>—</td><td>900</td><td>830</td><td>10</td><td>25</td><td>45</td><td>NF L 14-604
(1984)</td></tr>
<tr><td>锻造用棒坯</td><td>TA6Zr5D</td><td>不热处理</td><td>直径≤350</td><td>990</td><td>850</td><td>6</td><td>15</td><td>—</td><td>BF L 14-611
(1984)</td></tr>
<tr><td rowspan="2">锻　件</td><td rowspan="2">TA6Zr5D</td><td>固溶处理</td><td>—</td><td>990</td><td>850</td><td>6</td><td>15</td><td>—</td><td rowspan="2">NF L 14-612
(1984)</td></tr>
<tr><td>固溶＋时效</td><td>—</td><td>950</td><td>850</td><td>6</td><td>15</td><td>—</td></tr>
</table>

注:①抗剪强度值。

表 7-90 TA6Zr5D 合金加工材的高温性能

<table>
<tr><td rowspan="3">材料名称</td><td rowspan="3">状态</td><td rowspan="3">试验温度①
/℃</td><td>抗拉强度
σb</td><td>屈服强度
σ0.2</td><td rowspan="2">伸长率
δ
/%</td><td rowspan="2">断面收缩率
ψ
/%</td><td colspan="3">蠕　变　试　验</td><td rowspan="3">标　准　号</td></tr>
<tr><td colspan="2">MPa</td><td rowspan="2">应　力
σ
/MPa</td><td rowspan="2">时　间
t
/h</td><td rowspan="2">伸长率
δ
/%</td></tr>
<tr><td colspan="4">不　　小　　于</td></tr>
<tr><td rowspan="2">锻造用棒坯</td><td rowspan="2">不热处理</td><td>520</td><td>620</td><td>480</td><td>9</td><td>20</td><td>300</td><td>100</td><td>≤0.10</td><td rowspan="2">NF L 14-611
(1984)</td></tr>
<tr><td>室温</td><td>990</td><td>850</td><td>6</td><td>10</td><td>—</td><td>—</td><td>—</td></tr>
<tr><td rowspan="2">锻　件</td><td rowspan="2">固溶处理</td><td>520</td><td>620</td><td>480</td><td>9</td><td>20</td><td>300</td><td>100</td><td>≤0.10</td><td rowspan="2">NF L 14-612
(1984)</td></tr>
<tr><td>室温</td><td>990</td><td>850</td><td>6</td><td>10</td><td>—</td><td>—</td><td>—</td></tr>
<tr><td rowspan="2">锻　件</td><td rowspan="2">固溶＋时效</td><td>520</td><td>560</td><td>460</td><td>9</td><td>20</td><td>300</td><td>100</td><td>≤0.10</td><td rowspan="2">NF L 14-612
(1984)</td></tr>
<tr><td>室温</td><td>950</td><td>850</td><td>6</td><td>10</td><td>—</td><td>—</td><td>—</td></tr>
</table>

注:表中①此处的室温性能是指蠕变试验后的试样在室温拉伸的结果,即热稳定性能。

7.4.3 钛及钛合金的特性及用途

表 7-91 钛及钛合金的特性及用途

牌号	特性及用途
T40	适用于冷成形和易焊接的航空或其他零件。详情请参见相应德国工业纯钛
TA6V	合金综合性能好,是宇航工业用优质材料

7.5 德国钛及钛合金

7.5.1 钛及钛合金牌号和化学成分

(1)加工钛及钛合金

德国标准中列入加工钛及钛合金共 6 个牌号,其化学成分如表 7-92 所示。

表 7-92 加工钛及钛合金牌号和化学成分

材料编号或牌号	化学成分/%(不大于,注明范围值余量者除外)									标准号	备注
	Ti	Al	V	Sn	Fe	C	N	H	O		
3.7025	余量	—	—	—	0.20	0.08	0.05	0.013	0.10	DIN 17850—1970	板,带,棒,线,锻坯
3.7035	余量	—	—	—	0.25	0.08	0.06	0.013	0.20		
3.7055	余量	—	—	—	0.30	0.10	0.06	0.013	0.25		
3.7065	余量	—	—	—	0.35	0.10	0.07	0.013	0.30		
TiAl6V4	余量	5.50～6.75	3.5～4.5	—	0.30	0.08	0.05	0.015	0.20	DIN1 7851—1973	板,带,棒,锻坯
TiAl5Sn2	余量	4.0～6.0	—	2.0～3.0	0.50	0.08	0.05	0.020	0.20		

在强氧化介质中使用的工业纯钛,若合同中注明,其铁含量可为 0.1%。只要力学性能合格,工业纯钛的氧和氮的含量可超过上限值。纯钛制的厚度小于 2mm 的板材和直径小于 2mm 或横截面积相当的其他产品,氢含量可为 0.015%。钛合金锻坯的氢含量为 0.013%。

1985 年拟订的加工钛及钛合金的牌号和化学成分如表 7-93 所示,航空材料规范(WL)规定的钛及钛合金牌号和化学成分如表 7-94 所示。

表 7-93　　1985 年拟订的加工钛及钛合金牌号和化学成分

牌号	化学成分/%(不大于,注明范围值和余量者除外)														标准号	备注
	Ti	Al	V	Sn	Zr	Mo	Ni 或 Cu	Pd	Si	Fe	C	N	H	O	其他元素总和		
Ti1	余量	—	—	—	—	—	—	—	—	0.15	0.06	0.05	0.013	0.12	0.40	DIN 17850—1985 (草案)	板,带,棒,线,管,锻坯
Ti2	余量	—	—	—	—	—	—	—	—	0.20	0.06	0.05	0.013	0.18	0.40		板,带,棒,线,管,锻坯
Ti3	余量	—	—	—	—	—	—	—	—	0.25	0.06	0.05	0.013	0.25	0.40		板,棒,管,锻坯(线)
Ti4	余量	—	—	—	—	—	—	—	—	0.30	0.06	0.05	0.013	0.35	0.40		(准备生产各种产品)
TiNi0.8Mo0.3	余量	—	—	—	—	0.2～0.4	0.6～0.9Ni	—	—	0.25	0.06	0.03	0.013	0.25	0.40		板,(棒),管,(线),(锻坯)
Ti1Pd	余量	—	—	—	—	—	—	0.15～0.25	—	0.15	0.06	0.05	0.013	0.12	0.40		板,带,棒,线,管(锻坯)
Ti2Pd	余量	—	—	—	—	—	—	0.15～0.25	—	0.20	0.06	0.05	0.013	0.18	0.40		板,带,棒,线,管(锻坯)
Ti3Pd	余量	—	—	—	—	—	—	0.15～0.25	—	0.25	0.06	0.05	0.013	0.25	0.40		(准备生产各种产品)
TiAl6Sn2Zr4Mo2Si	余量	5.5～6.5	—	1.8～2.2	3.6～4.4	1.8～2.2	—	—	0.06～0.12	0.25	0.05	0.05	0.015	0.15	0.40	DIN 17851—1985 (草案)	(板),棒,锻坯
TiAl6V6Sn2	余量	5.0～6.0	5.0～6.0	1.5～2.5	—	—	0.35～1.0Cu	—	—	0.35～1.0	0.05	0.04	0.015	0.20	0.40		板,棒,(管),锻坯
TiAl6V4	余量	5.50～6.75	3.5～4.5	—	—	—	—	—	—	0.30	0.08	0.05	0.015	0.20	0.40		板,棒(线),管,锻坯
TiAl6Zr6Mo0.5Si	余量	5.70～6.30	—	—	4.0～6.0	0.25～0.75	—	—	0.10～0.40	0.2	0.08	0.05	0.015	0.19	0.40		棒,锻坯
TiAl5Fe2.5	余量	4.5～5.5	—	—	—	—	—	—	—	2.0～3.0	0.08	0.05	0.015	0.20	0.40		板,棒,(线),锻坯
TiAl5Sn2.5	余量	4.5～5.5	—	2.0～3.0	—	—	—	—	—	0.50	0.08	0.05	0.020	0.20	0.40		板,棒,锻坯
TiAl4Mo4Sn2	余量	3.0～5.0	—	1.5～2.5	—	3.0～5.0	—	—	0.3～0.7	0.20	0.08	0.05	0.015	0.25	0.40		板,棒,锻坯
TiAl3V2.5	余量	2.5～3.5	2.0～3.0	—	—	—	—	—	—	0.30	0.05	0.04	0.015	0.12	0.40		(板),棒,管(锻坯)

注:在强氧化性介质中使用的纯钛,若合同中注明,其铁含量可为 0.10%,对厚度小于 2mm 的板材以及直径小于 2mm 和横截面积相当的其他产品,氢含量可为 0.015%。

表 7-94 航空材料规范规定的钛及钛合金牌号和化学成分

牌号或材料编号	化学成分/%(不大于,注明范围值和余量者除外)																	标准号	备注
	Ti	Al	Sn	Zr	Mo	V	Cr	Cu	Si	Fe	C	N	H	H	O	其他元素			
																单个	总和		
3.7024	余量	—	—	—	—	—	—	—	—	0.20	0.08	0.05	0.0125①	—	0.20	0.1	0.6	WL 3.7024.1—1979	薄板
3.7024	余量	—	—	—	—	—	—	—	—	0.20	0.08	0.05	0.0125	—	0.20	0.1	0.6	WL 3.7024.2—1979	焊料
3.7034	余量	—	—	—	—	—	—	—	—	0.25	0.08	0.06	0.0125①	—	0.25	0.1	0.6	WL 3.7034.1—1979 WL 3.7034.2—1979	薄板棒,锻件
3.7034	余量	—	—	—	—	—	—	—	—	0.25	0.08	0.06	0.0125	—	0.25	0.1	0.6	WL 3.7034.3—1979	焊料
3.7064	余量	—	—	—	—	—	—	—	—	0.35	0.08	0.07	0.0125①	—	0.40	0.1	0.6	WL 3.7064.1—1979 WL 3.7064.2—1979	薄板棒,锻件
TiAl5Sn2	余量	4.5~5.5	2.0~3.0	—	—	—	—	—	—	0.50	0.08	0.05	0.015②	0.020③	0.20	—	0.4	WL 3.7114.1—1974 WL 3.7114.2—1974	板,带棒,锻件
TiCu2	余量	—	—	—	—	—	—	2.0~3.0	—	0.20	0.10	0.05	0.010②	0.015③	0.20	—	—	WL 3.7124.1—1974 WL 3.7124.2—1974	板,带,棒,锻件
Ti-2Cu	余量	—	—	—	—	—	—	2.0~3.0	—	0.20	0.10	0.05	0.010②	0.015③	0.20	—	—	WL 3.7124—1985 WL 3.7124.2—1985④	板,带棒,锻件
TiAl6Sn2Zr4Mo2	余量	5.5~6.5	1.8~2.2	3.6~4.4	1.8~2.2	—	—	—	—	0.25	0.05	0.05	0.015⑤	—	0.15	—	—	WL 3.7144.1—1974	棒,锻件

续表

牌号或材料编号	化学成分/%(不大于,注明范围值和余量者除外)																	标准号	备注
	Ti	Al	Sn	Zr	Mo	V	Cr	Cu	Si	Fe	C	N	H	H	O	其他元素 单个	其他元素 总和		
Ti-6Al-2Sn-4Zr-2Mo	余量	5.5～6.5	1.8～2.2	3.6～4.4	1.8～2.2	—	—	—	—	0.25	0.05	0.05	0.015⑤	—	0.15	—	—	WL 3.7144.1—1985④	棒,锻件
TiAl6Zr5	余量	5.70～6.30	—	4.0～6.0	0.25～0.75	—	—	—	0.10～0.40	0.2	0.08	—	0.0150⑦	—	0.2	—	—	WL 3.7154.1—1974	棒,锻件
Ti-6Al-5Zr	余量	5.70～6.30	—	4.0～6.0	0.25～0.75	—	—	—	0.10～0.40	0.2	0.08	0.05	0.01⑥	0.015③	0.19	—	0.40	WL 3.7154.1—1985④	模,锻件
TiAl6V4	余量	5.5～6.75 5.5～6.5	—	—	—	3.5～4.5	—	—	—	0.30	0.08	0.05	0.0125②	0.015③	0.20	—	0.40	WL 3.7164.1—1973 WL 3.7164—1973	棒,带 棒,锻件
Ti-6Al-4V	余量	5.5～6.75	—	—	—	3.5～4.5	—	—	—	0.30	0.08	0.05	0.0125②	0.015③	0.20	—	0.40	WL 3.7164.1—1983 WL 3.7164.2—1983④	板,带 棒,锻件
TiAl6V6Sn2 Ti-6Al-6V-2Sn	余量	5.0～6.0	1.5～2.5	—	—	5.0～6.0	—	0.35～1.0	—	0.35～1.0	0.05	0.04	0.0125② 0.0125①	0.015② —	0.20	— 0.10	0.40	WL 3.7174.1—1973 WL 3.7174.2—1979	板,带 棒,锻件
Ti-4Al-4Mo-2Sn	余量	3.0～5.0	1.5～2.5	—	3.0～5.0	—	—	—	0.3～0.7	0.20	0.08	0.05	0.0125① 0.0125⑦	—	0.25	0.10	0.40	WL 3.7184.1—1979 WL 3.7184—1979	厚板, 棒,锻件
Ti-4Al-4Mo-2Sn	余量	3.0～5.0	1.5～2.5	—	3.0～5.0	—	—	—	0.3～0.7	0.20	0.08	0.05	0.0125① 0.0125⑦	—	0.25	0.10	0.40	WL 3.7184.1—1985 WL 3.7184.2—1985④	厚板, 棒,锻件

注:表中①成品的氢含量不大于0.0150%;②交货状态;③成品;④标准草案;⑤锻造用的材料氢含量不大于0.013%;⑥锻造用材料;⑦锻造用材料氢含量不大于0.010%。

(2)铸造钛及钛合金

钛及钛合金铸造产品尚无正式标准，1985 年拟订的标准草案中列有 10 个牌号，其成分如表 7-95 所示。

表 7-95　　1985 年拟订的铸造钛及钛合金牌号和化学成分

牌　号	化　学　成　分/%(不大于，注明范围值和余量者除外)									
	Ti	Al	V	Sn	Zr	Mo	Ni 或 Cu	Pd	Si	Fe
G-Ti2	余量	—	—	—	—	—	—	—	—	0.20
G-Ti3	余量	—	—	—	—	—	—	—	—	0.25
G-Ti4	余量	—	—	—	—	—	—	—	—	0.50
G-Ti2Pd	余量	—	—	—	—	—	—	0.15～0.25	—	0.20
G-Ti3Pd	余量	—	—	—	—	—	—	0.15～0.25	—	0.25
G-Ti4Pd	余量	—	—	—	—	—	—	0.15～0.25	—	0.50
G-TiAl6Sn2Zr 4Mo2Si	余量	5.5～6.5	—	1.8～2.2	3.6～4.4	1.8～2.2	—	—	0.06～0.12	0.25
G-TiAl6V4	余量	5.50～6.75	3.5～4.5	—	—	—	—	—	—	0.40
G-TiAl6Zr 5Mo0.5Si	余量	5.70～6.30	—	—	4.0～6.0	0.25～0.75	—	—	0.10～0.40	0.2
G-TiAl5Fe2.5	余量	4.5～5.5	—	—	—	—	—	—	—	2.0～3.0

牌　号	化　学　成　分/%(不大于，注明范围值和余量者除外)					标　准　号	备　注
	C	N	H	O	其他元素总　和		
G-Ti2	0.10	0.05	0.013	0.25	0.40	DIN 17850—1985 (草案)	在强氧化介质中使用的纯钛，在合同中注明时，其铁含量可为 0.10%
G-Ti3	0.10	0.05	0.013	0.35	0.40		
G-Ti4	0.10	0.05	0.013	0.40	0.40		
G-Ti2Pd	0.10	0.05	0.013	0.25	0.40		
G-Ti3Pd	0.10	0.05	0.013	0.35	0.40		
G-Ti4Pd	0.10	0.05	0.013	0.40	0.40		
G-TiAl6Sn2Zr4Mo2Si	0.10	0.05	0.015	0.20	0.40	DIN 17851—1985 (草案)	
G-TiAl6V4	0.10	0.05	0.015	0.25	0.40		
G-TiAl6Zr5Mo0.5Si	0.10	0.05	0.015	0.30	0.40		
G-TiAl5Fe2.5	0.10	0.05	0.015	0.30	0.40		

7.5.2 钛及钛合金的力学性能

(1)板、带材

表 7-96 钛及钛合金板、带材的性能

材料编号或牌号	状态	厚度/mm	抗拉强度 σ_b/MPa	屈服强度 $\sigma_{0.2}$/MPa	1%屈服强度 σ_1/MPa	伸长率 δ_5/%	冲击功 A_V(DVM试样)/J	布氏硬度① HB30(约)	弯曲角为105°时的弯心半径②		标准号
			不小于						$S\leqslant2$	$2<S<5$	
3.7025	退火	≤20	290～410	180	200	30	60	120	1S	1.5S	DIN 17860—1973
3.7035	退火	≤20	390～540	250	270	22	35	150	1.5S	2S	DIN 17860—1973
3.7055	退火	≤20	460～590	320	350	18	25	170	2S	2.5S	DIN 17860—1973
3.7065	退火	≤20	540～740	390	410	16	20	200	2.5S	3S	DIN 17860—1973
TiAl6V4	退火	0.8～1.5	890	820	—	6	—	—	4.5S	—	DIN 17860—1973
TiAl6V4	退火	>1.5～5	890	820	—	8	—	—	4.5S	5.5S	DIN 17860—1973
TiAl6V4	退火	>5～50	890	820	—	8	—	—	—	—	DIN 17860—1973
TiAl5Sn2	退火	0.8～5	790	760	—	6	—	—	4S	4.5S	DIN 17860—1973
TiAl5Sn2	退火	>5～50	790	760	—	8	—	—			DIN 17860—1973

注:表中①厚度小于3mm时,布氏硬度值不精确,可测HV,其值比HB高15%;②S为试样厚度(mm)。

德国航空材料规范(WL)规定的钛及钛合金板、带材性能如表7-97所示。

表 7-97 钛及钛合金板、带材的性能

材料编号或牌号	状态	试样方向	拉伸性能 厚度/mm	抗拉强度 σ_b	屈服强度 $\sigma_{0.2}$	伸长率 δ_5	断面收缩率 ψ	弯曲性能 厚度/mm	弯曲角/(°)	弯心半径③	标准号	备注
				MPa		%						
				不小于								
3.7024	退火	纵向和长横向	≤6.0	290～420	200	30	—	≤2.0 >2.0～3.0	105°	1.0S 1.5S	WL 3.7024.1—1979	纯钛薄板
3.7034	退火	纵向和长横向	≤6.0	390～540	290	22	—	≤2.0 >2.0～3.0	105°	1.5S 2.0S	WL 3.7034.1—1979	纯钛薄板
3.7064	退火	纵向和长横向	≤6.0	570～730	460	16	—	≤2.0 >2.0～3.0	105°	2.5S 3.0S	WL 3.7064.1—1979	纯钛薄板
TiAl5Sn2	退火	纵向和长横向	0.2～2.0 >2.0～5.0	830	780	10	—	0.4～2.0 >2.0～5.0	105°	4S 4.5S	WL 3.7114.1—1974	薄板,带材,厚板
TiAl5Sn2	退火	纵向和长横向	>5～40 >40～100	830 790	780 760	8 8	15 15	—	—	—	WL 3.7114.1—1974	薄板,带材,厚板
TiCu2①	退火	纵向和长横向	0.4～3 >3～5	540	460	15	—	0.4～3 >3～5	105°	2S 2.5S	WL 3.7124.1—1974 WL 3.7124.1—1985④	薄板,带材
TiCu2①	固溶退火	纵向和长横向	0.4～3 >3～5	(620)	(490)	(25)	—	0.4～3 >3～5	105°	2S 2.5S	WL 3.7124.1—1974 WL 3.7124.1—1985④	薄板,带材
TiCu2①	时效硬化	纵向和长横向	0.4～3 >3～5	690	550	10	—	0.4～3 >3～5	105°	3S 3.5S	WL 3.7124.1—1974 WL 3.7124.1—1985④	薄板,带材

续表

<table>
<tr><td rowspan="3">材料编号
或牌号</td><td rowspan="3">状态</td><td rowspan="3">试样
方向</td><td colspan="5">拉 伸 性 能</td><td colspan="3">弯 曲 性 能</td><td rowspan="3">标 准 号</td><td rowspan="3">备 注</td></tr>
<tr><td rowspan="2">厚 度
/mm</td><td>抗拉强度
σ_b</td><td>屈服强度
$\sigma_{0.2}$</td><td>伸长率
δ_5</td><td>断面
收缩率
ψ</td><td rowspan="2">厚 度
/mm</td><td>弯曲角
(°)</td><td>弯心
半径③</td></tr>
<tr><td colspan="2">/MPa 不</td><td colspan="2">% 小 于</td><td></td><td></td></tr>
<tr><td rowspan="4">TiAl6V4</td><td rowspan="4">退火</td><td rowspan="4">纵向和
长横向</td><td>0.2～0.6</td><td rowspan="3">920</td><td rowspan="3">870</td><td>6</td><td rowspan="3">—</td><td>0.2～0.6</td><td rowspan="3">105°</td><td>4.5S</td><td rowspan="4">WL 3.7164.1
—1973
WL3.7164.1
—1983④</td><td rowspan="4">薄板，
带材，
厚板</td></tr>
<tr><td>>0.6～2.0</td><td>8</td><td>>0.6～2.0</td><td>4.5S</td></tr>
<tr><td>>2.0～5.0</td><td>10</td><td>>2.0～5.0</td><td>5S</td></tr>
<tr><td>>5.0～100</td><td>900</td><td>830</td><td>8</td><td>20</td><td>—</td><td>—</td><td>—</td></tr>
<tr><td rowspan="3">TiAl6Sn2②</td><td rowspan="3">退火</td><td rowspan="3">纵向和
长横向</td><td>0.4～0.6</td><td rowspan="3">1070</td><td rowspan="3">1000</td><td>8(6)</td><td rowspan="3">—</td><td>0.4～0.6</td><td rowspan="3">105°</td><td>4S</td><td rowspan="3">WL 3.7174.1
—1973</td><td rowspan="3">薄板，
带材</td></tr>
<tr><td>>0.6～2.0</td><td>10(8)</td><td>>0.6～2.0</td><td>4S</td></tr>
<tr><td>>2.0～5.0</td><td>10(8)</td><td>>2.0～5.0</td><td>4.4S</td></tr>
<tr><td>TiAl6V6
Sn2</td><td>退火</td><td>纵向和
长横向</td><td>>5～50
>50～100</td><td>1030
1000</td><td>970
940</td><td>8
6</td><td>20
20</td><td>—</td><td>—</td><td>—</td><td>WL 3.7174.1
—1973</td><td>厚板</td></tr>
<tr><td>Ti-4Al-
4Mo-2Sn</td><td>时效
硬化</td><td>纵向和
长横向</td><td>>6～65</td><td>1030
1050</td><td>900
920</td><td>9
9</td><td>20
20</td><td>—</td><td>—</td><td>—</td><td>WL 3.7184.1
—1979</td><td>厚板</td></tr>
<tr><td>Ti-4Al-
4Mo-2Sn</td><td>时效
硬化</td><td>纵向和
长横向</td><td>>6～65</td><td>1030
1050</td><td>900
920</td><td>9
9</td><td>20
20</td><td>—</td><td>—</td><td>—</td><td>WL 3.7181.1
—1985④</td><td>厚板</td></tr>
</table>

注：表中①括号中的性能可不检验；②括号中的伸长率为长横向性能；③S为试样厚度(mm)；④标准草案。

(2)棒材、线材

德国标准(DIN)规定的钛及钛合金棒材和线材的性能如表7-98和表7-99所示。

在航空材料规范(WL)中，钛及钛合金线材只有两个纯钛焊料标准，且仅规定了抗拉强度，并且可不检测，故未列出。

表7-98　　钛及钛合金棒材的性能

<table>
<tr><td rowspan="3">材料编号
或牌号</td><td rowspan="3">状态</td><td rowspan="3">直径或边长
/mm</td><td>抗拉强度
σ_b</td><td>屈服强度
$\sigma_{0.2}$</td><td>1%屈服强度
σ_1</td><td colspan="2">伸长率
δ_5
/%</td><td colspan="2">断面收缩率
ψ
/%</td><td colspan="2">冲击功①
A_V/J</td><td rowspan="3">布氏硬度
HB
(约)</td><td rowspan="3">标 准 号</td></tr>
<tr><td colspan="3">MPa</td><td>纵向</td><td>横向</td><td>纵向</td><td>横向</td><td>纵向</td><td>横向</td></tr>
<tr><td colspan="9">不 小 于</td></tr>
<tr><td>3.7025</td><td rowspan="6">退
火</td><td>>6～100</td><td>290～410</td><td>180</td><td>200</td><td>30</td><td>25</td><td>35</td><td>35</td><td>85</td><td>60</td><td>120</td><td rowspan="6">DIN17862
—1973</td></tr>
<tr><td>3.7035</td><td>>6～100</td><td>390～540</td><td>250</td><td>270</td><td>22</td><td>20</td><td>30</td><td>30</td><td>40</td><td>35</td><td>150</td></tr>
<tr><td>3.7055</td><td>>6～100</td><td>460～590</td><td>320</td><td>350</td><td>18</td><td>16</td><td>30</td><td>30</td><td>35</td><td>25</td><td>170</td></tr>
<tr><td>3.7065</td><td>>6～100</td><td>540～740</td><td>390</td><td>410</td><td>16</td><td>15</td><td>25</td><td>25</td><td>25</td><td>20</td><td>200</td></tr>
<tr><td>TiAl6V4</td><td rowspan="2">截面积
≤5000mm²</td><td>890</td><td>820</td><td>—</td><td colspan="2">10</td><td colspan="2">25</td><td colspan="2">—</td><td>—</td></tr>
<tr><td>TiAl5Sn2</td><td>790</td><td>760</td><td>—</td><td colspan="2">8</td><td colspan="2">25</td><td colspan="2">—</td><td>—</td></tr>
</table>

注：1. 不去氧化皮也可交货；

2. 直径不小于75mm的棒材可取横向试样；

3. 布氏硬度值仅供参考；

4. ①DVM试样。

表 7-99　　纯钛线材的性能

材料编号	状态	直径 /mm	抗拉强度 σ_b /MPa	伸长率[①] δ_5 /%	标准号
			不小于		
3.7025	退火	≤6	290～410	30	DIN 17863—1973
	硬态	≤6	450	—	
3.7035	退火	≤6	390～540	22	
	硬态	≤6	550	—	
3.7055	退火	≤6	460～590	18	
	硬态	≤6	640	—	
3.7065	退火	≤6	540～740	16	
	硬态	≤6	690	—	

注：表中①直径为 3～6mm。

(3)锻坯、锻件

德国标准(DIN)规定的钛及钛合金锻坯的性能如表 7-100 所示。

表 7-100　　钛及钛合金锻坯的性能

材料编号或牌号	状态	横截面积 /mm²	抗拉强度 σ_b	屈服强度 $\sigma_{0.2}$	1%屈服强度 σ_1	伸长率 δ_5 /%		断面收缩率 ψ /%	冲击功[①] A_V /J		布氏硬度 HB (约)	标准号
			MPa			纵向	横向		纵向	横向		
			不小于									
3.7025	退火	—	290～410	180	200	30	25	—	85	60	120	DIN 17864—1973
3.7035		—	390～540	250	270	22	20	—	40	35	150	
3.7055		—	460～590	320	350	18	16	—	35	25	170	
3.7065		—	540～740	390	410	16	15	—	25	20	200	
TiAl6V4		≤5000	890	820	—	10		25	—		—	
		>5000～10000	890	820	—	10		20	—		—	
		镦粗试验	890	820	—	10		25	—		—	
TiAl5Sn2		≤1000	790	760	—	8		20	—		—	
		镦粗试验	790	760	—	8		25	—		—	

注：①DVM 试样。

7.6 日本钛及钛合金

7.6.1 钛及钛合金牌号和化学成分

(1)钛冶炼产品

表 7-101 海绵钛牌号和化学成分(JIS H 2151—1983)

级别	牌号	化学成分/%(不大于,注明不小于者除外)										HBS (10/1500)	备注
		Ti 不小于	Fe	Si	Mn	Mg	Cl	H	C	N	O		
1 级	TS-105M	99.6	0.10	0.03	0.01	0.06	0.10	0.005	0.03	0.02	0.08	≤105	镁法钛,粒度为 0.84~12.7mm 的部分不小于 90%,大于 12.7mm 和小于 0.84mm 的部分,不大于 5.0%
2 级	TS-120M	99.4	0.15	0.03	0.02	0.07	0.12	0.005	0.03	0.02	0.12	>105~120	
3 级	TS-140M	99.3	0.20	0.03	0.05	0.08	0.15	0.005	0.03	0.03	0.15	>120~140	
4 级	TS-160M	99.2	0.20	0.03	0.05	0.08	0.15	0.005	0.03	0.03	0.25	>140~160	
1 级	TS-105S	99.6	0.03	0.03	0.01	Na 0.10	0.15	0.010	0.03	0.01	0.08	≤105	钠法钛,粒度为 0.149 ~ 12.7mm 的部分不小于 80%,大于 12.7mm 的不大于 5.0% 及小于 0.149mm 的部分不大于 15%
2 级	TS-120S	99.4	0.05	0.03	0.02	Na 0.15	0.20	0.010	0.03	0.01	0.12	>105~120	
3 级	TS-140S	99.3	0.07	0.03	0.05	Na 0.15	0.20	0.015	0.03	0.03	0.15	>120~140	
4 级	TS-160S	99.2	0.07	0.03	0.05	Na 0.15	0.20	0.015	0.03	0.03	0.25	>140~160	

表 7-102 压制海绵钛饼的牌号和化学成分

级别	牌号	化学成分/%(不大于,注明不小于者除外)									标准号
		Ti 不小于	Fe	Si	Mn	Mg	Cl	H	C	N	
1 级	TC-1	99.0	0.60	0.04	0.03	0.10	0.15	0.005	0.05	0.03	JIS H 2152—1972
2 级	TC-2	97.0	2.0	0.10	0.05	0.50	0.15	0.005	0.10	0.10	

(2)加工钛及钛合金

有工业纯钛和抗蚀用的 Ti-Pd 合金,均按级别划分,没有牌号,具体成分分别列于各种加工材的产品标准中,如表 7-103 所示。

表 7-103 钛及钛合金加工产品的化学成分

级别	化学成分/%(不大于,注明范围值和余量者除外)						标准号	备注
	Ti	Pd	Fe	N	H	O		
1 级	余量	—	0.20	0.05	0.013	0.15	JIS H 4600—1979	板材,带材
2 级	余量	—	0.25	0.05	0.013	0.20		
3 级	余量	—	0.30	0.07	0.013	0.30		
1 级	余量	—	0.20	0.05	0.015	0.15	JIS H 4630—1979 JIS H 4631—1979 JIS H 4650—1986 JIS H 4670—1979	管材 热交换器管 棒材 抗蚀用线材
2 级	余量	—	0.25	0.05	0.015	0.20		
3 级	余量	—	0.30	0.07	0.015	0.30		
A 级	余量	—	0.20	0.020	0.008	<0.10	JIS Z 3331—1977	焊丝
B 级	余量	—	0.20	0.020	0.008	0.10~0.15		
11 级	余量	0.12~0.25	0.20	0.05	0.013	0.15	JIS H 4605—1986	板材,带材
12 级	余量	0.12~0.25	0.25	0.05	0013	0.20		
13 级	余量	0.12~0.25	0.30	0.07	0.013	0.30		
11 级	余量	0.12~0.25	0.20	0.05	0.015	0.15	JIS H 4635—1986 JIS H 4636—1986 JIS H 4655—1986 JIS H 4675—1986	管材 热交换器管 棒材 线材
12 级	余量	0.12~0.25	0.25	0.05	0.015	0.20		
13 级	余量	0.12~0.25	0.30	0.07	0.015	0.30		

7.6.2 钛及钛合金的力学性能

(1)板、带材

钛及钛合金板、带材的性能如表7-104所示。

表7-104 钛及钛合金板、带材的性能

钛或钛合金级别	状态	拉伸试验				弯曲试验			标准号
		厚度 /mm	抗拉强度 σ_b /MPa	屈服强度 $\sigma_{0.2}$ /MPa	伸长率① δ /%	厚度 /mm	弯曲角 /(°)	弯心半径②	
				不小于					
1级	退火	0.5～15	275～412	167	27	0.5～<5	180	2t	JIS H 4600—1979
2级	退火	0.5～15	343～510	216	23	0.5～<5	180	2t	JIS H 4600—1979
3级	退火	0.5～15	481～618	343	18	0.5～<5	180	3t	JIS H 4600—1979
钛或钛合金级别	状态	拉伸试验				弯曲试验			标准号
		厚度 /mm	抗拉强度 σ_b /MPa	屈服强度 $\sigma_{0.2}$ /MPa	伸长率① δ /%	厚度 /mm	弯曲角 /(°)	弯心半径②	
				不小于					
11级	退火	0.5～15	275～412	167	27	0.5～<5	180	2t	JIS H 4605—1986
12级	退火	0.5～15	343～510	216	23	0.5～<5	180	2t	JIS H 4605—1986
13级	退火	0.5～15	481～618	343	18	0.5～<5	180	3t	JIS H 4605—1986

注：表中①L_0=50mm；②t为试样厚度。

(2)棒材、线材

钛及钛合金棒材、线材的性能如表7-105所示。

表7-105 钛及钛合金棒材、线材的性能①

材料名称	钛或钛合金级别	状态	直径 /mm	抗拉强度 σ_b /MPa	屈服强度 $\sigma_{0.2}$ /MPa	伸长率② δ /%	布氏硬度 HB (10/3000)	标准号
				不小于(注明范围值的除外)				
钛棒材	1级	退火	8～100	275～412	167	27	100	JIS H 4650—1986
钛棒材	2级	退火	8～100	343～510	216	23	110	JIS H 4650—1986
钛棒材	3级	退火	8～100	481～618	343	18	150	JIS H 4650—1986
钛合金棒材	11级	退火	8～100	275～412	167	27	100	JIS H 4655—1986
钛合金棒材	12级	退火	8～100	343～510	216	23	110	JIS H 4655—1986
钛合金棒材	13级	退火	8～100	481～618	343	18	150	JIS H 4655—1986
钛线材	1级	退火	1～<8	275～412	—	15	—	JIS H 4670—1979
钛线材	2级	退火	1～<8	343～510	—	13	—	JIS H 4670—1979
钛线材	3级	退火	1～<8	481～618	—	11	—	JIS H 4670—1979
钛合金线材	11级	退火	1～<8	275～412	—	15	—	JIS H 4675—1986
钛合金线材	12级	退火	1～<8	343～510	—	13	—	JIS H 4675—1986
钛合金线材	13级	退火	1～<8	481～618	—	11	—	JIS H 4675—1986

注：表中①直径不小于25mm的棒材性能，经供需双方协商可以不测；②棒材L_0=50mm，线材L_0=100mm。

(3)管材

钛及钛合金管材的性能如表 7-106 所示。

表 7-106　　钛及钛合金管材的性能

材料名称		钛或钛合金级别	状态	外径 /mm	壁厚 /mm	抗拉强度 σ_b /MPa	伸长率① /% 不小于	标准号
热交换器用钛及钛合金管材②	无缝管	1级 11级	退火	10～60	1～5	275～412	27	JIS H 4631—1979 (1级、2级、3级纯钛) JIS H 4636—1986 (11级、12级、13级钛合金)
		2级 12级	退火	10～60	1～5	343～510	23	
		3级 13级	退火	10～60	1～5	481～618	18	
	焊接管	1级 11级	退火	10～60	0.5～<3	275～412	27	
		2级 12级	退火	10～60	0.5～<3	343～510	23	
		3级 13级	退火	10～60	0.5～<3	481～618	18	
管道用钛及钛合金管材③	无缝管	1级 11级	退火	10～80	1～10	275～412	27	JIS H 4630—1979 (1级、2级、3级纯钛) JIS H 4635—1986 (11级、12级、13级钛合金)
		2级 12级	退火	10～80	1～10	343～510	23	
		3级 13级	退火	10～80	1～10	481～618	18	
	焊接管	1级 11级	退火	10～150	1～<10	275～412	27	
		2级 12级	退火	10～150	1～<10	343～510	23	
		3级 13级	退火	10～150	1～<10	481～618	18	

注：表中①L_0=50mm；②水压试验不发生泄漏或其他缺陷，压扁试验不出现裂纹，扩口使外径扩大 14%不出现裂纹，焊接管展平试验焊缝区不出现裂纹；③水压试验不发生泄漏或其他缺陷，压扁试验不出现裂纹。

7.7　国际标准化组织(ISO)钛及钛合金

7.7.1　钛及钛合金牌号和化学成分

在国际标准化组织(ISO)中，钛由轻金属技术委员会 TC79 分管，曾设立过钛及钛合金的分委员会，但一直没有开展工作，也未制订任何有关钛的标准。目前，TC79 已撤销了钛分委员会。只有 TC150 将钛作为外科植入材料而制订了两个钛材标准，即 ISO 5832/Ⅱ 和 ISO 5832/Ⅲ，其牌号和化学成分如表 7-107 所示。

表 7-107 ISO 规定的钛及钛合金牌号和化学成分

牌号	化学成分/%(不大于,注明范围值和余量者除外)								标准号
	Ti	Al	V	Fe	C	N	H①	O	
Grade ELI	余量	—	—	0.1	0.03	0.012	0.0125	0.1	ISO 5832/Ⅱ—1999
Grade 1	余量	—	—	0.20	0.10	0.03	0.0125	0.18	
Grade 2	余量	—	—	0.30	0.10	0.03	0.0125	0.25	
Grade 3	余量	—	—	0.30	0.10	0.05	0.0125	0.35	
Grade 4A Grade 4B	余量	—	—	0.50	0.10	0.05	0.0125	0.40	
Ti-6Al-4V	余量	5.50～6.75	3.50～4.50	0.30	0.08	0.05	0.015	0.20	ISO 5832/Ⅲ—1996

注:表中规定的氢含量适用于坯料以外的所有产品,坯料的氢含量不大于 0.010%。

7.7.2 钛及钛合金的力学性能

表 7-108 ISO 规定的钛及钛合金加工材料的性能

牌号	状态或材料形式	抗拉强度 σ_b	屈服强度 $\sigma_{0.2}$	伸长率① δ	板材和带材弯曲试验的弯心直径③		标准号
		MPa		%	厚度 t/mm		
		不小于			≤2	>2～5	
Grade ELI	退火	200	140	30	3t	4t	ISO 5832/Ⅱ—1999
Grade 1	退火	240	170	24	3t	4t	
Grade 2	退火	345	275	20	4t	5t	
Grade 3	退火	450	380	18	4t	5t	
Grade 4A	退火	550	483	15	5t	6t	
Grade 4B	冷加工	680	520	10	6t	7t	
Ti-6Al-4V	板、带材	860	780	8	10t		ISO 5832/Ⅲ—1996
	棒材④	860	780	10	—		

注:表中①L_0 为 $5.65\sqrt{S_0}$或 50mm;②断面收缩率仅适用于棒材和坯料;③t 为板材、带材的厚度,按规定的弯心直径弯曲 180°不出现裂纹;④棒材的最大直径或厚度为 75mm。

第 8 章 锌及锌合金

8.1 中国锌及锌合金

8.1.1 锌及锌合金牌号和化学成分

表 8-1 锌锭的牌号和化学成分(GB/T 470—2008)

牌 号	化 学 成 分/%(质量分数)							
	Zn 不小于	杂质,不大于						
		Pb	Cd	Fe	Cu	Sn	Al	总和
Zn99.995	99.995	0.003	0.002	0.001	0.001	0.001	0.001	0.005
Zn99.99	99.99	0.005	0.003	0.003	0.002	0.001	0.002	0.01
Zn99.95	99.95	0.030	0.01	0.02	0.002	0.001	0.01	0.05
Zn99.5	99.5	0.45	0.01	0.05	—	—	—	0.5
Zn98.5	98.5	1.4	0.01	0.05	—	—	—	1.5

表 8-2 铸造用锌合金锭化学成分(GB/T 8738—2006)

牌 号	代 号	化 学 成 分/%(质量分数)												
		主要成分					杂质含量,不大于							
		Al	Cu	Mg	Ni	Zn	Fe	Pb	Cd	Sn	Si	Cu	Mg	Ni
ZnAl4	ZX01	3.9~4.3	—	0.03~0.06	—	余量	0.035	0.0040	0.0030	0.0015	—	0.1	—	—
ZnAl4Ni	ZX02	3.9~4.3	—	0.01~0.02	0.005~0.020	余量	0.075	0.0020	0.0020	0.0010	—	0.1	—	—
ZnAl4Cu1	ZX03	3.9~4.3	0.7~1.1	0.03~0.06	—	余量	0.035	0.0040	0.0030	0.0015	—	—	—	—
ZnAl4Cu3	ZX04	3.9~4.3	2.6~3.1	0.03~0.06	—	余量	0.035	0.0040	0.0030	0.0015	—	—	—	—
ZnAl6Cu1	ZX05	5.6~6.0	1.2~1.6	—	—	余量	0.020	0.003	0.003	0.001	0.02	—	0.005	0.001
ZnAl8Cu1	ZX06	8.2~8.8	0.9~1.3	0.02~0.03	—	余量	0.035	0.005	0.005	0.002	—	—	—	—
ZnAl9Cu2	ZX07	8.0~10.0	1.0~2.0	0.03~0.06	—	余量	0.05	0.005	0.005	0.002	0.05	—	—	—
ZnAl11Cu1	ZX08	10.8~11.5	0.5~1.2	0.02~0.03	—	余量	0.05	0.005	0.005	0.002	—	—	—	—
ZnAl11Cu5	ZX09	10.0~12.0	4.0~5.5	0.03~0.06	—	余量	0.05	0.005	0.005	0.002	0.05	—	—	—
ZnAl27Cu2	ZX10	25.5~28.0	2.0~2.5	0.012~0.02	—	余量	0.07	0.005	0.005	0.002	—	—	—	—

注:表中代号表示方法:“Z”为“铸”字汉语拼音首字母,代表“铸造用”;“X”为“锌”字汉语拼音首字母,表示“锌合金”。

表 8-3 锌铝合金类热镀用锌合金锭化学成分(YS/T 310—2008)

合金种类	牌 号	主要成分/%(质量分数)		杂质含量/%(质量分数),不大于				
		Zn	Al	Fe	Cd	Sn	Pb	Cu
锌铝合金类	RZnAl0.4	余量	0.25～0.55	0.004	0.003	0.001	0.004	0.002
	RZnAl0.6	余量	0.55～0.70	0.005	0.003	0.001	0.005	0.002
	RZnAl0.8	余量	0.70～0.85	0.006	0.003	0.001	0.005	0.002
	RZnAl5	余量	4.8～5.2	0.01	0.003	0.005	0.008	0.003
	RZnAl10	余量	9.5～10.5	0.03	0.003	0.005	0.01	0.005
	RZnAl15	余量	13.0～17.0					

注:热镀用锌合金锭中杂质 Cu,Cd,Sb 可根据需方要求取舍。

表 8-4 锌铝锑合金类热镀用锌合金锭化学成分(YS/T 310—2008)

合金种类	牌 号	主要成分/%(质量分数)		杂质含量/%(质量分数),不大于					
		Zn	Al	Sb	Fe	Cd	Sn	Pb	Cu
锌铝合金类	RZnAl0.4Sb	余量	0.30～0.60	0.05～0.30	0.006	0.003	0.002	0.005	0.003
	RZnAl0.7Sb	余量	0.60～0.90						

注:热镀用锌合金锭中杂质 Cu,Cd,Sb 可根据需方要求取舍。

表 8-5 锌铝硅合金类热镀用锌合金锭化学成分(YS/T 310—2008)

合金种类	牌 号	主要成分/%(质量分数)			杂质含量/%(质量分数),不大于				
		Zn	Al	Si	Pb	Fe	Cu	Cd	
锌铝合金类	RAl56ZnSi1.5	余量	52.0～60.0	1.2～1.8	0.02	0.15	0.03	0.01	0.03
	RAl65.0ZnSi1.7	余量	60.0～70.0	1.4～2.0	0.015	—	—	—	—

注:热镀用锌合金锭中杂质 Cu,Cd,Sb 可根据需方要求取舍。

表 8-6 锌铝稀土合金类热镀用锌合金锭化学成分(YS/T 310—2008)

合金种类	牌 号	主要成分(质量分数)/%			杂质含量/%(质量分数),不大于						
		Zn	Al	La+Ce	Fe	Cd	Sm	Pb	Si	其他杂质元素	
										单个	总和
锌铝稀土合金类	RZnAl5RE	余量	4.2～5.2	0.03～0.10	0.075	0.005	0.002	0.005	0.015	0.02	0.04

注:1. Sb,Cu,Mg 允许含量分别可以达到 0.002%,0.1%,0.05%,因为它们的存在对合金没有影响,所以不要求分析;
2. Mg 根据需方要求最高可以达 0.1%;
3. Zr,Ti 根据需方要求最高分别可以达 0.02%;
4. Al 根据需方要求最高可以达 8.2%;
5. 其他杂质元素是指除 Sb,Cu,Mg,Zr,Ti 以外的元素。

表 8-7　　铸造锌合金的牌号和化学成分(GB/T 1175—1997)

序 号	合金牌号	合金代号	合金元素/%(质量分数)			
			Al	Cu	Mg	Zn
1	ZZnAl4Cu1Mg	ZA4-1	3.5～4.5	0.75～1.25	0.03～0.08	余量
2	ZZnAl4Cu3Mg	ZA4-3	3.5～4.3	2.5～3.2	0.03～0.06	余量
3	ZZnAl6Cul	ZA6-1	5.6～6.0	1.2～1.6	—	余量
4	ZZnAl8CulMg	ZA8-1	8.0～8.8	0.8～1.3	0.015～0.030	余量
5	ZZnAl9Cu2Mg	ZA9-2	8.0～10.0	1.0～2.0	0.03～0.06	余量
6	ZZnAl11Cu1Mg	ZA11-1	10.5～11.5	0.5～1.2	0.015～0.030	余量
7	ZZnAl11Cu5Mg	ZA11-5	10.0～12.0	4.0～5.5	0.03～0.06	余量
8	ZZnAl27Cu2Mg	ZA27-2	25.0～28.0	2.0～2.5	0.010～0.020	余量

序 号	合金牌号	合金代号	杂质含量/%(质量分数),不大于					杂质总和
			Fe	Pb	Cd	Sn	其 他	
1	ZZnAl4Cu1Mg	ZA4-1	0.1	0.015	0.005	0.003		0.2
2	ZZnAl 4Cu3Mg	ZA4-3	0.075	Pb+Cd 0.009		0.002		—
3	ZZnAl6Cu1	ZA6-1	0.075	Pb+Cd 0.009		0.002	Mg 0.005	—
4	ZZnAl8Cu1Mg	ZA8-1	0.075	0.006	0.006	0.003	Mn 0.01 Cr 0.01 Ni 0.01	—
5	ZZnAl9Cu2Mg	ZA9-2	0.2	0.03	0.02	0.01	Si 0.1	0.35
6	ZZnAl11Cu1Mg	ZA11-1	0.075	0.006	0.006	0.003	Mn 0.01 Cr 0.01 Ni 0.01	—
7	ZZnAl11Cu5Mg	ZA11-5	0.2	0.03	0.02	0.01	Si 0.05	0.35
8	ZZnAl27Cu2Mg	ZA27-2	0.075	0.006	0.006	0.003	Mn 0.01 Cr 0.01 Ni 0.01	—

表 8-8　　压铸锌合金化学成分(GB/T 13818—2009)

序 号	合金牌号	合金代号	主要成分/%(质量分数)				杂质含量,不大于			
			Al	Cu	Mg	Zn	Fe	Pb	Sn	Cd
1	YZZnAl4A	YX040A	3.9～4.3	≤0.1	0.030～0.060	余量	0.035	0.004	0.001 5	0.003
2	YZZnAl4B	YX040B	3.9～4.3	≤0.1	0.010～0.020	余量	0.075	0.003	0.001 0	0.002
3	YZZnAl4Cul	YX041	3.9～4.3	0.7～1.1	0.030～0.060	余量	0.035	0.004	0.001 5	0.003
4	YZZnAl4Cu3	YX043	3.9～4.3	2.7～3.3	0.025～0.050	余量	0.035	0.004	0.001 5	0.003
5	YZZnAl8Cu1	YX081	8.2～8.8	0.9～1.3	0.020～0.030	余量	0.035	0.005	0.005 0	0.002
6	YZZnAl11Cu1	YX111	10.8～11.5	0.5～1.2	0.020～0.030	余量	0.050	0.005	0.005 0	0.002
7	YZZnAl27Cu2	YX272	25.5～28.0	2.0～2.5	0.012～0.020	余量	0.070	0.005	0.005 0	0.002

注:YZZnAl4B 的 Ni 含量为 0.005%～0.020%。

表 8-9　锌锭的化学成分(GB/T 470)

牌号	化学成分/%(质量分数)							
	Zn 不小于	杂质,不大于						
		Pb	Cd	Fe	Cu	Sn	Al	总和
Zn99.995	99.995	0.003	0.002	0.001	0.001	0.001	0.001	0.005
Zn99.99	99.99	0.005	0.003	0.003	0.002	0.001	0.002	0.01
Zn99.95	99.95	0.030	0.01	0.02	0.002	0.001	0.01	0.05
Zn99.5	99.5	0.45	0.01	0.05	—	—	—	0.5
Zn98.5	98.5	1.4	0.01	0.05	—	—	—	1.5

表 8-10　胶印锌板的牌号和化学成分(YS/T 504—2006)

牌号	主要成分/%(质量分数)				杂质/%(质量分数),不大于			
	Zn	Pb	Cd	Fe	Al	Cu	Sn	总和
XJ	余量	0.3～0.5	0.09～0.14	0.008～0.02	0.03	0.005	0.001	0.05

注:表中未列入的杂质包括在总和内。

表 8-11　锌板、锌带的化学成分(YS/T 565—2010)

牌号	化学成分/%(质量分数)									
DX	Zn	Ti	Mg	Al	Pb	Cd	Fe	Cu	Sn	杂质总和
	余量	0.001～0.05	0.000 5～0.001 5	0.002～0.02	<0.004	<0.002	≤0.003	≤0.001	≤0.001	0.040

注:1. 元素含量为上下限者为合金元素,元素含量为单个数值者为杂质元素,单个数值者表示最高限量;
2. 杂质总和为表中所列杂质元素实测值总和;
3. 表中用“余量”表示的元素含量为100%减去表中所列元素实测值所得。

表 8-12　锌板的化学成分(YS/T 225—2010)

牌号	化学成分/%(质量分数)							
X_{12}	Zn	Mg	Al	Pb	Fe	Cd	Cu	Sn	杂质总和
	余量	0.05～0.15	0.02～0.10	0.005	0.006	0.005	0.001	0.001	0.013

注:1. 元素含量为上下限者为合金元素,元素含量为单个数值者为杂质元素,单个数值者表示最高限量;
2. 杂质总和为表中所列杂质元素实测值总和;
3. 表中用“余量”表示的元素含量为100%减去表中所列元素实测值所得。

表 8-13　电池锌饼的牌号和化学成分(GB/T 3610—1997)

产品牌号	化学成分/%(质量分数)						
	主成分			杂质含量,不大于			
	Zn	Cd	Pb	Fe	Cu	Sn	杂质总和
XB1	余量	0.03～0.06	0.35～0.80	0.015	0.002	0.003	0.025
XB2	余量	0.05～0.10	0.10～0.20	0.006	0.002	0.001	0.01
XB3	余量	0.05～0.10	0.50～0.80	0.004	0.002	0.001	0.01

注:电池锌饼用于制造锌一锰电池的负极整体锌筒。锌饼的布氏硬度为38.0～45.9,HBS2.5/62.5/30。

表 8-14　　锌粉的化学成分(GB/T 6890—2000)

等级 (按化学 成分分)	化学成分/%(质量分数)					
	主品位,不大于		杂质,不大于			
	全锌	金属锌	Pb	Fe	Cd	酸不溶物
一级	98	96	0.1	0.05	0.1	0.2
二级	98	94	0.2	0.2	0.2	0.2
三级	96	92	0.3	—	—	0.2
四级	92	88	—	—	—	0.2

注:锌粉用于涂料、染料、冶金、化工及制药等工业。以含锌物料为原料生产的四级锌粉,其含硫量应不大于0.5%。

8.1.2　锌及锌合金的规格及力学性能

表 8-15　　铸造锌合金的力学性能(GB/T 1175—1997)

序号	合金牌号	合金代号	铸造方法及状态	抗拉强度 σ_b /MPa,不大于	伸长率 δ_5 /%,不小于	布氏硬度 HBS 不小于
1	ZZnAl4Cu1Mg	ZA4-1	JF	175	0.5	80
2	ZZnAl4Cu3Mg	ZA4-3	SF	220	0.5	90
			JF	240	1	100
3	ZZnAl6Cu1	ZA6-1	SF	180	1	80
			JF	220	1.5	80
4	ZZnAl8Cu1Mg	ZA8-1	SF	250	1	80
			JF	225	1	85
5	ZZnAl9Cu2Mg	ZA9-2	SF	275	0.7	90
			JF	315	1.5	105
6	ZZnAl11Cu1Mg	ZA11-1	SF	280	1	90
			JF	310	1	90
7	ZZnAl11Cu5Mg	ZA11-5	SF	275	0.5	80
			JF	295	1.0	100
8	ZZnAl27Cu2Mg	ZA27-2	SF	400	3	110
			ST3	310	8	90
			JF	420	1	110

注:T3 工艺为 320℃、3h、炉冷。

表 8-16　　胶印锌板的尺寸及允许偏差(GB/T 3496—1983)

厚度	厚度允许偏差	宽度	宽度允许偏差	长度	长度允许偏差	同张板厚相差不超过	理论质量(密度:7.2)		备注
mm							kg/m²	kg/张	
0.55	±0.04	640	±3	680	±3	0.04	3.96	1.72	四开
		762		915				2.76	小对开
		765		975				2.95	大对开
		1144		1219		0.05		5.52	全开

注:经双方协议可供应其他规格和允许偏差的板材。

表 8-17　　胶印锌板的力学性能(YS/T 504—2006)

牌号	抗拉强度 σ_b/kgf·mm^{-2}(MPa)	伸长率 δ_{10}/%	硬度 HB	反复弯曲 /次
	不小于			
XJ	16(157)	15	50	7

表 8-18 锌带的尺寸及其允许偏差(YS/T 565—2010) 单位:mm

型号	厚度		宽度		长度
	公称尺寸	允许偏差	公称尺寸	允许偏差	公称尺寸
D25	0.25	+0.02 −0.01	91～186	+1	10^5～3×10^5
D30	0.28 0.30 0.35	+0.02 −0.01			
D50	0.40 0.45 0.50 0.60	+0.02 −0.01	91～186	+2	

表 8-19 锌板的尺寸及其允许偏差(YS/T 565—2010) 单位:mm

型号	厚度		宽度		长度	
	公称尺寸	允许偏差	公称尺寸	允许偏差	公称尺寸	允许偏差
B25	0.25	+0.02 −0.01	100～160 160～510	+1 +3	750～1200	+5
B30	0.28 0.30 0.35	±0.02				
B50	0.40 0.45 0.50 0.60	+0.02 −0.03				

表 8-20 锌板的尺寸及其允许偏差(YS/T 225—2010) 单位:mm

厚度			宽度		长度	
公称尺寸	允许偏差	同板差	公称尺寸	允许偏差	公称尺寸	允许偏差
0.8	±0.03	≤0.05	381～510	+3	600～1200	+5
1.0 1.2	±0.04				550～1200	
1.4 1.5	±0.05				600～1200	
2.0 3.0 5.0	±0.08				600～1200	

注:同板差为同一锌板最大厚度与最小厚度之差。

表 8-21 圆锌饼的直径、厚度及其允许偏差(GB/T 3610—1997)

型号	直径 D/mm		厚度 H/mm		
	公称尺寸	允许偏差	公称尺寸	允许偏差/mm 高精度	允许偏差/mm 普通精度
R20	31.90	+0.05 −0.10	3.00～4.80	±0.10	+0.18 −0.10
	31.50	+0.05 +0.10	3.20～5.00	±0.10	+0.18 −0.10
	30.90	+0.05 −0.10	3.20～5.00	±0.10	+0.18 −0.10
R14	24.40	+0.05 −0.10	3.00～4.60	±0.10	+0.18 −0.10
	24.10	+0.05 −0.10	3.00～4.60	±0.10	+0.18 −0.10
R10	19.20	+0.05 −0.10	3.30～4.10	±0.10	+0.18 −0.10
	19.00	+0.05 −0.10	3.30～4.10	±0.10	+0.18 −0.10
R6	13.20	+0.05 −0.10	5.00～6.00	±0.10	+0.18 −0.10
	12.90	+0.05 −0.10	5.00～6.00	±0.10	+0.18 −0.10
R1	10.60	+0.05 −0.10	3.80	±0.10	+0.18 −0.10
R03	9.60	+0.05 −0.10	6.50～6.80	±0.10	+0.18 −0.10
	9.30	+0.05 −0.10	6.50～6.80	±0.10	+0.18 −0.10

表 8-22 六角锌饼的尺寸及其允许偏差(GB/T 3610—1997)

型号	最长对角线 B/mm		厚度 H/mm	
	公称尺寸	允许偏差	公称尺寸	允许偏差
R20	31.90	+0.20 −0.30	3.90～5.60	+0.20 −0.10
	30.90	+0.20 −0.30	3.90～5.60	+0.20 −0.10
R14	24.40	+0.20 −0.30	4.50～5.00	+0.20 −0.10

表 8-23 电池锌饼的拱曲值(GB/T 3610—1997)

锌饼直径或对角线长/mm	拱曲值/mm,不大于
30.90～31.90	0.35
19.00～24.40	0.30
9.30～13.20	0.25

表 8-24 电池锌饼的毛刺高度(GB/T 3610—1997)

锌饼厚度/mm	毛刺高度/mm,不大于
3.00～5.00	0.25
>5.00～6.80	0.30

表 8-25 锌粉的粒度及筛余物(GB/T 6890—2000)

规格(按粒度分)	筛余物,不大于		粒度分布/%,不大于	
	最大粒径/μm	含量/%	30μm 以下	10μm 以下
FZn30	45	—	99.5	80
FZn45	90	0.3	—	—
FZn90	125	0.1	—	—
FZn125	200	1.0	—	—

注:包装桶表面上不易脱落的颜色标志:FZn30(黑色)、FZn45(黄色)、FZn90(绿色)、FZn125(蓝色)。

8.2 欧洲标准化委员会(CEN)锌及锌合金

8.2.1 锌及锌合金牌号及化学成分

表 8-26 初级锌的牌号及化学成分(EN1179—2003)

合金牌号	合金成分/%(最大值)							
	Ph	Cd	Fe	Sn	Cu	Al	其他元素总和	Zn
Z1	0.003	0.003	0.002	0.001	0.001	0.001	0.005	99.995
Z2	0.005	0.003	0.003	0.001	0.002	—	0.01	99.99
Z3	0.03	0.005	0.02	0.001	0.002	—	0.05	99.5
Z4	0.45	0.005	0.05	—	—	—	0.5	99.5
Z5	1.4	0.005	0.05	—	—	—	1.5	98.5

表 8-27 锌及锌合金铸锭和液体的牌号及化学成分(EN1174—1997)

合金牌号			合金成分/%(最大值)											
元素符号	数字序号	输写	Al	Cu	Mg	Cr	Ti	Pb	Cd	Su	Fe	Ni	Si	Zn
ZnAl4	ZL0400	ZL3	3.8～4.2	0.03	0.035～0.06	—	—	0.003	0.003	0.001	0.020	0.001	0.02	余量
ZnAl4Cu1	ZL0410	ZL5	3.8～4.2	0.7～1.1	0.035～0.06	—	—	0.003	0.003	0.001	0.020	0.001	0.02	余量
ZnAl4Cu3	ZL0436	ZL2	3.8～4.2	2.7～3.3	0.035～0.06	—	—	0.003	0.003	0.001	0.020	0.001	0.02	余量
ZnAl6Cu1	ZL0610	ZL6	5.6～6.0	1.2～1.6	0.005	—	—	0.003	0.003	0.001	0.020	0.001	0.02	余量
ZnAl8Cu1	ZL0810	ZL8	8.2～8.8	0.9～1.3	0.02～0.03	—	—	0.005	0.005	0.002	0.035	0.001	0.035	余量
ZnAl11Cu1	ZL1110	ZL12	10.8～11.5	0.5～1.2	0.02～0.03	—	—	0.005	0.005	0.002	0.05	—	0.05	余量
ZnAl27Cu2	ZL2720	ZL27	35.5～28.0	2.0～2.5	0.012～0.02	—	—	0.005	0.005	0.002	0.07	—	0.07	余量
ZnCu1CrTi	ZL0010	ZL16	0.01～0.04	1.0～1.5	0.02	0.1～0.2	0.15～0.25	0.005	0.004	0.003	0.04	—	0.04	余量

表 8-28　　锌及锌合金铸件的牌号及化学成分(EN12844—1998)

合金牌号	缩写	Al	Cu	Mg	Cr	Ti	Pb	Cd	Sn	Fe	Ni	Si	Zn
ZL0400	ZL3	3.7～4.5	0.1	0.025～0.06	—	—	0.005	0.005	0.002	0.05	0.02	0.03	余量
ZL0410	ZL5	3.7～4.3	0.7～1.2	0.025～0.06	—	—	0.005	0.005	0.002	0.05	0.02	0.03	余量
ZL0430	ZL2	3.7～4.3	2.7～3.3	0.025～0.06	—	—	0.005	0.005	0.002	0.05	0.02	0.03	余量
ZL0610	ZL6	5.4～8.0	1.1～1.7	0.005	—	—	0.005	0.005	0.002	0.05	0.02	0.03	余量
ZL0810	ZL8	8.0～8.8	0.8～1.3	0.015～0.03	—	—	0.006	0.006	0.003	0.06	0.02	0.045	余量
ZL1110	ZL12	10.5～11.5	0.5～1.2	0.015～0.03	—	—	0.006	0.006	0.003	0.01	0.02	0.06	余量
ZL2720	ZL27	25.0～38.0	2.0～2.5	0.01～0.02	—	—	0.006	0.006	0.003	0.1	0.02	0.08	余量
ZL0010	ZL16	0.01～0.04	1.0～1.5	0.02	0.1～0.2	0.15～0.25	0.003	0.005	0.004	0.05	—	0.05	余量

8.2.2 锌及锌合金的力学性能

表 8-29　　锌合金铸件 20℃时的力学性能(EN12844—1998)

合金牌号	缩　写	抗拉强度 R_m /MPa	屈服强度 $R_{p0.2}$ /MPa	伸长率 A_{50mm} /%	布氏硬度 HBS	疲劳强度(10^8 周) /MPa
ZP0400	ZP3	280	200	10	83	48
ZP0410	ZP5	330	250	5	92	56
ZP0430	ZP2	355	270	5	102	60
ZP0810	ZP8	370	220	8	100	100
ZP1110	ZP12	400	300	5	100	
ZP2720	ZP27	425	370	2.5	120	145
ZP0010	ZP16	220	—	—	—	*

8.3 美国锌及锌合金

表 8-30　　锌的化学成分要求(ASTM B6—2009)

合金牌号 (UNS)	化学成分/%(质量分数)							
	Pb	Fe ≤	Cd ≤	Ac ≤	Cu ≤	Sn ≤	总的非锌量	Zn(按差值)
伦敦金属交易[Z12002]	≤0.003	0.002	0.003	0.001	0.001	0.001	0.005	99.995
特别高级[Z13001]	≤0.003	0.003	0.003	0.002	0.002	0.001	0.010	99.990
高级[Z14002]	≤0.03	0.02	0.01	0.01	0.002	0.001	0.05	99.95
中级[Z16003]	≤0.45	0.05	0.01	0.01	0.20	—	0.5	99.5
西方优级[Z18004]	0.5～1.4	0.05	0.20	0.01	0.10	—	1.5	98.5

表 8-31 轧制锌的化学成分(ASTMB 69—1966)(1979 年确认)

	化 学 成 分/%,不大于(注明范围和余量者除外)					
	Pb	Fe	Cd	Cu	Mg	Zn
—	0.05	0.010	0.005	0.001	—	余量
—	0.05~0.12	0.012	0.005	0.001	—	余量
—	0.03~0.65	0.020	0.02~0.35	0.005	—	余量
—	0.05~0.12	0.012	0.005	0.65~1.25	—	余量
—	0.05~0.12	0.015	0.005	0.75~1.25	0.007~0.02	余量

注:对锌板限制边部弯曲,有延性(冲杯)等要求。

表 8-32 铸造和锻造镀锌阳极的化学成分(ASTM B418—2009)

UNS	化 学 成 分/%,不大于(注明范围和余量者除外)						
	Al	Cd	Fe	Pb	Cu	其他总量	Zn
Z32120	0.1~0.5	0.025~0.07	0.005	0.006	0.005	0.1	余量
Z13000	≤0.005	≤0.003	0.0014	0.003	0.002	—	余量

表 8-33 热镀锌合金锭的化学成分(ASTM B750—2009)

合金牌号	化 学 成 分/%,不大于(注明范围和余量者除外)									
	Al	Ce+La	Fe≤	Si≤	Pb≤	Cd≤	Sn≤	其他,单个≤	其他,总和≤	Zn
UNS Z38510 (Zn-5Al-MM)	4.2~6.2	0.03~0.10	0.075	0.015	0.005	0.005	0.002	0.02	0.04	余量

表 8-34 锌合金锭牌号(ASTM B 240—2010)

UNS	ASTM	一般	UNS	ASTM	一般
Z33521	AG40A	合金 3	Z33530	AG41A	合金 5
Z33522	AG40B	合金 7	Z33540	AG43A	合金 2

注:本标准适用于模铸生产的商业性锌合金锭。

表 8-35 锌合金锭化学成分(ASTM B 240—2010)

合金牌号	化 学 成 分/%,不大于(注明范围和余量者除外)								
	Al	Mg	Cu	Fe≤	Pb≤	Cd≤	Sn≤	Ni	Zn
Z33522(AG408)	3.9~4.3	0.03~0.06	≤0.10	0.035	0.004	0.003	0.0015	—	余量
Z33522(AG408)	3.9~4.3	0.010~0.020	≤0.10	0.035	0.003	0.002	0.0010	0.005~0.020	余量
Z35530(AC41A)	3.9~4.3	0.03~0.06	0.71~1.1	0.035	0.004	0.003	0.0015	—	余量
Z35540(AC43A)	3.9~4.3	0.025~0.05	2.7~3.3	0.035	0.004	0.03	0.0015	—	余量
Z35635	8.2~8.8	0.02~0.03	0.9~1.3	0.035	0.005	0.005	0.002	—	余量
Z35630	10.8~11.5	0.02~0.03	0.5~1.2	0.05	0.005	0.005	0.002	—	余量
Z35840	25.5~28.0	0.012~0.020	2.0~2.5	0.07	0.005	0.005	0.002	—	余量

注:1. 用于模铸的锌合金锭可以含镍、铬、硅和锰分别至 0.02%、0.02%、0.035%和 0.05%,这些元素含量至此浓度还未见有害影响,因此,这些元素无须分析检查,但 Z33522 镍含量要求分析检查;
2. ASTM 合金标识是按照 B275 习惯编制的。UNS 标识是按照 E572 习惯编的,UNS 数码的最后一个数字表示了相似成分合金间的差异,合金锭及铸造用合金的 UNS 标识不是按照所有合金同一顺序来标识的;
3. 为了接收或拒收,分析中得到的观测值或计算值应按 F29 中规定的圆整程度,圆整到所列的规定极限值数据的最后一位;
4. 当这种材料必须符合 ISO 301 标准时,铊、铟化学成分每次不得超过 0.001%;
5. 铸造和压铸锌铝合金锭可能包含镍、铬、锰化学成分高达 0.01%或 0.03%。

8.4 英国锌及锌合金

8.4.1 锌及锌合金牌号和化学成分

表 8-36 锌的化学成分(BS EN1179:2003)

合金牌号	颜色代码	化学成分/%,不大于(注明范围和余量者除外)							
		标准锌含量	1 Pb≤	2 Cd≤	3 Fe≤	4 Sn≤	5 Cu≤	6 Al≤	1到6列元素总含量≤
Z1	白	99.995	0.003	0.003	0.002	0.001	0.001	0.001	0.005
Z2	黄	99.99	0.005	0.003	0.003	0.001	0.002	—	0.01
Z3	绿	99.95	0.03	0.005	0.02	0.001	0.002	—	0.05
Z4	蓝	99.5	0.45	0.005	0.05	—	—	—	0.5
Z5	黑	98.5	1.4	0.005	0.05	—	—	—	1.5

表 8-37 铸造锌的化学成分(BS EN 12844:1998)

合金牌号	简标	颜色代码	化学成分/%,不大于(注明范围和余量者除外)											
			Al	Cu	Mg	Cr	Ti	Pb≤	Cd≤	Sn≤	Fe≤	Ni≤	Si≤	Zn
ZP0400	ZP3	白/黄	3.7~4.3	0.1	0.025~0.06	—	—	0.005	0.005	0.002	0.05	0.02	0.03	余量
ZP0410	ZP5	白/共	3.7~4.3	0.7~1.2	0.025~0.06	—	—	0.005	0.005	0.002	0.05	0.02	0.3	余量
ZP0430	ZP2	白/绿	3.7~4.3	2.7~3.3	0.025~0.06	—	—	0.005	0.005	0.002	0.05	0.02	0.3	余量
ZP0610	ZP6	白/白	5.4~6.0	1.1~1.7	0.005	—	—	0.005	0.005	0.002	0.05	0.02	0.03	余量
ZP0810	ZP8	白/蓝	8.0~8.8	0.8~1.3	0.015~0.03	—	—	0.006	0.006	0.003	0.06	0.02	0.045	余量
ZP1110	ZP12	白/橙	10.5~11.5	0.5~1.2	0.015~0.03	—	—	0.006	0.006	0.003	0.07	0.02	0.06	余量
ZP2720	ZP27	白/紫	25.0~28.0	2.0~2.5	0.01~0.02	—	—	0.006	0.006	0.003	0.1	0.02	0.08	余量
ZP0010	ZP16	白/棕	0.01~0.04	1.0~1.5	0.02	0.1~0.2	0.15~0.25	0.005	0.005	0.004	0.05	—	0.05	余量

8.4.2 锌及锌合金的力学性能

表8-38 20℃下锌合金压铸件的性能(BS EN 12844:1998)

合金牌号	ZP0400	ZP0410	ZP0430	ZP0610[1)]	ZP0810	ZP1110	ZP2720	ZP0010
简标	ZP3	ZP5	ZP2	ZP6	ZP8	ZP12	ZP27	ZP16
颜色代码	白/黄	白/黑	白/绿	白/白	白/蓝	白/橙	白/紫	白/棕
抗拉强度/MPa	280	330	355	—	370	400	425	220

续表

合金牌号	ZP0400	ZP0410	ZP0430	ZP0610[1]	ZP0810	ZP1110	ZP2720	ZP0010
伸长率 A_{50mm}/%	10	5	5	—	8	5	2.5	—
布氏硬度 HBS(500-10-30)	83	92	102	—	100	100	120	—
冲击能(6.3mm×6.3mm 无缺口试棒)/J	57	58	59	—	40	30	10	—
杨氏模量/GPa	85	85	85	—	86	82	78	—
0.2%抗屈强度/MPa	200	250	270	—	220	300	370	—
疲劳强度(10^8 周期)/MPa	48	56	60	—	100	—	145	—
0.5%延伸率下抗蠕变强度(3000H)/MPa	80	100	130	—	160	—	100	—
密度/(kg/dm^3)	6.7	6.7	6.8	6.5	6.3	6	5	7.2
熔点区间/℃	382~387	379~388	379~389	375~395	375~404	377~432	377~484	410~420
热膨胀系数/$\mu m\cdot(m\cdot K)^{-1}$	27	27	27	25	23	24	—	
导热系数/$W\cdot(m\cdot K)^{-1}$	113	110	119	115	115	116	126	109
导电率/%IACS	26	26	26	27	28	28	30	24

注:1. 表中给出的是平均值,仅供参考;
2. $1MPa=1N/mm^2$;
3. $1GPa=1/kN/mm^2$;
4. $100\%IACS=58S\cdot m/mm^2$;
[1] 通常不提供压铸形式。

8.5 法国锌及锌合金

8.5.1 锌及锌合金牌号和化学成分

表 8-39 锌含金的化学成分(NF A 55-101—1984)

合金牌号	锌的最低百分含量/%	其他元素质量/%,不大于						
		Pb	Cd	Fe	Sn	Cu	Al	总和
Z9	99.995	0.003	0.003	0.002	0.001	0.001	0.005	0.005
Z8	99.95	0.03	0.02①	0.02	0.001	0.002	0.005	0.05
Z7	99.50	0.45	0.15①	0.05	①②	0.005	0.01③	0.50
Z6	98.50	1.4	0.20	0.05	②④⑤	0.03	0.02③	1.5
Z5	98	1.6	0.25	0.08	④⑤	—	—	2
Z4	97.75	1.75	0.25	0.10	—	—	—	2.25

注:表中①在订购的特定规范上,电镀钢管时含镉(Cd)量限定在0.01%内,含锡(Sn)量限定在0.05%内;②轧制时限定在0.003%内;③轧制时限定在0.005%内;④用来制造黄铜时限定在0.30%内;⑤用来电镀时限定在0.50%内。

表 8-40 锌合金的化学成分(NF A 55-102—1972)

合金牌号	成分(锌除外)	百分量/%		其他元素百分量(最大含量)
		最大	最小	
Z-A4G	Al Mg	4.30 0.06	3.90 0.03	Cu 0.03 (只对 Z-A4G 而言) Fe 0.075 Pb 0.003 Cd 0.003 Sn 0.001
Z-A4U1G	Al Cu Mg	4.30 1.25 0.06	3.90 0.75 0.03	

表 8-41 锌合金化学成分的测定

合金牌号	标准化学成分百分量/%				试验种类 下述各项的测定	
	Al	Cu	Mg	Zn	成分	异物
Z-A4G	4		0.04	余量	0	0
Z-A4U1G	4	1	0.04		0	0

表 8-42 锌铜钛合金的化学成分(NF A 55-201—1983)

合金牌号	Cu	Ti	Al	Zn
ZnCuTi	≥0.10	≥0.05	≤0.005	余量

8.5.2 锌及锌合金的力学性能

表 8-43 锌铜钛合金板、带、线的力学性能

合金牌号	维氏硬度 HV	抗拉强度/MPa		伸长率/%,不小于		标准号
		纵向	横向	纵向	横向	
ZnCnTi	≥45	≥150	≥200	30	15	NF A 55-201—1983

8.6 德国锌及锌合金

8.6.1 锌及锌合金牌号和化学成分

表8-44 锌的牌号、材料代号、化学成分及用途(DIN 1706—1974)

名称	牌号	材料代号	允许杂质/%(质量分数)							使用说明
			总量	Pb	Cd	Pb+Cd	Sn	Fe	Cu	
精炼锌	Zn99.995	2.2045	0.0050	0.003	0.003	0.004	0.001	0.002	0.001	按 DIN 1743 精炼锌合金,可溶阳极,浸蚀板,深冲黄铜,深冲锌白铜
	Zn99.99	2.2040	0.010	0.005	0.003	0.006	0.001	0.003	0.002	锌板,锌带、锌线、镀锌钢丝
	Zn99.95	2.2035	0.050	0.03	0.02	0.03	0.001	0.02	0.002	深冲黄铜,锌板,锌带,锌线,镀锌
粗锌	Zn99.5	2.2095	0.5	0.45	0.15	—	—	0.05	—	镀锌,锌板、锌带
	Zn98.5	2.2085	1.5	1.4	0.20	—	—	0.05	—	
	Zn97.5	2.2075	2.5	2.4	0.30	—	—	0.08	—	

注:1. 表中未注明允许杂质数值的空栏表示,尽管未预先规定最高含量,但可在生产厂和用户之间协商,例如 1972 年 8 月出版的 DIN2444“镀锌钢管”中第 5.2 节所含铅例外的最高含量适合为 Zn98.5;

2. 按 DIN17770,轧制锌材和商品锌产品的允许锡含量和铁含量应特殊协商。

表 8-45 铸造锌合金的化学成分(DIN 1734T_1—1978)

合金牌号 (标 号)	材 料 号	化 学 成 分/%(质量分数)	
		合 金 成 分	允许的杂质
GB-ZnAl4Cu1 * (Z410)	2.2141	Al 3.7～4.1 Cu 0.5～1.0 Mg 0.03～0.06 Zn 其余	Fe 0.02 Pb+Cd 0.006 Sn 0.001
GB-ZnAl4 * (Z400)	2.2140	Al 3.7～4.1 Mg 0.03～0.06 Zn 其余	Cu 0.03 Fe 0.02 Pb+Cd 0.006 Sn 0.001
GB-ZnAl4Cu3 (Z430)	2.2143	Al 3.9～4.3 Cu 2.5～3.2 Mg 0.03～0.06 Zn 其余	Fe 0.05 Pb+Cd 0.006 Sn 0.001
GB-ZnAl6Cu1 (Z610)	2.2161	Al 5.6～6.0 Cu 1.2～1.6 Zn 其余	Fe 0.05 Mg 0.005 Pb+Cd 0.006 Sn 0.001

8.6.2 锌及锌合金的力学性能

锌及锌合金板、带材和铸造锌合金的力学性能分别见表 8-46 和表 8-48。表 8-47 列出了锌及锌合金板材受热影响后的性能。

表 8-46 建筑用锌及锌合金板、带材的力学性能(DIN 17770T_1—1979)

材 料			厚 度 /mm	屈服强度 $R_{p0.2}$ /MPa 不小于	抗拉强度 R_m /MPa 不小于	伸长率 A_{10} /% 不小于	维氏强度 /HV 不小于	持久强度 $\sigma_1/1000$ /MPa 不小于	弯曲半径 r (对折叠试样) /mm
名 称	合金牌号	合金代号							
叠轧锌板	W-ZnnK	2.2200.30	≤0.8	—	150	25	40	—	1.5a
			>0.8～1.0	—	140	20	40	—	2.0a
锌合金	D-Znbd	2.2203.38	≤0.8	100	150	40	40	50	0
			>0.8～1.0	100	150	35	40	50	0

表 8-47 锌及锌合金板材受热影响后的性能(DIN 1777OT_1—1979)

材 料			厚 度 /mm	线胀系数 $/10^{-6}K^{-1}$	再结晶度 /℃	抗拉强度 R_m /MPa 不小于	伸长率 A_{10} /% 不小于	持久强度 /MPa 不小于
名 称	合金牌号	合金代号						
轧锌板	W-ZnPK	2.2200.30	≤0.8	36	80	75	15	—
			>0.8～1.0			70	10	—
锌合金	D-Znbd	2.2203.38	≤0.8	22	300	150	35	70
			>0.8～1.0			150	30	70

表 8-48　　　　铸造锌合金的力学性能[①] (DIN 1734T_1—1978)

合金牌号(标号)	材料号	抗拉强度 R_m (σ_B) /MPa	0.2屈服强度[②] $R_{p0.2}$ ($\sigma_{0.2}$) /MPa	(断裂)伸长率 A_5 (δ_5) /%	布氏硬度[③] HBS	负载交变时 20×10^4 的弯曲交变强度 σ_{LW} (20×10^6) /MPa	化学成分/%(质量分数)		密度 /kg·dm^{-3} ≈	使用说明
							合金成分	允许的杂质		
GD-ZnAl4Cu1* (Z410)	2.2141.05	280～350	220～250	2～5	85～105	70～100	Al 3.5～4.3 Cu 0.4～1.1 Mg0.02～0.06 Zn 其余	Fe 0.05 Ni 0.02 Pb+Cd 0.009 Sn 0.002	6.7	压铸件的择优合金
GD-ZnAl4* (Z400)	2.2140.05	250～300	200～230	3～6	70～90	60～80	Al 3.5～4.3 Mg0.02～0.06 Zn 其余	Cu 0.1 Fe 0.05 Ni 0.02 Pb+Cd 0.009 Sn 0.002	6.6	压锻件
G-ZnAl4Cu3 (Z430)	2.2143.01	220～260	170～200	0.5～2	90～100	—	Al 3.5～4.3 Cu2.5～3.2 Mg0.03～0.06 Zn 其余	Fe 0.075 Pb+Cd 0.009 Sn 0.002	6.8	各种砂型铸件和冷硬铸件、钢板变形工具、塑料压铸模、吹塑模和深拉模
GK-ZnAl4Cu3 (Z430)	2.2143.02	240～280	200～230	1～3	100～110	—				
G-ZnAl6Cu1 (Z610)	2.216.101	180～230	150～180	1～3	80～90	—	Al 5.6～6.0 Cu1.2～1.6 Zn 其余	Fe 0.075 Mg 0.005 Pb+Cd 0.009 Sn 0.002	6.5	铸造技术困难的砂型铸件和冷硬铸件
GK-ZnAl6Cu1 (Z610)	2.2161.02	220～260	170～200	1.5～3	80～90	—				

注:①力学强度值是用特殊浇铸的拉力试棒求得的,表中值表示离散范围。抗拉强度、0.2屈服强度和(断裂)伸长率值都是在 DIN 50148 规定的压力铸造拉力试样上求得的,试验温度为(20±2)℃,拉力夹头的速度试验长度 L_0=50mm 的 12.5%±50%mm/min;②承受持久单向静负荷的铸件,其横截面尺寸一定要考虑持久强度(持久伸长极限或持久断裂强度)。合金 GD-ZnAl4Cul 和 GD-ZnAl4 的 $\sigma_{0.2}$/1000 为 30～50MPa;③布氏硬度试验条件原标准第 5.1 节。

8.7　日本锌及锌合金

8.7.1　锌及锌合金牌号和化学成分

表 8-49　　　　锌锭的化学成分(JIS H 2107—1957)(1992 确认)

种　类	化学成分/%				
	Zn	Pb	Fe	Cd	Sn
最纯锌锭	≥99.995	≤0.003	≤0.002	≤0.002	≤0.001
特种锌锭	≥99.99	≤0.007	≤0.005	≤0.004	
普通锌锭	≥99.97	≤0.02	≤0.01	≤0.005	
蒸溜锌锭特种	≥99.6	≤0.3	≤0.02	≤0.1	
蒸溜锌锭 1 种	≥98.5	≤1.3	≤0.025	≤0.4	
蒸溜锌锭 2 种	≥98.0	≤1.3	≤0.1	≤0.5	

表 8-50　锌加工产品的化学成分和力学性能及用途(JIS H 4321—1953)(1992 确认)

锌板第 1 种

用途	化学成分/%					弯曲试验		
	Zn	Pb	Cd	Fe	Cu	厚度/mm	弯曲角度	内侧半径
干电池用	≥98.8	≤0.60	≤0.60	≤0.025	≤0.005	<0.5	180°	无间隙
						≥0.5	180°	厚度的 1 倍
一般用	≥98.5	≤1.30	≤0.40	≤0.09	≤0.01	<0.5	180°	无间隙
						≥0.5	180°	厚度的 1 倍

锌板第 2 种

用途	化学成分/%						硬度试验 HV
	Zn	Pb	Cd	Fe	Ni	Mg	
凸版用	≥99.0	≤0.50	≤0.50	≤0.25	≤0.20	≤0.02	≥40

用途	化学成分/%					拉伸试验	
	Zn	Pb	Cd	Fe	Cu	抗拉强度 /MPa	伸长率 /%
平版用(大版)	≥99.0	≤0.40	≤0.40	≤0.02	≤0.005	147	≥12

锌板第 3 种

用途	化学成分/%				
	Zn	Pb	Cd	Fe	Ni
锅炉锌板	≥98.5	≤1.30	≤0.40	≤0.90	≤0.10

表 8-51　压铸用锌合金锭的化学成分(JIS H 2201—1957)(1992 确认)

种类	化学成分/%							
	Al	Cu	Mg	Pb	Fe	Cd	Sn	Zn
压铸用锌合金锭 1 种	3.9～4.3	0.75～1.25	0.03～0.06	≤0.003	≤0.075	≤0.002	≤0.001	≤其余
压铸用锌合金锭 2 种	3.9～4.3	≤0.03	0.03～0.06	≤0.003	≤0.075	≤0.002	≤0.001	其余

表 8-52　压铸锌合金的化学成分(JIS H 5301—1990)

种类	合金牌号	化学成分/%							
		Al	Cu	Mg	Fe	Zn	不纯物		
							Pb	Cd	Sn
1 种	ZDC1	3.5～4.3	0.75～1.25	0.020～0.06	≤0.10	其余	≤0.005	≤0.004	≤0.003
2 种	ZDC2	3.5～4.3	≤0.25	0.020～0.06	≤0.10	其余	≤0.005	≤0.004	≤0.003

8.7.2 锌及锌合金的力学性能

表 8-53 压铸锌合金试验棒的力学性能(供参考)(JIS H 2201—1957)(1992 确认)

种 类	合金牌号	拉伸试验		冲击值 /J·cm^{-2} (kgf·m/cm^2)	硬 度 HBS (10/500)
		抗拉强度 /MPa(kgf/mm^2)	伸长率 /%		
1 种	ZDC1	324(33)	7	157(16)	91
2 种	ZDC2	283(29)	10	137(14)	82

表 8-54 各国类似压铸锌合金牌号对照(供参考)

JIS H5301 (1979)		FS QQ-Z-363 B (1972)	ASTM B 86 (1976)	SAE J 486b (1965)	NF A 55-010 (1972)	BS 1004 (1972)	DIN 1743 (1967)	ISO
1 种	ZDC1	AC41A	AC41A	925	Z-A4U1G	B	GD-ZnAl4Cu1	—
2 种	ZDC2	AG40A	AG40A	903	Z-A4G	A	GD-ZnAl4	—

8.7.3 压铸锌合金使用部件实例

表 8-55 压铸锌合金使用部件实例

汽车	散热器格栅, 商标,铸模,刻印, 孔罩,前台罩,尾灯罩, 信号装置(主机,外壳,托架), 后视镜托架, 汽油箱盖 风挡玻璃弧刷,支架门枢 外门手柄,内门手柄 汽化器(主机身,工作轴颈耳机), 制动活塞, 手柄, 喇叭圈, 转向支架, 仪表(配电盘,钢丝门枢,钢丝, 支架,安装电缆用螺母), 簿皮带卷取零件, 气缸栓	无线电收发两用机 晶体管收音机 录音机 复印机 电气计测器 照相机 放映机 座钟 窗框	前面罩子,配电盘外罩 罩子,前面配电盘 手柄,手柄摇臂,前罩 手柄,轴承支架,飞轮,芯架, 功能盒,控带盖 侧板,外壳,底座,外罩, 制动器,控制凸轮,自动装置控制杆 框架箱,按钮,托架头, 图像电子放大传动装置,底片门 旋转轴承箱,外壳, 门手柄,门附属,零件

续表

印刷机	限制器托架,油墨分配器,齿轮,手柄	钓具绕线架	旋转箱,标准齿轮,手柄轴,手柄
自动销售机	硬币投入口,硬币接受器,硬币选择器,电磁门,后门,倒装盖	电机配电盘	窗用钥匙,格栅,检查灯用支板,灯箱
农业机械	变速挂钩,变速导板,齿轮箱,V形皮带轮,水稻插秧机导向托架,疏菜播种机用齿轮	玩具	小型模型,手枪等
记时器	杠架,插座	乐器	鼓配件,吉他配件,管乐器配件
缝纫机	机头,外壳,螺母,调子筒,样板,合页,控制杆,刻度盘旋钮,刻度盘框架,镶板,刻度板箱	振动盒	侧窗框,压花板
电动打字机	外壳,机壳,螺母,手柄,字符工作轮,打印机外壳,印字锤	烟具	烟灰缸,打字机部件
理发和美容椅子	调节配电盘,铸模,手柄	全软木框架	
LP煤气机	煤气龙头,调整器	手镜柄	
煤气炉	开关,底座	可弯管柄	
煤气混合炉	煤气龙头,凸轮,软管插口	车箱内附件	
气量计	气体分配器	单轮叉子	
石油火炉	油位车身,润滑油调节部件,调节器外壳	装饼盘	
电机	外壳,箱,齿轮箱,轴承,轴承座	绕线杯	
冰箱	手柄,门框,凸轮,曲轴	金属	
冰柜	手柄,门枢,铸模,车箱通气门	下盘附件	
电子波幅	前罩,操纵杆,外罩子,门枢,手柄,手柄内侧末端	保险柜	手柄,钥匙
电视	门钩,门锁,锁杆手柄	号码环	框架
VTR	更换管道用机架手柄,磁头部件,动环	切削铅笔	刀具架
唱机	操纵杆,飞轮,转台,转台控制盘,转台轮毂,调制摇臂,支承摇臂,摇臂底座,轴承,配重,记录压板,飞轮,飞轮支承	发泡机	齿轮,机架
		冰花瓶	手柄
		煮咖啡台	机架
		切管	
		铁钎	
		帆布钳子	
		端子插入口,	
		门装饰附件	
		气缸-钥匙主体	
		对数字的钥匙	
		枝形吊灯用部件	
		家具,桌子,衣橱用拉手	
		挂西服、挂帽子用附件	

8.8 国际标准化组织(ISO)锌及锌合金

表 8-56 锌的化学成分(ISO 752—2004)

名称	化学成分/%,不大于(注明范围或余量者除外)								
	Pb	Fe	Cd	Al	Cu	Sn	允许总量	最小锌含量	颜色代码
ZN-1	0.003	0.002	0.003	0.001	0.001	0.001	0.005	99.995	白
ZN-2	0.003	0.003	0.003	0.002	0.002	0.001	0.010	99.990	黄
ZN-3	0.03	0.02	0.01	0.01	0.002	0.001	0.05	99.95	绿
ZN-4	0.45	0.05	0.01	—	—	—	0.5	99.5	蓝
ZN-5[a,b]	1.4	0.05	0.01	—	—	—	1.5	98.5	黑

注:1. 所有成分值用百分数表示(质量分数)。除非特别说明,否则都为最大值;

2. 对特定成分已经进行了分析,并通过比对已列明特定成分的总数与100%之间的差异来计算锌的最小值。

[a] ZN-5 的铅量少为 0.5%

[b] ZN-5 里的镉含量可能是 0,如果不禁用最多不超过 0.20%

表 8-57　锌合金锭或锌合金液的化学成分(ISO 301:2006)

合金牌号	颜色代码	合金号码	简　标	化　学　成　分/%,不大于(注明范围或余量者除外)							
				Al	Cu	Mg	Pb	Cd	Sn	Fe	Zn
ZnAl4	白/黄	ZL0400	ZL3	3.9～4.3	0.1	0.03～0.06	0.0040	0.0030	0.0015	0.035	余量
ZnAl4Cu1	白/黑	ZL0410	ZL5	3.9～4.3	0.7～1.1	0.03～0.06	0.0040	0.0030	0.0015	0.035	余量
ZnAl4Cu3	白/绿	ZL0430	ZL2	3.9～4.3	2.7～3.3	0.03～0.06	0.0040	0.0030	0.0015	0.035	余量
ZnAl8Cu1	白/蓝	ZL0810	ZL8	8.2～8.8	0.9～1.3	0.02～0.03	0.005	0.005	0.002	0.035	余量
ZnAl11Cu1	白/橙	ZL1110	ZL12	10.8～11.5	0.5～1.2	0.02～0.03	0.005	0.005	0.002	0.05	余量
ZnAl27Cu2	白/紫	ZL2720	ZL27	25.5～28.0	2.0～2.5	0.012～0.020	0.005	0.005	0.002	0.07	余量

第9章 铅及铅合金

9.1 铅及铅合金牌号和化学成分

表 9-1 铅锭牌号和化学成分(GB/T 469—2005)

牌号	化学成分/%										
	Pb 不小于	杂质,不大于									
		Ag	Cu	Bi	As	Sb	Sn	Zn	Fe	Cα	Ni	总和
Pb99.994	99.994	0.0008	0.001	0.004	0.0005	0.0008	0.0005	0.0004	0.0005	—	—	0.006
Pb99.990	99.990	0.0015	0.001	0.010	0.0005	0.0008	0.0005	0.0004	0.0010	0.0002	0.0002	0.010
Pb99.985	99.985	0.0025	0.001	0.015	0.0005	0.0008	0.0005	0.0004	0.0010	0.0002	0.0005	0.015
Pb99.970	99.970	0.0050	0.003	0.030	0.0010	0.0010	0.0010	0.0005	0.0020	0.0010	0.0010	0.030
Pb99.940	99.940	0.0080	0.005	0.060	0.0010	0.0010	0.0010	0.0005	0.0020	0.0020	0.0020	0.060

注:1. 铅(Pb)的含量为100%减去实测杂质总和的余量;
2. 铅锭分为大锭和小锭。小锭为长方梯形,底部有槽沟,两端有突出耳部。大锭为梯形,底部有T型凸块,两侧有抓吊槽;
3. 小锭单重为(24±1)kg,(40±2)kg,(42±2)kg,(48±3)kg;大锭单重为(500±25)kg,(950±50)kg,如有特殊要求,由供需双方商定。

表 9-2 粗铅牌号和化学成分(YS/T 71—2004)

牌号	化学成分/%			
	Pb 不小于	杂质,不大于		
		Sb	As	Cu
Pb98.0C	98.0	0.8	0.6	0.6
Pb96.0C	96.0	0.9	0.7	0.8
Pb94.0C	94.0	1.0	0.9	1.0

注:Sn含量由供需双方商定。

表 9-3 高纯铅牌号和化学成分(YS/T 265—1994)

牌号	化学成分/%												
	Pb/% 不小于	杂质含量/10^{-6},不大于											
		As	Fe	Cu	Bi	Sn	Sb	Ag	Mg	Al	Cd	Zn	Ni
Pb-05	99.999	0.5	0.5	0.8	1.0	0.5	0.5	0.5	0.5	0.5	0.5	1.0	0.5
Pb-06	99.999	0.2	0.05	0.05	0.1	0.05	—	0.05	0.1	0.1	—	—	—

注:用于制造合金的高钝铅,杂质元素作为合金组分者,经供需双方协商,其杂质含量提供实测数据。产品以长方形锭状供货,锭重为(1±0.1)kg。

表 9-4　铅及铅锑合金板牌号和化学成分(GB /T 1470—2005)

组别	牌号	主要成分/%						杂质含量/%,不大于										
		Pb	Ag	Sb	Cu	Sn	Te	Sb	Cu	As	Sn	Bi	Fe	Zn	Mg+Ca	Se	Ag	杂质总和
纯铅	Pb1	≥99.994	—	—	—	—	—	0.001	0.001	0.0005	0.001	0.003	0.0005	0.0005	—	—	0.0005	0.006
	Pb2	≥99.9	—	—	—	—	—	0.05	0.01	0.01	0.005	0.03	0.002	0.002	—	—	0.002	0.010
铅锑合金	PbSb0.5	余量	—	0.3~0.8	—	—	—	—	—	0.005	0.008	0.06	0.005	0.005	—	—		0.15
	PbSb1		—	0.8~1.3	—	—	—	—	—	0.005	0.008	0.06	0.005	0.005	—	—		0.15
	PbSb2		—	1.5~2.5	—	—	—	—	—	0.01	0.008	0.06	0.005	0.005	—	—		0.2
	PbSb4		—	3.5~4.5	—	—	—	—	—	0.01	0.008	0.06	0.005	0.005	—	—		0.2
	PbSb6		—	5.5~6.5	—	—	—	—	—	0.015	0.01	0.08	0.01	0.01	—	—		0.3
	PbSb8		—	7.5~8.5	—	—	—	—	—	0.015	0.01	0.08	0.01	0.01	—	—		0.3
硬铅锑合金	PbSb4-0.2-0.5		—	3.5~4.5	0.05~0.2	0.05~0.5	—	—	—	0.015	—	0.08	0.01	0.01	0.05	—		0.3
	PbSb6-0.2-0.5		—	5.5~6.5	0.05~0.2	0.05~0.5	—	—	—	0.015	—	0.08	0.01	0.01	0.05	—		0.3
	PbSb8-0.2-0.5		—	7.5~8.5	0.05~0.2	0.05~0.5	—	—	—	0.015	—	0.08	0.01	0.01	0.05	—		0.3
特硬铅锑合金	PbSb1-0.1-0.05		0.01~0.5	0.5~1.5	0.05~0.2	—	0.04~0.1	—	—	0.015	0.01	0.08	0.01	0.01	0.05	0.05		0.3
	PbSb2-0.1-0.05		0.01~0.5	1.6~2.5	0.05~0.2	—	0.04~0.1	—	—	0.015	0.01	0.08	0.01	0.01	0.05	0.05		0.3
	PbSb3-0.1-0.05		0.01~0.5	2.6~3.5	0.05~0.2	—	0.04~0.1	—	—	0.015	0.01	0.08	0.01	0.01	0.05	0.05		0.3
	PbSb4-0.1-0.05		0.01~0.5	3.6~4.5	0.05~0.2	—	0.04~0.1	—	—	0.015	0.01	0.08	0.01	0.01	0.05	0.05		0.3
	PbSb5-0.1-0.05		0.01~0.5	4.6~5.5	0.05~0.2	—	0.04~0.1	—	—	0.015	0.01	0.08	0.01	0.01	0.05	0.05		0.3
	PbSb6-0.1-0.05		0.01~0.5	5.6~6.5	0.05~0.2	—	0.04~0.1	—	—	0.015	0.01	0.08	0.01	0.01	0.05	0.05		0.3
	PbSb7-0.1-0.05		0.01~0.5	6.6~7.5	0.05~0.2	—	0.04~0.1	—	—	0.015	0.01	0.08	0.01	0.01	0.05	0.05		0.3
	PbSb8-0.1-0.05		0.01~0.5	7.6~8.5	0.05~0.2	—	0.04~0.1	—	—	0.015	0.01	0.08	0.01	0.01	0.05	0.05		0.3

注:铅含量按 100%减去所列杂质含量的总和计算,所得结果不再进行修约。

表 9-5 铅阳极板牌号和化学成分(YS/T 498—2006)

牌号	主要成分/%			杂质含量/%(质量分数),不大于									
	Pb	Ag	Sb	Ag	Sb	Cu	As	Sn	Bi	Fe	Zn	Mg+Ca+Na	杂质总和
Pb1	≥99.994	—	—	0.0005	0.001	0.001	0.0005	0.001	0.003	0.0005	0.0005	—	0.006
Pb2	≥99.9	—	—	0.002	0.05	0.01	0.01	0.005	0.03	0.002	0.002	—	0.1
PbAg1	余量	0.9~1.11	—	—	0.004	0.001	0.002	0.002	0.006	0.002	0.001	0.003	0.02
PbSb0.5		—	0.3~0.8	—	—	—	0.005	0.008	0.06	0.005	0.005	—	0.15
PbSb1		—	0.8~1.3	—	—	—	0.005	0.008	0.06	0.005	0.005	—	0.15
PbSb2		—	1.5~2.5	—	—	—	0.01	0.008	0.06	0.005	0.005	—	0.2
PbSb4		—	3.5~4.5	—	—	—	0.01	0.008	0.06	0.005	0.005	—	0.2
PbSb6		—	5.5~6.5	—	—	—	0.015	0.01	0.08	0.01	0.01	—	0.3
PbSb8		—	7.5~8.5	—	—	—	0.015	0.01	0.08	0.01	0.01	—	0.3

注:铅含量为100%减去各元素含量的总和。

表 9-6 铅及铅锑合金管牌号和化学成分(GB/T 1472—2005)

牌号	主要成分/%		杂质含量/%(质量分数),不大于								
	Pb	Sb	Ag	Cu	Sb	As	Bi	Sn	Zn	Fe	杂质总和
Pb1	≥99.994	—	0.0005	0.001	0.001	0.0005	0.003	0.001	0.0005	0.0005	0.006
Pb2	≥99.9	—	0.002	0.01	0.05	0.01	0.03	0.005	0.002	0.002	0.10
PbSb0.5	余量	0.3~0.8	—	—	—	0.005	0.06	0.008	0.005	0.005	0.15
PbSb2		1.5~2.5	—	—	—	0.010	0.06	0.008	0.005	0.005	0.2
PbSb4		3.5~4.5	—	—	—	0.010	0.06	0.008	0.005	0.005	0.2
PbSb6		5.5~6.5	—	—	—	0.015	0.08	0.01	0.01	0.01	0.3
PbSb8		7.5~8.5	—	—	—	0.015	0.08	0.01	0.01	0.01	0.3

表 9-7 铅及铅锑合金棒、线材牌号和化学成分(YS/T 636—2007)

牌号	主要成分/%(质量分数)		杂质含量/%(质量分数),不大于								
	Pb	Sb	Ag	Cu	Sb	As	Bi	Sn	Zn	Fe	杂质总和
Pb1	≥99.994	—	0.0005	0.001	0.001	0.0005	0.003	0.001	0.0005	0.0005	0.006
Pb2	≥99.9	—	0.002	0.01	0.05	0.01	0.03	0.005	0.002	0.002	0.10
PbSb0.5	余量	0.3~0.8	—	—	—	0.005	0.06	0.008	0.005	0.005	0.15
PbSb2		1.5~2.5	—	—	—	0.010	0.06	0.008	0.005	0.005	0.2
PbSb4		3.5~4.5	—	—	—	0.010	0.06	0.008	0.005	0.005	0.2
PbSb6		5.5~6.5	—	—	—	0.015	0.08	0.01	0.01	0.01	0.3

注:1.铅含量由100%减去表中所列杂质的实测值而得,所得结果不再进行修约;

2.杂质总和为表中所列杂质的实测值之和。

表 9-8　　熔丝的化学成分(GB/T 3132—1982)

产品规格 A	化学成分/%(质量分数)		杂质总和/%
	Sb	Pb	
0.25～1.10	1.5～3.0	余量	≤0.5
1.25～2.50	0.3～1.5	≥98	≤1.5

注:适用于交流 50Hz,60Hz,电压 500V 以下或直流 400V 以下的各种熔器内作熔断体。

表 9-9　　铸造铅基轴承合金牌号和化学成分(GB/T 1174—1992)

合金牌号	化学成分/%(质量分数)											布氏硬度 HBS
	Sn	Pb	Cu	Zn	Al	Sb	Fe	Bi	As	Cd	其他元素总和	
ZPbSb16Sn16Cu2	15.0～17.0	余量	1.5～2.0	0.15	—	15.0～17.0	0.1	0.1	0.3	—	0.6	30
ZPbSb15Sn5Cu3Cd2	5.0～6.0		2.5～3.0	0.15	—	14.0～16.0	0.1	0.1	0.6～1.0	1.75～2.25	0.4	32
ZPbSb15Sn10	9.0～11.0		0.7	0.005	0.005	14.0～16.0	0.1	0.1	0.6	0.05	0.45	24
ZPbSb15Sn5	4.0～5.5		0.5～1.0	0.15	0.01	14.0～15.5	0.1	0.1	0.2	—	0.75	20
ZPbSb10Sn6	5.0～7.0		0.7	0.005	0.05	9.0～11.0	0.1	0.1	0.25	0.05	0.7	18

9.2 铅及铅合金的规格及特性

表 9-10　　铅及铅锑合金板的尺寸及允许偏差(GB/T 1470—2005)

厚度	厚度允许偏差(±)/mm		宽度允许偏差(+)/mm		长度允许偏差(+)/mm	
	普通级	较高级	≤1000	>1000～2500	≤2000	>2000
0.5～2.0	0.15	0.10	10	15	30	40
>2.0～5.0	0.25	0.15				
>5.0～10.0	0.35	0.25				
>10～15.0	0.40	0.30				
>15～30	0.45	0.40	10	15	15	20
>30～60	0.60	0.50				
>60～110	0.80	0.60				

注:1.需方要求厚度单向偏差时,其值为表中数值的两倍;

2.如在合同中未注明精度等级,则按普通精度供货。

需方有要求并在合同中注明时,铅锑合金板的硬度应符合表 9-11 的规定。

表 9-11　　铅锑合金板的硬度(GB/T 1470—2005)

牌号	维氏硬度(HV),不小于	牌号	维氏硬度(HV),不小于
PbSb2	6.6	PbSb6	8.1
PbSb4	7.2	PbSb8	9.5

表 9-12 铅阳极板的厚度及允许偏差(YS/T 498—2006)

厚　度	厚度允许偏差(±)/mm		宽度允许偏差(+)/mm		长度允许偏差(+)/mm	
	普通级	较高级	≤1000	>1000～2500	≤2000	>2000～<5000
2.0～5.0	0.20	0.15	$^{10}_{0}$	$^{20}_{0}$	$^{40}_{0}$	$^{60}_{0}$
>5.0～15.0	0.35	0.25				
>15.0～30.0	0.50	0.35	$^{10}_{0}$	$^{15}_{0}$	$^{20}_{0}$	$^{30}_{0}$
>30.0～60.0	0.60	0.50				
>60.0～110.0	0.80	0.60				

注:1.需方要求厚度单向偏差时,其值为表中数值的二倍;
2.对角线允许偏差不大于10mm。

表 9-13 纯铅管的常用尺寸规格

公称内径/mm	公称壁厚/mm									
	2	3	4	5	6	7	8	9	10	12
5,6,8,10,13,16,20	○	○	○	○	○	○	○	○	○	○
25,30,35,38,40,45,50	—	○	○	○	○	○	○	○	○	○
55,60,65,70,75,80,90,100	—	—	○	○	○	○	○	○	○	○
110	—	—	—	○	○	○	○	○	○	○
125,150	—	—	—	—	○	○	○	○	○	○
180,200,230	—	—	—	—	—	○	○	○	○	○

注:1."○"表示常用规格;
2.需要其他规格的产品由供需双方商定。

表 9-14 铅锑合金管的常用尺寸规格

公称内径/mm	公称壁厚/mm									
	3	4	5	6	7	8	9	10	12	14
10,15,17,20,25,30,35,40,45,50	○	○	○	○	○	○	○	○	○	○
55,60,65,70	—	○	○	○	○	○	○	○	○	○
75,80,90,100	—	—	○	○	○	○	○	○	○	○
110	—	—	—	○	○	○	○	○	○	○
125,150	—	—	—	—	○	○	○	○	○	○
180,200	—	—	—	—	—	○	○	○	○	○

注:1."○"表示常用规格;
2.需要其他规格的产品由供需双方商定。

表 9-15 铅及铅锑合金棒、线材的直径允许偏差(YS/T 636—2007)

名　称	直　径/mm	直径允许偏差/mm	
		普通级	高精级
线	>0.5～1.0	±0.10	±0.05
	>1.0～3.0	±0.20	±0.10
	>3.0～6.0	±0.30	±0.15

续表

名　称	直　径/mm	直径允许偏差/mm	
		普通级	高精级
棒	>6.0～15	±0.40	±0.25
	>15～30	±0.50	±0.30
	>30～45	±0.60	±0.35
	>45～60	±0.70	±0.45
	>60～75	±0.80	±0.55
	>75～100	±1.00	±0.65
	>100～180	±2.00	±1.50

注：1. 如在合同中未注明精度等级，则按普通精度供应；

2. 棒、线的圆度若有要求，应在合同中注明；

3. 棒、线材的定尺或倍尺长度应在供货合同中议定，其长度允许偏差为＋20 mm，倍尺长度应加入锯切分段时的锯切量，每一锯切量为 5mm；

4. 棒材的端部应锯切平整，切口在不使棒材长度超出允许偏差的条件下，直径不大于 100 mm 的棒材，切斜不得超过 5 mm；直径大于 100 mm 的棒材，切斜不得超过 10 mm。

表 9-16　圆形熔丝的安全电流及特性(GB/T 3132—1982)

安全电流/A	直径/mm 近似值	熔断电流				额定电流			
		倍数	A	时间/min	结果	倍数	A	时间/min	结果
0.20	0.08	2	0.5	1	溶断	0.725	0.36	5	不熔断
0.50	0.15		1.0				0.73		
0.75	0.20		1.5				1.09		
0.80	0.22		1.6				1.16		
0.90	0.25		1.8				1.31		
1.00	0.28		2.0				1.45		
1.05	0.29		2.1				1.52		
1.10	0.32		2.2				1.60		
1.25	0.35		2.5				1.81		
1.35	0.36		2.7				1.96		
1.50	0.40		3.0				2.18		
1.85	0.46		3.7				2.68		
2.00	0.52		4.0				2.90		
2.25	0.54		4.5				3.26		
2.50	0.60		5.0				3.63		
3.00	0.71		6.0				4.35		
3.75	0.81		7.5				5.44		
5.00	0.98		10.0				7.25		
6.00	1.02		12.0				8.70		
7.50	1.25		15.0				10.88		
10.00	1.51		20.0				14.50		
11.00	1.67		22.0				15.95		
12.50	1.75		25.0				18.13		
15.00	1.98		30.0				21.75		
20.00	2.40		40.0				29.00		
25.00	2.78		50.0				36.25		
27.50	2.95		55.0				39.88		
30.00	3.14		60.0				43.50		
40.00	3.81		80.0				58.00		
45.00	4.12		90.0				62.25		
50.00	4.44		100.0				72.50		
60.00	4.91		120.0				87.00		
70.00	5.24		140.0				101.50		

注：表中直径仅供选用参考，不作考核依据。

表 9-17 扁形熔丝安全电流及特性(GB/T 3132—1982)

安全电流/A	面积/mm² 近似值	熔断电流 倍数	A	时间/min	结果	额定电流 倍数	A	时间/min	结果
5.0	0.75	2	10	1	熔断	0.725	7.25	5	不熔断
7.5	1.23		15				10.88		
10.0	1.79		20				14.50		
12.5	2.41		25				18.13		
15.0	3.08		30				21.75		
20.0	4.52		40				29.00		
25.0	6.07		50				36.25		
30.0	7.71		60				43.50		
35.0	9.51		70				50.75		
37.5	—		75				54.38		
40.0	11.40		80				58.00		
45.0	13.30		90				62.25		
50.0	15.28		100				72.50		
60.0	—		120				87.00		
75.0	26.33		150				108.75		
100.0	38.60		200				145.00		
125.0	52.04		250				181.25		
150.0	—		300				217.50		
200.0	—		400				290.00		
250.0	—		500				362.50		

注:1. 熔丝工作环境条件为 40～60℃;

2. 熔丝安全电流试验应在周围介质温度不高于+40℃,不低于−20℃和周围介质无爆炸危险及腐蚀性的条件下进行。

表 9-18 铸造铅基轴承合金的主要特性和应用举例(GB/T 1174—1992)

合金牌号	主要特性	应用举例
ZPbSb16Sn16Cu2	这种合金比应用最为广泛的 ZSnSb11Cu6 合金摩擦因数大,抗压强度高,硬度相同,耐磨性及使用寿命相近,且价格低,但其缺点是冲击韧性低,因此不宜在冲击情况下工作,静负荷下工作较好	用于无显著冲击载荷、重载高速的轴承,如汽车的曲柄轴承和 882kW 的蒸汽、水力涡轮机,750kW 以下的电动机,500kW 内的发电机,367kW 内的压缩机,轧钢机等的轴承
ZPbSb15Sn5Cu3Cd2	性能与 ZPbSb16Sn16Cu2 相近,是其良好的代用材料	替代 ZPbSb16Sn16Cu2 制造汽车发动机轴承、抽水机、球磨机以及金属切削机床齿轮箱的轴承
ZPbSb15Sn10	这种合金与 ZPbSb16Sn16Cu2 相比,冲击韧性高、摩擦因数大,但有良好的磨合性和可塑性,且经退火处理后,其减摩性、塑性、韧性及强度均显著提高	用于制造中等压力、中等转速和冲击负荷的轴承,也可制造高温轴承,如汽车发动机连杆轴承等
ZPbSb15Sn5	与 ZSnSb11Cu6 相比,其耐压强度相同,塑性及热导率较差,不宜在高温高压及冲击负荷下工作,但在工作温度不超过 80～100℃ 和低冲击载荷条件下,其性能较好,且寿命不低	用于制造低速、低压、低冲击条件下的轴承,如空压机、发动机轴承及中功率电动机、水泵等轴承
ZPbSb10Sn6	其性能与锡基轴承合金 ZChSnPb4-4 相近,是其理想的替代材料	可替代 ZSnSb4Cu4 浇注工作层厚度大于 0.5mm、工作温度不大于 120℃、承受中等负载或高速低负荷的轴承,如汽车发动机、空压机、高压油泵、高速转子发动机等的主机轴承,及通风机、真空风机、真空泵等用普通轴承

第 10 章 铸 铁

10.1 中国铸铁

10.1.1 灰铸铁件

(1)灰铸铁件牌号及力学性能

表 10-1 灰铸铁的牌号和力学性能(GB/T 9439—2010)

牌 号	铸件壁厚/mm		最小抗拉强度 R_m(强制性值)(min)		铸件本体预期抗拉强度 R_m(min)/MPa
	>	≤	单铸试棒/MPa	附铸试棒或试块/MPa	
HT100	5	40	100	—	—
HT150	5	10	150	—	155
	10	20		—	130
	20	40		120	110
	40	80		110	95
	80	150		100	80
	150	300		90①	—
HT200	5	10	200	—	205
	10	20		—	180
	20	40		170	155
	40	80		150	130
	80	150		140	115
	150	300		130①	—
HT225	5	10	225	—	230
	10	20		—	200
	20	40		190	170
	40	80		170	150
	80	150		155	135
	150	300		145①	—
HT250	5	10	250	—	250
	10	20		—	225
	20	40		210	195
	40	80		190	170
	80	150		170	155
	150	300		160①	—

续表

牌 号	铸件壁厚/mm		最小抗拉强度 R_m(强制性值)(min)		铸件本体预期抗拉强度 R_m(min)/MPa
	>	≤	单铸试棒/MPa	附铸试棒或试块/MPa	
HT275	10	20	275	—	250
	20	40		230	220
	40	80		205	190
	80	150		190	175
	150	300		175①	—
HT300	10	20	300	—	270
	20	40		250	240
	40	80		220	210
	80	150		210	195
	150	300		190①	
HT350	10	20	350	—	315
	20	40		290	280
	40	80		260	250
	80	150		230	225
	150	300		210①	—

注:1. 当铸件壁厚超过 300mm 时,其力学性能由供需双方商定;
2. 当某牌号的铁液浇注壁厚均匀、形状简单的铸件时,壁厚变化引起抗拉强度的变化,可从本表查出参考数据。当铸件壁厚不均匀,或有型芯时,此表只能给出不同壁厚处大致的抗拉强度值,铸件的设计应根据关键部位的实测值进行;
3. 表中①数值表示指导值,其余抗拉强度值均为强制性值,铸件本体预期抗拉强度值不作为强制性值。

(2)灰铸铁件的硬度等级和铸件硬度

表 10-2　　灰铸铁的硬度等级和铸件硬度(GB/T 9439—2010)

硬度等级	铸件主要壁厚/mm		铸件上的硬度范围/HBW	
	>	≤	min	max
H155	5	10	—	185
	10	20	—	170
	20	40	—	160
	40	**80**	**—**	**155**
HT175	5	10	140	225
	10	20	125	205
	20	40	110	185
	40	**80**	**100**	**175**
HT195	4	5	190	275
	5	10	170	260
	10	20	150	230
	20	40	125	210
	40	**80**	**120**	**195**

续表

硬度等级	铸件主要壁厚/mm		铸件上的硬度范围/HBW	
	>	≤	min	max
HT215	5	10	200	275
	10	20	180	255
	20	40	160	235
	40	**80**	**145**	**215**
HT235	10	20	200	275
	20	40	180	255
	40	**80**	**165**	**235**
HT255	20	40	200	275
	40	**80**	**185**	**255**

注：1. 黑体数字表示与该硬度所对应的主要壁厚的最大和最小硬度值；

2. 在供需双方商定的铸件某位置上，铸件硬度差可以控制在 40HBW 硬度值范围内。

(3)单铸试棒的抗拉强度和硬度值

表 10-3　单铸试棒的抗拉强度和硬度值(GB/T 9439—2010)

牌　号	最小抗拉强度 R_m(min) MPa	布氏硬度 HBW	牌　号	最小抗拉强度 R_m(min) MPa	布氏硬度 HBW
HT100	100	≤170	HT250	250	180～250
HT150	150	125～205	HT275	275	190～260
HT200	200	150～230	HT300	300	200～275
HT225	225	170～240	HT350	350	220～290

(4)硬度和抗拉强度之间的关系(参考件)

当 $\sigma_b \geqslant 196$MPa 时，HBS＝RH(100＋0.438σ_b)；当 $\sigma_b < 196$MPa 时，HBS＝RH(44＋0.72σ_b)。

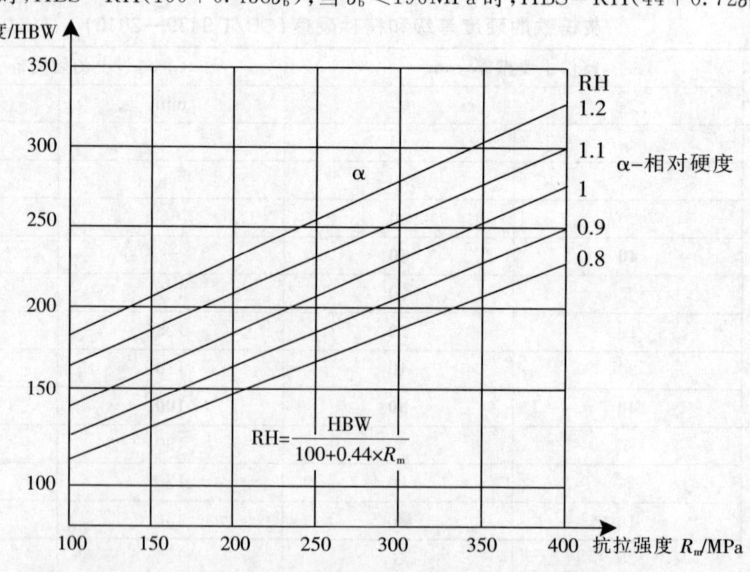

图 10-1　灰铸 0 铁相对硬度与硬度、抗拉强度之间的关系

(5)灰铸铁件的特点及应用范围

表 10-4 灰铸铁件的特点及应用范围

牌 号	特 性 及 用 途
HT100	铸造性能好，工艺简便，铸造应力小，不用人工时效处理，减振性优良。适用于负荷小，对摩擦、磨损无特殊要求的零件，如盖、外罩、油盘、手轮、支架、底板、重锤等
HT150	性能特点和HT100基本相同，但有一定的力学强度。适用于随中等应力(σ_b<9.81MPa)、摩擦面间单位压力<0.49MPa下受磨损的零件以及在弱腐蚀介质中工作的零件。例如：普通机床上的支柱、底座、齿轮箱、刀架、床身、轴承座、工作台；圆周速度6～12m/s的皮带轮；工作压力不大的管件和壁厚≤30mm的耐磨轴套，以及在纯碱或染料介质中工作的化工容器、泵壳、法兰等
HT200 HT250	强度较高，耐磨、耐热性较好；减振性也良好，铸造性能较好，但需进行人工时效处理。适用于随较大应力(σ_ω<29.42MPa)、摩擦面间单位压力>0.49MPa(大于10t的大型铸件可>1.47MPa)(如汽缸、齿轮、机座、机床床身及立柱)；汽车、拖拉机的汽缸体、汽缸盖、活塞、刹车轮、联轴器盘等；具有测量平面的检验工件(如划线平板、V形铁、平尺、水平仪框架等)；承爱压力<7.85MPa的油缸、泵体、阀体，圆周速度12～20m/s的皮带轮；要求有一定耐蚀能力和较高强度的化工容器、泵壳、塔器等
HT300 HT350	这是属于高强度、高耐磨性一级的灰铸铁，其强度和耐磨性均优于以上牌号的铸铁，但白口倾向大、铸造性能差，铸后需进行人工时效处理。适用于承受高应力(σ_ω<49MPa)、摩擦面间单位压力≥1.96MPa，要求保持高度气密性的零件。例如：机械制造中某些重要的铸件，如剪床、压力机、自动车床和其他重型机床的床身、机座、机架及受力较大的齿轮、凸轮、衬套、大型必动机的曲轴、汽缸体、缸套、汽缸盖等；高压的油缸、水缸、泵体、阀体；镦锻和热锻锻模、冷冲模，圆周速度>20～25m/s的皮带轮等

10.1.2 球墨铸铁件

(1)球墨铸铁件牌号和力学性能

表 10-5 单铸试样的力学性能(GB/T 1348—2009)

材料牌号	抗拉强度 R_m/MPa (min)	屈服强度 $R_{p0.2}$ /MPa(min)	伸长率 A/% (min)	布氏硬度 HBW	主要基体组织
QT350-22L	350	220	22	≤160	铁素体
QT350-22R	350	220	22	≤160	铁素体
QT350-22	350	220	22	≤160	铁素体
QT400-18L	400	240	18	120～175	铁素体
QT400-18R	400	250	18	120～175	铁素体
QT400-18	400	250	18	120～175	铁素体
QT400-15	400	250	15	120～180	铁素体
QT450-10	450	310	10	160～210	铁素体
QT500-7	500	320	7	170～230	铁素体+珠光体
QT550-5	550	350	5	180～250	铁素体+珠光体
QT600-3	600	370	3	190～270	珠光体+铁素体
QT700-2	700	420	2	225～305	珠光体
QT800-2	800	480	2	245～335	珠光体或索氏体
QT900-2	900	600	2	280～360	回火马氏体或屈氏体+索氏体

注：1. 字母“L”表示该牌号有低温(－20℃或－40℃)下的冲击性能要求；字母“R”表示该牌号有室温(23℃)下的冲击性能要求；

2. 伸长率是从原码标距 $L_0=5d$ 上测得的，d 是试样上原始标距处的直径。

表 10-6　V形缺口单铸试样的冲击功(GB/T 1348—2009)

牌号	最小冲击功/J					
	室温(23±5)℃		低温(−20±2)℃		低温(−40±2)℃	
	三个试样平均值	个别值	三个试样平均值	个别值	三个试样平均值	个别值
QT350-22L	—	—	—	—	12	9
QT350-22R	17	14	—	—	—	—
QT400-18L	—	—	12	9	—	—
QT400-18R	14	11	—	—	—	—

注：1. 冲击功是从砂型铸造的铸件或者导热性与砂型相当的铸型中铸造的铸块上测得的。用其他方法生产的铸件的冲击功应满足经双方协商的修正值；

2. 这些材料牌号也可用于压力窗口。

表 10-7　附铸试样力学性能(GB/T 1348—2009)

材料牌号	铸件壁厚/mm	抗拉强度 R_m/MPa (min)	屈服强度 $R_{p0.2}$/MPa (min)	伸长率 A/% (min)	布氏硬度 HBW	主要基体组织
QT350-22AL	≤30	350	220	22	≤160	铁素体
	>30～60	330	210	18		
	>60～200	320	200	15		
QT350-22AR	≤30	350	220	22	≤160	铁素体
	>30～60	330	220	18		
	>60～200	320	200	15		
QT350-22A	≤30	350	220	22	≤160	铁素体
	>30～60	330	210	18		
	>60～200	320	200	15		
QT400-18AL	≤30	380	240	18	120～175	铁素体
	>30～60	370	230	15		
	>60～200	360	220	12		
QT400-18AR	≤30	400	250	18	120～175	铁素体
	>30～60	390	250	15		
	>60～200	370	240	12		
QT400-18A	≤30	400	250	18	120～175	铁素体
	>30～60	390	250	15		
	>60～200	370	240	12		
QT400-15A	≤30	400	250	15	120～180	铁素体
	>30～60	390	250	14		
	>60～200	370	240	11		
QT450-10A	≤30	450	310	10	160～210	铁素体
	>30～60	420	280	9		
	>60～200	390	260	8		
QT500-7A	≤30	500	320	7	170～230	铁素体+珠光体
	>30～60	450	300	7		
	>60～200	420	290	5		

续表

材料牌号	铸件壁厚 /mm	抗拉强度 R_m /MPa (min)	屈服强度 $R_{p0.2}$ /MPa (min)	伸长率 A/% (min)	布氏硬度 HBW	主要基体组织
QT550-5A	≤30	550	350	5	180～250	铁素体+珠光体
	>30～60	520	330	4		
	>60～200	500	320	3		
QT600-3A	≤30	600	370	3	190～270	珠光体+铁素体
	>30～60	600	360	2		
	>60～200	550	340	1		
QT700-2A	≤30	700	420	2	225～305	珠光体
	>30～60	700	400	2		
	>60～200	650	380	1		
QT800-2A	≤30	800	480	2	245～335	珠光体或索氏体
	>30～60	由供需双方商定				
	>60～200					
QT900-2A	≤30	900	600	2	280～360	回火马氏体或索氏体+屈氏体
	>30～60	由供需双方商定				
	>60～200					

注：1. 从附铸试样测得的力学性能并不能准确地反映铸件本体的力学性能，但与单铸试棒上测得的值相比更接近于铸件的实际性能值；

2. 伸长率在原码标距 $L_0=5d$，d 是试样上原始标距处的直径。

表 10-8　V 形缺口附铸试样的冲击功(GB/T 1348—2009)

牌　号	铸件壁厚 /mm	最小冲击功/J					
		室温(23±5)℃		低温(−20±2)℃		低温(−40±2)℃	
		三个试样平均值	个别值	三个试样平均值	个别值	三个试样平均值	个别值
QT350-22AR	≤60	17	14	—	—	—	—
	>60～200	15	12	—	—	—	—
QT350-22AL	≤60	—	—	—	—	12	9
	>60～200	—	—	—	—	10	7
QT400-18AR	≤60	14	11	—	—	—	—
	>60～200	12	9	—	—	—	—
QT400-18AL	≤60	—	—	12	9	—	—
	>60～200	—	—	10	7	—	—

注：从附铸试样测得的力学性能并不能准确地反映铸件本体的力学性能，但与单铸试棒上测得的值相比更接近于铸件的实际性能值。

(2)球墨铸铁力学性能和布氏硬度

表 10-9　力学性能(GB/T 1348—2009)

材料牌号	铸件壁厚 t/mm	抗拉强度 R_m/MPa (min)	屈服强度 $R_{p0.2}$/MPa (min)	伸长率 A/% (min)
单铸试棒				
QT500-10	—	500	360	10
附铸试棒				
QT500-10A	≤30	500	360	10
	>30～60	490	360	9
	>60～200	470	350	7

表 10-10 布氏硬度(GB/T 1348—2009)

材料牌号	硬度 HBW	抗拉强度 R_m/MPa (min)	屈服强度 $R_{p0.2}$/MPa (min)
QT-200HBWZ[a]	185～215	500	360

注:表中 a Z 表示此牌号与附录 C 按硬度分类的 QT-200HBW 的布氏硬度值不同。

(3)球墨铸铁按硬度分类

表 10-11 按硬度分类(GB/T 1348—2009)

材料牌号	布氏硬度范围 HBW	其他性能[a]	
		抗拉强度 R_m/MPa(min)	屈服强度 $R_{p0.2}$/MPa(min)
QT-130HBW	＜160	350	220
QT-150HBW	130～175	400	250
QT-155HBW	135～180	400	250
QT-185HBW	160～210	450	310
QT-200HBW	170～230	500	320
QT-215HBW	180～250	550	350
QT-230HBW	190～270	600	370
QT-260HBW	225～305	700	420
QT-300HBW	245～335	800	480
QT-330HBW	270～360	900	600

注:1. 300HBW 和 330HBW 不适用于厚壁铸件;

2. 表中 a 当硬度作为检验项目时,这些性能值供参考。

(4)球墨铸铁件的特性及用途

表 10-12 球墨铸铁的特性及用途举例

铸铁牌号	主要特性	用途举例
QT400-18 QT400-15	焊接性及切削加工性能好,韧性高,脆性转变温度低	①农机具:犁铧、犁柱、收割机及割草机上的导架、差速器壳、护刃器 ②汽车、拖拉机的轮毂、驱动桥壳体、离合体器壳、差速器壳、拔叉等 ③通用机:16～64atm 阀门的阀体、阀盖,压缩机上高低压汽缸等 ④其他:铁路垫板、电机机壳、齿轮箱、飞轮壳等
QT450-10	同上,但塑性略低而强度与小能量冲击力较高	
QT500-7	中等强度与塑性,切削加工性尚好	内燃机的机油泵齿轮,汽轮机中温气缸隔板,铁路机车车辆轴瓦,机器座架、传动轴、飞轮、电动机架等
QT600-3	中等强度与塑性,切削加工性尚好	①内燃机 5～4000HP 柴油机和汽油机的曲轴,部分轻型柴油机和汽油机的凸轮轴、气抿套、连杆、进排气门座等 ②农机具:脚踏脱料机齿条、轻负茶齿轮、畜力犁铧 ③部分磨床、铣床、车床的主轴 ④空氧机、气机、冷冻机、制氧机、泵的曲轴、缸体、缸套 ⑤球磨机齿轴、矿车轮、桥式起重机大小滚轮、小型水轮机主轴等
QT700-2 QT800-2	有较高的强度和耐磨性,塑性及韧性较低	
QT900-2	有高的强度和耐磨性,较高的弯曲疲劳强度、接触疲劳强度和一定的韧性	①农机上的犁铧、耙片 ②汽车上的圆锥齿轮、转向节、传动轴 ③拖拉机上的减速齿轮 ④内燃机曲轴、凸轮轴

10.1.3 可锻铸铁件

(1)可锻铸铁件牌号和力学性能

表 10-13 黑心可锻铸铁和珠光体可锻铸铁牌号和力学性能(GB/T 9440—1988 废止)

<table>
<tr><th colspan="2">铸铁牌号</th><th rowspan="2">试样直径 d /mm</th><th>抗拉强度 σ_b</th><th>屈服强度 $\sigma_{0.2}$</th><th>伸长率 δ/% ($L_0=3d$)</th><th rowspan="2">硬 度 HBS</th></tr>
<tr><th>A</th><th>B</th><th colspan="2">/MPa(kgf/mm²)</th><th></th></tr>
<tr><th></th><th></th><th></th><th colspan="3">不 小 于</th><th></th></tr>
<tr><td>KTH300-06</td><td>—</td><td rowspan="8">12 或 15</td><td>300(30.6)</td><td>—</td><td>6</td><td rowspan="4">不大于 150</td></tr>
<tr><td>—</td><td>KTH330-08</td><td>330(33.7)</td><td>—</td><td>8</td></tr>
<tr><td>KTH350-10</td><td>—</td><td>350(35.7)</td><td>300(20.4)</td><td>10</td></tr>
<tr><td>—</td><td>KTH370-12</td><td>370(37.7)</td><td>—</td><td>12</td></tr>
<tr><td>KTZ450-06</td><td>—</td><td>450(45.9)</td><td>270(27.5)</td><td>6</td><td>150～200</td></tr>
<tr><td>KTZ550-04</td><td>—</td><td>550(56.1)</td><td>340(34.7)</td><td>4</td><td>180～230</td></tr>
<tr><td>KTZ650-02</td><td>—</td><td>650(66.3)</td><td>430(43.9)</td><td>2</td><td>210～260</td></tr>
<tr><td>KTZ700-02</td><td>—</td><td>700(71.4)</td><td>530(54.1)</td><td>2</td><td>240～290</td></tr>
</table>

注:1. 试样直径 12mm 只适用于铸件主要壁厚小于 10mm 的铸件;
2. 牌号 KTH300-06 适用于气密性零件;
3. 牌号 B 系列为过渡牌号。

表 10-14 白心可锻铸铁牌号和力学性能(GB/T 9440—1988 废止)

<table>
<tr><th rowspan="3">铸铁牌号</th><th rowspan="3">试样直径 d /mm</th><th>抗拉强度 σ_b</th><th>屈服强度 $\sigma_{0.2}$</th><th rowspan="2">伸长率 δ /% ($L_0=3d$)</th><th rowspan="2">硬 度 HBS</th></tr>
<tr><th colspan="2">MPa(kgf/mm²)</th></tr>
<tr><th colspan="3">不小于</th><th>不大于</th></tr>
<tr><td rowspan="3">KTB350-04</td><td>9</td><td>340(34.7)</td><td>—</td><td>5</td><td rowspan="3">230</td></tr>
<tr><td>12</td><td>350(35.7)</td><td>—</td><td>4</td></tr>
<tr><td>15</td><td>360(36.7)</td><td>—</td><td>3</td></tr>
<tr><td rowspan="3">KTB380-12</td><td>9</td><td>320(32.6)</td><td>170(17.3)</td><td>15</td><td rowspan="3">200</td></tr>
<tr><td>12</td><td>380(38.8)</td><td>200(20.4)</td><td>12</td></tr>
<tr><td>15</td><td>400(40.8)</td><td>210(21.4)</td><td>8</td></tr>
<tr><td rowspan="3">KTB400-05</td><td>9</td><td>360(36.7)</td><td>200(20.4)</td><td>8</td><td rowspan="3">220</td></tr>
<tr><td>12</td><td>400(40.8)</td><td>220(22.4)</td><td>5</td></tr>
<tr><td>15</td><td>420(42.8)</td><td>230(23.5)</td><td>4</td></tr>
<tr><td rowspan="3">KTB450-07</td><td>9</td><td>400(40.8)</td><td>230(23.5)</td><td>10</td><td rowspan="3">220</td></tr>
<tr><td>12</td><td>450(45.9)</td><td>260(26.5)</td><td>7</td></tr>
<tr><td>15</td><td>480(49.0)</td><td>280(28.6)</td><td>4</td></tr>
</table>

注:白心可锻铸铁试样直径应尽可能与铸件的主要壁厚相近。

(2)可锻铸铁件的特性及用途

可锻铸铁件的特性及用途见表 10-15。

表 10-15　　可锻铸铁件的特性及用途

铸铁牌号	特性及用途
KTH 300-06	有一定的韧性和强度，气密性好；适用于承受低动载荷及静载荷、要求气密性好的工作零件，如管道配件、中低压阀门等
KTH 330-08	有一定的韧性和强度，用于承受中等动载荷和静载荷的工作零件。如：农机上的犁刀、犁柱、车轮壳，机床用的扳手以及钢丝绳轧头等
KTH 350-10 KTH 370-12	有较高的韧性和强度，用于承受较高的冲击、振动及扭转负荷下的工作零件。如：汽车、拖拉机上的前后轮壳、差速器壳、转向节壳、制动器等，农机上的犁刀、犁柱以及铁道零件、冷暖器接头、船用电机壳等
KTZ 450-06 KTZ 550-04 KTZ 650-02 KTZ 700-02	韧性低，但强度高、硬度高、耐磨性好，且切削加工性良好；可用来代替低碳、中碳、低合金钢及有色合金制作承受较高载荷、耐磨损并要求有一定韧性的重要工作零件。如：曲轴、凸轮轴、连杆、齿轮、摇臂、活塞环、轴承、犁刀、耙片、闸、万向接头、棘轮、扳手、传动链条、矿车轮等
KTB 350-04 KTB 380-12 KTB 400-05 KTB 450-07	白心可锻铸铁的特点是：①薄壁铸件仍有较好的韧性；②有非常优良的焊接性，可与钢钎焊；③可切削性好；但工艺复杂、生产周期长，强度及耐磨性较差，在机械工业中很少应用。适用于制作厚度在 15mm 以下的薄壁铸件和焊接后不需进行热处理的零件

10.1.4 耐热铸铁件

(1)耐热铸铁件牌号及化学成份

表 10-16　　耐热铸铁的牌号及化学成分(GB/T 9437—2009)

铸铁牌号	化学成分/%(质量分数)						
	C	Si	Mn	P	S	Cr	Al
			不大于				
HTRCr	3.0~3.8	1.5~2.5	1.0	0.10	0.08	0.50~1.00	—
HTRCr2	3.0~3.8	2.0~3.0	1.0	0.10	0.08	1.00~2.00	—
HTRCr16	1.6~2.4	1.5~2.2	1.0	0.10	0.05	15.00~18.00	—
HTRSi5	2.4~3.2	4.5~5.5	0.8	0.10	0.08	0.5~1.00	—
QTRSi4	2.4~3.2	3.5~4.5	0.7	0.07	0.015	—	—
QTRSi4Mo	2.7~3.5	3.5~4.5	0.5	0.07	0.015	Mo0.5~0.9	—
QTRsi4Mo1	2.7~3.5	4.0~4.5	0.3	0.05	0.015	Mo1.0~1.5	Mg0.01~0.05
QTRSi5	2.4~3.2	4.5~5.5	0.7	0.07	0.015	—	—
QTRA14Si4	2.5~3.0	3.5~4.5	0.5	0.07	0.015	—	4.0~5.0
QTRAl5Si5	2.3~2.8	4.5~5.2	0.5	0.07	0.015	—	5.0~5.8
QTRAl22	1.6~2.2	1.0~2.0	0.7	0.07	0.015	—	20.0~24.0

(2)耐热铸铁件的室温力学性能

表 10-17　　耐热铸铁的室温力学性能

铸铁牌号	最小抗拉强度 R_m/MPa	硬度/HBW
HTRCr	200	189~288
HTRCr2	150	207~288
HTRCr16	340	400~450
HTRSi5	140	160~270
QTRSi4	420	143~187

续表

铸铁牌号	最小抗拉强度 R_m/MPa	硬度/HBW
QTRSi4Mo	520	188～241
QTRSi4Mo1	550	200～240
QTRSi5	370	228～302
QTRAl4Si4	250	285～341
QTRAl5Si5	200	302～363
QTRAl22	300	241～364

注：允许用热处理方法达到上述性能。

表 10-18 耐热铸铁的高温短时抗拉强度

铸铁牌号	在下列温度时的最小抗拉强度 R_m/MPa				
	500℃	600℃	700℃	800℃	900℃
HTRCr	225	144	—	—	—
HTRCr2	243	166	—	—	—
HTRCr16	—	—	—	144	88
HTRSi5	—	—	41	27	—
QTRSi4	—	—	75	35	—
QTRSi4Mo	—	—	101	46	—
QTRSi4Mo1	—	—	101	46	—
QTRSi5	—	—	67	30	—
QTRAl4Si4	—	—	—	82	32
QTRAl5Si5	—	—	—	167	75
QTRAl22	—	—	—	130	77

(3)耐热铸铁的使用条件及应用举例

表 10-19 耐热铸铁的使用条件及应用举例

铸铁牌号	使用条件	应用举例
HTRCr	在空气炉气中，耐热温度到 550℃。具有高的抗氧化性和体积稳定性	适用于急冷急热的、薄壁、细长件。用于炉条、高炉支梁式水箱、金属型、玻璃模等
HTRCr2	在空气炉气中，耐热温度到 600℃。具有高的抗氧化性和体积稳定性	适用于急冷急热的、薄壁、细长件。用于煤气炉内灰盆、矿山烧结车挡板等
HTRCr16	在空气炉气中耐热温度到 900℃。具有高的室温及高温强度，高的抗氧化性，但常温脆性较大。耐硝酸的腐蚀	可在室温及高温下作抗磨件使用。用于退火罐、煤粉烧嘴、炉栅、焙烧炉零件、化工机械等零件
HTRSi5	在空气炉气中，耐热温度到 700℃。耐热性较好，承受机械和热冲击能力较差	用于炉条、煤粉烧嘴、锅炉用梳形定位析、换热器针状管、二硫化碳反应瓶等
QTRSi4	在空气炉气中耐热温度到 650℃。力学性能、抗裂性较 RQTSi5 好	用于玻璃窑烟道闸门、玻璃引上机墙板、加热炉两端管架等
QTRSi4Mo	在空气炉气中耐热温度到 680℃。高温力学性能较好	用于内燃机排气岐管、罩式退火炉导向器、烧结机中后热筛板、加热炉吊梁等
QTRSi4Mo1	在空气炉气中耐热温度到 800℃。高温力学性能好	用于内燃机排气岐管、罩式退火炉导向器、烧结机中后热筛板、加热炉吊梁等

续表

铸铁牌号	使用条件	应用举例
QTRSi5	在空气炉气中耐热温度到800℃。常温及高温性能显著优于RTSi5	用于煤粉烧嘴、炉条、辐射管、烟道闸门、加热炉中间管架等
QTRAl4Si4	在空气炉气中耐热温度到900℃。耐热性良好	适用于高温轻载荷下工作的耐热件。用于烧结机篦条、炉用件等
QTRAl5Si5	在空气炉气中耐热温度到1050℃。耐热性良好	
QTRAl22	在空气炉气中耐热温度到1100℃。具有优良的抗氧化能力，较高的室温和高温强度，韧性好，抗高温硫蚀性好	适用于高温(1100℃)、载荷较小、温度变化较缓的工件。用于锅炉用侧密封块、链式加热炉炉爪、黄铁矿焙烧炉零件等

10.1.5 蠕墨铸铁件

(1)蠕墨铸铁件牌号和力学性能

表 10-20 蠕墨铸铁件牌号(JB/T 4403—1999)

牌号	抗拉强度 σ_b /MPa	屈服强度 $\sigma_{0.2}$ /MPa	伸长率 δ /%	硬度值范围 HBS	蠕化率 /%,不小于	主要基体组织
	不小于					
RuT420	420	335	0.75	200～280		珠光体
RuT380	380	300	0.75	193～274		珠光体
RuT340	340	270	1.0	170～249	50	铁素体+珠光体
RuT300	300	240	1.5	140～217		铁素体+珠光体
RuT260	260	195	3	121～197		铁素体

注：本表数值可经过热处理达到。

表 10-21 蠕墨铸铁件的高温力学性能(JB/T 4403—1987 废止)

蠕化率/%	温度/℃	室温	200	300	400	500	600	700
30	σ_b/MPa	490	425	430	450	300	270	90
	δ/%	—	3.5	4.0	5.0	5.0	6.0	22.0
50	σ_b/MPa	400	420	450	465	300	250	57
	δ/%	1.9	1.8	5.5	5.7	—	5.0	16.5
70	σ_b/MPa	410	325	370	400	250	160	54
	δ/%	3.0	—	2.5	3.5	—	3.0	15.0
90	σ_b/MPa	385	340	310	320	230	150	70
	δ/%	3.0	4.0	3.0	5.0	3.0	3.0	19.0

注：本表试验数据供参考。

(2)蠕墨铸铁件的使用性能及应用举例

表 10-22 蠕墨铸铁的性能及应用(JB/ T 4403—1999)

牌号	性能特点	应用举例
RuT420 RuT380	强度高、硬度高，具有高的耐磨性和较高的热导率，铸件材质中需加入合金元素或经正火热处理，适于制造要求强度或耐磨性高的零件	活塞环、汽缸套、制动盘、玻璃模具、刹车鼓、钢珠研磨盘、吸淤泵体等

续表

牌　　号	性 能 特 点	应 用 举 例
RuT339	强度和硬度较高，具有较高的耐磨性和热导率，适于制造要求较高强度、刚度及要求耐磨的零件	带导轨面的重型机床件、大型龙门铣横梁、大型齿轮箱体、盖、座、刹车鼓、飞轮、玻璃模具、起重机卷筒、烧结机滑板等
RuT300	强度和硬度适中，有一定的塑韧性，热导率较高，致密性较好，适于制造要求较高强度及承受热疲劳的零件	排气管、变速箱体、汽缸盖、纺织机零件、液压件、钢锭模、某些小型烧结机箅条等
RuT260	强度一般，硬度较低，有较高的塑韧性和热导率，铸件一般需经退火热处理，适于制造承受冲击负荷及热疲劳的零件	增压器废气进气壳体，汽车、拖拉机的某些底盘零件等

10.1.6 耐磨铸铁件

(1)中锰抗磨球墨铸铁件及合金耐磨铸铁件

表 10-23 中锰抗磨球墨铸铁及合金耐磨铸铁牌号、化学成分及力学性能(JB/ZQ 4304—2006)

牌　号		化学成分/%								力学性能					挠度 f/mm	
		C	Si	Mn	P	S	Cu	Mo	Cr	σ_b/MPa 砂型	σ_b/MPa 金属型	σ_b/MPa	A_k/J	HBS (HRC)	砂型	金属型
										试样直径 d/mm					支距 l/mm	
										30	50				300	500
										≥						
MT-4		3.00～3.40	1.50～2.00	0.60～0.90	≤0.030	≤0.140	1.00～1.30	0.40～0.60	～	355	—	175	—	195～260	—	—
Cu-Cr-Mo 合金铸铁		3.20～3.60	1.30～1.80	0.50～1.00	≤0.030	≤0.150	0.60～1.10	0.30～0.70	0.20～0.60	430	—	235	—	200～255	—	—
中锰抗磨球墨铸铁	MQTMn6	—		5.50～6.50	—					510	390	—	31	(44)	3.0	2.5
	MQTMn7	—		>6.50～7.50	—					470	440	—	35	(41)	3.5	3.0
	MQTMn8	—		>7.50～9.00	—					430	490	—	39	(38)	4.0	3.5

注：1. MT-4 耐磨铸铁的金相组织是细小珠光体和中细片状石墨，珠光体含量大于 85%，磷共晶为细小网状并均匀分布；不允许有游离的渗碳体。用作一般耐磨零件；

2. Cu-Cr-Mo 合金铸铁熔炼过程与一般灰铸铁相同，合金材料完全在炉内加入，石墨主要是分散片状。可用于制作活塞环、机床床身、卷筒、密封圈等耐磨零件；

3. 中锰抗磨球墨铸铁的基体组织以马氏体和奥氏体为主。主要用于制作选矿用螺旋分级叶片、磨机衬板等。表中的锰含量范围、挠度和砂型铸造直径为 30mm 的抗弯试棒的抗弯强度值，除订货协议有规定外，不作为验收依据。中锰抗磨球墨铸铁性能数据符合 GB/T 3180—1982(废止)的规定。

(2)抗磨白口铸铁件

表 10-24　　抗磨白口铸铁件的牌号及其化学成分(GB/T 8263—2010)

牌号	化学成分/%(质量分数)								
	C	Si	Mn	Cr	Mo	Ni	Cu	S	P
BTMNi4CR2-DT	2.4～3.0	≤0.8	≤2.0	1.5～3.0	≤1.0	3.5～5.0	—	≤0.10	≤0.10
BTMNi4CR2-GT	3.0～3.6	≤0.8	≤2.0	1.5～3.0	≤1.0	3.3～5.0	—	≤0.10	≤0.10
BTMCr9Ni5	2.5～3.6	1.5～2.2	≤2.0	8.0～10.0	≤1.0	4.5～7.0	—	≤0.06	≤0.06
BTMCr2	2.1～3.6	≤1.5	≤2.0	1.0～3.0	—	—	—	≤0.10	≤0.10
BTMCr8	2.1～3.6	1.5～2.2	≤2.0	7.0～10.0	≤3.0	≤1.0	≤1.2	≤0.06	≤0.06
BTMCr12-DT	1.1～2.0	≤1.5	≤2.0	11.0～14.0	≤3.0	≤2.5	≤1.2	≤0.06	≤0.06
BTMCr12-GT	2.0～3.6	≤1.5	≤2.0	11.0～14.0	≤3.0	≤2.5	≤1.2	≤0.06	≤0.06
BTMCr15	2.0～3.6	≤1.2	≤2.0	14.0～18.0	≤3.0	≤2.5	≤1.2	≤0.06	≤0.06
BTMCr20	2.0～3.3	≤1.2	≤2.0	18.0～23.0	≤3.0	≤2.5	≤1.2	≤0.06	≤0.06
BTMCr26	2.0～3.3	≤1.2	≤2.0	23.0～30.0	≤3.0	≤2.5	≤1.2	≤0.06	≤0.06

注:1. 牌号中,"DT"和"GT"分别是"低碳"和"高碳"的汉语拼音大写字母,表示该牌号含碳量的高低;
　2. 允许加入微量 V,Ti,Nb,B 和 RE 等元素。

表 10-25　　抗磨白口铸铁件的硬度(GB/T 8263—2010)

牌号	表面硬度					
	铸态或铸态去应力处理		硬化态或硬化态去应力处理		软化退火态	
	HRC	HBW	HRC	HBW	HRC	HBW
BTMNI4Cr2-DT	≥53	≥550	≥56	≥600	—	—
BTMNi4Cr2-GT	≥53	≥550	≥56	≥600	—	—
BTMCr9Ni5	≥50	≥500	≥56	≥600	—	—
BTMCr2	≥45	≥435	—	—	—	—
BTMCr8	≥46	≥450	≥56	≥600	≤41	≤400
BTMCr12-DT	—	—	≥50	≥500	≤41	≤400
BTMCr12-GT	≥46	≥450	≥58	≥650	≤41	≤400
BTMCr15	≥46	≥450	≥58	≥650	≤41	≤400
BTMCr20	≥46	≥450	≥58	≥650	≤41	≤400
BTMCr26	≥46	≥450	≥58	≥650	≤41	≤400

注:1. 洛氏硬度值(HRC)和布氏硬度值(HBW)之间没有精确的对应值,因此,这两种硬度值应独立使用;
　2. 铸件断面深度 40%处的硬度应不低于表面硬度值的 92%。

表 10-26　　抗磨白口铸铁件热处理规范(GB/T 8263—2010)

<table>
<tr><th>牌号</th><th>软化退火处理</th><th>硬化处理</th><th>回火处理</th></tr>
<tr><td>BTMNi4Cr2-DT</td><td rowspan="2">—</td><td rowspan="2">430～470℃保温 4～6h,出炉空冷或炉冷</td><td rowspan="3">在 250～300℃保温 8～16h,出炉空冷或炉冷</td></tr>
<tr><td>BTMNi4Cr2-GT</td></tr>
<tr><td>BTMCr9Ni5</td><td>—</td><td>800～850℃保温 6～16h,出炉空冷或炉冷</td></tr>
</table>

续表

牌号	软化退火处理	硬化处理	回火处量
BTMCr8	920～960℃保温，缓冷至700～750℃保温，缓冷至600℃以下出炉空冷或炉冷	940～980℃保温，出炉后以合适的方式快速冷却	在200～550℃保温，出炉空冷或炉冷
BTMCr12-DT		900～980℃保温，出炉后以合适的方式快速冷却	
BTMCr12-GT		900～980℃保温，出炉后以合适的方式快速冷却	
BTMCr15		920～1000℃保温，出炉后以合适的方式快速冷却	
BTMCr20	960～1060℃保温，缓冷至700～750℃保温，缓冷至600℃以下出炉空冷或炉冷	950～1050℃保温，出炉后以合适的方式快速冷却	
BTMCR26		960～1060℃保温，出炉后以合适的方式快速冷却	

注：1. 热处理规范中保温时间主要由铸件壁厚决定；
2. BTMCr2 经200～650℃去应力处理。

表 10-27　　抗磨白口铸铁件的金相组织(GB/T 8263—2010)

牌号	金相组织	
	铸态或铸态去应力处理	硬化态或硬化态去应力处理
BTMNi4Cr2-DT	共晶碳化物 M_3C＋马氏体＋贝氏体＋奥氏体	共晶碳化物 M_3C＋马氏体＋贝氏体＋残余奥氏体
BTMNi4Cr2-GT		
BTMCr9Ni5	共晶碳物(M_7C_3＋少量 M_3C)＋马氏体＋奥氏体	共晶碳化物(M_7C_3＋少量 M_3C)＋二次碳化物＋马氏体＋残余奥氏体
BTMCr2	共晶碳化物 M_3C＋珠光体	—
BTMCr8	共晶碳化物(M_7C_3＋少量 M_3C)＋细珠光体	共晶碳化物(M_7C_3＋少量 M_3C)＋二次碳化物＋马氏体＋残余奥氏体
BTMCr12-DT	—	碳化物＋马氏体＋残余奥氏体
BTMCr12-GT	碳化物＋奥氏体及其转变产物	
BTMCr15		
BTMCr20		
BTMCr26		

(3)冷硬铸铁件

表 10-28　　冷硬铸铁的类型、化学成分、力学性能和应用

类型	化学成分/%						白口层硬度(HRC)	灰口部分性能		用途举例
	C	Si	Mn	P	S	其他		σ_b/MPa	σ_b/MPa	
普通冷硬铸铁	3.0～3.6	0.5～0.75	＞0.50	≤0.35	≤0.14	—	—	—	—	冷铸车轮
	3.5～3.6	2.0～2.2	0.7～1.0	—	＜0.2	—	HB450～550	—	—	冷铸犁镜
	3.5～3.7	1.8～2.0	0.7～1.0	≤0.2	≤0.12	—	≥50	200～250	400～470	柴油机气门挺杆
	3.8～4.0	0.7～1.0	0.9～1.1	≤0.2	≤1.2	—	≥50	200～250	400～470	拖拉机拖带轮

续表

类型	化学成分/%						白口层硬度(HRC)	灰口部分性能		用途举例
	C	Si	Mn	P	S	其他		σ_b/MPa	σ_b/MPa	
普通冷硬铸铁	3.5～3.7	1.75～2.1	0.5～0.9	≤0.15	≤0.15	Bi 0.003～0.0077	48～50	>150	>330	拖拉机托链轮
镍铬铜冷硬铸铁	3.2～3.4	1.9～2.1	0.65～0.85	≤0.12	≤0.10	Ni 0.4～0.5 Cr 0.9～1.1 Mo 0.4～0.55	铸态 53～56 600℃回火后 50～55	200～250	400～470	发动机气门挺杆
铬钼稀土冷硬铸铁	3.5～3.	1.7～2.0	0.6～0.9	≤0.	≤0.09	Cr 0.5～0.8 Mo 0.5～0.7 稀土硅铁合金 0.5～0.7	≥53	250	470	柴油机气门挺杆
硼冷硬铸铁	3.75	1.7	0.6	0.13	≤0.07	B 0.02～0.04	50～51	150	330	纺织机中的桃子投梭鼻、打梭转子
稀土冷硬铸铁	3.3～3.5	2.6～2.8	1.2～1.6	≤0.2	≤0.12	稀土硅铁合金 1.7～2.0	42	400～500	700～900	碾砂机碾轮

10.2 欧洲标准化委员会(CEN)铸铁

表 10-29 耐磨铸铁的牌号及化学成分(EN 12513—2000)

牌号	数字编号	化学成分/%(不大于,注明范围者除外)
EN-GJN-HV350	EN-JN2019	2.4～3.9C,0.4～1.5Si,0.2～1.0Mn,2.0Cr
EN-GJN-HV520	EN-JN2029	2.5～3.0C,0.8Si,0.8Mn,0.1P,0.1S,3.0～5.5Ni,1.5～3.0Cr
EN-GJN-HV550	EN-JN2039	3.0～3.6C,0.8Si,0.8Mn,0.1P,0.1S,3.0～5.5Ni,1.5～3.0Cr
EN-GJN-HV600	EN-JN2049	2.5～3.5C,1.5～2.5Si,0.3～0.8Mn,0.08P,0.08S,4.5～6.5Ni,8.0～10.0Cr
EN-GJN-HV600(XCr11)	EN-JN3019	1.8～3.6C,1.0Si,0.5～1.5Mn,0.08P,0.08S,11.0～14.0Cr,2.0Ni,3.0Mo,1.2Cu
EN-GJN-HV600(XCr14)	EN-JN3029	1.8～3.6C,1.0Si,0.5～1.5Mn,0.08P,0.08S,14.0～18.0Cr,2.0Ni,3.0Mo,1.2Cu
EN-GJN-HV600(XCr18)	EN-JN3039	1.8～3.6C,1.0Si,0.5～1.5Mn,0.08P,0.08S,18.0～23.0Cr,2.0Ni,3.0Mo,1.2Cu
EN-GJN-HV600(XCr23)	EN-JN3049	1.8～3.6C,1.0Si,0.5～1.5Mn,0.08P,0.08S,23.0～28.0Cr,2.0Ni,3.0Mo,1.2Cu

注:XCr11～XCr23 四种铸铁的维氏硬度均不小于 600HV。

表 10-30 奥氏体铸铁的牌号,化学成分及力学性能(EN 13835—2002)

牌号	数字编号	化学成分/%(不大于,注明范围者除外)	抗拉强度/MPa	屈服强度/MPa	伸长率/%
EN-GJLA-XNiCuCr15-6-2	EN-JL3011	3.0C,1.0～2.8Si,0.5～1.5Mn,13.5～17.5Ni,1.0～3.5Cr,0.25P,5.5～7.5Cu	170		

续表

牌 号	数字编号	化 学 成 分/% (不大于,注明范围者除外)	抗拉强度/MPa	屈服强度/MPa	伸长率/%
EN-GJAL-XNiCr20-2	EN-JS3011	3.0C, 1.5 ~ 3.0Si, 0.5 ~ 1.5Mn, 18.0 ~ 22.0Ni, 1.0 ~ 3.5Cr, 0.08P, 0.50Cu	370	210	7
EN-GJAL-XNiMn23-4	EN-JS3021	2.6C, 1.5 ~ 2.5Si, 4.0 ~ 4.5Mn, 22.0 ~ 24.0Ni, 0.2Cr, 0.08P, 0.50Cu	440	210	25
EN-GJLA-XNiCrNb20-2	EN-JS3031	3.0C, 1.5 ~ 2.4Si, 0.5 ~ 1.5Mn, 18.0 ~ 22.0Ni, 1.0 ~ 3.5Cr, 0.08P, 0.50Cu	370	210	7
EN-GJLA-XNi22	EN-JS3141	3.0C, 1.0 ~ 3.0Si, 1.5 ~ 2.5Mn, 21.0 ~ 24.0Ni, 0.5Cr, 0.08P, 0.50Cu	370	170	20
EN-GJLA-XNi35	EN-JS3051	2.4C, 1.5 ~ 3.0Si, 0.5 ~ 1.5Mn, 34.0 ~ 36.0Ni, 0.2Cr, 0.08P, 0.50Cu	370	210	20
EN-GJLA-XNiSiCR35-5-2	EN-JS3061	2.0C, 4.0 ~ 6.0Si, 0.5 ~ 1.5Mn, 34.0 ~ 36.0Ni, 1.5 ~ 2.5Cr, 0.08P, 0.50Cu	370	200	10
EN-GJLA-XNiMn13-7	EN-JL3021	3.0C, 1.5 ~ 3.0Si, 6.0 ~ 7.0Mn, 12.0 ~ 14.0Ni, 0.2Cr, 0.25P, 0.50Cu	140		
EN-GJLA-XNiMn13-7	EN-JS3071	3.0C, 2.0 ~ 3.0Si, 6.0 ~ 7.0Mn, 12.0 ~ 14.0Ni, 0.2Cr, 0.08P, 0.50Cu	390	210	15
EN-GJLA-XNiCr30-3	EN-JS3081	2.6C, 1.5 ~ 3.0Si, 0.5 ~ 1.5Mn, 28.0 ~ 32.0Ni, 2.5 ~ 3.5Cr, 0.08P, 0.50Cu	370	210	7
EN-GJLA-XNiSiCr30-5-5	EN-JS3091	2.6C, 5.0 ~ 6.0Si, 0.5 ~ 1.5Mn, 28.0 ~ 32.0Ni, 4.5 ~ 5.5Cr, 0.08P, 0.50Cu	390	240	
EN-GJLA-XNiCr35-3	EN-JS3010	2.4C, 1.5 ~ 3.0Si, 0.5 ~ 1.5Mn, 34.0 ~ 36.0Ni, 2.0 ~ 3.0Cr, 0.08P, 0.50Cu	370	210	7

表 10-31 灰口铸铁件的牌号、尺寸及力学性能(EN 1561—1997)

牌 号	数字编号	壁 厚/mm	抗拉强度 R_m/MPa(非范围值者均为最小值)		
			单铸试样	主体造试样	预期值
EN-GJL-100	EN-JL1010	5～40	100～200		
EN-GJL-150	EN-JL1020	2.5～5	150～250		185
		5～10			155
		10～20			130
		20～40		120	110
		40～80		110	95
		80～150		100	85
		150～300		90	

续表

牌　号	数字编号	壁　厚/mm	抗拉强度 R_m/MPa(非范围值者均为最小值)		
			单铸试样	主体造试样	预期值
EN-GJL-200	EN-JL1030	2.5～5	200～30		230
		5～10			205
		10～20			180
		20～40		170	155
		40～80		150	130
		80～150		140	115
		150～300		130	
EN-GJL-250	EN-JL1040	5～10	250～350		250
		10～20			225
		20～40		210	195
		40～80		190	170
		80～150		170	155
		150～300		160	
EN-GJL-300	EN-JL1050	10～20	300～400		270
		20～40		250	240
		40～80		220	210
		80～150		210	195
		150～300		190	
EB-GJL-350	EN-JL1060	10～20	350～450		315
		20～40		290	280
		40～80		260	250
		80～150		230	225
		150～300		210	

表 10-32　　可锻铸铁的牌号、尺寸及力学性能(EN 1562—1997)

牌　号	数字编号	公称直径/mm	抗拉强度 R_m/MPa	伸长率/%	屈服强度 $R_{p0.2}$/MPa	布氏硬度(HB)
EN-GJMW-350-4	EN-JM1010	6	270	10		230
		9	310	5		
		12	350	4		
		15	360	3		
EN-GJMW-250-12	EN-JM1020	6	280	16		200
		9	320	15	170	
		12	360	12	190	
		15	370	7	200	
EN-GJMW-400-5	EN-JM1030	6	300	12		220
		9	360	8	200	
		12	400	5	220	
		15	420	4	230	
EN-GJMW-450-7	EN-JM1040	6	330	12		220
		9	400	10	230	
		12	450	7	260	
		15	480	4	280	

续表

牌 号	数字编号	公称直径/mm	抗拉强度 R_m/MPa	伸长率/%	屈服强度 $R_{p0.2}$/MPa	布氏硬度(HB)
EN-GJMW-550-4	EN-JM1050	6 9 12 15	 490 550 570	 5 4 3	 310 340 350	250
EN-GJMB-300-6	EN-JM1110	12 或 15	300	6		150(最大值)
EN-GJMB-350-10	EN-JM1130	12 或 15	350	10	200	150(最大值)
EN-GJMB-450-6	EN-JM1140	12 或 15	450	6	270	150～200
EN-GJMB-500-5	EN-JM1150	12 或 15	500	5	300	165～215
EN-GJMB-550-4	EN-JM1160	12 或 15	550	4	340	180～230
EN-GJMB-600-3	EN-JM1170	12 或 15	600	3	390	195～245
EN-GJMB-650-2	EN-JM1180	12 或 15	650	2	430	210～260
EN-GJMB-700-2	EN-JM1190	12 或 15	700	2	530	240～290
EN-GJMB-800-1	EN-JM1200	12 或 15	800	1	600	270～320

表 10-33 球墨铸铁的牌号及力学性能(EN 1563—1997)

试样类型	牌 号	数字编号	壁 厚/mm	抗拉强度 R_m/MPa	屈服强度 $R_{p0.2}$/MPa	伸长率/%
单铸试样	EN-GJS-350-22-LT	EN-JS1015		350	220	22
	EN-GJS-350-22-RT	EN-JS1014		350	220	22
	EN-GJS-350-22	EN-JS1010		350	220	22
	EN-GJS-400-18-LT	EN-JS1025		400	240	18
	EN-GJS-400-18-RT	EN-JS1024		400	250	18
	EN-GJS-400-18	EN-JS1020		400	250	18
	EN-GJS-400-15	EN-JS1030		400	250	15
	EN-GJS-450-10	EN-JS1040		450	310	10
	EN-GJS-500-7	EN-JS1050		500	320	7
	EN-GJS-600-3	EN-JS1060		600	370	3
	EN-GJS-700-2	EN-JS1070		700	420	2
	EN-GJS-800-2	EN-JS1080		800	480	2
	EN-GJS-900-2	EN-JS1090		900	600	2
主体铸造试样	EN-GJS-350-22U-LT	EN-JS1019	≤30 30～60 60～200	350 330 320	220 210 200	22 18 15
	EN-GJS-350-22U-RT	EN-JS1029	≤30 30～60 60～200	350 330 320	220 210 200	22 18 15
	EN-GJS-350-22U	EN-JS1032	≤30 30～60 60～200	350 330 320	220 210 200	22 18 15
	EN-GJS-400-18U-LT	EN-JS1049	≤30 30～60 60～200	400 390 370	240 230 220	18 15 12

续表

试样类型	牌号	数字编号	壁厚/mm	抗拉强度 R_m /MPa	屈服强度 $R_{p0.2}$/MPa	伸长率/%
主体铸造试样	EN-GJS-400-18U-RT	EN-JS1059	≤30	400	250	18
			30～60	390	250	15
			60～200	370	240	12
	EN-GJS-400-18U	EN-JS1062	≤30	400	250	18
			30～60	390	250	15
			60～200	370	240	12
	EN-GJS-400-15U	EN-JS1072	≤30	400	250	15
			30～60	390	250	14
			60～200	370	240	11
	EN-GJS-450-10U	EN-JS1132	≤30	450	310	10
			30～60	①	①	①
			60～200	①	①	①
	EN-GJS-500-7U	EN-JS1082	≤30	500	320	7
			30～60	450	300	7
			60～200	420	290	5
	EN-GJS-600-3U	EN-JS1092	≤30	600	370	3
			30～60	600	360	2
			60～200	550	340	1
	EN-GJS-700-2U	EN-JS1102	≤30	700	420	2
			30～60	700	400	2
			60～200	660	380	1
	EN-GJS-800-2U	EN-JS1112	≤30	800	480	2
			30～60	①	①	①
			60～200	①	①	①
	EN-GJS-900-2U	EN-JS1122	≤30	900	600	2
			30～60	①	①	①①
			60～200	①	①	

注：表中①该值由供需双方协商决定。

10.3 美国铸铁

表 10-34 美国铸铁的化学成分及力学性能

牌号	UNS	化学成分/%	技术条件	产品形态	状态	UTS	YS	EL
20	F11401		ASME SA 278,①,②					
25	F11701		ASME SA 278,①,②		协议	172	—	—
30	F12101		ASME SA 278,①,②		协议	207	—	—
35	F12401		ASME SA 278,①,②		协议	241	—	—
40	F12803	3.80C,0.25P,0.12S,铁基	①	砂模	消除应力 22.4mm(0.88in)	275	—	—
40	F12801		②		协议	276	—	—
45	F13102	3.80C,0.25P,0.12S,铁基	①	砂模	消除应力 22.4mm(0.88in)	310	—	—
45	F13101		②		协议	310	—	—
50	F13502	3.80C,0.25P,0.12S,铁基	①	砂模	消除应力 22.4mm(0.88in)	345	—	—

续表

牌 号	UNS	化 学 成 分/%	技术条件	产品形态	状 态	UTS	YS	EL
50	F13501		②		协议	345	—	—
50		2.50 ～ 2.75Si，0.40Mn，2.30～ 2.25C，0.03Mg，0.08P，0.02S,铁基	MIL C-60653	砂模	退火	448	331	18
55	F13802	3.80C,0.25P,0.12S,铁基	①	砂模	消除应力 22.4mm(0.88in)	380	—	—
55	F13801		②		协议	379	—	—
60	F14102	3.80C,0.25P,0.12S,铁基	①	砂模	消除应力 22.4mm(0.88in)	415	—	—
60	F14101		②		协议	414	—	—
60		1.70～2.00Si,0.90～1.25Mn,2.30 ～ 2.50C，0.03Mg，0.08P，0.02S,铁基	MIL C-60653	砂模	退火	552	414	5
60-40-18	F32800		ASME SA 395,③④		协议	415	275	—
60-42-10	F32900		ASTM A 716—2003		协议	414	290	10
60-45-12	F33100		③					
70	F14801	0.80C,0.25P,0.12S,铁基	①	砂模	消除应力 22.4mm(0.88in)	485	—	—
80	F15501	0.80C,0.25P,0.12S,铁基	①	砂模	消除应力 22.4mm(0.88in)	550	—	—
80		2.50～2.75Si,0.40Mn,2.30～2.50C,0.03Mg,0.08P,0.02S,铁基	MIL C-60653	砂模	退火	1172	552	3
80-55-06	F33800		③					
80-60-03	F34100		⑤		协议	555	415	—
100-70-03	F34800		③		协议	689	483	3
120-90-02	F36200		③		协议	827	621	2
32510	F22200		⑥		协议	345	224	—
35018	F22400		⑥		协议	365	241	—
40010	F22830		⑦		协议	414	276	—
45006	F23131		⑦		协议	448	310	—
45008	F23130		⑦		协议	448	310	—
50005	F23530		⑦		协议	483	345	—
60004	F24130		⑦		协议	552	414	—
70003	F24830		⑦		协议	586	483	—
80002	F25530		⑦		协议	655	552	—
90001	F26230		⑧		协议	724	621	—
B	F12102		⑧		协议	214	—	—
B	F43020	2.40～3.00C,1.70～2.40Cr,0.80～1.50Mn,18.00～22.00Ni,0.20maxP,1.810～3.20Si	MIL 1-24137		协议	379	207	—

续表

牌 号	UNS	化 学 成 分/%	技术条件	产品形态	状 态	UTS	YS	EL
C	F12802		⑧		协议	283	—	—
C	F43021	2.70～3.10C,0.50 max Cr,1.90～2.50Mn,20.00～23.00Ni,0.15 max P,2.00～3.00Si	MIL 1-24137		协议	245	172	—
D-2	F43000	3.00C,1.50～3.00Si,0.70～1.25Mn,1.75～2.75Cr,18.00～2.00Ni,0.08P,铁基	⑨	砂模	消除应力	400	205	8
D-2B	F43001	3.00C,1.50～3.00Si,0.70～1.25Mn,2.75～4.00Cr,18.00～22.00Ni,0.08P,铁基	⑨	砂模	消除应力	400	207	7
D2C	F43002	2.90C,1.00～3.00Si,1.80～2.40Mn,0.50Cr,21.00～24.00Ni,0.08P,铁基	⑨	砂模	消除应力	400	193	20
D-2M	F43010	2.20～2.70C,0.20 max Cr,3.75～4.50Mn,21.00～24.00Ni,0.08 max P,1.50～2.50Si	⑩		协议	448	207	—
D-3	F43003	2.60C,1.00～2.08Si,1.00Mn,2.50～3.50Cr,28.00～32.00Ni,0.8P,铁基	⑨	砂模	消除应力	379	207	6
D-3A	F43004	2.60C,1.00～2.80Si,1.00Mn,1.00～1.50Cr,28.00～32.00Ni,0.08P,铁基	⑨	砂模	消除应力	379	207	10
D-4	F43005	2.60C,5.00～6.00Si,1.00Mn,4.50～5.50Cr,28.00～32.00Ni,0.08P,铁基	⑨	砂模	消除应力	414	—	—
D-5	F43006	2.40C,1.00～2.80Si,1.00Mn,0.10Cr,34.00～36.00Ni,0.08P,	⑨	砂模	消除应力	379	207	20
D-5B	F43007	2.40C,1.00～2.80Si,100Mn,2.00～3.00Cr,34.00～36.00Ni,0.08P,铁基	⑨	砂模	消除应力	379	207	6
G1800	F10004	4.25～4.50C,2.80～2.30Si,0.50～0.80Mn,0.25P,0.15S,铁基	⑪	砂模	退火	187	—	—
G2500	F10005	4.00～4.25C,2.40～2.00Si,0.6～0.90Mn,0.20P,0.15S,,铁基	⑪	砂模	退火	170	—	—
G2500a	F10009	3.40C,1.60～2.10Si,0.60～0.90Mn,0.15P,0.12S,铁基	⑪	砂模	协议	170	—	—
G3000	F10006	3.90～4.15C,2.30～1.90Si,0.60～0.90Mn,0.15P,0.15S,铁基	⑪	砂模	协议	205	—	—
G3500	F10007	3.70～3.90C,2.20～1.80Si,0.60～0.90Mn,0.12P,0.15S,铁基	⑪	砂模	协议	240	—	—
G3500b	F10010	3.40C,1.30～1.80Si,0.60～0.90Mn,0.15P,0.12S,铁基	⑪	砂模	协议	240	—	—

续表

牌 号	UNS	化 学 成 分/%	技术条件	产品形态	状 态	UTS	YS	EL
G3500c	F10011	3.50C,1.3～1.800Si,0.60～0.90Mn,0.15P,0.12S,铁基	⑪	砂模	协议	240	—	—
G4000	F10008	3.70～3.90C,2.10～1.80Si,0.70～1.00Mn,0.10P,0.15S,铁基	⑪	砂模	协议	275	—	—
G400d	F10012	3.10～3.60C,1.92～2.40Si,0.60～0.90Mn,0.85～1.25Cr,0.40～0.60Mo,0.10P,0.15S,铁基	⑪	砂模	协议	275	—	—
Grade 1	F47003	0.65～1.10C,0.50 max Cr,0.50 Max Cu,1.50 max Mn,0.50 Max Mo,14.20～14.75Si	⑫					
M3210	F20000	2.20～2.90C,0.9～1.900Si,0.15～1.25Mn,0.02～0.15P,0.02～0.20S,铁基	⑬		退火	345	221	10
M4504		2.20～2.90TC,0.90～1.90Si,0.15～1.25Mn,0.02～0.15P,0.02～0.20S,铁基	⑬	淬火和回火		445	310	4
M4504	F20001	2.20～2.90C,0.15～1.25Mn,0.02～0.15P,0.02～0.20S,0.90～1.90Si	SAE J 158		协议	448	310	
M5003		2.20～2.90C,0.90～1.90Si,0.15～1.25Mn,0.02～0.15P,0.02～0.20S,铁基	⑭	淬火和回火		250	345	3
M5003	F20002	2.20～2.90C,0.15～1.25Mn,0.02～0.15P,0.02～0.20S,0.90～1.90Si	SAE J 158	协议		516	345	—
M5503		2.20～2.90C,0.90～1.90Si,0.15～1.25Mn,0.02～0.15P,0.02～0.20S,铁基	⑭	淬火和回火		250	380	3
M5503	F20003	2.20～2.90C,0.15～1.25Mn,0.02～0.15P,0.02～0.20S,0.90～1.90Si	SAE J 158	协议		516	345	—
M7002		2.20～2.90C,0.90～1.90Si,0.15～1.25Mn,0.02～0.15P,0.02～0.20S,铁基	⑭	淬火和回火		620	80	2
M7002	F20004	2.20～2.90C,0.15～1.25Mn,0.02～0.15P,0.02～0.20S,0.90～1.90Si	SAE J 158	协议		620	482	—
M8501		2.20～2.90C,0.90～1.90Si,0.15～1.25Mn,0.02～0.15P,0.02～0.20S,铁基	⑭	淬火和回火		725	585	1
M8501	F20005	2.20～2.90C,0.15～1.25Mn,0.02～0.15P,0.02～0.20S,0.90～1.90Si	SAE J 158		协议	723	586	—
ECI	F10090	3.25～3.50C,0.60～0.75Mn,0.50～0.75P,0.10maxS,2.75～3.00Si	AWS A 5.15					
RCI-B	F10092	3.25～4.00C,0.04～0.10Mg,0.10～0.40Mn,0.50maxNi,0.05maxP,0.04maxS,3.25～3.75Si,0.20maxCe	AWS A 5.15					

续表

牌　号	UNS	化　学　成　分/%	技术条件	产品形态	状　态	UTS	YS	EL
RFeCr-Al	F45100	3.70～5.00C,27.00～35.00Cr,2.00～6.00Mn,1.10～2.50Si	ASME SFA 5.13,AWS A 5.13					
Ⅰ	F10001	3.81～4.40C	⑮					
ⅠA	F45000	3.00～3.60C,1.40～4.00Cr,1.30 max Mn,1.00 max Mo,3.30～5.00Ni,0.30 max P,0.15 max S,0.80 max Si	⑯					
ⅠB	F45001	2.50～3.00C,1.40～4.00Cr,1.30 max Mn,1.00 max Mo,3.30～5.00Ni,0.30 max P,0.15 max S,0.80 max Si	⑯					
ⅠC	F45002	2.90～3.70C,1.10～1.50Cr,1.30 max Mn,1.00 max Mo,2.70～4.00Ni,0.30 max P,0.15 max S,0.80 max Si	⑯					
ⅠD	F45003	2.50 max 3.60C,7.00～11.00Cr,1.30 max Mn,1.00 max Mo,4.50 max 7.00Ni,0.10 max P,0.15 max S,1.00～2.20Si	⑯					
Ⅱ	F10002	3.51～4.10C,铁基	⑮	砂模				
ⅡA	F45004	2.40～2.80C,1.00Si,0.50～1.50Mn,11.00～14.00Cr,0.50Ni,0.50～1.00Mo,1.20Cu,0.10P,0.06S,铁基	⑯	砂模				
ⅡB	F45005	1.00Si,0.50～1.50Mn,14.00～18.00Cr,0.50Ni,1.00～3.00Mo,1.20Cu,0.10P,0.06S,2.40～2.80C,铁基	⑯	砂模				
ⅡC	F45006	2.80～3.60C,1.00Si,0.50～1.50Mn,14.00～18.00Cr,0.50Ni,2.30～3.50Mo,1.20Cu,0.10P,0.06S,铁基	⑯	砂模				
ⅡD	F45007	2.00～2.60C,1.00Si,0.50～1.50Mn,18.00～23.00Cr,1.50Ni,1.50Mo,1.20Cu,0.10P,0.06S,铁基	⑯	砂模				
ⅡE	F45008	2.60～3.20C,1.00Si,0.50～1.50Mn,18.00～23.00Cr,1.50Ni,1.00～2.00Mo,1.20Cu,0.10P,0.06S,铁基	⑯	砂模				
Ⅲ	F10003	3.20～3.80C	⑮					
ⅢA	F45009	2.30～3.00C,1.00Si,0.50～1.50Mn,23.00～28.00Cr,1.50Ni,1.50Mo,1.20Cu,0.10P,0.06S,铁基	⑯	砂模				

注:1. 表中①ASTM A 278/A 278M—2006;
2. 表中②ASTM A 278/A 278M—2003;
3. 表中③ASTM A 536—1984(R2009);
4. 表中④ASTM A 395/A 395M—1999;
5. 表中⑤ASTM A 476/A 476M—2000;
6. 表中⑥ASTM A 47/A 47M—1999;
7. 表中⑦ASTM A 220/A 220M—2009;

8. 表中⑧ASTM A 126—2004；
9. 表中⑨ASTM A 439—2009；
10. 表中⑩ASTM A 571/A 571M—2006；
11. 表中⑪ASTM A 159—2006；
12. 表中⑫ASTM A 518/A 518M—1999；
13. 表中⑬ASTM A 602—1994；
14. 表中⑭ASTM A 602—1994；
15. 表中⑮ASTM A 319—2006；
16. 表中⑯ASTM A 532/A 532Ma—2003；
17. 杂质元素为最大含量。

10.4 英国铸铁

表 10-35 英国铸铁的化学成分及力学性能

牌 号	UNS	化 学 成 分 /%	技术条件	状态	UTS	YS	EL
1A		0. 50～1. 50Si，0. 20～0. 80Mn，2. 00Cr，2. 40～3. 40C，0. 15P，铁基	BS 4844 Part1				
1B		0. 50～1. 50Si，0. 20～0. 80Mn，2. 00Cr，2. 40～3. 40C，0. 50P，铁基	BS 4844 Part1				
1C		0. 50～1. 50Si，0. 20～0. 80Mn，2. 00Cr，2. 40～3. 40C，0. 15P，铁基	BS 4844 Part1				
2A	F45002	0. 30～0. 80Si，0. 20～0. 80Mn，1. 50～2. 50Cr，3. 00～5. 50Ni，0. 50Mo，2. 70～3. 20C，0. 30P，0. 15S，铁基	BS 4844 part2				
2B	F45000	0. 30～0. 80Si，0. 20～0. 80Mn，1. 50～2. 50Cr，3. 00～5. 50Ni，0. 50Mo，3. 20～3. 60C，0. 30P，0. 15S，铁基	BS 4844 Part2				
2C		1. 5～2. 20Si，0. 20～0. 80Mn，8. 00～10. 00Cr，4. 00～6. 00Ni，0. 50Mo，2. 40～2. 80C，0. 30P，0. 15S，铁基	BS 4844 Part2				
2D	F45003	1. 50～2. 20Si，0. 20～0. 80Mn，8. 00～10. 00Cr，4. 00～6. 00Ni，0. 50Mo，2. 80～3. 20C，0. 30P，0. 15S，铁基	BS 4844 part2				
2E	F45003	1. 50～2. 20Si，0. 20～0. 80Mn，8. 00～10. 00Cr，4. 00～6. 00Ni，0. 50Mo，3. 20～3. 60C，0. 30P，0. 15S，铁基	BS 4844 Part2				
3A	F45005	1. 00Si，0. 50～1. 50Mn，14. 00～17. 00Cr，1. 00 max Ni，2. 50 max Mo，1. 20 max Cu，2. 40～3. 00C，0. 10P，铁基	BS 4844 Part3				
3B	F45006	1. 00Si，0. 50～1. 50Mn，14. 00～17. 00Cr，1. 00 max Ni，1. 00～3. 00Mo，1. 20 max Cu，3. 00～3. 60C，0. 10P，铁基	BS 4844 Part3				
3C	F45008	1. 00Si，0. 50～1. 50Mn，17. 00～22. 00Cr，1. 50 max Ni，3. 00 max Mo，1. 20 max Cu，2. 20～3. 00C，0. 10P，铁基	BS 4844 Part3				
3D	F45009	1. 00Si，0. 50～1. 50Mn，22. 00～28. 00Cr，1. 00 max Ni，1. 50 max Mo，1. 20 max Cu，2. 40～2. 80C，0. 10P，铁基	BS 4844 Part3				
3E	F45008	1. 00Si，0. 50～1. 50Mn，22. 00～28. 00Cr，1. 00 max Ni，1. 50 maxMo，1. 20 max Cu，2. 80～3. 20C，0. 10P，铁基	BS 4844 Part3				
L-Ni35	F41006	1. 00 ～ 2. 00Si，0. 50 ～ 1. 50Mn，0. 20Cr，34. 00 ～ 36. 00Ni，0. 50Cu，2. 40C，铁基	BS 3468	铸造	120		—
L-NiCr202		1. 00 ～ 2. 80Si，0. 50 ～ 1. 50Mn，18. 00 ～ 22. 00Cr，0. 50Cu，1. 00～2. 50Cr，铁基	BS 3468	铸造	170	—	—

续表

牌号	UNS	化学成分/%	技术条件	状态	UTS	YS	EL
L-NiCr203	F43001	1.00～2.80Si,0.50～1.50Mn,18.00～22.00Ni,0.50Cu,3.00C,2.50～3.50Cr,铁基	BS 3468	铸造	190	—	—
L-NiCr303		1.00～2.00Si,0.50～1.50Mn,28.00～32.00Ni,0.50Cu,铁基	BS 3468	铸造	190	—	—
L-NiCuCr1562	F41000	1.00～2.80Si,0.50～1.50Mn,1.00～2.50Cr,13.50～17.50Ni,5.50～7.50Cu,3.00C,铁基	BS 3468	铸造	170	—	—
L-NiCuCr1563	F47001	1.00～2.80Si,0.50～1.50Mn,2.50～3.50Cr,13.50～17.50Ni,5.50～7.50Cu,铁基	BS 3468	铸造	190	—	—
L-NiMn137		1.50～3.00Si,3.79maxMn,12.00～14.00Ni,0.50Cu,铁基	BS 3468	铸造	140	—	—
L-NiSiCr2053		4.50～5.50Si,0.50～1.50Mn,1.50～4.50Cr,18.00～22.00Ni,0.50Cu,2.50C,铁基	BS 3468	铸造	190	—	—
L-NiSiCr3055	F41005	5.00～6.00Si,0.50～1.50Mn,4.50～5.50Cr,29.00～32.00Ni,0.50Cu,铁基	BS 3468	铸造	170	—	—
Si10		10.00～12.00Si,0.50Mn,1.20C,0.25P,0.10S,铁基	BS 1991				
Si14	F47003	14.25～15.25Si,0.50Mn,1.00C,0.25P,0.10S,铁基	BS 1591				
Si16		16.00～18.00Si,0.50Mn,0.80C,0.25P,0.10S,铁基	BS 1591				
SiCr144		14.25～15.25Si,0.50Mn,1.40C,0.25P,0.10S,4.00～5.00Cr,铁基	BS 1591				
S-Ni22	F43002	1.00～3.00Si,1.50～2.50Mn,0.50Cr,21.00～24.00Ni,0.50Cu,3.00C,0.08P,铁基	BS 3468	铸造	370	170	20
S-Ni35	F43006	1.50～3.00Si,0.50～1.50Mn,0.20Cr,34.00～36.00Ni,0.50Cu,2.40C,0.08P,铁基	BS 3468	铸造	370	210	20
S-NiCr202	F41007	1.50～3.00Si,0.50～1.50Mn,18.00～22.00Ni,0.50Cu,3.00C,0.08P,1.00～2.50Cr,铁基	BS 3468	铸造	370	210	7
S-NiCr203	F43001	1.50～3.00Si,0.50～1.50Mn,18.00～22.00Ni,0.50Cu,3.00C,0.08P,2.50～3.50Cr,铁基	BS 3468	铸造	390	210	7
S-NiCr301	F43004	1.50～3.00Si,0.50～1.50Mn,28.00～32.00Ni.0.50Cu,2.60C,1.00～1.50Cr,0.08P,铁基	BS 3468	铸造	370	210	13
S-NiCr303		1.50～3.00Si,0.50～1.50Mn,28.00～32.00Ni,0.50Cu,2.60C,0.08P,铁基	BS 3468	铸造	370	210	7
S-NiCr353	F43006	1.50～3.00Si,0.50～1.50Mn,34.00～36.00Ni,0.50Cu,2.40C,0.08P,铁基	BS 3468	铸造	370	210	7
S-NiMn137		2.00～3.00Si,3.79 max Mn,12.0014.00Ni,0.50Cu,3.00C,0.08P,铁基	BS 3468	铸造	390	210	15
S-NiMn234	F43010	1.50～2.50Si,3.79max Mn,22.00～24.00Ni,0.50Cu,2.60C,0.08P,铁基	BS 3468	铸造	440	210	25
S-NiSiCr2052		4.50～5.50Si,0.50～1.50Mn,1.00～2.50Cr,18.00～22.00Ni,0.50Cu,3.00C,0.08P,铁基	BS 3468	铸造	370	210	10
S-NiSiCr3055	F41005	5.00～6.00Si,0.50～1.50Mn,4.50～5.50Cr,28.00～32.00Ni,0.50Cu,2.60C,0.08P,铁基	BS 3468	铸造	390	240	—

注:1. UTS——极限抗拉强度,MPa;YS——屈服强度,MPa;EL——伸长率,%;

2. UNS(金属与合金牌号的统一数字系统)数字是指同类合金在化学成分上可相互参照,但并非指完全等同。只有对选定的技术条件进行分别验证以后,才具有互换性。

10.5 法国铸铁

表 10-36 法国铸铁的化学成分及力学性能

牌 号	UNS 编号	化 学 成 分/%	标 准 号	状 态	抗拉强度/MPa	屈服强度/MPa	伸长率/%
L-NC303	F41004	1.00～2.00Si,0.50～1.50Mn,2.50～3.50Cr,28.00～32.00Ni,2.50C,0.50Cu,铁基	NF A 32-101	正火	190	—	1
L-MN137		1.50～3.00Si,6.00～7.00Mn,0.20Cr,12.00～14.00Ni,3.00C,0.50Cu,铁基	NF A 32-101	正火	140	—	—
L-NSC2053		4.50～5.50Si,0.50～1.50Mn,1.50～4.50Cr,18.00～22.00Ni,2.50C,0.50Cu,铁基	NF A 32-101	正火	190	—	2
L-NSC3055	F41005	5.00～6.00Si,0.50～1.50Mn,4.50～5.50Cr,29.00～32.00Ni,2.50C,0.50Cu,铁基	NF A 32-101	正火	170	—	—
L-NUC1562	F41000	1.00～2.80Si,0.50～1.50Mn,1.00～2.50Cr,13.50～17.50Ni,3.00C,5.50～7.50Cu,铁基	NF A 32-101	正火	170	—	2
L-NUC1563	F41001	1.00～2.80Si,0.50～1.50Mn,2.50～3.50Cr,13.50～17.50Ni,3.00C,5.50～7.50Cu,铁基	NF A 32-101	正火	190	—	
MB35-7			NF A 32-701	脱碳,所有断面尺寸	343	215	7
MB40-10			NF A 32-701	脱碳,所有断面尺寸	392	245	10
MN32-8			NF A 32-702	铸态	314	206	8
MN35-10			NF A 32-702	铸态	343	225	10
MN38-18			NF A 32-702	铸态	372	245	18
MP50-5			NF A 32-703	铸态	490	323	5
MP60-3			NF A 32-703	铸态	588	392	3
MP70-2			NF A 32-703	铸态	686	490	2
S-N22	F43002	1.00～3.00Si,1.80～2.40Mn,0.50Cr,21.00～24.00Ni,3.00C,0.50Cu,0.08P,铁基	NF A 32-101	正火	370	170	20
S-N35	F43006	1.50～3.00Si,1.00Mn,2.40C,0.05Cu,0.08P,34.00～36.00Ni,铁基	NF A 32-101	正火	370	210	20
S-NC202	F43000	1.50～3.00Si,0.70～1.25Mn,1.00～2.50Cr,18.00～22.00Ni,3.00C,0.50Cu,0.08P,铁基	NF A 32-101	正火	370	210	7

续表

牌号	UNS编号	化学成分/%	标准号	状态	抗拉强度/MPa	屈服强度/MPa	伸长率/%
S-NC203	F43001	1.50～3.00Si,0.70～1.25Mn,2.50～3.50Cr,18.00～22.00Ni,3.00C,0.50Cu,0.08P,铁基	NF A 32-101	正火	390	210	7
S-NC301	F43004	1.50～3.00Si,1.00Mn,1.00～1.50Cr,28.00～32.00Ni,2.60C,0.05Cu,0.08P,铁基	NF A 32-101	正火	370	210	13
S-NC303	F43003	1.50～3.00Si,1.00Mn,2.50～3.50Cr,28.00～32.00Ni,2.60C,0.50Cu,0.08P,铁基	NF A 32-101	正火	370	210	7
S-NC353	F43007	1.50～3.00Si,1.00Mn,2.00～3.00Cr,34.00～36.00Ni,2.40C,0.50Cu,0.08P,铁基	NF A 32-101	正火	370	210	5
S-NM137		2.00～3.00Si,6.00～7.00Mn,0.20Cr,12.00～14.00Ni,3.00C,0.50Cu,0.08P,铁基	NF A 32-101	正火	371	210	15
S-NM234	F43010	1.50～2.50Si,4.00～4.50Mn,22.00～24.00Ni,2.60C,0.50Cu,0.08P,铁基	NF A 32-101	正火	440	210	25
S-NSC2052		4.50～5.50Si,1.00～1.50Mn,1.00～2.50Cr,18.00～22.00Ni,3.00C,0.50Cu,0.08P,铁基	NF A 32-101	正火	370	210	10
S-NSC3055	F43005	5.00～6.00Si,1.00Mn,4.50～5.50Cr,28.00～32.00Ni,2.60C,0.50Cu,0.08P,铁基	NF A 32-101	正火	390	240	1

注:杂质元素为最大含量。

10.6 德国铸铁

表 10-37 德国铸铁的化学成分及力学性能

牌号	UNS	化学成分/%	技术条件	产品形态	状态	UTS	YS	EL
GGG-Ni22-0.7670	F43002	3.00TC,1.70～3.00Si,1.80～2.40Mn,21.00～24.00Ni,铁基	DIN 1694	砂模	铸造	372	206	20
GGG-Ni35-0.7683	F43006	2.40TC,1.50～2.80Si,0.50Mn,34.00～36.00Ni,铁基	DIN 1694	砂模	铸造	372	206	20
GGG-NiCr202-0.7660	F41002	3.00TC,1.70～3.00Si,0.70～1.50Mn,1.00～2.50Cr,18.00～22.00Ni,铁基	DIN 1694	砂模	铸造	372	206	8
GGG-NiCr203-0.7661	F43001	3.00TC,1.70～3.00Si,0.70～1.50Mn,2.50～4.00Cr,18.00～22.00Ni,铁基	DIN 1694	砂模	铸造	392	215	6
GGG-NiCr301-0.7677	F43004	2.60TC,1.50～2.00Si,0.50Mn,1.00～1.50Cr,28.00～32.00Ni,铁基	DIN 1694	砂模	铸造	372	206	13
GGG-NiCr303-0.7676	F43003	2.60TC,1.50～2.80Si,0.50Mn,2.50～3.50Cr,28.00～32.00Ni,铁基	DIN 1694	砂模	铸造	372	215	7

续表

牌号	UNS	化学成分/%	技术条件	产品形态	状态	UTS	YS	EL
GGG-NiCr353-0.7685		2.40TC,1.50～2.80Si,0.50Mn,2.00～3.00Cr,34.00～36.00Ni,铁基	DIN 1694	砂模	铸造	372	217	—
GGG-NiMn137-0.7652		3.00TC,2.00～3.00Si,6.00～7.00Mn,12.00～14.00Ni,铁基	DIN 1694	砂模	铸造	392	215	10
GGG-NiMn234-0.7673		2.20～2.60TC,1.90～2.60Si,4.00～4.40Mn,22.00～24.00Ni,铁基	DIN 1694	砂模	铸造	412	176	25
GGG-NiSiCr2042-0.766		3.00TC,3.50～5.50Si,1.00～1.50Mn,1.00～2.50Cr,18.00～22.00Ni,铁基	DIN 1694	砂模	铸造	372	215	10
GGG-NiSiCr3055-0.768	F41005	2.60TC,5.00～6.00Si,0.50Mn,4.50～5.50Cr,29.00～32.00Ni,铁基	DIN 1694	砂模	铸造	392	235	1
GGL-Ni35-0.6683	F43006	2.40TC,1.00～2.00Si,0.40～0.80Mn,34.00～36.00Ni,铁基	DIN 1694	砂模	铸造	137	—	—
GGL-NiCr202-0.6660	F41002	3.00TC,1.00～2.80Si,1.00～1.50Mn,1.00～2.50Cr,18.00～22.00Ni,铁基	DIN 1694	砂模	铸造	147	—	—
GGL-NiCr203-0.6661	F43001	3.00TC,1.00～2.80Si,1.00～1.50Mn,2.50～3.50Cr,18.00～22.00Ni,铁基	DIN 1694	砂模	铸造	176	—	—
GGLL-NiCr303-0.6676	F43003	2.60TC,1.00～2.00Si,0.40～0.80Mn,2.50～3.50Cr,28.00～32.00Ni,铁基	DIN 1694	砂模	铸造	166	—	—
GGL-NiCuCr1562-0.665	F41000	3.00TC,1.00～2.80Si,1.00～1.50Mn,1.00～2.50Cr,13.50～17.50Ni,5.50～7.50Cu,铁基	DIN 1694	砂模	铸造	147	—	—
GGL-NiCuCr1563-0.665	F41001	3.00TC,1.00～2.80Si,1.00～1.50Mn,2.50～3.50Cr,13.50～17.50Ni,5.50～7.50Cu,铁基	DIN 1694	砂模	铸造	176	—	—
GGL-NIMn137-0.6652		3.00TC,1.50～3.00Si,6.00～7.00Mn,12.00～14.00Ni,铁基	DIN 1694	砂模	铸造	137	—	—
GGL-NiSiCr2043-0.666		2.50TC,3.50～5.50Si,1.00～1.50Mn,1.50～4.50Cr,18.00～22.00Ni,铁基	DIN 1694	砂模	铸造	176	—	—
GGL-NiSiCr3055-0.668	F43005	2.60TC,5.00～6.00Si,0.40～0.80Mn,4.50～5.50Cr,29.00～32.00Ni,铁基	DIN 1694	砂模	铸造	147	—	—

10.7 日本铸铁

表 10-38 日本铸铁的化学成分及力学性能

牌号	UNS	化学成分/%	技术条件	状态	UTS	US	EL
FC10 Class 1	F11401		JIS G 5501	协议	150	—	—
FC15 Class 2	F11401		JIS G 5501	协议	150	—	—
FC20 Class 3	F12101		JIS G 5501	协议	200	—	—
FC25 Class 4	F12801		JIS G 5501	协议	250	—	—
FC30 Class 5	F13101		JIS G 5501	协议	300	—	—
FC35 Class 6	F13801		JIS G 5501	协议	350	—	—

续表

牌　　号	UNS	化　学　成　分/%	技术条件	状态	UTS	US	EL
FCD37 Class 0		2.50minC,2.50 max Si,0.40 max Mn,0.08 max P,0.02 max S	JIS G 5502	协议	363	235	17
FCD40 Class 1	F32800	2.50minC,0.02 max S	JIS G 5502	协议	392	255	12
FCD45 Class 2	F33100	2.50minC,0.02 max S	JIS G 5502	协议	441	284	10
FCD50 Class 3	F33800	2.50minC,0.02 max S	JIS G 5502	协议	490	324	7
FCD60 Class 4	F33800	2.50minC,0.02 max S	JIS G 5502	协议	785	481	2
FCD70 Class 5	F34800	2.50minC,0.02 max S	JIS G 5502	协议	686	422	2
FCD80 Class 8		2.50minC,0.02 max S	JIS G 5502	协议	785	481	2

10.8 国际标准化组织(ISO)铸铁

表 10-39　　国际标准化组织(ISO)铸件的化学成分及力学性能

牌　　号	UNS编号	化　学　成　分/%	标准号	产品形态	状　态	抗拉强度/MPa	屈服强度/MPa	伸长率/%
L-Ni35	F41006	1.00～2.00Si,0.50～1.50Mn,0.20Cr,34.00～36.00Ni,0.50Cu,2.40C,铁基	ISO 2892	砂型铸件	铸态	120		
M-NiCr202	F41002	1.00～2.80Si,0.50～1.50Mn,1.00～2.50Cr,18.00～22.00Ni,0.50Cu,3.00C,铁基	ISO 2892	砂型铸件	铸态	170		
L-NiCr303		1.00～2.80Si,0.50～1.50Mn,2.50～3.50Cr,18.00～22.00Ni,0.50Cu,铁基	ISO 2892	砂型铸件	铸态	190		
L-NiCr303	F41004	1.00～2.00Si,0.50～1.50Mn,2.50～3.50Cr,28.00～32.00Ni,0.50Cu,2.50C,铁基	ISO 2892	砂型铸件	铸态	190		
L-NiCuCr1562	F41000	1.00～2.80Si,0.50～1.50Mn,1.00～2.50Cr,13.50～17.50Ni,5.50～7.50Cu,3.00C,铁基	ISO 2892	砂型铸件	铸态	170		
L-NiCuCr1563	F41004	1.00～2.00Si,0.50～1.50Mn,2.50～3.50Cr,13.50～17.50Ni,5.50～7.50Cu,3.00C,铁基	ISO 2892	砂型铸件	铸态	190		
L-NiMn137		1.50～3.00Si,6.00～7.00Mn,0.20Cr,12.00～14.00Ni,0.50Cu,3.00C,铁基	ISO 2892	砂型铸件	铸态	140		
L-NiSiCr2053		4.50～5.50Si,0.50～1.50Mn,1.50～4.50Cr,18.00～22.00Ni,0.50Cu,2.50C,铁基	ISO 2892	砂型铸件	铸态	190		
L-NiSiCr3055	F41005	5.00～6.00Si,0.50～1.50Mn,4.50～5.50Cr,29.00～32.00Ni,0.50Cu,2.50C,铁基	ISO 2892	砂型铸件	铸态	170		
S-Ni22	F43002	1.50～3.00Si,1.50～2.5Mn,0.50Cr,21.00～24.00Ni,0.50Cu,3.00C,0.08P,铁基	ISO 2892	砂型铸件	铸态	370	170	20
S-Ni35	F43006	1.50～3.00Si,0.50～1.50Mn,0.20Cr,34.00～36.00Ni,0.50Cu,2.40C,0.08P,铁基	ISO 2892	砂型铸件	铸态	370		

续表

牌　　号	UNS编号	化 学 成 分/%	标准号	产品形态	状 态	抗拉强度/MPa	屈服强度/MPa	伸长率/%
S-NiCr202	F41002	1.50～3.00Si,0.50～1.50Mn,1.00～2.50Cr,18.00～22.00Ni,0.50Cu,3.00C,0.08P,铁基	ISO 2892	砂型铸件	铸态	370	210	7
S-NiCr203	F43001	1.50～3.00Si,0.50～1.50Mn,2.50～3.50Cr,18.00～22.00Ni,0.50Cu,3.00C,0.08P,铁基	ISO 2892	砂型铸件	铸态	390	210	7
S-NiCr301	F43004	1.50～3.00Si,0.50～1.50Mn,1.00～1.50Cr,28.00～32.00Ni,0.50Cu,2.60C,0.08P,铁基	ISO 2892	砂型铸件	铸态	370	210	13
S-NiCr303	F43003	1.50～3.00Si,0.50～1.50Mn,2.50～3.50Cr,28.00～32.00Ni,0.50Cu,2.60C,0.08P,铁基	ISO 2892	砂型铸件	铸态	370	210	7
S-NiCr353		1.50～3.00Si,0.50～1.50Mn,2.00～3.00Cr,34.00～36.00Ni,0.50Cu,2.40C,0.08P,铁基	ISO 2892	砂型铸件	铸态	370	210	7
S-NiMn137		2.00～3.00Si,6.00～7.00Mn,0.20Cr,12.00～14.00Ni,0.50Cu,3.00C,0.08P,铁基	ISO 2892	砂型铸件	铸态	390	210	15
S-NiMn234		1.50～2.50Si,4.00～4.50Mn,0.20Cr,22.00～24.00Ni,0.50Cu,2.60C,0.08P,铁基	ISO 2892	砂型铸件	铸态	440	210	25
S-NiSiCr2052		4.50～5.50Si,0.50～1.50Mn,1.00～2.50Cr,18.00～22.00Ni,0.50Cu,3.00C,0.08P,铁基	ISO 2892	砂型铸件	铸态	370	210	10
S-NiSiCr3055	F41005	5.00～6.00Si,0.50～1.50Mn,4.50～5.50Cr,28.00～32.00Ni,0.50Cu,2.60C,0.08P,铁基	ISO 2892	砂型铸件	铸态	390	210	
20-40		0.13C,0.04P	ISO 3755	砂模铸件	铸造后退火或正火或正火加回火或淬火加回火	400	200	25
23-45	J02504	0.25C,0.04P,0.04S	ISO 3755	砂模铸件	铸造后退火或正火或正火加回火或淬火加回火	450	230	22
26-52		0.04P,0.04S,铁基	ISO 3755	砂模铸件	铸造后退火或正火或正火加回火或淬火加回火	520	260	18
38-57		0.04P,0.04S,铁基	ISO 3755	砂模铸件	铸造后退火或正火或正火加回火或淬火加回火	570	300	15

第11章 铸 钢

11.1 中国铸钢

11.1.1 铸钢牌号和化学成分

(1)一般工程用铸造碳钢件

表 11-1 一般工程用铸造碳钢牌号和化学成分(GB/T 11352—2009)

牌号	化学成分/%(质量分数)										
	C	Si	Mn	S	P	残余元素					
						Ni	Cr	Cu	Mo	V	残余元素总量
ZG200-400	0.20	0.60	0.80	0.035	0.035	0.4	0.35	0.4	0.20	0.05	1.0
ZG230-450	0.30		0.90								
ZG270-500	0.40										
ZG310-570	0.50										
ZG340-640	0.60										

注:1.对上限减少0.01%的碳,允许增加0.04%的锰。ZG200-400的锰最高至1.00%,其余牌号的锰最高至1.20%;

2.除另有规定外,残余元素不作为验收依据。

(2)焊接结构用碳素铸钢件

表 11-2 焊接结构用碳素钢铸件的牌号和化学成分(GB/T 7659—2010)

牌号	主要元素/%(质量分数)					残余元素/%(质量分数)					
	C	Si	Mn	P	S	Ni	Cr	Cu	Mo	V	总和
ZG200-400H	≤0.20	≤0.60	≤0.80	≤0.025	≤0.025	≤0.40	≤0.35	≤0.40	≤0.15	≤0.05	≤1.0
ZG230-450H	≤0.20	≤0.60	≤1.20	≤0.025	≤0.025						
ZG270-480H	0.17～0.25	≤0.60	0.80～1.20	≤0.025	≤0.025						
ZG300-500H	0.17～0.25	≤0.60	1.00～1.60	≤0.025	≤0.025						
ZG240-550H	0.17～0.25	≤0.80	1.00～1.60	≤0.025	≤0.025						

注:1.实际碳含量比表中碳上限每减少0.01%,允许实际锰含量超出表中锰上限0.04%,但总超出量不得大于0.2%;

2.残余元素一般不做分析,如需方有要求时,可做残余元素的分析。

(3)一般工程与结构用低合金铸钢件

表 11-3 一般工程与结构用低合金钢铸件牌号、化学成分和力学性能(GB/T 14408—1993)

牌号	化学成分/%(质量分数)		力学性能,不小于			
	S	P	屈服强度 $\sigma_{0.2}$ /MPa	抗拉强度 σ_b /MPa	伸长率 σ_5 /%	断面收缩率 ψ /%
	不大于					
ZGD270-480	0.040	0.040	270	480	18	35
ZGD290-510			290	510	16	35
ZGD345-570			345	570	14	35
ZGD410-620			410	620	13	35
ZGD535-720			535	720	12	30
ZGD650-830			650	830	10	25
ZGD730-910	0.035	0.035	730	910	8	22
ZGD840-1030			840	1 030	6	20

注:1.表中力学性能值取自28 mm厚标准试块;

2.若以冲击作为检验指标可代替断面收缩率。冲击试样应采用V型裂口,具体数值由供需双方协商确定。

(4)合金钢铸件

表 11-4　合金钢铸件牌号和化学成分(JB/ZQ 4297—1997)

牌号	化学成分/%(质量分数)								
	C	Si	Mn	S	P	Cr	Ni	Mo	Cu
ZG40Mn	0.35～0.45	0.30～0.45	1.20～1.50	≤0.030		—	—	—	—
ZG40Mn2	0.35～0.45	0.20～0.40	1.60～1.80	≤0.030		—	—	—	—
ZG50Mn2	0.45～0.55	0.20～0.40	1.50～1.80	≤0.030		—	—	—	—
ZG20SiMn	≤0.023	≤0.60	1.00～1.50	≤0.025		≤0.30	≤0.40	≤0.15	—
ZG35SiMn	0.30～0.40	0.60～0.80	1.10～1.40	≤0.030		—	—	—	—
ZG35SiMnMo	0.32～0.40	1.10～1.40	1.10～1.40	≤0.030		≤0.30	≤0.30	0.20～0.30	≤0.30
ZG35CrMnSi	0.30～0.40	0.50～0.75	0.90～1.20	≤0.030		0.50～0.80	—	—	—
ZG20MnMo	0.17～0.23	0.20～0.40	1.10～1.40	≤0.030		≤0.30	≤0.30	0.20～0.35	≤0.30
ZG55CrMnMo	0.50～0.60	0.25～0.60	1.20～1.60	≤0.030		0.60～0.90	≤0.30	0.20～0.30	≤0.30
ZG40Cr	0.35～0.45	0.20～0.40	0.50～0.80	≤0.030		0.80～1.10	—	—	—
ZG34CrNiMo	0.30～0.37	0.30～0.60	0.60～1.00	≤0.025		1.40～1.70	1.40～1.70	0.15～0.35	—
ZG20CrMo	0.17～0.25	0.20～0.45	0.50～0.80	≤0.030		0.50～0.80	—	0.40～0.60	—
ZG35CrMo	0.30～0.37	0.30～0.50	0.50～0.80	≤0.030		0.80～1.20	—	0.20～0.30	—
ZG42CrMo	0.38～0.45	0.30～0.60	0.60～1.00	≤0.025		0.80～1.20	—	0.20～0.30	—
ZG50CrMo	0.46～0.54	0.25～0.50	0.50～0.80	≤0.030		0.90～1.20	—	0.15～0.25	—
ZG65Mn	0.62～0.70	0.17～0.37	0.90～1.20	≤0.030		≤0.25	≤0.25	—	—

注:残余元素含量(质量分析)w_{Ni}≤0.30%,w_{Cr}≤0.30%,w_{Cu}≤0.25%,w_{Mo}≤0.15%,w_{V}≤0.05%。

(5)奥氏体锰钢铸件

表 11-5　奥氏体锰钢铸件牌号和化学成分(GB /T 5680—2010)

牌号	化学成分/%(质量分数)							
	C	Si	Mn	P	S	Cr	Mo	Ni	W
ZG120Mn7Mo1	1.05～1.35	0.3～0.9	6～8	≤0.060	≤0.040	—	0.9～1.2	—	—
ZG110Mn13Mo1	0.75～1.35	0.3～0.9	11～14	≤0.060	≤0.040	—	0.9～1.2	—	—
ZG100Mn13	0.90～1.05	0.3～0.9	11～14	≤0.060	≤0.040	—	—	—	—
ZG120Mn13	1.05～1.35	0.3～0.9	11～14	≤0.060	≤0.040	—	—	—	—
ZG120Mn13Cr2	1.05～1.35	0.3～0.9	11～14	≤0.060	≤0.040	1.5～2.5	—	—	—
ZG120Mn13W1	1.05～1.35	0.3～0.9	11～14	≤0.060	≤0.040	—	—	—	0.9～1.2
ZG120Mn13Ni3	1.05～1.35	0.3～0.9	11～14	≤0.060	≤0.040	—	—	3～4	—
ZG90Mn14Mo1	0.70～1.00	0.3～0.6	13～15	≤0.070	≤0.040	—	1.0～1.8	—	—
ZG120Mn17	1.05～1.35	0.3～0.9	16～19	≤0.060	≤0.040	—	—	—	—
ZG120Mn17Cr2	1.05～1.35	0.3～0.9	16～19	≤0.060	≤0.040	1.6～2.5	—	—	—

注:允许加入微量 V,Ti,Nb,B 和 RE 等元素。

(6)一般用途耐蚀钢铸件

表 11-6 一般用途耐蚀钢铸件牌号和化学成分(GB /T 2100—2002)

组织类型	牌号	化学成分/%(质量分数)										
		C	Si	Mn	Cr	Ni	Mo	Cu	Ti	S,≤	P,≤	N
马氏体型	ZG1Cr13	0.08~0.15	≤1.0	≤0.6	12.0~14.0	—	—	—	—	0.030	0.040	—
	ZG2Cr13	0.16~0.24	≤1.0	≤0.6	12.0~14.0	—	—	—	—	0.030	0.040	—
铁素体型	ZG1Cr17	≤0.12	≤1.2	≤0.7	16.0~18.0	—	—	—	—	0.030	0.040	—
	ZG1Cr19Mo2	≤0.15	≤0.8	0.5~0.8	18.5~20.5	—	1.5~2.5	—	—	0.030	0.045	—
	ZGCr28	0.50~1.00	0.5~1.3	0.5~0.8	26.0~30.0	—	—	—	—	0.035	0.010	—
奥氏体型	ZG00Cr18Ni10	≤0.03	≤1.5	0.8~2.0	17.0~20.0	8.0~12.0	—	—	—	0.030	0.040	—
	ZG0Cr18Ni9	≤0.08	≤1.5	0.8~2.0	17.0~20.0	8.0~11.0	—	—	—	0.030	0.040	—
	ZG1Cr18Ni9	≤0.12	≤1.5	0.8~2.0	17.0~20.0	8.0~11.0	—	—	—	0.030	0.045	—
	ZG0Cr18Ni9Ti	≤0.08	≤1.5	0.8~2.0	17.0~20.0	8.0~11.0	—	—	5×(C−0.02)~0.7	0.030	0.040	—
	ZG1Cr18Ni9Ti	≤0.12	≤1.5	0.8~2.0	17.0~20.0	8.0~11.0	—	—	5×(C−0.02)~0.7	0.030	0.045	—
	ZG0Cr18Ni12Mo2Ti	≤0.08	≤1.5	0.8~2.0	16.0~19.0	11.0~13.0	2.0~3.0	—	5×(C−0.02)~0.7	0.030	0.040	—
	ZG1Cr18Ni12Mo2Ti	≤0.12	≤1.5	0.8~2.0	16.0~19.0	11.0~13.0	2.0~3.0	—	5×(C−0.02)~0.7	0.030	0.045	—
	ZG1Cr24Ni20Mo2Cu3	≤0.12	≤1.5	0.8~2.0	23.0~25.0	19.0~21.0	2.0~3.0	3.0~4.0	—	0.030	0.045	—
	ZG1Cr18Mn8Ni4N	≤0.10	≤1.5	7.5~10.0	17.0~19.0	3.5~5.5	—	—	—	0.030	0.060	0.15~0.25
奥氏体-铁素体型	ZG1Cr17Mn9Ni4Mo3Cu2N	≤0.12	≤1.5	8.0~10.0	16.0~19.0	3.0~5.0	2.9~3.5	2.0~2.5	—	0.035	0.060	0.16~0.26
	ZG1Cr18Mn13Mo2CuN	≤0.12	≤1.5	12.0~14.0	17.0~20.0	—	1.5~2.0	1.0~1.5	—	0.035	0.060	0.19~0.26
沉淀硬化型	ZG0Cr17Ni4Cu4Nb	≤0.07	≤1.0	≤1.0	15.5~17.5	3.0~5.0	—	2.6~4.6	Nb=0.15~0.45	0.030	0.035	—

注:需要作拼焊件的铬镍奥氏体不锈耐酸钢铸件中的含磷量应≤0.040%,含硅量应≤1.2%。

(7)工程结构用中高强度不锈钢铸件

表 11-7 工程结构用中高强度不锈钢铸件牌号和化学成分(GB/T 6967—2009)

铸钢牌号	化学成分/%(质量分数)											
	C	Si(≤)	Mn(≤)	P(≤)	S(≤)	Cr	Ni	Mo	残余元素(≤)			
									Cu	V	W	总量
ZG20Cr13	0.16～0.24	0.80	0.80	0.035	0.025	11.5～13.5	—	—	0.50	0.05	0.10	0.50
ZG15Cr13	≤0.15	0.80	0.80	0.035	0.025	11.5～13.5	—	—	0.50	0.05	0.10	0.50
ZG15Cr13Ni1	≤0.15	0.80	0.80	0.035	0.025	11.5～13.5	≤1.00	≤0.50	0.50	0.05	0.10	0.50
ZG10Cr13Ni1Mo	≤0.10	0.80	0.80	0.035	0.025	11.5～13.5	0.8～1.80	0.20～0.50	0.50	0.05	0.10	0.50
ZG06Cr13Ni4Mo	≤0.06	0.80	1.00	0.035	0.025	11.5～13.5	3.5～5.0	0.40～1.00	0.50	0.05	0.10	0.50
ZG06Cr13Ni5Mo	≤0.06	0.80	1.00	0.035	0.025	11.5～13.5	4.5～6.0	0.40～1.00	0.50	0.05	0.10	0.50
ZG06Cr16Ni5Mo	≤0.06	0.80	1.00	0.035	0.025	15.5～17.0	4.5～6.0	0.40～1.00	0.50	0.05	0.10	0.50
ZG04Cr13Ni4Mo	≤0.04	0.80	1.50	0.030	0.010	11.5～13.5	3.5～5.0	0.40～1.00	0.50	0.05	0.10	0.50
ZG04Cr13Ni5Mo	≤0.04	0.80	1.50	0.030	0.010	11.5～13.5	4.5～6.0	0.40～1.00	0.50	0.05	0.10	0.50

(8)一般用途耐热钢和合金铸件

表 11-8 一般用途耐热钢和合金铸件牌号和化学成分(GB/T 8492—2002)

牌号	化学成分/%(质量分数)								
	C	Mn	Si	Cr	Ni	Mo	N	P	S
ZG40Cr9Si2	0.35～0.50	≤0.70	2.00～3.00	8.00～10.00	—	—	—	≤0.035	≤0.03
ZG30Cr18Mn12Si2N	0.26～0.36	11.0～13.0	1.60～2.40	17.0～20.0	—	—	0.22～0.28	≤0.06	≤0.04
ZG35Cr24Ni7SiN	0.30～0.40	0.80～1.50	1.30～2.00	23.0～25.5	7.00～8.50	—	0.20～0.28	≤0.04	≤0.03
ZG30Cr26Ni5	0.20～0.40	≤1.00	≤2.00	24.0～28.0	4.00～6.00	≤0.50	—	≤0.04	≤0.04
ZG30Cr20Ni10	0.20～0.40	≤2.00	≤2.00	18.0～23.0	8.00～12.00	≤0.50	—	≤0.04	≤0.04
ZG35Cr26Ni12	0.20～0.50	≤2.00	≤2.00	24.0～28.0	11.00～14.00	—	—	≤0.04	≤0.04
ZG35Cr28Ni16	0.20～0.50	≤2.00	≤2.00	26.0～30.0	14.00～18.00	≤0.50	—	≤0.04	≤0.04
ZG40Cr25Ni20	0.35～0.45	≤1.50	≤1.75	23.0～27.0	19.00～22.00	≤0.50	—	≤0.04	≤0.04
ZG40Cr30Ni20	0.20～0.60	≤2.00	≤2.00	28.0～32.0	18.00～22.00	≤0.50	—	≤0.04	≤0.04
ZG35Ni24Cr18Si2	0.30～0.40	≤1.50	1.50～2.50	17.0～20.0	23.0～26.0	—	—	≤0.035	≤0.03
ZG30Ni35Cr15	0.20～0.35	≤2.00	≤2.50	13.0～17.0	33.0～37.0	—	—	≤0.04	≤0.04
ZG45Ni35Cr26	0.35～0.75	≤2.00	≤2.00	24.0～28.0	33.0～37.0	≤0.50	—	≤0.04	≤0.04

注:本标准适用于普通工程用耐热钢铸件,不包括特殊用途的耐热钢铸件。

11.1.2 铸钢的力学性能、特性和应用

(1)一般工程用铸造碳钢件

表 11-9 一般工程用铸造碳钢件室温下试样的力学性能(GB /T 11352—2009)

牌号	屈服强度 $R_{eH}(R_{p0.2})$ /MPa	抗拉强度 R_m/MPa	伸长率 A_5/%	根据合同选择		
				断面收缩率 Z/%	冲击吸收功 A_{kv}/J	冲击吸收功 A_{ku}/J
ZG200-400	200	400	25	40	30	47
ZG230-450	230	450	22	32	25	35
ZG270-500	270	500	18	25	22	27
ZG310-570	310	570	15	21	15	24
ZG340-640	340	640	10	18	10	16

注:1. 表中所列的各牌号性能,适用于厚度为100mm以下的铸件。当铸件厚度超过100mm时,表中规定的 R_{eH} ($R_{p0.2}$)屈服强度仅供设计使用;

2. 表中冲击吸收功 A_{ku} 的试样缺口为2mm。

表 11-10　一般工程用铸造碳钢的特性及用途

牌　号	特　性　及　用　途
ZG200-400	有良好的塑性、韧性和焊接性能。用于受力不大、要求韧性的各种机械零件，如机座、变速箱壳等
ZG230-450	有一定的强度和较好的塑性、韧性，焊接性能良好，可切削性尚可。用于受力不大、要求韧性的各种机械零件，如砧座、外壳、轴承盖、底板、阀体、犁柱等
ZG270-500	有较高的强度和较好的塑性，铸造性能良好，焊接性尚好，可切削性佳，用途广泛。用作轧钢机机架、轴承座、连杆、箱体、曲拐、缸体等
ZG310-570	有较高强度，可切削性良好，塑性韧性较低。用于负荷较高的零件，如大齿轮、缸体、制动轮、辊子等
ZG340-640	有高的强度、硬度和耐磨性，可切削性中等，焊接性较差，流动性好，但裂纹敏感性较大。用作齿轮、棘轮等

(2)焊接结构用碳素铸钢件

表 11-11　焊接结构用碳素铸钢件的力学性能(GB/T 7659—2010)

牌　号	拉伸性能			根据合同选择	
	上屈服强度 R_{eH} /MPa(min)	抗拉强度 R_m /MPa(min)	断后伸长率 A /%(min)	断面收缩率 Z /%≥(min)	冲击吸收功 A_{kv2} /J(min)
ZG200-400H	200	400	25	40	45
ZG230-450H	230	450	22	35	45
ZG270-480H	270	480	20	35	40
ZG300-500H	300	500	20	21	40
ZG340-550H	340	550	15	21	35

注：当无明显屈服时，测定规定非比例延伸强度 $R_p0.2$。

(3)合金钢铸件

表 11-12　合金钢铸件的力学性能(JB/ZQ 4297—1997)

牌　号	热处理	截面尺寸 /mm	屈服点 σ_s 或屈服强度 $\sigma_{0.2}$ /MPa	抗拉强度 σ_b /MPa	伸长率 δ /%	断面收缩率 ψ /%	冲击韧度 a_{KU} /J·cm^{-2}	硬　度 HBS
ZG40Mn	正火＋回火	≤100	295	640	12	30	—	163
ZG40Mn2	正火＋回火 调质	≤100	395 685	590 835	20 13	55 45	35	179 269～302
ZG50Mn2	正火＋回火	≤100	445	785	18	37	—	—
ZG20SiMn	正火＋回火 调质	≤100	295 300	510 500～650	14 24	30	29	156 150～190
ZG35SiMn	正火＋回火 调质	≤100	345 415	570 640	12 12	20 25	24 27	—
ZG35SiMnMo	正火＋回火 调质	≤100	395 490	640 690	12 12	20 25	24 27	—
ZG35CrMnSi	正火＋回火	≤100	345	690	14	30	—	217
ZG20MnMo	正火＋回火	≤100	295	490	16	—	39	156
ZG55CrMnMo	正火＋回火	≤100	不规定		—	—	—	—
ZG40Cr	正火＋回火	≤100	345	630	18	26	—	212
ZG34CrNiMo	调质	<150 150～250 250～400	700 650 650	950～1000 800～950 900～950	12 12 10	—	—	240～290 220～270 220～270
ZG20CrMo	调质	≤100	245	460	18	30	24	—
ZG35CrMo	调质	≤100	510	740～830	12	—	—	—

续表

牌 号	热处理	截面尺寸 /mm	屈服点 σ_s 或屈服强度 $\sigma_{0.2}$ /MPa	抗拉强度 σ_b /MPa	伸长率 δ /%	断面收缩率 ψ /%	冲击韧度 a_{KU} /J·cm^{-2}	硬 度 HBS
ZG42CrMo	调质	～30 30～100 100～150 150～250 250～400	540 490 450 400 350	740～830 690～830 690～830 650～800 650～800	12 11 10 10 8	—	—	220～260 200～250 200～250 195～240 195～240
ZG50CrMo	调质	≤100	520	740～880	11	—	—	220～260
ZG65Mn	正火＋回火	≤100	不规定		—	—	—	—

表 11-13 合金钢铸件的应用

牌 号	应 用 举 例
ZG40Mn	用于承受摩擦和冲击的零件，如齿轮等
ZG40Mn2	用于承受摩擦的零件，如齿轮等
ZG50Mn2	用于高强度零件，如齿轮、齿轮缘等
ZG20SiMn	焊接及流动性良好，作水压机缸、叶片、喷嘴体、阀、弯头等
ZG35SiMn	用于受摩擦的零件
ZG35SiMnMo	制造负荷较大的零件
ZG35CrMnSi	用于承受冲击、受磨损的零件，如齿轮、滚轮等
ZG20MnMo	用于受压容器如泵壳等
ZG55CrMnMo	有一定的红硬性，用于锻模等
ZG40Cr	用于高强度齿轮
ZG34CrNiMo	用于特别高要求的零件，如圆锥齿轮、小齿轮、吊车行走轮、轴等
ZG20CrMo	用于齿轮、圆锥齿轮及高压缸零件等
ZG35CrMo	用于齿轮、电炉支承轮轴套、齿圈等
ZG42CrMo	用于高负荷的零件、齿轮、圆锥齿轮等
ZG50CrMo	用于减速器零件齿轮、小齿轮等
ZG65Mn	用于球磨机衬板等

(4)奥氏体锰钢铸件

表 11-14 奥氏体锰钢铸件的力学性能(GB/T 5680—2010)

牌 号	力 学 性 能			
	下屈服强度 R_{eL} /MPa	抗拉强度 R_m /MPa	断后伸长率 A /%	冲击吸收能 K_{u2} /J
ZG120Mn13	—	≥685	≥25	≥118
ZG120Mn13Cr2	≥390	≥735	≥20	—

(5)一般用途耐蚀钢铸件

表 11-15　一般用途耐蚀钢铸件的热处理规范及力学性能(GB /T 2100—2002)

组织类型	序号	牌号	热处理规范			力学性能，不小于					
			类型	加热温度/℃	冷却介质	σ_b/MPa	σ_s/MPa	δ/%	ψ/%	a_k/kJ·m^{-2}	HBS
马氏体型	1	ZG1Cr13	退火 淬火 回火	950 1050 750	— 水 空气	560	400	20	50	800	—
	2	ZG2Cr13	退火 淬火 回火	950 1050 750～800	— 油 空气	630	450	16	40	600	—
铁素体型	3	ZG1Cr17	退火	750～800	—	400	250	20	30	—	—
	4	ZG1Cr19Mo2	退火	800	—	400	—	—	—	—	—
	5	ZGCr28	退火	850	—	350	—	—	—	—	—
奥氏体型	6	ZG00Cr18Ni10	淬火	1050～1100	水	400	180	25	32	1000	—
	7	ZG0Cr18Ni9	淬火	1080～1130	水	450	200	25	32	1000	—
	8	ZG1Cr18Ni9	淬火	1050～1100	水	450	200	25	32	1000	—
	9	ZG0Cr18Ni9Ti	淬火	950～1050	水	450	200	25	32	1000	—
	10	ZG1Cr18Ni9Ti	淬火	950～1050	水	450	200	25	32	1000	—
	11	ZG0Cr18Ni12Mo2Ti	淬火	1100～1150	水	500	220	30	30	1000	—
	12	ZG1Cr18Ni12Mo2Ti	淬火	1100～1150	水	500	220	30	30	1000	—
	13	ZG1Cr24Ni20Mo2Cu3	淬火	1100～1150	水	450	250	20	32	1000	—
	14	ZG1Cr18Mn8Ni4N	淬火	1100～1150	水	600	250	40	50	1500	—
奥氏体-铁素体型	15	ZG1Cr17Mn9Ni4-Mo3Cu2N	淬火	1150～1180	水	600	400	25	35	1000	—
	16	ZG1Cr18Mn13-Mo2CuN	淬火	1100～1150	水	600	400	30	40	1000	—
沉淀硬化型	17	ZG0Cr17Ni4Cu4Nb	淬火 时效	1020～1100 485～570	水、空气 空气	1000	800	5	10	—	≥337

注：1. 在确切的屈服点(σ_s)不能测出时，允许用屈服强度($\sigma_{0.2}$)代替，但需注明为屈服强度；
2. 需要稳定化的 ZG0Cr18Ni9Ti 和 ZG1Cr18Ni9Ti 铸件，其稳定化处理的工艺和处理后的力学性能由双方商定；
3. 马氏体牌号的铸件需要在退火状态交货，可在双方协议中商定。

表 11-16 一般用途耐蚀钢铸件应用举例

组织类型	序 号	牌 号	基本性能及应用举例
马氏体型	1	ZG1Cr13	铸造性能较好，具有良好的力学性能。在大气、水和弱腐蚀介质（加盐水溶液，稀硝酸及某些浓度不高的有机酸）和温度不高的情况下，均有良好的耐蚀性。可用于承受冲击负荷、要求韧性高的铸件，如泵壳、阀、叶轮、水轮机转轮或叶片、螺旋桨等
	2	ZG2Cr13	基本性能与 ZG1Cr13 相似，由于含碳量比 ZG1Cr13 高，故具有更高的硬度。但耐腐蚀性较低、焊接性能较差，用途也与 ZG1Cr13 相似，可用作较高硬度的铸件，如热油油泵、阀门等
铁素体型	3	ZG1Cr17	铸造性能较差，晶粒易粗大，韧性较低，但在氧化性酸中具有良好的耐蚀性，如在温度不太高的工业用稀硝酸，大部分有机酸（醋酸、蚁酸、乳酸）及有机酸盐水溶液中。在草酸中不耐蚀。主要用于制造硝酸生产上的化工设备，也可制造食品和人造纤维工业用的设备，但一般在退火后使用，不宜用于 3 个大气压以上或受冲击的零件
	4	ZG1Cr19Mo2	铸造工艺性能与 ZG1C r17相似，晶粒易粗大，韧性较低。在磷酸与沸腾的醋酸等还原性介质中具有良好的耐蚀性。主要用于沸腾温度下的各种浓度的醋酸介质中不受冲击的维尼纶、电影胶片以及造纸漂液工段用的铸件，代替部分 Cr18Ni12Mo2Ti 和 ZGCr28
	5	ZGCr28	铸造性能差，热裂倾向大，韧性低。但在浓硝酸介质中具有很好的耐蚀性，在 1100℃ 的温度下仍有很好的抗氧化性。主要适用于不受冲击负荷的高温硝酸浓缩设备的铸件，如泵、阀等。也可用于制造次氯酸钠及磷酸设备和高温抗氧化耐热零件
奥氏体型	6	ZG00Cr18Ni10	为超低碳不锈钢，冶炼要求高。在氧化性介质（如硝酸）中具有良好的耐蚀性及良好的抗晶间腐蚀性能，焊后不出现刀口腐蚀。主要用于化学、化肥、化纤及国防工业上重要的耐蚀铸件和铸焊结构件等
	7	ZG0Cr18Ni9	是典型的不锈耐酸钢，铸造性能比含钛的同类型不锈耐酸钢好，在硝酸、有机酸等介质中具有良好的耐蚀性，在固溶处理后具有良好的抗晶间腐蚀性能，但在敏化状态下抗晶间腐蚀性能会显著下降。低温冲击性能好。主要用于硝酸、有机酸、化工石油等工业用泵、阀等铸件
	8	ZG1Cr18Ni9	是典型的不锈耐酸钢，与 ZG0Cr18Ni9 相似，由于含碳量比与 ZG0Cr18Ni9 高，故其耐蚀性和抗晶间腐蚀性能较低。用途与 ZGOCr18Ni9 相同
	9	ZG0Cr18Ni9Ti	由于含稳定化元素钛，提高了抗晶间腐蚀的能力。但铸造性能比 ZG0Cr18Ni9 差，易使铸件生产夹杂、缩松、冷隔等铸造缺陷。主要用于硝酸、有机酸等化工、石油、原子能工业的泵、阀、离心机铸件
	10	ZG1Cr18Ni9Ti	与 ZG0Cr18Ni9Ti 相似。由于含碳量较高，故抗晶间腐蚀性能比 ZG0Cr18Ni9Ti 稍低，基本性能与用途同 ZG1Cr18Ni9Ti
	11	ZG0Cr18Ni12Mo2Ti	铸造性能与 ZG1Cr18Ni9Ti 相似。由于含钼，明显提高了对还原性介质和各种有机酸、碱、盐类的耐蚀性。抗晶间腐蚀（比 18/8Ti）好，主要制造常温硫酸，较低浓度的沸腾磷酸、蚁酸、醋酸介质中用的铸件
	12	ZG1Cr18Ni12Mo2Ti	同 ZG0Cr18Ni12MoTi，但由于含碳量较高，故其耐蚀性较差些
	13	ZG1Cr24Ni20Mo2Cu3	具有良好的铸造性能、力学性能和加工性能。60℃ 以下各种浓度硫酸介质和某些有机酸、磷酸、硝酸混酸中均具有很好的耐蚀性。主要用于硫酸、硫铵、磷酸、硝酸混酸等工业制作泵、叶轮等铸件
	14	ZG1Cr18Mn8Ni4N	是节镍的铬锰氮不锈耐酸铸钢，铸造工艺较稳定，力学性能好，在硝酸及若干有机酸中具有良好的耐蚀性，可部分代替 ZG1Cr18Ni9 及 ZG1Cr18Ni9Ti 的铸件

续表

组织类型	序号	牌号	基本性能及应用举例
奥氏体-铁素体型	15	ZG1Cr17Mn9Ni4Mo3-Cu2N	是节镍的铬锰氮不锈耐酸铸钢，其耐蚀性与ZG1Cr18Ni12Mo2Ti基本相同，而在硫酸和含氯离子的介质中具有比ZG1Cr18Ni12Mo2Ti更好的耐蚀和抗点蚀性能，抗晶间腐蚀较好，有良好的冶炼和铸造及焊接性能。主要用于代替ZG1Cr18Ni12Mo2Ti在硫酸、硫铵、漂白粉、维尼纶、聚丙烯腈介质中的泵、阀、离心机铸件
	16	ZG1Cr18Mn13Mo2CuN	是无镍的不锈耐酸铸钢，在大多数化工介质中的耐蚀性能相当或优于ZG1Cr18Ni9Ti，尤其是在腐蚀与磨损兼存的条件下比ZG1Cr18Ni9Ti更优，力学性能和铸造性能好，但气孔敏感性比ZG1Cr18Ni9Ti大。主要用于代替ZG1Cr18Ni9Ti在硝酸、硝铵、有机酸等化工工业中的泵、阀、离心机等铸件
沉淀硬化型	17	ZG0Cr17Ni4Cu4Nb	在40%以下的硝酸、10%盐酸(30℃)和浓缩醋酸介质中具有良好的耐蚀性，是强度高、韧性好、较耐磨的沉淀型马氏体不锈铸钢，主要用于化工、造船、航空等具有一定耐蚀性的耐磨和高强度的铸件

(6)工程结构用中高强度不锈钢铸件

表11-17　工程结构用中高强度不锈钢铸件的力学性能(GB/T 6967—2009)

铸钢牌号		屈服强度 $R_{p0.2}$ /MPa(≥)	抗拉强度 R_m /MPa(≥)	伸长率 A_5 /%(≥)	断面收缩率 Z/%(≥)	冲击吸收功 A_{kv}/J(≥)	布氏硬度 HBW
ZG15Cr13		345	540	18	40	—	163～229
ZG20Cr13		390	590	16	35	—	170～235
ZG15Cr13Ni1		450	590	16	35	20	170～241
ZG10Cr13Ni1Mo		450	620	16	35	27	170～241
ZG06Cr13Ni4Mo		550	750	15	35	50	221～294
ZG06Cr13Ni5Mo		550	750	15	35	50	221～294
ZG06Cr16Ni5Mo		550	750	15	35	50	221～294
ZG04Cr13Ni4Mo	HT1[a]	580	780	18	50	80	221～294
	HT2[b]	830	900	12	35	35	294～350
ZG04Cr13Ni5Mo	HT1[a]	580	780	18	50	80	221～294
	HT2[b]	830	900	12	35	35	294～350

注：表中a回火温度应在600～650℃；b回火温度应在500～550℃。

(7)一般用途耐热钢和合金铸件

表11-18　一般用途耐热钢和合金铸件的力学性能(GB/T8492—2002)

牌号	交货状态	屈服强度 $\sigma_{0.2}$ /MPa	抗拉强度 σ_b /MPa	伸长率 δ_5 /%
			不小于	
ZG40Cr9Si2	950℃退火	—	550	—
ZG30Cr18Mn12Si2N	铸态	—	490	8
ZG35Cr24Ni7SiN		340	540	12
ZG30Cr26Ni5		—	590	—
ZG30Cr20Ni10		235	490	23
ZG35Cr26Ni12		235	490	8
ZG35Cr28Ni16		235	490	8
ZG40Cr25Ni20		235	440	8
ZG40Cr30Ni20		245	450	8
ZG35Ni24Cr18Si2		195	390	5
ZG30Ni35Cr15		195	440	13
ZG45Ni35Cr26		235	440	5
ZGCr28		—	—	—

表 11-19 一般用途耐热钢和合金铸件的特性和应用

钢 号	最高使用温度/℃	特性和应用
ZG40Cr9Si2	800	高温强度低，抗氧化最高至800℃，长期工作的受载件的工作温度低于700℃。用于坩埚、炉门、底板等构件
ZG30Cr18Mn12Si2N	950	高温强度和抗热疲劳性较好。用于炉罐、炉底板、料筐、传送带导轨、支承架、吊架等炉用构件
ZG35Cr24Ni7SiN	1100	抗氧化性好。用于炉罐、炉辊、通风机叶片、热滑轨、炉底板、玻璃水泥窑及搪瓷窑等构件
ZG30Cr26Ni5	1050	承载情况使用温度可达650℃，轻负荷时可达1050℃，在650～870℃之间易析出σ相。可用于矿石焙烧炉，也可用于不需要高温强度的高硫环境下工作的炉用构件
ZG30Cr20Ni10	900	基本上不形成σ相。可用于炼油厂加热炉、水泥干燥窑、矿石焙烧炉和热处理炉构件
ZG35Cr26Ni12	1100	高温强度高、抗氧化性能好，在规格范围内调整其成分，可使组织内含有一些铁素体，也可为单相奥氏体。能广泛地用于许多类型的炉子构件，但不宜用于温度急剧变化的地方
ZG35Cr28Ni16	1150	力学性能同单相ZG40Cr25Ni12，具有较高温度的抗氧化性能，用途同ZG40Cr25Ni12，ZG40Cr25Ni20
ZG40Cr25Ni20	1150	具有较高的蠕变和持久强度，抗高温气体腐蚀能力强，常用于作炉辊、辐射管、钢坯滑板、热处理炉炉辊、管支架、制氢转化管、乙烯裂解管以及需要较高蠕变强度的零件
ZG40Cr30Ni20	1150	在高温含硫气体中耐蚀性好，用于气体分离装置、焙烧炉衬板
ZG35Ni24Cr18Si2	1100	加热炉传送带、螺杆、紧固件等高温承载零件
ZG30Ni35Crl5	1150	抗热疲劳性好，用于渗碳炉构件、热处理炉板、导轨、轮子、铜焊夹具、蒸馏器、辐射管、玻璃轧辊、搪瓷窑构件以及周期加热的紧固件
ZG45Ni35Cr26	1150	抗氧化及抗渗碳性良好，高温强度高。用于乙烯裂解管、辐射管、弯管、接头、管支架、炉辊以及热处理用夹具等
ZGCr28	1050	抗氧化性能好，使用于无强度要求的炉用构件以及含有硫化、重金属蒸汽的焙烧炉构件等

11.2 欧洲标准化委员会(CEN)铸钢

表 11-20 欧洲标准化委员会(ECN)铸钢牌号、化学成分及力学性能

牌号	编号	化学成分/%(不大于,注明范围值者除外)	标准号	状态	抗拉强度/MPa	屈服强度/MPa	伸长率/%
GP240GR	1.0621	0.18～0.25C,0.60Si,1.20Mn,0.03P,0.02S	EN 10213-2	正火	420～600	240	22
GP240GH	1.0619	0.18～0.23C,0.60Si,0.5～1.20Mn,0.03P,0.02S	EN 10213-2	正火或淬火加回火	420～600	240	22
GP280GH	1.0625	0.18～0.25C,0.60Si,0.8～1.20Mn,0.03P,0.02S	EN 10213-2	正火或淬火加回火	480～640	280	22
G20Mo5	1.5419	0.15～0.23C,0.60Si,0.5～1.0Mn,0.025P,0.02S,0.40～0.60Mo	EN 10213-2	淬火加回火	440～590	245	22
G17CrMo5-5	1.7357	0.15～0.20C,0.60Si,0.5～1.0Mn,0.02P,0.02S,1.00～1.50Cr,0.40～0.65Mo	EN 10213-2	淬火加回火	490～690	315	20
G17CrMo9-10	1.7379	0.13～0.20C,0.60Si,0.5～0.9Mn,0.02P,0.02S,2.00～2.50Cr,0.90～1.20Mo	EN 10213-2	淬火加回火	590～740	400	18
G12MoCrV5-2	1.7720	0.10～0.15C,0.45Si,0.4～0.7Mn,0.020P,0.02S,1.00～1.50Cr,0.4～0.6Mo,0.2～0.3V,0.025Sn	EN 10213-2	淬火加回火	510～660	295	17
G17CrMoV5-10	1.7706	0.15～0.20C,0.60Si,0.5～0.9Mn,0.02P,0.015S,1.20～1.50Cr,0.9～1.1Mo,0.2～0.3V,0.025Sn	EN 10213-2	淬火加回火	590～780	440	15
GX15CrMo5	1.7365	0.12～0.19C,0.8Si,0.5～0.8Mn,0.025P,0.025S,4.0～6.0Cr,0.45～0.65Mo	EN 10213-2	淬火加回火	630～760	420	16
GX8CrNi12	1.4107	0.10C,0.40Si,0.5～0.8Mn,0.03P,0.02S,11.5～12.5Cr,0.5Mo,0.8～1.5Ni	EN 10213-2	淬火(680～730℃)加回火	540～690	355	18
				淬火(600～680℃)加回火	600～800	500	16
GX4CrNi13-4	1.4317	0.06C,1.0Si,1.0Mn,0.035P,0.025S,12.0～13.5Cr,0.7Mo,3.5～5.0Ni	EN 10213-2	淬火加回火	760～960	550	15
GX23CrMoV12-1	1.4931	0.20～0.26C,0.40Si,0.5～0.8Mn,0.030P,0.025S,11.30～12.20Cr,1.0～1.2Mo,1.0Ni,0.25～0.35V,0.5W	EN 10213-2	淬火加回火	740～880	540	15
GX4CrNiMo16-5-1	1.4405	0.06C,0.80Si,1.00Mn,0.035P,0.025S,15.00～17.00Cr,0.7～1.5Mo,4.0～6.0Ni	EN 10213-2	淬火加回火	760～960	540	15
G17Mn5	1.1131	1.15～0.20C,0.6Si,1.0～1.6Mn,0.02P,0.02S	EN 10213-3	淬火加回火	450～600	240	24
G20Mn5	1.6220	0.17～0.23C,0.6Si,1.0～1.6Mn,0.02P,0.02S,0.8Ni	EN 10213-3	正火	480～620	300	20
				淬火加回火	500～650	300	22

续表

牌号	编号	化学成分/%(不大于,注明范围值者除外)	标准号	状态	抗拉强度/MPa	屈服强度/MPa	伸长率/%
G18Mo5	1.5422	0.15～0.20C,0.6Si,0.8～1.2Mn,0.02P,0.02S,0.45～0.65Mo	EN 10213-3	淬火回加火	440～790	240	23
G9Ni10	1.5636	0.06～0.12C,0.6Si,0.5～0.8Mn,0.02P,0.015S,2.0～3.0Ni	EN 10213-3	淬火回加火	480～630	280	24
G17NiCrMo13-6	1.6781	0.15～0.19C,0.5Si,0.55～0.8Mn,0.015P,0.015S,1.3～1.8Cr,0.45～0.60Mo,3.0～3.5Ni	EN 10213-3	淬火回加火	750～900	600	15
G9Ni14	1.5638	0.06～0.12C,0.6Si,0.5～0.8Mn,0.02P,0.015S,3.0～4.0Ni	EN 10213-3	淬火回加火	500～650	360	20
GX3CrNi13-4	1.6982	0.05C,1.0Si,1.0Mn,0.035P,0.015S,12.0～13.5Cr,0.7Mo,3.5～5.0Ni	EN 10213-3	淬火回加火	700～900	500	15
GX2CrNi19-11	1.4309	0.03C,1.50Si,2.0Mn,0.035P,0.025S,18.0～20.0Cr,9.0～12.0Ni,0.2N	EN 10213-4	固溶退火加淬火	440～640	210	30
GX5CrNi19-10	1.4308	0.07C,1.50Si,1.5Mn,0.040P,0.03S,18.0～20.0Cr,8.0～11.0Ni	EN 10213-4	固溶退火加淬火	440～640	200	30
GX5CrNiNb19-11	1.4552	0.07C,1.50Si,1.5Mn,0.040P,0.03S,18.0～20.0Cr,9.0～12.0Ni,Nb:8×C%,max:1.00	EN 10213-4	固溶退火加淬火	440～640	200	25
GX2CrNiMo19-11-2	1.4409	0.03C,1.50Si,2.0Mn,0.035P,0.025S,18.0～20.0Cr,2.0～2.5Mo,9.0～12.0Ni,0.2N	EN 10213-4	固溶退火加淬火	440～640	220	30
GX5CrNiMo19-11-2	1.4408	0.07C,1.50Si,1.5Mn,0.040P,0.03S,18.0～20.0Cr,2.0～2.5Mo,9.0～12.0Ni	EN 10213-4	固溶退火加淬火	440～640	210	30
GX5CrNiMoNb19-11-2	1.4581	0.07C,1.50Si,1.5Mn,0.04P,0.03S,18.0～20Cr,2.0～2.5Mo,9.0～12.0Ni,Nb:8×C%,max:1.00	EN 10213-4	固溶退火加淬火	440～640	210	25
GX2NiCrMo28-20-2	1.4458	0.03C,1.0Si,2.0Mn,0.035P,0.025S,19.0～22.0Cr,2.0～2.5Mo,26.0～30.0Ni,2.0Cu,0.2N	EN 10213-4	固溶退火加淬火	430～630	190	30
GX2CrNiMoN22-5-3	1.4470	0.03C,1.0Si,2.0Mn,0.035P,0.025S,21.0～23.0Cr,2.5～3.5Mo,4.5～6.5Ni,0.12～0.2N	EN 10213-4	固溶退火加淬火	600～800	420	20
GX2CrNiMoCuN25-6-6-3-3	1.4517	0.03C,1.0Si,1.5Mn,0.035P,0.025S,24.5～26.5Cr,2.5～3.5Mo,5.0～7.0Ni,2.75～3.5Cu,0.12～0.22N	EN 10213-4	固溶退火加淬火	650～850	480	22
GX2CrNiMoN26-7-4	1.4469	0.03C,1.0Si,1.0Mn,0.035P,0.025S,25.0～27.0Cr,3.0～5.0Mo,6.0～8.0Ni,1.3Cu,0.12～0.22N	EN 10213-4	固溶退火加淬火	650～850	480	22
GX1Cr12	1.4011	0.15C,1.0Si,1.0Mn,0.035P,0.025S,11.50～13.50Cr,0.5Mo,1.0Ni	EN 10283	淬火加回火	620	450	15
GX7CrNiMo12-1	1.4008	0.1C,1.0Si,1.0Mn,0.035P,0.025S,12.0～13.50Cr,0.2～0.5Mo,1.0～2.0Ni	EN 10283	淬火加回火	590	440	15
GX4CrNiMo16-5-2	1.4411	0.06C,0.8Si,1.0Mn,0.035P,0.025S,15.0～17.0Cr,1.5～2.0Mo,4.0～6.0Ni	EN 10283	淬火加回火	760	540	15

续表

牌　号	编　号	化　学　成　分/%(不大于,注明范围值者除外)	标准号	状　态	抗拉强度/MPa	屈服强度/MPa	伸长率/%
GX5CrNiCu16-4	1.4525	0.07C,0.8Si,1.0Mn,0.035P,0.025S,15.0～17.0Cr,0.8Mo,3.5～5.5Ni,0.05N,2.5～4.0Cu,0.35Nb	EN 10283	淬火加回火	760	540	15
GX5CrNiMo19-11-3	1.4412	0.07C,1.5Si,1.5Mn,0.04P,0.03S,18.0～20.0Cr,3.0～3.5Mo,10.0～13.0Ni	EN 10283	固溶退火	440	205	30
GX2CrNiMoN17-13-4	1.4446	0.03C,1.0Si,1.5Mn,0.04P,0.03S,16.5～18.5Cr,4.0～4.5Mo,12.5～14.5Ni,0.12～0.22N	EN 10283	固溶退火	440	210	20
GX4NiCrCrMo30-20-4	1.4572	0.06C,1.5Si,1.5Mn,0.04P,0.03S,19.0～22.0Cr,2.0～3.0Mo,27.5～30.5Ni,3.0～4.0Cu	EN 10283	固溶退火	430	170	35
GX2NiCrMoCu25-20-5	1.4584	0.025C,1.0Si,2.0Mn,0.035P,0.02S,19.0～21.0Cr,4.0～5.0Mo,24.0～26.0Ni,0.2N,1.0～3.0Cu	EN 10283	固溶退火	450	185	30
GX2NiCrMoN25-20-5	1.4416	0.03C,1.0Si,1.0Mn,0.035P,0.02S,19.0～21.0Cr,4.5～5.5Mo,24.0～26.0Ni,0.12～0.2N	EN 10283	固溶退火	450	485	30
GX2NiCrMoCrN29-25-5	1.4587	0.03C,1.0Si,2.0Mn,0.035P,0.025S,24.0～26.0Cr,4.0～5.0Mo,28.0～30.0Ni,0.15～0.25N,2.0～3.0Cu	EN 10283	固溶退火	480	220	30
GX2NiCrMoCuN25-20-6	1.4588	0.025C,1.0Si,2.0Mn,0.035P,0.02S,19.0～21.0Cr,6.0～7.0Mo,24.0～26.0Ni,0.10～0.25N,0.5260～1.5Cu	EN 10283	固溶退火	480	210	30
GX2CrNiMoCuN20-18-6	1.4593	0.025C,1.0Si,1.2Mn,0.03P,0.01S,19.5～20.5Cr,6.0～7.0Mo,17.5～19.5Ni,0.18～0.24N,0.5～1.0Cu	EN 10283	固溶退火	500	260	35
GX6CrNiN26-7	1.4347	0.08C,1.5Si,1.5Mn,0.035P,0.02S,25.0～27.0Cr,5.5～7.5Ni,0.1～0.2N	EN 10283	固溶退火	590	420	20
GX2CrNiMoN25-6-3	1.4468	0.03C,1.0Si,2.0Mn,0.035P,0.025S,24.5～26.5Cr,2.5～3.5Ni,5.5～7.0N,0.12～0.25N	EN 10283	固溶退火	650	480	22
GX2CrNiMoN25-7-3	1.4417	0.03C,1.0Si,1.5Mn,0.03P,0.02S,24.0～26.0Cr,3.0～4.0Ni,6.0～8.5N,0.15～0.25N,1.0Cu	EN 10283	固溶退火	650	480	22
GX2CrNiMoN26-7-4	1.4469	0.03C,1.0Si,1.0Mn,0.035P,0.025S,25.0～27.0Cr,3.0～5.0Ni,6.0～8.0N,0.12～0.22N,1.30Cu	EN 10283	固溶退火	650	480	22

11.3 美国铸钢

表 11-21 美国铸钢牌号、化学成分及力学性能

新牌号	旧牌号	UNS	化学成分/%(不大于,注明范围值者除外)	状态	UTS	YS	EL
SAE J 435(R2007)							
0000	0022		0.12C,0.50～0.90Mn,0.60Si,0.40P,0.045S	退火,正火,正火及回火,淬火和回火			
415	0025		0.25C,0.75Mn,0.80Si,0.04P,0.045S	退火,正火,正火及回火,淬火和回火	415	205	22
450	0030		0.30C,0.70Mn,0.80Si,0.04P,0.045S	退火,正火,正火及回火,淬火和回火	450	240	24
585	0050A		0.40～0.50C,0.50～0.90Mn,0.80Si,0.04P,0.045S	退火,正火,正火及回火,淬火和回火	585	310	16
690	0050B		0.40～0.50C,0.50～0.90Mn,0.80Si,0.04P,0.045S	退火,正火,正火及回火,淬火和回火	690	485	10
550	080		0.04P,0.045S	退火,正火,正火及回火,淬火和回火	550	345	22
620	090		0.04P,0.045S	退火,正火,正火及回火,淬火和回火	620	415	20
725	0105		0.04P,0.045S	退火,正火,正火及回火,淬火和回火	725	585	17
830	0120		0.04P,0.045S	退火,正火,正火及回火,淬火和回火	830	655	14
1035	0150		0.04P,0.045S	退火,正火,正火及回火,淬火和回火	1035	860	9
1205	0175		0.04P,0.045S	退火,正火,正火及回火,淬火和回火	1205	1000	6
ASTM A356—2007							
1		J03502	0.35C,0.70Mn,0.60Si,0.035P,0.03S	正火,回火,退火	485	250	20
2		J12523	0.25C,0.70Mn,0.60Si,0.035P,0.03S,0.45～0.65Mo	正火,回火,退火	450	240	22
5		J12540	0.25C,0.70Mn,0.60Si,0.035P,0.03S,0.40～0.60Mo,0.40～0.70Cr	正火,回火,退火	485	275	22
6		J12073	0.20C,0.50～0.80Mn,0.60Si,0.035P,0.03S,0.45～0.65Mo,1.00～1.50Cr	正火,回火,退火	485	310	22
8		J11697	0.20C,0.50～0.90Mn,0.20～0.60Si,0.035P,0.03S,0.90～1.20Mo,1.00～1.50Cr,0.05～0.15V	正火,回火,退火	550	345	18
9		J21610	0.20C,0.50～0.90Mn,0.20～0.60Si,0.035P,0.03S,0.90～1.20Mo,1.00～1.50Cr,0.20～0.35V	正火,回火,退火	585	415	15
10		J22090	0.20C,0.50～0.80Mn,0.60Si,0.035P,0.03S,0.90～1.20Mo,2.00～2.75Cr	正火,回火,退火	585	380	20

续表

新牌号	旧牌号	UNS	化学成分/%(不大于,注明范围值者除外)	状态	UTS	YS	EL
12AC		J84090	0.80～0.12C,0.30～0.60Mn,0.20～0.50Si,0.03P,0.01S,0.85～1.05Mo,8.00～9.50Cr,0.40Ni,0.18～0.25V,0.06～0.10Cb,0.03～0.07N,0.02Al,0.01Ti,0.01Zr	正火,回火,退火	585	415	20
CA6NM		J91540	0.06C,1.00Mn,1.00Si,0.04P,0.03S,0.40～1.00Mo,11.50～14.00Cr,3.50～4.50Ni	正火,回火,退火	760	550	15
ASTM A732/A732M—2009							
1A			0.15～0.25C,0.20～0.60Mn,0.04P,0.045S,0.20～1.00Si	退火	414	276	24
2A			0.25～0.35C,0.70～1.00Mn,0.04P,0.045S,0.20～1.00Si	退火	448	310	25
2Q			0.25～0.35C,0.70～1.00Mn,0.04P,0.045S,0.20～1.00Si	淬火,回火	586	414	10
3A			0.35～0.45C,0.70～1.00Mn,0.04P,0.045S,0.20～1.00Si	退火	517	331	25
3Q			0.35～0.45C,0.70～1.00Mn,0.04P,0.045S,0.20～1.00Si	淬火,回火	689	621	10
4A			0.45～0.55C,0.70～1.00Mn,0.04P,0.045S,0.20～1.00Si	退火	621	345	20
4Q			0.45～0.55C,0.70～1.00Mn,0.04P,0.045S,0.20～1.00Si	淬火,回火	862	689	5
5N			0.30C,0.70～1.00Mn,0.04P,0.045S,0.20～0.80Si,0.05～0.15V	正火,回火	586	379	22
6N			0.35C,1.35～1.75Mn,0.04P,0.045S,0.20～0.80Si,0.25～0.55Mo	正火,回火	621	414	20
7Q			0.25～0.35C,0.40～0.70Mn,0.04P,0.045S,0.20～0.80Si,0.80～1.10Cr,0.15～0.25Mo	淬火,回火	1030	793	7
8Q			0.35～0.45C,0.70～1.00Mn,0.04P,0.045S,0.20～0.80Si,0.80～1.10Cr,0.15～0.25Mo	淬火,回火	1241	1000	5
9Q			0.25～0.35C,0.40～0.70Mn,0.04P,0.045S,0.20～0.80Si,1.65～2.00Ni,0.70～0.90Cr,0.20～0.30Mo	淬火,回火	1030	793	7
10Q			0.35～0.45C,0.70～1.00Mn,0.04P,0.045S,0.20～0.80Si,1.65～2.00Ni,0.70～0.90Cr,0.20～0.30Mo	淬火,回火	1241	1000	5
11Q			0.15～0.25C,0.40～0.70Mn,0.04P,0.045S,0.20～0.80Si,1.65～2.00Ni,0.20～0.30Mo	淬火,回火	827	689	10
12Q			0.45～0.55C,0.65～0.95Mn,0.04P,0.045S,0.20～0.80Si,0.80～1.10Cr,≥0.15V	淬火,回火	1310	1172	4

续表

新牌号	旧牌号	UNS	化学成分/%(不大于,注明范围值者除外)	状态	UTS	YS	EL
13Q			0.15～0.25C,0.65～0.95Mn,0.04P,0.045S,0.20～0.80Si,0.40～0.70Cr,0.15～0.25Mo	淬火,回火	724	586	10
14Q			0.25～0.35C,0.65～0.95Mn,0.04P,0.045S,0.20～0.80Si,0.40～0.70Ni,0.40～0.70Cr,0.15～0.25Mo	淬火,回火	1030	793	7
15A			0.95～1.10C,0.25～0.55Mn,0.04P,0.045S,0.20～0.80Si,1.30～1.60Cr	退火			
ASTM A487/A487M—1993(R2007)							
1A	1N		0.30C,1.00Mn,0.04P,0.045S,0.80Si,0.40～0.12V	淬火,回火	585～760	380	22
1B	1Q		0.30C,1.00Mn,0.04P,0.045S,0.80Si,0.40～0.12V	淬火,回火	620～795	450	22
1C			0.30C,1.00Mn,0.04P,0.045S,0.80Si,0.40～0.12V	淬火,回火	620	450	22
2A	2N		0.30C,1.00～1.40Mn,0.04P,0.045S,0.80Si,0.10～0.30Mo	淬火,回火	585～760	365	22
2B	2Q		0.30C,1.00～1.40Mn,0.04P,0.045S,0.80Si,0.10～0.30Mo	淬火,回火	620～795	450	22
2C			0.30C,1.00～1.40Mn,0.04P,0.045S,0.80Si,0.10～0.30Mo	淬火,回火	620	450	22
4A	4N		0.30C,1.00Mn,0.04P,0.045S,0.80Si,0.40～0.80Ni,0.40～0.80Cr,0.15～0.30Mo	淬火,回火	620～795	415	18
4B	4Q		0.30C,1.00Mn,0.04P,0.045S,0.80Si,0.40～0.80Ni,0.40～0.80Cr,0.15～0.30Mo	淬火,回火	725～895	585	17
4C			0.30C,1.00Mn,0.04P,0.045S,0.80Si,0.40～0.80Ni,0.40～0.80Cr,0.15～0.30Mo	淬火,回火	620	415	18
4D			0.30C,1.00Mn,0.04P,0.045S,0.80Si,0.40～0.80Ni,0.40～0.80Cr,0.15～0.30Mo	淬火,回火	690	515	17
4E	4QA		0.30C,1.00Mn,0.04P,0.045S,0.80Si,0.40～0.80Ni,0.40～0.80Cr,0.15～0.30Mo	淬火,回火	795	655	15
6A	6N		0.05～0.38C,1.30～1.70Mn,0.04P,0.045S,0.80Si,0.40～0.80Ni,0.40～0.80Cr,0.30～0.40Mo	淬火,回火	795	550	18
6B	6Q		0.05～0.38C,1.30～1.70Mn,0.04P,0.045S,0.80Si,0.40～0.80Ni,0.40～0.80Cr,0.30～0.40Mo	淬火,回火	825	655	12
7A	7Q		0.05～0.20C,0.60～1.00Mn,0.04P,0.045S,0.80Si,0.70～1.00Ni,0.40～0.80Cr,0.40～0.60Mo,0.03～0.10V,0.002～0.006B,0.15～0.50Cu	淬火,回火	795	690	15

续表

新牌号	旧牌号	UNS	化学成分/%(不大于,注明范围值者除外)	状态	UTS	YS	EL
8A	8N		0.05～0.20C,0.50～0.90Mn,0.04P,0.045S,0.80Si,2.00～2.75Cr,0.90～1.10Mo	淬火,回火	585～760	380	20
8B	8Q		0.05～0.20C,0.50～0.90Mn,0.04P,0.045S,0.80Si,2.00～2.75Cr,0.90～1.10Mo	淬火,回火	725	585	17
8C			0.05～0.20C,0.50～0.90Mn,0.04P,0.045S,0.80Si,2.00～2.75Cr,0.90～1.10Mo	淬火,回火	690	515	17
9A	9N		0.05～0.33C,0.60～1.00Mn,0.04P,0.045S,0.80Si,0.75～1.10Cr,0.15～0.30Mo	淬火,回火	620	415	18
9B	9Q		0.05～0.33C,0.60～1.00Mn,0.04P,0.045S,0.80Si,0.75～1.10Cr,0.15～0.30Mo	淬火,回火	725	585	16
9C			0.05～0.33C,0.60～1.00Mn,0.04P,0.045S,0.80Si,0.75～1.10Cr,0.15～0.30Mo	淬火,回火	620	415	18
9D			0.05～0.33C,0.60～1.00Mn,0.04P,0.045S,0.80Si,0.75～1.10Cr,0.15～0.30Mo	淬火,回火	690	515	17
9E			0.05～0.33C,0.60～1.00Mn,0.04P,0.045S,0.80Si,0.75～1.10Cr,0.15～0.30Mo	淬火,回火	795	655	15
10A	10N		0.30C,0.60～1.00Mn,0.04P,0.045S,0.80Si,1.40～2.00Ni,0.55～0.90Cr,0.20～0.40Mo	淬火,回火	690	485	18
10B	10Q		0.30C,0.60～1.00Mn,0.04P,0.045S,0.80Si,1.40～2.00Ni,0.55～0.90Cr,0.20～0.40Mo	淬火,回火	860	690	15
11A	11N		0.05～0.20C,0.50～0.80Mn,0.04P,0.045S,0.60Si,0.70～1.10Ni,0.50～0.80Cr,0.45～0.65Mo	淬火,回火	484～655	275	20
11B	11Q		0.05～0.20C,0.50～0.80Mn,0.04P,0.045S,0.60Si,0.70～1.10Ni,0.50～0.80Cr,0.45～0.65Mo	淬火,回火	725～895	585	17
12A	12N		0.05～0.20C,0.40～0.70Mn,0.04P,0.045S,0.60Si,0.60～1.00Ni,0.50～0.90Cr,0.90～1.20Mo	淬火,回火	485～655	275	20
12B	12Q		0.05～0.20C,0.40～0.70Mn,0.04P,0.045S,0.60Si,0.60～1.00Ni,0.50～0.90Cr,0.90～1.20Mo	淬火,回火	725～895	585	17
13A	13N		0.30C,0.80～1.10Mn,0.04P,0.045S,0.60Si,1.40～1.75Ni,0.20～0.30Mo	淬火,回火	620～795	415	18

续表

新牌号	旧牌号	UNS	化 学 成 分/%(不大于,注明范围值者除外)	状 态	UTS	YS	EL
13B	13Q		0.30C,0.80～1.10Mn,0.04P,0.045S,0.60Si,1.40～1.75Ni,0.20～0.30Mo	淬火,回火	725～895	585	17
14A	14Q		0.55C,0.80～1.10Mn,0.04P,0.045S,0.60Si,1.40～1.75Ni,0.20～0.30Mo	淬火,回火	825～1000	655	14
16A	16N	J31200	0.12C,2.10Mn,0.02P,0.02S,0.50Si,1.00～1.40Ni	淬火,回火	485～655	275	22
CA15A	CA15A		0.15C,1.00Mn,0.04P,0.04S,1.50Si,1.00Ni,11.50～14.00Cr,0.50Mo	淬火,回火	965～1170	760～895	10
CA15B	CA15		0.15C,1.00Mn,0.04P,0.04S,1.50Si,1.00Ni,11.50～14.00Cr,0.50Mo	淬火,回火	620～795	450	18
CA15C			0.15C,1.00Mn,0.04P,0.04S,1.50Si,1.00Ni,11.50～14.00Cr,0.50Mo	淬火,回火	620	415	18
CA15D			0.15C,1.00Mn,0.04P,0.04S,1.50Si,1.00Ni,11.50～14.00Cr,0.50Mo	淬火,回火	690	515	17
CA15MA	CA15M		0.15C,1.00Mn,0.04P,0.04S,0.65Si,1.00Ni,11.50～14.00Cr,0.15～1.0Mo	淬火,回火	620～795	450	18
CA6NMA	CA6NM		0.06C,1.00Mn,0.04P,0.03S,1.00Si,3.50～4.50Ni,11.50～14.00Cr,0.40～1.00Mo	淬火,回火	760～930	550	15
CA6NMB	CA6NM		0.06C,1.00Mn,0.04P,0.03S,1.00Si,3.50～4.50Ni,11.50～14.00Cr,0.40～1.00Mo	淬火,回火	690	515	17
ASTM A27/A27M—2010							
N-1		J02500	0.25C,0.75Mn,0.80Si,0.035S,0.035P				
N-2		J03500	0.35C,0.60Mn,0.80Si,0.035S,0.035P	退火,正火,正火和回火,淬火和回火			
U-60-30 (415-205)		J02500	0.25C,0.75Mn,0.80Si,0.035S,0.035P		415	205	22
60-30 (415-205)		J03000	0.30C,0.60Mn,0.80Si,0.035S,0.035P	退火,正火,正火和回火,淬火和回火	415	205	24
65-35 (450-240)		J03001	0.30C,0.70Mn,0.80Si,0.035S,0.035P	退火,正火,正火和回火,淬火和回火	450	240	24
70-36 (485-250)		J03501	0.35C,0.70Mn,0.80Si,0.035S,0.035P	退火,正火,正火和回火,淬火和回火	485	250	22
70-40 (485-275)		J02501	0.25C,1.20Mn,0.80Si,0.035S,0.035P	退火,正火,正火和回火,淬火和回火	485	275	22
ASTM A148/A148M—2008							
80-40 (550-275)		D50400	0.06S,0.05P	退火,正火,正火和回火,淬火和回火	550	275	18

续表

新牌号	旧牌号	UNS	化学成分/%(不大于,注明范围值者除外)	状态	UTS	YS	EL
80-50 (550-345)		D50500	0.06S,0.05P	退火,正火,正火和回火,淬火和回火	550	345	22
90-60 (620-415)		D50600	0.06S,0.05P	退火,正火,正火和回火,淬火和回火	620	415	20
105-85 (725-585)		D50850	0.06S,0.05P	退火,正火,正火和回火,淬火和回火	725	585	17
115-95 (795-655)		D50950	0.06S,0.05P	退火,正火,正火和回火,淬火和回火	795	655	14
130-115 (895-795)		D51150	0.06S,0.05P	退火,正火,正火和回火,淬火和回火	895	795	11
135-125 (930-860)		D51250	0.06S,0.05P	退火,正火,正火和回火,淬火和回火	930	860	9
150-135 (1035-930)		D51350	0.06S,0.05P	退火,正火,正火和回火,淬火和回火	1035	930	7
160-145 (1105-1000)		D51450	0.06S,0.05P	退火,正火,正火和回火,淬火和回火	1105	1000	6
165-150 (1140-1035)		D51500	0.02S,0.02P	退火,正火,正火和回火,淬火和回火	1140	1035	5
165-150L (1140-1035L)		D51501	0.02S,0.02P	退火,正火,正火和回火,淬火和回火	1140	1035	5
210-180 (1450-1240)		D51800	0.02S,0.02P	退火,正火,正火和回火,淬火和回火	1450	1240	4
210-180L (1450-1240L)		D51801	0.02S,0.02P	退火,正火,正火和回火,淬火和回火	1450	1240	4
260-210 (1795-1450)		D52100	0.02S,0.02P	退火,正火,正火和回火,淬火和回火	1795	1450	3
260-210L (1795-1450L)		D52101	0.02S,0.02P	退火,正火,正火和回火,淬火和回火	1795	1450	3
ASTM A128/A128M—1993(R2007)							
A			1.05～1.35C,≥11.00Mn,1.00Si,0.07P				

续表

新牌号	旧牌号	UNS	化学成分/%(不大于,注明范围值者除外)	状态	UTS	YS	EL
B-1			0.90～1.05C,11.50～14.00Mn,1.00Si,0.07P				
B-2			1.05～1.20C,11.50～14.00Mn,1.00Si,0.07P				
B-3			1.12～1.28C,11.50～14.00Mn,1.00Si,0.07P				
B-4			1.20～1.35C,11.50～14.00Mn,1.00Si,0.07P				
C			1.05～1.35C,11.50～14.00Mn,1.50～2.50Cr,1.00Si,0.07P				
D			0.70～1.30C,11.50～14.00Mn,3.00～4.00Ni,1.00Si,0.07P				
E-1			0.70～1.30C,11.50～14.00Mn,0.90～1.20Mo,1.00Si,0.07P				
E-2			1.05～1.45C,11.50～14.00Mn,1.80～2.10Mo,1.00Si,0.07P				
F		J91340	1.05～1.35C,6.00～8.00Mn,0.90～1.20Mo,1.00Si,0.07P				
ASTM A217/A217M—2010							
WC1		J12524	0.25C,0.50～0.80Mn,0.04P,0.045S,0.60Si,0.45～0.65Mo	正火和回火	450～620	240	24
WC4		J12082	0.05～0.20C,0.50～0.80Mn,0.04P,0.045S,0.60Si,0.70～1.10Ni,0.50～0.80Cr,0.45～0.65Mo	正火和回火	485～655	275	20
WC5		J22000	0.05～0.20C,0.40～0.70Mn,0.04P,0.045S,0.60Si,0.60～1.00Ni,0.50～0.90Cr,0.90～1.2Mo	正火和回火	485～655	275	20
WC6		J12072	0.05～0.20C,0.50～0.80Mn,0.04P,0.045S,0.60Si,1.00～1.50Cr,0.45～0.65Mo	正火和回火	485～655	275	20
WC9		J21890	0.05～0.18C,0.40～0.70Mn,0.04P,0.045S,0.60Si,2.00～2.75Cr,0.90～1.20Mo	正火和回火	485～655	275	20
WC11		J11872	0.15～0.21C,0.50～0.80Mn,0.02P,0.015S,0.30～0.60Si,1.00～1.50Cr,0.45～0.65Mo	正火和回火	550～725	345	18
C5		J42045	0.20C,0.40～0.70Mn,0.04P,0.045S,0.75Si,4.00～6.50Cr,0.45～0.65Mo	正火和回火	620～795	415	18
C12		J82090	0.20C,0.35～0.65Mn,0.04P,0.045S,1.00Si,8.00～10.00Cr,0.90～1.20Mo,0.03Cb,0.06V	正火和回火	620～795	415	18
C12A		J84090	0.08～0.12C,0.30～0.60Mn,0.03P,0.01S,0.20～0.50Si,0.40Ni,8.00～9.50Cr,0.85～1.05Mo,0.06～0.10Cb,0.03～0.07N,0.18～0.25V	正火和回火	585～760	415	18
CA15		J91150	0.15C,1.00Mn,0.04P,0.04S,1.50Si,1.00Ni,11.50～14.0Cr,0.50Mo	正火和回火	620～795	450	18

续表

新牌号	旧牌号	UNS	化学成分/%(不大于,注明范围值者除外)	状态	UTS	YS	EL
ASTM A389/A389M—2010							
C23		J12080	0.20C,0.30～0.80Mn,0.035P,0.035S,0.60Si,1.00～1.50Cr,0.45～0.65Mo,0.15～0.25V	正火,回火	483	276	18
C24		J12092	0.20C,0.30～0.80Mn,0.035P,0.035S,0.60Si,0.80～1.25Cr,0.90～1.20Mo,0.15～0.25V	正火,回火	552	345	15
ASTM A597—1987(R2010)							
CA-2			0.95～1.05C,0.75Mn,1.50Si,0.03S,0.03P,4.75～5.50Cr,0.90～1.40Mo,0.20～0.50V				
CD-2			1.40～1.60C,1.00Mn,1.50Si,0.03S,0.03P,11.00～13.00Cr,0.70～1.20Mo,0.40～1.00V,0.70～1.00Co				
CD-5			1.35～1.60C,0.75Mn,1.50Si,0.03S,0.03P,11.00～13.00Cr,0.70～1.20Mo,0.35～0.55V,2.50～3.50Co,0.40～0.60Ni				
CS-5			0.50～0.65C,0.60～1.00Mn,1.75～2.25Si,0.03S,0.03P,0.35Cr,0.20～0.80Mo,0.35V				
CM-2			0.78～0.88C,0.75Mn,1.00Si,0.03S,0.03P,3.75～4.50Cr,4.50～5.50Mo,1.25～2.20V,0.25Co,5.50～6.75W,0.25Ni				
CS-7			0.45～0.55C,0.40～0.80Mn,0.60～1.00Si,0.03S,0.03P,3.00～3.50Cr,1.20～1.60Mo				
CH-12			0.30～0.40C,0.75Mn,1.50Si,0.03S,0.03P,4.75～5.75Cr,1.25～1.75Mo,0.20～0.50V,1.00～1.70W				
CH-13			0.30～0.42C,0.75Mn,1.50Si,0.03S,0.03P,4.75～5.75Cr,1.25～1.75Mo,0.75～1.20V				
CO-1			0.85～1.00C,1.00～1.30Mn,1.5Si,0.03S,0.03P,0.40～1.00Cr,0.30V,0.40～0.60W				
ASTM A743/A743M—2006(R2010)							
CF8		J92600	0.08C,1.50Mn,2.00Si,0.04P,0.04S,18.00～21.00Cr,8.00～11.00Ni	固溶淬火	485	205	35
CG12		J93001	0.12C,1.50Mn,2.00Si,0.04P,0.04S,20.00～23.00Cr,10.00～13.00Ni	固溶淬火	485	195	35
CF20		J92602	0.20C,1.50Mn,2.00Si,0.04P,0.04S,18.00～21.00Cr,8.00～11.00Ni	固溶淬火	485	205	30
CF8M		J92900	0.08C,1.50Mn,2.00Si,0.04P,0.04S,18.00～21.00Cr,9.00～12.00Ni,2.00～3.00Mo	固溶淬火	485	205	30
CF8C		J92710	0.08C,1.50Mn,2.00Si,0.04P,0.04S,18.00～21.00Cr,9.00～12.00Ni	固溶淬火	485	205	30

续表

新牌号	旧牌号	UNS	化学成分/%(不大于,注明范围值者除外)	状态	UTS	YS	EL
CF16F		J92701	0.16C,1.50Mn,2.00Si,0.17P,0.04S,18.00～21.00Cr,9.00～12.00Ni,1.50Mo,0.20～0.35Se	固溶淬火	485	205	25
CF16Fa			0.16C,1.50Mn,2.00Si,0.04P,0.20～0.40S,18.00～21.00Cr,9.00～12.00Ni,0.40～0.80Mo	固溶淬火	485	205	25
CH10		J93401	0.10C,1.50Mn,2.00Si,0.04P,0.04S,22.00～26.00Cr,12.00～15.00Ni	固溶淬火	485	205	30
CH20		J93402	0.20C,1.50Mn,2.00Si,0.04P,0.04S,22.00～26.00Cr,12.00～15.00Ni	固溶淬火	485	205	30
CK20		J94202	0.20C,2.00Mn,2.00Si,0.04P,0.04S,23.00～27.00Cr,19.00～22.00Ni	固溶淬火	450	195	30
CE30		J93423	0.30C,1.50Mn,2.00Si,0.04P,0.04S,26.00～30.00Cr,8.00～11.00Ni	固溶淬火	550	275	10
CA15		J91150	0.15C,1.00Mn,1.50Si,0.04P,0.04S,11.50～14.00Cr,1.00Ni,0.50Mo	正火和回火,退火	620	450	18
CA15M		J91151	0.15C,1.00Mn,0.65Si,0.04P,0.04S,11.50～14.00Cr,1.00Ni,0.15～1.00Mo	正火和回火,退火	620	450	18
CB30		J91803	0.30C,1.00Mn,1.50Si,0.04P,0.04S,18.00～21.00Cr,2.00Ni	正火,退火	450	205	
CC50		J92615	0.50C,1.00Mn,1.50Si,0.04P,0.04S,26.00～30.00Cr,4.00Ni	正火,退火	380		
CA40		J94453	0.20～0.40C,1.00Mn,1.50Si,0.04P,0.04S,11.50～14.00Cr,1.00Ni,0.50Mo	正火和回火,退火	690	485	15
CA40F		J91154	0.20～0.40C,1.00Mn,1.50Si,0.04P,0.20～0.40S,11.50～14.00Cr,1.00Ni,0.50Mo	正火和回火,退火	690	485	12
CF3		J92500	0.03C,1.50Mn,2.00Si,0.04P,0.04S,17.00～21.00Cr,8.00～12.00Ni	铸造,固溶退火	485	205	35
CF10SMnN		J92972	0.10C,7.00～9.00Mn,3.50～4.50Si,0.06P,0.03S,16.00～18.00Cr,8.00～9.00Ni,0.08～0.18N	固溶淬火	585	290	30
CF3M		J92800	0.03C,1.50Mn,1.50Si,0.04P,0.04S,17.00～21.00Cr,9.00～13.00Ni,2.00～3.00Mo	铸造,固溶退火	485	205	30
CF3MN		J92804	0.03C,1.50Mn,1.50Si,0.04P,0.04S,17.00～22.00Cr,9.00～13.00Ni,2.00～3.00Mo,0.10～0.20N	铸造,固溶退火	515	255	35
CG6MMN		J93790	0.06C,4.00～6.00Mn,1.00Si,0.04P,0.03S,20.50～23.50Cr,11.50～13.50Ni,1.50～3.00Mo,0.10～0.30Cb,0.10～0.30V,0.20～0.40N	固溶淬火	585	290	30
CG3M		J92999	0.03C,1.50Mn,1.50Si,0.04P,0.04S,18.00～21.00Cr,9.00～13.00Ni,3.00～4.00Mo	固溶淬火	515	240	25
CG8M		J93000	0.08C,1.50Mn,1.50Si,0.04P,0.04S,18.00～21.00Cr,9.00～13.00Ni,3.00～4.00Mo	固溶淬火	520	240	25

续表

新牌号	旧牌号	UNS	化学成分/%(不大于,注明范围值者除外)	状态	UTS	YS	EL
CN3M		J94652	0.03C,2.00Mn,1.00Si,0.03P,0.03S,20.00～22.00Cr,23.00～27.00Ni,4.50～5.50Mo	固溶淬火	435	170	30
CN3MN		J94651	0.03C,2.00Mn,1.00Si,0.04P,0.01S,20.00～22.00Cr,23.50～25.50Ni,6.00～7.00Mo,0.75Cu,0.18～0.26N	固溶淬火	550	260	35
CN7M		N08007	0.07C,1.50Mn,1.50Si,0.04P,0.04S,19.00～22.00Cr,27.50～30.50Ni,2.00～3.00Mo,3.00～4.00Cu	固溶淬火	425	170	35
CN7MS		J94650	0.07C,1.00Mn,2.50～3.50Si,0.04P,0.03S,18.00～20.00Cr,22.00～25.00Ni,2.50～3.00Mo,1.50～2.00Cu	固溶淬火	485	205	35
CA6NM		J91540	0.06C,1.00Mn,1.00Si,0.04P,0.03S,11.50～14.00Cr,3.50～4.50Ni,0.40～1.00Mo	正火,回火	755	550	15
CA6N			0.06C,0.50Mn,1.00Si,0.02P,0.02S,10.50～12.50Cr,6.00～8.00Ni	正火,回火	965	930	15
CA28MWV		J91422	0.20～0.28C,0.50～1.00Mn,1.00Si,0.03P,0.03S,11.00～12.50Cr,0.50～1.00Ni,0.90～1.25Mo,0.90～1.25W,0.20～0.30V	正火,回火,退火	965	760	10
CK3MCuN		J93254	0.025C,1.20Mn,1.00Si,0.045P,0.01S,19.50～20.50Cr,17.50～19.50Ni,6.00～7.00Mo,0.50～1.00Cu,0.18～0.24N	固溶淬火	550	260	35
CK35MN			0.035C,2.00Mn,1.00Si,0.035P,0.02S,22.00～24.00Cr,20.00～22.00Ni,6.00～6.80Mo,0.40Cu,0.21～0.32N	固溶淬火	570	280	35
CB6		J91804	0.06C,1.00Mn,1.00Si,0.04P,0.03S,15.50～17.50Cr,3.50～5.50Ni,0.50Mo	正火,回火	790	580	16
ASTM A351/A351M—2010							
CF3		J92700	0.03C,1.50Mn,2.00Si,0.04S,0.04P,17.00～21.00Cr,8.00～12.00Ni,0.50Mo	淬火	485	205	35
CF3A		J92700	0.03C,1.50Mn,2.00Si,0.04S,0.04P,17.00～21.00Cr,8.00～12.00Ni,0.50Mo	淬火	530	240	35
CF8		J92600	0.08C,1.50Mn,2.00Si,0.04S,0.04P,18.00～21.00Cr,8.00～11.00Ni,0.50Mo	淬火	485	205	35
CF8A		J92600	0.08C,1.50Mn,2.00Si,0.04S,0.04P,18.00～21.00Cr,8.00～11.00Ni,0.50Mo	淬火	530	240	35
CF3M		J92800	0.03C,1.50Mn,1.50Si,0.04S,0.04P,17.00～21.00Cr,9.00～13.00Ni,2.00～3.00Mo	淬火	485	205	30
CF3MA		J92800	0.03C,1.50Mn,1.50Si,0.04S,0.04P,17.00～21.00Cr,9.00～13.00Ni,2.00～3.00Mo	淬火	550	255	30

续表

新牌号	旧牌号	UNS	化学成分/%(不大于,注明范围值者除外)	状态	UTS	YS	EL
CF8M		J92900	0.08C,1.50Mn,1.50Si,0.04S,0.04P,18.00～21.00Cr,9.00～12.00Ni,2.00～3.00Mo	淬火	485	205	30
CF3MN		J92804	0.03C,1.50Mn,1.50Si,0.04S,0.04P,17.00～21.00Cr,9.00～13.00Ni,2.00～3.00Mo,0.10～0.20N	淬火	515	255	35
CF8C		J92710	0.08C,1.50Mn,2.00Si,0.04S,0.04P,18.00～21.00Cr,9.00～12.00Ni,0.50Mo	淬火	485	205	30
CF10		J92950	0.04～0.10C,1.50Mn,2.00Si,0.04S,0.04P,18.00～21.00Cr,8.00～11.00Ni,0.50Mo	淬火	485	205	35
CF10M		J92901	0.04～0.10C,1.50Mn,1.50Si,0.04S,0.04P,18.00～21.00Cr,9.00～12.00Ni,2.00～3.00Mo	淬火	485	205	30
CH8		J93400	0.08C,1.50Mn,1.50Si,0.04S,0.04P,22.00～26.00Cr,12.00～15.00Ni,0.50Mo	淬火	450	195	30
CH10		J93401	0.04～0.10C,1.50Mn,2.00Si,0.04S,0.04P,22.00～26.00Cr,12.00～15.00Ni,0.50Mo	淬火	485	205	30
CH20		J93402	0.04～0.10C,1.50Mn,2.00Si,0.04S,0.04P,22.00～26.00Cr,12.00～15.00Ni,0.50Mo	淬火	485	205	30
CK20		J94202	0.04～0.10C,1.50Mn,1.75Si,0.04S,0.04P,23.00～27.00Cr,19.00～22.00Ni,0.50Mo	淬火	450	195	30
HK30		J94203	0.25～0.35C,1.50Mn,1.75Si,0.04S,0.04P,23.00～27.00Cr,19.00～22.00Ni,0.50Mo	淬火	450	240	10
HK40		J94204	0.35～0.45C,1.50Mn,1.75Si,0.04S,0.04P,23.00～27.00Cr,19.00～22.00Ni,0.50Mo	淬火	425	240	10
NT30		N08030	0.25～0.35C,2.00Mn,2.50Si,0.04S,0.04P,13.00～17.00Cr,33.00～37.00Ni,0.50Mo	淬火	450	195	15
CF10MC			0.10C,1.50Mn,1.50Si,0.04S,0.04P,15.00～18.00Cr,13.00～16.00Ni,1.75～2.25Mo	淬火	485	205	20
CN7M		N08007	0.07C,1.50Mn,1.50Si,0.04S,0.04P,19.00～22.00Cr,27.50～30.50Ni,2.00～3.00Mo,3.00～4.00Cu	淬火	425	170	35
CN3MN		J94651	0.03C,2.00Mn,1.00Si,0.01S,0.04P,20.00～22.00Cr,23.50～25.50Ni,6.00～7.00Mo,0.18～0.26N,0.75Cu	淬火	550	260	35
CE8MN			0.08C,1.00Mn,1.50Si,0.04S,0.04P,22.50～25.50Cr,8.00～11.00Ni,3.00～4.50Mo,0.10～0.30N	淬火	655	450	25
CG-6MMN		J93790	0.06C,4.00～6.00Mn,1.00Si,0.03S,0.04P,20.50～23.50Cr,11.50～13.50Ni,1.50～3.00Mo,0.10～0.30Cb,0.10～0.30V,0.20～0.40N	淬火	585	295	30

续表

新牌号	旧牌号	UNS	化学成分/%(不大于,注明范围值者除外)	状态	UTS	YS	EL
CG8M		J93000	0.08C,1.50Mn,1.50Si,0.04S,0.04P,18.00～21.00Cr,9.00～13.00Ni,3.00～4.00Mo	淬火	515	240	25
CF10S-MnN		J92972	0.10C,7.00～9.00Mn,3.50～4.50Si,0.03S,0.06P,16.00～18.00Cr,8.00～9.00Ni,0.08～0.18N	淬火	585	295	30
CT15C		N08151	0.05～0.15C,0.15～1.50Mn,0.50～1.50Si,0.03S,0.03P,19.00～21.00Cr,31.00～34.00Ni,0.50～1.50Cb	淬火	435	170	20
CK-3MCuN		J93254	0.025C,1.20Mn,1.00Si,0.01S,0.045P,19.50～20.50Cr,17.50～19.5Ni,6.00～7.00Mo,0.18～0.24N,0.50～1.00Cu	淬火	550	260	35
CE20N		J92802	0.20C,1.50Mn,1.50Si,0.04S,0.04P,23.00～26.00Cr,8.00～11.00Ni,0.50Mo,0.08～0.20N	淬火	550	275	30
CG3M		J92999	0.03C,1.50Mn,1.50Si,0.04S,0.04P,18.00～21.00Cr,9.00～13.00Ni,3.00～4.00Mo	淬火	515	240	25
ASTM A744/A744M—2010							
CF8		J92600	0.08C,1.50Mn,2.00Si,0.04P,0.04S,18.00～21.00Cr,8.00～11.00Ni	固溶淬火	485	205	35
CF8M		J92900	0.08C,1.50Mn,2.00Si,0.04P,0.04S,18.00～21.00Cr,9.00～12.00Ni,2.00～3.00Mo	固溶淬火	485	205	30
CF8C		J92710	0.08C,1.50Mn,2.00Si,0.04P,0.04S,18.00～21.00Cr,9.00～12.00Ni	固溶淬火	485	205	30
CF3		J92500	0.03C,1.50Mn,2.00Si,0.04P,0.04S,17.00～21.00Cr,8.00～12.00Ni	固溶淬火	485	205	35
CF3M		J92800	0.03C,1.50Mn,1.50Si,0.04P,0.04S,17.00～21.00Cr,9.00～13.00Ni,2.00～3.00Mo	固溶淬火	485	205	30
CG3M		J92999	0.03C,1.50Mn,1.50Si,0.04P,0.04S,18.00～21.00Cr,9.00～13.00Ni,3.00～4.00Mo	固溶淬火	515	240	25
CG8M		J93000	0.08C,1.50Mn,1.50Si,0.04P,0.04S,18.00～21.00Cr,9.00～13.00Ni,3.00～4.00Mo	固溶淬火	520	240	25
CN7M		N08007	0.07C,1.50Mn,1.50Si,0.04P,0.04S,19.00～22.00Cr,27.50～30.50Ni,2.00～3.00Mo,3.00～4.00Cu	固溶淬火	425	170	35
CN7MS		J94650	0.07C,1.00Mn,2.50～3.50Si,0.04P,0.03S,18.00～20.00Cr,22.00～25.00Ni,2.50～3.00Mo,1.50～2.00Cu	固溶淬火	485	205	35
CN3MN		J94651	0.03C,2.00Mn,1.00Si,0.04P,0.01S,20.00～22.00Cr,23.50～25.50Ni,6.00～7.00Mo,0.75Cu,0.18～0.26N	固溶淬火	550	260	35
CK3MCuN		J93254	0.025C,1.20Mn,1.00Si,0.045P,0.01S,19.50～20.50Cr,17.50～19.50Ni,6.00～7.00Mo,0.50～1.00Cu,0.18～0.24N	固溶淬火	550	260	35
CN3MCu		J80020	0.03C,1.50Mn,1.00Si,0.03P,0.015S,19.00～22.00Cr,27.50～30.50Ni,2.00～3.00Mo,3.00～3.50Cu	固溶淬火	425	170	35

11.4 英国铸钢

表 11-22 英国铸钢牌号、化学成分及力学性能

牌号	化学成分/%(不大于,注明范围值者除外)	状态	抗拉强度/MPa	屈服强度/MPa	伸长率/%
BS 3146-1—1974					
CLA1:GradeA	0.15～0.25C,0.20～0.60Si,0.40～1.00Mn,0.40Ni,0.30Cr,0.10Mo,0.30Cu,0.035S,0.035P	正火,正火和回火,淬火和回火	430	195	15
CLA1:GradeB	0.25～0.35C,0.20～0.60Si,0.40～1.00Mn,0.40Ni,0.30Cr,0.10Mo,0.30Cu,0.035S,0.035P	正火,正火和回火,淬火和回火	500	215	13
CLA1:GradeC	0.35～0.45C,0.20～0.60Si,0.40～1.00Mn,0.40Ni,0.30Cr,0.10Mo,0.30Cu,0.035S,0.035P	正火,正火和回火,淬火和回火	540	245	11
CLA2	0.18～0.25C,0.20～0.50Si,1.20～1.70Mn,0.40Ni,0.30Cr,0.10Mo,0.30Cu,0.035S,0.035P	正火,正火和回火,淬火和回火	550～700	310	13
CLA3		退火,淬火和正火	700～850	495	11
CLA4		退火,淬火和正火	850～1000	585	11
CLA5:GradeA		淬火和回火,退火,正火	1000	880	9
CLA5:GradeB		淬火和回火,退火,正火	1160	1000	5
CLA7	0.15～0.25C,0.30～0.80Si,0.30～0.60Mn,0.40Ni,2.50～3.50Cr,0.35～0.60Mo,0.30Cu,0.035S,0.035P	退火,淬火和回火	620～770	480	14
CLA8	0.37～0.45C,0.20～0.60Si,0.50～0.80Mn,0.40Ni,0.30Cr,0.10Mo,0.30Cu,0.035S,0.035P	淬火	540	245	15
CLA9	0.10～0.18C,0.20～0.60Si,0.60～1.00Mn,0.40Ni,0.30Cr,0.10Mo,0.30Cu,0.035S,0.035P	正火	495	215	15
CLA10	0.10～0.18C,0.20～0.60Si,0.30～0.60Mn,2.75～3.50Ni,0.30Cr,0.10Mo,0.30Cu,0.035S,0.035P	正火	700	350	14
CLA11	0.20～0.30C,0.30～0.80Si,0.30～0.60Mn,0.40Ni,2.90～3.50Cr,0.40～0.70Mo,0.02V,0.30Cu,0.03Ti,0.035S,0.035P	正火	850～1000	600	8
CLA12:GradeA	0.45～0.55C,0.30～0.80Si,0.50～1.0Mn,0.40Ni,0.80～1.20Cr,0.10Mo,0.30Cu,0.035S,0.035P	退火,正火和回火,淬火和回火	700		8
CLA12:GradeB	0.45～0.55C,0.30～0.80Si,0.50～1.0Mn,0.40Ni,0.80～1.20Cr,0.10Mo,0.30Cu,0.035S,0.035P	退火,正火和回火,淬火和回火			

续表

牌　号	化　学　成　分/%(不大于,注明范围值者除外)	状　态	抗拉强度/MPa	屈服强度/MPa	伸长率/%
CLA12:GradeC	0.55～0.65C,0.30～0.80Si,0.50～1.00Mn,0.40Ni,0.80～1.50Cr,0.20～0.40Mo,0.30Cu,0.035S,0.035P	退火,正火和回火,淬火和回火			
CLA13	0.12～0.20C,0.20～0.60Si,0.30～0.70Mn,1.50～2.00Ni,0.20～0.30Cr,0.30Mo,0.30Cu,0.035S,0.035P	正火	700	350	14
BS 3146-2—1975					
ANC1:GradeA	0.15C,0.20～1.20Si,0.20～1.00Mn,0.035P,0.035S,11.50～13.50Cr,1.00Ni	淬火	540	340	15
ANC1:GradeB	0.12～0.20C,0.20～1.0Si,0.20～1.00Mn,0.035P,0.035S,11.50～13.50Cr,1.00Ni	淬火	620	415	13
ANC1:GradeC	0.20～0.30C,0.20～1.20Si,0.20～1.00Mn,0.035P,0.035S,11.50～13.50Cr,1.00Ni	淬火	695	435	11
ANC2	0.12～0.25C,0.20～1.0Si,0.20～1.00Mn,0.035P,0.035S,15.50～20.00Cr,1.50～3.00Ni	淬火	850～1000	630	8
ANC3:GradeA	0.12C,0.20～2.00Si,0.20～2.00Mn,0.035P,0.035S,17.00～20.00Cr,8.00～12.00Ni	淬火	460	200	20
ANC3:GradeB	0.12C,0.20～2.00Si,0.20～2.00Mn,0.035P,0.035S,17.00～20.00Cr,8.50～12.00Ni,8×C-1.10Nb	淬火	460	200	20
ANC4:GradeA	0.08C,0.20～1.50Si,0.20～2.00Mn,0.035P,0.035S,18.00～20.00Cr,3.00～4.00Mo,11.00～14.00Ni	淬火	500	210	12
ANC4:GradeB	0.08C,0.20～1.50Si,0.20～2.00Mn,0.035P,0.035S,17.00～20.00Cr,2.00～3.00Mo,10.00Ni	淬火	500	210	12
ANC4:GradeC	0.12C,0.20～1.50Si,0.20～2.00Mn,0.035P,0.035S,17.00～20.00Cr,2.00～3.00Mo,10.00Ni,8×C-1.10Nb	淬火	500	210	12
ANC5:GradeA	0.50C,0.20～3.00Si,0.20～2.00Mn,22.00～27.00Cr,17.00～22.00Ni				
ANC5:GradeB	0.50C,0.20～3.00Si,0.20～2.00Mn,15.00～25.00Cr,36.00～46.00Ni				
ANC5:GradeC	0.75C,0.20～3.00Si,0.20～2.00Mn,10.00～20.00Cr,55.00～65.00Ni				
ANC6:GradeA	0.15～0.30C,0.75～2.00Si,0.20～1.00Mn,0.035P,0.035S,20.00～25.00Cr,10.00～15.00Ni		460		17
ANC6:GradeB	0.15～0.30C,0.75～2.00Si,0.20～1.00Mn,0.035P,0.035S,20.00～25.00Cr,10.00～15.00Ni,2.50～3.50W		460		17
ANC6:GradeC	0.05～0.15C,0.75～2.00Si,0.20～1.00Mn,0.035P,0.035S,20.00～25.00Cr,10.00～18.00Ni,2.50～3.50W		460		17

续表

牌　号	化　学　成　分/%(不大于,注明范围值者除外)	状　态	抗拉强度/MPa	屈服强度/MPa	伸长率/%
ANC8	0.08～0.15C,0.20～1.00Si,0.20～1.00Mn,18.00～22.00Cr,0.20～0.60Ti,o.30Al,5.00Fe,余量 Ni	正火			
ANC9	0.04～0.10C,0.20～1.00Si,0.20～1.00Mn,18.00～22.00Cr,2.20～3.00Ti,0.80～1.60Al,2.00Fe,余量 Ni,余量 Co	正火			
ANC10	0.05～0.13C,0.20～1.00Si,0.20～1.00Mn,18.00～21.00Cr,2.00～2.70Ti,1.00～1.60Al,2.00Fe,余量 Ni,15.00～18.00Co	正火			
ANC11	0.27～0.40C,0.20～0.45Si,0.20～0.50Mn,18.00～23.00Cr,0.30Ti,0.20Al,1.00Fe,9.50～11.00Mo,余量 Ni,9.00～11.00Co				
ANC13	0.40～0.55C,0.50～1.00Si,0.50～1.00Mn,24.50～26.50Cr,2.00Fe,9.50～11.50Ni,余量 Co,7.00～8.00W				
ANC14	0.20～0.30C,0.20～1.00Si,0.20～1.00Mn,25.00～29.00Cr,3.00Fe,5.00～6.00Mo,1.75～3.75Ni,余量 Co		650	450	6
ANC15	0.02～0.12C,0.50～1.20Si,0.50～1.20Mn,0.03S,4.00～7.00Fe,26.00～30.00Mo,余量 Ni	退火			
ANC16	0.05～0.15C,0.50～1.20Si,0.50～1.20Mn,0.03S,15.50～17.50Cr,4.00～7.00Fe,16.00～18.00Mo,余量 Ni,3.75～5.25W	退火			
ANC17	0.05～0.12C,8.50～10.00Si,0.50～1.20Mn,0.03S,2.00Fe,2.00～4.00Cu,余量 Ni				
ANC18:GradeA	0.10～0.30C,0.50～1.50Si,0.50～1.50Mn,0.05S,3.00Fe,28.00～34.00Cu,0.07～0.13Mg,余量 Ni				
ANC18:GradeB	0.05～0.15C,2.50～3.00Si,0.50～1.50Mn,0.05S,3.00Fe,28.00～34.00Cu,0.07～0.13Mg,余量 Ni				
ANC18:GradeC	0.05～0.15C,3.50～4.50Si,0.50～1.50Mn,0.05S,3.00Fe,28.00～34.00Cu,0.07～0.13Mg,余量 Ni				
ANC19	0.06C,0.10～0.40Si,0.10～0.50Mn,0.015S,19.00～21.00Cr,2.00～4.00Fe,0.20Cu,5.50～6.50Mo,余量 Ni,2.00Co,2.00～3.00W,6.20～7.00Nb/Ta	退火,正火			
ANC20:GradeA	0.07C,0.20～2.00Si,0.20～1.00Mn,0.025P,0.025S,12.50～15.50Cr,1.00～3.50Cu,0.50～2.50Mo,3.00～6.00Ni,0.50Nb	正火,退火	950～1200	800	12
ANC20:GradeB	0.07C,0.20～2.00Si,0.20～1.00Mn,0.025P,0.025S,12.50～15.50Cr,1.00～3.50Cu,0.50～2.50Mo,3.00～6.00Ni,0.50Nb	正火,退火	1250～1500	950	8
ANC21	0.05C,0.75Si,0.75Mn,0.05P,0.05S,25.00～27.00Cr,2.75～3.25Cu,1.75～2.25Mo,4.75～6.00Ni,0.10Nb		700	500	18

11.5 法国铸钢

表 11-23　　法国铸钢牌号、化学成分及力学性能

牌　号	UNS 编　号	化　学　成　分/%(不大于,注明范围值者除外)	标　准　号	状　　态	抗拉强度 /MPa	屈服强度 /MPa	伸长率 /%
15CD505-M	J12070	0.20C,1.00～1.50Cr,0.45～0.65Mo,0.04P,0.04S.0.80Mn,0.80Si,铁基	NF A 32-055	正火或淬火	500	300	18
15CDV410-M	J12092	0.20C,0.80Mn,0.60Si,0.80～1.20Cr,0.85～1.15Mo,0.15～0.30V,0.04P,0.04S,铁基	NF A 32-055	正火	600	350	15
15CD910-M		0.18C,0.80Mn,0.60Si,2.00～2.50Cr,0.90～1.10Mo,0.04P,0.04S,铁基	NF A 32-055	正火或淬火	550	275	17
15CDV910-M		0.18C,0.70Mn,0.60Si,2.00～2.75Cr,0.90～1.20Mo,0.15～0.50V,0.04P,0.04S,铁基	NF A 32-055	正火	600	350	15
18CD205-M		0.22C,0.40～0.65Cr,0.45～0.70Mo,0.04P,0,04S,0.90Mn,0.60Si,铁基	NF A 32-055	正火	500	300	18
20DS-M		0.20C,1.00Mn,0.60Si,0.40～0.70Mo,0.04P,0.04S,铁基	NF A 32-055	正火或淬火	450	250	21
E20-40-M	J01700	0.18C,0.50Si,0.04P,0.04S,铁基	NF A 32-051	退火,正火或淬火加回火	400	200	25
E23-45-M	J02500	0.25C,0.50Si,0.04P,0.04S,铁基	NF A 32-051	退火,正火或淬火加回火	450	230	22
E26-52-M		0.50Si,0.04P,铁基	NF A 32-051	退火,正火或淬火加回火	520	260	18
E30-57-M		0.50Si,0.04P,0.04S,铁基	NF A 32-051	退火、正火或淬火加回火	570	200	15
FA-M	J02500	0.25C,1.00Mn,0.50Si,0.04P,0.04S,铁基	NF A 32-053	铸　态	380	200	18
FB-M		0.25C,1.20Mn,0.50Si,1.00Ni,0.04P,0.04S,铁基	NF A 32-053	铸　态	450	230	16
FB-M		0.20C,1.20Mn,0.50Si,1.00Ni,0.04P,0.04S,铁基	NF A 32-055	正火或淬火	450	230	16
FB1-M		0.22C,1.50Mn,0.50Si,0.50～2.00Ni,0.04P,0.04S,铁基	NF A 32-053	铸　态	450	230	18
FC-M		0.25C,1.50Mn,0.50Si,1.00Ni,0.04P,0.04S,铁基	NF A 32-053	铸　态	520	260	16
FC-M		0.20C,1.50Mn,0.50Si,1.00Ni,0.04P,0.04S,铁基	NF A 32-055	正火或淬火	520	260	16
FC2-1-M		0.20C,0.80Mn,0.50Si,1.00～2.00Cr,0.30～0.60Mo,3.00～4.00Ni,0.04P,0.04S,铁基	NF A 32-053	铸　态	700	500	12
FC2-M	J22500	0.23C,1.50Mn,0.50Si,2.50～4.00Ni,0.03P,0.03S,铁基	NF A 32-055	淬火	450	230	18
FC3-M	J31500	0.15C,0.80Mn,0.50Si,3.50～4.50Ni,0.04P,0.04S,铁基	NF A 32-053	铸　态	450	230	18

续表

牌号	UNS编号	化学成分/%(不大于,注明范围值者除外)	标准号	状态	抗拉强度/MPa	屈服强度/MPa	伸长率/%
FC1-M	J12520	0.25C,0.80Mn,0.50Si,0.45～0.65Mo,0.04P,0.04S,铁基	NF A 32-053	铸态	450	230	18
FCZ-M	J22500	0.25C,0.80Mn,0.50Si,2.50～4.00Ni,0.04P,0.04S,铁基	NF A 32-053	铸态	450	230	18
Z2CN1810-M		0.03C,1.50Mn,8.00～12.00Ni,1.20Si,0.04P,0.03S,17.00～20.00Cr,铁基	NF A 32-055	固溶退火	400	180	35
Z2CN1810-M		0.03C,1.50Mn,8.00～12.00Ni,1.20Si,0.04P,0.03S,17.00～20.00Cr,铁基	NF A 32-056	固溶退火	400	180	35
Z2CND1812-M	J92800	0.03C,1.50Mn,17.00～20.00Cr,9.00～13.00Ni,1.20Si,2.00～3.00Mo,0.04P,0.03S,铁基	NF A 32-055	固溶退火	400	180	40
Z2CND1810-M	J92700	0.03C,1.50Mn,17.00～20.00Cr,9.00～13.00Ni,1.20Si,2.00～3.00Mo,0.04P,0.03S,铁基	NF A 32-056	固溶退火	400	180	40
Z4CND1704-M		0.06C,1.50Mn,16.00～18.00Cr,3.00～5.00Ni,1.00Si,1.00～2.00Mo,0.04P,0.03S,铁基	NF A 32-055	淬火	800	600	13
Z4CND1704-M		0.06C,1.50Mn,15.50～17.50Cr,3.00～5.00Ni,1.20Si,0.15～2.00Mo,0.04P,0.30S,铁基	NF A 32-056	淬火加回火	800	550	13
Z4CNU1704-M	J92150	0.06C,1.50Mn,16.50～17.50Cr,3.00～5.00Ni,1.20Si,0.04P,0.03S,3.00～5.00Cu,铁基	NF A 32-056	淬火加回火	1300		-
Z4CNVD1704-M	J92240	0.06C,1.50Mn,15.50～17.50Cr,3.00～5.00Ni,1.20Si,1.00～3.00Mo,0.04P,0.03S,2.00～4.00Cu,铁基	NF A 32-056	淬火加回火	800	550	13
Z6C1302-M		0.08C,1.50Mn,11.50～13.50Cr,1.00～2.50Ni,1.20Si,0.04P,0.03S,铁基	NF A 32-056	淬火加回火	600	400	13
Z6CN1801-M		0.08C,1.50Mn,8.00～12.00Ni,1.20Si,0.04P,0.03S,18.00～20.00Cr 铁基	NF A 32-056	固溶退火	450	200	30
Z6CN1818-M		0.08C,1.50Mn,8.00～12.00Ni,1.20Si,0.04P,0.03S,18.00～20.00Cr,铁基	NF A 32-055	固溶退火	450	200	30
Z6CND1304-M	J91550	0.08C,1.50Mn,11.50～13.50Cr,2.00～4.00Ni,1.20Si,0.50～1.50Mo,0.04P,0.03S,铁基	NF A 32-055	正火或淬火	700	450	13
Z6CND1304-M	J91550	0.08C,1.50Mn,11.50～13.50Cr,2.00～4.00Ni,1.20Si,0.50～1.50Mn,0.04P,0.03S,铁基	NF A 32-055	正火或淬火	700	450	13
Z6CND1304-M	J91550	0.08C,1.50Mn,11.50～13.50Cr,3.00～5.00Ni,1.20Si,0.40～1.50Mn,0.04P,0.03S,铁基	NF A 32-056	淬火加回火	700	450	13

续表

牌号	UNS编号	化学成分/%(不大于,注明范围值者除外)	标准号	状态	抗拉强度/MPa	屈服强度/MPa	伸长率/%
Z6CND1812-M		0.08C,1.50Mn,17.00～20.00Cr,9.00～13.00Ni,1.20Si,2.00～3.00Mo,0.04P,0.03S,铁基	NF A 32-055	固溶退火	450	200	35
Z6CND1812-M	J92800	0.08C,1.50Mn,17.00～20.00Cr,9.00～13.00Ni,1.20Si,2.00～3.00Mo,0.04P,0.03S,铁基	NF A 32-056	固溶退火	450	200	35
Z6CNDNb1812-M		0.08C,1.50Mn,17.00～20.00Cr,9.00～13.00Ni,1.20Si,2.00～3.00Mo,0.04P,0.03S,特殊元素总量1.20 max,铁基,特殊元素总量=Nb,8×C	NF A32-055	固溶退火	450	220	35
Z6CNDNb1812-M		0.08C,1.50Mn,17.00～20.00Cr,9.00～13.00Ni,1.20Si,2.00～3.00Mo,铁基	NF A 32-056	固溶退火	450	200	35
Z6CNDU2008-M		0.08C,1.50Mn,19.00～23.00Cr,7.00～9.00Ni,1.20Si,2.00～3.00Mo,0.04P,0.03S,1.00～2.00Cu,铁基	NF A 32-055	固溶退火	600	320	15
Z6CNDU2008-M		0.08C,1.50Mn,19.00～23.00Cr,7.00～9.00Ni,1.20Si,2.00～3.00Mo,0.04P,0.03S,1.00～2.00Cu,铁基	NF A 32-056	固溶退火	600	320	15
Z6CNNb1810-M	J92500	0.08C,1.50Mn,17.00～20.00Cr,8.00～11.00Ni,1.20Si,0.04P,0.03S,铁基	NF A 32-055	固溶退火	450	200	30
Z6CNNb1810-M		0.08C,1.50Mn,17.00～20.00Cr,8.00～11.00Ni,1.20Si,0.04P,0.03S,特殊元素总量1.20 max,铁基,特殊元素总量=Nb,8×C	NF A32-056	固溶退火	450	200	30
Z6NCDU252004-M		0.08C,1.50Mn,18.00～20.00Cr,23.00～27.00Ni,1.20Si,2.50～6.00Mo,0.04P,0.03S,铁基	NF A32-055	固溶退火	450	170	30
Z6NCDU252004-M	J95150	0.08C,1.50Mn,18.00～22.00Cr,23.00～27.00Ni,1.20Si,2.50～6.00Mo,0.04P,0.03S,1.50～3.50Cu,铁基	NF A 32-056	固溶退火	450	170	30
Z8CN2520-M		0.10C,1.50Mn,19.00～22.00Ni,1.20Si,0.04P,0.03S,23.00～27.00Cr,铁基	NF A 32-056	固溶退火	450	200	30
Z12C13-M	J91150	0.15C,1.50Mn,11.50～13.50Cr,1.20Si,0.04P,0.03S,铁基	NF A 32-056	淬火加回火	600	400	14
Z12CN1302-M		0.14C,1.20Mn,11.50～14.00Cr,1.50～2.50Ni,0.60Si,0.04P,0.03S,铁基	NF A 32-056	淬火加回火	550	350	12
Z15CD505-M	J42045	0.19C,0.80Mn,1.00Si,4.00～6.00Cr,0.40～0.70Mo,0.04P,0.04S,铁基	NF A 32-055	正火或淬火	630	420	16
Z25CND2509-M		0.28C,1.50Mn,23.00～27.00Cr,8.00～10.00Ni,1.20Si,1.50～2.00Mo,0.04P,0.03S,铁基	NF A 32-056	固溶退火	600	300	6
Z28C13-M	J91153	0.30C,1.50Mn,11.50～13.50Cr,1.20Si,0.04P,0.03S,铁基	NF A 32-055				

11.6 德国铸钢

表 11-24 德国铸钢牌号、化学成分及力学性能

牌号	UNS编号	化学成分/%(不大于,注明范围值者除外)	标准号	形态	状态	抗拉强度/MPa	屈服强度/MPa	伸长率/%
G-X6CrNi18 9		0.07C,1.50Mn,17.50～20.00Cr,9.00～11.00Ni,2.00Si,0.05P,0.03S,铁基	DIN17440		淬火	441	177	20
G-X6CrNi18 9-1.4308		0.07C,1.50Mn,17.50～20.00Cr,9.00～11.00Ni,2.00Si,铁基	DIN 17445	砂模铸件	固溶退火	441	176	20
G-X6CrNiMo 18 10		0.07C,1.50Mn,17.00～19.50Cr,10.00～12.00Ni,2.00Si,2.00～2.50Mo,0.05P,0.03S,铁基	DIN 17440		淬火	441	186	20
G-X6CrNiMo 18 10		0.07C,1.50Mn,17.00～19.50Cr,10.00～12.00Ni,2.00Si,2.00～2.50Mo,铁基	DIN 17445	砂模铸件	固溶退火	441	186	20
G-X7CrNiMoNb 18 10		0.08C,1.50Mn,17.00～19.50Cr,10.50～12.50Ni,1.50Si,2.00～2.50Mo,0,05P,0.03S,铁基	DIN 17445		淬火	441	186	20
G-X7CrNiMoNb 18 10		0.08C,1.50Mn,17.00～19.50Cr,10.50～12.50Ni,1.50Si,2.00～2.50Mo,铁基	DIN 17445	砂模铸件	固溶退火	441	186	20
G-X7CrNiNb189		0.08maxC,17.50～20.00Cr,9.00～11.00Ni,1.50Si,0.05P,0.03S,铁基	DIN 17440		淬火	441	177	20
G-X7CrNiNb189-1.4552		0.08C,1.50Mn,17.00～20.00Cr,9.00～11.00Ni,1.50Si,铁基	DIN 17445	砂模铸件	固溶退火	441	176	26
G-X10CrNi188		0.12C,1.50Mn,17.50～19.50Cr,8.00～10.00Ni,2.00Si,0.05P,0.03S,铁基	DIN 17445		淬火	441	177	20
G-X10CrNi188-1.4312		0.12maxC,1.50Mn,17.00～19.50Cr,8.00～10.00Ni,2.00Si,铁基	DIN 17445	砂模铸件	固溶退火	441	170	20
G-X10CrNiMo 18 9		0.12C,1.50Mn,17.00～19.50Cr,9.00～11.00Ni,2.00Si,2.00～2.50Mo,0.05P,0.03S,铁基	DIN 17440		淬火	441	186	20
G-X10CrNiMo-189-1.4410		0.12maxC,1.50Mn,17.00～19.50Cr,9.00～11.00Ni,2.00Si,2.00～2.50Mo,铁基	DIN 17445	砂模铸件	固溶退火	441	186	20
G-X12Cr14-1.4008		0.08～0.15C,1.00Mn,12.00～14.00Cr,0.50～1.50Ni,1.00 Si 铁基	DIN 17445	砂模铸件	淬火加回火	588	392	15
GS-17CrMo55		0.15～0.20C,0.50～0.80Mn,0.30～0.50Si,1.00～1.50Cr,0.45～0.55Mo,0.04P,0.04S,铁基	DIN 17245		淬火加回火	490	314	20

续表

牌号	UNS编号	化学成分/%(不大于,注明范围值者除外)	标准号	形态	状态	抗拉强度/MPa	屈服强度/MPa	伸长率/%
GS-17CrMoV511		0.15～0.20C,0.50～0.80Mn,0.30～0.50Si,1.20～1.50Cr,0.90～1.10Mo,0.20～0.30V,0.04P,0.04S,铁基	DIN 17245		淬火加回火	588	441	15
G-X20Cr14	J91201	12.50～14.50Cr,1.00Si,0.05P,0.03S,0.18～0.25C,1.00Mn,铁基	DIN 17440		淬火加回火	588	441	12
G-X20Cr14-1.4027	J91201	0.18～0.25C,1.00Mn,12.50～14.50Cr,1.00Si,铁基	DIN 17445	砂模铸件	淬火加回火	588	441	12
G-X22CrMoV121		0.20～0.26C,0.50～0.70Mn,11.30～12.20Cr,0.70～1.00Ni,0.20～0.40Si,1.00～1.20Mo,0.05maxP,铁基	DIN 17245		淬火加回火	6875	588	15
G-X22CrNi17		0.20～0.27C,1.00Mn,16.00～18.00Cr,1.00～2.00Ni,1.00Si,0.05P,0.03S,铁基	DIN 17445		淬火加回火	785	588	4
G-X22CrNi17-1.4059		0.20～0.27C,1.00Mn,16.00～18.00Cr,1.00～2.00Ni,1.00Si,铁基	DIN 17445	砂模铸件	淬火加回火	784	588	4
GS-22Mo4		0.18～0.23C,0.50～0.80Mn,0.30～0.50Si,0.30Cr,0.35～0.45Mo,0.04P,0.04S,铁基	DIN 17245		淬火加回火	441	245	4
GS-C25		0.18～0.23C,0.50～0.80Mn,0.30～0.50Si,0.30Cr,0.05P,0.05S,铁基	DIN 17245		淬火加回火或正火	441	245	22

11.7 日本铸钢

表 11-25 日本铸钢牌号、化学成分及力学性能

牌号	UNS编号	化学成分/%(不大于,注明范围值者除外)	标准号	形态	状态	抗拉强度/MPa	屈服强度/MPa	伸长率/%
16	J94603	0.20～0.35C,2.00Mn,13.00～17.00Cr,33.00～37.00Ni,2.50Si,0.05Mo,0.04P,0.04S,铁基	JIS G 5122	管	铸态	441	196	15
17	J93402	0.20C,2.00Mn,22.00～26.00Cr,12.00～15.00Ni,2.00Si,0.04P,0.04S,铁基	JIS G 5121	管	固溶退火	441	206	30
17	J93403	0.20～0.50C,2.00Mn,26.00～30.00Cr,8.00～11.00Ni,2.00Si,0.50Mo,0.04P,0.04S,铁基	JIS G 5122	管	铸态	539	275	5

续表

牌号	UNS编号	化学成分/%(不大于,注明范围值者除外)	标准号	形态	状态	抗拉强度/MPa	屈服强度/MPa	伸长率/%
18	J94202	0.20C,2.00Mn,23.00～27.00Cr,19.00～22.00Ni,2.00Si,0.04P,0.04S,铁基	JIS G 5121	管	固溶退火	441	186	30
19	J92500	0.03C,2.00Mn,17.00～21.00Cr,8.00～12.00Ni,2.00Si,0.04P,0.04S,铁基	JIS G 5121	管	固溶退火	392	186	35
19	J94213	0.20～0.50C,2.00Mn,19.00～23.00Cr,23.00～27.00Ni,2.00Si,0.50Mo,0.04P,0.04S,铁基	JIS G 5122	管	铸态	392	—	5
20		0.03C,2.00Mn,17.00～20.00Cr,12.00～16.00Ni,2.00Si,1.75～2.75Mo,0.04P,0.04S,1.00～2.50Cu,铁基	JIS G 5121	管	固溶退火	392	177	35
20	J95405	0.35～0.75C,2.00Mn,17.00～21.00Cr,37.00～41.00Ni,2.50Si,0.50Mo,0.04P,0.04S,铁基	JIS G 5122	管	铸态	392	—	4
21	J92710	0.08C,2.00Mn,18.00～21.00Cr,9.00～12.00Ni,2.00Si,0.04P,0.04S,铁基	JIS G 5121	管	固溶退火	441	206	30
21	J94203	0.25～0.35C,1.50Mn,23.00～27.00Cr,19.00～22.00Ni,1.75Si,0.50Mo,0.04P,0.04S,铁基	JIS G 5122	管	铸态	441	235	10
21		1.00～1.35C,11.00～14.00Mn,2.00～3.00Cr,0.80Si,0.07P,0.04S,0.40～0.70V,铁基	JIS G 5131		水淬	736	441	10
21	J12070	0.20C,0.50～0.80Mn,0.60Si,1.00～1.50Cr,0.45～0.65Mo,0.04P,0.04S,铁基	JIS G 5151		退火,正火,淬火,回火	481	275	17
21	J22500	0.25C,0.50～0.80Mn,0.60Si,2.00～3.00Ni,0.04P,0.04S,铁基	JIS G 5152	管	退火,正火,淬火加回火	481	275	21
21		0.15C,0.30～0.60Mn,0.60Si,1.00～1.50Cr,0.45～0.65Mo,0.03P,0.03S,铁基	JIS G 5202	管	退火,正火,淬火,回火	412	206	19
22	J92900	0.08C,2.00Mn,17.00～20.00Cr,10.00～14.00Ni,2.00Si,2.00～3.00Mo,0.04P,0.04S,铁基	JIS G 5121	管	固溶退火	441	206	30
22	J94204	0.35～0.45C,1.50Mn,23.00～27.00Cr,19.00～22.00Ni,1.75Si,0.50Mo,0.04P,0.04S,铁基	JIS G 5122	管	铸态	441	235	10
22		0.25C,0.50～0.80Mn,0.60Si,1.00～1.50Cr,0.90～1.20Mo,0.04P,0.04S,铁基	JIS G 5151		退火,正火,淬火,回火	549	343	16

续表

牌号	UNS编号	化学成分/%(不大于,注明范围值者除外)	标准号	形态	状态	抗拉强度/MPa	屈服强度/MPa	伸长率/%
23	J92150	0.07C,1.00Mn,15.50～17.50Cr,3.00～5.00Ni,1.00Si,0.04P,0.04S,2.50～4.00Cu,0.05N 铁基	JIS G 5121	管	固溶退火加时效	1236	1030	6
23	J95150	0.07C,2.00Mn,19.00～22.00Cr,27.50～30.50Ni,2.00Si,2.00～3.00Mo,0.04P,0.04S,3.00～4.00Cu,铁基	JIS G 5121	管	固溶退火	392	167	30
23	J21610	0.20C,0.50～0.80Mn,0.60Si,1.00～1.50Cr,0.90～1.20Mo,0.15～0.25V,0.04P,0.04S,铁基	JIS G 5151	管	退火,正火,淬火,回火	549	343	13
31	J31500	0.15C,0.50～0.80Mn,0.60Si,3.00～4.00Ni,0.04P,0.04S,铁基	JIS G 5152	管	退火,正火,淬火加回火	481	275	21
32	J22090	0.20C,0.50～0.80Mn,0.60Si,2.00～2.75Cr,0.90～1.20Mo,0.04P,0.04S,铁基	JIS G 5151	管	退火,正火,淬火,回火	481	275	17
32		0.15C,0.30～0.60Mn,0.60Si,1.90～2.60Cr,0.90～1.20Mo,0.03P,0.03S,铁基	JIS G 5202	管	退火,正火,淬火,回火	412	206	19
61	J42045	0.20C,0.50～0.80Mn,0.75Si,4.00～6.50Cr,0.45～0.65Mo,0.04P,0.04S,铁基	JIS G 5151		退火,正火,淬火,回火	618	412	17
1,SCCrM1		0.20～0.30C,0.50～0.80Mn,0.30～0.60Si,0.80～1.20Cr,0.15～0.35Mo,0.04P,0.04S,铁基	JIS G 5111	管	正火加回火 淬火加回火	637 686	392 490	13 13
1,SCMn1		0.20～0.30C,1.00～1.60Mn,0.30～0.60Si,0.04P,0.04S,铁基	JIS G 5111	管	正火加回火 淬火加回火	539 588	275 392	17 17
2,SCMn2		0.25～0.35C,1.00～1.60Mn,0.30～0.60Si,0.04P,0.04S,铁基	JIS G 5111	管	正火加回火 淬火加回火	588 637	343 441	16 16
2,SCMnCr2		0.25～0.35C,1.20～1.60Mn,0.30～0.60Si,0.40～0.80Cr,0.04P,0.04S,铁基	JIS G 5111	管	正火加回火 淬火加回火	588 637	373 539	13 17
2,SCMnCrM2		0.25～0.35C,1.20～1.60Mn,0.30～0.60Si,0.30～0.70Cr,0.15～0.35Mo,0.04P,0.04S,铁基	JIS G 5111	管	正火加回火 淬火加回火	686 736	441 539	13 13
2,SCNCrM2		0.25～0.35C,0.90～1.50Mn,0.30～0.60Si,0.30～0.90Cr,0.15～0.35Mo,1.60～2.00Ni,0.04P,0.04S,铁基	JIS G 5111	管	正火加回火 淬火加回火	785 981	588 784	9 9
2,SCSiMn2		0.25～0.35C,0.90～1.20Mn,0.50～0.80Si,0.04P,0.04S,铁基	JIS G 5111	管	正火加回火 淬火加回火	588 637	294 441	13 17

续表

牌号	UNS编号	化学成分/%(不大于,注明范围值者除外)	标准号	形态	状态	抗拉强度/MPa	屈服强度/MPa	伸长率/%
3,SCC3		0.30～0.40C,0.50～0.80Mn,0.30～0.60Si,0.04P,0.04S,铁基	JIS G 5111	管	正火加回火 淬火加回火	549 637	275 392	13 13
3,SCCrM3		0.30～0.40C,0.50～0.80Mn,0.30～0.60Si,0.80～1.20Cr,0.15～0.35Mo,铁基	JIS G 5111	管	正火加回火 淬火加回火	686 785	441 588	9 9
3,SCMn3		0.30～0.40C,1.00～1.60Mn,0.30～0.60Si,0.04P,0.04S,铁基	JIS G 5111	管	正火加回火 淬火加回火	637 686	373 490	13 13
3,SCMnCr3	J13855	0.30～0.40C,1.20～1.60Mn,0.30～0.60Si,0.04～0.80Cr,0.04P,0.04S,铁基	JIS G 5111	管	正火加回火 淬火加回火	637 686	392 490	19 13
3,SCMnCrM3	J13855	0.30～0.40C,1.20～1.60Mn,0.30～0.60Si,0.30～0.70Cr,0.15～0.35Mo,0.04P,0.04S,铁基	JIS G 5111	管	正火加回火 淬火加回火	736 834	539 637	9 9
3,SCMnM3		0.30～0.40C,1.20～1.60Mn,0.30～0.60Si,0.20Cr,0.15～0.35Mo,0.04P,0.04S,铁基	JIS G 5111	管	正火加回火 淬火加回火	686 736	392 490	13 13
4,SCMnCr4		0.35～0.45C,1.20～1.60Mn,0.30～0.60Si,0.40～0.80Cr,0.04P,0.04S,铁基	JIS G 5111	管	正火加回火 淬火加回火	686 736	412 539	9 13
5,SCC5	J04501	0.40～0.50C,0.50～0.80Mn,0.30～0.60Si,0.04P,0.04S,铁基	JIS G 5111	管	正火加回火 淬火加回火	618 686	294 411	9 9
5,SCMn5	J04501	0.40～0.50C,0.90～1.00Mn,0.50～0.80Si,0.04P,0.04S,铁基	JIS G 5111	管	正火加回火	686	392	9
		0.10C,1.00Mn,23.00～27.00Cr,5.00～7.00Ni,1.50Si,1.50～2.50Mo,0.04P,0.04S,铁基	JIS G 5121		固溶退火	588	343	15
	J93005	0.40C,1.00Mn,24.00～28.00Cr,4.00～6.00Ni,2.00Si,0.50Mo,0.04P,0.04S,铁基	JIS G 5122	管	铸态	588	—	—
	J91309	0.90～1.30C,11.00～14.00Mn,1.50～2.50Cr,0.80Si,0.07P,0.04S,铁基	JIS G 5131		水淬	736	392	20
		0.20C,0.04P,0.04S,铁基	JIS G 5201	管	退火,正火,淬火,回火	490	314	20

11.8 国际标准化组织(ISO)铸钢

表 11-26　国际标准化组织(ISO)铸钢牌号、化学成分及力学性能

牌　号	化　学　成　分/%(不大于,注明范围值者除外)	状　态	抗拉强度/MPa	屈服强度/MPa	伸长率/%
ISD 3755—1991					
200-400	0.035P,0.035S		400～550	200	25
200-400W	0.25C,1.00Mn,0.60Si,0.035P,0.035S,0.40Ni,0.35Cr,0.40Cu,0.15Mo,0.05V		400～550	200	25
230-450	0.035P,0.035S		450～600	230	22
230-450W	0.25C,1.20Mn,0.60Si,0.035P,0.035S,0.40Ni,0.35Cr,0.40Cu,0.15Mo,0.05V		450～600	230	22
270-48	0.035P,0.035S		480～630	270	18
270-480W	0.25C,1.20Mn,0.60Si,0.035P,0.035S,0.40Ni,0.35Cr,0.40Cu,0.15Mo,0.05V		480～630	270	18
340-550	0.035P,0.035S		550～700	340	15
340-550W	0.25C,1.50Mn,0.60Si,0.035P,0.035S,0.40Ni,0.35Cr,0.40Cu,0.15Mo,0.05V		550～700	340	15

第 12 章　结构钢

12.1　中国结构钢

12.1.1　结构钢牌号和化学成分

表 12-1　碳素结构钢牌号和化学成分(GB/T 700—2006)

牌　号	等　级	化　学　成　分/%(质量分数)					脱氧方法
		C	Mn	Si	S	P	
				不　大　于			
Q195	—	0.06～0.12	0.25～0.50	0.30	0.050	0.045	F,b,Z
Q215	A	0.09～0.15	0.25～0.55	0.30	0.050	0.045	F,b,Z
	B				0.045		
Q235	A	0.14～0.22	0.30～0.65①	0.30	0.050	0.045	F,b,Z
	B	0.12～0.20	0.30～0.70①		0.045		
	C	≤0.18	0.35～0.80		0.040	0.040	Z
	D	≤0.17			0.035	0.035	TZ
Q255	A	0.18～0.28	0.40～0.70	0.30	0.050	0.045	F,b,Z
	B				0.045		
Q275	—	0.28～0.38	0.50～0.80	0.35	0.050	0.045	b,Z

注:1.①Q235A、B级沸腾钢锰含量上限为0.60%;
2.沸腾钢硅含量不大于0.07%,半镇静钢硅含量不大于0.17%,镇静钢硅含量下限值为0.12%;
3.D级钢应含有足够的形成细晶粒结构的元素,例如钢中酸溶铝含量不小于0.015%或全铝含量不小于0.02%;
4.钢中残余元素铬、镍、铜含量应各不大于0.30%,氧化转炉钢的氮含量应不大于0.008%。如供方能保证,均可不做分析;
经需方同意,A级钢的铜含量可不大于0.35%。此时,供方应做铜含量的分析,并在质量证明书中注明其含量;
5.钢中砷的残余含量应不大于0.080%。用含砷矿冶炼生铁所冶炼的钢,砷含量由供需双方协议规定。如原料中没有含砷,对钢中的砷含量可以不做分析;
6.在保证钢材力学性能符合本标准规定情况下,各牌号A级钢的碳、锰含量和各牌号和其他等级钢碳、锰含量下限可以不作为交货条件,但其含量(熔炼分析)应在质量证明书中注明;
7.成品钢材、商品钢坯的化学成分允许偏差应符合GB 222中表1的规定。
沸腾钢成品钢材和商品钢坯化学成分偏差不作保证。

表 12-2　优质碳素结构钢牌号和化学成分(GB/T 699—1999)

序　号	统一数字代号	牌　号	化　学　成　分/%(质量分数)					
			C	Si	Mn	Cr	Ni	Cu
						不大于		
1	U20080	08F	0.05～0.11	≤0.03	0.25～0.50	0.10	0.30	0.25
2	U20100	10F	0.07～0.13	≤0.07	0.25～0.50	0.15	0.30	0.25
3	U20150	15F	0.12～0.18	≤0.07	0.25～0.50	0.25	0.30	0.25

续表

序号	统一数字代号	牌号	化学成分/%(质量分数)					
			C	Si	Mn	Cr	Ni	Cu
						不大于		
4	U20082	08	0.05～0.11	0.17～0.37	0.35～0.65	0.10	0.30	0.25
5	U20102	10	0.07～0.13	0.17～0.37	0.35～0.65	0.15	0.30	0.25
6	U20152	15	0.12～0.18	0.17～0.37	0.35～0.65	0.25	0.30	0.25
7	U20202	20	0.17～0.23	0.17～0.37	0.35～0.65	0.25	0.30	0.25
8	U20252	25	0.22～0.29	0.17～0.37	0.50～0.80	0.25	0.30	0.25
9	U20302	30	0.27～0.34	0.17～0.37	0.50～0.80	0.25	0.30	0.25
10	U20352	35	0.32～0.39	0.17～0.37	0.50～0.80	0.25	0.30	0.25
11	U20402	40	0.37～0.44	0.17～0.37	0.50～0.80	0.25	0.30	0.25
12	U20452	45	0.42～0.50	0.17～0.37	0.50～0.80	0.25	0.30	0.25
13	U20502	50	0.47～0.55	0.17～0.37	0.50～0.80	0.25	0.30	0.25
14	U20552	55	0.52～0.60	0.17～0.37	0.50～0.80	0.25	0.30	0.25
15	U20602	60	0.57～0.65	0.17～0.37	0.50～0.80	0.25	0.30	0.25
16	U20652	65	0.62～0.70	0.17～0.37	0.50～0.80	0.25	0.30	0.25
17	U20702	70	0.67～0.75	0.17～0.37	0.50～0.80	0.25	0.30	0.25
18	U20752	75	0.72～0.80	0.17～0.37	0.50～0.80	0.25	0.30	0.25
19	U20802	80	0.77～0.85	0.17～0.37	0.50～0.80	0.25	0.30	0.25
20	U20852	85	0.82～0.90	0.17～0.37	0.50～0.80	0.25	0.30	0.25
21	U21152	15Mn	0.12～0.18	0.17～0.37	0.70～1.00	0.25	0.30	0.25
22	U21202	20Mn	0.17～0.23	0.17～0.37	0.70～1.00	0.25	0.30	0.25
23	U21252	25Mn	0.22～0.29	0.17～0.37	0.70～1.00	0.25	0.30	0.25
24	U21302	30Mn	0.27～0.34	0.17～0.37	0.70～1.00	0.25	0.30	0.25
25	U21352	35Mn	0.32～0.39	0.17～0.37	0.70～1.00	0.25	0.30	0.25
26	U21402	40Mn	0.37～0.44	0.17～0.37	0.70～1.00	0.25	0.30	0.25
27	U21452	45Mn	0.42～0.50	0.17～0.37	0.70～1.00	0.25	0.30	0.25
28	U21502	50Mn	0.48～0.56	0.17～0.37	0.70～1.00	0.25	0.30	0.25
29	U21602	60Mn	0.57～0.65	0.17～0.37	0.70～1.00	0.25	0.30	0.25
30	U21652	65Mn	0.62～0.70	0.17～0.37	0.90～1.20	0.25	0.30	0.25
31	U21702	70Mn	0.67～0.75	0.17～0.37	0.90～1.20	0.25	0.30	0.25

注：1. 表中所列牌号为优质钢。如果是高级优质钢，在牌号后面加“A”(统一数字代号最后一位数字改为“3”)；如果是特级优质钢，在牌号后面加“E”(统一数字代号最后一位数字改为“6”)；对于沸腾钢，牌号后面为“F”(统一数字代号最后一位数字为“0”)；对于半镇静钢，牌号后面为“b”(统一数字代号最后一位数字为“1”)；

2. 使用废钢冶炼的钢允许含铜量不大于0.30%；

3. 热压力加工用钢的铜含量应不大于0.20%；

4. 铅浴淬火(派登脱)钢丝用的35～85钢的锰含量为0.30%～0.60%；铬含量不大于0.10%，镍含量不大于0.15%，铜含量不大于0.20%；硫、磷含量应符合钢丝标准要求；

5. 08钢用铝脱氧冶炼镇静钢，锰含量下限为0.25%，硅含量不大于0.03%，铝含量为0.02%～0.07%。此时钢的牌号为08Al；

6. 冷冲压用沸腾钢含硅量不大于0.03%；

7. 氧气转炉冶炼的钢其含氮量应不大于0.008%。供方能保证合格时，可不做分析；

8. 经供需双方协议，08～25钢可供应硅含量不大于0.17%的半镇静钢，其牌号为08b～25b；

9. 优质钢：$w_P \leqslant 0.035\%$，$w_S \leqslant 0.035\%$；高级优质钢：$w_P \leqslant 0.030\%$，$w_S \leqslant 0.030\%$；特级优质钢：$w_P \leqslant 0.025\%$，$w_S \leqslant 0.020\%$。

表 12-3 优质碳素结构钢热轧厚钢板和宽钢带牌号和化学成分(GB/T 711—2008)

序号	牌号	化学成分/%(质量分数)							
		C	Si	Mn	P	S	Cr	Ni	Cu
					不大于				
1	08F	0.05～0.11	≤0.03	0.25～0.50	0.035	0.035	0.10	0.30	0.25
2	08	0.05～0.11	0.17～0.37	0.35～0.65	0.035	0.035	0.10	0.30	0.25
3	10F	0.07～0.13	≤0.07	0.25～0.50	0.035	0.035	0.15	0.30	0.25
4	10	0.07～0.13	0.17～0.37	0.35～0.65	0.035	0.035	0.15	0.30	0.25
5	15F	0.12～0.18	≤0.07	0.25～0.50	0.035	0.035	0.20	0.30	0.25
6	15	0.12～0.18	0.17～0.37	0.35～0.65	0.035	0.035	0.20	0.30	0.25
7	20	0.17～0.23	0.17～0.37	0.35～0.65	0.035	0.035	0.20	0.30	0.25
8	25	0.22～0.29	0.17～0.37	0.50～0.80	0.035	0.035	0.20	0.30	0.25
9	30	0.27～0.34	0.17～0.37	0.50～0.80	0.035	0.035	0.20	0.30	0.25
10	35	0.32～0.39	0.17～0.37	0.50～0.80	0.035	0.035	0.20	0.30	0.25
11	40	0.37～0.44	0.17～0.37	0.50～0.80	0.035	0.035	0.20	0.30	0.25
12	45	0.42～0.50	0.17～0.37	0.50～0.80	0.035	0.035	0.20	0.30	0.25
13	50	0.47～0.55	0.17～0.37	0.50～0.80	0.035	0.035	0.20	0.30	0.25
14	55	0.52～0.60	0.17～0.37	0.50～0.80	0.035	0.035	0.20	0.30	0.25
15	60	0.57～0.65	0.17～0.37	0.50～0.80	0.035	0.035	0.20	0.30	0.25
16	65	0.62～0.70	0.17～0.37	0.50～0.80	0.035	0.035	0.20	0.30	0.25
17	70	0.67～0.75	0.17～0.37	0.50～0.80	0.035	0.035	0.20	0.30	0.25
18	20Mn	0.17～0.23	0.17～0.37	0.70～1.00	0.035	0.035	0.20	0.30	0.25
19	25Mn	0.22～0.29	0.17～0.37	0.70～1.00	0.035	0.035	0.20	0.30	0.25
20	30Mn	0.27～0.34	0.17～0.37	0.70～1.00	0.035	0.035	0.20	0.30	0.25
21	40Mn	0.37～0.44	0.17～0.37	0.70～1.00	0.035	0.035	0.20	0.30	0.25
22	50Mn	0.48～0.55	0.17～0.37	0.70～1.00	0.035	0.035	0.20	0.30	0.25
23	60Mn	0.57～0.65	0.17～0.37	0.70～1.00	0.035	0.035	0.20	0.30	0.25
24	65Mn	0.62～0.70	0.17～0.37	0.90～1.20	0.035	0.035	0.20	0.30	0.25

注：1. 表列钢中残余铬、镍、铜含量供方如能保证，可不进行分析；

2. 氧化转炉冶炼的钢含氮量不大于 0.008%，供方能保证合格，可不进行分析；

3. 08 钢允许用铝代替硅脱氧，此时，钢中锰含量下限为 0.25%，硅含量不大于 0.03%，钢中酸溶铝含量为 0.015%～0.065%或全铝含量为 0.020%～0.070%；

4. 成品钢板和钢带化学成分的允许偏差应符合 GB 222《钢的化学分析用试样取样法及成品化学成分允许偏差》的规定。

表 12-4　合金结构钢牌号和化学成分(GB 3077—1999)

序号	牌号	化学成分/%(质量分数)											
		C	Si	Mn	Mo	W	Cr	Ni	V	Ti	B	Al	RE(加入量)
1	20Mn2	0.17～0.24	0.17～0.37	1.40～1.80	—	—	—	—	—	—	—	—	—
2	30Mn2	0.27～0.34	0.17～0.37	1.40～1.80	—	—	—	—	—	—	—	—	—
3	35Mn2	0.32～0.39	0.17～0.37	1.40～1.80	—	—	—	—	—	—	—	—	—
4	40Mn2	0.37～0.44	0.17～0.37	1.40～1.80	—	—	—	—	—	—	—	—	—
5	45Mn2	0.42～0.49	0.17～0.37	1.40～1.80	—	—	—	—	—	—	—	—	—
6	50Mn2	0.47～0.55	0.17～0.37	1.40～1.80	—	—	—	—	—	—	—	—	—
7	20MnV	0.17～0.24	0.17～0.37	1.30～1.60	—	—	—	—	0.07～0.12	—	—	—	—
8	27SiMn	0.24～0.32	1.10～1.40	1.10～140	—	—	—	—	—	—	—	—	—
9	35SiMn	0.32～0.40	1.10～1.40	1.10～1.40	—	—	—	—	—	—	—	—	—
10	42SiMn	0.39～0.45	1.10～1.40	1.10～1.40	—	—	—	—	—	—	—	—	—
11	20SiMn2MoV	0.17～0.23	0.90～1.20	2.20～2.60	0.30～0.40	—	—	—	0.05～0.12	—	—	—	—
12	25SiMn2MoV	0.22～0.28	0.90～1.20	2.20～2.60	0.30～0.40	—	—	—	0.05～0.12	—	—	—	—
13	37SiMn2MoV	0.33～0.39	0.60～0.90	1.60～1.90	0.40～0.50	—	—	—	0.05～0.12	—	—	—	—
14	40B	0.37～0.44	0.17～0.37	0.6～0.90	—	—	—	—	—	—	0.0005～0.0035	—	—
15	45B	0.42～0.49	0.17～0.37	0.60～0.90	—	—	—	—	—	—	0.0005～0.0035	—	—
16	50B	0.47～0.55	0.17～0.37	0.60～0.90	—	—	—	—	—	—	0.0005～0.0035	—	—
17	40MnB	0.37～0.44	0.17～0.37	1.10～1.40	—	—	—	—	—	—	0.0005～0.0035	—	—
18	45MnB	0.42～0.49	0.17～0.37	1.10～1.40	—	—	—	—	—	—	0.0005～0.0035	—	—
19	20MnMoB	0.16～0.22	0.17～0.37	0.90～1.20	0.20～0.30	—	—	—	—	—	0.0005～0.0035	—	—
20	15MnVB	0.12～0.18	0.17～0.37	1.20～1.60	—	—	—	—	0.07～0.12	—	0.0005～0.0035	—	—
21	20MnVB	0.17～0.23	0.17～0.37	1.20～1.60	—	—	—	—	0.07～0.12	—	0.0005～0.0035	—	—
22	40MnVB	0.37～0.44	0.17～0.37	1.10～1.40	—	—	—	—	0.05～0.10	—	0.0005～0.0035	—	—
23	20MnTiB	0.17～0.24	0.17～0.37	1.30～1.60	—	—	—	—	—	0.04～0.10	0.0005～0.0035	—	—
24	25MnTiBRE	0.22～0.28	0.20～0.45	1.30～1.60	—	—	—	—	—	0.04～0.10	0.0005～0.0035	—	0.05
25	15Cr	0.12～0.18	0.17～0.37	0.40～0.70	—	—	0.70～1.00	—	—	—	—	—	—
26	15CrA	0.12～0.17	0.17～0.37	0.40～0.70	—	—	0.70～1.00	—	—	—	—	—	—
27	20Cr	0.18～0.24	0.17～0.37	0.50～0.80	—	—	0.70～1.00	—	—	—	—	—	—

续表

序号	牌号	化学成分/%(质量分数)											
		C	Si	Mn	Mo	W	Cr	Ni	V	Ti	B	Al	RE（加入量）
28	30Cr	0.27～0.34	0.17～0.37	0.50～0.80	—	—	0.80～1.10	—	—	—	—	—	—
29	35Cr	0.32～0.39	0.17～0.37	0.50～0.80	—	—	0.80～1.10	—	—	—	—	—	—
30	40Cr	0.37～0.44	0.17～0.37	0.50～0.80	—	—	0.80～1.10	—	—	—	—	—	—
31	45Cr	0.42～0.49	0.17～0.37	0.50～0.80	—	—	0.80～1.10	—	—	—	—	—	—
32	50Cr	0.47～0.54	0.17～0.37	0.50～0.80	—	—	0.80～1.10	—	—	—	—	—	—
33	38CrSi	0.35～0.43	1.00～1.30	0.30～0.60	—	—	1.30～1.60	—	—	—	—	—	—
34	12CrMo	0.08～0.15	0.17～0.37	0.40～0.70	0.40～0.55	—	0.40～0.70	—	—	—	—	—	—
35	15CrMo	0.12～0.18	0.17～0.37	0.40～0.70	0.40～0.55	—	0.80～1.10	—	—	—	—	—	—
36	20CrMo	0.17～0.24	0.17～0.37	0.40～0.70	0.15～0.25	—	0.80～1.10	—	—	—	—	—	—
37	30CrMo	0.26～0.34	0.17～0.37	0.40～0.70	0.15～0.25	—	0.80～1.10	—	—	—	—	—	—
38	30CrMoA	0.26～0.33	0.17～0.37	0.40～0.70	0.15～0.25	—	0.80～1.10	—	—	—	—	—	—
39	35CrMo	0.32～0.40	0.17～0.37	0.40～0.70	0.15～0.25	—	0.80～1.10	—	—	—	—	—	—
40	40CrMo	0.38～0.45	0.17～0.37	0.50～0.80	0.15～0.25	—	0.90～1.20	—	—	—	—	—	—
41	12CrMoV	0.08～0.15	0.17～0.37	0.40～0.70	0.25～0.35	—	0.30～0.60	—	0.15～0.30	—	—	—	—
42	35CrMoV	0.30～0.38	0.17～0.37	0.40～0.70	0.20～0.30	—	1.00～1.30	—	0.10～0.20	—	—	—	—
43	12Cr1MoV	0.08～0.15	0.17～0.37	0.40～0.70	0.25～0.35	—	0.90～1.20	—	0.15～0.30	—	—	—	—
44	25Cr2MoVA	0.22～0.29	0.17～0.37	0.40～0.70	0.25～0.35	—	1.50～1.80	—	0.15～0.30	—	—	—	—
45	25Cr2Mo1VA	0.22～0.29	0.17～0.37	0.50～0.80	0.90～1.10	—	2.10～2.50	—	0.30～0.50	—	—	—	—
46	38CrMoAl	0.35～0.42	0.20～0.45	0.30～0.60	0.15～0.25	—	1.35～1.65	—	—	—	—	0.70～1.10	—
47	40CrV	0.37～0.44	0.17～0.37	0.50～0.80	—	—	0.80～1.10	—	0.10～0.20	—	—	—	—
48	50CrVA	0.47～0.54	0.17～0.37	0.50～0.80	—	—	0.80～1.10	—	0.10～0.20	—	—	—	—
49	15CrMn	0.12～0.18	0.17～0.37	1.10～1.40	—	—	0.40～0.70	—	—	—	—	—	—
50	20CrMn	0.17～0.23	0.17～0.37	0.90～1.20	—	—	0.90～1.20	—	—	—	—	—	—
51	40CrMn	0.37～0.45	0.17～0.37	0.90～1.20	—	—	0.90～1.20	—	—	—	—	—	—
52	20CrMnSi	0.17～0.23	0.90～1.20	0.80～1.10	—	—	0.80～1.10	—	—	—	—	—	—
53	25CrMnSi	0.22～0.28	0.90～1.20	0.80～1.10	—	—	0.80～1.10	—	—	—	—	—	—
54	30CrMnSi	0.27～0.34	0.90～1.20	0.80～1.10	—	—	0.80～1.10	—	—	—	—	—	—

续表

序号	牌号	化学成分/%(质量分数)											
		C	Si	Mn	Mo	W	Cr	Ni	V	Ti	B	Al	RE(加入量)
55	30CrMnSiA	0.28～0.34	0.90～1.20	0.80～1.10	—	—	0.80～1.10	—	—	—	—	—	—
56	35CrMnSiA	0.32～0.39	1.10～1.40	0.80～1.10	—	—	1.10～1.40	—	—	—	—	—	—
57	20CrMnMo	0.17～0.23	0.17～0.37	0.90～1.20	0.20～0.30	—	1.10～1.40	—	—	—	—	—	—
58	40CrMnMo	0.37～0.45	0.17～0.37	0.90～1.20	0.20～0.30	—	0.90～1.20	—	—	—	—	—	—
59	20CrMnTi	0.17～0.23	0.17～0.37	0.80～1.10	—	—	1.00～1.30	—	—	0.04～0.10	—	—	—
60	30CrMnTi	0.24～0.32	0.17～0.37	0.80～1.10	—	—	1.00～1.30	—	—	0.04～0.10	—	—	—
61	20CrNi	0.17～0.23	0.17～0.37	0.40～0.70	—	—	0.45～0.75	1.00～1.40	—	—	—	—	—
62	40CrNi	0.37～0.44	0.17～0.37	0.50～0.80	—	—	0.45～0.75	1.00～1.40	—	—	—	—	—
63	45CrNi	0.42～0.49	0.17～0.37	0.50～0.80	—	—	0.45～0.75	1.00～1.40	—	—	—	—	—
64	50CrNi	0.47～0.54	0.17～0.37	0.50～0.80	—	—	0.45～0.75	1.00～1.40	—	—	—	—	—
65	12CrNi2	0.10～0.17	0.17～0.37	0.30～0.60	—	—	0.60～0.90	1.50～1.90	—	—	—	—	—
66	12CrNi3	0.10～0.17	0.17～0.37	0.30～0.60	—	—	0.60～0.90	2.75～3.15	—	—	—	—	—
67	20CrNi3	0.17～0.24	0.17～0.37	0.30～0.60	—	—	0.60～0.90	2.75～3.15	—	—	—	—	—
68	30CrNi3	0.27～0.33	0.17～0.37	0.30～0.60	—	—	0.60～0.90	2.75～3.15	—	—	—	—	—
69	37CrNi3	0.34～0.41	0.17～0.37	0.30～0.60	—	—	1.20～1.60	3.00～3.50	—	—	—	—	—
70	12Cr2Ni4	0.10～0.16	0.17～0.37	0.30～0.60	—	—	1.25～1.65	3.25～3.65	—	—	—	—	—
71	20Cr2Ni4	0.17～0.23	0.17～0.37	0.30～0.60	—	—	1.25～1.65	3.25～3.65	—	—	—	—	—
72	20CrNiMo	0.17～0.23	0.17～0.37	0.60～0.95	0.20～0.30	—	0.40～0.70	0.35～0.75	—	—	—	—	—
73	40CrNiMoA	0.37～0.44	0.17～0.37	0.50～0.80	0.15～0.25	—	0.60～0.90	1.25～1.65	—	—	—	—	—
74	45CrNiMoVA	0.42～0.49	0.17～0.37	0.50～0.80	0.20～0.30	—	0.80～1.10	1.30～1.80	0.10～0.20	—	—	—	—
75	18CrNiMnMoA	0.15～0.21	0.17～0.37	1.10～1.40	0.20～0.30	—	1.00～1.30	1.00～1.30	—	—	—	—	—
76	18Cr2Ni4WA	0.13～0.19	0.17～0.37	0.30～0.60	—	0.80～1.20	1.35～1.65	4.00～4.50	—	—	—	—	—
77	25Cr2Ni4WA	0.21～0.28	0.17～0.37	0.30～0.60	—	0.80～1.20	1.35～1.65	4.00～4.50	—	—	—	—	—

注：1. 带“A”字标志的牌号仅能作为高级优质钢订货，其他牌号按优质钢订货；

2. 稀土分析结果供参考。

表 12-5 表 12-4 所列钢中硫、磷及残余铜、铬、镍含量应符合的规定(GB /T 3077—1999)

钢 类	P	S	Cu	Cr	Ni
	%,不 大 于				
优质钢	0.035	0.035	0.30	0.30	0.30
高级优质钢	0.025	0.025	0.25	0.30	0.30
特级优质钢	0.025	0.015	0.25	0.30	0.30

注:1. 钢中残余钨、钼、钒、钛含量应作分析,结果记入质量证明书,根据需方要求,可限制残余钨、钼、钒、钛含量;
2. 平炉冶炼的高级优质钢,磷含量不得大于 0.030%;
3. 热压力加工用钢的铜含量应不大于 0.20%;
4. 根据需方要求,25MnTiBRE 可不加稀土,牌号为 25MnTiB,力学性能和供应状态硬度按 25MnTiBRE 的规定;
5. 根据需方要求,高频淬火用钢可缩小表 12-28 中含碳量范围(上、下限之差)到 0.05%,成品钢材和钢坯的化学成分允许偏差应符合 GB 222《钢的化学分析用试样取样法及成品化学成分允许偏差》中的规定。

表 12-6 合金结构钢薄钢板牌号和化学成分(YB/T 5132—2007)

统一数字代号	牌 号	化 学 成 分/%(质量分数)						
		C	Si	Mn	S	P	Cr	Cu 不大于
					不 大 于			
A00123	12Mn2A	0.08~0.17	0.17~0.37	1.20~1.60	0.030	0.030	—	0.25
A00163	16Mn2A	0.12~0.20	0.17~0.37	2.00~2.40	0.030	0.030	—	0.25
A20383	38CrA	0.34~0.42	0.17~0.37	0.50~0.80	0.030	0.030	0.80~1.10	0.25

注:1. 钢中残余铬含量应不大于 0.35%,镍含量不大于 0.30%;残余钨、钼应做分析,结果记入证明书中;
2. 成品钢板的化学成分允许偏差应符合 GB 222《钢的化学分析用试样采取法及成品化学分析允许偏差》的规定;
3. 钢板由下列牌号的钢制造,其化学成分应符合 GB/T 3077 合金结构钢的规定:
优质钢:35B,40B,45B,50B,15Cr,20Cr,30Cr,35Cr,40Cr,50Cr,12CrMo,15CrMo,20CrMo,30CrMo,35CrMo,12CrMoV,12Cr1MoV,20CrNi,40CrNi,20CrMnTi 和 30CrMnSi;
高级优质钢:12Mn2A,16Mn2A,45Mn2A,50BA,15CrA,38CrA,20CrMnSiA,25CrMnSiA,30CrMnSiA 和 35CrMnSiA;
4. 表中未列入的其他钢号,钢的化学成分应符合 GB 3077《合金结构钢技术条件的规定》。

表 12-7 非调质机械结构钢牌号和化学成分(GB/T 15712—2008)

序 号	统一数字代号	牌 号	化 学 成 分/%(质量分数)									
			C	Si	Mn	S	P	V	Cr	Ni	Cu	其他
1	L22358	F35VS	0.32~0.39	0.20~0.40	0.60~1.00	0.035~0.075	≤0.035	0.06~0.13	≤0.30	≤0.30	≤0.30	
2	L22408	F40VS	0.37~0.44	0.20~0.40	0.60~1.00	0.035~0.075	≤0.035	0.06~0.13	≤0.30	≤0.30	≤0.30	
3	L22468	F45VS	0.42~0.49	0.20~0.40	0.60~1.00	0.035~0.075	≤0.035	0.06~0.13	≤0.30	≤0.30	≤0.30	
4	L22308	F30MnVS	0.26~0.33	≤0.80	1.20~1.60	0.035~0.075	≤0.035	0.08~0.15	≤0.30	≤0.30	≤0.30	
5	L22378	F35MnVS	0.32~0.39	0.3~0.60	1.00~1.50	0.035~0.075	≤0.035	0.06~0.13	≤0.30	≤0.30	≤0.30	
6	L22388	F38MnVS	0.34~0.41	≤0.80	1.20~1.60	0.035~0.075	≤0.035	0.08~0.15	≤0.30	≤0.30	≤0.30	
7	L22428	F40MnVS	0.37~0.44	0.30~0.60	1.00~1.50	0.035~0.075	≤0.035	0.05~0.13	≤0.30	≤0.30	≤0.30	

续表

序号	统一数字代号	牌号	化学成分/%(质量分数)									
			C	Si	Mn	S	P	V	Cr	Ni	Cu	其他
8	L22478	F45MnVS	0.42～0.49	0.30～0.60	1.00～1.50	0.035～0.075	≤0.035	0.06～0.15	≤0.30	≤0.30	≤0.30	
9	L22498	F49MnVS	0.44～0.52	0.15～0.60	0.70～1.00	0.035～0.075	≤0.035	0.08～0.15	≤0.30	≤0.30	≤0.30	
10	L27128	F12MnVBS	0.09～0.16	0.30～0.60	2.20～2.65	0.035～0.075	≤0.035	0.06～0.12	≤0.30	≤0.30	≤0.30	B0.001～0.004

注：1. 当含硫量只有上限要求时，牌号尾部不加“S”；

2. 热压力加工用钢的铜含量不大于 0.20%；

3. 为了保证钢材的力学性能，允许钢中添加氮，推荐氮含量为 0.0080%～0.020%。

表 12-8 保证淬透性结构钢牌号和化学成分(GB/T 5216—2004)

序号	统一数字代号	牌号	化学成分/%(质量分数)								
			C	Si	Mn	Cr	Ni	Mo	B	Ti	V
1	U59455	45H	0.42～0.50	0.17～0.37	0.50～0.85						
2	A20155	15CrH	0.12～0.18	0.17～0.37	0.55～0.90	0.85～1.25					
3	A20205	20CrH	0.17～0.23	0.17～0.37	0.50～0.85	0.70～1.10					
4	A20215	20Cr1H	0.17～0.23	0.17～0.37	0.55～0.90	0.85～1.25					
5	A20405	40CrH	0.37～0.44	0.17～0.37	0.50～0.85	0.70～1.10					
6	A20455	45CrH	0.42～0.49	0.17～0.37	0.50～0.85	0.70～1.10					
7	A22165	16CrMnH	0.14～0.19	≤0.37	1.00～1.30	0.80～1.10					
8	A22205	20CrMnH	0.17～0.22	≤0.37	1.10～1.40	1.00～1.30					
9	A25155	15CrMnBH	0.13～0.18	0.17～0.37	1.00～1.30	0.80～1.10			0.0005～0.0030		
10	A25175	17CrMnBH	0.15～0.20	0.17～0.37	1.00～1.30	1.00～1.30			0.0005～0.0030		
11	A71405	40MnBH	0.37～0.44	0.17～0.37	1.00～1.40				0.0005～0.0035		
12	A71455	45MnBH	0.42～0.49	0.17～0.37	1.00～1.40				0.0005～0.0035		
13	A73205	20MnVBH	0.17～0.23	0.17～0.37	1.05～1.45				0.0005～0.0035		0.07～0.12
14	A74205	20MnTiBH	0.17～0.37	0.17～0.37	1.20～1.55				0.0005～0.0035	0.04～0.10	
15	A30155	15CrMoH	0.17～0.23	0.17～0.37	0.55～0.90	0.85～1.25		0.15～0.25			
16	A30205	20CrMoH	0.17～0.23	0.17～0.37	0.55～0.90	0.85～1.25		0.15～0.25			
17	A30225	22CrMoH	0.19～0.25	0.17～0.37	0.55～0.90	0.85～1.25		0.35～0.45			
18	A30425	42CrMoH	0.37～0.44	0.17～0.37	0.55～0.90	0.85～1.25		0.15～0.25			
19	A34205	20CrMnMoH	0.17～0.23	0.17～0.37	0.85～1.20	1.05～1.40		0.20～0.30			
20	A26205	20CrMnTiH	0.17～0.23	0.17～0.37	0.80～1.15	1.00～1.35				0.04～0.10	
21	A42205	20CrNi3H	0.17～0.23	0.17～0.37	0.30～0.65	0.60～0.95	2.70～3.25				
22	A43125	12Cr2Ni4H	0.10～0.17	0.17～0.37	0.30～0.65	1.20～1.75	3.20～3.75				
23	A50205	20CrNiMoH	0.17～0.23	0.17～0.37	0.60～0.95	0.35～0.65	0.35～0.75	0.15～0.25			
24	A50215	20CrNi2MoH	0.17～0.23	0.17～0.37	0.40～0.70	0.35～0.65	1.55～2.00	0.20～0.30			

注：1. 高级优质钢的牌号表示是在牌号后加“A”，如 40CrAH；

2. 高级优质钢统一数字代号的末位数字是“7”，其余大写的拉丁字母和前四位阿拉伯数字一样，如 40CrAH 的统一数字代号是“A20407”；

3. 根据需方要求，16CrMnH 和 20CrMnH 钢中的 Si 含量(质量分数)允许不大于 0.12%，但此时应考虑其对力学性能的影响。

表 12-9　低淬透性含钛优质碳素结构钢牌号和化学成分(YB/T 2009—1981 废止)

序号	牌号	化学成分/%(质量分数)					
		C	Si	Mn	Ti	P	S
1	55DTi	0.51～0.59	≤25	≤23	0.03～0.10	≤0.04	≤0.04
2	60DTi	0.57～0.65	≤30	≤23	0.03～0.10	≤0.04	≤0.04
3	70DTi	0.64～0.73	≤35	≤28	0.04～0.12	≤0.04	≤0.04

表 12-10　硫系易切削钢的牌号及化学成分(熔炼分析)(GB/T 8731—2008)

牌号	化学成分/%(质量分数)				
	C	Si	Mn	P	S
Y08	≤0.09	≤0.15	0.75～1.05	0.04～0.09	0.26～0.35
Y12	0.08～0.16	0.15～0.35	0.70～1.00	0.08～0.15	0.10～0.20
Y15	0.10～0.18	≤0.15	0.80～1.20	0.05～0.10	0.23～0.33
Y20	0.17～0.25	0.15～0.35	0.70～1.00	≤0.06	0.08～0.15
Y30	0.27～0.35	0.15～0.35	0.70～1.00	≤0.06	0.08～0.15
Y35	0.32～0.40	0.15～0.35	0.70～1.00	≤0.06	0.08～0.15
Y45	0.42～0.50	≤0.40	0.70～1.10	≤0.06	0.15～0.25
Y08MnS	≤0.09	≤0.07	1.00～1.50	0.04～0.09	0.32～0.48
Y15Mn	0.14～0.20	≤0.15	1.00～1.50	0.04～0.09	0.08～0.13
Y35Mn	0.32～0.40	≤0.10	0.90～1.35	≤0.04	0.18～0.30
Y40Mn	0.37～0.45	0.15～0.35	1.20～1.55	≤0.05	0.20～0.30
Y45Mn	0.40～0.48	≤0.40	1.35～1.65	≤0.04	0.16～0.24
Y45MnS	0.40～0.48	≤0.40	1.35～1.65	≤0.04	0.24～0.33

表 12-11　铅系易切削钢的牌号及化学成分(熔炼分析)(GB/T 8731—2008)

牌号	化学成分/%(质量分数)					
	C	Si	Mn	P	S	Pb
Y08Pb	≤0.09	≤0.15	0.75～1.05	0.04～0.09	0.26～0.35	0.15～0.35
Y12Pb	≤0.15	≤0.15	0.85～1.15	0.04～0.09	0.26～0.35	0.15～0.35
Y15Pb	0.10～0.18	≤0.15	0.80～1.20	0.05～0.10	0.23～0.33	0.15～0.35
Y45MnSPb	0.40～0.48	≤0.40	1.35～1.65	≤0.04	0.24～0.33	0.15～0.35

表 12-12　锡系易切削钢的牌号及化学成分(熔炼分析)(GB/T 8731—2008)

牌号	化学成分/%(质量分数)					
	C	Si	Mn	P	S	Sn
Y08Sn	≤0.09	≤0.15	0.75～1.20	0.04～0.09	0.26～0.40	0.09～0.25
Y15Sn	0.13～0.18	≤0.15	0.40～0.70	0.03～0.07	≤0.05	0.09～0.25
Y45Sn	0.40～0.48	≤0.40	0.60～1.00	0.03～0.07	≤0.06	0.09～0.25
Y45MnSn	0.40～0.48	≤0.40	1.20～1.70	≤0.06	0.20～0.35	0.09～0.25

注:本表中所列牌号为专利所有,见国家发明专利"含锡易切削结构钢",专利号:ZL 031 22768.6,国际专利主分类号:C22038/04。

表 12-13　钙系易切削钢的牌号及化学成分(熔练分析)(GB/T 8731—2008)

牌号	化学成分/%(质量分数)					
	C	Si	Mn	P	S	Ca
Y45Ca	0.42～0.50	0.20～0.40	0.60～0.90	≤0.04	0.04～0.08	0.002～0.006

注:Y45Ca 钢中残余元素镍、铬、铜含量各不大于 0.25%;供热压力加工用时,铜含量不大于 0.20%。供方能保证合格时可不做分析。

表 12-14　　弹簧钢牌号和化学成分(GB/T 1222—2007)

序号	统一数字代号	牌号	化学成分/%(质量分数)										
			C	Si	Mn	Cr	V	W	B	Ni	Cu	P	S
										不大于			
1	U20652	65	0.62～0.70	0.17～0.37	0.50～0.80	≤0.25				0.25	0.25	0.035	0.035
2	U20702	70	0.62～0.75	0.17～0.37	0.50～0.80	≤0.25				0.25	0.25	0.035	0.035
3	U20852	85	0.82～0.90	0.17～0.37	0.50～0.80	≤0.25				0.25	0.25	0.035	0.035
4	U21653	65Mn	0.62～0.70	0.17～0.37	0.90～1.20	≤0.25				0.25	0.25	0.035	0.035
5	A77552	55SiMnVB	0.52～0.60	0.70～1.00	1.00～1.30	≤0.35	0.08～0.16		0.000 5～0.003 5	0.35	0.25	0.035	0.035
6	A11602	60Si2Mn	0.56～0.64	1.50～2.00	0.70～1.00	≤0.35				0.35	0.25	0.035	0.035
7	A11603	60Si2MnA	0.56～0.64	1.60～2.00	0.70～1.00	≤0.35				0.35	0.25	0.025	0.025
8	A21603	60Si2CrA	0.56～0.64	1.40～1.80	0.40～0.70	0.70～1.00				0.35	0.25	0.025	0.025
9	A28603	60Si2CrVA	0.56～0.64	1.40～1.80	0.40～0.70	0.90～1.20	0.10～0.20			0.35	0.25	0.025	0.025
10	A21553	55SiCrA	0.51～0.59	1.20～1.60	0.50～0.80	0.50～0.80				0.35	0.25	0.025	0.025
11	A22553	55CrMnA	0.52～0.60	0.17～0.37	0.65～0.95	0.65～0.95				0.35	0.25	0.025	0.025
12	A22603	60CrMnA	0.56～0.64	0.17～0.37	0.70～1.00	0.70～1.00				0.35	0.25	0.025	0.025
13	A23503	50CrVA	0.46～0.54	0.17～0.37	0.50～0.80	0.80～1.10	0.10～0.20			0.35	0.25	0.025	0.025
14	A22613	60CrMnBA	0.56～0.64	0.17～0.37	0.70～1.00	0.70～1.00			0.000 5～0.004 0	0.35	0.25	0.025	0.025
15	A27303	30W4Cr2VA	0.26～0.34	0.17～0.37	≤0.40	2.00～2.50	0.50～0.80	4.00～4.50		0.35	0.25	0.025	0.025

注:1.根据需方要求,并在合同中注明,钢中残余铜含量应不大于0.20%;
2.28MnSiB的化学成分见GB/T 1222—2007中的表B.1。

表 12-15　　高碳铬轴承钢牌号和化学成分(GB/T 18254—2002)

牌号	C	Si	Mn	Cr	Mo	P	S	Ni	Cu	Ni+Cu	O	
											模注钢	连铸钢
						不大于						
GCr4	0.95～1.05	0.15～0.30	0.15～0.30	0.35～0.50	≤0.08	0.025	0.020	0.25	0.20	—	15×10^{-6}	12×10^{-6}
GCr9①	1.00～1.10	0.15～0.35	0.25～0.45	0.90～1.20	≤0.08	0.025	0.025	0.25	0.25	0.50	—	—
GCr15	0.95～1.05	0.15～0.35	0.25～0.45	1.40～1.65	≤0.10	0.025	0.025	0.30	0.25	0.50	15×10^{-6}	12×10^{-6}
GCr15SiMn	0.95～1.05	0.45～0.75	0.95～1.25	1.40～1.65	≤0.10	0.025	0.025	0.30	0.25	0.50	15×10^{-6}	15×10^{-6}
GCr15SiMo	0.95～1.05	0.65～0.85	0.20～0.40	1.40～1.70	0.30～0.40	0.027	0.020	0.30	0.25	—	15×10^{-6}	12×10^{-6}
GCr18Mo	0.95～1.05	0.20～0.40	0.25～0.40	1.65～1.95	0.15～0.25	0.025	0.020	0.25	0.25	—	15×10^{-6}	12×10^{-6}

注:表中①摘自YB/T1—1980。

表 12-16　　船体用结构钢一般强度钢的化学成分(GB/T 712—2000)

钢的等级		A	B	D	E
化学成分/%(质量分数)	C	≤0.21	≤0.21	≤0.21	≤0.18
	Si	≤0.50	≤0.35	≤0.35	≤0.35
	Mn	≥2.5C	0.80～1.20	0.60～1.20	0.70～1.20
	P	≤0.035	≤0.035	≤0.035	≤0.035
	S	≤0.035	≤0.035	≤0.035	≤0.035
	Al_s	—	—	≥0.015	≥0.015

注:1.型钢含碳量上限可到0.23%;

2. 所有质量等级钢的碳当量为 C+1/6Mn≤0.40%；
3. 当 B 级钢做冲击试验时，锰含量下限可到 0.60%；
4. 厚度大于 25mm 的 D 级钢和 E 级钢，可以测定总铝含量代替酸溶铝含量，此时总铝含量应不小于 0.020%，经船检部门同意后，也可使用其他细化晶粒元素；
5. 钢中铜含量应不大于 0.35%，铬、镍含量应各不大于 0.30%。

表 12-17　船体用结构钢高强度钢的化学成分(GB 712—2000)

钢的等级		A32 A36 A40 D32 D36 D40 E32 E36 E40	F32 F36 F40
化学成分/%(质量分数)	C	≤0.18	≤0.16
	Si	≤0.50	≤0.50
	Mn	0.90～1.60	0.90～1.60
	S	≤0.035	≤0.025
	P	≤0.035	≤0.025
	Al_s	≥0.015	≥0.015
	Nb	0.02～0.05	0.02～0.05
	V	0.05～0.10	0.05～0.10
	Ti	≤0.02	≤0.02
	Cu	≤0.35	≤0.35
	Cr	≤0.20	≤0.20
	Ni	≤0.40	≤0.8
	Mo	≤0.08	≤0.08
	N		≤0.009(如含 Al 时，≤0.012)

注：1. 厚度不大于 12.5mm 的 A 级钢，Mn 含量下限可到 0.70%；
2. 可以测定全铝量(Al_t)含量代替酸溶铝(Al_s)含量。此时，Al_t 应不小于 0.02%；
3. 表中测定的 Nb，V，Ti 等微量元素，单独加入或以任一混合形式加入。单独加入时，其含量应不小于表中规定的下限。混合加入两种或两种以上时，其总和含量不得大于 0.12%；
4. 碳当量一般不大于 0.40%，如果碳当量大于 0.40%，应在质量证明书中注明。碳当量根据钢的熔炼成分按下式计算：Ceq(%)=C+Mn/6+(Cr+Mo+V)/5+(Ni+Cu)/15；
5. 采用 TMCP 状态交货的钢，碳当量应符合 GB 712—2000 中表 3 的规定。但表中 F32 不适用厚度大于 50mm。

表 12-18　锅炉和压力容器用钢板的化学成分(GB/T 713—2008)

牌号	化学成分/%(质量分数)										
	C	Si	Mn	Cr	Ni	Mo	Nb	V	P	S	Alt
Q245R	≤0.20	≤0.35	0.50～1.00						≤0.025	≤0.015	≥0.020
Q345R	≤0.20	≤0.55	1.20～1.60						≤0.025	≤0.015	≥0.020
Q370R	≤0.18	≤0.55	1.20～1.60				0.015～0.050		≤0.025	≤0.015	
18MnMoNbR	≤0.22	0.15～0.50	1.20～1.60			0.45～0.65	0.025～0.050		≤0.020	≤0.010	
13MnNiMoR	≤0.15	0.15～0.50	1.20～1.60	0.20～0.40	0.60～1.00	0.20～0.40	0.005～0.020		≤0.020	≤0.010	
15CrMoR	0.12～0.18	0.15～0.40	0.40～0.70	0.80～1.20		0.45～0.60			≤0.025	≤0.010	
14Cr1MoR	0.05～0.17	0.50～0.80	0.40～0.65	1.15～1.50		0.45～0.65			≤0.020	≤0.010	
12Cr2Mo1R	0.08～0.15	≤0.50	0.30～0.60	2.00～2.50		0.90～1.10			≤0.020	≤0.010	
12Cr1MoVR	0.08～0.15	0.15～0.40	0.40～0.70	0.90～1.20		0.25～0.35		0.15～0.30	≤0.025	≤0.010	

注：1. 如果钢中加入 Nb，Ti，V 等微量元素，Alt 含量的下限不适用；
2. 经供需双方协议，并在合同中注明，C 含量下限可不作要求；
3. 厚度大于 50mm 的钢板，Mn 含量上限可至 1.20%。

表 12-19 低合金高强度结构钢牌号和化学成分(GB/T 1591—2008)

牌号	质量等级	化学成分/%(质量分数)														
		C	Si	Mn	P	Si	Nb	V	Ti	Cr	Ni	Cu	N	Mo	B	Als
					不大于											不小于
Q345	A	≤0.20	≤0.50	≤1.70	0.035	0.035	0.07	0.15	0.20	0.30	0.50	0.30	0.012	0.10	—	—
	B				0.035	0.035										
	C				0.030	0.030										0.015
	D	≤0.18			0.030	0.025										
	E				0.025	0.020										
Q390	A	≤0.20	≤0.50	≤1.70	0.035	0.035	0.07	0.20	0.20	0.30	0.50	0.30	0.012	0.10	—	—
	B				0.035	0.035										
	C				0.030	0.030										0.015
	D				0.030	0.025										
	E				0.025	0.020										
Q420	A	≤0.20	≤0.50	≤1.70	0.035	0.035	0.07	0.20	0.20	0.30	0.80	0.30	0.015	0.20	—	—
	B				0.035	0.035										
	C				0.030	0.030										0.015
	D				0.030	0.025										
	E				0.025	0.020										
Q460	C	≤0.20	≤0.60	≤1.80	0.030	0.030	0.11	0.20	0.20	0.30	0.80	0.55	0.015	0.20	0.004	0.015
	D				0.030	0.025										
	E				0.025	0.020										
Q500	C	≤0.18	≤0.60	≤1.80	0.030	0.030	0.11	0.12	0.20	0.60	0.80	0.55	0.015	0.20	0.004	0.015
	D				0.030	0.025										
	E				0.025	0.020										
Q550	C	≤0.18	≤0.60	≤2.00	0.030	0.030	0.11	0.12	0.20	0.80	0.80	0.80	0.015	0.30	0.004	0.015
	D				0.030	0.025										
	E				0.025	0.020										
Q620	C	≤0.18	≤0.60	≤2.00	0.030	0.030	0.11	0.12	0.20	1.00	0.80	0.80	0.015	0.30	0.004	0.015
	D				0.030	0.025										
	E				0.025	0.020										
Q690	C	≤0.18	≤0.60	≤2.00	0.030	0.030	0.11	0.12	0.20	1.00	0.80	0.80	0.015	0.30	0.004	0.015
	D				0.030	0.025										
	E				0.025	0.020										

注:1. 型材及棒材 P,S 含量可提高 0.005%,其中 A 级钢上限可为 0.045%;

2. 当细化晶粒元素组合加入时,20(Nb+V+Ti)≤0.22%,20(Mo+Cr)≤0.30%。

表 12-20 冷镦和冷挤压用钢的化学成分(GB/T 6478—2001)

牌号	C	Si	Mn	P,≤	S,≤	Cr	Al_t[③],≥	其他[④]
非热处理型冷镦和冷挤压用钢[①]								
ML04Al	≤0.06	≤0.10	0.20～0.40	0.035	0.035	—	0.020	—
ML08Al	0.05～0.10	≤0.10	0.30～0.60	0.035	0.035	—	0.020	—
ML10Al	0.08～0.13	≤0.10	0.30～0.60	0.035	0.035	—	0.020	—
ML15Al	0.13～0.18	≤0.10	0.30～0.60	0.035	0.035	—	0.020	—
ML15	0.13～0.18	0.15～0.35	0.30～0.60	0.035	0.035	—	—	—
ML20Al	0.18～0.23	≤0.10	0.30～0.60	0.035	0.035	—	0.020	—
ML20	0.18～0.23	0.15～0.35	0.30～0.60	0.035	0.035	—	—	—
表面硬化型冷镦和冷挤压用钢[②]								
ML18Mn	0.15～0.20	≤0.10	0.60～0.90	0.030	0.035	—	0.020	—
ML22Mn	0.18～0.23	≤0.10	0.70～1.00	0.030	0.035	—	0.020	—
ML20Cr	0.17～0.23	≤0.30	0.60～0.90	0.035	0.035	0.90～1.20	0.020	—
调质型冷镦和冷挤压用钢								
ML25	0.22～0.29	≤0.20	0.30～0.60	0.035	0.035	—	—	—
ML30	0.27～0.34	≤0.20	0.30～0.60	0.035	0.035	—	—	—
ML35	0.32～0.39	≤0.20	0.30～0.60	0.035	0.035	—	—	—
ML40	0.37～0.44	≤0.20	0.30～0.60	0.035	0.035	—	—	—
ML45	0.42～0.50	≤0.20	0.30～0.60	0.035	0.035	—	—	—
ML15Mn	0.14～0.20	0.20～0.40	1.20～1.60	0.035	0.035	—	—	—
ML25Mn	0.22～0.29	≤0.25	0.60～0.90	0.035	0.035	—	—	—
ML30Mn	0.27～0.34	≤0.25	0.60～0.90	0.035	0.035	—	—	—
ML35Mn	0.32～0.39	≤0.25	0.60～0.90	0.035	0.035	—	—	—
ML37Cr	0.34～0.41	≤0.30	0.60～0.90	0.035	0.035	0.90～1.20	—	—
ML40Cr	0.38～0.45	≤0.30	0.60～0.90	0.035	0.035	0.90～1.20	—	—
ML30CrMo	0.26～0.34	≤0.30	0.60～0.90	0.035	0.035	0.80～1.10	—	Mo 0.15～0.25
ML35CrMo	0.32～0.40	≤0.30	0.60～0.90	0.035	0.035	0.80～1.10	—	Mo 0.15～0.25
ML42CrMo	0.38～0.45	≤0.30	0.60～0.90	0.035	0.035	0.90～1.20	—	Mo 0.15～0.25

续表

牌号	C	S	Mn	P,≤	S,≤	Cr	Al_t[③],≥	其他[④]
含硼冷镦和冷挤压用钢								
ML20B	0.17～0.24	≤0.40	0.50～0.80	0.035	0.035	—	0.020	B 0.0005～0.0035
ML28B	0.25～0.32	≤0.40	0.60～0.90	0.035	0.035	—	0.020	B 0.0005～0.0035
ML35B	0.32～0.39	≤0.40	0.50～0.80	0.035	0.035	—	0.020	B 0.0005～0.0035
ML15MnB[⑤]	0.14～0.20	≤0.40	1.20～1.60	0.035	0.035	—	0.020	B 0.0005～0.0035
ML20MnB	0.17～0.24	≤0.40	0.80～1.20	0.035	0.035	—	0.020	B 0.0005～0.0035
ML35MnB	0.32～0.39	≤0.40	1.10～1.40	0.035	0.035	—	0.020	B 0.0005～0.0035
ML37CrB	0.34～0.41	≤0.40	0.50～0.80	0.035	0.035	0.20～0.40	0.020	B 0.0005～0.0035
ML20MnTiB	0.19～0.24	≤0.30	1.30～1.60	0.035	0.035	—	0.020	B0.0005～0.0035 Ti0.04～0.10
ML15MnVB	0.13～0.18	≤0.30	1.20～1.60	0.035	0.035	—	0.020	B 0.0005～0.0035 V 0.07～0.12
ML20MnVB	0.19～0.24	≤0.30	1.20～1.60	0.035	0.035	—	0.020	B 0.0005～0.0035 V 0.07～0.12

注：1. 若需要供应本表所列以外的其他牌号，由供需双方商定；

2. 表中①非热处理型钢的铝镇静钢，采用碱性电炉冶炼时，钢中硅含量(质量分数)不得大于0.17%；

3. 表中②表面硬化型钢还包括ML10Al，ML15Al，ML15，ML20Al，ML20钢；

4. 表中③Al_t表示钢中全铝含量。如测定酸溶铝(Al_S)含量(质量分数)不小于0.015%，应认为是符合本标准的；

5. 表中④钢中残余元素含量(质量分数)：铬、镍、铜各不大于0.20%；

6. 表中⑤根据需方要求，ML15MnB钢的碳含量(质量分数)可降到0.12%～0.18%，但应在合同中注明。

表 12-21 标准件用碳素钢热轧圆钢及盘条牌号和化学成分(YB/T 4155—2006)

牌号	化学成分/%(质量分数)				
	C	Si	Mn	P	S
BL1	0.06～0.12	≤0.10	0.25～0.50	≤0.030	≤0.030
BL2	0.09～0.15	≤0.10	0.25～0.55	≤0.030	≤0.030
BL3	0.14～0.22	≤0.10	0.30～0.60	≤0.030	≤0.030

注：钢中残余铜含量应不小于0.25%，如供方能保证，可不作分析。

表 12-22 预应力混凝土用低合金钢丝牌号和化学成分(熔炼成分)(YB/T 038—1993)

级别代号	牌号	C	Mn	Si	V,Ti	S	P
YD800	21MnSi	0.17～0.24	1.20～1.65	0.30～0.70	—	≤0.045	≤0.045
	24MnTi	0.19～0.27	1.20～1.60	0.17～0.37	Ti0.01～0.05	≤0.045	≤0.045
YD1000	41MnSiV	0.37～0.45	1.00～1.40	0.60～1.10	V0.05～0.12	≤0.045	≤0.045
YD1200	70Ti	0.66～0.70	0.60～1.00	0.17～0.37	Ti0.01～0.05	≤0.045	≤0.045

注：化学成分均为质量分数(%)。

表 12-23　　　　高耐候结构钢牌号和化学成分(GB/T 4171—2008)

牌　号	化　学　成　分/%(质量分数)								
	C	Si	Mn	P	S	Cu	Cr	Ni	其　他
Q265GNH	≤0.12	0.10～0.40	0.20～0.50	0.07～0.12	≤0.020	0.20～0.45	0.30～0.65	0.25～0.50	1,2
Q295GNH	≤0.12	0.10～0.40	0.20～0.50	0.07～0.12	≤0.020	0.20～0.45	0.30～0.65	0.25～0.50	1,2
Q310GNH	≤0.12	0.25～0.75	0.20～0.50	0.07～0.12	≤0.020	0.20～0.50	0.30～1.25	≤0.65	1,2
Q355GNH	≤0.12	0.20～0.75	≤1.00	0.07～0.15	≤0.020	0.25～0.55	0.30～1.25	≤0.65	1,2
Q235NH	≤0.13	0.10～0.40	0.20～0.60	≤0.030	≤0.030	0.25～0.55	0.40～0.80	≤0.65	1,2
Q295NH	≤0.15	0.10～0.50	0.30～1.00	≤0.030	≤0.030	0.25～0.55	0.40～0.80	≤0.65	1,2
Q355NH	≤0.16	≤0.50	0.50～1.50	≤0.030	≤0.030	0.25～0.55	0.40～0.80	≤0.65	1,2
Q415NH	≤0.12	≤0.65	≤1.10	≤0.025	≤0.030	0.20～0.55	0.30～1.25	0.12～0.65	1,2,3
Q460NH	≤0.12	≤0.65	≤1.50	≤0.025	≤0.030	0.20～0.55	0.30～1.25	0.12～0.65	1,2,3
Q500NH	≤0.12	≤0.65	≤2.0	≤0.025	≤0.030	0.20～0.55	0.30～1.25	0.12～0.65	1,2,3
Q550NH	≤0.16	≤0.65	≤2.0	≤0.025	≤0.030	0.20～0.55	0.30～1.25	0.12～0.65	1,2,3

注:1. 为了改善钢的性能,可以添加一种或一种以上的微量合金元素:Nb 0.015%～0.060%,V 0.02%～0.12%,Ti 0.02%～0.10%,Alt≥0.020%。若上述元素组合使用时,应至少保证其中一种元素含量达到上述化学成分的下限规定;

2. 可以添加下列合金元素:Mo≤0.30%,Zr≤0.15%;

3. Nb,V,Ti 等三种合金元素的添加总量不应超过 0.22%;

4. 供需双方协商,S 的含量可以不大于 0.008%;

5. 供需双方协商,Ni 含量的下限可不做要求;

6. 供需双方协商,C 的含量可以不大于 0.15%。

12.1.2　结构钢的力学性能

表 12-24　　　　碳素结构钢的拉伸试验和冲击试验指标(GB/T 700—2006)

牌　号	等　级	屈服强度 R_{eH}/MPa,不小于						抗拉强度 R_m/MPa	断后伸长率 A/%,不小于					冲击试验(V 型缺口)	
		厚度(或直径)/mm							厚度(或直径)/mm					温　度/℃	冲击吸收功(纵向)/J 不小于
		≤16	>16～40	>40～60	>60～100	>100～150	>150～200		≤40	>40～60	>60～100	>100～150	>150～200		
Q195	—	195	185	—	—	—	—	315～430	33	—	—	—	—	—	—
Q215	A	215	205	195	185	175	165	335～450	31	30	29	27	26	—	—
	B													+20	27
Q235	A	235	225	215	215	195	185	370～500	26	25	24	22	21	—	—
	B													+20	27
	C													0	
	D													−20	
Q275	A	275	265	255	245	225	215	410～540	22	21	20	18	17	—	—
	B													+20	27
	C													0	
	D													−20	

注:1. Q195 的屈服度值仅供参考,不作交货条件;

2. 厚度大于 100mm 的钢材,抗拉强度下限允许降低 20MPa,宽带钢(包括剪切钢板)抗拉强度上限不作交货条件;

3. 厚度小于 25mm 的 Q235B 级钢材,如供方能保证冲击吸收功值合格,经需方同意,可不作检验。

表 12-25 碳素结构钢的弯曲试验指标(GB/T 700—2006)

牌 号	试 样 方 向	冷弯试验 180° $B=2a$	
		钢材厚度(或直径)/mm	
		≤60	>60~100
		弯心直径 d	
Q195	纵	0	—
	横	0.5a	
Q215	纵	0.5a	1.5a
	横	a	2a
Q235	纵	a	2a
	横	1.5a	2.5a
Q275	纵	1.5a	2.5a
	横	2a	3a

注:1. B 为试样宽度,a 为试样厚度(或直径);

2. 钢材厚度(或直径)大于 100mm 时,弯曲试验由双方商定。

表 12-26 优质碳素结构钢的力学性能(GB/T 699—1999)

牌 号	试样毛坯尺寸 /mm	推荐热处理/℃			力学性能					钢材交货状态硬度 HBS 10/3000 不大于	
		正 火	淬 火	回 火	σ_b /MPa	σ_s /MPa	δ_5 /%	ψ /%	A_{KU_2} /J		
					≥					未热处理钢	退火钢
08F	25	930	—	—	295	175	35	60	—	131	—
10F	25	930	—	—	315	185	33	55	—	137	—
15F	25	920	—	—	355	205	29	55	—	143	—
08	25	930	—	—	325	195	33	60	—	131	—
10	25	930	—	—	335	205	31	55	—	137	—
15	25	920	—	—	375	225	27	55	—	143	—
20	25	910	—	—	410	245	25	55	—	156	—
25	25	900	870	600	450	275	23	50	71	170	—
30	25	880	860	600	490	295	21	50	63	179	—
35	25	870	850	600	530	315	20	45	55	197	—
40	25	860	840	600	570	335	19	45	47	217	187
45	25	850	840	600	600	355	16	40	39	229	197
50	25	830	830	600	630	375	14	40	31	241	207
55	25	820	820	600	645	380	13	35	—	255	217
60	25	810	—	—	675	400	12	35	—	255	229
65	25	810	—	—	695	410	10	30	—	255	229

续表

牌号	试样毛坯尺寸/mm	推荐热处理/℃			力学性能					钢材交货状态硬度 HBS 10/3000 不大于	
		正火	淬火	回火	σ_b /MPa	σ_s /MPa	δ_5 /%	ψ /%	A_{KU_2} /J		
					≥					未热处理钢	退火钢
70	25	790	—	—	715	420	9	30	—	269	229
75	试样	—	820	480	1080	880	7	30	—	285	241
80	试样	—	820	480	1080	930	6	30	—	285	241
85	试样	—	820	480	1130	980	6	30	—	302	255
15Mn	25	920	—	—	410	245	26	55	—	163	—
20Mn	25	910	—	—	450	275	24	50	—	197	—
25Mn	25	900	870	600	490	295	22	50	71	207	—
30Mn	25	880	860	600	540	315	20	45	63	217	187
35Mn	25	870	850	600	560	335	18	45	55	229	197
40Mn	25	860	840	600	590	355	17	45	47	229	207
45Mn	25	850	840	600	620	375	15	40	39	241	217
50Mn	25	830	830	600	645	390	13	40	31	255	217
60Mn	25	810	—	—	695	410	11	35	—	269	229
65Mn	25	830	—	—	735	430	9	30	—	285	229
70Mn	25	790	—	—	785	450	8	30	—	285	229

注：1. 对于直径或厚度小于 25mm 的钢材，热处理是在与成品截面尺寸相同的试样毛坯上进行；

2. 表中所列正火推荐保温时间不少于 30min，空冷；淬火推荐保温时间不少于 30min，70、80 和 85 钢油冷，其余钢水冷；回火推荐保温时间不少于 1h。

表 12-27　优质碳素结构钢薄钢板和钢带的力学性能(GB/T 710—2008)

牌号	拉延级别				
	Z	S和P	Z	S	P
	抗拉强度 R_m/MPa		断后伸长率 A/%不小于		
08,08Al	275～410	≥300	36	35	34
10	280～410	≥335	36	34	32
15	300～430	≥370	34	32	30
20	340～480	≥410	30	28	26
25	—	≥450	—	26	24
30	—	≥490	—	24	22
35	—	≥530	—	22	20
40	—	≥570	—	—	19
45	—	≥600	—	—	17
50	—	≥610	—	—	16

表 12-28 优质碳素结构钢热轧厚钢板和宽钢带的力学性能(GB/T 711—2008)

牌号	交货状态	抗拉强度 R_m/MPa	断后伸长率 A/%	牌号	交货状态	抗拉强度 R_m/MPa	断后伸长率 A/%
		不小于				不小于	
08F	热轧或热处理	315	34	50	热处理	625	16
08		325	33	55		645	13
10F		325	32	60		675	12
10		335	32	65		695	10
15F		355	30	70		715	9
15		370	30	20Mn	热轧或热处理	450	24
20		410	28	25Mn		490	22
25		450	24	30Mn		540	20
30		490	22	40Mn	热处理	590	17
35	热处理	530	20	50Mn		650	13
40		570	19	60Mn		695	11
45		600	17	65Mn		735	9

注:1. 热处理指正火、退火或高温回火;

2. 经供需双方协议,也可以热轧状态交货,以热处理样坯测定力学性能,样坯尺寸为 $a\times 3a\times 3a$,a 为钢材厚度。

表 12-29 用 08～35 号钢热轧的钢板和钢带在交货状态下的冷弯试验指标(GB/T 711—2008)

牌号	冷弯试验 180°	
	钢板公称厚度 a/mm	
	≤20	>20
	弯心直径 d	
08,10	0	a
15	0.5a	1.5a
20	a	2a
25,30,35	2a	3a

表 12-30 合金结构钢的力学性能(GB/T 3077—1999)

序号	牌号	试样毛坯尺寸/mm	热处理					力学性能					
			淬火			回火		抗拉强度 σ_b/MPa	屈服点 σ_s/MPa	伸长率 δ_5/%	断面收缩率 ψ/%	冲击吸收功(冲击值) A_{KV_2}/J	钢材退火或高温回火供应状态布氏硬度 HBS 100/3000 不大于
			温度/℃		冷却剂	温度/℃	冷却剂	不小于					
			第一次淬火	第二次淬火									
1	20Mn2	15	850	—	水,油	200	水,空	785	590	10	40	47	187
		15	880	—	水,油	440	水,空	785	590	10	40	47	187
2	30M2	25	840	—	水	500	水,空	785	635	12	45	63	207
3	35M2	25	840	—	水	500	水	835	685	12	45	55	207
4	45Mn2	25	840	—	水	540	水	885	735	12	45	55	217
5	40Mn2	25	840	—	油	550	水,油	885	735	10	45	47	217
6	50Mn2	25	820	—	油	550	水,油	930	785	9	40	39	229
7	20MnV	15	880	—	水,油	200	水,空	785	590	10	40	55	187
8	27SiMn	25	920	—	水	450	水,油	980	835	12	40	39	217
9	35SiMn	25	900	—	水	570	水,油	885	735	15	45	47	229
10	42SiMn	25	880	—	水	590	水	885	735	15	40	47	229
11	20SiMn2MoV	试样	900	—	油	200	水,空	1380	—	10	45	55	269
12	25SiMn2MoV	试样	900	—	油	200	水,空	1470	—	10	40	47	269
13	37SiMn2MoV	25	870	—	水,油	650	水,空	980	835	12	50	63	269
14	40B	25	840	—	水	550	水	785	635	12	45	55	207
15	45B	25	840	—	水	550	水	835	685	12	45	47	217
16	50B	20	840	—	油	600	空	785	540	10	45	39	207
17	40MnB	25	850	—	油	500	水,油	980	785	10	45	47	207
18	45MnB	25	840	—	油	500	水,油	1030	835	9	40	39	217
19	20MnMoB	15	880	—	油	200	油,空	1080	885	10	50	55	207
20	15MnVB	15	860	—	油	200	水,空	885	635	10	45	55	207
21	20MnVB	15	860	—	油	200	水,空	1080	885	10	45	55	207
22	40MnVB	25	850	—	油	520	水,油	980	785	10	45	47	207
23	20MnTiB	15	860	—	油	200	水,空	1100	930	10	45	55	187
24	25MnTiBRE	试样	860	—	油	200	水,空	1375	—	10	40	47	229
25	15Cr	15	880	780～820	水,油	200	水,空	735	490	11	45	55	179
26	15CrA	15	880	770～820	水,油	180	油,空	685	490	12	45	55	179

续表

序号	牌号	试样毛坯尺寸/mm	热处理					力学性能					钢材退火或高温回火供应状态布氏硬度HBS 100/3000不大于
			淬火			回火		抗拉强度 σ_b /MPa	屈服点 σ_s /MPa	伸长率 δ_5 /%	断面收缩率 ψ /%	冲击吸收功（冲击值）A_{KV_2} /J	
			温度/℃		冷却剂	温度/℃	冷却剂	不小于					
			第一次淬火	第二次淬火									
27	20Cr	15	880	780～820	水，油	200	水，空	835	540	10	40	47	179
28	30Cr	25	860	—	油	500	水，油	885	685	11	45	47	187
29	35Cr	25	860	—	油	500	水，油	930	735	11	45	47	207
30	40Cr	25	850	—	油	520	水，油	980	785	9	45	47	207
31	45Cr	25	840	—	油	520	水，油	1030	835	9	40	39	217
32	50Cr	25	830	—	油	520	水，油	1080	930	9	40	39	229
33	38CrSi	25	900	—	油	600	水，油	980	835	12	50	39	255
34	12CrMo	30	900	—	空	650	空	410	265	24	60	110	179
35	15CM	30	900	—	空	650	空	440	295	22	60	94	179
36	20CrMo	15	880	—	水，油	500	水，油	885	685	12	50	78	197
37	30CrMo	25	880	—	水，油	540	水，油	930	785	12	50	63	229
38	30CrMoA	15	880	—	油	540	水，油	930	735	12	50	71	229
39	35CrMo	25	850	—	油	550	水，油	980	835	12	45	63	229
40	42CrMo	25	850	—	油	560	水，油	1080	930	12	45	63	229
41	12CrMoV	30	970	—	空	750	空	440	225	22	50	78	241
42	35CrMoV	25	900	—	油	630	水，油	1080	930	10	50	71	241
43	12Cr1MoV	30	970	—	空	750	空	100	245	22	50	71	179
44	25Cr2MoVA	25	900	—	油	640	空	930	785	14	55	63	241
45	25Cr2Mo1VA	25	1040	—	空	700	空	785	590	16	50	47	241
46	38CrMoAl	30	940	—	水，油	640	水，油	980	835	14	50	71	229
47	40CrV	25	880	—	油	650	水，油	885	735	10	50	71	241
48	50CrVA	25	860	—	油	500	水，油	1275	1130	10	40	—	255
49	15CrMn	15	880	—	油	200	水，空	785	590	12	50	47	179
50	20CrMn	15	850	—	油	200	水，空	930	735	10	45	47	187
51	40CrMn	25	840	—	油	550	水，油	980	835	9	45	47	229
52	20CrMnSi	25	880	—	油	480	水，油	785	635	12	45	55	207
53	25CrMnSi	25	880	—	油	480	水，油	1080	885	10	40	39	217

续表

序号	牌号	试样毛坯尺寸/mm	热处理 淬火 温度/℃ 第一次淬火	第二次淬火	淬火 冷却剂	回火 温度/℃	回火 冷却剂	力学性能（不小于） 抗拉强度 σ_b/MPa	屈服点 σ_s/MPa	伸长率 δ_5/%	断面收缩率 ψ/%	冲击吸收功（冲击值） A_{KV_2}/J	钢材退火或高温回火供应状态布氏硬度 HBS 100/3000 不大于
54	30CrMnSi	25	880	—	油	520	水，油	1080	885	10	45	39	229
55	30CrMnSiA	25	880	—	油	540	水，油	1080	835	10	45	39	229
56	35CrMnSiA	试样	880 于 280～310 等温淬火			—	—	1620	1275	9	40	31	241
		试样	950	890	油	230	空，油	1620	1275	9	40	31	241
57	20CrMnMo	15	850	—	油	200	水，空	1175	885	10	45	55	217
58	40CrMnMo	25	850	—	油	600	水，油	980	785	10	45	63	217
59	20CrMnTi	15	880	870	油	200	水，空	1080	835	10	45	55	217
60	30CrMnTi	试样	880	850	油	200	水，空	1470	—	9	40	47	229
61	20CrNi	25	850	—	水，油	460	水，油	785	590	10	50	63	197
62	40CrNi	25	820	—	油	500	水，油	980	785	10	45	55	241
63	45CrNi	25	820	—	油	530	水，油	980	785	10	45	55	255
64	50CrNi	25	820	—	油	500	水，油	1080	835	8	40	39	255
65	12CrNi2	15	860	780	水，油	200	水、空	785	590	12	50	63	207
66	12CrNi3	15	860	780	油	200	水，空	930	685	11	50	71	217
67	20CrNi3	25	830	—	水，油	480	水，油	930	735	11	55	78	241
68	30CrNi3	25	820	—	油	500	水，油	980	785	9	45	63	241
69	37CrNi3	25	820	—	油	500	水，油	1130	980	10	50	47	269
70	12Cr2Ni4	15	860	780	油	200	水，空	1080	835	10	50	71	269
71	20Cr2Ni4	15	880	780	油	200	水，空	1175	1080	10	45	63(8)	269
72	20CrNiMo	15	850	—	油	200	空	980	785	9	40	47	197
73	40CrNiMoA	25	850	—	油	600	水，油	980	835	12	55	78	269
74	45CrNiMoVA	试样	860	—	油	460	油	1470	1325	7	35	31	269
75	18CrNiMnMoA	15	830	—	油	200	空	1180	885	10	45	71	269
76	18Cr2Ni4WA	15	950	850	空	200	水，空	1175	835	10	45	78	269
77	25Cr2Ni4WA	25	850	—	油	550	水，油	1080	930	11	45	71	269

注：1. 表中所列热处理温度允许调整范围：淬火±15℃，低温回火±30℃，高温回火±50℃；

2. 硼钢在淬火前可先经正火，正火温度应不高于其淬火温度，铬锰钛钢第一次淬火可用正火代替；

3. 拉力试验时在没有发现屈服、无法测定屈服点 σ_s 情况下，允许测定标称屈服强度 $\sigma_{r0.2}$。

表 12-31 优质结构钢冷拉钢材供应状态下的硬度值(GB/T 3078—2008)

序号	牌号	交货状态硬度 HBW,不大于		序号	牌号	交货状态硬度 HBW,不大于	
		冷拉、冷拉磨光	退水、光亮退火、高温回火或正火后回火			冷拉、冷拉磨光	退水、光亮退火、高温回火或正火后回火
1	10	229	179	39	20CrV	255	217
2	15	229	179	40	40CrVA	269	229
3	20	229	179	41	45CrVA	302	255
4	25	229	179	42	38CrSi	269	255
5	30	229	179	43	20CrMnSiA	255	217
6	35	241	187	44	25CrMnSiA	269	229
7	40	241	207	45	30CrMnSiA	269	229
8	45	255	289	46	35CrMnSiA	285	241
9	50	255	229	47	20CrMnTi	255	207
10	55	269	241	48	15CrMo	229	187
11	60	269	241	49	20CrMo	241	197
12	65	—	255	50	30CrMo	269	229
13	15Mn	207	163	51	35CrMo	269	241
14	20Mn	229	187	52	42CrMo	285	255
15	25Mn	241	197	53	20CrMnMo	269	229
16	30Mn	241	179	54	40CrMnMo	269	241
17	35Mn	255	207	55	35CrMoVA	285	255
18	40Mn	269	217	56	38CrMnAlA	269	229
19	45Mn	269	229	57	15CrA	229	179
20	50Mn	269	229	58	20Cr	229	179
21	60Mn	—	255	59	30Cr	241	187
22	65Mn	—	269	60	35Cr	269	217
23	20Mn2	241	197	61	40Cr	269	217
24	35Mn2	255	207	62	45Cr	269	229
25	40Mn2	269	217	63	20CrNi	255	207
26	45Mn2	269	229	64	40CrNi	—	255
27	50Mn2	285	229	65	45CrNi	—	269
28	27SiMn	255	217	66	12CrNi2A	269	217
29	35SiMn	269	229	67	12CrNi3A	269	229
30	42SiMn	—	241	68	20CrNi3A	269	241
31	20MnV	229	187	69	30CrNi3(A)	—	255
32	40B	241	207	70	37CrNi3A	—	269
33	45B	255	229	71	12Cr2Ni4A	—	255
34	50B	255	229	72	20Cr2Ni4A	—	269
35	40MnB	269	217	73	40CrNiMoA	—	269
36	45MnB	269	229	74	45CrNiMoVA	—	269
37	40MnVB	269	217	75	18Cr2Ni4WA	—	269
38	20SiMnVB	269	217	76	25Cr2Ni4WA		269

表 12-32 优质结构钢材力学性能(GB/T 3078—2008)

序号	牌号	冷拉			退火		
		抗拉强度 R_m/MPa	断后伸长率 A/%	断后收缩率 Z/%	抗拉强度 R_m/MPa	断后伸长率 A/%	断后收缩率 Z/%
		不小于			不小于		
1	10	440	8	50	295	26	55
2	15	470	8	45	345	28	55
3	20	510	7.5	40	390	21	50
4	25	540	7	40	410	19	50
5	30	560	7	35	440	17	45
6	35	590	6.5	35	470	15	45
7	40	610	6	35	510	14	40
8	45	635	6	30	540	13	40
9	50	655	6	30	560	12	40
10	15Mn	490	7.5	40	390	21	50
11	50Mn	685	5.5	30	590	10	35
12	50Mn2	735	5	25	635	9	30

注:表中未列入的牌号,用热处理毛坯制成试样测定力学性能,优质碳素钢应符合 GB/T 699 的规定,合金结构钢应符合 GB/T 3077 的规定。

表 12-33 优质结构钢材硬度值(GB/T 3078—2008)

序号	牌号	交货状态硬度 HBW,不大于		序号	牌号	交货状态硬度 HBW,不大于	
		冷拉、冷拉磨光	退水、光亮退火、高温回火或正火后回火			冷拉、冷拉磨光	退水、光亮退火、高温回火或正火后回火
1	10	229	179	39	20CrV	255	217
2	15	229	179	40	40CrVA	269	229
3	20	229	179	41	45CrVA	302	255
4	25	229	179	42	38CrSi	269	255
5	30	229	179	43	20CrMnSiA	255	217
6	35	241	187	44	25CrMnSiA	269	229
7	40	241	207	45	30CrMnSiA	269	229
8	45	255	229	46	35CrMnSiA	285	241
9	50	255	229	47	20CrMnTi	255	207
10	55	269	241	48	15CrMo	229	187
11	60	269	241	49	20CrMo	241	197
12	65	—	255	50	30CrMo	269	229
13	15Mn	207	163	51	35CrMo	269	241
14	20Mn	229	187	52	42CrMo	285	255
15	25Mn	241	197	53	20CrMnMo	269	229
16	30Mn	241	179	54	40CrMnMo	269	241
17	35Mn	255	207	55	35CrMoVA	285	255
18	40Mn	269	217	56	38CrMnAlA	269	229
19	45Mn	269	229	57	15CrA	229	179
20	50Mn	269	229	58	20Cr	229	179
21	60Mn	—	255	59	30Cr	241	187
22	65Mn	—	269	60	35Cr	269	217
23	20Mn2	241	197	61	40Cr	269	217
24	35Mn2	255	207	62	45Cr	269	229
25	40Mn2	269	217	63	20CrNi	255	207
26	45Mn2	269	229	64	40CrNi	—	255
27	50Mn2	285	229	65	45CrNi	—	269
28	27SiMn	255	217	66	12CrNi2A	269	217

续表

序号	牌号	交货状态硬度 HBW,不大于		序号	牌号	交货状态硬度 HBW,不大于	
		冷拉、冷拉磨光	退水、光亮退火、高温回火或正火后回火			冷拉、冷拉磨光	退水、光亮退火、高温回火或正火后回火
29	35SiMn	269	229	67	12CrNi3A	269	229
30	42SiMn	—	241	68	20CrNi3A	269	241
31	20MnV	229	187	69	30CrNi3(A)	—	255
32	40B	241	207	70	37CrNi3A	—	269
33	45B	255	229	71	12Cr2Ni4A	—	255
34	50B	255	229	72	20Cr2Ni4A	—	269
35	40MnB	269	217	73	40CrNiMoA	—	269
36	45MnB	269	229	74	45CrNiMoVA	—	269
37	40MnVB	269	217	75	18Cr2Ni4WA	—	269
38	20SiMnVB	269	217	76	25Cr2Ni4WA		269

表 12-34 合金结构钢薄钢板退火或回火供应状态的力学性能(YB/T 5132—2007)

牌号	抗拉强度 R_m/MPa	断后伸长率 $A_{11.3}$/%,不小于
12Mn2A	390~570	22
16Mn2A	490~635	18
45Mn2A	590~835	12
35B	490~635	19
40B	510~655	18
45B	540~685	16
50B,50BA	540~715	14
15Cr,15CrA	390~590	19
20Cr	390~590	18
30Cr	490~685	17
35Cr	540~735	16
38CrA	540~735	16
40Cr	540~785	14
20CrMnSiA	440~685	18
25CrMnSiA	490~685	18
30CrMnSi,30CrMnSiA	490~735	16
35CrMnSiA	590~785	14

注:厚度不大于 0.9mm 的钢板,伸长率仅供参考。

表 12-35 合金结构钢薄钢板的杯突试验指标(YB/T 5132—2007)

钢板厚度	钢号		
	12Mn2A	16Mn2A,25CrMnSiA	30CrMnSiA
	冲压深度/mm,不小于		
0.5	7.3	6.6	6.5
0.6	7.7	7.0	6.7
0.7	8.0	7.2	7.0
0.8	8.5	7.5	7.2
0.9	8.8	7.7	7.5
1.0	9.0	8.0	7.7

注:钢板厚度在上表所列厚度之间时,杯突试验合格标准采用相邻较小厚度的指标。

表 12-36　　非调质机械结构钢的力学性能(YB/T 15712—2008)

序号	牌号	钢材直径或边长/mm	抗拉强度 R_m/MPa	下屈服强度 R_{el}/MPa	断后伸长率 A/%	断面收缩率 Z/%	冲击吸收能量 KU_2/J
1	F35VS	≤40	≥590	≥390	≥18	≥40	≥47
2	F40VS	≤40	≥640	≥420	≥16	≥35	≥37
3	F45VS	≤40	≥685	≥440	≥15	≥30	≥35
4	F30MnVS	≤60	≥700	≥450	≥14	≥30	实测
5	F35MnVS	≤40	≥735	≥460	≥17	≥35	≥37
		>40～60	≥710	≥440	≥15	≥33	≥35
6	F38MnVS	≤60	≥800	≥620	≥12	≥25	实测
7	F40MnVS	≤40	≥785	≥490	≥15	≥33	≥32
		>40～60	≥760	≥470	≥13	≥30	≥28
8	F45MnVS	≤40	≥835	≥510	≥13	≥28	≥28
		>40～60	≥810	≥490	≥12	≥28	≥25
9	F49MnVS	≤60	≥780	≥450	≥8	≥20	实测

注:F30MnVS,F38MnVS,F49MnVS 钢的冲击吸收能量报实测数据,不作判定依据。

表 12-37　　退火或高温回火状态钢材的硬度

牌号	压痕直径 d_{HB} /mm,不小于	布氏硬度 HBS,不大于	牌号	压痕直径 d_{HB} /mm,不小于	布氏硬度 HBS,不大于
45H	4.3	197	22MnVBH	4.2	207
20CrH	4.5	179	20MnTiBH	4.4	187
40CrH	4.2	207	20CrMnMoH	4.1	217
45CrH	4.1	217	20CrMnTiH	4.1	217
40MnBH	4.2	207	20CrNi3H	3.9	241
45MnBH	4.1	217	12Cr2Ni4H	3.7	269
20MnMoBH	4.2	207	20CrNiMoH	4.3	197
20MnVBH	4.2	207			

表 12-38　　含硼钢钢材的热处理制度及冲击吸收功(GB/T 5216—2004)

<table>
<tr><th rowspan="2">牌号</th><th rowspan="2">试样毛坯尺寸/mm</th><th colspan="2">正火</th><th colspan="2">淬火</th><th colspan="2">回火</th><th rowspan="2">冲击韧度 a_K/kJ·m^2 ≥</th></tr>
<tr><th>温度/℃</th><th>冷却剂</th><th>温度/℃</th><th>冷却剂</th><th>温度/℃</th><th>冷却剂</th></tr>
<tr><td>40MnBH</td><td rowspan="2">25</td><td rowspan="2">880～900</td><td rowspan="6">空气</td><td rowspan="3">850±20</td><td rowspan="6">油</td><td rowspan="2">510±30</td><td rowspan="2">水</td><td>700</td></tr>
<tr><td>45MnBH</td><td>600</td></tr>
<tr><td>20MnMoBH</td><td rowspan="4">15</td><td rowspan="4">930～950</td><td>200±20</td><td rowspan="4">空气或水</td><td rowspan="4">700</td></tr>
<tr><td>20MnVBH</td><td>880±10</td><td>200±10</td></tr>
<tr><td>22MnVBH</td><td rowspan="2">860±20</td><td rowspan="2">200±20</td></tr>
<tr><td>20MnTiBH</td></tr>
</table>

表 12-39　低淬透性含钛优质碳素结构钢的力学性能(YB/T 2009—1981 废止)

牌号	正火温度/℃	试样毛坯尺寸/mm	力学性能,不小于			
			σ_b/MPa	$\sigma_{0.2}$/MPa	ψ/%	δ_5/%
55Ti	830±10	25	550	300	35	16
60Ti	825±10	25	600	350	30	14
70Ti	815±10	25	700	400	25	12

注:表中所列力学性能适用于直径不大于100mm的钢材。钢材直径大于100mm时,收缩率和伸长率按下表的规定降低,亦可在改锻成直径为90mm的钢材上检验,改锻后的钢材性能不应降低。

钢材直径/mm	ψ/%	δ_5/%
	绝对值降低单位	
>100~150	4	2
>150~200	8	4
>200~250	12	6

表 12-40　热轧状态易切削钢条钢和盘条的力学性能(GB/T 8731—2008)

牌号	力学性能		
	抗拉强度 R_m/MPa	断后伸长率 A/%不小于	断面收缩率 Z/%不小于
热轧状态的硫系			
Y08	360~570	25	40
Y12	390~540	22	36
Y15	390~540	22	36
Y20	450~600	20	30
Y30	510~655	15	25
Y35	510~655	14	22
Y45	560~800	12	20
Y08MnS	350~500	25	40
Y15Mn	390~540	22	36
Y35Mn	530~790	16	22
Y40Mn	590~850	14	20
Y45Mn	610~900	12	20
Y45MnS	610~900	12	20
热轧状态的铅系			
Y08Pb	360~570	25	40
Y12Pb	360~570	22	36
Y15Pb	390~540	22	36
Y45MnSPb	610~900	12	20
热轧状态的锡系			
Y08Sn	350~500	25	40
Y15Sn	390~540	22	36
Y45Sn	600~745	12	26
Y45MnSn	610~850	12	26
热轧状态的钙系			
Y45Ca	600~745	12	26

表 12-41　冷拉状态易切削钢条钢和盘条的力学性能(GB/T 8731—2008)

牌　号	力学性能				
	抗拉强度 R_m/MPa			断后伸长率 A/% 不小于	布氏硬度 HBW
	钢材公称尺寸/mm				
	8～20	>20～30	>30		
冷拉状态的硫系					
Y08	480～810	460～710	360～710	7.0	140～217
Y12	530～755	510～735	490～685	7.0	152～217
Y15	530～755	510～735	490～685	7.0	152～217
Y20	570～785	530～745	510～705	7.0	167～217
Y30	600～825	560～765	540～735	6.0	174～223
Y35	625～845	590～785	570～765	6.0	176～229
Y45	695～980	655～880	580～880	6.0	196～255
Y08MnS	480～810	460～710	360～710	7.0	140～217
Y15Mn	530～755	50～735	490～685	7.0	152～217
Y45Mn	695～980	655～880	580～880	6.0	196～255
Y45MnS	695～980	655～880	580～880	6.0	196～255
冷拉状态的铅系					
Y08Pb	480～810	460～710	360～710	7.0	140～217
Y12Pb	480～810	460～710	360～710	7.0	140～217
Y15Pb	530～755	510～735	490～685	7.0	152～217
Y45MnSPb	695～980	655～880	580～880	6.0	196～255
冷拉状态的锡系					
Y08Sn	480～705	460～685	440～635	7.5	140～200
Y15Sn	530～755	510～735	490～685	7.5	152～217
Y45Sn	695～920	655～855	635～835	6.0	196～255
Y45MnSn	695～920	655～855	635～835	6.0	196～255
冷拉状态的钙系					
Y45Ca	695～920	655～855	635～835	6.0	196～255

表 12-42　用经热处理毛坯制成的 Y45Ca 试样测定钢的力学性能(GB/T 8731—2008)

牌　号	力学性能					
	下屈服强度 R_{el}/MPa	抗拉强度 R_m/MPa	断后伸长率 A/%	断面收缩率 Z/%	冲击吸收能量 KV_2/%	不小于
Y45Ca	355	600	16	40	36	

热处理制度:拉伸试样毛坯(直径为 25mm)正火处理,加热温度为 830～850℃,保温时间不小于 30min,冲击试样毛坯(直径为 15mm)调质处理,淬火温度 840±20℃(淬火),回火温度 600±20℃。

表 12-43　Y40Mn 冷拉条钢高温回火状态的力学性能(GB/T 8731—2008)

力学性能		
抗拉强度 R_m/MPa	断后伸长率 A/%	布氏硬度 HBW
590～785	≥17	179～229

表 12-44 以热轧状态交货的易切削钢条钢和盘条的硬度要求(GB/T 8731—2008)

分 类	牌 号	布氏硬度 HBW 不大于
硫系易切削钢	Y08	163
	Y12	170
	Y15	170
	Y20	175
	Y30	187
	Y35	187
	Y45	229
	Y08MnS	165
	Y15Mn	170
	Y35Mn	229
	Y40Mn	229
	Y45Mn	240
	Y45MnS	241
铅系易切削钢	Y08Pb	165
	Y12Pb	170
	Y15Pb	170
	Y45MnSPb	241
锡系易切削钢	Y08Sn	165
	Y15Sn	165
	Y45Sn	241
	Y45MnSn	241
钙系易削钢	Y45Ca	241

表 12-45 弹簧钢的拉伸性能(GB/T 1222—2007)

序 号	牌 号	热处理制度			力学性能，不小于				
		淬火温度 /℃	淬火 介质	回火温度 /℃	抗拉强度 R_m/MPa	屈服强度 R_{eL}MPa	断后伸长率		断面收缩率 Z/%
							A/%	$A_{11.3}$/%	
1	65	840	油	500	980	785		9	35
2	70	830	油	480	1030	835		8	30
3	85	820	油	480	1130	980		6	30
4	65Mn	830	油	540	980	785		8	30
5	55SiMnVB	860	油	460	1375	1225		5	30
6	60Si2Mn	870	油	480	1275	1180		5	25
7	60Si2MnA	870	油	440	1570	1375		5	20

续表

序号	牌号	热处理制度			力学性能，不小于				
		淬火温度/℃	淬火介质	回火温度/℃	抗拉强度 R_m/MPa	屈服强度 R_{eL}/MPa	断后伸长率 A/%	断后伸长率 $A_{11.3}$/%	断面收缩率 Z/%
8	60Si2CrA	870	油	420	1765	1570	6		20
9	60Si2CrVA	850	油	410	1860	1665	6		20
10	55SiCrA	860	油	450	1450～1750	1300($R_{p0.2}$)	6		25
11	55CrMnA	830～860	油	460～510	1225	1080($R_{p0.2}$)	9		20
12	60CrMnA	830～860	油	460～520	1225	1080($R_{p0.2}$)	9		20
13	50CrMnA	850	油	500	1275	1130	9		40
14	60CrMnBA	830～860	油	460～520	1225	1080($R_{p0.2}$)	9		20
15	30W4Cr2VA	1050～1100	油	600	1470	1325	7		40

注：1. 除规定热处理温度上下限外，表中热处理温度允许偏差为：淬火，±20℃；回火，±50℃，根据需方特殊要求，回火可按±30℃进行；

2. 28MnSiB 的力学性能见 GB/T 1222—2007 表 B.2；

3. 其试样可采用下列试样中的一种，若按 GB/T 228 规定作拉伸试验时，所测断后伸长率值仅供参考；

试样一：标距为 50mm，平行长度 60mm，直径 14mm，肩部半径大于 15mm；

试样二：标距为 $4\sqrt{S_0}$（S_0 表示平行长度的原始横截面积，mm^2），平行长度 1.2 倍标距长度，肩部半径大于 15mm；

4. 30W4Cr2VA 除抗拉强度外，其他力学性能检验结果供参考，不作为交货依据。

表 12-46　　弹簧钢交货状态的硬度(GB/T 1222—2007)

组号	牌号	交货状态	布氏硬度 HBW 不大于
1	65,70	热轧	285
2	85,65Mn		302
3	60Si2Mn,60Si2MnA,50CrVA 55SiMnVB,55CrMnA,60CrMnA		321
4	60SiCrA,60Si2CrVA,60CrMnBA 55SiCrA,30W4Cr2VA	热轧	供需双方协商
		热轧＋热处理	321
5	所有牌号	冷拉＋热处理	321
6		冷拉	供需双方协商

表 12-47　　弹簧钢热轧薄钢板的力学性能(供应状态)(GB/T 3279—2009)

序号	牌号	力学性能			
		厚度小于 3mm		厚度 3～15mm	
		抗拉强度 R_m/MPa，不大于	断后伸长率 $A_{11.3}$/%，不小于	抗拉强度 R_m/MPa，不大于	断后伸长率 A/%，不小于
1	85	800	10	785	10
2	65Mn	850	12	850	12
3	60Si2Mn	950	12	930	12
4	60Si2MnA	950	13	930	13
5	60Si2CrVA	1100	12	1080	12
6	50CrVA	950	12	930	12

注：厚度不大于 0.90mm 的钢板，断后伸长率仅供参考。

表 12-48 碳素弹簧钢丝的抗拉强度(GB/T 4357—2009)

钢丝公称直径/mm	抗 拉 强 度/MPa				
	SL 型	SM 型	DM 型	SH 型	DH 型
0.05	—	—	—	—	2800～3520
0.06	—	—	—	—	2800～3520
0.07	—	—	—	—	2800～3520
0.08	—	—	2780～3100	—	2800～3520
0.09	—	—	2740～3060	—	2800～3430
0.10	—	—	2710～3020	—	2800～3380
0.11	—	—	2690～3000	—	2800～3350
0.12	—	—	2660～2960	—	2800～3320
0.14	—	—	2620～2910	—	2800～3250
0.16	—	—	2570～2860	—	2800～3200
0.18	—	—	2530～2820	—	2800～3160
0.20	—	—	2500～2790	—	2800～3110
0.22	—	—	2470～2760	—	2770～3080
0.25	—	—	2420～2710	—	2720～3010
0.28	—	—	2390～2670	—	2680～2970
0.30	—	2370～2650	2370～2650	2660～2940	2660～2940
0.32	—	2350～2630	2370～2650	2640～2920	2640～2920
0.34	—	2330～2600	2330～2600	2610～2890	2610～2890
0.36	—	2310～2580	2310～2580	2590～2890	2590～2890
0.38	—	2290～2560	2290～2560	2570～2850	2570～2850
0.40	—	2270～2550	2270～2550	2560～2830	2570～2830
0.43	—	2250～2520	2250～2520	2530～2800	2570～2800
0.45	—	2240～2500	2240～2500	2510～2780	2570～2780
0.48	—	2220～2480	2240～2500	2490～2760	2570～2760
0.50	—	2200～2470	2200～2470	2480～2740	2480～2740
0.53	—	2180～2450	2180～2450	2460～2720	2460～2720
0.56	—	2170～2430	2170～2430	2440～2700	2440～2700
0.60	—	2140～2400	2140～2400	2410～2670	2410～2670
0.63	—	2130～2380	2130～2380	2390～2650	2390～2650
0.65	—	2120～2370	2120～2370	2380～2640	2380～2640
0.70	—	2090～2350	2090～2350	2360～2610	2360～2610
0.80	—	2050～2300	2050～2300	2310～2560	2310～2560
0.85	—	2030～2280	2030～2280	2290～2530	2290～2530
0.90	—	2010～2260	2010～2260	2270～2510	2270～2510
0.95	—	2000～2240	2200～2240	2250～2490	2250～2490
1.00	1720～1970	1980～2220	1980～2220	2230～2470	2230～2470
1.05	1710～1950	1960～2220	1960～2220	2210～2450	2210～2450
1.10	1690～1940	1950～2190	1950～2190	2200～2430	2200～2430
1.20	1670～1910	1920～2160	1920～2160	2170～2400	2170～2400
1.25	1660～1900	1910～2130	1910～2130	2140～2380	2140～2380
1.30	1640～1890	1900～2130	1900～2130	2140～2370	2140～2370
1.40	1620～1860	1870～2100	1870～2100	2110～2340	2110～2340
1.50	1600～1840	1850～2080	1850～2080	2090～2310	2090～2310
1.60	1590～1820	1830～2050	1830～2050	2060～2290	2060～2290
1.70	1570～1800	1810～2030	1810～2030	2040～2260	2040～2260
1.80	1550～1780	1790～2010	1790～2010	2020～2240	2020～2240
1.90	1540～1760	1770～2990	1770～1990	2000～2220	2000～2220
2.00	1520～1750	1760～1970	1760～1970	1980～2200	1980～2200
2.10	1510～1730	1740～1960	1740～1960	1970～2180	1970～2180
2.25	1490～1710	1720～1930	1720～1930	1940～2150	1940～2150

续表

钢丝公称直径/mm	抗拉强度/MPa				
	SL型	SM型	DM型	SH型	DH型
2.40	1470～1690	1700～1910	1700～1910	1920～2130	1920～2130
2.50	1460～1680	1690～1890	1690～1890	1900～2110	1900～2110
2.60	1450～1660	1670～1880	1670～1880	1890～2100	1890～2100
2.80	1420～1640	1650～1850	1650～1850	1860～2070	1860～2070
3.00	1410～1620	1630～1830	1630～1830	1840～2040	1840～2040
3.20	1390～1600	1610～1810	1610～1810	1820～2020	1820～2020
3.40	1370～1580	1590～1780	1590～1780	1790～1990	1790～1990
3.60	1350～1560	1570～1760	1570～1760	1770～1970	1770～1970
3.80	1340～1540	1550～1740	1550～1740	1750～1950	1750～1950
4.00	1320～1520	1530～1730	1530～1730	1740～1930	1740～1930
4.25	1310～1500	1510～1700	1510～1700	1710～1900	1710～1900
4.50	1290～1490	1500～1680	1500～1680	1690～1880	1690～1880
4.75	1270～1470	1480～1670	1480～1670	1680～1840	1680～1840
5.00	1260～1450	1460～1650	1460～1650	1660～1830	1660～1830
5.30	1240～1430	1440～1630	1440～1630	1640～1820	1640～1820
5.60	1230～1420	1430～1610	1430～1610	1620～1800	1620～1800
6.00	1210～1390	1400～1580	1400～1580	1590～1770	1590～1770
6.30	1190～1380	1390～1560	1390～1560	1570～1750	1570～1750
6.50	1180～1370	1380～1550	1380～1550	1560～1740	1560～1740
7.00	1160～1340	1350～1530	1350～1530	1540～1710	1540～1710
7.50	1140～1320	1330～1500	1330～1500	1510～1680	1510～1680
8.00	1120～1300	1310～1480	1310～1480	1490～1660	1490～1660
8.50	1110～1280	1290～1460	1290～1460	1470～1630	1470～1630
9.00	1090～1260	1270～1440	1270～1440	1450～1610	1450～1610
9.50	1070～1250	1260～1420	1260～1420	1430～1590	1430～1590
10.00	1060～1230	1240～1400	1240～1400	1410～1570	1410～1570
10.50	—	1220～1380	1220～1380	1390～1550	1390～1550
11.00	—	1210～1370	1210～1370	1380～1530	1380～1530
12.00	—	1180～1340	1180～1340	1350～1500	1350～1500
12.50	—	1170～1320	1170～1320	1330～1480	1330～1480
13.00	—	1160～1310	1160～1310	1320～1470	1320～1470

注：1. 直条定尺钢丝的极限强度最多可能低10%，矫直和切断作业也会降低扭转值；

2. 中间尺寸钢丝抗拉强度值按表中相邻较大钢丝的规定执行；

3. 对特殊用途的钢丝，可商定其他抗拉强度；

4. 对直径为0.08～0.18mm的DH型钢丝，经供需双方协商，其抗拉强度波动值范围可规定为300 MPa。

表 12-49　静态级、中疲劳级钢丝力学性能(GB/T 18983—2003)

直径范围/mm	抗拉强度/MPa					断面收缩率/% ≥	
	FDC TDC	FDCrV-A TDCrV-A	FDCrV-B TDCrV-B	FDSiMn TDSiMn	FDCrSi TDCrSi	FD	TD
0.50～0.80	1800～2100	1800～2100	1900～2200	1850～2100	2000～2250	—	
>0.80～1.00	1800～2060	1780～2080	1860～2160	1850～2100	2000～2250	—	
>1.00～1.30	1800～2010	1750～2010	1850～2100	1850～2100	2000～2050	45	45
>1.30～1.40	1750～1950	1750～1990	1840～2070	1850～2100	2000～2250	45	45
>1.40～1.60	1740～1890	1710～1950	1820～2030	1850～2100	2000～2250	45	45
>1.60～2.00	1720～1890	1710～1890	1790～1970	1820～2000	2000～2250	45	45
>2.00～2.50	1670～1820	1670～1830	1750～1900	1800～1950	1970～2140	45	45
>2.50～2.70	1640～1790	1660～1820	1720～1870	1780～1930	1950～2120	45	45
>2.70～3.00	1620～1770	1630～1780	1700～1850	1760～1910	1930～2100	45	45

续表

直径范围 /mm	抗 拉 强 度/MPa					断面收缩率/% ≥	
	FDC TDC	FDCrV-A TDCrV-A	FDCrV-B TDCrV-B	FDSiMn TDSiMn	FDCrSi TDCrSi	FD	TD
>3.00～3.20	1600～1750	1610～1760	1680～1830	1740～1890	1910～2080	40	45
>3.20～3.50	1580～1730	1600～1750	1660～1810	1720～1870	1900～2060	40	45
>3.50～4.00	1550～1700	1560～1710	1620～1770	1710～1860	1870～2030	40	45
>4.00～4.20	1540～1690	1540～1690	1610～1760	1700～1850	1860～2020	40	45
>4.20～4.50	1520～1670	1520～1670	1590～1740	1690～1840	1850～2000	40	45
>4.50～4.70	1510～1660	1510～1660	1580～1730	1680～1830	1840～1990	40	45
>4.70～5.00	1500～1650	1500～1650	1560～1710	1670～1820	1830～1980	40	45
>5.00～5.60	1470～1620	1460～1610	1540～1690	1660～1810	1800～1950	35	40
>5.60～6.00	1460～1610	1440～1590	1520～1670	1650～1800	1780～1930	35	40
>6.00～6.50	1440～1590	1420～1570	1510～1660	1640～1790	1760～1910	35	40
>6.50～7.00	1430～1580	1400～1550	1500～1650	1630～1780	1740～1890	35	40
>7.00～8.00	1400～1550	1380～1530	1480～1630	1620～1770	1710～1860	35	40
>8.00～9.00	1380～1530	1370～1520	1470～1620	1610～1760	1700～1850	30	35
>9.00～10.00	1360～1510	1350～1500	1450～1600	1600～1750	1660～1810	30	35
>10.00～12.00	1320～1470	1320～1470	1430～1580	1580～1730	1660～1810	30	—
>12.00～14.00	1280～1430	1300～1450	1420～1570	1560～1710	1620～1770	30	—
>14.00～15.00	1270～1420	1290～1440	1410～1560	1550～1700	1620～1770	—	
>15.00～17.00	1250～1400	1270～1420	1400～1550	1540～1690	1580～1730		

注：FDSiMn 和 TDSiMn 直径≤5.00mm 时，断面收缩率应≥35%；直径>5.00～14.00mm 时，断面收缩率应≥30%。

表 12-50 高疲劳级钢丝力学性能(GB/T 18983—2003)

直径范围 /mm	抗 拉 强 度/MPa				断面收缩率/% ≥
	VDC	VDCrV-A	VDCrV-B	VDCrSi	
0.50～0.80	1700～2000	1750～1950	1910～2060	2030～2230	—
>0.80～1.00	1700～1950	1730～1930	1880～2030	2030～2230	—
>1.00～1.30	1700～1900	1700～1900	1860～2010	2030～2230	45
>1.30～1.40	1700～1850	1680～1860	1840～1990	2030～2230	45
>1.40～1.60	1670～1820	1660～1860	1820～1970	2000～2180	45
>1.60～2.00	1650～1800	1640～1800	1770～1920	1950～2110	45
>2.00～2.50	1630～1780	1620～1770	1720～1860	1900～2060	45
>2.50～2.70	1610～1760	1610～1760	1690～1840	1890～2040	45
>2.70～3.00	1590～1740	1600～1750	1660～1810	1880～2030	45
>3.00～3.20	1570～1720	1580～1730	1640～1790	1870～2020	45
>3.20～3.50	1550～1700	1560～1710	1620～1770	1860～2 010	45
>3.50～4.00	1530～1680	1540～1690	1570～1720	1840～1990	45
>4.20～4.50	1510～1660	1520～1670	1540～1690	1810～1960	45
>4.70～5.00	1490～1640	1500～1650	1520～1670	1780～1930	45
>5.00～5.60	1470～1620	1480～1630	1490～1640	1750～1900	40
>5.60～6.00	1450～1600	1470～1620	1470～1620	1730～1890	40
>6.00～6.50	1420～1570	1440～1590	1440～1590	1710～1860	40
>6.50～7.00	1400～1550	1420～1570	1420～1570	1690～1840	40
>7.00～8.00	1370～1520	1410～1560	1390～1540	1660～1810	40
>8.00～9.00	1350～1500	1390～1540	1370～1520	1640～1790	35
>9.00～10.00	1340～1490	1370～1520	1340～1490	1620～1770	35

表 12-51　　普通碳素结构钢冷轧带的力学性能(GB/T 716—1991)

类　别	抗拉强度 σ_b/MPa	伸长率 δ/%,不小于	维氏硬度 HV
软钢带	275～440	23	≤130
半软钢带	370～490	10	105～145
硬钢带	490～785	—	140～230

表 12-52　　高碳铬轴承钢的热处理与硬度(GB/T 18254—2002)

牌　号	热　处　理	布氏硬度 HBW
GCr4	球化或软化退火	179～207
GCr9		179～207
GCr15		179～207
GCr9SiMn		179～217
GCr15SiMo		179～217
GCr18Mo		179～207

表 12-53　　船体用结构钢的力学性能(GB/T 712—2000)

钢材等级	抗拉强度 σ_b/MPa	屈服点 σ_s/MPa	伸长率 δ/%	试验温度 /℃	在下列厚度时的冲击吸收功 A_{KV}/J					
					≤50mm		>50～70mm		>70～100mm	
		≥			纵向	横向	纵向	横向	纵向	横向
A	400～520	235	22	20	—	—	34	24	41	27
B				0	27	20	34	24	41	27
D	400～520	235	22	−20	27	20	34	24	41	27
E				−40						
A32	440～570	315	22	0	31	22	28	26	46	31
D32				−20	31	22	38	26	46	31
E32	440～570	315	22	−40						
F32				−60	31	22	—	—	—	—
A36	490～630	355	21	0	34	24	41	27	50	34
D36				−20	34	24	41	27	50	34
E36	440～570	355	21	−40						
F36				−60	34	24	—	—	—	—
A40	510～660	390	20	0	41	27	—	—	—	—
D40				−20	41	27	—	—	—	—
E40	510～660	390	20	−40						
F40				−60	41	27	—	—	—	—

注:1. 经船检部门同意,A 级型钢的抗拉强度上限可以超过本表规定;

2. 厚度 2～4mm 的薄钢板,其抗拉强度上限可以超过上表规定,伸长率(δ)允许按以下规定的降低值(绝对值):

钢板厚度2.0～3.0mm	δ降低值5%
＞3.0～3.5mm	4%
＞3.5～4.0mm	3%

3. D,E 级钢材和高强度钢的晶粒度应不小于 5 级，如供方能保证，可不作试验；
4. 冲击吸收功采用 V 形缺口试样，按三个试样的算术平均值计算，允许其中一个试样的单个值不低于规定值的 70%；
5. 除需方要求外，冲击试验仅作纵向，但供方应保证横向冲击性能；
6. 厚度＞50mm 的 A 级钢，如经细化晶粒处理并以正火状态交货，可不作冲击试验；经船检部门同意，以温度－形变控轧轧制(TMCP)状态交货的 A 级钢，也可不作冲击试验；
7. 若供方能保证并经船检部门同意，A32、A36 钢材和厚度＜25mm 的 B 级钢材，可不作冲击试验；
8. 厚度＜12mm 的钢材，采用小尺寸试样作冲击试验，平均冲击吸收功下限应符合以下规定：

钢材等级		A,B,D,E		A32,D32,E32,F32		A36,D36,E36,F36		A40,D40,E40,F40	
小试样尺寸/mm		10×7.5	10×5.0	10×7.5	10×5.0	10×7.5	10×5.0	10×7.5	10×5.0
冲击吸收功 A_{KV}/J	纵向	22	18	26	21	28	23	34	27
	横向	17	13	18	15	20	16	23	18

9. 冷弯试验：A 级钢作窄冷弯试验($b=2a$)，弯曲 180°，弯心直径为 $2a$；B,D,E 级钢和高强度钢作宽冷弯试验($b=5a$)，弯曲 120°，弯心直径为 $3a$。如供方能保证，可不作冷弯试验。

表 12-54 锅炉和压力容器用钢板的力学性能和工艺性能(GB/T 713—2008)

牌号	交货状态	钢板厚度/mm	拉伸试验 抗拉强度/R_m/MPa	拉伸试验 屈服强度 R_{eL}/MPa 不小于	拉伸试验 伸长率 A/% 不小于	冲击试验 温度/℃	冲击试验 V型冲击功 A_{KV}/J 不小于	弯曲试验 180° $b=2a$
Q245R	热轧控轧或正火	3～16	400～520	245	25	0	31	$d=1.5a$
		＞16～36		235				
		＞36～60		225				
		＞60～100	390～510	205	24			$d=2a$
		＞100～150	380～500	185				
Q345R		3～16	510～640	345	21	0	34	$d=2a$
		＞16～36	500～630	325				$d=3a$
		＞36～60	490～620	315				
		＞60～100	490～620	305	20			
		＞100～150	480～610	285				
		＞150～200	470～600	265				
Q370R	正火	10～16	530～630	370	20	－20	34	$d=2a$
		＞16～36		360				$d=3a$
		＞36～60	520～620	340				
18MnMoNbR	正火加回火	30～60	570～720	400	17	0	41	$d=3a$
		＞60～100		390				
13MnNiMoR		30～100	570～720	390	18	0	41	$d=3a$
		＞100～150		380				
15CrMoR		6～60	450～590	295	19	20	31	$d=3a$
		＞60～100		275				
		＞100～150	440～580	255				
14CrlMoR		6～100	520～680	310	19	20	34	$d=3a$
		＞100～150	510～670	300				
12Cr2MolR		6～150	520～680	310	19	20	34	$d=3a$
12CrlMoVR		6～60	440～590	245	19	20	34	$d=3a$
		＞60～100	430～580	235				

注：如屈服现象不明显，屈服强度取 $R_{p0.2}$。

表 12-55 锅炉和压力容器用钢板的高温力学性能(GB/T 713—2008)

牌号	厚度/mm	试验温度/℃						
		200	250	300	350	400	450	500
		屈服强度 R_{eL} 或 $R_{p0.2}$/MPa,不小于						
Q245R	>20～36	186	167	153	139	129	121	
	>36～60	178	161	147	133	123	116	
	>60～100	164	147	135	123	113	106	
	>100～150	150	135	120	110	105	95	
Q345R	>20～36	255	235	215	200	190	180	
	>36～60	240	220	200	185	175	165	
	>60～100	225	205	185	175	165	155	
	>100～150	220	200	180	170	160	150	
	>150～200	215	195	175	165	155	145	
Q370R	>20～36	290	275	260	245	230		
	>36～60	280	270	255	240	225		
18MnMoNbR	30～60	360	355	350	340	310	275	
	>60～100	355	350	345	335	305	270	
13MnNiMoR	30～100	355	350	345	335	305		
	>100～150	345	340	335	325	300		
15CrMoR	>20～60	240	225	210	200	189	179	174
	>60～100	220	210	196	186	176	167	162
	>100～150	210	199	185	175	165	156	150
14Cr1MoR	>20～150	255	245	230	220	210	195	176
12Cr2MolR	>20～150	260	255	250	245	240	230	215
12Cr2MoVR	>20～100	200	190	176	167	157	150	142

注:如屈服现象不明显,屈服强度取 $R_{p0.2}$。

表 12-56 低合金高强度结构钢的力学性能(GB/T 1591—2008)

牌号	质量等级	拉伸试验																						
		以下公称厚度(直径,边长)下屈服强度 R_{eL}/MPa									以下公称厚度(直径,边长)下屈服强度 R_m/MPa							断后伸长率 A/% 公称厚度(直径,边长)						
		≤16mm	>16~40mm	>40~63mm	>63~80mm	>80~100mm	>100~150mm	>150~200mm	>200~250mm	>250~400mm	≤40mm	>40~63mm	>63~80mm	>80~100mm	>100~150mm	>150~250mm	>250~400mm	≤40mm	>40~63mm	>63~100mm	>100~150mm	>150~250mm	>250~400mm
Q345	A、B	≥345	≥335	≥325	≥315	≥305	≥285	≥275	≥265	—	470~630	470~630	470~630	470~630	450~600	450~600	—	≥20	≥19	≥19	≥18	≥17	—
	C	≥345	≥335	≥325	≥315	≥305	≥285	≥275	≥265	—	470~630	470~630	470~630	470~630	450~600	450~600	—	≥21	≥20	≥20	≥19	≥18	—
	D、E	≥345	≥335	≥325	≥315	≥305	≥285	≥275	≥265	≥265	470~630	470~630	470~630	470~630	450~600	450~600	450~600	≥21	≥20	≥20	≥19	≥18	≥17
Q390	A、B、C、D、E	≥390	≥370	≥350	≥330	≥330	≥310	—	—	—	490~650	490~650	490~650	490~650	470~620	—	—	≥20	≥19	≥19	≥18	—	—
Q420	A、B、C、D、E	≥420	≥400	≥380	≥360	≥360	≥340	—	—	—	520~680	520~680	520~680	520~680	500~650	—	—	≥19	≥18	≥18	≥18	—	—
Q460	C、D、E	≥460	≥440	≥420	≥400	≥400	≥380	—	—	—	550~720	550~720	550~720	550~720	530~700	—	—	≥17	≥16	≥16	≥16	—	—
Q500	C、D、E	≥500	≥480	≥470	≥450	≥440	—	—	—	—	610~770	600~760	590~750	540~730	—	—	—	≥17	≥17	≥17	—	—	—
Q550	C、D、E	≥550	≥530	≥520	≥500	≥490	—	—	—	—	670~830	620~810	600~790	590~780	—	—	—	≥16	≥16	≥16	—	—	—
Q620	C、D、E	≥620	≥600	≥590	≥570	—	—	—	—	—	710~880	690~880	670~860	—	—	—	—	≥15	≥15	≥15	—	—	—
Q690	C、D、E	≥690	≥670	≥660	≥640	—	—	—	—	—	770~940	750~920	730~900	—	—	—	—	≥14	≥14	≥14	—	—	—

注:1. 当屈服不明显时,可测量 $R_{p0.2}$ 代替下屈服强度;
2. 宽度不小于 600mm 的扁平材,拉伸试验取横向试样;宽度小于 600mm 的扁平材、型材及棒材取纵向试样,断后伸长率最小值相应提高 1%(绝对值);
3. 厚度>250~400mm 的数值适用于扁平材。

表 12-57　非热处理型冷镦和冷挤压用钢热轧状态的力学性能(GB/T 6478—2001)

牌　号	抗拉强度 σ_b/MPa,≤	断面收缩率 ψ/%,≥
ML04Al	440	60
ML08Al	470	60
ML10Al	490	55
ML15Al	530	50
ML15	530	50
ML20Al	530	45
ML20	580	45

注:钢材一般以热轧状态交货。经供需双方协议,并在合同中注明,也可以退火状态交货。

表 12-58　表面硬化型冷镦和冷挤压用钢热轧状态的力学性能(GB/T 6478—2001)

牌　号	规定非比例伸长应力 $\sigma_{p0.2}$/MPa,≥	抗拉强度 σ_b/MPa	伸长率 δ_5/%,≥	热轧布氏硬度 HBS,≤
ML10Al	250	400～700	15	137
ML15Al	260	450～750	14	143
ML15	260	450～750	14	—
ML20Al	320	520～820	11	156
ML20	320	520～820	11	—
ML20Cr	490	750～1100	9	—

注:1. 直径大于和等于 25mm 的钢材,试样毛坯直径 25mm;直径小于 25mm 的钢材,按钢材实际尺寸;

2. 在本表中的力学性能不是交货条件,本表仅作为本标准所列牌号有关力学性能的参考,不能作为采购、设计、开发、生产或其他用途的依据,使用者必须了解实际所能达到的力学性能。

表 12-59　调质型冷镦和冷挤压用钢的力学性能(GB/T 6478—2001)

牌　号	规定非比例伸长应力 $\sigma_{p0.2}$/MPa,≥	抗拉强度 σ_b/MPa,≥	伸长率 δ_5/MPa,≥	断面收缩率 ψ/%,≥	热轧布氏硬度 HBS,≤
ML25	275	450	23	50	170
ML30	295	490	21	50	179
ML33	290	490	21	50	—
ML35	315	530	20	45	187
ML40	335	570	19	45	217
ML45	355	600	16	40	229
ML15Mn	705	880	9	40	—
ML25Mn	275	450	23	50	170
ML30Mn	295	490	21	50	179
ML35Mn	430	630	17	—	187
ML37Cr	630	850	14	—	—
ML40Cr	660	900	11	—	—
ML30CrMo	785	930	12	50	—
ML35CrMo	835	980	12	45	—
ML42CrMo	930	1080	12	45	—
ML20B	400	550	16	—	—
ML28B	480	630	14	—	—
ML35B	500	650	14	—	—
ML15MnB	930	1130	9	45	—
ML20MnB	500	650	14	—	—
ML35MnB	650	800	12	—	—
ML15MnVB	720	900	10	45	207
ML20MnVB	940	1040	9	45	—
ML20MnTiB	930	1130	10	45	—
ML37CrB	600	750	12	—	—

注：1. 标准件行业按 GB/T 3098.1—2000 的规定，回火温度范围是 340～425℃，在这种条件下的力学性能值与本表的数值有较大的差异；

2. 直径大于和等于 25mm 的钢材，试样的热处理毛坯直径为 25mm；直径小于 25mm 的钢材，热处理毛坯直径为钢材直径；

3. 在本表中的力学性能不是交货条件。本表仅作为本标准所列牌号有关力学性能的参考，不能作为采购、设计、开发、生产或其他用途的依据。使用者必须了解实际所能达到的力学性能。

表 12-60 冷镦钢丝（热处理型）力学性能（GB/T 5953.1—2009）

牌 号	钢丝公称直径/mm	SALD			SA		
		抗拉强度 R_m/MPa	断面收缩率 Z/%	洛氏硬度 HRB	抗拉强度 R_m/MPa	断面收缩率 Z/%	洛氏硬度 HRB
表面强化型钢丝							
ML10	≤6.00	420～620	≥55	—	300～450	≥60	≤75
	>6.00～12.00	380～560	≥55	—			
	>12.00～25.00	350～500	≥50	≤81			
ML15 ML15Mn ML18 ML18Mn ML20	≤6.00	440～640	≥55	—	350～500	≥60	≤80
	>6.00～12.00	400～580	≥55	—			
	>12.00～25.00	380～530	≥50	≤83			
ML20Mn ML16CrMn ML20MnA ML22Mn ML15Cr ML20Cr ML18CrMo	≤6.00	440～640	≥55	—	370～520	≥60	≤82
	>6.00～12.00	420～600	≥55	—			
	>12.00～25.00	400～550	≥50	≤85			
ML20CrMoA ML20CrNiMo	≤25.00	480～680	≥45	≤93	420～620	≥58	≤91
调质型碳素钢丝							
ML25 ML25Mn ML30Mn ML30 ML35	≤6.00	490～690	≥55	—	380～560	≥60	≤86
	>6.00～12.00	470～650	≥55	—			
	>12.00～25.00	450～600	≥50	≤89			
ML40 ML35Mn	≤6.00	550～730	≥55	—	430～580	≥60	≤87
	>6.00～12.00	500～670	≥55	—			
	>12.00～25.00	450～600	≥50	≤89			
ML45 ML42Mn	≤6.00	590～760	≥55	—	450～600	≥60	≤89
	>6.00～12.00	570～720	≥55	—			
	>12.00～25.00	470～620	≥50	≤96			
调质型合金钢丝							
ML30CrMnSi	≤6.00	600～750	≥50	—	460～660	≥55	≤93
	>6.00～12.00	580～730	≥50	—			
	>12.00～25.00	550～700	≥50	≤95			
ML38CrA ML40Cr	≤6.00	530～730	≥50	—	430～600	≥55	≤89
	>6.00～12.00	500～650	≥50	—			
	>12.00～25.00	480～630	≥50	≤91			
ML30CrMo ML35CrMo	≤6.00	580～780	≥40	—	450～620	≥55	≤91
	>6.00～12.00	540～700	≥35	—			
	>12.00～25.00	500～650	≥35	≤92			
ML42CrMo ML40CrNiMo	≤6.00	590～790	≥50	—	480～730	≥55	≤97
	>6.00～12.00	560～760	≥50	—			
	>12.00～25.00	540～690	≥50	≤95			

续表

序　号	钢丝公称直径/mm	SALD 抗拉强度 R_m/MPa	SALD 断面收缩率 Z/%	SALD 洛氏硬度 HRB	SA 抗拉强度 R_m/MPa	SA 断面收缩率 Z/%	SA 洛氏硬度 HRB
含硼钢丝							
ML20B	≤600	≥55	≤89	≤550	≥65	≥85	
ML28B	≤620	≥55	≤90	≤570	≥65	≥87	
ML35B	≤630	≥55	≤91	≤580	≥65	≥88	
ML20MnB	≤630	≥55	≤91	≤580	≥65	≥88	
ML30MnB	≤660	≥55	≤93	≤610	≥65	≥90	
ML35MnB	≤680	≥55	≤94	≤630	≥65	≥91	
ML40MnB	≤680	≥55	≤94	≤630	≥65	≥91	
ML15MnVB	≤660	≥55	≤93	≤610	≥65	≥90	
ML20MnVB	≤630	≥55	≤91	≤580	≥65	≥88	
ML20MnTiB	≤630	≥55	≤91	≤580	≥65	≥88	

注：1. 直径小于 3.00mm 的钢丝断面收缩率仅供参考；

2. 牌号的化学成分可参考 GB/T 6478—2001；

3. 公称直径不大于 25.0mm 的含硼钢丝交货状态的力学性能应符合此表规定；

4. 公称直径大于 25.0mm 的钢丝力学性能由供需双方协商确定。

表 12-61　冷镦钢丝(非热处理型)的力学性能(GB/T 5953.2—2009)

牌　号	钢丝公称直径 d/mm	抗拉强度 R_m/MPa	断面收缩率 Z/%	洛氏硬度 HRB
HD 工艺钢丝				
ML04Al ML08Al ML10Al	≤3.00	≥460	≥50	—
	>3.00～4.00	≥360	≥50	—
	>4.00～5.00	≥330	≥50	—
	>5.00～25.00	≥280	≥50	≤85
ML15Al ML15	≤3.00	≥590	≥50	—
	>3.00～4.00	≥490	≥50	—
	>4.00～5.00	≥420	≥50	—
	>5.00～25.00	≥400	≥50	≤89
ML18MnAl ML20Al ML20 ML22MnAl	≤3.00	≥850	≥35	—
	>3.00～4.00	≥690	≥40	—
	>4.00～5.00	≥570	≥45	—
	>5.00～25.00	≥480	≥45	≤97
SALD 工艺钢丝				
ML04Al ML08Al ML10Al	—	300～450	≥70	≤76
ML15Al ML15	—	340～500	≥65	≤81
ML18Mn ML20Al ML20 ML22Mn	—	450～570	≥65	≤90

注：1. 钢丝公称直径大于 20mm 时，断面收缩率可以降低 5%；

2. 牌号的化学成分可参考 GB/T 6478—2001；

3. 公称直径大于 25.00mm 的钢丝力学性能由供需双方协商确定；

4. 表中未列出牌号的钢丝力学性能由供需双方协商确定。

表 12-62 标准件用碳素钢热轧圆钢及盘条的力学性能和冷热锻平试验指标(YB/T 4155—2006)

牌号	下屈服强度 R_{eL}/MPa	抗拉强度 R_m/MPa	伸长率 A	伸长率 $A_{11.3}$	冷顶锻试验 $x=h_1/h$	热顶锻试验	热状态或冷状态下铆钉头锻平试验
BL1	≥195	315～400	≥35	≥27	$x=0.4$	达 1/3 高度	顶头直径为公称直径的 2.5 倍
BL2	≥215	335～410	≥33	≥25	$x=0.4$	达 1/3 高度	顶头直径为公称直径的 2.5 倍
BL3	≥235	370～460	≥28	≥21	$x=0.5$	达 1/3 高度	顶头直径为公称直径的 2.5 倍

注:h 为顶锻前试样高度(公称直径的两倍),h_1 为顶锻后试样高度。

表 12-63 预应力混凝土用低合金钢丝——拔丝用盘条的力学性能和工艺性能(YB/T 038—1993)

公称直径/mm	级别	抗拉强度 σ_b/MPa	伸长率/%	冷弯
6.5	YD800	≥550	δ_5≥23	180°,$d=5a$
9.0	YD1000	≥750	δ_5≥15	90°,$d=5a$
10.0	YD1200	≥900	δ_{10}≥7	90°,$d=5a$

表 12-64 预应力混凝土用低合金钢丝力学性能和工艺性能(YB/T 038—1993)

公称直径/mm	级别	抗拉强度 σ_b/MPa	伸长率 δ_{100}/%	反复弯曲试验		应力松弛试验	
				弯曲半径 R/mm	次数 N 不小于	张拉应力与公称强度比	应力松弛率最大值
5.0	YD800	800	4	15	4	0.70	8%,1000h 或 5%,10h
7.0	YD1000	1000	3.5	20	4		
7.0	YD1200	1200	3.5	20	4		

表 12-65 耐候结构钢的力学性能(GB/T 4171—2008)

牌号	拉伸试验									180°弯曲试验弯心直径		
	下屈服强度 R_{eL}/MPa 不小于				抗拉强度 R_m/MPa	断后伸长率 A/% 不小于						
	≤16	>16～40	>40～60	>60		≤16	>16～40	>40～60	>60	≤6	>6～16	>16
Q235NH	235	225	215	215	360～510	25	25	24	23	a	a	$2a$
Q295NH	295	285	275	255	430～560	24	24	23	22	a	$2a$	$3a$
Q295GNH	295	285	—	—	430～560	24	24	—	—	a	$2a$	$3a$
Q355NH	355	345	335	325	490～630	22	22	21	20	a	$2a$	$3a$
Q355GNH	355	345	—	—	490～630	22	22	—	—	a	$2a$	$3a$
Q415NH	415	405	395	—	520～680	22	22	20	—	a	$2a$	$3a$
Q460NH	460	450	440	—	570～730	20	20	19	—	a	$2a$	$3a$
Q500NH	500	490	480	—	600～760	18	16	15	—	a	$2a$	$3a$
Q550NH	550	540	530	—	620～780	16	16	15	—	a	$2a$	$3a$
Q265GNH	265	—	—	—	≥410	27	—	—	—	a	—	—
Q310GNH	310	—	—	—	≥450	26	—	—	—	a	—	—

注:1. a 为钢材厚度;

2. 当屈服现象不明显时,可以采用 $R_{p0.2}$。

表 12-66 高耐候结构钢的冲击试验(GB/T 4171—2008)

质量等级	V 型缺口冲击试验		
	试样方向	温度/℃	冲击吸收能量 KV_2/J
A	纵向	—	—
B		+20	≥47
C		0	≥34
D		−20	≥34
E		−40	≥27

注:1. 冲击试样尺寸 10mm×10mm×55mm;

2. 经供需双方协商,平均冲击功值可以≥60 J。

12.1.3 结构钢的特性与用途

表 12-67 碳素结构钢的特性及用途

牌号	主要特性及用途举例
Q195 Q215A	强度低,塑性高,焊接性良好,用来制造铆钉、地脚螺栓、炉撑、犁板及受力不大的焊接件和冲压件
Q235A Q255A	强度和塑性都较好,焊接性也很好,用做建筑材料的钢盘、工字钢、槽钢,在一般机械制造中用作拉杆、吊钩、螺栓、连杆、心轴、销子及其他一些不重要的零件和焊接件,其中以 Q235A 钢应用最普遍
Q195	属于极软钢类,用作铁丝网、铁钉、铆钉、铁管、薄铁皮等,还普遍用做日常生活用途,如水壶、水桶、铁烟囱、罐头筒等
Q215C Q235B Q255B Q275	主要用于建筑、桥梁工程上制作比较重要的机械构件,可代替优质碳素钢材使用,其中 Q215B 相当 10～15 号钢、Q235B 相当 15～20 号钢、Q255B 相当 25～30 号钢、Q275 相当 35～40 号钢

表 12-68 优质碳素结构钢的特性和应用

牌号	主要特性	应用举例
08F	优质沸腾钢,强度、硬度低,塑料极好。深冲压,深拉延性好,冷加工性,焊接性好 成分偏析倾向大,时效敏感性大,故冷加工时,可采用消除应力热处理,或水韧处理,防止冷加工断裂	易轧成薄板、薄带、冷变形材、冷拉钢丝 用作冲压件、压延件,各类不承受载荷的覆盖件、渗碳、渗氮、氰化件,制作各类套筒、靠模、支架
08	极软低碳钢,强度、硬度很低,塑性,韧性极好,冷加工性好,淬透性、淬硬性极差,时效敏感性比 08F 稍弱,不宜切削加工,退火后导磁性能好	宜轧制成薄板、薄带、冷变形材,冷拉、冷冲压、焊接件,表面硬化件
10F 10	强度低(稍高于 08 钢),塑性、韧性很好,焊接性优良,无回火脆性。易冷热加工成型、淬透性很差,正火或冷加工后切削性能好	宜用冷轧、冷冲、冷镦、冷弯、热轧、热挤压、热镦等工艺成型,制造要求受力不大、韧性高的零件,如摩擦片、深冲器皿、汽车车身、弹体等
15F 15	强度、硬度、塑性与 10F、10 钢相近。为改善其切削性能,需进行正火或水韧处处理来适当提高硬度。淬透性、淬硬性低,韧性、焊接性好	制造受力不大,形状简单,但韧性要求较高或焊接性能较好的中、小结构件,螺钉,螺栓,拉杆,起重钩,焊接容器等
20	强度硬度稍高于 15F、15 钢,塑性、焊接性都好,热轧或正火后韧性好	制作不太重要的中、小型渗碳、碳氮共渗件、锻压件,如杠杆轴、变速箱变速叉、齿轮,重型机械拉杆、钩环等
25	具有一定强度、硬度。塑性和韧性好。焊接性、冷塑性加工性较高,被切削性中等,淬透性、淬硬性差。淬火后低温回火后强韧性好,无回火脆性	焊接件、热锻、热冲压件渗碳后用作耐磨件
30	强度、硬度较高,塑性好、焊接性尚好,可在正火或调质后使用,适于热锻、热压。被切削性良好	用于受力不大,温度＜150℃的低载荷零件,如丝杆、拉杆、轴键、齿轮、轴套筒等。渗碳件表面耐磨性好,可作耐磨件
35	强度适当,塑性较好,冷塑性高,焊接性尚可。冷态下可局部镦粗和拉丝。淬透性低,正火或调质后使用	适于制造小截面零件、可承受较大载荷的零件,如曲轴、杠杆、连杆、钩环等,各种标准件、紧固件

续表

牌号	主要特性	应用举例
40	强度较高，可切削性良好，冷变形能力中等，焊接性差，无回火脆性，淬透性低，易生水淬裂纹，多在调质或正火态使用，两者综合性能相近，表面淬火后可用于制造承受较大应力件	适于制造曲轴心轴、传动轴、活塞杆、连杆、链轮、齿轮等，作焊接件时需先预热，焊后缓冷
45	最常用中碳调质钢，综合力学性能良好，淬透性低，水淬时易生裂纹。小型件宜采用调质处理，大型件宜采用正火处理	主要用于制造强度高的运动件，如透平机叶轮、压缩机活塞、轴、齿轮、齿条、蜗杆等。焊接件注意焊前预热，焊后消除应力退火
50	高强度中碳结构钢，冷变形能力低，可切削性中等。焊接性差，无回火脆性，淬透性较低，水淬时，易生裂纹。使用状态：正火、淬火后回火、高频表面淬火，适用于在动载荷及冲击作用不大的条件下耐磨性高的机械零件	锻造齿轮、拉杆、轧辊、轴摩擦盘、机床主轴、发动机曲轴、农业机械犁铧、重载荷心轴及各种轴类零件等，及较次要的减振弹簧、弹簧垫圈等
55	具有高强度和硬度，塑性和韧性差，被切削性中等，焊接性差，淬透性差，水淬时易淬裂。多在正火或调质处理后使用，适于制造高强度、高弹性、高耐磨性机件	齿轮、连杆、轮圈、轮缘、机车轮箍、扁弹簧、热轧轧辊等
60	具有高强度、高硬度和高弹性。冷变形时塑性差，可切削性能中等，焊接性不好，淬透性差，水淬易生裂纹，故大型件用正火处理	轧辊、轴类、轮箍、弹簧圈、减振弹簧、离合器、钢丝绳
65	适当热处理或冷作硬化后具有较高强度与弹性。焊接性不好，易形成裂纹，不宜焊接，可切削性差，冷变形塑性低，淬透性不好，一般采用油淬，大截面件采用水淬油冷，或正火处理。其特点是在相同组态下其疲劳强度可与合金弹簧钢相当	宜用于制造截面、形状简单、受力小的扁形或螺形弹簧零件。如气门弹簧、弹簧环等，也宜用于制造高耐磨性零件，如轧辊、曲轴、凸轮及钢丝绳等
70	强度和弹性比65钢稍高，其他性能与65钢近似	弹簧、钢丝、钢带、车轮圈等
75 80	性能与65、70钢相似，但强度较高而弹性略低，其淬透性亦不高。通常在淬火、回火后使用	板弹簧、螺旋弹簧、抗磨损零件、较低速车轮等
85	含碳量最高的高碳结构钢，强度、硬度比其他高碳钢高，但弹性略低，其他性能与65、70、75、80钢相近似。淬透性仍然不高	铁道车辆、扁形板弹簧、圆形螺旋弹簧、钢丝、钢带等
15Mn	含锰（w_{Mn}0.70%～1.00%）较高的低碳渗碳钢，因锰高故其强度、塑性、可切削性和淬透性均比15钢稍高，渗碳与淬火时表面形成软点较少，宜进行渗碳、碳氮共渗处理，得到表面耐磨而心部韧性好的综合性能。热轧或正火处理后韧性好	齿轮、曲柄轴，支架、铰链、螺钉、螺母，铆焊结构件，板材适于制造油罐等。寒冷地区农具，如奶油罐等
20Mn	其强度和淬透性比15Mn钢略高，其他性能与15Mn钢相近	与15Mn钢基本相同
25Mn	性能与20Mn及25钢相比，强度稍高	与20Mn及25钢相近
30Mn	与30钢相比具有较高的强度和淬透性，冷变形时塑性好，焊接性中等，可切削性良好。热处理时有回火脆性倾向及过热敏感性	螺栓、螺母、螺钉、拉杆、小轴、刹车机齿轮
35Mn	强度及淬透性比30Mn高，冷变形时的塑性中等。可切削性好，但焊接性较差。宜调质处理后使用	转轴、啮合杆、螺栓、螺母、螺钉等，心轴、齿轮等

续表

牌号	主要特性	应用举例
40Mn	淬透性略高于40钢。热处理后，强度、硬度、韧性比40钢稍高，冷变形塑性中等，可切削性好，焊接性低，具有过热敏感性和回火脆性，水淬易裂	耐疲劳件、曲轴、辊子、轴、连杆。高应力下工作的螺钉、螺母等
45Mn	中碳调质结构钢，调质后具有良好的综合力学性能。淬透性、强度、韧性比45钢高，可切削性尚好，冷变形塑性低，焊接性差，具有回火脆性倾向	转轴、心轴、花键轴、汽车半轴、万向接头轴、曲轴、连杆、制动杠杆、啮合杆、齿轮、离合器、螺栓、螺母等
50Mn	性能与50钢相近，但其淬透性较高，热处理后强度、硬度、弹性均稍高于50钢。焊接性差，具有过热敏感性和回火脆性倾向	用作承受高应力零件、高耐磨零件，如齿轮、齿轮轴、摩擦盘、心轴、平板弹簧等
60Mn	强度、硬度、弹性和淬透性比60钢稍高，退火态可切削性良好，冷变形塑性和焊接性差。具有过热敏感和回火脆性倾向	大尺寸螺旋弹簧、板簧、各种圆扁弹簧，弹簧环、片，冷拉钢丝及发条
65Mn	强度、硬度、弹性和淬透性均比65钢高，具有过热敏感性和回火脆性倾向，水淬有形成裂纹倾向。退火态可切削性尚可，冷变形塑性低，焊接性差	受中等载荷的板弹簧，直径达7～20mm的螺旋弹簧及弹簧垫圈，弹簧环。高耐磨性零件，如磨床主轴、弹簧卡头、精密机床丝杆、犁、切刀、螺旋辊子轴承上的套环、铁道钢轨等
70Mn	性能与70钢相近，但淬透性稍高，热处理后强度、硬度、弹性均比70钢好，具有过热敏感性和回火脆性倾向，易脱碳及水淬时形成裂纹倾向，冷塑性变形能力差，焊接性差	承受大应力、磨损条件下的工作零件，如各种弹簧圈、弹簧垫圈、止推环、锁紧圈、离合器盘等

表12-69　合金结构钢的用途举例

序号	牌号	用途举例
1	20Mn2	代替20Cr钢制作渗碳的小齿轮、小轴、低要求的活塞销、十字销头、柴油机套筒、汽门顶杆、变速箱操纵杆等。亦可作调质件、冷镦件和铆焊件
2	30Mn2	用于制造汽车、拖拉机上的车架横梁，变速箱齿轮、轴、冷镦螺栓以及较大截面的调质件。亦可用来制作心部强度要求较高的渗碳零件，如起重机后车轴和轴颈等
3	35Mn2	用于制造重型和中型机械中的连杆、心轴、半轴、曲轴、冷镦螺栓等，在农业机械上可用作锄铲柄等。在制造小截面(直径<20mm)零件时，可代替40Cr钢
4	40Mn2	用于制造在重负荷下工作的调质零件，如轴、半轴、曲轴、车轴、活塞杆、螺杆、操纵杆、杠杆、连杆，有载荷的螺栓、螺钉、加固环、弹簧等。在制造直径小于50mm的重要零件时可作40Cr钢的代用钢
5	45Mn2	用作在较高应力与磨损条件下的零件，如万向接头轴、车轴、连杆盖、摩擦盘、蜗杆、齿轮、齿轮轴等调质或正火零件，制作直径<60mm的零件时可代替40Cr钢
6	50Mn2	在调质状态下，制造高应力及磨损条件下工作的零件，制造直径<80mm的零件时可代替45Cr钢；也可在正火及高温回火后使用，制作中等负荷、截面尺寸较大的零件。例如重型机械中的主轴、轴及大型齿轮；汽车上的传动花键轴以及承受冲击负荷的心轴；一般机械上用作齿轮、蜗杆、齿轮轴、曲轴、连杆等。也可作板簧及平卷簧，在制造80mm以下的零件时，钢的性能与45Cr钢相似
7	20MnV	用于制造锅炉、高压容器、大型高压管道等较高载荷的焊接结构件，使用温度上限为450～475℃；亦可用于冷拉、冷冲压零件，如活塞销、齿轮等

续表

序 号	牌 号	用 途 举 例
8	27SiMn	用作高韧性和耐磨性的热冲压零件，亦可用于不经热处理的零件，或正火后应用，如拖拉机的履带销等
9	35SiMn	在调质状态下用于制造中速、中等负荷的零件，或在淬火、回火状态下用作高负荷而冲击不大的零件，也可用作截面较大及需表面淬火的零件。在一般机械行业中，此钢用于制造传动齿轮、主轴、心轴、转轴、连杆、蜗杆、电车轴、发电机轴、曲轴、飞轮和大小锻件；在汽轮机制造业中，用作工作温度在400℃以下、直径250mm以内的主轴和轮毂，厚度170mm以下的叶轮以及各种重要紧固件；在农业机械上多用作锄铲柄、犁滚等耐磨零件。此钢可完全代替40Cr作调质钢
10	42SiMn	主要用作表面淬火钢，在高频淬火及中温回火状态下用于制造中速和中等负荷的齿轮零件；在调质后高频淬火、低温回火状态下用于制造表面要求高硬度、较高耐磨性的较大截面零件，如主轴、轴、齿轮等，也可在淬火后低、中温回火状态下用于制造中速、高负荷的零件，如齿轮、主轴、液压泵转子、滑块等，可代40CrNi钢
11 12	20SiMn2MoV 25SiMn2MoV	用于制造截面较大，负荷较重，应力状态复杂或在低温下长期运转的机件，如石油机械钻井提升系统的轻型吊环、吊卡、射孔器等
13	37SiMn2MoV	用于制造大截面承受重负荷的调质零件和表面淬火零件，如重型机械的轴类、齿轮、转子、连杆及高压无缝钢管等，在石油化工中用作高压容器、大螺栓等。此钢使用温度范围为－20～520℃，可制作工作温度450℃以下的大螺栓紧固件，也可代替35CrMo、40CrNiMo等钢使用，这种钢经淬火、低温回火后又可作超高强度钢使用
14	40B	用作比40号碳钢截面较大、性能要求稍高的调质零件，如齿轮、转向拉杆、轴、凸轮轴、拖拉机曲轴柄等，可代40Cr制作性能要求不高的小尺寸零件
15	45B	用作截面较45号钢稍大、要求较高的调质零件，如拖拉机曲轴柄连杆及其他零件，可代40Cr制作小尺寸、要求不高的零件
16	50B	主要用于代替50,50Mn及50Mn2等钢制作要求强度、截面不大的调质零件
17	40MnB	主要代替40Cr钢制造中、小截面的重要调质零件，如汽车的半轴、转向轴、蜗杆、花键轴及机床主轴、齿轮等。也可代40Cr制作Φ250～320mm卷扬机中间轴等大型零件
18	45MnB	代替40Cr或45Cr钢制造中小截面的调质件，如机床齿轮、钻床主轴、拖拉机拐轴、凸轮、花键轴、曲轴、惰轮等
19	20MnMoB	可代替20CrMnTi和12CrNi3A钢制造心部强度要求较高、承受中等负荷的机械零件，如汽车拖拉机上的齿轮、机床上负荷大的齿轮以及活塞销等
20	15MnVB	可作小渗碳件，如小齿轮、小轴等；也可作低碳马低体淬火钢，取代40Cr钢；制造要求高强度的重要螺栓，如汽车上的连杆螺栓、汽缸盖螺栓、半轴螺栓等
21	20MnVB	可作20CrMnTi,20Cr,20CrNi的代用钢，用于制造模数较大、负荷较重的中小渗碳零件，如重型机床上的齿轮和轴，汽车上的后桥主动、从动齿轮等
22	40MnVB	代替40Cr或42CrMo钢制造汽车、拖拉机和机床上的重要调质件，如轴、齿轮等
23	20MnTiB	用于代替20CrMnTi制造汽车、拖拉机上截面较小、中等负荷的渗碳件(如齿轮)
24	25MnTiBRE	可代20CrMnTi,20CrMnMo,20CrMo等钢，广泛用于制造承受中等负荷的拖拉机渗碳齿轮，其使用性能优于20CrMnTi等

续表

序号	牌号	用途举例
25 26	15Cr 15CrA	主要用来制造工作速度较高、截面不大但心部强度及韧性要求较高，表面承受磨损的零件，如齿轮、凸轮、滑阀、活塞、衬套曲柄销、活塞环联轴节、轴、轴承圈等，亦可用作低碳马氏体淬火钢，制造对变形要求不严，但要求强度韧性的零件
27	20Cr	用来制造心部强度要求较高、工作表面承受磨损、截面在 30mm 以下形状复杂而负荷不大的渗碳零件，如机床变速箱齿轮、齿轮轴、凸轮、蜗杆、活塞销、爪形离合器等。也可在调质状态下使用，制造工作速度较大并承受中等冲击负荷的零件
28 29	30Cr 35Cr	通常在调质状态下使用，也可在正火后使用，用于制造在磨损及摩擦条件下或很大冲击负荷下工作的重要机件，如轴、小轴、平衡杠杆、摇杆、连杆、螺栓、螺帽、齿轮和各种滚子等
30	40Cr	这是一种最常用的合金调质结构钢，用于制造承受中等负荷和中等速度工作条件下的机械零件，如汽车的转向节、后半轴及机床上的齿轮、轴、蜗杆、花键轴、顶尖套等；也可经调质并高频表面淬火后用于制造具有高的表面硬度及耐磨性而无很大冲击的零件，如齿轮、套筒、轴、主轴、曲轴、心轴、销子、连杆螺钉、进气阀等；也可经淬火、中温或低温回火，制造承受重负荷的零件；又适于制造进行碳氮共渗处理的各种传动零件，如直径较大和要求低温韧性好的齿轮和轴
31	45Cr	与 40Cr 相似，用来制造较重要的调质件，也可经高频淬火作承载耐磨的零件，如齿轮、轴等
32	50Cr	用来制造受重负荷及受摩擦的零件，如热轧用轧辊减速器轴、齿轮、传动轴、止推环、支承辊的心轴、拖拉机的离合器齿轮，柴油机的连杆、螺栓、挺杆和矿山机械上要求高强度和耐磨的齿轮，油膜轴承套等
33	38CrSi	制造直径 30～40mm、要求较高的零件，如轴、主轴，拖拉机的进气阀，内燃机的油泵齿轮以及其他要求高强度耐磨的零件；也可以制作冷作的冲击工具，如铆钉机压头等
34	12CrMo	用于锅炉及汽轮机制造蒸汽参数达 510℃ 的主汽管，540℃ 以下的过热器管及相应的锻件，也可在淬火回火状态下使用，制作高温下工作的各种弹性元件
35	15CrMo	正火及高温回火后使用。用于制造汽轮机及锅炉业蒸汽参数达 530℃ 的高温锅炉的过程器，中高压蒸汽导管及联箱等，也可在淬、回火后使用，用于制造常温下工作的重要零件
36	20CrMo	用于锅炉及汽轮机制造业中作隔板、叶片、锻件、型轧材、化工工业中制作高压管及各种紧固件，机器制造业中制作较高级的渗碳零件，如齿轮、轴等
37 38	30CrMo 30CrMoA	在中型机械制造业中用于制造截面较大，在高应力条件下工作的调质零件，如轴、主轴、操纵轮、螺栓、双头螺栓、齿轮等，在化工工业中用来制造焊接结构件和高压导管，在汽轮机、锅炉制造业中用来制造 450℃ 以下工作的紧固件，500℃ 以下受高压的法兰盘和螺母，尤其适于制造 300 大气压 400℃ 以下工作的导管
39	35CrMo	通常用作调质件，也可在高、中频表面淬火或淬火、低温回火后使用，用于高负荷下工作的重要结构件，特别是受冲击、振动、弯曲、扭转负荷的机件，如车轴、发动机传动机件、大电机轴、汽轮发电机主轴、轧钢机人字齿轮、曲轴、锤杆、连杆、紧固件以及石油工业的穿孔器等；在锅炉制造业上用作工作温度在 400℃ 以下的螺栓，510℃ 以下的螺母；在化工设备中用于非腐蚀介质中工作的、工作温度在 400～500℃ 的厚度无缝的高压导管。也可代替 40CrNi 钢制作大截面齿轮和高负荷传动轴、汽轮发电机转子、直径小于 500mm 的支承轴等
40	42CrMo	用于制造较 35CrMo 钢强度更高或调质断面更大的锻件，如机车牵引用的大齿轮、增压器传动齿轮、发动机气缸、受负荷极大的连杆及弹簧夹等类似零件

续表

序 号	牌 号	用 途 举 例
41	12CrMoV	用于汽轮机中制作蒸汽参数达540℃的主汽管道，转向导叶环，隔板，隔板外环，以及管壁温度小于570℃的各种过热器管、导管和相应的锻件
42	35CrMoV	用来制造在高应力下工作的重要零件，如长期在500～520℃下工作的汽轮机叶轮，高级涡轮鼓风机和压缩机的转子，盖盘、轴盘，功率不大的发电机轴以及强力发动机的零件等
43	12CrMoV	用于制造高压设备中工作温度不超过580℃的过热器管和联箱管道及相应的锻件
44	25Cr2MoVA	用于制造汽轮机整体转子，套筒，主汽阀、调节阀，蒸汽参数达535℃、受热在550℃的螺母及受热530℃以下的螺栓和双头螺栓，以及其他在510℃以下的紧固连接件，此外还可用作氮化钢、制作阀杆、齿轮等
45	25Cr2MoIVA	用于制造汽轮机蒸汽参数达560℃的前气缸，阀杆螺栓以及其他紧固件
46	38CrMoAI	为高级氮化钢，主要用于具有高耐磨性、高疲劳强度和相当大的强度、热处理后尺寸精确的氮化零件，或各种受冲击负荷不大而耐磨性高的氮化零件，如镗杆、磨床主轴、自动车床主轴、蜗杆、精密丝杆、精密齿轮、高压阀门、阀杆、量规、样板、滚子、仿模、气缸套、压缩机活塞杆，汽轮机上的调速器、转动套、固定套，橡胶及塑料挤压机上的各种耐磨件等
47	40CrV	用于制造受高应力及动负荷的重要零件，如曲轴、不渗碳齿轮、推杆、受强力的双头螺栓、螺钉、机车连杆、螺旋浆、轴套支架、横梁等。也可用于制造氮化处理的零件，如小轴、各种齿轮和销子等，此外还可用来制造断面积小于30mm的高压锅炉给水泵轴，高温高压(420℃，300大气压)工作的螺栓以及各种钢板、钢管和高压气缸等
48	50CrVA	用于制造重要的弹簧(在非腐蚀介质下工作温度不超过300℃)，如航空燃油泵柱塞弹簧；也可用于制造其他重要的零件，如弹射座椅的拉杆
49	15CrMn	经渗碳淬火使用。用来制造齿轮、蜗轮、塑料模子、汽轮机密封轴套等
50	20CrMn	用作截面不大的渗碳件和截面较大的高负荷的调质件，如齿轮、轴、主轴、蜗杆、调速器的套筒、变速装置的摩擦轮等，也可代替20CrNi钢制作断面尺寸不大，受中等压力而又无大冲击负荷的零件
51	40CrMn	用来制造在高速和弯曲负荷下工作的轴、连杆，以及在高速高负荷而无强力冲击负荷下工作的齿轮轴、齿轴、水泵转子、离合器、小轴、心轴等。还用来制作直径小于100mm、强度要求大于784MPa的高压容器盖板的螺栓等
52	20CrMnSi	用来制造强度高的焊接结构和工作应力较大、高韧性的零件，以及厚度在4mm以下的薄板冲压件等
53	25CrMnSi	用来制造受力较大的零件，如拉杆等；也可不经热处理制造重要的焊接件和冲压件
54 55	30CrMnSiA 30CrMnSi	是飞机制造业中使用最广的一种调质钢，用于制造飞机重要锻件、机械加工零件和焊接件，如起落架、螺栓、对接接头、缘条、天窗盖、冷气瓶等，也有用于制造涡轮喷气发动机压气机转子的叶片盘和中框匣导向叶片
56	35CrMnSiA	为低合金超高强度钢，一般均在等温淬火并低温回火后使用，主要用作重负荷、中等速度及要求高强度的零件，如高压鼓风机叶轮、飞机上的起落架等，在一般机械制造中，可部分地代替相应的铬钼或镍铬钢，制作中、小截面的重要零件
57	20CrMnMo	用作截面较大的重要渗碳件，如齿轮、齿轮轴、曲轴等，可代替12Cr2Ni4钢
58	40CrMnMo	用作截面较大而又需要强度和高韧性的调质零件，如8t卡车的后桥半轴、偏心轴、齿轮轴、齿轮、连杆及汽轮机的有关部件等，可作40CrNiMo的代用钢
59	20CrMnTi	是18CrMnTi的代用钢，广泛用作渗碳零件，在汽车、拖拉机工业用于截面在30mm以下，承受高速、中或重负荷以及受冲击、摩擦的重要渗碳零件，如齿轮、轴、齿圈、齿轮轴、滑动轴承的主轴、十字头、爪形离合器、蜗杆等

续表

序号	牌号	用途举例
60	30CrMnTi	用作截面在60mm以下，心部强度要求特别高的高速、高负荷工作的重要渗碳零件，如汽车拖拉机上的主动圆锥齿轮、后主齿轮、齿轮轴、蜗杆等，也可用作调质钢
61	20CrNi	用于制造高负荷下工作的大型重要渗碳零件，如齿轮、键、对轴、活塞销、花键轴等；也可用作具有高冲击韧性的调质零件
62	40CrNi	调质状态下使用，用来制造截面尺寸较大的热状态下锻造和冲压的重要零件，如轴、齿轮连杆、曲轴、螺钉、圆盘等
63	45CrNi	用途与40CrNi相近，用来制造重要调质件，如内燃机曲轴，汽车及拖拉机主轴、变速箱曲轴、气门、螺栓、连杆等
64	50CrNi	用于大型调质件
65	12CrNi2	用于制作心部韧性要求较高而强度不太高的受力复杂的中、小渗碳或碳氮共渗零件，如活塞销、轴套、推杆、小轴、小齿轮、齿套等
66	12CrNi3	用作重负荷条件下工作的、要求高强度、高硬度和高韧性的各种渗碳零件，如传动齿轮、轴、杆、活塞涨圈、调节螺钉、油泵转子、凸轮轴、万向节十字头等
67	20CrNi3	用于制作在高负荷条件下工作的齿轮、蜗杆、轴、螺杆双头螺栓、销钉等
68	30CrNi3	调质状态下使用。用作受扭转负荷及冲击负荷较高而且要求淬透的大型重要零件，如方向轴、前轴、传动轴、曲轴齿轮、蜗杆等；也可以用来制造热锻及热冲中承受大的动载荷及静载荷的零件，如轴、连杆、螺钉、螺帽、键及其他高强度零件
69	37CrNi3	用作大断面、高负荷、受冲击的重要调质零件，以及低温条件下工作并受冲击负荷的零件；也可用在热状态锻造和冲压的零件，如汽轮机叶轮、转子轴、紧固件等
70	12Cr2Ni4	用作截面较大且承受较高负荷、交变应力下工作的重要渗碳件，如受高负荷的各种齿轮、蜗轮、蜗杆、轴、方向接头叉等；也可不经渗碳而在淬火及低温回火状态下使用，用于制造高强度、高韧性的机械构件
71	20Cr2Ni4	用来制造比12Cr2Ni4钢性能要求更高的大截面渗碳零件，如大型齿轮、轴等；也可用作强度韧性高的调质件
72	20CrNiMo	用于制造中小型汽车、拖拉机发动机和传动系统的齿轮，也可以代替12CrNi3钢制造要求心部性能较高的渗碳或碳氮共渗零件，如石油钻探和冶金露天矿用的牙轮钻头的牙爪和轮体
73	40CrNiMoA	用作要求韧性好、强度高及大尺寸的重要调质件，如重型机械中高负荷的轴类、直径大于250mm的汽轮机轴、直升飞机的旋翼轴、涡轮喷气发动机的涡轮轴、叶片、高负荷的传动件、曲轴紧固件、齿轮等；也可用于操作温度超过400℃的转子轴和叶片等，还可进行渗氮处理后用来制造特殊性能要求的重要零件，在低温回火后或等温淬火后可作超高强度钢使用
74	45CrNiMoVA	为低合金超高强度钢，在淬火、低温（或中温）回火后使用，主要用作飞机发动机曲轴，大梁，起落架，压力容器和中、小型火箭壳体等高强度结构零、部件，在重型机械中用作重负荷的扭力轴、变速箱轴、摩擦离合器轴等。此钢也可用作高强度调质零件
75	18Cr2Ni4W	为高级中合金渗碳钢，用作大截面、高强度而又需要良好韧性和缺口敏感性低的重要渗碳件，如大截面的齿轮、传动轴、曲轴、花键轴、活塞销、精密机床上控制进刀的蜗轮等，也可用作调质钢，用于制造在工作中承受重负荷和振动的高强度零件，如重型或中型机械中的连杆、齿轮、曲轴、减速器轴及内燃机车、柴油机上受重载荷的螺栓等。此钢调质后再经渗氮处理，可作高速大功率发动机的曲轴
76	25Cr2Ni4WA	用于制造大截面高负荷的重要调质件，如汽轮机主轴、叶轮等（油中淬火截面200mm以下可完全淬透，空气中淬火截面100mm以下可完全淬透）

表 12-70 低淬透性含钛优质碳素结构钢的特点及用途

牌号	特点	用途
55DTi	低淬透性钢的最大特点就是淬透性低，采用这种钢进行高频或中频淬火加热时，淬硬层可基本上沿零件轮廓均匀分布，这就保证了钢在表面获得高硬度的同时，心部又具有高的强度和冲击韧性，从而有效地解决高频淬火齿轮一类零件。由于淬透性较高，心部硬度超过HRC50，在冲击负荷下易于出现断齿、崩齿问题。这种钢的另一特点是无淬火裂纹倾向，材料成本低，且有利于实现机械化和自动化生产	可部分地代替渗碳钢，用于汽车、拖拉机以及农机制造工业上制作中、重负荷齿轮以及承受冲击的半轴、花键轴、活塞销等类零件。55DTi强度较低，适于制作模数5以下的小齿轮
60DTi 70DTi		同上，但强度比55DTi较高，适于制作模数6以上的大、中型齿轮

表 12-71 易切削结构钢的特性及用途

牌号	特性及用途
Y12	Y12是S-P复合低碳易切削钢，是现有易切削钢中含磷最多的一个钢种。被切削性较15号钢有明显改善，使机械加工生产率成倍提高。由于热加工时钢中的硫化物沿轧制方向伸长，使钢材的力学性能有明显的各向异性。该钢的冷拉材纵向力学性能与冷拉15钢接近，常代替15钢制造对力学性能要求不高的各种机器和仪器仪表零件，如螺栓、螺帽、销钉、轴、管接头、火花塞外壳等。 由于Y12含硫量不够高，再加上冶炼Si-Al镇静钢时，从中得到的是第二类硫化物，它在钢材上呈不均匀分布的细长带状，使其被切削性不十分好
Y15	Y15是S-P复合高硫、低硅易切削钢，是我国研制成功的钢种，该钢含硫量(按中限计算)比Y12高64%，被切削性明显高于Y12钢。用自动机床切削加工时，生产效率比Y12钢提高30%～50%，尤其是攻丝时，丝锥寿命比Y12提高两倍以上，而且比进口的Pb-S复合低碳易切削钢12L14或9SMn23Pb的攻丝效率提高一倍。通常用该钢制造不重要的标准件，如螺栓、螺母、管接头、弹簧座等
Y20	Y20是一种低硫磷复合易切削钢。被切削性能优于20钢，而低于Y12钢。但Y20的力学性能优于Y12钢，一般用于制造仪器、仪表零件。Y20切削加工成形后可以进行渗碳处理，用来制造表面硬、中心韧性高的仪器、仪表、轴类等耐磨零件
Y30	Y30是一种低硫磷复合易切削钢，其力学性能较高，被切削性能也有适当改善，用于制造要求强度较高的非热处理标准件，也可用于制造热处理件。Y30加工成的小零件可进行调质处理，以提高零件的使用寿命。Y30的淬裂敏感性与30钢相当或略差，可根据零件形状复杂程度选择适当的淬火介质。热处理工艺与30钢基本相同
Y40Mn	Y40Mn是一种高硫中碳易切削钢。它具有较好的被切削性能，与普通45钢相比，可提高刀具寿命四倍，提高生产效率30%左右。Y40Mn有较高的强度和硬度，适合加工要求刚性高的机床零部件，如机床的丝杠、光杠、花键轴、齿条、销子等
Y13	Y13是为代用国外铅硫复合易切削钢SUM24L而研制的超高硫低碳易切削钢，采用Mn-S微镇静法冶炼，已初步获得成功。钢中得到了均匀分布的纺锤形硫化物，钢材被切削性优于Y15，达到了从日本进口的铅硫复合易切削钢SUM24L的水平。在自动机床上加工标准件时，切削速度可达80m/min，是一种较理想的自动机床用钢。一般用于制造非重要标准件，如螺栓、螺帽、管接头、火花塞外壳等
Y75	Y75是一种硫磷复合高碳易切削钢，其显微组织为细小均匀分布的粒状珠光体，具有较高的强度、硬度和耐磨性，又具有较好的被切削性，但被切削性能低于YT10Pb。一般用于制造仪器、仪表、钟表等零件，如齿轮、轴、弹簧圈等
Y18-8 (YOCr18Ni10)	Y18-8是为了改善Y18-8不锈钢被切削性能而研制的一种奥氏体型易切削不锈钢，以满足目前国内加工手表表壳工艺的迫切需要。 Y18-8由于钢中增加了适量的硫和铜而具有较好的被切削性能。在同样的切削条件下，相对Y18-8可显著提高刀具寿命和加工表面粗糙度质量，从而提高生产效率。同时又具有较好的耐大气腐蚀、耐硝酸类氧化性酸以及耐碱性水溶液的腐蚀。Y18-8钢在上述介质中耐蚀性优于马氏体和铁素体型易切削不锈钢，而且在卤化物介质如盐雾腐蚀下也具有相当好的耐腐蚀性。 奥氏体型易切削不锈钢，国外应用很广，主要制造各种精密机械零件，如水泵轴、阀、螺钉、螺帽及其他非磁性零件

续表

<table>
<tr><th>牌号</th><th>特性及用途</th></tr>
<tr><td>Y45CaS</td><td>Y45CaS是一种Ca-S复合易切削结构钢。加钙后改变了钢中夹杂物的组成，获得了$CaO-Al_2O_3-SiO_2$系低熔夹杂物和$CaO-Al_2O_3-SiO_2$复合氧化物及(Ca·Mn)S共晶混合物，从而使Y45CaS具有优良的被切削性能。它适于高速切削加工，正常切削时加工速度可达150m/min以上，比45钢提高切削速度一倍以上，可使生产效率提高1～2倍。中低速切削加工时，也具有良好的切削性能，比45钢生产效率提高约30%。
Y45CaS不仅被切削性能良好，而且热处理后具有良好的力学性能，一般用于制造较重要的机器构件，如机床的齿轮轴、花键轴、拖拉机传动轴等热处理和非热处理零件。也常用于在自动机床上切削加工高强度标准件，如螺钉、螺帽</td></tr>
<tr><td>Y40CrCaS</td><td>Y40CrCaS是我国研制的Ca-S复合易切削合金结构钢。这种钢具有良好的被切削性能，适应高速切削加工。正常切削速度可达150m/min以上，效率比切削40Cr钢高1～2倍，中低速切削时也有较好的被切削性能，可提高生产效率约30%。
Y40CrCaS还具有良好的综合力学性能和热处理工艺性能。该钢在调质状态的纵向拉伸性能、旋转弯曲疲劳性能、耐磨性能和碳氮共渗状态下的横向冷弯性能及钢的淬透性和淬裂敏感性均与40Cr相当，只有横向韧性和塑性比40Cr稍低。调质状态下的冲击值比40Cr低约20%。
Y40CrCaS可用于横向冲击值要求不太高的大部分热处理构件，目前主要用于制造齿轮轴、花键轴、螺栓等机床和拖拉机轴类零件。
Y40CrCaS有待通过试验进一步扩大使用范围</td></tr>
<tr><td>YT10Pb</td><td>YT10Pb是一种含铅高碳易切削钢，是制造精度手表零件的重要材料之一。
YT10Pb成品钢中，铅颗粒细小(<3μm)，分布均匀，其显微组织为3～4级粒状珠光体，具有良好的被切削性能。经手表厂鉴定，被切削性能比从日本进口的同类钢好，与瑞典的20AP相当。但对大规格银亮钢丝，其被切削性能比20AP钢差。因此，尚须进一步改进工艺，提高质量</td></tr>
</table>

表12-72 弹簧钢的特性及用途

<table>
<tr><th>钢组</th><th>牌号</th><th>主要特性</th><th>用途举例</th></tr>
<tr><td rowspan="2">碳钢</td><td>65
70</td><td rowspan="2">经热处理及冷拔硬化后，可得到较高的强度和适当的韧性、塑性，在相同表面状态和完全淬透情况下，疲劳极限不比合金弹簧钢差。但淬透性低，尺寸较大时油中淬不透，水淬则变形、开裂倾向较大，只宜用于较小尺寸的弹簧</td><td>调压调速弹簧，柱塞弹簧，测力弹簧，一般机械上的圆、方螺旋弹簧或拉成钢丝作小型机械上的弹簧</td></tr>
<tr><td>85</td><td>汽车、拖拉机或火车等机械上承受震动的扁形板簧和圆形螺旋弹簧</td></tr>
<tr><td>锰钢</td><td>65Mn</td><td>锰提高淬透性，Φ12mm的钢材油中可以淬透，表面脱碳倾向比硅钢小，经热处理后的综合力学性能优于碳钢，但有过热敏感性和回火脆性</td><td>小尺寸各种扁、圆弹簧，座垫弹簧，弹簧发条，也可制作弹簧坯、气门簧、离合器簧片、刹车弹簧、冷拔钢丝冷卷螺旋弹簧</td></tr>
<tr><td>硅锰钢</td><td>55Si2Mn
55Si2MnB
60Si2Mn
60Si2MnA</td><td>硅和锰提高弹性极限和屈强比，提高淬透性、抗回火稳定性和抗松弛稳定性，过热敏感性也较小，但脱碳倾向较大，尤其是硅与碳含量较高时，碳易于石墨化，使钢变脆</td><td>汽车、拖拉机、机车上的减震板簧和螺旋弹簧，气缸安全阀簧，电力机车用升弓钩弹簧，止回阀簧，还可用作250℃以下使用的耐热弹簧</td></tr>
<tr><td>铬锰钢</td><td>55CrMnA
60CrMnA</td><td>较高强度、塑性和韧性，淬透性较好，过热敏感性比锰钢低、比硅锰钢高，脱碳倾向比硅锰钢小，回火脆性大</td><td>用于车辆、拖拉机工业上制作负荷较重、应力较大的板簧和直径较大的螺旋弹簧</td></tr>
<tr><td>铬钒钢</td><td>50CrVA</td><td>良好的力学性能和工艺性能，淬透性较高，加入钒使钢的晶粒细化，降低过热敏感性，提高强度和韧性，具有高的疲劳强度，$\sigma_{0.2}/\sigma_b$的比值也高。是一种较高级弹簧钢</td><td>作用较大截面的高负荷重要弹簧及工作温度<300℃的阀门弹簧、活塞弹簧、安全阀弹簧等</td></tr>
</table>

续表

钢组	牌号	主要特性	用途举例
硅铬钢	60Si2CrA 60Si2CrVA	与硅锰钢相比，当塑性相近时，具有较高的抗拉强度和屈服强度，尤其是60Si2CrVA具有更高的弹性强度，钢的淬透性较大，有回火脆性	用于承受高应力及工作温度在300～350℃以下的弹簧，如调速器弹簧、汽轮机汽封弹簧、破碎机用簧等
硅锰钨钢	65Si2MnWA	与60Si2MnA相比，在高温下有较高的高温强度和硬度，降低过热敏感性，增加了淬透性，特别是提高了承受冲击负荷的能力	用于承受高负荷或耐热(≤350℃)、耐冲击负荷的大截面弹簧
钨铬钒钢	30W4Cr2VA	由于钨铬钒的作用，此钢有良好的室温和高温力学性能和特别高的淬透性，回火稳定性佳，热加工性能良好	用作工作温度≤500℃的耐热弹簧，如锅炉主安全阀弹簧、汽轮机汽封弹簧片等
硅锰钒硼钢	55SiMnVB	合金元素含量低，淬透性比60Si2Mn高，韧性塑性也较高，脱碳倾向小，回火稳定性良好，热加工性能好，成本低	代替60Si2MnA制作重型、中、小型汽车的板簧和其他中型断面的板簧和螺旋弹簧

注：此表中有些为旧牌号。

表12-73 常用轴承钢的特性及用途

类别	牌号	主要特性	用途举例
铬轴承钢	GCr6	为低铬轴承钢，冷变形塑性及切削性较好，耐磨性较碳素工具钢高，对白点形成很敏感，焊接性不良，热处理时有第一类回火脆性，淬透性比其他含铬轴承钢差	用于制造直径≤13.49mm的钢球，各种尺寸滚针，直径≤10.3mm的圆锥滚子，直径≤9.4mm的圆柱滚子和直径≤9.2mm的球面滚子
	GCr9	耐磨性和淬透性比GCr6钢高，切削加工性尚好，冷应变塑性中等，焊接性差，对白点形成也较敏感，热处理有回火脆性倾向	用于制造直径13.5～25.4mm的钢球，直径10.3～18.5mm的圆锥滚子，直径9.4～17.2mm的圆柱滚子和直径9.2～17.1mm的球面滚子
	GCr15	是一种最常用的高铬轴承钢，具有高的淬透性，热处理后可获得高而均匀的硬度，耐磨性优于GCr9，接触疲劳强度高，有良好的尺寸稳定性和抗蚀性，冷变形塑性中等，切削性一般，焊接性差，对白点形成敏感，有第一类回火脆性	在滚珠轴承的制造中，用以制造壁厚12mm、外径<250mm的H级至C级的轴承套，直径25.4～50.8mm的钢球；直径<22mm的滚子，此外也可用作承受大负荷、要求高耐磨性、高弹性极限、高接触疲劳强度的其他机械零件及各种精密量具冷冲模等。如机床的滚珠丝杆，涡轮喷气发动机喷嘴的喷口、柱塞、活门、衬套等
	GCr9SiMn	力学性能、工艺性能和耐磨性与GCr15大致相同，淬透性较GCr15高，可用于代替GCr15钢以节约铬	
	GCr15SiMn	耐磨性和淬透性比GCr15更高，冷加工塑性变形中等、焊接性差，对白点形成敏感，热处理时有回火脆性	用于制造壁厚>12mm、外径≥250mm的套圈；直径50.8～203.2mm的钢球，直径>22mm的滚子；此外也可作要求高硬度高耐磨性的其他机械零件，如轧辊、螺旋量规等

续表

类别	牌号	主要特性	用途举例
无铬轴承钢	GSiMnV(Xt)	系结合我国资源条件研制的新钢种，淬透性、物理性能、锻造性能均较好；与铬轴承钢相比，易脱碳，防锈蚀性较差	与GCr15钢相同，可代替GCr15钢
	GSiMnMo(xt) GMnMOV(xt)		与GCr15SiMn钢相同，可作GCr15SiMn钢的代用钢
渗碳轴承钢	G20CrMo G20Cr2Ni4(A) G20Cr2Mn2Mo(A) G20CrNiMo G20CrNi2Mo G10CrNi3Mo	渗碳轴承用钢实际上是优质和高优质的渗碳结构钢，经渗碳淬火后表面硬(≥HRC60)而耐磨，心部有良好的韧性，特别是淬火后表面处于压应力状态，对提高零件的疲劳强度和使用寿命颇为有利	用于制造高冲击载荷用特大型和中小型轴承零件，如轧钢机轴承的套圈和滚动体
不锈轴承钢	9Cr18 9Cr18Mo	有优良的耐蚀性，经热处理后并有高的硬度、耐磨性和高的接触疲劳强度以及良好的低温性能，切削加工性也很好，但磨削性和导热性差	用于制造在海水、河水、蒸馏水、蒸汽、硝酸以及海洋性腐蚀介质中的轴承，在−253～350℃下工作的轴承，以及某些微型轴承
高温轴承钢	Cr4Mo4V	除具有一般轴承钢的特性外，还具有一定的高温硬度和高温耐磨性、高温接触疲劳强度，抗氧化、耐冲击和高温尺寸稳定性均较良好	用于制造工作温度不超过320℃的各种轴承的套圈和滚动体

表 12-74 低合金高强度结构钢的特性及用途

牌号	强度级别/MPa(kgf/mm²)	使用状态	主要特性	用途举例
09MnV 09MnNb	≥294 (≥30)	热轧或正火	塑性良好，韧性、冷弯性及焊接性也较好，但耐蚀性一般，09MnNb可用于−50℃低温	车辆部门的冲压件、建筑金属构件、容器、拖拉机轮圈
09Mn2	≥294 (≥30)	热轧或正火	可焊性优良，塑性、韧性极高，薄板冲压性能好，低温性能亦可	低压锅炉汽包、中低压化工容器、薄板冲压件、输油管道、储油罐等
12Mn	≥294 (≥30)	热轧	综合性能良好(塑性、焊接性、冷热加工性、低中温性能都较好)，成本较低	低压锅炉板以及用于金属结构、造船、容器、车辆和有低温要求的工程上
18Nb	≥294 (≥30)	热轧	为含铌半镇静钢，钢材性能接近镇静钢，成本低于镇静钢。综合力学性能良好，低温性能亦可	用在起重机、鼓风机、原油油罐、化工容器、管道等方面，亦可用于工业厂房的承重结构
09MnCuPTi 10MnSiCu	≥343 (≥35)	热轧	耐大气腐蚀(比Q235A钢高1.17～1.5倍)，塑性、韧性好，可焊性佳，冷热加工性好，−50℃仍有一定低温韧性，10MnSiCu并能耐硫化氢腐蚀	潮湿多雨地区和有腐蚀气氛工业区的车辆、桥梁、列车电站、矿井等方面的结构件
12MnV	≥343 (≥35)	热轧或正火	强度、韧性高于12Mn，其他性能都和12Mn接近	车辆及一般金属结构件、机械零件(此钢为一般结构用钢)

续表

牌　号	强度级别 /MPa (kgf/mm²)	使用状态	主 要 特 性	用 途 举 例
12MnPXt	≥343 (≥35)	热轧或正火	抗大气和海水腐蚀能力良好，塑性、焊接性、低温韧性都很好	船舶、桥梁、建筑、起重机及其他要求耐大气或海水腐蚀的金属结构件
14MnNb	≥343 (≥35)	热轧或正火	综合力学性能良好，特别是塑性、焊接性能良好，低温韧性相当于16Mn	工作温度为－20～450℃的容器及其他焊接件
16Mn	≥343 (≥35)	热轧或正火	综合力学性能、焊接性及低温韧性、冷冲压及切削性均好，与Q235A钢相比，强度提高50%，耐大气腐蚀能力提高20%～38%，低温冲击韧性也比Q235A钢优越，但缺口敏感性较碳钢大，价廉，应用广泛	各种大型船舶、铁路车辆、桥梁、管道、锅炉、压力容器、石油储罐、起重及矿山机械、电站设备、厂房钢架等承受动负荷的各种焊接结构上，－40℃以下寒冷地区的各种金属构件，也可代15Mn作渗碳零件
16MnXt	≥343 (≥35)	热轧或正火	性能同16Mn，但冲击韧性和冷变形性能较高	和16Mn相同（汽车大梁用钢）
10MnPNbXt	≥392 (≥40)	热轧	综合力学性能、焊接性及耐腐蚀性良好，其耐海水腐蚀能力比16Mn高60%，低温韧性也优于16Mn，冷弯性能特别好，强度高	为耐海水及大气腐蚀用钢，用作抗大气及海水腐蚀的港口码头设施、石油井架、车辆、船舶、桥梁等方面的金属结构件
15MnV	≥392 (≥40)	热轧（或正火）	与16Mn相比，强度级别有所提高，520℃时有一定的热强性，焊接性良好，但缺口及时效敏感性比16Mn大，冷加工变形性能也较差，综合性能以薄板最好，推荐使用温度范围为－20～520℃，低温冲击载荷较大场合使用时最好经正火处理	中、高压锅炉汽包，高、中压石油化工容器，大型船舶、桥梁、车辆、起重机及其他较高载荷的焊接结构件，可代替12CrMo作锅炉钢管，也可用作低碳马氏体淬火钢制作受力较大的连接构件
15MnTi	≥392 (≥40)	正火	性能与15MnV基本相同，但在正火状态下的焊接性、冷卷及冷冲压加工性能均优于15MnV，且易进行切削加工；热轧状态时厚度＞8mm的钢板其塑性、韧性均较差	可代15MnV钢制作承受动负荷的焊接结构件，如汽轮机发电机弹簧板、水轮机涡壳、压力容器及船舶、桥梁等方面
16MnNb	≥392 (≥40)	热轧或正火	性能和16Mn相同，但因加入少量铌，故比16Mn有更高的综合力学性能	大型焊接结构，如容器、管道及重型机械设备
14MnVTiXt	≥441 (≥45)	热轧或正火	综合力学性能、焊接性能良好，特别是低温韧性很好	大型船舶、桥梁、高压容器、重型机械设备及其他焊接结构件
15MnVN	≥441 (≥45)	热轧或正火	力学性能比15MnV高，但热轧状态时的厚钢板（＞20mm）塑性、韧性较低，正火后则有所改善，热轧状态焊接，脆化倾向比较严重。冷、热加工性能较好，但冷作时对缺口敏感性较大	大型船舶、桥梁、电站设备、起重机械、机车车辆、中或高压锅炉及压力容器以及其他大型焊接结构件（＊小截面钢材在热轧状态下使用，板厚或壁厚＞17mm的钢材经正火后使用）

12.2 欧洲标准化委员会(CEN)结构钢

12.2.1 结构钢牌号和化学成分

(1)调质用结构钢

表 12-75 调质用非合金结构钢的牌号及化学成分(EN 10083-2—2006)

牌 号	数字编号	化 学 成 分/%(质量分数,非范围值或特殊注明者均为最大值)							
		C	Si	Mn	P	S	Cr	Mo	Ni	Cr+Mo+Ni
优 质 钢										
C35	1.0501	0.30~0.39	0.40	0.50~0.80	0.045	0.045	0.40	0.10	0.40	0.63
C40	1.0511	0.37~0.44	0.40	0.50~0.80	0.045	0.045	0.40	0.10	0.40	0.63
C45	1.0503	0.42~0.50	0.40	0.50~0.80	0.045	0.045	0.40	0.10	0.40	0.63
C55	1.0535	0.52~0.60	0.40	0.60~0.90	0.045	0.045	0.40	0.10	0.40	0.63
C60	1.0601	0.57~0.65	0.40	0.60~0.90	0.045	0.045	0.40	0.10	0.40	0.63
特 殊 钢										
C22E	1.1151	0.17~0.24	0.40	0.40~0.70	0.030	0.035	0.40	0.10	0.40	0.63
C22R	1.1149	0.17~0.24	0.40	0.40~0.70	0.030	0.020~0.040	0.40	0.10	0.40	0.63
C35E	1.1181	0.32~0.39	0.40	0.50~0.80	0.030	0.035	0.40	0.10	0.40	0.63
C35R	1.1180	0.32~0.39	0.40	0.50~0.80	0.030	0.020~0.040	0.40	0.10	0.40	0.63
C40E	1.1186	0.37~0.44	0.40	0.50~0.80	0.030	0.40	0.40	0.10	0.40	0.63
C40R	1.1189	0.37~0.44	0.40	0.50~0.80	0.030	0.020~0.040	0.40	0.10	0.40	0.63
C45E	1.1191	0.42~0.50	0.40	0.50~0.80	0.030	0.035	0.40	0.10	0.40	0.63
C45R	1.1201	0.42~0.50	0.40	0.50~0.80	0.030	0.020~0.040	0.40	0.10	0.40	0.63
C50E	1.1206	0.47~0.55	0.40	0.60~0.90	0.030	0.035	0.40	0.10	0.40	0.63
C50R	1.1241	0.47~0.55	0.40	0.60~0.90	0.030	0.020~0.040	0.40	0.10	0.40	0.63
C55E	1.1203	0.52~0.60	0.40	0.60~0.90	0.030	0.035	0.40	0.10	0.40	0.63
C55R	1.1209	0.52~0.60	0.40	0.60~0.90	0.030	0.020~0.040	0.40	0.10	0.40	0.63
C60E	1.1221	0.57~0.65	0.40	0.60~0.90	0.030	0.035	0.40	0.10	0.40	0.63
C60R	1.1223	0.57~0.65	0.40	0.60~0.90	0.030	0.020~0.040	0.40	0.10	0.40	0.63
28Mn6	1.1170	0.25~0.32	0.40	1.30~1.65	0.030	0.035	0.40	0.10	0.40	0.63

注:1. 如无需方同意,除铸造需要外,表中未列出元素不得加入钢内,生产过程中应尽量避免会引起钢性能变化的杂质元素通过废料等途径进入钢内;

2. 如果特殊钢无调质或正火后强度要求,C的含量偏差不得超过0.05%,Cr+Mo+Ni总含量不得超过0.45%;

3. 经供需双方协商,平板产品中S含量应不超过0.010%。

表 12-76 调质用合金结构钢的牌号及化学成分(EN 10083-3—2006)

牌 号	数字编号	化 学 成 分/%(质量分数,非范围值或特殊注明者均为最大值)									
		C	Si	Mn	P	S	Cr	Mo	Ni	V	B
38Cr2	1.7003	0.35~0.42	0.40	0.50~0.80	0.025	0.035	0.40~0.60				
46Cr2	1.7006	0.42~0.50	0.40	0.50~0.80	0.025	0.035	0.40~0.60				
34Cr4	1.7033	0.30~0.37	0.40	0.60~0.90	0.025	0.035	0.90~1.20				
34CrS4	1.7037	0.30~0.37	0.40	0.60~0.90	0.025	0.020~0.040	0.90~1.20				
37Cr4	1.7034	0.34~0.41	0.40	0.60~0.90	0.025	0.035	0.90~1.20				
37CrS4	1.7038	0.34~0.41	0.40	0.60~0.90	0.025	0.020~0.040	0.90~1.20				

续表

牌号	数字编号	化学成分/%(质量分数,非范围值或特殊注明者均为最大值)									
		C	Si	Mn	P	S	Cr	Mo	Ni	V	B
41Cr4	1.7035	0.38～0.45	0.40	0.60～0.90	0.025	0.035	0.90～1.20				
41CrS4	1.7039	0.38～0.45	0.40	0.60～0.90	0.025	0.020～0.040	0.90～1.20				
25CrMo4	1.7218	0.22～0.29	0.40	0.60～0.90	0.025	0.035	0.90～1.20	0.15～0.30			
25CrMoS4	1.7213	0.22～0.29	0.40	0.60～0.90	0.025	0.020～0.040	0.90～1.20	0.15～0.30			
34CrMo4	1.7220	0.30～0.37	0.40	0.60～0.90	0.025	0.035	0.90～1.20	0.15～0.30			
34CrMoS4	1.7226	0.30～0.37	0.40	0.60～0.90	0.025	0.020～0.040	0.90～1.20	0.15～0.30			
42CrMo4	1.7225	0.38～0.45	0.40	0.60～0.90	0.025	0.035	0.90～1.20	0.15～0.30			
42CrMoS4	1.7227	0.38～0.45	0.40	0.60～0.90	0.025	0.020～0.040	0.90～1.20	0.15～0.30			
50CrMo4	1.7228	0.46～0.54	0.40	0.50～0.80	0.025	0.035	0.90～1.20	0.15～0.30			
34CrNiMo6	1.6582	0.30～0.38	0.40	0.50～0.80	0.025	0.035	1.30～1.70	0.30～0.50	1.30～1.70		
30CrNiMo8	1.6580	0.26～0.34	0.40	0.50～0.80	0.025	0.035	1.80～2.20		1.80～2.20		
35NiCr6	1.5815	0.30～0.37	0.40	0.50～0.80	0.025	0.025	0.80～1.10	0.25～0.45	1.20～1.60		
36NiCrMo16	1.6773	0.32～0.39	0.40	0.50～0.80	0.025	0.025	1.60～2.00	0.15～0.25	3.6～4.1		
39NiCrMo3	1.6510	0.35～0.43	0.40	0.50～0.80	0.025	0.035	0.60～1.00	0.30～0.60	0.70～1.00		
30NiCrMo16-6	1.6747	0.26～0.33	0.40	0.50～0.80	0.025	0.025	1.20～1.50		3.3～4.3		
51CrV4	1.8159	0.47～0.55	0.40	0.70～1.10	0.025	0.025	0.90～1.20			0.10～0.25	
20MnB5	1.5530	0.17～0.23	0.40	1.10～1.40	0.025	0.035					0.0008～0.0050
30MnB5	1.5531	0.27～0.33	0.40	1.15～1.45	0.025	0.035					0.0008～0.0050
38MnB5	1.5532	0.36～0.42	0.40	1.15～1.45	0.025	0.035					0.0008～0.0050
27MnCrB5-2	1.7182	0.24～0.30	0.40	1.10～1.40	0.025	0.035	0.30～0.60				0.0008～0.0050
33MnCrB5-2	1.7185	0.30～0.36	0.40	1.20～1.50	0.025	0.035	0.30～0.60				0.0008～0.0050
39MnCrB6-2	1.7189	0.36～0.42	0.40	1.40～1.70	0.025	0.035	0.30～0.60				0.0008～0.0050

注:1. 如无需方同意,除铸造需要外,表中未列出元素不得加入钢内,生产过程中应尽量避免会引起钢性能变化的杂质元素通过废料等途径进入钢内;

2. 为改善钢的切削性能,无硼钢种含硫量可增至 0.10%,同时 Mn 含量上限也应增加 0.15%。

(2)表面硬化钢

表 12-77　　表面硬化钢的牌号及化学成分(EN 10084—1998)

牌号	数字编号	化学成分/%(质量分数,非范围值或特殊注明者均为最大值)								
		C	Si	Mn	P	S	Cr	Mo	Ni	B
C10E	1.1121	0.07~0.13	0.40	0.30~0.60	0.035	0.035				
C10R	1.1207					0.020~0.040				
C15E	1.1141	0.12~0.18	0.40	0.30~0.60	0.035	0.035		0.15~0.25		
C15R	1.1140					0.020~0.040				
C16E	1.1148	0.12~0.18	0.40	0.30~0.60	0.035	0.035		0.40~0.50		
C16R	1.1208					0.020~0.040				
17Cr3	1.7016	0.14~0.20	0.40	0.60~0.90	0.035	0.035	0.70~1.00	0.30~0.40		
17CrS3	1.7014					0.020~0.040				
28Cr4	1.7030	0.24~0.31	0.40	0.60~0.90	0.035	0.035	0.90~1.20	0.40~0.50		
28CrS4	1.7036					0.020~0.040				
16MnCr5	1.7131	0.14~0.19	0.40	0.60~0.90	0.035	0.035	0.80~1.10			0.0008~0.0050
16MnCrS5	1.7139					0.020~0.040				
16MnCrB5	1.7160					0.035				
20MnCr5	1.7147	0.17~0.22	0.40	1.10~1.40	0.035	0.035	1.00~1.30			
20MnCrS5	1.7149					0.020~0.040				
18CrMo4	1.7243	0.15~0.21	0.40	0.60~0.90	0.035	0.035	0.90~1.20			
18CrMoS4	1.7244					0.020~0.040				
22CrMoS3-5	1.7333	0.19~0.24	0.40	0.70~1.00	0.035	0.020~0.040	0.70~1.00			
20MoCr3	1.7320	0.17~0.23	0.40	0.60~0.90	0.035	0.035	0.40~0.70			
20MoCrS3	1.7319					0.020~0.040				
20MoCr4	1.7321	0.17~0.23	0.40	0.70~1.00	0.035	0.035	0.30~0.60			
20MoCr4	1.7323					0.020~0.040				
16NiCr4	1.5714	0.13~0.19	0.40	0.70~1.00	0.035	0.035	0.60~1.00		0.80~1.10	
16NiCrS4	1.5715					0.020~0.040				
10NiCr5-4	1.5808	0.07~0.12	0.40	0.60~0.90	0.035	0.035	0.90~1.20		1.20 1.50	
18NiCr5-4	1.5810	0.16~0.21	0.40	0.60~0.90	0.035	0.035	0.90~1.20		1.20~1.50	
17CrNI6-6	1.5918	0.14~0.20	0.40	0.50~0.90	0.035	0.035	1.40~1.70		1.40~1.70	
15NiCr13	1.5752	0.14~0.20	0.40	0.40~0.70	0.035	0.035	0.60~0.90		3.00~3.50	
20NiCrMo2-2	1.6523	0.17~0.23	0.40	0.65~0.95	0.035	0.035	0.35~0.70	0.15~0.25	0.40~0.70	
20NiCrMoS2-2	1.6526					0.020~0.040				
17NiCrMo6-4	1.6566	0.14~0.20	0.40	0.60~0.90	0.035	0.035	0.80~1.10	0.15~0.25	1.20~1.50	
17NiCrMoS6-4	1.6569					0.020~0.040				
20NiCrMoS6-4	1.6571	0.16~0.23	0.40	0.50~0.90	0.035	0.020~0.040	0.60~0.90	0.25~0.35	1.40~1.70	
18CrNiMo7-6	1.6587	0.15~0.21	0.40	0.50~0.90	0.035	0.035	1.50~1.80	0.25~0.35	1.40~1.70	
14NiCrMo13-4	1.6657	0.11~0.17	0.40	0.30~0.60	0.035	0.035	0.80~1.10	0.10~0.25	3.00~3.50	

注:1. 如无需方同意,除铸造需要外,表中未列出元素不得加入钢内,生产过程中应尽量避免会引起钢性能变化的杂质元素通过废料等途径进入钢内;

2. 当供货限制条件为淬硬性时,钢成分除 P 和 S 外,可允许有少许偏差存在;

3. 为改善钢的切削性能,钢中含硫量可增至 0.10%,同时 Mn 含量上限也应增加 0.15%。

(3)氮化钢

表 12-78 氮化钢的牌号与化学成分(EN 10085—2001)

牌号	数字编号	化学成分/%(质量分数,非范围值或特殊注明者均为最大值)									
		C	Si	Mn	P	S	Al	Cr	Mo	Ni	V
24CrMo13-6	1.8516	0.20～0.27	0.40	0.40～0.70	0.025	0.035		3.00～3.50	0.50～0.70		
31CrMo12	1.8515	0.28～0.35	0.40	0.40～0.70	0.025	0.035		2.80～3.30	0.30～0.50		
32CrCrAlMo7-10	1.8505	0.28～0.35	0.40	0.40～0.70	0.025	0.035	0.80～1.20	1.50～1.80	0.20～0.40		
31CrMoV9	1.8519	0.27～0.34	0.40	0.40～0.70	0.025	0.035		2.30～2.70	0.15～0.25		0.10～0.20
33CrMoV12-9	1.8522	0.29～0.36	0.40	0.40～0.70	0.025	0.035		2.80～3.30	0.70～1.00		0.15～0.25
34CrAlNi7-10	1.8550	0.30～0.37	0.40	0.40～0.70	0.025	0.035	0.80～1.20	1.50～1.80	0.15～0.25	0.85～1.15	
41CrAlMo7-10	1.8509	0.38～0.45	0.40	0.40～0.70	0.025	0.035	0.80～1.20	1.50～1.80	0.20～0.35		
40CrMoV13-9	1.8523	0.36～0.43	0.40	0.40～0.70	0.025	0.035		3.00～3.50	0.80～1.10		0.15～0.25
34CrAlMo5-10	1.8507	0.30～0.37	0.40	0.40～0.70	0.025	0.035	0.80～1.20	1.00～1.30	0.15～0.25		

注:如无需方同意,除铸造需要外,表中未列出元素不得加入钢内,生产过程中应尽量避免会引起钢性能变化的杂质元素通过废料等途径进入钢内。

(4)自由切削钢

表 12-79 自由切削钢的牌号及化学成分(EN 10087—1998)

牌号	数字编号	化学成分/%(质量分数,非范围值或特殊注明者均为最大值)					
		C	Si	Mn	P	S	Pb
非热处理钢							
11SMn30	1.0715	0.14	0.05	0.90～1.30	0.11	0.27～0.33	
11SMnPb30	1.0718	0.14	0.05	0.90～1.30	0.11	0.27～0.33	0.20～0.35
11SNb37	1.0736	0.14	0.05	1.00～1.50	0.11	0.34～0.40	
11SMnPb37	1.0737	0.14	0.05	1.00～1.50	0.11	0.34～0.40	0.20～0.35
表面硬化钢							
10S20	1.0721	0.07～0.13	0.40	0.70～1.10	0.06	0.15～0.25	
10SPb20	1.0722	0.07～0.13	0.40	0.70～1.10	0.06	0.15～0.25	0.20～0.35
15SMn13	1.0725	0.12～0.18	0.40	0.90～1.30	0.06	0.08～0.18	
淬火钢							
35S20	1.0726	0.32～0.39	0.40	0.70～1.10	0.06	0.15～0.25	
35SPb20	1.0756	0.32～0.39	0.40	0.70～1.10	0.06	0.15～0.25	0.15～0.35
36SMn14	1.0764	0.32～0.39	0.40	1.30～1.70	0.06	0.10～0.18	
36SMnPb14	1.0765	0.32～0.39	0.40	1.30～1.70	0.06	0.10～0.18	0.15～0.35
38SMn28	1.0760	0.35～0.40	0.40	1.20～1.50	0.06	0.24～0.33	
38SMnPb28	1.0761	0.35～0.40	0.40	1.20～1.50	0.06	0.24～0.33	0.15～0.35
44SMn28	1.0762	0.40～0.48	0.40	1.30～1.70	0.06	0.24～0.33	
44SMnPb28	1.0763	0.40～0.48	0.40	1.30～1.70	0.06	0.24～0.33	0.15～0.35
46S20	1.0727	0.42～0.50	0.40	0.70～1.10	0.06	0.15～0.25	
46SPb20	1.0757	0.42～0.50	0.40	0.70～1.10	0.06	0.15～0.25	0.15～0.35

注:1. 如无需方同意,除铸造需要外,表中未列出元素不得加入钢内,生产过程中应尽量避免会引起钢性能变化的杂质元素通过废料等途径进入钢内;

2. 如需保证特殊氧化物形成,Si 含量允许至 0.10%～0.40%。

(5)弹簧钢

表 12-80　淬火和回火弹簧用热轧钢的牌号及化学成分(EN 10089—2002)

牌号	数字编号	化学成分/%(质量分数,非范围值或特殊注明者均为最大值)									
		C	Si	Mn	P	S	Cr	Ni	Mo	V	Cu+Sn
38Si7	1.5023	0.35~0.42	1.50~1.80	0.50~0.80	0.025	0.025					
46Si7	1.5024	0.42~0.50	1.50~2.00	0.50~0.80	0.025	0.025					
56Si7	1.5026	0.52~0.60	1.60~2.00	0.60~0.90	0.025	0.025					
55Cr3	1.7176	0.52~0.59	0.40	0.70~1.00	0.025	0.025	0.70~1.00				
60Cr3	1.7177	0.55~0.65	0.40	0.70~1.00	0.025	0.025	0.60~0.90				
54SiCr6	1.7102	0.51~0.59	1.20~1.60	0.50~0.80	0.025	0.025	0.50~0.80				
56SiCr7	1.7106	0.52~0.60	1.60~2.00	0.70~1.00	0.025	0.025	0.20~0.45				
61SiCr7	1.7108	0.57~0.65	1.60~2.00	0.70~1.00	0.025	0.025	0.20~0.45				
51CrV4	1.8159	0.47~0.55	0.40	0.70~1.10	0.025	0.025	0.90~1.20			0.10~0.25	
45SiCrV6-2	1.8151	0.40~0.50	1.30~1.70	0.60~0.90	0.025	0.025	0.40~0.80			0.10~0.20	
54SiCrV6	1.8152	0.51~0.59	1.20~1.60	0.50~0.80	0.025	0.025	0.50~0.80			0.10~0.20	
60SiCrV7	1.8153	0.56~0.64	1.50~2.00	0.70~1.00	0.025	0.025	0.20~0.40			0.10~0.20	
46SiCrMo6	1.8062	0.42~0.50	1.30~1.70	0.50~0.80	0.025	0.025	0.50~0.80		0.20~0.30		
50SiCrMo6	1.8063	0.46~0.54	1.40~1.80	0.70~1.00	0.025	0.025	0.80~1.10		0.20~0.35		
52SiCrNi5	1.7117	0.49~0.56	1.20~1.50	0.70~1.00	0.025	0.025	0.70~1.00	0.50~0.70		0.10~0.20	
52CrMoV4	1.7701	0.48~0.56	0.40	0.70~1.10	0.025	0.025	0.90~1.20		0.15~0.30		
60CrMo3-1	1.7139	0.56~0.64	0.40	0.70~1.00	0.025	0.025	0.70~1.00		0.06~0.15		
60CrMo3-2	1.7240								0.15~0.25		
60CrMo3-3	1.7241								0.25~0.35		

注:如无需方同意,除铸造需要外,表中未列出元素不得加入钢内,生产过程中应尽量避免会引起钢性能变化的杂质元素通过废料等途径进入钢内。

表 12-81　热处理用冷轧弹簧钢条的牌号及化学成分(EN 10132-4—2000)

牌号	数字编号	化学成分/%(质量分数,非范围值或特殊注明者均为最大值)							
		C	Si	Mn	P	S	Cr	Mo	V	Ni
C55S	1.1204	0.52~0.60	0.15~0.35	0.60~0.90	0.025	0.025	0.40	0.10		0.40
C60S	1.1211	0.57~0.65	0.15~0.35	0.60~0.90	0.025	0.025	0.40	0.10		0.40
C67S	1.1231	0.65~0.73	0.15~0.35	0.60~0.90	0.025	0.025	0.40	0.10		0.40
C75S	1.1248	0.70~0.80	0.15~0.35	0.60~0.90	0.025	0.025	0.40	0.10		0.40
C85S	1.1269	0.80~0.90	0.15~0.35	0.40~0.70	0.025	0.025	0.40	0.10		0.40
C90S	1.1217	0.85~0.95	0.15~0.35	0.40~0.70	0.025	0.025	0.40	0.10		0.40
C100S	1.1274	0.95~1.05	0.15~0.35	0.30~0.60	0.025	0.025	0.40	0.10		0.40
C125S	1.1224	1.20~1.30	0.15~0.35	0.30~0.60	0.025	0.025	0.40	0.10		0.40
48Si7	1.5021	0.45~0.52	1.60~2.00	0.50~0.80	0.025	0.025	0.40	0.10		0.40
56Si7	1.5026	0.52~0.60	1.60~2.00	0.60~0.90	0.025	0.025	0.40	0.10		0.40
51CrV4	1.8159	0.47~0.55	0.40	0.70~1.10	0.025	0.025	0.90~1.20	0.10	0.10~0.25	0.40
80CrV2	1.2235	0.75~0.85	0.15~0.35	0.30~0.50	0.025	0.025	0.40~0.60	0.10	0.15~0.25	0.40
75Ni8	1.5634	0.72~0.78	0.15~0.35	0.30~0.50	0.025	0.025	0.15	0.10		1.80~2.10
125Cr2	1.2002	1.20~1.30	0.15~0.35	0.25~0.40	0.025	0.025	0.40~0.60	0.10		0.40
102Cr6	1.2067	0.95~1.10	0.15~0.35	0.25~0.40	0.025	0.025	1.35~1.60	0.10		0.40

注:如无需方同意,除铸造需要外,表中未列出元素不得加入钢内,生产过程中应尽量避免会引起钢性能变化的杂质元素通过废料等途径进入钢内。

表 12-82　　机械弹簧钢丝用钢的牌号及化学成分(EN 10270—2001)

牌号	化学成分/%(质量分数,非范围值或特殊注明者均为最大值)						
	C	Si	Mn	P	S	Cu	Cr	V
获得专利的冷拉伸非合金弹簧钢丝								
SL,SM,SH	0.35～1.00	0.10～0.30	0.50～1.20	0.035	0.035	0.20		
DM,DH	0.45～1.00	0.10～0.30	0.50～1.20	0.020	0.025	0.12		
油硬化和回火的弹簧钢丝								
VDC	0.60～0.75	0.15～0.30	0.50～1.00	0.020	0.020	0.06		0.15～0.25
VDCrV	0.62～0.72	0.15～0.30	0.50～0.90	0.025	0.020	0.06	0.40～0.60	0.15～0.25
VDSiCr	0.50～0.60	1.20～1.60	0.50～0.90	0.025	0.020	0.06	0.50～0.80	0.15～0.25
TDC	0.60～0.75	0.10～0.35	0.50～1.20	0.020	0.020	0.10		0.15～0.25
TDCrV	0.62～0.72	0.15～0.30	0.50～0.90	0.025	0.020	0.10	0.40～0.60	0.15～0.25
TDSiCr	0.50～0.60	1.20～1.60	0.50～0.90	0.025	0.020	0.10	0.50～0.80	0.15～0.25
FDC	0.60～0.75	0.10～0.35	0.50～1.20	0.030	0.025	0.12		0.15～0.25
FDCrV	0.62～0.72	0.15～0.30	0.50～0.90	0.030	0.025	0.12	0.40～0.60	0.15～0.25
FDSiCr	0.50～0.60	1.20～1.60	0.50～0.90	0.030	0.025	0.12	0.50～0.80	0.15～0.25

注:1. 表中给出成分范围适用于所有尺寸产品,对特定尺寸产品而言,C的成分范围应缩小;

2. 对于直径大于8.5mm的线材,Cr含量允许至0.30%;

3. Mn含量可根据需要减小,但不低于0.20%。

(6)压力容器用钢

表 12-83　规定高温性能的压力容器用热轧可焊钢棒的牌号及化学成分(EN 10273—2000)

牌号	数字编号	化学成分/%(质量分数,非范围值或特殊注明者均为最大值)																	
		C	Si	Mn	P	S	Al(最小值)	N	B	Cr	Cu	Mo	Nb	Ni	Ti	V	Zr	Nb+Ti+V	Cr+Cu+Mo+Ni
P235GH	1.0345	0.16	0.35	0.40～1.20	0.030	0.025	0.020			0.30	0.30	0.08	0.010	0.30	0.03	0.02			0.70
P250GH	1.0460	0.18～0.23	0.40	0.30～0.90	0.025	0.015	0.015～0.050			0.30			0.010	0.30	0.03	0.02			0.70
P265GH	1.0425	0.20	0.40	0.50～1.40	0.030	0.025	0.020			0.30	0.30	0.08	0.010	0.30	0.03	0.02			0.70
P295GH	1.0481	0.08～0.20	0.40	0.90～1.50	0.030	0.025	0.020			0.30	0.30	0.08	0.010	0.30	0.03	0.02			0.70
P355GH	1.0473	0.10～0.22	0.60	1.00～1.70	0.030	0.025	0.020			0.30	0.30	0.08	0.010	0.30	0.03	0.02			0.70
P275NH	1.0487	0.18	0.40	0.50～1.40	0.030	0.025	0.020	0.020		0.30	0.30	0.08	0.05	0.50	0.03	0.05		0.05	
P355NH	1.0565	0.20	0.50	0.09～1.70	0.030	0.025	0.020	0.020		0.30	0.30	0.08	0.05	0.50	0.03	0.10		0.12	
P460NH	1.8935	0.20	0.60	1.00～1.70	0.030	0.025	0.020	0.025		0.30	0.70	0.10	0.05	0.80	0.03	0.20		0.22	
P355QH	1.8867	0.16	0.40	1.50	0.025	0.015		0.015	0.005	0.30	0.30	0.25	0.05	0.50	0.03	0.06	0.05		
P460QH	1.8871④	0.18	0.50	1.70	0.025	0.015		0.015	0.005	0.30	0.30	0.50	0.05	1.00	0.03	0.08	0.05		
P500QH	1.8874	0.18	0.60	1.70	0.025	0.015		0.015	0.005	0.30	0.30	0.70	0.05	1.50	0.05	0.08	0.15		
P690QH	1.8880	0.20	0.80	1.70	0.025	0.015		0.015	0.005	0.30	0.30	0.70	0.06	2.50	0.05	0.12	0.15		
16Mo3	1.5415	0.12～0.20	0.35	0.40～0.90	0.030	0.025				0.30	0.30	0.25～0.35		0.30					
13CrMo4-5	1.7335	0.08～0.18	0.35	0.40～1.00	0.030	0.025				0.70～1.15	0.30	0.40～0.60							
10CrMo9-10	1.7380	0.08～0.14	0.50	0.40～0.80	0.030	0.025				2.00～2.50	0.30	0.90～1.10							
11CrMo9-10	1.7383	0.08～0.15	0.50	0.40～0.80	0.030	0.025				2.00～2.50	0.30	0.90～1.10							

注:1. 如无需方同意,除铸造需要外,表中未列出元素不得加入钢内,生产过程中应尽量避免会引起钢性能变化的杂质元素通过废料等途径进入钢内;

2. Cr,Cu,Mo三种元素之和应不超过0.45%;

3. 当Cu含量超过0.30%时,Ni含量至少应达到Cu的一半;

4. 当V含量超过0.10%时,应采取预防措施防止再热裂纹出现。

表 12-84 压力容器用钢板的牌号及化学成分

牌号	数字编号	化学成分/%(质量分数,非范围值或特殊注明者均为最大值)													
		C	Si	Mn	P	S	Al(最小值)	N	Cr	Cu	Mo	Nb	Ni	Ti	V	其他
规定耐高温性能的非合金钢和合金钢(EN 10028-2—2003)																
P235GH	1.0345	0.16	0.35	0.40～1.20	0.025	0.015	0.020	0.012	0.30	0.30	0.08	0.020	0.30	0.03	0.02	Cr+Cu+Mo+Ni 0.70
P265GH	1.0425	0.20	0.40	0.50～1.40	0.025	0.015	0.020	0.012	0.30	0.30	0.08	0.020	0.30	0.03	0.02	
P295GH	1.0481	0.08～0.20	0.40	0.90～1.50	0.025	0.015	0.020	0.012	0.30	0.30	0.08	0.020	0.30	0.03	0.02	
P355GH	1.0473	0.10～0.22	0.60	1.00～1.70	0.025	0.015	0.020	0.012	0.30	0.30	0.08	0.020	0.30	0.03	0.02	
16Mo3	1.5415	0.12～0.20	0.35	0.40～0.90	0.025	0.010		0.012	0.30	0.30	0.25～0.35		0.30			
18MnMo4-5	1.5414	0.20	0.40	0.90～1.50	0.015	0.005		0.012	0.30	0.30	0.45～0.60		0.30			
20MnMoNi4-5	1.6311	0.15～0.23	0.40	1.00～1.50	0.020	0.010		0.012	0.20	0.20	0.45～0.60		0.40～0.80		0.02	
15NiCuMoNb5-6-4	1.6368	0.17	0.25～0.50	0.80～1.20	0.025	0.010	0.015	0.020	0.30	0.50～0.80	0.25～0.50	0.015～0.045	1.00～1.30			
13CrMo4-5	1.7335	0.08～0.18	0.35	0.40～1.00	0.025	0.010		0.012	0.70～1.15	0.30	0.40～0.60					
13CrMoSi5-5	1.7336	0.17	0.50～0.80	0.40～0.65	0.015	0.005		0.012	1.00～1.50	0.30	0.45～0.65		0.30			
10CrMo9-10	1.7380	0.08～0.14	0.50	0.40～0.80	0.020	0.010		0.012	2.00～2.50	0.30	0.90～1.10					
12CrMo9-10	1.7375	0.10～0.15	0.30	0.30～0.80	0.015	0.010	0.010～0.040	0.012	2.00～2.50	0.25	0.90～1.10		0.30			
X12CrMo5	1.7362	0.10～0.15	0.50	0.30～0.60	0.020	0.005			4.00～6.00	0.30	0.45～0.65		0.30			
13CrMoV9-10	1.7703	0.11～0.15	0.10	0.30～0.60	0.015	0.005		0.012	2.00～2.50	0.20	0.90～1.10	0.07	0.25	0.03	0.25～0.35	B0.002 Ca0.015
12CrMoV12-10	1.7767	0.10～0.15	0.15	0.30～0.60	0.015	0.005		0.012	2.75～3.25	0.25	0.90～1.10	0.07	0.25	0.03	0.20～0.30	B0.003 Ca0.015
X10CrMoVNb9-1	1.4903	0.08～0.12	0.50	0.30～0.60	0.020	0.005	≤0.040	0.030～0.070	8.00～9.50	0.30	0.85～1.05	0.06～0.10	0.30		0.18～0.25	

续表

牌号	数字编号	化学成分/%(质量分数,非范围值或特殊注明者均为最大值)													
		C	Si	Mn	P	S	Al(最小值)	N	Cr	Cu	Mo	Nb	Ni	Ti	V	其他
经过正火处理的可焊细晶粒钢(EN 10028-3—2003)																
P275NH	1.0487	0.16	0.40	0.80～1.50	0.025	0.015	0.020	0.012	0.30	0.30	0.08	0.05	0.50	0.03	0.05	Nb+Ti+V0.05
P275NL1	1.0488				0.020	0.010										
P275NL2	1.1104															
P355N	1.0562	0.18	0.50	1.10～1.70	0.025	0.015	0.020	0.012	0.30	0.30	0.08	0.05	0.50	0.03	0.10	Nb+Ti+V0.12
P355NH	1.0565															
P355NL1	1.0566															
P355NL2	1.1106				0.020	0.010										
P460NH	1.8935	0.20	0.60	1.10～1.70	0.025	0.015	0.020	0.025	0.30	0.70	0.10	0.05	0.80	0.03	0.20	Nb+Ti+V0.22
P460NL1	1.8915															
P460NL2	1.8918				0.020	0.010										
具有低温特性的镍合金钢(EN 10028-4—2003)																
11MnNi5-3	1.6212	0.14	0.50	0.70～1.50	0.025	0.015	0.020					0.05	0.30～0.80		0.05	
13MnNi6-3	1.6217	0.16	0.50	0.85～1.70	0.025	0.015	0.020					0.05	0.30～0.85		0.05	
15NiMn6	1.6228	0.18	0.35	0.80～1.50	0.025	0.015							1.30～1.70		0.05	
12Ni14	1.5637	0.15	0.35	0.30～0.80	0.020	0.010							3.25～3.75		0.05	
X12Ni5	1.5680	0.15	0.35	0.30～0.80	0.020	0.010							4.75～5.25		0.05	
X8Ni9	1.5662	0.10	0.35	0.30～0.80	0.020	0.010		0.10					8.50～10.00		0.05	
X7Ni9	1.5663	0.10	0.35	0.30～0.80	0.015	0.005		0.10					8.50～10.00		0.01	
机械热轧可焊细粒钢(EN 10028-5—2003)																
P355M	1.8821	0.14	0.50	1.60	0.025	0.020	0.020	0.015			0.20	0.05	0.50	0.05	0.10	Cr+Cu+Mo0.60
P355ML1	1.8832															
P355ML2	1.8833				0.020	0.015										
P420M	1.8824	0.16	0.50	1.70	0.025	0.020	0.020	0.020			0.20	0.05	0.50	0.05	0.10	Cr+Cu+Mo0.60
P420ML1	1.8835															
P420ML2	1.8828				0.020	0.015										

续表

牌号	数字编号	化学成分/%(质量分数,非范围值或特殊注明者均为最大值)														
		C	Si	Mn	P	S	Al(最小值)	N	Cr	Cu	Mo	Nb	Ni	Ti	V	其他
P460M	1.8826	0.16	0.60	1.70	0.025	0.020	0.020	0.020			0.20	0.05	0.50	0.05	0.10	Cr+Cu+Mo 0.60
P460ML1	1.8837															
P460ML2	1.8831				0.020	0.015										

淬火和回火可焊细粒钢(EN 10028-6—2003)

牌号	数字编号	C	Si	Mn	P	S	N	B	Cr	Mo	Cu	Nb	Ni	Ti	V	Zr
P355Q	1.8866	0.16	0.40	1.50	0.025	0.015	0.015	0.005	0.30	0.25	0.30	0.05	0.50	0.03	0.08	0.05
P355QH	1.8867															
P355QL1	1.8868															
P355QL2	1.8869				0.020	0.010										
P460Q	1.8870	0.18	0.50	1.70	0.025	0.015	0.015	0.005	0.50	0.50	0.30	0.05	1.00	0.03	0.08	0.05
P460QH	1.8871															
P460QL1	1.8872															
P460QL2	1.8864				0.020	0.010										
P500Q	1.8873	0.18	0.60	1.70	0.025	0.015	0.015	0.005	1.00	0.70	0.30	0.05	1.50	0.05	0.08	0.15
P500QH	1.8874															
P500QL1	1.8875															
P500QL2	1.8865				0.020	0.010										
P690Q	1.8879	0.20	0.80	1.70	0.025	0.015	0.015	0.005	1.50	0.70	0.30	0.06	2.50	0.05	0.12	0.15
P690QH	1.8870				0.020	0.010										
P690QL1	1.8881															
P690QL2	1.8888															

注:1. 当产品厚度小 6mm 时,Mn 含量可允许降低 0.20%;

2. Cr,Cu,Mo 三种元素之和应不超过 0.45%;

3. 当产品厚度小于 40mm 时,Ni 最低含量允许为 0.15%;

4. V+Nb+Ti 总量不超过 0.15%;

5. 如无需方同意,除铸造需要外,表中未列出元素不得加入钢内,生产过程中应尽量避免会引起钢性能变化的杂质元素通过废料等途径进入钢内。

表 12-85 压力容器用钢锻件的牌号及化学成分(EN 10222—1999)

牌号	数字编号	化学成分/%(质量分数,非范围值或特殊注明者均为最大值)													
		C	Si	Mn	P	S	Al	N	Cr	Cu	Mo	Nb	Ni	V	Nb+V
P245GH	1.0352	0.08~0.20	0.40	0.50~1.30	0.025	0.015									
P280GH	1.0426	0.08~0.20	0.40	0.90~1.50	0.025	0.015									
P305GH	1.0436	0.15~0.20	0.40	0.90~1.60	0.025	0.015									
16Mo3	1.5415	0.12~0.20	0.35	0.40~0.90	0.025	0.015					0.25~0.35				
13CrMo4-5	1.7335	0.08~0.18	0.35	0.40~1.00	0.025	0.015			0.70~1.15		0.40~0.60				
P285NH P285QH	1.0477 1.0478	0.18	0.40	0.60~1.40	0.025	0.015	0.020~0.060	0.020	0.30	0.20	0.08	0.03	0.30	0.05	0.05
P355NH P355QH1	1.0565 1.0571	0.20	0.10~0.50	0.90~1.65	0.025	0.015	0.020~0.060	0.020	0.30	0.20	0.08	0.05	0.30	0.10	0.12
P420NH P420QH	1.8932 1.8936	0.20	0.10~0.60	1.00~1.70	0.025	0.015	0.020~0.060	0.020	0.30	0.20	0.10	0.05	1.00	0.20	0.22

(7)管材

表 12-86 一般工程用焊接圆钢管的牌号及化学成分(EN 10296-1—2003)

牌号	数字编号	化学成分/%(质量分数,非范围值或特殊注明者均为最大值)													
		C	Si	Mn	P	S	Al	N	Cr	Cu	Mo	Nb	Ni	Ti	V
E155	1.0033	0.11	0.35	0.70	0.045	0.045									
E190	1.0031	0.10	0.35	0.70	0.045	0.045									
E195	1.0034	0.15	0.35	0.70	0.045	0.045									
E220	1.0215	0.14	0.35	0.70	0.045	0.045									
E235	1.0308	0.17	0.35	1.20	0.045	0.045									
E260	1.0220	0.16	0.35	1.20	0.045	0.045									
E275	1.0225	0.21	0.35	1.40	0.045	0.045									
E320	1.0237	0.20	0.35	1.40	0.045	0.045									
E355	1.0580	0.22	0.55	1.60	0.045	0.045									
E370	1.0261	0.21	0.55	1.60	0.045	0.045									
E275K	1.0456	0.20	0.40	0.50~1.40	0.035	0.030	0.020	0.015	0.30	0.35	0.10	0.050	0.30	0.03	0.05
E355K	1.0920	0.20	0.50	0.90~1.65	0.035	0.030	0.020	0.015	0.30	0.35	0.10	0.050	0.50	0.03	0.12
E460K	1.8891	0.20	0.30	1.00~1.70	0.035	0.030	0.020	0.025	0.30	0.70	0.10	0.050	0.80	0.03	0.20
E275M	1.8895	0.13	0.50	1.50	0.035	0.030	0.020	0.020			0.20	0.050	0.30	0.050	0.08
E355M	1.8896	0.14	0.50	1.50	0.035	0.030	0.020	0.020			0.20	0.050	0.30	0.050	0.10
E420M	1.8897	0.16	0.50	1.70	0.035	0.030	0.020	0.020			0.20	0.050	0.30	0.050	0.12
E460M	1.8898	0.16	0.60	1.70	0.035	0.030	0.020	0.025			0.20	0.050	0.30	0.050	0.12

注:1. 当产品壁厚大于 6mm 时,C 含量应增加 0.01%;

2. 当 Cu 含量大于 0.330%时,Ni 含量至少应达到 Cu 的一半;

3. Cr,Cu,Mo 的总量应不超过 0.60%。

表 12-87 通用无缝环形钢管用钢的牌号及化学成分(EN 10297-1—2003)

牌号	数字编号	化学成分/%(质量分数,非范围值或特殊注明者均为最大值)													
		C	Si	Mn	P	S	Cr	Mo	Ni	Al(最小值)	Cu	N	Nb	Ti	V
E235	1.0308	0.17	0.35	1.20	0.030	0.035				0.010		0.020	0.07		0.08～0.15
E275	1.0225	0.21	0.35	1.40	0.030	0.035									
E315	1.0236	0.21	0.30	1.50	0.030	0.035									
E355	1.0580	0.22	0.55	1.60	0.030	0.035									
E470	1.0536	0.16～0.22	0.10～0.50	1.30～1.70	0.030	0.035									
E275K2	1.0456	0.20	0.40	0.50～1.40	0.030	0.030	0.30	0.10	0.30	0.020	0.35	0.015	0.05	0.03	0.05
E355K2	1.0920	0.20	0.50	0.90～1.65	0.030	0.030	0.30	0.10	0.50	0.020	0.35	0.015	0.05	0.05	0.12
E420J2	1.0599	0.16～0.22	0.10～0.50	1.30～1.70	0.030	0.035	0.30	0.08	0.40	0.010	0.30	0.020	0.07	0.05	0.08～0.15
E460K2	1.8891	0.20	0.60	1.00～1.70	0.030	0.030	0.30	0.10	0.80	0.020	0.70	0.025	0.05	0.05	0.20
E590K2	1.0644	0.16～0.22	0.10～0.50	1.30～1.70	0.030	0.035	0.30	0.08	0.40	0.010	0.30	0.020	0.07	0.05	0.08～0.15
E730K2	1.8893	0.20	0.50	1.40～1.70	0.025	0.025	0.30	0.30～0.45	0.30～0.70	0.020	0.20	0.20	0.05	0.05	0.12
C22E	1.1151	0.17～0.24	0.40	0.40～0.70	0.035	0.035	0.40	0.10	0.40						
C35E	1.1181	0.32～0.39	0.40	0.50～0.80	0.035	0.035	0.40	0.10	0.40						
C45E	1.1191	0.42～0.50	0.40	0.50～0.80	0.035	0.035	0.40	0.10	0.40						
C60E	1.1221	0.57～0.65	0.40	0.60～0.90	0.035	0.035	0.40	0.10	0.40						
38Mn6	1.1127	0.34～0.42	0.15～0.35	1.40～1.65	0.035	0.035									
41Cr4	1.7035	0.38～0.45	0.40	0.60～0.90	0.035	0.035	0.90～1.20								
25CrMo4	1.7218	0.22～0.29	0.40	0.60～0.90	0.035	0.035	0.90～1.20	0.15～0.30							
30CrMo4	1.7216	0.27～0.34	0.35	0.35～0.60	0.035	0.035	0.80～1.15	0.15～0.30							
34CrMo4	1.7220	0.30～0.37	0.40	0.60～0.90	0.035	0.035	0.90～1.20	0.15～0.30							
42CrMo4	1.7225	0.38～0.45	0.40	0.60～0.90	0.035	0.035	0.90～1.20	0.15～0.30							
36CrNiMo4	1.6511	0.32～0.40	0.40	0.50～0.80	0.035	0.035	0.90～1.20	0.15～0.30	0.90～1.20						
30CrNiMo8	1.6580	0.26～0.34	0.40	0.30～0.60	0.035	0.035	1.80～2.20	0.30～0.50	1.80～2.20						
41NiCrMo7-3-2	1.6563	0.38～0.44	0.30	0.60～0.90	0.025	0.025	0.70～0.90	0.15～0.30	1.65～2.00		0.25				

注:1. Nb,V 的总量不超过 0.20%;

2. Cr,Mo,Ni 的总量不超过 0.63%。

表 12-88　　压力焊接钢管用钢的牌号及化学成分

牌号	数字编号	化学成分/%(质量分数,非范围值或特殊注明者均为最大值)													
		C	Si	Mn	P	S	Cr	Mo	Ni	Al(最小值)	Cu	Nb	Ti	V	Cr+Cu+Mo+Ni
规定室温性能的非合金钢管(EN 10217-1—2002)															
P195TR1	1.0107	0.13	0.35	0.70	0.025	0.020	0.30	0.08	0.30		0.30	1.010	0.04	0.02	0.70
P195TR2	1.0108	0.13	0.35	0.70	0.025	0.020	0.30	0.08	0.30	0.02	0.30	1.010	0.04	0.02	0.70
P235TR1	1.0254	0.16	0.35	1.20	0.025	0.020	0.30	0.08	0.30		0.30	1.010	0.04	0.02	0.70
P235TR2	1.0255	0.16	0.35	1.20	0.025	0.020	0.30	0.08	0.30	0.02	0.30	1.010	0.04	0.02	0.70
P265TR1	1.0258	0.20	0.40	1.40	0.025	0.020	0.30	0.08	0.30		0.30	1.010	0.04	0.02	0.70
P265TR2	1.0259	0.20	0.40	1.40	0.025	0.020	0.30	0.08	0.30	0.02	0.30	1.010	0.04	0.02	0.70
规定高温性能的非合金钢管和合金电焊钢管(EN 10217-2—2002)															
P195GH	1.0348	0.13	0.35	0.70	0.025	0.020	0.30	0.08	0.30	0.020	0.30	0.010	0.03	0.02	0.70
P235GH	1.0345	0.16	0.35	1.20	0.025	0.020	0.30	0.08	0.30	0.020	0.30	0.010	0.03	0.02	0.70
P265GH	1.0425	0.20	0.40	1.40	0.025	0.020	0.30	0.08	0.30	0.020	0.30	0.010	0.03	0.02	0.70
16Mo3	1.5415	0.12～0.20	0.35	0.40～0.90	0.025	0.020	0.30	0.25～0.35	0.30	0.040	0.30				
合金细晶粒钢管(EN 10217-3—2002)															
牌号	数字编号	C	Si	Mn	P	S	Cr	Mo	Ni	Al(最小值)	Cu	Nb	Ti	V	其他元素
P275NL1	1.0488	0.16	0.40	0.50～1.50	0.025	0.020	0.30	0.08	0.50	0.020	0.30	0.05	0.03	0.05	Nb+Ti+V0.05
P275NL2	1.1104	0.16	0.40	0.50～1.50	0.025	0.015	0.30	0.08	0.50	0.020	0.30	0.05	0.03	0.05	Nb+Ti+V0.05
P355N	1.0562	0.20	0.50	0.90～1.70	0.025	0.020	0.30	0.08	0.50	0.020	0.30	0.05	0.03	0.10	Nb+Ti+V0.12
P355NH	1.0562	0.20	0.50	0.90～1.70	0.025	0.020	0.30	0.08	0.50	0.020	0.30	0.05	0.03	0.10	Nb+Ti+V0.12
P355NL1	1.0566	0.18	0.50	0.90～1.70	0.025	0.020	0.30	0.08	0.50	0.020	0.30	0.05	0.03	0.10	Nb+Ti+V0.12
P355NL2	1.1106	0.18	0.50	0.90～1.70	0.025	0.015	0.30	0.08	0.50	0.020	0.30	0.05	0.03	0.10	Nb+Ti+V0.12
P460N	1.8905	0.20	0.60	1.00～1.70	0.025	0.020	0.30	0.10	0.80	0.020	0.70	0.05	0.03	0.20	Nb+Ti+V0.22
P460NH	1.8935	0.20	0.60	1.00～1.70	0.025	0.020	0.30	0.10	0.80	0.020	0.70	0.05	0.03	0.20	Nb+Ti+V0.22
P460NL1	1.8915	0.20	0.60	1.00～1.70	0.025	0.020	0.30	0.10	0.80	0.020	0.70	0.05	0.03	0.20	Nb+Ti+V0.22
P460NL2	1.8918	0.20	0.60	1.00～1.70	0.025	0.015	0.30	0.10	0.80	0.020	0.70	0.05	0.03	0.20	Nb+Ti+V0.22
规定低温性能的非合金和合金电焊钢管(EN 10217-4—2002)															
牌号	数字编号	C	Si	Mn	P	S	Cr	Mo	Ni	Al(最小值)	Cu	Nb	Ti	V	
P215NL	1.0451	0.15	0.35	0.40～1.20	0.02	0.020	0.30	0.08	0.30	0.020	0.30	0.010	0.03	0.02	
P265NL	1.0453	0.20	0.40	0.60～1.40	0.02	0.020	0.30	0.08	0.30	0.020	0.30	0.010	0.03	0.02	
规定高温特性的非合金和合金埋弧焊接钢管(EN 10217-5—2002)															
牌号	数字编号	C	Si	Mn	P	S	Cr	Mo	Ni	Al(最小值)	Cu	Nb	Ti	V	Cr+Cu+Mo+Ni
P235GH	1.0345	0.16	0.35	1.20	0.025	0.020	0.30	0.08	0.30	0.020	0.30	0.010	0.03	0.02	0.70
P265GH	1.0425	0.20	0.40	1.40	0.025	0.020	0.30	0.08	0.30	0.020	0.30	0.010	0.03	0.02	0.70
16Mo3	1.5415	0.12～0.20	0.35	0.40～0.90	0.025	0.020	0.30	0.25～0.35	0.30	0.040	0.30				
规定低温特性的非合金埋弧焊接钢管(EN 10217-6—2002)															
牌号	数字编号	C	Si	Mn	P	S	Cr	Mo	Ni	Al(最小值)	Cu	Nb	Ti	V	
P215NL	1.0451	0.15	0.35	0.40～1.20	0.02	0.020	0.30	0.08	0.30	0.020	0.30	0.010	0.03	0.02	
P265NL	1.0453	0.20	0.40	0.60～1.40	0.02	0.020	0.30	0.08	0.30	0.020	0.30	0.010	0.03	0.02	

注:1. 当加入 Ti 时,应保证(Al+Ti/2)≥0.020%;

2. Cr,Cu,Mo 三种元素之和应不超过 0.45%;

3. 如无需方同意,除铸造需要外,表中未列出元素不得加入钢内,生产过程中应尽量避免会引起钢性能变化的杂质元素通过废料等途径进入钢内。

表 12-89　　压力无缝钢管用钢的牌号及化学成分

牌号	数字编号	化学成分/%(质量分数,非范围值或特殊注明者均为最大值)														
		C	Si	Mn	P	S	Cr	Mo	Ni	Al	Cu	N	Nb	Ti	V	其他
规定室温特性的非合金钢管(EN 10216-1—2002)																
P195TR1	1.0107	0.13	0.35	0.70	0.025	0.020	0.30	0.08	0.30		0.30		0.010	0.04	0.02	Cu+Cu+Mo+Ni0.70
P195TR2	1.0180									0.02						
P235TR1	1.0254	0.16	0.35	1.20	0.025	0.020	0.30	0.08	0.30		0.30		0.010	0.04	0.02	
P235TR2	1.0255									0.02						
P265TR1	1.0258	0.20	0.40	1.40	0.025	0.020	0.30	0.08	0.30		0.30		0.010	0.04	0.02	
P265TR2	1.0259									0.02						
规定高温特性的非合金和合金钢管(EN 10216-2—2002)																
195GH	1.0348	0.13	0.35	0.70	0.025	0.020	0.30	0.08	0.30	0.020	0.30		0.010	0.040	0.02	
P235GH	1.0345	0.16	0.35	1.20	0.025	0.020	0.30	0.08	0.30	0.020	0.30		0.010	0.040	0.02	
P265GH	1.0425	0.20	0.40	1.40	0.025	0.020	0.30	0.08	0.30	0.020	0.30		0.010	0.040	0.02	
20MnNb6	1.0471	0.22	0.15～0.35	1.00～1.50	0.025	0.020				0.060	0.30		0.015～0.10			
16Mo3	1.5415	0.12～0.20	0.35	0.40～0.90	0.025	0.020	0.30	0.25～0.35	0.30	0.040	0.30					
8MoB5-4	1.5450	0.06～0.10	0.10～0.35	0.60～0.80	0.025	0.020		0.20		0.060	0.30			0.060		B0.002～0.006
14MoV63	1.7715	0.10～0.15	0.15～0.35	0.40～0.70	0.025	0.020	0.30～0.60	0.50～0.70	0.30	0.040	0.30				0.22～0.28	
10CrMo5-5	1.7338	0.15	0.50～1.00	0.30～0.60	0.025	0.020	1.00～1.50	0.45～0.65	0.30	0.040	0.30					
13CrMo4-5	1.7335	0.10～0.17	0.35	0.40～0.70	0.025	0.020	0.70～1.15	0.40～0.60	0.30	0.040	0.30					
10CrMo9-10	1.7380	0.08～0.14	0.50	0.30～0.70	0.025	0.020	2.00～2.50	0.90～1.10	0.30	0.040	0.30					
11CrMo9-10	1.7383	0.08～0.15	0.50	0.40～0.80	0.025	0.020	2.00～2.50	0.90～1.10	0.30	0.040	0.30					
25CrMo4	1.7218	0.22～0.29	0.40	0.60～0.90	0.025	0.020	0.90～1.20	0.15～0.30	0.30	0.040	0.30					
20CrMoV13-5-5	1.7779	0.17～0.23	0.15～0.35	0.30～0.50	0.025	0.020	3.00～3.30	0.50～0.60	0.30	0.040	0.30				0.45～0.55	
15NiCuMoNb5-6-4	1.6368	0.17	0.25～0.50	0.80～1.20	0.025	0.020	0.30	0.25～0.50	1.00～1.30	0.050	0.50～0.80		0.015～0.045			
X11CrMo5	1.7362	0.08～0.15	0.15～0.50	0.30～0.60	0.025	0.020	4.00～6.00	0.45～0.65		0.040	0.30					
X11CrMo9-1	1.7386	0.08～0.15	0.25～1.00	0.30～0.60	0.025	0.020	8.00～10.00	0.90～1.10		0.040	0.30					
X10CrMoVNb9-1	1.4903	0.08～0.12	0.20～0.50	0.30～0.60	0.025	0.020	8.00～9.50	0.85～1.05	0.40	0.040	0.30	0.030～0.070	0.06～0.10		0.18～0.25	
X20CrMoV11-1	1.4922	0.17～0.23	0.15～0.50	1.00	0.025	0.020	10.00～12.50	0.80～1.20	0.30～0.80	0.040	0.30				0.25～0.35	

续表

牌号	数字编号	化学成分/%（质量分数，非范围值或特殊注明者均为最大值）														
		C	Si	Mn	P	S	Cr	Mo	Ni	Al	Cu	N	Nb	Ti	V	其他
合金细晶粒钢管(EN 10216-3—2002)																
P275NL1	1.0488	0.16	0.40	0.50～1.50	0.025	0.020	0.30	0.08	0.50	0.020	0.30	0.020	0.05	0.040	0.05	0.05
P275NL2	1.1104					0.015										
P355M	1.0562	0.20	0.50	0.90～1.70	0.025	0.020	0.30	0.08	0.50	0.020	0.30	0.020	0.05	0.040	0.10	0.12
P355NH	1.0565															
P355NL1	1.1106	0.18	0.50	0.90～1.70	0.025	0.020	0.30	0.08	0.50	0.020	0.30	0.020	0.05	0.040	0.10	0.12
P355NL2	1.0566					0.015										
P460N	1.8905	0.20	0.60	1.00～1.70	0.025	0.020	0.30	0.10	0.80	0.020	0.70	0.020	0.05	0.040	0.20	0.22
P460NH	1.8935															
P460NL1	1.8915															
P460NL2	1.8918	0.20	0.60	1.00～1.70	0.025	0.015	0.30	0.10	0.80	0.020	0.70	0.020	0.05	0.040	0.20	0.22
P620Q	1.8876	0.20	0.60	1.00～1.70	0.025	0.020	0.30	0.10	0.80	0.020	0.30	0.020	0.05	0.040	0.20	0.22
P620QH	1.8877															
P620QL	1.8890	0.20	0.60	1.00～1.70	0.025	0.015	0.30	0.10	0.80	0.020	0.30	0.020	0.05	0.040	0.20	0.22
P690Q	1.8879	0.20	0.80	1.20～1.70	0.025	0.015	1.50	0.70	2.50	0.020	0.30	0.015	0.06	0.05	0.12	
P690QH	1.8880															
P690QL1	1.8881															
P690QL2	1.8888	0.20	0.80	1.20～1.70	0.020	0.010	1.50	0.70	2.50	0.020	0.30	0.015	0.06	0.05	0.12	
规定低温特性的非合金和合金钢管(EN 10216-4—2002)																
P215NL	1.0451	0.15	0.35	0.40～1.20	0.025	0.020	0.30	0.08	0.30	0.020	0.30		0.010	0.040	0.02	
P255QL	1.0452	0.17	0.35	0.40～1.20	0.025	0.020	0.30	0.08	0.30	0.020	0.30		0.010	0.040	0.02	
P265NL	1.0453	0.20	0.40	0.60～1.40	0.025	0.020	0.30	0.08	0.30	0.020	0.30		0.010	0.040	0.02	
26CrMo4-2	1.7219	0.22～0.29	0.35	0.50～0.80	0.025	0.020	0.90～1.20	0.15～0.30			0.30					
11MnNi5-3	1.6212	0.15	0.50	0.70～1.50	0.025	0.015			0.30～0.80	0.020	0.30		0.05		0.05	
13MnNi6-3	1.6217	0.16	0.50	0.85～1.70	0.025	0.015			0.30～0.85	0.020	0.30		0.05		0.05	
12Ni14	1.5637	0.15	0.15～0.35	0.30～0.80	0.025	0.010			3.25～3.75		0.30				0.05	
X12Ni5	1.5680	0.15	0.35	0.30～0.80	0.020	0.010			4.50～5.30		0.30				0.05	
X10Ni9	1.5682	0.13	0.15～0.35	0.30～0.80	0.020	0.010		0.10	8.50～9.50		0.30				0.05	

注：1. Cr，Cu，Mo 三种元素之和应不超过 0.45%；

2. 当 Cu 含量超过 0.30%时，Ni 含量至少应达到 Cu 的一半；

3. 当产品厚度小于 10mm 时，Ni 含量可允许降低到不低于 0.15%；

4. 如无需方同意，除铸造需要外，表中未列出元素不得加入钢内，生产过程中应尽量避免会引起钢性能变化的杂质元素通过废料等途径进入钢内。

(8)结构钢热轧产品

表 12-90 结构钢热轧产品的牌号及化学成分(EN 10025—2004,EN 10155—1993)

牌号	数字编号	化学成分/%(质量分数,非范围值或特殊注明者均为最大值)													
		C	Si	Mn	P	S	Nb	V	Al(最小值)	Ti	Cr	Ni	Mo	Cu	N
S235JRG2	1.0122	0.17		1.40	0.045	0.045									0.009
E295GC	1.0533				0.045	0.045									0.009
E335GC	1.0543				0.045	0.045									0.009
S355J2G3C	1.0569	0.20	0.55	1.60	0.035	0.035									0.009
S275N	1.0490	0.20	0.45	0.45~	0.035	0.030	0.06	0.07	0.015	0.06	0.35	0.35	0.13	0.60	0.017
S275NL	1.0491	0.18		1.60	0.030	0.025									
S355N	1.0545	0.22	0.55	0.85~	0.035	0.030	0.06	0.14	0.015	0.06	0.35	0.55	0.13	0.60	0.017
S355NL	1.0546	0.20		1.75	0.030	0.025									
S420N	1.8902	0.22	0.65	0.95~	0.035	0.030	0.06	0.22	0.015	0.06	0.35	0.85	0.13	0.60	0.027
S420NL	1.8912			1.80	0.030	0.025									
S460N	1.8901	0.22	0.65	0.95~	0.035	0.030	0.06	0.22	0.015	0.06	0.35	0.85	0.13	0.60	0.027
S460NL	1.8903			1.80	0.030	0.025									
S275M	1.8818	0.13	0.50	1.50	0.030	0.025	0.05	0.08	0.02	0.05	0.30	0.30	0.10	0.55	0.015
S275ML	1.8819				0.025	0.020									
S355M	1.8823	0.14	0.50	1.60	0.030	0.025	0.05	0.10	0.02	0.05	0.30	0.50	0.10	0.55	0.015
S355ML	1.8834				0.025	0.020									
S420M	1.8825	0.16	0.50	1.70	0.030	0.025	0.05	0.12	0.02	0.05	0.30	0.80	0.20	0.55	0.025
S420ML	1.8836				0.025	0.020									
S460M	1.8827	0.16	0.60	1.70	0.030	0.025	0.05	0.12	0.02	0.05	0.30	0.80	0.20	0.55	0.025
S460ML	1.8838				0.025	0.020									
S235J0W	1.8958	0.13	0.40	0.20~	0.035	0.035	0.009				0.40~	0.65		0.25~	
S235J2W	1.8961			0.60		0.030					0.80			0.55	
S355J0WP	1.8945	0.12	0.75	1.0	0.06~	0.035	0.009				0.30~	0.65		0.25~	
S355J2WP	1.8946				0.15	0.030					1.25			0.55	
S355J0W	1.8959	0.16	0.50	0.50~	0.035	0.035	0.009				0.40~	0.65	0.30	0.25~	
S355J2G1W	1.8963	Zr0.15		1.50							0.80			0.55	
S355J2G2W	1.8965														
S355K2G2W	1.8966				0.030	0.030									
S355K2G2W	1.8967														
S460Q	1.8908	0.20	0.80	1.70	0.025	0.015	0.06	0.12		0.05	1.50	2.0	0.70	0.50	0.015
S460QL	1.8906	B0.0050			0.020	0.010									
S460QL1	1.8916	Zr0.15			0.020	0.010									
S500Q	1.8924	0.20	0.80	1.70	0.025	0.015	0.06	0.12		0.05	1.50	2.0	0.70	0.50	0.015
S500QL	1.8909	B0.0050			0.020	0.010									
S500QL1	1.8984	Zr0.15			0.020	0.010									
S550Q	1.8904	0.20	0.80	1.70	0.025	0.015	0.06	0.12		0.05	1.50	2.0	0.70	0.50	0.015
S550QL	1.8926	B0.0050			0.020	0.010									
S550QL1	1.8986	Zr0.15			0.020	0.010									
S620Q	1.8914	0.20	0.80	1.70	0.025	0.015	0.06	0.12		0.05	1.50	2.0	0.70	0.50	0.015
S620QL	1.8927	B0.0050			0.020	0.010									
S620QL1	1.8987	Zr0.15			0.020	0.010									

续表

牌号	数字编号	化学成分/%（质量分数，非范围值或特殊注明者均为最大值）													
		C	Si	Mn	P	S	Nb	V	Al(最小值)	Ti	Cr	Ni	Mo	Cu	N
S690Q	1.8931	0.20	0.80	1.70	0.025	0.015	0.06	0.12		0.05	1.50	2.0	0.70	0.50	0.015
S690QL	1.8928	B0.0050			0.020	0.010									
S690QL1	1.8988	Zr0.15			0.020	0.010									
S890Q	1.8940	0.20	0.80	1.70	0.025	0.015	0.06	0.12		0.05	1.50	2.0	0.70	0.50	0.015
S890QL	1.8983	B0.0050			0.020	0.010									
S890QL1	1.8925	Zr0.15			0.020	0.010									
S960Q	1.8941	0.20	0.80	1.70	0.025	0.015	0.06	0.12		0.05	1.50	2.0	0.70	0.50	0.015
S960QL	1.8933	B0.0050 Zr0.15			0.020	0.010									
S235JR	1.0038	$d\leqslant40$:0.19 $d>40$:0.23		1.50	0.045	0.045								0.60	0.014
S235J0	1.0114	0.19		1.50	0.040	0.040								0.60	0.014
S235J2	1.0117				0.035	0.035									
S275JR	1.0044	$d\leqslant40$:0.24 $d>40$:0.25		1.60	0.045	0.045								0.60	0.014
S275J0	1.0143	0.21		1.60	0.040	0.040								0.60	0.014
S275J2	1.0145				0.035	0.035									
S355JR	1.0045	0.27	0.60	1.70	0.045	0.045								0.60	0.014
S355J0	1.0553	$d\leqslant30$:0.23	0.60	1.70	0.040	0.040								0.60	0.014
S355J2	1.0577	$d>30$:0.24													
S355K2	1.0596				0.035	0.035									
S450J0⑤,⑦	1.0590	$d\leqslant30$:0.23 $d>30$:0.24	0.60	1.80	0.040	0.040								0.60	0.027

注：1. 长材中P和S含量可提高0.005%；

2. V+Nb+Ti≤0.26%，Mo+Cr≤0.38%；

3. 长材中，S275中C含量允许为0.15%，S355中C含量允许为0.16%，S420和S460中C含量允许为0.18%；

4. 该钢材中至少应含有下列元素中的一种：Al 0.020%，Nb 0.015%～0.060%，V 0.02%～0.12%，Ti 0.02%～0.10%。如果含有多种，那么至少应有一种的分量达到给出范围；

5. d为产品公称厚度，mm；

6. 如产品用于冷轧成形，则C含量最大为0.24%；

7. 该钢种只适用于长材。

(9)一般工程用途的敞口钢模锻件

表 12-91 一般工程用途的敞口钢模锻件用钢的牌号及化学成分(EN 10250—1999)

牌号	数字编号	化学成分/%(质量分数,非范围值或特殊注明者均为最大值)										
		C	Si	Mn	P	S	Cr	Mo	Ni	V	Cr+Mo+Ni	Al(最小值)
S235JRG2	1.0038	0.20	0.55	1.40	0.045	0.040	0.30	0.08	0.30		0.48	0.020
S235J2G3	1.0116	0.17	0.55	1.40	0.035	0.035	0.30	0.08	0.30		0.48	0.020
S355J2G3	1.0570	0.22	0.55	1.60	0.035	0.035	0.30	0.08	0.30		0.48	0.020
C22	1.0402	0.17～0.24	0.40	0.40～0.70	0.045	0.045	0.40	0.10	0.40		0.63	
C35	1.0406	0.22～0.29			0.045	0.045						
C25E	1.1158	0.22～0.29			0.035	0.035						
C30	1.0528	0.27～0.34	0.40	0.50～0.80	0.045	0.045	0.40	0.10	0.40		0.63	
C35	1.0501	0.32～0.39			0.045	0.045						
C35E	1.1181	0.32～0.39			0.035	0.035						
C40	1.0511	0.37～0.44	0.40	0.40～0.70	0.045	0.045	0.40	0.10	0.40		0.63	
C45	1.0503	0.42～0.50			0.045	0.045						
C45E	1.1191	0.42～0.50			0.035	0.035						
C50	1.0540	0.47～0.55	0.40	0.60～0.90	0.045	0.045	0.40	0.10	0.40		0.63	
C55	1.0535	0.52～0.60			0.045	0.045						
C55E	1.1203	0.52～0.60			0.035	0.035						
C60	1.0601	0.57～0.65	0.40	0.60～0.90	0.045	0.045	0.40	0.10	0.40		0.63	
C60E	1.1221				0.035	0.035						
28Mn6	1.1170	0.25～0.32	0.40	1.30～1.65	0.035	0.035	0.40	0.10	0.40		0.063	
20Mn5	1.1133	0.17～0.23	0.40	1.00～1.50	0.035	0.035	0.40	0.10	0.40		0.063	0.020
38Cr2	1.7003	0.35～0.42	0.40	0.50～0.80	0.035	0.035	0.40～0.60					
46Cr2	1.7006	0.42～0.50	0.40	0.50～0.80	0.035	0.035	0.40～0.60					
34Cr2	1.7033	0.30～0.37	0.40	0.60～0.90	0.035	0.035	0.90～1.20					
37Cr2	1.7034	0.34～0.41	0.40	0.60～0.90	0.035	0.035	0.90～1.20					
41Cr2	1.7035	0.38～0.45	0.40	0.60～0.90	0.035	0.035	0.90～1.20					
25CrMo4	1.7218	0.22～0.29	0.40	0.60～0.90	0.035	0.035	0.90～1.20	0.15～0.30				
34CrMo4	1.7220	0.30～0.37	0.40	0.60～0.90	0.035	0.035	0.90～1.20	0.15～0.30				
42CrMo4	1.7225	0.38～0.45	0.40	0.60～0.90	0.035	0.035	0.90～1.20	0.15～0.30				
50CrMo4	1.7228	0.46～0.54	0.40	0.50～0.80	0.035	0.035	0.90～1.20	0.15～0.30				
36CrNiMo4	1.6511	0.32～0.40	0.40	0.50～0.80	0.035	0.035	0.90～1.20	0.15～0.30	0.90～1.20			
34CrNiMo6	1.6582	0.30～0.38	0.40	0.50～0.80	0.035	0.035	1.30～1.70	0.15～0.30	1.30～1.70			
30CrNiMo8	1.6580	0.26～0.34	0.40	0.30～0.60	0.035	0.035	1.80～2.20	0.30～0.50	1.80～2.20			
36NiCrMo16	1.6773	0.32～0.39	0.40	0.30～0.60	0.035	0.035	1.60～2.00	0.25～0.45	3.60～4.10			
51CrV4	1.8159	0.47～0.55	0.40	0.70～1.10	0.035	0.035	0.90～1.20			0.10～0.25		
33NiCrMoV14-5	1.6956	0.28～0.38	0.40	0.15～0.40	0.035	0.035	1.00～1.70	0.30～0.60	2.90～3.80	0.08～0.25		
40CrMoV13-9	1.8523	0.35～0.45	0.15～0.40	0.40～0.70	0.035	0.035	3.00～3.50	0.80～1.10		0.15～0.25		
18CrMo4	1.7243	0.15～0.21	0.40	0.60～0.90	0.035	0.035	0.90～1.20	0.15～0.25				
20MnMoNi4-5	1.6311	0.17～0.23	0.40	1.00～1.50	0.035	0.035	0.50	0.45～0.60	0.40～0.80			
30CrMoV9	1.7707	0.26～0.34	0.40	0.40～0.70	0.035	0.035	2.30～2.70	0.15～0.25	0.60	0.10～0.20		
32CrMo12	1.7361	0.28～0.35	0.40	0.40～0.70	0.035	0.035	2.80～3.30	0.30～0.50	0.60			
28NiCrMoV8-5	1.6932	0.24～0.32	0.40	0.15～0.40	0.035	0.035	1.00～1.50	0.35～0.55	1.80～2.10	0.05～0.15		

注:1. 当锻件等效直径或厚度大于 100mm 时,C 含量应由供需双方商定;

2. 产品横截面较大时,Ni 含量允许为最大 1.00%;

3. 如无需方同意,除铸造需要外,表中未列出元素不得加入钢内,生产过程中应尽量避免会引起钢性能变化的杂质元素通过废料等途径进入钢内。

12.2.2 结构钢的力学性能

(1)调质用结构钢

表 12-92 调质用非合金结构钢调质处理后的力学性能(EN 10083-2—2005)

牌 号	数字编号	力学性能(非范围值或特殊注明者均为最小值)											
		$d \leqslant 16$mm,$t \leqslant 8$mm				16mm<$d \leqslant 40$mm,8mm<$t \leqslant 20$mm				40mm<$d \leqslant 100$mm,20mm<$t \leqslant 60$mm			
		R_e/MPa	R_m/MPa	A/%	Z/%	R_e/MPa	R_m/MPa	A/%	Z/%	R_e/MPa	R_m/MPa	A/%	Z/%
优 质 钢													
C35	1.0501	430	630~780	17	40	380	600~750	19	45	320	550~700	20	50
C40	1.0511	460	650~800	16	35	400	630~780	18	40	350	600~750	19	45
C45	1.0503	490	700~850	14	35	430	650~800	16	40	370	630~780	17	45
C55	1.0535	550	800~950	12	30	490	750~900	14	35	420	700~850	15	40
C60	1.0601	580	850~1000	11	25	520	800~950	13	30	450	750~900	14	35
特 殊 钢													
C22E C22R	1.1151 1.1149	340	500~650	20	50	290	470~620	22	50				
C35E C35R	1.1181 1.1180	430	630~780	17	40	380	600~750	19	45	320	550~700	20	50
C40E C40R	1.1186 1.1189	460	650~800	16	35	400	630~780	18	40	350	600~750	19	45
C45E C45R	1.1201 1.1241	490	700~850	14	35	430	650~800	16	40	370	630~780	17	45
C50E C50R	1.1206 1.1241	520	750~900	13	30	460	700~850	15	35	400	650~800	16	40
C55E C55R	1.1203 1.1209	550	800~950	12	30	490	750~900	14	35	420	700~850	15	40
C60E C60R	1.1221 1.1223	580	850~1000	11	25	520	800~950	13	30	450	750~900	14	35
28Mn6	1.1170	590	800~950	13	40	490	700~850	15	45	440	650~800	16	50

注:1. R_e——屈服强度,如无屈服现象则取0.2%保证强度 $R_{p0.2}$,R_m——抗拉强度,A——断后伸长率,Z——断面收缩率;
2. d——圆形截面直径,t——平板产品厚度。

表 12-93 调质用合金结构钢调质处理后的力学性能(EN 10083-3—2006)

牌 号	数字编号	产品尺寸	力学性能(非范围值或特殊注明者均匀为最小值)			
			R_e/MPa	R_m/MPa	A/%	Z/%
38Cr2	1.7003	$d \leqslant 16$mm,$t \leqslant 8$mm	550	800~950	14	35
		16mm<$d \leqslant 40$mm,8mm<$t \leqslant 20$mm	450	700~850	15	40
		40mm<$d \leqslant 100$mm,20mm<$t \leqslant 60$mm	350	600~750	17	45
46Cr2	1.7006	$d \leqslant 16$mm,$t \leqslant 8$mm	650	900~1100	12	35
		16mm<$d \leqslant 40$mm,8mm<$t \leqslant 20$mm	550	800~950	14	40
		40mm<$d \leqslant 100$mm,20mm<$t \leqslant 60$mm	400	650~800	15	45
34Cr4	1.7033	$d \leqslant 16$mm,$t \leqslant 8$mm	700	900~1100	12	35
34CrS4	1.7037	16mm<$d \leqslant 40$mm,8mm<$t \leqslant 20$mm	590	800~950	14	40
		40mm<$d \leqslant 100$mm,20mm<$t \leqslant 60$mm	460	700~850	15	45
37Cr4	1.7034	$d \leqslant 16$mm,$t \leqslant 8$mm	750	950~1150	11	30
37CrS4	1.7038	16mm<$d \leqslant 40$mm,8mm<$t \leqslant 20$mm	630	850~1000	13	35
		40mm<$d \leqslant 100$mm,20mm<$t \leqslant 60$mm	510	750~900	14	40
41Cr4	1.7035	$d \leqslant 16$mm,$t \leqslant 8$mm	800	1000~1200	11	30
41CrS4	1.7039	16mm<$d \leqslant 40$mm,8mm<$t \leqslant 20$mm	660	900~1100	12	35
		40mm<$d \leqslant 100$mm,20mm<$t \leqslant 60$mm	560	800~950	14	40

续表

牌　号	数字编号	产品尺寸	力学性能(非范围值或特殊注明者均匀为最小值)			
			R_e/MPa	R_m/MPa	A/%	Z/%
25CrMo4	1.7218	$d \leqslant 16mm, t \leqslant 8mm$	700	900～1100	12	50
25CrMoS4	1.7213	$16mm < d \leqslant 40mm, 8mm < t \leqslant 20mm$	600	800～950	14	55
		$40mm < d \leqslant 100mm, 20mm < t \leqslant 60mm$	450	700～850	15	60
		$100mm < d \leqslant 160mm, 60mm < t \leqslant 100mm$	400	650～800	16	60
34CrMo4	1.7220	$d \leqslant 16mm, t \leqslant 8mm$	800	1000～1200	11	45
34CrMoS4	1.7226	$16mm < d \leqslant 40mm, 8mm < t \leqslant 20mm$	650	900～1100	12	50
		$40mm < d \leqslant 100mm, 20mm < t \leqslant 60mm$	550	800～950	14	55
		$100mm < d \leqslant 160mm, 60mm < t \leqslant 100mm$	500	750～900	15	55
		$160mm < d \leqslant 250mm, 100mm < t \leqslant 160mm$	450	700～850	15	60
42CrMo4	1.7225	$d \leqslant 16mm, t \leqslant 8mm$	900	1000～1300	10	40
42CrMoS4	1.7227	$16mm < d \leqslant 40mm, 8mm < t \leqslant 20mm$	750	1000～1200	11	45
		$40mm < d \leqslant 100mm, 20mm < t \leqslant 60mm$	650	900～1100	12	50
		$100mm < d \leqslant 160mm, 60mm < t \leqslant 100mm$	550	800～950	13	50
		$160mm < d \leqslant 250mm, 100mm < t \leqslant 160mm$	500	750～900	14	55
50CrMo4	1.7228	$d \leqslant 16mm, t \leqslant 8mm$	900	1100～1300	9	40
		$16mm < d \leqslant 40mm, 8mm < t \leqslant 20mm$	780	1000～1200	10	45
		$40mm < d \leqslant 100mm, 20mm < t \leqslant 60mm$	700	900～1100	12	50
		$100mm < d \leqslant 160mm, 60mm < t \leqslant 100mm$	650	850～1000	13	50
		$160mm < d \leqslant 250mm, 100mm < t \leqslant 160mm$	550	800～950	13	50
34CrNiMo6	1.6582	$d \leqslant 16mm, t \leqslant 8mm$	1000	1200～1400	9	40
		$16mm < d \leqslant 40mm, 8mm < t \leqslant 20mm$	900	1100～1300	10	45
		$40mm < d \leqslant 100mm, 20mm < t \leqslant 60mm$	800	1000～1200	11	50
		$100mm < d \leqslant 160mm, 60mm < t \leqslant 100mm$	700	900～1100	12	55
		$160mm < d \leqslant 250mm, 100mm < t \leqslant 160mm$	600	800～950	13	55
30CrNiMo8	1.6580	$d \leqslant 16mm, t \leqslant 8mm$	1050	1250～1450	9	40
		$16mm < d \leqslant 40mm, 8mm < t \leqslant 20mm$	1050	1250～1450	9	40
		$40mm < d \leqslant 100mm, 20mm < t \leqslant 60mm$	900	1000～1300	10	45
		$100mm < d \leqslant 160mm, 60mm < t \leqslant 100mm$	800	1000～1200	11	50
		$160mm < d \leqslant 250mm, 100mm < t \leqslant 160mm$	700	900～1100	12	50
35NiCr6	1.5815	$d \leqslant 16mm, t \leqslant 8mm$	740	880～1080	12	40
		$16mm < d \leqslant 40mm, 8mm < t \leqslant 20mm$	740	880～1080	14	40
		$40mm < d \leqslant 100mm, 20mm < t \leqslant 60mm$	640	780～980	15	40
36NiCrMo16	1.6773	$d \leqslant 16mm, t \leqslant 8mm$	1050	1250～1450	9	40
		$16mm < d \leqslant 40mm, 8mm < t \leqslant 20mm$	1050	1250～1450	9	40
		$40mm < d \leqslant 100mm, 20mm < t \leqslant 60mm$	900	1000～1300	10	45
		$100mm < d \leqslant 160mm, 60mm < t \leqslant 100mm$	800	1000～1200	11	50
		$160mm < d \leqslant 250mm, 100mm < t \leqslant 160mm$	800	1000～1200	11	50
39NiCrMo3	1.6510	$d \leqslant 16mm, t \leqslant 8mm$	785	980～1180	11	40
		$16mm < d \leqslant 40mm, 8mm < t \leqslant 20mm$	735	930～1130	11	40
		$40mm < d \leqslant 100mm, 20mm < t \leqslant 60mm$	685	880～1080	12	45
		$100mm < d \leqslant 160mm, 60mm < t \leqslant 100mm$	635	830～980	12	50
		$160mm < d \leqslant 250mm, 100mm < t \leqslant 160mm$	540	740～880	13	50

续表

牌号	数字编号	产品尺寸	力学性能(非范围值或特殊注明者均匀为最小值)			
			R_e/MPa	R_m/MPa	A/%	Z/%
30NiCrMo16-6	1.6747	d≤16mm,t≤8mm	880	1080～1230	10	45
		16mm<d≤40mm,8mm<t≤20mm	880	1080～1230	10	45
		40mm<d≤100mm,20mm<t≤60mm	880	1080～1230	10	45
		100mm<d≤160mm,60mm<t≤100mm	790	900～1050	11	50
		160mm<d≤250mm,100mm<t≤160mm	880	900～1050	11	50
51CrV4	1.8159	d≤16mm,t≤8mm	900	1100～1300	9	40
		16mm<d≤40mm,8mm<t≤20mm	800	1000～1200	10	45
		40mm<d≤100mm,20mm<t≤60mm	700	900～1100	12	50
		100mm<d≤160mm,60mm<t≤100mm	650	850～1000	13	50
		160mm<d≤250mm,100mm<t≤160mm	600	800～950	13	50
20MnB5	1.5530	d≤16mm,t≤8mm	700	900～1050	14	55
		16mm<d≤40mm,8mm<t≤20mm	600	750～900	15	55
30MnB5	1.5531	d≤16mm,t≤8mm	800	950～1150	13	50
		16mm<d≤40mm,8mm<t≤20mm	650	800～950	13	50
38MnB5	1.5532	d≤16mm,t≤8mm	900	1050～1250	12	50
		16mm<d≤40mm,8mm<t≤20mm	700	850～1050	12	50
27MnCrB5-2	1.7182	d≤16mm,t≤8mm	800	1000～1250	14	55
		16mm<d≤40mm,8mm<t≤20mm	750	900～1150	14	55
		40mm<d≤100mm,20mm<t≤60mm	700	800～1000	15	55
33MnCrB5-2	1.7185	d≤16mm,t≤8mm	850	1050～1300	13	50
		16mm<d≤40mm,8mm<t≤20mm	800	950～1200	13	50
		40mm<d≤100mm,20mm<t≤60mm	750	900～1100	13	50
39MnCrB6-2	1.7189	d≤16mm,t≤8mm	900	1100～1350	12	50
		16mm<d≤40mm,8mm<t≤20mm	850	1050～1250	12	50
		40mm<d≤100mm,20mm<t≤60mm	800	1000～1200	12	50

注:1. R_e——屈服强度,如无屈服现象则取0.2%保证强度 $R_{p0.2}$,R_m——抗拉强度,A——断后伸长率,Z——断面收缩率;
2. d——圆形截面直径,t——平板产品厚度。

(2)表面硬化钢

表 12-94 表面硬化钢的淬透性(EN 10084—1998)

牌号	数字编号	距淬火端距离为下列处(mm)的硬度 HRC												
		1.5	3	5	7	9	11	13	15	20	25	30	35	40
17Cr3 17CrS3	1.7016 1.7014	39～47	35～44	25～40	20～33	29	27	25	24	23	21			
28Cr4 28CrS4	1.7030 1.7036	45～53	43～52	39～51	29～49	25～45	22～42	20～39	36	33	30	29	28	27
16MnCr5 16MnCrS5	1.7031 1.7139	39～47	36～46	31～44	28～41	24～39	21～37	35	33	31	30	29	28	27
16MnCrB5	1.7160	39～47	36～46	31～44	28～41	24～39	21～37	35	33	31	30	29	28	27
20MnCr5 20MnCrS5	1.7147 1.7149	41～49	39～49	36～48	33～46	30～43	28～42	26～41	25～39	23～37	21～35	34	33	32
18CrMo4 18CrMoS4	1.7243 1.7244	39～47	37～46	34～45	30～42	27～39	24～37	22～35	21～34	31	29	28	27	26
22CrMoS3-5	1.7333	42～50	41～49	37～48	33～47	31～45	28～43	26～41	25～40	23～37	22～35	21～34	20～33	30
20MoCr3 20MoCrS3	1.7320 1.7319	41～49	38～47	34～45	28～40	22～35	20～32	31	30	28	26	25	24	23

续表

牌　号	数字编号	距淬火端距离为下列处(mm)的硬度 HRC												
		1.5	3	5	7	9	11	13	15	20	25	30	35	40
20MoCr4 20MoCrS4	1.7321 1.7323	41～49	37～47	31～44	27～41	24～38	22～35	33	31	28	26	25	24	24
16NiCr4 16NiCrS4	1.5714 1.5715	37～47	36～46	33～44	29～42	27～40	25～38	23～36	22～34	20～32	30	29	28	28
10NiCr5-4	1.5805	32～41	27～39	24～37	22～34	32	30							
18NiCr5-4	1.5810	41～49	39～48	35～46	32～44	29～42	27～39	25～37	24～36	21～34	20～32	31	31	30
17CrNi6-6	1.5918	39～47	38～47	36～46	35～45	32～43	30～42	28～41	26～39	24～37	22～35	21～34	20～34	20～33
15NiCr13	1.5752	41～48	41～48	41～48	10～47	38～45	36～44	33～42	30～41	24～38	22～35	22～34	21～34	21～33
20NiCrMo2-2 20NiCrMoS2-2	1.6523 1.6526	41～49	37～48	31～45	25～42	22～36	20～33	31	30	27	25	24	24	23
17NiCrMo6-4 17NiCrMoS6-4	1.6566 1.6569	40～48	40～48	37～47	34～46	30～45	28～44	27～42	26～41	24～38	23～36	22～35	21～34	33
20NiCrMoS6-4	1.6571	41～49	40～49	39～48	36～48	33～47	30～47	28～46	26～44	23～41	21～39	38	37	36
18CrNiMo7-6	1.6587	40～48	40～48	39～48	38～48	37～47	36～47	35～46	34～46	32～44	31～43	30～42	29～41	29～41
14NiCrMo13-4	1.6657	39～47	39～47	37～46	36～46	36～46	36～46	35～46	33～45	31～43	30～42	28～40	27～39	26～38

注：供货状态为＋H。

(3)氮化钢

表 12-95　　氮化钢的力学性能(EN 10085—2001)

牌　号	数字编号	力学性能(非范围值或特殊注明者均匀最小值)											
		16mm≤d≤40mm			40mm≤d≤100mm			100mm≤d≤160mm			160mm≤d≤250mm		
		R_e /MPa	R_m/MPa	A /%	R_e /MPa%	R_m /MPa	A /%	R_e /MPa	R_m /MPa	A /%	R_e /MPa	R_m /MPa	A /%
24CrMo13-6	1.8516	800	1000～1200	10	750	950～1150	11	700	900～1100	12	650	850～1050	13
31CrMo12	1.8515	835	1030～1230	10	785	980～1180	11	735	930～1130	12	675	880～1080	12
32CrCrAlMo7-10	1.8505	835	1030～1230	10	835	980～1180	10	735	930～1130	12	675	880～1080	12
31CrMoV9	1.8519	900	1100～1300	9	800	1000～1200	10	700	900～1100	11	650	850～1050	12
33CrMoV12-9	1.8522	950	1150～1350	11	850	1050～1250	12	750	950～1150	12	700	900～1100	13
34CrAlNi7-10	1.8550	680	900～1100	10	650	850～1050	12	600	800～1000	13	600	800～1000	13
41CrAlMo7-10	1.8509	750	950～1150	11	720	900～1100	13	670	850～1050	14	625	800～1000	15
40CrMoV13-9	1.8523	750	950～1150	11	720	900～1100	13	700	870～1070	14	625	800～1000	15
34CrAlMo5-10	1.8507	600	800～1100	14	600	800～1000	14						

注：1. R_e——屈服强度，如无屈服现象则取 0.2%保证强度 $R_{p0.2}$，R_m——抗拉强度，A——断后伸长率；

2. d——厚度；

3. 此钢种适用厚度不超过 70mm。

(4)自由切削钢

表 12-96 非热处理钢和表面硬化钢的力学性能(EN 10087—1998)

牌 号	数字编号	直径 d/mm	硬度 HB	抗拉强度/MPa
非热处理钢				
11SMn30	1.0715	5~10		380~570
11SMnPb30	1.0718	10~16		380~570
11SMn37	1.0736	16~40	112~169	380~570
11SMnPb37	1.0737	40~63	109~169	370~570
		63~100	107~154	360~520
自由切割钢				
10S20	1.0721	5~10		360~530
10SPb20	1.0722	10~16		360~530
		16~40	107~156	360~530
		40~63	107~156	360~530
		63~100	105~146	350~490
15SMn13	1.0725	5~10		430~610
		10~16		430~600
		16~40	128~178	430~600
		40~63	128~172	430~580
		63~100	125~160	420~540

注:1. 如有冲突,以抗拉强度值为准;
2. 硬度值仅供参考。

表 12-97 淬火钢的力学性能(EN 10087—1998)

牌 号	数字编号	直径 d/mm	未热处理		淬火加回火		
			硬度 HB	抗拉强度	R_e/MPa	R_m/MPa	A/%
35S20	1.0726	5~10		550~720	430	630~780	15
35SPb20	1.0756	10~16		550~700	430	630~780	15
		16~40	154~201	520~680	380	600~750	16
		40~63	154~198	520~670	320	550~700	17
		63~100	149~193	500~650	320	550~700	17
36SMn14	1.0764	5~10		580~770	480	700~850	14
36SMnPb14	1.0765	10~16		580~770	460	700~850	14
		16~40	166~222	560~750	420	670~820	15
		40~63	166~219	560~740	400	640~790	16
		63~100	163~219	550~740	360	570~720	17
38SMn28	1.0760	5~10		580~780	480	700~850	15
38SMnPb28	1.0761	10~16		580~750	460	700~850	15
		16~40	166~216	560~730	420	700~850	15
		40~63	166~216	560~730	400	700~850	16
		63~100	163~207	550~700	380	630~800	16
44SMn28	1.0762	5~10		630~900	480	700~850	16
44SMnPb28	1.0763	10~16		630~850	460	700~850	16
		16~40	187~242	630~820	420	700~850	16
		40~63	184~235	620~790	410	700~850	16
		63~100	181~231	610~780	400	700~850	16
46S20	1.0727	5~10		590~800	490	700~850	12
46SPb20	1.0757	10~16		590~780	490	700~850	12
		16~40	175~225	590~760	430	650~800	13
		40~63	172~216	580~730	370	630~780	14
		63~100	166~211	560~710	370	630~780	14

注:1. 如有冲突,以抗拉强度值为准;
2. 硬度值仅供参考;
3. R_e——上屈服强度,如无屈服现象则取 0.2%保证强度 $R_{p0.2}$,R_m——抗拉强度,A——断后伸长率。

表 12-98　　表面硬化钢的热处理工艺(EN 10087—1998)

牌　号	数字编号	渗碳温度/℃	型芯硬化温度/℃	表面硬化温度/℃	淬火介质	回火温度/℃
10S20	1.0721	880～980	880～920	780～820	水,油,乳剂	150～200
10SPb20	1.0722					
15SMn13	1.0725					

注:1. 表中给出温度数据仅供参考,具体热处理温度需根据性能要求决定;

2. 回火时间参考值为最低 1h。

表 12-99　　淬火钢的热处理工艺(EN 10087—1998)

牌　号	数字编号	淬火温度/℃	淬火介质	回火温度/℃	牌　号	数字编号	淬火温度/℃	淬火介质	回火温度/℃
35S20	1.0726	860～890	水,油	540～680	44SMn28	1.0762	840～870	油,水	540～680
35SPb20	1.0756				44SMnPb28	1.0763			
36SMn14	1.0764	850～880	水,油	540～680	46S20	1.0727	840～870	油,水	540～680
36SMnPb14	1.0765				44SPb20	1.0757			
38SMn28	1.0760	850～880	水,油	540～680					
38SMnPb28	1.0761								

注:1. 回火时间参考值:最低 1h;

2. 奥氏体化时间参考值:最低 0.5h;

3. 表中给出温度数据仅供参考,具体热处理温度需根据性能要求决定。

(5)淬火和回火弹簧用热轧钢

表 12-100　　不同热处理条件下弹簧用热轧钢的硬度条件(EN 10089—2002)

牌　号	数字编号	最大布氏硬度 HB		
		改善剪切性能处理+S	软退火+A	球化退火+AC
38Si7	1.5023	280	217	200
46Si7	1.5024	280	248	230
56Si7	1.5026	280	248	230
55Cr3	1.7176	280	248	230
60Cr3	1.7177	280	248	230
54SiCr6	1.7102	280	248	230
56SiCr7	1.7106	280	248	230
61SiCr7	1.7108	280	248	230
51CrV4	1.8159	280	248	230
45SiCrV6-2	1.8151	280	248	230
54SiCrV6	1.8152	280	248	230
60SiCrV7	1.8153	280	248	230
46SiCrMo6	1.8062	280	248	230
50SiCrMo6	1.8063	280	248	230
52SiCrNi5	1.7117	280	248	230
52CrMoV4	1.7701	280	248	230
60CrMo3-1	1.7239	280	248	230
60CrMo3-2	1.7240			
60CrMo3-3	1.7241			

表 12-101　弹簧用热轧钢的淬透性(EN 10089—2002)

牌号	数字编号	状态	顶端淬火实验硬化温度/℃	距淬火端距离为下列处(mm)的硬度 HRC														
				1.5	3	5	7	9	11	13	15	20	25	30	35	40	45	50
38Si7	1.5023	+H	880±5	54～61	48～58	38～51	31～44	27～40	24～37	21～34	19～32	29	27	26	25	25	25	24
46Si7	1.5024	+H	880±5	56～63	50～60	40～53	33～46	29～42	26～39	23～36	21～34	31	29	28	27	27	26	25
56Si7	1.5026	+H	850±5	57～65	55～62	49～60	43～57	37～54	34～50	32～46	31～42	28～39	27～37	26～36	25～35	25～34	25～34	24～33
55Cr3	1.7176	+H	850±5	57～67	56～67	55～66	54～65	52～64	48～63	43～62	39～61	32～57	30～53	28～49	26～46	25～43	24～41	23～40
60Cr3	1.7177	+H	850±5	57～66	57～66	57～66	56～65	56～65	55～65	53～65	50～64	40～64	33～63	30～63	29～62	29～62	28～61	28～60
54SiCr6	1.7102	+H	850±5	57～67	56～66	55～66	50～65	44～65	40～64	37～64	35～63	32～59	30～55	28～49	26～44	25～40	24～37	24～35
56SiCr7	1.7106	+H	850±5	60～65	58～65	55～64	50～63	44～62	40～60	37～57	35～54	31～47	30～42	28～39	26～37	25～36	24～36	24～35
61SiCr7	1.7108	+H	850±5	60～68	59～68	57～67	54～65	49～63	46～61	42～60	39～58	35～51	32～46	31～43	30～41	29～39	28～39	28～38
51CrV4	1.8159	+H	850±5	57～65	56～65	55～64	54～64	53～63	51～63	50～63	48～62	44～62	41～62	37～61	35～60	34～60	33～59	32～58
45SiCrV6-2	1.8151	+H	880±5	55～65	54～64	53～63	49～62	45～60	42～58	39～57	37～55	33～52	31～49	29～47	27～45	26～43	25～41	25～40
54SiCrV6	1.8152	+H	860±5	57～67	56～66	55～65	50～63	44～62	40～60	37～57	35～55	32～47	30～43	28～40	26～38	25～37	24～36	24～35
60SiCrV7	1.8153	+H	860±5	50～66	59～65	57～65	54～64	59～63	45～61	42～59	39～57	35～51	32～46	31～42	30～40	29～38	28～38	28～37
46SiCrMo6	1.8062	+H	880±5	55～63	53～63	53～63	52～62	50～61	48～61	47～60	45～59	42～57	39～54	37～52	35～50	34～49	33～49	33～48
50SiCrMo6	1.8063	+H	890±5	57～65	56～65	56～64	55～64	55～64	54～64	54～63	53～63	52～63	51～62	49～61	47～64	45～60	44～60	43～59
52SiCrNi5	1.7117	+H	860±5	56～63	56～63	55～63	55～62	54～62	53～62	52～61	51～61	47～60	42～59	38～57	35～56	33～54	31～51	30～49
52CrMoV4	1.7701	+H	850±5	57～67	56～67	56～67	55～67	53～67	52～67	51～67	50～67	48～66	47～66	46～66	46～65	45～65	44～65	44～64
60CrMo3-1	1.7239	+H	850±5	57～66	57～66	57～66	56～65	56～65	56～65	54～65	53～64	50～64	43～63	36～63	32～62	30～62	30～61	30～60
60CrMo3-2	1.7240			57～66	57～66	57～66	57～66	57～66	56～65	56～65	56～65	56～65	54～64	51～64	46～64	43～64	39～64	36～64
60CrMo3-3	1.7241			57～66	57～66	57～66	57～66	57～66	56～65	56～65	56～65	56～65	55～64	55～64	53～64	53～64	52～64	50～64

表 12-102　热处理用冷轧弹簧钢条的力学性能(EN 10132-4—2000)

牌号	数字编号	供货状态							
		退火或退火加表面平整				冷轧		淬火加回火	
		$R_{e0.2}$/MPa	R_m/MPa	A_{80}/%	HV	R_m/MPa	HV	R_m/MPa	HV
C55S	1.1204	480	600	17	185	1070	300	1100～1700	340～520
C60S	1.1211	495	620	17	195	1100	305	1150～1750	345～530
C67S	1.1231	510	640	16	200	1140	315	1200～1900	370～580
C75S	1.1248	510	640	15	200	1170	320	1200～1900	370～580
C85S	1.1269	535	670	15	210	1190	325	1200～2000	370～600
C90S	1.1217	545	680	14	215	1200	325	1200～2100	370～600
C100S	1.1274	550	690	13	220	1200	325	1200～2100	370～630
C125S	1.1224	600	740	11	230	1200	325	1200～2100	370～630
48Si7	1.5021	580	720	13	225			1200～1700	370～520
56Si7	1.5026	600	740	12	230			1200～1700	370～520
51CrV4	1.8159	550	700	13	220			1200～1800	370～550
80CrV2	1.2235	580	720	12	225			1200～1800	370～550
75Ni8	1.5634	540	680	13	210			1200～1800	370～550
125Cr2	1.2002	590	750	11	235			1300～2100	405～630
102Cr6	1.2067	590	750	11	235			1300～2100	405～630

注:1. 对冷轧产品而言,其性能允许偏差范围为:R_m——150MPa;

2. 对淬火和回火产品而言,其性能允许偏差范围为:R_m——150MPa;

3. 表中性能数据适用厚度范围:0.30～3.00mm,大于此厚度的其性能由供需双方商定。

(6)压力容器用钢

表 12-103　规定高温性能的压力容器用热轧可焊钢棒的力学性能(EN 10273—2000)

牌号	数字编号	供货状态	直径或厚度/mm	屈服强度 R_e/MPa	抗拉强度 R_m/MPa	伸长率 A/%(纵向)
P235GH	1.0345	+N	≤16	235	360～480	25
			16～40	225	360～480	25
			40～60	215	360～480	25
			60～100	200	360～480	24
			100～150	185	350～480	24
P250GH	1.0460	+N	≤50	250	410～540	25
			50～100	240	410～540	25
			100～150	230	410～540	25
P265GH	1.0425	+N	≤16	265	410～530	23
			16～40	255	410～530	23
			40～60	245	410～530	23
			60～100	215	410～530	22
			100～150	200	400～530	22
P295GH	1.0481	+N	≤16	295	460～580	22
			16～40	295	460～580	22
			40～60	285	460～580	22
			60～100	260	460～580	21
			100～150	235	440～570	21
P355GH	1.0473	+N	≤16	355	510～650	21
			16～40	345	510～650	21
			40～60	335	510～650	21
			60～100	315	490～630	20
			100～150	295	480～630	20

续表

牌　号	数字编号	供货状态	直径或厚度/mm	屈服强度 R_e/MPa	抗拉强度 R_m/MPa	伸长率 A/%(纵向)
P275NH	1.0487	+N	≤16	275	390～510	24
			16～35	275	390～510	24
			35～50	265	390～510	24
			50～70	255	390～510	24
			70～100	235	370～490	23
			100～150	225	350～470	23
P355NH	1.0565	+N	≤16	355	490～630	22
			16～35	355	490～630	22
			35～50	345	490～630	22
			50～70	325	490～630	22
			70～100	315	470～610	21
			100～150	295	450～590	21
P460NH	1.8935	+N	≤16	460	570～720	17
			16～35	450	570～720	17
			35～50	440	570～720	17
			50～70	420	570～720	17
			70～100	400	540～710	16
			100～150	380	520～690	16
P355QH	1.8867	+QT	≤50	355	490～630	22
			50～100	335	490～630	22
			100～150	315	450～590	22
P460QH	1.8871	+QT	≤50	460	550～720	19
			50～100	440	550～720	19
			100～150	400	500～670	19
P500QH	1.8874	+QT	≤50	500	590～770	17
			50～100	480	590～770	17
			100～150	440	540～720	17
P690QH	1.8880	+QT	≤50	690	770～940	14
			50～100	670	770～940	14
			100～150	630	720～900	14
16Mo3	1.5415	+N	≤16	275	440～590	24
			16～40	270	440～590	24
			40～60	260	440～590	23
			60～100	240	430～580	22
			100～150	220	420～570	19
13CrMo4-5	1.7335	+NT	≤16	300	450～600	20
		+NT	16～60	295	450～600	20
		+NT/QA/QL	60～100	275	440～590	19
		+QL	100～150	255	430～580	19
10CrMo9-10	1.7380		≤16	310	480～630	18
		+NT	1～40	300	480～630	18
		+NT	40～60	290	480～630	18
		+NT/QA/QL	60～100	270	470～620	17
		+NT/QA/QL	100～150	250	460～610	17
11CrMo9-10	1.7383	+NT/QA/QL	≤60	310	520～670	18
		+QL	60～100	310	520～670	17

注：1. +N——正火，+QL——淬火加回火，+NT——正火加回火，+QA——空冷淬火回回火，+QL——液冷淬火加回火；

2. 尺寸大于 150mm 的产品力学性能由供需双方商定。

表 12-104　压力容器用钢板的力学性能

牌　号	数字编号	供货状态	厚　度/mm	屈服强度 R_e/MPa	抗拉强度 R_m/MPa	伸长率 A/%
规定耐高温性能的非合金钢和合金钢(EN 10028-2—2003)						
P235GH	1.0345	+N	≤16	235	360～480	24
			16～40	225	360～480	
			40～60	215	360～480	
			60～100	200	360～480	
			100～150	185	350～480	
			150～250	170	340～480	
P265GH	1.0425	+N	≤16	265	410～530	22
			16～40	255	410～530	
			40～60	245	410～530	
			60～100	215	410～530	
			100～150	200	400～530	
			150～250	185	390～530	
P295GH	1.481	+N	≤16	295	460～580	21
			16～40	290	460～580	
			40～60	285	460～580	
			60～100	260	460～580	
			100～150	235	440～570	
			150～250	220	430～570	
P355GH	1.0473	+N	≤16	355	510～650	20
			16～40	345	510～650	
			40～60	335	510～650	
			60～100	315	490～630	
			100～150	295	480～630	
			150～250	280	470～630	
16Mn3	1.5415	+N	≤16	275	440～590	22
			16～40	270	440～590	
			40～60	260	440～590	
			60～100	240	430～580	
			100～150	220	420～570	
			150～250	210	410～570	
18MnMo4-5	1.5414	+NT	≤60	345	510～650	20
		+NT	60～150	325	510～650	
		+QT	150～250	310	480～620	
20MnMoNi4-5	1.6311	+QT	≤40	470	590～750	18
			40～60	460	590～730	
			60～100	450	570～710	
			100～150	440	570～710	
			150～250	400	560～700	
15NiCuMoNb5-6-4	1.6368	+NT	≤40	460	610～780	16
		+NT	40～60	440	610～780	
		+NT	60～100	430	600～760	
		+NT/QT	100～150	420	590～740	
		+QT	150～250	410	580～740	
13CrMo4-5	1.7335	+NT	≤16	300	450～600	19
		+NT	16～60	290	450～600	
		+NT	60～100	270	440～590	
		+NT/QT	100～150	255	430～580	
		+QT	150～250	245	420～570	

续表

牌　号	数字编号	供货状态	厚　度/mm	屈服强度 R_e/MPa	抗拉强度 R_m/MPa	伸长率 A/%
13CrMoSi5-5	1.7336	+NT	≤60	310	510～690	20
		+NT	60～100	300	480～660	
		+QT	≤60	400	510～690	
		+QT	60～100	390	500～680	
		+QT	100～250	380	490～670	
10CrMo9-10	1.7380	+NT	≤16	310	480～630	18
		+NT	16～40	300	480～630	
		+NT	40～60	290	480～630	
		+NT/QT	60～100	280	470～620	17
		+QT	100～150	260	460～610	
		+QT	150～250	250	450～600	
12CrMo9-10	1.7375	+NT/QT	≤250	355	540～690	18
X12CrMo5	1.7362	+NT	≤60	320	510～690	20
		+NT	60～150	300	480～660	
		+QT	150～250	300	450～630	
13CrMoV9-10	1.7703	+NT	≤60	455	600～780	18
		+NT	60～150	435	590～770	
		+QT	150～250	415	580～760	
12CrMoV12-10	1.7767	+NT	≤60	455	600～780	18
		+NT	60～150	435	590～770	
		+QT	150～250	415	580～760	
X10CrMoVNb9-1	1.4903	+NT	≤60	445	580～760	18
		+NT	60～150	435	550～730	
		+QT	150～250	435	520～700	
经过正火处理的可焊细晶粒钢(EN 10028-3—2003)						
P275NH P275NL1 P275NL2	1.0487 1.0488 1.1104	+N	≤16	275	390～510	24
			16～40	265	390～510	
			40～60	255	390～510	
			60～100	235	370～490	23
			100～150	225	360～480	
			150～250	215	350～470	
P355N P355NH P355NL1 P355NL2	1.0562 1.0565 1.0566 1.1106	+N	≤16	355	490～630	22
			16～40	345	490～630	
			40～60	335	490～630	
			60～100	315	470～610	21
			100～150	305	460～600	
			150～250	295	450～590	
P460NH P460NL1 P460NL2	1.8935 1.8915 1.8918	+N	≤16	460	570～720	17
			16～40	445	570～720	
			40～60	430	570～720	
			60～100	400	540～710	
具有低温特性的镍合金钢(EN 10028-4—2003)						
11MnNi5-3	1.6212	+N	≤30	285	420～530	24
			30～50	275		
			50～80	265		
13MnNi6-3	1.6217	+N	≤30	355	490～610	22
			30～50	345		
			50～80	335		

续表

牌　号	数字编号	供货状态	厚　度/mm	屈服强度 R_e/MPa	抗拉强度 R_m/MPa	伸长率 A/%
15NiMn6	1.6228	+N/NT/QT	≤30	355	490～640	22
			30～50	345		
			50～80	335		
12Ni14	1.5637	+N/NT/QT	≤30	355	490～640	22
			30～50	345		
			50～80	335		
X12Ni5	1.5680	+N+NT	≤30	390	530～710	20
			30～50	380		
X8Ni9	1.5662	+QT640	≤30	490	640～840	18
			30～50	480		
		+QT640	≤30	490	640～840	18
			30～50	480		
		+QT680	≤30	585	680～820	18
			30～50	575		
X7Ni9	1.5663	+QT	≤30	585	680～820	18
			30～50	575		
机械热轧可焊细粒钢(EN 10028-5—2003)						
P355M	1.8821		≤16	355	450～610	22
P355ML1	1.8832		16～40	355		
P355ML2	1.8833		40～63	345		
P420M	1.8824		≤16	420	500～660	19
P420ML1	1.8835		16～40	400		
P420ML2	1.8828		40～63	390		
P460M	1.8826		≤16	460	530～720	17
P460ML1	1.8837		16～40	440		
P460ML2	1.8831		40～63	430		
淬火和回火可焊细粒钢(EN 10028-6—2003)						
P355Q	1.8866		≤50	355	490～630	22
P355QH	1.8867		50～100	335	490～630	
P355QL1	1.8868		100～150	315	450～590	
P355QL2	1.8869					
P460Q	1.8870		≤50	460	550～720	19
P460QH	1.8871		50～100	440	550～720	
P460QL1	1.8872		100～150	400	500～670	
P460QL2	1.8864					
P500Q	1.8873		≤50	500	590～770	17
P500QH	1.8874		50～100	480	590～770	
P500QL1	1.8875		100～150	440	540～720	
P500QL2	1.8865					
P690Q	1.8879		≤50	690	770～940	14
P690QH	1.8870		50～100	670	770～940	
P690QL1	1.8881		100～150	630	720～900	
P690QL2	1.8888					

注：1. +N——正火，+NT——正火加回火，+QT——淬火回火；

2. 当产品厚度大于250mm时，其力学性能应由供需双方商定(除12CrMo9-10和15NiCuMoNb5-6-4外)。

表 12-105　　压力容器用钢锻件的力学性能(EN 10222—1999)

牌　号	数字编号	等效截面厚度/mm	屈服强度 R_e/MPa	抗拉强度 R_m/MPa	伸长率 A/%	
					纵向	横向
P245GH	1.0352	≤35	245	410～530	25	23
		35～160	220		25	23
P280GH	1.0426	≤35	280	460～580	23	21
		35～160	255		23	21
P305GH	1.0436	≤35	305	490～610	22	20
		35～160	280	490～610	22	20
		≤70	285	510～630	22	20
16Mo3	1.5415	≤35	295	440～570	23	21
		35～70	285	440～570	23	21
		70～100	275	440～570	23	21
		≤250	265	440～570	23	21
		250～500	250	420～550	23	21
13CrMo4-5	1.7335	≤35	295	440～590	20	18
		35～70	285	440～590	20	18
		70～100	275	440～590	20	18
		100～250	265	440～590	20	18
		250～500	240	420～570	20	18
P285NH	1.0477	≤16	285	390～510	24	23
P285QH	1.0478	16～35	285	390～510	24	23
		35～70	265	390～510	24	23
		70～100	245	370～510	22	21
		100～250	225	370～510	22	21
		250～400	205	370～510	22	21
P355NH	1.0565	≤16	355	490～630	23	21
P355QH1	1.0571	16～35	355	490～630	23	21
		35～70	335	490～630	23	21
		70～100	315	470～630	21	19
		100～250	295	470～630	21	19
		250～400	275	470～630	21	19
P420NH	1.8932	≤16	420	530～680	20	19
P420QH	1.8936	16～35	410	530～680	20	19
		35～70	385	530～680	20	19
		70～100	365	510～670	18	17
		100～250	345	510～670	18	17
		250～400	325	510～670	18	17

(7)管材

表 12-106　　一般工程用焊接圆钢管的力学性能(EN 10296-1—2003)

牌　号	数字编号	供货状态	屈服强度 R_e/MPa	抗拉强度 R_m/MPa	伸长率 A/%	
					纵向	横向
E155	1.0033	+A	175	290	15	
		+U/NW		260	28	
		+N		270	28	
E195	1.0034	+A	250	330	8	
		+U/NW		300	28	
		+N		300	28	
E235	1.0308	+A	300	390	7	
		+U/NW		315	25	
		+N		340	25	

续表

牌　号	数字编号	供货状态	屈服强度 R_e/MPa	抗拉强度 R_m/MPa	伸长率 A/%	
					纵向	横向
E275	1.0225	+A	340	440	6	
		+U/NW		390	21	
		+N		410	21	
E355	1.0580	+A	400	540	5	
		+U/NW		490	22	
		+N		490	22	
E190	1.0031	+CR	190	270	26	24
E220	1.0215	+CR	220	310	23	21
E260	1.0220	+CR	260	340	21	19
E320	1.0237	+CR	320	410	19	17
E370	1.0261	+CR	370	450	15	13
		厚度				
E275K2	1.0456	≤16	275	370	24	22
		>16	265			
E355K2	1.0920	≤16	355	470	22	20
		>16	345			
E460K2	1.8891	≤16	460	550	17	15
		>16	440			
E275M	1.8895	≤16	275	360	24	22
		16～40	265			
E355M	1.8896	≤16	355	450	22	20
		16～40	345			
E420M	1.8897	≤16	420	500	19	17
		16～40	400			
E460M	1.8898	≤16	460	530	17	15
		16～40	440			

注：1. 当产品外径大于76.1mm，且直径/壁厚≤20时，伸长率最小值为17%；

2. 当产品壁厚小于3mm时，伸长率数据应由供需双方商定。

表 12-107　　通用无缝环形钢管用钢的力学性能(EN 10297-1—2003)

牌　号	数字编号	供货状态	壁　厚/mm	屈服强度 R_e/MPa	抗拉强度 R_m/MPa	伸长率 A/%	
						纵向	横向
E235	1.0308	+AR/+N	≤16	235	360	25	23
			16～40	225	360		
			40～65	215	360		
			65～80	205	340		
			80～100	195	340		
E275	1.0225	+AR/+N	≤16	275	410	22	20
			16～40	265	410		
			40～65	255	410		
			65～80	245	380		
			80～100	235	380		
E315	1.0236	+AR/+N	≤16	315	450	21	19
			16～40	305	450		
			40～65	295	450		
			65～80	280	420		
			80～100	270	420		

续表

牌号	数字编号	供货状态	壁厚/mm	屈服强度 R_e/MPa	抗拉强度 R_m/MPa	伸长率 A/%	
						纵向	横向
E355	1.0580	+AR/+N	≤16	355	490	20	18
			16～40	345	490		
			40～65	335	490		
			65～80	315	470		
			80～100	295	470		
E470	1.0536	+AR	≤16	470	650	17	15
			16～40	430	600		
E275K2	1.0456	+N	≤16	275	410	22	20
			16～40	265	410		
			40～65	255	410		
			65～80	245	380		
			80～100	235	380		
E355K2	1.0920	+N	≤16	355	490	20	18
			16～40	345	490		
			40～65	335	470		
			65～80	315	470		
			80～100	295	470		
E420J2	1.0599	+N	≤16	420	600	19	17
			16～40	400	560		
			40～65	390	530		
			65～80	370	500		
			80～100	360	500		
E460K2	1.8891	+N	≤16	460	550	19	17
			16～40	440	550		
			40～65	430	550		
			65～80	410	520		
			80～100	390	520		
E590K2	1.0644	+QT	≤16	590	700	16	14
			16～40	540	650		
			40～65	480	570		
			65～80	455	520		
			80～100	420	520		
E730K2	1.8893	+QT	≤16	730	790	15	13
			16～40	670	750		
			40～65	620	700		
			65～80	580	680		
			80～100	540	680		
C22E	1.1151	+N	≤16	240	430	24	22
		+N	16～40	210	410	25	23
		+N	40～80	210	410	25	23
		+QT	≤8	340	500	20	18
		+QT	8～20	290	470	22	20
		+QT	20～50	270	440	22	20
		+QT	50～80	260	420	22	20
C35E	1.1181	+N	≤16	300	550	18	16
		+N	16～40	270	520	19	17
		+N	40～80	270	520	19	17
		+QT	≤8	430	630	17	15
		+QT	8～20	380	600	19	17
		+QT	20～50	320	550	20	18
		+QT	50～80	290	500	20	18

续表

牌　号	数字编号	供货状态	壁　厚/mm	屈服强度 R_e/MPa	抗拉强度 R_m/MPa	伸长率 A/%	
						纵向	横向
C45E	1.1191	+N	≤16	340	620	14	12
		+N	16～40	305	580	16	14
		+N	40～80	305	580	16	14
		+QT	≤8	490	700	14	12
		+QT	8～20	430	650	16	14
		+QT	20～50	370	630	17	15
		+QT	50～80	340	600	17	15
C60E	1.1221	+N	≤16	390	710	10	8
		+N	16～40	350	670	11	9
		+N	40～80	340	670	11	9
		+QT	≤8	580	850	11	9
		+QT	8～20	520	800	13	11
		+QT	20～50	450	750	14	12
		+QT	50～80	420	710	14	12
38Mn6	1.1127	+N	≤16	400	670	14	12
		+N	16～40	380	620	15	13
		+N	40～80	360	570	13	14
		+QT	≤8	620	850	13	11
		+QT	8～20	570	750	14	12
		+QT	20～50	470	650	15	13
		+QT	50～80	400	550	16	14
41Cr4	1.7035	+QT	≤8	800	1000	11	9
			8～20	660	900	12	10
			20～50	560	800	14	12
25CrMo4	1.7218	+QT	≤8	700	900	12	10
			8～20	600	800	14	12
			20～50	450	700	15	13
			50～80	400	650	16	14
30CrMo4	1.7216	+QT	≤8	750	950	12	10
			8～20	630	850	13	11
			20～50	520	750	14	12
			50～80	480	700	15	13
34CrMo4	1.7220	+QT	≤8	800	1000	11	9
			8～20	650	900	12	10
			20～50	550	800	14	12
			50～80	500	750	15	13
42CrMo4	1.7225	+QT	≤8	900	1100	10	8
			8～20	750	1000	11	9
			20～50	650	900	12	10
			50～80	550	800	13	11
36CrNiMo4	1.6511	+QT	≤8	900	1100	10	8
			8～20	800	1000	11	9
			20～50	700	900	12	10
			50～80	600	800	13	11
30CrNiMo8	1.6580	+QT	≤8	1050	1250	9	7
			8～20	1050	1250	9	7
			20～50	900	1100	10	8
			50～80	800	1000	11	9
41NiCrMo7-3-2	1.6563	+QT	≤8	950	1150	9	7
			8～20	870	1050	10	8
			20～50	800	1000	11	9
			50～80	750	900	12	10

表 12-108　　压力焊接钢管的力学性能

牌　号	数字编号	直径或厚度/mm	屈服强度 R_e/MPa	抗拉强度 R_m/MPa	伸长率 A/%	
					纵向	横向
规定室温性能的非合金钢管(EN 10217-1—2002)						
P195TR1	1.0107	≤16	195	320～440	27	25
		16～40	185	320～440	27	25
P195TR2	1.0108	≤16	195	320～440	27	25
		16～40	185	320～440	27	25
P235TR1	1.0254	≤16	235	360～500	25	23
		16～40	225	360～500	25	23
P235TR2	1.0255	≤16	235	360～500	25	23
		16～40	225	360～500	25	23
P265TR1	1.0258	≤16	265	410～570	21	19
		16～40	255	410～570	21	19
P265TR2	1.0259	≤16	265	410～570	21	19
		16～40	255	410～570	21	19
规定高温性能的非合金钢管和合金电焊钢管(EN 10217-2—2002)						
P195GH	1.0348		195	320～440	27	25
P235GH	1.0345		235	360～500	25	23
P265GH	1.0425		265	410～570	23	21
16Mo3	1.5415		280	450～600	22	20
合金细晶粒钢管(EN 10217-3—2002)						
P275NL1	1.0488	≤12	275	390～530	24	22
P275NL2	1.1104	12～20	275	390～530	24	22
		20～40	275	390～510	24	22
P355N	1.0562	≤12	355	490～650	22	20
P355NH	1.0562	12～20	355	490～650	22	20
P355NL1	1.0566	20～40	345	490～630	22	20
P355NL2	1.1106					
P460N	1.8905	≤12	460	560～730	19	17
P460NH	1.8935	12～20	450	560～730	19	17
P460NL1	1.8915	20～40	440		19	17
P460NL2	1.8918					
规定低温性能的非合金和合金电焊钢管(EN 10217-4—2002)						
P215NL	1.0451		215	360～480	25	23
P265NL	1.0453		265	410～570	24	22
规定高温特性的非合金和合金埋弧焊接钢管(EN 10217-5—2002)						
P235GH	1.0345	≤16	235	360～500	25	23
		16～40	225	360～500	25	23
P265GH	1.0425	≤16	265	410～570	23	21
		16～40	255	410～570	23	21
16Mo3	1.5415	≤16	280	450～600	22	20
		16～40	270	450～600	22	20
规定低温特性的非合金埋弧焊接钢管(EN 10217-6—2002)						
P215NL	1.0451		215	360～480	25	23
P265NL	1.0453		265	410～570	24	22

注：1. 壁厚超过 40mm 的产品力学性能由供需双方商定；

2. 该产品规定壁厚小于 10mm。

表 12-109　　压力无缝不锈钢钢管的力学性能(EN 10216-3—2002)

牌号	数字编号	热处理工艺	上屈服点强度 R_{eH} 或屈服强度 $R_{p0.2}$（最小值）						抗拉强度 R_m/MPa				伸长率 A/%	
			壁厚/mm						壁厚/mm					
			≤16	16~40	40~60								纵向	横向
规定室温特性的非合金钢管(EN 10216-1—2002)														
P195TR1	1.0107		195	185	175				320~440				27	25
P195TR2	1.0108													
P235TR1	1.0254		235	225	215				360~500				25	23
P235TR2	1.0255													
P265TR1	1.0258		265	255	245				410~570				21	19
P265TR2	1.0259													
规定高温特性的非合金和合金钢管(EN 10216-2—2002)														
			壁厚/mm											
			≤16	16~40	40~60	60~100								
195GH	1.0348		195						320~440				27	25
P235GH	1.0345		235	225	215				360~500				25	23
P265GH	1.0425		265	255	245				410~570				23	21
20MnNb6	1.0471		355	345	335				500~650				22	20
16Mo3	1.5415		280	270	260				450~600				22	20
8MoB5-4	1.5450		400						540~690				19	17
14MoV63	1.7715		320	320	310				460~610				20	18
10CrMo5-5	1.7338		275	275	265				410~560				22	20
13CrMo4-5	1.7335		290	290	280				440~590				22	20
10CrMo9-10	1.7380		280	280	270				480~630				22	20
11CrMo9-10	1.7383		355	355	355				540~680				20	18
25CrMo4	1.7218		345	345	345				540~690				18	15
20CrMoV 13-5-5	1.7779		590	590	590				740~880				16	14

续表

牌 号	数字编号	热处理工艺	上屈服点强度 R_{eH} 或屈服强度 $R_{p0.2}$(最小值)							抗拉强度 R_m/MPa				伸长率 A/%	
			壁 厚/mm							壁 厚/mm					
			≤16	16～40	40～60	60～100								纵向	横向
15NiCuMoNb5-6-4	1.6368		440	440	440	440				610～780				19	17
X11CrMo5	1.7362	+I	175	175	175	175				430～580				22	20
		+NT1	280	280	280	280				480～640				20	18
		+NT2	390	390	390	390				570～740				18	16
X11CrMo9-1	1.7386	+I	210	210	210					460～640				20	18
		+NT	390	390	390					590～740				18	16
X10CrMoVNb9-1	1.4903		450	450	450	450				630～840				19	17
X20CrMoV11-1	1.4922		490	490	490	490				690～840				17	14
合金细晶粒钢管(EN 10216-3—2002)															
			壁 厚/mm							壁 厚/mm					
			≤12	12～20	20～40	40～50	50～65	65～80	80～100	≤20	20～40	40～65	65～100		
P275NL1	1.0488	N	275	275	275	265	255	245	235	390～530	390～510	390～510	360～480	24	22
P275NL2	1.1104	N	275	275	275	265	255	245	235	490～650	490～630	490～630	450～590	22	20
P355N	1.0562	N	355	355	345	335	325	315	305	490～650	490～630	490～630	450～590	22	20
P355NH	1.0565	N	355	355	345	335	325	315	305	490～650	490～630	490～630	450～590	22	20
P355NL1	1.0566	N	355	355	345	335	325	315	305	490～650	490～630	490～630	450～590	22	20
P355NL2	1.1106	N	355	355	345	335	325	315	305	490～650	490～630	490～630	450～590	22	20
P460N	1.8905	N	460	450	440	425	410	400	390	560～730	560～730	560～730	490～690	19	17
P460NH	1.8935	N	460	450	440	425	410	400	390	560～730	560～730	560～730	490～690	19	17
P460NL1	1.8915	N	460	450	440	425	410	400	390	560～730	560～730	560～730	490～690	19	17
P460NL2	1.8918	N	460	450	440	425	410	400	390	560～730	560～730	560～730	490～690	19	17
P620Q	1.8876	QT	620	620	580	540	500			740～930	690～860	630～800		16	14

续表

牌 号	数字编号	热处理工艺	上屈服点强度 R_{eH} 或屈服强度 $R_{p0.2}$（最小值）							抗拉强度 R_m/MPa				伸长率 A/%	
			壁 厚/mm							壁 厚/mm					
			≤12	12～20	20～40	40～50	50～65	65～80	80～100	≤20	20～40	40～65	65～100	纵向	横向
P620QH	1.8877	QT	620	620	580	540	500			740～930	690～860	630～800		16	14
P620QL	1.8890	QT	620	620	580	540	500			740～930	690～860	630～800		16	14
P690Q	1.8879	QT	690	690	650	615	580	540	500	770～960	720～900	670～850	620～800	16	14
P690QH	1.8880	QT	690	690	650	615	580	540	500	770～960	720～900	670～850	620～800	16	14
P690QL1	1.8881	QT	690	690	650	615	580	540	500	770～960	720～900	670～850	620～800	16	14
P690QL2	1.8888	QT	690	690	690	650	615	580	540	770～960	770～960	700～880	680～860	16	14
规定低温特性的非合金和合金钢管（EN 10216-4—2002）															
			≤40							≤40					
P215NL	1.0451		215							360～480				25	23
P255QL	1.0452		255							360～490				23	21
P265NL	1.0453		265							410～570				24	22
26CrMo4-2	1.7219		440							560～740				18	16
11MnNi5-3	1.6212		285							410～530				24	22
13MnNi6-3	1.6217		355							490～610				22	20
12Ni14	1.5637		345							440～620				22	20
X12Ni5	1.5680		390							510～710				21	19
X10Ni9	1.5682		510							690～840				20	18

注：1. 壁厚超过 60mm 的产品力学性能由供需双方商定；

2. 该数据适用厚度范围：60～80mm；

3. 该数据适用厚度范围：≤10mm；

4. 该数据适用厚度范围：≤25mm。

(8)光亮钢产品

表 12-110 光亮钢产品的力学性能

牌号	数字编号	状态	厚度/mm	硬度 HB	屈服强度 $R_{p0.2}$ /MPa(最小值)	抗拉强度 R_m/MPa	伸长率 A_5/%(最小值)
一般工程用途钢(EN 10277-2—1999)							
S235JRG2C	1.0122	轧制	16～40 40～63 63～100	102～140		340～470	
		冷拉	5～10 10～16 16～40 40～63 63～100		355 300 260 235 215	470～840 420～710 390～690 380～630 340～600	8 9 10 11 11
E295GC	1.0533	轧制	16～40 40～63 63～100	140～181		470～610	
		冷拉	5～10 10～16 16～40 40～63 63～100		510 420 320 300 255	650～950 600～900 550～850 520～770 470～740	6 7 8 9 9
E335GC	1.0543	轧制	16～40 40～63 63～100	169～211		570～710	
		冷拉	5～10 10～16 16～40 40～63 63～100		540 480 390 340 295	700～1050 680～970 640～930 620～870 570～810	5 6 7 8 8
S355J2G3G	1.0569	轧制	16～40 40～63 63～100	146～187		490～630	
		冷拉	5～10 10～16 16～40 40～63 63～100		520 450 350 335 315	650～950 600～880 550～850 520～770 490～740	6 7 8 9 9
C10	1.0301	轧制	16～40 40～63 63～100	92～163		310～550	
		冷拉	5～10 10～16 16～40 40～63 63～100		350 300 250 200 180	460～760 430～730 400～700 350～640 320～580	8 9 10 12 12
C15	1.0401	轧制	16～40 40～63 63～100	98～178		330～600	
		冷拉	5～10 10～16 16～40 40～63 63～100		380 340 280 240 215	500～800 480～780 430～730 380～670 340～600	7 8 9 11 12

续表

牌　号	数字编号	状　态	厚　度/mm	硬度 HB	屈服强度 $R_{p0.2}$ /MPa(最小值)	抗拉强度 R_m/MPa	伸长率 A_5/% (最小值)
C16	1.0407	轧制	16～40 40～63 63～100	105～184		350～620	
		冷拉	5～10 10～16 16～40 40～63 63～100		400 360 300 260 235	520～820 500～800 450～750 400～690 360～620	7 8 9 11 12
C35	1.0501	轧制	16～40 40～63 63～100	154～207		520～700	
		冷拉	5～10 10～16 16～40 40～63 63～100		510 420 320 300 270	650～1000 600～950 580～880 550～840 520～800	6 7 8 9 9
C40	1.0511	轧制	16～40 40～63 63～100	163～211		550～710	
		冷拉	5～10 10～16 16～40 40～63 63～100		540 460 365 330 290	700～1000 650～980 620～920 590～840 550～820	6 7 8 9 9
C45	1.0503	轧制	16～40 40～63 63～100	172～242		580～820	
		冷拉	5～10 10～16 16～40 40～63 63～100		565 500 410 360 310	750～1050 710～1030 650～1000 630～900 580～850	5 6 7 8 8
C50	1.0540	轧制	16～40 40～63 63～100	181～269		610～910	
		冷拉	5～10 10～16 16～40 40～63		590 520 440 390	770～1100 730～1080 690～1050 650～1030	5 6 7 8
C60	1.0601	轧制	16～40 40～63 63～100	198～278		670～940	
		冷拉	5～10 10～16 16～40		630 550 480	800～1150 780～1130 730～1100	5 5 6

续表

牌号	数字编号	状态	厚度/mm	硬度HB	屈服强度 $R_{p0.2}$/MPa(最小值)	抗拉强度 R_m/MPa	伸长率 A_5/%(最小值)
自由切割钢(EN 10277-3—1999)							
11SMn30	1.0715	轧制	16～40	112～169		380～570	
11SMnPb30	1.0718		40～63	112～169		370～570	
11SNb37	1.0736		63～100	107～154		360～520	
11SMnPb37	1.0737	冷拉	5～10		440	510～810	6
			10～16		410	490～760	7
			16～40		375	460～710	8
			40～63		305	400～650	9
			63～100		245	360～630	9
10S20	1.0721	轧制	16～40	107～156		360～530	
10SPb20	1.0722		40～63	107～156		360～530	
			63～100	105～146		350～490	
		冷拉	5～10		410	520～780	7
			10～16		390	490～740	8
			16～40		360	460～720	9
			40～63		295	410～660	10
			63～100		235	380～630	11
15SMn13	1.0725	轧制	16～40	128～78		430～600	
			40～63	128～172		430～580	
			63～100	125～160		420～540	
		冷拉	5～10		450	560～840	6
			10～16		430	500～800	7
			16～40		390	470～770	8
			40～63		350	460～680	9
			63～100		265	440～650	10
35S20	1.0726	轧制	16～40	154～201		520～680	
35SPb20	1.0756		40～63	154～198		520～670	
			63～100	149～193		500～650	
		冷拉	5～10		480	640～880	6
			10～16		400	590～830	7
			16～40		360	560～800	8
			40～63		340	530～760	9
			63～100		300	510～680	9
		冷拉后淬火加回火	16～40		380	600～750	16
			40～63		320	550～700	17
			63～100		320	550～700	17
		淬火加回火后冷拉	5～10		600	700～870	9
			10～16		580	700～850	11
			16～40		550	700～850	12
			40～63		530	650～800	13
			63～100		500	650～800	14
36SMn14	1.0764	轧制	16～40	166～222		560～750	
36SMnPb14	1.0765		40～63	166～219		560～740	
			63～100	163～219		550～740	
		冷拉	5～10		500	660～960	6
			10～16		440	620～900	6
			16～40		390	600～840	7
			40～63		360	580～780	8
			63～100		340	560～760	9

续表

牌号	数字编号	状态	厚度/mm	硬度 HB	屈服强度 $R_{p0.2}$ /MPa(最小值)	抗拉强度 R_m/MPa	伸长率 A_5/% (最小值)
36SMn14 36SMnPb14	1.0764 1.0765	冷拉后淬火加回火	16～40		420	670～820	15
			40～63		400	640～790	16
			63～100		360	570～720	17
		淬火加回火后冷拉	5～10		560	750～1000	6
			10～16		530	740～990	6
			16～40		470	720～970	8
			40～63		420	680～930	9
			63～100		400	580～840	9
38SMn28 38SMnPb28	1.0760 1.0761	轧制	16～40	166～216		560～730	
			40～63	166～216		560～730	
			63～100	163～207		550～700	
		冷拉	5～10		550	700～960	6
			10～16		500	660～930	6
			16～40		420	610～850	7
			40～63		400	600～790	7
			63～100		350	580～760	8
		冷拉后淬火加回火	16～40		420	700～850	15
			40～63		400	700～850	16
			63～100		380	630～800	16
		淬火加回火后冷拉	5～10		700	850～1000	9
			10～16		680	775～925	10
			16～40		650	700～900	12
			40～63		650	700～900	13
			63～100		500	625～850	14
44SMn28 44SMnPb28	1.0762 1.0763	轧制	16～40	187～242		630～820	
			40～63	184～235		620～790	
			63～100	181～231		610～780	
		冷拉	5～10		600	760～1030	5
			10～16		530	710～980	5
			16～40		460	660～900	6
			40～63		430	650～870	7
			63～100		390	630～840	7
		冷拉后淬火加回火	16～40		420	700～850	16
			40～63		410		
			63～100		400		
		淬火加回火后冷拉	5～10		710	850～1000	9
			10～16		710	850～1000	9
			16～40		660	700～900	11
			40～63		660	700～900	12
			63～100		660	700～900	12

续表

牌 号	数字编号	状 态	厚 度/mm	硬度 HB	屈服强度 $R_{p0.2}$ /MPa(最小值)	抗拉强度 R_m/MPa	伸长率 A_5/% (最小值)
46S20 46SPb20	1.0727 1.0757	轧制	16～40 40～63 63～100	175～225 172～216 166～211		590～760 580～730 560～710	
		冷拉	5～10 10～16 16～40 40～63 63～100		570 470 400 380 340	740～980 690～930 640～880 610～850 580～770	5 6 7 8 8
		冷拉后淬火加回火	16～40 40～63 63～100		430 370 370	650～800 630～780 630～780	13 14 14
		淬火加回火后冷拉	5～10 10～16 16～40 40～63 63～100		680 650 620 620 580	850～1000 800～950 700～850 700～850 650～850	8 9 10 11 11
表面硬化钢(EN 10227-4—1999)							
C10R	1.1207	轧制	16～40 40～63 63～100	92～163		310～550	
		冷拉	5～10 10～16 16～40 40～63 63～100		350 300 250 200 180	460～760 430～730 400～700 350～640 320～580	8 9 10 12 12
C15R	1.1140	轧制	16～40 40～63 63～100	98～178		330～600	
		冷拉	5～10 10～16 16～40 40～63 63～100		380 340 280 240 215	500～800 480～780 430～730 380～670 340～600	7 8 9 11 12
C16R	1.1208	轧制	16～40 40～63 63～100	105～184		350～620	
		冷拉	5～10 10～16 16～40 40～63 63～100		400 360 300 260 235	520～820 500～800 450～750 400～690 360～620	7 8 9 11 12

续表

牌号	数字编号	状态	厚度/mm	硬度HB	屈服强度 $R_{p0.2}$/MPa(最小值)	抗拉强度 R_m/MPa	伸长率 A_5/%(最小值)
16MnCr5	1.7139	退火后轧制	16～40	207			
			40～63				
			63～100				
		退火后冷拉	5～10	260			
			10～16	250			
			16～40	245			
			40～63	240			
			63～100	240			
16MnCrB5	1.7160	退火后轧制	16～40	207			
			40～63				
			63～100				
		退火后冷拉	5～10	260			
			10～16	250			
			16～40	245			
			40～63	240			
			63～100	240			
20MnCrS5	1.7149	退火后轧制	16～40	217			
			40～63				
			63～100				
		退火后冷拉	5～10	270			
			10～16	260			
			16～40	255			
			40～63	250			
			63～100	250			
16NiCrS4	1.5715	退火后轧制	16～40	217			
			40～63				
			63～100				
		退火后冷拉	5～10	270			
			10～16	260			
			16～40	255			
			40～63	255			
			63～100	255			
15NiCr13	1.5752	退火后轧制	16～40	255			
			40～63				
			63～100				
		退火后冷拉	5～10				
			10～16				
			16～40				
			40～63				
			63～100				

续表

牌　号	数字编号	状　态	厚　度/mm	硬度 HB	屈服强度 $R_{p0.2}$ /MPa(最小值)	抗拉强度 R_m/MPa	伸长率 A_5/% (最小值)
20NiCrMoS2-2	1.6526	退火后轧制	16～40 40～63 63～100	212			
		退火后冷拉	5～10 10～16 16～40 40～63 63～100	270 260 255 255 255			
17NiCrMoS6-4	1.6569	退火后轧制	16～40 40～63 63～100	229			
		退火后冷拉	5～10 10～16 16～40 40～63 63～100	270 260 255 255 255			
淬火和回火钢							
C35E C35R	1.1181 1.1180	轧制或退火后轧制	16～40 40～63 63～100	154～207		520～700	
		冷拉后淬火加回火	16～40 40～63 63～100		370 320 320	600～750 550～700 550～700	19 20 20
		淬火加回火后冷拉	5～10 10～16 16～40 40～63 63～100		650 600 530 430 360	800～950 750～900 700～850 590～740 550～700	9 9 10 11 12
C40E C40R	1.1186 1.1189	轧制或退火后轧制	16～40 40～63 63～100	163～211		550～710	
		冷拉后淬火加回火	16～40 40～63 63～100		400 350 350	630～780 600～750 600～750	18 19 19
		淬火加回火后冷拉	5～10 10～16 16～40 40～63 63～100		650 580 500 450 370	800～1000 750～950 680～900 620～820 600～800	8 8 9 10 11

续表

牌号	数字编号	状态	厚度/mm	硬度 HB	屈服强度 $R_{p0.2}$ /MPa(最小值)	抗拉强度 R_m/MPa	伸长率 A_5/%(最小值)
C45E C45R	1.1191 1.1201	轧制或退火后轧制	16～40	172～242		580～820	
			40～63				
			63～100				
		冷拉后淬火加回火	16～40		430	650～800	16
			40～63		370	630～780	17
			63～100		370	630～780	17
		淬火加回火后冷拉	5～10		700	850～1050	8
			10～16		650	800～1010	8
			16～40		570	750～950	9
			40～63		470	700～800	10
			63～100		380	650～820	11
C50E C50R	1.1206 1.1240	轧制或退火后轧制	16～40	181～269		610～910	
			40～63				
			63～100				
		冷拉后淬火加回火	16～40		460	700～850	15
			40～63		400	650～800	16
			63～100		400	650～800	16
		淬火加回火后冷拉	5～10		720	870～1070	7
			10～16		670	820～1030	7
			16～40		600	790～990	8
			40～63		540	730～930	9
			63～100		470	680～880	9
C60E C60R	1.1221 1.1223	轧制或退火后轧制	16～40	198～278		670～940	
			40～63				
			63～100				
		冷拉后淬火加回火	16～40		520	800～950	13
			40～63		450	750～900	14
			63～100		450	750～900	14
		淬火加回火后冷拉	5～10		750	900～1100	6
			10～16		750	880～1080	6
			16～40		640	800～1030	7
			40～63		560	750～980	8
			63～100		480	750～910	8
34CrS4	1.7034	轧制或退火后轧制	16～40	223			
			40～63				
			63～100				
		冷拉后淬火加回火	16～40		590	800～950	14
			40～63		460	700～850	15
			63～100		460	700～850	15
		淬火加回火后冷拉	5～10		800	900～1100	8
			10～16		800	900～1100	9
			16～40		690	800～950	9
			40～63		560	700～850	10
			63～100		480	700～850	11
		退火后冷拉	5～10	285			
			10～16	275			
			16～40	270			
			40～63	265			
			63～100	265			

续表

牌号	数字编号	状态	厚度/mm	硬度HB	屈服强度 $R_{p0.2}$/MPa(最小值)	抗拉强度 R_m/MPa	伸长率 A_5/%(最小值)
41CrS4	1.7039	轧制或退火后轧制	16～40	241			
			40～63				
			63～100				
		冷拉后淬火加回火	16～40		660	900～1100	12
			40～63		560	800～950	14
			63～100		560	800～950	14
		淬火加回火后冷拉	5～10		900	1000～1200	8
			10～16		850	1000～1200	8
			16～40		770	900～1100	9
			40～63		640	800～950	10
			63～100		690	800～950	11
		退火后冷拉	5～10	295			
			10～16	285			
			16～40	280			
			40～63	270			
			63～100	270			
25CrMoS4	1.7213	轧制或退火后轧制	16～40				
			40～63	212			
			63～100				
		冷拉后淬火加回火	16～40		600	800～950	14
			40～63		450	700～850	15
			63～100		450	700～850	15
		淬火加回火后冷拉	5～10		800	900～1100	9
			10～16		770	900～1100	9
			16～40		670	800～950	10
			40～63		520	700～850	11
			63～100		450	700～850	12
		退火后冷拉	5～10	270			
			10～16	260			
			16～40	255			
			40～63	250			
			63～100	250			
42CrMoS4	1.7227	轧制或退火后轧制	16～40	241			
			40～63				
			63～100				
		冷拉后淬火加回火	16～40		750	1000～1200	11
			40～63		650	900～1100	12
			63～100		650	900～1100	12
		淬火加回火后冷拉	5～10		920	1000～1200	8
			10～16		900	1000～1200	8
			16～40		830	1000～1200	9
			40～63		730	900～1100	10
			63～100		650	900～1100	10
		退火后冷拉	5～10	300			
			10～16	290			
			16～40	285			
			40～63	280			
			63～100	280			

续表

牌　号	数字编号	状　态	厚　度/mm	硬度 HB	屈服强度 $R_{p0.2}$ /MPa(最小值)	抗拉强度 R_m/MPa	伸长率 A_5/% (最小值)
34CrNiMo6	1.6582	轧制或退火后轧制	16～40 40～63 63～100	248			
		冷拉后淬火加回火	16～40 40～63 63～100		900 800 800	1100～1300 1000～1200 1000～1200	10 11 11
		淬火加回火后冷拉	5～10 10～16 16～40 40～63 63～100		950 950 950 850 820	1000～1200 1000～1200 1000～1200 1000～1200 1000～1200	8 8 9 10 10
		退火后冷拉	5～10 10～16 16～40 40～63 63～100	308 298 293 288 288			
51CrV4	1.8519	轧制或退火后轧制	≤16 16～40 40～80	248			
		冷拉后淬火加回火	≤16 16～40 40～80		900 800 700	1100～1300 1000～1200 900～1100	9 10 12
		退火后冷拉	≤16 16～40 40～80	311 293 287			

注：1. 当产品厚度小于 5mm 时，其性能应由供需双方商定；

2. 对扁平材而言，屈服强度($R_{p0.2}$)数据允许偏移为 10%，抗拉强度(R_m)数据允许偏移为±10%。

(9)结构钢热轧产品

表 12-111　　结构钢热轧产品的力学性能(EN 10025—2004)

牌　号	数字编号	公称厚度 /mm	屈服强度 R_e/MPa	抗拉强度 R_m/MPa	伸长率 A/%
S275N	1.0490	≤16	275	370～510	24
S275NL	1.0491	16～40	265	370～510	24
		40～63	255	370～510	24
		63～80	245	370～510	23
		80～100	235	370～510	23
		100～150	225	350～480	23
		150～200	215	350～480	23
		200～250	205	350～480	23
S355N	1.0545	≤16	355	470～630	22
S355NL	1.0546	16～40	345	470～630	22
		40～63	335	470～630	22
		63～80	325	470～630	21
		80～100	315	470～630	21
		100～150	295	450～600	21
		150～200	285	450～600	21
		200～250	275	450～600	21

续表

牌　号	数字编号	公称厚度/mm	屈服强度 R_e/MPa	抗拉强度 R_m/MPa	伸长率 A/%
S420N	1.8902	≤16	420	520～680	19
S420NL	1.8912	16～40	400	520～680	19
		40～63	390	520～680	19
		63～80	370	520～680	18
		80～100	360	520～680	18
		100～150	340	500～650	18
		150～200	330	500～650	18
		200～250	320	500～650	18
S460N	1.8901	≤16	460	540～720	17
S460NL	1.8903	16～40	440	540～720	17
		40～63	430	540～720	17
		63～80	410	540～720	17
		80～100	400	540～720	17
		100～150	380	530～710	17
		150～200	370	530～710	17
S275M	1.8818	≤16	275	370～530	24
S275ML	1.8819	16～40	265	370～530	
		40～63	255	360～520	
		63～80	245	350～510	
		80～100	245	350～510	
		100～120	240	350～510	
S355M	1.8823	≤16	355	470～630	22
S355ML	1.8834	16～40	345	470～630	
		40～63	335	450～610	
		63～80	325	440～600	
		80～100	325	440～600	
		100～120	320	430～590	
S420M	1.8825	≤16	420	520～680	19
S420ML	1.8836	16～40	400	520～680	
		40～63	390	500～660	
		63～80	380	480～640	
		80～100	370	470～630	
		100～120	365	460～620	
S460M	1.8827	≤16	460	540～720	17
S460ML	1.8838	16～40	440	540～720	
		40～63	430	530～710	
		63～80	410	510～690	
		80～100	400	500～680	
		100～120	385	490～600	
S235J0W	1.8958	≤16	235	厚度<3:360～510	26
S235J2W	1.8961	16～40	225	3～100:360～510	26
		40～63	215	100～150:350～500	25
		63～80	215		24
		800～100	215		24
		100～150	195		22

续表

牌　号	数字编号	公称厚度/mm	屈服强度 R_e/MPa	抗拉强度 R_m/MPa	伸长率 A/%
S355J0WP S355J2WP	1.8945 1.8946	≤16 16～40 40～63 63～80 80～100 100～150	 355 345	厚度<3:510～680 3～100:470～630	22 22
S355J0W S355J2W S355K2W	1.8959 1.8965 1.8967	≤16 16～40 40～63 63～80 80～100 100～150	355 345 335 325 315 295	厚度<3:510～680 3～100:470～630 100～150:450～600	22 22 21 20 20 18
S460Q S460QL S460QL1	1.8908 1.8906 1.8916	3～50 50～100 100～150	460 440 400	550～720 550～720 500～670	17
S500Q S500QL S500QL1	1.8924 1.8909 1.8984	3～50 50～100 100～150	500 480 440	590～770 590～770 540～720	17
S550Q S550QL S550QL1	1.8904 1.8926 1.8986	3～50 50～100 100～150	550 530 490	640～820 640～820 590～770	16
S620Q S620QL S620QL1	1.8914 1.8927 1.8987	3～50 50～100 100～150	620 580 560	700～890 700～890 650～830	15
S690Q S690QL S690QL1	1.8931 1.8928 1.8988	3～50 50～100 100～150	690 650 630	770～940 760～930 710～900	14
S890Q S890QL S890QL1	1.8940 1.8983 1.8925	3～50 50～100	890 830	940～1100 880～1100	11
S960Q S960QL	1.8941 1.8933	3～50	960	980～1150	10
S235JR S235J0 S235J2	1.0038 1.0114 1.0117	≤16 16～40 40～63 63～80 80～100 100～150 150～200 200～250 250～400	235 225 215 215 215 195 185 175 165 (S235J2)	厚度<3:360～510 3～100:360～510 100～150:350～500 150～250:340～490 250～400:330～480 (S235J2)	厚度≤1:17(纵向),15(横向) 1～1.5:18(纵向),16(横向) 1.5～2:19(纵向),17(横向) 2～2.5:20(纵向),18(横向) 2.5～3:21(纵向),19(横向) 3～40:26(纵向),24(横向) 40～63:25(纵向),23(横向) 63～100:24(纵向),22(横向) 100～150:22(纵向),22(横向) 150～250:21(纵向),21(横向) 250～400:21(S235J2)

续表

牌　号	数字编号	公称厚度/mm	屈服强度 R_e/MPa	抗拉强度 R_m/MPa	伸长率 A/%
S275JR	1.0044	≤16	275	厚度<3:430～580	厚度≤1:15(纵向),13(横向)
S275J0	1.0143	16～40	265	3～100:410～560	1～1.5:16(纵向),14(横向)
S275J2	1.0145	40～63	255	100～150:400～540	1.5～2:17(纵向),15(横向)
		63～80	245	150～250:380～540	2～2.5:18(纵向),16(横向)
		80～100	235	250～400:380～540	2.5～3:19(纵向),17(横向)
		100～150	225	(S275J2)	3～40:23(纵向),21(横向)
		150～200	215		40～63:22(纵向),20(横向)
		200～250	205		63～100:21(纵向),19(横向)
		250～400	195(S275J2)		100～150:19(纵向),19(横向)
					150～250:18(纵向),18(横向)
					250～400:18(S275J2)
S355JR	1.0045	≤16	355	厚度<3:510～680	厚度≤1:14(纵向),12(横向)
S355J0	1.0553	16～40	345	3～100:470～630	1～1.5:15(纵向),13(横向)
S355J2	1.0577	40～63	335	100～150:450～600	1.5～2:16(纵向),14(横向)
S355K2	1.0596	63～80	325	150～250:450～600	2～2.5:17(纵向),15(横向)
		80～100	315	250～400:450～600	2.5～3:18(纵向),16(横向)
		100～150	295	(S355J2,S355K2)	3～40:22(纵向),20(横向)
		150～200	285		40～63:21(纵向),19(横向)
		200～250	275		63～100:20(纵向),18(横向)
		250～400	265(S355J2,S355K2)		100～150:18(纵向),18(横向)
					150～250:17(纵向),17(横向)
					250～400:17(S355J2.S355K2)
S450JO	1.0590	≤16	450	厚度3～100:550～720	17(纵向)
		16～40	430	100～150:530～700	
		40～63	410		
		63～80	390		
		80～100	380		
		100～150	380		

注:1.对长材而言,100～120mm厚度时的性能数据对150mm以下也适用;

2.对板材适用范围:≤12mm,对长材适用范围:≤40mm;

3.该数据仅用于板材;

4.该钢种只适用于长材。

(10)一般工程用途的敞口钢模锻件

表 12-112 一般工程用途的敞口钢模锻件的力学性能(EN 10250—1999)

牌 号	数字编号	状 态	等圆截面直径 /mm	屈服强度 R_e/MPa	抗拉强度 R_m/MPa	伸长率 A/%	
						纵向	横向
S235JRG2	1.0038	+N/NT	≤100	215	340	24	
			100～250	175	340	23	17
			250～500	165	340	23	17
S235J2G3	1.0116	+N/NT	≤100	215	340	24	
			100～250	175	340	23	17
			250～500	165	340	23	17
S355J2G3	1.0570	+N/NT	≤100	315	490	20	
			100～250	275	450	18	12
			250～500	265	450	18	12
C22	1.0402	+N/NT	≤100	210	410	25	
C25	1.0406	+N/NT	≤100	230	440	23	
			100～250	210	420	23	17
			250～500	190	400	23	17
			500～1000	180	390	22	16
C25E	1.1158	+N/NT	≤100	230	440	23	
			100～250	210	420	23	17
			250～500	190	400	23	17
			500～1000	180	390	22	16
C30	1.0528	+N/NT	≤100	250	480	21	
			100～250	230	460	21	
C35	1.0501	+N/NT	≤100	270	520	19	
			100～250	245	500	19	15
			250～500	220	480	19	15
			500～1000	210	470	18	14
C35E	1.1181	+N/NT	≤100	270	520	19	
			100～250	245	500	19	15
			250～500	220	480	19	15
			500～1000	210	470	18	14

续表

牌　号	数字编号	状　态	等圆截面直径 /mm	屈服强度 R_e/MPa	抗拉强度 R_m/MPa	伸长率 A/%	
						纵向	横向
C40	1.0511	+N/NT	≤100	290	550	17	
			100～250	260	530	17	
C45	1.0503	+N/NT	≤100	305	580	16	
			100～250	275	560	16	12
			250～500	240	540	16	12
			500～1000	230	530	15	11
C45E	1.1191	+N/NT	≤100	305	580	16	
			100～250	275	560	16	12
			250～500	240	540	16	12
			500～1000	230	530	15	11
C50	1.0540	+N/NT	≤100	320	610	14	
			100～250	290	590	14	
C55	1.0535	+N/NT	≤100	330	640	12	
			100～250	300	620	12	9
			250～500	260	600	12	9
			500～1000	250	590	11	8
C55E	1.1203	+N/NT	≤100	330	640	12	
			100～250	300	620	12	9
			250～500	260	600	12	9
			500～1000	250	590	11	8
C60	1.0601	+N/NT	≤100	340	670	11	
			100～250	310	650	11	8
			250～500	275	630	11	8
			500～1000	260	620	10	7
C60E	1.1221	+N/NT	≤100	340	670	11	
			100～250	310	650	11	8
			250～500	275	630	11	8
			500～1000	260	620	10	7
28Mn6	1.1170	+N/NT	≤100	310	600	18	
			100～250	290	570	18	12
			250～500	270	540	18	12
			500～1000	260	540	17	11

续表

牌　号	数字编号	状　态	等圆截面直径/mm	屈服强度 R_e/MPa	抗拉强度 R_m/MPa	伸长率 A/%	
						纵向	横向
20Mn5	1.1133	+N/NT	≤100	300	530	22	20
			100～250	280	520	22	20
			250～500	260	500	22	20
			500～1000	250	490	22	20
38Cr2	1.7003	+QT	≤70	350	600	17	
46Cr2	1.7006	+QT	≤70	400	650	15	
34Cr4	1.7033	+QT	≤70	460	700	15	
37Cr4	1.7034	+QT	≤70	510	750	14	
41Cr4	1.7035	+QT	≤70	560	800	14	
25CrMo4	1.7218	+QT	≤70	450	700	15	
			70～160	400	650	17	13
			160～330	380	600	18	14
34CrMo4	1.7220	+QT	≤70	550	800	14	
			70～160	450	700	15	10
			160～330	410	650	16	12
42CrMo4	1.7225	+QT	≤160	500	750	14	10
			160～330	460	700	15	11
			330～660	390	600	16	12
50CrMo4	1.7228	+QT	≤160	550	800	13	9
			160～330	540	750	14	10
			330～660	490	700	15	11
36CrNiMo4	1.6511	+QT	≤160	550	750	14	10
			160～330	500	700	15	11
			330～660	450	650	16	12
34CrNiMo6	1.6582	+QT	≤160	600	800	13	9
			160～330	540	700	14	10
			330～660	490	650	15	11
30CrNiMo8	1.6580	+QT	≤160	700	900	12	8
			160～330	630	850	12	8
			330～660	590	800	12	8
36CrNiMo16	1.6773	+QT	≤160	800	1000	11	8
			160～330	800	1000	11	8
			330～660	800	1000	11	8

续表

牌 号	数字编号	状 态	等圆截面直径/mm	屈服强度 R_e/MPa	抗拉强度 R_m/MPa	伸长率 A/%	
						纵向	横向
51CrV4	1.8159	+QT	≤160	600	800	13	9
33NiCrMoV14-5	1.6956	+QT	≤160	980	1100	10	7
			160～330	820	1000	12	8
			330～660	780	950	12	8
40CrMoV13-9	1.8523	+QT	≤160	660	850	15	15
			160～330	660	850	15	15
			330～660	660	850	15	15
18CrMo4	1.7243	+QT	≤160	275	485～660	20	20
20MnMoNi4-5	1.6311	+QT	≤160	420	580	17	14
			160～330	390	550	17	14
30CrMoV9	1.7707	+QT	≤160	700	900	12	8
			160～330	590	800	14	10
32CrMo12	1.7361	+QT	≤160	680	900	12	8
			160～330	630	850	13	9
			330～660	700	700	15	11
28NiCrMoV8-5	1.6932	+QT	≤160	630	800	14	10
			160～330	590	750	15	11
			330～660	590	750	15	11

12.3 美国结构钢

12.3.1 结构钢牌号和化学成分

表 12-113 结构钢牌号和化学成分

SAE	AISI	UNS	化学成分/%								
牌号	牌号	数字系统	C	Si	Mn	P,≤	S,≤	Cr	Mo	Ni	其他
碳素钢											
1010	1010	G10100	0.08～0.13	*a*	0.30～0.60	0.040	0.050	—	—	—	—
1015	1015	G10150	0.13～0.18	*a,b,c,d,e*	0.30～0.60	0.040	0.050	—	—	—	—
1018	1018	G10180	0.15～0.20	*a,b,c,d,e*	0.60～0.90	0.040	0.050	—	—	—	—
1020	1020	G10200	0.18～0.23	*a,b,c,d,e*	0.30～0.60	0.040	0.050	—	—	—	—
1022	1022	G10220	0.18～0.23	*a,b,c,d,e*	0.80～1.00	0.040	0.050	—	—	—	—
1025	1025	G10250	0.22～0.28	*a,b,c,d,e*	0.30～0.60	0.040	0.050	—	—	—	—
1030	1030	G10300	0.25～0.34	*b,c,d,e*	0.60～0.90	0.040	0.050	—	—	—	—
1035	1035	G10350	0.32～0.38	*b,c,d,e*	0.60～0.90	0.040	0.050	—	—	—	—
1038	1038	G1038	0.35～0.42	*b,c,d,e*	0.60～0.90	0.040	0.050	—	—	—	—
1038H	1038H	H10380	0.34～0.43		0.50～1.00	0.040	0.050	—	—	—	—
1040	1040	G10400	0.37～0.44	*b,c,d,e*	0.60～0.90	0.040	0.050	—	—	—	—
1045	1045	G10450	0.43～0.50	*b,c,d,e*	0.60～0.90	0.040	0.050	—	—	—	—
1045H	1045H	H10450	0.42～0.51	*f*	0.50～1.00	0.040	0.050	—	—	—	—
1050	1050	G10500	0.48～0.55	*b,c,d,e*	0.60～0.90	0.040	0.050	—	—	—	—
1055	1055	G10550	0.50～0.60	*b,c,d,e*	0.60～0.90	0.040	0.050	—	—	—	—
1060	1060	G10600	0.55～0.65	*b,c,d,e*	0.60～0.90	0.040	0.050	—	—	—	—
1065	1065	G10650	0.60～0.70	*b,c,d,e*	0.60～0.90	0.040	0.050	—	—	—	—
1080	1080	G10800	0.75～0.88	*b,c,d,e*	0.60～0.90	0.040	0.050	—	—	—	—
1085	1085	G10850	0.80～0.93	*b,c,d,e*	0.70～1.00	0.040	0.050	—	—	—	—
1090	1090	G10900	0.85～0.98	*b,c,d,e*	0.60～0.90	0.040	0.050	—	—	—	—
1095	1095	G10950	0.90～1.03	*b,c,d,e*	0.30～0.50	0.040	0.050	—	—	—	—
高硫碳素钢											
1108	1108	G11080	0.08～0.13	*a*	0.50～0.80	0.040	0.08～0.13	—	—	—	—
1109	1109	G11090	0.08～0.13	*a*	0.60～0.90	0.040	0.08～0.13	—	—	—	—
1117	1117	G11170	0.14～0.20	*a,b,c,d,e*	1.00～1.30	0.040	0.08～0.13	—	—	—	—
1118	1118	G11180	0.14～0.20	*a,b,c,d,e*	1.30～1.60	0.040	0.08～0.13	—	—	—	—
1137	1137	G11370	0.32～0.39	*a,b,c,d,e*	1.35～1.65	0.040	0.08～0.13	—	—	—	—
1140	1140	G11400	0.37～0.44	*a,b,c,d,e*	0.70～1.00	0.040	0.08～0.13	—	—	—	—
1141	1141	G11410	0.37～0.45	*a,b,c,d,e*	1.35～1.65	0.040	0.08～0.13	—	—	—	—
1144	1144	G11440	0.40～0.48	*a,b,c,d,e*	1.35～1.65	0.040	0.24～0.33	—	—	—	—
1145	1145	G11450	0.42～0.49	*a,b,c,d,e*	0.70～1.00	0.040	0.04～0.07	—	—	—	—
1146	1146	G11460	0.42～0.49	*a,b,c,d,e*	0.70～1.00	0.040	0.08～0.13	—	—	—	—
1151	1151	G11510	0.48～0.55	*a,b,c,d,e*	0.70～1.00	0.040	0.08～0.13	—	—	—	—

续表

SAE 牌号	AISI 牌号	UNS 数字系统	化学成分/%								
			C	Si	Mn	P,≤	S,≤	Cr	Mo	Ni	其他
高锰碳素钢(或低合金钢)											
1330	1330	G13300	0.28～0.33	0.15～0.35	1.60～1.90	0.035	0.040	—	—	—	—
1330H	1330H	H13300	0.27～0.33	0.15～0.35	1.45～2.05	0.035	0.040	—	—	—	—
1335	1335	G13350	0.33～0.38	0.15～0.35	1.60～1.90	0.035	0.040	—	—	—	—
1335H	1335H	H13350	0.32～0.38	0.15～0.35	1.45～2.05	0.035	0.040	—	—	—	—
1340	1340	G13400	0.38～0.43	0.15～0.35	1.60～1.90	0.035	0.040	—	—	—	—
1340H	1340H	H13400	0.37～0.44	0.15～0.35	1.45～2.05	0.035	0.040	—	—	—	—
1345	1345	G13450	0.43～0.48	0.15～0.35	1.60～1.90	0.035	0.040	—	—	—	—
1345H	1345H	H13450	0.42～0.49	0.15～0.35	1.45～2.05	0.035	0.040	—	—	—	—
1513	1513	G15130	0.10～0.16	*a,b,c,d,e*	1.10～1.40	0.040	0.050	—	—	—	—
1518	1518	G15180	0.15～0.21	*a,b,c,d,e*	1.10～1.40	0.040	0.050	—	—	—	—
15B21H		H15211	0.17～0.24	0.15～0.35	0.70～1.20	0.040	0.050	—	—	—	B≥0.0005
1522	1522	G15220	0.18～0.24	*b,c,d,e*	1.10～1.40	0.040	0.050	—	—	—	—
1522H	1522H	H15220	0.17～0.25	0.15～0.35	1.00～1.50	0.040	0.050	—	—	—	—
1524	1524	G15240	0.19～0.25	*b,c,d,e*	1.35～1.65	0.040	0.050	—	—	—	—
1524H	1524H	H15240	0.18～0.26	0.15～0.35	1.25～1.75	0.040	0.050	—	—	—	—
1525	1525	G15250	0.23～0.29	*b,c,d,e*	0.80～1.10	0.040	0.050	—	—	—	—
1526	1526	G15260	0.22～0.29	*b,c,d,e*	1.10～1.40	0.040	0.050	—	—	—	—
1526H	1526H	H15260	0.21～0.30	0.15～0.35	1.00～1.50	0.040	0.050	—	—	—	—
1527	1527	G15270	0.22～0.29	*b,c,d,e*	1.20～1.50	0.040	0.050	—	—	—	B≥0.0005
15B35H	15B35H	H15351	0.31～0.39	0.15～0.35	0.70～1.20	0.040	0.050	—	—	—	—
1536	1536	G15360	0.30～0.37	*b,c,d,e*	1.20～1.50	0.040	0.050	—	—	—	—
15B37H	15B37H	H15371	0.30～0.39	0.15～0.35	1.00～1.50	0.040	0.050	—	—	—	B≥0.0005
1541	1541	G15410	0.36～0.44	*b,c,d,e*	1.35～1.65	0.040	0.050	—	—	—	—
1541H	1541H	H15410	0.35～0.45	0.15～0.35	1.25～1.75	0.040	0.050	—	—	—	—
15B41H	15B41H	H15411	0.35～0.45	0.15～0.35	1.25～1.75	0.040	0.050	—	—	—	B≥0.0005
1547	1547	G15470	0.43～0.51	*b,c,d,e*	1.35～1.65	0.040	0.050	—	—	—	—
1548	1548	G15480	0.44～0.52	*b,c,d,e*	1.10～1.40	0.040	0.050	—	—	—	—
15B48H	15B48H	H15481	0.43～0.53	0.15～0.35	1.00～1.50	0.040	0.050	—	—	—	B≥0.0005
1551	1551	G15510	0.45～0.56	*b,c,d,e*	0.85～1.15	0.040	0.050	—	—	—	—
1552	1552	G15520	0.47～0.55	*b,c,d,e*	1.20～1.50	0.040	0.050	—	—	—	—
1561	1561	G15610	0.55～0.65	b,c,d,e	0.75～1.05	0.040	0.050	—	—	—	—
15B62H		H15621	0.54～0.67	0.40～0.60	1.00～1.50	0.040	0.050	—	—	—	—
1566	1566	G15660	0.60～0.71	*b,c,d,e*	0.85～1.15	0.040	0.050	—	—	—	—
1572	1572	G15720	0.65～0.76	*b,c,d,e*	1.00～1.30	0.040	0.050	—	—	—	—

续表

SAE 牌号	AISI 牌号	UNS 数字系统	化学成分/%								
			C	Si	Mn	P,≤	S,≤	Cr	Mo	Ni	其他
合金钢											
3140	3140	G31400	0.38～0.43	0.20～0.35	0.70～0.90	0.040	0.040	0.55～0.75	—	1.10～1.40	—
3310	E3310	G33100	0.08～0.13	0.20～0.35	0.45～0.80	0.025	0.025	1.40～1.75	—	3.25～3.75	—
4012	4012	G40120	0.09～0.14	0.15～0.30	0.75～1.00	0.035	0.040	—	0.15～0.25	—	—
4023	4023	G40230	0.20～0.25	0.15～0.35	0.70～0.90	0.035	0.040	—	0.20～0.30	—	—
4024	4024	G40240	0.20～0.25	0.15～0.35	0.70～0.90	0.035	0.035～0.050	—	0.20～0.30	—	—
4027	4027	G40270	0.25～0.30	0.15～0.35	0.70～0.90	0.035	0.040	—	0.20～0.30	—	—
4027H	4027H	H40270	0.24～0.30	0.15～0.35	0.60～1.00	0.035	0.040	—	0.20～0.30	—	—
4028	4028	G40280	0.24～0.30	0.15～0.35	0.70～0.90	0.035	0.035～0.050	—	0.20～0.30	—	—
4028H	4028H	H40280	0.25～0.30	0.15～0.35	0.60～1.00	0.025	0.025	—	0.20～0.30	—	—
4032	—	G40320	0.30～0.35	0.15～0.35	0.70～0.90	0.035	0.040	—	0.20～0.30	—	—
4032H	—	H40320	0.29～0.35	0.15～0.35	0.60～1.00	0.035	0.040	—	0.20～0.30	—	—
4037	4037	G40370	0.35～0.40	0.15～0.35	0.70～0.90	0.035	0.040	—	0.20～0.30	—	—
4037H	4037H	H40370	0.34～0.41	0.15～0.35	0.60～1.00	0.035	0.040	—	0.20～0.30	—	—
4042	—	G40420	0.40～0.45	0.15～0.35	0.70～0.90	0.035	0.040	—	0.20～0.30	—	—
4042H	—	H40420	0.39～0.46	0.15～0.35	0.60～1.00	0.035	0.040	—	0.20～0.30	—	—
4047	4047	G40470	0.45～0.50	0.15～0.35	0.70～0.90	0.035	0.040	—	0.20～0.30	—	—
4047H	4047H	H40470	0.44～0.51	0.15～0.35	0.60～1.00	0.035	0.040	—	0.20～0.30	—	—
4063	4063	G40630	0.60～0.67	0.20～0.35	0.75～1.00	0.040	0.040	—	0.20～0.30	—	—
4118	4118	G41180	0.18～0.23	0.15～0.35	0.70～0.90	0.035	0.040	0.40～0.60	0.08～0.15	—	—
4118H	4118H	H41180	0.17～0.23	0.15～0.35	0.60～1.00	0.035	0.040	0.30～0.70	0.08～0.15	—	—
4130	4130	G41300	0.28～0.33	0.15～0.35	0.40～0.60	0.035	0.040	0.80～1.10	0.15～0.25	—	—
4130H	4130H	H41300	0.27～0.33	0.15～0.35	0.30～0.70	0.035	0.040	0.75～1.20	0.15～0.25	—	—
4135	—	G41350	0.33～0.38	0.15～0.35	0.70～0.90	0.035	0.040	0.80～1.10	0.15～0.25	—	—
4135H	—	H41350	0.32～0.38	0.15～0.35	0.60～1.00	0.035	0.040	0.75～1.20	0.15～0.25	—	—
4137	4137	G41370	0.35～0.40	0.15～0.35	0.70～0.90	0.035	0.040	0.80～1.10	0.15～0.25	—	—
4137H	4137H	H41370	0.34～0.41	0.15～0.35	0.60～1.00	0.035	0.040	0.75～1.20	0.15～0.25	—	—
4140	4140	G41400	0.38～0.43	0.15～0.35	0.75～1.00	0.035	0.040	0.80～1.10	0.15～0.25	—	—
4140H	4140H	H41400	0.37～0.44	0.15～0.35	0.65～1.10	0.035	0.040	0.75～1.20	0.15～0.25	—	—
4142	4142	G41420	0.40～0.45	0.15～0.35	0.75～1.00	0.035	0.040	0.80～1.10	0.15～0.25	—	—
4142H	4142H	H41420	0.39～0.46	0.15～0.35	0.65～1.10	0.035	0.040	0.75～1.20	0.15～0.25	—	—
4145	4145	G41450	0.43～0.48	0.15～0.35	0.75～1.00	0.035	0.040	0.80～1.10	0.15～0.25	—	—
4145H	4145H	H41450	0.42～0.49	0.15～0.35	0.65～1.10	0.035	0.040	0.75～1.20	0.15～0.25	—	—

续表

SAE 牌号	AISI 牌号	UNS 数字系统	化学成分/%								
			C	Si	Mn	P,≤	S,≤	Cr	Mo	Ni	其他
合金钢											
4147	4147	G41470	0.45～0.50	0.15～0.35	0.75～1.00	0.035	0.040	0.80～1.10	0.15～0.25	—	—
4147H	4147H	H41470	0.44～0.51	0.15～0.35	0.65～1.10	0.035	0.040	0.75～1.20	0.15～0.25	—	—
4150	4150	G41500	0.48～0.53	0.15～0.35	0.75～1.00	0.035	0.040	0.80～1.10	0.15～0.25	—	—
4150H	4150H	H41500	0.47～0.54	0.15～0.35	0.65～1.10	0.035	0.040	0.75～1.20	0.15～0.25	—	—
4161	4161	G41610	0.56～0.64	0.15～0.35	0.75～1.00	0.035	0.040	0.70～0.90	0.25～0.35	—	—
4161H	4161H	H41610	0.55～0.65	0.15～0.35	0.65～1.10	0.035	0.040	0.65～0.95	0.25～0.35	—	—
4320	4320	G43200	0.17～0.22	0.15～0.35	0.45～0.65	0.035	0.040	0.40～0.60	0.20～0.30	1.65～2.00	—
4320H	4320H	H43200	0.17～0.23	0.15～0.35	0.40～0.70	0.035	0.040	0.35～0.65	0.20～0.30	1.55～2.00	—
4337	4337	G43370	0.35～0.40	0.20～0.35	0.60～0.80	0.040	0.040	0.70～0.90	0.20～0.30	1.65～2.00	—
4340	4340	G43400	0.38～0.43	0.15～0.35	0.60～0.80	0.035	0.040	0.70～0.90	0.20～0.30	1.65～2.00	—
4340H	4340H	H43400	0.37～0.44	0.15～0.35	0.55～0.90	0.035	0.040	0.65～0.95	0.20～0.30	1.55～2.00	
E4340	E4340	G43406	0.38～0.43	0.15～0.35	0.65～0.85	0.025	0.025	0.70～0.90	0.20～0.30	1.65～2.00	—
E4340H	E4340H	H43406	0.37～0.44	0.15～0.35	0.60～0.90	0.025	0.025	0.65～0.95	0.20～0.30	1.55～2.00	—
4419	4419	G44190	0.18～0.23	0.15～0.30	0.45～0.65	0.035	0.040	—	0.45～0.60	—	—
4419H	4419H	H44190	0.17～0.23	0.15～0.30	0.35～0.75	0.035	0.040	—	0.45～0.60	—	—
4422	—	G44220	0.20～0.25	0.15～0.35	0.70～0.90	0.035	0.040	—	0.35～0.45	—	—
4427	—	G44270	0.24～0.29	0.15～0.35	0.70～0.90	0.035	0.040	—	0.35～0.45	—	—
4520	—	G45200	0.18～0.23	0.15～0.30	0.45～0.65	0.035	0.040	—	0.45～0.60	—	—
4615	4815	G46150	0.13～0.18	0.15～0.35	0.45～0.65	0.035	0.040	—	0.20～0.30	1.65～2.00	—
4617	—	G46170	0.15～0.20	0.15～0.35	0.45～0.65	0.035	0.040	—	0.20～0.30	1.65～2.00	—
4620	4620	G46200	0.17～0.22	0.15～0.35	0.45～0.65	0.035	0.040	—	0.20～0.30	1.65～2.00	—
4620H	4620H	H46200	0.17～0.23	0.15～0.35	0.35～0.75	0.035	0.040	—	0.20～0.30	1.55～2.00	—
4621	4621	G46210	0.18～0.23	0.15～0.30	0.70～0.90	0.035	0.040	—	0.20～0.30	1.65～2.00	—
4621H	4621H	H46210	0.17～0.23	0.15～0.30	0.60～1.00	0.035	0.040	—	0.20～0.30	1.55～2.00	—
4626	4626	G46260	0.24～0.29	0.15～0.35	0.45～0.65	0.035	0.040	—	0.15～0.25	0.70～1.00	—
4626H	4626H	H46260	0.23～0.29	0.20～0.35	0.40～0.70	0.035	0.040	—	0.15～0.25	0.65～1.05	—
4718	4718	G47180	0.16～0.21	—	0.70～0.90	—	—	0.35～0.55	0.30～0.40	0.90～1.20	—
4718H	4718H	H47180	0.15～0.21	0.15～0.35	0.60～0.95	0.035	0.040	0.30～0.60	0.30～0.40	0.85～1.25	—
4720	4720	G47200	0.17～0.22	0.15～0.35	0.50～0.70	0.035	0.040	0.35～0.55	0.15～0.25	0.90～1.20	—
4720H	4720H	H47200	0.17～0.23	0.15～0.35	0.45～0.75	0.035	0.040	0.30～0.60	0.15～0.25	0.85～1.25	—
4815	4815	G48150	0.13～0.18	0.15～0.35	0.40～0.60	0.035	0.040	—	0.20～0.30	3.25～3.75	—
4815H	4815H	H48150	0.12～0.18	0.15～0.35	0.30～0.70	0.035	0.040	—	0.20～0.30	3.20～3.80	—

续表

SAE 牌号	AISI 牌号	UNS 数字系统	化学成分/%							
			C	Si	Mn	P,≤	S,≤	Cr	Mo	Ni	其他
4817	4817	G48170	0.15～0.20	0.15～0.35	0.40～0.60	0.035	0.040	—	0.20～0.30	3.25～3.75	—
4817H	4817H	H48170	0.14～0.20	0.15～0.35	0.30～0.70	0.035	0.040	—	0.20～0.30	3.20～3.80	—
4820	4820	G48200	0.18～0.23	0.15～0.35	0.50～0.70	0.035	0.040	—	0.20～0.30	3.25～3.75	—
4820H	4820H	H48200	0.17～0.23	0.15～0.35	0.40～0.80	0.035	0.040	—	0.20～0.30	3.20～3.80	—
5015	5015	G50150	0.12～0.17	0.15～0.30	0.30～0.50	0.035	0.040	0.30～0.50	—	—	—
50B40	—	G50401	0.38～0.43	0.15～0.35	0.75～1.00	0.035	0.040	0.40～0.60	—	—	B 0.0005～0.003
50B40H	50B40H	H50401	0.37～0.44	0.15～0.35	0.65～1.10	0.035	0.040	0.30～0.70	—	—	B 0.0005～0.003
50B44	50B44	G50441	0.43～0.48	0.15～0.35	0.75～1.00	0.035	0.040	0.40～0.60	—	—	B 0.0005～0.003
50B44H	50B44H	H50441	0.42～0.49	0.15～0.35	0.65～1.10	0.035	0.040	0.30～0.70	—	—	B 0.0005～0.003
5046	—	G50460	0.43～0.48	0.15～0.35	0.75～1.00	0.035	0.040	0.20～0.35	—	—	—
5046H	5046H	H50460	0.43～0.50	0.15～0.35	0.65～1.10	0.035	0.040	0.13～0.43	—	—	—
50B46	50B46	G50461	0.44～0.49	0.15～0.35	0.75～1.00	0.035	0.040	0.20～0.35	—	—	B 0.0005～0.003
50B46H	50B46H	H50461	0.43～0.50	0.15～0.35	0.65～1.10	0.035	0.040	0.13～0.43	—	—	B 0.0005～0.003
50B50	50B50	G50501	0.48～0.53	0.15～0.35	0.75～1.00	0.035	0.040	0.40～0.60	—	—	B 0.0005～0.003
50B50H	50B50H	H50501	0.47～0.54	0.15～0.35	0.65～1.10	0.035	0.040	0.30～0.70	—	—	B 0.0005～0.003
50B60	50B60	G50601	0.56～0.64	0.15～0.35	0.75～1.00	0.035	0.040	0.40～0.60	—	—	B 0.0005～0.003
50B60H	50B60H	H50601	0.55～0.65	0.15～0.35	0.65～1.10	0.035	0.040	0.30～0.70	—	—	B 0.0005～0.003
5060	—	G50600	0.56～0.64	0.15～0.35	0.75～1.00	0.035	0.040	0.40～0.60	—	—	—
5115	—	G51150	0.13～0.18	0.15～0.35	0.70～0.90	0.035	0.040	0.70～0.90	—	—	—
5117	5117	G51170	0.15～0.20	0.20～0.35	0.70～0.90	0.040	0.040	0.70～0.90	—	—	—
5120	5120	G51200	0.17～0.22	0.15～0.35	0.70～0.90	0.035	0.040	0.70～0.90	—	—	—
5120H	5120H	H51200	0.17～0.23	0.15～0.35	0.60～1.00	0.035	0.040	0.60～1.00	—	—	—
5130	5130	G51300	0.28～0.33	0.15～0.35	0.70～0.90	0.035	0.040	0.80～1.00	—	—	—
5130H	5130H	H51300	0.27～0.33	0.15～0.35	0.60～1.10	0.035	0.040	0.75～1.20	—	—	—
5132	5132	G51320	0.30～0.35	0.15～0.35	0.60～0.80	0.035	0.040	0.75～1.00	—	—	—
5132H	5132H	H51320	0.29～0.35	0.15～0.35	0.50～0.90	0.035	0.040	0.54～1.10	—	—	—
5135	5135	G51350	0.33～0.38	0.15～0.35	0.60～0.80	0.035	0.040	0.80～1.05	—	—	—
5135H	5135H	H51350	0.32～0.38	0.15～0.35	0.50～0.90	0.035	0.040	0.70～1.15	—	—	—
5140	5140	G51400	0.38～0.43	0.15～0.35	0.70～0.90	0.035	0.040	0.70～0.90	—	—	—
5140H	5140H	H51400	0.37～0.44	0.15～0.35	0.60～1.00	0.035	0.040	0.60～1.00	—	—	—
5154	5154	G51450	0.43～0.48	0.15～0.30	0.70～0.90	0.035	0.040	0.70～0.90	—	—	—
5154H	5154H	H51450	0.42～0.49	0.15～0.30	0.80～1.00	0.035	0.040	0.60～1.00	—	—	—
5147	5147	G51470	0.46～0.51	0.15～0.35	0.70～0.95	0.035	0.040	0.85～1.15	—	—	—

续表

SAE 牌号	AISI 牌号	UNS 数字系统	化学成分/%							
			C	Si	Mn	P,≤	S,≤	Cr	Mo	Ni	其他
5147H	5147H	H51470	0.45～0.52	0.15～0.35	0.60～1.05	0.035	0.040	0.80～1.25	—	—	—
5150	5150	G51500	0.48～0.53	0.15～0.30	0.70～0.90	0.035	0.040	0.70～0.90	—	—	—
5150H	550H	H51500	0.47～0.54	0.15～0.35	0.80～1.00	0.035	0.040	0.60～1.00	—	—	—
5155	5155	G51550	0.51～0.59	0.15～0.35	0.70～0.90	0.035	0.040	0.70～0.90	—	—	—
5155H	5155H	H51550	0.50～0.60	0.15～0.35	0.60～1.00	0.035	0.040	0.60～1.00	—	—	—
5160	5160	G51600	0.56～0.64	0.15～0.35	0.75～1.00	0.035	0.040	0.70～0.90	—	—	—
5160H	5160H	H51600	0.55～0.65	0.15～0.35	0.65～1.10	0.035	0.040	0.60～1.00	—	—	—
51B60	51B60	G51601	0.56～0.64	0.15～0.35	0.75～1.00	0.035	0.040	0.70～0.90	—	—	B 0.005～0.003
51B60H	51B60H	H51601	0.55～0.65	0.15～0.35	0.65～1.10	0.035	0.040	0.60～1.00	—	—	B 0.005～0.003
50100	E50100	G52986	0.98～1.10	0.15～0.35	0.25～0.45	0.025	0.025	0.40～0.60	—	—	—
51100H	E51100	G61986	0.98～1.10	0.15～0.35	0.25～0.45	0.025	0.025	0.90～1.15	—	—	—
52100	E52100	G62986	0.98～1.10	0.15～0.35	0.25～0.45	0.025	0.025	1.30～1.60	—	—	V 0.10～0.15
6118	6118	G61180	0.16～0.21	0.15～0.35	0.50～0.70	0.035	0.040	0.50～0.70	—	—	V 0.10～0.15
6118H	6118H	H61180	0.15～0.21	0.15～0.35	0.40～0.80	0.035	0.040	0.40～0.80	—	—	V≥0.10
6120	6120	G61200	0.17～0.22	0.20～0.35	0.70～0.90	0.040	0.040	0.70～0.90	—	—	V≥0.10
6150	6150	H61500	0.48～0.53	0.15～0.35	0.70～0.90	0.035	0.040	0.80～1.10	—	—	V≥0.15
6150H	6150H	H61500	0.47～0.54	0.15～0.35	0.60～1.00	0.035	0.040	0.75～1.20	—	—	V≥0.15
8115	8115	G81150	0.13～0.18	0.15～0.35	0.70～0.90	0.035	0.040	0.30～0.50	0.08～0.15	0.20～0.40	—
81B45	81B45	G86451	0.43～0.48	0.15～0.35	0.75～1.00	0.035	0.040	0.35～0.55	0.08～0.15	0.20～0.40	B 0.0005～0.003
81B45H	81B45H	H86451	0.42～0.49	0.15～0.35	0.70～1.05	0.035	0.040	0.30～0.60	0.08～0.15	0.15～0.45	B 0.0005～0.003
8615	8615	G86150	0.13～0.18	0.15～0.35	0.70～0.90	0.035	0.040	0.40～0.60	0.15～0.25	0.40～0.70	—
8617	8617	G86170	0.15～0.20	0.15～0.35	0.70～0.90	0.035	0.040	0.40～0.60	0.15～0.25	0.40～0.70	—
8617H	8617H	H86170	0.14～0.20	0.15～0.35	0.60～0.95	0.035	0.040	0.35～0.65	0.15～0.25	0.35～0.75	—
8620	8620	G86200	0.18～0.23	0.15～0.35	0.70～0.90	0.035	0.040	0.40～0.60	0.15～0.25	0.40～0.70	—
8620H	8620H	H86200	0.17～0.23	0.15～0.35	0.60～0.95	0.035	0.040	0.35～0.65	0.15～0.25	0.35～0.75	—
8622	8622	G86220	0.20～0.25	0.15～0.35	0.70～0.90	0.035	0.040	0.40～0.60	0.15～0.25	0.40～0.70	—
8622H	8622H	H86220	0.19～0.25	0.15～0.35	0.60～0.95	0.035	0.040	0.35～0.65	0.15～0.25	0.35～0.75	—
8625	8625	G86250	0.23～0.28	0.15～0.35	0.70～0.90	0.035	0.040	0.40～0.60	0.15～0.25	0.40～0.70	—
8625H	8625H	H86250	0.22～0.28	0.15～0.35	0.60～0.95	0.035	0.040	0.35～0.65	0.15～0.25	0.35～0.75	—
8627	8627	G86270	0.25～0.30	0.15～0.35	0.70～0.90	0.035	0.040	0.40～0.60	0.15～0.25	0.40～0.70	—
8627H	8627H	H86270	0.24～0.30	0.15～0.35	0.60～0.95	0.035	0.040	0.35～0.65	0.15～0.25	0.35～0.75	—
86B30H		H86301	0.27～0.33	0.15～0.35	0.60～0.95	0.035	0.040	0.35～0.65	0.15～0.25	0.35～0.75	B 0.0005～0.003
8630	8630	G86300	0.28～0.33	0.15～0.35	0.70～0.90	0.035	0.040	0.40～0.60	0.15～0.25	0.40～0.70	—

续表

SAE 牌号	AISI 牌号	UNS 数字系统	化学成分/%							
			C	Si	Mn	P,≤	S,≤	Cr	Mo	Ni	其他
8630H	8630H	H86300	0.27～0.33	0.15～0.35	0.60～0.95	0.035	0.040	0.35～0.65	0.15～0.25	0.35～0.75	—
8637	8637	G86370	0.35～0.40	0.15～0.35	0.75～1.00	0.035	0.040	0.40～0.60	0.15～0.25	0.40～0.70	—
8637H	8637H	H86370	0.34～0.41	0.15～0.35	0.70～1.05	0.035	0.040	0.35～0.65	0.15～0.25	0.35～0.75	—
8640	8640	G86400	0.38～0.43	0.15～0.35	0.75～1.00	0.035	0.040	0.40～0.60	0.15～0.25	0.40～0.70	—
8640H	8640H	H86400	0.37～0.44	0.15～0.35	0.70～1.05	0.035	0.010	0.35～0.65	0.15～0.25	0.35～0.75	—
8642	8642	G86420	0.40～0.45	0.15～0.35	0.75～1.00	0.035	0.040	0.40～0.60	0.15～0.25	0.40～0.70	—
8642H	8642H	H86420	0.39～0.46	0.15～0.35	0.70～1.05	0.035	0.040	0.35～0.65	0.15～0.25	0.35～0.75	—
8645	8645	G86450	0.43～0.48	0.15～0.35	0.75～1.00	0.035	0.040	0.40～0.60	0.15～0.25	0.40～0.70	—
8645H	8645H	H86450	0.42～0.49	0.15～0.35	0.70～1.05	0.035	0.040	0.35～0.65	0.15～0.25	0.35～0.75	—
86B45		G86451	0.43～0.48	0.15～0.35	0.75～1.00	0.035	0.040	0.40～0.60	0.15～0.25	0.40～0.70	B 0.0005～0.003
86B45H	86B45H	H86451	0.42～0.49	0.15～0.35	0.70～1.05	0.035	0.040	0.35～0.65	0.15～0.25	0.35～0.75	B 0.0005～0.003
8650	—	G86500	0.48～0.53	0.15～0.35	0.75～1.00	0.035	0.040	0.40～0.60	0.15～0.25	0.40～0.70	—
8650H	—	H86500	0.47～0.54	0.15～0.35	0.70～1.05	0.035	0.040	0.35～0.65	0.15～0.25	0.35～0.70	—
8655	8755	G86550	0.51～0.59	0.15～0.35	0.75～1.00	0.035	0.040	0.40～0.60	0.15～0.25	0.40～0.70	—
8655H	8755H	H86550	0.50～0.60	0.15～0.35	0.70～1.05	0.035	0.040	0.35～0.65	0.15～0.25	0.35～0.75	—
8660	—	G86600	0.56～0.64	0.15～0.35	0.75～1.00	0.035	0.040	0.40～0.60	0.15～0.25	0.40～0.70	—
8660H	—	H86600	0.56～0.65	0.15～0.35	0.70～1.05	0.035	0.040	0.35～0.65	0.15～0.25	0.35～0.75	—
8720	8720	G87200	0.18～0.23	0.15～0.35	0.70～0.90	0.035	0.040	0.40～0.60	0.20～0.30	0.40～0.70	—
8720H	8720H	H87200	0.17～0.23	0.15～0.35	0.60～0.95	0.035	0.040	0.35～0.65	0.20～0.30	0.35～0.75	—
8735	8835	G87350	0.33～0.38	0.20～0.35	0.75～1.00	0.040	0.040	0.40～0.60	0.20～0.30	0.40～0.70	—
8740	8740	G87400	0.38～0.43	0.15～0.35	0.75～1.00	0.035	0.040	0.40～0.60	0.20～0.30	0.40～0.70	—
8740H	8740H	H87400	0.37～0.44	0.15～0.35	0.70～1.05	0.035	0.040	0.35～0.65	0.20～0.30	0.35～0.75	—
8742	8742	G87420	0.40～0.45	0.20～0.35	0.75～1.00	0.040	0.040	0.40～0.60	0.20～0.30	0.40～0.70	—
8822	8822	H88220	0.20～0.25	0.15～0.35	0.75～1.00	0.035	0.040	0.40～0.60	0.30～0.40	0.40～0.70	—
8822H	8822H	H88220	0.19～0.25	0.15～0.35	0.70～1.05	0.035	0.040	0.35～0.65	0.30～0.40	0.35～0.75	—
9254	9254	G92540	0.51～0.59	0.20～1.60	0.60～0.80	0.035	0.040	0.60～0.80	—	—	—
9255	9255	G92550	0.51～0.59	1.80～2.20	0.70～0.95	0.035	0.040	—	—	—	—
9260	9260	G92600	0.56～0.64	1.80～2.20	0.75～1.00	0.035	0.040	—	—	—	—
9260H	9260H	H92600	0.55～0.65	1.70～2.20	0.65～1.10	0.035	0.040	—	—	—	—
9262	9262	G92620	0.55～0.65	1.80～2.20	0.75～1.00	0.040	0.040	0.25～0.40	—	—	—
9310	E9310	G93106	0.08～0.13	0.15～0.35	0.45～0.65	0.025	0.025	1.00～1.40	0.08～0.15	3.00～3.50	—
9310H	—	H93100	0.07～0.13	0.15～0.35	0.40～0.70	0.025	0.025	1.00～1.45	0.08～0.15	2.95～3.55	—
94B15	—	G94151	0.13～0.18	0.15～0.35	0.75～1.00	0.035	0.040	0.30～0.50	0.08～0.15	0.30～0.60	B 0.0005～0.003

续表

SAE 牌号	AISI 牌号	UNS 数字系统	化学成分/%								
			C	Si	Mn	P,≤	S,≤	Cr	Mo	Ni	其他
94B15H	94B15H	H94151	0.12～0.18	0.15～0.35	0.70～1.05	0.035	0.040	0.25～0.55	0.08～0.15	0.25～0.65	B 0.0005～0.003
94B17	94B17	G94171	0.15～0.20	0.15～0.35	0.75～1.00	0.035	0.040	0.30～0.50	0.08～0.15	0.30～0.60	B 0.0005～0.003
94B17H	94B17H	H94171	0.14～0.20	0.15～0.35	0.70～1.05	0.035	0.040	0.25～0.55	0.08～0.15	0.25～0.65	B 0.0005～0.003
94B30	94B30	G94301	0.28～0.33	0.15～0.35	0.75～1.00	0.035	0.040	0.30～0.50	0.08～0.15	0.30～0.60	B 0.0005～0.003
94B30H	94B30H	H94301	0.27～0.33	0.15～0.35	0.70～1.05	0.035	0.040	0.25～0.55	0.08～0.15	0.25～0.65	B 0.0005～0.003
94B40	94B40	G94401	0.38～0.43	0.20～0.35	0.75～1.00	0.040	0.040	0.30～0.50	0.08～0.15	0.30～0.60	B 0.0005～0.003
9850	9850	G98500	0.48～0.53	0.20～0.35	0.70～0.90	0.040	0.040	0.70～0.90	0.20～0.30	0.85～1.15	—
E71400	—	G71406	0.38～0.43	0.15～0.30	0.50～0.70	0.025	0.025	1.40～1.80	—	—	V 0.3～0.4 Al 0.95～1.3
6407	—	—	0.27～0.33	0.40～0.70	0.60～0.80	0.025	0.025	1.00～1.35	0.35～0.55	1.85～2.25	—
6427	—	—	0.28～0.33	0.20～0.35	0.75～1.00	0.040	0.040	0.75～1.00	0.35～0.50	1.65～2.00	V 0.05～0.10

注：1. 有前缀“G”为碳素钢和合金钢，“H”为有淬透性要求的钢；SAE 牌号中有前缀“M”为商业牌号，“K”为杂项钢；

2. a≤0.10%，b=0.10%～0.20%，c=0.15%～0.30%，d=0.20%～0.40%，e=0.30%～0.60%；

3. 当需要加铅时，通常加 0.15%～0.35%，在牌号的数字间加入“L”来表示，如 10L45；

4. AISI 的牌号中有前缀 E 者为电炉钢；

5. 具有淬透性要求的 H 钢的化学成分基本摘自 ASTM A304，碳素钢和合金钢有前缀 G 的化学成分基本摘自 ASTM A29，A29 中规定的化学成分适用于下列技术条件：

热轧碳素钢： ASTM A321(废止)
A499—2008
A575—2007
A576—2006
A663—2006
A675—2009
A689—2007
A695—1995

热轧合金钢： ASTM A322—2007
A434—2006
A739—2006

冷精整合金钢： A331—2000
A434—2006
A696—2006

冷精整碳素钢： ASTMA108—2007
A311—2010

6. 化学成分仅适用于结构型材、板材、带材和焊管。

表 12-114 其他结构钢牌号和化学成分

SAE 牌号	AISI 牌号	UNS 数字系统	C	Si,≤	Mn,≤	P,≤	S,≤	Cr	Mo	Ni	Cu	其他
耐热钢												
51501	501	S50100	≥0.10	1.00	1.00	0.040	0.030	4.00~6.00	0.40~0.65	—	—	—
51502	502	S50200	≤0.10	1.00	1.00	0.040	0.030	4.00~6.00	0.40~0.65	—	—	—
		S50300	≤0.15	1.00	1.00	0.040	0.040	6.00~8.00	0.45~0.65	—	—	—
		S50400	≤0.15	1.00	1.00	0.040	0.040	8.00~10.00	0.90~1.10	—	—	—

注：C 至“其他”各列为化学成分/%。

SAE 牌号	UNS 数字系统	C	Si	Mn	Co	Cr	Mo	Ni	W	Cb/Ta	Ti	Al	Fe	其他
耐高温钢														
601	—	0.46	0.26	0.60	—	1.00	0.50	—	—	—	—	—	基	V 0.30
602	—	0.30	0.65	0.55	—	1.25	0.50	—	—	—	—	—	基	V 0.25
603	—	0.27	0.65	0.75	—	1.25	0.50	—	—	—	—	—	基	V 0.85
604	—	0.20	0.75	0.50	—	1.00	1.00	—	—	—	—	—	基	V 0.10
610	T20811	0.40	0.90	0.30	—	5.00	1.30	—	—	—	—	—	基	V 0.50
611	T11302	0.84	0.30	0.25	—	4.20	5.00	—	6.35	—	—	—	基	V1.90
612	T11310	0.87	0.30	0.20	—	4.00	8.25	—	—	—	—	—	基	V1.90
613		0.81	0.20	0.30	—	4.08	4.25	—					基	V1.00

注：C 至“其他”各列为化学成分/%。

续表

SAE 牌号	UNS 数字系统	化学成分/%										
		C	Si	Mn	Co	Cr	Mo	Ni	W	Fe	其他	商业牌号
阀门钢(进气)												
NV1(1541)	(G15410)	0.41	0.25	1.50	—	—	—	—	—	—	—	—
NV2(1547)	(G15470)	0.47	0.25	1.50	—	—	—	—	—	—	—	—
NV3	(G31410)	0.50	0.30	0.80	—	0.40	0.15	0.30	—	—	—	NE8150
NV4(3140)	(G31400)	0.40	0.30	0.80	—	0.65	—	1.25	—	—	—	—
NV5(8645)	(G86450)	0.45	0.30	0.90	—	0.50	0.20	0.55	—	—	—	—
NV6(5150)	(G51500)	0.50	0.30	0.80	—	0.80	—	—	—	—	—	—
NV7(4140)	G41400	0.40	0.27	0.87	—	0.95	0.20	—	—	—	—	—
NV8	—	0.40	3.80	0.30	—	2.15	0.10	0.25	—	—	Cu 0.25	GM-8440
NV9	—	0.39	0.25	0.75	—	—	—	—	—	—	—	—
HNV1	K64005	0.55	1.50	0.40	—	8.00	0.75	—	—	—	—	Si 12
HNV2	K64006	0.40	3.90	0.30	—	2.20	—	—	—	—	—	Si 1F
HNV3	L65007	0.45	3.30	0.40	—	8.50	—	—	—	—	—	Si 11
HNV4		0.45	3.30	0.40	—	7.00	—	1.00	—	—	—	731
HNV7(71360)	—	0.55	0.20	0.20	—	3.50	—	—	14.00	—	—	
阀门钢(排气)												
HNV3	K65007	0.45	3.30	0.40	8.50	—	—	—	—	—	—	Si 11

特殊商业合金钢

商业牌号	化学成分/%											
	C	Co	Cr	Mo	Ni	V	W	Al	Cu	Nb/*cb*/Ta	Ti	Fe	其他
300M	0.40	—	0.85	0.40	1.85	0.08	—	—	—	—	—	基	Mn 0.75,Si 1.60
H11	0.37～0.43	—	4.75～5.25	1.20～1.40	—	0.40～0.60	—	—	—	—	—	基	Mn 0.20～0.40,Si 0.80～1.00
H13	0.32～0.45	—	4.75～5.50	1.10～1.75	—	0.80～1.20	—	—	—	—	—	基	Mn 0.20～0.50,Si 0.80～1.20
HP9-4-30	0.29～0.34	4.0	1.0	1.0	8.5	0.10	—	—	—	—	—	基	Mn 0.25,Si≤0.20
Vasco Max C-200	—	8.50	—	3.25	18.50	—	—	0.10	—	—	0.20	—	B 0.003,Zr 0.01
Vasco Max C-250	—	7.50	—	4.80	18.50	—	—	0.10	—	—	0.40	—	B 0.003,Zr 0.01
Vasco Max C-300	—	9.00	—	4.80	18.50	—	—	0.10	—	—	0.60	—	B 0.003,Zr 0.01
Vasco Max C-350	—	2.00	—	4.80	18.50	—	—	0.10	—	—	1.40	—	B 0.003,Zr 0.01
Casco Max T-250	—	—	—	3.00	18.50	—	—	0.10	—	—	1.40	—	B 0.003,Zr 0.01
HY140	0.12	—	0.55	0.46	5.00	0.08	—	—	—	—	—	基	Mn 0.75,P 0.01,S 0.01,Si 0.28
9Ni4Co45(HP9-4-45)	0.45	4.00	0.28	0.27	7.75	—	—	—	—	—	—	基	Mn 0.22
HY-TUF	0.29		0.24	0.40	1.87	—	—	—	—	—	—	基	Mn 1.29,P 0.19,S 0.015,Si 1.58

表 12-115 弹簧钢的化学成分

ASTM No	名称	化学成分/%					
		C	Mn	P	S	Si	其他
A227M (2006)	冷绕机械用弹簧钢丝	0.45～0.85	0.30～1.30	≤0.040	≤0.050	0.15～0.35	
A228 (2007)	钢琴丝品种的弹簧钢丝	0.70～1.00	0.20～0.70	≤0.025	≤0.030	0.10～0.30	
A229 (2005)	油回火机械弹簧钢丝	0.55～0.85	0.30～1.20	≤0.040	≤0.050	0.15～0.35	
A230 (2005)	油回火碳素阀门弹簧钢丝	0.60～0.75	0.60～0.90	≤0.025	≤0.030	0.15～0.35	
A231 (2004)	Cr-V 弹簧合金钢丝	0.48～0.53	0.70～0.90	≤0.035	≤0.040	0.15～0.35	Cr 0.80～1.10 V≥0.15
A232 (2005)	Cr-V 优质阀门弹簧钢丝	0.48～0.53	0.70～0.90	≤0.020	≤0.035	0.15～0.35	Cr 0.80～1.10 V≥0.15
A401 (2010)	Cr-Si 合金钢弹簧钢丝	0.51～0.59	0.60～0.80	≤0.035	≤0.040	1.20～1.60	Cr 0.60～0.80
A407 (2007)	沙发弹簧冷拉钢丝	0.45～0.70	0.60～1.20	≤0.040	≤0.050		
A417 (2004)	冷拉弹簧钢丝（锯齿型、矩型、波型）	0.50～0.75	0.60～1.20	≤0.040	≤0.050		
A679 (2006)	高抗拉强度机械弹簧用冷拔钢丝	0.65～1.00	0.20～1.30	≤0.040	≤0.050	0.15～0.35	
A764 (2007)	冷拉镀锌碳素弹簧钢丝	0.45～0.85	0.30～1.30	≤0.040	≤0.050	0.10～0.35	

12.3.2 结构钢的力学性能

表 12-116 碳素钢的力学性能

UNS 数字系统	ASTM 标准号	尺寸 /mm	状态	σ_b /MPa	σ_s /MPa	δ/% (L_0=50mm)	ψ/%	冲击值 /J(ft·lbf)	硬度 HBS	备注
G10100	—	Φ20~30	热轧	≥324	≥179	≥28	≥50	—	≥95	—
		Φ20~30	冷拉	≥365	≥303	≥20	≥40	—	≥105	—
G10150	—	Φ25.4	热轧	418	314	39.0	61.0	110.5(81.5)(艾)	126	—
		Φ25.4	正火,927℃(1700℉)	424	324	37.0	69.6	115.5(85.2)(艾)	121	—
		Φ25.4	退火,871℃(1600℉)	386	285	37.0	69.7	150.0(84.8)(艾)	111	—
G10180	A311—2004 (R2010) 棒材	20	冷拉	≥485	≥415	≥18	≥40	—		—
		>20~30	冷拉	≥450	≥380	≥16	≥40	—		—
		>30~50	冷拉	≥415	≥345	≥15	≥35	—		—
		≥50~75	冷拉	≥380	≥310	≥15	≥35	—		—
G10200	—	Φ25.4	热轧	448	331	36	59	(64)(艾)(60)(夏)	113	—
		Φ25.4	退火,871℃(1600℉)	393	296	36	66	(91)(艾)(30)(夏)	111	—
		Φ25.4	正火,871℃(1600℉)	441	345	36	68	(87)(艾)(70)(夏)	131	—
		Φ25.4	冷轧	517	441	20	—	70.5(52)(艾)	89/(Rb)	—
		Φ25.4	WQ+T(649℃,1200℉)	552	324	29	68	124.7(92)(艾)	150	—
		Φ25.4	WQ+T(204℃,400℉)	724	552	11	40	62.4(46)(艾)	218	—
G10220	—	Φ20~30	冷拉	476	400	≥15	≥40	—	≥137	—
		Φ25.4	热轧	503	359	35	67.0	81.3(60.0)(艾)	149	—
			正火,927℃(1700℉)	483	359	34	67.5	117.3(86.5)(艾)	143	—
			退火,843℃(1550℉)	450	317	35	63.6	120.7(89.0)(艾)	137	—
			774℃,(1425℉)油淬	562	355	31.0	71.0	—	163	假渗碳 927℃(1700℉)×8h 油淬和假渗碳箱冷后重新加热油淬(油淬温度如表所示)的试样均经 149℃(300℉)回火,再加工成 Φ12.8mm 拉伸试验
			802℃,(1475℉)油淬	555	355	31.5	71.0	—	163	
			830℃,(1525℉)油淬	572	359	31.0	70.5	—	174	
			假渗碳油淬	586	424	29.5	70.5	—	179	
		Φ13.7	774℃,(1425℉)油淬	552	379	30.0	68.5	—	170	
			802℃,(1475℉)油淬	558	355	30.0	70.5	—	170	
			830℃,(1525℉)油淬	565	400	29.5	72.5	—	179	
			假渗碳油淬	572	413	30.0	71.—	—	179	

续表

UNS 数字系统	ASTM 标准号	尺寸 /mm	状态	σ_b /MPa	σ_s /MPa	δ/% (L_0=50mm)	ψ/%	冲击值 /J(ft·lbf)	硬度 HBS	备注
G10250	—	Φ20～30	热轧	≥400	≥221	≥25	≥50	—	≥116	—
		Φ20～30	冷拉	≥441	≥372	≥15	≥40	—	≥125	—
		≤22.2	冷拉	≥448	≥310	≥20	≥45	—	≥13	高温回火消除应力
		>22.2～32	冷拉	≥413	≥310	≥20	≥45	—	≥121	
		>32～51	冷拉	≥379	≥310	≥16	≥40	—	≥111	
		>51～76	冷拉	≥345	≥276	≥15	≥40	—	≥101	
G10300	—	Φ25.4	热轧	552	345	32.0	57.0	74.6(55.0)(艾)	179	—
			正火,927℃(1700℉)	521	345	32.0	60.8	93.6(69.0)(艾)	149	—
			退火,843℃(1550℉)	464	341	31.2	57.9	(51)(艾)(70)(夏)	126	—
			WQ+204℃(400℉)	848	648	17	47	10.8(8)(艾)	495	—
			WQ+315℃(600℉)	800	621	19	53	—	401	—
			WQ+427℃(800℉)	731	579	23	60	—	302	—
			WQ+538℃(1000℉)	669	517	28	65	—	255	—
			WQ+650℃(1200℉)	586	441	32	70	99(艾)20(夏)	207	—
G10350	A311(A类)	20	冷拉	≥590	≥520	≥13	≥35	—	—	中温回火,≥288℃(550℉)消除应力(棒材)
		>20～30	冷拉	≥550	≥485	≥12	≥35	—	—	
		>30～50	冷拉	≥520	≥450	≥12	≥35	—	—	
		>50～75	冷拉	≥485	≥415	≥10	≥30	—	—	
G10380	—	Φ20～30	热轧	≥517	≥283	≥18	≥40	—	≥149	—
		Φ20～30	冷拉	≥572	≥483	≥12	≥35	—	≥163	—
		Φ20～30	热轧	≥517	≥283	≥18	≥40	—	≥149	—
		Φ20～30	冷拉	≥572	≥483	≥12	≥35	—	≥163	—
G10400	—	Φ20～30	热轧	≥524	≥290	≥18	≥40	—	≥149	—
		15.9～22.2	冷拉	≥621	≥551	≥12	≥35	—	≥179	中温回火,≥288℃(550℉)消除应力(棒材)
		>22.0～32	冷拉	≥586	≥517	≥12	≥35	—	≥170	
		≥32～51	冷拉	≥551	≥483	≥10	≥30	—	≥163	
		≥51～76	冷拉	≥517	≥448	≥10	≥30	—	≥149	
		Φ25.4	热轧	621	414	25.0	50.0	(36)(艾)(35)(夏)	201	—
		Φ25.4	正火,899℃(1650℉)	590	374	28.0	54.9	65.1(48.0)(艾)	170	—
		Φ25.4	退火,788℃(1450℉)	519	354	30.2	57.2	(33)(艾)(30)(夏)	149	—
		Φ25.4	WQ+204℃(400℉)	896	662	16	45	6.8(5)	514	—

续表

UNS 数字系统	ASTM 标准号	尺寸 /mm	状态	σ_b /MPa	σ_s /MPa	δ/% (L_0=50mm)	ψ/%	冲击值 /J(ft·lbf)	硬度 HBS	备注
			WQ+315℃(600℉)	889	648	18	52	—	444	—
			WQ+427℃(800℉)	841	634	21	57	—	352	—
			WQ+538℃(1000℉)	779	593	23	61	—	269	—
			WQ+650℃(1200℉)	669	496	28	68	108.5(80)	201	—
			OQ+204℃(400℉)	779	593	19	48	84.1(62)	262	淬火温度834℃(1550℉)
			OQ+315℃(600℉)	779	593	20	53	—	255	
			OQ+427℃(800℉)	758	551	21	54	—	241	
			OQ+538℃(1000℉)	717	490	26	57	—	212	
			OQ+650℃(1200℉)	634	434	29	65	(70)(艾)(85)(夏)	192	
G10450	—	20	热轧	≥655	≥585	≥12	≥35	—	—	—
		>20~30	退火+冷拉	≥620	≥550	≥11	≥30	—	—	—
	A311(A类)	>30~50	冷拉	≥585	≥520	≥10	≥30	—	—	中温回火,≥288℃(550℉)
		>50~75	冷拉	≥550	≥485	≥10	≥30	—	—	消除应力(棒材)
		>51~76	冷拉	552	483	≥10	≥30	—	≥163	
G10450	A311(B类)	20	冷拉	≥795	690	≥10	≥25	—	—	中温回火,≥288℃(550℉)
		>20~30	冷拉	≥795	690	≥10	≥25	—	—	消除应力(棒材)
		>30~50	冷拉	≥795	690	≥10	≥25	—	—	
		>50~75	冷拉	≥795	690	≥9	≥25	—	—	
		>75~102	冷拉	≥725	620	≥7	≥20	—	—	
	—	Φ25.4	WQ	—	—	—	—	—	610	试样表面硬度
			WQ+T(100℃)	—	—	—	—	—	600	
			WQ+T(200℃)	—	—	—	—	—	515	
			WQ+T(300℃)	—	—	—	—	—	450	
			WQ+T(400℃)	—	—	—	—	—	385	
			WQ+T(500℃)	—	—	—	—	—	325	
			WQ+T(600℃)	—	—	—	—	—	240	
G10500	A311(A类)	20	冷拉	≥690	≥620	≥11	≥35	—	—	中温回火,≥288℃(550℉)
		>20~30	冷拉	≥655	≥585	≥11	≥30	—	—	消除应力(棒材)
		>30~50	冷拉	≥620	≥550	≥10	≥30	—	—	
		>50~75		≥585	≥520	≥10	≥30			
	A311(B类)	20	冷拉	≥795	≥690	≥8	≥25	—	≥170	同上

续表

UNS 数字系统	ASTM 标准号	尺寸 /mm	状态	σ_b /MPa	σ_s /MPa	δ/% (L_0=50mm)	ψ/%	冲击值 /J(ft·lbf)	硬度 HBS	备注
G10650	—	同上	退火(788℃,1450℉)	636	365	237	39.9	(12.5)(艾)(15)(夏)	187	—
G10500	—	Φ25.4	OQ+T(316℃,600℉)	979	724	14	47	32.5(24)(艾)	321	—
			OQ+T(427℃,800℉)	938	655	20	50	—	277	—
			OQ+T(538℃,1000℉)	876	579	23	53	—	262	—
			OQ+T(649℃,1200℉)	738	469	29	60	29.8(22)(艾)	223	—
			WQ+T(204℃,400℉)	1124	807	9	27	4.1(3)(艾)	514	—
			WQ+T(316℃,600℉)	1089	793	13	36	—	444	—
			WQ+T(427℃,800℉)	1000	758	19	48	—	375	—
			WQ+T(538℃,1000℉)	862	655	23	58	—	293	—
			WQ+T(649℃,1200℉)	717	538	28	65	32.5(24)(艾)	235	—
G10550	—	Φ20～30	热轧	648	≥352	≥12	≥30	—	≥192	—
		Φ20～30	退火+冷拉	≥662	≥558	≥10	≥40	—	≥197	—
G10600	—	Φ20～30	球化退火+冷拉	≥621	≥483	≥10	≥45	—	≥183	—
G10600	—	Φ20～30	热轧	≥676	≥372	≥12	≥30	—	≥201	—
		Φ20～30	冷拉	≥621	≥483	≥10	≥45	—	≥183	—
		Φ25.4	热轧	814	483	17.0	34.0	17.6(13)(艾)	241	—
			正火(899℃,1650℉)	776	421	18.0	37.2	13.2(9.7)(艾)	229	—
			退火(788℃,1450℉)	626	372	22.5	38.2	(8.3)(艾)(10)(夏)	79	—
			OQ+T(204℃,400℉)	1103	779	13	40	19.0(14)	321	—
			OQ+T(316℃,600℉)	1103	779	13	40	—	321	—
			OQ+T(427℃,800℉)	1076	765	14	41	—	311	—
			OQ+T(538℃,1000℉)	965	669	17	45	—	277	—
			OQ+T(649℃,1200℉)	800	524	23	54	(23)(艾)(12)(夏)	229	—
G10650	—	Φ20～30	热轧	≥690	379	≥12	≥30	—	≥207	—
			球化退火+冷拉	≥634	≥490	≥10	≥45	—	≥187	—
G10800	—	Φ20～30	热轧	≥772	≥421	≥10	≥25	—	≥229	—
			球化退火+冷拉	≥676	≥517	≥10	≥40	—	≥192	—
G10800	—	Φ25.4	热轧	965	586	12.0	17.0	6.8(5.0)(艾)	293	—
			正火(899℃,1650℉)	1010	524	11.0	20.6	6.8(5.0)(艾)	293	—
			退火(788℃,1450℉)	616	376	24.7	45.0	6.1(4.5)(艾)	174	—
			OQ+T(204℃,400℉)	1489	1048	10	31	—	601	—

续表

UNS 数字系统	ASTM 标准号	尺寸 /mm	状态	σ_b /MPa	σ_s /MPa	δ/% (L_0=50mm)	ψ/%	冲击值 /J(ft·lbf)	硬度 HBS	备注
			OQ+T(316℃,600℉)	1462	1034	11	33	—	534	—
			OQ+T(427℃,800℉)	1372	958	13	35	—	588	—
			OQ+T(538℃,1000℉)	1138	758	15	40	—	293	—
			OQ+T(649℃,1200℉)	841	586	20	47	—	235	—
G10850	—	Φ20～30	热轧	≥834	≥455	≥10	≥25	—	≥248	—
			球化退火+冷拉	≥690	≥538	≥10	≥40	—	≥192	—
G10900	—	Φ20～30	热轧	≥841	≥462	≥10	≥25	—	≥248	—
			球化退火+冷拉	≥696	≥538	≥10	≥40	—	≥197	—
G10950	—	Φ20～30	热轧	≥827	≥455	≥10	≥25	—	≥248	—
			球化退火+冷拉	≥683	≥524	≥10	≥40	—	≥197	—
		Φ25.4	热轧	965	572	9.0	18.0	4.1(3.0)(艾)	293	—
			正火(899℃,1650℉)	1014	500	9.5	13.5	5.4(4.0)(艾)	293	—
			退火(788℃,1450℉)	657	379	13.0	20.6	2.7(2.0)(艾)	192	—
G10950	—	Φ25.4	WQ+T(204℃,400℉)	1489	1048	10	31	6.8(5)(艾)	601	—
			WQ+T(316℃,600℉)	1462	1034	11	33	—	534	—
			WQ+T(427℃,800℉)	1372	958	13	35	—	388	—
			WQ+T(538℃,1000℉)	1138	758	15	40	—	293	—
			WQ+T(649℃,1200℉)	841	586	20	47	6.8(5)(艾)	235	—
			OQ+T(204℃,400℉)	1289	827	10	30	6.8(5)(艾)	401	—
			OQ+T(316℃,600℉)	1262	814	10	30	—	375	—
			OQ+T(427℃,800℉)	1214	772	12	32	—	363	—
			OQ+T(538℃,1000℉)	1089	676	15	37	—	321	—
			OQ+T(649℃,1200℉)	896	552	21	47	8.1(6)(艾)	269	—
G11080	—	Φ20～30	热轧	≥345	≥186	≥30	≥50	—	≥101	—
			冷拉	≥386	≥324	≥20	≥40	—	≥121	—
G11090	—	Φ20～30	热轧	≥345	≥186	≥30	≥50	—	≥101	—
			冷拉	≥386	≥324	≥20	≥40	—	≥121	—
G11170	A311(A类)	20	冷拉	≥520	≥450	≥15	≥40	—	—	中温回火(≥288℃,550℉)
		>20～30	冷拉	≥485	≥415	≥15	≥40	—	—	消除应力(棒材)
		>30～50	冷拉	≥450	≥380	≥13	≥35	—	—	
		>50～75	冷拉	≥415	≥345	≥12	≥30	—	—	

续表

UNS 数字系统	ASTM 标准号	尺寸 /mm	状态	σ_b /MPa	σ_s /MPa	δ/% (L_0=50mm)	ψ/%	冲击值 /J(ft·lbf)	硬度 HBS	备注
	—	Φ25.4	热轧	487	305	33.0	63.0	81.3(60.0)(艾)	143	—
			正火(899℃,1650℉)	467	303	33.5	63.8	85.1(62.8)(艾)	137	—
			退火(857℃,1575℉)	430	279	32.8	58.0	93.6(69.0)(艾)	121	—
			WQ+T(204℃,400℉)	945	690	10	31	—	61(HRC)	渗碳(927℃,1700℉)后直接
			WQ+T(316℃,600℉)	903	669	15	36	—	57(HRC)	淬火表面硬度
			OQ+T(204℃,400℉)	696	496	24	59	—	58(HRC)	
			OQ+T(316℃,600℉)	669	476	26	63	—	55(HRC)	
G11180	—	15.9～22.2	冷拉	≥517	≥448	≥15	≥40	—	≥149	中温回火(≥288℃,550℉)
		>22.2～32	冷拉	≥483	≥414	≥15	≥40	—	≥143	消除应力(棒材)
		>32～51	冷拉	≥448	≥379	≥13	≥35	—	≥131	
		>51～76	冷拉	≥414	≥345	≥12	≥30	—	≥121	同上
		15.9～22.2	冷拉	≥483	≥345	≥18	≥45	—	≥143	高温回火
		>22.2～32	冷拉	≥448	≥345	≥16	≥45	—	≥131	消除应力(棒材)
		>32～51	冷拉	≥414	≥345	≥15	≥40	—	≥121	
		>51～76	冷拉	≥379	≥310	≥15	≥40	—	≥111	
		Φ25.4	热轧	521	316	32.0	70.0	108.5(80.0)(艾)	149	—
			正火(927℃,1700℉)	478	319	33.5	65.9	103.4(76.3)(艾)	143	—
			退火(788℃,1450℉)	450	285	34.5	66.8	106.4(78.5)(艾)	131	—
G11370	A311(A类)	20	冷拉	≥655	≥620	≥11	≥35	—	—	中温回火(≥288℃,550℉)
		>20～30	冷拉	≥620	≥585	≥11	≥30	—	—	消除应力(棒材)
		≥30～50	冷拉	≥585	≥550	≥10	≥30	—	—	
		>50～70	冷拉	≥550	≥520	≥10	≥30	—	—	
G11370	—	Φ25.4	热轧	676	359	22.0	38.0	11.1(8.2)(艾)	192	—
			正火(899℃,1650℉)	707	405	22.7	55.5	52.6(38.8)	201	—
			退火(816℃,1500℉)	598	353	25.5	49.3	34.3(25.3)	163	—
			WQ+T(204℃,400℉)	1496	1165	5	17	—	415	—
			WQ+T(316℃,600℉)	1372	1124	9	25	—	375	—
			WQ+T(427℃,800℉)	1103	986	14	40	—	311	—
			WQ+T(538℃,1000℉)	827	724	19	60	—	262	—
			WQ+T(649℃,1200℉)	648	531	25	69	—	187	—
			OQ+T(204℃,400℉)	1083	938	5	22	—	352	—

续表

UNS数字系统	ASTM标准号	尺寸/mm	状态	σ_b/MPa	σ_s/MPa	δ/% (L_0=50mm)	ψ/%	冲击值/J(ft·lbf)	硬度HBS	备注
			OQ+T(316℃,600℉)	986	841	10	33	—	285	—
			OQ+T(427℃,800℉)	876	731	15	48	—	262	—
			OQ+T(538℃,1000℉)	758	667	24	62	—	229	—
			OQ+T(649℃,1200℉)	655	483	28	69	—	197	—
G11400	—	Φ20～30	热轧	≥545	≥296	≥16	≥40	—	≥156	—
		Φ20～30	冷轧	≥607	≥510	≥12	≥35	—	≥170	—
G11410	A311(A类)	20	冷拉	≥655	≥620	≥11	≥35	—	—	中温回火(≥288℃,550℉)
		>20～30	冷拉	≥620	≥585	≥11	≥30	—	—	消除应力(棒材)
		>30～50	冷拉	≥585	≥550	≥10	≥30	—	—	
		>50～70	冷拉	≥550	≥520	≥10	≥30	—	—	
	A311(B类)	80～50	冷拉	≥795	≥690	≥8	≥25	—	—	中温回火(≥288℃,550℉)
		>50～75	冷拉	≥795	≥690	≥8	≥20	—	—	消除应力(棒材)
		>75～115	冷拉	≥795	≥690	≥7	≥20	—	—	
	—	Φ25.4	热轧	703	421	21	41.0	52.9(39)	212	—
			正火(899℃,1650℉)	667	400	21	40.4	43.4(32)	197	—
			退火(788℃,1450℉)	585	347	24	41.3	51.5(38)	167	—
G11410	—	Φ25.4	OQ+T(204℃,400℉)	1634	1214	6	17	—	461	—
			OQ+T(316℃,600℉)	1462	1282	9	32	—	415	—
			OQ+T(427℃,800℉)	1165	1034	12	47	—	335	—
			OQ+T(538℃,1000℉)	890	765	18	57	—	262	—
			OQ+T(649℃,1200℉)	710	593	23	62	—	217	—
G11440	A311(A类)	20	冷拉	≥725	≥655	≥10	≥30	—	—	中温回火(≥288℃,550℉)
		>20～30	冷拉	≥690	≥620	≥10	≥30	—	—	消除应力(棒材)
		>30～50	冷拉	≥655	≥585	≥10	≥25	—	—	
		≥50～70	冷拉	≥620	≥550	≥10	≥20	—	—	
		≥70～115	冷拉	≥585	≥520	≥10	≥20	—	—	
G11440	A311(B类)	730～50	冷拉	≥795	≥690	≥8	≥25	—	—	中温回火(≥288℃,550℉)
		750～75	冷拉	≥795	≥690	≥8	≥20	—	—	消除应力(棒材)
		75～115	冷拉	≥795	≥690	≥7	≥20	—	—	
		Φ25.4	热轧	703	421	21	41	52.9(39)(艾)	212	—
			正火(899℃,1650℉)	667	400	21	40.4	43.4(32)(艾)	197	—

续表

UNS 数字系统	ASTM 标准号	尺寸 /mm	状态	σ_b /MPa	σ_s /MPa	δ/% (L_0=50mm)	ψ/%	冲击值 /J(ft·lbf)	硬度 HBS	备注
			退火(788℃,1450℉)	585	347	24.8	41.3	65.1(48)(艾)	167	—
			OQ+T(204℃,400℉)	876	627	17	36	9.5(7)(艾)	277	—
			OQ+T(316℃,600℉)	869	621	17	40	—	262	—
			OQ+T(427℃,800℉)	848	607	18	42	—	248	—
			OQ+T(538℃,1000℉)	807	572	20	46	—	235	—
			OQ+T(649℃,1200℉)	724	503	23	55	67.8(50)(艾)	217	—
			WQ+T(204℃,400℉)	2000	1296	5	12	2.7(2)(艾)	550	—
			WQ+T(649℃,1200℉)	745	627	21	58	84.1(62)(艾)	230	—
G11450	—	15.9～22.2	冷拉	≥655	≥586	≥12	≥35	—	≥187	中温回火(≥288℃,550℉)
G11460		>22.2～32	冷拉	≥621	≥552	≥11	≥30	—	≥179	消除应力(棒材)
		>32～51	冷拉	≥586	≥517	≥10	≥30	—	≥170	
		>51～76	冷拉	≥552	≥483	≥10	≥30	—	≥163	
		Φ20～30	热轧	≥586	≥324	≥15	≥40	—	≥170	—
G11510	—	15.9～22.2	冷拉	≥690	≥621	≥11	≥35	—	≥197	中温回火(>288℃,550℉)
		>22.2～32	冷拉	≥655	≥586	≥11	≥30	—	≥187	消除应力(棒材)
		>32～51	冷拉	≥621	≥552	≥10	≥30	—	≥179	
		>51～76	冷拉	≥586	≥517	≥10	≥30	—	≥170	

表 12-117 合金钢的力学性能

UNS 数字系统	ASTM 标准号	尺寸 /mm	状态	σ_b /MPa	σ_s /MPa	δ/% (L_0=50mm)	ψ/%	冲击值 /J(ft·lbf)	硬度 HBS	备注
G13300	—	Φ25.4	WQ+T(204℃,400℉)	1600	1455	9	39	—	459	淬火温度 871℃(1600℉①)
			WQ+T(316℃,600℉)	1427	1282	9	44	—	402	
			WQ+T(427℃,800℉)	1158	1034	15	53	—	335	
			WQ+T(538℃,1000℉)	876	772	18	60	—	263	
			WQ+T(649℃,1200℉)	731	572	23	63	—	216	
G13400	—	Φ25.4	退火(802℃,1475℉)	703	434	25.5	57	70.5(52)	207	—
			正火(871℃,1600℉)	834	558	22	63	92.2(68)	248	—
			OQ+T(204℃,400℉)	1806	1593	11	35	—	505	淬火温度 816℃(1500℉①)
			OQ+T(316℃,600℉)	1586	1420	12	43	—	453	
			OQ+T(427℃,800℉)	1262	1151	14	51	—	375	
			OQ+T(538℃,1000℉)	965	827	17	58	—	295	
			OQ+T(649℃,1200℉)	800	621	22	66	103.0(76)	252	
G31400	—	Φ25.4	正火(871℃,1600℉)	889	600	20	57	54.2(40)	262	—
			退火(863℃,1585℉)	690	421	25	51	46.1(34)	197	—
			OQ+T(204℃,400℉)	1806	1634	10	35	—	510	淬火温度 843℃(1550℉①)
			OQ+T(316℃,600℉)	1586	1448	11.5	42.5	—	456	
			OQ+T(427℃,800℉)	1282	1172	13	50.5	—	385	
			OQ+T(538℃,1000℉)	979	896	17	58	—	305	
			OQ+T(649℃,1200℉)	772	690	25	66	—	240	
G33106	—	Φ25.4	OQ+T(774℃,1425℉)	972	800	16	55	—	293	假渗碳(927℃,1700℉×8h)油淬和假渗碳箱冷后重新油淬(油淬温度如表所示)的试样均经 149℃(300℉)回火,再加工成Φ12.8mm 的拉伸试样
			OQ(802℃,1475℉)	1145	965	16	54	—	341	
			OQ(830℃,1525℉)	1165	1000	16	55	—	352	
			假渗碳+OQ	1186	1020	15.5	54	—	352	
		Φ13.7	OQ(744℃,1425℉)	1048	882	15.5	54	—	321	
			OQ(802℃,1475℉)	1179	1034	16	54	—	363	
			OQ(830℃,1525℉)	1214	1062	16	54	—	363	
			假渗碳+OQ	1276	1096	15	52	—	375	
G40230	—	Φ25.4	OQ(744℃,1425℉)	724	414	19	48	—	223	假渗碳(927℃,1700℉×8h)箱冷重新油淬(温度如表所示)和假渗碳直接油淬的试样均经 149℃(300℉)
			OQ(802℃,1475℉)	745	441	21	54	—	229	
			OQ(830℃,1525℉)	786	496	22	55	—	248	
			渗碳+OQ	827	586	20	53	—	255	

续表

UNS 数字系统	ASTM 标准号	尺寸 /mm	状态	σ_b /MPa	σ_s /MPa	δ/% (L_0=50mm)	ψ/%	冲击值 /J(ft·lbf)	硬度 HBS	备注
		Φ13.7	OQ(744℃,1425℉)	931	621	14	40	—	285	回火,再加工成 Φ12.8mm 的拉伸试棒
			OQ(802℃,1475℉)	965	655	15	47	—	293	
			OQ(830℃,1525℉)	986	724	16	49	—	321	
			假渗碳+OQ	1048	786	15	43	—	331	
G40370	—	Φ25.4	OQ+T(204℃,400℉)	1027	758	6	38	—	310	淬火温度 843℃(1550℉[②])
			OQ+T(316℃,600℉)	952	765	14	53	—	295	
			OQ+T(427℃,800℉)	876	731	20	60	—	270	
			OQ+T(538℃,1000℉)	793	655	23	63	—	247	
			OQ+T(649℃,1200℉)	696	421	29	60	—	220	
G40420	—	Φ25.4	OQ+T(204℃,400℉)	1800	1662	12	37	—	516	淬火温度 843℃(1550℉[②])
			OQ+T(316℃,600℉)	1613	1455	13	42	—	455	
			OQ+T(427℃,800℉)	1289	1172	15	51	—	380	
			OQ+T(538℃,1000℉)	986	883	20	59	—	300	
			OQ+T(649℃,1200℉)	793	690	28	66	—	238	
G40630	—	Φ25.4	OQ+T(204℃,400℉)	—	—	—	—	—	615	淬火温度 843℃(1550℉[②])
			OQ+T(316℃,600℉)	1931	1758	8.5	30	—	536	
			OQ+T(427℃,800℉)	1565	1448	11.5	37	—	452	
			OQ+T(538℃,1000℉)	1234	1145	13.5	47.5	—	373	
			OQ+T(649℃,1200℉)	958	772	16	52.5	—	298	
G11300	—	Φ25.4	正火(871℃,1600℉)	669	436	25.5	59.5	(64)(100)(夏)	197	—
			退火(816℃,1500℉)	561	361	28.2	55.6	62.4(46)	156	—
		Φ25.4	WQ+T(204℃,400℉)	1765	1517	10	33	17.6(13)	475	淬火温度 843℃(1550℉[②])
			+T(260℃,500℉)	1669	1434	12	37	13.6(10)	455	
			+T(316℃,600℉)	1572	1345	13	41	13.6(10)	425	
			+T(371℃,700℉)	1476	1255	15	45	20.3(15)	400	
			+T(427℃,800℉)	1379	1172	17	49	33.9(25)	375	
			+T(538℃,1000℉)	1172	1000	20	56	81.3(60)	325	
			+T(649℃,1200℉)	965	827	22	63	135.6(100)	270	
			OQ+T(204℃,400℉)	1551	1345	11	38	—	450	
			+T(260℃,500℉)	814	1276	12	40	—	440	
			+T(316℃,600℉)	1420	1207	13	43	—	418	

续表

UNS 数字系统	ASTM 标准号	尺寸 /mm	状态	σ_b /MPa	σ_s /MPa	δ/% (L_0=50mm)	ψ/%	冲击值 /J(ft·lbf)	硬度 HBS	备注
			+T(371℃,700℉)	1324	1117	15	48	—	385	淬火温度 843℃(1550℉)
			+T(482℃,800℉)	1227	1034	17	54	0	360	
			+T(538℃,1000℉)	1034	841	20	60	—	305	
			+T(649℃,1200℉)	827	669	24	67	—	250	
		Φ50	OQ+T(538℃,1000℉)	738	572	20	58	—	223	
		Φ70	OQ+T(538℃,1000℉)	710	538	22	60	—	217	
G41400	—	Φ25.4	正火(871℃,1600℉)	1020	655	18	47	(40)(30)(夏)	302	—
			退火(816℃,1500℉)	655	421	26	57	23.0(17)	197	—
G41400	—	Φ12.7	OQ+T(204℃,400℉)	1965	1738	11	42	14.9(11)	578	淬火温度 843℃(1550℉[2])
			OQ+T(260℃,500℉)	1862	1655	11	44	10.8(8)	534	
			OQ+T(316℃,600℉)	1724	1572	12	46	9.5(7)	495	
			OQ+T(371℃,700℉)	1593	1462	13	48	14.9(11)	461	
			OQ+T(427℃,800℉)	1448	1345	15	50	28.5(21)	429	
			OQ+T(482℃,900℉)	1296	1207	16	52	46.1(34)	388	
			OQ+T(538℃,1000℉)	1151	1048	17	55	65.1(48)	341	
			OQ+T(593℃,1100℉)	1020	910	19	58	93.6(69)	311	
			OQ+T(649℃,1200℉)	896	786	21	61	112.5(83)	277	
			OQ+T(704℃,1300℉)	807	690	23	65	135.6(100)	235	
		Φ25	OQ+T(538℃,1000℉)	1138	986	15	50	—	335	
		Φ50	OQ+T(538℃,1000℉)	917	752	18	55	—	202	
		Φ75	OQ+T(538℃,1000℉)	862	655	19	55	—	292	
G41500	—	Φ25.4	正火(871℃,1600℉)	1158	738	12	31	11.5(8.5)	321	
			退火(816℃,1500℉)	731	379	20	40	24.4(18)	197	
			OQ+T(204℃,400℉)	1931	1724	10	39	—	530	淬火温度 843℃(1550℉[2])
			OQ+T(316℃,600℉)	1765	1593	10	40	—	495	
			OQ+T(427℃,800℉)	1517	1379	12	45	—	440	
			OQ+T(538℃,1000℉)	1207	1103	15	45	—	370	
			OQ+T(649℃,1200℉)	958	841	19	52	—	290	
G43200	—	Φ25.4	退火(899℃,1650℉)	579	427	29	58	110.0(81)	163	—
			正火(893℃,1640℉)	793	462	21	51	73.2(54)	235	—
			OQ(774℃,1425℉)	958	793	15	52	—	293	假渗碳油淬(927℃,1700℉)

续表

UNS 数字系统	ASTM 标准号	尺寸 /mm	状态	σ_b /MPa	σ_s /MPa	δ/% (L_0=50mm)	ψ/%	冲击值 /J(ft·lbf)	硬度 HBS	备注
			OQ(802℃,1475℉)	1027	848	16	52	—	302	×8h)和假渗碳箱冷后
			OQ(829℃,1525℉)	1110	958	16	54	—	331	重新加热到表示温度油
			假渗碳+OQ	1151	972	15	50	—	341	淬的试样均经 149℃
		Φ13.7	OQ(774℃,1425℉)	1041	869	15	49	—	321	(300℉)回火,再加工成
			OQ(802℃,1475℉)	1083	896	16	50	—	331	Φ12.8mm 的拉伸试样
			OQ(829℃,1525℉)	1179	1014	16	53	—	352	
			假渗碳+OQ	1241	1020	15	46	—	375	
G43300	—	大锻件	淬回火①	1358	1262	15	48	—	43(HRC)	光滑试样。依次为纵
			淬回火①	1365	1269	11	28	—		向、横向和横向——锻
			淬回火①	1358	1269	6	13	—		造接缝
			淬回火①	1937	—	—	—	27.1(20)(夏)	43(HRC)	20℃,缺口试样。依
			淬回火①	1917	—	—	—	21.7(16)(夏)		次为纵向、横向和横
			淬回火①	1882	—	—	—	16.3(12)(夏)		向——锻造接缝
			淬回火①	1979	—	—	—	21.7(16)(夏)	43(HRC)	−54℃,缺口试样。
			淬回火①	1971	—	—	—	21.7(16)(夏)		依次为纵向、横向和
			淬回火①	1910	—	—	—	12.2(9)(夏)		横向——锻造接缝
			淬回火①	1627	1400	11	44	—	48(HRC)	光滑试样。依次为纵
			淬回火①	1648	1400	8	27	—		向、横向和横向——锻
			淬回火①	1655	1420	3	8	—		造接缝
			淬回火①	2055	—	—	—	24.4(18)(夏)	48(HRC)	20℃,缺口试样。依
			淬回火①	1937	—	—	—	19.0(14)(夏)		次为纵向、横向和横向
			淬回火①	1751	—	—	—	12.2(9)(夏)		——锻造接缝
			淬回火①	2013	—	—	—	19.0(14)(夏)	48(HRC)	−54℃,缺口试样。
			淬回火①	1655	—	—	—	14.9(11)(夏)		依次为纵向、横向和
			淬回火①	1317	—	—	—	8.1(6)(夏)		横向——锻造接缝

续表

UNS 数字系统	ASTM 标准号	尺寸 /mm	状态	σ_b /MPa	σ_s /MPa	δ/% (L_0=50mm)	ψ/%	冲击值 /J(ft·lbf)	硬度 HBS	备注
G43400	—	Φ25.4	正火(871℃,1600℉)	1275	862	12	36	16.3(12)	363	—
			退火(810℃,1490℉)	745	476	22	50	(38)(25)(夏)	217	—
			OQ+T(204℃,400℉)	1910	1724	11	39	20.3(15)	520	843℃油淬
			OQ+T(316℃,600℉)	1758	1620	12	44	13.6(10)	490	
			OQ+T(427℃,800℉)	1496	1365	14	48	16.3(12)	440	
			OQ+T(538℃,1000℉)	1241	1158	17	53	33.9(35)	360	
			OQ+T(649℃,1200℉)	1020	862	20	60	100.3(74)	290	
			OQ+R(704℃,1300℉)	862	745	23	63	100.3(74)	250	
		大锻件	淬回火	1317	1241	15	49	—	44(HRC)	光滑试样。依次为纵向、横向和横向——锻造接缝
			淬回火	1317	1248	8	17	—		
			淬回火	1296	1214	5	10	—		
			淬回火	1937	—	—	—	38.0(28)(夏)	44(HRC)	20℃,缺口试样。依次为纵向、横向和横向——锻造接缝
			淬回火	1841	—	—	—	20.3(15)(夏)		
			淬回火	1710	—	—	—	14.9(11)(夏)		
			淬回火	1993	—	—	—	23.0(17)(夏)	44(HRC)	−54℃,缺口试样。依次为纵向、横向和横向——锻造接缝
			淬回火	1931	—	—	—	14.9(11)(夏)		
			淬回火	1731	—	—	—	12.2(9)(夏)		
		Φ13	OQ+T(427℃,800℉)	1462	1379	13	51	—	—	843℃(1550℉)油淬
		Φ38	OQ+T(427℃,800℉)	1448	1365	11	45	—	—	
		Φ75	OQ+T(427℃,800℉)	1420	1324	10	38	—	—	
		Φ75	WQ+T(343℃,650℉)	1055	931	18	52	—	340	800℃油淬
		Φ100	WQ+T(343℃,650℉)	1034	896	17	50	—	330	815℃油淬
		Φ150	WQ+T(343℃,650℉)	1000	848	16	44	—	322	
		Φ92	OQ+T(541℃,1005℉)	1207	1124	16	61	(48)(夏)(10℉)	37(HRC)	真空重熔(纵向)
		Φ117.5	OQ+T(541℃,1005℉)	1179	1089	16	59	(47)(夏)(10℉)	37(HRC)	电渣重熔(纵向)
		—	淬火+T(232℃,450℉)	1944	1586	6	14	—	—	空气熔炼(横向)
		—	淬火+T(482℃,900℉)	1379	1193	8	16	—	—	
		—	淬火+T(538℃,1000℉)	1241	1124	10	22	—	—	
		—	淬火+T(232℃,450℉)	1931	1634	7	17	—	—	真空重熔(横向)
		—	淬火+T(482℃,900℉)	1379	1207	9	20	—	—	
		—	淬火+T(538℃,1000℉)	1241	1103	11	24	—	—	

续表

UNS 数字系统	ASTM 标准号	尺寸 /mm	状态	σ_b /MPa	σ_s /MPa	δ/% (L_0=50mm)	ψ/%	冲击值 /J(ft·lbf)	硬度 HBS	备注
300M	—	Φ25.4	OQ+T(93℃,200℉)	2344	1241	6	10	17.6(13)(夏)	56(HRC)	—
			OQ+T(204℃,400℉)	2137	1655	7	27	21.7(16)(夏)	55(HRC)	—
			OQ+T(260℃,500℉)	2048	1669	8	32	24.4(18)(夏)	54(HRC)	860℃油淬
			OQ+T(360℃,600℉)	1993	1689	9.5	34	29.8(22)(夏)	53(HRC)	
			OQ+T(371℃,700℉)	1931	1621	9	32	24.4(18)(夏)	51(HRC)	
			OQ+T(427℃,800℉)	1793	1482	8.5	23	13.6(10)(夏)	46(HRC)	
		Φ25	OQ+T(316℃,600℉)	1993	1689	10	34	29.8(22)(夏)	—	—
		Φ75	OQ+T(316℃,600℉)	1937	1627	10	35	25.8(19)(夏)	—	—
		Φ150	OQ+T(316℃,600℉)	2124	1800	7	22	12.2(9)(夏)	—	—
		127×127 棒	淬火+T(316℃,600℉)	1958	1620	5	11	—	—	空气熔炼(横向)
			淬火+T(427℃,800℉)	1758	1538	7	14	—	—	
			淬火+T(538℃,1000℉)	1586	1482	9	22	—	—	
			淬火+T(260℃,500℉)	2020	1620	7	25	—	—	真空重熔(横向)
			淬火+T(427℃,800℉)	1758	1551	10	34	—	—	
			淬火+T(538℃,1000℉)	1584	1482	11	35	—	—	
		100×100 棒	OQ+T(427℃,600℉)	2096	1806	—	45	—	—	纵向,空气熔炼
			同上	2034	1751	—	24	—	—	横向,空气熔炼
			同上	2082	1786	—	48	—	—	纵向,真空重熔
			同上	2013	1758	—	34	—	—	横向,真空重熔
G44220	—	Φ25.4	OQ(777℃,1430℉)	821	386	17	34	—	255	假渗碳(927℃,1700℉×8h)油淬和假渗碳箱冷后重新油淬(油淬温度如表所示)的试样均经149℃(300℉)回火,再加工成Φ12.8mm的拉伸试样
			OQ(818℃,1505℉)	758	407	18	44	—	235	
			OQ(871℃,1600℉)	827	538	20	57	—	255	
			假渗碳+OQ	862	558	18	55	—	262	
		Φ13.8	OQ(777℃,1430℉)	827	372	14	29	—	255	
			OQ(818℃,1505℉)	841	455	16	37	—	255	
			OQ(871℃,1600℉)	896	641	17	54	—	277	
			假渗碳+OQ	965	669	14	50	—	293	
G44270	—	Φ25.4	OQ(766℃,1410℉)	952	558	17	46	—	293	同上
			OQ(804℃,1480℉)	945	552	17	46	—	293	
			OQ(866℃,1590℉)	1034	621	14	44	—	321	
			假渗碳+OQ	1076	669	15	47	—	321	

续表

UNS 数字系统	ASTM 标准号	尺寸 /mm	状态	σ_b /MPa	σ_s /MPa	δ/% (L_0=50mm)	ψ/%	冲击值 /J(ft·lbf)	硬度 HBS	备注
		Φ13.8	OQ(766℃,1410℉)	1096	538	10	16	—	331	
			OQ(804℃,1480℉)	924	724	14	42	—	285	
			OQ(866℃,1590℉)	1255	896	14	43	—	363	
			假渗碳+OQ	1434	1041	11	37	—	415	
G45200	—	Φ25.4	OQ(788℃,1450℉)	834	434	16	41	—	255	假渗碳(927℃,
			OQ(832℃,1530℉)	786	496	19	57	—	241	1700℉×8h)油淬和假
			OQ(871℃,1600℉)	862	600	19	60	—	262	渗碳箱冷后重新油淬
			假渗碳+OQ	889	655	17	62	—	269	(油淬温度如表所示)的
		Φ13.8	OQ(788℃,1450℉)	896	483	13	30	—	277	试样均经149℃(300℉)
			OQ(832℃,1530℉)	827	565	16	56	—	255	回火,再加工成Φ12.8mm
			OQ(871℃,1600℉)	931	655	18	63	—	285	的拉伸试样
			假渗碳+OQ	986	710	15	58	—	302	
G46200	—	Φ25.4	正火(899℃,1650℉)	572	365	29	67	(69)(艾)(150)(夏)	174	—
			退火(857℃,1575℉)	510	372	31	60	132.9(98)(艾)	149	—
			OQ(774℃,1425℉)	883	758	16	54	—	277	假渗碳(927℃,1700℉
			OQ(802℃,1475℉)	910	724	17	55	—	277	×8h)油淬和假渗碳箱
			OQ(829℃,1525℉)	945	752	18	55	—	285	冷后重新油淬(油淬温
			假渗碳+OQ	965	772	15	52	44.7(33)(艾)	293	度如表所示)的试样均
		Φ13.8	OQ(774℃,1425(℉)	910	738	14	48	—	277	经149℃(300℉)回火,
			OQ(802℃,1475℉)	958	786	17	52	—	293	再加工成Φ12.8mm的
			OQ(829℃,1525℉)	1000	807	17	55	—	302	拉伸试样
			假渗碳+OQ	1014	841	16	50	—	311	
G47180		Φ25.4	OQ(763℃,1405℉)	1096	600	15	37	—	331	假渗碳(927℃,1700℉
			OQ(802℃,1475℉)	1069	717	18	57	—	321	×8h)油淬和假渗碳箱
			OQ(849℃,1560℉)	1096	724	17	57	—	331	冷后重新油淬(油淬温
			假渗碳+OQ	1131	813	15	51	—	341	度如表所示)的试样均
		Φ13.8	OQ(763℃,1405℉)	1131	738	10	32	—	341	经149℃(300℉)回火,
			OQ(802℃,1475℉)	1158	834	13	49	—	352	再加工成Φ12.8mm的
			OQ(849℃,1560℉)	1172	841	13	52	—	352	拉伸试样
			假渗碳+OQ	1324	1014	15	51	—	388	
G48150	—	Φ25.4	OQ(774℃,1425℉)	1027	855	15	55	—	311	假渗碳(927℃,1700℉

续表

UNS 数字系统	ASTM 标准号	尺寸 /mm	状态	σ_b /MPa	σ_s /MPa	δ/% (L_0=50mm)	ψ/%	冲击值 /J(ft·lbf)	硬度 HBS	备注
			OQ(802℃,1475℉)	1055	889	15	56	—	321	×8h)油淬和假渗碳箱冷后重新油淬(油淬温度如表所示)的试样均经 149℃(300℉)回火，再加工成 Φ12.8mm 的拉伸试样
			OQ(829℃,1525℉)	1076	910	15	55	—	331	
			假渗碳+OQ	1096	917	16	50	—	331	
		Φ13.8	OQ(774℃,1425℉)	1117	952	15	55	—	352	
			OQ(802℃,1475℉)	1158	993	16	56	—	352	
			OQ(829℃,1525℉)	1165	1007	16	56	—	352	
			假渗碳+OQ	1172	1069	15	50	—	352	
G48200	—	Φ25.4	正火(860℃,1580℉)	758	483	24	59	109.8(81)	229	—
			退火(827℃,1520℉)	683	462	22	59	93.6(69)	197	—
			假渗碳箱冷+OQ (729℃,1345℉)	1227	807	14	38	—	363	备注与 G48150 的相同
			OQ(757℃,1395℉)	1234	821	15	43	—	363	
			OQ(835℃,1535℉)	1317	1020	13	43	—	388	
			假渗碳+OQ	1413	1083	11	37	—	401	
		Φ13.8	假渗碳箱冷+OQ (729℃,1345℉)	1365	945	13	42	—	401	
			OQ(757℃,1395℉)	1331	917	14	44	—	388	
			OQ(835℃,1535℉)	1420	1055	13	46	—	401	
			假渗碳+OQ	1448	1138	12	43	—	415	
G50460	—	Φ25.4	OQ+T(204℃,400℉)	1744	1407	9	25	—	482	淬火温度 843℃(1550℉[①])
			OQ+T(316℃,600℉)	1413	1158	10	27	—	401	
			OQ+T(427℃,800℉)	1138	931	13	50	—	336	
			OQ+T(538℃,1000℉)	938	765	18	61	—	282	
			OQ+T(649℃,1200℉)	786	655	24	66	—	235	
G50461	—	Φ25.4	OQ+T(204℃,400℉)	—	—	—	—	—	548	淬火温度 843℃(1550℉[②])
			OQ+T(316℃,600℉)	1179	1620	10	37	—	505	
			OQ+T(427℃,800℉)	1393	1248	13	47	—	405	
			OQ+T(538℃,1000℉)	1083	979	17	51	—	322	
			OQ+T(649℃,1200℉)	883	793	22	60	—	273	
G50601	—	Φ25.4	OQ+T(204℃,400℉)	—	—	—	—	—	600	淬火温度 816℃(1500℉[②])
			OQ+T(316℃,600℉)	1882	1772	8	32	—	525	

续表

UNS 数字系统	ASTM 标准号	尺寸 /mm	状态	σ_b /MPa	σ_s /MPa	δ/% ($L_0=50$mm)	ψ/%	冲击值 /J(ft·lbf)	硬度 HBS	备注
			OQ+T(427℃,800℉)	1510	1386	11	34	—	435	
			OQ+T(538℃,1000℉)	1124	1000	15	38	—	350	
			OQ+T(649℃,1200℉)	896	779	19	50	—	290	
G51200	—	Φ25.4	OQ(774℃,1425℉)	834	634	14	41	—	262	假渗碳(927℃,1700℉×8h)油淬和假渗碳箱冷后重新油淬(油淬温度如表所示)的试样均经149℃(300℉)回火,再加工成Φ12.8mm的拉伸试样
			OQ(802℃,1475℉)	883	696	15	42	—	269	
			OQ(843℃,1550℉)	938	758	16	45	—	285	
			假渗碳+OQ	986	786	14	45	—	302	
		Φ13.8	OQ+(774℃,1425℉)	848	648	15	40	—	269	
			OQ+(802℃,1475℉)	910	717	15	43	—	277	
			OQ+(843℃,1550℉)	979	786	16	50	—	293	
			假渗碳+OQ	1020	848	14	40	—	311	
G51300	—	Φ25.4	OQ+T(204℃,400℉)	1613	1517	10	40	—	475	淬火温度871℃(1600℉[2])
			OQ+T(316℃,600℉)	1496	1407	10	46	—	440	
			OQ+T(427℃,800℉)	1276	1207	12	51	—	379	
		Φ25.4	OQ+T(538℃,1000℉)	1034	938	15	56	—	305	
			OQ+T(649℃,1200℉)	793	690	20	53	—	245	
G51400	—	Φ25.4	正火(871℃,1600℉)	793	476	23	59	38.0(28)	229	淬火温度843℃(1550℉[2])
			退火(829℃,1525℉)	572	296	29	57	40.7(30)	167	
			OQ+T(204℃,400℉)	1793	1641	9	38	—	490	
			OQ+T(316℃,600℉)	1579	1448	10	43	—	450	
			OQ+T(427℃,800℉)	1310	1172	13	50	—	365	
			OQ+T(538℃,1000℉)	1000	862	17	58	—	280	
			OQ+T(649℃,1200℉)	758	662	25	66	—	235	
G51500	—	Φ25.4	正火(871℃,1600℉)	869	531	21	59	31.2(23)	255	—
			退火(827℃,1520℉)	676	359	22	44	25.8(19)	197	—
			OQ+T(204℃,400℉)	1944	1731	5	37	—	525	淬火温度843℃(1550℉[2])
			OQ+T(316℃,600℉)	1738	1586	6	40	—	475	
			OQ+T(427℃,800℉)	1448	1310	9	47	—	410	
			OQ+T(538℃,1000℉)	1124	1034	15	54	52.9(39)	340	
			OQ+T(649℃,1200℉)	807	745	20	60	94.9(70)	270	
G51600	—	Φ25.4	正火(857℃,1575℉)	958	531	18	45	10.8(8)	269	—

续表

UNS 数字系统	ASTM 标 准 号	尺 寸 /mm	状 态	σ_b /MPa	σ_s /MPa	δ/% (L_0=50mm)	ψ/%	冲击值 /J(ft·lbf)	硬 度 HBS	备 注
G51600		Φ25.4	退火(813℃,1495℉)	724	276	17	31	7	197	—
			OQ+T(204℃,400℉)	2220	1793	4	10	—	627	淬火温度816℃(1500℉②)
			OQ+T(316℃,600℉)	2000	1772	9	30	—	555	
			OQ+T(427℃,800℉)	1607	1462	10	37	—	461	
			OQ+T(538℃,1000℉)	1165	1041	12	47	—	341	
			OQ+T(649℃,1200℉)	896	800	20	56	—	269	
G51601	—	Φ25.4	OQ+T(204℃,400℉)	—	—	—	—	—	600	淬火温度843℃(1550℉②)
			OQ+T(316℃,600℉)	—	—	—	—	—	540	
			OQ+T(427℃,800℉)	1634	1489	11	36	—	460	
			OQ+T(538℃,1000℉)	1207	1103	15	44	—	355	
			OQ+T(649℃,1200℉)	965	867	20	47	—	290	
G61200	—	Φ25.4	OQ(774℃,1425℉)	841	655	16	45	—	262	假渗碳(927℃,1700℉×8h)油淬和假渗碳箱冷后重新油淬(油淬温度如表所示)的试样均经149℃(300℉)回火,再加工成Φ12.8mm的拉伸试样
			OQ(802℃,1475℉)	903	724	15	43	—	277	
			OQ(843℃,1550℉)	993	814	17	54	—	302	
			假渗碳+OQ	1020	821	15	50	—	311	
		Φ13.8	OQ(774℃,1425℉)	875	662	16	46	—	269	
			OQ(802℃,1475℉)	924	745	15	44	—	285	
			OQ(843℃,1550℉)	1034	855	17	56	—	321	
			假渗碳+OQ	1069	876	16	51	—	331	
G61500	—	Φ25.4	正火(871℃,1600℉)	938	614	22	61	35.3(26)	269	—
			退火(816℃,1500℉)	669	414	23	48	27.1(20)	197	—
		Φ25.4	OQ+T(204℃,400℉)	1931	1689	8	38	0	538	—
G61500	—	Φ14	OQ+T(204℃,400℉)	2055	1813	1	5	—	610	淬火温度857℃(1575℉),淬火之前试样都经过871℃(1600℉)正火
			OQ+T(260℃,500℉)	2069	1813	4	12	—	570	
			OQ+T(316℃,600℉)	1951	1724	7	27	—	540	
			OQ+T(371℃,700℉)	1772	1620	10	37	9.5(7)	505	
			OQ+T(427℃,800℉)	1586	1489	11	42	13.6(10)	470	
			OQ+T(482℃,900℉)	1407	1345	12	44	16.3(12)	420	
			OQ+T(538℃,1000℉)	1255	1207	13	46	20.3(15)	380	
			OQ+T(593℃,1100℉)	1151	1083	16	47	28.5(21)	350	
		Φ25	OQ+T(427℃,800℉)	1572	1448	10	37	—	461	

续表

UNS 数字系统	ASTM 标准号	尺寸 /mm	状态	σ_b /MPa	σ_s /MPa	δ/% (L_0=50mm)	ψ/%	冲击值 /J(ft·lbf)	硬度 HBS	备注
G61500	—	Φ25.4	OQ+T(482℃,900℉)	1358	1207	11	41	—	401	淬火温度854℃(1570℉[①])
			OQ+T(538℃,1000℉)	1179	1034	12	45	—	341	
			OQ+T(593℃,1100℉)	1034	876	15	50	—	302	
			OQ+T(649℃,1200℉)	917	758	19	55	—	262	
			OQ+T(704℃,1300℉)	814	662	23	61	—	235	
		Φ50	OQ+T(538℃,1000℉)	1172	1027	13	48	—	341	淬火温度854℃(1525℉[①])
		Φ75	OQ+T(538℃,1000℉)	1089	952	13	47	—	331	
6407 (SAE 牌号)	—	Φ25.4	OQ+T(204℃,400℉)	1731	1517	10	38	—	480	试样均经过正火(927℃,1700℉),淬火温度 843℃(1550℉)
			OQ+T(316℃,600℉)	1593	1448	13	45	—	458	
			OQ+T(427℃,800℉)	1434	1282	15	48	—	432	
			OQ+T(538℃,1000℉)	1241	1110	51	47	—	380	
			OQ+T(649℃,1200℉)	965	889	21	60	—	300	
6427 (SAE 牌号)	—	Φ25.4	OQ+T(204℃,400℉)	1731	1517	10	40	—	475	试样均经过正火(927℃,1700℉),淬火温度 843℃(1550℉)
			OQ+T(316℃,600℉)	1551	1462	12	45	—	450	
			OQ+T(427℃,800℉)	1386	1338	14	45	—	419	
			OQ+T(538℃,1000℉)	1269	1214	16	47	—	383	
			OQ+T(649℃,1200℉)	1151	1076	20	55	—	340	
G71400	—	Φ25.4	WQ+T(482℃,900℉)	1379	1269	10	38	—	400	淬火温度 927℃(1700℉[②])
			WQ+T(538℃,1000℉)	1310	1193	12	43	—	380	
			WQ+T(649℃,1200℉)	1089	972	16	53	—	338	
G81150	—	Φ25.4	OQ+T(735℃,1355℉)	490	221	32	67	—	149	假渗碳(927℃,1700℉×8h)油淬和假渗碳箱冷后重新油淬(油淬温度如表所示)的试样均经 149℃(300℉)回火,再加工成 Φ12.8mm 的拉伸试样
			OQ+T(749℃,1380℉)	655	276	22	43	—	197	
			OQ+T(827℃,1520℉)	662	345	26	53	—	201	
			假渗碳+OQ	717	386	25	65	—	223	
		Φ13.8	OQ(735℃,1355℉)	503	228	33	65	—	143	
			OQ(749℃,1380℉)	676	296	19	39	—	201	
			OQ(827℃,1520℉)	772	421	18	15	—	235	
			假渗碳+OQ	834	579	17	63	—	255	
G81240	—	Φ25.4	OQ(760℃,1400℉)	896	476	15	31	—	277	同上
			OQ(799℃,1470℉)	883	565	19	44	—	269	
			OQ(849℃,1560℉)	931	572	18	50	—	285	

续表

UNS 数字系统	ASTM 标准号	尺寸 /mm	状态	σ_b /MPa	σ_s /MPa	δ/% (L_0=50mm)	ψ/%	冲击值 /J(ft·lbf)	硬度 HBS	备注
			假渗碳+OQ	972	627	16	44	—	293	
		Φ13.8	OQ(760℃,1400℉)	1110	538	10	17	—	331	
			OQ(799℃,1470℉)	1069	717	12	37	—	321	
			OQ(849℃,1560℉)	1172	793	14	38	—	352	
			假渗碳+OQ	1393	1041	11	34	—	401	
G81451	—	Φ25.4	OQ+T(204℃,400℉)	2034	1724	10	33	—	550	淬火温度 843℃(1550℉[②])
			OQ+T(316℃,600℉)	1765	1572	8	42	—	475	
			OQ+T(427℃,800℉)	1407	1310	11	48	—	405	
			OQ+T(538℃,1000℉)	1103	1027	16	53	—	338	
			OQ+T(649℃,1200℉)	896	793	20	55	—	280	
G86200	—	Φ25.4	正火(913℃,1675℉)	634	359	26	60	100.3(74)	183	—
			退火(871℃,1600℉)	538	386	31	62	112.5(83)	149	—
			OQ(774℃,1425℉)	903	710	15	52	—	277	假渗碳(927℃,1700℉
			OW(802℃,1475℉)	958	765	16	54	—	293	×8h)油淬和假渗碳箱
			OQ(843℃,1550℉)	1048	855	17	55	—	321	冷后重新油淬(油淬温
			假渗碳+OQ	1076	876	14	50	—	321	度如表所示)的试样均
		Φ13.8	OQ(774℃,1425℉)	938	772	15	49	—	285	经 149℃(300℉)回火,
			OQ(802℃,1475℉)	1041	848	16	50	—	321	再加工成 Φ12.8mm 的
			OQ(843℃,1550℉)	1096	910	17	56	—	331	拉伸试样
			假渗碳+OQ	1110	924	15	53	—	331	
		Φ25.4	OQ+T(649℃,1200℉)	669	538	27	70	203.4(150)	190	—
			渗碳(927℃,1700℉)直接 OQ+T(450℉)	1158	834	14	53	40.7(30)	61(HRC)	表面硬度;(*)可能
			OQ+T(232℃,450℉)(*)	1248	924	13	51	46.1(34)	58(HRC)	是重新加热油淬,油淬
			OQ+T(149℃,300℉)(*)	1324	1034	13	50	36.6(27)	63(HRC)	温度 816℃(1500℉)
G86300	—	Φ25.4	正火(871℃,1600℉)	648	427	24	54	(70)(77)(夏)	187	—
			退火(816℃,1500℉)	565	372	29	59	94.9(70)	156	—
			OQ+T(204℃,400℉)	1641	1503	9	38	17.6(13)	465	淬火温度 871℃(1600℉[②])
			OQ+T(316℃,600℉)	1482	1393	10	42	—	430	
			OQ+T(427℃,800℉)	1276	1172	13	47	—	375	
			OQ+T(538℃,1000℉)	1034	896	17	54	—	310	

续表

UNS 数字系统	ASTM 标准号	尺寸 /mm	状态	σ_b /MPa	σ_s /MPa	δ/% (L_0=50mm)	ψ/%	冲击值 /J(ft·lbf)	硬度 HBS	备注
			OQ+(649℃,1200℉)	772	690	23	63	—	240	
			WQ+T(482℃,900℉)	1158	1034	16	50	(55)(70)(夏)	340	
			WQ+T(538℃,1000℉)	1034	896	17	54	(63)(84)(夏)	304	
			WQ+T(649℃,1200℉)	793	690	23	63	122.0(90)	245	
G86400	—	Φ25.4	退火	683	400	24	46	—	183	—
		Φ13.5	OQ+T(204℃,400℉)	1813	1669	8	26	12.2(9)	555	淬火温度829℃(1525℉[②])
			OQ+T(316℃,600℉)	1586	1434	9	37	16.3(12)	461	
			OQ+T(427℃,800℉)	1379	1234	11	46	28.5(21)	415	
			OQ+T(538℃,1000℉)	1172	1048	14	53	56.9(42)	341	
			OQ+T(649℃,1200℉)	869	758	21	61	97.6(72)	269	
		Φ25.4	OQ+T(427℃,800℉)	1386	1234	10	46	27.1(20)(夏)	415	
			OQ+T(482℃,900℉)	1248	1117	13	51	52.9(39)(夏)	388	
			OQ+T(538℃,1000℉)	1069	945	17	56	54.2(40)(夏)	331	
			OQ+T(593℃,1100℉)	1020	910	16	57	73.2(54)(夏)	302	
			OQ+T(649℃,1200℉)	869	765	20	61	82.7(61)(夏)	269	
		Φ50	OQ+T(538℃,1000℉)	910	772	18	57	—	293	
		Φ75	OQ+T(538℃,1000℉)	862	710	19	58	—	277	
G86451	—	Φ25.4	OQ+T(204℃,400℉)	1979	1641	9	31	—	525	淬火温度843℃(1550℉[②])
			OQ+T(316℃,600℉)	1696	1551	9	40	—	475	
			OQ+T(427℃,800℉)	1379	1317	11	41	—	395	
			OQ+T(538℃,1000℉)	1103	1034	15	49	—	335	
			OQ+T(649℃,1200℉)	903	876	19	58	—	280	
G86500	—	Φ25.4	正火(871℃,1600℉)	1020	690	14	40	13.6(10)	302	—
			退火(796℃,1465℉)	717	386	23	46	29.8(22)	212	—
			OQ+T(204℃,400℉)	1937	1675	10	38	—	525	淬火温度843℃(1550℉[②])
			OQ+T(316℃,600℉)	1724	1551	10	40	—	490	
			OQ+T(427℃,800℉)	1448	1324	12	45	—	420	
			OQ+T(538℃,1000℉)	1172	1055	15	51	58.3(43)	340	
			OQ+T(649℃,1200℉)	965	827	20	58	88.1(65)	280	
G86600	—	Φ25.4	OQ+T(204℃,400℉)	—	—	—	—	—	580	淬火温度843℃(1550℉[②])
			OQ+T(316℃,600℉)	—	—	—	—	—	535	

续表

UNS 数字系统	ASTM 标准号	尺寸 /mm	状态	σ_b /MPa	σ_s /MPa	δ/% (L_0=50mm)	ψ/%	冲击值 /J(ft·lbf)	硬度 HBS	备注
G86600		Φ25.4	OQ+T(427℃,800℉)	1634	1551	13	37	—	460	淬火温度 843℃(1550℉)
			OQ+T(538℃,1000℉)	1310	1214	17	46	—	370	
			OQ+T(649℃,1200℉)	1069	952	20	53	—	315	
G87400	—	Φ25.4	正火(899℃,1650℉)	931	579	10	48	17.6(13)	269	—
			退火(843℃,1550℉)	772	490	22	46	40.7(30)	201	—
			OQ+T(204℃,400℉)	2000	1655	10	41	28.5(21)	578	—
			OQ+T(316℃,600℉)	1717	1551	11	46	—	495	—
			OQ+T(427℃,800℉)	1434	1358	13	50	—	415	—
			OQ+T(538℃,1000℉)	1207	1138	15	55	48.8(36)	363	—
			OQ+T(649℃,1200℉)	986	903	20	60	130.0(76)	302	—
G88220	—	Φ25.4	OQ(774℃,1425℉)	1179	655	12	25	—	352	假渗碳(927℃,1700℉
			OQ(821℃,1510℉)	1207	807	15	45	—	363	×8h)油淬和假渗碳箱
			OQ(866℃,1590℉)	1248	903	14	46	—	388	冷后重新油淬(油淬温
			假渗碳+OQ	1317	931	13	43	—	388	度如表所示)的试样均
		Φ13.8	OQ(774℃,1425℉)	1200	696	11	25	—	352	经 149℃(300℉)回火,
			OQ(821℃,1510℉)	1455	1041	13	42	—	415	再加工成 Φ12.8mm 的
			OQ(866℃,1590℉)	1510	1096	13	47	—	429	拉伸试样
			假渗碳+OQ	1524	1151	14	48	—	429	
G92550	—	Φ25.4	正火(899℃,1650℉)	931	579	20	43	13.6(10)	269	—
			退火(843℃,1550℉)	772	490	22	41	9.5(7)	229	—
			OQ+T(204℃,400℉)	2103	2048	1	3	—	601	—
			OQ+T(316℃,600℉)	1937	1793	4	10	—	578	—
			OQ+T(427℃,800℉)	1607	1489	8	22	—	477	—
			OQ+T(538℃,1000℉)	1255	1103	15	32	—	352	—
			OQ+T(649℃,1200℉)	993	814	20	42	—	285	—
G92600	—	Φ25.4	OQ+T(204℃,400℉)	—	—	—	—	—	600	淬火温度 871℃(1600℉[②])
			OQ+T(316℃,600℉)	—	—	—	—	—	540	
			OQ+T(427℃,800℉)	1758	1503	8	24	—	470	
			OQ+T(538℃,1000℉)	1324	1110	12	30	—	390	
			OQ+T(649℃,1200℉)	979	814	20	43	—	295	
G93106	—	Φ25.4	正火(888℃,1630℉)	910	572	19	58	119.3(88)	269	假渗碳(927℃,1700℉

续表

UNS 数字系统	ASTM 标准号	尺寸 /mm	状态	σ_b /MPa	σ_s /MPa	δ/% (L_0=50mm)	ψ/%	冲击值 /J(ft·lbf)	硬度 HBS	备注
G93106	—	Φ25.4	退火(843℃,1550℉)	821	441	17	42	78.6(58)	241	×8h)油淬和假渗碳箱
			OQ+T(204℃,400℉)	1000	814	16	54	—	302	冷后重新油淬(油淬温
			OQ+T(316℃,600℉)	1076	917	16	54	—	331	度如表所示)的试样均
			OQ+T(427℃,800℉)	1179	1021	16	54	—	352	经149℃(300℉)回火,
			假渗碳+OQ	1200	1034	15	53	—	363	再加工成Φ12.8mm的
		Φ13.8	OQ+T(204℃,400℉)	1069	896	16	52	—	331	拉伸试样
			OQ+T(316℃,600℉)	1131	965	16	53	—	341	
			OQ+T(427℃,800℉)	1200	1055	16	53	—	363	
			假渗碳+OQ	1289	1117	15	51	—	375	
		Φ25.4	渗碳(927℃,1700℉) OQ+T(232℃,450℉)	1158	952	16	60	60(HRC)	—	与前不同,(*)可能是重新加热油淬,油淬
			OQ+T(232℃,450℉)(*)	1227	1014	16	60	60(HRC)	—	温度788℃(1450℉)。
			OQ+T(149℃,300℉)(*)	1241	993	15	59	60(HRC)	—	硬度是试样表面的
G94171	—	Φ25.4	OQ(766℃,1410℉)	958	483	14	27	—	293	
			OQ(810℃,1490℉)	1048	696	14	48	—	321	与上个钢号的第一个
			OQ(866℃,1590℉)	1234	889	15	55	—	363	备注相同
			假渗碳+OQ	1303	986	15	56	—	388	
		Φ13.8	OQ(766℃,1410℉)	938	510	13	28	—	285	
			OQ(810℃,1490℉)	1131	779	13	44	—	341	
			OQ(866℃,1590℉)	1255	924	14	56	—	375	
			假渗碳+OQ	1331	1000	15	55	—	388	
G94301	—	Φ25.4	OQ+T(204℃,400℉)	1724	1551	12	46	—	475	淬火温度871℃(1600℉[②])
			OQ+T(316℃,600℉)	1600	1420	12	49	—	445	
			OQ+T(427℃,800℉)	1345	1207	13	57	—	382	
			OQ+T(538℃,1000℉)	1000	931	16	65	—	307	
			OQ+T(649℃,1200℉)	827	724	21	69	—	250	
G94401	—	Φ25.4	OQ+T(204℃,400℉)	1931	1648	11	43	—	504	淬火温度843℃(1550℉[②])
			OW+T(316℃,600℉)	1669	1455	10	44	—	468	
			OQ+T(427℃,800℉)	1351	1220	12	52	—	400	
			OQ+T(538℃,1000℉)	1027	945	14	60	—	322	
			OQ+T(649℃,1200℉)	862	758	21	66	—	262	

续表

UNS 数字系统	ASTM 标准号	尺寸 /mm	状态	σ_b /MPa	σ_s /MPa	δ/% (L_0=50mm)	ψ/%	冲击值 /J(ft·lbf)	硬度 HBS	备注
G98400	—	Φ25.4	OQ+T(204℃,400℉)	2020	1669	11	35	—	540	淬火温度 843℃(1550℉②)
			OQ+T(316℃,600℉)	1724	1503	10	41	—	472	
			OQ+T(427℃,800℉)	1517	1351	11	43	—	420	
			OQ+T(538℃,1000℉)	1282	1165	15	49	—	370	
			OQ+T(649℃,1200℉)	979	896	20	60	—	301	
G98500	—	Φ25.4	OQ+T(204℃,400℉)	1869	1724	10	38	—	516	淬火温度 843℃(1550℉②)
			OQ+T(316℃,600℉)	1696	1579	10	40	—	466	
			OQ+T(427℃,800℉)	1469	1317	12	44	—	412	
			OQ+T(538℃,1000℉)	1214	1083	15	50	—	353	
			OQ+T(649℃,1200℉)	965	841	20	60	—	286	

注:表中①是代表在 205℃硝盐中等温淬火。第一次回火 205℃×1h,第二次按表中所示温度回火 4h;②试样在淬火前经过正火处理。

表 12-118 特殊钢的力学性能

UNS 数字系统	ASTM 标准号	尺寸 /mm	状态	σ_b /MPa	σ_s /MPa	δ/% (L_0=50mm)	ψ/%	艾氏冲击值 /J(ft·lbf)	硬度 HRC②	备注
H11③	—	—	AQ+T(510℃,950℉)	2124	1710	6	30	13.6(10)(夏)	57	回火 2 次,每次 2h。
		—	AQ+T(538℃,1000℉)	2006	1675	10	31	21.7(16)(夏)	56	空冷淬火温度是 1010℃
		—	AQ+T(566℃,1050℉)	1855	1565	11	35	27.1(20)(夏)	52	
		—	AQ+T(593℃,1100℉)	1538	1324	13	39	31.2(23)(夏)	45	
		—	AQ+T(649℃,1200℉)	1062	855	14	41	40.7(30)(夏)	33	
		—	AQ+T(704℃,1300℉)	938	696	16	42	90.8(67)(夏)	29	
		—	AQ+T(538℃,1000℉)	1862	1517	10	33	—	—	试验温度:260℃(500℉)
		—	AQ+T(538℃,1000℉)	1841	1489	10	35	—	—	试验温度:316℃(600℉)
		—	AQ+T(538℃,1000℉)	1669	1441	12	43	—	—	试验温度:427℃(800℉)
		—	AQ+T(538℃,1000℉)	1579	1365	12	46	—	—	试验温度:482℃(900℉)
		—	AQ+T(538℃,1000℉)	1482	1255	14	48	—	—	试验温度:538℃(1000℉)
		—	AQ+T(538℃,1000℉)	607	586	25	95	—	—	试验温度:649℃(1200℉)
		—	AQ+T(566℃,1050℉)	1804	1482	10	35	—	—	试验温度:室温
		—	AQ+T(566℃,1050℉)	1696	1365	10	36	29.8(22)(夏)	—	试验温度:149℃(300℉)

续表

UNS 数字系统	ASTM 标准号	尺寸 /mm	状态	σ_b /MPa	σ_s /MPa	δ/% (L_0=50mm)	ψ/%	艾氏冲击值 /J(ft·lbf)	硬度 HRC②	备注
H11③	—	—	AQ+T(566℃,1050℉)	1607	1345	10	36	40.7(30)(夏)	—	试验温度:260℃(500℉)
		—	AQ+T(566℃,1050℉)	1600	1331	10	36	29.8(22)(夏)	—	试验温度:316℃(600℉)
		—	AQ+T(566℃,1050℉)	1496	1269	11	39	40.7(30)(夏)	—	试验温度:427℃(800℉)
		—	AQ+T(566℃,1050℉)	1420	1145	12	39	39.3(29)(夏)	—	试验温度:482℃(900℉)
		—	AQ+T(566℃,1050℉)	1241	972	12	41	42.0(31)(夏)	—	试验温度:538℃(1000℉)
		—	AQ+T(566℃,1050℉)	979	724	13	47	44.7(33)(夏)	—	试验温度:593℃(1100℉)
		—	AQ+T(566℃,1050℉)	586	441	19	67	80.0(59)(夏)	—	试验温度:649℃(1200℉)
		—	AQ+T(593℃,1100℉)	1345	1131	10	45	44.7(33)(夏)	—	试验温度:260℃(500℉)
		—	AQ+T(593℃,1100℉)	1310	1103	10	48	—	—	试验温度:316℃(600℉)
		—	AQ+T(593℃,1100℉)	1227	1007	12	52	40.7(30)(夏)	—	试验温度:427℃(800℉)
		—	AQ+T(593℃,1100℉)	1131	903	14	56	—	—	试验温度:482℃(900℉)
		—	AQ+T(593℃,1100℉)	979	793	16	62	—	—	试验温度:538℃(1000℉)
H13③	—	—	OQ+T(527℃,980℉)	1958	1572	13	46	16.3(12)(夏)	52	淬火 1010℃,回火 2×2h
		—	OQ+T(554℃,1030℉)	1834	1531	13	50	24.4(18)(夏)	50	
		—	OQ+T(574℃,1065℉)	1731	1469	14	52	27.1(20)(夏)	48	
		—	OQ+T(593℃,1100℉)	1579	1365	14	54	28.5(21)(夏)	46	
		—	OQ+T(604℃,1120℉)	1496	1289	15	54	29.8(22)(夏)	44	
		—	OQ+T(527℃,980℉)	1620	1241	14	51	—	51	试验温度:427℃(800℉)
		—	OQ+T(527℃,980℉)	1303	1000	14	54	—	54	试验温度:538℃(1000℉)
		—	OQ+T(527℃,980℉)	1020	827	18	65	—	65	试验温度:593℃(1100℉)
		—	OQ+T(527℃,980℉)	448	338	29	89	—	89	试验温度:649℃(1200℉)
		—	OQ+T(574℃,1065℉)	1400	1151	15	60	—	60	试验温度:427℃(800℉)
		—	OQ+T(574℃,1065℉)	1158	958	17	62	—	62	试验温度:538℃(1000℉)
		—	OQ+T(574℃,1065℉)	938	752	18	69	—	69	试验温度:593℃(1100℉)
		—	OQ+T(574℃,1065℉)	455	352	34	89	—	89	试验温度:649℃(1200℉)
		—	OQ+T(604℃,1120℉)	1200	1007	17	64	—	64	试验温度:427℃(800℉)
		—	OQ+T(604℃,1120℉)	993	821	21	70	—	70	试验温度:538℃(1000℉)
		—	OQ+T(604℃,1120℉)	827	690	23	74	—	74	试验温度:593℃(1100℉)
		—	OQ+T(604℃,1120℉)	448	352	28	88	—	88	试验温度:649℃(1200℉)
Hq-4-30③④	—	—	OQ+T(204℃,400℉)	1655	1379	8～12	25～35	20.3～27.1 (15)～(20)(夏)	—	油淬－73℃冷处理,回火 2 次

续表

UNS 数字系统	ASTM 标准号	尺寸 /mm	状态	σ_b /MPa	σ_s /MPa	δ/% (L_0=50mm)	ψ/%	艾氏冲击值 /J(ft·lbf)	硬度 HRC②	备注
		—	OQ+T(288℃,550℉)	1517	1310	12~16	35~50	(18~25)(夏)	—	同上
		—	OQ+T(288℃,550℉)	1530	1276	16	—	100③	—	油淬前先在900℃正
		—	OQ−T(288℃,550℉)	1379	1214	16	—	97③	—	火,油淬温度840℃
HP9-4-30⑤		—	OQ+T(288℃,550℉)	1324	1110	17	—	95③	—	回火两次,每两次2h
			淬火+T(538℃,1000℉)	1648	1351	14	52	39.3(29)	—	—
				1586	1407	16	60	40.7(30)	—	在204℃(400℉)停1000h
				1586	1441	15	56	38.0(28)	—	在343℃(650℉)停1000h
				1648	1400	14	50	33.9(25)	—	在427℃(800℉)停1000h
				1565	1393	15	51	25.8(19)	—	在482℃(900℉)停1000h

注:表中①淬回火温度原文没有写明;②硬度是回火后的硬度,不是高温硬度;③是特殊钢,商业牌号;④平面应变断裂韧性值,单位 ksi·in(1ksi·in=17.5J/cm²);⑤HP-4-30最后4行的力学性能是经不同温度保温1000h后冷到室温的性能。

表 12-119 特殊钢的力学性能

UNS 数字系统	类型或尺寸 /mm	状态	σ_b /MPa	σ_s /MPa	δ/% (L_0=50mm)	ψ/%	艾氏冲击值 /J(ft·lbf)	硬度 HRC	备注
HY140②	板(25.4)(L)	Q+T(538℃,1000℉)	1027	979	20	65	112.5(83)(OF)	34	—
	(LT)	Q+T(538℃,1000℉)	1027	979	20	59	89.5(66)(OF)	34	—
		焊接+T (538℃,1000℉)	1124	993	18	29	81.3(60)(OF)	34	—
300M③	板	T(427℃,800℉)	1793	1586	12	37	19.0(14)	52	—
		T(538℃,1000℉)	1586	1448	14	38	21.7(16)	46	—
	薄板	T(427℃,800℉)	1793	1586	5	—	—	—	—
		T(538℃,1000℉)	1586	1413	7	—	—	—	—
Hp9-4-45②	板	T(316℃,600℉)	1931	1758	5	35	21	48	—
		T(538℃,1000℉)	1482	1413	9	45	47.5(35)	—	—
	薄板	T(316℃,600℉)	1793	1586	5	—	—	—	—
		T(538℃,1000℉)	1448	1379	9	—	—	—	—
Vasco Max	板(LT)	退火	965	758	18	72	—	30	—
C-200②	板(LT)	时效(482℃,900℉)	1620	1551	12	50	—	43	—

续表

UNS 数字系统	类型或尺寸 /mm	状态	σ_b /MPa	σ_s /MPa	δ/% (L_0=50mm)	ψ/%	艾氏冲击值 /J(ft·lbf)	硬度 HRC	备注
	板(L)	时效(482℃,900℉)	1551	1482	11	55	105.8(78)	43	—
	焊接	时效(482℃,900℉)	1517	1482	7	30	24.4(18)	—	—
Vasco Max C-250②	板(LT)	退火	1034	896	18	80	161.3(119)	28~35	—
	板(LT)	时效(482℃,900℉)	1634	1565	12	49	17.6(13)	48~52	—
	板(L)	时效(482℃,900℉)	1634	1765	11	62	20.3(15)	48~52	—
	薄板(LT)	时效(482℃,900℉)	1855	1813	3	—	—	48~52	—
VascoMax C-300②	板(LT)	退火	1048	827	19	72	161.3(119)	32	—
	板(LT)	时效(482℃,900℉)	1979	1910	6.7	—	20.3(15)	55	—
	板(L)	时效(482℃,900℉)	1985	1923	7.0	50	24.4(18)	55	—
	薄板	时效(482℃,900℉)	1958	1923	3.5	—	—	—	—
VascoMax C-350②	Φ16 棒	退火	827	1138	18	70	—	35	—
		时效(482℃,900℉)	2351	2303	10	50	14.9(11)	57	—
	板(LT)	时效(482℃,900℉)	2427	2379	8.5	43	13.6(10)	59	—
	薄板(LT)	时效(482℃,900℉)	2572	2510	4	15	—	58	—
HY-TUF②	Φ75	OQ+T(288℃,550℉)	1372	1089	16	51	52.9(39)	44	心部性能
	Φ75	OQ+T(288℃,550℉)	1586	1317	13	42	40.7(30)	46	1/2R 处的性能
	Φ25.4	OQ+T(204℃,400℉)	1648	1262	14	47	(33①)(29③)	48	淬火温度 871℃(1600℉)
	Φ25.4	OQ+T(260℃,500℉)	1620	821	14	50	(33①)(27③)	47	
	Φ25.4	OQ+T(288℃,550℉)	1613	1331	13	50	(31①)(25③)	47	
	Φ25.4	OQ+T(316℃,600℉)	1586	1338	14	52	(29①)(26③)	46	
	Φ25.4	OQ+T(371℃,700℉)	1531	1331	14	53	(24①)(23③)	45	
	Φ25.4	OQ+T(399℃,750℉)	1448	1310	15	54	(21①)(21③)	45	
	Φ25.4	OQ+T(427℃,800℉)	1386	1241	14	51	(23①)(20③)	43	
	Φ25.4	OQ+T(482℃,900℉)	1248	1117	16	54	(36①)(18③)	40	
	Φ25.4	OQ+T(566℃,1050℉)	1089	979	18	57	(51①)(33③)	36	
	Φ14	正火+OQ+T(204℃,400℉)	1607	1138	14	56	—	48	真空冶炼,正火是 927℃(1700℉),淬火是 871℃(1600℉)。钢含碳 0.25%
	Φ14	正火+OQ+T(260℃,600℉)	1551	1220	14	57	—	47	
	Φ14	正火+OQ+T(204℃,400℉)	1669	1282	14	47	—	50	空气冶炼,正火是 927℃(1700℉),淬火是 871℃(1600℉)。钢含碳 0.27%
	Φ14	正火+OQ+T(260℃,600℉)	1620	1338	14	52	—	49	

注:①是室温的冲击值;②特殊商业合金钢;③是-40℃的冲击值;(LT)指横向;(L)指纵向;Q 指淬火;OQ 指油淬;T 指回火。

12.4 英国结构钢

12.4.1 结构钢牌号和化学成分

表 12-120 结构钢牌号和化学成分(BS PD 970:2005)

牌号	化学成分/%							
	C	Mn	Cr	Mo	Ni	S	P	其他
970:2005 碳钢(热轧)								
040A04	≤0.08	0.30～0.50				≤0.035	≤0.035	
040A10	0.08～0.13	0.30～0.50				≤0.035	≤0.035	
040A12	0.10～0.15	0.30～0.50				≤0.035	≤0.035	
080A15	0.13～0.18	0.70～0.90				≤0.035	≤0.035	
080A17	0.15～0.20	0.70～0.90				≤0.035	≤0.035	
080A42	0.40～0.45	0.70～0.90				≤0.035	≤0.035	
970:2005 碳钢(正火)								
070M55	0.50～0.60	0.50～0.90				≤0.035	≤0.035	
080M15	0.12～0.18	0.60～1.00				≤0.035	≤0.035	
970:2005 碳钢(软化)								
060A72	0.70～0.75	0.50～0.70				≤0.035	≤0.035	
060A78	0.75～0.82	0.50～0.70				≤0.035	≤0.035	
970:2005 碳锰钢(正火)						≤0.035	≤0.035	
120M36	0.32～0.40	1.00～1.40				≤0.035	≤0.035	
150M19	0.15～0.23	1.30～1.70				≤0.035	≤0.035	
150M36	0.32～0.40	1.30～1.70				≤0.035	≤0.035	
970:2005 碳钢(冷处理)								
080A15	0.13～0.18	0.70～0.90				≤0.035	≤0.035	
070M20	0.16～0.24	0.50～0.90				≤0.035	≤0.035	
070M26	0.22～0.30	0.50～0.90				≤0.035	≤0.035	
080M30	0.26～0.34	0.60～1.00				≤0.035	≤0.035	
080M30	0.26～0.34	0.60～1.00				≤0.035	≤0.035	
070M55	0.50～0.60	0.50～0.90				≤0.035	≤0.035	

续表

牌 号	化 学 成 分/%							
	C	Mn	Cr	Mo	Ni	S	P	其 他
970:2005 碳锰钢(冷处理)								
120M36	0.32～0.40	1.00～1.40				≤0.035	≤0.035	
150M19	0.15～0.23	1.30～1.70				≤0.035	≤0.035	
150M36	0.32～0.40	1.30～1.70				≤0.035	≤0.035	
970:2005 合金钢(冷处理)								
605M36	0.32～0.40	1.30～1.70		0.22～0.32		≤0.035	≤0.035	
606M36	0.32～0.40	1.30～1.70		0.22～0.32		≤0.035		P ≤0.06,S 0.15～0.25
708M40	0.36～0.44	0.70～1.00	0.90～1.20	0.15～0.25		≤0.035	≤0.035	
709M40	0.36～0.44	0.70～1.00	0.90～1.20	0.25～0.35		≤0.035	≤0.035	
722M24	0.20～0.28	0.45～0.70	3.00～3.50	0.45～0.65		≤0.035	≤0.035	
817M40	0.36～0.44	0.45～0.70	1.00～1.40	0.20～0.35	1.30～1.70	≤0.035	≤0.035	
826M40	0.36～0.44	0.45～0.70	0.50～0.80	0.45～0.65	2.30～2.80	≤0.035	≤0.035	
970:2005 碳锰钢(渗氮硬化)								
120M36	0.32～0.40	1.00～1.40				≤0.035	≤0.035	
150M19	0.15～0.23	1.30～1.70				≤0.035	≤0.035	
150M36	0.32～0.40	1.30～1.70				≤0.035	≤0.035	
970:2005 易切削碳锰钢(渗氮硬化)								
212M36	0.32～0.40	1.00～1.40						Si ≤0.25,P ≤0.06,S 0.12～0.20
216M44	0.40～0.48	1.20～1.50						P ≤0.06,S 0.12～0.20
970:2005 合金钢(渗氮硬化)						≤0.035	≤0.035	
605M36	0.32～0.40	1.30～1.70		0.22～0.32		≤0.035	≤0.035	
606M36	0.32～0.40	1.30～1.70		0.22～0.32				P ≤0.06,S 0.15～0.25
708H37	0.34～0.41	0.65～1.05	0.80～1.25	0.15～0.25		≤0.035	≤0.035	
708M40	0.36～0.44	0.70～1.00	0.90～1.20	0.15～0.25		≤0.035		4×(%P)+% ,Sn ≤0.15
709M40	0.36～0.44	0.70～1.00	0.90～1.20	0.25～0.35		≤0.035		4×(%P)+% ,Sn ≤0.15
722M24	0.20～0.28	0.45～0.70	3.00～3.50	0.45～0.65		≤0.035		4×(%P)+% ,Sn ≤0.12
817M40	0.36～0.44	0.45～0.70	1.00～1.40	0.20～0.35	1.30～1.70			P ≤0.025,S ≤0.025
826M40	0.36～0.44	0.45～0.70	0.50～0.80	0.45～0.65	2.30～2.80			P ≤0.025,S ≤0.025

续表

牌号	化学成分/%							
	C	Mn	Cr	Mo	Ni	S	P	其他
835M30	0.26～0.34	0.45～0.70	1.10～1.40	0.20～0.35	3.90～4.30			P ≤0.025,S ≤0.025
945M38	0.34～0.42	1.20～1.60	0.40～0.60	0.15～0.25	0.60～0.90	≤0.035	≤0.035	
970:2005 渗透性钢								
708H37	0.34～0.41	0.65～1.05	0.80～1.25	0.15～0.25		≤0.035	≤0.035	
970:2005 硬化合金钢								
805H22	0.19～0.25	0.60～0.95	0.35～0.65	0.15～0.25	0.35～0.75	≤0.035	≤0.035	
820H17	0.14～0.20	0.60～0.90	0.80～1.20	0.10～0.20	1.50～2.00	≤0.035	≤0.035	
822H17	0.14～0.20	0.40～0.70	1.30～1.70	0.15～0.25	1.75～2.25	≤0.035	≤0.035	
835H15	0.12～0.18	0.25～0.50	1.00～1.40	0.15～0.30	3.90～4.30	≤0.035	≤0.035	
970:2005 硬化碳锰钢								
130M15	0.12～0.18	1.10～1.50				≤0.035	≤0.035	
214M15	0.12～0.18	1.20～1.60					≤0.035	S 0.13～0.18
970:2005 硬化低合金钢								
635M15	0.12～0.18	0.60～0.90	0.40～0.80		0.70～1.00	≤0.035	≤0.035	
655M13	0.10～0.16	0.35～0.60	0.70～1.00		3.00～3.75	≤0.035	≤0.035	
665M17	0.14～0.20	0.35～0.75		0.20～0.30	1.50～2.00	≤0.035	≤0.035	
805M22	0.19～0.25	0.60～0.95	0.35～0.65	0.15～0.25	0.35～0.75	≤0.035	≤0.035	
805A22	0.20～0.25	0.70～0.90	0.40～0.60	0.15～0.25	0.40～0.70	≤0.035	≤0.035	
808M17	0.14～0.20	0.70～1.05	0.35～0.65	0.30～0.40	0.35～0.75	≤0.035	≤0.035	
822M17	0.14～0.20	0.40～0.70	1.30～1.70	0.15～0.25	1.75～2.25	≤0.035	≤0.035	
835M15	0.12～0.18	0.25～0.50	1.00～1.40	0.15～0.30	3.90～4.30	≤0.035	≤0.035	

表 12-121　　结构钢板材和带材牌号和化学成分(BS 1449—1991)

牌号	化学成分/%				
	C	Si	Mn	S	P
1HR,HS,CR,CS	≤0.08		≤0.45	≤0.030	≤0.025
2HR,HS,CR,CS	≤0.08		≤0.45	≤0.035	≤0.030
3HR,HS,CR,CS	≤0.10		≤0.50	≤0.040	≤0.040
4HR,HS,CR,CS	≤0.12		≤0.60	≤0.050	≤0.050
14HR,HS	≤0.15		≤0.60	≤0.050	≤0.050
15HR,HS	≤0.20		≤0.90	≤0.050	≤0.060
34/20HR,HS,CR,CS	≤0.15		≤1.20	≤0.050	≤0.050
37/23HR,HS,CR,CS	≤0.20		≤1.20	≤0.050	≤0.050
43/25HR,HS	≤0.25		≤1.20	≤0.050	≤0.050
50/35HR,HS	≤0.20		≤1.50	≤0.050	≤0.050
40/30HR,HS,CS	≤0.15		≤1.20	≤0.040	≤0.040
43/35HR,HS,CS	≤0.15		≤1.20	≤0.040	≤0.040
46/40HR,HS,CS	≤0.15		≤1.20	≤0.040	≤0.040
50/45HR,HS,CS	≤0.20		≤1.50	≤0.040	≤0.040
60/55HS,CS	≤0.20		≤1.50	≤0.040	≤0.040
40F30HR,HS,CS	≤0.12		≤1.20	≤0.035	≤0.030
43F35HR,HS,CS	≤0.12		≤1.20	≤0.035	≤0.030
46F40HR,HS,CS	≤0.12		≤1.20	≤0.035	≤0.030
50F45HR,HS,CS	≤0.12		≤1.20	≤0.035	≤0.030
60F55HS,CS	≤0.12		≤1.20	≤0.035	≤0.030
68F62HS	≤0.12		≤1.50	≤0.035	≤0.030
75F70HS	≤0.12		≤1.50	≤0.035	≤0.030
4HS,CS	≤0.12		≤0.60	≤0.050	≤0.050
10HS,CS	0.08～0.15	0.1～0.35	0.60～0.9	≤0.045	≤0.045
12HS,CS	0.10～0.15		0.40～0.6	≤0.050	≤0.050
17HS,CS	0.15～0.2		0.40～0.6	≤0.050	≤0.050
20HS,CS	0.15～0.25	0.05～0.35	1.30～1.7	≤0.045	≤0.045
22HS,CS	0.20～0.25		0.40～0.6	≤0.050	≤0.050
30HS,CS	0.25～0.35	0.05～0.35	0.50～0.9	≤0.045	≤0.045
40HS,CS	0.35～0.45	0.05～0.35	0.50～0.9	≤0.045	≤0.045
50HS,CS	0.45～0.55	0.05～0.35	0.50～0.9	≤0.045	≤0.045
60HS,CS	0.55～0.65	0.05～0.35	0.50～0.9	≤0.045	≤0.045
70HS,CS	0.65～0.75	0.05～0.35	0.50～0.9	≤0.045	≤0.045
80HS,CS	0.75～0.85	0.05～0.35	0.50～0.9	≤0.045	≤0.045

续表

牌号	化学成分/%				
	C	Si	Mn	S	P
95HS,CS	0.90～1.00	0.05～0.35	0.30～0.6	≤0.040	≤0.040
HS4	≤0.12		≤0.6	≤0.050	≤0.050
HS10	0.08～0.15	0.10～0.35	0.60～0.9	≤0.045	≤0.045
HS12	0.10～0.15		0.40～0.6	≤0.050	≤0.050
HS17	0.15～0.2		0.40～0.6	≤0.050	≤0.050
HS20	0.15～0.25	0.05～0.35	1.30～1.7	≤0.045	≤0.045
HS22	0.20～0.25		0.40～0.6	≤0.050	≤0.050
HS30	0.25～0.35	0.05～0.35	0.50～0.9	≤0.045	≤0.045
HS40	0.35～0.45	0.05～0.35	0.50～0.9	≤0.045	≤0.045
HS50	0.45～0.55	0.05～0.35	0.50～0.9	≤0.045	≤0.045
HS60	0.55～0.65	0.05～0.35	0.50～0.9	≤0.045	≤0.045
HS70	0.65～0.75	0.05～0.35	0.50～0.9	≤0.045	≤0.045
HS80	0.75～0.85	0.05～0.35	0.50～0.9	≤0.045	≤0.045
HS95	0.90～1.00	0.05～0.35	0.30～0.6	≤0.040	≤0.040

表 12-122　　结构钢板材和带材牌号和化学成分(BS 1501—1980 废止)

BS	化学成分/%								
	C	Si	Mn	P,≤	S,≤	Cr	Mo	Ni	Cu	其他
1501 第一部分 (1980 废止) 压力容器钢板										
141～360	≤0.16	—	≤0.50	0.050	0.050					
151～360	≤0.17	≤0.35	0.40～1.20	0.030	0.045					
151～400	≤0.20	≤0.35	0.50～1.30	0.030	0.045					
151～430	≤0.25	≤0.35	0.60～1.40	0.030	0.045					
154～360	≤0.20	—	0.30～1.20	0.050	0.050					
154～400	≤0.24	—	0.40～1.20	0.050	0.050					
154～430	≤0.25	—	0.40～1.20	0.050	0.050					
161～360	≤0.17	0.10～0.35	0.40～1.20			≤0.25	≤0.10	≤30	≤30	
161～400	≤0.20	0.10～0.35	0.50～1.30							
161～430	≤0.25	0.10～0.35	0.60～1.40							
164～360	≤0.20	0.10～0.35	0.40～1.20							Al≥0.15
164～400	≤0.23	0.10～0.35	0.50～1.30	0.030	0.030					Al≥0.15
223～460	≤0.20	0.10～0.40	0.80～1.60							Nb 0.010～0.060
223～490	≤0.20	0.10～0.50	0.90～1.60							Nb 0.010～0.060
224～400	≤0.18	0.10～0.35	0.90～1.50							Al≥0.015
224～430	≤0.20	0.10～0.40	0.90～1.50							Al≥0.015
224～460	≤0.22	0.10～0.40	0.90～1.60							Al≥0.015
224～490	≤0.22	0.10～0.40	0.90～1.60							Al≥0.015
225～490	≤0.20	0.10～0.50	0.90～1.60							Al≥0.015，Nb 0.010～0.060
1501 第二部分 (1970 废止) 压力容器钢板										
240	0.12～0.23	0.15～0.30	0.50～0.90	0.035	0.035	≤0.30	0.45～0.60	—	—	
261	0.10～0.17	0.10～0.40	0.40～0.80	0.040	0.040	≤0.25	0.40～0.60	≤0.30	≤3.0	B 0.001～0.005
271	0.11～0.17	≤0.40	1.00～1.50	0.040	0.040	0.40～0.70	0.20～0.28	≤0.70		V 0.04～0.12
281	0.09～0.15	≤0.40	0.90～1.30	0.040	0.040	0.40～0.70	0.20～0.28	0.70～1.00		V 0.04～0.12，Nb≤0.10,N0.015
282	0.12～0.17	≤0.40	0.90～1.30	0.040	0.040	0.30～0.70	0.30～0.40	1.40～1.60		V 0.08～0.12
503	≤0.15	0.10～0.35	0.30～0.80	0.025	0.035	≤0.30	≤0.10	3.25～3.75		Al≥0.020
509	≤0.10	0.10～0.30	0.30～0.80	0.025	0.035	≤0.30	≤0.20	8.75～9.75	≤0.30	Al≥0.020

续表

BS	化学成分/%									
	C	Si	Mn	P,≤	S,≤	Cr	Mo	Ni	Cu	其他
510	≤0.10	0.10～0.30	0.30～0.80	0.025	0.035	≤0.30	≤0.20	8.75～9.75		Al≥0.020
620 Grade 27	0.09～0.15	0.10～0.40	0.40～0.70	0.040	0.040	0.70～1.20	0.45～0.65	≤0.30		Sn≥0.030
Grade 31	0.12～0.18	0.10～0.40	0.40～0.70	0.040	0.040	0.70～1.20	0.45～0.65	≤0.30		Sn≤0.030
621	0.09～0.15	0.15～0.35	0.40～0.70	0.040	0.040	1.00～1.50	0.45～0.65	≤0.30		Sn≤0.030
622 Grade 31	0.10～0.15	0.20～0.50	0.40～0.80	0.040	0.040	2.00～2.50	0.90～1.20	≤0.30		Sn≤0.030
Grade 45	0.13～0.18	0.20～0.50	0.40～0.80	0.040	0.040	2.00～2.50	0.90～1.20	≤0.30		Sn≤0.030
1502 （1982 废止） 压力容器钢棒、型材										
151	≤0.25	≤0.35	0.60～1.40	0.040	0.050	—	—	—	—	—
161	≤0.25	0.10～0.35	0.60～1.40	0.040	0.050	—	—	—	—	—
211	≤0.19	≤0.35	0.90～1.50	0.040	0.050	—	—	—	—	—
221	≤0.19	0.10～0.35	0.90～1.50	0.040	0.050	—	—	—	—	—
224～430	≤0.17	0.10～0.40	0.90～1.50	0.040	0.040	—	—	—	—	Al≥0.015
224～490	≤0.22	0.10～0.40	0.90～1.50	0.040	0.040	—	—	—	—	Al≥0.015
271	≤0.17	0.15～0.40	1.00～1.50	0.040	0.040	0.50～1.00	0.20～0.35	0.30～0.70	—	Al≤0.020,V0.05～0.10
620～440	0.10～0.18	0.15～0.40	0.40～0.70	0.040	0.040	0.80～1.20	0.45～0.65	—	—	Al≤0.020
620～540	0.10～0.18	0.15～0.40	0.40～0.70	0.040	0.040	0.80～1.20	0.45～0.65	—	—	Al≤0.020
622	0.08～0.15	0.15～0.50	0.40～0.70	0.040	0.040	2.00～2.50	0.90～1.20	—	—	Al≤0.020
625～590	0.10～0.18	0.15～0.50	0.30～0.60	0.030	0.040	4.00～6.00	0.45～0.65	—	—	Al≤0.020
625～640	0.10～0.18	0.15～0.50	0.30～0.60	0.030	0.040	4.00～6.00	0.45～0.65	—	—	Al≤0.020
629～590	0.08～0.15	0.25～1.00	0.30～0.60	0.030	0.030	8.00～10.0	0.90～1.10	—	—	Al≤0.020
509～650	≤0.10	0.15～0.35	0.30～0.80	0.025	0.020	≤0.25	≤0.10	8.50～10.0	—	Al≥0.015
509～690	≤0.10	0.15～0.35	0.30～0.80	0.025	0.020	≤0.25	≤0.10	8.50～10.0	—	Al≥0.015
5216 （1975 废止） 碳素弹簧钢丝										
ND,HD	0.56～0.65	≤0.35	0.30～1.00	0.030	0.030	—	—	—	—	—
NS,HS	0.45～0.85	≤0.35	0.40～1.00	0.050	0.050	—	—	—	—	—
M	0.70～1.00	≤0.35	0.25～0.75	0.030	0.030					
航空用钢										
751	0.15～0.25	0.10～0.35	0.60～0.90	0.040	0.040					Pb 0.15～0.35
	B级									
	0.25～0.35	0.01～0.35	0.60～0.90	0.040	0.040					Pb 0.15～0.35
	C组									
	0.30～0.40	0.10～0.35	0.60～0.90	0.040	0.04					Pb 0.15～0.35

续表

BS	化学成分/%									
	C	Si	Mn	P,≤	S,≤	Cr	Mo	Ni	Cu	其他
4S14	直径或厚度≤12.7mm(1/2in)									
	0.10～0.15	0.10～0.35	0.4～0.7	0.040	0.040	—	—	≤0.3	—	—
	直径或厚度≥12.7mm(1/2in)									
	0.10～0.18	0.10～0.35	0.6～1.0	0.040	0.040	—	—	≤0.3	—	—
5S15	0.10～0.15	0.10～0.35	0.35～0.60	0.025	0.020	<0.30	—	2.75～3.25	—	—
5S21	0.15～0.25	0.10～0.35	0.5～0.8	0.040	0.040	—	—	≤0.4	—	—
3S70	0.50～0.60	0.10～0.35	0.6～0.9	0.040	0.045	—	—	—	—	—
5S82	0.14～0.18	0.15～0.40	0.25～0.55	0.025	0.020	1.00～1.40	0.20～0.30	3.80～4.30	—	—
3S91	≤0.15	0.10～0.35	0.30～0.60	0.040	0.040	—	—	—	—	—
2S93	0.35～0.45	0.10～0.35	0.6～0.9	0.040	0.045	—	—	—	—	—
2S94	0.35～0.45	≤0.50	1.2～1.5	0.050	0.050	0.3～0.6	0.15～0.25	0.5～1.0	—	—
3S95	0.36～0.40	0.15～0.35	0.45～0.70	0.025	0.020	1.10～1.40	0.20～0.35	1.30～1.70	—	—
2S96	0.27～0.35	0.15～0.35	0.45～0.70	0.025	0.020	0.5～0.8	0.45～0.65	2.3～2.8	—	—
2S97	0.2～0.35	0.10～0.35	0.45～0.70	0.025	0.020	0.5～0.8	0.45～0.65	2.3～2.8	—	—
4S99	0.36～0.44	0.10～0.35	0.45～0.70	0.025	0.020	0.5～0.8	0.45～0.65	2.30～2.80	—	—
4S106	0.20～0.28	0.10～0.35	0.40～0.70	0.020	0.020	3.00～3.50	0.50～0.70	≤0.30		Sn≤0.030
3S107	0.12～0.17	0.15～0.40	0.30～0.60	0.025	0.020	0.80～1.10	—	3.00～3.50	—	—
2S112	0.10～0.30	≤0.35	0.7～1.0	0.05	0.10～0.18	—	—	—	—	Pb 0.15～0.35
2S113	0.35～0.45	0.10～0.35	0.6～0.9	0.040	0.040	—	—	—	—	Pb 0.15～0.35
2S114	0.32～0.40	0.10～0.35	1.3～1.7	0.040	0.045	—	0.22～0.32	—	—	—
3S132	0.35～0.43	0.10～0.35	0.40～0.70	0.020	0.020	3.0～3.5	0.80～1.10	≤0.30	—	Sn≤0.030,V 0.15～0.25
S134	0.35～0.43	0.10～0.35	0.45～0.70	—	—	3.0～3.5	0.80～1.10	≤0.4	—	V 0.15～0.25
2S135	0.90～1.10	0.15～0.40	0.25～0.55	0.030	0.025	1.30～1.60	≤0.10	≤0.40	≤0.25	V≤0.30
2S136	0.90～1.10	0.15～0.40	0.25～0.55	0.015	0.010	1.30～1.60	≤0.10	≤0.40	≤0.25	V≤0.30
2S140	0.27～0.35	0.15～0.35	0.45～0.70	0.025	0.020	0.50～0.80	0.45～0.65	2.30～2.80	—	—
2S142	0.22～0.29	0.15～0.35	0.50～0.80	0.020	0.015	0.90～1.20	0.15～0.25	≤0.30	—	—
2S146	0.34～0.42	0.15～0.35	0.15～0.60	0.015	0.010	1.60～2.00	0.40～0.60	3.50～4.50	—	—
2S147	0.38～0.43	0.20～0.35	0.75～1.00	0.025	0.020	0.40～0.60	0.20～0.30	0.04～0.70	—	—
2S149	0.38～0.43	0.20～0.35	0.65～0.85	0.025	0.020	0.70～0.90	0.20～0.30	1.65～2.00	—	—

续表

BS	化学成分/%									
	C	Si	Mn	P,≤	S,≤	Cr	Mo	Ni	Cu	其他
S150	0.08～0.16	0.15～0.60	0.3～1.2	0.030	0.025	9.8～11.2	0.4～0.8	0.6～1.2	—	V 0.10～0.25，Ni 0.030～0.075
S153,S154	0.27～0.35	0.15～0.35	0.45～0.70	0.025	0.020	0.50～0.80	0.45～0.65	2.30～2.80	—	—
S155	0.39～0.44	1.15～1.80	0.60～0.90	0.015	0.015	0.70～0.95	0.30～0.45	1.65～2.00	—	P+S≤0.025，V 0.05～0.10
S156	0.14～0.18	0.10～0.35	0.25～0.55	0.015	0.012	1.00～1.40	0.20～0.30	3.80～4.30	—	—
S157	0.12～0.17	0.15～0.40	0.30～0.60	0.025	0.020	0.80～1.10	0.20～0.30	3.00～3.50	—	—
S158	0.22～0.29	0.15～0.35	0.50～0.80	0.020	0.015	0.90～1.20	0.15～0.25	≤0.30	—	—
S201	0.55～0.85	0.10～0.35	0.30～1.00	0.030	0.030	≤0.08	—	≤0.10	—	—
S202	0.55～0.85	0.10～0.35	0.30～1.00	0.025	0.025	≤0.08	—	≤0.10	—	—
S203	0.70～0.85	0.10～0.35	0.65～0.80	0.030	0.030	—	—	—	—	—
S204	0.46～0.54	0.10～0.35	0.60～0.90	0.025	0.020	0.80～1.10	—	—	—	V 0.15～0.25
S510	0.17～0.25	0.10～0.35	0.4～0.8	0.040	0.040	≤0.15	≤0.05	≤0.20	—	—
2S511	≤0.10	≤0.20	≤0.50	0.040	0.040	≤0.15	≤0.05	≤0.20	—	—
2S513	0.70～0.90	0.10～0.35	0.35～0.90	0.040	0.040	—	—	—	—	—
2S514	0.17～0.25	0.10～0.35	1.3～1.7	0.040	0.040	≤0.25	≤0.10	≤0.40	—	—
S534,535	0.22～0.29	0.15～0.35	0.50～0.80	0.020	0.015	0.90～1.20	0.15～0.25	≤0.30	—	—
5T	0.20～0.30	0.15～0.35	0.50～0.80	0.040	0.040	0.15～0.25	≤0.25	3.00～5.00	—	—
4T45	0.17～0.25	0.10～0.35	1.30～1.70	0.040	0.040	≤0.25	≤0.10	≤0.40	—	—
3T53	0.22～0.25	0.15～0.35	0.50～0.80	0.020	0.015	0.90～1.20	0.15～0.25	≤0.30	—	—
2T57	0.20～0.30	0.15～0.35	0.50～0.80	0.040	0.040	0.50～1.50	≤0.25	3.00～5.00	—	—
3T60	0.22～0.29	0.15～0.35	0.50～0.80	0.020	0.015	0.90～1.20	0.15～0.25	≤0.30	—	—
T64	0.17～0.25	0.10～0.35	1.30～1.70	0.040	0.040	≤0.25	≤0.10	≤0.40	—	—
T76	0.22～0.29	0.15～0.35	0.50～0.80	0.020	0.015	0.90～1.20	0.15～0.25	≤0.30	—	—
T77	0.22～0.29	0.15～0.35	0.50～0.80	0.020	0.015	0.90～1.20	0.15～0.25	≤0.30	—	—

12.4.2 结构钢的力学性能

表 12-123 合金钢的力学性能(BS PD 970:2005)

牌 号	状 态	尺寸(直径或对边尺寸)/mm	极限规则截面/mm	抗拉强度 R_m/MPa 不小于	R_e/MPa 不小于	伸长率 A/% 不小于	KCV/J	Izod/J (ft. 1b)	$R_{p0.2}$/MPa 不小于	HBW
970:2005 碳钢(热轧)										
040A04										
040A10										
040A12										
080A15										
080A17										
080A42										
970:2005 碳钢(正火)										
070M55			63	700	355	12				201~255
			250	600	310	13				170~223
080M15			63	350	175	22				109~163
			150	330	165	22				101~152
970:2005 碳钢(软化)										
060A72										≤241
060A78										≤255
970:2005 碳锰钢(正火)										
120M36			150	590	355	15				174~223
			250	570	340	16				163~217
150M19			150	550	325	18	35	30		152~207
			250	510	295	17				146~197
150M36			150	620	385	14				179~229
			250	600	355	15				170~223
970:2005 碳钢(冷处理)										
080A15										
070M20	正火+车削或磨削	≥6≤150		430	215	21				126~179
		>150≤250		400	200	21				116~170
	热轧+冷拉或热轧+冷拉+磨削	≥6≤13		560	440	10			420	
		>13≤16		530	420	12			390	
		>16≤40		490	370	12			340	
		>40≤63		480	355	13			290	
		>63≤76		450	325	14			280	
070M26	正火+车削或磨削	≥6≤63		490	245	20				143~192
		>63≤250		430	215	20				126~179
	热轧+冷拉或热轧+冷拉+磨削	≥6≤13		590	465	9			440	
		>13≤16		570	440	11			420	
		>16≤40		540	400	12			380	
		>40≤63		530	385	12			330	
		>63≤76		490	355	13			310	

续表

牌　号	状　态	尺寸(直径或对边尺寸)/mm	极限规则截面/mm	抗拉强度 R_m/MPa 不小于	R_e/MPa 不小于	伸长率 A/% 不小于	KCV/J	Izod/J (ft. 1b)	$R_{p0.2}$/MPa 不小于	HBW
080M30	正火＋车削或磨削	≥6≤150		490	245	20				143～192
		>150≤250		460	230	19				134～183
	热轧＋冷拉或热轧＋冷拉＋磨削	≥6≤13		620	480	9			460	
		>13≤16		600	470	10			450	
		>16≤40		570	430	11			400	
		>40≤63		560	415	12			345	
		>63≤76		530	385	12			320	
080M30	淬回火＋车削或磨削	P≥6≤63		550～700	340	18	28	25	310	152～207
		Q≥6≤19		625～775	415	16	28	25	400	179～229
	淬回火＋冷拉或淬回火＋冷拉＋磨削	P≥6≤63		550～700	385	13	28	25	340	152～207
		Q≥6≤19		625～775	460	12	28	25	430	179～229
070M55	正火＋车削或磨削	≥6≤63		700	355	12				201～255
		>63≤250		600	310	13				170～223
	正火＋冷拉或正火＋冷拉＋磨削	≥6≤13		760	610	6			570	
		>13≤16		750	600	7			560	
		>16≤40		710	575	7			495	
		>40≤63		700	545	8			440	
		>63≤76		670	530	9			420	
	淬回火＋车削或磨削	R>13≤100		700～850	415	14			385	201～255
		S≥6≤63		775～925	480	14			450	223～277
		T≥6≤19		850～1000	570	12			555	248～302
	淬回火＋冷拉或淬回火＋冷拉＋磨削	R>29≤100		700～850	475	10			435	201～255
		R>13≤29		700～850	510	10			475	201～255
	淬回火＋冷拉或淬回火＋冷拉＋磨削	S≥6≤63		775～925	525	10			485	223～277
		T≥6≤19		850～1000	595	9			550	248～302
	软化＋车削或磨削或冷拉＋最终软									≤201
970:2005　碳锰钢(冷处理)										
120M36	正火＋车削或磨削	≥6≤150		590	355	15				174～223
		>150≤250		570	340	16				163～217
	热轧＋冷拉或热轧＋冷拉＋磨削	≥6≤13		710	565	6			530	
		>13≤16		690	555	7			510	
		>16≤40		660	525	8			460	
		>40≤63		650	510	9			400	
		>63≤76		620	480	9			380	
	淬回火＋车削或磨削	Q≥6≤100		625～775	415	18	35	30	385	179～229
		R≥6≤29		700～850	510	16	28	25	480	201～255
		S≥6≤19		775～925	570	14	28	25	555	223～277
	淬回火＋冷拉或淬回火＋冷拉＋磨削	Q>13≤100		625～775	440	13	35	30	400	179～229
		R≥6≤29		700～850	520	12	28	25	450	201～255
		S≥6≤19		775～925	580	10	28	25	510	223～277

续表

牌号	状态	尺寸(直径或对边尺寸)/mm	极限规则截面/mm	抗拉强度 R_m/MPa 不小于	R_e/MPa 不小于	伸长率 A/% 不小于	KCV/J	Izod/J (ft. 1b)	$R_{p0.2}$/MPa 不小于	HBW
150M19	正火+车削或磨削	≥6≤150		550	325	18	35	30		152～207
		>150≤250		510	295	17				146～197
	淬回火+车削或磨削	P>13≤150		550～700	340	18	50	0 3	25	152～207
		Q≥6≤63		625～775	430	16	50	0 4	15	179～229
		R≥6≤29		700～850	510	16	35	0 4	95	201～255
	淬回火+冷拉或淬回火+冷拉+磨削	P>19≤150		550～700	360	13	50	40	345	152～207
		Q≥6≤63		625～775	450	12	50	40	435	179～229
		R≥6≤29		700～850	520	12	35	30	510	201～255
150M36	正火+车削或磨削	≥6≤150		620	385	14				179～229
		>150≤250		600	355	15				170～223
	淬回火+磨削	Q>19≤150		625～775	400	18	42	35 3	70 1	179～229
		R>13≤63		700～850	480	16	35	30 4	50 2	201～255
		S≥6≤29		775～925	555	14	35	30 5	25 2	223～277
		T≥6≤13		850～1000	635	12	28	25 6	20 2	248～302
	淬回火+冷拉或淬回火+冷拉+磨削	Q>19≤150		625～775	440	13	42	35	400	179～229
		R>13≤63		700～850	520	12	35	30	480	201～255
		S≥6≤29		775～925	580	10	35	30	540	223～277
		T≥6≤13		850～1000	665	9	28	25	635	248～302
970:2005	合金钢(冷处理)									
605M36	淬回火+车削或磨削	R>150≤250		700～850	495	15	28	25	480	201～255
		R>29≤150		700～850	525	17	50	40	510	201～255
		S>13≤100		775～925	585	15	50	40	570	223～277
		T≥6≤63		850～1000	680	13	50	40	665	248～302
		U≥6≤29		925～1075	755	12	42	35	740	269～331
		V≥6≤19		1000～1150	850	12	42	35	835	293～352
	淬回火+冷拉或淬回火+冷拉+磨削	R>29≤150		700～850	540	12	50	40	525	201～255
		S>13≤100		775～925	600	11	50	40	585	223～277
		T≥6≤63		850～1000	700	9	50	40	680	248～302
		U≥6≤29		925～1075	770	9	42	35	755	269～331
		V≥6≤19		1000～1150	865	9	42	35	850	293～352
	软化+车削或磨削或冷拉+最终软化									≤241
606M36	淬回火+车削或磨削	R>13≤100		700～850	525	15	50	40 5	10 2	201～255
		S≥6≤63		775～925	585	13	42	35 5	70 2	223～277
		T≥6≤29		850～1000	680	11	35	30 6	65 2	248～302
	淬回火+冷拉或淬回火+冷拉+磨削	R>29≤100		700～850	540	11	42	35	525	201～255
		S≥6≤63		775～925	600	10	42	35	585	223～277
		T≥6≤29		850～1000	700	8	35	30	680	248～302
	软化+车削或磨削或冷拉+最终软化									≤229

续表

牌号	状态	尺寸(直径或对边尺寸)/mm	极限规则截面/mm	抗拉强度 R_m/MPa 不小于	R_e/MPa 不小于	伸长率 A/% 不小于	KCV/J	Izod/J (ft. 1b)	$R_{p0.2}$/MPa 不小于	HBW
708M40	淬回火+车削或磨削	R>150≤250		700~850	495	15	28	25	480	201~255
		R>63≤150		700~850	525	17	50	40	510	201~255
		S>29≤100		775~925	585	15	50	40	570	223~277
		T≥6≤63		850~1000	680	13	50	40	665	248~302
		U≥6≤29		925~1075	755	12	42	35	740	269~331
		V≥6≤19		1000~1150	850	12	42	35	835	293~352
		W≥6≤13		1075~1225	940	12	35	30	925	311~375
	淬回火+冷拉或淬回火+冷拉+磨削	R>63≤150		700~850	540	12	50	40	525	201~255
		S>29≤100		775~925	600	11	50	40	585	223~277
		T≥6≤63		850~1000	700	9	50	40	680	248~302
		U≥6≤29		925~1075	770	9	42	35	755	269~331
		V≥6≤19		1000~1150	865	9	42	35	850	293~352
		W≥6≤13		1075~1225	955	8	35	30	940	311~375
	软化+车削或磨削或冷拉+最终软化									≤248
709M40	淬回火+车削或磨削	R>100≤250		700~850	495	15	28	25	480	201~255
		S>150≤250		775~925	555	13	22	20	540	223~277
		S>63≤150		775~925	585	15	50	40	570	223~277
		T>29≤100		850~1000	680	13	50	40	665	248~302
		U≥6≤63		925~1075	755	12	42	35	740	269~331
		V≥6≤29		1000~1150	850	12	42	35	835	293~352
		W≥6≤19		1075~1225	940	12	35	30	925	311~375
	淬回火+冷拉或淬回火+冷拉+磨削	R>100≤250		700~850	540	11	50	40	510	201~255
		S>63≤150		775~925	600	11	50	40	585	223~277
		T>29≤100		850~1000	700	9	50	40	680	248~302
		U>13≤63		925~1075	770	9	42	35	755	269~331
		V>6≤29		1000~1150	865	9	42	35	850	293~352
		W≥6≤19		1075~1225	955	8	35	30	940	311~375
	软化+车削或磨削或冷拉+最终软化									≤255
722M24	淬回火+车削或磨削	T≥6≤250		850~1000	650	13	35	30	635	248~302
		T≥6≤150		850~1000	680	13	50	40	665	248~302
		U≥6≤150		925~1075	755	12	42	35	740	269~331
	淬回火+冷拉或淬回火+冷拉+磨削	T≥6≤150		850~1000	700	9	50	40	680	248~302
		U≥6≤150		925~1075	770	9	42	35	755	269~331
	软化+车削或磨削或冷拉+最终软化									≤269

续表

牌号	状态	尺寸(直径或对边尺寸)/mm	极限规则截面/mm	抗拉强度 R_m/MPa 不小于	R_e/MPa 不小于	伸长率 A/% 不小于	KCV/J	Izod/J (ft. 1b)	$R_{p0.2}$/MPa 不小于	HBW
817M40	淬回火+车削或磨削	T>150≤250		850～1000	650	13	35	30	635	248～302
		T>63≤150		850～1000	680	13	50	40	665	248～302
		U>29≤100		925～1075	755	12	42	35	740	269～331
		V>13≤63		1000～1150	850	12	42	35	835	293～352
		W≥6≤29		1075～1225	940	11	35	30	925	311～375
		X≥6≤29		1150～1300	1020	10	28	25	1005	341～401
		Z≥6≤29		≥1550	1235	5	9	8	1125	≥444
	淬回火+冷拉或淬回火+冷拉+磨削	T>63≤150		850～1000	700	9	50	40	680	248～302
		U>29≤100		925～1075	770	9	42	35	755	269～331
		V>13≤63		1000～1150	865	9	42	35	850	293～352
		W≥6≤29		1075～1225	955	8	35	30	940	311～375
		X≥6≤29		1150～1300	1035	7	28	25	1020	341～401
		Z≥6≤29		≥1550	1250	3	9	8	1235	≤444
	软化+车削或磨削或冷拉+最终软化									≤277
826M40	淬回火+车削或磨削	U>150≤250		925～1075	740	12	28	25	725	269～331
		U>100≤150		925～1075	755	12	42	35	740	269～331
		V>63≤250		1000～1150	835	12	28	25	820	293～352
		V>63≤150		1000～1150	850	12	42	35	835	293～352
		W>29≤250		1075～1225	925	11	22	20	910	311～375
		W>29≤150		1075～1225	940	11	35	30	925	311～375
		X>29≤150		1150～1300	1020	10	28	25	1005	341～401
		Y>29≤150		1225～1375	1095	10	28	25	1080	363～429
		Z>29≤100		≥1550	1235	7	11	10	1125	≥444
	淬回火+冷拉或淬回火+冷拉+磨削	U>100≤150		925～1075	770	9	42	35	765	269～331
		V>63≤150		1000～1150	865	9	42	35	850	293～352
		W>29≤150		1075～1225	955	8	35	30	940	311～375
		X>29≤150		1150～1300	1035	7	28	25	1020	341～401
		Y>29≤150		1225～1375	1110	7	28	25	1095	363～429
		Z>29≤100		≥1550	1250	5	11	10	1235	≥444
	软化+车削或磨削或冷拉+最终软化									≤277
970:2005 碳锰钢(渗氮硬化)										
120M36	Q		100	625～775	415	18	35	30	385	179～229
	R		29	700～850	510	16	28	25	480	201～255
	S		19	775～925	570	14	28	25	555	223～277
150M19	P		150	550～700	340	18	50	40	325	152～207
	Q		63	625～775	430	16	50	40	415	179～229
	R		29	700～850	510	16	35	30	495	201～255

续表

牌　号	状　态	尺寸(直径或对边尺寸)/mm	极限规则截面/mm	抗拉强度 R_m/MPa 不小于	R_e/MPa 不小于	伸长率 A/% 不小于	KCV/J	Izod/J (ft. 1b)	$R_{p0.2}$/MPa 不小于	HBW
150M36	Q		150	625～775	400	18	42	35	370	179～229
	R		63	700～850	480	16	35	30	450	201～255
	S		29	775～925	555	14	35	30	525	223～277
	T		13	850～1000	635	12	28	25	620	248～302
970:2005	易切削碳锰钢(渗氮硬化)									
212M36	P		100	550～700	340	20	28	25	310	152～207
	Q		63	625～775	400	18	28	25	370	179～229
	R		13	700～850	495	16	28	25	480	201～255
216M44	Q		150	625～775 4	400	16	22	20	370	179～229
	R		100	700～850 4	450	15	16	15	415	201～255
	S		29	775～925 5	525	14	16	15	495	223～277
	T		13	850～1000	600	12	16	15	585	248～302
970:2005	合金钢(渗氮硬化)									
605M36	R		250	700～850	495	15	28	25	480	201～255
	R		150	700～850	525	17	50	40	510	201～255
	S		100	775～925	585	15	50	40	570	223～277
	T		63	850～1000	680	13	50	40	665	248～302
	U		29	925～1075	755	12	42	35	740	269～331
	V		19	1000～1150	850	12	42	35	835	293～352
606M36	R		100	700～850	525	15	50	40	510	201～255
	S		63	775～925	585	13	42	35	570	223～277
	T		29	850～1000	680	11	35	30	665	248～302
708H37										
708M40	Q		250	625～775	450	15	28	25	430	179～229
	Q		150	625～775	480	18	16	15	465	179～229
	R		250	700～850	495	15	28	25	480	201～255
	R		150	700～850	525	17	50	40	510	201～255
	S		100	775～925	585	15	50	40	570	223～277
	T		63	850～1000	680	13	50	40	665	248～302
	U		29	925～1075	755	12	42	35	740	269～331
	V		19	1000～1150	850	12	42	35	835	293～352
	W		13	1075～1225	940	12	35	30	925	311～375
709M40	R		250	700～850	495	15	28	25	480	201～355
	S		150	775～925	555	13	22	20	540	223～277
	S		100	775～925	585	15	50	40	570	223～277
	T		63	850～1000	680	13	50	40	665	248～302
	U		29	925～1075	755	12	42	35	740	269～331
	V		29	1000～1150	850	12	42	35	835	293～352
	W		29	1075～1225	940	12	35	30	925	311～375

续表

牌号	状态	尺寸(直径或对边尺寸)/mm	极限规则截面/mm	抗拉强度 R_m/MPa 不小于	R_e/MPa 不小于	伸长率 A/% 不小于	KCV/J	Izod/J (ft. 1b)	$R_{p0.2}$/MPa 不小于	HBW
722M24	T		250	850～1000	650	13	35	30	635	248～302
	T		150	850～1000	680	13	50	40	665	248～302
	U		150	925～1075	755	12	42	35	740	269～331
817M40	T		250	850～1000	650	13	35	30	635	248～302
	T		150	850～1000	680	13	50	40	665	248～302
	U		100	925～1075	755	12	42	35	740	269～331
	V		63	1000～1150	850	12	42	35	835	293～352
	W		29	1075～1225	940	11	35	30	925	311～375
	X		29	1150～1300	1020	10	28	25	1005	341～401
	Y		29	1225～1375	1095	10	21	18	1080	363～429
	Z		29	≥1550	1235	5	9	8	1125	≥444
826M40	U		250	925～1075	740	12	28	25	725	269～331
	U		150	925～1075	755	12	42	35	740	269～331
	V		250	1000～1150	835	12	28	25	820	293～352
	V		150	1000～1150	850	12	42	35	835	293～352
	W		250	1075～1225	925	11	22	20	910	311～375
	W		150	1075～1225	940	11	35	30	925	311～375
	X		150	1150～1300	1020	10	28	25	1005	341～401
	Y		150	1225～1375	1095	10	28	25	1080	363～429
	Z		100	≥1550	1235	7	11	10	1125	≥444
835M30	Z		150	≥1550	1235	7	16	15	1125	≥444
945M38	R		250	700～850	495	15	15	25	480	201～255
	R		150	700～850	525	17	17	40	510	201～255
	S		100	775～925	585	15	15	40	570	223～277
	T		63	850～1000	680	13	13	40	665	248～302
	U		29	925～1075	755	12	12	35	740	269～331
	V		29	1000～1150	850	12	12	35	835	293～352
970:2005 渗透性钢										
708H37										
970:2005 硬化合金钢										
805H22										
820H17										
822H17										
835H15										
970:2005 硬化碳锰钢										
130M15		13		740		13	28	25		
		19		650		14	35	30		
		29		590		15	42	35		

续表

牌　号	状　态	尺寸(直径或对边尺寸)/mm	极限规则截面/mm	抗拉强度 R_m/MPa 不小于	R_e/MPa 不小于	伸长率 A/% 不小于	KCV/J	Izod/J (ft. 1b)	$R_{p0.2}$/MPa 不小于	HBW
214M15		13		740		12	28	25		
		19		650		12	35	30		
		29		590		13	42	35		
970:2005	硬化低合金钢									
635M15		19		770		12	22	20		
655M13		19		1000		9	35	30		
665M17		19		770		12	35	30		
805M22		19		930		10	11	10		
805A22										
808M17		19		930		10	22	20		
822M17		19		1310		8	22	20		
835M15		19		1310		8	28	25		

表 12-124　表面硬化合金钢的淬透性能(BS 960 第三部分　废止)

牌　号	距淬火端距离为下列处[mm(in)]的 HRC							晶粒度级	预热处理/℃	奥氏体化温度/℃
	1.59 (1/6)	7.94 (5/16)	15.88 (5/8)	25.4 (1)	31.75 ($1\frac{1}{4}$)	41.28 ($1\frac{5}{8}$)	50.8 (2)			
635H15	38～45	22～34	≤26	≤23	≤21			5～8	930～950	925
637H17	39～46	28～41	21～32	≤30	≤29	≤27	≤26	5～8	930～950	925
655H13	37～44	31～43	25～38	22～35	20～33	≤32	≤31	5～8	880～900	830
659H15	38～45	38～45	38～45	36～45	34～44	32～44	30～43	5～8	880～900	830
665H17	39～46	20～33	≤23	≤21				5～8	930～950	925
665H20	41～48	21～34	≤25	≤21	≤20			5～8	930～950	925
665H23	44～51	27～41	21～28	≤25	≤23	≤22	≤22	5～8	930～950	925
805H17	39～46	20～34	≤25	≤21	≤20			5～8	930～950	925
805H20	41～48	23～37	≤28	≤24	≤23	≤23	≤22	5～8	930～950	925
805H22	43～50	26～40	≤30	≤25	≤24	≤24	≤24	5～8	930～950	925
805H25	45～52	29～43	21～32	≤27	≤26	≤26	≤25	5～8	930～950	925
815H17	39～46	33～44	27～40	22～35	20～34	≤33	≤33	5～8	930～950	925
820H17	39～46	36～46	30～43	26～39	25～38	24～37	24～35	5～8	880～900	830
822H17	39～46	38～46	36～45	33～44	31～43	30～42	28～41	5～8	880～900	830
832H13	37～44	35～44	28～43	23～39	22～37	21～35	20～33	5～8	880～900	830
835H15	38～45	38～45	38～45	36～45	34～44	32～44	30～43	5～8	880～900	830

表 12-125 锅炉与压力容器用合金钢板的力学性能(珠光体型)

牌号	厚度/mm	屈服极限/MPa不小于	抗拉强度/MPa	伸长率/%不小于	冲击性能		高温强度/MPa(℃),不小于							
					KCU +20℃ /J 平均值	KCV /J 平均值	100	200	250	300	350	400	450	500
261	δ≤51	450	560～650	16	U=5mm		—	417	417	405	392	377	363	
	δ>51	410	560～650	16	29	20℃时	—	386	386	374	361	346	332	
					U=3mm	δ≤25.4								
					48	41,								
						δ≤51								
						27								
						δ>51								
						20								
271	δ≤9.5	465	590～690	16	U=5mm	41,20℃								
	9.5<δ≤25.4	465	590～680	16	25	27,0℃	420	398	389	374	363	351	347	
	25.4<δ≤76	415	590～680	16	I=3mm		402	380	372	354	343	332	329	
	δ>76	385	590～680	16	41		363	341	332	310	301	292	289	
281	δ≤9.5	465	590～690	16	U=5mm	68,−10℃								
	9.5<δ≤25.4	465	590～680	16	44	54,−20℃	420	396	389	374	363	351	347	
	25.4<δ≤76	415	590～680	16	U=3mm	27,−40℃	402	380	372	354	343	332	329	
	δ>76	385	590～680	16	69		363	341	332	310	301	292	289	
282	δ≤9.5	495	590～710	18	U=5mm	81,−10℃								
	9.5<δ≤25.4	480	590～710	18	34	68,−20℃	448	417		386		363		317
	25.4<δ≤76	450	590～710	18	U=3mm	40,−40℃	432	402		371		347		301
	δ>76	415	570～690	18	58	27,−50℃	402	371		324		309		270
620 27级	δ≤51	285	420～540	21			233	212	185	158	150	145	112	
	51<δ≤76	285	420～540	19										
	δ>76	285	420～540	19										
621 31级	δ≤51	340	480～600	18										
	51<δ≤76	340	480～600	16			295	267	249	227	215	208	201	
	δ>76	315	450～570	16			263	239	219	193	182	176	173	
622	≤76	340	480～600	18			293	281	267	227		208	201	195
	>76	315	450～570	16			263	253	239	193		176	173	168
622 31级	<152	280	480～600	16			229		205	198		185		162
622 45级	<152	555	690～820	15			491		473	449				368

表 12-126 **持久强度和蠕变强度**

持久强度和蠕变强度 / MPa(℃)											
450		500		550		450		500		550	
$\sigma_{\frac{1}{10000}}$	$\sigma_{\frac{r}{10000}}$	$\sigma_{\frac{1}{10000}}$	$\sigma_{\frac{r}{10000}}$	$\sigma_{\frac{1}{10000}}$	$\sigma_{\frac{r}{10000}}$	$\sigma_{\frac{1}{100000}}$	$\sigma_{\frac{r}{100000}}$	$\sigma_{\frac{1}{100000}}$	$\sigma_{\frac{r}{100000}}$	$\sigma_{\frac{1}{100000}}$	$\sigma_{\frac{r}{100000}}$
373	402	137	157	49	59	265	294	88	108	—	—

表 12-127 **低温钢板的力学性能**

钢号	厚度 /mm	屈服极限 /MPa 不小于	抗拉强度 /MPa 不小于	伸长率 /%	低温冲击 KCV/J,不小于								热处理 /℃
					−80℃		−100℃		−160℃		−196℃		
					纵向	横向	纵向	横向	纵向	横向	纵向	横向	
503		260	≥450	20	34		18						正火 870～900
509	≤51	525	695	18			68		47				正火 870～920
510	≤51	590	695	18							34	27	回火 540～600 回火 540～600

表 12-128 **承受静载荷的冷拉机械弹簧钢丝的抗拉强度(BS 5216:199 废止)**

名义直径 /mm	强度极限/MPa			名义直径 /mm	强度极限/MPa		
	1级	2级	3级		1级	2级	3级
0.200		2340～2640	2640～2940	1.70		1620～1820	1820～2020
0.224		2320～2620	2620～2920	1.80		1600～1800	1800～2000
0.250		2300～2600	2600～2900	1.90		1590～1790	1790～1990
0.280		2270～2570	2570～2870				
0.300		2250～2550	2550～2850	2.00	1370～1570	1570～1770	1770～1970
				2.12	1350～1550	1550～1750	1750～1950
0.315		2240～2520	2520～2800	2.24	1330～1530	1530～1730	1730～1930
0.335		2230～2510	2510～2790	2.36	1320～1520	1520～1720	1720～1920
0.355		2210～2490	2490～2770	2.50	1300～1500	1500～1700	1700～1900
0.375		2180～2460	2460～2740	2.65	1290～1490	1490～1690	1690～1890
0.40		2150～2430	2430～2720	2.80	1270～1470	1470～1670	1670～1870
				3.00	1250～1450	1450～1650	1650～1850
0.42		2120～2380	2380～2640	3.15	1240～1440	1440～1640	1640～1840

续表

名义直径/mm	强度极限/MPa			名义直径/mm	强度极限/MPa		
	1级	2级	3级		1级	2级	3级
0.45		2100～2360	2360～2620	3.35	1220～1420	1420～1620	1620～1820
0.48		2080～2340	2340～2600	3.55	1200～1400	1400～1600	1600～1800
0.50		2060～2320	2320～2580	3.75	1190～1390	1390～1590	1590～1790
0.53		2040～2300	2300～2560	4.00	1170～1370	1370～1570	1570～1770
0.56		2020～2280	2280～2540	4.25	1150～1350	1350～1550	1550～1750
				4.50	1130～1330	1330～1530	1530～1730
0.60		1990～2230	2230～2470	4.75	1120～1320	1320～1520	1520～1720
0.63		1970～2210	2210～2450	5.00	1110～1310	1310～1510	1510～1710
0.65		1960～2200	2200～2440	5.30	1090～1290	1290～1490	1490～1690
0.71		1920～2160	2160～2400	5.60	1070～1270	1270～1470	1470～1670
0.75		1900～2140	2140～2380	6.00	1050～1250	1250～1450	1450～1650
				6.30	1040～1240	1240～1440	1440～1640
0.80		1880～2110	2110～2340	6.70	1030～1230	1230～1430	1430～1630
0.85		1850～2080	2080～2310	7.10	1010～1210	1210～1410	1410～1610
0.90		1830～2060	2060～2290	7.50	1000～1200	1200～1400	1400～1600
0.95		1810～2040	2040～2270	8.00	970～1170	760～1160	1360～1560
				8.50	760～1160	1160～1360	1360～1560
1.00		1790～2010	2010～2230	9.00	940～1140	1140～1340	1340～1540
1.06		1770～1990	1990～2210	9.50		1130～1330	1330～1530
1.12		1750～1970	1970～2190	10.00		1120～1320	1320～1520
1.18		1740～1950	1950～2160	10.60		1100～1300	1300～1500
1.25		1720～1930	1930～2140	11.20		1090～1290	1290～1490
1.32		1700～1910	1910～2120	11.80		1070～1270	1270～1470
1.40		1690～1890	1890～2090	12.50		1060～1260	1260～1460
1.50		1660～1860	1860～2060	13.20		1040～1240	1240～1440
1.60		1640～1840	1840～2040				

表 12-129　承受动载荷的冷拉机械弹簧钢丝的抗拉强度(BS 5216:199　废止)

名义直径/mm	强度极限/MPa		名义直径/mm	强度极限/MPa	
	2　级	3　级		2　级	3　级
			1.40	1690～1890	1890～2090
0.200	2340～2640	2640～2940	1.50	1660～1860	1860～2060
0.224	2320～2620	2620～2920	1.60	1640～1840	1840～2040
0.250	2300～2600	2600～2900	1.70	1620～1820	1820～2020
0.280	2270～2570	2570～2870	1.80	1600～1800	1800～2000
0.300	2250～2550	2550～2850	1.90	1590～1790	1790～1990
			2.00	1570～1770	1770～1970
0.315	2240～2520	2520～2800	2.12	1550～1750	1750～1950
0.335	2230～2510	2510～2790	2.24	1530～1730	1730～1930
0.355	2210～2490	2490～2770	2.36	1520～1720	1720～1920
0.375	2180～2460	2460～2740	2.50	1500～1700	1700～1900
0.40	2150～2430	2430～2710	2.65	1490～1690	1690～1890

续表

名义直径 /mm	强度极限/MPa		名义直径 /mm	强度极限/MPa	
	2 级	3 级		2 级	3 级
			2.80	1470～1670	1670～1870
0.42	2120～2380	2380～2640	3.00	1450～1650	1650～1850
0.45	2100～2360	2360～2620	3.15	1440～1640	1640～1840
0.48	2080～2340	2340～2600	3.35	1420～1620	1620～1820
0.50	2060～2320	2320～2580	3.55	1400～1600	1600～1800
0.53	2040～2300	2300～2560	3.75	1390～1590	1590～1790
0.56	2020～2280	2280～2540	4.00	1370～1570	1570～1770
			4.25	1350～1550	1550～1750
0.60	1990～2230	2230～2470	4.50	1330～1530	1530～1730
0.63	1970～2210	2210～2450	4.75	1320～1520	1520～1720
0.65	1960～2200	2200～2440	5.00	1310～1510	1510～1710
0.71	1920～2160	2160～2400	5.30	1290～1490	1490～1690
0.75	1900～2140	2140～2380	5.60	1270～1470	1470～1670
			6.00	1250～1450	1450～1650
0.80	1880～2110	2110～2340	6.30	1240～1440	1440～1640
0.85	1850～2080	2080～2310	6.70	1230～1430	1430～1630
0.90	1830～2060	2060～2290	7.10	1210～1410	1410～1610
0.95	1810～2040	2040～2270	7.50	1200～1400	1400～1600
			8.00	1170～1370	1370～1570
1.00	1790～2010	2010～2230	8.50	1160～1360	1360～1560
1.06	1770～1990	1990～2210	9.00	1140～1340	1340～1540
1.12	1750～1970	1970～2190	9.50	1130～1330	1330～1530
			10.00	1120～1320	1320～1520
1.18	1740～1950	1950～2160	10.60	1100～1300	1300～1500
1.25	1720～1930	1930～2140	11.20	1090～1290	1290～1490
1.32	1700～1910	1910～2120	11.80	1070～1270	1270～1470
			12.50	1060～1260	1260～1460
			13.20	1040～1240	1240～1140

表 12-130　硬化合金钢的淬透性能(BS PD 970:2005)

牌号	离淬火端之距离 HRC/mm														
	1.5	3	5	7	9	11	13	15	20	25	30	35	40	45	50
708H37	52～59	51～59	51～59	50～58	48～58	47～57	45～57	43～56	38～54	35～52	34～48	33～46	32～45	32～44	31～43
805H22	43～50	39～49	33～46	28～43	25～38	22～34	20～32	≤30	≤27	≤25	≤25	≤24	≤24	≤24	
820H17	39～46	39～46	38～46	37～46	35～45	33～45	32～44	30～44	28～42	26～40	25～38	25～38	24～37	24～37	
822H17	39～46	39～46	39～46	38～46	38～45	37～45	37～45	36～45	35～45	33～44	32～43	31～43	30～42	29～42	
835H15	38～45	38～45	38～45	38～45	38～45	38～45	38～45	38～45	37～45	36～45	35～44	34～44	33～44	32～43	

表 12-131 预淬回火碳素钢丝的力学性能(BS 2803:1980 废止)

名义直径/mm	强度极限/MPa	
	最小	最大
0.25	1910	2170
0.315	1900	2150
0.40	1880	2130
0.50	1860	2110
0.63	1840	2080
0.80	1810	2050
1.00	1770	2000
1.06	1760	1990
1.12	1750	1975
1.18	1740	1960
1.25	1730	1945
1.32	1720	1930
1.40	1710	1915
1.50	1690	1890
1.60	1680	1870
1.70	1665	1850
1.80	1650	1835
1.90	1640	1820
2.00	1630	1800
2.12	1620	1780
2.24	1605	1760
2.36	1600	1750
2.50	1580	1730
2.65	1570	1720
2.80	1560	1710
3.00	1540	1690
3.15	1530	1680
3.35	1520	1670
3.55	1500	1650
3.75	1490	1640
4.00	1480	1630
4.25	1470	1620
4.50	1450	1600
4.75	1440	1590
5.00	1430	1580
5.30	1410	1560
5.60	1400	1550
6.00	1380	1530
6.30	1370	1520
6.70	1360	1510
7.10	1350	1500
7.50	1340	1490
8.00	1320	1470
8.50	1310	1460
9.00	1300	1450
9.50	1290	1440
10.00	1280	1430
10.60	1270	1420
11.20	1260	1410
11.80	1250	1400
12.50	1240	1390

表 12-132 预淬回火合金钢丝的力学性能(BS 2803:1980 废止)

名义直径/mm	抗拉强度/MPa							
	735A50		730A65		685A55			
					范围 1		范围 2	
	最小	最大	最小	最大	最小	最大	最小	最大
1.00	1970	2120	1910	2060	1950	2100	2100	2250
1.06	1950	2100	1895	2045	1940	2090	2090	2240
1.12	1940	2090	1885	2035	1930	2080	2080	2230
1.18	1930	2080	1880	2030	1930	2080	2080	2230
1.25	1915	2065	1870	2020	1920	2070	2070	2220
1.32	1900	2050	1860	2010	1910	2060	2060	2210
1.40	1880	2030	1845	1995	1900	2050	2050	2200
1.50	1870	2020	1830	1980	1890	2040	2040	2190
1.60	1850	2000	1820	1970	1880	2030	2030	2180
1.70	1830	1980	1805	1955	1870	2020	2020	2170
1.80	1815	1965	1795	1945	1860	2010	2010	2160
1.90	1800	1950	1780	1930	1850	2000	2000	2150
2.00	1780	1930	1760	1910	1830	1980	1980	2130
2.12	1770	1920	1750	1900	1820	1970	1970	2120
2.24	1750	1900	1735	1885	1810	1960	1960	2110
2.36	1740	1890	1720	1870	1800	1950	1950	2100
2.50	1720	1870	1710	1800	1790	1940	1940	2090
2.65	1700	1850	1690	1840	1770	1920	1920	2070
2.80	1685	1835	1670	1820	1760	1910	1910	2060
3.00	1670	1820	1650	1800	1750	1900	1900	2050
3.15	1655	1805	1640	1790	1735	1885	1885	2035
3.35	1635	1785	1620	1770	1720	1870	1870	2020
3.55	1620	1770	1605	1755	1710	1860	1860	2010
3.75	1600	1750	1595	1745	1700	1850	1850	2000
4.00	1580	1730	1580	1730	1680	1830	1830	1980
4.25	1570	1720	1560	1710	1670	1820	1820	1970
4.50	1560	1710	1550	1700	1660	1810	1810	1960
4.75	1540	1690	1535	1685	1645	1795	1795	1945
5.00	1530	1680	1520	1670	1630	1780	1780	1930
5.30	1520	1670	1510	1660	1620	1770	1770	1920
5.60	1505	1655	1490	1640	1610	1760	1760	1910
6.00	1490	1640	1470	1620	1590	1740	1740	1890
6.30	1480	1630	1460	1610	1580	1730	1730	1880
6.70	1460	1610	1445	1595	1570	1720	1720	1870
7.10	1450	1600	1430	1580	1560	1710	1710	1860
7.50	1440	1590	1410	1560	1550	1700	1700	1850
8.00	1430	1580	1400	1550	1540	1690	1690	1840
8.50	1415	1565	1390	1540	1530	1680	1680	1830
9.00	1400	1550	1380	1530	1520	1670	1670	1820
9.50	1390	1540	1380	1530	1510	1660	1660	1810
10.00	1380	1530	1370	1520	1500	1650	1650	1800
10.60	1380	1530	1370	1520	1490	1640	1640	1790
11.20	1370	1520	1360	1510	1480	1630	1630	1780
11.80	1360	1510	1350	1500	1470	1620	1620	1770
12.50	1360	1510	1350	1500	1460	1610	1610	1760

注:钢丝名义直径下的横线,表示优先选用的直径。

表 12-133 碳素工具钢热处理后的硬度(BS 4659:1989 废止)

钢号	退火温度/℃	退火硬度 HB 不小于	淬火温度/℃	淬火介质	回火温度/℃	热处理后表面硬度 HV,不小于	淬透性 表层厚度/mm		
							浅	中	深
BW1A	740～790	207	770～790	水或盐水	180～350	790	<4	3.5～5	>5
BW1B	740～790	207	770～790	水或盐水	180～350	790	<3.5	3.5～4.5	4～6.5
BW1C	740～790	207	760～780	水或盐水	180～350	790	<3.5	3～4.5	4～6.5
BW2	740～790	207	780～800	水或盐水	180～350	790	<3	2.5～4.5	4～6

表 12-134 冷作工具钢热处理的硬度(BS 4659 废止)

钢号	退火温度/℃	退火硬度 HB 不小于	淬火 预热/℃	淬火温度/℃	淬火介质 油	空气	水	回火温度/℃	回火后硬度 HV 不小于
高碳高铬钢									
BD2	850～870	255	800	980～1030	—	—	—	150～220 或 450～550	735
BD2A	850～870	255	800	980～1030	—	—	—	150～220 或 450～550	763
BD3	850～870	255	800	950～1000	—	—	—	150～220 或 450～550	763
中合金空淬钢									
BA2	850～870	241	800	950～980	—	—	—	150～550	735
BA6	730～750	241	650	830～850	—	—	—	150～250	735
油淬钢									
BO_1	760～780	229	—	780～820	—	—	—	150～330	735
BO_2	760～780	229	—	760～780	—	—	—	150～330	735
耐冲击工具钢									
BS_1	790～820	229	—	870～950	—	—	—	200～650	600
BS_2	790～820	229	—	870～900	—	—	—	175～425	600
BS_5	790～820	229	—	870～920	—	—	—	175～425	655
特殊用途工具钢									
BL3	790～810	207	—	790～840	—	—	—	150～350	760
BF1	780～800	207	—	780～800	—	—	—	200～250	760

表 12-135 热作工具钢热处理硬度(BS 4659:1989 废止)

钢号	退火温度/℃	退火后硬度 HB 不小于	淬火 预热/℃	淬火温度/℃	淬火介质 油	空气	回火温度/℃	回火后硬度 HV 不小于
铬系								
BH10	850～870	229	800	1000～1060	—	—	530～650	HRC54～36
BH10A	850～870	241	800	1000～1060	—	—	530～650	HRC54～36
BH11	850～870	229	800	1000～1030	—	—	530～650	HRC54～38
BH12	850～870	229	800	1000～1030	—	—	530～650	HRC55～38
BH13	850～870	229	800	1000～1030	—	—	530～650	HRC53～38
BH19	850～870	248	800	1150～1200	—	—	530～650	HRC59～40
钨系								
BH21	870～890	235	800	1100～1080	—	—	560～675	HRC54～36
BH21A	870～890	255	800	1100～1170	—	—	560～675	HRC54～36
BH26	870～890	241	850	1180～1260	—	—	550～570	763

12.5 法国结构钢

12.5.1 结构钢牌号和化学成分

表 12-136 结构钢牌号和化学成分

NF 牌号	化学成分/%									
	C	Si	Mn	P,≤	S,≤	Cr	Mo	Ni	V	其他
C12	0.08～0.15	≤0.30	0.30～0.60	0.040	0.040	—	—	—	—	—
C20	0.14～0.21	0.10～0.40	0.50～0.80	0.040	0.040	—	—	—	—	—
C30	0.25～0.33	0.10～0.40	0.50～0.80	0.040	0.040	—	—	—	—	—
C35	0.31～0.39	0.10～0.40	0.50～0.80	0.040	0.040	—	—	—	—	—
C40	0.37～0.45	0.10～0.40	0.50～0.80	0.040	0.040	—	—	—	—	—
C45	0.43～0.51	0.10～0.40	0.50～0.80	0.040	0.040	—	—	—	—	—
XC6	0.04～0.09	≤0.10	0.25～0.45	0.030	0.030	—	—	—	—	—
XC10	0.06～0.14	0.05～0.30	0.30～0.50	0.035	0.035	—	—	—	—	—
XC15	0.12～0.18	≤0.35	0.30～0.70	0.040	0.035	—	—	—	—	—
XC25	0.23～0.29	0.10～0.40	0.40～0.70	0.035	0.035	—	—	—	—	—
XC32	0.30～0.35	0.10～0.40	0.50～0.80	0.035	0.035	—	—	—	—	—
XC35	0.32～0.38	0.10～0.40	0.50～0.80	0.040	0.035	—	—	—	—	—
XC38	0.35～0.40	0.10～0.40	0.50～0.80	0.035	0.035	—	—	—	—	—
XC42	0.40～0.45	0.10～0.40	0.50～0.80	0.035	0.035	—	—	—	—	—
XC45	0.42～0.48	0.10～0.35	0.50～0.80	0.035	0.035	—	—	—	—	—
XC50	0.46～0.52	0.15～0.35	0.50～0.80	0.035	0.035	—	—	—	—	—
XC55	0.52～0.60	0.10～0.40	0.50～0.80	0.035	0.035	—	—	—	—	—
XC60	0.57～0.65	0.15～0.35	0.40～0.70	0.035	0.035	—	—	—	—	—
XC65	0.60～0.69	0.10～0.40	0.50～0.80	0.035	0.035	—	—	—	—	—
XC70	0.68～0.77	0.10～0.40	0.50～0.80	0.035	0.035	—	—	—	—	—
XC80	0.75～0.85	0.10～0.40	0.50～0.80	0.035	0.035	≤0.12	—	—	—	—
XC90	0.85～0.95	0.15～0.30	0.30～0.50	0.030	0.025	—	—	—	—	—
XC100	0.95～1.05	0.15～0.30	0.25～0.45	0.030	0.025	—	—	—	—	—
XC130	1.20～1.35	0.20～0.35	0.30～0.45	0.030	0.025	0.20～0.50	—	—	—	—
21B3	0.18～0.24	0.10～0.40	0.60～0.90	0.035	0.035	—	—	—	—	B 0.0008～0.0050
38B3	0.34～0.40	0.10～0.40	0.60～0.90	0.035	0.035	—	—	—	—	B 0.0008～0.0050
18C2	0.14～0.23	≤0.35	0.40～0.60	0.040	0.035	0.30～0.50	—	—	—	—
35C2	0.32～0.38	≤0.35	0.40～0.60	0.040	0.035	0.30～0.50	—	—	—	—
42C2	0.40～0.46	0.10～0.40	0.60～0.90	0.035	0.035	0.30～0.60	—	—	—	—

续表

NF 牌号	化学成分/%									
	C	Si	Mn	P,≤	S,≤	Cr	Mo	Ni	V	其他
45C2	0.40~0.50	≤0.35	0.50~0.80	0.040	0.035	0.40~0.60	—	—	—	—
100C2	0.95~1.10	0.15~0.35	0.20~0.40	0.030	0.025	0.40~0.60	—	—	—	—
12C3	0.09~0.15	≤0.40	0.60~0.90	0.040	0.035	0.60~1.00	—	—	—	—
18C4	0.16~0.21	0.10~0.40	0.60~0.80	0.040	0.035	0.85~1.15	—	—	—	—
28C4	0.25~0.30	≤0.40	0.60~0.90	0.040	0.035	0.85~1.15	—	—	—	—
32C4	0.30~0.35	0.10~0.40	0.60~0.90	0.035	0.035	0.85~1.15	—	—	—	—
42C4	0.39~0.45	0.10~0.40	0.60~0.90	0.035	0.035	0.85~1.15	—	—	—	—
45C4	0.41~0.48	0.10~0.40	0.60~0.90	0.035	0.035	0.85~1.15	—	—	—	—
50C4	0.46~0.54	0.10~0.40	0.60~0.90	0.040	0.035	0.85~1.15	—	—	—	—
45C6	0.42~0.48	0.10~0.40	0.60~0.90	0.040	0.035	1.40~1.70	—	—	—	—
100C6	0.95~1.10	0.15~0.35	0.20~0.40	0.030	0.025	1.35~1.60	≤0.10	—	—	—
30CAD6.12	0.28~0.35	0.20~0.40	0.50~0.80	0.035	0.035	1.50~1.80	0.25~0.40	—	—	Al 1.00~1.30
40CAD6.12	0.38~0.45	0.20~0.40	0.50~0.80	0.035	0.035	1.50~1.80	0.25~0.40	—	—	Al 1.00~1.30
38CB1	0.34~0.40	0.10~0.40	0.60~0.90	0.035	0.035	0.20~0.40	—	—	—	B 0.0008~0.0050
15CD2	0.13~0.20	≤0.30	≤1.00	0.030	0.025	0.30~0.60	0.30~0.60	—	—	—
15CD3.5	0.14~0.18	0.35	0.30~0.80	0.040	0.035	0.85~1.15	0.15~0.30	—	—	—
12CD4	0.08~0.14	0.14~0.40	0.50~0.80	0.040	0.035	0.85~1.15	0.15~0.30	—	—	—
15CD4.05	≤0.18	0.15~0.35	0.40~0.80	0.035	0.035	0.80~1.20	0.40~0.60	≤0.30	≤0.40	—
18CD4(S)	0.16~0.22	0.10~0.40	0.60~0.90	0.035	0.035	0.85~1.15	0.15~0.30	—	—	—
20CD4	0.17~0.23	0.10~0.40	0.60~0.90	0.040	0.035	0.85~1.15	0.15~0.30	—	—	—
25CD4(S)	0.22~0.28	0.10~0.40	0.60~0.90	0.035	0.035	0.85~1.15	0.15~0.30	—	—	—
30CD4	0.28~0.34	0.10~0.40	0.60~0.90	0.035	0.035	0.85~1.15	0.15~0.30	—	—	—
35CD4	0.33~0.39	0.10~0.40	0.60~0.90	0.035	0.035	0.85~1.15	0.15~0.30	—	—	—
35CD4TS	0.33~0.39	0.10~0.40	0.60~0.90	0.025	0.035	0.85~1.15	0.15~0.30	—	—	—
40CD4	0.39~0.46	0.20~0.50	0.50~0.80	0.030	0.025	0.95~1.30	0.15~0.30	—	—	—
42CD4	0.39~0.46	0.10~0.40	0.60~0.90	0.035	0.035	0.85~1.15	0.15~0.30	—	—	—
42CD4TS	0.39~0.46	0.10~0.40	0.60~0.90	0.025	0.035	0.85~1.15	0.15~0.30	≤0.30	—	—
10CD6	0.10~0.15	0.50~1.00	0.30~0.60	0.030	0.025	1.00~1.50	0.40~0.70	—	—	—
100CD7	0.90~1.05	0.20~0.45	0.20~0.40	0.030	0.025	1.65~1.95	0.15~0.30	—	—	—
20CD8	0.18~0.22	≤0.30	0.45~0.65	0.030	0.025	1.80~2.20	0.25~0.50	—	—	—

续表

NF 牌号	化学成分/%									
	C	Si	Mn	P,≤	S,≤	Cr	Mo	Ni	V	其他
10CD8.10	≤0.17	0.10～0.40	0.40～0.85	0.035	0.035	1.95～2.55	0.90～1.15	—	≤0.04	—
12CD9.10	≤0.15	0.15～0.50	0.40～0.60	0.040	0.035	2.00～2.50	0.90～1.10	—	—	—
12CD10	0.10～0.15	≤0.50	0.30～0.60	0030	0.025	1.90～2.70	0.80～1.20	—	—	—
20CD12	0.15～0.25	≤0.80	≤0.80	0.030	0.025	2.75～3.30	0.30～0.50	—	—	—
20MB5	0.16～0.22	0.10～0.40	1.10～1.40	0.035	0.035	—	—	—	—	B 0.0008～0.0050
38MB5	0.34～0.40	0.10～0.40	1.10～1.40	0.035	0.035	—	—	—	—	B 0.0008～0.0050
20MC4	0.17～0.23	0.10～0.35	0.90～1.20	0.030	0.025	0.40～0.60	—	—	—	Al≤0.020
16MC5	0.14～0.19	0.10～0.40	1.00～1.30	0.035	0.035	0.80～1.10	—	—	—	—
20MC5	0.17～0.22	0.10～0.40	1.10～1.40	0.035	0.035	1.00～1.30	—	—	—	—
18MD4.05	≤0.22	0.10～0.40	0.90～1.50	0.035	0.035	≤0.30	0.35～0.60	—	≤0.40	—
15MDV4.05	≤0.20	0.10～0.40	0.90～1.50	0.035	0.035	≤0.30	0.35～0.60	—	0.04～0.10	—
12MF4	0.09～0.15	0.10～0.40	0.90～1.20	0.060	0.12～0.24	—	—	—	—	—
13MF4	0.10～0.16	0.10～0.40	0.80～1.10	0.040	0.09～0.13	—	—	—	—	—
35MF4	0.32～0.38	0.10～0.40	1.00～1.30	0.060	0.12～0.24	—	—	—	—	—
45MF4	0.42～0.49	0.10～0.40	0.80～1.10	0.040	0.09～0.13	—	—	—	—	—
18MF5	0.16～0.22	0.10～0.40	1.10～1.50	0.040	0.18～0.25	—	—	—	—	—
35MF6	0.33～0.39	0.10～0.40	1.30～1.70	0.040	0.09～0.13	—	—	—	—	—
45MF6	0.41～0.48	0.10～0.40	1.30～1.70	0.040	0.24～0.32	—	—	—	—	—
23MNCD5	0.20～0.26	0.10～0.35	1.10～1.40	0.030	0.025	0.40～0.60	0.20～0.30	0.40～0.70	—	Al≥0.020
25MNCD6	0.23～0.28	0.10～0.35	1.40～1.70	0.020	0.020	0.40～0.60	0.20～0.30	0.40～0.70	—	Al≥0.020
25MNCDV5	0.23～0.28	0.10～0.35	1.10～1.40	0.020	0.020	0.40～0.60	0.20～0.30	0.40～0.70	0.15～0.25	Al≥0.020
25MNCD6	0.23～0.28	0.10～0.35	1.40～1.70	0.020	0.020	0.20～0.40	0.40～0.55	0.90～1.10	—	Al≥0.020
38MS5	0.35～0.43	1.10～1.40	1.00～1.40	0.040	0.035	—	—	—	—	—
10N3	0.07～0.13	0.10～0.35	0.20～0.50	0.040	0.035	—	—	0.50～0.90	—	—
18N3	0.15～0.22	0.10～0.40	0.40～0.70	0.040	0.035	—	—	0.50～0.90	—	—
35N3	0.31～0.39	0.10～0.40	0.40～0.70	0.040	0.035	—	—	0.50～0.90	—	—
40N3	0.36～0.44	0.10～0.40	0.40～0.70	0.040	0.035	—	—	0.50～0.90	—	—
16N6	0.13～0.20	0.10～0.40	0.40～0.70	0.040	0.035	—	—	1.30～1.70	—	—
8N8	0.06～0.10	≤0.35	0.20～0.50	0.040	0.035	—	—	1.90～2.10	—	—
10N8	0.07～0.13	≤0.35	0.20～0.50	0.040	0.035	—	—	1.80～2.30	—	—

续表

NF 牌号	化学成分/%									
	C	Si	Mn	P,≤	S,≤	Cr	Mo	Ni	V	其他
20N8	0.15～0.23	0.10～0.40	0.35～0.60	0.040	0.035	—	—	1.80～2.30	—	—
22N8	0.18～0.25	0.10～0.40	0.20～0.50	0.040	0.035	—	—	1.80～2.30	—	—
30N8	0.26～0.34	0.10～0.35	0.40～0.70	0.040	0.035	—	—	1.80～2.30	—	—
70N8	0.65～0.75	0.20～0.35	0.30～0.50	0.030	0.035	≤0.15	—	1.90～2.20	—	—
10N12	0.08～0.15	0.10～0.30	0.30～0.60	0.040	0.035	—	—	2.60～3.00	—	—
20N12	0.16～0.23	0.10～0.40	0.20～0.50	0.040	0.035	—	—	2.70～3.30	—	—
30CD12	0.28～0.35	0.10～0.40	0.40～0.70	0.035	0.035	2.80～3.30	0.30～0.50	—	—	—
45CDV4	0.40～0.50	≤0.50	≤0.80	0.030	0.025	0.80～1.20	0.40～0.60	—	0.20～0.40	—
51CDV4	0.48～0.56	0.15～0.40	0.70～1.10	0.025	0.020	0.90～1.20	0.15～0.25	—	0.07～0.12	—
100CDV4	1.10～1.20	0.20～0.35	0.30～0.45	0.030	0.025	0.50～0.70	0.20～0.30	—	0.05～0.10	—
20CDV5.08	0.17～0.24	0.30～0.60	0.30～0.60	0.030	0.030	1.10～1.50	0.70～1.00	≤0.50	0.20～0.40	—
28CDV5	0.25～0.30	≤0.60	≤0.80	0.040	0.035	1.00～1.50	0.60～0.80	—	0.25～0.35	—
15CDV6	0.12～0.18	≤0.20	0.80～1.10	0.020	0.015	1.25～1.50	0.80～1.10	—	0.20～0.30	—
20CDV6	0.15～0.25	≤1.00	0.25～0.75	0030	0.025	1.20～1.50	0.50～1.00	—	0.10～0.30	—
32CDV12	0.30～0.35	≤0.50	≤0.70	0.030	0.025	2.80～3.30	0.80～1.20	—	0.15～0.35	—
38CMND8	0.33～0.40	0.50～1.00	1.10～1.40	0.040	0.035	1.80～2.20	0.45～0.60	0.30～0.60	—	—
10CND6	0.09～0.13	0.20～0.40	0.35～0.70	0.040	0.035	1.20～1.60	0.15～0.30	0.80～1.20	—	—
18CND6	0.13～0.22	0.20～0.40	0.40～0.75	0.040	0.035	1.40～1.80	0.15～0.30	0.80～1.20	—	—
30CND8	0.26～0.33	0.10～0.40	0.30～0.60	0.030	0.025	1.80～2.20	0.30～0.50	1.80～2.20	—	—
32CND8	0.27～0.39	≤0.35	0.40～0.65	0.040	0.035	1.80～2.20	0.25～0.35	0.30～0.60	—	—
32CND11	0.30～0.37	0.20～0.40	0.60～1.00	0.030	0.025	2.50～3.00	0.20～0.40	1.20～1.60	—	—
50CV4	0.47～0.55	0.10～0.40	0.70～1.00	0.035	0.035	0.85～1.15	—	—	0.10～0.20	—
15D3	≤0.20	0.10～0.35	0.45～0.85	0.040	0.035	≤0.30	0.25～0.40	—	≤0.04	—
23D5	0.20～0.26	0.10～0.35	0.50～0.80	0.030	0.025	—	0.45～0.60	—	—	Al≤0.020
80DCV40	0.77～0.85	0.10～0.40	0.10～0.40	0.015	0.015	3.75～4.50	3.75～4.50	≤0.20	0.90～1.20	Cu≤0.20,W≤0.25, Co≤0.25
10F1	0.07～0.13	0.10～0.40	0.60～0.90	0.040	0.09～0.13	—	—	—	—	—
10F2	0.08～0.14	0.10～0.40	0.50～0.75	0.060	0.12～0.24	—	—	—	—	—
20F2	0.15～0.22	0.10～0.40	0.50～0.80	0.060	0.12～0.24	—	—	—	—	—
45M4TS	0.43～0.49	0.10～0.40	0.80～1.10	0.025	0.035	—	—	—	—	—

续表

NF牌号	化学成分/%								
	C	Si	Mn	P,≤	S,≤	Cr	Mo	Ni	V	其他
52M4TS	0.49～0.55	0.10～0.40	0.80～1.10	0.025	0.035	—	—	—	—	—
12M5	0.10～0.15	≤0.40	0.90～1.40	0.040	0.035	—	—	—	—	—
20M5	0.16～0.22	0.10～0.40	1.10～1.40	0.035	0.035	—	—	—	—	—
32M5	0.28～0.35	0.10～0.40	1.00～1.35	0.040	0.035	—	—	—	—	—
35M5	0.32～0.38	0.10～0.40	1.10～1.40	0.035	0.035	—	—	—	—	—
40M5	0.36～0.44	0.10～0.40	1.00～1.35	0.040	0.035	—	—	—	—	—
45M5	0.39～0.48	0.10～0.40	1.20～1.50	0.040	0.035	—	—	—	—	—
55M5	0.50～0.60	0.10～0.40	1.20～1.50	0.040	0.035	—	—	—	—	—
20MB4	0.17～0.23	0.10～0.35	0.90～1.20	0.035	0.035	—	—	—	—	B≥0.0008,Al≥0.020
12N14	≤0.15	0.15～0.30	≤0.80	0.030	0.030	—	—	3.25～3.75	—	—
12NC2	0.09～0.16	0.10～0.40	0.40～0.70	0.040	0.035	0.50～0.70	—	0.50～0.70	—	—
20NC2	0.18～0.23	0.10～0.40	0.40～0.70	0.040	0.035	0.50～0.70	—	0.50～0.70	—	—
32NC2	0.29～0.35	0.10～0.40	0.60～0.80	0.040	0.035	0.50～0.70	—	0.50～0.70	—	—
45NC2	0.38～0.48	0.10～0.40	0.60～0.80	0.040	0.035	0.50～0.70	—	0.50～0.70	—	—
10NC6	0.07～0.12	0.10～0.40	0.60～0.90	0.035	0.035	0.85～1.15	—	1.20～1.60	—	—
16NC6	0.12～0.17	0.10～0.40	0.60～0.90	0.035	0.035	0.85～1.15	—	1.20～1.60	—	—
20NC6	0.16～0.21	0.10～0.40	0.60～0.90	0.035	0.035	0.85～1.15	—	1.20～1.60	—	—
25NC6	0.22～0.31	0.10～0.40	0.60～0.90	0.040	0.035	0.85～1.15	—	1.20～1.60	—	—
30NC6	0.25～0.35	0.10～0.40	0.60～0.90	0.040	0.035	0.85～1.15	—	1.20～1.60	—	—
35NC6	0.33～0.39	0.10～0.40	0.60～0.90	0.035	0.035	0.85～1.15	—	1.20～1.60	—	—
10NC11	0.06～0.12	0.10～0.40	0.35～0.60	0.040	0.035	0.60～0.90	—	2.50～3.00	—	—
14NC11	0.11～0.17	0.10～0.40	0.35～0.60	0.035	0.035	0.60～0.90	—	2.50～3.00	—	—
16NC11	0.12～0.18	0.10～0.40	0.35～0.60	0.040	0.035	0.60～0.90	—	2.50～3.00	—	—
20NC11	0.17～0.25	0.10～0.40	0.35～0.60	0.040	0.035	0.60～0.90	—	2.50～3.00	—	—
25NC11	0.22～0.30	0.10～0.40	0.35～0.60	0.040	0.035	0.60～0.90	—	2.50～3.00	—	—
30NC11	0.27～0.34	0.10～0.40	0.35～0.60	0.035	0.035	0.60～0.90	—	2.50～3.00	—	—
35NC11	0.30～0.38	0.10～0.40	0.35～0.60	0.040	0.035	0.60～0.90	—	2.50～3.00	—	—
10NC12	0.08～0.13	0.10～0.35	0.35～0.60	0.030	0.025	0.60～0.90	—	2.75～3.25	—	—
12NC12	0.09～0.16	≤0.50	≤0.50	0.030	0.025	0.50～1.00	—	3.00～3.50	—	—
14NC12	0.11～0.16	0.10～0.35	0.35～0.60	0.030	0.025	0.60～0.90	—	2.75～3.25	—	—

续表

NF牌号	化学成分/%									
	C	Si	Mn	P,≤	S,≤	Cr	Mo	Ni	V	其他
16NC12	0.12~0.18	≤0.50	≤0.50	0.030	0.025	0.50~1.00	—	3.00~3.50	—	—
18NC12	0.16~0.20	0.10~0.40	0.35~0.60	0.040	0.035	0.65~1.00	—	3.00~3.50	—	—
30NC12	0.26~0.33	0.10~0.40	0.35~0.60	0.040	0.035	0.60~0.90	—	2.75~3.25	—	—
18NC13	0.16~0.20	≤0.50	≤0.50	0.040	0.035	0.50~1.00	—	3.00~3.50	—	—
12NC15	0.08~0.15	0.10~0.35	0.35~0.60	0.040	0.035	0.70~1.10	—	3.40~3.90	—	—
35NC15	0.30~0.37	0.10~0.40	0.35~0.60	0.035	0.035	1.50~1.90	—	3.50~4.00	—	—
30NC16	0.30~0.35	0.10~0.40	0.20~0.50	0.040	0.035	1.20~1.30	—	3.70~3.80	—	—
40NC17	0.37~0.45	0.10~0.40	0.15~0.55	0.040	0.035	1.50~2.00	—	4.00~4.50	—	—
10ND4	0.07~0.14	0.10~0.35	≤0.45	0.040	0.035	—	0.10~0.20	0.80~1.20	—	—
10ND8	0.07~0.13	0.10~0.35	0.20~0.50	0.040	0.035	—	0.15~0.30	1.80~2.30	—	—
15ND8	0.13~0.18	0.10~0.35	0.20~0.50	0.040	0.035	—	0.15~0.30	1.80~2.30	—	—
20ND8	0.16~0.23	0.10~0.35	0.20~0.50	0.040	0.035	—	0.15~0.30	1.80~2.30	—	—
15ND11	0.13~0.18	0.10~0.35	0.40~0.60	0.040	0.035	—	0.15~0.30	3.25~3.75	—	—
12ND16	0.08~0.15	0.10~0.35	0.35~0.60	0.040	0.035	—	0.70~1.20	3.70~4.40	—	—
20ND16	0.16~0.23	0.10~0.35	0.35~0.60	0.040	0.035	—	0.70~1.20	3.70~4.40	—	—
19NCB6	0.15~0.21	0.10~0.40	0.60~0.90	0.035	0.035	0.85~1.15	—	1.20~1.60	—	B 0.0008~0.0050
15NCD2	0.13~0.18	0.10~0.40	0.70~0.90	0.040	0.035	0.40~0.60	0.15~0.25	0.40~0.70	—	—
20NCD2	0.18~0.23	0.10~0.40	0.70~0.90	0.030	0.025	0.40~0.60	0.15~0.30	0.40~0.70	—	Cu≤0.35
22NCD2	0.20~0.25	0.10~0.35	0.65~0.95	0.030	0.025	0.40~0.65	0.15~0.25	0.40~0.70	—	Al≥0.020
30NCD2	0.30~0.35	0.10~0.40	0.70~0.90	0.040	0.035	0.40~0.60	0.15~0.30	0.50~0.80	—	—
35NCD2	0.32~0.40	0.10~0.40	0.70~1.00	0.040	0.035	0.40~0.60	0.15~0.30	0.40~0.70	—	—
40NCD2	0.37~0.44	0.10~0.40	0.60~0.90	0.040	0.035	0.40~0.60	0.15~0.30	0.40~0.70	—	—
40NCD2TS	0.38~0.44	0.10~0.40	0.70~1.00	0.025	0.030	0.40~0.60	0.15~0.30	0.40~0.70	—	—
40NCD3	0.36~0.43	0.10~0.40	0.50~0.80	0.035	0.035	0.60~0.90	0.15~0.30	0.70~1.00	—	—
40NCD3TS	0.38~0.44	0.10~0.40	0.70~1.00	0.025	0.030	0.40~0.60	0.15~0.30	0.40~0.70	—	—
10NCD4	0.07~0.13	0.10~0.40	0.50~0.90	0.040	0.035	0.40~0.70	0.10~0.20	1.00~1.30	—	—
16NCD4	0.12~0.19	0.10~0.40	0.50~0.90	0.040	0.035	0.40~0.70	0.10~0.20	1.00~1.30	—	—
18NCD4	0.16~0.22	0.20~0.35	0.50~0.80	0.030	0.025	0.35~0.55	0.15~0.30	0.90~1.20	—	Cu≤0.35
25NCD4	0.22~0.28	0.10~0.40	0.50~0.90	0.040	0.035	0.40~0.70	0.10~0.20	1.00~1.30	—	—
35NCD4	0.32~0.38	0.10~0.40	0.50~0.90	0.040	0.035	0.40~0.70	0.10~0.20	1.00~1.30	—	—

续表

NF牌号	化学成分/%								
	C	Si	Mn	P,≤	S,≤	Cr	Mo	Ni	V	其他
10NCD5	0.07～0.13	0.10～0.40	0.50～0.90	0.040	0.035	0.70～1.10	0.10～0.20	1.10～1.50	—	—
16NCD5	0.11～0.18	0.10～0.40	0.50～0.90	0.040	0.035	0.70～1.10	0.10～0.20	1.10～1.50	—	—
25NCD5	0.21～0.29	0.10～0.40	0.60～0.90	0.040	0.035	0.40～0.70	0.10～0.20	1.10～1.50	—	—
35NCD5	0.30～0.38	0.10～0.40	0.50～0.90	0.040	0.035	0.40～0.70	0.10～0.20	1.10～1.50	—	—
10NCD6	0.07～0.13	0.10～0.40	0.60～0.90	0.040	0.035	0.85～1.15	0.15～0.30	1.20～1.60	—	—
14NCD6	0.10～0.16	0.10～0.40	0.60～0.90	0.040	0.035	0.85～1.15	0.15～0.30	1.20～1.60	—	—
18NCD6	0.14～0.20	0.10～0.40	0.60～0.90	0.035	0.035	0.85～1.15	0.15～0.30	1.20～1.60	—	—
35NCD6	0.30～0.37	0.10～0.40	0.60～0.90	0.035	0.035	0.85～1.15	0.15～0.30	1.20～1.60	—	—
20NCD7	0.16～0.22	0.20～0.35	0.45～0.65	0.030	0.025	0.20～0.60	0.20～0.30	1.65～2.00	—	Cu≤0.35
30NCD8	0.25～0.35	≤0.40	0.15～0.55	0.030	0.025	1.90～2.40	0.60～0.80	≤2.40	—	
30NCD11	0.25～0.35	≤0.40	0.20～0.50	0.040	0.035	0.70～1.10	0.25～0.45	2.70～3.30	—	—
10NCD12	0.07～0.12	0.10～0.35	0.20～0.50	0.030	0.025	0.60～0.90	0.20～0.40	2.80～3.20	—	—
30NCD12	0.25～0.35	0.10～0.40	0.15～0.55	0.030	0.025	0.70～1.10	0.25～0.45	2.80～3.20	—	—
16NCD13	0.12～0.17	≤0.35	≤0.50	0.030	0.025	0.85～1.15	0.15～0.30	3.00～3.50	—	Cu≤0.35
35NCD14	0.30～0.40	0.10～0.40	0.20～0.50	0.030	0.025	1.20～1.60	0.20～0.40	3.20～3.70	—	—
25NCD15	0.20～0.30	0.10～0.35	0.20～0.50	0.030	0.025	1.10～1.40	0.35～0.60	3.70～4.20	—	—
30NCD15	0.28～0.36	0.10～0.30	0.20～0.55	0.030	0.025	1.20～1.50	0.30～0.60	3.70～4.20	—	—
25NCD16	0.20～0.30	≤0.35	≤0.50	0.030	0.025	1.10～1.40	0.35～0.60	3.70～4.20	—	—
30NCD16	0.25～0.35	0.10～0.40	0.20～0.55	0.030	0.025	1.20～1.50	0.40～0.60	3.70～4.30	—	—
35NCD16	0.30～0.37	0.10～0.40	0.30～0.60	0.030	0.025	1.60～2.00	0.30～0.50	3.70～4.20	—	—
38NCD16	0.35～0.42	0.10～0.40	0.15～0.55	0.025	0.020	1.60～2.00	0.30～0.55	3.70～4.20	—	—
16NCD17	0.12～0.18	≤0.50	≤0.50	0.030	0.025	1.00～1.40	0.15～0.45	4.00～4.50	—	—
40NCD18	0.35～0.45	0.10～0.40	0.20～0.55	0.030	0.025	1.40～1.70	0.35～0.60	4.30～4.90	—	—
40NCD19	0.35～0.43	0.10～0.35	0.15～0.45	0.030	0.025	0.30～0.60	0.80～1.20	4.30～5.00	—	—
19NCDB2	0.17～0.23	0.10～0.40	0.65～0.95	0.035	0.035	0.40～0.65	0.15～0.25	0.40～0.70	—	B 0.0008～0.0050
23NCDB4	0.20～0.25	0.10～0.35	0.65～0.95	0.030	0.025	0.40～0.65	0.15～0.25	0.40～0.70	—	B≥0.0008, Al≥0.020
10Pb2	0.05～0.15	≤0.30	0.30～0.60	0.040	0.040	—	—	—	—	Pb 0.15～0.30
20Pb2	0.15～0.25	0.10～0.40	0.40～0.70	0.040	0.040	—	—	—	—	Pb 0.15～0.30
35Pb2	0.30～0.40	0.10～0.40	0.50～0.80	0.040	0.040	—	—	—	—	Pb 0.15～0.30

续表

NF 牌号	化学成分/%									
	C	Si	Mn	P,≤	S,≤	Cr	Mo	Ni	V	其他
10PbF2	0.08~0.14	0.10~0.40	0.50~0.75	0.060	0.12~0.24	—	—	—	—	Pb 0.15~0.30
41S7	0.38~0.44	1.60~2.00	0.50~0.80	0.035	0.035	—	—	—	—	—
45S7	0.42~0.50	1.60~2.00	0.50~0.80	0.035	0.035	—	—	—	—	—
46S7	0.43~0.49	1.60~2.00	0.50~0.80	0.035	0.035	≤0.30	—	—	—	—
50S7	0.45~0.55	1.50~2.00	0.50~0.80	0.050	0.050	—	—	—	—	—
51S7	0.48~0.54	1.60~2.00	0.50~0.80	0.035	0.035	≤0.30	—	—	—	—
55S7	0.51~0.60	1.60~2.00	0.70~1.00	0.035	0.035	≤0.45	—	—	—	—
60S7	0.55~0.65	1.50~2.00	0.70~1.00	0.050	0.050	—	—	—	—	—
45S8	0.40~0.50	1.60~2.10	0.40~0.80	0.040	0.035	—	—	—	—	—
S250	≤0.14	≤0.08	0.90~1.50	0.11	0.25~0.35	—	—	—	—	—
S250Pb	≤0.14	≤0.08	0.90~1.50	0.11	0.25~0.35	—	—	—	—	Pb 0.20~0.30
S300	≤0.15	≤0.09	1.00~1.60	0.11	0.27~0.44	—	—	—	—	—
S300Pb	≤0.15	≤0.08	1.00~1.60	0.11	0.27~0.44	—	—	—	—	Pb 0.20~0.30
60SC7	0.55~0.65	1.30~1.80	0.60~0.90	0.035	0.035	0.45~0.80	—	—	—	—
56SC7	0.53~0.59	1.60~2.00	060~0.90	0.035	0.035	0.20~0.45	—	—	—	—
45SCD6	0.42~0.50	1.30~1.70	0.50~0.80	0.030	0.025	0.50~0.75	0.15~0.30	—	—	—
50SCD6	0.46~0.54	1.40~1.80	0.70~1.10	0.025	0.020	0.80~1.10	0.20~0.35	—	—	—
105WC20	1.00~1.10	0.20~0.35	0.30~0.45	0.030	0.025	0.30~0.40	—	—	—	W 1.90~2.20
Z15CD5.05	0.10~0.20	0.15~0.50	0.30~0.60	0.030	0.030	4.00~6.00	0.40~0.65	—	—	—
Z20CDNbV11	0.18~0.25	0.20~0.60	0.60~1.00	0.030	0.030	10.0~12.0	0.70~1.10	≤1.00	0.20~0.40	Nb 0.25~0.55
Z6CNT18.11	≤0.08	≤1.00	≤2.00	0.040	0.030	17.0~19.0	—	10.0~12.0	—	Ti≥5×C≤0.60
Z120M12	1.05~1.35	0.20~0.60	1.10~1.40	0.045	0.035	—	—	—	—	—
Z12N5	0.08~0.14	0.10~0.35	0.35~0.60	0.040	0.035	—	—	4.70~5.40	—	—
Z18N5	0.18~0.20	≤0.35	0.35~0.60	0.040	0.035	—	—	4.70~5.40	—	—
Z6NCTD25.15	≤0.08	≤1.00	1.00~2.00	0.030	0.030	13.5~16.0	1.00~1.50	24.0~27.0	0.10~0.50	Al≥0.40, Ti 1.80~2.30
Z2NKD18.8	≤0.03	≤0.10	≤0.10	0.030	0.025	—	4.60~5.20	17.0~19.0	—	Co≤9.50,Ti≤0.70
Z55NMC12.05	0.50~0.70	≤0.50	4.50~5.50	0.030	0.025	2.50~3.00	0.30~0.70	11.5~12.5	—	—
Z80WDCV6	0.77~0.85	0.10~0.40	0.10~0.40	0.015	0.015	3.75~4.50	4.50~5.25	≤0.20	1.60~2.00	Cu≤0.20,W 5.50~6.25, Cu≤0.25

续表

NF 牌号	化学成分/%									
	C	Si	Mn	P,≤	S,≤	Co	Cr	Mo	V	W	其他
工具钢(NF A 35-590)											
1102 Y_1 105	0.95～1.09	0.10～0.25	0.10～0.30	0.020	0.020	—	≤0.20	—	—	—	Ni≤0.25,Cu≤0.25
1103 Y_1 90	0.85～0.94	0.10～0.25	0.10～0.30	0.020	0.020	—	≤0.20	—	—	—	Ni≤0.25,Cu≤0.25
1104 Y_1 80	0.75～0.84	0.10～0.25	0.10～0.30	0.020	0.020	—	≤0.20	—	—	—	Ni≤0.25,Cu≤0.25
1105 Y_1 70	0.65～0.74	0.10～0.25	0.10～0.30	0.020	0.020	—	≤0.20	—	—	—	Ni≤0.25,Cu≤0.25
1162 Y_1 105V	0.95～1.09	0.10～0.25	0.10～0.30	0.020	0.020	—	≤0.20	—	0.05～0.15	—	Ni≤0.25,Cu≤0.25
1200 Y_2 140	1.30～1.50	0.10～0.30	0.10～0.40	0.025	0.025	—	≤0.20	—	—	—	Ni≤0.25,Cu≤0.25
1201 Y_2 120	1.10～1.29	0.10～0.30	0.10～0.40	0.025	0.025	—	≤0.20	—	—	—	Ni≤0.25,Cu≤0.25
1230 Y_2 140C	1.30～1.50	0.10～0.30	0.10～0.40	0.025	0.025	—	0.20～0.50	—	—	—	Ni≤0.25,Cu≤0.25
1231 Y_2 120C	1.10～1.29	0.10～0.30	0.10～0.40	0.025	0.025	—	0.20～0.50	—	—	—	Ni≤0.25,Cu≤0.25
1350 Y_3 65	0.60～0.69	0.10～0.40	0.50～0.80	0.035	0.035	—	≤0.35	—	—	—	Ni≤0.35,Cu≤0.35
1306 Y_3 55	0.52～0.60	0.10～0.40	0.50～0.80	0.035	0.035	—	≤0.35	—	—	—	Ni≤0.35,Cu≤0.35
1307 Y_3 48	0.45～0.51	0.10～0.40	0.50～0.80	0.035	0.035	—	≤0.35	—	—	—	Ni≤0.35,Cu≤0.35
1308 Y_3 42	0.40～0.45	0.10～0.40	0.50～0.80	0.035	0.035	—	≤0.35	—	—	—	Ni≤0.35,Cu≤0.35
1309 Y_3 38	0.35～0.40	0.10～0.40	0.50～0.80	0.035	0.035	—	≤0.35	—	—	—	Ni≤0.35,Cu≤0.35
2130 Y 100C2	0.95～1.10	0.15～0.35	0.20～0.40	0.025	0.025	—	0.40～0.60	—	—	—	—
2132 130C3	1.20～1.40	0.10～0.40	0.15～0.45	0.025	0.025	—	0.60～0.90	—	—	—	—
2133 Y 100C6	0.95～1.10	0.15～0.35	0.20～0.40	0.025	0.025	—	1.35～1.60	—	—	—	—
2134 100CM6	0.90～1.05	0.40～0.70	0.95～1.25	0.025	0.025	—	1.35～1.60	—	—	—	—
2141 105WC13	1.00～1.15	0.10～0.40	0.70～1.00	0.025	0.025	—	0.80～1.10	—	—	1.00～1.60	—
2211 90MV8	0.80～0.95	0.10～0.40	1.80～2.20	0.025	0.025	—	—	—	0.05～0.20	—	—
2212 90MWCV5	0.85～1.00	0.10～0.40	1.05～1.35	0.025	0.025	—	0.35～0.65	—	0.05～0.20	0.40～0.70	—
2231 Z100CDV5	0.90～1.05	0.10～0.40	0.50～0.80	0.025	0.025	—	4.80～5.50	0.90～1.30	0.15～0.35	—	—
2233 Z200C12	1.90～2.20	0.10～0.40	0.15～0.45	0.025	0.025	—	11.0～13.0	—	—	—	—
2234 Z200CD12	1.80～2.10	0.10～0.40	0.40～0.70	0.025	0.025	—	11.0～13.0	0.50～0.80	—	—	—
2235 Z160CDV12	1.45～1.70	0.10～0.40	0.15～0.45	0.025	0.025	—	11.0～13.0	0.70～1.10	0.70～1.00	—	—
2236 Z160 CKD V12.03	1.50～1.75	0.10～0.40	0.15～0.45	0.025	0.025	2.50～3.00	12.0～14.0	0.70～1.10	0.15～0.30	—	—
2321 Y46S7	0.43～0.49	1.60～2.00	0.50～0.80	0.025	0.025	—	—	—	—	—	—
2322 Y51S7	0.48～0.54	1.60～2.00	0.50～0.80	0.025	0.025	—	—	—	—	—	—

续表

NF 牌号	化学成分/%										
	C	Si	Mn	P,≤	S,≤	Co	Cr	Mo	V	W	其他
2321 Y45SCD6	0.42~0.50	1.30~1.70	0.50~0.80	0.025	0.025	—	0.50~0.75	0.15~0.30	—	—	—
2331 Y42CD4	0.39~0.46	0.10~0.40	0.60~0.90	0.025	0.025	—	0.85~1.15	0.15~0.30	—	—	—
2333 35CMD7	0.32~0.38	0.40~0.70	0.80~1.20	0.025	0.025	—	1.60~2.00	0.40~0.60	—	—	—
2341 55WC20	0.50~0.60	0.70~1.10	0.15~0.45	0.025	0.025	—	0.90~1.20	—	—	1.70~2.20	—
2381 Y35NC15	0.32~0.36	0.10~0.40	0.30~0.60	0.025	0.025	—	0.40~1.80	—	—	—	Ni 3.50~4.00
2730 Z100CD17	0.85~1.10	≤1.00	≤1.00	0.030	0.025	—	16.0~18.0	0.40~0.70	—	—	—
2732 Z40C14	0.35~0.45	≤1.00	≤1.00	0.040	0.030	—	12.5~14.5	—	—	—	Ni≤1.00
3331 45CDV6	0.41~0.49	0.10~0.40	0.10~0.40	0.025	0.025	—	1.35~1.65	0.70~1.00	0.15~0.35	—	—
3333 40CDV13	0.36~0.43	0.10~0.40	0.40~0.70	0.025	0.025	—	2.90~3.50	0.50~0.80	0.05~0.15	—	—
3335 55CND4	0.50~0.60	0.10~0.40	0.60~1.00	0.025	0.025	—	0.85~1.15	0.30~0.50	0.05~0.15	—	Ni 0.45~0.75
3381 55NCDV7	0.50~0.60	0.10~0.40	0.50~0.80	0.025	0.025	—	0.70~1.00	0.30~0.50	0.05~0.15	—	Ni 1.50~2.00
3384 35NCDV8	0.32~0.38	0.10~0.40	0.30~0.60	0.025	0.025	—	1.90~2.30	0.50~0.80	0.05~0.15	—	Ni 2.00~2.40
3385 40NCD16	0.35~0.43	0.10~0.40	0.30~0.60	0.025	0.025	—	1.60~2.00	0.30~0.50	—	—	Ni 3.70~4.20
3431 Z38CDV5	0.34~0.42	0.80~1.20	0.20~0.50	0.025	0.025	—	4.80~5.50	1.20~1.50	0.30~0.50	—	—
3432 Z35CWDC5	0.32~0.40	0.80~1.20	0.20~0.50	0.025	0.025	—	4.80~5.50	1.20~1.50	0.30~0.50	1.10~1.60	—
3433 Z40CDV5	0.36~0.44	0.80~1.20	0.20~0.50	0.025	0.025	—	4.80~5.50	1.20~1.50	0.85~1.15	—	—
3451 32DCV28	0.28~0.35	0.10~0.40	0.20~0.50	0.025	0.025	—	2.60~3.30	2.50~3.00	0.40~0.70	—	—
3455 20DN34.13	0.18~0.23	0.10~0.40	0.50~0.80	0.025	0.025	—	—	3.10~3.70	—	—	Ni 2.90~3.50
3541 Z32WCV5	0.28~0.35	0.10~0.40	0.15~0.45	0.025	0.025	—	2.00~3.00	—	0.40~0.70	4.50~5.10	—
3543 Z30WCV9	0.25~0.32	0.10~0.40	0.15~0.45	0.025	0.025	—	2.50~3.50	—	0.30~0.50	8.50~9.50	—
3551 Y80DCV42.46	0.77~0.85	0.10~0.40	0.10~0.40	0.025	0.025	—	3.75~4.50	3.75~4.50	0.90~1.20	—	—
3632 Z10CNS25.20	≤0.15	1.50~2.50	≤2.00	0.040	0.030	—	23.00~26.00	—	—	—	Ni 18.00~21.00
3836 Z10NCS37.18	≤0.15	1.50~2.50	≤2.00	0.040	0.030	—	16.00~19.00	—	—	—	Ni 36.00~39.00
4171 Z160WKVC12-05-05-04	1.50~1.65	≤0.50	≤0.40	0.030	0.030	4.50~5.20	4.00~5.00	0.70~1.00	4.75~5.35	11.5~13.0	—
4176 Z130WKCDV 10-10-04-04-03	1.20~1.35	≤0.50	≤0.40	0.030	0.030	9.50~10.50	3.50~4.50	3.20~3.90	3.00~3.50	9.00~10.00	—
4201 Z80WCV18-04-01	0.75~0.83	≤0.50	≤0.40	0.030	0.030	≤1.00	3.50~4.50	≤1.00	1.00~1.30	17.2~18.7	—

续表

NF 牌号	化学成分/%										
	C	Si	Mn	P,≤	S,≤	Co	Cr	Mo	V	W	其他
4271 Z80WKCV18-05-04-01	0.77～0.85	≤0.50	≤0.40	0.030	0.030	4.50～5.20	3.50～4.50	0.70～1.00	1.10～1.60	17.2～18.7	—
4275 Z80WKCV18-10-04-02	0.76～0.84	≤0.50	≤0.40	0.030	0.030	9.50～10.50	3.50～4.50	≤1.00	1.30～1.80	17.2～18.7	—
4301 Z85WDCV06-05-04-02	0.80～0.87	≤0.50	≤0.40	0.030	0.030	≤1.00	3.50～450	4.60～5.30	1.70～2.20	5.70～6.70	—
4302 Z90WDCV06-05-04-02	0.88～0.96	≤0.50	≤0.40	0.030	0.030	≤1.00	3.50～4.50	4.60～5.30	1.70～2.20	5.70～6.70	—
4360 Z120WDCV06-05-04-03	1.15～1.25	≤0.50	≤0.40	0.030	0.030	≤1.00	3.50～4.50	4.60～5.30	2.70～3.20	5.70～6.70	—
4361 Z130WDCV06-05-04-04	1.25～1.40	≤0.50	≤0.40	0.030	0.030	≤1.00	4.00～5.00	4.20～5.00	3.60～4.20	5.00～6.00	—
4371 Z85WDKCV06-05-05-04-02	0.80～0.87	≤0.50	≤0.40	0.030	0.030	4.50～5.20	3.50～4.50	4.60～5.30	1.70～2.20	5.70～6.70	—
4372 Z90WDKCV06-05-05-04-02	0.88～0.96	≤0.50	≤0.40	0.030	0.030	4.50～5.20	3.50～4.50	4.60～5.30	1.70～2.20	5.70～6.70	—
4374 Z110WKCKV07-05-04-04-02	1.05～1.15	≤0.50	≤0.40	0.030	0.030	4.70～5.20	3.50～4.50	3.50～4.20	1.70～2.20	6.40～7.40	—
4376 Z130KWDCV12-07-06-04-03	1.20～1.35	≤0.50	≤0.40	0.030	0.030	11.25～12.25	3.50～4.50	6.00～6.50	3.00～3.50	6.75～7.75	—
4441 Z85KCWV08-04-02-01	0.80～0.88	≤0.50	≤0.40	0.030	0.030	≤1.00	3.50～4.50	8.00～9.00	1.00～1.50	1.40～2.00	—
4442 Z100DCWV09-04-02-02	0.95～1.05	≤0.50	≤0.40	0.030	0.030	≤1.00	3.50～4.50	8.20～9.20	1.70～1.20	1.50～2.10	—
4475 Z110DKCWV09-08-04-02-01	1.05～1.15	≤0.50	≤0.40	0.030	0.030	7.50～8.50	3.50～4.50	9.00～10.00	1.00～1.30	1.30～1.90	—
(NF A 35-596)											
-Y45	0.42～0.49	0.10～0.30	0.40～0.60	0.025	0.025	—	—	—	—	—	—
-Y55	0.50～0.59	0.10～0.30	0.40～0.70	0.025	0.025	—	—	—	—	—	—
-Y65	0.60～0.69	0.10～0.30	0.40～0.70	0.025	0.025	—	—	—	—	—	—
-Y75	0.70～0.80	0.10～0.30	0.40～0.70	0.025	0.025	—	—	—	—	—	—
-Y90	0.85～0.95	0.10～0.30	0.40～0.70	0.025	0.025	—	—	—	—	—	—

续表

NF 牌号	化学成分/%								
	C	Si	Mn	P,≤	S,≤	Cr	Ni	V	其他
低合金和/或高弹性极限钢板(NF A 36-201)									
E355R Ⅰ类	≤0.18	≤0.50	≤1.60	0.035	0.035	—	—	—	Nb 0.015～0.06 Al/Ti①
E355R Ⅱ类	≤0.16	≤0.50	≤1.60	0.035	0.035	—	—	0.02～0.10	Nb 0.015+0.06 Al/Ti①
E355R Ⅲ类	≤0.16	≤0.50	≤1.60	0.035	0.035	—	—	—	Cr+Ni+Mo+Cu≤0.80 Al/Ti①
E355C Ⅰ类	≤0.18	≤0.50	≤1.60	0.035	0.035	—	—	—	Nb 0.015～0.06 Al/Ti①
E355C Ⅱ类	≤0.16	≤0.50	≤1.60	0.035	0.035	—	—	0.02～0.10	Nb 0.015～0.06 Al/Ti①
E355C Ⅲ类①	≤0.16	≤0.50	≤1.60	0.035	0.035	—	—	—	Cr+Ni+Mo+Cu≤0.80 Al/Ti①
E375R Ⅰ类	≤0.20	≤0.50	≤1.60	0.035	0.035	—	—	—	Nb 0.015～0.06 Al/Ti①
E375R Ⅱ类	≤0.18	≤0.50	≤1.60	0.035	0035	—	—	0.02～0.10	Nb 0.015～0.06
E375R Ⅲ类	≤0.18	≤0.50	≤1.60	0.035	0.035	—	—	—	Cr+Ni+Mo+Cu≤0.80 Al/Ti①
E375C Ⅰ类	≤0.20	≤0.50	≤1.60	0.035	0.035	—	—	—	Nb 0.015～0.06 Al/Ti①
E375C Ⅱ类	≤0.18	≤0.50	≤1.60	0.035	0.035	—	—	0.02～0.10	Nb 0.015～0.06 Al/Ti①
E375C Ⅲ类	≤0.18	≤0.50	≤1.60	0.035	0.035	—	—	—	Cr+Ni+Mo+Cu≤0.80 Al/Ti①
E420R Ⅰ类	≤0.20	≤0.50	≤1.60	0.035	0.035	—	—	0.12～0.12	Nb 0.015～0.12 Al/Ti①
E420R Ⅱ类	≤0.22	≤0.50	≤1.60	0.035	0.035	—	—	—	Cr+Ni+Mo+Cu≤0.80 Al/Ti①
E420C Ⅰ类	≤0.20	≤0.50	≤1.60	0.035	0.035	—	—	0.02～0.12	Nb 0.015～0.06 Al/Ti①
E420C Ⅱ类	≤0.22	≤0.55	≤1.60	0.035	0.035	—	—	—	Cr+Ni+Mo+Cu≤0.80 Al/Ti①
E460R Ⅰ类	≤0.20	≤0.50	≤1.70	0.035	0.035	—	—	0.02～0.15	Nb 0.015～0.06 Al/Ti①
E460R Ⅱ类	≤0.18	≤0.40	≤1.70	0.035	0.035	—	0.2～0.7	—	Cr+Mo+Cu≤0.70 Al/Ti①
E460C Ⅰ类	≤0.20	≤0.50	≤1.70	0.035	0.035	—	—	0.02～0.15	Nb 0.015～0.06 Al/Ti①
E460C Ⅱ类	≤0.18	≤0.40	≤1.70	0.035	0.035	—	0.2～0.7	—	Cr+Mo+Cu≤0.70 Al/Ti①
E355FP Ⅰ类	≤0.18	≤0.50	≤1.60	0.030	0.030	—	—	—	Nb 0.015～0.06 Al/Ti①
E355FP Ⅱ类	≤0.16	≤0.50	≤1.60	0.030	0.030	—	—	0.02～0.10	Nb 0.015～0.06 Al/Ti①
E355FP Ⅲ类	≤0.16	≤0.50	≤1.60	0.030	0.030	—	—	—	Cr+Ni+Mo+Cu≤0.80 Al/Ti①
E375FP Ⅰ类	≤0.20	≤0.50	≤1.50	0.030	0.030	—	—	0.02～0.10	Nb 0.015～0.06 Al/Ti①
E375FP Ⅱ类	≤0.18	≤0.50	≤1.50	0.030	0.030	—	—	—	Nb 0.015～0.06 Al/Ti①
E375FP Ⅲ类	≤0.16	≤0.50	≤1.50	0.030	0.030	—	—	—	Cr+Ni+Mo≤0.80 Al/Ti①
E420FP Ⅰ类	≤0.20	≤0.50	≤1.60	0.030	0.030	—	—	0.02～0.10	Nb 0.015～0.06 Al/Ti①
E420FP Ⅱ类	≤0.22	≤0.55	≤1.60	0.030	0.030	—	—	—	Cr+Ni+Mo+Cu≤0.80 Al/Ti①
E460FP Ⅰ类	≤0.20	≤0.50	≤1.70	0.030	0.030	—	—	0.02～0.10	Nb 0.015～0.16 Al/Ti①

续表

NF 牌号	化学成分/%								
	C	Si	Mn	P,≤	S,≤	Cr	Ni	V	其他
E460FP Ⅱ类	≤0.18	≤0.40	≤1.70	0.030	0.030	—	0.2～0.7	—	Cr+Mo+Cu≤0.70 Al/Ti[①]
锅炉及压力容器用钢板(碳素钢)(NF A 37-205)									
A37C1	≤0.16	≤0.35	≤0.40	0.04	0.04	—	—	—	—
A37P1	≤0.16	≤0.35	≤0.40	0.04	0.04	—	—	—	—
A37C2	≤0.15	≤0.20	≤0.40	0.035	0.035	—	—	—	Cu≤0.25
A37P2	≤0.15	≤0.20	≤0.40	0.035	0.035	—	—	—	Cu≤0.25
A42C1	≤0.18	≤0.35	≤0.50	0.04	0.04	—	—	—	—
A42P1	≤0.18	≤0.35	≤0.50	0.04	0.04	—	—	—	—
A42C2	≤0.18	≤0.25	≤0.60	0.035	0.035	—	—	—	Cu≤0.25
A42P2	≤0.18	≤0.25	≤0.60	0.035	0.035	—	—	—	Cu≤0.25
A48C1	≤0.20	≤0.40	≤0.60	0.04	0.04	—	—	—	—
A48CR1	≤0.20	≤0.55	≤0.60	0.04	0.04	—	—	—	—
A48C2	≤0.20	≤0.30	≤0.80	0.035	0.035	≤0.20	≤0.30	≤0.05	Mo≤0.10,Cu≤0.25
A48CR2	≤0.20	≤0.45	≤0.80	0.035	0.03	≤0.20	≤0.30	≤0.05	Mo≤0.10,Cu≤0.25
A52C1	≤0.20	≤0.55	≤0.90	0.04	0.04	—	—	—	—
A52CR1	≤0.20	≤0.55	≤0.90	0.04	0.04	—	—	—	≤0.08,Mo≤0.30
A52C2	≤0.20	≤0.55	≤1.00	0.035	0.035	≤0.20	≤0.30	—	≤0.05,Mo≤0.10,Cu≤0.25
A52CR2	≤0.20	≤0.45	≤1.00	0.035	0.035	≤0.20	≤0.30	—	≤0.08,Mo≤0.30,Nb≤0.05,Cu≤0.25
A42FP1	≤0.18	≤0.35	≤0.50	0.04	0.04	—	—	—	—
A42FP2	≤0.18	≤0.25	≤0.60	0.035	0.035	—	—	—	Cu≤0.25
A48PI2	≤0.20	≤0.40	≤0.60	0.040	0.04	—	—	—	—
A48PR1	≤0.20	≤0.55	≤0.60	0.040	0.04	—	—	—	—
A48P2	≤0.20	≤0.30	≤0.80	0.035	0.035	≤0.20	≤0.30	≤0.05	Mo≤0.10,Cu≤0.25
A48PR2	≤0.20	≤0.45	≤0.80	0.035	0.035	≤0.20	≤0.30	≤0.05	Mo≤0.10,Cu≤0.25
A52P1	≤0.20	≤0.55	≤0.90	0.040	0.04	—	—	—	—
A52PR2	≤0.20	≤0.45	≤1.00	0.035	0.035	≤0.20	≤0.30	≤0.08	Mo≤0.10,Cu≤0.25
A52PR1	≤0.20	≤0.55	≤0.90	0.04	0.04	—	—	≤0.08	Mo≤0.30
A52PR2	≤0.20	≤0.45	≤1.0	0.035	0.035	≤0.20	≤0.30	≤0.08	Mo≤0.30,Nb≤0.05,Cu≤0.25
锅炉与压力容器用钢板(合金钢)(NF A 36-206)									
15D3	≤0.18	0.15～0.30	0.50～0.8	0.035	0.030	≤0.30	≤0.30	≤0.04	Mo 0.25～0.35,Cu≤0.25

续表

NF 牌号	化学成分/%								
	C	Si	Mn	P,≤	S,≤	Cr	Ni	V	其他
18MD4.05	≤0.20	0.15～0.30	0.9～1.4	0.030	0.030	≤0.30	≤0.50	≤0.04	Mo 0.4～0.6,Cu≤0.25
15MDV4.05	≤0.18	0.15～0.35	0.9～1.4	0.030	0.030	≤0.30	≤0.50	0.04～0.08	Mo 0.4～0.6,Cu≤0.25
15CD2.05	≤0.18	0.15～0.30	0.5～0.9	0.030	0.030	0.4～0.6	≤0.30	≤0.04	Mo 0.4～0.6,Cu≤0.25
15CD4.05	≤0.18	0.15～0.35	0.4～0.8	0.030	0.030	0.8～1.2	≤0.30	≤0.04	Mo 0.4～0.6,Cu≤0.25
10CDg10	≤0.15	0.15～0.35	0.4～0.8	0.030	0.030	2.0～2.5	≤0.30	≤0.04	Mo 0.9～1.1,Cu≤0.25
低温压力容器用碳素和含镍合金钢板(NF A 36-208)									
A42FP1	≤0.18	≤0.35	≤0.50	0.040	0.04	—	—	—	—
A42FP2	≤0.18	≤0.25	≤0.60	0.035	0.035	—	—	—	Cu≤0.25
A48FP1	≤0.20	≤0.30	≤0.80	0.035	0.035	—	—	—	—
A48FP2	≤0.20	≤0.30	≤0.80	0.035	0.035	≤0.20	≤0.30	≤0.05	Mo≤0.10　Cu≤0.25
A52FP1	≤0.20	≤0.55	≤0.90	0.040	0.04	—	—	—	—
A52FP2	≤0.20	≤0.45	≤1.0	0.035	0.035	≤0.20	≤0.30	≤0.05	Mo≤0.10,Cu≤0.20
0.5Ni(245 类)	≤0.13	≤0.35	0.7～1.5	0.030	0.025	—	0.3～0.8	≤0.08	Nb≤0.06,Al 残余≥0.015,Nb+V≤0.10
0.5Ni(285 类)	≤0.14	≤0.35	0.7～1.5	0.030	0.025	—	0.3～0.8	≤0.08	Nb≤0.06,Al 残余>0.015,Nb+V≤0.10
0.5Ni(355 类)	≤0.16	≤0.35	0.85～1.65	0.030	0.025	—	0.3～0.8	≤0.08	Nb≤0.06,Al 残余>0.015,Nb+V≤0.10
1.5Ni(285 类)	≤0.18	≤0.35	0.3～0.7	0.025	0.020	—	1.3～1.7	≤0.05	Al 残余>0.015
1.5Ni(355 类)	≤0.18	≤0.35	0.8～1.5	0.025	0.020	—	1.3～1.7	≤0.05	Al 残余>0.015
3.5Ni(285 类)	≤0.15	≤0.35	0.3～0.8	0.025	0.020	—	3.25～3.75	≤0.05	Al 残余>0.015
3.5Ni(355 类)	≤0.15	≤0.35	0.3～0.8	0.025	0.020	—	3.25～3.75	≤0.05	Al 残余>0.015
5Ni(390 类)	≤0.12	≤0.35	0.3～0.8	0.025	0.020	—	4.25～4.75	≤0.05	Al 残余>0.015
9Ni(490 类)	≤0.10	≤0.35	0.3～0.8	0.025	0.020	—	8.8～1.10	≤0.05	Al 残余>0.015
9Ni(585 类)	≤0.10	≤0.35	0.3～0.8	0.025	0.020	—	8.8～1.0	≤0.05	Al 残余>0.015

注:1.表中①镇静钢生产添加少量与氮化合的元素,如铝、钛……,以得到细晶粒结构;

2.残余元素含量 Cr≤0.20%,Ni≤0.3%,Cu≤0.25%,Mo≤0.10%;

3.热轧钢板 Cu+Sn≤0.33%。

12.5.2 结构钢的力学性能

表 12-137 渗碳钢的力学性能(NF A 35-551)

牌号	直径≤16mm				16mm<直径≤40mm				40mm<直径≤100mm				100mm<直径≤160mm				160mm<直径≤250m			
	屈服极限/MPa不小于	抗拉强度/MPa	伸长率/%不小于	冲击韧性KCU/J·cm^{-2}不小于	屈服极限/MPa不小于	抗拉强度/MPa	伸长率/%不小于	冲击韧性KCU/J·cm^{-2}不小于	屈服极限/MPa不小于	抗拉强度/MPa	伸长率/%不小于	冲击韧性KCU/J·cm^{-2}不小于	屈服极限MPa不小于	抗拉强度/MPa	伸长率/%不小于	冲击韧性KCU/J·cm^{-2}不小于	屈服极限/MPa不小于	抗拉强度/MPa	伸长率/%不小于	冲击韧性KCU/J·cm^{-2}不小于
正火状态下的性能																				
XC10	215	340~420	31	110	210	320~420	30	105	205	320~420	29	100	200	310~410	28	95	195	310~410	27	95
XC12	235	370~450	29	100	225	360~450	28	100	215	350~450	27	95	205	340~440	26	90	195	340~440	25	90
XC18	255	400~490	28	90	245	400~490	27	90	225	390~490	26	85	215	380~480	25	80	205	370~480	24	80

牌号	热处理			直径≤16mm				16mm<直径≤40mm				40mm<直径≤100mm			
	淬火/℃	淬火介质	回火/℃	屈服极限/MPa不小于	抗拉强度/MPa	伸长率/%不小于	冲击韧性KCU/J·cm^{-2}不小于	屈服极限/MPa不小于	抗拉强度/MPa	伸长率/%不小于	冲击韧性KCU/J·cm^{-2}不小于	屈服极限/MPa不小于	抗拉强度/MPa	伸长率/%不小于	冲击韧性KCI/J·cm^{-2}不小于
热处理状态下的性能															
XC10	880~920	水	150~200	350	490~780	16	100	300	410~690	20	120				
XC12	880~920	水	150~200	500	690~1080	11	60	380	540~830	15	80				
XC18	870~910	水	150~200	600	880~1270	8	40	480	690~1030	12	60				
16MC5	850~880	油	150~200	700	980~1330	9	50	600	830~1180	10	50	450	630~980	11	50
20MC5	850~880	油	150~200	850	1200~150	7	35	700	950~1300	8	40	550	750~1100	9	45
18CD4	850~880	油	150~200	750	1050~140	8	50	620	850~1200	9	50	470	650~1000	10	50
10NC6	830~860	油	150~200	620	850~1150	10	80	500	700~1000	11	90	360	500~800	12	100
16NC6	830~860	油	150~200	800	1100~1400	9	60	620	850~1150	10	70	470	650~950	11	70
20NC6	830~860	油	150~200	850	1200~1550	8	50	700	950~1300	9	60	550	750~1100	10	60
14NC11	830~860	油	150~200	800	1100~1400	9	60	620	850~1150	10	70	470	650~950	11	70
20NCD2	850~880	油	150~200	750	1050~1450	8	50	600	800~1200	10	60	470	650~1000	11	70
18NCD6	836~860	油	150~200	850	1200~1550	8	50	750	1000~1300	9	60	620	850~1150	10	70
21B3	870~910	水	150~200	800	1100~1600	7	30	620	850~1350	9	40	430	600~900	12	60
20MB5	850~880	油	150~200	850	1200~1550	7	40	750	1050~1450	7	40	550	750~1250	8	50
19NCDB2	850~880	油	150~200	850	1150~1550	8	50	750	1050~1450	9	50	650	900~1300	10	60

表 12-138 合金钢的淬透性能(NF A 35-551)

牌号	与淬火末端的距离为下列处(mm)的 HRC												
	1.5	3	5	7	9	11	13	15	20	25	30	35	40
16MC5	47～38.5	46.5～36	44～31	42～27.5	39～24	37～21.5	35～20	≤33	≤30	≤28	≤27	≤25	≤24
20MC5	49～41	48～39.5	47～36	45～32	42～29	40～27	38～25	37～24	34～22.5	33～20	≤32	≤31	≤30
18CD4	48～41	47～39	45～34	42～30	39～27	36～24	34～22	33～21	≤30	≤29	≤28	≤27	≤26
10NC6	42～33	41～28	36～24	31～21	≤30	≤28	≤26	≤24.5	≤22.5	≤21	≤20	—	—
16NC	46～38	46～36	45～32	42～28	39～25	36～23	34～22	33～21	≤31	≤29.5	≤28	≤27.5	≤27
20NC6	49～41	48～39	46～35	44～32	42～29	39～27	37～25	35.5～24	34～21	32～20	≤31	≤30.5	≤29.5
14NC11	47～37	46～35	44～32	42～28	40～25	37～23	35～21	≤34	≤31	≤29	≤28	≤27	≤26
20NCD2	49～41	48～37	45～32	41～25	36～22	≤33	≤31	≤29.5	≤26.5	≤25	≤24	≤23.5	≤23
18NCD6	49～41	49～40	48～37	36.5～34	45.5～30	44～28	42.5～27	41～26	38～24	36～23	35～22	34～21.5	≤33
21B3	50～42	49.5～40	48～35	46～20	≤48	≤46	≤42	≤37	≤31	≤27	≤20	—	—
20MB5	49～42	49.5～41.5	49～40	48.5～36	47～30	45～24	43～20	≤40	≤32	≤28	≤25	≤23	≤22
19NCDB2	49～41	49～40.5	48～39	47～35	46～31	45～29	44～27.5	42～26	38～23	35～20	≤31	≤30	—

表 12-139 合金结构钢的力学性能(NF A 35-552)

牌号	直径≤16mm				16mm<直径≤40mm				40mm<直径≤100mm				100mm<直径≤160mm				160mm<直径≤250m			
	屈服极限/MPa不小于	抗拉强度/MPa	伸长率/%不小于	冲击韧性KCU/J·cm^{-2}不小于	屈服极限/MPa不小于	抗拉强度/MPa	伸长率/%不小于	冲击韧性KCU/J·cm^{-2}不小于	屈服极限/MPa不小于	抗拉强度MPa	伸长率/%不小于	冲击韧性KCU/J·cm^{-2}不小于	屈服极限/MPa不小于	抗拉强度/MPa	伸长率/%不小于	冲击韧性KCU/J·cm^{-2}不小于	屈服极限/MPa不小于	抗拉强度/MPa	伸长率/%不小于	冲击韧性KCU/J·cm^{-2}不小于
在正火状态下的性能																				
XC18	255	410～490	28	90	245	400～490	27	90	225	390～490	26	85	215	380～480	25	80	205	370～480	24	80
XC25	285	460～560	26	80	265	450～550	25	80	255	440～540	24	75	245	430～530	23	70	235	410～510	22	70
XC32	315	540～640	23	70	295	530～630	22	70	275	510～620	21	65	265	500～610	20	60	255	470～580	20	60
XC38H1	335	570～670	21	60	315	560～660	20	60	285	540～640	20	55	275	520～620	19	50	265	500～600	18	50
XC38H2	350	600～700	21	60	330	590～690	20	60	300	570～670	20	55	290	550～630	19	50	280	530～630	18	50
XC42H1	355	620～720	19	50	325	610～710	19	50	305	580～680	18	45	295	560～660	18	40	285	540～640	17	40
XC42H2	370	650～750	19	50	340	640～740	19	50	320	610～710	18	45	310	59～690	18	40	300	570～670	17	40
XC48H1	375	660～760	17	40	345	640～750	17	40	325	620～740	16	35	305	600～730	16	30	295	580～720	15	30
XC48H2	390	690～790	17	40	360	670～780	17	40	340	650～770	16	35	320	630～760	19	30	310	610～750	15	30
XC55H1	420	730～880	15		380	700～860	14		365	680～840	14		355	660～810	13		325	640～790	13	
XC55H2	435	760～910	18		395	730～890	14		380	710～870	14		370	690～840	16		340	670～790	13	
20M5	365	510～610	26	80	355	490～590	25	80	335	490～590	24	75	315	480～580	23	70	300	470～570	22	70
35M6	410	650～770	21	60	400	630～750	21	60	380	600～720	20	55	360	580～700	19	50	330	560～680	18	50
40M6	450	700～850	18	40	430	680～830	18	40	410	650～800	17	40	390	620～780	17	35	360	600～750	16	35
直径≤100mm 油淬火及直径≥100mm 水淬状态下的性能																				
45S7	780	980～1180	11	50	620	780～980	13	50	510	640～780	15	50								
55S7	880	1080～1300	9	40	740	930～1150	10	40	620	780～950	11	40	540	680～850	13	40				
60SC7	950	1150～1370	8	35	850	1050～1270	9	35	720	910～1130	10	35	640	800～1030	11	35	600	750 980	12	35
45SCD6	870	1050～1270	9	50	870	1050～1270	9	50	780	950～1170	10	50	700	850～1070	11	50	660	800 1020	12	50
25CD4	700	880～1080	12	70	600	780～930	14	70	530	690～840	15	70	490	630～780	15	70				
30CD4	730	930～1130	12	65	650	830～1030	13	65	570	730～880	14	65	530	680～830	15	65	490	630 780	15	65
34CD4	770	980～1180	12	60	700	880～1080	12	60	600	780～930	14	60	570	730～880	15	60	530	680 830	15	60
38CD4	810	1030～1230	11	55	730	930～1130	11	55	650	830～1030	12	55	600	780～930	13	55	570	730 880	13	55

续表

牌号	直径≤16mm				16mm<直径≤40mm				40mm<直径≤100mm				100mm<直径≤160mm				160mm<直径≤250m			
	屈服极限/MPa 不小于	抗拉强度/MPa	伸长率/% 不小于	冲击韧性KCU/J·cm^{-2} 不小于	屈服极限/MPa 不小于	抗拉强度/MPa	伸长率/% 不小于	冲击韧性KCU/J·cm^{-2} 不小于	屈服极限/MPa 不小于	抗拉强度/MPa	伸长率/% 不小于	冲击韧性KCU/J·cm^{-2} 不小于	屈服极限/MPa 不小于	抗拉强度/MPa	伸长率/% 不小于	冲击韧性KCU/J·cm^{-2} 不小于	屈服极限/MPa 不小于	抗拉强度/MPa	伸长率/% 不小于	冲击韧性KCU/J·cm^{-2} 不小于
42CD4	850	1080～1280	10	50	770	980～1180	11	50	700	880～1080	12	50	650	830～1030	12	50	600	780～930	13	50
30CD12	830	1080～1280	10	50	810	1030～1230	10	60	770	980～1180	11	60	730	930～1130	12	60	700	880～1180	12	60
50CV4	930	1130～1320	8	40	785	980～1180	10	40	685	880～1080	12	40	635	830～1030	13	40	540	740～890	14	40
20NC6	650	8000～1100	16	80	600	750～900	17	80	550	700～850	18	90								
30NC11	750	9330～1130	13	70	670	850～1050	13	70	600	780～930	14	70	580	740～890	15	70	530	690～840	16	70
30CND8(1)	850	1030～1230	12	70	850	1000～1230	12	70	800	980～1180	12	70	800	980～1180	12	70	750	930～1130	12	70
直径≤40mm 油淬火及直径>40mm 水淬状态下的性能																				
XC18	330	490～640	19	80	270	440～590	21	80												
XC25	365	540～690	18	70	305	490～640	20	70												
XC32	430	620～760	17	60	365	570～720	18	60	335	540～690	19	60								
XC38H1	490	690～830	16	50	400	630～770	17	50												
XC38H2	525	740～880	14	50	435	680～820	15	50	385	640～790	16	50								
XC42H1	520	740～880	14	40	430	670～810	16	40												
XC42H2	555	790～930	12	40	465	720～860	14	40	410	670～810	15	40								
XC48H1	550	780～930	13	30	460	710～850	15	30												
XC48H2	585	830～980	11	30	485	760～910	13	30	440	710～850	14	30								
XC55H1	585	830～980	12		490	750～900	14													
XC55H2	620	880～1030	10		525	800～950	12		470	750～890	13									
20M5	440	570～720	19	80	400	540～690	20	80												
35M5	550	720～870	15	50	500	670～820	16	50	470	620～770	17	50								
40M6(2)	590	780～930	14	50	550	720～870	15	50	550	730～880	16	50								

续表

牌号	直径≤16mm				16mm<直径≤40mm				40mm<直径≤100mm				100mm<直径≤160mm				160mm<直径≤250m			
	屈服极限/MPa不小于	抗拉强度/MPa	伸长率/%不小于	冲击韧性KCU/J·cm^{-2}不小于	屈服极限/MPa不小于	抗拉强度/MPa	伸长率/%不小于	冲击韧性KCU/J·cm^{-2}不小于	屈服极限/MPa不小于	抗拉强度/MPa	伸长率/%不小于	冲击韧性KCU/J·cm^{-2}不小于	屈服极限/MPa不小于	抗拉强度/MPa	伸长率/%不小于	冲击韧性KCU/J·cm^{-2}不小于	屈服极限/MPa不小于	抗拉强度/MPa	伸长率/%不小于	冲击韧性KCU/J·cm^{-2}不小于
20MC5	650	800～1000	16	60	600	750～900	17	70	550	700～850	18	80								
38C2(2)	560	750～900	14	50	510	680～830	15	60	510	690～840	15	60								
42C2(2)	600	800～950	13	50	540	730～880	14	50	550	740～890	14	50								
32C4	660	880～1080	12	60	590	780～930	14	60	510	690～830	15	60								
38C4	700	930～1130	12	50	620	830～1030	13	50	540	730～880	14	50								
42C4	740	980～1180	12	40	660	880～1380	12	40	590	780～930	13	40								
400～600℃回火状态的性能																				
35NCD16	880	1080～1280	10	50	880	1080～1280	10	50	880	1080～1280	10	50	800	1000～1200	10	50	800	1000～1200	10	50
40CAD6.12	800	1000～1200	11	50	750	950～1150	12	50	720	900～1100	13	50	670	850～1000	14	50				
21B3(1)	480	640～780	17	120	440	590～730	18	120												
	550	730～930	13	100	480	650～830	13	100												
38B3(1)	550	740～880	14	70	520	690～830	15	60	440	590～740	16	60								
	620	820～1030	11	50	560	750～830	11	50	480	650～830	12	50								
20MB5(1)	550	690～830	16	100	500	640～780	16	100												
	620	780～980	12	90	560	700～880	12	90												
38MB5(1)	630	790～930	14	70	600	740～880	14	70	510	640～790	15	70								
	700	880～1080	10	50	640	800～1000	10	50	560	700～880	11	50								
38CB1(1)	560	750～890	14	60	520	700～840	14	60	460	620～770	15	60								
	630	840～1040	11	50	570	760～940	11	50	510	680～860	12	50								
19NCDB2	630	780～830	14	100	590	740～880	14	100	540	690～830	15	100	510	690～830	16	100				

表 12-140　　合金结构钢的淬透性能(NF A 35-552)

牌　号	与淬火末端的距离为下列处(mm)的 HRC													
	1.5	3	5	7	9	11	13	15	20	25	30	35	40	50
20MC5	49～41	48～39.5	47～36	45～32	42～29	40～27	38～25	37～24	34～22.5	33～20	≤32	≤31	≤30	—
20M5	49～40	48～36	43～24	36～20	≤31	≤26	≤23	≤21	—	—	—	—	—	—
35M5	57～50	56～45	54～30	50～24.5	42～21	≤37	≤35	≤23	≤29	≤22	≤25	—	—	—
40M6	60～53	59～50	57～44	54～34	50～29	44～25	38～23	34～22	32～21	—	—	—	—	—
38C2	59～51	57.5～47	55～38	49～30	40～25	35～22	32～20	≤30	≤27.5	≤26	≤24	—	—	—
42C2	62～54	61～52	59～44	55～34	48～30	41～27	37～25	35～23.5	33～21.5	31.5～20.5	≤31	—	—	—
32C4	57～50	56～47	54～43	51～39	48.5～35	46～32	43～29	41～27	36.5～23	31～21	≤33	≤31.5	≤30	≤28
38C4	59.5～51	59～50	57.5～47	56～43	54～38	50～35	47～33	45～31	41～27	38～25	36～23	35～22	34～21	33～20
42C4	61～54	60.5～53	60～51	59～48	57.5～44	56～40	54～37	52～34	46.5～31	42.5～29	40～27	38～26	37～25	24～36
45S7	63～55	62～49	59～38	54～32	46～29	41～26.5	38～25	36～24	34～23	33～22	32～21.5	31～20	≤30	≤29
55S7	65～59	64.5～57.5	64～53	63～44	62～39	59.5～35	57～33	54～32	47～30	42～28.5	39～27	37～26.5	36～25	35～24
60SC7	66～59.5	66～59	65.5～58	65～56	64～53	63～48	62～44	61～41	57～36	53～33	47～31	43～30	41～29	40～28
45SCD6	64～56	64～55.5	63.5～54	63～53	62～51.5	61.5～50	61～49	60～47	58～44	56～41	54～38.5	53～37	52～36	51～35
25CD4	53～46	52.5～45	51～42	50～38	48～34	45～31	43～29	41～27	37～25	35～23	33～22	32～21	≤31	—
30CD4	56～49	56～48	55～46	54.5～44	53～41	52～38	50～36	48～34	44～31	41～30	39～29	38～28	37～27	36～26
34CD4	58～51	58～50	57.5～48	57～46	56～43	54.5～39	53～37	51～35	47～32	44～31	42～30	41～29	40～28	39～27
38CD4	60～53	60～52	59.5～50.5	59～48	58～45	57～42	55.5～39.5	54～37	51～34	48～32	46～31	45～30	44～29.5	43～29
42CD4	62～55	62～54	61.5～53	61～52	60～50	59～47	58～45	57～43	55～39	53～36	51～34	49～33	48.5～32	48～31
30CD12	57～50	57～49.5	57～49	57～48.5	56.5～48	56～47.5	56～47	56～47	56～47	55.5～46.5	55～46	55～46	55～46	55～46
50CV4	64～57	64～57	63.5～56	63～55	62～53	61.5～50	60.5～47	60～45	58～41	56～38	55～36	53～34	51～32	49～30
20NC6	49～41	48～39	46～35	44～32	42～29	39～27	37～25	35.5～24	34～21	32～20	≤31	≤30.5	≤29.5	≤28.5
30NC11	57～48	57～47.5	56.5～47	56～46	55～44	54～43	52.5～41	51～39	47～36	45～33	43～31	42～29	41～27	40～26
30CND8	56～48	56～48	56～48	56～48	55.5～48	55.5～47.5	55～46.5	55～46.5	55～46	55～45.5	55～45	55～45	55～45	55～45
35NCD16	57～50	56～49	56～48	56～48	56～48	56～48	56～48	55～47	55～47	55～47	55～47	55～47	55～47	55～47
40CAD6.12	57～47	56～46	55～45	54.5～44	54～43	53～42	52.5～41	52～40	51～38	50～36	49～35	48～34	47～33	46～32
21B3	50～42	49.5～40	48～35	46～20	≤42	≤37	≤31	≤37	≤31	≤27	≤20	—	—	—
38B3	59～51	58～49	57～46	55～32	52～25	45～22	38～20	≤35	≤30	≤27	≤25	≤23	≤22	—
20MB5	50～42	49.5～41.5	49～40	48.5～36	47～30	45～24	43～20	≤40	≤32	≤28	≤25	≤23	≤22	—
38MB5	59～51	59～51	58～49	57～46	56～40	54～34	52～30	50～28	43～23	33～20	≤30	≤28	—	—
38CB1	59～51	58～50	57～48	55～42	53～32	50～26	44～24	39～22.5	30～20	≤30	≤28	≤26	≤25	≤24
19NCDB2	49～41	49～40.5	48～39	47～35	46～31	45～29	44～27.5	42～26	38～23	35～20	31	30	—	—

续表

牌号	距淬火末端 1.5mm 处的硬度 HRC		在与 80%马氏体对应的硬度时的端淬距离		
	最小	最大	HRC	距离 d/mm	
				最小	最大
XC38H1	50	58	45	—	5
XC42H1	52	60	48	—	5
XC48H1	55	62	51	—	5
XC55H1	57	63	53	—	5
XC38H2	50	58	45	3	7
XC42H2	52	60	48	3	7
XC48H2	55	62	51	3	7
XC55H2	57	63	53	3	7

表 12-141 火焰和感应淬火用钢的力学性能(NF A 35-563)

牌号	热处理[①]	直径≤16mm				16mm<直径≤40mm				40mm<直径≤100mm			
		屈服极限/MPa 不小于	抗拉强度/MPa	伸长率/% 不小于	冲击韧性 KCU /J·cm^{-2} 不小于	屈服极限/MPa 不小于	抗拉强度/MPa	伸长率/% 不小于	冲击韧性 KCU /J·cm^{-2} 不小于	屈服极限/MPa 不小于	抗拉强度/MPa	伸长率/% 不小于	冲击韧性 KCU /J·cm^{-2}，不小于
45M4TS	840～870℃正火	410	690～800	17		370	650～790	16		335	630～780	15	
	830℃油淬，600℃回火	580	780～980	12	40	490	710～850	14	40	440	660～800	15	40
52M4TS	830～855℃正火	460	760～910	14		410	710～890	14		390	690～860	13	
	830℃油淬，600℃回火	680	880～1080	10	30	590	800～950	11	30	540	740～890	12	30

注：①淬火温度偏差为±15℃，回火温度为±50℃。

表 12-142 一般用途易切削钢的力学性能(NF A 35-561)

牌号	抗拉强度/MPa	伸长率/%	牌号	抗拉强度/MPa	伸长率/%
A37Pb	棒 360～460	28	S250	直径≤50mm,强度极限 ≥380	24
	丝 340～490	28		直径>50mm,强度极限 ≥360	24
A50Pb	棒 490～590	21	S300	直径≤50mm,强度极限 ≥400	23
	丝 470～640	21		直径>50mm,强度极限 ≥370	23
A60Pb	棒 590～710	16	S250Pb	直径≤50mm,强度极限 ≥380	24
	丝 550～740	16		直径>50mm,强度极限 ≥360	24
A70Pb	棒 690～830	11	S300Pb	直径≤50mm,强度极限 ≥400	23
	丝 640～850	11		直径>50mm,强度极限 ≥370	23

表 12-143 可热处理的易切削钢的力学性能(NF A 35-562)

牌号	热处理			直径≤16mm				16mm<直径≤40mm				40mm<直径≤10mm			
	淬火/℃	淬火介质	回火/℃	屈服极限/MPa 不小于	抗拉强度/MPa	伸长率/% 不小于	KCU/J·cm⁻2 不小于	屈服极限/MPa 不小于	抗拉强度/MPa	伸长率/% 不小于	KCU/J·cm⁻2 不小于	屈服极限/MPa 不小于	抗拉强度/MPa	伸长率/% 不小于	KCU/J·cm⁻2 不小于
10F1	885～915	水	150～200	400	600～900	11	50	300	500～800	12	50	—	—	—	—
13MF4	865～895	水	150～200	550	750～1150	8	40	400	600～950	9	40	—	—	—	—
18MF5	855～885	水	150～200	650	950～1350	6	25	500	750～1100	7	25	—	—	—	—
35MF6	825～855	油	550～650	550	700～900	11	35	500	650～850	12	35	400	600～800	13	35
45MF4	825～855	油	550～650	550	750～950	10	25	450	680～880	11	25	400	630～830	12	25
45MF6	825～855	油	550～650	600	800～1000	9	20	500	720～920	10	20	450	670～870	11	20

注:KCU 为 U 形缺口的冲击韧性。

表 12-144 冷成形热处理用钢棒、线在最大软化退火状态下的力学性能(NF A 35-564)

钢系	碳含量/%	标准钢号	抗拉强度/MPa,不小于	伸长率/%,不小于
碳钢或碳硼钢	C≤0.10	XC6～XC10	410	65
	0.10＜C≤0.20	XC12～XC18	440	65
	0.20＜C≤0.30	X25～21B3	490	62
	0.30＜C≤0.35	XC32	540	60
	0.35＜C≤0.40	XC38～38B3	570	60
	0.40＜C≤0.50	XC42	590	58
锰铬钢	C≤0.20	16MC5	560	59
	0.20＜C≤0.30	20MC5	590	57
锰硼钢	0.20≤C≤0.30	20MB5	560	60
	C＜0.30	38MB5	590	58
铬钢 (C2～C4 系列)	0.30≤C≤0.40	38CB1～38C2～32C4～38C4	590	59
	C＜0.40	42C2～42C4	610	57
铬镍钢 (CD4 系列)	C≤0.20	18CD4	550	60
	0.20＜C≤0.30	25CD4	570	60
	0.30＜C≤0.40	30CD4～35CD4	610	58
镍铬钢 (C6 系列) 镍铬硼钢	C≤0.20	10NC6～16NC6	560	60
	0.20＜C≤0.30	20NC6～19NCB6	590	58
镍铬钼钢 (NCD2 系列)镍铬钼硼钢	0.20≤C≤0.30	20NCD2～19NCDB2	560	60

表 12-145 冷成形热处理用钢 XC6FF 的力学性能(NF A 35-564)

标准热处理/℃	标准力学性能		
	屈服极限/MPa,不小于	抗拉强度/MPa	伸长率/%,不小于
900～915 正火	185	310～390	34

表 12-146 螺栓、螺母热处理用钢(钢结构用)的性能(NF A 35-556)

牌号	热处理		屈服极限/MPa 不小于	抗拉强度/MPa	伸长率/% 不小于	冲击韧性+20℃ KCU/J·cm^{-2},不小于	牌号	热处理		屈服极限/MPa 不小于	抗拉强度/MPa	伸长率/% 不小于	冲击韧性+20℃ KCU/J·cm^{-2},不小于
	淬火/℃	回火/℃						淬火/℃	回火/℃				
38C2	850 油淬	550	685	880～1080	12	60	20MB5	900 油淬	550	685	830～1030	11	90
42C2	850 油淬	550	735	930～1130	11	50	38MB5	850 油淬	550	785	930～1130	10	50
32C4	850 油淬	550	735	930～1130	11	60	18CD4	875 油淬	550	685	830～1080	14	80
38C4	850 油淬	550	785	980～1180	10	50	25CD4	850 油淬	550	785	930～1180	12	70
42C4	840 油淬	550	835	1030～1230	9	40	30CD4	850 油淬	550	835	980～1230	11	60
38B3	850 油淬	550	655	800～950	12	60	35CD4	850 油淬	550	930	1080～1320	10	50
38CB1	850 油淬	550	735	880～1080	10	50	42CD4	850 油淬	550	1030	1180～1420	9	40

表 12-147 螺栓、螺母热处理用钢(工程用高性能螺栓)的性能(NF A 35-577)

牌号	热处理		屈服极限/MPa 不小于	抗拉强度/MPa	伸长率/% 不小于	冲击韧性+20℃ KCU/J·cm^{-2},不小于	牌号	热处理		屈服极限/MPa 不小于	抗拉强度/MPa	伸长率/% 不小于	冲击韧性+20℃ KCU/J·cm^{-2},不小于
	淬火/℃	回火/℃						淬火/℃	回火/℃				
XC38	E850 水淬	550	615	800～950	12	50	38MB5	H850 油淬	550	785	930～1130	10	50
38C2	H850 油淬	550	685	880～1080	12	60	18CD4	H875 油淬	550	685	830～1080	14	80
42C2	H850 油淬	550	735	930～1130	11	50	25CD4	H850 油淬	550	785	930～1180	12	70
32C4	H850 油淬	550	735	930～1130	11	60	30CD4	H850 油淬	550	835	980～1230	11	60
38C4	H850 油淬	550	785	980～1180	10	50	35CD4	H850 油淬	550	930	1080～1320	10	50
42C4	H840 油淬	550	835	1030～1230	9	40	42CD4	H850 油淬	550	1030	1180～1420	9	40
21B3	E900 水淬	500	590	730～930	13	100	30CD12	H900 油淬	600	880	1080～1270	10	55
38B3	H850 油淬	550	655	800～950	12	60	30CND8	H850 油淬	600	930	1030～1330	11	70
38CB1	H850 油淬	550	735	880～1080	10	50	35NCD6	H850 油淬	550	930	1080～1320	10	60
20MB5	H900 油淬	500	685	830～1030	11	90	35NCD16	H830 油淬	600	930	1080～1370	11	60

表 12-148 高温螺栓、螺母用热处理钢的基本力学性能(NF A 35-558)

牌号	热处理		屈服极限/MPa 不小于	抗拉强度/MPa	伸长率/% 不小于	冲击韧性+20℃ KCU/J·cm^{-2} 不小于
	淬火/℃	回火/℃				
15CD4.05	900 油淬	625 1h	345	490～640	20	10
20CDV5.08	950～980 油淬	725 4h	590	690～830	16	12
28CDV5.08	980～1000 油淬	700 4h	740	830～980	15	90
Z15CD5.05	加热 900	慢冷	345	490～640	22	—

表 12-149 高温螺栓、螺母用钢热处理试样可达到的力学性能(NF A 35-588)

牌号	热处理/℃	直径≤16mm				16mm<直径≤40mm				40mm<直径≤100mm				最高使用温度/℃
		抗拉强度/MPa	屈服极限/MPa 不小于	伸长率/% 不小于	KCU/J·cm^{-2} 不小于	抗拉强度/MPa	屈服极限/MPa 不小于	伸长率/% 不小于	KCU/J·cm^{-2} 不小于	抗拉强度/MPa	屈服极限/MPa 不小于	伸长率/% 不小于	KCU/J·cm^{-2} 不小于	
15CD4.05	900 油淬 600～650 回火	490～640	345	20	100	490～630	345	20	100	490～640	345	20	100	500
20CDV5.08	950～1000 油淬 700～750 回火	690～830	590	16	120	690～830	590	16	110	690～830	590	15	100	550
28CDV5.08	950～1000 油淬 680～730 回火	830～980	735	15	90	830～980	735	15	80	830～980	735	14	70	550
Z15CD5.05	900 慢冷	490～630	345	22	—	490～630	345	22	—	490～630	345	22	—	500

表 12-150 高温螺栓、螺母用热处理钢的高温弹性极限和蠕变特性(NF A 35-558)

牌号	热处理试棒在室温下的抗拉强度/MPa	在以下温度(℃)的弹性极限/MPa			高温力学性能 持久强度 $\frac{1000h}{10000h}$/MPa					高温力学性能 蠕变强度 变形1%，$\frac{1000h}{10000h}$/MPa				
		300	400	500	400	450	500	550	600	400	450	500	550	600
15CD4.05	539	255	216	196	$\frac{441}{382}$	$\frac{412}{343}$	$\frac{275}{216}$	$\frac{137}{108}$	—	$\frac{343}{284}$	$\frac{314}{245}$	$\frac{216}{172}$	$\frac{118}{74}$	—
20CDV5.08	740	480	441	373	—	$\frac{412}{343}$	$\frac{333}{255}$	$\frac{235}{147}$	—	—	$\frac{353}{294}$	$\frac{284}{216}$	$\frac{196}{127}$	—
28CDV5.08	880	637	588	490	—	$\frac{510}{421}$	$\frac{402}{304}$	$\frac{274}{196}$	$(\frac{176}{108})$	—	$\frac{441}{363}$	$\frac{343}{255}$	$\frac{245}{167}$	$(\frac{147}{78})$
Z15CD5.05	590	324	294	(245)	—	—	$\frac{206}{177}$	$\frac{147}{98}$	—	—	—	$\frac{118}{59}$	$\frac{74}{49}$	—

表 12-151 低温螺栓、螺帽用钢确保的力学性能(NF A 35-559)

牌号	热处理	屈服极限/MPa(kgf/mm²)不小于	抗拉强度/MPa(kgf/mm²)	伸长率/%不小于	冲击韧性KCU/J·cm⁻²，+20℃，不小于	低温冲击韧性KCV/J·cm⁻²，不小于 ℃	平均值	单个最低值
25CD4	850 油淬	590(60)	730～930(75～95)	15	80	−60	35	28
42CD4	650 回火 850 油淬	735(75)	880～1080(90～110)	12	60	−60	35	28
12N14	650 回火 900 正火 625 回火	295(30)	490～590(50～60)	25	80	−100	35	28

表 12-152 低温螺栓、螺母用钢棒材热处理可达到的力学性能

牌号	热处理 /℃	直径≤16mm				16mm<直径≤40mm				40mm<直径≤100mm			
		屈服极限 /MPa (kgf/mm²) 不小于	抗拉强度 /MPa (kgf/mm²)	伸长率 /% 不小于	冲击韧性 KCU /J·cm⁻² 不小于	屈服极限 /MPa (kgf/mm²) 不小于	抗拉强度 /MPa (kgf/mm²)	伸长率 /% 不小于	冲击韧性 KCU /J·cm⁻² 不小于	屈服极限 /MPa (kgf/mm²) 不小于	抗拉强度 /MPa (kgf/mm²)	伸长率 /% 不小于	冲击韧性 KCU /J·cm⁻² 不小于
25CD4	850 油淬 650 回火	590 (60)	730～930 (75～95)	15	80	540 (55)	690～830 (70～85)	16	80	440 (45)	640～780 (65～80)	17	80
42CD4	850 油淬 650 回火	735	880～1080 (75)	12 (90～110)	60	635	780～930 (65)	13 (80～95)	60	540	690～830 (55)	14 (70～85)	60
12N14	900 正火 625 回火	295	490～590 (30)	25 (50～60)	80	295	490～590 (30)	25 (50～60)	80	285	490～590 (29)	24 (50～60)	80

表 12-153 低温螺栓、螺母用钢的低温力学性能(平均值)

牌号	+20℃				−60℃				−100℃			
	屈服极限 /MPa	抗拉强度 /MPa	伸长率 /%	冲击韧性 KCU /J·cm⁻²	屈服极限 /MPa	抗拉强度 /MPa	伸长率 /%	冲击韧性 KCU /J·cm⁻²	屈服极限 /MPa	抗拉强度 /MPa	伸长率 /%	冲击韧性 KCU /J·cm⁻²
25CD4①	600	800	18	70	620	830	16	70	850	1060	12	30
42CD4①	800	1000	15	60	830	1030	14	60				
12N14①	340	540	30	140	380	620	26	110	420	660	24	50

注:表中①表示热处理:850±15℃油淬,650±50℃回火。

表 12-154 低温螺栓、螺母用钢热处理棒材可达到的低温性能

牌号	直径<16mm		16mm<直径≤40mm		40mm<直径≤100mm	
	KCU/J·cm⁻²		KCU/J·cm⁻²		KCU/J·cm⁻²	
	−60℃	−100℃	−60℃	−100℃	−60℃	−100℃
25CD4	70		55		45	
42CD4	60	55	50	25	40	25

表 12-155　耐大气腐蚀钢板的力学性能(NF A 35-502)

牌号	质量等级	弹性极限/MPa 不小于					抗拉强度/MPa		伸长率/%,不小于					弯曲			冲击韧性，最小				
									$L_0=$80mm	$L_0=5.65\sqrt{S_0}$							KCU/J·cm^{-2} +20℃			KCV 0℃	KCV −20℃
		$\delta<3$	$3<\delta\leqslant30$	$30<\delta\leqslant50$	$50<\delta\leqslant80$	$80<\delta\leqslant110$	$\delta>50$	$\delta\leqslant50$	$\delta<3$	$3<\delta\leqslant30$	$30<\delta\leqslant50$	$50<\delta\leqslant80$	$80<\delta\leqslant110$	$\delta<3$	$3<\delta\leqslant30$	$30<\delta\leqslant80$	$\delta\leqslant16$	$16<\delta\leqslant50$	$50<\delta\leqslant110$		
E24W	2	215	235	215	205	195	360~460	≥360	21	25	24	23	22	1δ	1.5δ	2δ	70	60	50		
	3	215	235	215	205	195	360~460	≥360	21	25	24	23	22	1δ	1δ	1.5δ					
	4	215	235	215	205	195	360~460	≥360	21	25	24	23	22	1δ	1δ	1.5δ					
	A2①	315	355①				480~580	≥480	18	20②				2.5δ	3δ②		60②				
	A3①	315	355①				480~580	≥480	18	20②				2.5	3δ②						
	A4①	315	355①				480~580	≥480	18	21②				2.5δ	3δ②						
	B3		355②	335	335	315	480~580	≥480		20	19	18	17		2.5δ	3.5δ					
	B4		355②	335	335	315	480~580	≥480		22	21	20	19		2.5δ	3.5δ					

注:1. 表中①表示这一等级产品供应厚度≤12mm;

2. 表中②厚度 $\delta>25$mm,但<30mm 的弹性极限为 345MPa。

表 12-156 耐大气腐蚀钢商用轧制钢板和工字钢的力学性能(NF A 35-502)

牌号	质量等级	弹性极限/MPa,不小于		抗拉强度/MPa		伸长率/%,不小于($L_0=5.65\sqrt{S_0}$)		弯曲		冲击韧性 KCU/J·cm^{-2},+20℃,不小于	
		δ≤30	30<δ≤80	δ≤50	δ<50	δ≤30	30<δ≤80	δ≤16	16<δ≤80	(δ≤50)	KCV,0℃
E24W	2	235	215	360~460	≥360	26	25	1δ	1.5δ	δ≤16 时 70	
	3	235	215	360~460	≥360	26	25	0.5δ	1δ	δ>16 时 60	35
E36W	A2①	355①		480~580	≥480	22①		2.5δ①		60①	
	A3①	355①		480~580	≥480	22①		2.5δ①			35①
	B3	355②	335	480~580	≥480	22	21	2δ	3δ		35

注:1. 表中①表示为三次试验的平均值,每试验单价值不能小于 26J/cm² 和 35J/cm²;
2. 表中②表示这一等级产品供应厚度≤12mm;
3. 表中③表示厚度 e>25mm,但<30mm 的弹性极限为 345MPa。

表 12-157 低合金高弹性极限钢板的性能(NF A 36-201)

牌号	厚度/mm	屈服极限/MPa 不小于	抗拉强度/MPa	伸长率/% 不小于	冲击性能/J				高温力学性能						
					纵向		横向		高温屈服极限/MPa						
					试样和温度	平均值	试样和温度	平均值	200℃	250℃	300℃	350℃	400℃	450℃	500℃
E355R Ⅰ、Ⅱ、Ⅲ类	δ≤35	355	510~610	22	V		V			235	216	206	176		
	35<δ≤50	335	510~610	22	0℃	48	0℃	28							
	50<δ≤70	325	510~610	22	−10℃	44	−10℃	24							
	70<δ≤100	305	510~610	21	−20℃	40	−20℃	20							
E355C Ⅰ、Ⅱ、Ⅲ类	δ≤35	355	510~610	22	V		V								
	35<δ≤50	335	510~610	22	0℃	48	0℃	28							
	50<δ≤70	325	510~610	22	−10℃	44	−10℃	24							
	70<δ≤100	305	510~610	21	−20℃	40	−20℃	20							
E375R Ⅰ、Ⅱ、Ⅲ类	δ≤16	375	530~630	21	V		V								
	16<δ≤35	365	530~630	21	0℃	48	0℃	28							
	35<δ≤50	355	530~630	21	−10℃	44	−10℃	24							
					−20℃	40	−20℃	20							

续表

牌　号	厚　度 /mm	屈服极限 /MPa 不小于	抗拉强度 /MPa	伸长率 /% 不小于	冲击性能/J				高温力学性能						
					纵　向		横　向		高温屈服极限/MPa						
					试样和温度	平均值	试样和温度	平均值	200℃	250℃	300℃	350℃	400℃	450℃	500℃
E375C	δ≤16	375	530～630	21	V		V								
Ⅰ、Ⅱ、Ⅲ类	16<δ≤35	365	530～630	21	0℃	48	0℃	28		245	230	211	181		
	35<δ≤50	355	530～630	21	−10℃	44	−10℃	24							
					−20℃	40	−20℃	20							
E420R	δ≤16	420	550～670	19	V		V								
Ⅰ、Ⅱ、Ⅲ类	16<δ≤35	410	550～670	19	0℃	48	0℃	28		275	255	235	206		
	35<δ≤50	400	550～670	19	−10℃	44	−10℃	24							
					−20℃	40	−20℃	20							
420C	δ≤16	420	550～670	19	V		V								
Ⅰ、Ⅱ、Ⅲ类	16<δ≤35	410	550～670	19	0℃	48	0℃	28							
	35<δ≤50	400	550～670	19	−10℃	44	−10℃	24							
					−20℃	40	−20℃	20							
E460R	δ≤16	460	590～710	17	V		V								
Ⅰ、Ⅱ、Ⅲ类	16<δ≤35	450	590～710	17	0℃	44	0℃	28		314	294	265	235		
	35<δ≤50	440	590～710	17	10℃	40	10℃	24							
					20℃	36	20℃	16							
E460C	δ≤16	460	590～710	17	V		V								
Ⅰ、Ⅱ、Ⅲ类	16<δ≤35	450	590～710	17	0℃	44	0℃	28							
	35<δ≤50	440	590～710	17	−10℃	40	−10℃	24							
					−20℃	36	−20℃	16							
E355FP	δ≤35	355	510～610	22	V		V								
Ⅰ、Ⅱ、Ⅲ类	35<δ≤50	335	510～610	22	0℃	56	0℃	32							
	50<δ≤70	325	510～610	22	−10℃	52	−10℃	32							
	70<δ≤100	305	510～610	22	−20℃	48	−20℃	28							
					−30℃	44	−30℃	24							
					−40℃	40	−40℃	20							
					−50℃	28	−50℃	16							
E375FP	δ≤16	375	530～630	21	V		V								
Ⅰ、Ⅱ、Ⅲ类	16<δ≤35	365	530～630	21	0℃	56	0℃	32							

续表

牌号	厚度 /mm	屈服极限 /MPa 不小于	抗拉强度 /MPa	伸长率 /% 不小于	冲击性能/J				高温力学性能						
					纵向		横向		高温屈服极限/MPa						
					试样和温度	平均值	试样和温度	平均值	200℃	250℃	300℃	350℃	400℃	450℃	500℃
	35<δ≤50	355	530～630	21	−10℃	52	−10℃	32							
					−20℃	48	−20℃	28							
					−30℃	44	−30℃	24							
					−40℃	40	−40℃	20							
					−50℃	28	−50℃	16							
E420FP	δ≤16	420	550～670	19	V		V								
Ⅰ、Ⅱ类	16<δ≤35	410	550～670	19	0℃	56	0℃	32							
	35<δ≤50	400	550～670	19	−10℃	52	−10℃	32							
					−20℃	48	−20℃	28							
					−30℃	44	−30℃	24							
					−40℃	40	−40℃	20							
					−50℃	28	−50℃	16							
E460FP	δ≤16	460	590～710	17	V		V								
Ⅰ、Ⅱ类	16<δ≤35	450	590～710	17	0℃	48	0℃	32							
	35<δ≤50	440	590～710	17	−10℃	44	−10℃	32							
					−20℃	40	−20℃	28							
					−30℃	36	−30℃	24							
					−40℃	32	−40℃	20							
					−50℃	28	−50℃	16							

注：牌号后的 C 表示在室温以上温度下使用，保证较高温度下的 $\sigma_{0.002}$ 值和 0℃时的夏氏 V 缺口冲击值（消除应力后）；牌号后的 P 表示保证在−20℃下的夏氏 V 缺口冲击值。

表 12-158　锅炉和压力容器用钢板（碳素钢）的力学性能（NF A 35-205）

牌号	厚度 /mm	屈服极限 /MPa 不小于	抗拉强度 /MPa	伸长率 /% 不小于	冲击性能		高温力学性能/MPa						
					KCU，+20℃ /J 平均值	KCV /J 平均值	100℃	150℃	200℃	250℃	300℃	350℃	400℃
A37C1	δ≤30	235	360～430	28	30	0℃，28	196	181	167	147	127	118	103
	30<δ≤50	215	360～430	27			186	172	162	147	127	118	103
	50<δ≤80	205	360～430	26			181	167	157	147	127	118	103

续表

牌号	厚度 /mm	屈服极限 /MPa 不小于	抗拉强度 /MPa	伸长率 /% 不小于	冲击性能 KCU,+20℃ /J 平均值	冲击性能 KCV /J 平均值	高温力学性能/MPa 100℃	150℃	200℃	250℃	300℃	350℃	400℃
A37P1	δ≤30	235	360～430	28	30	−20℃,28							
	30<δ≤50	215	360～430	27									
	50<δ≤80	205	360～430	26									
A37C2	δ≤30	235	360～430	30	40	0℃,28	196	181	167	147	127	118	103
	30<δ≤50	215	360～430	29			186	172	162	147	127	118	103
	50<δ≤80	205	360～430	28			181	167	157	147	127	118	103
A37P2	δ≤30	235	360～430	30	40	−20℃,28							
	30<δ≤50	215	360～430	29									
	50<δ≤80	205	360～430	28									
A42C1	δ≤30	255	410～490	27	25	0℃,28	223	206	191	176	157	142	132
	30<δ≤50	235	410～490	25			206	196	186	176	157	142	132
	50<δ≤80	225	410～490	24			201	191	186	175	157	142	132
A42P1	δ≤30	255	410～490	27	25	0℃,48							
	30<δ≤50	235	410～490	25		−10℃,40							
	50<δ≤80	225	410～490	24		−20℃,28							
A42C2	δ≤30	255	410～490	27	35	0℃,32	223	206	191	176	157	142	132
	30<δ≤50	235	410～490	26			206	196	186	176	157	142	132
	50<δ≤80	235	410～490	25			201	191	186	176	157	142	132
A42P2	δ≤30	255	410～490	27	35	0℃,48							
	30<δ≤50	235	410～490	26		−20℃,40							
	50<δ≤80	235	410～490	25		−20℃,28							
A48C1	δ≤30	295	470～560	23	20	0℃,40	255	240	225	206	186	176	157
	30<δ≤50	275	470～560	22			245	230	223	206	186	176	157
	50<δ≤80	265	470～560	20			235	225	216	206	186	176	157
A48CR1	δ≤30	295	470～560	23	20	0℃,40	255	240	225	206	186	176	157
	30<δ≤50	275	470～560	22			245	230	223	206	186	176	157
	50<δ≤80	265	470～560	20			235	225	216	206	186	176	157
A48C2	δ≤30	295	470～550	35	30	0℃,40	260	245	230	216	196	176	157
	30<δ≤50	275	470～550	34			245	235	225	216	196	176	157

续表

牌号	厚度 /mm	屈服极限 /MPa 不小于	抗拉强度 /MPa	伸长率 /% 不小于	冲击性能		高温力学性能/MPa						
					KCU,+20℃ /J 平均值	KCV /J 平均值	100℃	150℃	200℃	250℃	300℃	350℃	400℃
	50<δ≤80	275	470～550	33			245	235	225	216	196	176	157
A48CR2	δ≤30	295	470～550	35	30	0℃,40	260	245	230	216	196	176	157
	30<δ≤50	275	470～550	24			245	235	225	216	196	176	157
	50<δ≤80	275	470～550	23			245	235	225	216	196	176	157
A48P1	δ≤30	295	470～560	23	20	0℃,56							
	30<δ≤50	275	470～560	22		−10℃,48							
	50<δ≤80	265	470～560	20		−20℃,40							
						−30℃,32							
A48PR1	δ≤30	295	470～560	23	20	0℃,56							
	30<δ≤50	275	470～560	22		−10℃,48							
	50<δ≤80	265	470～560	20		−20℃,40							
						−30℃,32							
A48PR2	δ≤30	295	470～550	25	30	0℃,56							
	30<δ≤50	275	470～550	24		−10℃,48							
	50<δ≤80	275	470～550	23		−20℃,40							
						−30℃,32							
A48PR2	δ≤30	295	470～550	25	30	0℃,56							
	30<δ≤50	275	470～550	24		−10℃,48							
	50<δ≤80	275	470～550	23		−20℃,40							
						−30℃,32							
A52C	δ≤25	355	510～610	22	20	0℃,40							
	25<δ≤30	345	510～610	22			309	284	260	235	216	206	186
	30<δ≤50	335	510～610	21			294	274	255	235	216	206	186
	50<δ≤80	335	510～610	19			294	274	255	235	216	206	186
A52CR1	δ≤25	355	510～610	22	20	0℃,40							
	25<δ≤30	345	510～610	22			309	284	260	235	216	206	186
	30<δ≤50	335	510～610	21			294	274	255	235	216	206	186
	50<δ≤80	335	510～610	19			294	274	255	235	216	206	186
A52C2	δ≤25	355	510～610	23	δ≤16mm,25	0℃,40							

续表

牌号	厚度 /mm	屈服极限 /MPa 不小于	抗拉强度 /MPa	伸长率 /% 不小于	冲击性能		高温力学性能/MPa						
					KCU,+20℃ /J 平均值	KCV /J 平均值	100℃	150℃	200℃	250℃	300℃	350℃	400℃
A52C2	25<δ≤30	345	510～610	23	δ>16mm,30		309	284	260	235	216	206	186
	30<δ≤50	335	510～610	22			294	274	255	235	216	206	186
	50<δ≤80	335	510～610	21			294	274	255	235	216	206	186
A52CR2	δ≤25	355	510～610	23	δ≤16mm,25	0℃,40							
	25<δ≤30	345	510～610	23	δ>16mm,30		309	284	260	235	216	206	186
	30<δ≤50	335	510～610	22			294	274	255	235	216	206	186
	50<δ≤80	335	510～610	21			294	274	255	235	216	206	186
A52P1	δ≤25	355	510～610	22	20	0℃,56							
	25<δ≤30	345	510～610	22		−10℃,46							
	30<δ≤50	335	510～610	21		−20℃,40							
	50<δ≤80	335	510～610	19		−30℃,32							
						−40℃,28							
A52P2	δ≤25	355	510～610	23	δ≤16mm,25	0℃,56							
	25<δ≤30	345	510～610	23	δ>16mm,30	−10℃,48							
	30<δ≤50	335	510～610	22		−20℃,40							
	50<δ≤80	335	510～610	21		−30℃,32							
						−40℃,28							
			0										
A52PR1	δ≤25	355	510～610	22	20	0℃,56							
	25<δ≤30	345	510～610	22		−10℃,48							
	30<δ≤50	335	510～610	21		−20℃,40							
	50<δ≤80	335	510～610	19		−30℃,32							
						−40℃,28							
A52PR2	δ≤25	355	510～610	23	δ≤16mm,25	0℃,56							
	25<δ≤30	345	510～610	23	δ>16mm,30	10℃,48							
	30<δ≤50	335	510～610	22		−20℃,40							
	50<δ≤80	335	510～610	21		−30℃,32							
						−40℃,28							

注:1. 牌号后的 C 表示保证在室温以上温度下使用,保证较高温度下的 $\sigma_{0.002}$ 值和 0℃时的夏氏 V 缺口冲击值(消除应力后);

2. 牌号后的 P 表示保证在室温下使用,保证在−20℃时的夏氏 V 缺口冲击值;

3. 牌号后的 FP 表示保证在−20℃时的夏氏 V 缺口冲击值。

表 12-159 锅炉与压力容器用钢板(合金钢)的力学性能(NF A 36-206)

牌号	厚度/mm	屈服极限/MPa 不小于	抗拉强度/MPa	伸长率/% 不小于	冲击性能		高温强度/MPa,不小于						
					KCU,+20℃/J 平均值	KCV/J 平均值	200℃	250℃	300℃	350℃	400℃	450℃	500℃
铁素体钢													
15D3	$3<\delta\leqslant 30$	265	430～530	25	30	0℃,32	245	226	196	185	177		
	$30<\delta\leqslant 60$	265	430～530	23									
	$60<\delta\leqslant 80$	255	430～530	22									
18MD4.05	$3<\delta\leqslant 30$	345	510～610	21	30	0℃,40	309	294	284	265	235	216	
	$30<\delta\leqslant 60$	345	510～610	20									
	$60<\delta\leqslant 80$	345	510～610	19									
	$80<\delta\leqslant 150$	325	510～610	19									
15MDV4.05	$3<\delta\leqslant 30$	345	530～610	21	30	0℃,40	309	294	284	265	235	216	
	$30<\delta\leqslant 60$	345	510～610	20									
	$60<\delta\leqslant 80$	345	510～610	19									
	$80<\delta\leqslant 150$	325	510～610	19									
15CD2.05	$3<\delta\leqslant 30$	275	450～550	25	30	0℃,40	255	235	216	196	186	181	(177)
	$30<\delta\leqslant 60$	275	450～550	23									
	$60<\delta\leqslant 80$	265	450～550	22									
15CD4.05	$3<\delta\leqslant 30$	295	470～570	23	30	0℃,40	275	255	235	216	201	191	(181)
	$30<\delta\leqslant 60$	295	470～570	22									
10CDg10	$3<\delta\leqslant 30$	295	510～610	22	30	0℃,40	275	255	235	226	216	206	(196)
	$30<\delta\leqslant 60$	295	510～610	21									

表 12-160 锅炉与压力容器用钢板(合金钢)的持久强度和蠕变强度(NF A 36-206)

牌号	厚度/mm	持久强度和蠕变强度/MPa										热处理/℃
		425℃		450℃		475℃		500℃		525℃		
		$\frac{\sigma_1}{10000}$	$\frac{\sigma_1}{100000}$	$\frac{\sigma_1}{10000}$	$\frac{\sigma_1}{100000}$	$\frac{\sigma_1}{10000}$	$\frac{\sigma_1}{100000}$	$\frac{\sigma_1}{10000}$	$\frac{\sigma_1}{10000}$	$\frac{\sigma_1}{10000}$	$\frac{\sigma_1}{100000}$	
铁素体钢												
15D3	3<δ≤30	206	176	177	147	155	116	127	788	90	47	正火 875～925℃
	30<δ≤60	353	296	304	216	235	155	177	108	120	42	+回火 600～675℃
	60<δ≤80											
18MDV4.05	3<δ≤30	392	314	333	240	255	162	177	103	118	54	正火 875～925℃
	30<δ≤60	421	343	353	265	279	181	196	118	132	69	+回火 600～675℃
	60<δ≤80											
	80<δ≤150											
15MDV4.05	3<δ≤30	392	314	333	240	257	162	177	103	118	54	正火 875～925℃
	30<δ≤60	421	343	353	265	279	181	196	118	132	69	+回火 600～695℃
	60<δ≤80											
	80<δ≤150											
15CD2.05	3<δ≤30	255	196	206	152	157	108	118	72	78	39	正火 875～925℃
	30<δ≤60	343	255	275	196	206	137	147	88	98	49	+回火 625～700℃
	60<δ≤80											
15CD4.05	3<δ≤30	245	206	172	123	123	78	88	44	54	20	正火 900～950℃
	30<δ≤60	343	265	216	152	157	98	108	59	74	31	+回火 650～725℃
		500℃		525℃		550℃		575℃		600℃		
10CDg10	3<δ≤30	123	93	98	74	78	59	64	42	44	25	正火 900～950℃
	30<δ≤60	170	142	147	103	118	81	90	59	69	39	+回火 700～775℃

表 12-161　低温压力容器用碳素和含镍合金钢板的力学性能(NF A36-208)

牌号	厚度/mm	屈服极限/MPa 不小于	抗拉强度/MPa	伸长率/% 不小于	冲击性能	低温冲击 KCV/J															
					KCU,+20℃/J	−20℃		−30℃		−40℃		−60℃		−80℃		−100℃		−120℃		−196℃	
					平均值	纵向	横向	纵向	横向	纵向	横向	纵向	横向	纵向	横向	纵向	横向	纵向	横向	纵向	横向
A42FP1	$\delta \leqslant 30$	255	410～490	27	25					28											
	$30 < \delta \leqslant 50$	235	410～490	25																	
	$50 < \delta \leqslant 80$	225	410～490	24																	
A42FP2	$\delta \leqslant 30$	255	410～490	27	35					28											
	$30 < \delta \leqslant 50$	235	410～490	26																	
	$50 < \delta \leqslant 80$	235	410～490	25																	
A48PR2	$\delta \leqslant 30$	295	470～560	23	20	40		32		28											
	$30 < \delta \leqslant 50$	275	470～560	22																	
	$50 < \delta \leqslant 80$	265	470～560	20																	
A48FP2	$\delta \leqslant 30$	295	470～550	25	30					40											
	$30 < \delta \leqslant 50$	275	470～550	24																	
	$50 < \delta \leqslant 80$	275	470～550	23																	
A52FP1	$\delta \leqslant 25$	355	510～610	22	20					40											
	$25 < \delta \leqslant 30$	345	510～610	22																	
	$30 < \delta \leqslant 50$	335	510～610	21																	
	$50 < \delta \leqslant 80$	335	510～610	19																	
A52FP2	$\delta \leqslant 25$	355	510～610	23	$\delta \leqslant 16$mm,25 $\delta > 16$mm,30					40											
	$25 < \delta \leqslant 30$	345	510～610	23																	
	$30 < \delta \leqslant 50$	335	510～610	22																	
	$50 < \delta \leqslant 80$	335	510～610	21																	
0.5Ni 245	$\delta \leqslant 30$	245	380～500	24								40	28								
	$30 < \delta \leqslant 50$	235	380～500	24																	
	$50 < \delta \leqslant 70$	225	380～500	24																	
0.5Ni 285	$\delta \leqslant 30$	285	410～550	24								40	28								
	$30 < \delta \leqslant 50$	275	410～550	24																	
	$50 < \delta \leqslant 70$	265	410～550	24																	

续表

牌号	厚度/mm	屈服极限/MPa 不小于	抗拉强度/MPa	伸长率/% 不小于	冲击性能 KCU,+20℃/J 平均值	低温冲击 KCV/J −20℃		−30℃		−40℃		−60℃		−80℃		−100℃		−120℃		−196℃	
						纵向	横向	纵向	横向	纵向	横向	纵向	横向	纵向	横向	纵向	横向	纵向	横向	纵向	横向
0.5Ni	δ≤30	355	490～610	22								40	28								
355	30<δ≤50	345	490～610	22																	
	50<δ≤70	335	490～610	22																	
1.5Ni	δ≤30	285	470～620	22										40	28						
285	30<δ≤50	275	470～620	22																	
	50<δ≤70	265	470～620	22																	
1.5Ni	δ≤30	355	490～640	22										40	28						
355	30<δ≤50	345	490～640	22																	
	50<δ≤70	335	490～640	22																	
3.5Ni	δ≤30	355	490～640	22										40	28						
285	30<δ≤50	345	490～640	22																	
	50<δ≤70	335	490～640	22																	
3.5Ni	δ≤30	355	490～640	22										40	28						
355	30<δ≤50	345	490～640	22																	
	50<δ≤70	335	490～640	22																	
5Ni	δ≤30	390	540～740	23												40	28				
390	30<δ≤50	390	540～740	23																	
	50<δ≤70	380	540～740	23																	
9Ni	δ≤30	490	640～840	18														40	28		
490	30<δ≤50	450	640～840	18																	
9Ni	δ≤30	485	690～840	18															10	28	
585	30<δ≤50	475	690～840	18																	

注:1. 牌号后的 P 表示在室温下使用,保证在−20℃时夏氏 V 缺口冲击值;

2. 牌号后的 FP 表示在低温下使用,保证在−40℃时夏氏 V 缺口冲击值。

表 12-162 碳素冷拉弹簧钢丝——冷拉钢丝直径和相应的抗拉强度(NF A 47-301)

直径/mm	σ_b/MPa(kgf/mm²)		直径/mm	σ_b/MPa(kgf/mm²)		直径/mm	σ_b/MPa(kgf/mm²)	
	B_1级	C_1级		B_1级	C_1级		B_1级	C_1级
0.2	2160～2450(300)	2450～2700(250)	1.1	1880～2170(300)	2170～2410(250)	4.5	1430～1630(200)	1630～1820(200)
0.25	2160～2450(300)	2450～2700(250)	1.2	1880～2140(280)	2140～2380(250)	4.8	1410～1610(200)	1610～1800(200)
0.30	2160～2450(300)	2450～2700(250)	1.3	1860～2110(250)	2110～2350(250)	5.0	1400～1600(200)	1600～1790(200)
0.35	2130～2420(300)	2420～2670(250)	1.4	1840～2090(250)	2090～2310(230)	5.5	1370～1570(200)	1570～1760(200)
0.40	2090～2380(300)	2380～2630(250)	1.5	1810～2070(250)	2070～2250(200)	6.0	1320～1520(200)	1520～1710(200)
0.45	2060～2360(300)	2360～2600(250)	1.6	1800～2050(250)	2050～2240(200)	6.5	1290～1490(200)	1490～1680(200)
0.50	2010～2300(300)	2300～2550(250)	1.8	1780～2030(250)	2030～2220(200)	7.0	1270～1470(200)	1470～1670(200)
0.55	2000～2290(300)	2290～2540(250)	2.0	1760～2000(240)	2000～2200(200)	7.5	1240～1440(200)	1440～1630(200)
0.60	1990～2280(300)	2280～2530(250)	2.3	1670～1900(240)	1900～2100(200)	8.0	1220～1410(190)	1410～1590(180)
0.65	1980～2270(300)	2270～2520(250)	2.5	1620～1840(230)	1840～2040(200)	8.5	1220～1390(190)	1390～1570(180)
0.70	1970～2260(300)	2260～2510(250)	2.8	1590～1810(230)	1810～2010(200)	9.0	1190～1370(190)	1370～1550(180)
0.75	1960～2260(300)	2260～2500(250)	3.0	1570～1790(230)	1790～1990(200)	10.0	1150～1320(180)	1320～1500(180)
0.80	1950～2250(300)	2250～2490(250)	3.2	1550～1760(220)	1760～1960(200)	11.0	1110～1280(180)	1280～1460(180)
0.85	1940～2240(300)	2240～2480(250)	3.5	1520～1720(210)	1720～1920(200)	12.0	1070～1230(180)	1230～1420(180)
0.90	1930～2230(300)	2230～2470(250)	3.8	1500～1710(210)	1710～1900(200)	13.0		1220～1400(180)
0.95	1920～2220(300)	2220～2460(250)	4.0	1470～1670(200)	1670～1860(200)	14.0		1200～1370(180)
1.00	1910～2210(300)	2210～2450(250)	4.2	1450～1650(200)	1650～1840(200)	15.0		1180～1350(180)

表 12-163　热缠成形弹簧用钢丝的力学性能(NF A 35-571)

牌　号	热处理		试样的力学性能				
	淬火/℃,±10℃	回火/℃,±20℃	屈服极限 $R_{0.2}$ /MPa,不小于	抗拉强度 R/MPa	伸长率($L_0=5d$) /%,不小于	冲击韧性 KCU/J·cm^{-2},不小于	硬度,不小于
一般用低应力弹簧钢							
RE375	880 水冷	480±50	—	—	—	—	375
RH388	860 油冷	480±50	—	—	—	—	388
合金弹簧钢							
46　S　7	880 水冷	450	1300	1450～1700	7	30	—
51　S　7	880 水冷	450	1350	1500～1750	6.5	25	—
56　SC　7	860 油冷	450	1370	1520～1770	6	20	—
61　SC　7	860 油冷	450	1430	1580～1880	5.5	15	—
45　SCD　6	880 油冷	450	1400	1550～1800	6	20	—
55　C　3	840 油冷	500	1180	1370～1620	6	15	—
45　C　4	840 油冷	500	1080	1230～1470	7	25	—
50　CV　4	850 油冷	500	1125	1320～1570	7	20	—
高淬透性弹簧钢							
51　CDV　4	860 油冷	500	1300	1450～1700	8	30	—
50　SCD　6	890 油冷	450	1420	1650～1900	8	30	—
38　NCD　16	875 气冷	250,2～3h	1400	≥1700	6	25	—

表 12-164　热缠成型弹簧钢的淬透性能(NF A 35-571)

牌　号	与淬火末端的距离为下列处(mm)的 HRC													
	1.5	3	5	7	9	11	13	15	20	25	30	35	40	45
46S7	63～56	60～50	53～40	46～33	42～29	39～26	36～23	34～21	≤31	≤29.5	≤28	≤27.5	—	—
51S7	64～58	61～52	56.6～42	52～36	47～32	43～29	41～27	38～26	35～22	33～21	≤31.5	≤31	≤29	—
56SC7	66～60	65～57.5	63.5～49	61.5～43	60～39	57～36	54～34	51～32.5	43～30	38.5～29	36～28	35～27.5	34～25	33～24
61SC7	66～61	65.5～58	64.5～52	63.5～45	62～40	59～37	57～34.5	53～33	46～32	41～30	37～29	35～28.5	35～28	34～27
45SCD6	63～55	63～54	62.5～53	62～52	61.5～50	61～48.5	60～47	59～46	57～42	54～39	52～37	50～35	49～34	48～33
55C3	65～57	65～56	64～55	63～54	63～52	62～49	61～43	60～39	57～33	52～30	48～28	45～27	42～26	39～24
45C4	63～55	62～53	61～51	60～49	58～46	55～43	52～40	50～37.5	47～33	44～30	42～28	40～26	39～25	38～24
50CV4	65～57	65～65.5	64.5～55.5	64～54.5	63.5～53	63～51.5	62.5～50	62～48	60.5～44	59～41	57.5～39	56～37	55～36	53～34.5
51CDV4	65～57	65～56	64～56	64～55	63～53	63～52	63～51	62～50	62～48	62～47	62～46	61～46	61～45	60～44
50SCD6	65～57	65～56.5	64.5～56	64～～55.5	64～55	64～54.5	63.5～54	63～53.5	62.5～52	62～50.5	61.5～48.5	61～46.5	60～45	59.6～43

12.6 德国结构钢

12.6.1 结构钢牌号和化学成分

表 12-165　渗碳钢牌号和化学成分

材料号	牌号 DIN	旧牌号	化学成分/%							
			C	Si	Mn	P,≤	S,≤	Cr	Mo	Ni
1.0301	C10	S1C10.61	0.07～0.13	0.15～0.35	0.30～0.60	0.045	0.045	—	—	—
1.0401	C15	S1C16.61	0.12～0.18	0.15～0.35	0.30～0.60	0.045	0.045	—	—	—
1.1121	CK10	—	0.07～0.13	0.15～0.35	0.30～0.60	0.035	0.035	—	—	—
1.1141	CK15	—	0.12～0.18	0.15～0.35	0.30～0.60	0.035	0.035	—	—	—
1.5732	14NiCr10	ECN25	0.10～0.17	0.15～0.35	0.40～0.70	0.035	0.035	0.55～0.95	—	2.25～2.75
1.5752	14NiCr14	ECN35	0.10～0.17	0.15～0.35	0.40～0.70	0.035	0.035	0.55～0.95	—	3.25～3.75
1.5860	14NiCr18	ECN45	0.10～0.17	0.15～0.35	0.40～0.70	0.035	0.035	0.90～1.30	—	4.25～4.75
1.5919	15CrNi6	ECN15	0.12～0.17	0.15～0.40	0.40～0.60	0.035	0.035	1.40～1.70	—	1.40～1.70
1.5920	18CrNi8	ECN20	0.15～0.20	0.15～0.40	0.40～0.60	0.035	0.035	1.80～2.10	—	1.80～2.10
1.6523	21NiCrMo2	(=SAE8620)	0.17～0.23	0.15～0.40	0.60～0.90	0.035	0.035	0.35～0.65	0.15～0.25	0.40～0.70
1.6587	17CrNiMo6	—	0.14～0.19	0.15～0.40	0.40～0.60	0.035	0.035	1.50～1.80	0.25～0.35	1.40～1.70
1.7012	13Cr2	EC30	0.10～0.16	0.15～0.35	0.40～0.60	0.035	0.035	0.30～0.50	—	—
1.7015	15Cr3	EC60	0.12～0.18	0.15～0.40	0.40～0.60	0.035	0.035	0.40～0.70	—	—
1.7131	16MnCr5	EC80	0.14～0.19	0.15～0.40	0.00～1.30	0.035	0.035	0.80～1.10	—	—
1.7139	16MnCrS5	—	0.14～0.19	0.15～0.40	1.00～1.30	0.035	0.02/0.035	0.80～1.10	—	—
1.7147	20MnCr5	EC100	0.17～0.22	0.15～0.40	1.10～1.40	0.035	0.035	1.00～1.30	—	—
1.7149	20MnCrS5	—	0.17～0.22	0.15～0.40	1.10～1.40	0.035	0.02/0.035	1.00～1.30	—	—
1.7262	15CrMo5	ECMo80	0.13～0.17	0.15～0.35	0.80～1.10	0.035	0.035	1.00～1.30	0.20～0.30	—
1.7264	20CrMo5	ECMo100	0.18～0.23	0.15～0.35	0.90～1.20	0.035	0.035	1.10～1.40	0.20～0.30	—
1.7271	23CrMoB33	—	0.20～0.25	0.15～0.35	0.70～0.90	0.035	0.035	0.70～0.90	0.30～0.40	—
1.7311	20CrMo2	—	0.18～0.23	0.15～0.35	0.60～0.80	0.035	0.02/0.04	0.50～0.70	0.30～0.40	—
1.7321	20MoCr4	—	0.17～0.22	0.15～0.40	0.60～0.90	0.035	0.035	0.30～0.50	0.40～0.50	—
1.7323	20MoCrS4	—	0.17～0.22	0.15～0.40	0.60～0.90	0.035	0.02/0.035	0.30～0.50	0.40～0.50	—
1.7325	25MoCr4	—	0.23～0.29	0.15～0.40	0.60～0.90	0.035	0.035	0.40～0.60	0.40～0.50	—
1.7326	25MoCrS4	—	0.23～0.29	0.15～0.40	0.60～0.90	0.035	0.02/0.035	0.40～0.60	0.40～0.50	—

表 12-166 氮化钢牌号和化学成分

材料号	牌号 DIN	化学成分/%									
		C	Si	Mn	P,≤	S,≤	Cr	Mo	Ni	V	Al
1.8504	34CrAl6	0.30～0.37	0.15～0.35	0.60～0.90	0.035	0.035	1.20～1.50	—	—	—	0.80～1.10
1.8506	34CrAlS5	0.30～0.37	0.15～0.40	0.60～0.90	0.100	0.07～0.11	1.00～1.30	—	—	—	0.80～1.20
1.8507	34CrAlMo5	0.30～0.37	≤0.40	0.50～0.80	0.030	0.035	1.00～1.30	0.15～0.25	—	—	0.80～1.20
1.8509	41CrAlMo7	0.38～0.45	≤0.40	0.50～0.80	0.030	0.035	1.50～1.80	0.25～0.40	—	—	0.80～1.20
1.8515	31CrMo12	0.28～0.35	0.15～0.40	0.40～0.70	0.030	0.035	2.80～3.30	0.30～0.50	≤0.30	—	—
1.8519	31CrMoV9	0.26～0.34	≤0.40	0.40～0.70	0.030	0.035	2.30～2.70	0.15～0.25	—	0.10～0.20	—
1.8523	39CrMoV13.9	0.35～0.42	0.15～0.40	0.40～0.70	0.030	0.035	3.00～3.50	0.80～1.10	—	0.15～0.25	—
1.8550	34CrAlNi7	0.30～0.37	0≤0.40	0.40～0.70	0.030	0.035	1.50～1.80	0.15～0.25	0.85～1.15	—	0.80～1.20

表 12-167 易切削钢牌号和化学成分

材料号	牌号	化学成分/%					
		C	Si	Mn	P,≤	S	Pb
1.0711	9S20	≤0.13	≤0.05	0.80～1.20	0.100	0.18～0.25	—
1.0715	9SMn26	≤0.14	≤0.05	0.90～1.30	0.100	0.24～0.32	—
1.0718	9SMnPb28	≤0.14	≤0.05	0.90～130	0.100	0.24～0.32	0.15～0.30
1.0721	10S20	0.07～0.13	0.10～0.40	0.50～0.90	0.080	0.15～0.25	—
1.0722	10SPb20	0.07～0.13	0.10～0.40	0.60～0.90	0.080	0.15～0.25	0.15～0.30
1.0723	15S20	0.12～0.18	0.10～0.40	0.50～0.90	0.070	0.18～0.26	—
1.0726	35S20	0.32～0.39	0.10～0.40	0.60～0.90	0.060	0.15～0.25	—
1.0727	45S20	0.42～0.50	0.10～0.40	0.50～0.90	0.060	0.15～0.25	—
1.0728	60S20	0.57～0.65	0.10～0.40	0.60～0.90	0.060	0.15～0.25	—
1.0736	9SMn36	≤0.15	≤0.05	1.00～1.50	0.100	0.32～0.40	—
1.0737	9SMnPb36	≤0.15	≤0.05	1.00～1.50	0.100	0.32～0.40	0.15～0.30

表 12-168 可热处理钢牌号和化学成分

材料号	牌号 DIN	化学成分/%							
		C	Si	Mn	P,≤	S	Cr	Mo	Ni	其他
1.0402	C22	0.17～0.24	≤0.40	0.30～0.80	0.045	≤0.045	—	—	—	—
1.0501	C35	0.32～0.39	≤0.40	0.50～0.80	0.045	≤0.045	—	—	—	—
1.0503	C45	0.42～0.50	≤0.40	0.50～0.80	0.045	≤0.045	—	—	—	—
1.0535	C55	0.52～0.60	≤0.40	0.60～0.90	0.045	≤0.045	—	—	—	—
1.0601	C60	0.57～0.65	≤0.40	0.60～0.90	0.045	≤0.045	—	—	—	—
1.1133	20Mn5	0.17～0.23	0.30～0.60	1.00～1.30	0.035	≤0.035	—	—	—	—
1.1151	CK22	0.17～0.24	≤0.40	0.30～0.60	0.035	≤0.030	—	—	—	—
1.1157	40Mn4	0.36～0.44	0.25～0.50	0.80～1.10	0.035	≤0.035	—	—	—	—
1.1165	30Mn5	0.27～0.34	0.15～0.40	1.20～1.50	0.035	≤0.035	≤0.30	—	—	—
1.1167	36Mn5	0.32～0.40	0.15～0.35	1.20～1.50	0.035	≤0.035	—	—	—	—
1.1170	28Mn6	0.25～0.32	≤0.40	1.30～1.65	0.035	≤0.035	≤0.30	—	—	—
1.1180	Cm35	0.32～0.39	≤0.40	0.50～0.80	0.035	0.020～0.035	—	—	—	—
1.1181	Ck35	0.32～0.39	≤0.40	0.50～0.80	0.035	≤0.035	—	—	—	—
1.1191	Ck45	0.42～0.50	≤0.40	0.50～0.80	0.035	≤0.030	—	—	—	—
1.1201	Cm45	0.42～0.50	≤0.40	0.50～0.80	0.035	0.020～0.035	—	—	—	—
1.1203	Ck55	0.52～0.60	≤0.40	0.60～0.90	0.035	≤0.030	—	—	—	—
1.1209	Cm55	0.52～0.60	≤0.40	0.60～0.90	0.035	0.020～0.035	—	—	—	—
1.1221	Ck60	0.57～0.65	≤0.40	0.60～0.90	0.035	≤0.300	—	—	—	—
1.1223	Cm60	0.57～0.65	≤0.40	0.60～0.90	0.035	0.020～0.035	—	—	—	—
1.1273	90Mn4	0.85～0.95	0.25～0.50	0.90～1.10	0.035	≤0.035	—	—	—	—
1.3401	X120Mn12	1.10～1.30	0.30～0.50	1200～1300	0.100	≤0.040	(1.50)	—	—	—
1.3561	44Cr2	0.42～0.48	≤0.40	0.50～0.80	0.025	≤0.035	0.40～0.60	—	—	Cu≤0.30
1.3563	43CrMo4	0.40～0.46	≤0.40	0.60～0.90	0.025	≤0.035	0.90～1.20	0.15～0.30	—	Cu≤0.30
1.3565	48CrMo4	0.46～0.52	≤0.40	0.50～0.80	0.025	≤0.035	0.90～1.20	0.15～0.30	—	Cu≤0.30
1.5120	38MnSi4	0.34～0.42	0.70～0.90	0.90～1.20	0.035	≤0.035	—	—	—	—
1.5121	46MnSi4	0.42～0.50	0.70～0.90	0.90～1.20	0.035	≤0.035	—	—	—	—
1.5122	37MnSi5	0.33～0.41	1.10～1.40	1.10～1.40	0.035	≤0.035	—	—	—	—

续表

材料号	牌号 DIN	化学成分/%							
		C	Si	Mn	P,≤	S	Cr	Mo	Ni	其他
1.5131	50MnSi4	0.45～0.53	0.70～1.00	0.90～1.20	0.035	≤0.035	—	—	—	—
1.5141	53MnSi4	0.50～0.57	0.80～1.00	0.80～1.20	0.035	≤0.035	—	—	—	—
1.5223	42MnV7	0.38～0.45	0.15～0.35	1.60～1.90	0.035	≤0.035	—	—	—	V 0.07～0.12
1.5710	36NiCr6	0.32～0.40	0.15～0.35	0.40～0.80	0.035	≤0.035	0.30～0.70	—	1.25～1.75	—
1.5736	36NiCr10	0.32～0.40	0.15～0.35	0.40～0.80	0.035	≤0.035	0.55～0.95	—	2.25～2.75	—
1.5755	31NiCr14	0.27～0.35	0.15～0.35	0.40～0.80	0.035	≤0.035	0.55～0.95	—	3.25～3.75	—
1.5864	35NiCr18	0.30～0.40	0.15～0.35	0.40～0.80	0.035	≤0.035	1.10～1.50	—	4.25～4.75	—
1.6511	36CrNiMo4	0.32～0.40	≤0.40	0.50～0.80	0.035	≤0.030	0.90～1.20	0.15～0.30	0.90～1.20	—
1.6513	28NiCrMo4	0.24～0.34	0.15～0.40	0.30～0.60	0.035	≤0.035	1.00～1.30	020～0.30	1.00～1.30	—
1.6580	30CrNiMo8	0.26～0.34	≤0.40	0.30～0.60	0.035	≤0.030	1.80～2.20	0.30～0.50	1.80～2.20	—
1.6582	34CrNiMo6	0.30～0.38	≤0.40	0.40～0.70	0.035	≤0.030	1.40～1.70	0.15～0.30	1.40～1.70	—
1.7003	38Cr2	0.35～0.42	≤0.40	0.50～080	0.035	≤0.030	0.40～0.60	—	—	—
1.7006	46Cr2	0.42～0.50	≤0.40	0.50～0.80	0.035	≤0.030	0.40～0.60	—	—	—
1.7033	34Cr4	0.30～0.37	≤0.40	0.60～0.90	0.035	≤0.030	0.90～1.20	—	—	—
1.7034	37Cr4	0.34～0.41	≤0.40	0.60～0.90	0.035	≤0.035	0.90～1.20	—	—	—
1.7035	41Cr4	0.38～0.45	≤0.40	0.60～0.90	0.035	≤0.030	0.90～1.20	—	—	—
1.7037	34CrS4	0.30～0.37	≤0.40	0.60～0.90	0.035	0.020～0.035	0.90～1.20	—	—	—
1.7038	37CrS4	0.34～0.41	≤0.40	0.60～0.90	0.035	0.020～0.035	0.90～1.20	—	—	—
1.7039	41CrS4	0.38～0.45	≤0.40	0.60～0.90	0.035	0.020～0.035	0.90～1.20	—	—	—
1.7218	25CrMo4	0.22～0.29	≤0.40	0.60～0.90	0.035	≤0.030	0.90～1.20	0.15～0.30	—	—
1.7220	34CrMo4	0.30～0.37	≤0.40	0.60～0.90	0.035	≤0.030	0.90～1.20	0.15～0.30	—	—
1.7225	42CrMo4	0.38～0.45	≤0.40	0.50～0.80	0.035	≤0.030	0.90～1.20	0.15～0.30	—	—
1.7226	34CrMoS4	0.30～0.37	≤0.40	0.60～0.90	0.035	0.020～0.035	0.90～1.20	0.15～0.30	—	—
1.7227	42CrMoS4	0.38～0.45	≤0.40	0.60～0.90	0.035	0.020～0.035	0.90～1.20	0.15～0.30	—	—
1.7228	50CrMo4	0.46～0.54	≤0.40	0.60～0.90	0.035	≤0.030	0.90～1.20	0.15～0.30	—	—
1.7361	32CrMo12	0.28～0.35	0.15～0.40	0.40～0.70	0.035	≤0.035	0.80～3.30	0.30～0.50	—	—
1.7861	42CrV6	0.38～0.46	0.15～0.35	0.50～0.80	0.035	≤0.035	1.40～1.70	—	—	V 0.07～0.12
1.7707	30CrMoV9	0.26～0.34	≤0.40	0.40～0.70	0.035	≤0.030	2.30～2.70	0.15～0.25	—	V 0.10～0.20
1.8159	50CrV4	0.47～0.55	≤0.40	0.70～1.10	0.035	≤0.030	0.90～1.20	—	—	V 0.10～0.20
1.8161	50CrV4	0.55～0.62	0.15～0.40	0.70～1.10	0.035	≤0.035	0.90～1.20	—	—	V 0.10～0.20

表 12-169 滚珠轴承钢牌号和化学成分

材料号	工业牌号	化学成分/%								
		C	Si	Mn	P,≤	S	Cr	Mo	Ni	其他
1.3501	100Cr2W1	0.90～1.05	0.15～0.35	0.25～0.45	0.030	≤0.025	0.40～0.60	—	≤03	Cu≤0.30
1.3503	105Cr4W2	1.00～1.10	0.15～0.35	0.25～0.40	0.030	≤0.025	0.90～1.15	—	—	—
1.3505	100Cr6W3	0.90～1.05	0.15～0.35	0.25～0.45	0.030	≤0.025	1.40～1.65	—	≤0.30	Cu≤0.30
1.3520	100CrMn6W4	0.90～1.05	0.50～0.70	1.00～1.20	0.030	≤0.025	1.40～1.65	—	≤0.30	Cu≤0.30
1.3536	100CrMo73W5	0.90～1.05	0.20～0.40	0.60～0.80	0.035	≤0.025	0.90～1.65	0.20～0.35	≤0.30	Cu≤0.30
1.3551	60MoCrV4216	0.77～0.85	≤0.25	≤0.35	0.015	≤0.015	3.75～4.25	4.00～4.50	—	V 0.90～1.10

表 12-170 弹簧钢牌号和化学成分

材料号	牌号 DIN	化学成分/%										
		C	Si	Mn	P,≤	S,≤	Cr	Mo	Ni	V	B,≤	N,≤
1.0900	38Si6	0.35～0.42	1.40～1.60	050～0.80	0.050	0.050	—	—	—	—	—	0.007
1.0902	46Si7	0.42～0.50	1.50～1.80	050～0.80	0.050	0.050	—	—	—	—	—	0.007
1.0903	51Si7	0.47～0.55	1.50～1.80	0.50～0.80	0.045	0.045	—	—	—	—	—	0.007
1.0904	55Si7	0.52～0.60	1.50～1.80	0.70～1.00	0.045	0.045	—	—	—	—	—	—
1.0906	65Si7	0.60～0.68	1.50～1.80	0.70～1.00	0.050	0.050	—	—	—	—	—	0.007
1.0908	60SiMn5	0.55～0.65	1.00～1.30	0.90～1.10	0.050	0.050	—	—	—	—	—	0.007
1.0961	60SiCr7	0.55～0.65	1.50～1.80	0.70～1.00	0.045	0.045	0.20～0.40	—	—	—	—	0.007
1.0970	38Si7	0.35～0.42	1.50～1.80	0.50～0.80	0.045	0.045	—	—	—	—	—	0.007
1.1231	CK67	0.65～0.72	0.15～0.35	0.60～0.90	0.035	0.035	—	—	—	—	—	—
1.1248	CK75	0.70～0.80	0.15～0.35	0.60～0.80	0.035	0.035	—	—	—	—	—	—
1.1269	CK85	0.80～0.90	0.15～0.35	0.45～0.65	0.035	0.035	—	—	—	—	—	—
1.1274	CK101	0.95～1.05	0.15～0.35	0.40～0.60	0.035	0.035	—	—	—	—	—	—
1.5028	66Si7	0.60～0.70	1.50～1.80	0.70～1.00	0.035	0.035	—	—	—	—	—	—

续表

材料号	牌号 DIN	化学成分/%										
		C	Si	Mn	P,≤	S,≤	Cr	Mo	Ni	V	B,≤	N,≤
1.5029	71Si7	0.68～0.75	1.50～1.80	0.60～0.80	0.035	0.035	—	—	—	—	—	—
1.5225	51MnV7	0.48～0.55	0.15～0.35	1.60～1.90	0.035	0.035	—	—	—	0.07～0.12	—	—
1.7103	67SiCr5	0.62～0.72	1.20～1.40	0.40～0.60	0.035	0.035	0.40～0.60	—	—	—	—	—
1.7138	52MnCrB3	0.48～0.55	0.15～0.35	0.75～1.00	0.035	0.035	0.40～0.60	—	—	—	0.0005	—
1.7176	55Cr3	0.52～0.59	0.15～0.40	0.70～1.00	0.035	0.035	0.60～0.90	—	—	—	—	—
1.7701	51CrMoV4	0.48～0.56	0.15～0.40	0.70～1.10	0.035	0.035	0.90～1.20	0.15～0.25	—	0.07～0.12	—	—
1.8150	50CrV4	0.47～0.55	≤0.40	0.70～1.10	0.035	0.035	0.90～1.20	—	—	0.10～0.20	—	—
1.8161	58CrV4	0.55～0.62	0.15～0.40	0.70～1.10	0.035	0.035	0.90～1.20	—	—	0.10～0.20	—	—

表 12-171 表面淬火钢牌号和化学成分

材料号	牌号 DIN	化学成分/%										
		C	Si	Mn	P,≤	S,≤	Cr	Mo	Ni	V	B,≤	N,≤
1.1157	40Mn4	0.36～0.44	0.25～0.50	0.80～1.10	0.035	0.035	—	—	—	—	—	—
1.1183	Ct35	0.33～0.39	0.15～0.35	0.50～0.80	0.025	0.035	—	—	—	—	—	—
1.1193	Ct45	0.43～0.49	0.15～0.35	0.50～0.80	0.025	0.035	—	—	—	—	—	0.007
1.1213	Ct53	0.50～0.57	0.15～0.35	0.40～0.70	0.025	0.035	—	—	—	—	—	—
1.1249	C170	0.68～0.75	0.15～0.35	0.20～0.35	0.025	0.035	—	—	—	—	—	0.007
1.5122	37MnSi5	0.33～0.41	1.10～1.40	1.10～1.40	0.025	0.035	—	—	—	—	—	—
1.6971	79Ni1	0.75～0.85	0.20～0.30	0.45～0.55	0.025	0.025	0.10～0.20	—	0.10～0.20	≤0.05	—	—
1.6972	83Ni1	0.80～0.90	0.20～0.30	0.75～0.85	0.025	0.025	0.10～0.20	—	0.10～0.20	≤0.05	—	—
1.7005	45Cr2	0.42～0.48	0.15～0.40	050～0.80	0.025	0.035	0.45～0.60	—	—	—	—	—
1.7043	38Cr4	0.34～0.40	0.15～0.40	0.60～0.90	0.025	0.035	0.90～1.20	—	—	—	—	—
1.7045	42Cr4	0.38～0.44	0.15～0.40	050～0.80	0.025	0.035	0.90～1.20	—	—	—	—	—
1.7220	34CrMo4	0.30～0.37	≤0.40	0.60～0.90	0.035	0.030	0.90～1.20	0.15～0.20	—	—	—	—
1.7223	41CrMo4	0.38～0.44	0.15～0.40	0.50～0.80	0.025	0.035	0.90～1.20	—	0.15～0.30	—	—	—
1.7238	49CrMo4	0.46～0.52	0.15～0.40	0.50～0.80	0.025	0.035	0.90～1.20	0.15～0.30	—	—	—	—
1.8159	50CrV4	0.47～0.55	≤0.40	0.70～1.10	0.035	0.030	0.90～1.20	—	—	0.10～0.20	—	—
1.8161	58CrV4	0.55～0.62	0.15～0.40	0.70～1.10	0.035	0.035	0.90～1.20	—	—	0.10～0.20	—	—

表 12-172 冷挤压钢牌号和化学成分

材料号	牌号 DIN	化学成分/%										
		C	Si	Mn	P,≤	S,≤	Cr	Mo	Ni	V	B,≤	N,≤
1.1132	Cq15	0.12～0.18	0.15～0.35	0.25～0.50	0.035	0.035	—	—	—	—	—	—
1.1152	Cq22	0.18～0.24	0.15～0.35	0.30～0.60	0.035	0.035	—	—	—	—	—	—
1.1172	Cq35	0.32～0.39	0.15～0.35	0.50～0.80	0.035	0.035	—	—	—	—	—	—
1.1192	Cq45	0.42～0.50	0.15～0.35	0.50～0.80	0.035	0.035	—	—	—	—	—	—
1.5919	15CrNi6	0.12～0.17	0.15～0.40	0.40～0.60	0.035	0.035	1.40～1.70	—	1.40～1.70	—	—	—
1.6580	30CrNiMo8	0.26～0.34	≤0.40	0.30～0.60	0.035	0.030	1.80～2.20	0.30～050	1.80～2.20	—	—	—
1.6552	34CrNiMo6	0.30～0.38	≤0.40	0.40～0.70	0.035	0.030	1.40～1.70	0.15～0.30	1.40～1.70	—	—	—
1.7001	38Cr1	0.34～0.41	0.15～0.40	0.50～0.80	0.035	0.035	0.30～0.40	—	—	—	—	—
1.7002	46Cr1	0.42～0.50	0.15～0.40	0.50～0.80	0.035	0.035	0.30～0.40	—	—	—	—	—
1.7003	33Cr2	0.35～0.42	≤0.40	0.50～0.80	0.035	0.030	0.40～0.80	—	—	—	—	—
1.7006	46Cr2	0.42～0.50	≤0.40	0.50～0.80	0.035	0.030	0.40～0.60	—	—	—	—	—
1.7016	15Cr3	0.12～0.18	0.15～0.40	0.40～0.60	0.035	0.035	0.40～0.70	—	—	—	—	—
1.7033	34Cr4	0.30～0.37	≤0.40	0.60～0.90	0.035	0.030	0.90～1.20	—	—	—	—	—
1.7034	37Cr4	0.34～0.41	≤0.40	0.60～0.90	0.035	0.035	0.90～1.20	—	—	—	—	—
1.7035	41Cr4	0.38～0.45	≤0.40	0.60～0.90	0.035	0.030	0.90～1.20	—	—	—	—	—
1.7131	16MnCr5	0.14～0.19	0.15～0.40	1.00～1.30	0.035	0.035	0.80～1.10	—	—	—	—	—
1.7218	25CrMo4	0.22～0.29	≤0.40	0.60～0.90	0.035	0.030	0.90～1.20	0.15～0.30	—	—	—	—
1.7229	34CrMo4	0.30～0.37	≤0.40	0.60～0.90	0.035	0.030	0.90～1.20	0.15～0.20	—	—	—	—
1.7225	42CrMo4	0.38～0.45	≤0.40	0.50～0.80	0.035	0.030	0.90～1.20	0.15～0.30	—	—	—	—
1.7321	20MoCr4	0.17～0.22	0.15～0.40	0.60～0.90	0.035	0.035	0.30～0.50	0.40～0.50	—	—	—	—

表 12-173　低温钢牌号和化学成分

材料号	牌号 DIN	化学成分/%							
		C	Si	Mn	P,≤	S,≤	Cr	Mo	Ni
1.1169	20Mn6	0.17～0.23	0.30～0.60	1.30～1.60	0.035	0.035	—	—	—
1.5622	14Ni6	≤0.18	0.10～0.35	0.30～0.60	0.035	0.035	—	—	1.30～1.60
1.5633	24Ni8	0.20～0.28	0.15～0.35	0.60～0.80	0.035	0.035	(≤0.30)	—	1.90～2.20
1.5637	10Ni14	≤0.12	0.10～0.35	0.30～0.60	0.035	0.035	—	—	3.20～3.80
1.5662	X8Ni9	≤0.10	0.10～0.35	0.30～0.60	0.035	0.035	—	—	8.00～10.00
1.5680	12Ni19	≤0.20	0.10～0.35	0.30～0.60	0.035	0.035	—	—	4.50～5.30
1.7219	26CrMo4	0.22～0.29	0.10～0.35	0.50～0.80	0.030	0.035	0.90～1.20	0.15～0.30	—

表 12-174　石油化工高压容器钢牌号和化学成分

材料号	牌号 DIN	化学成分/%									
		C	Si	Mn	P,≤	S,≤	Cr	Mo	Ni	V	其他
1.7218	25CrMo4	0.22～0.29	≤0.40	0.60～0.90	0.035	0.030	0.90～1.20	0.15～0.30	—	—	—
1.7259	26CrMo7	0.22～0.30	0.15～0.35	0.50～0.70	0.035	0.035	1.50～1.80	0.20～0.25	—	—	—
1.7273	24CrMo10	0.20～0.28	0.15～0.35	0.50～0.80	0.035	0.035	2.30～2.60	0.20～0.30	≤0.80	—	—
1.7276	10CrMo11	0.08～0.12	0.15～0.35	0.30～0.50	0.035	0.035	2.70～3.00	0.20～0.30	—	—	—
1.7281	16CrMo93	0.12～0.20	0.15～0.35	0.30～0.50	0.035	0.035	2.00～2.50	0.30～0.40	—	—	—
1.7362	12CrMo195	≤0.15	0.30～0.50	0.30～0.60	0.035	0.035	4.50～5.50	0.45～0.65	—	—	—
1.7766	17CrMoV0	0.15～0.20	0.15～0.35	0.30～0.50	0.035	0.035	2.70～3.00	0.20～0.30	—	0.10～0.20	—
1.7779	20CrMoV135	0.17～0.23	0.15～0.35	0.30～0.50	0.035	0.035	3.00～3.30	0.50～0.60	—	0.45～0.55	—
1.8212	21CrVMoW12	0.18～0.25	0.15～0.35	0.30～0.50	0.035	0.035	2.70～3.00	0.35～0.45	—	0.75～0.85	W 0.30～0.45

表 12-175 高温结构钢牌号和化学成分

材料号	牌号	化学成分/%								
		C	Si	Mn	P,≤	S,≤	Cr	Mo	Ni	V	其他
1.0482	19Mn5	0.17～0.22	0.30～0.60	1.00～1.30	0.045	0.045	≤0.30	—	—	—	—
1.1181	CK35	0.32～0.39	≤0.40	0.50～0.80	0.035	0.035	—	—	—	—	—
1.1191	CK45	0.42～0.50	≤0.40	0.50～0.80	0.035	0.030	—	—	—	—	—
1.5404	21MoV5 3	0.17～0.25	0.15～0.35	0.50～0.80	0.035	0.035	0.20～0.40	0.45～0.55	≤0.30	0.25～0.35	—
1.5406	17MoV8 4	0.14～0.22	0.15～0.35	0.50～0.80	0.035	0.035	0.20～0.40	0.80～1.00	≤0.30	0.30～0.40	—
1.5415	15Mo3	0.12～0.20	0.10～0.35	0.40～0.90	0.035	0.030	≤0.25	0.25～0.35	—	—	—
1.5419	22Mo4	0.18～0.25	0.20～0.40	0.40～0.70	0.035	0.035	(≤0.30)	0.30～0.40	—	—	—
1.6513	28NiCrMo4	0.24～0.34	0.15～0.40	0.30～0.60	0.035	0.035	1.00～1.30	0.20～0.30	1.00～1.30	—	—
1.7242	16CrMo4	0.13～0.20	0.15～0.35	0.50～0.80	0.035	0.035	0.90～1.20	0.20～0.30	≤0.40	—	—
1.7250	24CrMo5	0.20～0.28	≤0.40	0.50～0.80	0.035	0.035	0.90～1.20	0.20～0.35	≤0.60	—	—
1.7335	13CrMo44	0.08～0.16	0.10～0.35	0.40～1.00	0.035	0.030	0.70～1.10	0.40～0.60	—	—	Al≤0.070
1.7337	16CrMo44	0.13～0.20	0.15～0.35	0.50～0.80	0.035	0.035	0.90～1.20	0.40～0.50	≤0.40	—	—
1.7350	22CrMo44	0.19～0.26	0.15～0.40	0.50～0.80	0.035	0.035	0.90～1.20	0.40～0.50	≤0.60	—	—
1.7380	10CrMo9 10	0.08～0.15	≤0.50	0.40～0.70	0.040	0.040	2.00～2.50	0.90～1.20	—	—	—
1.7715	14MoV6 3	0.10～0.18	0.10～0.35	0.40～0.70	0.300	0.035	0.30～0.60	0.50～0.70	—	0.22～0.32	—
1.7733	24CrMoV5 5	0.20～0.28	0.15～0.35	0.30～0.60	0.035	0.035	1.20～1.50	0.50～0.60	(≤0.60)	0.15～0.25	—
1.8070	21CrMoV5 11	0.17～0.25	0.30～0.60	0.30～0.60	0.035	0.355	1.20～1.50	1.00～1.20	≤0.60	0.25～0.35	—

表 12-176 细晶粒结构钢牌号和化学成分

基本型	高温型	低温型	牌号	化学成分/%							
				C	Si	Mn	P,≤	S,≤	V,≤	N,≤	其他
1.0461			StE255	≤0.18	≤0.40	0.50/1.30	0.035	0.030	—	0.020	
	1.0462		WStE255	≤0.18	≤0.40	0.50/1.30	0.035	0.030	—	0.020	
		1.0463	TStE255	≤0.16	≤0.40	0.50/1.30	0.030	0.025	—	0.020	
1.0486			StE285	≤0.18	≤0.40	0.60/1.40	0.035	0.030	—	0.020	Al≥0.020
	1.0487		WStE285	≤0.18	≤0.40	0.60/1.40	0.035	0.030	—	0.020	Nb≤0.03
		1.0488	TStE285	≤0.16	≤0.40	0.60/1.40	0.030	0.025	—	0.020	Nb+Ti+V≤0.05
1.0505			StE315	≤0.18	≤0.45	0.70/1.50	0.035	0.030	—	—	
	1.0506		WStE315	≤0.18	≤0.45	0.70/1.50	0.035	0.030	—	—	
		1.0508	TStE315	≤0.16	≤0.45	0.70/1.50	0.030	0.025	—	—	
1.0562			StE355	≤0.20	0.10/0.50	0.90/1.65	0.035	0.030	0.10	0.020	Al≥0.020
	1.0565		WStE355	≤0.20	0.10/0.50	0.90/1.65	0.035	0.030	0.10	0.020	Nb≤0.05
		1.0566	TStE355	≤0.18	0.10/0.50	0.90/1.65	0.030	0.025	0.10	0.020	Nb+Ti+V≤0.12
1.8900			StE380	≤0.20	0.10/0.60	1.00/1.70	0.035	0.030	0.20	0.020	Cu≤0.20 Mo≤0.08
	1.8930		WStE380	≤0.20	0.10/0.60	1.00/1.70	0.035	0.030	0.20	0.020	Cu≤0.20 Mo≤0.08
		1.8910	TStE380	≤0.20	0.10/0.60	1.00/1.70	0.030	0.025	0.20	0.020	Cu≤0.20 Mo≤0.08
1.8902			StE420	≤0.20	0.10/0.60	1.20～1.70	0.035	0.030	—	0.020	Cu≤0.70 Mo≤0.10 Ti≤0.20
	1.8932		WStE420	≤0.20	0.10/0.60	1.20～1.70	0.035	0.030	—	0.020	Cu≤0.70 Mo≤0.10 Cr≤0.30
		1.8912	TStE420	≤0.20	0.10/0.60	1.20～1.70	0.030	0.025	—	0.020	Cu≤0.70 Mo≤0.10 Ni≤1.00
1.8905			StE460	≤0.20	0.10/0.60	1.20～1.70	0.035	0.030	—	0.020	Cu≤0.70 Mo≤0.10 Nb+Ti+V≤0.22
	1.8935		WStE460	≤0.20	0.10/0.60	1.20～1.70	0.035	0.030	—	0.020	Cu≤0.70 Mo≤0.10
		1.8915	TStE460	≤0.20	0.10/0.60	1.20～1.70	0.030	0.025	—	0.020	Cu≤0.70 Mo≤0.10
1.8907			StE500	≤0.21	0.10/0.60	1.00/1.70	0.035	0.030	0.22	0.020	—
	1.8937		WStE500	≤0.21	0.10/0.60	1.00/1.70	0.035	0.030	0.22	0.020	—
		1.8917	TStE500	≤0.21	0.10/0.60	1.00/1.70	0.030	0.025	0.22	0.020	—

表 12-177 耐候钢牌号和化学成分

材料号	牌号	化学成分/%					
		C,≤	Si	Mn	P,≤	S,≤	其他
1.8960	WTSt360-2	0.13	0.10/0.40	0.20/0.50	0.050	0.035	Cr 0.50/0.80,Ni≤0.40,Cu 0.30/0.50,N 0.007
1.8961	WSTt360-3	0.13	0.10/0.40	0.20/0.50	0.045	0.035	Cr 0.50/0.80,Ni≤0.40,Cu 0.30/0.50,N 0.009
1.8962	—	0.12	0.25/0.75	0.20/0.50	0.07～0.15	0.035	Cr 0.50/1.25,Ni≤0.65,Cu 0.25/0.55
1.8963	WTSt510-3	0.15	0.10/0.40	0.90/1.30	0.045	0.035	Cr 0.50/0.80,Ni≤0.40,Cu 0.30/0.50,V 0.02/0.10,N 0.009

12.6.2 结构钢的力学性能

(1)普通结构钢

通常在热成型状态经过正火或经过冷加工，按其抗拉强度和屈服点的大小而被选用的碳素钢和低合金钢。例如，地面或地下的建筑工程、桥梁建造、水利工程、槽罐及煤航建造、汽车和机械工程等。

表 12-178 普通结构钢的力学性能

材料号	牌 号	脱氧方法[①] DIN 17100	力学性能 抗拉强度/MPa 厚度[⑥]/mm		屈服点/MPa,≥ 厚度[⑥]/mm					试样方向[④]	伸长率[③]/%,≥ 厚度[⑥]/mm			弯曲试验(180°) 芯棒直径/mm		
			≤3	>3 ≤100	≤16	>16 ≤40	>40 ≤63	>63 ≤180	>80 ≤100		>3 ≤40	>40 ≤63	>63 ≤100	≤3	>3 ≤63	>63 ≤100
1.0035	St33	—	310～540	290	185	175[⑦]	—	—	—	↑	18	—	—	2.5*a*	3a	—
										→	16	—	—	3*a*	3.5*a*	—
1.0037	St37-2	—	360～510	340～470	235	225	215	205	195	↑	26	25	24	0.5*a*	1*a*	1.5*a*
										→	24	23	22	1.5*a*	2*a*	2.5*a*
1.0036	USt37-2	U	360～510	340～470	235	225	215	205	195	↑	26	25	24	0.5*a*	1*a*	1.5*a*
										→	24	23	22	1.5*a*	2*a*	2.5*s*
1.0038	RSt37-2	R	360～510	340～470	235	225	215	215	215	↑	26	25	24	0.5*a*	1*a*	1.5*a*
										→	24	23	22	1.5*a*	2*a*	2.5*a*
1.0116	St37-3	RR	360～510	340～470	235	225	215	215	215	↑	26	25	24	0.5*a*	1*a*	1.5*a*
										→	24	23	22	1*a*	1.5*a*	2*a*
1.0044	St44-2	R	430～580	410～540	275	265	255	245	235	↑	22	24	20	2*a*	2.5*a*	3*a*
										→	20	19	18	2.5*a*	3*a*	3.5*a*
1.0144	St44-3	RR	430～580	410～540	275	265	255	245	235	↑	22	21	20	2*a*	2.5*a*	3*a*
										→	20	19	18	2.5*a*	3*a*	3.5*a*
1.0570	St52-3	RR	510～680	490～630	355	345	335	325	315	↑	22	21	20	2*a*	2.5*a*	3*a*
										→	20	19	18	2.5*a*	3*a*	3.5*a*
1.0050	St50-2	R	490～660	470～610	295	285	275	265	255	↑	20	19	18	—	—	—
										→	18	17	16	—	—	—
1.0060	St60-2	R	590～770	570～710	335	325	315	305	295	↑	16	15	14	—	—	—
										→	14	13	12	—	—	—
1.0070	St70-2	R	690～900	670～830	365	355	345	335	325	↑	11	10	9	—	—	—
										→	10	9	8	—	—	—

续表

材料号	牌号	力学性能 冲击功 V形缺口试样(纵) 三个试样的平均值 ISO状态②	℃	厚度⑥/mm >10 ≤16	>16 ≤63	>63 ≤100	牌号 EURO NOrm 25	ISO 630	能满足某项工艺性能的推荐钢号 Q	Z	P	K	RO⑧
1.0035	St33	U.N	—	—	—	—	Fe310-0	Fe310-0	—	—	—		
1.0037	St37-2	U.N	+20	27	—	—	—	Fe360-B	—	1.0159 ZSt37-2	—	1.0113 KSt37-2	
1.0036	USt37-2	U.N	+20	27	—	—	Fe360-BFU	Fe360-B	1.0121 UQSt37-2	1.0161 UZSt37-2	—	1.0124 UKSt37-2	
1.0038	RSt37-2	U.N	+20	27	27	—	Fe360-BF	NFe360-B	1.0122 RQSt37-2	1.0165 RZSt37-3	1.0172 RPSt37-2	1.0125 RKSt37-2	
1.0116	St37-3	U N	±0 ～20	27 27	27 27	23 23	Fe360-C Fe360-D	Fe360-C Fe360-D	1.0123 QSt37-3	1.0168 ZSt37-3	1.0176 PSt37-3	1.0127 KSt37-3	
1.0044	St44-2	U.N	+20	27	27	—	Fe430-B	Fe430-B	1.0128 QSt44-2	1.0129 ZSt44-2	1.0146 PSt44-2	1.0148 KSt44-2	
1.0144	St44-3	U N	±0 −20	27 27	27 ～27	23 23	Fe430-C Fe430-D	Fe430-C Fe430-D	1.0133 QSt44-3	1.0153 ZSt44-3	1.0135 PSt44-3	1.0137 KSt44-3	
1.0570	St52-3	U N	±0 −20	27 27	27 27	23 23	Fe510-C Fe510-D	Fe510-C Fe510-D	1.0573 QSt52-3	1.0597 ZSt52-3	1.0572 PSt52-3	1.0575 KSt52-3	
1.0050	St50-2	U.N	—	—	—		Fe490-2	Fe490-2⑤	—	1.0533 ZSt50-2	1.0538 PSt50-2	—	
1.0060	St60-2	U.N	—	—	—	—	Fe590-2	Fe590-2⑤	—	1.0543 ZSt60-2	—	—	
1.0070	St70-2	U.N	—	—	—	—	Fe590-2	Fe690-2⑤	—	1.0633 ZSi70-2	—	—	

注:1. 表中①U——沸腾钢,R——镇静钢,RR——特殊镇静钢;
2. 表中②U——不热处理,N——正火;
3. 表中③厚度小于3mm的,伸长率值准予减小;
4. 表中④↑=纵向,→=横向;
5. 表中⑤ISO 1052;
6. 表中⑥厚度大于100mm的按供需双方协议规定;
7. 表中⑦对厚度小于25mm而言;
8. 表中⑧能满足某项工艺性能的钢,在钢号前面用下列字母表示:Q——弯曲,Z——光亮冷拉,P——模锻,K——型材,RO——焊管;
9. a=试样厚度。

(2)渗碳钢

表 12-179 渗碳钢的热处理及力学性能

材料号	热加工温度/℃	软化退火/℃	为获得给定组织的热处理/℃	为获得给定力学性能的热处理/℃	渗碳淬火方式			渗碳/℃	渗碳后的冷却方式						中心淬火/℃	高温回火/℃	表面淬火				回火≥1h/℃
					直接淬火	一次淬火	二次淬火		水或油	油或水	盐槽160℃~250℃	盐槽580℃~690℃	箱冷	空冷			温度/℃	淬火介质			
																		水	油	热浴	
1.0301	1150~850	650~700	850~950	900~1000	○	○	—	900~950	○	—	○	—	○	○	880~920	—	—	—	—	—	150~180
1.0401	1150~850	650~700	850~950	900~1000	○	○	—	900~950	○	—	○	—	○	○	880~920	—	—	—	—	—	150~180
1.1121	1150~850	650~700	850~950	900~1000	○	○	—	900~950	○	—	○	—	○	○	880~920	—	—	—	—	—	150~180
1.1141	1150~850	650~700	850~950	900~1000	○	○	—	900~950	○	—	○	—	○	○	880~920	—	—	—	—	—	150~180
1.5732	1150~850	610~650	830~860	900~950	—	○	○	850~900	○	○	○	—	○	○	850~880	—	780~800	—	○	○	150~180
1.5752	1150~850	610~650	830~860	900~950	—	○	○	850-900	—	○	○	—	○	○	830~860	600~630	780~800	—	○	○	170~200
1.5860	1150~850	610~650	830~860	900~950	—	○	○	850~900	—	○	○	—	○	○	830~860	600~630	780~800	—	○	○	170~200
1.5919	1150~850	650~700	850~950	900~1000	—	○	○	900~950	—	○	○	○	○	○	840~870	630~650	800~830	○	○	○	170~210
1.5920	1150~850	650~700	850~950	900~1000	—	○	○	900~950	—	○	○	○	○	○	840~870	630~650	800~830	○	○	○	170~210
1.6523	1150~850	650~700	850~950	900~1000	○	○	—	900~950	—	○	○	—	○	○	840~870	630~650	800~830	○	○	○	170~210
1.6587	1150~850	650~700	850~950	900~1000	—	○	○	900~950	—	○	○	○	○	○	840~870	630~650	800~830	○	○	○	170~210
1.7012	1150~850	650~700	850~950	900~1000	○	○	○	850~880	○	○	○	—	○	○	850~880	630~650	760~780	○	—	—	150~180
1.7015	1150~850	650~700	850~950	900~1000	○	○	—	900~950	○	○	○	—	○	○	870~900	—	—	—	—	—	150~180
1.7131	1150~850	650~700	850~950	900~1000	○	○	○	900~950	—	○	○	○	○	○	850~880	—	810~840	○	○	○	170~210
1.7139	1150~850	650~700	850~950	900~1000	○	○	○	900~950	—	○	○	○	○	○	850~880	—	810~840	○	○	○	170~210
1.7147	1150~850	650~700	850~950	900~1000	○	○	○	900~950	—	○	○	○	○	○	850~880	—	810~840	○	○	○	170~210
1.7149	1150~850	650~700	850~950	900~1000	○	○	○	900~950	—	○	○	○	○	○	850~880	—	810~840	○	○	○	170~210
1.7262	1050~850	680~700	850~900	900~1000	○	○	○	840~880	—	○	○	○	○	○	820~850	650~680	810~830	—	○	○	150~180
1.7264	1050~850	680~700	850~900	900~1000	○	○	○	840~880	—	○	○	○	○	○	820~850	650~680	810~830	—	○	○	150~180
1.7271	1150~850	650~700	850~950	900~1000	○	—	—	900~950	—	○	○	—	—	—	850~880	—	—	—	—	—	170~210
1.7311	1150~850	650~700	850~950	900~1000	○	—	—	900~950	—	○	○	—	—	—	890~920	—	—	—	—	—	170~210
1.7321	1150~850	650~700	850~950	900~1000	○	—	—	900~950	—	○	○	—	—	—	890~920	—	—	—	—	—	170~210
1.7323	1150~850	650~700	850~950	900~1000	○	—	—	900~950	—	○	○	—	—	—	890~920	—	—	—	—	—	170~210
1.7325	1150~850	650~700	850~950	900~1000	○	—	—	900~950	—	○	○	—	—	—	890~920	—	—	—	—	—	170~210
1.7326	1150~850	650~700	850~950	900~1000	○	—	—	900~950	—	○	○	—	—	—	890~920	—	—	—	—	—	170~210

续表

材料号	供货状态			渗碳后心部的力学性能														
	硬度			屈服极限/MPa,≥			抗拉强度/MPa,≥			伸长率/%,≥			断面收缩率/%,≥			冲击值/J,≥(DVM)	
	软化退火≤HB30	达到强度HB30	获得组织HB30	Φ11mm	Φ30mm	Φ63mm	Φ11mm	Φ30mm	Φ63mm	Φ11mm	Φ30mm	Φ63mm	Φ11mm	Φ30mm	Φ63mm	Φ11mm	Φ30mm
1.0301	131	—	90～126	390	295	—	640～780	490～640	—	13	16	—	35	45	—	69	69
1.0401	146	—	103～140	440	355	—	740～880	590～780	—	12	14	—	35	45	—	48	48
1.1121	131	—	90～126	390	295	—	640～760	490～640	—	13	16	—	40	50	—	89	89
1.1141	146	—	103～140	440	355	—	740～880	590～780	—	12	14	—	35	45	—	69	69
1.5732	205	180～210	175～220	735	685	685	980～1270	880～1180	830～1080	9	11	11	40	45	45	69	69
1.5752	230	187～230	170～210	835	785	735	1030～1320	930～1230	880～1180	9	10	10	40	45	45	55	55
1.5860	245	205～245	180～225	930	885	785	1270～1420	1180～1370	1080～1320	7	7	8	35	40	40	41	41
1.5919	217	170～217	152～201	665	635	540	960～1270	880～1180	780～1060	8	9	10	35	40	40	41	41
1.5920	235	187～235	170～217	835	785	685	1230～1470	1180～1420	1080～1320	7	7	8	30	35	35	41	41
1.6523	210	165～210	150～195	785	590	490	980～1270	780～1080	690～930	9	10	11	35	40	40	41	41
1.6587	229	179～229	159～207	835	785	685	1180～1420	1080～1320	980～1270	7	8	8	30	35	35	41	41
1.7012	170	131～170	—	685	635	—	690～930	540～690	—	14	17	—	35	40	—	48	48
1.7015	174	126～174	118～160	510	440	—	780～1030	690～880	—	10	11	—	35	40	—	41	41
1.7131	207	156～207	140～187	635	590	440	880～1180	780～1080	640～930	9	10	11	35	40	40	34	34
1.7139	207	156～207	140～187	635	590	440	880～1180	780～1080	640～930	9	10	11	35	40	40	41	41
1.7147	217	170～217	152～201	735	685	540	1080～1370	980～1270	780～1080	7	8	10	30	35	35	34	34
1.7149	217	170～217	152～201	735	685	540	1080～1370	980～1270	780～1080	7	8	10	30	35	35	27	27
1.7262	207	170～207	—	635	590	440	880～1180	780～1080	640～930	9	10	11	35	40	40	41	41
1.7264	217	179～217	—	735	685	540	1080～1370	980～1270	780～1080	7	8	10	30	35	35	27	27
1.7271	217	170～217	152～201	835	785	—	1180～1470	1080～1370	—	7	8	—	30	35	—	27	27
1.7311	207	149～207	140～187	635	590	—	880～1180	780～1080	640～880	9	10	—	35	40	40	41	41
1.7321	207	156～207	140～187	635	590	—	880～1180	780～1080	—	9	10	—	35	40	—	41	41
1.7323	207	156～207	140～187	635	590	—	880～1180	780～1080	—	9	10	—	35	40	—	48	48
1.7325	217	170～217	152～201	735	685	540	1080～1370	980～1270	780～1080	7	8	—	30	35	35	34	34
1.7326	217	170～217	152～201	735	685	540	1080～1370	980～1270	780～1080	7	8	—	30	35	35	27	27

(3)氮化钢

表 12-180 氮化钢的热处理及力学性能

材料号	热加工温度/℃	软化退火/℃	淬火 水淬/℃	淬火 油淬/℃	淬火 空淬/℃	回火/℃	机加后的消除应力/℃	氮化/℃
1.8504	1050～850	650～700	900～950	(900～950)	—	580～650	550～580	500～520
1.8506	1050～850	650～700	900～950	(900～950)	—	580～660	550～580	500～520
1.8507	1050～850	650～700	900～930	910～940	—	570～650	550～570	550～520
1.8509	1050～850	650～700	—	880～920	—	570～650	550～570	500～520
1.8515	1100～900	650～700	—	870～910	—	570～700	550～570	490～510
1.8519	1050～850	650～700	840～870	850～870	—	580～630	550～580	490～510
1.8523	1050～850	650～700	—	920～960	920～960	570～650	550～570	490～510
1.8550	1050～850	650～700	—	850～900	—	580～660	550～580	500～520

材料号	软化退火硬态 HB30 ≤	淬回火后的力学性能												表面硬度 HV
		屈服点/MPa,≥			抗拉强度/MPa,≤			伸长率/%,≥			冲击功/J,≥			
		≤40mm	≤100mm	≤250mm	≤40mm	≤100mm	≤250mm	≤40mm	≤100mm	≤250mm	≤40mm	≤100mm	≤250mm	
1.8504	217	540	—	—	780	—	—	14	—	—	41	—	—	900
1.8506	217	440	—	—	930	—	—	12	—	—	—	—	—	900
1.8507	248	590	—	—	780	—	—	14	—	—	41	—	—	950
1.8509	262	735	735	—	980	—	—	12	12	—	34	34	—	950
1.8515	246	835	785	685	1130	1130	1100	10	11	12	48	48	48	800
1.8519	248	1030	885	685	1230	1180	1080	9	10	12	34	41	48	750
1.8523	262	1060			1420	1270	1080	8	—	—	27	—	—	800
1.8550	245	—	685	590	1470	1000	1000	—	12	14	—	34	41	900

(4)易切削钢

表 12-181　易切削钢的热处理及力学性能

材料号	渗碳/℃	淬火温度和冷却介质					表面淬火温度770～810℃			回火>1h/℃	冷拉或磨光淬回火									
		温度/℃	水（或油）	油（或水）	油冷	热浴	水	油	热浴		抗拉强度/MPa			屈服点/MPa			伸长率/%,≥			
											～16mm	17～40mm	41～63mm	～16mm	17～40mm	41～63mm	～10mm	11～16mm	17～40mm	41～63mm
1.0711	—	—	—	—	—	—	—	—	—	—	—	—	—	—	—	—	—	—	—	—
1.0715	(880～950)	(880～920)	(○)	—	—	(○)	(○)	(○)	(○)	(150～200)	—	—	—	—	—	—	—	—	—	—
1.0718	(880～950)	(880～920)	(○)	—	—	(○)	(○)	(○)	(○)	(150～200)	—	—	—	—	—	—	—	—	—	—
1.0721	880～950	880～920	○	—	—	○	○	○	○	150～200	—	—	—	—	—	—	—	—	—	—
1.0722	880～950	880～920	○	○	—	○	○	○	○	150～200	—	—	—	—	—	—	—	—	—	—
1.0723	880～950	880～920	○	—	—	○	○	○	○	150～200	—	—	—	—	—	—	—	—	—	—
1.0726	—	850～890	○	—	—	—	—	—	—	540～680	620～760	580～730	540～690	420	365	325	13	14	16	17
1.0727	—	830～870	—	○	—	—	—	—	—	540～680	700～840	660～800	620～760	480	410	375	10	11	13	14
1.0728	—	800～840	—	—	○	—	—	—	—	540～680	830～980	780～930	740～880	570	490	450	7	8	10	11
1.0736	(880～950)	(880～920)	(○)	—	—	(○)	(○)	(○)	(○)	(150～200)	—	—	—	—	—	—	—	—	—	—
1.0737	(880～950)	(880～920)	(○)	—	—	(○)	(○)	(○)	(○)	(150～200)	—	—	—	—	—	—	—	—	—	—

材料号	冷拉												正火							
	抗拉强度/MPa				屈服点/MPa				伸长率/%,≥				正火温度/℃	抗拉强度/MPa			屈服点/MPa,≥			伸长率/%,≥
	～10mm	11～16mm	17～40mm	41～63mm	～10mm	11～16mm	17～40mm	41～63mm	～11mm	11～16mm	17～40mm	41～63mm		～16mm	17～40mm	41～63mm	～16mm	17～40mm	41～63mm	～63mm
1.0711	540～780	490～740	450～710	390～640	410	390	355	295	7	8	9	10	890～920	≥350	≥350	≥350	225	215	205	25
1.0715	560～800	510～760	460～760	410～660	440	410	375	305	6	7	8	9	890～920	≥370	≥370	≥370	235	225	215	23
1.0718	560～800	510～760	460～760	410～660	440	410	375	305	6	7	8	9	890～920	≥370	≥370	≥370	235	225	215	23
1.0721	440～780	490～740	460～740	390～640	410	390	355	295	7	8	9	10	890～920	≥350	≥350	≥350	225	215	205	25
1.0722	540～780	490～740	460～740	390～640	410	390	355	295	7	8	9	10	890～920	≥350	≥350	≥350	225	215	205	25
1.0723	560～810	510～760	460～740	410～660	440	410	375	305	6	7	8	9	890～920	≥370	≥370	≥370	235	225	215	23
1.0726	640～880	590～830	540～740	510～710	490	400	315	285	6	7	8	9	860～890	480～600	480～600	480～600	295	285	275	18
1.0727	740～900	690～930	640～830	610～800	570	470	375	325	5	6	7	8	840～870	580～700	580～700	580～700	335	325	315	14
1.0728	830～1080	780～1030	740～930	710～900	645	540	430	355	5	6	7	8	820～850	660～780	680～770	640～760	365	355	345	9
1.0736	560～800	540～780	490～740	430～680	440	430	390	315	6	7	8	9	890～920	≥380	≥370	≥360	235	225	215	23
1.0737	560～800	540～780	490～740	430～680	440	430	390	315	6	7	8	9	890～920	≥380	≥370	≥360	235	225	215	23

注：(　)内数据是有条件选用的。

(5)可热处理钢

表 12-182 可热处理钢的热处理及力学性能

材料号	热加工温度/℃	软化退火/℃	软化退火后的硬度HB30	正火/℃	淬火温度/℃		回火/℃
					水淬	油淬	
1.0402	1100～900	650～700	156	880～910	860～890	870～900	550～660
1.0501	1100～850	650～700	183	860～890	840～870	850～880	550～660
1.0503	1100～850	650～700	207	840～870	820～850	830～860	550～660
1.0535	1050～850	650～700	229	830～680	805～830	915～845	550～660
1.0601	1050～850	650～700	241	820～850	800～830	810～840	550～660
1.1133	1100～850	650～700	—	850～880	820～850	830～860	550～660
1.1151	1100～900	650～700	156	880～910	860～890	870～900	550～660
1.1157	1100～850	650～700	217	850～880	820～850	830～860	550～660
1.1165	1100～850	650～700	217	850～880	820～850	—	480～650
1.1167	1100～850	650～700	217	850～880	820～850	—	480～650
1.1170	1100～850	650～700	223	850～880	820～850	830～860	550～660
1.1180	1100～850	650～700	183	860～890	840～870	850～880	550～660
1.1181	1100～850	650～700	183	860～890	840～870	850～880	550～660
1.1191	1100～850	650～700	207	840～870	820～850	830～860	550～660
1.1201	1100～850	650～700	207	840～870	820～850	830～860	550～660
1.1203	1050～850	650～700	229	830～860	805～835	815～845	550～660
1.1209	1050～850	650～700	229	830～860	805～835	815～845	550～660
1.1221	1050～850	650～700	211	820～850	800～830	810～840	550～660
1.1223	1050～850	650～700	241	820～850	800～830	810～840	550～660
1.1273	1100～850	640～680	250	860～890	—	790～860	480～650
1.3401	1100～850	—	—	—	1000～1050	(淬火状态使用)	—
1.3561	1100～850	650～700	255	840～870	820～850	830～860	550～660
1.3563	1050～850	680～720	255	840～880	820～850	830～860	540～680
1.3565	1050～850	680～720	255	840～880	820～850	830～860	540～680
1.5120	1050～850	680～720	217	860～890	—	820～850	550～660
1.5121	1050～850	680～720	217	860～890	—	820～850	550～660
1.5122	1100～850	680～720	217	860～890	820～850	830～860	480～650

续表

材料号	热加工温度/℃	软化退火/℃	软化退火后的硬度 HB30	正火/℃	淬火温度/℃		回火/℃
					水淬	油淬	
1.5131	1050~850	680~720	217	850~880	—	820~850	550~660
1.5141	1100~850	650~700	217	840~870	—	810~840	480~610
1.5223	1100~850	640~680	217	860~890	840~870	850~880	480~650
1.5710	1100~850	620~650	—	850~880	—	830~860	500~650
1.5736	1100~850	620~650	—	850~880	—	830~850	500~650
1.5755	1050~850	610~640	—	840~870	—	800~850	550~630
1.5864	1100~850	580~610	—	830~860	—	820~850 允许空冷	450~650
1.6511	1050~850	650~700	217	850~880	820~850	830~850	540~680
1.6513	1050~850	650~700	217	850~880	—	830~850	540~680
1.6580	1050~850	650~700	248	850~880	—	830~860	540~680
1.6582	1050~850	650~700	235	850~880	—	830~860	540~680
1.7003	1100~850	650~700	207	850~880	830~860	840~870	550~660
1.7006	1100~850	650~700	207	840~870	820~850	830~860	550~660
1.7033	1050~850	680~720	217	850~890	830~860	840~870	540~680
1.7034	1050~850	680~720	217	845~880	825~855	835~865	540~680
1.7035	1050~850	680~720	217	840~880	820~850	830~860	540~680
1.7037	1050~850	680~720	217	850~890	830~860	840~870	540~680
1.7038	1050~850	680~720	217	845~885	825~855	835~865	540~680
1.7039	1050~850	680~720	217	840~880	820~850	830~860	540~680
1.2118	1050~850	680~720	217	860~900	840~870	850~880	540~680
1.2220	1050~850	680~720	217	850~990	830~860	840~870	540~680
1.2225	1050~850	680~720	217	840~880	820~850	830~860	540~680
1.2226	1050~850	680~720	217	850~890	830~860	840~870	540~680
1.2227	1050~850	680~720	217	840~880	820~850	830~860	540~680
1.2228	1050~850	680~720	235	840~880	820~850	830~860	540~680
1.7361	1100~900	680~720	248	880~920	—	860~900	540~680
1.7561	1100~850	680~720	235	850~880	—	830~860	480~650
1.7707	1050~850	680~720	248	860~900	840~870	850~880	540~680
1.8159	1050~850	680~720	235	840~880	820~850	830~860	540~680
1.8161	1050~850	680~720	235	850~880	—	820~850	480~650

续表

材料号	淬回火后的力学性能																			
	屈服点/MPa,≥				抗拉强度/MPa				伸长率/%,≥				断面收缩率/%,≥				冲击功/J (DVM)			
	16 mm	17~40mm	41~100mm	100~160mm	16mm	17~40mm	41~100mm	100~160 mm	~16 mm	17~40mm	41~100mm	100~160mm	~16 mm	17~40mm	41~100mm	100~160mm	~16 mm	17~40mm	41~100mm	100~160mm
1.0402	355	295	—	—	540~690	490~640	—	—	20	22	—	—	10	45	—	—	—	—	—	—
1.0501	420	365	325	—	620~760	580~730	540~690	—	17	19	20	—	35	40	45	—	—	—	—	—
1.0503	460	410	375	—	700~840	660~800	620~760	—	14	16	17	—	30	35	40	—	—	—	—	—
1.0535	540	460	420	—	780~930	740~800	700~840	—	12	14	15	—	20	30	35	—	—	—	—	—
1.0601	570	490	450	—	830~980	780~930	740~880	—	11	13	14	—	20	30	35	—	—	—	—	—
1.1133	390	345	295	—	540~690	490~640	490~590	—	22	20	18	—	50	55	60	—	69	69	76	—
1.1151	355	295	—	—	540~690	490~640	—	—	20	22	—	—	45	50	—	—	55	55	—	—
1.1157	635	540	440	—	880~1080	780~930	690~830	—	12	14	15	—	40	45	50	—	34	41	41	—
1.1165	540	440	440	440	780~930	690~830	690~830	640~780	14	15	15	16	45	50	50	55	41	48	48	55
1.1167	680	590	450	440	930~1080	830~980	740~880	640~780	9	10	12	15	35	40	45	50	41	41	48	55
1.1170	590	400	440	—	790~930	690~830	640~780	—	13	15	16	—	40	45	50	—	41	48	48	—
1.1180	420	365	325	—	620~760	580~730	540~690	—	17	19	20	—	40	45	50	—	41	41	41	—
1.1181	420	365	325	—	620~760	580~730	540~690	—	17	19	20	—	40	45	50	—	41	41	41	—
1.1191	480	410	375	—	700~840	660~800	620~760	—	14	16	17	—	35	40	45	—	27	27	28	—
1.1201	480	410	375	—	700~840	660~800	620~760	—	14	16	17	—	35	40	45	—	27	27	27	—
1.1203	540	460	420	—	780~930	740~880	700~840	—	12	14	15	—	25	35	40	—	—	—	—	—
1.1209	540	460	420	—	780~930	740~880	700~840	—	12	14	15	—	25	35	35	40	—	—	—	—
1.1221	570	490	450	—	830~980	780~930	740~880	—	11	13	14	—	25	35	40	—	—	—	—	—
1.1223	570	490	450	—	830~980	780~930	740~880	—	11	13	14	—	25	35	40	—	—	—	—	—
1.1273	1350	1325	1250	—	~1670	~1670	~1670	—	~5	~5	~5	—	—	—	—	—	—	—	—	—
1.3401	410	390	345	—	880~1130	830~1080	780~1080	—	40	42	45	—	40	40	45	—	124	124	137	—
1.3561	640	540	440	—	880~1080	780~930	690~830	—	12	14	15	—	40	45	50	—	35	42	42	—
1.3563	880	760	640	560	1080~1270	980~1180	880~1080	780~930	10	11	12	13	40	45	50	55	35	42	42	42
1.3565	880	760	690	640	1080~1270	980~1180	880~1080	830~980	9	10	12	13	40	45	50	50	35	35	35	35
1.5120	785	635	560	440	930~1130	830~1030	740~880	640~740	11	12	13	14	35	40	45	50	21	27	34	41
1.5121	835	735	635	490	1030~1230	930~1130	830~930	640~780	11	12	14	15	35	40	45	50	27	34	34	41
1.5122	785	635	540	—	980~1180	880~1030	780~930	—	11	12	14	—	35	40	45	—	34	41	48	—
1.5131	—	620	520	—	—	830~980	740~880	—	—	11	13	—	—	40	45	—	—	34	41	—

续表

材料号	淬回火后的力学性能																			
	屈服点/MPa,≥				抗拉强度/MPa				伸长率/%,≥				断面收缩率/%,≥				冲击功/J (DVM)			
	16 mm	17～40mm	41～100mm	100～160mm	16mm	17～40mm	41～100mm	100～160 mm	～16 mm	17～40mm	41～100mm	100～160mm	～16 mm	17～40mm	41～100mm	100～160mm	～16 mm	17～40mm	41～100mm	100～160mm
1.5141	—	635	540	440	—	850～1030	760～980	690～830	—	12	14	15	—	35	40	45	—	27	34	41
1.5223	885	785	635	—	980～1270	980～1180	880～1030	—	10	11	12	—	30	35	40	—	21	27	34	—
1.5710	785	685	590	490	980～1180	880～1030	780～930	690～830	11	13	14	15	45	50	55	60	48	62	69	76
1.5736	—	785	685	590	—	1030～1180	880～1030	740～880	—	10	12	14	—	45	50	65	—	48	62	69
1.5755	—	735	635	590	—	930～1080	830～980	780～930	—	11	12	13	—	45	50	55	—	55	55	62
1.5864	—	1030	885	—	—	—	1270～1470	1080～1270	—	—	7	9	—	—	35	40	—	—	34	41
1.6511	885	785	685	590	1080～1275	980～1180	880～1030	780～930	10	11	12	13	45	50	55	60	41	41	48	48
1.6513	—	—	—	590	—	—	—	740～930	—	—	—	13	—	—	—	60	—	—	—	27
1.6580	1030	1030	885	785	1230～1420	1230～1420	1080～1270	980～1180	9	9	10	11	40	40	45	50	34	34	41	48
1.6582	985	885	785	685	1180～1370	1080～1270	980～1180	880～1080	9	10	11	12	40	45	50	55	41	48	48	48
1.7003	545	440	345	—	780～930	690～830	590～740	—	14	15	17	—	40	45	50	—	41	41	41	—
1.7006	635	540	440	—	880～1080	780～930	690～830	—	12	14	15	—	40	45	50	—	34	41	41	—
1.7033	685	590	460	—	880～1080	780～930	690～830	—	12	14	15	—	40	45	50	—	41	48	48	—
1.7034	735	630	510	—	930～1130	830～980	740～880	—	11	13	14	—	40	45	50	—	34	41	41	—
1.7035	785	665	560	—	980～1180	880～1080	780～930	—	11	12	14	—	40	45	50	—	34	41	41	—
1.7037	885	590	460	—	880～1080	780～930	690～830	—	12	14	15	—	40	45	50	—	41	48	48	—
1.7038	735	630	510	—	930～1130	830～980	740～880	—	11	13	14	—	40	45	50	—	34	41	41	—
1.7039	785	665	560	—	980～1180	880～1080	780～930	—	11	12	14	—	40	45	50	—	34	41	41	—
1.7218	685	590	460	410	880～1080	780～930	690～830	640～780	12	14	15	16	50	55	60	65	41	48	48	48
1.7220	785	665	560	510	980～1180	880～1080	780～930	740～880	11	12	14	15	45	50	55	60	41	48	48	48
1.7225	885	765	635	560	1080～1270	960～1180	880～1080	780～930	10	11	12	13	40	45	50	55	34	41	41	41
1.7226	785	665	560	510	980～1180	880～1080	780～930	740～880	11	12	14	15	45	50	55	60	41	48	48	48
1.7227	885	765	635	560	1080～1270	980～1180	880～1080	780～930	10	11	12	13	40	45	50	55	34	41	41	41
1.7228	885	785	685	635	1080～1270	980～1180	880～1080	830～980	9	10	12	13	40	45	50	50	34	34	34	34
1.7361	1030	1030	885	785	1230～1420	1230～1420	1080～1270	980～1180	9	9	10	11	35	35	40	45	34	34	41	48
1.7561	885	785	685	540	1080～1270	980～1180	880～1030	740～880	10	11	12	14	40	45	50	55	34	41	48	55
1.7707	1030	1030	885	785	1230～1420	1230～1420	1080～1270	980～1180	9	9	10	11	35	35	40	45	34	34	41	48
1.0159	885	785	685	635	1080～1270	980～1180	880～1080	830～980	9	10	12	13	40	45	50	50	34	34	34	34
1.6161	1030	980	885	735	1320～1570	1180～1370	1080～1270	980～1180	7	8	10	12	40	45	50	55	21	27	34	41

(6)调质钢

表 12-183　　调质钢的淬透性能(DIN 17200—1969)

钢种		与淬火末端的距离为下列处(mm)的 HRC														
牌号	材料号	1.5	3	5	7	9	11	13	15	20	25	30	35	40	45	50
28Mn6	1.5065	55～46	54～43	51～37	48～31	45～27	42～23	39～20	≤37	≤33	≤31	≤29	≤28	≤27	≤27	≤26
38Cr2	1.7003	59～51	57～46	54～37	49～29	43～25	39～22	37～20	≤35	≤32	≤30	≤27	≤25	≤24	≤23	≤22
46Cr2	1.7006	63～45	61～49	57～40	52～32	46～28	42～25	40～23	38～22	35～20	≤33	≤31	≤29	≤28	≤27	≤26
34Cr4 34CrS4	1.7033 1.7037	57～49	57～48	56～45	54～41	52～35	49～32	46～29	44～27	39～23	37～21	35～20	≤34	≤33	≤32	≤31
37Cr4 37CrS4	1.7034 1.7038	59～51	59～50	58～48	57～44	55～39	52～36	50～33	48～31	42～26	39～24	37～22	36～20	≤35	≤34	≤33
41Cr4 41CrS4	1.7035 1.7039	61～53	61～52	60～50	59～47	58～44	56～40	54～37	52～53	46～30	42～47	40～25	38～23	37～22	36～21	35～20
25CrMo4	1.7218	52～44	52～43	51～40	50～37	48～34	46～32	43～29	41～27	37～23	35～21	33～20	≤32	≤31	≤31	≤31
34CrMo4 34CrMoS	1.7220 1.7226	57～49	57～49	57～48	56～45	55～42	54～39	53～36	52～34	48～30	45～28	43～27	41～26	40～25	40～24	39～24
42CrMo4 42CrMoS4	1.7225 1.7227	61～53	61～53	61～52	60～51	60～50	59～48	59～45	58～43	56～38	53～35	51～34	48～33	47～32	46～32	45～32
50CrMo4	1.7361	64～56	64～55	64～54	63～53	63～51	62～50	61～48	60～46	59～42	57～40	55～39	54～38	53～37	52～36	52～36
32CrMo12	1.7361	57～49	57～48	57～48	57～48	57～47	57～47	57～47	57～46	56～46	55～46	55～46	55～45	54～45	54～44	53～44
36CrNiMo4	1.6511	59～51	59～50	58～49	58～49	57～48	57～47	57～46	56～45	55～43	54～41	53～39	52～38	51～36	50～34	49～33
34CrNiMo6	1.6582	58～50	58～50	58～49	58～49	57～48	57～48	57～48	56～47	56～46	56～45	55～44	55～44	55～43	55～42	55～41
30CrNiMo8	1.6580	57～49	57～49	57～49	57～49	56～48	56～48	56～48	56～47	56～47	55～46	55～46	55～45	55～45	55～44	55～44
50CrV4	1.8159	65～57	65～56	64～56	64～55	63～53	63～52	62～50	61～48	60～44	58～41	56～40	55～39	54～38	53～37	53～37
30CrMoV9	1.7707	56～48	56～48	56～47	56～47	56～46	56～46	55～45	55～44	54～41	53～39	52～38	51～37	50～36	49～35	48～37

续表

钢号	材料号	与淬火端面的距离为下列处(mm)的 HRC												
		1.5	3	5	7	9	11	13	15	20	25	30	35	40
16MnCr5 16MnCrS5	1.7131 1.7139	47～39	46～35	44～31	41～28	37～24	35～22	34～20	≤33	≤31	≤30	≤29	≤28	≤27
20MnCr5 20MnCrS5	1.7147 1.7149	49～41	49～39	48～36	46～33	44～31	42～29	41～27	40～25	37～23	35～21	≤34	≤33	≤31
20MoCr4 20MoCrS4	1.7321 1.7323	49～41	47～35	43～30	36～27	36～23	34～21	≤31	≤29	≤26	≤24	≤23	≤22	≤21
25MoCr4 25MoCrS4	1.7325 1.7326	52～44	51～41	50～47	47～33	43～30	40～27	38～25	36～24	33～21	≤31	≤30	≤29	≤28
15CrNi6	1.5919	47～39	47～38	46～36	45～35	43～32	42～30	41～28	39～26	37～24	35～22	34～21	34～20	30～20
18CrNi8	1.5920	49～41	49～41	49～40	49～39	49～39	49～38	49～37	49～36	49～35	47～35	47～34	46～34	36～34
17CrNiMo6	1.6587	48～40	48～40	48～49	48～38	47～37	47～36	46～35	46～34	44～32	43～31	42～30	41～29	41～29

(7)滚珠轴承钢

表 12-184 滚珠轴承钢的热处理及力学性能

材料号	热处理规范								材料号	工业牌号	抗拉强度	尺寸范围	淬回火	淬火后硬度		下列温度回火后的硬度 HRC			
	热加工温度 /℃	软化退火 /℃	正火 /℃	消除应力退火 /℃	淬火 水淬 /℃	淬火 油淬 /℃	淬火 盐浴淬 /℃	回火 /℃			HB30	/mm		水淬 HRC	油淬 HRC	100℃	150℃	200℃	250℃
1.3501	1100～850	730～760	850～880	600～650	780～810	810～840	—	150～170	1.3501	M1	≤207	≤10	○	68	66	68	63	61	58
1.3503	1100～850	730～760	860～890	600～650	790～820	820～850	—	150～170	1.3503	W2	≤207	≤17	○	65	—	64	63	62	60
1.3505	1100～850	730～760	870～900	600～650	800～830	830～870	830～870	150～170	1.3505	W3	≤207	≤20	○	66	65	64	63	62	59
1.3520	1100～850	730～760	860～890	600～650	—	830～860	830～860	150～170	1.3520	W4	≤217	≤50	○		66	65	63	61	59
1.3536	1100～850	730～760	880～910	600～650	—	830～860	—	150～170	1.3536	W5	≤217	≤50	○		65	64	63	62	59
1.3543	1100～800	820～860	—	—	—	1030～1060	—	100～200	1.3543	—	≤255		○		62	61	60	58	57
1.3549	1100～800	820～860	—	—	—	1040～1070	—	100～200	1.3549	—	≤255		○		60	59	59	58	56
1.3551	1100～800	800～820	—	—	—	1090～1125	1090～1125	510～570	1.3551	—	≤248		○		64	64	64	64	64

(8)弹簧钢

表 12-185 弹簧钢的热处理及力学性能

材料号	热加工温度/℃	弹簧热成形温度/℃	正火和冷却		软化退火和冷却		淬火			回火	
			℃	空冷	℃	炉冷	℃	水冷	油冷	℃	空冷
1.0900	1050～850	900～800	850～880	○	640～680	○	830～860	○	—	350～550	○
1.0902	1100～850	900～830	850～880	○	640～680	○	830～860	○	—	430～500	○
1.0903	1050～850	900～820	850～880	○	640～680	○	820～850	○	—	350～550	○
1.0904	1050～850	900～830	850～880	○	640～680	○	830～860	○	○	430～500	○
1.0906	1050～850	900～830	850～880	○	640～680	○	830～860	—	○	430～500	○
1.0908	1050～850	900～830	850～880	○	640～680	○	830～860	—	○	400～550	○
1.0961	1050～850	900～830	850～880	○	640～680	○	830～860	—	○	350～550	○
1.0971	1050～850	900～830	830～860	○	640～680	○	830～860	○	—	350～550	○
1.1231	—	—	—	—	650～690	○	815～845	—	○	300～500	○
1.1248	—	—	—	—	650～690	○	810～840	—	○	300～500	○
1.1269	—	—	—	—	650～680	○	800～830	—	○	300～500	○
1.1274	1050～850	800～880	800～830	○	640～680	○	780～810	—	○	430～500	○
1.5028	1050～850	900～830	830～860	○	640～680	○	820～850	—	○	470～540	○
1.5029	1050～850	900～820	830～860	○	640～680	○	830～860	—	○	430～500	○
1.5225	1050～850	880～800	830～860	○	640～680	○	830～860	—	○	430～500	○
1.7103	1050～850	900～820	850～880	○	640～680	○	830～860	—	○	430～500	○
1.7138	1050～850	900～800	850～880	○	640～680	○	830～860	—	○	350～550	○
1.7176	1100～850	900～800	850～880	○	640～680	○	830～860	—	○	350～550	○
1.7701	1050～850	920～830	850～880	○	640～680	○	830～860	—	○	350～550	○
1.8159	1050～850	920～830	850～880	○	640～680	○	830～860	—	○	350～550	○
1.8161	1050～850	920～830	850～880	○	640～680	○	820～850	—	○	350～550	○

材料号	力学性能										
	尺寸范围		承载能力		布氏硬度 HB30		热处理后				
	板材/mm	棒材/mm	高	中等	软化退火前,≥	软化退火后,≤	屈服点/MPa,≥	抗拉强度/MPa,≥	伸长率/%,≥	断面收缩率/%,≥	冲击功(DVM)
1.0900	10	18	—	○	250	217	1030	1180～1370	6	30	21
1.0902	14	—	—	○	255	230	1080	1270～1470	6	30	21
1.0903	17	24	—	○	270	245	1130	1320～1570	6	25	14
1.0904	18	—	—	○	290	235	1080	1470～1670	6	25	14
1.0906	18	26	—	○	310	240	1080	1370～1570	6	25	14
1.0908	12	—	—	○	310	240	1030	1320～1520	6	25	14
1.0961	20	40	—	○	310	255	1130	1320～1570	6	30	21
1.0970	10	12	—	○	240	217	1030	1180～1370	6	—	—
1.1231	≤2.5	—	—	○	—	210	1275	1230～1770	6	—	—
1.1248	≤2.5	—	—	○	—	210	1275	1320～1870	6	—	—
1.1269	≤2.5	—	—	○	—	215	1275	1400～1950	6	—	—
1.1274	—	—	○	—	300	220	1275	1470～1670	6	20	—
1.5028	16	30	○	—	310	240	1175	1370～1570	6	20	—
1.5029	20	32	○	—	310	240	1275	1470～1670	5	20	—
1.5225	12	20	○	—	290	230	1080	1230～1420	8	30	21
1.7103	20	40	○	—	310	240	1325	1470～1670	5	20	14
1.7138	20	40	○	—	320	230	1175	1320～1720	6	40	—
1.7176	20	40	○	—	310	248	1175	1320～1720	6	30	—
1.7101	40	60	○	—	310	255	1175	1370～1670	6	—	—
1.8159	25	40	○	—	310	241	1175	1370～1620	6	40	21
1.8161	25	40	○	—	330	235	1325	1370～1670	6	35	14

(9)表面淬火用钢

表 12-186　　表面淬火用钢的热处理及力学性能

材料号	钢号		热加工温度	正火	软化退火	硬度 HB30	淬火/℃		回火	表面淬火	消除应力回火	表面硬度
	欧洲	ISO	/℃	/℃	/℃	不大小	水淬	油淬	/℃	/℃	/℃	HRC
1.1157	—	—	1100～850	850～880	650～700	217	820～850	830～860	480～650	820～850	120～200	53～59
1.1183	C36	1	1100～850	860～890	650～700	183	840～870	850～880	550～660	860～890	120～200	51～57
1.1193	C46	3	1100～850	840～870	650～700	207	820～850	830～860	550～660	820～850	120～200	55～61
1.1213	C53	5	1050～850	830～860	650～700	223	805～835	810～845	550～660	800～830	120～200	57～62
1.1249	—	—	1000～850	820～850	650～700	223	790～820	—	550～660	780～810	120～200	60～64
1.5122	—	—	1100～850	860～890	680～720	217	830～850	840～860	480～650	820～850	120～200	52～58
1.6971	—	—	1100～850	800～830	690～720	—	780～820	790～830	530～670	780～810	120～200	62～65
1.6972	—	—	1100～850	800～830	690～720	—	780～820	790～830	530～670	780～810	120～200	62～65
1.7005	45Cr2	6	1100～850	840～870	650～700	207	820～850	830～860	550～660	820～850	120～200	55～61
1.7043	38Cr4	7	1050～850	845～885	680～720	217	825～855	835～865	540～680	825～855	120～200	53～58
1.7045	—	8	1050～850	840～880	680～720	217	820～850	830～860	540～680	820～850	120～200	54～60
1.7220	34CrMo4	2	1100～850	850～880	680～720	217	830～860	840～870	480～650	820～850	120～200	51～57
1.7223	41CrMo4	9	1050～850	840～880	680～720	217	820～850	830～860	540～680	820～850	120～200	54～60
1.7238	—	—	1150～850	840～880	680～720	235	820～850	830～860	540～680	820～850	120～200	56～62
1.8159	50CrV4	13	1100～850	870～900	680～720	235	820～850	830～860	480～650	840～870	120～200	57～62
1.8161	—	—	1050～850	850～880	680～720	235	820～850	820～850	480～650	820～850	120～200	60～65

热处理后的力学性能

材料号	屈服点				抗拉强度/MPa				伸长率/%,≥				断面收缩率/%,≥				冲击值(DVM)/J			
	≤16mm	16～40mm	40～100mm	100～250mm	≤16mm	16～40mm	40～100mm	100～250mm	≤16mm	16～40mm	40～100mm	100～250mm	≤16mm	16～40mm	40～100mm	100～260mm	≤16mm	16～40mm	40～100mm	100～250mm
1.1157	635	540	440	—	880～1030	780～930	690～830	—	12	14	15	—	40	45	50	—	34	41	41	—
1.1183	420	365	325	—	620～760	580～730	540～690	—	17	19	20	—	40	45	50	—	42	42	42	—
1.1193	480	410	370	—	700～840	660～800	620～760	—	14	16	17	—	35	40	45	—	28	28	28	—
1.1213	510	430	400	—	740～880	690～830	640～780	—	12	14	15	—	25	35	40	—	21	21	21	—
1.1249	560	480	—	—	780～930	740～880	—	—	11	13	—	—	25	30	—	—	21	21	—	—
1.5122	785	635	540	440	980～1180	880～1030	780～930	690～830	11	12	14	15	35	40	45	50	35	42	48	55
1.6971	—	—	540①	—	—	—	780～930	—	—	—	13	—	—	—	—	—	—	—	—	—
1.6972	—	—	540②	—	—	—	780－930	—	—	—	13	—	—	—	—	—	—	—	—	—
1.7005	635	540	440	—	880～1080	780～930	690～830	—	12	14	15	—	40	45	50	—	35	42	42	—
1.7043	735	630	510	—	930～1130	830～980	740～880	—	11	13	14	—	40	45	50	—	35	42	42	—
1.7045	780	665	560	—	980～1180	880～1080	780～930	—	11	12	14	—	40	45	50	—	35	42	42	—
1.7220	780	635	540	440	980～1180	880～1030	780～930	690～830	11	12	14	15	45	50	55	60	41	48	48	48
1.7223	885	765	635	510	1080～1270	980～1080	880～1080	740～930	10	11	12	14	40	45	50	55	35	42	42	42
1.7238	880	780	690	510	1080～1270	980～1180	880～1080	780～980	9	10	12	13	40	45	50	50	35	35	35	35
1.8159	880	780	690	590	1080～1270	980～1180	900～1080	780～980	9	10	12	13	40	45	50	50	34	34	34	34
1.8161	1080	980	885	735	1320～1570	1180～1370	1080～1270	980～1180	7	8	10	12	40	45	50	55	21	27	34	41

注:1. 对于 40～60mm,淬火深度是壁厚的 5%～10%;

2. 对于 60～100mm,淬火深度是壁厚的 5%～10%。

(10)冷挤压钢

表 12-187 冷挤压钢的热处理及力学性能

材料号	淬火/℃		热处理后的力学性能①					
	水淬	油淬	回火/℃	屈服点/≥,MPa	抗拉强度/MPa	伸长率/%,≥	断面收缩率/%,≥	冲击值(DVM)/J,≥
1.1132	参见渗碳钢部分	1.1141				—	—	—
1.1152	870~900	—	500~670	335	490~640	20	45	48
1.1172	840~870	850~880	550~660	365	580~730	19	45	41
1.1192	820~850	830~860	550~660	410	660~800	16	40	27
1.5919	参见渗碳钢部分	1.1141			—	—	—	—
1.6580	—	830~860	540~680	1030	1230~1420	9	40	34
1.6582	—	830~860	540~680	885	1080~1270	10	45	48
1.7001	—	860~890	500~670	630	780~980	12	45	48
1.7002	—	830~860	500~670	630	780~980	12	45	48
1.7003	830~860	840~870	550~660	440	690~830	15	45	41
1.7006	820~850	830~860	550~660	540	780~930	14	45	41
1.7015	参见渗碳钢部分			—	—	—	—	—
1.7033	830~860	850~880	500~670	590	780~930	14	45	48
1.7034	825~855	835~865	540~680	630	830~980	13	45	41
1.7035	825~850	850~880	500~670	665	880~1080	12	45	41
1.731	参见渗碳钢部分			—	—	—	—	—
1.7218	840~870	850~880	540~680	590	780~930	14	55	55
1.7220	830~860	850~880	500~670	665	880~1080	12	50	48
1.7225	820~850	850~880	500~670	765	890~1180	11	45	41
1.7321	参见渗碳钢部分			—	—	—	—	—

材料号	渗碳钢	热处理钢	软化退火/℃	供冷镦和冷挤压钢的力学性能									
				抗拉强度/MPa,≤					断面收缩率/%,≤				
				软化退火		光亮软化退火		冷拉软化退火	软化退火		光亮软化退火		冷拉软化退火
				≤40mm	≤100mm	≤40mm	≤100mm	≤60mm	≤40mm	≤100mm	≤40mm	≤100mm	≤60mm
1.1132	○	—	650~700	490	—	490	—	490	65	—	65	—	65
1.1152	—	○	650~700	540	—	540	—	540	62	—	62	—	62
1.1172	—	○	650~700	590	—	590	—	570	58	—	58	—	60
1.1192	—	○	650~700	630	—	630	—	610	56	—	56	—	58
1.5919	○	—	650~700	610	610	610	610	590	60	60	60	60	62
1.6580	—	○	650~700	730	730	730	730	710	60	60	60	60	62
1.6582	—	○	650~700	690	690	690	690	670	60	60	60	60	62
1.7001	—	○	680~710	610	610	610	610	590	58	58	50	58	60
1.7002	—	○	680~710	650	650	650	650	630	56	56	56	56	58
1.7003	—	○	680~720	630	630	630	630	610	56	56	56	56	58
1.7006	—	○	650~700	670	760	670	670	650	54	54	64	54	66
1.7015	○	—	650~700	530	530	530	530	510	60	60	60	60	62
1.7033	—	○	680~720	630	630	630	630	610	58	58	58	58	60
1.7034	—	○	680~720	630	630	630	630	610	58	58	58	58	60
1.7035	—	○	680~720	650	650	650	650	630	56	56	55	66	58
1.7131	○	—	650~700	570	570	570	570	550	60	60	60	60	62
1.7218	—	○	680~720	610	610	610	610	590	58	58	58	58	60
1.7220	—	○	680~720	630	630	630	630	610	58	58	58	58	60
1.7225	—	○	680~720	650	650	650	630	630	56	58	58	56	68
1.7321	○	—	650~700	570	570	570	570	550	60	60	60	60	62

注:1.表中①表示直径≤40mm时的值。

(11)低温钢

表 12-188 低温钢的热处理及力学性能

材料号	热加工温度/℃	正火/℃	淬火 温度/℃	水淬	油淬	空淬	回火/℃	室温力学性能 屈服极限/MPa,≥	屈服点/MPa,≥	抗拉强度/MPa	伸长率/%,≥	断面收缩率/%,≥	冲击值(DVM)/J,≥
1.1169	1100~850	860~890	860~890	○	—	—	500~650	—	345	540~690	20	55	96
1.4311	1150~750	—	1050~1100	○	—	○	—	255	—	540~740	40	50	103
1.4406	1150~750	—	1050~1100	○	—	○	—	295	—	590~780	40	50	103
1.5622	1100~850	850~890	850~880	○	○	○	600~670	—	275	490~640	20	60	103
1.5633	1100~850	850~880	830~850	○	○	—	500~650	—	410	590~740	20	55	96
1.5637	1100~850	830~880	820~850	○	○	○	580~630	—	345	540~640	20	50	82
1.5662	1050~850	880~920	780~820	○	○	○	560~590	—	490	460~830	17	50	76
1.5680	1100~850	800~850	800~850	○	○	○	580~630	—	420	540~740	19	50	89
1.6903	1150~750	—	1020~1070	○	—	○	—	205	—	490~740	40	50	103
1.6905	1150~750	—	1020~1070	○	—	○	—	245	—	490~740	40	50	103
1.6906	1150~750	—	1050~1100	○	—	○	—	185	—	490~690	50	60	137
1.7219	1050~850	—	830~860	○	○	○	600~670	—	440	590~740	18	60	82

低温力学性能

材料号	屈服极限/MPa,≥ −20℃	−50℃	−80℃	−120℃	−170℃	−195℃	屈服点/MPa,≥ −20℃	−80℃	−80℃	−120℃	−170℃	−195℃	抗拉强度/MPa,≥ −20℃	−50℃	−80℃	−120℃	−170℃	−195℃	伸长率($L_0=5d_0$)/%,≥ −20℃	−50℃	−80℃	−120℃	−170℃	−195℃	冲击值(DVM)/J,≥ −20℃	−50℃	−80℃	−120℃	−170℃	−195℃
1.1169	—	—	—	—	—	—	315	335	355	—	—	—	530	550	580	—	—	—	20	19	18	—	—	—	69	55	41	—	—	—
1.4311	—	—	390	—	—	685	—	—	—	—	—	—	—	—	780	—	—	1080	—	—	35	—	—	30	—	—	96	—	—	82
1.4406	—	—	390	—	—	785	—	—	—	—	—	—	—	—	780	—	—	1130	—	—	30	—	—	25	—	—	96	—	—	12
1.5622	—	—	—	—	—	—	295	315	375	410	—	—	520	540	570	610	—	—	22	22	22	22	—	—	69	82	65	27	—	—
1.5633	—	—	—	—	—	—	440	470	510	540	—	—	640	670	720	780	—	—	17	16	15	14	—	—	82	69	55	34	—	—
1.5637	—	—	—	—	—	—	365	380	410	450	—	—	460	490	520	580	—	—	21	20	19	18	—	—	76	62	51	41	—	—
1.5662	—	—	—	—	—	—	490	500	520	550	630	695	690	710	740	780	940	1000	17	16	16	15	15	14	76	76	72	62	48	41
1.5680	—	—	—	—	—	—	470	490	530	590	705	—	610	630	660	710	800	—	18	18	17	17	16	—	89	82	76	62	31	—
1.6903	215	225	245	255	265	275	—	—	—	—	—	—	590	690	780	930	1080	1180	37	35	33	30	27	25	103	103	103	96	82	76
1.6905	215	225	245	255	265	275	—	—	—	—	—	—	590	690	780	930	1080	1180	37	35	33	30	27	25	103	103	103	96	82	76
1.6906	195	215	225	245	265	275	—	—	—	—	—	—	590	690	780	930	1080	1180	46	43	41	37	33	30	137	137	130	124	110	103
1.7219	—	—	—	—	—	—	470	490	540	590	—	—	640	670	720	780	—	—	17	16	15	14	—	—	62	48	34	21	—	—

续表

材料号	牌号	试样类型	低温冲击功/J(3个试样的平均值)，厚度≤70mm[②③]																			
			正火																正火+时效 +20℃	
			+20℃		+10℃		±0℃		−10℃		−20℃		−30℃		−40℃		−50℃		−60℃			
			纵向	横向	纵向	横向	纵向	横向	纵向	横向	纵向	横向	纵向	横向	纵向	横向	纵向	横向	纵向	横向	纵向	横向
1.0461	StE255	DVM	62	41	62	41	62	41	55	38	48	34	—	—	—	—	—	—	—	—		
		ISO-V	55	31	51	31	47	31	43	—	39	—	—	—	—	—	—	—	—	—	—	—
1.0462	WStE255	DVM	62	41	62	41	62	41	55	38	48	34	—	—	—	—	—	—	—	—	—	—
		ISO-V	55	31	51	31	47	31	43	—	39	—	—	—	—	—	—	—	—	—	—	—
1.0463	TStE255	DVM	62	45	62	45	62	45	58	41	55	38	48	34	41	31	38	27	34	41[①]	27[①]	
		ISO-V	63	39	59	35	55	31	51	31	47	27	39	—	31	—	27	—	—	—	—	—
1.0486	StE285	DVM	62	41	62	41	62	41	55	38	48	34	—	—	—	—	—	—	—	—	—	—
		ISO-V	55	31	51	31	47	31	43	—	39	—	—	—	—	—	—	—	—	—	—	—
1.0487	WStE285	DVM	62	41	62	41	62	41	55	38	48	34	—	—	—	—	—	—	—	—	—	—
		ISO-V	55	31	51	31	47	31	43	—	39	—	—	—	—	—	—	—	—	—	—	—
1.0488	TStE285	DVM	62	45	62	45	62	45	58	41	55	38	48	34	41	31	38	27	34	24	41[①]	27[①]
		ISO-V	63	39	59	35	55	31	51	31	47	27	39	—	31	—	27	—	—	—	—	—
1.0505	StE315	DVM	62	41	62	41	62	41	55	38	48	34	—	—	—	—	—	—	—	—	—	—
		ISO-V	55	31	51	31	47	31	43	—	39	—	—	—	—	—	—	—	—	—	—	
1.0506	WStE315	DVM	62	41	62	41	62	41	55	38	48	34	—	—	—	—	—	—	—	—	—	—
		ISO-V	55	31	51	31	47	31	43	—	39	—	—	—	—	—	—	—	—	—	—	—
1.0508	TStE315	DVM	62	45	62	45	62	45	58	41	55	38	48	34	41	31	38	27	34	24	41[①]	27[①]
		ISO-V	63	39	59	35	55	31	51	31	47	27	39	—	31	—	27	—	—	—	—	—
1.0562	StE355	DVM	62	41	62	41	62	41	55	38	48	34	—	—	—	—	—	—	—	—	—	—
		ISO-V	55	31	51	31	47	31	48	—	39	—	—	—	—	—	—	—	—	—	—	—
1.0565	WStE355	DVM	62	41	62	41	62	41	55	38	48	34	—	—	—	—	—	—	—	—	—	—
		ISO-V	55	31	51	31	47	31	43	—	39	—	—	—	—	—	—	—	—	—	—	—
1.0566	TStE355	DVM	62	45	62	45	62	45	58	41	55	38	48	34	41	31	38	27	34	24	41[①]	31[②]
		IOS-V	63	39	59	35	55	31	51	31	47	27	39	—	31	—	27	—	—	—	—	—

续表

材料号	牌号	试样类型	低温冲击功/J(3个试样的平均值)，厚度≤70mm②③																			
			正火																		正火+时效	
			+20℃		+10℃		±0℃		−10℃		−20℃		−30℃		−40℃		−50℃		−60℃		+20℃	
			纵向	横向	纵向	横向	纵向	横向	纵向	横向	纵向	横向	纵向	横向	纵向	横向	纵向	横向	纵向	横向	纵向	横向
1.8900	StE380	DVM	62	41	62	41	62	41	55	38	48	34	—	—	—	—	—	—	—	—	—	—
		ISO-V	55	31	51	31	47	31	43	—	39	—	—	—	—	—	—	—	—	—	—	—
1.8930	WStE380	DVM	62	41	62	41	62	41	55	38	48	34	—	—	—	—	—	—	—	—	—	—
		ISO-V	55	31	51	31	47	31	43	—	39	—	—	—	—	—	—	—	—	—	—	—
1.8910	TStE380	DVM	62	45	62	45	62	45	58	41	55	38	48	34	41	31	38	27	34	24	41②	31②
		ISO-V	63	39	59	35	55	31	51	31	47	27	39	—	31	—	27	—	—	—	—	—
1.8902	StE420	DVM	62	41	62	41	62	41	55	38	48	34	—	—	—	—	—	—	—	—	—	—
		ISO-V	55	31	51	31	47	31	43	—	39	—	—	—	—	—	—	—	—	—	—	—
1.8932	WStE420	DVM	62	41	62	41	62	41	55	38	48	34	—	—	—	—	—	—	—	—	—	—
		ISO-V	55	31	51	31	47	31	43	—	39	—	—	—	—	—	—	—	—	—	—	—
1.8912	TStE420	DVM	62	45	62	45	62	45	58	41	55	38	48	34	41	31	38	27	34	24	41②	31②
		ISO-V	63	39	59	35	55	31	51	31	47	27	39	—	31	—	27	—	—	—	—	—
1.8905	StE460	DVM	62	41	58	38	55	38	52	34	48	34	—	—	—	—	—	—	—	—	—	—
		ISO-V	51	31	47	31	43	31	39	—	35	—	—	—	—	—	—	—	—	—	—	—
1.8935	WStE460	DVM	62	41	58	38	55	38	52	34	48	34	—	—	—	—	—	—	—	—	—	—
		ISO-V	51	31	47	31	43	31	39	—	35	—	—	—	—	—	—	—	—	—	—	—
1.8915	TStE460	DVM	62	45	58	45	58	41	55	38	52	34	45	31	38	27	34	24	31	24	41②	31②
		ISO-V	55	39	51	33	47	31	43	31	39	27	35	—	31	—	27	—	—	—	—	—
1.8907	StE500	DVM	55	41	55	38	55	38	52	34	48	34	—	—	—	—	—	—	—	—	—	—
		ISO-V	47	31	43	31	39	31	35	—	31	—	—	—	—	—	—	—	—	—	—	—
1.8937	WStE500	DVM	55	41	55	38	55	38	52	34	48	34	—	—	—	—	—	—	—	—	—	—
		ISOV	47	31	43	31	39	31	35	—	31	—	—	—	—	—	—	—	—	—	—	—
1.8917	TStE500	DVM	62	41	58	38	55	38	52	34	48	34	41	31	34	27	31	24	27	24	41②	31②
		ISO-V	55	31	47	31	43	31	35	—	35	—	31	—	27	—	—	—	—	—	—	—

注：表中①10%的冷变形后在250℃回火0.5h；②5%的冷变形后在250℃回火0.5h；③对于制品厚度≥70mm而又≤150mm的，减去6J(DVM)或8J(ISO-V)。

(12)可焊接细晶粒结构钢

表 12-189 可焊接细晶粒结构钢的力学性能

材料号	力学性能(纵向试样)①										伸长率②(≤150mm)/%,≥	冷弯试验③④芯棒直径	
	屈服点/MPa,≥					强度极限/MPa,≥							
	～16mm	35～50mm	60～70mm	85～100mm	120～150mm	～70mm	70～85mm	85～100mm	100～125mm	125～150mm		纵向	横向
1.0461	255	245	235	215	195	360～480	350～470	340～460	330～450	320～440	25	1a	1a
1.0462	255	245	235	215	195	360～480	350～470	340～460	330～450	320～400	25	1a	1a
1.0463	255	245	235	215	195	360～480	350～470	340～460	330～450	320～440	25	1a	1a
1.0486	285	275	265	245	225	390～510	380～500	370～490	360～480	350～470	24	1.5a	2a
1.0487	285	275	265	245	225	390～510	380～500	370～490	360～480	350～470	24	1.5a	2a
1.0488	285	275	265	245	225	390～510	380～500	370～490	360～480	350～470	24	1.5a	2a
1.0505	315	305	295	275	255	440～560	430～550	420～540	410～530	400～520	23	2a	2.5a
1.0506	315	305	295	275	255	440～560	430～550	420～540	410～530	400～520	23	2a	2.5a
1.0508	315	305	295	275	255	440～560	430～550	420～540	410～530	400～520	23	2a	2.5a
1.0562	355	345	335	315	295	490～630	480～620	470～610	460～600	450～590	22	2a	3a
1.0565	355	345	335	315	295	490～630	480～620	470～610	460～600	450～590	22	2a	3a
1.0566	355	345	335	315	295	490～630	480～620	470～610	460～600	450～590	22	2a	3a
1.8900	380	365	345	325	305	500～650	490～640	480～630	470～620	460～610	20	2.5a	3.5a
1.8930	380	365	345	325	305	500～650	490～640	480～630	470～620	460～610	20	2.5a	3.5a
1.8910	380	365	345	325	305	500～650	490～640	480～630	470～620	460～610	20	2.5a	3.5a
1.8902	420	400	380	365	345	530～680	520～670	510～660	500～650	490～640	19	2.5a	3.5
1.8932	420	400	380	365	345	530～680	520～670	510～660	500～650	490～640	19	2.5a	3.5a
1.8912	420	400	380	365	345	530～680	520～670	510～660	500～650	490～640	19	2.5a	3.5a
1.8905	460	440	420	400	380	560～730	550～720	540～710	530～700	520～690	17	3a	4a
1.8935	460	440	420	400	380	560～730	550～720	540～710	530～700	520～690	17	3a	4a
1.8915	460	440	420	400	380	560～730	550～720	540～710	530～700	520～690	17	3a	4a
1.8907	500	470	450	430	410	610～770	600～760	590～760	580～750	570～740	16	3a	4a
1.8937	500	470	450	430	410	610～770	600～760	590～760	580～750	570～740	16	3a	4a
1.8917	500	470	450	430	410	610～770	600～760	590～760	580～750	570～740	16	3a	4a

注:表中①对钢带、薄钢板或扁平轧制钢材应取横向试样试验;②仅对厚度≤150mm 的制品要求;③若制品厚度大于 70mm,则芯棒直径应增大 0.5a;④a=试样厚度,弯曲角度 180°。

表 12-190　　可焊接细晶粒结构钢在高温下的屈服点

材料号	牌号	高温下的屈服点[①]/MPa,≥											
		100℃			200℃			300℃			400℃		
		~35mm	85~100mm	125~150mm	~70mm	85~100mm	125~150mm	~70mm	85~100mm	125~150mm	~70mm	85~100mm	125~150mm
1.0462	WStE255	226	196	177	186	167	147	137	118	98	108	88	69
1.0487	WStE285	255	226	206	206	186	167	157	137	118	118	98	78
1.0506	WStE315	275	245	226	226	206	186	177	157	137	137	118	98
1.0565	WStE355	304	275	255	255	235	216	216	196	177	167	147	127
1.8930	WStE380	333	304	284	284	265	245	245	226	206	186	167	147
1.8935	WStE460	402	373	353	343	324	304	294	275	255	235	216	196
1.8937	WStE500	422	392	373	363	343	324	314	294	275	255	235	216

注:表中①对钢带、薄钢板或扁平轧制钢材应取横向试样试验。

(13)石油化工高压抗氢钢

表 12-191　　石油化工高压抗氢钢的热处理及力学性能

材料号	热加工温度/℃	软化退火/℃	淬火			回火/℃	室温力学性能[①]				
			温度/℃	油淬	水淬		屈服点/MPa,≥	抗拉强度/MPa,≥	伸长率($L_0=5d_0$)/%,≥	冲击功(DVM)/J,≥	硬度HB30
1.7218	1100~850	680~730	880~920	○	○	620~650	345	540~690	13	55	160~205
1.7259	1100~850	680~730	890~940	○	○	650~700	440	640~780	17	48	190~235
1.7273	1100~850	680~730	890~940	○	○	650~700	440	640~780	17	48	190~235
1.7276	1100~850	680~730	950~1000	○	○	630~700	215	440~540	25	69	130~160
1.7281	1100~850	680~730	920~970	○	○	620~650	345	540~640	20	55	160~190
1.7362	1100~850	680~730	950~1000	○	○	700~760	390	590~740	17	62	175~220
1.7766	1100~850	680~730	950~980	○	○	630~700	440	640~780	17	55	190~235
1.7779	1100~850	680~730	980~1020	○	○	630~700	540	690~830	16	55	220~265
1.8212	1150~850	740~780	1020~1050	○	○	650~730	540	690~830	16	55	205~250

注:表中①Φ≤60mm 纵向试样值。

表 12-192 石油化工高压抗氢钢在以下环境温度下的力学性能和物理性能

材料号	高温屈服点/MPa,≥				平均线胀系数(20℃)/×10⁻⁶K⁻¹						蠕变强度/MPa				弹性模量/GPa				
											10000h		100000h						
	300℃	350℃	400℃	450℃	100℃	200℃	300℃	400℃	500℃	600℃	500℃	550℃	500℃	550℃	200℃	300℃	400℃	500℃	600℃
1.7218	284	265	226	186	11.1	12.1	12.9	13.5	13.9	14.1	—	—	—	—	206	181	172	162	152
1.7259	353	324	294	265	11.1	12.1	12.9	13.5	13.9	14.1	147	—	98	—	206	181	172	162	152
1.7273	353	324	294	265	11.1	12.1	12.9	13.5	13.9	14.1	177	—	118	—	206	181	172	162	152
1.7276	196	186	177	167	11.1	12.1	12.9	13.5	13.9	14.1	108	49	69	20	206	181	172	162	152
1.7281	284	255	216	186	11.1	12.1	12.9	13.5	13.9	14.1	167	—	108	—	206	181	172	162	152
1.7362	275	245	216	186	11.1	12.1	12.9	13.5	13.9	14.1	167	78	108	39	206	181	172	162	152
1.7766	392	363	333	304	11.1	12.1	12.9	13.5	13.9	14.1	177	78	118	39	206	181	172	162	152
1.7779	510	481	441	402	11.1	12.1	12.9	13.5	13.9	14.1	186	98	127	59	206	181	172	162	152
1.8212	510	490	471	451	11.1	12.1	12.9	13.5	13.9	14.1	226	127	147	69	206	181	172	162	152

(14)高温结构钢

表 12-193 高温结构钢的热处理及力学性能

材料号	热处理规范						室温力学性能				
	热加工温度/℃	软化退火/℃	淬火			回火/℃	淬火				
			/℃	油淬	水淬		屈服点/MPa,≥	强度极限/MPa	伸长率/%,≥	冲击功(DVM)/J,≥	布氏硬度 HB30
1.0482	1100～850	880～910	(正火温度)	—	—	550～620(除应力)	315	510～610	20	34	152～180
1.1181	1100～850	650～700	870～900	○	—	650～710	275	490～590	22	55	145～175
1.1191	1100～850	650～700	830～850	○	—	530～670	355	590～710	18	34	175～210
1.4922	1100～850	700～780	1020～1070	○	○	700～760	490	590～830	16	41	205～250
1.5404	1100～850	650～720	940～970	○	○	690～720	375	540～690	19	48	150～205
1.5406	1100～850	650～720	940～970	○	○	690～720	590	690～830	17	41	205～250
1.5415	1100～850	660～700	910～940	○	—	660～710	265	440～570	23	48	130～170
1.5419	1100～850	650～700	880～920	○	○	600～660	295	490～590	20	55	145～175
1.6513	1100～850	650～700	850～880	○	—	580～680	540	690～880	17	41	205～265
1.7242	1100～850	650～700	900～950	○	—	580～680	345	540～690	20	41	160～205
1.7258	1100～850	650～740	900～950	○	○	650～700	440	590～740	18	103	175～220
1.7335	1100～850	680～720	910～940	○	○	650～720	275	440～590	22	48	130～175
1.7337	1100～850	650～720	900～950	○	—	650～720	345	540～690	20	41	160～205
1.7350	1100～850	650～720	880～920	○	—	530～680	490	640～780	18	41	190～235
1.7380	1100～850	730～780	900～960	—	○	680～780	265	440～590	20	55	130～175
1.7715	1100～850	680～720	940～980	—	○	630～750	345	490～640	20	41	145～190
1.7733	1100～850	650～740	900～950	○	○	680～740	540	690～830	17	55	205～250
1.8070	1100～850	650～740	900～950	○	○	680～740	540	690～830	16	55	205～250

表 12-194　　高温结构钢的蠕变极限和蠕变断裂强度

材料号	高温屈服点 /MPa,≥						蠕变极限(81.0%)/MPa												蠕变断裂强度/MPa							
							1000h				10000 h				100000h				10000h				100000h			
	200℃	300℃	350℃	400℃	450℃	500℃	450℃	500℃	550℃	600℃	450℃	500℃	550℃	600℃	450℃	500℃	550℃	600℃	450℃	500℃	550℃	600℃	450℃	500℃	550℃	600℃
1.0482	314	226	206	177	157	—	147	83	—	—	108	55	—	—	64	31	—	—	137	76	—	—	83	44	—	—
1.1181	220	186	167	147	—	—	113	54	—	—	78	35	—	—	49	22	—	—	98	53	—	—	69	33	—	—
1.1191	284	245	216	186	—	—	113	54	—	—	78	35	—	—	49	22	—	—	98	53	—	—	69	33	—	—
1.4922	461	392	373	353	314	265	—	314	206	108	—	255	157	59	—	206	118	39	—	343	216	118	—	255	147	49
1.5404	—	333	324	314	—	—	—	—	—	—	226	157	64	—	196	106	36	—	333	245	108	—	255	157	49	—
1.5406	520	490	461	441	412	382	—	—	—	—	333	226	118	—	265	147	69	—	412	294	147	—	343	206	83	—
1.5415	255	206	196	177	157	147	—	—	—	—	216	147	—	—	157	98	—	—	304	177	71	—	216	113	31	—
1.5419	—	275	255	235	206	186	—	—	—	—	226	147	74	—	167	98	49	—	314	167	78	—	226	118	49	—
1.6513	—	431	392	363	—	—	—	—	—	—	226	137	—	—	167	93	—	—	294	166	96	—	235	123	49	—
1.7242	—	284	265	235	—	—	—	—	—	—	196	118	59	—	157	78	25	—	275	167	78	—	206	108	37	—
1.7258	412	363	333	304	275	235	294	196	93	—	226	147	64	—	172	96	25	—	311	177	78	—	226	116	36	—
1.7335	275	235	216	206	196	177	—	235	127	—	—	186	76	—	118	40	—	—	392	235	113	49	294	167	57	20
1.7337	—	304	284	245	—	—	275	206	98	—	245	167	74	—	196	118	36	—	343	235	108	—	265	167	49	—
1.7350	—	392	373	343	—	—	—	—	—	—	255	172	74	—	206	118	36	—	353	240	106	—	275	167	49	—
1.7380	245	226	216	206	196	186	—	206	118	64	—	157	83	44	—	108	49	27	—	206	113	63	—	147	74	39
1.7715	284	245	235	226	—	—	—	—	—	—	—	196	118	—	—	147	74	—	—	245	147	—	—	177	93	—
1.7733	490	451	—	402	—	343	412	265	137	—	324	206	98	—	265	137	54	—	412	284	167	—	324	191	78	—
1.8070	510	481	461	431	402	373	441	294	157	—	353	235	118	—	275	167	64	—	441	304	177	—	343	211	98	—

(15)冷压细晶粒结构钢

表 12-195　　冷压细晶粒结构钢的力学性能

材料号	牌号	力学性能										
		横向试样				纵向试样	纵向和横向				应力消除热处理 0.5h /℃	正火最多一次每毫米厚度保温 2min
		屈服点 /MPa	抗拉强度 /MPa	伸长率 /%	冷弯试验[①]芯棒直径 Φ	冲击值 ISO-V 在－20℃时[②] /J	冷变形能力		热变形能力			
							好	不好	好	不好		
1.8942	QStE340TM	≥335	390～510	≥25	$d=0.5a$	≥28	○	—	—	○	530/580	
1.8951	QStE380TM	≥375	430～570	≥23	$d=0.5a$	≥28	○	—	—	○	530/580	
1.8953	QStE420TM	≥410	470～610	≥21	$d=0.5a$	≥28	○	—	—	○	530/580	
1.8956	QStE460TM	≥450	510～660	≥19	$d=1.0a$	≥28	○	—	—	○	530/580	
1.8959	QStE500TM	≥490	540～690	≥17	$d=1.0a$	≥28	○	—	—	○	530/580	
1.8941	QStE260N	≥255	360～480	≥30	$d=0.5a$	≥28	○	—	○	—	(530/580)[③]	(920/95)[③]
1.8945	QStE340N	≥335	450～570	≥27	$d=0.5a$	≥28	○	—	○	—	(530/580)[③]	(920/95)[③]
1.8950	QStE380N	≥375	490～630	≥25	$d=0.5a$	≥28	○	—	○	—	(530/580)[③]	(920/95)[③]
1.8952	QStE420N	≥410	520～660	≥23	$d=0.5a$	≥28	○	—	○	—	(530/580)[③]	(920/95)[③]
1.8955	QStE460N	≥450	540～690	≥21	$d=a$	≥28	○	—	○	—	(530/580)[③]	(920/95)[③]
1.8957	QStE500N	≥490	570～720	≥19	d=a	≥28	○	—	○	—	(530/580)[③]	(920/95)[③]

注:表中①d=试样厚度,弯曲角度 180°;②这些值通常是不标出的;③(　)表示通常是省略的。

12.6.3 结构钢的特性及用途

表 12-196 结构钢的特性及用途

材料号	特性及用途	材料号	特性及用途
渗碳钢		1.8506	直径≤60mm 的表面硬度较高的各种零件
1.0301	心部强度要求不高的结构件和机器构件，如杠杆、销子、衬套、冲压件	1.8507	直径≤80mm 的在 350～500℃温度下蠕变极限较高的过热蒸汽设备零件
1.0401	建筑和机器中的小件，如杠杆、链节、衬套、螺栓、销子、轴、滚轮、齿轮、量具及类似零件等	1.8509	同 1.8507 钢，但直径≤100mm，表面硬度更高
1.1121	低强度耐磨零件，如杠杆、衬套、销子、冲压件、打字机零件及类似机器零件等	1.8515	直径≤250mm 的重载荷、耐磨、较高表面硬度的机器零件
1.1141	低强度、小机械零件，如杠杆、链节、衬套、螺栓、销子、夹头	1.8519	直径≤100mm 的过热蒸汽设备零件、阀杆、活塞杆和类似要求的耐磨零件
1.5732	承受中等载荷的机器零件，如传动齿轮、控制件、杠杆、螺栓、销子、链节、衬套等	1.8523	直径≤40mm 各种要求耐磨的机械零件
1.5752	承受重载荷的齿轮轴、齿轮、圆锥和盘形齿轮、万向节头、联轴节、螺栓、销子等	1.8550	尺寸和截面特别大的重型机械零件、活塞杆、柱塞和螺杆
1.5860	能承受瞬间施加和持续施加载荷的传动齿轮、齿轮、曲轴、变速齿轮和类似零件	易切削钢	
1.5919	机器和汽车中的齿轮、链轮和承受脉动和其他重载荷的传动齿轮	1.0711	汽车工业、仪器仪表用大量生产零件（适于高速切削）
1.5920	超重载荷的传动齿轮、特殊盘形齿轮、传动小齿轮	1.0715	汽车工业、仪器仪表用大量生产零件（高效易切削钢）
1.6523	机器和汽车中的重载荷传动齿轮、螺栓、轴、衬套、变速联轴节	1.0718	同 1.0715 钢，但添加铅，因此具有优良的切削加工性
1.6587	承受超重载荷传动齿轮、特殊盘形齿轮、小传动齿轮及类似磨损零件	1.0721	汽车工业、仪器仪表用大量生产渗碳零件（渗碳易切削钢）
1.7012	打字机和计算机中高耐磨零件及类似建筑零件	1.0722	同 1.0721 钢，但添加铅，具有优良的切削加工性
1.7015	滚柱轴承、轧辊、量具、活塞销、齿轮、销子等	1.0723	渗碳硬化转动件
1.7131	齿轮、盘形传动轮、操纵部件、方向接头、轴、螺栓、销子等	1.0726	汽车、仪表、机械制造用中强度大批量生产零件（易切削热处理钢）
1.7139	同 1.7131（提高硫含量的渗碳钢，有好的切削加工性）	1.0727	汽车、仪器仪表、机械制造用较高强度大批生产零件（易切削热处理钢）
1.7147	传动零件和杠杆件、齿轮、盘形齿轮和圆锥齿轮、轴、螺栓、销及类似零件	1.0728	汽车、仪器仪表、机械制造用最高强度大批生产零件（易切削热处理钢）
1.7149	同 1.7147（提高硫含量的渗碳钢，有好的切削加工性）	1.0736	汽车、仪器仪表、机械制造用大批生产零件（最高强度易切削钢）控制使用
1.7262	高耐磨要求的盘形传动齿轮、齿轮、曲轴、螺栓、销子、衬套等	1.0737	同 1.0736 钢，但添加铅，因此具有优良的切削加工性（最高强度易切削钢）
1.7264	传动件、后轴、齿轮、盘形齿轮、传动小齿轮和车辆用类似要求的建筑构件	可热处理钢	
1.7271	大功率齿轮箱、传动件、传动小齿轮及汽车类似要求的零件	1.0402	轻载构件
1.7311	变速箱中的小齿轮	1.0501	某些较高载荷构件
1.7321 1.7323 1.7325 1.7326	各种传动齿轮、链节、主轴、螺栓、衬套、变速联轴节（1.7323 和 1.7326 钢的硫含量较高，有良好的切削加工性）	1.0503	中载构件
		1.0535	较高载荷构件，如齿轮轴、齿轮等
		1.0601	高载构件，如轴、螺栓、螺杆和类似零件
		1.1133	较大锻件
		1.1151	轻载、由较高纯洁度钢制的构件
		1.1157	通用机器，车辆用由 Mn 合金化调质钢制的构件
		1.1165	各种机器用有良好焊接性的由 Mn 合金化调质钢制的构件
氮化钢		1.1167	各种机器用有良好的焊接性的较高强度构件
1.8504	直径≤80mm 的过热蒸汽设备零件、阀杆、活塞杆、量具	1.1170	各种机、车辆用由 Mn 合金化调质钢制的构件
		1.1180	对切削加工性有要求的较高载荷的构件

续表

材料号	特 性 及 用 途
1.1181	某些强度要求较高、由较高纯洁度的钢制成的构件
1.1191	中等载荷、由较高纯洁度钢制成的构件
1.1201	中等载荷、对切削加工性有要求的构件
1.1203	强度要求较高、由较高纯洁度钢制成的构件
1.1209	较高载荷、对切削加工性有要求的构件
1.1221	高载荷、由较高纯洁度钢制成的构件
1.1223	较高载荷、对切削加工性有要求的构件
1.1273	各种机器和汽车用耐磨件
1.3401	破碎机用耐磨件，如破碎颚板、挖掘爪、挖掘箱、抓斗齿和类似工作条件的零件
1.3561	Φ≤100mm 的火焰淬火和感应淬火用钢
1.3563	Φ≤250mm 的火焰淬火和感应淬火用钢
1.3565	Φ≤250mm 的火焰淬火和感应淬火用钢
1.5120	机器和汽车用中载构件，如轴、螺栓等
1.5121	机器和汽车用中载构件，如轴、销、杠杆等
1.5122	耐磨件，如曲轴、轴、电机主轴及送料器零件
1.5131	机器和汽车用较高载荷的构件、吊钩和类似要求的零件
1.5141	耐磨性要求较高的零件，如传动齿轮、轴、联轴杆
1.5223	强度 880～1030MPa 的高载构件，如轴、链轮
1.5710	汽车、发动机高载零件，如联接杠、螺栓、轴、销、轴杆
1.5736	牙轮、曲轴、齿轮件，传动件和其他高弯曲、高扭转强度的机械零件
1.5755	内燃发动机用的连接杆、曲轴、万向轴、汽车和发动机用的操纵部件和传动件
1.5864	强度 1270～1470MPa 汽车、发动机载荷最高的零件
1.6511	汽车发动机高载零件，如轴、轴杆、链接杆，心轴和其他类似要求的零件
1.6513	要求最高的构件和 Φ＞500mm 的调质锻件
1.6580	汽车、发动机中要求最高(对强度、韧性、弹性)的零件
1.6582	汽车、发动机中高载构件，如曲轴、偏心轴、齿轮组件
1.7003	各种汽车、发动机构件
1.7006	各种汽车、发动机构件
1.7033	汽车、机器中的曲轴，轴杆、操纵部件等
1.7034	齿轮件、活塞销、曲轴
1.7035	汽车、发动机用构件，如曲轴、前轴、轴颈和操纵部件
1.7037	切削性好的调质钢，如齿轮、活塞销、曲轴
1.7038	1.7039 同 1.7037 钢，牙轮经氧化
1.7218	汽车零件，如轴、轴杆、涡轮零件、涡轮轮子等
1.7220	汽车、车辆中韧性要求较高的构件，如曲轴、轴、轮箍、小齿轮等
1.7225	汽车、车辆中韧性要求较高的零件，如轴颈、轴、凸轮、小齿轮、齿轮、轮箍
1.7226	同 1.7220 钢(但有更好的切削加工性)
1.7227	同 1.7225 钢(但有更好的切削加工性)
1.7228	汽车、车辆中韧性要求较高的构件，如衬套、轴、操纵部件、连杆
1.7361	对强度、韧性和弹性有高要求的零件
1.7561	汽车和变速器中大件，耐磨性好的零件，如后轴、传动齿轮、齿轮轴
1.7707	汽车、车辆中韧性要求较高的构件，如高要求的曲轴、螺栓、螺杆和其他类似要求零件
1.8159	汽车和变速器中的高耐磨性，如齿轮、铰联件、牙轮、轴
1.8161	汽车和变速器中的高耐磨大件，如传动轴、轴等
	滚珠轴承钢
1.3501	Φ≤10mm 的滚珠、滚柱、滚针
1.3503	Φ10～17mm 的滚珠、滚柱、内外圈
1.3505	Φ≤30mm 的滚珠、滚柱、内外圈、圆盘
1.3520	有效厚度≤50mm 的内外圈和圆盘
1.3536	有效厚度＞50mm 的内外圈和滚柱
1.3543	具有较高硬度的不锈钢轴承的滚珠、滚柱、滚针和内外圈
1.3549	不锈钢轴承的滚珠、滚柱、滚针和内外圈圆盘
1.3551	高温抗磨轴承的滚珠、滚柱、滚针、内外圈、圆盘
弹簧钢	
1.1168	车辆用热成型叠板弹簧、较大的拉力弹簧或压缩弹簧、板簧、碟形弹簧、弹簧垫圈(使用应力≤1470MPa)
1.0902 1.0903 1.0904	同 1.0900 钢。一般机械、车辆和飞机用的特殊板簧、螺旋弹簧、碟形弹簧和盘簧。使用应力在 1080～1470MPa 之间
1.0906	中、高应力，厚度≤7mm 的车辆叠板弹簧、盘簧、螺旋弹簧、圆锥弹簧(使用应力≤1570MPa)
1.0908	中高应力，厚度＞7mm 的车辆叠板弹簧及碟形弹簧、螺旋弹簧或弹簧垫圈(使用应力≤1570MPa)
1.0961	车辆用厚度＞7mm 的叠板弹簧，以及一般机械用的螺旋弹簧和碟形弹簧
1.0970	锁紧螺帽用弹簧垫圈和弹簧片，上部建筑用预应力钢丝
1.1231	1.1248、1.1269 制造较高精度、表面状态弹簧用冷轧钢带
1.1274	超高应力的冷轧钢带拉簧，尤其是钟表工业以及打字机用弹簧
1.5028	车辆用厚度≤25mm 的叠板弹簧、螺旋弹簧和扭转弹簧
1.5029	钟表工业用超高应力扭转弹簧和类似用途
1.5225	高应力叠板弹簧、圆锥弹簧和螺旋弹簧(叠板弹簧使用应力 1270～1620MPa，螺旋弹簧和圆锥弹簧 1370～1670MPa)

续表

材料号	特 性 及 用 途
1.7103	尤其适用于受冲击载荷的弹簧、25～40mm 扭转弹簧、阀门弹簧、缓冲用弹簧垫圈、碟形弹簧等
1.7138	较高应力车辆叠板弹簧、车辆用扭转和螺旋弹簧(使用应力 1270～1670MPa)
1.7176	车辆用叠板弹簧、扭转弹簧、螺旋弹簧,以及特殊用途的较大的拉力和压缩弹簧
1.7701	高应力车辆弹簧、扭转弹簧、螺旋弹簧、拉力弹簧及压缩弹簧
1.8159	高应力车辆叠板弹簧,高应力盘簧,扭转、螺旋及圆锥弹簧(使用应力 1370～1720MPa)
1.8161	较大直径、超高应力盘簧,螺旋和扭转弹簧以及碟形弹簧、弹簧垫圈等(使用应力 1370～1720MPa)
表面淬火钢	
1.1157	车辆结构和内燃发动机用曲轴、齿轮轴
1.1183	工程和车辆结构用低应力结构件
1.1193	凸轮轴和小曲轴,齿数大于 5 的牙轮
1.1213	活塞销、链条螺栓、齿轮轴、齿轮、蜗杆、曲轴
1.1249	滚花和网纹轧辊、蜗杆和蜗杆轴、凸轮轴、齿轮零件
1.5122	心部强度高、韧性好的零件,如齿轮件等
1.6971 1.6972	壁较厚、淬火深度深(约直径的 5%～10%)的零件,如校直辊、各类轴、机床床头主轴
1.7005	通用工程用零件、齿轮轴、车辆结构用牙轮
1.7043	车辆结构和内燃发动机用曲轴、牙轮
1.7045	同 1.7043 钢,但有更高的表面硬度
1.7220	车辆结构用高应力曲轴、后轴
1.7223	同 1.7220 钢,但有更高的表面硬度
1.7238	心部强度要求高的车辆结构和工程用零件
1.8159 1.8161	大齿轮轴、大牙轮、钻探机用钻杆、齿轮和其他心部强度要求高的大零件
冷挤压钢	
1.1132 1.1152 1.1172 1.1192 1.5919 1.6580 1.6582 1.7001 1.7002 1.7003 1.7006 1.7015 1.7033 1.7034 1.7035 1.7131 1.7218 1.7220 1.7225 1.7321	冷挤压钢适用于车辆、发动机、仪表、通用机器行业零件的大批量生产,冷压工艺可根据零件形状不同采取镦粗、冷挤冷压、扩口、拉拔、中间工序的磷化和热处理等方法制造出密度高、滚线好、表面光洁、精度高的零件。由于在冷挤压时发生加工硬化,零件的硬度、抗拉强度、屈服极限都被提高了,从而使成品零件的使用性能获得改善。在某些情况下采用冷挤压工艺,只要用碳素钢就有可能达到十分严格的要求,而用常规的机械加工和热处理的方法必须用合金钢才能达到,鉴于冷作硬化表面区的内应力很高,表面又很光滑导致疲劳强度和抗振强度得到提高,加上表面又涂了一层十分坚固的磷化层使其具有良好的滑动性能和耐磨性,再加上有可能使流线沿零件外形分布,又避免了有害缺口效应 形变是在钢模具中在压力作用下发生的,形变的程度受零件与模具之间表面最大容许压力的限制。选择材料主要根据零件形状、冷变形量及成品件力学性能而定 根据钢种,经冷变形的零件也可热处理:淬火和回火或表面硬化

材料号	特 性 及 用 途
低温钢	
1.1169	温度低达－100℃的高压容器和管道
1.4311 1.4406	温度低达－250℃的制冷机和通用机器中的装置、结构和容器零件
1.5622 1.5633 1.5637	温度低达－100℃的通用机器中的装置构件以及锅炉和容器用需有高韧性的零件,宇航工业和制冷机用结构元件
1.5662	温度低达－200℃的制冷机零件和其他结构件
1.5680	温度低达－150℃的制冷机零件和其他结构件
1.6903 1.6905	温度低达－250℃的通用机器中的装置结构用需有高韧性的零件、宇航工业和制冷机用结构元件
1.6906	温度低达－195℃的制冷机零件和其他结构件
1.7219	温度低达－100℃的制冷机零件和其他结构件
石油化工压力容器钢	
1.7218	温度达 200℃的零件和成形件
1.7259	合成容器的壳子和盖子
1.7273	蓄热器、无缝锻造炉和类似零件
1.7276	管束式管道、高压密封管排
1.7281	缠绕容器内管管芯和端片、锻件
1.7362	石油蒸馏和加氢装置的管道和成形件
1.7766	温度达 400℃的管道和成形件
1.7779	温度达 480℃的管道和成形件
1.8212	温度达 520℃的管道和成形件
高温结构钢	
1.0482	最高使用温度 530℃的法兰、焊接法兰盘、锅炉制造零件
1.1181	最高使用温度 400℃的高温螺栓和螺帽
1.1191	最高使用温度 400℃的高温螺栓和螺帽
1.4922	化工用耐高温抗渗氢零件
1.5404	最高使用温度 400℃的高温螺栓和螺帽
1.5406	最高使用温度 530℃的焊接法兰盘、螺栓、螺帽等
1.5415	最高使用温度 530℃的高温焊接法兰盘和法兰
1.5419	最高使用温度 530℃的高温高压厚壁管、锻件
1.6513	最高使用温度 400℃的蒸汽涡轮用锻件
1.7242	最高使用温度 530℃的蒸汽涡轮用锻件
1.7258	最高使用温度 530℃的化工用螺栓和螺帽以及蒸汽涡轮用锻件
1.7335	最高使用温度 530℃的贮器、沸腾和过热管子、法兰、焊接法兰盘、锅炉
1.7337 1.7350	最高使用温度 530℃的蒸汽涡轮用锻件

续表

材料号	特性及用途	材料号	特性及用途
1.7380	最高使用温度530℃的贮器、沸腾和过热管子	1.3247	冲模铣刀和刻纹铣刀、易切削车刀
1.7715	最高使用温度400℃的高温焊接法兰盘、法兰等	1.3249	高效铣刀、滚铣刀、高应力麻花钻、极重载荷、粗加工刀具
1.7733	最高使用温度530℃的蒸汽涡轮用螺栓、螺帽和锻件	1.3255	具有突出切削强度和韧性的车刀、刨刀和插刀
1.8070	最高使用温度530℃的蒸汽涡轮用螺栓、螺帽和锻件	1.3257	在重载下切削、效率最好的车刀、刨刀和插刀
冷压用细晶粒钢		1.3265	能加工各种钢材，如奥氏体钢、铸钢件、灰口铸铁、有色金属，具有突出红硬性的车刀和刨刀
1.8942 1.8951 1.8953 1.8956 1.8959	纵梁、框架构件、冷压零件、冷轧型钢	1.3302	精加工车刀和铣刀，齿轮刀具、成型刀具、铰刀，冷却良好、易切削用车刀和拉刀
		1.3318	粗加工车刀、刨刀和插刀、车刀，能加工硬材料的后角铣刀、及麻花钻、刮刀
1.8941 1.8945 1.8950 1.8952 1.8955 1.8957	纵梁、横梁、框架构件、特殊钢梁（如挖掘机构件）、冷压零件	1.3333	麻花钻、铣刀、铰刀及类似刀具
		1.3342	高硬度、耐磨的高效率铣刀、麻花钻、车刀和插刀
		1.3343	铰刀、麻花钻、铣刀、丝锥、拉刀、车刀、刨和齿轮插刀、圆盘锯片
		1.3344	具有最好刀具寿命和韧性、最高耐磨性的拉刀、高效铣刀、重载荷铰刀
碳素工具钢		1.3346	麻花钻、螺纹车刀、铲刀、插刀、小零件切断车刀以及材料强度大于880MPa的铣刀
1.1529	冷切边模、切边冲头、中心冲子、落锤模	1.3348	铣刀、麻花钻、丝锥、铰刀、圆盘锯的齿和锯、切齿刀具（高切割硬度、红硬度和韧性）
1.1525	冷顶锻工具、冷剪切冲模、冲孔冲子、铆头模	1.3355	麻花钻、螺纹车刀、铣刀、锉刀和类似刀具
1.1545	剪切冲模、剪刀片、空心或实心压花模	冷作工具钢	
1.1620	采矿和公路建筑用的气动工具	1.2002	心轴、拉拔模、冲头、车刀、丝锥、埋头钻、铣刀、刮刀、剃刀片
1.1625	采中等硬度岩石的采石工具、锤、皮革和匙子冲模	1.2003	小型刀具，如心轴、拉拔模、冲头、冷冲压模、压花模、压紧辊、深冲模、剃刀片
1.1645	采硬岩石的采石工具、木工工具、镰刀	1.2004	各种量具、样板、剪刀、剃刀片
1.1654	采极硬岩的采石工具、皮革工具	1.2008	精密刀具、砂刀、修平锤、铣刀
1.1663	锉刀、特硬刀子、磨钢、刮刀等	1.2056	心轴、拉拔模、各种大小冲头、冷冲压模、压花模、压紧辊、深拉伸模、剃刀片
1.1673	锉刀、拉模和机械加工工具	1.2057	滚花纹工具、螺纹滚子、冷压花模、切边阴模、冲裁模、拉模环、螺纹滚子
1.1730	锤、叉、斧、刀、剪刀、螺丝刀	1.2063	铰刀、切刀、拉刀、螺纹铣刀、丝锥、麻花钻、尖头钻、厚度≤22mm冲裁模
1.1740	高速钢和硬质合金刀具的刀杆、顶棒、针座、碎石锤	1.2067	车床顶尖、钻头丝锥、板头、铣刀、铰刀、冲裁模模板、压紧辊、冷轧轧辊、量具
1.1744	重型机械车刀、植物园工具、手锯、耙	1.2080	高效冲裁模和冲孔模、冲头、剪刀片、刀类、拉刀、木工铣刀、拉拔模
1.1750	热模、温剪切模、套爪卡盘、砧、心轴	1.2083	耐塑料腐蚀的塑压模，如氨基塑料、醋酸发离的热熔性塑料
1.1820	斧（锻焊的）、深沟槽锻模	1.2101	冷切厚度4～10mm的机刀片和剪刀刃，以及冷冲头和类似模子
1.1830	木工圆锯、锯条、手锯、锤芯	1.2103	弹性夹头零件，如车床夹头盘、车床夹具、弹簧夹盘、夹紧套筒、螺丝刀、长铣刀杆等
高速钢		1.2108	异形铣刀、大型铣刀、切刀、板牙、轧管芯棒、滚切辊子和剪刀片、样板刀等
1.3202	制造加工硬材料的最耐磨的粗车和精车用刀具、剪切厚面粘或硬的材料		
1.3207	特别适用于在自动机上粗、精加工车刀、成型刀具		
1.3243	极高应力麻花钻、成型刀、高效铣刀、车刀，有良好韧性的粗加工车刀		
1.3246	加工高强度材料用的麻花钻、铣刀、铰刀、丝锥、埋头钻		

续表

材料号	特 性 及 用 途	材料号	特 性 及 用 途
1.2109	螺纹切削工具、板牙、地脚螺栓丝锥、铰刀、铣刀、拉刀、埋头钻，以及木工工具	1.2510	螺纹切削用刀具、铣刀、铰刀、冲切模、样板、量规和类似工具
1.2127	复杂的冲切冲头、冲裁冲切和冲孔模、铰刀、螺纹铣刀、板牙等	1.2511	加工木材和合成材料用机刀
		1.2515	镀铁机用刀具
1.2162	经表面硬化使其具有好的抛光性、韧性好的心部和耐磨表面的复杂塑压模	1.2516	麻花钻、尖头钻、中心钻、扩孔钻、螺纹切削工具、铣刀、旋转锉、刮刀、冲头、拉制芯棒等
1.2201	冲裁模、穿孔模、镰刀垫板、磋丝板、金属锯、压花工具、喷嘴针和类似工具	1.2519	小刀具、量具、地脚螺栓孔钻头、丝锥、小金属锯、皮革和橡皮加工用机刀
1.2206	拉伸冲头、冷拉伸阴模、圆头锤、刮刀、刻纹工具以及各种旋转切削工具	1.2542	加工的切削工具、风动工具，如铆钉模、凿刨刀
1.2208	螺纹刀扳手	1.2550	钢轨和钢板冲孔冲头、加工厚板的切削工具、冷剪刀片、铆钉模、小手刀、冲子及木工加工工具
1.2210	麻花钻、丝锥、铰刀、铣刀、埋头钻、中心钻头、刮刀、刻纹工具、冲头、项杆、金属锯	1.2552	重载复杂的压花工具，挤压工具，轧制、冲孔、镀铁机用工具
1.2235	有色金属加工用切削工具、切纸刀、圆锯、锯条、纵锯、机刀及量具	1.2562	刨刀钢加工冷铸轧辊用的车刀和刨刀、拉拔模等
		1.2601	对脆断敏感的切削刀具、大压花工具、拉刀等
1.2241	各种螺丝刀、硬质合金焊接刀具的刀杆	1.2604	高应力圆锯、切纸刀和类似工作应力的工具
1.2242	各种螺丝刀、镶有硬质合金钎头的轴杆材		
1.2243	高压力冷滚花工具、冷挤压工具、金属剪刀片、切削工具	1.2631	对厚度为 3～10mm 铁板剪切用的剪刀片和切边模、人工刀片
1.2248	风动工具、锻工凿、修剪模、螺母扳手和类似冲击、耐磨工具	1.2710	韧性好的冷剪刀片和其他类似载荷工具、支撑辊轴
1.2249	冲孔冲头、冲头、拉拔模、冷热切边模、成型模、镶硬质合金钎头的轴材	1.2711	调质到 880～1080MPa，加工后不再热处理的大型塑料模
1.2303	具有良好韧性和疲劳裂纹抗力的高效重载空心钻钢	1.2713	中、小模具，重压垫板和锻锤，热剪刀片及塑料压模
1.2307	表面氮化到约 750HV 的塑料模、冲孔芯棒尖头、金属挤压零件	1.2714	各种模具、冲头、热剪刀片、挤压模
1.2316	挤压有化学腐蚀作用物质的模具	1.2718	高压应力冷作模、大的压花工具、滚花工具、穿孔杆等
1.2328	各种空淬不回火的凿		
1.2341	塑压模、注塑模(高效、高精度的)	1.2721	各种冷冲模、大压花工具、压印模和穿孔杆、切头剪刀片、钢坯剪断剪切片、合成树脂压模
1.2362	冲压模、较厚材料的剪边模、剪修模、冷冲模、切边模、弯曲模、剪刀片、顶杆	1.2735	在具有较高耐磨性、高抛光能力、表面硬度条件下又有好的韧性的高载塑料模
1.2363	中等厚度材料的冲裁模和冲孔模切边模、滚丝板、长的和圆的剪刀片	1.2745	高抛光性能、表面硬度 58～60HRC 的复杂塑料模(经渗碳表面硬化而具有高承载能力)
1.2376	精冲模、拉模环、冲压阳模、拉制芯棒、压花模、螺纹滚子、套丝板、剪刀片	1.2743	重载餐具用模和压花模、剪刀片、冲头、空淬塑料模
1.2378	电机和变压器硅钢片冲裁模、钻套、样板以及陶瓷制品压模	1.2762	高压应力压花模和压花工具、压板、压印冲头、穿孔杆和类似工具
1.2379	对脆断敏感的冲裁模、螺纹滚子、丝锥、拉刀、铣刀、扩口钻、森吉米尔多辊轧辊等	1.2764	大型的经渗碳硬化而有特别高的承载能力、小变形的塑料模，表面使用硬度 58～60HRC
1.2414	丝锥、麻花钻、中心钻头及类似切削工具金属锯	1.2767	餐具冲压模、压花模、大压花工具、大压花冲头、弯曲模、厚材料的剪刀片
1.2419	厚度≤5mm 的冲切模、冲头、滚切辊子、平面切削刀具、丝锥、铣刀、梳刀盘、量具、样板	1.2823	内拉簧套筒卡盘头夹、螺丝刀
		1.2826	小量生产用模具，热切边垫板、锤垫板、压模垫板，修剪模
1.2436	高效冲切模、冲头、剪刀片、板牙、拉刀、拉制芯棒、木工铣刀等	1.2833	冷拉伸模、冷作阴模、餐具冲压模、压印模、压花模、货币压模、冲切模、锤芯、穿管坯顶头、小剪刀片
1.2442	金属切割锯、钢锯条		
1.2453	承受极重载荷喷水淬火冷拔模	1.2838	深冲工具，拉模环，餐具冲压模，螺纹和铆钉生产中的单模、球冷冲模

续表

材料号	特性及用途	材料号	特性及用途
1.2842	冲切和冲孔模、小剪刀、板牙、螺纹环规、铰刀、量具、塑料模和橡胶模	1.2367	重载锻模
		1.2436	低熔点合金压铸和硬模铸造用模板和芯子
1.2851	表面氮化到表面硬度900HV的塑料模	1.2542	热切边模、冲头、热修剪模、冲模
1.2880	电机和变压器硅钢冲压用超重载冲载模、木工铣刀、刨床用刀、皮革用刀	1.2550	有色金属用顶杆、套筒、冲头
		1.2564	有色金属加工用的中间导套、压力心棒
1.2884	电机和变压器硅钢片冲压用极高应力冲裁模，但有更高的耐磨性	1.2567	有色金属加工用的压铸模、芯子、楔子
热作模具钢		1.2581	同1.2567钢，用作热挤压模、下模
1.1625	简单的小锤锻模、修剪模	1.2560	同1.2080钢
1.1730	一般要求的模腔、结构简单的小模具	1.2603	轻金属和重金属用顶锻工具，压力冲头、剪刀
1.1750	中、小模具，特别适合于平板状零件、热切边模、铆钉冲头、修剪模、成型车刀和精车刀	1.2606	压模零件、有色金属的金属挤压
1.2080	锌合金压铸模、锤芯、锻芯等类似工具	1.2622	油冷或空冷的Φ≤30mm管压心棒
		1.2678	热挤压模、冲头心棒、黄铜压铸模
1.2082	轻合金锭模工具、轻合金加工用的活塞、压力室和拉模	1.2710	金属挤压工具，如心棒座等
1.2083	轻合金用高表面质量的压力室活塞	1.2713	落锤锻模、金属挤压和管压工具
1.2101	辅助工具，即压板、安装座、补缩杯	1.2714	深模腔的落锤锻模、铸模件
1.2241	辅助工具与1.2101钢同	1.2726	Φ140～200mm的高抗冷裂皮尔格轧辊芯棒
		1.2731	奥氏体钢(热处理到1180MPa)形状简单的压模
1.2242	低熔点合金工具，如模板、芯子、销子等	1.2737	Φ200～250mm高抗冷裂皮尔格轧辊芯棒
1.2248 1.2249	不接触金属的下模座，铅、锌、锡合金的压铸模、顶杆、导套、热切边模	1.2740	Φ70～140mm抗温度变化的皮尔格轧辊芯棒
1.2307	芯棒、冲头、导套，心棒头、拉制心棒等	1.2743	空淬具有深淬透深度的锻模和压模
1.2311	加热容器、中间导套、落锤锻模等	1.2744	压模零件、受冲击载荷的重载锻模
1.2313	压铸机室、压铸模	1.2747	Φ≤70mm抗温度变化皮尔格轧辊芯棒
1.2323	加热容器、中间导套、锻压冲头、管材挤压机模座、剪刀片	1.2766	压模零件，热轧圈，金属挤压内衬套、冲头等
1.2341	随后经渗碳淬火的冷下注压铸模	1.2767	复杂模腔的热压工具(轻、重金属)
1.2343	轻合金压铸模、金属挤压工具	1.2826	模具和下模修剪模
1.2344	油冷或空冷挤压件、挤压用穿孔芯棒	1.2838	冲头、制造螺钉和铆钉的下模
1.2362	修剪模、热冲模和剪刀片、顶杆	1.2842	压力顶杆、有色金属用压铸模
1.2365	重金属合金压铸模、冲压模	1.4120	模板、芯子、有色金属合金加工用分配销

12.7 日本结构钢

12.7.1 结构钢牌号和化学成分

表 12-197 结构钢牌号和化学成分

序号	JIS 牌号	JIS 旧牌号	化学成分/%							
			C	Si	Mn	P，≤	S，≤	Cr	Mo	Ni	其他
G3101	SS34	—	—	—	—	0.050	0.050	—	—	—	—
G3101	SS41	—	—	—	—	0.050	0.050	—	—	—	—
G3101	SS50	—	—	—	—	0.050	0.050	—	—	—	—
G3101	SS55	—	≤0.30	—	≤1.60	0.040	0.040	—	—	—	—
G3103	SB42	—	≤0.24 ≤0.27 ≤0.30					—	—	—	—
G3103	SB46	—	≤0.28 ≤0.31 ≤0.33	0.45～0.30	≤0.90			—	—	—	—
G3103	SB49	—	≤0.31～≤0.35					—	—	—	—
G3103	SB46M	—	≤0.18～≤0.25					—	—	—	
G3103	SB49M	—	≤0.20～≤0.27					—	—	—	
G3106	SM41A	—	≤0.23 ≤0.25	—	≥2.5×C			—	—	—	—
G3106	SM41B	—	≤0.20 ≤0.22		0.60～1.20			—	—	—	—
G3106	SM41C	—	≤0.18		≤1.40				—	—	—
G3106	SM50A	—	≤0.20 ≤0.22					—	—	—	
G3106	SM50B	—	≤0.18 ≤0.20					—	—	—	—
G3106	SM50C	—	≤0.18	≤0.35		0.035	0.040	—	—	—	—
G3106	SM50YA	—	≤0.20					—	—	—	—
G3106	SM50YB	—	≤0.20		≤1.5			—	—	—	—
G3106	SM53B	—	≤0.20					—	—	—	—
G3106	SM53C	—	≤0.20					—	—	—	—
G3106	SM58	—	≤0.18					—	—	—	—
G3115	SPV24	—	≤0.18～≤0.20	0.15～0.35				—	—	—	—
G3115	SPV32	—	≤0.18	0.15～0.55				—	—	—	—
G3115	SPV46	—	≤0.18	0.15～0.75	≤1.60			—	—	—	—
G3115	SPV50	—	≤0.18	0.15～0.75	≤1.60		0.035	—	—	—	—

续表

序 号	JIS 牌 号	JIS 旧牌号	化学成分/% C	Si	Mn	P，≤	S，≤	Cr	Mo	Ni	其 他
G3429	STH38	—	≤0.28	—	≤0.65	0.040	0.050	—	—	—	—
G3429	STH55	—	≤0.45	—	≤0.80	0.040	0.050	—	—	—	—
G3429	STH67	—	≤0.55	—	≤1.10	0.040	0.050	—	—	—	—
G4051	S10C	—	0.08～0.13					—	—	—	
G4051	S12C	—	0.10～0.15					—		—	
G4051	S15C	—	0.13～0.18							—	
G4051	S17C	—	0.15～0.20		0.30～0.60					—	
G4051	S20C	—	0.18～0.23							—	
G4051	S22C	—	0.20～0.25							—	
G4051	S25C	—	0.22～0.28							—	
G4051	S28C	—	0.25～0.31							—	
G4051	S30C	—	0.27～0.33				0.035			—	
G4051	S33C	—	0.30～0.36							—	
G4051	S35C	—	0.32～0.38							—	
G4051	S38C	—	0.35～0.41							—	
G4051	S40C	—	0.37～0.43		0.60～0.90					—	
G4051	S43C	—	0.40～0.46							—	
G4051	S45C	—	0.42～0.48							—	
G4051	S48C	—	0.45～0.51	0.15～0.35		0.030				—	
G4051	S50C	—	0.47～0.53							—	
G4051	S53C	—	0.50～0.56							—	
G4051	S55C	—	0.52～0.58							—	
G4051	S58C	—	0.55～0.61							—	
G4051	S9CK	—	0.07～0.12		0.30～0.60					—	
G4051	S15CK	—	0.13～0.18		0.30～0.60					—	
G4051	S20CK	—	0.18～0.23		0.30～0.90		0.25			—	
G4052	SCM415H	SCM21H	0.12～0.18		0.56～0.90					—	
G4052	SCM418H		0.15～0.21		0.55～0.90					—	
G4052	SCM420H	SCM22H	0.17～0.23		0.55～0.90			0.85～1.25		—	
G4052	SCM435H	SCM3H	0.32～0.39		0.55～0.90				0.15～0.35	—	

续表

序号	JIS 牌号	JIS 旧牌号	化学成分/%							
			C	Si	Mn	P，≤	S，≤	Cr	Mo	Ni	其他
G4052	SCM440H	SCM4H	0. 37～0. 44		0. 55～0. 90				0. 35～0. 45	—	
G4052	SCM445H	SCM5H	0. 42～0. 49		0. 55～0. 90					—	
G4052	SCM822H	SCM24H	0. 19～0. 25		0. 55～0. 90			0. 85～1. 25		—	
G4052	SCr415H	SCr21H	0. 12～0. 18		0. 55～0. 90					—	
G4052	SCr420H	SCr22H	0. 17～0. 23		0. 55～0. 90				0. 35～0. 45	—	
G4052	SCr430H	SCr2H	0. 27～0. 34		0. 55～0. 90					—	
G4052	SCr435H	SCr3H	0. 32～0. 39		0. 55～0. 90		0. 25			—	
G4052	SCr440H	SCr4H	0. 37～0. 44		0. 55～0. 90					—	
G4052	SMn420H	SMn21H	0. 16～0. 23		1. 15～1. 55				—		
G4052	SMn433H	SMn1H	0. 29～0. 36		1. 15～1. 55				—		
G4052	SMn438H	SMn2H	0. 34～0. 41		1. 30～1. 70				—		
G4052	SMn443H	SMn3H	0. 39～0. 46		1. 30～1. 70			—	—	—	
G4052	SMn420H	SMnC21H	0. 16～0. 23		1. 15～1. 55			0. 35～0. 70	—	—	
G4052	SMnC443H	SMnC3H	0. 39～0. 46		1. 30～1. 70			0. 35～0. 70	—	—	
G4052	SNC415H	SNC21H	0. 11～0. 18		0. 30～0. 70			0. 20～0. 55	—	1. 95～2. 50	
G4052	SNC631H	SNC2H	0. 26～0. 35		0. 30～0. 70			0. 55～1. 05	—	2. 45～3. 00	
G4052	SNC815H	SNC22H	0. 11～0. 18		0. 30～0. 70			0. 65～1. 05	—	2. 95～3. 50	
G4052	SNCM220H	SNCM21H	0. 17～0. 23		0. 60～0. 95			0. 35～0. 65	0. 15～0. 30	0. 35～0. 75	
G4052	SNCM420H	SNCM23H	0. 17～0. 23		0. 40～0. 70			0. 35～0. 65	0. 15～0. 30	1. 55～2. 00	
G4102	SNC236	SNC1	0. 32～0. 40		0. 50～0. 80			0. 50～0. 90	—	1. 00～1. 50	
G4102	SNC415	SNC21	0. 12～0. 18		0. 35～0. 65			0. 20～0. 50	—	2. 00～2. 50	
G4102	SNC631	SNC2	0. 27～0. 35		0. 35～0. 65			0. 60～1. 00	—	2. 50～3. 00	
G4102	SNC815	SNC22	0. 12～0. 18	0. 15～0. 35	0. 35～0. 65	0. 030	0. 030	0. 70～1. 00	—	3. 00～3. 50	
G4102	SNC836	SNC3	0. 32～0. 40		0. 35～0. 65			0. 60～1. 00	—	3. 00～3. 50	
G4103	SNCM220	SNCM21	0. 17～0. 23		0. 60～0. 90			0. 40～0. 65		0. 40～0. 70	
G4103	SNCM240	SNCM6	0. 38～0. 43		0. 70～1. 00			0. 40～0. 65		0. 40～0. 70	
G4103	SNCM415	SNCM22	0. 12～0. 18		0. 40～0. 70			0. 40～0. 65		1. 60～2. 00	
G4103	SNCM420	SNCM23	0. 17～0. 23		0. 40～0. 70			0. 40～0. 65	0. 15～0. 30	1. 60～2. 00	
G4103	SNCM431	SNCM1	0. 27～0. 35		0. 60～0. 90			0. 60～1. 00		1. 60～2. 00	
G4103	SNCM439	SNCM8	0. 36～0. 43		0. 60～0. 90			0. 60～1. 00		1. 60～2. 00	

续表

序号	JIS 牌号	JIS 旧牌号	化学成分/% C	Si	Mn	P，≤	S，≤	Cr	Mo	Ni	其他
G4103	SNCM447	SNCM9	0.44～0.50		0.60～0.90			0.60～1.00	0.15～0.30	1.60～2.00	
G4103	SNC616	SNCM26	0.13～0.20		0.80～1.20			1.40～1.80	0.40～0.60	2.80～3.20	
G4103	SNCM625	SNCM2	0.20～0.30		0.35～0.60			1.00～1.50	0.15～0.30	3.00～3.50	
G4103	SNCM630	SNCM5	0.25～0.35		0.35～0.60			2.50～3.50	0.50～0.70	2.50～3.50	
G4103	SNCM815	SNCM25	0.12～0.18		0.30～0.60			0.70～1.00	0.15～0.30	4.00～4.50	
G4103	SCr415	SCr21	0.13～0.18		0.60～0.85				—	—	
G4104	SCr420	SCr22	0.18～0.23		0.60～0.85				—	—	
G4104	SCr430	SCr2	0.28～0.33		0.60～0.85				—	—	
G4104	SCr435	SCr3	0.33～0.38		0.60～0.85				—	—	
G4104	SCr440	SCr4	0.38～0.43	0.15～0.35	0.60～0.85				—	—	
G4104	SCr445	SCr5	0.43～0.48		0.60～0.85	0.030	0.030	0.90～1.20	—	—	
G4105	SCM415	SCM21	0.13～0.18		0.60～0.85					—	
G4105	SCM418	—	0.16～0.21		0.60～0.85					—	
G4105	SCM420	SCM22	0.18～0.23		0.60～0.85					—	
G4105	SCM421	SCM23	0.17～0.23		0.70～1.00				0.15～0.30	—	
G4105	SCM430	SCM2	0.28～0.33		0.60～0.85					—	
G4105	SCM432	SCM1	0.27～0.37		0.30～0.60			1.00～1.50		—	
G4105	SCM435	SCM3	0.33～0.38		0.60～0.85			1.00～1.50		—	
G4105	SCM440	SCM4	0.38～0.43	0.15～0.35	0.60～0.85	0.030	0.030	0.90～1.20	0.15～0.30	—	
G4105	SCM445	SCM5	0.43～0.48	0.15～0.35	0.60～0.85	0.030	0.030	0.90～1.20	0.15～0.30	—	
G4105	SCM822	SCM24	0.20～0.25	0.15～0.35	0.60～0.85	0.030	0.030	0.90～1.20	0.35～0.45	—	
G4106	SMn420	SMn21	0.17～0.23	0.15～0.35	1.20～1.50	0.030	0.030	—	—	—	—
G4106	SMn433	SMn1	0.30～0.36	0.15～0.35	1.20～1.50	0.030	0.030	—	—	—	
G4106	SMn438	SMn2	0.35～0.41	0.15～0.35	1.35～1.65	0.030	0.030	—	—	—	—
G4106	SMn443	SMn3	0.40～0.46	0.15～0.35	1.35～1.65	0.030	0.030	—	—	—	—
G4106	SMnC420	SMnC21	0.17～0.23	0.15～0.35	1.20～1.50	0.030	0.030	0.35～0.70	—	—	—
G4106	SMnC443	SMnC3	0.40～0.46	0.15～0.35	1.35～1.65	0.030	0.030	0.35～0.70	—	—	—
G4107	SNB5	—	≤0.09	≤1.05	≤1.03	0.045	0.035	3.90～6.10	0.35～0.70	—	—
G4107	SNB7	—	0.36～0.50	0.18～0.37	0.75～1.00	0.045	0.045	0.75～1.15	0.13～0.27	—	—
G4107	SNB16	—	0.34～0.46	0.18～0.37	0.45～0.70	0.045	0.045	0.75～1.20	0.47～0.68	—	V 0.22～0.38

续表

序号	JIS 牌号	JIS 旧牌号	化学成分/%								
			C	Si	Mn	P，≤	S，≤	Cr	Mo	Ni	其他
G4108	SNB21-1-5	—	0.34～0.46	0.18～0.37	0.42～0.73	0.030	0.030	0.75～1.20	0.47～0.68	—	V 0.22～0.38
G4108	SNB22-1-5	—	0.37～0.48	0.18～0.37	0.61～1.14	0.030	0.030	0.70～1.25	0.13～0.27	—	—
G4108	SNB23-1-5	—	0.35～0.46	0.18～0.37	0.55～0.99	0.030	0.030	0.60～1.00	0.18～0.32	1.50～2.05	—
G4108	SNB24-1-5	—	0.35～0.46	0.18～0.37	0.66～0.94	0.030	0.030	0.65～1.00	0.28～0.42	1.60～2.05	—
G4109	SCMV1	—	≤0.21	0.13～0.32	0.51～0.84	0.035	0.040	0.46～0.85	0.40～0.65	—	—
G4109	SCMV2	—	≤0.17	0.13～0.32	0.36～0.69	0.035	0.040	0.74～1.21	0.40～0.65	—	—
G4109	SCMV3	—	≤0.17	0.44～0.86	0.36～0.69	0.035	0.040	0.94～1.56	0.40～0.70	—	—
G4109	SCMV4	—	≤0.15	≤0.50	0.27～0.63	0.035	0.035	1.88～2.62	0.85～1.15	—	—
G4109	SCMV5	—	≤0.15	≤0.50	0.27～0.63	0.035	0.035	2.63～3.27	0.85～1.15	—	—
G4109	SCMV6	—	≤0.15	≤0.55	0.27～0.63	0.035	0.030	4.00～6.00	0.40～0.70	—	—
G4202	SACM1	—	0.40～0.50	0.15～0.50	≤0.60	0.030	0.030	1.30～1.70	0.15～0.30	—	Al 0.70～1.20
G4801	SUP3	—	0.75～0.90	0.15～0.35	0.30～0.60	0.035	0.035	—	—	—	—
G4801	SUP4	—	0.90～1.10	0.15～0.35	0.30～0.60	0.035	0.035	—	—	—	—
G4801	SUP6	—	0.55～0.65	1.50～1.80	0.70～1.00	0.035	0.035	—	—	—	—
G4801	SUP7	—	0.55～0.65	1.80～2.20	0.70～0.00	0.035	0.035	—	—	—	—
G4801	SUP9	—	0.50～0.60	0.15～0.35	0.65～0.95	0.035	0.035	0.65～0.95	—	—	—
G4801	SUP9A	—	0.55～0.65	0.15～0.35	0.70～1.00	0.035	0.035	0.70～1.00	—	—	—
G4801	SUP10	—	0.45～0.55	0.15～0.35	0.65～0.95	0.035	0.035	0.80～1.10	—	—	V 0.15～0.25
G4801	SUP11	—	0.50～0.60	0.15～0.35	0.65～0.95	0.035	0.035	0.65～0.95	—	—	B≥0.0005
G4804	SUM11	—	0.08～0.13	—	0.30～0.60	0.040	0.08～0.13	—	—	—	—
G4804	SUM12	—	0.08～0.13	—	0.60～0.90	0.040	0.08～0.13	—	—	—	—
G4804	SUM21	—	≤0.13	—	0.70～1.00	0.07～0.12	0.16～0.23	—	—	—	—
G4804	SUM22	—	≤0.13	—	0.70～1.00	0.07～0.12	0.24～0.33	—	—	—	—
G4804	SUM22L	—	≤0.13	—	0.70～1.00	0.07～0.12	0.24～0.33	—	—	—	Pb 0.10～0.35
G4804	SUM23	—	≤0.09	—	0.75～1.05	0.04～0.09	0.26～0.35	—	—	—	—
G4804	SUM23L	—	≤0.09	—	0.75～1.05	0.04～0.09	0.26～0.35	—	—	—	Pb 0.10～0.35
G4804	SUM24	—	≤0.15	—	0.85～1.15	0.04～0.09	0.26～0.35	—	—	—	Pb 0.10～0.35
G4804	SUM31	—	0.14～0.20	—	1.00～1.30	0.040	0.08～0.13	—	—	—	—
G4804	SUM31L	—	0.14～0.20	—	1.00～1.30	0.040	0.08～0.13	—	—	—	Pb 0.10～0.35
G4804	SUM32	—	0.12～0.20	—	0.60～1.10	0.040	0.10～0.20	—	—	—	—
G4804	SUM41	—	0.32～0.39	—	1.35～1.65	0.040	0.08～0.13	—	—	—	—
G4804	SUM42	—	0.37～0.45	—	1.35～1.65	0.040	0.08～0.13	—	—	—	—
G4804	SUM43	—	0.40～0.48	—	1.35～1.65	0.040	0.24～0.33	—	—	—	—

12.7.2 结构钢的力学性能

表 12-198 碳素结构钢的力学性能（JIS G 4051—1984）

钢号	热处理/℃				力学性能							
	正火	退火	淬火	回火	热处理	屈服点/MPa 不小于	抗拉强度/MPa 不小于	伸长率/% 不小于	收缩率/% 不小于	冲击值/J·cm⁻² (kgf·m/cm²) 不小于	硬度 HB	有效直径/mm
S10C	900～950 空冷	约 900 炉冷	—	—	正火	206	314	33	—	—	109～146	—
					退火	—	—	—	—	—	109～149	—
S12C S15C	880～930 空冷	约 880 炉冷	—	—	正火	236	378	30	—	—	111～167	—
					退火	—	—	—	—	—	111～149	—
S17C S20C	870～920 空冷	约 860 炉冷	—	—	正火	246	403	28	—	—	116～174	—
					退火	—	—	—	—	—	114～153	—
S22C S25C	860～910 空冷	约 850 炉冷	—	—	正火	265	442	27	—	—	123～183	—
					退火	—	—	—	—	—	121～156	—
S28C S30C	850～900 空冷	约 840 炉冷	850～900 水冷	550～650 急冷	正火	285	472	25	—	—	137～197	—
					退火	—	—	—	—	—	126～156	—
					淬回火	334	540	23	57	107.8 (11)	152～212	30
S33C S35C	840～890 空冷	约 830 炉冷	840～890 水冷	550～650 急冷	正回火	305	511	23	—	—	149～207	—
					退火	—	—	—	—	—	126～163	—
					淬回火	393	570	22	55	98 (10)	167～235	32
S38C S40C	830～880 空冷	约 820 炉冷	830～880 水冷	550～650 急冷	正火	324	540	22	—	—	156～217	—
					退火	—	—	—	—	—	131～163	—
					淬火	442	609	20	50	88.2 (9)	179～255	35
S43C S45C	820～870 空冷	约 810 炉冷	820～870 水冷	550～650 急冷	正火	344	570	20	—	—	167～229	—
					退火	—	—	—	—	—	137～170	—
					淬回火	491	688	17	45	29.4 (3)	201～269	37
S48C S50C	810～860 空冷	约 800 炉冷	810～860 水冷	550～650 急冷	正火	363	609	16	—	—	179～235	—
					退火	—	—	—	—	—	143～187	—
					淬回火	540	737	15	40	68.6 (7)	212～277	40
S53C S55C	800～850 空冷	约 790 炉冷	800～850 水冷	550～650 急冷	正火	393	648	15	—	—	183～255	—
					退火	—	—	—	—	—	149～192	—
					淬回火	589	786	14	35	58.8 (6)	229～285	42
S58C	800～850 空冷	约 790 炉冷			正火	393	648	15	—	—	183～255	—
					退火	—	—	—	—	—	149～192	—
					淬回火	589	786	14	35	58.8 (6)	229～285	42
S09CK	900～950 空冷	约 900 炉冷	1 次 880～920 油（水）冷 2 次 750～800 水冷		退火	—	—	—	—	—	107～149	—
					淬回火	246	393	23	55	137.2 (14)	121～179	—
S15CK S20CK	880～930 空冷 870～920 空冷	约 880 炉冷 约 860 炉冷	1 次 870～920 油（水）冷 2 次 750～800 水冷	150～200 空冷	退火	—	—	—	—	—	111～149	—
					淬回火	344	491	20	50	117.6 (12)	143～235	—
					退火	—	—	—	—	—	114～153	—
					淬回火	393	540	18	45	98 (10)	159～241	—

表 12-199 合金结构钢的力学性能

钢号	热处理/℃		抗拉试验（4号试样），不小于				冲击试验（3号试样）	硬度试验
	淬火	回火	屈服点/MPa	抗拉强度/MPa	伸长率/%	收缩率/%	冲击值（摆锤式）/$J \cdot cm^{-2}$ ($kgf \cdot m/cm^2$)，不小于	硬度 HB
镍铬合金结构钢（JIS G 4102）								
SNC236 SNC631 SNC836	820～880 油冷	550～650 急冷	589 688 786	737 835 933	22 18 15	50 50 45	117.6（12） 117.6（12） 78.4（8）	217～277 248～302 269～321
SNC415	1 次 850～900 油冷 2 次 740～790 水冷或 780～830 油冷	150～200 空冷	—	786	17	45	88.2（9）	235～341
SNC815	1 次 830～880 油冷　2 次 750～800 油冷	150～200 空冷	—	982	12	45	78.4（8）	285～388
镍铬钼合金结构钢（JIS G 4103）								
SNCM220	1 次 850～900 油冷　2 次 800～850 油冷	150～200 空冷	—	835	17	40	58.8（6）	248～341
SNCM240	820～870 油冷	580～680 急冷	786	884	17	50	68.6（7）	255～311
SNCM415	1 次 850～900 油冷　2 次 780～830 油冷	150～200 空冷	—	884	16	45	68.6（7）	255～341
SNCM420	1 次 850～900 油冷　2 次 770～820 油冷	150～200 空冷	—	982	15	40	68.6（7）	293～375
SNCM431	—	570～670 急冷	688	835	20	55	98（10）	248～302
SNCM439 SNCM447	820～870 油冷	580～680 急冷	884 933	982 1031	16 14	45 40	68.6（7） 58.8（6）	293～352 302～363
SNCM616	1 次 850～900 空冷或油冷 2 次 770～830 空冷或油冷	100～200 空冷	—	1179	14	40	78.4（8）	341～415
SNCM625	820～870 油冷	570～670 急冷	835	933	18	50	78.4（8）	269～321

续表

钢号	热处理/℃		抗拉试验（4号试样），不小于				冲击试验（3号试样）	硬度试验
	淬火	回火	屈服点 /MPa	抗拉强度 /MPa	伸长率 /%	收缩率 /%	冲击值（摆锤式） /J·cm^{-2} （kgf·m/cm^2），不小于	硬度 HB
SNCM630	850～950 空冷或油冷	550～650 急冷	884	1081	15	45	78.4（8）	302～352
SNCM815	1 次 830～880 油冷　2 次 750～800 油冷	150～200 空冷	—	1081	12	40	68.6（7）	311～375
铬合金结构钢（JIS G 4104）								
SCr415	1 次 850～900 油冷 2 次 800～350 油冷（水冷）或 925 保持后 850～900 油冷	150～200 空冷	—	786	15	40	58.8（6）	217～302
SCr420	1 次 850～900 油冷 2 次 800～850 油冷或 925 保持后 850～900 油冷	—	—	835	14	35	49（5）	235～321
SCr430	830～880 油冷	520～620 急冷	638	786	18	55	88.2（9）	229～293
SCr435			737	884	15	50	68.6（7）	255～321
SCr440			786	933	13	45	58.8（6）	269～331
SCr445			835	982	12	40	49（5）	285～352
锰和锰铬钢（JIS G 4106）								
SMn420	1 次 850～900 油冷 2 次 780～830 油冷	150～200 空冷	—	688	14	30	49（5）	201～311
SMn433	830～880 水冷	550～650 急冷	540	688	20	55	98（10）	201～277
SMn438	830～880 油冷	550～650 急冷	589	737	18	50	78.4（8）	212～285
SMn443	830～880 急冷	550～650 急冷	638	786	17	45	78.4（8）	229～302
SMC420	1 次 850～900 油冷 2 次 780～830 油冷	150～200 空冷	—	835	13	30	49（5）	235～321
SMC443	830～880 油冷	550～650 急冷	786	933	13	40	49（5）	269～321
SACM64	880～930 油冷	680～720 急冷	688	835	15	50	98（10）	241～302

表 12-200 保证淬透性的合金结构钢（JIS G 4052—1984）

钢号	距淬火端的距离为下列处（mm）的 HRC															正火温度/℃	淬火温度/℃	热处理平均晶粒度	浸碳平均晶粒度
	1.5	3	5	7	9	11	13	15	20	25	30	35	40	45	50				
SMn420H	48～40	46～36	42～21	≤36	≤30	≤27	≤25	≤24	≤21	—	—	—	—	—	—	925	925		≥6 级
SMn433H	57～50	56～46	53～34	49～26	42～23	36～20	≤33	≤30	≤27	≤25	≤24	≤23	≤22	≤21	≤21	900	870	≥5 级	
SMn438H	59～52	59～49	57～43	54～34	51～28	46～24	41～22	39～21	≤35	≤33	≤31	≤30	≤29	≤28	≤27	870	845	≥5 级	
SMn443H	62～55	61～53	60～49	59～39	57～33	54～29	50～27	45～26	37～23	34～22	32～20	≤31	≤30	≤29	≤28	870	845	≥5 级	
SMnC420H	48～40	48～39	45～33	41～27	37～23	33～20	≤31	≤29	≤26	≤24	≤23	—	—	—	—	925	925		≥6 级
SMnC443H	62～55	62～54	61～53	60～51	59～48	58～44	56～39	55～35	50～29	46～26	42～25	41～24	40～23	39～22	38～21	870	845	≥5 级	
SCr440H	60～53	60～52	59～50	58～48	57～45	55～41	54～37	52～34	46～29	41～26	39～24	37～22	≤37	≤36	≤35	870	845	≥5 级	
SCM415H	46～39	45～36	42～29	38～24	34～21	31～20	≤29	≤28	≤26	≤25	≤24	≤24	≤23	≤23	≤22	925	925		≥6 级
SCM418H	47～39	47～37	45～31	41～27	38～24	35～22	33～21	32～20	≤30	≤28	≤27	≤27	≤26	≤26	≤25	925	925		≥6 级
SCM420H	48～40	48～39	47～35	44～31	42～28	39～25	37～24	35～23	33～20	31～20	≤30	≤30	≤29	≤29	≤28	925	925		≥6 级
SCM435H	58～51	58～50	57～49	56～47	55～45	54～42	53～39	51～37	48～32	45～30	43～28	41～27	39～27	38～26	37～26	870	845	≥5 级	
SCM440H	60～53	60～53	60～52	59～51	58～50	58～48	57～46	56～43	55～38	53～35	51～33	49～33	47～32	46～31	44～30	870	845	≥5 级	
SCM445H	63～56	63～55	62～55	62～54	61～53	61～52	61～52	60～51	59～47	58～43	57～39	56～37	55～35	55～35	54～34	870	845	≥5 级	
SCM822H	50～42	50～42	50～41	49～39	48～63	46～32	43～29	41～27	39～24	38～24	37～23	36～22	36～22	36～21	36—21	925	925		≥6 级
SNC415H	45～37	44～32	39～24	≤35	≤31	≤28	≤26	≤24	≤21	—	—	—	—	—	—	925	925		≥6 级
SNC631H	57～49	57～48	56～47	56～46	55～45	55～43	55～41	54～39	53～35	51～31	49～29	47～28	45～27	44～26	43～26	900	870	≥5 级	
SNC815H	46～38	46～37	46～36	46～34	45～31	44～29	43～27	41～26	38～24	36～22	34～22	34～22	33～21	33～21	32～21	925	845		≥6 级
SNCM220H	48～41	47～37	44～30	40～25	35～22	32～20	≤30	≤29	≤26	≤24	≤23	≤23	≤23	≤22	≤22	925	925		≥6 级
SNCM240H	48～41	47～38	46～34	42～34	39～27	36～27	34～23	32～22	≤29	≤26	≤25	≤24	≤24	≤24	≤24	≤24	925		≥6 级
SCr415H	56～39	45～34	41～26	35～21	≤31	≤28	≤27	≤26	≤23	≤20	—	—	—	—	—	925	925		≥6 级
SCr420H	48～40	48～37	46～32	40～28	36～25	34～22	32～21	≤31	≤29	≤27	≤26	≤24	≤23	≤23	≤22	925	925		≥6 级
SCr430H	46～49	55～46	53～42	51～37	48～33	45～30	42～28	39～26	35～23	≤33	≤31	≤30	≤28	≤26	≤25	900	870	≥5 级	
SCr435H	58～51	57～49	56～46	55～42	53～37	51～32	47～29	44～27	39～21	37～21	≤35	≤34	≤33	≤32	≤21	870	845	≥5 级	

表 12-201 弹簧钢的力学性能(JIS G 4801)

牌号	热处理		力学性能					钢种
	淬火/℃	回火/℃	屈服强度/MPa 不小于	抗拉强度/MPa 不小于	伸长率/% 4或7号试样 不小于	收缩率/% 4号试样 不小于	硬度 HB	
SUP3 SUP4	830~860 油冷	450~500	835 884	1081 1130	8 7	— 10	340~401 352~415	高C钢
SUP6 SUP7 SUP9 SUP9A	830~860 油冷	480~530 490~540 460~510 460~520	1081	1228	9	20	363~429	Si-Mn 钢 Mn-Cr 钢
SUP10 SUP11A	840~870 油冷 830~860 油冷	470~540 460~520	1081	1228	10 9	30 20	363~429	Cr-V 钢 Mn-Cr-B 钢

表 12-202 弹簧钢丝的力学性能(JIS G 3522)

牌号	直径/mm	抗拉强度/MPa			直径/mm	抗拉强度/MPa		
		A类	B类	V类		A类	B类	V类
SWPA SWPB SWPV	0.08	2898	3192	—	0.80	2112	2358	—
	0.09	2849	3143	—	0.90	2112	2308	—
	0.10	2800	3094	—	1.0	2063	2259	—
	0.12	2750	3045	—	1.2	2014	2210	—
	0.14	2701	2996	—	1.4	1965	2161	—
	0.16	2652	2947	—	1.6	1915	2112	—
	0.18	2603	2898	—	1.8	1866	2063	—
	0.20	2554	2849	—	2.0	1817	2014	1719
	0.23	2554	2800	—	2.3	1768	1965	1719
	0.26	2505	2750	—	2.6	1768	1965	1670
	0.29	2456	2701	—	2.9	1719	1915	1670
	0.32	2407	2652	—	3.2	1670	1866	1621
	0.35	2407	2652	—	3.5	1670	1817	1621
	0.40	2358	2603	—	4.0	1621	1768	1572
	0.45	2308	2554	—	4.5	1572	1719	1523
	0.50	2308	2554	—	5.0	1523	1670	1473
	0.55	2259	2505	—	5.5	1473	1621	—
	0.60	2210	2456	—				—
	0.65	2210	2456	—				—

表 12-203 油回火碳素弹簧的力学性能(JIS G 3560—1983)

牌号	直径/mm	σb/MPa,不小于		直径/mm	σb/MPa,不小于	
		A种	B种		A种	B种
SWO-A SWO-B	2.0	1621	1719	5.5	1277	1375
	2.3	1572	1670	6.0	1277	1375
	2.6	1572	1670	6.5	1277	1375
	2.9	1523	1621	7.0	1228	1326
	3.2	1473	1572	8.0	1228	1326
	3.5	1473	1572	9.0	1228	1326
	4.0	1424	1523	10.0	1179	1277
	4.5	1375	1473	11.0	1179	1277
	5.0	1326	1424	12.0	1179	1277

表 12-204 油回火阀门用铬、钒弹簧钢丝的力学性能(JIS G 3565—1986)

牌号	直径/mm	σb/MPa	直径/mm	σb/MPa	直径/mm	σb/MPa	直径/mm	σb/MPa
SWOCV-V	2.0	1572	3.2	1572	5.0	1473	7.0	1424
	2.3	1572	3.5	1572	5.5	1473	8.0	1375
	2.6	1572	4.0	1523	6.0	1473	9.0	1375
	2.9	1572	4.5	1523	6.5	1424	10.0	1375

表 12-205 油回火阀门用铬、硅弹簧钢丝的力学性能(JIS G 3566—1985)

牌号	直径/mm	σb/MPa	直径/mm	σb/MPa	直径/mm	σb/MPa	直径/mm	σb/MPa
SWOCV-V	1.6	1965	2.6	1915	4.0	1817	6.0	1719
	1.8	1965	2.9	1915	4.5	1817	6.5	1719
	2.0	1915	3.2	1866	5.0	1768	7.0	1670
	2.3	1914	3.5	1866	5.5	1768	8.0	1670

表 12-206 油回火硅、锰弹簧钢丝的力学性能(JIS G 3567—1986)

直径/mm	σb/MPa,不小于			直径/mm	σb/MPa,不小于		
	A种	B种	C种		A种	B种	C种
4.00	1473	1572	1670	9.00	1375	1523	1621
4.50	1473	1572	1670	9.50	1375	1473	1572
5.00	1473	1572	1670	10.0	1375	1473	1572
5.50	1473	1572	1670	10.5	1375	1473	1572
6.00	1473	1572	1670	11.0	1375	1473	1572
6.50	1473	1572	1670	11.5	1375	1473	1572
7.00	1375	1523	1621	12.0	1375	1473	1572
7.50	1375	1523	1621	13.0	1375	1473	1572
8.00	1375	1523	1621	14.0	1375	1473	1572
8.50	1375	1523	1621				

表 12-207 一般铆钉用钢的力学性能(JIS G 3104—1987)

种类	钢号	力学性能					
		抗拉试验			弯曲试验		
		抗拉强度/MPa	试样	伸长率/%,不小于	弯曲角度	内侧半径	试样
1种	SV34	334	2号 3号	27 34	180°	紧贴	2号
2种	SV41	403	2号 3号	25 30	180°	紧贴	2号

表 12-208 螺栓用钢的力学性能

钢号	直径/mm 小于	抗拉试验不小于				硬度试验 HB	冲击试验吸收能/J(kgf·m),不小于	
		屈服强度/MPa	抗拉强度/MPa	伸长率/%	断面收缩率/%		3个的平均值	个别值
高温用钢螺栓材(正火+回火或淬回火状态)(JIS G 4107)								
SNB5	100 63	550 727	688 786	16 16		— —	— —	— —
SNB7	100 120 63	658 521 727	805 688 864	16 18 18	50	— — —	— — —	— — —
SNB16	100 180	658 589	756 688	17 16		— —	— —	— —
特殊合金钢螺栓材(JIS G 4107)								
SNB21-1	100	1030	1137	10	35	321～429	—	—
SNB21-2	100	965	1069	11	40	311～401	—	—
SNB21-3	75 75～150	893 —	1000 —	12	40	293～352 302～375	—	—
SNB21-4	75 75～150	824 —	932 —	13	45	269～331 277～352	—	—
SNB21-5	50 50～150 150～200	716 686 686	824 795 795	15	50	241～285 248～302 255～311	—	—
SNB22-1	38	1030	1137	10	35	321～401	—	—
SNB22-2	75	965	1069	11	40	311～401	—	—
SNB22-3	50 100	893	1000	12	40	293～363 302～375	—	—
SNB22-4	25 100	824	932	13	45	269～341 277～363	47.0(4.8)	43.1(4.4)
SNB22-5	50 100	716 686	824 795	15	50	248～293 255～302	47.0(4.8)	43.1(4.4)
SNB23-1	75 150	1030	1137	10	35	321～415 331～429	—	—
SNB23-2	75 150	965	1069	11	40	311～388 331～401	40.2(4.1)	34.3(3.5)
SNB23-3	75 150	893	1000	12	40	293～363 302～375	40.2(4.1)	34.3(3.5)
SNB23-4	75 100	824	932	13	45	269～341 277～352	47.0(4.8)	40.2(4.1)
SNB23-5	150 200	824 795	824 795	15	50	248～311 255～321	47.0(4.8) —	40.2(4.1) —
SNB24-1	150 200	1030	1137	10	35	321～415 331～429	34.3(3.5) —	27.4(2.8)
SNB24-2	175 240	965	1069	11	40	311～401 321～415	40.2(4.1) —	34.3(3.5) —
SNB24-3	75 200	893	1000	12	40	293～363 302～388	40.2(4.1)	34.3(3.5)
SNB24-4	75 150	824	932	13	45	269～341 277～352	47.0(4.8)	40.2(4.1)
SNB24-5	150 200	716 686	824 795	15	50	248～311 255～321	47.0(4.8)	40.2(4.1)

12.8 国际标准化组织(ISO)结构钢

12.8.1 结构钢牌号和化学成分

表 12-209 国际标准化组织结构钢的化学成分(ISO 683)

牌号	化学成分/%,不大于(注明范围者除外)								
	C	Si	Mn	P	S	Cr	Mo	Ni	其他
9S20	0.13	0.05	0.60～1.20	0.11	0.15～0.25				
11SMn28	0.14	0.05	0.90～1.30	0.11	0.24～0.33				
11SMnPb28	0.14	0.05	0.90～1.30	0.11	0.24～0.33				Pb0.15～0.35
12SMn35	0.15	0.05	1.00～1.50	0.11	0.30～0.40				
12SMnPb35	0.15	0.05	1.00～1.50	0.11	0.30～0.40				Pb0.15～0.35
10S20	0.07～0.13	0.15～0.40	0.70～1.10	0.06	0.12～0.25				
10SPb20	0.07～0.13	0.15～0.40	0.70～1.10	0.06	0.12～0.25				P0.15～0.35
17SMn20	0.14～0.02	0.15～0.40	1.20～1.60	0.06	0.12～0.25				
35S20	0.32～0.39	0.15～0.40	0.70～1.10	0.06	0.12～0.25				
35SMn20	0.32～0.39	0.15～0.40	0.90～1.40	0.06	0.12～0.25				
44SMn28	0.40～0.48	0.15～0.40	1.30～1.70	0.06	0.24～0.33				
46S20	0.42～0.50	0.15～0.40	0.70～1.10	0.06	0.12～0.25				
C10	0.07～0.13	0.15～0.40	0.30～0.60	0.035	0.035				
C15E4	0.12～0.18	0.15～0.40	0.30～0.60	0.035	0.035				
C15M2	0.12～0.18	0.15～0.40	0.30～0.60	0.035	0.020～0.040				
C16E4	0.12～0.18	0.15～0.40	0.60～0.90	0.035	0.035				
C16M2	0.12～0.18	0.15～0.40	0.60～0.90	0.035	0.020～0.040				
20Cr4	0.17～0.23	0.15～0.40	0.60～0.90	0.035	0.035	0.90～1.20			
20CrS4	0.17～0.23	0.15～0.40	0.60～0.90	0.035	0.020～0.040	0.90～1.20			
16MnCr5	0.13～0.19	0.15～0.40	1.00～1.30	0.035	0.035	0.80～1.10			
16MnCrS5	0.13～0.19	0.15～0.40	1.00～1.30	0.035	0.020～0.040	0.80～1.10			
20MnCr5	0.17～0.23	0.15～0.40	1.10～1.40	0.035	0.035	1.00～1.30			
20MnCrS5	0.17～0.23	0.15～0.40	1.10～1.40	0.035	0.020～0.040	1.00～1.30			
18CrMo4	0.15～0.21	0.15～0.40	0.60～0.90	0.035	0.035	0.90～1.20	0.15～0.25		
18CrMoS4	0.15～0.21	0.15～0.40	0.60～0.90	0.035	0.020～0.040	0.90～1.20	0.15～0.25		
15NiCr13	0.12～0.18	0.15～0.40	0.35～0.65	0.035	0.035	0.60～0.90		3.00～3.50	
20NiCrMo2	0.17～0.23	0.15～0.40	0.65～0.95	0.035	0.035	0.30～0.65	0.15～0.25	0.40～0.70	
20NiCrMoS2	0.17～0.23	0.15～0.40	0.65～0.95	0.035	0.020～0.040	0.30～0.65	0.15～0.25	0.40～0.70	

续表

牌号	化学成分/%,不大于(注明范围者除外)								
	C	Si	Mn	P	S	Cr	Mo	Ni	其他
17NiCrMo6	0.14～0.20	0.15～0.40	0.60～0.90	0.035	0.035	0.80～1.10	0.15～0.25	1.20～1.60	
18CrNiMo7	0.15～0.21	0.15～0.40	0.35～0.65	0.035	0.035	1.50～1.80	0.25～0.35	1.40～1.70	
C25	0.22～0.29	0.10～0.40	0.40～0.70	0.045	≤0.045				
C25E4				0.035	≤0.035				
C25M2					0.020～0.040				
(C30)	0.27～0.34	0.10～0.40	0.50～0.80	0.045	≤0.045				
(C30E4)				0.035	≤0.035				
(C30M2)					0.020～0.040				
C35	0.32～0.39	0.10～0.40	0.50～0.80	0.045	≤0.045				
C35E4				0.035	≤0.035				
C35M2					0.020～0.040				
(C40)	0.37～0.44	0.10～0.40	0.50～0.80	0.045	≤0.045				
(C40E4)				0.035	≤0.035				
(C40M2)					0.020～0.040				
C45	0.42～0.52	0.10～0.40	0.50～0.80	0.045	≤0.045				
C45E4				0.035	≤0.035				
C45M2					0.020～0.040				
(C50)	0.47～0.55	0.10～0.40	0.60～0.90	0.045	≤0.045				
(C50E4)				0.035	≤0.035				
(C50M2)					0.020～0.040				
C55	0.52～0.60	0.10～0.40	0.60～0.90	0.045	≤0.045				
C55E4				0.035	≤0.035				
C55M2					0.020～0.040				
C60	0.57～0.65	0.10～0.40	0.60～0.90	0.045	≤0.045				
C60E4				0.035	≤0.035				
C60M2					0.020～0.040				
22Mn6	0.19～0.26	0.10～0.40	1.30～1.65	0.035	≤0.035				
28Mn6	0.25～0.32	0.10～0.40	1.30～1.65	0.035	≤0.035				
36Mn6	0.33～0.40	0.10～0.40	1.30～1.65	0.035	≤0.035				
42Mn6	0.39～0.46	0.10～0.40	1.30～1.65	0.035	≤0.035				
34Cr4	0.30～0.37	0.10～0.40	0.60～0.90	0.035	≤0.035	0.90～1.20			
34CrS4					0.020～0.040				

续表

牌号	化学成分/%,不大于(注明范围者除外)								
	C	Si	Mn	P	S	Cr	Mo	Ni	其他
37Cr4	0.34～0.41	0.10～0.40	0.60～0.90	0.035	≤0.035	0.90～1.20			
37CrS4					0.020～0.040				
41Cr4	0.38～0.45	0.10～0.40	0.60～0.90	0.035	≤0.035	0.90～1.20			
41CrS4					0.020～0.040				
25CrMo4	0.22～0.29	0.10～0.40	0.60～0.90	0.035	≤0.035	0.90～1.20	0.15～0.030		
25CrMoS4					0.020～0.040				
34CrMo4	0.30～0.37	0.10～0.40	0.60～0.90	0.035	≤0.035	0.90～1.20	0.15～0.030		
34CrMoS4					0.020～0.040				
42CrMo4	0.38～0.45	0.10～0.40	0.60～0.90	0.035	≤0.035	0.90～1.20	0.15～0.030		
42CrMoS4					0.020～0.040				
50CrMo4	0.46～0.54	0.10～0.04	0.50～0.80	0.035	≤0.035	0.90～1.20	0.15～0.30		
41CrNiMo2	0.37～0.44	0.10～0.40	0.70～1.00	0.035	≤0.035	0.40～0.60	0.15～0.030	0.40～0.070	
41CrNiMoS2					0.020～0.040				
36CrNiMo4	0.32～0.40	0.10～0.40	0.50～0.80	0.035	≤0.035	0.90～1.20	0.15～0.30	0.90～1.20	
36CrNiMo6	0.32～0.39	0.10～0.40	0.50～0.80	0.035	≤0.035	1.30～1.70	0.15～0.30	1.30～1.70	
31CrNiMo8	0.27～0.34	0.10～0.40	0.30～0.60	0.035	≤0.035	1.80～2.20	0.30～0.50	1.80～2.20	
51CrV4	0.47～0.55	0.10～0.40	0.60～1.00	0.035	≤0.035	0.80～1.10			V0.10～0.25

表 12-210　　国际标准化组织结构钢的化学成分(ISO 2604-8)

牌　号	UNS编号	化　学　成　分/%,不大于(注明范围值者除外)
P355NH		0.25Cr,0.35Cu,0.10Mo,0.020N,0.015～0.06Nb,0.30Ni,0.02～0.20Ti,0.02～0.15V
P355NL		0.18C,0.030P,0.030S,其余同上
P390N		0.20C,0.50Si,1.00～1.60Mn,0.035P,0.035S,0.015minAl
P390NH		0.30Cr,0.50Cu,0.30Mo,0.020N,0.015～0.06Nb,0.70Ni,0.02～0.20Ti,0.02～0.20V
P390NL		0.030P,0.030S,其余同上
P420N		0.20C,0.50Si,1.00～1.70Mn,0.035P,0.035S,0.015minAl
P420NH		0.40Cr,0.40Cu,0.40Mo,0.020N,0.015～0.060Nb,0.70Ni,0.02～0.20Ti,0.02～0.20V
P420NL		0.030P,0.030S,其余同上
P460N		0.20C,0.50Si,1.00～1.70Mn,0.035P,0.035S,0.015minAl
P460NH		0.70Cr,0.70Cu,0.40Mo,0.020N,0.015～0.060Nb,1.00Ni,0.02～0.20Ti,0.02～0.20V
P460NL		0.030P,0.030S,其余同上
P420Q		0.20C,0.55Si,0.70～1.70Mn,0.030P,0.030S,0.015minAl
P420QH		0.005B,2.00Cr,1.50Cu,1.00Mo,0.02N,0.06Nb,2.00Ni,0.02Ti,0.10V,0.15Zr
P420QL		0.025P,0.025S,其余同上
P460Q		0.20C,0.55Si,0.70～1.70Mn,0.030P,0.030S,0.015minAl
P460QH		0.005B,2.00Cr,1.50Cu,1.00Mo,0.020N,0.06Nb,2.00Ni,0.02Ti,0.10V,0.15Zr
P4600QL		0.025P,0.025S,其余同上
P500Q		0.20C,0.55Si,0.70～1.70Mn,0.030P,0.030S,0.015minAl
P500QH		0.005B,2.00Cr,1.50Cu,1.00Mo,0.020N,0.06Nb,2.00Ni,0.20Ti,0.10V,0.15Zr
P500QL		0.025P,0.025S,其余同上
P550Q		0.20C,0.10～0.80Si,1.70Mn,0.030P,0.030S,0.015minAl
P550QH		0.0005B,2.00Cr,1.50Cu,1.00Mo,0.020N,0.06Nb,2.00Ni,0.20Ti,0.10V,0.15Zr
P550QL		0.025P,0.025S,其余同上
P620Q		0.20C,0.10～0.80Si,1.70Mn,0.030P,0.030S,0.015minAl
P620QH		0.005B,2.00Cr,1.50Cu,1.00Mo,0.020N,0.06Nb,2.00Ni,0.20Ti,0.10V,0.15Zr
P620QL		0.025P,0.025S,其余同上
P690Q		0.20C,0.10～0.80Si,1.70Mn,0.030P,0.030S,0.015minAl
P690QH		0.005B,2.00Cr,1.50Cu,1.00Mo,0.020N,0.06Nb,2.00Ni,0.02Ti,0.10V,0.15Zr
P690QL		0.025P,0.025S,其余同上
TSAW3		0.17C,0.35Si,0.40～1.00Mn,0.050P,0.050S,0.009N,铁基
TSAW5		0.17C,0.35Si,0.40～1.00Mn,0.040P,0.040S,0.015minAl,铁基
TSAW7		0.20C,0.35Si,0.50～1.30Mn,0.050P,0.050S,0.009N,铁基
TSAW9		0.20C,0.35Si,0.50～1.30Mn,0.040P,0.040S,0.015minAl,铁基
TSAW15		0.20C,0.40Si,0.60～1.50Mn,0.040P,0.040S,0.015minAl,铁基

续表

牌号	UNS 编号	化学成分/%,不大于(注明范围值者除外)
TSAW18		0.20C,0.10～0.50Si,0.90～1.60Mn,0.040P,0.040S,0.015minAl,铁基
TSAW26		0.12～0.20C,0.15～0.35Si,0.15～0.80Mn,0.030P,0.040S,0.30Cr,0.25～0.35Mo,0.012Al,铁基
TSAW28		0.12～0.20C,0.15～0.35Si,0.50～0.80Mn,0.035P,0.035S,0.30Cr,0.10～0.60Mo,0.012Al,铁基
TSAW32		0.10～0.18C,0.15～0.35Si,0.40～0.80Mn,0.040P,0.040S,0.70～1.30Cr,0.40～0.60Mo,0.020Al,铁基
TSAW33		0.08～0.18C,0.15～0.35Si,0.40～0.70Mn,0.040P,0.040S,0.30～0.60Cr,0.50～0.70Mo,0.020Al,0.22～0.35V,铁基
TSA34		0.08～0.18C,0.15～0.50Si,0.40～0.80Mn,0.040P,0.040S,2.00～2.50Cr,0.90～1.10Mo,0.020Al,铁基
TSAW37		0.18C,0.50Si,0.30～0.60Mn,0.030P,0.030S,4.00～6.00Cr,0.40～0.65Mo,0.020Al,铁基
F27	G40230	0.18～0.25/0.04S,0.15～0.40Si,0.25～0.35Mo,0.01Al,0.50～0.80Mn,0.04P,铁基
F28		0.12～0.20C,0.04S,0.15～0.40Si,0.45～0.65Mo,0.01Al,0.50～0.80Mn,0.04P,铁基
F29		0.18～0.25C,0.04S,0.15～0.40Si,0.45～0.05Mo,0.01Al,0.50～0.80Mn,0.04P,铁基
F31		0.20～0.28C,0.04S,0.15～0.40Si,0.90～1.20Cr,0.20～0.35Mo,0.02Al,0.50～0.80Mn,0.04P,铁基
F32		0.20C,0.40～0.70Mn,0.04P,0.15～0.40Si,0.85～1.15Cr,0.45～0.65Mo,0.02Al,铁基
F32Q	K12062	0.20C,0.40～0.70Mn,0.04P,0.04S,0.15～0.40Si,0.85～1.15Cr,0.45～0.65Mo,0.02Al,铁基
F33		0.10～0.18C,0.04S,0.15～0.40Si,0.30～0.60Cr,0.50～0.70Mo,0.22～0.35V,0.40～0.70Mn,0.04P,铁基
F34		0.15C,0.40～0.70Mn,0.04P,0.04S,0.15～0.40Si,2.00～2.50Cr,0.90～1.20Mo,0.02Al,铁基
F34Q		0.15C,0.40～0.70Mn,0.04P,0.04S,0.15～0.40Si,2.00～2.50Cr,0.90～1.20Mo,0.02Al,铁基
F35		0.22C,0.30～0.80Mn,0.04P,0.04S,0.15～0.40Si,2.75～3.50Cr,0.45～0.65Mo,铁基
F36		0.30C,0.30～0.80Mn,0.04P,0.04S,0.15～0.40Si,2.75～3.50Cr,0.45～0.65Mo,铁基
F37	S50100	0.18C,0.30～0.80Mn,0.04P,0.04S,0.15～0.40Si,4.00～6.00Cr,0.45～0.65Mo,0.02Al,铁基
F40		0.23C,0.30～1.00Mn,0.04P,0.04S,0.15～0.40Si,11.00～12.50Cr,0.30～1.00Ni,0.70～1.20Mo,0.20～0.35V,铁基
F44		0.20C,0.80Mn,0.04P,0.04S,0.15～0.40Si,3.25～3.75Ni,0.01Al,铁基
F45	K81340	0.13C,0.80Mn,0.04P,0.04S,0.15～0.40Si,8.50～10.00Ni,0.015minAl,铁基
HR355－B		0.22C,1.60Mn,0.05P,0.05S,0.55Si,铁基
HR355－D		0.20C,1.60Mn,0.04P,0.04S,0.55Si,铁基
P16		0.20C,0.90～1.60Mn,0.05P,0.05S,0.10～0.50Si,0.10N,铁基

续表

牌 号	UNS编号	化 学 成 分/%,不大于(注明范围值者除外)
P18		0.20C,0.90～1.60Mn,0.04P,0.04S,0.10～0.50Si,0.015minAl,铁基
P26		0.12～0.20C,0.50～0.80Mn,0.03P,0.04S,0.15～0.35Si,0.30Cr,0.25～0.35Mo,0.01Al,铁基
P28		0.12～0.20C,0.50～0.80Mn,0.04P,0.04S,0.15～0.35Si,0.30Cr,0.40～0.60Mo,0.01Al,铁基
P30		0.12～0.20C,0.90～1.40Mn,0.04P,0.04S,0.15～0.35Si,0.30Cr,0.40～0.60Mo,0.01Al,铁基
P32		0.10～0.18C,0.40～0.80Mn,0.04P,0.04S,0.15～0.35Si,0.70～1.30Cr,0.40～0.60Mo,0.02Al,铁基
P33		0.08～0.18C,0.40～0.70Mn,0.04P,0.04S,0.15～0.35Si,0.30～0.60Cr,0.50～0.70Mo,0.22～0.35V,0.02Al,铁基
P41		0.18C,0.80Mn,0.04P,0.04S,0.15～0.35Si,1.30～1.70Ni,铁基
P42		0.18C,1.50Mn,0.04P,0.04S,0.15～0.35Si,1.30～1.70Ni,铁基
P43		0.15C,0.80Mn,0.04P,0.04S,0.15～0.35Si,3.25～3.75Ni,铁基
P44		0.18C,0.80Mn,0.04P,0.04S,0.15～0.35Si,3.25～3.75Ni,铁基
P45	K81340	0.10C,0.80Mn,0.04P,0.04S,0.15～0.35Si,8.50～10.00Ni,铁基
TS32		0.10～0.18C,0.40～0.70Mn,0.04P,0.04S,0.10～0.35Si,0.70～1.10Cr,0.45～0.65Mo,0.02Al,铁基
TS33		0.10～0.18C,0.40～0.70Mn,0.04P,0.04S,0.10～0.35Si,0.30～0.60Cr,0.50～0.70Mo,0.22～0.32V,0.02Al,铁基
TS34		0.08～0.15C,0.40～0.70Mn,0.04P,0.04S,0.05Si,2.00～2.50Cr,0.90～1.20Mo,0.02Al,铁基
TS37	S50100	0.15C,0.30～0.60Mn,0.03P,0.03S,0.50Si,4.00～6.00Cr,0.45～0.65Mo,0.02Al,铁基
TS38	S50400	0.15C,0.30～0.60Mn,0.03P,0.03S,0.25～1.00Si,8.00～10.00Cr,0.90～1.10Mo,0.25～0.35V,0.02Al,铁基
TS39		0.08C,1.00Mn,0.04P,0.03S,1.00Si,11.50～14.00Cr,0.50Ni,铁基
TS40		0.17～0.23C,1.00Mn,0.03P,0.03S,0.50Si,10.00～12.50Cr,0.30～0.80Ni,0.80～1.20Mo,0.25～0.35V,铁基
TS43		0.15C,0.30～0.80Mn,0.04P,0.04S,0.15～0.35Si,3.25～3.75Ni,铁基
TS45	K81340	0.13C,0.30～0.80Mn,0.04P,0.04S,0.15～0.30Si,8.50～9.50Ni,铁基
TW26		0.12～0.20C,0.40～0.80Mn,0.04P,0.04S,0.10～0.35Si,铁基
TW32		0.10～0.18C,0.10～0.35Si,0.40～0.70Mn,0.040P,0.040S,0.70～1.10Cr,0.45～0.65Mo,0.020Al,铁基

12.8.2 结构钢的力学性能

表 12-211 国际标准化组织结构钢的力学性能(ISO 683)

牌 号	状 态	抗拉强度/MPa	屈服强度/MPa	伸长率/%
C25 C25E4 C25M2	淬火加回火,断面尺寸 16mm	550～700	370	19
C30 C30E4 C30M2	淬火加回火,断面尺寸 16mm	600～750	400	18
C35 C35E4 C35M2	淬火加回火,断面尺寸 16mm	630～780	430	17
C40 C40E4 C40M2	淬火加回火,断面尺寸 16mm	650～800	460	16
C45 C45E4 C45M2	液火加回火,断面尺寸 16mm	700～850	490	14
C50 C50E4 C50M2	淬火加回火,断面尺寸 16mm	750～900	520	13
C55 C55E4 C50M2	淬火加回火,断面尺寸 16mm	800～950	550	12
C60 C60E4 C60M2	淬火加回火,断面尺寸 16mm	850～1000	580	11
22Mn6	淬火加回火,断面尺寸 16mm	700～850	550	15
28Mn6	淬火加回火,断面尺寸 16mm	800～950	590	13
36Mn6	淬火加回火,断面尺寸 16mm	850～1000	640	12
42Mn6	淬火加回火,断面尺寸 16mm	900～1050	690	12
34Cr4 34CrS4	淬火加回火,断面尺寸 16mm	900～1100	700	12
37Cr4 37CrS4	淬火加回火,断面尺寸 16mm	950～1150	750	11
41Cr4 41CrS4	淬火加回火,断面尺寸 16mm	1000～1200	800	11
25CrMo4 25CrMoS4	淬火加回火,断面尺寸 16mm	900～1100	700	12
34CrMo4 34CrMoS4	淬火加回火,断面尺寸 16mm	1000～1200	800	11
42CrMo4	淬火加回火,断面尺寸 16mm	1100～1300	900	10
42CrMo4	淬火加回火,断面尺寸 16mm	1100～1300	900	9
50CrMo4	淬火加回火,断面尺寸 16mm	1000～1200	840	10
41CrNiMo2 41CrNiMoS2	淬火加回火,断面尺寸 16mm	1100～1300	900	10

续表

牌　号	状　态	抗拉强度/MPa	屈服强度/MPa	伸长率/%
36CrNiMo4	淬火加回火,断面尺寸 16mm	1200～1400	1000	
36CrNiMo8	淬火加回火,断面尺寸 16mm	1030～1230	850	12
51CrV4	淬火加回火,断面尺寸 16mm	1100～1300	900	8
9S20	断面尺寸 16mm	490～790	390	8
11SMn28 11SMnPb28	断面尺寸 16mm	510～810	410	7
12SMn35 12SMnpb35	断面尺寸 16mm	540～840	430	7
10S20 10Spb20	渗碳加淬硬,断面尺寸 16mm	450～800	270	12
175SMn20	渗碳加淬硬,断面尺寸 16mm	750～1100	500	9
35S20	淬火加回火,断面尺寸 16mm	570～770	390	14
35SMn20	淬火加回火,断面尺寸 16mm	620～820	420	14
44SMn28	淬火加回火,断面尺寸 16mm	750～950	530	10
46S20	淬火加回火,断面尺寸 16mm	650～850	450	11
C10	渗碳加淬硬,断面尺寸 16mm	450～800	270	14
C15E4 C15M2	渗碳加淬硬,断面尺寸 16mm	500～850	300	13
C16E4 C16M2	渗碳加淬硬,断面尺寸 16mm	550～900	340	11
20Cr4 20CrS4	渗碳加淬硬,断面尺寸 16mm	820～1170	550	9
16MnCr5 16MnCrS5	渗碳加淬硬,断面尺寸 16mm	880～1230	600	9
20MnCr5 20MnCrS5	渗碳加淬硬,断面尺寸 16mm	1000～1350	670	8
18CrMo4 18CrMoS4	渗碳加淬硬,断面尺寸 16mm	920～1270	600	9
15NiCrMo2	渗碳加淬硬,断面尺寸 16mm	1010～1360	650	9
20NiCrMo2 20NiCrMoS2	渗碳加淬硬,断面尺寸 16mm	810～1160	560	9
17NiCrMo6	渗碳加淬硬,断面尺寸 16mm	1030～1380	700	8
18NiCrMo7	渗碳加淬硬,断面尺寸 16mm	1130～1480	820	7

表 12-212　　国际标准化组织力学性能(ISO 2604)

牌　号	形　态	状　态	抗拉强度/MPa	屈服强度/MPa	伸长率/%
ISO 2604-8	板	正火,正火回火	490～610	355	22
ISO 2604-8	板	正火,正火回火,厚 16mm	510～650	390	20
ISO 2604-8	板	正火,正火回火,厚 16mm	540～680	420	19
ISO 2604-8	板	正火,正火回火,厚 16mm	570～720	460	17
ISO 2604-8	板	调质,时效硬化,厚 3/50mm	530～680	420	18
ISO 2604-8	板	调质,时效硬化,厚 3/50mm	570～720	460	17
ISO 2604-8	板	调质,时效硬化,厚 3/50mm	620～770	500	16
ISO 2604-8	板	调质,时效硬化,厚 3/50mm	670～820	550	16
ISO 2604-8	板	调质,时效硬化,厚 3/50mm	740～890	620	15
ISO 2604-8	板	调质,时效硬化,厚 3/50mm	780～930	690	14
ISO 2604-6	焊管	加工态,正火	360～480	195	26
ISO 2604-6	焊管	加工态,正火	360～480	215	26
ISO 2604-6	焊管	加工态,正火	410～530	225	24
ISO 2604-6	焊管	加工态,正火	410～530	245	24
ISO 2604-6	焊管	加工态,正火	460～580	285	22
ISO 2604-6	焊管	加工态,正火	490～610	315	21
ISO 2604-6	焊管	正火加回火,加工态	440～590	265	24
ISO 2604-6	焊管	正火加回火,加工态	450～590	275	23
ISO 2604-6	焊管	正火加回火,加工态	470～620	305	20
TSAW33	焊管	正火加回火,加工态	460～610	285	19
TSAW34	焊管	正火加回火,加工态	480～630	265	18
TSAW37	焊管	退火	410～560	205	20
F27	锻件	正火加回火,淬火加回火	440	250	17
F28	锻件	正火加回火,淬火加回火	450	275	16
F29	锻件	正火加回火,淬火加回火	450	275	16
F31	锻件	淬火加回火	640	410	15
F32	锻件	正火加回火,淬火加回火	410	255	18
F32Q	锻件	淬火加回火	540	375	15
F33	锻件	正火加回火,淬火加回火	460	275	16
F34	锻件	正火加回火,淬火加回火	490	275	18
F34Q	锻件	淬火加回火	540	335	15
F35	锻件	正火加回火,淬火加回火	590	430	15
F36	锻件	正火加回火,淬火加回火	740	560	14
F37	锻件	正火加回火,淬火加回火	640	420	14

续表

牌号	形态	状态	抗拉强度/MPa	屈服强度/MPa	伸长率/%
F40	锻件	淬火加回火	780	540	14
F44	锻件	正火加回火,淬火加回火	490	275	16
F45	锻件	正火加淬火加回火,淬火加回火	690	490	15
HR355-B	薄板	热轧,断面尺寸 15mm	450	335	—
HR355-D	薄板	热轧,断面尺寸 15mm	450	335	—
P16	板	热轧,正火,断面尺寸 3/16mm	490	305	21
P18	板	热轧,正火,断面尺寸 3/16mm	490	315	21
P26	板	热轧,正火加回火,断面尺寸 3/16mm	440	260	24
P28	板	热轧,正火加回火,断面尺寸 3/16mm	450	285	23
P30	板	热轧,正火加回火,断面尺寸 3/16mm	510	355	21
P32	板	热轧,正火加回火,断面尺寸 3/16mm	470	305	20
P33	板	热轧,正火加回火,断面尺寸 3/16mm	460	285	19
P34	板	热轧,正火加回火,断面尺寸 3/16mm	480	275	18
P41	板	热轧,正火加回火、淬火,断面尺寸 3/30mm	490	275	22
P42	板	热轧,正火,断面尺寸 3/30mm	490	345	22
P43	板	热轧,正火、正火加回火,断面尺寸 3/30mm	450	275	23
P44	板	热轧,正火加回火、淬火加回火,断面尺寸 3/30mm	460	345	22
P45	板	热轧,正火,正火加回火,淬火,断面尺寸 3/30mm	690	495	19
TS32	管	冷加工,正火加回火	440	275	22
TS33	管	冷加工,正火加回火	460	275	15
TS34	管	冷加工,退火	410	135	20
		冷加工,正火加回火	490	275	16
TS37	管	冷加工,退火	410	205	20
YS38	管	冷加工,退火	410	135	20
		冷加工,正火加回火	590	390	18
TS39	管	冷加工,退火	440	245	20
		冷加工,淬火加回火	590	390	18
TS40	管	冷加工,正火加回火	690	435	15
TS43	管	冷加工,正火	440	245	16
		冷加工,正火加回火	440	245	16
YS45	管	冷加工,淬火加回火、正火加回火	690	510	15
TW26	管	正火,正火加回火	450	250	22
TW32	管	正火加回火	440	275	22

第 13 章　工具钢

13.1　中国工具钢

13.1.1　碳素工具钢

(1)碳素工具钢牌号、化学成分和力学性能

表 13-1　　碳素工具钢牌号和化学成分(GB/T 1298—2008)

序　号	牌　号	化　学　成　分/%(质量分数)		
		C	Mn	Si
1	T7	0.65～0.74	≤0.40	≤0.35
2	T8	0.75～0.84		
3	T8Mn	0.80～0.90	0.40～0.60	
4	T9	0.85～0.94	≤0.40	
5	T10	0.95～1.04		
6	T11	1.05～1.14		
7	T12	1.15～1.24		
8	T13	1.25～1.35		

注:高级优质钢在牌号后加“A”。

表 13-2　　碳素工具钢的交货状态和硬度值(GB/T 1298—2008)

牌　号	交　货　状　态		试　样　淬　火	
	退　火	退火后冷却	淬火温度和冷却剂	洛氏硬度值 HRC,不小于
	布氏硬度 HBW,不大于			
T7	187	241	800～820℃,水	62
T8			780～800℃,水	
T8Mn				
T9	192		760～780℃,水	
T10	197			
T11	207			
T12				
T13	217			

表 13-3　　碳素工具钢热轧钢板的化学成分与力学性能(GB/T 3278—2001)

牌　号	化　学　成　分	布氏硬度 HBS,不大于
T7,T7A,T8,T8Mn	符合 GB/T 1298 的规定	207
T9,T9A,T10,T10A		223
T11,T11A,T12,T12A,T13,T13A		229

(2)碳素工具钢的特性及用途

表 13-4 碳素工具钢的特性及用途

牌号	主要特性	应用举例
T7 T7A	属于亚共析钢。其强度随含碳量的增加而增加，有较好的强度和塑性配合，但切削能力较差	用于制造要求有较大塑性和一定硬度但切削能力要求不太高的工具，如凿子、冲头、小尺寸风动工具，木工用的锯、凿、锻模、压模、钳工工具、锤、铆钉冲模、大锤、车床顶尖、铁皮剪、钻头等
T8 T8A	属于共析钢。淬火易过热，变形也大，强度塑性较低，不宜做受大冲击的工具。但经热处理后有较高的硬度及耐磨性	用于制造工作时不易变热的工具，如加工木材用的铣刀、埋头钻、斧、凿、简单的模子冲头及手用锯、圆锯片、滚子、铅锡合金压铸板和型芯、钳工装配工具等
T8Mn T8MnA	性能近似 T8、T8A，但有较高的淬透性，能获得较深的淬硬层。可做截面较大的工具	除能用于制造 T8、T8A 所能制造的工具外，还能制造横纹锉刀、手锯条、采煤及修石凿子等工具
T9 T9A	性能近似 T8、T8A	用于制造有韧性又有硬度的工具，如冲模冲头、木工工具等。T9 还可做农机切割零件，如刀片等
T10 T10A	属于过共析钢，在 700～800℃加热时仍能保持细晶粒不致过热。淬火后钢中有未溶的过剩碳化物，增加钢的耐磨性	制造手工锯、机用细木锯、麻花钻、拉丝细模、小型冲模、丝锥、车刨刀、扩孔刀具、螺丝板牙、铣刀、钻极硬岩石用钻头、螺纹刀、钻紧密岩石用刀具、刻锉刀用的凿子等
T11 T11A	除具有 T10、T10A 的特点外，还具有较好的综合力学性能，如硬度、耐磨性及韧性等。对晶粒长大及形成碳化物网的敏感性较小	制造工作时不易变热的工具，如丝锥、锉刀、刮刀、尺寸不大和截面无急剧变化的冷模及木工工具等
T12 T12A	含碳量高，淬火后有较多的过剩碳化物，因而耐磨性及硬度都高，但韧性低，宜于制造不受冲击、而需要极高硬度的工具	适于制造车速不高、刃口不易变热的车刀、铣刀、钻头、铰刀、扩孔钻、丝锥、板牙、刮刀、量规及断面尺寸小的冷切边模、冲孔模、金属锯条等
T13 T13A	属碳素工具钢中含碳量最高的钢种，硬度极高，碳化物增加而分布不均匀，力学性能较低，不能承受冲击，只能作切削高硬度材料的刀具	用于制造剃刀、切削刀具、车刀、刻刀具、刮刀、拉丝工具、钻头、硬石加工用工具、雕刻用的工具

13.1.2 合金工具钢

(1)合金工具钢牌号、化学成分和力学性能

表 13-5 合金工具钢牌号和化学成分(GB/T 1299—2000)

钢组	牌号	化学成分/%							
		C	Si	Mn	Cr	W	Mo	V	其他
量具刃具用钢	9SiCr	0.85～0.95	1.20～1.60	0.30～0.60	0.95～1.25	—	—	—	
	8MnSi	0.75～0.85	0.30～0.60	0.80～1.10	—				
	Cr06	1.30～1.45	≤0.40	≤0.40	0.50～0.70				
	Cr2	0.95～1.10			1.30～1.65				
	9Cr2	0.80～0.95			1.30～1.70				
	W	1.05～1.25			0.10～0.30	0.80～1.20			
耐冲击工具用钢	4CrW2Si	0.35～0.45	0.80～1.10	≤0.40	1.00～1.30	2.00～2.50	—	—	
	5CrW2Si	0.45～0.55	0.50～0.80						
	6CrW2Si	0.55～0.65			1.10～1.30	2.20～2.70			
	6CrMnSi-2Mo1	0.50～0.65	1.75～2.25	0.60～1.00	0.10～0.50	—	0.20～1.35	0.15～0.35	Co≤1.00
	5CrMnSi-Mo1V	0.45～0.55	0.20～1.00	0.20～0.90	3.00～3.50	—	1.30～1.80	≤0.35	

续表

钢 组	牌 号	化 学 成 分/%							
		C	Si	Mn	Cr	W	Mo	V	其 他
冷作模具钢	Cr12	2.00~2.30	≤0.40	≤0.40	11.50~13.00	—	—	—	Co≤1.00
	Cr12Mo1V1	1.40~1.60	≤0.60	≤0.60	11.00~13.00		0.70~1.20	0.5~1.10	
	Cr12MoV	1.45~1.70	≤0.40	≤0.40	11.00~12.50	—	0.40~0.60	0.15~0.30	
	Cr5Mo1V	0.95~1.05	≤0.50	≤1.00	4.75~5.50		0.90~1.40	0.15~0.50	
	9Mn2V	0.85~0.95	≤0.40	1.70~2.00	—	—	—	0.10~0.25	
	CrWMn	0.90~1.05		0.80~1.10	0.90~1.20	1.20~1.60		—	
	9CrWMn	0.85~0.95		0.90~1.20	0.50~0.80	0.50~0.80			
	Cr4W2MoV	1.12~1.25	0.40~0.70	≤0.40	3.50~4.00	1.90~2.60	0.80~1.20	0.80~1.10	
	6Cr4W3Mo-2VNb	0.60~0.70	≤0.40	≤0.40	3.80~4.40	2.50~3.50	1.80~2.50	0.80~1.20	Nb0.20~0.35
	6W6Mo-5Cr4V	0.55~0.65		≤0.60	3.70~4.30	6.00~7.00	4.50~5.50	0.70~1.10	
	7CrSiMnMoV	0.65~0.75	0.85~1.15	0.65~1.05	0.90~1.20	—	0.20~0.50	0.15~0.30	
热作模具钢	5CrMnMo	0.50~0.60	0.25~0.60	1.20~1.60	0.60~0.90	—	0.15~0.30	—	
	5CrNiMo		≤0.40	0.50~0.80	0.50~0.80				
	3Cr2W8V	0.30~0.40		≤0.40	2.20~2.70	7.50~9.00	—	0.20~0.50	
	5Cr4Mo-3SiMnVA1	0.47~0.57	0.80~1.10	0.80~1.10	3.80~4.30	—	2.80~3.40	0.80~1.20	
	3Cr3Mo-3W2V	0.32~0.42	0.60~0.90	≤0.65	2.80~3.30	1.20~1.80	2.50~3.00		
	5Cr4W-5Mo2V	0.40~0.50	≤0.40	≤0.40	3.40~4.40	4.50~5.30	1.50~2.10	0.70~1.10	Nb1.40~1.80
	8Cr3	0.75~0.85			3.20~3.80	—	—	—	
	4CrMnSiMoV	0.35~0.45	0.80~1.10	0.80~1.10	1.30~1.50		0.40~0.60	0.20~0.40	
	4Cr3Mo3SiV	0.35~0.45	0.80~1.20	0.25~0.70	3.00~3.75		2.00~3.00	0.25~0.75	
	4Cr5MoSiV	0.33~0.43		0.20~0.50	4.75~5.50		1.10~1.60	0.30~0.60	
	4Cr5MoSiV1	0.32~0.45					1.10~1.75	0.80~1.20	
	4Cr5W2VSi	0.32~0.42		≤0.40	4.50~5.50	1.60~2.40	—	0.60~1.00	
无磁模具钢	7Mn15Cr2Al-3V2WMo	0.65~0.75	≤0.80	14.50~16.50	2.00~2.50	0.50~0.80	0.50~0.80	1.50~2.00	
塑料模具钢	3Cr2Mo	0.28~0.40	0.20~0.80	0.60~1.00	1.40~2.00		0.30~0.55		Nb0.85~1.15
	3Cr2NiMo	0.32~0.40	0.20~0.40	1.10~1.50	1.70~2.00		0.25~0.40		

注：1. 所有牌号钢材的硫和磷含量不大于 0.030%；

2. 钢中残余铜含量应不大于 0.30%，"铜＋镍"含量应不大于 0.55%，5CrNiMo 钢经供需双方同意，允许钒含量小于 0.20%。

表 13-6　合金工具钢交货状态的硬度值和试样淬火硬度值(GB/T 1299—2000)

牌 号	交 货 状 态	试 样 淬 火	
	布氏硬度 HBW 10/3000	淬火温度/℃和冷却剂	洛氏硬度 HRC,不小于
9SiCr	241~197	820~860,油	62
8MnSi	≤229	800~820,油	60
Cr06	241~187	780~810,水	64
Cr2	229~179	830~860,油	62
9Cr2	217~179	820~850,油	62
W	229~187	800~830,水	62
4CrW2Si	217~179	860~900,油	53
5CrW2Si	255~207	860~900,油	55
6CrW2Si	285~229	860~900,油	57
6CrMnSi2Mo1V	≤229	①	58
5Cr3Mn1SiMo1V		②	56
Cr12	269~217	950~1000,油	60

续表

牌号	交货状态	试样淬火	
	布氏硬度 HBW 10/3000	淬火温度/℃和冷却剂	洛氏硬度 HRC,不小于
Cr12Mo1V1	≤255	③	59
Cr12MoV	255~207	950~1000,油	58
Cr5Mo1V	≤255	④	60
9Mn2V	≤229	780~810,油	62
CrWMn	255~207	800~830,油	62
9CrWMn	241~197	800~830,油	62
Cr4W2MoV	≤269	960~980, 1020~1040,油	60
6Cr4W3Mo2VNb	≤255	1100~1160,油	60
6W6Mo5Cr4V	≤269	1180~1200,油	60
7CrSiMnMoV	≤235	淬火:870~900,油冷或空冷 回火:150±10,空冷	60
5CrMnMo	241~197	820~850,油	60
5CrNiMo		830~860,油	
3Cr2W8V		1075~1125,油	
5Cr4Mo3SiMnVAl	255	1090~1120,油	60
3Cr3Mo3W2V		1060~1130,油	
5Cr4W5Mo2V	≤269	1100~1150,油	
8Cr3	255~207	850~880,油	
4CrMnSiMoV	241~197	870~930,油	
4Cr3Mo3SiV	≤229	⑤	
4Cr5MoSiV	≤235	⑥	
4Cr5MoSiV1	≤235	⑥	
4Cr5W2VSi	≤229	1030~1050,油或空	
7Mn15Cr2Al3V2WMo	—	1170~1190 固溶,水 650~700 时效,空	45
3Cr2Mo	—		
3Cr2MnNiMo	—		

注:1. 钢材以退火状态交货。对 7Mn15Cr2Al3V2WMo 和 3Cr2Mo 及 3Cr2MnNiMo 钢可以按预硬状态交货;

2. 7Mn15Cr2Al3V2WMo 钢可以热轧状态供应,不作交货硬度;

3. 表中①677±15℃预热,885℃(盐浴)或 900±6℃(炉控气氛)加热,保温 5~15min,油冷,58~204℃回火;

4. 表中②677±15℃预热,941℃(盐浴)或 955±6℃(炉控气氛)加点,保温 5~15min,空冷,56~204℃回火;

5. 表中③820±15℃预热,1000℃(盐浴)或 1010±6℃(炉控气氛)加热,保温 10~20min,空冷,200±6℃回火;

6. 表中④790±15℃预热,940℃(盐浴)或 950±6℃(炉控气氛)加热,保温 5~15min,空冷,200±6℃回火;

7. 表中⑤790±15℃预热,1010℃(盐浴)或 1020±6℃(炉控气氛)加热,保温 5~15min,空冷,550±6℃回火;

8. 表中⑥790±15℃预热,1000℃(盐浴)或 1010±6℃(炉控气氛)加热,保温 5~15min,空冷,550±6℃回火。

表 13-7 合金工具钢丝的硬度(YB/T 095—1997)

牌号	化学成分	退火硬度 HBS	试样淬火	
			淬火温度/℃和冷却剂	硬度值 HRC
9SiCr		≤255	820~860,油	≥62
CrWMn		≤255	800~830,油	≥62
9CrWMn	应符合 GB/T 1299 的规定	≤255	800~830,油	≥62
Cr12MoV		≤255	950~1000,油	≥58
3Cr2W8V		≤255		
4Cr2MoSiV		≤255		

(2)合金工具钢的特性及用途

表 13-8 合金工具钢的特性和应用

牌 号	主 要 特 性	用 途 举 例
9SiCr	淬透性比铬钢好,Φ45～50mm 的工件在油中可以淬透,耐磨性高,具有较好的回火稳定性,加工性差,热处理时变形小,但脱碳倾向较大	适用于耐磨性高、切削不剧烈且变形小的刃具,如板牙、丝锥、钻头、铰刀、齿轮铣刀、拉刀等,还可用作冷冲模及冷轧辊
8MnSi	韧性、淬透性与耐磨性均优于碳素工具钢	多用做木工凿子、锯条及其他工具,制造穿孔器与扩孔器工具以及小尺寸热锻模和冲头、热压锻模、螺栓、道钉冲模、拔丝模、冷冲模及切削工具
Cr06	淬水后的硬度和耐磨性都很高,淬透性不好,较脆	多经冷轧成薄钢带后,用于制作剃刀、刀片及外科医疗刀具,也可用作刮刀、刻刀、锉刀等
Cr2	淬火后的硬度、耐磨性都很高,淬火变形不大,但高温塑性差	多用于低速、走刀量小、加工材料不很硬的切削刀具,如车刀、插刀、铣刀、铰刀等,还可用作量具、样板、量规、偏心轮、冷轧辊、钻套和拉丝模,还可作大尺寸的冷冲模
9Cr2	性能与 Cr2 基本相似	主要用做冷轧辊、钢印冲孔凿、冷冲模及冲头、木工工具等
W	淬火后的硬度和耐磨性较碳素工具钢好,热处理变形小,水淬不易开裂	多用于工作温度不高、切削速度不大的刀具,如小型麻花钻、丝锥、板牙、铰刀、锯条、辊式刀具等
4CrW2Si	高温时有较好的强度和硬度,且韧性较高	适用于剪切机刀片、冲击振动较大的风动工具、中应力热锻模、受热低的压铸模
5CrW2Si	特性同 4CrW2Si,但在 650℃时硬度稍高,可达 41～43HRC 左右,热处理时对脱碳、变形和开裂的敏感性不大	用于手动和风动凿子、空气锤工具、铆钉工具、冷冲模、重震动的切割器,作为热加工用钢时,可用于冲孔、穿孔工具、剪切模、热锻模、易熔合金的压铸模
6CrW2Si	特性同 5CrW2Si,但在 650℃时硬度可达 43～45HRC 左右	可用于重负荷下工作的冲模、压模、铸造精整工具、风动凿子等,作为热加工用钢,可生产螺钉和热铆的冲头、高温压铸轻合金的顶头、热锻模等
Cr12	高碳高铬钢,具有高的强度、耐磨性和淬透性,淬火变形小,较脆,导热性差,高温塑性差	多用于制造耐磨性能高、不承受冲击的模具及加工材料不硬的刃具,如车刀、铰刀、冷冲模、冲头及量规、样板、量具、凸轮销、偏心轮、冷轧辊、钻套和拉丝模
Cr12MoV	淬透性、淬火回火后的硬度、强度、韧性比 Cr12 高,截面为 300～400mm 以下的工件可完全淬透,耐磨性和塑性也较好,变形小,但高温塑性差	适用于各种铸、锻、模具,如各种冲孔凹模,切边模、滚边模、缝口模、拉丝模、钢板拉伸模、螺纹搓丝板、标准工具和量具
Cr5Mo1V	系引进美国钢种,具有良好的空淬性能,空淬尺寸变形小,韧性比 9Mn2V,Cr12 均好,碳化物均匀细小,耐磨性好	适用制造韧性好,耐磨的冷作模具、成型模、下料模、冲头、冷冲裁模等
9Mn2V	淬透性和耐磨性比碳素工具钢高,淬火后变形小	适用于制作各种变形小、耐磨性高的精密丝杆、磨床主轴、样板、凸轮、块规、量具及丝锥、板牙、铰刀以及压铸轻金属和合金的推入装置
CrWMn	淬透性和耐磨性及淬火后的硬度比铬钢及铬硅钢高,且韧性较好,淬火后的变形比 CrMn 钢更小,缺点是形成碳化物网状程度严重	多用于制造变形小、长而形状复杂的切削刀具,如拉刀、长丝锥、长铰刀、专门铣刀、量规及形状复杂、高精度的冷冲模
9CrWMn	特性与 CrWMn 相似,但由于含碳量稍低,在碳化物偏析上比 CrWMn 好些,因而力学性能更好,但热处理后硬度较低	同 CrWMn

续表

牌号	主要特性	应用举例
Cr4W2MoV	系我国自行研制的新型中合金冷作模具钢，共晶化合物颗粒细小，分布均匀，具有较高的淬透性、淬硬性，且有较好的力学性能、耐磨性和尺寸稳定性	用于制造冷冲模、冷挤压模、搓丝板等，也可冲裁1.5～6.0mm弹簧钢材
6Cr4W3Mo-2VNb	高韧性冷作模具钢，具有高强度、高硬度，且韧性好，又有较高的疲劳强度	用于制造冲击载荷及形状复杂的冷作模具、冷挤压模具、冷镦模具、螺钉冲头等
6W6Mo5Cr4V	系我国自行研制的适合于黑色金属挤压用的模具钢，具有高强度、高硬度、耐磨性及抗回火稳定性，有良好的综合性能	适用于作冲头，模具
Cr4W2MoV	系我国自行研制的新型中合金冷作模具钢，共晶化合物颗粒细小，分布均匀，具有较高的淬透性、淬硬性，且有较好的力学性能、耐磨性和尺寸稳定性	用于制造冷冲模、冷挤压模、搓丝板等，也可冲裁1.5～6.0mm弹簧钢板
6Cr4W3Mo-2VNb	高韧性冷作模具钢，具有高强度、高硬度，且韧性好，又有较高的疲劳强度	用于制造冲击载荷及形状复杂的冷作模具、冷挤压模具、冷镦模具、螺钉冲头等
6W6Mo5Cr4V	系我国自行研制的适合于黑色金属挤压用的模具钢，具有高强度、高硬度、耐磨性及抗回火稳定性，有良好的综合性能	适用于黑色金属的冷挤压模具、冷作模具、温挤压模具、热剪切模等
5CrMnMo	不含镍的锤锻模具钢，具有良好的韧性、强度和高耐磨性，对回火脆性不敏感，淬透性好	适用于作中、小型热模锻，且边长小于或等于300～400mm
5CrNiMo	特性与5CrMnMo相近，高温下强度、韧性及耐热疲劳性高于5CrMnMo	适用于作形状复杂、冲击负荷重的各种中、大型锤锻模
3Cr2W8V	常用的压铸模具钢，具有较低的含碳量，以保证高韧性及良好的导热性，同时含有较多的易形成碳化物的铬、钨高温下有高硬度、强度，相变温度较高，耐热疲劳性良好，淬透性也较好，断面厚度小于或等于100mm可淬透，但其韧性和塑性较差	适于作高温、高应力但不受冲击的压模，如平锻机上的凸凹模、镶块、铜合金挤压模等，还可作热剪切刀
5Cr4Mo-3SiMnVAl	具有较高的强韧性，良好的耐热性和冷热疲劳性，淬透性和淬硬性均较好，是一种热作模具钢，又可作为冷作模具钢使用	适用于制作冷镦模、冲孔凹模、槽用螺栓热锻模、热挤压冲头等，可以代替3Cr2W8V、Cr12MoV使用
3Cr3Mo3W2V	具有良好的冷热加工性能，较高的热强性，良好的抗冷热疲劳性，耐磨性能好，淬硬性好，有一定的耐冲击耐力	可制作热作模具，如镦锻模、精锻模、辊锻模具、压力机用模具等
5Cr4W5Mo2V	系我国自行研制的热挤压、精密锻造模具钢，具有高热硬性、高耐磨性、高温强度、抗回火稳定性及一定的冲击韧性，可进行一般热处理或等温热处理和化学热处理	多用于制造热挤压模具，时常代替3Cr2W8V
8Cr3	具有良好的淬透性，室温强度和高温强度均可，碳化物细小且均布，耐磨性能较好	常用于冲击、振动较小，工作温度低于500℃，耐磨损的模具，如热切边模、成形冲模、螺栓热顶锻模等
4CrMnSiMoV	具有较高的高温力学性能，耐热疲劳性能好，可代替5CrNiMo使用	用于制作锤锻模、压力机锻模、校正模、弯曲模等
4Cr3Mo3SiV	具有高的淬透性，高的高温硬度，优良的韧性，可代替3Cr2W8V使用	可制作热滚锻模、塑压模、热锻模、热冲模等
4Cr5MoSiV	具有高的淬透性，中温以下综合性能好，热处理变形小，耐冷热疲劳性能好	适于制造热挤压模、螺栓模、热切边模、锤锻模、铝合金压铸模等

续表

牌　号	主　要　特　性	应　用　举　例
4Cr5MoSiV1	在中温(≈600℃)下的综合性能好,淬透性高(在空气中即能淬硬),热处理变形率较低,其性能及使用寿命高于3Cr2W8V	可用作模锻锤锻模、铝合金压铸模、热挤压模具、高速精锻模具及锻造压力机模具等
4Cr5W2VSi	在中温下具有较高的硬度和热强度,韧性和耐磨性良好,耐冷热疲劳性较好	可用于锻压模具、冲头、热挤压模具、有色金属压铸模等
7Mn15Cr2-Al3V2WMo	在各种状态下都能保持稳定的奥氏体,且有非常低的磁导率,高的强度、硬度、耐磨性,但切削加工性差	用于制造无磁模具、无磁轴承以及要求在强磁场中不产生磁感应的结构零件
3Cr2Mo	具有良好的切削性、镜面研磨性能,机械加工成型后,型腔变形及尺寸变化小,经热处理后可提高表面硬度,提高使用寿命	适用于制造塑料模、低熔金属压铸模

13.1.3 高速工具钢

(1)高速工具钢牌号、化学成分和力学性能

表 13-9　　高速工具钢牌号和化学成分(GB/T 9943—2008)

牌　号	化　学　成　分/%(质量分数)							
	C	Mn	Si	Cr	V	W	Mo	Co
W3Mo3Cr4V2	0.95～1.03	≤0.40	≤0.45	3.80～4.50	2.20～2.50	2.70～3.00	2.50～2.90	—
W4Mo3Cr4VSi	0.83～0.93	0.20～0.40	0.70～1.00	3.80～4.40	1.20～1.80	3.50～4.50	2.50～3.50	—
W18Cr4V	0.73～0.83	0.10～0.40	0.20～0.40	3.80～4.50	1.00～1.20	17.20～18.70	—	—
W2Mo8Cr4V	0.77～0.87	≤0.40	≤0.70	3.50～4.50	1.00～1.40	1.40～2.00	8.00～9.00	—
W2Mo9Cr4V2	0.95～1.05	0.15～0.40	≤0.70	3.50～4.50	1.75～2.20	1.50～2.10	8.20～9.20	—
W6Mo5Cr4V2	0.80～0.90	0.15～0.40	0.20～0.45	3.80～4.40	1.75～2.20	5.50～6.75	4.50～5.50	—
CW6Mo5Cr4V2	0.86～0.94	0.15～0.40	0.20～0.45	3.80～4.50	1.75～2.10	5.90～6.70	4.70～5.20	—
W6Mo6Cr4V2	1.00～1.10	≤0.40	≤0.45	3.80～4.50	2.30～2.60	5.90～6.70	5.50～6.50	—
W9Mo3Cr4V	0.77～0.87	0.20～0.40	0.20～0.40	3.80～4.40	1.30～1.70	8.50～9.50	2.70～3.30	—
W6Mo5Cr4V3	1.15～1.25	0.15～0.40	0.20～0.45	3.80～4.50	2.70～3.20	5.90～6.70	4.70～5.20	—
CW6Mo5Cr4V3	1.25～1.32	0.15～0.40	≤0.70	3.75～4.50	2.70～3.20	5.90～6.70	4.70～5.20	—
W6Mo5Cr4V4	1.25～1.40	≤0.40	≤0.45	3.80～4.50	3.70～4.20	5.20～6.00	4.20～5.00	—
W6Mo5Cr4V2Al	1.05～1.15	0.15～0.40	0.20～0.60	3.80～4.40	1.75～2.20	5.50～6.75	4.50～5.50	Al:0.80～1.20
W12Cr4V5Co5	1.50～1.60	0.15～0.40	0.15～0.40	3.75～5.00	4.50～5.25	11.75～13.00	—	4.75～5.25
W6Mo5Cr4V2Co5	0.87～0.95	0.15～0.40	0.20～0.45	3.80～4.50	1.70～2.10	5.90～6.70	4.70～5.20	4.50～5.00
W6Mo5Cr4V3Co8	1.23～1.33	≤0.40	≤0.70	3.80～4.50	2.70～3.20	5.90～6.70	4.70～5.30	8.00～8.80
W7Mo4Cr4V2Co5	1.05～1.15	0.20～0.60	0.15～0.50	3.75～4.50	1.75～2.25	6.25～7.00	3.25～4.25	4.75～5.75
W2Mo9Cr4VCo8	1.05～1.15	0.15～0.40	0.15～0.65	3.50～4.25	0.95～1.35	1.15～1.85	9.00～10.00	7.75～8.75
W10Mo4Cr4V3Co10	1.20～1.35	≤0.40	≤0.45	3.80～4.50	3.00～3.50	9.00～10.00	3.20～3.90	9.50～10.50

注:1.所有牌号钢的磷、硫含量≤0.030%;

2.本表中牌号W18Cr4V、W12Cr4V5Co5为钨系高速工具钢,其他牌号为钨钼系高速工具钢;

3.电渣钢的硅含量下限不限;

4.根据需方要求,为改善钢的切削加工性能,其硫含量可规定为0.06%～0.15%。

表 13-10　　高速工具钢丝牌号和化学成分(GB/T 3080—2001)

牌　号	化学成分/%(质量分数)								
	C	Si	Mn	P 不大于	S 不大于	Cr	Mo	V	W
W18Cr4V	0.70~0.80	0.20~0.40	0.10~0.40	0.030	0.030	3.80~4.40	≤0.30	1.00~1.40	17.50~19.00
W6Mo5Cr4V2	0.80~0.90	0.20~0.45	0.15~0.45			3.80~4.40	4.50~5.50	1.75~2.20	5.50~6.75
W9Mo3Cr4V	0.77~0.87	0.20~0.40	0.20~0.40			3.80~4.40	2.70~3.30	1.30~1.70	8.50~9.50
4WMo3Cr4VSi	0.88~0.98	0.50~1.00	0.20~0.40			3.80~4.40	2.50~3.50	1.20~1.80	3.50~4.50

注：1. 所有牌号钢中残余元素 w_{Ni}≤0.30%，w_{Cu}≤0.25%；

2. 经供需双方协议可供应 W6Mo5Cr4V2，w_r1.60%~2.20%。

表 13-11　　高速工具钢的硬度(GB/T 9943—2008)

牌　号	交货硬度*(退火态)/HBW，不大于	试样热处理制度及淬回火硬度					
		预热温度/℃	淬火温度/℃ 盐浴炉	淬火温度/℃ 箱式炉	淬火介质	回火温度/℃	硬度HRC不小于
W3Mo3Cr4V2	255	800~900	1180~1120	1180~1120	油或盐浴	540~560	63
W4Mo3Cr4VSi	255		1170~1190	1170~1190		540~560	63
W18Cr4V	255		1250~1270	1260~1280		550~570	63
W2Mo8Cr4V	255		1180~1120	1180~1120		550~570	63
W2Mo9Cr4V2	255		1190~1210	1200~1220		540~560	64
W6Mo5Cr4V2	255		1200~1220	1210~1230		540~560	64
CW6Mo5Cr4V2	255		1190~1210	1200~1220		540~560	64
W6Mo6Cr4V2	262		1190~1210	1190~1210		550~570	64
W9Mo3Cr4V	255		1200~1220	1220~1240		540~560	64
W6Mo5Cr4V3	262		1190~1210	1200~1220		540~560	64
CW6Mo5Cr4V3	262		1180~1200	1190~1210		540~560	64
W6Mo5Cr4V4	269		1200~1220	1200~1220		550~570	64
W6Mo5Cr4V2Al	269		1200~1220	1230~1240		550~570	65
W12Cr4V5Co5	277		1220~1240	1230~1250		540~560	65
W6Mo5Cr4V2Co5	269		1190~1210	1200~1220		540~560	64
W6Mo5Cr4V3Co8	285		1170~1190	1170~1190		550~570	65
W7Mo4Cr4V2Co5	269		1180~1200	1190~1210		540~560	66
W2Mo9Cr4VCo8	269		1170~1190	1180~1200		540~560	66
W10Mo4Cr3V3Co10	285		1220~1240	1220~1240		550~570	66

注：1. 退火+冷拉态的硬度，允许比退火态指标增加 50 HBW；

2. 回火温度为 550~570℃时，回火 2 次，每次 1h；回火温度 540~560℃时，回火 2 次，每次 2 h。

表 13-12 机器锯条用高速工具钢热轧钢带的化学成分与力学性能(YB/T 084—1996)

牌 号	化 学 成 分	布氏硬度 HBS
W9Mo3Cr4V	符合 GB 9943 的规定	207～255
W6Mo5Cr4V2		
W18Cr4V		
W6Mo5Cr4V2Al		1组:217～269 2组:227～285

表 13-13 高速工具钢丝试样淬火-回火硬度试验(GB/T 3080—2001)

牌 号	试样热处理制度			硬度值 HRC,不小于
	淬火温度/℃	冷却剂	回火温度/℃	
W18Cr4V	1270～1285	油	550～570	63
W6Mo5Cr4V2	1210～1230		550～570	
W9Mo3Cr4V	1220～1240		540～560	
W4Mo3Cr4VSi	1170～1190		540～560	

注:1. 钢丝的交货状态为退火(包括直条或盘圆)或退火磨光状态;
2. 直径不小于 5mm 的钢丝应检验布氏硬度,硬度值为 207～255HBS;直径小于 5mm 的钢丝应检验维氏硬度,其硬度值为 206～256HV,若供方能保证合格,可不做检验。

(2)高速工具钢的特性及用途

表 13-14 高速工具钢的特性及用途

牌 号	主 要 特 性	应 用 举 例
W18Cr4V	具有良好的热硬性,在 600℃时,仍具有较高的硬度和较好的切削性,被磨削加工性好,淬火过热敏感性小,比合金工具钢的耐热性能高。但由于其碳化物较粗大,强度和韧性随材料尺寸增大而下降,因此,仅适于制造一般刀具,不适于制造薄刃或较大的刀具	广泛用于制造加工中等硬度或软的材料的各种刀具,如车刀、铣刀、拉刀、齿轮刀具、丝锥等;也可制作冷作模具,还可用于制造高温下工作的轴承、弹簧等耐磨、耐高温的零件
W18Cr4VCo5	含钴高速钢,具有良好的高温硬度和热硬性,耐磨性较高,淬火硬度高,表面硬度可达 64～66HRC	可以制造加工较高硬度的高速切削的各种刀具,如滚刀、车刀和铣刀等,以及自动化机床的加工刀具
W18Cr4V2Co8	含钴高速钢,其高温硬度、热硬性及耐磨性均优于 W18Cr4VCo5,但韧性有所降低,淬火硬度可达到 64～66HRC(表面硬度)	可以用于制造加工高硬度、高切削力的各种刀具,如铣刀、滚刀及车刀等
W12Cr4V5Co5	高碳高钒含钴高速钢,具有很好的耐磨性,硬度高,抗回火稳定性良好,高温硬度和热硬性均较高,因此,工作温度高,工作寿命较其他高速钢成倍提高	适用于加工难加工材料,如高强度钢、中强度钢、冷轧钢、铸造合金钢等,适于制作车刀、铣刀、齿轮刀具、成形刀具、螺纹加工刀具及冷作模具,但不适于制造高精度的复杂刀具
W6Mo5Cr4V2	具有良好的热硬性和韧性,淬火后表面硬度可达 64～66HRC,这是一种含钼低钨高速钢,成本较低,是仅次于 W18Cr4V 而获得广泛应用的一种高速工具钢	适于制造钻头、丝锥、板牙、铣刀、齿轮刀具、冷作模具等

续表

牌号	主要特性	应用举例
CW6Mo5Cr4V2	淬火后，其表面硬度、高温硬度、耐热性、耐磨性均比 W6Mo5Cr4V2 有所提高，但其强度和冲击韧性比 W6Mo5Cr4V2 有所降低	用于制造切削性能较高的冲击不大的刀具，如拉刀、铰刀、滚刀、扩孔刀等
W6Mo5Cr4V3	具有碳化物细小均匀、韧性高、塑性好等优点，且耐磨性优于 W6Mo5Cr4V2，但可磨削性差，易于氧化脱碳	可制作各种类型的一般刀具，如车刀、刨刀、丝锥、钻头、成型铣刀、拉刀、滚刀、螺纹梳刀等，适于加工中高强度钢、高温合金等难加工材料。因可磨削性差，不宜制作高精度复杂刀具
CW6Mo5Cr4V3	高碳钼系高钒型高速钢，它是在 W6Mo5Cr4V3 的基础上把平均含碳量由 1.05%提高到 1.20%，并相应提高了含钒量而形成的一个钢种，钢的耐磨性更好	用途同 W6Mo5Cr4V3
W2Mo9Cr4V2	具有较高的热硬性、韧性及耐磨性，密度较小，可磨削性优良，在切削一般材料时有着良好的效果	用于制作铣刀、成型刀具、丝锥、锯条、车刀、拉刀、冷冲模具等
W6Mo5Cr4V2Co5	含钴高速钢，具有良好的高温硬度和热硬性，切削性及耐磨性较好，强度和冲击韧度不高	可用于制造加工硬质材料的各种刀具，如齿轮刀具、铣刀、冲头等
W7Mo4Cr4V2Co5	在 W6Mo5Cr4V2 的基础上增加了 5%的钴，提高了含碳量并调整了钨、钼含量。提高了钢的红硬性及高温硬度，改善了耐磨性。钢的切削性能较好，但强度和冲击韧度较低	一般用于制造齿轮刀具、铣刀以及冲头、刀头等工具，供作切削硬质材料用
W2Mo9Cr4VCo8	高碳含钴超硬型高速钢，具有高的室温及高温硬度，热硬性高，可磨削性好，刀刃锋利	适于制作各种高精度复杂刀具，如成形铣刀、精拉刀、专用钻头、车刀、刀头及刀片，对于加工铸造高温合金、钛合金、超高强度钢等难加工材料，均可得到良好的效果
W9Mo3Cr4V	钨钼系通用型高速钢，通用性强，综合性能超过 W6Mo5Cr4V2，且成本较低	制造各种高速切削刀具和冷、热模具
W6Mo5Cr4V2Al	含铝超硬型高速钢，具有高热硬性、高耐磨性，热塑性好，且高温硬度高，工作寿命长	适于加工各种难加工材料，如高温合金、超高强度钢、不锈钢等，可制作车刀、镗刀、铣刀、钻头、齿轮刀具、拉刀等

13.1.4 硬质合金

(1)硬质合金代号和化学成分

表 13-15 切削工具用硬质合金各组别的基本成分及力学性能要求 (GB/T 18376.1—2008)

组别		基本成分	力学性能		
类别	分组号		洛氏硬度 HRA，不小于	维氏硬度 HV_3，不小于	抗弯强度 R_{tr}/MPa，不小于
P	01	以 TiC、WC 为基，以 Co(Ni+Mo、Ni+Co)作粘结剂的合金/涂层合金	92.3	1750	700
	10		91.7	1680	1200
	20		91.0	1600	1400
	30		90.2	1500	1550
	40		89.5	1400	1750

续表

组别		基本成分	力学性能		
类别	分组号		洛氏硬度 HRA,不小于	维氏硬度 HV_3,不小于	抗弯强度 R_{tt}/MPa,不小于
M	01	以WC为基,以Co作粘结剂,添加少量TiC(TaC,NbC)的合金/涂层合金	92.3	1730	1200
	10		91.0	1600	1350
	20		90.2	1500	1500
	30		89.9	1450	1650
	40		88.9	1300	1800
K	01	以WC为基,以Co作粘结剂,或添加少量TaC、NbC的合金/涂层合金	92.3	1750	1350
	10		91.7	1680	1460
	20		91.0	1600	1550
	30		89.5	1400	1650
	40		88.5	1250	1800
N	01	以WC为基,以Co作粘结剂,或添加少量TaC、NbC或CrC的合金/涂层合金	92.3	1750	1450
	10		91.7	1680	1560
	20		91.0	1600	1650
	30		90.0	1450	1700
S	01	以WC为基,以Co作粘结剂,或添加少量TaC、NbC或TiC的合金/涂层合金	92.3	1730	1500
	10		91.5	1650	1580
	20		91.0	1600	1650
	30		90.5	1550	1750
H	01	以WC为基,以Co作粘结剂,或添加少量TaC、NbC或TiC的合金/涂层合金	92.3	1730	1000
	10		91.7	1680	1300
	20		91.0	1600	1650
	30		90.5	1520	1500

注:1. 洛氏硬度和维氏硬度中任选一项;

2. 以上数据为非涂层硬质合金要求,涂层产品可按对应的维氏硬度下降30~50。

表 13-16　地矿、矿山工具用硬质合金代号和化学成分(GB/T 18376.2—2001)

代号	Co	WC	其他
G05	3~6	余	微量
G10	5~9	余	微量
G20	6~11	余	微量
G30	8~12	余	微量
G40	10~15	余	微量
G50	12~17	余	微量

表 13-17　耐磨零件用硬质合金代号和化学成分(GB/T 18376.3—2001)

代号	Co(Ni,Mo)	WC	其他
LS10	3~6	余	微量
LS20	5~9	余	微量

续表

代　号	Co(Ni,Mo)	WC	其　他
LS30	7～12	余	微量
LS40	11～17	余	微量
LT10	13～18	余	微量
LT20	17～25	余	微量
LT30	23～30	余	微量
LQ10	5～7	余	微量
LQ20	6～9	余	微量
LQ30	8～15	余	微量
LV10	14～18	余	微量
LV20	17～22	余	微量
LV30	20～26	余	微量
LV40	25～30	余	微量

(2)硬质合金的力学性能

表 13-18　　地质、矿山工具用硬质合金的力学性能(GB/T 18376.2—2001)

代　号	洛氏硬度 HRA,≥	维氏硬度 HV,≥	抗弯强度/MPa,≥
G05	88.0	1200	1600
G10	87.0	1100	1700
G20	86.5	1050	1800
G30	86.0	1050	1900
G40	85.5	1000	2000
G50	85.0	950	2100

注:洛氏硬度和维氏硬度中任选一项。

表 13-19　　耐磨零件用硬质合金的力学性能(GB/T 18376.3—2001)

代　号	洛氏硬度 HRA,≥	维氏硬度 HV,≥	抗弯强度/MPa,≥
LS10	90.0	1550	1300
LS20	89.0	1400	1600
LS30	88.0	1100	1800
LS40	87.0	1200	2000
LT10	85.0	950	2000
LT20	82.5	850	2100
LT30	79.0	650	2200
LQ10	89.0	1300	1800
LQ20	88.0	1200	2000
LQ30	86.5	1050	2100
LV10	85.0	950	2100
LV20	82.5	850	2200
LV30	81.0	750	2250
LV40	79.0	650	2300

注:洛氏硬度和维氏硬度中任选一项。

(3)硬质合金的用途

表 13-20　　切削工具用硬质合金作业条件推荐(GB/T 18376.1—2008)

组　别	作业条件		性能提高方向	
	被加工材料	适应的加工条件	切削性能	合金性能
P01	钢,铸钢	高切削速度、小切屑截面,无震动条件下精车、精镗	↑切削速度 进给量↓	↑耐磨性 韧性↓
P10	钢,铸钢	高切削速度、中、小切屑截面条件下的车削、仿形车削、车螺纹和铣削		
P20	钢,铸钢,长切削可锻铸铁	中等切削速度、中等切屑截面条件下的车削、仿形车削和铣削、小切削截面的刨削		
P30	钢,铸钢,长切削可锻铸铁	中或低等切削速度、中等或大切屑截面条件下的车削、铣削、刨削和不利条件下的加工		
P40	钢,含砂眼和气孔的铸钢件	低切削速度、大切屑用、大切屑截面以及不利条件下的车、刨削、切槽和自动机床上加工		
M01	不锈钢,铁素体钢,铸钢	高切削速度、小载荷,无震动条件下精车、精镗	↑切削速度 进给量↓	↑耐磨性 韧性↓
M10	不锈钢,铸钢,锰钢,合金钢,合金铸铁,可锻铸铁	中和高等切削速度,中、小切屑截面条件下的车削		
M20	不锈钢,铸钢,锰钢,合金钢,合金铸铁,可锻铸铁	中等切削速度、中等切屑截面条件下车削、铣削	↑切削速度 进给量↓	↑耐磨性 韧性↓
M30	不锈钢,铸钢,锰钢,合金钢,合金铸铁,可锻铸铁	中和高等切削速度、中等或大切屑截面条件下的车削、铣削、刨削		
M40	不锈钢,铸钢,锰钢,合金钢,合金铸铁,可锻铸铁	车削、切断、强力铣削加工		
K01	铸铁,冷硬铸铁,短屑可锻铸铁	车削、精车、铣削、镗削、刮削	↑切削速度 进给量↓	↑耐磨性 韧性↓
K10	布氏硬度高于220的铸铁,短切屑的可锻铸铁	车削、铣削、镗削、刮削、拉削		
K20	布氏硬度低于220的灰口铸铁,短切屑的可锻铸铁	用于中等切削速度下、轻载荷粗加工、半精加工的车削、铣削、镗削等		
K30	铸铁,短切屑的可锻铸铁	用于在不利条件下可能采用大切削角的车削、铣削、刨削、切槽加工,对刀片的韧性有一定的要求		
K40	铸铁,短切屑的可锻铸铁	用于在不利条件下的粗加工,采用较低的切削速度,大的进给量		
N01	有色金色,塑料,木材,玻璃	高切削速度下,有色金属铝、铜、镁、塑料、木材等非金属材料的精加工	↑切削速度 进给量↓	↑耐磨性 韧性↓
N10		较高切削速度下,有色金属铝、铜、镁、塑料、木材等非金属材料的精加工或半精加工		
N20	有色金色,塑料	中等切削速度下,有色金属铝、铜、镁、塑料等的半精加工或精加工		
N30		中等切削速度下,有色金属铝、铜、镁、塑料等的精加工		

续表

组别	作业条件		性能提高方向	
	被加工材料	适应的加工条件	切削性能	合金性能
S10	耐热和优质合金，含镍、钴、钛的各类合金材料	中等切削速度下，耐热钢和钛合金的精加工	↑切削速度 进给量↓	↑耐磨性 韧性↓
S10		低切削速度下，耐热钢和钛合金的半精加工或粗加工		
S20		较低切削速度下，耐热钢和钛合金的半精加工或精加工		
S30		较低切削速度下，耐热钢和钛合金的断续切削，适于半精加工或精加工		
H01	淬硬钢，冷硬铸铁	低切削速度下，淬硬钢、冷硬铸铁的连续轻载精加工	↑切削速度 进给量↓	↑耐磨性 韧性↓
H10		低切削速度下，淬硬钢、冷硬铸铁的连续轻载精加工、半精加工		
H20		较低切削速度下，淬硬钢、冷硬铸铁的连续轻载半精加工、粗加工		
H30		较低切削速度下，淬硬钢、冷硬铸铁的半精加工、粗加工		

注：不利条件系指原材料或铸造、锻造的零件表面硬度不匀，加工时的切削深度不匀，间断切削以及振动等情况。

表 13-21　地质、矿山工具用硬质合金的用途

代号	用途	合金性能
G05	适应于单轴抗压强度小于 60MPa 的软岩或中硬岩	↑耐磨性 韧性↓
G10	适应于单轴抗压强度为 60～120MPa 的软岩或中硬岩	
G20	适应于单轴抗压强度为 120～200MPa 的中硬岩或硬岩	
G30	适应于单轴抗压强度为 120～200MPa 的中硬岩或硬岩	
G40	适应于单轴抗压强度为 120～200MPa 的中硬岩或坚硬岩	
G50	适应于单轴抗压强度大于 200MPa 的坚硬岩或极坚硬岩	

表 13-22　耐磨零件用硬质合金的用途

代号	用途
LS10	适用于金属线材直径小于 6mm 的拉制用模具、密封环等
LS20	适用于金属线材直径小于 20mm，管材直径小于 10mm 的拉制用模具、密封环等
LS30	适用于金属线材直径小于 50mm，管材直径小于 35mm 的拉制用模具
LS40	适用于大应力、大压缩力的拉制用模具
LT10	M9 以下小规格标准紧固件冲压用模具
LT20	M12 以下中、小规格标准紧固件冲压用模具
LT30	M20 以下大、中规模标准紧固件、钢球冲压用模具
LQ10	人工合成金刚石用顶锤
LQ20	人工合成金刚石用顶锤
LQ30	人工合成金刚石用顶锤、压缸
LV10	适用于高速线材高水平轧制精轧机组用辊环
LV20	适用于高速线材较高水平轧制精轧机组用辊环
LV30	适用于高速线材一般水平轧制精轧机组用辊环
LV40	适用于高速线材预精轧机组用辊环

13.1.5 凿岩钎杆用中空钢

表 13-23 凿岩钎杆用中空钢牌号和化学成分(GB/T 1301—2008)

牌号	化学成分/%(质量分数)									
	C	Si	Mn	Cr	Mo	Ni	V	P	S	Cu
ZK95CrMo	0.90~1.00	0.15~0.40	0.15~0.40	0.80~1.20	0.15~0.30	—	—	≤0.025	≤0.025	≤0.25
ZK55SiMnMo	0.50~0.60	1.10~1.40	0.60~0.90	—	0.40~0.55	—	—	≤0.025	≤0.025	≤0.25
ZK40SiMnCrNiMo	0.36~0.46	1.30~1.60	0.60~1.20	0.60~0.90	0.20~0.40	0.40~0.70	—	≤0.025	≤0.025	≤0.25
ZK35SiMnMoV	0.29~0.41	0.60~0.90	1.30~1.60	—	0.40~0.60	—	0.07~0.15	≤0.025	≤0.025	≤0.25
ZK23CrNi3Mo	0.19~0.27	0.15~0.40	0.50~0.80	1.15~1.45	0.15~0.40	2.70~3.10	—	≤0.025	≤0.025	≤0.25
ZK22SiMnCrNi2Mo	0.18~0.26	1.30~1.70	1.20~1.50	0.15~0.45	0.20~0.45	1.65~2.00	—	≤0.025	≤0.025	≤0.25

注:ZK 表示凿岩钎杆用中空钢。

表 13-24 凿岩钎杆用中空钢的硬度(GB/T 1301—2008)

牌号	交货状态	硬度 HRC
ZK95CrMo	热轧	34~44
ZK55SiMnMo		26~44
ZK40SiMnCrNiMo		26~44
ZK36SiMnMoV		26~44
ZK23CrNi3Mo		26~44
ZK22SiMnCrNi2Mo		26~44

注:对于制钎时还要进行整体热处理的中空钢,交货硬度可适当放宽。

13.2 欧洲标准化委员会(CEN)工具钢

欧洲标准化委员会关于工具钢的标准(EN ISO 4957—1999)与国际标准化组织(ISO)关于工具钢的标准(ISO 4957—1999)是完全一致的,故不再给出。请直接查阅本章 13.8 国际标准化组织(ISO)工具钢一节。

13.3 美国工具钢

表 13-25 工具钢的化学成分

牌号	化学成分/%,不大于(注明范围者除外)
工具钢(ASTM A 681—2008)	
H10	0.35～0.45C,0.20～0.70Mn,0.03P,0.03S,0.80～1.25Si,3.00～3.75Cr,0.25～0.75V,2.00～3.00Mo
H11	0.33～0.43C,0.20～0.60Mn,0.03P,0.03S,0.80～1.25Si,4.75～5.50Cr,0.30～0.60V,1.10～1.60Mo
H12	0.30～0.40C,0.20～0.60Mn,0.03P,0.03S,0.80～1.25Si,4.75～5.50Cr,0.20～0.50V,1.00～1.70W,1.25～1.75Mo
H13	0.32～0.45C,0.20～0.60Mn,0.03P,0.03S,0.80～1.25Si,4.75～5.50Cr,0.80～1.20V,1.10～1.75Mo
H14	0.35～0.45C,0.20～0.60Mn,0.03P,0.03S,0.80～1.25Si,4.75～5.50Cr,4.00～5.25W
H19	0.32～0.45C,0.20～0.50Mn,0.03P,0.03S,0.15～0.50Si,4.00～4.75Cr,1.75～2.20V,3.70～4.50W,0.30～0.55Mo,4.00～4.50Co
H21	0.26～0.36C,0.15～0.40Mn,0.03P,0.03S,0.15～0.50Si,3.00～3.75Cr,0.30～0.60V,8.50～10.00W
H22	0.30～0.40C,0.15～0.40Mn,0.03P,0.03S,0.15～0.40Si,1.75～3.75Cr,0.25～0.50V,10.00～11.75W
H23	0.25～0.35C,0.15～0.40Mn,0.03P,0.03S,0.15～0.60Si,11.00～12.75Cr,0.75～1.25V,11.00～12.75W
H24	0.42～0.53C,0.15～0.40Mn,0.03P,0.03S,0.15～0.40Si,2.50～3.50Cr,0.40～0.60V,14.00～16.00W
H25	0.22～0.32C,0.15～0.40Mn,0.03P,0.03S,0.15～0.40Si,3.75～4.50Cr,0.40～0.60V,14.00～16.00W
H26	0.45～0.55C,0.15～0.40Mn,0.03P,0.03S,0.15～0.40Si,3.75～4.50Cr,0.75～1.25V,17.20～19.00W
H41	0.60～0.75C,0.15～0.40Mn,0.03P,0.03S,0.20～0.45Si,3.50～4.00Cr,1.00～1.30V,1.40～2.10W,8.20～9.20Mo
H42	0.55～0.7C,0.15～0.40Mn,0.03P,0.03S,0.20～0.45Si,3.75～4.50Cr,1.75～2.20V,5.50～6.75W,4.50～5.50Mo
H43	0.50～0.65C,0.15～0.40Mn,0.03P,0.03S,0.20～0.45Si,3.75～4.50Cr,1.80～2.20V,7.75～8.50Mo
A2	0.95～1.05C,0.40～10Mn,0.03P,0.03S,0.10～0.50Si,4.75～5.50Cr,0.15～0.50V,0.90～1.40Mo
A3	1.20～1.30C,0.40～0.60Mn,0.03P,0.03S,0.10～0.70Si,4.75～5.50Cr,0.80～1.40V,0.90～1.40Mo
A4	0.95～1.05C,1.80～2.20Mn,0.03P,0.03S,0.10～0.70Si,0.90～2.20Cr,0.90～1.40Mo

续表

牌　号	化　学　成　分/%,不大于(注明范围者除外)
A5	0.95～1.05C,2.80～3.20Mn,0.03P,0.03S,0.10～0.70Si,0.90～1.40Cr,0.90～1.40Mo
A6	0.65～0.75C,1.80～2.50Mn,0.03P,0.03S,0.10～0.70Si,0.90～1.40Cr,0.90～1.40Mo
A7	2.00～2.85C,0.20～0.80Mn,0.03P,0.03S,0.10～0.70Si,5.00～5.75Cr,3.90～5.15V,0.50～1.50W,0.90～1.40Mo
A8	0.50～0.60C,0.20～0.50Mn,0.03P,0.03S,0.75～1.10Si,4.75～5.50Cr,1.00～1.50W,1.15～1.65Mo
A9	0.45～0.55C,0.20～0.50Mn,0.03P,0.03S,0.95～1.15Si,4.75～5.50Cr,0.80～1.40V,1.30～1.80Mo,1.25～1.75Ni
A10	1.25～1.5C,1.60～2.10Mn,0.03P,0.03S,1.00～1.50Si,1.25～1.75Mo,1.55～2.05Ni
D2	1.40～1.60C,0.10～0.60Mn,0.03P,0.03S,0.10～0.60Si,11.00～13.00Cr,0.50～1.10V,0.70～1.20Mo
D3	2.00～2.35C,0.10～0.60Mn,0.03P,0.03S,0.10～0.60Si,11.00～13.50Cr,1.00V,1.00W
D4	2.05～2.40C,0.10～0.60Mn,0.03P,0.03S,0.10～0.60Si,11.00～13.00Cr,0.15～1.00V,0.70～1.20Mo
D5	1.40～1.60C,0.10～0.60Mn,0.03P,0.03S,0.10～0.60Si,11.00～13.00Cr,1.00V,0.70～1.20Mo,2.50～3.50Co
D7	2.15～2.50C,0.10～0.60Mn,0.03P,0.03S,0.10～0.60Si,11.50～13.50Cr,3.80～4.40V,0.70～1.20Mo
O1	0.85～1.00C,1.00～1.40Mn,0.03P,0.03S,0.10～0.50Si,0.40～0.70Cr,0.30V,0.40～0.60W
O2	0.85～0.95C,1.40～1.80Mn,0.03P,0.03S,0.50Si,0.50Cr,0.30V,0.30Mo
O6	1.25～1.55C,0.30～1.10Mn,0.03P,0.03S,0.55～1.50Si,0.30Cr,0.20～0.30Mo
O7	1.10～1.30C,0.20～1.00Mn,0.03P,0.03S,0.10～0.60Si,0.35～0.85Cr,0.15～0.40V,1.00～2.00W,0.30Mo
S1	0.40～0.55C,0.10～0.40Mn,0.03P,0.03S,0.15～1.20Si,1.00～1.80Cr,0.15～0.30V,1.50～3.00W,0.50Mo
S2	0.40～0.55C,0.30～0.50Mn,0.03P,0.03S,0.90～1.20Si,0.50V,0.30～0.60Mo
S4	0.50～0.65C,0.60～0.95Mn,0.03P,0.03S,1.75～2.25Si,0.10～0.50Cr,0.15～0.35V
S5	0.50～0.65C,0.60～1.00Mn,0.03P,0.03S,1.75～2.25Si,0.10～0.50Cr,0.15～0.35V,0.20～1.35Mo
S6	0.40～0.50C,1.20～1.50Mn,0.03P,0.03S,2.00～2.50Si,1.20～1.50Cr,0.20～0.4V,0.30～0.50Mo

续表

牌号	化学成分/%,不大于(注明范围者除外)
S7	0.45～0.55C,0.20～0.90Mn,0.03P,0.03S,0.20～1.00Si,3.00～3.50Cr,0.35V,1.30～1.80Mo
L2	0.45～1.00C,0.10～0.90Mn,0.03P,0.03S,0.10～0.50Si,0.70～1.20Cr,0.10～0.30V,0.25Mo
L3	0.95～1.10C,0.25～0.80Mn,0.03P,0.03S,0.10～0.50Si,1.30～1.70Cr,0.10～0.30V
L6	0.65～0.75C,0.25～0.80Mn,0.03P,0.03S,0.10～0.50Si,0.60～1.20Cr,0.50Mo,1.25～2.00Ni
F1	0.95～1.25C,0.50Mn,0.03P,0.03S,0.10～0.50Si,1.00～1.75W
F2	1.20～1.40C,0.10～0.50Mn,0.03P,0.03S,0.10～0.50Si,0.20～0.40Cr,3.00～4.50W
P2	0.10C,0.10～0.40Mn,0.03P,0.03S,0.10～0.40Si,0.75～1.25Cr,0.15～0.40Mo,0.10～0.50Ni
P3	0.10C,0.20～0.60Mn,0.03P,0.03S,0.40Si,0.40～0.75Cr,1.00～1.50Ni
P4	0.12C,0.20～0.60Mn,0.03P,0.03S,0.10～0.40Si,4.00～5.25Cr,0.40～1.00Mo
P5	0.06～0.10C,0.20～0.60Mn,0.03P,0.03S,0.10～0.40Si,2.00～2.50Cr,0.35Ni
P6	0.05～0.15C,0.35～0.70Mn,0.03P,0.03S,0.10～0.40Si,1.25～1.75Cr,3.25～3.75Ni
P20	0.28～0.40C,0.60～1.00Mn,0.03P,0.03S,0.20～0.80Si,1.40～2.00Cr,0.30～0.55Mo
P21	0.18～0.22C,0.20～0.40Mn,0.03P,0.03S,0.20～0.40Si,0.20～0.30Cr,0.15～0.25V,3.90～4.25Ni
工具钢(ASTM A 600−92a (R2010))	
T2	0.80～0.90C,0.20～0.40Mn,0.03P,0.03S,0.20～0.40Si,3.75～4.50Cr,1.80～2.40V,17.50～19.00W,1.00Mo
T4	0.70～0.80C,0.10～0.40Mn,0.03P,0.03S,0.20～0.40Si,3.75～4.50Cr,0.80～1.20V,17.50～19.00W,0.40～1.00Mo,4.25～5.75Co
T5	0.75～0.85C,0.20～0.40Mn,0.03P,0.03S,0.20～0.40Si,3.75～5.00Cr,1.80～2.40V,17.50～19.00W,0.50～1.25Mo,7.00～9.50Co
T6	0.75～0.85C,0.20～0.40Mn,0.03P,0.03S,0.20～0.40Si,4.00～4.75Cr,1.50～2.10V,18.50～21.00W,0.40～1.00Mo,11.00～13.00Co
T8	0.75～0.85C,0.20～0.40Mn,0.03P,0.03S,0.20～0.40Si,3.75～4.50Cr,1.80～2.40V,13.25～14.75W,0.40～1.00Mo,4.25～5.75Co
T15	1.50～1.60C,0.15～0.40Mn,0.03P,0.03S,0.15～0.40Si,3.75～5.00Cr,4.50～5.25V,11.75～13.00W,1.00Mo,4.75～5.25Co

续表

牌　号	化　学　成　分/%,不大于(注明范围者除外)
M1	0.78～0.88C,0.15～0.40Mn,0.03P,0.03S,0.20～0.50Si,3.50～4.00Cr,1.00～1.35V,1.40～2.10W,8.20～9.20Mo
M2(普通)	0.78～0.88C,0.15～0.40Mn,0.03P,0.03S,0.20～0.45Si,3.75～4.50Cr,1.75～2.20V,5.50～6.75W,4.50～5.50Mo
M2(高)	0.95～1.05C,0.15～0.40Mn,0.03P,0.03S,0.20～0.45Si,3.75～4.50Cr,1.75～2.20V,5.50～6.75W,4.50～5.50Mo
M3(级)1	1.00～1.10C,0.15～0.40Mn,0.03P,0.03S,0.20～0.45Si,3.75～4.50Cr,2.25～2.75V,5.00～6.75W,4.75～6.50Mo
M3(级)2	1.15～1.25C,0.15～0.40Mn,0.03P,0.03S,0.20～0.45Si,3.75～4.50Cr,2.75～3.25V,5.00～6.75W,4.75～6.50Mo
M4	1.25～1.40C,0.15～0.40Mn,0.03P,0.03S,0.20～0.45Si,3.75～4.75Cr,3.75～4.50V,5.25～6.50W,4.25～5.50Mo
M6	0.75～0.85C,0.15～0.40Mn,0.03P,0.03S,0.20～0.45Si,3.75～4.50Cr,1.30～1.70V,3.75～4.75W,4.50～5.50Mo,11.00～13.00Co
M7	0.97～1.05C,0.15～0.40Mn,0.03P,0.03S,0.20～0.55Si,3.50～4.00Cr,1.75～2.25V,1.40～2.10W,8.20～9.20Mo
M10(普通)	0.84～0.94C,0.10～0.40Mn,0.03P,0.03S,0.20～0.45Si,3.75～4.50Cr,1.80～2.20V,7.75～8.50Mo
M10(高)	0.95～1.05C,0.10～0.40Mn,0.03P,0.03S,0.20～0.45Si,3.75～4.50Cr,1.80～2.20V,7.75～8.00Mo
M30	0.75～0.85C,0.15～0.40Mn,0.03P,0.03S,0.20～0.45Si,3.50～4.25Cr,1.00～1.40V,1.30～2.30W,7.75～9.00Mo,4.50～5.50Co
M33	0.85～0.92C,0.15～0.40Mn,0.03P,0.03S,0.15～0.50Si,3.50～4.00Cr,1.00～1.35V,1.30～2.10W,9.00～10.00Mo,7.75～8.75Co
M34	0.85～0.92C,0.15～0.40Mn,0.03P,0.03S,0.20～0.45Si,3.50～4.00Cr,1.90～2.30V,1.40～2.10W,7.75～9.20Mo,7.75～8.75Co
M36	0.80～0.90C,0.15～0.40Mn,0.03P,0.03S,0.20～0.45Si,3.75～4.50Cr,1.75～2.25V,5.50～6.50W,4.50～5.50Mo,7.75～8.75Co
M41	1.05～1.15C,0.20～0.60Mn,0.03P,0.03S,0.15～0.50Si,3.75～4.50Cr,1.75～2.25V,6.25～7.00W,3.25～4.25Mo,4.75～5.75Co
M42	1.05～1.15C,0.15～0.40Mn,0.03P,0.03S,0.15～0.65Si,3.50～4.25Cr,0.95～1.35V,1.15～1.85W,9.00～10.00Mo,7.75～8.75Co
M43	1.15～1.25C,0.20～0.40Mn,0.03P,0.03S,0.15～0.65Si,3.50～4.25Cr,1.50～1.75V,2.25～3.00W,7.50～8.50Mo,7.75～8.75Co
M44	1.10～1.20C,0.20～0.40Mn,0.03P,0.03S,0.30～0.55Si,4.00～4.75Cr,1.85～2.20V,5.00～5.75W,6.00～7.00Mo,11.00～12.25Co
M46	1.22～1.30C,0.20～0.40Mn,0.03P,0.03S,0.40～0.65Si,3.70～4.20Cr,3.00～3.30V,1.90～2.20W,8.00～8.50Mo,7.80～8.80Co
M47	1.05～1.15C,0.15～0.40Mn,0.03P,0.03S,0.20～0.45Si,3.50～4.00Cr,1.15～1.35V,1.30～1.80W,9.25～10.00Mo,4.75～5.25Co

续表

牌　号	化　学　成　分/%,不大于(注明范围者除外)
M48	1.42～1.52C,0.15～0.40Mn,0.03P,0.07S,0.15～0.40Si,3.50～4.00Cr,2.75～3.25V,9.50～10.50W,4.75～5.50Mo,8.00～10.00Co
M62	1.25～1.35C,0.15～0.40Mn,0.03P,0.07S,0.15～0.40Si,3.50～4.00Cr,1.80～2.10V,5.75～6.50W,10.00～11.00Mo
M50	0.78～0.88C,0.15～0.45Mn,0.03P,0.03S,0.20～0.60Si,3.75～4.50Cr,0.80～1.25V,3.90～4.75Mo
M52	0.85～0.95C,0.15～0.45Mn,0.03P,0.03S,0.20～0.60Si,3.50～4.30Cr,1.65～2.25V,0.75～1.50W,4.00～4.90Mo

13.4 英国工具钢

表 13-26 工具钢的化学成分、形态、状态及硬度(BS 4659 废止)

牌号	化学成分/%,不大于(注明范围值者除外)	形态	状态	硬度
BA2	0.95～1.05C,0.30～0.70Mn,4.75～5.25Cr,0.90～1.10Mo,0.15～0.40V,0.40Si,铁基	棒,条,薄板,带,锻件		
BA6	0.65～0.75C,1.80～2.10Mn,0.85～1.15Cr,1.20～1.60Mo,0.40Si,铁基	棒,条,薄板,带,锻件		
BD2	1.40～1.60C,0.6Mn,11.50～12.50Cr,0.70～1.20Mo,0.25～1.00V,0.60Si,铁基	棒,条,薄板,带,锻件		
BD2A	1.60～1.90C,0.60Mn,12.00～13.00Cr,0.70～0.90Mo,0.25～1.00V,0.60Si,铁基	棒,条,薄板,带,锻件		
BD3	1.90～2.30C,0.60Mn,12.00～13.00Cr,0.50V,0.60Si,铁基	棒,条,薄板,带,锻件		
BF1	1.15～1.35C,0.40Mn,0.25～0.50Cr,1.30～1.60W,0.30V,0.40Si, 铁基	棒,条,薄板,带,锻件		
BH10	0.30～0.40C,0.40Mn,2.80～3.20Cr,2.65～2.95Mo,0.30～0.50V,1.10Si,铁基	棒,条,薄板,带,锻件		
BH10A	0.30～0.40C,0.40Mn,2.80～3.20Cr,2.65～2.95Mo,0.30～1.10V,2.80～3.20Co,1.10Si,铁基	棒,条,薄板,带,锻件		
BH11	0.32～0.42C,0.40Mn,4.55～5.25Cr,1.25～1.75Mo,0.30～0.50V,0.85～1.15Si,铁基	棒,条,带,锻件		
BH12	0.30～0.40C,0.40Mn,4.75～5.25Cr,1.25～1.75Mo,1.25～1.75W,0.50V,0.85～1.15Si,铁基	棒,条,薄板,带,锻件		
BH13	0.32～0.42C,0.40Mn,4.75～5.25Cr,1.25～1.75Mo,0.90～1.10V,0.85～1.15Si,铁基	棒,条,带,锻件		
BH19	0.35～0.45C,0.40Mn,4.00～4.50Cr,0.45Mo,2.00～2.40V,4.00～4.50Co,0.40Si,铁基	棒,条,薄板,带,锻件		
BH21	0.25～0.35,0.40Mn,2.25～3.25Cr,0.60Mo,9.50～10.00W,0.40V,0.40Si,铁基	棒,条,薄板,带,锻件		
BH21A	0.20～0.30C,0.40Mn,2.25～3.25Cr,2.00～2.50Ni,0.60Mo,8.50～10.00W,0.50V,0.40Si,铁基	棒,条,薄板,带,锻件		
BH26	0.50～0.60C,0.40Mn,3.75～4.50Cr,0.60Mo,17.50～18.50W,1.00～1.50V,0.60Co,0.40Si,铁基	棒,条,薄板,带,锻件		
BL3	0.95～1.05C,0.40Mn,1.30～1.50Cr,0.10～0.30V,0.40Si,铁基	棒,条,薄板,带,锻件		
BM1	0.75～0.85C,0.40Mn,3.75～4.50Cr,8.00～9.00Mn,1.00～2.00W,1.00～1.25V,0.40Si,铁基	棒,条,薄板,带,锻件		
BM2	0.80～0.90C,0.40Mn,3.75～4.50Cr,4.75～5.50Mo,6.00～6.75W,1.75～2.05V,0.60Co,0.40Si,铁基	棒,条,薄板,带,锻件		

续表

牌号	化学成分/%,不大于(注明范围值者除外)	形态	状态	硬度
BM15	1.45～1.60C,0.40Mn,4.50～5.00Cr,2.75～3.25Mo,6.25～7.00W,4.75～5.25V,4.50～5.50Co,0.40Si,铁基	棒,条,薄板,带,锻件		
BM34	0.85～0.95C,0.40Mn,3.75～4.50Cr,8.00～9.00Mo,1.70～2.20W,1.75～2.05V,7.75～8.75Co,0.40Si,铁基	棒,条,薄板,带,锻件		
BO1	0.85～1.00C,1.10～1.35Mn,0.40～0.60Cr,0.40～0.60W,0.25V,0.40Si,铁基	棒,条,薄板,带,锻件		
BO2	0.85～0.95C,1.50～1.80Mn,0.25V,0.40Si,铁基	棒,条,薄板,带,锻件		
BS1	0.45～0.55C,0.30～0.70Mn,1.20～1.70Cr,2.00～2.50W,0.10～0.30V,0.70～1.00Si,铁基	棒,条,薄板,带,锻件		
BS2	0.45～0.55C,0.30～0.50Mn,0.30～0.60Mo,0.10～0.30V,0.90～1.20Si,铁基	棒,条,薄板,带,锻件		
BS5	0.50～0.60C,0.60～0.80Mn,0.30～0.60Mo,0.10～0.30V,1.60～2.10Si,铁基	棒,条,薄板,带,锻件		
BT1	0.70～0.80C,0.40Mn,3.75～4.50Cr,0.70Mo,17.50～18.50W,1.00～1.25V,0.60Co,0.40Si,铁基	棒,条,薄板,带,锻件		
BT2	0.75～0.85C,0.40Mn,3.75～4.50Cr,0.70Mo,17.50～18.50W,1.75～2.05V,0.60Co,0.40Si,铁基	棒,条,薄板,带,锻件		
BT4	0.70～0.80C,0.40Mn,3.75～4.50Cr,1.00Mo,17.50～18.50W,1.00～1.25V,4.50～5.50Co,0.40Si,铁基	棒,条,薄板,带,锻件		
BT5	0.75～0.85C,0.40Mn,3.75～4.50Cr,1.00Mo,18.50～19.50W,1.75～2.05V,9.00～10.00Co,0.40Si,铁基	棒,条,薄板,带,锻件		
BT6	0.75～0.85C,0.40Mn,3.75～4.50Cr,1.00Mo,20.00～21.00W,1.25～1.75V,11.25～12.25Co,0.40Si,铁基	棒,条,薄板,带,锻件		
BT15	1.40～1.60C,0.40Mn,4.25～5.00Cr,1.00Mo,12.00～13.00W,4.75～5.25V,4.50～5.50Co,0.40Si,铁基	棒,条,薄板,带,锻件		
BT20	0.75～0.85C,0.40Mn,4.25～5.00Cr,1.00Mo,21.00～22.50W,1.40～1.60V,0.60Co,0.40Si,铁基	棒,条,薄板,带,锻件		
BT21	0.60～0.70C,0.40Mn,3.50～4.25Cr,0.70Mo,13.50～14.50W,0.40～0.60V,0.60Co,0.40Si,铁基	棒,条,薄板,带,锻件		
BT42	1.25～1.40C,0.40Mn,3.75～4.50Cr,2.75～3.50Mo,8.50～9.50W,2.75～3.25V,9.00～10.00Co,0.40Si,铁基	棒,条,薄板,带,锻件		
BW1A	0.85～0.95C,0.35Mn,0.15Cr,0.20Ni,0.10Mo,0.30Si,铁基	棒,条,薄板,带,锻件		
BW1B	0.95～1.10C,0.35Mn,0.15Cr,0.20Ni,0.10Mo,0.30Si,铁基	棒,条,薄板,带,锻件		
BW1C	1.10～1.30C,0.35Mn,0.10Mo,0.30Si,0.15Cr,0.20Ni,铁基	棒,条,薄板,带,锻件		
BW2	0.95～1.10C,0.35Mn,0.15maxCr0.10Mo,0.15～0.35V,0.30Si,0.20Ni,铁基	棒,条,薄板,带,锻件		

13.5 法国工具钢

表 13-27　工具钢的化学成分、形态及硬度

牌　号	化　学　成　分/%,不大于(注明范围值者除外)	形　态	状　态	硬　度
工具钢(NF A 35-590)				
1101(Y1120)	1.20C,0.10～0.30Mn,0.02P,0.02S,0.10～0.25Si,铁基	条,锻件	退火,淬火	表面硬度 HRC≥64
1102(Y1105)	0.95～1.09C,0.10～0.30Mn,0.02P,0.02S,0.10～0.25Si,铁基	条,锻件	退火,淬火	表面硬度 HRC≥63
1103(Y190)	0.85～0.94C,0.10～0.30Mn,0.02P,0.02S,0.10～0.25Si,铁基	条,锻件	退火,淬火	表面硬度 HRC≥62
1104(Y180)	0.75～0.84C,0.10～0.30Mn,0.02P,0.02S,0.10～0.25Si,铁基	条,锻件	退火,淬火	表面硬度 HRC≥61
1105(Y170)	0.65～0.74C,0.10～0.25Si,0.10～0.30Mn,0.02maxP,0.02maxS			
1161(Y1××V)	1.20C,0.10～0.30Mn,0.02P,0.02S,0.10～0.25Si,铁基	条,锻件		
1162(Y1105V)	0.95～1.09C,0.10～0.30Mn,0.02P,0.02S,0.10～0.25Si,0.05～0.15V,铁基	条,锻件	退火,淬火	表面硬度 HRC≥64
1163(Y7××V)	0.90C,0.10～0.30Mn,0.02P,0.02S,0.10～0.25Si,铁基	条,锻件		
1164(Y7××V)	0.75C,0.10～0.30Mn,0.02P,0.02S,0.10～0.25Si,铁基	条,锻件		
1200(Y2140C)	1.30～1.50C,0.10～0.40Mn,0.025P,0.025S,0.10～0.30Si,铁基	条,锻件	退火,淬火	表面硬度 HRC≥64
1201(Y2120)	1.10～1.29C,0.10～0.40Mn,0.025P,0.025S,0.10～0.30Si,铁基	条,锻件	退火,淬火	表面硬度 HRC≥64
1202(Y2105)	1.05C,0.10～0.40Mn,0.03P,0.03S,0.10～0.30Si,铁基	条,锻件		
1203(Y290)	0.90C,0.10～0.40Mn,0.03P,0.03S,0.10～0.30Si,铁基	条,锻件		
1204(Y275)	0.75C,0.10～0.40Mn,0.03P,0.03S,0.10～0.30Si,铁基	条,锻件		
1230(Y2140C)	1.20～1.50C,0.10～0.40Mn,0.025P,0.025S,0.10～0.30Si,铁基	条,锻件	退火,淬火	表面硬度 HRC≥64
1231(Y2120C)	1.10～1.29C,0.10～0.40Mn,0.025P,0.025S,0.10～0.30Si,铁基	条,锻件		
1232(Y2××C)	1.05C,0.10～0.40Mn,0.03P,0.03S,0.10～0.30Si,铁基	条,锻件		
1233(Y2××C)	0.90C,0.10～0.40Mn,0.03P,0.03S,0.10～0.30Si,铁基	条,锻件		
1234(Y2××C)	0.75C,0.10～0.40Mn,0.03P,0.03S,0.10～0.30Si,铁基	条,锻件		
1305(Y365)	0.60～0.90C,0.50～0.80Mn,0.10～0.40Si,0.035P,0.035S,铁基	条,锻件	退火,淬火	表面硬度 HRC≥60
1306(Y355)	0.52～0.60C,0.60～0.80Mn,0.10～0.40Si,0.035P,0.035S,铁基	条,锻件	退火,淬火	表面硬度 HRC≥58

续表

牌 号	化 学 成 分/%,不大于(注明范围值者除外)	形 态	状 态	硬 度
1307(Y348)	0.45～0.51C,0.50～0.80Mn,0.10～0.40Si,0.035P,0.035S,铁基	条,锻件	退火,淬火	表面硬度 HRC≥56
1308(Y342)	0.40～0.45C,0.50～0.80Mn,0.10～0.40Si,0.035P,0.035S,铁基	条,锻件	退火,淬火	表面硬度 HRC≥52
1309(Y338)	0.35～0.40C,0.50～0.80Mn,0.10～0.40Si,0.035P,0.035S,铁基	条,锻件	退火,淬火	表面硬度 HRC≥50
2121(140SMD4)	1.40C,1.00Mn,0.30Mo,0.03P,0.03S,1.00Si,铁基	条,锻件		
2130(Y100C2)	0.95～1.10C,0.20～0.40Mn,0.15～0.35Si,0.40～0.60Cr,0.025P,0.025S,铁基	条,锻件	退火,淬火回火	退火硬度 HB≤217
2131(100C3)	1.00C,0.30Mn,0.75Cr,0.15V,0.03P,0.03S,0.30Si,铁基	条,锻件		
2132(130C3)	1.20～1.40C,0.15～0.45Mn,0.60～0.90Cr,0.025P,0.025S,0.10～0.40Si,铁基	条,锻件	退火,淬火回火	退火硬度 HB≤217
2133(Y100C6)	0.95～1.10C,0.20～0.40Mn,0.15～0.35Cr,0.15～0.35Si,0.025P,0.025S,铁基	条,锻件		
2134(100CM6)	0.90～1.05C,0.95～1.25Mn,0.40～0.70Si,1.35～1.60Cr,0.025P,0.025S,铁基	条,锻件	退火,淬火回火	退火硬度 HB≤217
2141(105WC13)	1.00～1.15C,0.70～1.00Mn,0.10～0.40Si,0.80～1.10Cr,1.00～1.60W,0.025P,0.025S,铁基	条,锻件	退火,淬火回火	退火硬度 HB≤217
2142(110WC20)	1.10C,0.30Mn,0.75Cr,2.00W,0.03P,0.03S,0.30Si,铁基	条,锻年	退火,淬火回火	
2211(90MV8)	0.80～0.95C,1.80～2.20Mn,0.05～0.20V,0.025P,0.025S,0.10～0.40Si,铁基	条,锻件	退火,淬火回火	退火硬度 HB≤223
2212(90MWCV5)	0.85～1.00C,1.05～1.35Mn,0.35～0.65Cr,0.40～0.70W,0.025P,0.025S,0.10～0.40Si,铁基	条,锻件	退火,淬火回火	退火硬度 HB≤238
2231(Z100CDV5)	0.90～1.05C,0.50～0.80Mn,4.80～5.50Cr,0.90～1.30Mo,0.15～0.35V,0.025P,0.025S,0.10～0.40Si,铁基	条,锻件	退火,淬火回火	退火硬度 HB≤241
2233(Z200C12)	1.90～2.20C,0.15～0.45Mn,11.00～13.00Cr,0.025P,0.025S,0.10～0.40Si,铁基	条,锻件	退火,淬火回火	退火硬度 HB≤248
2234(Z200CD12)	1.80～2.10C,0.40～0.70Mn,11.00～13.00Cr,0.50～0.80Mo,0.025P,0.025S,0.10～0.40Si,铁基	条,锻件	退火,淬火回火	退火硬度 HB≤255
2235 (Z160CDV12)	1.45～1.70C,0.15～0.45Mn,11.00～13.00Cr,0.70～1.10Mo,0.70～1.10V,0.025P,0.025S,0.10～0.40Si,铁基	条,锻件	退火,淬火回火	退火硬度 HB≤255
2236 (Z160CKDV12.03)	1.50～1.75C,0.15～0.45Mn,12.00～14.00Cr,0.70～1.10Mo,0.15～0.30V,2.50～3.00Co,0.025P,0.025S,0.10～0.40Si,铁基	条,锻件	退火,淬火回火	退火硬度 HB≤255
2237(Z230CVD12.04)	2.30maxC,12.00Cr,1.00Mo,4.00V,0.03P,0.03S,0.30Si,铁基	条,锻件		
2321(Y46S7)	0.43～0.49C,0.50～0.80Mn,1.60～2.00Si,0.025P,0.025S,铁基	条,锻件	退火,淬火回火	退火硬度 HB≤241
2322(Y51S7)	0.48～0.54C,0.50～0.80Mn,1.60～2.00Si,0.025P,0.025S,铁基	条,锻件	退火,淬火回火	退火硬度 HB≤248
2324(Y45SCD)	0.42～0.50C,0.50～0.80Mn,1.30～1.70Si,0.50～0.75Cr,0.15～0.30Mo,0.025P,0.025S,铁基	条,锻件	退火,淬火回火	退火硬度 HB≤248

续表

牌号	化学成分/%,不大于(注明范围值者除外)	形态	状态	硬度
2331(Y42CD4)	0.39～0.46C,0.60～0.90Mn,0.10～0.40Si,0.85～1.15Cr,0.15～0.30Mo,0.025P,0.025S,铁基	条,锻件	退火,淬火回火	退火硬度 HB≤217
2332(Y50CV4)	0.50 max C,0.30 max,Si,0.80 max Mn,0.03 max P,0.03 max S,1.00 max Cr,0.15 max V			
2333(35CMD7)	0.32～0.38C,0.80～1.20Mn,0.40～0.70Si,1.60～2.00Cr,0.40～0.60Mo,0.025P,0.025S,铁基	条,锻件	预备热处理	硬度 HB300
2341(55WC20)	0.50～0.60C,0.15～0.45Mn,0.70～1.10Si,0.90～1.20Cr,1.70～2.20W,0.025P,0.025S,铁基	条,锻件	退火,淬火回火	退火硬度 HB≤228
2381(Y35NC15)	0.32～0.38C,0.30～0.60Mn,0.10～0.40Si,3.50～4.00Ni,1.40～1.80Cr,0.025P,0.025S,铁基	条,锻件	退火,淬火回火	退火硬度 HB≤255
2831(Z8CDV5)	0.08C,0.30Mn,5.00Cr,1.00Mo,0.30V,0.03P,0.03S,0.20Si,铁基	条,锻件		
2730(Z100CD17)	0.95～1.10C,1.00Mn,1.00Si,16.00～18.00Cr,0.40～0.70Mo,0.030P,0.030S,铁基	条,锻件	退火,淬火回火	退火硬度 HB≤255
2732(Z40C14)	0.35～0.45C,1.00Mn,1.00Si,1.00Ni,12.50～14.50Cr,0.040P,0.030S 铁基	条,锻件	退火,淬火回火	退火硬度 HB≤241
2881(410NC6)	0.10 max C,0.30 max Si,0.70 max Mn,0.03 max P,0.03 max S,1.00 max Cr,1.50 max Ni			
2882(10NC12)	0.10 max C,0.30 max Si,0.40 max Mn,0.03 max P,0.03 max S,0.80 max Cr,3.00 max Ni			
3331(45CDV6)	0.41～0.49C,0.10～0.40Mn,1.35～1.65Cr,0.70～1.00Mo,0.15～0.35V,0.025P,0.025S,0.10～0.40Si,铁基	条,锻件	退火,淬火回火	退火硬度 HB≤229
3333(40CDV13)	0.30～0.43C,0.40～0.70Mn,0.10～0.40Si,2.90～3.50Cr,0.50～0.80Mn,0.05～0.15V,0.025P,0.025S,铁基	条,锻件	退火,淬火回火	退火硬度 HB≤229
3335(55CNDV4)	0.50～0.60C,0.60～1.00Mn,0.10～0.40Si,0.45～0.75Ni,0.85～1.15Cr,0.30～0.50Mo,0.05～0.15V,铁基	条,锻件	退火,淬火回火	退火硬度 HB≤248
3381(55NCDV7)	0.50～0.60C,0.50～0.60Mn,0.70～1.00Cr,1.50～2.00Ni,0.30～0.50Mo,0.05～0.15V,0.025P,0.025S,0.10～0.40Si,铁基	条,锻件	退火,淬火回火	退火硬度 HB≤248
3382(Y35NCD16)	0.35C,0.40Mn,1.80Cr,4.0Ni,0.40Mo,0.10V,0.03P,0.03S,0.30Si,铁基	条,锻件		
3383(32NDC18-12)	0.32C,0.30Mn,0.50Cr,4.50Ni,1.20Mo,0.03P,0.03S,0.30Si,铁基	条,锻件		
3384(35NCDV8)	0.32～0.38C,0.30～0.60Mn,0.10～0.40Si,2.00～2.40Ni,1.90～2.30Cr,0.50～0.80Mo,0.05～0.15V,0.025P,0.025S,铁基	条,锻件	退火,淬火回火	退火硬度 HB≤241
3385(40NCD16)	0.35～0.43C,0.30～0.60Mn,0.10～0.40Si,3.70～4.20Ni,1.60～2.00Cr,0.30～0.50Mo,0.025P,0.025S,铁基	条,锻件	退火,淬火回火	退火硬度 HB≤277
3431(Z38CDV5)	0.34～0.42C,0.80～1.20Si,0.20～0.50Mn,0.025 max P,0.025 max S,4.80～5.50Cr,1.20～1.50Mo,0.30～0.50V,铁基	条,锻件	退火,淬火回火	退火硬度 HB≤229

续表

牌号	化学成分/%,不大于(注明范围值者除外)	形态	状态	硬度
3432(Z35CDWV5)	0.32～0.40C,0.20～0.50Mn,0.80～1.20Si,4.80～5.50Cr,1.20～1.50Mo,1.10～1.60W,0.30～0.50V,0.025P,0.025S,铁基	条,锻件	退火,淬火回火	退火硬度 HB≤229
3343(Z40CDV5)	0.36～0.44C,0.20～0.50Mn,4.80～5.50Cr,1.20～1.50Mo,0.85～1.15V,0.025P,0.025S,0.80～1.20Si,铁基	条,锻件	退火,淬火回火	退火硬度 HB≤229
3451(32DCV28)	0.28～0.35C,0.20～0.50Mn,2.60～3.30Cr,2.50～3.00Mo,0.40～0.70V,0.025P,0.025S,0.10～0.40Si,铁基	条,锻件	退火,淬火回火	退火硬度 HB≤229
3452(30DCKV28)	0.30C,0.30Mn,2.80Cr,2.80Mo,0.50V,2.50Co,0.03P,0.03S,0.30Si,铁基	条,锻件		
3455(20DN34.13)	0.18～0.23C,0.50～0.80Mn,2.90～3.50Ni,3.10～3.70Mo,0.025P,0.025S,0.10～0.40Si,铁基	条,锻件		
3541(Z32WCV5)	0.28～0.35C,0.15～0.45Mn,2.00～3.00Cr,4.50～5.10W,0.40～0.70V,0.025P,0.025S,0.10～0.40Si,铁基	条,锻件	退火,淬火回火	退火硬度 HB≤235
3543(Z30WCV9)	0.25～0.32C,0.15～0.45Mn,2.50～3.50Cr,8.50～9.50W,0.30～0.50V,0.025P,0.025S,0.10～0.40Si,铁基	条,锻件	退火,淬火回火	退火退度 HB≤241
3545(Z25WCKDV9)	0.20C,0.30Mn,2.50Cr,1.00Mo,8.50W,0.40V,2.00Co,0.03P,0.03S,0.60Si,铁基	条,锻件		
3547(Z60WCV18)	0.60C,0.20Mn,4.25Cr,18.00W,1.00V,0.03P,0.03S,0.30Si,铁基	条,锻件		
3548(Z65WDCV6-05)	0.65maxC,4.00Cr,5.00Mo,6.00W,2.00V,0.03P,0.03S,0.30Si,铁基	条,锻件		
3551(Y80DCV42-16)	0.77～0.85C,0.10～0.40Mn,0.10～0.40Si,3.75～4.50Mo,0.90～1.20V,0.025P,0.025S,铁基	条,锻件	退火,淬火回火	退火强度 HB≤241
3632(Z10CNS25-20)	0.15C,2.00Mn,1.50～2.50Si,18.00～21.00Ni,23.00～26.00Cr,0.040P,0.030S,铁基	条,锻件	水淬	硬度 HB～200
3636(Z10NCS37-18)	0.15C,2.00Mn,1.50～2.50Si,36.00～39.00Ni,16.00～19.00Cr,0.040P,0.030S,铁基	条,锻件	水淬	硬度 HB～200
4151(Z80WCDV12-04-02)	0.80C,0.30Mn,4.00Cr,2.00Mo,12.00W,2.00V,0.03P,0.03S,0.30Si,铁基	条,锻件		
4161(Z130WCV12-04-04)	1.30C,0.30Mn,4.00Cr,0.50Mo,12.00W,3.50V,0.03P,0.03S,0.30Si,铁基	条,锻件		
4171(Z160WKVC12-05-05-04)	1.50～1.65C,0.40Mn,4.00～5.00Cr,0.70～1.00Mo,11.50～13.00W,4.75～5.35V,4.50～5.20Co,0.03P,0.03S,0.50Si,铁基	条,锻件	退火,淬火回火	退火硬度 HB 270～285
4175(Z165WKCV12-10-0)	0.65C,0.30Mn,4.00Cr,1.00Mo,12.00W,5.00V,10.00Co,0.03P,0.03S,0.20Si,铁基	条,锻件		
4176(Z130WKCDV-10-10-04-04-03)	1.20～1.35C,3.50～4.50Cr,9.00～10.00W,3.20～3.90Mo,3.00～3.50V,9.50～10.50Co,0.50Si,0.40Mn,0.030P,0.030S,铁基	条,锻件		

续表

牌 号	化 学 成 分/%,不大于(注明范围值者除外)	形 态	状 态	硬 度
4201(Z80W CV18-04-01)	0.75～0.83C,3.50～4.50Cr,17.20～18.70W,1.00～1.30V,0.50Si,0.40Mn,0.030P,0.030S,铁基	条,锻件		
4203(Z85W CV18-04-02)	0.85C,0.30Mn,4.00Cr,0.50Mo,18.00W,2.00V,0.03P,0.03S,0.20Si,铁基	条,锻件		
4271(Z80W KCV18-05-04-01)	0.77～0.85C,3.50～4.50Cr,17.20～18.70W,0.70～1.00Mo,1.10～1.60V,4.50～5.20Co,0.50Si,0.40Mn,0.030P,0.030S,铁基	条,锻件	退火,淬火回火	退火硬度 HB 260～275
4275(Z80W KCV18-10-04-02)	0.76～0.84C,3.50～4.50Cr,17.20～18.70W,1.30～1.80V,9.50～10.50Co,0.50Si,0.40Mn,0.030P,0.030S,铁基	条,锻件	退火,淬火回火	退火硬度 HB 275～300
4301(Z85W DCV06-05-04-02)	0.80～0.87C,3.50～4.50Cr,5.70～6.70W,4.60～5.30Mo,1.70～2.20V,0.50Si,0.40Mn,0.030P,0.030S,铁基	条,锻件	退火,淬火回火	退火硬度 HB 240～260
4302(Z90WD CV06-05-04-02)	0.88～0.96C,3.50～4.50Cr,5.70～6.70W,4.60～5.30Mo,1.70～2.20V,0.50Si,0.40Mn,0.030P,0.030S,铁基	条,锻件	退火,淬火	
4360(Z120WD CV06-05-04-03)	1.15～1.25C,3.50～4.50Cr,5.70～6.70W,4.60～5.30Mo,2.70～3.20V,0.50Si,0.40Mn,0.030P,0.030S,铁基	条,锻件	退火,淬火	
4361(Z130WD CV06-05-04-04)	1.25～1.40C,4.00～5.00Cr,5.00～6.00Cr,4.20～5.00Mo,3.60～4.20V,0.50Si,0.40Mn,0.030P,0.030S,铁基	条,锻件	退火,淬火回火	退火硬度 HB 235～260
4371(Z85WDCV06-05-05-04-02)	0.80～0.87C,3.50～4.50Cr,5.70～6.70W,4.60～5.30Mo,1.70～2.20V,4.50～5.20Co,0.50Si,0.40Mn,0.030P,0.030S,铁基	条,锻件	退火,粹火回火	退火硬度 HB 255～270
4372(Z90WDKCV06-05-05-04-02)	0.88～0.96C,3.50～4.50Cr,5.70～6.70W,4.60～5.30Mo,1.70～2.20V,4.50～5.20Co,0.50Si,0.40Mn,0.030P,0.030S,铁基	条,锻件	退火,淬火	
4373(Z150W DKCV07-05)	1.50C,0.30Mn,4.00Cr,5.00Mo,6.50W,5.00V,5.00Co,0.03P,0.03S,0.30Si,铁基	条,锻件		
4374(Z110WKCDV07-05-04-04-02)	1.05～1.15C,3.50～4.50Cr,6.40～7.40W,3.50～4.20Mo,1.70～2.20V,4.70～5.20Co,0.50Si,0.40Mn,0.030P,0.030S,铁基	条,锻件	退火,淬火	
4375(Z175KW DCV10-07)	1.75C,0.30Mn,4.00Cr,5.00Mo,6.50W,5.00V,10.00Co,0.03P,0.03S,0.30Si,铁基	条,锻件		
4376(Z130KWDCV12-07-06-04-03)	1.20～1.35C,3.50～4.50Cr,6.75～7.75W,6.00～6.50Mo,3.00～3.50V,11.25～12.25Co,0.50Si,0.40Mn,0.030P,0.030S,铁基	条,锻件	退火,淬火	
4441(Z85DC WV08-04-02-01)	0.80～0.88C,3.50～4.50Cr,1.40～2.00W,8.00～9.00Mo,1.00～1.50V,0.50Si,0.40Mn,0.030P,0.030S,铁基	条,锻件	退火,淬火回火	退火硬度 HB 230～260

续表

牌号	化学成分/%,不大于(注明范围值者除外)	形态	状态	硬度
4442(Z100DCW V09-04-02-02)	0.95～1.05C,3.50～4.50Cr,1.50～2.10W,8.20～9.20Mo,1.70～2.20V,0.50Si,0.40Mn,0.030P,0.030S,铁基	条,锻件	退火,淬火	
4475 2-9-1-8	1.10 max C,0.30 max Si,0.30 max Mn,0.03 max P,0.03 max S,4.00 max Cr,9.00 max Mo,1.00 max V,1.50 max W,8.00 max Co	条,锻件		
工具钢(NF A 35-596)				
Y45	0.42～0.49C,0.10～0.30Si,0.40～0.60Mn,0.025P,0.025S,铁基	棒,条		
Y55	0.50～0.59C,0.10～0.30Si,0.40～0.70Mn,0.025P,0.025S,铁基	棒,条		
Y65	0.60～0.69C,0.10～0.30Si,0.40～0.70Mn,0.025P,0.025S,铁基	棒,条		
Y75	0.70～0.80C,0.10～0.30Si,0.40～0.70Mn,0.025P,0.025S,铁基	棒,条		
Y90	0.85～0.95C,0.10～0.30Si,0.40～0.70Mn,0.025P,0.025S,铁基	棒,条		
工具钢(NF A 35-595)				
Z20C13	0.15～0.24C,1.00Mn,1.00Si,0.04P,0.03S,1.00Ni,12.00～14.00Cr,铁基	斜刃扁钢带,板,棒	退火,淬火(回火)	退火硬度 HB≤200
Z30C13	0.25～0.34C,1.00Mn,1.00Si,0.04P,0.03S,1.00Ni,12.00～14.00Cr,铁基	斜刃扁钢,带,板,棒	退火,淬火(回火)	退火硬度 HB≤212
Z40C14	0.35～0.45C,1.00Mn,1.00Si,0.04P,0.03S,1.00Ni,12.50～14.50Cr,铁基	斜刃扁钢,带,板,棒	退火,淬火(回火)	退火硬度 HB≤220
Z50CD13	0.45～0.55C,1.00Mn,1.00Si,0.04P,0.03S,1.00Ni,12.00～14.00Cr,0.60～0.90Mo,铁基	斜刃扁钢,带,板,棒	退火,淬火(回火)	退火硬度 HB≤230
Z70C15	0.65～0.75C,1.00Mn,1.00Si,0.04P,0.03S,1.00Ni,14.00～16.00Cr,铁基	斜刃扁钢,带,板,棒	退火,淬火	

13.6 德国工具钢

表 13-28 工具钢的化学成分、形态、状态及硬度(DIN 17350)

牌号	化学成分/%,不大于(注明范围值者除外)	形态	状态	硬度
21MnCr5/1.2162	0.18～0.24C,0.15～0.35Si,1.10～1.40Mn,1.00～1.3Cr,0.030P,0.030S	线,薄板,带等	软化退火	HB≤212
31CrV3/1.2208	0.28～0.35C,0.25～0.40Si,0.40～0.60Mn,0.40～0.70Cr,0.07～0.12V,0.030P,0.030S	棒,扁等	软化退火	
40CrMnMoS86/1.2312	0.35～0.45C,0.30～0.50Si,1.40～1.60Mn,1.80～2.00Cr,0.15～0.25Mo,0.030P,0.05～0.10S	线,棒,扁,薄板,带等	淬火+回火	HB≤300
45CrMoV7/1.2328	0.42～0.47C,0.20～0.30Si,0.85～1.00Mn,0.03P,0.03S,1.70～1.90Cr,0.25～0.30Mo,0.05V	棒,扁等		
48CrMoV67/1.2323	0.40～0.50C,0.15～0.35Si,0.60～0.90Mn,13.0～16.0Cr,0.65～0.85Mo,0.25～0.35V,0.030P,0.030S	棒,管等	软化退火	
50NiCr13/1.2721	0.45～0.55C,0.15～0.35Si,0.40～0.60Mn,0.035P,0.035S,0.90～1.20Cr,3.00～3.50Ni	冷作工具钢	软化退火	HB≤217
51CrV4/1.2241	0.47～0.55C,0.15～0.35Si,0.80～1.10Mn,0.90～1.20Cr	扁,薄板等	软化退火	
55NiCrMoV6/1.2713	0.50～0.60C,0.10～0.40Si,0.65～0.90Mn,0.030P,0.030S,0.60～0.80Cr,0.25～0.35Mo,0.07～0.12V,1.50～1.80Ni	棒,锻件等	软化退火	HB≤248
56NiCrMoV7/1.2714	0.50～0.60C,0.10～0.40Si,0.65～0.95Mn,0.030P,0.030S,1.00～1.20Cr,0.45～0.55Mo,1.50～1.80Ni,0.07～0.12V,1.00～1.30Cr	棒,锻模等	软化退火	HB≤248
60WCrV7/1.2550	0.55～0.65C,0.50～0.70Si,0.15～0.45Mn,0.90～1.20Cr,0.10～0.20V,1.80～2.10W	棒,扁,管,薄板	软化退火	HB≤229
61CrSiV5/1.2243	0.57～0.65C,0.70～1.00Si,0.60～0.90Mn,0.035P,0.035S,1.00～1.30Cr,0.07～0.12V	冷作工具钢	软化退火	HB≤217
62SiMnCr4/1.1201	0.58～0.66C,0.90～1.20Si,0.90～1.20Mn,0.40～0.70Cr,0.030P,0.030S	扁,薄板等	软化退火	
75Cr1/1.2003	0.70～0.80C,0.25～0.50Si,0.60～0.80Mn,0.03P,0.03S,0.30～0.40Cr	薄板,带	软化退火	
80MoCrV4216/1.3551	0.77～0.85C,0.25 max Si,0.35 max Mn,0.01P,0.01S,3.75～4.25Cr,4.00～4.50Mo,0.010 max Ni,0.90～1.10V			
90MnCrV8/1.2842	0.85～0.95C,0.10～0.40Si,1.90～2.10Mn,0.03P,0.03S,0.20～0.50Cr,0.05～0.15V	棒,扁	软化退火	HB≤229
100Cr6/1.2067	0.95～1.10C,0.15～0.35Si,0.25～0.45Mn,0.03P,0.03S,1.35～1.65Cr	棒,锻件等	软化退火	HB≤223
105WCr6/1.2419	1.00～1.10C,0.10～0.40Si,0.80～1.10Mn,0.030P,0.030S,0.90～1.10Cr,1.00～1.30W	棒,扁,锻件等	软化退火	HB≤229
110WCrV5/1.2519	1.05～1.15C,0.15～0.30Si,0.20～0.40Mn,1.10～1.30Cr,0.15～0.25V,1.20～1.40W,0.03P,0.03S	扁,棒,锻件等		
115CrV3/1.2210	1.10～1.25C,0.15～0.30Si,0.20～0.40Mn,0.03P,0.03S,0.50～0.80Cr,0.07～0.12V	棒,管,扁	软化退火	HB≤223

续表

牌 号	化学成分/%,不大于(注明范围值者除外)	形 态	状 态	硬 度
145V33/1.2838	1.40～1.50C,0.20～0.35Si,0.30～0.50Mn,0.030P,0.030S,3.00～3.50V	棒,扁,锻件	软化退火	HB≤229
C45W/1.1730	0.40～0.50C,0.15～0.40Si,0.60～0.80Mn,0.035P,0.035S	线,棒,扁,薄板,管	不热处理	HB≤190
C55W/1.820	0.50～0.58C,0.15Si,0.30～0.50Mn,0.03P,0.03S	棒	软化退火	HB≤170
C60W/1.1740	0.55～0.65C,0.15～0.40Si,0.60～0.80Mn,0.035P,0.035S	线,棒,扁	软化退火	HB≤231
C70W2/1.1620	0.65～0.74C,0.10～0.30Si,0.10～0.35Mn,0.030P,0.030S	棒,扁等	软化退火	HB≤183
C75W/1.1750	0.72～0.82C,0.15～0.40Si,0.60～0.80Mn,0.035P,0.035S	棒	软化退火	HB≤217
C80W1/1.1525	0.75～0.85C,0.10～0.25Si,0.10～0.25Mn,0.020P,0.020S	棒,扁等	软化退火	HB≤192
C80W2/1.1625	0.75～0.85C,0.10～0.30Si,0.10～0.35Mn,0.04P,0.03S	棒	软化退火	HB≤190
C85W/1.1830	0.80～0.90C,0.25～0.40Si,0.50～0.70Mn,0.025P,0.020S	线,薄板,带	软化退火	HB≤220
C105W1/1.1545	1.00～1.10C,0.10～0.25Si,0.10～0.25Mn,0.020P,0.020S	棒,条	软化退火	HB≤213
S2-9-2/1.3348	0.97～1.07C,0.45Si,0.40Mn,0.030P,0.030S,3.50～4.20Cr,8.00～9.20Mo,1.80～2.20V,1.50～2.00W	高速钢	软化退火	
S3-3-2/1.3333	0.95～1.03C,0.45Si,0.40Mn,0.030P,0.030S,3.80～4.50Cr,2.50～2.80Mo,2.20～2.50V,2.70～3.00W	高速钢棒	软化退火	
S6-5-2-5/1.3243	0.88～0.96C,0.45Si,0.40Mn,0.030P,0.030S,4.50～5.00Co,3.80～4.50Cr,4.70～5.20Mo,1.70～2.00V,6.00～6.70W	高速钢棒	软化退火	HB240～300
S6-5-2-5S/1.3245	0.06～0.15S,其余同上	高速棒钢		
S6-5-2/1.3343	0.86～0.94C,0.45Si,0.40Mn,0.030P,0.030S,3.80～4.50Cr,4.70～5.20Mo,1.70～2.00V,6.00～6.70W,0.06～0.15S,其余同上	高速钢棒,扁,带	软化退火	HB 240～300
S6-5-2S/1.3340	0.06～0.15S,其余同上	高速钢棒,扁,带	软化退火	
S6-5-3/1.3344	1.17～1.27C,0.45Si,0.40Mn,0.030P,0.030S,3.80～4.50Cr,4.70～5.20Mo,2.70～3.20V,6.00～6.70W	棒	软化退火	HB 240～300
S7-4-2-5/1.3246	1.05～1.15C,0.45Si,0.40Mn,0.030P,0.030S,4.80～5.20Co,3.80～4.50Cr,3.60～4.00Mo,1.70～1.90V,6.60～7.10W	高速钢棒	软化退火	HB 240～300
S10-4-3-10/1.3207	1.20～1.35C,0.45Si,0.40Mn,0.030P,0.030S,9.50～10.50Co,3.80～4.50Cr,3.20～3.90Mo,3.00～3.50V,9.00～10.00W	高速钢棒,扁	软化退火	HB 240～300
S12-1-4-5/1.3202	1.30～1.45C,0.45Si,0.40Mn,0.030P,0.030S,4.50～5.00Co,3.80～4.50Cr,0.70～1.00Mo,3.50～4.00V,11.50～12.50W	高速钢棒,扁	软化退火	HB 240～300

续表

牌号	化学成分/%,不大于(注明范围值者除外)	形态	状态	硬度
S18-1-2-5/1.3255	0.75～0.83C,0.45Si,0.40Mn,0.030P,0.030S,4.50～5.00Co,3.80～4.50Cr,0.50～0.80Mo,1.40～1.70V,17.50～18.50W	高速钢棒,扁	软化退火	HB 240～300
SC6-5-2/1.3342	0.95～1.05C,0.45Si,0.40Mn,0.030P,0.030S,3.80～4.50Cr,4.70～5.20Mo,1.70～2.20V,6.00～6.70W	高速钢棒	软化退火	HB 240～300
SC6-5-2S/1.3340	0.06～0.15S,其余同上			
X6CrMo4/1.2341	0.07C,0.20Si,0.20Mn,0.03P,0.03S,3.50～4.00Cr,0.30～0.60Mo	高速钢棒	软化退火	
X19NiCrMo4/1.2764	0.16～0.22C,0.10～0.40Si,0.15～0.45Mn,1.10～1.40Cr,0.15～0.25Mo,3.80～4.30Ni,0.030P,0.030S	棒,板	软化退火	HB ≤255
X32CrMoV33/1.2365	0.28～0.35C,0.10～0.40Si,0.15～0.45Mn,0.030P,0.030S,2.70～3.20Cr,2.60～3.00Mo,0.40～0.70V	棒,板(热作)	软化退火	HB≤229
X33WCrVMo1212/1.2625	0.30～0.35C,0.15～0.30Si,0.25～0.40Mn,0.03P,0.03S,11.50～12.50Cr,0.40～0.60Mo,1.00～1.10V,11.50～12.50W			
X36CrMo17/1.2316	0.33～0.43C,1.00Si,1.00Mn,15.00～17.00Cr,1.00～1.30Mo,1.00Ni,0.030P,0.030S	棒,扁,板(热作)	软化退火	HB≤285
X37CrMoW51/1.2606	0.32～0.40C,0.90～1.20Si,0.30～0.60Mn,0.035P,0.035S,5.00～5.60Cr,1.30～1.60Mo,0.15～0.40V,1.20～1.40W	热作工具钢	软化退火	HB≤231
X38CrMoV51/1.2343	0.36～0.42C,0.90～1.20Si,0.30～0.50Mn,0.030P,0.030S,4.80～5.50Cr,1.10～1.40Mo,0.25～0.50V	棒(热作)	软化退火	HB ≤229
X40CrMoV51/1.2344	0.37～0.43C,0.90～1.20Si,0.30～0.50Mn,0.030P,0.030S,4.80～5.50Cr,1.20～1.50Mo,0.90～1.10V	棒(热作)	软化退火	HB ≤229
X45NiCrMo4/1.2767	0.40～0.50C,0.10～0.40Si,0.15～0.45Mn,0.030P,0.030S,1.20～1.50Cr,0.15～0.35Mo,3.80～4.30Ni	冷,热作工具钢	软化退火	HB ≤275
X96CrMoV12/1.2376	0.92～1.00C,0.20～0.40Si,0.20～0.40Mn,0.030P,0.030S,11.00～12.00Cr,0.80～1.00Mo,0.80～1.00V	扁,板(冷作)	软化退火	
X155CrVMo12/1.2379	1.50～1.60C,0.10～0.40Si,0.15～0.45Mn,11.00～12.00Cr,0.60～0.80Mo,0.90～1.10V,0.030P,0.030S	棒,扁,薄板等(冷作)	软化退火	HB ≤255
X165CrCoMo12/1.2880	1.55～1.75C,0.25～0.40Si,0.20～0.40Mn,0.035P,0.035S,1.20～1.40Co,11.00～12.00Cr,0.50～0.60Mo	冷作工具钢	软化退火	HB ≤231
X165CrMoV12/1.2601	1.55～1.75C,0.25～0.40Si,0.20～0.40Mn,11.00～12.00Cr,0.50～0.70Mo,0.10～0.50V,0.40～0.60W,0.030P,0.030S	棒,扁,薄板等(冷作)	软化退火	HB ≤255
X210Cr12/1.2080	1.90～2.20C,0.10～0.40Si,0.15～0.45Mn,0.030P,0.030S,11.00～12.00Cr	棒,扁,管,薄板(冷作)	软化退火	HB ≤248
X210CrW12/1.2436	2.00～2.25C,0.10～0.40Si,0.15～0.45Mn,0.030P,0.030S,11.00～12.00Cr,0.60～0.80W	棒,扁,管,薄板(冷作)	软化退火	HB ≤255

13.7 日本工具钢

表 13-29 工具钢的化学成分、形态、状态及硬度

牌号	化学成分/%,不大于(注明范围值者除外)	形态	状态	硬度
工具钢(JIS G 4401)				
SK1	1.30～1.50C,0.35 max Si,0.50 max Mn,0.03 max P,0.03 max S,0.30 max Cr,0.25 max Ni,0.25 max Cu			退火硬度 HB ≤217
SK2	1.10～1.30C,0.35 max Si,0.50 max Mn,0.03 max P,0.03 max S,0.30 max Cr,0.25 max Ni,0.25 max Cu			退火硬度 HB ≤212
SK3	1.00～1.10C,0.35 max Si,0.50 max Mn,0.03 max P,0.03 max S,0.30 max Cr,0.25 max Ni,0.25 max Cu			退火硬度 HB ≤212
SK4	0.90～1.00C,0.35 max Si,0.50 max Mn,0.03 max P,0.03 max S,0.30 max Cr,0.25 max Ni,0.25 max Cu			退火硬度 HB ≤207
SK5	0.80～0.90C,0.35 max Si,0.50 max Mn,0.03 max P,0.03 max S,0.30 max Cr,0.25 max Ni,0.25 max Cu			退火硬度 HB ≤207
SK6	0.70～0.80C,0.35 max Si,0.50 max Mn,0.03 max P,0.03 max S,0.30 max Cr,0.25 max Ni,0.25 max Cu			退火硬度 HB ≤201
SK7	0.60～0.70C,0.35 max Si,0.50 max Mn,0.03 max P,0.03 max S,0.30 max Cr,0.25 max Ni,0.25 max Cu			退火硬度 HB ≤201
工具钢(JIS G 4403)				
SKH2	0.73～0.85C,0.40Mn,3.80～4.50Cr,0.25Ni,17.00～19.00W,0.80～1.20V,0.25Cu,0.03P,0.03S,0.40Si,铁基	棒,锻件	锻压退火	退火硬度 HB ≤248
SKH3	0.73～0.85C,0.40Mn,3.80～4.50Cr,0.25Ni,17.00～19.00W,0.80～1.20V,4.50～5.50Co,0.25Cu,0.03P,0.03S,0.40Si,铁基	棒,锻件	锻压退火	退火硬度 HB ≤269
SKH4	0.73～0.83C,0.40 max Si,0.40 max Mn,0.03 max P,0.03 max S,3.80～4.50Cr,17.00～19.00W,1.00～1.50V,9.00～11.00Co	棒,锻件	锻压退火	退火硬度 HB ≤285
SKH4A	0.70～0.85C,0.40Mn,3.80～4.50Cr,0.25Ni,17.00～19.00W,1.00～1.50V,9.00～11.00Co,0.25Cu,0.03P,0.03S,0.40Si,铁基	棒,锻件	锻压退火	
SKH4B	0.70～0.85C,0.40Mn,3.80～4.50Cr,0.25Ni,18.00～20.00W,1.00～1.50V,14.00～16.00Co,0.25Cu,0.01 max P,0.40Si	棒,锻件	锻压退火	

续表

牌号	化学成分/%,不大于(注明范围值者除外)	形态	状态	硬度
SKH5	0.20～0.40C,0.40Mn,3.80～4.50Cr,0.25Ni,17.00～22.00W,1.00～1.50V,16.00～17.00Co,0.25Cu,0.03P,0.03S,0.40Si,铁基	棒,锻件	锻压退火	
SKH9	0.80～0.90C,0.40Mn,3.80～4.50Cr,0.25Ni,4.50～5.50Mo,5.50～6.70W,1.60～2.20V,0.25Cu,0.03P,0.03S,0.40Si,铁基	棒,锻件	锻压退火	
SKH10	1.45～1.60C,0.40Mn,3.80～4.50Cr,0.25Ni,11.50～13.50W,4.20～5.20V,4.20～5.20Co,0.25Cu,0.03P,0.03S,0.40Si,铁基	棒,锻件	锻压退火	退火硬度 HB≤285
SKH51	0.80～0.90C,0.40 max Si,0.40 max Mn,0.03 max P,0.03 max S,3.80～4.50Cr,4.50～5.50Mo,5.50～6.70W,1.60～2.20V,0.25 max Ni,0.25 max Cu	棒,锻件	锻压退火	退火硬度 HB≤255
SKH52	1.00～1.10C,0.40Mn,3.80～4.50Cr,0.25Ni,4.80～6.20Mo,5.50～6.70W,2.30～2.80V,0.25Cu,0.03P,0.03S,0.40Si,铁基	棒,锻件	锻压退火	退火硬度 HB ≤269
SKH53	1.10～1.25C,0.40Mn,3.80～4.50Cr,0.25Ni,4.80～6.20Mo,5.50～6.70W,2.80～3.30V,铁基	棒,锻件	锻压退火	退火硬度 HB ≤269
SKH54	1.25～1.40C,0.40Mn,3.80～4.50Cr,0.25Ni,4.50～5.50Mo,5.30～6.50W,3.90～4.50V,0.25Cu,0.03P,0.03S,0.40Si,铁基	棒,锻件	锻压退火	退火硬度 HB ≤269
SKH55	0.85～0.95C,0.40Mn,3.80～4.50Cr,0.25Ni,4.80～6.20Mo,5.70～6.70W,1.70～2.30V,4.50～5.50Co,0.30S,0.40Si,0.25Cu,0.03P,铁基	棒,锻件	锻压退火	退火硬度 HB ≤277
SKH56	0.85～0.95C,0.40Mn,3.80～4.50Cr,0.25Ni,4.60～6.30Mo,5.70～6.70W,1.70～2.20V,7.00～9.00Co,0.03S,0.40Si,0.25Cu,0.03P,铁基	棒,锻件	锻压退火	退火硬度 HB ≤285
SKH57	1.20～1.35C,0.40Mn,3.80～4.50Cr,0.25Ni,3.00～4.00Mo,9.00～11.00W,3.00～3.70V,9.00～11.00Co,0.25Cu,0.03P,0.03S,0.40Si,铁基	棒,锻件	锻压退火	退火硬度 HB ≤293
SKH58	0.95～1.05C,0.50 max Si,0.40 max Mn,0.03 max P,0.03 max S,3.50～4.50Cr,8.20～9.20Mo,1.50～2.10W,1.70～2.20V,0.25 max Ni,0.25 max Cu	棒,锻件	锻压退火	退火硬度 HB ≤269
SKH59	1.00～1.15C,0.50 max Si,0.40 max Mn,0.03 max P,0.03 max S,3.50～4.50Cr,9.00～10.00Mo,1.20～1.90W,0.90～1.40V,7.50～8.50Co,0.25 max Ni,0.25maxCu	棒,锻件	锻压退火	退火硬度 HB ≤277
工具钢(JIS G 4404)				
SKD1	1.80～2.40C,0.40 max Si,0.60 max Mn,0.03 max P,0.03 max S,12.00～15.00Cr,0.30 max V,0.50 max Ni,0.25 max Cu	线	锻压退火	退火硬度 HB ≤269
SKD1	1.80～2.40C,0.60Mn,12.00～15.00Cr,0.50Ni,0.30V,0.25Cu,0.03P,0.03S,0.40Si,铁基	棒,锻件	锻压退火	退火硬度 HB ≤269

续表

牌号	化学成分/%,不大于(注明范围值者除外)	形态	状态	硬度
SKD2	1.80～2.20C,0.60Mn,12.00～15.00Cr,0.50Ni,2.50～3.50W,0.25Cu,0.03P,0.03S,0.40Si,铁基	棒,锻件	锻压退火	
SKD4	0.25～0.35C,0.60Mn,2.00～3.00Cr,0.25Ni,5.00～6.00W,0.30～0.50V,0.25Cu,0.03P,0.03S,0.40Si	棒,锻件	锻压退火	退火硬度 HB ≤235
SKD5	0.25～0.35C,0.60Mn,2.00～3.00Cr,0.25Ni,9.00～10.00W,0.30～0.50V,0.25Cu,0.03P,0.03S,0.40Si,铁基	棒,锻件	锻压退火	退火硬度 HB ≤235
SKD6	0.32～0.42C,0.50Mn,4.50～5.50Cr,0.25Ni,1.00～1.50Mo,0.30～0.50V,0.25Cu,0.03P,0.03S,0.80～1.20Si,铁基	棒,锻件	锻压退火	退火硬度 HB ≤229
SKD7	0.28～0.38C,0.50 max Si,0.60 max Mn,0.03 max P,0.03 max S,2.50～3.50Cr,2.50～3.00Mo,2.80～4.50W,0.25 max Ni,0.25 max Cu	模	锻压退火	退火硬度 HB ≤229
SKD8	0.35～0.45C,0.50 max Si,0.60 max Mn,0.03 max P,0.03 max S,4.00～4.70Cr,0.30～0.50Mo,3.80～4.50W,1.70～2.20V	模	锻压退火	退火硬度 HB ≤241
SKD11	1.40～1.60C,0.40 max Si,0.60 max Mn,0.03 max P,0.03 max S,11.00～13.00Cr,0.80～1.20Mo,0.20～0.50V,0.50 max Ni,0.25 max Cu		锻压退火	退火硬度 HB ≤255
SKD11	1.40～1.60C,0.60Mn,11.00～13.00Cr,0.50Ni,0.80～1.20Mo,0.20～0.50V,0.20Cu,0.03P,0.03S,0.40Si,铁基	棒,锻件	锻压退火	退火硬度 HB ≤255
SKD12	0.95～1.05C,0.40 max Si,0.60～0.90Mn,0.03 max P,0.03 max S,4.50～5.50Cr,0.80～1.20Mo,0.20～0.50V,0.50 max Co,0.50 max Ni,0.25 max Cu			
SKD12	0.95～1.05C,0.60～0.90Mn,4.50～5.50Cr,0.50Ni,0.80～1.20Mo,0.20～0.50V,0.25Cu,0.03P,0.03S,0.40Si,铁基	棒,锻件	锻压退火	退火硬度 HB ≤255
SKD61	0.32～0.42C,0.50Mn,4.50～5.50Cr,0.25Ni,1.00～1.50Mo,0.80～1.20V,0.25Cu,0.03P,0.03S,0.80～1.20Si,铁基	棒,锻件	锻压退火	退火硬度 HB ≤229
SKD62	0.32～0.42C,0.50Mn,4.50～5.50Cr,0.25Ni,1.00～1.50Mo,1.00～1.50W,0.20～0.60V,0.25Cu,0.03P,0.03S,0.80～1.20Si,铁基	棒,锻件	锻压退火	退火硬度 HB ≤229
SKS11	1.20～1.30C,0.50Mn,0.25～0.50Cr,0.25Ni,3.00～4.00W,0.10～0.35V,0.25Cu,0.03P,0.03S,0.35Si,铁基	棒,锻件	锻压退火	退火硬度 HB ≤241

续表

牌号	化学成分/%,不大于(注明范围值者除外)	形态	状态	硬度
SKS21	1.00～1.10C,0.50Mn,0.25～0.50Cr,0.25Ni,0.50～1.00W,0.10～0.25V,0.25Cu,0.03P,0.03S,0.35Si,铁基	棒,锻件	锻压退火	退火硬度 HB ≤217
SKS31	0.95～1.05C,0.90～1.20Mn,0.80～1.20Cr,0.25Ni,1.00～1.5W,0.25Cu,0.03P,0.03S,0.35Si,铁基	棒,锻件	锻压退火	退火硬度 HB ≤217
SKS41	0.35～0.45C,0.50Mn,1.00～1.50Cr,2.50～3.50W,0.25Cu,0.03P,0.03S,0.35Si,铁基	棒,锻件	锻压退火	退火硬度 HB ≤217
SKS42	0.75～0.85C,0.50Mn,0.25～0.50Cr,1.50～2.50W,0.15～0.30V,0.25Cu,0.03P,0.03S,0.30Si,铁基	棒,锻件	锻压退火	
SKS43	1.00～1.10C,0.30Mn,0.20Cr,0.10～0.25V,0.25Cu,0.03P,0.03S,0.25Si,铁基	棒,锻件	锻压退火	退火硬度 HB ≤217
SKS44	0.80～0.90C,0.30Mn,0.20Cr,0.10～0.25V,0.25Cu,0.03P,0.03S,0.25Si,铁基	棒,锻件	锻压退火	退火硬度 HB ≤207
SKS51	0.57～0.85C,0.50Mn,0.20～0.50Cr,1.30～2.00Ni,0.25Cu,0.03P,0.03S,0.35Si,铁基	棒,锻件	锻压退火	退火硬度 HB ≤207
SKS93	1.00～1.10C,0.80～1.10Mn,0.20～0.60Cr,0.25Cu,0.03P,0.03S,0.50Si,铁基	棒,锻件	锻压退火	退火硬度 HB ≤217
SKS94	0.90～1.00C,0.80～1.10Mn,0.20～0.60Cr,0.25Ni,0.25Cu,0.03P,0.03S,0.50Si,铁基	棒,锻件	锻压退火	退火硬度 HB ≤212
SKS95	0.80～0.90C,0.80～1.10Mn,0.20～0.60Cr,0.25Ni,0.25Cu,0.03P,0.03S,0.50Si,铁基	棒,锻件	锻压退火	退火硬度 HB ≤212
SKT2	0.50～0.60C,0.80～1.20Mn,0.80～1.20Cr,0.25Ni,0.20V,0.25Cu,0.03P,0.03S,0.35Si 铁基	棒,锻件	锻压退火	
SKS1	1.30～1.40C,0.50Mn,0.50～1.00Cr,0.25Ni,4.00～5.00W,0.20V,0.25Cu,0.03P,0.03S,0.35Si,铁基	棒,锻件	锻压退火	
SKS2	1.00～1.10C,0.80Mn,0.50～1.00Cr,0.25Ni,1.00～1.50W,0.20V,0.25Cu,0.03P,0.03S,0.35Si,铁基	棒,锻件	锻压退火	退火硬度 HB ≤217

续表

牌 号	化 学 成 分/%,不大于(注明范围值者除外)	形 态	状 态	硬 度
SKS3	0.90～1.00C,0.90～1.20Mn,0.50～1.00Cr,0.25Ni,0.50～1.00W,0.25Cu,0.03P,0.03S,0.35Si,铁基	棒,锻件	锻压退火	退火硬度 HB ≤217
SKS4	0.45～0.55C,0.50Mn,0.50～1.00Cr,0.50～1.00W,0.25Cu,0.03P,0.03S,0.35Si,铁基	棒,锻件	锻压退火	退火硬度 HB ≤201
SKS5	0.75～0.85C,0.50Mn,0.20～0.50Cr,0.70～1.30Ni,0.25Cu,0.03P,0.03S,铁基	棒,锻件	锻压退火	退火硬度 HB ≤207
SKS7	1.10～1.20C,0.50Mn,0.20～0.50Cr,0.25Ni,2.00～2.50W,0.20V,0.25Cu,0.03P,0.03S,0.35Si,铁基	棒,锻件	锻压退火	退火硬度 HB ≤217
SKS8	1.30～1.50C,0.50Mn,0.25～0.50Cr,0.25N,0.25Cu,0.03P,0.03S,0.35Si,铁基	棒,锻件	锻压退火	退火硬度 HB ≤217
SKT3	0.50～0.60C,0.60～1.00Mn,0.90～1.20Cr,0.25～0.60Ni,0.30～0.50Mo,0.20V,0.25Cu,0.03P,0.03S,0.35Si,铁基	棒,锻件	锻压退火	退火硬度 HB ≤235
SKT4	0.50～0.60C,0.60～1.00Mn,0.70～1.00Cr,1.30～2.00Ni,0.20～0.50Mo,0.20V,0.25Cu,0.03P,0.03S,0.35Si,铁基	棒,锻件	锻压退火	退火硬度 HB ≤241
SKT5	0.50～0.60C,0.60～1.00Mn,1.00～1.50Cr,0.20～0.50Mo,0.10～0.30V,0.25Cu,0.03P,0.03S,0.35Si,铁基	棒,锻件	锻压退火	
SKT6	0.70～0.80C,0.60～1.00Mn,0.80～1.10Cr,2.50～3.00Ni,0.30～0.50Mo,0.20V,0.25Cu,0.03P,0.03S,0.35Si,铁基	棒,锻件	锻压退火	
工具钢(JIS G 4410)				
SKC3	0.70～0.85C,0.50Mn,0.2Cr,0.25Ni,0.25V,0.25Cu,0.03P,0.03S,0.15～0.35Si,0.25Ti,铁基	棒	加工态	(HB 229～302)
SKC11	0.85～1.10C,0.15～0.35Mn,0.80～1.50Cr,0.20Ni,0.40Mo,0.25V,0.25Cu,0.03P,0.03S,0.15～0.35Si,铁基	棒	加工态	HB 285～375
SKC24	0.33～0.43C,0.30～1.00Mn,0.30～0.70Cr,2.50～3.50Ni,0.15～0.40Mo,0.25Cu,0.03P,0.03S,0.15～0.35Si,铁基	棒,锻件	加工态	HB 269～352
SKC31	0.12～0.25C,0.60～1.20Mn,1.20～1.80Cr,2.80～3.20Ni,0.40～0.70Mo,0.25Cu,0.03P,0.03S,0.15～0.35Si,铁基	棒,锻件	加工态	

13.8 国际标准化组织(ISO)工具钢

表 13-30　工具钢的化学成分、形态、状态及硬度(ISO 4957:1999(E))

牌号	化学成分/%	形态	状态	硬度
非合金冷作工具钢				
C45U	0.42～0.50C,0.15～0.40Si,0.60～0.80Mn,0.03P,0.03S	棒,条等	退火,淬火回火	硬度(退火)≤207
C70U	0.65～0.75C,0.10～0.30Si,0.10～0.40Mn,0.03P,0.03S	棒,条等	退火,淬火回火	硬度(退火)≤183
C80U	0.75～0.85C,0.10～0.30Si,0.10～0.40Mn,0.03P,0.03S	棒,条等	退火,淬火回火	硬度(退火)≤192
C90U	0.85～0.95C,0.10～0.30Si,0.10～0.40Mn,0.03P,0.03S	棒,条等	退火,淬火回火	硬度(退火)≤207
C105U	1.00～1.10C,0.10～0.30Si,0.10～0.40Mn,0.03P,0.03S	棒,条等	退火,淬火回火	硬度(退火)≤212
C120U	1.15～1.25C,0.10～0.30Si,0.10～0.40Mn,0.03P,0.03S	棒,条等	退火,淬火回火	硬度(退火)≤217
合金冷作工具钢				
105V	1.00～1.10C,0.10～0.30Si,0.10～0.40Mn,0.10～0.20V	棒,条等	退火,淬火回火	硬度(退火)≤212
50WCrV8	0.45～0.55C,0.70～1.00Si,0.15～0.45Mn,0.90～1.20Cr,0.10～0.20V,1.70～2.20W	棒,条等	退火,淬火回火	硬度(退火)≤229
60WCrV9	0.55～0.65C,0.70～1.00Si,0.15～0.45Mn,0.90～1.20Cr,0.10～0.20V,1.70～2.20W	棒,条等	退火,淬火回火	硬度(退火)≤229
102Cr6	0.95～1.10C,0.15～0.35Si,0.25～0.45Mn,1.35～1.65Cr	棒,条等	退火,淬火回火	硬度(退火)≤223
21MnCr5	0.18～0.24C,0.15～0.35Si,1.10～1.40Mn,1.00～1.30Cr	棒,条等	退火,淬火回火	硬度(退火)≤217
70MnMoCr8	0.65～0.75C,0.10～0.50Si,1.80～2.50Mn,0.90～1.20Cr,0.90～1.40Mo	棒,条等	退火,淬火回火	硬度(退火)≤248
90MnCrV8	0.85～0.95C,0.10～0.40Si,1.80～2.20Mn,0.20～0.50Cr,0.05～0.20V	棒,条等	退火,淬火回火	硬度(退火)≤229
95MnWCr5	0.90～1.00C,0.10～0.40Si,1.05～1.35Mn,0.40～0.65Cr,0.05～0.20V,0.40～0.70W	棒,条等	退火,淬火回火	硬度(退火)≤229
X100CrMoV5	0.95～1.05C,0.10～0.40Si,0.40～0.80Mn,4.80～5.50Cr,0.90～1.20Mo,0.15～0.35V	棒,条等	退火,淬火回火	硬度(退火)≤241
X153CrMoV12	1.45～1.60C,0.10～0.60Si,0.20～0.60Mn,11.00～13.00Cr,0.70～1.00Mo,0.7～1.00V	棒,条等	退火,淬火回火	硬度(退火)≤255
X210Cr12	1.90～2.20C,0.10～0.60Si,0.20～0.60Mn,11.00～13.00Cr	棒,条等	退火,淬火回火	硬度(退火)≤248
X210CrW12	2.00～2.30C,0.10～0.40Si,0.30～0.60Mn,11.00～13.00Cr,0.60～0.80W	棒,条等	退火,淬火回火	硬度(退火)≤255
35CrMo7	0.30～0.40C,0.30～0.70Si,0.60～1.00Mn,1.50～2.00Cr,0.35～0.55Mo	棒,条等	退火,淬火回火	
40CrMnNiMo8-6-4	0.35～0.45C,0.20～0.40Si,1.30～1.60Mn,1.80～2.10Cr,0.15～0.25Mo,0.90～1.20Ni	棒,条等	退火,淬火回火	

续表

牌号	化学成分/%	形态	状态	硬度
45NiCrMo16	0.40～0.50C,0.10～0.40Si,0.20～0.50Mn,1.20～1.50Cr,0.15～0.35Mo,3.80～4.30Ni	棒,条等	退火,淬火回火	硬度(退火)≤285
X40Cr14	0.36～0.42C,≤1.00Si,≤1.00Mn,12.50～14.50Cr	棒,条等	退火,淬火回火	硬度(退火)≤241
X38CrMo16	0.33～0.45C,≤1.00Si,≤1.50Mn,15.50～17.50Cr,0.80～1.30Mo,≤1.00Ni	棒,条等	退火,淬火回火	
热作工具钢				
55NiCrMoV7	0.50～0.60C,0.10～0.40Si,0.60～0.90Mn,0.80～1.20Cr,0.35～0.55Mo,0.05～0.15V,1.50～1.80Ni,4.00～4.50Co	棒,条等	退火,淬火回火	硬度(退火)≤248
32CrMoV12-28	0.28～0.35C,0.10～0.40Si,0.15～0.45Mn,2.70～3.20Cr,2.50～3.00Mo,0.40～0.70V	棒,条等	退火,淬火回火	硬度(退火)≤229
X37CrMoV5-1	0.33～0.41C,0.80～1.20Si,0.25～0.50Mn,4.80～5.50Cr,1.10～1.50Mo,0.30～0.50V	棒,条等	退火,淬火回火	硬度(退火)≤229
X38CrMoV5-3	0.35～0.40C,0.30～0.50Si,0.30～0.50Mn,4.80～5.20Cr,2.70～3.20Mo,0.40～0.60V	棒,条等	退火,淬火回火	硬度(退火)≤229
X40CrMoV5-1	0.35～0.42C,0.80～1.20Si,0.25～0.50Mn,4.80～5.50Cr,1.20～1.50Mo,0.85～1.15V	棒,条等	退火,淬火回火	硬度(退火)≤229
50CrMoV13-15	0.45～0.55C,0.20～0.80Si,0.50～0.90Mn,3.00～3.50Cr,1.30～1.70Mo,0.15～0.35V	棒,条等	退火,淬火回火	硬度(退火)≤248
X30WCrV9-3	0.25～0.35C,0.10～0.40Si,0.15～0.45Mn,2.50～3.20Cr,0.30～0.50V,8.50～9.50W	棒,条等	退火,淬火回火	硬度(退火)≤241
X35CrWMoV5	0.32～0.40C,0.80～1.20Si,0.20～0.50Mn,4.75～5.50Cr,1.25～1.60Mo,0.20～0.50V,1.10～1.60W	棒,条等	退火,淬火回火	硬度(退火)≤229
38CrCoWV18-17-17	0.35～0.45C,0.15～0.50Si,0.20～0.50Mn,4.00～4.70Cr,0.30～0.50Mo,1.70～2.10V,3.80～4.50W	棒,条等	退火,淬火回火	硬度(退火)≤260
高速工具钢				
HS0-4-1	0.77～0.85C,3.90～4.40Cr,4.00～4.50Mo,0.90～1.10V,≤0.65Si	棒,条等	退火,淬火回火	硬度(退火)≤262
HS1-4-2	0.85～0.95C,3.60～4.30Cr,4.10～4.80Mo,1.70～2.20V,0.80～1.40W,≤0.65Si	棒,条等	退火,淬火回火	硬度(退火)≤262
HS18-0-1	0.73～0.83C,3.80～4.50Cr,1.00～1.20V,17.20～18.70W,≤0.45Si	棒,条等	退火,淬火回火	硬度(退火)≤269
HS2-9-2	0.95～1.05C,3.50～4.50Cr,8.20～9.20Mo,1.70～2.20V,1.50～2.10W,≤0.70Si	棒,条等	退火,淬火回火	硬度(退火)≤269
HS1-8-1	0.77～0.87C,3.50～4.50Cr,8.00～9.00Mo,1.00～1.40V,1.40～2.00W,≤0.70Si	棒,条等	退火,淬火回火	硬度(退火)≤262
HS3-3-2	0.95～1.03C,3.80～4.50Cr,2.50～2.90Mo,2.20～2.50V,2.70～3.00W,≤0.45Si	棒,条等	退火,淬火回火	硬度(退火)≤255
HS6-5-2	0.80～0.88C,3.80～4.50Cr,4.70～5.20Mo,1.70～2.10V,5.90～6.70W,≤0.45Si	棒,条等	退火,淬火回火	硬度(退火)≤262
HS6-5-2C	0.86～0.94C,3.80～4.50Cr,4.70～5.20Mo,1.70～2.10V,5.90～6.70W,≤0.45Si	棒,条等	退火,淬火回火	硬度(退火)≤269

续表

牌号	化学成分/%	形态	状态	硬度
HS6-5-3	1.15～1.25C,3.80～4.50Cr,4.70～5.20Mo,2.70～3.20V,5.90～6.70W,≤0.45Si	棒,条等	退火,淬火回火	硬度(退火)≤269
HS6-5-3C	1.25～1.32C,3.80～4.50Cr,4.70～5.20Mo,2.70～3.20V,5.90～6.70W,≤0.70Si	棒,条等	退火,淬火回火	硬度(退火)≤269
HS6-6-2	1.00～1.10C,3.80～4.50Cr,5.50～6.50Mo,2.30～2.60V,5.90～6.70W,≤0.45Si	棒,条等	退火,淬火回火	硬度(退火)≤262
HS6-5-4	1.25～1.40C,3.80～4.50Cr,4.20～5.00Mo,3.70～4.20V,5.20～6.00W,≤0.45Si	棒,条等	退火,淬火回火	硬度(退火)≤269
HS6-5-2-5	0.87～0.95C,4.50～5.00Co,3.80～4.50Cr,4.70～5.20Mo,1.70～2.10V,5.90～6.70W,≤0.45Si	棒,条等	退火,淬火回火	硬度(退火)≤269
HS6-5-3-8	1.23～1.33C,8.00～8.80Co,3.80～4.50Cr,4.70～5.30Mo,2.70～3.20V,5.90～6.70W,≤0.70Si	棒,条等	退火,淬火回火	硬度(退火)≤302
HS10-4-3-10	1.20～1.35C,9.50～10.50Co,3.80～4.50Cr,3.20～3.90Mo,3.00～3.50V,9.00～10.00W,≤0.45Si	棒,条等	退火,淬火回火	硬度(退火)≤302
HS2-9-1-8	1.05～1.15C,7.50～8.50Co,3.50～4.50Cr,9.00～10.00Mo,0.90～1.30V,1.20～1.90W,≤0.70Si	棒,条等	退火,淬火回火	硬度(退火)≤277

第 14 章　不锈钢和耐热钢

14.1　中国不锈耐热钢

14.1.1　不锈耐热钢牌号和化学成分

(1)不锈钢棒牌号和化学成分

表 14-1　奥氏体型不锈钢的化学成分(GB/T 1220—2007)

GB/T 20878 中序号	统一数字代号	新 牌 号	旧 牌 号	化学成分/%(质量分数)										
				C	Si	Mn	P	S	Ni	Cr	Mo	Cu	N	其他元素
1	S35350	12Cr17Mn6Ni5N	1Cr17Mn6Ni5N	0.15	1.00	5.50～7.50	0.050	0.030	3.50～5.50	16.00～18.00	—	—	0.05～0.25	—
3	S35450	12Cr18Mn9Ni5N	1Cr18Mn8Ni5N	0.15	1.00	7.50～10.00	0.050	0.030	4.00～6.00	17.00～19.00	—	—	0.05～0.25	—
9	S30110	12Cr17Ni7	1Cr17Ni7	0.15	1.00	2.00	0.045	0.030	6.00～8.00	16.00～18.00	—	—	0.10	—
13	S30210	12Cr18Ni9	1Cr18Ni9	0.15	1.00	2.00	0.045	0.300	8.00～10.00	17.00～19.00	—	—	0.10	—
15	S30317	Y12Cr18Ni9	Y1Cr18Ni9	0.15	1.00	2.00	0.20	≥0.15	8.00～10.00	17.00～19.00	(0.60)	—	—	—
16	S30327	Y12Cr18Ni9Se	Y1Cr18Ni9Se	0.15	1.00	2.00	0.20	0.060	8.00～10.00	17.00～19.00	—	—	—	Se≥0.15
17	S30408	06Cr19Ni10	0Cr18Ni9	0.08	1.00	2.00	0.045	0.030	8.00～11.00	18.00～20.00	—	—	—	—
18	S30403	022Cr19Ni10	00Cr19Ni10	0.030	1.00	2.00	0.045	0.030	8.00～12.00	18.00～20.00	—	—	—	—
22	S30488	06Cr18Ni9Cu3	0Cr18Ni9Cu3	0.08	1.00	2.00	0.045	0.030	8.50～10.50	17.00～19.00	—	3.00～4.00	—	—
23	S30458	06Cr19Ni10N	0Cr19Ni9N	0.08	1.00	2.00	0.045	0.030	8.00～11.00	18.00～20.00	—	—	0.10～0.16	—
24	S30478	06Cr19Ni9NbN	0Cr19Ni10NbN	0.08	1.00	2.00	0.045	0.030	7.50～10.50	18.00～20.00	—	—	0.15～0.30	Nb 0.15
25	S30453	022Cr19Ni10N	00Cr18Ni10N	0.030	1.00	2.00	0.045	0.030	8.00～11.00	18.00～20.00	—	—	0.10～0.16	—
26	S30510	10Cr18Ni12	1Cr18Ni12	0.12	1.00	2.00	0.045	0.030	10.50～13.00	17.00～19.00	—	—	—	—

续表

GB/T 20878 中序号	统一数字代号	新牌号	旧牌号	化学成分/%(质量分数)										
				C	Si	Mn	P	S	Ni	Cr	Mo	Cu	N	其他元素
32	S30908	06Cr23Ni13	0Cr23Ni13	0.08	1.00	2.00	0.045	0.030	12.00～15.00	22.00～24.00	—	—	—	—
35	S31008	06Cr25Ni20	0Cr25Ni20	0.08	1.50	2.00	0.045	0.030	19.00～22.00	24.00～26.00	—	—	—	—
38	S31608	06Cr17Ni12Mo2	0Cr17Ni12Mo2	0.08	1.00	2.00	0.045	0.030	10.00～14.00	16.00～18.00	2.00～3.00	—	—	—
39	S31603	022Cr17Ni12Mo2	00Cr17Ni14Mo2	0.030	1.00	2.00	0.045	0.030	10.00～14.00	16.00～18.00	2.00～3.00	—	—	—
41	S31668	06Cr17Ni12Mo2Ti	0Cr18Ni12Mo3Ti	0.08	1.00	2.00	0.045	0.030	10.00～14.00	16.00～18.00	2.00～3.00	—	—	Ti≥5C
43	S31658	06Cr17Ni12Mo2N	0Cr17Ni12Mo2	0.08	1.00	2.00	0.045	0.030	10.00～13.00	16.00～18.00	2.00～3.00	—	0.10～0.16	—
44	S31653	022Cr17Ni12Mo2N	00Cr17Ni13Mo2N	0.030	1.00	2.00	0.045	0.030	10.00～13.00	16.00～18.00	2.00～3.00	—	0.10～0.16	—
45	S31688	06Cr18Ni12Mo2Cu2	0Cr18Ni12Mo2Cu2	0.08	1.00	2.00	0.045	0.030	10.00～14.00	17.00～19.00	1.20～2.75	1.00～2.50	—	—
46	S31683	022Cr18Ni14Mo2Cu2	00Cr18Ni14Mo2Cu2	0.030	1.00	2.00	0.045	0.030	12.00～16.00	17.00～19.00	1.20～2.75	1.00～2.50	—	—
49	S31708	06Cr19Ni13Mo3	0Cr19Ni13Mo3	0.08	1.00	2.00	0.045	0.030	11.00～15.00	18.00～20.00	3.00～4.00	—	—	—
50	S31703	022Cr19Ni13Mo3	00Cr19Ni13Mo3	0.030	1.00	2.00	0.045	0.030	11.00～15.00	18.00～20.00	3.00～4.00	—	—	—
52	S31794	03Cr18Ni16Mo5	0Cr18Ni16Mo5	0.04	1.00	2.50	0.045	0.030	15.00～17.00	16.00～19.00	4.00～6.00	—	—	—
55	S32168	06Cr18Ni11Ti	0Cr18Ni10Ti	0.08	1.00	2.00	0.045	0.030	9.00～12.00	17.00～19.00	—	—	—	Ti:5C～0.70
62	S34778	06Cr18Ni11Nb	0Cr18Ni11Nb	0.08	1.00	2.00	0.045	0.030	9.00～12.00	17.00～19.00	—	—	—	Nb:10C～1.10
64	S38148	06Cr18Ni13Si4[a]	0Cr18Ni13Si4[a]	0.08	3.00～5.00	2.00	0.045	0.030	11.50～15.00	15.00～20.00	—	—	—	—

注:1. 表中所列成分除标明范围或最小值外,其余均为最大值。括号内数值可加入或允许含有的最大值;

2. 本标准牌号与国外标准牌号对照参见 GB/T 20878;

3. 表中 a 必要时,可添加上表以外的合金元素。

表 14-2 奥氏体-铁素体型不锈钢的化学成分(GB/T 1220—2007)

GB/T 20878中序号	统一数字代号	新牌号	旧牌号	化学成分/%(质量分数)										
				C	Si	Mn	P	S	Ni	Cr	Mo	Cu	N	其他元素
67	S21860	14Cr18Ni11Si4AlTi	1Cr18Ni11Si4AlTi	0.10～0.18	3.40～4.00	0.80	0.035	0.030	10.00～12.00	17.50～19.50	—	—	—	Ti 0.40～0.70 Al 0.10～0.30
68	S21953	022Cr19Ni5Mo3Si2N	00Cr18Ni5Mo3Si2	0.030	1.30～2.00	1.00～2.00	0.035	0.030	4.50～5.50	18.00～19.50	2.50～3.00	—	0.05～0.12	—
70	S22253	022Cr22Ni5Mo3N		0.030	1.00	2.00	0.030	0.020	4.50～6.50	21.00～23.00	2.50～3.50	—	0.08～0.20	—
71	S22053	022Cr23Ni5Mo3N		0.030	1.00	2.00	0.030	0.020	4.50～6.50	22.00～23.00	3.00～3.50	—	0.14～0.20	—
73	S22553	022Cr25Ni6Mo2N		0.030	1.00	2.00	0.035	0.030	5.50～6.50	24.00～26.00	1.20～2.50	—	0.10～0.20	—
75	S25554	03Cr25Ni6Mo3Cu2N		0.04	1.00	1.50	0.035	0.030	4.50～6.50	24.00～27.00	2.90～3.90	1.50～2.50	0.10～0.25	—

注:1. 表中所列成分除标明范围或最小值外,其余均为最大值;
2. 本标准牌号与国外标准牌号对照参见 GB/T 20878。

表 14-3 铁素体型不锈钢的化学成分(GB/T 1220—2007)

GB/T 20878中序号	统一数字代号	新牌号	旧牌号	化学成分/%(质量分数)										
				C	Si	Mn	P	S	Ni	Cr	Mo	Cu	N	其他元素
78	S11348	06Cr13Al	0Cr13Al	0.08	1.00	1.00	0.040	0.030	(0.60)	11.50～14.50	—	—	—	Al 0.10～0.30
83	S11203	022Cr12	00Crl2	0.030	1.00	1.00	0.040	0.030	(0.60)	11.00～13.50	—	—	—	—
85	S11710	10Cr17	1Cr17	0.12	1.00	1.00	0.040	0.030	(0.60)	16.00～18.00	—	—	—	—
86	S11717	Y10Cr17	Y1Cr17	0.12	1.00	1.25	0.060	≥0.15	(0.60)	16.00～18.00	(0.60)	—	—	—
88	S11790	10Cr17Mo	1Cr17Mo	0.12	1.00	1.00	0.040	0.030	(0.60)	16.00～18.00	0.75～1.25	—	—	—
94	S12791	008Cr27Mo[a]	00Cr27Mo[a]	0.010	0.40	0.40	0.030	0.020	—	25.00～27.50	0.75～1.50	—	0.015	—
95	S13091	088Cr30mo2[a]	00Cr30Mo2[a]	0.010	0.40	0.40	0.030	0.020	—	28.50～32.00	1.50～2.50	—	0.015	—

注:1. 表中所列成分除标明范围或最小值外,其余均为最大值。括号内数值为可加入或允许含有的最大值;
2. 本标准牌号与国外标准牌号对照参见 GB/T 20878;
3. 表中 a 允许含有小于或等于 0.50%镍,小于或等于 0.20%铜,而 Ni+Cu≤0.50%,必要时可添加上表以外的合金元素。

表 14-4 马氏体型不锈钢的化学成分(GB/T 1220—2007)

GB/T 20878 中序号	统一数字代号	新牌号	旧牌号	化学成分/%(质量分数)										
				C	Si	Mn	P	S	Ni	Cr	Mo	Cu	N	其他元素
96	S40310	12Cr12	1Cr12	0.15	0.50	1.00	0.040	0.030	(0.60)	11.50～13.00	—	—	—	—
97	S41008	06Cr13	0Cr13	0.08	1.00	1.00	0.040	0.030	(0.60)	11.50～13.50	—	—	—	—
98	S41010	12Cr13[a]	1Cr13[a]	0.08～0.15	1.00	1.00	0.040	0.030	(0.60)	11.50～13.50	—	—	—	—
100	S41617	Y12Cr13	Y1Cr13	0.15	1.00	1.25	0.060	≥0.15	(0.60)	12.00～14.00	(0.60)	—		—
101	S42020	20Cr13	2Cr13	0.16～0.25	1.00	1.00	0.040	0.030	(0.60)	12.00～14.00	—	—	—	—
102	S42030	30Cr13	3Cr13	0.26～0.35	1.00	1.00	0.040	0.030	(0.60)	12.00～14.00	—	—	—	—
103	S42037	Y30Cr13	Y3Cr13	0.26～0.35	1.00	1.25	0.060	≥0.15	(0.60)	12.00～14.00	(0.60)	—	—	—
104	S42040	40Cr13	4Cr13	0.36～0.45	0.60	0.80	0.040	0.030	(0.60)	12.00～14.00	—	—	—	—
106	S43110	14Cr17Ni2	1Cr17Ni2	0.11～0.17	0.80	0.80	0.040	0.030	1.50～2.50	16.00～18.00	—	—	—	—
107	S43120	17Cr16Ni2		0.12～0.22	1.00	1.50	0.040	0.030	1.50～2.50	15.00～17.00	—	—	—	—
108	S44070	68Cr17	7Cr17	0.60～0.75	1.00	1.00	0.040	0.030	(0.60)	16.00～18.00	(0.75)	—	—	—
109	S44080	85Cr17	8Cr17	0.75～0.95	1.00	1.00	0.040	0.030	(0.60)	16.00～18.00	(0.75)	—	—	—
110	S44096	108Cr17	11Cr17	0.95～1.20	1.00	1.00	0.040	0.030	(0.60)	16.00～18.00	(0.75)	—	—	—
111	S44097	Y108Cr17	Y11Cr17	0.95～1.20	1.00	1.25	0.060	≥0.15	(0.60)	16.00～18.00	(0.75)	—	—	—
112	S44090	95Cr18	9Cr18	0.90～1.00	0.80	0.80	0.040	0.030	(0.60)	17.00～19.00	—	—	—	—
115	S45710	13Cr13Mo	1Cr13Mo	0.08～0.18	0.60	1.00	0.040	0.030	(0.60)	11.50～14.00	0.30～0.60	—	—	—
116	S45830	32Cr13Mo	3Cr13Mo	0.28～0.35	0.80	1.00	0.040	0.030	(0.60)	12.00～14.00	0.50～1.00	—	—	—
117	S45990	102Cr17Mo	9Cr18Mo	0.95～1.10	0.80	0.80	0.040	0.030	(0.60)	16.00～18.00	0.40～0.70	—	—	—
118	S46990	90Cr18MoV	9Cr18MoV	0.85～0.95	0.80	0.80	0.040	0.030	(0.60)	17.00～19.00	1.00～1.30	—	—	V 0.07～0.12

注:1. 表中所列成分除标明范围或最小值外,其余均为最大值。括号内数值为可加入或允许含有的最大值;
2. 本标准牌号与国外标准牌号对照参见 GB/T 20878;
3. 表中 a 相对于 GB/T 20878 调整成分牌号。

表 14-5　　沉淀硬化型不锈钢的化学成分(GB/T 1220—2007)

GB/T 20878 中序号	统一数字代号	新牌号	旧牌号	化学成分/%(质量分数)										
				C	Si	Mn	P	S	Ni	Cr	Mo	Cu	N	其他元素
136	S51550	05Cr15Ni5Cu4Nb		0.07	1.00	1.00	0.040	0.030	3.50～5.50	14.00～15.50	—	2.50～4.50	—	Nb 0.15～0.45
137	S51740	05Cr17Ni4Cu4Nb	0Cr17Ni4Cu4Nb	0.07	1.00	1.00	0.040	0.030	3.00～5.00	15.00～17.50	—	3.00～5.00	—	Nb 0.15～0.45
138	S51770	07Cr17Ni7Al	0Cr17Ni7Al	0.09	1.00	1.00	0.040	0.030	6.50～7.75	16.00～18.00	—	—	—	Al 0.75～1.50
139	S51570	07Cr15Ni7Mo2Al	0Cr15Ni7Mo2Al	0.09	1.00	1.00	0.040	0.030	6.50～7.75	14.00～16.00	2.00～3.00	—	—	Al 0.75～1.50

注：1. 表中所列成分除标明范围或最小值外，其余均为最大值；
2. 本标准牌号与国外标准牌号对照参见 GB/T 20878。

(2)耐热钢棒牌号和化学成分

表 14-6　　奥氏体型耐热钢的化学成分(GB/T 1221—2007)

GB/T 20878 中序号	统一数字代号	新牌号	旧牌号	化学成分/%(质量分数)										
				C	Si	Mn	P	S	Ni	Cr	Mo	Cu	N	其他元素
6	S35650	53Cr21Mn9Ni4N	5Cr21Mn9Ni4N	0.48～0.58	0.35	8.00～10.00	0.040	0.030	3.25～4.50	20.00～22.00	—	—	0.35～0.50	—
7	S35750	26Cr18Mn12Si2N	3Cr18Mn12Si2N	0.22～0.30	1.40～2.20	10.50～12.50	0.050	0.030	—	17.00～19.00	—	—	0.22～0.33	—
8	S35850	22Cr20Mn10Ni2Si2N	2Cr20Mn9Ni2Si2N	0.17～0.26	1.80～2.70	8.50～11.00	0.050	0.030	2.00～3.00	18.00～21.00	—		0.20～0.30	—
17	S30408	06Cr19Ni10	0Cr18Ni9	0.08	1.00	2.00	0.045	0.030	8.00～11.00	18.00～20.00	—	—	—	—
30	S30850	22Cr21Ni12N	2Cr21Ni12N	0.15～0.28	0.75～1.25	1.00～1.60	0.040	0.030	10.50～12.50	20.00～22.00	—	—	0.15～0.30	—
31	S30920	16Cr23Ni13	2Cr23Ni13	0.20	1.00	2.00	0.040	0.030	12.00～15.00	22.00～24.00	—	—	—	—

续表

GB/T 20878中序号	统一数字代号	新牌号	旧牌号	化学成分/%(质量分数)										
				C	Si	Mn	P	S	Ni	Cr	Mo	Cu	N	其他元素
32	S30908	06Cr23Ni13	0Cr23Ni13	0.08	1.00	2.00	0.045	0.030	12.00～15.00	22.00～24.00	—	—	—	—
34	S31020	20Cr25Ni20	2Cr25Ni20	0.25	1.50	2.00	0.040	0.030	19.00～22.00	24.00～26.00	—	—	—	—
35	S31008	06Cr25Ni20	0Cr25Ni20	0.08	1.50	2.00	0.040	0.030	19.00～22.00	24.00～26.00	—	—	—	—
38	S31608	06Cr17Ni12Mo2	0Cr17Ni12Mo2	0.08	1.00	2.00	0.045	0.030	10.00～14.00	16.00～18.00	2.00～3.00	—	—	—
49	S31708	06Cr19Ni13Mo3	0Cr19Ni13Mo3	0.08	1.00	2.00	0.045	0.030	11.00～15.00	18.00～20.00	3.00～4.00	—	—	—
55	S32168	06Cr18Ni11Ti	0Cr18Ni10Ti	0.08	1.00	2.00	0.045	0.030	9.00～12.00	17.00～19.00	—	—	—	Ti:5C～0.70
57	S32590	45Cr14Ni14W2Mo	4Cr14Ni14W2Mo	0.40～0.50	0.80	0.70	0.040	0.030	13.00～15.00	13.00～15.00	0.25～0.40	—	—	W 2.00～2.75
60	S33010	12Cr16Ni35	1Cr16Ni35	0.15	1.50	2.00	0.040	0.030	33.00～37.00	14.00～17.00	—	—	—	—
62	S34778	06Cr18Ni11Nb	0Cr18Ni11Nb	0.08	1.00	2.00	0.045	0.030	9.00～12.00	17.00～19.00	—	—	—	Nb:10C～1.10
64	S38148	06Cr18Ni13Si4[a]	0Cr18Ni13Si4[a]	0.08	3.00～5.00	2.00	0.045	0.030	11.50～15.00	15.00～20.00	—	—	—	—
65	S38240	16Cr20Ni14Si2	1Cr20Ni14Si2	0.20	1.50～2.50	1.50	0.040	0.030	12.00～15.00	19.00～22.00	—	—	—	—
66	S38340	16Cr25Ni20Si2	1Cr25Ni20Si2	0.20	1.50～2.50	1.50	0.040	0.030	18.00～21.00	24.00～27.00	—	—	—	—

注：1. 表中所列成分除标明范围或最小值外，其余均为最大值；
2. 本标准牌号与国外标准牌号对照参见GB/T 20878；
3. 表中a必要时，可添加上表以外的合金元素。

表 14-7　　铁素体型耐热钢的化学成分(GB/T 1221—2007)

GB/T 20878 中序号	统一数字代号	新牌号	旧牌号	化学成分/%(质量分数)										
				C	Si	Mn	P	S	Ni	Cr	Mo	Cu	N	其他元素
78	S11348	06Cr13Al	0Cr13Al	0.08	1.00	1.00	0.040	0.030	—	11.50～14.50	—	—	—	Al 0.10～0.30
83	S11203	022Cr12	00Cr12	0.030	1.00	1.00	0.040	0.030	—	11.00～13.50	—	—	—	—
85	S11710	10Cr17	1Cr17	0.12	1.00	1.00	0.040	0.030	—	16.00～18.00	—	—	—	—
93	S12550	16Cr25N	2Cr25N	0.20	1.00	1.50	0.040	0.030	—	23.00～27.00	—	(0.30)	0.25	—

注:1. 表中所列成分除标明范围或最小值外,其余均为最大值。括号内数值可加入或允许含有的最大值;
2. 本标准牌号与国外标准牌号对照参见 GB/T 20878。

表 14-8　　马氏体型耐热钢的化学成分(GB/T 1221—2007)

GB/T 20878 中序号	统一数字代号	新牌号	旧牌号	化学成分/%(质量分数)										
				C	Si	Mn	P	S	Ni	Cr	Mo	Cu	N	其他元素
98	S41010	12Cr13[a]	1Cr13[a]	0.08～0.15	1.00	1.00	0.040	0.030	(0.60)	11.50～13.50	—	—	—	—
101	S42020	20Cr13	2Cr13	0.16～0.25	1.00	1.00	0.040	0.030	(0.60)	12.00～14.00	—	—	—	—
106	S43110	14Cr17Ni2	1Cr17Ni2	0.11～0.17	0.80	0.80	0.040	0.030	1.50～2.50	16.00～18.00	—	—	—	—
107	S43120	17Cr16Ni2		0.12～0.22	1.00	1.50	0.040	0.030	1.50～2.50	15.00～17.00	—	—	—	—
113	S45110	12Cr5Mo	1Cr5Mo	0.15	0.50	0.60	0.040	0.030	0.60	4.00～6.00	0.40～0.60	—	—	—
114	S45610	12Cr12Mo	1Cr12Mo	0.10～0.15	0.50	0.30～0.50	0.035	0.030	0.30～0.60	11.50～13.00	0.30～0.60	0.30	—	—
115	S45710	13Cr13Mo	1Cr13Mo	0.08～0.18	0.60	1.00	0.040	0.030	(0.60)	11.50～14.00	0.30～0.60	—	—	—
119	S46010	14Cr11MoV	1Cr11MoV	0.11～0.18	0.50	0.60	0.035	0.030	0.60	10.00～11.50	0.50～0.70	—	—	V 0.25～0.40

续表

GB/T 20878中序号	统一数字代号	新牌号	旧牌号	化学成分/%(质量分数)										
				C	Si	Mn	P	S	Ni	Cr	Mo	Cu	N	其他元素
122	S46250	18Cr12MoVNbN	2Cr12MoVNbN	0.15～0.20	0.50	0.50～1.00	0.035	0.030	(0.60)	10.00～13.00	0.30～0.90	—	0.05～0.10	V 0.10～0.40 Nb 0.20～0.60
123	S47010	15Cr12WMoV	1Cr12WMoV	0.12～0.18	0.50	0.50～0.90	0.035	0.030	0.40～0.80	11.00～13.00	0.50～0.70	—	—	W 0.70～1.10 V 0.15～0.30
124	S47220	22Cr12NiWMoV	2Cr12NiMoWV	0.20～0.25	0.50	0.50～1.00	0.040	0.030	0.50～1.00	11.00～13.00	0.75～1.25	—	—	W 0.75～1.25 V 0.20～0.40
125	S47310	13Cr11Ni2W2MoV	1Cr11Ni2W2MoV	0.10～0.16	0.60	0.60	0.035	0.030	1.40～1.80	10.50～12.00	0.35～0.50	—	—	W 1.50～2.00 V 0.18～0.30
128	S47450	18Cr11NiMoNbVN[a]	2Cr11NiMoNbVN[a]	0.15～0.20	0.50	0.50～0.80	0.030	0.025	0.30～0.60	10.00～12.00	0.60～0.90	—	0.04～0.09	V 0.20～0.30 Al 0.30 Nb 0.20～0.60
130	S48040	42Cr9Si2	4Cr9Si2	0.35～0.50	2.00～3.00	0.70	0.035	0.030	0.60	8.00～10.00	—	—	—	—
131	S48045	45Cr9Si3		0.40～0.50	3.00～3.50	0.60	0.030	0.030	0.60	7.50～9.50	—	—	—	—
132	S48140	40Cr10Si2Mo	4Cr10Si2Mo	0.35～0.45	1.90～2.60	0.70	0.035	0.030	0.60	9.00～10.50	0.70～0.90	—	—	—
133	S48380	80Cr20Si2Ni	8Cr20Si2Ni	0.75～0.85	1.75～2.25	0.20～0.60	0.030	0.030	1.15～1.65	19.00～20.50	—	—	—	—

注：1. 表中所列成分除标明范围或最小值外，其余均为最大值。括号内数值可加入或允许含有的最大值；
2. 本标准牌号与国外标准牌号对照参见 GB/T 20878；
3. 表中 a 相对于 GB/T 20878 调整成分牌号。

表 14-9　沉淀硬化型耐热钢的化学成分(GB/T 1221—2007)

GB/T 20878中序号	统一数字代号	新牌号	旧牌号	化学成分/%(质量分数)										
				C	Si	Mn	P	S	Ni	Cr	Mo	Cu	N	其他元素
137	S51740	05Cr17Ni4Cu4Nb	0Cr17Ni4Cu4Nb	0.07	1.00	1.00	0.040	0.030	3.00～5.00	15.00～17.50	—	3.00～5.00	—	Nb 0.15～0.45
138	S51770	07Cr17Ni7Al	0Cr17Ni7Al	0.09	1.00	1.00	0.040	0.030	6.50～7.75	16.00～18.00	—	—	—	Al 0.75～1.50
143	S51525	06Cr15Ni25Ti2MoAlVB	0Cr15Ni25Ti2MoAlVB	0.08	1.00	2.00	0.040	0.030	24.00～27.00	13.50～16.00	1.00～1.50	—	—	Al 0.35 Ti 1.90～2.35 B 0.001～0.010 V 0.10～0.50

注：1. 表中所列成分除标明范围或最小值外，其余均为最大值；
2. 本标准牌号与国外标准牌号对照参见 GB/T 20878。

(3)不锈钢冷轧钢板和钢带牌号和化学成分

表 14-10　奥氏体型钢的化学成分(GB/T 3280—2007)

GB/T 20878 中序号	新牌号	旧牌号	化学成分/%(质量分数)										
			C	Si	Mn	P	S	Ni	Cr	Mo	Cu	N	其他元素
9	12Cr17Ni7	1Cr17Ni7	0.15	1.00	2.00	0.045	0.030	6.00～8.00	16.00～18.00	—	—	0.10	—
10	022Cr17Ni7[a]		0.030	1.00	2.00	0.045	0.030	6.00～8.00	16.00～18.00	—	—	0.20	—
11	022Cr17Ni7N[a]		0.030	1.00	2.00	0.045	0.030	6.00～8.00	16.00～18.00	—	—	0.07～0.20	—
13	12Cr18Ni9	1Cr18Ni9	0.15	0.75	2.00	0.045	0.030	8.00～10.00	17.00～19.00	—	—	0.10	—
14	12Cr18Ni9Si3	1Cr18Ni9Si3	0.15	2.00～3.00	2.00	0.045	0.030	8.00～10.00	17.00～19.00	—	—	0.10	—
17	06Cr19Ni10[a]	0Cr18Ni9	0.08	0.75	2.00	0.045	0.030	8.00～10.50	18.00～20.00	—	—	0.10	—
18	022Cr19Ni10[a]	00Cr10Ni10	0.030	0.75	2.00	0.045	0.030	8.00～12.00	18.00～20.00	—	—	0.10	—
19	07Cr19Ni10[a]		0.04～0.10	0.75	2.00	0.045	0.030	8.00～10.50	18.00～20.00	—	—	—	—
20	05Cr19Ni10Si2N		0.04～0.06	1.00～2.00	0.80	0.045	0.030	9.00～10.00	18.00～19.00	—	—	0.12～0.18	Ce 0.03～0.08
23	06Cr19Ni10N[a]	0Cr10Ni9N	0.08	0.75	2.00	0.045	0.030	8.00～10.50	18.00～20.00	—	—	0.10～0.16	—
24	06Cr19Ni9NbN[a]	0Cr19Ni10NbN	0.08	1.00	2.50	0.045	0.030	7.50～10.50	18.00～20.00	—	—	0.15～0.30	Nb 0.15
25	022Cr19Ni10N[a]	00Cr18Ni10N	0.030	0.75	2.00	0.045	0.030	8.00～12.00	18.00～20.00	—	—	0.10～0.16	—
26	10Cr18Ni12	1Cr18Ni12	0.12	0.75	2.00	0.045	0.030	10.50～13.00	17.00～19.00	—	—	—	—
32	06Cr23Ni13	0Cr23Ni13	0.08	0.75	2.00	0.045	0.030	12.00～15.00	22.00～24.00	—	—	—	—
35	06Cr25Ni20	0Cr25Ni20	0.08	1.50	2.00	0.045	0.030	19.00～22.00	24.00～26.00	—	—	—	—
36	022Cr25Ni22Mo2N[a]		0.020	0.50	2.00	0.030	0.010	20.50～23.50	24.00～26.00	1.60～2.60	—	0.09～0.15	—
38	06Cr17Ni12Mo2[a]	0Cr17Ni12Mo2	0.08	0.75	2.00	0.045	0.030	10.00～14.00	16.00～18.00	2.00～3.00	—	0.10	—
39	022Cr17Ni12Mo2[a]	00Cr17Ni14Mo2	0.030	0.75	2.00	0.045	0.030	10.00～14.00	16.00～18.00	2.00～3.00	—	0.10	—
41	06Cr17Ni12Mo2Ti[a]	0Cr18Ni12Mo3Ti	0.08	0.75	2.00	0.045	0.030	10.00～14.00	16.00～18.00	2.00～3.00	—	—	Ti≥5C
42	06Cr17Ni12Mo2Nb		0.08	0.75	2.00	0.045	0.030	10.00～14.00	16.00～18.00	2.00～3.00	—	0.10	Nb:10C～1.10
43	06Cr17Ni12Mo2N[a]	0Cr17Ni12Mo2N	0.08	0.75	2.00	0.045	0.030	10.00～14.00	16.00～18.00	2.00～3.00	—	0.10～0.16	—
44	022Cr17Ni12Mo2N[a]	00Cr17Ni13Mo2N	0.030	0.75	2.00	0.045	0.030	10.00～14.00	16.00～18.00	2.00～3.00	—	0.10～0.16	—
45	06Cr18Ni12Mo2Cu2	0Cr18Ni12Mo2Cu2	0.08	1.00	2.00	0.045	0.030	10.00～14.00	17.00～19.00	1.20～2.75	1.00～2.50	—	—

续表

GB/T 20878 中序号	新牌号	旧牌号	化学成分/%(质量分数)										
			C	Si	Mn	P	S	Ni	Cr	Mo	Cu	N	其他元素
48	015Cr21Ni26Mo5Cu2		0.020	1.00	2.00	0.045	0.035	23.00～28.00	19.00～23.00	4.00～5.00	1.00～2.00	0.10	—
49	06Cr19Ni13Mo3[a]	0Cr19Ni13Mo3	0.08	0.75	2.00	0.045	0.030	11.00～15.00	18.00～20.00	3.00～4.00	—	0.10	—
50	022Cr19Ni13Mo3	00Cr19Ni13Mo3	0.030	0.75	2.00	0.045	0.030	11.00～15.00	18.00～20.00	3.00～4.00	—	0.10	—
53	022Cr19Ni16Mo5N		0.030	0.75	2.00	0.045	0.030	13.50～17.50	17.00～20.00	4.00～5.00	—	0.10～0.20	—
54	022Cr19Ni13Mo4N		0.030	0.75	2.00	0.045	0.030	11.00～15.00	18.00～20.00	3.00～4.00	—	0.10～0.22	—
55	06Cr18NillTi[a]	0Cr18Ni10Ti	0.08	0.75	2.00	0.045	0.030	9.00～12.00	17.00～19.00	—	—	0.10	Ti≥5C
58	015Cr24Ni22Mo8Mn-3CuN		0.020	0.50	2.00～4.00	0.030	0.005	21.00～23.00	24.00～25.00	7.00～8.00	0.30～0.60	0.45～0.55	—
61	022Cr24Ni17Mo5Mn6-NbN		0.030	1.00	5.00～7.00	0.030	0.010	16.00～18.00	23.00～25.00	4.00～5.00	—	0.40～0.60	Nb 0.10
62	06Cr18Ni11Nb[a]	0Cr18NillNb	0.08	0.75	2.00	0.045	0.030	9.00～13.00	17.00～19.00	—	—	—	Nb:10C～1.00

注:1. 表中所列成分除标明范围或最小值外,其余均为最大值;
2. 表中 a 为相对于 GB/T 20787 调整化学成分的牌号。

表 14-11　奥氏体-铁素体型钢的化学成分(GB/T 3280—2007)

GB/T 20878 中序号	新牌号	旧牌号	化学成分/%(质量分数)										
			C	Si	Mn	P	S	Ni	Cr	Mo	Cu	N	其他元素
67	14Cr18Ni11Si4AlTi	1Cr18Ni11Si4AlTi	0.10～0.18	3.40～4.00	0.80	0.035	0.030	10.00～12.00	17.50～19.50	—	—	—	Ti 0.40～0.70 Al 0.10～0.30
68	022Cr19Ni5Mo3Si2N	00Cr18Ni5Mo3Si2	0.030	1.30～2.00	1.00～2.00	0.030	0.030	4.50～5.50	18.00～19.50	2.50～3.00	—	0.05～0.10	—
69	12Cr21Ni5Ti	1Cr21Ni5Ti	0.09～0.14	0.80	0.80	0.035	0.030	4.80～5.80	20.00～22.00	—	—	—	Ti:5(C—0.02)～0.80
70	022Cr22Ni5Mo3N		0.030	1.00	2.00	0.030	0.020	4.50～6.50	21.00～23.00	2.50～3.50	—	0.08～0.20	—
71	022Cr23Ni5Mo3N		0.030	1.00	2.00	0.030	0.020	4.50～6.50	22.00～23.00	3.00～3.50	—	0.14～0.20	—
72	022Cr23Ni4MoCuN		0.030	1.00	2.50	0.040	0.030	3.00～5.50	21.50～24.50	0.05～0.60	0.05～0.60	0.05～0.20	—
73	022Cr25Ni6Mo2N		0.030	1.00	2.00	0.030	0.030	5.50～6.50	24.00～26.00	1.50～2.50	—	0.10～0.20	—

续表

GB/T 20878 中序号	新牌号	旧牌号	化学成分/%(质量分数)										
			C	Si	Mn	P	S	Ni	Cr	Mo	Cu	N	其他元素
74	022Cr25Ni7Mo4WCuN		0.030	1.00	1.00	0.030	0.010	6.00~8.00	24.00~26.00	3.00~4.00	0.50~1.00	0.20~0.30	W 0.50~1.00
75	03Cr25Ni6Mo3Cu2N		0.04	1.00	1.50	0.040	0.030	4.50~6.50	24.00~27.00	2.90~3.90	1.50~2.50	0.10~0.25	—
76	022Cr25Ni7Mo4N		0.030	0.80	1.20	0.035	0.020	6.00~8.00	24.00~26.00	3.00~5.00	0.50	0.24~0.32	—

注:表中所列成分除标明范围或最小值,其余均为最大值。

表 14-12 铁素体型钢的化学成分(GB/T 3280—2007)

GB/T 20878 中序号	新牌号	旧牌号	化学成分/%(质量分数)										
			C	Si	Mn	P	S	Ni	Cr	Mo	Cu	N	其他元素
78	06Cr13Al	0Cr13Al	0.08	1.00	1.00	0.040	0.030	(0.60)	11.50~14.50	—	—	—	Al 0.10~0.30
80	022Cr11Ti		0.030	1.00	1.00	0.040	0.020	(0.60)	10.50~11.70	—	—	0.030	Ti≥8(C+N) Ti 0.15~0.50 Cb 0.10
81	022Cr11NbTi		0.030	1.00	1.00	0.040	0.020	(0.60)	10.50~11.70	—	—	0.030	Ti+Nb:8(C+N)+0.08~0.75
82	022Cr12Ni		0.030	1.00	1.50	0.040	0.015	0.30~1.00	10.50~12.50	—	—	0.030	—
83	022Cr12	00Cr12	0.030	1.00	1.00	0.040	0.030	(0.60)	11.00~13.50	—	—	—	—
84	10Cr15	1Cr15	0.12	1.00	1.00	0.040	0.030	(0.60)	14.00~16.00	—	—	—	—
85	10Cr17	1Cr17	0.12	1.00	1.00	0.040	0.030	0.75	16.00~18.00	—	—	—	—
87	022Cr17Ti[a]	00Cr17	0.030	0.75	1.00	0.035	0.030	—	16.00~19.00	—	—	—	Ti 或 Nb:0.10~1.00
88	10Cr17Mo	1Cr17Mo	0.12	1.00	1.00	0.040	0.030	—	16.00~18.00	0.75~1.25	—	—	—
90	019Cr18MoTi		0.025	1.00	1.00	0.040	0.030	—	16.00~19.00	0.75~1.50	—	0.025	Ti,Nb,Zr 或其组合:8×(C+N)~0.80
91	022Cr18NbTi		0.030	1.00	1.00	0.040	0.015	—	17.50~18.50	—	—	—	Ti 0.10~0.60 Nb≥0.30+3C
92	019Cr19Mo2NbTi	00Cr18Mo2	0.025	1.00	1.00	0.040	0.030	1.00	17.50~19.50	1.75~2.50	—	0.035	(Ti+Nb):[0.20+4(C+N)]~0.80

续表

GB/T 20878 中序号	新牌号	旧牌号	化学成分/%(质量分数)										
			C	Si	Mn	P	S	Ni	Cr	Mo	Cu	N	其他元素
94	088Cr27Mo	00Cr27Mo	0.010	0.40	0.40	0.030	0.020	—	25.00～27.50	0.75～1.50	—	0.015	(Ni+Cu)≤0.50
95	008Cr30Mo2	00Cr30Mo2	0.010	0.40	0.40	0.030	0.020	—	28.50～32.00	1.50～2.50	—	0.015	(Ni+Cu)≤0.50

注:1. 表中所列成分除标明范围或最小值外,其余均为最大值。括号内值为允许含有的最大值;
2. 表中 a 为相对于 GB/T 20878 调整化学成分的牌号。

表 14-13　马氏体型钢的化学成分(GB/T 3280—2007)

GB/T 20878 中序号	新牌号	旧牌号	化学成分/%(质量分数)										
			C	Si	Mn	P	S	Ni	Cr	Mo	Cu	N	其他元素
96	12Cr12	1Cr12	0.15	0.50	1.00	0.040	0.030	(0.60)	11.50～13.00	—	—	—	—
97	06Cr13	0Cr13	0.08	1.00	1.00	0.040	0.030	(0.60)	11.50～13.50	—	—	—	—
98	12Cr13[a]	1Cr13	0.15	1.00	1.00	0.040	0.030	(0.60)	11.50～13.50	—	—	—	—
99	04Cr13Ni5Mo		0.05	0.60	0.50～1.00	0.030	0.030	3.50～5.50	11.50～14.00	0.50～1.00	—	—	—
101	20Cr13	2Cr13	0.16～0.25	1.00	1.00	0.040	0.030	(0.60)	12.00～14.00	—	—	—	—
102	30Cr13	3Cr13	0.26～0.35	1.00	1.00	0.040	0.030	(0.60)	12.00～14.00	—	—	—	—
104	40Cr13	4Cr13	0.36～0.45	0.80	0.80	0.040	0.030	(0.60)	12.00～14.00	—	—	—	—
107	17Cr16Ni2[a]		0.12～0.20	1.00	1.00	0.025	0.015	2.00～3.00	15.00～18.00	—	—	—	—
108	68Cr17	7Cr17	0.60～0.75	1.00	1.00	0.040	0.030	(0.60)	16.00～18.00	(0.75)	—	—	—

注:1. 表中所列成分除标明范围或最小值外,其余均为最大值。括号内数值可加入或允许含有的最大值;
2. 表中 a 为相对于 GB/T 20878 调整化学成分的牌号。

表 14-14　沉淀硬化型钢的化学成分(GB/T 3280—2007)

GB/T 20878 中序号	新牌号	旧牌号	化学成分/%(质量分数)										
			C	Si	Mn	P	S	Ni	Cr	Mo	Cu	N	其他元素
134	04Cr13Ni8Mo2Al[a]		0.05	0.10	0.20	0.010	0.008	7.50～8.50	12.30～13.25	2.00～2.50	—	0.01	Al 0.90～1.35

续表

GB/T 20878 中序号	新牌号	旧牌号	化学成分/%(质量分数)										
			C	Si	Mn	P	S	Ni	Cr	Mo	Cu	N	其他元素
135	022Cr12Ni9Cu2NbTi[a]		0.05	0.50	0.50	0.040	0.030	7.50～9.50	11.00～12.50	0.50	1.50～2.50	—	Ti 0.80～1.40 (Nb+Ta):0.10～0.50
138	07Cr17Ni7Al	0Cr17Ni7Al	0.09	1.00	1.00	0.040	0.030	6.50～7.75	16.00～18.00	—	—	—	Al 0.75～1.50
139	07Cr15Ni7Mo2Al	0Cr15Ni7Mo2Al	0.090	1.00	1.00	0.040	0.030	6.50～7.75	14.00～16.00	2.00～3.00	—	—	Al 0.75～1.50
141	09Cr17Ni5Mo3N[a]		0.07～0.11	0.50	0.50～1.25	0.040	0.030	4.00～5.00	16.00～17.00	2.50～3.20	—	0.07～0.13	
142	06Cr17Ni7AlTi		0.08	1.00	1.00	0.040	0.030	6.00～7.50	16.00～17.50	—	—	—	Al 0.40 Ti 0.40～1.20

注:1. 表中所列成分除标明范围或最小值外,其余均为最大值;
2. 表中 a 为相对于 GB/T 20878 调整化学成分的牌号。

(4)不锈钢热轧钢板和钢带牌号和化学成分

表 14-15　　奥氏体型钢的化学成分(GB/T 4237—2007)

GB/T 20878 中序号	新牌号	旧牌号	化学成分/%(质量分数)										
			C	Si	Mn	P	S	Ni	Cr	Mo	Cu	N	其他元素
9	12Cr17Ni7	1Cr17Ni7	0.15	1.00	2.00	0.045	0.030	6.00～8.00	16.00～18.00	—	—	0.10	—
10	022Cr17Ni7[a]		0.030	1.00	2.00	0.045	0.030	6.00～8.00	16.00～18.00	—	—	0.20	—
11	022Cr17Ni7N[a]		0.030	1.00	2.00	0.045	0.030	6.00～8.00	16.00～18.00	—	—	0.07～0.20	—
13	12Cr18Ni9	1Cr18Ni9	0.15	0.75	2.00	0.045	0.030	8.00～10.00	17.00～19.00	—	—	0.10	—
14	12Cr18Ni9Si3	1Cr18Ni9Si3	0.15	2.00～3.00	2.00	0.045	0.030	8.00～10.00	17.00～19.00	—	—	0.10	—
17	06Cr19Ni10[a]	0Cr18Ni9	0.08	0.75	2.00	0.045	0.030	8.00～10.50	18.00～20.00	—	—	0.10	—
18	022Cr19Ni10[a]	00Cr19Ni10	0.030	0.75	2.00	0.045	0.030	8.00～12.00	18.00～20.00	—	—	0.10	—
19	07Cr19Ni10[a]		0.04～0.10	0.75	2.00	0.045	0.030	8.00～10.50	18.00～20.00	—	—	—	—
20	05Cr19Ni10Si2N		0.04～0.06	1.00～2.00	0.80	0.045	0.030	9.00～10.00	18.00～19.00	—	—	0.12～0.18	Ce 0.03～0.08

续表

GB/T 20878 中序号	新牌号	旧牌号	化学成分/%(质量分数)										
			C	Si	Mn	P	S	Ni	Cr	Mo	Cu	N	其他元素
23	06Cr19Ni10N[a]	0Cr19Ni9N	0.08	0.75	2.00	0.045	0.030	8.00～10.50	18.00～20.00	—	—	0.10～0.16	—
24	06Cr19Ni9NbN[a]	0Cr19Ni10NbN	0.08	1.00	2.50	0.045	0.030	7.50～10.50	18.00～20.00	—	—	0.15～0.30	Nb 0.15
25	022Cr19Ni10N[a]	00Cr18Ni10N	0.030	0.75	2.00	0.045	0.030	8.00～12.00	18.00～20.00	—	—	0.10～0.16	—
26	10Cr18Ni12	1Cr18Ni12	0.12	0.75	2.00	0.045	0.030	10.50～13.00	17.00～19.00	—	—	—	—
32	06Cr23Ni13	0Cr23Ni13	0.08	0.75	2.00	0.045	0.030	12.00～15.00	22.00～24.00	—	—	—	—
35	06Cr25Ni20	0Cr25Ni20	0.08	1.50	2.00	0.045	0.030	19.00～22.00	24.00～26.00	—	—	—	—
36	022Cr25Ni22Mo2N[a]		0.020	0.50	2.00	0.030	0.010	20.50～23.50	24.00～26.00	1.60～2.60	—	0.09～0.15	—
38	06Cr17Ni12Mo2[a]	0Cr17Ni12Mo2	0.08	0.75	2.00	0.045	0.030	10.00～14.00	16.00～18.00	2.00～3.00	—	0.10	—
39	022Cr17Ni12Mo2[a]	00Cr17Ni14Mo2	0.030	0.75	2.00	0.045	0.030	10.00～14.00	16.00～18.00	2.00～3.00	—	0.10	—
41	06Cr17Ni12Mo2Ti[a]	0Cr18Ni12Mo3Ti	0.08	0.75	2.00	0.045	0.030	10.00～14.00	16.00～18.00	2.00～3.00	—	—	Ti≥5C
42	06Cr17Ni12Mo2Nb		0.08	0.75	2.00	0.045	0.030	10.00～14.00	16.00～18.00	2.00～3.00	—	0.10	Nb:10C～1.10
43	06Cr17Ni12Mo2N[a]	0Cr17Ni12Mo2N	0.08	0.75	2.00	0.045	0.030	10.00～14.00	16.00～18.00	2.00～3.00	—	0.10～0.16	—
44	022Cr17Ni12Mo2N[a]	00Cr17Ni13Mo2N	0.030	0.75	2.00	0.045	0.030	10.00～14.00	16.00～18.00	2.00～3.00	—	0.10～0.16	—
45	06Cr18Ni12Mo2Cu2	0Cr18Ni12Mo2Cu2	0.08	1.00	2.00	0.045	0.030	10.00～14.00	17.00～19.00	1.20～2.75	1.00～2.50	—	—
48	015Cr21Ni26Mo5Cu2		0.020	1.00	2.00	0.045	0.035	23.00～28.00	19.00～23.00	4.00～5.00	1.00～2.00	0.10	—
49	06Cr19Ni13Mo3[a]	0Cr19Ni13Mo3	0.08	0.75	2.00	0.045	0.030	11.00～15.00	18.00～20.00	3.00～4.00	—	0.10	—
50	022Cr19Ni13Mo3	00Cr19Ni13Mo3	0.030	0.75	2.00	0.045	0.030	11.00～15.00	18.00～20.00	3.00～4.00	—	0.10	—
53	022Cr19Ni16Mo5N		0.030	0.75	2.00	0.045	0.030	13.50～17.50	17.00～20.00	4.00～5.00	—	0.10～0.20	—
54	022Cr19Ni13Mo4N		0.030	0.75	2.00	0.045	0.030	11.00～15.00	18.00～20.00	3.00～4.00	—	0.10～0.22	—
55	06Cr18Ni11Ti[a]	0Cr18Ni10Ti	0.08	0.75	2.00	0.045	0.030	9.00～12.00	17.00～19.00	—	—	0.10	Ti≥5C
58	015Cr24Ni22Mo8Mn3CuN		0.020	0.50	2.00～4.00	0.030	0.005	21.00～23.00	24.00～25.00	7.00～8.00	0.30～0.60	0.45～0.55	—

续表

GB/T 20878 中序号	新牌号	旧牌号	化学成分/%(质量分数)										
			C	Si	Mn	P	S	Ni	Cr	Mo	Cu	N	其他元素
61	022Cr24Ni17Mo5Mn6NbN		0.030	1.00	5.00～7.00	0.030	0.010	16.00～18.00	23.00～25.00	4.00～5.00	—	0.40～0.60	Nb 0.10
62	06Cr18Ni11Nb[a]	0Cr18Ni11Nb	0.08	0.75	2.00	0.045	0.030	9.00～13.00	17.00～19.00	—	—	—	Nb:10C～1.00

注:1. 表中所列成分除标明范围或最小值外,其余均为最大值;
2. 表中 a 为相对于 GB/T 20878 调整化学成分的牌号。

表 14-16 奥氏体-铁素体型钢的化学成分(GB/T 4237—2007)

GB/T 20878 中序号	新牌号	旧牌号	化学成分/%(质量分数)										
			C	Si	Mn	P	S	Ni	Cr	Mo	Cu	N	其他元素
67	14Cr18Ni11Si4AlTi	1Cr18Ni11Si4AlTi	0.10～0.18	3.40～4.00	0.80	0.035	0.030	10.00～12.00	17.50～19.50	—	—	—	Ti 0.40～0.70 Al 0.10～0.30
68	022Cr19Ni5Mo3Si2N	00Cr18Ni5Mo3Si2	0.030	1.30～2.00	1.00～2.00	0.030	0.030	4.50～5.50	18.00～19.50	2.50～3.00	—	0.05～0.10	—
69	12Cr21Ni5Ti	1Cr21Ni5Ti	0.09～0.14	0.80	0.80	0.035	0.030	4.80～5.80	20.00～22.00	—	—	—	Ti:5(C−0.02)～0.80
70	022Cr22Ni5Mo3N		0.030	1.00	2.00	0.030	0.020	4.50～6.50	21.00～23.00	2.50～3.50	—	0.08～0.20	—
71	022Cr23Ni5Mo3N		0.030	1.00	2.00	0.030	0.020	4.50～6.50	22.00～23.00	3.00～3.50	—	0.14～0.20	—
72	022Cr23Ni4MoCuN		0.030	1.00	2.50	0.040	0.030	3.00～5.50	21.50～24.50	0.05～0.60	0.05～0.60	0.05～0.20	—
73	022Cr25Ni6Mo2N		0.030	1.00	2.00	0.030	0.030	5.50～6.50	24.00～26.00	1.50～2.50	—	0.10～0.20	—
74	022Cr25Ni6Mo4WCuN		0.030	1.00	1.00	0.030	0.010	6.00～8.00	24.00～26.00	3.00～4.00	0.50～1.00	0.20～0.30	W 0.50～1.00
75	03Cr25Ni6Mo3Cu2N		0.04	1.00	1.50	0.040	0.030	4.50～6.50	24.00～27.00	2.90～3.90	1.50～2.50	0.10～0.25	—
76	022Cr25Ni7Mo4N		0.030	0.80	1.20	0.035	0.020	6.00～8.00	24.00～26.00	3.00～5.00	0.50	0.24～0.32	—

注:表中所列成分除标明范围或最小值外,其余均为最大值。

表 14-17 铁素体型钢的化学成分(GB/T 4237—2007)

GB/T 20878 中序号	新牌号	旧牌号	化学成分/%(质量分数)										
			C	Si	Mn	P	S	Ni	Cr	Mo	Cu	N	其他元素
78	06Cr13Al	0Cr13Al	0.08	1.00	1.00	0.040	0.030	(0.60)	11.50～14.50	—	—	—	Al 0.10～0.30
80	022Cr11Ti		0.030	1.00	1.00	0.040	0.020	(0.60)	10.50～11.70	—	—	0.030	Ti≥8(C+N) Ti 0.15～0.50,Cb 0.10
81	022Cr11NbTi		0.030	1.00	1.00	0.040	0.020	(0.60)	10.50～11.70	—	—	0.030	Ti+Nb:8(C+N)+0.08～0.75
82	022Cr12Ni		0.030	1.00	1.50	0.040	0.015	0.30～1.00	10.50～12.50	—	—	0.030	—
83	022Cr12	00Cr12	0.030	1.00	1.00	0.040	0.030	(0.60)	11.00～13.50	—	—	—	—
84	10Cr15	1Cr15	0.12	1.00	1.00	0.040	0.030	(0.60)	14.00～16.00	—	—	—	—
85	10Cr17	1Cr17	0.12	1.00	1.00	0.040	0.030	0.75	16.00～18.00	—	—	—	—
87	022Cr17Ti[a]	00Cr17	0.030	0.75	1.00	0.035	0.030	—	16.00～19.00	—	—	—	Ti 或 Nb:0.10～1.00
88	10Cr17Mo	1Cr17Mo	0.12	1.00	1.00	0.040	0.030	—	16.00～18.00	0.75～1.25	—	—	—
90	019Cr18MoTi		0.025	1.00	1.00	0.040	0.030	—	16.00～19.00	0.75～1.50		0.025	Ti,Nb,Zr 或其组合:8×(C+N)～0.80
91	022Cr18NbTi		0.030	1.00	1.00	0.040	0.015	—	17.50～18.50	—	—	—	Ti 0.10～0.60 Nb≥0.30+3C
92	019Cr19Mo2NbTi	00Cr18Mo2	0.025	1.00	1.00	0.040	0.030	1.00	17.50～19.50	1.75～2.50	—	0.035	(Ti+Nb):[0.20+4(C+N)]～0.80
94	008Cr27Mo	00Cr27mo	0.010	0.40	0.40	0.030	0.020		25.00～27.50	0.75～1.50	—	0.015	(Ni+Cu)≤0.50
95	008Cr30Mo2	00Cr3Mo2	0.010	0.40	0.40	0.030	0.020		28.50～32.00	1.50～2.50	—	0.015	(Ni+Cu)≤0.50

注:1. 表中所列成分除标明范围或最小值外,其余均为最大值。括号内值为允许含有的最大值;
2. 表中 a 为相对于 GB/T 20878 调整化学成分的牌号。

表 14-18 马氏体型钢的化学成分(GB/T 4237—2007)

GB/T 20878 中序号	新牌号	旧牌号	化学成分/%(质量分数)										
			C	Si	Mn	P	S	Ni	Cr	Mo	Cu	N	其他元素
96	12Cr12	1Cr12	0.15	0.50	1.00	0.040	0.030	(0.60)	11.50～13.00	—	—	—	—
97	06Cr13	0Cr13	0.08	1.00	1.00	0.040	0.030	(0.60)	11.50～13.50	—	—	—	—

续表

GB/T 20878 中序号	新牌号	旧牌号	化学成分/%(质量分数)										
			C	Si	Mn	P	S	Ni	Cr	Mo	Cu	N	其他元素
98	12Cr13[a]	1Cr13	0.15	1.00	1.00	0.040	0.030	(0.60)	11.50～13.50	—	—	—	—
99	04Cr13Ni5Mo		0.05	0.60	0.50～1.00	0.030	0.030	3.50～5.50	11.50～14.00	0.50～1.00	—	—	—
101	20Cr13	2Cr13	0.16～0.25	1.00	1.00	0.040	0.030	(0.60)	12.00～14.00	—	—	—	—
102	30Cr13	3Cr13	0.26～0.35	1.00	1.00	0.040	0.030	(0.60)	12.00～14.00	—	—	—	—
104	40Cr13	4Cr13	0.36～0.45	0.80	0.80	0.040	0.030	(0.60)	12.00～14.00	—	—	—	—
107	17Cr16Ni2[a]		0.12～0.20	1.00	1.00	0.025	0.015	2.00～3.00	15.00～18.00	—	—	—	—
108	68Cr17	7Cr17	0.60～0.75	1.00	1.00	0.040	0.030	(0.60)	16.00～18.00	(0.75)	—	—	—

注:1. 表中所列成分除标明范围或最小值外,其余均为最大值。括号内值为允许含有的最大值;
2. 表中 a 为相对于 GB/T 20878 调整化学成分的牌号。

表 14-19　沉淀硬化型钢的化学成分(GB/T 4237—2007)

GB/T 20878 中序号	新牌号	旧牌号	化学成分/%(质量分数)										
			C	Si	Mn	P	S	Ni	Cr	Mo	Cu	N	其他元素
134	04Cr13Ni8Mo2Al[a]		0.05	0.10	0.20	0.010	0.008	7.50～8.50	12.30～13.25	2.00～2.50	—	0.01	Al 0.90～1.35
135	022Cr12Ni9Cu2NbTi[a]		0.05	0.50	0.50	0.040	0.030	7.50～9.50	11.00～12.50	0.50	1.50～2.50	—	Ti 0.80～1.40 (Nb+Ta): 0.10～0.50
138	07Cr17Ni7Al	0Cr17Ni7Al	0.09	1.00	1.00	0.040	0.030	6.50～7.75	16.00～18.00	—	—	—	Al 0.75～1.50
139	07Cr15Ni7Mo2Al	0Cr15Ni7Mo2Al	0.090	1.00	1.00	0.040	0.030	6.50～7.75	14.00～16.00	2.00～3.00	—	—	Al 0.75～1.50
141	09Cr17Ni5Mo3N[a]		0.07～0.11	0.50	0.50～1.25	0.040	0.030	4.00～5.00	16.00～17.00	2.50～3.20	—	0.07～0.13	—
142	06Cr17Ni7AlTi		0.08	1.00	1.00	0.040	0.030	6.00～7.50	16.00～17.50	—	—	—	Al 0.40, Ti 0.40～1.20

注:1. 表中所列成分除标明范围或最小值外,其余均为最大值;
2. 表中 a 为相对于 GB/T 20878 调整化学成分的牌号。

(5)耐热钢板和钢带牌号和化学成分

表 14-20 奥氏体型耐热钢的化学成分(GB/T 4238—2007)

GB/T 20878 中序号	新牌号	旧牌号	化学成分/%(质量分数)										
			C	Si	Mn	P	S	Ni	Cr	Mo	Cu	N	其他元素
13	12Cr18Ni9	1Cr18Ni9	0.15	0.75	2.00	0.045	0.030	8.00～11.00	17.00～19.00	—	0.10	—	—
14	12Cr18Ni9Si3	1Cr18Ni9Si3	0.15	2.00～3.00	2.00	0.045	0.030	8.00～10.00	17.00～19.00	—	0.10	—	—
17	06Cr19Ni9[a]	0Cr18Ni9	0.08	0.75	2.00	0.045	0.030	8.00～10.50	18.00～20.00	—	0.10	—	—
19	07Cr19Ni10	—	0.04～0.10	0.75	2.00	0.045	0.030	8.00～10.50	18.00～20.00	—	—	—	—
29	06Cr20Ni11	—	0.08	0.75	2.00	0.045	0.030	10.00～12.00	19.00～21.00	—	—	—	—
31	16Cr23Ni13	2Cr23Ni13	0.20	0.75	2.00	0.045	0.030	12.00～15.00	22.00～24.00	—	—	—	—
32	06Cr23Ni13	0Cr23Ni13	0.08	0.75	2.00	0.045	0.030	12.00～15.00	22.00～24.00	—	—	—	—
34	20Cr25Ni20	2Cr25Ni20	0.25	1.50	2.00	0.045	0.030	19.00～22.00	24.00～26.00	—	—	—	—
35	06Cr25Ni20	0Cr25Ni20	0.08	1.50	2.00	0.045	0.030	19.00～22.00	24.00～26.00	—	—	—	—
38	06Cr17Ni12Mo2	0Cr17Ni12Mo2	0.08	0.75	2.00	0.045	0.030	10.00～14.00	16.00～18.00	2.00～3.00	0.10	—	—
49	06Cr19Ni13Mo3	0Cr19Ni13Mo3	0.08	0.75	2.00	0.045	0.030	11.00～15.00	18.00～20.00	3.00～4.00	0.10	—	—
55	06C418Ni11Ti	0Cr18Ni10Ti	0.08	0.75	2.00	0.045	0.030	9.00～12.00	17.00～19.00	—	—	—	Ti≥5C
60	12Cr16Ni35	1Cr16Ni35	0.15	1.50	2.00	0.045	0.030	33.00～37.00	14.00～17.00	—	—	—	—
62	06Cr18Ni11Nb[a]	0Cr18Ni11Nb	0.08	0.75	2.00	0.045	0.030	9.00～13.00	17.00～19.00	—	—	—	Nb:10×C～0.10
66	16Cr25Ni20Si2	1Cr25Ni20Si2	0.20	1.50～2.50	1.50	0.045	0.030	18.00～21.00	24.00～27.00	—	—	—	—

注:表中 a 为相对于 GB/T 20878 调整化学成分的牌号。

表 14-21 铁素体型耐热钢的化学成分(GB/T 4238—2007)

GB/T 20878 中序号	新牌号	旧牌号	化学成分/%(质量分数)								
			C	Si	Mn	P	S	Cr	Ni	N	其他元素
78	06Cr13Al	0Cr13Al	0.08	1.00	1.00	0.040	0.030	11.50～14.50	0.60	—	Al 0.10～0.30
80	022Cr11Ti[a]	—	0.030	1.00	1.00	0.040	0.030	10.50～11.70	0.60	0.030	Ti:6C～0.75
81	022Cr11NbTi[a]	—	0.030	1.00	1.00	0.040	0.020	10.50～11.70	0.60	0.030	Ti+Nb:8(C+N)+0.08～0.75
85	10Cr17	1Cr17	0.12	1.00	1.00	0.040	0.030	16.00～18.00	0.75	—	—
93	16Cr25N	2Cr25N	0.20	1.00	1.50	0.040	0.030	23.00～27.00	0.75	0.25	

注:表中 a 为相对于 GB/T 20878 调整化学成分的牌号。

表 14-22 马氏体型耐热钢的化学成分(GB/T 4238—2007)

GB/T 20878 中序号	新牌号	旧牌号	化学成分/%(质量分数)									
			C	Si	Mn	P	S	Cr	Ni	Mo	N	其他
96	12Cr12	1Cr12	0.15	0.50	1.00	0.040	0.030	11.50～13.00	0.60	—	—	—
98	12Cr13[a]	1Cr13	0.15	1.00	1.00	0.040	0.030	11.50～13.50	0.75	0.50	—	—
124	22Cr12NiMoWV	2Cr12NiMoWV	0.20～0.25	0.50	0.50～1.00	0.025	0.025	11.00～12.50	0.50～1.00	0.90～1.25	—	V 0.20～0.30 W 0.90～1.25

注:表中 a 为相对于 GB/T 20878 调整化学成分的牌号。

表 14-23 沉淀硬化型耐热钢的化学成分(GB/T 4238—2007)

GB/T 20878 中序号	新牌号	旧牌号	化学成分/%(质量分数)										
			C	Si	Mn	P	S	Cr	Ni	Cu	Al	Mo	其他
135	022Cr12Ni9Cu2NbTi[a]	—	0.05	0.50	0.50	0.040	0.030	11.00～12.50	7.50～9.50	1.50～2.50	—	0.50	Ti 0.80～1.40 (Nb+Ta)：0.10～0.50
137	05Cr17Ni4Cu4Nb	0Cr17Ni4Cu4Nb	0.07	1.00	1.00	0.040	0.030	15.00～17.50	3.00～5.00	3.00～5.00	—	—	Nb 0.15～0.45
138	07Cr17Ni7Al	0Cr17Ni7Al	0.09	1.00	1.00	0.040	0.030	16.00～18.00	6.50～7.75	—	0.75～1.50	—	—
139	07Cr15Ni7Mo2Al	—	0.09	1.00	1.00	0.040	0.030	14.00～16.00	6.50～7.75	—	0.75～1.50	2.00～3.00	—
142	06Cr17Ni7AlTi	—	0.08	1.00	1.00	0.040	0.030	16.00～17.50	6.00～7.50	—	0.40	—	Ti 0.40～1.20
143	06Cr15Ni25Ti2MoAlVB	0Cr15Ni25Ti2MoAlVB	0.08	1.00	2.00	0.040	0.030	13.50～16.00	24.00～27.00	—	0.35	1.00～1.50	Ti 1.90～2.35 V 0.10～0.50 B 0.001～0.010

注：1. 表 14-20～表 14-23 中所列成分除标明范围或最小值外，其余均为最大值；
2. 表中 a 为相对于 GB/T 20878 调整化学成分的牌号。

14.1.2 不锈耐热钢的热处理制度及力学性能

(1)不锈钢棒的热处理制度及力学性能

表 14-24 奥氏体型不锈钢棒或试样的典型热处理制度(GB/T 1220—2007)

GB/T 20878 中序号	统一数字代号	新牌号	旧牌号	固溶处理
1	S35350	12Cr17Mn6Ni5N	1Cr17Mn6Ni5N	1010～1120℃,快冷
3	S35450	12Cr18Mn9Ni5N	1Cr18Mn8Ni5N	1010～1120℃,快冷
9	S30110	12Cr17Ni7	1Cr17Ni7	1010～1150℃,快冷
13	S30210	12Cr18Ni9	1Cr18Ni9	1010～1150℃,快冷
15	S30317	Y12Cr18Ni9	Y1Cr18Ni9	1010～1150℃,快冷
16	S30327	Y12Cr18Ni9Se	Y1Cr18Ni9Se	1010～1150℃,快冷
17	S30408	06Cr19Ni10	0Cr18Ni9	1010～1150℃,快冷
18	S30403	022Cr19Ni10	00Cr19Ni10	1010～1150℃,快冷
22	S30488	06Cr18Ni9Cu3	0Cr18Ni9Cu3	1010～1150℃,快冷
23	S30458	06Cr19Ni10N	0Cr19Ni9N	1010～1150℃,快冷
24	S30478	06Cr19Ni9NbN	0Cr19Ni10NbN	1010～1150℃,快冷
25	S30453	022Cr19Ni10N	00Cr18Ni10N	1010～1150℃,快冷
26	S30510	10Cr18Ni12	1Cr18Ni12	1010～1150℃,快冷
32	S30908	06Cr23Ni13	0Cr23Ni13	1030～1150℃,快冷
35	S31008	06Cr25Ni20	0Cr25Ni20	1030～1180℃,快冷
38	S31608	06Cr17Ni12Mo2	0Cr17Ni12Mo2	1010～1150℃,快冷
39	S31603	022Cr17Ni12Mo2	00Cr17Ni14Mo2	1010～1150℃,快冷
41	S31668	06Cr17Ni12Mo2Ti[a]	0Cr18Ni12Mo3Ti[a]	1000～1100℃,快冷
43	S31658	06Cr17Ni12Mo2N	0Cr17Ni12Mo2N	1010～1150℃,快冷
44	S31653	022Cr17Ni12Mo2N	00Cr17Ni13Mo2N	1010～1150℃,快冷
45	S31688	06Cr18Ni12Mo2Cu2	0Cr18Ni12Mo2Cu2	1010～1150℃,快冷
46	S31683	022Cr18Ni14Mo2Cu2	00Cr18Ni14Mo2Cu2	1010～1150℃,快冷
49	S31708	06Cr19Ni13Mo3	0Cr19Ni13Mo3	1010～1150℃,快冷
50	S31703	022Cr19Ni13Mo3	00Cr19Ni13Mo3	1010～1150℃,快冷
52	S31794	03Cr18Ni16Mo5	0Cr18Ni16Mo5	1030～1180℃,快冷
55	S32168	06Cr18Ni11Ti[a]	0Cr18Ni10Ti[a]	920～1150℃,快冷
62	S34778	06Cr18Ni11Nb[a]	0Cr18Ni11Nb[a]	980～1150℃,快冷
64	S38148	06Cr18Ni13Si4	0Cr18Ni13Si4	1010～1150℃,快冷

注:表中 a 需方在合同中注明时,可进行稳定化处理,此时的热处理温度为 850～930℃。

表 14-25 奥氏体-铁素体型不锈钢棒或试样的典型热处理制度(GB/T 1220—2007)

GB/T 20878 中序号	统一数字代号	新 牌 号	旧 牌 号	固 溶 处 理
67	S21860	14Cr18Ni11Si4AlTi	1Cr18Ni11Si4AlTi	930~1050℃,快冷
68	S21953	022Cr19Ni5Mo3Si2N	00Cr18Ni5Mo3Si2	920~1050℃,快冷
70	S22253	022Cr22Ni5Mo3N		950~1200℃,快冷
71	S22053	022Cr23Ni5Mo3N		950~1200℃,快冷
73	S22553	022Cr25Ni6Mo2N		950~1200℃,快冷
75	S25554	03Cr25Ni6Mo3Cu2N		1000~1200℃,快冷

表 14-26 铁素体型不锈钢棒或试样的典型热处理制度(GB/T 1220—2007)

GB/T 20878 中序号	统一数字代号	新 牌 号	旧 牌 号	固 溶 处 理
78	S11348	06Cr13Al	0Cr13Al	780~830℃,空冷或缓冷
83	S11203	022Cr12	00Cr12	700~820℃,空冷或缓冷
85	S11710	10Cr17	1Cr17	780~850℃,空冷或缓冷
86	S11717	Y10Cr17	Y1Cr17	680~820℃,空冷或缓冷
88	S11790	10Cr17Mo	1Cr17Mo	780~850℃,空冷或缓冷
94	S12791	008Cr27Mo	00Cr27Mo	900~1050℃,快冷
95	S13091	008Cr30Mo2	00Cr30Mo2	900~1050℃,快冷

表 14-27 马氏体型不锈钢棒或试样的典型热处理制度(GB/T 1220—2007)

GB/T 20878 中序号	统一数字代号	新 牌 号	旧牌号	钢棒的热处理制度	试样的热处理制度	
				退火/℃	淬火/℃	回火/℃
96	S40310	12Cr12	1Cr12	800~900 缓冷或约 750 快冷	950~1000 油冷	700~750 快冷
97	S41008	06Cr13	0Cr13	800~900 缓冷或约 750 快冷	950~1000 油冷	700~750 快冷
98	S41010	12Cr13	1Cr13	800~900 缓冷或约 750 快冷	950~1000 油冷	700~750 快冷
100	S41617	Y12Cr13	Y1Cr13	800~900 缓冷或约 750 快冷	950~1000 油冷	700~750 快冷
101	S42020	20Cr13	2Cr13	800~900 缓冷或约 750 快冷	920~980 油冷	600~750 快冷
102	S42030	30Cr13	3Cr13	800~900 缓冷或约 750 快冷	920~980 油冷	600~750 快冷
103	S42037	Y30Cr13	Y3Cr13	800~900 缓冷或约 750 快冷	920~980 油冷	600~750 快冷
104	SS42040	40Cr13	4Cr13	800~900 缓冷或约 750 快冷	1050~1100 油冷	200~300 空冷
106	S43110	14Cr17Ni2	1Cr17Ni2	680~700 高温回火,空冷	950~1050 油冷	275~350 空冷
07	S43120	17Cr16Ni2		1 680~800,炉冷或空冷	950~1050 油冷或空冷	600~650 空冷
				2		750 ~ 800 + 650 ~ 700[a],空冷
108	S44070	68Cr17	7Cr17	800~920 缓冷	1010~1070 油冷	100~180 快冷
109	S44080	85Cr17	8Cr17	800~920 缓冷	1010~1070 油冷	100~180 快冷
110	S44096	108Cr17	11Cr17	800~920 缓冷	1010~1070 油冷	100~180 快冷
111	S44097	Y108Cr17	Y11Cr17	800~920 缓冷	1010~1070 油冷	100~180 快冷

续表

GB/T 20878中序号	统一数字代号	新牌号	旧牌号	钢棒的热处理制度	试样的热处理制度	
				退火/℃	淬火/℃	回火/℃
112	S44090	95Cr18	9Cr18	800～920 缓冷	1000～1050 油冷	200～300 油、空冷
115	S45710	13Cr13Mo	1Cr13Mo	830～900 缓冷或约 750 快冷	970～1020 油冷	650～750 快冷
116	S45830	32Cr13Mo	3Cr13Mo	830～900 缓冷或约 750 快冷	1025～1075 油冷	200 ～ 300 油、水、空冷
117	S45990	102Cr17Mo	9Cr18Mo	800～900 缓冷	1000～1050 油冷	200～300 空冷
118	S46990	90Cr18MoV	9Cr18MoV	800～920 缓冷	1050～1075 油冷	100～200 空冷

注：表中 a 当镍含量在表 14-27 规定的下限时，允许采用 620～720℃单回火制度。

表 14-28　沉淀硬化型不锈钢棒或试样的典型热处理制度(GB/T 1220—2007)

GB/T 20878中序号	统一数字代号	新牌号	旧牌号	热处理			
				种类		组别	条件
136	S51550	05Cr15Ni5Cu4Nb		固溶处理		0	1020～1060℃，快冷
				沉淀硬化	480℃时效	1	经固溶处理后，470～490℃空冷
					550℃时效	2	经固溶处理后，540～560℃空冷
					580℃时效	3	经固溶处理后，570～590℃空冷
					620℃时效	4	经固溶处理后，610～630℃空冷
137	S51740	05Cr17Ni4Cu4Nb	0Cr17Ni4Cu4Nb	固溶处理		0	1020～1060℃，快冷
				沉淀硬化	480℃时效	1	经固溶处理后，470～490℃空冷
					550℃时效	2	经固溶处理后，540～560℃空冷
					580℃时效	3	经固溶处理后，570～590℃空冷
					620℃时效	4	经固溶处理后，610～630℃空冷
138	S51770	07Cr17Ni7Al	0Cr17Ni7Al	固溶处理		0	1000～1100℃，快冷
				沉淀硬化	510℃时效	1	经固溶处理后，955±10℃保持10min，空冷到室温，在24h内冷却到−73±6℃，保持8h，再加热到510±10℃，保持1h后空冷
					565℃时效	2	经固溶处理后，于760±15℃保持90min，在1h内冷却到15℃以下，保持30min，再加热到565±10℃，保持90min后空冷
139	S51570	07Cr15Ni7Mo2Al	0Cr15Ni7Mo2Al	固溶处理		0	1000～1100℃，快冷
				沉淀硬化	510℃时效	1	经固溶处理后，955±10℃保持10min，空冷到室温，在24h内冷却到−73±6℃，保持8h，再加热到510±10℃，保持1h后空冷
					565℃时效	2	经固溶处理后，于760±15℃保持90min，在1h内冷却到15℃以下，保持30min，再加热到565±10℃，保持90min后空冷

表 14-29 经固溶处理(见表 14-24)的奥氏体型钢棒或试样的力学性能(GB/T 1220—2007)

GB/T 20878 中序号	统一数字代号	新牌号	旧牌号	规定非比例延伸强度 $R_{p0.2}$/MPa	抗拉强度 R_m/MPa	断后伸长率 A/%	断面收缩率 /%	硬度 HBW	硬度 HRB	硬度 HV
				不小于				不大于		
1	S35350	12Cr17Mn6Ni5N	1Cr17Mn6Ni5N	275	520	40	45	241	100	253
3	S35450	12Cr18Mn9Ni5N	1Cr18Mn8Ni5N	275	520	40	45	207	95	218
9	S30110	12Cr17Ni7	1Cr17Ni7	205	520	40	60	187	90	200
13	S30210	12Cr18Ni9	1Cr18Ni9	205	520	40	60	187	90	200
15	S30317	Y12Cr18Ni9	Y1Cr18Ni9	205	520	40	50	187	90	200
16	S30327	Y12Cr18Ni9Se	Y1Cr18Ni9Se	205	520	40	50	187	90	200
17	S30408	06Cr19Ni10	0Cr18Ni9	205	520	40	60	187	90	200
18	S30403	022Cr19Ni10	00Cr19Ni10	175	480	40	60	187	90	200
22	S30488	06Cr18Ni9Cu3	0Cr18Ni9Cu3	175	480	40	60	187	90	200
23	S30458	06Cr19Ni10N	0Cr19Ni9N	275	550	35	50	217	95	220

表 14-30 经固溶处理(见表 14-25)的奥氏体-铁素体型钢棒或试样的力学性能[a](GB/T 1220—2007)

GB/T 20878 中序号	统一数字代号	新牌号	旧牌号	规定非比例延伸强度 $R_{p0.2}{}^{b}$/MPa	抗拉强度 R_m/MPa	断后伸长率 A/%	断面收缩率 Z^c/%	冲击吸收功 $A_{ku2}{}^{d}$/J	硬度[b] HBW	硬度[b] HRB	硬度[b] HV
				不小于					不大于		
67	S21860	14Cr18Ni11Si4AlTi	1Cr18Ni11Si4AlTi	440	715	25	40	63	—	—	—
68	S21953	022Cr19Ni5Mo3Si2N	00Cr18Ni5Mo3Si2	390	590	20	40	—	290	30	300
70	S22253	022Cr22Ni5Mo3N		450	620	25	—	—	290	—	—
71	S22053	022Cr23Ni5Mo3N		450	655	25	—	—	290	—	—
73	S22553	022Cr25Ni6Mo2N		450	620	20	—	—	260	—	—
75	S25554	03Cr25Ni6Mo3Cu2N		550	750	25	—	—	290	—	—

注:1. 表中 a 表示表 14-30 仅适用于直径、边长、厚度或对边距离小于 75 mm 的钢棒。大于 75 mm 的钢棒,可改锻成 75 mm 的样坯检验或由供需双方协商,规定允许降低其力学性能的数值;

2. 表中 b 表示规定非比例延伸强度和硬度,仅当需方要求时(合同中注明)才进行测定,且供方可根据钢棒的尺寸或状态任选一种方法测定硬度;

3. 表中 c 表示扁钢不适用,但需方要求时,由供需双方协商确定;

4. 表中 d 表示直径或对边距离小于等于 16 mm 的圆钢、六角钢、八角钢和边长或厚度小于等于 12 mm 的方钢、扁钢不做冲击试验。

表 14-31　经固溶处理(见表 14-26)铁素体型钢棒或试样的力学性能[a](GB/T 1220—2007)

GB/T 20878 中序号	统一数字代号	新牌号	旧牌号	规定非比例延伸强度 $R_{p0.2}$[b]/MPa	抗拉强度 R_m/MPa	断后伸长率 A/%	断面收缩率 Z^c/%	冲击吸收功 A_{ku2}[d]/J	硬度[b] HBW
				不小于					不大于
78	S11348	06Cr13Al	0Cr13Al	175	410	20	60	78	183
83	S11203	022Cr12	00Cr12	195	360	22	60	—	183
85	S11710	10Cr17	1Cr17	205	450	22	50	—	183
86	S11717	Y10Cr17	Y1Cr17	205	450	22	50	—	183
88	S11790	10Cr17Mo	1Cr17Mo	205	450	22	60	—	183
94	S12791	008Cr27mo	00Cr27Mo	245	410	20	45	—	219
95	S13091	008Cr30Mo2	00Cr30Mo2	295	450	20	45	—	228

注:1. 表中 a 表示表 14-31 仅适用于直径、边长、厚度或对边距离小于或等于 75 mm 的钢棒。大于 75 mm 的钢棒,可改锻成 75 mm 的样坯检验或由供需双方协商,规定允许降低其力学性能的数值;

2. 表中 b 表示规定非比例延伸强度和硬度,仅当需方要求时(合同中注明)才进行测定;

3. 表中 c 表示扁钢不适用,但需方要求时,由供需双方协商确定;

4. 表中 d 表示直径或对边距离小于等于 16 mm 的圆钢、六角钢、八角钢和边长或厚度小于等于 12 mm 的方钢、扁钢不做冲击试验。

表 14-32　经热处理(见表 14-27)的马氏体型钢棒或试样的力学性能[a](GB/T 1220—2007)

GB/T 20878 中序号	统一数字代号	新牌号	旧牌号	组别	经淬火回火后试样的力学性能和硬度							退火后钢棒的硬度[c]
					规定非比例延伸强度 $R_{p0.2}$[b]/MPa	抗拉强度 R_m/MPa	断后伸长率 A/%	断面收缩率 Z^c/%	冲击吸收功 A_{ku2}[d]/J	HBW	HRC	HBW
					不小于							不大于
96	S40310	12Cr12	1Cr12		390	590	25	55	118	170	—	200
97	S41008	06Cr13	0Cr13		345	490	24	60	—	—	—	183
98	S41010	12Cr13	1Cr13		345	540	22	55	78	159	—	200
100	S41617	Y12Cr13	Y1Cr13		345	540	17	45	55	159	—	200
101	S42020	20Cr13	2Cr13		440	640	20	50	63	192	—	223
102	S42030	30Cr13	3Cr13		540	735	12	40	24	217	—	235
103	S42037	Y30Cr13	Y3Cr13		540	735	8	35	24	217	—	235
104	S42040	40Cr13	4Cr13		—	—	—	—	—	—	50	235
106	S43110	14Cr17Ni2	1Cr17Ni2		—	1080	10	—	39	—	—	285
107	S43120	17Cr16Ni2[e]		1	700	900～1050	12	45	25(A_{KV})	—	—	295
				2	600	800～950	14					
108	S44070	68Cr17	7Cr17		—	—	—	—	—	—	54	255
109	S44080	85Cr17	8Cr17		—	—	—	—	—	—	56	255
110	S44096	108Cr17	11Cr17		—	—	—	—	—	—	58	269
111	S44097	Y108Cr17	Y11Cr17		—	—	—	—	—	—	58	269
112	S44090	95Cr18	9Cr18		—	—	—	—	—	—	55	255
115	S45710	13Cr13Mo	1Cr13Mo		490	690	20	60	78	192	—	200
116	S45830	32Cr13Mo	3Cr13Mo		—	—	—	—	—	—	50	207
117	S45990	102Cr17Mo	9Cr18Mo		—	—	—	—	—	—	55	269
118	S46990	90Cr18MoV	9Cr18MoV		—	—	—	—	—	—	55	269

注：1. 表中 a 表示表 14-32 仅适用于直径、边长、厚度或对边距离小于或等于 75 mm 的钢棒。大于 75 mm 的钢棒，可改锻成 75 mm 的样坯检验或由供需双方协商，规定允许降低其力学性能的数值；

2. 表中 b 表示扁钢不适用，但需方要求时，由供需双方协商确定；

3. 表中 c 表示采用 750℃退火时，其硬度由供需双方协商；

4. 表中 d 表示直径或对边距离小于等于 16 mm 的圆钢、六角钢、八角钢和边长或厚度小于等于 12 mm 的方钢、扁钢不做冲击试验；

5. 表中 e 表示 17Cr16Ni2 钢的性能组别应在合同中注明，未注明时，由供方自行选择。

表 14-33 沉淀硬化型(见表 14-27)钢棒或试样的力学性能[a](GB/T 1220—2007)

GB/T 20878 中序号	统一数字代号	新牌号	旧牌号	热处理 类型		热处理 组别	规定非比例延伸强度 $R_{p0.2}$/MPa	抗拉强度 R_m/MPa	断后伸长率 A/%	断面收缩率 Z^b/%	硬度[b] HBW	硬度[b] HRC
							不小于					
136	S51550	05Cr15Ni5Cu4Nb		固溶处理		0	—	—	—	—	≤363	≤38
				沉淀硬化	480℃时效	1	1 180	1 310	10	35	≥375	≥40
					550℃时效	2	1 000	1 070	12	45	≥331	≥35
					580℃时效	3	865	1 000	13	45	≥302	≥31
					620℃时效	4	725	930	16	50	≥277	≥28
137	S51740	05Cr17Ni4Cu4Nb	0Cr17Ni4Cu4Nb	固溶处理		0	—	—	—	—	≤363	≤38
				沉淀硬化	480℃时效	1	1 180	1 310	10	40	≥375	≥40
					550℃时效	2	1 000	1 070	12	45	≥331	≥35
					580℃时效	3	865	1 000	13	45	≥302	≥31
					620℃时效	4	725	930	16	50	≥277	≥28
138	S51770	07Cr17Ni7Al	0Cr17Ni7Al	固溶处理		0	≤380	≤1030	20	—	≤229	—
				沉淀硬化	510℃时效	1	1 030	1 230	4	10	≥388	—
					565℃时效	2	960	1 140	5	25	≥363	—
139	S51570	07Cr15Ni7Mo2Al	0Cr15Ni7Mo2Al	固溶处理		0	—	—	—	—	≤269	—
				沉淀硬化	510℃时效	1	1 210	1 320	6	20	≥388	—
					565℃时效	2	1 100	1 210	7	25	≥375	—

注:1. 表中 a 表示表 14-33 仅适用于直径、边长、厚度或对边距离小于或等于 75 mm 的钢棒。大于 75 mm 的钢棒,可改锻成 75 mm 的样坯检验或由供需双方协商,规定允许降低其力学性能的数值;

2. 表中 b 表示扁钢不适用,但需方要求时,由供需双方协商确定;

3. 表中 c 表示供方可根据钢棒的尺寸或状态任选一种方法测定硬度。

(2)不锈钢冷轧钢板和钢带的热处理制度及力学性能

表 14-34 奥氏体型钢的热处理制度(GB/T 3280—2007)

GB/T 20878 中序号	新 牌 号	旧 牌 号	处理温度及冷却方式
9	12Cr17Ni7	1Cr17Ni7	≥1040℃,水冷或其他方式快冷
10	022Cr17Ni7		≥1040℃,水冷或其他方式快冷
11	022Cr17Ni7N		≥1040℃,水冷或其他方式快冷
13	12Cr18Ni9	1Cr18Ni9	≥1040℃,水冷或其他方式快冷
14	12Cr18Ni9Si3	1Cr18Ni9Si3	≥1040℃,水冷或其他方式快冷
17	06Cr19Ni10	0Cr18Ni9	≥1040℃,水冷或其他方式快冷
18	022Cr19Ni10	00Cr19Ni10	≥1040℃,水冷或其他方式快冷
19	07Cr19Ni10		≥1095℃,水冷或其他方式快冷
20	05Cr19Ni10Si2N		≥1040℃,水冷或其他方式快冷
23	06Cr19Ni10N	0Cr19Ni9N	≥1040℃,水冷或其他方式快冷
24	06Cr19Ni9NbN	0Cr19Ni10NbN	≥1040℃,水冷或其他方式快冷
25	022Cr19Ni10N	00Cr18Ni10N	≥1040℃,水冷或其他方式快冷
26	10Cr18Ni12	1Cr18Ni12	≥1040℃,水冷或其他方式快冷
32	06Cr23Ni13	0Cr23Ni13	≥1040℃,水冷或其他方式快冷
35	06Cr25Ni20	0Cr25Ni20	≥1040℃,水冷或其他方式快冷
36	022Cr25Ni22Mo2N		≥1040℃,水冷或其他方式快冷
38	06Cr17Ni12Mo2	0Cr17Ni12Mo2	≥1040℃,水冷或其他方式快冷
39	022Cr17Ni12Mo2	00Cr17Ni14Mo2	≥1040℃,水冷或其他方式快冷
41	06Cr17Ni12Mo2Ti	0Cr18Ni12Mo3Ti	≥1040℃,水冷或其他方式快冷
42	06Cr17Ni12Mo2Nb		≥1040℃,水冷或其他方式快冷
43	06Cr17Ni12Mo2N	0Cr17Ni12Mo2N	≥1040℃,水冷或其他方式快冷
44	022Cr17Ni12Mo2N	00Cr17Ni13Mo2N	≥1040℃,水冷或其他方式快冷
45	06Cr18Ni12Mo2Cu2	0Cr18Ni12Mo2Cu2	1010～1150℃,水冷或其他方式快冷
48	015Cr21Ni26Mo5Cu2		
49	06Cr19Ni13Mo3	0Cr19Ni13Mo3	≥1040℃,水冷或其他方式快冷
50	022Cr19Ni13Mo3	00Cr19Ni13Mo3	≥1040℃,水冷或其他方式快冷
53	022Cr19Ni16Mo5N		≥1040℃,水冷或其他方式快冷
54	022Cr19Ni13Mo4N		≥1040℃,水冷或其他方式快冷
55	06Cr18Ni11Ti	0Cr18Ni10Ti	≥1040℃,水冷或其他方式快冷
58	015Cr24Ni22Mo8Mn3CuN		≥1150℃,水冷或其他方式快冷
61	022Cr24Ni17Mo5Mn6NbN		1120～1170℃,水冷或其他方式快冷
62	06Cr18Ni11Nb	0Cr18Ni11Nb	≥1040℃,水冷或其他方式快冷

表 14-35 奥氏体-铁素体型钢的热处理制度(GB/T 3280—2007)

GB/T 20878 中序号	新 牌 号	旧 牌 号	热处理温度及冷却方式
67	14Cr18Ni11Si4AlTi	1Cr18Ni11Si4AlTi	1000～1050℃,水冷或其他方式快冷
68	022Cr19Ni5Mo3Si2N	00Cr18Ni5Mo3Si2	950～1050℃,水冷
69	12Cr21Ni5Ti	1Cr21Ni5Ti	950～1050℃,水冷或其他方式快冷
70	022Cr22Ni5Mo3N		1040～1100℃,水冷或其他方式快冷
71	022Cr23Ni5Mo3N		1040～1100℃,水冷,除钢卷在连续退火线水冷或类似方式快冷

续表

GB/T 20878 中序号	新牌号	旧牌号	热处理温度及冷却方式
72	022Cr23Ni4MoCuN		950～1050℃,水冷或其他方式快冷
73	022Cr25Ni6Mo2N		1025～1125℃,水冷或其他方式快冷
74	022Cr25Ni7Mo4WCuN		1050～1125℃,水冷或其他方式快冷
75	03Cr25Ni6Mo3Cu2N		1050～1100℃,水冷或其他方式快冷
76	022Cr25Ni7Mo4N		1050～1100℃,水冷

表 14-36 铁素体型钢的热处理制度(GB/T 3280—2007)

GB/T 20878 中序号	新牌号	旧牌号	热处理温度及冷却方式
78	06Cr13Al	0Cr13Al	780～830℃,快冷或缓冷
80	022Cr11Ti		800～900℃,快冷或缓冷
81	022Cr11NbTi		800～900℃,快冷或缓冷
82	022Cr12Ni		700～820℃,快冷或缓冷
83	022Cr12	00Cr12	700～820℃,快冷或缓冷
84	10Cr15	1Cr15	780～850℃,快冷或缓冷
85	10Cr17	1Cr17	780～800℃,空冷
87	022Cr18Ti	00Cr17	780～950℃,快冷或缓冷
88	10Cr17Mo	1Cr17Mo	780～850℃,快冷或缓冷
90	019Cr18MoTi		
91	022Cr18NbTi		
92	019Cr19Mo2NbTi	00Cr18Mo2	800～1050℃,快冷
94	008Cr27Mo	00Cr27Mo	900～1050℃,快冷
95	008Cr30Mo2	00Cr30Mo2	800～1050℃,快冷

表 14-37 马氏体型钢的热处理制度(GB/T 3280—2007)

GB/T 20878 中序号	新牌号	旧牌号	退火处理 /℃	淬火 /℃	回火 /℃
96	12Cr12	1Cr12	约 750 快冷,或 800～900 缓冷		
97	06Cr13	0Cr13	约 750 快冷,或 800～900 缓冷		
98	12Cr13	1Cr13	约 750 快冷,或 800～900 缓冷		
99	04Cr13Ni5Mo				
101	20Cr13	2Cr13	约 750 快冷,或 800～900 缓冷		
102	30Cr13	3Cr13	约 750 快冷,或 800～900 缓冷	980～1040 快冷	150～400 空冷
104	40Cr13	4Cr13	约 750 快冷,或 800～900 缓冷	1050～1100 油冷	200～300 空冷
107	17Cr16Ni2			1010±10 油冷	605±5 空冷
				1000～1030 油冷	300～380 空冷
108	68Cr17	4Cr12	约 750 快冷,或 800～900 缓冷	1010～1070 快冷	150～400 空冷

表 14-38 沉淀硬化型钢的热处理制度(GB/T 3280—2007)

GB/T 20878 中序号	新牌号	旧牌号	固溶处理	沉淀硬化处理
134	04Cr13Ni8Mo2Al		927±15℃,按要求冷却至 60℃以下	510±6℃,保温 4h,空冷
				538±6℃,保温 4h,空冷

续表

GB/T 20878 中序号	新牌号	旧牌号	固溶处理	沉淀硬化处理
135	022Cr12Ni9Cu2NbTi		829±15℃,水冷	480±6℃,保温 4h,空冷
				510±6℃,保温 4h,空冷
138	07Cr17Ni7Al	0Cr17Ni7Al	1065±15℃,水冷	954±8℃保温 10min,快冷至室温,24h 内冷至−73±6℃,保温 8h,在空气中升至室温,再加热到 510±6℃,保温 1h 后空冷
				760±15℃,保温 90min,1h 内冷却至 15±3℃,保温 30min,再加热至 566±6℃,保温 90min 后空冷
139	07Cr15Ni7Mo3Al	0Cr15Ni7Al	1040±15℃,水冷	954±8℃保温 10min,快冷至室温,24h 内冷至−73±6℃,保温 8h,在空气中升至室温,再加热到 510±6℃,保温 1h 后空冷
				760±15℃,保温 90min,1h 内冷却至 15±3℃,保温 30min,再加热至 566±6℃,保温 90min 后空冷
141	09Cr17Ni5Mo3N		930±15℃,水冷,在−75℃以下保持 3h	455±8℃,保温 3h,空冷
				540±8℃,保温 3h,空冷
142	06Cr17Ni7AlTi		1038±15℃,空冷	510±8℃,保温 30min,空冷
				538±8℃,保温 30min,空冷
				566±8℃,保温 30min,空冷

表 14-39　经固溶处理的奥氏体型钢的力学性能(GB/T 3280—2007)

GB/T 20878 中序号	新牌号	旧牌号	规定非比例延伸强度 $R_{p0.2}$/MPa	抗拉强度 R_m/MPa	断后伸长率 A/%	硬度		
						HBW	HRB	HV
			不小于			不大于		
9	12Cr17Ni7	1Cr17Ni7	205	515	40	217	95	218
10	022Cr17Ni7		220	550	45	241	100	—
11	022Cr17Ni7N		240	550	45	241	100	—
13	12Cr18Ni9	1Cr18Ni9	205	515	40	201	92	210
14	12Cr18Ni9Si3	1Cr18Ni9Si3	205	515	40	217	95	220
17	06Cr19Ni10	0Cr18Ni9	205	515	40	201	92	210
18	022Cr19Ni10	00Cr19Ni10	170	485	40	201	92	210
19	07Cr19Ni10		205	515	40	201	92	210
20	05Cr19Ni10Si2NbN		290	600	40	217	95	—
23	06Cr19Ni10N	0Cr19Ni9N	240	550	30	201	92	220
24	06Cr19Ni9NbN	0Cr19Ni10NbN	345	685	35	250	100	260
25	022Cr19Ni10N	00Cr18Ni10N	205	515	40	201	92	220
26	10Cr18Ni12	1Cr18Ni12	170	485	40	183	88	200
32	06Cr23Ni13	0Cr23Ni13	205	515	40	217	95	220
35	06Cr25Ni20	0Cr25Ni20	205	515	40	217	95	220
36	022Cr25Ni22Mo2N		270	580	25	217	95	—

续表

GB/T 20878 中序号	新牌号	旧牌号	规定非比例延伸强度 $R_{p0.2}$/MPa	抗拉强度 R_m/MPa	断后伸长率 A/%	硬度 HBW	硬度 HRB	硬度 HV
			不小于			不大于		
38	06Cr17Ni12Mo2	0Cr17Ni12Mo2	205	515	40	217	95	220
39	022Cr17Ni12Mo2	00Cr17Ni14Mo2	170	485	40	217	95	220
41	06Cr17Ni12Mo2Ti	0Cr18Ni12Mo3Ti	205	515	40	217	95	220
42	06Cr17Ni12Mo2Nb		205	515	30	217	95	—
43	06Cr17Ni12Mo2N	0Cr17Ni12Mo2N	240	550	35	217	95	220
44	022Cr17Ni12Mo2N	00Cr17Ni13Mo2N	205	515	40	217	95	220
45	06Cr18Ni12Mo2Cu2	0Cr18Ni12Mo2Cu2	205	520	40	187	90	200
48	015Cr21Ni26Mo5Cu2		220	490	35	—	90	—
49	06Cr19Ni13Mo3	0Cr19Ni13Mo3	205	515	35	217	95	220
50	022Cr19Ni13Mo3	00Cr19Ni13Mo3	205	515	40	217	95	220
53	022Cr19Ni16Mo5N		240	550	40	223	96	—
54	022Cr19Ni13Mo4N		240	550	40	217	95	—
55	06Cr18Ni11Ti	0Cr18Ni10Ti	205	515	40	217	95	220
58	015Cr24Ni22Mo8Mn3CuN		430	750	40	250	—	—
61	022Cr24Ni17Mo5Mn6NbN		415	795	35	241	100	—
62	06Cr18Ni11Nb	0Cr18Ni11Nb	205	515	40	201	92	210

注：未给出 HV 值的牌号，请各单位在生产中注意积累数据，以利于在适当的时候再对本标准进行修订、补充。此前，建议参照 GB/T 1172 进行换算。

表 14-40　H1/4 状态的钢材力学性能（GB/T 3280—2007）

GB/T 20878 中序号	新牌号	旧牌号	规定非比例延伸强度 $R_{p0.2}$[b]/MPa	抗拉强度 R_m/MPa	断后伸长率 A/% 厚度 <0.4mm	断后伸长率 A/% 厚度 ≥0.4～<0.8mm	断后伸长率 A/% 厚度 ≥0.8mm
			不小于				
9	12Cr17Ni7	1Cr17Ni7	515	860	25	25	25
10	022Cr17Ni7		515	825	25	25	25
11	022Cr17Ni7N		515	825	25	25	25
13	12Cr18Ni9	1Cr18Ni9	515	560	10	10	12
17	06Cr19Ni10	0Cr18Ni9	515	860	10	10	12
18	022Cr19Ni10	00Cr19Ni10	515	860	8	8	10
23	06Cr19Ni10N	0Cr19Ni9N	515	860	12	12	12
25	022Cr19Ni10N	00Cr18Ni10N	515	860	10	10	12
38	06Cr17Ni12Mo2	0Cr17Ni12Mo2	515	860	10	10	10
39	022Cr17Ni12Mo2	00Cr17Ni14Mo2	515	860	8	8	8
41	06Cr17Ni12Mo2Ti	0Cr18Ni12Mo3Ti	515	860	12	12	12

表 14-41 H1/2 状态的钢材力学性能(GB/T 3280—2007)

GB/T 20878 中序号	新 牌 号	旧 牌 号	规定非比例延伸强度 $R_{p0.2}$/MPa	抗拉强度 R_m/MPa	断后伸长率 A/%		
					厚度 <0.4mm	厚度 ≥0.4～<0.8mm	厚度 ≥0.8mm
			不小于				
9	12Cr17Ni7	1Cr17Ni7	760	1035	15	18	18
10	022Cr17Ni7		690	930	20	20	20
11	022Cr17Ni7N		690	930	20	20	20
13	12Cr18Ni9	1Cr18Ni9	760	1035	9	10	10
17	06Cr19Ni10	0Cr18Ni9	760	1035	6	7	7
18	022Cr19Ni10	00Cr19Ni10	760	1035	5	6	6
23	06Cr19Ni10N	0Cr19Ni9N	760	1035	6	8	8
25	022Cr19Ni10N	00Cr18Ni10N	760	1035	6	7	7
38	06Cr17Ni12Mo2	0Cr17Ni12Mo2	760	1035	6	7	7
39	022Cr17Ni12Mo2	00Cr17Ni14Mo2	760	1035	5	6	6
43	06Cr17Ni12Mo2N	0Cr17Ni12Mo2N	760	1035	6	8	8

表 14-42 H 状态的钢材力学性能(GB/T 3280—2007)

GB/T 20878 中序号	新 牌 号	旧 牌 号	规定非比例延伸强度 $R_{p0.2}$/MPa	抗拉强度 R_m/MPa	断后伸长率 A/%		
					厚度 <0.4mm	厚度 ≥0.4～<0.8mm	厚度 ≥0.8mm
			不小于				
9	12Cr17Ni7	1Cr17Ni7	930	1205	10	12	12
13	12Cr18Ni9	1Cr18Ni9	930	1205	5	6	6

表 14-43 H2 状态的钢材力学性能(GB/T 3280—2007)

GB/T 20878 中序号	新 牌 号	旧 牌 号	规定非比例延伸强度 $R_{p0.2}$/MPa	抗拉强度 R_m/MPa	断后伸长率 A/%		
					厚度 <0.4mm	厚度 ≥0.4～<0.8mm	厚度 ≥0.8mm
			不小于				
9	12Cr17Ni7	1Cr17Ni7	965	1275	8	9	9
13	12Cr18Ni9	1Cr18Ni9	965	1275	3	4	4

表 14-44 经固溶处理的奥氏体·铁素体型钢力学性能(GB/T 3280—2007)

GB/T 20878 中序号	新 牌 号	旧 牌 号	规定非比例延伸强度 $R_{p0.2}$/MPa	抗拉强度 R_m/MPa	断后伸长率 A/%	硬 度	
						HBW	HRC
			不 小 于			不大于	
67	14Cr18Ni11Si4AlTi	1Cr18Ni11Si4AlTi	—	715	25	—	—
68	022Cr19Ni5Mo3Si2N	00Cr18Ni5Mo3Si2	440	630	25	290	31
69	12Cr21Ni5Ti	1Cr21Ni5Ti	—	635	20	—	—
70	022Cr22Ni5Mo3N		450	620	25	293	31

续表

GB/T 20878 中序号	新牌号	旧牌号	规定非比例延伸强度 $R_{p0.2}$/MPa	抗拉强度 R_m/MPa	断后伸长率 A/%	硬度 HBW	硬度 HRC
			不小于			不大于	
71	022Cr23Ni5Mo3N		450	620	25	293	31
72	022Cr23Ni4MoCuN		400	600	25	290	31
73	022Cr25Ni6Mo2N		450	640	25	295	31
74	022Cr25Ni7Mo4WCuN		550	750	25	270	—
75	03Cr25Ni6Mo3Cu2N		550	760	15	302	32
76	022Cr25Ni7Mo4N		550	795	15	310	32

注：奥氏体-铁素体双相不锈钢不需要做冷弯试验。

表 14-45 经退火处理的铁素体型钢的力学性能(GB/T 3280—2007)

GB/T 20878 中序号	新牌号	旧牌号	规定非比例延伸强度 $R_{p0.2}$/MPa	抗拉强度 R_m/MPa	断后伸长率 A/%	冷弯 180° d:弯心直径 a:钢板厚度	硬度 HBW	硬度 HRB	硬度 HV
			不小于				不大于		
78	06Cr13Al	0Cr13Al	170	415	20	$d=2a$	179	88	200
80	022Cr12		275	415	20	$d=2a$	197	92	200
81	022Cr12Ni		275	415	20	$d=2a$	197	92	200
82	022Cr11NbTi		280	450	18	—	180	88	—
83	022Cr11Ti	00Cr12	195	360	22	$d=2a$	183	88	200
84	10Cr15	1Cr15	205	450	22	$d=2a$	183	89	200
85	10Cr17	1Cr17	205	450	22	$d=2a$	183	89	200
87	022Cr18Ti	00Cr17	175	360	22	$d=2a$	183	88	200
88	10Cr17Mo	1Cr17Mo	240	450	22	$d=2a$	183	89	200
90	019Cr18MoTi		245	410	20	$d=2a$	217	96	230
91	022Cr18NbTi		250	430	18	—	180	88	—
92	019Cr19Mo2NbTi	00Cr18Mo2	275	415	20	$d=2a$	217	96	230
94	008Cr27Mo	00Cr27Mo	245	410	22	$d=2a$	190	90	200
95	008Cr30Mo2	00Cr30Mo2	295	450	22	$d=2a$	209	95	220

表 14-46 经退火处理的马氏体型钢的力学性能(GB/T 3280—2007)

GB/T 20878 中序号	新牌号	旧牌号	规定非比例延伸强度 $R_{p0.2}$/MPa	抗拉强度 R_m/MPa	断后伸长率 A/%	冷弯 180° d:弯心直径 a:钢板厚度	硬度[b] HBW	硬度[b] HRB	硬度[b] HV
			不小于				不大于		
96	12Cr12	1Cr12	205	485	20	$d=2a$	217	96	210
97	06Cr13	0Cr13	205	415	20	$d=2a$	183	89	200
98	12Cr13	1Cr13	205	450	20	$d=2a$	217	96	210
99	04Cr13Ni5Mo		620	795	15	—	302	32[a]	—
101	20Cr13	2Cr13	225	520	18	—	223	97	234

续表

GB/T 20878中序号	新牌号	旧牌号	规定非比例延伸强度 $R_{p0.2}$/MPa	抗拉强度 R_m/MPa	断后伸长率 A/%	冷弯180° d:弯心直径 a:钢板厚度	硬度[b] HBW	HRB	HV
			不小于				不大于		
102	30Cr13	3Cr13	225	540	18	—	235	99	247
104	40Cr13	4Cr13	225	590	15	—	—	—	—
107	17Cr16Ni2[b]		690	880～1080	12	—	262～326	—	—
			1050	1350	10	—	388	—	—
108	68Cr17	1Cr12	245	590	15	—	255	25[a]	269

注:1. 表中a为HRC硬度值;
2. 表中b表列为经淬火、回火后的力学性能。

表14-47 经固溶处理的沉淀硬化型钢试样的力学性能(GB/T 3280—2007)

GB/T 20878中序号	新牌号	旧牌号	钢材厚度/mm	规定非比例延伸强度 $R_{p0.2}$/MPa	抗拉强度 R_m/MPa	断后伸长率 A/%	硬度[b] HRC	HBW
				不大于		不小于	不大于	
134	04Cr13Ni8Mo2Al		≥0.10～<8.0	—	—	—	38	363
135	022Cr12Ni9Cu2NbTi		≥0.30～≤8.0	1105	1205	3	36	331
138	07Cr17Ni7Al	0Cr17Ni7Al	≥0.10～<0.30	450	1035	—	—	—
			≥0.30～≤8.0	380	1035	20	92[a]	—
139	07Cr15Ni7Mo2Al	0Cr15Ni7Mo2Al	≥0.10～<8.0	450	1035	25	100[a]	—
141	09Cr17Ni5Mo3N		≥0.10～<0.30	585	1380	8	30	—
			≥0.30～≤8.0	585	1380	12	30	—
142	06Cr17Ni7AlTi		≥0.10～<1.50	515	825	4	32	—
			≥1.50～≤8.0	515	825	5	32	—

注:1. 表中a为HRB硬度值;
2. 表中b表列为经淬火、回火后的力学性能。

表14-48 沉淀硬化处理后的沉淀硬化型钢试样的力学性能(GB/T 3280—2007)

GB/T 20878中序号	新牌号	旧牌号	钢材厚度/mm	处理[a]温度/℃	非比例延伸强度 $R_{p0.2}$/MPa	抗拉强度 R_m/MPa	断后伸长率 A/%	硬度值 HRC	HB
					不小于			不大于	
134	04Cr13Ni8Mo2Al		≥0.10～<0.50	510±6	1410	1515	6	45	—
			≥0.50～<5.0		1410	1515	8	45	—
			≥5.0～≤8.0		1410	1515	10	45	—
			≥0.10～<0.50	538±6	1310	1380	6	43	—
			≥0.50～<5.0		1310	1380	8	43	—
			≥5.0～≤8.0		1310	1380	10	43	—
135	022Cr12Ni9Cu2NbTi		≥0.10～<0.50	510±6 或 482±6	1410	1525	—	44	—
			≥0.50～<1.50		1410	1525	3	44	—
			≥1.50～≤8.0		1410	1525	4	44	—

续表

GB/T 20878中序号	新牌号	旧牌号	钢材厚度/mm	处理[a]温度/℃	非比例延伸强度 $R_{p0.2}$/MPa	抗拉强度 R_m/MPa	断后伸长率 A/%	硬度值 HRC	硬度值 HB
					不小于			不大于	
138	07Cr17Ni7Al	0Cr17Ni7Al	≥0.10～<0.30	760±15	1035	1240	3	38	—
			≥0.30～<5.0	15±3	1035	1240	5	38	—
			≥5.0～≤8.0	566±6	965	1170	7	43	352
			≥0.10～<0.30	954±8	1310	1450	1	44	—
			≥0.30～<5.0	−73±6	1310	1450	3	44	—
			≥5.0～≤8.0	510±6	1240	1380	6	43	401
139	07Cr15Ni7Mo2Al	0Cr15Ni7Mo2Al	≥0.10～<0.30	760±15	1170	1310	3	40	—
			≥0.30～<5.0	15±3	1170	1310	5	40	—
			≥5.0～≤8.0	566±6	1170	1310	4	40	375
			≥0.10～<0.30	954±8	1380	1550	2	46	—
			≥0.30～<5.0	−73±6	1380	1550	4	46	—
			≥5.0～≤8.0	510±6	1380	1550	4	45	429
			≥0.10～≤1.2	冷轧	1205	1380	1	41	—
			≥0.10～≤1.2	冷轧＋482	1580	1655	1	46	—
141	09Cr17Ni5Mo3N		≥0.10～<0.30	455±8	1035	1275	6	42	—
			≥0.30～≤5.0		1035	1275	8	42	—
			≥0.10～<0.30	540±8	1000	1140	6	36	—
			≥0.30～≤5.0		1000	1140	8	36	—
142	06Cr17Ni7AlTi		≥0.10～<0.80	510±8	1170	1310	3	39	—
			≥0.80～<1.50		1170	1310	4	39	—
			≥1.50～≤8.0		1170	1310	5	39	—
			≥0.10～<0.80	538±8	1105	1240	3	37	—
			≥0.80～<1.50		1105	1240	4	37	—
			≥1.50～≤8.0		1105	1240	5	37	—
			≥0.10～<0.80	566±8	1035	1170	3	35	—
			≥0.80～<1.50		1035	1170	4	35	—
			≥1.50～≤8.0		1035	1170	5	35	—

注：表中 a 为推荐性热处理温度；供方应向需方提供推荐性热处理制度。

(3)不锈钢热轧钢板和钢带的热处理制度及力学性能

表 14-49 奥氏体型钢的热处理制度(GB/T 4237—2007)

GB/T 20878 中序号	新牌号	旧牌号	热处理温度及冷却方式
9	12Cr17Ni7	1Cr17Ni7	≥1040℃，水冷或其他方式快冷
10	022Cr17Ni7		≥1040℃，水冷或其他方式快冷
11	022Cr17Ni7N		≥1040℃，水冷或其他方式快冷
13	12Cr18Ni9	1Cr18Ni9	≥1040℃，水冷或其他方式快冷
14	12Cr18Ni9Si3	1Cr18Ni9Si3	≥1040℃，水冷或其他方式快冷
17	06Cr19Ni10	0Cr18Ni9	≥1040℃，水冷或其他方式快冷
18	022Cr19Ni10	00Cr19Ni10	≥1040℃，水冷或其他方式快冷
19	07Cr19Ni10		≥1095℃，水冷或其他方式快冷
20	05Cr19Ni10Si2N		≥1040℃，水冷或其他方式快冷

续表

GB/T 20878 中序号	新 牌 号	旧 牌 号	热处理温度及冷却方式
23	06Cr19Ni10N	0Cr19Ni9N	≥1040℃,水冷或其他方式快冷
24	06Cr19Ni9NbN	0Cr19Ni10NbN	≥1040℃,水冷或其他方式快冷
25	022Cr19Ni10N	00Cr18Ni10N	≥1040℃,水冷或其他方式快冷
26	10Cr18Ni12	1Cr18Ni12	≥1040℃,水冷或其他方式快冷
32	06Cr23Ni13	0Cr23Ni13	≥1040℃,水冷或其他方式快冷
35	06Cr25Ni20	0Cr25Ni20	≥1040℃,水冷或其他方式快冷
36	022Cr25Ni22Mo2N		≥1040℃,水冷或其他方式快冷
38	06Cr17Ni12Mo2	0Cr17Ni12Mo2	≥1040℃,水冷或其他方式快冷
39	022Cr17Ni12Mo2	00Cr17Ni14Mo2	≥1040℃,水冷或其他方式快冷
41	06Cr18Ni12Mo2Ti	0Cr18Ni12Mo3Ti	≥1040℃,水冷或其他方式快冷
42	06Cr17Ni12Mo2Nb		≥1040℃,水冷或其他方式快冷
43	06Cr17Ni12Mo2N	0Cr17Ni12Mo2N	≥1040℃,水冷或其他方式快冷
44	022Cr17Ni12Mo2N	00Cr17Ni13Mo2N	≥1040℃,水冷或其他方式快冷
45	06Cr18Ni12Mo2Cu2	0Cr18Ni12Mo2Cu2	1010～1150℃,水冷或其他方式快冷
48	015Cr21Ni26Mo5Cu2		
49	06Cr19Ni13Mo3	0Cr19Ni13Mo3	≥1040℃,水冷或其他方式快冷
50	022Cr19Ni13Mo3	00Cr19Ni13Mo3	≥1040℃,水冷或其他方式快冷
53	022Cr19Ni16Mo5N		≥1040℃,水冷或其他方式快冷
54	022Cr19Ni13Mo4N		≥1040℃,水冷或其他方式快冷
55	06Cr18Ni11Ti	0Cr18Ni10Ti	≥1040℃,水冷或其他方式快冷
58	015Cr24Ni22Mo8Mn3CuN		≥1150℃,水冷或其他方式快冷
61	022Cr24Ni17Mo5Mn6NbN		1120～1170℃,水冷或其他方式快冷
62	06Cr18Ni11Nb	0Cr18Ni11Nb	≥1040℃,水冷或其他方式快冷

表 14-50　　奥氏体-铁素体型钢的热处理制度(GB/T 4237—2007)

GB/T 20878 中序号	新 牌 号	旧 牌 号	热处理温度及冷却方式
67	14Cr18Ni11Si4AlTi	1Cr18Ni11Si4AlTi	1000～1050℃,水冷或其他方式快冷
68	022Cr19Ni5Mo3Si2N	00Cr18Ni5Mo3Si2	950～1050℃,水冷或其他方式快冷
69	12Cr21Ni5Ti	1Cr21Ni5Ti	950～1050℃,水冷或其他方式快冷
70	022Cr22Ni5Mo3N		1040～1100℃,水冷或其他方式快冷
71	022Cr23Ni5Mo3N		1040～1100℃,水冷,除钢卷在连续退火线水冷或类似方式快冷
72	022Cr23Ni4MoCuN		950～1050℃,水冷或其他方式快冷
73	022Cr25Ni6Mo2N		1050～1100℃,水冷
74	022Cr25Ni7Mo4WCuN		1050～1125℃,水冷或其他方式快冷
75	03Cr25Ni6Mo3Cu2N		1050～1100℃,水冷或其他方式快冷
76	022Cr25Ni7Mo4N		1025～1125℃,水冷或其他方式快冷

表 14-51　　铁素体型钢的热处理制度(GB/T 4237—2007)

GB/T 20878 中序号	新 牌 号	旧 牌 号	热处理温度及冷却方式
78	06Cr13Al	0Cr13Al	780～830℃,快冷或缓冷
80	022Cr11Ti		800～900℃,快冷或缓冷

续表

GB/T 20878 中序号	新牌号	旧牌号	热处理温度及冷却方式
81	022Cr11NbTi		800～900℃，快冷或缓冷
82	022Cr12Ni		700～820℃，快冷或缓冷
83	022Cr12	00Cr12	700～820℃，快冷或缓冷
84	10Cr15	1Cr15	780～850℃，快冷或缓冷
85	10Cr17	1Cr17	780～850℃，快冷或缓冷
87	022Cr18Ti	00Cr17	780～800℃，空冷
88	10Cr17Mo	1Cr17Mo	780～850℃，快冷或缓冷
90	019Cr18MoTi		780～950℃，快冷或缓冷
91	022Cr18NbTi		
92	019Cr19Mo2NbTi	00Cr18Mo2	800～1050℃，快冷
94	008Cr27Mo	00Cr27Mo	900～1050℃，快冷
95	008Cr30Mo2	00Cr30Mo2	800～1050℃，快冷

表 14-52　马氏体型钢的热处理制度(GB/T 4237—2007)

GB/T 20878 中序号	新牌号	旧牌号	退火处理 /℃	淬火 /℃	回火 /℃
96	12Cr12	1Cr12	约 750 快冷，或 800～900 缓冷		
97	06Cr13	0Cr13	约 750 快冷，或 800～900 缓冷		
98	12Cr13	1Cr13	约 750 快冷，或 800～900 缓冷		
99	04Cr13Ni5Mo				
101	20Cr13	2Cr13	约 750 快冷，或 800～900 缓冷		
102	30Cr13	3Cr13	约 750 快冷，或 800～900 缓冷	980～1040 快冷	150～400 空冷
104	40Cr13	4Cr13	约 750 快冷，或 800～900 缓冷	1050～1100 油冷	200～300 空冷
107	17Cr16Ni2			1010±10 油冷	605±5 空冷
				1000～1030 油冷	300～380 空冷
108	68Cr17	4Cr13	约 750 快冷，或 800～900 缓冷	1010～1070 快冷	150～400 空冷

表 14-53　沉淀硬化型钢的热处理制度(GB/T 4237—2007)

GB/T 20878 中序号	新牌号	旧牌号	固溶处理	沉淀硬化处理
134	04Cr13Ni8Mo2Al		927±15℃，按要求冷却至 60℃以下	510±6℃，保温 4h，空冷
				538±6℃，保温 4h，空冷
135	022Cr12Ni9Cu2NbTi		829±15℃，水冷	480±6℃，保温 4h，空冷或 510±6℃，保温 4h，空冷
138	07Cr17Ni7Al	0Cr17Ni7Al	1065±15℃，水冷	954±8℃保温 10min，快冷至室温，24h 内冷至−73±6℃，保温 8h，在空气中升至室温，再加热到 510±6℃，保温 1h 后空冷
				760±15℃，保温 90min，1h 内冷却至 15±3℃，保温 30min，再加热至 566±6℃，保温 90min 后空冷

续表

GB/T 20878 中序号	新牌号	旧牌号	固溶处理	沉淀硬化处理
139	07Cr15Ni7Mo3Al	0Cr15Ni7Mo2Al	1040±15℃,水冷	954±8℃保温 10min,快冷至室温,24h内冷至−73±6℃,保温 8h,在空气中升至室温,再加热到 510±6℃,保温 1h后空冷
				760±15℃,保温 90min,1h 内冷却至 15±3℃,保温 30min,再加热至 566±6℃,保温 90min 后空冷
141	09Cr17Ni5Mo3N		930±15℃,水冷,在−75℃以下保持 3h 以上	455±8℃,保温 3h,空冷
				540±8℃,保温 3h,空冷
142	06Cr17Ni7AlTi		1038±15℃,空冷	510±8℃,保温 30min,空冷
				538±8℃,保温 30min,空冷
				566±8℃,保温 30min,空冷

表 14-54 经固溶处理的奥氏体型钢的力学性能(GB/T 4237—2007)

GB/T 20878 中序号	新牌号	旧牌号	规定非比例延伸强度 $R_{p0.2}$/MPa	抗拉强度 R_m/MPa	断后伸长率 A/%	硬度		
						HBW	HRB	HV
			不小于			不大于		
9	12Cr17Ni7	1Cr17Ni7	205	515	40	217	95	218
10	022Cr17Ni7		220	550	45	241	100	—
11	022Cr17Ni7N		240	550	45	241	100	—
13	12Cr18Ni9	1Cr18Ni9	205	515	40	201	92	210
14	12Cr18Ni9Si3	1Cr18Ni9Si3	205	515	40	217	95	220
17	06Cr19Ni10	0Cr18Ni9	205	515	40	201	92	210
18	02Cr19Ni10	00Cr19Ni10	170	485	40	201	92	210
19	07Cr19Ni10		205	515	40	201	92	210
20	05Cr19Ni10Si2N		290	600	40	217	95	—
23	06Cr19Ni10N	0Cr19Ni9N	240	550	30	201	92	220
24	06Cr19Ni9NbN	0Cr19Ni10NbN	345	685	35	250	100	260
25	022Cr19Ni10N	00Cr18Ni10N	205	515	40	201	92	220
26	10Cr18Ni12	1Cr18Ni12	170	485	40	183	88	200
32	06Cr23Ni13	0Cr23Ni13	205	515	40	217	95	220
35	06Cr25Ni20	0Cr25Ni20	205	515	40	217	95	220
36	022Cr25Ni22Mo2N		270	580	25	217	95	—
38	06Cr17Ni12Mo2	0Cr17Ni12Mo2	205	515	40	217	95	220
39	022Cr17Ni12Mo2	00Cr17Ni14Mo2	170	485	40	217	95	220
41	06Cr18Ni12Mo2Ti	0Cr18Ni12Mo3Ti	205	515	40	217	95	220
42	06Cr17Ni12Mo2Nb		205	515	30	217	95	—
43	06Cr17Ni12Mo2N	0Cr17Ni12Mo2N	240	550	35	217	95	220

续表

GB/T 20878 中序号	新牌号	旧牌号	规定非比例延伸强度 $R_{p0.2}$/MPa	抗拉强度 R_m/MPa	断后伸长率 A/%	硬度		
						HBW	HRB	HV
			不小于			不大于		
44	022Cr17Ni12Mo2N	00Cr17Ni13Mo2N	205	515	40	217	95	220
45	06Cr18Ni12Mo2Cu2	0Cr18Ni12Mo2Cu2	205	520	40	187	90	200
48	015Cr21Ni26Mo5Cu2		220	490	35	—	90	—
49	06Cr19Ni13Mo3	0Cr19Ni13Mo3	205	515	35	217	95	220
50	022Cr19Ni13Mo3	00Cr19Ni13Mo3	205	515	40	217	95	220
53	022Cr19Ni16Mo5N		240	550	40	223	96	—
54	022Cr19Ni13Mo4N		240	550	40	217	95	—
55	06Cr18Ni11Ti	0Cr18Ni10Ti	205	515	40	217	95	220
58	015Cr24Ni22Mo8Mn3CuN		430	750	40	250	—	—
61	022Cr24Ni17Mo5Mn6NbN		415	795	35	241	100	—
62	06Cr18Ni11Nb	0Cr18Ni11Nb	205	515	40	201	92	210

注：未给出 HV 值的牌号，请各单位在生产中注意积累数据，以利于在适当的时候再对本标准进行修订、补充。此前，建议参照 GB/T 1172 进行换算。

表 14-55　经固溶处理的奥氏体-铁素体型钢的力学性能(GB/T 4237—2007)

GB/T 20878 中序号	新牌号	旧牌号	规定非比例延伸强度 $R_{p0.2}$/MPa	抗拉强度 R_m/MPa	断后伸长率 A/%	硬度	
						HBW	HRC
			不小于			不大于	
67	14Cr18Ni11Si4AlTi	1Cr18Ni11Si4AlTi	—	715	25	—	—
68	022Cr19Ni5Mo3Si2N	00Cr18Ni5Mo3Si2	440	630	25	290	31
69	12Cr21Ni5Ti	1Cr21Ni5Ti	350	635	20	—	—
70	022Cr22Ni5Mo3N		450	620	25	293	31
71	022Cr23Ni5Mo3N		450	620	25	293	31
72	022Cr23Ni4MoCuN		400	600	25	290	31
73	022Cr25Ni6Mo2N		450	640	25	295	30
74	022Cr25Ni7Mo4WCuN		550	750	25	270	—
75	03Cr25Ni6Mo3Cu2N		550	760	15	302	32
76	022Cr25Ni7Mo4N		550	795	15	310	32

表 14-56 经退火处理的铁素体型钢的力学性能(GB/T 4237—2007)

GB/T 20878 中序号	新牌号	旧牌号	规定非比例延伸强度 $R_{p0.2}$/MPa	抗拉强度 R_m/MPa	断后伸长率 A/%	冷弯180° d:弯心直径 a:钢板厚度	硬度 HBW	硬度 HRB	硬度 HV
			不小于				不大于		
78	06Cr13Al	0Cr13Al	170	415	20	$d=2a$	179	88	200
80	022Cr12		195	360	22	$d=2a$	183	88	200
81	022Cr12Ni		280	450	18	—	180	88	—
82	022Cr11NbTi		275	415	20	$d=2a$	197	92	200
83	022Cr11Ti	00Cr12	275	415	20	$d=2a$	197	88	200
84	10Cr15	1Cr15	205	450	22	$d=2a$	183	89	200
85	10Cr17	1Cr17	205	450	22	$d=2a$	183	89	200
87	022Cr18Ti	00Cr17	175	360	22	$d=2a$	183	88	200
88	10Cr17Mo	1Cr17Mo	240	450	22	$d=2a$	183	89	200
90	019Cr18MoTi		245	410	20	$d=2a$	217	96	230
91	022Cr18NbTi		250	430	18	—	180	88	—
92	019Cr19Mo2NbTi	00Cr18Mo2	275	415	20	$d=2a$	217	96	230
94	008Cr27Mo	00Cr27Mo	245	410	22	$d=2a$	190	90	200
95	008Cr30Mo2	00Cr30Mo2	295	450	22	$d=2a$	209	95	220

表 14-57 经退火处理的马氏体型钢的力学性能(GB/T 4237—2007)

GB/T 20878 中序号	新牌号	旧牌号	规定非比例延伸强度 $R_{p0.2}$/MPa	抗拉强度 R_m/MPa	断后伸长率 A/%	冷弯180° d:弯心直径 a:钢板厚度	硬度[b] HBW	硬度[b] HRB	硬度[b] HV
			不小于				不大于		
96	12Cr12	1Cr12	205	485	20	$d=2a$	217	96	210
97	06Cr13	0Cr13	205	415	20	$d=2a$	183	89	200
98	12Cr13	1Cr13	205	450	20	$d=2a$	217	96	210
99	04Cr13Ni5Mo		620	795	15	—	302	32[a]	—
101	20Cr13	2Cr13	225	520	18	—	223	97	234
102	30Cr13	3Cr13	225	540	18	—	235	99	247
104	40Cr13	4Cr13	225	590	15	—	—	—	—
107	17Cr16Ni2		690	880～1080	12	—	262～326	—	—
			1050	1350	10	—	388	—	—
108	68Cr17	1Cr12	245	590	15	—	255	25[a]	269

注:1. 表中 a 表示 HRC 硬度值;

2. 表中 b 表示表列为经淬火、回火后的力学性能。

表 14-58　经固溶处理的沉淀硬化型钢试样的力学性能(GB/T 4237—2007)

GB/T 20878 中序号	新牌号	旧牌号	钢材厚度 /mm	规定非比例延伸强度 $R_{p0.2}$/MPa	抗拉强度 R_m/MPa	断后伸长率 A/%	硬度 HRC	硬度 HBW
				不大于	不大于	不小于	不大于	不大于
134	04Cr13Ni8Mo2Al		≥2≤102	—	—	—	38	363
135	022Cr12Ni9Cu2NbTi		≥2≤102	1105	1205	3	36	331
138	07Cr17Ni7Al	0Cr17Ni7Al	≥2≤102	380	1035	20	92[a]	—
139	07Cr15Ni7Mo2Al	0Cr15Ni7Mo2Al	≥2≤102	450	1035	25	100[a]	—
141	09Cr17Ni5Mo3N		≥2≤102	585	1380	12	30	—
142	05Cr17Ni7AlTi		≥2≤102	515	825	5	32	—

注:表中 a 为 HRB 硬度值。

表 14-59　沉淀硬化处理后的沉淀硬化型钢试样的力学性能(GB/T 4237—2007)

GB/T 20878 中序号	新牌号	旧牌号	钢材厚度 /mm	处理[a]温度/℃	规定非比例延伸强度 $R_{p0.2}$/MPa	抗拉强度 R_m/MPa	断后伸长率 A/%	硬度 HRC	硬度 HB
					不小于	不小于	不小于	不大于	不大于
134	04Cr13Ni8Mo2Al		≥2<5 ≥5<16 ≥16≤100	510±5	1410 1410 1410	1515 1515 1515	8 10 10	45 45 45	— — 429
			≥2<5 ≥5<16 ≥16≤100	540±5	1310 1310 1310	1380 1380 1380	8 10 10	43 43 43	— — 401
135	022Cr12Ni9Cu2NbTi		≥2	480±6 或 510±5	1410	1525	4	44	—
138	07Cr17Ni7Al	0Cr17Ni7Al	≥2<5 ≥5≤16	760±15 15±3 566±6	1035 965	1240 1170	6 7	38 38	— 352
			≥2<5 ≥5≤16	954±8 −73±6 510±6	1310 1240	1450 1380	4 6	44 43	— 401
139	07Cr15Ni7Mo2Al	0Cr15Ni7Mo2Al	≥2<5 ≥5≤16	760±15 15±3 566±6	1170 1170	1310 1310	5 4	40 40	— 375
			≥2<5 ≥5≤16	954±8 −73±6 510±6	1380 1380	1550 1550	4 4	46 46	— 429
141	09Cr17Ni5Mo3N		≥2≤5	455±10	1035	1275	8	42	—
			≥2≤5	540±10	1000	1140	8	36	—
142	06Cr17Ni7AlTi		≥2<3 ≥3	510±10	1170 1170	1310 1310	5 8	39 39	— 363
			≥2<3 ≥3	540±10	1105 1105	1240 1240	5 8	37 38	— 352
			≥2<3 ≥3	565±10	1035 1035	1170 1170	5 8	35 36	— 331

注:表中 a 为推荐性热处理温度。供方应向需方提供推荐性热处理制度。

(4)耐热钢棒的热处理制度及力学性能

表 14-60 经热处理的奥氏体型钢棒或试样的力学性能(GB/T 1221—2007)

GB/T 20878 中序号	统一数字代号	新牌号	旧牌号	热处理状态	规定非比例延伸强度 $R_{p0.2}$/MPa	抗拉强度 R_m/MPa	断后伸长率 A/%	断面收缩率 Z/%	布氏硬度 HBW
					不小于				不大于
6	S35650	53Cr21Mn9Ni4N	5Cr21Mn9Ni4N	固溶＋时效	560	885	8	—	≥302
7	S3570	26Cr18Mn12Si2N	3Cr18Mn12Si2N	固溶处理	390	685	35	45	248
8	S35850	22Cr20Mn10Ni2Si2N	2Cr20Mn9Ni2Si2N		390	635	35	45	248
17	S30408	06Cr19Ni10	0Cr18Ni9		205	520	40	60	187
30	S30850	22Cr21Ni12N	2Cr21Ni12N	固溶＋时效	430	820	26	20	269
31	S30920	16Cr23Ni13	2Cr23Ni13	固溶处理	205	560	45	50	201
32	S30908	06Cr23Ni13	0Cr23Ni13		205	520	40	60	187
34	S31020	20Cr25Ni20	2Cr25Ni20		205	590	40	50	201
35	S31008	06Cr25Ni20	0Cr25Ni20		205	520	40	50	187
38	S31608	06Cr17Ni12Mo2	0Cr17Ni12Mo2		205	520	40	60	187
49	S31708	06Cr19Ni13Mo3	0Cr19Ni13Mo3		205	520	40	60	187
55	S32168	06Cr18Ni11Ti	0Cr18Ni10Ti		205	520	40	50	187
57	S32590	45Cr14Ni14W2Mo	4Cr14Ni14W2Mo	退火	315	705	20	35	248
60	S33010	12Cr16Ni35	1Cr16Ni35	固溶处理	205	560	40	50	201
62	S34778	06Cr18Ni11Nb	0Cr18Ni11Nb		205	520	40	50	187
64	S38148	06Cr18Ni13Si14	0Cr18Ni13Si4		205	520	40	60	207
65	S38240	16Cr20Ni14Si2	1Cr20Ni14Si2		295	590	35	50	187
66	S38340	16Cr25Ni20Si2	1Cr25Ni20Si2		295	590	35	50	187

注：1. 53Cr21Mn9Ni4N 和 22Cr21Ni12N 仅适用于直径、边长及对边距离或厚度小于或等于 25mm 的钢棒；大于 25mm 的钢棒，可改锻成 25mm 的样坯检验或由供需双方协商确定允许降低其力学性能的数值。其余牌号仅适用于直径、边长及对边距离或厚度小于或等于 180mm 的钢棒；大于 180mm 的钢棒，可改锻成 180mm 的样坯检验或由供需双方协商确定，允许降低其力学性能数值；

2. 规定非比例延伸强度和硬度，仅当需方要求时(合同中注明)才进行测定；

3. 断面收缩率扁钢不适用，但需方要求时，可由供需双方协商确定。

表 14-61　**经退火的铁素体型钢棒或试样的力学性能[a]（GB/T 1221—2007）**

GB/T 20878 中序号	统一数字代号	新牌号	旧牌号	热处理状态	规定非比例延伸强度 $R_{p0.2}$[b]/MPa	抗拉强度 R_m/MPa	断后伸长率 A/%	断面收缩率 Z[c]/%	布氏硬度 HBW
					不小于				不大于
78	S11348	06Cr13A1	0Cr13A1	退火	175	410	20	60	60
83	S11203	022Cr12	00Cr12		195	360	22	60	183
85	S11710	10Cr17	1Cr17		205	450	22	50	183
93	S12550	16Cr25N	2Cr25N		275	510	20	40	201

注：1. 表中 a 表示仅适用于直径、边长及对边距离或厚度小于或等于 75mm 的钢棒，大于 75mmr 的样坯检验或由供需双方协商确定允许降低其力学性能的数值；
2. 表中 b 表示规定非比例延伸强度和硬度，仅当需方要求时（合同注明）才进行测定；
3. 表中 c 表示扁钢不适用，但需方要求时，由供需双方协商确定。

表 14-62　**经淬火回火的马氏体型钢棒或试样的力学性能[a]（GB/T 1221—2007）**

GB/T 20878 中序号	统一数字代号	新牌号	旧牌号		热处理状态	规定非比例延伸强度 $R_{p0.2}$/MPa	抗拉强度 R_m/MPa	断后伸长率 A/%	断面收缩率 Z[b]/%	冲击吸收功 A_{ku2}[d]/J	经淬火回火后的硬度 HBW	退火后的硬度[c] HBW
						不小于						不大于
98	S41010	12Cr13	1Cr13		淬火＋回火	345	540	22	55	78	159	200
101	S42020	20Cr13	2Cr13			440	640	20	50	63	192	223
106	S43110	14Cr17Ni2	1Cr17Ni2			—	1080	10	—	39	—	—
107	S43120	17Cr16Ni2[e]		1		700	900～1050	12	45	25(A_{kv})	—	295
				2		600	800～950	14				
113	S45110	12Cr5Mo	1Cr5Mo			390	590	18	—	—	—	200
114	S45610	12Cr12Mo	1Cr12Mo			550	685	18	60	78	217～248	255
115	S45710	13Cr13Mo	1Cr13Mo			490	690	20	60	78	192	200
119	S46010	14Cr11MoV	1Cr11MoV			490	685	16	55	47	—	200
122	S46250	18Cr12MoVNbN	2Cr12MoVNbN			685	835	15	30	—	≤321	269

续表

GB/T 20878 中序号	统一数字代号	新牌号	旧牌号		热处理状态	规定非比例延伸强度 $R_{p0.2}$/MPa	抗拉强度 R_m/MPa	断后伸长率 A/%	断面收缩率 Z^b/%	冲击吸收功 $A_{ku2}{}^d$/J	经淬火回火后的硬度 HBW	退火后的硬度[c] HBW
						不小于						不大于
123	S47010	15Cr12WMoV	1Cr12WMoV		淬火+回火	585	735	15	45	47	—	—
124	S47220	22Cr12NiWMoV	2Cr12NiMoWV			735	885	10	25	—	≤341	269
125	S47310	13Cr11Ni2W2MoV[e]	1Cr11Ni2W2MoV[e]	1		735	885	15	55	71	269～321	269
				2		885	1080	12	50	55	311～388	
128	S47450	18Cr11NiMoNbVN	2Cr11NiMoNbVN			760	930	12	32	20(A_{kv})	277～331	255
130	S48040	42Cr9Si2	4Cr9Si2			590	885	19	50	—	—	269
131	S48045	45Cr9Si3				685	930	15	35	—	≥269	—
132	S48140	40Cr10Si2Mo	4Cr10Si2Mo			685	885	10	35	—	—	269
133	S48380	80Cr20Si2Ni	8Cr20Si2Ni			685	885	10	15	8	≥262	321

注：1. 表中 a 表示表 14-62 仅适用于直径、边长及对边距离或厚度小于或等于 75mm 的钢棒；大于 75mm 的钢棒，可改锻成 75mm 的样坯检验或供需双方协商规定允许降低其力学性能的数值；

2. 表中 b 表示扁钢不适用，但需方要求时，由供需双方协定确定；

3. 表中 c 表示采用 750℃退火时，其硬度由供需双方协定；

4. 表中 d 表示直径或对边距离小于或等于 16mm 的圆钢、六角钢和边长或厚度小于或等于 12mm 的方钢、扁钢不做冲击试验；

5. 表中 e 表示 17Cr16Ni2 和 13Cr11Ni2W2MV 钢的性能组别在合同中注明，未注明时由供方自行选择。

表 14-63　　沉淀硬化型钢棒或试样的力学性能[a](GB/T 1221—2007)

GB/T 20878 中序号	统一数字代号	新牌号	旧牌号	热处理			规定非比例延伸强度 $R_{p0.2}$/MPa	抗拉强度 R_m/MPa	断后伸长率 A/%	断面收缩率 Z^b/%	硬度[c]	
				类型		组别	不小于				HBW	HBW
137	S51740	05Cr17Ni4Cu4Nb	0Cr17Ni4Cu4Nb	固溶处理		0	—	—	—	—	≤363	≤38
				沉淀硬化	480℃时效	1	1 180	1 310	10	40	≥375	≥40
					550℃时效	2	1 000	1 070	12	45	≥331	≥35
					580℃时效	3	865	1000	13	45	≥302	≥31
					620℃时效	4	725	930	16	50	≥277	≥28
138	S51770	07Cr17Ni7Al	0Cr17Ni7Al	固溶处理		0	≤380	≤1030	20	—	≤229	—
				沉淀硬化	510℃	1	1030	1230	4	10	≥388	—
					565℃	2	960	1140	5	25	≥363	—
143	S51525	06Cr15Ni25Ti2-MoALVB	0Cr15Ni25Ti2-MoALVB	固溶＋时效			590	900	15	18	≥248	—

注：1. 表中 a 表示表 14-63 仅适用于直径、边长、厚度或对边距离小于或等于 75mm 的钢棒，大于 75mm 的样坯检验或由供需双方协商规定允许降低其力学性能的数值；

2. 表中 b 表示扁钢不适用，但需方要求时，由供需双方协商确定；

3. 表中 c 表示供方可根据钢棒的尺寸或状态任选一种方法测定硬度。

(5)耐热钢板和钢带的热处理制度及力学性能

表 14-64 奥氏体型耐热钢的热处理制度(GB/T 4238—2007)

GB/T 20878 中序号	新牌号	旧牌号	固溶处理
13	12Cr18Ni9	1Cr18Ni9	≥1040℃,水冷或其他方式快冷
14	12Cr18Ni9Si3	1Cr18Ni9Si3	≥1400℃,水冷或其他方式快冷
17	06Cr19Ni10	0Cr18Ni9	≥1040℃,水冷或其他方式快冷
19	07Cr19Ni10	—	≥1040℃,水冷或其他方式快冷
29	06Cr20Ni11	—	≥1400℃,水冷或其他方式快冷
31	16Cr23Ni13	2CrNi13	≥1400℃,水冷或其他方式快冷
32	06Cr23Ni13	0Cr23Ni13	≥1040℃,水冷或其他方式快冷
34	20Cr25Ni20	2Cr25Ni20	≥1400℃,水冷或其他方式快冷
35	06Cr25Ni20	0Cr25Ni20	≥1040℃,水冷或其他方式快冷
38	06Cr17Ni12Mo2	0Cr17Ni12Mo2	≥1040℃,水冷或其他方式快冷
49	06Cr19Ni13Mo3	0Cr19Ni13Mo3	≥1040℃,水冷或其他方式快冷
55	06Cr18Ni11Ti	0Cr18Ni10Ti	≥1095℃,水冷或其他方式快冷
60	12Cr16Ni35	1Cr16Ni35	1030～1180℃,快冷
62	06Cr18Ni11Nb	0Cr18Ni11Nb	≥1040℃,水冷或其他方式快冷
66	16Cr25Ni20Si2	1Cr25Ni20Si2	1080～1130℃,快冷

表 14-65 铁素体型耐热钢的热处理制度(GB/T 4238—2007)

GB/T 20878 中序号	新牌号	旧牌号	退火处理
78	06Cr13Al	0Cr13Al	780～830℃,快冷或缓冷
80	022Cr11Ti	—	800～900℃,快冷或缓冷
81	022Cr11NbTi	—	800～900℃,快冷或缓冷
85	10Cr17	1Cr17	780～850℃,快冷或缓冷
93	16Cr25N	2Cr25N	780～880℃,快冷

表 14-66 马氏体型耐热钢的热处理制度(GB/T 4238—2007)

GB/T 20878 中序号	新牌号	旧牌号	退火处理
96	12Cr12	1Cr12	约 750℃快冷或 800～900℃缓冷
98	12Cr13	1Cr13	约 750℃快冷或 800～900℃缓冷
124	22Cr12NiMoWV	2Cr12NiMoWV	—

表 14-67　　沉淀硬化型钢的热处理制度(GB/T 4238—2007)

GB/T 20878 中序号	新牌号	旧牌号	固溶处理	沉淀硬化处理
135	022Cr12Ni9Cu2NbTi	—	829±15℃,水冷	480±6℃,保温 4h,空冷,或 510±6℃,保温 4h,空冷
137	05Cr17Ni4Cu4Nb	0Cr17Ni4Cu4Nb	1050±25℃,水冷	482±10,保温 1h,空冷。 496±10℃,保温 4h,空冷。 552±10℃,保温 4h,空冷。 579±10℃,保温 4h,空冷。 593±10℃,保温 4h,空冷。 621±10℃,保温 4h,空冷。 760±10℃,保温 2h,空冷 621±10℃,保温 4h,空冷
138	07Cr17Ni7Al	0Cr17Ni7Al	1065±15℃,水冷	954±8℃保温 10min,快冷至室温,24h 内冷至−73±6℃,保温不小于 8h。在空气中加热至室温。加热到 510±6℃,保温 1h,至冷
				760±15℃保温 90min,1h 内冷却至 15±3℃,保温≥30min,加热至 566±6℃,保温 90min,空冷
139	07Cr15Ni7Mo2Al	—	1040±15℃,水冷	954±8℃保温 10min,快冷至室温,24h 内冷至−73±6℃,保温不小于 8 小时。在空气中加热至室温。加热到 510±6℃,保温 1h,空冷
				760±15℃保温 90min,1h 内冷却至 15±3℃,保温≥30min,加热至 566±6℃,保温 90min,空冷
142	06Cr17Ni7AlTi	—	1038±15℃,空冷	510±8℃,保温 30min,空冷。 538±8℃,保温 30min,空冷。 566±8℃,保温 30min,空冷。
143	06Cr15Ni25Ti2Mo-AlVB	0Cr15Ni25Ti-2MoAlVB	885～915℃,快冷或 965～995℃,快冷	700～760℃保温 16h,空冷或缓冷

表 14-68　　经固溶处理的奥氏体型耐热钢的力学性能(GB/T 4238—2007)

GB/T 20878 中序号	新牌号	旧牌号	拉伸试验			硬度试验		
			规定非比例延伸强度 $R_{p0.2}$/MPa	抗拉强度 R_m/MPa	断后伸长率 A/%	HBW	HRB	HV
			不小于			不大于		
13	12Cr18Ni9	1Cr18Ni9	205	515	40	201	92	210
14	12Cr18Ni9Si3	1Cr18Ni9Si3	205	515	40	217	95	220
17	06Cr19Ni9	0Cr18Ni9	205	515	40	201	92	210

续表

GB/T 20878 中序号	新牌号	旧牌号	拉伸试验			硬度试验		
			规定非比例延伸强度 $R_{p0.2}$/MPa	抗拉强度 R_m/MPa	断后伸长率 A/%	HBW	HRB	HV
			不小于			不大于		
19	07Cr19Ni10	—	205	515	40	201	92	210
29	06Cr20Ni11	—	205	515	40	183	88	—
31	16Cr23Ni13	2Cr23Ni13	205	515	40	217	95	220
32	06Cr23Ni13	0Cr23Ni13	205	515	40	217	95	220
34	20Cr25Ni20	2Cr25Ni20	205	515	40	217	95	220
35	06Cr25Ni20	0Cr25Ni20	205	515	40	217	95	220
38	06Cr17Ni12Mo2	0Cr17Ni12Mo2	205	515	40	217	95	220
49	06Cr19Ni13Mo3	0Cr19Ni13Mo3	205	515	35	217	95	220
55	06Cr18Ni11Ti	0Cr18Ni10Ti	205	515	40	217	95	220
60	12Cr16Ni35	1Cr16Ni35	205	560	—	201	95	210
62	06Cr18NiNb	0Cr18Ni11Nb	205	515	40	201	92	210
66	16Cr25Ni20Si2[a]	1Cr25Ni20Si2	—	540	35	—	—	—

注：表中 a 表示 16Cr25Ni20Si2 钢板厚度大于 25mm 时，力学性能仅供参考。

表 14-69 经退火处理的铁素体型耐热钢的力学性能(GB/T 4238—2007)

GB/T 20878 中序号	新牌号	旧牌号	拉伸试验			硬度试验			弯曲试验	
			规定非比例延伸强度 $R_{p0.2}$/MPa	抗拉强度 R_m/MPa	断后伸长率 A/%	HBW	HRB	HV	弯曲角度	d:弯心直径 d:钢板厚度
			不小于			不大于				
78	06Cr13Al	0Cr13Al	170	415	20	179	88	200	180°	$d=2a$
80	022Cr11Ti	—	275	415	20	197	92	200	180°	$d=2a$
81	022Cr11NbTi	—	275	415	20	197	92	200	180°	$d=2a$
85	10Cr17	1Cr17	205	450	22	183	89	200	180°	$d=2a$
93	16Cr25N	2Cr25N	275	510	20	201	95	210	135°	—

表 14-70　　经退火处理的马氏体型耐热钢的力学性能(GB/T 4238—2007)

GB/T 20878 中序号	新牌号	旧牌号	拉伸试验			硬度试验			弯曲试验	
			规定非比例延伸强度 $R_{p0.2}$/MPa	抗拉强度 R_m/MPa	断后伸长率 A/%	HBW	HRB	HV	弯曲角度	d:弯心直径 a:钢板厚度
			不小于			不大于				
96	12Cr12	1Cr12	205	485	25	217	88	210	180°	$d=2a$
98	12Cr18	1Cr13	—	690	15	217	96	210	—	—
124	22Cr12NiMoWV	2Cr12NiMoWV	275	510	20	200	95	210	—	$a\geqslant 3$mm, $d=a$

表 14-71　　经固溶处理的沉淀硬化型耐热钢的力学性能(GB/T 4238—2007)

GB/T 20878 中序号	新牌号	旧牌号	钢材厚度 /mm	规定非比例延伸强度 $R_{p0.2}$/MPa	抗拉强度 R_m/MPa	断后伸长率 A/%	硬度	
							HRC	HBW
135	022Cr12Ni9Cu2NbTi	—	≥0.30～≤100	≤1105	≤1205	≥3	≤36	≤331
137	05Cr17Ni4Cu4Nb	0Cr17Ni4Cu4Nb	≥0.4～<100	≤1105	≤1255	≥3	≤38	≤363
138	07Cr17Ni7Al	0Cr17Ni7Al	≥0.1～<0.3	≤450	≤1035	—	—	—
			≥0.3～≤100	≤380	≤1035	≥20	≤92[b]	—
139	07Cr15Ni7Mo2Al	—	≥0.10～≤100	≤450	≤1035	≥25	≤100[b]	—
142	06Cr17Ni7AlTi	—	≥0.10～<0.80	≤515	≤825	≥3	≤32	—
			≥0.80～<1.50	≤515	≤825	≥4	≤32	—
			≥1.50～≤100	≤515	≤825	≥5	≤32	—
143	06Cr15Ni25Ti2MoAlVB[a]	0Cr15Ni25Ti2MoAlVB	≥2	—	≥725	≥25	≤91[b]	≤192
			≥2	≥590	≥900	≥15	≤101[b]	≤248

注:1. a 为时效处理后的力学性能;
　2. b 为 HRB 硬度值。

表 14-72 经沉淀硬化处理的耐热钢试样的力学性能(GB/T 4238—2007)

GB/T 20878 中序号	牌号	钢材厚度 /mm	处理温度[a] /℃	规定非比例延伸强度 $R_{p0.2}$/MPa	抗拉强度 R_m/MPa	断后伸长率 A/%	硬度 HRC	硬度 HBW
				不小于				
135	022Cr12Ni9Cu2NbTi	≥0.10~<0.75	510±10 或 480±6	1410	1525	—	≥44	—
		≥0.75~<1.50		1410	1525	3	≥44	—
		≥1.50~≤16		1410	1525	4	≥44	—
137	05Cr17Ni4Cu4Nb	≥0.10~<5.0	482±10	1170	1310	5	40~48	—
		≥5.0~<16		1170	1310	8	40~48	388~477
		≥16~≤100		1170	1310	10	40~48	388~477
		≥0.10~<5.0	496±10	1070	1170	5	38~46	—
		≥5.0~<16		1070	1170	8	38~46	375~477
		≥16~≤100		1070	1170	10	38~46	375~477
		≥0.1~<5.0	552±10	1000	1070	5	35~43	—
		≥5.0~<16		1000	1070	8	33~42	321~415
		≥16~≤100		1000	1070	12	33~42	321~415
		≥0.1~<5.0	579±10	860	1000	5	31~40	—
		≥5.0~<16		860	1000	9	29~38	293~375
		≥16~≤100		860	1000	13	29~38	293~375
		≥0.1~<5.0	593±10	790	965	5	31~40	—
		≥5.0~<16		790	965	10	29~38	293~375
		≥16~≤100		790	965	14	29~38	293~375
		≥0.1~<5.0	621±10	725	930	8	28~38	—
		≥5.0~<16		725	930	10	26~36	269~352
		≥16~≤100		725	930	16	26~36	269~352
		≥0.1~<5.0	760±10 621±10	515	790	9	26~36	255~331
		≥5.0~<16		515	790	11	24~34	248~321
		≥16~≤100		515	790	18	24~34	248~321
138	07Cr17Ni7Al	≥0.05~<0.30	760±15	1035	1240	3	≥38	—
		≥0.30~<5.0	15±3	1035	1240	5	≥38	—
		≥5.0~≤16	566±6	965	1170	7	≥38	≥352
		≥0.05~<0.30	954±8	1310	1450	1	≥44	—
		≥0.30~<5.0	−73±6	1310	1450	3	≥44	—
		≥5.0~≤16	510±6	1240	1380	6	≥44	≥401
139	07Cr15Ni7Mo2Al	≥0.05~<0.30	760±15	1170	1310	3	≥40	—
		≥0.30~<5.0	15±3	1170	1310	5	≥40	—
		≥5.0~≤16	566±10	1170	1310	4	≥40	≥375
		≥0.05~<0.30	954±8	1380	1550	2	≥46	—
		≥0.30~<5.0	−73±6	1380	1550	4	≥46	—
		≥5.0~≤16	510±6	1380	1550	4	≥46	≥429
142	06Cr17Ni7AlTi	≥0.10~<0.80	510±8	1170	1310	3	≥39	—
		≥0.80~<1.50		1170	1310	4	≥39	—
		≥1.50~≤16		1170	1310	5	≥39	—
		≥0.10~<0.75	538±8	1105	1240	3	≥37	—
		≥0.75~<1.50		1105	1240	4	≥37	—
		≥1.50~≤16		1105	1240	5	≥37	—
		≥0.10~<0.75	566±8	1035	1170	3	≥35	—
		≥0.75~<1.50		1035	1170	4	≥35	—
		≥1.50~≤16		1035	1170	5	≥35	—
143	06Cr15Ni25Ti2MoAlVB	≥2.0~<8.0	700~760	590	900	15	≥101	≥248

注:表中 a 所列为推荐性热处理温度,供方应向需方提供推荐性热处理制度。

(6)不锈钢和耐热钢冷轧钢带的热处理制度及力学性能

表 14-73　　奥氏体型钢带的热处理制度(GB/T 4239—1991 废止)

序号	牌　号	固溶处理	序号	牌　号	固溶处理
1	1Cr17Mn6Ni5N	1010～1120℃,快冷	15	0Cr25Ni20	1030～1180℃,快冷
2	1Cr18Mn8Ni5N	1010～1120℃,快冷	16	0Cr17Ni12Mo2	1010～1150℃,快冷
3	2Cr13Mn9Ni4	1000～1150℃,快冷	17	00Cr17Ni14Mo2	1010～1150℃,快冷
4	1Cr17Ni7	1010～1150℃,快冷	18	0Cr17Ni12Mo2N	1010～1150℃,快冷
5	1Cr17Ni8	1010～1150℃,快冷	19	00Cr17Ni13Mo2N	1010～1150℃,快冷
6	1Cr18Ni9	1010～1150℃,快冷	20	0Cr18Ni12Mo2Cu2	1010～1150℃,快冷
7	1Cr18Ni9Si3	1010～1150℃,快冷	21	00Cr18Ni14Mo2Cu2	1010～1150℃,快冷
8	0Cr18Ni9	1010～1150℃,快冷	22	0Cr19Ni13Mo2	1010～1150℃,快冷
9	00Cr19Ni10	1010～1150℃,快冷	23	00Cr19Ni13Mo3	1010～1150℃,快冷
10	0Cr19Ni9N	1010～1150℃,快冷	24	0Cr18Ni16Mo5	1030～1180℃,快冷
11	0Cr19Ni10NbN	1010～1150℃,快冷	25	1Cr18Ni9Ti	1000～1100℃,快冷
12	00Cr18Ni10N	1010～1150℃,快冷	26	0Cr18Ni11Ti	920～1150℃,快冷
13	1Cr18Ni12	1010～1150℃,快冷	27	0Cr18Ni11Nb	980～1150℃,快冷
14	0Cr23Ni13	1030～1150℃,快冷	28	0Cr18Ni13Si4	1010～1150℃,快冷

注:对 0Cr18Ni11Ti,0Cr18Ni11Nb 需方可规定进行稳定化处理,此时热处理温度为 850～930℃。

表 14-74　　奥氏体-铁素体型钢带的热处理制度(GB/T 4239—1991 废止)

序　号	牌　号	固溶处理
29	0Cr26Ni5Mo2	950～1100℃,快冷
30	00Cr24Ni6Mo3N	950～1100℃,快冷

表 14-75　　铁素体型钢带的热处理制度(GB/T 4239—1991 废止)

序号	牌　号	退火处理	序号	牌　号	退火处理
31	0Cr13Al	780～830℃,快冷或缓冷	36	1Cr17Mo	780～850℃,快冷或缓冷
32	00Cr12	700～820℃,快冷或缓冷	37	00Cr17Mo	800～1050℃,快冷
33	1Cr15	780～850℃,快冷或缓冷	38	00Cr18Mo2	800～1050℃,快冷
34	1Cr17	780～850℃,快冷或缓冷	39	00Cr30Mo2	900～1050℃,快冷
35	00Cr17	780～950℃,快冷或缓冷	40	00Cr27Mo	900～1050℃,快冷

表 14-76 马氏体型钢带的热处理制度(GB/T 4239—1991 废止)

序号	牌号	热处理		
		退火	淬火	回火
41	1Cr12	约 750℃,快冷或 800~900℃,缓冷	—	—
42	0Cr13	800~900℃,缓冷	—	—
43	1Cr13	800~900℃,缓冷	—	—
44	2Cr13	约 750℃,空冷或 800~900℃,缓冷	—	—
45	3Cr13	800~900℃,缓冷	980~1040℃,快冷	150~400℃,空冷
46	3Cr16	800~900℃,缓冷	—	—
47	7Cr17	800~900℃,缓冷	1010~1070℃,快冷	150~400℃,空冷

注:1. 当需方要求时采用淬火、回火处理;
2. 可用淬火、回火代替退火,以满足力学性能的要求。

表 14-77 沉淀硬化型钢带的热处理制度(GB/T 4239—1991 废止)

序号	牌号	热处理制度	
		种类	条件
48	0Cr17Ni7Al	固溶处理	1000~1100℃
		565℃时效	固溶处理后,于 760±15℃保持 90min,在 1h 内冷却到 15℃以下,保持 30min,再加热到 565±10℃保持 90min 后空冷
		510℃时效	固溶处理后,于 955±10℃保持 10min,空冷到室温,在 24h 以内冷却到 -73±6℃,保持 8h,而加热到 510±10℃保持 60min 后空冷

表 14-78 经固溶处理的奥氏体型钢带的力学性能(GB/T 4239—1991 废止)

序号	牌号	拉力试验			硬度试验	
		屈服强度 $\sigma_{0.2}$/MPa 不小于	抗拉强度 σ_b/MPa 不小于	伸长率 δ_5/% 不小于	HRB 不大于	HV 不大于
1	1Cr17Mn6Ni5N	245	635	40	100	253
2	1Cr18Mn8Ni5N	245	590	40	95	218
3	2Cr13Mn9Ni4	—	590	40	—	—
4	1Cr17Ni7	205	520	40	90	200
5	1Cr17Ni8	205	570	45	90	200
6	1Cr18Ni9	205	520	40	90	200
7	1Cr18Ni9Si3	205	520	40	95	218
8	0Cr18Ni9	205	520	40	90	200
9	00Cr19Ni10	175	480	40	90	200
10	0Cr19Ni9N	275	550	35	95	220
11	0Cr19Ni10NbN	345	685	35	100	260

续表

序号	牌号	拉力试验 屈服强度 $\sigma_{0.2}$/MPa 不小于	抗拉强度 σ_b/MPa 不小于	伸长率 δ_5/% 不小于	硬度试验 HRB 不大于	HV 不大于
12	00Cr18Ni10N	245	550	40	95	220
13	1Cr18Ni12	175	480	40	90	200
14	0Cr23Ni13	205	520	40	90	200
15	0Cr25Ni20	205	520	40	90	200
16	0Cr17Ni12Mo2	205	520	40	90	200
17	00Cr17Ni14Mo2	175	480	40	90	200
18	0Cr17Ni12Mo2N	275	550	35	95	220
19	00Cr17Ni13Mo2N	245	550	40	95	220
20	0Cr18Ni12Mo2Cu2	205	520	40	90	200
21	00Cr18Ni14Mo2Cu2	175	480	40	90	200
22	0Cr19Ni13Mo3	205	520	40	90	200
23	00Cr19Ni13Mo3	175	480	40	90	200
24	0Cr18Ni16Mo5	175	480	40	90	200
25	1Cr18Ni9Ti	205	540	40	90	200
26	0Cr18Ni10Ti	205	520	40	90	200
27	0Cr18Ni11Nb	205	520	40	90	200
28	0Cr18Ni13Si4	205	520	40	95	218

表 14-79　　不同冷作硬化状态钢带的力学性能(GB/T 4239—1991 废止)

序号	牌号	状态符号	拉力试验 屈服强度 $\sigma_{0.2}$/MPa 不小于	抗拉强度 σ_b/MPa 不小于	伸长率 δ_5/%,不小于 厚度 <0.4	厚度 ≥0.4~0.8	厚度 >0.8
3	2Cr13Mn9Ni4	BY		785		20	
		Y		980		15	
		TY		1130		8	
4	1Cr17Ni7	DY	510	865	25	25	25
		BY	755	1030	9	10	10
		Y	930	1205	3	5	7
		TY	960	1275	3	4	5
6	1Cr18Ni9	BY		785		20	
		Y		980		10	
		TY		1130		5	
25	1Cr18Ni9Ti	BY		735		20	
		Y		885		7	

表 14-80　　经固溶处理的奥氏体-铁素体型钢带的力学性能(GB/T 4239—1991 废止)

序号	牌号	拉力试验 屈服强度 $\sigma_{0.2}$/MPa 不小于	抗拉强度 σ_b/MPa 不小于	伸长率 δ_5/% 不小于	硬度试验 HRC 不大于	HV 不大于
29	0Cr26Ni5Mo2	390	590	18	29	292
30	00Cr24Ni6Mo3N	450	620	18	32	320

表 14-81　退火状态的铁素体型钢带的力学性能(GB/T 4239—1991 废止)

序号	牌号	拉力试验			硬度试验		弯曲试验 180° d:弯心直径 a:钢带厚度
		屈服强度 $\sigma_{0.2}$/MPa 不小于	抗拉强度 σ_b/MPa 不小于	伸长率 δ_5/% 不小于	HRB 不大于	HV 不大于	
31	0Cr13Al	175	410	20	88	200	$d=a$
32	00Cr12	195	365	22	88	200	$d=2a$
33	1Cr15	205	450	22	88	200	
34	1Cr17	205	450	22	88	200	
35	00Cr17	175	365	22	88	200	
36	1Cr17Mo	205	450	22	88	200	
37	00Cr17Mo	245	410	20	96	230	
38	00Cr18Mo2	245	410	20	96	230	
39	00Cr30Mo2	295	450	22	95	220	
40	00Cr27Mo2	245	410	22	90	200	

表 14-82　退火状态马氏体型钢带的力学性能(GB/T 4329—1991 废止)

序号	牌号	拉力试验			硬度试验		弯曲试验 180° d:弯心直径 a:钢带厚度
		屈服强度 $\sigma_{0.2}$/MPa 不小于	抗拉强度 σ_b/MPa 不小于	伸长率 δ_5/% 不小于	HRB 不大于	HV 不大于	
41	1Cr12	205	440	20	93	210	$d=2a$
42	0Cr13	205	410	20	88	200	
43	1Cr13	205	440	20	93	210	
44	2Cr13	225	520	18	97	234	—
45	3Cr13	225	540	18	99	247	—
46	3Cr16	225	520	18	100	253	—
47	7Cr17	245	590	15	HRC25	269	—

表 14-83　淬火回火状态马氏体型钢的硬度(GB/T 4239—1991 废止)

序号	牌号	HRC 不小于
45	3Cr13	40
47	7Cr17	40

表 14-84　沉淀硬化型钢的力学性能(GB/T 4239—1991 废止)

序号	牌号	热处理种类	拉伸试验			硬度试验		
			屈服强度 $\sigma_{0.2}$/MPa	抗拉强度 σ_b/MPa	伸长率 δ_5/%	HRC	HRB	HV
1	2Cr23Ni13	固溶	≥380	≥1030	≥20	—	≤92	≤200
		565℃时效	≥960	≥1140	厚度≤3.0mm ≥3 厚度>3.0mm ≥5	≥35	—	≥345
		510℃时效	≥1030	≥1225	厚度≤3.0mm 不规定 厚度>3.0mm ≥4	≥40	—	≥392

14.1.3 不锈耐热钢的特性及用途

(1)不锈钢的特性及用途

表 14-85　　不锈钢的特性及用途

类型	序号	牌号	特性及用途
奥氏体型	1	1Cr17Mn6Ni5N	节镍钢种,代替牌号 1Cr17Ni7,冷加工后具有磁性。铁道车辆用
	2	1Cr18Mn8Ni5N	节镍钢种,代替牌号 1Cr18Ni9
	3	1Cr18Mn10Ni5Mo3N	对尿素有良好的耐蚀性,可制造尿素腐蚀的设备
	4	1Cr17Ni7	经冷加工有高的强度。铁道车辆、传送带螺栓螺母用
	5	1Cr18Ni9	经冷加工有高的强度,但伸长率比 1Cr17Ni7 稍差。建筑用装饰部件
	6	Y1Cr18Ni9	提高切削性,耐烧蚀性。最适用于自动车床、螺栓螺母
	7	Y1Cr18Ni9Se	提高切削性,耐烧蚀性。最适用于自动车床,铆钉、螺钉
	8	0Cr18Ni9	作为不锈耐热钢使用最广泛,食品用设备,一般化工设备,原子能工业用设备
	9	00Cr19Ni10	比 0Cr19Ni9 碳含量更低的钢,耐晶间腐蚀性优越,为焊接后不进行热处理部件类
	10	0Cr19Ni9N	在牌号 0Cr19Ni9 上加 N,强度提高,塑性不降低,使材料的厚度减少。作为结构用强度部件
	11	0Cr19Ni10NbN	在牌号 0Cr19Ni9 上加 N 和 Nb,具有与 0Cr19Ni9 相同的特性和用途
	12	00Cr18Ni10N	在牌号 00Cr19Ni10 上添加 N,具有以上牌号同样特性,用途与 0Cr19Ni9N 相同,但耐晶间腐蚀性更好
	13	1Cr18Ni12	与 0Cr19Ni9 相比,加工硬化性低。旋压加工,特殊拉拔,冷镦用
	14	0Cr23Ni13	耐腐蚀性、耐热性均比 0Cr19Ni9 好
	15	0Cr25Ni20	抗氧化性比 0Cr23Ni13 好。实际上多作为耐热钢使用
	16	0Cr17Ni12Mo2	在海水和其他各种介质中,耐腐蚀性比 0Cr19Ni9 好。主要作耐点蚀材料
	17	1Cr18Ni12Mo2Ti	用于抵抗硫酸、磷酸、蚁酸、醋酸的设备,有良好耐晶间腐蚀性
	18	0Cr18Ni12Mo2Ti	用于抵抗硫酸、磷酸、蚁酸、醋酸的设备,有良好耐晶间腐蚀性
	19	00Cr17Ni14Mo2	为 0Cr17Ni12Mo2 的超低碳钢,比 0Cr17Ni12Mo2 耐晶间腐蚀性好
	20	0Cr17Ni12Mo2N	在牌号 0Cr17Ni12Mo2 中加入 N,提高强度,不降低塑性,使材料的厚度减薄。作耐腐蚀性较好的强度较高的部件
	21	00Cr17Ni13Mo2N	在牌号 00Cr17Ni14Mo2 中加入 N,具有以上牌号同样特性,用途与 0Cr17Ni12Mo2N 相同,但耐晶间腐蚀性更好
	22	0Cr18Ni12Mo2Cu2	耐腐蚀性、耐点腐蚀性比 0Cr17Ni12Mo2 好。用于耐硫酸材料
	23	00Cr18Ni14Mo2Cu2	为 0Cr18Ni12Mo2Cu 的超低碳钢,比 0Cr18Ni12Mo2Cu2 的耐晶间腐蚀性好
	24	0Cr19Ni13Mo3	耐点腐蚀性比 0Cr17Ni12Mo2 好,作染色设备材料等
	25	00Cr19Ni13Mo3	为 0Cr19Ni13Mo3 的超低碳钢,比 0Cr19Ni13Mo3 耐晶间腐蚀性好
	26	1Cr18Ni12Mo3Ti	用于抵抗硫酸、磷酸、蚁酸、醋酸的设备,有良好耐晶间腐蚀性
	27	0Cr18Ni12Mo3Ti	用于抵抗硫酸、磷酸、蚁酸、醋酸的设备,有良好耐晶间腐蚀性
	28	0Cr18Ni16Mo5	吸取含氯离子溶液的热交换器,醋酸设备,磷酸设备,漂白装置等,在 00Cr17Ni14Mo2 和 00Cr17Ni13Mo3 不能适用的环境中使用

续表

类型	序号	牌号	特性及用途
奥氏体型	29	1Cr18Ni9Ti	作焊芯、抗磁仪表、医疗器械、耐酸容器及设备衬里输送管道等设备和零件
	30	0Cr18Ni10Ti	添加 Ti 提高耐晶间腐蚀性,不推荐作装饰部件
	31	0Cr18Ni11Nb	含 Nb 提高耐晶间腐蚀性
	32	0Cr18Ni9Cu3	在牌号 0Cr19Ni9 中加入 Cu,提高冷加工性的钢种。冷镦用
	33	0Cr18Ni13Si4	在牌号 0Cr19Ni9 中增加 Ni,添加 Si,提高耐应力腐蚀断裂性。用于含氯离子环境
奥氏体-铁素体型	34	0Cr26Ni5Mo2	具有双相组织,抗氧化性、耐点腐蚀性好。具有高的强度,作耐海水腐蚀用等
	35	1Cr18Ni11Si4A1Ti	制作抗高温浓硝酸介质的零件和设备
	36	00Cr18Ni5Mo3Si2	具有铁素体-奥氏体型双相组织,耐应力腐蚀破裂性好,耐点蚀性能与00Cr17Ni13Mo2 相当,具有较高的强度。适于含氯离子的环境,用于炼油、化肥、造纸、石油、化工等工业热交换器和冷凝器等
铁素体型	37	0Cr13A1	从高温下冷却不产生显著硬化。汽轮机材料,淬火用部件,复合钢材
	38	00Cr12	比 0Cr13 含碳量低,焊接部位弯曲性能、加工性能、耐高温氧化性能好。作汽车排气处理装置,锅炉燃烧室、喷嘴
	39	1Cr17	耐蚀性良好的通用钢种,建筑内装饰用,重油燃烧器部件,家庭用具,家用电器部件
	40	Y1Cr17	比 1Cr17 提高切削性能。自动车床用,螺栓、螺母等
	41	1Cr17Mo	为 1Cr17 的改良钢种,比 1Cr17 抗盐溶液性强,作为汽车外装材料使用
	42	00Cr30Mo2	高 Cr-Mo 系,C、N 降至极低,耐蚀性很好,作与乙酸、乳酸等有机酸有关的设备,制造苛性碱设备。耐卤离子应力腐蚀破裂,耐点腐蚀
	43	00Cr27Mo	要求性能、用途、耐蚀性和软磁性与 00Cr30Mo2 类似
马氏体型	44	1Cr12	作为汽轮机叶片及高应力部件之良好的不锈耐热钢
	45	1Cr13	具有良好的耐蚀性、机械加工性,一般用途,刃具类
	46	0Cr13	作较高韧性及冲击负荷的零件,如汽轮机叶片、结构架、不锈设备、衬里、螺栓、螺帽等
	47	Y1Cr13	不锈钢中切削性能最好的钢种,自动车床用
	48	1Cr13Mo	为比 1Cr13 耐蚀性高的高强度钢钢种,汽轮机叶片,高温部件
	49	2Cr13	淬火状态下硬度高,耐蚀性良好。作汽轮机叶片
	50	3Cr13	比 2Cr13 淬火后的硬度高,作刃具、喷嘴、阀座、阀门等
	51	Y3Cr13	改善 3Cr13 切削性能的钢种
	52	3Cr13Mo	作较高硬度及高耐磨性的热油泵轴,阀片、阀门轴承,医疗器械、弹簧等零件
	53	4Cr13	作较高硬度及高耐磨性的热油泵轴,阀片、阀门轴承,医疗器械,弹簧等零件
	54	1Cr17Ni2	具有较高强度的耐硝酸及有机酸腐蚀的零件、容器和设备
	55	7Cr17	硬化状态下坚硬,但比 8Cr17,11Cr17 韧性高。作刃具、量具、轴承
	56	8Cr17	硬化状态下,比 7Cr17 硬,而比 11Cr17 韧性高。作刃具、阀门
	57	9Cr18	不锈切片机械刃具及剪切刃具、手术刀片、高耐磨设备零件等

续表

类型	序号	牌号	特性及用途
马氏体型	58	11Cr17	在所有不锈钢、耐热钢中，硬度最高，用作喷嘴、轴承
	59	Y11Cr17	比 11Cr17 提高了切削性的钢种。自动车床用
	60	9Cr18Mo	轴承套圈及滚动体用的高碳铬不锈钢
	61	9Cr18MoV	不锈切片机械刃具及剪切工具、手术刀片、高耐磨设备零件等
沉淀硬化型	62	0Cr17Ni4Cu4Nb	添加铜的沉淀硬化型钢种。轴类、汽轮机部件
	63	0Cr17Ni7Al	添加铝的沉淀硬化型钢种，作弹簧、热圈、计器部件
	64	0Cr15Ni7Mo2Al	用于有一定耐蚀要求的高强度容器、零件及结构件

(2)耐热钢的特性及用途

表 14-86　　耐热钢的特性及用途

类型	序号	牌号	特性及用途
奥氏体型	1	5Cr21Mn9Ni4N	以经受高温强度为主的汽油及柴油机用排气阀
	2	2Cr21Ni12N	以抗氧化为主的汽油及柴油机用排气阀
	3	2Cr23Ni13	承受 980℃以下反复加热的抗氧化钢。加热炉部件、重油燃烧器
	4	2Cr25Ni20	承受 1035℃以下反复加热的抗氧化钢。炉用部件、喷嘴、燃烧室
	5	1Cr16Ni35	抗渗碳、氮化性大的钢种，1035℃以下反复加热。炉用钢料、石油裂解装置
	6	0Cr15Ni25Ti2MoAlVB	耐 700℃高温的汽轮机转子，螺栓、叶片、轴
	7	0Cr18Ni9	通用耐氧化钢，可承受 870℃以下反复加热
	8	0Cr23Ni13	比 0Cr18Ni9 耐氧化性好，可承受 980℃以下反复加热。炉用材料
	9	0Cr25Ni20	比 0Cr23Ni13 抗氧化性好，可承受 1035℃加热，炉用材料、汽车净化装置用材料
	10	0Cr17Ni12Mo2	高温具有优良的蠕变强度，作热交换用部件，高温耐蚀螺栓
	11	4Cr14Ni14W2Mo	有较高的热强性，用于内燃烧机重负荷排气阀
	12	3Cr18Mn12Si2N	有较高的高温强度和一定的抗氧化性，并且有较好的抗硫及抗增碳性。用于吊挂支架，渗碳炉构件，加热炉传送带，料盘、炉爪
	13	2Cr20Mn9Ni2N	特性和用途同 3Cr18Mn12Si2N，还可用作盐浴坩埚和加热炉管道等
	14	0Cr19Ni13Mo3	高温具有良好的蠕变强度，作热交换用部件
	15	1Cr18Ni9Ti	有良好的耐热性及抗腐蚀性。作加热炉管、燃烧室筒体、退火炉罩
	16	0Cr18Ni10Ti	作在 400～900℃腐蚀条件下使用的部件，高温用焊接结构部件
	17	0Cr18Ni11Nb	作在 400～900℃腐蚀条件下使用的部件，高温用焊接结构部件
	18	0Cr18Ni13Si4	具有与 0Cr25Ni20 相当的抗氧化性，汽车排气净化装置用材料
	19 20	1Cr20Ni14Si2 1Cr25Ni20Si2	具有较高的温度强度及抗氧化性，对含硫气氛较敏感，在 600～800℃有析出相的脆化倾向，适于制作承受应力的各种炉用构件
铁素体型	21	2Cr25N	耐高温腐蚀性强，1082℃以下不产生易剥落的氧化皮，用于燃烧室
	22	0Cr13Al	由于冷却硬化少，作燃气透平压缩机叶片、退火箱、淬火台架
	23	00Cr12	耐高温氧化，作要求焊接的部件，汽车排气阀净化装置、锅炉燃烧室、喷嘴
	24	1Cr17	作 900℃以下耐氧化部件，散热器，炉用部件、油喷嘴

续表

类型	序号	牌号	特性及用途
马氏体型	25	1Cr5Mo	能抗石油裂化过程中产生的腐蚀。作再热蒸汽管、石油裂解管、锅炉吊架、蒸汽轮机气缸衬套、泵的零件、阀、活塞杆、高压加氢设备部件、紧固件
	26	4Cr9Si2	有较高的热强性。作内燃机进气阀、轻负荷发动机的排气阀
	27	4Cr10Si2Mo	有较高的热强性。作内燃机进气阀、轻负荷发动机的排气阀
	28	8Cr20Si2Ni	作以耐磨性为主的吸气、排气阀,阀座
	29	1Cr11MoV	有较高的热强性、良好的减震性及组织稳定性。用于透平叶片及导向叶片
	30	1Cr12Mo	作汽轮机叶片
	31	2Cr12MoVNbN	作汽轮机叶片、盘、叶轮轴、螺栓
	32	1Cr12WMoV	有较高的热强性、良好的减震性及组织稳定性。用于透平叶片、紧固件、转子及轮盘
	33	2Cr12NiMoWV	作高温结构部件、汽轮机叶片、盘叶轮轴、螺栓
	34	1Cr13	作800℃以下耐氧化部件
	35	1Cr13Mo	作汽轮机叶片、高温、高压蒸汽用机械部件
	36	2Cr13	淬火状态下硬度高,耐蚀性良好。作汽轮机叶片
	37	1Cr17Ni2	作具有较高程度的耐硝酸及有机酸腐蚀的零件、容器和设备
	38	1Cr11Ni2W2MoV	具有良好的韧性和氧化性能,在淡水和湿空气中有较好的耐蚀性
沉淀硬化型	39	0Cr17Ni4Cu4Nb	作燃气透平压缩机叶片、燃气透平发动机绝缘材料
	40	0Cr17Ni7Al	作高温弹簧、膜片、固定器、波纹管

14.2 欧洲标准化委员会(CEN)不锈钢和耐热钢

14.2.1 不锈耐热钢牌号和化学成分

表 14-87 铁素体不锈钢的牌号及化学成分(EN 10088-1—2005)

合金牌号		合金成分/%(非范围值或特殊注明者均为最大值)											
牌号	材料号	C	Si	Mn	P	S	N	Cr	Mo	Nb	Ni	Ti	其他
X2CrNi12	1.4003	0.030	1.00	1.50	0.040	≤0.015	0.030	10.5~12.5			0.30~1.00		
X2CrTi12	1.4512	0.030	1.00	1.00	0.040	≤0.015		10.5~12.5				[6×(C%+N%)]~0.65	
X6CrNiTi12	1.4516	0.08	0.70	1.50	0.040	≤0.015		10.5~12.5			0.50~1.50	0.05~0.35	
X6Cr13	1.4000	0.08	1.00	1.00	0.040	≤0.015		12.0~14.0					
X6CrAl13	1.4002	0.08	1.00	1.00	0.040	≤0.015		12.0~14.0					Al 0.10~0.30
X2CrTi17	1.4520	0.025	0.50	0.50	0.040	≤0.015	0.015	16.0~18.0				0.30~0.60	
X6Cr17	1.4016	0.08	1.00	1.00	0.040	≤0.015		16.0~18.0					
X3CrTi17	1.4510	0.05	1.00	1.00	0.040	≤0.015		16.0~18.0				[4×(C%+N%)]+0.15]~0.80	
X1CrNb15	1.4595	0.020	1.00	1.00	0.025	≤0.015	0.020	14.0~16.0		0.20~0.60			
X3CrNb17	1.4511	0.05	1.00	1.00	0.040	≤0.015		16.0~18.0		12×C%~1.00			
X6CrMo17-1	1.4113	0.08	1.00	1.00	0.040	≤0.015		16.0~18.0	0.90~1.40				
X6CrMoS17	1.4105	0.08	1.50	1.50	0.040	0.15~0.35		16.0~18.0	0.20~0.60				
X2CrMoTi17-1	1.4513	0.025	1.00	1.00	0.040	≤0.015	0.020	16.0~18.0	0.80~1.40			0.30~0.60	
X2CrMoTi18-2	1.4521	0.025	1.00	1.00	0.040	≤0.015	0.030	17.0~20.0	1.80~2.50			[4×(C%+N%)]+0.15~0.80	
X2CrMoTiS18-2	1.4523	0.030	1.00	0.50	0.040	0.15~0.35		17.5~19.0	2.00~2.50			0.30~0.80	(C%+N%)≤0.040
X6CrNi17-1	1.4017	0.08	1.00	1.00	0.040	≤0.015		16.0~18.0			1.20~1.60		
X5CrNiMoTi15-2	1.4589	0.08	1.00	1.00	0.040	≤0.015		13.5~15.5	0.20~1.20		1.00~2.50	0.30~0.50	
X6CrMoNb17-1	1.4526	0.08	1.00	1.00	0.040	≤0.015	0.040	16.0~18.0	0.80~1.40	[7×(C%+N%)+0.10]~1.00			

续表

合金牌号		合金成分/%(非范围值或特殊注明者均为最大值)											
牌号	材料号	C	Si	Mn	P	S	N	Cr	Mo	Nb	Ni	Ti	其他
X2CrNbZr17	1.4590	0.030	1.00	1.00	0.040	≤0.015		16.0～17.0		0.35～0.55			Zr≥7×(C%+N%)+0.15
X2CrTiNb18	1.4509	0.030	1.00	1.00	0.040	≤0.015		17.5～18.5		[3×C%+0.30]～1.00]		0.10～0.60	
X2CrMoTi29-4	1.4592	0.025	1.00	1.00	0.030	≤0.015	0.045	28.0～30.0	3.50～4.50			[4×(C%+N%)]+0.15～0.80	

注:1. 如无需方同意,除铸造需要外,表中未列出元素不得加入钢内,生产过程中应尽量避免会引起钢性能变化的杂质元素通过废料等途径进入钢内;
2. 对棒材、杆材、线材、型材、光亮件产品及相关半成品而言,S含量应不大于0.030%,可切削产品中S含量应控制在0.015%～0.030%。焊接件中S含量应控制在0.008%～0.030%。抛光件中S应不大于0.015%。

表 14-88　马氏体及沉淀硬化不锈钢的牌号及化学成分(EN 10088-1—2005)

合金牌号		合金成分/%(非范围值或特殊注明者均为最大值)									
牌号	材料号	C	Si	Mn	P	S	Cr	Cu	Mo	Nb	Ni	其他
X12Cr13	1.4006	0.08～0.15	1.00	1.50	0.040	0.015	11.5～13.5				0.75	
X12CrS13	1.4005	0.08～0.15	1.00	1.50	0.040	0.15～0.35	12.0～14.0		0.60			
X15Cr13	1.4024	0.12～0.17	1.00	1.00	0.040	0.015	12.0～14.0					
X20Cr13	1.4021	0.16～0.25	1.00	1.50	0.040	0.015	12.0～14.0					
X30Cr13	1.4028	0.26～0.35	1.00	1.50	0.040	0.015	12.0～14.0					
X29CrS13	1.4029	0.25～0.32	1.00	1.50	0.040	0.15～0.25	12.0～13.5		0.60			
X39Cr13	1.4031	0.36～0.42	1.00	1.00	0.040	0.015	12.5～14.5					
X46Cr13	1.4034	0.43～0.50	1.00	1.00	0.040	0.015	12.5～14.5					
X46CrS13	1.4035	0.43～0.50	1.00	2.00	0.040	0.15～0.35	12.5～14.0					
X38CrMo14	1.4419	0.36～0.42	1.00	1.00	0.040	0.015	13.0～14.5		0.60～1.00			
X55CrMo14	1.4110	0.48～0.60	1.00	1.00	0.040	0.015	13.0～15.0		0.50～0.80			V 0.15
X50CrMoV15	1.4116	0.45～0.55	1.00	1.00	0.040	0.015	14.0～15.0		0.50～0.80			V 0.10～0.20
X70CrMo15	1.4109	0.60～0.75	0.70	1.00	0.040	0.015	14.0～16.0		0.40～0.80			
X40CrMoVN16-2	1.4123	0.35～0.50	1.00	1.00	0.040	0.015	14.0～16.0		1.00～2.50		0.50	V 1.50 N 0.10～0.30

续表

合金牌号		合金成分/%(非范围值或特殊注明者均为最大值)										
牌号	材料号	C	Si	Mn	P	S	Cr	Cu	Mo	Nb	Ni	其他
X14CrMoS17	1.4104	0.10～0.17	1.00	1.50	0.040	0.15～0.35	15.5～17.5		0.20～0.60			
X39CrMo17-1	1.4122	0.33～0.45	1.00	1.50	0.040	0.015	15.5～17.5		0.80～1.30		1.00	
X105CrMo17	1.4125	0.95～1.20	1.00	1.00	0.040	0.015	16.0～18.0		0.40～0.80			
X90CrMoV18	1.4112	0.85～0.95	1.00	1.00	0.040	0.015	17.0～19.0		0.90～1.30			V 0.07～0.12
X17CrNi16-2	1.4057	0.12～0.22	1.00	1.50	0.040	0.015	15.0～17.0				1.50～2.50	
X1CrNiMoCu12-5-2	1.4422	0.020	0.50	2.00	0.040	0.003	11.0～13.0	0.20～0.80	1.30～1.80		4.0～5.0	N 0.020
X1CrNiMoCu12-7-3	1.4423	0.020	0.50	2.00	0.040	0.003	11.0～13.0	0.20～0.80	2.30～2.80		6.0～7.0	N 0.020
X2CrNiMoV13-5-2	1.4415	0.030	0.50	0.50	0.040	0.015	11.5～13.5		1.50～2.50		4.5～6.5	Ti 0.010 V 0.10～0.50
X3CrNiMo13-4	1.4313	0.05	0.70	1.50	0.040	0.015	12.0～14.0		0.30～0.70		3.5～4.5	N≥0.020
X4CrNiMo16-5-1	1.4418	0.06	0.70	1.50	0.040	0.015	15.0～17.0		0.80～1.50		4.0～6.0	N≥0.020
X1CrNiMoAlTi12-9-2	1.4530	0.015	0.10	0.10	0.010	0.005	11.5～12.5		1.85～2.15		8.5～9.5	Al 0.60～0.80 Ti 0.28～0.37 N 0.010
X1CrNiMoAlTi12-10-2	1.4596	0.015	0.10	0.10	0.010	0.005	11.5～12.5		1.85～2.15		9.2～10.2	Al 0.80～1.10 Ti 0.28～0.40 N 0.020
X5CrNiCuNb16-4	1.4542	0.07	0.70	1.50	0.040	0.015	15.0～17.0	3.0～5.0	0.60	5×C%～0.45	3.0～5.0	
X7CrNiAl17-7	1.4568	0.09	0.70	1.00	0.040	0.015	16.0～18.0				6.5～7.8	Al 0.70～1.50
X5CrNiMoCuNb14-5	1.4594	0.07	0.70	1.00	0.040	0.015	13.0～15.0	1.20～2.00	1.20～22.00	0.15～0.60	5.0～6.0	
X5NiCrTiMoVB25-15-2	1.4606	0.08	1.00	1.00～2.00	0.025	0.015	13.0～16.0		1.00～1.50		24.0～27.0	B 0.001～0.010 Al 0.35 Ti 1.90～2.30 V 0.10～0.50

注：1. 如无需方同意，除铸造需要外，表中未列出元素不得加入钢内，生产过程中应尽量避免会引起钢性能变化的杂质元素通过废料等途径进入钢内；

2. 对棒材、杆材、线材、型材、光亮件产品及相关半成品而言，S含量应不大于0.030%，可切削产品中S含量应控制在0.015%～0.030%。焊接件中S含量应控制在0.008%～0.030%。抛光件中S应不大于0.015%。

表 14-89 奥氏体不锈钢的牌号及化学成分(EN 10088-1—2005)

合金牌号		合金成分/%(非范围值或特殊注明者均为最大值)											
牌号	材料号	C	Si	Mn	P	S	N	Cr	Cu	Mo	Nb	Ni	其他
X5CrNi17-7	1.4319	0.07	1.00	2.00	0.045	0.030	0.11	16.0～18.0				6.0～8.0	
X10CrNi18-8	1.4310	0.05～0.15	2.00	2.00	0.045	0.015	0.11	16.0～19.0		0.80		6.0～9.5	
X9CrNi18-9	1.4325	0.03～0.15	1.00	2.00	0.045	0.030	0.11	17.0～19.0				8.0～10.0	
X2CrNiN18-7	1.4318	0.030	1.00	2.00	0.045	0.015	0.10～0.20	16.5～18.5				6.0～8.0	
X2CrNi18-9	1.4307	0.030	1.00	2.00	0.045	0.015	0.11	17.5～19.5				8.0～10.5	
X2CrNi19-11	1.4306	0.030	1.00	2.00	0.045	0.015	0.11	18.0～20.0				10.0～12.0	
X5CrNiN19-9	1.4315	0.06	1.00	2.00	0.045	0.015	0.12～0.22	18.0～20.0				8.0～11.0	
X2CrNiN18-10	1.4311	0.030	1.00	2.00	0.045	0.015	0.12～0.22	17.5～19.5				8.5～11.5	
X5CrNi18-10	1.4301	0.07	1.00	2.00	0.045	0.015	0.11	17.5～19.5				8.0～10.5	
X8CrNiS18-9	1.4305	0.10	1.00	2.00	0.045	0.15～0.35	0.11	17.0～19.0	1.00			8.0～10.0	
X6CrNiTi18-10	1.4541	0.08	1.00	2.00	0.045	0.015		17.0～19.0				9.0～12.0	Ti:5×C%～0.70
X6CrNiNb18-10	1.4550	0.08	1.00	2.00	0.045	0.015		17.0～19.0			10×C%～1.00	9.0～12.0	
X4CrNi18-12	1.4303	0.06	1.00	2.00	0.045	0.015	0.11	17.0～19.0				11.0～13.0	
X1CrNi25-21	1.4335	0.020	0.25	2.00	0.025	0.010	0.11	24.0～26.0		0.20		20.0～22.0	
X2CrNiMo17-12-2	1.4404	0.030	1.00	2.00	0.045	0.015	0.11	16.5～18.5		2.00～2.50		10.0～13.0	
X2CrNiMoN17-11-2	1.4406	0.030	1.00	2.00	0.045	0.015	0.12～0.22	16.5～18.5		2.00～2.50		10.0～12.5	
X5CrNiMo17-12-2	1.4401	0.07	1.00	2.00	0.045	0.015	0.11	16.5～18.5		2.00～2.50		10.0～13.0	
X1CrNiMoN25-22-2	1.4466	0.02	0.70	2.00	0.025	0.010	0.10～0.16	24.0～26.0		2.00～2.50		21.0～23.0	
X6CrNiMoTi17-12-2	1.4571	0.08	1.00	2.00	0.045	0.015		16.5～18.5		2.00～2.50		10.5～13.5	Ti:5×C%～0.70
X6CrNiMoNB17-12-2	1.4580	0.08	1.00	2.00	0.045	0.015		16.5～18.5		2.00～2.50	10×C%～1.00	10.5～13.5	
X2CrNiMo17-12-3	1.4432	0.030	1.00	2.00	0.045	0.015	0.11	16.5～18.5		2.50～3.00		10.5～13.0	
X2CrNiMoN17-13-3	1.4429	0.030	1.00	2.00	0.045	0.015	0.12～0.22	16.5～18.5		2.50～3.00		11.0～14.0	
X3CrNiMo17-13-3	1.4436	0.05	1.00	2.00	0.045	0.015	0.11	16.5～18.5		2.50～3.00		10.5～13.0	
X3CrNiMo18-12-3	1.4449	0.035	1.00	2.00	0.045	0.015	0.08	17.0～18.2	1.00	2.25～2.75		11.5～12.5	
X2CrNiMo18-14-3	1.4435	0.030	1.00	2.00	0.045	0.015	0.11	17.0～19.0		2.25～3.00		12.5～15.0	
X2CrNiMoN18-12-4	1.4434	0.030	1.00	2.00	0.045	0.015	0.10～0.20	16.5～19.5		3.0～4.0		10.5～14.0	
X2CrNiMo18-15-4	1.4438	0.030	1.00	2.00	0.045	0.015	0.1	17.5～19.5		3.0～4.0		13.0～16.0	
X2CrNiMoN17-13-5	1.4439	0.030	1.00	2.00	0.045	0.015	0.12～0.22	16.5～18.5		4.0～5.0		12.5～14.5	
X1CrNiMoCuN24-22-8	1.4652	0.020	0.50	2.00～4.0	0.030	0.015	0.45～0.55	23.0～25.0	0.30～0.60	7.0～8.0		21.0～23.0	
X1CrNiSi18-15-4	1.4361	0.015	3.7～4.5	2.00	0.025	0.010	0.11	16.5～18.5		0.20		14.0～16.0	
X11CrNiMnN19-8-6	1.4369	0.07～0.15	0.50～1.00	5.0～7.5	0.045	0.015	0.20～0.30	17.5～19.5				6.5～8.5	
X12CrMnNiN17-7-5	1.4372	0.15	1.00	5.5～7.5	0.045	0.015	0.05～0.25	16.0～18.0				3.5～5.5	
X2CrMnNiN17-7-5	1.4371	0.030	1.00	6.0～8.0	0.045	0.015	0.15～0.20	16.7～17.0				3.5～5.5	

续表

合金牌号		合金成分/%(非范围值或特殊注明者均为最大值)											
牌号	材料号	C	Si	Mn	P	S	N	Cr	Cu	Mo	Nb	Ni	其他
X12CrMnNiN18-9-5	1.4373	0.15	1.00	7.5～10.5	0.045	0.015	0.05～0.25	17.0～19.0				4.0～6.0	
X8CrMnNiN18-9-5	1.4374	0.05～0.10	0.30～0.60	9.0～10.0	0.035	0.030	0.25～0.32	17.5～18.5	0.40	0.50		5.0～6.0	
X8CrMnCuNB17-8-3	1.4597	0.10	2.00	6.5～8.5	0.040	0.030	0.15～0.30	16.0～18.0	2.00～3.5	1.00		2.00	B 0.0005～0.0050
X3CrNiCu19-9-2	1.4560	0.035	1.00	1.50～2.00	0.045	0.015	0.11	18.0～19.0	1.50～2.00			8.0～9.0	
X2CrNiCu19-10	1.4650	0.030	1.00	2.00	0.045	0.015	0.08	18.5～20.0	1.00			9.0～10.0	
X6CrNiCuS18-9-2	1.4570	0.08	1.00	2.00	0.045	0.15～0.35	0.11	17.0～19.0	1.40～1.80	0.60		8.0～10.0	
X3CrNiCu18-9-4	1.4567	0.04	1.00	2.00	0.045	0.015	0.11	17.0～19.0	3.0～4.0			8.5～10.5	
X3CrNiCuMo17-11-3-2	1.4578	0.04	1.00	2.00	0.045	0.015	0.11	16.5～17.5	3.0～3.5	2.00～2.50		10.0～11.0	
X1NiCrMoCu31-27-4	1.4563	0.020	0.70	2.00	0.030	0.010	0.11	26.0～28.0	0.70～1.50	3.0～4.0		30.0～32.0	
X1NiCrMoCu25-20-5	1.4539	0.020	0.70	2.00	0.030	0.010	0.15	19.0～21.0	1.20～2.00	4.0～5.0		24.0～26.0	
X1CrNiMoCu25-25-5	1.4537	0.020	0.70	2.00	0.030	0.010	0.17～0.25	24.0～26.0	1.00～2.00	4.7～5.7		24.0～27.0	
X1CrNiMoCuN20-18-7	1.4547	0.020	0.70	1.00	0.030	0.010	0.18～0.25	19.5～20.5	0.50～1.00	6.0～7.0		17.5～18.5	
X2CrNiMoCuS17-10-2	1.4598	0.03	1.00	2.00	0.045	0.10～0.25	0.11	16.5～18.5	1.30～1.80	2.00～2.50		10.0～13.0	
X1CrNiMoCuNW24-22-6	1.4659	0.020	0.70	2.00～4.0	0.030	0.010	0.35～0.50	23.0～25.0	1.00～2.00	5.5～6.50		21.0～23.0	W 1.50～2.50
X1NiCrMoCuN25-20-7	1.4529	0.020	0.50	1.00	0.030	0.010	0.15～0.25	19.0～21.0	0.50～1.50	6.0～7.0		24.0～26.0	
X2NiCrAlTi32-20	1.4558	0.030	0.70	1.00	0.020	0.015		20.0～23.0				32.0～35.0	Al 0.15～0.45 Ti:[8×(C%+N%)]～0.60
X2CrNiMnMoN25-18-6-5	1.4565	0.030	1.00	5.0～7.0	0.030	0.015	0.30～0.60	24.0～26.0		4.0～5.0	0.15	16.0～19.0	Ti:[8×(C%+N%)]～0.60

注:1. 如无需方同意,除铸造需要外,表中未列出元素不得加入钢内,生产过程中应尽量避免会引起钢性能变化的杂质元素通过废料等途径进入钢内;

2. 对棒材、杆材、线材、型材、光亮件产品及相关半成品而言,S含量应不大于0.030%,可切削产品中S含量应控制在0.015%～0.030%。焊接件中S含量应控制在0.008%～0.030%。抛光件中S应不大于0.015%;

3. 用于冷锻,冷拉的奥氏体不锈钢中Cu含量应控制在1.0%以下。

表 14-90 奥氏体-铁素体不锈钢的牌号及化学成分(EN 10088-1—2005)

合金牌号		合金成分/%(非范围值或特殊注明者均为最大值)										
牌号	材料号	C	Si	Mn	P	S	N	Cr	Cu	Mo	Nb	W
X2CrNiN23-4	1.4362	0.030	1.00	2.00	0.035	0.015	0.05～0.20	22.0～24.0	0.10～0.60	0.10～0.60	3.5～5.5	
X2CrNiCuN23-4	1.4655	0.030	1.00	2.00	0.035	0.015	0.05～0.20	22.0～24.0	1.00～3.00	0.10～0.60	3.5～5.5	
X3CrNiMoN27-5-2	1.4460	0.05	1.00	2.00	0.035	0.015	0.05～0.20	25.0～28.0		1.30～2.00	4.5～6.5	
X2CrNiMoN29-7-2	1.4477	0.030	0.50	0.80～1.50	0.035	0.015	0.30～0.40	28.0～30.0	0.80	1.50～2.60	5.8～7.5	
X2CrNiMoN22-5-3	1.4462	0.030	1.00	2.00	0.035	0.015	0.10～0.22	21.0～23.0		2.50～3.50	4.5～6.5	
X2CrNiMoCuN25-6-3	1.4507	0.030	0.70	2.00	0.035	0.015	0.20～0.30	24.0～26.0	1.00～2.50	3.0～4.0	6.0～8.0	
X2CrNiMoN25-7-4	1.4410	0.030	1.00	2.00	0.035	0.015	0.24～0.35	24.0～26.0		3.0～4.5	6.0～8.0	
X2CrNiMoCuWN25-7-4	1.4501	0.030	1.00	1.00	0.035	0.015	0.20～0.30	24.0～26.0	0.50～1.00	3.0～4.0	6.0～8.0	0.50～1.00
X2CrNiMoSi18-5-3	1.4424	0.030	1.40～2.00	1.20～2.00	0.035	0.015	0.05～0.10	18.0～19.0		2.50～3.0	4.5～5.2	

注:1. 如无需方同意,除铸造需要外,表中未列出元素不得加入钢内,生产过程中应尽量避免会引起钢性能变化的杂质元素通过废料等途径进入钢内;
2. 对棒材、杆材、线材、型材、光亮件产品及相关半成品而言,S含量应不大于0.030%,可切削产品中S含量应控制在0.015%～0.030%。焊接件中S含量应控制在0.008%～0.030%。抛光件中S应不大于0.015%。

表 14-91 铁素体不锈钢的牌号及化学成分(EN 10088-1—2005)

合金牌号		合金成分/%(非范围值或特殊注明者均为最大值)							
牌号	材料号	C	Si	Mn	P	S	Cr	Al	其他
X10CrAlSi7	1.4713	0.12	0.50～1.00	1.00	0.040	0.015	6.0～8.0	0.50～1.00	
X10CrAlSi13	1.4724	0.12	0.70～1.40	1.00	0.040	0.015	12.0～14.0	0.70～1.20	
X10CrAlSi18	1.4742	0.12	0.70～1.40	1.00	0.040	0.015	17.0～19.0	0.70～1.20	
X10CrAlSi25	1.4762	0.12	0.70～1.40	1.00	0.040	0.015	23.0～26.0	1.20～1.70	
X18CrN28	1.4749	0.15～0.20	1.00	1.00	0.040	0.015	26.0～29.0		N 0.15～0.25
X3CrAlTi18-2	1.4736	0.04	1.00	1.00	0.040	0.015	17.0～18.0	1.70～2.10	Ti:[4(C%+N%)+0.2]～0.80

注:如无需方同意,除铸造需要外,表中未列出元素不得加入钢内,生产过程中应尽量避免会引起钢性能变化的杂质元素通过废料等途径进入钢内。

表 14-92　奥氏体及奥氏体-铁素体耐热钢的牌号及化学成分(EN 10088-1—2005)

钢种	合金牌号		合金成分/%(非范围值或特殊注明者均为最大值)								
	牌号	材料号	C	Si	Mn	P	S	Cr	Ni	N	其他
奥氏体耐热钢	X8CrNiTi18-10	1.4878	0.10	1.00	2.00	0.045	0.015	17.0～19.0	9.0～12.0		Ti:5×C%～0.80
	X15CrNiSi20-12	1.4858	0.20	1.50～2.50	2.00	0.045	0.015	19.0～21.0	11.0～13.0	0.11	
	X9CrNiSiNCe21-11-2	1.4835	0.05～0.12	1.40～2.50	1.00	0.045	0.015	20.0～22.0	10.0～12.0	0.12～0.20	Ce 0.03～0.08
	X12CrNi23-13	1.4833	0.15	1.00	2.00	0.045	0.015	22.0～24.0	12.0～14.0	0.11	
	X8CrNi25-21	1.4845	0.10	1.50	2.00	0.045	0.015	24.0～26.0	19.0～22.0	0.11	
	X15CrNiSi25-21	1.4841	0.20	1.50～2.50	2.00	0.045	0.015	24.0～26.0	19.0～22.0	0.11	
	X12NiCrSi35-16	1.4864	0.15	1.00～2.00	2.00	0.045	0.015	15.0～17.0	33.0～37.0	0.11	
	X10NiCrAlTi32-21	1.4876	0.12	1.00	2.00	0.030	0.015	19.0～23.0	30.0～34.0		Al 0.15～0.60 Ti 15～0.60
	X6NiCrNbCe32-27	1.4877	0.04～0.08	0.30	1.00	0.020	0.010	26.0～28.0	31.0～33.0	0.11	Al 0.025 Ce 0.05～0.10 Nb 0.50～1.00
	X25CrMnNiN25-9-7	1.4872	0.20～0.30	1.00	8.0～10.0	0.045	0.015	24.0～26.0	6.0～8.0	0.20～0.40	
	X6CrNiSiNCe19-10	1.4818	0.04～0.08	1.00～2.00	1.00	0.045	0.015	17.0～20.0	9.0～11.0	0.12～0.20	Ce 0.03～0.08
	X6NiCrSiNCe35-25	1.4854	0.04～0.08	1.20～2.00	2.00	0.045	0.015	24.0～26.0	34.0～36.0	0.12～0.20	Ce 0.03～0.08
	X10NiCrSi35-19	1.4886	0.15	1.00～2.00	2.00	0.030	0.015	17.0～20.0	33.0～37.0	0.11	
	X10NiCrSiNb35-22	1.4887	0.15	1.00～2.00	2.00	0.030	0.015	20.0～23.0	33.0～37.0	0.11	Nb 1.00～1.50
奥氏体-铁素体不锈钢	X15CrNiSi25-4	1.4821	0.10～0.20	0.8～1.50	2.00	0.040	0.015	24.5～26.5	3.5～5.5	0.11	

注:1. 如无需方同意,除铸造需要外,表中未列出元素不得加入钢内,生产过程中应尽量避免会引起钢性能变化的杂质元素通过废料等途径进入钢内;
2. X6NiCrSiNCe35-25 为专利产品。

表 14-93　马氏体耐蠕变钢的牌号及化学成分(EN 10088-1—2005)

合金牌号		合金成分/%(非范围值或特殊注明者均为最大值)												
牌号	材料号	C	Si	Mn	P	S	N	Al	Cr	Mo	Nb	Ni	V	W	其他
X10CrMoVNb9-1	1.4903	0.08～0.12	0.50	0.30～0.60	0.025	0.015	0.030～0.070	0.040	8.0～9.5	0.85～1.05	0.060～0.10	0.40	0.18～0.25		
X11CrMoWVNb9-1-1	1.4905	0.09～0.13	0.10～0.50	0.30～0.60	0.025	0.010	0.050～0.090	0.040	8.5～9.5	0.90～1.10	0.060～0.10	0.10～0.40	0.18～0.25	0.90～1.10	B 0.005～0.0050
X8CrCoNiMo10-6	1.4911	0.05～0.12	0.10～0.80	0.30～1.30	0.025	0.015	0.035		9.8～11.2	0.50～1.00	0.20～0.50	0.20～1.20	0.10～0.40	0.70	
X19CrMoNbVN11-1	1.4913	0.17～0.23	0.50	0.40～0.90	0.025	0.015	0.050～0.10	0.020	10.0～11.5	0.50～0.80	0.25～0.55	0.20～0.60	0.10～0.30		
X20CrMoV11-1	1.4922	0.17～0.23	0.40	0.30～1.00	0.025	0.015			10.0～12.5	0.80～1.20		0.30～0.80	0.20～0.35		
X22CrMoV12-1	1.4923	0.18～0.24	0.50	0.40～0.90	0.025	0.015			11.0～12.5	0.80～1.20		0.30～0.80	0.25～0.35		
X20CrMoWV12-1	1.4935	0.17～0.24	0.10～0.50	0.30～0.80	0.025	0.015			11.0～12.5	0.80～1.20		0.30～0.80	0.20～0.35	0.40～0.60	
X12CrNiMoV12-3	1.4938	0.08～0.15	0.50	0.40～0.90	0.025	0.015	0.020～0.040		11.0～12.5	1.50～2.00		2.00～3.00	0.25～0.40		

注:如无需方同意,除铸造需要外,表中未列出元素不得加入钢内,生产过程中应尽量避免会引起钢性能变化的杂质元素通过废料等途径进入钢内。

表 14-94　奥氏体耐蠕变钢的牌号及化学成分(EN 10088-1—2005)

合金牌号		合金成分/%(非范围值或特殊注明者均为最大值)													
牌号	材料号	C	Si	Mn	P	S	N	Al	Cr	Mo	Nb	Ni	Ti	V	W	其他
X3CrNiMoBN17-13-3	1.4910	0.04	0.75	2.00	0.035	0.015	0.10～0.18		16.0～18.0	2.00～3.00		12.0～14.0				B 0.0015～0.0050
X7CrNiNb18-10	1.4912	0.04～0.10	1.00	2.00	0.045	0.015			17.0～19.0		10×C%～1.20	9.0～12.0				
X6CrNiMoB17-12-2	1.4919	0.04～0.08	1.00	2.00	0.035	0.015	0.11		16.5～18.5	2.00～2.50		10.0～13.0				B 0.0015～0.0050

续表

合金牌号		合金成分/%(非范围值或特殊注明者均为最大值)														
牌号	材料号	C	Si	Mn	P	S	N	Al	Cr	Mo	Nb	Ni	Ti	V	W	其他
X6CrNiTiB18-10	1.4941	0.04～0.08	1.00	2.00	0.035	0.015			17.0～19.0			9.0～12.0	5×C%～0.80			B 0.0015～0.0050
X6CrNiWNbN16-16	1.4945	0.04～0.10	0.30～0.60	1.50	0.035	0.015	0.06～0.14		15.5～17.5		10×C%～1.20	15.5～17.5			2.50～3.50	
X6CrNi18-10	1.4948	0.04～0.08	1.00	2.00	0.035	0.015	0.11		17.0～19.0			8.0～11.0				
X6CrNi23-13	1.4950	0.04～0.08	0.70	2.00	0.035	0.015	0.11		22.0～24.0			12.0～15.0				
X6CrNi25-20	1.4951	0.04～0.08	0.70	2.00	0.035	0.015	0.11		24.0～26.0			19.0～22.0				
X5NiCrAlTi31-20	1.4958	0.03～0.08	0.70	1.50	0.015	0.010	0.030	0.20～0.50	19.0～22.0		0.10	30.0～32.5	0.20～0.50			Co 0.50,Cu 0.50
X8NiCrAlTi32-21	1.4959	0.05～0.10	0.70	1.50	0.015	0.010	0.030	0.25～0.65	19.0～22.0			30.0～34.0	0.25～0.65			Co 0.50,Cu 0.50
X8CrNiNb16-13	1.4961	0.04～0.10	0.30～0.60	1.50	0.035	0.015			15.0～17.0		10×C%～1.20	12.0～14.0				
X12CrNiWTiB16-13	1.4962	0.07～0.15	0.50	1.50	0.035	0.015			15.5～17.5			12.5～14.5	0.40～0.70		2.50～3.00	B 0.0015～0.0060
X12CrCoNi21-20	1.4971	0.08～0.16	1.00	2.00	0.035	0.015	0.10～0.20		20.0～22.5	2.50～3.50	0.75～1.25	19.0～21.0			2.00～3.00	B 18.5～21.0
X6NiCrTiMoVB25-15-2	1.4980	0.03～0.08	1.00	1.00～2.00	0.026	0.015		0.35	13.5～16.0	1.00～1.50		24.0～27.0	1.90～2.30	0.10～0.50		B:0.003～0.0010
X8CrNiMoNb16-16	1.4981	0.04～0.10	0.30～0.60	1.50	0.035	0.015			15.5～17.5	1.60～2.00	10×C%～1.20	15.5～17.5				
X10CrNiMoMnNbVB15-10-1	1.4982	0.07～0.13	1.00	5.5～7.0	0.040	0.030	0.11		14.0～16.0	0.80～1.20	0.75～1.25	9.0～11.0		0.15～0.40		B 0.003～0.009
X6CrNiMoTiB17-13	1.4983	0.04～0.08	0.75	2.00	0.035	0.015			16.0～18.0	2.00～2.50		12.0～14.0	5×C%～0.80			B 0.0015～0.0060

续表

合金牌号		合金成分/%(非范围值或特殊注明者均为最大值)														
牌号	材料号	C	Si	Mn	P	S	N	Al	Cr	Mo	Nb	Ni	Ti	V	W	其他
X7CrNiMoBNb16-16	1.4986	0.04～0.10	0.30～0.60	1.50	0.045	0.030			15.5～17.5	1.60～2.00	Nb+Ta：10×C%～1.20	15.5～17.5				B 0.05～0.10
X8CrNiMoVNb16-13	1.4988	0.04～0.10	0.30～0.60	1.50	0.035	0.015	0.06～0.14		15.5～17.5	1.10～1.50	10×C%～1.20	12.5～14.5		0.60～0.80		
X7CrNiTi18-10	1.4940	0.04～0.08	1.00	2.00	0.040	0.015	0.11		17.0～19.0			9.0～13.0	5×(C%+N%)－0.80			
X6CrNiMo17-13-2	1.4918	0.04～0.08	0.75	2.00	0.035	0.015	0.11		16.0～18.0	2.00～2.50		12.0～14.0				

注：如无需方同意，除铸造需要外，表中未列出元素不得加入钢内，生产过程中应尽量避免会引起钢性能变化的杂质元素通过废料等途径进入钢内。

表 14-95　抗蠕变钢牌号及化学成分(EN 10302—2008)

牌号	数字编号	化学成分/%(不大于注明范围者除外)														
		C	Si	Mn	P	S	N	Al	Cr	Mo	Nb	Ni	Ti	V	W	其他
马氏体钢																
X10CrMoVNb9-1	1.4903	0.08～0.12	0.50	0.30～0.60	0.025	0.015	0.030～0.070	0.030	8.0～9.5	0.85～1.05	0.060～0.10	0.40	—	0.18～0.25	—	—
X11CrMoWVNb9-1-1	1.4905	0.09～0.13	0.10～0.50	0.30～0.60	0.020	0.010	0.050～0.090	0.040	8.5～9.5	0.90～1.10	0.060～0.10	0.10～0.40	—	0.18～0.25	0.90～1.10	B 0.0005～0.0050
X8CrCoNiMo10-6	1.4911	0.05～0.12	0.10～0.80	0.30～1.30	0.025	0.015	0.035	—	9.8～11.2	0.50～1.00	0.20～0.50	0.20～1.20	—	0.10～0.40	0.70	B 0.005～0.015 Co 5.0～7.0
X19CrMoNbVN11-1	1.4913	0.17～0.23	0.50	0.40～0.90	0.025	0.015	0.050～0.10	0.020	10.0～11.5	0.50～0.80	0.25～0.55	0.20～0.60	—	0.10～0.30	—	B 0.0015
X20CrMoV11-1	1.4922	0.17～0.23	0.50	1.00	0.025	0.015	—	—	10.0～12.5	0.80～1.20	—	0.30～0.80	—	0.25～0.35	—	—
X22CrMoV12-1	1.4923	0.18～0.24	0.50	0.40～0.90	0.025	0.015	—	—	11.0～12.5	0.80～1.20	—	0.30～0.80	—	0.25～0.35	—	—

续表

牌号	数字编号	化学成分/%(不大于注明范围者除外)													
		C	Si	Mn	P	S	N	Al	Cr	Mo	Nb	Ni	Ti	V	W	其他
X20CrMoWV12-1	1.4935	0.17～0.24	0.10～0.50	0.30～0.80	0.025	0.015	—	—	11.0～12.5	0.80～1.20	—	0.30～0.80	—	0.20～0.35	0.40～0.60	—
X12CrNiMoW12-3	1.4938	0.08～0.15	0.05	0.40～0.90	0.025	0.015	0.020～0.040	—	11.0～12.5	1.50～2.00	—	2.00～3.00	—	0.25～0.40	—	—
奥氏体钢																
X3CrNiMoBN17-13-3	1.4910	0.04	0.75	2.00	0.035	0.015	0.10～0.18	—	16.0～18.0	2.00～3.00	—	12.0～14.0	—	—	—	B 0.0015～0.0050
X6CrNiMoB17-12-2	1.4919	0.04～0.08	1.00	2.00	0.035	0.015	0.10	—	16.5～18.5	2.00～2.50	—	10.0～13.0	—	—	—	B 0.0015～0.0050
X6CrNiTiB18-10	1.4941	0.04～0.08	1.00	2.00	0.035	0.015	—	—	17.0～19.0	—	—	9.0～12.0	5×C～0.80	—	—	B 0.0015～0.0050
X6CrNiWNbN16-16	1.4945	0.04～0.10	0.30～0.60	1.50	0.035	0.015	0.060～0.14	—	15.5～17.5	—	10×C～1.20	15.5～17.5	—	—	2.50～3.5	—
X6CrNi25-20	1.4951	0.04～0.08	0.70	2.00	0.035	0.015	0.10	—	24.0～26.0	—	—	19.0～22.0	—	—	—	—
X5NiCrAlTi31-20	1.4958	0.030～0.08	0.70	1.50	0.015	0.010	—	0.20～0.50	19.0～22.0	—	0.10	30.0～32.5	0.20～0.50	—	—	Cu≤0.50
X8NiCrAlTi32-21	1.4959	0.05～0.10	0.70	1.50	0.015	0.010	—	0.25～0.65	19.0～22.0	—	—	30.0～34.0	0.25～0.65	—	—	Cu≤0.50
X8CrNiNb16-13	1.4961	0.04～0.10	0.30～0.60	1.50	0.035	0.015	—	—	15.0～17.0	—	10×C～1.20	12.0～14.0	—	—	—	—
X12CrNiWTiB16-13	1.4962	0.07～0.15	0.50	1.50	0.035	0.015	—	—	15.5～17.5	—	—	12.5～14.5	0.40～0.70	—	2.50～3.00	B 0.0015～0.0060
X12CrCoNi21-20	1.4971	0.08～0.16	1.00	2.00	0.035	0.015	0.10～0.20	—	20.0～22.5	2.50～3.5	0.75～1.25	19.0～21.0	—	—	2.00～3.00	Co 18.5～21.0
X6NiCrTiMoVB25-15-2	1.4980	0.030～0.08	1.00	1.00～2.00	0.025	0.015	—	0.35	13.5～16.0	1.00～1.50	—	24.0～27.0	1.90～2.30	0.10～0.50	—	B 0.0030～0.010
X8CrNiMoNb16-16	1.4981	0.04～0.10	0.30～0.60	1.50	0.035	0.015	—	—	15.5～17.5	1.60～2.00	10×C～1.20	15.5～17.5	—	—	—	—

续表

牌号	数字编号	化学成分/%(不大于注明范围者除外)														
		C	Si	Mn	P	S	N	Al	Cr	Mo	Nb	Ni	Ti	V	W	其他
X6CrNiMoTiB17-13	1.4983	0.04～0.08	0.75	2.00	0.035	0.015	—	—	16.0～18.0	2.00～2.50	—	12.0～14.0	5×C～0.80	—	—	B 0.0015～0.0060
X8CrNiMoVNb16-13	1.4988	0.04～0.10	0.30～0.60	1.50	0.035	0.015	0.060～0.14	—	15.5～17.5	1.10～1.50	10×C～1.20	12.5～14.5	—	0.60～0.85	—	—

表 14-96 抗蠕变镍、钴合金钢牌号及化学成分(EN 10302—2008)

合金牌号	数字编号	化学成分/%(不大于,注明范围者除外)														
		C	Si	Mn	P	S	Al	Cr	Co	Cu	Fe	Mo	Ni	Nb+Ta	Ti	其他
镍合金																
NiCr26MoW	2.4608	0.030～0.08	0.70～1.50	2.00	0.030	0.015	—	24.0～26.0	2.50～4.0	—	余量	2.50～4.0	44.0～47.0	—	—	W 2.50～4.0
NiCr20Co18Ti	2.4632	0.13	1.00	1.00	0.020	0.015	1.00～2.00	18.0～21.0	15.0～21.0	0.20	1.50	—	余量	—	2.00～3.00	B≤0.02 Zr≤0.15
NiCr25FeAlY	2.4633	0.15～0.25	0.50	0.50	0.020	0.010	1.80～2.40	24.0～26.0	—	0.10	8.0～11.0	—	余量	—	0.10～0.20	Y 0.05～0.12 Zr 0.01～0.10
NiCr29Fe	2.4642	0.05	0.50	0.50	0.020	0.015	0.50	27.0～31.0	—	0.50	7.0～11.0	—	余量	—	—	—
NiCo20Cr20MoTi	2.4650	0.04～0.08	0.40	0.60	0.020	0.007	0.30～0.60	19.0～21.0	19.0～21.0	0.20	0.70	5.6～6.1	余量	—	1.90～2.40	B≤0.005 Ti+Al 2.40～2.80
NiCr20Co13Mo4Ti3Al	2.4654	0.020～0.10	0.15	1.00	0.015	0.015	1.20～1.60	18.0～21.0	12.0～15.0	0.10	2.00	3.5～5.0	余量	—	2.80～3.3	B 0.003～0.010 Zr 0.02～0.08
NiCr23Co12Mo	2.4663	0.05～0.10	0.20	0.20	0.010	0.010	0.70～1.40	20.0～23.0	11.0～14.0	0.50	2.00	8.5～10.0	余量	—	0.20～0.60	B≤0.006
NiCr22Fe18Mo	2.4665	0.05～0.15	1.00	1.00	0.020	0.015	0.50	20.5～23.0	0.50～2.50	0.50	17.0～20.0	8.0～10.0	余量	—	—	B≤0.010 W 0.20～1.00
NiCr19Fe19Nb5Mo3	2.4668	0.020～0.08	0.35	0.35	0.015	0.015	0.30～0.70	17.0～21.0	1.00	0.30	余量	2.80～3.3	50.0～55.0	4.7～5.5	0.60～1.20	B 0.002～0.006

续表

合金牌号	数字编号	化学成分/%(不大于,注明范围者除外)													
		C	Si	Mn	P	S	Al	Cr	Co	Cu	Fe	Mo	Ni	Nb+Ta	Ti	其他
NiCr15Fe7TiAl	2.4669	0.08	0.50	1.00	0.020	0.015	0.40~1.00	14.0~17.00	1.00	0.50	5.0~9.0		≥70.0	0.70~1.20	2.25~2.75	
NiCr20TiAl	2.4952	0.04~0.10	1.00	1.00	0.020	0.015	1.00~1.80	18.0~21.0	1.00	0.20	1.50	—	≥65.0	—	1.80~2.70	B≤0.008
NiCr25Co20TiMo	2.4878	0.03~0.07	0.50	0.50	0.010	0.007	1.20~1.60	23.0~25.0	19.0~21.0	0.20	1.00	1.00~2.00	余量	0.70~1.20	2.80~3.2	B 0.010~0.015 Ta ≤0.05 Zr 0.03~0.07
钴合金																
CoCr20W15Ni	2.4964	0.05~0.15	0.40	2.00	0.020	0.015	—	19.0~21.0	余量	—	3.00	—	9.0~11.0	—	—	W 14.0~16.0

表 14-97　奥氏体镍合金的牌号及化学成分(EN 10095—1999)

牌号	数字编号	化学成分%(质量分数,非特别注明或范围值者均为最大值)
NiCr15Fe	2.4816①	0.05~0.10C,1.00Mn,0.50Si,0.020P,0.015S,≥72.00Ni,14.00~17.00Cr,6.00~10.00Fe,0.30Al,0.30Ti,0.50Cu
NiCr20Ti	2.4951	0.08~0.15C,1.00Mn,1.00Si,0.020P,0.015S,18.00~21.00Cr,5.00Co,5.00Fe,0.30Al,0.20~0.60Ti,0.50Cu,余量 Ni
NiCr22Mo9Nb	2.4856	0.03~0.10C,0.50Mn,0.50Si,0.020P,0.015S,≥58.00Ni,20.00~23.00Cr,1.00Co,5.00Fe,8.00~10.00Mo,0.40Al,0.40Ti,0.50Cu,3.15~4.15Nb+Ta
NiCr23Fe	2.4851①	0.03~0.10C,1.00Mn,0.50Si,0.020P,0.015S,58.00~63.00Ni,21.00~25.00Cr,18.00Fe,1.00~1.70Al,0.50Ti,0.50Cu,0.006B
NiCr28FeSiCe	2.4889①	0.05~0.12C,1.00Mn,2.50~3.00Si,0.020P,0.010S,≥45.00Ni,26.00~29.00Cr,21.00~25.00Fe,0.30Cu,0.03~0.09Ce

注:1. 如无需方同意,除铸造需要外,表中未列出元素不得加入合金内,生产过程中应尽量避免会引起钢性能变化的杂质元素通过废料等途径进入合金内;

2. ①该合金中允许有最大 1.5%的 Co 存在,计算成分时当做 Ni 计算。

表 14-98 内燃机及阀门用钢及合金的牌号及化学成分(EN 10090—1998)

牌号	数字编号	化学成分/%(质量分数,非特别注明或范围值者均为最大值)								
		C	Si	Mn	P	S	Cr	Mo	Ni	其他
马氏体钢										
X45CrSi9-2	1.4718	0.40～0.50	2.70～3.30	0.60①	0.040	0.030	8.00～10.00		0.50	
X40CrSiMo10-2	1.4731	0.35～0.45	2.00～3.00	0.80①	0.040	0.030	9.50～11.50	0.80～1.30	0.50	
X85CrMoV18-2	1.4748	0.80～0.90	1.00	1.50	0.040	0.030	16.50～18.50	2.00～2.50		V 0.30～0.60
奥氏体钢及合金										
X55CrMnNiN20-8	1.4875	0.50～0.60	0.25	7.00～10.00	0.045	0.030	19.50～21.50		1.50～2.75	N 0.20～0.40
X53CrMnNiN21-9	1.4871	0.48～0.58	0.25	8.00～10.00	0.045	0.030②	20.00～22.00		3.25～4.50	N 0.35～0.50
X50CrMnNiNbN21-9	1.4882	0.45～0.55	0.45	8.00～10.00	0.045	0.030	20.00～22.00		3.50～5.50	W 0.80～1.50 Nb+Ta 1.80～2.50 N 0.40～0.60
X53CrMnNiNbN21-9	1.4870	0.48～0.58	0.45	8.00～10.00	0.045	0.030	20.00～22.00		3.25～4.50	Nb+Ta 2.00～3.00 N 0.38～0.50 C+N>0.90
X33CrNiMnN23-8	1.4866	0.28～0.38	0.50～1.00	1.50～3.50	0.045	0.030	22.00～24.00	0.50	7.00～9.00	W 0.50 N 0.25～0.35
NiFe25Cr20NbTi	2.4955	0.04～0.10	1.00	1.00	0.030	0.015	18.00～21.00		余量	Al 0.30～1.00 Fe 23.00～28.00 Nb+Ta 1.00～2.00 Ti 1.00～2.00 B 0.008
NiCr20TiAl	2.4952	0.04～0.10	1.00	1.00	0.020	0.015	18.00～21.00		≥65	Fe 3.00 Cu 0.20 Co 2.00 B 0.008 Al 1.00～1.80 Ti 1.80～2.70

注:1. ①为改善连续铸造性能,经供需双方协商后,Mn 含量允许为 0.50%～1.50%;
2. ②经供需双方协商,S 含量允许为 0.020%～0.080%。

表 14-99　　铁素体不锈钢牌号及化学成分(EN 10028-7—2007)

牌　号	数字编号	化　学　成　分/%(不大于,注明范围者除外)										
		C	Si	Mn	P	S	N	Cr	Mo	Nb	Ni	Ti
X2CrNi12	1.4003	0.030	1.00	1.50	0.040	0.015	0.030	10.5～12.5	—	—	0.30～1.00	—
X6CrNiTi12	1.4516	0.08	0.70	1.50	0.040	0.015	—	10.5～12.5	—	—	0.50～1.50	0.05～0.35
X2CrTi17	1.4520	0.025	0.50	0.50	0.040	0.015	0.015	16.0～18.0	—	—	—	0.30～0.60
X3CrTi17	1.4510	0.05	1.00	1.00	0.040	0.015	—	16.0～18.0	—	—	—	[4×(C+N)+0.15]～0.80
X2CrMoTi17-1	1.4513	0.025	1.00	1.00	0.040	0.015	0.020	16.0～18.0	0.80～1.40	—	—	0.30～0.60
X2CrMoTi18-2	1.4521	0.025	1.00	1.00	0.040	0.015	0.030	17.0～20.0	1.80～2.50	—	—	[4×(C+N)+0.15]～0.80
X6CrMoNb17-1	1.4526	0.08	1.00	1.00	0.040	0.015	0.040	16.0～18.0	0.80～1.40	[7×(C+N)+0.10]～1.00	—	—
X2CrTiNb18	1.4509	0.030	1.00	1.00	0.040	0.015	—	17.5～18.5	—	[(3×C)+0.30]～1.00	—	0.10～0.60

表 14-100　　马氏体不锈钢牌号及化学成分(EN 10028-7—2007)

牌　号	数字编号	化　学　成　分/%(不大于,注明范围,最小者除外)								
		C	Si	Mn	P	S	Cr	Mo	Ni	N
X3CrNiMo13-4	1.4313	0.05	0.70	1.50	0.040	0.015	12.0～14.0	0.30～0.70	3.5～4.5	≥0.020
X4CrNiMo16-5-1	1.4418	0.06	0.70	1.50	0.040	0.015	15.0～17.0	0.80～1.50	4.0～6.0	≥0.020

表 14-101 奥氏体不锈钢牌号及化学成分(EN 10028-7—2007)

牌号	数字编号	化学成分/%(质量分数,不大于,注明范围值者除外)											
		C	Si	Mn	P	S	N	Cr	Cu	Mo	Nb	Ni	Ti	其他
耐蚀型														
X2CrNiN18-7	1.4318	0.030	1.00	2.00	0.045	0.015	0.10~0.20	16.5~18.5	—	—	—	6.0~8.0	—	—
X2CrNi18-9	1.4307	0.030	1.00	2.00	0.045	0.015	0.10	17.5~19.5	—	—	—	8.0~10.5	—	—
X2CrNi19-11	1.4306	0.030	1.00	2.00	0.045	0.015	0.10	18.0~20.0	—	—	—	10.0~12.0	—	—
X5CrNiN19-9	1.4315	0.06	1.00	2.00	0.045	0.015	0.12~0.22	18.0~20.0	—	—	—	8.0~11.0	—	—
X2CrNiN18-10	1.4311	0.030	1.00	2.00	0.045	0.015	0.12~0.22	17.5~19.5	—	—	—	8.5~11.5		
X5CrNi18-10	1.4301	0.07	1.00	2.00	0.045	0.015	0.10	17.5~19.5	—	—	—	8.0~10.5	—	—
X6CrNiTi18-10	1.4541	0.08	1.00	2.00	0.045	0.015	—	17.0~19.0	—	—	—	9.0~12.0	5×C~0.70	—
X6CrNiNb18-10	1.4550	0.08	1.00	2.00	0.045	0.015	—	17.0~19.0	—	—	10×C~1.00	9.0~12.0	—	—
X1CrNi25-21	1.4335	0.020	0.25	2.00	0.025	0.010	0.10	24.0~26.0	—	0.20	—	20.0~22.0	—	—
X2CrNiMo17-12-2	1.4404	0.030	1.00	2.00	0.045	0.015	0.10	16.5~18.5	—	2.00~2.50	—	10.0~13.0	—	—
X2CrNiMoN17-11-2	1.4406	0.030	1.00	2.00	0.045	0.015	0.12~0.22	16.5~18.5	—	2.00~2.50	—	10.0~12.5	—	—
X5CrNiMo17-12-2	1.4401	0.07	1.00	2.00	0.045	0.015	0.10	16.5~18.5	—	2.00~2.50	—	10.0~13.0	—	—
X1CrNiMoN25-22-2	1.4466	0.020	0.70	2.00	0.025	0.010	0.10~0.16	24.0~26.0	—	2.00~2.50	—	21.0~23.0	—	—
X6CrNiMoTi17-12-2	1.4571	0.08	1.00	2.00	0.045	0.015	—	16.5~18.5	—	2.00~2.50	—	10.5~13.5	5×C~0.70	—
X6CrNiMoNb17-12-2	1.4580	0.08	1.00	2.00	0.045	0.015	—	16.5~18.5	—	2.00~2.50	10×C~1.00	10.5~13.5	—	—
X2CrNiMo17-12-3	1.4432	0.030	1.00	2.00	0.045	0.015	0.10	16.5~18.5	—	2.50~3.00	—	10.5~13.0	—	—
X2CrNiMoN17-13-3	1.4429	0.030	1.00	2.00	0.045	0.015	0.12~0.22	16.5~18.5	—	2.50~3.00	—	11.0~14.0	—	—
X3CrNiMo17-13-3	1.4436	0.05	1.00	2.00	0.045	0.015	0.10	16.5~18.5	—	2.50~3.00	—	10.5~13.0	—	—
X2CrNiMo18-14-3	1.4435	0.030	1.00	2.00	0.045	0.015	0.10	17.0~19.0	—	2.50~3.00	—	12.5~15.0	—	—
X2CrNiMoN18-12-4	1.4434	0.030	1.00	2.00	0.045	0.015	0.10~0.20	16.5~19.5	—	3.0~4.0	—	10.5~14.0	—	—
X2CrNiMo18-15-4	1.4438	0.030	1.00	2.00	0.045	0.015	0.10	17.5~19.5	—	3.0~4.0	—	13.0~16.0	—	—
X2CrNiMoN17-13-5	1.4439	0.030	1.00	2.00	0.045	0.015	0.12~0.22	16.5~18.5	—	4.0~5.0	—	12.5~14.5	—	—
X1NiCrMoCu31-27-4	1.4563	0.020	0.70	2.00	0.030	0.010	0.10	26.0~28.0	0.70~1.50	3.0~4.0	—	30.0~32.0	—	—
X1NiCrMoCu25-20-5	1.4539	0.020	0.70	2.00	0.030	0.010	0.15	19.0~21.0	1.20~2.00	4.0~5.0	—	24.0~26.0	—	—
X1CrNiMoCuN25-25-5	1.4537	0.020	0.70	2.00	0.030	0.010	0.17~0.25	24.0~26.0	1.00~2.00	4.7~5.7	—	24.0~27.0	—	—

续表

牌号	数字编号	化学成分/%(质量分数,不大于,注明范围值者除外)												
		C	Si	Mn	P	S	N	Cr	Cu	Mo	Nb	Ni	Ti	其他
耐蚀型														
X1CrNiMoCuN20-18-7	1.4547	0.020	0.70	1.00	0.030	0.010	0.18～0.25	19.5～20.5	0.50～1.00	6.0～7.0	—	17.5～18.5	—	—
X1NiCrMoCuN25-20-7	1.4529	0.020	0.50	1.00	0.030	0.010	0.15～0.25	19.0～21.0	0.50～1.50	6.0～7.0	—	24.0～26.0	—	—
抗屈服型														
X3CrNiMoBN17-13-3	1.4910	0.04	0.75	2.00	0.035	0.015	0.10～0.18	16.0～18.0		2.00～3.00	—	12.0～14.0	—	B 0.0015～0.0050
X6CrNiTiB18-10	1.4941	0.04～0.08	1.00	2.00	0.035	0.015	—	17.0～19.0	—	—	—	9.0～12.0	5×C～0.80	B 0.0015～0.0050
X6CrNi18-10	1.4948	0.04～0.08	1.00	2.00	0.035	0.015	0.10	17.0～19.0	—	—	—	8.0～11.0	—	—
X6CrNi23-13	1.4950	0.04～0.08	0.70	2.00	0.035	0.015	0.10	22.0～24.0	—	—	—	12.0～15.0	—	—
X6CrNi25-20	1.4951	0.04～0.08	0.70	2.00	0.035	0.015	0.10	24.0～26.0	—	—	—	19.0～22.0	—	—
X5NiCrAlTi31-20 (+RA)	1.4958 (+RA)	0.03～0.08	0.70	1.50	0.015	0.010	0.030	19.0～22.0	0.50	—	0.10	30.0～32.5	0.20～0.50	Al 0.20～0.50 Al+Ti≤0.70 Co≤0.50 Ni+Co 30.0～32.5
X8NiCrAlTi32-21	1.4959	0.05～0.10	0.70	1.50	0.015	0.010	0.030	19.0～22.0	0.50	—	—	30.0～34.0	0.25～0.65	Al 0.25～0.65 Co≤0.50 Ni+Co 30.0～34.0
X8CrNiNb16-13	1.4961	0.04～0.10	0.30～0.60	1.50	0.035	0.015	—	15.0～17.0	—	—	10×C～1.20	12.0～14.0	—	—

表 14-102 奥氏体-铁素体不锈钢牌号及化学成分(EN 10028-7—2007)

牌号	数字编号	化学成分/%(不大于,注明范围者除外)										
		C	Si	Mn	P	S	N	Cr	Cu	Mo	Ni	W
X2CrNiN23-4	1.4362	0.030	1.00	2.00	0.035	0.015	0.05～0.20	22.0～24.0	0.10～0.60	0.10～0.60	3.5～5.5	—
X2CrNiMoN22-5-3	1.4462	0.030	1.00	2.00	0.035	0.015	0.10～0.22	21.0～23.0	—	2.50～3.5	4.5～6.5	—
X2CrNiMoCuN25-6-3	1.4507	0.030	0.70	2.00	0.035	0.015	0.20～0.30	24.0～26.0	1.00～2.50	3.0～4.0	6.0～8.0	—
X2CrNiMoN25-7-4	1.4410	0.030	1.00	2.00	0.035	0.015	0.24～0.35	24.0～26.0	—	3.0～4.5	6.0～8.0	—
X2CrNiMoCuWN25-7-4	1.4501	0.030	1.00	1.00	0.035	0.015	0.20～0.30	24.0～26.0	0.50～1.00	3.0～4.0	6.0～8.0	0.50～1.00

表 14-103 压力容器不锈钢棒材化学成分(EN 10272—2007)

牌号	数字编号	化学成分/%(不大于,注明范围最小值者除外)								
		C	Si	Mn	P	S	Cr	Mo	Ni	N
铁素体不锈钢										
X2CrNi12	1.4003	0.030	1.00	1.50	0.040	0.015	10.5～12.5	—	0.30～1.00	0.030
马氏体不锈钢										
X12Cr13	1.4006	0.08～0.15	1.00	1.50	0.040	0.015	11.5～13.5	—	0.75	—
X17CrNi16-2	1.4057	0.12～0.22	1.00	1.50	0.040	0.015	15.0～17.0	—	1.50～2.50	—
X3CrNiMo13-4	1.4313	0.015	0.70	1.50	0.040	0.015	12.0～14.0	0.30～0.70	3.5～4.5	≥0.020
X4CrNiMo16-5-1	1.4418	0.06	0.70	1.50	0.040	0.015	15.0～17.0	0.80～1.50	4.0～6.0	≥0.020

表 14-104 压力容器用奥氏体不锈钢棒材化学成分(EN 10272—2007)

牌号	数字编号	化学成分/%(不大于,注明范围值者除外)											
		C	Si	Mn	P	S	N	Cr	Cu	Mo	Nb	Ni	Ti
X2CrNi18-9	1.4307	0.030	1.00	2.00	0.045	0.015	0.10	17.5～19.5	—	—	—	8.0～10.5	—
X2CrNi19-11	1.4306	0.030	1.00	2.00	0.045	0.015	0.10	18.0～20.0	—	—	—	18.0～12.0	—
X2CrNiN18-10	1.4311	0.030	1.00	2.00	0.045	0.015	0.12～0.22	17.5～19.5	—	—	—	8.5～11.5	—
X5CrNi18-10	1.4301	0.07	1.00	2.00	0.045	0.015	0.10	17.5～19.5	—	—	—	8.0～10.5	—
X6CrNiTi18-10	1.4541	0.08	1.00	2.00	0.045	0.015	—	17.0～19.0	—	—	—	9.0～12.0	5×C～0.70
X2CrNiMo17-12-2	1.4404	0.030	1.00	2.00	0.045	0.015	0.10	16.5～18.5	—	2.00～2.50	—	10.0～13.0	—

续表

牌号	数字编号	化学成分/%(不大于,注明范围值者除外)											
		C	Si	Mn	P	S	N	Cr	Cu	Mo	Nb	Ni	Ti
X2CrNiMoN17-11-2	1.4406	0.030	1.00	2.00	0.045	0.015	0.12~0.22	16.5~18.5	—	2.00~2.50	—	10.0~12.5	—
X5CrNiMo17-12-2	1.4401	0.07	1.00	2.00	0.045	0.015	0.10	16.5~18.5	—	2.00~2.50	—	10.0~13.0	—
X6CrNiMoTi17-12-2	1.4571	0.08	1.00	2.00	0.045	0.015	—	16.5~18.5	—	2.00~2.50	—	10.5~13.5	5×C~0.70
X2CrNiMo17-12-3	1.4432	0.030	1.00	2.00	0.045	0.015	0.10	16.5~18.5	—	2.50~3.00	—	10.5~13.0	—
X2CrNiMo18-14-3	1.4435	0.030	1.00	2.00	0.045	0.015	0.10	17.0~19.0	—	2.50~3.00	—	12.5~15.0	—
X2CrNiMoN17-13-5	1.4439	0.030	1.00	2.00	0.045	0.015	0.12~0.22	16.5~18.5	—	4.0~5.0	—	12.5~14.5	—
X1NiCrMoCu25-20-5	1.4539	0.020	0.70	2.00	0.030	0.010	0.15	19.0~21.0	1.20~2.00	4.0~5.0	—	24.0~26.0	—
X6CrNiNb18-10	1.4550	0.08	1.00	2.00	0.045	0.015	—	17.0~19.0	—	—	10×C~1.00	9.0~12.0	—
X6CrNiMoNb17-12-2	1.4580	0.08	1.00	2.00	0.045	0.015	—	16.5~18.5	—	2.00~2.50	10×C~1.00	10.5~13.5	—
X2CrNiMoN17-13-3	1.4429	0.030	1.00	2.00	0.045	0.015	0.12~0.22	16.5~18.5	—	2.50~3.00	—	11.0~14.0	—
X3CrNiMo17-13-3	1.4436	0.05	1.00	2.00	0.045	0.015	0.10	16.5~18.5	—	2.50~3.00	—	10.5~13.0	—
X1NiCrMoCu31-27-4	1.4563	0.020	0.70	2.00	0.030	0.010	0.10	26.0~28.0	0.70~1.50	3.0~4.0	—	30.0~32.0	—
X1CrNiMoCuN20-18-7	1.4547	0.020	0.70	1.00	0.030	0.010	0.18~0.25	19.5~20.5	0.50~1.00	6.0~7.0	—	17.5~18.5	—
X1NiCrMoCuN25-20-7	1.4529	0.020	0.50	1.00	0.030	0.010	0.15~0.25	19.0~21.0	0.50~1.50	6.0~7.0	—	24.0~26.0	—
X6CrNi25-20	1.4951	0.04~0.08	0.70	2.00	0.035	0.015	0.10	24.0~26.0	—	—	—	19.0~22.0	—

表 14-105　　压力容器用奥氏体-铁素体不锈钢棒材化学成分(EN 10272—2007)

牌号	数字编号	化学成分/%(不大于,注明范围者除外)										
		C	Si	Mn	P	S	N	Cr	Cu	Mo	Ni	W
X2CrNiN23-4	1.4362	0.030	1.00	2.00	0.035	0.015	0.05~0.20	22.0~24.0	0.10~0.60	0.10~0.60	3.5~5.5	—
X2CrNiMoN22-5-3	1.4462	0.030	1.00	2.00	0.035	0.015	0.10~0.22	21.0~23.0	—	2.50~3.5	4.5~6.5	—
X2CrNiMoCuN25-6-3	1.4507	0.030	0.70	2.00	0.035	0.015	0.20~0.30	24.0~26.0	1.00~2.50	3.0~4.0	6.0~8.0	—
X2CrNiMoN25-7-4	1.4410	0.030	1.00	2.00	0.035	0.015	0.24~0.35	24.0~26.0	—	3.0~4.5	6.0~8.0	—
X2CrNiMoCuWN25-7-4	1.4501	0.030	1.00	1.00	0.035	0.015	0.20~0.30	24.0~26.0	0.50~1.00	3.0~4.0	6.0~8.0	0.50~1.00

表 14-106 耐腐蚀焊接圆钢管牌号及化学成分(EN 10296-2—2005)

牌号	数字编号	化学成分/%(不大于,注明范围值者除外)											
		C	Si	Mn	P	S	Cr	Mo	Ni	Cu	N	Nb	Ti
铁素体型													
X2CrNi12	1.4003	0.030	1.00	1.50	0.040	0.015	10.5～12.5		0.30～1.00		0.030		
X2CrTi12	1.4512	0.030	1.00	1.00	0.040	0.015	10.5～12.5				0.030		6×(C+N)～0.65
X6Cr17	1.4016	0.08	1.00	1.00	0.040	0.015	16.0～18.0						
X3CrTi17	1.4510	0.05	1.00	1.00	0.040	0.015	16.0～18.0						4×(C+N)+0.15～0.80
X2CrMoTi18-2	1.4521	0.025	1.00	1.00	0.040	0.015	17.0～20.0	1.80～2.50			0.030		4×(C+N)+0.15～0.80
X6CrMoNb17-1	1.4526	0.08	1.00	1.00	0.040	0.015	16.0～18.0	0.80～1.40			0.040	7×(C+N)+0.10～1.00	
X2CrTiNb18	1.4509	0.030	1.00	1.00	0.040	0.015	17.5～18.5					3×C+0.30～1.00	0.10～0.60
奥氏体型													
X2CrNiN18-7	1.4318	0.030	1.00	2.00	0.045	0.015	16.5～18.5		6.0～8.0		0.10～0.20		
X2CrNi18-9	1.4307	0.030	1.00	2.00	0.045	0.015	17.5～19.5		8.0～10.5		0.11		
X2CrNi19-11	1.4306	0.030	1.00	2.00	0.045	0.015	18.0～20.0		10.0～12.0		0.11		
X2CrNiN18-10	1.4311	0.030	1.00	2.00	0.045	0.015	17.0～19.5		8.5～11.5		0.12～0.22		
X5CrNi18-10	1.4301	0.07	1.00	2.00	0.045	0.015	17.0～19.5		8.0～10.5		0.11		
X6CrNiTi18-10	1.4541	0.08	1.00	2.00	0.045	0.015	17.0～19.0		9.0～12.0				5×C～0.70
X6CrNiNb18-10	1.4550	0.08	1.00	2.00	0.045	0.015	17.0～19.0		9.0～12.0			10×C～1.00	
X2CrNiMo17-12-2	1.4404	0.030	1.00	2.00	0.045	0.015	16.5～18.5	2.00～2.50	10.0～13.0		0.11		
X5CrNiMo17-12-2	1.4401	0.07	1.00	2.00	0.045	0.015	16.5～18.5	2.00～2.50	10.0～13.0		0.11		
X6CrNiMoTi17-12-2	1.4571	0.08	1.00	2.00	0.045	0.015	16.5～18.5	2.00～2.50	10.5～13.5				5×C～0.70
X2CrNiMo17-12-3	1.4432	0.030	1.00	2.00	0.045	0.015	16.5～18.5	2.50～3.00	10.5～13.0		0.11		
X2CrNiMoN17-13-3	1.4429	0.030	1.00	2.00	0.045	0.015	16.5～18.5	2.50～3.00	11.0～14.0		0.12～0.22		

续表

牌号	数字编号	化学成分/%(不大于,注明范围值者除外)											
		C	Si	Mn	P	S	Cr	Mo	Ni	Cu	N	Nb	Ti
X3CrNiMo17-13-3	1.4436	0.015	1.00	2.00	0.045	0.015	16.5～18.5	2.50～3.00	10.5～13.0		0.11		
X2CrNiMo18-14-3	1.4435	0.030	1.00	2.00	0.045	0.015	17.0～19.0	2.50～3.00	12.5～15.0		0.11		
X2CrNiMoN17-13-5	1.4439	0.030	1.00	2.00	0.045	0.015	16.5～18.5	4.0～5.0	12.5～14.5		0.12～0.22		
X1NiCrMoCu25-20-5	1.4539	0.020	0.70	2.00	0.030	0.010	19.0～21.0	4.0～5.0	24.0～26.0	1.20～2.00	0.15		
X1CrNiMoCuN20-18-7	1.4547	0.020	0.70	1.00	0.030	0.010	19.5～20.5	6.0～7.0	17.5～18.5	0.50～1.00	0.18～0.25		
奥氏体一铁素体型													
X2CrNiN23-4	1.4362	0.030	1.00	2.00	0.035	0.015	22.0～24.0	0.10～0.60	3.5～5.5	0.10～0.60	0.05～0.20		
X2CrNiMoN22-5-3	1.4462	0.030	1.00	2.00	0.035	0.015	21.0～23.0	2.50～3.5	4.5～6.5		0.10～0.22		
X2CrNiMoN25-7-4	1.4410	0.030	1.00	2.00	0.035	0.015	24.0～26.0	3.0～4.5	6.0～8.0		0.24～0.35		

表 14-107　耐热奥氏体焊接圆钢管牌号及化学成分(EN 10296-2—2005)

牌号	数字编号	化学成分/%(不大于,注明范围值者除外)								
		C	Si	Mn	P	S	Cr	Ni	N	Ce
X15CrNiSi20-12	1.4828	0.20	1.50～2.50	2.00	0.045	0.015	19.0～21.0	11.0～13.0	0.11	
X9CrNiSiNCe21-11-2	1.4835	0.05～0.12	1.40～2.50	1.00	0.045	0.015	20.0～22.0	10.0～12.0	0.12～0.20	0.03～0.08
X12CrNi23-13	1.4833	0.15	1.00	2.00	0.045	0.015	22.0～24.0	12.0～14.0	0.11	
X8CrNi25-21	1.4845	0.10	1.50	2.00	0.045	0.015	24.0～26.0	19.0～22.0	0.11	
X6CrNiSiNCe19-10	1.4818	0.04～0.08	1.00～2.00	1.00	0.045	0.015	18.0～20.0	9.0～11.0	0.12～0.20	0.03～0.08
X6NiCrSiNCe35-25	1.4854	0.04～0.08	1.20～2.00	2.00	0.040	0.015	24.0～26.0	34.0～36.0	0.12～0.20	0.03～0.08

14.2.2 不锈耐热钢的力学性能

(1)一般用途的薄板/板材和带材

表 14-108 铁素体不锈钢退火状态下的力学性能(EN 10088-2—2005)

牌号	数字编号	产品形态	厚度/mm (最大值)	屈服强度 $R_{p0.2}$/MPa		抗拉强度 R_m/MPa	伸长率 A/%
				纵向	横向		
标准钢种							
X2CrNi12	1.4003	C H P	8 13.5 25	280 280 250	320 320 280	450～650 450～650 450～650	20 20 18
X2CrTi12	1.4512	C H	8 13.5	210 210	220 220	380～560 380～560	25 25
X6CrNiTi12	1.4516	C H P	8 13.5 25	280 280 250	320 320 280	450～650 450～650 450～650	23 23 20
X6Cr13	1.4000	C H P	8 13.5 25	240 220 220	250 230 230	400～600 400～600 400～600	19 19 19
X6CrAl13	1.4002	C H P	8 13.5 25	230 210 210	250 230 230	400～600 400～600 400～600	17 17 17
X6Cr17	1.4016	C H P	8 13.5 25	260 240 240	280 20 260	450～600 450～600 430～630	20 18 20
X3CrTi17	1.4510	C H	8 13.5	230 230	240 240	420～600 420～600	23 23
X3CrNb17	1.4511	C	8	230	240	420～600	23
X6CrMo17-1	1.4113	C H	8 13.5	260 260	280 280	450～630 450～630	18 18
X2CrMoTi18-2	1.4521	C H P	8 13.5 25	300 280 280	320 300 300	420～640 400～600 420～620	20 20 20
特殊钢种							
X2CrTi17	1.4520	C	8	180	200	380～530	24
X1CrNb15	1.4595	C	8	210	220	380～560	25
X2CrMoTi17-1	1.4513	C	8	200	220	400～550	23
X6CrNi17-1	1.4017	C	8	330	350	500～750	12
X5CrNiMoTi15-2	1.4589	C H	8 13.5	400 360	420 380	550～750 550～750	16 14
X6CrMoNb17-1	1.4526	C	8	280	300	480～560	25
X2CrNbZr17	1.4590	C	8	230	250	400～550	23
X2CrTiNb18	1.4509	C	8	230	250	430～630	18
X2CrMoTi29-4	1.4592	C	8	430	450	550～700	20

注:C——冷轧带,H——热轧带,P——热轧板。

表 14-109　　室温下热处理后马氏体不锈钢的力学性能(EN 10088-2—2005)

牌　号	数字编号	产品形态	厚度/mm（最大值）	热处理条件	硬　度		屈服强度 $R_{p0.2}$/MPa	抗拉强度 R_m/MPa	伸长率 A/%
					HRB	HB,HV			
标准钢种									
X12Cr13	1.4006	C	8	A	90	200		600	20
		H	13.5	A	90	200		600	20
		P	75	QT550			400	550～750	15
		P	75	QT650			450	650～850	12
X15Cr13	1.4024	C	8	A	90	200		600	20
		H	13.5	A	90	200		600	20
		P	75	A					
		P	75	QT550			400	550～750	15
		P	75	QT650			450	650～850	12
X20Cr13	1.4021	C	3	QT					
		C	8	A	95	225		700	15
		H	13.5	A	95	225		700	12
		P	75	QT650				650～850	10
		P	75	QT750				750～950	
X30Cr13	1.4028	C	3	QT					
		C	8	A	97	235		740	15
		H	13.5	A	97	235		740	15
		P	75	QT800				800～1000	10
X39Cr13	1.4031	C	3	QT					
		C	8	A	98	240		760	12
		H	13.5	A	98	240		760	12
X46Cr13	1.4034	C	8	A	99	245		780	12
		H	13.5	A	99	245		780	12
X38CrMo14	1.4419	C	3	QT					
		C	4	A	97	235		760	15
		H	6.5	A	97	235		760	15
X55CrMo14	1.4110	C	8	A	100	280		850	
		H	13.5	A	100	280		850	12
		P	75	A					12
X50CrMoV15	1.4116	C	8	A	100	280		850	12
		H	13.5	A	100	280		850	12
X39CrMo17-1	1.4112	C	3	QT					
		C	8	A	100	280		900	12
		H	13.5	A	100	280		900	12
X3CrNiMo13-4	1.4313	P	75	QT780				780～980	15
		P	75	QT900				900～1100	11
X4CrNiMo16-5-1	1.4418	P	75	QT840				840～1100	14
特殊钢种									
X1CrNiMoCu12-5-2	1.4422	H	13.5	A	100	300	550	750～950	15
		P	75	QT650			550	750～950	15
X1CrNiMoCu12-7-3	1.4423	H	13.5	A	100	300	550	750～950	15
		P	75	QT650			550	750～950	15

注：C——冷轧带，H——热轧带，P——热轧板，A——退火，QT——淬火加回火。

表 14-110　　室温下热处理后弥散强化钢的力学性能(EN 10088-2—2005)

牌　号	数字编号	产品形态	厚度/mm(最大值)	热处理条件	屈服强度 $R_{p0.2}$/MPa	抗拉强度 R_m/MPa	伸长率/%	
							A_{80mm}(厚度<3mm)	A(厚度≥3mm)
X5CrNiCuNb16-4	1.4542	C	8	AT P1300 P900	 1150 700	≤1275 ≥1300 ≥900	5 3 6	
		P	50	P1070 P950 P850 SR630	1000 800 600	1070～1270 950～1150 850～1050 ≤1050	8 10 12	10 12 14
X7CrNiAl17-7	1.4568	C	8	AT P1450	 1310	≤1030 ≥1450	19 2	

注:C——冷轧带,P——热轧板,AT——固溶退火,P——弥散强化,SR——去应力退火。

表 14-111　　室温下固溶退火后奥氏体不锈钢的力学性能(EN 10088-2—2005)

牌　号	数字编号	产品形态	厚度/mm(最大值)	屈服强度/MPa		抗拉强度 R_m/MPa	伸长率/%	
				$R_{p0.2}$	$R_{p1.0}$		A_{80mm}(厚度<3mm)	A(厚度≥3mm)
标准钢种								
X10CrNi18-8	1.4310	C	8	250	280	650～950	40	40
X2CrNiN18-7	1.4318	C H P	8 13.5 75	350 330 330	380 370 370	650～850 650～850 630～830	35 35 45	40 40 45
X2CrNi18-9	1.4307	C H P	8 13.5 75	220 200 200	250 240 240	520～700 520～700 500～700	45 45 45	45 45 45
X2CrNi19-11	1.4306	C H P	8 13.5 75	220 200 200	250 240 240	520～700 520～700 500～700	45 45 45	45 45 45
X2CrNi18-10	1.4311	C H P	8 13.5 75	290 270 270	320 310 310	550～750 550～750 550～750	40 40 40	40 40 40
X5CrNi18-10	1.4301	C H P	8 13.5 75	230 210 210	260 250 250	540～750 520～720 520～720	45 45 45	45 45 45
X8CrNiS18-9	1.4305	C	8	190	230	500～700	35	35
X6CrNiTi18-10	1.4541	C H P	8 13.5 75	220 200 200	250 240 240	520～720 520～720 500～700	40 40 40	40 40 40
X4CrNi18-12	1.4303	C	8	220	250	500～650	45	45
X2CrNiMo17-12-2	1.4404	C H P	8 13.5 75	240 220 220	270 260 260	530～680 530～680 520～670	40 40 45	40 40 45
X2CrNiMoN17-11-2	1.4406	C H P	8 13.5 75	300 280 280	330 320 320	580～780 580～780 580～780	40 40 40	40 40 40

续表

牌号	数字编号	产品形态	厚度/mm（最大值）	屈服强度/MPa		抗拉强度 R_m/MPa	伸长率/%	
				$R_{p0.2}$	$R_{p1.0}$		A_{80mm}（厚度＜3mm）	A（厚度≥3mm）
X5CrNiMo17-12-2	1.4401	C	8	240	270	530～680	40	40
		H	13.5	220	260	530～680	40	40
		P	75	220	260	520～670	45	45
X6CrNiMoTi17-12-2	1.4571	C	8	240	270	540～690	40	40
		H	13.5	220	260	540～690	40	40
		P	75	220	260	520～670	40	40
X2CrNiMo17-12-3	1.4432	C	8	240	270	550～700	40	40
		H	13.5	220	260	550～700	40	40
		P	75	220	260	520～670	45	45
X2CrNiMo18-14-3	1.4435	C	8	240	270	550～700	40	40
		H	13.5	220	260	550～700	40	40
		P	75	220	260	520～670	45	45
X2CrNiMoN17-13-5	1.4439	C	8	290	320	580～780	35	35
		H	13.5	270	310	580～780	35	35
		P	75	270	310	580～780	40	40
X1NiCrMoCu25-20-5	1.4539	C	8	240	270	530～730	35	35
		H	13.5	220	260	530～730	35	35
		P	75	220	260	520～720	35	35
特殊钢种								
X5CrNi17-7	1.4319	C	3	230	260	550～750	45	
		H	6	230	260	550～750	45	45
X5CrNi19-9	1.4315	C	8	290	320	500～750	40	40
		H	13.5	270	310	500～750	40	40
		P	75	270	310	500～750	40	40
X1CrNi25-21	1.4335	P	75	200	240	470～670	40	40
X6CrNiNb18-10	1.4550	C	8	220	250	520～720	40	40
		H	13.5	200	240	520～720	40	40
		P	75	200	240	500～700	40	40
X1CrNiMoN25-22-2	1.4466	P	75	250	290	540～740	40	40
X6CrNiMoNb17-12-2	1.4580	P	75	220	260	520～720	40	40
X2CrNiMoN17-13-3	1.4429	C	8	300	330	580～780	35	35
		H	13.5	280	320	580～780	35	35
		P	75	280	320	580～780	40	40
X3CrNiMo17-13-3	1.4436	C	8	240	270	550～700	40	40
		H	13.5	220	260	550～700	40	40
		P	75	220	260	530～730	40	40
X2CrNiMoN18-13-4	1.4434	C	8	290	320	570～770	35	35
		H	13.5	270	310	570～770	35	35
		P	75	270	310	540～740	40	40
X2CrNiMo18-15-4	1.4438	C	8	240	270	550～700	35	35
		H	13.5	220	260	550～700	35	35
		P	75	220	260	520～720	40	40

续表

牌号	数字编号	产品形态	厚度/mm（最大值）	屈服强度/MPa $R_{p0.2}$	屈服强度/MPa $R_{p1.0}$	抗拉强度 R_m/MPa	伸长率/% A_{80mm}（厚度<3mm）	伸长率/% A（厚度≥3mm）
X1CrNiMoCuN24-22-8	1.4652	C H P	8 13.5 75	430 430 430	470 470 470	750～1000 750～1000 750～1000	40 40 40	40 40 40
X1CrNiSi18-15-4	1.4361	P	75	220	260	530～730	40	40
X11CrNiMnN19-8-6	1.4369	C	4	340	370	750～950	35	35
X12CrMnNiN17-7-5	1.4372	C H P	8 13.5 75	350 330 330	380 370 370	750～950 750～950 750～950	45 45 40	45 45 40
X2CrMnNiN17-7-5	1.4371	C H P	8 13.5 75	300 280 280	330 320 320	650～850 650～850 630～830	45 45 35	45 45 35
X12CrMnNiN18-9-5	1.4373	C H P	8 13.5 75	340 320 320	370 360 360	680～880 680～880 600～800	45 45 35	45 45 35
X8CrMnCuNB17-8-3	1.4597	C H	8 13.5	300 300	330 330	580～780 580～780	40 40	40 40
X1CrNiMoCu31-27-4	1.4563	P	75	220	260	500～700	40	40
X1NiCrMoCuN25-25-5	1.4537	P	75	290	330	600～800	40	40
X1CrNiMoCuN20-18-7	1.4547	C H P	8 13.5 75	320 300 300	350 340 340	650～850 650～850 650～850	35 35 40	35 35 40
X1CrNiMoCuNW24-22-6	1.4659	P	75	420	460	800～1000		40
X1NiCrMoCuN25-20-7	1.4529	P	75	300	340	650～850	40	40
X2CrNiMnMoN25-18-6-5	1.4565	C H P	6 10 40	420 420 420	460 460 460	800～950 800～950 800～950	30 30 30	30 30 30

注：C——冷轧带，H——热轧带，P——热轧板。

表 14-112　室温下固溶退火后奥氏体-铁素体钢的力学性能(EN 10088-2—2005)

牌号	数字编号	产品形态	厚度/mm（最大值）	屈服强度 $R_{p0.2}$/MPa	抗拉强度/MPa	伸长率/% A_{80mm}（厚度<3mm）	伸长率/% A（厚度≥3mm）
标准钢种							
X2CrNiN23-4	1.4362	C H P	8 13.5 75	450 400 400	650～850 650～850 630～800	20 20 25	20 20 25
X2CrNiMoN22-5-3	1.4462	C H P	8 13.5 75	500 460 460	700～950 700～950 640～840	20 25 25	20 25 25

续表

牌　号	数字编号	产品形态	厚度/mm（最大值）	屈服强度 $R_{p0.2}$/MPa	抗拉强度 R_m/MPa	伸长率/%	
						A_{80mm}（厚度＜3mm）	A（厚度≥3mm）
特殊钢种							
X2CrNiCuN23-4	1.4655	C H P	8 13.5 75	420 400 400	600～850 600～850 630～800	20 20 25	20 20 25
X2CrNiMoN29-7-2	1.4477	C H P	8 13.5 75	650 550 550	800～1050 750～1000 750～1000	20 20 20	20 20 20
X2CrNiMoCuN25-6-3	1.4507	C H P	8 13.5 75	550 530 530	750～1000 750～1000 730～930	20 20 25	20 20 25
X2CrNiMoN25-7-4	1.4410	C H P	8 13.5 75	550 530 530	750～1000 750～1000 730～930	20 20 20	20 20 20
X2CrNiMoCu-WN25-7-4	1.4501	P	75	530	730～930	25	25
X2CrNiMoSi18-5-3	1.4424	C H P	8 13.5 75	450 450 400	700～900 700～900 680～900	25 25 25	25 25 25

注：C——冷轧带，H——热轧带，P——热轧板。

(2)一般用途的半成品、棒材、轧制线材和型材及光亮件不锈钢产品

表 14-113　半成品、棒材、杆材、线材和型材的表面交货状态及处理程序(EN 10088-3—2005)

加工方式	符号①	产品形态	表面状态	处理程序
热加工	1U	半成品，棒材，杆材，型材	表面有锈皮覆盖或斑点，不保证无表面缺陷	热加工，不热处理，不除锈
	1C	半成品，棒材，杆材，型材		热加工，经热处理，不除锈
	1E	半成品，型材	大部分表面无锈，但可能存在黑色斑点，不保证无表面缺陷	热加工，经热处理，机械除锈
	1D	杆材，棒材，型材	表面无锈，不保证无表面缺陷	热加工，经热处理，酸洗除锈(非必需)
	1X	棒材，型材	表面无锈(可能存在机加工痕迹)，不保证无表面缺陷	热加工，经热处理，粗加工
	1G	杆材，棒材，型材	表面光亮但不均匀，无表面缺陷	热加工，经热处理，粗加工
冷加工	2H	线材，棒材，型材	表面光滑，无需抛光，不保证无表面缺陷	完成 1C，1D 或 1X 后，冷加工，镀膜(非必需)
	2D	线材，棒材，型材	表面光滑，不保证无表面缺陷	完成 2H 后，热处理，酸洗，表面平整(非必需)，镀膜(非必需)
	2B	棒材，型材	表面光亮均匀，无表面缺陷	完成 1C，1D 或 1X 后，冷加工，机械修平
	2G	棒材，型材	表面光亮均匀，无表面缺陷	完成 2H，2D 或 2B 后，无心磨平，机械修平(无必需)
	2P	棒材，型材	较 2B，2G 状态更为光亮均匀，无表面缺陷	完成 2H，2D，2B 或 2G 后，抛光

注：1. 标明非必需的工序由供需双方协商决定；
2. ①第一位数字：1——热加工，2——冷加工。

表 14-114 室温下退火后铁素体不锈钢(1C,1E,1D,1X,1G,2D)的力学性能(EN 10088-3—2005)

牌　号	数字编号	厚度(直径)/mm(最大值)	硬度 HB	屈服强度 $R_{p0.2}$/MPa	抗拉强度 R_m/MPa	伸长率 A/%
标准钢种						
X2CrNi12	1.4003	100	200	260	450～600	20
XCr13	1.4000	25	200	230	400～630	20
X6Cr17	1.4016	100	200	240	400～630	20
X6CrMoS17	1.4105	100	200	250	430～630	20
X6CrMo17-1	1.4113	100	200	280	440～660	18
特殊钢种						
X2CrTi17	1.4520	50	200	200	420～620	20
X3CrNb17	1.4511	50	200	200	420～620	20
X2CrMoTiS18-2	1.4523	100	200	280	430～600	15
X6CrMoNb17-1	1.4526	50	200	300	480～680	15
X2CrTiNb18	1.4509	50	200	200	420～620	18

注:对于杆材而言,只有抗拉强度数据可用。

表 14-115 室温下热处理后马氏体不锈钢(1C,1E,1D,1X,1G,2D)的力学性能(EN 10088-3—2005)

牌　号	数字编号	厚度(直径)/mm(最大值)	热处理条件	屈服强度 $R_{p0.2}$/MPa	抗拉强度 R_m/MPa	伸长率 A/%	
						纵向	横向
标准钢种							
X12Cr13	1.4006	 ≤160	A QT650	 450	730 650～850	 15	
X12CrS13	1.4005	 ≤160	A QT650	 450	730 650～850	 12	
X15Cr13	1.4024	 ≤160	A QT650	 450	730 650～850	 15	
X20Cr13	1.4021	 ≤160	A QT700 QT800	 500 600	760 700～850 800～950	 13 12	
X30Cr13	1.4028	 ≤160	A QT850	 650	800 850～1000	 10	
X39Cr13	1.4031	 ≤160	A QT800	 650	800 800～1000	 10	
X46Cr13	1.4034	 ≤160	A QT800	 650	800 850～1000	 10	
X38CrMo14	1.4419		A		760		
X50CrMoV15	1.4416		A		900		
X55CrMo14	1.4110	≤100	A		950		
X14CrMoS17	1.4104	 ≤60 60～160	A QT650 QT650	 500 500	730 650～850 650～850	 12 10	
X39CrMo17-1	1.4122	 ≤60 60～160	A QT750 QT750	 550 550	900 750～950 750～950	 12 12	

续表

牌　　号	数字编号	厚度(直径)/mm(最大值)	热处理条件	屈服强度 $R_{p0.2}$/MPa	抗拉强度 R_m/MPa	伸长率 A/%	
						纵向	横向
X17CrNi16-2	1.4057		A		950		
		≤60	QT800	600	800～950	14	
		60～160	QT800	600	800～950	12	
		≤60	QT900	700	900～1050	12	
		60～160	QT900	700	900～1050	10	
X3CrNiMo13-4	1.4313		A		1100		
		≤160	QT700	520	700～800	15	
		160～250	QT700	520	700～800		12
		≤160	QT780	620	800～980	15	
		160～250	QT780	620	800～980		12
		≤160	QT900	800	900～1100	12	
		160～250	QT900	800	900～1100		10
X4CrNiMo16-5-1	1.4418		A		1100		
		≤160	QT760	550	760～960	16	
		160～250	QT760	550	760～960		14
		≤160	QT900	700	900～1100	16	
		160～250	QT900	700	900～1100		14
特殊钢种							
X29CrS13	1.4029	≤160	A		800		
		≤160	QT850	650	850～1000	9	
X46CrS13	1.4035	≤63	A		800		
X70CrMo15	1.4109	≤100	A		900		
X40CrMoVN16-2	1.4123	≤100	A				
X105CrMo17	1.4125	≤100	A				
X90CrMoV18	1.4112	≤100	A				
X2CrNiMoV13-5-2	1.4415	≤160	QT750	650	750～900	18	100
		≤160	QT850	750	850～1000	15	80

注：1. A——退火，QT——淬火加回火；
　　2. 对于杆材而言，只有抗拉强度数据可用。

表 14-116　室温下热处理后弥散强化钢(1C,1E,1D,1X,1G,2D)的力学性能(EN 10088-3—2005)

牌　　号	数字编号	厚度(直径)/mm(最大值)	热处理条件	屈服强度 $R_{p0.2}$/MPa	抗拉强度 R_m/MPa	伸长率 A/%
标准钢种						
X5CrNiCuNb16-4	1.4542	100	AT		1200	
			P800	520	800～950	75
			P930	720	930～1100	40
			P960	790	960～1160	
			P1070	1000	1070～1270	
X7CrNiAl17-7	1.4568	30	AT		850	
X5CrNiMoCuNb14-5	1.4594	100	AT		1200	
			P930	720	930～1100	40
			P1000	860	1000～1200	
			P1070	1000	1070～1270	

续表

牌号	数字编号	厚度(直径)/mm(最大值)	热处理条件	屈服强度 $R_{p0.2}$/MPa	抗拉强度 R_m/MPa	伸长率 A/%
特殊钢种						
X1CrNiMoAlTi12-9-2	1.4530	150	AT P1200	 1000	1200 ≥1200	 90
X1CrNiMoAlTi12-10-2	1.4596	150	AT P1400	 1000	1200 ≥1400	 50
X5NiCrTiMoVB25-15-2	1.4606	50	AT P880	250 550	≥700 880～1150	 40

注:AT——固溶退火,P——弥散强化。

表 14-117 室温下固溶退火后奥氏体不锈钢(1C,1E,1D,1X,1G,2D)的力学性能(EN 10088-2—2005)

牌号	数字编号	厚度/mm(最大值)	屈服强度/MPa		抗拉强度 R_m/MPa	伸长率 A/%	
			$R_{p0.2}$	$R_{p1.0}$		纵向	横向
标准钢种							
X10CrNi18-8	1.4310	≤40	195	230	500～750	40	
X2CrNi18-9	1.4307	≤160 160～250	175 175	210 210	500～700 500～700	45	 35
X2CrNi19-11	1.4306	≤160 160～250	180 180	215 215	460～680 460～680	45	 35
X2CrNiN18-10	1.4311	≤160 160～250	270 270	305 305	550～760 550～760	40	 30
X5CrNi18-10	1.4301	≤160 160～250	190 190	225 225	500～700 500～700	45	 35
X8CrNiS18-9	1.4305	≤160 160～250	190 190	225 225	500～750 500～750	35	
X6CrNiTi18-10	1.4541	≤160 160～250	190 190	225 225	500～700 500～700	40	 30
X4CrNi18-12	1.4303	≤160 160～250	190 190	225 225	500～700 500～700	45	 35
X2CrNiMo17-12-2	1.4404	≤160 160～250	200 200	235 235	500～700 500～700	40	 30
X2CrNiMo17-11-2	1.4406	≤160 160～250	280 280	315 315	580～800 580～800	40	 30
X5CrNiMo17-12-2	1.4401	≤160 160～250	200 200	235 235	500～700 500～700	40	 30
X6CrNiMoTi17-12-2	1.4571	≤160 160～250	200 200	235 235	500～700 500～700	40	 30
X2CrNiMo17-12-3	1.4432	≤160 160～250	200 200	235 235	500～700 500～700	40	30 30
X2CrNiMoN17-13-3	1.4429	≤160 160～250	280 280	315 315	580～800 580～800	40	 30
X3CrNiMo17-13-3	1.4436	≤160 160～250	200 200	235 235	500～700 500～700	40	 30
X2CrNiMo18-14-3	1.4435	≤160 160～250	200 200	235 235	500～700 500～700	40	 30

续表

牌　号	数字编号	厚度/mm（最大值）	屈服强度/MPa		抗拉强度 R_m/MPa	伸长率 A/%	
			$R_{p0.2}$	$R_{p1.0}$		纵向	横向
X2CrNiMoN17-13-5	1.4439	≤160 160～250	280 280	315 315	580～800 580～800	35	 30
X6CrNiCuS18-9-2	1.4570	≤160	185	220	500～710	35	
X3CrNiCu18-9-4	1.4567	≤160	175	210	450～650	45	
X1NiCrMoCu25-20-5	1.4539	≤160 160～250	230 230	260 260	530～730 530～730	35	 30
特殊钢种							
X5CrNi17-7	1.4319	≤16	190	225	500～700	45	
X9CrNi18-9	1.4325	≤40	190	225	550～750	40	
X5CrNiN19-9	1.4315	≤40	270	310	550～750	40	
X6CrNiNb18-10	1.4550	≤160 160～250	205 205	240 240	510～740 510～740	40	 30
X1CrNiMoN25-22-2	1.4466	≤160 160～250	250 250	290 290	540～740 540～740	35	 30
X6CrNiMoNb17-12-2	1.4580	≤160 160～250	215 215	250 250	510～740 510～740	35	 30
X2CrNiMo18-15-4	1.4438	≤16 160～250	200 200	235 235	500～700 500～700	40	 30
X1CrNiMoCuN24-22-8	1.4652	≤50	430	470	750～1000	40	
X1CrNiSi18-5-4	1.4361	≤160 160～250	210 210	240 240	530～730 530～730	40	 30
X11CrNiMnN19-8-6	1.4369	≤15	340	370	750～950	35	35
X12CrMnNiN17-7-5	1.4372	≤160 160～250	230 230	370 370	750～950 750～950	40	 35
X8CrMnNiN18-9-5	1.4374	≤160	350	380	700～900	35	
X8CrMnCuNB17-8-3	1.4597	≤160	270	305	560～780	40	
X3CrNiCu19-9-2	1.4560	≤160	170	220	450～650	45	
X3CrNiCuMo17-11-3-2	1.4578	≤160	175		750～650	45	
X1NiCrMoCu31-27-4	1.4563	≤160 160～250	220 220	250 250	500～750 500～750	35	 30
X1CrNiMoCuN25-25-5	1.4537	≤160 160～250	300 300	340 340	600～800 600～800	35	 30
X1CrNiMoCuN20-18-7	1.4547	≤160 160～250	300 300	340 340	650～850 650～850	35	 30
X2CrNiMoCuS17-10-2	1.4598	≤160	200	235	500～700	40	
X1CrNiMoCuNW24-22-6	1.4659	≤160	420	460	800～1000	50	
X1NiCrMoCuN25-20-7	1.4529	≤160 160～250	300 300	340 340	650～850 650～850	40	 35
X2CrNiMnMoN25-18-6-5	1.4565	≤160	420	460	800～950	35	

注：对于杆材而言，只有抗拉强度数据可用。

表 14-118 室温下固溶退火后奥氏体-铁素体不锈钢(1C,1E,1D,1X,1G,2D)的力学性能 (EN 10088-3—2005)

牌　号	数字编号	厚度(直径)/mm(最大值)	硬度 HB	屈服强度 $R_{p0.2}$/MPa	抗拉强度 R_m/MPa	伸长率 A/%
标准钢种						
X3CrNiMoN27-5-2	1.4460	≤160	260	450	620～880	20
X2CrNiMoN22-5-3	1.4462	≤160	270	450	650～880	25
特殊钢种						
X2CrNiN23-4	1.4362	≤160	260	400	600～830	25
X2CrNiMoN29-7-2	1.4477	≤10 10～160	310 310	650 550	800～1050 750～1000	25 25
X2CrNiMoCuN25-6-3	1.4507	≤160	270	500	700～900	25
X2CrNiMoN25-7-4	1.4410	≤160	290	530	730～930	25
X2CrNiMoCu-WN25-7-4	1.4501	≤160	290	530	730～930	25
X2CrNiMoSi18-5-3	1.4424	≤50 50～160	260 260	450 400	700～900 680～900	25 25

注:对于杆材而言,只有抗拉强度数据可用。

表 14-119 室温下退火后铁素体不锈钢光高棒材(2H,2B,2G,2P)的力学性能 (EN 10088-3—2005)

牌　号	数字编号	厚度(直径)/mm	屈服强度 $R_{p0.2}$/MPa	抗拉强度 R_m/MPa	伸长率 A_5/%
标准钢种					
X6Cr17	1.4016	≤10 10～16 16～40 40～63 63～100	320 300 240 240 240	500～750 480～750 400～700 400～700 400～630	8 8 15 15 20
X6CrMoS17	1.4105	≤10 10～16 16～40 40～63 63～100	330 310 250 250 250	530～780 500～780 430～730 430～730 430～630	7 7 12 12 20
X6CrMo17-1	1.4113	≤10 10～16 16～40 40～63 63～100	340 320 280 280 280	540～700 500～700 440～700 440～700 440～660	8 12 15 15 18
特殊钢种					
X2CrTi17	1.4520	≤10 10～16 16～40 40～50	320 300 240 240	500～750 480～750 400～700 400～700	8 10 15 15
X3CrNb17	1.4511	≤10 10～16 16～40 40～50	320 300 240 240	500～750 480～750 400～700 400～700	8 10 15 15

续表

牌　号	数字编号	厚度(直径)/mm	屈服强度 $R_{p0.2}$/MPa	抗拉强度 R_m/MPa	伸长率 A_5/%
X6CrMoNb17-1	1.4526	≤10	340	540～700	8
		10～16	320	500～700	12
		16～40	280	440～700	15
		40～50	280	440～700	15
X2CrTiNb18	1.4509	≤10	320	500～750	8
		10～16	300	480～750	10
		16～40	240	400～700	15
		40～50	240	400～700	15

注：1. 伸长率 A_5 仅适用于直径 5mm 以上的棒材，小于 5mm 者其伸长率需协商决定；

2. 厚度小于 5mm 的非圆形截面棒材，其力学性能需协商决定，表中给出的数据仅适用于圆形截面的棒材。

表 14-120　室温下热处理后马氏体不锈钢光亮棒材(2H,2B,2G,2P)的力学性能 (EN 10088-3—2005)

牌　号	数字编号	厚度(直径)/mm	退火态	淬火加回火态			
			抗拉强度 R_m/MPa	热处理条件	屈服强度 $R_{p0.2}$/MPa	抗拉强度 R_m/MPa	伸长率 A_5/%
X12Cr13	1.4006	≤10	880	QT650	550	700～1000	9
		10～16	880		500	700～1000	9
		16～40	800		450	650～930	10
		40～63	760		450	650～880	10
		63～160	730		450	650～850	15
X12CrS13	1.4005	≤10	880	QT650	550	700～1000	8
		10～16	880		500	700～1000	8
		16～40	800		450	650～930	10
		40～63	760		450	650～880	10
		63～160	730		450	650～850	12
X20Cr13	1.4021	≤10	910	QT700	600	750～1000	8
		10～16	910		550	750～1000	8
		16～40	850		500	700～950	10
		40～63	800		500	700～900	12
		63～160	760		500	700～850	13
X30Cr13	1.4028	≤10	950	QT850	700	900～1050	7
		10～16	950		650	900～1150	7
		16～40	900		650	850～1100	9
		40～63	840		650	850～1050	9
		63～160	800		650	850～1000	10
X39Cr13	1.4031	≤10	950	QT800	700	850～1100	7
		10～16	950		700	850～1100	7
		16～40	900		650	800～1050	8
		40～63	840		650	800～1000	8
		63～160	800		650	800～1000	10
X46Cr13	1.4034	≤10	950	QT850	700	900～1150	7
		10～16	950		700	900～1150	7
		16～40	900		650	850～1100	8
		40～63	840		650	850～1000	8
		63～160	800		650	850～1000	10
X14CrMoS17	1.4104	≤10	880	QT650	580	700～980	7
		10～16	880		530	700～980	7
		16～40	800		500	650～930	9
		40～63	760		500	650～880	10
		63～160	730		500	650～850	10

续表

牌　　号	数字编号	厚度(直径)/mm	退火态	淬火加回火态			
			抗拉强度 R_m/MPa	热处理条件	屈服强度 $R_{p0.2}$/MPa	抗拉强度 R_m/MPa	伸长率 A_5/%
X39CrMo17-1	1.4122	≤10	1000	QT750	650	800～1058	8
		10～16	1000		600	800～1050	8
		16～40	980		550	800～1000	10
		40～63	930		550	750～950	12
		63～160	900		550	750～950	12
X17CrNi16-2	1.4057	≤10	1050	QT800	750	850～1100	7
		10～16	1050		700	850～1100	7
		16～40	1000		650	800～1050	9
		40～63	950		650	800～1000	12
		63～160	950		650	800～950	12
X4CrNiMo16-5-1	1.4418	≤10	1150	QT900	750	900～1150	10
		10～16	1150		750	900～1150	10
		16～40	1100		700	900～1100	12
		40～63	1100		700	900～1100	16
		63～160	1100		700	900～1100	16
		160～250	1100		700	900～1100	14(横向)
特殊钢种							
X29CrS13	1.4029	≤10	950	QT850	750	900～1100	8
		10～16	950		700	900～1100	8
		16～40	900		650	850～1100	10
		40～63	840		650	850～1050	10
		63～160	800		650	850～1000	12
X46CrS13	1.4035	≤10	880				
		10～16	880				
		16～40	880				
		40～63	760				

注:1. 伸长率 A_5 仅适用于直径 5mm 以上的棒材,小于 5mm 者其伸长率需协商决定;

2. 厚度小于 5mm 的非圆形截面棒材,其力学性能需协商决定,表中给出的数据仅适用于圆形截面的棒材。

表 14-121　室温下热处理后弥散强化钢光亮棒材(2H,2B,2G,2P)的力学性能(EN 10088-3—2005)

牌　　号	数字编号	厚度(直径)/mm	退火态	淬火加回火态			
			抗拉强度 R_m/MPa	热处理条件	屈服强度 $R_{p0.2}$/MPa	抗拉强度 R_m/MPa	伸长率 A_5/%
标准钢种							
X5CrNiCu-Nb16-4	1.4542	≤10	1200	P800	600	900～1100	10
		10～16	1200		600	900～1100	10
		16～40	1200		520	800～1050	12
		40～63	1200		520	800～1000	18
		63～160	1200		520	800～950	18
		≤100		P930	720	930～1100	12
		≤100		P960	790	960～1160	10
		≤100		P1070	1000	1070～1270	10
特殊钢种							
X5NiCrTiMoVB25-15-2	1.4606	≤10	850	P880	750	950～1200	15
		10～16	800		750	950～1150	15
		16～40	800		600	900～1150	18
		40～50	700		550	880～1150	20

注:1. 伸长率 A_5 仅适用于直径 5mm 以上的棒材,小于 5mm 者其伸长率需协商决定;

2. 厚度小于 5mm 的非圆形截面棒材,其力学性能需协商决定,表中给出的数据仅适用于圆形截面的棒材。

表 14-122 室温下固溶退火后奥氏体不锈钢光亮棒材(2H,2B,2G,2P)的力学性能
(EN 10088-3—2005)

牌　号	数字编号	厚度(直径)/mm	屈服强度 $R_{p0.2}$/MPa	抗拉强度 R_m/MPa	伸长率 A_5/%	
					纵向	横向
标准钢种						
X2CrNi18-9	1.4307	≤10	400	600～930	25	
		10～16	380	600～930	25	
		16～40	175	500～830	30	
		40～63	175	500～830	30	
		63～160	175	500～700	45	
		160～250	175	500～700		35
X2CrNi19-11	1.4306	≤10	400	600～930	25	
		10～16	380	600～930	25	
		16～40	180	460～830	30	
		40～63	180	460～830	30	
		63～160	180	460～680	45	
		160～250	180	460～680		35
X5CrNi18-10	1.4301	≤10	400	600～950	25	
		10～16	400	600～850	25	
		16～40	190	580～850	30	
		40～63	190	500～700	30	
		63～160	190	500～700	45	
		160～250	190	500～700		35
X8CrNiS18-9	1.4305	≤10	400	600～950	15	
		10～16	400	600～950	15	
		16～40	190	500～850	20	
		40～63	190	500～850	20	
		63～160	190	500～750	35	
X6CrNiTi18-10	1.4541	≤10	400	600～950	25	
		10～16	380	580～950	25	
		16～40	190	500～850	30	
		40～63	190	500～850	30	
		63～160	190	500～700	40	
X2CrNiMo17-12-2	1.4404	≤10	400	600～930	25	
		10～16	380	580～930	25	
		16～40	200	500～830	30	
		40～63	200	500～830	30	
		63～160	200	500～700	40	
		160～250	200	500～700		30
X5CrNiMo17-12-2	1.4401	≤10	400	600～950	25	
		10～16	380	580～950	25	
		16～40	200	500～850	30	
		40～63	200	500～850	30	
		63～160	200	500～700	40	
		160～250	200	500～700		30
X6CrNiMoTi17-12-2	1.4571	≤10	400	600～950	25	
		10～16	380	580～950	25	
		16～40	200	500～850	30	
		40～63	200	500～850	30	
		63～160	200	500～700	40	
		160～250	200	500～700		30
X2CrNiMo17-12-3	1.4432	≤10	400	600～930	25	
		10～16	380	600～880	25	
		16～40	200	500～850	30	
		40～63	200	500～850	30	
		63～160	200	500～700	40	
		160～250	200	500～700		30

续表

牌号	数字编号	厚度(直径)/mm	屈服强度 $R_{p0.2}$/MPa	抗拉强度 R_m/MPa	伸长率 A_5/%	
					纵向	横向
X3CrNiMo17-13-3	1.4435	≤10 10～16 16～40 40～63 63～160 160～250	400 400 200 190 200 200	600～950 600～950 500～850 500～850 500～700 500～700	25 25 30 30 40	30
X2CrNiMo18-14-3	1.4435	≤10 10～16 16～40 40～63 63～160 160～250	400 400 235 235 235 235	600～950 600～950 500～850 500～850 500～700 500～700	25 25 30 30 40	30
X6CrNiCuS18-9-2	1.4570	≤10 10～16 16～40 40～63 63～160	400 400 185 185 185	600～950 600～950 500～910 500～910 500～710	15 15 20 20 35	
X3CrNiCu18-9-4	1.4567	≤10 10～16 16～40 40～63 63～160	400 340 175 175 175	600～850 600～850 450～800 450～800 450～650	25 25 30 30 40	
X1NiCrMoCu25-20-5	1.4539	≤10 10～16 16～40 40～63 63～160 160～250	400 400 230 230 230 230	600～930 600～930 530～880 530～880 530～730 530～730	20 20 25 25 35	30
特殊钢种						
X3CrNiCu19-9-2	1.4560	≤10 10～16 16～40 40～63 63～160	400 340 175 175 175	600～800 600～800 450～750 450～750 450～650	25 25 30 30 45	
X3CrNiCuMo17-11-3-2	1.4578	≤10 10～16 16～40 40～63 63～160	400 340 175 175 175	600～850 600～850 450～800 450～800 450～650	20 20 30 30 45	
X2CrNiMoCu17-10-2	1.4598	≤10 10～16 16～40 40～63 63～160	400 400 200 200 200	600～930 600～900 500～850 500～800 500～700	15 20 25 30 40	

注:1. 伸长率 A_5 仅适用于直径 5mm 以上的棒材,小于 5mm 者其伸长率由供需双方协商决定;

2. 厚度小于 5mm 的非圆形截面棒材,其力学性能需协商决定,表中给出的数据仅适用于圆形截面的棒材。

表 14-123 室温下固溶退火后奥氏体-铁素体不锈钢光亮棒材(2H,2B,2G,2P)的力学性能 (EN 10088-3—2005)

牌号	数字编号	厚度(直径)/mm	屈服强度 $R_{p0.2}$/MPa	抗拉强度 R_m/MPa	伸长率 A_5/%(纵向)
标准钢种					
X3CrNiMoN 27-5-2	1.4460	≤10	610	700～1030	12
		10～16	560	770～1030	12
		16～40	460	620～950	15
		40～63	460	620～950	15
		63～160	460	620～880	20
X2CrNiMoN 22-5-3	1.4462	≤10	650	850～1150	12
		10～16	650	850～1100	12
		16～40	450	650～1000	15
		40～63	450	650～1000	15
		63～160	450	650～880	25
特殊钢种					
X2CrNiMoCuN 25-6-3	1.4507	≤10			
		10～16			
		16～40	500	700～900	25
		40～63	500	700～900	25
		63～160	500	700～900	25

注:1. 伸长率 A_5 仅适用于5mm以上的棒材,小于5mm者其伸长率需协商决定;
2. 厚度小于5mm的非圆形截面棒材,其力学性能需协商决定,表中给出的数据仅适用于圆形截面的棒材;
3. X2CrNiMoCuN25-6-3 尺寸小于16mm的棒材,其力学性能由供需双方协商决定。

表 14-124 直径为 0.05mm 及以上的线材(2H)的抗拉强度(EN 10088-3—2005)

牌号	数字编号	抗拉强度级别	抗拉强度 R_m/MPa
铁素体钢			
X6Cr17,X6CrMoS17	1.4016,1.4105	+C500	500～700
X6CrMo17-1,X3CrNb17	1.4113,1.4511	+C600	600～800
		+C700	700～900
		+C800	800～1000
		+C900	900～1100
马氏体弥散强化钢			
X12Cr13,X12CrS13	1.4006,1.4005	+C500	500～700
X20Cr13,X30Cr13	1.4021,1.4028	+C600	600～800
X46Cr13,X14CrMoS17	1.4034,1.4104	+C700	700～900
X17CrNi16-2,X7CrNiA117-7	1.4057,1.4568	+C800	800～1000
X5NiCrTiMoVB25-12-2	1.4606	+C900	900～1100
		+C1000	1000～1250
		+C1100	1100～1350
		+C1200	1200～1450
		+C1400	1400～1700
		+C1600	1600～1900
		+C1800	1800～2100
奥氏体钢			
X10CrNi18-8,X2CrNi18-9	1.4310,1.1307	+C500	500～700
X2CrNi19-11,X5CrNi18-10	1.4306,1.4301	+C600	600～800
X8CrNiS18-9,X6CrNiTi18-10	1.4305,1.4541	+C700	700～900
X4CrNi18-12,X2CrNiMo17-12-2	1.4303,1.4404	+C800	800～1000
X5CrNiMo17-12-2,X6CrNiMoTi17-12-2	1.4401,1.4571	+C900	900～1100
X2CrNiMo17-12-3,X3CrNiMo17-13-3	1.4432,1.4436	+C1000	1000～1250
X2CrNiMo18-14-3,X6CrNiCuS18-9-2	1.4435.1.4570	+C1100	1100～1350
X3CrNiCu18-9-4,X1NiCrMoCu25-20-5	1.4567,1.4539	+C1200	1200～1450
X1CrNiMoN25-22-2,X8CrMnNiN18-9-5	1.4466,1.4374	+C1400	1400～1700
X8CrMnCuNB17-8-3,X1NiCrMoCu31-27-4	1.4597,1.4563	+C1600	1600～1900
X1CrNiMoCuN20-18-7,X1NiCrMoCuN25-20-7	1.4547,1.4529	+C1800	1800～2100
X1CrNi25-21,X2CrNiMoN18-12-4	1.4335,1.4434		

续表

牌号	数字编号	抗拉强度级别	抗拉强度 R_m/MPa
奥氏体-铁素体钢			
X2CrNiMoN22-5-3 X2CrNiN23-4 X2CrNiMoN25-7-4	1.4462 1.4362 1.4410	+C800 +C900 +C1000 +C1100 +C1200 +C1400 +C1600 +C1800	800～1000 900～1100 1000～1250 1100～1350 1200～1450 1400～1700 1600～1900 1800～2100

注：伸长率随公称直径变化，应由供需双方协商决定。

表 14-125 室温下退火线材(2D)的力学性能(EN 10088-3—2005)

牌号	数字编号	公称直径 d/mm	抗拉强度 R_m/MPa	伸长率 A/%
铁素体钢(A)				
X6Cr17，X6CrMoS17 X6CrMo17-1，X3CrNb17	1.4016，1.4105 1.4113，1.4511	0.05～0.10 0.10～0.20 0.20～0.50 0.50～1.00 1.00～3.00 3.00～5.00 5.00～16.00	950 900 850 850 800 750 700	10 10 15 15 15 15 20
马氏体(A)及弥散强化钢(AT)				
X12Cr13，X12CrS13 X20Cr13，X30Cr13 X46Cr13，X14CrMoS17 X17CrNi16-2，X7CrNiAl17-7 X5NiCrTiMoVB25-12-2	1.4006，1.4005 1.4021，1.4028 1.4034，1.4104 1.4057，1.4568 1.4606	0.50～1.00 1.00～3.00 3.00～5.00 5.00～16.00	1100 1050 1000 950	10 10 10 15
奥氏体钢(AT)				
X10CrNi18-8，X2CrNi18-9 X2CrNi19-11，X5CrNi18-10 X8CrNiS18-9，X6CrNiTi18-10 X4CrNi18-12，X2CrNiMo17-12-2 X5CrNiMo17-12-2，X6CrNiMoTi17-12-2 X2CrNiMo17-12-3，X3CrNiMo17-13-3 X2CrNiMo18-14-3，X6CrNiCuS18-9-2 X3CrNiCu18-9-4，X1NiCrMoCu25-20-5 X1CrNiMoN25-22-2，X8CrMnNiN18-9-5 X8CrMnCuNB17-8-3，X1NiCrMoCu31-27-4， X1CrNiMoCuN20-18-7，X1NiCrMoCuN25-20-7 X1CrNi25-21，X2CrNiMoN18-12-4	1.4310，1.1307 1.4306，1.4301 1.4305，1.4541 1.4303，1.4404 1.4401，1.4571 1.4432，1.4436 1.4435，1.4570 1.4567，1.4539 1.4466，1.4374 1.4597，1.4563 1.4547，1.4529 1.4335，1.4434	0.05～0.10 0.10～0.20 0.20～0.50 0.50～1.00 1.00～3.00 3.00～5.00 5.00～16.00	1100 1050 1000 950 900 850 800	20 20 30 30 30 35 35
奥氏体-铁素体钢(AT)				
X2CrNiMoN22-5-3 X2CrNiN23-4 X2CrNiMoN25-7-4	1.4462 1.4362 1.4410	0.50～1.00 1.00～3.00 3.00～5.00 5.00～16.00	1050 1000 950 900	20 20 25 25

注：A——退火，AT——固溶退火。

表 14-126 室温下冷作硬化后棒材的力学性能(EN 10088-3—2005)

牌号	数字编号	抗拉强度级别	屈服强度 $R_{p0.2}$/MPa	抗拉强度 R_m/MPa	伸长率 A/%
马氏体钢					
X14CrMoS17	1.4104	C550	440	550～750	15
奥氏体钢					
X10CrNi18-8	1.4310	C800	500	800～1000	12
X2CrNi18-9	1.4307	C700① C800②	350 500	700～850 800～1000	20 12
X2CrNi19-11	1.4306	C700① C800②	350 500	700～850 800～1000	20 12
X5CrNi18-10	1.4301	C700① C800②	350 500	700～850 800～1000	20 12
X8CrNiS18-9	1.4305	C700① C800②	350 500	700～850 800～1000	20 12
X6CrNiTi18-10	1.4541	C700① C800②	350 500	700～850 800～1000	20 12
X2CrNiMo17-12-2	1.4404	C700① C800②	350 500	700～850 800～1000	20 12
X5CrNiMo17-12-2	1.4401	C700① C800②	350 500	700～850 800～1000	20 12
X6CrNiMoTi17-12-2	1.4570	C700① C800②	350 500	700～850 800～1000	20 12

注：1. 表中①对此级别而言，最大直径应不超过 35mm，由供需双方协商决定；
2. 表中②对此级别而言，最大直径应不超过 25mm，由供需双方协商决定。

表 14-127 冷加工和冷挤压的钢棒、棍和线的力学性能(EN 10263-5—2001)

牌号	数字编号	供货状态	截面直径/mm	抗拉强度 R_m/MPa	断面收缩率/%
X6Cr17	1.4016	+A/+A+PE	5～10 10～25	560 560	63 63
		+A+LC	5～10 10～25	660 640	60 60
		+A+C+A	2～5 5～10 10～25	560 560 560	63 63 63
		+A+C+A+LC	2～5 5～10	620 600	61 61
X6CrMo17-1	1.4113	+A/+A+PE	5～10 10～25	600 600	60 60
		+A+LC	5～10 10～25	710 690	57 57
		+A+C+A	2～5 5～10 10～25	600 600 600	60 60 60
		+A+C+A+LC	2～5 5～10	660 640	58 58

续表

牌　号	数字编号	供货状态	截面直径/mm	抗拉强度 R_m/MPa	断面收缩率/%
X12Cr13	1.4006	+A/+A+PE	5～10 10～25 25～100	600 600 600	60 60 60
		+A+LC	5～10 10～25	720 700	57 57
		+A+C+A	2～5 5～10 10～25	600 600 600	60 60 60
		+A+C+A+LC	2～5 5～10	660 640	58 58
X2CNiMoN22-5-3	1.4462	+AT+AT+PE	2～5 5～10 10～25	880 880 880	55 55 55
		+AT+C	5～10 10～25	1020 1000	
		+AT+C+AT	2～5 5～10 10～25	950 900 880	55 55 55
		+AT+C+AT+LC	2～5 5～10	1010 970	50 50
X10CrNi18-8	1.4310	+AT/+AT+PE	5～10 10～25 25～50	660 660 660	65 65 65
		+AT+C	5～10 10～25	590 850	
		+AT+C+AT	2～5 5～10 10～25	720 680 660	65 65 65
		+AT+C+AT+LC	2～5 5～10	760 730	60 60
X2CrNi18-9	1.4307	+AT/+AT+PE	5～10 10～25 25～50	630 630 630	68 68 68
		+AT+C	5～10 10～25 25～50	800 760 740	
		+AT+C+AT	2～5 5～10 10～25	630 630 630	68 68 68
		+AT+C+AT+LC	2～5 5～10	730 680	63 63

续表

牌　号	数字编号	供货状态	截面直径/mm	抗拉强度 R_m/MPa	断面收缩率/%
X2CrNi19-11	1.4306	+AT/+AT+PE	5～10	630	68
			10～25	630	68
			25～50	630	68
		+AT+C	5～10	780	
			10～25	740	
		+AT+C+AT	2～5	630	68
			5～10	630	68
			10～25	630	68
		+AT+C+AT+LC	2～5	730	63
			5～10	680	63
X5CrNi19-10	1.4301	+AT/+AT+PE	5～10	650	65
			10～25	650	65
			25～50	650	65
		+AT+C	5～10	820	
			10～25	780	
		+AT+C+AT	2～5	700	60
			5～10	650	65
			10～25	650	65
		+AT+C+AT+LC	2～5	750	60
			5～10	700	60
X6CrNiTi18-10	1.4541	+AT/+AT+PE	5～10	680	65
			10～25	680	65
			25～50	680	65
		+AT+C	5～10	850	
			10～25	810	
		+AT+C+AT	2～5	720	65
			5～10	680	65
			10～25	680	65
		+AT+C+AT+LC	2～5	770	60
			5～10	730	60
X4CrNi18-12	1.4303	+AT/+AT+PE	5～10	650	65
			10～25	650	65
			25～50	650	65
		+AT+C	5～10	800	
			10～25	770	
		+AT+C+AT	2～5	670	65
			5～10	650	65
			10～25	650	65
		+AT+C+AT+LC	2～5	720	60
			5～10	700	60

续表

牌　号	数字编号	供货状态	截面直径/mm	抗拉强度 R_m/MPa	断面收缩率/%
X2CrNiMo17-12-2	1.4404	+AT/+AT+PE	5～10 10～25 25～50	650 650 650	68 68 68
		+AT+C	5～10 10～25	780 750	
		+AT+C+AT	2～5 5～10 10～25	670 650 650	68 68 68
		+A+C+AT	2～5 5～10	720 700	63 63
X2CrNiMo17-12-3	1.4432	+AT/+AT+PE	5～10 10～25 25～50	650 650 650	68 68 68
		+AT+C	5～10 10～25	780 750	
		+AT+C+AT	2～5 5～10 10～25	670 650 650	68 68 68
		+AT+C+AT+LC	2～5 5～10	720 700	63 63
X5CrNiMo17-12-2	1.4401	+AT/+AT+PE	5～10 10～25 25～50	660 660 660	65 65 65
		+AT+C	5～10 10～25	830 790	
		+AT+C+AT	2～5 5～10 10～25	690 670 660	65 65 65
		+AT+C+AT+LC	2～5 5～10	740 720	60 60
X6CrNiMoTi17-12-2	1.4571	+AT/+AT+PE	5～10 10～25 25～50	680 680 680	65 65 65
		+AT+C	5～10 10～25	850 810	
		+AT+C+AT	2～5 5～10 10～25	720 680 680	65 65 65
		+AT+C+AT+LC	2～5 5～10	770 730	60 60

续表

牌号	数字编号	供货状态	截面直径/mm	抗拉强度 R_m/MPa	断面收缩率/%
X2CrNiMoN 17-13-3	1.4429	+AT/+AT+PE	5～10	780	60
			10～25	780	60
			25～50	780	60
		+AT+C	5～10	940	
			10～25	910	
		+AT+C+AT	2～5	820	60
			5～10	800	60
			10～25	780	60
		+AT+C+AT+LC	2～5	870	55
			5～10	850	55
X3CrNiMo 17-13-3	1.4436	+AT/+AT+PE	5～10	660	65
			10～25	660	65
			25～50	660	65
		+AT+C	5～10	830	
			10～25	790	
		+AT+C+AT	2～5	690	65
			5～10	670	65
			10～25	660	65
		+AT+C+AT+LC	2～5	740	60
			5～10	720	60
X3CrNiCu18-9-4	1.4567	+AT/+AT+PE	5～10	590	68
			10～25	590	68
			25～50	590	68
		+AT+C	5～10	740	
			10～25	700	
		+AT+C+AT	2～5	600	68
			5～10	590	68
			10～25	590	68
		+AT+C+AT+LC	2～5	650	63
			5～10	640	63
X3CrNiCu19-9-2	1.4560	+AT/+AT+PE	5～10	610	68
			10～25	610	68
			25～50	610	68
		+AT+C	5～10	790	
			10～25	750	
		+AT+C+AT	2～5	630	68
			5～10	610	68
			10～25	610	68
		+AT+C+AT+LC	2～5	680	63
			5～10	660	63

续表

牌号	数字编号	供货状态	截面直径/mm	抗拉强度 R_m/MPa	断面收缩率/%
X3CrNiCuMo 17-11-3-2	1.4578	+AT/+AT+PE	5～10	610	68
			10～25	610	68
			25～50	610	68
		+AT+C	5～10	760	
			10～25	720	
		+AT+C+AT	2～5	630	68
			5～10	610	68
			10～25	610	68
		+AT+C+AT+LC	2～5	680	63
			5～10	660	63

(3)压力容器用钢板

表 14-128　室温退火后铁素体钢的力学性能(EN 10028-7—2007)

牌号	数字编号	产品形态	厚度/mm(不大于)	0.2%屈服强度 $R_{p0.2}$/MPa(不小于)		抗拉强度 R_m/MPa	断后伸长率 A/%(不小于)	耐晶间腐蚀		冲击能量 KV/J(不小于)
				纵向	横向			交货状态	焊接状态	
X2CrNi12	1.4003	冷轧带钢	8	280	320	450～650	20	否	否	50
		热轧带钢	13.5							
		热轧板	25	250	280		18			
X6CrNiTi12	1.4516	冷轧带钢	8	280	320	450～650	23	否	否	50
		热轧带钢	13.5							
		热轧板	25	250	280		20			
X2CrTi17	1.4520	冷轧带钢	4	180	200	380～530	24	是	是	—
X3CrTi17	1.4510	冷轧带钢	4	230	240	420～600	23	是	是	—
X2CrMoTi17-1	1.4513	冷轧带钢	4	200	220	400～550	23	是	是	—
X2CrMoTi18-2	1.4521	冷轧带钢	4	300	320	420～640	20	是	是	—
X6CrMoNb17-1	1.4526	冷轧带钢	4	280	300	480～560	25	是	是	—
X2CrTiNb18	1.4509	冷轧带钢	4	230	250	430～630	18	是	是	—

表 14-129　室温下淬火加回火后马氏体钢的力学性能(EN 10028-7—2007)

牌号	数字编号	产品形态	厚度/mm(不大于)	0.2%屈服强度 $R_{p0.2}$/MPa(不小于)	抗拉强度 R_m/MPa	断后伸长率 A/%(厚度>3mm)不小于	冲击能量 KV/J(不小于)	
							20℃	−20℃
X3CrNiMo13-4	1.4313	热扎板	75	650	780～980	14	70	40
X4CrNiMo16-5-1	1.4418	热扎板	75	680	840～980	14	55	40

表 14-130　　室温固溶退火后奥氏体钢的力学性能(EN 10028-7—2007)

牌　　号	数字编号	产品形态	厚度/mm(不大于)	屈服强度/MPa(不大于)		抗拉强度 R_m/MPa	断后伸长率 A% 不小于(纵向)		冲击能量 KV/J(不小于)			耐晶间腐蚀	
				$R_{p0.2}$	$R_{p1.0}$		A_{80mm} 厚度<3mm	A 厚度≥3mm	20℃ 纵向	20℃ 横向	−196℃	交货状态	激活状态
耐腐蚀型													
X2CrNiN18-7	1.4318	冷轧带钢	8	350	380	650～850	35	40	90	60	—	是	是
		热轧带钢	13.5	350	370								
		热轧板	75	330	370								
X2CrNi18-9	1.4307	冷轧带钢	8	220	250	520～700	45	45	100	60	60	是	是
		热轧带钢	13.5	200	240								
		热轧板	75	200	240	500～700							
X2CrNi19-11	1.4306	冷轧带钢	8	220	250	520～700	45	45	100	60	60	是	是
		热轧带钢	13.5	200	240								
		热轧板	75	200	240	500～700							
X5CrNiN19-9	1.4315	冷轧带钢	8	290	320	550～750	40	40	100	60	60	是	否
		热轧带钢	13.5	270	310								
		热轧板	75	270	310								
X2CrNiN18-10	1.4311	冷轧带钢	8	290	320	550～750	40	40	100	60	60	是	是
		热轧带钢	13.5	270	310								
		热轧板	75	270	310								
X5CrNi18-10	1.4301	冷轧带钢	8	230	260	540～750	45	45	100	60	60	是	否
		热轧带钢	13.5	210	250	520～720							
		热轧板	75	210	250		45	45					
X6CrNiTi18-10	1.4541	冷轧带钢	8	220	250	520～720	40	40	100	60	60	是	是
		热轧带钢	13.5	200	240								
		热轧板	75	200	240	500～700							
X6CrNiNb18-10	1.4550	热轧带钢	13.5	200	240	520～720	40	40	100	60	40	是	是
		热轧板	75	200	240	500～700							
X1CrNi25-21	1.4335	热轧板	75	200	240	470～670	40	40	100	60	60	是	是
X2CrNiMo 17-12-2	1.4404	冷轧带钢	8	240	270	530～680	40	40	100	60	60	是	是
		热轧带钢	13.5	220	260								
		热轧板	75	220	260	520～670	45	45					
X2CrNiMoN 17-11-2	1.4406	冷轧带钢	8	300	330	580～780	40	40	100	60	60	是	是
		热轧带钢	13.5	280	320								
		热轧板	75	280	320								
X5CrNiMo 17-12-2	1.4401	冷轧带钢	8	240	270	530～680	40 100	40 60	60	是	否		
		热轧带钢	13.5	220	260								
		热轧板	75	220	260	520～670	45	45					
X1CrNiMoN 25-22-2	1.4466	热轧板	75	250	290	540～740	40	40	100	60	60	是	是

续表

牌　　号	数字编号	产品形态	厚度/mm（不大于）	屈服强度/MPa（不大于）		抗拉强度 R_m/MPa	断后伸长率 A%不小于（纵向）		冲击能量 KV/J（不小于）			耐晶间腐蚀	
				$R_{p0.2}$	$R_{p1.0}$		A_{80mm} 厚度＜3mm	A 厚度≥3mm	20℃ 纵向	20℃ 横向	－196℃	交货状态	激活状态
X6CrNiMoTi 17-12-2	1.4571	冷轧带钢	8	240	270	540～690	40	100	60	60	是	是	
		热轧带钢	13.5	220	260								
		热扎板	75	220	260	520～670							
X6CrNiMoNb 17-12-2	1.4580	热扎板	75	220	260	520～720	40	100	60	—	是	是	
X2CrNiMo 17-12-3	1.4432	冷轧带钢	8	240	270	550～700	40	40	100	60	60	是	是
		热轧带钢	13.5	220	260								
		热扎板	75	220	260	520～670	45	45					
X2CrNiMoN 17-13-3	1.4429	冷轧带钢	8	300	330	580～780	35	35	100	60	60	是	是
		热轧带钢	13.5	280	320								
		热扎板	75	280	320		40	40					
X3CrNiMo 17-13-3	1.4436	冷轧带钢	8	240	270	550～700	40	40	100	60	60	是	否
		热轧带钢	13.5	220	260								
		热扎板	75	220	260	530～730	40	40					
X2CrNiMo 18-14-3	1.4435	冷轧带钢	8	240	270	550～700	40	40	100	60	60	是	是
		热轧带钢	13.5	220	260								
		热扎板	75	220	260	520～670	45	45					
X2CrNiMoN 18-12-4	1.4434	冷轧带钢	8	290	320	570～770	35	35	100	60	60	是	是
		热轧带钢	13.5	270	310								
		热扎板	75	270	310	540～740	40	40					
X2CrNiMo 18-15-4	1.4438	冷轧带钢	8	240	270	550～700	35	35	100	60	60	是	是
		热轧带钢	13.5	220	260								
		热扎板	75	220	260	520～720	40	40					
X2CrNiMo 17-13-5	1.4439	冷轧带钢	8	290	320	580～780	35	35	100	60	60	是	是
		热轧带钢	13.5	270	310								
		热扎板	75	270	310		40	40					
X1NiCrMoCu 31-27-4	1.4563	热扎板	75	220	260	500～700	40	40	100	60	60	是	是
X1NiCrMoCu 25-20-5	1.4539	冷轧带钢	8	240	270	530～730	35	35	100	60	60	是	是
		热轧带钢	13.5	220	260								
		热扎板	75	220	260	520～720							
X1CrNiMoCuN 25-25-5	1.4537	热扎板	75	290	330	600～800	40	40	100	60	60	是	是
X1CrNiMoCuN 20-18-7	1.4547	冷轧带钢	8	320	350	650～850	35	35	100	60	60	是	是
		热轧带钢	13.5	300	340								
		热扎板	75	300	340		40	40					
X1NiCrMoCuN 25-20-7	1.4529	热扎板	75	300	340	650～850	40	40	100	60	60	是	是

续表

牌号	数字编号	产品形态	厚度/mm(不大于)	屈服强度/MPa(不大于)		抗拉强度 R_m/MPa	断后伸长率 A%不小于(纵向)		冲击能量 KV/J(不小于)			耐晶间腐蚀	
				$R_{p0.2}$	$R_{p1.0}$		A_{80mm} 厚度<3mm	A 厚度≥3mm	20℃ 纵向	20℃ 横向	−196℃	交货状态	激活状态
X3CrNiMoBN 17-13-3	1.4910	冷轧带钢	8	300	330	580～780	35	40	100	60	—	是	是
		热轧带钢	13.5	260	300	550～750							
		热扎板	75	260	300								
X6CrNiTiB 18-10	1.4941	冷轧带钢	8	220	250	510～710	40	40	100	60	-	是	是
		热轧带钢	13.5	200	240								
		热扎板	75	200	240	490～690							
X6CrNi18-10	1.4948	冷轧带钢	8	230	260	530～740	45	45	100	60	—	否	否
		热轧带钢	13.5	210	250	510～710	45	45					
		热扎板	75	190	230								
X6CrNi23-13	1.4950	冷轧带钢	8	220	250	530～730	35	35	100	60	—	否	否
		热轧带钢	13.5	200	240	510～710							
		热扎板	75	200	240								
X6CrNi25-20	1.4951	冷轧带钢	8	220	250	530～730	35	35	100	60	—	否	否
		热轧带钢	13.5	200	240	510～710							
		热扎板	75	200	240								
X5NiCrAlTi31-20	1.4958	热扎板	75	170	200	500～750	30	30	120	80	—	是	否
X5NiCrAlTi 31-20+RA	1.4958 +RA	热扎板	75	210	240	500～750	30	30	120	80	—	是	否
X8NiCrAlTi32-21	1.4959	热扎板	75	170	200	500～750	30	30	120	80	—	是	否
X8CrNiNb16-13	1.4961	热扎板	75	200	240	510～690	35	35	100	60	—	是	是

表 14-131　室温固溶退火后奥氏体-铁素体不锈钢的力学性能(EN 10028-7—2007)

牌号	数字编号	产品形态	厚度/mm(不大于)	0.2%屈服强度 $R_{p0.2}$/MPa(不小于)		抗拉强度 R_m/MPa	断后伸长率 A%(不小于)		冲击能量 KV/J(不小于)			耐晶间腐蚀	
				横向宽<300mm	纵向宽≥300mm		A_{80mm} 厚度<3mm	A 厚度≥3mm	20℃ 纵向	20℃ 横向	−40℃(纵向)	交货状态	激活状态
X2CrNiN23-4	1.4362	冷轧带钢	8	405	420	600～850	20	20	120	90	40	是	是
		热轧带钢	13.5	385	400								
		热扎板	50	385	400	630～800	25	25					
X2CrNiMoN 22-5-3	1.4462	冷轧带钢	8	485	500	700～950	20	20	150	100	40	是	是
		热轧带钢	13.5	445	460		25	25					
		热扎板	75	445	460	640～840	25	25					
X2CrNiMoCuN 25-6-3	1.4507	冷轧带钢	8	495	510	690～940	20	20	150	90	40	是	是
		热轧带钢	13.5	475	490								
		热扎板	50	475	490	690～890	25	25					

续表

牌　　号	数字编号	产品形态	厚度/mm（不大于）	0.2%屈服强度 $R_{p0.2}$/MPa（不小于）		抗拉强度 R_m/MPa	断后伸长率 A%（不小于）		冲击能量 KV/J（不小于）			耐晶间腐蚀	
				横向宽<300mm	纵向宽≥300mm		A_{80mm} 厚度<3mm	A 厚度≥3mm	20℃ 纵向	20℃ 横向	−40℃（纵向）	交货状态	激活状态
X2CrNiMoN25-7-4	1.4410	冷轧带钢	8	535	550	750～1000	20	20	150	90	40	是	是
		热轧带钢	13.5	515	530								
		热扎板	50	515	530	730～930	20	20					
X2CrNiMoCuWN25-7-4	1.4501	热扎板	50	515	530	730～930	25	25	150	90	40	是	是

表 14-132　高温退火后铁素体不锈钢屈服强度的最低值（EN 10028-7—2007）

牌　　号	数字编号	0.2%屈服强度 $R_{p0.2}$/MPa 温度/℃ 50	100	150	200	250	300	350	400
X2CrNi12	1.4003	265	240	235	230	220	215	—	—
X6CrNiTi12	1.4516	—	300	270	250	245	225	215	—
X2CrTi17	1.4520	198	195	180	170	160	155	—	—
X3CrTi17	1.4510	223	195	190	185	175	165	155	—
X2CrMoTi17-1	1.4513	—	250	240	230	220	210	205	200
X2CrMoTi18-2	1.4521	294	250	240	230	220	210	205	—
X6CrMoNb17-1	1.4526	289	270	265	250	235	215	205	—
X2CrTiNb18	1.4509	242	230	220	210	205	200	180	—

表 14-133　高温淬火回火条件下马氏体不锈钢屈服强度的最小值（EN 10028-7—2007）

牌　　号	数字编号	0.2%屈服强度 $R_{p0.2}$/MPa 温度/℃ 50	100	150	200	250	300	350
X3CrNiMo13-4	1.4313	627	590	575	560	545	530	515
X4CrNiMo16-5-1	1.4418	672	660	640	620	600	580	—

表 14-134　高温固溶退火条件下奥氏不锈钢屈服强度最低值(EN 10028-7—2007)

牌号	数字编号	0.2%屈服强度 $R_{p0.2}$/MPa												1.0%屈服强度 $R_{p1.0}$/MPa											
		温度/℃																							
		50	100	150	200	250	300	350	400	450	500	550	600	50	100	150	200	250	300	350	400	450	500	550	600
耐腐蚀型																									
X2CrNiN18-7	1.4318	309	265	200	185	180	170	165	—	—	—	—	—	—	—	235	215	210	200	195	—	—	—	—	—
X2CrNi18-9	1.4307	180	147	132	118	108	100	94	89	85	81	80	—	218	181	162	147	137	127	121	116	112	109	108	—
X2CrNi19-11	1.4306	180	147	132	118	108	100	94	89	85	81	80	—	218	181	162	147	137	127	121	116	112	109	108	—
X5CrNiN19-9	1.4315	246	205	175	157	145	136	130	125	121	119	118	—	284	240	210	187	175	167	161	156	152	149	147	—
X2CrNiN18-10	1.4311	246	205	175	157	145	136	130	125	121	119	118	—	284	240	210	187	175	167	161	156	152	149	147	—
X5CrNi18-10	1.4301	190	157	142	127	118	110	104	98	95	92	90	—	228	191	172	157	145	135	129	125	122	120	120	—
X6CrNiTi18-10	1.4541	191	176	167	157	147	136	130	125	121	119	118	—	228	208	196	186	177	167	161	156	152	149	147	—
X6CrNiNb18-10	1.4550	191	177	167	157	147	136	130	125	121	119	118	—	229	211	196	186	177	167	161	156	152	149	147	—
X1CrNi25-21	1.4335	181	150	140	130	120	115	110	—	—	—	—	—	217	180	170	160	150	140	135	130	—	—	—	—
X2CrNiMo17-12-2	1.4404	200	166	152	137	127	118	113	108	103	100	98	—	237	199	181	167	157	145	139	135	130	128	127	—
X2CrNiMoN17-11-2	1.4406	254	211	185	167	155	145	140	135	131	128	127	—	292	246	218	198	183	175	169	164	160	158	157	—
X5CrNiMo17-12-2	1.4401	204	177	162	147	137	127	120	115	112	110	108	—	242	211	191	177	167	156	150	144	141	139	137	—
X1CrNiMoN25-22-2	1.4466	229	195	170	160	150	140	135	—	—	—	—	—	266	225	205	190	180	170	165	—	—	—	—	—
X6CrNiMoTi17-12-2	1.4571	207	185	177	167	157	145	140	135	131	129	127	—	244	218	206	196	186	175	169	164	160	158	157	—
X6CrNiMoNb17-12-2	1.4580	207	185	177	167	157	145	140	135	131	129	127	—	244	218	206	196	186	175	169	164	160	158	157	—
X2CrNiMo17-12-3	1.4432	200	166	152	137	127	118	113	108	103	100	98	—	237	199	181	167	157	145	139	135	130	128	127	—
X2CrNiMoN17-13-3	1.4429	254	211	185	167	155	145	140	135	131	129	127		292	246	218	198	183	175	169	164	160	158	157	—
X3CrNiMo17-13-3	1.4436	204	177	162	147	137	127	120	115	112	110	108	—	252	211	191	177	167	156	150	144	141	139	137	—
X2CrNiMo18-14-3	1.4435	199	165	150	137	127	119	113	108	103	100	98	—	237	200	180	165	153	145	139	135	130	128	127	—
X2CrNiMoN18-12-4	1.4434	248	211	185	167	155	145	140	135	131	129	127	—	286	246	218	198	183	175	169	164	160	158	157	—
X2CrNiMo18-15-4	1.4438	202	172	157	147	137	127	120	115	112	110	108	—	240	206	188	177	167	156	148	144	140	138	136	—
X2CrNiMoN17-13-5	1.4439	253	225	200	185	175	165	155	150	—	—	—	—	289	255	230	210	200	190	180	175	—	—	—	—
X1NiCrMoCu31-27-4	1.4563	209	190	175	160	155	150	145	135	125	120	115	—	245	220	205	190	185	180	175	165	155	150	145	—
X1NiCrMoCu25-20-5	1.4539	214	205	190	175	160	145	135	125	115	110	105	—	251	235	220	205	190	175	165	155	145	140	135	—

续表

牌号	数字编号	0.2%屈服强度 $R_{p0.2}$/MPa												1.0%屈服强度 $R_{p1.0}$/MPa											
		温度/℃																							
		50	100	150	200	250	300	350	400	450	500	550	600	50	100	150	200	250	300	350	400	450	500	550	600
X1CrNiMoCuN25-25-5	1.4537	271	240	220	200	190	180	175	170	—	—	—	—	307	270	250	230	220	210	205	200	—	—	—	—
X1CrNiMoCuN20-18-7	1.4547	274	230	205	190	180	170	165	160	153	148	—	—	314	270	245	225	212	200	195	190	184	180	—	—
X1NiCrMoCuN25-20-7	1.4529	274	230	210	190	180	170	165	160	130	120	105	—	314	270	245	225	215	205	195	190	160	150	135	—
抗屈服型																									
X3CrNiMoBN17-13-3	1.4910	239	205	187	170	159	148	141	134	130	127	124	121	277	240	220	200	189	178	171	164	160	157	154	151
X6CrNiTiB18-10	1.4941	186	162	152	142	137	132	127	123	118	113	108	103	225	201	191	181	176	172	167	162	157	152	147	142
X6CrNi18-10	1.4948	178	157	142	127	117	108	103	98	93	88	83	78	215	191	172	157	147	137	132	127	122	118	113	108
X6CrNi23-13	1.4950	177	140	128	116	108	100	94	91	86	85	84	82	219	185	167	154	146	139	132	126	123	121	118	114
X6CrNi25-20	1.4951	177	140	128	116	108	100	94	91	86	85	84	82	219	185	167	154	146	139	132	126	123	121	118	114
X5NiCrAlTi31-20	1.4958	159	140	127	115	105	95	90	85	82	80	75	75	185	160	147	135	125	115	110	105	102	100	95	95
X5NiCrAlTi31-20+RA	1.4958+RA	199	180	170	160	152	145	137	130	125	120	115	110	227	205	193	180	172	165	160	155	150	145	140	135
X8NiCRAlTi32-21	1.4959	159	140	127	115	105	95	90	85	82	80	75	75	185	160	147	135	125	115	110	105	102	100	95	95
X8CrNiNb16-13	1.4961	191	175	166	157	147	137	132	128	123	118	118	113	227	205	195	186	176	167	162	157	152	147	147	142

表 14-135　高温固溶退火条件下奥氏体-铁素体不锈钢屈服强度的最低值(EN 10028-7—2007)

牌　号	数字编号	0.2%屈服强度 $R_{p0.2}$/MPa				
		温　度/℃				
		50	100	150	200	250
X2CrNiN23-4	1.4362	374	330	300	280	265
X2CrNiMoN22-5-3	1.4462	422	360	335	315	300
X2CrNiMoCuN25-6-3	1.4507	475	450	420	400	380
X2CrNiMoN25-7-4	1.4410	500	450	420	400	380
X2CrNiMoCuWN25-7-4	1.4501	500	450	420	400	380

表 14-136　高温固溶退火条件下奥氏体不锈钢抗拉强度的最低值(EN 10028-7—2007)

牌　号	数字编号	抗拉强度 R_m/MPa											
		温　度/℃											
		50	100	150	200	250	300	350	400	450	500	550	600
耐腐蚀型													
X2CrNiN18-7	1.4318	605	530	490	460	450	440	430	—	—	—	—	—
X2CrNi18-9	1.4307	466	410	380	360	350	340	340	—	—	—	—	—
X2CrNi19-11	1.4306	466	410	380	360	350	340	340	—	—	—	—	—
X5CrNiN19-9	1.4315	527	490	460	430	420	410	410	—	—	—	—	—
X2CrNiN18-10	1.4311	527	490	460	430	420	410	410	—	—	—	—	—
X5CrNi18-10	1.4301	494	450	420	400	390	380	380	380	370	360	330	—
X6CrNiTi18-10	1.4541	477	440	410	390	385	375	375	375	370	360	330	—
X6CrNiNb18-10	1.4550	476	435	400	370	350	340	335	330	320	310	300	—
X1CrNi25-21	1.4335	459	440	425	410	390	385	380	—	—	—	—	—
X2CrNiMo17-12-2	1.4404	486	430	410	390	385	380	380	380	—	360	—	—
X2CrNiMoN17-11-2	1.4406	557	520	490	460	450	440	435	—	—	—	—	—
X5CrNiMo17-12-2	1.4401	486	430	410	390	385	380	380	—	—	—	—	—
X1CrNiMoN25-22-2	1.4466	521	490	475	460	450	440	435	—	—	—	—	—
X6CrNiMoTi17-12-2	1.4571	490	440	410	390	385	375	375	375	370	360	330	—
X6CrNiMoNb17-12-2	1.4580	490	440	410	390	385	375	375	375	370	360	330	—
X2CrNiMo17-12-3	1.4432	486	430	410	390	385	380	380	380	—	360	—	—
X2CrNiMoN17-13-3	1.4429	557	520	490	460	450	440	435	435	—	430	—	—
X3CrNiMo17-13-3	1.4436	504	460	440	420	415	410	410	410	—	390	—	—
X2CrNiMo18-14-3	1.4435	482	420	400	380	375	370	370	—	—	—	—	—
X2CrNiMoN18-12-4	1.4434	525	500	470	440	430	420	415	415	415	410	390	—
X2CrNiMo18-15-4	1.4438	486	430	410	390	385	380	380	—	—	—	—	—
X2CrNiMoN17-13-5	1.4439	557	520	490	460	450	440	435	—	—	—	—	—

续表

牌号	数字编号	抗拉强度 R_m/MPa											
		温度/℃											
		50	100	150	200	250	300	350	400	450	500	550	600
耐腐蚀型													
X1NiCrMoCu31-27-4	1.4563	485	460	445	430	410	400	395	—	—	—	—	
X1NiCrMoCu25-20-5	1.4539	512	500	480	460	450	440	435	—	—	—	—	—
X1CrNiMoCuN25-25-5	1.4537	581	550	535	520	500	480	475	—	—	—	—	—
X1CrNiMoCuN20-18-7	1.4547	637	615	587	560	542	525	517	510	502	495	—	—
X1NiCrMoCuN25-20-7	1.4529	612	550	535	520	500	480	475	—	—	—	—	—
抗屈服型													
X3CrNiMoBN17-13-3	1.4910	529	495	472	450	440	430	425	420	410	400	385	365
X6CrNiTiB18-10	1.4941	460	410	390	370	360	350	345	340	335	330	320	300
X6CrNi18-10	1.4948	484	440	410	390	385	375	375	375	370	360	330	300
X6CrNi23-13	1.4950	495	470	450	430	420	410	405	400	385	370	350	320
X6CrNi25-20	1.4951	495	470	450	430	420	410	405	400	385	370	350	320
X5NiCrAlTi31-20	1.4958	487	465	445	435	425	420	418	415	415	415	—	—
X8NiCrAlTi32-21	1.4959	487	465	445	435	425	420	418	415	415	415	—	—
X8CrNiNb16-13	1.4961	493	465	440	420	400	385	375	370	360	350	340	320

表 14-137 铁素体不锈钢热加工、热处理制度(EN0028-7—2007)

牌号	数字编号	热加工		热处理状态	退火	
		温度/℃	冷却方式		温度/℃	冷却方式
X2CrNi12	1.4003	1100～800	空冷	退火	700～750	空冷 水冷
X6CrNiTi12	1.4516				790～850	
X2CrTi17	1.4520				820～880	
X3CrTi17	1.4510				770～830	
X2CrMoTi17-1	1.4513				790～850	
X2CrMoTi18-2	1.4521				820～880	
X6CrMoNb17-1	1.4526				800～860	
X2CrTiNb18	1.4509				870～930	

表 14-138 马氏体不锈钢热加工、热处理制度(EN 10028-7—2007)

牌号	数字编号	热加工		热处理状态	淬火		回火
		温度/℃	冷却方式		温度/℃	冷却方式	温度/℃
X3CrNiMo13-4	1.4313	1150～900	空冷	淬火,回火	950～1050	油冷,空冷,水冷	560～640
X4CrNiMo16-5-1	1.4418			淬火,回火	900～1000		570～650

表 14-139　奥氏体不锈钢热加工、热处理制度(EN 10028-7—2007)

牌号	数字编号	热加工		热处理状态	固溶退火	
		温度/℃	冷却方式		温度/℃	冷却方式
耐腐蚀型						
X2CrNiN18-7	1.4318	1150～850	空冷	固溶退火	1020～1100	快速水冷,空冷
X2CrNi18-9	1.4307				1000～1100	
X2CrNi19-11	1.4306				1000～1100	
X5CrNiN19-9	1.4315				1000～1100	
X2CrNiN18-10	1.4311				1000～1100	
X5CrNi18-10	1.4301				1000～1100	
X6CrNiTi18-10	1.4541				1000～1100	
X6CrNiNb18-10	1.4550				1020～1200	
X1CrNi25-21	1.4335				1030～1110	
X2CrNiMo17-12-2	1.4404				1030～1110	
X2CrNiMo17-11-2	1.4406				1030～1110	
X5CrNiMo17-12-2	1.4401				1030～1110	
X1CrNiMoN25-22-2	1.4466				1070～1150	
X6CrNiMoTi17-12-2	1.4571				1030～1110	
X6CrNiMoNb17-12-2	1.4580				1030～1110	
X2CrNiMo17-12-3	1.4432				1030～1110	
X2CrNiMoN17-13-3	1.4429				1030～1110	
X3CrNiMo17-13-3	1.4436				1030～1110	
X2CrNiMo18-14-3	1.4435				1030～1110	
X2CrNiMoN18-12-4	1.4434				1070～1150	
X2CrNiMo18-15-4	1.4438				1070～1150	
X2CrNiMoN17-13-5	1.4439				1060～1140	
X1NiCrMoCu31-27-4	1.4563				1070～1150	
X1NiCrMoCu25-20-5	1.4539				1060～1140	
X1CrNiMoCuN25-25-5	1.4537				1120～1180	
X1CrNiMoCuN20-18-7	1.4547				1140～1200	
X1NiCrMoCuN25-20-7	1.4529				1120～1180	
抗屈服型						
X3CrNiMoBN17-13-3	1.4910	1150～850	空冷	固溶退火	1020～1100	快速空冷,水冷
X6CrNiTiB18-10	1.4941				1050～1110	
X6CrNi18-10	1.4948				1050～1110	
X6CrNi23-13	1.4950				1050～1150	
X6CrNi25-20	1.4951				1050～1150	
X5NiCrAlTi31-20	1.4958				1100～1200	
X5NiCrAlTi31-20＋RA	1.4958 (＋RA)			再结晶退火	920～1000	
X8NiCrAlTi32-21	1.4959			固溶退火	1100～1200	
X8CrNiNb16-13	1.4961				1050～1110	

表 14-140 奥氏体-铁素体不锈钢热加工、热处理制度(EN 10028-7—2007)

牌号	数字编号	热加工		热处理状态	固溶退火	
		温度/℃	冷却方式		温度/℃	冷却方式
X2CrNiN23-4	1.4362	1150～950	空冷	固溶退火	1000±50	水冷,空冷
X2CrNiMoN22-5-3	1.4462				1000±40	
X2CrNiMoCuN25-6-3	1.4507	1150～1000	空冷	固溶退火	1080±40	水冷,空冷
X2CrNiMoN25-7-4	1.4410					
X2CrNiMoCuWN25-7-4	1.4501					

表 14-141 奥氏体不锈钢焊后热处理制度(EN 10028-7—2007)

牌号	数字编号	温度/℃	冷却方式
稳定钢			
X6CrNiTi18-10	1.4541	900～940	空冷
X6CrNiNb18-10	1.4550		
X6CrNiMoTi17-12-2	1.4571	不推荐	
X6CrNiMoNb17-12-2	1.4580		
钢≤0.07%C			
X5CrNiN19-9	1.4315	不推荐	
X5CrNi18-10	1.4301		
X5CrNiMo17-12-2	1.4401		
X3CrNiMo17-13-3	1.4436		
钢≤0.03%C			
X2CrNiN18-7	1.4318	900～940	空冷
X2CrNi18-9	1.4307		
X2CrNi19-11	1.4306		
X2CrNiN18-10	1.4311		
X2CrNiMo17-12-2	1.4404	960～1040	空冷
X2CrNiMoN17-11-2	1.4406		
X2CrNiMo17-12-3	1.4432		
X2CrNiMoN17-13-3	1.4429		
X2CrNiMo18-14-3	1.4435		
X2CrNiMoN18-12-4	1.4434		
X2CrNiMo18-15-4	1.4438		
X2CrNiMoN17-13-5	1.4439		
奥氏体合金钢≤0.02%C			
X1CrNi25-21	1.4335	不推荐	
X1CrNiMoN25-22-2	1.4466		
X1NiCrMoCu31-27-4	1.4563		
X1NiCrMoCu25-20-5	1.4539		
X1CrNiMoCuN25-25-5	1.4537		
X1CrNiMoCuN20-18-7	1.4547		
X1NiCrMoCuN25-20-7	1.4529		

续表

牌号	数字编号	温度/℃	冷却方式
抗屈服型钢			
X3CrNiMoBN17-13-3	1.4910	900～950	空冷
X6CrNiTiB18-10	1.4941		
X6CrNi18-10	1.4948	不推荐	
X6CrNi23-13	1.4950		
X6CrNi25-20	1.4951		
X5NiCrAlTi31-20(+RA)	1.4958(+RA)	900～950	空冷
X8NiCrAlTi32-21	1.4959		
X8CrNiNb16-13	1.4961		

表 14-142　高温固溶退火条件下奥氏体-铁素体不锈钢抗拉强度的最低值(EN 10028-7—2007)

牌号	数字编号	抗拉强度 R_m/MPa				
		温度/℃				
		50	100	150	200	250
X2CrNiN23-4	1.4362	577	540	520	500	490
X2CrNiMoN22-5-3	1.4462	621	590	570	550	540
X2CrNiMoCuN25-6-3	1.4507	679	660	640	620	610
X2CrNiMoN25-7-4	1.4410	711	680	660	640	630
X2CrNiMoCuWN25-7-4	1.4501	711	680	660	640	630

表 14-143　固溶退火条件下奥氏体蠕变耐热钢 1%蠕变强度(EN 10028-7—2007)

牌号	数字编号	温度/℃	1%蠕变强度/MPa(在下列时间)	
			10000h	100000h
X6CrNi18-10	1.4948	500	147	114
		510	142	111
		520	137	108
		530	132	104
		540	127	100
		550	121	96
		560	116	92
		570	111	88
		580	106	84
		590	100	79
		600	94	74
		610	88	69
		620	82	63
		630	75	56
		640	68	49
		650	61	43
		660	55	37
		670	49	32
		680	44	28
		690	39	25
		700	35	22

续表

牌　号	数字编号	温度/℃	1%蠕变强度/MPa(在下列时间)	
			10000h	100000h
X6CrNi18-10	1.4948	710	(31)	(15)
		720	(28)	(14)
		730	(26)	(13)
		740	(25)	(12)
		750	(24)	(11)
X6CrNi23-13	1.4950	550	107	60
		600	80	35
		650	50	22
		700	25	12
		750		
		800	10	
X5NiCrAlTi31-20	1.4958	600	115	(85)
		610	109	(79)
		620	102	(74)
		630	96	(69)
		640	90	(64)
		650	84	(59)
		660	78	(55)
		670	73	(51)
		680	68	(47)
		690	63	(43)
		700	58	(40)
X5NiCrAlTi31-20+RA	1.4958+RA	550	164	(132)
		560	154	(122)
		570	144	(111)
		580	133	(101)
		590	123	(92)
		600	113	(82)
		610	103	(74)
		620	93	(65)
		630	84	(58)
		640	75	(51)
		650	67	(46)
		660	60	(41)
		670	55	(37)
		680	50	(33)
		690	45	(30)
		700	41	(27)

续表

牌 号	数字编号	温 度/℃	1%蠕变强度/MPa(在下列时间)	
			10000h	100000h
X8NiCrAlTi32-21	1.4959	700	59.0	42.0
		710	55.5	38.0
		720	52.0	34.4
		730	48.5	31.3
		740	45.0	28.4
		750	41.7	26.0
		760	38.4	23.5
		770	35.6	21.3
		780	32.9	19.3
		790	30.5	17.6
		800	28.2	16.0
		810	26.2	14.7
		820	24.2	13.4
		830	22.4	12.1
		840	20.8	11.1
		850	19.1	10.0
		860	17.6	9.1
		870	16.1	8.2
		880	14.7	7.3
		890	13.4	6.5
		900	12.1	5.7
		910	10.9	5.0
		920	9.8	4.4
		930	8.8	3.9
		940	7.8	3.4
		950	6.9	2.9
		960	6.1	2.5
		970	5.3	2.1
		980	4.6	1.8
		990	4.0	1.6
		1000	3.5	1.4
X8CrNiNb16-13	1.4961	580	127	91
		590	120	84
		600	113	78
		610	106	73
		620	99	67
		630	92	61
		640	85	55
		650	78	49
		660	72	44
		670	66	39
		680	59	34
		690	54	30
		700	49	26
		710	45	24
		720	42	21
		730	39	19
		740	36	17
		750	34	16

表 14-144 固溶退火条件下奥氏体抗蠕变钢蠕变断裂强度(EN 10028-7—2007)

牌号	数字编号	温度/℃	断裂强度/MPa(在下列时间)						
			10000h	30000h	50000h	100000h	150000h	200000h	250000h
X3CrNiMoBN 17-13-3	1.4910	550	290			220		200*	
		560	272			202		200*	
		570	254			186		166*	
		580	237			170		151*	
		590	220			155		137*	
		600	205			141		122*	
		610	190			127		113*	
		620	174			114		100*	
		630	162			102		91*	
		640	148			92		81*	
		650	135			83		73*	
		660	122			75		65*	
		670	112			68		58*	
		680	102			61		52*	
		690	93			56		46*	
		700	84			52		42*	
		710	78			48		39*	
		720	71			45		36*	
		730	65			41		34*	
		740	58			37		31*	
		750	52			34		28*	
		760	48			31		26*	
		770	44			28		24*	
		780	41			25		21*	
		790	37			22		19*	
		800	33			20		17*	
X6CrNiTiB 18-10	1.4941	550	223			170		150	
		560	210			154		135	
		570	196			140		122	
		580	182			127		110	
		590	170			114		100	
		600	156			102		91	
		610	142			92		82	
		620	130			84		74	
		630	119			76		67	
		640	108			68		60	
		650	98			62		54	
		660	89			56		49	
		670	80			50		43	
		680	73			44		39	
		690	66			39		33	
		700	60			35		29	

续表

牌　号	数字编号	温度/℃	断裂强度/MPa(在下列时间)						
			10000h	30000h	50000h	100000h	150000h	200000h	250000h
X6CrNi 18-10	1.4948	500	250			192		176	
		510	239			182		166	
		520	227			172		156	
		530	215			162		146	
		540	203			151		136	
		550	191	165	155	140		125	
		560	177	154	145	128		114	
		570	165	144	136	117		104	
		580	154	135	126	107		95	
		590	143	126	118	98		86	
		600	132	117	110	89		78	
		610	122	109	102	81		70	
		620	113	101	94	73		62	
		630	104	94	87	65		55	
		640	95			58		49	
		650	87			52		43	
		660	80			47		38	
		670	73			42		34	
		680	67			37		30	
		690	61			32		26	
		700	55			28		22	
		710	(45)			(22)			
		720	(41)			(20)			
		730	(38)			(18)			
		740	(36)			(16)			
		750	(34)			(15)			
X6CrNi 23-13	1.4950	550	160			90			
		600	120			65			
		650	70			35			
		700	36			16			
		750							
		800	18			7.5			
X6CrNi 25-20	1.4951	600	137	113	104*	92*	89*	82*	79*
		610	120	98	90*	79*	74*	71*	68*
		620	105	85	78*	69*	64*	61*	59*
		630	92	75	68*	60*	56*	54*	52*
		640	81	66	60*	53*	50*	47*	46*
		650	72	58	53*	47*	44*	42*	41*
		660	64	52	47*	42*	39*	38*	36*
		670	57	46	42*	38*	35*	34*	33*
		680	51	42	38	34*	32*	31*	29*
		690	47	38	35	31*	29*	28*	27*
		700	42	34	32	28*	26*	25*	24*
		710	39	31	29	26*	24*	23*	22*
		720	35	29	26	23.5*	22*	21*	20*
		730	32	27	24.5*	22*	20*	19.5*	18.5*
		740	30	24.5	22.5*	20*	18.5*	18*	17*
		750	28	22.5	21*	18.5	17*	16.5	16*

续表

牌 号	数字编号	温度/℃	断裂强度/MPa(在下列时间)						
			10000h	30000h	50000h	100000h	150000h	200000h	250000h
X6CrNi 25-20	1.4951	760	26	21	19*	17*	16*	15*	14.5*
		770	24	19.5	18*	15.5*	14.5*	14*	13.5*
		780	22	18	16.5*	14.5*	13.5*	13*	12.5*
		790	21	17	15.5*	13.5*	12.5*	12*	11.5*
		800	19.5	15.5	14*	12.5*	11.5*	11*	10.5*
		810	18	14.5	13*	11.5*	10.5*	10*	9.5*
		820	17	13.5	12*	10.5*	10*	9.5*	9*
		830	16	12.5	11.5*	10*	9*		
		840	15	12	10.5*	9*			
		850	14	11	10*				
		860	13	10	9*				
		870	12	9.5					
		880	11.5	9*					
		890	10.5						
		900	10.0						
		910	9.5						
X5NiCrAlTi 31-20	1.4958	500	290			215		(196)	
		510	279			205		(186)	
		520	267			195		(176)	
		530	254			184		(166)	
		540	240			172		(155)	
		550	225			160		(143)	
		560	208			147		(130)	
		570	190			133		(117)	
		580	172			119		(105)	
		590	155			106		(93)	
		600	140			95		(83)	
		610	128			85		(74)	
		620	118			78		(68)	
		630	109			72		(63)	
		640	103			67		(59)	
		650	97			63		(55)	
		660	91			59		(52)	
		670	85			55		(48)	
		680	80			52		(45)	
		690	74			48		(41)	
		700	69			44		(38)	
X5NiCrAlTi 31-20+RA	1.4958+RA	500	315			258		(242)	
		510	297			241		(225)	
		520	280			224		(207)	
		530	262			206		(190)	
		540	243			189		(172)	
		550	224			171		(155)	
		560	204			153		(138)	
		570	184			136		(122)	
		580	165			119		(106)	
		590	147			104		(92)	
		600	131			90		(80)	
		610	117			79		(70)	
		620	106			70		(62)	
		630	96			62		(55)	
		640	87			56		(49)	
		650	80			51		(44)	

续表

牌　号	数字编号	温度/℃	断裂强度/MPa(在下列时间)						
			10000h	30000h	50000h	100000h	150000h	200000h	250000h
X5NiCrAlTi 31-20＋RA	1.4958＋RA	660	73			46		(40)	
		670	67			42		(36)	
		680	61			38		(33)	
		690	55			34		(29)	
		700	50			30		(26)	
X8NiCrAlTi 32-21	1.4959	700	73.0	58.2		44.8		38.2*	
		710	67.8	54.0		41.4		35.2*	
		720	63.0	50.1		38.3		32.5*	
		730	58.5	46.5		35.4		30.0*	
		740	54.4	43.1		32.8		27.7*	
		750	50.6	40.0		30.3		25.6*	
		760	47.0	37.1		28.0		23.6*	
		770	43.7	34.4		25.9		21.8*	
		780	40.7	31.9		24.0		20.1*	
		790	37.8	29.6		22.1		18.5*	
		800	35.2	27.4		20.4		17.0	
		810	32.7	25.4		18.9		15.6*	
		820	30.4	23.6		17.4		14.4*	
		830	28.3	21.8		16.0		13.2*	
		840	26.3	20.2		14.8		12.1*	
		850	24.4	18.7		13.6		11.1*	
		860	22.7	17.3		12.5		10.1*	
		870	21.0	16.0		11.5		9.23*	
		880	19.5	14.8		10.5		8.41*	
		890	18.1	13.6		9.60		7.63*	
		900	16.8	12.6		8.76		6.91*	
		910	15.6	11.6		7.98		6.23*	
		920	14.4	10.6		7.25		5.60*	
		930	13.3	9.77		6.57		5.01*	
		940	12.3	8.95		5.93		4.45*	
		950	11.4	8.19		5.33		3.93*	
		960	10.5	7.47		4.77*		3.43*	
		970	9.63	6.80		4.23*		2.95*	
		980	8.85	6.17		3.73*			
		990	8.11	5.57		3.25*			
		1000	7.42	5.01		2.79*			
X8CrNiNb 16-13	1.4961	580	182			129		115	
		590	170			119		105	
		600	157			108		94	
		610	145			98		85	
		620	134			89		77	
		630	124			80		69	
		640	113			72		61	
		650	103			64		53	
		660	93			57		47	
		670	84			50		41	
		680	76			44		36	
		690	70			39		31	
		700	64			34		27	
		710	59			30		25	
		720	55			27		22	
		730	51			25		19	
		740	47			22		17	
		750	44			20		15	

表 14-145 室温、低温下拉伸性能的最低值(EN 10028-7—2007)

牌号	数字编号	20℃				−80℃				−150℃				−196℃			
		0.2%屈服强度极限 $R_{p0.2}$ /MPa	1.0%屈服强度极限 $R_{p1.0}$ /MPa	抗拉强度 R_m /MPa	伸长率 A/%	0.2%屈服强度极限 $R_{p0.2}$ /MPa	1.0%屈服强度极限 $R_{p1.0}$ /MPa	抗拉强度 R_m /MPa	伸长率 A/%	0.2%屈服强度极限 $R_{p0.2}$ /MPa	1.0%屈服强度极限 $R_{p1.0}$ /MPa	抗拉强度 R_m /MPa	伸长率 A/%	0.2%屈服强度极限 $R_{p0.2}$ /MPa	1.0%屈服强度极限 $R_{p1.0}$ /MPa	抗拉强度 R_m /MPa	伸长率 A/%
X2CrNi18-9	1.4307	200	240	500	45	220	290	830	35	225	325	1070	30	300	400	1200	30
X5CrNiN19-9	1.4315	270	310	550	40	385	455	890	40	450	550	1180	35	550	650	1350	35
X2CrNiN18-10	1.4311	270	310	550	40	350	420	850	40	450	550	1050	35	550	650	1250	35
X5CrNi18-10	1.4301	210	250	520	45	270	350	860	35	315	415	1100	30	300	400	1250	30
X6CrNiTi18-10	1.4541	200	240	500	40	260	290	855	35	350	420	1100	35	390	470	1200	30
X2CrNiMo17-12-2	1.4404	220	260	520	45	275	355	840	40	315	415	1070	40	350	450	1200	35
X2CrNiMoN17-11-2	1.4406	280	320	580	40	380	450	800	35	500	600	1000	35	600	700	1150	30
X2CrNiMoN17-13-3	1.4429	280	320	580	35	380	450	800	30	500	600	1000	30	600	700	1150	30

(4)压力容器用不锈钢棒材

表 14-146 压力容器用铁素体、马氏体不锈钢棒室温力学性能(EN 10272—2007)

牌号	数字编号	直径(d)或厚度(t)/mm	热处理状态	硬度 HBW (不大于)	0.2%屈服强度 $R_{p0.2}$/MPa (不小于)	抗拉强度 R_m/MPa	伸长率 A/% (不小于)		冲击能量 KV/J (不小于)			
									20℃		−20℃	
							纵向	横向	纵向	横向	纵向	横向
铁素体钢												
X2CrNi12	1.4003	≤100	+A	200[c]	260	450～600	20	—	60	—	—	—
马氏体钢												
X12Cr13	1.4006	—	+A	220	—	≤730	—	—	—	—	—	—
		≤160	+QT650	—	450	650～850	15	—	25	—	—	—
X17CrNi16-2	1.4057	—	+A	295	—	≤950	—	—	—	—	—	—
		≤60	+QT800	—	600	800～950	14	—	25	—	—	—
		60<(d/t)≤160					12		20			
		≤60	+QT900	—	700	900～1050	12	—	20	—	—	—
		60<(d/t)≤160					10		15			
X3CrNiMo13-4	1.4313	—	+A	320	—	≤1100	—	—	—	—	—	—
		≤160	+QT650	—	520	700～800	15	—	70	—	40	—
		160<(d/t)≤250					—	12	—	50	—	—
		≤160	+QT780	—	620	780～980	15	—	70	—	—	—
		160<(d/t)≤250					—	12	—	50	—	—
		≤160	+QT900	—	800	900～1100	12	—	50	—	—	—
		160<(d/t)≤250					—	10	—	40	—	—
X4CrNiMo16-5-1	1.4418	—	+A	320	—	≤1100	—	—	—	—	—	—
		≤160	+QT760	—	550	760～960	16	—	90	—	40	—
		160<(d/t)≤250					—	14	—	70	—	—
		≤160	+QT900	—	700	900～1100	16	—	80	—	—	—
		160<(d/t)≤250					—	14	—	60	—	—

注：+A——退火，+QT——淬火和回火。

表 14-147　　压力容器奥氏体不锈钢棒室温力学性能(EN 10272—2007)

牌号	数字编号	直径(d)或厚度(t)/mm	硬度 HBW(不大于)	屈服强度/MPa(不小于)		抗拉强度 R_m/MPa	伸长率 A/%(不小于)		冲击能量 KV/J(不小于)			晶间耐腐蚀	
				$R_{p0.2}$	$R_{p1.0}$		纵向	横向	20℃ 纵向	20℃ 横向	−196℃ 横向	交货状态	敏化状态
X2CrNi18-9	1.4307	≤160	215	175	210	500～700	45	—	100	—	60	是	是
		160<(d/t)≤250					—	35	—	60			
X2CrNi19-11	1.4306	≤160	215	180	215	460～680	45	—	100	—	60	是	是
		160<(d/t)≤250					—	35	—	60			
X2CrNiN18-10	1.4311	≤160	230	270	305	550～760	40	—	100	—	60	是	是
		160<(d/t)≤250					—	30	—	60			
X5CrNi18-10	1.4301	≤160	215	190	225	500～700	45	—	100	—	60	是	否
		160<(d/t)≤250					—	35	—	60			
X6CrNiTi18-10	1.4541	≤160	215	190	225	500～700	40	—	100	—	60	是	是
		160<(d/t)≤250					—	30	—	60			
X6CrNiMo17-12-2	1.4404	≤160	215	200	235	500～700	40	—	100	—	60	是	是
		160<(d/t)≤250					—	30	—	60			
X2CrNiMoN17-11-2	1.4406	≤160	250	280	315	580～800	40	—	100	—	60	是	是
		160<(d/t)≤250					—	30	—	60			
X5CrNiMo17-12-2	1.4401	≤160	215	200	235	500～700	40	—	100	—	60	是	否
		160<(d/t)≤250					—	30	—	60			
X6CrNiMoTi17-12-2	1.4571	≤160	215	200	235	500～700	40	—	100	—	60	是	是
		160<(d/t)≤250					—	30	—	60			
X2CrNiMo17-12-3	1.4432	≤160	215	200	235	500～700	40	—	100	—	60	是	是
		160<(d/t)≤250					—	30	—	60			
X2CrNiMo18-14-3	1.4435	≤160	215	200	235	500～700	40	—	100	—	60	是	是
		160<(d/t)≤250					—	30	—	60			
X2CrNiMoN17-13-5	1.4439	≤160	250	280	315	580～800	35	—	100	—	60	是	是
		160<(d/t)≤250					—	30	—	60			

续表

牌　号	数字编号	直径(d)或厚度(t)/mm	硬度 HBW(不大于)	屈服强度/MPa(不小于)		抗拉强度 R_m/MPa	伸长率 A/%(不小于)		冲击能量 KV/J(不小于)			晶间耐腐蚀	
									20℃		−196℃		
				$R_{p0.2}$	$R_{p1.0}$		纵向	横向	纵向	横向	横向	交货状态	敏化状态
X1NiCrMoCu25-20-5	1.4539	≤160	230	230	260	530～730	35	—	100	—	60	是	是
		160<(d/t)≤250					—	30	—	60			
X6CrNiNb18-10	1.4550	≤160	230	205	240	510～740	40	—	100	—	40	是	是
		160<(d/t)≤250					—	30	—	60			
X6CrNiMoNb17-12-2	1.4580	≤160	230	215	250	510～740	35	—	100	—	—	是	是
		160<(d/t)≤250					—	30	—	60			
X2CrNiMoN17-13-3	1.4429	≤160	250	280	315	580～800	40	—	100	—	60	是	是
		160<(d/t)≤250					—	30	—	60			
X3CrNiMo17-13-3	1.4436	≤160	215	200	235	500～700	40	—	100	—	60	是	否
		160<(d/t)≤250					—	30	—	60			
X1NiCrMoCu31-27-4	1.4563	≤160	230	220	250	500～750	35	—	100	—	60	是	是
		160<(d/t)≤250					—	30	—	60			
X1CrNiMoCuN20-18-7	1.4547	≤160	260	300	340	650～850	35	—	100	—	60	是	是
		160<(d/t)≤250					—	30	—	60			
X1NiCrMoCuN25-20-7	1.4529	≤160	250	300	340	650～850	40	—	100	—	40	是	是
		160<(d/t)≤250					—	35	—	60			
X6CrNi25-20	1.4951	≤160	192	200	240	510～750	35	—	100	—	—	否	否
		160<(d/t)≤250					—	30	—	60			

表 14-148 压力容器用奥氏体-铁素体不锈钢棒室温力学性能(EN 10272—2007)

牌号	数字编号	厚度(t)或直径(d)/mm	硬度 HBW(不大于)	0.2%屈服强度 $R_{p0.2}$/MPa(不小于)	抗拉强度 R_m/MPa	伸长率 A/%(不小于)(纵向)	冲击能量 KV/J(不小于)		耐晶间腐蚀性	
							20℃(纵向)	−40℃(纵向)	交货状态	敏化状态
X2CrNiMoN22-5-3	1.4462	≤160	270	450	650～880	25	100	40	是	是
X2CrNiN23-4	1.4362	≤160	260	400	600～830	25	100	40	是	是
X2CrNiMoCuN25-6-3	1.4507	≤160	270	500	700～900	25	100	40	是	是
X2CrNiMoN25-7-4	1.4410	≤160	290	530	730～930	25	100	40	是	是
X2CrNiMoCuWN25-7-4	1.4501	≤160	290	530	730～930	25	100	40	是	是

表 14-149 压力容器用铁素体、马氏体不锈钢棒高温下 0.2%屈服强度最低值(EN 10272—2007)

牌号	数字编号	热处理状态	0.2%屈服强度 $R_{p0.2}$/MPa 温度/℃						
			100	150	200	250	300	350	400
铁素体钢									
X2CrNi12	1.4003	+A	240	230	220	215	210	—	—
马氏体钢									
X12Cr13	1.4006	+QT650	420	410	400	385	365	335	305
X17CrNi16-2	1.4057	+QT800	515	495	475	460	440	405	355
		+QT900	565	525	505	490	470	430	375
X3CrNiMo13-4	1.4313	+QT650	500	490	480	470	460	450	—
		+QT780	590	575	560	545	530	515	—
		+QT900	720	690	665	640	620	—	—
X4CrNiMo16-5-1	1.4418	+QT760	520	510	500	490	480	—	—
		+QT900	660	640	620	600	580	—	—

注：+A—退火，+QT—淬火和回火。

表 14-150　压力容器用奥氏体不锈钢棒高温固溶退火条件下 0.2%、1.0%屈服强度最低值(EN 10272—2007)

牌　号	数字编号	0.2%屈服强度 $R_{p0.2}$/MPa										1.0%屈服强度 $R_{p1.0}$/MPa										极限温度/℃
		温　度/℃										温　度/℃										
		100	150	200	250	300	350	400	450	500	550	100	150	200	250	300	350	400	450	500	550	
X2CrNi18-9	1.4307	145	130	118	108	100	94	89	85	81	80	180	160	145	135	127	121	116	112	109	108	350
X2CrNi19-11	1.4306	145	130	118	108	100	94	89	85	81	80	180	160	145	135	127	121	116	112	109	108	350
X2CrNiN18-10	1.4311	205	175	157	145	136	130	125	121	119	118	240	210	187	175	167	160	156	152	149	147	400
X5CrNi18-10	1.4301	155	140	127	118	110	104	98	95	92	90	190	170	155	145	135	129	125	122	120	120	300
X6CrNiTi18-10	1.4541	175	165	155	145	136	130	125	121	119	118	205	195	185	175	167	161	156	152	149	147	400
X2CrNiMo17-12-2	1.4404	165	150	137	127	119	113	108	103	100	98	200	180	165	153	145	139	135	130	128	127	400
X2CrNiMoN17-11-2	1.4406	215	195	175	165	155	150	145	140	138	136	245	225	205	195	185	180	175	170	168	166	400
X5CrNiMo17-12-2	1.4401	175	158	145	135	127	120	115	112	110	108	210	190	175	165	155	150	145	141	139	137	300
X6CrNiMoTi17-12-2	1.4571	185	175	165	155	145	140	135	131	129	127	215	205	192	183	175	169	164	160	158	157	400
X2CrNiMo17-12-3	1.4432	165	150	137	127	119	113	108	103	100	98	200	180	165	153	145	139	135	130	128	127	400
X2CrNiMo18-14-3	1.4435	165	150	137	127	119	113	108	103	100	98	200	180	165	153	145	139	135	130	128	127	400
X2CrNiMoN17-13-5	1.4439	225	200	185	175	165	155	150	—	—	—	255	230	210	200	190	180	175	—	—	—	400
X1NiCrMoCu25-20-5	1.4539	205	190	175	160	145	135	125	115	110	105	235	220	205	190	175	165	155	145	140	135	400
X6CrNiNb18-10	1.4550	175	165	155	145	136	130	125	121	119	118	210	195	185	175	167	161	156	152	149	147	400
X6CrNiMoNb17-12-2	1.4580	186	177	167	157	145	140	135	131	129	127	221	206	196	186	175	169	164	160	158	157	400
X2CrNiMoN17-13-3	1.4429	215	195	175	165	155	150	145	140	138	136	245	225	205	195	185	180	175	170	168	166	400
X3CrNiMo17-13-3	1.4436	175	158	145	135	127	120	115	112	110	108	210	190	175	165	155	150	145	141	139	137	300
X1NiCrMoCu31-27-4	1.4563	190	175	160	155	150	145	135	125	120	115	220	205	190	185	180	175	165	155	150	145	400
X1CrNiMoCuN20-18-7	1.4547	230	205	190	180	170	165	160	153	148	—	270	245	225	212	200	195	190	184	180	—	400
X1NiCrMoCuN25-20-7	1.4529	230	210	190	180	170	165	160	—	—	—	270	245	225	215	205	195	190	—	—	—	400
X6CrNi25-20	1.4951	140	128	116	108	100	94	91	86	85	84	185	167	154	146	139	132	126	123	121	118	800

表 14-151 压力容器用奥氏体-铁素体不锈钢棒高温固溶退火条件下 0.2%屈服强度最低值(EN 10272—2007)

牌号	数字编号	0.2%屈服强度 $R_{p0.2}$/MPa				极限温度/℃
		温度/℃				
		100	150	200	250	
X2CrNiMoN22-5-3	1.4462	360	335	315	300	250
X2CrNiN23-4	1.4362	330	300	280	265	250
X2CrNiMoCuN25-6-3	1.4507	450	420	400	380	250
X2CrNiMoN25-7-4	1.4410	450	420	400	380	250
X2CrNiMoCuWN25-7-4	1.4501	450	420	400	380	250

表 14-152 压力容器用奥氏体不锈钢棒高温固溶退火条件下抗拉强度最低值(EN 10272—2007)

牌号	数字编号	抗拉强度 R_m/MPa									
		温度/℃									
		100	150	200	250	300	350	400	450	500	550
X2CrNi18-9	1.4307	410	380	360	350	340	340	—	—	—	—
X2CrNi19-11	1.4306	410	380	360	350	340	340	—	—	—	—
X2CrNiN18-10	1.4311	490	460	430	420	410	410	—	—	—	—
X5CrNi18-10	1.4301	450	420	400	390	380	380	380	370	360	330
X6CrNiTi18-10	1.4541	440	410	390	385	375	375	375	370	360	330
X2CrNiMo17-12-2	1.4404	430	410	390	385	380	380	380	—	360	—
X2CrNiMoN17-11-2	1.4406	520	490	460	450	440	435	—	—	—	—
X5CrNiMo17-12-2	1.4401	430	410	390	385	380	380	—	—	—	—
X6CrNiMoTi17-12-2	1.4571	440	410	390	385	375	375	375	370	360	330
X2CrNiMo17-12-3	1.4432	430	410	390	385	380	380	380	375	360	—
X2CrNiMo18-14-3	1.4435	420	400	380	375	370	370	—	—	—	—
X2CrNiMoN17-13-5	1.4439	520	490	460	450	440	435	—	—	—	—
X1NiCrMoCu25-20-5	1.4539	500	480	460	450	440	435	—	—	—	—
X6CrNiNb18-10	1.4550	435	400	370	350	340	335	330	320	310	300
X6CrNiMoNb17-12-2	1.4580	440	410	390	385	375	375	375	370	360	330
X2CrNiMoN17-13-3	1.4429	520	490	460	450	440	435	435	—	430	—
X3CrNiMo17-13-3	1.4436	460	440	420	415	410	410	410	—	390	—
X1NiCrMoCu31-27-4	1.4563	460	445	430	410	400	395	—	—	—	—
X1CrNiMoCuN20-18-7	1.4547	615	587	560	542	525	517	510	502	495	—
X1NiCrMoCuN25-20-7	1.4529	610	585	560	540	525	515	510	—	—	—
X6CrNi25-20	1.4951	470	450	430	420	410	405	400	385	370	350

表 14-153 压力容器用铁素体、马氏体不锈钢棒热加工、热处理制度(EN 10272—2007)

牌号	数字编号	热加工		热处理状态	退火		淬火		回火
		温度/℃	冷却方式		温度/℃	冷却方式	温度/℃	冷却方式	温度/℃
铁素体钢									
X2CrNi12	1.4003	1100～800	空冷	+A	680～740	空冷	—	—	—
马氏体钢									
X12Cr13	1.4006	1000～800	空冷	+A	745～825	空冷	—	—	—
				+QT650	—	—	950～1000	油冷，空冷	680～780
X17CrNi16-2	1.4057	1000～800	缓冷	+A	680～800	炉冷、空冷	—	—	—
				+QT800	—	—	950～1050	油冷，空冷	750～800 650～700
				+QT900	—	—	950～1050	油冷，空冷	600～650
X3CrNiMo13-4	1.4313	1150～900	空冷	+A	600～650	炉冷、空冷	—	—	—
				+QT650	—	—	950～1050	油冷，空冷	650～700 600～620
				+QT780	—	—	950～1050	油冷，空冷	550～600
				+QT900	—	—	950～1050	油冷，空冷	520～580
X4CrNiMo16-5-1	1.4418	1150～900	空冷	+A	600～650	油冷，空冷	—	—	—
				+QT760	—	—	950～1050	油冷，空冷	590～620
				+QT900	—	—	950～1050	油冷，空冷	550～620

注：+A——退火，+QT——淬火和回火。

表 14-154 压力容器用奥氏体不锈钢棒热加工、热处理制度(EN 10272—2007)

牌号	数字编号	热加工		热处理状态	固溶退火	
		温度/℃	冷却方式		温度/℃	冷却方式
X2CrNi18-9	1.4307	1200～900	空冷	固溶退火	1000～1100	水冷,空冷
X2CrNi19-11	1.4306	1200～900	空冷	固溶退火	1000～1100	水冷,空冷
X2CrNiN8-10	1.4311	1200～900	空冷	固溶退火	1000～1100	水冷,空冷
X5CrNi18-10	1.4301	1200～900	空冷	固溶退火	1000～1100	水冷,空冷
X6CrNiTi18-10	1.4541	1200～900	空冷	固溶退火	1020～1120	水冷,空冷
X2CrNiMo17-12-2	1.4404	1200～900	空冷	固溶退火	1020～1120	水冷,空冷
X2CrNiMoN17-11-2	1.4406	1200～900	空冷	固溶退火	1020～1120	水冷,空冷
X5CrNiMo17-12-2	1.4401	1200～900	空冷	固溶退火	1020～1120	水冷,空冷
X6CrNiMoTi17-12-2	1.4571	1200～900	空冷	固溶退火	1020～1120	水冷,空冷
X2CrNiMo17-12-3	1.4432	1200～900	空冷	固溶退火	1020～1120	水冷,空冷
X2CrNiMo18-14-3	1.4435	1200～900	空冷	固溶退火	1020～1120	水冷,空冷
X2CrNiMoN17-13-5	1.4439	1200～900	空冷	固溶退火	1020～1120	水冷,空冷
X1NiCrMoCu25-20-5	1.4539	1200～900	空冷	固溶退火	1050～1150	水冷,空冷
X6CrNiNb18-10	1.4550	1150～850	空冷	固溶退火	1020～1120	水冷,空冷
X6CrNiMoNb17-12-2	1.4580	1150～850	空冷	固溶退火	1020～1120	水冷,空冷
X2CrNiMoN17-13-3	1.4429	1200～900	空冷	固溶退火	1020～1120	水冷,空冷
X3CrNiMo17-13-3	1.4436	1200～900	空冷	固溶退火	1020～1120	水冷,空冷
X1NiCrMoCu31-27-4	1.4563	1150～850	空冷	固溶退火	1050～1150	水冷,空冷
X1CrNiMoCuN20-18-7	1.4547	1200～950	空冷	固溶退火	1140～1200	水冷,空冷
X1NiCrMoCuN25-20-7	1.4529	1200～950	空冷	固溶退火	1120～1180	水冷,空冷
X6CrNi25-20	1.4951	1100～850	空冷	固溶退火	1050～1150	水冷,空冷

表 14-155 压力容器用奥氏体-铁素体不锈钢棒热加工、热处理制度(EN 10272—2007)

牌号	数字编号	热加工		热处理状态	固溶退火	
		温度/℃	冷却方式		温度/℃	冷却方式
X2CrNiMoN22-5-3	1.4462	1200～950	空冷	固溶退火	1020～1100	水冷,空冷
X2CrNiN23-4	1.4362	1200～1000	空冷	固溶退火	950～1050	水冷,空冷
X2CrNiMoN25-6-3	1.4507	1200～1000	空冷	固溶退火	1040～1120	水冷,空冷
X2CrNiMoN25-7-4	1.4410	1200～1000	空冷	固溶退火	1040～1120	水冷,空冷
X2CrNiMoCuWN25-7-4	1.4501	1200～1000	空冷	固溶退火	1040～1120	水冷,空冷

表 14-156　压力容器用奥氏体-铁素体不锈钢棒高温固溶退火条件下抗拉强度最低值 (EN 10272—2007)

牌号	数字编号	抗拉强度 R_m/MPa			
		100℃	150℃	200℃	250℃
X2CrNiN23-4	1.4362	540	520	500	490
X2CrNiMoN22-5-3	1.4462	590	570	550	540
X2CrNiMoCuN25-6-3	1.4507	660	640	620	610
X2CrNiMoN25-7-4	1.4410	680	660	640	630
X2CrNiMoCuWN25-7-4	1.4501	680	660	640	630

表 14-157　压力容器用指定奥氏体抗蠕变钢固溶退火条件下蠕变断裂强度(EN 10272—2007)

牌号	数字编号	温度/℃	断裂强度/MPa(在以下时间内)						
			10000h	30000h	50000h	100000h	150000h	200000h	250000h
X6CrNi25-20	1.4951	600	137	113	104*	92*	89*	82*	79*
		610	120	98	90*	79*	74*	71*	68*
		620	105	85	78*	69*	64*	61*	59*
		630	92	75	68*	60*	56*	54*	52*
		640	81	66	60*	53*	50*	47*	46*
		650	72	58	53*	47*	44*	42*	41*
		660	64	52	47*	42*	39*	38*	36*
		670	57	46	42*	38*	35*	34*	33*
		680	51	42	38	34*	32*	31*	29*
		690	47	38	35	31*	29*	28*	27*
		700	42	34	32	28*	26*	25*	24*
		710	39	31	29	26*	24*	23*	22*
		720	35	29	26	23.5*	22*	21*	20*
		730	32	27	24.5*	22*	20*	19.5*	18.5*
		740	30	24.5	22.5*	20*	18.5*	18*	17*
		750	28	22.5	21*	18.5*	17*	16.5*	16*

注:表中*数据包括用外推法延伸的时间。

(5)一般工程用不锈钢敞口钢模锻件

表 14-158　室温下铁素体钢及马氏体钢锻件的力学性能(EN 10250-4—1999)

牌号	数字编号	热处理状态	有效断面尺寸/mm(最大值)	屈服强度 $R_{p0.2}$/MPa(最小值)	抗拉强度 R_m/MPa	伸长率 A/%(最小值)	
						纵向	横向
X6CrA113	1.4002	A	25	230	400～600		
X6Cr17	1.4016	A	100	240	400～630		
X12Cr13	1.4006	A			730		
		QT650	160	450	650～850	15	
X20Cr13	1.4021	A			760		
		QT700	160	500	700～850	13	
		QT800	160	600	800～950	12	
X30Cr13	1.4028	A			800		
		QT850	160	650	850～1000	10	
X17CrNi16-2	1.4057	A	250		1000		
		QT800	250	600	800～950	10	8
		QT900	250	700	900～1050	10	8

续表

牌　　号	数字编号	热处理状态	有效断面尺寸/mm(最大值)	屈服强度 $R_{p0.2}$/MPa(最小值)	抗拉强度 R_m/MPa	伸长率 A/%(最小值)	
						纵向	横向
X3CrNiMo13-4	1.4313	A			1100		
		QT650	450	520	650～830	15	12
		QT780	450	620	780～980	15	12
		QT900	450	800	900～1100	12	10
X4CrNiMo16-5-1	1.4418	A			1100		
		QT760	450	550	760～960	16	14
		QT900	450	700	900～1100	16	14
X5CrNiCuNb16-4	1.4542	A			1200		
		P930	250	720	930	15	12
		P1070	250	1000	1070	12	10
		P1300	250	1150	1300	8	6

注：A——退火，QT——淬火加回火，P——弥散强化。

表 14-159　室温下固溶退火后奥氏体钢及奥氏体-铁素体钢锻件的力学性能(EN 10250-4—1999)

牌　　号	数字编号	有效断面尺寸/mm(最大值)	屈服强度/MPa(最小值)		抗拉强度 R_m/MPa	伸长率 A/%(最小值)	
			$R_{p0.2}$	$R_{p1.0}$			
奥氏体钢							
X2CrNi18-9	1.4307	250	175	210	450～680	35	
X2CrNi19-11	1.4306	250	180	215	460～680	35	
X2CrNiN18-10	1.4311	250	270	308	550～760	30	
X4CrNi18-10	1.4301	250	190	225	500～700	35	
X6CrNiTi18-10	1.4541	450	190	225	500～700	30	
X2CrNiMo17-12-2	1.4404	250	200	235	500～700	30	
X2CrNiMoN17-12-2	1.4406	250	280	325	580～800	30	
X4CrNiMo17-12-2	1.4401	250	200	235	500～700	30	
X6CrNiMoTi17-12-2	1.4571	450	200	235	500～700	30	
X2CrNiMoN1-13-3	1.4419	400	280	315	580～800	30	
X4CrNiMo17-13-3	1.4436	250	200	235	500～700	30	
X2CrNiMo18-14-4	1.4435	250	200	235	500～700	30	
X1NiCrMoCu20-20-5	1.4539	250	230	260	530～730	30	
X6CrNiNb18-10	1.4550	450	205	240	510～740	30	
X1NiCrMoCu31-27-4	1.4563	250	220	250	500～750	30	
X1CrNiMoCuN20-18-7	1.4547	250	300	340	650～850	30	
X1CrNiMoCuN25-20-7	1.4529	250	300	340	650～850	35	
奥氏体-铁素体钢							
X3CrNiMoN27-5-2	1.4460	160	460		620～880	20①	15②
X2CrNiMoN22-5-3	1.4462	350	450		650～880	25①	20②
X2CrNiN23-4	1.4362	160	400		600～830	25①	20②
X2CrNiMoCuN25-6-3	1.4507	160	500		700～900	25①	20②
X2CrNiMoN25-7-4	1.4410	160	530		730～930	25①	20②
X2CrNiMoCuWN25-7-4	1.4501	160	530		730～930	25①	20②

注：1. ①纵向数据；
　　2. ②横向数据。

(6)机械弹簧钢丝及绳索用钢丝

表 14-160　弹簧钢丝拉拔后抗拉强度(EN 10270-3—2001)

公称直径/mm	抗拉强度 R_m/MPa(最小值)			
	X10CrNi18-8(1.4310)		X5CrNiMo17-12-2(1.4401)	X7CrNiA117-7(1.4568)
	一般抗拉强度	高抗拉强度		
≤0.20	2200	2350	1725	1975
0.20～0.30	2150	2300	1700	1950
0.30～0.40	2100	2250	1675	1925
0.40～0.50	2050	2200	1650	1900
0.50～0.65	2000	2150	1625	1850
0.65～0.80	1950	2100	1600	1825
0.80～1.00	1900	2050	1575	1800
1.00～1.25	1850	2000	1550	1750
1.25～1.50	1750	1950	1500	1700
1.50～1.75	1700	1900	1450	1650
1.75～2.00	1650	1850	1400	1550
2.00～2.50	1600	1750	1350	1500
2.50～3.00	1550	1700	1250	1450
3.50～4.25	1500	1650	1225	1400
4.25～5.00	1450	1550	1200	1350
5.00～6.00	1400	1500	1150	1300
6.00～7.00	1350	1450	1125	1250
7.00～8.50	1300	1400	1075	1250
8.50～10.00	1250	1350	1050	1250

注:1. 抗拉强度数据以实际直径计算;
2. 最大抗拉强度值应为最小值的 115%;
3. 矫正后,抗拉强度值应减小,但不低于原来的 90%;
4. 最大直径的产品其抗拉强度值由供需双方协商决定。

表 14-161　绳索用不锈钢丝的抗拉强度(EN 10264-4—2002)

公称直径/mm	抗拉强度 R_m/MPa(最小值)				
	X5CrNi18-10 (1.4301)①	X10CrNi18-8 (1.4310)②	X4CrNi18-12 (1.4303)	X5CrNiMo17-12-2 (1.4401)	X15CrNiSi25-21 (1.4841)
≤0.20	2050	2200	1600	1725	1700
0.20～0.30	2000	2150	1575	1700	1650
0.30～0.40	1950	2100	1500	1675	1600
0.40～0.50	1900	2050	1550	1650	1575
0.50～0.65	1850	2000	1525	1625	1575
0.65～0.80	1800	1950	1500	1600	1550
0.80～1.00	1750	1900	1475	1575	1550
1.00～1.25	1700	1850	1500	1550	1525
1.25～1.50	1650	1800	1450	1500	1500
1.50～1.75	1600	1750	1425	1450	1475
1.75～2.00	1550	1700	1400	1400	1450
2.00～2.50	1500	1650	1350	1350	1400
2.50～3.00	1450	1600	1300	1300	1350

注:1. ①该数据为低抗拉强度值;
2. ②该数据为一般抗拉强度值。

(7)管材

表 14-162 压力焊接不锈钢钢管固溶退火态的力学性能(EN 10217-7—2005)

牌 号	数字编号	屈服强度/MPa(最小值)		抗拉强度 R_m/MPa	伸长率 A/%	
		$R_{p0.2}$	$R_{p1.0}$		纵向	横向
X2CrNi18-9	1.4307	180	215	470～670	40	35
X2CrNi19-11	1.4306	180	215	460～680	40	35
X2CrNiN18-10	1.4311	270	305	500～760	35	30
X5CrNi18-10	1.4301	195	230	500～700	40	35
X6CrNiTi18-10	1.4541	200	235	500～730	35	30
X6CrNiNb18-10	1.4550	205	240	510～740	35	30
X2CrNiMo17-12-2	1.4404	190	225	490～690	40	30
X5CrNiMo17-12-2	1.4401	205	240	510～710	40	30
X6CrNiMoTi17-12-2	1.4571	210	245	500～730	35	30
X2CrNiMo17-12-3	1.4432	190	225	490～690	40	30
X2CrNiMo17-13-3	1.4429	295	330	580～800	35	30
X3CrNiMo17-13-3	1.4436	205	240	510～710	40	30
X2CrNMo18-14-3	1.4435	190	225	490～690	40	30
X2CrNiMoN17-13-5	1.4439	285	315	580～800	35	30
X2CrNiMo18-15-4	1.4438	220	250	490～690	35	30
X1CrMoCu31-27-4	1.4563	215	245	500～750	40	35
X1NiCrMoCu25-20-5	1.4539	220	250	520～720	35	30
X1CrNiMoCuN20-18-7	1.4547	300	340	650～850	35	30
X1NiCrMoCuN25-20-7	1.4529	300	340	600～800	40	40

注：1. 当产品厚度大于 60mm 时，其力学性能应由供需双方协商决定；

2. 当交货条件为 W0，W1，W2 等不经固溶退火处理状态时，最大抗拉强度值应提高 70MPa。

表 14-163 压力无缝钢管固溶退火态的力学性能(EN 10216-5—2004)

牌 号	数字编号	屈服强度/MPa		抗拉强度 R_m/MPa	伸长率 A/%	
		$R_{p0.2}$	$R_{p1.0}$		纵向	横向
X2CrNi18-9	1.4307	180	215	460～680	40	35
X2CrNi19-11	1.4306	180	215	460～680	40	35
X2CrNiN18-10	1.4311	270	305	550～760	35	30
X5CrNi18-10	1.4301	195	230	500～700	40	35
X6CrNiTi18-10(冷轧)	1.4541	200	235	500～730	35	30
X6CrNiTi18-10(热轧)	1.4541	180	215	460～680	35	30
X6CrNiNb18-10	1.4550	205	240	510～740	35	30
X1CrNi25-21	1.4335	180	210	470～670	45	40

续表

牌　　号	数字编号	屈服强度/MPa		抗拉强度 R_m/MPa	伸长率 A/%	
		$R_{p0.2}$	$R_{p1.0}$		纵向	横向
X2CrNiMo17-12-2	1.4404	190	225	490～690	40	30
X5CrNiMo17-12-2	1.4401	205	240	510～710	40	30
X5CrNiMoN25-22-2	1.4466	260	295	540～740	40	30
X6CrNiMoTi17-12-2(冷轧)	1.4571	210	245	500～730	35	30
X6CrNiMoTi17-12-2(热轧)	1.4571	190	225	490～690	35	30
X6CrNiMoNb17-12-2	1.4580	215	250	510～740	35	30
X2CrNiMoN17-13-3	1.4429	295	330	580～800	35	30
X3CrNiMo17-13-3	1.4436	205	240	510～710	40	30
X2CrNiMo18-14-3	1.4435	190	225	490～690	40	30
X2CrNiMoN17-13-5	1.4439	285	315	580～800	35	30
X1NiCrMoCu31-27-4	1.4563	215	245	500～750	40	35
X1NiCrMoCu25-20-5	1.4539	230	250	520～720	35	30
X1CrNiMoCuN20-18-7	1.4547	300	340	650～850	35	30
X1NiCrMoCuN25-20-7	1.4529	270	310	600～800	35	30
X2NiCrAlTi32-20	1.4558	180	210	450～700	35	30

注：产品壁厚大于 60mm 时，其性能应由供需双方协商决定。

表 14-164　　厚度≤30mm 耐腐蚀焊接圆钢管的力学性能(EN 10296-2—2005)

牌　　号	数字编号	屈服强度/MPa（不小于）		抗拉强度/MPa（不小于）	伸长率 A/%（不小于）		耐晶间腐蚀
		$R_{p0.2}$	$R_{p1.0}$	R_m	纵向	横向	
铁素体型							
X2CrNi12	1.4003	280	290	450	20	18	否
X2CrTi12	1.4512	210	220	380	25	23	否
X6Cr17	1.4016	240	250	430	20	18	是
X3CrTi17	1.4510	230	240	420	23	21	是
X2CrMoTi18-2	1.4521	280	290	400	20	20	是
X6CrMoNb17-1	1.4526	280	290	480	25	23	是
X2CrTiNb18	1.4509	230	240	430	18	16	是
奥氏体型							
X2CrNiN18-7	1.4318	330	370	630	45	45	是
X2CrNi18-9	1.4307	180	215	470	40	35	是
X2CrNi19-11	1.4306	180	215	460	40	35	是
X2CrNiN18-10	1.4311	270	305	550	35	30	是
X5CrNi18-10	1.4301	195	230	500	40	35	是
X6CrNiTi18-10	1.4541	200	235	500	35	30	是

续表

牌号	数字编号	屈服强度/MPa(不小于)		抗拉强度/MPa(不小于)	伸长率 A/%(不小于)		耐晶间腐蚀
		$R_{p0.2}$	$R_{p1.0}$	R_m	纵向	横向	
X6CrNiNb18-10	1.4550	205	240	510	35	30	是
X2CrNiMo17-12-2	1.4404	190	225	490	40	30	是
X5CrNiMo17-12-2	1.4401	205	240	510	35	30	是
X6CrNiMoTi17-12-2	1.4571	210	245	510	35	30	是
X2CrNiMo17-12-3	1.4432	190	225	490	40	30	是
X2CrNiMo17-13-3	1.4429	295	330	580	35	30	是
X3CrNiMo17-3-3	1.4436	205	240	510	40	30	是
X2CrNiMo18-14-3	1.4435	190	225	490	40	35	是
X2CrNiMoN17-3-5	1.4439	285	315	580	35	30	是
X1NiCrMoCu25-20-5	1.4539	220	250	520	35	30	是
X1CrNiMoCuN20-18-7	1.4547	300	340	650	35	30	是
奥氏体-铁素体型							
X2CrNiN23-4	1.4362	400		600	20		是
X2CrNiMoN27-5-2	1.4462	450		700	22		是
X2CrNiMoN25-7-4	1.4410	550		800	15		是

表 14-165 耐热焊接圆钢管固溶退火条件下的力学性能(EN 10296-2—2005)

牌号	数字编号	屈服强度/MPa(不小于)		抗拉强度/MPa(不小于)	伸长率 A/%(不小于)	
		$R_{p0.2}$	$R_{p1.0}$	R_m	纵向	横向
X15CrNiSi20-12	1.4828	230	270	550	30	30
X9CrNiSiNCe21-11-2	1.4835	310	350	650	40	40
X12CrNi23-13	1.4833	210	250	500	35	35
X8CrNi25-21	1.4845	210	250	500	35	35
X6CrNiSiNCe19-10	1.4818	290	330	600	40	40
X6NiCrSiNCe35-25	1.4854	300	340	650	40	40

表 14-166 耐腐蚀铁素体焊接圆钢管的热处理制度(EN 10296-2—2005)

牌号	数字编号	热处理		热加工	
		退火温度/℃	冷却方式	温度/℃	冷却方式
X2CrNi12	1.4003	700～750	水冷或空冷或气冷	1100～800	空冷或气冷
X2CrTi12	1.4512	750～850	水冷或空冷或气冷	1100～800	空冷或气冷
X6Cr17	1.4016	750～850	水冷或空冷或气冷	1100～800	空冷或气冷
X3CrTi17	1.4510	750～850	水冷或空冷或气冷	1100～800	空冷或气冷
X2CrMoTi18-2	1.4521	820～880	水冷或空冷或气冷	1100～800	空冷或气冷
X6CrMoNb17-1	1.4526	820～880	水冷或空冷或气冷	1100～800	空冷或气冷
X2CrTiNb18	1.4509	870～930	水冷或空冷或气冷	1100～800	空冷或气冷

表 14-167 耐腐蚀奥氏体、奥氏体-铁素体焊接圆钢管热处理制度(EN 10296-2—2005)

牌号	数字编号	热处理		热加工	
		固溶退火温度/℃	冷却方式	温度/℃	冷却方式
奥氏体型					
X2CrNiN18-7	1.4318	1020～1100	水淬或空冷或气冷	1150～850	空冷或气冷
X2CrNi18-9	1.4307	1000～1100	水淬或空冷或气冷	1150～850	空冷或气冷
X2CrNi19-11	1.4306	1000～1100	水淬或空冷或气冷	1150～850	空冷或气冷
X2CrNiN18-10	1.4311	1000～1100	水淬或空冷或气冷	1150～850	空冷或气冷
X5CrNi18-10	1.4301	1000～1100	水淬或空冷	1150～750	空冷或气冷
X6CrNiTi18-10	1.4541	1000～1100	水淬或空冷或气冷	1150～850	空冷或气冷
X6CrNiNb18-10	1.4550	1020～1100	水淬或空冷或气冷	1150～850	空冷或气冷
X2CrNiMo17-12-2	1.4404	1030～1110	水淬或空冷或气冷	1150～850	空冷或气冷
X5CrNiMo17-12-2	1.4401	1030～1110	水淬或空冷或气冷	1150～850	空冷或气冷
X6CrNiMoTi17-12-2	1.4571	1030～1110	水淬或空冷或气冷	1150～850	空冷或气冷
X2CrNiMo17-12-3	1.4432	1030～1110	水淬或空冷或气冷	1150～850	空冷或气冷
X2CrNiMo17-13-3	1.4429	1030～1110	水淬或空冷或气冷	1150～850	空冷或气冷
X3CrNiMo17-3-3	1.4436	1030～1110	水淬或空冷或气冷	1150～850	空冷或气冷
X2CrNiMo18-14-3	1.4435	1070～1150	水淬或空冷或气冷	1150～850	空冷或气冷
X2CrNiMoN17-13-5	1.4439	1060～1140	水淬或空冷或气冷	1150～850	空冷或气冷
X1NiCrMoCu25-20-5	1.4539	1100～1160	水淬或空冷或气冷	1150～850	空冷或气冷
X1CrNiMoCuN20-18-7	1.4547	1180～1200	水淬或空冷或气冷	1150～850	空冷或气冷
奥氏体-铁素体型					
X2CrNiN23-4	1.4362	950～1050	水淬或空冷或气冷	1150～950	空冷或气冷
X2CrNiMoN22-5-3	1.4462	1020～1100	水淬或空冷或气冷	1150～950	空冷或气冷
X2CrNiMoN25-7-4	1.4410	1040～1120	水淬或空冷或气冷	1150～1000	空冷或气冷

表 14-168 耐热奥氏体焊接圆钢管的热处理制度(EN 10296-2—2005)

牌号	数字编号	热处理		热加工	
		温度/℃	冷却方式	温度/℃	冷却方式
X15CrNiSi20-12	1.4828	1050～1150	水淬或空冷或气冷	1150～850	空冷或气冷
X9CrNiSiNCe21-11-2	1.4835	1020～1120	水淬或空冷或气冷	1100～850	空冷或气冷
X12CrNi23-13	1.4833	1050～1150	水淬或空冷或气冷	1100～850	空冷或气冷
X8CrNi25-21	1.4845	1050～1150	水淬或空冷或气冷	1100～850	空冷或气冷
X6CrNiSiNCe19-10	1.4818	1020～1120	水淬或空冷或气冷	1100～850	空冷或气冷
X6NiCrSiNCe35-25	1.4854	1100～1150	水淬或空冷或气冷	1100～850	空冷或气冷

表 14-169 不锈钢无缝管材的力学性能(EN 10297-2—2005)

牌号	数字编号	交货状态	屈服强度/MPa		抗拉强度 R_m/MPa	伸长率 A/%	
			$R_{p0.2}$	$R_{p1.0}$		纵向	横向
铁素体钢							
X2CrTi12	1.4512	A	210	220	380	25	25
X6CrAl13	1.4002	A	210	220	400	17	17

续表

牌号	数字编号	交货状态	屈服强度/MPa		抗拉强度 R_m/MPa	伸长率 A/%	
			$R_{p0.2}$	$R_{p1.0}$		纵向	横向
X6Cr17	1.4016	A	240	250	430	20	20
X3CrTi17	1.4510	A	230	240	420	23	23
马氏体钢							
X12Cr13	1.4006	QT550	400	410	550	15	15
		QT650	450	460	650	12	12
奥氏体钢							
X2CrNi18-9	1.4307	AT	180	215	460	40	35
X2CrNi19-11	1.4306	AT	180	215	460	40	35
X2CrNiN18-10	1.4311	AT	270	305	550	35	30
X5CrNi18-10	1.4301	AT	195	230	500	40	35
X8CrNiS18-9	1.4305	AT	190	230	500	35	35
X6CrNiTi18-10	1.4541	AT C	200	235	500	35	30
		AT H	280	215	460	35	30
X6CrNiNb18-10	1.4550	AT	205	240	510	35	30
X1CrNi25-21	1.4335	AT	180	210	470	45	40
X2CrNiMo17-12-2	1.4404	AT	190	225	490	40	30
X5CrNiMo17-12-2	1.4401	AT	205	240	510	40	30
X1CrNiMoN25-22-2	1.4466	AT	260	295	540	40	30
X6CrNiMoTi17-12-2	1.4571	AT C	210	245	500	35	30
		AT H	190	225	490	35	30
X6CrNiMoNb17-12-22	1.4580	AT	215	250	510	35	30
X2CrNiMoN17-13-3	1.4429	AT	295	330	581	35	30
X3CrNiMo17-13-3	1.4436	AT	205	240	510	40	30
X2CrNiMo18-14-3	1.4435	AT	190	225	490	40	35
X2CrNiMo17-13-5	1.4439	AT	285	315	580	35	30
X1NiCrMoCu31-27-4	1.4563	AT	215	245	500	40	35
X1NiCrMoCu25-20-5	1.4539	AT	230	250	520	35	30
X1CrNiMoCuN20-18-7	1.4547	AT	300	340	650	35	30
X1NiCrMoCuN25-20-7	1.4529	AT	270	310	600	35	
X2NiCrAlTi32-20	1.4558	AT	180	210	450	35	
奥氏体-铁素体钢							
X3CrNiMoN27-5-2	1.4460	AT	460	470	620	20	
X2CrNiMoN29-7-2	1.4477	AT	550①	560①	750①	25	25
X2CrNiMoN22-5-3	1.4462	AT	450	460	640	22	
X2CrNiMoSi18-5-3	1.4424	AT	480	490	700	30	30
X2CrNiN23-4	1.4362	AT	400	410	600	25	25
X2CrNiMoN25-7-4	1.4410	AT	550	640	800	20	20
X2CrNiMoCuN25-6-3	1.4507	AT	500	510	700	20	20
X2CrNiMoCuWN25-7-4	1.4501	AT	550	640	800	20	20

注：1. 表中 A——退火，QT——淬火加回火，AT——固溶退火；

2. ①当管壁厚小于 10mm 时，屈服强度 $R_{p0.2}$ 和 $R_{p1.0}$ 的值应增加 100MPa，抗拉强度增加 500MPa。

表 14-170　　耐热钢无缝管材的力学性能(EN 10297-2—2005)

牌　号	数字编号	交货状态	屈服强度/MPa		抗拉强度	伸长率 A/%	
			$R_{p0.2}$	$R_{p1.0}$	R_m/MPa	纵向	横向
铁素体钢							
X18CrN28	1.4749	A	280		500	15	15
奥氏体钢							
X8CrNiTi18-10	1.4878	AT	190	230	500	40	40
X9CrNiSiNCe21-11-2	1.4835	AT	310	350	650	37	40
X12CrNi23-13	1.4833	AT	210	250	500	33	35
X8CrNi25-21	1.4845	AT	210	250	500	33	35
X10NiCrAlTi32-21	1.4876	AT	170	210	450	28	30
X6NiCrSiNCe35-25①	1.4854	AT	300	340	650	40	40

注:1. A——退火,AT——固溶退火;

2. ①该钢种为专利产品。

(8)弹簧用不锈钢带材

表 14-171　　冷加工条件下弹簧用不锈钢带材的抗拉强度(EN 10151—2002)

牌　号	数字编号	抗拉强度级别	抗拉强度 R_m/MPa
X6Cr17 X20Cr13 X30Cr13 X39Cr13	1.4016 1.4021 1.4028 1.4031	C700 C850 C1000 C1150 C1300 C1500 C1700 C1900	700～850 850～1000 1000～1150 1150～1300 1300～1500 1500～1700 1700～1900 1900～2200
X7CrNiAl17-7	1.4568	C1000 C1150 C1300 C1500 C1700	1000～1150 1150～1300 1300～1500 1500～1700 1700～1900
X10CrNi18-8	1.4310	C850 C1000 C1150 C1300 C1500 C1700 C1900	850～1000 1000～1150 1150～1300 1300～1500 1500～1700 1700～1900 1900～2200
X5CrNi18-10 X5CrNiMo17-12-2	1.4301 1.4401	C700 C850 C1000 C1150 C1300	700～850 850～1000 1000～1150 1150～1300 1300～1500
X11CrNiMnN19-8-6 X12CrMnNiNl17-7-5	1.4369 1.4372	C850 C1000 C1150 C1300 C1500	850～1000 1000～1150 1150～1300 1300～1500 1500～1700

注:1. 钢也可以屈服强度值或硬度值来升级,但只能采用一种参数;

2. 随抗拉强度增加,最大允许厚度及伸长率均减小。

(9)耐蠕变的镍钴合金钢

表 14-172 抗蠕变钢交货状态室温力学性能(EN 10302-2—2008)

牌号	数字编号	热处理	屈服强度 $R_{p0.2}$/MPa(不小于)	抗拉强度 R_m/MPa	A%(不小于)		
					条钢	板钢	
						0.5mm≤a<3mm(横向,纵向)	3mm≤a(横向)
马氏体钢							
X10CrMoVNb9-1	1.4903	+QT	450	620~850	20	—	—
X11CrMoWVNb9-1-1	1.4905	+QT	450	620~850	19	—	—
X8CrCoNiMo10-6	1.4911	+QT	850	1000~1140	10	—	—
X19CrMoNbVN11-1	1.4913	+QT(d≤160)	750	900~1050	12	—	—
X20CrMoV11-1	1.4922	+QT	500	700~850	16	—	15
X22CrMoV12-1	1.4923	+QT(d≤160)	600	800~950	14	—	14
X20CrMoWV12-1	1.4935	+QT 700	500	700~850	16	—	15
		+QT 800	600	800~950	14	—	—
X12CrNiMoV12-3	1.4938	+QT(d≤160)	760	930~1130	14	—	14
奥氏体钢							
X3CrNiMoBN17-13-3	1.4910	+AT(d≤160)	260	550~750	35	—	35
X6CrNiMoB17-12-2	1.4919	+AT(d≤160)	205	490~690	35	30	35
X6CrNiTiB18-10	1.4941	+AT(d≤160)	195	490~680	35	30	35
X6CrNiWNbN16-16	1.4945	+AT	250	540~740	30	—	30
		+WW(d≤60)	490	630~840	17	—	—
X6CrNi25-20	1.4951	+AT	200	510~710	35	35	35
X5NiCrAlTi31-20	1.4958	+AT(d≤160)	170	500~750	35	30	30
		+RA	210	500~750	35	30	30
X8NiCrAlTi32-21	1.4959	+AT(d≤160)	170	500~750	35	30	30
X8CrNiNb16-13	1.4961	+AT	200	510~690	35	30	35
X12CrNiWTiB16-13	1.4962	+AT	230	500~750	30	—	30
		+WW(d≤60)	440	590~790	20	—	—
X12CrCoNi21-20	1.4971	+AT	300	690~900	30	—	35
X6NiCrTiMoVB25-15-2	1.4980	+P(d≤160)	600	900~1150	15	—	15
X8CrNiMoNb16-16	1.4981	+AT	215	530~690	35	—	35
X6CrNiMoTiB17-13	1.4983	+AT	205	530~730	35	30	35
X8CrNiMoVNb16-13	1.4988	+P	255	540~740	30	—	30

注:1. +AT——固溶退火,+P——沉淀硬化,+QT——淬火和回火,+WW——保温,+RA——再结晶退火;

2. a=试样厚度。

表 14-173　　抗蠕变镍、钴合金钢交货状态室温力学性能(EN 10302—2008)

合金牌号	数字编号	热处理	$R_{p0.2}$/MPa (不小于)	R_m/MPa (不小于)	A/%(不小于)	
					条钢	板钢 3mm ≤a(横向)
镍合金						
NiCr26MoW	2.4608	+AT	240	550	30	30
NiCr20Co18Ti	2.4632	+P	700	1100	15	—
NiCr25FeAlY	2.4633	+AT	270	680	30	30
NiCr29Fe	2.4642	+AT	240	590	30	30
NiCo20Cr20MoTi	2.4650	+P	(570)	(970)	(30)	(30)
NiCr20Co13Mo4Ti3Al	2.4654	+P	760	1100	15	20
NiCr23Co12Mo	2.4663	+AT	270	700	35	35
NiCr22Fe18Mo	2.4665	+AT	270	690	30	30
NiCr19Fe19Nb5Mo3	2.4668	+P	1030	1230	12	12
NiCr15Fe7TiAl	2.4669	+P980	630	980	8	—
		+P1170	790	1170	15	15
NiCr20TiAl	2.4952	+P	600	1000	18	18
NiCr25Co20TiMo	2.4878	+P1080	650	1080	15	—
		+P1100	700	1100	12	—
钴合金						
CoCr20W15Ni	2.4964	+AT	340	860	35	35

注:1. 表中+AT——固溶退火;+P——沉淀硬化;

2. a=试样厚度。

表 14-174 抗蠕变钢高温 0.2%屈服强度最低值(EN 10302—2008)

牌号	数字编号	热处理	0.2%屈服强度 $R_{p0.2}$/MPa(在以下温度/℃)															
			50	100	150	200	250	300	350	400	450	500	550	600	650	700	750～800	850～900
马氏体钢																		
X10CrMoVNb9-1	1.4903	+QT	—	410	—	380	370	360	350	340	320	300	270	215	—	—	—	—
X11CrMoWVNb9-1-1	1.4905	+QT	—	412	—	390	383	376	357	356	342	319	287	231	167	—	—	—
X8CrCoNiMo10-6	1.4911	+QT	—	—	—	800	795	780	745	690	635	590	470	340	—	—	—	—
X19CrMoNbVN11-1	1.4913	+QT (d≤160)	726	701	676	651	643	627	610	577	544	495	412	305	—	—	—	—
X20CrMoV11-1	1.4922	+QT	465	460	445	430	415	390	380	360	330	290	250	—	—	—	—	—
X22CrMoV12-1	1.4923	+QT (d≤160)	585	560	545	530	505	480	450	420	380	335	280	—	—	—	—	—
X20CrMoWV12-1	1.4935	+QT 700	465	460	445	430	415	390	380	360	330	290	250	—	—	—	—	—
		+QT 800	585	560	545	530	505	480	450	420	380	335	280	—	—	—	—	—
X12CrNiMoV12-3	1.4938	+QT (d≤160)	730	680	668	655	653	650	630	610	560	505	400	—	—	—	—	—
奥氏体钢																		
X3CrNiMoBN17-13-3	1.4910	+AT	234	205	187	170	159	148	141	134	130	127	124	121	—	—	—	—
X6CrNiMoB17-12-2	1.4919	+AT	194	177	162	147	137	127	122	118	113	108	103	98	—	—	—	—
X6CrNiTiB18-10	1.4941	+AT	183	162	152	142	137	132	127	123	118	113	108	103	—	—	—	—
X6CrNiWNbN16-16	1.4945	+AT	—	225	—	195	—	175	—	165	—	155	150	145	—	—	—	—
		+WW	—	450	—	410	—	365	—	315	—	265	235	205	165	120	—	—
X6CrNi25-20	1.4951	+AT	177	140	128	116	108	100	94	91	86	85	84	82	—	—	—	—
X5NiCrAlTi31-20	1.4958	+AT	157	140	127	115	105	95	90	85	82	80	75	75	—	—	—	—
		+RA	—	180	170	160	152	145	137	130	125	120	115	110	—	—	—	—

续表

牌号	数字编号	热处理	0.2%屈服强度 $R_{p0.2}$/MPa(在以下温度/℃)															
			50	100	150	200	250	300	350	400	450	500	550	600	650	700	750~800	850~900
X8NiCrAlTi32-21	1.4959	+AT	157	140	127	115	105	95	90	85	82	80	75	75	—	—	—	—
X8CrNiNb16-13	1.4961	+AT	197	175	166	157	147	137	132	128	123	118	118	113	—	—	—	—
X12CrNiWTiB16-13	1.4962	+AT	—	225	—	195	—	185	—	175	—	155	145	135	120	100	—	—
		+WW	—	420	—	400	—	390	—	375	—	355	345	335	315	285	—	—
X12CrCoNi21-20	1.4971	+AT	—	290	—	275	—	260	—	245	—	230	215	200	185	170	155 130	105 80
X6NiCrTiMoVB25-15-2	1.4980	+P	592	580	570	560	550	530	520	510	500	490	460	430	380	295	200 —	— —
X8CrNiMoNb16-16	1.4981	+AT	202	195	—	177	—	157	—	147	—	137	137	132	—	—	—	—
X6CrNiMoTiB17-13	1.4983	+AT	—	—	—	—	—	—	—	135	—	130	—	120	—	—	—	—
X8CrNiMoVNb16-13	1.4988	+P	239	215	—	196	—	177	—	167	—	157	152	147	—	—	—	—

注:表中+AT——固溶退火,+P——深沉硬化,+QT——淬火和回火,+RA——再结晶退火,+WW——保温

表 14-175 抗蠕变镍、钴合金钢高温 0.2%屈服强度最低值(EN 10302—2008)

牌号	数字编号	热处理	0.2%屈服强度 $R_{p0.2}$/MPa(在以下温度/℃)																			
			50	100	150	200	250	300	350	400	450	500	550	600	650	700	750	800	850	900	950~1000	1100~1200
镍合金																						
NiCr26MoW	2.4608	+AT	—	280	—	240	—	210	—	190	190	190	185	180	180	180	180	180	—	—	—	—
NiCr20Co18Ti	2.4632	+P	—	635	—	610	—	585	—	565	—	545	530	520	510	500	465	395	—	—	—	—
NiCr25FeAlY	2.4633	+AT	—	240	—	220	—	200	—	190	—	180	—	175	—	170	—	160	—	125	— 80	65 30
NiCr29Fe	2.4642	+AT	—	236	—	228	—	220	—	216	—	210	—	200	—	156	—	120	—	—	—	—
NiCo20Cr20MoTi	2.4650	+P		(520)		(490)		(480)		(480)		(480)		(470)		(460)						

续表

牌号	数字编号	热处理	0.2%屈服强度 $R_{p0.2}$/MPa(在以下温度/℃)																	
			50	100	150	200	250	300	350	400	450	500	550	600	650	700	750	800	850	900	950～1000	1100～1200
NiCr20Co13Mo4Ti3Al	2.4654	+P	—	—	—	800	—	790	—	750	—	740	—	700	—	660	—	—	—	—	—	—
NiCr23Co12Mo	2.4663	+AT	—	270	250	230	225	220	215	210	205	200	195	190	187	185	180	—	—	—	—	—
NiCr22Fe18Mo	2.4665	+AT	—	260	—	245	—	230	—	215	—	200	195	190	185	180	170	165	160	140	110 80	—
NiCr19Fe19Nb5Mo3	2.4668	+P	—	—	—	—	—	880	—	865	—	860	—	860	—	800	—	615	—	—	—	
NiCr15Fe7TiAl	2.4669	+P980	625	620	615	610	606	601	596	592	587	582	578	573	565	—	—	—	—	—	—	—
		+P1170	—	—	—	760	—	746	—	732	—	715	—	692	—	642	—	415	—	—	—	—
NiCr20TiAl	2.4952	+P	595	586	577	568	564	560	550	540	530	520	510	500	480	—	—	—	—	—	—	—
NiCr25Co20TiMo	2.4878	+P1080	—	632	—	610	—	590	—	570	561	553	550	549	547	538	504	412	366	—	—	—
		+P1100	—	640	—	635	—	630	—	625	620	610	600	590	580	570	560	490	350	200	—	—
钴合金																						
CoCr20W15Ni	2.4964	+AT	—	290	—	210	—	200	—	160	—	—	—	140	—	—	—	120	—	—	—	—

注：表中+AT——固溶退火，+A——软性退火，+P——沉淀硬化

表 14-176　抗蠕变钢的热处理制度(EN 10302—2008)

牌　号	数字编号	热处理状态	淬火或固溶退火温度/℃	冷却方式	回火或沉淀处理温度/℃(时间)
马氏体钢					
X10CrMoVNb9-1	1.4903	+QT	1040～1100	油冷	730～780(≥1h)
X11CrMoWVNb9-1-1	1.4905	+QT	1040～1080	油冷	740～770(2分钟/mm厚度)
X8CrCoNiMo10-6	1.4911	+QT	1160～1180	快速空冷	590～640(加倍)
X19CrMoNbVN11-1	1.4913	+QT(d≤250)	1100～1130	空冷或油冷	670～720(≥2h)
X20CrMoV11-1	1.4922	+QT	1020～1070	空冷或油冷	720～780(≥2h)
X22CrMoV12-1	1.4923	+QT(d≤250)	1020～1070	空冷或油冷	680～740(≥2h)
X20CrMoWV12-1	1.4935	+QT 700	1020～1070	空冷或油冷	720～780(≥2h)
		+QT 800	1020～1070	空冷或油冷	680～740(≥2h)
X12CrNiMoV12-3	1.4938	+QT(d≤250)	1035～1065	油冷	600～700
奥氏体钢					
X3CrNiMoBN17-13-3	1.4910	+AT	1020～1100	快速空冷	—
X6CrNiMoB17-12-2	1.4919	+AT	1020～1100	快速空冷	—
X6CrNiTiB18-10	1.4941	+AT	1070～1150	快速空冷	—
X6CrNiWNbN16-16	1.4945	+AT	1050～1150	快速空冷	—
X6CrNi25-20	1.4951	+AT	1050～1150	快速空冷	—
X5NiCrAlTi31-20	1.4958	+AT	1100～1200	快速空冷	—
		+RA	920～1000	快速空冷	—
X8NiCrAlTi32-21	1.4959	+AT	1100～1200	快速空冷	—
X8CrNiNb16-13	1.4961	+AT	1050～1150	快速空冷	—
X12CrNiWTiB16-13	1.4962	+AT	1050～1150	快速空冷	—
X12CrCoNi21-20	1.4971	+AT	1150～1200	快速空冷	—
X6NiCrTiMoVB25-15-2	1.4980	+P	970～990	油冷,水冷	710～730(16h)
X8CrNiMoNb16-16	1.4981	+AT	1050～1100	快速空冷	—
X6CrNiMoTiB17-13	1.4983	+AT	1050～1150	快速空冷	—
X8CrNiMoVNb16-13	1.4988	+P	1100～1150	快速空冷	750～880(1～5h)

注:表中+QT——淬火和回火,+AT——固溶退火,+RA——再结晶退火,+P——沉淀硬化。

表 14-177　抗蠕变镍、钴合金钢的热处理制度(EN 10302—2008)

合金牌号	数字编号	热处理状态	固溶退火温度/℃	冷却方式	沉淀处理温度/℃(时间)
镍合金					
NiCr15MoW	2.4608	+AT	1100～1180	快速空冷	—
NiCr20Co18Ti	2.4632	+P	1050～1100	快速空冷	680～730,16h,空冷(条钢)
		+P	1100～1150	快速空冷	740～760,4h空冷(板钢)
NiCr25FeAlY	2.4633	+AT	1180～1220	快速空冷	—
NiCr29Fe	2.4642	+AT	1050～1150	快速空冷	—
NiCo20Cr20MoTi	2.4650	+P	1130～1170	快速空冷	780～820,8h,空冷
NiCr20Co13Mo4Ti3Al	2.4654	+P	995～1080	快速空冷	840～860,4h+740～770,16h,空冷
NiCr23Co12Mo	2.4663	+AT	1150～1200	快速空冷	—
NiCr22Fe18Mo	2.4665	+AT	1140～1190	快速空冷	—
NiCr19Fe19Nb5Mo3	2.4668	+P	950～1010	快速空冷	710～730,8h,炉冷至610～630,保持610～630.总处理时间18h
NiCr15Fe7TiAl	2.4669	+P 980	1100～1200	快速空冷	840～860,24h,空冷+690～710,20h,空冷
		+P 1170	950～1000	快速空冷	同2.4668
NiCr20TiAl	2.4952	+P	1050～1080	空冷	840～860,24h,空冷+690～710,16h,空冷
NiCr25Co20TiMo	2.4878	+P 1080	1090～1110	空冷	640～660,24h,空冷+750～770,8h,空冷
		+P 1100	1130～1180	快速空冷	840～860,16h,空冷
钴合金					
CoCr20W15Ni	2.4964	+AT	1180～1230	快速空冷	—

注:表中+AT——固溶退火,+P——沉淀硬化。

表 14-178　抗蠕变钢1%塑性变形蠕变强度和蠕变断裂强度(EN 10302—2008)

牌号	数字编号	温度/℃	1%塑性变形蠕变强度/MPa(在以下时间内)		蠕变断裂强度/MPa(在以下时间内)		
			10000h	100000h	10000h	100000h	200000h
马氏体钢							
X10CrMoVNb9-1	1.4903	470	323	277	356	317	
		480	298	256	332	295	
		490	274	232	309	274	
		500	253	213	287	253	
		510	231	193	268	234	
		520	212	177	250	215	
		530	193	161	232	197	
		540	177	146	214	179	
		550	161	132	199	162	
		560	147	119	182	145	
		570	133	107	165	130	
		580	121	97	150	115	
		590	109	86	135	102	

续表

牌　号	数字编号	温度/℃	1%塑性变形蠕变强度/MPa(在以下时间内)		蠕变断裂强度/MPa(在以下时间内)		
			10000h	100000h	10000h	100000h	200000h
X10CrMoVNb9-1	1.4903	600	98	77	122	90	
		610	88	68	110	78	
		620	79	61	96	68	
		630	70		88	58	
		640	62		79	51	
		650	56		70	44	
X11CrMoWV Nb9-1-1	1.4905	480	279	(241)	322	288	
		490	259	(224)	305	271	
		500	240	(208)	288	255	
		510	223	(193)	271	239	
		520	208	(179)	255	223	
		530	193	(166)	239	208	
		540	180	(154)	224	193	
		550	167	(142)	212	182	
		560	155	(131)	197	166	
		570	143	(120)	182	150	
		580	132	(110)	167	135	
		590	122	(100)	154	121	
		600	112	(90)	140	108	
		610	102	(81)	128	95	
		620	92	(72)	115	83	
		630	83	(64)	104	72	
		640	74	(56)	93	62	
		650	66		82	53	
X8CrCoNiMo10-6	4.911	500			600	500	
		600			265	195	
X19CrMoNb VN11-1	1.4913	450	500	448	559	500	486
		460	475	416	529	472	450
		470	450	388	500	444	425
		480	424	358	473	414	395
		490	398	328	446	383	364
		500	374	298	417	349	330
		510	349	268	392	314	291
		520	323	238	366	276	253
		530	298	210	340	237	209
		540	274	181	314	201	172
		550	250	153	288	161	130
		560	225		259	132	102
		570	201		234	105	81
		580	177		208	86	66
		590	154		181	72	52
		600	133		155	65	49

续表

牌　　号	数字编号	温度/℃	1%塑性变形蠕变强度/MPa(在以下时间内)		蠕变断裂强度/MPa(在以下时间内)		
			10000h	100000h	10000h	100000h	200000h
X20CrMoV11-1	1.4922	470	324	260	368	309	285
		480	299	236	345	284	262
		490	269	213	319	260	237
		500	247	190	294	235	215
		510	227	169	274	211	191
		520	207	147	253	186	167
		530	187	130	232	167	147
		540	170	114	213	147	128
		550	151	98	192	128	111
		560	135	85	173	112	96
		570	118	72	154	96	81
		580	103	61	136	82	68
		590	90	52	119	70	58
		600	75	43	101	59	48
		610	64	36	87	50	40
		620	53	30	73	42	33
		630	44	25	60	34	27
		640	36	20	49	28	22
		650	29	17	40	23	18
X22CrMoV12-1	1.4923	450	436	373	480	432	
		460	405	341	451	397	
		470	375	308	422	368	
		480	344	278	394	336	
		490	316	248	366	306	
		500	289	221	338	275	
		510	262	195	312	245	
		520	235	170	286	216	
		530	211	148	261	187	
		540	187	127	235	161	
		550	165	108	211	137	
		560	144	91	187	118	
		570	126	77	165	99	
		580	108	64	143	83	
		590	92	53	122	70	
		600	79	44	103	59	
X20CrMoWV12-1(+QT 700)	1.4935(+QT 700)	470	324	260	368	309	285
		480	299	236	345	284	262
		490	269	213	319	260	237
		500	247	190	294	235	215
		510	227	169	274	211	191
		520	207	147	253	186	167
		530	187	130	232	167	147
		540	170	114	213	147	128

续表

牌　号	数字编号	温度/℃	1%塑性变形蠕变强度/MPa(在以下时间内)		蠕变断裂强度/MPa(在以下时间内)		
			10000h	100000h	10000h	100000h	200000h
X20CrMoWV12-1(+QT 700)	1.4935(+QT 700)	550	151	98	192	128	111
		560	135	85	173	112	96
		570	118	72	154	96	81
		580	103	61	136	82	68
		590	90	52	119	70	58
		600	75	43	101	59	48
		610	64	36	87	50	40
		620	53	30	73	42	33
		630	44	25	60	34	27
		640	36	20	49	28	22
		650	29	17	40	23	18
X20CrMoWV12-1(+QT 800)	1.4935(+QT 800)	450	436	373	480	432	
		460	405	341	451	397	
		470	375	308	422	368	
		480	344	278	394	336	
		490	316	248	366	306	
		500	289	221	338	275	
		510	262	195	312	245	
		520	235	170	286	216	
		530	211	148	261	187	
		540	187	127	235	161	
		550	165	108	211	137	
		560	144	91	187	118	
		570	126	77	165	99	
		580	108	64	143	83	
		590	92	53	122	70	
		600	79	44	103	59	
X12CrNiMoV12-3	1.4938	500			347	215	
		550			157	102	
		600			96	57	
奥氏体钢							
X3CrNiMoBN17-13-3	1.4910	550			290	220	(200)
		560			272	202	(184)
		570			254	186	(166)
		580			237	170	(151)
		590			220	155	(137)
		600			205	141	(122)
		610			190	127	(113)
		620			174	114	(100)
		630			162	102	(91)
		640			148	92	(81)

续表

牌号	数字编号	温度/℃	1%塑性变形蠕变强度/MPa(在以下时间内)		蠕变断裂强度/MPa(在以下时间内)		
			10000h	100000h	10000h	100000h	200000h
X3CrNiMoBN 17-13-3	1.4910	650			135	83	(73)
		660			122	75	(65)
		670			112	68	(58)
		680			102	61	(52)
		690			93	56	(46)
		700			84	53	(42)
		710			78	48	(39)
		720			71	45	(36)
		730			65	41	(34)
		740			58	37	(31)
		750			52	34	(28)
		760			48	31	(26)
		770			44	28	(24)
		780			41	25	(21)
		790			37	22	(19)
		800			33	20	(17)
X6CrNiMoB 17-12-2	1.4919	550			247	188	172
		560			230	172	157
		570			213	158	142
		580			198	144	129
		590			183	130	117
		600			168	118	105
		610			155	107	94
		620			142	96	85
		630			130	87	76
		640			119	78	68
		650			109	70	61
		660			99	63	54
		670			90	56	48
		680			82	50	43
		690			75	45	38
		700			68	40	34
		710			61	36	30
		720			56	32	27
		730			50	29	24
		740			46	26	22
		750			41	23	19
		760			37	21	17
		770			34	19	16
		780			31	17	14
		790			28	15	13
		800			25	14	11
		810			23	12	10
		820			21	11	
		830			19	10	
		840			18		
		850			16		

续表

牌号	数学编号	温度/℃	1%塑性变形蠕变强度（在以下时间内）		蠕变断裂强度（在以下时间内）		
			10000h	100000h	10000h	100000h	200000h
X6CrNiTiB18-10	1.4941	550			223	170	150
		560			210	154	135
		570			196	140	122
		580			182	127	110
		590			170	114	100
		600			156	102	91
		610			142	92	82
		620			130	84	74
		630			119	76	67
		640			108	68	60
		650			98	62	54
		660			89	56	49
		670			80	50	43
		680			73	44	39
		690			66	39	33
		700			60	35	29
X6CrNiWNbN16-16（+AT）	4.4945（+AT）	580	188	140	280	196	169
		590	178	129	256	178	153
		600	167	118	235	162	139
		610	156	107	215	146	125
		620	145	96	196	131	110
		630	134	86	178	116	98
		640	124	77	162	102	86
		650	113	69	147	90	77
		660	103	62	133	81	67
		670	94	56	121	73	59
		680	85	50	110	65	52
		690	76	44	100	57	45
		700	69	39	91	49	39
		710	62	34	83	42	33
		720	55	29	75	36	29
		730	49	25	68	32	24
		740	44	21	61	27	20
		750	39	17	54	23	17
X6CrNiWNbN16-16（+WW）	1.4945（+WW）	550	(255)	(195)	(345)	(260)	
		600	215	140	255	175	
		650	145	88	155	98	
X6CrNi25-20	1.4951	600			137	(92)	(82)
		610			120	(79)	(71)
		620			105	(69)	(61)
		630			92	(60)	(54)
		640			81	(53)	(47)
		650			72	(47)	(42)

续表

牌　号	数字编号	温度/℃	1%塑性变形蠕变强度/MPa(在以下时间内)		蠕变断裂强度/MPa(在以下时间内)		
			10000h	100000h	10000h	100000h	200000h
X6CrNi25-20	1.4951	660			64	(42)	(38)
		670			57	(38)	(34)
		680			51	(34)	(31)
		690			47	(31)	(28)
		700			42	(28)	(25)
		710			39	(26)	(23)
		720			35	(23.5)	(21)
		730			32	(22)	(19.5)
		740			30	(20)	(18)
		750			28	(18.5)	(16.5)
		760			26	(17)	(15)
		770			24	(15.5)	(14)
		780			22	(14.5)	(13)
		790			21	(13.5)	(12)
		800			19.5	(12.5)	(11)
		810			18	(11.5)	(10)
		820			17	(10.5)	(9.5)
		830			16	(10)	
		840			15	(9)	
		850			14		
		860			13		
		870			12		
		880			11.5		
		890			10.5		
		900			10.0		
		910			9.5		
X5NiCrAlTi31-20 (+AT)	1.4958 (+AT)	500			290	215	(196)
		510			279	205	(186)
		520			267	195	(176)
		530			254	184	(166)
		540			240	172	(155)
		550			225	160	(143)
		560			208	147	(130)
		570			190	133	(117)
		580			172	119	(105)
		590			155	106	(93)
		600	115	(85)	140	95	(83)
		610	109	(79)	128	85	(74)
		620	102	(74)	118	78	(68)
		630	96	(69)	109	72	(63)
		640	90	(64)	103	67	(59)
		650	84	(59)	97	63	(55)
		660	78	(55)	91	59	(52)
		670	73	(51)	85	55	(48)
		680	68	(47)	80	52	(45)
		690	53	(43)	74	48	(41)
		700	58	(40)	69	44	(38)

续表

牌号	数字编号	温度/℃	1%塑性变形蠕变强度/MPa(在以下时间内)		蠕变断裂强度/MPa(在以下时间内)		
			10000h	100000h	10000h	100000h	200000h
X5NiCrAlTi31-20 (+RA)	1.4958 (+RA)	500			315	258	(242)
		510			297	241	(225)
		520			280	224	(207)
		530			262	206	(190)
		540			243	189	(172)
		550	164	(132)	224	171	(155)
		560	154	(122)	204	153	(138)
		570	144	(111)	184	136	(122)
		580	133	(101)	165	119	(106)
		590	132	(92)	147	104	(92)
		600	113	(82)	131	90	(80)
		610	103	(74)	117	79	(70)
		620	90	(65)	106	70	(62)
		630	84	(58)	96	62	(55)
		640	75	(51)	87	56	(49)
		650	67	(46)	80	51	(44)
		660	60	(41)	73	46	(40)
		670	55	(37)	67	42	(36)
		680	50	(33)	61	38	(33)
		690	45	(30)	55	34	(29)
		700	41	(27)	50	30	(26)
X8NiCrAlTi32-21	1.4959	700	59	42	73	44.8	(38.2)
		710	55.5	38.0	67.8	41.4	(35.2)
		720	52	34.4	63	38.3	(32.5)
		730	48.5	31.3	58.5	35.4	(30)
		740	45.0	28.4	54.4	32.8	(27.7)
		750	41.7	26.0	50.6	30.3	(25.6)
		760	38.4	23.5	47	28	(23.6)
		770	35.6	21.3	43.7	25.9	(21.8)
		780	32.9	19.3	40.7	24	(20.1)
		790	30.5	17.6	37.8	22.1	(18.5)
		800	28.2	16.0	35.2	20.4	(17)
		810	26.2	14.7	32.7	18.9	(15.6)
		820	24.2	13.4	30.4	17.4	(14.4)
		830	22.4	12.1	28.3	16	(13.2)
		840	20.8	11.1	26.3	14.8	(12.1)
		850	19.1	10.0	24.4	13.6	(11.1)
		860	17.6	9.1	22.7	12.5	(10.1)
		870	16.1	8.2	21	11.5	(9.23)
		880	14.7	7.3	19.5	10.5	(8.41)
		890	13.4	6.5	18.1	9.60	(7.63)

续表

牌号	数字编号	温度/℃	1%塑性变形蠕变强度/MPa(在以下时间内)			蠕变断裂强度/MPa(在以下时间内)		
			10000h	100000h	200000h	10000h	100000h	200000h
X8NiCrAlTi32-21	1.4959	900	12.1	5.7		16.8	8.76	(6.91)
		910	10.9	5.0		15.6	7.98	(6.23)
		920	9.8	4.4		14.4	7.25	(5.60)
		930	8.8	3.9		13.3	6.57	(5.01)
		940	7.8	3.4		12.3	5.93	(4.45)
		950	6.9	2.9		11.4	5.33	(3.93)
		960	6.1	2.5		10.5	(4.77)	(3.43)
		970	5.3	2.1		9.63	(4.23)	(2.95)
		980	4.6	1.8		8.85	(3.73)	—
		990	4.0	1.6		8.11	(3.25)	—
		1000	3.5	1.4		7.42	(2.79)	—
X8CrNiNb16-13	1.4961	580	127	91		182	120	115
		590	120	84		170	119	105
		600	113	78		157	108	94
		610	106	73		145	98	85
		620	99	67		134	89	77
		630	92	61		124	80	69
		640	85	55		113	72	61
		650	78	49		103	64	53
		660	72	44		93	57	47
		670	66	39		84	50	41
		680	59	34		76	44	36
		690	54	30		70	39	31
		700	49	26		64	34	27
		710	45	24		59	30	25
		720	42	21		55	27	22
		730	39	19		51	25	19
		740	36	17		47	22	17
		750	34	16		44	20	15
X12CrNiWTiB 16-13(+AT)	1.4962 (+AT)	600	164	106		191	120	
		650	109	64		135	90	
		700	74	47		100	67	
		750	45	25		67	36	
X12CrNiWTiB16-13 (+WW)	1.4962 (+WW)	500	438	404	392	466	430	417
		550	348	287	267	370	303	282
		600	225	148	125	240	163	140
		650	145	67	48	162	86	65
		700	73	21	14	103	38	27

续表

牌　　号	数字编号	温度/℃	1%塑性变形蠕变强度/MPa(在以下时间内)		蠕变断裂强度/MPa(在以下时间内)		
			10000h	100000h	10000h	100000h	200000h
X12CrCoNi21-20(+AT)	1.4971(+AT)	550	257	172	411	307	276
		600	201	135	303	222	195
		650	154	102	217	153	134
		700	114	74	156	105	91
		750	79	50	108	70	59
		800	51	30	72	44	36
		850	27	13	44	25	19
		900			24		
X6NiCrTiMoVB25-15-2(+P)	1.4980(+P)	500	580	495	608	545	
		510	555	475		590	520
		520	530	450	570	495	
		530	505	425	550	470	
		540	485	400	525	445	
		550	465	375	500	415	
		560	435	345	475	385	
		570	410	315	450	355	
		580	380	280	420	320	
		590	350	250	395	385	
		600	320	220	365	250	
		610	290	195	340	220	
		620	260	170	310	195	
		630	235	150	285	170	
		640	210	130	260	150	
		650	190	110	235	132	
X8CrNiMoNb16-16	1.4981	580	177	128	270	186	162
		590	167	118	246	169	147
		600	157	108	225	152	132
		610	147	98	205	136	118
		620	137	88	186	122	103
		630	128	79	169	107	91
		640	118	72	152	94	80
		650	108	64	137	83	71
		660	98	56	124	75	63
		670	89	49	111	66	55
		680	80	43	100	59	49
		690	72	38	91	51	42
		700	64	34	83	44	35
		710	58	29	77	37	29
		720	53	26	70	31	24
		730	47	22	64	26	20
		740	44	19	59	23	17
		750	42	17	54	20	15

续表

牌号	数字编号	温度/℃	1%塑性变形蠕变强度/MPa(在以下时间内) 10000h	100000h	蠕变断裂强度/MPa(在以下时间内) 10000h	100000h	200000h
X6CrNiMoTiB17-13 (+AT)	1.4983 (+AT)	600	170	118	230	157	
		650	118	75	152	94	
		700	72	43	94	57	
X8CrNiMoVNb16-13	1.4988	580	202	152	299	209	180
		590	194	145	274	189	164
		600	186	137	250	172	147
		610	176	128	228	156	132
		620	165	117	207	139	117
		630	152	106	189	125	105
		640	139	95	173	111	93
		650	128	83	157	98	82

注：括号中的数据是近似值。

表 14-179 抗蠕变镍、钴合金钢1%塑性变形蠕变强度和蠕变断裂强度(EN 10302—2008)

牌号	数字编号	温度/℃	1%塑性变形蠕变强度/MPa(在以下时间内) 10000h	100000h	蠕变断裂强度/MPa(在以下时间内) 10000h	100000h
镍合金						
NiCr26MoW (+AT)	2.4608 (+AT)	600	72	(60)	150	(110)
		650	51	(38)	110	(82)
		700	38	(25)	80	(60)
		750	25	(18)	58	(45)
		800	19	(13)	42	(32)
		850	12	(9)	28	(20)
		900	9	(6.1)	17.5	(12)
		950	6	(4)	10	(6.5)
		1000	4.2	(2.5)	6.9	(4)
		1050	3			
NiCr20Co18Ti (+P)	2.4632 (+P)	550			730	580
		600			580	430
		650			420	280
		700	260	130	275	140
		750	150	70	160	80
		800	60	20	85	35
NiCr25FeAlY (+AT)	2.4633 (+AT)	650	145	115	170	130
		700	102	75	120	90
		750	45	26	65	48
		800	20	12	35	25
		850	14	8	23	16
		900	9.4	5.6	17	11.5
		950	6.5	3.8	12	8.5
		1000	4.3	2.7	9.3	6.4
		1100	2.2	1.2	5.1	3.0
		1200	1	—	3	1.4

续表

牌号	数字编号	温度/℃	1%塑性变形蠕变强度/MPa（在以下时间内）		蠕变断裂强度/MPa（在以下时间内）	
			10000h	100000h	10000h	100000h
NiCr29Fe（+AT）	2.4642（+AT）	700	42	30	56	39
		750	30	19.3	41	30
		800	20	12	30	21
		850	12.8	7.6	12.5	14.4
		900	8.2	4.8	45.4	10
		950	5.3	3.0	10.9	7
		1000	3.4	1.9	7.7	4.8
		1050	2.2	1.2	5.4	3.4
NiCo20Cr20MoTi（+P）	2.4650（+P）	500	562	543	800	775
		600	500	440	550	465
		650	410	330	450	370
		700	310	230	345	250
		750	200	105	220	135
		800	90	35	125	68
		850	30	11	65	33
		900	10	3.5	32	17
NiCr20Co13Mo4Ti3Al（+P）	2.4654（+P）	650			470	360
		700			340	245
		800			140	94
NiCr23Co12Mo（+AT）	2.4663（+AT）	580				230
		590				210
		600			260	190
		610			240	170
		620			220	155
		630			200	143
		640			185	133
		650	148	97	170	125
		660	135	90	160	119
		670	124	83	150	113
		680	115	77	141	107
		690	107	71	132	101
		700	99	66	123	95
		710	92	61	116	89
		720	85	56	109	83
		730	79	52	102	77
		740	73	48	96	71
		750	68	44	90	65
		760	63	40	84	60
		770	58	37	79	55
		780	53	34	74	51
		790	49	31	69	47
		800	45	28	65	43
		810	41	26	61	39
		820	38	24	57	36
		830	35	22	53	33
		840	32	20	49	30

续表

牌　号	数字编号	温度/℃	1%塑性变形蠕变强度/MPa（在以下时间内）		蠕变断裂强度/MPa（在以下时间内）	
			10000h	100000h	10000h	100000h
NiCr23Co12Mo（+AT）	2.4663（+AT）	850	29	18	45	27
		860	27	16	42	24
		870	25	14.5	39	22
		880	23	13	36	20
		890	21	11.5	33	18
		900	19	10	30	16
		910	17	8.5	27	14
		920	15.5	7	24	12.5
		930	14	6	22	11
		940	12.5	5	20	9.5
		950	11	4	18	8.5
		960	9.5	3.2	16	7.5
		970	8.5	2.5	14.5	6.5
		980	7.5	1.9	13	(5.5)
		990	6.5	1.4	11.5	(5)
		1000	5.5	1.0	10	(4.5)
NiCr22Fe18Mo（+AT）	2.4665（+AT）	550			360	275
		600	164	117	254	188
		650	109	76	175	126
		700	78	52	119	82
		750	51	34	79	52
		800	33	20	51	32
		850	20	11	32	19
		900	11	5.4	19.5	10.6
		950	5.5	2.0	11.2	5.5
		1000	1.9		6.0	2.5
NiCr19Fe19Nb5Mo3	2.4668	500	957	867	940	860
		550	783	643	810	673
		600	580	430	620	505
		650	370	240	425	290
		700	200	88	248	132
		750	70	23	125	44
		800	19	6.1	36	12
NiCr15Fe7TiAl（+P980）	2.4669（+P980）	650	320	217	340	250
		700	208	65	217	115
		750	55	14	105	51
		800	12	3	51	22
NiCr15Fe7TiAl（+P1170）	2.4669（+P1170）	500	790	650	800	659
		550	596	477	605	488
		600	425	345	440	360
		650	325	255	340	265
		700	245	75	255	135
		750	65	16	123	61
		800	15	4	60	28

续表

牌号	数字编号	温度/℃	1%塑性变形蠕变强度/MPa（在以下时间内）		蠕变断裂强度/MPa（在以下时间内）	
			10000h	100000h	10000h	100000h
NiCr20TiAl	2.4952	500	624	530	(745)	(578)
		510	608	504	(711)	(545)
		520	586	477	(680)	(510)
		530	467	450	646	480
		540	544	418	615	447
		550	523	390	582	416
		560	500	362	550	384
		570	474	334	520	354
		580	450	308	491	327
		590	425	282	462	298
		600	398	257	433	272
		610	370	230	403	247
		620	348	210	378	222
		630	326	187	251	198
		640	303	167	325	176
		650	275	149	300	157
		660	260	132	275	135
		670	240	115	251	118
		680	219	99	229	102
		690	201	85	208	88
		700	183	72	186	75
		710	167	64	170	65
		720	150	55	153	57
		730	135	47	137	49
		740	122	40	125	44
		750	106	33	114	37
		760	97	29	103	33
		770	85	24	94	29
		780	75	20	86	25
		790	68	17	78	23
		800	58	16	70	20
NiCr25Co20TiMo（＋P1100）	2.4878（＋P1100）	550			860	720
		600	640	490	680	510
		650	510	350	540	370
		700	340	220	370	230
		750	210	120	230	130
		800	120	55	130	65
		850	60	20	70	30
		900	(28)	(6)	35	12
钴合金						
CoCr20W15Ni	2.4964	700	130	(88)	160	(120)
		750	82		110	
		800	47	(21)	68	(35)
		850	23	(9.7)	35	(18)
		900	11.3	(4.0)	20.5	(9)
		950	5.6	(1.8)	11.2	(4)
		1000	2.8		5.4	

注：括号中的数据为近似值。

表 14-180 抗蠕变钢的物理性能(EN 10302—2008)

牌号	数字编号	密度/kg·dm^{-3}	线胀系数/$10^{-6}K^{-1}$												热导率/W·$(m·k)^{-1}$		比热容/J·$(kg·k)^{-1}$		电阻率/Ω·mm^2·m^{-1}
			20～100℃	20～200℃	20～300℃	20～400℃	20～500℃	20～550℃	20～600℃	20～650℃	20～700℃	20～800℃	20～900℃	20～1000℃	20℃	500℃	20℃	500℃	20℃
马氏体钢																			
X10CrMoNb9-1	1.4903	7.7	10.9	11.3	11.7	12.0	12.3	12.4	12.6	12.7	—	—	—	—	26	30	0.43	0.68	0.50
X11CrMoWVNb9-1-1	1.4905	7.8	10.7	11.1	11.5	11.9	12.3	12.5	12.6	12.7	—	—	—	—	26	31	0.45	0.55	0.47
X8CrCoNiMo10-6	1.4911	7.8	10.6	11.2	11.4	11.6	11.8	—	12.0	—	—	—	—	—	20	—	0.46	—	0.65
X19CrMoNbVN11-1	1.4913	7.7	10.5	11	11.5	12	12.3	—	12.5	—	—	—	—	—	24	29	0.46	0.50	—
X20CrMoV11-1	1.4922	7.7	10.5	10.9	11.3	11.6	12.0	—	12.2	—	—	—	—	—	24	29	0.46	0.54	0.60
X22CrMoV12-1	1.4923	7.7	10.5	11	11.5	12	12.3	—	12.5	—	—	—	—	—	24	29	0.46	0.54	0.60
X20CrMoWV12-1	1.4935	7.7	10.5	11	11.5	12	12.3	—	12.5	—	—	—	—	—	24	29	0.46	0.54	0.60
X12CrNiMoV12-3	1.4938	7.8	10.8	11	11.3	11.6	11.9	—	12.1	—	—	—	—	—	30	—	0.46	—	0.60
奥氏体钢																			
X3CrNiMoBN17-13-3	1.4910	8.0	16.3	16.9	17.3	17.6	18.2	—	18.5	—	18.7	—	—	—	16	—	0.45	—	0.77
X6CrNiMoB17-12-2	1.4919	8.0	16.3	16.9	17.3	17.6	18.2	—	18.5	—	18.7	—	—	—	16	—	0.45	—	0.71
X6CrNiTiB18-10	1.4941	7.9	16.3	16.9	17.3	17.6	18.2	—	18.5	—	18.7	—	—	—	16	—	0.45	—	0.71
X6CrNiWNbN16-16	1.4945	8.0	16.7	17.2	17.7	18.1	18.4	—	18.8	—	19.1	—	—	—	14	26	0.44	0.56	0.60
X6CrNi25-20	1.4951	7.9	—	15.5	16.3	17.0	17.3	—	17.5	—	18.0	18.5	18.8	19.0	15	—	0.50	—	0.85
X5NiCrAlTi31-20	1.4958	8.0	15.4	16.0	16.5	16.8	17.2	—	17.5	—	17.9	18.3	18.6	19.0	12	19	0.46	0.54	0.99
X8NiCrAlTi32-21	1.4959	8.0	15.4	16.0	16.5	16.8	17.2	—	17.5	—	17.9	18.3	18.6	19.0	12	19	0.46	0.54	0.99
X8CrNiNb16-13	1.4961	7.9	16.3	16.9	17.3	17.6	18.2	—	18.5	—	18.7	—	—	—	16	—	0.45	—	0.78
X12CrNiWTiB16-13	1.4962	8.0	15.6	16.8	17.5	18.0	18.3	18.5	18.6	18.7	18.8	—	—	—	14	22	0.50	0.60	0.74
X12CrCoNi21-20 (+AT)(+P)	1.4971 (+AT)(+P)	8.3	—	15.4	15.8	16.2	16.4	—	16.7	16.9	17.2	17.6	—	—	13	21	0.42	—	—
X6NiCrTiMoVB25-15-2	1.4980	8.0	17.0	17.5	17.8	18.0	18.2	—	18.5	—	—	—	—	—	13	21	0.49	0.60	0.91
X8CrNiMoNb16-16	1.4981	8.0	16.3	16.9	17.3	17.8	18.2	—	18.5	—	18.7	—	—	—	16	—	0.45	—	0.77
X6CrNiMoTiB17-13	1.4983	8.0	—	17.0	—	18.0	—	—	—	—	—	19.0	—	—	15	22	0.50	—	0.74
X8CrNiMoVNb16-13	1.4988	8.0	16.3	16.9	17.3	17.8	18.2	—	18.5	—	18.7	—	—	—	15	—	0.45	—	0.79

表 14-181　　抗蠕变镍、钴合金钢的物理性能(EN 10302—2008)

合金牌号	数字编号	密度/kg·dm^{-3}	线胀系数/$10^{-6}K^{-1}$						热导率/W·(m·k)$^{-1}$					比热容/J·(kg·k)$^{-1}$	电阻率/Ω·mm^2·m^{-1} 20℃
			20～200℃	20～300℃	20～400℃	20～600℃	20～800℃	20～1000℃	20℃	100℃	500℃	700℃	900℃		
镍合金															
NiCr26MoW	2.4608	8.2	13.9	14.7	15.0	16.0	16.8	17.8	11.1	—	18.8	—	—	0.44	1.14
NiCr20Co18Ti	2.4632	8.2	12.4	13.1	13.5	14.6	16.5	19.2	13	14	20	23	27	0.45	1.18
NiCr25FeAlY	2.4633	7.9	13.5	14.0	14.5	14.9	16.6	17.5	11.3	12.7	19.2	22.2	26.1	0.45	1.18
NiCr29Fe	2.4642	8.2	14.3	14.5	14.8	15.7	16.6	17.3	12.0	13.5	21.4	24.8	28.5	0.45	1.15
NiCo20Cr20MoTi	2.4650	8.4	11.9	12.5	13.1	14.2	16.2	18.2	12.0	13.0	20	24	27	0.43	1.15
NiCr20Co13Mo4Ti3Al	2.4654	8.3	12.4	12.9	13.3	14.1	15.3	17.5	13	14	19	23	27	—	—
NiCr23Co12Mo	2.4663	8.3	12.6	13.1	13.6	14.0	15.4	16.3	13.4	14.6	20.9	24	27.7	0.42	1.22
NiCr22Fe18Mo	2.4665	8.3	14.2	14.2	14.2	14.6	15.5	16.7	12	13	19	24	28	0.42	1.15
NiCr19FeNb5Mo3	2.4668	8.2	13.4	13.8	14.1	14.7	16.4	—	13	13	19	23	27	0.44	1.23
NiCr15Fe7TiAl	2.4669	8.3	13.0	13.4	13.9	14.8	—	—	12	14.0	18.5	23.7	28.9	0.43	1.21
NiCr20TiAl	2.4952	8.2	12.6	13.1	13.5	14.0	—	—	11.4	12.1	18.5	23.9	—	0.46	1.24
NiCr25Co20TiMo	2.4878	8.1	12.1	13.0	13.6	14.8	16.0	—	10.9	11.8	16.9	20.0	—	0.45	—
钴合金															
CoCr20W15Ni	2.4964	9.1	13.0	13.5	14.0	15.0	16.1	17.1	15	17	22	25	—	0.42	0.89

表 14-182　　抗蠕变钢，镍、钴合金钢的弹性模量(EN 10302—2008)

牌号	数字编号	弹性模量 E/GPa(在以下温度/℃)														
		20	100	200	300	400	450	500	550	600	650	700	800	900	1000	1100
马氏体钢																
X10CrMoVNb9-1	1.4903	218	213	206	198	190	—	180	174	167	159	—	—	—	—	—
X11CrMoWVNb9-1-1	1.4905	218	213	206	198	190	—	180	174	167	159	—	—	—	—	—

续表

牌号	数字编号	弹性模量E/GPa(在以下温度/℃)														
		20	100	200	300	400	450	500	550	600	650	700	800	900	1000	1100
X8CrCoNiMo10-6	1.4911	215	—	211	206	196	—	186	176	—	—	—	—	—	—	—
X19CrMoNbVN11-1	1.4913	(216)	(209)	(200)	(190)	(179)	(175)	(167)	(157)	(127)	—	—	—	—	—	—
X20CrMoV11-1	1.4922	(216)	(209)	(200)	(190)	(179)	(175)	(167)	(157)	(127)	—	—	—	—	—	—
X22CrMoV12-1	1.4923	(216)	(209)	(200)	(190)	(179)	(175)	(167)	(157)	(127)	—	—	—	—	—	—
X20CrMoWV12-1	1.4935	(216)	(209)	(200)	(190)	(179)	(175)	(167)	(157)	(127)	—	—	—	—	—	—
X12CrNiMoV12-3	1.4938	(216)	(209)	(200)	(190)	(179)	(175)	(167)	(157)	(127)	—	—	—	—	—	—
奥氏体钢																
X3CrNiMoBN17-13-3	1.4910	198	192	183	175	167	—	159	—	150	—	142	—	—	—	—
X6CrNiMoB17-12-2	1.4919	198	192	183	175	167	—	159	—	150	—	142	—	—	—	—
X6CrNiTiB18-10	1.4941	198	192	183	175	167	—	159	—	150	—	142	—	—	—	—
X6CrNiWNbN16-16	1.4945	196	192	186	181	174	—	165	—	157	—	147	—	—	—	—
X6CrNi25-20	1.4951	200	190	185	175	170	—	160	—	155	—	145	140	135	125	—
X5NiCrAlTi31-20	1.4958	200	190	185	175	170	—	160	—	155	—	145	140	135	125	—
X8NiCrAlTi32-21	1.4959	200	190	185	175	170	—	160	—	155	—	145	140	135	125	—
X8CrNiNb16-13	1.4961	200	190	185	175	170	—	160	—	155	—	145	—	—	—	—
X12CrNiWTi16-13	1.4962	196	191	182	175	167	—	159	155	151	147	143	—	—	—	—
X12CrCoNi21-20	1.4971	200	195	190	185	178	—	170	165	160	155	150	140	128	—	—
X6NiCrTiMoVB25-15-2	1.4980	211	206	200	192	183	—	173	—	162	152	—	—	—	—	—
X8CrNiMoNb16-16	1.4981	198	192	183	175	167	—	159	—	150	—	142	—	—	—	—
X6CrNiMoTiB17-13	1.4983	200	190	185	175	170	—	160	—	155	—	145	—	—	—	—
X8CrNiMoVNb16-13	1.4988	198	192	183	175	167	—	159	—	150	—	142	—	—	—	—
镍合金																
NiCr26MoW	2.4608	201	198	194	187	179	—	172	—	165	—	157	148	135	123	110
NiCr20Co18Ti	2.4632	227	221	215	208	201	—	194	—	186	—	178	167	155	140	—

续表

牌号	数字编号	弹性模量 E/GPa(在以下温度/℃)														
		20	100	200	300	400	450	500	550	600	650	700	800	900	1000	1100
NiCr25FeAlY	2.4633	215	209	201	197	192	—	189	—	185	—	169	154	137	118	102
NiCr29Fe	2.4642	212	206	201	195	189	—	182	—	175	—	167	155	—	—	—
NiCo20Cr20MoTi	2.4650	222	218	212	206	199	—	192	—	184	—	176	165	159	143	—
NiCr20Co13Mo4Ti3Al	2.4654	212	208	204	200	194	—	188	—	181	—	173	164	—	—	—
NiCr23Co12Mo	2.4663	215	210	203	196	189	—	182	—	174	—	167	160	153	146	—
NiCr22Fe18Mo	2.4665	199	196	190	184	178	—	171	—	164	161	157	149	141	133	—
NiCr19Fe19Nb5Mo3	2.4668	199	195	190	185	179	—	174	—	167	—	163	149	134	120	100
NiCr15Fe7TiAl	2.4669	214 (215)	206 (208)	202 (200)	196 (192)	190 (183)	—	185 (175)	—	180 (165)	—	171 (150)	161 (131)	149	135	—
NiCr20TiAl	2.4952	216 (212)	212 (207)	208 (202)	202 (195)	196 (188)	—	189 (180)	—	179 (168)	(160)	161 (148)	130 (115)	—	—	—
NiCr25Co20TiMo	2.4878	212 (212)	209 (209)	205 (205)	201 (200)	196 (192)	193 (188)	190 (183)	—	183 (172)	179 (166)	175 (160)	166 (146)	—	—	—
钴合金																
CoCr20W15Ni	2.4964	226	222	216	210	202	—	196	—	186	—	178	171	164	148	140

注：括号内的值表示静态弹性模量的值。

(10)具有特殊高/低温性能的紧固件用钢和镍合金

表 14-183 室温下一般深加工用产品的交货条件(EN 10269—1999)

牌 号	数字编号	热处理条件	硬度(HB)(最大值)	抗拉强度 R_m/MPa(最大值)	断面收缩率 Z/%(最小值)
19MnB4	1.5523	AC		520	64
35B2	1.5511	AC		570	62
25CrMo4	1.7218	S	255		
		A	212		
		AC		580	59
42CrMo4	1.7225	S	255		
		A	241		
		AC		630	57
42CrMo5-6	1.7233	S	255		
		A	241		
40CrMoV4-6	1.7711	A	241		
41NiCrMo7-3-2	1.6563	A	255		
21CrMoV5-7	1.7709	S	255		
		AC	229		
34CrNiMo6	1.6582	A	255		
30CrNiMo8	1.6580	A	255		
X22CrMoV12-1	1.4923	A	302		
X12CrNiMoV12-3	1.4938	A	311		
X19CrMoNbVN11-1	1.4913	A	302		

注:AC——球化退火,S——冷切处理,A——软退火。

表 14-184 室温下最终热处理后产品的交货条件(EN 10269—1999)

牌 号	数字编号	热处理条件	直径 d/mm	屈服强度 $R_{p0.2}$/MPa(最小值)	抗拉强度 R_m/MPa	伸长率 A/%(最小值)	断面收缩率 Z/%(最小值)
调质处理钢							
19MnB4	1.5523	QT	≤16	640	800~950	14	52
C35E	1.1181	N	≤60	300	500~650	20	
		QT	≤60	300	500~650	22	45
		QT	60~150	300	500~650	22	45
C45E	1.1191	N	≤60	340	560~710	17	
		QT	≤60	340	560~710	19	40
		QT	60~150	340	560~710	19	40
35B2	1.5511	QT	≤60	300	500~650	22	45
		QT	60~150	300	500~650	22	45
20Mn5	1.1133	N	≤60	320	500~650	22	55
		N	60~150	300	500~650	20	55
25CrMo4	1.7218	QT	≤100	440	600~750	18	60
		QT	100~150	420		18	60
42CrMo4	1.7225	QT	≤60	730	600~750	14	50
42CrMo5-6	1.7233	QT	≤100	700	860~1060	16	50
		QT	100~150	640	860~1060	16	50

续表

牌　　号	数字编号	热处理条件	直径 d/mm	屈服强度 $R_{p0.2}$/MPa（最小值）	抗拉强度 R_m/MPa	伸长率 A/%（最小值）	断面收缩率 Z/%（最小值）
40CrMoV4-6	1.7711	QT	≤100	700	850～1000	14	45
		QT	100～160	640	850～1000	14	45
41NiCrMo7-3-2	1.6563	QT	≤100	725	860～1060	16	50
		QT	100～160	690	790～950	16	50
21CrMoV507	1.7709	QT	≤160	550	700～850	16	60
20CrMoVTiB4-10	1.7729	QT	≤100	660	820～1000	15	50
		QT	100～160	660	820～1000	15	50
34CrNiMo6	1.6582	QT	≤100	940	1040～1200	14	40
30CrNiMo8	1.6580	QT	≤100	940	1040～1200	14	40
X12Ni5	1.5680	(N),NT 或 QT	≤40	390	530～710	19	50
			40～75	380	530～710	19	50
X8Ni9	1.5662	(N),NT 或 QT	≤40	490	640～840	18	50
			40～75	480	640～840	18	50
		QT	≤40	585	680～820	18	50
			40～75	575	680～820	18	50
X15CrMo5-1	1.7390	NT 或 QT	≤160	420	640～780	14	45
X22CrMoV12-1	1.4923	QT1	≤160	600	800～950	14	40
		QT2	≤160	700	900～1050	11	35
X12CrNiMoV12-3	1.4938	QT	≤160	760	930～1130	14	40
X19CrMoNbVN11-1	1.4913	QT	≤160	750	900～1050	12	40
奥氏体钢							
X2CrNi18-9	1.4307	QT	≤160	175	450～680	45	
		C700	≤35	350	700～850	20	
		C800	≤25	500	800～1000	12	
X5CrNi18-10	1.4301	AT	≤160	190	500～700	45	
		C700	≤35	350	700～850	20	
X4CrNi18-12	1.4303	AT	≤160	190	500～700	45	
		C700	≤35	350	700～850	20	
		C800	≤25	500	800～1000	12	
X2CrNiMo17-12-2	1.4404	AT	≤160	200	500～700	40	
		C700	≤35	350	700～850	20	
		C800	≤25	500	800～1000	12	
X5CrNiMo17-12-2	1.4401	AT	≤160	200	500～700	40	
		C700	≤35	350	700～850	20	
		C800	≤25	500	800～1000	12	
X2CrNiMoN17-13-3	1.4429	AT	≤160	280	580～800	40	
X3CrNiCu18-9-4	1.4567	AT	≤160	175	450～650	45	
		C700	≤35	350	700～850	20	
X6CrNi18-10	1.4948	AT	≤160	185	500～700	40	

续表

牌　　号	数字编号	热处理条件	直径 d/mm	屈服强度 $R_{p0.2}$/MPa（最小值）	抗拉强度 R_m/MPa	伸长率 A/%（最小值）	断面收缩率 Z/%（最小值）
X10CrNiMoMnNbVB15-10-1	1.4982	AT+WW	≤100	510	650～850	25	
X3CrNiMoBN17-13-3	1.4910	AT	≤160	260	550～750	35	
X6CrNiMoB17-12-2	1.4919	AT	≤160	205	490～690	35	
X6CrNiB18-10	1.4941	AT	≤160	195	490～680	35	
X6NiCrTiMoVB25-15-2	1.4980	AT+P	≤160	600	900～1150	15	
X7CrNiMoBNb16-16	1.4986	WW+P	≤100	500	650～850	16	
镍合金							
NiCr20TiAl	2.4952	AT+P	≤160	600	1000～1300	12	12
NiCr15Fe7TiAl	2.4669	AT+P	≤25	650	1000～1200	20	20

注：AT——固溶退火，C——冷作硬化，N——正火，NT——正火加回火，P——弥散强化，QT——淬火加回火，WW——中温加工。

(11)内燃机及阀门用钢及合金

表 14-185　室温下热处理后产品的力学性能(EN 10090—1998)

牌　号	数字编号	热处理条件	硬度/HB(最大值)①	抗拉强度 R_m/MPa①
马氏体钢				
X45CrSi9-2	1.4718	软退火	300	
		淬火加回火	266～325	900～1100
X40CrSiMo10-2	1.4731	软退火	300	
X85CrMoV18-2	1.4748	软退火	300	
奥氏体钢及合金				
X55CrMnNiN20-8	1.4875	控制冷却②	(385)	(1300)
		1000～1100℃淬火③	385	1300
X53CrMnNiN21-9	1.4871	控制冷却②	(385)	(1300)
		1000～1100℃淬火③	385	1300
X50CrMnNiNbN21-9	1.4882	控制冷却②	(385)	(1300)
		1000～1100℃淬火③	385	1300
X53CrMnNiNbN21-9	1.4870	控制冷却②	(385)	(1300)
		1000～1100℃淬火③	385	1300
X33CrNiMnN23-8	1.4866	控制冷却②	(360)	(1250)
		1000～1100℃淬火③	360	1200
NiFe25Cr20NbTi	2.4955	930～1030℃淬火	295	1000
NiCr20TiAl	2.4952	930～1030℃淬火	325	1100

注：1. ①括号内数据为近似值；
2. ②该热处理工艺适用于热挤压加工；
3. ③该热处理工艺适用于电加热顶锻。

14.3 美国不锈耐热钢

14.3.1 不锈耐热钢牌号和化学成分

表 14-186 不锈钢和耐热铬镍钢板、薄板、带材的化学成分(ASTM A167—2009)

UNS 编号	牌号	化学成分/%(不大于,注明范围者除外)								
		C	Mn	P	S	Si	Cr	Ni	Mo	其他
S30215	302B	0.15	2.00	0.045	0.030	2.00～3.00	17.0～19.0	8.00～10.0		N 0.10
S30800	308	0.08	2.00	0.045	0.030	0.75	19.0～21.0	10.0～12.0		
S30900	309	0.20	2.00	0.045	0.030	0.75	22.0～24.0	12.0～15.0		
S31000	310	0.25	2.00	0.045	0.030	1.50	24.0～26.0	19.0～22.0		

表 14-187 不锈钢棒、型材牌号及化学成分(ASTM A276—2010)

UNS 编号	型号	化学成分/%(不大于,注明范围、最小值者除外)									
		C	Mn	P	S	Si	Cr	Ni	Mo	N	其他
N08367		0.030	2.00	0.040	0.030	1.00	20.0～22.0	23.5～25.5	6.0～7.0	0.18～0.25	Cu 0.75
N08700		0.04	2.00	0.040	0.030	1.00	19.0～23.0	24.0～26.0	4.3～5.0		Cu 0.50 Cb:8×C～0.40
N08904	904L	0.020	2.00	0.045	0.035	1.00	19.0～23.0	23.0～28.0	4.0～5.0	0.10	Cu 1.0～2.0
S20100	201	0.15	5.5～7.5	0.060	0.030	1.00	16.0～18.0	3.5～5.5		0.25	
S20161		0.15	4.0～6.0	0.045	0.030	3.0～4.0	15.0～18.0	4.0～6.0		0.08～0.20	
S20162		0.15	4.0～8.0	0.040	0.040	2.5～4.5	16.5～21.0	6.0～10.0	0.50～2.50	0.05～0.25	
S20200	202	0.15	7.5～10.0	0.060	0.030	1.00	17.0～19.0	4.0～6.0		0.25	
S20500	205	0.12～0.25	14.0～15.5	0.060	0.030	1.00	16.5～18.0	1.0～1.7		0.32～0.40	
S20910	XM-19	0.06	4.0～6.0	0.045	0.030	1.00	20.5～23.5	11.5～13.5	1.50～3.00	0.20～0.40	Cb 0.10～0.030 V 0.10～0.30
S21800		0.10	7.0～9.0	0.060	0.030	3.5～4.5	16.0～18.0	8.0～9.0		0.08～0.18	
S21900	XM-10	0.08	8.0～10.0	0.045	0.030	1.00	19.0～21.5	5.5～7.5		0.15～0.40	
S21904	XM-11	0.04	8.0～10.0	0.045	0.030	1.00	19.0～21.5	5.5～7.5		0.15～0.40	
S24000	XM-29	0.08	11.5～14.5	0.060	0.030	1.00	17.0～19.0	2.3～3.7		0.20～0.40	
S24100	XM-28	0.15	11.0～14.0	0.045	0.030	1.00	16.5～19.0	0.50～2.50		0.20～0.45	
S28200		0.15	17.0～19.0	0.045	0.030	1.00	17.0～19.0	—	0.75～1.25	0.40～0.60	Cu 0.75～1.25
S30200	302	0.15	2.00	0.045	0.030	1.00	17.0～19.0	8.0～10.0		0.10	
S30215	302B	0.15	2.00	0.045	0.030	2.00～3.00	17.0～19.0	8.0～10.0		0.10	

续表

UNS编号	型号	化学成分/%(不大于,注明范围、最小值者除外)									
		C	Mn	P	S	Si	Cr	Ni	Mo	N	其他
S30400	304	0.08	2.00	0.045	0.030	1.00	18.0~20.0	8.0~11.0			
S30403	304L	0.030	2.00	0.045	0.030	1.00	18.0~20.0	8.0~12.0			
S30451	304N	0.08	2.00	0.045	0.030	1.00	18.0~20.0	8.0~11.0		0.10~0.16	
S30452	XM-21	0.08	2.00	0.045	0.030	1.00	18.0~20.0	8.0~10.0		0.16~0.30	
S30453	304LN	0.030	2.00	0.045	0.030	1.00	18.0~20.0	8.0~11.0		0.10~0.16	
S30454		0.03	2.00	0.045	0.030	1.00	18.0~20.0	8.0~11.0		0.16~0.30	
S30500	305	0.12	2.00	0.045	0.030	1.00	17.0~19.0	11.0~13.0			
S30800	308	0.08	2.00	0.045	0.030	1.00	19.0~21.0	10.0~12.0			
S30815		0.05~0.10	0.80	0.040	0.030	1.40~2.00	20.0~22.0	10.0~12.0		0.14~0.20	Ce 0.30~0.08
S30900	309	0.20	2.00	0.045	0.030	1.00	22.0~24.0	12.0~15.0			
S30908	309S	0.08	2.00	0.045	0.030	1.00	22.0~24.0	12.0~15.0			
S30940	309Cb	0.08	2.00	0.045	0.030	1.00	22.0~24.0	12.0~16.0			Cb:10×C~1.10
S31000	310	0.25	2.00	0.045	0.030	1.50	24.0~26.0	19.0~22.0			
S31008	310S	0.08	2.00	0.045	0.030	1.50	24.0~26.0	19.0~22.0			
S31040	310Cb	0.08	2.00	0.045	0.030	1.50	24.0~26.0	19.0~22.0			Cb:10×C~1.10
S31254		0.020	1.00	0.030	0.010	0.80	19.5~20.5	17.5~18.5	6.0~6.5	0.18~0.22	Cu 0.50~1.00
S31400	314	0.25	2.00	0.045	0.030	1.50~3.00	23.0~26.0	19.0~22.0			
S31600	316	0.08	2.00	0.045	0.030	1.00	16.0~18.0	10.0~14.0	2.00~3.00		
S31603	316L	0.030	2.00	0.045	0.030	1.00	16.0~18.0	10.0~14.0	2.00~3.00		
S31635	316Ti	0.08	2.00	0.045	0.030	1.00	16.0~18.0	10.0~14.0	2.00~3.00	0.10	Ti:5×(C+N)~0.70
S31640	316Cb	0.08	2.00	0.045	0.030	1.00	16.0~18.0	10.0~14.0	2.00~3.00	0.10	Cb:10×C~1.10
S31651	316N	0.08	2.00	0.045	0.030	1.00	16.0~18.0	10.0~14.0	2.00~3.00	0.10~0.16	
S31653	316LN	0.030	2.00	0.045	0.030	1.00	16.0~18.0	10.0~13.0	2.00~3.00	0.10~0.16	
S31654		0.03	2.00	0.045	0.030	1.00	16.0~18.0	10.0~13.0	2.00~3.00	0.16~0.30	
S31700	317	0.08	2.00	0.045	0.030	1.00	18.0~20.0	11.0~15.0	3.0~4.0	0.10	

续表

UNS编号	型号	化学成分/%(不大于,注明范围、最小值者除外)									
		C	Mn	P	S	Si	Cr	Ni	Mo	N	其他
S31725		0.030	2.00	0.045	0.030	1.00	18.0~20.0	13.5~17.5	4.0~5.0	0.20	
S31726		0.030	2.00	0.045	0.030	1.00	17.0~20.0	14.5~17.5	4.0~5.0	0.10~0.20	
S31727		0.030	1.00	0.030	0.030	1.00	17.5~19.0	14.5~16.5	3.8~4.5	0.15~0.21	Cu 2.8~4.0
S32053		0.030	1.00	0.030	0.010	1.00	22.0~24.0	24.0~26.0	5.0~6.0	0.17~0.22	
S32100	321	0.08	2.00	0.045	0.030	1.00	17.0~19.0	9.0~12.0	—		Ti:5×(C+N)~0.70
S32654		0.020	2.0~4.0	0.030	0.005	0.50	24.0~25.0	21.0~23.0	7.0~8.0	0.45~0.55	Cu 0.30~0.60
S34565		0.030	5.0~7.0	0.030	0.010	1.00	23.0~25.0	16.0~18.0	4.0~5.0	0.40~0.60	Cb 0.10
S34700	347	0.08	2.00	0.045	0.030	1.00	17.0~19.0	9.0~12.0			Cb:10×C~1.10
S34800	348	0.08	2.00	0.045	0.030	1.00	17.0~19.0	9.0~12.0			Cb:10×C~1.10 Ta 0.10 Co 0.20
奥氏体-铁素体型											
S31100	XM-26	0.06	1.00	0.045	0.030	1.00	25.0~27.0	6.0~7.0			Ti 0.25
S31803		0.030	2.00	0.030	0.020	1.00	21.0~23.0	4.5~6.5	2.5~3.5	0.08~0.20	
S32101		0.040	4.0~6.0	0.040	0.030	1.00	21.0~22.0	1.35~1.70	0.10~0.80	0.20~0.25	Cu 0.10~0.80
S32202		0.030	2.00	0.040	0.010	1.00	21.5~24.0	1.00~2.80	0.45	0.18~0.26	
S32205		0.030	2.00	0.030	0.020	1.00	22.0~23.0	4.5~6.5	3.0~3.5	0.14~0.20	
S32304		0.030	2.50	0.040	0.030	1.00	21.5~24.5	3.0~5.5	0.05~0.60	0.05~0.20	Cu 0.05~0.60
S32506		0.030	1.00	0.040	0.015	0.90	24.0~26.0	5.5~7.2	3.0~3.5	0.08~0.20	W 0.05~0.30
S32550		0.04	1.50	0.040	0.030	1.0	24.0~27.0	4.5~6.5	2.9~3.9	0.10~0.25	Cu 1.50~2.50
S32750		0.030	1.20	0.035	0.020	0.80	24.0~26.0	6.0~8.0	3.0~5.0	0.24~0.32	Cu 0.50
S32760[E]		0.030	1.00	0.030	0.010	1.00	24.0~26.0	6.0~8.0	3.0~4.0	0.20~0.30	Cu 0.50~1.00 W 0.50~1.00
铁素体型											
S40500	405	0.08	1.00	0.040	0.030	1.00	11.5~14.5	0.50			Al 0.10~0.30
S40976		0.030	1.00	0.040	0.030	1.00	10.5~11.7	0.75~1.00		0.040	Cb:10×(C+N)~0.80

续表

UNS编号	型号	化学成分/%(不大于,注明范围、最小值者除外)									
		C	Mn	P	S	Si	Cr	Ni	Mo	N	其他
S42900	429	0.12	1.00	0.040	0.030	1.00	14.0~16.0				
S43000	430	0.12	1.00	0.040	0.030	1.00	16.0~18.0				
S44400	444	0.025	1.00	0.040	0.030	1.00	17.5~19.5	1.00	1.75~2.50	0.035	Tl+Cb:0.20+4×(C+N)~0.80
S44600	446	0.20	1.50	0.040	0.030	1.00	23.0~27.0	0.75		0.25	
S44627	XM-27	0.010	0.40	0.020	0.020	0.40	25.0~27.5	0.50	0.75~1.50	1.015[G]	Cu 0.20 Cb 0.05~0.20
S44700		0.010	0.30	0.025	0.020	0.20	28.0~30.0	0.15	3.5~4.2	0.020	C+N 0.025 Cu 0.15
S44800		0.010	0.30	0.025	0.020	0.20	28.0~30.0	2.00~2.50	3.5~4.2	0.020	C+N 0.025 Cu 0.15
马氏体型											
S40300	403	0.15	1.00	0.040	0.030	0.50	11.5~13.0				
S41000	410	0.08~0.15	1.00	0.040	0.030	1.00	11.5~13.5				
S41040	XM-30	0.18	1.00	0.040	0.030	1.00	11.0~13.0				Cb 0.05~0.30
S41400	414	0.15	1.00	0.040	0.030	1.00	11.5~13.5	1.25~2.50			
S41425		0.05	0.50~1.00	0.020	0.005	0.50	12.0~15.0	4.0~7.0	1.50~2.00	0.06~0.12	Cu 0.30
S41500		0.05	0.50~1.00	0.030	0.60	11.5~14.0	3.5~5.5	0.50~1.00			
S42000	420	≥0.15	1.00	0.040	0.030	1.00	12.0~14.0				
S42010		0.15~0.30	1.00	0.040	0.030	1.00	13.5~15.0	0.35~0.85			
S43100	431	0.20	1.00	0.040	0.030	1.00	15.0~17.0	1.25~2.50			
S44002	440A	0.60~0.75	1.00	0.040	0.030	1.00	16.0~18.0		0.75		
S44003	440B	0.75~0.95	1.00	0.040	0.030	1.00	16.0~18.0		0.75		
S44004	440C	0.95~1.20	1.00	0.040	0.030	1.00	16.0~18.0		0.75		

表 14-188 不锈钢丝的化学成分(ASTM A580/A580M—2008)

UNS编号	牌号	化学成分/%(不大于,注明范围者除外)									
		C	Mn	P	S	Si	Cr	Ni	Mo	N	其他
奥氏体钢											
S20161		0.15	4.0~6.0	0.040	0.040	3.0~4.0	15.0~18.0	4.0~6.0		0.08~0.20	
S20910	XM-19	0.06	4.0~6.0	0.040	0.030	1.00	20.5~23.5	11.5~13.5	1.50~3.00	0.20~0.40	Cb 0.10~0.30 V 0.10~0.30
S21400	XM-31	0.12	14.0~16.0	0.045	0.030	0.30~1.00	17.0~18.5	1.00		0.35	
S21800		0.10	7.0~9.0	0.060	0.030	3.5~4.5	16.0~18.0	8.0~9.0		0.08~0.18	
S21900	XM-10	0.08	8.0~10.0	0.060	0.030	1.00	19.0~21.5	5.5~7.5		0.15~0.40	
S21904	XM-11	0.04	8.0~10.0	0.060	0.030	1.00	19.0~21.5	5.5~7.5		0.15~0.40	
S24000	XM-29	0.08	11.5~14.5	0.060	0.030	1.00	17.0~19.0	2.3~3.7		0.20~0.40	
S24100	XM-28	0.15	11.0~14.0	0.040	0.030	1.00	16.5~19.0	0.5~2.50		0.20~0.45	
S28200		0.15	17.0~19.0	0.045	0.030	1.00	17.0~19.0		0.75~1.25	0.40~0.60 0.10	Cu 0.75~1.25
S30200	302	0.15	2.00	0.045	0.030	1.00	17.0~19.0	8.0~10.0		0.10	
S30215	302B	0.15	2.00	0.045	0.030	2.00~3.00	17.0~19.0	8.0~10.0			
S30400	304	0.08	2.00	0.045	0.030	1.00	18.0~20.0	8.0~10.5		0.10	
S30403	304L	0.030	2.00	0.045	0.030	1.00	18.0~20.0	8.0~12.0		0.10	
S30500	305	0.12	2.00	0.045	0.030	1.00	17.0~19.0	10.5~13.0			
S30800	308	0.08	2.00	0.045	0.030	1.00	19.0~21.0	10.0~12.0			
S30900	309	0.20	2.00	0.045	0.030	1.00	22.0~24.0	12.0~15.0			
S30908	309S	0.08	2.00	0.045	0.030	1.00	22.0~24.0	12.0~15.0			
S30940	309Cb	0.08	2.00	0.045	0.030	1.00	22.0~24.0	12.0~16.0		0.10	Cb+Ta: ≥10×C ≤1.10
S31000	310	0.25	2.00	0.045	0.030	1.50	24.0~26.0	19.0~22.0			
S31008	310S	0.08	2.00	0.045	0.030	1.50	24.0~26.0	19.0~22.0			
S31400	314	0.25	2.00	0.045	0.030	1.50~3.00	23.0~26.0	19.0~22.0			
S31600	316	0.08	2.00	0.045	0.030	1.00	16.0~18.0	10.0~14.0	2.00~3.00	0.10	

续表

UNS编号	牌号	化学成分/%(不大于,注明范围者除外)									
		C	Mn	P	S	Si	Cr	Ni	Mo	N	其他
S31603	316L	0.030	2.00	0.045	0.030	1.00	16.0~18.0	10.0~14.0	2.00~3.00	0.10	
S31700	317	0.08	2.00	0.045	0.030	1.00	18.0~20.0	11.0~15.0	3.0~4.0	0.10	
S32100	321	0.08	2.00	0.045	0.030	1.00	17.0~19.0	9.0~12.0			Ti≥5×C
S34700	347	0.08	2.00	0.045	0.030	1.00	17.0~19.0	9.0~13.0			Cb+Ta≥10×C
S34800	348	0.08	2.00	0.045	0.030	1.00	17.0~19.0	9.0~13.0			Cb+Ta≥10×C Ta≤1.10 Co≤0.20
奥氏体-铁素体钢											
S32202		0.030	2.00	0.040	0.010	1.00	21.5~24.0	1.00~2.80	0.45	0.18~0.26	
铁素体钢											
S40500	405	0.08	1.00	0.040	0.030	1.00	11.5~14.5				Al 0.10~0.30
S40976		0.030	1.00	0.040	0.030	1.00	10.5~11.7	0.75~1.00		0.040	Cb:10×(C+N)~0.80
S43000	430	0.12	1.00	0.040	0.030	1.00	16.0~18.0				
S44400		0.025	1.00	0.040	0.030	1.00	17.5~19.5	1.00	1.75~2.50	0.035	(Ti+Cb):0.20+4(C+N)~0.80
S44600	446	0.20	1.50	0.040	0.030	1.00	23.0~27.0			0.25	
S44700		0.010	0.30	0.025	0.020	0.20	28.0~30.0	0.15	3.5~4.2	0.020	C+N≤0.025 Cu≤0.15
S44880		0.010	0.30	0.025	0.020	0.20	28.0~30.0	2.00~2.50	3.5~4.2	0.020	C+N≤0.25 Cu≤0.15
S44535		0.030	0.30~0.80	0.050	0.020	0.50	20.0~24.0				Cu 0.50 Al 0.50 La 0.04~0.20 Tl 0.03~0.20
马氏体钢											
S40300	403	0.15	1.00	0.040	0.030	0.50	11.5~13.0				
S41000	410	0.15	1.00	0.040	0.030	1.00	11.5~13.5				
S41100	414	0.15	1.00	0.040	0.030	1.00	11.5~13.5	1.25~2.50			
S42000	420	≥0.15	1.00	0.040	0.030	1.00	12.0~14.0				
S43100	431	0.20	1.00	0.040	0.030	1.00	15.0~17.0	1.25~2.50			

续表

UNS编号	牌号	化学成分/%(不大于,注明者除外)									
		C	Mn	P	S	Si	Cr	Ni	Mo	N	其他
S44002	440A	0.60~0.75	1.00	0.040	0.030	1.00	16.0~18.0		0.75		
S44003	440B	0.75~0.95	1.00	0.040	0.030	1.00	16.0~18.0		0.75		
S44004	440C	0.95~1.20	1.00	0.040	0.030	1.00	16.0~18.0		0.75		

表 14-189　奥氏体不锈钢薄板、钢带、钢板和扁钢的牌号及化学成分(ASTM A666—2010)

型号	编号	化学成分/%(不大于,注明范围者除外)							
		C	Mn	P	S	Si	Cr	Ni	其他
201	S20100	0.15	5.5~7.5	0.060	0.030	0.75	16.0~18.0	3.5~5.5	N 0.25
201L	S20103	0.03	5.5~7.5	0.045	0.030	0.75	16.0~18.0	3.5~5.5	N 0.25
201LN	S20153	0.03	6.4~7.5	0.045	0.015	0.75	16.0~17.5	4.0~5.0	N 0.10~0.25 Cu 1.00
202	S20200	0.15	7.5~10.0	0.060	0.030	0.75	17.0~19.0	4.0~6.0	N 0.25
	S20400	0.030	7.0~9.0	0.040	0.030	1.00	15.0~17.0	1.50~3.00	N 0.15~0.30
205	S20500	0.12~0.25	14.0~15.0	0.060	0.030	0.75	16.5~18.0	1.00~1.75	N 0.32~0.40
301	S30100	0.15	2.00	0.045	0.030	1.00	16.0~18.0	6.0~8.0	N 0.10
301L	S30103	0.03	2.00	0.045	0.030	1.00	16.0~18.0	6.0~8.0	N 0.20
301LN	S30153	0.03	2.00	0.045	0.030	1.00	16.0~18.0	6.0~8.0	N 0.07~0.20
301Si	S30116	0.15	2.00	0.045	0.030	1.00~1.35	16.0~18.0	6.0~8.0	N 0.20 Mo 1.00
302	S30200	0.15	2.00	0.045	0.030	0.75	17.0~19.0	8.0~10.0	
304	S30400	0.08	2.00	0.045	0.030	0.75	18.0~20.0	8.0~10.5	N 0.10
304L	S30403	0.030	2.00	0.045	0.030	0.75	18.0~20.0	8.0~12.0	N 0.10
304N	S40451	0.08	2.00	0.045	0.030	0.75	18.0~20.0	8.0~10.5	N 0.10~0.16
304LN	S30453	0.030	2.00	0.045	0.030	0.75	18.0~20.0	8.0~12.0	N 0.10~0.16
316	S31600	0.08	2.00	0.045	0.030	0.75	16.0~18.0	10.0~14.0	Mo 2.00~3.00
316L	S31603	0.030	2.00	0.045	0.030	0.75	16.0~18.0	10.0~14.0	Mo 2.00~3.00
316N	S31651	0.08	2.00	0.045	0.030	0.75	16.0~18.0	10.0~14.0	Mo 2.00~3.00 N 0.10~0.16
XM-11	S31904	0.04	8.0~10.0	0.60	0.030	0.75	19.0~21.5	5.5~7.5	N 0.15~0.40
XM-14	S21460	0.12	14.0~16.0	0.060	0.030	0.75	17.0~19.0	5.0~6.0	N 0.35~0.50

表 14-190 弹簧钢丝的化学成分(ASTM A313/A313M—2010)

UNS 编 号	牌 号	化 学 成 分/%(不大于,注明范围者除外)									
		C	Mn	P	S	Si	Cr	Ni	Mo	N	其他
奥氏体钢											
S 24100	XM-28	0.15	11.0～14.0	0.060	0.030	1.00	16.5～19.0	0.50～2.50		0.20～0.45	
S 30200	302	0.12	2.00	0.045	0.030	1.00	17.0～19.0	8.0～10.0		0.10	
S 30400	304	0.08	2.00	0.045	0.030	1.00	18.0～20.0	8.0～10.5		0.10	
S 30500	305	0.12	2.00	0.045	0.030	1.00	17.0～19.0	10.5～13.0			
S 31600	316	0.07	2.00	0.045	0.030	1.00	16.5～18.0	10.5～13.5	2.00～2.50	0.10	
S 32100	321	0.08	2.00	0.045	0.030	1.00	17.0～19.0	9.0～12.0			Ti≥5×C
S 34700	347	0.08	2.00	0.045	0.030	1.00	17.0～19.0	9.0～13.0			Cb+Ta ≥10×C
S 30151		0.07～0.09	1.50～2.00	0.025	0.010	1.20～1.80	16.0～18.0	7.0～9.0	0.50～1.00	0.07～0.11	Cu≤0.40
S 20230		0.02～0.06	2.0～6.0	0.045	0.030	1.00	17.0～19.0	2.0～4.5	1.0	0.13～0.25	Cu 2.0～4.0
沉淀硬化钢											
S 17700	631	0.09	1.00	0.040	0.030	1.00	16.0～18.0	6.5～7.8			Al 0.75～1.50
S 45500	XM-16	0.05	0.50	0.040	0.030	0.50	11.0～12.5	7.5～9.5	0.50		Ti 0.80～1.40 Cu 1.50～2.50 Cb+Ta 0.10～0.50
S 20430		0.15	6.5～9.0	0.060	0.030	1.00	15.5～17.5	1.5～3.5		0.05～0.25	Cu 2.0～4.0

表 14-191 不锈钢丝和线材的化学成分(ASTM A493—2009)

UNS 编 号	牌 号	化 学 成 分/%(不大于,注明范围者除外)									
		C	Mn	P	S	Si	Cr	Ni	Cu	Mo	N	其他
奥氏体钢												
S 30200	302	0.15	2.00	0.045	0.030	1.00	17.0～19.0	8.0～10.0	1.00		0.10	
S 30400	304	0.08	2.00	0.045	0.030	1.00	18.0～20.0	8.0～10.5	1.00		0.10	
S 30403	304L	0.030	2.00	0.045	0.030	1.00	18.0～20.0	8.0～12.0	1.00		0.10	
S 30430		0.03	2.00	0.045	0.030	1.00	17.0～19.0	8.0～10.0	3.0～4.0			
S 30500	305	0.04	2.00	0.045	0.030	1.00	17.0～19.0	10.5～13.0	1.00			
S 31600	316	0.08	2.00	0.045	0.030	1.00	16.0～18.0	10.0～14.0		2.00～3.00	0.10	
S 31603	316L	0.030	2.00	0.045	0.030	1.00	16.0～18.0	10.0～14.0		2.00～3.00	0.10	
S 38400	384	0.04	2.00	0.045	0.030	1.00	15.0～17.0	17.0～19.0				
铁素体钢												
S 40940		0.06	1.00	0.045	0.040	1.00	10.5～11.7	0.50				Cb: 10 × C ～0.75

续表

UNS编号	牌号	C	Mn	P	S	Si	Cr	Ni	Cu	Mo	N	其他
		化学成分/%(不大于,注明范围者除外)										
S 42900	429	0.12	1.00	0.040	0.030	1.00	14.0～16.0					
S 43000	430	0.04	1.00	0.040	0.030	1.00	16.0～18.0					
S 44401		0.025	1.00	0.040	0.030		17.5～19.5	1.00		1.75～2.50	0.035	Ti＋Cb:0.20＋4×(C＋N)～0.80
S 44625		0.010	0.40	0.020	0.020	0.40	25.0～27.5	0.50	0.2	0.75～1.50	0.015[B]	Ni＋Cu≤0.5
S 44700		0.010	0.30	0.025	0.020	0.20	28.0～30.0	0.15	0.15	3.5～4.2	0.020[B]	C＋N≤0.025
S 44800		0.010	0.30	0.025	0.020	0.20	28.0～30.0	2.00～2.50	0.15	3.5～4.2	0.020[B]	C＋N≤0.025
马氏体钢												
S 41000	410	0.15	1.00	0.040	0.030	1.00	11.5～13.5					
S 42010		0.15～0.30	1.00	0.040	0.030	1.00	13.5～15.0	0.35～0.85		0.40～0.85		
S 42030		0.30	1.00	0.040	0.030	1.00	12.0～14.0		2.00～3.00	1.00～3.00		
S 43100	431	0.20	1.00	0.040	0.030	1.00	15.0～17.0	1.25～2.50				
S 44004	440C	0.95～1.20	1.00	0.040	0.030	1.00	16.0～18.0			0.75		

表 14-192　自由加工不锈钢丝和线材的化学成分(ASTM A581/A581M—2009)

UNS编号	牌号	C	Mn	P	S	Si	Cr	Ni	其他
		化学成分/%(不大于,注明范围者除外)							
S20300	XM-1	0.08	5.0～6.5	0.04	0.18～0.35	1.00	16.0～18.0	5.0～6.5	Cu 1.75～2.25
S30300	303	0.15	2.00	0.20 0.20	≥0.15	1.00	17.0～19.0	8.0～10.0	
S30310	XM-5	0.15	2.5～4.5	0.20	≥0.25	1.00	17.0～19.0	7.0～10.0	
S30323	303 Se	0.15	2.00	0.20	0.06	1.00	17.0～19.0	8.0～10.0	Se≥0.15
S30345	XM-2	0.15	2.00	0.05	0.11～0.16	1.00	17.0～19.0	8.0～10.0	Mo 0.40～0.60 Al 0.60～1.00
马氏体钢									
S41600	416	0.15	1.25	0.06	≥0.15	1.00	12.0～14.0		
S41610	XM-6	0.15	1.50～2.50	0.06	≥0.15	1.00	12.0～14.0		
S41623	416 Se	0.15	1.25	0.06	0.06	1.00	12.0～14.0		Se≥0.15
铁素体钢									
S18200	XM-34	0.08	2.50	0.04	≥0.15	1.00	17.5～19.5		Mo 1.50～2.50
S18235		0.025	0.50	0.030	0.15～0.35	1.00	17.5～18.5	1.00	Mo 2.00～2.50 Ti 0.30～1.00 N≤0.025 C＋N≤0.035
S41603		0.08	1.25	0.06	≥0.15	1.00	12.0～14.0		
S43020	430 F	0.12	1.25	0.06	≥0.15	1.00	16.0～18.0		
S43023	430 F Se	0.12	1.25	0.06	0.06	1.00	16.0～18.0		Se≥0.15

表 14-193 镍铁硅铬合金棒材、型材的化学成分(ASTM B511－2009)

UNS编号	化学成分/%(不大于,注明范围、余量者除外)										
	C	Mn	P	S	Si	Cr	Ni	Cu	Pb	Sn	Fe
N08330	0.08	2.00	0.03	0.03	0.75～1.50	17.0～20.0	34.0～37.0	1.00	0.005	0.025	余量
N08332	0.05～0.10	2.00	0.03	0.03	0.75～1.50	17.0～20.0	34.0～37.0	1.00	0.005	0.025	余量

表 14-194 镍、铁、铬、硅钢的化学成分(ASTM B536—2007)

牌号(UNS)	化学成分/%(不大于,注明范围、余量者除外)										
	C	Mn	P	S	Si	Cr	Ni	Cu	Pb	Sn	Fe
N08330	0.08	2.00	0.03	0.03	0.75～1.50	17.0～20.0	34.0～37.0	1.00	0.005	0.025	余量
N08332	0.05～0.10	2.00	0.03	0.03	0.75～1.50	17.0～20.0	34.0～37.0	1.00	0.005	0.025	余量

表 14-195 板、薄板、带钢的牌号及化学成分(ASTM B625—2011)

UNS编号	化学成分/%(不大于,注明范围、余量者除外)										
	C	Mn	P	S	Si	Ni	Cr	Mo	Cu	N	Fe
N08925	0.02	1.00	0.045	0.030	0.50	24.00～26.0	19.00～21.0	6.0～7.0	0.8～1.5	0.10～0.20	余量
N08932	0.02	2.00	0.025	0.01	0.40	24.0～26.0	24.0～26.0	4.5～6.5	1.0～2.0	0.15～0.25	余量
N08354	0.03	1.00	0.03	0.01	1.00	34.0～36.0	22.0～24.0	7.0～8.0		0.17～0.24	余量
N08031	0.015	2.00	0.02	0.01	0.30	30.0～32.0	26.0～28.0	6.0～7.0	1.0～1.4	0.15～0.25	余量
N08926	0.02	2.00	0.03	0.01	0.50	24.00～26.00	19.00～21.00	6.0～7.0	0.5～1.5	0.15～0.25	余量
R20033	0.015	2.00	0.02	0.01	0.50	30.0～33.0	31.0～35.0	0.50～2.0	0.30～1.20	0.35～0.60	余量

表 14-196 焊管的化学成分(ASTM B676—2009)

牌号(UNS)	化学成分/%(不大于,注明者除外)										
	C	Mn	Si	P	S	Cr	Ni	Mo	N	Fe	Cu
N08367	0.030	2.00	1.00	0.040	0.030	20.00～22.00	23.50～25.50	6.00～7.00	0.18～0.25	余量	0.75

表 14-197 镍、铁、铬、铜稳定合金钢的化学成分(ASTM B599—2009)

牌号(UNS)	化学成分/%(不大于,注明者除外)										
	Ni	Fe	Cr	Mo	Cb	C	Si	Mn	P	S	Cu
N08700	24.0～26.0	余量	19.0～23.0	4.3～5.0	8×C～0.40	0.04	1.00	2.00	0.040	0.030	0.50

表 14-198 镍合金钢的化学成分(ASTM B473—2007)

牌号(UNS)	化学成分/%(不大于,注明者除外)											
	C	Mn	P	S	Si	Ni	Cr	Mo	Cu	Nb+Ta	N	Fe
N08026	0.03	1.00	0.03	0.03	0.50	33.00～37.20	22.00～26.00	5.00～6.70	2.00～4.00	—	0.10～0.16	余量
N08020	0.07	2.00	0.045	0.035	1.00	32.00～38.00	19.00～21.00	2.00～3.00	3.00～4.00	8×C～1.00	—	余量
N08024	0.03	1.00	0.035	0.035	0.50	35.00～40.00	22.50～25.00	3.50～5.00	0.50～1.50	0.15～0.35	—	余量

表 14-199 合金板、薄板、带钢的化学成分(ASTM B463—2010)

UNS编号	化学成分/%(不大于,注明范围余量者除外)											
	C	Mn	P	S	Si	Ni	Cr	Mo	Cu	Nb+Ta	N	Fe
N08020	0.07	2.00	0.045	0.035	1.00	32.00～38.00	19.00～21.00	2.00～3.00	3.00～4.00	8×C～1.00	—	余量

14.3.2 不锈耐热钢的力学性能

表 14-200 不锈钢和耐热铬镍钢板、薄板、带材的力学性能(ASTM A167—2009)

UNS编号	牌 号	抗拉强度(不小于)		屈服强度(不小于)		伸长率/%(不小于)	硬度(不大于)	
		ksi	MPa	ksi	MPa		布氏	洛氏
S30215	302B	75	515	30	205	40.0	217	95
S30800	308	75	515	30	205	40.0	183	88
S30900	309	75	515	30	205	40.0	217	95
S31000	310	75	515	30	205	40.0	217	95

注:表中所有的法定计量单位数据均为原标准给出数据。

表 14-201 不锈钢棒、型材室温最低力学性能(ASTM A276—2010)

型 号	状态	直径或厚度 in(mm)	抗拉强度		0.2%屈服强度		伸长率 A/%	断面收缩率/%	布氏硬度(最大)
			ksi	MPa	ksi	MPa			
奥氏体型									
N08367	A	所有	95	655	45	310	30	50	
N08700	A	所有	80	550	35	240	30	50	
N08904 904L	A	所有	71	490	31	220	35		
201,202	A	所有	75	515	40	275	40	45	
S20161	A	所有	125	860	50	345	40	40	255
		所有	125	860	50	345	40	40	311
S20162	A	所有	100	690	50	345	50	60	
205	A	所有	100	690	60	414	40	50	
XM-19	A	所有	100	690	55	380	35	55	
	(热轧)	≤2(50.8)	135	930	105	725	20	50	
		>2~3(50.8~76.2)	115	795	75	515	25	50	
		>3~8(76.2~203.2)	100	690	60	415	30	50	
S21800	A	所有	95	655	50	345	35	55	241
XM-10,XM-11	A	所有	90	620	50	345	45	60	
XM-28	A	所有	100	690	55	380	30	50	
XM-28	A	所有	100	690	55	380	30	50	
S24565	A	所有	115	795	60	415	35	40	
S28200	A	所有	110	760	60	410	35	55	
302,302B,304,304LN,305,308,309,309S,309Cb,310,310S,310Cb,314,316,316LN,316Cb,316Ti,317,321,347,348	A	所有	75	515	30	205	40	50	
		≤0.5(12.70)	90	620	45	310	30	40	
		>0.5(12.70)	75	515	30	205	30	40	
304L,316L	A	所有	70	485	25	170	40	50	
		≤0.5(12.70)	90	620	45	310	30	40	
		>0.5(12.70)	70	485	25	170	30	40	
304N,316N	A	所有	80	550	35	240	30		
202,302,304N,316,316N	B	≤0.75(19.05)	125	860	100	690	12	35	
304L,316L		>0.75~1(19.05~25.40)	115	795	80	550	15	35	
		>1~1.25(25.40~31.75)	105	725	65	450	20	35	
		>1.25~1.5(31.75~38.10)	100	690	50	345	24	45	
		>1.5~1.75(38.1~44.45)	95	655	45	310	28	45	

续表

型号	状态	直径或厚度 in(mm)	抗拉强度		0.2%屈服强度		伸长率 A/%	断面收缩率/%	布氏硬度（最大）
			ksi	MPa	ksi	MPa			
304,304N,316,316N	S	≤2(50.8)	95	650	75	515	25	40	
304L,316L		>2～2.5(50.8～63.5)	90	620	65	450	30	40	
		>2.5～3(63.5～76.2)	80	550	55	380	30	40	
XM-31,S30454,S31654	A	所有	90	620	50	345	30	50	
XM-21,S30454	B	≤1(25.4)	145	1000	125	860	15	45	
S31654		>1～1.25(25.4～31.75)	135	930	115	795	16	45	
		>1.25～1.5(31.75～38.1)	135	895	105	725	17	45	
		>1.5～1.75(38.1～44.45)	125	860	100	690	18	45	
S30815	A	所有	87	600	45	310	40	50	
			87	600	45	310	40	50	
S31254	A	所有	95	650	44	300	35	50	
S31725	A	所有	75	515	30	205	40		
S31726	A	所有	80	550	35	240	40		
S31727	A	所有	80	550	36	245	35		217
S32053	A	所有	93	640	43	295	40		217
S32654	A	所有	109	750	62	430	40	40	250
奥氏体-铁素体型									
XM-26	A	所有	90	620	65	450	20	55	
S31803	A	所有	90	620	65	448	25		290
S32056	A	所有	90	620	65	450	18		302
S32101	A	所有	94	650	65	450	30		290
S32202	A	所有	94	650	65	450	30		290
S32205	A	所有	95	655	65	450	25		290
S32304	A	所有	87	600	58	400	25		290
S32550	A	所有	109	750	80	550	25		290
S32550	S	所有	125	860	105	720	16		335
S32750	A	>2(50.8)	116	800	80	550	15		310
		≤2(50.8)	110	760	75	515	15		310
S32760	A	所有	109	750	80	550	25		290
S32760	S	所有	125	860	105	720	16		335
铁素体型									
405	A	所有							207
									217
429	A	所有	70	480	40	275	20	45	
			70	480	40	275	16	45	
430	A	所有	60	415	30	207	20	45	
S40976	A	所有	60	415	20	140	20	45	244
S44400	A	所有	60	415	45	310	20	45	217
			60	415	45	310	16	45	217
446,XM-27	A	所有	65	450	40	275	20	45	219
			65	450	40	275	16	45	219

续表

型号	状态	直径或厚度 in(mm)	抗拉强度		0.2%屈服强度		伸长率 A/%	断面收缩率/%	布氏硬度(最大)
			ksi	MPa	ksi	MPa			
S44700	A	所有	70	480	55	380	20	40	
			75	520	60	415	15	30	
S44800	A	所有	70	480	55	380	20	40	
			75	520	60	415	15	30	
马氏体型									
403,410	A	所有	70	480	40	275	20	45	
			70	480	40	275	16	45	
403,410	T	所有	100	690	80	550	15	45	
			100	690	80	550	12	40	
XM-30	T	所有	125	860	100	690	13	45	302
			125	860	100	690	12	35	
403,410	H	所有	120	830	90	620	12	40	
			120	830	90	620	12	40	
XM-30	A	所有	70	480	40	275	13	45	235
			70	480	40	275	12	35	
414	A	所有							298
414	T	所有	115	790	90	620	15	45	
S41425	T	所有	120	825	95	655	15	45	321
S41500	T	所有	115	795	90	620	15	45	295
420	A	所有							241
									255
S42010	A	所有							235
									255
431	A	所有							285
440A,440B,440C	A	所有							269
									285

注:表中所有的法定计量单位数据均为原标准给出数据。

表 14-202 不锈钢棒、型材的热处理制度(ASTM A276—2010)

型号	热处理温度/℉(℃)(最低)	淬火剂	洛氏硬度 HRC(最小)
403	1750(955)	空气	35
410	1750(955)	空气	35
414	1750(955)	石油	42
420	1825(995)	空气	50
S42010	1850(1010)	石油	48
431	1875(1020)	石油	40
440A	1875(1020)	空气	55
440B	1875(1020)	石油	56
440C	1875(1020)	空气	58

表 14-203 不锈钢丝的力学性能(ASTM A580—2008)

UNS 编号	牌 号	状态	抗拉强度		0.2%屈服强度		伸长率/%	断面收缩率/%
			ksi	MPa	ksi	MPa	(不小于)	(不小于)
奥氏体钢								
S20161		A	125	860	50	345	40	40
S20910	XM-19	A	100	690	55	380	35	55
S21400	XM-31	A	130	900	85	585	24	60
			100	690	50	345	40	65
		B	220	1520	190	1310	5	50
S21800		A	95	655	50	345	35	55
S21900,S21904	XM-10,XM-11	A	90	620	50	345	45	60
S24000,S24100	XM-29,XM-28	A	100	690	55	380	30	50
S28200		A	110	760	60	415	35	55
		B	175	1210	150	1035	15	50
S30200,S30215, S30400,S30500, S30800,S30900, S30908,S30940, S31000,S31008, S31400,S31600, S31700,S32100, S34700,S34800	302,302B,304, 305,308,309, 309S,309Cb,310, 310S,314,316, 317,321,347, 348	A	90 75	620 520	45 30	310 210	30 35	40 50
S30403,S31603	304L,316L	A	90	620	45	310	30[D]	40[D]
			70	485	25	170	35[D]	50[D]
奥氏体-铁素体钢								
S32202		A	94	650	65	650	30	50
铁素体钢								
S40976		A	60	415	20	140	20	45
S40500,S4300,	405,430,	A	70	485	40	275	16	45
S44401, S44600	446,		70	485	40	275	20	45
S44700,S44800		A	75	520	60	415	15	30
			70	485	55	380	20	40
S44535		A	58	400	36	250	20	
马氏体钢								
S40300,S41000	403,410	A	70	485	40	275	16	45
			70	485	40	275	20	45
		T	100	690	80	550	12	40
		H	120	830	90	620	12	40
S41400	414	A	≤150	≤1035				
S42000	420	A	≤125	≤860				
S43100,S44002,	431,440A,	A	≤140	≤965				
S44003,S44004	440B,440C							

注:表中所有的法定计量单位数据均为原标准给出数据。

表 14-204　不锈钢丝的热处理制度(ASTM A580/A580M—2008)

牌号	热处理温度/℉(℃)(最低)	淬火剂	硬度 HRC(不小于)
403	1750(955)	空气	35
410	1750(955)	空气	35
414	1750(955)	石油	42
420	1825(1000)	空气	50
431	1875(1025)	石油	40
440A	1875(1025)	空气	55
440B	1875(1025)	石油	56
440C	1875(1025)	空气	58

表 14-205　奥氏体不锈钢薄板、钢带、钢板和扁钢的最低拉伸性能要求(ASTM A666—2010)

退火的

型号	编号	抗拉强度		屈服强度		伸长率/% ≤2in(50.8mm)	硬度(最大)	
		psi	MPa	psi	MPa		布氏	洛氏
201-1	S20100 Class 1	75 000	515	38 000	260	40	217	95
201-2	S20100 Class 2	95 000	655	45 000	310	40	241	100
201L	S20103	95 000	655	38 000	260	40	217	95
201LN	S20153	95 000	655	45 000	310	45	241	100
202	S20200	90000	620	38 000	260	40	241	
	S20400	95 000	655	48 000	330	35	241	100
205	S20500	115 000	790	65 000	450	40	241	100
301	S30100	75 000	515	30000	205	40	217	95
301L	S30103	80000	550	32 000	220	45	241	100
301LN	S30153	80000	550	35 000	240	45	241	100
302	S30200	75 000	515	30000	205	40	201	92
	S30116	75 000	515	30000	205	40	217	95
304	S30400	75 000	515	30000	205	40	201	92
304L	S30403	70000	485	25 000	170	40	201	92
304N	S30451	80000	550	35 000	240	30	217	95
304LN	S30453	75 000	515	30000	205	40	201	95
316	S31600	75 000	515	30000	205	40	217	95
316L	S31603	70000	485	25 000	170	40	217	95
316N	S31651	80000	550	35 000	240	35	217	95
XM-11	S21904 片、条	100000	690	60000	415	40		
	S21904 板	90000	620	50000	345	45		
XM-14	S21460	105 000	725	55 000	380	40		

1/16 硬

型号	编号	抗拉强度		屈服强度		伸长率/%≤2in(50.8mm)		
		psi	MPa	psi	MPa	<0.015 (0.381)	≥0.015 (0.381) ≤0.030 (0.762)	>0.030 (0.762)
201	S20100 PSS	95 000	655	45 000	310	40	40	40
	FB	75 000	515	40000	275			40

续表

型　号	编　号	抗拉强度		屈服强度		伸长率/%≤2in(50.8mm)		
		psi	MPa	psi	MPa	<0.015 (0.381)	≥0.015 (0.381) ≤0.030 (0.762)	>0.030 (0.762)
201L	S20103	100000	690	50000	345	40	40	40
201LN	S20153	100000	690	50000	345	40	40	40
205	S20500	115 000	790	65 000	450	40	40	40
301	S30100	90000	620	45 0000	310	40	40	40
301L	S30103	100000	690	50000	345	40	40	40
301LN	S30153	100000	690	50000	345	40	40	40
302	S30200 PSS	85 000	585	45 000	310	40	40	40
	FB	90000	620	45 000	310			40
304	S30400 PSS	80000	550	45 000	310	35	35	35
	FB	90000	620	45 000	310			40
304L	S30403	80000	550	45 000	310	40	40	40
304N	S30451	90000	620	45 000	310	40	40	40
304LN	S30453	90000	620	45 000	310	40	40	40
316	S31600 PSS	85 000	585	45 000	310	35	35	35
	FB	90000	620	45 000	310			40
316L	S31603	85 000	585	45 000	310	35	35	35
316N	S31651	90000	620	45 000	310	35	35	35
1/8 硬								
201	S20100	100000	690	55 000	380	45	45	45
201L	S20103	105 000	725	55 000	380	35	35	35
201LN	S20153	110000	760	60000	415	35	35	35
205	S20500	115 000	790	65 000	450	40	40	40
301	S30100	100000	690	55 000	380	40	40	40
301L	S30103	110000	760	60000	415	35	35	35
301LN	S30153	110000	760	60000	415	35	35	35
302	S30200	100000	690	55 000	380	35	35	35
304	S30400	100000	690	55 000	380	35	35	35
304L	S30403	100000	690	55 000	380	30	30	30
304N	S30451	100000	690	55 000	380	37	37	37
304LN	S30453	100000	690	55 000	380	33	33	33
316	S31600	100000	690	55 000	380	30	30	30
1/4 硬								
201	S20100	125 000	860	75 000	515	25	25	25
201L	S20103	120000	825	75 000	515	25	25	25
201LN	S20153	120000	825	75 000	515	25	25	25
202	S20200	125 000	860	75 000	515	12	12	
	S20400	140000	965	100000	960	20	20	20
205	S20500	125 000	860	75 000	515	45	45	45
301	S30100	125 000	860	75 000	515	25	25	25

续表

型　号	编　号	抗拉强度		屈服强度		伸长率/%≤2in(50.8mm)		
		psi	MPa	psi	MPa	<0.015 (0.381)	≥0.015 (0.381) ≤0.030 (0.762)	>0.030 (0.762)
301L	S30103	120000	825	75 000	515	25	25	25
301LN	S30153	120000	825	75 000	515	25	25	25
302	S30200	125 000	860	75 000	515	10	10	12
304	S30400	125 000	860	75 000	515	10	10	12
304L	S30403	125 000	860	75 000	515	8	8	10
304N	S30451	125 000	860	75 000	515	12	12	12
304LN	S30453	125 000	860	75 000	515	10	10	12
316	S31600	125 000	860	75 000	515	10	10	103
316L	S31603	125 000	860	75 000	515	8	8	8
316N	S31651	125 000	860	75 000	515	12	12	12
XM-11	S21904	130000	895	115 000	795	15	15	
201	S20100	150000	1035	110000	760	15	18	18
201L	S20103	135 000	930	100000	690	22	22	20
201LN	S20153	135 000	930	100000	690	22	22	20
205	S20500	150000	1035	110000	760	15	18	18
301	S30100	150000	1035	110000	760	15	18	18
301L	S30103	135 000	930	100000	690	20	20	20
301LN	S30153	135 000	930	100000	690	20	20	20
302	S30200	150000	1035	110000	760	9	10	10
304	S30400	150000	1035	110000	760	6	7	7
304L	S30403	150000	1035	110000	760	5	6	6
304N	S30451	150000	1035	110000	760	6	8	8
304LN	S30453	150000	1035	110000	760	6	7	7
316	S31600	150000	1035	110000	760	6	7	7
304L	S30603	150000	1035	110000	760	5	6	6
316LN	S31651	150000	1035	110000	760	6	8	8
3/4 硬								
201	S20100	175 000	1205	135 000	930	10	12	12
205	S20500	175 000	1205	135 000	930	15	15	15
301	S30100	175 000	1205	135 000	930	10	12	12
302	S30200	175 000	1205	135 000	930	5	6	6
201	S20100	185 000	1275	140000	965	8	9	9
205	S20500	185 000	1275	140000	965	10	10	10
301	S30100	185 000	1275	140000	965	8	9	9
302	S30200	185 000	1275	140000	965	3	4	4
超全硬								
301	S30100	270000	1860	260000	1790			
	S30116	270000	1860	260000	1790			

注：表中所有的法定计量单位数据均为原标准给出数据。

表 14-206 不锈钢弹簧钢丝的抗拉强度(ASTM A313/313M—2010)

牌 号	线 径		冷拉状态		热处理 温度 900℉(482℃)	
	mm	in	ksi	MPa	ksi	MPa
631	0.25～0.38	0.01～0.015	295	2035	335～365	2310～2515
	0.38 以上～0.51	0.015 以上～0.02	295	2000	335～365	2275～2480
	0.51 以上～0.74	0.020 以上～0.029	285	1965	325～355	2240～2450
	0.74 以上～1.04	0.029 以上～0.041	275	1895	320～350	2205～2415
	1.04 以上～1.3	0.041 以上～0.051	270	1860	310～340	2135～2345
	1.30 以上～1.55	0.051 以上～0.061	265	1825	305～335	2100～2310
	1.55 以上～1.80	0.061 以上～0.071	257	1770	297～327	2050～2255
	1.80 以上～2.18	0.071 以上～0.086	255	1760	290～322	2015～2220
	2.18 以上～2.29	0.086 以上～0.090	245	1690	282～312	1945～2150
	2.29 以上～2.54	0.090 以上～0.100	242	1670	279～309	1925～2130
	2.54 以上～2.69	0.100 以上～0.106	238	1640	274～304	1890～2095
	2.69 以上～3.30	0.106 以上～0.130	236	1625	272～302	1875～2080
	3.30 以上～3.50	0.130 以上～0.138	230	1585	260～290	1795～2000
	3.50 以上～3.71	0.138 以上～0.146	228	1570	258～288	1780～1985
	3.71 以上～4.11	0.146 以上～0.162	226	1560	256～286	1765～1970
	4.11 以上～4.57	0.162 以上～0.180	224	1545	254～284	1750～1960
	4.57 以上～5.26	0.180 以上～0.207	222	1530	252～282	1740～1945
	5.26 以上～5.72	0.207 以上～0.225	218	1505	248～278	1710～1915
	5.72 以上～7.77	0.225 以上～0.306	213	1470	242～272	1670～1875
	7.77 以上～11.2	0.306 以上～0.440	207	1425	235～265	1620～1825
	11.2 以上～15.88	0.440 以上～0.625	203	1400	230～260	1585～1795
XM-16	0.25～1.02	0.01～0.04	245	1690	320～350	2205～2415
	1.02 以上～1.27	0.04 以上～0.05	235	1620	310～340	2135～2345
	1.27 以上～1.52	0.05 以上～0.06	225	1550	305～335	2100～2310
	1.52 以上～1.9	0.06 以上～0.075	220	1515	295～325	2035～2240
	1.9 以上～2.16	0.075 以上～0.085	215	1480	290～320	2000～2205
	2.16 以上～2.41	0.085 以上～0.095	210	1450	285～315	1965～2170
	2.41 以上～2.79	0.095 以上～0.11	200	1380	278～308	1915～2125
	2.79 以上～3.17	0.11 以上～0.125	195	1345	272～302	1875～2080
	3.17 以上～3.81	0.125 以上～0.15	190	1310	265～295	1825～2035
	3.81 以上～12.7	0.15 以上～0.5	180	1240	260～290	1795～2000
牌 号	线 径		冷拉状态		消除应力	
	mm	in	ksi	MPa	ksi	MPa
302class1	1.30～4.00	0.05～0.160	290	2000	290～340	2000～2345
牌 号	线 径		弯曲试验的 最小弯曲数		ksi	MPa
	mm	in				
302class2,304	≤0.23	≤0.009			325～355	2240～2450
	0.23 以上～0.25	0.009 以上～0.01			325～355	2240～2450
	0.25 以上～0.28	0.01 以上～0.011			318～348	2190～2400

续表

牌号	线径		弯曲试验的最小弯曲数	ksi	MPa
	mm	in			
302class2,304	0.28 以上～0.3	0.011 以上～0.012		316～346	2180～2385
	0.3 以上～0.33	0.012 以上～0.013		314～344	2165～2370
	0.33 以上～0.36	0.013 以上～0.014		312～342	2150～2360
	0.36 以上～0.38	0.014 以上～0.015		310～340	2135～2345
	0.38 以上～0.41	0.015 以上～0.016		308～338	2125～2330
	0.41 以上～0.43	0.016 以上～0.017		306～336	2110～2315
	0.43 以上～0.46	0.017 以上～0.018		304～334	2095～2300
	0.46 以上～0.51	0.018 以上～0.02		300～330	2070～2275
	0.51 以上～0.56	0.02 以上～0.022		296～326	2040～2250
	0.56 以上～0.61	0.022 以上～0.024		292～322	2015～2220
	0.61 以上～0.66	0.024 以上～0.026	8	291～320	2005～2205
	0.66 以上～0.71	0.026 以上～0.028	8	289～318	1995～2190
	0.71 以上～0.79	0.028 以上～0.031	8	285～315	1965～2170
	0.79 以上～0.86	0.031 以上～0.034	8	282～310	1945～2135
	0.86 以上～0.94	0.034 以上～0.037	8	280～308	1930～2125
	0.94 以上～1.04	0.037 以上～0.041	8	275～304	1895～2095
	1.04 以上～1.14	0.041 以上～0.045	8	272～300	1875～2070
	1.14 以上～1.27	0.045 以上～0.05	8	267～295	1840～2035
	1.27 以上～1.37	0.05 以上～0.054	8	265～293	1825～2020
	1.37 以上～1.47	0.054 以上～0.058	7	261～289	1800～1990
	1.47 以上～1.6	0.058 以上～0.063	7	258～285	1780～1965
	1.6 以上～1.78	0.063 以上～0.07	7	252～281	1735～1935
	1.78 以上～1.9	0.07 以上～0.075	7	250～278	1725～1915
	1.9 以上～2.03	0.075 以上～0.08	7	246～275	1695～1895
	2.03 以上～2.21	0.08 以上～0.087	7	242～271	1670～1870
	2.21 以上～2.41	0.087 以上～0.095	7	238～268	1640～1850
	2.41 以上～2.67	0.095 以上～0.105	5	232～262	1600～1805
	2.67 以上～2.92	0.105 以上～0.115	5	227～257	1565～1770
	2.92 以上～3.17	0.115 以上～0.125	5	222～253	1530～1745
	3.17 以上～3.43	0.125 以上～0.135	3	217～248	1495～1710
	3.43 以上～3.76	0.135 以上～0.148	3	210～241	1450～1660
	3.76 以上～4.11	0.148 以上～0.162	3	205～235	1415～1620
	4.11 以上～4.5	0.162 以上～0.177	3	198～228	1365～1570
	4.5 以上～4.88	0.177 以上～0.192	1	194～225	1335～1550
	4.88 以上～5.26	0.192 以上～0.207	1	188～220	1295～1515
	5.26 以上～5.72	0.207 以上～0.225	1	182～214	1255～1475
	5.72 以上～6.35	0.225 以上～0.25	1	175～205	1205～1415
	6.35 以上～7.06	0.25 以上～0.278	1	168～198	1160～1365
	7.06 以上～7.77	0.278 以上～0.306	1	161～192	1110～1325
	7.77 以上～8.41	0.306 以上～0.331	1	155～186	1070～1280

续表

牌　号	线　径		弯曲试验的最小弯曲数	ksi	MPa
	mm	in			
302class2,304	8.41 以上～9.19	0.331 以上～0.362	1	150～180	1035～1240
	9.19 以上～10	0.362 以上～0.394	1	145～175	1000～1205
	10 以上～11.12	0.394 以上～0.438	1	140～170	965～1170
	11.12 以上～12.7	0.438 以上～0.5	1	135～165	930～1140
	12.7 以上	0.5 以上		130～160	895～1105
305,316,321,347	≤0.25	≤0.01		245～275	1690～1895
	0.25 以上～0.38	0.01 以上～0.015		240～270	1655～1860
	0.38 以上～0.61	0.015 以上～0.024		236～265	1620～1825
	0.61 以上～1.04	0.024 以上～0.041	8	235～265	1620～1825
	1.04 以上～1.19	0.041 以上～0.047	8	230～260	1585～1790
	1.19 以上～1.37	0.047 以上～0.054	8	225～255	1550～1760
	1.37 以上～1.57	0.054 以上～0.062	7	220～250	1515～1725
	1.57 以上～1.83	0.062 以上～0.072	7	215～245	1480～1690
	1.82 以上～2.03	0.072 以上～0.08	7	210～240	1450～1655
	2.03 以上～2.34	0.08 以上～0.092	7	205～235	1415～1620
	2.34 以上～2.67	0.092 以上～0.105	5	200～230	1380～1585
	2.67 以上～3.05	0.105 以上～0.12	5	195～225	1345～1550
	3.05 以上～3.76	0.12 以上～0.148	3	185～215	1275～1480
	3.76 以上～4.22	0.148 以上～0.166	3	180～210	1240～1450
	4.22 以上～4.5	0.166 以上～0.177	3	170～200	1170～1380
	4.5 以上～5.26	0.177 以上～0.207	1	160～190	1105～1310
	5.26 以上～5.72	0.207 以上～0.225	1	155～185	1070～1275
	5.72 以上～6.35	0.225 以上～0.25	1	150～180	1035～1240
	6.35 以上～7.92	0.25 以上～0.312	1	140～170	965～1170
	7.92 以上～9.53	0.312 以上～0.375	1	135～165	930～1140
	9.53 以上～12.7	0.375 以上～0.5		130～160	895～1105
	12.7 以上	0.5 以上		125～155	860～1070
XM-28	≤0.23	≤0.009		325～355	2240～2450
	0.23 以上～0.25	0.009 以上～0.01		320～350	2205～2415
	0.25 以上～0.28	0.01 以上～0.011		318～348	2195～2400
	0.28 以上～0.3	0.011 以上～0.012		316～346	2180～2385
	0.3 以上～0.33	0.012 以上～0.013		314～344	2165～2370
	0.33 以上～0.36	0.013 以上～0.014		312～342	2150～2360
	0.36 以上～0.38	0.014 以上～0.015		310～340	2135～2345
	0.38 以上～0.41	0.015 以上～0.016		308～338	2125～2330
	0.41 以上～0.43	0.016 以上～0.017		306～336	2110～2315
	0.43 以上～0.46	0.017 以上～0.018		304～334	2095～2305
	0.46 以上～0.51	0.018 以上～0.02		300～330	2070～2275
	0.51 以上～0.56	0.02 以上～0.022		296～326	2040～2250
	0.56 以上～0.61	0.022 以上～0.024		292～322	2015～2220

续表

牌 号	线径 mm	线径 in	弯曲试验的最小弯曲数	ksi	MPa
XM-28	0.61 以上～0.66	0.024 以上～0.026		289～319	1995～2200
	0.66 以上～0.71	0.026 以上～0.028		286～316	1970～2180
	0.71 以上～0.81	0.028 以上～0.032		282～312	1945～2150
	0.81 以上～0.94	0.032 以上～0.037		277～307	1910～2120
	0.94 以上～1.04	0.037 以上～0.041		273～303	1880～2090
	1.04 以上～1.19	0.041 以上～0.047		270～300	1860～2070
	1.19 以上～1.37	0.047 以上～0.054		265～295	1825～2035
	1.37 以上～2.21	0.054 以上～0.087		260～290	1795～2000
	2.21 以上～3.05	0.087 以上～0.12		255～285	1760～1965
	3.05 以上～4.22	0.12 以上～0.166		250～280	1725～1930
	4.22 以上～4.88	0.166 以上～0.192		240～270	1655～1860
	4.88 以上～5.72	0.192 以上～0.225		230～260	1585～1795
	5.72 以上～7.06	0.225 以上～0.278		215～245	1480～1690
	7.06 以上～8.41	0.278 以上～0.331		200～230	1380～1585
	8.41 以上～10	0.331 以上～0.394		185～215	1275～1480
	10 以上～12.7	0.394 以上～0.5		160～190	1105～1310
S20430	2.03 以上～2.41	0.080 以上～0.095		230～260	1585～1795
	2.41 以上～2.67	0.095 以上～0.105		215～245	1480～1690
S30151	0.15～0.20	0.0059～0.0079		341～393	2352～2708
	0.20 以上～0.30	0.0079 以上～0.012		333～384	2297～2643
	0.30 以上～0.40	0.0079 以上～0.012		326～376	2250～2590
	0.4 以上～0.5	0.016 以上～0.02		318～367	2199～2531
	0.5 以上～0.65	0.2 以上～0.026		311～359	2148～2472
	0.65 以上～0.8	0.026 以上～0.031		304～351	2101～2419
	0.8 以上～1	0.031 以上～0.039		296～342	2040～2354
	1 以上～1.25	0.039 以上～0.049		289～334	1995～2300
	1.25 以上～1.5	0.049 以上～0.059		283～326	1953～2250
	1.5 以上～1.75	0.059 以上～0.069		275～317	1895～2183
	1.75 以上～2	0.069 以上～0.079		268～309	1850～2130
	2 以上～2.5	0.079 以上～0.098		253～292	1748～2015
	2.5 以上～3	0.098 以上～0.118		246～284	1695～1959
	3 以上～3.5	0.118 以上～0.138		239～276	1650～1900
	3.5 以上～4.25	0.138 以上～0.167		231～267	1599～1840
	4.25 以上～5	0.167 以上～0.197		225～260	1550～1787
	5 以上～6	0.197 以上～0.236		217～250	1495～1723
	6 以上～7	0.236 以上～0.276		210～243	1450～1670
	7 以上～8.5	0.276 以上～0.335		202～234	1399～1611

续表

牌 号	线径		弯曲试验的最小弯曲数	ksi	MPa
	mm	in			
S20230	0.15 以上～0.20	0.0059 以上～0.0079		319～367	2200～2530
	0.20 以上～0.30	0.0079 以上～0.012		312～358	2150～2470
	0.3 以上～0.4	0.012 以上～0.016		305～351	2105～2420
	0.4 以上～0.5	0.016 以上～0.02		297～341	2045～2355
	0.5 以上～0.65	0.02 以上～0.026		290～334	2000～2300
	0.65 以上～0.8	0.026 以上～0.031		283～325	1950～2245
	0.8 以上～1	0.031 以上～0.039		276～318	1905～2190
	1 以上～1.25	0.039 以上～0.049		269～309	1855～2130
	1.25 以上～1.5	0.049 以上～0.059		261～301	1800～2075
	1.5 以上～1.75	0.059 以上～0.069		254～292	1750～2015
	1.75 以上～2	0.069 以上～0.079		246～284	1700～1955
	2 以上～2.5	0.079 以上～0.098		239～275	1650～1895
	2.5 以上～3	0.098 以上～0.118		232～266	1595～1835
	3.00 以上～3.5	0.118 以上～0.138		224～258	1545～1780
	3.5 以上～4.25	0.138 以上～0.167		218～250	1500～1725
	4.25 以上～5	0.167 以上～0.197		216～248	1490～1710
	5 以上～6	0.197 以上～0.236		203～233	1400～1610
	6 以上～7	0.236 以上～0.276		195～225	1345～1550
	7 以上～8.5	0.276 以上～0.335		189～217	1300～1500
	8.5 以上～10	0.335 以上～0.394		181～209	1250～1440

注：表中所有的法定计量单位数据均为原标准给出数据。

表 14-207 不锈钢丝和线材的力学性能(ASTM A493—2009)

UNS 编号	牌 号	退火后		轻拉后	
		ksi(不大于)	MPa(不大于)	ksi(不大于)	MPa(不大于)
奥氏体钢					
S 30200	302	95	655	105	725
S 30400	304	90	620	105	725
S 30403	304L	90	620	102	705
S 30430		88	605	96	660
S 30500	305	85	585	95	655
S 31600	316	90	620	95	655
S 30603	316L	85	585	93	640
S 38400	384	80	550	85	585
铁素体钢					
S 40940	409Cb	70	485	80	550
S 42900	429	85	485	90	620
S 43000	430	75	520	86	595
S 44401		80	550	90	620
S 44625		100	690	105	725
S 44700		100	690	105	725
S 44800		100	690	105	725

续表

UNS 编号	牌 号	退火后		轻拉后	
		ksi(不大于)	MPa(不大于)	ksi(不大于)	MPa(不大于)
马氏体钢					
S 41000	410	82	565	85	585
S 42010		100	690	105	725
S 42030		110	760	115	795
S 43100	431	110	760	120	795
S 44004	440C	110	760	120	830

注:表中所有的法定计量单位数据均为原标准给出数据。

表 14-208　自由加工不锈钢丝和线材的力学性能(ASTM A581M—2009)

牌 号	抗拉强度	
	ksi	MPa
所有除了 S18235	85～125	585～860
S18235	60～90	415～620
	80～120	550～830
303,303Se,XM-1	115～145	795～1000
XM-2,XM-3,XM-5		
416,416Se,XM-6	115～145	790～1000
416,416Se,XM-6	140～175	965～1210

注:表中所有的法定计量单位数据均为原标准给出数据。

表 14-209　镍铁硅铬合金棒材、型材的最低力学性能(ASTM B511—2009)

UNS 编号	状 态	抗拉强度		屈服强度		伸长率/%
		psi	MPa	psi	MPa	L_0≤2in(50.8mm)
N08330	退火	70000	483	30000	207	30
N08332	退火	67000	462	27000	186	30

注:表中所有的法定计量单位数据均为原标准给出数据。

表 14-210　镍、铁、铬、硅合金钢的力学性能(ASTM B536—2007)

UNS 编号	状态	抗拉强度		屈服强度 $R_{p0.2}$(不小于)		伸长率 A/%(不小于)	硬度 HRB
		psi	MPa	psi	MPa		
N 08330	退火	70000	483	30000	207	30	70～90
N 08332	退火	67000	462	27000	186	30	65～88

注:表中所有的法定计量单位数据均为原标准给出数据。

表 14-211　板、薄板、带钢的最低力学性能(ASTM B625—2011)

UNS 编号	形 态	抗拉强度		0.2%屈服强度		伸长率/% L_0≤2in(50.8mm)	洛氏硬度
		ksi	MPa	psi	MPa		
N08925	薄板	87	600	43 000	295	40	
	带钢	87	600	43 000	295	40	
	板	87	600	43 000	295	40	
N08932	板	87	600	44 000	305	40	
N08031	薄板	94	650	40000	276	40	
	带钢	94	650	40000	276	40	
	板	94	650	40000	276	40	

续表

UNS编号	形 态	抗拉强度		0.2%屈服强度		伸长率/% $L_0 \leqslant$2in(50.8mm)	洛氏硬度
		ksi	MPa	psi	MPa		
N08926	薄板	94	650	43 000	295	35	
	带钢	94	650	43 000	295	35	
	板	94	650	43 000	295	35	
N08354	薄板	93	640	43 000	295	40	
	带钢	93	640	43 000	295	40	
	板	93	640	43 000	295	40	
N20033	薄板	109	750	55 000	380	40	
	带钢	109	750	55 000	380	40	
	板	109	750	55 000	380	40	

注:表中所有的法定计量单位数据均为原标准给出数据。

表 14-212 焊管的力学性能(ASTM B676—2009)

牌 号(UNS)	状态	抗拉强度(不小于)		屈服强度 $R_{p0.2}$(不小于)		伸长率 A/%
		ksi	MPa	ksi	MPa	
N08367	固溶处理	100	690	45	310	30
		95	655	45	310	30

注:表中所有的法定计量单位数据均为原标准给出数据。

表 14-213 镍、铁、铬、钼、铜稳定合金钢的力学性能(ASTM B599—2009)

牌 号(UNS)	形 状	抗拉强度(不小于)		屈服强度 $R_{p0.2}$(不小于)		伸长率 A/%	硬度HRB
		ksi	MPa	ksi	MPa		
N08700	片状	80	550	35	240	30	75~90
	条状	80	550	35	240	30	75~90
	板状	80	550	35	240	30	75~90

注:表中所有的法定计量单位数据均为原标准给出数据。

表 14-214 镍合金钢的力学性能(ASTM B472—2007)

牌 号(UNS)	形 状	直径或厚度		抗拉强度(不小于)		屈服强度(不小于)		伸长率 A/%	断面收缩率/%
		in	mm	ksi	MPa	ksi	MPa		
N08026	退火,热成品或冷成品	所有	所有	80	551	35	214	30.0	50.0
N08020 N08024	退火,沉淀硬化	≤2	≤50.8	90	620	60	415	15.0	40.0

注:表中所有的法定计量单位数据均为原标准给出数据。

表 14-215 合金板、薄板、带钢的最低力学性能(ASTM B463—2010)

UNS 编号	抗拉强度		屈服强度		伸长率/% $L_0 \leqslant$2in(50.8mm)	硬度(最大)	
	ksi	MPa	ksi	MPa		布氏	洛氏
N08020	80	551	35	241	30.0	217	95

14.4 英国不锈耐热钢

14.4.1 不锈耐热钢牌号和化学成分

表 14-216 不锈耐热钢牌号和化学成分

牌号 BS	旧牌号 En	化学成分/%									
		C	Si	Mn	P,≤	S,≤	Cr	Mo	Ni	Nb	其他
BS970 第四部分(1970)(废止) 锻钢											
302S25	58A	≤0.12	0.20~1.00	0.50~2.00	0.045	0.030	17.00~19.00	—	8.00~11.00		
303S21	58M	≤0.12	0.20~1.00	1.00~2.00	0.045	0.15~0.30	17.00~19.00	—	8.00~11.00		
303S41	58M	≤0.12	0.20~1.00	1.00~2.00	0.045	0.030	17.00~19.00	—	8.00~11.00	—	Se 0.15~0.30
304S12	—	≤0.03	0.20~1.00	0.50~2.00	0.045	0.030	17.50~19.00	—	9.00~12.00	—	—
304S15	58E	≤0.06	0.20~1.00	0.50~2.00	0.045	0.030	17.50~19.00	—	8.00~11.00		
310S24	—	≤0.15	0.20~1.00	0.50~2.00	0.045	0.030	23.00~26.00	—	19.00~22.00	—	—
315S16	58H	≤0.07	0.20~1.00	0.50~2.00	0.045	0.030	16.50~18.50	1.25~1.75	9.00~11.00	—	—
316S12	—	≤0.03	0.20~1.00	0.50~2.00	0.045	0.030	16.50~18.50	2.25~3.00	11.00~14.00	—	—
316S16	58J	≤0.07	0.20~1.00	0.50~2.00	0.045	0.030	16.50~18.50	2.25~3.00	10.00~13.00	—	—
317S12	—	≤0.03	0.20~1.00	0.50~2.00	0.045	0.030	17.50~19.50	3.00~4.00	14.00~17.00	—	—
317S16	—	≤0.06	0.20~1.00	0.50~2.00	0.045	0.030	17.50~19.50	3.00~4.00	12.00~15.00	—	—
320S17	58J	≤0.08	0.20~1.00	0.50~2.00	0.045	0.030	16.50~18.50	2.25~3.00	11.00~14.00	—	Ti:4×C~0.80
321S12	58B+58C	≤0.08	0.20~1.00	0.50~2.00	0.045	0.030	17.00~19.00	—	9.00~12.00	—	Ti:5×C~0.70
321S20	58B+58C	≤0.12	0.20~1.00	0.50~2.00	0.045	0.030	17.00~19.00	—	8.00~11.00	~	Ti:5×C~0.90
325S21	58M	≤0.12	0.20~1.00	1.00~2.00	0.045	0.15~0.30	17.00~19.00	—	8.00~11.00	—	Ti:5×C~0.90
336S36	—	≤0.12	0.20~1.00	1.00~2.00	0.045	0.030	16.50~18.50	2.25~3.00	10.00~13.00	—	Se 0.15~0.03
331S40	54	0.35~0.50	1.00~2.00	0.50~1.00	0.040	0.030	12.00~15.00	—	12.00~15.00	—	W 2.00~3.00
331S42	54A	0.37~0.47	1.00~2.00	0.50~1.00	0.040	0.030	13.00~15.00	0.40~0.70	13.00~15.00	—	W 2.20~3.00
347S17	58F+58G	≤0.08	0.20~1.00	0.50~2.00	0.045	0.030	17.00~19.00	—	9.00~12.00	10×C~1.00	
349S52	—	0.48~0.58	≤0.25	8.00~10.0	0.040	0.035	20.00~22.00	—	3.25~4.50	—	N 0.38~0.50 C+N ≥0.90

续表

牌号 BS	旧牌号 En	化学成分/%									
		C	Si	Mn	P,≤	S,≤	Cr	Mo	Ni	Nb	其他
349S54	—	0.48～0.58	≤0.25	8.00～10.00	0.045	0.035～0.080	20.00～22.00	—	3.25～4.50	—	N 0.38～0.50 C+N≥0.90
352S52	—	0.48～0.58	≤0.45	8.00～10.0	0.040	0.035	20.00～22.00	—	3.25～4.50	2.00～3.00	N 0.38～0.50 C+N≥0.90
352S54	—	0.48～0.58	≤0.45	8.00～10.0	0.040	0.035～0.080	20.00～22.00	—	3.25～4.50	2.00～3.00	N 0.38～0.50 C+N≥0.90
381S34	—	0.15～0.25	0.75～1.25	≤1.50	0.040	0.030	20.00～22.00	—	10.50～12.50	—	N 0.15～0.30
401S45	52	0.40～0.50	3.00～3.75	0.30～0.75	0.040	0.030	7.50～9.50	—	≤0.50	—	—
403S17	—	≤0.08	≤0.80	≤1.00	0.040	0.030	12.00～14.00	—	≤0.50	—	—
410S21	56A	0.09～0.15	≤0.80	≤1.00	0.040	0.030	11.50～13.50	—	≤1.00	—	—
416S21	56AM	0.09～0.15	≤1.00	≤1.50	0.040	0.15～0.30	11.50～13.50	≤0.60	≤1.00	—	—
416S29	56BM	0.14～0.20	≤1.00	≤1.50	0.040	0.15～0.30	11.50～13.50	≤0.60	≤1.00	—	—
416S37	56CM	0.20～0.28	≤1.00	≤1.50	0.040	0.15～0.30	12.00～14.00	≤0.60	≤1.00	—	—
416S41	56AM	0.09～0.15	≤1.00	≤1.50	0.040	0.030	11.50～13.50	≤0.60	≤1.00	—	Se 0.15～0.30
420S29	56B	0.14～0.20	≤0.80	≤1.00	0.040	0.030	11.50～13.50	—	≤1.00	～	—
420S37	56C	0.20～0.28	≤0.80	≤1.00	0.040	0.030	12.00～14.00	—	≤1.00	—	—
420S45	56D	0.28～0.36	≤0.80	≤1.00	0.040	0.030	12.00～14.00	—	≤1.00	—	—
430S15	60	≤0.10	≤0.80	≤1.00	0.040	0.030	16.00～18.00	—	≤0.50	—	—
431S29	57	0.12～0.20	≤0.80	≤1.00	0.040	0.030	15.00～18.00	—	2.00～3.00	—	—
441S29	—	0.12～0.20	≤1.00	≤1.50	0.040	0.15～0.30	15.00～18.00	≤0.60	2.00～3.00	—	—
441S49	—	0.12～0.20	≤1.00	≤1.50	0.040	0.030	15.00～18.00	≤0.60	2.00～3.00	—	Se 0.15～0.30
443S65	59	0.75～0.85	1.75～2.25	0.30～0.75	0.040	0.030	19.00～21.00	—	1.20～1.70	—	—
BS 1502(1982)(废止)压力容器用型材和棒材											
304S11	—	≤0.03	≤1.00	≤2.00	0.045	0.030	17.00～19.00	—	9.00～12.00	—	—
304S31	—	≤0.07	≤1.00	≤2.00	0.045	0.030	17.00～19.00	—	8.00～11.00	—	—

续表

牌号	旧牌号	化学成分/%									
BS	En	C	Si	Mn	P,≤	S,≤	Cr	Mo	Ni	Nb	其他
304S51	—	0.04～0.10	≤1.00	≤2.00	0.045	0.030	17.00～19.00	—	8.00～11.00	—	—
304S61	—	≤0.03	≤1.00	≤2.00	0.045	0.030	17.00～19.00	—	8.50～11.50	—	N 0.12～0.22
304S71	—	≤0.07	≤1.00	≤2.00	0.045	0.030	17.00～19.00	—	8.00～11.00	—	N 0.12～0.22
316S11	—	≤0.03	≤1.00	≤2.00	0.045	0.030	16.50～18.50	2.00～2.50	11.00～14.00	—	—
316S13	—	≤0.03	≤1.00	≤2.00	0.045	0.030	16.50～18.50	2.50～3.00	11.50～14.50	—	—
316S31	—	≤0.07	≤1.00	≤2.00	0.045	0.030	16.50～18.50	2.00～2.50	10.50～13.50	—	—
316S33	—	≤0.07	≤1.00	≤2.00	0.045	0.030	16.50～18.50	2.50～3.00	11.00～14.00	—	—
316S51	—	0.04～0.10	≤1.00	≤2.00	0.045	0.030	16.50～18.50	2.00～2.50	10.50～13.50	—	—
316S53	—	0.04～0.10	≤1.00	≤2.00	0.045	0.030	16.50～18.50	2.50～3.00	11.00～14.00	—	—
316S61	—	≤0.03	≤1.00	≤2.00	0.045	0.030	16.50～18.50	2.00～2.50	10.50～13.50	—	N 0.12～0.22
316S63	—	≤0.03	≤1.00	≤2.00	0.045	0.030	16.50～18.50	2.50～3.00	11.50～14.50	—	N 0.12～0.22
316S65	—	≤0.07	≤1.00	≤2.00	0.045	0.030	16.50～18.50	2.00～2.50	10.00～13.00	—	N 0.12～0.22
316S67	—	≤0.07	≤1.00	≤2.00	0.045	0.030	16.50～18.50	2.50～3.00	10.50～13.50	—	N 0.12～0.22
321S31	—	≤0.08	≤1.00	≤2.00	0.045	0.030	17.00～19.00	—	9.00～12.00	—	Ti:5×C≤0.80
321S51-490	—	0.04～0.10	≤1.00	≤2.00	0.045	0.030	17.00～19.00	—	9.00～12.00	—	Ti:5×C≤0.80
321S51-510	—	0.04～0.10	≤1.00	≤2.00	0.045	0.030	17.00～19.00	—	9.00～12.00	—	Ti:5×C≤0.80
347S31	—	≤0.08	≤1.00	≤2.00	0.045	0.030	17.00～19.00	—	9.00～12.00	10×C≤1.00	
347S51	—	0.04～0.10	≤1.00	≤2.00	0.045	0.030	17.00～19.00	—	9.00～12.00	10×C≤1.20	
BS EN 10270-3—2001 弹簧钢丝											
X10CrNi18-8		0.05～0.15	≤2.00	≤2.00	0.045	0.015	16.00～19.00	≤0.80	6.00～9.50	—	N≤0.11
X5CrNiMo17-12-2		≤0.07	≤1.00	≤2.00	0.045	0.015	16.50～18.50	2.00～2.50	10.00～13.00	—	N≤0.11
X7CrNiAl17-7		≤0.09	≤0.70	≤1.00	0.040	0.015	16.00～18.00	—	6.50～7.80	—	Al 0.70～1.50

续表

牌号 BS	旧牌号 En	化学成分/%									
		C	Si	Mn	P,≤	S,≤	Cr	Mo	Ni	Nb	其他
航空材料											
HR51	—	≤0.08	≤1.00	≤2.00	0.020	0.015	13.50～16.00	1.00～1.50	24.00～27.00	—	Al≤0.35,B 0.003～0.010,Pb≤0.005,Ti 1.9～2.3,V 0.10～0.50
HR52	—	≤0.08	≤0.50	≤2.00	0.020	0.015	13.50～16.00	1.00～1.50	24.00～27.00	—	Al≤0.35,B≤0.010,Pb≤0.0050,Ti 1.7～2.0,V 0.10～0.50
HR650	—	≤0.08	0.40～1.00	1.00～2.00	0.020	0.015	13.50～16.00	1.00～1.50	24.00～27.00	—	Al≤0.35 B 0.003～0.010 Pb≤0.005 Ti 1.9～2.3 V 0.10～0.50
2S.129	—	≤0.08	0.20～1.00	0.50～2.00	0.035	0.025	17.00～19.00	≤1.00	8.00～11.00	—	Ti:5×C≤0.8
2S.130	—	≤0.08	0.20～1.00	0.50～2.00	0.035	0.025	17.00～19.00	≤1.00	8.00～11.00	—	Nb:10×C≤1.1
2S.131	—	0.55～0.70	0.20～0.50	3.50～5.50	0.035	0.025	3.00～4.00	≤0.50	11.00～14.00	—	V≤0.25,W≤1.0
2S.137	—	0.12～0.20	≤1.00	≤1.50	0.030	0.15～0.30	15.00～18.00	≤0.60	2.00～3.00	—	
2S.143	—	≤0.07	≤0.60	≤1.00	0.035	0.025	13.20～14.70	1.20～2.00	5.00～5.80	—	Cu 1.20～2.00 Nb 0.10～0.40
2S.144 2S.145	—	≤0.07	≤0.60	≤1.00	0.035	0.025	13.20～14.70	1.20～2.00	5.00～5.80	～	Cu 1.20～2.00 Nb 0.10～0.40
3S.61	—	≤0.12	≤0.8	≤1.0	0.030	0.025	11.5～13.5	—	1.0	—	
3S.62	—	0.18～0.25	≤0.8	≤1.0	0.030	0.025	12.0～14.0	—	≤1.0	—	
2S.111	—	0.37～0.47	1.0～2.0	0.5～1.0	0.035	0.025	13.0～15.0	0.4～0.6	13.0～15.0	—	W 2.2～3.0
2S.124	—	0.15～0.25	≤1.0	≤1.5	0.045	0.15～0.40	12.0～14.0	≤0.6	≤1.0	—	Zr≤0.6 Mo+Zr≤1.0
S.125	—	≤0.15	0.20～1.0	0.50～2.0	0.035	0.025	22.0～25.0		13.0～16.0	—	Ti≥4×C

续表

牌号	旧牌号	化学成分/%									
BS	En	C	Si	Mn	P,≤	S,≤	Cr	Mo	Ni	Nb	其他
S. 126	—	≤0.15	0.20～1.0	0.50～2.0	0.035	0.025	22.0～25.0		13.0～16.0	—	Nb≥8×C
S. 127	—	≤0.15	0.20～1.0	0.5～2.0	0.035	0.025	23.0～26.0		16.0～19.0	—	Ti≥4×C
S. 128	—	≤0.15	0.20～1.0	0.5～2.0	0.035	0.025	23.0～26.0		16.0～19.0	—	Nb≥8×C
5S. 80	—	0.12～0.02	≤1.00	≤1.00	0.030	0.025	15.00～18.00		2.00～3.00	—	—
S. 150	—	0.08～0.16	0.15～0.60	0.30～1.20	0.030	0.025	9.80～11.20	0.40～0.80	0.60～1.20	—	Nb 0.15～0.45 V 0.10～0.25 N 0.030～0.075
S. 151	—	0.08～0.13	≤0.35	0.50～0.90	0.030	0.025	11.00～12.50	1.50～2.00	2.00～3.00	～	V 0.25～0.40 N 0.020～0.040
S. 152	—	0.06～0.11	0.10～0.70	0.60～1.10	0.028	0.020	9.80～11.20	0.50～1.00	0.20～0.80	—	Nb 0.2～0.45 V 0.10～0.35 N 0.010～0.035 B 0.004～0.012 Co 5.0～7.0
S. 205	—	≤0.15	0.20～1.00	0.50～2.00	0.035	0.025	17.00～19.00	—	7.70～9.00	—	—
S. 524	—	≤0.08	0.20～1.00	0.50～2.00	0.035	0.025	17.00～19.00	—	9.00～11.00	—	Ti:5×C≤0.70
S. 525	—	≤0.08	0.20～1.00	0.50～2.00	0.035	0.025	17.00～19.00	—	9.00～11.00	—	Nb:10×C≤1.00
S. 526	—	≤0.08	0.20～1.00	0.50～2.00	0.035	0.025	17.00～19.00	—	9.00～11.00	—	Ti:5×C≤0.70
S. 527	—	≤0.08	0.20～1.00	0.50～2.00	0.035	0.025	17.00～19.00	—	9.00～11.00	—	Nb:10×C≤1.00
S. 530	—	≤0.12	0.20～1.00	0.50～2.00	0.035	0.025	23.00～26.00	—	16.00～19.00	—	Ti:5×C≤0.90
S. 532	—	0.04～0.07	≤0.60	0.80～1.80	0.035	0.025	15.30～16.00	1.20～2.00	5.00～5.80	—	Cu 1.40～2.10 Ti 0.05～0.15
S. 533	—	0.04～0.07	≤0.60	0.80～1.80	0.035	0.025	15.30～16.00	1.20～2.00	5.00～5.80	—	Cu 1.40～2.10 Ti 0.05～0.15
S. 536	—	≤0.030	0.20～1.00	0.50～2.00	0.035	0.025	17.50～19.00	—	9.00～12.00	—	—

续表

牌号 BS	旧牌号 En	化学成分/%									
		C	Si	Mn	P,≤	S,≤	Cr	Mo	Ni	Nb	其他
S.537	—	≤0.030	0.20～1.00	0.50～2.00	0.035	0.025	16.50～18.50	2.25～3.00	11.00～14.00	—	—
S.538	—	0.08～0.13	≤0.35	0.50～0.90	0.030	0.025	11.00～12.50	1.50～2.00	2.00～3.00	—	V 0.25～0.40 N 0.02～0.04

14.4.2 不锈耐热钢的力学性能

表 14-217 不锈耐热钢的室温力学性能(BS 970 第四部分)(废止)

牌号	热处理状态	限定等圆截面 /mm(in)	抗拉强度 R_m /MPa 不小于	屈服强度 $R_{p0.2}$[①] /MPa 不小于	伸长率 A /% 不小于	冲击韧性 I[②]/J(ft·lbf),不小于				硬度 HB	软化状态 HB 不大于
							等圆截面/mm(in)				
							≤28.6 $(1\frac{1}{8})$	≤63.5 $(2\frac{1}{2})$	≤63.5 $(2\frac{1}{2})$ ～152.4(6)		
302S25	软化处理:1000～1120℃水淬、油淬或迅速空冷		511	209	40						183
303S21 和 303S41	软化处理:1000～1120℃水淬、油淬或迅速空淬		511	209	40						183
304S12 和 304S15	软化处理:1000～1120℃水淬、油淬或迅速空淬		465	170	40						183
310S24	软化处理:1000～1120℃水淬、油淬或迅速空淬		542	217	40						207
315S16	软化处理:1000～1120℃水淬、油淬或迅速空淬		465	170	40						183
316S12 和 316S16	软化处理:1000～1120℃水淬、油淬或迅速空淬		465	170	40						183
317S12 和 317S16	软化处理:1000～1120℃水淬、油淬或迅速空淬		465	170	40						183
320S17	软化处理:1000～1120℃水淬、油淬或迅速空淬		496	193	40						183
321S12	软化处理:1000～1120℃水淬、油淬或迅速空淬		496	193	40						183
325S21 和 326S36	软化处理:1000～1120℃水淬、油淬或迅速空淬		511	209	40						183
347S17	软化处理:1000～1120℃水淬、油淬或迅速空淬		511	209	40					≥321	183
403S17	700～780℃空冷或炉冷		418	248	20						170

续表

牌号	热处理状态	限定等圆截面/mm(in)	抗拉强度 R_m/MPa 不小于	屈服强度 $R_{p0.2}$①/MPa 不小于	伸长率 A/% 不小于	冲击韧性 I②/J(ft·lbf),不小于				硬度 HB	软化状态 HB 不大于
							等圆截面/mm(in)				
							≤28.6 $(1\frac{1}{8})$	≤63.5 $(2\frac{1}{2})$	≤63.5 $(2\frac{1}{2})$ ~152.4(6)		
410S21	950~1020℃油淬或空淬,650~750℃回火	152.4(6)	540	341	20			54.2(40)	33.9(25)	152~207	179
416S21	950~1020℃油淬或空淬,650~750℃回火	152.4(6)	540	341	15	25				152~207	179
416S29	950~1020℃油淬或空淬,650~750℃回火	152.4(6)	690	496	11	20				201~255	217
416S37	950~1020℃油淬或空淬,650~750℃回火	152.4(6)	690	496	11	20				201~255	217
416S41	950~1020℃油淬或空淬,650~750℃回火	152.4(6)	540	341	15	25				152~207	179
420S290	950~1020℃油淬或空淬,650~750℃回火	152.4(6)	690	496	15			33.9(25)	27.1(20)	201~255	217
420S37	950~1020℃油淬或空淬,650~750℃回火	152.4(6)	690	496	15			33.9(25)	27.1(20)	201~255	229
420S45	950~1020℃油淬或空淬,650~750℃回火	152.4(6)	690	496	15			33.9(25)	27.1(20)	201~255	241
430S15	750~820℃空冷	63.5$(2\frac{1}{2})$	343	250	20						170
431S29	950~1020℃油淬或空淬,550~650℃回火②	152.4(6)	850	635	11			33.9(25)	88.1(65)	248~320	277
441S29 和 441S49	950~1020℃油淬或空淬,550~650℃回火④	63.5$(2\frac{1}{2})$	850	620	8		203(15)			248~302	277
443S65	棒材和杆材:1050~1080℃油淬,850~870℃第一次回火,690~710℃第二次回火	≤38.1$(1\frac{1}{2})$								≥269	
	棒材和杆材:1050~1080℃油淬	≤$\frac{1}{2}$								HV≥450	

注:1. 表中①指 0.2%屈服强度,仅供订货用;

2. 表中②指表示艾氏冲击值;

3. 表中③指当规定 0.2%屈服强度时,建议采用二次回火处理:第一次回火温度 644~650℃,第二次回火温度为 590~610℃;

4. 表中④指当规定 0.2%屈服强度时,建议采用二次回火处理:第一次回火温度 640~680℃,第二次回火温度为 590~610℃。

表 14-218 奥氏体不锈钢的室温力学性能(包括热处理和敏化时间)(BS 970 第四部分)(废止)

牌号	限定截面尺寸/mm	力学性能			热处理		
		R_e/MPa,≥	R_m/MPa,≥	A/%,≥	状态①	固溶温度/℃	敏化
304S11	160	215	480	40	淬火	1000~1100	30
304S31	160	230	490	40		1000~1100	15
304S51	160	230	490	40		1000~1125	N/A②
304S61	160	305	550	35		1000~1100	30
304S71	160	305	550	35		1000~1100	15
316S11	160	225	490	40	淬火	1000~1100	30
316S13	160	225	490	40		1000~1100	30
316S31	160	240	510	40		1000~1100	15
316S33	160	240	510	40		1000~1100	15
316S51	160	240	510	40		1000~1100	N/A②
						—	
316S53	160	240	510	40		1000~1100	N/A②
316S61	160	315	580	35	淬火	1000~1100	30
316S63	160	315	580	35		1000~1100	30
316S65	160	315	580	35		1000~1100	15
316S67	160	315	580	35		1000~1100	15
321S31	160	235	510	35	淬火	1000~1100	30
321S51-490	160	190	490	35		1070~1140	30
321S51-510	160	235	510	35		950~1070	30
347S31	160	240	510	30	淬火	1000~1100	30
347S51	160	240	510	30		1050~1125	30

注:1. 表中①指油冷、水淬或快速空冷;

2. 表中②指不适用于晶间腐蚀试验。

表 14-219 奥氏体不锈钢冷拔后的力学性能(BS 970 第四部分)(废止)

牌号	截面尺寸(直径或对边宽度)/mm (in)		R_m/MPa 不小于	A/% 不小于	$R_{p0.2}$/MPa 不小于
	>	≤			
302S25 303S21	—	$19.1\left(\frac{3}{4}\right)$	868	12	697
303S41 304S15	$19.1\left(\frac{3}{4}\right)$	25.4(1)	790	15	558
316S16 321S12	25.4(1)	$32.8\left(1\frac{1}{4}\right)$	728	20	449
321S20 325S21	$32.8\left(1\frac{1}{4}\right)$	$38.1\left(1\frac{1}{2}\right)$	697	28	341
326S36	$38.1\left(1\frac{1}{2}\right)$	$44.5\left(1\frac{3}{4}\right)$	651	28	310

表 14-220 奥氏体不锈钢高温屈服强度 $R_{p1.0}$(BS 1502:1982)(废止)

牌 号	$R_{p1.0}$/MPa,不小于(在下列温度/℃)											
	150	200	250	300	350	400	450	500	550	600	650	700
304S11	150	137	128	122	116	110	108	106	102	100	96	93
304S31	160	147	139	132	125	120	117	115	112	109	104	99
304S51	160	147	139	132	125	120	117	115	112	109	104	99
304S61	201	182	172	163	156	149	144	140	136	—	—	—
304S71	201	182	172	163	156	149	144	140	136	—	—	—
316S11	161	149	139	133	127	123	119	115	112	110	107	105
316S13	161	149	139	133	127	123	119	115	112	110	107	105
316S31	172	159	150	143	137	133	129	125	121	119	116	113
316S33	172	159	150	143	137	133	129	125	121	119	116	113
316S51	172	159	150	143	137	133	129	125	121	119	116	113
316S53	172	159	150	143	137	133	129	125	121	119	116	113
316S61	208	192	180	172	166	161	157	152	149	—	—	—
316S63	208	192	180	172	166	161	157	152	149	—	—	—
316S65	208	192	180	172	166	161	157	152	149	—	—	—
316S67	208	192	180	172	166	161	157	152	149	—	—	—
321S31	180	172	164	158	152	148	144	140	138	135	130	124
321S51-490	139	131	125	118	114	110	107	105	104	102	100	97
321S51-510	180	172	164	158	152	148	144	140	138	135	130	124
347S31	192	182	172	166	162	159	157	155	153	151	—	—
347S51	192	182	172	166	162	159	157	155	153	151	—	—

表 14-221 奥氏体不锈钢的持久断裂强度(BS 1502:1982)(废止)

牌 号	温度/℃	估算的平均断裂应力/MPa,(在下列时间)						
		10000h	30000h	50000h	100000h	150000h	200000h	250000h
304S51	550	176	147*	134*	115*	108*	102*	97*
	560	164	135*	123*	105*	99*	93*	88*
	570	152	126*	113*	98*	89*	84*	79*
	580	142	115*	103*	89*	81*	76*	73*
	590	131	105*	94*	81*	74*	69*	66*
	600	122	96*	85*	74*	67*	62*	59
	610	113	88*	78*	68*	60*	56*	53*
	620	104	80*	72*	61*	54*	50*	47*
	630	95	74	65*	55*	49*	45*	42*
	640	87	67	58*	50*	43*	(40)*	(37)*
	650	79	61	52*	45*	(39)*	(35)*	(33)*
	660	73	55	47*	(40)*	(34)*	(31)*	(29)*
	670	67	50	41*	(35)*	(30)*	(27)*	(25)*
	680	61	44*	(36)*	(30)*	(26)*	(24)*	(22)*
	690	55	(40)*	(32)*	(26)*	(23)*	(21)*	—
	700	48	(35)*	(27)*	(23)*	(20)*	—	—

续表

牌　号	温度/℃	估算的平均断裂应力/MPa,(在下列时间)						
		10000h	30000h	50000h	100000h	150000h	200000h	250000h
316S51,316S52	550	260	243	226	196*	187*	181*	176*
	560	245	224	208	180*	171*	165*	159*
	570	228	204	192	160*	152*	146*	140*
	580	211	187	175	147	139	133	127*
	590	195	171	158	132	124	116	110*
	600	179	155	142	118	110	103	97*
	610	164	139	128	106	97	91	86*
	620	149	125	115	96	86	80	76*
	630	136	112	103	86	76	71	67*
	640	123	100	91	76	68	63	59*
	650	111	89	80	69	60	56	52*
	660	99	79	72	60	53	49	46*
	670	89	72	63	53	47	43	40*
	680	80	64	56	46	41*	38*	35*
	690	74	57	50	41	36*	33*	31*
	700	65	51	45	37	32*	29*	28*
	710	59	46	40	33	28*	(26)*	(25)*
	720	53	41	36	30	(25)*	(24)*	(23)*
	730	48	37*	32*	27*	(24)*	(22)*	(21)*
	740	44	33*	29*	(25)*	(21)*	(20)*	(19)*
	750	39	30*	(26)*	(23)*	—	—	—
321S51,490	570	197	167*	154*	137*	130*	125*	120*
	580	182	154	142*	126*	119*	113*	109*
	590	170	142	130*	116*	109*	103*	99*
	600	157	130	120*	106*	99*	93*	89*
	610	145	120	110*	97*	89*	84*	80*
	620	134	109	100*	88*	80*	76*	72*
	630	124	99	91*	78*	73*	(68)*	(64)*
	640	114	90	82*	71*	(65)*	(60)*	(57)*
	650	104	82	75*	(64)*	(57)*	(53)*	(50)*
	660	95	75	(67)*	(57)*	(50)*	(46)*	(43)*
	670	86	(67)	(60)*	(50)*	(44)*	(40)*	(37)*
	680	77	(60)*	(54)*	(44)*	(38)*	(35)*	(32)*
	690	(70)	(53)*	(47)*	(39)*	(33)*	(30)*	—
	700	(63)	(47)*	(42)*	(34)*	—	—	—

续表

牌　号	温度/℃	估算的平均断裂应力/MPa,(在下列时间)						
		10000h	30000h	50000h	100000h	150000h	200000h	250000h
321S51,510	570	185	154*	139*	123*	112*	106*	101*
	580	170	141	127*	112*	102*	96*	92*
	590	156	128	117*	102*	93*	86*	81*
	600	142	118	107*	92*	83*	76*	72*
	610	130	107	97*	82*	73*	67*	62*
	620	120	98	87*	74*	64*	58*	54*
	630	110	88	77*	64*(55)*	(50)*	(46)*	
	640	101	79	69*	(55)*	(47)*	(43)*	(40)*
	650	92	71	60*	(47)*	(41)*	(37)*	(34)*
	660	82	61	(52)*	(40)*	(35)*	(32)*	(29)*
	670	74	(53)	(44)*	(36)*	(30)*	(27)*	—
	680	65	(46)*	(37)*	(31)*	—	—	—
	690	(57)	(40)*	(32)*	(27)*	—	—	—
	700	(48)	(34)*	(27)*	(23)*	—	—	—
347S51	540	243	210*	198*	181*	171*	164*	159*
	550	228	197	185*	168*	158*	151*	116*
	560	215	184	172*	154*	145*	138*	133*
	570	200	172	159*	142*	132*	127*	122*
	580	186	159	146	129	121	114*	110*
	590	173	146	133	118	109	103*	99*
	600	159	133	123	106	98	93*	88*
	610	146	123	111	96	88	83*	79*
	620	134	112	101	86	79	75*	71*
	630	124	102	91	77	71*	66*	63*
	640	114	92	82	69	63*	58*	55*
	650	104	83	74	61	55*	51*	48*
	660	95	74	66	53	48*	44*	41*
	670	86	66	58	46	42*	38*	36*
	680	77	58	51	40*	36*	(33)*	(31)*
	690	69	51	44	35*	(32)*	(29)*	(27)*
	700	61	44	39	(30)*	(28)*	(25)*	(25)*
	710	54	38	(33)	(25)*	(24)*	(22)*	—
	720	46	(33)	(28)	(22)*	—	—	—

注:表中 * 数据包括用外推法延伸的时间;()数据包括用外推法延伸的应力。

14.4.3 航空用钢的室温力学性能

表 14-222 航空用钢的室温力学性能

牌号	热处理状态	$R_{p0.2}$①/MPa 不小于	R_m②/MPa 不小于	A③/% 不小于	Z④% 不小于	I⑤/J(ft·lbf) 不小于	硬度 HB		
							软化状态	固溶状态	最终热处理状态
HR51	固溶处理：980±10℃，保温时间≥1h，油淬或水淬 沉淀处理：720±10℃，保温时间≥16h，空冷	590	900	13	20			≤201 (HV ≤210)	248~341 (HV 260~360)
HR52	固溶处理：980±10℃，保温时间≥1h，空冷 沉淀处理：720±10℃，保温时间16h，空冷	580	850	20				≤201	≥235 (HV≥250)
HR650	软化处理：900±10℃，保温时间≥1h，空冷，油冷或水冷 固溶处理：980±10℃，保温时间≥1h，空冷，油冷或水冷 沉淀处理：720±10℃，保温时间≥16h，空冷	590	900	12	20			≤200	248~341 (HV260~347)
2S129	1000~1100℃，油冷，水冷或空冷	210	540	35					≤183⑥ ≤255⑦
2S130	1000~1100℃，油冷，水冷或空冷	210	540	35					≤183⑥ ≤255⑦
2S131	950~1100℃，油冷，水冷或空冷		620	40					≥183
2S137	淬火：1000~1020℃油淬或空淬 回火，650±10℃空冷 二次回火：600±10℃空冷	690	880~1080	11					255~321 (HV 270~340)
2S143	软化处理：610~630℃保温时间≥2h，空冷 固溶处理：1000~1050℃保温时间≥30min，空冷到30℃以下	780	930~1080	15		54.2(40⑧)	≤331 (HV ≤350)		277~341 (HV 295~355)
	第一次沉淀处理：750±10℃保温时间≥2h，空冷到30℃以下 最终沉淀处理：540±10℃保温时间≥2h，空冷	780	930~1080	12		27.1(20⑨)	≤331 (HV ≤350)		277~341 (HV 295~355)
2S144	软化处理：610~630℃保温时间≥2h，空冷 第一次硬化处理： 1)固溶处理：1000~1050℃保温时间≥30min，空冷到30℃以下	1030	1130~1330	12		27.1(20⑨)	≤331 (HV ≤350)	固溶+第一次沉淀处理后：<341	352~401 (HV 370~420)

续表

牌号	热处理状态	$R_{p0.2}$[1]/MPa 不小于	R_m[2]/MPa 不小于	A[3]/% 不小于	Z[4]% 不小于	I[5]/J(ft·lbf) 不小于	硬度HB 软化状态	硬度HB 固溶状态	硬度HB 最终热处理状态
	2)第一次沉淀处理:750～850℃保温时间≥2h,空冷到30℃以下 最终热处理: 最终沉淀处理:450±10℃保温时间≥2h,空冷							(HV≤360)	
2S145	软化处理:610～630℃保温时间≥2h,空冷 固溶处理:850～950℃保温时间≥1h,空冷到30℃以下 最终处理——沉淀处理:450±10℃保温时间≥30min,空冷	1030	1270～1470	10		20.3(15[10]) 13.6(10[11])	≤331 (HV≤350)	≤363 (HV≤380)	375～429 (HV400～455)
3S61	淬火:950～1020℃油淬或空淬 回火:650～750℃	343[12]	540	20		54.2(40[13]) 33.9(25[14])			152～207 (HV160～220)
3S62	淬火:950～1020℃油淬或空淬 回火:650～750℃	530[15]	697	15		33.9(25[13]) 27.1(20[14])			201～255 (HV210～270)
2S111	软化处理:空冷 淬火:950～1020℃油淬或水淬					20.3(15)			≤269 (HV≤285)
2S124	淬火:950～1020℃油淬或水淬 回火:650～750℃	451[16]	697	11		27.1(20)			201～255 (HV210～270)
S125	软化处理:空冷 淬火:950～1100℃油淬或水淬	216[17]	540	28		67.8(50)			
S126	软化处理:空冷 淬火:950～1100℃油淬或水淬	216[17]	540	28		67.8(50)			
S127	软化处理:空冷 淬火:950～1100℃油淬或水淬	216[17]	540	28		67.8(50)			
S128	软化处理:空冷 淬火:950～1100℃油淬或水淬	216[17]	540	28		67.8(50)			
5S80	软化处理:≥650℃ 最终热处理: 1)淬火:1000～1020℃油冷或空冷 2)回火:650±10℃空冷 3)二次回火:600±10℃空冷	690	880～1080	12		33.9(25[18]) 20.3(15[19])			255～321 (HV270～340)
S150	软化处理:≥760℃保温时间≥2h,空冷 最终热处理:	780	930～1080	10			≤277 (HV≤295)		285～331 (HV≤290～345)

续表

牌号	热处理状态	$R_{p0.2}$① /MPa 不小于	R_m② /MPa 不小于	A③ /% 不小于	Z④ % 不小于	I⑤ /J(ft·lbf) 不小于	硬度HB		
							软化状态	固溶状态	最终热处理状态
	1)淬火：预热到650～700℃并使均温，然后加热至1150±10℃，油冷或空冷 2)回火：650～700℃保温时间≥2h，空冷								
S151	软化处理：680～700℃保温时间≥6h，空冷 最终热处理： 1)淬火：1050±10℃，空冷 2)回火：650±5℃空冷	760	930～1130	14	40	61.0(45)	≤311		286～331 (HV≤300～350)
S152	软化处理：790±10℃，保温2h，空冷 最终热处理： 1)淬火：预热到650～700℃并使均温，然后加热至1170±10℃，油淬 2)第一次回火：610±5℃，保温时间≥2h，空冷至室温 3)第二次回火：620～650℃保温时间≥2h，空冷	800	1000～1140	12	40		≤277		321～352 (HV≤340～370)

注：1. ①$R_{p0.2}$表示0.2%屈服强度；
2. ②R_m表示抗拉强度；
3. ③A表示伸长率；
4. ④Z表示断面收缩率；
5. ⑤I表示艾氏冲击值；
6. ⑥机加工用黑皮棒材和锻件的硬度；
7. ⑦机加工用光亮棒材的硬度；
8. ⑧夏氏冲击值为≥40J；
9. ⑨夏氏冲击值为≥20J；
10. ⑩该数值为锻造或轧制材的直径或最小截面尺寸≤75mm所测结果，夏氏冲击值≥15J；
11. ⑪该数值为锻造或轧制材料的直径或最小截面尺寸≥75mm所测结果，夏氏冲击值≥15J；
12. ⑫0.1%屈服强度≥343MPa；
13. ⑬截面尺寸≤63.5mm（$2\frac{1}{2}$in）；
14. ⑭截面尺寸>63.5mm（$2\frac{1}{2}$in）；
15. ⑮0.1%屈服强度≥491MPa的除外；
16. ⑯要求0.1%的屈服强度≥432MPa；
17. ⑰要求0.1%的屈服强度≥196MPa；
18. ⑱截面尺寸≤63.5mm，夏氏冲击值≥20J；
19. ⑲截面尺寸>63.5mm，夏氏冲击值≥10J。

表 14-223　　耐热钢的持久性能

牌　号	试验温度/℃	应力/MPa	断裂时间/h	断裂时的伸长率/%
HR51	650	≥480	≥23	≥4.5①
HR52	650	410	≥30	≥3.5
HR650	650	≥480	≥23	≥4.0

注：表中①指若断裂寿命大于 48h，则伸长率应不小于 2.5%。

表 14-224　　S152 钢的蠕变性能

牌　号	试验温度/℃	应　力/MPa	100h 的最大总弹性应变/%
S152	550	325	0.15

表 14-225　　弹簧钢丝的热处理制度(BS EN 10270-3—2001)

牌　号	编　号	温　度/℃	时　间	冷却剂
X10CrNi18-8	1.4310	250～425	30 min～4 h	空气
X5CrNiMo17-12-2	1.4401	250～425	30 min～4 h	空气
X7CrNiAl17-7	1.4508	450～480	30 min～4 h	空气

表 14-226　　弹簧钢丝的力学性能(BS EN 10270-3—2001)

牌　号	拉伸强度/MPa			
	X10CrNi18-8		X5CrNiMo17-12-2	X7CrNiAl17-7
公称直径/mm	正常拉伸强度,最小	高度拉伸强度,最小	最小	最小
$d \leqslant 0.20$	2200	2350	1725	1975
$0.20 < d \leqslant 0.30$	2150	2300	1700	1950
$0.30 < d \leqslant 0.40$	2100	2250	1675	1925
$0.40 < d \leqslant 0.50$	2050	2200	1650	1900
$0.50 < d \leqslant 0.65$	2000	2150	1625	1850
$0.65 < d \leqslant 0.80$	1950	2100	1600	1825
$0.80 < d \leqslant 1.00$	1900	2050	1575	1800
$1.00 < d \leqslant 1.25$	1850	2000	1550	1750
$1.25 < d \leqslant 1.50$	1800	1950	1500	1700
$1.50 < d \leqslant 1.75$	1750	1900	1450	1650
$1.75 < d \leqslant 2.00$	1700	1850	1400	1600
$2.00 < d \leqslant 2.50$	1650	1750	1350	1550
$2.50 < d \leqslant 3.00$	1600	1700	1300	1500
$3.00 < d \leqslant 3.50$	1550	1650	1250	1450
$3.50 < d \leqslant 4.25$	1500	1600	1225	1400
$4.25 < d \leqslant 5.00$	1450	1550	1200	1350
$5.00 < d \leqslant 6.00$	1400	1500	1150	1300
$6.00 < d \leqslant 7.00$	1350	1450	1125	1250
$7.00 < d \leqslant 8.50$	1300	1400	1075	1250
$8.50 < d \leqslant 10.00$	1250	1350	1050	1250

14.5 法国不锈耐热钢

14.5.1 不锈耐热钢及阀门钢牌号和化学成分

表 14-227　不锈耐热钢及阀门钢钢号和化学成分

编号	牌号	化学成分/%									标准号
		C	Si	Mn	P,≤	S,≤	Cr	Mo	Ni	其他	
446F50	Z01CD26.01	≤0.02	≤0.40	≤0.40	0.020	0.020	25.00～28.00	0.75～1.50	—	Ni+Cu≤0.50	NF A 35-584
—	Z1CDNb26.01	≤0.02	≤1.00	≤1.00	0.040	0.030	25.00～28.00	0 0.75～1.50	—	Ni+Cu≤0.50 Nb>0.3	NF A 35-584
308F90	Z1CN20.10	≤0.02	≤0.60	1.00～2.50	0.030	0.020	18.50～21.50	—	9.00～11.50	—	NF A 35-583
382F80	Z1CNS18.15	≤0.02	3.50～4.50	≤2.00	0.035	0.025	16.50～18.50	—	14.00～16.00	—	NF A 35-584
800F70	Z1NCDU25.20	≤0.02	≤1.00	≤2.00	0.035	0.025	19.00～22.00	4.00～5.00	24.00～27.00	Cu 1.00～2.00	NF A 35-584
446F51	Z2CDNb26.01	≤0.03	≤1.00	≤1.00	0.040	0.030	25.00～28.00	0.75～1.50	—	Ni+Cu≤0.50 Nb≥0.30	
304F12	Z2CN18.09	≤0.03	≤1.00	≤2.00	0.040	0.030	17.00～19.00	—	8.00～10.00	—	NF A 35-575
304F10/11/61/62	Z2CN18.10(Az)	≤0.03	≤1.00	≤2.00	0.040	0.030	17.00～19.00	—	9.00～11.00	(N_2 0.10～0.20)	NF A 35-573,574,575,577,582,559,572
308F91	Z2CN20.10	≤0.03	≤0.60	1.00～2.50	0.030	0.020	18.50～21.50	—	9.00～11.50	—	NF A 35-583
—	Z2CN24.13	≤0.03	≤0.60	1.00～2.50	0.030	0.020	22.00～25.00	—	11.50～14.00	—	NF A 35-583
316F60	Z2CND17.12(Az)	≤0.03	≤1.00	≤2.00	0.040	0.030	16.00～18.00	2.00～2.50	10.50～13.00	(N_2 0.10～0.20)	NF A 35-573,574,577,582,572
316F61	Z2CND17.13(Az)	≤0.03	≤1.00	≤2.00	0.040	0.030	16.00～18.00	2.50～3.00	11.50～13.50	(N_2 0.10～0.20)	NF A 35-573,574,575,577,582,572
—	Z2CND18.11	≤0.03	≤1.00	1.20	0.030	0.020	17.50	2.60	11.00	—	
316F90	Z2CND19.13	≤0.03	≤0.60	1.00～2.50	0.030	0.020	17.00～20.00	2.50～3.00	12.00～14.50	—	NF A 35-583

续表

编号	牌号	化学成分/%								标准号
		C	Si	Mn	P,≤	S,≤	Cr	Mo	Ni	其他	
317F10	Z2CND19.15(Az)	≤0.03	≤1.00	≤2.00	0.040	0.030	17.50～19.50	3.00～4.00	14.00～16.00	—	NF A 35-573,574,572
316F92	Z2CND20.10	≤0.03	≤0.60	1.00～2.50	0.030	0.020	19.00～22.00	2.50～3.20	9.00～11.50	—	NF A 35-583
316F91	Z2CNDS19.13	≤0.03	0.60～1.10	1.00～2.50	0.030	0.020	17.00～20.00	2.50～3.00	11.50～14.00	—	NF A 35-583
383F50	Z2CNDU17.16	≤0.03	≤1.00	≤1.00	0.040	0.030	16.50～18.50	5.00～6.00	15.00～17.00	Cu 2.50～3.50	NF A 35-584
—	Z2CNM25.20	≤0.03	≤0.60	6.00～8.00	0.030	0.020	24.50～27.50	—	19.00～22.00	—	NF A 35-583
—	Z2CNMS20.14	≤0.02	3.70	6.50	0.030	0.020	19.50	—	14.00	—	
—	Z2CNM17.13.7	≤0.02	≤0.60	7.00	0.030	0.020	16.50	—	12.50	W 3.80	
—	Z2CNNb25.20	≤0.03	0.40	≤1.00	0.035	0.025	23.00～26 00	—	19.00～22.00	Nb 0.25	NF A 35-584
—	Z2CNS20.10	≤0.03	0.60～1.10	1.00～2.50	0.030	0.020	18.50～21.50	—	9.00～11.50	—	NF A 35-583
410F90	Z3C14	≤0.05	≤0.75	≤1.00	0.030	0.020	12.00～15.00	≤0.50	≤0.50	—	NF A 35-583
204F10	Z3CMN18.8.07(Az)	≤0.04	≤1.00	6.50～8.50	0.040	0.030	17.00～19.00	—	6.00～8.00	N_2 0.15～0.25	
304F01/60	Z5CN18.09(Az)	≤0.06	≤1.00	≤2.00	0.040	0.030	17.00～19.00	—	8.00～10.00	(N_2 0.10～0.20)	
307F50	Z5CNDU21.08	≤0.06	≤1.00	≤2.00	0.040	0.030	20.00～22.00	2.00～3.00	6.00～9.00	Cu 1.00～2.00	NF A 35-584
403F00	Z6C13	≤0.08	≤1.00	≤1.00	0.040	0.030	11.50～13.50	—	(≤0.50)	—	NF A 35-572,573,574,577
405F00	Z6CA13	≤0.08	≤1.00	≤1.00	0.040	0.030	11.50～13.50	—	—	Al 0.10～0.30	NF A 35-572,573,574
182F00	Z6CDF18.02	≤0.08	≤1.00	≤2.50	0.060	≥0.15	17.50～19.50	1.50～2.50	≤0.50	—	NF A 35-576
304F00	Z6CN18.09	≤0.07	≤1.00	≤2.00	0.040	0.030	17.00～19.00	—	8.00～10.00	—	NF A 35-573,574,575,577,559,572
460F00	Z6CND16.04.01	≤0.07	≤1.00	≤1.00	0.040	0.030	15.00～17.00	0.70～1.25	3.5～5.5	—	NF A 35-573,574

续表

编号	牌号	化学成分/%									标准号
		C	Si	Mn	P,≤	S,≤	Cr	Mo	Ni	其他	
316F00	Z6CND17.11	≤0.07	≤1.00	≤2.00	0.040	0.030	16.00～18.00	2.00～2.50	10.00～12.50	—	NF A 35-573,574,575,577,572
316F01	Z6CND17.12	≤0.07	≤1.00	≤2.00	0.040	0.030	16.00～18.00	2.50～3.00	11.00～13.00	—	NF A 35-574,572
—	Z6CND17.12B①	≤0.08	≤1.00	≤2.00	0.040	0.030	16.00～18.00	2.00～2.50	11.00～13.00	—	NF A 35-580,578
316F35	Z6CNDNb17.12	≤0.08	≤1.00	≤2.00	0.040	0.030	16.00～18.00	2.00～2.50	10.50～13.00	Nb+Ta≥10×C≤1.00	NF A 35-573,574,572
—	Z6CNDNb17.13	≤0.08	≤1.00	≤2.00	0.040	0.030	16.00～18.00	2.50～3.00	11.50～13.50	Nb+Ta≥10×C≤1.00	NF A 35-572
—	Z6CNDNb17.13①	0.04～0.08	≤1.00	≤2.00	0.040	0.030	16.00～18.00	2.00～2.50	12.00～14.00	Nb+Ta≥8×C≤1.00	NF A 35-580
316F93	Z6CNDNb19.13	≤0.08	≤0.60	1.00～2.50	0.030	0.020	17.00～20.00	2.50～3.00	11.00～14.00	Nb≥8×C≤1.00	NF A 35-583
316F30	Z6CNDT17.12	≤0.08	≤1.00	≤2.00	0.040	0.030	16.00～18.00	2.00～2.50	10.50～13.00	Ti≥5×C≤0.60	NF A 35-573,574,575,572
—	Z6CNDT17.13	≤0.08	≤1.00	≤2.00	0.040	0.030	16.00～18.00	2.50～3.00	11.50～13.50	Ti≥5×C≤0.60	NF A 35-572
347F00/01	Z6CNNb18.10	≤0.08	≤1.00	≤2.00	0.040	0.030	17.00～19.00	—	9.00～11.00	Nb+Ta≥10×C≤1.00	NF A 35-573,574,572
347F05/20	Z6CNNb16.12B①	≤0.08	≤1.00	≤2.00	0.040	0.030	17.00～19.00	—	11.00～13.00	Nb≥8×C≤1.00	NF A 35-580,578
—	Z6CNNb20.10	≤0.08	≤0.60	1.00～2.50	0.030	0.020	18.00～21.00	—	8.50～11.00	Nb≥10×C≤1.00	NF A 35-583
321F00/01/05	Z6CNT18.10	≤0.08	≤1.00	≤2.00	0.040	0.030	17.00～19.00	—	9.00～11.00	Ti≥5×C≤0.60	NF A 35-573,574,572
—	Z6CNT18.11	≤0.08	≤1.00	≤2.00	0.040	0.030	17.00～19.00	—	10.00～12.00	Ti≥5×C≤0.60	NF A 35-559
321F20	Z6CNT18.12B①	≤0.08	≤1.00	≤2.00	0.040	0.030	17.00～19.00	—	11.00～13.00	Ti≥4×C≤0.60	NF A 35-580,578

续表

编号	牌号	化学成分/%									标准号
		C	Si	Mn	P,≤	S,≤	Cr	Mo	Ni	其他	
174F00	Z6CNU17.04	≤0.07	≤1.00	≤1.00	0.040	0.030	15.50～17.60	—	3.00～5.00	Cu 3.0～5.0 Nb 0.15～0.45	NF A 35-581
304F70	Z6CNU18.10	≤0.08	≤1.00	≤2.00	0.040	0.030	16.50～18.50	—	8.50～10.50	Cu 3.00～4.00	NF A 35-575,577
154F00	Z6CNUD15.04	≤0.07	≤1.00	≤1.00	0.040	0.030	13.50～15.50	1.20～2.00	3.00～5.00	Cu 3.00～5.00	NF A 35-581
409F00	Z6CT12	≤0.08	≤1.00	≤1.00	0.040	0.030	10.50～12.50	—	—	Ti6×C≤1.00	NF A 35-573
384F00	Z6NC18.16	≤0.08	≤1.00	≤2.00	0.040	0.030	15.00～17.00	—	17.00～19.00	—	NF A 35-575,577
682F20	Z6NCTDV25.16B[1]	0.03～0.08	≤1.00	≤2.00	0.030	0.030	13.50～16.00	1.00～1.50	24.00～27.00	V0.1～0.5 Al≤0.4	NF A 35-580;558(牌号 Z6NC-TDV2515)
430F00/35	Z8C17	≤0.10	≤1.00	≤1.00	0.040	0.030	16.00～18.00	—	≤0.50	Ti1.7～2.3	NF A 35-572,573,574,575,577,583,578
503F80	Z8CA7	≤0.10	0.50～1.00	≤1.00	0.040	0.030	6.00～8.00	—	—	Al0.50～1.00	NF A 35-578
434F00	Z8CD17.01	≤0.10	≤1.00	≤1.00	0.040	0.030	16.00～18.00	0.90～1.30	≤0.50	—	NF A 35-572,573,574,575
—	Z8CN13.13	≤0.10	≤1.00	≤2.00	0.040	0.030	12.00～14.00	—	12.00～14.00	Cu≤2.00	
—	Z8CN(A)17.07	≤0.09	≤1.00	≤1.00	0.040	0.030	16.00～18.00	—	6.50～7.75	Al 0.75～1.50 Cu≤0.50	NF A 35-581
305F00	Z8CN18.12	≤0.10	≤1.00	≤2.00	0.040	0.030	17.00～19.00	—	11.00～13.00	—	NF A 35-575,577
308F00	Z8CN20.11	≤0.10	≤1.00	≤2.00	0.040	0.030	19.00～21.00	—	10.00～12.00	—	NF A 35-578
—	Z8CNb17	≤0.08	≤1.00	≤1.00	0.040	0.030	16.00～18.00	—	—	Nb≥8×C≤1.00	NF A 35-573
157F00	Z8CND(A)15.07	≤0.09	≤1.00	≤1.00	0.040	0.030	14.00～16.00	2.00～3.00	6.50～7.75	A 0.75～1.50	NF A 35-581
—	Z8CNDT17.12	≤0.10	≤1.00	≤2.00	0.040	0.030	16.00～18.00	2.00～2.50	11.00～13.00	Ti≥5×C≤0.60	

续表

编号	牌号	化学成分/%									标准号
		C	Si	Mn	P,≤	S,≤	Cr	Mo	Ni	其他	
—	Z8CNDT17.13B①	0.05～0.10	≤1.00	≤2.00	0.040	0.030	16.00～18.00	2.00～2.50	12.00～14.00	Ti≥4×C≤0.70	NF A 35-580
430F30	Z8CT17	≤0.08	≤1.00	≤1.00	0.040	0.030	16.00～18.00	—	—	Ti7×C≤1.2	NF A 35-573
800F00	Z8NC32.21	≤0.10	≤1.00	≤1.50	0.040	0.030	19.00～23.00	—	31.00～34.00	Al 0.15～0.60 Ti 0.15～0.60	NF A 35-578
410F00	Z10C13	≤0.12	≤1.00	≤1.00	0.040	0.030	12.00～15.00	—	—	—	NF A 35-578
410F91	Z10C14	0.08～0.12	≤0.75	≤1.00	0.030	0.020	12.00～14.00	≤0.50	≤0.50	—	NF A 35-583
446F00	Z10C24	≤0.12	≤1.50	≤1.00	0.040	0.030	23.00～26.00	—	—	—	NF A 35-578
430F80	Z10CAS18	≤0.12	0.50～1.50	≤1.00	0.040	0.030	17.00～19.00	—	—	Al 0.70～1.20	NF A 35-578
446F80	Z10CAS24	≤0.12	0.50～1.50	≤1.00	0.040	0.030	23.00～26.00	—	—	Al 1.20～1.70	NF A 35-578
430F40	Z10CF17	≤0.12	≤1.00	≤1.50	0.060	≥0.150	16.00～18.00	0.20～0.60	≤0.50	—	NF A 35-576
302F00	Z10CN18.09	≤0.12	≤1.00	≤2.00	0.040	0.030	17.00～19.00	～	7.50～9.50	—	NF A 35-573,574,575,578,572
—	Z10CN24.13	0.06～0.12	≤0.60	1.00～2.50	0.030	0.020	22.00～25.00	—	12.00～14.00	—	NF A 35-583
303F00	Z10CNF18.09	≤0.12	≤1.00	≤2.00	0.060	≥0.150	17.00～19.00	≤.0.60	8.0～10.00	—	NF A 35-576
—	Z10CNT18.11	≤0.12	≤1.00	≤2.00	0.040	0.030	17.00～19.00	—	10.00～12.00	Ti≥5×C≤0.80	
660F20	Z10CNWT17.13B①	0.07～0.12	≤1.00	≤1.00	0.040	0.030	16.00～18.00	—	12.00～14.00	W 2.5～4.0 Ti≥4×C≤0.50	NF A 35-580
410F20	Z12C13	0.08～0.15	≤1.00	≤1.00	0.040	0.030	11.50～13.50	—	(≤0.50)	—	NF A 35-572,573,574,575,577
416F00	Z12CF13	0.08～0.15	≤1.00	≤1.50	0.060	≥0.150	12.00～14.00	0.15～0.60	≤0.50		NF A 35-576

续表

编号	牌号	化学成分/%									标准号
		C	Si	Mn	P,≤	S,≤	Cr	Mo	Ni	其他	
301F20	Z12CN17.07	0.08～0.15	≤1.00	≤2.00	0.040	0.030	16.00～18.00	—	6.00～8.00	—	NF A 35-573,574,575,572
—	Z12CN17.08	0.08～0.15	≤1.00	≤2.00	0.040	0.030	16.00～18.00	—	6.50～8.50	—	
301F21	Z12CN18.07	0.08～0.15	≤2.00	≤2.00	0.040	0.030	17.00～19.00	—	6.50～8.50	Cu≤0.50	NF A 35-573
—	Z12CN18.10	≤0.15	0.20～0.40	0.20～0.40	0.040	0.030	17.00～19.00	—	8.00～10.00	—	
—	Z12CN25.20	0.08～0.15	≤0.60	1.00～2.50	0.030	0.020	24.50～27.50	—	19.00～22.00	—	NF A 35-583,578
—	Z12CN30.10	≤0.15	≤1.00	2.00	0.030	0.020	30.00	—	9.50	—	
164F00	Z12CND16.04	0.10～0.15	≤0.50	0.50～1.30	0.040	0.030	15.00～16.00	2.50～3.25	4.00～5.00	N_2 0.05～0.15	NF A 35-581
—	Z12CNS25.20	≤0.15	1.50～2.50	≤2.00	0.040	0.030	23.00～26.00	—	18.00～21.00	—	NF A 35-578
330F00	Z12NC37.18	≤0.15	≤1.00	≤2.00	0.040	0.030	16.00～19.00	—	36.00～39.00	—	NF A 35-578
330F85	Z12NCS35.16	≤0.15	1.00～2.00	≤2.00	0.040	0.030	14.00～17.00	—	33.00～36.00	—	NF A 35-578
330F80	Z12NCS37.18	≤.0.15	1.50～2.50	≤2.00	0.040	0.030	16.00～19.00	—	36.00～39.00	—	NF A 35-578
—	Z15C13	0.15	≤0.60	0.50	0.030	0.020	13.00	—	—	—	
431F20	Z15CN16.02	0.10～0.20	≤1.00	≤100	0.040	0.030	15.00～17.00	—	1.50～3.00	—	NF A 35-572,574
308F10	Z15CN20.12	≤0.20	≤1.20	≤2.00	0.040	0.030	19.00～21.00	—	11.00～13.00	—	NF A 35-578
—	Z15CN24.13	≤0.20	≤1.00	≤2.00	0.040	0.030	22.00～25.00	—	11.00～14.00	—	NF A 35-578
206F90	Z15CNM19.08	≤0.20	≤1.50	5.50～8.00	.0.030	0.020	17.00～20.00	—	7.50～9.50	—	NF A 35-583

续表

编号	牌号	化学成分/%									标准号
		C	Si	Mn	P,≤	S,≤	Cr	Mo	Ni	其他	
308F80	Z15CNS20.12	≤0.20	1.50~2.50	≤2.00	0.040	0.030	19.00~21.00	—	11.00~13.00	—	NF A 35-578
420F20	Z20C13	0.15~0.24	≤1.00	≤1.00	0.040	0.030	12.00~14.00	—	(≤1.00)	—	NF A 35-572,573,574,575,595
—	Z20CD14	0.17~0.22	≤1.00	≤1.00	0.040	0.030	12.00~14.00	0.70~1.10	≤1.00		
—	Z20CN18.08	0.18~0.25	≤1.00	≤1.00	0.040	0.030	17.00~19.00	—	7.00~9.00	—	
446F20	Z20CNS25.04	0.15~0.25	0.80~1.50	≤2.00	0.040	0.030	24.00~27.00	—	3.00~6.00	—	NF A 35-578
—	Z25CNWS20.09	0.20~0.30	0.75~1.50	≤2.00	0.045	0.035	19.00~21.00	—	8.00~10.00	W 1.05~2.50	
—	Z25NC20.12	≤0.27	≤1.00	≤1.00	0.040	0.030	12.0	—	20.00	—	
420F21	Z30C13	0.25~0.34	≤1.00	≤1.00	0.040	0.030	12.00~14.00	—	(≤1.00)	—	NF A 35-572,574,575,577,595
420F40	Z30CF13	0.25~0.34	≤1.00	≤1.50	0.060	≥0.150	12.00~14.00	0.15~0.60	≤0.50	—	NF A 35-576
420F90	Z30C14	0.25~0.34	≤0.75	≤1.00	0.030	0.020	12.00~15.00	0.50	≤0.50	—	NF A 35-583
—	Z35CNWS14.14	0.30~0.40	1.00~2.00	≤1.00	0.045	0.035	13.00~15.00	—	13.00~15.00	W 2.00~3.00	
—	Z40C13	0.40	≤0.60	0.50	0.020	0.030	14.00	—	—	—	
420F22	Z40C14	0.35~0.45	≤1.00	≤1.00	0.040	0.030	12.50~14.50	—	(≤1.00)	—	NF A 35-575,595
—	Z40CSD10	0.35~0.45	2.00~3.00	≤0.80	0.040	0.030	9.50~11.50	0.70~1.30	—	—	
—	Z42CNKDWNb	≤0.45	≤1.00	1.50	0.040	0.030	20.00	3.70	20.00	W 3.7,Co 2.0,Nb 4.2	

续表

编号	牌号	化学成分/%									标准号
		C	Si	Mn	P,≤	S,≤	Cr	Mo	Ni	其他	
—	Z45CS9	0.40~0.50	2.75~3.75	≤.0.80	0.040	0.030	7.50~9.50	—	—	—	
—	Z50C14	0.45~0.55	≤1.00	≤1.00	0.040	0.030	13.00~15.00	—	—	—	
420F50	Z50CD13	0.45~0.55	≤1.00	≤1.00	0.040	0.030	12.00~14.00	0.60~0.90	≤1.00	—	NF A 35-595
—	Z50CD14	0.50~0.60	≤1.00	≤1.00	0.040	0.030	13.00~15.00	0.50~0.60	—	—	
—	Z52CMN21.09	0.48~0.58	≤0.25	8.00~10.00	0.045	0.035	20.00~22.00	—	3.25~4.50	N_2 0.36~0.55	
420F23	Z70C15	0.65~0.75	≤1.00	≤1.00	0.040	0.030	14.00~16.00	—	≤1.00	—	NF A 35-595
—	Z70CD14	0.65~0.75	≤1.00	≤1.00	0.040	0.030	13.00~15.00	0.50~0.60	—	—	
—	Z80CSN20.02	0.75~0.85	1.50~2.50	≤0.80	0.040	0.030	19.00~21.00	—	1.00~1.70	—	
440F20	Z100CD17	0.90~1.20	≤1.00	≤1.00	0.040	0.030	16.00~18.00	0.35~0.75	—	—	NF A 35-575
—	Z110CD17	1.10	≤0.60	0.50	0.030	0.020	16.50	0.50	—	—	
—	Z20CDNbV11	0.18~0.25	0.20~0.60	0.60~1.00	0.030	0.030	10~12	0.70~1.10	≤1	V 0.20~0.40 Nb 0.25~0.55	NF A 35-558
—	Z10CNU17.04	≤0.12					16		3	Cu 1.5	
—	Z4CND16.05	≤0.06					16	0.9	5		
—	Z3CN19.10	≤0.04					19.5		9.5	Cu≤0.5,Co≤0.20 Ta≤0.15,N_2≤0.08	
—	Z3CND17.12	≤0.04					17.5	2.5	12	Cu≤0.5,Co≤0.20 Ta≤0.15,N_2≤0.08	
—	Z3CND19.15	≤0.03					18.5	3.30	15		

注:表中①指 B 0.0010%~0.0060%。

14.5.2 不锈耐热钢的室温力学性能

表 14-228 不锈耐热钢的室温力学性能

牌号	热处理制度	R /MPa	$R_{0.002}$ /MPa 不小于	$R_{0.01}$ /MPa 不小于	A/% ($L_o=5d$) 不小于	KCU +20℃ /daJ·cm^{-2} 不小于	HB	HRC	HRB	标准号
Z01CD26.01	900℃退火，水冷	≥430	260		20					NF A 35-584
Z1CDNb26.01	900℃退火，水冷	≥470	350		25					NF A 35-584
Z1CNS18.15	1100～1150℃奥氏体化，水冷	540～740	215	255	40	12				NF A 35-584
Z1NCDU25.20	1100～1150℃奥氏体化，水冷	550～750	230	270	40	12				NF A 35-584
Z2CN18.10	冷作硬化率 0%①	540								NF A 35-575
	冷作硬化率 40%	1080								
	冷作硬化率 60%	1270								
	冷作硬化率 80%	1620								
	1000～1075℃奥氏体化，水冷或空冷	450～650	d≤25：185 25≤d≤100：175		d≤50：45③ 50<d≤100③：42	d≤50：12 50<d≤100：10				NF A 35-574,
	1000～1100℃奥氏体化，水冷	≤590								NF A 35-577
	1025～1075℃水冷	440～640	178		45	12				NF A 35-559
	1025～1075℃水冷(d②≤16mm)	440～640	175		45	12				NF A 35-559
	1025～1075℃水冷(16mm<d≤40mm)	440～640	175		45	12				(热处理试棒)
	1025～1075℃水冷(40mm<d≤100mm)	440～640	165		42	10				
	1025～1075℃水冷	470～670	185	225	45	12				NF A 35-572
Z2CN18.10(Az)	环境温度下：1000～1050℃空冷或水冷	550	250	290	45	12				NF A 35-582
	棒材或锻件：1000～1100℃空冷或水冷	550	d≤25：250 25<d≤100：240		d≤50：45 50<d≤100：42	d≤50：12 50<d≤100:10				
Z2CND17.12	1025～1100℃水冷或空冷	480～680	d≤25：195 25<d≤100：185		d≤50③：45 50<d≤100③：42	d≤50：12 50<d≤100：10				NF A 35-574
	1000～1100℃水冷	≤590								NF A 35-577
Z2CND17.12(Az)	环境温度下：1025～1075℃空冷或水冷	≥600	280	320	45	12				NF A 35-582
	棒材和锻件：1000～1100℃水冷或空冷	≥600	d≤25：280 25<d≤100：270		d≤50：45 50<d≤100：42	d≤50：12 50<d≤100：10				
	1050～1100℃水冷	480～680	195	235	45	12				NF A 35-572

续表

牌号	热处理制度	R /MPa	$R_{0.002}$ /MPa 不小于	$R_{0.01}$ /MPa 不小于	A/% ($L_o=5d$) 不小于	KCU +20℃ /daJ·cm^{-2} 不小于	HB	HRC	HRB	标准号
Z2CND17.13	1050～1100℃水冷	480～680	195	235	45	12				NF A 35-572
	1025～1100℃水冷或空冷	480～680	d≤25：195		d≤50[3]：45	d≤50：12				NF A 35-574
			25<d≤100：185		50<d≤100[3]：42	50<d≤100：10				
	冷作硬化率:0%	540								NF A 35-575
	冷作硬化率:40%	980								
	冷作硬化率:60%	1220								
	冷作硬化率:80%	1470								
	1000～1100℃水冷	≤590								NFA35-577
Z2CND17.13(Az)	环境温度下:1025～1075℃空冷或水冷	600	280	320	45	12				NF A 35-582
	棒材和锻件:1000～1100℃水冷或空冷	600	d≤25：280		d≤50：45	d≤50：12				
			25<d≤100：270		50<d≤100：42	50<d≤100：10				
Z2CND19.15	1020～1100℃水冷或空冷	480～680								
			d≤25：205		d≤50[3]：40	d≤50：12				NF A 35-574
			25<d≤100：195		50<d≤100[3]：37	50<d≤100：10				
	1050～1100℃水冷	490～690	205	245	40	12				NF A 35-572
Z2CNDU17.16	1050～1100℃水冷	590～790	255	295	35	12				NF A 35-584
Z2CNNb25.20	1050～1100℃水冷	490～690	215	255	40	10				NF A 35-584
Z5CNDU21.08	1100～1150℃水冷	635～835	380	420	25	10				NF A 35-584
Z6C13	750～800℃空冷	420～620	225		20					NF A 35-572
	800～850℃控制冷却	≤590								NF A 35-577
Z6CA13	750～800℃空冷	420～620	225		20					NF A 35-572
Z6CDF18.02	800℃退火	440～640	245		15					NF A 35-576
	棒材						≤192			
Z6CN18.09	1000～1075℃水冷或空冷	510～710	d≤25：195		d≤50：45[3]	d≤50：12				NF A 35-574
			25<d≤100：185		50<d≤100：42[3]	50<d≤100：10				
	冷作硬化率:0%	590								NF A 35-575
	冷作硬化率:40%	1130								
	冷作硬化率:60%	1320								
	冷作硬化率:80%	1670								

续表

牌号	热处理制度	R /MPa	$R_{0.002}$ /MPa 不小于	$R_{0.01}$ /MPa 不小于	A/% ($L_o=5d$) 不小于	KCU +20℃ /daJ·cm^{-2} 不小于	HB	HRC	HRB	标准号
	1000～1100℃水冷	≤620								NF A 35-577
	1025～1075℃水冷	490～690	195		45	12				NF A 35-559
Z6CN18.09	热处理试棒:1025～1075℃水冷									NF A 35-559
	$d\leqslant 16$mm	490～690	195		45	12				
	16mm$<d\leqslant 40$mm	490～690	195		45	12				
	40mm$<d\leqslant 100$mm	490～690	185		42	10				
	1025～1075℃水冷	490～690	195	235	45	12				NF A 35-572
Z6CND16.04.01	退火:650+600℃						≤282			NF A 35-574
Z6CND17.11	1025～1100℃水冷或空冷	530～730	$d\leqslant 25$：205		$d\leqslant 50$：45[3]	$d\leqslant 50$：12				NF A 35-574
			$25<d\leqslant 100$：195		$50<d\leqslant 100$：42[3]	$50<d\leqslant 100$：10				
Z6CND17.11	冷作硬化率:0%	590								NF A 35-575
	冷作硬化率:40%	1030								
	冷作硬化率:60%	1270								
	冷作硬化率:80%	1520								
	1000～1100℃水冷	≤620								NF A 35-577
	1050～1100℃水冷	500～700	205	245	45	12				NF A 35-572
Z6CND17.12	1025～1100℃水冷或空冷	530～730	$d\leqslant 25$：205		$d\leqslant 50$：45[3]	$d\leqslant 50$：12				NF A 35-574
			$25<d\leqslant 100$：195		$50<d\leqslant 100$：42[3]	$50<d\leqslant 100$：10				
	1050～1100℃水冷	500～700	205	245	45	12				NF A 35-572
Z6CND17.12B	1075～1125℃水冷	490～690	175		45	12				NF A 35-580
	1075～1125℃水冷	≥50[4]	18[4]		40					NF A 35-578
Z6CNDNb17.12	1025～1100℃水冷或空冷	530～730	$d\leqslant 25$：215		$d\leqslant 50$：40[3]	$d\leqslant 50$：12				NF A 35-574
			$25<d\leqslant 100$：205		$50<d\leqslant 100$：37[3]	$50<d\leqslant 100$：10				
	1050～1100℃水冷	510～710	215	255	40	12				NF A 35-572
Z6CNDNb17.13	1050～1100℃水冷	510～710	215	255	40	12				NF A 35-572
Z6CNDNb17.13B	1075～1125℃水冷	490～690	180		40	12				NF A 35-580
Z6CNDT17.12	1025～1100℃水冷或空冷	530～730	$d\leqslant 25$：215		$d\leqslant 50$：40[3]	$d\leqslant 50$：12				NF A 35-574
			$25<d\leqslant 100$：205		$50<d\leqslant 100$：37[3]	$50<d\leqslant 100$：10				
	1050～1100℃水冷	510～710	215	255	40	12				NF A 35-572

续表

牌号	热处理制度	R /MPa	$R_{0.002}$ /MPa 不小于	$R_{0.01}$ /MPa 不小于	A/% ($L_o=5d$) 不小于	KCU +20℃ /daJ·cm^{-2} 不小于	HB	HRC	HRB	标准号
	冷作硬化率:0%	640								NF A 35-575
	冷作硬化率:40%	1130								
	冷作硬化率:60%	1370								
	冷作硬化率:80%	1620								
Z6CNDT17.13	1050～1100℃水冷	510～710	215	255	40	12				NF A 35-572
Z6CNNb18.10	1050～1100℃	500～700	205	255	40	12				NF A 35-572
	1025～1100℃水冷或空冷	510～710	$d\leqslant25$：205		$d\leqslant50$：40[3]	$d\leqslant50$：12				NF A 35-574
			$25<d\leqslant100$：195		$50<d\leqslant100$：37[3]	$50<d\leqslant100$：10				
Z6CNNb18.12B	1075～1125℃水冷	490～690	195		40	12				NF A 35-580
	1075～1125℃水冷	50[4]	20[4]		40					NF A 35-578
Z6CNT18.10	1025～1100℃水冷或空冷	510～710	$d\leqslant25$：205		$d\leqslant50$：40[3]	$d\leqslant50$：12				NF A 35-574
			$25<d\leqslant100$：195		$50<d\leqslant100$：37[3]	$50<d\leqslant100$：10				
	1050～1100℃水冷	500～700	205	255	40	12				NF A 35-572
Z6CNT18.11	1050～1100℃水冷	490～690	215		40	12				
	热处理试棒:1050～1100℃水冷									
	$d\leqslant16$mm	490～690	215		40	12				NF A 35-559
	16mm$<d\leqslant40$mm	490～690	215		40	12				
	40mm$<d\leqslant100$mm	490～690	195		37	10				
Z6CNT18.12B	1075～1125℃水冷	490～690	195		40	12				NF A 35-580
	1075～1125℃水冷	50[4]	20[4]		40					NF A 35-578
Z6CNU17.04	1040±15℃空冷或水冷 480±10℃,保温 1h 空冷	1280～1620	1165		9[3]					NF A 35-581
	线材、棒材和锻件:									
	(1)1040±15℃空冷或油冷						≤363	≤39		
	(2)(1)+480±10℃,1h,空冷	1290～1620	1165		9			≥40		
	(3)(1)+550±10℃,1h,空冷	1040～1420	980		11			≥35		
	(4)(1)+620±10℃,1h,空冷	920～1320	705		15			≥25		
Z6CNU18.10	冷作硬化率:0%	490								NF A 35-575
	冷作硬化率:40%	880								
	冷作硬化率:60%	1080								

续表

牌号	热处理制度	R /MPa	$R_{0.002}$ /MPa 不小于	$R_{0.01}$ /MPa 不小于	A/% ($L_o=5d$) 不小于	KCU +20℃ /daJ·cm^{-2} 不小于	HB	HRC	HRB	标准号
	冷作硬化率:80%	1320								
	1000~1100℃水冷	≤540								NF A 35-577
Z6CNUD15.04	1050±20℃,空冷或水冷,550±10℃,2h,空冷	930~1130	685		12					NF A 35-581
	线材、棒材和锻件:									
	(1)1050±20℃,空冷或水冷						≤363	≤39		
	(2)(1)+450±10℃,2h,空冷	1300~1550	1145		7			≥38		
	(3)(1)+550±10℃,2h,空冷	930~1130	685		12			≥29		
Z6NC18.16	冷作硬化率:0%	490								NF A 35-575
	冷作硬化率:40%	880								
	冷作硬化率:60%	1080								
	冷作硬化率:80%	1320								
	1000~1100℃水冷	≤570								NFA35-577
Z6NCTDV25.15	900~1000℃空冷或油冷,725℃,16h	≥90④	60④		15	8				NF A 35-558
	试棒:H900(或 H980)+时效 720℃									
	d≤16mm	≥90④	60④		15	8				
	16mm<d≤40mm	≥90④	60④		15	6				
	40mm<d≤100mm	≥90④	60④		15	4				
Z8C17	800℃空冷	440~640	245		18					NF A 35-572
	770~825℃空冷	440~640	245		d≤25:18③					NF A 35-574
Z8C17	冷作硬化率:0%	540								NF A 35-575
	冷作硬化率:40%	730								
	冷作硬化率:60%	830								
	冷作硬化率:80%	1030								
	800~850℃控制冷却	≤560								NF A 35-577
	800~850℃空冷	≥45④	25④		18					NF A 35-578
Z8CA7	750~800℃空冷	≤45④	25④		24					NF A 35-572
Z8CD17.01	800℃空冷	490~690	275		18					NF A 35-578
	冷作硬化率:0%	590								NF A 35-575
	冷作硬化率:40%	780								

续表

牌号	热处理制度	R /MPa	$R_{0.002}$ /MPa 不小于	$R_{0.01}$ /MPa 不小于	A/% ($L_o=5d$) 不小于	KCU +20℃ /daJ·cm^{-2} 不小于	HB	HRC	HRB	标准号
	冷作硬化率:60%	880								
Z8CN(A)17.07	1065±15℃空冷或油冷 760±15℃,快速冷至≤20℃,保持 30min 以上 565±10℃,90min,空冷	1170~1380	≥960		6③					NF A 35-581
	线材、棒材和锻件: (1)1065±15℃,空冷,油冷						≤229	≤21		
	(2)(1)+955±10℃,10min,快速冷至≤20℃	1280-1510	1030		6			≥14		
	(3)(1)+760±15℃,90min,快速冷至≤20℃,保持 30min 以上,565±10℃,90min,空冷	1170-1380	960		6			≥38		
Z8CN18.12	冷作硬化率:0%	540								NF A 35-575
	冷作硬化率:40%	1030								
	冷作硬化率:60%	1220								
	冷作硬化率:80%	1470								
	1000~1100℃水冷	≤620								NF A 35-577
Z8CN20.11	1050~1100℃水冷	≥55④	22④		45					NF A 35-578
Z8CND(A)15.07	1065±15℃空冷或水冷 750±10℃,90min,快速冷至≤20℃,保持 1h 以上,565±10℃,90min,空冷	1240~1450	1030		6					NF A 35-581
	955±10℃/10min,快冷至 20℃以下,再在 1h 内冷至−70℃,保持时间≥8h,然后在空气中加热到 20℃以上。510±10℃/1h 空冷	1380~1660	1090		6			43		
	750±10℃/90min,快冷至 20℃以下,保持时间≥1h。565±10℃/90min 空冷	1250~1450	1030		6			40		
Z8CNDT17.13B	1057~1125℃水冷	490~690	180		40	10				NF A 35-580
Z8NC32.21	1100~1150℃水冷	≥50④	20④		30					NF A 35-578
Z10C13	750~800℃空冷	≥60④	42④		16					NF A 35-578

续表

牌号	热处理制度	R /MPa	$R_{0.002}$ /MPa 不小于	$R_{0.01}$ /MPa 不小于	A/% ($L_o=5d$) 不小于	KCU +20℃ /daJ·cm^{-2} 不小于	HB	HRC	HRB	标准号
Z10C24	800～850℃空冷	≥50④	30④		10					NF A 35-578
Z10CAS18	800～850℃空冷	≥50④	30④		18					NF A 35-578
Z10CAS24	800～850℃空冷	≥55④	30④		12					NF A 35-578
Z10CF17	800℃(退火)	440～640	245		15					NF A 35-576
	棒材						≤192			
Z10CN18.09	1000～1075℃水冷或空冷	530～730	d≤25:215		d≤50:75③	d≤50:10				NF A 35-574
			25<d≤100:205		25<d≤100:42③	25<d≤100:8				
	冷作硬化率:0%	640								NF A 35-575
	冷作硬化率:40%	1180								
	冷作硬化率:60%	1520								
	冷作硬化率:80%	1860								
Z10CN18.09	1025～1075℃水冷	≥50④	22④		45					NF A 35-578
	1025～1075℃水冷	490～690	215	255	45	10				NF A 35-572
Z10CNF18.09	1000～1050℃水冷	490～690	215		40					NF A 35-576
	棒材	490～690	215		40					
Z10CNWT17.13B	1075～1125℃水冷	540～740	215		25	12				NF A 35-580
	1075～1125℃控制冷作硬化	640～830	440		25	8				
Z12C13	950～1000℃油冷	640～830	440		16	8				NF A 35-572
	650～700℃快冷									
	775～825℃空冷						≤212			NF A 35-574
	950～1000℃油冷							≥36		NF A 35-575
	180～210℃									
	570～800℃炉冷或空冷	≤690								
	775～825℃控制冷却	≤590								NF A 35-577
Z12CF13	950～1000℃油冷	640～830	440		13					NF A 35-576
	625～675℃		棒材						≤212	
Z12CN17.07	1000～1075℃水冷或空冷	590～780	d≤25:245		d≤50:40③	d≤50:10				NF A 35-574
			25<d≤100:235		50<d≤100:37③	50<d≤100:8				

续表

牌号	热处理制度	R /MPa	$R_{0.002}$ /MPa 不小于	$R_{0.01}$ /MPa 不小于	A/% ($L_o=5d$) 不小于	KCU +20℃ /daJ·cm^{-2} 不小于	HB	HRC	HRB	标准号
	冷作硬化率:0% 冷作硬化率:40% 冷作硬化率:60% 冷作硬化率:80%	690 1320 1760 2060								NF A 35-575
Z12CN18.07	1025~1075℃水冷 冷硬态(R≥780) 冷硬态(R≥980)	590~830 740~980 930~1270	245 490 735		45 30 18					NF A 35-573
Z12CND16.04	奥氏体化:1030±10℃/30min,空冷回火:960±10℃/30min,冷至20℃以下,在1h内冷至−80℃,保持2h以上,然后在空气中加热到+20℃,回火:560±10℃/3h,空冷	1140~1430	960		11					NF A 35-581
	960±10℃/30min,冷至20℃以下,再在1h内冷至−80℃,保持≥2h,然后在空气中加热到20℃。 400±10℃/3h空冷	1370~1670	1125		8			43		
	960±10℃/30min,冷至20℃以下,在1h内冷至−80℃,保持≥2h,然后在空气中加热到+20℃。 560±10℃/3h空冷	1200~1490	1070		11			37		
Z12CNS25.20	1100~1150℃水冷	≥55④	25④		30					NF A 35-578
Z12NCS35.16	1100~1150℃水冷	≥60④	25④		30					NF A 35-578
Z12NCS37.18	1100~1150℃水冷	≥60④	25④		30					NF A 35-578
Z15CN16.02	975~1025℃油冷	880~1080	685		12	4				NF A 35-572
	575~626℃快冷									
	750~800℃空冷						≤277			NF A 35-574
Z15CN24.13	1100~1150℃水冷	≥55④	25④		30					NF A 35-578
Z15CNS20.12	1100~1150℃水冷	≥60④	25④		30					NF A 35-578

续表

牌号	热处理制度	R /MPa	$R_{0.002}$ /MPa 不小于	$R_{0.01}$ /MPa 不小于	A/% ($L_o=5d$) 不小于	KCU +20℃ /daJ·cm^{-2} 不小于	HB	HRC	HRB	标准号
Z20C13	950～1000℃油冷	730～930	540		14	4				NF A 35-572
	626～675℃快冷									
	775～825℃空冷						≤229			NF A 35-574
	730～780℃炉冷	≤730								NF A 35-575
	950～1000℃油冷							≥43		
	180～210℃									
Z20C13	退火状态						≤200		≤95	NF A 35-595
	1000～1040℃空冷							≥46		
Z20CNS25.04	1000～1050℃空冷或水冷	60④	40④		20					NF A 35-578
Z30C13	9500～1000℃油冷	830～1030	635		11	3				NF A 35-572
	625～675℃快冷									
	775～825℃空冷						≤241			NF A 35-574
	950～1000℃油冷							≥49		NF A 35-575
	180～210℃									
	730～780℃炉冷	≤780								
	830～880℃控制冷却	≤690								NF A 35-577
	退火状态						≤212		≤97	NF A 35-595
	1020～1050℃空冷							≥50		
Z30CF13	950～1000℃油冷	830～1030	635		8					NF A 35-576
	625～675℃									
	棒材						≤241			
Z40C14	950～1000℃油冷							≥52		NF A 35-575
	180～210℃									
	830～880℃控制冷却	≤830								
	退火状态						≤220		≤98	NF A 35-595
	1020～1050℃空冷							≥52		
Z50CD13	退火状态						≤230		≤100	NF A 35-595
	1020～1050℃空冷							≥56		
Z70C15	退火状态						≤255			NF A 35-595
	1030～1060℃空冷							≥57		

续表

牌号	热处理制度	R /MPa	$R_{0.002}$ /MPa 不小于	$R_{0.01}$ /MPa 不小于	A/% ($L_o=5d$) 不小于	KCU +20℃ /daJ·cm^{-2} 不小于	HB	HRC	HRB	标准号
Z100CD17	1000～1050℃油冷 180～210℃							≥58		NF A 35-575
	830～880℃控制冷却	≤880								
Z20CDNbV11	1100～1150℃油冷空冷 680℃,4h	90～105④	75④		10	3				NF A 35-558
	试棒:1100～1150℃油冷 670～720℃									
	d≤16mm	90～105④	75④		10	3				
	16mm<d≤40mm	90～105④	75④		10	3				
	40mm<d≤100mm	90～105④	75④		10	3				
Z10CNU17.04	退火:850～900℃炉冷									
	淬火:950℃油冷或空冷									
	回火:650～675℃空冷	740～880	540		12③	8				
Z4CND16.05	退火:950℃空冷+610℃回火	880～1080	685		15③	6				
	淬火:1000℃油冷或空冷	≥830	635		14③	6				
	回火:650℃空冷									
Z3CN19.10	1050～1100℃水冷	≥540	215		45③	15				
Z3CND17.12	1050～1100℃	≥540	235		40③	14				
Z3CND19.15	1050～1100℃水冷	≥490	215		40③	12				

注:1. 表中①冷作硬化率$=\frac{S_0-S}{S_0}\times 100\%$,式中 S_0 为原始截面,S 为断裂后截面;

2. 表中②d 为试样直径;

3. 表中③试样尺寸为 $L_0=5.65\sqrt{S}$;

4. 表中④单位为 kgf/mm^2。

14.5.3 不锈耐热钢的高温和低温力学性能

表 14-229 不锈耐热钢的高温和低温力学性能

牌号	试验温度 /℃	R	$R_{0.002}$	$R_{0.01}$	A/% 不小于	KCU /daJ·cm^{-2} 不小于	备注
		MPa,不小于					
Z1CD26.01	100	390	220		20		棒材、锻件和板材（大于20mm)NF A 35-584
	200	370	210		20		
	300	430	180		20		
Z1CDNb26.01	100	430	300		25		同上,NF A 35-584
	200	405	290		25		
	300	365	250		25		
Z1CNS18.15	100	480	170	200	35		同上,NF A 35-584
	200	430	145	175	35		
	300	390	125	155	25		
	150		157				NF A 35-584
	250		135				
	350		125				
ZlNCDU25.20	100	480	205	230	35		棒材、锻件和板材(大于20mm)NF A 35-584
	150		190				
	200	450	175	200	35		
	250		165				
	300	420	145	170	35		
Z2CN18.10(Az)	20	480					NF A 35-573,574
	50		165	200			
	100	410	145	180			
	150		130	160			
	200	360	118	145			
	250		108	135			
	300	340	100	127			
	350		94	121			
	250		140				NF A 35-582
	300		130				
	350		127				
	400		125				
	450		120				
	500		115				
	550		115				
	20	600	285		50	22	NF A 35-582
	−150	1150	550		45	15	
	−196	1400	650		40	13	
	20	550	190		50	20	NF A 35-559
Z2CN18.10(Az)	−150	1180	210		45	19	NF A 35-559
	−196	1320	230		40	15	
	−253	1470	240		35	12	
Z2CND17.12(Az)	20	500					NF A 35-573,574
	50		185	220			
	100	430	165	200			
	150		150	180			
	200	390	137	165			
	250		127	153			
	300	380	119	145			

续表

牌　　号	试验温度/℃	R	$R_{0.002}$	$R_{0.01}$	A/% 不小于	KCU /daJ·cm^{-2} 不小于	备　　注
		MPa，不小于					
Z2CND17.12(A_Z)	350		113	139			
Z2CND17.12(Az)	250		150				NF A 35-582
	300		140				
	350		135				
	400		130				
	450		127				
	500		125				
	550		125				
	20	650	320		50	20	NF A 35-582
	−150	1050	600		45	13	
	−196	1300	700		40	11	
Z2CND17.13	20	500					NF A 35-573
	50		185	220			
	100	430	165	200			
	150		150	180			
	200	390	137	165			
	250		127	153			
	300	380	119	145			
	350		113	139			
Z2CND17.13(Az)	250		160				NF A 35-582
	300		150				
	350		145				
	400		140				
	450		135				
	500		130				
	550		130				
Z2CND17.13(Az)	20	650	320		50	20	NF A 35-582
	−150	1050	600		45	13	
	−196	1300	700		40	11	
Z2CND19.15	−50		185	220			NF A 35-573,574
	100		170	203			
	150		156	189			
	200		144	176			
	250		134	165			
	300		126	155			
	350		120	148			
Z2CNDU17.16	100	530	215	245	35		NF A 35-584(棒材、锻件，大于20mm的板材)
	150		195				
	200	490	185	215	35		
	250		177				
	300	480	170	195	35		
	350		160				
	400	465	150				
	500	440	135				
Z2CNNb25.20	100	430	175	200	40		NF A 35-584
	150		160				
	200	390	140	160	40		

续表

牌号	试验温度/℃	R	$R_{0.002}$	$R_{0.01}$	A/% 不小于	KCU /daJ·cm^{-2} 不小于	备注
		MPa,不小于					
Z2CNNb25.20	250		130				
	300	360	115	135	40		
Z5CNDU21.08	100	590	310	360	30		NF A 35-584(棒材、锻件,厚度大于 20mm 的板材)
	150		285				
	200	550	265	315	22		
	250		255				
	300	520	245	285	18		
	350						
	400						
	500						
Z6C13,Z6CA13	50		240				NF A 35-573
	100		235				
	150		230				
	200		225				
	250		225				
	300		220				NF A 35-573
	355		210				
Z6CN18.09	20	520					NF A 35-573,574
	50		175	210			
	100	450	155	190			
	150		140	170			
	200	400	127	155			
	250		118	145			
	300	380	110	135			
	350		104	129			
	20	600	220		50	20	NF A 35-559
	−150	1370	360		40	20	
	−196	1470	390		35	15	
	−253	1670	440		30	12	
Z6CND16.04.01	50		610				NF A 35-573
	100		603				
	150		600				
	200		596				
	250		593				
	300		590				
Z6CND17.11	20	530					NF A 35-573,574
	50		195	230			
	100	460	175	210			
	150		158	190			
	200	420	145	175			
	250		135	165			
	300	410	127	155			
	350		120	150			
Z6CND17.12	20	500					NF A 35-574
	50		195	230			
	100	460	175	210			
	150		158	190			
	200	420	145	175			

续表

牌　号	试验温度/℃	R	$R_{0.002}$	$R_{0.01}$	A/% 不小于	KCU /daJ·cm^{-2} 不小于	备　注
		MPa,不小于					
Z6CND17.12	250		135	165			
	300	410	127	155			
	350		120	150			
Z6CND17.12B	400	410	115				NF A 35-580
	500	390	110				
	550		110				
	600	350	100				
	20	588					NF A 35-578
	200	529					
	400	480					
	600	441					
	800	205					
Z6CNDNb17.12	50		205	240			NF A 35-573
	100		190	220			
	150		176	205			
	200		165	192			
	250		155	183			
	300		145	175			
	350		140	169			
Z6CNDNb17.13B	400	430	135				NF A 35-580
	500	410	130				
	550		130				
	600	370	120				
Z6CNDT17.12	20	540					NF A 35-573,574
	50		205	240			
	100	470	190	220			
	150		176	205			
	200	440	165	192			
	250		155	183			
	300	430	145	175			
	350		140	169			
Z6CNNb18.10	20	530					NF A 35-573,574
	50		190	225			
	100	460	176	210			
	150		165	195			
	200	410	155	185			
Z6CNNb18.10	250		145	175			
	300	390	136	167			
	350		130	161			
Z6CNNb18.12B	400	390	125				NF A 35-580
	500	370	120				
	550		120				
	600	330	110				
	20	588					NF A 35-578
	200	499					
	400	441					
	600	382					
	800	166					

续表

牌　　号	试验温度/℃	R	$R_{0.002}$	$R_{0.01}$	A/% 不小于	KCU /daJ·cm^{-2} 不小于	备　　注
		MPa,不小于					
Z6CNT18.10	20	530					NF A 35-573,574
	50		190	225			
	100	460	176	210			
	150		165	195			
	200	410	155	185			
	250		145	175			
	300	390	136	167			
	350		130	161			
Z6CNT18.11	20	600	240		45	20	NF A 35-559
	150	1180	350		40	15	
	196	1320	390		35	13	
	253	1470	420		30	10	
Z6CNT18.12B	400	390	125				NF A 35-580
	500	370	120				
	550		120				
	600	330	110				
	20	588					NF A 35-578
	200	499					
	400	441					
	600	343					
	800	156					
Z6NCTDV25.15B	400	720	550				NF A 35-580
	500	700	530				
	550		510				
	600	670	480				
Z6NCTDV25.15	300	95 (20℃时)	637				NF A 35-558
	400		617				
	500		588				
Z8C17	20	509					NF A 35-578
	200	441					
	400	401					
	600	210					
	800	58					
Z8CA7	20	52					NF A 35-578
	200	45					
	400	41	600	210			
Z8CN20.11	20	607					NF A 35-578
	200	490					
	400	421					
	600	343					
	800	156					
Z8CNDT17.13B	400	430	135				NF A 35-580
	500	410	130				

续表

牌　号	试验温度/℃	R	$R_{0.002}$	$R_{0.01}$	A/% 不小于	KCU /daJ·cm^{-2} 不小于	备　注
		MPa,不小于					
	550		130				
	600	370	120				
Z8NC32.21	20	519					NF A 35-578
	200	470					
	400	460					
	600	421					
	800	166					
	1000	62					
Z10C13	20	656					NF A 35-578
	200	568					
	400	499					
	600	264					
Z10C24 Z10CAS18 Z10CAS24	20	558					NF A 35-578
	200	490					
	400	450					
	600	245					
	800	68					
Z10CN18.09	20	588					NF A 35-578
	200	470					
	400	450					
	600	333					
	800	137					
Z10CNWT17.13B	400	420	135				NF A 35-580
	500	390	130				
	550		125				
	600	360	115				
Z12C13	50		430				NF A 35-573
	100		420				
	150		410				
	200		400				
	250		380				
	300		365				
	350		335				
Z12CNS25.20	20	637					NF A 35-578
	200	558					
	400	519					
	600	423					
	800	225					
	1000	73					
Z12NCS35.16	20	686					NF A 35-578
Z12NCS37.18	200	627					
	400	588					
	600	450					
	800	186					
	1000	83					
Z20CNS25.04	20	686					NF A 35-578

续表

牌　　号	试验温度/℃	R	$R_{0.002}$	$R_{0.01}$	A/% 不小于	KCU /daJ·cm^{-2} 不小于	备　　注
		MPa,不小于					
Z15CN24.13	20	627					NF A 35-578
	200	578					
	400	529					
	600	431					
	800	196					
	1000	63					
Z15CNS20.12	20	686					NF A 35-578
	200	607					
	400	548					
	600	441					
	800	205					
Z20C13	50		470				NF A 35-573
	100		460				
	150		445				
	200		430				
	250		415				
	300		390				
	350		365				
Z20CDNbV11	300		666				NF A 35-558
	400		637				
	500		490				

14.5.4 不锈耐热钢的蠕变性能

表 14-230　　硼钢在 1000h 和 10000h 的蠕变值(NF A 35-580)

牌　　号	R /MPa (在环境温度下)	蠕变性能 断裂应力 在$\frac{1000h}{10000h}$,MPa				产生1%变形的应力 在$\frac{1000h}{10000h}$,MPa			
		600℃	650℃	700℃	750℃	600℃	650℃	700℃	750℃
Z6CNT18-12B	590	$\frac{260}{201}$	$\frac{181}{120}$	$\frac{118}{71}$		$\frac{196}{142}$	$\frac{142}{93}$	$\frac{88}{56}$	
Z6CNNb18-12B	590	$\frac{274}{225}$	$\frac{196}{149}$	$\frac{118}{78}$		$\frac{201}{162}$	$\frac{157}{121}$	$\frac{85}{54}$	
Z6CND17-13B	590	$\frac{245}{181}$	$\frac{172}{123}$	$\frac{103}{69}$		$\frac{149}{118}$	$\frac{118}{80}$	$\frac{75}{48}$	
Z8CNDT17-13B	590	$\frac{299}{230}$	$\frac{216}{152}$	$\frac{142}{94}$		$\frac{221}{170}$	$\frac{142}{118}$	$\frac{90}{72}$	
Z6CNDN617-13B	590	$\frac{299}{230}$	$\frac{216}{152}$	$\frac{142}{94}$		$\frac{221}{170}$	$\frac{142}{118}$	$\frac{90}{72}$	
Z10CNWT17-13B①	640	$\frac{278}{191}$	$\frac{201}{135}$	$\frac{147}{100}$	$\frac{101}{67}$	$\frac{221}{164}$	$\frac{164}{109}$	$\frac{111}{74}$	$\frac{68}{45}$
Z10CNWT17-13B②	740	$\frac{335}{240}$	$\frac{261}{178}$	$\frac{196}{137}$	$\frac{116}{77}$	$\frac{308}{221}$	$\frac{235}{160}$	$\frac{169}{113}$	$\frac{96}{63}$
Z6NCTDV25-15B	930	$\frac{451}{363}$	$\frac{294}{216}$	$\frac{196}{127}$		$\frac{392}{324}$	$\frac{265}{196}$	$\frac{147}{98}$	

注:1. 表中①状态为 1075～1125℃水冷;
2. 表中②状态为控制冷作硬化。

表 14-231　　硼钢在 100000h 的蠕变值(NF A 35-580)

牌　　号	R /MPa (在环境温度下)	断裂应力 /MPa				产生 1%变形的应力 /MPa			
		600℃	650℃	700℃	750℃	600℃	650℃	700℃	750℃
Z6CNT18-12B	590	137	73	39		103	59	33	
Z6CNNb18-12B	590	152	95	39		113	76	29	
Z6CND17-12B	590	127	78	44		91	54	31	
Z8CNDT17-13B	590	157	94	57		118	75	43	
Z6CNDNb17-13B	590	157	94	57		118	75	43	
Z10CNWT17-13B①	640	120	90	67	36	106	64	47	25
Z10CNWT17-13B②	740	164	113	88	45	144	95	64	34

注：1. 表中①状态为 1075～1125℃水冷；
　　2. 表中②状态为控制冷作硬化。

表 14-232　　硼钢在 10000h 和 100000h 的蠕变值 (NF A 35-580)

牌　　号	断裂应力 /MPa 在 10000h, MPa				断裂应力 /MPa 在 100000h MPa			
	550℃	600℃	650℃	700℃	550℃	600℃	650℃	700℃
Z6CN18-09	185	120	80	45	125	75	45	25
Z6CNT18-10	230	160	100	60	165	105	55	30
Z6CNNb18-10	230	160	100	60	165	105	55	30
Z6CND17-11	245	168	113	64	190	111	64	37
Z6CND17-12								
Z6CNDT17-12		182	125	70		122	72	45

表 14-233　　高温螺栓用钢的蠕变性能

牌号	断裂应力/MPa(kgf/mm²) 在 $\frac{1000h}{10000h}$,下列温度下					产生 1%变形的应力/MPa(kgf/mm²) 在 $\frac{1000h}{10000h}$,下列温度下				
	500℃	550℃	600℃	650℃	700℃	500℃	550℃	600℃	650℃	700℃
Z02CDNbV11	$\frac{441(45)}{392(40)}$	$\frac{343(35)}{274.4(28)}$	$\frac{225.4(23)}{156.8(16)}$	$\frac{127.4}{68.6}(\frac{13}{7})$		$\frac{392(40)}{343(35)}$	$\frac{303.8(31)}{245(25)}$	$\frac{196(20)}{137.2(14)}$	$\frac{107.8}{58.8}(\frac{11}{6})$	
Z6NCTDV52%51	$\frac{686(70)}{607.6(62)}$	$\frac{578.2(59)}{490(50)}$	$\frac{450.8(46)}{362.2(37)}$	$\frac{196(30)}{215.6(22)}$	$\frac{196}{127.4}(\frac{20}{13})$	$\frac{637(65)}{578.2(59)}$	$\frac{539(55)}{441(45)}$	$\frac{392(40)}{323.4(33)}$	$\frac{264.6(27)}{196(20)}$	$\frac{147}{98}(\frac{15}{10})$

14.6 德国不锈耐热钢

14.6.1 不锈耐热钢牌号和化学成分

表 14-234 不锈钢牌号和化学成分(DIN 17440)

材料号	牌号 DIN	化学成分/%									
		C	Si,≤	Mn,≤	P,≤	S,≤	Cr	Mo	Ni	V	其他
1.4000	X7Cr13	≤0.08	1.00	1.00	0.045	0.030	12.00～14.00	—	—	—	—
1.4001	X7Cr14	≤0.08	1.00	1.00	0.045	0.030	13.00～15.00	—	—	—	—
1.4002	X7CrAl13	≤0.08	1.00	1.00	0.045	0.030	12.00～14.00	—	—	—	Al 0.10～0.30
1.4005	X12CrS13	≤0.15	1.00	1.00	0.045	0.15～0.25	12.00～13.00	—	—	—	—
1.4006	X10Cr13	0.08～0.12	1.00	1.00	0.045	0.030	12.00～14.00	—	—	—	—
1.4016	X8Cr17	≤0.08	1.00	1.00	0.045	0.030	15.50～17.50	—	—	—	—
1.4021	X20Cr13	0.18～0.22	1.00	1.00	0.045	0.030	12.00～14.00	—	—	—	—
1.4024	X15Cr13	0.13～0.17	1.00	1.00	0.045	0.030	12.00～14.00	—	—	—	—
1.4034	X46Cr13	0.43～0.50	1.00	1.00	0.045	0.030	12.50～14.50	—	—	—	—
1.4057	X22CrNi17	0.14～0.23	1.00	1.00	0.045	0.030	15.50～17.50	—	1.50～2.50	—	—
1.4104	X12CrMoS17	0.10～0.17	1.00	1.50	0.060	0.15～0.35	15.50～17.50	0.20～0.60	—	—	—
1.4108	X100CrMo13	1.00～1.10	1.00	1.00	0.045	0.030	12.00～14.00	0.40～0.60	—	—	—
1.4109	X65CrMo14	0.60～0.75	1.00	1.00	0.045	0.030	13.00～15.00	0.50～0.60	—	—	—
1.4110	X55CrMo14	0.05～0.60	1.00	1.00	0.045	0.030	13.00～15.00	0.50～0.60	—	—	—
1.4111	X110CrMoV15	1.05～1.15	1.00	1.00	0.045	0.030	14.00～16.00	0.40～0.60	—	0.10～0.15	—
1.4112	X90CMoV18	0.85～0.95	1.00	1.00	0.045	0.030	17.00～19.00	0.90～1.30	—	0.07～0.12	Cu≤0.30
1.4113	X6CrMo17	≤0.08	1.00	1.00	0.045	0.030	16.00～18.00	0.90～1.30	—	—	—
1.4116	X45CuMoV15	0.42～0.48	1.00	1.00	0.045	0.030	13.80～15.00	0.45～0.60	—	0.10～0.15	—
1.4117	X38CrMoV15	0.35～0.40	1.00	1.00	0.045	0.030	14.00～15.00	0.40～0.60	—	0.10～0.15	—
1.4119	X15CrMo13	0.12～0.17	1.00	1.00	0.030	0.030	12.00～14.00	1.00～1.30	—	—	—
1.4120	X20CrMo13	0.17～0.22	1.00	1.00	0.045	0.030	12.00～14.00	0.90～1.30	≤1.00	—	—
1.4122	X35CrMo17	0.33～0.43	1.00	1.00	0.045	0.030	15.50～17.50	0.90～1.30	≤1.00	—	—

续表

材料号	牌号	化学成分/%									
	DIN	C	Si,≤	Mn,≤	P,≤	S,≤	Cr	Mo	Ni	V	其他
1.4125	X105CrMo17	0.95～1.20	1.00	1.00	0.045	0.030	16.00～18.00	0.40～0.80	—	—	—
1.4301	X5CrNi189	≤0.07	1.00	2.00	0.045	0.030	17.00～19.00	—	8.50～11.00	—	—
1.4303	X5CrNi1911	≤0.07	1.00	2.00	0.045	0.030	17.00～19.00	—	11.00～13.00	—	—
1.4305	X12CrNiS188	≤0.12	1.00	2.00	0.060	0.15～0.35	17.00～19.00	≤0.70	8.00～10.00	—	—
1.4306	X2CrNi189	≤0.03	1.00	2.00	0.045	0.030	18.00～20.00	—	10.00～12.50	—	—
1.4310	X12CrNi177	0.08～0.14	1.50	2.00	0.045	0.030	16.00～18.00	≤0.80	6.50～9.00	—	—
1.4311	X2CrNiN1810	≤0.03	1.00	2.00	0.045	0.030	17.00～19.00	—	8.50～11.50	—	N 0.12～0.22
1.4321	X2NiCr1815	≤0.03	0.3～0.5	0.6～0.9	0.045	0.030	15.50～16.5	—	17.50～18.50	—	—
1.4401	X5CrNiMo1810	≤0.07	1.00	2.00	0.045	0.030	16.50～18.50	2.00～2.53	10.50～13.50	—	—
1.4404	X2CrNiMo1810	≤0.03	1.00	2.00	0.045	0.030	16.50～18.50	2.00～2.50	11.00～14.00	—	—
1.4406	X2CrNiMoN1812	≤0.03	1.00	2.00	0.045	0.030	16.50～18.50	2.00～2.50	10.50～13.50	—	N 0.12～0.22
1.4429	X2CrNiMoN1813	≤0.03	1.00	2.00	0.045	0.030	16.50～18.50	2.50～3.00	12.00～14.50	—	N 0.14～0.22
1.4435	X2CrNiMo1812	≤0.03	1.00	2.00	0.045	0.030	16.50～18.50	2.50～3.00	12.50～15.00	—	—
1.4436	X5CrNiMo1812	≤0.07	1.00	2.00	0.045	0.030	16.50～18.50	2.50～3.00	11.00～14.00	—	—
1.4438	X2CrNiMo1816	≤0.03	1.00	2.00	0.025	0.020	17.00～19.00	3.00～4.00	14.00～17.00	—	—
1.4439	X3CrNiMoN17135	≤0.03	1.00	2.00	0.045	0.030	16.50～18.50	4.00～5.00	12.50～14.50	—	N 0.12～0.22
1.4449	X5CrNiMo1713	≤0.07	1.00	2.00	0.045	0.030	16.00～18.00	4.00～5.00	12.50～14.50	—	N 0.12～0.22
1.4460	X8CrNiMo275	≤0.10	1.00	2.00	0.045	0.030	26.00～28.00	1.30～2.00	4.00～5.00	—	—
1.4462	X12CrNiMoN225	≤0.03	1.00	2.00	0.030	0.020	21.00～23.00	2.50～3.50	4.50～6.50	—	N 0.08～0.20
1.4505	X5NiCrMoCuNb2018	≤0.07	1.00	2.00	0.045	0.030	16.50～18.50	2.00～2.50	19.00～21.00	—	Cu 1.80～2.20, Nb≥8×%C①
1.4506	X5NiCrMoCuTi2018	≤0.07	1.00	2.00	0.045	0.030	16.50～18.50	2.00～2.50	19.00～21.00	—	Cu 1.80～2.20, Ti≥7×%C

续表

材料号	牌号 DIN	化学成分/%									
		C	Si,≤	Mn,≤	P,≤	S,≤	Cr	Mo	Ni	V	其他
1.4510	X8CrTi17	≤0.07	1.00	1.00	0.045	0.030	16.00～18.00	—	—	—	Ti≥8×%C ≤1.20
1.4511	X8CrNb17	≤0.08	1.00	1.00	0.045	0.030	16.00～18.00	—	—	—	Nb≥12×%C ≤1.20①
1.4512	X5CrTi12	≤0.08	1.00	1.00	0.045	0.030	10.50～12.50	—	≤0.50	—	Ti≥6×%C ≤1.00
1.4523	X8CrMoTi17	≤0.10	1.00	1.00	0.045	0.030	16.50～18.50	1.50～2.00	≤1.00	—	Ti≥7×%C
1.4535	X90CrCoMoV17	0.85～0.95	1.00	1.00	0.045	0.030	15.50～17.00	0.40～0.60	—	0.20～0.30	Co 1.20～1.80
1.4539	X2NiCrMoCu25205	≤0.030	1.00	2.00	0.030	0.020	19.00～21.00	4.00～5.00	24.00～26.00	—	Cu 1.00～2.00
1.4541	X10CrNiTi189	≤0.08	1.00	2.00	0.045	0.030	17.00～19.00	—	9.00～12.00	—	Ti≥5×%C ≤0.80
1.4543	X5CrNiNb189	≤0.07	1.00	2.00	0.045	0.030	17.00～20.00	≤0.20	9.00～11.50	—	Nb≥10×%C①
1.4550	X10CrNiNb189	≤0.08	1.00	2.00	0.045	0.030	17.00～19.00	—	9.00～12.00	—	Nb≥10×%C ≤1.00
1.4571	X10CrNiMoTi1810	≤0.08	1.00	2.00	0.045	0.030	16.50～18.50	2.00～2.50	11.00～14.00	—	Ti≥5×%C
1.4573	X10CrNiMoTi1812	≤0.10	1.00	2.00	0.045	0.030	16.50～18.50	2.50～3.00	12.00～14.50	—	Ti≥5×%C
1.4577	X5CrNiMoTi2525	≤0.07	1.00	2.00	0.045	0.030	24.00～26.00	2.00～2.50	24.00～26.00	—	Ti≥10×%C
1.4580	X10CrNiMoNb1810	≤0.08	1.00	2.00	0.045	0.030	16.50～18.50	2.00～2.50	11.00～14.00	—	Nb≥8×%Cu①
1.4582	X4CrNiMoNb257	≤0.06	1.00	2.00	0.045	0.030	24.00～26.00	1.30～2.00	6.50～7.50	—	Nb≥10×%C①
1.4583	X10CrNiMoNb1812	≤0.10	1.00	2.00	0.045	0.030	16.50～18.50	2.50～3.00	12.00～14.50	—	Nb≥8×%①
1.4586	X5NiCrMoCuNb2218	≤0.07	1.00	2.00	0.045	0.030	16.50～18.00	3.00～3.50	21.50～23.50	—	Cu 1.50～2.00, Nb≥8×%C①

注:表中①Nb+Ta。

表 14-235 耐高温钢牌号和化学成分

材料号	牌号 DIN	化学成分/% C	Si	Mn	P,≤	S,≤	Co	Cr	Mo	Ni	V	W	Al	Cu	Fe	Ti	其他	标准号 DIN
1.4911	X8CrCoNiMo106	0.05~0.12	0.10~0.80	0.20~1.35	0.025	0.020	5.0~7.0	9.80~11.5	0.50~1.00	0.20~1.20	0.10~0.60	—	—	—	—	—	—	LW
1.4913	X19CrMoVNbN111	0.16~0.22	0.10~0.50	0.30~0.80	0.035	0.035	~	10.0~11.5	0.50~1.00	0.30~0.80	0.10~0.30	—	—	—	—	—	Nb 0.15~0.50 N 0.05~0.19 B≤0.01	17240
1.4914		0.11~0.19	0.15~0.65	0.20~1.25	0.030	0.025	—	10.0~12.0	0.40~1.00	0.50~1.20	0.10~0.70	—	—	—	—	—	Nb 0.10~0.60 N 0.03~0.09	LW
1.4919	X6CrNiMo1713	0.04~0.08	≤0.75	≤2.00	0.045	0.030	—	16.0~18.0	2.00~2.50	12.0~14.0	—	—	—	—	—	—		
1.4920	X15CrMo121	0.12~0.17	≤1.00	≤1.00	0.045	0.030	—	11.0~12.0	1.00~1.30	—	—	—	—	—	—	—		
1.4921	X19CrMo121	0.15~0.23	0.10~0.50	0.30~0.80	0.045	0.030	—	11.0~12.5	0.80~1.20	≤0.80	—	—	—	—	—	—		
1.4922	X20CrMoV121	0.17~0.23	≤0.50	≤1.00	0.030	0.030	—	10.0~12.5	0.80~1.20	0.30~0.80	0.25~0.35	—	—	—	—	—	—	17175, 17225, 17243
1.4923	X22CrMoV121	0.18~0.24	0.10~0.50	0.30~0.80	0.035	0.035	—	11.0~12.5	0.80~1.20	0.30~0.80	0.25~0.35	—	—	—	—	—	—	17240
1.4935	X20CrMoWV121	0.17~0.25	0.10~0.50	0.30~0.80	0.045	0.030	—	11.0~12.5	0.80~1.20	0.30~0.80	0.25~0.35	0.40~0.60	—	—	—	—	—	
1.4945	X6CrNiWNb1616	0.04~0.10	0.30~0.60	≤1.50	0.030	0.030	—	15.5~17.5	—	15.5~17.5	—	2.50~3.50	—	—	—	—	N 0.10 Nb ①	
1.4948	X6CrNi1811	0.04~0.08	≤0.75	≤2.00	0.045	0.030	—	17.0~19.0	≤0.50	10.0~12.0	—	—	—	—	—	—	—	
1.4961	X8CrNiNb1613	0.04~0.010	0.30~0.60	≤1.50	0.045	0.030	—	15.0~17.0	—	12.0~14.0	—	—	—	—	—	—	Nb/Ta②	
1.4962	X12CrNiWTi1613	≤0.15	≤0.50	≤1.00	0.045	0.030	—	15.0~17.0	—	12.5~14.5	—	2.50~3.0	—	—	—	0.40~0.60	—	
1.4986	X8CrNiMoBNb1616	0.04~0.10	0.30~0.60	≤1.50	0.045	0.030	—	15.5~17.5	1.60~2.00	15.5~17.5	—	—	—	—	—	—	B 0.05~0.10 Nb/Ta≥10×C%≤1.20	17240
1.4988	X8CrNiMoVNb1613	0.04~0.10	0.30~0.60	≤1.50	0.045	0.030	—	15.5~17.5	1.10~1.50	12.5~14.5	0.60~0.85	—	—	—	—	—	N~0.10②	

注:1. 表中①(Nb+Ta)≥10×C%≤10×C%+0.4≤1.2;

2. 表中②Nb/Ta≥10×C%+0.4≤1.2。

表 14-236 耐热钢牌号和化学成分(SEW 470)

材料号	牌号	化学成分/%							
		C	Si	Mn	P,≤	S,≤	Cr	Mo	Ni	其他
1.4700	8CrSi77	≤0.10	1.50~1.80	≤1.0	0.045	0.030	1.50~2.00	—	—	—
1.4712	X10CrSi6	≤0.12	2.00~2.50	≤1.0	0.045	0.030	5.50~6.50	—	—	—
1.4713	X10CrA17	≤0.12	0.50~1.00	≤1.0	0.045	0.030	6.00~8.00	—	—	Al 0.50~1.00
1.4722	X10CrSi13	≤0.12	1.90~2.40	≤1.0	0.045	0.030	12.00~14.00	—	—	—
1.4724	X10CrA13	≤0.12	0.70~1.40	≤1.0	0.040	0.030	12.00~14.00	—	—	Al 0.70~1.20
1.4741	X10CrSi18	≤0.12	1.90~2.40	≥1.0	0.045	0.030	17.00~19.00	—	—	—
1.4742	X10CrA118	≤0.12	0.70~1.40	≤1.0	0.040	0.030	17.00~19.00	—	—	Al 0.70~1.20
1.4762	X10CrA124	≤0.12	0.70~1.40	≤1.0	0.040	0.030	23.00~26.00	—	—	Al 1.20~1.70
1.4821	X20CrNiS1254	0.10~0.20	0.80~1.50	≤2.0	0.045	0.030	24.00~27.00	—	3.50~5.50	—
1.4828	X15CrNiSi2012	≤0.20	1.50~2.50	≤2.0	0.045	0.030	19.00~21.00	—	11.00~13.00	—
1.4841	X15CrNiSi2520	≤0.20	1.50~2.50	≤2.0	0.045	0.030	24.00~26.00	—	19.00~21.00	—
1.4845	X12CrNi2521	≤0.15	≤0.75	≤2.0	0.045	0.030	24.00~26.00	—	19.00~22.00	—
1.4861	X10NiCr3220	≤0.12	≤1.00	≤1.50	0.045	0.030	19.00~22.00	—	30.00~34.00	—
1.4878	X12CrNiTi189	≤0.12	≤1.00	≤2.0	0.045	0.030	17.00~19.00	—	9.00~11.50	Ti≥4C~0.80
1.4710	8SiTi4	≤0.10	0.70~1.10	0.70~1.00	0.035	0.035	—	—	—	Ti≥5×C
1.4720	X7CrTi12	≤0.08	≤1.0	1.0	0.040	0.030	10.5~12.5	—	—	Ti≥6×%C≤1.0
1.4833	X7CrNi2314	≤0.08	≤1.0	2.0	0.045	0.030	21.0~23.0	—	12.0~15.0	—

表 14-237　　阀门钢牌号和化学成分(SEW 490)

材料号	牌号	化学成分/%										
	DIN	C	Si	Mn	P,≤	S,≤	Cr	Mo	Ni	V	W	N
1.0906	65Si7	0.60~0.68	1.50~1.80	0.70~1.00	0.050	0.050	—	—	—	—	—	≤0.007
1.2731	X50NiCrWV1313	0.45~0.55	1.20~1.50	0.60~0.80	0.035	0.035	12.00~14.00	—	12.50~13.50	0.30~1.00	1.50~2.80	—
1.3817	X40MnCr18	0.40~0.55	≤0.80	17.00~19.00	0.100	0.030	3.00~5.00	—	—	—	—	—
1.4704	X45SiCr4	0.40~0.50	3.50~4.50	≤1.00	0.045	0.030	2.50~3.00	—	—	—	—	—
1.4718	X45CrSi93	0.40~0.50	2.70~3.30	≤0.80	0.040	0.030	8.00~10.00	—	—	—	—	—
1.4721	X215Cr12	2.00~2.25	≤0.50	≤1.00	0.045	0.030	11.00~12.00	—	—	—	—	—
1.4731	X40CrSiMo102	0.35~0.45	2.00~3.00	≤0.80	0.040	0.030	9.00~11.00	0.80~1.30	—	—	—	—
1.4732	X80CrSiMoW152	0.75~0.85	1.80~2.20	≤0.80	0.040	0.030	14.00~16.00	0.80~1.20	0.60~0.90	~	0.80~1.20	—
1.4747	X80CrNiSi20	0.75~0.85	1.75~2.75	≤1.00	0.030	0.030	19.00~21.00	—	1.00~1.75	—	—	—
1.4748	X85CrMoV182	0.80~0.90	≤1.10	≤1.50	0.040	0.030	16.50~18.50	2.00~2.50	—	0.30~0.60	—	—
1.4871	X53CrMoNiN219	0.48~0.58	≤0.25	7.00~10.00	0.050	0.02~0.06	20.00~22.00	—	3.25~4.50	—	—	0.38~0.50
1.4873	X45CrNiW189	0.40~0.50	2.00~3.00	0.80~1.50	0.045	0.030	17.00~19.00	—	8.00~10.00	—	0.80~1.20	—
1.4875	X55CrMnNiN208	0.50~0.60	≤1.00	7.00~10.00	0.050	0.02~0.06	19.50~21.50	—	1.50~2.75	—	—	0.20~0.40
1.4881	X70CrMnNiN216	0.65~0.75	≤0.80	5.50~7.00	0.050	0.02~0.08	20.00~22.00	—	1.40~1.90	—	—	0.18~0.28
1.5122	37MnSi5	0.33~0.41	1.10~1.40	1.10~1.40	0.035	0.035	—	—	—	—	—	—
1.4994	X45CrNiMo235	0.40~0.50	1.0~1.30	0.9~1.2			22.0~24.0	2.5~3.0	4.5~5.5	—	—	—

表 14-238　非磁性钢牌号和化学成分

材料号	钢号 DIN	化学成分/%									标准号
		C	Si	Mn	P,≤	S,≤	Cr	Mo	Ni	其他	
1.3802	X120Mn13	1.10～1.30	≤0.50	11.50～13.50	0.100	0.030	≤0.50	—	—	—	SEW 390
1.3805	X35Mn18	0.30～0.40	≤0.80	17.00～19.00	0.100	0.030	—	—	—	N 0.08～0.12	SEW 390
1.3813	X40MnCrN19	0.30～0.50	≤0.80	17.00～19.00	0.100	0.030	3.00～5.00	—	～	—	
1.3815	X40MnCr182	0.30～0.35	0.30～0.80	17.00～19.00	0.100	0.050	1.50～3.00	—	—	—	
1.3816	X40MnCr23	0.30～0.50	≤0.80	210～24.0	0.1	0.030	3.0～5.0	—	—	—	SEW 390
1.3817	X40MnCr18	0.40～0.55	≤0.80	17.00～19.00	0.100	0.030	3.00～5.00	—	—	—	SEW 390
1.3819	X50MnCrV2014	0.40～0.60	≤1.00	19.00～21.00	0.100	0.030	13.00～15.00	—	—	V 1.00～1.30 N 0.15～0.35	SEW 390
1.3941	X4CrNi1813	≤0.05	≤1.00	≤2.00	0.045	0.030	16.50～18.50	—	12.00～14.00	—	
1.3949	X5MnCr1813	≤0.08	≤1.00	17.00～19.00	0.080	0.030	12.00～14.00	0.30～0.80	2.00～3.00	N 0.10～0.20	
1.3952	X4CrNiMoN1814	≤0.05	≤1.00	≤2.00	0.045	0.030	16.50～18.50	2.50～3.00	13.00～15.00	N 0.10～0.30	
1.3953	X2CrNiMo1815	≤0.04	≤1.00	≤2.00	0.045	0.030	16.50～18.50	2.50～3.00	13.50～15.50	—	
1.3956	X8CrNi1812	≤0.02	≤1.00	≤2.0	0.045	0.030	16.5～18.50	—	11.0～13.0	—	SEW 390
1.3958	X5CrNi1811	≤0.07	≤1.00	≤2.00	0.045	0.030	17.00～19.00	—	9.00～11.00	—	SEW 390
1.3960	X45MnNiCrV1376	0.40～0.50	≤1.00	12.00～13.50	0.080	0.030	5.00～6.00	—	6.00～7.00	V 0.70～1.00	SEW 390
1.3961	X25CrNiMnP1810	0.20～0.35	≤1.00	3.0～4.0	0.25～0.40	0.030	17.0～19.00	—	9.0～11.0	—	SEW 390
1.3962	X15CrNiMn1210	0.05～0.20	≤0.60	5.50～6.50	0.045	0.030	10.50～12.50	—	9.00～11.00	—	SEW 390
1.3965	X8CrMnNi188	≤0.10	≤1.00	7.50～9.50	0.045	0.030	17.00～19.00	—	4.50～6.50	N0.10～0.20	SEW 390
1.3967	X50CrMnNiN229	0.45～0.60	≤1.00	7.00～10.00	0.080	0.120	20.00～23.00	～	3.00～5.00	N 0.030～0.50	SEW 390
1.3968	X12MnCr1812	≤0.15	≤1.00	17.00～19.00	0.080	0.030	11.00～13.00	0.30～0.80	1.50～2.50		SEW 390

14.6.2 不锈耐热钢的力学性能

(1)不锈耐热钢的热加工和热处理制度及力学性能

表 14-239 不锈耐热钢的热加工和热处理工艺制度

材料号	锻造和静压					软化退火						淬火与硬化				硬度			回火温度与抗拉强度	
							退火周期		冷却											
	℃	灰渣冷	空冷	炉冷	砂冷	℃	min	h	空冷	炉冷	水冷	℃	空冷	油冷	水冷	MPa	HB30	HRC	(HRC) MPa	℃
1.4000	1150～750	—	○	—	—	750～800	15～30	—	○	○	—	950～1000	○	○	—	—	—	—	—	750～700
1.4001	1150～750	—	○	—	—	750～800	15～30	—	○	—	—	—	—	—	—	—	—	—	—	—
1.4002	1150～750	—	○	—	—	750～800	15～30	—	○	○	～	950～1000	○	○	—	—	—	—	—	750～700
1.4005	1150～750	—	○	—	—	750～800	15～30	—	○		—	950～1000	○	○	—	1030	305	31	590～760	700～600
1.4006	1150～750	—	○	—	—	750～800	～	2～6	○	○	—	950～1000	○	○	—	1030	305	31	590～740	750～700
1.4016	1050～750	—	○	—	—	750～850	20～30	—	○	—	○	—	—	—	—	—	—	—	—	—
1.4021	1150～750	○	(○)	—	—	750～800	—	2～6	—	○	—	980～1030	○	○	—	1570	450	47	640～930	750～650
1.4024	1150～750	○	(○)	—	—	750～800	—	2～6	—	○	—	980～1030	(○)	○	—	1470	430	45	690～980	750～700
1.4034	1100～800	○	○①	○	—	750～800	—	2～6	—	○	—	1000～1050	○	○	—	(1930)	(535)	55	(52～54)	200～100
1.4057	1100～750	○	—	—	—	700～750	—	3～4	—	○	—	1000～1050	—	○	—	1570	450	47	780～930	720～630
1.4104	1100～750	—	○	—	—	800～850	—	2～3	○	—	○	1025～1050	—	○	—	930	275	27	690～830	600～550
1.4108	1100～850	○	○①	○	—	820～850	—	2～6	—	○	—	1000～1050	—	○	—	—	—	61	(57～80)	200～100
1.4109	1100～900	—	—	○	—	790～840	—	2～6	—	○	—	1020～1060	—	○	—	(2190)	(580)	59	(55～58)	200～150
1.4110	1100～800	—	—	○	—	780～830	—	2～6	—	○	—	1000～1050	○	○	—	—	—	67	(55～57)	200～100
1.4112	1100～800	○	○①	○	—	800～880	—	3～4	—	○	—	1000～1050	—	○	—	—	—	57	(55～57)	300～100
1.4113	1050～750	—	○①	—	—	750～850	20～30	—	○	—	○	—	—	—	—	—	—	—	—	—
1.4116	1100～850	○	○①	○	—	750～800	—	2～6	—	○	—	1050～1100	○	○	—	(2190)	(580)	59	(55～57)	200～100
1.4117	1100～850	○	○①	○	—	750～850	—	2～6	—	○	—	1050～1100	○	○	—	(2110)	(568)	58	(55～57)	200～100
1.4119	1150～750	○	(○)	—	—	750～800	—	2～6	—	○	—	980～1030	—	○	—	—	—	45	690～830	750～700
1.4120	1150～750	○	(○)	—	—	750～850	—	2～6	—	○	—	950～1000	—	○	—	1570	450	47	740～880	750～650
1.4122	1100～750	○	—	—	○	750～850	—	2～4	—	○	—	980～1030	—	○	—	1670	475	49	780～930	750～650
1.4125	1100～900	○	○①	○	—	750～850	—	3～4	—	○	—	1000～1050	—	○	—	—	—	61	(57～60)	300～100
1.4310	1150～750	—	○	—	—	—	—	—	—	—	—	1000～1050	○	—	○②	—	—	—	—	—
1.4303	1150～750	—	○	—	—	—	—	—	—	—	—	1000～1050	○	—	○②	—	—	—	—	—
1.4305	1150～750	—	○	—	—	—	—	—	—	—	—	1000～1050	○	—	○②	—	—	—	—	—
1.4306	1150～750	—	○	—	—	—	—	—	—	—	—	1000～1050	○	—	○②	—	—	—	—	—
1.4310	1150～750	—	○	—	—	—	—	—	—	—	—	1000～1050	○	—	○②	—	—	—	—	—

续表

材料号	锻造和静压					软化退火						淬火与硬化				硬度			回火温度与抗拉强度	
							退火周期		冷却											
	℃	灰渣冷	空冷	炉冷	砂冷	℃	min	h	空冷	炉冷	水冷	℃	空冷	油冷	水冷	MPa	HB30	HRC	(HRC) MPa	℃
1.4311	1150~750	—	○	—	—	—	—	—	—	—	—	1000~1050	○	—	○②	—	—	—	—	—
1.4321	1150~750	—	○	—	—	—	—	—	—	—	—	1050~1100	○	—	○②	—	—	—	—	—
1.4401	1150~750	—	○	—	—	—	—	—	—	—	—	1050~1100	○	—	○②	—	—	—	—	—
1.4404	1150~750	—	○	—	—	—	—	—	—	—	—	1050~1100	○	—	○②	—	—	—	—	—
1.4406	1150~750	—	○	—	—	—	—	—	—	—	—	1050~1100	○	—	○②	—	—	—	—	—
1.4429	1150~750	—	○	—	—	—	—	—	—	—	—	1050~1100	○	—	○②	—	—	—	—	—
1.4435	1150~750	—	○	—	—	—	—	—	—	—	—	1050~1100	○	—	○②	—	—	—	—	—
1.4436	1150~750	—	○	—	—	—	—	—	—	—	—	1050~1100	○	—	○②	—	—	—	—	—
1.4438	1150~750	—	○	—	—	—	—	—	—	—	—	1050~1100	○	—	○②	—	—	—	—	—
1.4439	1150~750	—	○	—	—	—	—	—	—	—	—	1080~1130	○	—	○	—	—	—	—	—
1.4449	1150~750	—	○	—	—	—	—	—	—	—	—	1050~1100	○	—	○②	—	—	—	—	—
1.4460	1100~800	—	○	—	—	—	—	—	—	—	—	950~1050	—	—	○	—	—	—	—	—
1.4462	1200~900	—	○	—	—	—	—	—	—	—	—	1040~1100	○	○	○	—	—	—	—	—
1.4505	1150~750	—	○	—	—	—	—	—	—	—	—	1050~1100	○	—	○②	—	—	—	—	—
1.4506	1150~750	—	○	—	—	—	—	—	—	—	—	1050~1100	○	—	○②	—	—	—	—	—
1.4510	1050~750	—	○	—	—	750~850	20~30	—	○	—	○	—	—	—	—	—	—	—	—	—
1.4511	1050~750	—	○	—	—	750~850	20~30	—	○	—	○	—	—	—	—	—	—	—	—	—
1.4512	1050~750	—	○	—	—	750~850	20~30	—	○	—	—	—	—	—	—	—	—	—	—	—
1.4523	1050~750	—	○	—	—	750~850	20~30	—	○	—	○	—	—	—	—	—	—	—	—	—
1.4535	1120~900	○	○①	○	~	750~800	—	3~4	—	○	—	1020~1050	—	○	—	—	—	59	(56~58)	200~100
1.4539	1150~850	—	○	—	—	—	—	—	—	—	—	1080~1150	—	—	○	—	—	—	—	—
1.4541	1150~750	—	○	—	—	—	—	—	—	—	—	1020~1070	○	—	○②	—	—	—	—	—
1.4543	1150~750	—	○	—	—	—	—	—	—	—	—	1020~1070	○	—	○②	—	—	—	—	—
1.4550	1150~750	—	○	—	—	—	—	—	—	—	—	1020~1070	○	—	○②	—	—	—	—	—
1.4571	1150~750	—	○	—	—	—	—	—	—	—	—	1050~1100	○	—	○②	—	—	—	—	—
1.4573	1150~750	—	○	—	—	—	—	—	—	—	—	1050~1100	○	—	○②	—	—	—	—	—
1.4577	1150~750	—	○	—	—	—	—	—	—	—	—	1050~1100	○	—	○	—	—	—	—	—
1.4580	1150~750	—	○	—	—	—	—	—	—	—	—	1050~1100	○	—	○②	—	—	—	—	—
1.4582	1100~800	—	○	—	—	—	—	—	—	—	—	950~1050	○	—	○②	—	—	—	—	—
1.4583	1150~750	—	○	—	—	—	—	—	—	—	—	1050~1100	○	—	○②	—	—	—	—	—
1.4586	1100~900	—	○	—	—	—	—	—	—	—	—	1070~1120	○	—	○②	—	—	—	—	—

注：1. 表中①在空气中快速冷却到 600℃，然后在灰中或炉中继续缓慢冷却；

2. 表中②厚度超过 2mm 在水中淬火。

表 14-240　　不锈耐热钢在室温下的力学性能

材料号	状态				硬度 HB30 (HRC)	0.2%屈服强度 /MPa,≥	1%屈服强度 /MPa,≥	抗拉强度 /MPa	伸长率 ($L_0=5d_0$) /%,≥	断面收缩率 /%,≥	冲击功(*DVM*) /J,≥
	退火	热处理	硬化	淬火							
1.4000	○	—	—	—	130～180	250	—	450～650	20	60	85
1.4000	—	○	—	—	150～210	400	—	550～700	18	—	70
1.4001	○	—	—	—	130～180	245	—	—	20	60	—
1.4002	○	—	—	—	130～180	250	—	450～650	20	60	—
1.4005	—	○	—	—	170～210	440	—	590～780	12	45	—
1.4006	○	—	—	—	140～180	300	—	550～700	20	—	85
1.4006	—	○	—	—	170～210	450	—	600～750	18	55	70
1.4016	○	—	—	—	130～170	270	—	450～600	20	60	—
1.4021	○	—	—	—	≤220	—	—	≤750	—	—	—
1.4021	—	○	—	—	180～230	450	—	650～800	18	50	55
1.4021	—	○	—	—	230～275	550	—	800～950	15	50	35
1.4024	○	—	—	—	≤220	—	—	≤750	—	—	—
1.4024	—	○	—	—	180～230	450	—	650～800	18	50	55
1.4034	○	—	—	—	≤225[①]	—	—	≤800	—	—	—
1.4057	○	—	—	—	≤275	—	—	≤950	—	—	—
1.4057	—	○	—	—	225～275	600	—	800～950	14	45	30
1.4104	○	—	—	—	160～210	300	—	650～700	20	—	—
1.4104	—	○	—	—	190～235	450	—	700～850	12	50	—
1.4108	—	—	○	—	159～611	—	—	—	—	—	—
1.4109	—	—	○	—	156～581	—	—	—	—	—	—
1.4110	○	—	(○)	—	≤225	—	—	≤800	—	—	—
1.4111	—	—	○	—	160～621	—	—	—	—	—	—
1.4112	○	—	(○)	—	≤265	—	—	—	—	—	—
1.4113	○	—	—	—	130～180	270	—	450～650	20	—	—
1.4115	○	—	—	—	≤260[①]	—	—	≤900	—	—	—
1.4117	—	—	○	—	154～561	—	—	—	—	—	—
1.4119	—	—	—	—	220～260	540	—	740～880	14	45	34
1.4120	—	○	—	—	220～270	550	—	750～900	14	50	28
1.4122	—	○	—	—	235～285	600	—	800～950	14	40	28
1.4125	○	—	(○)	—	≤285	—	—	—	—	—	—
1.4301	—	—	—	○	130～180	185	225	500～700	50	60	85
1.4303	—	—	—	○	130～180	185	225	500～700	50	—	85
1.4305	—	—	—	○	130～180	215	255	500～700	50	60	85

续表

材料号	状态				硬度 HB30 (HRC)	0.2%屈服强度 /MPa,≥	1%屈服强度 /MPa,≥	抗拉强度 /MPa	伸长率 ($L_0=5d_0$) /%,≥	断面收缩率 /%,≥	冲击功(DVM) /J,≥
	退火	热处理	硬化	淬火							
1.4305	—	—	—	○	120～180	175	215	450～700	50	60	85
1.4310	—	—	—	○	170～220	350	390	700～950	45	60	105
1.4311	—	—	—	○	140～200	270	310	550～750	40	—	85
1.4321	—	—	—	○	130～180	175	—	440～690	50	60	85
1.4401	—	—	—	○	130～180	205	245	500～700	45	60	85
1.4404	—	—	—	○	120～180	195	235	450～700	45	60	85
1.4406	—	—	—	○	150～210	280	320	600～800	40	—	85
1.4429	—	—	—	○	150～210	300	340	600～800	40	—	85
1.4435	—	—	—	○	120～180	195	235	450～700	45	60	85
1.4438	—	—	—	○	130～180	205	245	500～700	45	60	85
1.4438	—	—	—	○	130～180	195	235	500～700	45	—	85
1.4439	—	—	—	○	150～210	285	315	590～780	40	—	105
1.4449	—	—	—	○	130～190	205	245	540～740	40	50	105
1.4460	—	—	—	○	190～230	490	—	640～900	25	—	55
1.4462	～	—	—	○	—	450	—	680～880	30	—	30
1.4505	—	—	—	○	130～190	225	265	490～740	40	40	105
1.4506	—	—	—	○	130～190	225	265	490～740	40	40	105
1.4510	○	—	—	—	130～170	270	—	450～600	20	60	—
1.4511	○	—	—	—	130～170	270	—	450～600	20	60	—
1.4512	○	—	—	—	130～180	260	—	400～600	30	—	—
1.4523	○	—	—	—	130～190	260	—	450～650	20	60	—
1.4535	—	—	○	—	(50～60)	—	—	—	—	—	—
1.4539	—	—	—	○	—	220	250	500～750	30	—	—
1.4541	—	—	—	○	130～190	205	245	500～750	40	50	85
1.4543	—	—	—	○	130～190	205	245	490～740	40	50	103
1.4550	—	—	—	○	130～190	205	245	500～750	40	50	85
1.4571	—	—	—	○	130～190	225	265	500～750	40	50	85
1.4573	—	—	—	○	130～190	225	265	490～740	40	50	105
1.4577	—	—	—	○	130～190	205	245	490～740	40	—	50
1.4580	—	—	—	○	130～190	225	265	500～750	40	50	85
1.4582	—	—	—	○	190～230	490	—	640～900	25	—	55
1.4583	—	—	—	○	130～190	225	265	490～740	40	50	105
1.4586	—	—	—	○	130～190	275	—	540～740	30	—	103

注:表中①指硬化和回火:55HRC。

表 14-241 不锈耐热钢在高于室温时的力学性能

材料号	状态				0.2%屈服强度/MPa,≥,在下列温度(℃)										
	退火	热处理	硬化	淬火	50	100	150	200	250	300	350	400	450	500	550
1.4000	○	—	—	—	240	235	230	225	225	220	210	195	—	—	—
1.4001	○	—	—	—	240	235	230	226	226	221	211	196	—	—	—
1.4002	○	—	—	—	240	235	230	225	225	220	210	195	—	—	—
1.4005	—	○	—	—	—	—	—	—	—	—	—	—	—	—	—
1.4006	○	—	—	—	285	275	265	260	255	245	230	215	—	—	—
1.4006	—	○	—	—	430	420	410	440	382	365	335	305	—	—	—
1.4016	○	—	—	—	—	—	—	—	—	—	—	—	—	—	—
1.4021	—	○	—	—	430	420	410	400	382	365	335	305	—	—	—
1.4024	—	○	—	—	430	420	410	400	382	365	335	305	—	—	—
1.4034	○	—	—	—	—	—	—	—	—	—	—	—	—	—	—
1.4057	—	○	—	—	565	540	520	505	490	470	420	375	—	—	—
1.4104	—	○	—	—	—	—	—	—	—	—	—	—	—	—	—
1.4108	—	—	○	—	—	—	—	—	—	—	—	—	—	—	—
1.4109	—	—	○	—	—	—	—	—	—	—	—	—	—	—	—
1.4110	—	—	○	—	—	—	—	—	—	—	—	—	—	—	—
1.4111	—	—	○	—	—	—	—	—	—	—	—	—	—	—	—
1.4112	—	—	○	—	—	—	—	—	—	—	—	—	—	—	—
1.4113	○	—	—	—	—	—	—	—	—	—	—	—	—	—	—
1.4116	○	—	—	—	—	—	—	—	—	—	—	—	—	—	—
1.4117	—	—	○	—	—	—	—	—	—	—	—	—	—	—	—
1.4119	—	○	—	—	520	500	490	481	471	461	451	441	—	—	—
1.4120	—	○	—	—	530	520	510	500	490	480	451	412	—	—	—
1.4122	—	○	—	—	570	550	540	530	520	510	490	470	—	—	—
1.4125	—	—	○	—	—	—	—	—	—	—	—	—	—	—	—
1.4301	—	—	—	○	175	155	140	127	118	110	104	98	95	92	90
1.4303	—	—	—	○	175	155	140	127	118	110	104	98	95	92	90
1.4305	—	—	—	○	—	—	—	—	—	—	—	—	—	—	—
1.4306	—	—	—	○	165	145	130	118	108	100	94	89	85	81	80
1.4310	—	—	—	○	—	—	—	—	—	—	—	—	—	—	—
1.4311	—	—	—	○	245	205	175	157	145	136	130	125	121	119	118

续表

材料号	状态				0.2%屈服强度/MPa,≥,在下列温度(℃)										
	退火	热处理	硬化	淬火	50	100	150	200	250	300	350	400	450	500	550
1.4321	—	—	—	○	—	—	—	—	—	—	—	—	—	—	—
1.4401	—	—	—	○	195	175	158	145	135	127	120	115	112	110	108
1.4404	—	—	—	○	185	165	150	137	127	119	113	108	103	100	98
1.4406	—	—	—	○	250	211	185	167	155	145	140	135	131	129	127
1.4429	—	—	—	○	265	225	197	178	165	155	150	145	140	138	136
1.4435	—	—	—	○	185	165	150	137	127	119	113	108	103	100	98
1.4436	—	—	—	○	195	175	158	145	135	127	120	115	112	110	108
1.4438	—	—	—	○	187	170	158	144	134	126	120	116	112	110	108
1.4439	—	—	—	○	260	225	200	185	175	165	155	150	—	—	—
1.4449	—	—	—	○	195	175	160	145	135	130	125	120	(115)	(110)	(110)
1.4460	—	—	—	○	460	420	390	370	360	350	—	—	—	—	—
1.4462	—	—	—	○	—	360	335	310	295	280	—	—	—	—	—
1.4505	—	—	—	○	205	185	175	165	155	145	140	135	130	130	130
1.4506	—	—	—	○	205	185	175	165	155	145	140	135	130	130	130
1.4510	○	—	—	—	—	—	—	—	—	—	—	—	—	—	—
1.4511	○	—	—	—	—	—	—	—	—	—	—	—	—	—	—
1.4512	○	—	—	—	240	230	210	200	195	190	185	180	—	—	—
1.4523	○	—	—	—	—	—	—	—	—	—	—	—	—	—	—
1.4535	—	—	○	—	—	—	—	—	—	—	—	—	—	—	—
1.4539	—	—	—	○	—	180	—	150	—	130	—	120	—	—	—
1.4541	—	—	—	○	190	175	165	155	145	136	130	125	121	119	118
1.4543	—	—	—	○	190	175	165	155	145	136	130	125	121	119	118
1.4550	—	—	—	○	190	176	185	155	145	136	130	125	121	119	118
1.4571	—	—	—	○	205	190	176	165	155	145	140	135	131	129	127
1.4573	—	—	—	○	210	190	180	170	160	155	150	145	140	135	135
1.4577	—	—	—	○	195	175	160	145	135	130	125	120	—	—	—
1.4580	—	—	—	○	205	190	176	165	155	145	140	135	131	129	127
1.4582	—	—	—	○	460	420	390	370	360	350	—	—	—	—	—
1.4583	—	—	—	○	211	191	181	162	162	157	152	147	(142)	(137)	(137)
1.4586	—	—	—	○	216	196	177	157	147	137	132	127	—	—	—

表 14-242 非磁性钢牌号和化学成分

材料号	钢号 DIN	化学成分/% C	Si	Mn	P,≤	S,≤	Cr	Mo	Ni	其他	标准号
1.3802	X120Mn13	1.10～1.30	≤0.50	11.50～13.50	0.100	0.030	≤0.50	—	—	—	SEW 390
1.3805	X35Mn18	0.30～0.40	≤0.80	17.00～19.00	0.100	0.030	—	—	—	N 0.08～0.12	SEW 390
1.3813	X40MnCrN19	0.30～0.50	≤0.80	17.00～19.00	0.100	0.030	3.00～5.00	—	～	—	
1.3815	X40MnCr182	0.30～0.35	0.30～0.80	17.00～19.00	0.100	0.050	1.50～3.00	—	—	—	
1.3816	X40MnCr23	0.30～0.50	≤0.80	210～24.0	0.1	0.030	3.0～5.0	—	—	—	SEW 390
1.3817	X40MnCr18	0.40～0.55	≤0.80	17.00～19.00	0.100	0.030	3.00～5.00	—	—	—	SEW 390
1.3819	X50MnCrV2014	0.40～0.60	≤1.00	19.00～21.00	0.100	0.030	13.00～15.00	—	—	V 1.00～1.30 N 0.15～0.35	SEW 390
1.3941	X4CrNi1813	≤0.05	≤1.00	≤2.00	0.045	0.030	16.50～18.50	—	12.00～14.00	—	
1.3949	X5MnCr1813	≤0.08	≤1.00	17.00～19.00	0.080	0.030	12.00～14.00	0.30～0.80	2.00～3.00	N 0.10～0.20	
1.3952	X4CrNiMoN1814	≤0.05	≤1.00	≤2.00	0.045	0.030	16.50～18.50	2.50～3.00	13.00～15.00	N 0.10～0.30	
1.3953	X2CrNiMo1815	≤0.04	≤1.00	≤2.00	0.045	0.030	16.50～18.50	2.50～3.00	13.50～15.50	—	
1.3956	X8CrNi1812	≤0.02	≤1.00	≤2.0	0.045	0.030	16.5～18.50	—	11.0～13.0	—	SEW 390
1.3958	X5CrNi1811	≤0.07	≤1.00	≤2.00	0.045	0.030	17.00～19.00	—	9.00～11.00	—	SEW 390
1.3960	X45MnNiCrV1376	0.40～0.50	≤1.00	12.00～13.50	0.080	0.030	5.00～6.00	—	6.00～7.00	V 0.70～1.00	SEW 390
1.3961	X25CrNiMnP1810	0.20～0.35	≤1.00	3.0～4.0	0.25～0.40	0.030	17.0～19.00	—	9.0～11.0	—	SEW 390
1.3962	X15CrNiMn1210	0.05～0.20	≤0.60	5.50～6.50	0.045	0.030	10.50～12.50	—	9.00～11.00	—	SEW 390
1.3965	X8CrMnNi188	≤0.10	≤1.00	7.50～9.50	0.045	0.030	17.00～19.00	—	4.50～6.50	N0.10～0.20	SEW 390
1.3967	X50CrMnNiN229	0.45～0.60	≤1.00	7.00～10.00	0.080	0.120	20.00～23.00	～	3.00～5.00	N 0.030～0.50	SEW 390
1.3968	X12MnCr1812	≤0.15	≤1.00	17.00～19.00	0.080	0.030	11.00～13.00	0.30～0.80	1.50～2.50		SEW 390

(2)阀门钢的热处理制度及力学性能

表 14-243　　阀门钢的力学性能

材料号	室温力学性能				高温力学性能							
	屈服强度/MPa,≥	抗拉强度/MPa	伸长率($L_0=5d_0$)/%,≥	断面收缩率/%,≥	高温拉伸强度/MPa,在下列温度下							
					100℃	200℃	300℃	400℃	500℃	600℃	700℃	800℃
1.0906	590	780～930	14	45	740	690	590	440	—	—	—	—
1.2731	390	780～980	25	35	—	—	—	—	660	560	410	260
1.3817	245	740～930	40	40	—	—	—	—	—	—	—	—
1.4704	685	880～1030	14	40	—	—	—	770	540	260	110	70
1.4718	685	880～1030	14	40	—	—	—	770	540	260	110	70
1.4721	490	780～930	8	10	740	690	640	590	390	200	100	—
1.4731	685	880～1030	14	40	—	—	—	780	590	340	150	70
1.4732	785	980～1180	14	30	—	—	—	—	540	295	175	100
1.4747	685	980～1130	6	12	—	—	—	—	590	250	140	60
1.4748	785	980～1180	12	15	—	—	—	—	540	295	175	100
1.4871	590	980～1180	8	15	—	—	—	—	640	540	440	340
1.4873	390	780～980	25	35	—	—	—	—	660	560	410	260
1.4875	590	980～1180	8	15	—	—	—	—	635	540	440	295
1.4881	590	980～1180	8	15	—	—	—	—	635	540	440	295
1.5122	590	780～930	14	45	740	690	590	440	—	—	—	—
1.4994	590(60)①	735～930 (75～95)①	14	25	—	—	—	—	490 (50)①	343 (35)①	245 (25)①	147 (15)①

注:表中①指括号内所列强度数据的单位均为 kgf/mm^2。

表 14-244 阀门钢的热处理

材料号	热加工 /℃	热挤压 /℃	软化退火 /℃	硬化与淬火 ℃	水冷	油冷	空冷	丝锥端部油淬 /℃	沉淀硬化 /℃	回火 /℃	保温时间 /h	冷却 水冷	油冷	空冷
1.0906	1050～850	—	680～700	830～860②	—	○	—	830～860	—	620～650	1～2	—	—	○
1.2731	1050～850	—	—	1000～1050	○	○	—	—	—	(700～750)	(1～2)	—	—	—
1.3817	1000～900	—	—	1000～1050	○	○	—	—	—	—	—	—	—	—
1.4704	1050～850	—	780～820	950～1000	○	—	—	930～950	—	700～750	1～2	○	—	○
1.4718	1100～900	—	780～820	1020～1070	—	○	○	1000～1070	—	770～820	2	○	—	○
1.4721	1000～850	—	820～860	900～950	—	○	○	930～980	—	700～750	2	—	—	○
1.4731	1100～950	—	830～790	1000～1050	—	○	○	—	—	700～750	2	○	—	—
1.4732	1100～900	—	820～860	1020～1070	—	○	—	—	—	680～780	—	—	—	—
1.4747	1100～900	—	820～860	1050～1080	—	○	○	—	—	700～750	2	—	○	○
1.4748	1100～900	—	820～860	1050～1080	—	○	—	—	—	700～800	—	—	—	—
1.4871	1150～900	1200～1050	—	1140～1180	○	—	—	—	730～780	—	12	—	—	(○)
1.4873	1100～900	—	—	1000～1050	○	○	○	—	—	(700～750)	(1～2)	—	—	○
1.4875	1100～950	—	—	1140～1180	○	—	—	—	—	730～780	12	—	—	○
1.4881	1150～950	—	—	1140～1180	○	—	—	—	—	730～780	12	—	—	○
1.5122	1050～850	—	680～720①	830～860	—	○	—	—	—	580～650	1～2	—	—	○
1.4994	1100～900	—	—	950～1025	○	—	○	—	—	730～770	—	—	—	—

注：1. 表中①正火温度 860～890℃；

2. 表中②正火温度 830～850℃。

(3)耐热钢的力学性能

表 14-245 耐热钢的力学性能

材料号	布氏硬度 HB ≤	热处理			状态		力学性能													最高抗氧化温度 /℃
		热加工 /℃	软化退火① /℃	淬火② /℃	淬火	退火	屈服强度 (20℃) /MPa	抗拉强度 (20℃) /MPa	伸长率 ($L_0=5d$) (20℃) 纵向,≥	1%蠕变极限 $\sigma_{1/1000}$/MPa,>						蠕变断裂强度 σ_b/10000 /MPa,>				
										600℃	700℃	800℃	900℃	1000℃	1100℃	600℃	700℃	800℃	900℃	
1.4700	192	1150～800	930～950	—	—	○	295	490～640	20	20	—	—	—	—	—	—	—	—	—	600
1.4712	195	1100～800	930～950	—	—	○	390	540～690	18	20	5	1	—	—	—	—	—	—	—	850
1.4713	192	1100～800	750～800	—	—	○	220	420～620	20	27.5	8.5	3.7	1.8	—	—	35	9.5	4.3	1.9	800
1.4722	195	1100～800	750～800	—	—	○	345	540～690	15	34.0	10	4	1.5	—	—	—	—	—	—	950
1.4724	192	1100～800	800～850	—	—	○	250	450～650	15	27.5	8.5	3.7	1.8	0.5	—	35	9.5	4.3	1.9	850
1.4741	215	1100～800	750～800	—	—	○	345	540～690	15	—	—	4	1.5	0.7	(0.3)	—	—	—	—	1050
1.4742	212	1100～800	800～850	—	—	○	270	500～700	12	27.5	8.5	3.7	1.8	0.7	—	35	9.5	4.3	1.9	1050
1.4762	223	1100～800	800～850	—	—	○	280	520～720	10	27.5	8.5	3.7	1.8	0.7	0.3	35	9.5	4.3	1.9	1200
1.4821	235	1150～800	—	1000～1050	○	—	400	600～850	16	27.5	8.5	3.7	1.8	0.4	0.2	35	9.5	4.3	1.9	1100
1.4828	223	1150～800	—	1050～1100	○	—	230	500～750	30	120	50	20	8	4	1.5	120	36	18	8.5	1050
1.4841	223	1150～800	—	1050～1100	○	—	230	550～800	30	150	53	23	10	4	—	160	40	18	8.5	1150
1.4845	192	1100～900	—	1050～1100	○	—	210	500～750	35	150	53	23	10	4	—	160	40	18	8.5	1050
1.4861	200	1100～900	—	1050～1100	○	—	235	490～740	30	98	44	20	8	4	—	—	—	—	—	1200
1.4878	192	1150～800	—	1020～1070	—	○	210③	500～750③	30	110	45	15	—	—	—	115	45	20	—	800
1.5310	151	1100～900	750～800	—	—	○	190	350～500	20	25	—	—	—	—	—	30	—	—	—	600
1.4720	179	1050～750	750～800	—	—	○	210	400～600	25	27.5	8.5	3.7	1.8	—	—	20	5	2.3	1.0	800
1.4833	192	1150～900	—	1050～1100	○	—	210	500～750	35	120	50	20	8	—	—	65	16	7.5	3.0	1000

注:1. 表中①空冷 1.4700 和 1.4712 在 780～800℃回火;
2. 表中②空冷或水冷;
3. 表中③亚临界退火。

(4)耐高温钢的热处理制度及力学性能

表 14-246 耐高温钢的热处理

材料号	航材号	热加工/℃	软化退火/℃	硬化、淬火、固溶热处理					回火/℃	保温时间/～h	时效/℃	保温/～h	冷却空气
				℃	保温时间/h	空冷	水冷	油冷					
—	1.4911	1100～850	700～750	1160～1180	—	—	—	○	610～620	5	620～650	5	○
1.4913	～	1100～850	630～710	1100～1150	—	○	—	○	670～750	≥2	—	—	—
—	1.4914	1100～850	750～780	1135～1165	—	○	—	—	700～750	①	—	—	○
1.4919	—	1100～850	—	1040～1080	0.5～1	○	○	—	900～1000②	①	—	—	—
1.4920	—	1100～800	730～760	980～1020	—	—	—	○	650～730	①	—	—	—
1.4921	—	1100～750	750～780	985～1015	—	—	—	○	650～700	①	—	—	○
1.4922	—	1100～850	750～780	1030～1070	—	○	—	○	720～770	①	—	—	○
1.4923	1.4934	1100～850	750～780	1035～1065	—	○	—	○	700～750	①	—	—	○
1.4935	—	1150～900	770～800	1000～1070	—	○	—	○	690～780	①	—	—	—
1.4945	—	1150～850		1100～1150	0.5～1	○	○	—	(750～800)③	(2～1)	—	—	○
1.4948	—	1150～850		1020～1060	0.5～1	○	○	—	850～950②	①	—	—	—
1.4961	—	1150～850		1035～1065	0.5～1	○	○	—	900～950②	—	—	—	○
1.4962	—	1150～950		1110～1130	0.5～1	○	○	—	750～800③	5～1	—	—	○
1.4986	—	1150～850		1120～1150	0.5～1	○	○	—	735～765	5	—	—	○
1.4988	—	1150～850		1120～1150	0.5～1	○	○	—	900～950②	—	—	—	—

注：1. 表中①根据尺寸选择保温时间；

2. 表中②淬火、固溶热处理后，仅在回火温度消除应力；

3. 表中③时效仅在热-冷成型后进行。

表 14-247 耐高温钢的力学性能

材料号	航材号	状态			力学性能															
		热处理	淬火	沉淀硬化	高温稳定性 /℃,～	空气中无氧化铍 /℃,～	环境温度下				高温下 0.2%屈服强度/MPa,在下列温度下									
							σ_s /MPa,≥	σ_b /MPa	δ ($L_0=5d_0$) /%,≥	a_k (DVM) /J,≥	200℃	300℃	400℃	500℃	550℃	600℃	700℃	800℃	900℃	1000℃
—	1.4911	○	—	—	—	700	835	980～1130	15	34	735	726	696	598	520	471	—	—	—	—
1.4913	—	○	—	—	600	—	780	900～1050	10	24	700	655	580	470	400	315	—	—	—	—
—	1.4914	○	—	—	600	—	785	930～1130	10	27	716	686	618	490	392	294	—	—	—	—
1.4919	—	—	○	—	700	—	205	490～690	40	96	147	127	118	108	—	98	78	—	—	—
1.4920	—	○	—	—	580	600	490	690～830	15	48	530	441	412	333	226	137	—	—	—	—
1.4921	—	○	—	—	550	600	540	740～880	14	34	500	481	412	294	—	—	—	—	—	—
1.4922	—	○	—	—	580	700	490	690～830	16	48	466	392	353	265	206	—	—	—	—	—
1.4923	1.4934	○	—	—	580	600	600	800～950	14	34	530	481	422	343	284	206	—	—	—	—
1.4935	—	○	—	—	580	600	590	780～930	14	110	539	490	441	373	216	137	—	—	—	—
1.4945	—	—	○	—	—	650	255	540～740	30	69	196	177	167	157	152	147	—	—	—	—
1.4948	—	—	○	—	650	—	185	490～690	45	96	127	108	98	88	—	78	69	—	—	—
1.4961	—	—	○	—	650	750	195	510～690	35	103	157	137	127	118	118	113	—	—	—	—
1.4962	—	—	○	—	—	750	245	540～690	40	137	167	167	157	147	147	147	127	—	—	—
1.4986	—	—	—	○	700	750	275	540～740	30	41	286	196	181	172	162	152	—	—	—	—
1.4988	—	—	○	—	650	750	255	540～740	30	69	196	177	167	157	152	147	—	—	—	—

表 14-248　　耐高温钢的蠕变性能

材料号	航材号	高温拉伸性能 蠕变断裂强度/MPa																				
		1000h							10000h							100000h						
		550℃	600℃	650℃	700℃	750℃	800℃	900℃	550℃	600℃	650℃	700℃	750℃	800℃	900℃	550℃	600℃	650℃	700℃	750℃	800℃	900℃
—	1.4911	392	275	—	—	—	—	—	284	167	—	—	—	—	—	—	—	—	—	—	—	—
1.4913	—	—	—	—	—	—	—	—	289	164	—	—	—	—	—	172	59	—	—	—	—	—
—	1.4914	353	245	157	78	—	—	—	265	147	59	—	—	—	—	186	78	—	—	—	—	—
1.4919	—	—	—	—	—	—	—	—	—	177	111	65	(42)	—	—	—	118	69	34	(20)	—	—
1.4920	—	245	127	—	—	—	—	—	177	69	—	—	—	—	—	118	39	—	—	—	—	—
1.4921	—	245	127	—	—	—	—	—	177	69	—	—	—	—	—	118	39	—	—	—	—	—
1.4922	—	—	—	—	—	—	—	—	191	103	—	—	—	—	—	127	59	—	—	—	—	—
1.4923	1.4934	—	—	—	—	—	—	—	211	103	46	25	14	9	—	137	59	26	14	—	—	—
1.4935	—	275	157	—	—	—	—	—	245	108	—	—	54	—	—	167	59	—	—	—	—	—
1.4945	—	—	—	—	—	—	—	—	304	235	157	93	34	36	—	—	162	98	54	29	—	—
1.4948	—	—	—	—	—	—	—	—	147	124	80	49	(78)	—	—	88	77	47	25	(15)	—	—
1.4960	—	—	—	245	186	108	78	—	—	—	186	127	44	49	—	—	—	118	74	49	—	—
1.4961	—	304	230	167	118	—	—	—	216	157	121	76	64	—	—	147	108	69	44	20	—	—
1.4962	—	—	394	221	157	98	—	—	—	216	157	103	64	—	—	—	—	—	—	—	—	—
1.4971	1.4974	—	353	275	206	137	103	—	—	284	206	147	88	64	—	—	216	—	98	—	(34)	—
1.4977	—	—	—	—	—	—	—	39	—	294	216	147	98	64	—	—	226	147	98	59	34	—
1.4978	—	—	343	255	186	137	108	—	—	275	177	118	93	74	—	—	—	—	—	—	—	—
1.4980	1.4944	579	441	314	206	118	—	—	451	304	206	118	54	—	—	—	—	—	—	—	—	—
1.4981	1.4984	363	265	186	127	—	—	—	324	226	137	83	54	—	—	235	152	83	44	20	—	—
1.4986	—	392	304	226	157	—	—	—	353	270	191	103	—	—	—	294	221	127	67	—	—	—
1.4988	—	451	304	206	147	—	—	—	353	250	157	88	—	—	—	275	172	98	59	—	—	—

(5)非磁性钢的力学性能

表 14-249 非磁性钢的力学性能

材料号	热处理				力学性能															
	热加工/℃	淬火和固溶热处理①	时效		σ_s/MPa,≥				σ_b/MPa				δ/%,≥				a_k(DVM)/J,≥			
					a 淬火　b 热-冷成形　c 冷成形　d 沉淀硬化															
			℃	h	a	b	c	d	a	b	c	d	a	b	c	d	a	b	c	d
1.3802	1100～100	1000～1050	—	—	345	—	—	—	780～1080	—	—	—	40	—	—	—	—	—	—	—
1.3805	1150～900	1000～1050	—	—	245	—	—	—	690～930	—	—	—	30	—	—	—	69	—	—	—
1.3813	1050～850	1000～1050	—	—	295	390	490	—	740～930	830～1030	830～1030	—	45	40	35	—	124	124	103	—
1.3815	1100～800	1020～1070	—	—	295	—	—	—	690～930	—	—	—	45	—	—	—	124	—	—	—
1.3816	1100～850	1000～1050	—	—	314	—	392	—	686～882	—	735～980	—	45	—	40	—	18②	—	18②	—
							490			—	735～980	—		—	30	—		—	15②	—
							588			—	735～980	—		—	25	—		—	15②	—
1.3817	1100～750	1020～1070	—	—	295	390	490	—	740～930	830～1030	830～1030	—	45	40	35	—	124	124	103	—
1.3819	1150～1000	1130～1170	550～570	6	490	—	—	685	880～1080	—	—	980～1180	40	—	—	25	103	—	—	34
1.3941	1150～750	1020～1070	—	—	195	—	490	—	490～690	—	640～830	—	45	—	25	—	137	—	48	—
1.3949	1050～850	1000～1050	—	—	295	390	490	—	640～780	690～880	780～980	—	45	35	25	—	206	103	69	—
1.3952	1150～750	1050～1100	—	—	295	—	—	—	490～690	—	—	—	30	—	—	—	103	—	—	—
1.3953	1150～750	1050～1100	—	—	175	—	—	—	490～690	—	—	—	45	—	—	—	137	—	—	—
1.3956	1150～750	1020～1070	—	—	196	—	490	—	490～686	—	637～833	—	45	—	25	—	20②	—	7②	—
1.3958	1150～750	1000～1050	—	—	195	—	—	—	490～690	—	—	—	50	—	—	—	137	—	—	—
1.3960	1150～900	1050～1150	640～680	20～50	—	—	—	735	—	—	—	980～1180	—	—	—	20	—	—	—	34②
1.3961	1100～900	1050～1100	600～650	20	—	—	—	539	—	—	—	735～931	—	—	—	20	—	—	—	4②
1.3962	1100～750	1020～1070	—	—	215	390	490	—	490～690	640～830	640～830	—	45	40	35	—	137	124	103	—
1.3965	1150～750	1000～1050	—	—	295	—	—	635	590～780	—	—	—	50	—	—	—	103	—	—	—
1.3967	1100～850	1120～1200	650～750	12	550	—	—	—	880～980	—	—	980～1180	40	—	—	18	82	—	—	27
1.3968	1050～850	1000～1050	—	—	295	390	490		640～780	690～880	780～980	—	45	35	25	—	137	103	69	—

注:1. 表中①根据厚度确定采用水淬或空淬;

2. 表中②数据单位为 kgf/cm^2。

14.7 日本不锈耐热钢

14.7.1 不锈耐热钢牌号和化学成分

表 14-250 不锈耐热钢牌号和化学成分

标准号与牌号	化学成分/%								
JIS	C	Si	Mn	P,≤	S,≤	Cr	Mo	Ni	Cu	其他
G 4303 钢棒										
SUS201	≤0.15	≤1.00	5.50~7.50	0.060	0.030	16.00~18.00	—	3.50~5.50	—	N≤0.25
SUS202	≤0.15	≤1.00	7.50~10.0	0.060	0.030	17.00~19.00	—	4.00~6.00	—	N≤0.25
SUS301	≤0.15	≤1.00	≤2.00	0.045	0.030	16.00~18.00	—	6.00~8.00	—	—
SUS302	≤0.15	≤1.00	≤2.00	0.045	0.030	17.00~19.00	—	8.00~10.00	—	—
SUS303	≤0.15	≤1.00	≤2.00	0.200	≥0.15	17.00~19.00	(≤0.60)	8.00~10.00	—	—
SUS303Se	≤0.15	≤1.00	≤2.00	0.200	0.060	17.00~19.00	—	8.00~10.00	—	Se≥0.15
SUS304	≤0.08	≤1.00	≤2.00	0.045	0.030	18.00~20.00	—	8.00~10.50	—	—
SUS304L	≤0.03	≤1.00	≤2.00	0.045	0.030	18.00~20.00	—	9.00~13.00	—	—
SUS304LN	≤0.03	≤1.00	≤2.00	0.045	0.030	17.00~19.00	—	8.50~11.50	—	N 0.12~0.22
SUS304N1	≤0.08	≤1.00	≤2.50	0.045	0.030	18.00~20.00	—	7.00~10.50	—	N 0.10~0.25
SUS304N2	≤0.08	≤1.00	≤2.50	0.045	0.030	18.00~20.00	—	7.50~10.50	—	N 0.15~0.30,Nb≤0.15
SUS305	≤0.12	≤1.00	≤2.00	0.045	0.030	17.00~19.00	—	10.50~13.00	—	—
SUS309S	≤0.08	≤1.00	≤2.00	0.045	0.030	22.00~24.00	—	12.00~15.00	—	—
SUS310S	≤0.08	≤1.50	≤2.00	0.045	0.030	24.00~26.00	—	19.00~22.00	—	—
SUS316	≤0.08	≤1.00	≤2.00	0.045	0.030	16.00~18.00	2.00~3.00	10.00~14.00	—	—
SUS316J1	≤0.08	≤1.00	≤2.00	0.045	0.030	17.00~19.00	1.20~2.75	10.00~14.00	1.00~2.50	—
SUS316J1L	≤0.03	≤1.00	≤2.00	0.045	0.030	17.00~19.00	1.20~2.75	12.00~16.00	1.00~2.50	—
SUS316L	≤0.03	≤1.00	≤2.00	0.045	0.030	16.00~18.00	2.00~3.00	12.00~15.00	—	—
SUS316LN	≤0.03	≤1.00	≤2.00	0.045	0.030	16.50~18.50	2.00~3.00	10.50~14.50	—	N 0.12~0.22
SUS316N	≤0.08	≤1.00	≤2.00	0.045	0.030	16.00~18.00	2.00~3.00	10.00~14.00	—	N 0.10~0.22
SUS317	≤0.08	≤1.00	≤2.00	0.045	0.030	18.00~20.00	3.00~4.00	11.00~15.00	—	—
SUS317J1	≤0.04	≤1.00	≤2.50	0.045	0.030	16.00~19.00	4.00~6.00	15.00~17.00	—	—
SUS317L	≤0.03	≤1.00	≤2.00	0.045	0.030	18.00~20.00	3.00~4.00	11.00~15.00	—	—

续表

标准号与牌号 JIS	化学成分/%									
	C	Si	Mn	P,≤	S,≤	Cr	Mo	Ni	Cu	其他
SUS321	≤0.08	≤1.00	≤2.00	0.045	0.030	17.00～19.00	—	9.00～13.00	—	Ti≥5×C
SUS329J1	≤0.08	≤1.00	≤1.50	0.040	0.030	23.00～28.00	1.00～3.00	3.00～6.00	—	—
SUS347	≤0.08	≤1.00	≤2.00	0.045	0.030	17.00～19.00	—	9.00～13.00	—	Nb≥10×C
SUS403	≤0.15	≤0.50	≤1.00	0.040	0.030	11.50～13.00	—	(≤0.60)	—	—
SUS405	≤0.08	≤1.00	≤1.00	0.040	0.030	11.50～14.50	—	(≤0.60)	—	Al 0.10～0.30
SUS410	≤0.15	≤1.00	≤1.00	0.040	0.030	11.50～13.50	—	(≤0.60)	—	—
SUS410J1	0.08～0.18	≤0.60	≤1.00	0.040	0.030	11.50～14.00	0.30～0.60	(≤0.60)	—	—
SUS410L	≤0.03	≤1.00	≤1.00	0.040	0.030	11.00～13.50	—	(≤0.60)	—	—
SUS416	≤0.15	≤1.00	≤1.25	0.060	≥0.15	12.00～14.00	(≤0.60)	(≤0.60)	—	—
SUS420F	0.26～0.40	≤1.00	≤1.25	0.060	≥0.15	12.00～14.00	(≤0.60)	(≤0.60)	—	—
SUS420J1	0.16～0.25	≤1.00	≤1.00	0.040	0.030	12.00～14.00	—	(≤0.60)	—	—
SUS420J2	0.26～0.40	≤1.00	≤1.00	0.040	0.030	12.00～14.00	—	(≤0.60)	—	—
SUS430	≤0.12	≤0.75	≤1.00	0.040	0.030	16.00～18.00	—	(≤0.60)	—	—
SUS430F	≤0.12	≤1.00	≤1.25	0.060	≥0.15	16.00～18.00	(0.60)	(≤0.60)	—	—
SUS431	≤0.20	≤1.00	≤1.00	0.040	0.030	15.00～17.00	—	1.25～2.50	—	—
SUS434	≤0.12	≤1.00	≤1.00	0.040	0.030	16.00～18.00	0.75～1.25	(≤0.60)	—	—
SUS440A	0.60～0.75	≤1.00	≤1.00	0.040	0.030	16.00～18.00	(≤0.75)	(≤0.60)	—	—
SUS440B	0.75～0.95	≤1.00	≤1.00	0.040	0.030	16.00～18.00	(≤0.75)	(≤0.60)	—	—
SUS440C	0.95～1.20	≤1.00	≤1.00	0.040	0.030	16.00～18.00	(≤0.75)	(≤0.60)	—	—
SUS440F	0.95～1.20	≤1.00	≤1.25	0.060	≥0.15	16.00～18.00	(≤0.75)	(≤0.60)	—	—
SUS447J1	≤0.01	≤0.40	≤0.40	0.030	0.020	28.50～32.00	1.50～2.50	(≤0.50)	(≤0.20)	N≤0.015,(Ni+Cu≤0.50)
SUS630	≤0.07	≤1.00	≤1.00	0.040	0.030	15.50～17.50	—	3.00～5.00	3.00～5.00	Nb 0.15～0.45
SUS631	≤0.09	≤1.00	≤1.00	0.040	0.030	16.00～18.00	—	6.50～7.75	—	Al 0.75～1.50
SUSXM7	≤0.08	≤1.00	≤2.00	0.045	0.030	17.00～19.00	—	8.50～10.50	3.00～4.00	—
SUSXM15J1	≤0.08	3.00～5.00	≤2.00	0.045	0.030	15.00～20.00	—	11.50～15.00	—	—
SUSXM27	≤0.01	≤0.40	≤0.40	0.030	0.020	25.00～27.50	0.75～1.50	(≤0.50)	(≤0.20)	N≤0.015,(Ni+Cu≤0.50)
G4304 热轧钢板										
SUS201	≤0.15	≤1.00	5.50～7.50	0.060	0.030	16.00～18.00	—	3.50～5.50	—	N≤0.25

续表

标准号与牌号	化学成分/%								
JIS	C	Si	Mn	P,≤	S,≤	Cr	Mo	Ni	Cu	其他
SUS202	≤0.15	≤1.00	7.50～10.0	0.060	0.030	17.00～19.00	—	4.00～6.00	—	N≤0.25
SUS302	≤0.15	≤1.00	≤2.00	0.045	0.030	17.00～19.00	—	8.00～10.00	—	—
SUS302B	≤0.15	2.00～3.00	≤2.00	0.045	0.030	17.00～19.00	—	8.00～10.00	—	—
SUS304	≤0.08	≤1.00	≤2.00	0.045	0.030	18.00～20.00	—	8.00～10.50	—	—
SUS304L	≤0.03	≤1.00	≤2.00	0.045	0.030	18.00～20.00	—	9.00～13.00	—	—
SUS304LN	≤0.03	≤1.00	≤2.00	0.045	0.030	17.00～19.00	—	8.50～11.50	—	N 0.12～0.22
SUS304N1	≤0.08	≤1.00	≤2.50	0.045	0.030	18.00～20.00	—	7.00～10.50	—	N 0.10～0.25
SUS304N2	≤0.08	≤1.00	≤2.50	0.045	0.030	18.00～20.00	—	7.50～10.50	—	N 0.15～0.30,Nb≤0.15
SUS305	≤0.12	≤1.00	≤2.00	0.045	0.030	17.00～19.00	—	10.50～13.00	—	—
SUS309S	≤0.08	≤1.00	≤2.00	0.045	0.030	22.00～24.00	—	12.00～15.00	—	—
SUS310S	≤0.08	≤1.50	≤2.00	0.045	0.030	24.00～26.00	—	19.00～22.00	—	—
SUS316	≤0.08	≤1.00	≤2.00	0.045	0.030	16.00～18.00	2.00～3.00	10.00～14.00	—	—
SUS316J1	≤0.08	≤1.00	≤2.00	0.045	0.030	17.00～19.00	1.20～2.75	10.00～14.00	1.00～2.50	—
SUS316J1L	≤0.03	≤1.00	≤2.00	0.045	0.030	17.00～19.00	1.20～2.75	12.00～16.00	1.00～2.50	—
SUS316L	≤0.03	≤1.00	≤2.00	0.045	0.030	16.00～18.00	2.00～3.00	12.00～15.00	—	—
SUS316LN	≤0.03	≤1.00	≤2.00	0.045	0.030	16.50～18.50	2.00～3.00	10.50～14.50	—	N 0.12～0.22
SUS316N	≤0.08	≤1.00	≤2.00	0.045	0.030	16.00～18.00	2.00～3.00	10.00～14.00	—	N 0.10～0.22
SUS317	≤0.08	≤1.00	≤2.00	0.045	0.030	18.00～20.00	3.00～4.00	11.00～15.00	—	—
SUS317J1	≤0.04	≤1.00	≤2.50	0.045	0.030	16.00～19.00	4.00～6.00	15.00～17.00	—	—
SUS317L	≤0.03	≤1.00	≤2.00	0.045	0.030	18.00～20.00	3.00～4.00	11.00～15.00	—	—
SUS321	≤0.08	≤1.00	≤2.00	0.045	0.030	17.00～19.00	—	9.00～13.00	—	Ti≥5×C
SUS329J1	≤0.08	≤1.00	≤1.50	0.040	0.030	23.00～28.00	1.00～3.00	3.00～6.00	—	—
SUS347	≤0.08	≤1.00	≤2.00	0.045	0.030	17.00～19.00	—	9.00～13.00	—	Nb≥10×C
SUS403	≤0.15	≤0.50	≤1.00	0.040	0.030	11.50～13.00	—	(≤0.60)	—	—
SUS405	≤0.08	≤1.00	≤1.00	0.040	0.030	11.50～14.50	—	(≤0.60)	—	Al 0.10～0.30
SUS410	≤0.15	≤1.00	≤1.00	0.040	0.030	11.50～13.00	—	(≤0.60)	—	—
SUS410L	≤0.03	≤1.00	≤1.00	0.040	0.030	11.00～23.50	—	(≤0.60)	—	—
SUS410S	≤0.08	≤1.00	≤1.00	0.040	0.030	11.50～13.50	—	(≤0.60)	—	—

续表

标准号与牌号 JIS	化学成分/%								
	C	Si	Mn	P,≤	S,≤	Cr	Mo	Ni	Cu	其他
SUS420J1	0.16～0.25	≤1.00	≤1.00	0.040	0.030	12.00～14.00	—	(≤0.60)	—	—
SUS420J2	0.26～0.40	≤1.00	≤1.00	0.040	0.030	12.00～14.00	—	(≤0.60)	—	—
SUS429	≤0.12	≤1.00	≤1.00	0.040	0.030	14.00～16.00	—	(≤0.60)	—	—
SUS429J1	0.25～0.40	≤1.00	≤1.00	0.040	0.030	15.00～17.00	—	(≤0.60)	—	—
SUS430	≤0.12	≤0.75	≤1.00	0.040	0.030	16.00～18.00	—	(≤0.60)	—	—
SUS434	≤0.12	≤1.00	≤1.00	0.040	0.030	16.00～18.00	0.75～1.25	(≤0.60)	—	—
SUS436L	≤0.025	≤1.00	≤1.00	0.040	0.030	16.00～19.00	0.75～1.25	(≤0.60)	—	Ti+Nb+Zr=8×C≤0.8,N≤0.025
SUS440A	0.60～0.75	≤1.00	≤1.00	0.040	0.030	16.00～18.00	(≤0.75)	(≤0.60)	—	—
SUS444	≤0.025	≤1.00	≤1.00	0.040	0.030	17.00～20.00	1.75～2.50	(≤0.60)	—	Ti+Nb+Zr=8×C≤0.8N≤0.025
SUS447J1	≤0.01	≤0.40	≤0.40	0.030	0.020	28.50～32.00	1.50～2.50	(≤0.50)	(≤0.20)	N≤0.015,(Ni+Cu≤0.50)
SUS631	≤0.09	≤1.00	≤1.00	0.040	0.030	16.00～18.00	—	6.50～7.75	—	Al 0.75～1.50
SUSXM15J1	≤0.08	3.00～5.00	≤2.00	0.045	0.030	15.00～20.00	—	11.50～15.00	—	—
SUSXM27	≤0.01	≤0.40	≤0.40	0.030	0.020	25.00～27.50	0.75～1.50	(≤0.50)	(0.20)	N≤0.015,(Ni+Cu≤0.50)
G 4305 冷轧钢板 G 4306 热轧钢带 G 4307 冷轧钢带										
SUS201	≤0.15	≤1.00	5.50～7.50	0.060	0.030	16.00～18.00	—	3.50～5.50	—	N≤0.25
SUS202	≤0.15	≤1.00	7.50～10.0	0.060	0.030	17.00～19.00	—	4.00～6.00	—	N≤0.25
SUS301	≤0.15	≤1.00	≤2.00	0.045	0.030	16.00～18.00	—	6.00～8.00	—	—
SUS301J1	0.08～0.12	≤1.00	≤2.00	0.045	0.030	16.00～18.00	—	7.00～9.00	—	—
SUS302	≤0.15	≤1.00	≤2.00	0.045	0.030	17.00～19.00	—	8.00～10.00	—	—
SUS302B	≤0.15	2.00～3.00	≤2.00	0.045	0.030	17.00～19.00	—	8.00～10.00	—	—
SUS304	≤0.08	≤1.00	≤2.00	0.045	0.030	18.00～20.00	—	8.00～10.50	—	—
SUS304L	≤0.03	≤1.00	≤2.00	0.045	0.030	18.00～20.00	—	9.00～13.00	—	—
SUS304LN	≤0.03	≤1.00	≤2.00	0.045	0.030	17.00～19.00	—	8.50～11.50	—	N 0.12～0.22
SUS304N1	≤0.08	≤1.00	≤2.50	0.045	0.030	18.00～20.00	—	7.00～10.50	—	N 0.10～0.25
SUS304N2	≤0.08	≤1.00	≤2.50	0.045	0.030	18.00～20.00	—	7.50～10.50	—	N 0.15～0.30,Nb≤0.15
SUS305	≤0.12	≤1.00	≤2.00	0.045	0.030	17.00～19.00	—	10.50～13.00	—	—

续表

标准号与牌号 JIS	化学成分/%									
	C	Si	Mn	P,≤	S,≤	Cr	Mo	Ni	Cu	其他
SUS309S	≤0.08	≤1.00	≤2.00	0.045	0.030	22.00～24.00	—	12.00～15.00	—	—
SUS310S	≤0.08	≤1.50	≤2.00	0.045	0.030	24.00～26.00	—	19.00～22.00	—	—
SUS316	≤0.08	≤1.00	≤2.00	0.045	0.030	16.00～18.00	2.00～3.00	10.00～14.00	—	—
SUS316J1	≤0.08	≤1.00	≤2.00	0.045	0.030	17.00～19.00	1.20～2.75	10.00～14.00	1.00～2.50	—
SUS316J1L	≤0.03	≤1.00	≤2.00	0.045	0.030	17.00～19.00	1.20～2.75	12.00～16.00	1.00～2.50	—
SUS316L	≤0.03	≤1.00	≤2.00	0.045	0.030	16.00～18.00	2.00～3.00	12.00～15.00	—	—
SUS316LN	≤0.03	≤1.00	≤2.00	0.045	0.030	16.50～18.50	2.00～3.00	10.50～14.50	—	N 0.12～0.22
SUS316N	≤0.08	≤1.00	≤2.00	0.045	0.030	16.00～18.00	2.00～3.00	10.00～14.00	—	N 0.12～0.22
SUS317	≤0.08	≤1.00	≤2.00	0.045	0.030	18.00～20.00	3.00～4.00	11.00～15.00	—	—
SUS317J1	≤0.04	≤1.00	≤2.50	0.045	0.030	16.00～19.00	4.00～6.00	15.00～17.00	—	—
SUS317L	≤0.03	≤1.00	≤2.00	0.045	0.030	18.00～20.00	3.00～4.00	11.00～15.00	—	—
SUS321	≤0.08	≤1.00	≤2.00	0.045	0.030	17.00～19.00	—	9.00～13.00	—	Ti≥5×C
SUS329J1	≤0.08	≤1.00	≤1.50	0.040	0.030	23.00～28.00	1.00～3.00	3.00～6.00	—	—
SUS347	≤0.08	≤1.00	≤2.00	0.045	0.030	17.00～19.00	—	9.00～13.00	—	Nb≥10×C
SUS403	≤0.15	≤0.50	≤1.00	0.040	0.030	11.50～13.00	—	(≤0.60)	—	—
SUS405	≤0.08	≤1.00	≤1.00	0.040	0.030	11.50～14.50	—	(≤0.60)	—	Al 0.10～0.300
SUS410	≤0.15	≤1.00	≤1.00	0.040	0.030	11.50～13.50	—	(≤0.60)	—	—
SUS410L	≤0.03	≤1.00	≤1.00	0.040	0.030	11.00～13.50	—	(≤0.60)	—	—
SUS410S	≤0.08	≤1.00	≤1.00	0.040	0030	11.50～13.50	—	(≤0.60)	—	—
SUS420J1	0.16～0.25	≤1.00	≤1.00	0.040	0.030	12.00～14.00	—	(≤0.60)	—	—
SUS420J2	0.26～0.40	≤1.00	≤1.00	0.040	0.030	12.00～14.00	—	(≤0.60)	—	—
SUS429	≤0.12	≤1.00	≤1.00	0.040	0.030	14.00～16.00	—	(≤0.60)	—	—
SUS429J1	0.25～0.40	≤1.00	≤1.00	0.040	0.030	15.00～17.00	—	(≤0.60)	—	—
SUS430	≤0.12	≤0.75	≤1.00	0.040	0.030	16.00～18.00	—	(≤0.60)	—	—
SUS430LX	≤0.03	≤0.75	≤1.00	0.040	0.030	16.00～19.00	—	(≤0.60)	—	Ti 或 Nb 0.10～1.00
SUS434	≤0.12	≤1.00	≤1.00	0.040	0.030	16.00～18.00	0.75～1.25	(≤0.60)	—	—
SUS436L	≤0.025	≤1.00	≤1.00	0.040	0.030	16.00～19.00	0.75～1.25	(≤0.60)	—	N≤0.025 Ti+Nb+Zr=8×C≤0.80

续表

标准号与牌号 JIS	化学成分/%								
	C	Si	Mn	P,≤	S,≤	Cr	Mo	Ni	Cu	其他
SUS440A	0.60～0.75	≤1.00	≤1.00	0.040	0.030	16.00～18.00	(≤0.75)	(≤0.60)	—	—
SUS444	≤0.025	≤1.00	≤1.00	0.040	0.030	17.00～20.00	1.75～2.50	(≤0.60)	—	N≤0.025 Ti+Nb+Zr=8×C≤0.80
SUS447J1	≤0.01	≤0.40	≤0.40	0.030	0.020	28.50～32.00	1.50～2.50	(≤0.50)	(≤0.20)	N≤0.015,(Ni+Cu≤0.50)
SUS631	≤0.09	≤1.00	≤1.00	0.040	0.030	16.00～18.00	—	6.50～7.75	—	Al 0.75～1.50
SUSXM15J1	≤0.08	3.00～5.00	≤2.00	0.045	0.030	15.00～20.00	—	11.50～15.00	—	—
SUSXM27	≤0.01	≤0.40	≤0.40	0.030	0.020	25.00～27.50	0.75～1.50	(≤0.50)	(≤0.20)	N≤0.015,(Ni+Cu≤0.50)
G 4308　钢条										
SUS302	≤0.15	≤1.00	≤2.00	0.045	0.030	17.00～19.00	—	8.00～10.00	—	—
SUS303	≤0.15	≤1.00	≤2.00	0.200	≥0.15	17.00～19.00	(≤0.60)	8.00～10.00	—	—
SUS303Se	≤0.15	≤1.00	≤2.00	0.200	0.060	17.00～19.00	—	8.00～10.00	—	Se≥0.15
SUS304	≤0.08	≤1.00	≤2.00	0.045	0.030	18.00～20.00	—	8.00～10.50	—	—
SUS304L	≤0.03	≤1.00	≤2.00	0.045	0.030	18.00～20.00	—	9.00～13.00	—	—
SUS305	≤0.12	≤1.00	≤2.00	0.045	0.030	17.00～19.00	—	10.50～13.00	—	—
SUS305J1	≤0.08	≤1.00	≤2.00	0.045	0.030	16.50～19.00	—	11.00～13.50	—	—
SUS309S	≤0.08	≤1.00	≤2.00	0.045	0.030	22.00～24.00	—	12.00～15.00	—	—
SUS310S	≤0.08	≤1.50	≤2.00	0.045	0.030	24.00～26.00	—	19.00～22.00	—	—
SUS316	≤0.08	≤1.00	≤2.00	0.045	0.030	16.00～18.00	2.00～3.00	10.00～14.00	—	—
SUS316L	≤0.03	≤1.00	≤2.00	0.045	0.030	16.00～18.00	2.00～3.00	12.00～15.00	—	—
SUS321	≤0.08	≤1.00	≤2.00	0.045	0.030	17.00～19.00	—	9.00～13.0	—	Ti≥5×C
SUS347	≤0.08	≤1.00	≤2.00	0.045	0.030	17.00～19.00	—	9.00～13.00	—	Nb≥10×C
SUS384	≤0.08	≤1.00	≤2.00	0.045	0.030	15.00～17.00	—	17.00～19.00	—	—
SUS410	≤0.15	≤1.00	≤1.00	0.040	0.030	11.50～13.50	—	(≤0.60)	—	—
SUS416	≤0.15	≤1.00	≤1.25	0.060	≥0.15	12.00～14.00	(≤0.60)	(≤0.60)	—	—
SUS420J1	0.16～0.25	≤1.00	≤1.00	0.040	0.030	12.00～14.00	—	(≤0.60)	—	—
SUS420J2	0.26～0.40	≤1.00	≤1.00	0.040	0.030	12.00～14.00	—	(≤0.60)	—	—
SUS430	≤0.12	≤0.75	≤1.00	0.040	0.030	16.00～18.00	—	(≤0.60)	—	—
SUS430F	≤0.12	≤1.00	≤1.25	0.060	≥0.15	16.00～18.00	(≤0.60)	(≤0.60)	—	—

续表

标准号与牌号	化学成分/%								
JIS	C	Si	Mn	P,≤	S,≤	Cr	Mo	Ni	Cu	其他
SUS440C	0.95～1.20	≤1.00	≤1.00	0.040	0.030	16.00～18.00	(≤0.75)	(≤0.60)	—	—
SUS631J1	≤0.09	≤1.00	≤1.00	0.040	0.030	16.00～18.00	—	7.00～8.50	—	Al 0.75～1.50
SUSXM7	≤0.08	≤1.00	≤2.00	0.045	0.030	17.00～19.00	—	8.50～10.50	3.00～4.00	—
G 4309 钢丝										
SUS303	≤0.15	≤1.00	≤2.00	0.200	≤0.15	17.00～19.00	(≤0.60)	8.00～10.00	—	—
SUS303Se	≤0.15	≤1.00	≤2.00	0.200	0.060	17.00～19.00	—	8.00～10.00	—	Se≥0.15
SUS304	≤0.08	≤1.00	≤2.00	0.045	0.030	18.00～20.00	—	8.00～10.50	—	—
SUS304L	≤0.03	≤1.00	≤2.00	0.045	0030	18.00～20.00	—	9.00～13.00	—	—
SUS305	≤0.12	≤1.00	≤2.00	0.045	0.030	17.00～19.00	—	10.50～13.00	—	—
SUS305J1	≤0.08	≤1.00	≤2.00	0.045	0.030	16.50～19.00	—	11.00～13.50	—	—
SUS309S	≤0.08	≤1.00	≤2.00	0.045	0.030	22.00～24.00	—	12.00～15.00	—	—
SUS310S	≤0.08	≤1.50	≤2.00	0.045	0.030	24.00～26.00	—	19.00～22.00	—	—
SUS316	≤0.08	≤1.00	≤2.00	0.045	0.030	16.00～18.00	2.00～3.00	10.00～14.00	—	—
SUS316L	≤0.03	≤1.00	≤2.00	0.045	0.030	16.00～18.00	2.00～3.00	12.00～15.00	—	—
SUS321	≤0.08	≤1.00	≤2.00	0.045	0.030	17.00～19.00	—	9.00～13.00	—	Ti≥5×C
SUS347	≤0.08	≤1.00	≤2.00	0.045	0.030	17.00～19.00	—	9.00～13.00	—	Nb≥10×C
SUS410	≤0.15	≤1.00	≤1.00	0.040	0.030	11.50～13.50	—	(≤0.60)	—	—
SUS416	≤0.15	≤1.00	≤1.25	0.060	≥0.15	12.00～14.00	(≤0.60)	(≤0.60)	—	—
SUS420J1	0.16～0.25	≤1.00	≤1.00	0.040	0.030	12.00～14.00	—	(≤0.60)	—	—
SUS420J2	0.26～0.40	≤1.00	≤1.00	0.040	0.030	12.00～14.00	—	(≤0.60)	—	—
SUS430	≤0.12	≤0.75	≤1.00	0.040	0.030	16.00～18.00	—	(≤0.60)	—	—
SUS430F	≤0.12	≤1.00	≤1.25	0.060	≥0.15	16.00～18.00	(≤0.60)	(≤0.60)	—	—
SUS440C	0.95～1.20	≤1.00	≤1.00	0.040	0.030	16.00～18.00	(≤0.75)	(≤0.60)	—	—
G 4311 耐热钢棒										
SUH1	0.40～0.50	3.00～3.50	≤0.60	0.030	0.030	7.50～9.50	—	(≤0.60)	(≤0.30)	—
SUH3	0.35～0.45	1.80～2.50	≤0.60	0.030	0.030	10.00～12.00	0.70～1.30	(≤0.60)	(≤0.30)	—
SUH4	0.75～0.85	1.75～2.25	0.20～0.60	0.030	0.030	19.00～20.50	—	1.15～1.65	(≤0.30)	—
SUH11	0.45～0.55	1.00～2.00	≤0.60	0.030	0.030	7.50～9.50	—	(≤0.60)	(≤0.30)	—

续表

标准号与牌号 JIS	化学成分/%									
	C	Si	Mn	P,≤	S,≤	Cr	Mo	Ni	Cu	其他
SUH31	0.35～0.45	1.50～2.50	≤0.60	0.040	0.030	14.00～16.00	—	13.00～15.00	—	W 2.00～3.00
SUH35	0.48～0.58	≤0.35	8.00～10.0	0.040	0.030	20.00～22.00	—	3.25～4.50	—	N 0.35～0.50
SUH36	0.48～0.58	≤0.35	8.00～10.0	0.040	0.04～0.09	20.00～22.00	—	3.25～4.50	—	N 0.35～0.50
SUH37	0.15～0.25	≤1.00	1.00～1.60	0.040	0.030	20.50～22.50	—	10.00～12.00	—	N 0.15～0.30
SUH38	0.25～0.35	≤1.00	≤1.20	0.18～0.25	0.030	19.00～21.00	1.80～2.50	10.00～12.00	—	B 0.001～0.010
SUH309	≤0.20	≤1.00	≤2.00	0.040	0.030	22.00～24.00	—	12.00～15.00	—	—
SUH310	≤0.25	≤1.50	≤2.00	0.040	0.030	24.00～26.00	—	19.00～22.00	—	—
SUH330	≤0.15	≤1.50	≤2.00	0.040	0.030	14.00～17.00	—	33.00～37.00	—	—
SUH446	≤0.20	≤1.00	≤1.50	0.040	0.030	23.00～27.00	—	(≤0.60)	(≤0.30)	N≤0.25
SUH600	0.15～0.20	≤0.50	0.50～1.00	0.040	0.030	10.00～13.00	0.30～0.90	(≤0.60)	(≤0.30)	V 0.10～0.40,N 0.05～0.10,Nb 0.20～0.60
SUH616	0.20～0.25	≤0.50	0.50～1.00	0.040	0.030	11.00～13.00	0.75～1.25	0.50～1.00	(≤0.30)	W 0.75～1.25,V 0.20～0.30
SH660	≤0.08	≤1.00	≤2.00	0.040	0.030	13.50～16.00	1.00～1.50	24.00～27.00		V 0.10～0.50,Ti 1.90～2.35,Al≤0.35,B 0.001～0.010
SUH661	0.08～0.16	≤1.00	1.00～2.00	0.040	0.030	20.00～22.50	2.50～3.50	19.00～21.00	—	W 2.00～3.00,Co 18.50～21.00,N 0.10～0.20,Nb 0.75～1.25
G 4312 耐热钢板										
SUH21	≤0.10	≤1.50	≤1.00	0.040	0.030	17.00～21.00	—	(≤0.60)	—	Al 2.00～4.00
SUH309	≤0.20	≤1.00	≤2.00	0.040	0.030	22.00～24.00	—	12.00～15.00	—	—
SUH310	≤0.25	≤1.50	≤2.00	0.040	0.030	24.00～26.00	—	19.00～22.00	—	—
SUH330	≤0.15	≤1.50	≤2.00	0.040	0.030	14.00～17.00	—	33.00～37.00	—	—
SUH409	≤0.08	≤1.00	≤1.60	0.040	0.030	10.50～11.75	—	(≤0.60)	—	Ti 6×C≤0.75
SUH446	≤0.20	≤1.00	≤1.50	0.040	0.030	23.00～27.00	—	(≤0.60)	—	N≤0.25
SUH660	≤0.08	≤1.00	≤2.00	0.040	0.030	13.50～16.00	1.00～1.50	24.00～27.00	—	Ti 1.90～2.35,V 0.10～0.50,Al≤0.35,B 0.001～0.010
SUS661	0.08～0.16	≤1.00	1.00～2.00	0.040	0.030	20.00～22.50	2.50～3.50	19.00～21.00	—	W 2.00～3.00,Co 18.50～21.00,N 0.10～0.20,Nb 0.75～1.25

续表

标准号与牌号 JIS	化学成分/%								
	C	Si	Mn	P,≤	S,≤	Cr	Mo	Ni	Cu	其他
G 4313 冷轧弹簧钢带										
SUS301	≤0.15	≤1.00	≤2.00	0.045	0.030	16.00~18.00	—	6.00~8.00	—	—
SUS304	≤0.08	≤1.00	≤2.00	0.045	0.030	18.00~20.00	—	8.00~10.50	—	—
SUS402J2	0.26~0.40	≤1.00	≤1.00	0.040	0.030	12.00~14.00	—	(≤0.60)	—	—
SUS631	≤0.90	≤1.00	≤1.00	0.040	0.030	16.00~18.00	—	6.50~7.75	—	Al 0.75~1.50
G 4314 不锈弹簧钢丝										
SUS302	≤0.15	≤1.00	≤2.00	0.045	0.030	17.00~19.00	—	8.00~10.00	—	—
SUS304	≤0.08	≤1.00	≤2.00	0.045	0.030	18.00~20.00	—	8.00~10.50	—	—
SUS316	≤0.08	≤1.00	≤2.00	0.045	0.030	16.00~18.00	2.00~3.00	10.00~14.00	—	—
SUS631J1	≤0.09	≤1.00	≤1.00	0.040	0.030	16.00~18.00	—	7.00~8.50	—	Al 0.75~1.50
G 4315 冷顶锻和冷锻用不锈钢丝										
SUS304	≤0.08	≤1.00	≤2.00	0.045	0.030	18.00~20.00	—	8.00~10.50	—	—
SUS305	≤0.12	≤1.00	≤2.00	0.045	0.030	17.00~19.00	—	10.50~13.00	—	—
SUS305J1	≤0.08	≤1.00	≤2.00	0.045	0.030	16.50~19.00	—	11.00~13.50	—	—
SUS384	≤0.08	≤1.00	≤2.00	0.045	0.030	15.00~17.00	—	17.00~19.00	—	—
SUS410	≤0.15	≤1.00	≤1.00	0.040	0.030	11.50~13.50	—	(≤0.60)	—	—
SUS430	≤0.12	≤0.75	≤1.00	0.040	0.030	16.00~18.00	—	(≤0.60)	—	—
SUSXM7	≤0.08	≤1.00	≤2.00	0.045	0.030	17.00~19.00	—	8.50~10.50	3.00~4.00	—
G 4316 焊接用不锈钢丝(条)										
SUSY308	≤0.08	≤0.60	1.00~2.50	0.030	0.030	19.50~22.00	—	9.00~11.00	—	—
SUSY308L	≤0.03	≤0.60	1.00~2.50	0.030	0.030	19.50~22.00	—	9.00~11.00	—	—
SUSY309	≤0.12	≤0.60	1.00~2.50	0.030	0.030	23.00~25.00	—	12.00~14.00	—	—
SUSY309Mo	≤0.12	≤0.60	1.00~2.50	0.030	0.030	23.00~25.00	2.00~3.00	12.00~14.00	—	—
SUSY310	≤0.15	≤0.60	1.00~2.50	0.030	0.030	25.00~28.00	—	20.00~22.50	—	—
SUSY310S	≤0.08	≤0.60	1.00~2.50	0.030	0.030	25.00~28.00	—	20.00~22.50	—	—
SUSY316	≤0.08	≤0.60	1.00~2.50	0.030	0.030	18.00~20.00	2.00~3.00	11.00~14.00	—	—
SUSY316J1L	≤0.03	≤0.60	1.00~2.50	0.030	0.030	18.00~20.00	2.00~3.00	11.00~14.00	1.00~2.50	—
SUSY316L	≤0.03	≤0.60	1.00~2.50	0.030	0.030	18.00~20.00	2.00~3.00	11.00~14.00	—	—

续表

标准号与牌号 JIS	化学成分/%								
	C	Si	Mn	P,≤	S,≤	Cr	Mo	Ni	Cu	其他
SUSY317	≤0.08	≤0.60	1.00～2.50	0.030	0.030	18.50～20.50	3.00～4.00	13.00～15.00	—	—
SUSY321	≤0.80	≤0.60	1.00～2.50	0.030	0.030	18.50～20.50	—	9.00～10.50	—	Ti 9×C≤1.00
SUSY347	≤0.80	≤0.60	1.00～2.50	0.030	0.030	19.00～21.50	—	9.00～11.00	—	Nb 10×C≤1.00
SUSY410	≤0.12	≤0.50	≤0.60	0.030	0.030	11.50～13.50	(≤0.60)	(≤0.60)	—	—
SUSY430	≤0.10	≤0.50	≤0.60	0.030	0.030	15.50～17.00	—	(≤0.60)	—	—
G 4317 热轧不锈等边角钢										
SUS302	≤0.15	≤1.00	≤2.00	0.045	0.030	17.00～19.00	—	8.00～10.00	—	—
SUS304	≤0.08	≤1.00	≤2.00	0.045	0.030	18.00～20.00	—	8.00～10.00	—	—
SUS304L	≤0.030	≤1.00	≤2.00	0.045	0.030	18.00～20.00	—	9.00～13.00	—	—
SUS316	≤0.08	≤1.00	≤2.00	0.045	0.030	16.00～18.00	2.00～3.00	10.00～14.00	—	—
SUS316L	≤0.030	≤1.00	≤2.00	0.045	0.030	16.00～18.00	2.00～3.00	12.00～15.00	—	—
SUS321	≤0.08	≤1.00	≤2.00	0.045	0.030	17.00～19.00	—	9.00～13.00	—	Ti≥5×C
SUS347	≤0.08	≤1.00	≤2.00	0.045	0.030	17.00～19.00	—	9.00～13.00	—	Nb≥10×C
SUS430	≤0.12	≤0.75	≤1.00	0.040	0.030	16.00～18.00	—	(≤0.60)	—	—
G4318 冷拉钢棒										
SUS302	≤0.15	≤1.00	≤2.00	0.045	0.030	17.00～19.00	—	8.00～10.00	—	—
SUS303	≤0.15	≤1.00	≤2.00	0.200	≥0.15	17.00～19.00	(≤0.60)	8.00～10.00	—	—
SUS303Se	≤0.15	≤1.00	≤2.00	0.200	0.060	17.00～19.00	—	8.00～10.00	—	Se≥0.15
SUS304	≤0.08	≤1.00	≤2.00	0.045	0.030	18.00～20.00	—	8.00～10.50	—	—
SUS304L	≤0.03	≤1.00	≤2.00	0.045	0.030	18.00～20.00	—	9.00～13.00	—	—
SUS305	≤0.12	≤1.00	≤2.00	0.045	0.030	17.00～19.00	—	10.50～13.00	—	—
SUS305J1	≤0.08	≤1.00	≤2.00	0.045	0.030	16.50～19.00	—	11.00～13.50	—	—
SUS309S	≤0.08	≤1.00	≤2.00	0.045	0.030	22.00～24.00	—	12.00～15.00	—	—
SUS310S	≤0.08	≤1.50	≤2.00	0.045	0.030	24.00～26.00	—	19.00～22.00	—	—
SUS316	≤0.08	≤1.00	≤2.00	0.045	0.030	16.00～18.00	2.00～3.00	10.00～14.00	—	—
SUS316L	≤0.03	≤1.00	≤2.00	0.045	0.030	16.00～18.00	2.00～3.00	12.00～15.00	—	—
SUS321	≤0.08	≤1.00	≤2.00	0.045	0.030	17.00～19.00	—	9.00～13.00	—	Ti≥5×C
SUS329J1	≤0.08	≤1.00	≤1.50	0.040	0.030	23.00～28.00	1.00～3.00	3.00～6.00	—	—

续表

标准号与牌号 JIS	化学成分/%								
	C	Si	Mn	P,≤	S,≤	Cr	Mo	Ni	Cu	其他
SUS347	≤0.08	≤1.00	≤2.00	0.045	0.030	17.00～19.00	—	9.00～13.00	—	Nb≥10×C
SUS403	≤0.15	≤0.50	≤1.00	0.040	0.030	11.50～13.00	—	(≤0.60)	—	—
SUS410	≤0.15	≤1.00	≤1.00	0.040	0.030	11.50～13.50	—	(≤0.60)	—	—
SUS416	≤0.15	≤1.00	≤1.25	0.060	≥0.15	12.00～14.00	(≤0.60)	(≤60)	—	—
SUS420F	0.26～0.40	≤1.00	≤1.25	0.060	≥0.15	12.00～14.00	(≤0.60)	(≤60)	—	—
SUS420J1	0.16～0.25	≤1.00	≤1.00	0.040	0.030	12.00～14.00	—	(≤60)	—	—
SUS420J2	0.26～0.40	≤1.00	≤1.00	0.040	0.030	12.00～14.00	—	(≤60)	—	—
SUS430	≤0.12	≤0.75	≤1.00	0.040	0.030	16.00～18.00	—	(≤60)	—	—
SUS430F	≤0.12	≤1.00	≤1.25	0.060	≥0.15	16.00～18.00	(≤0.60)	(≤60)	—	—
SUS440C	0.95～1.20	≤1.00	≤1.00	0.040	0.030	16.00～18.00	(≤0.75)	(≤60)	—	—
G 4319 锻造用不锈钢坯										
SUS302FB	≤0.15	≤1.00	≤2.00	0.045	0.030	17.00～19.00	—	8.00～10.00	—	—
SUS304FB	≤0.08	≤1.00	≤2.00	0.045	0.030	18.00～20.00	—	8.00～10.50	—	—
SUS304HFB	0.04～0.10	≤1.00	≤2.00	0.040	0.030	18.00～20.00	—	8.00～11.00	—	—
SUS304LFB	0.030	≤1.00	≤2.00	0.045	0.030	18.00～20.00	—	9.00～13.00	—	—
SUS310SFB	≤0.08	≤1.00	≤2.00	0.045	0.030	24.00～26.00	—	19.00～22.00	—	—
SUS316FB	≤0.08	≤1.00	≤2.00	0.045	0.030	16.00～18.00	2.00～3.00	10.00～14.00	—	—
SUS316HFB	0.04～0.10	≤1.00	≤2.00	0.040	0.030	16.00～18.00	2.00～3.00	11.00～14.00	—	—
SUS316LFB	≤0.03	≤1.00	≤2.00	0.045	0.030	16.00～18.00	2.00～3.00	12.00～15.00	—	—
SUS317LFB	≤0.03	≤1.00	≤2.00	0.045	0.030	18.00～20.00	3.00～4.00	11.00～15.00	—	—
SUS321FB	≤0.08	≤1.00	≤2.00	0.045	0.030	17.00～19.00	—	9.00～13.00	—	Ti:≥5×C%
SUS321HFB	0.04～0.10	≤1.00	≤2.00	0.030	0.030	17.00～20.00	—	9.00～13.00	—	Ti:4×C%～0.60
SUS347FB	≤0.08	≤100	≤2.00	0.045	0.030	17.00～19.00	—	9.00～13.00	—	Nb:≥10×C%
SUS347HFB	0.04～0.10	≤1.00	≤2.00	0.030	0.030	17.00～20.00	—	9.00～13.00	—	Nb:8×C%～1.00
SUS329JIFB	≤0.08	≤1.00	≤1.50	0.040	0.030	23.00～28.00	1.00～3.00	3.00～6.00	—	—
SUS403FB	≤0.15	≤0.50	≤1.00	0.040	0.030	11.50～13.50	—	(≤60)	—	—
SUS410FB	≤0.15	≤1.00	≤1.00	0.040	0.030	11.50～13.50	—	(≤60)	—	—
SUS410J1FB	0.08～0.18	≤0.60	≤1.00	0.040	0.030	11.50～14.00	0.30～0.60	(≤60)	—	—

续表

标准号与牌号 JIS	化学成分/%								
	C	Si	Mn	P,≤	S,≤	Cr	Mo	Ni	Cu	其他
SUS420J1FB	0.16～0.25	≤1.00	≤1.00	0.040	0.030	12.00～14.00	—	(≤60)	—	—
SUS420J2FB	0.26～0.40	≤1.00	≤1.00	0.040	0.030	12.00～14.00	—	(≤60)	—	—
SUS431FB	≤0.20	≤1.00	≤1.00	0.040	0.030	15.00～17.00	—	1.25～2.50	—	—
SUS630FB	≤0.07	≤1.00	≤1.00	0.040	0.030	15.50～17.50	—	3.00～5.00	—	Nb 0.15～0.45
G 5121 不锈铸钢										
SCS1	≤0.15	≤1.50	≤1.00	0.040	0.040	11.50～14.00	—	(≤1.00)	—	—
SCS2	0.16～0.24	≤1.50	≤1.00	0.040	0.040	11.50～14.00	—	(≤1.00)	—	
SCS3	≤0.15	≤1.00	≤1.00	0.040	0.040	11.50～14.00	0.15～1.00	0.50～1.50	—	—
SCS4	≤0.15	≤1.50	≤1.00	0.040	0.040	11.50～14.00	—	1.50～2.50	—	—
SCS5	≤0.06	≤1.00	≤1.00	0.040	0.040	11.50～14.00	—	3.50～4.50	—	—
SCS11	≤0.10	≤1.50	≤1.00	0.040	0.040	23.00～27.00	1.50～2.50	5.00～7.00	—	—
SCS12	≤0.20	≤2.00	≤2.00	0.040	0.040	18.00～21.00	—	8.00～11.00	—	—
SCS13	≤0.08	≤2.00	≤2.00	0.040	0.040	18.00～21.00	—	8.00～11.00	—	—
SCS13A	≤0.08	≤2.00	≤1.50	0.040	0.040	18.00～21.00	—	8.00～11.00	—	—
SCS14	≤0.08	≤2.00	≤2.00	0.040	0.040	17.00～20.00	2.00～3.00	10.00～14.00	—	—
SCS14A	≤0.08	≤1.50	≤1.50	0.040	0.040	18.00～21.00	2.00～3.00	9.00～12.00	—	—
SCS15	≤0.08	≤2.00	≤2.00	0.040	0.040	17.00～20.00	1.75～2.75	10.00～14.00	1.00～2.50	—
SCS16	≤0.03	≤1.50	≤2.00	0.040	0.040	17.00～20.00	2.00～3.00	12.00～16.00	—	—
SCS16A	≤0.03	≤1.50	≤1.50	0.040	0.040	17.00～21.00	2.00～3.00	9.00～13.00	—	—
SCS17	≤0.20	≤2.00	≤2.00	0.040	0.040	22.00～26.00	—	12.00～15.00	—	—
SCS18	≤0.20	≤2.00	≤2.00	0.040	0.040	23.00～27.00	—	19.00～22.00	—	—
SCS19	≤0.03	≤2.00	≤2.00	0.040	0.040	17.00～21.00	—	8.00～12.00	—	—
SCS19A	≤0.03	≤2.00	≤1.50	0.040	0.040	17.00～21.00	—	8.00～12.00	—	—
SCS20	≤0.03	≤2.00	≤2.00	0.040	0.040	17.00～20.00	1.75～2.75	12.00～16.00	1.00～2.50	—
SCS21	≤0.08	≤2.00	≤2.00	0.040	0.040	18.00～21.00	—	9.00～12.00	—	Nb+Ta≥10×C≤1.35
SCS22	≤0.08	≤2.00	≤2.00	0.040	0.040	17.00～20.00	2.00～3.00	10.00～14.00	—	Nb+Ta≥10×C≤1.35
SCS23	≤0.07	≤2.00	≤2.00	0.040	0.040	19.00～22.00	2.00～3.00	27.50～30.50	3.00～4.00	—
SCS24	≤0.07	≤1.00	≤1.00	0.040	0.040	15.50～17.50	—	3.00～5.00	2.50～4.00	Nb+Ta 0.15～0.45
G 5122 耐热铸钢										
SCH1	0.20～0.40	1.50～3.00	≤1.00	0.040	0.040	12.00～15.00	—	≤1.00	—	—

续表

标准号与牌号	化学成分/%									
JIS	C	Si	Mn	P,≤	S,≤	Cr	Mo	Ni	Cu	其他
SCH2	≤0.40	≤2.00	≤1.00	0.040	0.040	25.00～28.00	(≤0.50)	≤1.00	—	—
SCH3	≤0.40	≤2.00	≤1.00	0.040	0.040	12.00～15.00	(≤0.50)	≤1.00	—	—
SCH11	≤0.40	≤2.00	≤1.00	0.040	0.040	24.00～28.00	(≤0.50)	4.00～6.00	—	—
SCH12	0.20～0.40	≤2.00	≤2.00	0.040	0.040	18.00～23.00	—	8.00～12.00	—	—
SCH13	0.20～0.50	≤2.00	≤2.00	0.040	0.040	24.00～28.00	—	11.00～14.00	—	(N≤0.20)
SCH15	0.35～0.70	≤2.50	≤2.00	0.040	0.040	15.00～19.00	—	33.00～37.00	—	—
SCH16	0.20～0.35	≤2.50	≤2.00	0.040	0.040	13.00～17.00	—	33.00～37.00	—	—
SCH17	0.20～0.50	≤2.00	≤2.00	0.040	0.040	26.00～30.00	—	8.00～11.00	—	—
SCH18	0.20～0.50	≤2.00	≤2.00	0.040	0.040	26.00～30.00	—	14.00～18.00	—	—
SCH19	0.20～0.50	≤2.00	≤2.00	0.040	0.040	19.00～23.00	—	23.00～27.00	—	—
SCH20	0.35～0.75	≤2.50	≤2.00	0.040	0.040	17.00～21.00	—	37.00～41.00	—	—
SCH21	0.25～0.35	≤1.75	≤1.50	0.040	0.040	23.00～27.00	—	19.00～22.00	—	(N≤0.20)
SCH22	0.35～0.45	≤1.75	≤1.50	0.040	0.040	23.00～27.00	—	19.00～22.00	—	(N≤0.20)
SCH23	0.20～0.60	≤2.00	≤2.00	0.040	0.040	28.00～32.00	—	18.00～22.00	—	—
SCH24	0.35～0.75	≤2.00	≤2.00	0.040	0.040	24.00～28.00	(≤0.50)	33.00～37.00	—	—

14.7.2 不锈耐热钢的力学性能

(1)JIS G 4303(1986)标准规定的力学性能

表 14-251 固溶化热处理状态的力学性能

牌号	热处理/℃ 固溶化热处理	抗拉试验				硬度试验		
		屈服强度 /MPa,>	抗拉强度 /MPa,>	伸长率 /%	断面收缩率 /%	HB	HRB	HV
SUS201	1010～1120 急冷	275	520	≥40	≥45	≤241	≤100	≤253
SUS202	1010～1120 急冷	275	520	≥40	≥45	≤207	≤95	≤218
SUS301	1010～1150 急冷	206	520	≥40	≥60	≤187	≤90	≤200
SUS302	1010～1150 急冷	206	520	≥40	≥60	≤187	≤90	≤200
SUS303	1010～1150 急冷	206	520	≥40	≥50	≤187	≤90	≤200
SUS303Se	1010～1150 急冷	206	520	≥40	≥50	≤187	≤90	≤200
SUS304	1010～1150 急冷	206	520	≥40	≥60	≤187	≤90	≤200
SUS304L	1010～1150 急冷	176	481	≥40	≥60	≤187	≤90	≤200
SUS304N1	1010～1150 急冷	275	550	≥35	≥50	≤217	≤95	≤220
SUS304N2	1010～1150 急冷	343	687	≥35	≥50	≤250	≤100	≤260
SUS304LN	1010～1150 急冷	245	550	≥40	≥50	≤217	≤95	≤220
SUS305	1010～1150 急冷	176	481	≥40	≥60	≤187	≤90	≤200
SUS309S	1030～1150 急冷	206	520	≥40	≥60	≤187	≤90	≤200
SUS310S	1030～1180 急冷	206	520	≥40	≥50	≤187	≤90	≤200
SUS316	1010～1150 急冷	206	520	≥40	≥60	≤187	≤90	≤200
SUS316L	1010～1150 急冷	176	481	≥40	≥60	≤187	≤90	≤200
SUS316N	1010～1150 急冷	275	550	≥35	≥50	≤217	≤95	≤220
SUS316LN	1010～1150 急冷	245	550	≥40	≥50	≤217	≤95	≤220
SUS316J1	1010～1150 急冷	206	520	≥40	≥60	≤187	≤90	≤200
SUS316J1L	1010～1150 急冷	176	481	≥40	≥60	≤187	≤90	≤200
SUS317	1010～1150 急冷	206	520	≥40	≥60	≤187	≤90	≤200
SUS317L	1010～1150 急冷	176	481	≥40	≥60	≤187	≤90	≤200
SUS317J1	1030～1180 急冷	176	481	≥40	≥45	≤187	≤90	≤200
SUS321	920～1150 急冷	206	520	≥40	≥50	≤187	≤90	≤200
SUS347	980～1150 急冷	206	520	≥40	≥50	≤187	≤90	≤200
SUSXM7	1010～1150 急冷	176	481	≥40	≥60	≤187	≤90	≤200
SUSXM15	1010～1150 急冷	206	520	≥40	≥60	≤207	≤95	≤218
SUS329J	950～1100 急冷	392	589	≥18	≥40	≤277	≤29	≤292

表 14-252 退火状态的力学性能

牌号	热处理/℃ 退火	抗拉试验				冲击试验	硬度试验
		屈服强度 /MPa,≥	抗拉强度 /MPa,≥	伸长率 /%	断面收缩率 /%	摆锤冲击值 /J·cm^{-2}	HB
SUS405	780～830 空冷或慢冷	176	412	≥20	≥60	≥98	≤183
SUS410L	700～820 空冷或慢冷	196	363	≥22	≥60		≤183
SUS430	780～850 空冷或慢冷	206	451	≥22	≥50		≤183
SUS430F	680～820 空冷或慢冷	206	451	≥22	≥50		≤183
SUS434	780～850 空冷或慢冷	206	451	≥22	≥60		≤183
SUS447J1	900～1050 急冷	294	451	≥20	≥45		≤228
SUSXM27	900～1050 急冷	245	412	≥20	≥45		≤219

表 14-253　　淬回火状态的力学性能

钢号	热处理/℃			抗拉试验				冲击试验	硬度试验		
	退火	淬火	回火	屈服强度/MPa 不小于	抗拉强度/MPa 不小于	伸长率/%	断面收缩率/%	摆锤冲击值/J·cm^{-2}	HB	HRC	退火状态HB
SUS403	800～900 慢冷或约 750 急冷	950～1000 油冷	700～750 急冷	392	589	≥25	≥55	≥147	≥170		≤200
SUS410	800～900 慢冷或约 750 急冷	950～1000 油冷	700～750 急冷	343	540	≥25	≥55	≥98	≥159		≤200
SUS410J1	830～900 慢冷或约 750 急冷	970～1020 油冷	650～750 急冷	491	687	≥20	≥60	≥98	≥192		≤200
SUS416	800～900 慢冷或约 750 急冷	950～1000 油冷	700～750 急冷	343	540	≥25	≥55	≥98	≥159		≤200
SUS420J1	800～900 慢冷或约 750 空冷	920～980 油冷	600～750 急冷	442	638	≥20	≥50	≥78.4	≥192		≤223
SUS420J2	800～900 慢冷或约 750 空冷	920～980 油冷	600～750 急冷	540	736	≥12	≥40	≥29.4	≥217		≤235
SUS420F	800～900 慢冷或 750 空冷	920～980 油冷	600～750 急冷	540	736	≥12	≥40	≥29.4	≥217		≤235
SUS431	一次约 750 急冷二次约 650 急冷	1000～1050 油冷	630～700 急冷	589	785	≥15	≥40	≥39.2	≥229		≤302
SUS440A	800～920 慢冷	1010～1070 油冷	100～180 空冷							≥54	≤255
SUS440B	800～920 慢冷	1010～1070 油冷	100～180 空冷							≥56	≤255
SUS440C	800～920 慢冷	1010～1070 油冷	100～180 空冷							≥58	≤269
SUS440F	800～920 慢冷	1010～1070 油冷	100～180 空冷							≥58	≤269

表 14-254　　沉淀硬化系的力学性能

牌号	热处理			抗拉试验				硬度试验	
	类型	符号	工艺规范	屈服强度/MPa 不小于	抗拉强度/MPa 不小于	伸长率/%	断面收缩率/%	HB	HRC
SUS630	固溶化热处理	S	1020～1060℃急冷					≤363	≤38
	沉淀硬化热处理	H900	S处理后，470～490℃空冷	1178	1316	≥10	≥40	≥375	≥40
		H1025	S处理后，540～560℃空冷	1001	1070	≥12	≥45	≥331	≥35
		H1075	S处理后，570～590℃空冷	864	1001	≥13	≥45	≥302	≥31
		H1150	S处理后，610～630℃空冷	726	933	≥16	≥50	≥277	≥28
SUS631	固溶化热处理	S	1000～1100℃急冷	383	1031	≥20		≤229	
	沉淀硬化热处理	TH1050	S处理后，在 760±15℃保温 90min，然后在 1h 之内冷却到 15℃（或 15℃以下），并保温 30min，再加热到 565±10℃，保温 90min 后空冷	962	1139	≥5	≥25	≥363	
		RH950	S处理后，在 955±10℃保温 10min，然后空冷到室温，在 24h 之内冷却到－73±6℃保持 8h，再加热到 510±10℃，保持 60min 后空冷	1031	1227	≥4	≥10	≥383	

(2)JIS G 4304 标准规定的力学性能

表 14-255 固溶化处理状态的力学性能

牌号	热处理/℃	抗拉试验			硬度试验		
	固溶化热处理	屈服强度/MPa(kgf/mm²)≥	抗拉强度/MPa(kgf/mm²)≥	伸长率/%,≥	HB≤	HRB≤	HV≤
SUS201	1010～1120 急冷	245(25)	637(65)	40	241	100	≤260
SUS202	1010～1120 急冷	245(25)	588(60)	40	207	95	≤218
SUS302	1010～1150 急冷	206(21)	520(53)	40	187	90	≤200
SUS302B	1010～1150 急冷	206(21)	520(53)	40	207	95	≤218
SUS304	1010～1150 急冷	206(21)	520(53)	40	187	90	≤200
SUS304L	1010～1150 急冷	177(18)	481(49)	40	187	90	≤200
SUS304N1	1010～1150 急冷	275(28)	549(59)	35	217	95	≤220
SUS304N2	1010～1150 急冷	343(35)	686(70)	35	250	100	≤260
SUS304LN	1010～1150 急冷	245(25)	549(56)	40	217	95	≤220
SUS305	1010～1150 急冷	177(18)	481(49)	40	187	90	≤200
SUS309S	1030～1150 急冷	206(21)	520(53)	40	187	90	≤200
SUS310S	1030～1180 急冷	206(21)	520(53)	40	187	90	≤200
SUS316	1010～1150 急冷	206(21)	520(53)	40	187	90	≤200
SUS316L	1010～1150 急冷	177(18)	481(49)	40	187	90	≤200
SUS316N	1010～1150 急冷	275(28)	549(56)	35	217	95	≤220
SUS316LN	1010～1150 急冷	245(25)	549(56)	40	217	95	≤220
SUS316J1	1010～1150 急冷	206(21)	520(53)	40	187	95	≤200
SUS316J1L	1010～1150 急冷	177(18)	481(49)	40	187	90	≤200
SUS317	1010～1150 急冷	206(21)	520(53)	40	187	90	≤200
SUS317L	1010～1150 急冷	177(18)	481(49)	40	187	90	≤200
SUS317J1	1030～1180 急冷	177(18)	481(49)	40	187	90	≤200
SUS321	920～1150 急冷	206(21)	520(53)	40	187	90	≤200
SUS347	980～1150 急冷	206(21)	520(53)	40	187	90	≤200
SUSXM15J1	1010～1150 急冷	206(21)	520(53)	40	207	95	≤218
SUS329J1	950～1100 急冷	392(40)	588(60)	40	277	29	292

注:SUS321 和 SUS347 稳定化热处理工艺为 850～930℃。

表 14-256 退火状态的力学性能

牌号	热处理/℃	抗拉试验			硬度试验		
	退火	屈服强度/MPa(kgf/mm²)≥	抗拉强度/MPa(kgf/mm²)≥	伸长率/%,≥	HB≤	HRB≤	HV≤
SUS405	780～830 急冷或慢冷	177(18)	412(42)	20	183	88	200
SUS410L	700～820 急冷或慢冷	186(20)	363(37)	22	183	88	200
SUS429	780～850 急冷或慢冷	206(21)	451(46)	22	183	88	200

续表

牌　　号	热处理/℃ 退　　火	抗拉试验 屈服强度 /MPa(kgf/mm²) ≥	抗拉试验 抗拉强度 /MPa(kgf/mm²) ≥	抗拉试验 伸长率 /%，≥	硬度试验 HB ≤	硬度试验 HRB ≤	硬度试验 HV ≤
SUS430	780～850 急冷或慢冷	206(21)	451(46)	22	183	88	200
SUS434	780～850 急冷或慢冷	206(21)	451(46)	22	183	88	200
SUS436L	800～1050 急冷	245(25)	412(42)	20	217	96	230
SUS444	800～1050 急冷	245(25)	412(42)	20	217	96	230
SUS447J1	900～1050 急冷	294(30)	451(46)	22	209	95	220
SUSXM27	900～1050 急冷	245(25)	412(42)	22	190	90	200
SUS403	约 750 急冷或 800～900 慢冷	206(21)	441(45)	20	200	93	210
SUS410	约 750 急冷或 800～900 慢冷	206(21)	441(45)	20	200	93	210
SUS410S	约 750 急冷或 800～900 慢冷	206(21)	412(42)	20	183	88	200
SUS420J1	约 750 空冷或 800～900 慢冷	226(23)	520(53)	18	223	97	234
SUS420J2	约 750 空冷或 800～900 慢冷	226(23)	539(55)	18	235	99	247
SUS429J1	约 750 空冷或 800～900 慢冷	226(23)	520(53)	18	241	100	253
SUS440A	约 750 空冷或 800～900 慢冷	245(25)	588(60)	15	255	HRC25	269

表 14-257　　沉淀硬化系的力学性能

钢　号	热处理 类　型	热处理 符　号	热处理 工艺规范	抗拉试验 屈服强度 /MPa	抗拉试验 抗拉强度 /MPa	抗拉试验 伸长率 /%	硬度试验 HB	硬度试验 HRC	硬度试验 HRB	硬度试验 HV
SUS631	固溶化热处理	S	1000～1100℃ 急冷	≤383	≤1030	≥20	≤190		≤92	≤200
	沉淀硬化热处理	TH1050	S 处理后，760±15℃保温 90min，1h 内冷至15℃（或以下），保温30min，再加热到 565±10℃，保温 90min 后空冷	≥961	≥1138	厚度≤3.0mm：伸长率≥3 厚度≥3.0mm：伸长率≥5		≥35		≥345
	沉淀硬化热处理	TH950	S 处理后，955±10℃保温 10min，然后空冷至室温，24h 之内冷却到－73±6℃保持 8h，再加热到 510±10℃，保温60min 后空冷	≥1030	≥1226	厚度≤3.0mm：无规定 厚度≥3.0mm：伸长率≥4		≥40		≥392

(3)JIS G 4305(1981)标准规定的力学性能

表 14-258 固溶化热处理状态的力学性能

牌号	热处理/℃	抗拉试验			硬度试验		
	固溶化热处理	屈服强度/MPa(kgf/mm²)	抗拉强度/MPa(kgf/mm²)	伸长率/%,≥	HB ≤	HRB ≤	HV ≤
SUS201	1010～1120 急冷	245(25)	637(65)	40	241	100	253
SUS202	1010～1120 急冷	245(25)	588(60)	40	207	95	218
SUS301	1010～1150 急冷	206(21)	520(53)	40	187	90	200
SUS301J1	1010～1150 急冷	206(21)	569(58)	45	187	90	200
SUS302	1010～1150 急冷	206(21)	520(53)	40	187	90	200
SUS302B	1010～1150 急冷	206(21)	520(53)	40	207	95	218
SUS304	1010～1150 急冷	206(21)	520(53)	40	187	90	200
SUSU304L	1010～1150 急冷	177(18)	481(49)	40	187	90	200
SUS304N1	1010～1150 急冷	275(28)	549(56)	35	217	95	220
SUS304N2	1010～1150 急冷	343(35)	686(70)	35	250	100	260
SUS304LN	1010～1150 急冷	245(25)	549(56)	40	217	95	220
SUS305	1010～1150 急冷	477(18)	481(49)	40	187	90	200
SUS309S	1030～1150 急冷	206(21)	520(53)	40	187	90	200
SUS310S	1030～1180 急冷	206(21)	520(53)	40	187	90	200
SUS316	1010～1150 急冷	206(21)	520(53)	40	187	90	200
SUS316L	1010～1150 急冷	177(18)	481(49)	40	187	90	200
SUS316N	1010～1150 急冷	275(28)	549(56)	35	217	95	220
SUS316LN	1010～1150 急冷	245(25)	549(56)	40	217	95	220
SUS316JL	1010～1150 急冷	206(21)	520(53)	40	187	90	200
SUSU316J1L	1010～1150 急冷	177(18)	481(49)	40	187	90	200
SUS317	1010～1150 急冷	206(21)	520(53)	40	187	90	200
SUS317L	1010～1150 急冷	177(18)	481(49)	40	187	90	200
SUS317J1	1030～1180 急冷	177(18)	481(49)	40	187	90	200
SUS321	920～1150 急冷	206(21)	520(53)	40	187	90	200
SUS347	980～1150 急冷	206(21)	520(53)	40	187	90	200
SUSXM45J1	1010～1150 急冷	206(21)	520(53)	40	207	95	218
SUS329J1	950～1100 急冷	392(40)	588(60)	48	277	HRC:29	292

注:SUS321 和 SUS347 的稳定化热处理工艺为 850～930℃。

表 14-259 SUS301 钢轧制状态的力学性能

牌号	调质符号	抗拉试验				
		屈服强度/MPa(kgf/mm²)≥	抗拉强度/MPa(kgf/mm²)≥	伸长率/%		
				厚度＜0.4mm	厚度≥0.4mm＜0.8mm	厚度≥0.8mm
SUS301	1/4H	510(52)	863(88)	25	25	25
	1/2H	755(77)	1030(105)	9	10	10
	3/4H	932(95)	1206(123)	3	5	7
	H	961(98)	1275(130)	3	4	5

表 14-260 退火状态的力学性能

牌号	热处理/℃ 退火	淬火	回火	抗拉试验 σ_s/MPa (kgf/mm^2)	σ_b/MPa (kgf/mm^2)	δ /%,≥	硬度试验 HB≤	HRB≤	HV≤
SUS403	约 750 急冷或 800～900 慢冷	—	—	206(21)	441(45)	20	200	93	210
SUS410	约 750 急冷或 800～900 慢冷	—	—	206(21)	441(45)	20	200	93	210
SUS410S	约 750 急冷或 800～900 慢冷	—	—	206(21)	412(42)	20	183	88	200
SUS420J1	约 750 空冷或 800～900 慢冷	—	—	226(23)	520(53)	18	223	97	234
SUS420J2	约 750 空冷或 800～900 慢冷	980～1040 急冷	150～400 空冷	226(23)	539(55)	18	235	99	247
SUS429J1	约 750 空冷或 800～900 慢冷	—	—	226(23)	520(53)	18	241	100	253
SUS440A	约 750 空冷或 800～900 慢冷	1010～1070 急冷	150～400 空冷	245(25)	588(60)	15	255	HRC25	269
SUS405	780～830 急冷或慢冷	—	—	177(18)	412(42)	20	183	88	200
SUS410L	780～820 急冷或慢冷	—	—	196(20)	363(37)	22	183	88	200
SUS429	780～850 急冷或慢冷	—	—	206(21)	451(46)	22	183	88	200
SUS430	780～850 急冷或慢冷	—	—	206(21)	451(46)	22	183	88	200
SUS430LX	780～950 急冷或慢冷	—	—	177(18)	363(37)	22	183	88	200
SUS434	780～850 急冷或慢冷	—	—	206(21)	451(46)	22	183	88	200
SUS446L	800～1050 急冷	—	—	245(25)	412(42)	20	217	96	230
SUS444	800～1050 急冷	—	—	245(25)	412(42)	20	217	96	230
SUS447J1	900～1050 急冷	—	—	294(30)	451(46)	22	209	95	220
SUSXM27	900～1050 急冷	—	—	245(25)	412(42)	22	190	90	200

注：淬回火状态下，SUS420J2 的 HRC≥40，SUS440A 的 HRC≥40。

表 14-261　　沉淀硬化系的力学性能

钢号	热处理			抗拉试验			硬度试验			
	类型	符号	状态	σ_s /MPa (kgf/mm²)	σ_b /MPa (kgf/mm²)	δ /%,≥	HB ≤	HRC ≥	HRB ≤	HV ≤
SUS631	固溶化热处理	S	1000～1100℃急冷	≤382(39)	≤1030(105)	20	190	—	92	200
	沉淀硬化热处理	TH1050	S处理后,760±15℃保温90min,1h内冷至15℃以下,保持30min,再于565±10℃保温90min,空冷	≥961(98)	≥1138(116)	厚度≤3.0mm：3 厚度>3.0mm：5	—	35	—	≥345
		RH950	S处理后,955±10℃保温10min,空冷到室温,24h内,于−73±6℃保持8h,再于501±10℃保温60min,空冷	≥1030(105)	≥1226(125)	厚度≤3.0mm：无规定 厚度≥3.0mm：4	—	40	—	≥392

(4)JIS G 4306(1981)标准规定的力学性能

表 14-262　　固溶化热处理状态的力学性能

牌号	热处理/℃	抗拉试验			硬度试验		
	固溶化热处理	σ_s/MPa (kgf/mm²),≥	σ_b/MPa (kgf/mm²),≥	δ /%,≥	HB ≤	HRB ≤	HB ≤
SUS201	1010～1120急冷	245(25)	637(65)	40	241	100	253
SUS202	1010～1120急冷	245(25)	588(60)	40	207	95	218
SUS301	1010～1150急冷	206(21)	520(53)	40	187	90	200
SUS301J1	1010～1150急冷	206(21)	569(58)	45	187	90	200
SUS302	1010～1150急冷	206(21)	520(53)	40	187	90	200
SUS302B	1010～1150急冷	206(21)	520(53)	40	207	95	218
SUS304	1010～1150急冷	206(21)	520(53)	40	187	90	200
SUS304L	1010～1150急冷	177(18)	481(49)	40	187	90	200
SUS304N1	1010～1150急冷	275(28)	549(56)	35	217	95	220
SUS304N2	1010～1150急冷	343(35)	686(70)	35	250	100	260
SUS304LN	1010～1150急冷	245(25)	549(56)	40	217	95	220
SUS305	1010～1150急冷	177(18)	481(49)	40	187	90	200
SUS309S	1030～1150急冷	206(21)	520(53)	40	187	90	200
SUS310S	1030～1180急冷	206(21)	520(53)	40	187	90	200
SUS316	1010～1150急冷	206(21)	520(53)	40	187	90	200
SUS316L	1010～1150急冷	177(18)	481(49)	40	187	90	200
SUS316N	1010～1150急冷	275(28)	549(56)	35	217	95	220
SUSU316LN	1010～1150急冷	245(25)	549(56)	40	217	95	220
SUS316J1	1010～1150急冷	206(21)	520(53)	40	187	90	200
SUS316J1L	1010～1150急冷	177(18)	481(49)	40	187	90	200
SUS317	1010～1150急冷	206(21)	520(53)	40	187	90	200

续表

牌号	热处理/℃	抗拉试验			硬度试验		
	固溶化热处理	σ_s/MPa (kgf/mm²),≥	σ_b/MPa (kgf/mm²),≥	δ /%,≥	HB ≤	HRB ≤	HB ≤
SUSU317L	1010～1150 急冷	177(18)	481(49)	40	187	90	200
SUS317J1	1030～1180 急冷	177(18)	481(49)	40	187	90	200
SUS321	920～1150 急冷	206(21)	520(53)	40	187	90	200
SUS347	980～1150 急冷	206(21)	520(53)	40	187	90	200
SUSXM15J1	1010～1150 急冷	206(21)	520(53)	40	207	95	218
SUS329J1	950～1100 急冷	392(40)	588(60)	18	277	HRC29	292

注:SUS321 和 SUS347 的稳定化处理工艺为 850～930℃。

表 14-263　　退火状态的力学性能

钢号	热处理/℃			抗拉试验			硬度试验		
	退火	淬火	回火	σ_s /MPa (kgf/mm²) ≥	σ_s /MPa (kgf/mm²) ≥	δ /% ≥	HB ≤	HRB ≤	HV ≤
SUS403	约 750 急冷或 800～900 慢冷	—	—	206(21)	441(45)	20	200	93	210
SUS410	约 750 急冷或 800～900 慢冷	—	—	206(21)	441(45)	20	200	93	210
SUS410S	约 750 急冷或 800～900 慢冷	—	—	206(21)	412(42)	20	183	88	200
SUS420J1	约 750 空冷或 800～900 慢冷	—	—	226(23)	520(53)	18	223	97	234
SUS420J2	约 750 空冷或 800～900 慢冷	980～1040 急冷	150～400 空冷	226(23)	539(55)	18	235	99	247
SUS429J1	约 750 空冷或 800～900 慢冷	—	—	226(23)	520(53)	18	241	100	253
SUS440A	约 750 空冷或 800～900 慢冷	1010～1070 急冷	150～400 空冷	245(25)	588(60)	15	255	HRC25	269
SUS405	780～830 急冷或慢冷	—	—	177(18)	412(42)	20	183	88	200
SUS410L	700～820 急冷或慢冷	—	—	196(20)	363(37)	22	183	88	200
SUS429	780～850 急冷或慢冷	—	—	206(21)	451(46)	22	183	88	200
SUS430	780～850 急冷或慢冷	—	—	206(21)	451(46)	22	183	88	200
SUS430LX	780～950 急冷或慢冷	—	—	177(18)	363(37)	22	183	88	200
SUS434	780～850 急冷或慢冷	—	—	206(21)	451(46)	22	183	88	200
SUS436L	800～1050 急冷	—	—	245(25)	412(42)	20	217	96	230
SUS444	800～1050 急冷	—	—	245(25)	412(42)	20	217	96	230
SUS447J1	900～1050 急冷	—	—	294(30)	451(46)	22	209	95	220
SUSXM27	900～1050 急冷	—	—	245(25)	412(42)	22	190	90	200

注:淬回火状态下,SUS420J2,SUS440A 的 HRC≥40。

表 14-264 沉淀硬化系的力学性能

钢号	热处理			抗拉试验			硬度试验			
	类型	符号	状态	σ_s /MPa (kgf/mm²)	σ_b /MPa (kgf/mm²)	δ/% ≥	HB ≤	HRC ≥	HRB ≤	HV ≤
SUS631	固溶化热处理	S	1000～1100℃急冷	≤382(39)	≤1030(105)	≥20	190	—	92	200
	沉淀硬化热处理	TH1050	S处理后，760±15℃保温90min，1h内冷至15℃以下，保持30min，再于565±10℃保温90min后，空冷	≥961(98)	≥1138(116)	厚度≤3.0mm：≥3 厚度>3.0mm：≥5	—	35	—	≥345
		RH950	S处理后，955±10℃保温10min，空冷到室温，24h内，于−73±6℃保持8h，再于510±10℃保温60min，空冷	≥1030(105)	≥1226(125)	厚度≤3.0mm：无规定 厚度≥3.0mm：≥4	—	40	—	≥392

(5)JISG4307 标准规定的力学性能

表 14-265 固溶热处理状态的力学性能

牌号	热处理/℃	抗拉试验			硬度试验	
	固溶化热处理	σ_s/MPa(kgf/mm²) ≥	σ_b/MPa(kgf/mm²) ≥	δ /%,≥	HRB ≤	HV ≤
SUS201	1010～1120 急冷	245(25)	637(65)	40	100	253
SUS202	1010～1120 急冷	245(25)	588(60)	40	95	218
SUS301	1010～1150 急冷	206(21)	520(53)	40	90	200
SUS301J1	1010～1150 急冷	206(21)	569(58)	45	90	200
SUS302	1010～1150 急冷	206(21)	520(53)	40	90	200
SUS302B	1010～1150 急冷	206(21)	520(53)	40	95	218
SUS304	1010～1150 急冷	206(21)	520(53)	40	90	200
SUS304L	1010～1150 急冷	177(18)	481(49)	40	90	200
SUS304N1	1010～1150 急冷	275(28)	549(56)	35	95	220
SUS304N2	1010～1150 急冷	343(35)	686(70)	35	100	260
SUS304LN	1010～1150 急冷	245(25)	549(56)	40	95	220
SUS305	1010～1150 急冷	177(18)	481(49)	40	90	200
SUS309S	1030～1150 急冷	206(21)	520(53)	40	90	200
SUS310S	1030～1180 急冷	206(21)	520(53)	40	90	200
SUS316	1010～1150 急冷	206(21)	520(53)	40	90	200
SUS316L	1010～1150 急冷	177(18)	481(49)	40	90	200
SUS316LN	1010～1150 急冷	245(25)	549(56)	40	95	220
SUS316J1	1010～1150 急冷	206(21)	520(53)	40	90	200
SUS316J1L	1010～1150 急冷	177(18)	481(49)	40	90	200
SUS317	1010～1150 急冷	206(21)	520(53)	40	90	200

续表

牌号	热处理/℃ 固溶化热处理	抗拉试验 σ_s/MPa(kgf/mm²) ≥	σ_b/MPa(kgf/mm²) ≥	δ/%,≥	硬度试验 HRB ≤	HV ≤
SUS317L	1010～1150 急冷	177(18)	481(49)	40	90	200
SUS317J1	1030～1180 急冷	177(18)	481(49)	40	90	200
SUS321	920～1150 急冷	206(21)	520(53)	40	90	200
SUS347	980～1150 急冷	206(21)	520(53)	40	90	200
SUSXM15J1	1010～1150 急冷	206(21)	520(53)	40	95	218
SUS329J1	950～1100 急冷	392(40)	588(60)	18	HRC29	292

注：SUS321 和 SUS347 的稳定化热处理工艺为 850～930℃。

表 14-266　SUS301 钢轧制状态的力学性能

钢号	调质的符号	抗拉试验 σ_s /MPa (kgf/mm²) ≥	σ_b /MPa (kgf/mm²) ≥	δ/%,≥ 厚度 <0.4mm	厚度 ≥0.4mm <0.8mm	厚度 ≥0.8mm
SUS301	1/4H	510(52)	863(88)	25	25	25
	1/2H	755(77)	1030(105)	9	10	10
	3/4H	932(95)	1206(123)	3	5	7
	H	961(98)	1275(130)	3	4	5

表 14-267　退火状态的力学性能

钢号	热处理/℃ 退火	淬火	回火	抗拉试验 σ_s /MPa (kgf/mm²) ≥	σ_b /MPa (kgf/mm²) ≥	δ /% ≥	硬度试验 HRB ≤	HV ≤
SUS403	约 750 急冷或 800～900 慢冷	—	—	206(21)	441(45)	20	93	210
SUS410	约 750 急冷或 800～900 慢冷	—	—	206(21)	441(45)	20	93	210
SUS410S	约 750 急冷或 800～900 慢冷	—	—	206(21)	412(42)	20	88	200
SUS420J1	约 750 空冷或 800～900 慢冷	—	—	226(23)	520(53)	18	97	234
SUS420J2	约 750 空冷或 800～900 慢冷	980～1040 急冷	150～400 空冷	226(23)	539(55)	18	99	247
SUS429J1	约 750 空冷或 800～900 慢冷	—	—	226(23)	520(53)	18	100	253
SUS440A	约 750 空冷或 800～900 慢冷	1010～1070 急冷	150～400 空冷	245(25)	588(60)	15	HRC25	269
SUS405	780～830 急冷或慢冷	—	—	177(18)	412(42)	20	88	200
SUS410L	700～820 急冷或慢冷	—	—	196(20)	363(37)	22	88	200
SUS429	780～850 急冷或慢冷	—	—	206(21)	451(46)	22	88	200
SUS430	780～850 急冷或慢冷	—	—	206(21)	451(46)	22	88	200
SUS430LX	780～950 急冷或慢冷	—	—	177(18)	363(37)	22	88	200
SUS434	780～850 急冷或慢冷	—	—	206(21)	451(46)	22	88	200

续表

钢号	热处理/℃			抗拉试验			硬度试验	
	退火	淬火	回火	σ_s /MPa (kgf/mm²) ≥	σ_b /MPa (kgf/mm²) ≥	δ /% ≥	HRB ≤	HV ≤
SUS436L	800～1050急冷	—	—	245(25)	412(42)	20	96	230
SUS444	800～1050急冷	—	—	245(25)	412(42)	20	96	230
SUS447J1	900～1050急冷	—	—	294(30)	451(46)	22	95	220
SUSXM27	900～1050急冷	—	—	245(25)	412(42)	22	90	200

注：淬回火状态下，SUS420J2和SUS440A的HRC≥40。

表 14-268 沉淀硬化系的力学性能

钢号	热处理			抗拉试验			硬度试验		
	类型	符号	热处理制度	σ_s /MPa (kgf/mm²)	σ_b /MPa (kgf/mm²)	δ /%，≥	HRC ≥	HRB ≤	HV ≤
SUS631	固溶化热处理	S	1000～1100℃急冷	≤382(39)	≤1030(105)	20	—	≤92	≤200
	沉淀硬化热处理	TH1050	S处理后，760±15℃保温90min，1h内冷至15℃以下，保持30min，再于565±10℃保温90min，空冷	≥961(98)	≥1138(116)	厚度≤3.0mm：δ≥3 厚度>3.0mm：δ≥5	≥35	—	≥345
		RH950	S处理后，955±10℃保温10min，空冷到室温，24h内，于−73±6℃保持8h，再于510±10℃保温60min，空冷	≥1030(105)	≥1226(125)	厚度≤3.0mm：无规定 厚度≥3.0mm：δ≥4	≥40	—	≥392

(6) JIS G 4309(1981)标准规定的力学性能

表 14-269 热处理、调质类型及符号

牌号	热处理/℃					调质	
	固溶化热处理	退火	淬火	低温回火	高温回火	类型	符号
SUS303	1010～1150急冷	—	—	—	—	软质1号 软质2号	-W1 -W2
SUS303Se	1010～1150急冷	—	—	—	—	软质1号 软质2号	-W1 -W2
SUS304	1010～1150急冷	—	—	—	—	软质1号 软质2号 $\frac{1}{2}$硬质	-W1 -W2 -W$\frac{1}{2}$H
SUS304L	1010～1150急冷	—	—	—	—	软质1号	-W1
SUS305	1010～1150急冷	—	—	—	—	软质1号	-W1
SUS305J1	1010～1150急冷	—	—	—	—	软质1号	-W1

续表

牌号	热处理/℃					调质	
	固溶化热处理	退火	淬火	低温回火	高温回火	类型	符号
SUS309S	1030～1150 急冷	—	—	—	—	软质1号	-W1
SUS310S	1030～1180 急冷	—	—	—	—	软质1号	-W1
SUS316	1010～1150 急冷	—	—	—	—	软质1号 软质2号 $\frac{1}{2}$硬质	-W1 -W2 -W $\frac{1}{2}$H
SUS316L	1010～1150 急冷	—	—	—	—	软质1号	-W1
SUS321	920～1150 急冷	—	—	—	—	软质1号	-W1
SUS347	980～1150 急冷	—	—	—	—	软质1号	-W1
SUS430	—	750～850 空冷或慢冷	—	—	—	软质2号	-W2
SUS430F	—	680～820 空冷或慢冷	—	—	—	软质2号	-W2
SUS410	—	约750空冷或 800～900慢冷	950～1000 油冷	200～400 急冷	600～750 急冷	软质2号	-W2
SUS416	—	约750空冷或 800～900慢冷	950～1000 油冷	200～400 急冷	600～750 急冷	软质2号	-W2
SUS420J1	—	约750空冷或 800～900慢冷	950～980 油冷	200～400 急冷	600～750 急冷	软质2号	-W2
SUS420J1	—	约750空冷或 800～900慢冷	920～980 油冷	150～400 急冷	600～750 急冷	软质2号	-W2
SUS440C	—	800～920 慢冷	1010～1070 油冷	150～400 急冷	—	软质2号	-W2

表 14-270　力学性能

直径/mm	抗拉试验		钢号及调质符号
	抗拉强度/MPa(kgf/mm²)	伸长率/%	
软质1号			
≥0.030≤0.050	686～1030(70～105)	≥10	SUS303-W1　SUS3030Se-W1
>0.050≤0.16	637～981(65～100)	≥20	SUS304-W1　SUS304L-W1
>0.16≤0.50	588～932(60～95)	≥20	SUS305-W1　SUS305J1-W1
>0.50≤1.60	539～883(55～90)	≥30	SUS309S-W1　SUS310S-W1
>1.60≤5.00	490～834(50～85)	≥30	SUS316-W1　SUS316L-W1
>5.00≤14.0	490～785(50～80)	≥30	SUS321-W1　SUS347-W1
软质2号			
≥0.80≤1.60	785～1128(80～115)	—	SUS303-W2　SUS303Se-W2
>1.60≤5.00	735～1079(75～110)	—	SUS304-W2　SUS316-W2
>5.00≤14.0	735～1030(75～105)	—	
≥0.80≤1.60	539～785(55～80)	—	
>1.60≤5.00	539～785(55～80)	—	SUS410-W2　SUS430-W2

续表

直径/mm	抗拉试验		钢号及调质符号
	抗拉强度/MPa(kgf/mm²)	伸长率/%	
>5.00≤14.0	490～735(50～75)	—	
≥0.80≤1.60	637～932(65～95)	—	SUS416-W2　SUS420J1-W2
>1.60≤5.00	588～883(60～90)	—	SUS420J2-W2　SUS430F-W2
>5.00≤14.0	588～834(60～85)	—	SUS440C-W2
$\frac{1}{2}$硬质			
≥0.80≤1.60	1128～1471(115～150)	—	
>1.60≤5.00	1079～1422(110～145)	—	SUS304-W $\frac{1}{2}$H
>5.00≤6.00	1030～1324(105～135)	—	SUS316-W $\frac{1}{2}$H

(7)JIS G 4311(1987)标准规定的力学性能

表 14-271　　固溶化热处理状态或固溶化热处理后时效状态的力学性能

钢号	热处理/℃				抗拉试验				HB
	类型	符号	固溶化热处理	时效处理	σ_s /MPa (kgf/mm²) ≥	σ_b /MPa (kgf/mm²) ≥	δ /% ≥	ψ /% ≥	
SUH31	固溶化热处理	S	950～1050 急冷		314(32)	735(75)	30	40	≤248
					314(32)	686(70)	25	35	≤248
SUH35	固溶化热处理后时效处理	H	1100～1200 急冷	730～780 空冷	559(57)	883(90)	8		≥302
SUH36			1100～1200 急冷	730～780 空冷	559(57)	883(90)	8		≥302
SUH37			1050～1150 急冷	750～800 空冷	392(40)	785(80)	35	35	≤248
SUH38			1120～1150 急冷	730～760 空冷	490(50)	883(90)	20	25	≥269
SUH309	固溶化热处理	S	1030～1150 急冷	—	206(21)	559(57)	45	50	≤201
SUH310			1030～1180 急冷	—	206(21)	588(60)	40	50	≤201
SUH330			1030～1180 急冷	—	206(21)	559(57)	40	50	≤201
SUH660	固溶化热处理后时效处理	H	885～915 急冷或 965～995 急冷	700～760×16h 空冷或慢冷	588(60)	902(92)	15	18	≥248
SUH661	固溶化热处理	S	1130～1200 急冷	780～830×4h 空冷或慢冷	314(32)	686(70)	35	35	≤248
	固溶化热处理后时效处理	H			343(35)	755(77)	30	30	≥192

表 14-272　　淬回火状态的力学性能

钢号	热处理/℃			抗拉试验				夏氏冲击值 /J·cm⁻² (kgf·m/mm²) ≥	HB ≥
	退火	淬火	回火	σ_s /MPa (kgf/mm²) ≥	σ_b /MPa (kgf/mm²)	δ /% ≥	ψ /%		
SUH1	800～900 慢冷	980～1080 油冷	700～850 急冷	686(70)	932(95)	15	35	—	269

续表

钢号	热处理/℃			抗拉试验				夏氏冲击值/J·cm⁻²(kgf·m/mm²)≥	HB≥
	退火	淬火	回火	σ_s/MPa(kgf/mm²)≥	σ_b/MPa(kgf/mm²)	δ/%≥	ψ/%		
SUH3	800～900 慢冷	980～1080 油冷	700～800 急冷	686(70) 637(65)	932(95) 883(90)	15 15	35 35	19.6(2) 19.6(2)	269 262
SUH4	800～900 慢冷或约 720 空冷	1030～1080 油冷	700～800 急冷	686(70)	883(90)	10	15	9.8(1)	262
SUH11	750～850 慢冷	1000～1050 油冷	650～750 急冷	686(70)	883(90)	15	35	19.6(2)	262
SUH600	850～950 慢冷	1100～1170 油冷或空冷	≥600 空冷	686(70)	834(85)	15	30	—	321
SUH616	830～900 慢冷	1020～1070 油冷或空冷	≥600 空冷	735(75)	883(90)	10	25	—	341

表 14-273　退火状态的力学性能

钢号	热处理/℃	σ_s/MPa(kgf/mm²),≥	σ_b/MPa(kgf/mm²),≥	δ/%≥	ψ/%	HB≤
SUH446	780～880 急冷	275(28)	510(52)	20	40	201

表 14-274　退火状态的硬度

牌号	HB,≤	牌号	HB,≤	牌号	HB,≤
SUH1	269	SUH4	321	SUH600	269
SUH3	269	SUH11	269	SUH616	269

(8)JIS H 4312(1981)标准规定的力学性能

表 14-275　固溶热处理状态或固溶热处理后时效处理后的力学性能

钢号	热处理/℃				抗拉试验			硬度试验		
	类型	符号	固溶热处理	时效处理	σ_s/MPa(kgf/mm²),≥	σ_b/MPa(kgf/mm²)	δ/%	HB≤	HRB≤	HV≤
SUH309	固溶热处理	S	1030～1150 急冷	—	206(21)	57(559)	40	201	95	210
SUH310	固溶热处理	S	1030～1180 急冷	—	206(21)	588(60)	35	201	95	210
SUH330	固溶热处理	S	1030～1180 急冷	—	206(21)	559(57)	35	201	95	210
SUH660	固溶热处理	S	965～995 急冷	700～760×16 h空冷或慢冷		726(74)	25	192	91	202
	固溶热处理后时效处理	H			558(60)	902(92)	15	≥248	≥101	≥261
SUH661	固溶热处理	S	1130～1200 急冷	780～830×4 h空冷或慢冷	314(32)	686(70)	35	≥248	101	261
	固溶热处理后时效处理	H			343(35)	755(77)	30	≥192	≥91	≥202

表 14-276　退火状态的力学性能

牌号	热处理/℃	抗拉试验			硬度试验		
		σ_s/MPa(kgf/mm²)	σ_b/MPa(kgf/mm²),≥	δ/%≥	HB≤	HRB≤	HV≤
SUH21	780～950 急冷或慢冷	245(25)	441(45)	15	210	95	220
SUH409	780～850 急冷或慢冷	177(18)	363(37)	22	162	80	175
SUH446	780～880 急冷	275(28)	510(52)	20	201	95	210

(9)JIS G 4313(1986)标准规定的力学性能

表 14-277 硬度及弯曲试验

钢号	调质符号	冷轧或固溶处理,退火状态			沉淀硬化热处理状态	
		硬度试验 HV	弯曲试验		热处理符号	硬度试验 HV
			V型弯曲	W型弯曲		
SUS301-CSP	1/2H 3/4H H EH	≥310 ≥370 ≥430 ≥490	≤厚度的2倍 ≤厚度的2.5倍 — —	≤厚度的2.5倍 ≤厚度的3倍 — —		
SUS304-CSP	1/2H 3/4H H	≥250 ≥310 ≥370	≤厚度的2倍 ≤厚度的2.5倍 —	厚度≤0.5mm:≤厚度的2倍 厚度≥0.5mm:≤厚度的2.5倍 ≤厚度的3倍		
SUS420J2-CSP	O	≤210				
SUS631-CSP	O 1/2H 3/4H H	≤200 ≥350 ≥400 ≥450	≤厚度的0.5倍 ≤厚度的1.5倍	≤厚度的1倍 ≤厚度的2倍	TH1050 RH950 CH CH CH	≥345 ≥392 ≥380 ≥450 ≥530

注:SUS631-CSP的沉淀硬化热处理:

1)调质符号O:TH1050 760±15℃保温90min,1h之内冷至15℃以下,保持30min,565±10℃保温60min空冷;RH950 955±10℃保温10min,空冷到室温,24h之内于−73±6℃保持8h,510±10℃保温60min空冷;

2)调质符号1/2H,3/4H及H:CH475±10℃保温1h空冷。

表 14-278 拉伸性能

牌号	调质符号	冷轧或固溶状态			沉淀硬化热处理状态		
		σ_s/MPa (kgf/mm²),≥	σ_b/MPa (kgf/mm²),≥	δ/% ≥	热处理符号	σ_s/MPa (kgf/mm²),≥	σ_b/MPa (kgf/mm²),≥
SUS301-CSP	1/2H	510(52)	932(95)	10	—	—	—
	3/4H	745(76)	1128(115)	5	—	—	—
	H	1029(105)	1324(135)	—	—	—	—
	EH	1275(130)	1569(160)	—	—	—	—
SUS304-CSP	1/2H	471(48)	785(80)	6	—	—	—
	3/4H	667(68)	932(95)	3	—	—	—
	H	883(90)	1128(115)	—	—	—	—
SUS631-CSP	O	—	≤1029(105)	20	TH1050 RH950	961(98) 1029(105)	1138(116) 1226(125)
	1/2H	—	1079(110)	5	CH	883(90)	1226(125)
	3/4H	—	1177(120)	—	CH	1079(110)	1422(145)
	H	—	1442(145)	—	CH	1324(135)	1716(175)

注:厚度≤0.30mm的不做抗拉试验。

表 14-279　　弹簧的临界值

钢　　号	调质符号	冷轧等/MPa(kgf/mm²),≥	沉淀硬化热处理/MPa(kgf/mm²),≥
SUS301-CSP	1/2H	314(32)	—
	3/4H	392(40)	—
	H	490(50)	—
	EH	588(60)	—
SUS304-CSP	1/2H	275(28)	—
	3/4H	333(34)	—
	H	392(40)	—
SUS631-CSP	O	—	637(65)
	1/2H	—	637(65)
	3/4H	—	834(85)
	H	—	980.7(100)

表 14-280　　热处理工艺与硬度的关系

热处理/℃		硬度 HV
淬火	回火	
900	300～400	410～460
950	300～400	460～510
1000	300～400	490～540
1050	300～400	510～570

(10)JIS G 4314(1984)标准规定的力学性能

表 14-281　　JIS G 4314(1984)标准规定的力学性能

钢号 / 调质符号 / 直径/mm	抗拉试验 σ_b/MPa(kgf/mm²)		
	A 种 SUS302-WPA SUS304-WPA SUS316-WPA	B 种 SUS302-WPB SUS304-WPB	C 种 SUS631J1-WPC
0.080 0.090	1618～1863(165～190)	2157～2403(220～245)	1961～2206(200～225)
0.10 0.12 0.14 0.16 0.18 0.20			
0.23	1569～1814(160～185)	2059～2305(210～235)	
0.26 0.29 0.32 0.35 0.40			1912～2157(195～220)
0.45 0.50 0.55 0.60 0.65 0.70		1961～2206(200～225)	1814～2059(185～210)

续表

钢号 调质 符号 直径/mm	抗拉试验		
	σ_b/MPa(kgf/mm²)		
	A 种 SUS302-WPA SUS304-WPA SUS316-WPA	B 种 SUS302-WPB SUS304-WPB	C 种 SUS631J1-WPC
0.80 0.90 1.00	1471～1716(150～175)	1863～2108(190～215)	1765～2010(180～205)
1.20 1.40	1373～1618(140～165)	1765～2010(180～205)	1667～1912(170～195)
1.60 1.80 2.00	1324～1569(135～160)	1667～1912(170～195)	1569～1814(160～185)
2.30 2.60	1275～1520(130～155)	1569～1814(160～185)	1471～1716(150～175)
2.90 3.20 3.50 4.00	1177～1422(120～145)	1471～1716(150～175)	1373～1618(140～165)
4.50 5.00 5.50 6.00	1079～1324(110～135)	1373～1618(140～165)	1275～1520(130～155)
6.50 7.00 8.00	981～1226(100～125)	1275～1520(130～155)	
9.00		1128～1373(115～140)	
10.0		981～1226(100～125)	
12.0		883～1128(90～115)	

表 14-282 JIS G 4315(1981)标准规定的力学性能

钢号	热处理/℃				抗拉试验		
	固溶化热处理	退火	淬火	低温回火	σ_b/MPa(kgf/mm²)	δ/%,≥	ψ/%,≥
SUS304-WSA	1010～1150 快冷	—	—	—	539～637(55～65)	40	70
SUS305-WSA	1010～1150 快冷	—	—	—	490～637(50～65)	40	70
SUS305J1-WSA	1010～1150 快冷	—	—	—	490～637(50～65)	40	70
SUS384-WSA	1030～1080 快冷	—	—	—	441～588(45～60)	40	70
SUSXM7-WSA	1010～1150 快冷	—	—	—	441～588(45～60)	40	70
SUS304-WSB	1010～1150 快冷	—	—	—	559～686(57～70)	25	65
SUS305-WSB	1010～1150 快冷	—	—	—	510～686(52～70)	25	65
SUS305J1-WSB	1010～1150 快冷	—	—	—	510～686(52～70)	25	65
SUS384-WSB	1030～1080 快冷	—	—	—	461～637(47～65)	25	65
SUSXM7-WSB	1010～1150 快冷	—	—	—	461～637(47～65)	25	65

续表

钢号	热处理/℃				抗拉试验		
	固溶化热处理	退火	淬火	低温回火	σ_b/MPa(kgf/mm²)	δ/%,≥	ψ/%,≥
SUS430-WSB	—	750～850 空冷或缓冷	—	—	461～637(47～65)	10	65
SUS410-WSB	—	750 空冷或 800～900 缓冷	950～1000 油冷	200～400 快冷	461～637(47～65)	10	65

(11)JIS G 4317(1981)标准规定的力学性能

表 14-283　　JIS G 4317(1981)标准规定的力学性能

牌号	热处理/℃ 固溶化处理	抗拉试验			硬度试验		
		σ_s	σ_b	δ	HB	HRB	HV
		MPa(kgf/mm²)		/%,≥	≤	≤	≤
SUS302	1010～1150 快冷	206(21)	520(53)	40	187	90	200
SUS304	1010～1150 快冷	206(21)	520(53)	40	187	90	200
SUS304L	1010～1150 快冷	177(18)	481(49)	40	187	90	200
SUS316	1010～1150 快冷	206(21)	520(53)	40	187	90	200
SUS316L	1010～1150 快冷	177(18)	481(49)	40	187	90	200
SUS321	920～1150 快冷	206(21)	520(53)	40	187	90	200
SUS347	980～1150 快冷	206(21)	520(53)	40	187	90	200
SUS430	退火:780～850 空冷或缓冷	206(21)	451(46)	22	183	88	200

注:SUS321 和 SUS347 的稳定化热处理工艺为:850～930℃。

(12)不锈钢铸件的热处理及力学性能

表 14-284　　不锈钢铸件的热处理及力学性能[JIS G 5121(1987)]

钢号	记号	热处理/℃			抗拉试验				硬度试验
		淬火	回火	固溶化热处理	屈服强度/MPa 不小于	抗拉强度/MPa 不小于	伸长率/%	断面收缩率/%	硬度 HB
SCS1	T1	≥950,油冷或空冷	680～740 空冷或缓冷		343	540	≥18	≥40	163～229
	T2	≥950,油冷或空冷	590～700 空冷或缓冷		451	618	≥16	≥30	179～241
SCS2	T	≥950,油冷或空冷	680～740 空冷或缓冷		392	589	≥16	≥35	170～235
SCS3	T	≥900,油冷或空冷	650～740 空冷或缓冷		442	589	≥16	≥40	170～235
SCS4	T	≥900,油冷或空冷	650～740 空冷或缓冷		491	638	≥13	≥40	192～255
SCS5	T	≥900,油冷或空冷	600～700 空冷或缓冷		540	736	≥13	≥40	217～277
SCS11	S			1000～1100 急冷	343	589	≥13		≤241
SCS12	S			1030～1150 急冷	206	481	≥28		≤183
SCS13	S			1030～1150 急冷	186	442	≥30		≤183
SCS13A	S			1030～1150 急冷	206	481	≥33		≤183
SCS14	S			1030～1150 急冷	186	442	≥28		≤183
SCS14A	S			1030～1150 急冷	206	481	≥33		≤183
SCS15	S			1030～1150 急冷	186	442	≥28		≤183

续表

钢号	热处理/℃				抗拉试验				硬度试验
	记号	淬火	回火	固溶化热处理	屈服强度/MPa不小于	抗拉强度/MPa不小于	伸长率/%	断面收缩率/%	硬度HB
SCS16	S			1030～1150急冷	176	392	≥33		≤183
SCS16A	S			1030～1150急冷	206	481	≥33		≤183
SCS17	S			1050～1160急冷	206	481	≥28		≤183
SCS18	S			1070～1180急冷	196	451	≥28		≤183
SCS19	S			1030～1150急冷	186	392	≥33		≤183
SCS19A	S			1030～1150急冷	206	481	≥33		≤183
SCS20	S			1030～1150急冷	176	392	≥33		≤183
SCS21	S			1030～1150急冷	206	481	≥28		≤183
SCS22	S			1030～1150急冷	206	442	≥28		≤183
SCS23	S			1070～1180急冷	166	392	≥30		≤183

表 14-285　　SCS24 的热处理及力学性能[JIS G 5121(1987)]

牌号	热处理/℃			抗拉试验			硬度试验
	记号	固溶化热处理	时效处理	屈服强度/MPa,不小于	抗拉强度/MPa,不小于	伸长率/%	硬度HB
SCS24	H900	1020～1080急冷	475～525×90min空冷	1031	1237	≥6	≥375

(13)耐热钢铸件的热处理及力学性能

表 14-286　　耐热钢铸件的热处理及力学性能(JIS G 5122—1991)

牌号	热处理/℃	抗拉试验		
	退火	屈服强度/MPa,不小于	抗拉强度/MPa,不小于	伸长率/%
SCH1	800～900缓冷	—	490	—
SCH2	800～900缓冷	—	340	—
SCH3	800～900缓冷	—	490	—
SCH11	—	—	590	—
SCH12	—	235	490	≥23
SCH13	—	235	490	≥8
SCH15	—		440	≥4
SCH16	—	195	440	≥13
SCH17	—	275	540	≥5
SCH18	—	235	490	≥8
SCH19	—		390	≥5
SCH20	—		390	≥4
SCH21	—	235	440	≥8
SCH22	—	235	440	≥8
SCH23	—	245	450	≥8
SCH24	—	235	440	≥5

14.8 国际标准化组织(ISO)不锈耐热钢及耐腐蚀钢

14.8.1 不锈耐热钢及耐腐蚀钢牌号和化学成分

表 14-287 化学成分(ISO 683-13)

标准号	牌号	UNS编号	化学成分/%
ISO683-13	8		0.08C,1.00Mn,1.00Si,16.00~18.00Cr,1.00Ni,0.04P,0.03S,铁基
ISO683-13	8a	S30300	0.08C,1.50Mn,1.00Si,0.50Ni,0.60Mo,0.06P,0.15~0.35S,16.00~18.00Cr,铁基
ISO683-13	9a		0.10~0.17C,1.50Mn,1.00Si,1.00Ni,0.60Mo,0.06P,0.15~0.35S,15.50~17.50Cr,铁基
ISO683-13	9b		0.14~0.23C,1.00Mn,1.00Si,15.00~17.50Cr,1.50~2.50Ni,0.04P,0.03S,铁基
ISO683-13	9c	S43400	0.08C,1.00Mn,1.00Si,0.90~1.30Mo,0.04P,0.03S,16.00~18.00Cr,1.00Ni,铁基
ISO683-13	10	S30403	0.03C,2.00Mn,1.00Si,17.00~19.00Cr,9.00~12.00Ni,0.045P,0.03S,铁基
ISO683-13	10a	S63011	0.65~0.75C,5.50~7.00Mn,0.45~0.85Si,20.00~22.00Cr,1.40~1.90Ni,0.18~0.28N,0.05P,0.025~0.065S,铁基
ISO683-13	11	S30400	0.07C,2.00Mn,1.00Si,8.00~11.00Ni,0.045P,0.03S,17.00~19.00Cr,铁基
ISO683-13	12		0.12C,2.00Mn,1.00Si,8.00~10.00Ni,0.05P,0.03S,17.00~19.00Cr,铁基
ISO683-13	13	S30500	0.10C,2.00Mn,1.00Si,11.00~13.00Ni,0.045P,0.03S,17.00~19.00Cr,铁基
ISO683-13	14	S30100	0.15Cr,2.00Mn,1.00Si,6.00~8.00Ni,0.045P,0.03S,16.00~18.00Cr,铁基
ISO683-13	15	S32100	0.08C,2.00Mn,1.00Si,9.00~12.00Ni,0.045P,0.03S,17.00~19.00Cr,铁基,5×C—0.80Ti
ISO683-13	16	S34700	0.08C,2.00Mn,1.00Si,9.00~12.00Ni,0.045P,0.03S,17.00~19.00Cr,铁基,5×C—1.0Nb
ISO683-13	17	S30300	0.12C,2.00Mn,1.00Si,8.00~10.00Ni,0.60Mn,0.060P,0.15~0.35S,17.00~19.00Cr,铁基
ISO683-13	19a	S31603	0.03C,2.00Mn,1.00Si,16.50~18.50Cr,11.50~14.50Ni,2.50~3.00Mo,0.045P,0.03S,铁基
ISO683-13	20	S31600	0.07C,2.00Mn,1.00Si,10.50~13.50Ni,2.00~2.50Mo,0.045P,0.03S,16.50~18.50Cr,铁基
ISO683-13	20a	S31600	0.07C,2.00Mn,1.00Si,16.50~18.50Cr,11.00~14.00Ni,2.50~3.00Mo,0.045P,0.03S,铁基
ISO683-13	21	S32100	0.03C,2.00Mn,1.00Si,11.00~14.00Ni,1.50~2.00Mo,0.045P,0.03S,16.50~18.50Cr,铁基,5×C—0.80Ti
ISO683-13	10N		0.03C,2.00Mn,1.00Si,17.00~19.00Cr,8.50~11.50Ni,0.045P,0.03S,0.12~0.22N,铁基
ISO683-13	23	S31640	0.08C,2.00Mn,1.00Si,11.00~14.00Ni,2.00~2.50Mo,0.045P,0.03S,16.50~18.50Cr,铁基,10×C—1.0Nb
ISO683-13	19N		0.03C,2.00Mn,1.00Si,16.50~18.50Cr,10.50~13.50Ni,2.00~2.50Mo,0.045P,0.03S,0.12~0.22N,铁基
ISO683-13	24	S31703	0.03C,2.00Mn,1.00Si,17.50~19.50Cr,14.00~17.00Ni,3.00~4.00Mo,0.045P,0.03S,铁基
ISO683-13	19aN		0.03C,2.00Mn,1.00Si,16.50~18.50Cr,11.50~14.50Ni,2.50~3.00Mo,0.045P,0.12~0.22N,铁基
ISO683-13	A-4		0.025C,2.00Mn,1.00Si,19.00~22.00Cr,24.00~27.00Ni,4.00~5.00Mo,0.035P,0.025S,铁基
ISO683-13	A-2	S20100	0.15C,5.50~7.50Mn,1.00Si,16.00~18.00Cr,3.50~5.50Ni,0.05~0.25N,0.06P,0.03S,铁基
ISO683-13	A-3	S20200	0.15C,7.50~10.50Mn,1.00Si,17.00~19.00Cr,4.00~6.00Ni,0.05~0.25N,0.06P,0.03S,铁基

表 14-288 化学成分(ISO 9327-2—1999)

序号	牌号		化学成分/%(不大于,注明范围者除外)								
	新	旧	C	Si	Mn	P	S	Al	Cr	Mo	其他
1	PH26	F9	0.20	0.35	0.50～1.40	0.035	0.030	0.020	0.30	0.08	Cu≤0.30 Ni≤0.30
2	PH29	F13	0.20	0.40	0.80～1.50	0.035	0.030	0.020	0.30	0.08	Cu≤0.30 Ni≤0.30
3	PH31	F18	0.20	0.10～0.50	0.90～1.80	0.035	0.030	0.020	0.30	0.08	Cu≤0.30 Ni≤0.30
4	16Mo3	F28	0.12～0.20	0.35	0.40～0.80	0.035	0.030	—	0.30	0.25～0.35	Cu≤0.30
5	20MnMoNi5	—	0.17～0.23	0.40	1.15～1.50	0.035	0.030	—	0.25	0.45～0.60	Ni 0.40～1.00 V≤0.03
6	14CrMo4-5	F32	0.08～0.18	0.35	0.40～1.00	0.035	0.030	—	0.70～1.15	0.40～0.60	Cu≤0.30
7	13CrMo9-10	F34	0.08～0.15[h]	0.50	0.40～0.70	0.035	0.030	—	2.00～2.50	0.90～1.10	Cu≤0.30
8	X12CrMo5-1	F37	0.08～0.15	0.50	0.30～0.80	0.035	0.030		4.00～6.00	0.45～0.65	
9	X20CnMoV12-1	F40	0.17～0.23	0.40	0.30～1.00	0.035	0.030	0.025	10.00～12.50	0.80～1.20	Ni0.30～1.00,V 0.20～0.35

表 14-289 化学成分(ISO 9327-3—1999)

序号	牌号		化学成分/%(不大于,注明范围最小值者除外)							
	新	旧	C	Si	Mn	P	S	Al	Ni	其他
1	11MnNi5-3	—	0.14	0.50	0.70～1.50	0.025	0.020	≥0.020	0.30～0.80	Nb≤0.05 V≤0.05
2	13MnNi6-3	—	0.18	0.50	0.85～1.65	0.025	0.020	≥0.020	0.30～0.85	Nb≤0.05 V≤0.05
3	15NiMn6	—	0.18	0.35	0.80～1.50	0.025	0.020	—	1.30～1.70	V≤0.05
4	12Ni14G1	F44	0.15	0.35	0.30～0.80	0.025	0.020	—	3.25～3.75	V≤0.05
5	12Ni14G2	—	0.15	0.35	0.30～0.80	0.025	0.020	—	3.25～3.75	V≤0.05
6	12Ni19	—	0.15	0.35	0.30～0.80	0.025	0.020	—	4.50～5.30	V≤0.05
7	X8Ni9	F45	0.10	0.35	0.30～0.80	0.025	0.020	—	5.00～10.00	Nb≤0.10 V<0.05

表 14-290 化学成分(ISO 9327-4—1999)

序号	牌号		化学成分/%(不大于,注明范围者除外)												
	新	旧	C	Si	Mn	P	S	Al	Cr	Cu	Mo	N	Nb	Ni	Ti	V
1	P28,PH28	—	0.18	0.10～0.40	0.50～1.40	0.035	0.030	≥0.020	0.30	0.30	0.08	0.020	0.05	0.30	0.03	0.05
	PL28	—	0.16			0.025	0.020									
2	P35,PH35	—	0.20	0.10～0.50	0.90～1.70	0.035	0.030	≥0.020	0.30	0.30	0.08	0.020	0.05	0.30	0.03	0.10
	PL35,PLH35	—	0.16			0.025	0.020									
3	P42,PH42	—	0.20	0.10～0.60	1.00～1.70	0.035	0.030	≥0.020	0.30	0.30	0.10	0.020	0.05	1.00	0.20	0.20
	PL42,PLH42	—				0.025	0.020									

续表

序号	牌号		化学成分/%(不大于,注明范围者除外)													
	新	旧	C	Si	Mn	P	S	Al	Cr	Cu	Mo	N	Nb	Ni	Ti	V
4	P46,PH46	—	0.20	0.10～0.80	1.00～1.70	0.035	0.030	≥0.020	0.30	0.030	0.10	0.020	0.05	1.00	0.20	0.20
	PL46,PLH46	—				0.025	0.020									

表 14-291 化学成分(ISO 9327-5—1999)

序号	牌号		化学成分/%(不大于,注明范围者除外)								
	新	旧	C	Si	Mn	P	S	Cr	Mo	Ni	其他
1	X2CrNi18-10	F46	0.030	1.00	2.00	0.045	0.030	17.00～19.00	—	8.00～12.00	—
2	X2CrNiN18-10	—	0.030	1.00	2.00	0.045	0.030	17.00～19.00	—	5.50～11.50	N 0.12～0.22
3	X5CrNi18-9	F47	0.07	1.00	2.00	0.045	0.030	17.00～19.00	—	8.00～11.00	—
4	X7CrNi18-9	F48	0.04～0.10	1.00	2.00	0.045	0.030	17.00～19.00	—	8.00～11.00	—
5	X6CrNiNb18-10	F50	0.08	1.00	2.00	0.045	0.030	17.00～19.00	—	9.00～12.00	Nb≥10×%C≤1.00
6	X6CrNiTi18-10	F53	0.08	1.00	2.00	0.045	0.030	17.00～19.00	—	9.00～12.00	Ti≥5×%C≤0.80
7	X7CrNiTi18-10	F54	0.04～0.10	1.00	2.00	0.045	0.030	17.00～19.00	—	9.00～12.00	Ti≥5×%C≤0.80
8	X7CrNiNb18-10	F51	0.04～0.10	1.00	2.00	0.045	0.030	17.00～19.00	—	9.00～12.00	Nb≥10×%C≤1.20
9	X2CrNiMo17-12	F59	0.030	1.00	2.00	0.045	0.030	16.50～18.50	2.00～2.50	11.00～14.00	—
10	X2CrNiMoN17-12	—	0.030	1.00	2.00	0.045	0.030	16.50～18.50	2.00～2.50	10.50～13.50	N 0.12～0.22
11	X2CrNiMo17-13	F58	0.030	1.00	2.00	0.045	0.030	16.50～18.50	2.50～3.00	11.50～14.50	—
12	X2CrNiMoN17-13	—	0.030	1.00	2.00	0.045	0.030	16.50～18.50	2.50～3.00	11.50～14.50	N 0.12～0.22
13	X5CrNiMo17-12	F62	0.07	1.00	2.00	0.045	0.030	16.50～18.50	2.00～2.50	10.50～13.50	—
14	X5CrNiMo17-13	F82	0.07	1.00	2.00	0.045	0.030	16.50～18.50	2.50～3.00	11.00～14.00	—
15	X7CrNiMo17-12	F64	0.04～0.10	1.00	2.00	0.045	0.030	16.50～18.50	2.00～2.50	10.50～13.50	—
16	X6CrNiMoTi17-12	F66	0.08	1.00	2.00	0.045	0.030	16.50～18.50	2.00～2.50	11.00～14.00	Ti≥5×%C≤0.80
17	X6CrNi25-21	F88	0.08	1.50	2.00	0.045	0.030	24.00～26.00	—	18.00～23.00	—
18	X2NiCrMoCu25-20-5	—	0.025	1.00	2.00	0.030	0.020	19.00～22.00	4.00～5.00	24.00～27.00	Cu 1.00～2.00 N≤0.15
19	XCrNiN23-4	—	0.030	1.00	2.50	0.035	0.020	22.00～24.00	0.60	3.50～5.00	Cu≤0.60 N 0.05～0.20
20	X2CrNiMoN22-5-3	—	0.030	1.00	2.00	0.035	0.020	21.00～23.00	2.50～3.50	4.50～6.50	N 0.08～0.20

表 14-292　化学成分(ISO 9328-2—2011)

牌号	化学成分/%(不小于,注明范围者除外)													
	C	Si	Mn	P	S	Al	N	Cr	Cu	Mo	Nb	Ni	Ti	V	其他
P235GH	0.16	0.35	0.60～1.20	0.025	0.010	0.020	0.012	0.30	0.30	0.08	0.020	0.30	0.03	0.02	—
P265GH	0.20	0.40	0.80～1.40	0.025	0.010	0.020	0.012	0.30	0.30	0.08	0.020	0.03	0.03	0.02	Cr+Cu+Mo+Ni≤0.70
P295GH	0.08～0.20	0.40	0.90～1.50	0.025	0.010	0.020	0.012	0.30	0.30	0.08	0.020	0.30	0.03	0.02	
P355GH	0.10～0.22	0.60	1.10～1.70	0.025	0.010	0.020	0.012	0.30	0.30	0.08	0.040	0.30	0.03	0.02	
16Mo3	0.12～0.20	0.35	0.40～0.90	0.025	0.010		0.012	0.30	0.30	0.25～0.35	—	0.30	—	—	—
18MnMo4-5	0.20	0.40	0.90～1.50	0.015	0.005		0.012	0.30	0.30	0.45～0.60	—	0.30	—	—	—
20MnMoNi4-5	0.15～0.23	0.40	1.00～1.50	0.020	0.010		0.012	0.20	0.20	0.45～0.60	—	0.40～0.80	—	0.02	—
15NiCuMoNb5-6-4	0.17	0.25～0.50	0.80～1.20	0.025	0.010	0.015	0.020	0.30	0.50～0.80	0.25～0.50	0.015～0.045	1.00～1.30	—	—	—
13CrMo4-5	0.08～0.18	0.35	0.40～1.00	0.025	0.010		0.012	0.70～1.15	0.30	0.40～0.60	—	—	—	—	—
13CrMoSi5-5	0.17	0.50～0.80	0.40～0.65	0.015	0.005		0.012	1.00～1.50	0.30	0.45～0.65	—	0.30	—	—	—
10CrMo9-10	0.08～0.14	0.50	0.40～0.80	0.020	0.010		0.012	2.00～2.50	0.30	0.90～1.10	—	—	—	—	—
12CrMo9-10	0.10～0.15	0.30	0.30～0.80	0.015	0.010	0.010～0.040	0.012	2.00～2.50	0.25	0.90～1.10	—	0.30	—	—	—
X12CrMo5	0.10～0.15	0.50	0.30～0.60	0.020	0.005		0.012	4.00～6.00	0.30	0.45～0.65	—	0.30	—	—	—
13CrMoV9-10	0.11～0.15	0.10	0.30～0.60	0.015	0.005		—	2.00～2.50	0.20	0.90～1.10	0.07	0.25	0.03	0.25～0.035	B≤0.002 Ca≤0.015
12CrMoV12-10	0.10～0.15	0.15	0.30～0.60	0.015	0.005		0.012	2.75～3.25	0.25	0.90～1.10	0.07	0.25	0.03	0.20～0.30	B≤0.003 Ca≤0.015
X10CrMoVNb9-1	0.08～0.12	0.50	0.30～0.60	0.020	0.005	0.040	0.030～0.070	8.00～9.50	0.30	0.85～1.05	0.06～0.10	0.30		0.18～0.25	—

表 14-293 化学成分(ISO 9328-2—2011)

牌号	化学成分/%(不大于,注明范围者除外)													
	C	Si	Mn	P	S	Al	Cr	Cu	Mo	Nb	Ni	Ti	V	其他
PT410GH	0.20	0.40	0.40~1.40	0.025	0.025	≥0.020	0.30	0.40	0.12	0.02	0.40	0.03	0.03	Cr+Cu+Mo+Ni ≤1.00
PT450GH	0.20	0.40	0.60~1.60	0.025	0.025	≥0.020	0.30	0.40	0.12	0.02	0.40	0.03	0.03	Cr+Cu+Mo+Ni ≤1.00
PT480GH	0.20	0.55	0.60~1.60	0.025	0.025	≥0.020	0.30	0.40	0.12	0.02	0.40	0.03	0.03	Cr+Cu+Mo+Ni ≤1.00
19MnMo4-5	0.25	0.40	0.95~1.30	0.025	0.025	—	0.30	0.40	0.45~0.60	0.02	0.40	0.03	0.03	—
19MnMo5-5	0.25	0.40	0.95~1.50	0.025	0.025	—	0.30	0.40	0.45~0.60	0.02	0.40	0.03	0.03	—
19MnMo6-5	0.25	0.40	1.15~1.50	0.025	0.025	—	0.30	0.40	0.45	0.02	0.40	0.03	0.03	—
19MnMoNi5-5	0.25	0.40	0.95~1.50	0.025	0.025	—	0.30	0.40	0.45~0.60	0.02	0.40~0.70	0.03	0.02	—
19MnMoNi6-5	0.25	0.40	1.15~1.50	0.025	0.025	—	0.20	0.40	0.45~0.60	0.02	0.40~0.70	0.03	0.02	—
14CrMo4-5	0.17	0.40	0.40~0.65	0.025	0.025	—	0.80~1.15	0.40	0.45~0.65	0.02	0.40	0.03	0.03	—
14CrMoSi5-6	0.17	0.50~0.80	0.40~0.65	0.025	0.025	—	1.00~1.15	0.40	0.45~0.60	0.02	0.40	0.03	0.03	—
13CrMo9-10	0.17	0.50	0.30~0.60	0.025	0.025	—	2.00~2.50	0.40	0.90~1.10	0.02	0.40	0.03	0.03	—
14CrMo9-10	0.17	0.50	0.30~0.60	0.015	0.015	—	2.00~2.50	0.40	0.90~1.10	0.02	0.40	0.03	0.03	—
14CrMoV9-10	0.17	0.10	0.30~0.60	0.015	0.010	—	2.00~2.50	0.40	0.90~1.10	0.07	0.40	0.035	0.25~0.35	B≤0.003 Ca≤0.015 余量≤0.015
13CrMoV12-10	0.17	0.15	0.30~.60	0.015	0.010	—	2.75~3.25	0.40	0.90~1.10	0.07	0.40	0.035	0.20~0.30	B≤0.003 Ca≤0.015 余量≤0.015
X9CrMoVNb9-1	0.08~0.12	0.50	0.30~0.60	0.020	0.010	0.040	8.00~9.50	0.40	0.85~1.05	0.06~0.10	0.40	0.03	0.18~0.25	—

表 14-294 规定室温性能的非合金钢的牌号及化学成分(ISO 9329-1—1989)

牌号	化学成分/%(不大于,注明范围者除外)				
	C	Si	Mn	P	S
TS 360	0.17	0.35	0.30~0.80	0.040	0.040
TS 410 TS 430	0.21	0.35	0.40~1.20	0.040	0.040
TS 500	0.22	0.55	1.60	0.040	0.040

表 14-295 化学成分(ISO 9329-2—1997)

类别	牌号	C	Si	Mn	P	S	Cr	Mo	Ni	V	Nb	Al	其他
		化学成分/%(不大于,注明范围者除外)											
非合金	PH 23	0.17	0.10～0.35	0.30～0.80	0.035	0.035	—	—	—	—	—	—	①
非合金	PH 26	0.21	0.10～0.35	0.40～1.20	0.035	0.035	—	—	—	—	—	—	①
非合金	PH 29	0.22	0.10～0.40	0.65～1.40	0.035	0.035	—	—	—	—	—	—	①
非合金	PH 35	0.22	0.15～0.55	1.00～1.50	0.035	0.035	—	—	—	②	②	—	①②
合金	8CrMo4-5	0.15	0.50	0.30～0.60	0.035	0.035	0.80～1.25	0.45～0.65	—	—	—	0.020	①
合金	8CrMo5-5	0.15	0.50～1.00	0.30～0.60	0.030	0.030	1.00～1.50	0.45～0.65	—	—	—	0.020	①
合金	X11CrMo5TA	0.08～0.15	0.15～0.50	0.30～0.60	0.030	0.030	4.00～6.00	0.45～0.65	—	—	—	0.020	①
合金	X11CrMo5TN+TT	0.08～0.15	0.15～0.50	0.30～0.60	0.030	0.030	4.00～6.00	0.45～0.65	—	—	—	0.02	①
合金	13CrMo4-5	0.10～0.17	0.15～0.35	0.40～0.70	0.035	0.035	0.70～1.10	0.45～0.65	—	—	—	0.02	①
合金	16Mo3	0.12～0.20	0.15～0.35	0.40～0.80	0.035	0.035	—	0.25～0.35	—	—	—	0.020	①
合金	11CrMo9-10TA	0.08～0.15	0.15～0.40	0.30～0.70	0.035	0.035	2.00～2.50	0.90～1.20	—	—	—	0.020	①
合金	11CrMo9-10TN+TT	0.08～0.15	0.15～0.40	0.30～0.70	0.035	0.035	2.00～2.50	0.90～1.20	—	—	—	0.020	①
合金	12MoCr6-2	0.10～0.15	0.15～0.35	0.40～0.70	0.035	0.035	0.30～0.60	0.50～0.70	—	0.22～0.28	—	0.020	①
合金	X11CrMo9-1TA	0.08～0.15	0.25～1.00	0.30～0.60	0.030	0.030	8.00～10.00	0.90～1.10	—	—	—	0.020	①
合金	X11CrMo9-1TN+TT	0.08～0.15	0.25～1.00	0.30～0.60	0.030	0.030	8.00～10.00	0.90～1.10	—	—	—	0.020	①
合金	X10CrMoVNb9-1	0.08～0.12	0.20～0.50	0.30～0.60	0.020	0.020	8.00～9.50	0.85～1.05	0.40	0.18～0.25	0.06～0.10	0.020	①③
合金	9NiMnMoNb5-4-4	0.17	0.25～0.50	0.80～1.20	0.030	0.030	0.30	0.25～0.40	1.00～1.30	—	0.015～0.045	0.020	Cu:0.05～0.80
合金	X20CrMoNiV11-1-1	0.17～0.23	0.15～0.50	1.00	0.030	0.030	10.00～12.50	0.80～1.20	0.30～0.80	0.25～0.35	—	0.20	①

注:1. 表中①指根据买方要求可添加 Cu 最大不超过 0.25%;

2. 表中②指根据买方要求可酌情添加 Hb,Ti,V;

3. 表中③指 N 0.030%～0.070%。

表 14-296　化学成分(ISO 9329-3—1997)

牌号		化学成分/%(不大于,注明范围者除外)										
		C	Si	Mn	P	S	Al	Cr	Mo	Ni	V	Nb
非合金钢	PL 21	0.17	0.35	0.40~1.00	0.030	0.025	≥0.015	—	—	—	—	—
非合金钢	PL 23	0.19	0.35	0.60~1.20	0.030	0.025	≥0.015	—	—	—	—	—
非合金钢	PL 25	0.17	0.35	0.40~1.00	0.030	0.025	≥0.015	—	—	—	—	—
非合金钢	PL 26	0.20	0.35	0.80~1.40	0.030	0.025	≥0.015	—	—	—	—	—
合金	26CrMo4	0.22~0.29	0.35	0.50~0.80	0.030	0.025	—	0.90~1.20	0.15~0.30	—	—	—
合金	11MnNi5−3	0.14	0.50	0.70~1.50	0.030	0.025	≥0.020	—	—	0.30~0.80	0.05	0.05
合金	13MnNi6−3	0.18	0.50	0.85~1.65	0.030	0.025	≥0.020	—	—	0.30~0.85	0.05	0.05
合金	12Ni14	0.15	0.15~0.35	0.30~0.85	0.025	0.020	—	—	—	3.25~3.75	0.05	—
合金	X12Ni5	0.15	0.35	0.30~0.80	0.025	0.020	—	—	—	4.50~5.30	0.05	—
合金	X10Ni9	0.13	0.15~0.35	0.30~0.80	0.025	0.020	—	—	0.10	8.50~9.50	0.05	—

表 14-297　化学成分(ISO 9329-4—1997)

牌号	化学成分/%(不大于,注明范围者除外)								
	C	Si	Mn	P	S	Cr	Mo	Ni	其他
X2CrNi1810	0.030	1.00	2.00	0.040	0.030	17.00~19.00	—	9.00~12.00	—
X5CrNi189	0.07	1.00	2.00	0.040	0.030	17.00~19.00	—	8.00~11.00	—
X7CrNi189	0.04~0.10	1.00	2.00	0.040	0.030	17.00~19.00	—	8.00~11.00	—
X6CrNiNb1811	0.08	1.00	2.00	0.040	0.030	17.00~19.00	—	9.00~13.00	Nb≥10×%,C≤1.00
X7CrNiNb1811	0.04~0.10	1.00	2.00	0.040	0.030	17.00~19.00	—	9.00~13.00	Nb≥10×%,C≤1.20
X6CrNiTi1810	0.08	1.00	2.00	0.040	0.030	17.00~19.00	—	9.00~12.00	Ti≥5×%,C≤0.80
X7CrNiTi1810	0.04~0.10	1.00	2.00	0.040	0.030	17.00~19.00	—	9.00~12.00	Ti≥5×%,C≤0.80
X2CrNiMo1712	0.030	1.00	2.00	0.040	0.030	16.50~18.50	2.00~2.50	11.00~14.00	—

续表

牌号	化学成分/%(不大于,注明范围者除外)								
	C	Si	Mn	P	S	Cr	Mo	Ni	其他
X2CrNiMo1713	0.030	1.00	2.00	0.040	0.030	16.50～18.50	2.50～3.00	11.50～14.50	—
X5CrNiMo1712	0.07	1.00	2.00	0.040	0.030	16.50～18.50	2.00～2.50	10.50～13.50	—
X7CrNiMo1712	0.04～0.10	1.00	2.00	0.040	0.030	16.50～18.50	2.00～2.50	10.50～13.50	—
X7CrNiMoB1712	0.04～0.10	1.00	2.00	0.040	0.030	16.50～18.50	2.00～2.50	10.50～13.50	B 0.001～0.005
X6CrNiMoTi1712	0.08	1.00	2.00	0.040	0.030	16.50～18.50	2.00～2.50	11.00～14.00	Ti≥5×%,C≤0.80
X6CrNiMoNb1712	0.08	1.00	2.00	0.040	0.030	16.50～18.50	2.00～2.50	11.00～14.00	Nb≥10×%,C≤1.00
X5CrNiMo1713	0.07	1.00	2.00	0.040	0.030	16.50～18.50	2.50～3.00	11.00～14.00	—
X2CrNiN1810	0.030	1.00	2.00	0.040	0.030	17.00～19.00	—	8.50～11.50	N 0.12～0.22
X2CrNiMoN1713	0.030	1.00	2.00	0.040	0.030	16.50～18.50	2.50～3.00	11.50～14.50	N 0.12～0.22

表 14-298 化学成分(ISO 4954)

牌号	标准号	化学成分/%
D1	ISO 4954	0.10C,1.00Si,1.00Mn,0.040P,0.030S,16.0～18.0Cr,0.50Ni,铁基
D2	ISO 4954	0.10C,1.00Si,1.00Mn,0.040P,0.030S,16.00～18.0Cr,0.90～1.30Mo,铁基
D10	ISO 4954	0.09～0.15C,1.00Si,1.00Mn,0.040P,0.030S,11.5～14.0Cr,1.0Ni,铁基
D11	ISO 4954	0.10～0.20C,1.00Si,1.00Mn,0.040P,0.030S,15.0～18.0Cr,1.50～3.0Ni,铁基
D12	ISO 4954	0.17～0.25C,1.00Si,1.00Mn,0.040P,0.030S,16.0～18.0Cr,1.5～2.5Ni,铁基
D20	ISO 4954	0.03C,1.00Si,2.00Mn,0.045P,0.030S,17.0～19.0Cr,9.0～12.0Ni,铁基
D21	ISO 4954	0.07C,1.00Si,2.00Mn,0.045P,0.030S,17.0～19.0Cr,8.0～11.0Ni,铁基
D22	ISO 4954	0.12C,1.00Si,2.00Mn,0.045P,0.030S,17.0～19.0Cr,8.0～10.0Ni,铁基
D23	ISO 4954	0.10C,1.00Si,2.00Mn,0.045P,0.030S,17.0～19.0Cr,11.0～13.0Ni,铁基
D24	ISO 4954	0.030C,1.00Si,2.00Mn,0.045P,0.030S,15.0～17.0Cr,17.0～19.0Ni,铁基
D25	ISO 4954	0.08C,1.00Si,2.00Mn,0.045P,0.030S,15.0～17.0Cr,17.0～19.0Ni,铁基
D26	ISO 4954	0.08C,1.00Si,2.00Mn,0.045P,0.030S,17.0～19.0Cr,9.0～12.0Ni,5×C－0.80Ti,铁基
D27	ISO 4954	0.08C,1.00Si,2.00Mn,0.045P,0.030S,17.0～19.0Cr,9.0～12.0Ni,10×C－1.0Nb,铁基
D28	ISO 4954	0.030C,1.00Si,2.00Mn,0.045P,0.030S,16.0～18.5Cr,2.0～2.5Mo,11.0～14.0Ni,铁基
D29	ISO 4954	0.07C,1.00Si,2.00Mn,0.045P,0.030S,16.0～18.5Cr,2.0～2.5Mo,10.5～14.0Ni,铁基
D30	ISO 4954	0.08C,1.00Si,2.00Mn,0.045P,0.030S,16.0～18.5Cr,2.0～2.5Mo,10.5～14.0Ni,5×C－0.80Ti
D31	ISO 4954	0.08C,1.00Si,2.00Mn,0.045P,0.030S,16.0～18.5Cr,2.0～2.5Mo,10.5～14.0Ni,10×C－1.0Nb
D32	ISO 4954	0.08C,1.00Si,2.00Mn,0.045P,0.030S,16.0～18.5Cr,8.5～10.5Ni,3.00～4.00Cu,铁基

表 14-299 耐热钢和耐热合金牌号及化学成分(ISO 4955—2005)

牌号	化学成分/%(不大于,注明范围者除外)								
	C	Si	Mn	P	S	N	Cr	Ni	其他
铁素体钢									
X2CrTi12	0.03	1.00	1.00	0.040	0.015	—	10.5～12.5	—	Ti:6×(C+N)～0.65
X6Cr13	0.08	1.00	1.00	0.040	0.030	—	12.0～14.0	1.00	—
X10CrAlSi13	0.12	0.70～1.40	1.00	0.040	0.015	—	12.0～14.0	1.00	Al 0.70～1.20
X6Cr17	0.08	1.00	1.00	0.040	0.030	—	16.0～18.0	1.00	—
X10CrAlSi18	0.12	0.70～1.40	1.00	0.040	0.015	—	17.0～19.0	1.00	Al 0.70～1.20
X10CrAlSi25	0.12	0.70～1.40	1.00	0.040	0.015	—	23.0～26.0	1.00	Al 1.20～1.70
X15CrN26	0.20	1.00	1.00	0.040	0.030	0.15～0.25	24.0～28.0	1.00	—
X2CrTiNb18	0.03	1.00	1.00	0.040	0.015	—	17.5～18.5	—	Ti 0.10～0.60 Nb:(3×C+0.30)～1.00
X3CrTi17	0.05	1.00	1.00	0.040	0.015	—	16.0～18.0	—	Ti:[4×(C+N)+0.15]～0.80
奥氏体钢									
X7CrNi18-9	0.04～0.10	1.00	2.00	0.045	0.030	—	17.0～19.0	8.0～11.0	—

续表

牌号	化学成分/%(不大于,注明范围者除外)							
	C	Si	Mn	P	S	N	Cr	Ni	其他
铁素体钢									
X7CrNiTi18-10	0.04～0.10	1.00	2.00	0.045	0.030	—	17.0～19.0	9.0～12.0	Ti:5×C～0.80
X7CrNiNb18-10	0.04～0.10	1.00	2.00	0.045	0.030	—	17.0～19.0	9.0～12.0	Nb:10×C～12.0
X15CrNiSi20-12	0.20	1.50～2.50	2.00	0.045	0.030	0.11	19.0～21.0	11.0～13.0	—
X7CrNiSiNCe21-11	0.05～0.10	1.40～2.00	0.08	0.040	0.030	0.14～0.20	20.0～22.0	10.0～12.0	Ce 0.03～0.08
X12CrNi23-13	0.15	1.00	2.00	0.045	0.015	0.11	22.0～24.0	12.0～14.0	—
X8CrNi25-21	0.10	1.50	2.00	0.045	0.015	0.11	24.0～26.0	19.0～22.0	—
X8NiCrAlTi32-21	0.05～0.10	1.00	1.50	0.015	0.015	—	19.0～23.0	30.0～34.0	Al 0.15～0.60 Ti 0.15～0.60 Cu 0.70
X6CrNiSiNCe19-10	0.04～0.08	1.00～2.00	1.00	0.045	0.015	0.12～0.20	18.0～20.0	9.0～11.0	Ce 0.03～0.08
X6NiCrSiNCe35-25	0.04～0.08	1.20～2.00	2.00	0.040	0.015	0.12～0.20	24.0～26.0	34.0～36.0	Ce 0.03～0.08

表 14-300 奥氏体钢焊接钢管的牌号及化学成分(ISO 9330-6—1997)

牌号	化学成分/%(不大于,注明范围者除外)								
	C	Si	Mn	P	S	Cr	Mo	Ni	其他
X2CrNi1810	0.030	1.00	2.00	0.045	0.030	17.00～19.00	—	9.00～12.00	—
X5CrNi189	0.07	1.00	2.00	0.045	0.030	17.00～19.00	—	8.00～11.00	—
X6CrNiNb1810	0.08	1.00	2.00	0.045	0.030	17.00～19.00	—	9.00～12.00	Nb≥10×%C≤1.00
X6CrNiTi1810	0.08	1.00	2.00	0.045	0.030	17.00～19.00	—	9.00～12.00	Ti≥5×%C≤0.80
X2CrNiMo1712	0.030	1.00	2.00	0.045	0.030	16.50～18.50	2.00～2.50	11.00～14.00	—
X2CrNiMo1713	0.030	1.00	2.00	0.045	0.030	16.50～18.50	2.50～3.00	11.50～14.50	—
X5CrNiMo1712	0.07	1.00	2.00	0.045	0.030	16.50～18.50	2.00～2.50	10.50～13.50	—
X6CrNiMoTi1712	0.08	1.00	2.00	0.045	0.030	16.50～18.50	2.00～2.50	11.00～14.00	Ti≥5×%C≤0.80
X6CrNiMoNb1712	0.08	1.00	2.00	0.045	0.030	16.50～18.50	2.00～2.50	11.00～14.00	Nb≥10×%C≤1.00
X5CrNiMo1713	0.07	1.00	2.00	0.045	0.030	16.50～18.50	2.50～3.00	11.00～14.00	—
X2CrNiN1810	0.030	1.00	2.00	0.045	0.030	17.00～19.00	—	8.50～11.50	N 0.12～0.22
X2CrNiMoN1713	0.030	1.00	2.00	0.045	0.030	16.50～18.50	2.50～3.00	11.50～14.50	N 0.12～0.22

表 14-301 化学成分(ISO/TR 4956)

牌 号	化 学 成 分/%
21CrMoV5 7	0.17～0.25C,0.40Si,0.40～0.80Mn,0.03P,0.03S,1.20～1.50Cr,0.65～0.80Mo,0.60Ni,0.25～0.35V,铁基
40CrMo5 6	0.35～0.45C,0.15～0.40Si,0.40～0.70Mn,0.035P,0.035S,1.00～1.50Cr,0.50～0.80Mn,铁基
40CrMoV4 6	0.36～0.44C,0.15～0.35Si,0.45～0.85Mn,0.030P,0.030S,0.90～1.20Cr,0.55～0.75Mo,0.25～0.35V,铁基
X12Cr13	0.09～0.15C,1.00Si,1.00Mn,0.040P,0.030S,11.50～14.00Cr,1.00Ni,铁基
X20CrMoNiNbV111	0.16～0.24C,0.10～0.50Si,0.30～1.00Mn,0.030P,0.030S,10.00～12.00Cr,0.50～1.00Mo,0.03～1.00Ni,0.10～0.30V,0.008B,0.10N,0.20～0.50Nb,铁基
X12CrNiMoV12 3	0.08～0.15C,0.35Si,0.50～.90Mn,0.030P,0.025S,11.00～12.50Cr,1.50～2.00Mo,2.00～3.00Ni,0.25～0.40V,0.02～0.04N
X21CrMoNiV12 2	0.17～0.25C,0.50Si,1.00Mn,0.035P,0.030S,11.00～12.50Cr,0.70～1.20Mo,0.30～1.00Ni,0.20～0.35V
X12CrMoV12 6	0.08～0.16C,0.60Si,0.40～1.00Mn,0.035P,0.035S,11.50～13.00Cr,0.40～0.80Mo,1.00Ni,0.10～0.30V
X12CrMo12 6	除不含V外,其余同上
X11CrNiWTi17 13 3	0.07～0.15C,1.00Si,1.00Mn,0.045P,0.03S,15.00～17.50Cr,12.00～14.50Ni,2.50～3.50W,4×C－0.80Ti,0.006B
X6NiCrTiMoVB25 15 2	0.03～.08C,1.00Si,2.00Mn,0.025P,0.015S,13.50～16.00Cr,1.00～1.50Mo,24.00～27.00Ni,0.10～0.50V,1.90～2.30Ti,0.003～0.010B

14.8.2 不锈耐热钢及耐腐蚀钢的力学性能

表 14-302 力学性能(ISO/TR 4956)

牌号	标准号	形 态	状 态	抗拉强度/MPa	屈服强度/MPa	伸长率/%
8	ISO 683-13	条、薄板、板、棒	退火	430～630	250	20
8a	ISO 683-13	条、薄板、板、棒	退火	430～630	250	15
9a	ISO 683-13	条、薄板、板、棒	退火 淬火回火	≤730 640～840	— 450	— 11
9b	ISO 683-13	条、薄板、板、棒	退火 淬火回火	950 880～1080	— 680	— 11
9c	ISO 683-13	条、薄板、板、棒	退火	460～660	280	18
10	ISO 683-13	条、薄板、板、棒	固溶处理	480～680	180	40
10	ISO 683-13	条	固溶处理加沉淀硬化	1030	540	20
11	ISO 683-13	条、薄板、板	固溶处理	500～700	195	40
12	ISO 683-13	条、薄板、板	固溶处理	500～700	195	40
13	ISO 683-13	条、薄板、板	固溶处理	490～690	180	40
14	ISO 683-13	条、薄板、板	固溶处理	590～780	220	37
15	ISO 683-13	条、薄板、板	固溶处理	510～710	200	35
16	ISO 683-13	条、薄板	固溶处理	510～710	205	30
17	ISO 683-13	条、薄板、板	固溶处理	500～700	195	35

续表

牌号	标准号	形　态	状　态	抗拉强度/MPa	屈服强度/MPa	伸长率/%
19a	ISO 683-13	条、薄板	固溶处理	490～690	190	40
20	ISO 683-13	条、薄板、板	固溶处理	510～710	205	40
20a	ISO 683-13	条、薄板、板	固溶处理	510～710	205	40
21	ISO 683-13	条、薄板、板	固溶处理	510～710	210	35
10N	ISO 683-13	条、薄板、板	固溶处理	550～750	270	35
23	ISO 683-13	条、薄板、板	固溶处理	510～710	215	30
19N	ISO 683-13	条、薄板、板	固溶处理	580～780	280	35
24	ISO 683-13	条、薄板、板	固溶处理	490～690	195	35
19aN	ISO 683-13	条、薄板、板	固溶处理	580～780	280	35
A-4	ISO 683-13	条、薄板、板	固溶处理	520～720	220	35
A-2	ISO 683-13	条、薄板、板	固溶处理	640～830	300	40
A-3	ISO 683-13	条、薄板、板	固溶处理	640～830	300	40

表 14-303 室温力学性能和热处理制度(ISO 9327-2—1999)

序号	牌号		室温力学性能								热处理制度				
	新	旧	等圆断面厚度 t_R/mm	R_e(不小于)	R_m	A(不小于)		冲击能量(不小于)			状态	溶解温度/℃	冷却方式	回火温度/℃	冷却方式
						x/%	y/%	$x\cdot y$/J	$y\cdot x$/J	温度℃					
1	PH26	F9	≤16	265	410~530	26	24	40	27	0	N或Q+T	890~950	空冷	—	—
			16<t_R≤40	255		26	24								
			40<t_R≤60	245		25	23					880~930	油冷,水冷	580~650	空冷,炉冷
			60<t_R≤100	215		24	22								
			100<t_R≤150	200	300~520	24	22								
			150<t_R≤250	200		23	21								
2	PH29	F13	≤16	290	460~580	24	22	40	27	0	N或Q+T	890~950	空冷	—	—
			16<t_R≤40	285		24	22								
			40<t_R≤60	280		24	22								
			60<t_R≤100	255		23	21					880~920	油冷,水冷	580~650	空冷,炉冷
			100<t_R≤150	230	440~570	23	21								
			150<t_R≤250	220		22	20								
3	PH31	F18	≤16	315	490~610	23	21	40	27	0	N或Q+T	890~950	空冷	—	—
			16<t_R≤40	310		23	21								
			40<t_R≤60	305		23	21					880~920	油冷,水冷	580~650	空冷,炉冷
			60<t_R≤100	280		22	20								
			100<t_R≤150	255	470~600	22	20								
			150<t_R≤250	245	460~590	21	19								
4	16Mo3	F28	≤40	270	450~600	26	24	40	27	20	N或N+T或Q+T	890~950	空冷	—	—
			40<t_R≤40	260		25	23								
			60<t_R≤100	240	400~580	24	22					890~950	空冷	600~650	空冷,炉冷
			100<t_R≤250	220	420~570	21	19					880~920	油冷,水冷	600~650	空冷,炉冷

续表

序号	牌号 新	牌号 旧	等圆断面厚度 t_R/mm	R_e(不小于)	R_m	A(不小于) x %	A(不小于) y %	冲击能量(不小于) x·y /J	冲击能量(不小于) y·x /J	冲击能量 温度 ℃	状态	溶解温度 /℃	冷却方式	回火温度 /℃	冷却方式
5	20MnMoNi5	—	≤150	420	580～730	18	15	50	35	20	N+T或Q+T	850～925	空冷,水冷	620～675	空冷,炉冷
			150<t_R≤300	390	550～700	18	16								
			300<t_R≤500	360		18	18								
6	14CrMo4-5	F32	≤40	300	450～600	22	20	40	27	20	N+T或Q+T	890～950	空冷,油冷,水冷	600～650	空冷,炉冷
			40<t_R≤60	300		21	19								
			60<t_R≤100	275	440～590	20	18								
			100<t_R≤250	255	430～580	20	18								
7	13CrMo9-10	F34	≤60	285	480～620	20	18	40	27	20	N+T或Q+T	920～980	空冷,油冷,水冷	680～750	空冷,炉冷
			60<t_R≤100	260	470～820	20	18								
			100<t_R≤150	250	460～610	20	18								
			150<t_R≤300	240	450～600	20	18								
8	X12CrMo5-1	F37	≤150	175	430～580	20	18	—	—	—	A	850～680	1	—	—
9	X20CrMoV12-1	F40	≤100	500	700～850	16	14	39	27	20	N+T或Q+T	1020～1070	空冷,油冷,水冷	730～780	
			100<t_R≤200	500	700～850	16	14	31	27	20					
			200<t_R≤300	500	700～850	14	14	27	24	20					

注:N——正火,T——回火,Q——淬火,A——退火。

表 14-304　　0.2%屈服强度(ISO 9327-2—1999)

牌　号	热处理	等圆断面厚度 t_R	$R_{p0.2}$/MPa									
			温度/℃									
			150	200	250	300	350	400	450	500	550	600
PH26	N/Q−T	t_R≤16	216	194	171	152	141	134	130	—	—	—
		16<t_R≤40	213	192	171	152	141	134	130	—	—	—
		40<t_R≤60	204	188	171	152	141	134	130	—	—	—
		60<t_R≤100	204	188	171	152	141	134	130	—	—	—
		100<t_R≤150	197	182	166	147	136	129	125	—	—	—
		150<t_R≤250	197	182	166	147	136	129	125	—	—	—
PH29	N/Q+T	≤16	247	223	198	177	167	158	153	—	—	—
		16<t_R≤40	242	220	198	177	167	158	153	—	—	—
		40<t_R≤60	236	217	198	177	167	158	153	—	—	—
		60<t_R≤100	236	217	198	177	167	158	153	—	—	—
		100<t_R≤150	223	205	187	167	157	148	144	—	—	—
		150<t_R≤250	213	195	177	157	147	138	134	—	—	—
PH31	N/Q+T	t_R≤16	265	240	213	192	182	173	168	—	—	—
		16<t_R≤40	260	237	213	192	182	173	168	—	—	—
		40<t_R≤60	256	234	213	192	182	173	168	—	—	—
		60<t_R≤100	256	234	213	192	182	173	168	—	—	—
		100<t_R≤150	243	222	203	182	172	163	158	—	—	—
		150<t_R≤250	233	212	193	172	162	153	148	—	—	—
16Mo3	N/N+T	≤16	237	224	205	173	159	155	150	145	—	—
		60<t_R≤100	225	212	195	162	147	143	137	132	—	—
		100<t_R≤250	219	207	189	156	140	135	130	125	—	—
20MnMoNi5	Q+T	≤300	—	360	—	350	343	—	—	—	—	—
		300<t_R≤500	—	350	—	330	314	—	—	—	—	—
14CrMo4-5	N+T/Q+T	≤60	240	230	218	94	181	176	172	167	160	155
		60<t_R≤100	230	220	208	183	169	164	160	156	150	146
		100<t_R≤250	220	210	200	172	158	153	150	146	140	136
13CrMo9-10	N+T/Q+T	≤16	241	233	224	219	212	207	194	180	160	137
		60<t_R≤100	229	221	212	207	201	196	183	170	151	130
		100<t_R≤150	217	209	200	195	190	185	172	160	142	124
		150<t_R≤250	205	197	188	183	179	174	161	150	133	118
12CrMo20-5	A	≤60		118	116	115	114	113	111	—	—	—
X20CrMoV12-1	N+T/Q+T	≤300	390	362	340	328	322	316	302	280	—	—

注：A——退火，N——正火，Q——淬火，T——回火。

表 14-305 高温持久断裂强度(ISO 9327-2—1999)

牌号	热处理	断裂时间/h	估算的平均断裂应力/MPa																						
			温度/℃																						
			380	390	400	410	420	430	440	450	460	470	480	490	500	510	520	530	540	550	560	570	580	590	600
PH 26	N/Q+T	10000	213	197	181	166	151	138	125	112	100	89	78	67	57										
		30000	192	176	161	147	133	120	107	95	84	73	63	52	42										
		50000	183	167	152	138	125	112	100	88	77	66	56*	45*	35*										
		100000	171*	155*	141*	127*	114*	102*	90*	78*	67*	57*	47*	36*											
		150000	164*	149*	134*	121*	108*	96*	84*	73*	62*	52*	41*	29*											
		200000	159*	144*	130*	116*	104*	92*	80*	69*	58*	48*	37*	23*											
		250000	155*	140*	126*	113*	101*	89*	77*	66*	55*	45*	34*												
PH 29 PH 31	N/Q+T	10000	291	266	243	221	200	180	161	143	126	110	96	84	74										
		30000	262	237	214	192	171	151	132	115	99	86	74	65	57										
		50000	248	223	200	177	156	136	118	102	87	75	65	57	50										
		100000	227	203	179	157	136	117	100	85	73	63	55	(47)	(41)										
		150000	215	190	167	144	124	105	89	76	65	56	(49)	(42)	(34)										
		200000	206*	181*	157*	135*	115*	97*	82*	70*	60*	52*	(44)*	(37)*											
		250000	199*	174*	150*	128*	108*	91*	77*	66*	56*	(48)*	(41)*	(32)*											
16Mo3	N/N+T/Q+T	10000								298	273	247	222	196	171	147	125	102							
		30000								273	244	216	187	159	134	113	93	76							
		50000								260	229	200	172	144	119	99	80	66							
		100000								239*	208*	178*	148	123	101	81	66	53*							
		150000								226*	197*	168*	139*	114*	91*	74*	60*	48							
		200000								217*	188*	159*	130*	105*	84*	69*	55*	45*							
		250000								210*	180*	151*	124*	100*	80*	65*	52*	(42)*							
14CrMo4-5	N+T/Q+T	10000								(407)	(371)	(338)	304	273	239	209	179	154	129	109	91	76	64	53	44
		30000								(371)	(336)	(301)	267	233	200	169	140	116	96	79	66	54	44	36	(29)
		50000								(339)	(307)	(273)	239	207	177	149	124	101	82	68	55	45			
		100000								(326)	(286)	(247)	210	177	146	121	99	81	67	54	43	35			
		150000								(312)	(270)	(210)	194*	161*	132*	108*	87*	71	57	46	38	(31)			
		200000								(298)	(255)	(197)	180*	148*	122*	99*	79*	64*	52*	42*	34*	(28)*			
		250000								(292)	(247)	(186)	170*	139*	114*	91*	74*	59*	48*	39*	32*	(26)*			

续表

牌号	热处理	断裂时间/h	估算的平均断裂应力/MPa																						
			温度/℃																						
			380	390	400	410	420	430	440	450	460	470	480	490	500	510	520	530	540	550	560	570	580	590	600
13CrMo9-10	N/Q+T	10000								(309)	(285)	(263)	240	219	196	176	155	137	122	108	96	85	76	68	61
		30000								(276)*	(254)*	322*	231	192	172	152	134	118	103	90	79	70	61	54	48
		50000								(257)*	236*	217*	197*	177*	158*	139*	123*	107	93	80	71	62	54	47	42
		100000								221*	204*	186*	170*	153*	137*	122*	107*	93	79	69	59	51	44	(38)	(34)
		150000								209*	192*	175*	153*	141*	126*	110*	95*	82*	73*	63*	54*	47	40	(35)	(30)
		200000								203*	186*	169*	152*	135*	119*	103*	89*	77*	68*	58*	50*	43*	(37)*	(32)*	(28)*
		250000								198*	181*	164*	147*	130*	113*	98*	84*	74*	64*	55*	47*	41*	(35)*	(30)*	(26)*
X20CrMoV12-1	N/Q+T	10000													294	274	253	232	213	192	173	154	136	119	101
		30000													271	250	228	208	187	167	148	130	113	97	81
		50000													261	238	217	195	175	155	136	119	102	87	74
		100000													248	225	202	180	159	139	121	104	88	75	63
		150000													239*	219*	197*	175*	150*	128*	110*	94*	80*	68*	57*
		200000													234*	213*	190*	167*	143*	122*	104*	89*	76*	64*	53*
		250000													229*	208*	185*	161*	137*	117*	100*	84*	72*	60*	50*

注：1. A——退火，N——正火，Q——淬火，T——回火；
2. 表中＊数据包括用外推法延伸的时间，()数据包括用外推法延伸的应力。

表 14-306 高温塑性变形强度(ISO 9327-2—1999)

牌号	热处理	时间/h	估算的平均1%塑性变形强度/MPa																						
			温度/℃																						
			380	390	400	410	420	430	440	450	460	470	480	490	500	510	520	530	540	550	560	570	580	590	600
PH 26	N/Q+T	10000	164	150	136	124	113	101	91	80	72	62	53												
		100000	118	106	95	84	73	65	57	49	42	35	30												
PH 29，PH 31	N/Q+T	10000	195	182	167	150	135	120	107	93	83	71	63	55	49										
		100000	153	137	118	105	92	80	69	59	51	44	38	33	29										
16Mo3	N/N+T/Q+T	10000								216	199	182	166	149	132	115	99	84							
		100000								167	146	126	107	89	73	59	46	36							

续表

牌号	热处理	时间/h	估算的平均1%塑性变形强度/MPa																						
			温度/℃																						
			380	390	400	410	120	130	440	450	460	470	480	490	500	510	520	530	540	550	560	570	580	590	600
14CrMo4-5	N+T/Q+T	10000								245	228	210	193	173	157	139	122	106	90	76	64	53			
		100000								191	172	152	133	116	98	83	70	57	46	35	30	24			
13CrMo9-10	N+T/Q+T	10000								240	219	200	180	163	147	132	119	107	94	83	73	65	57	50	44
		100000								166	155	145	130	116	103	90	78	68	58	49	41	35	30	26	22

注：A——退火，N——正火，Q——淬火，T——回火。

表 14-307 室温力学性能和热处理制度(ISO 9327-3—1999)

序号	牌号		室温力学性能					热处理制度				
	新	旧	等圆断面厚度 t_R/mm	R_e/MPa (不小于)	R_m/MPa	A (不小于) x/%	A (不小于) y/%	状态	溶解温度/℃	冷却方式	回火温度/℃	冷却方式
1	11MnNi5-3	—	<30	285	420～530	24	24	N(+T)	880～940	空冷	580～640	空冷
			30<t_R≤50	275								
2	13MnNi6-3	—	<30	355	490～610	22	22	N(+T)	880～940	空冷	580～640	空冷
			30<t_R≤50	345								
3	15NiMn6-3	—	<30	355	490～640	22	22	N	850～900		—	—
			30<t_R≤50	345				N+T		空冷	600～660	空冷,水冷
								Q+T		水冷,油冷	600～660	空冷,水冷
4	12Ni14G1	F44	≤30	285	450～600	23	23	N	830～880	空冷	—	—
			30<t_R≤50	275				N+T		空冷	580～640	空冷,水冷
								Q+T	830～870	水冷,油冷	580～640	空冷,水冷
5	12Ni14G2	—	≤30	355	470～620	22	22	N	830～880	空冷	—	—
			30<t_R≤50	345				N+T		空冷	580～640	空冷,水冷
								Q+T	820～870	水冷,油冷	580～640	空冷,水冷

续表

序号	牌号		室温力学性能					热处理制度				
	新	旧	等圆断面厚度 t_R/mm	R_e/MPa(不小于)	R_m/MPa	A(不小于)		状态	溶解温度/℃	冷却方式	回火温度/℃	冷却方式
						x/%	y/%					
6	12Ni19	—	≤30	390	510~710	19	19	N	800~850	空冷	—	—
			30<t_R≤50	380				N+T		空冷	580~660	空冷,水冷
								Q+T		水冷,油冷	580~660	空冷,水冷
7	X8Ni9	F45	≤30	480	640~840	18	18	N+N+T	880~930 +770~820	空冷	540~660	空冷,水冷
			30<t_R≤50	480				Q+T	740~820	水冷,油冷	540~600	空冷,水冷

注:N——正火,T——回火,Q——淬火。

表 14-308　低温冲击性能(ISO 9327-3—1999)

序号	牌号	热处理	等圆断面厚度 t_R/mm	试样方向	冲击性能 KV/J(不小于) 温度/℃											
					20	0	−20	−40	−50	−60	−80	−100	−120	−150	−170	−195
1	11MnNi-5-3	N+(T)	≤50	x-y	70	60	55	50	45	40	—	—	—	—	—	—
2	13NnNi6-3			y-x	45	40	40	35	30	27						
3	15NiMn6	N, N+T, Q+T	≤50	x-y	65	65	65	60	50	50	40					
				y-x	45	45	45	40	35	35	27					
4	12Ni14G1	N, N+T, Q+T	≤50	x-y	65	60	55	55	50	50	45	40	—	—	—	—
5	12Ni14G2			y-x	45	40	40	35	35	35	30	27				
6	12Ni19	N, N+T, Q+T	≤50	x-y	70	70	65	65	65	60	55	45	40*			
				y-x	50	50	45	45	45	40	35	30	27*			
7	X8Ni9	N+N+T, Q+T	≤50	x-y	70	70	70	70	70	70	70	60	50	50	45	40
				y-x	50	50	50	50	50	50	50	40	35	35	30	27

注:N——正火,T——回火,Q——淬火。

表 14-309　　室温力学性能和热处理制度(ISO 9327-4—1999)

序号	牌号		室温力学性能					热处理			
	新	旧	等圆断面厚度 t_R/mm	R_e /MPa	R_m /MPa	A(不小于) x/%	A(不小于) y/%	状态	溶解温度 /℃	冷却方式	回火温度 /℃
1	P28,PH28	—	≤16	285	390～510	26	24	N	880～960	空冷	—
			16<t_R≤35	285							
	PL28	—	35<t_R≤50	275				Q+T	860～940	油冷 水冷	560～700
			50<t_R≤70	265							
			70<t_R≤100	245	370～510	25	23				
			100<t_R≤250	225		24	22				
2	P35,PH35	—	≤16	355	490～610	24	22	N	880～960	空冷	—
			16<t_R≤35	355							
			35<t_R≤50	345				Q+T	860～940	油冷 水冷	560～700
	PL 35,PLH35	—	50<t_R≤70	325							
			70<t_R≤100	315	470～610	23	21				
			100<t_R≤250	295		22	20				
3	P42,PH42	—	≤16	420	540～680	21	19	N	880～960	空冷	—
			16<t_R≤35	410							
	PL42,PLH42	—	35<t_R≤50	400				Q+T	860～940	油冷 水冷	560～700
			50<t_R≤70	380							
			70<t_R≤100	355	510～670	20	18				
			100<t_R≤250	345		19	17				
4	P46,PH46	—	≤16	460	570～720	19	17	N	880～960	空冷	—
			16<t_R≤35	450							
	PL46,PLH46	—	35<t_R≤50	440				Q+T	860～940	油冷 水冷	560～700
			50<t_R≤70	420							
			70<t_R≤100	400	520～710	19	17				
			100<t_R≤250	385		18	16				

注:N——正火,T——回火,Q——淬火。

表 14-310　　冲击性能(ISO 9327-4—1999)

牌号类型	热处理	等圆断面厚度 t_R/mm	冲击性能 KV/J(不小于)									
			DIR:x－y					DIR:y－x				
			温度/℃									
			20	0	－20	－40	－50	20	0	－20	－40	－50
P xx PH xx	N/Q+T	≤250	55	47	40	—	—	31	27	20	—	—
PL xx PLH xx			63	55	47	35	27	38	33	27	20	16

注:N——正火,T——回火,Q——淬火。

表 14-311　　高温下 0.2% 屈服强度的最低值(ISO 9327-4—1999)

序号	牌号	热处理	等圆断面厚度 t_R/mm	$R_{p0.2}$/MPa					
				温度/℃					
				150	200	250	300	350	400
1	PH 28 PLH 28	N Q+T	≤35	226	196	177	157	137	118
			35<t_R≤70	216					
			70<t_R≤100	206	186	167	137	118	98
			150<t_R≤250	186	167	147	118	98	78
2	PH 35 PLH 358	N Q+T	≤35	284	245	226	216	196	167
			35<t_R≤70	275					
			70<t_R≤100	255	235	216	196	177	147
			150<t_R≤250	235	216	196	177	157	127
3	PH 42 PLH 42	N Q+T	≤35	343	304	275	265	235	206
			35<t_R≤70	333					
			70<t_R≤100	314	294	265	245	216	186
			150<t_R≤250	294	275	245	226	196	167
4	PH 46 PLH 46	N Q+T	≤35	373	333	314	294	265	235
			35<t_R≤70	363					
			70<t_R≤100	343	324	294	275	245	216
			150<t_R≤250	324	304	275	255	226	196

注:N——正火,Q——淬火,T——回火。

表 14-312 室温力学性能和热处理制度(ISO 9327-5—1999)

序号	牌号		力学性能								高温性能		热处理		
	新	旧	等圆断面厚度 t_R/mm	$R_{p0.2}$/MPa (不小于)	$R_{p1.0}$/MPa (不小于)	R_m/MPa	A (不小于) x /%	A (不小于) y /%	KV (不小于) x·y /J	KV (不小于) y·x /J	R_P	蠕变性能	状态	溶解温度 /℃	冷却方式
1	X2CrNi18-10	F46	250	180	215	480~680	30	30	85	55	3	—	Q	1000~1100	水冷,空冷
2	X2CrNiN18-10	—	250	270	305	550~750	30	30	85	55	3	—	Q	1000~1100	水冷,空冷
3	X5CrNi18-9	F47	250	195	230	500~700	30	30	85	55	3	—	Q	1000~1100	水冷,空冷
4	X7CrNi18-9	F48	250	195	230	490~690	30	30	85	55	3	4	Q	1050~1120	水冷,空冷
5	X6CrNiNb18-10	F50	450	205	240	510~710	30	30	85	55	3	—	Q	1020~1120	水冷,空冷
6	X6CrNiTi18-10	F53	450	200	235	510~710	30	30	85	55	3	—	Q	1020~1120	水冷,空冷
7	X7CrNiTi18-10	F54	450	175	210	490~690	30	30	85	55	3	4	Q	1020~1120	水冷,空冷
8	X7CrNiNb18-10	F51	450	205	240	510~710	30	30	85	55	3	4	Q	1050~1120	水冷,空冷
9	X2CrNiMo17-12	F59	250	190	225	490~690	30	30	85	55	3	—	Q	1020~1120	水冷,空冷
10	X2CrNiMoN17-12	—	160	280	315	580~780	30	30	85	55	3	—	Q	1020~1120	水冷,空冷
11	X2CrNiMo17-13	F58	250	190	225	490~690	30	30	85	55	3	—	Q	1020~1120	水冷,空冷
12	X2CrNiMoN17-13	—	160	280	315	580~780	30	30	85	55	3	—	Q	1020~1120	水冷,空冷
13	X5CrNiMo17-12	F62	250	205	240	510~710	30	30	85	55	3	—	Q	1020~1120	水冷,空冷
14	X5CrNiMo17-13	F62	250	205	240	510~710	30	30	85	55	3	—	Q	1020~1120	水冷,空冷
15	X7CrNiMo17-12	F64	250	205	240	510~710	30	30	85	55	3	4	Q	1020~1120	水冷,空冷
16	X6CrNiMoTi17-12	F66	450	210	245	510~710[b]	30	30	85	55	3	—	Q	1020~1120	水冷,空冷
17	X6CrNi25-21	F88	160	210	250	500~700	30	30	85	55	3	—	Q	1000~1100	水冷,空冷
18	X2NiCrMoCu25-20-5	—	160	220	225	520~720	30	30	85	55	3	—	Q	1050~1150	水冷,空冷
19	X2CrNiN23-4	—	160	400		600~820	25	20	85	55	3	—	Q	970~1070	水冷,空冷
20	X2CrNiMoN22-5-3	—	250	450		600~860	25	20	85	55	3	—	Q	1020~1100	水冷,空冷

注:Q—淬火。

表 14-313 高温淬火条件下屈服强度的最低值(ISO 9327-5—1999)

序号	牌号	$R_{p0.2}$/MPa										$R_{p1.0}$/MPa									
		温度/℃										温度/℃									
		150	200	250	300	350	400	450	500	550	600	150	200	250	300	350	400	450	500	550	600
1	X2CrNi18-10	116	104	96	88	84	81	78	76	74	72	150	137	128	122	116	110	108	106	102	100
2	X2CrNiN18-10	169	155	143	135	129	123	119	115	113	110	201	182	172	163	126	149	144	140	136	131
3	X5CrNi18-9	126	114	106	98	93	89	86	84	81	79	160	147	139	132	125	120	117	115	112	109
4	X7CrNi18-9	126	114	106	98	93	89	86	84	81	79	160	147	139	132	125	120	117	115	112	109
5	X6CrNiNb18-10	162	153	147	139	133	129	126	124	122	121	192	182	172	166	162	159	157	155	153	151
6	X6CrNiTi18-10	149	144	139	135	129	124	119	116	111	108	179	172	164	158	152	148	143	140	138	135
7	X7CrNiTi18-10	123	117	114	110	105	100	95	93	90	88	155	147	141	133	129	126	121	118	116	115
8	X7CrNiNb18-10	162	153	147	139	133	129	126	124	122	121	192	182	172	166	162	159	157	155	153	151
9	X2CrNiMo17-12	130	120	109	101	96	90	87	84	81	79	161	149	139	133	127	123	119	115	112	110
10	X2CrNiMoN17-12	178	164	154	146	140	136	132	129	126	124	208	192	180	172	166	161	157	152	149	144
11	X2CrNiMo17-13	130	120	109	101	96	90	87	84	81	79	161	149	139	133	127	123	119	115	112	110
12	X2CrNiMoN17-13	178	164	154	146	140	136	132	129	126	124	208	192	180	172	166	161	157	152	149	144
13	X5CrNiMo17-12	144	132	121	113	107	101	98	95	92	90	172	159	150	143	137	133	129	125	121	119
14	X5CrNiMo17-13	144	132	121	113	107	101	98	95	92	90	172	159	150	143	137	133	129	125	121	119
15	X7CrNiMo17-12	144	132	121	113	107	101	98	95	92	90	172	159	150	143	137	133	129	125	121	119
16	X6CrNiMoTi17-12	(148)	(137)	(126)	(117)	(111)	(105)	(102)	(99)	(95)	(93)	(183)	(169)	(159)	(152)	(147)	(142)	(138)	(133)	(129)	(127)
17	X6CrNi25-21	(128)	(116)	(108)	(100)	(94)	(91)	(86)	(85)	(84)	(82)	(167)	(154)	(146)	(139)	(132)	(126)	(123)	(121)	(118)	(114)
18	X2NiCrMoCu25-20-5	(165)	(155)	(145)	(135)	(130)	(125)	—	—	—	—	(195)	(185)	(175)	(165)	(160)	(155)	—	—	—	—
19	X2CrNiN23-4	300	280	265	—	—	—	—	—	—	—	—	—	—	—	—	—	—	—	—	—
20	X2CrNiMoN22-5-3	335	310	295	—	—	—	—	—	—	—	—	—	—	—	—	—	—	—	—	—

注：表中()中的数据为近似值。

表 14-314　　高温淬火条件下的持久断裂强度(ISO 9327-5—1999)

序号	牌号	断裂时间/h	估算的平均断裂应力/MPa																			
			温度/℃																			
			540	550	560	570	580	590	600	610	620	630	640	650	660	670	680	690	700	710	720	730
4	X7CrNi18-9	10000	—	176	164	152	142	131	122	113	104	95	87	79	73	67	61	55	48	—	—	—
		30000	—	147*	135*	128*	115*	105*	96*	88*	80*	74	67	61	55	50	44*	(40)*	(35)*	—	—	—
		50000	—	134*	123*	113*	103*	94*	85*	78*	72*	65*	58*	52*	47*	4*	(36)*	(32)*	(27)*	—	—	—
		100000	—	115*	105*	98*	89*	81*	74*	68*	61*	55*	50*	45*	(40)*	(35)*	(30)*	(26)*	(23)*	—	—	—
		150000	—	108*	99*	89*	81*	74*	67*	60*	54*	49*	43*	(39)*	(34)*	(30)*	(26)*	(23)*	(20)*	—	—	—
		200000	—	102*	93*	84*	76*	69*	62*	56*	50*	45*	(40)*	(35)*	(31)*	(27)*	(24)*	(21)	—	—	—	—
		250000	—	97*	88*	79*	73*	66*	59*	53*	47*	42*	(37)*	(33)*	(29)*	(25)*	(22)*	—	—	—	—	—
7	X7CrNiTi 18-10	10000	—	230	220	210	190	170	160	140	130	120	110	100	90	82	74	66	60	—	—	—
		30000	—																	—	—	—
		50000	—																	—	—	—
		100000	—	170	150	140	120	110	100	92	84	76	68	62	56	50	44	39	35	—	—	—
		150000	—																			
		200000	—	150	130	120	110	100	90	82	74	66	60	54	48	43	40	38	29	—	—	—
		250000	—																	—	—	—
8	X7CrNiNb 18-10	10000	243	228	215	200	186	173	159	146	134	124	114	104	95	86	77	69	61	54	46	—
		30000	210*	197	184	172	159	146	133	123	112	102	92	83	74	66	58	51	44	38	(33)	—
		50000	198*	185*	172*	159*	146	133	123	111	101	91	82	74	66	58	51	44	39	(33)	(28)	—
		100000	181*	168*	154*	142*	129	118	106	98	86	77	69	61	53	46	40*	35*	(30)*	(25)*	(22)*	—
		150000	171*	158*	145*	132*	121	109	98	88	79	71*	63*	55*	48*	42*	36*	(32)*	(28)*	(24)*	—	—
		200000	164*	151*	138*	127*	114*	103*	93*	83*	75*	66*	58*	51*	44*	38*	(33)*	(29)*	(25)*	(22)*	—	—
		250000	159*	146*	133*	122*	110*	99*	88*	79*	71*	63*	55*	48*	41*	36*	(31)*	(27)*	(25)*	—	—	—
15	X7CrNiMo 17-12	10000	247	233	220	206	193	180	167	155	142	130	119	108	97	87	78	70	63	57	52	47
		30000	222	208	195	181	168	155	143	131	119	107	97	87	78	69	62	56	51	46	(42)	—
		50000	210	197	183*	170	157	144	132	120	108	97	87	78	70	62	56	51	46	(42)	—	—
		100000	194*	181*	167*	154*	141	128	116	105	84	84	75	67	60	54	49*	(44)*	—	—	—	—
		150000	189*	172*	158*	145*	132	120	108	97	86	77*	69*	61*	55*	50*	(45)*	—	—	—	—	—
		200000	178*	164*	151*	138*	125	113	102	91	81	72*	65*	58*	52*	47*	(43)*	—	—	—	—	—
		250000	173*	159*	146*	133*	120*	108*	97*	87*	77*	69*	61*	55*	50*	(45)*	—	—	—	—	—	—

注：表中*数据包括用外推法延伸的时间，()数据包括用外推法延伸的应力。

表 14-315　　力学性能(适用于横向方向)(ISO 9328—2—2011)

牌号	通常交货状态	厚度 t/mm	室温拉伸性能			冲击性能 KV/J(不小于)		
			屈服强度 R_{eH}/MPa(不小于)	抗拉强度 R_m/MPa	伸长率 A/%(不小于)	温度/℃		
						−20	0	+20
P235GH	+N	≤16	235	360～480	24	27	34	40
		16<t≤40	225					
		40<t≤60	215					
		60<t≤100	200					
		100<t≤150	185	350～480				
		150<t≤250	170	340～480				
P265GH	+N	≤16	265	410～530	22	27	34	40
		16<t≤40	255					
		40<t≤60	245					
		60<t≤100	215					
		100<t≤150	200	400～530				
		150<t≤250	185	390～530				
P295GH	+N	≤16	295	460～580	21	27	34	40
		16<t≤40	290					
		40<t≤60	285					
		60<t≤100	260					
		100<t≤150	235	440～570				
		150<t≤250	220	430～570				
P335GH	+N	≤16	355	510～650	20	27	34	40
		16<t≤40	345					
		40<t≤60	335					
		60<t≤100	315	490～630				
		100<t≤150	295	480～630				
		150<t≤250	280	470～630				
16Mo3	+N	≤16	275	440～590	22			31
		16<t≤40	270					
		40<t≤60	260					
		60<t≤100	240	430～560				
		100<t≤150	220	420～570				
		150<t≤250	210	410～570				
18MnMo4-5	+NT	≤60	345	510～650	20	27	34	40
		60<t≤150	325					
	+QT	150<t≤250	310	480～620				
20MnMoNi4-5	+QT	≤40	470	590～750	18	27	40	50
		40<t≤60	460	590～730				
		60<t≤100	450	570～710				
		100<t≤150	440					
		150<t≤250	400	560～700				

续表

牌　　号	通常交货状态	厚　度 t/mm	室温拉伸性能			冲击性能 KV/J(不小于)		
			屈服强度 R_{eH}/MPa (不小于)	抗拉强度 R_m/MPa	伸长率 A/% (不小于)	温　　度/℃		
						−20	0	+20
15NiCuMo Nb5-6-4	+NT	≤40	460	610～780	16	27	34	40
		40<t≤60	440					
		60<t≤100	430	600～760				
	+NT/+QT	100<t≤150	420	590～740				
	+QT	150<t≤250	410	580～740				
13CrMo4-5	+NT	≤16	300	450～600	19			31
		16<t≤60	290					
		60<t≤100	270	440～590				27
	+NT/+QT	100<t≤150	255	430～580				
	+QT	150<t≤250	245	420～570				
13CrMoSi5-5	+NT	≤60	310	510～690	20		27	34
		60<t≤100	300	480～660				
	+QT	≤60	400	510～690		27	34	40
		60<t≤100	390	500～680				
		100<t≤250	380	490～670				
10CrMo9-10	+NT	≤16	310	480～630	18			31
		16<t≤40	300					
		40<t≤60	290					
	+NT/+QT	60<t≤100	280	470～620	17			27
	+QT	100<t≤150	260	460～610				
		150<t≤250	250	450～600				
12CrMo9-10	+NT/+QT	≤250	355	540～690	18	27	40	70
X12CrMo5	+NT	≤60	320	510～690	20	27	34	40
		60<t≤150	300	480～660				
	+QT	150<t≤250	300	450～630				
13CrMoV9-10	+NT	≤60	455	600～780	18	27	34	40
		60<t≤150	435	590～770				
	+QT	150<t≤250	415	580～760				
12CrMoV12-10	+NT	≤60	455	600～780	18	27	34	40
		60<t≤150	435	590～770				
	+QT	150<t≤250	415	580～760				
X10CrMoV Nb9-1	+NT	≤60	445	580～760	18	27	34	40
		60<t≤150	435	550～730				
	+QT	150<t≤250	435	520～700				

注：+N——正火，+NT——正火和回火，+QT——淬火和回火。

表 14-316 高温下 0.2%屈服强度的最低值(ISO 9328-2—2011)

牌号	厚度 t/mm	0.2%屈服强度 $R_{p0.2}$/MPa									
		温度/℃									
		50	100	150	200	250	300	350	400	450	500
P235GH	≤16	270	214	198	182	167	153	142	133	—	—
	16<t≤40	218	205	190	174	160	147	136	128	—	—
	40<t≤60	208	196	181	167	153	140	130	122	—	—
	60<t≤100	193	182	169	155	142	130	121	114	—	—
	100<t≤150	179	168	156	143	131	121	112	105	—	—
	150<t≤250	164	155	143	132	121	111	103	97	—	—
P265GH	≤16	256	241	223	205	118	173	160	150	—	—
	16<t≤40	247	232	215	197	181	166	154	145	—	—
	40<t≤60	237	223	206	190	174	160	148	139	—	—
	60<t≤100	208	196	181	167	153	140	130	122	—	—
	100<t≤150	193	182	169	155	142	130	121	114	—	—
	150<t≤250	179	168	1556	143	131	121	112	105	—	—
P295GH	≤16	285	268	249	228	209	192	178	167	—	—
	16<t≤40	280	264	244	225	206	189	175	165	—	—
	40<t≤60	276	259	240	221	202	186	172	162	—	—
	60<t≤100	251	237	219	201	184	170	157	148	—	—
	100<t≤150	227	214	198	182	167	153	142	133	—	—
	150<t≤250	213	200	185	170	156	144	133	125	—	—
P355GH	≤16	343	323	299	275	252	232	214	202	—	—
	16<t≤40	334	314	291	267	245	225	208	196	—	—
	40<t≤60	324	305	282	259	238	219	202	190	—	—
	60<t≤100	305	287	265	244	224	206	190	179	—	—
	100<t≤150	285	268	249	228	209	192	178	167	—	—
	150<t≤250	271	255	236	217	199	183	169	159	—	—
16Mo3	≤16	273	264	250	233	213	194	175	159	147	141
	16<t≤40	268	259	245	228	209	1910	172	156	145	139
	40<t≤60	258	250	236	220	202	183	165	150	139	134
	60<t≤100	238	230	218	203	186	169	153	139	129	123
	100<t≤150	218	211	200	186	171	155	140	127	118	113
	150<t≤250	208	202	191	178	163	48	134	121	113	108
18MnMo4-5	≤60	330	320	315	310	295	285	265	235	215	—
	60<t≤150	320	310	305	300	285	275	255	225	205	—
	150<t≤250	310	300	295	290	275	265	245	220	200	—
20MnMoNi4-5	≤40	460	448	439	432	434	415	402	384	—	—
	40<t≤60	450	438	430	423	415	406	394	375	—	—
	60<t≤100	441	429	420	413	406	398	385	367	—	—
	100<t≤150	431	419	411	404	397	389	377	359	—	—
	150<t≤250	392	381	374	367	361	353	342	327	—	—

续表

牌号	厚度 t/mm	0.2%屈服强度 $R_{p0.2}$/MPa									
		温度/℃									
		50	100	150	200	250	300	350	400	450	500
15NiCuMoNb5-6-4	≤40	447	429	415	403	391	380	366	351	331	—
	40<t≤60	427	410	397	385	374	363	350	335	317	—
	60<t≤100	418	401	388	377	366	355	342	328	309	—
	100<t≤150	408	392	379	368	357	347	335	320	302	—
	150<t≤200	398	382	370	359	349	338	327	313	295	—
13CrMo4-5	≤16	294	285	269	252	234	216	200	186	175	164
	16<t≤60	285	275	260	243	226	209	194	180	169	159
	60<t≤100	265	256	242	227	210	195	180	168	157	148
	100<t≤150	250	242	229	215	199	184	170	159	148	139
	150<t≤250	235	223	215	211	199	184	170	159	148	139
13CrMoSi5-5+NT	≤60	299	283	268	255	244	33	223	218	206	—
	60<t≤100	289	274	260	247	236	225	216	211	199	—
13CrMoSi5-5+QT	≤60	384	364	352	344	339	335	330	322	309	—
	60<t≤100	375	355	343	335	330	327	322	314	301	—
	100<t≤250	365	346	334	326	322	318	314	306	293	
10CrMo9-10	≤16	288	266	254	248	243	236	225	212	197	185
	16<t≤40	279	257	246	240	235	228	218	205	191	179
	40<t≤60	270	249	238	232	227	221	211	198	185	173
	60<t≤100	260	240	230	224	220	213	204	191	178	167
	100<t≤150	250	237	228	222	219	213	204	191	178	167
	150<t≤250	240	227	219	213	210	208	204	191	178	167
12CrMo9-10	≤250	341	323	311	303	298	295	292	287	279	g
X12CrMo5	≤60	310	299	295	294	293	291	285	273	253	222
	60<t≤250	290	281	277	275	275	273	267	256	237	208
13CrMoV9-10	≤60	410	395	380	375	370	365	362	360	350	—
	60<t≤250	405	390	370	365	360	355	352	350	340	—
12CrMoV12-10	≤60	410	395	380	375	370	365	362	360	350	—
	60<t≤250	405	390	370	365	360	355	352	350	340	—
X10CrMoVNb9-1	≤60	432	415	401	392	385	379	373	364	349	324
	60<t≤250	423	406	392	383	376	371	365	356	341	316

表 14-317 力学性能(ISO 9328-2—2011)

牌号	通常交货状态	厚度 t/mm	室温拉伸性能			冲击性能 RV/J
			屈服强度 R_{eH}/MPa (不小于)	抗拉强度 R_m/MPa	伸长率 A/% (不小于)	
PT410GH	+AR	6≤t≤50	225	410~550	21	①
	+N	6≤t≤200				
PT450GH	+AR	6≤t≤50	245	450~590	19	
	+N	6≤t≤200				
PT480GH	+AR	6≤t≤50	265	480~620	17	
	+N	6≤t≤200				
19MnMo4-5	+N,+AR	6≤t≤50	315	520~660	17	
	+N	50≤t≤200				
19MnMo5-5	+N,+QT,+AR	6≤t≤50	345	550~690	17	
	+N,+QT	6≤t≤200				
19MnMo6-5	+QT	6≤t≤200	480	620~790	15	
19MnMoNi5-5	+N,+QT,+AR	6≤t≤50	345	550~690	17	
	+N,+QT	50≤t≤200				
19MnMoNi6-5	+QT	6≤t≤50	480	620~790	15	
		50≤t≤200				
14CrMo4-5+NT1	+NT	6≤t≤200	225	380~550	20	
14CrMo4-5+NT2	+NT	6≤t≤200	275	450~590	20	
14CrMoSi5-6+NT1	+N	6≤t≤200	235	410~590	20	
14CrMoSi5-6+NT2	+NT	6≤t≤200	315	520~690	20	
13CrMo9-10+NT1	+NT	6≤t≤300	205	410~590	17	
13CrMo9-10+NT2	+NT	6≤t≤300	315	520~690	17	
14CrMo9-10	+QT/+NT	6≤t≤300	380	580~760	17	
14CrMoV9-10	+NT/QT	6≤t≤300	415	580~760	17	
13CrMoV12-10	+NT/QT	6≤t≤300	415	580~760	17	
X9CrMoVNb9-1	+NT	6≤t≤300	415	585~760	17	

注:1. 表中①需要双方协商,以合同为准;

2. +AR——轧制状态,+NT——正火或回火,+QT——淬火和回火。

表 14-318 热处理制度(ISO 9328-2—2011)

牌号	温度/℃		
	正火	奥氏体化	回火
P235GH	890~950	—	—
P265GH	890~950	—	—
P295GH	890~950	—	—
P355GH	890~950	—	—
16Mo3	890~950	—	
18MnMo4-5	890~950		600~640
20MnMoNi4-5	—	870~940	610~690

续表

牌号	温度/℃		
	正火	奥氏体化	回火
15NiCuMoNb5-6-4	880～960		580～680
13CrMo4-5	890～950		630～730
13CrMoSi5-5	890～950		650～730
10CrMo9-10	920～980		650～750
12CrMo9-10	920～980		650～750
X12CrMo5	920～970		680～750
13CrMoV9-10	930～990		675～750
12CrMoV12-10	930～1000		675～750
X10CrMoVNb9-1	1040～1100		730～780

表 14-319 热处理制度(ISO 9328-2—2011)

牌号	温度/℃		
	正火	奥氏体化	回火
PT410GH	880～950	—	—
PT450GH	880～950	—	—
PT480GH	880～950	—	—
19MnMo4-5	880～950	—	—
19MnMo5-5	880～950	880～950	595～690
19MnMo6-5	—	880～950	595～690
19MnMoNi5-5	880～950	880～950	595～690
19MnMoNi6-5	—	880～950	595～690
14CrMo4-5＋NT1	880～980	—	620～710
14CrMo4-5＋NT2	880～980	—	620～710
14CrMoSi5-6＋NT1	880～980	—	620～710
14CrMoSi5-6＋NT2	880～980	—	620～720
13CrMo9-10＋NT1	900～980	—	650～760
13CrMo9-10＋NT2	900～980	—	650～760
14CrMo9-10	900～980	900～980	620～760
14CrMoV9-10	900～1000	900～1000	675～760
14CrMoV12-10	900～1000	900～1000	675～760
X9CrMoVNb9-1	1040～1095	—	730～780

表 14-320　1%蠕变应力和蠕变断裂强度(ISO 9328-2—2011)

牌　号	温度/℃	1%蠕变应力/MPa(在以下时间)		蠕变断裂强度(在以下时间)		
		10000h	100000h	10000h	100000h	200000h
P235GH，P265GH	380	164	118	229	165	145
	390	150	106	211	148	129
	400	136	95	191	132	115
	410	124	84	174	118	101
	420	113	73	158	103	89
	430	101	65	142	91	78
	440	91	57	127	79	67
	450	80	49	113	69	57
	460	72	42	100	59	48
	470	62	35	86	50	40
	480	53	30	75	42	33
P295GH，P355GH	380	195	153	291	227	206
	390	182	137	266	203	181
	400	167	118	243	179	157
	410	150	105	221	157	135
	420	135	92	200	136	115
	430	120	80	180	117	97
	440	107	69	161	100	82
	450	93	59	143	85	70
	460	83	51	126	73	60
	470	71	44	110	63	52
	480	63	38	96	55	44
	490	55	33	84	47	37
	500	49	29	74	41	30
16Mo3	450	216	167	298	239	217
	460	199	146	273	208	188
	470	182	126	247	178	159
	480	166	107	222	148	130
	490	149	89	196	123	105
	500	132	73	171	101	84
	510	115	59	147	81	69
	520	99	46	125	66	55
	530	84	36	102	53	45
18MnMo4-5	425	392	314	421	343	
	430	383	302	407	330	
	440	360	272	380	300	
	450	333	240	353	265	
	460	303	207	325	230	
	470	271	176	295	196	
	480	239	148	263	166	
	490	207	124	229	140	
	500	177	103	196	118	
	510	150	84	165	98	
	520	127	64	141	79	
	525	118	54	132	69	

续表

牌号	温度/℃	1%蠕变应力/MPa(在以下时间)		蠕变断裂强度(在以下时间)		
		10000h	100000h	10000h	100000h	200000h
20MnMoNi4-5	450			290	240	
	460			272	211	
	470			251		
	480			225		
	490			194		
15NiCuMo Nb5-6-4	400	324	294	402	373	
	410	315	279	385	349	
	420	306	263	368	325	
	430	295	245	348	300	
	440	281	227	328	273	
	450	265	206	304	245	
	460	239	180	274	210	
	470	212	151	242	175	
	480	180	120	212	139	
	490	145	84	179	104	
	500	108	49	147	69	
13CrMo4-5	450	245	191	370	285	260
	460	228	172	348	251	226
	470	210	152	328	220	195
	480	193	133	304	190	167
	490	173	116	273	163	139
	500	157	98	239	137	115
	510	139	83	209	116	96
	520	122	70	179	94	76
	530	106	57	154	78	62
	540	90	46	129	61	50
	550	76	36	109	49	39
	560	64	30	91	40	32
	570	53	24	76	33	26
13CrMoSi5-5	450		209		313	
	460		200		300	
	470		185		278	
	480		141		212	
	490		119		179	
	500		113		169	
	510		81		122	
	520		66		99	
	530		41		62	
	540		33		50	
	550		27		40	
	560		23		35	
	570		21		31	

续表

牌　号	温度/℃	1%蠕变应力/MPa(在以下时间)		蠕变断裂强度(在以下时间)		
		10000h	100000h	10000h	100000h	200000h
10CrMo9-10	450	240	166	306	221	201
	460	219	155	286	205	186
	470	200	145	264	188	169
	480	180	130	241	170	152
	490	163	116	219	152	136
	500	147	103	196	135	120
	510	132	90	176	118	105
	520	119	78	156	103	91
	530	107	68	138	90	79
	540	94	58	122	78	68
	550	83	49	108	68	58
	560	73	41	96	58	50
	570	65	35	85	51	43
	580	57	30	75	44	37
	590	50	26	68	38	32
	600	44	22	61	34	28
12CrMo9-10	400			382	313	
	410			355	289	
	420			333	272	
	430			312	255	
	440			293	238	
	450			276	221	
	460			259	204	
	470			242	187	
	480			225	170	
	490			208	153	
	500			191	137	
	510			174	122	
	520			157	107	
X12CrMo5	450	107				
	460	96				
	470	87		147(475℃)		
	480	83		139		
	490	78		123		
	500	70		108		
	510	56		94		
	520	50		81		
	560	44		71		
	540	39		61		
	550	35		53		
	560	31		47		
	570	27		41		
	580	24		36		
	590	21		32		
	600	18		27		
	610	16				
	620	14				
	625	13				

续表

牌号	温度/℃	1%蠕变应力/MPa(在以下时间)		蠕变断裂强度(在以下时间)		
		10000h	100000h	10000h	100000h	200000h
13CrMoV9-10	400			430	383	
	410			414	365	
	420			397	346	
	430			380	327	
	440			362	309	
	450			344	290	
	460			326	271	
	470			308	253	
	480			290	235	
	490			272	218	
	500			255	201	
	510			237	184	
	520			221	169	
	530			204	144	
	540			188	126	
	550			173	108	
12CrMoV12-10	400			430	383	
	410			414	365	
	420			397	346	
	430			380	327	
	440			62	309	
	450			344	290	
	460			326	271	
	470			308	253	
	480			290	235	
	490			272	218	
	500			255	201	
	510			237	184	
	520			221	169	
	530			204	144	
	540			188	126	
	550			173	108	
X10CrMoV Nb 9-1	550			289	258	246
	510			271	239	227
	520			252	220	208
	530			234	201	189
	540			216	183	171
	550			199	166	154
	560			182	150	139
	570			166	134	124
	580			151	120	110
	590			136	106	97
	600			123	94	86

续表

牌号	温度/℃	1%蠕变应力/MPa(在以下时间)		蠕变断裂强度(在以下时间)		
		10000h	100000h	10000h	100000h	200000h
X10CrMoV Nb 9-1	610			110	83	75
	620			99	73	65
	630			89	65	57
	640			79	56	49
	650			70	49	42
	660			62	42	35
	670			55	36	—

表 14-321 热处理条件(ISO 9329-1—1989)

牌号	退火	正火
	温度/℃	
TS 360	640～700	870～940
TS 410		
TS 430		
TS 500		

表 14-322 室温下力学性能(ISO 9329-1—1989)

牌号	拉伸试验						压扁试验		弯曲试验
	拉伸强度 R_m/MPa	屈服强度/MPa,最小			伸长率 A/% 最小		碳常数比率		直径/mm
		δ≤16	16<δ≤40	40<δ≤65			δ/D≤0.15	δ/D>0.15	
TS 360	360～500	235	225	215	25	23	0.09	0.08	3δ
TS 410	410～550	255	245	235	22	20	0.07	0.06	4δ
TS 430	430～570	275	265	255	21	19	0.07	0.06	4δ
TS 500	500～650	355	345	[3]	21[3]	19[3]	0.07	0.06	4δ

表 14-323 室温力学性能(ISO 9329-1—1997)

	牌号	状态	拉伸试验				伸长率 A/%(不小于)		压扁试验	弯曲试验	拉力试验			环扩张试验/%					冲击试验	
			抗拉强度 R_m/MPa	屈服强度/MPa 壁厚/mm			横向	纵向	恒量 K	芯轴直径/mm	≤0.6	≥0.6 ≤0.8	>0.8	≤0.5	>0.5 ≤0.6	>0.6 ≤0.8	>0.8 ≤0.9	>0.9	横向/J	纵向/J
				$T\leqslant16$	$16<T\leqslant40$	$40<T\leqslant60$														
非合金	PH 23	N	360～480	235	225	215	25	23	0.09	3T	12	15	19	30	25	15	10	8	27	35
非合金	PH 26	N	410～530	265	255	245	21	19	0.07	4T	10	12	17	30	25	15	10	8	27	35
非合金	PH 29	N	460～580	290	280	270	23	21	0.07	4T	8	10	15	30	25	15	10	8	27	35
非合金	PH 35	N	510～640	355	335	315	19	17	0.07	4T	8	10	15	30	25	15	10	8	27	35
合金	8CrMo4-5	N+T	410～560	205	205	205	22	20	0.08	4T	8	10	15	—	—	—	—	—	27	35
合金	8CrMo5-5	N+T	410～560	205	205	205	22	20	0.08	4T	8	10	15*	—	—	—	—	—	27	35
合金	X11CrMo5 TA	A	430～580	175	175	175	22	18	0.07	4T	8	10	15	30	21	10	8	6	27	35
合金	X11CrMo5 TN+TT	N+T	480～640	280	280	280	20	18	0.07	4T	8	10	15	30	10	10	8	6	27	35
合金	13CrMo4-5	N+T	440～590	290	290	280	22	20	0.07	4T	8	10	15	30	20	10	8	6	27	35
合金	16Mo3	N	450～600	270	270	260	22	20	0.07	4T	8	10	15	30	20	10	8	6	27	35
合金	11CrMo9-10 TA	A	410～560	205	205	22	20	20	0.08	4T	10	15	15	—	—	—	—	—	27	35
合金	11CrMo9-10 TN+TT	N+T	480～630	280	280	280	20	18	0.07	4T	8	10	15	30	20	10	8	6	27	35
合金	12MoCrV6-2	N+T	460～610	320	320	310	20	18	0.05	4T	8	10	15	30	20	10	8	6	27	35
合金	X11CrMo9-1 TA	A	440～620	205	205	205	20	18	0.07	4T	8	10	15	30	20	10	8	6	27	35
合金	X11CrMo9-1 TN+TT	N+T	590～740	390	390	390	18	16	0.07	4T	8	10	15	30	20	10	8	6	27	35s
合金	X10CrMoVNb9-1	N+T	590～770	415	415	415	20	16	0.07	4T	8	10	15	30	20	10	8	6	27	35
合金	9NiMnMoNb5-4-4	N+T	610～780	440	440	440	19	17	0.05	4T	8	10	15	30	20	10	8	6	27	35
合金	X20CrMoNiV11-1-1	N+T	690～840	490	490	490	17	14	0.05	4T	8	8	12	30	20	10	8	6	27[8)]	35[8)]

注:N——正火,N+T——正火+回火,A——完全退火。

表 14-324 高温 0.2%屈服强度的最低值(ISO 9327-2—1999)

	牌号	热处理	壁厚/mm	0.2%屈服强度 $R_{p0.2}$/MPa 温度/℃									
				150	200	250	300	350	400	450	500	550	600
非合金钢	PH 23	N	≤16	185	165	145	127	116	110	106	—	—	—
			>16≤40	183	164	145	127	116	110	106	—	—	—
			>40≤60	172	159	145	127	116	110	106	—	—	—
	PH 26	N	≤16	216	194	171	152	141	134	130	—	—	—
			>16≤40	213	192	171	152	141	134	130	—	—	—
			>40≤60	204	188	171	152	141	134	130	—	—	—
	PH 29	N	≤16	247	223	198	177	167	158	153	—	—	—
			>16≤40	242	220	198	177	167	158	153	—	—	—
			>40≤60	236	217	198	177	167	158	153	—	—	—
	PH 35	N	≤60	270	255	235	215	200	180	170	—	—	—
合金钢	8CrMo4-5	N+T	≤60	186	181	179	174	167	157	151	143	—	—
	8CrMo5-5	N+T	≤60	186	181	179	174	167	157	151	143	—	—
	X11CrMo5 TA	A	≤60	—	118	116	115	114	113	111	—	—	—
	X11CrMo5 TN+TT	N+T	≤60	237	230	223	216	206	196	181	167	—	—
	13CrMo4-5	N+T	≤60	230	220	210	183	169	164	161	156	150	145
	16Mo3	N	≤60	237	224	205	173	159	155	150	145	—	—
	11CrMo9-10 TA	A	≤60	187	186	186	186	186	186	181	173	—	—
	11CrMo9-10 TN+TT	N+T	≤60	241	233	224	219	212	207	194	180	160	137
	12MoCrV6-2	N+T	≤60	—	235	218	196	184	177	167	155	—	—
	X11CrMo9-1 TA	A	≤60	—	118	112	106	102	99	96	94	—	—
	X11CrMo9-1 TN+TT	N+T	≤60	—	334	330	325	322	316	310	290	235	—
	X10CrMoVNb 9-1	N+T	≤60	—	380	370	360	350	340	325	300	260	200
	9NiMnMoNb 5-4-4	N+T	≤60	412	402	392	382	373	343	304	—	—	—
	X20CrMoNiV 11-1-1	N+T	≤60	—	349	328	317	310	305	292	272	—	—

注:1. N+——正火,N+T——正火+回火,A——完全退火;

2. 壁厚>60m 的 0.2%屈服强度建议双方商定。

表 14-325 热处理制度(ISO 9329-2—1997)

牌号		热处理	奥氏体化温度/℃	冷却方式	回火温度/℃	冷却方式
非合金钢	PH23	N	880～940	空冷	—	—
	PH26	N	880～940	空冷	—	—
	PH29	N	880～940	空冷	—	—
	PH35	N	880～940	空冷	—	—
合金钢	8CrMo4-5	N+T	900～960	空冷	650～730	空冷
		A	900～960	炉冷	—	—
	8CrMo5-5	N+T	900～910	空冷	650～750	空冷
		A	900～960	炉冷	—	—
	X11CrMo5 TA	A	890～950	炉冷	—	—
	X11CrMo5 TN+TT	N+T	910～960	空冷	710～760	空冷
	13CrMo4-5	N+T	900～960	空冷	660～730	空冷
	16Mo3	N	890～950	空冷	—	—
	11CrMo9-10 TA	A	900～960	炉冷	—	—
	11CrMo9-10TN+TT	N+T	900～960	空冷	680～750	空冷
	12MoCrV6-2	N+T	930～990	空冷	680～740	空冷
	X11CrMo9-1 TA	A	890～950	炉冷	—	—
	X11CrMo9-1TN+TT	N+T	890～950	空冷	720～800	空冷
	X10CrMoVNb9-1	N+T	1040～1090	空冷	730～800	空冷
	9NiMnMoNb5-4-4	N+T	880～980	空冷	580～680	空冷
	X20CrMoNiV11-1-1	N+T	1020～1080	空冷	730～780	空冷

注：N——正火，N+T——正火+回火，A——完全退火。

表 14-326 持久断裂强度(ISO 9329-2—1997)

	牌号	热处理	断裂时间/h	估算平均持久断裂强度 R/MPa 温度/℃ 380	390	400	410	420	430	440	450	460	470	480	490	500	510	520	530	540	550	560	570	580	590	600	610	620	630	640	650	660	670
非合金	PH 23 PH 26	N	10000	213	197	181	166	151	138	125	112	100	89	78	67	57																	
			30000	192	176	161	147	133	120	107	95	84	73	63	52	42																	
			50000	183	167	152	138	125	112	100	88	77	66	56	46	35																	
			100000	171	155	141	127	114	102	90	78	67	57	47	36																		
			150000	164	149	134	121	108	96	84	73	62	52	41	29																		
			200000	159	144	130	116	104	92	80	69	58	48	37	23																		
			250000	155	140	126	113	101	89	77	66	55	45	34																			
	PH 29 PH 35	N	10000	291	266	243	221	200	180	161	143	126	110	96	84	74																	
			30000	262	237	214	192	171	151	132	115	99	86	74	65	57																	
			50000	248	223	200	177	156	136	118	102	87	75	65	57	50																	
			100000	227	203	179	157	136	117	100	85	73	63	55	(47)	(41)																	
			150000	215	190	167	144	124	105	89	76	65	56	(49)	(42)	(34)																	
			200000	206	181	157	135	115	97	82	70	60	52	(44)	(37)																		
			250000	199	174	150	128	108	91	77	66	56	(48)	(41)	(32)																		
合金钢	8CrMo4-5	N+T	10000											304	273	239	209	179	154	129	109	91	76	64	53	44							
			30000											267	233	200	169	140	116	96	79	66	54	44	36	(29)							
			50000											239	207	177	149	124	101	82	68	55	45										
			100000											210	177	146	121	99	81	67	54	43	35										
			150000											194	161	132	108	87	71	57	46	38	(31)										
			200000											180	148	122	99	79	64	52	42	34	(28)										
			250000											170	139	114	91	74	59	48	39	32	(26)										
	X11Cr-Mo5 TA	A	10000								196	170	166	151	137	125	115	105	95	85	77	69	62	56	50	45	40	36	32	29	(26)		
			30000								172	158	142	120	117	108	97	86	78	70	62	56	50	44	39	35	31	28	(25)				
			50000								162	146	131	120	110	99	88	79	70	63	56	50	44	39	35	31	28	(25)					
			100000								146	131	119	109	97	86	77	68	61	54	48	42	37	33	29	(26)							
			150000								136	123	112	101	89	79	71	53	56	49	43	38	34	30	27								
			200000								130	118	107	95	84	75	67	59	52	46	40	35	31	28	(25)								
			250000								126	114	103	91	81	72	63	56	56	49	43	38	33	30	27								
	X11CrMo5 TN+TT	N+T	10000	296	286	275	264	250	235	220	205	190	175	160	145	130	119	108	98	88	79	71	64	57	50	43	38	33	29	25	22		
			100000	266	252	237	221	205	189	173	158	143	128	113	100	90	81	73	65	57	50	44	38	33	28	24	21	18	16	14	12		
			200000	254	240	225	209	193	177	161	145	129	119	102	89	79	70	63	56	49	42	35	30	26	23	20	17	15	13	11	10		

续表

类别	牌号	热处理	断裂时间/h	估算平均持久断裂强度 R/MPa 温度/℃ 380	390	400	410	420	430	440	450	460	470	480	490	500	510	520	530	540	550	560	570	580	590	600	610	620	630	640	650	660	670
合金钢	13CrMo 4-5	N+T	10000											304	273	239	209	179	154	129	109	91	76	64	53	44							
			30000											267	233	200	169	140	116	96	79	66	54	44	36	(29)							
			50000											239	207	177	149	124	101	82	68	55	45										
			100000											210	177	146	121	99	81	67	54	43	35										
			150000											194	161	132	108	87	71	57	46	38	(31)										
			200000											180	148	122	99	79	64	52	42	34	(28)										
			250000											170	139	114	91	74	59	48	39	32	(26)										
	16Mo3	N	10000								298	273	247	222	196	171	147	125	102	82	64												
			30000								273	244	216	187	159	134	113	93	76	61	49												
			50000								260	229	200	172	144	119	99	80	66	53	(42)												
			100000								239	208	178	148	123	101	81	66	53	(42)													
			150000								226	197	168	139	114	91	74	60	48														
			200000								217	188	159	130	105	84	69	55	45														
			250000								210	180	151	124	110080	65	52	(42)															
	11CrMo 9-10 TA	A	10000								(251)	(236)	221	206	191	177	102	147	133	121	108	96	85	76	68	61							
			30000								(226)	211	196	181	168	153	159	120	113	101	89	78	70	61	54	48							
			50000								211	197	183	170	156	142	128	116	104	92	81	71	62	54	47	42							
			100000								190	182	168	134	141	137	115	102	90	78	69	59	51	44	(38)								
			150000								193	177	161	145	129	116	103	91	79	71	62	54	46	40	(35)								
			200000								186	170	154	138	123	110	97	85	75	66	58	50	43	(37)									
			250000								181	165	149	132	118	105	93	81	72	63	54	47	40	(35)									
	11CrMo 9-10 TN+TT	N+T	10000								(309)	(285)	(263)	240	219	196	176	155	137	122	108	16	85	76	68	61							
			30000								(276)	(254)	233	213	192	172	152	134	118	103	90	79	70	61	54	48							
			50000								(257)	236	217	197	177	158	139	123	107	93	80	71	62	54	47	42							
			100000								(221)	204	186	170	153	137	122	107	93	79	69	59	51	44	(38)	(34)							
			150000								209	192	175	153	141	126	110	95	82	73	63	54	47	40	(35)	(30)							
			200000								203	186	169	152	135	119	103	89	77	68	58	50	43	(37)	(32)	(28)							
			250000								198	181	164	147	130	113	98	84	74	64	55	47	41	(35)	(30)	(26)							

续表

	牌号	热处理	断裂时间/h	估算平均持久断裂强度 R/MPa 温度/℃																													
				380	390	400	410	420	430	440	450	460	470	480	490	500	510	520	530	540	550	560	570	580	590	600	610	620	630	640	650	660	670
合金钢	12MoCrV6-2	N+T	10000											299	268	241	219	198	179	164	148	134	121	108	95	78							
			30000											261	232	209	187	168	152	135	121	107	93	80	87	(50)							
			50000											243	217	193	172	153	136	121	107	92	78	66									
			100000											218	191	170	150	131	116	100	85	72	59	(46)									
			150000											205	179	156	136	119	101	85	70	57											
			200000											194	169	146	127	109	91	76	61	(48)											
			250000											185	160	138	119	101	83	68	54												
	X11CrMo 9-1TA	A	10000								278	250	226	203	182	163	145	129	114	101	81	79	71	63	57	52	47	43	39	35			
			30000								255	228	204	182	161	143	126	110	97	85	75	67	60	54	48	43	39	35					
			50000								245	218	194	172	151	133	116	102	89	78	69	61	55	49	44	40	35	(31)					
			100000								229	203	179	157	138	120	104	90	79	69	61	55	49	44	39	(34)							
			150000								220	194	171	149	130	112	97	84	73	64	57	51	445	40	36	(31)							
			200000								214	188	164	143	124	107	92	80	70	61	54	48	43	38									
			250000								209	182	160	138	119	103	88	77	67	59	52	46	41	36									
	X11CrMo 9-10 TN+TT	N+T	10000					(463)	(416)	(375)	(340)	(308)	281	256	233	213	194	176	160	145	130	117	103	90	78	66	54	45	37	32	28	25	23
			30000					(428)	(384)	(345)	(312)	282	256	232	211	191	173	156	141	126	111	98	84	71	59	48	39	33	29	26	24	(22)	
			50000					(412)	(369)	(331)	299	270	245	222	201	181	164	147	131	116	102	88	75	62	50	41	4	30	26	24	(22)		
			100000					(390)	(349)	(313)	282	254	229	207	187	168	150	134	118	104	89	75	62	50	40	34	29	26	23	(22)			
			150000					(377)	(337)	302	272	245	220	198	178	160	142	126	111	96	81	68	55	44	36	30	27	26	(22)	(21)			
			200000					(368)	(329)	295	265	238	214	192	172	154	137	121	105	90	76	62	50	40	33	29	25	23	(21)				
			250000					(361)	(322)	289	259	233	209	187	168	149	132	116	101	86	71	58	46	37	31	27	24	(22)					
	X10CrMoV Nb9-1	N+T	10000																(222)	(206)	190	175	160	147	136	125	114	103	91	78	65		
			100000																182	167	152	141	130	119	108	98	86	74	63	53	43		
	9NiMnMo Nb5-4-4	N+T	10000			402	385	368	348	328	304	274	242	212	179	147																	
			30000																														
			50000																														
			100000			373	349	325	300	273	245	210	175	139	104	69																	
			150000																														
			200000																														
			250000																														

续表

牌号		热处理	断裂时间/h	估算平均持久断裂强度 R/MPa																													
				温度/℃																													
				380	390	400	410	420	430	440	450	460	470	480	490	500	510	520	530	540	550	560	570	580	590	600	610	620	630	640	650	660	670
合金钢	X20CrMo-NiV11-1-1	N+T	10000											350	319	290	264	240	217	196	176	157	139	123	107	93	81	71	62	54	48	42	37
			30000											324	293	265	240	216	194	173	153	135	117	102	88	75	65	57	50	44	38	33	29
			50000											311	281	254	228	205	183	162	142	124	107	92	79	68	59	51	45	39	34	29	
			100000											294	265	237	212	189	167	146	127	109	93	80	68	59	51	44	38	33	28		
			150000											284	255	228	203	179	157	137	118	101	86	73	62	54	46	40	35	30			
			200000											277	247	221	196	172	151	130	112	95	80	68	58	50	44	38	32				
			250000											371	242	215	190	167	145	125	107	90	76	65	56	48	41	36	30				

注:1. N——正火,N+T——正火+回火,A——完全退火;
2. 表中()数据为近似值。

表 14-327　室温力学性能(ISO 9329-3—1997)

牌号		状态	拉伸试验				伸长率 A/%	压扁试验	弯曲试验	拉力试验/%			环扩张试验/%				
			抗拉强度 R_m/MPa	屈服强度/MPa			壁厚≤40mm	恒量 K	芯轴直径 /mm	≤0.6	≥0.6 ≤0.8	>0.8	≤0.5	>0.5 ≤0.6	>0.6 ≤0.8	>0.8 ≤0.9	>0.9
				壁厚/mm													
				$T≤13$	$13<T≤25$	$25<T≤40$											
非合金钢	PL21	N	360～480	215	215		24	0.10	4T	12	15	19	30	25	15	10	8
	PL23	N	410～530	235	235		22	0.08	4T	10	12	17	30	25	15	10	8
	PL25	Q+T	260～490	255	255	235	21	0.09	—	—	—	—	—	—	—	—	—
	PL26	N	460～580	265	275		21	0.07	4T	8	10	15	30	25	15	10	8
合金钢	26CrMo4	Q+T	560～740	440	440	420	16	0.06	—	—	—	—					
	11MnNi5-3	N	460～530	285	275	265	22	0.07	—	—	—	—					
	13MnNi6-3	N	490～610	355	345	335	20	0.07	—	—	—	—					
	12Ni14	Q+T	440～590	245	245	245	16	0.08	—	6	8	12					
	X12Ni5	Q+T	510～710	390	390	380	17	0.06	—	—	—	—					
	X10Ni9	Q+T	690～840	510	510	510	15	0.08	—	6	8	12					

注:N——正火,Q+T——淬火+回火。

表 14-328　　　　低温冲击性能(ISO 9329-3—1997)

牌号		壁厚 T/mm	管轴试样方向	冲击能量最小值 KV/J 温度/℃ −196	−120	−110	−100	−90	−60	−50	−40	−20	+20
非合金钢	PL21	≤10	纵向	—	—	—	—	—	—	—	40	45	55
	PL23	<25	纵向	—	—	—	—	—	—	27	40	45	50
			横向	—	—	—	—	—	—	—	27	30	35
	PL25	<25	纵向	—	—	—	—	—	—	40	45	50	60
			横向	—	—	—	—	—	—	27	30	35	40
		>25 ≤40	纵向	—	—	—	—	—	—	—	40	45	55
			横向	—	—	—	—	—	—	—	27	30	35
	PL26	<25	纵向	—	—	—	—	—	—	27	40	45	50
			横向	—	—	—	—	—	—	—	27	30	35
合金钢	26CrMo4	≤40	纵向	—	—	—	—	—	40	40	45	50	60
			横向	—	—	—	—	—	27	27	30	35	40
	11MnNi5-3 13MnNI6-3	≤40	纵向	—	—	—	—	—	40	45	50	55	70
			横向	—	—	—	—	—	27	30	35	40	45
	12Ni14	≤25	纵向	—	—	—	40	45	50	55	55	60	65
			横向	—	—	—	27	30	35	35	40	45	45
		>25 ≤40	纵向	—	—	—	—	40	45	50	50	55	65
			横向	—	—	—	—	27	30	30	35	40	45
	X12Ni5	≤25	纵向	—	40	45	50	55	65	65	65	70	70
			横向	—	27	30	30	30	35	45	45	45	50
		>25 ≤40	纵向	—	—	40	45	50	60	65	65	65	70
			横向	—	—	27	30	30	40	45	45	45	50
	X10Ni9	≤40	纵向	40	50	50	60	60	70	70	70	70	70
			横向	27	35	35	40	40	50	50	50	50	50

表 14-329　　　　热处理制度(ISO 9329-3—1997)

牌号		热处理	正火温度/℃	回火温度/℃	淬火和回火 淬火温度/℃	冷却方式	回火温度/℃
非合金钢	PL21	N	900～940	—	—	—	—
	PL23	N	890～930	—	—	—	—
	PL25	Q+T	—	—	890～930	水冷，油冷	600～680
	PL26	N	890～930	—	—	—	—
合金钢	26CrMo4	Q+T	—	—	830～860	水冷，油冷	600～680
	11MnNi5-3	N	890～940	(580～640)	—	—	—
	13MnNI6-3	N	890～940	(580～640)	—	—	—
	12Ni14	Q+T	830～880	580～640	820～880	水冷，油冷	580～600
	X12Ni5	Q+T	800～850	580～640	800～850	水冷，油冷	580～600
	X10Ni9	Q+T	880～930	—	770～820	水冷，油冷	540～600
		N+N+T	880～915 + 750～805	565～605			

注：N——正火，Q+T——淬火+回火，N+T——正火+回火。

表 14-330　室温固溶处理力学性能及热处理制度(ISO 9329-4—1997)

牌号	拉伸试验			伸长率 A/%		冲击试验		扁平试验	拉力试验/%			热处理		
	屈服强度(不小于)		抗拉强度 R_m/MPa	纵向	横向	KV/J (不小于)		恒量 K	≤0.6	>0.6 ≤0.8	>0.8	状态	溶解温度/℃	冷却方式
	$R_{p0.2}$/MPa	$R_{p1.0}$/MPa				纵向	横向							
X2CrNi18 10	180	215	480～680	40	35	85	55	0.09	9	15	17	淬火	1000～1100	水冷,空冷
X5CrNi18 9	195	230	500～700	40	35	85	55	0.09	9	15	17	淬火	1000～1100	水冷,空冷
X7CrNi18 9	195	230	490～690	40	35	85	55	0.09	9	15	17	淬火	1050～1120	水冷,空冷
X6CrNiNb18 11	205	240	510～740	40	35	85	55	0.09	9	15	17	淬火	1020～1120	水冷,空冷
X7CrNiNb18 11	205	240	510～740	40	35	85	55	0.09	9	15	17	淬火	1050～1120	水冷,空冷
X6CrNiTi18 10	175	210	490～690	40	35	85	55	0.09	9	15	17	淬火	1020～1120	水冷,空冷
X7CrNiTi18 10	175	210	490～690	40	35	85	55	0.09	9	15	17	淬火	1050～1120	水冷,空冷
X2CrNiMo17 12	190	225	490～690	40	35	85	55	0.09	9	15	17	淬火	1020～1120	水冷,空冷
X2CrNiMo17 13	190	225	490～690	40	35	85	55	0.09	9	15	17	淬火	1020～1120	水冷,空冷
X5CrNiMo17 12	205	240	510～710	40	35	85	55	0.09	9	15	17	淬火	1020～1120	水冷,空冷
X7CrNiMo17 12	205	240	510～710	40	35	85	55	0.09	9	15	17	淬火	1050～1120	水冷,空冷
X7CrNiMoB17 12	205	240	510～710	40	35	85	55	0.09	9	15	17	淬火	1050～1120	水冷,空冷
X6CrNiMoTi17 12	210[11)]	245[11)]	510～710	40	35	85	55	0.09	9	15	17	淬火	1020～1120	水冷,空冷
X6CrNiMoNb17 12	215	250	510～740	40	35	85	55	0.09	9	15	17	淬火	1020～1120	水冷,空冷
X5CrNiMo17 13	205	240	510～710	40	35	85	55	0.09	9	15	17	淬火	1020～1120	水冷,空冷
X2CrNiN18 10	270	305	580～780	40	35	85	55	0.09	9	15	17	淬火	1000～1100	水冷,空冷
X2CrNiMoN17 13	280	315	580～780	40	35	85	55	0.09	9	15	17	淬火	1020～1120	水冷,空冷

表 14-331　高温淬火条件下的屈服强度最低值(ISO 9329-4—1997)

牌号	$R_{p0.2}$/MPa										$R_{p1.0}$/MPa									
	温度/℃										温度/℃									
	150	200	250	300	350	400	450	500	550	600	150	200	250	300	350	400	450	500	550	600
X2CrNi18 10	116	104	96	88	84	81	78	76	74	72	150	137	128	122	116	110	108	106	102	100
X5CrNi18 9	126	114	106	98	93	89	86	84	81	79	160	147	139	132	125	120	117	150	112	109
X7CrNi18 9	126	114	106	98	93	89	86	84	81	79	160	147	139	132	125	120	117	150	112	109

续表

牌号	$R_{p0.2}$/MPa										$R_{p1.0}$/MPa									
	温度/℃										温度/℃									
	150	200	250	300	350	400	450	500	550	600	150	200	250	300	350	400	450	500	550	600
X6CrNiNb18 11	162	153	147	139	133	129	126	124	122	121	192	182	172	166	162	159	157	155	153	151
X7CrNiNb18 11	153	147	139	133	129	126	124	122	121	192	182	172	166	162	159	157	155	153	151	
X6CrNiTi18 10	149	144	139	135	129	124	119	116	111	108	179	172	164	158	152	148	143	140	138	135
X7CrNiTi18 10	123	117	114	110	105	100	95	93	90	88	155	147	141133	129	126	121	118	116	115	
X2CrNiMo17 12	130	120	109	101	96	90	87	84	81	79	161	149	139	133	127	123	119	115	112	110
X2CrNiMo17 13	130	120	109	101	96	90	87	84	81	79	161	149	139	133	127	123	119	115	112	110
X5CrNiMo17 12	144	132	121	113	107	101	98	95	92	90	172	159	150	143	137	133	129	125	121	119
X7CrNiMo17 12	144	132	121	113	107	101	98	95	92	90	172	159	150	143	137	133	129	125	121	119
X7CrNiMoB17 12	144	132	121	113	107	101	98	95	92	90	172	159	150	143	137	133	129	125	121	119
X6CrNiMoTi17 12	(148)	(137)	(126)	(117)	(111)	(105)	(102)	(99)	(95)	(93)	(183)	(169)	(159)	(152)	(147)	(142)	(138)	(133)	(129)	(127)
X6CrNiMoNb17 12	(153)	(141)	(130)	(121)	(115)	(109)	(106)	(102)	(99)	(97)	(186)	(172)	(163)	(155)	(150)	(145)	(141)	(136)	(132)	(130)
X5CrNiMo17 13	144	132	121	113	107	101	98	95	92	90	172	159	150	143	137	133	129	125	121	119
X2CrNiN18 10	169	155	143	135	129	123	119	115	113	110	201	182	172	163	156	149	144	140	136	131
X2CrNiMoN17 13	178	164	154	146	140	136	132	129	126	124	208	192	180	172	166	161	157	152	149	144

注：表中()的数据为近似值。

表 14-332 高温断裂强度(ISO 9329-4—1997)

牌号	热处理	断裂时间/h	估算的平均断裂强度/MPa																	
			温度/℃																	
			540	550	560	570	580	590	600	610	620	630	640	650	660	670	680	690	700	710～950
X7CrNi18 9	Q	10000	—	178	164	152	142	131	122	113	104	95	87	79	73	67	51	55	48	—
		30000	—	147*	136*	126*	115*	105*	98*	88*	80*	74*	67*	61*	55	50	44*	(40)*	(35)*	—
		50000	—	134*	123*	113*	103*	94*	85*	78*	72*	65*	58*	52*	47*	41*	(38)*	(32)*	(27)*	—
		100000	—	115*	105*	99*	89*	81*	74*	68*	61*	55*	50*	45*	(40)*	(35)*	(30)*	(26)*	(23)*	—
		150000	—	108*	99*	81*	81*	74*	67*	60*	54*	48*	43*	(39)*	(34)*	(30)*	(26)*	(23)*	(20)*	—
		200000	—	102*	93*	76*	76*	69*	62*	56*	50*	45*	(40)*	(35)*	(31)*	(27)*	(24)*	(21)*	—	—
		250000	—	97*	88*	73*	73*	56*	59*	53*	47*	42*	(37)*	(23)*	(29)*	(25)*	(22)*	—	—	—

续表

牌号	热处理	断裂时间/h	估算的平均断裂强度/MPa																				
			温度/℃																				
			540	550	560	570	580	590	600	610	620	630	640	650	660	670	680	690	700	710	720	730	740～950
X7CrNiTi18 10	Q	10000																					
		30000																					
		50000																					
		100000																					
		150000																					
		200000																					
		250000																					
X7CrNiNb18 11	Q	10000																					
		30000																					
		50000																					
		100000																					
		150000																					
		200000																					
		250000																					
X7CrNiMo17 12	Q	10000	247	233	220	206	193	180	167	156	142	130	119	106	97	87	78	70	63	57	52	47	—
		30000	222	208	196	181	168	155	143	131	119	107	97	87	78	69	62	58	51	46	(46)	—	—
		50000	210	197	183*	170	157	144	132	120	108	97	87	78	70	62	52	51	46	(42)	—	—	—
		100000	194*	181*	167*	154*	141	128	116	106	94	84	75	67	60	54	49*	(44)*	—	—	—	—	—
		150000	185*	172*	159*	145*	132	120	106	97	86	77*	68*	61*	55*	50*	(45)*	—	—	—	—	—	—
		200000	178*	164*	151*	138*	125	113	102	91	81	72*	65*	58*	52*	47*	(43)*	—	—	—	—	—	—
		250000	173*	159*	146*	133*	120*	108*	97*	87*	77*	68*	51*	55*	50*	(45)*	—	—	—	—	—	—	—
X7CrNiMo17 12	Q	10000	268	251	236	222	206	195	183	171	159	147	135	124	112	101	80	80	71	65	60	56	—
		30000	239	225	211	197	184	172	160	148	136	124	112	100	89	79	71	64	59	(55)	(52)	—	—
		50000	227	213	199	186	173	161	149	137	125	113	101	90	79	71	64	59	(55)	(52)	—	—	—
		100000	211*	197*	184*	171*	159	146	134	122	110	96	85	76	69	63	57	(54)*	(51)	—	—	—	—
		150000	201*	188*	175*	162*	150	138	125	113	101	89	79	70	64	59	54	(51)*	—	—	—	—	—
		200000	195*	181*	169*	156*	144*	131*	120	106	94	83	74	66	61	57	(53)*	—	—	—	—	—	—
		250000	190*	176*	164*	151*	139*	126*	114*	101*	90*	79*	71*	64*	59*	(56)*	(51)*	—	—	—	—	—	—

注：表中*数据包括用外推法延伸的时间，()数据包括用外推法延伸的应力。

表 14-333　　低温淬火条件下的冲击性能(ISO 9329-4—1997)

牌　号	壁厚/mm	冲击能量 KV/J(不小于)									
		温　度/℃									
		0	−20	−40	−50	−80	−100	−120	−150	−170	−195
X2CrNi18 10	≤16	86	86	82	82	78	78	74	74	71	71
X5CrNi18 9	≤16	86	86	82	82	78	78	74	74	71	71
X7CrNi18 9											
X6CrNiNb18 11	≤16	78	78	74	74	71	71	67	67	63	63
X7CrNiNb18 11											
X6CrNiTi18 10	≤16	78	78	74	74	71	71	67	67	63	63
X7CrNiTi18 10											
X2CrNiMo17 12	≤16	78	78	74	74	71	71	67	67	63	63
X2CrNiMo17 13	≤16	78	78	74	74	71	71	67	67	63	63
X5CrNiMo17 12	≤16	78	78	74	74	71	71	67	67	63	63
X7CrNiMo17 12											
X7CrNiMoB17 12											
X6CrNiMoTi17 12											
X6CrNiMoNb17 12											
X5CrNiMo17 13	≤16	78	78	74	74	71	71	67	67	63	63
X2CrNiN18 10											
X2CrNiMoN17 13											

表 14-334　　力学性能(ISO 4954)

牌号	标准号	形　态	状　态	抗拉强度/MPa	屈服强度/MPa	伸长率/%
D1	ISO 4954	棒	退火	450～650	250	18
D2	ISO 4954	棒	退火	450～650	250	18
D10	ISO 4954	棒	淬火加回火	600～800	420	16
D11	ISO 4954	棒	淬火加回火	830～1030	640	10
D12	ISO 4954	棒	淬火加回火	900～1100	700	9
D20	ISO 4954	棒	淬火	450～650	180	40
D21	ISO 4954	棒	淬火	500～700	200	40
D22	ISO 4954	棒	淬火	500～700	210	40
D23	ISO 4954	棒	淬火	500～700	180	40
D24	ISO 4954	棒	淬火	410～610	150	45
D25	ISO 4954	棒	淬火	440～640	170	45
D26	ISO 4954	棒	淬火	500～700	210	35
D27	ISO 4954	棒	淬火	500～700	210	35
D28	ISO 4954	棒	淬火	450～650	200	40
D29	ISO 4954	棒	淬火	500～700	210	40
D30	ISO 4954	棒	淬火	500～700	220	35
D31	ISO 4954	棒	淬火	500～700	220	35
D32	ISO 4954	棒	淬火	470～670	195	45

表 14-335 板材的力学性能(ISO 4955—2005)

牌号	板材厚度/mm(不大于)	热处理状态	硬度HB(不大于)	拉伸强度/MPa		抗拉强度 R_m/MPa	伸长率 A/%		
				$R_{p0.2}$(不小于)	$R_{p0.1}$(不大于)		0.5≤t<3(不小于)(纵向+横向)	3≤t(不小于)纵向	3≤t(不小于)横向
铁素体钢									
X2CrTi12	0.5≤t≤12	+A	—	210	—	380～560	25	25	25
X6Cr13	0.5≤t≤12	+A	197	230	—	400～630	18	20	18
X10CrAlSi13	0.5≤t≤12	+A	192	250	—	450～650	13	15	15
X6Cr17	0.5≤t≤12	+A	197	250	—	430～630	18	20	18
X10CrAlSi18	0.5≤t≤12	+A	201	270	—	500～700	13	15	15
X10CrAlSi25	0.5≤t≤12	+A	223	280	—	520～720	13	15	15
X15CrN26	0.5≤t≤12	+A	212	280	—	500～700	13	15	15
X2CrTiNb18	0.5≤t≤12	+A	—	230	—	430～630	18	18	18
X3CrTi17	0.5≤t≤12	+A	—	230	—	420～600	23	23	23
奥氏体钢									
X7CrNi18-9	0.5≤t≤75	+AT	192	195	230	500～700	37	40	
X7CrNiTi18-10	0.5≤t≤75	+AT	215	190	230	500～720	40	40	
X7CrNiNb18-10	0.5≤t≤75	+AT	192	205	240	510～710	28	30	
X15CrNiSi20-12	0.5≤t≤75	+AT	223	230	270	550～750	28	30	
X7CrNiSiNCe21-11	0.5≤t≤75	+AT	210	310	345	650～850	37	40	
X12CrNi23-13	0.5≤t≤75	+AT	192	210	250	500～700	33	35	
X8CrNi25-21	0.5≤t≤75	+AT	192	210	250	500～700	33	35	
X8CrAlTi32-21	0.5≤t≤75	+AT	192	170	210	450～680	28	30	
X6CrNiSiNCe19-10	0.5≤t≤75	+AT	210	290	330	600～800	30	40	
X6NiCrSiNCe35-25	0.5≤t≤75	+AT	210	300	340	650～850	40	40	

注：+A——退火，+AT——固溶退火。

表 14-336 棒材的力学性能(ISO 4955—2005)

牌号	产品厚度			热处理状态	硬度HB(最大)	拉伸强度/MPa		拉强度 R_m/MPa	伸长率 A/% 最小
	棒材 d/mm	线材、棒材、型材 d/mm	锻材 d/mm			$R_{p0.2}$ 最小	$R_{p0.1}$ 最小		
铁素体钢									
X2CrTi12	0.5≤d≤25	1.5≤d≤25	5≤d≤15	+A	—	210	—	380～560	—
X6Cr13				+A	197	230	—	400～630	20
X10CrAiSi13				+A	192	250	—	450～650	15
X6Cr17				+A	197	250	—	430～630	20
X10CrAiSi18				+A	212	270	—	500～700	15
X10CrAiSi25				+A	223	280	—	520～720	10
X15CrN26				+A	212	280	—	500～700	15
X2CrTiNb18				+A	—	230	—	430～630	18
C3CrTi17				+A	—	230	—	420～600	—

续表

牌　　号	产品厚度			热处理状态	硬度HB（最大）	拉伸强度/MPa		拉强度 R_m/MPa	伸长率 A/% 最小
	棒材 d/mm	线材、棒材、型材 d/mm	锻材 d/mm			$R_{p0.2}$ 最小	$R_{p0.1}$ 最小		
奥氏体钢									
X7CrNi18-9	5≤d≤160	1.5≤d≤25	d≤100	+AT	192	195	230	500～700	40
X7CrNiTi18-10				+AT	215	190	230	500～720	40
X7CrNiNb18-10				+AT	192	205	240	510～710	30
X15CrNiSi20-12				+AT	223	230	270	550～750	30
X7CrNiSiNCe21-11				+AT	210	310	345	650～850	40
X12CrNi23-13				+AT	192	210	250	500～700	35
X8CrNi25-21				+AT	192	210	250	500～700	35
X8NiCrAlTi32-21				+AT	192	170	210	450～680	30
X6CrNiSiNCe19-10				+AT	210	290	330	600～800	40
X6NiCrSiNCe35-25				+AT	210	300	340	650～850	40

注：+A——退火，+AT——固溶退火。

表 14-337　　热处理制度（ISO 4955—2005）

牌　　号	状　态/℃	热处理温度/℃	冷却剂
铁素体钢			
X2CrTi12	+A	800±30	空气，水
X6Cr13	+A	775±25	空气
X10CrAlSi13	+A	825±235	空气，(水)
X6Cr17	+A	800±50	空气，水
X10CrAlSi18	+A	825±25	空气，(水)
X10CrAlSi25	+A	825±25	空气，(水)
X15CrN26	+A	825±25	空气，(水)
X2CrTiNb18	+A	900±25	空气，水
X3CrTi17	+A	800±30	空气，水
奥氏体钢			
X7CrNi18-9	+AT	1050±50	水，空气
X7CrNiTi18-10	+AT	1070±50	水，空气
X7CrNiNb18-10	+AT	1070±50	水，空气
X15CrNiSi20-12	+AT	1100±50	水，空气
X7CrNiSiNCe21-11	+AT	1070±50	水，空气
C12CrNi23-13	+AT	1100±50	水，空气
X8CrNi25-21	+AT	1100±50	水，空气
X8NiCrAlTi32-21	+AT	1150±50[f]	水，空气
X6CrNiSiNCe19-10	+AT	1070±50	水，空气
X6NiCrSiNCe35-25	+AT	1125±25	水，空气

注：+A——退火，+AT——固溶退火。

表 14-338　　奥氏体钢焊接钢管的力学性能(ISO 9330-6—1997)

牌号	抗拉试验			伸长率 A		冲击试验		压扁试验
	应力试验		抗拉强度 R_m/MPa	纵向 /%	横向 /%	KV 最小		常数 K
	$R_{p0.2}$最小 /MPa	$R_{p1.0}$最小 /MPa				纵向 /J	横向 /J	
X2CrNi1810	180	215	480～680	40	35	85	55	0.09
X5CrNi189	195	230	500～700	40	35	85	55	0.09
X6CrNiNb1810	205	240	510～740	35	30	85	55	0.09
X6CrNiTi1810	200	235	510～710	35	30	85	55	0.09
X2CrNiMo1712	190	225	490～690	40	35	85	55	0.09
X2CrNiMo1713	190	225	490～690	40	35	85	55	0.09
X5CrNiMo1712	205	240	510～710	40	35	85	55	0.09
X6CrMoTi1712	210[121]	245[121]	510～710	35	30	85	55	0.09
X6CrNiMoNb1712	215	250	510～740	35	30	85	55	0.09
X5CrNiMo1713	205	240	510～750	35	30	85	55	0.09
X2CrNiM1810	270	305	550～750	35	30	85	55	0.09
X2CrNiMoN1713	280	315	580～780	35	30	85	55	0.09

表 14-339　　力学性能(ISO/TR 4956)

牌号	标准号	形态	状态	抗拉强度 /MPa	屈服强度 /MPa	伸长率 /%
21CrMoC57	ISO/TR 4956	棒,锻件	淬火加回火	700～850	550	16
40CrMo56	ISO/TR 4956	棒,锻件	淬火加回火	850～1000	635	14
40CrMo46	ISO/TR 4956	棒,锻件	淬火加回火	850～1000	700	14
X12Cr13	ISO/TR 4956	棒,板,薄板锻件	退火 淬火加回火	470～670 590～780	265 420	20 14
X20CrMoNiNbV111	ISO/TR 4956	棒,锻件	淬火加回火	900～1050	750	10
X12CrNiMoV123	ISO/TR 4956	棒,锻件板,薄板,带	淬火加回火 淬火加回火	930～1130 930～1130	785 785	14 10
X12CrNiMoV123	ISO/TR 4956	棒,锻件	淬火加回火	900～1050	700	11
X12CrMoV126	ISO/TR 4956	棒,锻件	淬火加回火	770～930	585	15
X12CrMo126	ISO/TR 4956	棒,锻件	淬火加回火	680～880	490	20
X11CrNiWTi17133	ISO/TR 4956	棒,锻件	热冷加工 固溶加沉淀硬化	600～800 500～730	390 220	25 35
X6NiCrTiMoVB25152	ISO/TR 4956	棒,锻件板,薄板,带	固溶处理加沉淀硬化	900～1100	600	15

第 15 章　高温合金

15.1　中国高温合金

高温合金属于热强材料的范畴。随着工业现代化的发展，动力机械的参数不断提高，热强材料的工作温度也相应升到 1000℃以上。如内燃机、汽轮机、航空发动机、柴油机增压器中的涡轮叶片、导向叶片、涡轮盘、进气阀、排气阀等主要构件，都是在高温下工作，长期受应力作用，并与高温水蒸气、汽油、柴油、重油的燃气及废弃等有腐蚀作用的气体接触。因此，制造这些机件的材料也必须在高温下具有足够的持久强度、蠕变强度、热疲劳强度、高温韧性及足够的高温化学稳定性。高温合金能满足这些要求。高温合金根据基本组成元素分为三种。

(1)铁镍高温合金

铁镍高温合金是指镍含量高于 20%，铬含量一般在 15%左右的高镍铬铁基合金。这种高温合金除利用镍铬热强钢的强化机理外，主要是利用铝、钛等元素所形成的金属间化合物（Ni_3Al、Ni_3Ti），以达到合金沉淀硬化的效果。这种高温合金的工作温度为 700～750℃，常用的牌号有 GH2130，GH2302 等。

(2)镍基高温合金

这是一种在镍基体中加入少量的铝、钛和铬、铌、钽、钨、钼、钒、锆等合金元素及适量的稀土元素，形成一种以镍为主体的合金。这种镍基合金主要是利用铝、钛在镍基奥氏体中形成细小而弥散分布的金属间化合物，使基体得到强化。同时，铌、钽、钨、钼等合金元素的加入，使化合物的结构复杂化、另一方面除了固溶于奥氏体基体中以外，还析出它们的碳化物。锆、硼等元素则能强化晶界。所有这些作用，都使合金的高温强度得到提高。铬的作用主要是使合金具有良好的抗氧化性能和耐腐蚀性能。对合金组成的研究表明，为了提高强度，必须大量加入强化元素，如铬等，但同时又要尽量减少铬的含量，否则会出现脆性相组织。所以镍基合金中有一类是低含铬量的，另一类是高含铬量的。前者强度较高，但抗氧化和耐腐蚀性较差，使用时表面要进行渗铝或渗铬。后者的强度较前者稍低，但不需采用复杂的表面保护措施，使用方便。这两类镍基合金的高温性能皆比热强钢优越，广泛用于工作温度在 800～1000℃以上的场合，用来制造航空燃气涡轮叶片及大型燃气涡轮叶片、导向叶片等。

(3)钴基合金

这是一种以钴为主体的合金，同时也加入各种合金元素。钴基合金通常含有 5%～30%的镍，奥氏体稳定性较高。在含有铝、钛、铌、钽的钴基合金中，也生成金属间化合物，使基体得到强化。因钴基高温合金的含碳量较高，所以主要利用形成的碳化物来强化基体。由于钴基合金有氧化倾向，故含铬量多于镍基合金约 20%～35%。钴基高温合金具有良好的塑性、热疲劳强度以及长期使用下的稳定性，如燃气涡轮的导向叶片等大多用钴基合金制造。

15.1.1　高温合金牌号和化学成分

变形高温合金牌号和化学成分见表 15-1，铸造高温合金、焊接用高温合金丝的牌号及其化学成分分别见表 15-2 和 15-3。

表 15-1 变形高温合金的牌号及其化学成分(GB/T 14992—2005)

铁或铁镍(镍小于 50%)为主要元素的变形高温合金的化学成分/%(质量分数)										
新牌号	原牌号	C	Cr	Ni	W	Mo	Al	Ti	Fe	Nb
GH1015	GH15	≤0.08	19.00～22.00	34.00～39.0	4.80～5.80	2.50～3.20	—	—	余	1.10～1.60
GH1016[a]	GH16	≤0.08	19.00～22.00	32.00～36.00	5.00～6.00	2.60～3.30	—	—	余	0.90～1.40
GH1035[b]	GH35	0.06～0.12	20.00～23.00	35.00～40.00	2.50～3.50	—	≤0.50	0.70～1.20	余	1.20～1.70
GH1040[c]	GH40	≤0.12	15.00～17.50	24.00～27.00	—	5.50～7.00	—	—	余	—
GH1131[d]	GH131	≤0.10	19.00～22.00	25.00～30.00	4.80～6.00	2.80～3.50	—	—	余	0.70～1.30
GH1139[e]	GH139	≤0.12	23.00～26.00	15.00～18.00	—	—	—	—	余	—
GH1140	GH140	0.06～0.12	20.00～23.00	35.00～40.00	1.40～1.80	2.00～2.50	0.20～0.60	0.70～1.20	余	—
GH2035A	GH35A	0.05～0.11	20.00～23.00	35.00～40.00	2.50～3.50	—	0.20～0.70	0.80～1.30	余	—
GH2036	GH36	0.34～0.40	11.50～13.50	7.00～9.00	—	1.10～1.40	—	≤0.12	余	0.25～0.50
GH2038	GH38A	≤0.10	10.00～12.50	18.00～21.00	—	—	≤0.50	2.30～2.80	余	—
GH2130	GH130	≤0.08	12.00～16.00	35.00～40.00	1.40～2.20	—	—	2.40～3.20	余	—
GH2132	GH132	≤0.08	13.50～16.00	24.00～27.00	—	1.00～1.50	≤0.40	1.75～2.35	余	—
新牌号	原牌号	Mg	V	B	Ce	Si	Mn	P	S	Cu
								不大于		
GH1015	GH15	—	—	≤0.010	≤0.050	≤0.060	≤1.50	0.020	0.015	0.250
GH1016	GH16	—	0.100—0.300	≤0.010	≤0.050	≤0.60	≤1.80	0.020	0.015	—
GH1035	GH35	—	—	—	≤0.050	≤0.80	≤0.70	0.030	0.020	—
GH1040	GH40	—	—	—	—	0.50～1.00	1.00～2.00	0.030	0.020	0.200
GH1131	GH131	—	—	0.005	—	≤0.80	≤1.20	0.020	0.020	—
GH1139	GH139	—	—	≤0.010	—	≤1.00	5.00～7.00	0.035	0.020	—
GH1140	GH140	—	—	—	≤0.050	≤0.80	≤0.70	0.025	0.015	—
GH2035A	GH35A	≤0.010	—	0.010	0.050	≤0.80	≤0.70	0.030	0.020	—
GH2036	GH36	—	1.250～1.550	—	—	0.30～0.80	7.50～9.50	0.035	0.030	—
GH2038	GH38A	—	—	≤0.008	—	≤1.00	≤1.00	0.030	0.020	—
GH2130	GH130	—	—	0.020	0.020	≤0.60	≤0.50	0.015	0.015	—
GH2132	GH132	—	0.100～0.500	0.001～0.010	—	≤1.00	1.00～2.00	0.030	0.020	—

续表

铁或铁镍(镍小于50%)为主要元素的变形高温合金的化学成分/%(质量分数)											
新牌号	原牌号	C	Cr	Ni	Co	W	Mo	Al	Ti	Fe	Nb
GH2135	GH135	≤0.08	14.00～16.00	33.00～36.00	—	1.70～2.20	1.70～2.20	2.00～2.80	2.10～2.50	余	—
GH2150	GH150	≤0.08	14.00～16.00	45.00～50.00	—	2.50～3.50	4.50～6.00	0.80～1.30	1.80～2.40	余	0.90～1.40
GH2302	GH302	≤0.08	12.00～16.00	38.00～42.00	—	3.50～4.50	1.50～2.50	1.80～2.30	2.30～2.80	余	—
GH2696	GH696	≤0.10	10.00～12.50	21.00～25.00	—	—	1.00～1.60	≤0.80	2.60～3.20	余	—
GH2706	GH706	≤0.06	14.50～17.50	39.00～44.00	—	—	—	≤0.40	1.50～2.00	余	2.50～3.30
GH2747	GH747	≤0.10	15.00～17.00	44.00～46.00	—	—	—	2.90～3.90	—	余	—
GH2761	GH761	0.02～0.07	12.00～14.00	42.00～45.00	—	2.80～3.30	1.40～1.90	1.40～1.85	3.20～3.65	余	—
GH2901	GH901	0.02～0.06	11.00～14.00	40.00～45.00	—	—	5.00～6.50	≤0.30	2.80～3.10	余	—
GH2903	GH903	≤0.05	—	36.00～39.00	14.00～17.00	—	—	0.70～1.15	1.35～1.75	余	2.70～3.50
GH2907	GH907	≤0.06	≤1.00	35.00～40.00	12.00～16.00	—	—	≤0.20	1.30～1.80	余	4.30～5.20
GH2909	GH909	≤0.06	≤1.00	35.00～40.00	12.00～16.00	—	—	≤0.15	1.30～1.80	余	4.30～5.20
GH2984	GH984	≤0.08	18.00～20.00	40.00～45.00	—	2.00～2.40	0.90～1.30	0.20～0.50	0.90～1.30	余	—

新牌号	原牌号	B	Zr	Ce	Si	Mn	P	S	Cu
						不大于			
GH2135	GH135	≤0.015	—	≤0.030	≤0.50	0.40	0.020	0.020	—
GH2150	GH150	≤0.010	≤0.050	≤0.020	≤0.40	0.40	0.015	0.015	0.070
GH2302	GH302	≤0.010	≤0.050	≤0.020	≤0.60	0.60	0.020	0.010	—
GH2696	GH696	≤0.020	—	—	≤0.60	0.60	0.020	0.010	—
GH2706	GH706	≤0.006	—	—	≤0.35	0.35	0.020	0.015	0.300
GH2747	GH747	—	—	≤0.030	≤1.00	1.00	0.025	0.020	—
GH2761	GH761	≤0.015	—	≤0.030	≤0.40	0.50	0.020	0.008	0.200
GH2901	GH901	0.010～0.020	—	—	≤0.40	0.50	0.020	0.008	0.200
GH2903	GH903	0.005～0.010	—	—	≤0.20	0.20	0.015	0.015	—
GH2907	GH907	≤0.012	—	—	0.07～0.35	1.00	0.015	0.015	0.500
GH2909	GH909	≤0.012	—	—	0.25～0.50	1.00	0.015	0.015	0.500
GH2984	GH984	—	—	—	≤0.50	0.50	0.010	0.010	—

续表

镍为主要元素的变形高温合金的化学成分/%(质量分数)

新牌号	原牌号	C	Cr	Ni	Co	W	Mo	Al	Ti	Fe	Nb
GH3007	GH5K	≤0.12	20.00～35.00	余	—	—	—	—	—	≤8.00	—
GH3030	GH30	≤0.12	19.00～22.00	余	—	—	—	≤0.15	0.15～0.35	≤1.50	—
GH3039	GH39	≤0.08	19.00～22.00	余	—	—	1.80～2.30	0.35～0.75	0.35～0.75	≤3.00	0.90～1.30
GH3044	GH44	≤0.10	23.50～26.50	余	—	13.00～16.00	≤1.50	≤0.50	0.30～0.70	≤4.00	—
GH3128	GH128	≤0.05	19.00～22.00	余	—	7.50～9.00	7.50～9.00	0.40～0.80	0.40～0.80	≤2.00	—
GH3170	GH170	≤0.06	18.00～22.00	余	15.00～22.00	17.00～21.00	—	≤0.50	—	—	—
GH3536	GH536	0.05～0.15	20.50～23.00	余	0.50～2.50	0.20～1.00	8.00～10.00	≤0.50	≤0.15	17.00～20.00	—
GH3600	GH600	≤0.15	14.00～17.00	≥72.00	—	—	—	≤0.35	≤0.50	6.00～10.00	≤1.00

新牌号	原牌号	La	B	Zr	Ce	Si	Mn	P	S	Cu
						不大于				
GH3007	GH5K	—	—	—	—	1.00	0.50	0.040	0.040	0.500～2.000
GH3030	GH30	—	—	—	—	0.80	0.70	0.030	0.020	≤0.200
GH3039	GH39	—	—	—	—	0.80	0.40	0.020	0.012	—
GH3044	GH44	—	—	—	—	0.80	0.50	0.013	0.013	≤0.070
GH3128	GH128	—	≤0.005	≤0.060	≤0.050	0.80	0.50	0.013	0.013	—
GH3170	GH170	0.100	≤0.005	0.100～0.200	—	0.80	0.50	0.013	0.013	—
GH3536	GH536	—	≤0.010	—	—	1.00	1.00	0.025	0.015	≤0.500
GH3600	GH600	—	—	—	—	0.50	1.00	0.040	0.015	≤0.500

续表

镍为主要元素的变形高温合金的化学成分/%(质量分数)

新牌号	原牌号	C	Cr	Ni	Co	W	Mo	Al	Ti	Fe	Nb
GH3625	GH625	≤0.10	20.00～23.00	余	≤1.00	—	8.00～10.00	≤0.40	≤0.40	≤5.00	3.15～4.15
GH3652	GH652	≤0.10	26.50～28.50	余	—	—	—	2.80～3.50	—	≤1.00	—
GH4033	GH33	0.03～0.08	19.00～22.00	余	—	—	—	0.60～1.00	2.40～2.80	≤4.00	—
GH4037	GH37	0.03～0.10	13.00～16.00	余	—	5.00～7.00	2.00～4.00	1.70～2.30	1.80～2.30	≤5.00	—
GH4049	GH49	0.04～0.10	9.50～11.00	余	14.00～16.00	5.00～6.00	4.50～5.50	3.70～4.40	1.40～1.90	≤1.50	—
GH4080A	GH80A	0.04～0.10	18.00～21.00	余	≤2.00	—	—	1.00～1.80	1.80～2.70	≤1.50	—
GH4090	GH90	≤0.13	18.00～21.00	余	15.00～21.00	—	—	1.00～2.00	2.00～3.00	≤1.50	—
GH4093	GH93	≤0.13	18.00～21.00	余	15.00～21.00	—	—	1.00～2.00	2.00～3.00	≤1.00	—
GH4098	GH98	≤0.10	17.50～19.50	余	5.00～8.00	5.50～7.00	3.50～5.00	2.50～3.00	1.00～1.50	≤3.00	≤1.50
GH4099	GH99	≤0.08	17.00～20.00	余	5.00～8.00	5.00～7.00	3.50～4.50	1.70～2.40	1.00～1.50	≤2.00	—

新牌号	原牌号	Mg	V	B	Zr	Ce	Si	Mn	P	S	Cu
							不大于				
GH3625	GH625	—	—	—	—	—	0.50	0.50	0.015	0.015	0.070
GH3652	GH652	—	—	—	—	≤0.030	0.80	0.30	0.020	0.020	—
GH4033	GH33	—	—	≤0.010	—	≤0.020	0.65	0.40	0.015	0.007	—
GH4037	GH37	—	0.100～0.500	≤0.020	—	≤0.020	0.40	0.50	0.015	0.010	0.070
GH4049	GH49	—	0.200～0.500	≤0.025	—	≤0.020	0.50	0.50	0.010	0.010	0.070
GH4080A	GH80A	—	—	≤0.008	—	—	0.80	0.40	0.020	0.015	0.200
GH4090	GH90	—	—	≤0.020	≤0.150	—	0.80	0.40	0.020	0.015	0.200
GH4093	GH93	—	—	≤0.020	—	—	1.00	1.00	0.015	0.015	0.200
GH4098	GH98	—	—	≤0.005	—	≤0.020	0.30	0.30	0.015	0.015	0.070
GH4099	GH99	≤0.010	—	≤0.005	—	≤0.020	0.50	0.40	0.015	0.015	—

续表

镍为主要元素的变形高温合金的化学成分/%(质量分数)

新牌号	原牌号	C	Cr	Ni	Co	W	Mo	Al	Ti	Fe	Nb
GH4105	GH105	0.12～0.17	14.00～15.70	余	18.00～22.00	—	4.50～5.50	4.50～4.90	1.18～1.50	≤1.00	—
GH4133	GH33A	≤0.07	19.00～22.00	余	—	—	—	0.70～1.20	2.50～3.00	≤1.50	1.15～1.65
GH4133B	GH4133B	≤0.06	19.00～22.00	余	—	—	—	0.75～1.15	2.50～3.00	≤1.50	1.30～1.70
GH4141	GH141	0.06～0.12	18.00～20.00	余	10.00～12.00	—	9.00～10.50	1.40～1.80	3.00～3.50	≤5.00	—
GH4145	GH145	≤0.08	14.00～17.00	≥70.00	≤1.00	—	—	0.40～1.00	2.25～2.75	5.00～9.00	0.70～1.20
GH4163	GH163	0.04～0.08	19.00～21.00	余	19.00～21.00	—	5.60～6.10	0.30～0.60	1.90～2.40	≤0.70	—
GH4169	GH169	≤0.08	17.00～21.00	50.00～55.00	≤1.00	—	2.80～3.30	0.20～0.80	0.65～1.15	余	4.75～5.50
GH4199	GH199	≤0.10	19.00～21.00	余	—	9.00～11.00	4.00～6.00	2.10～2.60	1.10～1.60	≤4.00	—
GH4202	GH202	≤0.08	17.00～20.00	余	—	4.00～5.00	4.00～5.00	1.00～1.50	2.20～2.80	≤4.00	—
GH4220	GH220	≤0.08	9.00～12.00	余	14.00～15.50	5.00～6.50	5.00～7.00	3.90～4.80	2.20～2.90	≤3.00	—

新牌号	原牌号	Mg	V	B	Zr	Ce	Si	Mn	P	S	Cu
							不大于				
GH4105	GH105	—	—	0.003～0.010	0.070～0.150	—	0.25	0.40	0.015	0.010	0.200
GH4133	GH33A	—	—	≤0.010	—	≤0.010	0.65	0.35	0.015	0.007	0.070
GH4133B	GH4133B	0.001～0.010	—	≤0.010	0.010～0.100	≤0.010	0.65	0.35	0.015	0.007	0.070
GH4141	GH141	—	—	0.003～0.010	≤0.070	—	0.50	0.50	0.015	0.015	0.500
GH4145	GH145	—	—	—	—	—	0.50	1.00	0.015	0.010	0.500
GH4163	GH163	—	—	≤0.005	—	—	0.40	0.60	0.015	0.007	0.200
GH4169	GH169	≤0.010	—	≤0.006	—	—	0.35	0.35	0.015	0.015	0.300
GH4199	GH199	≤0.050	—	≤0.008	—	—	0.55	0.50	0.015	0.015	0.070
GH4202	GH202	—	—	≤0.010	—	≤0.010	0.60	0.50	0.015	0.010	—
GH4220	GH220	≤0.010	0.250～0.800	≤0.020	—	≤0.020	0.35	0.50	0.015	0.009	0.070

续表

镍为主要元素的变形高温合金的化学成分/%（质量分数）

新牌号	原牌号	C	Cr	Ni	Co	W	Mo	Al	Ti	Fe	Nb
GH4413	GH413	0.04～0.10	13.00～16.00	余	—	5.00～7.00	2.50～4.00	2.40～2.90	1.70～2.20	≤5.00	
GH4500	GH500	≤0.12	18.00～20.00	余	15.00～20.00	—	3.00～5.00	2.75～3.25	2.75～3.25	≤4.00	—
GH4586	GH586	≤0.08	18.00～20.00	余	10.00～12.00	2.00～4.00	7.00～9.00	1.50～1.70	3.20～3.50	≤5.00	—
GH4648	GH648	≤0.10	32.00～35.00	余	—	4.30～5.30	2.30～3.30	0.50～1.10	0.50～1.10	≤4.00	0.50～1.10
GH4698	GH698	≤0.08	13.00～16.00	余	—	—	2.80～3.20	1.30～1.70	2.35～2.75	≤2.00	1.80～2.20
GH4708	GH708	0.05～0.10	17.50～20.00	余	≤0.50	5.50～7.50	4.00～6.00	1.90～2.30	1.00～1.40	≤4.00	—
GH4710	GH710	≤0.10	16.50～19.50	余	13.50～16.00	1.00～2.00	2.50～3.50	2.00～3.00	4.50～5.50	≤1.00	—
GH4738	GH738 (GH684)	0.03～0.10	18.00～21.00	余	12.00～15.00	—	3.50～5.00	1.20～1.60	2.75～3.25	≤2.00	—
GH4742	GH472	0.04～0.08	13.00～15.00	余	9.00～11.00	—	4.50～5.50	2.40～2.80	2.40～2.80	≤1.00	2.40～2.80

新牌号	原牌号	La	Mg	V	B	Zr	Ce	Si	Mn	P	S	Cu
								不大于				
GH4413	GH413	—	≤0.005	0.200～1.000	0.020	—	0.020	0.60	0.50	0.015	0.009	0.070
GH4500	GH500	—	—	—	0.003～0.008	≤0.060	—	0.75	0.75	0.015	0.015	0.100
GH4586	GH586	≤0.015	≤0.015	—	≤0.005	—	—	0.50	0.10	0.010	0.010	—
GH4648	GH648	—	—	—	≤0.008	—	≤0.030	0.40	0.50	0.015	0.010	—
GH4698	GH698	—	≤0.008	—	≤0.005	≤0.050	≤0.005	0.60	0.40	0.015	0.007	0.070
GH4708	GH708	—	—	—	≤0.008	—	≤0.030	0.40	0.50	0.015	0.015	—
GH4710	GH710	—	—	—	0.010～0.030	≤0.060	0.020	0.15	0.15	0.015	0.010	0.100
GH4738	GH738 (GH684)	—	—	—	0.003～0.010	0.020～0.080	—	0.15	0.10	0.015	0.015	0.100
GH4742	GH742	≤0.100	—	—	≤0.010	—	0.010	0.30	0.40	0.015	0.010	—

续表

钴为主要元素的变形高温合金的化学成分/%(质量分数)

新牌号	原牌号	C	Cr	Ni	Co	W	Mo	Al	Ti	Fe	Nb
GH5188	GH188	0.05～0.15	20.00～24.00	20.00～24.00	余	13.00～16.00	—	—	—	≤3.00	—
GH5650	GH605	0.05～0.15	19.00～21.00	9.00～11.00	余	14.00～16.00	—	—	—	≤3.00	—
GH5941	GH941	≤0.10	19.00～23.00	19.00～23.00	余	17.00～19.00	—	—	—	≤1.50	—
GH6159	GH159	≤0.04	18.00～20.00	余	34.00～38.00	—	6.00～8.00	0.10～0.30	2.50～3.25	8.00～10.00	0.25～0.75
GH6783[f]	GH783	≤0.03	2.50～3.50	26.00～30.00	余	—	—	5.00～6.00	≤0.40	24.00～27.00	2.50～3.50

新牌号	原牌号	La	B	Si	Mn	P	S	Cu
						不大于		
GH5188	GH188	0.030～0.120	≤0.015	0.20～0.50	≤1.25	0.020	0.015	0.070
GH5605	GH605	—	—	≤0.40	1.00～2.00	0.040	0.030	—
GH5941	GH941	—	—	≤0.50	≤1.50	0.020	0.015	0.500
GH6159	GH159	—	≤0.030	≤0.20	≤0.20	0.020	0.010	—
GH6783	GH783	—	0.003～0.012	≤0.50	≤0.50	0.015	0.005	0500

注：1. 表中 a 表示氮含量在 0.130～0.250 之间；
2. 表中 b 表示加钛或加铌，但两者不得同时加入；
3. 表中 c 表示氮含量在 0.100～0.200 之间；
4. 表中 d 表示氮含量在 0.150～0.300 之间；
5. 表中 e 表示氮含量在 0.300～0.450 之间；
6. 表中 f 表示钛含量不大于 0.050。

表 15-2　铸造高温合金的牌号及其化学成分(GB/T 14992—2005)

等轴晶铸造高温合金的化学成分/%(质量分数)

新牌号	原牌号	C	Cr	Ni	Co	W	Mo	Al	Ti	Fe
K211	K11	0.10～0.20	19.50～20.50	45.00～47.00	—	7.50～8.50	—	—	—	余
K213	K13	<0.10	14.00～16.00	34.00～38.00	—	4.00～7.00	—	1.50～2.00	3.00～4.00	余
K214	K14	≤0.10	11.00～13.00	40.00～45.00	—	6.50～8.00	—	1.80～2.40	4.20～5.00	余
K401	K1	≤0.10	14.00～17.00	余	—	7.00～10.00	≤0.30	4.50～5.50	1.50～2.00	≤0.20
K402	K2	0.13～0.20	10.50～13.50	余	—	6.00～8.00	4.50～5.50	4.50～5.30	2.00～2.70	≤2.00
K403	K3	0.11～0.18	10.00～12.00	余	4.50～6.00	4.80～5.50	3.80～4.50	5.30～5.90	2.30～2.90	≤2.00
K405	K5	0.10～0.18	9.50～11.00	余	9.50～10.50	4.50～5.20	3.50～4.20	5.00～5.80	2.00～2.90	≤0.50
K406	K6	0.10～0.20	14.00～17.00	余	—	—	4.50～6.00	3.25～4.00	2.00～3.00	≤1.00
K406C	K6C	0.03～0.08	18.00～19.00	余	—	—	4.50～6.00	3.25～4.00	2.00～3.00	≤1.00
K407	K7	≤0.12	20.00～35.00	余	—	—	—	—	—	≤8.00

新牌号	原牌号	B	Zr	Ce	Si	Mn	P	S	Cu
					不于大				
K211	K11	0.030～0.050	—		0.40	0.50	0.040	0.040	—
K213	K13	0.050～0.100	—		0.50	0.50	0.015	0.015	—
K214	K14	0.100～0.150	—	—	0.50	0.50	0.015	0.015	—
K401	K1	0.030～0.100	—	—	0.80	0.80	0.015	0.010	—
K402	K2	0.015	—	0.015	0.04	0.04	0.015	0.015	—
K403	K3	0.012～0.022	0.030～0.080	0.010	0.50	0.50	0.020	0.010	—
K405	K5	0.015～0.026	0.030～0.100	0.010	0.30	0.50	0.020	0.010	—
K406	K6	0.050～0.100	0.030～0.080	—	0.30	0.10	0.020	0.010	—
K406C	K6C	0.050～0.100	≤0.030	—	0.30	0.10	0.020	0.010	—
K407	K7	—	—	—	1.00	0.50	0.040	0.040	0.500～2.000

续表

等轴晶铸造高温合金的化学成分/%(质量分数)

新牌号	原牌号	C	Cr	Ni	Co	W	Mo	Al	Ti	Fe	Nb	Ta
K408	K8	0.10～0.20	14.90～17.00	余	—	—	4.50～6.00	2.50～3.50	1.80～2.50	8.00～12.50	—	—
K409	K9	0.08～0.13	7.50～8.50	余	9.50～10.50	≤0.10	5.75～6.25	5.75～6.25	0.80～1.20	≤0.35	≤0.10	4.00～4.50
K412	K12	0.11～0.16	14.00～18.00	余	—	4.50～6.50	3.00～4.50	1.60～2.20	1.60～2.30	≤8.00	—	—
K417	K17	0.13～0.22	8.50～9.50	余	14.00～16.00	—	2.50～3.50	4.80～5.70	4.50～5.00	≤1.00	—	—
K417G	K417	0.13～0.22	8.50～9.50	余	9.00～11.00	—	2.50～3.50	4.80～5.70	4.10～4.70	≤1.00	—	—
K417L	K17L	0.05～0.22	11.00～15.00	余	3.00～5.00	—	2.50～3.50	4.00～5.70	3.00～5.00	—	—	—
K418	K18	0.08～0.16	11.50～13.50	余	—	—	3.80～4.80	5.50～6.40	0.50～1.00	≤1.00	1.80～2.50	—
K418B	K18B	0.03～0.07	11.00～13.00	余	≤1.00	—	3.80～5.20	5.50～6.50	0.40～1.00	≤0.50	1.50～2.50	—
K419	K19	0.09～0.14	5.50～6.50	余	11.00～13.00	9.50～10.50	1.70～2.30	5.20～5.70	1.00～1.50	≤0.50	2.50～3.30	—
K419H	K19H	0.09～0.14	5.50～6.50	余	11.00～13.00	9.50～10.70	1.70～2.30	5.20～5.70	1.00～1.50	≤0.50	2.25～2.75	—
新牌号	原牌号	Hf	Mg	V	B	Zr	Ce	Si	Mn	P	S	Cu
								不大于				
K408	K8	—	—	—	0.060～0.080	—	0.010	0.60	0.60	0.015	0.020	—
K409	K9	—	—	—	0.010～0.020	0.050～0.100	—	0.25	0.20	0.015	0.015	—
K412	K12	—	—	≤0.300	0.005～0.010	—	—	0.60	0.60	0.015	0.009	—
K417	K17	—	—	0.600～0.900	0.012～0.022	0.050～0.090	—	0.50	0.50	0.015	0.010	—
K417G	K17G	—	—	0.600～0.900	0.012～0.024	0.050～0.090	—	0.20	0.20	0.015	0.010	—
K417L	K17L	—	—	—	0.003～0.012	—	—	—	—	0.010	0.006	—
K418	K18	—	—	—	0.008～0.020	0.060～0.150	—	0.50	0.50	0.015	0.010	—
K418B	K18B	—	—	—	0.005～0.0.015	0.050～0.150	—	0.50	0.25	0.015	0.015	0.500
K419	K19	—	≤0.003	≤0.100	0.050～0.100	0.030～0.080	—	0.20	0.50	—	0.015	0.400
K419H	K19H	1.200～1.600	—	≤0.100	0.050～0.100	0.030～0.080	—	0.20	0.20	—	0.015	0.100

续表

等轴晶铸造高温合金的化学成分/%(质量分数)

新牌号	原牌号	C	Cr	Ni	Co	W	Mo	Al	Ti	Fe	Nb	Ta
K423	K23	0.12～0.18	14.50～16.50	余	9.00～10.50	≤0.20	7.60～9.00	3.90～4.40	3.40～3.80	≤0.50	≤0.25	—
K423A	K23A	0.12～0.18	14.00～15.50	余	8.20～9.50	≤0.20	6.80～8.30	3.90～4.40	3.40～3.80	≤0.50	≤0.25	—
K424	K24	0.14～0.20	8.50～10.50	余	12.00～15.00	1.00～1.80	2.70～3.40	5.00～5.70	4.20～4.70	≤2.00	0.50～1.00	—
K430	K430	≤0.12	19.00～22.00	≥75.00	—	—	—	≤0.15	—	≤0.15	—	—
K438	K38	0.10～020	15.70～16.30	余	8.00～9.00	2.40～2.80	1.50～2.00	3.20～3.70	3.00～3.50	≤0.50	0.60～1.10	1.50～2.00
K438G	K38G	0.13～0.20	15.30～16.30	余	8.00～9.00	2.30～2.90	1.40～2.00	3.50～4.50	3.20～4.00	≤0.20	0.40～1.00	1.40～2.00
K441	K41	0.02～0.10	15.00～17.00	余	—	12.00～15.00	1.50～3.00	3.10～4.00	—	—	—	—
K461	K461	0.12～0.17	15.00～17.00	余	≤0.50	2.10～2.50	3.60～5.00	2.10～2.80	2.10～3.00	6.00～7.50	—	—
K477	K77	0.05～0.09	14.00～15.25	余	14.00～16.00	—	3.90～4.50	4.00～4.60	3.00～3.70	≤1.00	—	—
K480[a]	K80	0.15～0.19	13.70～14.30	余	9.00～10.00	3.70～4.30	3.70～4.30	2.80～3.20	4.80～5.20	≤0.35	≤0.10	≤0.10
K490	K91	≤0.02	9.50～10.50	余	9.50～10.50	—	2.75～3.25	5.25～5.75	5.00～5.50	≤0.50	—	—
新牌号	**原牌号**	**Hf**	**Mg**	**V**	**B**	**Zr**	**Ce**	**Si**	**Mn（不大于：Mn、P、S、Cu）**	**P**	**S**	**Cu**
K423	K23	≤0.250	—	—	0.004～0.008	—	—	≤0.20	0.20	0.010	0.010	—
K423A	K23A	—	—	—	0.005～0.015	—	—	≤0.20	0.20	—	0.010	—
K424	K24	—	—	0.500～1.000	0.015	0.020	0.020	≤0.40	0.40	0.015	0.015	—
K430	K430	—	—	—	—	—	—	≤1.20	1.20	0.030	0.020	0.200
K438	K38	—	—	—	0.005～0.015	0.050～0.150	—	≤0.30	0.20	0.015	0.015	—
K438G	K38G	—	—	—	0.005～0.015	—	—	≤0.01	0.20	0.0005	0.010	0.100
K441	K41	—	—	—	0.001～0.010	≤0.050	—	—	—	0.015	0.010	—
K461	K461	—	—	—	0.100～0.130	—	—	1.20～2.00	0.30	0.020	0.020	—
K477	K77	—	—	—	0.012～0.020	≤0.040	≤0.100	≤0.50	0.20	0.015	0.010	—
K480	K80	≤0.100	≤0.010	≤0.100	0.010～0.020	0.020～0.100	—	≤0.10	0.50	0.015	0.010	0.100
K491	K91	—	≤0.005	—	0.080～0.120	≤0.040	—	≤0.10	0.10	0.010	0.010	—

续表

等轴晶铸造高温合金的化学成分/%(质量分数)

新牌号	原牌号	C	Cr	Ni	Co	W	Mo	Al	Ti	Fe	Nb	Ta
K4002	K002	0.13~0.17	8.00~10.00	余	9.00~11.00	9.00~11.00	≤0.50	5.25~5.75	1.25~1.75	≤0.50	—	2.25~2.75
K4130	K130	<0.01	20.00~23.00	余	≤1.00	≤0.20	9.00~10.50	0.70~0.90	2.40~2.80	≤0.50	≤0.25	—
K4163	K163	0.04~0.08	19.50~21.00	余	18.50~21.00	≤0.20	5.60~6.10	0.40~0.60	2.00~2.40	0.70	0.25	—
K4169	K4169	0.02~0.08	17.00~21.00	50.00~55.00	≤1.00	—	2.80~3.30	0.30~0.70	0.65~1.15	余	4.40~5.40	≤0.10
K4202	K202	≤0.08	17.00~20.00	余	—	4.00~5.00	4.00~5.00	1.00~1.50	2.20~2.80	≤4.00	—	—
K4242	K242	0.27~0.35	20.00~23.00	余	9.55~11.00	≤0.20	10.00~11.00	≤0.20	≤0.30	≤0.75	≤0.25	—
K4536	K536	≤0.10	20.50~23.00	余	0.50~2.50	0.20~1.00	8.00~10.00	—	—	17.00~20.00	—	—
K4537[b]	k537	0.07~0.12	15.00~16.00	余	9.00~10.00	4.70~5.20	1.20~1.70	2.70~3.20	3.20~3.70	≤0.50	1.70~2.20	—
K4648	K648	0.03~0.10	32.00~35.00	余	—	4.30~5.50	2.30~3.50	0.70~1.30	0.70~1.30	≤0.50	0.70~1.30	—
K4708	K708	0.05~0.10	17.50~20.50	余	—	5.50~7.50	4.00~6.00	1.90~2.30	1.00~1.40	≤4.00	—	—

新牌号	原牌号	Hf	Mg	V	B	Zr	Ce	Si	Mn	P	S	Cu
										不大于		
K4002	K002	1.300~1.700	≤0.003	≤0.100	0.010~0.020	0.030~0.080	—	≤0.20	≤0.20	0.010	0.010	0.100
K4130	K130	—	—	—	—	—	—	≤0.60	≤0.60	—	—	—
K4163	K163	—	—	—	≤0.005	—	—	≤0.40	≤0.60	—	0.007	0.200
K4169	K4169	—	—	—	≤0.006	≤0.050	—	≤0.35	≤0.35	0.015	0.015	0.300
K4202	K202	—	—	—	≤0.015	—	≤0.010	≤0.60	≤0.50	0.015	0.010	—
K4242	K242	—	—	—	—	—	—	0.20~0.45	0.20~0.50	—	—	—
K4536	K536	—	—	—	≤0.010	—	—	≤1.00	≤1.00	0.040	0.030	—
K4537	K537	—	—	—	0.010~0.020	0.030~0.070	—	—	—	0.015	0.015	—
K4648	K648	—	—	—	≤0.008	—	≤0.030	≤0.30	—	—	0.010	—
K4708	K708	—	—	—	≤0.008	—	≤0.030	≤0.60	≤0.50	0.015	0.015	—

续表

新牌号	原牌号	等轴晶铸造高温合金的化学成分/%(质量分数)									
		C	Cr	Ni	Co	W	Mo	Al	Ti	Fe	Ta
K605	K605	≤0.40	19.00~21.00	9.00~11.00	余	14.00~16.00	—	—	—	≤3.00	—
K610	K10	0.15~0.25	25.00~28.00	3.00~3.70	余	≤0.50	4.50~5.50	—	—	≤1.50	—
K612	K612	1.70~1.95	27.00~31.00	≤1.50	余	8.00~10.00	≤2.50	1.00	—	≤2.50	—
K640	K40	0.45~0.55	24.50~26.50	9.50~11.50	余	7.00~8.00	—	—	—	≤2.00	—
K640M	K40M	0.45~0.55	24.50~26.50	9.50~11.50	余	7.00~8.00	0.10~0.50	0.70~1.20	0.05~0.30	≤2.00	0.10~0.50
K6188[c]	K188	0.15	20.00~24.00	20.00~24.00	余	13.00~16.00	—	—	—	3.00	—
K825[d]	K25	0.02~0.08	余	39.50~42.50	—	1.40~1.80	—	—	0.20~0.40	—	—

新牌号	原牌号	V	B	Zr	Ce	Si	Mn	P	S
								不大于	
K605	K605	—	≤0.030	—	—	≤0.40	1.00~2.00	0.040	0.030
K610	K10	—	—	—	—	≤0.50	≤0.60	0.025	0.025
K612	K612	—	—	—	—	≤1.50	≤1.50	—	—
K640	K40	—	—	—	—	≤1.00	≤1.00	0.040	0.040
K640M	K40M	—	0.008~0.040	0.100~0.300	—	≤1.00	≤1.00	0.040	0.040
K6188	K188	—	≤0.015	—	—	0.20~0.50	≤1.50	0.020	0.015
K825	K25	0.200~0.400	—	—	—	≤0.50	≤0.50	0.015	0.010

续表

定向凝固柱晶高温合金的化学成分/%(质量分数)

新牌号	原牌号	C	Cr	Ni	Co	W	Mo	Al	Ti	Fe	Nb	Ta	Hf
DZ404	DZ4	0.10～0.16	9.00～10.00	余	5.50～6.50	5.10～5.80	3.50～4.20	5.60～6.40	1.60～2.20	≤1.00	—	—	—
DZ405	DZ5	0.07～0.15	9.50～11.00	余	9.50～10.50	4.50～5.50	3.50～4.20	5.00～6.00	2.00～3.00	—	—	—	—
DZ417G	DZ17G	0.13～0.22	8.50～9.50	余	9.00～11.00	—	2.50～3.50	4.80～5.70	4.10～4.70	≤0.50	—	—	—
DZ422	DZ22	0.12～0.16	8.00～10.00	余	9.00～11.00	11.50～12.50	—	4.75～5.25	1.75～2.25	≤0.20	0.75～1.25	—	1.40～1.80
DZ422B[e]	DZ22B	0.12～0.14	8.00～10.00	余	9.00～11.00	11.50～12.50	—	4.75～5.25	1.75～2.25	≤0.25	0.75～1.25	—	0.80～1.10
DZ438G[f]	DZ38G	0.08～0.14	15.50～16.40	余	8.00～9.00	2.40～2.80	1.50～2.00	3.50～4.30	3.50～4.30	≤0.30	0.40～1.00	1.50～2.00	—
DZ4002	DZ002	0.13～0.17	8.00～10.00	余	9.00～11.00	9.00～11.00	≤0.50	5.25～5.75	1.25～1.75	≤0.50	—	2.25～2.75	1.30～1.70
DZ4125	DZ125	0.07～0.12	8.40～9.40	余	9.50～10.50	6.50～7.50	1.50～2.50	4.80～5.40	0.70～1.20	≤0.30	—	3.50～4.10	1.20～1.80
DZ4125L	DZ125L	0.06～0.14	8.20～9.80	余	9.20～10.80	6.20～7.80	1.50～2.50	4.30～5.30	2.00～2.80	≤0.20	—	3.30～4.00	—
DZ640M	DZ40M	0.45～0.55	24.50～26.50	9.50～11.50	余	7.00～8.00	0.10～0.50	0.70～1.20	0.05～0.30	≤2.00	—	0.10～0.50	—

新牌号	原牌号	V	B	Zr	Si	Mn	P	S	Pb	Sb	As	Sn	Bi	Ag	Cu
					不大于										
DZ404	DZ4	—	0.012～0.025	≤0.020	0.500	0.500	0.020	0.010	0.001	0.001	0.005	0.002	0.0001	—	—
DZ405	DZ5	—	0.010～0.020	≤0.100	0.500	0.500	0.020	0.010	—	—	—	—	—	—	—
DZ417G	DZ17G	0.600～0.900	0.012～0.024	—	0.200	0.200	0.005	0.008	0.0005	0.001	0.005	0.002	0.0001	—	—
DZ422	DZ22	—	0.010～0.020	≤0.050	0.150	0.200	0.010	0.015	0.0005	—	—	—	0.00005	—	0.100
DZ422B	DZ22B	—	0.010～0.020	≤0.050	0.120	0.120	0.015	0.010	0.0005	—	—	—	0.00003	—	0.100
DZ438G	DZ38G	—	0.005～0.015	—	0.150	0.150	0.0005	0.015	0.001	0.001	—	0.002	0.0001	—	—
DZ4002	DZ002	≤0.100	0.010～0.020	0.030～0.080	0.200	0.200	0.020	0.010	—	—	—	—	—	—	0.100
DZ4125	DZ125	—	0.010～0.020	≤0.080	0.150	0.150	0.010	0.010	0.0005	0.001	0.001	0.001	0.00005	0.0005	—
DZ4125L	DZ125L	—	0.005～0.015	≤0.050	0.150	0.150	0.001	0.010	0.0005	0.001	0.001	0.001	0.00005	0.0005	—
DZ640M	DZ40M	—	0.008～0.018	0.100～0.300	1.000	1.000	0.040	0.040	0.0005	0.001	0.001	0.001	0.00005	—	—

续表

新牌号	原牌号	单晶高温合金的化学成分/%(质量分数)												
		C	Cr	Ni	Co	W	Mo	Al	Ti	Fe	Nb	Ta	Hf	Re
DD402	DD402	≤0.006	7.00～8.20	余	4.30～4.90	7.60～8.40	0.30～0.70	5.45～5.75	0.80～1.20	≤0.20	≤0.15	5.80～6.20	≤0.0075	—
DD403	DD3	≤0.010	9.00～10.00	余	4.50～5.50	5.00～6.00	3.50～4.50	5.50～6.20	1.70～2.40	≤0.50	—	—	—	—
DD404	DD4	≤0.01	8.50～9.50	余	7.00～8.00	5.50～6.50	1.40～2.00	3.40～4.00	3.90～4.70	≤0.50	0.35～0.70	3.50～4.80	—	—
DD406	DD6	0.001～0.04	3.80～4.80	余	8.50～9.50	7.00～9.00	1.50～2.50	5.20～6.20	≤0.10	≤0.30	≤1.20	6.00～8.50	0.050～0.150	1.600～2.400
DD408[g]	DD8	<0.03	15.50～16.50	余	8.00～9.00	5.60～6.40	—	3.60～4.20	3.60～4.20	≤0.50	—	0.70～1.20	—	—

新牌号	原牌号	Ca	Tl	Te	Se	Yb	Cu	Zn	Mg	[N]	[H]	[O]	B	Zr
		不大于												
DD402	DD402	0.002	0.00003	0.00003	0.0001	0.100	0.050	0.0005	0.008	0.0012	—	0.0010	0.003	0.0075
DD403	DD3	—	—	—	—	—	0.100	—	0.003	0.0012	—	0.0010	0.005	0.0075
DD404	DD4	—	—	—	—	—	0.100	—	0.003	0.0015	—	0.0015	0.010	0.050
DD406	DD6	—	—	—	—	—	0.100	—	0.003	0.0015	0.001	0.004	0.020	0.100
DD408	DD8	—	—	—	—	—	0.100	—	0.003	0.0012	—	0.001	0.005	0.007

新牌号	原牌号	Si	Mn	P	S	Pb	Sb	As	Sn	Bi	Ag
		不大于									
DD402	DD402	0.040	0.020	0.005	0.002	0.0002	0.0005	0.0005	0.0015	0.00003	0.0005
DD403	DD3	0.200	0.200	0.010	0.002	0.0005	0.0010	0.0010	0.0010	0.00005	0.0005
DD404	DD4	0.200	0.200	0.010	0.010	0.0005	0.002	0.001	0.001	0.0005	0.0005
DD406	DD6	0.200	0.150	0.018	0.004	0.0005	0.001	0.001	0.001	0.00005	0.0005
DD408	DD8	0.150	0.150	0.010	0.010	0.001	—	0.005	0.002	0.0001	—

注：1. 表中 a 表示钨加钼含量不少余 7.70；
2. 表中 b 表示氮含量小于 0.200；
3. 表中 c 表示镧含量在 0.020～0.120 之间；
4. 表中 d 表示氮含量小于 0.200；
5. 表中 e 表示硒含量不大于 0.0001，碲含量不大于 0.00005，铊含量不大于 0.00005；
6. 表中 f 表示铝加钛含量不大于 7.30；
7. 表中 g 表示铝加钛含量在 7.50～7.90 之间。

表 15-3 焊接用高温合金丝的牌号及其化学成分(GB/T 14992—2005)

新牌号	原牌号	化学成分/%(质量分数)									
		C	Cr	Ni	W	Mo	Al	Ti	Fe	Nb	V
HGH1035	HGH35	0.06～0.12	20.00～23.00	35.00～40.00	2.50～3.50	—	≤0.50	0.70～1.20	余	—	—
HGH1040	HGH40	≤0.10	15.00～17.50	24.00～27.00	—	5.50～7.00	—	—	余	—	—
HGH1068	HGH68	≤0.10	14.00～16.00	21.00～23.00	7.00～8.00	2.00～3.00	—	—	余	—	—
HGH1131	HGH131	≤0.10	19.00～22.00	25.00～30.00	4.80～6.00	2.80～3.50	—	—	余	0.70～1.30	—
HGH1139	HGH139	≤0.12	23.00～26.00	14.00～18.00	—	—	—	—	余	—	—
HGH1140	HGH140	0.06～0.12	20.00～23.00	35.00～40.00	1.40～1.80	2.00～2.50	0.20～0.60	0.70～1.20	余	—	—
HGH2036	HGH36	0.34～0.40	11.50～13.50	7.00～9.00	—	1.10～1.40	—	≤0.12	余'	0.25～0.50	1.25～1.55
HGH2038	HGH38	≤0.10	10.00～12.50	18.00～21.00	—	—	≤0.50	2.30～2.80	余	—	—
HGH2042	HGH42	≤0.05	11.50～13.00	34.50～36.50	—	—	0.90～1.20	2.70～3.20	余	—	—

新牌号	原牌号	B	Ce	Si	Mn	P	S	Cu	其他
						不大于			
HGH1035	HGH35	—	≤0.050	≤0.80	≤0.70	0.020	0.020	0.200	
HGH1040	HGH40	—	—	0.50～1.00	1.00～2.00	0.030	0.020	0.200	N 0.100～0.200
HGH1068	HGH68	—	≤0.020	≤0.20	5.00～6.00	0.010	0.010	—	
HGH1131	HGH131	≤0.005	—	≤0.80	≤1.20	0.020	0.020	—	N 0.150～0.300
HGH1139	HGH139	≤0.010	—	≤1.00	5.00～7.00	0.030	0.025	0.200	N 0.250～0.450
HGH1140	HGH140	—	—	≤0.80	≤0.70	0.020	0.015	—	
HGH2036	HGH36	—	—	0.30～0.80	7.50～9.50	0.035	0.030	—	
HGH2038	HGH38	≤0.008	—	≤1.00	≤1.00	0.030	0.020	0.200	
HGH2042	HGH42	—	—	≤0.60	0.80～1.30	0.020	0.020	0.200	

续表

新牌号	原牌号	化学成分/%(质量分数)									
		C	Cr	Ni	W	Mo	Al	Ti	Fe	Nb	V
HGH2132	HGH132	≤0.08	13.50～16.00	24.50～27.00	—	1.00～1.50	≤0.35	1.75～2.35	余	—	0.10～0.50
HGH2135	HGH135	≤0.06	14.00～16.00	33.00～36.00	1.70～2.20	1.70～2.20	2.40～2.80	2.10～2.50	余	—	—
HGH2150	HGH150	≤0.06	14.00～16.00	45.00～50.00	2.50～3.50	4.50～6.00	0.80～1.30	1.80～2.40	余	0.90～1.40	—
HGH3030	HGH30	≤0.12	19.00～22.00	余	—	—	≤0.15	0.15～0.35	≤1.00	—	—
HGH3039	HGH39	≤0.08	19.00～22.00	余	—	1.80～2.30	0.35～0.75	0.35～0.75	≤3.00	0.90～1.30	—
HGH3041	HGH41	≤0.25	20.00～23.00	72.00～78.00	—	—	≤0.06	—	≤1.70	—	—
HGH3044	HGH44	≤0.10	23.50～26.50	余	13.60～16.00	—	≤0.50	0.30～0.70	≤4.00	—	≤0.35
HGH3113	113	≤0.08	14.50～16.50	余	3.00～4.50	15.00～17.00	—	—	4.00～7.00	—	≤0.35
HGH3128	HGH128	≤0.05	19.00～22.00	余	7.50～9.00	7.50～9.00	0.40～0.80	0.40～0.80	≤2.00	—	—
HGH3367	HGH367	≤0.06	14.00～16.00	余	—	14.00～16.00	—	—	≤4.00	—	—

新牌号	原牌号	B	Ce	Si	Mn	P	S	Cu	其他
						不大于			
HGH2132	HGH132	0.001～0.010	—	0.40～1.00	1.00～2.00	0.020	0.015	—	
HGH2135	HGH135	≤0.015	≤0.030	≤0.50	≤0.40	0.020	0.020	—	
HGH2150	HGH150	≤0.010	≤0.020	≤0.40	≤0.40	0.015	0.015	0.070	Zr 0.050
HGH3030	HGH30	—	—	≤0.80	≤0.70	0.015	0.010	0.200	
HGH3039	HGH39	—	—	≤0.80	≤0.40	0.020	0.012	0.200	
HGH3041	HGH41	—	—	≤0.60	0.20～1.50	0.035	0.030	0.200	
HGH3044	HGH44	—	—	≤0.80	≤0.50	0.013	0.013	0.200	
HGH3113	HGH113	—	—	≤1.00	≤1.00	0.015	0.015	0.200	
HGH3128	HGH128	≤0.005	≤0.005	≤0.80	≤0.50	0.013	0.013	—	Zr 0.060
HGH3367	HGH367	—	—	≤0.30	1.00～2.00	0.15	0.010	—	

续表

新牌号	原牌号	化学成分/%(质量分数)								
		C	Cr	Ni	W	Mo	Al	Ti	Fe	Nb
HGH3533	HGH533	≤0.08	17.00～20.00	余	7.00～9.00	7.00～9.00	≤0.40	2.30～2.90	≤3.00	—
HGH3536	HGH536	0.05～0.15	20.50～23.00	余	0.20～1.00	8.00～1.00	—	—	17.00～20.00	—
HGH3600	HGH600	≤0.10	14.00～17.00	≥72.00	—	—	—	—	6.00～10.00	—
HGH4033	HGH33	≤0.06	19.00～22.00	余	—	—	0.60～1.00	2.40～2.80	≤1.00	—
HGH4145	HGH145	≤0.08	14.00～17.00	余	—	—	0.40～1.00	2.50～2.75	5.00～9.00	0.70～1.20
HGH4169	HGH169	≤0.08	17.00～21.00	50.00～55.00	—	2.80～3.30	0.20～0.60	0.65～1.15	余	4.75～5.50
HGH4356	HGH356	≤0.08	17.00～20.00	余	4.00～5.00	4.00～5.00	1.00～1.50	2.20～2.80	≤4.00	—
HGH4642	HGH642	≤0.04	14.00～16.00	余	2.00～4.00	12.00～14.00	0.60～0.90	1.30～1.60	≤4.00	—
HGH4648	HGH648	≤0.10	32.00～35.00	余	4.30～5.30	2.30～3.30	0.50～1.10	0.50～1.10	≤4.00	0.50～1.10

新牌号	原牌号	B	Ce	Si	Mn	P	S	Cu	其他
				不大于					
HGH3533	HGH533	—	—	0.30	0.60	0.010	0.010	—	
HGH3536	HGH536	≤0.010	—	1.00	1.00	0.25	0.025	—	Co 0.50～2.50
HGH3600	HGH600	—	—	0.50	1.00	0.020	0.015	0.500	Co ≤1.00
HGH4033	HGH33	≤0.010	≤0.010	0.65	0.35	0.015	0.007	0.07	
HGH4145	HGH145	—	—	0.50	1.00	0.020	0.010	0.200	
HGH4169	HGH169	≤0.006	—	0.30	0.35	0.015	0.015	—	
HGH4356	HGH356	≤0.010	≤0.010	0.50	1.00	0.015	0.010	—	
HGH4642	HGH642	—	≤0.020	0.35	0.60	0.010	0.010	—	
HGH4648	HGH648	≤0.008	≤0.030	0.40	0.50	0.015	0.010	—	

15.1.2 高温合金的力学性能

表 15-4 转动部件用高温合金热轧棒材的力学性能(GB/T 14993—2008)

合金牌号	试样热处理制度	组别	拉伸性能						高温持久性能			室温硬度 HBW
			试验温度/℃	抗拉强度 R_m/MPa	规定非比例延伸强度 $R_{p0.2}$/MPa	断后伸长率 A/%	断面收缩率 Z/%	冲击功 A_{ku2}/J	试验温度 t/℃	应力 σ/MPa	时间/h	
				不小于							不小于	
GH2130	(1180±10℃，保温 2h,空冷)+(1050±10℃,保温 4h,空冷)+(800±10℃,保温 16h,空冷)	Ⅰ	800	665	—	3	8	—	850	195	40	269～341
		Ⅱ							800	245	100	
GH2150A	(1000～1130℃,保温 2～3h,油冷)+(780～830℃,保温 5h,空冷)+(650～730℃,保温 16h,空冷)	—	20	1130	685	12	14.0	27	600	785	60	293～363
GH4033	(1080±10℃,保温 8h,空冷)+(700℃±10℃,保温 16h,空冷)	Ⅰ	700	685	—	15	20.0	—	700	430	60	255～321
		Ⅱ								410	80	
GH4037	(1180±10℃，保温 2h,空冷)+(1050±10℃,保温 4h,缓冷)+(800±10℃,保温 16h,空冷)	Ⅰ	800	665	—	5.0	8.0	—	850	196	50	269～341
		Ⅱ							800	245	100	
GH4049	(1200±10℃,保温 2h,空冷)+(1050±10℃,保温 4h,空冷)+(850±10℃,保温 8h,空冷)	Ⅰ	900	570	—	7.0	11.0	—	900	245	40	302～363
		Ⅱ								215	80	
GH4133B	(1080±10℃,保温 8h,空冷)+(750±10℃,保温 16h,空冷)	Ⅰ	20	1060	735	16	18.0	31	750	392	50	262～352
		Ⅱ	750	750	实测	12	15.0	—	750	345	50	262～352

注:1. GH4033,GH4049 合金的高温持久性能Ⅱ检验组别复验时采用;

2. GH2130,GH4037 合金的高温持久性能检验组别需方有要求时应在合同中注明,如合同不注明则由供方任意选取;

3. GH4133B 合金的力学性能检验组别订货时应注明,不注明时按Ⅰ组供货;

4. 直径小于 20mm 的棒材力学性能指标按上述规定。直径小于 16mm 的棒材的冲击,直径小于 14mm 棒材的持久,直径小于 10mm 棒材的高温拉伸,在中间坯上取样做试验;

5. 直径 45～55mm,硬度 HBW255～311;高温持久性能每 10 炉应有一根拉至断裂,实测伸长率和断面收缩率;

6. 每 5～30 炉取一个高温持久试样按Ⅱ组条件拉断,实测伸长率和断面收缩率;

7. 每 10～20 炉取一个高温持久试样按Ⅱ组条件拉断。如 200h 没断,则一次加力至 245MPa 拉断,实测伸长率和断面收缩率。

表 15-5 普通承力件用高温合金热轧和锻制棒材的力学性能(YB/T 5245－1993)

牌号		热处理制度	室温性能						高温瞬时拉伸性能				高温持久强度		
新牌号	旧牌号		$\sigma_{0.2}$ /MPa	σ_b /MPa	δ_5/%	ψ/%	a_k /J·cm^{-2}	HB /mm (压 d)	温度 /℃	σ_b /MPa	δ_5/%	ψ/%	温度 /℃	应力 /MPa ≥	时间 /h
			≥							≥					
GH1015	GH15	1140～1170℃,空冷	—	680	35	40	—	—	700 900	400 180	30 40	35 45	— 900	— 50	— ≥100
GH1131	GH131	1160±10℃,空冷	350	750	32	实测	—	—	1000	110	50	实测	—	—	—
GH1140	GH140	1080±10℃,空冷	—	630	40	45	—	—	800	250	40	50	—	—	—
GH2036	GH36	固溶:1140±5℃,直径小于45mm保温80min。直径不小于45mm保温105min,流动水冷却。时效:放在低于670℃炉中,保温12～14h,再升至770～800℃,保温12～14h,空冷	600	850	15	20	35	3.45～3.65	—	—	—	—	650	350	≥100
GH2038	GH38A	1180±10℃ 2h,空冷或水冷,760±10℃ 16～25h,空冷	450	800	15	15	30	3.5～3.9	800	300	20	20	800	选择	实测
GH2132	GH132	980～1000℃ 1～2h,油冷 700～720℃ 12～16h,空冷	—	950	20	40	—	3.4～3.8	550 650	800 750	16 15	28 20	550 650	600 400	≥100 ≥100
GH2135	GH35	1080±10℃,空冷 830±10℃ 8h,空冷 700±10℃ 16h,空冷	—	—	—	—	—	3.25～3.65	700	800	15	20	700	440 (420)	≥60 (80)
GH3039	GH39	1050～1080℃,空冷	—	750	40	—	—	—	800	250	40	实测	—	—	—
GH4033	GH33	>Φ55mm1080±10℃8h,空冷;750±10℃16h,空冷	600	900	13	16	30	3.4～3.80	—	—	—	—	750	300	≥100
		<Φ20mm 及扁材 1080±10℃ 8h,空冷;700±10℃16h,空冷	—	—	—	—	—	3.45～3.80	700	700	15	20	700	440 (420)	≥60 (>80)

表 15-6 高温合金冷拉棒材的热处理制度(GB/T 14994—2008)

牌号	组别	固溶处理	时效处理
GH1040	—	1200℃,1h,空冷	700℃,16h,空冷
GH2036	—	1140～1145℃,80min,流动水冷却	670℃,12～14h,升温至770～800℃,10～12h,空冷
GH2132	—	980～1000℃,1～2h,油冷	700～720℃,16h,空冷
GH2696	Ⅰ	—	750℃,16h,炉冷至650℃,16h,空冷
	Ⅱ	—	750℃,16h,炉冷至650℃,16h,空冷
	Ⅲ	1100℃,1～2h,油冷	780℃,16h,空冷
	Ⅳ	1100～1120℃,3～5h,油冷	840～850℃,3～5h,空冷,700～730℃,16～25h,空冷
GH3030	—	980～1000℃,水冷或空冷	—
GH4033	—	1080℃,8h,空冷	700℃,16h,空冷
GH4080A	—	1080℃,15～45min,空冷或水冷	700℃,16h,空冷或750℃,4h,空冷
GH4090	—	1080℃,1～8h,空冷或水冷	750℃,4h,空冷
GH4169	—	950～980℃,1h空冷	720℃,8h;50±10℃/h炉冷到620℃,8h空冷

注:1. GH2036合金当碳含量不大于0.36%时,建议第三阶段时效在770～780℃进行;而当碳含量大于0.36%时,则在790～800℃进行时效;

2. 热处理控温精度除GH4080A时效处理为±5℃外,其余均为±10℃。

表 15-7 高温合金冷拉棒材的力学性能(GB/T 14994—2008)

牌号		瞬时拉伸性能					室温冲击功 A_{ku2}/J	布氏硬度	高温持久性能			
		试验温度/℃	抗拉强度 R_m/MPa	规定非比例延伸强度 $R_{p0.2}$/MPa	断后伸长率 A/%	断面收缩率 Z/%		HBW	试验温度/℃	试验应力 σ/MPa	时间/h	断后伸长率 A/%
			不小于								不小于	
GH1040		800	295	—	—	—	—	—	—	—	—	—
GH2036		室温	835	590	15	20	27	311～276	650	375 (345)	35 (100)	—
GH2132[a]		室温	900	590	15	20	—	341～247	650	450 (390)	23 (100)	5(3)
GH2696	室温	Ⅰ	1250	1050	10	35	—	302～229	600	570	实测	—
		Ⅱ	1300	1100	10	30		229～143			实测	—
		Ⅲ	980	685	10	12	24	341～285			50	—
		Ⅳ	930	635	10	12	24	341～285			50	—

续表

牌　号	瞬时拉伸性能					室温冲击功 A_{ku2}/J	布氏硬度	高温持久性能			
	试验温度/℃	抗拉强度 R_m/MPa	规定非比例延伸强度 $R_{p0.2}$/MPa	断后伸长率 A/%	断面收缩率 Z/%		HBW	试验温度/℃	试验应力 σ/MPa	时间/h	断后伸长率 A/%
		不小于								不小于	
GH3030	室温	685	—	30	—	—	—	—	—	—	—
GH4033	700	685	—	15	20	—	—	700	430 (410)	60 (80)	—
GH4080A	室温	1000	620	20	—	—	≥285	750	340	30	—
GH4090	650	820	590	8	—	—	—	870	140	30	—
GH4169[b]	室温	1270	1030	12	15	—	≥345	650	690	23	4
	650	1000	860	12	15	—	—				

注：1. GH2132 合金若按表 15-6 热处理性能不合格，则可调整时效温度至不高于 760℃，保温 16h，重新检验；GH2132 合金高温持久试验拉至 23h 试验不断，则可采用逐渐增加应力的方法进行：间隔 8～16h，以 35MP 递增加载。如果试验断裂时间小于 48h，断后伸长率 A 应不小于 5%；如果断裂时间大于 48h，断后伸长率 A 应不小于 3%；

2. GH4169 合金高温持久试验 23h 后试样不断，可采用逐渐增加应力的方法进行，23h 后，每隔 8～16h，以 35MPa 递增加载至断裂，试验结果应符合表 15-7 的规定。

表 15-8　高温合金锻制圆饼的力学性能(YB/T 5351—2006)

新牌号	原牌号	热处理制度	试验温度/℃	瞬时拉伸性能：抗拉强度 σ_b/MPa (kgf/mm²)	瞬时拉伸性能：屈服强度 $\sigma_{0.2}$/MPa (kgf/mm²)	瞬时拉伸性能：伸长率 δ/%	瞬时拉伸性能：断面收缩率 ψ/%	室温冲击 a_k/J·cm⁻² (kgf·m/cm²)	室温硬度 HB(d)(压痕直径)/mm	高温持久强度：试验温度/℃	高温持久强度：应力/MPa (kgf/mm²)	高温持久强度：时间/h	高温持久强度：伸长率 δ_5/%
				不小于				不小于		不小于			
GH2036	GH36	1140℃或1130℃保温80min，水冷+650～670℃保温14～16h，然后升温至770～800℃保温14～20h，空冷	室温	833 (85.0)	588 (60.0)	15.0	20.0	29.4 (3.0)	3.45～3.65	650	372 (38) 343 (35)	35 (100)	—
GH2132	GH132	980～1000℃保温1～2h，油冷+700～720℃保温12～16h，空冷	室温 650	931 (95.0) 735 (75.0)	617 (63.0) —	20.0 15.0	40.0 20.0	29.4 (3.0)	3.4～3.8	650	392 (40)	100	—
GH2135	GH135	1140℃保温4h，空冷+830℃保温8h，+650℃保温16h，空冷	室温	882 (90.0) 804 (82.0)	588 (60.0) 588 (60.0)	13.0 10.0	16.0 13.0	29.4 (3.0)	3.4～3.8	750	294 (30) 343 (35)	(100) 50	—
GH2136	GH136	980℃保温1h，油冷720℃保温16h，空冷	室温	931 (95.0)	688 (70.0)	15.0	20.0	29.4 (3.0)	3.2～3.8	650 700	392 (40) 294 (30)	100 (100)	—
GH4033	GH33	1080℃保温8h，空冷+750℃保温16h，空冷	室温	882 (90) 803 (82)	588 (60) 588 (60)	13 10	16 13	29.4 (3.0)	3.4～3.8	750	294 (30) 343 (35)	100 (50)	—
GH4133	GH33A	1080℃保温8h，空冷+750℃保温16h，空冷	室温	1058 (108.0)	735 (75.0)	16.0	18.0	39.2 (4.0)	3.2～3.6	750	294 (30) 343 (35)	100 (50)	—

表 15-9 高温合金环件毛坯的力学性能(YB/T 5352—2006)

牌号		热处理制度	试验温度/℃	瞬时拉伸性能				室温冲击 a_k/J·cm^{-2} (kgf·m/cm^2) 不小于	室温硬度 HB(*d*)(压痕直径)/mm	高温持久强度		
新牌号	原牌号			抗拉强度 σ_b/MPa (kgf/mm^2)	屈服强度 $\sigma_{0.2}$/MPa (kgf/mm^2)	伸长率 δ/%	断面收缩率 ψ/%			试验温度/℃	应力/MPa kgf/mm^2	时间/h 不小于
				不小于								
GH1140	GH140	1080℃,空冷	室温 800	617 (63) 245 (25)	—	40 40	45 50	—	—	—	—	—
GH2036	GH36	1140℃或 1130℃ 保温 80min,水冷;650～670℃保温 14～16h,升温至 770～800℃保温 14～20h,空冷	室温	833 (85)	588 (60)	15	20	29.4 (3)	3.45～3.65	650	372 (38) 343 (35)	35 (100)
GH2132	GH132	980～990℃ 保温 1～2h,油冷;710～720℃保温 16h,空冷	室温 650	931 (95) 735 (75)	617 (63)	20 15	30	29.4 (3)	3.4～3.8	650	392 (40)	100
GH2135	GH135	1140℃保温 4h,空冷;830℃保温 8h,空冷 650℃保温 16h,空冷	室温	882 (90) 803 (82)	588 (60) 588 (60)	13 10	16 13	29.4 (3)	3.4～3.8	750	343 (35) 294 (30)	50 (100)
GH3030	GH30	980～1020℃,空冷	室温 700	637 (65)	—	30 30	—	—	—	—	—	—
GH4033	GH33	1080℃保温 8h,空冷;750℃保温 16h,空冷	室温	882 (90) 803 (82)	588 (60) 588 (60)	13 10	16 13	29.4 (3) 29.4 (3)	3.4～3.8	750	343 (35) 294 (30)	50 (100)

注:GH2036 合金的 1130℃固溶温度仅适用于电炉+电渣工艺生产的产品。

表 15-10　　铸造高温合金母合金的力学性能（YB/T 5248—1993）

合金牌号		试样状态	拉伸性能					持久性能			
新牌号	原牌号		试验温度/℃	σ_b	$\sigma_{0.2}$	δ	ψ	试验温度/℃	应力/MPa	时间/h	δ/%
				MPa		%				≥	
				≥							
K211	K11	900℃保温 5h，空冷	—	—	—	—	—	800	140 或 120	(100) (200)	—
K213	K13	1100℃保温 4h，空冷	700 或 750	600 640	— —	6.0 4.0	10.0 8.0	700 或 750	500 380	40 80	—
K214	K14	1100℃保温 5h，空冷	—	—	—	—	—	850	250	60	—
K232	K32	1100℃保温 3～5h，空冷；800℃保温 16h，空冷	20	700	—	4.0	6.0	750	400	50	—
K273	—	铸态	650	500	—	5.0	—	650	430	80	—
K401	K1	1120℃保温 10h，空冷	—	—	—	—	—	850	250	60	—
K403	K3	1020±10℃保温 4h，空冷或铸态	800	800	—	2.0	3.0	750 950	660 200	50 40	—
K05	K5	铸态	900	650	—	6.0	8.0	750 900 或 950	700 220 320 220 或 240	45 23 80 80 23	—
K406	K6	980±10℃保温 5h，空冷	800	680	—	4.0	8.0	850	250 或 280	100 50	— —
K409	K9	1080±10℃保温 4h，空冷；900±10℃，10h，空冷	—	—	—	—	—	760 980	600 206	23 30	— —
K412	K12	1150℃保温 7h，空冷	—	—	—	—	—	800	250	40	— —
K417 K417G	K17 K17G	铸态	900	650	—	6.0	8.0	900 或 950 750	320 240 700	70 40 30	— — 2.5
K418	K18	铸态	20 或 800	770 770	70 —	3.0 4.0	— 6.0	750 或 800	620 500	40 45	(3.0) (3.0)
K419	K19	铸态	—	—	—	—	—	750 950	700 260	45 80	— —
K438	K38	1120℃保温 2h，空冷；800℃保温 24h，空冷	800	800	—	3.0	3.0	815 850	430 370	70 70	— —
K640	K40	铸态	—	—	—	—	—	816	211	15	6.0

注：1. 表中带有“或”的条件是选择的条件，即检验时可任选一组；

2. 表中带有小括号“（　）”中的数值作为积累数据，不作判废依据。

15.1.3 高温合金的物理性能

表 15-11 弹性模量 E

牌号	弹性模量 E/GPa（kgf/mm²）											备注
	20℃	100℃	200℃	300℃	400℃	500℃	600℃	700℃	800℃	900℃	1000℃	
GH13	198.0 (20200)	—	—	—	—	161.7 (16500)	154.8 (15800)	149.9 (15300)	139.2 (14200)	133.3 (13600)	—	—
GH14	204.8 (20900)	—	—	—	181.3 (18500)	—	168.5 (17200)	159.7 (16300)	150.9 (15400)	141.1 (14400)	131.3 (13400)	—
GH1015	199.2 (20400)	—	—	—	180.3 (18400)	172.4 (17600)	164.6 (16800)	156.8 (16000)	147.9 (15100)	140.1 (14300)	129.3 (13200)	—
GH1016	171.5 (17500)	—	—	—	—	130.3 (13300)	—	128.3 (13100)	111.3 (11360)	100.7 (10280)	—	—
GH2018	186.2 (19000)	—	—	—	158.7 (16200)	—	—	142.1 (14500)	136.2 (13900)	127.4 (13000)	—	—
GH19	208.3 (21250)	—	204℃ 197.4 (20150)	316℃ 189.6 (19350)	—	—	649℃ 164.1 (16750)	760℃ 155.8 (15900)	815℃ 149.9 (15300)	870℃ 145.5 (14850)	—	—
GH22	203.8 (20800)	—	—	—	187.1 19100	179.3 (18300)	173.4 (17700)	166.6 (17000)	—	148.9 (15200)	—	—
GH27	204.0 (20815)	—	—	182.0 (18575)	173.0 (17655)	165.0 (16840)	156.1 (15935)	148.0 (15110)	—	—	—	—
GH4033	220.5 (22500)	215.6 (22000)	210.7 (21500)	204.8 (20900)	198.9 (20300)	192.0 (19600)	185.2 (18900)	176.4 (18000)	167.5 (17100)	—	—	—
GH4133	223.3 (22760)	—	—	—	202.6 (20680)	—	190.3 (19420)	182.6 (18640)	175.8 (17940)	163.6 (16700)	—	—
GH1035	199.1 (20320)	—	—	—	—	—	—	158.7 (16200)	149.5 (15260)	142.1 (14500)	—	—
GH2036	202.8 (20700)	—	—	179.7 (18340)	170.5 (17400)	161.6 (16490)	152.8 (15600)	144.5 (14745)	140.6 (14350)	—	—	—
GH4037	225.4 (23000)	—	—	—	—	—	186.0 (18980)	173.8 (17740)	166.9 (17040)	156.7 (15990)	—	—
GH2038A	184.2 (18800)	—	—	—	—	149.9 (15300)	137.2 (14000)	126.4 (12900)	—	—	—	—
GH3039	203.8 (20800)	—	—	—	—	180.3 (18400)	172.4 (17600)	160.7 (16400)	151.9 (15500)	—	—	—
GH1040	192.0 (19600)	—	—	166.6 (17000)	156.8 (16000)	147.0 (15000)	137.2 (14000)	122.5 (12500)	107.8 (11000)	—	—	—
GH3044	150.2 (15330)	—	—	—	—	—	123.1 (12570)	117.5 (11990)	113.6 (11600)	109.7 (11200)	107.3 (10950)	—
GH4049	224.4 (22900)	—	—	—	—	—	—	188.1 (19200)	178.3 (18200)	168.5 (17200)	—	—
GH50	217.0 (22150)	—	—	—	—	—	183.7 (18750)	183.2 (18700)	174.9 (17850)	165.1 (16850)	—	—
GH78	214.1 (21850)	—	—	—	—	—	169.5 (17300)	162.6 (16600)	148.4 (15150)	—	—	—
GH80A	—	—	—	—	—	—	—	—	—	—	—	—
GH95	198.0 (20200)	196.0 (20000)	191.1 (19500)	185.2 (18900)	178.3 (1820) 0	172.4 (17600)	161.7 (16500)	158.7 (16200)	152.8 (15600)	140.1 (14300)	—	—

续表

牌号	弹性模量 E/GPa（kgf/mm²）											备注
	20℃	100℃	200℃	300℃	400℃	500℃	600℃	700℃	800℃	900℃	1000℃	
GH99	198.0 (20200)	222.7 (22730)	215.0 (21940)	210.2 (21450)	204.7 (20890)	198.6 (20270)	193.4 (19740)	183.6 (18740)	177.8 (18150)	164.2 (16760)	950℃ 153.4 (15660)	1000℃ 146.5 (14950)
GH118	193.0 (19700)	—	—	—	—	—	—	151.9 (15500)	141.1 (14400)	133.2 (13600)	112.7 (11500)	—
GH3128	207.7 (21200)	—	—	—	—	—	187.1 (19100)	174.4 (17800)	161.7 (16500)	151.9 (15500)	144.1 (14700)	—
GH2130	196.0 (2000)	—	—	—	—	—	156.8 (16000)	150.9 (15400)	137.2 (14000)	119.5 (12200)	—	—
GH1131	219.5 (22400)	—	—	—	181.3 (18500)	176.4 (18000)	—	176.4 (18000)	175.4 (17900)	172.4 (17600)	165.6 (16900)	—
GH2132	197.6 (20170)	—	—	—	171.5 (17500)	163.1 (16650)	157.2 (16050)	148.9 (15200)	139.1 (14200)	—	—	—
GH2135	196.6 (20065)	—	—	—	—	169.5 (17300)	161.3 (16460)	152.3 (15550)	143.5 (14650)	—	—	850℃ 145.3 (13830)
GH2136	196.9 (20100)	—	—	—	—	—	163.0 (16640)	155.4 (15860)	146.8 (14980)	—	—	—
GH138	170.5 (17400)	—	—	—	—	148.9 (15200)	142.1 (14500)	139.1 (14200)	135.2 (13800)	132.3 (13500)	—	—
GH139	189.2 (19315)	—	—	—	—	147.0 (15010)	146.5 (14950)	138.3 (14120)	130.7 (13340)	—	—	—
GH1140	194.0 (19800)	189.6 (19350)	183.7 (18750)	179.3 (18300)	173.4 (17700)	165.6 (16900)	159.7 (16300)	150.9 (15400)	144.5 (14750)	137.2 (14000)	127.4 (13000)	—
GH143	224.5 (22913)	—	—	—	—	—	188.4 (19229)	180.2 (18397)	170.5 (17408)	156.1 (15936)	142.4 (14538)	—
GH145	196.6 (20100)	—	—	182.2 (18600)	178.3 (18200)	172.4 (17600)	166.6 (17000)	160.7 (16400)	151.9 (15500)	139.1 (14200)	—	—
GH146	221.9 (22650)	—	—	—	—	—	—	179.3 (18300)	—	158.4 (16170)	—	—
GH151	222.4 (22700)	—	—	—	—	197.9 (20200)	192.0 (19600)	185.2 (18900)	177.3 (18100)	167.5 (17100)	151.9 (15500)	—
GH161	195.0 (19900)	—	—	—	168.5 (17200)	162.6 (16600)	154.8 (15800)	147.0 (15000)	141.0 (14400)	132.3 (13500)	—	—
GH163	245.7 (25080)	—	—	—	—	—	—	187.8 (19170)	—	151.3 (15440)	—	—
GH167	201.9 (20600)	—	—	—	—	170.5 (17400)	165.6 (16900)	156.8 (16000)	149.9 (15300)	139.2 (14200)	—	—
GH4169	205.8 (21000)	200.9 (20500)	196.0 (20000)	189.1 (19300)	183.2 (18700)	176.4 (18000)	169.5 (17300)	164.6 (16800)	—	—	—	—
GH170	252.5 (25767)	—	—	—	—	—	213.8 (21821)	206.0 (21021)	194.8 (19886)	184.4 (18818)	—	—
GH220	224.4 (22900)	—	—	—	—	—	—	—	185.2 (18900)	169.5 (17300)	142.1 (14500)	—
GH2302	195.0 (19900)	—	—	—	175.4 (17900)	—	162.6 (16600)	155.8 (15900)	148.9 (15200)	136.2 (13900)	—	—
GH333	198.1 (20220)	193.9 (19790)	190.0 (19390)	181.6 (18540)	176.4 (18000)	172.1 (17570)	166.6 (17010)	162.4 (16580)	147.9 (15100)	144.0 (14700)	127.0 (12960)	—
GH600	—	—	—	—	—	—	—	—	—	—	—	—
GH698	218.5 (22300)	—	—	—	—	—	—	181.3 (18500)	172.4 (17600)	—	—	—
GH738	223.4 (22800)	—	—	—	—	193.0 (19700)	185.2 (18900)	—	—	—	—	—
GH761	214.0 (21840)	—	—	—	192.6 (19660)	184.9 (18870)	176.0 (17960)	166.6 (17000)	154.8 (15800)	—	—	—

续表

牌号	弹性模量 E/GPa（kgf/mm²）											备注
	20℃	100℃	200℃	300℃	400℃	500℃	600℃	700℃	800℃	900℃	1000℃	
GH901	199.9 (20400)	199.9 (20400)	194.0 (19800)	186.2 (19000)	179.3 (18300)	173.4 (17700)	166.6 (17000)	159.7 (16300)	144.0 (14700)	—	—	—
K401	186.2 (19000)	—	—	—	—	—	—	750℃ 135.2 (13800)	850℃ 133.7 (13650)	950℃ 112.7 (11500)	—	—
K2	196.0 (20000)	—	—	—	—	171.5 (17500)	159.7 (16300)	156.8 (16000)	147.0 (15000)	127.4 (13000)	104.8 (10700)	—
K403	212.0 (21637)	209.0 (21333)	205.2 (20940)	200.5 (20466)	194.7 (19876)	188.6 (19253)	182.5 (18630)	173.9 (17750)	164.6 (16800)	152.7 (15586)	137.1 (13993)	—
K4	210.7 (21500)	—	—	—	—	—	—	—	169.5 (17300)	157.5 (16400)	147.0 (15000)	—
K405	202.8 (20700)	199.9 (20400)	194.0 (19800)	190.1 (19400)	186.2 (19000)	181.3 (18500)	177.3 (18100)	167.5 (17100)	160.7 (16400)	149.9 (15300)	—	—
K406	202.8 (20700)	—	—	—	—	—	169.5 (17300)	161.7 (16500)	155.8 (15900)	145.0 (14800)	—	—
K211	—	—	176.4 (18000)	—	—	—	—	127.4 (13000)	88.2 (9000)	—	—	—
K412	191.1 (19500)	—	—	—	—	—	144.0 (14700)	137.2 (14000)	127.4 (13000)	107.8 (11000)	—	—
K213	178.3 (18200)	—	—	—	—	147.0 (15000)	140.1 (14300)	135.2 (13800)	125.4 (12800)	—	—	—
K214	180.7 (18440)	—	—	—	—	—	—	—	138.3 (14120)	127.1 (12970)	—	—
K16	224.4 (22900)	—	—	—	—	—	—	172.4 (17600)	165.6 (16900)	157.7 (16100)	—	—
K417	219.5 (22400)	—	—	—	—	—	187.1 (19100)	177.3 (18100)	171.5 (17500)	162.6 (16600)	154.8 (15800)	—
K417G	213.6 (21800)	203.8 (20800)	198.9 (20300)	193.0 (19700)	183.2 (18700)	178.3 (18200)	170.5 (17400)	162.6 (16600)	152.8 (15600)	141.1 (14400)	—	—
K418	211.6 (21600)	—	—	—	—	184.2 (18800)	179.3 (18300)	171.5 (17500)	165.6 (16900)	155.8 (15900)	144.0 (14700)	—
K18B	198.9 (20300)	—	—	—	—	175.4 (17900)	169.5 (17300)	163.6 (16700)	156.8 (16000)	150.9 (15400)	—	—
K19	240.1 (24500)	238.1 (24300)	233.2 (23800)	228.3 (23300)	221.4 (22600)	216.5 (22100)	207.7 (21200)	197.9 (20200)	192.0 (19600)	178.7 (18240)	—	
K19H	208.3 (21264)	203.6 (20779)	200.9 (20502)	194.9 (19890)	190.2 (19417)	187.0 (19082)	186.8 (19071)	172.9 (17651)	165.5 (16895)	160.7 (16398)	144.8 (14776)	
K20	212.6 (21700)	212.6 (21700)	—	—	—	—	—	181.3 (18500)	176.4 (18000)	—	—	
K23	171.5 (17500)	—	—	—	—	—	—	—	137.2 (14000)	132.3 (13500)	—	
K27	196.0 (20000)	—	—	—	—	—	166.6 (17000)	158.7 (16200)	145.0 (14800)	133.2 (13600)	—	
K232	192.0 (19600)	—	—	—	170.5 (17400)	162.6 (16600)	157.7 (16100)	149.9 (15300)	141.1 (14400)	128.3 (13100)	—	
K38	206.7 (21100)	—	—	—	—	180.3 (18400)	172.4 (17600)	164.6 (16800)	154.8 (15800)	141.1 (1440)	123.4 (12600)	
K40	224.3 (22889)	—	—	—	426℃ 194.2 (19826)	—	650℃ 176.2 (17980)	760℃ 165.6 (16900)	816℃ 158.7 (16200)	—	—	
K44	205.8 (21000)	200.5 (20460)	192.8 (19860)	188.1 (19200)	183.2 (18700)	174.0 (17760)	167.0 (17050)	157.3 (16060)	147.6 (15070)	—	—	
K002	194.1 (19815)	188.5 (19237)	184.9 (18868)	181.1 (18486)	175.6 (17920)	168.7 (17221)	163.0 (16638)	155.6 (15887)	150.5 (15367)	149.1 (15220)	134.7 (13749)	
K136	235.2 (24000)	227.3 (23200)	217.5 (22200)	208.7 (21300)	199.9 (20400)	192.0 (19600)	184.2 (18800)	175.4 (17900)	—	—	—	

表 15-12　　　　线 胀 系 数 α_1

牌　号	线 胀 系 数 $\alpha_1/10^{-6}K^{-1}$										
	20～100℃	20～200℃	20～300℃	20～400℃	20～500℃	20～600℃	20～700℃	20～800℃	20～900℃	20～1000℃	20～1100℃
GH13	13.7	15.1	16.1	16.2	16.7	17.0	17.7	18.2	18.7	—	—
GH14	11.0	14.2	15.3	16.2	16.5	17.0	17.3	17.6	17.8	17.9	—
GH1015	14.36	14.73	15.18	15.50	15.73	15.93	16.37	16.72	16.98	17.17	—
GH1016	14.28	14.88	15.01	15.39	15.64	15.91	16.26	16.55	16.85	16.88	—
GH17	7.8	9.3	10.6	11.5	12.3	12.3	12.9	13.6	14.2	15.4	—
GH2018	14.6	14.7	14.9	15.2	15.5	15.6	15.3	16.0	16.7	—	—
GH19	16.0	—	—	—	19.4	20～650℃ 20.8	20～750℃ 21.5	20～815℃ 22.2	—	—	—
GH22	13.59	13.86	14.25	14.77	15.06	15.67	16.27	16.94	17.27	—	—
GH25	—	—	—	—	—	—	—	—	—	—	—
GH27	14.54	16.47	17.04	17.76	18.22	18.66	19.01	19.32	—	—	—
GH30	12.8	13.5	14.3	15.0	15.5	16.1	17.0	17.5	18.0	—	—
GH4033	9.17	13.15	14.41	15.48	16.13	17.00	17.76	18.89	19.63		
GH1035	13.7	14.8	15.7	16.6	17.5	18.3	19.2	20.0	20.4	18.6	—
GH2036	12.23	17.98	19.16	20.66	21.44	22.49	—	—	—	—	—
GH4037	11.9	12.3	13.5	14.4	14.6	15.1	15.6	15.9	—	—	—
GH2038A	15.7	16.0	16.6	17.0	17.5	18.0	18.3	19.1	—	—	—
GH3039	12.4	14.5	14.1	14.3	16.5	17.0	18.7	19.3	19.4	—	—
GH1040	13.97	15.38	16.49	17.60	18.16	—	—	—	—	—	—
GH43	12.3	12.3	12.8	13.0	13.3	13.9	14.4	14.9	16.4	—	—
GH3044	12.25	12.35	12.85	13.10	13.31	13.50	14.30	14.9	15.6	—	—
GH4049	12.36	12.63	13.16	13.54	13.85	14.15	14.61	15.24	16.33	—	—
GH50	9.8	10.0	11.5	12.0	12.6	13.0	13.5	14.0	14.9	—	—
GH78	14.1	14.6	15.2	15.6	16.2	16.3	16.7	—	—	—	—
GH80A	12.7	13.16	13.74	14.29	14.60	15.02	15.57	16.31	17.12	—	—
GH95	9.8	11.4	13.2	13.6	13.9	14.5	15.2	15.5	16.5	—	—
GH99	12.0	12.4	12.8	13.1	13.7	14.2	14.7	15.1	15.3	17.4	—
GH118	11.65	12.09	12.56	12.89	13.28	13.55	13.99	14.54	15.26	16.27	—
GH3128	11.25	11.86	12.68	12.80	12.37	13.68	14.46	15.19	15.66	16.29	—
GH2130	13.25	14.04	14.1	14.65	14.94	15.52	16.07	17.05	19.18	20.18	—
GH2135	15.0	15.2	15.5	15.7	15.9	16.2	16.5	17.6	—	—	—
GH2136	13.4	14.7	14.8	16.07	16.37	16.5	17.07	17.8	19.27	—	—
GH138	6.2	8.91	11.24	12.34	14.94	15.21	16.19	17.67	17.69	—	—
GH139	16.6	16.2	16.8	17.4	18.0	18.3	18.5	18.7	18.9	—	—
GH1140	12.7	13.8	14.3	14.6	15.1	15.4	15.8	16.3	16.7	17.5	—
GH141	11.79	12.11	12.6	12.94	13.37	13.43	14.00	14.39	15.18	—	—
GH143	11.1	12.0	12.7	13.2	13.7	14.0	14.6	15.5	16.7	18.0	—
GH145	14.2	13.8	13.9	14.2	14.6	15.0	15.5	—	—	—	—
GH146	11.40	12.54	13.25	13.69	14.19	14.54	15.16	15.80	16.99	—	—
GH151	12.8	12.8	12.7	12.8	13.0	13.3	13.7	14.2	—	—	—
GH161	14.2	14.3	14.9	15.3	15.9	16.4	16.9	17.3	17.9	—	—
GH163	11.6	12.4	12.9	13.3	14.1	14.7	15.4	16.1	17.3	—	—
GH167	12.3	13.2	14.2	14.4	14.9	15.0	15.6	16.1	18.0	19.8	—
GH4169	13.2	13.3	13.8	14.0	14.6	15.0	15.8	17.0	18.4	18.7	—
GH170	11.7	12.0	12.6	12.9	13.4	13.8	14.5	15.4	15.9	16.5	16.7
GH220	12.0	12.2	12.7	13.0	13.5	13.9	146	15.2	16.1	17.7	—

续表

牌　号	线　胀　系　数 $\alpha_1/10^{-6}K^{-1}$										
	20～ 100℃	20～ 200℃	20～ 300℃	20～ 400℃	20～ 500℃	20～ 600℃	20～ 700℃	20～ 800℃	20～ 900℃	20～ 1000℃	20～ 1100℃
GH2302	12.7	13.5	14.6	15.1	15.5	15.7	16.2	16.5	18.3	19.2	—
GH333	13.6	14.0	14.4	14.7	15.1	15.6	16.2	16.5	17.1	17.6	—
GH600	—	—	—	—	—	—	—	—	—	—	—
GH698	12.11	12.7	13.05	13.37	13.7	14.23	14.89	15.48	16.29	—	—
GH710	12.24	13.14	13.64	14.94	16.74	—	—	—	—	—	—
GH738	12.47	12.73	13.04	13.53	13.97	14.47	15.05	15.68	15.95	—	—
GH761	10.15	12.55	13.95	14.7	15.1	15.4	15.75	16.12	17.5	—	—
GH901	13.0	13.7	14.4	14.5	15.1	15.6	16.1	16.8	18.5	—	—
GH984	23～ 123℃ 12.2	23～ 223℃ 13.15	23～ 323℃ 13.60	23～ 423℃ 14.40	23～ 523℃ 14.82	23～ 623℃ 15.45	23～ 723℃ 15.90	23～ 823℃ 16.90	23～ 923℃ 17.35	23～ 973℃ 17.43	—
K401	10.9	12.9	13.7	16.3	17.7	19.4	21.4	22.4	24.3	—	—
K2	12.1	12.6	13.0	13.4	13.8	14.2	14.7	15.2	16.0	17.1	—
K403	11.3	12.3	12.3	12.6	12.9	13.0	13.4	13.8	14.3	15.1	—
K4	12.0	12.4	13.0	13.0	13.1	13.6	13.7	14.4	15.7	16.4	—
K405	11.6	12.2	12.6	12.9	13.2	13.4	13.8	14.3	15.0	16.0	—
K406	11.80	12.44	12.94	13.30	13.59	13.39	14.27	14.82	15.48	—	—
K7	13.2	13.4	13.9	14.1	14.7	15.3	16.1	16.7	17.2	17.8	—
K9	12.16	12.3	12.6	12.95	13.25	13.65	14.05	14.58	15.25	—	—
K211	13.19	13.85	14.56	14.89	15.34	15.68	16.07	16.38	16.68	—	—
K412	11.3	12.2	13.1	13.7	14.4	15.1	17.4	19.5	22.1	25.4	—
K213	12.36	13.98	15.22	15.32	15.97	16.35	17.16	18.61	—	—	—
K214	13.2	13.8	14.0	14.5	14.7	14.9	15.0	15.3	16.7	—	—
K16	11.1	11.5	11.9	12.3	12.7	13.1	13.6	14.0	14.4	14.8	15.2
K417G	10.7	11.9	12.9	13.5	14.0	14.2	14.5	14.8	15.2	—	—
K418	12.6	12.7	12.9	12.9	13.4	13.7	14.2	14.7	15.5	16.5	—
K18B	12.6	12.7	12.9	12.9	13.4	13.7	14.2	14.7	15.5	—	—
K19	12.36	12.44	12.67	12.82	13.06	13.23	13.86	14.04	14.61	15.49	—
K19H	11.61	12.18	12.44	12.60	12.79	12.97	13.35	13.79	14.42	15.35	—
K20	11.24	11.43	11.74	11.9	12.21	12.48	12.78	13.20	13.68	14.21	—
K23	10.8	12.0	12.4	12.7	13.1	13.5	14.0	14.2	15.2	16.1	—
K27	7.2	11.2	12.5	12.9	13.1	13.5	14.1	14.4	15.4	16.0	—
K32	14.8	14.6	14.7	15.0	15.4	15.7	16.1	16.5	—	—	—
K38	20～ 150℃ 9.78	10.7	12.6	14.2	14.6	15.0	15.4	15.6	16.1	16.6	—
K40	—	—	20～ 315℃ 13.9	20～ 427℃ 14.3	20～ 537℃ 14.6	20～ 570℃ 14.7	20～ 650℃ 15.0	20～ 826℃ 15.6	20～ 870℃ 15.9	—	—
K44	—	—	—	12.7	13.7	14.0	15.1	15.3	15.5	16.0	—
K002	12.38	12.42	12.58	12.40	12.88	13.13	13.39	13.77	14.28	15.04	—
K136	14.46	15.85	16.31	16.73	16.74	16.80	17.09	18.64	—	—	—
K17	—	20～ 200.5℃ 13.2	20～ 311℃ 13.5	20～ 469℃ 13.5	20～ 633℃ 13.9	20～ 679℃ 14.2	20～ 711℃ 14.4	20～ 759℃ 14.7	20～ 868℃ 15.7	20～ 900℃ 15.9	20～ 1000℃ 17.3

注：K18B起始温度为27℃，GH710第三、四、五项分别为温度315℃及540℃数据，K18起始温度为27℃，K23起始温度为12℃。

表 15-13　　导 热 系 数 λ

牌 号	导 热 系 数λ / W·(cm·K)$^{-1}$ [cal/(cm·s·℃)]									
	100℃	200℃	300℃	400℃	500℃	600℃	700℃	800℃	900℃	1000℃
GH13	14.2 (0.034)	15.5 (0.037)	17.2 (0.041)	18.4 (0.044)	19.7 (0.047)	20.9 (0.050)	22.6 (0.054)	23.9 (0.057)	25.1 (0.060)	—
GH14	11.3 (0.027)	13.0 (0.031)	14.7 (0.035)	16.3 (0.039)	18.0 (0.043)	18.8 (0.045)	20.9 (0.050)	23.0 (0.055)	—	—
GH1015	11.7 (0.028)	13.4 (0.032)	15.5 (0.037)	17.2 (0.041)	18.8 (0.045)	20.9 (0.050)	23.0 (0.055)	25.1 (0.060)	—	—
GH1016	12.1 (0.029)	13.4 (0.032)	14.7 (0.035)	15.9 (0.038)	17.6 (0.042)	18.8 (0.045)	20.5 (0.049)	21.8 (0.052)	—	—
GH2018	11.7 (0.028)	13.4 (0.032)	15.1 (0.036)	16.3 (0.039)	17.6 (0.042)	19.7 (0.047)	21.4 (0.051)	23.0 (0.055)	25.1 (0.060)	—
GH19	20℃ 10.5 (0.025)	13.0 (0.031)	—	—	17.6 (0.042)	650℃ 20.5 (0.049)	750℃ 22.2 (0.053)	815℃ 24.3 (0.058)	—	—
GH20	—	—	—	—	—	—	—	—	—	—
GH22	8.7 (0.0207)	11.0 (0.0263)	—	—	15.9 (0.0379)	17.4 (0.0416)	20.2 (0.0482)	21.4 (0.051)	24.1 (0.0576)	—
GH27	15.1 (0.036)	16.7 (0.040)	18.0 (0.043)	19.7 (0.047)	20.9 (0.050)	23.0 (0.055)	24.7 (0.059)	26.4 (0.063)	—	—
GH30	14.7 (0.035)	16.7 (0.040)	18.4 (0.044)	20.5 (0.049)	22.6 (0.054)	24.7 (0.059)	26.8 (0.064)	28.9 (0.069)	—	—
GH4033	11.7 (0.028)	13.4 (0.032)	15.1 (0.036)	17.2 (0.041)	18.8 (0.045)	20.9 (0.050)	23.0 (0.055)	24.7 (0.059)	—	—
GH1035	12.6 (0.030)	14.2 (0.034)	16.3 (0.039)	17.6 (0.042)	18.8 (0.045)	20.1 (0.048)	21.2 (0.053)	24.7 (0.059)	27.2 (0.065)	—
GH2036	17.2 (0.041)	18.4 (0.044)	19.7 (0.047)	21.4 (0.051)	23.0 (0.055)	24.7 (0.059)	26.0 (0.062)	27.2 (0.065)	29.3 (0.070)	—
GH4037	8.0 (0.019)	9.2 (0.022)	10.9 (0.026)	12.6 (0.030)	13.8 (0.033)	15.5 (0.037)	17.2 (0.041)	20.1 (0.048)	22.2 (0.053)	—
GH2038A	16.3 (0.039)	17.6 (0.042)	18.8 (0.045)	20.5 (0.049)	22.6 (0.054)	23.9 (0.057)	25.1 (0.060)	26.8 (0.064)	28.5 (0.068)	—
GH3039	15.5 (0.037)	16.7 (0.040)	18.4 (0.044)	19.7 (0.047)	20.9 (0.050)	22.6 (0.054)	23.9 (0.057)	25.1 (0.060)	26.8 (0.064)	—
GH1040	13.4 (0.032)	15.1 (0.036)	16.7 (0.040)	18.4 (0.044)	20.9 (0.050)	23.0 (0.055)	24.7 (0.059)	—	—	—
GH43	11.3 (0.027)	13.0 (0.031)	14.7 (0.035)	15.9 (0.038)	18.8 (0.045)	20.5 (0.049)	21.8 (0.052)	24.3 (0.058)	26.4 (0.063)	—
GH3044	11.7 (0.028)	13.0 (0.031)	14.2 (0.034)	15.9 (0.038)	17.2 (0.041)	18.4 (0.044)	19.7 (0.047)	21.8 (0.052)	0.059	—
GH4049	10.5 (0.025)	12.1 (0.029)	14.2 (0.034)	16.3 (0.039)	18.0 (0.043)	20.1 (0.048)	22.2 (0.053)	24.3 (0.058)	26.8 (0.064)	—
GH50	10.5 (0.025)	11.7 (0.028)	13.4 (0.032)	14.7 (0.035)	16.3 (0.039)	17.6 (0.042)	18.8 (0.045)	20.5 (0.049)	22.6 (0.054)	—
GH78	15.5 (0.037)	17.6 (0.042)	19.3 (0.046)	20.9 (0.050)	22.6 (0.054)	24.7 (0.059)	26.0 (0.062)	27.6 (0.066)	29.1 (0.071)	—
GH80A	11.3 (0.027)	13.0 (0.031)	14.7 (0.035)	16.7 (0.040)	18.0 (0.043)	19.7 (0.047)	21.8 (0.052)	23.9 (0.057)	25.5 (0.061)	—

续表

牌号	导热系数λ/W·(cm·K)$^{-1}$ [cal/(cm·s·℃)]									
	100℃	200℃	300℃	400℃	500℃	600℃	700℃	800℃	900℃	1000℃
GH95	16.7 (0.040)	18.8 (0.045)	20.5 (0.049)	22.6 (0.054)	24.3 (0.058)	26.0 (0.062)	27.6 (0.066)	29.3 (0.070)	33.5 (0.080)	—
GH99	10.5 (0.025)	12.6 (0.030)	14.2 (0.034)	16.1 (0.0385)	17.9 (0.0427)	19.8 (0.0472)	21.8 (0.052)	23.7 (0.0567)	25.7 (0.0615)	27.5 (0.0658)
GH118	11.3 (0.027)	12.6 (0.030)	14.2 (0.034)	16.3 (0.039)	18.0 (0.043)	19.7 (0.047)	21.8 (0.052)	23.9 (0.057)	26.0 (0.062)	28.5 (0.068)
GH3128	11.3 (0.027)	12.6 (0.030)	14.2 (0.034)	15.5 (0.037)	16.7 (0.040)	18.4 (0.044)	19.7 (0.047)	21.4 (0.051)	23.0 (0.055)	—
GH2130	12.1 (0.029)	13.8 (0.033)	16.3 (0.039)	17.6 (0.039)	16.3 (0.042)	19.3 (0.046)	20.9 (0.050)	22.6 (0.054)	24.3 (0.058)	—
GH2135	10.9 (0.026)	13.0 (0.031)	14.6 (0.035)	16.3 (0.039)	18.0 (0.043)	19.7 (0.047)	21.8 (0.052)	23.0 (0.055)	—	—
GH2136	13.8 (0.033)	15.5 (0.037)	17.6 (0.042)	19.3 (0.046)	20.5 (0.049)	21.8 (0.052)	23.0 (0.055)	24.7 (0.059)	26.4 (0.063)	—
GH138	7.3 (0.0175)	7.5 (0.0178)	7.7 (0.0185)	7.9 (0.0188)	8.0 (0.0190)	8.2 (0.0197)	8.3 (0.0199)	—	—	—
GH139	15.1 (0.036)	16.3 (0.039)	17.6 (0.042)	19.3 (0.046)	20.9 (0.050)	21.2 (0.053)	23.9 (0.057)	25.5 0.061	27.6 (0.066)	—
GH1140	15.1 (0.036)	16.7 (0.040)	18.0 (0.043)	19.3 (0.046)	20.9 (0.050)	21.2 (0.053)	23.4 (0.056)	25.1 (0.060)	26.4 (0.063)	—
GH141	8.4 (0.020)	10.5 (0.025)	12.6 (0.030)	15.1 (0.036)	17.2 (0.041)	19.3 (0.046)	21.4 (0.051)	23.4 (0.056)	—	—
GH143	11.3 (0.027)	12.6 (0.030)	14.2 (0.034)	15.5 (0.037)	16.7 (0.040)	18.4 (0.044)	19.7 (0.047)	21.4 (0.051)	23.0 (0.055)	—
GH145	11.7 (0.028)	12.6 (0.030)	13.8 (0.033)	15.1 (0.036)	16.7 (0.040)	18.8 (0.045)	20.9 (0.050)	22.6 (0.054)	24.3 (0.058)	—
GH146	10.5 (0.025)	11.7 (0.028)	13.0 (0.031)	14.2 (0.034)	15.5 (0.037)	16.7 (0.040)	18.0 (0.043)	19.7 (0.047)	20.9 (0.050)	—
GH151	10.5 (0.025)	10.9 (0.026)	12.6 (0.030)	14.2 (0.034)	16.3 (0.039)	18.4 (0.044)	20.1 (0.048)	21.8 (0.052)	23.4 (0.056)	—
GH163	13.0 (0.031)	14.7 (0.035)	16.7 (0.040)	19.3 (0.046)	21.4 (0.051)	24.3 (0.058)	26.8 (0.064)	28.9 (0.069)	31.4 (0.075)	—
GH167	10.5 (0.025)	12.1 (0.029)	13.8 (0.033)	15.5 (0.037)	16.7 (0.040)	18.4 (0.044)	20.1 (0.048)	21.4 (0.051)	—	—
GH4169	14.7 (0.035)	15.9 (0.038)	17.6 (0.042)	18.8 (0.045)	20.1 (0.048)	21.8 (0.052)	23.0 (0.055)	24.3 (0.058)	26.0 (0.062)	27.6 (0.066)
GH170	13.4 (0.032)	14.2 (0.034)	15.1 (0.036)	16.3 (0.039)	17.2 (0.041)	18.0 (0.043)	18.8 (0.045)	19.7 (0.047)	20.5 (0.049)	—
GH220	9.6 (0.023)	11.3 (0.027)	12.6 (0.030)	14.7 (0.035)	15.9 (0.038)	18.0 (0.043)	19.7 (0.047)	21.4 (0.051)	23.4 (0.056)	—
GH2302	12.6 (0.030)	14.7 (0.035)	16.3 (0.039)	18.4 (0.044)	20.1 (0.048)	22.2 (0.053)	24.3 (0.058)	26.0 (0.062)	28.1 (0.067)	—
GH333	13.0 (0.031)	15.5 (0.037)	18.0 (0.043)	20.1 (0.048)	23.0 (0.055)	25.5 (0.061)	27.6 (0.066)	30.6 (0.073)	—	—
GH600	10.3 (0.0246)	11.5 (0.0275)	12.6 (0.0300)	13.4 (0.032)	14.9 (0.0357)	16.3 (0.0390)	18.4 (0.0440)	20.8 (0.0496)	23.2 (0.0555)	—
GH710	65℃ 11.3 (0.027)	220℃ 13.8 (0.033)	320℃ 15.1 (0.036)	415℃ 16.3 (0.039)	530℃ 18.0 (0.043)	580℃ 18.8 (0.045)	780℃ 20.9 (0.050)	—	22.6 (0.054)	990℃ 25.1 (0.060)
GH738	—	—	359℃ 16.8 (0.0402)	458℃ 18.3 (0.0438)	545℃ 20.2 (0.0483)	640℃ 22.4 (0.0536)	768℃ 24.2 (0.0577)	854℃ 25.3 (0.0605)	985℃ 28.1 (0.0670)	—
GH761	—	13.0 (0.0310)	14.5 (0.0347)	16.2 (0.0386)	18.9 (0.0452)	21.4 (0.0511)	25.0 (0.0598)	29.0 (0.0693)	33.8 (0.0808)	—

续表

牌号	导热系数λ/W·(cm·K)$^{-1}$ [cal/(cm·s·℃)]									
	100℃	200℃	300℃	400℃	500℃	600℃	700℃	800℃	900℃	1000℃
GH901	13.8 (0.033)	15.5 (0.037)	17.6 (0.042)	19.7 (0.047)	21.8 (0.052)	23.4 (0.056)	26.0 (0.062)	28.1 (0.067)	30.1 (0.072)	—
GH984	—	14.7 (0.035)	17.6 (0.042)	20.5 (0.049)	23.4 (0.056)	26.4 (0.063)	29.0 (0.070)	—	—	—
K2	11.3 (0.027)	12.6 (0.030)	13.8 (0.033)	15.5 (0.037)	17.6 (0.042)	19.7 (0.047)	21.8 (0.052)	23.9 (0.057)	26.8 (0.064)	28.5 (0.068)
K403	14.3 (0.0341)	14.5 (0.0347)	17.1 (0.0409)	18.3 (0.0436)	19.7 (0.0471)	20.9 (0.0499)	22.3 (0.0532)	23.5 (0.0562)	24.8 (0.0593)	—
K4	11.7 (0.028)	13.0 (0.031)	14.2 (0.034)	15.1 (0.036)	16.3 (0.039)	17.6 (0.042)	18.8 (0.045)	19.7 (0.047)	20.5 (0.049)	—
K405	11.7 (0.028)	13.0 (0.031)	14.7 (0.035)	15.9 (0.038)	17.2 (0.041)	18.8 (0.045)	20.1 (0.048)	21.4 (0.051)	23.0 (0.055)	—
K406	13.8 (0.033)	15.1 (0.036)	18.0 (0.043)	19.3 (0.046)	17.6 (0.047)	20.9 (0.050)	22.6 (0.054)	24.3 (0.058)	25.5 (0.061)	—
K7	140℃ 13.8 (0.033)	218℃ 15.1 (0.036)	16.3 (0.039)	408℃ 18.4 (0.044)	490℃ 19.7 (0.047)	606℃ 21.8 (0.052)	690℃ 23.4 (0.056)	25.5 (0.061)	902℃ 27.2 (0.065)	28.9 (0.069)
K9	—	10.3 (0.0246)	11.6 (0.0276)	12.6 (0.0302)	13.9 (0.0332)	15.9 (0.0380)	18.6 (0.0445)	24.5 (0.0584)	25.0 (0.0598)	29.1 (0.0696)
K211	12.1 (0.029)	13.8 (0.033)	15.9 (0.038)	18.0 (0.043)	20.1 (0.048)	22.6 (0.054)	23.9 (0.057)	26.0 (0.062)	28.5 (0.068)	—
K412	10.5 (0.025)	11.7 (0.028)	13.4 (0.032)	15.1 (0.036)	17.2 (0.041)	18.8 (0.045)	20.9 (0.050)	23.9 (0.057)	26.8 (0.064)	—
K213	10.9 (0.026)	12.1 (0.029)	13.4 (0.032)	14.7 (0.035)	15.9 (0.038)	17.6 (0.042)	18.8 (0.045)	20.5 (0.049)	—	—
K214	9.6 (0.023)	11.7 (0.028)	13.4 (0.032)	15.5 (0.037)	17.6 (0.042)	19.7 (0.047)	21.8 (0.052)	23.4 (0.056)	—	—
K417G	—	13.9 (0.0331)	14.4 (0.0344)	15.3 (0.0365)	16.8 (0.0402)	18.8 (0.0449)	21.4 (0.0510)	23.9 (0.0570)	24.9 (0.0595)	25.2 (0.0603)
K418	10.0 (0.024)	11.7 (0.028)	13.0 (0.031)	14.7 (0.035)	16.3 (0.039)	18.4 (0.044)	20.5 (0.049)	22.6 (0.054)	24.3 (0.058)	—
K19	150℃ 10.0 (0.024)	10.9 (0.026)	13.4 (0.032)	15.5 (0.037)	17.2 (0.041)	19.3 (0.046)	20.9 (0.050)	22.6 (0.054)	24.7 (0.059)	26.8 (0.064)
K19H	8.8 (0.021)	10.0 (0.024)	11.3 (0.027)	13.0 (0.031)	14.2 (0.034)	15.9 (0.038)	18.0 (0.043)	19.7 (0.047)	22.2 (0.053)	26.4 (0.063)
K23	10.0 (0.024)	11.3 (0.027)	13.0 (0.031)	15.5 (0.037)	18.0 (0.043)	20.9 (0.050)	23.4 (0.056)	25.5 (0.061)	28.5 (0.068)	—
K27	—	12.1 (0.029)	13.8 (0.033)	14.7 (0.035)	15.9 (0.038)	18.4 (0.044)	20.5 (0.049)	22.6 (0.054)	25.1 (0.060)	—
K32	10.9 (0.026)	12.6 (0.030)	13.4 (0.032)	14.2 (0.034)	15.9 (0.038)	16.7 (0.040)	18.4 (0.044)	20.5 (0.049)	22.6 (0.054)	—
K38	—	11.8 (0.0283)	14.0 (0.0335)	15.9 (0.038)	17.7 (0.0422)	20.4 (0.0487)	23.2 (0.0553)	26.6 (0.0636)	30.1 (0.0719)	—
K40	13.4 (0.032)	15.3 (0.0366)	16.8 (0.0402)	17.7 (0.0422)	19.0 (0.0453)	20.0 (0.0477)	24.0 (0.0574)	25.0 (0.0598)	28.9 (0.069)	—
K44	15.1 (0.036)	16.3 (0.039)	18.0 (0.043)	19.8 (0.046)	20.5 (0.049)	22.2 (0.053)	25.1 (0.060)	28.1 (0.067)	31.0 (0.074)	—
K002	7.5 (0.018)	8.4 (0.020)	8.8 (0.021)	9.6 (0.023)	10.5 (0.025)	12.1 (0.029)	14.2 (0.034)	16.3 (0.039)	18.4 (0.044)	—
K17	131.6℃	418.9℃	660.7℃	675.1℃	759.8℃	906℃	1076℃	1109℃	—	—
	10.9 (0.026)	14.2 (0.034)	19.3 (0.046)	20.5 (0.049)	26.0 (0.062)	33.9 (0.081)	36.0 (0.086)	41.4 (0.099)	—	—

15.1.4 高温合金的特性及用途

表 15-14 高温合金的特性及用途

新牌号	旧牌号	特性及用途
GH1015 GH1016	GH15 GH16	适用于使用温度为 550～1000℃，用于制造航天、航空、燃气轮机及其他工业用的一般承力部件（涡轮叶片除外）
GH1035	GH35	GH1035 是铁-镍基合金板材，它具有良好的抗氧化性和冲压性，采用氩弧焊、电弧焊和接触焊均可得到良好的效果，可用以代替 GH3039 合金。 可用于制造火焰筒、加力燃烧室、尾喷筒等零件
GH1040	GH40	可用于制造航空及其他工业用的紧固件等零件
GH1131	GH31	GH1131 是铁-镍基高温板材合金，热强性高于 GH3044，并具有良好的工艺塑性和焊接性能，抗氧化性比 GH3044 差，合金在长期使用中有一定的时效倾向性，高的含碳量使焊缝区变脆。该合金不作为 GH3044 的代用料，每用 1t GH1131，可节约镍 300kg。 用于加力燃烧室零件、受力元件，以及在 700～1000℃温度下短时间工作的产品零件
GH1140	GH40	GH1140 是我国自行研制的铁镍基高温合金板材，具有良好的抗氧化性、高的塑性、足够的热强性和良好的热疲劳性能，合金具有优良的冲压性能和良好的焊接工艺性能。用 GH1140 生产的火焰筒经过长期的试车和飞行考验，合金比较成熟，使用可靠，可以代替镍基合金 GH3030 及 GH3039。每使用 1t GH1140 代替 GH3030 可节约镍 430kg，代替 GH3039 可节约镍 370kg。 可代替 GH3030，GH3039 作燃烧室、加力燃烧室及工作室温 900℃承受低载荷的板材零件，以及安装等零件
GH2018	GH18	适用于使用温度为 600～950℃，用于航空、航天、燃气轮机及其他工业用承力部件、冲压成形部件及焊接用高温受力零件
GH2036	GH36	GH2036 是奥氏体型合金钢，在 650℃以下有高的热强性，并具有良好的热加工及切削加工性能，在 700～750℃的空气介质中具有稳定的抗氧化性，在 700～750℃和更高温度的燃气介质中有晶间腐蚀的倾向：合金的线胀系数大，生产使用中发现 GH2036 盘容易出现大晶粒、裂纹等缺陷，正在研究新的合金代替它。 用于 650℃以下工作的涡轮盘、隔热板、护环、承力环、紧固零件等
GH2038	GH33A	使用温度为 550～1000℃，用于制造航空、航天、燃气轮机及其他工业用的一般承力部件
GH2130	GH130	GH2130 是我国自行研究成功的铁-镍基时效强化合金，用以代替镍基合金 GH4037。合金具有高的热强性和良好的工艺塑性、疲劳性能，缺口敏感性比 GH4037 稍差。为了提高抗氧化性，可采取表面渗铝或其他措施。实践证明它完全可以代替 GH4037 合金，使用 GH2130 代替 GH4037，每用 1t 可节约镍 300kg，代替 GH4037 合金做 800～850℃工作的涡轮叶片和其他零件
GH2132	GH132	应用广泛，有棒、圆饼、环坯、板、条等品种，使用温度 600～950℃。用于制造航天、航空、燃气轮机及其他工业的承力部件，如涡轮叶片、涡轮盘模锻件、紧固件及环件毛坯等
GH2135	GH135	GH2135 是我国自行研制的铁-镍基高温合金，除疲劳性能稍低外其余性能已达到和超过了镍基合金 GH33 的水平。合金具有良好的热加工塑性，但切削加工性能较差；经表面渗铝后抗氧化性能较好。实践证明该合金比较成熟，使用可靠。使用温度 500～1000℃。用来制造航空、航天、燃气涡轮机及其他工业用的一般承力件
GH2136	GH136	用于直径不大于 600mm，高度在 60～150mm 制造航空、航天和其他工业用的涡轮盘等模锻件
GH2302	GH302	GH2302 是我国自行研制成功的铁-镍基时效强化合金，用以代替镍基合金 GH4037，合金具有高的热强性和良好的工艺塑性，合金的疲劳强度和缺口敏感性接近 GH4037 的水平。为了提高抗氧化性，应进行表面渗铝。试验证明它可以代替 GH4037 合金，每用 1t 可节约镍 300kg。 代替 GH4037 做 800～850℃使用的航空发动机涡轮叶片、辐条、箍套等零件以及在 700℃以下长期工作的民用燃气轮机，为固溶强化型镍基合金

续表

新牌号	旧牌号	特性及用途
GH3030	GH30	为固溶强化型镍基合金。 GH3030是典型的镍基板材合金，强度低，但具有优良的抗氧化性和良好的冲压性和焊接性能。该合金含镍量很高，可根据使用条件分别用GH140、GH2132或其他合金代替。 适用于500～1000℃温度下，制造航天、航空、燃气轮机及其他工业用的一般承力件、冲压件、焊接高温承力件
GH3039	GH39	GH3039是镍基板材合金，它在各种温度下具有高的塑性和满意的强度，并有良好的抗氧化性和冲压、焊接性能，适宜于制造比GH3030使用温度更高的板材构件。此合金可以成功地用GH1140代替。 用于制造在900℃以下工作的火焰筒、加力燃烧室及其他用冲压和焊接方法制造的零件
GH3044	GH44	GH3044是高合金化的镍基板材合金，与GH3030、GH3039相同，具有高的塑性和满意的强度，并有优良的抗氧化性和良好的冲压、焊接性能。但其使用温度比GH3039更高。可用相应的铁-镍基合金来代替。 用于制造950～1100℃以下工作的燃烧室、加力燃烧室、冷却叶片的外壳、隔热板、管子等零件
GH3128	GH128	属固溶强化型镍基合金。使用温度600～950℃，用于航天、航空、燃气轮机及其他工业用的高温承力部件，也适用于制造冲压成形件、焊接的高温承力部件
GH4033	GH33	属时效硬化型镍基合金。使用温度为500～1000℃，用于制造航天、航空、燃气轮机及其他工业用的高温承力部件、涡轮盘模锻件等
GH4037	GH37	GH4037是时效硬化型镍基合金。在800～850℃下具有高的热强性和足够的塑性，并具有高的抗疲劳强度，可满意地进行锻造和切削加工，合金在700℃下有一定的缺口敏感性。可用GH2130或GH2302合金代替。 用于制造在800～850℃以下工作的燃气涡轮工作叶片及导向叶片
GH4043	GH43	GH4043是镍基时效合金，它的各种性能和GH4037合金接近或稍低于GH4037合金，缺口敏感性较高，因此使用范围较GH4043为小。该合金可用GH2302代替。 用于工作温度为800～850℃的燃气涡轮工作叶片
GH4049	GH49	GH4049是镍基时效强化合金，在目前成批生产的合金中是热强性最高的合金，并具有良好的疲劳强度，缺口敏感性低，但工艺塑性较差，经电渣重熔或真空电弧炉重熔后合金具有较好的工艺塑性。 用于工作温度为850～900℃的燃气涡轮工作叶片
GH4133	GH33A	属时效硬化型高温合金，加硼净化晶界，比原GH32合金有更高的热强性，并保持了良好的抗氧化及冷热加工性能。 适用于750℃以下工作的涡轮叶片、涡轮盘、导向片等零部件。 适用直径不大于600mm，高度在60～150mm范围内的圆饼及航天、航空其他工业用的模锻件
GH34 2Cr3W MoV	—	适用于直径不大于500mm，高度不大于150mm的锻制圆饼。用来制造航天、航空及其他工业用模锻件坯料
GH220	—	适用于制造使用温度900～950℃涡轮工作叶片等转动承力件的热轧棒材
GH698	—	适用于使用温度为750℃以下的高温合金制的压气机盘、涡轮盘和承力环等受力并转动的盘形锻件

续表

新牌号	旧牌号	特性及用途
HGH1035～HGH4169共20个牌号	HGH35～HGH69	HGH1035～HGH1140属固溶强化型铁基合金焊丝； HGH2036～HGH2135属固溶硬化型铁基合金焊丝； HGH3030～HGH3129属固溶强化型铁基合金焊丝； HGH4033～HGH4169属固溶硬化型铁基合金焊丝。 适用于供电弧焊和气焊用的高温合金冷拉丝
K211	K11	800℃下导向叶片。属铸造高温合金
K213	K13	800℃以下柴油机增压涡轮。属铸造高温合金
K214	K14	900℃以下导向叶片。属铸造高温合金
K232	K32	800℃以下柴油机增压涡轮。属铸造高温合金
K273	—	650℃以下柴油机增压涡轮。属铸造高温合金
K401	K1	K401是镍基铸造高温合金，采用非真空或真空感应熔炼，母合金浇注成铸锭，零件采用石蜡精密铸造非真空高频加热返转浇注，熔化速度不能大于1kg/min，根据零件的具体形状返转浇注温度控制在1560～1630℃。合金具有良好的铸造性能
K403	K3	K403是镍基铸造高温合金，真空熔炼母合金浇注成铸锭，真空重熔浇注零件，合金具有良好的工艺性能。用作850～1000℃温度下的燃气涡轮导向叶片或工作叶片
K405	K4	K405是铸造合金，它含钴量少，具有良好的热强性能及较高的塑性，工作温度比GH4049高出50℃，其他性能达到了GH4049的水平。 用于950℃的燃气涡轮工作叶片
K406	K6	K406是镍基铸造合金，采用真空冶炼母合金，真空重熔浇注叶片，K406合金具有较好的热强性能和工艺性能，它可以作为代替变形材料GH4307的铸造合金材料。用于850℃以下的燃气涡轮工作叶片或导向叶片
K409	K9	850～900℃以下的导向叶片
K412	K12	800℃以下导向叶片。真空重熔浇注零件，浇注温度为1550～1650℃
K417	K17	950℃以下空心涡轮叶片和导向叶片
K417G	K17G	950℃以下空心涡轮叶片和导向叶片
K418	K18	850℃以下涡轮叶片，900℃下导向叶片
K419	K19	1000℃以下涡轮叶片和导向叶片
K438	K38	850℃以下涡轮叶片和导向叶片及抗腐蚀部件
K640	K40	800℃以下的导向叶片

15.2 美国高温合金

15.2.1 高温合金牌号和化学成分

表 15-15 变形铁基耐热合金的标定化学成分

牌号	UNS编号	化学成分/%							
		C	Cr	Ni	Mo	N	Nb	Ti	其他
铁素体不锈钢									
405	S40500	≤0.15	13.0	—	—	—	—	—	0.2 Al
406	—	≤0.15	13.0	—	—	—	—	—	4.0 Al
409	S40900	≤0.08	11.0	0.5	—	—	—	≥6×C	—
430	S43000	≤0.12	16.0	—	—	—	—	—	—
434	S43400	≤0.12	17.0	—	1.0	—	—	—	—
439	S43927	≤0.07	18.25	—	—	—	—	0.2+4×(C+N)	—
18SR	—	0.05	18.0	0.5	—	—	—	0.40	2.0 Al
18Cr-2Mo	—	—	18.0	—	2.0	—	—	—	—
446	S44600	≤0.20	25.0	—	—	≤0.25	—	—	—
E-Brite26-1	S44627	≤0.01	26.0	—	1.0	≤0.015	0.1	—	—
26-1Ti	—	0.04	26.0	—	1.0	—	—	≥10×C	—
29Cr-4Mo	—	≤0.01	29.0	—	4.0	≤0.02	—	—	—
淬火和回火马氏体不锈钢									
403	S40300	≤0.15	12.0	—	—	—	—	—	—
410	S41000	≤0.15	12.5	—	—	—	—	—	—
416	S41600	≤0.15	13.0	—	0.6①	—	—	—	≥0.15S
422	S42200	0.20	12.5	0.75	1.0	—	—	—	1.0 W 0.22 V
H-46	—	0.12	10.75	0.50	0.85	0.07	0.30	—	0.20 V
Moly Ascoloy	—	0.14	12.0	2.4	1.80	0.05	—	—	0.35 V
Greek Ascoloy	—	0.15	13.0	2.0	—	—	—	—	3.0 W
Jethete M-152	—	0.12	12.0	2.5	1.7	—	—	—	0.30 V
Almar363	—	0.05	11.5	4.5	—	—	—	≥10×C	—
431	S43100	≤0.20	16.0	2.0	—	—	—	—	—
沉淀硬化马氏体不锈钢									
Custom 450	—	≤0.05	15.5	6.0	0.75	—	≥8×C	—	1.5 Cu
Custom 455	—	0.03	11.75	8.5			0.30	1.2	2.25 Cu
15-5PH	S15500	0.07	15.0	4.5	—	—	0.30	—	3.5 Cu
17-4PH	S17400	0.04	16.5	4.25	—	—	0.25	—	3.6 Cu
PH13-8Mo	S13800	0.05	12.5	8.0	2.25	—	—	—	1.1 Al
沉淀硬化半奥氏体不锈钢									
AM-350	S35000	0.10	16.5	4.25	2.75	0.10	—	—	—

续表

牌　　号	UNS 编　号	化 学 成 分/%							
		C	Cr	Ni	Mo	N	Nb	Ti	其　他
AM-355	S35500	0.13	15.5	4.25	2.75	0.10	—	—	—
17-7PH	S17700	0.07	17.0	7.0	—	—	—	—	1.15 Al
PH15-7Mo	S15700	0.07	15.0	7.0	2.25	—	—	—	1.15 Al
奥氏体不锈钢									
304	S30400	≤0.08	19.0	10.0	—	—	—	—	—
304L	S30403	≤0.03	19.0	10.0	—	—	—	—	—
304N	S30451	≤0.08	19.0	9.25	—	0.13	—	—	—
309	S30900	≤0.20	23.0	13.0	—	—	—	—	—
310	S31000	≤0.25	25.0	20.0	—	—	—	—	—
316	S31600	≤0.08	17.0	12.0	2.5	—	—	—	—
316L	S31603	≤0.03	17.0	12.0	2.5	—	—	—	—
316N	S31651	≤0.08	17.0	12.0	2.5	0.13	—	—	—
317	S31700	≤0.08	19.0	13.0	3.5	—	—	—	—
321	S32100	≤0.08	18.0	10.0	—	—	—	≥5×C	—
347	S34700	≤0.08	18.0	11.0	—	—	≥10×C	—	—
19-9DL	K63198	0.30	19.0	9.0	1.25	—	0.4	0.3	1.25 W
19-9DX	K63199	0.30	19.2	9.0	1.5	—	—	0.55	1.2 W
17-14-CuMo	—	0.12	16.0	14.0	2.5	—	0.4	0.3	3.0 Cu
202	S20200	0.09	18.0	5.0	—	0.10	—	—	8.0 Mo
216	S21600	0.05	20.0	6.0	2.5	0.35	—	—	8.5 Mn
21-6-9	S21900	≤0.04	20.25	6.5	—	0.30	—	—	9.0 Mn
Nitronic32	—	0.10	18.0	1.6	—	0.34	—	—	12.0 Mn
Nitronic33	—	≤0.08	18.0	3.0	—	0.30	—	—	13.0 Mn
Nitronic50	—	≤0.06	21.0	12.0	2.0	0.30	0.20	—	5.0 Mn
Nitronic60	—	≤0.10	17.0	8.5	2.0	—	—	—	8.0 Mn 0.20 V 4.0 Si
Carpenter18-18Plus	—	0.10	18.0	<0.50	1.0	0.50	—	—	16.0 Mn 0.40 Si 1.0 Cu

注：表中①任选的。

表 15-16 变形超耐热合金的标称化学成分

合金	UNS编号	化学成分/%										
		Cr	Ni	Co	Mo	W	Nb	Ti	Al	Fe	C	其他
铁基固溶合金												
16-25-6	—	16.0	25.0	—	6.00	—	—	—	—	50.7	0.06	1.35 Mn 0.70 Si, 0.15 N
17-14CuMo	—	16.0	14.0	—	2.50	—	0.4	0.3	—	62.4	0.12	0.75 Mn 0.50 Si, 3.0 Cu
19-9DL	K63198	19.0	9.0	—	1.25	1.25	0.4	0.3	—	66.8	0.30	1.10 Mn 0.60 Si
Carpenter 20Cb-3	N08020	20.0	34.0	—	2.50	—	≤1.0	—	—	42.4	≤0.07	3.5 Cu
Incoloy800	N08800	21.0	32.5	—	—	—	—	0.38	0.38	45.7	0.05	—
Incoloy801	N08801	20.5	32.0	—	—	—	—	1.13	—	46.3	0.05	—
Incoloy802	—	21.0	32.5	—	—	—	—	0.75	0.58	44.8	0.35	—
N-155	R30155	21.0	20.0	20.0	3.00	2.5	1.0	—	—	32.2	0.15	0.15 N 0.02 La 0.02 Zr
RA330	N08330	19.0	36.0	—	—	—	—	—	—	45.1	0.05	—
钴基固溶合金												
Haynes25 (L-605)	R30605	20.0	10.0	50.0	—	15.0	—	—	—	3.0	0.10	1.5 Mn
Haynes188	R30188	22.0	22.0	37.0	—	14.5	—	—	—	≤3.0	0.10	0.90 La
S-816	R30816	20.0	20.0	42.0	4.0	4.0	4.0	—	—	4.0	0.38	—
Stellite6B	—	30.0	1.0	61.5	—	4.5	—	—	—	1.0	1.0	—
UMCo-50	—	28.0	—	49.0	—	—	—	—	—	21.0	≤0.12	—
镍基固溶合金												
Hastelloy B	N10001	≤1.0	63.0	≤2.5	28.0	—	—	—	—	5.0	≤0.05	0.03 V
Hastelloy B-2	N10065	≤1.0	69.0	≤1.0	28.0	—	—	—	—	≤2.0	≤0.02	—
Hastelloy C	N10002	16.5	56.0	—	17.0	4.5	—	—	—	6.0	≤0.15	—
Hastelloy C-4	N06455	16.0	63.0	≤2.0	15.5	—	—	≤0.7	—	≤3.0	≤0.015	—
Hastelloy C-276	N10276	15.5	59.0	—	16.0	3.7	—	—	—	5.0	≤0.02	—
Hastelloy N	N10003	7.0	72.0	—	16.0	—	—	≤0.5	—	≤5.0	0.06	—
Hastelloy S	—	15.5	67.0	—	15.5	—	—	—	0.2	1.0	≤0.02	0.02 La
Hastelloy W	N10004	5.0	61.0	≤2.5	24.5	—	—	—	—	5.5	≤0.12	0.6 V
Hastelloy X	N06002	22.0	49.0	≤1.5	9.0	0.6	—	—	2.0	15.8	0.15	—
Inconel600	N06600	15.5	76.0	—	—	—	—	—	—	8.0	0.08	≤0.25Cu
Inconel601	N06601	23.0	60.5	—	—	—	—	—	1.35	14.1	0.05	≤0.5Cu
Inconel604	—	16.0	74.0	—	—	—	2.25	—	—	7.5	0.02	≤0.03Cu
Inconel617	—	22.0	55.0	12.5	9.0	—	—	—	1.0	—	0.07	—
Inconel625	N06625	21.5	61.0	—	9.0	—	3.6	0.2	0.2	2.5	0.05	—
NA-224	—	27.0	48.0	—	—	6.0	—	—	—	18.5	0.50	—
Nimonie75	—	19.5	75.0	—	—	—	—	0.4	0.15	2.5	0.12	≤0.25Cu
RA-333	N06333	25.0	45.0	3.0	3.0	3.0	—	—	—	18.0	0.05	—
铁基沉淀硬化合金												
A-286	K66286	15.0	26.0	—	1.25	—	—	2.0	0.2	55.2	0.04	0.005B, 0.3V
Discaloy	K66220	14.0	26.0	—	3.0	—	—	1.7	0.25	55.0	0.06	—
Haynes 556	—	22.0	21.0	20.0	3.0	2.5	0.1	—	0.3	29.0	0.10	0.50 Ta 0.02 La 0.002 Zr
Incoloy 903	—	≤0.1	38.0	15.0	0.1	—	3.0	1.4	0.7	41.0	0.04	—
Pyromet CTX-1	—	≤0.1	37.7	16.0	0.1	—	3.0	1.7	1.0	89.0	0.03	—

续表

合金	UNS编号	化学成分/%										
		Cr	Ni	Co	Mo	W	Nb	Ti	Al	Fe	C	其他
V-57	—	14.8	27.0	—	1.25	—	—	3.0	0.25	48.6	≤0.08	0.01 B ≤0.5V
W-545	K66545	13.5	26.0	—	1.5	—	—	2.85	0.2	55.8	0.08	0.05 B
钴基沉淀硬化合金												
AR-213	—	19.0	≤0.5	65.0	—	4.5	—	—	3.5	≤0.5	0.17	6.5 Ta 0.15 Zr0.1 Y
MP-35N	R30035	20.0	35.0	35.0	10.0	—	—	—	—	—	—	—
MP-159	—	19.0	25.0	36.0	7.0	—	0.6	3.0	0.2	9.0	—	—
镍基沉淀硬化合金												
Astroloy	—	15.0	56.5	15.0	5.25	—	—	3.5	4.4	<0.3	0.06	0.03 B，0.06 Zr
D-979	N09979，K66979①	15.0	45.0	—	4.0	4.0	—	3.0	1.0	27.0	0.05	0.01 B
IN100	N13100	10.0	60.0	15.0	3.0	—	—	4.7	5.5	<0.6	0.15	1.0 V 0.06 Zr 0.015 B
IN102	N06102	15.0	67.0	—	2.9	3.0	2.9	0.5	0.5	7.0	0.06	0.005 B 0.02 Mg 0.03 Zr
Incoloy 901	N09901	12.5	42.5	—	6.0	—	—	2.7	—	36.2	≤0.10	—
Incone 1706	N09706	16.0	41.5	—	—	—	—	1.75	0.2	37.5	0.03	2.9 (Nb+Ta) ≤0.15Cu
Incone 1718	N07718	19.0	52.5	—	3.0	—	5.1	0.9	0.5	18.5	≤0.08	≤0.15Cu
Incone 1751	—	15.5	72.5	—	—	—	1.0	2.3	1.2	7.0	0.05	≤0.25Cu
InconelX750	N07750	15.5	73.0	—	—	—	1.0	2.5	0.7	7.0	0.04	≤0.25Cu
M252	N07252	19.0	56.5	10.0	10.0	—	—	2.6	1.0	<0.75	0.15	0.005B
Nimonic 80A	N07080	19.5	73.0	1.0	—	—	—	2.25	1.4	1.5	0.05	≤0.10Cu
Nimonic 90	N07090	19.5	55.5	18.0	—	—	—	2.4	1.4	1.5	0.06	—
Nimonic 95	—	19.5	53.5	18.0	—	—	—	2.9	2.0	≤5.0	≤0.15	+B，+Zr
Nimonic 100	—	11.0	56.0	20.0	5.0	—	—	1.5	5.0	≤2.0	≤0.30	+B，+Zr
Nimonic 105	—	15.0	54.0	20.0	5.0	—	—	1.2	4.7	—	0.08	0.005 B
Nimonic 115	—	15.0	55.0	15.0	4.0	—	—	4.0	5.0	1.0	0.20	0.04 Zr
Nimonic 263②	—	20.0	51.0	20.0	5.9	—	—	2.1	0.45	≤0.7	0.06	—
Pyromet 860	—	13.0	44.0	4.0	6.0	—	—	3.0	1.0	28.9	0.05	0.01 B
Refractory 26	—	18.0	38.0	20.0	3.2	—	—	2.6	0.2	16.0	0.03	0.015 B
Rene 41	N07041	19.0	55.0	11.0	10.0	—	—	3.1	1.5	<0.3	0.09	0.01 B
Rene 95	—	14.0	61.0	8.0	3.5	3.5	3.5	2.5	3.5	<0.3	0.16	0.01 B，0.05 Zr
Rene 100	—	9.5	61.0	15.0	3.0	—	—	4.2	5.5	≤1.0	0.16	0.015 B， 0.06 Zr，1.0 V
Udimet 500	N07500	19.0	48.0	19.0	4.0	—	—	3.0	3.0	≤4.0	0.08	0.005 B
Udimet 520	—	19.0	57.0	12.0	6.0	1.0	—	3.0	2.0	—	0.08	0.005 B
Udimet 630	—	17.0	50.0	—	3.0	3.0	6.5	1.0	0.7	18.0	0.04	0.004 B
Udimet 700	—	15.0	53.0	18.5	5.0	—	—	3.4	4.3	<1.0	0.07	0.03 B
Udimet 710	—	18.0	55.0	14.8	3.0	1.5	—	5.0	2.5	—	0.07	0.01 B
Unitemp AF2-1DA	—	12.0	59.0	10.0	3.0	6.0	—	3.0	4.6	<0.5	0.35	1.5 Ta， 0.015 B，0.1 Zr
Waspaloy	N07001	19.5	57.0	13.5	4.3	—	—	3.0	1.4	≤2.0	0.07	0.006 B，0.09 Zr

注：1. 表中①不再使用，此处列出仅供参考；

2. 表中②也可称为 Rous Royce C-268。

表 15-17　　ACI 耐热铸造合金的化学成分

ACI 牌号	UNS	ASTM 规范①	化学成分/%②			
			C	Cr	Ni	Si，≤
HA	—	A217	0.20 max	8～10	—	1.00
HC	J92605	A297，A608	0.50 max	26～30	4 max	2.00
HD	J93005	A297，A608	0.50 max	26～30	4～7	2.00
HE	J93403	A297，A608	0.20～0.50	26～30	8～11	2.00
HF	J92603	A297，A608	0.20～0.40	19～23	9～12	2.00
HH	J93503	A297，A608	0.20～0.50	24～28	11～14	2.00
HI	J94003	A297，A567，A608	0.20～0.50	26～30	14～18	2.00
HK	J94224	A297，A351，A567，A608	0.20～0.60	24～28	18～22	2.00
HL	J94604	A297，A608	0.20～0.60	28～32	18～22	2.00
HN	J94213	A297，A608	0.20～0.50	19～32	23～27	2.00
HP	—	A297	0.35～0.75	24～28	33～37	2.00
HP-50WZ③	—	—	0.45～0.55	24～28	33～37	2.50
HT	J94605	A297，A351，A567，A608	0.35～0.75	13～17	33～37	2.50
HU	—	A297，A608	0.35～0.75	17～21	37～41	2.50
HW	—	A297，A608	0.35～0.75	10～14	58～62	2.50
HX	—	A297，A608	0.35～0.75	15～19	64～68	2.50

注：表中①ASTM 的牌号与 ACI 牌号相同；②所有成分中，其余均为 Fe。锰的含量：HA 为 0.35%～0.65%，HC 为 1%，HD 为 1.5%，其他合金为 2%。磷和硫的含量，除了 HP-15WZ 之外，均为 0.04% max。只是 HA 中有意添加钼，钼的含量为 0.90%～1.20%；对于其他合金，钼的最大值规定为 0.5%。HH 合金也含有 0.2% maxN；③也含有 4%～6%W，0.1%～1.0%Zr，S 和 P 均为 0.035% max。

表 15-18　　镍基耐热铸件所用合金的化学成分

合金牌号	化学成分/%											
	C	Ni	Cr	Co	Mo	Fe	Al	B	Ti	W	Zr	其他
B-1900	0.1	64	8	10	6	—	6	0.015	1	—	0.10	4 Ta①
Hastelloy X	0.1	50	21	1	9	18	—	—	—	1	—	—
IN-100	0.18	60.5	10	15	3	—	5.5	0.01	5	—	0.06	1 V
IN-738 X	0.17	61.5	16	8.5	1.75	—	3.4	0.01	3.4	2.6	0.1	1.75 Ta，0.9 Nb
IN-792	0.2	60	13	9	2.0	—	3.2	0.02	4.2	4	0.1	4 Ta
Inconel 713 C	0.12	74	12.5	—	4.2	—	6	0.012	0.8	—	0.1	2 Nb
Inconel 713L C	0.05	75	12	—	4.5	—	6	0.01	0.6	—	0.1	2 Nb
Inconel 718	0.04	53	19	—	3	18	0.5	—	0.9	—	—	0.1 Cu，5 Nb
Inconel X-750	0.04	73	15	—	—	7	0.7	—	2.5	—	—	0.25 Cu，0.9 Nb
M-252	0.15	56	20	10	10	—	1	0.005	2.6	—	—	—
MAR-M200	0.15	59	9	10	—	1	5	0.015	2	12.5	0.05	1 Nb②
MAR-M246	0.15	60	9	10	2.5	—	5.5	0.015	1.5	10	0.05	1.5 Ta
MAR-M247	0.15	59	8.25	10	0.7	0.5	5.5	0.015	1	10	0.05	1.5 Hf，3 Ta
NX188 (DS)	0.04	74	—	—	18	—	8	—	—	—	—	—
Rene77	0.07	58	15	15	4.2	—	4.3	0.015	3.3	—	0.04	—
Rene80	0.17	60	14	9.5	4	—	3	0.015	5	4	0.03	—
Rene100	0.18	61	9.5	15	3	—	5.5	0.015	4.2	—	0.06	1 V
TRW-NASA VIA	0.13	61	6	7.5	2	—	5.5	0.02	1	6	0.13	0.4 Hf，0.5 Nb 0.5 Re，9 Ta
Udimet 500	0.1	53	18	17	4	2	3	—	3	—	—	—
Udimet 700	0.1	53.5	15	18.5	5.25	—	4.25	0.03	3.5	—	—	—
Udimet 710	0.13	55	18	15	3	—	2.5	—	5	1.5	0.08	—
Waspaloy	0.07	57.5	19.5	13.5	4.2	1	1.2	0.005	3	—	0.09	—
WAZ-20 (DS)	0.20	72	—	—	—	—	6.5	—	—	20	1.5	—

注：1. 表中①B-1900＋Hf 还含有 1.5%Hf；

2. 表中②MAR-M200＋Hf 还含有 1.5%Hf。

表 15-19 钴基耐热铸件所用合金的化学成分

合金牌号	额定成分/%										
	C	Co	Cr	Ni	Al	B	Fe	Ta	W	Zr	其他
AiResist13	0.45	62	21	—	3.4	—	—	2	11	—	0.1 Y
AiResist213	0.20	64	20	0.5	3.5	—	0.5	6.5	4.5	0.1	0.1 Y
AiResist215	0.30	63	19	0.5	4.3	—	0.5	7.5	4.5	0.1	0.1 Y
Haynes21	0.25	64	27	3	—	—	1	—	—	—	5 Mo
Haynes25，L-605	0.1	54	20	10	—	—	1	—	15	—	—
Haynes151①	0.48	65	20	—	—	0.03	—	—	12.8	—	≤3Fe+Ni
J-1650	0.20	36	19	27	—	0.02	—	2	12	—	3.8 Ti
MAR-M302	0.85	58	21.5	—	—	0.005	0.5	9	10	0.2	—
MAR-M322	1.0	60.5	21.5	—	—	—	0.5	4.5	9	2	0.75 Ti
MAR-M509	0.6	54.5	23.5	10	—	—	—	3.5	7	0.5	0.2 Ti
MAR-M918	0.05	52	20	20	—	—	—	7.5	—	0.1	—
NASACo-W-Re	0.40	67.5	3	—	—	—	—	—	25	1	2 Re，1 Ti
S-816	0.4	42	20	20	—	—	4	—	4	—	4Mo，4Nb，1.2Mn，0.4 Si
V-36	0.27	42	25	20	—	—	3	—	2	—	4Mo，2Nb，1Mn，0.4Si
WI-52	0.45	63.5	21	—	—	—	2	—	11	—	2 Nb+Ta
X-40	0.50	57.5	22	10	—	—	1.5	—	7.5	—	0.5 Mn，0.5 Si

注：已废弃的合金，列出仅供参考。

15.2.2 高温合金的力学性能

表 15-20 ACI 耐热铸造合金的典型室温性能

合金	状态	抗拉强度		屈服强度		伸长率	硬度
		MPa	ksi	MPa	ksi	%	HB
HC	铸造状态	760	110	515	75	19	223
	时效状态①	790	115	550	80	18	—
HD	铸造状态	585	85	330	48	16	90
HE	铸造状态	655	95	310	45	20	200
	时效状态①	620	90	380	55	10	270
HF	铸造状态	635	92	310	45	38	165
	时效状态①	690	100	345	50	25	190
HH，type1	铸造状态	585	85	345	50	25	185
	时效状态①	595	86	380	55	11	200
HH，type2	铸造状态	550	80	275	40	15	180
	时效状态①	635	92	310	45	8	200
HI	铸造状态	550	80	310	45	12	180
	时效状态①	620	90	450	65	6	200
HK	铸造状态	515	75	345	50	17	170
	时效状态②	585	85	345	50	10	190
HL	铸造状态	565	82	360	52	19	192
HN	铸造状态	470	68	260	38	13	160
HP	铸造状态	490	71	275	40	11	170
HT	铸造状态	485	70	275	40	10	180
	时效状态②	515	75	310	45	5	200
HU	铸造状态	485	70	275	40	9	170
	时效状态③	505	73	295	43	5	190
HW	铸造状态	470	68	250	36	4	185
	时效状态④	580	84	360	52	4	205
HX	铸造状态	450	65	250	36	9	176
	时效状态③	505	73	305	44	9	185

注：1. 表中①时效处理：760℃（1400℉）24h，炉冷；
2. 表中②时效处理：760℃（1400℉）24h，空冷；
3. 表中③时效处理：982℃（1800℉）48h，空冷；
4. 表中④时效处理：982℃（1800℉）48h，炉冷。

表 15-21　　　　高温合金的力学性能

牌号	品种 规格	热处理	力学性能，不小于				持久强度	
			试验温度 /℃	σ_b /MPa	δ/%	ψ/%	应力 /MPa	时间 /h
N-155	板材	1180℃，空冷	20 815	686～981 —	40 —	 —	 127	 ≥24
Incoloy 800	棒材	固溶：1150℃，1h	 93 204 316 427	(BHN) (1177) (1080) (1010) (922)				
Hastelloy X	板材	1160～1190℃，30min，空冷	20 816	686 —	35 —	— —	— 103	— ≥24
L605	板材	1215～1245℃，30min，空冷	20 700 800 900	833～1128 235① 264① 166①	25 — — —	— — — —	— 313 171 83	— 100 100 100
A-286	板材	710～725℃，16h，空冷	20	965 (140ksi)	15 50.8mm (2in)	—	—	—
V-57	轧制棒材	980℃，2h，油淬＋730℃，16h，空冷	20	118.5 (172.1ksi)	23.9	43.1	—	—
Rene 41	棒材	1065～1175℃，1/2h，水冷，760℃，16h，空冷	20 760	1172 930	8 5	10 8	— —	— —
Inconel X-750	板材 0.64～32mm	1135～1165℃，2～4h，空冷，830～855℃，24h，空冷，690～720℃，20h，空冷	20	892	40	—	—	—
Udimet 500	棒材	1175℃，2h，空冷＋1080℃，4h，空冷＋845℃，24h，空冷＋760℃，6h，空冷	20 100 400 600 800 900	— 1334 1275 1245 931 392	—	—	—	—
Hastelloy R-235	薄板	1080℃，固溶，水淬	20	1030	30	—	—	—
Inconel 718	棒材	完全热处理	240 130 18 95 315 540 760	1827 1654 1549 1442 1402 1309 861	15 18 20 22 22 23 30	23 30 33 35 36 38 57	550℃，1069 600℃，863 700℃，500 750℃，343	100 100 100 100
Haynes 188	板材		20 982 1093	981 255 137	56 70 50	— — —	— 41 15	— 100 100
Hastelloy-C4	—	—	—	—	—	—	—	—
RA-333	棒材	1190℃，空冷	20 980	725 —	55 —	62 —	— 16	— 1000
Inconel 600	板材 0.45～0.9mm	冷轧，退火	20 20 540	549 686 —	38 40 —	— 50 —	— — 137	— — 1000
Udimet 710	棒材 Φ19mm	1180℃，4h，空冷＋1080℃，4h，空冷＋845℃，24h，空冷＋760℃，16h，空冷	20 650 760 815 870 980	1177 1314 1020 843 706 362	7.2 13.0 27 29.7 31.4 29.8	7.0 13.7 32.6 37.6 40.2 32.0	— — — 304 147	— — — 124 37

续表

牌号	品种规格	热处理	力学性能，不小于				持久强度	
			试验温度/℃	σ_b/MPa	δ/%	ψ/%	应力/MPa	时间/h
Waspaloy	棒材	完全热处理	20	1103	15	—	—	—
Incoloy 901	棒材	1093±14℃，2h 水冷，788～816±8℃，2～4h，空冷或水冷，718～746±8℃，24h，空冷	20	1034	12	15	—	—
			650	981③	11③	19③	551	≥23
Inconel 625	棒材	固溶退火 1095～1205℃，1～4h	20	725～892	40～65	60～90	—	—
S-816		1180℃固溶	20	931	15	20	—	—
			816	—	—	—	123	1000
In100	精铸件	铸造态	20	792	5	—	—	—
			20*	1010	9	11	—	—
GMR-235D	精铸件	铸态	870	—	10	—	241	30
			20*	765	3	—	—	—
B-1900②	精铸件	铸态	20	971	8		—	—
			540	1006	7	—	—	—
			650	1009	6	—	815℃，378	1000
			760	951	4		880℃，103	1000
			980	549	7			
Rene 100②	铸造涡轮叶片	1220℃，2h，＋1095℃ 14h，＋1050℃，4h＋845℃，16h	20	—	10.8	11.6	—	—
			815	—	—	—	343	>2000
			815	—	3.8	9.3	309	4112
Inco713C	精铸件	铸态	20	758	3	—	—	—
			980	—	—	—	152	30
Inco713LC	精铸件	铸态	20	896	15.3	20.9	—	—
			815	848	15	17	427	100
			930	648	6	12	200	100
MM246③	铸件	铸态	20	862	4	—	—	—
			205	981	5.5	8.3	—	—
			760	1020	4.5	6.2	689	100
			870	917	4.6	6.2	413	100
			980	619	6.5	8.0	193	100
TRW-VIA③	精铸件	铸态	20	1048	4.2	6.0	—	—
			760	1096	4.4	5.5	586	592.6
			870	869	2.5	4.1	—	—
			1025	489	5.5	6.6	103	650
			1095	338	4.8	5.7	103	59.9
FSX-414	铸件	1180℃ 4h，炉冷到980℃，4h，冷到540℃，空冷	20	737	11	—	—	—
			540	537	15	—	—	—
			650	482	15	—	—	—
			760	400	18	—	—	—
			870	309	23	—	—	—
			900	—	—	—	66	1000
			980	—	—	—	34	1000
In 738	精铸件	1120℃，2h，空冷 845℃，24h，空冷	20	1096	5.5	5	—	—
			730	999	3	4	662	100
			815	873	3	3	420	100
			930	559	13	14	220	100
			980	451	10	15	137	100
X-40	精铸件	铸态	20	744	9	11	—	—
		铸态＋时效	20	896	3	3	—	—
		铸态	760	462	16	18	—	—
		铸态＋时效	760	516	6	8	—	—
			800	—	—	—	241～172	100
			900	—	—	—	131～103	100
WI-52	精铸件	铸态	20	861	5	5	—	—

注：1. 牌号 L605，700℃以上为典型性能，牌号下打“—”者数据由曲线查得，仅供参考；

2. ①为$\sigma_{0.2}$的值；②为实测数据；③为典型数据。

15.2.3 高温合金的物理性能

表 15-22 弹 性 模 量 E

牌 号	弹 性 模 量 E / GPa (kgf/mm^2)										
	20℃	100℃	200℃	300℃	400℃	500℃	600℃	700℃	800℃	900℃	备注
N-155	—	212.7 (21700)	204.3 (20850)	196.5 (20050)	189.1 (19300)	182.3 (18600)	174.0 (17750)	164.8 (16810)	154.0 (15710)	—	—
Incoloy 800	28.5 $\times10^6$	—	—	—	—	—	—	—	—	—	Psi
Hastelloy X	198.0 (20200)	193.1 (19700)	185.2 (18900)	178.4 (18200)	171.5 (17500)	163.7 (16700)	156.8 (16000)	149.9 (15300)	142.1 (14500)	134.3 (13700)	—
L 605	225.4 (23000)	221.5 (22600)	215.6 (22000)	209.7 (21400)	201.9 (20600)	196 (20000)	186.2 (19000)	178.4 (18200)	170.5 (17400)	163.7 (16700)	—
A-286*	197.7 (20170)	—	—	—	171.5 (17500)	132.2 (16650)	157.3 (16050)	149.0 (15200)	139.2 (14200)	—	—
V-57*	—	—	274.4 (28000)	—	260.7 (26600)	—	250.9 (25600)	—	241.1 (24600)	—	Fksi
Rene 41*	—	—	199.9 (20400)	187.2 (19100)	178.4 (18200)	166.6 (17000)	158.8 (16200)	145.0 (14800)	132.3 (13500)	117.6 (12000)	Fksi
Incone1X-750*	—	—	205.8 (21000)	199.9 (20400)	194.0 (19800)	186.2 (19000)	178.4 (18200)	169.0 (17300)	160.7 (16400)	—	Fksi
Udimet 500*	—	—	205.8 (21000)	199.9 (20400)	192.1 (19600)	186.2 (19000)	178.4 (18200)	171.5 (17500)	160.7 (16400)	—	Fksi
Hastelloy R-235*	—	—	196.0 (20000)	186.2 (19000)	176.4 (18000)	166.6 (17000)	156.8 (16000)	147.0 (15000)	137.2 (14000)	—	Fksi
Inconel 718	199.9 (20400)	195.0 (19900)	190.1 (19400)	176.4 (18000)	178.4 (18200)	172.5 (17600)	166.6 (17000)	159.7 (16300)	149.0 (15200)	133.3 (13600)	
Hayness 188	231.9 (23623)	—	—	—	—	—	—	—	982℃ 153.6 (15679)	1093℃ 144.7 (14765)	—
RA-333	198.2 (20220)	193.3 (19790)	189.8 (19370)	181.7 (18540)	177.3 (18090)	172.2 (17570)	166.7 (17010)	162.5 (16580)	148.0 (15100)	144.1 (14700)	—
S-816	212.7 (21700)	—	—	—	—	—	—	—	—	—	—
Inconel 600*	—	213.6 (21800)	207.8 (21200)	203.8 (20800)	196 (20000)	179.3 (18300)	156.8 (16000)	127.4 (13000)	107.8 (11000)	—	—
Udimet 710	220.5 (22500)	—	—	—	—	—	—	—	980℃ 160.7 (16400)	—	—
Waspaloy	205.8 (21000)	200.9 (20500)	195.0 (19900)	189.1 (19300)	181.3 (18500)	174.4 (17800)	166.6 (17000)	159.7 (16300)	150.9 (15400)	142.1 (14500)	—
Inconel 901	205.1 (20930)	—	—	—	—	—	—	649℃ 15470	—	—	—
Inconel625	—	70°F 29.7 $\times10^6$	29.1 $\times10^6$	—	28.1× 10^6	—	27.2× 10^6	—	26.2× 10^6	1000F 25.1× 10^6	Psi
In 100	—	—	209.7 (21400)	203.8 (20800)	197.0 (20100)	191.1 (19500)	186.2 (19000)	172.4 (18100)	168.6 (17200)	—	Wksi
GMR-235D	—	—	203.8 (20800)	198.0 (20200)	193.1 (19700)	185.2 (18900)	177.4 (18100)	166.6 (17000)	158.8 (16200)	—	—
B-1900	212.7 (21700)	—	—	—	—	540℃ 185.2 (18900)	—	760℃ 170.8 (17430)	—	980℃ 153.7 (15680)	—
Inco 713C	—	200.9 (20500)	196 (20000)	191.1 (19500)	186.2 (19000)	181.3 (18500)	176.4 (18000)	166.6 (17000)	161.7 (16500)	154.8 (15800)	—
Inco 713LC*	—	193.1 (19700)	188.2 (19200)	178.4 (18200)	176.4 (18000)	171.5 (17500)	167.6 (17100)	162.7 (16600)	154.8 (15800)	147.0 (15000)	—
M-M246	227.4 (23200)	—	—	—	—	—	—	—	—	—	—
FSX-414	225.3 (22988)	—	213.0 (21732)	—	430℃ 195.7 (19965)	—	650℃ 177.7 (18137)	760℃ 164.7 (16802)	870℃ 155.0 (15818)	980℃ 136.4 (13919)	—
In 738	206.8 (21100)	203.8 (20800)	198.9 (20300)	193.1 (19700)	187.2 (19100)	180.3 (18400)	172.5 (17600)	164.6 (16800)	154.8 (15800)	141.1 (14400)	—
X-40	225.0 (22960)	220.4 (22490)	214.3 (21863)	208.1 (21230)	199.8 (20387)	192.9 (19684)	181.9 (18559)	172.2 (17575)	161.9 (16520)	152.9 (15606)	—

注：1. RA-333，980℃时 E=128.0GPa (13060kgf/mm^2)，1000℃时 E=127.0GPa (12960kgf/mm^2)；Inconel 为 329℃ (625℉) 时的数据；

2. 打*号为由曲线查得的数据，仅供参考。

表 15-23　线胀系数 α

牌　号	线胀系数 $\alpha/10^{-6}K^{-1}$										备注
	100℃	200℃	300℃	400℃	500℃	600℃	700℃	800℃	900℃	1000℃	
N-155	15.05	15.22	15.49	15.79	16.16	16.54	16.94	17.35	—	—	
Incoloy 800	—	200°F 7.9	—	—	500°F 8.9	—	—	1000°F 9.4	1500°F 10.1	—	$\times 10^{-6}$ $°F^{-1}$
Hastelloy X	14.2	14.2	14.2	14.2	14.3	14.6	15.1	15.5	15.9	—	—
L605	12.5	13.0	13.5	14.0	14.5	15.0	15.5	16.1	16.1	—	—
A-286①	—	—	—	9.3	—	9.6	—	9.8	—	10	自曲线
V-57①	—	9.0	—	9.3	—	9.5	—	9.6	—	9.7	自曲线
Rene41		12.2	12.4	13.1	13.4	13.8	14.4	15.0	15.6	—	自曲线
Incone1X-750		13.1	13.5	14.1	14.4	15.0	15.6	16.2	—	—	自曲线
Udimet 500		12.1	12.3	13.0	13.5	14.0	14.5	15.0	—	—	自曲线
HastelloyR-235		12.4	13.0	13.6	14.0	14.2	14.7	15.2	—	—	自曲线
Inconel 718	14.7	14.7	14.8	14.8	14.9	15.2	15.7	15.8	17.9	—	—
Hayhes 188	11.92	—	—	—	—	—	—	871℃ 16.92	982℃ 17.73	1093℃ 18.54	—
RA-333	1000 8.8	1200 9.1	1300 9.2	1400 9.3	1500 9.4	1600 9.5	1700 9.6	1800 9.7	—	—	—
S-816	93℃ 12.4	—	316℃ 13.6	427 14.2	538℃ 14.8	649℃ 15.4	760℃ 16.0	—	—	—	
Inconel 600	12.2	13.0	136	14.0	14.4	14.8	15.4	16.2	—	—	自曲线
Udimet 710	95℃ 12.24	205℃ 13.14	315℃ 13.64	430℃ 14.94	540℃ 16.74	—	—	—	—	—	
Waspaloy	12.2	13.0	13.4	13.8	13.9	14.2	14.5	15.5	—	—	自曲线
Inconloy 910		7.8	—	7.8	—	8.1	—	8.3	—	—	—
Inconel 625②	—	7.1	—	7.3	—	7.4	—	7.6	—	7.8	1700℃ 9.0
In100	—	13.0	13.2	13.5	13.8	14.2	14.7	15.3	16.3	—	自曲线
GMR-235D	—	—	12.9	13.1	13.5	13.9	14.4	14.9	15.7	—	自曲线
B-1900	~95℃ 11.7	—	—	—	—	—	—	870℃ 14.97	—	—	—
Inco 713C	—	12.0	12.6	13.1	13.6	14.0	14.8	15.2	15.8	—	自曲线
Inco 713LC	~95℃ 10.62	—	—	—	—	—	—	870℃ 15.48	—	—	—
M-M246	—	—	—	—	540℃ 13.14	—	—	—	980℃ 15.84	—	—
FSX-414	—	13.14	315℃ 13.86	430℃ 14.40	540℃ 14.40	650℃ 15.30	760℃ 15.84	870℃ 16.20	980℃ 16.56	—	—
In 738	95℃ 11.61	205℃ 12.15	315℃ 12.87	430℃ 13.59	540℃ 13.95	650℃ 14.49	760℃ 14.85	870℃ 15.39	980℃ 15.93	—	—
X-40	10.1	12.1	12.6	13.5	13.7	14.6	15.3	15.7	16.3	—	—
WI-52°	—	—	—	7.5	—	7.65	—	7.8	—	8.0	自曲线

注：表中①为°F下的数据，单位是$\times 10^{-6}°F^{-1}$；②In625 单位是$\times 10^{-6}°F^{-1}$。

表 15-24　　导 热 系 数 λ

牌　号	导 热 系 数 λ/W·(m·K)$^{-1}$ [cal/(cm·s·℃)]										备注
	100℃	200℃	300℃	400℃	500℃	600℃	700℃	800℃	900℃	1000℃	
N-155	—	14.7 (0.035)	16.3 (0.039)	17.6 (0.042)	19.3 (0.046)	21.4 (0.051)	23.9 (0.057)	26.8 (0.064)	—	—	—
Incoloy 800①	—	7.4	—	8.6	—	9.5	—	10.6	—	11.7	自曲线
Hasteloy X	13.0 (0.031)	13.8 (0.033)	15.1 (0.036)	16.7 (0.040)	18.8 (0.045)	20.9 (0.050)	23.0 (0.055)	25.1 (0.060)	26.8 (0.064)	—	—
L 605	16.7 (0.040)	18.0 (0.043)	19.7 (0.047)	20.9 (0.050)	22.2 (0.053)	23.4 (0.056)	24.7 (0.059)	26.4 (0.063)	—	—	—
A-286①	—	—	—	9.2	9.8	10.6	11.0	11.7	12.6	—	自曲线
Rene 41	—	13.0 (0.031)	14.7 (0.035)	13.8 (0.038)	17.2 (0.041)	18.8 (0.045)	20.1 (0.048)	21.4 (0.051)	23.0 (0.055)	—	自曲线
Inconel X-750	—	13.8 (0.033)	15.5 (0.037)	16.7 (0.040)	18.4 (0.044)	19.7 (0.047)	20.9 (0.050)	22.6 (0.054)	—	—	自曲线
Udimet 500	—	13.4 (0.032)	14.7 (0.035)	16.3 (0.039)	17.2 (0.041)	19.3 (0.046)	20.9 (0.050)	23.0 (0.055)	—	—	自曲线
Hastelloy R-235	10.9 (0.026)	12.6 (0.030)	14.2 (0.034)	16.7 (0.040)	18.4 (0.044)	20.1 (0.048)	22.6 (0.054)	25.1 (0.060)	—	—	自曲线
Inconel 718	13.0 (0.031)	13.8 (0.033)	15.1 (0.036)	16.3 (0.039)	18.0 (0.043)	20.1 (0.048)	22.2 (0.053)	24.3 (0.058)	26.0 (0.062)	—	—
Haynes 188	—	—	—	—	—	—	—	871℃ 25.1 (0.0599)	982℃ 27.3 (0.0651)	1093 29.4 (0.0703)	—
RA-333①	—	6.5	—	7.3	—	8.0	—	8.7	—	9.4	自曲线
S-816	150℃ 14.5 (0.0347)	—	17.1 (0.0409)	—	20.4 (0.0488)	22.3 (0.0533)	22.3 (0.0533)	—	—	—	自曲线
Inconel 600	15.1 (0.036)	16.7 (0.040)	19.7 (0.047)	20.9 (0.050)	21.8 (0.052)	23.4 (0.056)	25.1 (0.060)	26.4 (0.063)	—	—	自曲线
Udimet 710	65℃ 11.3 (0.027)	220℃ 13.8 (0.033)	320℃ 15.1 (0.036)	415℃ 16.3 (0.039)	530℃ 18.0 (0.043)	580℃ 18.0 (0.045)	780℃ 20.9 (0.050)	—	22.6 (0.054)	990℃ 25.1 (0.060)	
Waspaloy	11.7 (0.028)	13.4 (0.032)	14.2 (0.034)	15.5 (0.037)	18.0 (0.043)	19.7 (0.047)	21.8 (0.052)	23.4 (0.056)	25.5 (0.061)	—	自曲线
Incoloy901①	—	8	—	8.6	—	9.2	—	10	—	10.7	自曲线
Inconel 625	—	75	—	87	—	98	—	109	—	121	
GMR-235D	10.0 (0.024)	12.6 (0.030)	13.4 (0.032)	14.7 (0.035)	—	—	—	—	—	—	自曲线
B-1900	—	205℃ 11.6 (0.0278)	—	—	—	—	—	870℃ 21.9 (0.0523)	—	—	
Rene 100	—	—	—	—	—	20.5 (0.049)	22.6 (0.054)	25.1 (0.060)	28.1 (0.067)	—	自曲线
Inco 713C	20.9 (0.050)	21.8 (0.052)	23.0 (0.055)	23.4 (0.056)	23.4 (0.056)	23.9 (0.057)	24.3 (0.058)	25.5 (0.061)	26.0 (0.062)	—	自曲线
FSX-414	16℃ 13.3 (0.0317)	105℃ 14.3 (0.0342)	215℃ 16.1 (0.0384)	300℃ 17.4 (0.0415)	400℃ 18.6 (0.0445)	495℃ 20.0 (0.0472)	600℃ 21.2 (0.0507)	690℃ 22.1 (0.0529)	785℃ 22.3 (0.0532)	925℃ 21.3 (0.0509)	—
X-40	—	—	17.6 (0.042)	18.8 (0.045)	20.1 (0.048)	22.2 (0.053)	—	—	—	—	—
WI-52①	—	14.8	—	15.1	—	15.4	—	15.8	—	—	自曲线

注：1. 括号内数据为℉下的数据，单位是 Btu/(ft·h·℉)；

2. 备注栏中“自曲线”表示由合金曲线查得的数据。

15.2.4 高温合金的特性及用途

表 15-25 高温合金的特性及用途

牌　号	特 性 及 用 途
N-155	N-155是一种Fe-Ni-Cr-Co合金，类似奥氏体钢，它具有良好的综合性能、良好的加工工艺性能及热工艺成形性能，合金焊接性能良好，切削性能较好，但比一般奥氏体不锈钢难加工。抗硝酸能力与奥氏体不锈钢相同，而抗弱盐酸及硫酸的能力高于不锈钢。可生产铸件、锻件、棒材、管材焊丝等，但其低铌的AMS 5531已停止使用。合金应用较广
Incoloy 800	合金在高温下强度高，耐氧化及耐渗碳力优良。在各种大气下耐硫侵蚀，耐内部氧化，耐起鳞片和耐腐蚀。用于热交换器、工艺管道、渗碳装置和蒸馏甑、加热元件护套、核蒸汽发生器管子及其他组件
Hastelloy X	是一种固溶强化型镍基高温合金，它具有较好的抗高温氧化性能，其成形性及高温持久性能也较好，在790℃以上还具有一定的高温强度，合金具有较好的铸造性能，适于精铸，也可以砂铸，但主要是用作各种板材，是制造燃烧室部件比较合适的材料，工作温度可达980℃，短时间工作温度可达1090℃。在650～980℃长期高温时效，有一定的时效硬化现象，成形性有所下降。合金还可用各种方法进行焊接，是目前美国喷气发动机生产中用量最大的高温合金之一，主要用于火焰筒，还可作蜂窝结构材料、核反应堆燃料外套等。
L605（HS25）	是一种钴基高温合金，它有较好的高温强度和可加工性，主要作变形材料使用，也可以精铸。在退火状态下有良好的延性，但冷作硬化现象比较明显，因此压力加工时需要较高的能量。合金焊接性能良好，切削加工最好在固溶状态下进行，是钴基合金中较易加工的一种，合金用途较广，通常不需进行热处理。用于900℃以下的涡轮喷嘴材料，高温钣金结构件等。缺点是合金含Co较高，抗氧化性差，且长期使用组织稳定性差，将逐渐被Haynes 188合金代替
A-286	是一种时效硬化奥氏体镍铬合金，它最早成功地应用于高温领域中，合金具有较高的强度及综合性能，冷热加工及焊接性能良好。切削加工性能与奥氏体钢类似。可生产多种品种，也可生产铸件，目前世界各国均大量使用，主要用于704℃（1300℉）下工作的涡轮盘、钣金结构件及紧固件等
V-57	是一种铁基奥氏体高温合金，它在816℃（1500℉）的高应力状态下具有良好的拉伸和持久综合性能，含钛和含硼量比A-286高，是A-286合金的改型，主要用于航空发动机涡轮部件
Rene 41	是一种真空熔炼、沉淀硬化型镍基高温合金，主要成分与M252合金相似，但Al，Ti含量较高，在650～980℃范围内具有较高的强度和较好的抗氧化性能。合金在退火状态下容易成形，可与18-8型不锈钢相比。可采用熔化焊和电阻焊进行焊接。主要生产棒材、板材、带材和丝材，也可生产精铸件。主要用于航空发动机与火箭发动机高温部件，如加力燃烧室部件、喷嘴挡板涡轮机匣、燃烧室内衬、涡轮盘等
Inconel X-750	是一种以Al-Ti-Nb强化的镍基合金，是早期Inconel合金系统中较好的合金之一。在980℃下具有良好的强度、抗腐蚀和抗氧化性能，抗氧化性能界于AISI310不锈钢和Inconel 600合金之间。合金具有较好的低温性能。成形性能好，适于各种焊接工艺。在650～930℃范围内持久强度比Inconel722合金高33%。合金可在各种状态下机械加工，其抗加工性能仅次于普通钢，以退火和固溶处理状态下的机加工性能为最好。合金主要生产薄板、带材、厚板、棒材、管材、丝材、锻件及高温弹簧等。用于航空工业及工业燃气涡轮部件
Udimet 500（U-500）	是一种时效硬化型镍基合金，它具有良好的高温强度、抗氧化性能和抗热腐蚀性能，在固溶状态下合金抗腐蚀性能最好。组织不够稳定，在高温长时间时效或在高应力作用下，均会有少量的σ相出现。主要生产棒材、板材、锻件、丝材和精铸件，用于锻造或铸件涡轮叶片，使用温度可达980℃。为了提高叶片抗腐蚀性能，可采用表面渗铝工艺。合金冷成形通常在退火状态下进行，但容易产生硬化，因此当变形量大时，需多次进行中间退火

续表

牌　号	特　性　及　用　途
Hastelloy R-235	是一种以铝、钛时效硬化的镍基变形合金，在980℃具有较高的强度和良好的抗氧化性，合金在固溶处理状态下很容易加工和焊接。主要生产薄板、带材、厚板、棒材、丝材及其他锻轧品种，铸件是用GMR 235合金。主要用于燃气涡轮部件
Inconel 718	是一种以铌和铝、钛进行沉淀强化的合金，在低温和700℃以下具有很高的屈服强度和较高的持久强度，并且具有较好的组织稳定性、成形性，焊接性能良好，焊后在930～980℃退火应消除应力。主要生产冷轧板材、棒材、锻件等，用于700℃以下工作的航空发动机上复杂的钣金焊接件、压气机盘、涡轮盘和叶片、机匣等，火箭发动机部件及低温和超低温结构件。如火箭发动机燃烧室、燃料导管、涡轮泵等
Haynes 188	是一种钴基合金，在1093℃（2000℉）下具有优良的高温强度和抗氧化性，Haynes 188合金克服了L605合金存在的问题，是L605的代用材料，主要用于航空及航天工业等
Hasteloy C_4	—
RA-333	是一种奥氏体镍基合金，含有25%的铬，具有优良的高温强度和抗氧化及耐渗碳性能，在通常情况下使用，易成形和使用各种焊接工艺进行焊接，成形性能与一般奥氏体不锈钢相似。主要用于涡轮、压气机零件等
Inconel 600	是早期研制的一种耐热合金，是Inconel系统中最早的合金，它具有良好的抗高温腐蚀性能、抗氧化性能、冷热加工性能及低温力学性能，在650℃具有高的强度，合金可通过冷加工得到强化，成形性能良好，类似于低合金钢，且易于焊接。对各种废气碱性溶液和大多数有机酸及化合物有很高的腐蚀抗力。不易产生氯离子的腐蚀裂纹。但在高浓度苛性碱或高温水银条件下易产生应力腐蚀裂纹。合金应用较为广泛，用于制造喷气发动机的燃烧室、加力燃烧室、隔圈、排气支管、马弗炉、渗碳容器、热处理设备、弹簧、热交换器管道、化工食品设备反应堆控制棒，以及氨合成塔内件、丝网等
Udimet 710	是一种沉淀硬化型Ni-Cr-Co基合金，是Udimet系统中较新的合金，它是在Udimet 700合金的基础上提高了Cr，Ti含量，降低了Co，Mo，Ae含量，并加入W而成的一种合金。它与Udimet 700相比，改进了高温长期稳定性和抗腐蚀性能，且同时还具有Udimet 700的高温强度和U-500 Waspaloy等高铬合金的抗氧化和抗硫化腐蚀性能。是一种新型的发动机叶片和涡轮盘材料
Waspaloy	是一种沉淀硬化的含钴的镍基合金，在760～870℃具有较高的强度，在870℃以下的燃气涡轮气氛中具有较好的抗氧化和抗腐蚀性能。合金在固溶状态下有较好的抗盐雾腐蚀能力。作一般用途的板材、棒材和涡轮盘锻件。730℃以下的拉伸强度高于Inconel X而低于Inconel 718，但815℃、1000h的持久强度则高于Inconel 718。但在任何温度下均低于U700，机械加工及成形性与718合金类似。但合金焊接性能较差。该合金是美国现代喷气发动机生产中用量较大的合金之一。可生产棒材、型材、锻件、环形件、板材、带材管材等。合金用于涡轮导向叶片、工作叶片、涡轮盘、涡轮机匣，轴，火焰筒高温螺栓，结构件，压气机叶片及火箭发动机部件
Incoloy 901	是一种铁镍基变形高温合金，在700℃以下具有良好的强度和抗氧化性能。线胀系数与低合金钢相近。合金具有良好的成型性，在退火和固溶处理状态下的成型性与奥氏体不锈钢相似。经热加工退火或固溶处理的材料具有最好的机械加工性能，但在时效状态亦可加工。主要生产锻件、棒材，是世界各国燃气涡轮发动机广泛使用的材料之一。用于盘轴、涡轮叶片、封严圈、涡轮机匣及高压压气机盘、叶片、隔圈等
Inconel 625	是一种镍基变形高温合金，它具有优良的抗腐蚀和抗氧化能力，同样也有好的拉伸和疲劳性能，用作薄板材料，在1315℃下仍具有优良的抗氧化性能，用于宇航及核工业等方面
S-816	是美国常用的一种变形钴基合金，它具有良好的力学性能和抗燃气腐蚀性能。主要用于火焰筒、涡轮盘和预燃室喷嘴，及900℃以下工作的叶片
In 100	是一种真空熔炼和真空精密铸造的镍基合金，在高温下具有较高的强度，合金通常不进行热处理，在铸态下使用，主要用作涡轮叶片。为了提高合金抗氧化和抗硫化腐蚀性能，需采用保护涂层。合金在高温、高应力下长期工作，可能产生脆化现象。为了避免脆性相的产生，对合金主要成分作了调整，即成为Inco 731X和Rene 100

续表

牌　　号	特　　性　　及　　用　　途
GMR-235D	是一种沉淀硬化型镍基合金，合金具有良好的抗氧化性能，抗氧化最高温度为980℃。使用过程中不易产生过时效现象。合金持久性能显著高于GMR-235。此外，合金不能耐碳氢化合物的腐蚀，对应力腐蚀和氢脆则不敏感。合金主要用于精铸件，也可生产薄板、棒材等。用于工作温度在760℃以上的喷气发动机和燃气轮机的高温部件、盘和叶片等
B-1900	是美国普拉特·惠特尼公司20世纪60年代初发展的一种沉淀硬化型镍基铸造合金，含钽为4.5%。它以钼、钽强化基体，并以大量铝进行沉淀硬化。合金组织稳定，具有良好的强度和塑性，最高工作温度为980℃，比Rene 80和Rene 100约低30℃，比In 100低55℃，是美国航空发动机使用得较广泛的合金之一，主要用于涡轮叶片
Rene 100	是一种真空熔炼、真空铸造镍基合金，具有很高的高温强度和长期组织稳定性。它是在In 100的基础上改进的。In 100在长期使用中组织不稳定，易出现脆性相σ，致使塑性严重下降，持久性能显著下降。因此，适当降低Co，Cr，Mo和Ti等元素的含量，将成分限制在较窄的范围内，可避免σ相的产生。合金强度与In100合金相同，但长期组织稳定性较好。此合金密度较小
Inco 713 C	713C是一种不含Co的镍基铸造合金，密度较小，合金在980℃以下具有良好的抗氧化和抗热疲劳性能，并有良好的持久和疲劳强度。合金可在铸态下使用，但经热处理后能改善其高温性能，在760～870℃长期受热后有σ相析出，但并不影响合金的持久性能。是美国使用较广泛的合金之一。合金有较好的抗硫化性能，但比不上V-500，U-700，In 738等合金。 主要用于喷气发动机的导向叶片、工作叶片及其他高温部件
M-M246	是一种沉淀硬化型镍基合金。在650～1040℃范围内具有高的持久强度和蠕变强度，并有一定的抗氧化性能。合金铸造性能良好，焊接性能良好，可与不锈钢相比。但合金密度较大。该合金可采用一般真空铸造工艺，铸造复杂形状的铸件和整体铸造涡轮。 合金有一定的抗盐务腐蚀能力，也能抗发动机工作中遇到的腐蚀介质的侵蚀。在980℃下连续使用，没有过分的氧化现象。用于燃气涡轮发动机喷嘴、导向叶片、涡轮叶片及整体铸造涡轮
Rene 125	是20世纪70年代初研制的镍基铸造高温合金，是美国通用电气公司使用的性能较好的合金，除PWA 1422和PWA 1480定向合金外是综合性能最好的合金。与MM 002和K19H相当，用于CFM56发动机
TRW-V1A	是一种沉淀硬化型镍基铸造合金。它具有较好的塑性和较高的持久强度，它与目前强度最高的镍基铸造合金相比，使用温度高30℃，而瞬时拉伸强度和冲击值可与这些镍基合金相比，并具有良好的抗冷热疲劳性能，但抗腐蚀性较差，与In 100及Inco 713C合金相似，合金组织稳定，在870℃经1500h加热后未发现σ相、Laves或μ相，合金含贵重元素较多，故成本较高，主要用于铸造涡轮叶片
FSX-414	是一种钴基铸造高温合金，它具有高温抗氧化和抗热腐蚀能力，采用惰性气体保护焊，主要用于燃气涡轮精铸导向叶片
In 738	是一种沉淀硬化型镍基高温合金，组织稳定，980℃以下具有很好的高温强度和耐热腐蚀性能，持久强度与In 713C相当，但抗热腐蚀和抗氧化性能优于713C，而与U-500相当，具有较好的综合性能，是目前引人注目的合金之一。合金一般不进行焊接，可用于航空发动机及燃气机等高温部件，如叶片、整体涡轮等
X-40	是一种钴基铸造高温合金，它具有高的抗氧化和抗腐蚀性能，在815～1093℃以下仍有较好的抗腐蚀能力，合金易于焊接，可采用氩弧焊、金属电极焊，而不宜用氧-乙炔焊。用于900℃以下工作的燃气涡轮精铸叶片
MM 002	是一种镍基铸造高温合金，合金含元素铪，主要用于工作温度较高的涡轮叶片材料。
WI-52	是一种钴基铸造合金，具有优良的铸造性能，通常在铸态下使用，它具有良好的抗热冲击和抗蚀性能，其持久强度高于HS-31（X-40）。用于在高温下要求高持久强度的精铸件，如一级涡轮导向叶片等。合金的其他性能与HS-31相近

15.3 英国高温合金

15.3.1 高温合金牌号和化学成分

表 15-26 变形合金牌号和化学成分

牌号	化学成分/%															
	C	Si	Mn	S	Ag	Al	B	Bi	Co	Cr	Cu	Fe	Pb	Ti	Ni	其他
N75	0.08~0.15	≤1.0	≤1.0	—	—	≤0.3	≤0.001	Zr≤0.05	≤2.0	18~21	≤0.5	≤5.0	—	0.2~0.6	Ni+Co 余	Mo≤0.3
N80A	0.04~0.10	≤0.8	≤0.4	≤0.015	≤5ppm	1.0~1.8	≤0.008	≤1ppm	≤2.0	18~21	≤0.2	≤1.5	≤20ppm	1.8~2.7	余	—
N90	≤0.13	≤1.0	≤1.0	≤0.015	≤5ppm	1.0~2.0	≤0.020	≤1ppm	15~21	18~21	≤0.2	≤1.5	≤20ppm	2~3	余	Zr≤0.15
N105	0.12~0.17	≤0.30	≤0.4	≤0.010	≤5ppm	4.5~4.9	0.003~0.010	≤1ppm	18~22	14~15.7	≤0.2	≤1.0	≤10ppm	1.18 1.50	余	Mo 4.5~5.5
N115	~0.2	~1.0	~1.0	≤0.015	—	4.5~5.5	0.01~0.025	Mo3~5	13.5~16.5	14~16	≤0.2	≤1.0	≤0.005	3.5~4.5	余	Zr≤0.15
N118	~0.2	~1.0	~1.0	≤0.015	—	4.5~5.5	0.01~0.025	Mo3~5	13.5~16.5	14~16	≤0.2	≤1.0	≤0.005	3.5~4.5	余	Zr≤0.15
N901	0.02~0.06	~0.4	≤0.5	≤0.008	≤5ppm	≤0.3	0.01~0.02	≤1ppm	≤1.0	11~14	≤0.2	余	≤0.001	2.8~3.1	Ni+Co 40~45	Mo 5~6.5
N263	0.04~0.08	≤0.4	≤0.6	≤0.007	≤5ppm	0.40~0.60	Nb ≤0.25	≤1ppm	19.5~21	19.5~21	≤0.2	≤0.7	≤20ppm	2.0~2.45	余	Mo 5.6~6.1
Nimonic PE 11	0.03~0.08	~0.5	~0.2	~0.015	Mo4.75~5.75	0.7~1.0	≤0.001	≤0.0001	≤1.0	17~19	≤0.5	余	≤0.001	2.2~2.5	37~41	Ca≤0.025
Nimonic PE 16	0.04~0.08	~0.3	~0.2	~0.015	Mo2.8~3.8	1.1~1.3	0.0015~0.003	≤0.0001	~2.0	15.5~17.5	~0.3	余	~0.001	1.1~1.3	Ni+Co 42~45	Co ~0.025
Nimonic PK 33	0.03~0.07	~0.5	~0.5	~0.015	Mo6~8	1.7~1.5	0.001~0.004	—	13~15	17~20	~0.2	~1.0	~0.001	1.5~2.5	余	Zr~0.02
EPK57	0.03~0.07	~0.5	~0.5	~0.015	Mo1.2~1.7	1.2~1.6	0.01~0.015	≤0.0001	19~20.5	23.8~24.8	~0.2	~0.5	~0.001	2.8~3.2	余	Ta~0.05
PE13	0.1	≤1.0	≤1.0	—	—	—	—	—	1.5	21.75	≤0.5	18.5		Mo9.0	余	W 0.6

注：PE16，Zr0.02%~0.04%；N105，Zr0.07%~0.15%；N901，P≤0.020%；N263，Al+Ti2.4%~2.8%，W≤0.2；PE10，Zr0.02%~0.05%；EPK57，Zr0.03%~0.07%；Nb0.7%~1.2%，Mg0.01%~0.03%。

表 15-27 铸造合金牌号和化学成分

牌号	化学成分/%															
	C	Si	Mn	Ag	Al	Bi	Co	Cr	Fe	Mo	Nb	Pb	Ti	W	Ni	其他
C130	≤0.10	≤0.6	≤0.6	≤5 ppm	0.7～0.9	≤1 ppm	≤1.0	20～30	≤0.5	9～10.5	≤0.25	≤10 ppm	2.4～2.8	≤0.20	余	—
C242	0.27～0.35	0.2～0.45	0.2～0.50	≤5 ppm	≤0.2	—	9.5～11.0	20～23	≤0.75	10～11	≤0.25	≤20 ppm	≤0.3	≤0.20	余	Cu≤0.2
C1023	0.12～0.18	≤0.2	≤0.2	≤5 ppm	3.9～4.4	≤0.5 ppm	9～10.5	14.5～16.5	≤0.5	7.6～9	≤0.25	≤10 ppm	3.4～3.8	≤0.20	余	B 0.004～0.008
Nimocast PE10	～0.05	0.25	0.3	—	—	—	—	20.0	3.0	6.0	6.7	—	—	2.5	余	Cu≤0.5
Nimocast PD16	0.13	≤0.5	≤0.5	—	6.0	—	—	6.0	≤0.5	2.0	1.5	—	≤0.5	11.0	余	Cu≤0.5
Nimocast PD18	0.13	—	—	—	6.0	—	—	6.0	—	2.0	—	—	≤1.5	11.0	余	Zr≤0.6
Nimocast PK24	0.17	≤0.2	≤0.2	—	5.5	—	15.0	9.5	≤1.0	3.0	V1.0	—	4.75	—	余	—
Stellite 31	0.40～0.55	0.5～1.0	0.5～1.0	—	—	—	余	25～26.5	≤2.0	—	N 0.05	—	—	7.0～8.0	9.5～11.5	B 0.001～0.008
MM 002	0.13～0.17	～0.2	～0.2	≤5 ppm	5.25～5.75	≤0.5 ppm	9～11	8～10	≤0.5	≤0.5	S≤0.010	≤5 ppm	1.25～1.75	9～11	余	B 0.01～0.02
	Cu≤0.1	Hf 1.3～1.7	Mg≤0.003	Mo≤0.5	Ta2.25～2.75	Zr0.03～0.08	V≤0.1	—	—	—	—	—	—	—	—	—
Haynes 25	0.05～0.15	≤1.0	1.0～2.0	—	—	—	余	19～21	≤3.0	—	—	—	—	14～16	9～11	S≤0.030 P≤0.040

15.3.2 高温合金的力学性能

表 15-28 高温合金的力学性能（典型性能）

牌号	品种	材料状态	力学性能				持久性能		疲劳性能	
			试验温度/℃	σ_b/MPa	δ/%	ψ/%	应力/MPa	时间/h		σ_{-1}/×10⁷
N75	锻件，棒材	退火：1050～1080℃，≥30min，空冷	20	619	30	—	—	—		—
			600	—	29	26	294	100	—	21.26
N80A	锻件，棒材	1050～1080℃，≥8h，空冷 时效 700±5℃，16h，空冷	20	1129	35	—				42.84
			750	681	13	—	271	100	—	37.64
			800	557	17	—	193	100		32.44
N90	锻件，棒材	1050～1080℃，≥8h，空冷 时效 700±5℃，16h，空冷	20	1160	40	—	—	—	—	44.10
			700	820	20	—	425	100	—	47.25
			800	619	8	—	217	100	—	34.65
			870	—	—	—	139	>30	—	—
N105	锻件，棒材	1150±10℃，4h，空冷， 1050～1080℃， 16h，空冷，时效 850±5℃，16h，空冷	20	990	7	7	—	—	—	—
			600	944	9	10	—	—	—	—
			700	990	10	12	—	—	—	—
			815	—	—	—	304	100	—	—
			870	—	—	—	194	100	—	—
N115	棒材	1190℃，1.5h， 空冷，1100℃， 4～8h，空冷	20	1243	27	28	—	—	—	—
			700	1136	27	25	—	—	—	—
			800	1018	19	19	433	100	—	—
			900	719	17.5	18	216	100	—	—
			1000	420	26	28	99	100	—	—
N118	棒材	1190℃，1.5h，空冷 1100℃，6h，空冷	20	1179	28.5	44.2	—	—	—	—
			700	1041	23	34.1	—	—	—	—
			800	963	18	27.5	472	100	—	—
			900	678	10.2	21.0	246	100	—	—
			1000	393	8.0	16.6	113	100	—	—
N901	棒材	1093℃，2h，水冷 788℃，2h，空冷 718℃，24h，空冷	20	1215	15	—	—	—	—	—
			538	1105	14	—	898	100	—	—
			649	1002	13	—	636	100	—	45.2
			760	747	19	—	304	100	—	—
			816	538	21	—	166	100	—	23.9
N263	板，带	1190+5℃或 1190－10℃，>3min，空冷 780±5℃，16h，空冷	20	975	40	—	—	—	—	—
			600	511	33	—	—	—	—	—
			700	696	25	—	—	—	—	—
			780	541	14	—	—	—	—	—
			800	—	—	—	—	—	—	24.41
			850	387	19	—	—	—	—	—
Nimonic PE13①	冷轧板材	1175℃，10min，空冷	100	802	40					
			200	751	42					
			400	721	48					
			600	651	44					
			800	420	48					
			1000	110	52					
Nimonic PE16①	冷轧板材	1040℃，15min，空冷 900℃，1h，空冷 750℃，8h，空冷	100	852	25					
			200	831	22					
			400	811	22	—	—	—	—	—
			600	802	27					
			800	401	48					
			900	150	70					
Nimonic	棒材	—	100	1110	36	40				

续表

牌号	品种	材料状态	力学性能				持久性能		疲劳性能	
			试验温度/℃	σ_b/MPa	δ/%	ψ/%	应力/MPa	时间/h		σ_{-1}/×10[7]
]PK33		—	300	10412	38	41				
			500	9430	36	45	—	—	—	—
			700	8841	22	35				
			900	4715	30	44				
HS25	锻，棒	1218℃，空冷	20	1031	65					
			500	771	72					
			700	578	33	—	—	—	—	—
			900	285	23					
			1000	175	21					
C130	铸件	铸态	700	585	21	—	—	—	—	—
			800	533	10	—	170	—	—	21
			850	—	—	—	—	100	—	—
			900	348	20	—	—	—	—	14
			1000	131	45	—		—	—	—
C242	铸件	铸态	20	456	7	—				
			700	355	16	—				
			800	333	22	—	—	—	—	—
			900	276	40	—				
			1000	169	47	—				
C1023	铸件	铸态	20	1004	6	7.5				
			500	956	6	7.5				
			700	1027	6	7.5	—	—	—	—
			800	946	7.5	9				
			900	694	12	20				
			950	539	15	21				
N. PE. 10	铸件	铸态	20	724						
			500	670						
			700	570	—	—	—	—	—	—
			800	463						
			900	247						
NPK24	铸件	铸态	500	1051						
			600	1082						
			700	1072						
			800	1022	—	—	511	100	—	—
			900	805			301	100		
			1000	506			160	100		
			1100	361						
Stgllite31	铸件	铸态	20	743	9					
			500	555	13					
			700	493	14	—	—	—	—	—
			800	447	15					
			900	277	21					
			1000	193	32					
MM. 002	铸件	铸态	20	945	7					
			700	970	7.2					
			850	907	7.2	—	296	≥45	—	—
			900	781	8.4					
			950	658	9.4					
			1050	426	14					

注：1. PE13，N263，N901 屈服强度为 $\sigma_{0.2}$ 的数据；

2. ①数据由 The Nimonic Alloys 曲线查得；

3. PE16，HS25 为 $\sigma_{0.2}$；C130，C242 为 σ 的数据。

15.3.3 高温合金的物理性能

表 15-29 弹 性 模 量 E

牌 号	弹 性 模 量 E / GPa											备 注
	20℃	100℃	200℃	300℃	400℃	500℃	600℃	700℃	800℃	900℃	1000℃	
N75	221	216	210	203	197	190	181	173	165	153	140	
N80A	221	216	210	204	197	191	183	175	166	153	140	
N90	226	221	216	208	201	194	186	177	167	155	141	
N105	223	219	212	206	200	193	186	178	168	155	138	
N115	216	212	206	200	194	188	182	174	167	156	141	
N118	216	212	208	202	195	187	182	175	167	158	143	
N901	201	198	192	185	179	172	166	159	150	138	126	
N263	224	219	213	206	199	192	185	175	163	154	142	
PE13	207	204	197	192	185	179	170	162	155	145	135	
PE16	199	193	187	181	174	168	161	153	144	134	121	
PK33	222	219	213	206	201	194	188	179	170	159	—	
MM002	29.8	—	28.5	—	27.0	26.2	25.3	24.3	23.3	22.3	21.6	$lbf/in^2 \times 10^6$
Stellite 31	36	—	—	—	—	538℃ 33.5	—	649℃ 22.8	—	—	—	$lbf/in^2 \times 10^6$
Haynes 25	32.6	—	31.0	—	28.6	27.3	26.2	25.2	23.7	22.4	21.2	$lbf/in^2 \times 10^6$

表 15-30 线 胀 系 数 α_1

牌 号	线 胀 系 数 $\alpha_1/10^{-6}K^{-1}$											备 注
	20℃	100℃	200℃	300℃	400℃	500℃	600℃	700℃	800℃	900℃	1000℃	
N75	—	11.0	12.7	13.4	13.9	14.3	15.0	15.4	16.5	17.1	18.2	
N80A	—	12.7	13.3	13.7	14.1	14.4	15.0	15.5	16.2	17.1	18.1	
N90	—	12.7	13.3	13.7	14.0	14.3	14.8	15.3	16.2	17.1	18.2	
N105	—	12.2	12.8	13.1	13.4	13.7	14.0	14.5	15.3	16.5	18.0	
N115	—	12.0	12.6	13.0	13.2	13.5	13.8	14.3	14.9	15.8	17.0	
N118	—	10.0	11.8	12.6	13.1	13.6	14.0	14.6	15.4	16.4	18.2	
N901	—	13.5	14.2	14.3	14.5	14.8	15.0	15.3	16.1	17.5	19.9	
N263	—	11.1	12.1	12.7	12.8	13.6	13.9	14.7	15.4	17.0	18.1	
Nimonic PE11	—	12.8	13.8	14.4	14.8	15.1	15.6	16.2	—	—	—	
Nimonic PE13		11.5	12.4	12.8	13.0	13.3	13.8	14.4	14.8	15.2	15.8	
Nimonic PE16	—	11.3	13.4	14.2	14.6	15.0	15.6	17.0	17.6	18.9	19.3	
Nimonic PK33	—	12.1	12.6	13.0	13.4	13.7	14.0	14.6	15.1	16.1	17.4	
EPK57	—	12.7	13.3	13.3	13.6	13.9	14.5	15.1	15.6	16.7	18.3	
C130*	—	—	—	—	12.8	—	13.7	—	15.1	—	16.9	
C242	—	12.5	13.1	13.6	14.0	14.3	14.6	15.2	15.9	16.5	17.2	
C1023*	—	—	—	—	—	—	14.1	—	14.7	—	16.0	
Nimocast PE10	11.5	12.8	13.2	13.3	14.2	14.8	15.3	16.0	16.2	16.9	17.5	
Nimocast PK24	—	11.0	12.4	12.6	13.4	13.9	14.4	14.8	15.4	16.1	17.2	
MM002	—	—	11.8	—	12.5	12.8	13.1	13.5	13.9	14.5	15.4	
Stellite 31	—	12.3	12.9	13.5	14.1	14.7	15.1	15.3	15.9	16.5	17.1	1100℃ 17.6
Haynes 25	—	—	12.9	—	13.8	14.2	14.6	15.1	15.7	16.3	17.0	1100℃ 17.8

表 15-31	导热系数 λ										
牌号	导热系数 λ/W·(m·K)$^{-1}$										备注
	20℃	100℃	200℃	300℃	400℃	500℃	600℃	700℃	800℃	900℃	1000℃	
N75	11.93	13.44	15.28	16.96	18.63							
20.52	22.69	24.70	26.50	28.43	30.14							
N80A	11.18	11.64	14.36	16.08	17.75	19.38	20.77	22.32	24.45	24.46	28.39	
N90	11.47	12.77	14.44	15.99	17.54	18.97	20.64	22.32	23.99	25.83	27.88	
N105	10.89	12.10	13.57	14.99	16.33	17.67	18.63	20.52	22.23	24.03	26.21	
N115	10.63	11.76	13.10	14.49	15.78	17.08	18.38	19.76	21.19	22.69	24.24	
N263	11.72	12.98	14.65	16.33	18.00	19.68	21.35	23.03	24.70	26.80	28.47	
Nimonic PE13	11.56	12.94	14.65	16.33	17.92	19.47	21.10	22.86	24.58	26.29	27.88	
Nimonic PE16	11.72	13.82	15.07	16.75	18.42	19.68	21.35	23.05	25.12	26.80	28.47	
Nimonic PK33	10.97	12.14	13.69	15.20	16.58	17.96	19.47	20.98	22.61	24.41	27.05	
MM002	—	—	—	—	2.22	2.44	2.68	2.93	3.18	3.44	3.71	10^{-4}CHU/(in·s·℃)
Stellite 31	—	—	1.90	2.34	2.45	2.60	2.93	—	—	—	—	同上
Haynes 25	1.25	—	1.70	—	2.25	2.50	2.80	3.0	3.3	3.6	—	同上

15.4 法国高温合金

15.4.1 高温合金牌号和化学成分

表 15-32	高温合金牌号和化学成分										
克勒索·卢瓦尔公司牌号	化学成分/%										
	C	Ni	Cr	Co	Mo	W	Nb	Al	Ti	Fe	V
ATVS Mo	0.06	26	15	—	1.25	—	—	—	2	基	0.20
ATVS 2	0.04	26	13.5	1	2.75	—	—	0.30	1.80	基	—
ATVS 7	0.10	30	18	20	—	—	—	0.80	2	基	—
ATVS 7 Mo	0.06	37	18	20	3	—	—	—	2.75	基	—
ATG C1	0.04	52	19	—	3		5.25	0.50	0.80	基	
ATG E	0.10	基	22	1.5	9	0.6	—	—	—	18.5	—
ATG E2	0.07	基	21.5	—	9	—	3.65	—	—	2	—
ATG F	0.05	基	15	—	—	—	—	0.7	2.5	7	—
ATG H	0.10	10	20	基	—	15	—	—	—	<3	—
ATG M2	0.18	基	10	15	3	—	—	5.50	4.70		1
ATG R	0.06	基	19.5	<5	—	—	—	—	0.4	<5	—
ATG S3	0.07	基	19	—	—	—	—	1.50	2.50	<1	—
ATG S4	0.07	基	19	19	—	—	—	1.50	2.50	<1	—
ATG S8	0.12	基	15	27	3	—	—	3	2.10	<4	—
ATG S9	0.12	基	13	1	4.50	—	2	6	0.70	<2	—
ATG W0	0.06	基	20	20	5.9	—	—	0.45	2.15	—	—
ATG W1	0.06	基	20	13	4	—	—	1.25	3	<2	—
ATG W2	0.10	基	18	18	4	—	—	3	3	<4	—
ATG W3	0.10	基	15	18	5	—	—	4	3	<4	—
ATG W4	0.07	基	18	15	3	1.50	—	2.50	5	—	—
ATG X	0.12	20	21	20	3	2.5	1	—	—	基	—
ATG XX	0.40	20	20	20	4	4	4	—	—	基	—
ATG 33	0.06	45.5	25.5	3.25	3.25	3.25	—	—	—	基	—
ARC 1628	0.03	65	—	—	26	—	—	—	—	6	0.4
ARC 6015	0.04	59	15.5	—	17	4.5	—	—	—	5	0.35
NCRAL Z	0.04	基	15.5	—	—	—	—	—	—	<10	—
NCRAL C	0.07	33.5	21	—	—	—	—	0.30	0.35	基	—
NCRAL K25	0.03	41	21	—	3	Cu2	—	—	0.90	基	—

续表

法国牌号	化学成分/%										
	C	Ni	Cr	Co	Mo	W	Nb	Al	Ti	Fe	V
KCN22W	0.05~0.15	20~24	20~24	基	—	13~16	Mn≤1.25	—	—	≤3.0	—
NW12KCATHf	0.12~0.16	基	8~10	9~11	Mn≤0.12	11.5~12.5	0.75~1.25	4.75~5.25	1.75~2.25	≤0.25	Hf0.8~1.1
NC15K10DAT	0.12~0.18	基	14.5~16.5	9~10.5	7.6~9.0	Mn≤0.25	≤0.25	3.9~4.4	3.4~3.8	≤0.5	—
KC25NW	0.45~0.55	9.5~11.5	24.5~26.5	基	Mn0.5~1.0	7~8	Si0.5~1.0	—	—	≤2.0	—
28NCD	≤1.0	42.0	12.0	—	5.7	Si≤0.4	Mn≤0.5	—	2.7	余	—

15.4.2 高温合金的力学性能

表 15-33 高温合金的力学性能

牌号		室温性能，不小于		
		E 屈服强度 /100Pa	R 抗拉强度 /100Pa	A 伸长率 /%
ATVS Mo	Z6NCT25	74	103	25
ATVS 2	Z3NCT25-Z4CDT26	75	103	19
ATVS 7	Z10NKC30	60	103	25
ATVS 7 Mo	Z6NKCDT·38	65	109	19
ATG C 1	NC19FeNb	110	132	21
ATG F	NC22FeD	37	81	43
ATG E 2	NC22FeDNb	35	82	50
ATG F	NC15TNbA	65	115	24
ATG H	KC20WN	45	105	47
ATG M 2	NK15CAT	86	103	9
ATG R	NC20T	35	75	40
ATG S 3	NC20TA	62	109	39
ATG S 4	NC20KTA	81	126	33
ATG S 8	NK27CADT	73	121	15
ATG S 9	NC13AD	76	87	8
ATG W 0	NCK20D	60	102	45
ATG W 1	NC20K14	82	131	25
ATG W 2	NC20KDTA	91	135	17
ATG W 3	NK18CDAT	99	145	17
ATG W 4	NCK18TDA	93	123	10
ATG X	Z12CNKDW20	40	80	41
ATG XX	Z42CKNDW20	52	99	20
ATG 33	Z6NCKDW45	36	77	43
ARC 1628	ND27FeV	40	90	45
ARC 6015	NC17DWY	36	85	45
NICRAL Z	NC15Fe	27	65	35
NICRAL C	25NC3520	20	60	40
NICRAL K25	NC21FeDU	30	70	43
—	KCN22W	380	860	45
—	NW12KCATHf	825	965	5
—	NC15K10DAT	750	850	3
—	KC25NW	460	600	10
—	Z8NCD	—	—	—

续表

高温性能								相近其他牌号
持久强度/100Pa								
650℃		700℃		800℃		900℃		
100h	1000h	100h	1000h	100h	1000h	100h	1000h	
43	32	32	21					A-286
37	29	25	16					DISCALOY
45	36	36	28					
55	45	42	33	20	14.5			REFRAC TALOY26
74	61	52	38					Inconel 718
30	22	22	16	10.5	7.5	5.6	3.7	Hastelloy X
47	39	33	26	16	10			Inconel 625
56	48	42	33	22	14			Inconel X-750
50	38	36	26	18.5	13	9.6	6.4	HS25
				53	42	31	22	In100
		13	8	6	3.9			N75
55	44	40	31.5	18	11.5			N80A
56	47	46	33	28	12.5			N90
71	61	57	48	33	25			Inconel 700
		62	47	35	25.5	16		Inconel 713C
55	48	46	32	22	14.3			C263
78	61	60	45	31	20			Waspaloy
96	80	75	55	30	27	18	11	Udimet 500
	90	86	62	43	29	22	14	Udimet 700
	28	88	66	48	36	26.5	10	Udimet 710
35	28	28	23	14	10	7.8	4.2	N-155
33	27	26	19	17	12	7.8	6.8	S590
		20	14	9	6.5	4.5	3.2	RA333
39	30	29	22	15	10	—	—	Hastelloy B
—	—	—	—	—	—	—	—	Hastelloy C
22	—	12	8	5.2	3.8	—	—	Inconel 600
—	16	16	11.5	7.2	4.8	3.5	2.3	Inconel 800
—	—	—	—	—	—	—	—	Inconel 825

15.4.3 高温合金的物理性能

表 15-34 高温合金的物理性能

牌号	密度 /g·cm^{-3} 20℃	熔点 /℃	平均线胀系数/$10^{-6}K^{-1}$										导热系数/W·(m·K)$^{-1}$			
			20~100℃	20~200℃	20~300℃	20~400℃	20~500℃	20~600℃	20~700℃	20~800℃	20~900℃	20~1000℃	100℃	500℃	700℃	900℃
ATVS Mo	7.91	1370/1400	16.5	16.8	16.9	17.2	17.5	17.7	18.3				14.2	22.6	24.7	26.4
ATVS 2	7.97	1380/1450	15.3	15.6	16.2	16.8	17	17.2	17.4				13.8	20.9	23.4	25.5
ATVS 7	8.15		13.6	14.4	14.9	15.4	15.8	16.3	16.9	18			13.0	19.7	21.8	23.9
ATVS 7Mo	8.19		14	14.2	14.4	14.6	14.8	15.1					15.1	23.0	26.4	29.3
ATG C1	8.19	1200/1355	12.8	13.4	13.9	14.2	14.4	15.1	15.6	16			12.1	18.9	21.8	24.7
ATG E	8.22	1287/1358	13.9	14.	14.2	14.6	14.9	15.3	15.7	16	16.2	16.6	10.9	20.1	23.0	26.8
ATG E2	8.44	1287/1350	12.9	13.1	13.3	13.6	13.9	14.4	14.9	15.5	16.1	16.8	10.9	16.7	20.1	23.9
ATG F	8.30	1393/1427	12.5	12.8	13.2	13.8	14.4	14.9	15.5	16.2	17	17.5	12.6	19.7	21.4	24.3
ATG H	9.13	1330/1410	12.3	12.9	13.5	13.9	14.3	14.6	15.2	16	16.5	17	10.2	18.8	22.6	27.2
ATG M2	7.75	1263/1335	12.9	13	13.1	13.4	13.8	14.3	14.9	15.3	15.8	16.3				
ATG R	8.35	1390/1420	12.2	13	13.4	13.8	14.1	14.7	15.4	15.5	16		13.8	20.9	24.3	29.3
ATG S3	8.16	1360/1390	11.9	12.7	13	13.5	13.7	14	14.5	15.1	15.8		12.1	18.4	23.4	27.6
ATG S4	8.19	1360/1390	11.6	12.6	12.7	13.5	13.7	14.2	15	16	17		13.0	20.1	22.9	28.9
ATG S8	8.16	1344/1427	12.4	13.2	13.7	14.1	14.5	14.9	15.6	16.2			13.0	15.1	17.2	18.4
ATG S9	7.91	1260/1288	10.6	11.8	12.4	12.9	13.2	13.8	14.4	15	16	16.4	20.9	23.4	24.7	29.0
ATG W0	8.36	1300/1355	10.3	11.9	12.5	13.1	13.6	14.2	15.2	16.2	17.9		13.0	19.7	23.0	26.8
ATG W1	8.19	1330/1357	12.2	12.8	13.2	13.7	13.9	14.2	14.3	15.7	16.2	17.9	11.3	17.6	20.9	24.1
ATG W2	8.02	1286/1342	11.9	12.3	13.2	13.5	14	14.3	15.8	15.7	16.5		11.3	17.6	23.4	25.1
ATG W3	7.91	1204/1399		13.5	13.5	13.7	13.9	14.2	14.8	15.6	16.5	17.5	19.7	20.5	22.2	29.3
ATG W4	8.08		12.1	12.5	12.9	13.2	13.6	13.8	14.4	15	15.7		11.7	17.6	18.8	22.6
ATG X	8.19	1290/1330	14	15.2	15.6	15.9	16.3	16.7	17.2	17.5			13.0	19.3	21.4	23.9
ATG XX	8.34	1315/1370	15.4	15.6	15.8	16	16.2	16.5	16.7	16.9						
ATG 33	8.24		14.2	14.4	14.6	14.8	15	15.2	15.4	15.6	15.7	16				
ARC 1628	9.25	1302/1368	10	10.7	11.4	11.7	11.9	12	12.2	12.5	14.1	14.6	11.7	15.5	17.6	
ARC 6015	8.85	1265/1343	11.3	11.9	12.6	13	13.3	13.7	14.1	14.4	14.9	15.3	12.6	15.5	18.4	
NICRAL Z	8.50	1371/1427	12.4	13.2	13.9	14.5	15	15.4	15.9	16.6	16.7		15.5	22.2	25.5	29.7
NICRAL C	8.00	1355/1385	13.5	14.5	15	15.5	16.2	17	17.5	18	18.5	19	15.1	19.3	20.1	21.4
NICRAL K25	8.14	1370/1400	14.0	14.9	15.2	15.6	16.1	16.7	17.0	17.3	17.7	18.0	12.7	18.0	21.4	25.1

15.5 德国高温合金

15.5.1 高温合金牌号和化学成分

表 15-35 高温合金牌号和化学成分

标准号	牌号	化学成分/%											
		C	Si	Mn	P	S	Cr	Mo	Ni	Nb	Ti	Co	Fe
2.4602	NiMo16Cr	≤0.10	≤1.00	≤1.00	0.045	0.030	14.0～18.0	15.0～18.0	≥52	—	—	—	4～7
2.4603	—	0.05～0.15	≤1.00	≤1.00	—	—	20.5～23.5	8.00～10.0		—	—	0.5～2.5	17～20
2.4605	NiCr22Mo	≤0.10	≤1.00	≤2.00	0.045	0.030	20.0～23.0	5.00～8.00	≥44	1.5～2.5	—	—	20～24
2.4606	NiCr21Fe18Mo	0.05～0.15	≤1.00	≤1.00	—	—	20.5～23.5	8.00～10.0	基	—	—	0.5～2.50	17～20
2.4607	NiCr20Mo15	≤0.03	≤0.40	≤1.00	—	—	19.0～21.0	15.0～16.0	基	—	—	—	≤1.50
2.4610	NiMo16Cr16Ti	≤0.010	≤0.08	≤1.00	0.04	0.03	14.0～18.0	14.0～18.0	基	—	0.70	—	≤3.0
2.4611	S-NiMo16Cr16Ti	≤0.015	≤0.08	≤1.00	0.040	0.030	14.0～18.0	14.0～17.0	基	—	0.05～0.70	≤2.00	≤3.0
2.4612	S-NiMo15Cr15	≤0.02	≤0.20	≤1.00	0.040	0.030	14.0～18.0	14.0～17.0	基	—	—	≤2.00	≤3.0
2.4613	S-NiCr21Fe18Mo	≤0.10	≤1.00	≤1.00	—	—	20.0～23.0	8.0～10.0	基	—	—	—	17～20
2.4615	S-NiMo27	≤0.02	≤0.10	≤1.00	0.04	0.03	≤1.00	26.0～30.0	基	—	—	≤1.0	≤2.0
2.4616	S-NiMo29	≤0.02	≤0.20	≤1.00	0.040	0.030	≤1.00	26.0～30.0	基	—	—	≤1.00	≤2.0
2.4617	NiMo28	≤0.01	≤0.08	≤1.00	0.04	0.03	≤1.00	26.0～30.0	基	—	—	≤1.00	≤2.0
2.4618	NiCr22Mo6Cu	≤0.05	≤1.00	1.0～2.0	—	—	21.0～23.5	5.5～7.5	基	1.75～2.5	—	≤2.5	18～21
2.4619	NiCr22Mo7Cu	≤0.015	≤1.00	≤1.00	—	—	21.0～23.5	6.0～8.0	基	≤0.5	—	≤5.0	18～21
2.4620	S-NiCr16FeMn	≤0.10	≤1.00	2.5～7.0	0.030	0.015	15.0～18.0	≤2.00	≥67	1.5～3.0	≤0.50	—	5～8
2.4630	NiCr20Ti	0.08～0.15	≤1.00	≤1.00	0.030	0.020	18.0～21.0	—	基	—	0.20～0.60	≤5.0	≤5.0
2.4631	NiCr20TiAl	0.04～0.10	≤1.00	≤1.00	0.030	0.015	18.0～21.0	—	基	—	1.80～2.70	≤2.0	—
2.4632	NiCr20Co18Ti	≤0.13	≤1.00	≤1.00	0.030	0.015	18.0～21.0	—	基	—	2.00～3.00	15～21	—
2.4634	NiCo20Cr15MoAlTi	0.12～0.17	≤1.00	≤1.00	0.045	0.015	14.0～15.7	4.50～5.50	基	—	0.90～1.50	18～22	—

续表

标准号	牌号	化学成分/%										
		C	Si	Mn	P	S	Cr	Mo	Ni	Nb	Ti	Co	Fe
2.4636	NiCo15Cr15MoAlTi	0.12～0.20	≤1.00	≤1.00	0.045	0.030	14.0～16.0	3.00～5.00	基	—	3.50～4.50	13～17	—
2.4639	S-NiCr20	≤0.25	≤0.50	≤1.20	0.045	0.010	18.0～21.0	—	≥76	～	—	—	≤0.50
2.4640	NiCr15Fe	≤0.15	≤2.00	≤2.00	0.045	0.015	14.0～17.0	—	≥72	—	—	—	6～10
2.4641	NiCr21Mo5Cu	≤0.025	≤0.50	≤1.00	0.020	0.015	20.0～23.0	5.5～7.0	39～46	—	0.60～1.0	—	—
2.4650	NiCo20Cr20MoTi	0.04～0.08	≤0.40	≤0.60	—	0.007	19.0～21.0	5.60～6.10	基	—	1.90～2.40	19～20	—
2.4651	S-NiCr20Mo9	≤0.15	≤0.75	2.00～6.00	—	0.020	17.0～21.0	≤2.00	≥67	1.0～4.0	—	—	2～6
2.4653	S-NiCr28Mo	≤0.035	≤0.50	1.0～2.0	0.045	0.015	22.0～31.0	2.5～4.0	35～40	≤0.4	—	12～15	—
2.4654	—	0.02～0.10	≤0.15	≤0.10	0.015	0.008	18.0～21.0	3.50～5.00	基	—	2.80～3.30	—	—
2.4655	S-NiCr27Mo	≤0.025	≤0.50	0.50～2.00	0.030	0.015	24.0～28.0	2.5～4.0	38～42	≤1.0	≤1.00	—	余
2.4656	S-NiCr29Mo	≤0.020	≤0.50	1.0～3.0	0.030	0.015	27.0～31.0	2.5～4.0	35～40	≤1.0	≤1.00	—	余
2.4657	S-NiCr19Mo15	≤0.025	≤0.30	≤2.00	0.030	0.015	18.0～20.0	14.0～16.0	基	≤0.40	—	—	≤1.5
2.4658	NiCr30	≤0.10	0.50～2.00	≤1.00	0.030	0.015	29.0～32.0	—	≥60	—	—	—	≤5.0
2.4660	NiCr20CuMo	≤0.005	≤0.7	≤2.00	0.020	0.015	19.0～21.0	2.00～3.00	36～39	—	—	—	—
2.4662	—	≤0.10	≤0.40	≤0.50	0.030	0.030	11.0～14.0	5.00～6.50	40～45	—	2.60～3.10	1.0	余
2.4663	NiCr23Co12Mo	≤0.08	≤1.00	≤1.00	0.020	0.015	22.0～24.0	8.10～10.0	基		≤0.60	10～14	
2.4665	—	0.05～0.15	≤1.00	≤1.00	0.015	0.015	20.5～23.0	8.00～10.0	基		—	—	17～20
2.4666	—	≤0.15	≤0.75	≤0.75	—	—	15.0—20.0	3.00—5.00	基	—	2.50～3.25	—	≤4.0
2.4668	NiCr19NbMo	0.30～0.60	≤0.35	≤0.35	0.015	0.015	17.0～21.0	2.80～3.30	50～55	4.75～5.5	0.65～1.15	—	余
2.4669	NiCr15Fe7TiAl	≤0.80	≤0.50	≤1.00	—	0.010	14.0～17.0	—	>70	0.7～1.0	2.25～2.75	—	5～9
2.4670	—	0.03～0.07	≤0.50	≤0.25	—	—	11.0～13.0	2.80～5.20	基	1.5～2.5	0.40～1.00	9～11	—
2.4676	—	0.13～0.17	≤0.20	≤0.20	—	0.015	8.00～10.0	2.25～2.75	基	—	1.25～1.75	—	—
2.4680	GNiCr50Nb	≤0.10	≤0.60	≤0.50	0.045	0.030	48.0～52.0	—	46	1.2～1.8	—	—	—
2.4685	—	≤0.03	≤0.50	≤1.00	—	—	≤1.00	26.0～30.0	基	—	—	≤2.5	≤6.0
2.4686	—	≤0.03	≤0.50	≤1.00	—	—	15.5～17.5	16.0～18.0	基	—	—	—	≤7.0
2.4890	NiCr16TiAl	≤0.06	≤0.50	≤1.00	—	—	15.5～16.5	—	基	1.00	2.50	—	—
2.4802	S-NiMo28	≤0.05	≤1.00	≤1.00	—	0.025	≤1.00	26.0～30.0	≥60.0	—	—	≤2.5	4～7
2.4803	S-NiCr15FeTi	≤0.10	≤0.40	2.00～3.50	—	0.010	14.70～17.0	—	≥67.0	—	2.50～3.50	—	6～10

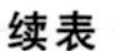

续表

标准号	牌号	化学成分/%										
		C	Si	Mn	P	S	Cr	Mo	Ni	Nb	Ti	Co	Fe
2.4805	S-NiCr15FeNb	≤0.10	≤0.75	1.00～7.00	—	0.015	14.0～17.0	≤2.00	≥70.0	1.00～4.00	—	—	6～12
2.4806	S-NiCr20Nb	≤0.05	≤0.50	2.50～3.50	—	0.015	18.0～22.0	≤2.00	≥67.0	2.00～3.00	≤0.75	≤0.1	≤3.0
2.4807	S-NiCr15FeMn	≤0.10	≤1.00	5.00～10.0	—	0.015	13.0～17.0	≤2.00	≥67.0	1.00～3.50	≤0.10	—	2～9
2.4808	S-NiCr20	≤0.26	≤0.50	≤1.20	—	—	≤21.0	—	基	—	—	—	≤0.5
2.4810	NiMo30	≤0.05	≤0.50	≤1.00	0.030	0.015	≤1.00	26.0～30.0	≥62.0	—	—	≤2.5	4～7
2.4811	NiCr20Mo15	≤0.03	≤0.05	≤0.80	0.030	0.015	19.0～21.0	14.0～17.0	≥58.0	—	—	—	≤2.5
2.4813	G-NiCr50Nb	≤0.10	0.20～0.60	≤0.50	0.045	0.030	48.0～52.0	—	基	1.20～1.80	—	—	—
2.4816	NiCr15Fe	≤0.08	≤0.50	≤1.00	0.030	0.015	14.0～17.0	—	≥72.0	～	≤0.30	—	6～10
2.4819	NiMo16Cr15W	≤0.15	≤0.08	≤1.00	0.040	0.030	15.5～16.5	15.0～17.0	基	—	—	—	4～7
2.4839	S-NiCr20Mo15	≤0.015	≤0.10	≤1.00	0.030	0.02	19.0～21.0	14.0～17.0	基	≤0.40	—	—	≤1.5
2.4849	G-X40NiCrSiNb3818	0.30～0.50	1.00～2.00	0.50～1.50	0.045	0.030	17.0～19.0	—	36.0～39.0	1.00～2.00	—	—	
2.4850	X15NiCrNb3221	0.10～0.20	0.50～1.50	1.50～2.50	0.025	0.020	20.0～22.0	—	31.0～34.0	1.00～2.50	—	—	
2.4851	NiCr23Fe	0.05	0.25	0.50	—	0.01	23.0	—	60.5	—	—	—	14.1
2.4852	G-X40NiCrSiNb3525	0.35～0.45	1.00～2.00	0.50～1.50	0.045	0.030	24.0～26.0	—	33.0～35.0	1.20～1.80	—	—	—
2.4853	X40NiCrNb3525	0.35～0.45	0.50～1.50	1.50～2.50	0.025	0.020	24.0～26.0	—	34.0～36.0	1.00～2.00	—	—	—
2.4855	G-X30CrNiSiNb2424	0.25～0.35	0.50～2.00	0.50～1.50	0.045	0.030	23.0～25.0	—	23.0～25.0	1.00～2.00	—	—	—
2.4856	NiCr22Mo9Nb	≤0.10	≤0.50	≤0.50	—	0.015	20.0～23.0	8.00～10.0	基	3.15～4.15	≤0.40	～	5.0
2.4857	GX40NiCrSi3525	0.30～0.50	1.00～2.50	0.05～1.50	0.045	0.030	24.0～26.0	—	34.0～36.0	—	—	—	—
2.4858	NiCr21Mo	≤0.025	≤0.5	≤1.00	0.030	0.015	19.5～23.5	2.50～3.50	38.0～46.0	—	0.60～1.20	—	余
2.4859	G-X10NiCrNb3220	0.05～0.15	0.50～1.50	0.50～1.50	0.045	0.030	19.0～21.0	～	31.0～33.0	0.50～1.50	—	—	—
2.4860	NiCr3020	≤0.20	2.00～3.00	≤1.50	0.045	0.030	20.0～22.0	—	28.0～31.0	—	—	—	—
2.4861	X10NiCr3220	≤0.12	≤1.00	≤1.50	0.045	0.030	19.0～22.0	—	30.0～34.0	—	—	—	—
2.4863	X12NiCr3618	≤0.20	≤2.00	≤2.00	0.025	0.020	17.0～19.0	—	36.0～40.0	—	—	—	—
2.4864	X12NiCrSi3616	≤0.15	1.00～2.00	≤2.00	0.030	0.020	15.0～17.0	—	34.0～37.0	—	—	—	—
2.4865	G-X40NiCrSi3818	0.30～0.50	1.00～2.50	0.50～1.50	0.045	0.030	17.0～19.0	—	36.0～39.0	—	—	—	—
2.4867	NiCr6015,NiFe20Cr15	≤0.15	0.50～2.00	≤2.00	0.025	0.020	14.0～19.0	～	59.0～65.0	—	—	—	19～25

续表

标准号	牌号	化学成分/%														
		C	Si	Mn	P	S	Co	Cr	Mo	Ni	V	W	Al	Cu	Fe	Ti
1.4868	G-X50CrNi3030	0.40~0.60	1.00~2.50	0.50~1.50	0.045	0.030	—	29.0~31.0	—	—	—	—	—	—		
2.4869	NiCr8020,NiCr20	≤0.15	0.50~2.00	≤1.00	0.025	0.020	—	19.0~21.0	—	≥76.0	—	—	—	0.50	≤1.00	—
2.4870	NiCr10	0.10~0.15	0.30~0.60	0.20~0.40	0.045	0.030	—	9.00~10.0	—	≥87.0	0.90~1.10	—	—	—	—	0.50~0.70
1.4876	X10NiCrAlTi3220	≤0.12	≤1.00	≤2.00	0.030	0.020	—	19.0~23.0	—	30.0~34.0	—	—	0.15~0.60	—	—	0.15~0.60
2.4879	G-NiCr28W	0.35~0.55	0.50~2.00	0.50~1.50	0.045	0.030	—	27.0~30.0	—	47.0~50.0	—	4.00~5.50	—	—	—	—
2.4879	S-NiCr28W	0.35~0.55	0.50~2.00	0.50~1.50	0.045	0.030	—	27.0~30.0	—	47.0~50.0	—	4.00~5.50	—	—	—	—
2.4882	G-NiMo30	≤0.12	≤1.00	≤1.00	0.040	0.030	≤2.50	≤1.00	26.0~30.0	基	0.20~0.60	—	—	—	4.00~6.00	—
2.4883	G-NiMo16Cr	≤0.12	≤1.00	≤1.00	0.040	0.030	≤2.50	15.5~17.5	16.0~18.5	基	0.20~0.40	3.75~5.25	—	—	4.50~7.00	—
2.4886	S-NiMo16Cr16W	≤0.015	≤0.08	≤1.00	0.040	0.030	≤2.50	14.5~16.5	15.0~17.0	基	≥0.35	3.00~4.50	—	—	4.00~7.00	—
2.4887	S-NiMo15Cr15W	≤0.02	≤0.05	≤1.00	0.030	0.030	≤2.50	14.5~16.5	15.0~17.0	基	≥0.35	3.00~4.50	—	—	4.00~7.00	—
2.4951	NiCr20Ti	0.08~0.15	≤1.00	≤1.00	0.030	0.015	≤5.00	18.0~21.0	—	≥72.0	—	—	—	≤0.50	≤5.00	0.20~0.60
2.4952	NiCr20TiAl	≤0.10	≤1.00	≤1.00	0.030	0.015	≤2.00	18.0~21.0	—	≥65.0	—	—	1.00~1.80	≤0.20	≤3.00	1.80~2.70
1.4954	—	≤0.08	≤1.00	1.00~2.00	0.010	0.010	—	13.5~16.0	1.00~1.50	24.0~27.0	0.10~0.50	—	≤0.35	—	—	1.90~2.30
2.4955	NiFe25Cr20NbTi	≤0.10	≤1.00	≤1.00	0.030	0.015	—	18.0~21.0	—	基	—	—	0.50	—	23.0~28.0	0.80~1.10
1.4956	X7CrNiCo212020	≤0.10	≤1.00	1.00~2.00	0.030	0.020	18.5~21.0	20.0~22.5	2.50~3.50	19.0~21.0	—	2.00~3.00	—	—	—	—
1.4957	G-X15CrNiCo212020	≤0.20	≤1.00	1.00~2.00	0.035	0.025	18.5~21.0	20.0~22.5	2.50~3.50	19.0~21.0	—	2.00~3.00	—	—	—	—
1.4960	X40CrNiCoNb1313	0.35~0.45	≤1.00	≤2.00	0.030	0.030	9.50~10.5	12.5~13.5	1.80~2.20	12.5~13.5	—	2.30~2.80	—	—	—	—

) (Nb+Ta)≥10×%C≤10×%C+0.4≤1.2　　*) Nb 0.20~0.60, B 0.005~0.015, N≤0.035

续表

标准号	牌　号	化　学　成　分/%														
		C	Si	Mn	P	S	Co	Cr	Mo	Ni	V	W	Al	Cu	Fe	Ti
2.4964	CoCr20W15Ni	0.05～0.15	≤1.00	1.00～2.00	0.040	0.030	基	19.0～21.0	—	9.00～11.0	—	14.0～16.0	—	—	≤3.00	—
2.4967	CoCr20W15Ni	0.05～0.15	≤1.00	1.00～2.00	0.045	0.030	基	19.0～21.0	—	9.00～11.0	—	14.0～16.0	—	—	≤3.00	—
1.4968	GX7CrNiNb1613	0.05～0.10	≤1.00	≤1.50	0.045	0.030	—	15.5～17.5	—	12.0～14.0	—	—	—	—	—	—
2.4969	NiCr20Co18Ti	≤0.10	≤1.00	≤1.00	0.030	0.015	15.0～21.0	18.0～21.0	—	基	—	—	1.00～2.00	≤0.20	≤2.00	2.00～3.00
1.4971	X12CrCoNi2120	0.08～0.16	≤1.00	≤2.00	0.045	0.030	18.5～21.0	20.0～22.5	2.50～3.50	19.0～21.0	—	2.00～3.00	—	—	—	—
2.4973	NiCr19CoMo	≤0.12	≤0.50	≤0.10	0.020	0.010	10.0～20.0	18.0～20.0	900～10.5	基	—	—	1.40～1.80	—	≤5.00	2.80～3.30
1.4974	—	0.08～0.16	≤1.00	1.00～2.00	0.040	0.030	18.5～21.0	20.0～22.5	2.50～3.50	19.0～21.0	—	2.00～3.00	—	—	—	—
2.4975	NiFeCr12Mo	≤0.10	≤0.60	≤2.00	0.020	0.010	≤1.00	11.0～14.0	5.00～700	40.0～45.0	—	—	0.35	—	ResUBaL	2.35～3.10
2.4976	NiCr20Mo	≤0.10	≤1.00	≤1.00	0.020	0.010	≤2.00	18.0～21.0	4.00～5.00	基	—	—	0.50～1.80	—	≤5.00	1.80～2.70
1.4977	X40CoCrNi2020	0.35～0.45	≤1.00	≤1.50	0.045	0.030	19.0～21.0	19.0～21.0	3.50～4.50	19.0～21.0	—	3.50～4.50	—	—	—	—
1.4978	X50CoCrNi2020	0.45～0.55	≤1.00	≤1.50	0.045	0.030	19.0～21.0	19.0～21.0	3.50～4.50	19.0～21.0	—	3.50～4.50	—	—	—	—
1.4979	CoCr28MoNi	0.25～0.35	≤1.00	≤1.00	0.045	0.030	基	27.0～29.0	5.00～6.00	1.50～3.00	—	—	—	—	—	—
1.4980	X5NiCrTi2615	≤0.08	≤1.00	1.00～2.00	0.030	0.030	—	13.5～16.0	1.00～1.50	24.0～27.0	0.10～0.50	—	≤0.35	—	—	1.90～2.30
1.4981	X8CrNiMoNb1616	0.04～0.10	0.30～0.60	≤1.50	0.045	0.030	—	15.5～17.5	1.60～2.00	15.5～17.5	—	—	—	—	—	—
2.4982	NiCr20CbMo	≤0.10	≤1.00	≤1.00	0.020	0.010	15.0～21.0	18.0～21.0	4.00～5.00	基	—	—	0.80～2.00	—	≤5.00	1.80～3.00
2.4983	NiCr18Co	≤0.15	≤0.50	≤1.00	0.020	0.010	17.0～20.0	17.0～20.0	3.00～5.00	基	—	—2.50～3.25	≤4.00	2.50～3.25		
2.4989	CoCr20Ni20W	0.35～0.45	≤1.00	≤1.50	0.045	0.030	基	19～21	3.5～4.5	19～21	—	3.5～4.5	—	—	≤5.0	—

15.5.2 高温合金的力学性能

表 15-36 高温合金的力学性能

标准号	航空标准	状态	室温 屈服点/MPa ≥	室温 拉伸强度/MPa	室温 伸长率($L_0=5d_0$)/%，≥	室温 冲击值(DVM)/J，≥	高温 0.2%屈服强度/MPa 200	300	400	500	600	700	800	900	1000
	2.4634	沉淀硬化	785	≥980	5.5	27	—	—	755	—	—	745	539	314	—
2.4951	2.4630	淬火	235	≥640	26	103	304	304	304	294	265	226	118	59	49
2.4952	2.4631	沉淀硬化	590	≥980	20	27	745	735	726	716	696	628	431	196	39
1.4960	—	沉淀硬化	345	640～830	16	34	284	265	245	226	196	—	—	—	—
—	2.4964	淬火	345	830～1130	25	34	324	304	284	275	255	235	206	167	—
2.4969	2.4932	沉淀硬化	685	≥1080	16.5	55	745	735	726	726	726	686	441	186	39
1.4971	1.4974	沉淀硬化	345	690～930	20	41	275	255	245	245	235	216	157	98	—
2.4973	—	沉淀硬化	980	1320	12	21	961	951	941	932	922	902	726	—	—
2.4975	—	沉淀硬化	835	≥1180	15	27	765	765	755	735	716	647	373	—	—
2.4976	—	沉淀硬化	735	≥1180	20	27	706	706	696	696	686	667	490	—	—
1.4977	—	沉淀硬化	390	780～980	20	27	353	333	314	294	245	206	—	—	—
1.4978	—	沉淀硬化	540	980	10	27	549	549	539	530	500	412	—	—	—
1.4980	1.4944	沉淀硬化	635	930～1180	15	34	559	539	520	500	451	314	78	—	—
1.4981	1.4984	淬火	215	530～690	35	103	177	157	147	137	132	—	—	—	—
2.4982	—	沉淀硬化	785	1230	30	55	765	765	745	745	735	696	549	—	—
2.4983	—	沉淀硬化	785	1320	15	21	775	775	775	765	745	726	628	—	—

表 15-37 耐热钢的力学性能

标准号	布氏硬度HB ≤	状态	屈服点(20℃)/MPa ≥	拉伸强度(20℃)/MPa	伸长率($L_0=5d_0$)(20℃)/%，≥	1%蠕变极限 $\frac{\sigma_b}{100}$/MPa，> 600℃	800℃	900℃	1000℃	蠕变断裂强度 $\frac{\sigma_b}{1000}$/MPa 600℃	800℃	900℃
1.4861	200	淬火	235	490～740	30	98	20	8	4	—	—	—
1.4864	223	淬火	230	550～800	30	105	25	12	4	125	20	8
1.4876	192	淬火	245	540～740	30	130	30	13	4	152	30	11

表 15-38 导热合金的力学性能

标准号	丝材直径/mm	拉伸强度/MPa	伸长率①/%，≥	1%蠕变极限 $\frac{\sigma_1}{1000}$/MPa 600℃	700℃	800℃	900℃	1000℃	1100℃	1200℃
1.4860	≥0.3＜0.5	740～880	30	98	44	20	9	4	1.5	0.5
2.4867	≥0.5＜1.0	670～810	30	78	39	15	9	4	1.5	0.5
2.4869	≥1.0	590～740	30	78	39	15	9	4	1.5	0.5

注：表中①为参考数据。

表 15-39 高温合金的蠕变强度

标准号	航空标准	蠕变强度/MPa																			电阻率(20℃)/Ω·mm²·m⁻¹	比热容(20℃)/J·(kg·K)⁻¹
		1000h							10000h						100000h							
		550℃	600℃	650℃	700℃	750℃	800℃	900℃	550℃	600℃	650℃	700℃	750℃	800℃	550℃	600℃	650℃	700℃	750℃	800℃		
—	2.4634	—	853	657	490	353	245	93	—	716	539	392	255	167	—	569	422	284	177	108	1.32	460
2.4951	2.4630	—	—	—	103	54	31	—	—	—	—	59	32	18	—	—	—	36	22	14	1.09	420
2.4952	2.4631	—	608	461	333	216	127	25	—	500	363	235	137	74	—	102	265	157	88	35	1.21	420
1.4960	—	—	—	245	186	108	78	—	—	—	186	127	78	49	—	—	118	74	49	—	0.85	460
—	2.4964	—	—	—	216	196	118	59	—	—	—	147	—	69	—	—	—	—	—	—	0.88	420
2.4969	2.4632	—	—	490	373	—	117	39	—	—	402	294	—	98	—	—	314	206	—	49	1.15	460
1.4971	1.4974	—	353	275	206	137	103	39	—	284	206	147	88	64	—	216	—	98	—	34	0.92	460
2.4973	—	—	—	—	471	324	226	69	—	—	—	—	—	—	—	—	—	—	—	—	1.15	460
2.4975	—	—	647	481	314	186	93	—	—	510	363	216	98	44	—	343	226	118	44	—	1.13	420
2.4976	—	—	637	481	343	226	127	29	—	520	373	245	147	78	—	412	265	162	93	39	1.24	420
1.4977	—	—	—	—	—	—	—	—	—	294	216	147	98	64	—	226	117	98	59	34	0.90	460
1.4978	—	—	343	255	186	137	108	—	—	275	177	118	93	74	—	—	—	—	—	—	0.90	460
1.4980	1.4944	579	441	314	206	118	—	—	451	304	206	118	54	—	—	—	—	—	—	—	0.91	460
1.4981	1.4984	363	265	186	127	—	—	—	324	226	137	83	54	—	235	152	83	44	20	—	0.86	500
2.4982	—	—	—	500	392	284	186	49	—	—	407	294	196	113	—	—	314	211	12	64	1.15	460
2.4983	—	—	—	—	500	368	265	108	—	—	—	—	—	—	—	—	—	—	7	—	1.15	460

15.5.3 高温合金的物理性能

表 15-40 高温合金的物理性能

标准号	航空标准	20℃至各温度下的线胀系数/10⁻⁶K⁻¹									导热系数/W·(m·K)⁻¹									密度(20℃)/kg·dm⁻³
		100℃	200℃	300℃	400℃	500℃	600℃	700℃	800℃	900℃	20℃	100℃	200℃	300℃	400℃	500℃	600℃	700℃	800℃	
—	2.4634	11.9	13.0	13.5	13.9	14.3	14.7	15.3	16.3	17.7	12	13	13	14	15	16	17	18	21	8.0
2.4951	2.4630	12.5	13.0	13.4	13.8	14.3	14.7	15.2	15.5	16.0	13	15	16	18	19	21	13	24	26	8.4
2.4952	2.4631	11.9	12.6	13.4	13.5	13.7	14.0	14.5	15.1	15.8	13	14	15	16	17	18	20	23	26	8.2
1.4960	—	15.8	16.5	16.9	17.1	17.6	17.7	18.0	18.3	—	13	—	—	—	—	—	—	—	—	8.2
—	2.4964	12.5	13.0	13.5	14.0	14.5	15.0	15.5	16.1	16.7	16	17	18	20	21	22	24	25	27	9.1
2.4969	2.4632	11.5	12.4	13.1	13.5	14.0	14.6	15.5	16.5	17.6	13	14	16	17	18	19	20	21	22	8.2
1.4971	1.4974	14.2	14.8	15.5	16.5	16.5	17.0	17.6	17.7	18.0	12	13	16	17	19	21	23	24	26	8.25
2.4973	—	11.0	11.8	12.2	12.5	12.7	13.2	13.8	14.6	15.5	11	12	13	15	16	17	19	20	21	8.2
2.4975	—	13.9	14.1	14.4	14.7	15.1	15.6	16.1	16.8	—	13	13	15	16	18	19	20	21	23	8.2
1.4976	—	11.9	12.7	13.0	13.5	13.7	14.0	14.5	15.1	15.8	11	12	13	14	16	17	19	20	22	8.2
1.4977	—	14.2	14.7	15.0	15.5	15.9	16.3	16.6	17.0	—	13	14	16	19	20	22	24	25	27	8.3
1.4978	—	12.0	13.3	13.8	14.0	14.4	14.9	15.4	15.8	16.0	13	14	16	19	20	22	24	25	27	8.3
1.4980	1.4944	16.5	16.8	17.1	17.3	17.5	17.7	18.0	18.5	—	12	14	16	17	19	20	22	24	25	7.95
1.4981	1.4984	17.4	18.1	18.5	18.8	19.0	19.4	19.5	19.5	19.8	14	16	17	19	20	21	22	24	—	7.98
2.4982	—	11.6	12.6	12.7	13.5	13.7	14.2	15.0	16.0	17.0	12	13	14	16	17	18	19	21	22	8.2
2.4983	—	11.3	12.0	12.4	12.8	13.1	13.7	14.3	14.9	16.1	13	12	13	15	16	17	19	20	21	8.1

表 15-41　　耐热钢的物理性能

标准号	20℃至下列各温度的线胀系数 /10⁻⁶K⁻¹				导热系数 (20℃) /W·(m·K)⁻¹	比热容 (20℃) /J·(kg·K)⁻¹	电阻率 (20℃) /Ω·mm²·m⁻¹	磁性	密度 (20℃) /kg·dm⁻³
	400℃	800℃	1000℃	1200℃					
1.4861	16.0	17.5	18.5	—	12	500	1.04	无	7.9
1.4864	16.0	17.5	18.5	—	13	500	1.00	无	8.0
1.4876	16.0	17.5	18.0	—	12	500	1.00	无	8.0

表 15-42　　导热合金的物理性能

标准号	20℃至各温度下线胀系数 /10⁻⁶K⁻¹			密度	比热 /J·(kg·K)⁻¹		导热系数 (20℃) /W·(m·K)⁻¹	熔点 /℃	电阻率 /Ω·mm²·m⁻¹												
									20℃	100℃	200℃	300℃	400℃	500℃	600℃	700℃	800℃	900℃	1000℃	1100℃	1200℃
									公差												
	400℃	800℃	1000℃		20℃	0℃～1000℃			±5%			±6%		±7%					±8%		
1.4860	16	18	19	7.9	500	550	13	1390	1.04	1.07	1.11	1.14	1.17	1.20	1.22	1.24	1.26	1.28	1.30	1.32	1.34
2.4867	15	16	17	8.2	460	500	13	1390	1.13	1.14	1.15	1.18	1.20	1.22	1.21	1.21	1.22	1.23	1.24	1.26	1.28
2.4869	15	16	17	8.3	420	500	15	1400	1.12	1.13	1.13	1.14	1.15	1.16	1.16	1.14	1.14	1.14	1.15	1.16	1.17

15.5.4 高温合金的特性及用途

表 15-43 高温合金的应用范围

标准号	航空标准号	应用范围
—	2.4634	用于燃气轮机、驱动装置，特别是高负荷燃气轮机叶片等部件
2.4951	2.4630	用于蒸汽轮机、燃气轮机以及涡轮喷气发动机燃烧室、二次燃烧箱、焰道等热部件
2.4952	2.4631	用于蒸汽轮机和驱动装置等部件，例如叶片、二次燃烧器鼓风机、化学工业用的部分设备等热部件
1.4960	—	用于燃气或蒸汽涡轮部件、涡轮转子轴、涡轮转子等
1.4961	—	用于热电厂装置、耐高温管道、热交换器管道以及蒸汽管道部件
1.4962	—	用于蒸汽或燃气涡轮机以及反应器部件等
—	2.4964	用于转子、二次燃烧器、喷嘴、阀、燃气轮机、皮带轮和驱动装置，以及化学工业用部件
2.4969	2.4632	用于驱动装置和燃气轮机，例如叶片、皮带轮、二次燃烧器鼓风机、弹簧等耐热件
1.4971	1.4974	用于化学工业及石油化学工业装置以及燃气轮机和驱动装置部件、螺栓、螺钉和螺母
2.4973	—	用于燃气涡轮部件和驱动装置及热工工具等
2.4975	—	用于喷气飞机动力零件和燃气涡轮、转子、轴、叶片垫圈、喷嘴、螺钉等
2.4976	—	用于燃气涡轮和驱动装置零件以及化学工业零件
1.4977	—	用于燃气涡轮、燃烧和二次燃烧室及驱动装置
1.4978	—	用于燃气涡轮燃烧室、燃烧管及驱动装置等
1.4980	1.4944	用于燃气轮机和驱动装置部件，如转子、皮带轮、轴、螺栓、螺钉、垫圈、电枢、机壳等
1.4981	1.4984	用于蒸汽轮机和燃气轮机部件，如叶片、法兰(凸缘)、阀门、喷嘴、机壳、螺栓以及反应器(或反应堆)部件
2.4982	—	用于驱动装置和燃气轮机，如叶片、皮带轮、二次燃烧鼓风机、弹簧等
2.4983	—	用于燃气轮机和传动装置等部件，如叶片、皮带轮、阀门、螺栓以及类似部件

15.6 日本高温合金

15.6.1 高温合金牌号和化学成分

表 15-44 高温合金牌号和化学成分(%)

牌号种类	记号归记号	C	Si	Mn	P	S	Ni	Cr	Fe	Mo	Cu	Al	Ti	Nb+Ta
NCF600	NCF1B	0.15	0.50	1.00	0.030	0.015	72.00	14.00～17.00	6.00～10.00	—	0.50	—	—	—
NCF601	—	0.10	0.50	1.00	0.030	0.015	58.00～63.00	21.00～25.00	余	—	1.00	1.00～1.70	—	—
NCF750	NCF3	0.08	0.50	1.00	0.030	0.015	70.00	14.00～17.00	5.00～9.00	—	0.50	0.40～1.00	2.25～2.75	0.70～1.20
NCF751	—	0.10	0.50	1.00	0.030	0.015	70.00	14.00～17.00	5.00～9.00	—	0.50	0.90～1.50	2.00～2.60	0.70～1.20
NCF800	NCF2B	0.10	1.00	1.50	0.030	0.015	30.00～35.00	19.00～23.00	余	—	0.75	0.15～0.60	0.15～0.60	—
NCF800H	—	0.05～0.10	1.00	1.50	0.030	0.015	30.00～35.00	19.00～23.00	余	—	0.75	0.15～0.60	0.15～0.60	—
NCF825	—	0.05	0.50	1.00	0.030	0.015	38.00～46.00	19.50～23.50	余	2.50～3.50	1.50～3.00	0.20	0.60～1.20	—
NCF80A	—	0.04～0.10	1.00	1.00	0.030	0.015	余	18.00～21.00	1.50	—	0.20	1.00～1.80	1.80～2.70	—

15.6.2 高温合金的力学性能

表 15-45 高温合金的热处理（棒材）

种类记号	固溶处理（记号）	退火（记号）	时效处理（记号）
NCF600	—	800～1150℃，急冷（A）	—
NCF601	—	950℃以上，急冷（A）	—
NCF750	1135～1165℃，急冷（S1）	—	S1 处理后，800～830℃，24h 空冷后，690～720℃，20h 空冷（H1）
	965～995℃，急冷（S2）	—	S2 处理后，720～740℃，8h 炉冷至 610～630℃，在此温度下时效后空冷，总时效时间为 18h（H2）
NCF751	1135～1165℃，急冷（S）	—	S 处理后，830～860℃，24h 空冷后 690～720℃，20h 空冷（H）
NCF800	—	980～1060℃，急冷（A）	—
NCF800H	1100～1170℃，急冷（S）	—	—
NCF825	—	930℃以上，急冷（A）	—
NCF80A	1050～1100℃急冷（S）	—	S 处理后，690～710℃，16h 空冷（H）

表 15-46 高温合金的力学性能（棒材）

种类记号	热处理（记号）	σ_b /MPa 不小于	σ_s /MPa 不小于	δ/% 不小于	硬度试验 HBS 或 HBW	尺寸范围 /mm
NCF600	退火（A）	550	245	30	≤179	—
NCF600	退火（A）	550	196	30	—	—
NCF750	固溶（S1，S2）	—	—	—	≤320	≤100
	固溶时效（H1）	963	619	8	≥262	≤100
	固溶时效（H2）	1169	796	18	302～363	≤60
				15	302～363	760～≤100
NCF751	固溶（S）	—	—	—	≤375	≤100
	因溶时效（H）	963	796	8	—	≤100
NCF800	退火（A）	520	206	30	≤179	—
NCF800H	固溶（S）	452	177	30	≤167	—
NCF825	退火（A）	580	236	30	—	—
NCF80A	固溶（S）	—	—	—	≤269	≤100
	固溶时效（H）	1002	599	20	—	≤100

表 15-47 高温合金的热处理（板材）

种类记号	固溶处理（记号）	退火（记号）	时效处理（记号）
NCF600	—	800～1150℃，急冷（A）	—
NCF601	—	950℃以上，急冷（A）	—
NCF750	1135～1165℃，急冷（S1）	—	S1 处理后，800～830℃，24h 空冷后，690～720℃，保温 20h 后急冷（H1）
	965～995℃，急冷（S2）	—	S2 处理后，720～740℃，8h 炉冷至 610～630℃，在此温度下时效后空冷总时效时间为 18h（H2）
NCF751	1135～1165℃，急冷（S）	—	S 处理后，830～860℃，保温 24h；空冷至 690～720℃，保温 20h 后空冷（H）
NCF800	—	980～1060℃，急冷（A）	—
NCF800H	1100～1170℃，急冷（S）	—	—
NCF825	—	930℃以上，急冷（A）	—
NCF80A	1100～1150℃急冷（S）	—	S 处理后，740～760℃，保温 4h 后空冷（H）

表 15-48 高温合金的力学性能（板材）

种类记号	热处理（记号）	拉力试验			硬度试验			尺寸范围/mm
		σ_b/MPa	σ_s/MPa	δ/%	HBS HBW	HRB或HRC	HV	
NCF600	退火（A）	550	245	30	≤179	≤B89	≤182	—
NCF601	退火（A）	550	196	30	—	—	—	—
NCF750	固溶（S1）	894	—	40	≤320	≤C35	≤335	—
	固溶（S2）	933	—	35	≤320	≤C35	≤335	70.6～≤6
	固溶时效（H1）	963	619	8	≥262	≥B104	≥270	
	固溶时效（H2）	1169	796	18	302～363	C32～40	313～382	
NCF751	固溶（S）	—	—	—	≤375	≤C41	≤395	≤100
	固溶时效（H）	963	619	8	—	—	—	≤100
NCF800	退火（A）	520	206	30	≤179	≤B89	≤182	—
NCF800H	固溶（S）	451	177	30	≤167	≤B86	≤171	—
NCF825	退火（A）	580	236	30	≤209	≤B96	≤214	>0.5
NCF80A	固溶（S）	—	—	—	≤243	≤B101	≤250	—
	固溶时效（H）	1031	—	15	270	≥B102	≥280	≥0.3～0.5
		1031	638	25				≥0.5～3.0
		1002	619	20				≥3.0～9.5

附录　法定计量单位

我国的法定计量单位包括如下内容：

(1)国际单位制的基本单位

附表 1　国际单位制的基本单位

量的名称	单位名称	单位符号
长度	米	m
质量(重量)	千克(公斤)	kg
时间	秒	s
电流	安[培]	A
热力学温度	开[尔文]	K
物质的量	摩[尔]	mol
发光强度	坎[德拉]	cd

(2)国际单位制的辅助单位

附表 2　国际单位制的辅助单位

量的名称	单位名称	单位符号
[平面]角	弧度	rad
立体角	球面度	sr

(3)国际单位制中具有专门名称的导出单位

附表 3　国际单位制中具有专门名称的导出单位

量的名称	单位名称	单位符号	其他表示示例
频率	赫[兹]	Hz	s^{-1}
力,重力	牛[顿]	N	$kg \cdot m/s^2$
压力,压强;应力	帕[斯卡]	Pa	N/m^2
能[量],功,热	焦[耳]	J	N·m
功率,辐[射能]通量	瓦[特]	W	J/s
电荷[量]	库[仑]	C	A·s
电位,电压,电动势,(电势)	伏[特]	V	W/A
电容	法[拉]	F	C/V
电阻	欧[姆]	Ω	V/A
电导	西[门子]	S	A/V
磁通[量]	韦[伯]	Wb	V·s
磁通[量]密度,磁感应强度	特[斯拉]	T	Wb/m^2
电感	亨[利]	H	Wb/A
摄氏温度	摄氏度	℃	
光通量	流[明]	lm	cd·sr
[光]照度	勒[克斯]	lx	lm/m^2

续表

量的名称	单位名称	单位符号	其他表示示例
[放射性]活度	贝可[勒尔]	Bp	s^{-1}
吸收剂量	戈[瑞]	Gy	J/kg
剂量当量	希[沃特]	Sv	J/kg

(4)国家选定的非国际单位制单位

附表 4　国家选定的非国际单位制单位

量的名称	单位名称	单位符号	换算关系和说明
时间	分 [小]时 日,[天]	min h d	1min=60s 1h=60min=3600s 1d=24h=86400s
[平面]角	[角]秒 [角]分 度	(″) (′) (°)	1″=(π/64800)rad 1′=60″=(π/10800)rad 1°=60′=(π/180)rad　π—圆周率
旋转速度	转每分	r/min	$1r/min=(1/60)s^{-1}$
长度	海里	n mile	1n mile=1852m(只用于航行)
速度	节	kn	1kn=1n mile/h=(1852/3600)m/s (只用于航行)
质量	吨 原子质量单位	t u	$1t=10^3kg$ $1u\approx 1.6605655\times 10^{-27}kg$
体积,容积	升	L,(l)	$1L=1dm^3=10^{-3}m^3$
能	电子伏	eV	$1eV\approx 1.6021892\times 10^{-19}J$
级差	分贝	dB	
线密度	特[克斯]	tex	1tex=1g/km

(5)由词头和以上单位所构成的十进倍数和分数单位

附表 5　用于构成十进倍数和分数单位和词头

所表示的因数	词头名称	词头符号	所表示的因数	词头名称	词头符号
10^{18}	艾[可萨]	E	10^{-1}	分	d
10^{15}	拍[它]	P	10^{-2}	厘	c
10^{12}	太[拉]	T	10^{-3}	毫	m
10^{9}	吉[咖]	G	10^{-6}	微	μ
10^{6}	兆	M	10^{-9}	纳[诺]	n
10^{3}	千	k	10^{-12}	皮[可]	p
10^{2}	百	h	10^{-15}	飞[母托]	f
10^{1}	十	da	10^{-18}	阿[托]	a

(6)由以上单位构成的组合形式的单位

附表 6　用基本单位等构成的组合形式单位

量的名称	单位名称	单位符号		量的名称	单位名称	单位符号	
		国际	中文			国际	中文
面积	平方米	m^2	$米^2$	运动黏度	平方米每秒	m^2/s	$米^2/秒$
体积(容积)	立方米	m^3	$米^3$	(体积)流量	立方米每秒	m^3/s	$米^3/秒$

续表

量的名称	单位名称	单位符号		量的名称	单位名称	单位符号	
		国际	中文			国际	中文
速度	米每秒	m/s	米/秒	重度	牛顿每立方米	N/m^3	牛/米^3
加速度	米每秒平方	m/s^2	米/秒^2	(动力)黏度	帕斯卡秒	Pa·s	帕·秒
角速度	弧度每秒	rad/s	弧度/秒	质量流量	千克每秒	kg/s	千克/秒
角加速度	弧度每秒平方	rad/s^2	弧度/秒^2	线膨胀系数	每开尔文	K^{-1}	开$^{-1}$
旋转频率,(转速)	每秒	s^{-1}	秒$^{-1}$	热导率,(导热系数)	瓦特每米开尔文	W/(m·K)	瓦/(米·开)
波数	每米	m^{-1}	米$^{-1}$				
密度	千克每立方米	kg/m^3	千克/米^3	传热系数	瓦特每平方米开尔文	$W/(m^2·K)$	瓦/(米^2·开)
力矩	牛顿米	N·m	牛·米				
动量	千克米每秒	kg·m/s	千克·米/秒	热容	焦耳每开尔文	J/K	焦/开
角动量,(动量矩)	千克米平方每秒	$kg·m^2/s$	千克·米^2/秒	比热容	焦耳每千克开尔文	J/(kg·K)	焦/(千克·开)
转动惯量	千克米平方	$kg·m^2$	千克·米^2				
断面惯性矩	米四次方	m^4	米^4	电场强度	伏特每米	V/m	伏/米
断面系数	米立方	m^3	米^3	电流密度	安培每平方米	A/m^2	安/米^2
表面张力	牛顿每米	N/m	牛/米	电阻率	欧姆米	Ω·m	欧·米

注:组合形式的单位是用基本单位和(或)辅助单位等以代数形式表示。其符号借助于乘和除的数学符号得出。例如速度的SI单位为米每秒(m/s),角速度的为弧度每秒(rad/s)。

(7)单位换算

附表7 某些单位与法定计量单位的关系

量的名称	单位名称	符 号	与法定计量单位的关系
长度	千米 飞米 埃 英寸	km fm Å in	1千米=1km=10^3m 1飞米=1fm=10^{-15}m 1Å=0.1nm=10^{-10}m 1in=25.4mm
面积	公顷 平方英寸	a hm^2 in^2	1a=1dam^2=10^2m^2(dam为公丈,10m) 1hm^2=$10^{14}m^2$ 1in^2=645.16mm^2
力	达因 千克力(公斤力) 磅力	dyn kgf lbf	1dyn=10^{-5}N 1kgf=9.80665N≈10N 1lbf=4.44822N
加速度	伽	Gal	1Gal=1cm/s^2=$10^{-2}m/s^2$
力矩	千克力米	kgf·m	1kgf·m=9.80665N·m
压力,压强	巴 标准大气压 托 毫米汞柱	bar atm Torr mmHg	1bar=0.1MPa=10^5Pa 1atm=101325Pa 1托=(101325/760)Pa 1毫米汞柱=133.3224Pa
	千克力/厘米^2(工程大气压) 毫米水柱	kgf/cm^2(at) mmH_2O	1kgf/cm^2=9.80665×10^4Pa 1毫米水柱=9.80665Pa
应力	千克力每平方毫米 千磅每平方英寸	kgf/mm^2 ksi	1kgf/mm^2=9.80665×10^6Pa 1ksi=6.89476MPa
密度	磅每立方英寸	lb/in^3	1lb/in^3=27.6700g/cm^3
动力黏度	泊	P	1P=1dyn·s/cm^2=0.1Pa·s
运动黏度	斯[托克斯]	St	1St=1cm^2/s=$10^{-4}m^2$/s

续表

	单位名称		计量单位的关系
	千克力米,公斤力米 瓦特小时 磅力英寸		1kgf·m=9.80665J 1W·h=3600J 1lbf·ft=1.3558J
功率	马力		735.49875W=75kgf·m/s
温度	华氏度	℉	$℉=\frac{9}{5}℃+32$ $℃=\frac{5}{9}(℉-32)$
热量		cal cal_{th} Btu	1cal=4.1868J $1cal_{th}$=4.1840J 1Btu=1.05506kJ
比热容		cal/(g·℃) kcal/(kg·℃)	$1cal/(g·℃)=4.1868\times10^{-3}J/(g·K)$ $1kcal/(kg·℃)=4.1868\times10^{-3}J/(kg·K)$
传热系数	卡每平方厘米秒摄氏度	$cal/(cm^2·s·℃)$	$1cal/(cm^2·s·℃)=4.1868\times10^4W/(m^2·K)$
导热系数	卡每厘米秒摄氏度	cal/(cm·s·℃)	$1cal/(cm·s·℃)=4.1868\times10^2W/(m·K)$
磁场强度	奥斯特	Oe	1Oe 相当于(1000/4π)A/m
磁感应强度,磁通密度		Gs	1Gs 相当于 10^{-4}T
截面		b	$1b=10^{-28}m^2$
放射性活度		Ci	$1Ci=3.7\times10^{10}Bq$
照射量	伦琴	R	$1R=2.58\times10^{-4}(C/kg)$
照射率	伦琴每秒	R/s	$1R/s=2.58\times10^{-4}(C/kg·s)$

附表 8　　英寸(in)与毫米(mm)对照表

in	1/64	1/32	3/64	1/16	5/64	3/32	7/64	1/8	9/64	5/32
mm	0.397	0.794	1.191	1.588	1.984	2.381	2.778	3.175	3.572	3.969
in	11/64	3/16	13/64	7/32	15/64	1/4	17/64	9/32	19/64	5/16
mm	4.366	4.763	5.159	5.556	5.953	6.350	6.747	7.144	7.541	7.938
in	21/64	11/32	23/64	3/8	25/64	13/32	27/64	7/16	29/64	15/32
mm	8.334	8.731	9.128	9.525	9.922	10.319	10.716	11.113	11.509	11.906
in	31/64	1/2	33/64	17/32	35/64	9/16	37/64	19/32	39/64	5/8
mm	12.303	12.700	13.097	13.494	13.891	14.288	14.684	15.081	15.478	15.875
in	41/64	21/32	43/64	11/16	45/64	23/32	47/64	3/4	49/64	25/32
mm	16.272	16.669	17.066	17.463	17.859	18.256	18.653	19.050	19.447	19.844
in	51/64	13/16	53/64	27/32	55/64	7/8	57/64	29/32	59/64	15/16
mm	20.241	20.638	21.034	21.431	21.820	22.225	22.622	23.019	23.416	28.813
in	61/64	31/32	63/64	1	2	5	8	10		
mm	24.209	24.606	25.003	25.4	50.800	127.000	203.200	254.000		

注:俄罗斯规定,1in=25.4mm;美国规定 1in=25.400051mm;英国规定,1in=25.399978mm(工业用),1in=25.399956mm(科学研究用);德国规定,1in=25.4mm。